학교 시험에
자주 나오는
195유형
2314제 수록

1권 유형편
1404제로
완벽한
필수 유형 학습

2권 변형편
910제로
복습 및 학교 시험
완벽 대비

수 바이블 유형ON

1권

2022개정 교육과정 **공통수학1**

이투스북

| STAFF |

발행인 정선욱
퍼블리싱 총괄 남형주
개발 김태원 김한길 이유미 김윤희 박문서 권오은 이희진
기획 · 디자인 · 마케팅 조비호 김정인 강윤정
유통 · 제작 서준성 신성철

수학의 바이블 유형 ON 공통수학1 | 202311 초판 1쇄
펴낸곳 이투스에듀㈜ 서울시 서초구 남부순환로 2547
고객센터 1599-3225 **등록번호** 제2007-000035호 **ISBN** 979-11-389-1809-1 [53410]

2023년 이투스북 연간검토단

◇ 서울 ◇

강동은 반포 세정학원
강소미 성북메가스터디
강연주 상도뉴스터디학원
강영미 슬로비매쓰 수학학원
강은녕 탑수학학원
강종철 쿠메수학교습소
강현숙 유니크학원
고수환 상승곡선학원
고재일 대치TOV수학
고진희 한성여자고등학교
고현 네오매쓰수학학원
고혜원 전문과외
공정현 대공수학학원
곽슬기 목동매쓰원수학학원
구난영 셀프스터디수학학원
구순모 세진학원
구정아 정현수학
권가영 커스텀 수학(CUSTOM MATH)
권상호 수학은권상호 수학학원
권용만 은광여자고등학교
권유혜 전문과외
권지우 뉴파인학원
김강현 갓오브매쓰수학
김경진 덕성여자중학교
김경화 금천로드맵수학학원
김국환 매쓰플러스수학학원
김규연 수력발전소학원
김금화 라플라스 수학 학원
김기덕 메가매쓰학원
김나영 대치 새움학원
김도규 김도규수학학원
김동우 예원수학
김명완 대세수학학원
김명환 목동깡수학과학학원
김명후 김명후 수학학원
김문경 연세YT학원
김미란 스마트해법수학
김미아 일등수학교습소
김미애 스카이맥에듀학원
김미영 명수학교습소
김미영 정일품수학학원
김미진 채움수학
김미희 행복한수학쌤
김민수 대치 원수학
김민재 탑엘리트학원
김민정 김민정수학☆
김민지 강북 메가스터디학원
김민창 김민창수학
김병석 중계주공5단지 수학학원
김병호 국선수학학원
김보민 이투스수학학원 상도점
김상철 미래탐구마포
김선경 개념폴리아
김성숙 써큘러스리더 러닝센터
김수민 통수학학원
김수영 엑시엄수학전문학원
김수진 싸인메쓰수학학원
김수진 잠실 cms
김수진 깊은수학학원
김수형 목동 깡수학과학학원
김수환 프레임학원
김승원 솔(sol)수학학원
김애경 이지수학
김여옥 매쓰홀릭 학원
김영숙 수플러스학원
김영재 한그루수학
김영준 강남매쓰탑학원
김예름 세이노수학(메이드)
김용우 참 수학
김윤 잇올스파르타
김윤태 김종철 국어수학전문학원
김윤희 유니수학교습소
김은경 대치영어수학전문학원
김은숙 전문과외
김은영 와이즈만은평센터
김은영 선우수학
김은찬 엑시엄수학학원
김의진 채움수학
김이현 고덕 에듀플렉스
김인기 학림학원
김재연 알티씨수학
김재현 CMS연구소
김정아 지올수학
김정철 미독학원
김정화 시매쓰방학센터
김정훈 이투스 수학학원 왕십리뉴타운점
김주원 AMB수학학원
김주희 장한학원
김지선 수학전문 순수
김지연 목동 올백수학
김지은 목동매쓰원수학학원
김지훈 드림에듀학원(까꿍수학)
김지훈 엑시엄수학전문학원
김진규 서울바움수학 (역삼럭키)
김진영 이대부속고등학교
김진희 씽크매쓰수학교습소
김창재 중계세일학원
김창주 고등부관스카이학원
김태영 페르마수학학원 신대방캠퍼스
김태현 반포파인만 고등관
김하늘 역경패도 수학선문
김하민 서강학원
김하연 hy math
김항기 동대문중학교
김해찬 the다원수학
김현수 그릿수학831 대치점
김현아 전문과외
김현욱 리마인드수학
김현유 혜성여자고등학교
김현정 미래탐구 중계
김현주 숙명여자고등학교
김현지 전문과외
김형우 (주)대치 시리우스 아카데미
김형진 수학혁명학원
김홍수 김홍학원
김효선 토이300컴퓨터
김효정 상위권수학
김후광 압구정파인만
김희경 에메트수학
나은영 메가스터디러셀
나태산 중계 학림학원
남솔잎 솔잎샘수학영어학원
남식훈 수학만
남호성 은평구 퍼씰 수학 전문학원
노유영 종암중학교
노인주 CMS대치입시센터
류도현 류샘수학학원
류재권 서초TOT학원
류정민 사사모플러스수학학원
목지아 수리티수학학원
문성호 차원이다른수학학원
문소정 예섬학원
문용근 칼수학 학원
문재웅 성북메가스터디
문지훈 김미정국어
민수진 월계셈스터디학원
박경원 대치메이드 반포관
박교국 백인대장
박근백 대치멘토스학원
박동진 더힐링수학
박명훈 김샘학원 성북캠퍼스
박미라 매쓰몽
박민정 목동깡수학과학학원
박상후 강북 메가스터디학원
박설아 수학을삼키다 학원 흑석관
박세리 대치이강프리미엄
박세찬 쎄이학원
박소영 전문과외
박소윤 Aurum Premium Edu
박수견 비채수학원
박연주 물댄동산 수학교실
박연희 박연희깨침수학교습소
박영규 하이스트핏 수학
박옥녀 전문과외
박용진 에듀라인학원
박정훈 전문과외
박종원 상아탑학원 (서울 구로)
박주현 장훈고등학교
박준하 탑브레인수학학원
박지혜 참수학
박진희 박선생수학전문학원
박찬경 파인만학원
박태흥 CMS서초영재관
박현주 나는별학원
박혜진 강북수재학원
박홍식 연세수학원송파2관
방정은 백인대장 훈련소
방호건 서준학원
배재형 배재형수학교습소
백아름 아름쌤수학공부방
백지현 전문과외
변준석 환일고등학교
서근환 대진고등학교
서동혁 이화여자고등학교
서민국 시대인재 특목센터
서민재 서준학원
서수연 수학전문 순수학원
서순진 참좋은본관학원
서용준 와이제이학원
서원준 잠실시그마수학학원
서은애 하이탑수학학원
서중은 블루플렉스학원
서한나 라엘수학학원
석현욱 잇올스파르타
선철 일신학원
설세령 뉴파인 이촌중고등관
성우진 cms서초영재관
손권민경 원인학원
손민정 두드림에듀
손전모 다원교육
손충모 공감수학
송경호 스마트스터디학원
송동인 송동인 수학명가
송재혁 엑시엄수학전문학원
송준민 수와 통하는 송 수학
송진우 도진우 수학 연구소
송해선 불곰에듀
신관식 동작미래탐구
신기호 신촌메가스터디학원
신연우 대성다수인학원 삼성점
신은숙 펜타곤학원
신은진 상위권수학학원
신정훈 온챌아카데미
신지영 아하김일래수학전문학원
신채민 오스카학원
신현수 EGS학원
심지현 심지수학 교습소
심혜영 열린문수학학원
심혜진 수학에미친사람들
안나연 전문과외
안대호 말글국어 더함수학 학원
안도연 목동정도수학
양원규 일신학원
양해영 청출어람학원
엄시온 올마이티캠퍼스
엄유빈 유빈쌤 대치 수학
엄지희 티포인트에듀학원
엄태웅 엄선생수학
여혜연 성북하이스트
오명석 대치 미래탐구 영재경시특목센터
오재현 강동파인만학원 고덕관
오종택 대치 에이원 수학
오주연 수학의기술
오한별 광문고등학교
용호준 cbc수학학원
우교영 수학에미친사람들
우동훈 헤파학원
원종운 뉴파인 압구정 고등관
원준희 CMS 대치영재관
위명훈 명인학원
위형채 에이치앤제이형설학원
유대호 잉글리쉬앤매쓰매니저
유라헬 스톨키아학원

유봉영 류선생 수학 교습소
유승우 중계탑클래스학원
유자현 목동매쓰원수학학원
유재현 일신학원
윤상문 청어람수학원
윤석원 공감수학
윤수현 조이학원
윤여균 전문과외
윤영숙 윤영숙수학전문학원
윤형중 씨알학당
은현 목동CMS 입시센터 과고반
이건우 송파이지엠수학학원
이경용 열공학원
이경주 생각하는 황소수학 서초학원
이규만 SUPERMATH학원
이동훈 감성수학 중계점
이루마 김샘학원 성북캠퍼스
이민아 정수학
이민호 강안교육
이상문 P&S학원
이상영 대치명인학원 백마
이상훈 골든벨 수학학원
이서영 개념폴리아
이서은 송림학원
이성용 전문과외
이성훈 SMC수학
이세복 일타수학학원
이소윤 목동선수학학원
이수지 전문과외
이수진 깡수학과학학원
이수호 준토에듀수학학원
이슬기 예친에듀
이승현 신도림케이투학원
이승호 동작 미래탐구
이시현 SKY미래연수학학원
이영하 서울 신길뉴타운 래미안 프레비뉴 키움수학 공부방
이용우 올림피아드 학원
이용준 수학의비밀로고스학원
이원용 필과수 학원
이원희 대치동 수학공작소
이유강 조재필수학학원 고등부
이유예 스카이플러스학원
이유원 뉴파인 안국중고등관
이유진 명덕외국어고등학교
이윤주 와이제이수학교습소
이은숙 포르테수학
이은영 은수학교습소
이은주 제이플러스수학
이재용 이재용 THE쉬운 수학학원
이재환 조재필수학학원
이정석 CMS 서초영재관
이정섭 은지호영감수학
이정한 전문과외
이정호 정샘수학교습소
이제현 압구정 막강수학
이종운 알바트로스학원
이종혁 강남N플러스
이종호 MathOne 수학
이주희 고덕엠수학
이준석 목동로드맵수학학원
이지애 다비수수학교습소
이지연 단디수학학원
이지우 제이 앤 수 학원
이지혜 세레나영어수학학원
이지혜 대치파인만
이진 수박에듀학원
이진덕 카이스트
이진희 서준학원
이창석 핵수학 전문학원
이충훈 QANDA
이태경 엑시엄수학학원
이학송 뷰티풀마인드 수학학원
이한결 밸류인수학학원
이현주 방배 스카이에듀 학원
이현환 21세기 연세 단과 학원
이혜림 대동세무고등학교
이혜림 다오른수학교습소
이혜수 대치 수 학원
이효준 다원교육
이효진 올토수학
임규철 원수학
임다혜 시대인재 수학스쿨
임민정 전문과외
임상혁 양파아카데미
임성국 전문과외
임소영 123수학
임영주 세빛학원
임은희 세종학원
임정수 시그마수학 고등관 (성북구)
임지우 전문과외
임현우 선덕고등학교
임현정 전문과외
장석진 이덕재수학이미선국어학원
장성훈 미독수학
장세영 스펀지 영어수학 학원
장승희 명품이앤엠학원
장영신 위례솔중학교
장지식 피큐브아카데미
장혜윤 수리원수학교육
전기열 유니크학원
전상현 뉴클리어수학
전성식 맥스수학수리논술학원
전은나 상상수학학원
전지수 전문과외
전진남 지니어스 수리논술 교습소
전혜인 송파구주이배
정광조 로드맵수학
정다운 정다운수학교습소
정다운 해내다수학교습소
정대영 대치파인만
정문정 연세수학원
정민경 바른마테마티카학원
정민준 명인학원
정소흔 대치명인sky수학학원
정슬기 티포인트에듀학원
정영아 정이수학교습소
정원선 McB614
정유진 전문과외
정은경 제이수학
정재윤 성덕고등학교
정진아 정선생수학
정찬민 목동매쓰원수학학원
정하윤
정화진 진화수학학원
정환동 씨앤씨0.1%의대수학
정효석 서초 최상위하다 학원
조경미 레벨업수학(feat.과학)
조병훈 꿈을담는수학
조수경 이투스수학학원 방학1동점
조아라 유일수학학원
조아람 로드맵
조원해 연세YT학원
조은경 아이파크해법수학
조은우 한솔플러스수학학원
조의상 서초메가스터디 기숙학원, 강북메가, 분당메가
조재묵 천광학원
조정은 전문과외
조한진 새미기픈수학
조현탁 전문가집단학원
주병준 남다른 이해
주용호 아찬수학교습소
주은재 주은재 수학학원
주정미 수학의꽃
지명훈 선덕고등학교
지민경 고래수학
차민준 이투스수학학원 중계점
차용우 서울외국어고등학교
채미옥 최강성지학원
채성진 수학에빠진학원
채종원 대치의 새벽
최경민 배움틀수학학원
최관석 열매교육학원
최동욱 숭의여자고등학교
최문석 압구정파인만
최백화 최백화 수학
최병옥 최코치수학학원
최서훈 피큐브 아카데미
최성용 봉쌤수학교습소
최성재 수학공감학원
최성희 최쌤수학학원
최세남 엑시엄수학학원
최엄견 차수학학원
최영준 문일고등학교
최용희 명인학원
최정언 진화수학학원
최종석 수재학원
최주혜 구주이배
최지나 목동PGA전문가집단
최지선 직독직해 수학연구소
최찬희 CMS서초 영재관
최희서 최상위권수학교습소
편순창 알면쉽다연세수학학원
하태성 은평G1230
한명석 아드폰테스
한선아 짱솔학원 중계점
한승우 같이상승수학학원
한승환 반포 짱솔학원
한유리 강북청솔
한정우 휘문고등학교
한태인 메가스터디 러셀
한현주 PMG학원
허윤정 미래탐구 대치
홍상민 수학도서관
홍성윤 전문과외
홍성주 굿매쓰수학교습소
홍성진 대치 김앤홍 수학전문학원
홍성현 서초TOT학원
홍재화 티다른수학교습소
홍정아 홍정아수학
홍준기 서초CMS 영재관
홍지윤 대치수과모
홍지현 목동매쓰원수학학원
황의숙 The나은학원
황정미 카이스트수학학원

◇— 인천 —◇

강동인 전문과외
강원우 수학을 탐하다 학원
고준호 베스트교육(마전직영점)
곽나래 일등수학
곽현실 두꺼비수학
권경원 강수학학원
권기우 하늘스터디 수학학원
금상원 수미다
기미나 기쌤수학
기혜선 체리온탑 수학영어학원
김강현 송도강수학학원
김건우 G1230 학원
김남신 클라비스학원
김도영 태풍학원
김미진 미진수학 전문과외
김미희 희수학
김보경 오아수학공부방
김연주 하나M수학
김유미 꼼꼼수학교습소
김윤경 SALT학원
김응수 메타수학학원
김준 쭌에듀학원
김진완 성일 올림학원
김하은 전문과외
김현우 더원스터디수학학원
김현호 온풀이 수학 1관 학원
김형진 형진수학학원
김혜린 밀턴수학
김혜영 김혜영 수학
김혜지 한양학원
김효선 코다에듀학원
남덕우 Fun수학 클리닉
노기성 노기성개인과외교습
문초롱 클리어수학
박용석 절대학원
박재섭 구월스카이수학과학전문학원
박정우 청라디에이블

박창수 온풀이 수학 1관 학원
박치문 제일고등학교
박해석 효성 비상영수학원
박효성 지코스수학학원
변은경 델타수학
서대원 구름주전자
서미란 파이데이아학원
석동방 송도GLA학원
손선진 (주) 일품수학과학학원
송대익 청라 ATOZ수학과학학원
송세진 부평페르마
안서은 Sun math
안예원 ME수학전문학원
안지훈 인천주안 수학의힘
양소영 양쌤수학전문학원
오상원 종로엠스쿨 불로분원
오선아 시나브로수학
오정민 갈루아수학학원
오지연 수학의힘 용현캠퍼스
왕건일 토모수학학원
유미선 전문과외
유상현 한국외대HS어학원 / 가우스 수학학원 원당아라캠퍼스
유성규 현수학전문학원
윤지훈 두드림하이학원
이루다 이루다 교육학원
이명희 클수있는학원
이선미 이수수학
이애희 부평해법수학교실
이재섭 903ACADEMY
이준영 민트수학학원
이진민 전문과외
이필규 신현엠베스트SE학원
이혜경 이혜경고등수학학원
이혜선 우리공부
임정혁 위리더스 학원
장태식 인천자유자재학원
장혜림 와풀수학
장효근 유레카수학학원
전우진 인사이트 수학학원
정대웅 와이드수학
조민관 이앤에스 수학학원
조민기 더배움보습학원 조쓰매쓰
조현숙 부일클래스
지경일 팁탑학원
차승민 황제수학학원
채선영 전문과외
채수현 밀턴학원
최덕호 엠스퀘어 수학교습소
최문경 영웅아카데미
최웅철 큰샘수학학원
최은진 동춘수학
최지인 윙글즈영어학원
최진 절대학원
한성윤 카일하우교육원
한영진 라야스케이브
허진선 수학나무
현미선 써니수학
현진명 에임학원
홍미영 연세영어수학
홍종우 인명여자고등학교
황면식 늘품과학수학학원

◇— 경기 —◇

강민정 한진홈스쿨
강민종 필에듀학원
강성인 인재와고수
강수정 노마드 수학 학원
강신충 원리탐구학원
강영미 쌤과통하는학원
강예슬 수학의품격
강정희 쓱보고 싹푼다
강태희 한민고등학교
경지현 화서 이지수학
고동국 고동국수학학원
고명지 고쌤수학 학원
고상준 준수학교습소
고안나 기찬에듀 기찬수학
고지윤 고수학전문학원
고진희 지니Go수학
곽진영 전문과외
구창숙 이룸학원
권영미 에스이마고수학학원
권은주 나만 수학
권주현 메이드학원
김강환 뉴파인 동탄고등관
김강희 수학전문 일비충천
김경민 평촌 바른길수학학원
김경진 경진수학학원 다산점
김경호 호수학
김경훈 행복한학생학원
김규철 콕수학오드리영어보습학원
김덕락 준수학 학원
김도완 프라매쓰 수학 학원
김도현 홍성문수학2학원
김동수 김동수학원
김동은 수학의힘 지제동삭캠퍼스
김동현 수학의 아침
김동현 JK영어수학전문학원
김미선 예일영수학원
김미옥 공부방
김민겸 더퍼스트수학교습소
김민경 너원수학
김민경 경화여자중학교
김민진 부천중동프라임영수학원
김보경 새로운 희망 수학학원
김보람 효성 스마트 해법수학
김복현 시온고등학교
김상오 리더포스학원
김상욱 WookMath
김상윤 막강한 수학
김상현 노블수학스터디
김새로미 스터디온학원
김서영 다인수학교습소
김석원 강의하는아이들김석원수학학원
김선정 수공감학원
김선혜 수학의 아침(영재관)
김성민 수학을 권하다
김성은 블랙박스수학과학전문학원
김소영 예스셈올림피아드(호매실)
김소희 도촌동 멘토해법수학
김수림 전문과외
김수진 대림 수학의 달인
김수진 수매쓰학원
김슬기 글래스가다른학원
김승현 대치매쓰포유 동탄캠퍼스
김영아 브레인캐슬 사고력학원
김영옥 서원고등학교
김영준 청솔 교육
김영진 수학의 아침
김용덕 (주)매쓰토리수학학원
김용환 수학의아침_영통
김용희 솔로몬 학원
김원욱 아이픽수학학원
김유리 페르마수학
김윤경 국빈학원
김윤재 코스매쓰 수학학원
김은미 탑브레인수학과학학원
김은향 하이클래스
김재욱 수원영신여자고등학교
김정수 매쓰클루학원
김정연 신양영어수학학원
김정현 채움스쿨
김정환 필립스아카데미 -Math Center
김종균 케이수학학원
김종남 제너스학원
김종화 퍼스널개별지도학원
김주용 스타수학
김준성 lmps학원
김지선 고산원탑학원
김지영 위너스영어수학학원
김지윤 광교오드수학
김지현 엠코드수학
김지효 로고스에이수학학원
김진국 스터디MK
김진룩 지금수학학원
김진만 엄마영어아빠수학학원
김진민 에듀스템수학전문학원
김창영 에듀포스학원
김태익 설봉중학교
김태진 프라임리만수학학원
김태학 평택드림에듀
김하현 로지플수학
김학준 수담수학학원
김해청 에듀엠수학 학원
김현겸 성공학원
김현경 소사스카이보습학원
김현정 생각하는Y.와이수학
김현정 퍼스트
김현주 서부세종학원
김현지 프라임대치수학
김혜정 수학을 말하다
김호숙 호수학원
김호원 분당 원수학학원
김희성 멘토수학교습소
김희주 생각하는수학공간학원
나영우 평촌에듀플렉스
나혜림 마녀수학
나혜원 청북고등학교
남선규 윌러스영수학원
남세희 남세희수학학원
노상명 s4
도건민 목동LEN
류종인 공부의정석수학과학관학원
마소영 스터디MK
마정이 정이 수학
마지희 이안의학원 화정캠퍼스
맹우영 쎈수학러닝센터 수지su
맹찬영 입실론수학전문학원
모리 이젠수학과학학원
문다영 에듀플렉스
문성진 일킴훈련소입시학원
문장원 에스원 영수학원
문재웅 수학의공간
문지현 문쌤수학
문혜연 입실론수학전문학원
민동건 전문과외
민윤기 배곧 알파수학
박가빈 박가빈 수학공부방
박가을 SMC수학학원
박규진 김포하이스트
박도솔 도솔샘수학
박도현 진성고등학교
박민정 지트에듀케이션
박민정 셈수학교습소
박민주 카라Math
박상일 수학의아침 이매중등관
박성찬 성찬쌤's 수학의공간
박소연 강남청솔기숙학원
박수민 유레카영수학원
박수현 용인 능원 씨앗학원
박수현 리더가되는수학 교습소
박여진 수학의아침
박연지 상승에듀
박영주 일산 후곡 쉬운수학
박우희 푸른보습학원
박원용 동탄트리즈나루수학학원
박유승 스터디모드
박윤호 이룸학원
박은주 은주짱샘 수학공부방
박은주 스마일수학교습소
박은진 지오수학학원
박은희 수학에빠지다
박재연 아이셀프수학교습소
박재현 렛츠(LETS)
박재홍 열린학원
박정현 서울삼육고등학교
박정화 우리들의 수학원
박종모 신갈고등학교
박종선 뮤엠영어차수학가남학원
박종필 정석수학학원
박주리 수학에반하다
박지혜 수이학원
박진한 엡실론학원

박찬현 박종호수학학원
박하늘 일산 후곡 쉬운수학
박한솔 SnP수학학원
박현숙 전문과외
박현정 탑수학 공부방
박현정 빡꼼수학학원
박혜림 림스터디 고등수학
방미영 JMI 수학학원
방상웅 동탄성지학원
배재준 연세영어고려수학 학원
백경주 수학의 아침
백미라 신흥유투엠 수학학원
백현규 전문과외
백흥룡 성공학원
변상선 바른샘수학
봉우리 하이클래스수학학원
서정환 아이디학원
서지은 전문과외
서한울 수학의품격
서효언 아이콘수학
서희원 함께하는수학 학원
설성환 설샘수학학원
설성희 설쌤수학
성계형 맨투맨학원 옥정센터
성인영 정석공부방
성지희 SNT 수학학원
손경선 업앤업보습학원
손솔아 ELA수학
손승태 와부고등학교
손종규 수학의 아침
손지영 엠베스트에스이프라임학원
송민건 수학대가+
송빛나 원수학학원
송숙희 써밋학원
송치호 대치명인학원(미금캠퍼스)
송태원 송태원1프로수학학원
송혜빈 인재와 고수 본관
송호석 수학세상
수아 열린학원
신경성 한수학전문학원
신동휘 KDH수학
신수연 신수연 수학과학 전문학원
신일호 바른수학교육 한학원
신정화 SnP수학학원
신준효 열정과의지 수학학원
안영균 생각하는수학공간학원
안하선 안쌤수학학원
안현경 매쓰온에듀케이션
안현수 옥길일등급수학
안효상 더오름영어수학학원
안효진 진수학
양은서 입실론수학학원
양은진 수플러스수학
어성웅 어쌤수학학원
엄은희 엄은희스터디
염민식 일로드수학학원
염승호 전문과외
염철호 하비투스학원
오성원 전문과외

용다혜 동백에듀플렉스학원
우선혜 HSP수학학원
위경진 한수학
유남기 의치한학원
유대호 플랜지에듀
유현종 SMT수학전문학원
유호애 지윤수학
윤덕환 여주 비상에듀기숙학원
윤도형 피에스티 캠프입시학원
윤문성 평촌 수학의봄날 입시학원
윤미영 수주고등학교
윤여태 103수학
윤지혜 천개의바람영수
윤채린 전문과외
윤현웅 수학을 수학하다
윤희 희쌤 수학과학학원
이건도 아론에듀학원
이경민 차앤국 수학국어전문학원
이경수 수학의아침
이경희 임수학교습소
이광후 수학의 아침 중등입시센터 특목자사관
이규상 유클리드수학
이규태 이규태수학 1,2,3관, 이규태수학연구소
이나경 수학발전소
이나래 토리103수학학원
이나현 엠브릿지수학
이대훈 밀알두레학교
이명환 다산 더원 수학학원
이무송 U2m수학학원주엽점
이민우 제공학원
이민정 전문과외
이보형 매쓰코드1학원
이봉주 분당성지 수학전문학원
이상윤 엘에스수학전문학원
이상일 캔디학원
이상준 E&T수학전문학원
이상호 양명고등학교
이상훈 Isht
이서령 더바른수학전문학원
이서영 수학의아침
이성환 주선생 영수학원
이성희 피타고라스 셀파수학교실
이소미 공부의 정석학원
이소진 수학의 아침
이수동 부천E&T수학전문학원
이수정 매쓰투미수학학원
이슬기 대치깊은생각 동탄본원
이승우 제이앤더블유학원
이승주 입실론수학학원
이승진 안중 호연수학
이승철 철이수학
이아현 전문과외
이영현 대치명인학원
이영훈 펜타수학학원
이예빈 아이콘수학
이우선 효성고등학교
이원녕 대치명인학원

이유림 광교 성빈학원
이재민 원탑학원
이재민 제이엠학원
이재욱 고려대학교
이정빈 폴라리스학원
이정희 JH영수학원
이종문 전문과외
이종익 분당파인만학원 고등부SKY 대입센터
이주혁 수학의 아침
이준 준수학학원
이지연 브레인리그
이지예 최강탑 학원
이지은 과천 리쌤앤탑 경시수학 학원
이지혜 이자경수학
이진주 분당 원수학
이창수 와이즈만 영재교육 일산화정센터
이창훈 나인에듀학원
이채열 하제입시학원
이철호 파스칼수학학원
이태희 펜타수학학원
이한솔 더바른수학전문학원
이현희 폴리아에듀
이형강 HK 수학
이혜령 프로젝트매쓰
이혜민 대감학원
이혜수 송산고등학교
이혜진 S4국영수학원고덕국제점
이호형 광명 고수학학원
이화원 탑수학학원
이희정 희정쌤수학
임명진 서연고 수학
임우빈 리얼수학학원
임율인 탑수학교습소
임은정 마테마티카 수학학원
임지영 하이레벨학원
임지원 누나수학
임찬혁 차수학동삭캠퍼스
임채중 와이즈만 영재교육센터
임현주 온수학교습소
임현지 위너스 에듀
임형석 전문과외
임홍석 엔터스카이 학원
장미희 스터디모드학원
장민수 신미주수학
장서아 한뜻학원
장종민 열정수학학원
장지훈 예일학원
장혜민 수학의아침
전경진 뉴파인 동탄특목관
전미영 영재수학
전일 생각하는수학공간학원
전지원 원프로교육
전진우 플랜지에듀
전희나 대치명인학원이매점
정경주 광교 공감수학
정금재 혜윰수학전문학원
정다운 수학의품격
정다해 대치깊은생각동탄본원

정동실 수학의아침
정문영 올타수학
정미숙 쑥쑥수학교실
정민정 S4국영수학원 소사벌점
정보람 후곡분석수학
정승호 이프수학학원
정양헌 9회말2아웃 학원
정연순 탑클래스영수학원
정영일 해윰수학영어학원
정영진 공부의자신감학원
정영채 평촌 페르마
정옥경 전문과외
정용석 수학마녀학원
정유정 수학VS영어학원
정은선 아이원 수학
정인영 제이스터디
정장선 생각하는황소 수학 동탄점
정재경 산돌수학학원
정지영 SJ대치수학학원
정지훈 최상위권수학영어학원 수지관
정진욱 수원메가스터디
정태준 구주이배수학학원
정필규 명품수학
정하준 2H수학학원
정한울 한울스터디
정해도 목동혜윰수학교습소
정현주 삼성영어쎈수학은계학원
정황우 운정정석수학학원
조기민 일산동고등학교
조민석 마이엠수학학원
조병욱 신영동수학학원
조상숙 수학의 아침 영통
조상희 에이블수학학원
조성화 SH수학
조영곤 휴브레인수학전문학원
조욱 청산유수 수학
조은 전문과외
조태현 경화여자고등학교
조현웅 추담교육컨설팅
조현정 깨단수학
주설호 SLB입시학원
주소연 알고리즘 수학연구소
지슬기 지수학학원
진동준 필탑학원
진민하 인스카이학원
차동희 수학전문공감학원
차무근 차원이다른수학학원
차슬기 브레인리그
차일훈 대치엠에스학원
채준혁 후곡분석수학학원
최경석 TMC수학영재 고등관
최경희 최강수학학원
최근정 SKY영수학원
최다혜 싹수학학원
최대원 수학의아침
최동훈 고수학전문학원
최문채 이얍수학
최범균 전문과외
최병희 원탑영어수학입시전문학원

최성필 서진수학
최수지 싹수학학원
최수진 재밌는수학
최승권 스터디올킬학원
최영성 에이블수학영어학원
최영식 수학의신학원
최용재 와이솔루션수학학원
최웅용 유타스 수학학원
최유미 분당파인만교육
최윤수 동탄김샘 신수연수학과학
최윤형 청운수학전문학원
최은경 목동학원, 입시는이쌤학원
최정윤 송탄중학교
최종찬 초당필탑학원
최지윤 전문과외
최지형 남양 뉴탑학원
최한나 수학의 아침
최효원 레벨업수학
표광수 수지 풀무질 수학전문학원
하정훈 하쌤학원
한경태 한경태수학전문학원
한규욱 알찬교육학원
한기언 한스수학전문학원
한미정 한쌤수학
한상훈 1등급 수학
한성필 더프라임
한수민 SM수학
한원규 스터디모드
한유호 에듀셀파 독학기숙학원
한은기 참선생 수학(동탄호수)
한인화 전문과외
한준희 매스탑수학전문사동분원학원
한지희 이음수학학원
한진규 SOS학원
함영호 함영호 고등수학클럽
허란 the배움수학학원
현승평 화성고등학교
홍규성 전문과외
홍성문 홍성문 수학학원
홍성미 홍수학
홍세정 전문과외
홍유진 평촌 지수학학원
홍의찬 원수학
홍재욱 셈마루수학학원
홍정욱 광교김샘수학 3.14고등수학
홍지윤 HONGSSAM창의수학
황두연 딜라이트 영어수학
황민지 수학하는날 수학교습소
황삼철 멘토수학
황선아 서나수학
황애리 애리수학
황영미 오산일신학원
황은지 멘토수학과학학원
황인영 더올림수학학원
황재철 성빈학원
황지훈 명문JS입시학원
황희찬 아이엘에스 학원

◇— 부산 —◇

고경희 대연고등학교
권병국 케이스학원
권영린 과사람학원
김경희 해운대 수학 와이스터디
김나현 MI수학학원
김대현 연제고등학교
김명선 김쌤 수학
김민 금정미래탐구
김민규 다비드수학학원
김민지 블랙박스수학전문학원
김유상 끝장교육
김정은 피엠수학학원
김지연 김지연수학교습소
김태경 Be수학학원
김태영 뉴스터디종합학원
김태진 한빛단과학원
김현경 플러스민샘수학교습소
김효상 코스터디학원
나기열 프로매스수학교습소
노하영 확실한수학학원
류형수 연제한샘학원
문서현 명품수학
민상희 민상희수학
박대성 키움수학교습소
박성칠 프라임학원
박연주 매쓰메이트 수학학원
박재용 해운대 수학 와이스터디
박주형 삼성에듀학원
배진옥 전문과외
배철우 명지 명성학원
백융일 과사람학원
서자현 과사람학원
서평승 신의학원
손희옥 매쓰폴수학전문학원(부암동)
송유림 한수연하이매쓰학원
신동훈 과사람학원
안남희 실력을키움수학
안찬종 전문과외
오인혜 하단초 수학교실
원옥영 괴정스타삼성영수학원
유소영 파플수학
이경덕 수학으로 물들어 가다
이동건 PME수학학원
이상욱 MI수학학원
이아름누리 청어람학원
이연희 부산 해운대 오른수학
이영민 MI수학학원
이은련 더플러스수학교습소
이정화 수학의 힘 가야캠퍼스
이지영 오늘도, 영어 그리고 수학
이지은 한수연하이매쓰
이철 과사람학원
이효정 해 수학
전완재 강앤전수학학원
정운용 정쌤수학교습소
정의진 남천다수인
정휘수 제이매쓰수학방
정희정 정쌤수학

조아영 플레이팩토오션시티교육원
조우영 위드유수학학원
조은영 MIT수학교습소
조훈 캔필학원
채송화 채송화 수학
최수정 이루다수학
최준승 주감학원
한주환 으뜸나무 수학학원
한혜경 한수학교습소
허영재 정관 자하연
허윤정 올림수학전문학원
허정인 삼정고등학교
황성필 다원KNR
황영찬 이룸수학
황진영 진심수학
황하남 과학수학의봄날학원

◇— 울산 —◇

강규리 퍼스트클래스 수학영어전문학원
고규라 고수학
고영준 비엠더블유수학전문학원
권상수 호크마수학전문학원
권희선 전문과외
김민정 전문과외
김봉조 퍼스트클래스 수학영어전문학원
김수영 학명수학학원
김영배 화정김쌤수학과학학원
김제득 퍼스트클래스수학전문학원
김현조 깊은생각수학학원
나순현 물푸레수학교습소
박국진 강한수학전문학원
박민식 위더스수학전문학원
박원기 에듀프레소종합학원
반려진 우정 수학의달인
성수경 위룰수학영어전문학원
안지환 전문과외
오종민 수학공작소학원
유아름 더쌤수학전문학원
이승목 울산 옥동 위니수학
이윤희 제이앤에스영어수학
이은수 삼산차수학학원
이한나 꿈꾸는고래학원
정경래 로고스영어수학학원
최규종 울산뉴토모수학전문학원
최영희 재미진최쌤수학
최이영 한양수학전문학원
한창희 한선생&최선생 studyclass
허다민 대치동허쌤수학

◇— 경남 —◇

강경희 티오피에듀
강도윤 강도윤수학컨설팅학원
강지혜 강선생수학학원
고민정 고민정 수학교습소
고병옥 옥쌤수학과학학원
고성대 Math911
고은정 수학은고쌤학원

권영애 전분과외
김경문 참진학원
김가령 킴스아카데미
김기현 수과람학원
김미양 오렌지클래스학원
김민석 한수위수학학원
김민정 창원스키마수학
김병철 CL학숙
김선희 책벌레국영수학원
김양준 이룸학원
김연지 CL학숙
김옥경 다온수학전문학원
김인덕 성지여자고등학교
김정두 해성고등학교
김지니 수학의달인
김진형 수풀림 수학학원
김치남 수나무학원
김해성 AHHA수학
김형균 칠원채움수학
김혜영 프라임수학
노경희 전문과외
노현석 비코즈수학전문학원
문소영 문소영수학관리학원
민동록 민쌤수학
박규태 에듀탑영수학원
박소현 오름수학전문학원
박영진 대치스터디 수학학원
박우열 앤즈스터디메이트
박임수 고탑(GO TOP)수학학원
박정길 아쿰수학학원
박주연 마산무학여자고등학교
박진수 펠릭스수학학원
박혜인 참좋은학원
배미나 이루다 학원
배종우 매쓰팩토리수학학원
백은애 매쓰플랜수학학원 양산물금지점
백장태 창원중앙LNC학원
백지현 백지현수학교습소
서주량 한입수학
송상윤 비상한수학학원
신욱희 창익학원
안지영 모두의수학학원
어다혜 전문과외
유인영 마산중앙고등학교
유준성 시퀀스영수학원
윤영진 유클리드수학과학학원
이근영 매스마스터수학전문학원
이아름 애시앙 수학맛집
이유진 멘토수학교습소
이정훈 장정미수학학원
이지수 수과람영재에듀
이진우 전문과외
이현주 진해 즐거운 수학
전창근 수과원학원
정승엽 해냄학원
조소현 스카이하이영수학원
주기호 비상한수학국어학원
진경선 탑앤탑수학학원
최소현 펠릭스수학학원

하수미 진동삼성영수학원
하윤석 거제 정금학원
한광록 대치퍼스트학원
한희광 양산성신학원
황진호 타임수학학원

◇— 대구 —◇
강민영 매씨지수학학원
고민정 전문과외
곽미선 좀다른수학
곽병무 다원MDS
구정모 제니스
구현태 나인쌤 수학전문학원
권기현 이렇게좋은수학교습소
권보경 수%수학교습소
김기연 스텝업수학
김대운 중앙sky학원
김동규 폴리아수학학원
김동영 통쾌한 수학
김득현 차수학(사월보성점)
김명서 샘수학
김미소 에스엠과학수학학원
김미정 일등수학학원
김상우 에이치투수학 교습소
김수영 봉덕김쌤수학학원
김수진 지니수학
김영진 더퍼스트 김진학원
김우진 종로학원하늘교육 사월학원
김재홍 경일여자중학교
김정우 이룸수학학원
김종희 학문당입시학원
김지연 찐수학
김지영 더이룸국어수학
김지은 정화여자고등학교
김진수 수학의진수수학교습소
김창섭 섭수학과학학원
김태진 구정남수학전문학원
김태환 로고스 수학학원(침산원)
김해은 한상철수학학원
김현숙 METAMATH
김효선 매쓰업
노경희 전문과외
문소연 연쌤 수학비법
문윤정 전문과외
민병문 엠플수학
박경득 파란수학
박도희 전문과외
박민정 빡쎈수학교습소
박산성 Venn수학
박선희 전문과외
박옥기 매쓰플랜수학학원
박정욱 연세(SKY)스카이수학학원
박지훈 더엠수학학원
박철진 전문과외
박태호 프라임수학교습소
박현주 매쓰플래너
방소연 나인쌤수학학원
배한국 굿쌤수학교습소
백승대 백박사학원
백태민 학문당입시학원
백현식 바른입시학원
변용기 라온수학학원
서경도 보승수학study
서재은 절대등급수학
성웅경 더빡쎈수학학원
손승연 스카이수학
손태수 트루매쓰 학원
송영배 수학의정원
신광섭 광 수학학원
신수진 폴리아수학학원
신은경 황금라온수학교습소
양강일 양쌤수학과학학원
오세욱 IP수학과학학원
유화진 진수학
윤기호 샤인수학
윤석창 수학의창학원
윤혜정 채움수학학원
이규철 좋은수학
이나경 대구지성학원
이남희 이남희수학
이동환 동환수학
이명희 잇츠생각수학 학원
이원경 엠제이통수학영어학원
이은주 전문과외
이인호 본투비수학교습소
이일균 수학의달인 수학교습소
이종환 이꼼수학
이준우 깊을준수학
이진욱 시지이룸수학학원
이창우 강철에프엠수학학원
이태형 가토수학과학학원
이효진 진선생수학학원
임신옥 KS수학학원
임유진 박진수학
장두영 바움수학학원
장세완 장선생수학학원
장현정 전문과외
전동형 땡큐수학학원
전수민 전문과외
전지영 전지영수학
정민호 스테듀입시학원
정은숙 페르마학원
정재현 율사학원
조성애 조성애세움영어수학학원
조익제 MVP수학학원
조인혁 루트원수학과학학원
범어시매쓰영재교육
조지연 연쌤영 • 수학원
주기헌 송현여자고등학교
최대진 엠프로학원
최시연 이룸수학 교습소
최정이 탑수학교습소(국우동)
최현정 MQ멘토수학
하태호 팀하이퍼 수학학원
한원기 한쌤수학
현혜수 현혜수 수학
황가영 루나수학
황지현 위드제스트수학학원

◇— 경북 —◇
강경훈 예천여자고등학교
강혜연 BK 영수전문학원
권수지 에임(AIM)수학교습소
권오준 필수학영어학원
권호준 인투학원
김대훈 이상렬입시학원
김동수 문화고등학교
김동욱 구미정보고등학교
김득락 우석여자고등학교
김보아 매쓰킹공부방
김성용 경북 영천 이리풀수학
김수현 꿈꾸는 아이
김영희 라온수학
김윤정 더채움영수학원
김은미 매쓰그로우 수학학원
김이슬 포항제철고등학교
김재경 필즈수학영어학원
김정훈 현일고등학교
김형진 닥터박수학전문학원
남영준 아르베수학전문학원
문소연 조쌤보습학원
박명훈 메디컬수학학원
박윤신 한국수학교습소
박진성 포항제철중학교
방성훈 유성여자고등학교
배재현 수학만영어도학원
백기남 수학만영어도학원
성세현 이투스수학두호장량학원
소효진 전문과외
손나래 이든샘영수학원
손주희 이루다수학과학
송종진 김천중앙고등학교
신승규 영남삼육고등학교
신승용 유신수학전문학원
신지헌 문영어수학 학원
신채윤 포항제철고등학교
염성군 근화여고
오선민 수학만영어도
오세현 칠곡수학여우공부방
오윤경 닥터박수학학원
윤장영 윤쌤아카데미
이경하 안동 풍산고등학교
이다례 문매쓰달쌤수학
이민선 공감수학학원
이상원 전문가집단 영수학원
이상현 인투학원
이성국 포스카이학원
이영성 영주여자고등학교
이재광 생존학원
이재억 안동고등학교
이혜은 김천고등학교
장아름 아름수학 학원
전정현 YB일등급수학학원
정은주 정스터디
조진우 늘품수학학원
조현정 올댓수학
채원석 영남삼육고등학교
최민 엠베스트 옥계점
최수영 수학만영어도학원
최이광 혜윰플러스학원
추민지 닥터박 수학학원
표현석 안동풍산고등학교
홍영준 하이맵수학학원
홍현기 비상아이비츠학원

◇— 광주 —◇
강민결 광주수피아여자중학교
강승완 블루마인드아카데미
공민지 심미선수학학원
곽웅수 카르페영수학원
김국진 김국진짜학원
김국철 풍암필즈수학학원
김대균 김대균수학학원
김미경 임팩트학원
김안나 풍암필즈수학학원
김원진 메이블수학전문학원
김은석 만문제수학전문학원
김재광 디투엠 영수전문보습학원
김종민 퍼스트수학학원
김태성 일곡지구 김태성 수학
김현진 에이블수학학원
나혜경 고수학학원
박용우 광주 더샘수학학원
박주홍 KS수학
박충현 본수학과학학원
박현영 KS수학
변석주 153유클리드수학전문학원
빈선욱 빈선욱수학전문학원
서세은 피타과학수학학원
손광일 송원고등학교
송승용 송승용수학학원
신예준 광주 JS영재학원
신현석 프라임아카데미
양귀제 양선생수학전문학원
양동식 A+수리수학원
이만재 매쓰로드수학 학원
이상혁 감성수학
이승현 본영수학원
이주헌 리얼매쓰수학전문학원
이창현 알파수학학원
이채연 알파수학학원
이충현 전문과외
이헌기 보문고등학교
어흥범 매쓰피아
임태관 매쓰멘토수학전문학원
장민경 일대일코칭수학학원
장성태 장성태수학학원
전주현 이창길수학학원
정다원 광주인성고등학교
정다희 다희쌤수학
정미연 신샘수학학원
정수인 더최선학원
정원섭 수리수학학원

정인용 일품수학학원
정재윤 대성여자중학교
정태규 가우스수학전문학원
정형진 BMA롱맨영수학원
조은주 조은수학교습소
조일양 서안수학
조현진 조현진수학학원
조형서 전문과외
천지선 고수학학원
최성호 광주동신여자고등학교
최승원 더풀수학학원
최지웅 미라클학원

◇— 전남 —◇

김광현 한수위수학학원
김도희 가람수학전문과외
김성문 창평고등학교
김은경 목포덕인고
김은지 나주혁신위즈수학영어학원
박미옥 목포폴리아학원
박유정 해봄학원
박진성 해남한가람학원
백지하 M&m
성준우 광양제철고등학교
유혜정 전문과외
이강화 강승학원
임정원 순천매산고등학교
정현옥 Jk영수전문
조두희
조예은 스페셜매쓰
진양수 목포덕인고등학교
한지선 전문과외

◇— 전북 —◇

강원택 탑시드 영수학원
권정욱 권정욱 수학과외
김석진 영스타트학원
김선호 혜명학원
김성혁 S수학전문학원
김수연 전선생 수학학원
김재순 김재순수학학원
김혜정 차수학
나승현 나승현전유나수학전문학원
문승혜 이일여자고등학교
민태홍 전주한일고
박광수 박선생수학학원
박미숙 매쓰트리 수학전문 (공부방)
박미화 엄쌤수학전문학원
박선미 박선생수학학원
박세희 멘토이젠수학
박소영 황규종수학전문학원
박영진 필즈수학학원
박은미 박은미수학교습소
박재성 올림수학학원
박지유 박지유수학전문학원
박철우 청운학원
배태익 스키마아카데미 수학교실

서현수 수학귀신
성영재 성영재수학전문학원
손주형 전주토피아어학원
송시영 블루오션수학학원
신영진 유나이츠 학원
심우성 오늘은수학학원
양옥희 쎈수학 전주혁신학원
양은지 군산중앙고등학교
양재호 양재호카이스트학원
양형준 대들보 수학
오윤하 오늘도신이나효자학원
유현수 수학당 학원
윤병오 이투스247학원 익산
이가영 마루수학국어학원
이은지 리젠입시학원
이인성 전주우림중학교
이정현 로드맵수학학원
이지원 전문과외
이한나 알파스터디영어수학전문학원
이혜상 S수학전문학원
임승진 이터널수학영어학원
정용재 성영재수학전문학원
정혜승 샤인학원
정환희 릿지수학학원
조세진 수학의 길
채승희 윤영권수학전문학원
최성훈 최성훈수학학원
최영준 최영준수학학원
최윤 엠투엠수학학원
최형진 수학본부중고등수학전문학원

◇— 대전 —◇

강유식 연세제일학원
강홍규 최강학원
강희규 최성수학학원
고지훈 고지훈수학 지적공감학원
권은향 권샘수학
김근아 닥터매쓰205
김근하 MCstudy 학원
김남홍 대전 종로학원
김덕한 더칸수학전문학원
김도혜 더브레인코어 수학
김복응 더브레인코어 수학
김상현 세종입시학원
김수빈 제타수학학원
김승환 청운학원
김영우 뉴샘학원
김윤혜 슬기로운수학
김은지 더브레인코어 수학
김일화 대전 엘트
김주성 대전 양영학원
김지현 파스칼 대덕학원
김진 발상의전환 수학전문학원
김진수 김진수학교실
김태형 청명대입학원
김하은 고려바움수학학원
나효명 열린아카데미
류재원 양영학원

박지성 엠아이큐수학학원
배용제 굿티쳐강남학원
서동원 수학의 중심학원
서영준 힐탑학원
선진규 로하스학원
손일형 손일형수학
송규성 하이클래스학원
송다인 일인주의학원
송정은 바른수학
심훈흠 일인주의 학원
오세준 오엠수학교습소
오우진 양영학원
우현석 EBS 수학우수학원
유수림 이앤유수학학원
유준호 더브레인코어 수학
윤석주 윤석주수학전문학원
이규영 쉐마수학학원
이봉환 메이저
이성재 알파수학학원
이수진 대전관저중학교
이인욱 양영학원
이일녕 양영학원
이준희 전문과외
이채윤 대전대신고등학교
인승열 신성수학나무 공부방
임병수 모티브에듀학원
임율리 더브레인코어 수학
임현호 전문과외
장용훈 프라임수학교습소
전하윤 전문과외
전혜진 일인주의학원
정재현 양영수학학원
조영선 대전 관저중학교
조용호 오르고 수학학원
조충현 로하스학원
진상욱 양영학원 특목관
차영진 연세언더우드수학
최지영 둔산마스터학원
홍진국 저스트수학
황성필 일인주의학원
황은실 나린학원

◇— 세종 —◇

강태원 원수학
고창균 너올림입시학원
권현수 권현수 수학전문학원
김기평 바른길수학전문학원
김서현 봄날영어수학학원
김수경 김수경수학교실
김영웅 반곡고등학교
김혜림 너희가꽃이다
류바른 세종 YH영수학원(중고등관)
배명욱 GTM수학전문학원
배지후 해밀수학과학학원
윤여민 전문과외
이경미 매쓰 히어로(공부방)
이민호 세종과학예술영재학교
이지희 수학의강자학원

이현아 다정 현수학
장주영 백년대계입시학원
조은애 전문과외
최성실 샤위너스학원
최시안 고운동 최쌤수학
황성관 전문과외

◇— 충북 —◇

고정균 엠스터디수학학원
구강서 상류수학 전문학원
구태우 전문과외
김경희 점프업수학
김대호 온수학전문학원
김미화 참수학공간학원
김병용 동남 수학하는 사람들 학원
김영은 연세고려E&M
김용구 용프로수학학원
김재광 노블가온수학학원
김정호 생생수학
김주희 매쓰프라임수학학원
김하나 하나수학
김현주 루트수학학원
문지혁 수학의 문 학원
박영경 전문과외
박준 오늘수학 및 전문과외
안진아 전문과외
윤성길 엑스클래스 수학학원
윤성희 윤성수학
이경미 행복한수학 공부방
이예찬 입실론수학학원
이지수 일신여자고등학교
전병호 이루다 수학
정수연 모두의 수학
조병교 에르매쓰수학학원
조형우 와이파이수학학원
최윤아 피티엠수학학원
한상호 한매쓰수학전문학원
홍병관 서울학원

◇— 충남 —◇

강범수 전문과외
고영지 전문과외
권순필 에이커리어학원
권오운 광풍중학교
김경민 수학다이닝학원
김명은 더하다 수학
김태화 김태화수학학원
김한빛 한빛수학학원
김현영 마루공부방
남구현 내포 강의하는 아이들
노서윤 스터디멘토학원
박유진 제이홈스쿨
박재혁 명성학원
박혜정
서봉원 서산SM수학교습소
서승우 전문과외
서유리 더배움영수학원

서정기 시너지S클래스 불당학원
성유림 Jns오름학원
송명준 JNS오름학원
송은선 전문과외
송재호 불당한일학원
신경미 Honeytip
신유미 무한수학학원
유정수 천안고등학교
유창훈 전문과외
윤보희 충남삼성고등학교
윤재웅 베테랑수학전문학원
윤지영 더올림
이근영 홍주중학교
이봉이 더수학 교습소
이승훈 탑씨크리트
이아람 퍼펙트브레인학원
이은아 한다수학학원
이재장 깊은수학학원
이현주 수학다방
장정수 G.O.A.T수학
전성호 시너지S클래스학원
전혜영 타임수학학원
조현정 J.J수학전문학원
채영미 미매쓰
최문근 천안중앙고등학교
최소영 빛나는수학
최원석 명사특강
한상훈 신불당 한일학원
한호선 두드림영어수학학원
허영재 와이즈만 영재교육학원

◇— 강원 —◇

고민정 로이스물맷돌수학
강선아 펀&FUN수학학원
김명동 이코수학
김서인 세모가꿈꾸는수학당학원
김성영 빨리강해지는 수학 과학 학원
김성진 원주이루다수학과학학원
김수지 이코수학
김호동 하이탑 수학학원
남정훈 으뜸장원학원
노명훈 노명훈쌤의 알수학학원
노명희 탑클래스
박미경 수올림수학전문학원
박병석 이코수학
박상윤 박상윤수학
박수지 이코수학학원
배형진 화천학습관
백경수 춘천 이코수학
손선나 전문과외
손영숙 이코수학
신동혁 수학의 부활 이코수학
신현정 hj study
심상용 동해 과수원 학원
안현지 전문과외
오준환 수학다움학원
윤소연 이코수학
이경복 전문과외

이민호 하이탑 수학학원
이우성 이코수학
이태현 하이탑 수학학원
장윤의 수학의부활 이코수학
정복인 하이탑 수학학원
정인혁 수학과통하다학원
최수남 강릉 영 · 수배움교실
최재현 KU고대학원
최정현 최강수학전문학원

◇— 제주 —◇

강경혜 강경혜수학
고진우 전문과외
김기정 저청중학교
김대환 The원 수학
김보라 라딕스수학
김시운 전문과외
김지영 생각틔움수학교실
김홍남 셀파우등생학원
류혜선 진정성 영어수학학원
박승우 남녕고등학교
박찬 찬수학학원
오가영 메타수학
오동조 에임하이학원
오재일
이민경 공부의마침표
이상민 서이현아카데미
이선혜 더쎈 MATH
이현우 루트원플러스입시학원
장영환 제로링수학교실
편미경 편쌤수학
하혜림 제일아카데미
현수진 학고제 입시학원

수학의 바이블

유형 on

1권

공통수학1

유형

모든 유형을 싹 담은

수학의 바이블 유형 on

단계별 수준별 학습 시스템

1

꼭 풀어봐야 할 문제를 딱 알맞게 구성하여 학교시험 완벽 대비

- 내신 시험을 완벽히 준비할 수 있도록 시험에 나오는 모든 문제를 한 권에 담았습니다.
- 1권의 PART A의 문제를 한 번 더 풀고 싶다면 2권의 PART A'의 문제로 유형 집중 훈련을 할 수 있습니다.

2

유형 집중 학습 구성으로 수학의 자신감 UP!

- 최신 기출 문제를 철저히 분석 / 유형별, 난이도별로 세분화하여 체계적으로 수학 실력을 키울 수 있습니다.
- 부족한 부분의 파악이 쉽고 집중 학습하기 편리한 구성으로 효과적인 학습이 가능합니다.

3

수능을 담은 문제로 문제 해결 능력 강화

- 사고력을 요하는 문제를 통해 문제 해결 능력을 강화하여 상위권으로 도약할 수 있습니다.
- 최신 출제 경향을 담은 기출 문제, 기출변형 문제로 수능은 물론 변별력 높은 내신 문제들에 대비할 수 있습니다.

1권		2권		on
유형별 문제 내신 잡는 종합 문제 수능 녹인 변별력 문제	+	유형별 유사문제 기출&기출변형 문제	=	내신·수능 완벽 대비
필수 유형별 문제부터 시험 대비 변별력 문제 까지 완벽 학습!		맞힌 문제도 다시 한 번! 틀린 문제는 꼭 다시!		모든 문제가 내 것!

이 책의 구성과 특장

1권 모든 유형을 싹 쓸어 담아 한 권에!

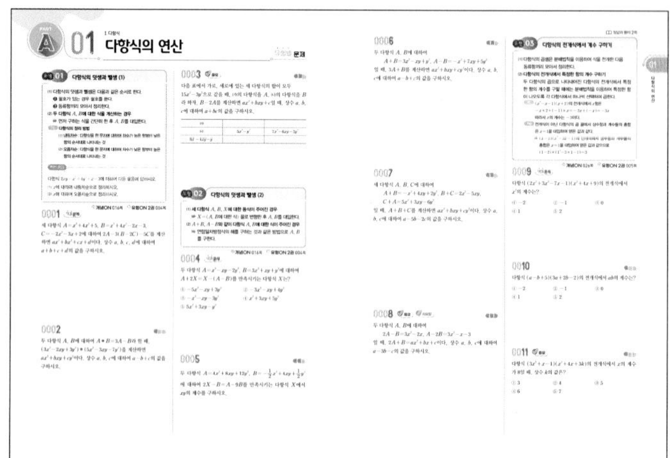
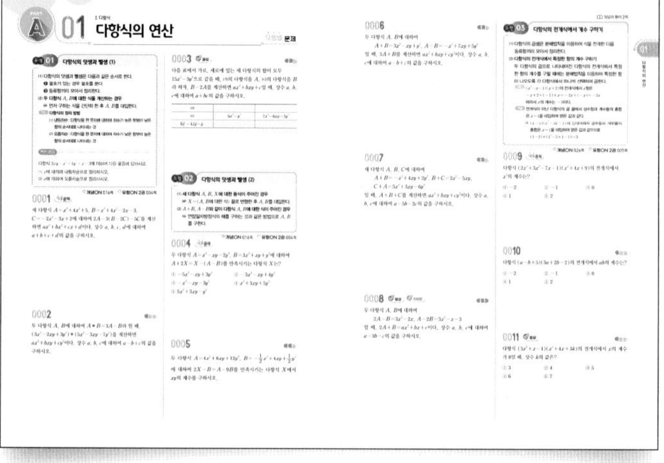

PART A 유형별 문제

» 학교 시험에서 자주 출제되는 핵심 기출 유형

- 교과서 및 각종 시험 기출 문제와 출제 가능성 높은 예상 문제를 싹 쓸어 담아 개념, 풀이 방법에 따라 유형화하였습니다.
- 학교 시험에서 출제되는 수능형 문제를 대비할 수 있도록 수능 기출, 평가원 기출, 교육청 기출 문제를 엄선하여 수록하였습니다.
- 확인 문제 각 유형의 기본 개념 익힘 문제
- 대표문제 유형을 대표하는 필수 문제
- 중요 중요 빈출 문제, 서술형 서술형 문제
- 난이도 하, 중, 상

PART B 내신 잡는 종합 문제

» 핵심 기출 유형을 잘 익혔는지 확인할 수 있는 중단원별 내신 대비 종합 문제

- 각 중단원별로 반드시 풀어야 하는 문제를 수록하여 학교 시험에 대비할 수 있도록 하였습니다.
- 중단원 학습을 마무리하고 자신의 실력을 점검할 수 있습니다.

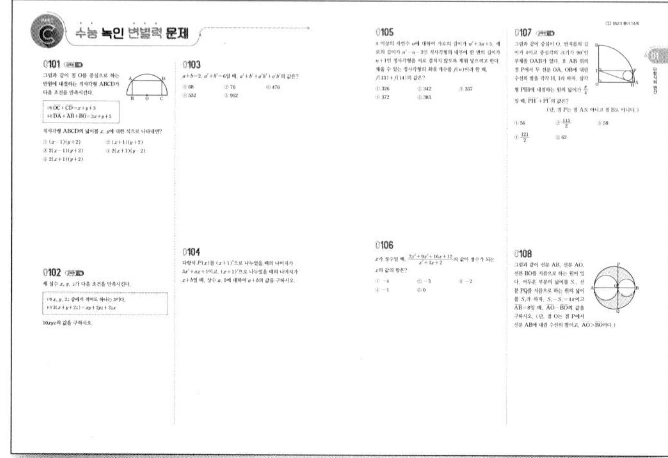

PART C 수능 녹인 변별력 문제

» 내신은 물론 수능까지 대비하는 변별력 높은 수능형 문제

- 문제 해결 능력을 강화할 수 있도록 복합 개념을 사용한 다양한 문제들로 구성하였습니다.
- 고난도 수능형 문제들을 통해 변별력 높은 내신 문제와 수능을 모두 대비하여 내신 고득점 달성 및 수능 고득점을 위한 실력을 쌓을 수 있습니다.

2권 맞힌 문제는 더 빠르고 정확하게 푸는 연습을, 틀린 문제는 다시 풀면서 완전히 내 것으로!

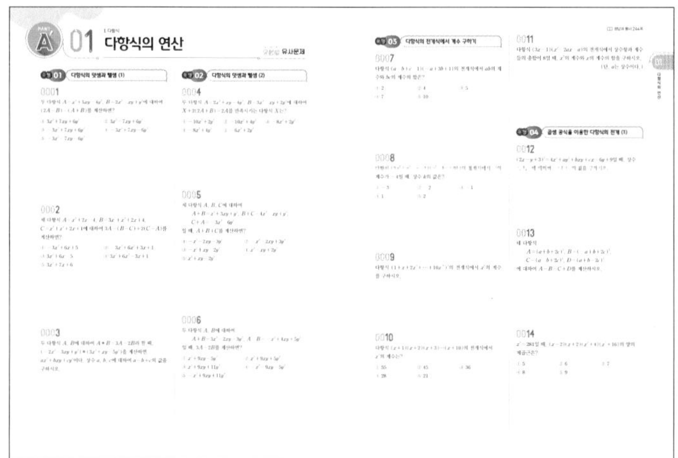

PART A′ 유형별 유사문제

» 핵심 기출 유형을 완벽히 내 것으로 만드는 유형별 연습 문제

- 1권 PART A의 동일한 유형을 기준으로 각 문제의 유사, 변형 문제로 구성하여 충분한 유제를 통해 유형별 완전 학습이 가능하도록 하였습니다. 맞힌 문제는 더 완벽하게 학습하고, 틀린 문제는 반복 학습으로 약점을 줄여나갈 수 있습니다.
- 수능 변형, 평가원 변형, 교육청 변형 문제로 기출 문제를 이해하고 비슷한 유형이 출제되는 경우에 대비할 수 있습니다.

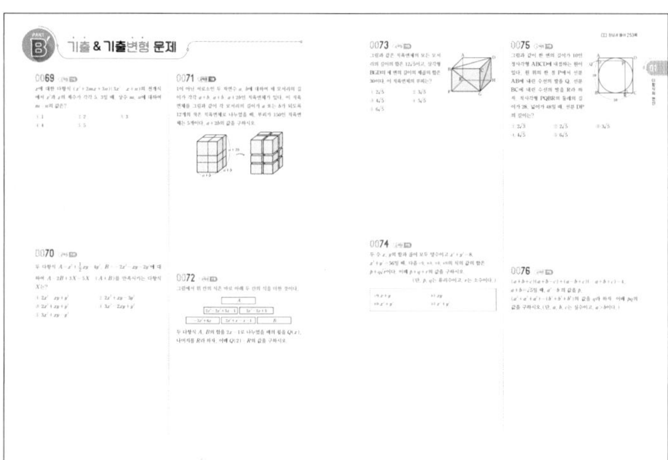

PART B′ 기출 & 기출변형 문제

» 최신 출제 경향을 담은 기출 문제와 우수 기출 문제의 변형 문제

- 기출 문제를 통해 최신 출제 경향을 파악하고 우수 기출 문제의 변형 문제를 풀어 보면서 수능 실전 감각을 키울 수 있습니다.

3권 풀이의 흐름을 한 눈에!

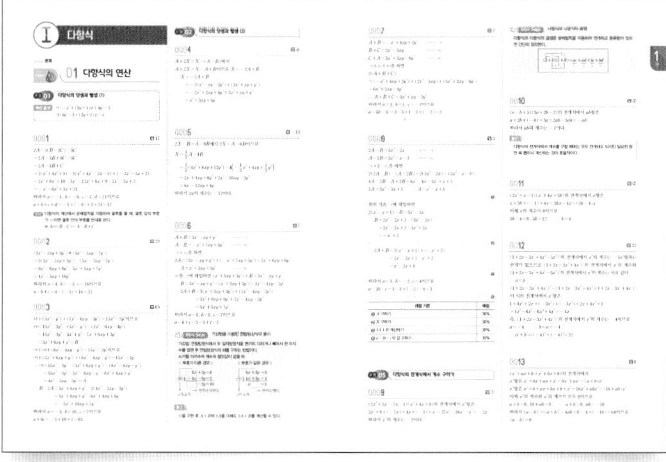

해설 정답과 풀이

» 완벽한 이해를 돕는 친절하고 명쾌한 풀이

- 문제 해결 과정을 꼼꼼하게 체크하고 이해할 수 있도록 친절하고 자세한 풀이를 실었습니다.
- Bible Says 문제 해결에 도움이 되는 학습 비법, 반드시 알아야 할 필수 개념, 공식, 원리
- 참고 해설 이해를 돕기 위한 부가적 설명

이 책의 차례

I 다항식

II 방정식과 부등식

III 경우의 수

IV 행렬

다항식

01 다항식의 연산

I. 다항식

유형별 문제

유형 01 다항식의 덧셈과 뺄셈 (1)

(1) 다항식의 덧셈과 뺄셈은 다음과 같은 순서로 한다.
❶ 괄호가 있는 경우 괄호를 푼다.
❷ 동류항끼리 모아서 정리한다.

(2) 두 다항식 A, B에 대한 식을 계산하는 경우
➡ 먼저 구하는 식을 간단히 한 후 A, B를 대입한다.

Tip **다항식의 정리 방법**
(1) 내림차순: 다항식을 한 문자에 대하여 차수가 높은 항부터 낮은 항의 순서대로 나타내는 것
(2) 오름차순: 다항식을 한 문자에 대하여 차수가 낮은 항부터 높은 항의 순서대로 나타내는 것

확인 문제

다항식 $2xy-x^2+4y^2+x-3$에 대하여 다음 물음에 답하시오.
(1) x에 대하여 내림차순으로 정리하시오.
(2) x에 대하여 오름차순으로 정리하시오.

개념ON 016쪽 유형ON 2권 004쪽

0001 대표문제

세 다항식 $A=x^3+4x^2+5$, $B=x^3+4x^2-2x-3$, $C=-2x^2-3x+2$에 대하여 $2A-3(B-2C)-5C$를 계산하면 ax^3+bx^2+cx+d이다. 상수 a, b, c, d에 대하여 $a+b+c+d$의 값을 구하시오.

0002

두 다항식 A, B에 대하여 $A*B=3A-B$라 할 때, $(3x^2-2xy+3y^2)*(5x^2-3xy-7y^2)$을 계산하면 $ax^2+bxy+cy^2$이다. 상수 a, b, c에 대하여 $a-b+c$의 값을 구하시오.

0003 중요

다음 표에서 가로, 세로에 있는 세 다항식의 합이 모두 $15x^2-3y^2$으로 같을 때, (가)의 다항식을 A, (나)의 다항식을 B라 하자. $B-2A$를 계산하면 $ax^2+bxy+cy^2$일 때, 상수 a, b, c에 대하여 $a+bc$의 값을 구하시오.

(가)		
(나)	$5x^2-y^2$	$7x^2-6xy-3y^2$
$8x^2-4xy-y^2$		

유형 02 다항식의 덧셈과 뺄셈 (2)

(1) 세 다항식 A, B, X에 대한 등식이 주어진 경우
➡ $X=(A, B$에 대한 식$)$ 꼴로 변형한 후 A, B를 대입한다.

(2) $A+B$, $A-B$와 같이 다항식 A, B에 대한 식이 주어진 경우
➡ 연립일차방정식의 해를 구하는 것과 같은 방법으로 A, B를 구한다.

개념ON 016쪽 유형ON 2권 004쪽

0004 대표문제

두 다항식 $A=x^2-xy-2y^2$, $B=3x^2+xy+y^2$에 대하여 $A+2X=X-(A-B)$를 만족시키는 다항식 X는?

① $-5x^2-xy+3y^2$
② $-3x^2-xy+4y^2$
③ $-x^2-xy-3y^2$
④ $x^2+3xy+5y^2$
⑤ $5x^2+3xy-y^2$

0005

두 다항식 $A=4x^2+8xy+12y^2$, $B=-\frac{1}{2}x^2+4xy+\frac{1}{2}y^2$에 대하여 $2X-B=A-9B$를 만족시키는 다항식 X에서 xy의 계수를 구하시오.

0006

두 다항식 A, B에 대하여

$$A+B=3x^2-xy+y^2,\ A-B=-x^2+7xy+5y^2$$

일 때, $3A+B$를 계산하면 $ax^2+bxy+cy^2$이다. 상수 a, b, c에 대하여 $a-b+c$의 값을 구하시오.

0007

세 다항식 A, B, C에 대하여

$$A+B=-x^2+4xy+2y^2,\ B+C=2x^2-5xy,$$
$$C+A=5x^2+3xy-6y^2$$

일 때, $A+B+C$를 계산하면 $ax^2+bxy+cy^2$이다. 상수 a, b, c에 대하여 $a-5b-2c$의 값을 구하시오.

0008 중요 서술형

두 다항식 A, B에 대하여

$$2A-B=3x^2-2x,\ A-2B=3x^2-x-3$$

일 때, $2A+B=ax^2+bx+c$이다. 상수 a, b, c에 대하여 $a-3b-c$의 값을 구하시오.

유형 03 다항식의 전개식에서 계수 구하기

(1) 다항식의 곱셈은 분배법칙을 이용하여 식을 전개한 다음 동류항끼리 모아서 정리한다.

(2) **다항식의 전개식에서 특정한 항의 계수 구하기**
두 다항식의 곱으로 나타내어진 다항식의 전개식에서 특정한 항의 계수를 구할 때에는 분배법칙을 이용하여 특정한 항이 나오도록 각 다항식에서 항을 하나씩 선택하여 곱한다.

예 $(x^2-x-1)(x+2)$의 전개식에서 x항은
$-x\times2+(-1)\times x=-2x+(-x)=-3x$
따라서 x의 계수는 -3이다.

Tip 전개식이 아닌 다항식의 곱 꼴에서 상수항과 계수들의 총합은 $x=1$을 대입하여 얻은 값과 같다.
➡ $(x-2)(x^2-3x-1)$의 전개식에서 상수항과 계수들의 총합은 $x=1$을 대입하여 얻은 값과 같으므로
$(1-2)\times(1^2-3\times1-1)=3$

개념ON 026쪽 유형ON 2권 005쪽

0009 대표문제

다항식 $(2x^3+3x^2-7x-1)(x^2+4x+9)$의 전개식에서 x^2의 계수는?

① -2 ② -1 ③ 0
④ 1 ⑤ 2

0010

다항식 $(a-b+5)(3a+2b-2)$의 전개식에서 ab의 계수는?

① -2 ② -1 ③ 0
④ 1 ⑤ 2

0011 중요

다항식 $(3x^2+x-1)(x^2+4x+3k)$의 전개식에서 x의 계수가 8일 때, 상수 k의 값은?

① 3 ② 4 ③ 5
④ 6 ⑤ 7

0012

다항식 $(1+2x-3x^2+4x^3)^2$의 전개식에서 x^3의 계수를 a, 다항식 $(1+2x-3x^2+4x^3-5x^4)^2$의 전개식에서 x^3의 계수를 b라 할 때, a^2+b^2의 값을 구하시오.

0013

다항식 $(x^2+ax+8)(x^2+bx+8)$의 전개식에서 x^3의 계수와 x^2의 계수가 모두 0일 때, 상수 a, b에 대하여 $|a-b|$의 값을 구하시오.

0014 중요

다항식 $(x+1)(x+2)(x+3)\cdots(x+9)$의 전개식에서 x^8의 계수는?

① 21 ② 28 ③ 36
④ 45 ⑤ 55

0015 서술형

다항식 $(x-3)(x^2-ax-3a)$의 전개식에서 상수항과 계수들의 총합이 -18일 때, x^2의 계수를 구하시오.

(단, a는 상수이다.)

유형 04 곱셈 공식을 이용한 다항식의 전개 (1)

다항식의 곱셈을 계산할 때에는 먼저 곱셈 공식을 이용할 수 있는지 확인한다. 이때 여러 개의 다항식의 곱으로 주어진 경우에는 곱셈 공식을 이용할 수 있는 부분부터 전개한다.

(1) $(a+b)^2=a^2+2ab+b^2$, $(a-b)^2=a^2-2ab+b^2$

(2) $(a+b)(a-b)=a^2-b^2$

예 $(x-1)(x+1)(x^2+1)(x^4+1)$
$=(x^2-1)(x^2+1)(x^4+1)$
$=(x^4-1)(x^4+1)$
$=x^8-1$

(3) $(x+a)(x+b)=x^2+(a+b)x+ab$

(4) $(ax+b)(cx+d)=acx^2+(ad+bc)x+bd$

(5) $(a+b+c)^2=a^2+b^2+c^2+2ab+2bc+2ca$
$=a^2+b^2+c^2+2(ab+bc+ca)$

(6) ① $(x+a)(x+b)(x+c)$
$=x^3+(a+b+c)x^2+(ab+bc+ca)x+abc$

② $(x-a)(x-b)(x-c)$
$=x^3-(a+b+c)x^2+(ab+bc+ca)x-abc$

개념ON 028쪽 유형ON 2권 005쪽

0016 대표문제

다항식 $(x+ay-1)^2$을 전개한 식이
$x^2+a^2y^2+1+xy+bx+cy$일 때, 상수 a, b, c에 대하여 abc의 값은?

① -2 ② -1 ③ 0
④ 1 ⑤ 2

0017

다항식 $(x+a)(x-b)(x-3)$을 전개한 식이
x^3-2x^2-cx+6일 때, c의 값은? (단, a, b, c는 상수이다.)

① 1 ② 2 ③ 3
④ 4 ⑤ 5

0018

네 다항식 $A=(a+b+c)^2$, $B=(-a+b+c)^2$, $C=(a-b+c)^2$, $D=(a+b-c)^2$에 대하여 $A+B+C+D$를 계산하면?

① $2a^2+2b^2+2c^2$
② $2a^2+2b^2+2c^2+2ab+2bc+2ca$
③ $4a^2+4b^2+4c^2$
④ $4a^2+4b^2+4c^2+2ab+2bc+2ca$
⑤ $4a^2+4b^2+4c^2+4ab+4bc+4ca$

0019 중요

$x^{16}=20$일 때, $(x-1)(x+1)(x^2+1)(x^4+1)(x^8+1)$의 값은?

① 15 ② 17 ③ 19
④ 21 ⑤ 23

유형 05 곱셈 공식을 이용한 다항식의 전개 (2)

다항식의 곱셈을 계산할 때에는 먼저 곱셈 공식을 이용할 수 있는지 확인한다. 이때 여러 개의 다항식의 곱으로 주어진 경우에는 곱셈 공식을 이용할 수 있는 부분부터 전개한다.

(1) $(a+b)^3=a^3+3a^2b+3ab^2+b^3$
$(a-b)^3=a^3-3a^2b+3ab^2-b^3$
(2) $(a+b)(a^2-ab+b^2)=a^3+b^3$
$(a-b)(a^2+ab+b^2)=a^3-b^3$
(3) $(a+b+c)(a^2+b^2+c^2-ab-bc-ca)$
$=a^3+b^3+c^3-3abc$
(4) $(a^2+ab+b^2)(a^2-ab+b^2)=a^4+a^2b^2+b^4$

개념ON 030쪽 유형ON 2권 006쪽

0020 대표문제

다항식 $(2x-y)^3(x+2y)$의 전개식에서 x^2y^2의 계수는?

① -20 ② -18 ③ -2
④ 4 ⑤ 8

0021 교육청 기출

다항식 $(x+a)^3+x(x-4)$의 전개식에서 x^2의 계수가 10일 때, 상수 a의 값을 구하시오.

0022 중요

다음 중 다항식의 전개가 옳지 않은 것은?

① $(3x-1)(9x^2+3x+1)=27x^3-1$
② $(2x+3y)^3=8x^3+36x^2y+54xy^2+27y^3$
③ $(x-y)(x+y)(x^2-xy+y^2)(x^2+xy+y^2)=x^6-y^6$
④ $(x+y+2z)(x^2+y^2+4z^2-xy-2yz-2zx)$
$=x^3+y^3+8z^3-6xyz$
⑤ $(4x^2+2xy+y^2)(4x^2-2xy+y^2)=16x^4+8x^2y^2+y^4$

0023 서술형

다항식 $(x-\sqrt{5})^3(x+\sqrt{5})^3$의 전개식에서 x^4의 계수를 a, x^2의 계수를 b, 상수항을 c라 할 때, $a-b-c$의 값을 구하시오.

0024

다음 조건을 만족시키는 상수 a, b에 대하여 $a+b$의 값을 구하시오.

(가) x에 대한 다항식 $(ax+2)^3+(x-1)^2$을 전개한 식에서 x의 계수가 34이다.
(나) 다항식 $(x-3y)^3+(2x-y)(4x^2+2xy+y^2)$을 전개한 식에서 x^2y의 계수와 y^3의 계수의 합은 b이다.

0025

다음 조건을 만족시키는 상수 a, b에 대하여 $a+b$의 값을 구하시오.

> (가) x에 대한 다항식 $(ax-1)^3$을 전개한 식에서 상수항과 계수들의 총합이 64이다.
> (나) $x^{10}=3$일 때, 다항식 $(x-1)(x^{19}+x^{18}+x^{17}+\cdots+x+1)$의 값은 b이다.

유형 06 공통부분이 있는 식의 전개

공통부분이 있는 다항식의 곱셈은 다음과 같은 순서로 한다.

❶ 공통부분을 t로 놓는다.
❷ ❶의 식을 곱셈 공식을 이용하여 전개한다.
❸ ❷의 식에 t 대신 원래의 공통부분을 대입한 후 전개한다.

예 $(x+y+3)(x+y-8)$에서
$x+y=t$로 놓으면
$(t+3)(t-8)=t^2-5t-24$
$=(x+y)^2-5(x+y)-24$ ← t 대신 $x+y$ 대입
$=x^2+2xy+y^2-5x-5y-24$

Tip ( )( )( )( ) 꼴은 공통부분이 생기도록 짝을 지어 곱한다.

개념ON 032쪽 유형ON 2권 006쪽

0026 대표문제

다항식 $(a+b-c^2)(a-b+c^2)$을 전개한 식에서 a^2의 계수를 x, b^2의 계수를 y, c^4의 계수를 z라 할 때, $x+y+z$의 값은?

① -2 ② -1 ③ 1
④ 2 ⑤ 3

0027 교육청 기출

두 실수 a, b에 대하여 $(a+b-1)\{(a+b)^2+a+b+1\}=8$일 때, $(a+b)^3$의 값은?

① 5 ② 6 ③ 7
④ 8 ⑤ 9

0028 서술형

다항식 $(x-1)(x-2)(x+2)(x+3)$의 전개식에서 x^2의 계수를 a, x의 계수를 b라 할 때, $a-b$의 값을 구하시오.

0029

x에 대한 다항식 $\{(x+a)^2-2a^2\}\{(x-a)^2-2a^2\}$을 전개한 식에서 x^2의 계수가 -12일 때, 상수항을 구하시오.

(단, a는 상수이다.)

0030 중요

$a=\sqrt{6}$일 때, 다음 식의 값을 구하시오.

$$\{(5+2a)^3-(5-2a)^3\}^2-\{(5+2a)^3+(5-2a)^3\}^2$$

0031

다항식 $(a+b+c)(a-b+c)(a+b-c)(a-b-c)$의 전개식에서 a^2b^2의 계수를 x, b^2c^2의 계수를 y, c^2a^2의 계수를 z라 할 때, $x+2y+z$의 값을 구하시오.

정답과 풀이 5쪽

유형 07 곱셈 공식의 변형 - $a^n \pm b^n$의 값

a^2+b^2, a^3+b^3, a^3-b^3, a^4+b^4의 값은 다음과 같이 $a \pm b$, ab의 값을 이용하여 구할 수 있다.

(1) $a^2+b^2=(a+b)^2-2ab=(a-b)^2+2ab$

참고 $(a+b)^2=(a-b)^2+4ab$

$(a-b)^2=(a+b)^2-4ab$

(2) $a^3+b^3=(a+b)^3-3ab(a+b)$

$a^3-b^3=(a-b)^3+3ab(a-b)$

(3) $a^4+b^4=(a^2)^2+(b^2)^2=(a^2+b^2)^2-2a^2b^2$

$=\{(a+b)^2-2ab\}^2-2(ab)^2$

개념ON 036쪽 유형ON 2권 007쪽

0032 대표문제

$x+y=2\sqrt{3}$, $x^2+y^2=4$일 때, x^3+y^3의 값은?

① 0 ② 2 ③ $2\sqrt{3}$
④ $4\sqrt{3}$ ⑤ $8\sqrt{3}$

0033

$x+y=3$, $xy=-3$일 때, x^3y+xy^3의 값은?

① -60 ② -45 ③ -9
④ 9 ⑤ 45

0034 교육청 기출

$x-y=2$, $x^3-y^3=12$일 때, xy의 값은?

① $\frac{1}{3}$ ② $\frac{2}{3}$ ③ 1
④ $\frac{4}{3}$ ⑤ $\frac{5}{3}$

0035

$x-y=2$, $x^3-y^3=14$일 때, $\frac{y}{x}+\frac{x}{y}$의 값은?

① -6 ② -3 ③ 0
④ 3 ⑤ 6

0036 중요

$x+y=1$, $x^3+y^3=4$일 때, x^4+y^4의 값은?

① 3 ② 5 ③ 7
④ 9 ⑤ 10

0037 서술형

두 양수 x, y에 대하여 $x^2=5+2\sqrt{6}$, $y^2=5-2\sqrt{6}$일 때, $\frac{x^2}{y}+\frac{y^2}{x}$의 값을 구하시오.

0038

$x+y=2$, $xy=-2$일 때, $x^5+y^5-x^3-y^3$의 값은?

① 118 ② 124 ③ 132
④ 144 ⑤ 168

유형 08 곱셈 공식의 변형 - $a^n \pm \frac{1}{a^n}$의 값

$a^2+\frac{1}{a^2}$, $a^3+\frac{1}{a^3}$, $a^3-\frac{1}{a^3}$의 값은 다음과 같이 $a\pm\frac{1}{a}$의 값을 이용하여 구할 수 있다.

(1) $a^2+\frac{1}{a^2}=\left(a+\frac{1}{a}\right)^2-2=\left(a-\frac{1}{a}\right)^2+2$

참고 $\left(a+\frac{1}{a}\right)^2=\left(a-\frac{1}{a}\right)^2+4$, $\left(a-\frac{1}{a}\right)^2=\left(a+\frac{1}{a}\right)^2-4$

(2) $a^3+\frac{1}{a^3}=\left(a+\frac{1}{a}\right)^3-3\left(a+\frac{1}{a}\right)$

$a^3-\frac{1}{a^3}=\left(a-\frac{1}{a}\right)^3+3\left(a-\frac{1}{a}\right)$

개념ON 036쪽 유형ON 2권 008쪽

0039 대표문제

$x^2-4x-1=0$일 때, $x^3-\frac{1}{x^3}$의 값은?

① 58 ② 67 ③ 73
④ 76 ⑤ 85

0040 중요

$x^2+\frac{1}{x^2}=6$일 때, $x^3-\frac{1}{x^3}$의 값은? (단, $0<x<1$)

① -18 ② -14 ③ -2
④ 2 ⑤ 14

0041 중요 서술형

$x^2-3x+1=0$일 때, $2x^3+5x-10+\frac{5}{x}+\frac{2}{x^3}$의 값을 구하시오.

0042

$x^2=2x+1$일 때, $x^6+\frac{1}{x^6}$의 값을 구하시오.

0043

양수 x에 대하여 $x^4-7x^2+1=0$일 때, $\frac{x^7+x^5+x^3+x}{x^4}$의 값을 구하시오.

유형 09 곱셈 공식의 변형 - $a^n+b^n+c^n$의 값

(1) $a^2+b^2+c^2=(a+b+c)^2-2(ab+bc+ca)$

Tip $a^2+b^2+c^2$, $a+b+c$, $ab+bc+ca$ 중 어느 두 값을 알면 나머지 한 값을 구할 수 있다.

참고 (1) $a^2+b^2+c^2-ab-bc-ca$
$=\frac{1}{2}\{(a-b)^2+(b-c)^2+(c-a)^2\}$

(2) $a^2+b^2+c^2+ab+bc+ca$
$=\frac{1}{2}\{(a+b)^2+(b+c)^2+(c+a)^2\}$

(2) $a^3+b^3+c^3$
$=(a+b+c)(a^2+b^2+c^2-ab-bc-ca)+3abc$

개념ON 038쪽 유형ON 2권 009쪽

0044 대표문제

$a+b+c=4$, $a^2+b^2+c^2=10$, $abc=2$일 때, $a^3+b^3+c^3$의 값은?

① 30 ② 32 ③ 34
④ 36 ⑤ 40

0045 중요

$a+b+c=6$, $a^2+b^2+c^2=16$, $\frac{1}{a}+\frac{1}{b}+\frac{1}{c}=2$일 때, abc의 값은? (단, $abc\neq0$)

① $\frac{5}{2}$　② 3　③ $\frac{7}{2}$
④ 4　⑤ 5

0046 중요 서술형

$a+b+c=6$, $a^2+b^2+c^2=28$일 때,
$(a-b)^2+(b-c)^2+(c-a)^2$의 값을 구하시오.

0047

$a+b+c=4$, $ab+bc+ca=2$일 때,
$(a-b)(b-c)+(b-c)(c-a)+(c-a)(a-b)$의 값을 구하시오.

0048 중요

$a-b=3$, $a-c=-2$일 때, $a^2+b^2+c^2-ab-bc-ca$의 값을 구하시오.

유형 10 곱셈 공식의 변형의 활용

세 문자의 조건을 확인한 후 주어진 식을 변형하여 답을 구한다.

예 세 실수 x, y, z에 대하여
$x+y+z=3$, $xy+yz+zx=-5$, $xyz=-4$일 때,
$(x+y)(y+z)(z+x)$의 값 구하기

풀이 $x+y+z=3$에서
$x+y=3-z$, $y+z=3-x$, $z+x=3-y$이므로
$(x+y)(y+z)(z+x)$
$=(3-z)(3-x)(3-y)$
$=3^3-3^2(x+y+z)+3(xy+yz+zx)-xyz$
$=27-9\times3+3\times(-5)-(-4)=-11$

개념ON 038쪽　유형ON 2권 010쪽

0049 대표문제

세 실수 x, y, z에 대하여

$x+y+z=2$, $xy+yz+zx=3$, $xyz=-1$

일 때, $(x+y)(y+z)(z+x)$의 값은?

① 3　② 5　③ 7
④ 9　⑤ 11

0050

세 실수 x, y, z에 대하여 $(x+y)(y+z)(z+x)=-11$, $x+y+z=3$, $xy+yz+zx=-5$일 때, xyz의 값을 구하시오.

0051

세 실수 a, b, c에 대하여

$a+b+c=2$, $a^2+b^2+c^2=10$, $a^3+b^3+c^3=4$

일 때, $ab(a+b)+bc(b+c)+ca(c+a)$의 값을 구하시오.

유형 11 곱셈 공식을 이용한 수의 계산

(1) 복잡한 수의 계산에서 곱셈 공식을 이용하려면 식을 변형하거나 하나의 수를 두 수의 합 또는 차로 나타낸다. 이때 반복되는 수는 같은 문자로 생각한다.
(2) 주어진 식에 $(a+b)(a^2+b^2)(a^4+b^4)\cdots$ 꼴이 있는 경우 $a-b$를 곱하여 곱셈 공식 $(a+b)(a-b)=a^2-b^2$을 이용한다.

개념ON 034쪽 유형ON 2권 010쪽

0052 대표문제

$8\times12\times104\times10016$을 계산하면?

① 10^4+16 ② 10^8-16 ③ 10^8+16
④ 10^8-256 ⑤ 10^8+256

0053

$\dfrac{109^4}{108\times(109^2+110)+1}$의 값을 구하시오.

0054 교육청 기출

$2016\times2019\times2022=2019^3-9a$가 성립할 때, 상수 a의 값은?

① 2018 ② 2019 ③ 2020
④ 2021 ⑤ 2022

0055

$\dfrac{(90+\sqrt{97})^3+(90-\sqrt{97})^3}{90}$의 일의 자리의 숫자를 구하시오.

0056 중요

$a=\left(1+\dfrac{1}{2}\right)\left(1+\dfrac{1}{2^2}\right)\left(1+\dfrac{1}{2^4}\right)\left(1+\dfrac{1}{2^8}\right)$일 때, 다음 중 2^{16}을 a를 이용하여 나타낸 것은?

① $\dfrac{1}{2-a}$ ② $\dfrac{1}{a-1}$ ③ $\dfrac{1}{2+a}$
④ $\dfrac{2}{2-a}$ ⑤ $\dfrac{2}{2+a}$

0057

다항식의 곱셈 공식을 이용하여 $\dfrac{(2^2+1)(2^4+1)(2^8+1)}{(3^3-1)(3^6+1)}$의 값을 계산한 결과가 $\dfrac{b}{a}\times\dfrac{2^{16}-1}{3^{12}-1}$일 때, 서로소인 두 자연수 a, b에 대하여 $b-a$의 값을 구하시오.

유형 12 곱셈 공식의 도형에의 활용

주어진 도형에서 선분의 길이를 문자로 놓고 둘레의 길이, 넓이 등을 이 문자로 나타낸 후 곱셈 공식을 이용한다.

(1) **직사각형**

① (둘레의 길이) $=2(a+b)$

② (넓이) $=ab$

③ $a^2+b^2=c^2$

➡ $a^2+b^2=(a+b)^2-2ab$

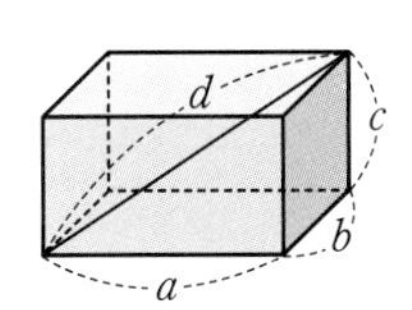

(2) **직육면체**

① (모든 모서리의 길이의 합) $=4(a+b+c)$

② (겉넓이) $=2(ab+bc+ca)$

③ $a^2+b^2+c^2=d^2$

➡ $(a+b+c)^2=a^2+b^2+c^2+2(ab+bc+ca)$

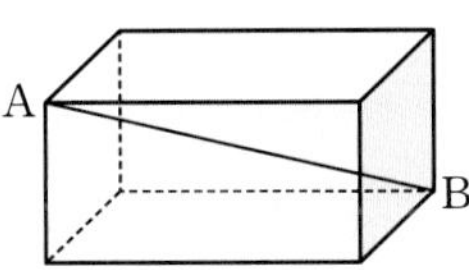

개념ON 036쪽 유형ON 2권 011쪽

0058 대표문제

그림과 같은 직육면체의 모든 모서리의 길이의 합이 44, 겉넓이가 72일 때, 대각선 AB의 길이를 구하시오.

0059 중요 서술형

그림과 같이 지름의 길이가 20인 원에 둘레의 길이가 56인 직사각형이 내접할 때, 이 직사각형의 넓이를 구하시오.

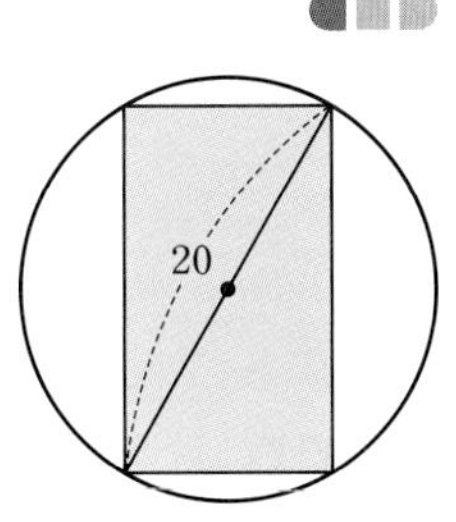

0060 교육청 기출

그림과 같이 $\angle C=90°$인 직각삼각형 ABC가 있다. $\overline{AB}=2\sqrt{6}$이고 삼각형 ABC의 넓이가 3일 때, $\overline{AC}^3+\overline{BC}^3$의 값을 구하시오.

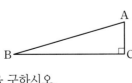

0061

한 모서리의 길이가 $x+4$인 정육면체 모양의 나무토막이 있다. [그림 1]과 같이 이 나무토막의 윗면의 중앙에서 한 변의 길이가 x인 정사각형 모양으로 아랫면의 중앙까지 구멍을 뚫었다. 구멍은 직육면체 모양이고, 각 모서리는 처음 정육면체의 모서리와 평행하다. 이와 같은 방법으로 각 면에서 구멍을 뚫어 [그림 2]와 같은 입체도형을 얻었다. 이때 [그림 2]의 입체도형의 부피를 구하시오.

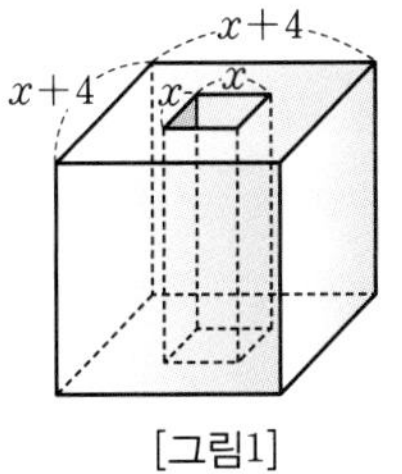

[그림1]

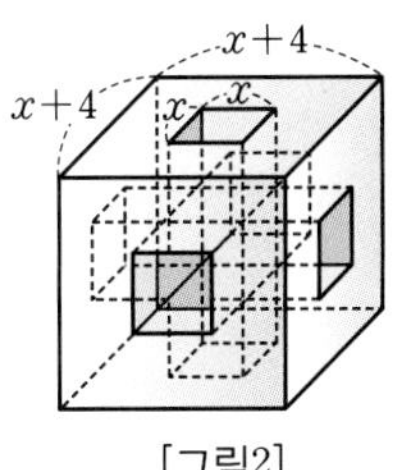

[그림2]

0062 중요

삼각형 ABC의 세 변의 길이 a, b, c 사이에

$$(a-b-c)(a+b+c)=(b-c-a)(a+b-c)$$

인 관계가 성립한다고 할 때, 삼각형 ABC는 어떤 삼각형인가?

① 정삼각형
② $a=b$인 이등변삼각형
③ 빗변의 길이가 a인 직각삼각형
④ 빗변의 길이가 b인 직각삼각형
⑤ 빗변의 길이가 c인 직각삼각형

0063 교육청 기출

그림과 같이 선분 AB 위의 점 C에 대하여 선분 AC를 한 모서리로 하는 정육면체와 선분 BC를 한 모서리로 하는 정육면체를 만든다. $\overline{AB}=8$이고 두 정육면체의 부피의 합이 224일 때, 두 정육면체의 겉넓이의 합을 구하시오.

(단, 두 정육면체는 한 모서리에서만 만난다.)

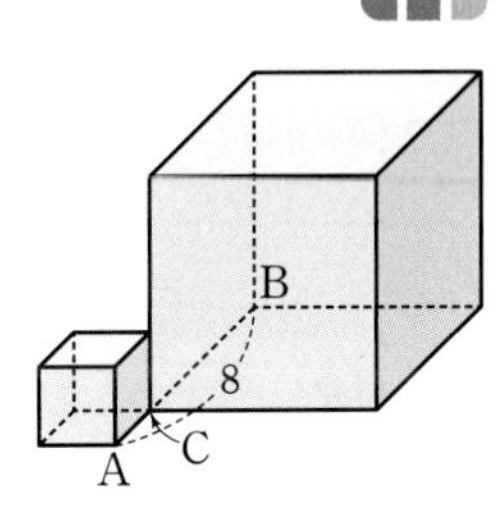

0064

그림과 같이 선분 AB 위의 점 C에 대하여 선분 AC를 한 대각선으로 하는 정육면체와 선분 BC를 한 대각선으로 하는 정육면체를 만든다. $\overline{AB}=5\sqrt{3}$이고 두 정육면체의 겉넓이의 합이 126일 때, 두 정육면체의 부피의 합을 구하시오.

(단, 두 정육면체는 한 점에서만 만난다.)

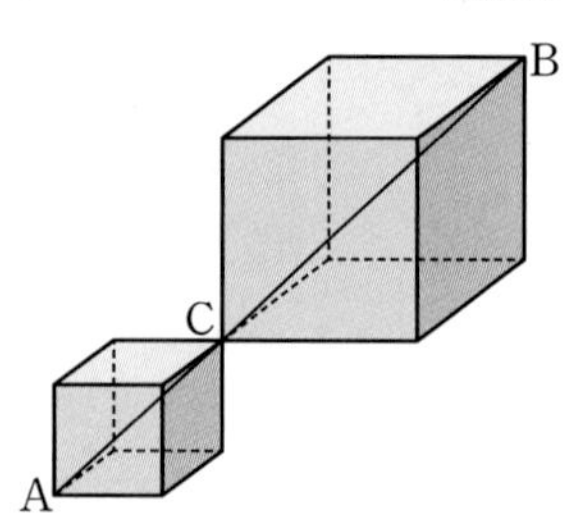

0065

그림과 같이 한 변의 길이가 각각 a, b, c인 세 정사각형 A, B, C와 이웃하는 두 변의 길이가 각각 $a+b$, $b+c$인 직사각형 D가 있다.

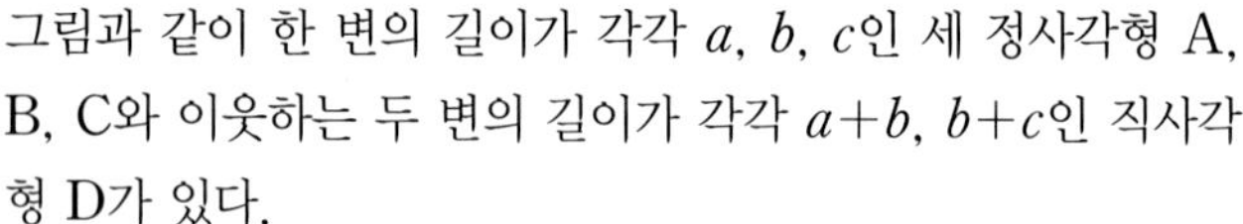

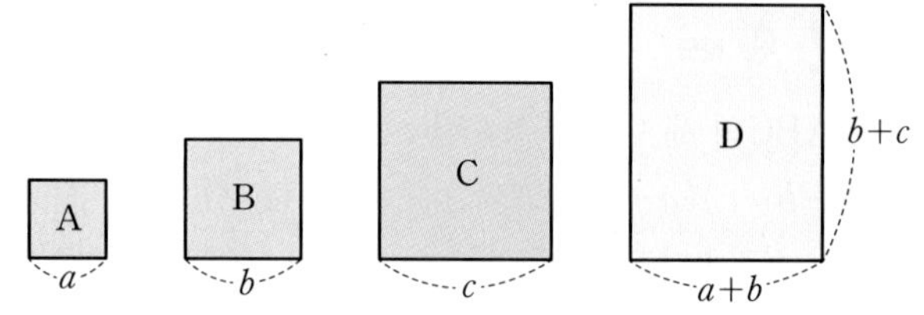

세 정사각형 A, B, C의 넓이의 합은 84이고, 둘레의 길이의 합은 56이다. 정사각형 B의 넓이를 S_B, 직사각형 D의 넓이를 S_D라 할 때, S_D-S_B의 값을 구하시오.

0066 중요 서술형

그림과 같이 세 모서리 OA, OB, OC가 점 O에서 서로 수직으로 만나는 사면체 OABC가 다음 조건을 만족시킬 때, $\overline{OA}^2+\overline{OB}^2+\overline{OC}^2$의 값을 구하시오.

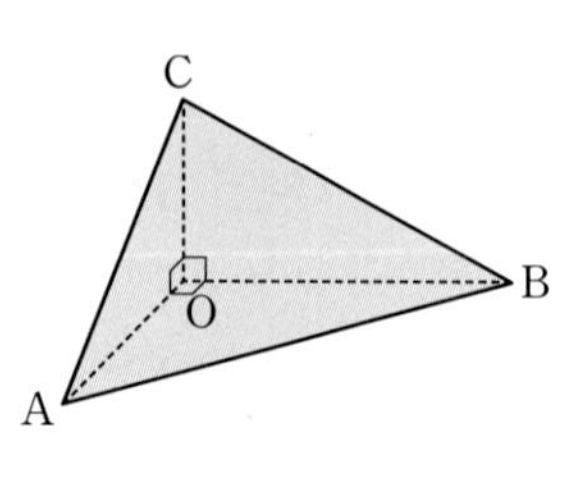

(가) $\overline{OA}+\overline{OB}+\overline{OC}=8$
(나) $\triangle OAB+\triangle OBC+\triangle OCA=10$

유형 13 다항식의 나눗셈 - 몫과 나머지

다항식을 다항식으로 나눌 때에는 각 다항식을 내림차순으로 정리하여 쓰되 계수가 0인 항은 비워 두고, 같은 차수끼리 자리를 맞추어 자연수의 나눗셈과 같은 방법으로 계산한다. 이때 나머지의 차수가 나누는 식의 차수보다 낮아질 때까지 나눈다.

Tip 다항식의 나눗셈은 자연수의 나눗셈과 다르게 나머지가 음의 상수인 경우도 있다.

개념ON 044쪽 유형ON 2권 012쪽

0067 대표문제

다항식 x^3-3x^2+5x+4를 x^2-2x-1로 나누었을 때의 몫을 $Q(x)$, 나머지를 $R(x)$라 하자. 이때 $Q(2)+R(-2)$의 값을 구하시오.

0068

밑면의 가로의 길이가 $a+3$, 세로의 길이가 $a-4$인 직육면체의 부피가 $a^3+2a^2-15a-36$일 때, 이 직육면체의 높이를 구하시오.

0069

오른쪽은 다항식 $3x^3+7x^2-8$을 $x-1$로 나누는 과정을 나타낸 것이다. 상수 a, b, c, d에 대하여 $a+b+c+d$의 값을 구하시오.

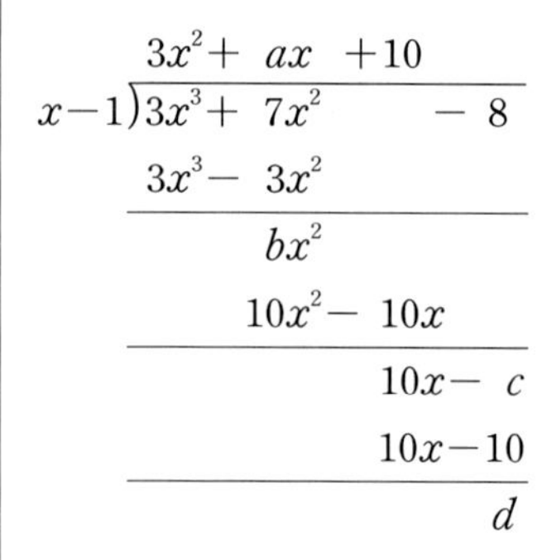

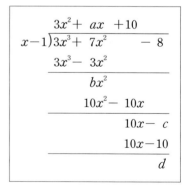

0070 중요

다항식 $-2x^3-5x^2+4$를 x^2+3x+2로 나누었을 때의 몫이 $ax+b$이고 나머지가 $cx+d$일 때, 상수 a, b, c, d에 대하여 $ad+bc$의 값을 구하시오.

0071 중요 서술형

오른쪽은 다항식 $2x^3+x^2+4x-4$를 $ax+1$로 나누는 과정을 나타낸 것이다. 상수 a, b, c, d, e에 대하여 $a+b+c+d+e$의 값을 구하시오.

$$\begin{array}{r} x^2+c \\ ax+1 \overline{)\,2x^3+x^2+4x-4} \\ \underline{bx^3+x^2 \quad\quad\quad} \\ 4x-4 \\ \underline{dx+e} \\ -6 \end{array}$$

유형 14 다항식의 나눗셈 - $A=BQ+R$

다항식 A를 다항식 $B(B\neq0)$로 나누었을 때의 몫을 Q, 나머지를 R라 하면

$A=BQ+R$

(단, R는 상수 또는 (R의 차수)$<$(B의 차수)이다.)

참고 $R=0$일 때, 즉 $A=BQ$이면 A는 B로 나누어떨어진다고 한다.

개념ON 046쪽 유형ON 2권 012쪽

0072 대표문제

다항식 $2x^4+5x^2+12x-10$을 다항식 $f(x)$로 나누었을 때의 몫이 $2x^2+2x-3$이고, 나머지가 $-x+5$일 때, 다항식 $f(x)$를 구하시오.

0073 중요

다항식 $f(x)$를 $x-1$로 나누었을 때의 몫이 $2x-3$이고, 나머지가 4일 때, $f(x)$를 $x+1$로 나누었을 때의 몫을 $ax+b$, 나머지를 c라 하자. 상수 a, b, c에 대하여 $ab+c$의 값을 구하시오.

0074

다항식 $P(x)$가 등식

$$2x^4+4x^3+3x^2+7x-1=(2x^2+5)P(x)+ax+4$$

를 만족시킬 때, $P(a)$의 값은? (단, a는 상수이다.)

① 1 ② 2 ③ 3 ④ 4 ⑤ 5

0075

두 다항식 A, B를 $x-1$로 나누었을 때의 몫이 각각 $x+3$, $x+2$이고, 나머지가 각각 2, 4일 때, 다항식 $xA+B$를 x^2-3x-2로 나누었을 때의 몫과 나머지의 합을 구하시오.

0076

다항식 x^3-3x^2+ax-6이 x^2-x+b로 나누어떨어질 때, 상수 a, b에 대하여 $a+b$의 값을 구하시오.

0077

$x^2-x-1=0$일 때, $2x^4-x^3-3x^2-x-5$의 값은?

① -5　② -1　③ 0　④ 3　⑤ 5

유형 15 몫과 나머지의 변형

다항식 $P(x)$를 $x-\frac{1}{a}$ $(a\neq0)$로 나누었을 때의 몫을 $Q(x)$, 나머지를 R라 하면

$$P(x)=\left(x-\frac{1}{a}\right)Q(x)+R$$
$$=\frac{1}{a}(ax-1)Q(x)+R$$
$$=(ax-1)\times\frac{1}{a}Q(x)+R$$

➡ $P(x)$를 $ax-1$로 나누었을 때의 몫은 $\frac{1}{a}Q(x)$, 나머지는 R이다.

유형ON 2권 013쪽

0078 대표문제

다항식 $P(x)$를 $x-\frac{1}{4}$로 나누었을 때의 몫을 $Q(x)$, 나머지를 R라 할 때, $P(x)$를 $4x-1$로 나누었을 때의 몫과 나머지를 차례대로 구한 것은?

① $\frac{1}{4}Q(x)$, R　② $\frac{1}{4}Q(x)$, $4R$　③ $Q(x)$, $\frac{1}{4}R$　④ $Q(x)$, R　⑤ $4Q(x)$, R

0079

다항식 $f(x)$를 $3x-2$로 나누었을 때의 몫을 $Q(x)$, 나머지를 R라 할 때, $f(x)$를 $x-\frac{2}{3}$로 나누었을 때의 몫과 나머지를 차례대로 구한 것은?

① $\frac{1}{3}Q(x)$, $\frac{1}{3}R$　② $\frac{1}{3}Q(x)$, R　③ $Q(x)$, R　④ $3Q(x)$, $\frac{1}{3}R$　⑤ $3Q(x)$, R

0080

다항식 $P(x)$를 $x+\frac{1}{2}$로 나누었을 때의 몫은 $Q(x)$이고 나머지는 4이다. 다항식 $xP(x)$를 $2x+1$로 나누었을 때의 나머지는?

① -2　② 0　③ 1　④ 2　⑤ 6

0081

다항식 $P(x)-1$을 $x+1$로 나누었을 때의 몫을 $Q(x)$, 나머지를 R라 할 때, 다항식 $xP(x)$를 $x+1$로 나누었을 때의 몫과 나머지를 차례대로 구한 것은?

① $xQ(x)$, $R+1$　② $xQ(x)+R-1$, $R+1$　③ $xQ(x)+R-1$, $-R-1$　④ $xQ(x)+R+1$, $R+1$　⑤ $xQ(x)+R+1$, $-R-1$

0082 교육청 기출

다항식 $f(x)$를 x^2+1로 나눈 나머지가 $x+1$이다. $\{f(x)\}^2$을 x^2+1로 나눈 나머지가 $R(x)$일 때, $R(3)$의 값은?

① 6　② 7　③ 8　④ 9　⑤ 10

내신 잡는 종합 문제

정답과 풀이 14쪽

0083

세 다항식 $A=x^3-3x^2-2x+4$, $B=-x^3-2x+1$, $C=-x^3+2x^2-5$에 대하여 $2A-(B-3C)+(2B-C)$를 계산하면?

① $-x^3+7x^2-2x+1$ ② $-x^3+4x^2-6x-1$
③ $-x^3-2x^2-3x+1$ ④ $-x^3-2x^2-6x-1$
⑤ $-5x^3-x^2+8x-3$

0084

두 다항식 A, B에 대하여

$2A+B=(x-2)(x^2+2x+4)$,
$A-B=(x-1)(x+1)$

일 때, $X-A=5B$를 만족시키는 다항식 X의 상수항은?

① -13 ② -9 ③ -5
④ -4 ⑤ -3

0085

다항식 $(1+2x+3x^2+4x^3+\cdots+50x^{49})^2$의 전개식에서 x^5의 계수는?

① 14 ② 28 ③ 48
④ 56 ⑤ 66

0086

$a^2=3+2\sqrt{2}$, $b^2=3-2\sqrt{2}$일 때, a^3+b^3의 값은?
(단, $a<0$, $b>0$)

① -15 ② -14 ③ -13
④ 13 ⑤ 14

0087

$x^2-2x-1=0$일 때, $x^5-\dfrac{1}{x^5}$의 값은?

① 82 ② 83 ③ 84
④ 85 ⑤ 86

0088

$A=(10+1)(10^2+1)(10^4+1)(10^8+1)$이라 하면 A는 n자리 자연수이고, 십의 자리의 숫자는 k이다. 이때 $n+k$의 값은?

① 15 ② 16 ③ 17
④ 18 ⑤ 19

0089 교육청 기출

[그림 1]과 같이 모든 모서리의 길이가 1보다 큰 직육면체가 있다. 이 직육면체와 크기와 모양이 같은 나무토막의 한 모퉁이에서 한 모서리의 길이가 1인 정육면체 모양의 나무토막을 잘라내어 버리고 [그림 2]와 같은 입체도형을 만들었다. [그림 2]의 입체도형의 겉넓이는 236이고, 모든 모서리의 길이의 합은 82일 때, [그림 1]에서 직육면체의 대각선의 길이는?

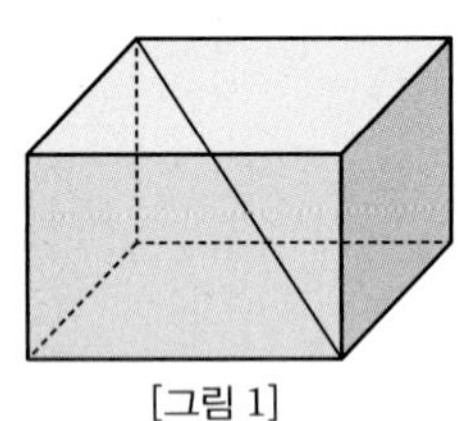
[그림 1]

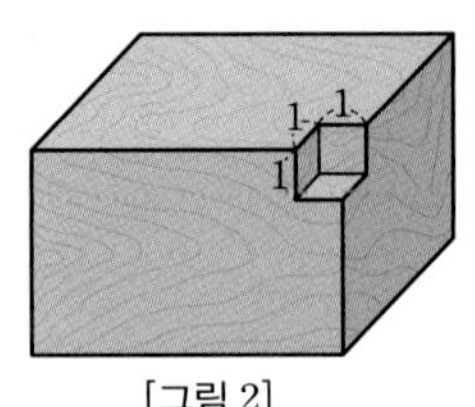

[그림 2]

① $2\sqrt{30}$　② $5\sqrt{5}$　③ $\sqrt{130}$
④ $3\sqrt{15}$　⑤ $2\sqrt{35}$

0090

$x^2-3x+1=0$일 때, x^4-2x^3-5x+4의 값은?

① 2　② 3　③ 4
④ 5　⑤ 6

0091

다항식 $2x^3+5x^2-6x-1$을 x^2-x+1로 나누었을 때의 몫과 나머지를 각각 $Q(x)$, $R(x)$라 할 때, $Q(1)+R(1)$의 값은?

① -2　② -1　③ 0
④ 1　⑤ 2

0092

다항식 $f(x)$를 x^2+x+1로 나누었을 때의 몫이 $x+1$이고, 나머지가 $x-2$일 때, $f(x)$를 $x+1$로 나누었을 때의 몫을 $Q(x)$, 나머지를 R라 하자. 이때 $Q(-1)-2R$의 값은?

① 7　② 8　③ 9
④ 10　⑤ 11

0093

다항식 $P(x)$를 $2x-14$로 나누었을 때의 몫을 $Q(x)$, 나머지를 R라 할 때, $xP(x)$를 $x-7$로 나누었을 때의 몫과 나머지를 차례대로 구한 것은?

① $2Q(x)$, R　② $2xQ(x)$, R
③ $2xQ(x)$, $7R$　④ $2xQ(x)+R$, R
⑤ $2xQ(x)+R$, $7R$

0094

합이 5인 세 실수 a, b, c가 $a+3b=4ab$, $b+3c=4bc$, $c+3a=4ca$를 만족시킬 때, $a^2+b^2+c^2$의 값은?

① 9　② 11　③ 13
④ 15　⑤ 17

0095

$a+b+c=4$, $ab+bc+ca=2$, $abc=-2$일 때, $a^2+b^2+c^2$과 $a^2b^2+b^2c^2+c^2a^2$의 값을 각각 p, q라 하자. $p+q$의 값을 구하시오.

0096

$(a+b+c)(a+b-c)+(a-b+c)(-a+b+c)=80$, $a^2+b^2=58$일 때, a^3-b^3의 값을 구하시오.

(단, a, b, c는 실수이고, $a>b$이다.)

0097

다음 조건을 만족시키는 자연수 x, y의 순서쌍 (x, y)의 개수를 구하시오.

(가) x, y의 제곱의 합은 a이다.
(나) x, y의 세제곱의 합은 $x+y$의 b배이다.
(다) $a-b=16$

서술형 대비하기

0098

두 다항식 A, B에 대하여

$$A+B=5x^2+2xy-2y^2,\ A-B=x^2+4xy-6y^2$$

일 때, $A-3B=ax^2+bxy+cy^2$이다. 상수 a, b, c에 대하여 abc의 값을 구하시오.

0099

그림과 같이 밑면의 가로의 길이, 세로의 길이, 높이가 각각 a, b, c인 직육면체 상자가 있다. 이 상자의 겉넓이는 42이고 대각선 AG의 길이는 $\sqrt{22}$일 때,

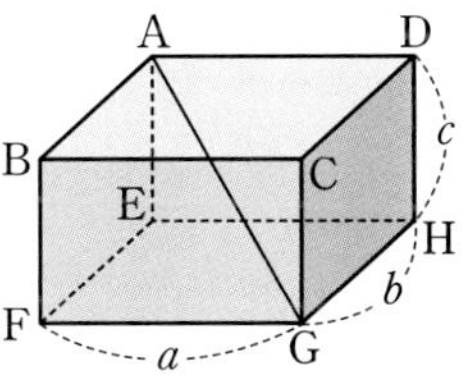

$ab(a+b)+bc(b+c)+ca(c+a)+3abc$의 값을 구하시오.

0100

다항식 $2x^3+3x^2-10x+5$를 $4x-2$로 나누었을 때의 몫을 $Q_1(x)$, 나머지를 R_1이라 하고, $x-\frac{1}{2}$로 나누었을 때의 몫을 $Q_2(x)$, 나머지를 R_2라 할 때, $\frac{Q_2(x)}{Q_1(x)}+\frac{R_2}{R_1}$의 값을 구하시오. (단, $Q_1(x)\neq0$, $R_1\neq0$)

수능 녹인 변별력 문제

0101 교육청 기출

그림과 같이 점 O를 중심으로 하는 반원에 내접하는 직사각형 ABCD가 다음 조건을 만족시킨다.

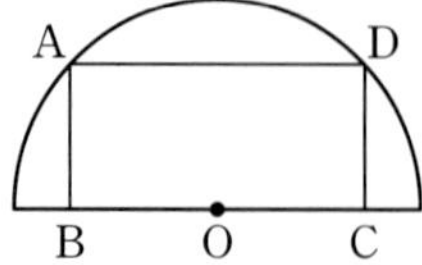

(가) $\overline{OC}+\overline{CD}=x+y+3$
(나) $\overline{DA}+\overline{AB}+\overline{BO}=3x+y+5$

직사각형 ABCD의 넓이를 x, y에 대한 식으로 나타내면?

① $(x-1)(y+2)$ ② $(x+1)(y+2)$
③ $2(x-1)(y+2)$ ④ $2(x+1)(y-2)$
⑤ $2(x+1)(y+2)$

0102 교육청 기출

세 실수 x, y, z가 다음 조건을 만족시킨다.

(가) x, y, $2z$ 중에서 적어도 하나는 3이다.
(나) $3(x+y+2z)=xy+2yz+2zx$

$10xyz$의 값을 구하시오.

0103

$a+b=2$, $a^2+b^2=6$일 때, $a^7+b^7+a^3b^4+a^4b^3$의 값은?

① 68 ② 76 ③ 476
④ 532 ⑤ 952

0104

다항식 $P(x)$를 $(x+1)^3$으로 나누었을 때의 나머지가 $3x^2+ax+1$이고, $(x+1)^2$으로 나누었을 때의 나머지가 $x+b$일 때, 상수 a, b에 대하여 $a+b$의 값을 구하시오.

0105

4 이상의 자연수 n에 대하여 가로의 길이가 n^2+3n+5, 세로의 길이가 n^2-n-3인 직사각형의 내부에 한 변의 길이가 $n+1$인 정사각형을 서로 겹치지 않도록 채워 넣으려고 한다. 채울 수 있는 정사각형의 최대 개수를 $f(n)$이라 할 때, $f(13)+f(14)$의 값은?

① 326 ② 342 ③ 357 ④ 372 ⑤ 383

0106

x가 정수일 때, $\dfrac{2x^3+9x^2+16x+12}{x^2+3x+2}$의 값이 정수가 되는 x의 값의 합은?

① -4 ② -3 ③ -2 ④ -1 ⑤ 0

0107 교육청 기출

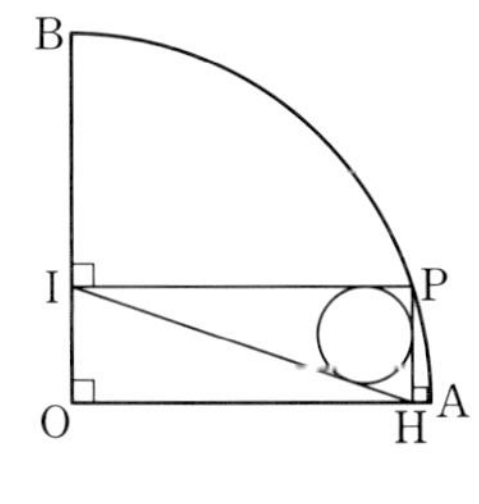

그림과 같이 중심이 O, 반지름의 길이가 4이고 중심각의 크기가 90°인 부채꼴 OAB가 있다. 호 AB 위의 점 P에서 두 선분 OA, OB에 내린 수선의 발을 각각 H, I라 하자. 삼각형 PIH에 내접하는 원의 넓이가 $\dfrac{\pi}{4}$일 때, $\overline{PH}^3+\overline{PI}^3$의 값은?

(단, 점 P는 점 A도 아니고 점 B도 아니다.)

① 56 ② $\dfrac{115}{2}$ ③ 59 ④ $\dfrac{121}{2}$ ⑤ 62

0108

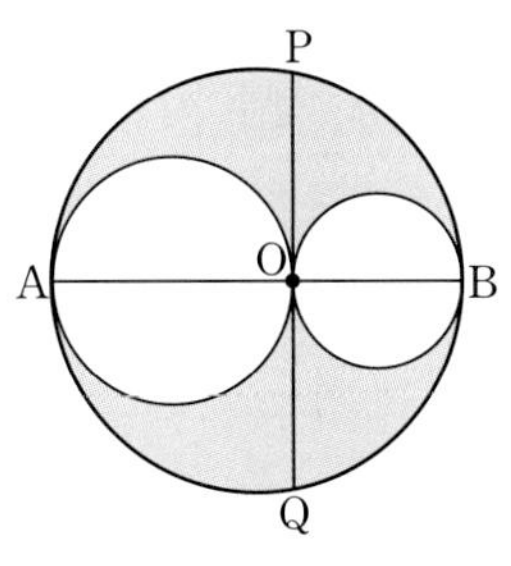

그림과 같이 선분 AB, 선분 AO, 선분 BO를 지름으로 하는 원이 있다. 색칠한 부분의 넓이를 S_1, 선분 PQ를 지름으로 하는 원의 넓이를 S_2라 하자. $S_2-S_1=4\pi$이고 $\overline{AB}=8$일 때, $\overline{AO}-\overline{BO}$의 값을 구하시오. (단, 점 O는 점 P에서 선분 AB에 내린 수선의 발이고, $\overline{AO}>\overline{BO}$이다.)

02 항등식과 나머지정리

유형 01 항등식에서 미정계수 구하기 - 계수 비교법

등식에서 양변의 동류항의 계수가 같음을 이용하여 미정계수를 구하는 방법

➡ 계수 비교법을 이용하는 경우

① 식이 간단하여 전개하기 쉬운 경우

② 양변을 내림차순으로 정리하기 쉬운 경우

Tip 'k의 값에 관계없이 항상 성립한다.'라는 표현이 있는 경우

➡ $(\quad)k+(\quad)=0$ 꼴로 정리하여 항등식의 성질을 이용한다.

개념ON 060쪽 유형ON 2권 016쪽

0109 대표문제

등식 $x^3+ax^2-24=(x+b)(x^2+cx-12)$가 모든 실수 x에 대하여 성립할 때, 상수 a, b, c에 대하여 $a+b+c$의 값을 구하시오.

0110

등식 $a(x+y)-b(2x-y)=-4x+5y$가 x, y에 대한 항등식일 때, 상수 a, b에 대하여 ab의 값을 구하시오.

0111 중요

등식 $kx^2+2x+ky^2+2y-10k-8=0$이 k의 값에 관계없이 항상 성립할 때, 상수 x, y에 대하여 xy의 값을 구하시오.

0112 교육청 기출

다항식 $f(x)=x^3+9x^2+4x-45$에 대하여 등식 $f(x+a)=x^3+bx-3$이 x의 값에 관계없이 항상 성립한다. 이때 두 상수 a, b의 합 $a+b$의 값은?

① -26 ② -24 ③ -22 ④ -20 ⑤ -18

0113 서술형

x, y가 어떤 값을 갖더라도 $\dfrac{ax+by-15}{2x-y-5}$의 값이 항상 일정할 때, 상수 a, b에 대하여 $a+b$의 값을 구하시오.

(단, $2x-y-5\neq0$)

0114

임의의 실수 x에 대하여 등식

$$x^3+6x+a=(x^2-2x-1)Q(x)+bx+3$$

이 성립할 때, 상수 a, b에 대하여 ab의 값을 구하시오.

(단, $Q(x)$는 x에 대한 다항식이다.)

유형 02 항등식에서 미정계수 구하기 - 수치 대입법

항등식의 문자에 적당한 수를 대입하여 미정계수를 구하는 방법
➡ 수치 대입법을 이용하는 경우
① 적당한 값을 대입하였을 때, 식이 간단해지는 경우
② 식이 길고 복잡하여 전개하기 어려운 경우

Tip 수치 대입법을 이용할 때에는 미정계수의 개수만큼 x의 값을 대입한다. 이때 곱의 인수를 0으로 하는 x의 값과 같이 계산이 간단한 식을 얻을 수 있는 수를 대입한다.

개념ON 060쪽 유형ON 2권 016쪽

0115 대표문제

x의 값에 관계없이 등식

$3x^2-8x+2=ax(x-1)+b(x-1)(x-2)+cx(x-2)$

가 항상 성립할 때, 상수 a, b, c에 대하여 $a+b+c$의 값은?

① 1 ② 3 ③ 5
④ 7 ⑤ 9

0116 교육청 기출

다항식 $Q(x)$에 대하여 등식

$x^3-5x^2+ax+1=(x-1)Q(x)-1$

이 x에 대한 항등식일 때, $Q(a)$의 값은? (단, a는 상수이다.)

① -6 ② -5 ③ -4
④ -3 ⑤ -2

0117 교육청 기출

x의 값에 관계없이 등식

$3x^2+ax+4=bx(x-1)+c(x-1)(x-2)$

가 항상 성립할 때, $a+b+c$의 값은? (단, a, b, c는 상수이다.)

① -6 ② -5 ③ -4
④ -3 ⑤ -2

0118 중요 서술형

등식 $2x^3+ax^2-18x+b=(x-3)(x+3)(cx+1)$이 x에 대한 항등식이 되도록 하는 상수 a, b, c에 대하여 $a+b+c$의 값을 구하시오.

0119

다항식 $f(x)$에 대하여 $(x-1)(x^2-3)f(x)=x^4+ax^2+b$가 x에 대한 항등식일 때, 상수 a, b에 대하여 $b-a$의 값을 구하시오.

0120

등식 $x^3+x-3=a(x-1)^3+b(x-1)^2+c(x-1)+d$가 x에 대한 항등식일 때, 상수 a, b, c, d에 대하여 $ad+bc$의 값을 구하시오.

0121

자연수 n에 대하여
$P_n(x)=x(x+1)(x+2)(x+3)\cdots(x+n-1)$이라 할 때, 등식 $aP_3(x)+bP_2(x)+cP_1(x)+d=3x^3+4x^2-x+2$는 x의 값에 관계없이 항상 성립한다. 상수 a, b, c, d에 대하여 $abcd$의 값을 구하시오.

유형 03 조건을 만족시키는 항등식

(1) x에 대한 방정식이 k의 값에 관계없이 항상 a를 근으로 갖는다. ➡ 방정식에 $x=a$를 대입하면 k에 대한 항등식이 된다.
(2) 조건식을 한 문자에 대하여 정리한 후 주어진 식에 대입하여 항등식의 성질을 이용한다.

참고 $x+y=a$를 만족시키는 모든 x, y에 대하여 등식이 성립한다.
➡ 등식에 $y=a-x$를 대입하면 x에 대한 항등식이 된다.
➡ 등식에 $x=a-y$를 대입하면 y에 대한 항등식이 된다.

개념ON 060쪽 유형ON 2권 017쪽

0122 대표문제

$\frac{x-3}{2}=\frac{3}{2}y+3$을 만족시키는 모든 실수 x, y에 대하여 등식 $ax+by-9=0$이 성립할 때, $a-b$의 값을 구하시오.
(단, a, b는 상수이다.)

0123 중요

x에 대한 이차방정식 $x^2+(k-4)x+(k+5)m+n+2=0$이 k의 값에 관계없이 항상 1을 근으로 가질 때, 상수 m, n에 대하여 mn의 값을 구하시오.

0124

$2x+y=1$을 만족시키는 모든 실수 x, y에 대하여 등식 $(2a+b)x-by+4=0$이 성립할 때, a^2+b^2의 값을 구하시오. (단, a, b는 상수이다.)

0125 중요 서술형

$x-y=2$를 만족시키는 모든 실수 x, y에 대하여 등식

$$px^2+qx+2y^2-xy+ry+4=0$$

이 성립할 때, 상수 p, q, r에 대하여 $p-q+r$의 값을 구하시오.

유형 04 항등식에서 계수의 합 구하기

$\{f(x)\}^n=a_0+a_1x+a_2x^2+\cdots+a_nx^n$ 꼴일 때, 양변에 적당한 수를 대입하여 계수에 대한 식으로 나타낸다.
(1) 상수항은 양변에 $x=0$을 대입하여 구한다.
➡ $\{f(0)\}^n=a_0$
(2) 상수항을 포함한 모든 계수의 합은 양변에 $x=1$을 대입하여 구한다. ➡ $\{f(1)\}^n=a_0+a_1+a_2+\cdots+a_n$
(3) 짝수 차 항 또는 홀수 차 항의 계수의 합은 양변에 $x=1$, $x=-1$을 각각 대입한 후 두 식을 연립하여 구한다.

개념ON 060쪽 유형ON 2권 018쪽

0126 대표문제

등식 $(x^2-3x+4)^3=a_6x^6+a_5x^5+\cdots+a_1x+a_0$이 x의 값에 관계없이 항상 성립할 때, $a_0+a_2+a_4+a_6$의 값을 구하시오.
(단, a_0, a_1, $\cdots$, a_5, a_6은 상수이다.)

0127 교육청 기출

모든 실수 x에 대하여 등식 $(x+2)^3=ax^3+bx^2+cx+d$가 성립할 때, $a+b+c+d$의 값은?
(단, a, b, c, d는 상수이다.)

① 21 ② 24 ③ 27
④ 30 ⑤ 33

0128 중요

다음 등식이 x에 대한 항등식일 때, 상수 a_0, a_1, $\cdots$, a_{19}, a_{20}에 대하여 $a_1+a_3+a_5+\cdots+a_{17}+a_{19}$의 값은?

$$(x^2+x+1)^{10}=a_0x^{20}+a_1x^{19}+a_2x^{18}+\cdots+a_{19}x+a_{20}$$

① $3^{10}-1$　② 3^{10}　③ $3^{10}+1$
④ $\frac{3^{10}-1}{2}$　⑤ $\frac{3^{10}+1}{2}$

0129

모든 실수 x에 대하여 다음 등식이 성립할 때, 상수 a_0, a_1, $\cdots$, a_9, a_{10}에 대하여 $a_{10}+a_8+a_6+a_4+a_2+a_0$의 값은?

$$x^{10}+1=a_{10}(x+2)^{10}+a_9(x+2)^9+\cdots+a_1(x+2)+a_0$$

① $\frac{3(3^9-1)}{2}$　② $\frac{3^{10}-1}{2}$　③ $\frac{3^{10}+1}{2}$
④ $\frac{3^{10}+2}{2}$　⑤ $\frac{3(3^9+1)}{2}$

0130

다음 등식이 x에 대한 항등식일 때, 상수 a_0, a_1, $\cdots$, a_{3018}, a_{3019}에 대하여 $a_2+a_4+\cdots+a_{3018}$의 값은?

$$x^{3019}=a_0+a_1(x-1)+a_2(x-1)^2+\cdots+a_{3019}(x-1)^{3019}$$

① 0　② $2^{3018}-1$　③ 2^{3018}
④ $2^{3019}-1$　⑤ 2^{3019}

유형 05 다항식의 나눗셈과 항등식

다항식 $A(x)$를 다항식 $B(x)(B(x)\neq 0)$로 나누었을 때의 몫을 $Q(x)$, 나머지를 $R(x)$라 하면

❶ $A(x)=B(x)Q(x)+R(x)$ 꼴로 나타낸다.

❷ ❶의 식이 x에 대한 항등식임을 이용한다.

Tip 다항식 $f(x)$를

(1) 일차식으로 나누었을 때의 나머지 ➡ a

(2) 이차식으로 나누었을 때의 나머지 ➡ $ax+b$ 또는 a

개념ON 062쪽　유형ON 2권 018쪽

0131 대표문제

다항식 x^3+ax^2+b를 x^2-x-1로 나누었을 때의 나머지가 $x+2$일 때, 상수 a, b에 대하여 ab의 값은?

① -2　② -1　③ 0
④ 1　⑤ 2

0132 중요

다항식 $2x^3+a$가 x^2+x-b로 나누어떨어질 때, 상수 a, b에 대하여 a^2+b^2의 값을 구하시오.

0133 서술형

다항식 x^3+ax+b를 x^2-3x+1로 나누었을 때의 나머지가 -2일 때, 상수 a, b에 대하여 $a+b$의 값을 구하시오.

0134 중요 서술형

다항식 x^4+ax^2-4x+b를 x^2-x-1로 나누었을 때의 나머지가 $2x$일 때, 상수 a, b에 대하여 ab의 값을 구하시오.

유형 06 일차식으로 나누었을 때의 나머지

(1) 다항식 $f(x)$를 일차식 $x-a$로 나누었을 때의 나머지 ➡ $f(a)$

(2) 다항식 $f(x)$를 일차식 $ax+b$로 나누었을 때의 나머지 ➡ $f\left(-\frac{b}{a}\right)$

참고 다항식을 일차식으로 나누었을 때의 나머지를 위와 같이 구하는 방법을 나머지정리라 한다.

확인 문제

다항식 $f(x)=2x^3-3x^2+x+6$을 다음 일차식으로 나누었을 때의 나머지를 구하시오.

(1) $x+1$　　(2) $2x-1$

개념ON 070쪽　유형ON 2권 019쪽

0135 대표문제

다항식 $f(x)$를 $x-2$로 나누었을 때의 나머지가 4이고, 다항식 $g(x)$를 $x-2$로 나누었을 때의 나머지가 -2일 때, 다항식 $2f(x)-6g(x)$를 $x-2$로 나누었을 때의 나머지를 구하시오.

0136 교육청 기출

다항식 $f(x)$에 대하여 다항식 $(x+3)\{f(x)-2\}$를 $x-1$로 나눈 나머지가 16일 때, 다항식 $f(x)$를 $x-1$로 나눈 나머지는?

① 6　② 7　③ 8　④ 9　⑤ 10

0137 중요 서술형

두 다항식 $f(x)$, $g(x)$에 대하여 $f(x)+g(x)$를 $x+1$로 나누었을 때의 나머지가 -2이고, $f(x)-g(x)$를 $x+1$로 나누었을 때의 나머지가 6일 때, $f(x)g(x)$를 $x+1$로 나누었을 때의 나머지를 구하시오.

0138 교육청 기출

두 다항식 $f(x)$, $g(x)$에 대하여 $f(x)+g(x)$를 $x-3$으로 나누었을 때의 나머지가 8이고, $f(x)g(x)$를 $x-3$으로 나누었을 때의 나머지가 6이다. $\{f(x)\}^2+\{g(x)\}^2$을 $x-3$으로 나누었을 때의 나머지를 구하시오.

0139

다항식 $f(x)=x^3+x^2-3x+2$에 대하여 $f(x)$를 $x-a$로 나누었을 때의 나머지를 R_1, $f(x)$를 $x+a$로 나누었을 때의 나머지를 R_2라 하자. $R_1+R_2=10$일 때, $f(x)$를 $x-a^2$으로 나누었을 때의 나머지는? (단, a는 상수이다.)

① 26　② 27　③ 28　④ 29　⑤ 30

0140

세 다항식 $f(x)=2x^2-6x-1$, $g(x)=-x^2-x+1$, $h(x)$에 대하여 $\{f(x)\}^3-\{g(x)\}^3=(3x^2-5x-2)h(x)$가 x에 대한 항등식일 때, $h(x)$를 $x-2$로 나누었을 때의 나머지를 구하시오. ($a^3-b^3=(a-b)(a^2+ab+b^2)$을 이용)

유형 07 일차식으로 나누었을 때의 나머지 - 미정계수 구하기

(1) 다항식 $f(x)$를 일차식 $x-a$로 나누었을 때의 나머지가 R로 주어지면
➡ $f(a)=R$임을 이용하여 미정계수를 구한다.
(2) 다항식 $f(x)$를 일차식 $x-a$로 나누었을 때 나누어떨어지면
➡ $f(a)=0$임을 이용하여 미정계수를 구한다.

확인 문제

(1) 다항식 $f(x)=x^3+ax^2+3x-2$를 $x-1$로 나누었을 때의 나머지가 -2일 때, 상수 a의 값을 구하시오.
(2) 다항식 $f(x)=2x^4+ax+1$이 $x+1$로 나누어떨어질 때, 상수 a의 값을 구하시오.

개념ON 070쪽 유형ON 2권 019쪽

0141 대표문제

다항식 x^3+ax^2+bx+6을 $x-1$로 나누었을 때의 나머지가 1이고, $x+2$로 나누었을 때의 나머지가 -2일 때, 상수 a, b에 대하여 $a-b$의 값을 구하시오.

0142 중요 교육청 기출

x에 대한 다항식 x^3-x^2-ax+5를 $x-2$로 나누었을 때의 몫은 $Q(x)$, 나머지는 5이다. $Q(a)$의 값은? (단, a는 상수이다.)

① 5 ② 6 ③ 7
④ 8 ⑤ 9

0143

다항식 x^2+ax+4를 $x-1$로 나누었을 때의 나머지와 $x-2$로 나누었을 때의 나머지가 서로 같을 때, 상수 a의 값은?

① -3 ② -2 ③ -1
④ 2 ⑤ 3

0144 중요

최고차항의 계수가 1인 이차다항식 $f(x)$를 $x-1$로 나누었을 때의 나머지와 $x-3$으로 나누었을 때의 나머지가 -6으로 같다. 이차다항식 $f(x)$를 $x-4$로 나눈 나머지는?

① -3 ② -2 ③ 1
④ 2 ⑤ 3

0145 교육청 기출

최고차항의 계수가 1인 이차다항식 $P(x)$가 다음 조건을 만족시킬 때, $P(4)$의 값은?

(가) $P(x)$를 $x-1$로 나누었을 때의 나머지는 1이다.
(나) $xP(x)$를 $x-2$로 나누었을 때의 나머지는 2이다.

① 6 ② 7 ③ 8
④ 9 ⑤ 10

0146 교육청 기출

x에 대한 다항식 $x^5+ax^2+(a+1)x+2$를 $x-1$로 나누었을 때의 몫은 $Q(x)$이고 나머지는 6이다. $a+Q(2)$의 값은? (단, a는 상수이다.)

① 33 ② 35 ③ 37 ④ 39 ⑤ 41

0147

다항식 $f(x)=x^2+ax+b$에 대하여 다항식 $(x+1)f(x)$를 $x-2$로 나누었을 때의 나머지가 6이고, 다항식 $(x-2)f(x)$를 $x+1$로 나누었을 때의 나머지가 21일 때, 상수 a, b에 대하여 $a+b$의 값을 구하시오.

0148 교육청 기출

두 다항식 $f(x)$, $g(x)$가 모든 실수 x에 대하여 다음 조건을 만족시킬 때, $g(x)$를 $x-4$로 나눈 나머지는?

> (가) $g(x)=x^2f(x)$
> (나) $g(x)+(3x^2+4x)f(x)=x^3+ax^2+2x+b$
> (단, a, b는 상수이다.)

① 16 ② 18 ③ 20 ④ 22 ⑤ 24

유형 08 이차식으로 나누었을 때의 나머지

다항식 $f(x)$를 이차식으로 나누었을 때의 나머지는 일차 이하의 다항식이므로 나머지를 $ax+b$ (a, b는 상수)로 놓고 몫과 나머지를 이용하여 항등식을 세운다.

Tip 다항식 $f(x)$를 이차식 $(x-\alpha)(x-\beta)$로 나누었을 때의 나머지
➡ 나머지를 $ax+b$ (a, b는 상수)로 놓고 $f(\alpha)$, $f(\beta)$의 값을 이용하여 a, b의 값을 구한다.
➡ $f(x)=(x-\alpha)(x-\beta)Q(x)+ax+b$

참고 다항식 $f(x)$를 n차식으로 나누었을 때의 나머지는 $(n-1)$차 이하의 다항식이다.

개념ON 072쪽 유형ON 2권 020쪽

0149 대표문제

다항식 $f(x)$를 $x+1$로 나누었을 때의 나머지가 -3이고, $x-2$로 나누었을 때의 나머지가 9이다. $f(x)$를 x^2-x-2로 나누었을 때의 나머지를 $R(x)$라 할 때, $R(5)$의 값을 구하시오.

0150 교육청 기출

다항식 $P(x)$를 x^2+2x-3으로 나눈 나머지가 $2x+5$일 때, $P(x)$를 $x-1$로 나눈 나머지는?

① 3 ② 4 ③ 5 ④ 6 ⑤ 7

정답과 풀이 24쪽

0151

다항식 $f(x)$를 $x-2$로 나누었을 때의 나머지가 3이고, $x+2$로 나누었을 때의 나머지가 -1이다. $(x^2-x-1)f(x)$를 x^2-4로 나누었을 때의 나머지를 구하시오.

0152 중요

다항식 $f(x)$를 x^2-1로 나누었을 때의 나머지가 $x+3$이고, x^2-x-2로 나누었을 때의 나머지가 $-x+1$일 때, $f(x)$를 x^2-3x+2로 나누었을 때의 나머지를 구하시오.

0153 교육청 기출

최고차항의 계수가 1인 삼차다항식 $f(x)$가 다음 조건을 만족시킨다.

> (가) $f(0)=0$
> (나) $f(x)$를 $(x-2)^2$으로 나눈 나머지가 $2(x-2)$이다.

$f(x)$를 $x-1$로 나눈 몫을 $Q(x)$라 할 때, $Q(5)$의 값은?

① 3　② 6　③ 9　④ 12　⑤ 15

0154

다항식 ax^3+bx^2+3x를 x^2-1로 나누었을 때의 나머지가 $9x+8$이고, x^2+2x로 나누었을 때의 나머지가 cx이다. 상수 a, b, c에 대하여 $a+b+c$의 값을 구하시오.

0155

삼차다항식 $f(x)$가 다음 조건을 만족시킨다.

> (가) $f(-1)=-27$
> (나) $\dfrac{f(x+2)-f(x)}{2}=3x^2-6x+4$

이때 $f(x)$를 x^2-4x+3으로 나누었을 때의 나머지를 구하시오.

0156 서술형

삼차다항식 $f(x)$가 다음 조건을 만족시킨다.

> (가) $f(8)=-3$　　(나) $f(x)+f(6-x)=4$

$f(x)$를 x^2-x-6으로 나누었을 때의 나머지를 $R(x)$라 할 때, $R(-1)$의 값을 구하시오.

유형 09 삼차식으로 나누었을 때의 나머지

(1) 다항식 $f(x)$를 삼차식으로 나누었을 때의 나머지를 $R(x)$라 하면
➡ $R(x)$는 이차 이하의 다항식이다.
➡ $R(x)=ax^2+bx+c$ (a, b, c는 상수)

(2) 다항식 $f(x)$를 $f(x)=g(x)Q(x)+R(x)$
(단, ($g(x)$의 차수)$=$($R(x)$의 차수))
로 나타낼 때, $f(x)$를 다항식 $g(x)$로 나누었을 때의 나머지는 $R(x)$를 $g(x)$로 나누었을 때의 나머지와 같다.

Tip 다항식 $f(x)$를 삼차식 $(x-\alpha)(x-\beta)(x-\gamma)$로 나누었을 때의 나머지
➡ 나머지를 ax^2+bx+c (a, b, c는 상수)로 놓고 $f(\alpha)$, $f(\beta)$, $f(\gamma)$의 값을 이용하여 a, b, c의 값을 구한다.

개념ON 072쪽 유형ON 2권 021쪽

0157 대표문제

다항식 $f(x)$를 x^2-1로 나누었을 때의 나머지는 $2x+1$이고, $x-2$로 나누었을 때의 나머지는 -1이다. $f(x)$를 $(x^2-1)(x-2)$로 나누었을 때의 나머지를 구하시오.

0158 중요

다항식 $x^{13}-x^{11}+4x^9-4$를 x^3-x로 나누었을 때의 나머지를 $R(x)$라 할 때, $R(2)$의 값을 구하시오.

0159 중요

다항식 $f(x)$를 $(x+1)^2$으로 나누었을 때의 나머지가 $x-3$이고, $x-2$로 나누었을 때의 나머지가 8이다. $f(x)$를 $(x+1)^2(x-2)$로 나누었을 때의 나머지를 ax^2+bx+c라 할 때, 상수 a, b, c에 대하여 $a+b+c$의 값을 구하시오.

0160 교육청 기출

다항식 $f(x)$를 $(x-1)(x-2)(x-3)$으로 나누었을 때의 나머지는 x^2+x+1이다. 다항식 $f(6x)$를 $6x^2-5x+1$로 나누었을 때의 나머지를 $ax+b$라 할 때, 상수 a, b에 대하여 $a+b$의 값을 구하시오.

0161 서술형

다항식 $f(x)$는 $(x+1)(x-2)$로 나누어떨어지고, $(x+2)(x+3)$으로 나누었을 때의 나머지는 $x-7$이다. $f(x)$를 $(x+1)(x+3)(x-2)$로 나누었을 때의 나머지를 $R(x)$라 할 때, $R(1)$의 값을 구하시오.

유형 10 $f(ax+b)$를 $x-\alpha$로 나누었을 때의 나머지

다항식 $f(ax+b)$를 $x-\alpha$로 나누었을 때의 나머지는
➡ $f(a\alpha+b)$

개념ON 074쪽 유형ON 2권 022쪽

0162 대표문제

다항식 $f(x)$를 x^2-2x-3으로 나누었을 때의 나머지가 $2x+3$일 때, 다항식 $f(x-2)$를 $x-1$로 나누었을 때의 나머지를 구하시오.

0163 중요

다항식 $f(x)$를 $x-1$로 나누었을 때의 나머지가 14, $x-2$로 나누었을 때의 나머지가 8일 때, $2f(4x-10)+f(x-2)$를 $x-3$으로 나누었을 때의 나머지를 구하시오.

0164 중요 교육청 기출

다항식 $f(x)$를 x^2-x로 나눈 나머지가 $ax+a$이고, 다항식 $f(x+1)$을 x로 나눈 나머지는 6일 때, 상수 a의 값은?

① 1 ② 2 ③ 3
④ 4 ⑤ 5

0165

다항식 $f(x)$를 $(3x-2)(x-2)$로 나누었을 때의 나머지가 $2x-3$일 때, 다항식 $(4x+1)f(6x+5)$를 $2x+1$로 나누었을 때의 나머지를 구하시오.

0166 서술형

다항식 $f(x)=x^3+ax+b$에 대하여 $f(x+1818)$을 $x+1819$로 나누었을 때의 나머지가 1이고, $f(x+1819)$를 $x+1818$로 나누었을 때의 나머지가 5이다. 상수 a, b에 대하여 ab의 값을 구하시오.

0167

두 다항식 $f(x)$, $g(x)$에 대하여 다항식 $f(x)+g(x)$를 $x-2$로 나누었을 때의 나머지는 2이고, 다항식 $2f(x)+g(x)$를 $x-2$로 나누었을 때의 나머지는 6이다. 다항식 $f(7x-12)$를 $x-2$로 나누었을 때의 나머지를 구하시오.

유형 11 몫 $Q(x)$를 $x-\alpha$로 나누었을 때의 나머지

다항식 $f(x)$를 $x-p$로 나누었을 때의 몫이 $Q(x)$, 나머지가 R이면
➡ $f(x)=(x-p)Q(x)+R$
이때 $Q(x)$를 $x-\alpha$ $(\alpha\neq p)$로 나누었을 때의 몫을 $Q'(x)$라 하면 나머지는 $Q(\alpha)$이다.
➡ $Q(x)=(x-\alpha)Q'(x)+Q(\alpha)$

개념ON 076쪽 유형ON 2권 023쪽

0168 대표문제

다항식 x^3-3x^2+ax+5를 $x+1$로 나누었을 때의 몫이 $Q(x)$이고 나머지가 10일 때, $Q(x)$를 $x-1$로 나누었을 때의 나머지를 구하시오. (단, a는 상수이다.)

0169 교육청 기출

다항식 $P(x)$를 $x-2$로 나누었을 때의 몫이 $Q(x)$, 나머지는 3이고, 다항식 $Q(x)$를 $x-1$로 나누었을 때의 나머지는 2이다. $P(x)$를 $(x-1)(x-2)$로 나누었을 때의 나머지를 $R(x)$라 하자. $R(3)$의 값은?

① 5 ② 7 ③ 9
④ 11 ⑤ 13

0170 중요

다항식 $x^{10}+x^9+x^2$을 $x-1$로 나누었을 때의 몫을 $Q(x)$라 할 때, $Q(x)$를 $x+1$로 나누었을 때의 나머지는?

① 1 ② 2 ③ 3
④ 4 ⑤ 5

0171 서술형

다항식 $f(x)$를 x^2+x+1로 나누었을 때의 몫이 $Q(x)$, 나머지가 $x-3$이고, $Q(x)$를 $x-1$로 나누었을 때의 나머지가 3이다. $f(x)$를 x^3-1로 나누었을 때의 나머지를 $R(x)$라 할 때, $R(1)$의 값을 구하시오.

0172

다항식 $f(x)=x+x^2+x^3+\cdots+x^{4n}$ (n은 자연수)을 $x+1$로 나누었을 때의 몫이 $Q(x)$이다. 이때 $Q(x)$를 $x-1$로 나누었을 때의 나머지는?

① $2n-1$ ② n ③ $2n$
④ n^2 ⑤ $4n$

유형 12 나머지정리를 활용한 수의 나눗셈

자연수 A를 자연수 B로 나누었을 때의 나머지를 구할 때에는 A를 x에 대한 다항식, B를 x에 대한 일차식으로 나타낸 후 나머지정리를 이용한다.
예 100^2을 99로 나누었을 때의 나머지를 구할 때에는
➡ $100=x$라 하면 $99=x-1$이므로 x^2을 $x-1$로 나누었을 때의 나머지를 이용한다.

유형ON 2권 024쪽

0173 대표문제

999^{10}을 998로 나누었을 때의 나머지는?

① -1 ② 1 ③ 9
④ 11 ⑤ 19

0174 중요

3×7^{10}을 8로 나누었을 때의 나머지를 구하시오.

0175 교육청 기출

$(2020+1)(2020^2-2020+1)$을 2017로 나누었을 때의 나머지를 구하시오.

0176 중요

$100^{97}+100^{99}+100^{101}$을 101로 나누었을 때의 나머지를 구하시오.

0177 서술형

2^{3328}을 33으로 나누었을 때의 나머지를 구하시오.

유형 13 인수정리 - 일차식으로 나누는 경우

다항식 $f(x)$가 일차식 $x-\alpha$로 나누어떨어진다.
➡ $f(\alpha)=0$
➡ $f(x)$는 $x-\alpha$를 인수로 갖는다.
➡ $f(x)=(x-\alpha)Q(x)$

개념ON 078쪽 유형ON 2권 025쪽

0178 대표문제

다항식 $x^4-ax^3+2x^2+bx-4$가 $x+1$, $x-2$로 각각 나누어떨어질 때, 상수 a, b에 대하여 ab의 값은?

① 3 ② 6 ③ 12 ④ 24 ⑤ 36

0179

다항식 $f(x)=x^3+x^2-ax+3$에 대하여 $f(7x-4)$가 $x-1$로 나누어떨어질 때, 상수 a의 값을 구하시오.

0180 중요

다항식 $ax^3+2x^2-a^2x+4$가 $x-1$로 나누어떨어지도록 하는 상수 a의 값 중 최댓값을 M, 최솟값을 m이라 할 때, $M-m$의 값을 구하시오.

0181 교육청 기출

다항식 $f(x)=x^3+ax^2+bx+6$을 $x-1$로 나누었을 때의 나머지는 4이다. $f(x+2)$가 $x-1$로 나누어떨어질 때, $b-a$의 값은? (단, a, b는 상수이다.)

① 4　② 5　③ 6
④ 7　⑤ 8

0182 서술형

다항식 $f(x)=x^3+ax+b$에 대하여 $f(x-1)$은 $x-2$로 나누어떨어지고, $f(x+1)$은 $x+2$로 나누어떨어진다. $f(x)$를 $x-3$으로 나누었을 때의 나머지를 구하시오.
(단, a, b는 상수이다.)

0183 교육청 기출

다항식 $f(x)=x^3-x^2+ax+b$를 다항식 x^2-2x-2로 나누었을 때의 몫을 $Q(x)$, 나머지를 $R(x)$라 하자. $R(2)=9$이고 $f(x)$는 $Q(x)$로 나누어떨어질 때, $f(4)$의 값을 구하시오.
(단, a, b는 상수이다.)

유형 14 인수정리 - 이차식으로 나누는 경우

다항식 $f(x)$가 이차식 $(x-\alpha)(x-\beta)$로 나누어떨어진다.
➡ $f(\alpha)=0$, $f(\beta)=0$
➡ $f(x)$는 $x-\alpha$, $x-\beta$를 인수로 갖는다.
➡ $f(x)=(x-\alpha)(x-\beta)Q(x)$

개념ON 078쪽　유형ON 2권 026쪽

0184 대표문제

다항식 x^3+x^2+ax+b가 $(x-1)(x-2)$로 나누어떨어질 때, 이 다항식을 $x+3$으로 나누었을 때의 나머지를 구하시오.
(단, a, b는 상수이다.)

0185

다항식 $f(x)-3$이 x^2-4x+3으로 나누어떨어질 때, $f(2x+1)$을 x^2-x로 나누었을 때의 나머지를 구하시오.

0186 중요 서술형

다항식 $f(x)$는 x^2-3x-4로 나누어떨어지고, $f(x)-4$는 $x-1$로 나누어떨어진다. $f(x)+2$를 x^2-1로 나누었을 때의 나머지를 $R(x)$라 할 때, $R(2)$의 값을 구하시오.

0187 교육청 기출

최고차항의 계수가 1인 두 이차식 $f(x)$, $g(x)$에 대하여

$$(x-1)f(x)=(x-2)g(x)$$

가 항상 성립한다. $f(1)=-2$일 때, $g(2)$의 값은?

① -3 ② -1 ③ 1
④ 3 ⑤ 5

0188

다음 조건을 만족시키는 다항식 $f(x)$ 중에서 차수가 가장 낮은 다항식을 $g(x)$라 하자.

> (가) $f(x)$는 x^2+x-6과 x^2-x-12로 모두 나누어떨어진다.
> (나) $f(x)$를 $x-1$로 나누었을 때의 나머지는 24이다.

$g(x)$를 $x-3$으로 나누었을 때의 나머지를 구하시오.

0189 교육청 기출

최고차항의 계수가 1인 사차다항식 $f(x)$가 다음 조건을 만족시킬 때, $f(4)$의 값은?

> (가) $f(x)$를 $x+1$로 나눈 나머지와 $f(x)$를 x^2-3으로 나눈 나머지는 서로 같다.
> (나) $f(x+1)-5$는 x^2+x로 나누어떨어진다.

① -9 ② -8 ③ -7
④ -6 ⑤ -5

0190 중요

이차다항식 $f(x)$에 대하여 $f(2-x)$를 $x-2$로 나누었을 때의 나머지가 6이고, $xf(x)-2x^2$은 $(x+1)(x-3)$으로 나누어떨어진다. $f(4)$의 값을 구하시오.

0191 교육청 기출

두 이차다항식 $P(x)$, $Q(x)$가 다음 조건을 만족시킨다.

> (가) 모든 실수 x에 대하여 $2P(x)+Q(x)=0$이다.
> (나) $P(x)Q(x)$는 x^2-3x+2로 나누어떨어진다.

$P(0)=-4$일 때, $Q(4)$의 값을 구하시오.

유형 15 인수정리의 응용

(1) 다항식 $f(x)$에 대하여
$f(\alpha)=0$, $f(\beta)=0$, $f(\gamma)=0$이면
➡ $f(x)$는 $x-\alpha$, $x-\beta$, $x-\gamma$로 나누어떨어진다.
(2) 다항식 $f(x)$와 실수 k에 대하여
$f(\alpha)=k$, $f(\beta)=k$, $f(\gamma)=k$이면
➡ $f(x)-k$는 $x-\alpha$, $x-\beta$, $x-\gamma$로 나누어떨어진다.

유형ON 2권 027쪽

0192 대표문제

최고차항의 계수가 1인 삼차식 $f(x)$에 대하여

$$f(-1)=f(1)=f(2)=0$$

일 때, $f(x)$를 $x+2$로 나누었을 때의 나머지를 구하시오.

0193 중요

최고차항의 계수가 1인 삼차식 $f(x)$에 대하여

$$f(1)=f(2)=f(3)=1$$

일 때, $f(x)$를 $x-4$로 나누었을 때의 나머지는?

① 1　　② 7　　③ 25
④ 61　　⑤ 121

0194

최고차항의 계수가 1인 삼차식 $f(x)$에 대하여

$$f(1)=1,\ f(2)=2,\ f(3)=3$$

일 때, $f(x)$를 $x+2$로 나누었을 때의 나머지를 구하시오.

0195 서술형

다항식 $f(x)=x^3-10x^2+kx-14$에 대하여
$f(a)=f(b)=f(c)=0$일 때, 상수 k의 값을 구하시오.
(단, a, b, c는 서로 다른 세 자연수이다.)

유형 16 조립제법을 이용한 다항식의 나눗셈

조립제법: 다항식을 일차식으로 나눌 때, 계수만을 사용하여 몫과 나머지를 구하는 방법

예 다항식 x^3-3x^2+3x-5를 $x-2$로 나누었을 때의 몫과 나머지를 조립제법을 이용하여 구하면 다음과 같다.

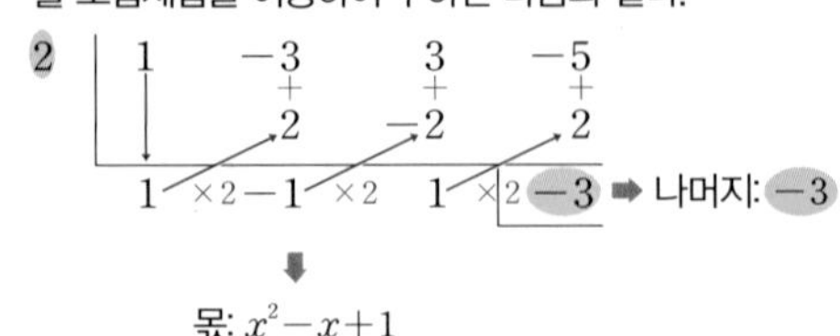

몫: x^2-x+1

$\therefore x^3-3x^2+3x-5=(x-2)(x^2-x+1)-3$

Tip 조립제법을 이용할 때에는 차수가 높은 항의 계수부터 차례대로 적고, 해당되는 차수의 항이 없으면 그 자리에 0을 적는다.

개념ON 080쪽　유형ON 2권 027쪽

0196 대표문제 교육청 기출

오른쪽은 조립제법을 이용하여 다항식 $2x^3+3x+4$를 일차식 $x-a$로 나누었을 때, 나머지를 구하는 과정을 나타낸 것이다. 위 과정에 들어갈 두 상수 a, b에 대하여 $a+b$의 값은?

a	2	0	3	4
		2	□	□
	2	□	□	b

① 8　　② 9　　③ 10
④ 11　　⑤ 12

0197 교육청 기출

다음은 다항식 $3x^3-7x^2+5x+1$을 $3x-1$로 나누었을 때의 몫과 나머지를 조립제법을 이용하여 구하는 과정이다.

조립제법을 이용하면

$\frac{1}{3}$	3	−7	5	1
		□	□	1
	3	□	□	2

이므로

$$3x^3-7x^2+5x+1=\left(x-\frac{1}{3}\right)(\boxed{(가)})+2$$

$$=(3x-1)(\boxed{(나)})+2\text{이다.}$$

따라서 몫은 $\boxed{(나)}$이고, 나머지는 2이다.

위의 (가), (나)에 들어갈 식을 각각 $f(x)$, $g(x)$라 할 때, $f(2)+g(2)$의 값은?

① 1　　② 2　　③ 3
④ 4　　⑤ 5

0198 중요

오른쪽은 다항식 $6x^3+7x^2-2$를 $2x+1$로 나누었을 때의 몫 $Q(x)$와 나머지 R를 조립제법을 이용하여 구하는 과정이다. 이때 $a\times Q(1)\times R$의 값은?

a	6	7	0	-2
		□	□	□
	6	4	-2	-1

① -4　　② -2　　③ 0
④ 2　　⑤ 4

0199

x에 대한 다항식 x^3+ax^2+5x+b가 $x-2$로 나누어떨어질 때의 몫은 x^2-3x+c이다. 상수 a, b, c에 대하여 $b-a-c$의 값을 조립제법을 이용하여 구하시오.

0200 교육청 기출

x에 대한 다항식 x^3+x^2+ax+b가 $(x-1)^2$으로 나누어떨어질 때의 몫을 $Q(x)$라 하자. 두 상수 a, b에 대하여 $Q(ab)$의 값은?

① -15　　② -14　　③ -13
④ -12　　⑤ -11

0201

다음은 다항식 $2x^3+5x^2-4x-3$을 $x+3$으로 나누었을 때의 몫을 $Q(x)$라 할 때, $Q(x)$를 $x+3$으로 나누었을 때의 몫 $Q'(x)$를 조립제법을 두 번 이용하여 구하는 과정이다. 이때 $Q'(5)$의 값을 구하시오.

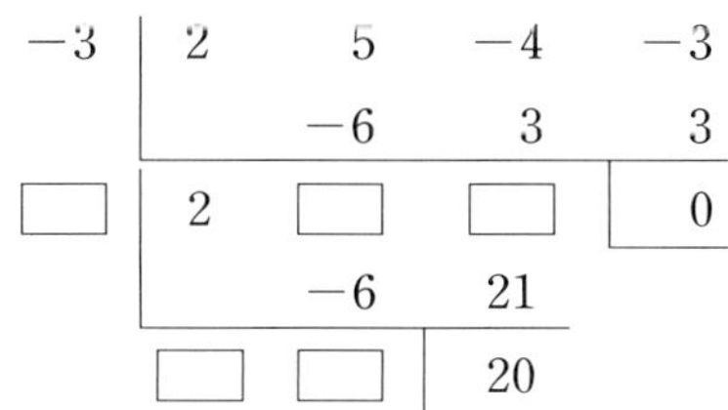

유형 17 조립제법을 이용하여 항등식의 미정계수 구하기

조립제법을 연속으로 이용하면 x에 대한 다항식을 $x-\alpha$에 대하여 내림차순으로 정리한 식에서 미정계수를 쉽게 구할 수 있다.

예) 삼차다항식을 $a(x-\alpha)^3+b(x-\alpha)^2+c(x-\alpha)+d$ 꼴로 나타내려고 할 때, 조립제법을 연속으로 이용하면 상수 a, b, c, d의 값을 쉽게 구할 수 있다.

개념ON 082쪽　유형ON 2권 028쪽

0202 대표문제

모든 실수 x에 대하여 등식
x^2+3x-5
$=a(x-1)^2+b(x-1)+c$
가 성립할 때, 상수 a, b, c의 값을 오른쪽과 같이 조립제법을 연속으로 이용하여 구하려고 한다. $a+b-c$의 값을 구하시오.

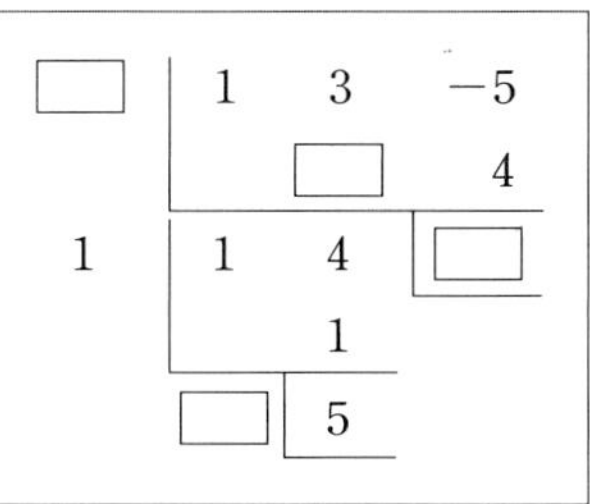

0203

모든 실수 x에 대하여 등식
$2x^3-5x^2+2x+3=a(x-1)^3+b(x-1)^2+c(x-1)+d$
가 성립할 때, 상수 a, b, c, d에 대하여 $ad-bc$의 값을 구하시오.

0204

복부의 폭이 x mm인 나방은 한 번에 $(14x^3-17x^2-16x+34)$개 정도의 알을 낳는다고 한다. 다음은 이 식을 변형하여 복부의 폭이 2.1 mm인 나방이 한 번에 낳는 알의 개수를 구하는 과정이다.

> $14x^3-17x^2-16x+34$
> $=(x-2)(\boxed{(가)})+46$
> $=(x-2)\{(x-2)(\boxed{(나)})+84\}+46$
> $=(x-2)[(x-2)\{14(x-2)+\boxed{(다)}\}+84]+46$
> $=(x-2)\{14(x-2)^2+\boxed{(다)}(x-2)+84\}+46$
> $=14(x-2)^3+\boxed{(다)}(x-2)^2+84(x-2)+46$
> $x=2.1$일 때의 식의 값을 계산하면 55.084이다.

따라서 복부의 폭이 2.1 mm인 나방이 한 번에 낳는 알은 55.084개이다. (가)에 들어갈 식을 $p(x)$, (나)에 들어갈 식을 $q(x)$, (다)에 들어갈 수를 α라 할 때, $p(0)+q(0)+\alpha$의 값을 구하시오.

0205

x의 값에 관계없이 다음 등식이 항상 성립할 때, 상수 a, b, c, d에 대하여 $ad+bc$의 값을 구하시오.

> $16x^3-16x^2-4x+8$
> $=a(2x-1)^3+b(2x-1)^2+c(2x-1)+d$

0206

$f(x)=\dfrac{x^3-9x^2+26x-23}{(x-4)^3}$일 때, $f(4.1)$의 값을 구하시오.

0207

다음 등식이 x에 대한 항등식이 되도록 하는 상수 a, b, c, d에 대하여 $abcd$의 값은?

> $a(x-1)^3+b(x-1)^2+c(x-2)=x^3-x^2+2x-d$

① 0 ② 10 ③ 20
④ 30 ⑤ 40

0208

삼차식 $f(x)$에 대하여 $f(x+1)=x^3+2x^2+2x-2$일 때, $f(x)$를 $x-1$로 나누었을 때의 몫을 $Q(x)$, 나머지를 R라 하자. $Q(1)-2R$의 값을 구하시오.

0209

다항식 $f(x)$를 $(x-3)(2x-a)$로 나누었을 때의 몫은 $x+1$이고 나머지는 6이다. $f(x)$를 $x-1$로 나누었을 때의 나머지가 6일 때, 상수 a의 값은?

① 2　② 3　③ 4
④ 5　⑤ 6

0210

다항식 x^3-ax+2를 $x-1$로 나누었을 때의 나머지와 $x-2$로 나누었을 때의 나머지가 서로 같을 때, 상수 a의 값은?

① 1　② 3　③ 5
④ 7　⑤ 9

0211

모든 실수 x, y에 대하여 등식

$$(x-2y)a+(3y-x)b+2x-3y=0$$

이 성립할 때, 상수 a, b에 대하여 $a+b$의 값은?

① -1　② -2　③ -3
④ -4　⑤ -5

0212

임의의 실수 x에 대하여 등식

$$3x^2-2x-4=ax(x+1)+b(x+1)(x-2)+cx(x-2)$$

가 항상 성립할 때, 상수 a, b, c에 대하여 $a-b+c$의 값을 구하시오.

0213

$x+y=5$를 만족시키는 모든 실수 x, y에 대하여 등식 $2x^2+ay^2+2bx+5c=0$이 성립한다고 할 때, 상수 a, b, c에 대하여 $a-b+c$의 값은?

① 12　② 14　③ 16
④ 18　⑤ 20

0214

두 다항식 $P(x)$, $Q(x)$에 대하여 $2P(x)+Q(x)$, $P(x)-2Q(x)$를 $x-2$로 나누었을 때의 나머지가 각각 2, -9일 때, $P(x)+Q(x)$를 $x-2$로 나누었을 때의 나머지는?

① 1　② 2　③ 3
④ 4　⑤ 5

0215

다항식 $f(x)$에 대하여 등식 $2f(x-1)-f(x)=2x^2$이 x에 대한 항등식일 때, $f(-1)$의 값은?

① -6 ② -2 ③ 0 ④ 2 ⑤ 6

0216 교육청 기출

다항식 $P(x)$가 모든 실수 x에 대하여 등식

$$x(x+1)(x+2)=(x+1)(x-1)P(x)+ax+b$$

를 만족시킬 때, $P(a-b)$의 값은? (단, a, b는 상수이다.)

① 1 ② 2 ③ 3 ④ 4 ⑤ 5

0217

모든 실수 x에 대하여 등식

$$(x^2+2x-1)^{10}=a_0+a_1x+\cdots+a_{19}x^{19}+a_{20}x^{20}$$

이 성립할 때, 보기에서 옳은 것만을 있는 대로 고른 것은?

(단, a_0, a_1, $\cdots$, a_{19}, a_{20}은 상수이다.)

보기

ㄱ. $a_0=1$

ㄴ. $a_1+a_2+\cdots+a_{19}+a_{20}=2^{10}$

ㄷ. $a_0+a_2+\cdots+a_{18}+a_{20}=0$

① ㄱ ② ㄴ ③ ㄱ, ㄴ ④ ㄱ, ㄷ ⑤ ㄴ, ㄷ

0218

x에 대한 다항식 x^3-ax+b를 x^2-x+1로 나누었을 때의 나머지가 $3x+2$일 때, 상수 a, b에 대하여 $a+b$의 값은?

① -2 ② -1 ③ 0 ④ 1 ⑤ 2

0219

다항식 $f(x)$를 $(x-2)(x+1)$로 나누었을 때의 나머지가 $2x-3$일 때, 보기에서 옳은 것만을 있는 대로 고른 것은?

보기

ㄱ. 다항식 $f(x)+5$는 $x+1$로 나누어떨어진다.

ㄴ. 다항식 $f(3x+2)$를 $x+1$로 나누었을 때의 나머지는 -4이다.

ㄷ. 다항식 $xf\left(\frac{1}{2}x\right)$를 $x-4$로 나누었을 때의 나머지는 4이다.

① ㄱ ② ㄴ ③ ㄱ, ㄴ ④ ㄱ, ㄷ ⑤ ㄴ, ㄷ

0220

다항식 $f(x)$를 $x-1$로 나누었을 때의 나머지가 2이고, x^2-x-1로 나누었을 때의 나머지가 $-x+2$이다. $f(x)$를 $(x-1)(x^2-x-1)$로 나누었을 때의 나머지를 $R(x)$라 할 때, $R(-1)$의 값을 구하시오.

0221

다항식 $f(x)$를 x^2-4로 나누었을 때의 나머지는 $x+3$이다. $f(10x)$를 $5x-1$로 나누었을 때의 나머지를 R_1, $f(x+1004)$를 $x+1006$으로 나누었을 때의 나머지를 R_2라 할 때, R_1+R_2의 값을 구하시오.

0222 교육청 기출

다항식 $(x+2)(x-1)(x+a)+b(x-1)$이 x^2+4x+5로 나누어떨어질 때, $a+b$의 값을 구하시오.

(단, a, b는 상수이다.)

0223 교육청 기출

다항식 $P(x)$에 대하여 $(x-2)P(x)-x^2$을 $P(x)-x$로 나누었을 때의 몫은 $Q(x)$, 나머지는 $P(x)-3x$이다. $P(x)$를 $Q(x)$로 나눈 나머지가 10일 때, $P(30)$의 값을 구하시오.

(단, 다항식 $P(x)-x$는 0이 아니다.)

0224

2^{2117}을 31로 나누었을 때의 나머지는?

① 1 ② 2 ③ 3 ④ 4 ⑤ 5

0225

다음은 조립제법을 두 번 이용하여 삼차식 $f(x)$를 $(2x-1)^2$으로 나누었을 때의 몫 $Q(x)$와 나머지 $R(x)$를 구하는 과정이다. 이때 $Q(1)+R(1)$의 값을 구하시오.

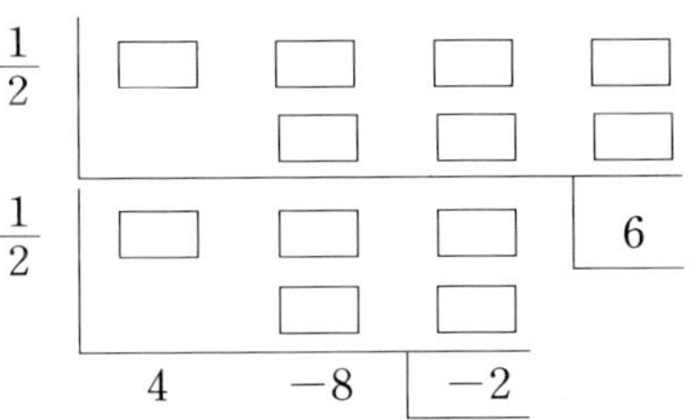

0226

최고차항의 계수가 1인 삼차식 $f(x)$에 대하여 $f(1)=f(2)-f(3)$일 때, $f(x)$는 $x+1$로 나누어떨어진다. $f(0)$의 값은?

① 16 ② 18 ③ 20 ④ 22 ⑤ 24

0227

다항식 x^3+ax^2+3x+b는 $x+1$로 나누어떨어지고, $x-2$로 나누었을 때의 나머지가 15이다. 상수 a, b에 대하여 a^2+b^2의 값은?

① 13 ② 18 ③ 20
④ 25 ⑤ 26

0228 교육청 기출

x에 대한 다항식 x^4+ax+b가 $(x-2)^2$으로 나누어떨어질 때, 몫을 $Q(x)$라 하자. 두 상수 a, b에 대하여 $a+b+Q(2)$의 값을 구하시오.

0229 교육청 기출

이차항의 계수가 1인 이차다항식 $f(x)$에 대하여 $f(x)+2$는 $x+2$로 나누어떨어지고, $f(x)-2$는 $x-2$로 나누어떨어질 때, $f(10)$의 값을 구하시오.

서술형 대비하기

0230

다항식 $f(x)$를 x^2-4로 나누었을 때의 나머지가 $3x+2$이고 다항식 $g(x)$를 x^2+x-2로 나누었을 때의 나머지가 $x-3$이다. $f(x-1)+g(2x-5)$를 $x-3$으로 나누었을 때의 나머지를 구하시오.

0231

다항식 $x^{100}+2x^{99}-x$를 $x-1$로 나누었을 때의 몫을 $Q(x)$라 할 때, $Q(x)$를 $x+1$로 나누었을 때의 나머지를 구하시오.

0232

최고차항의 계수가 1인 사차식 $f(x)$가

$$f\left(-\frac{1}{2}\right)=f\left(-\frac{1}{3}\right)=f\left(-\frac{1}{4}\right)=f\left(-\frac{1}{5}\right)=0$$

을 만족시킬 때, 다항식 $f(x)$를 $x-1$로 나누었을 때의 나머지를 구하시오.

수능 녹인 변별력 문제

정답과 풀이 40쪽

0233

자연수 n에 대하여 n차 다항식 $f_n(x)=(x-1)(x-2)(x-3)\cdots(x-n)$이라 할 때, $-2x^3+3x^2+1=a+bf_1(x)+cf_2(x)+df_3(x)$는 x에 대한 항등식이다. 상수 a, b, c, d에 대하여 $a+b+c+d$의 값을 구하시오.

0234

삼차식 $f(x)$가 다음을 만족시킨다.

> (가) $f(-1)=2$
> (나) $f(x)$를 $(x+1)^2$으로 나누었을 때의 몫과 나머지가 같다.

$f(x)$를 $(x+1)^3$으로 나누었을 때의 나머지를 $R(x)$라 하자. $R(0)=R(2)$일 때, $R(4)$의 값은?

① 10 ② 12 ③ 18 ④ 20 ⑤ 26

0235

최고차항의 계수가 1인 다항식 $f(x)$가 모든 실수 x에 대하여 $\{f(x)\}^3-8=x^2f(x)+4x^2+12x$를 만족시킬 때, 보기에서 옳은 것만을 있는 대로 고른 것은?

> **보기**
> ㄱ. $f(2)=3$
> ㄴ. 다항식 $f(x)$를 x로 나누었을 때의 나머지는 2이다.
> ㄷ. 다항식 $\{f(x)\}^3$을 x^2-1로 나누었을 때의 나머지를 $R(x)$라 하면 $R(0)=14$이다.

① ㄱ ② ㄴ ③ ㄱ, ㄷ ④ ㄴ, ㄷ ⑤ ㄱ, ㄴ, ㄷ

0236

다항식 $f(x)=\frac{1}{2}(x-1)$에 대하여 $\{f(x)\}^{1000}$을 $2f(x^2)$으로 나누었을 때의 나머지를 $R(x)$라 할 때, $R(-3)$의 값을 구하시오.

0237 교육청 기출

이차항의 계수가 1인 이차다항식 $P(x)$와 일차항의 계수가 1인 일차다항식 $Q(x)$가 다음 조건을 만족시킨다.

> (가) 다항식 $P(x+1)-Q(x+1)$은 $x+1$로 나누어떨어진다.
> (나) 방정식 $P(x)-Q(x)=0$은 중근을 갖는다.

다항식 $P(x)+Q(x)$를 $x-2$로 나눈 나머지가 12일 때, $P(2)$의 값은?

① 7　② 8　③ 9　④ 10　⑤ 11

0238

x에 대한 이차식 $P(x)$에 대하여 $P(x+1)$을 $x+1$로 나누었을 때의 나머지가 2이다. $xP(x)+x^2-8$이 $(x-1)(x+2)$로 나누어떨어질 때, $P(2)$의 값은?

① 7　② 10　③ 14　④ 16　⑤ 18

0239

2 이상의 자연수 k에 대하여 등식

$$x^k-1=(x-1)(x^{k-1}+x^{k-2}+\cdots+x^2+x+1)$$

이 항상 성립한다. 이를 이용하여 x에 대한 다항식 $x^{4n}+x+1$을 x^2-1로 나누었을 때의 몫을 $Q(x)$라 할 때, $Q(x)$의 상수항과 모든 계수들의 총합을 구하시오.

(단, n은 2 이상의 자연수이다.)

0240 교육청 기출

최고차항의 계수가 1인 두 이차다항식 $f(x)$, $g(x)$가 다음 조건을 만족시킨다.

> (가) $f(x)-g(x)$를 $x-2$로 나눈 몫과 나머지가 서로 같다.
> (나) $f(x)g(x)$는 x^2-1로 나누어떨어진다.

$g(4)=3$일 때, $f(2)+g(2)$의 값은?

① 1　② 2　③ 3　④ 4　⑤ 5

0241 교육청 기출

다항식 $f(x)$가 다음 세 조건을 만족시킬 때, $f(0)$의 값은?

(가) $f(x)$를 x^3+1로 나눈 몫은 $x+2$이다.
(나) $f(x)$를 x^2-x+1로 나눈 나머지는 $x-6$이다.
(다) $f(x)$를 $x-1$로 나눈 나머지는 -2이다.

① -10 ② -9 ③ -8
④ -7 ⑤ -6

0242

다항식 $P(x)$에 대하여 두 다항식 x^3-x+2, $(x^2-x+1)P(x)+22$를 $x-a$로 나누었을 때의 나머지가 각각 1, 2일 때, 다항식 $\dfrac{P(x)}{(a+1)^2(a-1)}$를 $x-a$로 나누었을 때의 나머지는? (단, $a^2\neq1$, a는 실수이다.)

① 16 ② 18 ③ 20
④ 22 ⑤ 24

0243

x에 대한 다항식 $x^n(x^2+ax+b)$를 $(x-3)^2$으로 나누었을 때의 나머지가 $3^n(x-3)$일 때, 상수 a, b에 대하여 $a+b$의 값을 구하시오. (단, n은 자연수이다.)

0244 교육청 기출

최고차항의 계수가 1인 사차다항식 $f(x)$가 다음 조건을 만족시킬 때, 양수 p의 값은?

(가) $f(x)$를 $x+2$, x^2+4로 나눈 나머지는 모두 $3p^2$이다.
(나) $f(1)=f(-1)$
(다) $x-\sqrt{p}$는 $f(x)$의 인수이다.

① $\frac{1}{2}$ ② 1 ③ $\frac{3}{2}$
④ 2 ⑤ $\frac{5}{2}$

PART A 03 I. 다항식

인수분해

유형별 문제

유형 01 인수분해 공식을 이용한 다항식의 인수분해

인수분해 공식을 적용하거나 인수분해 공식을 바로 적용할 수 없으면 식을 적당히 변형하여 공식을 적용한다.

(1) $a^2+2ab+b^2=(a+b)^2$, $a^2-2ab+b^2=(a-b)^2$

(2) $a^2-b^2=(a+b)(a-b)$

(3) $x^2+(a+b)x+ab=(x+a)(x+b)$

(4) $acx^2+(ad+bc)x+bd=(ax+b)(cx+d)$

(5) $a^2+b^2+c^2+2ab+2bc+2ca=(a+b+c)^2$

(6) $a^3+3a^2b+3ab^2+b^3=(a+b)^3$
$a^3-3a^2b+3ab^2-b^3=(a-b)^3$

(7) $a^3+b^3=(a+b)(a^2-ab+b^2)$
$a^3-b^3=(a-b)(a^2+ab+b^2)$

(8) $a^3+b^3+c^3-3abc$
$=(a+b+c)(a^2+b^2+c^2-ab-bc-ca)$
$=\frac{1}{2}(a+b+c)\{(a-b)^2+(b-c)^2+(c-a)^2\}$

(9) $a^4+a^2b^2+b^4=(a^2+ab+b^2)(a^2-ab+b^2)$

확인 문제

다음 식을 인수분해하시오.

(1) $x^2+10x+25$　　(2) $a^2-8ab+16b^2$
(3) x^2-16y^2　　(4) $3a^2-8a+4$

개념ON 096쪽　유형ON 2권 032쪽

0245 대표문제

다음 중 인수분해한 것이 옳지 않은 것은?

① $x^3-7x^2+12x=x(x-3)(x-4)$
② $x^3+125=(x-5)(x^2+5x+25)$
③ $8x^3-12x^2+6x-1=(2x-1)^3$
④ $x^4+4x^2y^2+16y^4=(x^2+2xy+4y^2)(x^2-2xy+4y^2)$
⑤ $x^2-(y-z)^2=(x+y-z)(x-y+z)$

0246 교육청 기출

다항식 x^3-8y^3이 $(x-ay)(x^2+2xy+4y^2)$으로 인수분해될 때, 상수 a의 값은?

① 1　② 2　③ 3　④ 4　⑤ 5

0247

다음 중 x^2-x-y^2-y의 인수인 것은?

① $x-y$　② $x-y-1$　③ $x-y+1$　④ $x+y-1$　⑤ $x+y+1$

0248 중요

다음 중 $x^5-9x^3+4x^2-12x$의 인수인 것은?

① $x+3$　② x^2　③ x^2+3x+4　④ x^3+3x^2　⑤ x^3+3x^2+4

0249

다음 보기 중 인수분해한 것이 옳은 것만을 있는 대로 고른 것은?

보기

ㄱ. $27x^3+8y^3=(3x+2y)(9x^2-12xy+4y^2)$
ㄴ. $x^3-6x^2y+12xy^2-8y^3=(x-2y)^3$
ㄷ. $(a-3b)^3-27b^3=(a-6b)(a^2+3ab+9b^2)$
ㄹ. $x^3-y^3+8z^3+6xyz$
$=(x-y+2z)(x^2+y^2+4z^2+xy+2yz-2zx)$

① ㄱ, ㄴ　② ㄴ, ㄹ　③ ㄷ, ㄹ　④ ㄱ, ㄷ, ㄹ　⑤ ㄴ, ㄷ, ㄹ

0250

다음 중 $(xy^2-4x)(x^2+3)+(4-y^2)(3x^2+1)$의 인수가 아닌 것은?

① $y+2$ ② $y-2$ ③ $x-1$
④ x^2-1 ⑤ x^2-2x+1

0251 중요 서술형

다항식 $x^4+16y^4+2x^3y+8xy^3$이 다음 식으로 인수분해될 때, 상수 a, b, c에 대하여 $a+b+c$의 값을 구하시오.

$$(x-ay)^2(x^2+bxy+cy^2)$$

0252

다음 카드 중 다항식 $a^8+a^6b^2-a^2b^6-b^8$의 인수가 적힌 카드는 몇 장인지 구하시오.

a^2+ab+b^2	a^3-b^3	a^4-b^4
a^4+b^4	$a+b$	a^6+b^6
$(a-b)^2$	$a^4+a^2b^2+b^4$	$a^4-a^2b^2+b^4$

유형 02 공통부분이 있는 다항식의 인수분해

(1) ① 공통부분이 있는 경우
➡ 공통부분을 한 문자로 치환하여 인수분해한다.
② 공통부분이 없는 경우
➡ 공통부분이 생기도록 식을 적당히 변형한 후 공통부분을 한 문자로 치환하여 인수분해한다.

(2) $(x+a)(x+b)(x+c)(x+d)+k$ 꼴인 경우
➡ 두 일차식의 상수항의 합이 같도록 짝을 지어 전개한 후 공통부분을 한 문자로 치환하여 인수분해한다.

예 $(x+1)(x+2)(x+3)(x+4)+k$에서 $1+4=2+3$이므로 $\{(x+1)(x+4)\}\{(x+2)(x+3)\}+k$로 묶어서 전개하면 공통부분 x^2+5x가 생긴다.

개념ON 104쪽 유형ON 2권 033쪽

0253 대표문제

다음 중 $(x+5)(x+4)(x-2)(x-1)-40$의 인수인 것은?

① $x-3$ ② $x+2$ ③ x^2
④ $x^2+3x-14$ ⑤ $x^2+3x+14$

0254

다항식 $(a+2b+1)(a+2b-5)+8$을 인수분해하시오.

0255 교육청 기출

다항식 $(2x+y)^2-2(2x+y)-3$을 인수분해하면 $(ax+y+1)(2x+by+c)$일 때, $a+b+c$의 값은?
(단, a, b, c는 상수이다.)

① -4 ② -2 ③ 0
④ 2 ⑤ 4

03 인수분해

0256 중요

다음 중 $(x^2+3x+1)(x^2+3x-3)-5$의 인수가 아닌 것은?

① $x-2$ ② $x-1$ ③ $x+1$
④ $x+2$ ⑤ $x+4$

0257 교육청 기출

다항식 $(x^2+x)(x^2+x+1)-6$이 $(x+2)(x-1)(x^2+ax+b)$로 인수분해될 때, 상수 a, b에 대하여 $a+b$의 값은?

① 1 ② 2 ③ 3
④ 4 ⑤ 5

0258 서술형

다항식 $(x-2)(x-3)(x-4)(x-5)+k$가 x에 대한 이차식의 완전제곱식으로 인수분해될 때, 상수 k의 값을 구하시오.

0259

다항식 $(x-1)(x-4)(x-5)(x-8)+a$가 $(x+b)^2(x+c)^2$으로 인수분해될 때, 세 정수 a, b, c에 대하여 $a+b+c$의 값은?

① 19 ② 21 ③ 23
④ 25 ⑤ 27

0260

다항식 $(x^2-1)(x^2+8x+15)-9$를 인수분해하면 $(x+a)^2(x^2+bx+c)$일 때, 상수 a, b, c에 대하여 abc의 값을 구하시오.

유형 03 x^4+ax^2+b 꼴의 다항식의 인수분해

$x^2=X$로 치환한 식 X^2+aX+b가
(1) 인수분해되는 경우 ➡ 인수분해 공식을 이용한다.
(2) 인수분해되지 않는 경우
➡ 이차항을 적당히 분리하여 A^2-B^2 꼴로 변형한 후 인수분해한다.

개념ON 106쪽 유형ON 2권 034쪽

0261 대표문제

다항식 x^4-17x^2+16을 인수분해하면 $(x-a)(x-b)(x-c)(x-d)$이다. 상수 a, b, c, d에 대하여 $a<b<c<d$일 때, $ad-bc$의 값을 구하시오.

정답과 풀이 44쪽

0262 교육청 기출

다항식 x^4-8x^2+16을 인수분해하면 $(x+a)^2(x+b)^2$이다. $\frac{2012}{a-b}$의 값을 구하시오. (단, $a>b$)

0263 중요

다항식 x^4+x^2+25가 $(x^2+ax+b)(x^2-cx+d)$로 인수분해될 때, $a+b+c+d$의 값은? (단, a, b, c, d는 양수이다.)

① 12 ② 14 ③ 16
④ 18 ⑤ 20

0264 서술형

$9x^4+5x^2y^2+y^4=(ax^2+bxy+y^2)(ax^2-bxy+y^2)$일 때, 상수 a, b에 대하여 a^2+b^2의 값을 구하시오.

0265

$(x+3)^4-6(x+3)^2+1=(x^2+ax+b)(x^2+4x+c)$일 때, 상수 a, b, c에 대하여 $a+b-c$의 값은?

① 19 ② 20 ③ 21
④ 22 ⑤ 23

유형 04 문자가 여러 개인 다항식의 인수분해

(1) 차수가 가장 낮은 한 문자에 대하여 내림차순으로 정리한 후 인수분해한다.
(2) 모든 문자의 차수가 같으면 어느 한 문자에 대하여 내림차순으로 정리한 후 인수분해한다.

개념ON 108쪽 유형ON 2권 034쪽

0266 대표문제

다항식 $x^2-xy-2y^2-8x+y+15$를 인수분해하면 $(x+ay+b)(x+cy+d)$일 때, 상수 a, b, c, d에 대하여 $abcd$의 값을 구하시오.

0267

다음 중 $b^2-abc+ab-a^2c$의 인수인 것은?

① $a-b$ ② $b-c$ ③ $c-a$
④ $a+b-c$ ⑤ $b-ac$

0268 중요

다음 중 $3x^2-2xy-y^2+x+3y-2$의 인수인 것은?

① $x-y-1$ ② $x+y-1$ ③ $x+y+1$
④ $3x-y-2$ ⑤ $3x+y-2$

0269

다항식 $x^3-(y+1)x^2+(y-6)x+6y$를 인수분해하시오.

0270 중요

다항식 $2x^2+3xy+y^2-7x-5y+6$이 x, y에 대한 두 일차식의 곱으로 인수분해될 때, 두 일차식의 합은?

(단, 두 일차식의 x, y의 계수는 자연수이다.)

① $x+2y+1$ ② $x+2y-1$ ③ $3x+y-5$
④ $3x+2y-5$ ⑤ $3x+2y+5$

0271 서술형

다항식 $x^2-xy-6y^2+ax-2y+4$가 x, y에 대한 두 일차식의 곱으로 인수분해될 때, 정수 a의 값을 구하시오.

유형 05 인수정리와 조립제법을 이용한 인수분해

$P(x)$가 삼차 이상의 다항식이면 다음과 같은 순서로 인수분해한다.

❶ $P(\alpha)=0$을 만족시키는 상수 α의 값을 찾는다.

➡ $\alpha=\pm\dfrac{(P(x)\text{의 상수항의 약수})}{(P(x)\text{의 최고차항의 계수의 약수})}$

❷ 조립제법을 이용하여 $P(x)$를 $x-\alpha$로 나누었을 때의 몫 $Q(x)$를 구한다.

❸ $P(x)=(x-\alpha)Q(x)$ 꼴로 인수분해한다.

❹ $Q(x)$가 더 이상 인수분해되지 않을 때까지 인수분해한다.

개념ON 110쪽 유형ON 2권 035쪽

0272 대표문제

다항식 $2x^3+3x^2-11x-6$을 인수분해하면 $(x+a)(x+b)(2x+c)$일 때, 상수 a, b, c에 대하여 $ab+c$의 값을 구하시오.

0273 교육청 기출

그림과 같이 세 모서리의 길이가 각각 x, x, $x+3$인 직육면체 모양에 한 모서리의 길이가 1인 정육면체 모양의 구멍이 두 개 있는 나무 블록이 있다. 세 정수 a, b, c에 대하여 이 나무 블록의 부피를 $(x+a)(x^2+bx+c)$로 나타낼 때, $a\times b\times c$의 값은? (단, $x>1$)

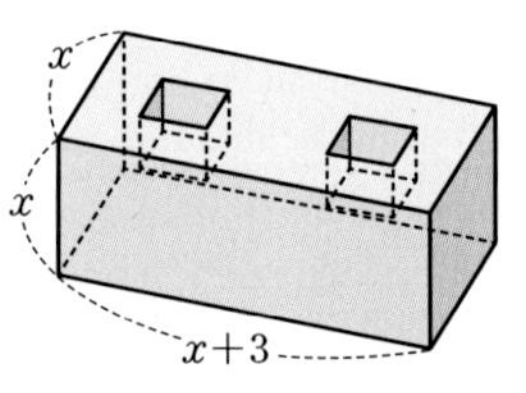

① -5 ② -4 ③ -3
④ -2 ⑤ -1

0274 교육청 기출

다항식 $x^4-2x^3+2x^2-x-6$이 $(x+1)(x+a)(x^2+bx+c)$로 인수분해될 때, 세 정수 a, b, c의 합 $a+b+c$의 값은?

① -2　② -1　③ 0
④ 1　⑤ 2

0275 중요

다음 중 $x^4+4x^3+2x^2-4x-3$의 인수가 아닌 것은?

① $x-2$　② $x-1$　③ $x+1$
④ $x+3$　⑤ $(x+1)^2$

0276

다항식 $x^3-(2a+1)x^2-a(3a-2)x+3a^2$이 x의 계수가 1인 세 일차식의 곱으로 인수분해될 때, 세 일차식의 상수항의 합이 -5이다. 상수 a의 값을 구하시오.

0277 서술형

최고차항의 계수가 1인 두 이차식 $f(x)$, $g(x)$의 곱이 $x^4+7x^3+8x^2-16x$이다. $f(1)\neq0$, $g(0)\neq0$일 때, $f(2)+g(-1)$의 값을 구하시오.

0278

다항식 $x^3+x^2+(k-12)x-3k$가 서로 다른 두 실수 a, b에 대하여 $(x+a)(x+b)^2$ 꼴로 인수분해되도록 하는 모든 상수 k의 값의 합은?

① -19　② -17　③ -15
④ -13　⑤ -11

유형 06 인수가 주어질 때, 미정계수 구하기

주어진 식의 인수나 인수분해된 식을 이용하여 등식을 세운 후 수치대입법 또는 조립제법을 이용하여 미정계수를 구한다.

개념ON 110쪽　유형ON 2권 036쪽

0279 대표문제

다항식 x^3+ax^2+bx+3이 $(x+1)^2$을 인수로 가질 때, 상수 a, b에 대하여 ab의 값을 구하시오.

0280 중요

다항식 $f(x)=3x^3+5x^2+ax-4$가 $x-1$로 나누어떨어질 때, 다음 중 $f(x)$의 인수인 것은? (단, a는 상수이다.)

① $x-2$ ② $x+1$ ③ $3x-2$
④ $3x+1$ ⑤ $3x+2$

0281

전력은 단위 시간당 전기 장치에 공급되는 전기에너지로 (전력)=(전압)×(전류)와 같이 계산한다. 어느 전기 장치에서 시각 t인 순간의 전력이 $P(t)=t^3+9t^2+23t+a$이고 전류는 $I(t)=t+5$일 때, 전압 $V(t)=x^2+bx+c$이다. 상수 a, b, c에 대하여 $a-2b+c$의 값은?

① 4 ② 10 ③ 11
④ 15 ⑤ 26

0282 서술형

다항식 $x^4+4x^3+ax^2+bx+2$가 $(x-1)(x+2)Q(x)$로 인수분해될 때, $Q(-4)$의 값을 구하시오.

(단, a, b는 상수이다.)

유형 07 계수가 대칭인 사차식의 인수분해

$ax^4+bx^3+cx^2+bx+a$ 꼴의 사차식은 다음과 같은 순서로 인수분해한다.

❶ 가운데 항이 상수가 되도록 x^2으로 묶는다.

❷ $x^2+\frac{1}{x^2}=\left(x+\frac{1}{x}\right)^2-2=\left(x-\frac{1}{x}\right)^2+2$임을 이용하여 $x+\frac{1}{x}$ 또는 $x-\frac{1}{x}$에 대한 이차식으로 정리하여 인수분해한다.

❸ 각 인수에 x를 곱하여 다항식이 되도록 한다.

유형ON 2권 037쪽

0283 대표문제

다음 중 $x^4-5x^3+8x^2-5x+1$의 인수인 것은?

① $x+1$ ② x^2-2x-1 ③ x^2+2x-1
④ x^2-3x-1 ⑤ x^2-3x+1

0284 중요

$x^4-4x^3-7x^2+4x+1=(x^2+ax+b)(x^2+cx+d)$일 때, 상수 a, b, c, d에 대하여 $bc-ad$의 값을 구하시오.

(단, $a>0$)

0285

다항식 $x^4-x^3-10x^2-x+1$이 x^2의 계수가 1인 두 이차식의 곱으로 인수분해될 때, 두 이차식의 합은?

① $2x^2+x$ ② $2x^2-x-2$ ③ $2x^2-x+2$
④ $2x^2-2x+1$ ⑤ $2x^2+2x+3$

유형 08 순환하는 꼴의 다항식의 인수분해

a, b, c 또는 x, y, z의 차수가 같으면서 순환하는 꼴의 다항식은 한 문자에 대하여 내림차순으로 정리한 후 인수분해한다.

개념ON 108쪽 유형ON 2권 037쪽

0286 대표문제

다항식 $a^2(b-c)-b^2(c+a)-c^2(a-b)+2abc$를 인수분해하면?

① $(a+b)(b+c)(c+a)$　② $(a+b)(b-c)(c+a)$
③ $(a-b)(b+c)(c+a)$　④ $(a-b)(b-c)(c+a)$
⑤ $(a-b)(b-c)(c-a)$

0287 중요 교육청 기출

x, y, z에 대한 다항식 $xy(x+y)-yz(y+z)-zx(z-x)$의 인수는?

① $x-y$　② $x-z$　③ $y-z$
④ $x-y+z$　⑤ $x+y+z$

0288

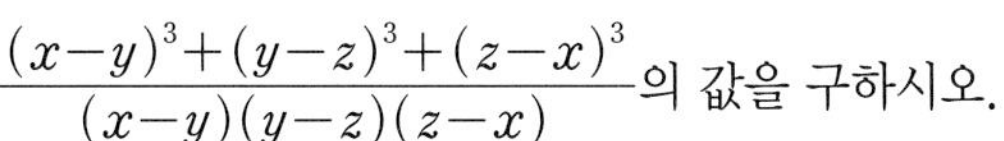

$\dfrac{(x-y)^3+(y-z)^3+(z-x)^3}{(x-y)(y-z)(z-x)}$의 값을 구하시오.

(단, $x\neq y$, $y\neq z$, $z\neq x$)

유형 09 조건이 주어진 다항식의 인수분해

(1) 주어진 조건을 다항식에 대입하여 간단히 한 후 인수분해한다.
(2) 다항식을 먼저 인수분해한 후 주어진 조건을 대입하여 식을 정리한다.

유형ON 2권 038쪽

0289 대표문제

$x+3y-z=0$일 때, 다음 중 $2x^2+6xy+z^2$과 같은 것은?

① $3x(y+z)$　② $3y(z+x)$　③ $3z(x+y)$
④ $3xy(x+y)$　⑤ $3yz(y+z)$

0290

$5x+y+3=0$일 때, 다음 중 $9-25x^2+10xy-y^2$과 같은 것은?

① $-20xy$　② $-15xy$　③ $10xy$
④ $15xy$　⑤ $20xy$

0291

$xy+z=3$일 때, 보기에서 $5xy-2x^2y-xy^2-xyz$와 같은 것을 있는 대로 고른 것은?

보기
ㄱ. $1-3xyz$　ㄴ. $1+6xyz$
ㄷ. $(1+x)(2+y)(3+z)$　ㄹ. $(1-x)(2-y)(3-z)$
ㅁ. $3(1-x)(1-y)(1-z)$

① ㄱ, ㄴ, ㄷ　② ㄴ, ㄹ　③ ㄷ, ㅁ
④ ㄹ　⑤ ㄹ, ㅁ

03 인수분해

유형 10 인수분해를 이용하여 삼각형의 모양 판단하기

인수분해를 이용하여 주어진 등식으로부터 삼각형의 세 변의 길이 사이의 관계를 파악한 후 다음을 이용하여 삼각형의 모양을 판단한다.
삼각형의 세 변의 길이가 a, b, c일 때
(1) $a=b$ 또는 $b=c$ 또는 $c=a$ ➡ 이등변삼각형
(2) $a=b=c$ ➡ 정삼각형
(3) $a^2=b^2+c^2$ ➡ 빗변의 길이가 a인 직각삼각형

개념ON 112쪽 유형ON 2권 038쪽

0292 대표문제

삼각형의 세 변의 길이 a, b, c에 대하여

$$a^3-ab^2+a^2c-ac^2-b^2c-c^3=0$$

이 성립할 때, 이 삼각형은 어떤 삼각형인가?

① $a=b$인 이등변삼각형
② $b=c$인 이등변삼각형
③ 빗변의 길이가 a인 직각삼각형
④ 빗변의 길이가 b인 직각삼각형
⑤ 빗변의 길이가 c인 직각삼각형

0293 중요

삼각형의 세 변의 길이 a, b, c에 대하여

$$a^3-a^2b+ac^2+ab^2-b^3-bc^2=0$$

이 성립할 때, 이 삼각형은 어떤 삼각형인가?

① 빗변의 길이가 a인 직각삼각형
② 빗변의 길이가 b인 직각삼각형
③ 빗변의 길이가 c인 직각삼각형
④ $a=b$인 이등변삼각형
⑤ $a\neq b$, $b=c$인 이등변삼각형

0294

세 변의 길이가 a, b, 3인 삼각형 ABC가 다음 두 조건을 만족시킬 때, $a+b$의 값을 구하시오.

(가) 삼각형 ABC의 넓이는 $\frac{3}{2}$이다.
(나) $a^4+b^4+81+2a^2b^2-18a^2-18b^2=0$

0295

x에 대한 다항식

$$x^3+(a+b)x^2-(a^2+b^2)x-(a+b)(a^2+b^2)$$

이 $x-c$로 나누어떨어질 때, a, b, c를 세 변의 길이로 하는 삼각형은 어떤 삼각형인가?

① 빗변의 길이가 a인 직각삼각형
② 빗변의 길이가 b인 직각삼각형
③ 빗변의 길이가 c인 직각삼각형
④ 정삼각형
⑤ $a=b$인 이등변삼각형

0296

둘레의 길이가 12인 삼각형의 세 변의 길이 a, b, c에 대하여 $a^3+b^3+c^3=3abc$를 만족시킬 때, 이 삼각형의 넓이는?

① $\sqrt{3}$ ② $2\sqrt{3}$ ③ $4\sqrt{3}$
④ $8\sqrt{3}$ ⑤ $16\sqrt{3}$

유형 11 인수분해를 이용하여 식의 값 구하기

곱셈 공식 또는 인수분해 공식을 이용하여 식을 변형한 후 주어진 조건을 대입한다.

개념ON 114쪽 유형ON 2권 039쪽

0297 대표문제

$x+y=2\sqrt{2}$, $xy=-1$일 때, $x^4+y^4-x^3y-xy^3$의 값은?

① 104　② 106　③ 108　④ 110　⑤ 112

0298 교육청 기출

$x=\sqrt{3}+\sqrt{2}$, $y=\sqrt{3}-\sqrt{2}$일 때, x^2y+xy^2+x+y의 값은?

① $\sqrt{3}$　② $2\sqrt{3}$　③ $3\sqrt{3}$　④ $4\sqrt{3}$　⑤ $5\sqrt{3}$

0299

$a+b+c=0$일 때, $\dfrac{a^3+b^3+c^3}{abc}$의 값을 구하시오.

(단, $abc\neq0$)

0300 중요

세 실수 a, b, c에 대하여 $a+b+c=0$, $abc=-5$일 때, $a^2(b+c)+b^2(c+a)+c^2(a+b)$의 값은?

① -15　② -12　③ 9　④ 12　⑤ 15

0301

$a+b=3$, $b+c=-3$, $c+a=-4$일 때, $(a+b+c)(ab+bc+ca)-abc$의 값을 구하시오.

0302 서술형

$a-b=1+\sqrt{3}$, $b-c=1-\sqrt{3}$일 때, $ab^2-a^2b+bc^2-b^2c+a^2c-ac^2$의 값을 구하시오.

유형 12 인수분해를 이용한 복잡한 수의 계산

(1) 수를 문자로 치환한 후 주어진 식을 인수분해하여 식을 간단히 정리한 다음 원래의 수를 대입하여 계산한다.
(2) $a^2-b^2+c^2-d^2+\cdots$ 꼴의 계산은 두 항씩 짝을 지어 인수분해 공식 $a^2-b^2=(a+b)(a-b)$를 이용한다.

개념ON 114쪽 유형ON 2권 039쪽

0303 대표문제

$23^2-21^2+19^2-17^2+15^2-13^2+11^2-9^2$의 값은?

① 254 ② 256 ③ 258
④ 260 ⑤ 262

0304 중요 교육청 기출

$\dfrac{2016^3+1}{2016^2-2016+1}$의 값은?

① 2016 ② 2017 ③ 2018
④ 2019 ⑤ 2020

0305

$f(x)=x^4-6x^2+8x-3$일 때, $f(1.1)$의 값은?

① 0.0014 ② 0.0021 ③ 0.0041
④ 0.0061 ⑤ 0.0081

0306 교육청 기출

$\sqrt{10\times13\times14\times17+36}$의 값을 구하시오.

0307 교육청 기출

2 이상의 세 자연수 p, q, r에 대하여
$42\times(42-1)\times(42+6)+5\times42-5=p\times q\times r$일 때,
$p+q+r$의 값은?

① 131 ② 133 ③ 135
④ 137 ⑤ 139

0308 서술형

두 자리 자연수 중에서 7^6-1을 나누어떨어지도록 하는 자연수의 개수를 구하시오.

내신 잡는 종합 문제

0309

다음 중 x^4+7x^2+16과 $x^4+2x^3+x^2-16$의 공통인수는?

① x^2-x-4 ② x^2-x+4 ③ x^2+x
④ x^2+x-4 ⑤ x^2+x+4

0310 교육청 기출

1이 아닌 두 자연수 a, b $(a<b)$에 대하여
$11^4-6^4=a\times b\times 157$로 나타낼 때, $a+b$의 값은?

① 21 ② 22 ③ 23
④ 24 ⑤ 25

0311

다음 중 $(x^2+2x)^2+2x^2+4x-15$의 인수가 아닌 것은?

① $x-1$ ② $x+3$ ③ x^2+2x-3
④ x^2+2x+2 ⑤ x^2+2x+5

0312

다항식 $x^4+3x^3-8x^2+3x+1$을 인수분해하면
$(x^2+ax+b)(x+c)^2$일 때, 상수 a, b, c에 대하여 $ab+c$의 값은?

① -6 ② -4 ③ -2
④ 4 ⑤ 6

0313

다항식 $f(x)$가 모든 실수 x에 대하여
$f(x)f(x+1)=x^4+5x^2+9$를 만족시킬 때, $|f(2)|$의 값은?

① 3 ② 4 ③ 5
④ 6 ⑤ 7

0314 교육청 기출

두 자연수 a, b에 대하여 $a^2b+2ab+a^2+2a+b+1$의 값이 245일 때, $a+b$의 값은?

① 9 ② 10 ③ 11
④ 12 ⑤ 13

0315

$81^3+7\times81^2-17\times81+9$의 값의 각 자리의 숫자의 합은?

① 16 ② 17 ③ 18
④ 19 ⑤ 20

0316

두 다항식 A, B에 대하여 $[A, B]=AB-A-B$라 할 때, $[x^2, x^2]-[3x-5, x+3]-49$를 인수분해하면?

① $(x^2+2)(x+3)^2$ ② $(x-2)(x+3)(x^2-4)$
③ $(x-3)^2(x^2+4)$ ④ $(x+3)(x-3)(x^2+4)$
⑤ $x(x+3)(x^2+4)$

0317

삼각형의 세 변의 길이 a, b, c에 대하여

$$a^4+c^4+a^2b^2-2a^2c^2-b^2c^2=0$$

이 성립할 때, 보기에서 가능한 삼각형만을 있는 대로 고른 것은?

보기

ㄱ. $a=c$인 이등변삼각형
ㄴ. 빗변의 길이가 a인 직각삼각형
ㄷ. 빗변의 길이가 b인 직각삼각형
ㄹ. 빗변의 길이가 c인 직각삼각형

① ㄱ, ㄷ ② ㄱ, ㄹ ③ ㄴ, ㄷ
④ ㄴ, ㄹ ⑤ ㄷ, ㄹ

0318

다음 중 $(x+1)(x+2)(x+4)(x+5)-15x^2-90x-75$의 인수가 아닌 것은?

① $x-1$ ② $x+1$ ③ $x+3$
④ $x+5$ ⑤ $x+7$

0319

다항식 $x^4+ax^3-4x^2+bx+16$이 $(x+2)^2Q(x)$로 인수분해될 때, $Q(1)-Q(0)$의 값은? (단, a, b는 상수이다.)

① -3 ② -2 ③ -1
④ 2 ⑤ 3

0320 교육청 기출

2018^3-27을 $2018\times2021+9$로 나눈 몫은?

① 2015 ② 2025 ③ 2035
④ 2045 ⑤ 2055

0321

$x-y-3=0$일 때, 다음 중 $2x^2+xy-y^2-10x-y+12$와 같은 것은?

① $2x(x+2)$ ② $2x(x+3)$ ③ $2(x+y)$
④ $2y(y+2)$ ⑤ $2y(y+3)$

0322

일차식 $f(x)$에 대하여 $x^3-2x^2+6f(x)$가 $(x-2)(x+\alpha)(x+\beta)$로 인수분해된다. $\alpha\beta=-6$일 때, $f(-3)$의 값은?

① 1 ② 2 ③ 3
④ 4 ⑤ 5

0323

그림과 같이 가로의 길이가 $5n+10$, 세로의 길이가 $n^3+7n^2+16n+12$인 직사각형 모양의 벽이 있다. 이 벽을 한 변의 길이가 $n+2$인 정사각형 모양의 타일로 겹치지 않게 빈틈없이 채울 때, 필요한 타일의 개수는?

(단, n은 자연수이다.)

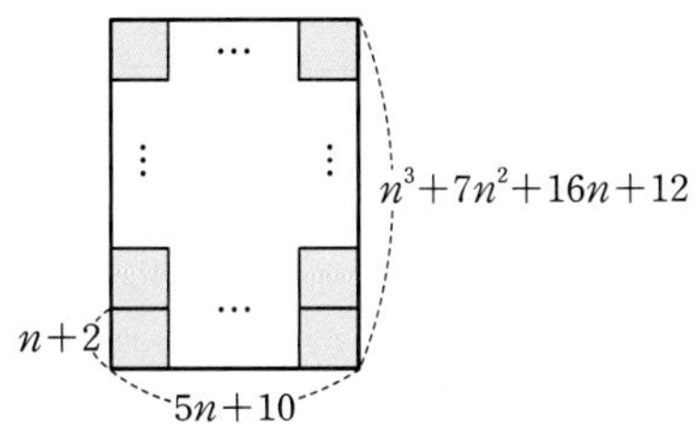

① $5n(n+2)$ ② $5n(n+3)$
③ $5(n+2)(n+3)$ ④ $5(n+3)(n+4)$
⑤ $5(n+3)(n+5)$

서술형 대비하기

0324

$2x^2-3xy+y^2+ax+2y-15$가 x, y에 대한 두 일차식의 곱으로 인수분해될 때, 모든 상수 a의 값의 합을 구하시오.

0325

연속하는 세 짝수 a, b, c $(a<b<c)$에 대하여 $f(a, b, c)=a^2(b-c)$라 할 때, $f(a, b, c)+f(b, c, a)+f(c, a, b)$의 값을 구하시오.

0326

x^2의 계수가 1인 이차식 $f(x)$에 대하여 다항식 $(x-2)(x-4)(x+3)(x+5)+k$가 $\{f(x)\}^2$ 꼴로 나타내어질 때, $\dfrac{k}{f(2)}$의 값을 구하시오. (단, k는 상수이다.)

수능 녹인 변별력 문제

0327

$\dfrac{100^4-3\times100^2\times30^2+30^4}{100^2-100\times30-30^2}$의 값을 구하시오.

0328

200개의 다항식 $f_n(x)=x^2-x-n$ $(n=1,\ 2,\ \cdots,\ 200)$이 있다. 이 중에서 자연수 a, b에 대하여 $(x+a)(x-b)$ 꼴로 인수분해되는 다항식의 개수를 구하시오.

0329

n^4-6n^2+25가 소수가 되게 하는 자연수 n의 값은?

① 1 ② 2 ③ 3
④ 4 ⑤ 5

0330 교육청 기출

두 양수 a, b $(a>b)$에 대하여 그림과 같은 직육면체 P, Q, R, S, T의 부피를 각각 p, q, r, s, t라 하자.

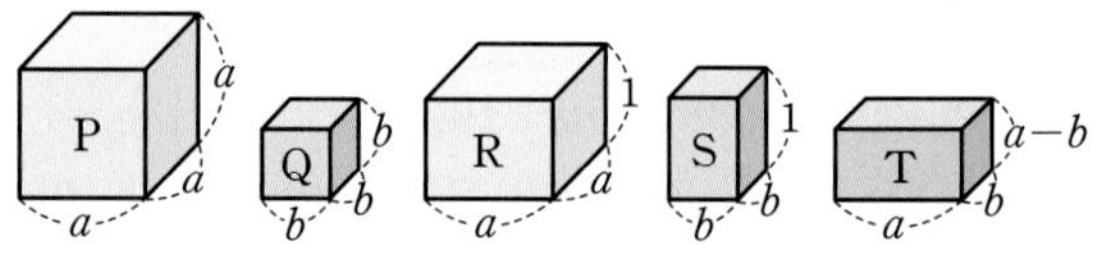

$p=q+r+s+t$일 때, $a-b$의 값은?

① $\dfrac{2}{3}$ ② $\dfrac{3}{4}$ ③ $\dfrac{4}{5}$
④ $\dfrac{5}{6}$ ⑤ 1

0331

다항식 $x^4+2x^3+ax^2+bx+4$는 $x+1$로 나누어떨어지고, $x-1$로 나누면 나머지가 -4이다. 이 다항식을 인수분해하면 $(x+1)(x+p)(x^2+qx+r)$일 때, pqr의 값을 구하시오.

(단, a, b, p, q, r는 상수이다.)

0332 교육청 기출

1이 아닌 두 자연수 a, b에 대하여

$$3587=15^3+15^2-15+2=a\times b$$

로 나타낼 때, $a+b$의 값을 구하시오.

0333

다항식 $x^{10}-1$을 $(x-1)^2$으로 나누었을 때의 몫을 $Q(x)$, 나머지를 $R(x)$라 할 때, $Q(-1)+R(3)$의 값을 구하시오.

0334 교육청 기출

자연수 n^4+n^2-2가 $(n-1)(n-2)$의 배수가 되도록 하는 자연수 n의 최댓값을 구하시오.

0335

x에 대한 다항식 $f(x)=x^4+ax^2+b$를 인수분해하였을 때, 계수가 정수인 일차식의 개수를 $N(a,\ b)$라 하자. 보기에서 옳은 것만을 있는 대로 고른 것은?

보기

ㄱ. $N(0,\ -1)=2$
ㄴ. $N(p,\ -3)=2$를 만족시키는 p의 값은 -4이다.
ㄷ. $N(q,\ 4)=4$를 만족시키는 정수 q의 개수는 2이다.

① ㄱ ② ㄱ, ㄴ ③ ㄱ, ㄷ
④ ㄴ, ㄷ ⑤ ㄱ, ㄴ, ㄷ

0336

다항식 $2x^3+(2-k)x^2+(k-1)x-3$을 인수분해하면 계수가 정수인 서로 다른 세 일차식의 곱으로 인수분해된다. 상수 k의 최댓값을 M, 최솟값을 m이라 할 때, $M-m$의 값을 구하시오.

0337 교육청 기출

모든 실수 x에 대하여 두 이차다항식 $P(x)$, $Q(x)$가 다음 조건을 만족시킨다.

(가) $P(x)+Q(x)=4$
(나) $\{P(x)\}^3+\{Q(x)\}^3=12x^4+24x^3+12x^2+16$

$P(x)$의 최고차항의 계수가 음수일 때, $P(2)+Q(3)$의 값은?

① 6 ② 7 ③ 8
④ 9 ⑤ 10

0338

세 변의 길이가 a, b, c인 삼각형 ABC가 다음 조건을 만족시킬 때, 삼각형 ABC의 둘레의 길이는?

(가) $(b-c)a^2+(2b^2-bc-c^2)a+b^3-bc^2=0$
(나) $5a+2b=10c$
(다) 삼각형 ABC의 넓이는 36이다.

① $12\sqrt{3}$ ② $14\sqrt{3}$ ③ $16\sqrt{3}$
④ $18\sqrt{3}$ ⑤ $20\sqrt{3}$

방정식과 부등식

II. 방정식과 부등식

04 복소수

유형 01 복소수의 뜻과 분류

a, b가 실수일 때,

복소수 $a+bi$ $\begin{cases} 실수\ a & (b=0) \\ 허수\ a+bi & (b\neq0) \end{cases}$

Tip 복소수 $z=a+bi$ (a, b는 실수)에 대하여
(1) z가 실수이면 $b=0$
(2) z가 허수이면 $b\neq0$
(3) z가 순허수이면 $a=0$, $b\neq0$

확인 문제

다음 복소수의 실수부분과 허수부분을 구하시오.

(1) $\frac{2-5i}{3}$ (2) $-6i$ (3) $2+\sqrt{5}$

개념ON 126쪽 유형ON 2권 046쪽

0339 대표문제

다음 중 옳은 것은?

① $1-6i$는 순허수이다.
② 0은 복소수이다.
③ $3-\sqrt{7}i$의 실수부분은 3, 허수부분은 $-\sqrt{7}i$이다.
④ $4i$의 실수부분은 4이다.
⑤ $a\neq0$, $b=0$이면 $a+bi$는 실수이다.

0340

복소수 $a+bi$를 어떤 기준에 따라 그림과 같이 세 개의 상자에 나누어 담으려고 한다. (다) 상자에 들어갈 복소수로 알맞은 것은? (단, a, b는 실수이다.)

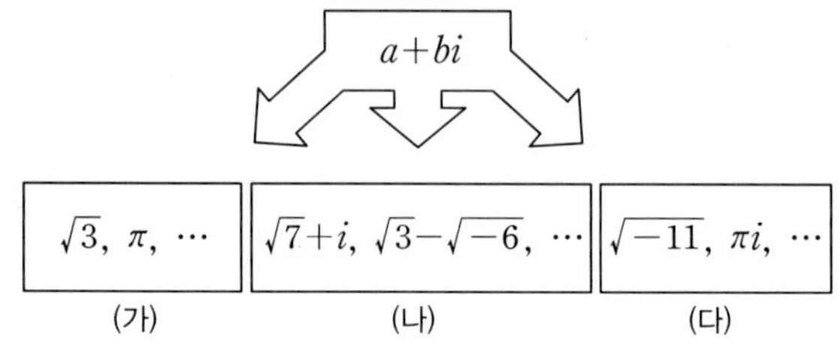

① 0 ② $1+\sqrt{-2}$ ③ $-\sqrt{-5}$
④ $\frac{1-i}{2}$ ⑤ 1

0341 중요

다음 수 중 순허수의 개수를 a, 실수의 개수를 b, 복소수의 개수를 c라 할 때, $a-b+c$의 값을 구하시오.

$\sqrt{3}-3i$,	$-\sqrt{-8}$,	-4,	$\sqrt{5}i^2$
-2π,	$-\sqrt{6}$,	$5i-2$,	i^2+1

유형 02 복소수의 사칙연산

두 복소수 $a+bi$, $c+di$ (a, b, c, d는 실수)에 대하여
(1) **덧셈**: $(a+bi)+(c+di)=(a+c)+(b+d)i$
(2) **뺄셈**: $(a+bi)-(c+di)=(a-c)+(b-d)i$
(3) **곱셈**: $(a+bi)(c+di)=(ac-bd)+(ad+bc)i$
(4) **나눗셈**: $\frac{a+bi}{c+di}=\frac{(a+bi)(c-di)}{(c+di)(c-di)}$
$=\frac{ac+bd}{c^2+d^2}+\frac{bc-ad}{c^2+d^2}i$ (단, $c+di\neq0$)

확인 문제

다음을 계산하시오.

(1) $(1+2i)+(-3+8i)$ (2) $(6+3i)-(5-2i)$
(3) $(3+2i)(1-i)$ (4) $\frac{4+2i}{1-i}$

개념ON 132쪽 유형ON 2권 046쪽

0342 대표문제

$(1+3i)(3-4i)+\frac{-5+7i}{1+i}$를 계산하여 $a+bi$ 꼴로 나타낼 때, $a+b$의 값을 구하시오. (단, a, b는 실수이다.)

0343

$(1-3i)z=7-i$를 만족시키는 복소수 z의 실수부분을 a, 허수부분을 b라 할 때, $a+b$의 값을 구하시오.

0344 교육청 기출

복소수 $\frac{a+3i}{2-i}$의 실수부분과 허수부분의 합이 3일 때, 실수 a의 값은? (단, $i=\sqrt{-1}$이다.)

① 1 ② 2 ③ 3
④ 4 ⑤ 5

0345 중요

$(2+\sqrt{3}i)(-\sqrt{3}+i)+\frac{26}{2\sqrt{3}+i}$을 $a+bi$ 꼴로 나타낼 때, a^2b의 값을 구하시오. (단, a, b는 실수이다.)

0346

$(1+3i)(\sqrt{3}-\sqrt{2}i)^2(\sqrt{3}+\sqrt{2}i)^2$을 $a+bi$ 꼴로 나타낼 때, $b-a$의 값은? (단, a, b는 실수이다.)

① 10 ② 20 ③ 50
④ 75 ⑤ 100

0347

두 복소수 $z_1=(2\sqrt{2}-i)(2\sqrt{2}+i)$, $z_2=\frac{5-\sqrt{5}i}{5+\sqrt{5}i}$에 대하여 z_1z_2의 실수부분을 a, 허수부분을 b라 할 때, b^2-a^2의 값을 구하시오.

0348 교육청 기출

두 복소수 $\alpha=\frac{1+i}{2i}$, $\beta=\frac{1-i}{2i}$에 대하여 $(2\alpha^2+3)(2\beta^2+3)$의 값은? (단, $i=\sqrt{-1}$이다.)

① 6 ② 10 ③ 14
④ 18 ⑤ 22

0349 서술형

임의의 두 복소수 x, y에 대하여 연산 △를

$$x\triangle y=x-2y-xy$$

라 할 때, $(1+2i)\triangle(4-3i)$의 실수부분을 구하시오.

유형 03 복소수가 주어질 때의 식의 값 구하기

(1) $x=a+bi$ (a, b는 실수)가 주어질 때의 식의 값
➡ $x-a=bi$로 변형한 후 양변을 제곱하여 x에 대한 이차 방정식을 만들고, 이를 주어진 식에 대입하여 구한다.

(2) $x=a+bi$, $y=c+di$ (a, b, c, d는 실수)가 주어질 때의 식의 값
➡ 두 복소수의 합(또는 차)과 곱을 구하고, 이를 주어진 식에 대입하여 구한다.

개념ON 136쪽 유형ON 2권 047쪽

0350 대표문제

$x=\frac{1-\sqrt{2}i}{3}$일 때, $6x^2-4x-3$의 값을 구하시오.

0351

$x=3+3i$, $y=5-5i$일 때, $5x^2y+3xy^2$의 값을 구하시오.

0352 교육청 기출

$x=2+i$, $y=2-i$일 때, $x^4+x^2y^2+y^4$의 값은?

(단, $i=\sqrt{-1}$이다.)

① 9 ② 10 ③ 11
④ 12 ⑤ 13

0353

$z=\frac{1+3i}{1-i}$일 때, z^3+2z^2+6z+1의 값은?

① 1 ② $2i$ ③ $-2i$
④ $2+2i$ ⑤ $-2+2i$

0354 중요

$x^2=-2+i$일 때, $x^4+x^3+6x^2+4x+\frac{5}{x}$의 값을 구하시오.

유형 04 복소수 z가 실수 또는 순허수가 될 조건

복소수 $z=a+bi$ (a, b는 실수)에 대하여
(1) z가 실수 ➡ $b=0$
(2) z가 순허수 ➡ $a=0$, $b\neq0$

개념ON 134쪽 유형ON 2권 047쪽

0355 대표문제

복소수 $(x-i)(x-3i)-(2x+4i)$가 순허수가 되도록 하는 실수 x의 값은?

① -3 ② -1 ③ 0
④ 1 ⑤ 3

0356

복소수 $z=i(a+3i)^2$이 실수가 되도록 하는 음수 a의 값을 α, 그때의 z의 값을 β라 할 때, $\alpha+\beta$의 값은?

① 10 ② 12 ③ 15
④ 17 ⑤ 20

0357 중요

두 복소수 $z_1=(x^2-3x+2)+(y^2+4y+3)i$, $z_2=(x^2-5x+6)+(y^2-y-2)i$가 있다. z_1, iz_2가 모두 순허수가 되도록 하는 두 실수 x, y에 대하여 $x+y$의 값은?

① 1 ② 2 ③ 3
④ 4 ⑤ 5

유형 05 복소수 z^2이 실수 또는 양(음)의 실수가 될 조건

복소수 $z=a+bi$ (a, b는 실수)에 대하여
(1) z^2이 실수 ➡ z가 실수 또는 순허수 ➡ $a=0$ 또는 $b=0$
(2) z^2이 양의 실수 ➡ z가 0이 아닌 실수 ➡ $a\neq0$, $b=0$
(3) z^2이 음의 실수 ➡ z가 순허수 ➡ $a=0$, $b\neq0$

개념ON 134쪽 유형ON 2권 048쪽

0358 대표문제

복소수 $z=x(2-5i)+3(-4+i)$에 대하여 z^2이 음의 실수가 되도록 하는 실수 x의 값을 구하시오.

0359

복소수 $(3+7i)(x-i)$를 제곱하면 양의 실수가 된다고 한다. 실수 x의 값을 a라 할 때, $21a$의 값을 구하시오.

0360 교육청 기출

복소수 $\alpha=(2-n-5i)^2$에 대하여 α^2이 음의 실수가 되도록 하는 자연수 n의 값을 구하시오. (단, $i=\sqrt{-1}$이다.)

0361 중요

복소수 $z=(a+2i)(1+3i)+a(-4+ai)$에 대하여 z^2이 양의 실수가 되도록 하는 실수 a의 값을 구하시오.

0362 서술형

복소수 $z=(a^2-4a+3)+(a^2+2a-3)i$에 대하여 z^2이 실수가 되도록 하는 모든 실수 a의 값의 합을 구하시오.

0363

복소수 $z=a^2(1+2i)+a(1-i)-(2+i)$에 대하여 z^2과 $z-9i$가 모두 실수가 되도록 하는 실수 a의 값을 구하시오.

유형 06 복소수가 서로 같을 조건

두 복소수 $a+bi$, $c+di$ (a, b, c, d는 실수)에 대하여
(1) $a+bi=c+di$ ➡ $a=c$, $b=d$
(2) $a+bi=0$ ➡ $a=0$, $b=0$

확인 문제

다음 등식을 만족시키는 실수 a, b의 값을 구하시오.
(1) $(a+b)+6i=-2+3bi$
(2) $(3a+b)+(a-b)i=5-i$

유형ON 2권 049쪽

0364 대표문제

등식 $2x(3-i)-y(1-5i)=8-12i$를 만족시키는 두 실수 x, y에 대하여 $x+y$의 값은?

① -3　② -1　③ 0　④ 1　⑤ 3

04 복소수

0365 교육청 기출

두 실수 a, b에 대하여 $\frac{2a}{1-i}+3i=2+bi$일 때, $a+b$의 값은? (단, $i=\sqrt{-1}$이다.)

① 6 ② 7 ③ 8
④ 9 ⑤ 10

0366 중요

등식 $(1+i)x+\frac{1+yi}{2-3i}=1-2i$를 만족시키는 두 실수 x, y에 대하여 $x+y$의 값을 구하시오.

0367 서술형

등식 $\frac{x}{1+2i}+\frac{y}{1-2i}=\frac{5}{4-3i}$를 만족시키는 두 실수 x, y에 대하여 $16xy$의 값을 구하시오.

0368

두 실수 x, y에 대하여 등식 $x^2+y^2i-4x-yi-5-12i=0$이 성립할 때, 다음 중 $x+y$의 값이 될 수 없는 것은?

① -7 ② -4 ③ 2
④ 3 ⑤ 9

0369

$3x-y=-1$을 만족시키는 두 실수 x, y에 대하여 등식 $x+yi=\frac{a}{1+ai}$가 성립할 때, 정수 a의 값을 구하시오.

0370

두 실수 a, b에 대하여 등식 $\{a(3+i)-b(3-i)\}^2=-16$이 성립할 때, a^2+b^2의 값을 구하시오.

유형 07 켤레복소수의 계산

복소수 $z=a+bi$ (a, b는 실수)의 켤레복소수는 $\bar{z}=a-bi$임을 이용한다.

유형ON 2권 050쪽

0371 대표문제

$z=\frac{5}{2-i}$일 때, $z+\bar{z}+z\bar{z}$의 값을 구하시오. (단, $\bar{z}$는 z의 켤레복소수이다.)

0372 교육청 기출

복소수 $z=2-3i$에 대하여 $(1+2i)\bar{z}$의 값은? (단, $i=\sqrt{-1}$이고 $\bar{z}$는 z의 켤레복소수이다.)

① $-4+7i$ ② $-4+4i$ ③ $3-4i$
④ $3+7i$ ⑤ $7-4i$

정답과 풀이 62쪽

0373

$\alpha=3+i$, $\beta=2-5i$에 대하여 $(\overline{\alpha}-\beta)(\alpha-\overline{\beta})$의 값을 구하시오. (단, $\overline{\alpha}$, $\overline{\beta}$는 각각 α, β의 켤레복소수이다.)

0374 중요

$z=2+4i$일 때, $\frac{1-\overline{z}}{z}$의 실수부분을 a라 할 때, $20a$의 값을 구하시오. (단, $\overline{z}$는 z의 켤레복소수이다.)

0375 교육청 기출

실수 a에 대하여 복소수 $z=a+2i$가 $\overline{z}=\frac{z^2}{4i}$을 만족시킬 때, a^2의 값을 구하시오.

(단, $i=\sqrt{-1}$이고 $\overline{z}$는 z의 켤레복소수이다.)

0376

복소수 $z=\frac{2}{1-i}$와 그 켤레복소수 $\overline{z}$에 대하여 $(z+1)(\overline{z}-1)=a+bi$일 때, $a-b$의 값을 구하시오.

(단, a, b는 실수이다.)

유형 08 켤레복소수가 주어질 때의 식의 값 구하기

두 복소수 x, y가 서로 켤레복소수이면 $x+y$, xy의 값은 실수이므로 x, y에 대한 식의 값은 다음과 같은 순서로 구한다.

❶ 주어진 식을 $x+y$, xy를 포함한 식으로 변형한다.

❷ $x+y$, xy의 값을 구한다.

❸ ❶의 식에 $x+y$, xy의 값을 대입하여 식의 값을 구한다.

확인 문제

$x=2+i$, $y=2-i$일 때, 다음 식의 값을 구하시오.

(1) x^2+xy+y^2 (2) $\frac{1}{x}+\frac{1}{y}$

개념ON 136쪽 유형ON 2권 050쪽

0377 대표문제

$x=3+i$, $y=3-i$일 때, $\frac{5y}{x}+\frac{5x}{y}$의 값을 구하시오.

0378

$x=3+\sqrt{2}i$, $y=3-\sqrt{2}i$일 때, x^2+y^2-3xy의 값을 구하시오.

0379 중요

$x=\frac{5-i}{2}$, $y=\frac{5+i}{2}$일 때, $2(x^3+y^3)$의 값을 구하시오.

0380 서술형

$x=\frac{5}{1+2i}$, $y=\frac{5}{1-2i}$일 때, $x^3+x^2y-xy^2-y^3$의 값을 구하시오.

유형 09 켤레복소수의 성질

복소수 z의 켤레복소수를 $\bar{z}$라 할 때
(1) $z+\bar{z}=$(실수)
(2) $z\bar{z}=$(실수)
(3) $z=\bar{z}$ ➡ z는 실수
(4) $z=-\bar{z}$ ➡ z는 0 또는 순허수

유형ON 2권 051쪽

0381 대표문제

복소수 z의 켤레복소수를 $\bar{z}$라 할 때, 다음 중 옳지 않은 것은?

① $z\bar{z}$는 실수이다.
② $z+\bar{z}$는 실수이다.
③ $\frac{1}{z}-\frac{1}{\bar{z}}$은 항상 순허수이다. (단, $z\neq0$)
④ $z-\bar{z}=0$이면 z는 실수이다.
⑤ $\bar{z}$가 순허수이면 z도 순허수이다.

0382 중요

다음 중 $z=\bar{z}$를 만족시키는 복소수 z는?
(단, $\bar{z}$는 z의 켤레복소수이다.)

① $z=-4i+1$ ② $z=(1+i)i$ ③ $z=2i$
④ $z=(3+\sqrt{5})i^2$ ⑤ $z=\frac{3-2i}{5}$

0383

다음 중 $z+\bar{z}=0$을 만족시키는 복소수 z가 될 수 있는 것의 개수를 구하시오. (단, $\bar{z}$는 z의 켤레복소수이다.)

$-7i$, $-\sqrt{3}-i$, $(1+\sqrt{5})i$, 0,
$\sqrt{5}-3$, $-i$, $\sqrt{7}-\sqrt{3}i$

0384 서술형

0이 아닌 복소수 $z=(x^2-9)+(3x^2-8x-3)i$에 대하여 $z=\bar{z}$가 성립할 때, 실수 x의 값을 구하시오.
(단, $\bar{z}$는 z의 켤레복소수이다.)

0385 교육청 기출

0이 아닌 복소수 $z=(i-2)x^2-3xi-4i+32$가 $z+\bar{z}=0$을 만족시킬 때, 실수 x의 값은?
(단, $i=\sqrt{-1}$이고 $\bar{z}$는 z의 켤레복소수이다.)

① -4 ② -1 ③ 1
④ 3 ⑤ 4

0386

0이 아닌 복소수 z와 그 켤레복소수 $\bar{z}$에 대하여 보기에서 항상 실수인 것만을 있는 대로 고르시오.

보기

ㄱ. $\frac{z}{\bar{z}}$　　ㄴ. $\frac{1}{z}-\frac{1}{\bar{z}}$　　ㄷ. $(z+3)(\bar{z}+3)$

ㄹ. $z^2-(\bar{z})^2$　　ㅁ. $(3z+1)(\bar{z}+1)-2z$

유형 10 켤레복소수의 성질을 이용하여 식의 값 구하기

두 복소수 z_1, z_2의 켤레복소수를 각각 $\bar{z_1}$, $\bar{z_2}$라 할 때

(1) $\overline{(\bar{z_1})}=z_1$

(2) $\overline{z_1+z_2}=\bar{z_1}+\bar{z_2}$, $\overline{z_1-z_2}=\bar{z_1}-\bar{z_2}$

(3) $\overline{z_1z_2}=\bar{z_1}\times\bar{z_2}$, $\overline{\left(\frac{z_1}{z_2}\right)}=\frac{\bar{z_1}}{\bar{z_2}}$ (단, $z_2\neq0$)

개념ON 138쪽 유형ON 2권 052쪽

0387 대표문제

$\alpha=4+3i$, $\beta=2-i$일 때, $\alpha\bar{\alpha}+\bar{\alpha}\beta+\alpha\bar{\beta}+\beta\bar{\beta}$의 값은?
(단, $\bar{\alpha}$, $\bar{\beta}$는 각각 α, β의 켤레복소수이다.)

① 32　② 34　③ 36
④ 38　⑤ 40

0388

두 복소수 z_1, z_2에 대하여 $\bar{z_1}-\bar{z_2}=5+3i$, $\bar{z_1}\times\bar{z_2}=2+i$일 때, $(z_1-2)(z_2+2)$의 값을 구하시오.
(단, $\bar{z_1}$, $\bar{z_2}$는 각각 z_1, z_2의 켤레복소수이다.)

0389 교육청 기출

두 복소수 α, β에 대하여 $\alpha\bar{\beta}=1$, $\alpha+\frac{1}{\alpha}=2i$일 때, $\beta+\frac{1}{\beta}$의 값은? (단, $i=\sqrt{-1}$이고 $\bar{\alpha}$, $\bar{\beta}$는 각각 α, β의 켤레복소수이다.)

① -2　② 2　③ $-2i$
④ i　⑤ $2i$

0390

두 복소수 α, β에 대하여 $\alpha+\bar{\beta}=i$, $\alpha\bar{\beta}=1$일 때, $\frac{1}{\alpha}+\frac{1}{\beta}$의 값은? (단, $\bar{\alpha}$, $\bar{\beta}$는 각각 α, β의 켤레복소수이다.)

① $-2i$　② $-i$　③ 1
④ i　⑤ $2i$

0391 중요

두 복소수 α, β에 대하여 $\alpha\bar{\alpha}=\beta\bar{\beta}=5$, $\alpha+\beta=i$일 때, $\alpha\beta$의 값을 구하시오. (단, $\bar{\alpha}$, $\bar{\beta}$는 각각 α, β의 켤레복소수이다.)

0392 서술형

복소수 $w=5+i$에 대하여 $z=\frac{w-2}{3w-9}$일 때, $z\bar{z}$의 값을 구하시오. (단, $\bar{z}$는 z의 켤레복소수이다.)

0393

복소수 $\alpha=\frac{3+\sqrt{7}i}{2}$에 대하여 $z=\frac{5\alpha}{\alpha-3}$일 때, $z\bar{z}$의 값을 구하시오. (단, $\bar{z}$는 z의 켤레복소수이다.)

유형 11 조건을 만족시키는 복소수 구하기

복소수 z를 포함한 등식이 주어질 때, z는 다음과 같은 순서로 구한다.

❶ $z=a+bi$ (a, b는 실수)라 하고 등식에 대입한다.

❷ 복소수가 서로 같을 조건을 이용하여 a, b의 값을 구한다.

개념ON 140쪽 유형ON 2권 053쪽

0394 대표문제

복소수 z와 그 켤레복소수 $\bar{z}$에 대하여 등식

$$(2+3i)z+2i\bar{z}=4+i$$

가 성립할 때, 복소수 z를 구하시오.

0395 중요

등식 $(1+i)\bar{z}+(1-i)z=6$을 만족시키는 복소수 z만을 보기에서 있는 대로 고른 것은? (단, $\bar{z}$는 z의 켤레복소수이다.)

보기

ㄱ. $-1-2i$ ㄴ. $-2+5i$

ㄷ. $2-i$ ㄹ. $4-i$

① ㄱ, ㄴ ② ㄴ, ㄷ ③ ㄴ, ㄹ
④ ㄷ, ㄹ ⑤ ㄱ, ㄴ, ㄹ

0396 서술형

복소수 z와 그 켤레복소수 $\bar{z}$에 대하여 $z+\bar{z}=6$, $z\bar{z}=11$이 성립할 때, 복소수 z를 모두 구하시오.

0397 교육청 기출

복소수 z에 대하여 등식 $(2+i)z+3i\bar{z}=2+6i$가 성립할 때, $z\bar{z}$의 값은? (단, $i=\sqrt{-1}$이고 $\bar{z}$는 z의 켤레복소수이다.)

① 2 ② 5 ③ 8
④ 10 ⑤ 13

0398

복소수 z에 대하여 $\overline{z+iz}=-2-i$일 때, $3i-2z$의 값을 구하시오. (단, $\bar{z}$는 z의 켤레복소수이다.)

0399

복소수 z가 다음 조건을 모두 만족시킬 때, $z+\bar{z}$의 값을 구하시오. (단, $\bar{z}$는 z의 켤레복소수이다.)

(가) $z-(1-5i)$는 양의 실수이다.
(나) $z\bar{z}=29$

유형 12 허수단위 i의 거듭제곱

i^n (n은 자연수)의 값은 4개의 값
i, -1, $-i$, 1
이 순서대로 반복되어 나타나므로 n을 4로 나누었을 때의 나머지가 같으면 i^n의 값이 서로 같다.

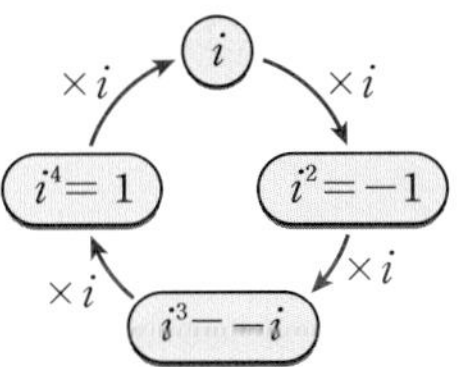

➡ 자연수 k에 대하여

(1) $i^{4k}=1$ (2) $i^{4k+1}=i$

(3) $i^{4k+2}=i^2=-1$ (4) $i^{4k+3}=i^3=-i$

예 $i^{20}=i^{4\times5}=1$, $i^{23}=i^{4\times5+3}=i^3=-i$

확인 문제

다음을 계산하시오.

(1) i^{25} (2) $-i^6$

(3) $(-i)^7$ (4) $i^{50}+i^{100}$

개념ON 146쪽 유형ON 2권 053쪽

0400 대표문제

$i+i^2+i^3+\cdots+i^{5002}$을 간단히 하면?

① i ② -1 ③ 0

④ $i-1$ ⑤ $i+1$

0401

$\frac{1}{i}+\frac{1}{i^2}+\frac{1}{i^3}+\frac{1}{i^4}+\cdots+\frac{1}{i^{114}}=a+bi$를 만족시키는 두 실수 a, b에 대하여 $a+b$의 값을 구하시오.

0402 중요 서술형

두 실수 a, b에 대하여

$$i+2i^2+3i^3+\cdots+64i^{64}+65i^{65}=a+bi$$

일 때, $a-b$의 값을 구하시오.

0403

자연수 n에 대하여 $f(n)=1+i+i^2+\cdots+i^n$이라 할 때, $f(k)=0$이 되도록 하는 150 이하의 자연수 k의 개수를 구하시오.

0404

$i-2i^2+3i^3-4i^4+\cdots+(-1)^{n+1}ni^n=6+5i$를 만족시키는 자연수 n의 값을 구하시오.

0405

두 실수 x, y에 대하여 복소수 $x+yi$를 좌표평면 위의 점 (x, y)에 대응시킬 때, 복소수 $(2+5i)i^n$을 대응시킨 점을 P_n이라 하자. 이때 네 점 P_{35}, P_{36}, P_{37}, P_{38}을 꼭짓점으로 하는 사각형의 넓이를 구하시오. (단, n은 자연수이다.)

0406 교육청 기출

등식 $(i+i^2)+(i^2+i^3)+(i^3+i^4)+\cdots+(i^{18}+i^{19})=a+bi$를 만족시키는 실수 a, b에 대하여 $4(a+b)^2$의 값을 구하시오. (단, $i=\sqrt{-1}$이다.)

0407

자연수 m에 대하여 복소수 $z_m=i^m+(-i)^m$일 때, 보기에서 옳은 것만을 있는 대로 고른 것은?

(단, $\overline{z_m}$는 z_m의 켤레복소수이다.)

보기

ㄱ. $z_m=1$을 만족시키는 자연수 m이 존재한다.

ㄴ. $z_{200}+z_{202}=0$

ㄷ. 임의의 자연수 m에 대하여 $z_m=\overline{z_m}$이다.

① ㄱ ② ㄷ ③ ㄱ, ㄴ

④ ㄱ, ㄷ ⑤ ㄴ, ㄷ

유형 13 복소수의 거듭제곱

복소수 z에 대하여 z^n (n은 자연수)의 값을 구할 때에는 다음을 이용하여 z를 간단히 한 후 허수단위 i의 거듭제곱을 이용한다.

(1) $(1+i)^n$, $(1-i)^n$ 꼴 ➡ $(1+i)^2=2i$, $(1-i)^2=-2i$

(2) $\left(\frac{1+i}{1-i}\right)^n$, $\left(\frac{1-i}{1+i}\right)^n$ 꼴 ➡ $\frac{1+i}{1-i}=i$, $\frac{1-i}{1+i}=-i$

확인 문제

다음을 간단히 하시오.

(1) $(1+i)^8$ (2) $\left(\frac{1+i}{1-i}\right)^{18}$

개념ON 146쪽 유형ON 2권 054쪽

0408 대표문제

$(1+i)^{50}+(1-i)^{50}$을 간단히 하면?

① -2 ② $-2i$ ③ 0

④ 2 ⑤ $2i$

0409

등식 $\left(\frac{1-i}{1+i}\right)^{50}(a-2bi)=1-4i$를 만족시키는 두 실수 a, b에 대하여 ab의 값을 구하시오.

0410

$\left(\frac{1+i}{1-i}\right)^{95}-\left(\frac{1-i}{1+i}\right)^{95}$을 간단히 하시오.

0411 서술형

자연수 n에 대하여 $f(n)=\left(\frac{1-i}{1+i}\right)^{4n}+\left(\frac{1+i}{1-i}\right)^{2n}$일 때, $f(1)+f(2)+f(3)+\cdots+f(100)$의 값을 구하시오.

0412

$z=\frac{1-i}{\sqrt{2}}$일 때, $1+z^2+z^4+z^6+z^8+z^{10}+z^{12}$을 간단히 하면?

① $-1-i$ ② $-i$ ③ 0

④ i ⑤ $1+i$

0413 중요

자연수 n에 대하여 복소수 $z^n=\left(\frac{1+i}{\sqrt{2}i}\right)^n$일 때, 보기에서 옳은 것만을 있는 대로 고르시오. (단, $\overline{z}$는 z의 켤레복소수이다.)

보기

ㄱ. $z^4=-1$

ㄴ. $z^2=z^6$

ㄷ. n이 8의 배수일 때, $z^n=1$이다.

ㄹ. $z^7=\overline{z^3}$

0414 교육청 기출

두 복소수 $z_1=\frac{\sqrt{2}}{1+i}$, $z_2=\frac{-1+\sqrt{3}i}{2}$에 대하여 $z_1{}^n=z_2{}^n$을 만족시키는 자연수 n의 최솟값을 구하시오. (단, $i=\sqrt{-1}$이다.)

유형 14 음수의 제곱근의 계산

(1) 음수의 제곱근은 허수단위 i를 사용하여 나타낸다.
➡ $a>0$일 때, $\sqrt{-a}=\sqrt{a}i$

예 • $\sqrt{-3}=\sqrt{3}i$, $\sqrt{-4}=\sqrt{4}i=2i$
• -2의 제곱근은 $\sqrt{2}i$와 $-\sqrt{2}i$이다.

(2) 음수의 제곱근의 성질을 이용하여 계산한다.
① $a<0$, $b<0$ ➡ $\sqrt{a}\sqrt{b}=-\sqrt{ab}$
② $a>0$, $b<0$ ➡ $\frac{\sqrt{a}}{\sqrt{b}}=-\sqrt{\frac{a}{b}}$

확인 문제

다음을 간단히 하시오.

(1) $\sqrt{-2}\sqrt{-8}$
(2) $\sqrt{3}\sqrt{-27}$
(3) $\frac{\sqrt{14}}{\sqrt{-2}}$
(4) $\frac{\sqrt{-15}}{\sqrt{-5}}$

개념ON 148쪽 유형ON 2권 055쪽

0415 대표문제

다음 중 옳은 것은?

① $\sqrt{-3}\sqrt{5}=-\sqrt{15}$
② $\sqrt{-3}\sqrt{-5}=\sqrt{15}$
③ $\frac{\sqrt{3}}{\sqrt{-5}}=-\sqrt{-\frac{3}{5}}$
④ $\frac{\sqrt{-3}}{\sqrt{-5}}=-\sqrt{\frac{3}{5}}$
⑤ $\frac{\sqrt{-3}}{\sqrt{5}}=-\sqrt{\frac{3}{5}}$

0416

$z=\frac{3-\sqrt{-9}}{3+\sqrt{-9}}$일 때, $z+\bar{z}$의 값을 구하시오.

(단, $\bar{z}$는 z의 켤레복소수이다.)

0417

다음 중 옳은 것은?

① $\sqrt{-2}\sqrt{-3}=\sqrt{6}$
② $\sqrt{-6}\sqrt{24}=-12$
③ $\frac{\sqrt{12}}{\sqrt{-3}}=2i$
④ $(-\sqrt{-5})^2=-5$
⑤ $\frac{\sqrt{-8}}{\sqrt{2}}=-2$

0418 서술형

$\frac{\sqrt{27}}{\sqrt{-3}}+\frac{\sqrt{-24}}{\sqrt{-2}}+\sqrt{-2}\sqrt{-6}=a+bi$일 때, 두 실수 a, b에 대하여 $a-b$의 값을 구하시오.

0419

$(\sqrt{2}+\sqrt{-2})(2\sqrt{2}-\sqrt{-2})+\sqrt{-2}\sqrt{-18}+\frac{\sqrt{24}}{\sqrt{-6}}$를 간단히 하시오.

0420 중요

$0<x<1$일 때,

$$\frac{\sqrt{1-x}}{\sqrt{x-1}}\sqrt{\frac{x-1}{1-x}}-\sqrt{x-1}\sqrt{1-x}-\sqrt{-x}\sqrt{x}$$

를 간단히 하시오.

유형 15 음수의 제곱근의 성질

두 실수 a, b에 대하여

(1) $\sqrt{a}\sqrt{b}=-\sqrt{ab}$ ➡ $a<0$, $b<0$ 또는 $a=0$ 또는 $b=0$

(2) $\dfrac{\sqrt{a}}{\sqrt{b}}=-\sqrt{\dfrac{a}{b}}$ ➡ $a>0$, $b<0$ 또는 $a=0$, $b\neq0$

개념ON 148쪽 유형ON 2권 056쪽

0421 대표문제

0이 아닌 두 실수 a, b에 대하여 $\dfrac{\sqrt{a}}{\sqrt{b}}=-\sqrt{\dfrac{a}{b}}$일 때, 다음 중 옳지 않은 것은?

① $\sqrt{a^2b}=a\sqrt{b}$
② $\sqrt{ab^2}=-b\sqrt{a}$
③ $\dfrac{\sqrt{b}}{\sqrt{a}}=\sqrt{\dfrac{b}{a}}$
④ $\sqrt{a}\sqrt{b}=\sqrt{ab}$
⑤ $\sqrt{-a}\sqrt{b}=-\sqrt{ab}$

0422

실수 x에 대하여 $\dfrac{\sqrt{x-3}}{\sqrt{x-7}}=-\sqrt{\dfrac{x-3}{x-7}}$일 때, $\sqrt{(x-7)^2}+|3-x|$를 간단히 하시오. (단, $x\neq3$, $x\neq7$)

0423 중요

0이 아닌 두 실수 a, b에 대하여 $\sqrt{a}\sqrt{b}=-\sqrt{ab}$일 때, 보기에서 옳은 것만을 있는 대로 고르시오.

보기

ㄱ. $|a+b|=|a|+|b|$
ㄴ. $\dfrac{\sqrt{b}}{\sqrt{a}}=-\sqrt{\dfrac{b}{a}}$
ㄷ. $\sqrt{a^2}\sqrt{b^2}=-ab$
ㄹ. $\sqrt{a^2b}=a\sqrt{b}$
ㅁ. $\sqrt{-a}\sqrt{b}=\sqrt{-ab}$

0424

0이 아닌 두 실수 a, b에 대하여 $\dfrac{\sqrt{a}}{\sqrt{b}}=-\sqrt{\dfrac{a}{b}}$일 때, $\sqrt{(a-b)^2}+|a|-5\sqrt{b^2}$을 간단히 하시오.

0425 서술형

서로 다른 세 양수 a, b, c에 대하여

$$\sqrt{a-b}\sqrt{c-a}=-\sqrt{(a-b)(c-a)}$$

일 때, $|b-a|+|b-c|+|c-a|$를 간단히 하시오.

0426

0이 아닌 세 실수 a, b, c에 대하여 $\sqrt{a}\sqrt{b}=-\sqrt{ab}$, $\dfrac{\sqrt{c}}{\sqrt{b}}=-\sqrt{\dfrac{c}{b}}$일 때, $\sqrt{(a-c)^2}+\sqrt{c^2}-|a+b|$를 간단히 하면?

① $-a+b+c$
② $-2a+b$
③ $a+2c$
④ $b+2c$
⑤ $a-b+2c$

0427 교육청 기출

0이 아닌 실수 a, b, c가 다음 조건을 만족시킨다.

(가) $\dfrac{\sqrt{b}}{\sqrt{a}}=-\sqrt{\dfrac{b}{a}}$
(나) $|a+b|+|a+c-1|=0$

세 수 a, b, c의 대소 관계로 옳은 것은?

① $a<b<c$
② $a<c<b$
③ $b<a<c$
④ $b<c<a$
⑤ $c<a<b$

내신 잡는 종합 문제

0428

다음 중 옳은 것은?

① $\sqrt{5}i^2$은 순허수이다.
② $-3i$의 실수부분은 -3이다.
③ $1-\sqrt{7}i$의 허수부분은 $\sqrt{7}$이다.
④ $a\neq0$, $b=0$이면 $a+bi$는 복소수가 아니다.
⑤ 허수는 복소수이다.

0429

임의의 두 복소수 a, b에 대하여 연산 △를 $a \triangle b = ab - a - 2b$라 할 때, $(3+5i)\triangle(5+3i)$를 계산하면?

① $-13-23i$ ② $-12+23i$ ③ $23i$
④ $-13+23i$ ⑤ $12+23i$

0430 교육청 기출

복소수 0, i, $-2i$, $3i$, $-4i$, $5i$가 적힌 다트판에 3개의 다트를 던져 맞히는 게임이 있다. 3개의 다트를 모두 다트판에 맞혔을 때, 얻을 수 있는 세 복소수를 a, b, c라 하자. a^2-bc의 최솟값은?

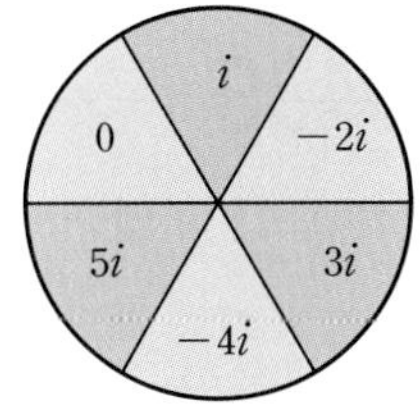

(단, $i=\sqrt{-1}$이고 경계에 맞는 경우는 없다.)

① -49 ② -47 ③ -45
④ -43 ⑤ -41

0431

$\sqrt{-3}\sqrt{-9}+\dfrac{\sqrt{-18}}{\sqrt{-6}}-\dfrac{\sqrt{6}}{\sqrt{-3}}+\dfrac{\sqrt{-10}}{\sqrt{5}}$을 간단히 하면?

① $-2\sqrt{3}$ ② $-4\sqrt{3}+2\sqrt{2}i$ ③ 0
④ $-2\sqrt{3}+2\sqrt{2}i$ ⑤ $2\sqrt{3}+2\sqrt{2}i$

0432

$z=1+\sqrt{3}i$에 대하여 $z^3\bar{z}+z(\bar{z})^3$의 값은?

(단, $\bar{z}$는 z의 켤레복소수이다.)

① -20 ② -16 ③ -12
④ 12 ⑤ 16

0433

다음 중 $\dfrac{z}{1+i}+\dfrac{\bar{z}}{1-i}=1$을 만족시키는 복소수 z가 될 수 없는 것은? (단, $\bar{z}$는 z의 켤레복소수이다.)

① $-2+3i$ ② 1 ③ $-4+3i$
④ $2-i$ ⑤ $7-6i$

0434

$a=\frac{5}{1+2i}$, $b=\frac{5}{1-2i}$일 때, a^3+b^3-ab의 값은?

① -27　② -22　③ 22
④ 27　⑤ 32

0435

등식 $\frac{3x}{1+i}+\frac{y}{1-i}=\overline{7+4i}$를 만족시키는 두 실수 x, y에 대하여 $3x+2y$의 값은?

① -17　② -13　③ 0
④ 13　⑤ 17

0436

복소수 z와 그 켤레복소수 $\overline{z}$에 대하여

$3iz-(5-i)\overline{z}=-4-7i$

가 성립할 때, $z\overline{z}$의 값은?

① 5　② 10　③ 13
④ 17　⑤ 26

0437

$\alpha=1+4i$, $\beta=2-3i$일 때, $\alpha\overline{\alpha}+2\alpha\overline{\beta}+2\overline{\alpha}\beta+4\beta\overline{\beta}$의 값은?

(단, $\overline{\alpha}$, $\overline{\beta}$는 각각 α, β의 켤레복소수이다.)

① 27　② 29　③ 31
④ 33　⑤ 35

0438 교육청 기출

두 복소수 α, β가

$\alpha\overline{\alpha}=\beta\overline{\beta}=3$, $(\alpha+\beta)(\overline{\alpha+\beta})=3$

을 만족할 때, $(\alpha+\beta)\left(\frac{1}{\alpha}+\frac{1}{\beta}\right)$의 값은?

(단, $\overline{\alpha}$, $\overline{\beta}$는 각각 α, β의 켤레복소수이다.)

① $\frac{1}{9}$　② $\frac{1}{3}$　③ 1
④ 3　⑤ 9

0439

$z=\frac{7-i}{1-i}$일 때, $-z^3+8z^2-26z+3$의 값은?

① $-1-3i$　② $-3i$　③ -3
④ $1+3i$　⑤ $3+3i$

0440

$\left(\frac{2-i}{1+2i}\right)^{2022}+\left(\frac{1-i}{\sqrt{2i}}\right)^{4044}$을 간단히 하면?

① -2　② $-2i$　③ 0
④ $2i$　⑤ 2

0441

복소수 $z=x^2+(i-2)x+2i-8$에 대하여 $z=\overline{z}$가 되도록 하는 실수 x의 값을 a, z^2이 음의 실수가 되도록 하는 실수 x의 값을 b라 할 때, $a+b$의 값은? (단, $\overline{z}$는 z의 켤레복소수이다.)

① 1　② 2　③ 3
④ 4　⑤ 5

0442

복소수 z와 그 켤레복소수 $\overline{z}$에 대하여 보기에서 옳은 것만을 있는 대로 고른 것은?

보기

ㄱ. $z\overline{z}$는 실수이다.
ㄴ. z^2이 실수이면 $(z-1)^2$도 실수이다.
ㄷ. $z^2+(\overline{z})^2=0$이면 $z=0$이다.
ㄹ. z^2이 허수이면 z는 허수이다.

① ㄱ, ㄴ　② ㄱ, ㄹ　③ ㄴ, ㄷ
④ ㄴ, ㄹ　⑤ ㄷ, ㄹ

0443 교육청 기출

등식 $(a+b+3)x+ab-1=0$이 x의 값에 관계없이 항상 성립할 때, $(\sqrt{a}+\sqrt{b})^2$의 값은? (단, a, b는 실수이다.)

① -5　② -2　③ 1
④ 4　⑤ 7

0444

0이 아닌 세 실수 a, b, c가 다음 조건을 모두 만족시킬 때, 세 수 a, b, c의 대소 관계로 옳은 것은?

(가) $\sqrt{-a}\sqrt{b}=-\sqrt{-ab}$
(나) $(b+c)^2+(3a+2b)^2=0$

① $a<b<c$　② $a<c<b$　③ $b<a<c$
④ $b<c<a$　⑤ $c<a<b$

0445

복소수 z에 대하여 $f(z)=z-3i+2$라 하자. 복소수 w와 그 켤레복소수 $\overline{w}$에 대하여 $f(\overline{w}+2)=1-2i$일 때, $f(-w)$의 값은?

① $-5-2i$　② -5　③ $-2i$
④ $5-2i$　⑤ $5i$

0446

두 실수 a, b에 대하여 $\frac{1}{i}+\frac{2}{i^2}+\frac{3}{i^3}+\cdots+\frac{99}{i^{99}}=a+bi$일 때, $b-a$의 값을 구하시오.

0447

0이 아닌 두 실수 a, b에 대하여 $f(a, b)=\frac{5a+bi}{a-bi}$일 때, $f(1, 2)+f(2, 4)+f(3, 6)+\cdots+f(10, 20)$의 값은?

① $-2-12i$ ② $-24i$ ③ $2-24i$
④ $24i$ ⑤ $2+24i$

0448 교육청 기출

그림과 같이 1부터 100까지의 수가 차례로 적힌 게임판이 있다. 출발점에 말을 놓고 다음 [게임 규칙]에 따라 게임을 진행한다.

> [규칙 1] 주사위를 던져 나온 눈의 수를 n이라 할 때, 복소수 z에 대하여 z^n을 계산한다.
> [규칙 2] z^n이 실수이면 말은 $|z^n|$만큼 칸을 이동하고, z^n이 허수이면 말은 이동하지 않는다.

복소수 $z=2i$에 대하여 게임을 진행하였다. 말이 100이 적혀 있는 칸에 도착할 때까지 주사위를 던진 횟수를 a라 할 때, a의 최솟값은?

① 3 ② 4
③ 5 ④ 6
⑤ 7

서술형 대비하기

0449

200 이하의 자연수 n에 대하여 $\left(\frac{\sqrt{3}+i}{2}\right)^n=-1$을 만족시키는 n의 개수를 구하시오.

0450

복소수 z와 그 켤레복소수 $\overline{z}$에 대하여 $z\overline{z}=11$, $\frac{1}{2}\left(z+\frac{11}{z}\right)=3$일 때, 복소수 z를 모두 구하시오.

0451

허수 z에 대하여 복소수 $\frac{1}{1-z^2}$이 실수일 때, z의 실수부분을 구하시오.

수능 녹인 변별력 문제

정답과 풀이 74쪽

0452

복소수 $z_1=1+3i$에 대하여

$$z_2=\overline{z_1}+(1-i),\ z_3=\overline{z_2}+(1-i),\ z_4=\overline{z_3}+(1-i)$$

라 하자. 같은 방법으로 z_5, z_6, z_7, $\cdots$을 차례대로 정할 때, $z_{50}+z_{53}$의 값을 구하시오. (단, $\overline{z}$는 z의 켤레복소수이다.)

0453 교육청 기출

복소수 α, β가 $\alpha^2=2i$, $\beta^2=-2i$를 만족시킬 때, 보기에서 옳은 것만을 있는 대로 고른 것은? (단, $i=\sqrt{-1}$이다.)

보기

ㄱ. $\alpha\beta=2$

ㄴ. $(\alpha+\beta)^4=16$

ㄷ. $\dfrac{\alpha-\beta}{\alpha+\beta}$는 실수이다.

① ㄴ ② ㄷ ③ ㄱ, ㄴ
④ ㄱ, ㄷ ⑤ ㄴ, ㄷ

0454

허수 z와 그 켤레복소수 $\overline{z}$에 대하여 $z\overline{z}+\dfrac{\overline{z}}{z}=8$일 때, $(z-\overline{z})^2$의 값을 구하시오.

0455 교육청 기출

복소수 $z=a+bi$ (a, b는 0이 아닌 실수)에 대하여 z^2-z가 실수일 때, 보기에서 옳은 것만을 있는 대로 고른 것은?

(단, $i=\sqrt{-1}$이고 $\overline{z}$는 z의 켤레복소수이다.)

보기

ㄱ. $\overline{z^2-z}$는 실수이다.

ㄴ. $z+\overline{z}=1$

ㄷ. $z\overline{z}>\dfrac{1}{4}$

① ㄱ ② ㄴ ③ ㄱ, ㄴ
④ ㄱ, ㄷ ⑤ ㄱ, ㄴ, ㄷ

0456

실수가 아닌 두 복소수 z, w에 대하여 $z+w$, zw가 모두 실수일 때, 보기에서 옳은 것만을 있는 대로 고른 것은?

(단, $\overline{z}$, $\overline{w}$는 각각 z, w의 켤레복소수이다.)

보기

ㄱ. $\overline{z}+w=z+\overline{w}$　　ㄴ. $\overline{z}-w=z-\overline{w}$

ㄷ. $zw=\overline{zw}$　　ㄹ. $\overline{z}\overline{w}=zw$

① ㄱ, ㄴ　② ㄱ, ㄷ　③ ㄴ, ㄷ
④ ㄷ, ㄹ　⑤ ㄴ, ㄷ, ㄹ

0457

실수 x에 대하여 복소수 z가 다음 조건을 만족시킨다.

(가) $z=3x+(4-x)i$
(나) $z^2+(\overline{z})^2=0$

모든 실수 x의 값의 합은? (단, $\overline{z}$는 z의 켤레복소수이다.)

① -3　② -1　③ 0
④ 1　⑤ 3

0458

제곱하여 $8+6i$가 되는 복소수를 z라 할 때, $z^3-16z+\dfrac{60}{z}$의 값을 모두 구하시오.

0459

자연수 n에 대하여 $S_n=i+i^2+i^3+\cdots+i^n$이라 할 때, 보기에서 옳은 것만을 있는 대로 고른 것은?

보기

ㄱ. $S_{24}=S_{40}$
ㄴ. $S_n=-1$을 만족시키는 30 이하의 자연수 n의 개수는 8이다.
ㄷ. $S_1+S_2+S_3+\cdots+S_{20}=-10+10i$
ㄹ. $S_n=i$를 만족시키는 50 이하의 자연수 n의 최댓값은 49이다.

① ㄱ, ㄷ　② ㄴ, ㄹ　③ ㄷ, ㄹ
④ ㄱ, ㄷ, ㄹ　⑤ ㄴ, ㄷ, ㄹ

0460 교육청 기출

그림과 같이 숫자가 표시되는 화면과 A, B 두 개의 버튼으로 구성된 장치가 있다. A버튼을 누르면 화면에 표시된 수와 $\frac{\sqrt{2}+\sqrt{2}i}{2}$를 곱한 결과가, B버튼을 누르면 화면에 표시된 수와 $\frac{-\sqrt{2}+\sqrt{2}i}{2}$를 곱한 결과가 화면에 나타난다. 화면에 표시된 수가 1일 때, A 또는 B버튼을 여러 번 눌렀더니 다시 1이 나타났다. 버튼을 누른 횟수의 최솟값은? (단, $i=\sqrt{-1}$이다.)

① 3 ② 4 ③ 5
④ 6 ⑤ 7

0461 교육청 기출

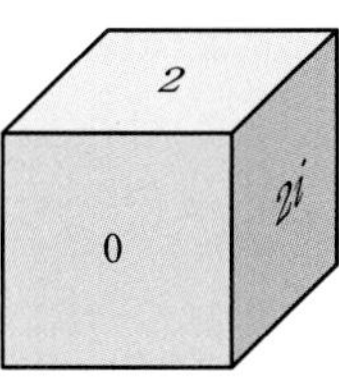

그림과 같이 6개의 면에 각각 0, 2, 3, 5, $2i$, $1+i$가 적힌 정육면체 모양의 주사위가 있다. 이 주사위를 n번 던져서 나온 수들을 모두 곱하였더니 -32가 되었다. 가능한 모든 n의 값의 합을 구하시오.

(단, $i=\sqrt{-1}$이다.)

0462

a_1, a_2, a_3, $\cdots$, a_{30}은 각각 -1, i, $1-i$ 중 하나의 값을 갖는다. ${a_1}^2+{a_2}^2+{a_3}^2+\cdots+{a_{30}}^2=10-24i$일 때, $a_1+a_2+a_3+\cdots+a_{30}$의 실수부분과 허수부분의 합을 구하시오.

0463

두 실수 α, β에 대하여 $\alpha-\beta=-4$, $\alpha\beta=-1$, $|\alpha|>|\beta|$이다. $\left(\sqrt{\frac{\alpha}{\beta}}-\sqrt{\frac{\beta}{\alpha}}+1\right)^2=p+qi$일 때, p^2-q^2의 값을 구하시오.

(단, p, q는 실수이다.)

05 이차방정식

유형 01 이차방정식의 풀이

이차방정식을 풀 때에는 다음과 같은 순서로 푼다.

❶ 이차방정식을 (x에 대한 이차식)$=0$ 꼴로 정리한다.

❷ • 인수분해가 되는 경우

x에 대한 이차방정식 $(ax-b)(cx-d)=0$의 근은

$x=\frac{b}{a}$ 또는 $x=\frac{d}{c}$

• 인수분해가 되지 않는 경우

계수가 실수인 이차방정식 $ax^2+bx+c=0$의 근은

$x=\frac{-b\pm\sqrt{b^2-4ac}}{2a}$

Tip x의 계수가 짝수인 이차방정식 $ax^2+2b'x+c=0$의 근은

$x=\frac{-b'\pm\sqrt{b'^2-ac}}{a}$

확인 문제

다음 이차방정식을 푸시오.

(1) $3x^2-5x-2=0$ (2) $16x^2-8x+1=0$

(3) $x^2-3x-1=0$

개념ON 162쪽 유형ON 2권 060쪽

0464 대표문제

이차방정식 $3x^2-5x+4=0$의 해가 $x=\frac{a\pm\sqrt{b}i}{6}$일 때, 유리수 a, b에 대하여 $a+b$의 값은?

① 24 ② 26 ③ 28
④ 30 ⑤ 32

0465 중요

이차방정식 $\frac{3}{2}x(x+2)-x+3=\frac{(x-2)^2}{3}$의 두 근 중 작은 근을 α라 할 때, $7\alpha+\sqrt{30}$의 값은?

① -15 ② -10 ③ 0
④ 10 ⑤ 15

0466

이차방정식 $2x^2-23=2\sqrt{3}x$를 풀면?

① $\frac{-\sqrt{3}\pm7}{2}$ ② $\frac{-\sqrt{3}\pm5}{2}$ ③ $\frac{\sqrt{3}\pm3}{2}$
④ $\frac{\sqrt{3}\pm5}{2}$ ⑤ $\frac{\sqrt{3}\pm7}{2}$

0467

이차방정식 $\sqrt{2}x^2-(2-3\sqrt{2})x-6=0$의 유리수인 근을 구하시오.

0468 서술형

두 실수 a, b에 대하여 $a*b=2ab-a-b$라 할 때, $(x*x)+2(3*x)+12=0$을 만족시키는 두 실수 x 중 큰 값을 α, 작은 값을 β라 하자. 이때 $\alpha-\beta$의 값을 구하시오.

0469

이차방정식 $(\sqrt{2}-1)x^2-(4-\sqrt{2})x-3=0$의 해가 $x=a$ 또는 $x=b+3\sqrt{c}$일 때, abc의 값은?

① -6 ② -3 ③ -2
④ 3 ⑤ 6

정답과 풀이 77쪽

유형 02 한 근이 주어진 이차방정식

이차방정식 $ax^2+bx+c=0$의 한 근이 α이다.
➡ $x=\alpha$를 $ax^2+bx+c=0$에 대입하면 등식이 성립한다.
➡ $a\alpha^2+b\alpha+c=0$

개념ON 164쪽 유형ON 2권 060쪽

0470 대표문제

이차방정식 $x^2+(a-1)x-6a=0$의 한 근이 -4이고, 이차방정식 $kx^2-8x+k+1=0$의 한 근이 a일 때, 상수 a, k에 대하여 ak의 값을 구하시오.

0471

이차방정식 $x^2+kx+2\sqrt{3}-3=0$의 한 근이 $2-\sqrt{3}$일 때, 상수 k의 값을 구하시오.

0472 서술형

이차방정식 $x^2-(2m+13)x+m=0$의 두 근이 n, 3일 때, $\frac{m}{n}$의 값을 구하시오. (단, m은 상수이다.)

0473 중요

이차방정식 $x^2+(a+k)x+(k-2)b=0$이 실수 k의 값에 관계없이 항상 $x=1$을 근으로 가질 때, 상수 a, b에 대하여 $a+b$의 값을 구하시오.

0474

이차방정식 $x^2-5x+1=0$의 한 근을 α라 할 때, $\alpha^2+\frac{1}{\alpha^2}$의 값을 구하시오.

0475 교육청 기출

이차방정식 $2x^2-2x+1=0$의 한 근을 α라 할 때, $\alpha^4-\alpha^2+\alpha$의 값은?

① $\frac{1}{4}$ ② $\frac{5}{16}$ ③ $\frac{3}{8}$
④ $\frac{7}{16}$ ⑤ $\frac{1}{2}$

유형 03 절댓값 기호를 포함한 방정식

(1) 절댓값 기호를 포함한 방정식은 다음을 이용하여 절댓값 기호 안의 식의 값이 0이 되는 x의 값을 기준으로 x의 값의 범위를 나누어서 푼다.

$$|x|=\begin{cases}-x & (x<0)\\ x & (x\ge 0)\end{cases},\quad |x-a|=\begin{cases}-(x-a) & (x<a)\\ x-a & (x\ge a)\end{cases}$$

Tip 각각의 범위에서 구한 해가 해당 범위에 속하는지 속하지 않는지를 반드시 따져 범위에 속하는 것만을 답으로 구한다.

(2) $\sqrt{x^2}$을 포함한 방정식은 $\sqrt{x^2}=|x|$임을 이용한다.

확인 문제

다음 방정식을 푸시오.

(1) $|2x+1|=3$ (2) $|3x-2|=x+1$

개념ON 166쪽 유형ON 2권 061쪽

0476 대표문제

방정식 $x^2+|2x-3|=5$의 근이 $x=\alpha$ 또는 $x=\beta$일 때, $\alpha+\beta$의 값은?

① $-3-\sqrt{3}$ ② $-1-\sqrt{3}$ ③ $1-\sqrt{3}$
④ $3-\sqrt{3}$ ⑤ 3

05 이차방정식

0477

방정식 $2x^2+7|x|-4=0$을 푸시오.

0478 중요

두 실수 a, b에 대하여 $a◎b=ab-a-b$라 할 때, $|2◎x|=x◎x$를 만족시키는 모든 실수 x의 값의 곱은?

① -4 ② -2 ③ 0
④ 2 ⑤ 4

0479

방정식 $x^2-\sqrt{x^2}=\sqrt{(x-1)^2}+2$의 근은?

① $x=-3$ 또는 $x=-\sqrt{3}$ ② $x=-3$ 또는 $x=1-\sqrt{2}$
③ $x=-3$ 또는 $x=1+\sqrt{2}$ ④ $x=1-\sqrt{2}$ 또는 $x=1$
⑤ $x=1$ 또는 $x=\sqrt{3}$

0480

방정식 $x^2-5x+3\sqrt{x^2-4x+4}=0$의 근이 $x=4-\sqrt{a}$ 또는 $x=1+\sqrt{b}$일 때, 유리수 a, b에 대하여 $a-b$의 값을 구하시오.

유형 04 가우스 기호를 포함한 방정식

(1) 실수 x에 대하여 x보다 크지 않은 최대의 정수를 $[x]$로 나타내고, 이를 가우스 기호라 한다.
(2) 가우스 기호를 포함한 방정식은 다음과 같은 순서로 푼다.
❶ 주어진 방정식에서 $[x]$의 값을 구한다.
❷ $[x]$의 값이 정수인 것만을 택한다.
❸ $[x]=n$ (n은 정수)이면 $n\le x<n+1$임을 이용하여 x의 값의 범위를 구한다.

참고 x의 값의 범위가 $n\le x<n+2$와 같이 구간으로 주어진 경우 $n\le x<n+1$, $n+1\le x<n+2$와 같이 구간을 나누어서 각각의 해를 구한다.

유형ON 2권 061쪽

0481 대표문제

방정식 $2[x]^2+7[x]-4=0$을 만족시키는 x의 값의 범위는?
(단, $[x]$는 x보다 크지 않은 최대의 정수이다.)

① $-5\le x<-4$ ② $-4\le x<-3$
③ $-3\le x<-2$ ④ $2\le x<3$
⑤ $3\le x<4$

0482 중요

다음 중 방정식 $[x]^2-5[x]-14=0$의 해가 아닌 것은?
(단, $[x]$는 x보다 크지 않은 최대의 정수이다.)

① -2 ② $-\frac{3}{2}$ ③ -1
④ 7 ⑤ $\frac{15}{2}$

0483

$4\le x<6$일 때, 방정식 $x^2-4x-[x]=0$을 푸시오.
(단, $[x]$는 x보다 크지 않은 최대의 정수이다.)

유형 05 이차방정식의 활용

이차방정식의 활용 문제는 다음과 같은 순서로 푼다.
❶ 문제의 뜻을 파악하여 구하는 값을 미지수 x로 놓는다.
❷ 주어진 조건을 이용하여 x에 대한 방정식을 세운다.
❸ 방정식을 풀고 구한 근이 문제의 조건에 맞는지 확인한다.

개념ON 168쪽 유형ON 2권 062쪽

0484 대표문제

정사각형 모양의 땅에서 가로의 길이는 6 m 늘이고, 세로의 길이는 5 m 줄여서 직사각형 모양의 땅을 만들었더니 땅의 넓이가 처음 땅의 넓이의 80 %가 되었다. 처음 정사각형 모양의 땅의 한 변의 길이는?

① 8 m ② 10 m ③ 12 m
④ 15 m ⑤ 18 m

0485 교육청 기출

그림과 같이 $\overline{AC}=8$, $\angle A=90°$인 직각삼각형 ABC와 변 BC를 한 변으로 하는 정사각형 BDEC가 있다. 사각형 BDEC의 넓이는 삼각형 ABC의 넓이의 5배이고, $\overline{AB}>\overline{AC}$일 때, 변 AB의 길이를 구하시오.

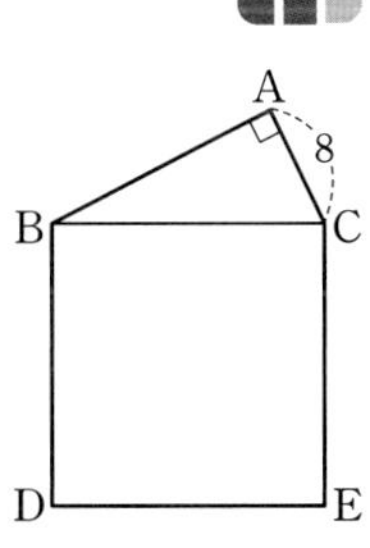

0486 중요 교육청 기출

그림과 같이 가로와 세로의 길이가 각각 60 cm, 33 cm인 직사각형 ABCD가 있다. 이 직사각형의 가로의 길이는 매초 2 cm씩 줄어들고, 세로의 길이는 매초 3 cm씩 늘어난다고 하자. 가로와 세로의 길이가 동시에 변하기 시작하여 t초가 지난 후의 직사각형의 넓이가 처음 직사각형의 넓이와 같아진다고 할 때, t의 값을 구하시오.

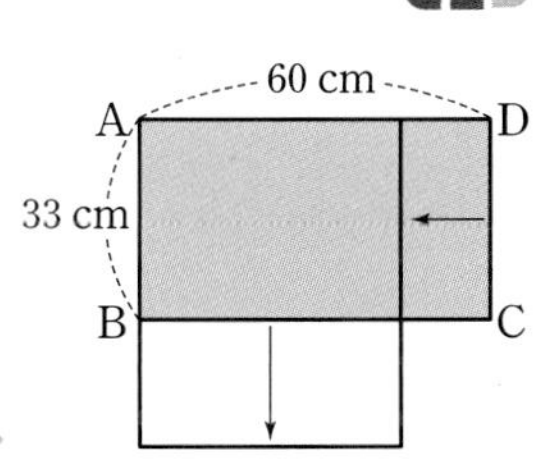

0487

그림과 같이 정삼각형 ABC에서 변 AC의 길이를 6 cm, 변 BC의 길이를 3 cm만큼 줄여서 삼각형 ABC′을 만들었더니 직각삼각형이 되었다. 처음 정삼각형 ABC의 한 변의 길이는?

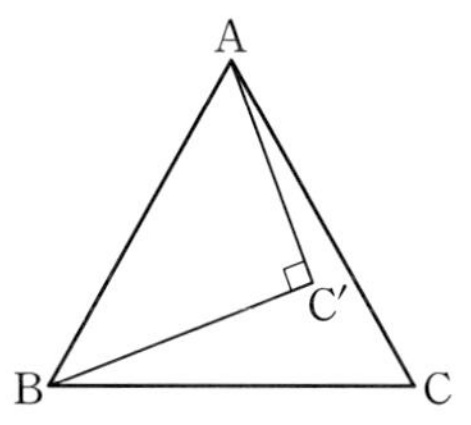

① 10 cm ② 12 cm ③ 15 cm
④ 18 cm ⑤ 20 cm

0488

그림과 같이 가로의 길이가 세로의 길이의 2배인 직사각형 모양의 종이가 있다. 이 종이의 네 모퉁이에서 한 변의 길이가 2 cm인 정사각형을 잘라 내고, 남아 있는 부분으로 직육면체 모양의 뚜껑이 없는 상자를 만들었더니 부피가 140 cm^3가 되었다. 처음 종이의 가로의 길이를 구하시오. (단, 종이의 두께는 생각하지 않는다.)

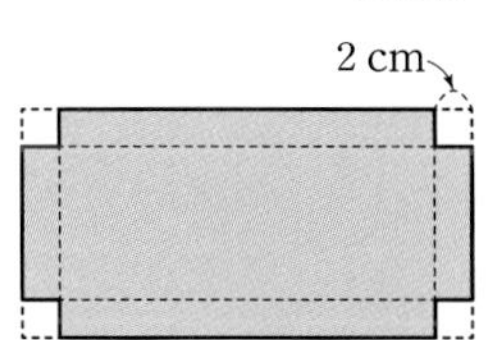

0489 서술형

그림과 같이 직사각형 모양의 땅에 폭이 2 m, 5 m인 길을 각각 가로, 세로에 평행하도록 만들었더니 길을 제외한 땅의 넓이가 처음 땅의 넓이의 $\frac{3}{4}$이 되었다. 처음 땅의 가로의 길이가 세로의 길이보다 10 m 더 길다고 할 때, 처음 땅의 넓이를 구하시오.

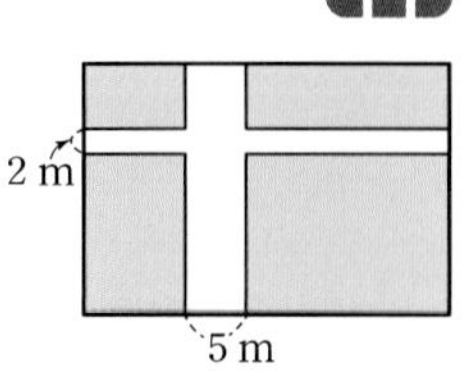

0490 교육청 기출

어느 주유소에서 1 L당 a원인 기름을 하루에 b L 판매하였다. 이 주유소에서 기름값을 x % 내렸더니 하루 판매량이 $2x$ % 증가하여 하루 판매액이 8 % 증가하였다. 이때 x의 값을 구하시오. (단, $0<x<30$)

유형 06 판별식을 이용한 이차방정식의 근의 판별

계수가 실수인 이차방정식 $ax^2+bx+c=0$의 판별식을 $D=b^2-4ac$라 할 때

(1) $D>0$이면 서로 다른 두 실근을 갖는다.
(2) $D=0$이면 중근(서로 같은 두 실근)을 갖는다.
} $D\geq0$이면 실근을 갖는다.
(3) $D<0$이면 서로 다른 두 허근을 갖는다.

참고 x의 계수가 짝수인 이차방정식 $ax^2+2b'x+c=0$의 판별식을 D라 할 때, $\frac{D}{4}=b'^2-ac$이다.

확인 문제

다음 이차방정식의 근을 판별하시오.

(1) $2x^2-3x+2=0$
(2) $x^2+2\sqrt{3}x+1=0$
(3) $4x^2-12x+9=0$

개념ON 174쪽 유형ON 2권 063쪽

0491 대표문제

x에 대한 이차방정식 $x^2-2(k+5)x+k^2-3=0$이 서로 다른 두 실근을 갖도록 하는 가장 작은 정수 k의 값은?

① -3 ② -2 ③ -1
④ 1 ⑤ 2

0492

x에 대한 이차방정식 $x^2-2ax+a^2-a+7=0$이 허근을 갖도록 하는 자연수 a의 개수를 구하시오.

0493 중요

이차방정식 $x^2-4x-(3k-1)=0$이 허근을 갖고 이차방정식 $2x^2-(k+2)x+k+8=0$이 중근을 가질 때, 실수 k의 값을 구하시오.

0494 교육청 기출

x에 대한 방정식 $(x+2)^2+(2x+a)^2=0$이 실근을 가질 때, 실수 a의 값은?

① 1 ② 2 ③ 3
④ 4 ⑤ 5

0495 서술형

이차방정식 $(k-1)x^2+2(k+2)x+k+4=0$이 실근을 갖도록 하는 실수 k의 값의 범위를 구하시오.

0496 교육청 기출

x에 대한 이차방정식 $4x^2+2(2k+m)x+k^2-k+n=0$이 실수 k의 값에 관계없이 중근을 가질 때, $m+n$의 값은? (단, m, n은 실수이다.)

① $-\frac{3}{4}$ ② $-\frac{1}{4}$ ③ 0
④ $\frac{1}{4}$ ⑤ $\frac{3}{4}$

유형 07 계수의 조건이 주어진 이차방정식의 근의 판별

계수가 실수인 이차방정식 $ax^2+bx+c=0$의 근은 b^2-4ac의 부호를 조사하여 판별한다.

개념ON 176쪽 유형ON 2권 063쪽

0497 대표문제

실수 a, b, c에 대하여 $b=a-c$일 때, 이차방정식 $ax^2+bx-c=0$의 근을 판별하면?

① 실근을 갖는다.
② 중근을 갖는다.
③ 서로 다른 두 실근을 갖는다.
④ 서로 다른 두 허근을 갖는다.
⑤ 판별할 수 없다.

0498

$a<2$일 때, x에 대한 이차방정식 $x^2-2ax+a^2+4a-8=0$의 근을 판별하시오.

0499

서로 다른 세 실수 a, b, c 사이에 $b=a+c-1$인 관계가 성립할 때, 이차방정식 $ax^2+(b+1)x+c=0$의 근을 판별하시오.

0500 서술형

이차방정식 $x^2-8x-2a=0$이 서로 다른 두 허근을 가질 때, 이차방정식 $x^2+3x-(a+2)=0$의 근을 판별하시오.

(단, a는 실수이다.)

0501 중요

x에 대한 이차방정식 $x^2+2ax+b^2+1=0$이 중근을 가질 때, 이차방정식 $x^2-4ax+2b+3=0$의 근을 판별하시오.

(단, a, b는 실수이다.)

유형 08 이차방정식의 판별식과 삼각형의 모양

판별식을 이용하여 주어진 이차방정식의 근을 판별한 후 다음을 이용하여 삼각형의 모양을 판단한다.
삼각형의 세 변의 길이가 a, b, c $(a\le b\le c)$일 때
(1) $a=b=c$ ➡ 정삼각형
(2) $a=b$ 또는 $b=c$ 또는 $c=a$ ➡ 이등변삼각형
(3) $a^2+b^2>c^2$ ➡ 예각삼각형
(4) $a^2+b^2=c^2$ ➡ 빗변의 길이가 c인 직각삼각형
(5) $a^2+b^2<c^2$ ➡ 둔각삼각형

개념ON 176쪽 유형ON 2권 064쪽

0502 대표문제

x에 대한 이차방정식 $x^2-2(a+b)x+2ab+c^2=0$이 서로 다른 두 실근을 가질 때, a, b, c를 세 변의 길이로 하는 삼각형은 어떤 삼각형인가? (단, $a\le b\le c$)

① 예각삼각형
② 둔각삼각형
③ 빗변의 길이가 a인 직각삼각형
④ 빗변의 길이가 b인 직각삼각형
⑤ 빗변의 길이가 c인 직각삼각형

0503 중요

x에 대한 이차방정식 $x^2+2bx+a^2-c^2=0$이 중근을 가질 때, a, b, c를 세 변의 길이로 하는 삼각형은 어떤 삼각형인지 말하시오.

0504

직각을 낀 두 변의 길이가 a, b인 직각삼각형이 있다. 이차방정식 $3x^2-(3a+b)x+ab=0$이 중근을 가질 때, 직각삼각형의 빗변의 길이를 a에 대한 식으로 나타내면?

① $\sqrt{3}a$ ② $\sqrt{5}a$ ③ $\sqrt{6}a$
④ $2\sqrt{2}a$ ⑤ $\sqrt{10}a$

0505

x에 대한 이차방정식

$$x^2-2(a+b+c)x+3(ab+bc+ca)=0$$

이 중근을 가질 때, a, b, c를 세 변의 길이로 하는 삼각형은 어떤 삼각형인지 말하시오.

유형 09 이차식이 완전제곱식이 될 조건

계수가 실수인 이차식 ax^2+bx+c가 완전제곱식으로 인수분해된다.
➡ 이차방정식 $ax^2+bx+c=0$이 중근을 갖는다.
➡ $b^2-4ac=0$

개념ON 176쪽 유형ON 2권 065쪽

0506 대표문제

x에 대한 이차식 $(k+1)x^2+(2k+5)x+k+5$가 완전제곱식이 될 때, 실수 k의 값은?

① $-\frac{5}{4}$ ② $-\frac{3}{4}$ ③ $\frac{1}{4}$
④ $\frac{3}{4}$ ⑤ $\frac{5}{4}$

0507

x에 대한 이차식 $(k-3)x^2+(4k-12)x+3k-7$이 완전제곱식이 될 때, 실수 k의 값을 구하시오.

0508

x에 대한 이차식 $x^2+2(k-a+2)x+k^2+a^2+2b$가 실수 k의 값에 관계없이 완전제곱식이 될 때, $a+b$의 값은? (단, a, b는 실수이다.)

① -4 ② -2 ③ 0
④ 2 ⑤ 4

0509

삼각형의 세 변의 길이 a, b, c에 대하여 x에 대한 이차식 $a(x^2+1)-2bx-c(x^2-1)$이 완전제곱식일 때, 이 삼각형은 어떤 삼각형인지 말하시오. (단, $a\neq c$)

0510 중요

x에 대한 이차식 $x^2-(ak-b)x+k^2-2ck+1$이 실수 k의 값에 관계없이 항상 완전제곱식이 될 때, 양의 실수 a, b, c에 대하여 $a+b+c$의 값을 구하시오.

정답과 풀이 82쪽

유형 10 이차식이 두 일차식의 곱으로 인수분해될 조건

x에 대한 이차방정식
$ax^2+bx+c=0$ (a는 상수, b, c는 y에 대한 다항식)의 근이
$$x=\frac{-b\pm\sqrt{b^2-4ac}}{2a}$$
이므로 b^2-4ac가 완전제곱식일 때, ax^2+bx+c가 두 일차식의 곱으로 인수분해될 수 있다.
➡ x, y에 대한 이차식이 두 일차식의 곱으로 인수분해되려면
❶ 이차식을 x 또는 y에 대하여 내림차순으로 정리한다.
❷ (이차식)$=0$의 판별식 D가 완전제곱식이어야 한다.
❸ $D=0$의 판별식 D'의 값이 0임을 이용한다.

유형ON 2권 065쪽

0511 대표문제

x, y에 대한 이차식 $x^2-xy+my^2+2x+y+3$이 두 일차식의 곱으로 인수분해될 때, 실수 m의 값은?

① $-\frac{5}{4}$ ② $-\frac{3}{4}$ ③ $\frac{1}{4}$
④ $\frac{3}{4}$ ⑤ $\frac{5}{4}$

0512 중요

x, y에 대한 이차식 $3y^2-x^2+2xy+4x-8y-6+a$가 두 일차식의 곱으로 인수분해될 때, 실수 a의 값을 구하시오.

0513 서술형

x, y에 대한 이차식 $x^2-3xy+y^2+x-ky-1$이 두 일차식의 곱으로 인수분해되도록 하는 모든 실수 k의 값의 합을 구하시오.

유형 11 이차방정식의 근과 계수의 관계를 이용하여 식의 값 구하기

이차방정식 $ax^2+bx+c=0$의 두 근이 α, β일 때, α, β에 대한 식의 값은 $\alpha+\beta=-\frac{b}{a}$, $\alpha\beta=\frac{c}{a}$임을 이용하여 구한다.

확인 문제

이차방정식 $x^2+x+2=0$의 두 근을 α, β라 할 때, 다음 식의 값을 구하시오.

(1) $\alpha+\beta$ (2) $\alpha\beta$
(3) $\alpha^2+\beta^2$ (4) $(\alpha-1)(\beta-1)$

개념ON 182쪽 유형ON 2권 066쪽

0514 대표문제

이차방정식 $2x^2+6x+3=0$의 두 근을 α, β라 할 때, $\frac{\alpha^2+\beta^2}{(\alpha-\beta)^2}$의 값은?

① 1 ② 2 ③ 3
④ 4 ⑤ 5

0515

이차방정식 $2x^2-5x+3=0$의 두 근을 α, β라 할 때, $|\alpha-\beta|$의 값을 구하시오.

0516 중요

이차방정식 $x^2-3x+1=0$의 두 근을 α, β라 할 때, $\sqrt{\alpha}+\sqrt{\beta}$의 값은?

① 2 ② $\sqrt{5}$ ③ $\sqrt{7}$
④ 3 ⑤ $\sqrt{10}$

0517

이차방정식 $x^2+x-4=0$의 두 근을 α, β $(\alpha>\beta)$라 할 때, $\alpha^3-\beta^3$의 값을 구하시오.

0518 중요

이차방정식 $x^2-2x+3=0$의 서로 다른 두 근을 α, β라 할 때, $\frac{\beta^3}{\alpha^2}+\frac{\alpha^3}{\beta^2}$의 값을 p라 하자. 이때 $18p$의 값을 구하시오.

0519 서술형

방정식 $|x^2-5x|=2$의 근을 α, β, γ, δ라 할 때, $\frac{1}{\alpha}+\frac{1}{\beta}+\frac{1}{\gamma}+\frac{1}{\delta}$의 값을 구하시오.

0520

이차방정식 $2x^2-4x-1=0$의 두 근을 α, β라 할 때, $\alpha^5\beta+\alpha\beta^5$의 값은?

① $-\frac{51}{4}$　② $-\frac{49}{4}$　③ $-\frac{47}{4}$
④ $\frac{49}{4}$　⑤ $\frac{51}{4}$

유형 12 이차방정식의 근의 성질과 근과 계수의 관계를 이용하여 식의 값 구하기

이차방정식 $ax^2+bx+c=0$의 두 근이 α, β일 때, 주어진 식이 이 방정식에 α 또는 β를 대입한 식을 변형한 꼴이면 식의 값은

(1) $a\alpha^2+b\alpha+c=0$, $a\beta^2+b\beta+c=0$

(2) $\alpha+\beta=-\frac{b}{a}$, $\alpha\beta=\frac{c}{a}$

임을 이용하여 구한다.

개념ON 182쪽　유형ON 2권 066쪽

0521 대표문제

이차방정식 $x^2-5x+2=0$의 두 근을 α, β라 할 때, $(\alpha^2-4\alpha+1)(\beta^2-4\beta+1)$의 값은?

① -3　② -2　③ -1
④ 1　⑤ 2

0522 교육청 기출

이차방정식 $x^2+5x-2=0$의 두 근을 α, β라 할 때, $\alpha^2-5\beta$의 값을 구하시오.

0523

이차방정식 $x^2-(5a-3)x+1=0$의 두 근을 α, β라 할 때, $(\alpha^2-5a\alpha+1)(\beta^2-5a\beta+1)$의 값은?

① 8　② 9　③ 10
④ 12　⑤ 14

정답과 풀이 84쪽

0524 중요

이차방정식 $x^2-6x+3=0$의 두 근을 α, β라 할 때, $\frac{14\beta}{\alpha^2+\alpha+3}+\frac{14\alpha}{\beta^2+\beta+3}$의 값을 구하시오.

0525

이차방정식 $x^2+x+3=0$의 두 근을 α, β라 할 때, $(1+\alpha+\alpha^2+\alpha^3)(1+\beta+\beta^2+\beta^3)$의 값을 구하시오.

0526 서술형

이차방정식 $x^2+x-4=0$의 두 근을 α, β라 할 때, $\alpha^5+\beta^5+\alpha^4+\beta^4-\alpha^3-\beta^3$의 값을 구하시오.

0527

이차방정식 $x^2-9x+4=0$의 두 근을 α, β라 할 때, $\sqrt{\alpha^2+4}+\sqrt{\beta^2+4}$의 값을 구하시오.

유형 13 근과 계수의 관계를 이용하여 미정계수 구하기 - 근의 조건이 주어진 경우

이차방정식의 두 근의 조건이 주어지면 두 근을 다음과 같이 놓고 근과 계수의 관계를 이용하여 미정계수를 구한다.

(1) 두 근의 비가 $m:n$이면 두 근은 ➡ $m\alpha$, $n\alpha$ (단, $\alpha\neq0$)
(2) 두 근의 차가 k이면 두 근은 ➡ α, $\alpha+k$ 또는 $\alpha-k$, α
(3) 한 근이 다른 근의 k배이면 두 근은 ➡ α, $k\alpha$ (단, $\alpha\neq0$)
(4) 두 근이 연속인 정수일 때
➡ α, $\alpha+1$ 또는 $\alpha-1$, α (단, α는 정수이다.)

개념ON 186쪽 유형ON 2권 067쪽

0528 대표문제

x에 대한 이차방정식 $x^2-5kx+2k^2+1=0$의 두 근의 비가 $2:3$일 때, 음수 k의 값을 구하시오.

0529 중요

x에 대한 이차방정식 $x^2+10mx+7m^2+1=0$의 한 근이 다른 한 근의 4배일 때, 양수 m의 값을 구하시오.

0530 교육청 기출

x에 대한 이차방정식 $x^2+(1-3m)x+2m^2-4m-7=0$의 두 근의 차가 4가 되도록 하는 실수 m의 값의 곱을 구하시오.

0531 중요

이차방정식 $x^2-(k+2)x-k+9=0$의 두 근이 연속인 정수가 되도록 하는 양수 k의 값은?

① 2 ② 3 ③ 4
④ 5 ⑤ 6

0532

x에 대한 이차방정식 $x^2+(a^2-3a-4)x-a+2=0$의 두 실근의 절댓값이 같고 부호가 서로 다를 때, 상수 a의 값은?

① 1 ② 2 ③ 3
④ 4 ⑤ 5

0533 서술형

이차방정식 $x^2+(k-2)x-12=0$의 두 실근의 절댓값의 비가 3 : 1이 되도록 하는 모든 실수 k의 값의 합을 구하시오.

유형 14 근과 계수의 관계를 이용하여 미정계수 구하기 - 근의 관계식이 주어진 경우

이차방정식 $ax^2+bx+c=0$의 두 근 α, β에 대한 관계식이 주어지면 이 식을 $\alpha+\beta$, $\alpha\beta$에 대한 식으로 변형한 후 $\alpha+\beta=-\frac{b}{a}$, $\alpha\beta=\frac{c}{a}$임을 이용하여 미정계수를 구한다.

개념ON 184쪽 유형ON 2권 067쪽

0534 대표문제

이차방정식 $x^2-(k+1)x+k+3=0$의 두 근을 α, β라 할 때, $(\alpha-\beta)^2=4$를 만족시키는 양수 k의 값은?

① 2 ② 3 ③ 4
④ 5 ⑤ 6

0535

이차방정식 $2x^2+(k+5)x+k=0$의 두 근을 α, β라 할 때, $\frac{1}{\alpha}+\frac{1}{\beta}=4$이다. 이때 실수 k의 값을 구하시오.

0536 교육청 기출

이차방정식 $2x^2-4x+k=0$의 서로 다른 두 실근 α, β가 $\alpha^3+\beta^3=7$을 만족시킬 때, 상수 k에 대하여 $30k$의 값을 구하시오.

0537 중요

이차방정식 $x^2+ax-b=0$의 두 근을 α, β라 할 때,

$$(1+\alpha)(1+\beta)=6,\ \frac{1}{\alpha}+\frac{1}{\beta}=\frac{2}{3}$$

가 성립한다. 상수 a, b에 대하여 ab의 값을 구하시오.

0538

이차방정식 $x^2-(3k-2)x+k=0$의 두 근을 α, β라 할 때, $\alpha^2\beta+\alpha+\alpha\beta^2+\beta=8$을 만족시키는 정수 k의 값은?

① -3 ② -2 ③ -1
④ 2 ⑤ 3

유형 15 근과 계수의 관계를 이용하여 미정계수 구하기 - 두 이차방정식이 주어진 경우

두 이차방정식의 근이 모두 α, β에 대한 식으로 주어지면 근과 계수의 관계를 이용하여 α, β에 대한 식을 세운 후 두 식을 연립하여 미정계수를 구한다.

개념ON 184쪽 유형ON 2권 068쪽

0539 대표문제

이차방정식 $x^2-ax-b=0$의 두 근이 α, β이고, 이차방정식 $x^2-(a+2)x+b=0$의 두 근이 $\alpha+\beta$, $\alpha\beta$일 때, 상수 a, b에 대하여 a^2+b^2의 값은?

① 2 ② 5 ③ 8
④ 10 ⑤ 13

0540

이차방정식 $x^2-ax+b=0$의 두 근이 -3, 5일 때, 이차방정식 $ax^2-(a-9)x+4a+b=0$의 두 근의 곱을 구하시오.

(단, a, b는 상수이다.)

0541 중요

이차방정식 $x^2-5x+a=0$의 두 근이 α, β이고, 이차방정식 $x^2-bx+9=0$의 두 근이 $\alpha+1$, $\beta+1$일 때, 상수 a, b에 대하여 $a+b$의 값을 구하시오.

0542 서술형

이차방정식 $3x^2+ax+1=0$의 두 근이 α, β이고, 이차방정식 $x^2+2x-b=0$의 두 근이 $\frac{1}{\alpha}$, $\frac{1}{\beta}$일 때, 상수 a, b에 대하여 ab의 값을 구하시오.

유형 16 이차방정식의 작성

두 수 α, β를 근으로 하고 x^2의 계수가 1인 이차방정식은

$$x^2-(\alpha+\beta)x+\alpha\beta=0$$

확인 문제

다음 두 수를 근으로 하고 x^2의 계수가 1인 이차방정식을 구하시오.

(1) -2, 3 (2) $3+\sqrt{2}$, $3-\sqrt{2}$

(3) $1+i$, $1-i$

개념ON 188쪽 유형ON 2권 069쪽

0543 대표문제

이차방정식 $3x^2-2x+5=0$의 두 근 α, β에 대하여 $\alpha-1$, $\beta-1$을 두 근으로 하고 x^2의 계수가 3인 이차방정식을 구하시오.

0544

이차방정식 $x^2-ax+b=0$의 두 근을 α, β라 할 때, 다음 중 $\frac{1}{\alpha}$, $\frac{1}{\beta}$을 두 근으로 하는 이차방정식은?

(단, a, b는 상수이고, $b\neq0$이다.)

① $x^2-bx+a=0$ ② $ax^2-bx+1=0$
③ $ax^2-bx+a=0$ ④ $bx^2-ax+1=0$
⑤ $bx^2-ax+a=0$

0545

그림과 같이 선분 AB를 지름으로 하는 반원 위의 한 점 P에서 선분 AB에 내린 수선의 발을 H라 하자. $\overline{AB}=9$, $\overline{PH}=4$일 때, 두 선분 AH, BH의 길이를 두 근으로 하고 x^2의 계수가 1인 이차방정식을 구하시오.

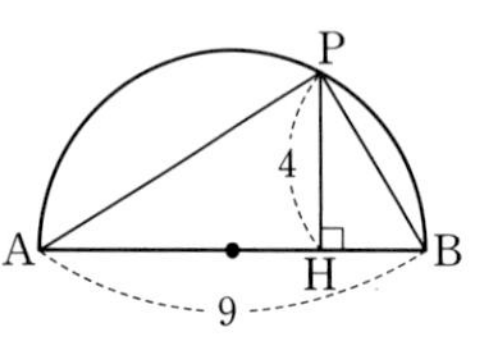

0546 교육청 기출

한 변의 길이가 10인 정사각형 ABCD가 있다. 그림과 같이 정사각형 ABCD의 내부에 한 점 P를 잡고, 점 P를 지나고 정사각형의 각 변에 평행한 두 직선이 정사각형의 네 변과 만나는 점을 각각 E, F, G, H라 하자. 직사각형 PFCG의 둘레의 길이가 28이고 넓이가 46일 때, 두 선분 AE와 AH의 길이를 두 근으로 하는 이차방정식은? (단, 이차방정식의 이차항의 계수는 1이다.)

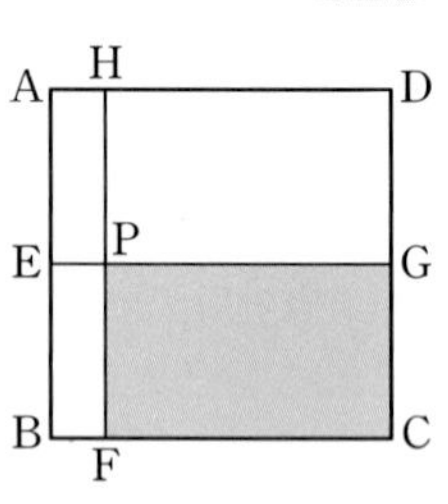

① $x^2-6x+4=0$ ② $x^2-6x+6=0$
③ $x^2-6x+8=0$ ④ $x^2-8x+6=0$
⑤ $x^2-8x+8=0$

0547 서술형

이차방정식 $x^2-3x-1=0$의 두 근을 α, β라 할 때, α^2, β^2을 두 근으로 하는 이차방정식은 $x^2+ax+b=0$이다. 상수 a, b에 대하여 $a+b$의 값을 구하시오.

0548 중요

이차방정식 $x^2+ax+b=0$의 두 근이 2, α이고, 이차방정식 $x^2+(a+3)x+b-1=0$의 두 근이 1, β일 때, α, β를 두 근으로 하는 이차방정식은 $x^2+px+q=0$이다. 상수 p, q에 대하여 $p+q$의 값을 구하시오. (단, a, b는 상수이다.)

유형 17 잘못 보고 푼 이차방정식

이차방정식 $ax^2+bx+c=0$을 풀 때

(1) x의 계수 b를 잘못 보고 푼 경우

➡ x^2의 계수 a와 상수항 c는 바르게 보았으므로

두 근의 곱은 $\frac{c}{a}$

(2) 상수항 c를 잘못 보고 푼 경우

➡ x^2의 계수 a와 x의 계수 b는 바르게 보았으므로

두 근의 합은 $-\frac{b}{a}$

개념ON 184쪽 유형ON 2권 070쪽

0549 대표문제

수지와 경수가 이차방정식 $ax^2+bx+c=0$을 푸는데, 수지는 x의 계수를 잘못 보고 풀어 두 근 -5, 1을 얻었고, 경수는 상수항을 잘못 보고 풀어 두 근 $2+\sqrt{3}$, $2-\sqrt{3}$을 얻었다. 이 이차방정식의 올바른 근을 구하시오. (단, a, b, c는 상수이다.)

0550 중요 서술형

문익이와 재형이가 x^2의 계수가 1인 이차방정식을 푸는데, 문익이는 x의 계수를 잘못 보고 풀어 두 근 $\sqrt{6}+i$, $\sqrt{6}-i$를 얻었고, 재형이는 상수항을 잘못 보고 풀어 두 근 $1+\sqrt{2}$, $1-\sqrt{2}$를 얻었다. 원래의 이차방정식을 구하시오.

0551

x에 대한 이차방정식 $ax^2+bx+c=0$의 근을 구하는데, 근의 공식을 $x=\frac{-b\pm\sqrt{b^2-ac}}{2a}$로 잘못 적용하여 풀어 두 근 -3, 4를 얻었다. 이 이차방정식의 올바른 두 근의 합을 p, 두 근의 곱을 q라 할 때, $p-q$의 값을 구하시오.

(단, a, b, c는 실수이다.)

유형 18 이차식의 인수분해

x에 대한 이차식 ax^2+bx+c가 쉽게 인수분해되지 않을 때에는 다음과 같은 순서로 인수분해한다.

❶ 이차방정식 $ax^2+bx+c=0$의 두 근 α, β를 구한다.

❷ $ax^2+bx+c=a(x-\alpha)(x-\beta)$로 인수분해한다.

유형ON 2권 070쪽

0552 대표문제

이차식 x^2+4x+7을 복소수의 범위에서 인수분해하면?

① $(x-2-\sqrt{3}i)(x-2+\sqrt{3}i)$
② $(x-2-3i)(x-2+3i)$
③ $(x+2-\sqrt{3}i)(x+2+\sqrt{3}i)$
④ $(x+2-\sqrt{6}i)(x+2+\sqrt{6}i)$
⑤ $(x+2-3i)(x+2+3i)$

0553

이차식 $x^2-6x+13$을 인수분해하면 $(x+a-2i)(x-3+bi)$이다. 실수 a, b에 대하여 ab의 값을 구하시오.

0554 중요

다음 중 이차식 $3x^2-4x+3$의 인수인 것은?

① $3x-\sqrt{5}i$
② $3x-2-\sqrt{5}i$
③ $3x+2-\sqrt{5}i$
④ $3x+2+\sqrt{5}i$
⑤ $3x+2+2\sqrt{5}i$

유형 19 이차방정식 $f(x)=0$의 근을 이용하여 $f(ax+b)=0$의 근 구하기

이차방정식 $f(x)=0$의 두 근이 α, β이면 $f(\alpha)=0$, $f(\beta)=0$
이므로 이차방정식 $f(ax+b)=0$의 두 근은
➡ $ax+b=\alpha$ 또는 $ax+b=\beta$에서
$x=\dfrac{\alpha-b}{a}$ 또는 $x=\dfrac{\beta-b}{a}$

개념ON 190쪽 유형ON 2권 071쪽

0555 대표문제

이차방정식 $f(x)=0$의 두 근을 α, β라 하면 $\alpha+\beta=7$이다. 이차방정식 $f(5x-4)=0$의 두 근의 합은?

① 1 ② 2 ③ 3
④ 4 ⑤ 5

0556

방정식 $f(x)=0$의 한 근이 -3일 때, 2를 반드시 근으로 갖는 x에 대한 방정식인 것만을 보기에서 있는 대로 고른 것은?

보기
ㄱ. $f(x-5)=0$
ㄴ. $f(-x+3)=0$
ㄷ. $f(8-3x)=0$
ㄹ. $f(x^2-7)=0$

① ㄱ, ㄴ ② ㄱ, ㄷ ③ ㄱ, ㄹ
④ ㄴ, ㄷ ⑤ ㄷ, ㄹ

0557

이차방정식 $f(x)=0$의 두 근의 곱이 -32일 때, 이차방정식 $f(4x)=0$의 두 근의 곱을 구하시오.

0558

이차방정식 $f(x)=0$의 두 근 α, β에 대하여 $\alpha+\beta=1$, $\alpha\beta=6$일 때, 이차방정식 $f(2x-1)=0$의 두 근의 곱은?

① 1 ② 2 ③ 4
④ 6 ⑤ 8

0559

이차방정식 $f(x+1)=0$의 두 근 α, β에 대하여 $\alpha+\beta=-3$, $\alpha\beta=5$일 때, 이차방정식 $f(x-3)=0$의 두 근의 합과 곱을 각각 구하시오.

0560 중요

이차방정식 $f(5-3x)=0$의 두 근 α, β에 대하여 $\alpha+\beta=2$, $\alpha\beta=-\dfrac{1}{3}$일 때, 이차방정식 $f(6x)=0$의 두 근의 곱을 구하시오.

정답과 풀이 91쪽

유형 20 $f(\alpha)=f(\beta)=k$를 만족시키는 이차식 $f(x)$ 구하기

이차식 $f(x)$에 대하여 $f(\alpha)=f(\beta)=k$이면

$f(\alpha)-k=0$, $f(\beta)-k=0$

이므로 이차방정식 $f(x)-k=0$의 두 근은 α, β이다.

➡ $f(x)-k=a(x-\alpha)(x-\beta)(a\neq 0)$

개념ON 190쪽 유형ON 2권 071쪽

0561 대표문제

이차방정식 $x^2-4x-8=0$의 두 근을 α, β라 할 때, 이차식 $f(x)$가 $f(\alpha)=f(\beta)=2$를 만족시킨다. $f(x)$의 x^2의 계수가 1일 때, $f(-3)$의 값은?

① 7 ② 9 ③ 11
④ 13 ⑤ 15

0562

이차식 $f(x)=x^2-7x+12$에 대하여 $f(\alpha)=1$, $f(\beta)=1$일 때, $f(\alpha\beta)$의 값을 구하시오.

0563 중요

이차식 $f(x)=x^2+8x-5$에 대하여 $f(\alpha)=-3$, $f(\beta)=-3$일 때, $\frac{\alpha}{\beta}+\frac{\beta}{\alpha}$의 값은?

① -40 ② -38 ③ -36
④ -34 ⑤ -32

0564

이차방정식 $x^2-7x-4=0$의 두 근을 α, β라 할 때, $f(\alpha)=f(\beta)=\alpha+\beta$, $f(0)=-1$을 만족시키는 이차식 $f(x)$에 대하여 $f(-2)$의 값을 구하시오.

0565

$f(x)$는 x^2의 계수가 1인 x에 대한 이차식이고, 이차방정식 $3x^2-6x+5=0$의 두 근은 α, β이다. $f(\alpha)=\beta$, $f(\beta)=\alpha$일 때, 이차식 $f(x)$를 구하시오.

0566

$f(x)$는 x^2의 계수가 1인 x에 대한 이차식이고, 이차방정식 $4x^2-5x-4=0$의 두 근은 α, β이다. $\beta f(\alpha)=1$, $\alpha f(\beta)=1$일 때, $f(-4)$의 값은?

① 18 ② 20 ③ 22
④ 24 ⑤ 26

05 이차방정식

유형 21 이차방정식의 켤레근

(1) 계수가 모두 유리수인 이차방정식의 한 근이 $p+q\sqrt{m}$이면
➡ 다른 한 근은 $p-q\sqrt{m}$이다.
(단, p, q는 유리수, $q\neq0$, $\sqrt{m}$은 무리수이다.)

(2) 계수가 모두 실수인 이차방정식의 한 근이 $p+qi$이면
➡ 다른 한 근은 $p-qi$이다.
(단, p, q는 실수, $q\neq0$, $i=\sqrt{-1}$이다.)

확인 문제

(1) 이차방정식 $x^2+ax+b=0$의 한 근이 $1+\sqrt{5}$일 때, 유리수 a, b의 값을 각각 구하시오.

(2) 이차방정식 $x^2+ax+b=0$의 한 근이 $2+3i$일 때, 실수 a, b의 값을 각각 구하시오.

개념ON 192쪽 유형ON 2권 072쪽

0567 대표문제

이차방정식 $x^2+(a+3)x+3b-5=0$의 한 근이 $\frac{22}{5-\sqrt{3}}$일 때, 유리수 a, b에 대하여 $b-a$의 값을 구하시오.

0568 교육청 기출

실수 a, b에 대하여 x에 대한 이차방정식 $x^2+ax+b=0$의 한 근이 $2-4i$일 때, $a+b$의 값은? (단, $i=\sqrt{-1}$이다.)

① 16 ② 19 ③ 22
④ 25 ⑤ 28

0569

실수 a, b에 대하여 이차방정식 $x^2+ax+b=0$의 한 근이 $\frac{5}{2+i}$일 때, 다항식 $f(x)=x^2+2ax+b+1$을 $x-3$으로 나누었을 때의 나머지를 구하시오. (단, $i=\sqrt{-1}$이다.)

0570 중요

이차방정식 $x^2+mx+n=0$의 한 근이 $-1+\sqrt{2}i$일 때, $\frac{1}{m}$, $\frac{1}{n}$을 두 근으로 하는 이차방정식은 $6x^2+ax+b=0$이다. 상수 a, b에 대하여 $b-a$의 값을 구하시오.
(단, m, n은 실수이고 $i=\sqrt{-1}$이다.)

0571 서술형

이차방정식 $x^2-2x+a=0$의 한 근이 $\frac{b-2i}{1+i}$일 때, 실수 a, b에 대하여 $a+b$의 값을 구하시오.
(단, $b\neq-2$이고 $i=\sqrt{-1}$이다.)

0572 교육청 기출

다항식 $f(x)=x^2+px+q$ (p, q는 실수)가 다음 두 조건을 만족시킨다.

(가) 다항식 $f(x)$를 $x-1$로 나눈 나머지는 1이다.
(나) 실수 a에 대하여 이차방정식 $f(x)=0$의 한 근은 $a+i$이다.

$p+2q$의 값은? (단, $i=\sqrt{-1}$이다.)

① 2 ② 4 ③ 6
④ 8 ⑤ 10

내신 잡는 종합 문제

정답과 풀이 93쪽

0573

두 이차방정식 $x^2+3x-a=0$, $5x^2+bx+a=0$의 공통인 근이 -2일 때, 상수 a, b에 대하여 ab의 값은?

① -18 ② -15 ③ -8
④ 15 ⑤ 18

0574

두 실수 a, b에 대하여 $a\triangle b=a^2-2a+b$라 할 때, $x\triangle(x\triangle x)-(3\triangle x)-3=0$을 만족시키는 모든 실수 x의 값의 합은?

① -3 ② -2 ③ 1
④ 2 ⑤ 3

0575 교육청 기출

이차방정식 $x^2+x-1=0$의 서로 다른 두 근을 α, β라 하자. 다항식 $P(x)=2x^2-3x$에 대하여 $\beta P(\alpha)+\alpha P(\beta)$의 값은?

① 5 ② 6 ③ 7
④ 8 ⑤ 9

0576 교육청 기출

이차방정식 $x^2+2x+k=0$이 서로 다른 두 근을 α, β라 할 때, $\alpha^2+\beta^2=8$이다. 상수 k의 값은?

① -5 ② -4 ③ -3
④ -2 ⑤ -1

0577

이차방정식 $x^2-4x+2=0$의 두 근을 α, β라 할 때, $\dfrac{5\beta}{3\alpha^2-11\alpha+6}+\dfrac{5\alpha}{3\beta^2-11\beta+6}$의 값은?

① 22 ② 24 ③ 26
④ 28 ⑤ 30

0578

이차방정식 $x^2-6x+4=0$의 두 근을 α, β라 할 때, $\sqrt{\alpha}$, $\sqrt{\beta}$를 두 근으로 하는 이차방정식이 $x^2+ax+b=0$이다. 상수 a, b에 대하여 a^2+b^2의 값은?

① 12 ② 14 ③ 16
④ 18 ⑤ 20

0579

x에 대한 이차방정식

$$ax^2-2\sqrt{b^2c+bc^2+c^2a}x+b^2+ab+ca=0$$

이 중근을 가질 때, a, b, c를 세 변의 길이로 하는 삼각형은 어떤 삼각형인가?

① $a\neq c$, $b=c$인 이등변삼각형
② $a=c$인 이등변삼각형
③ 빗변의 길이가 a인 직각삼각형
④ 빗변의 길이가 b인 직각삼각형
⑤ 빗변의 길이가 c인 직각심각형

0580 교육청 기출

x에 대한 이차방정식 $x^2-3x+k=0$의 두 근을 α, β라 할 때, $\dfrac{1}{\alpha^2-\alpha+k}+\dfrac{1}{\beta^2-\beta+k}=\dfrac{1}{4}$을 만족시키는 실수 k의 값을 구하시오.

0581

이차방정식 $x^2-5x+3=0$의 두 근을 α, β라 할 때, $f(\alpha)=f(\beta)=\alpha\beta$, $f(1)=2$를 만족시키는 이차식 $f(x)$에 대하여 $f(\alpha+\beta)$의 값은?

① 3 ② 4 ③ 5
④ 6 ⑤ 7

0582

이차방정식 $x^2+ax+b=0$의 한 근이 $-1-\sqrt{2}i$이고, 이차방정식 $x^2+abx+a^2+b^2-1=0$의 두 근이 α, β일 때, $\alpha^3+6\alpha^2+\alpha\beta-12\beta$의 값은?

(단, a, b는 실수이고 $i=\sqrt{-1}$이다.)

① 84 ② 86 ③ 88
④ 90 ⑤ 92

0583

방정식 $|x^2-9|=x+3$의 모든 실근의 합은?

① -3 ② -2 ③ 1
④ 2 ⑤ 3

0584 교육청 기출

두 실수 a, b에 대하여 이차방정식 $x^2+ax+b=0$의 한 근이 $\dfrac{b}{2}+i$일 때, ab의 값은? (단, $i=\sqrt{-1}$이다.)

① -16 ② -8 ③ -4
④ -2 ⑤ -1

0585

이차항의 계수가 1인 이차식 $f(x)$는 다음 조건을 만족시킨다.

> (가) 이차방정식 $f(x)=0$의 두 근의 곱은 5이다.
> (나) 이차방정식 $x^2-3x+1=0$의 두 근 α, β에 대하여 $f(\alpha)+f(\beta)=2$이다.

이때 $f(-1)$의 값을 구하시오.

0586 교육청 기출

이차방정식 $x^2-ax+b=0$의 두 근이 c와 d일 때, 다음 조건을 만족하는 순서쌍 (a, b)의 개수는?

(단, a와 b는 상수이다.)

> (가) a, b, c, d는 100 이하의 서로 다른 자연수이다.
> (나) c와 d는 각각 3개의 양의 약수를 가진다.

① 1 ② 2 ③ 3
④ 4 ⑤ 5

0587

x에 대한 이차방정식 $x^2-6x+k^2-4k=0$의 서로 다른 두 근 중 한 근이 다른 한 근의 제곱이 되도록 하는 모든 실수 k의 값의 합을 구하시오.

0588 교육청 기출

등식 $(p+2qi)^2=-16i$를 만족시키는 두 실수 p, q는 x에 대한 이차방정식 $x^2+ax+b=0$의 두 실근이다. 두 상수 a, b에 대하여 a^2+b^2의 값은? (단, $p>0$이고 $i=\sqrt{-1}$이다.)

① 16 ② 18 ③ 20
④ 22 ⑤ 24

0589

자연수 n에 대하여 이차방정식
$\{\sqrt{n(n+1)}+n\}x^2-\sqrt{n}x-n=0$의 두 실근을 α_n, β_n이라 할 때, $(\alpha_1+\alpha_2+\cdots+\alpha_{80})+(\beta_1+\beta_2+\cdots+\beta_{80})$의 값을 구하시오.

0590 교육청 기출

이차방정식 $3x^2-12x-k=0$의 두 실근의 절댓값의 합이 6일 때, 상수 k의 값을 구하시오.

0591

0이 아닌 두 실수 a, b에 대하여 $\sqrt{a}\sqrt{b}=-\sqrt{ab}$가 성립할 때, 항상 서로 다른 두 실근을 갖는 이차방정식인 것만을 보기에서 있는 대로 고르시오.

보기

ㄱ. $x^2-ax+b=0$　　ㄴ. $x^2-bx-a=0$

ㄷ. $ax^2+x-b=0$　　ㄹ. $bx^2-ax-1=0$

0592

x에 대한 이차식 $4x^2-(5a-1)x+a^2+3a-4$가 $4(x+k)^2$으로 인수분해될 때, $a-k$의 값을 구하시오. (단, $a>2$)

0593

이차방정식 $x^2+px+q=0$의 두 실근이 α, β이고, 이차방정식 $x^2-5px+3(2q-3)=0$의 두 실근이 α^2, β^2일 때, 상수 p, q에 대하여 pq의 값을 구하시오.

서술형 대비하기

0594 교육청 기출

x에 대한 이차방정식 $f(x)=0$의 두 근의 합이 16일 때, x에 대한 이차방정식 $f(2020-8x)=0$의 두 근의 합을 구하시오.

0595

이차방정식 $x^2-2x-1=0$의 두 근을 α, β라 할 때,

$$(\sqrt{\alpha^4-4\alpha^3+4\alpha^2+2\alpha}+\sqrt{\beta^4-4\beta^3+4\beta^2+2\beta})^2$$

의 값을 구하시오.

0596

그림과 같이 한 변의 길이가 1인 정사각형 ABCD가 있다. 두 변 AB와 BC 위에 각각 두 점 P, Q를 잡아 정삼각형 DPQ를 만들 때, 선분 AP의 길이를 구하시오.

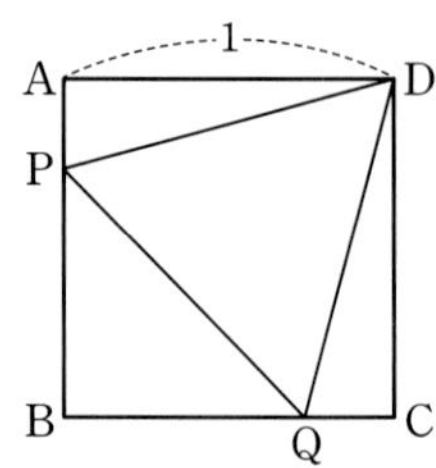

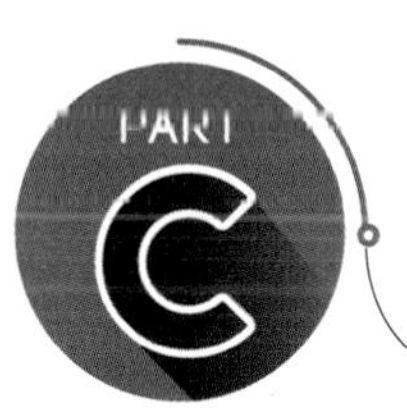

수능 녹인 변별력 문제

정답과 풀이 97쪽

0597

이차방정식 $x^2+ax-2a=0\ (a>0)$의 서로 다른 두 실근 α, β에 대하여 $|\alpha|+|\beta|=2\sqrt{5}$일 때, $\alpha^2+\beta^2$의 값을 구하시오.

0598

이차방정식 $x^2-x-3=0$의 두 근을 α, β라 할 때, A, B는 다음과 같다. 이때 $A+B$의 값을 구하시오.

$$A=\alpha^5+\beta^5-\alpha^4-\beta^4-2\alpha^3-2\beta^3$$
$$B=(1-\alpha)(1-\beta)(3-\alpha)(3-\beta)(5-\alpha)(5-\beta)$$

0599 교육청 기출

이차방정식 $x^2-4x+2=0$의 두 실근을 α, $\beta\ (\alpha<\beta)$라 하자. 그림과 같이 $\overline{AB}=\alpha$, $\overline{BC}=\beta$인 직각삼각형 ABC에 내접하는 정사각형의 넓이와 둘레의 길이를 두 근으로 하는 x에 대한 이차방정식이 $4x^2+mx+n=0$일 때, 두 상수 m, n에 대하여 $m+n$의 값은?

(단, 정사각형의 두 변은 선분 AB와 선분 BC 위에 있다.)

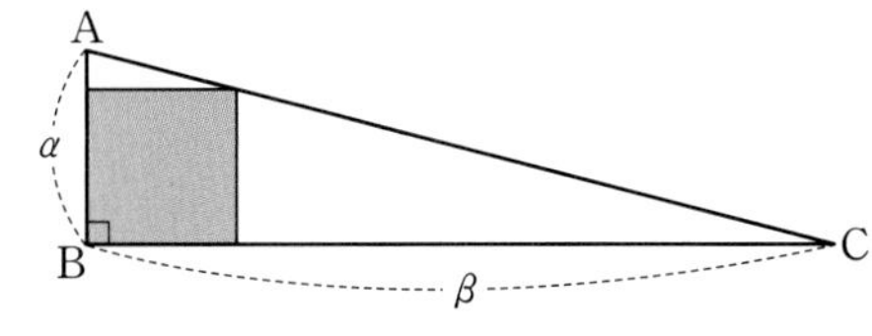

① -11　② -10　③ -9　④ -8　⑤ -7

0600

두 이차식 $P(x)$와 $Q(x)$가 다음 조건을 만족시킬 때, 방정식 $P(x)=Q(x)$의 두 근의 합을 구하시오.

(단, $P(x)$와 $Q(x)$의 계수는 모두 실수이다.)

(가) 방정식 $P(x)=0$의 한 근은 $2-i$이다.
(나) 이차식 $P(x)$를 $x-2$로 나누었을 때의 나머지는 3이다.
(다) 방정식 $Q(x)=0$은 4를 중근으로 갖는다.
(라) 이차식 $Q(x)$를 $x-1$로 나누었을 때의 나머지는 9이다.

05 이차방정식

0601

이차식 $kx^2+(4k-3)x+a(k-1)$이 완전제곱식이 되도록 하는 실수 k의 값이 오직 한 개뿐일 때, 가능한 모든 자연수 a의 값의 합은?

① 5 ② 6 ③ 7
④ 8 ⑤ 9

0602

허수 α는 이차방정식 $x^2+ax+b=0$의 근이고, $\alpha+3$은 이차방정식 $x^2-2bx+a+3=0$의 근이다. 실수 a, b에 대하여 ab의 값을 구하시오.

0603 교육청 기출

세 유리수 a, b, c에 대하여 x에 대한 이차방정식 $ax^2+\sqrt{3}bx+c=0$의 한 근이 $\alpha=2+\sqrt{3}$이다. 다른 한 근을 β라 할 때, $\alpha+\frac{1}{\beta}$의 값은?

① -4 ② $-2\sqrt{3}$ ③ 0
④ $2\sqrt{3}$ ⑤ 4

0604 교육청 기출

그림과 같이 $\overline{AB}=2$, $\overline{BC}=4$인 직사각형 ABCD가 있다. 대각선 BD 위에 한 점 O를 잡고, 점 O에서 네 변 AB, BC, CD, DA에 내린 수선의 발을 각각 P, Q, R, S라 하자. 사각형 APOS와 사각형 OQCR의 넓이의 합이 3이고 $\overline{AP}<\overline{PB}$일 때, 선분 AP의 길이는?

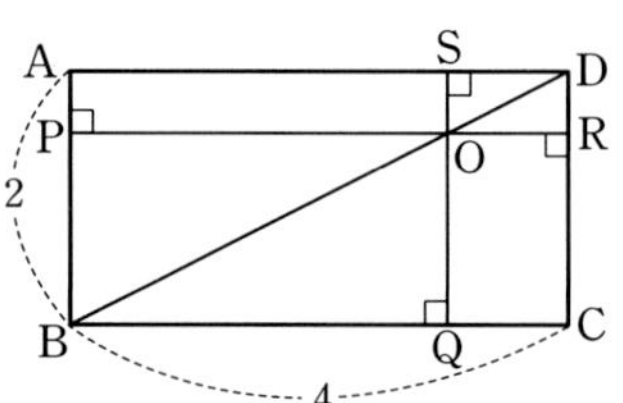

① $\frac{3}{8}$ ② $\frac{7}{16}$ ③ $\frac{1}{2}$
④ $\frac{9}{16}$ ⑤ $\frac{5}{8}$

0605

다음 조건을 만족시키는 소수 p의 개수는?

(가) a는 13의 배수인 두 자리 자연수이다. (나) 이차방정식 $x^2-ax+2p=0$의 두 근은 서로 다른 자연수이다.

① 1　　② 2　　③ 3　　④ 4　　⑤ 5

0606

x에 대한 이차방정식 $x^2-ax+5a-1=0$ $(a<0)$의 서로 다른 두 실근 α, β에 대하여 $|\alpha|<|\beta|$이고 $|2\alpha|+|\beta|=13$일 때, $\alpha^3+\beta^2$의 값을 구하시오.

0607 교육청 기출

x에 대한 이차방정식 $x^2-px+p+3=0$이 허근 α를 가질 때, α^3이 실수가 되도록 하는 모든 실수 p의 값의 곱은?

① -2　　② -3　　③ -4　　④ -5　　⑤ -6

0608

이차방정식 $x^2+x+1=0$의 두 근 α, β에 대하여 이차식 $f(x)=x^2+px+q$가 $f(\alpha^2)=-4\alpha$와 $f(\beta^2)=-4\beta$를 만족시킬 때, 상수 p, q에 대하여 $p+q$의 값을 구하시오.

Ⅱ. 방정식과 부등식

06 이차방정식과 이차함수

유형별 문제

유형 01 이차함수의 그래프와 x축의 교점

이차함수 $y=ax^2+bx+c$의 그래프와 x축의 교점의 x좌표가 α, β이다.

➡ 이차방정식 $ax^2+bx+c=0$의 두 실근이 α, β이다.

➡ $\alpha+\beta=-\frac{b}{a}$, $\alpha\beta=\frac{c}{a}$

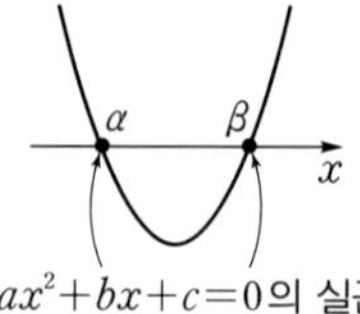

$ax^2+bx+c=0$의 실근

Tip (1) 이차함수 $y=ax^2+bx+c$의 그래프와 x축의 교점의 개수는 이차방정식 $ax^2+bx+c=0$의 서로 다른 실근의 개수와 같다.

(2) 이차함수 $y=ax^2+bx+c$의 그래프와 x축이 만나는 두 교점 사이의 거리

➡ 이차방정식 $ax^2+bx+c=0$의 두 실근을 α, β라 하면 $|\alpha-\beta|=\sqrt{(\alpha+\beta)^2-4\alpha\beta}$

확인 문제

다음 이차함수의 그래프와 x축의 교점의 x좌표를 구하시오.

(1) $y=x^2+x$ (2) $y=x^2-5x+6$

(3) $y=x^2+4x-5$ (4) $y=-x^2+6x$

개념ON 210쪽 유형ON 2권 076쪽

0609 대표문제

이차함수 $y=3x^2+ax+b$의 그래프가 x축과 두 점 $(-1, 0)$, $(5, 0)$에서 만날 때, 상수 a, b에 대하여 $a+b$의 값을 구하시오.

0610 중요

이차함수 $y=2x^2+ax-3$의 그래프가 x축과 만나는 두 점 사이의 거리가 $\frac{5}{2}$가 되도록 하는 모든 상수 a의 값의 곱을 구하시오.

0611 서술형

이차함수 $y=ax^2+bx+c$의 그래프는 꼭짓점의 좌표가 $(3, -1)$이고, x축과 두 점 P, Q에서 만난다. $\overline{PQ}=6$일 때, 상수 a, b, c에 대하여 $a+b+c$의 값을 구하시오.

0612

이차함수 $y=x^2-4x-3$의 그래프가 x축과 만나는 두 점을 P, Q라 하고 y축과 만나는 점을 R라 할 때, $\overline{PR}^2+\overline{QR}^2$의 값은?

① 32 ② 34 ③ 36
④ 38 ⑤ 40

0613 교육청 기출

두 자연수 a, b에 대하여 이차함수 $f(x)=a(x-2)(x-b)$가 다음 조건을 만족시킬 때, $f(4)$의 값은?

(가) $f(0)=6$
(나) x의 값의 범위가 $x>2$일 때, $f(x)>0$이다.

① 18 ② 20 ③ 22
④ 24 ⑤ 26

유형 02 이차함수의 그래프와 x축의 위치 관계

이차함수 $y=ax^2+bx+c$의 그래프와 x축의 위치 관계는
이차방정식 $ax^2+bx+c=0$의 판별식을 D라 할 때
(1) $D>0$ ➡ 서로 다른 두 점에서 만난다.
(2) $D=0$ ➡ 한 점에서 만난다. (접한다.)
(3) $D<0$ ➡ 만나지 않는다.
Tip $D\geq 0$이면 이차함수의 그래프가 x축과 만난다.

개념ON 212쪽 유형ON 2권 076쪽

0614 대표문제

x에 대한 이차함수 $y=2x^2-(3-2m)x+\frac{m^2}{2}$의 그래프가 x축과 서로 다른 두 점에서 만나도록 하는 정수 m의 최댓값을 구하시오.

0615 교육청 기출

이차함수 $y=x^2+4x+a$의 그래프가 x축과 접할 때, 상수 a의 값은?

① 4 ② 5 ③ 6
④ 7 ⑤ 8

0616

이차함수의 그래프가 x축과 만나지 않는 것을 보기에서 있는 대로 고른 것은?

보기
ㄱ. $y=2x^2+3x+1$ ㄴ. $y=-x^2+2x+3$
ㄷ. $y=x^2-x+1$ ㄹ. $y=-2x^2+3x-4$

① ㄱ, ㄴ ② ㄱ, ㄷ ③ ㄴ, ㄷ
④ ㄴ, ㄹ ⑤ ㄷ, ㄹ

0617 중요

x에 대한 이차함수 $y=x^2+(4m-1)x+4m^2+m-1$의 그래프가 x축과 만나도록 하는 실수 m의 최댓값을 구하시오.

0618 서술형

이차함수 $y=x^2+3kx-2k$의 그래프는 x축과 한 점에서 만나고, 이차함수 $y=-x^2+x+k$의 그래프는 x축과 만나지 않도록 하는 실수 k의 값을 a라 할 때, $-9a$의 값을 구하시오.

0619

이차함수 $y=x^2+2ax+b$의 그래프가 점 $(3, 9)$를 지나고 x축에 접할 때, 실수 a, b에 대하여 $a+b$의 값은? (단, $a<0$)

① -30 ② -12 ③ -6
④ 12 ⑤ 30

0620 서술형

이차함수 $y=x^2-(2k+a)x+k^2+bk+4$의 그래프가 실수 k의 값에 관계없이 항상 x축에 접할 때, 실수 a, b에 대하여 a^2+b^2의 값을 구하시오.

유형 03 이차함수의 그래프와 이차방정식의 실근의 합

(1) 방정식 $f(x)=0$의 실근의 합
➡ 함수 $y=f(x)$의 그래프와 x축과의 교점의 x좌표의 합

(2) 방정식 $f(x)=g(x)$의 실근의 합
➡ 두 함수 $y=f(x)$, $y=g(x)$의 그래프의 교점의 x좌표의 합

Tip 이차방정식 $f(x)=0$의 두 근이 α, β이면 $f(\alpha)=0$, $f(\beta)=0$이므로 $f(ax+b)=0$의 두 근을 x_1, x_2라 하면
$ax_1+b=\alpha$, $ax_2+b=\beta$에서 $x_1=\dfrac{\alpha-b}{a}$ 또는 $x_2=\dfrac{\beta-b}{a}$

확인 문제

다음 이차함수의 그래프와 x축과의 교점의 x좌표를 모두 구하시오.

(1) $y=x^2-2x-3$　　　(2) $y=2x^2-5x-3$

유형ON 2권 077쪽

0621 대표문제

이차함수 $f(x)=x^2-8x+7$에 대하여 방정식 $f(3x-1)=0$의 두 근의 합을 $\dfrac{b}{a}$라 할 때, $a+b$의 값을 구하시오.

(단, a와 b는 서로소인 자연수이다.)

0622

두 이차함수 $y=f(x)$, $y=g(x)$의 그래프가 그림과 같을 때, 방정식 $f(x)-g(x)=0$의 모든 근의 합을 구하시오. (단, $f(-4)=g(-4)$, $f(3)=g(3)$이다.)

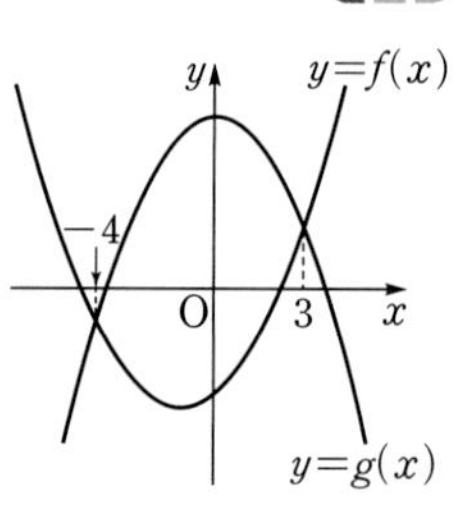

0623

이차함수 $y=f(x)$의 그래프가 두 점 $(-4, 0)$, $(2, 0)$을 지날 때, 방정식 $f\left(\dfrac{3x+1}{2}\right)=0$의 두 근의 합은?

① -5　② -4　③ -3
④ -2　⑤ -1

0624 교육청 기출

그림은 최고차항의 계수가 1이고 $f(-2)=f(4)=0$인 이차함수 $y=f(x)$의 그래프이다. 방정식 $f(2x-1)=0$의 두 근의 합은?

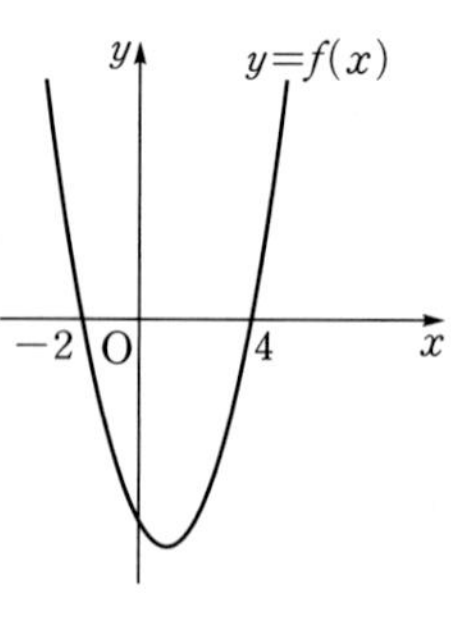

① 1　② 2
③ 3　④ 4
⑤ 5

0625

이차함수 $y=f(x)$의 그래프가 그림과 같을 때, 이차방정식 $f(x+2a)=0$의 두 실근의 합이 -10이다. 이때 상수 a의 값은?

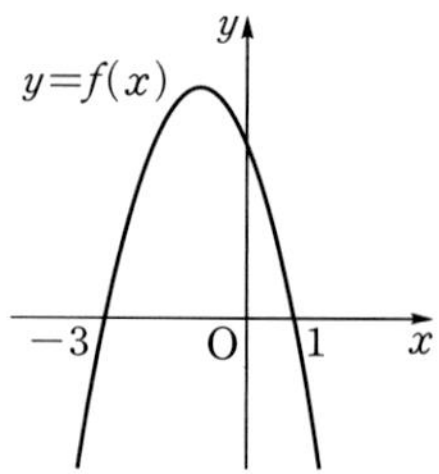

① -4　② -2
③ 0　④ 2
⑤ 4

0626 중요

이차함수 $y=f(x)$의 그래프가 x축과 서로 다른 두 점 $(m, 0)$, $(n, 0)$에서 만나고 $m+n=2$일 때, 이차방정식 $f\left(\dfrac{x-3}{2}\right)=0$의 두 근의 합을 구하시오.

0627 서술형

두 이차함수 $y=f(x)$, $y=g(x)$의 그래프가 그림과 같을 때, 방정식 $f(k-2x)=g(k-2x)$의 두 근의 합이 5이다. 상수 k의 값을 구하시오.
(단, $f(-4)=g(-4)$, $f(2)=g(2)$이다.)

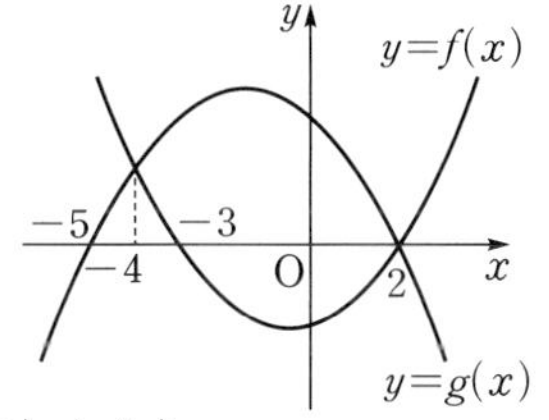

유형 04 이차함수의 그래프와 직선의 교점

이차함수 $y=f(x)$의 그래프와 직선 $y=g(x)$의 교점의 x좌표가 α, β이다.
➡ 이차방정식 $f(x)=g(x)$의 두 실근이 α, β이다.
➡ 이차방정식의 근과 계수의 관계를 이용한다.

Tip 이차함수 $y=f(x)$의 그래프와 직선 $y=g(x)$가 만나는 서로 다른 두 점의 x좌표를 각각 α, β라 하면 $f(\alpha)=g(\alpha)$, $f(\beta)=g(\beta)$에서 $f(\alpha)-g(\alpha)=f(\beta)-g(\beta)=0$이므로 이차방정식 $f(x)=g(x)$는 서로 다른 두 실근 α, β를 갖는다.

확인 문제

다음 이차함수의 그래프와 직선의 교점의 x좌표를 모두 구하시오.

(1) $y=x^2+2x+1$, $y=5x+5$
(2) $y=-x^2+4x-10$, $y=-3x+2$

개념ON 214쪽 유형ON 2권 078쪽

0628 대표문제

이차함수 $y=x^2+ax$의 그래프와 직선 $y=x+b$가 그림과 같이 서로 다른 두 점에서 만날 때, 상수 a, b에 대하여 $a+b$의 값은?

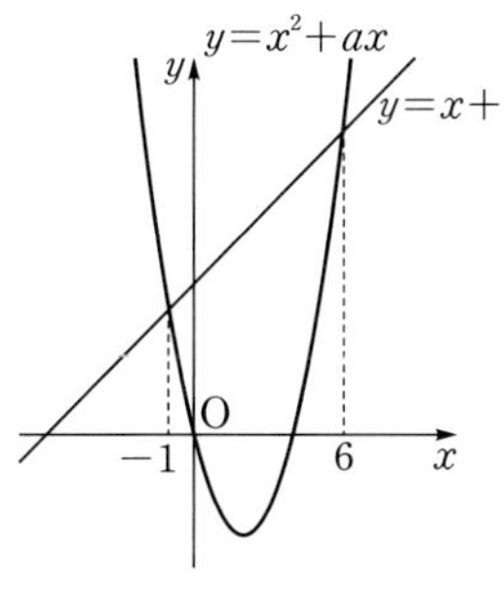

① -1 ② 0
③ 1 ④ 2
⑤ 3

0629 중요

이차함수 $y=-2x^2-x+5$의 그래프와 직선 $y=ax+b$의 두 교점의 x좌표가 각각 -4, 5일 때, 상수 a, b에 대하여 $a+b$의 값을 구하시오.

0630

이차함수 $f(x)=2x^2+6x-1$의 그래프가 직선 $y=ax-3$과 서로 다른 두 점 $(x_1, f(x_1))$, $(x_2, f(x_2))$에서 만난다. $x_1+x_2=4$일 때, 상수 a의 값을 구하시오.

0631 교육청 기출

곡선 $y=2x^2-5x+a$와 직선 $y=x+12$가 서로 다른 두 점에서 만나고 두 교점의 x좌표의 곱이 -4일 때, 상수 a의 값은?

① 3 ② 4 ③ 5
④ 6 ⑤ 7

0632

이차함수 $y=x^2-x+1$의 그래프와 직선 $y=mx$의 두 교점의 x좌표의 차가 $\sqrt{5}$일 때, 양수 m의 값을 구하시오.

0633 교육청 기출

이차함수 $y=\frac{1}{2}(x-k)^2$의 그래프와 직선 $y=x$가 서로 다른 두 점 A, B에서 만난다. 두 점 A, B에서 x축에 내린 수선의 발을 각각 C, D라 하자. 선분 CD의 길이가 6일 때, 상수 k의 값은?

① $\frac{7}{2}$ ② 4 ③ $\frac{9}{2}$
④ 5 ⑤ $\frac{11}{2}$

0634 서술형

이차함수 $y=x^2+px+q$의 그래프와 직선 $y=-2x+5$는 서로 다른 두 점에서 만나고, 이 중 한 점의 x좌표가 $3-\sqrt{2}$이다. 유리수 p, q에 대하여 $p-q$의 값을 구하시오.

0635

그림과 같이 원점을 지나는 직선 l이 두 곡선 $y=-x^2$, $y=kx^2$과 만나는 원점이 아닌 점을 각각 A, B라 할 때, $\overline{OA}:\overline{OB}=4:1$이다. 이때 상수 k의 값을 구하시오. (단, O는 원점이다.)

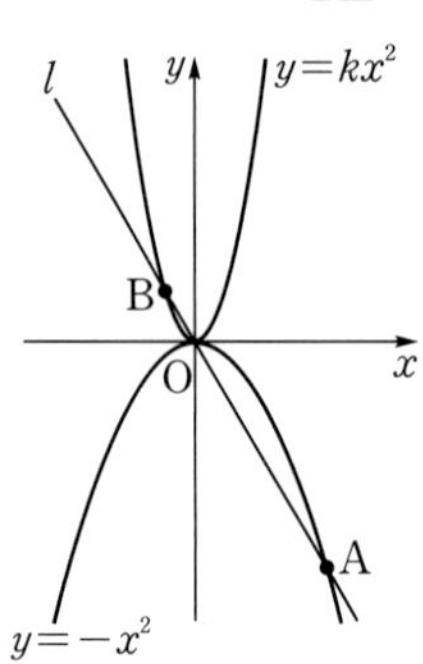

유형 05 이차함수의 그래프와 직선의 위치 관계

이차함수 $y=ax^2+bx+c$의 그래프와 직선 $y=mx+n$의 위치 관계는 이차방정식 $ax^2+bx+c=mx+n$, 즉 $ax^2+(b-m)x+c-n=0$의 판별식을 D라 할 때

(1) $D>0$ ➡ 서로 다른 두 점에서 만난다.
(2) $D=0$ ➡ 한 점에서 만난다. (접한다.)
(3) $D<0$ ➡ 만나지 않는다.

Tip 두 함수 $y=f(x)$, $y=g(x)$의 그래프의 교점의 개수는 이차방정식 $f(x)=g(x)$의 서로 다른 실근의 개수와 같다.

확인 문제

다음 이차함수의 그래프와 직선의 위치 관계를 말하시오.

(1) $y=x^2-3x-2$, $y=x-7$
(2) $y=x^2+2x-1$, $y=-3x+4$
(3) $y=-x^2+6x+1$, $y=2x+5$

개념ON 216쪽 유형ON 2권 078쪽

0636 대표문제

이차함수 $y=x^2+kx+3$의 그래프와 직선 $y=2x-1$이 접하도록 하는 모든 실수 k의 값의 합은?

① -4 ② -2 ③ 0
④ 2 ⑤ 4

0637

이차함수 $y=x^2-6x$의 그래프와 직선 $y=x+k$가 서로 다른 두 점에서 만나도록 하는 실수 k의 값의 범위를 구하시오.

0638 중요

이차함수 $y=x^2+4mx+4m^2$의 그래프와 직선 $y=-2x+1$이 적어도 한 점에서 만나도록 하는 실수 m의 값의 범위를 구하시오.

0639 교육청 기출

이차함수 $y=x^2+5x+9$의 그래프와 직선 $y=x+k$가 만나지 않도록 하는 자연수 k의 개수는?

① 1 ② 2 ③ 3
④ 4 ⑤ 5

0640 서술형

이차함수 $y=x^2-2kx+2$의 그래프가 직선 $y=-x-k^2$보다 항상 위쪽에 있도록 하는 정수 k의 최솟값을 구하시오.

0641

이차함수 $y=x^2+ax+b$의 그래프가 두 직선 $y=-x+4$와 $y=5x+7$에 동시에 접할 때, 두 상수 a, b에 대하여 ab의 값을 구하시오.

0642

직선 $y=2x+k$가 이차함수 $y=x^2-3x+1$의 그래프와 서로 다른 두 점에서 만날 때의 실수 k의 값의 범위는 $k>a$이고, 이차함수 $y=x^2+3x+5$의 그래프와 만나지 않을 때의 실수 k의 값의 범위는 $k<b$이다. 이때 $b-a$의 값을 구하시오.

0643

자연수 a에 대하여 x에 대한 이차함수 $y=x^2-2ax+a^2+2$의 그래프와 직선 $y=2x-k$가 서로 다른 두 점에서 만나도록 하는 모든 자연수 k의 개수를 $\langle a\rangle$라 할 때,

$$\langle 1\rangle+\langle 2\rangle+\langle 3\rangle+\langle 4\rangle$$

의 값을 구하시오.

유형 06 이차함수의 그래프에 접하는 직선의 방정식

(1) 기울기가 m이고 이차함수 $y=f(x)$의 그래프에 접하는 직선
➡ $y=mx+b$로 놓고, 이차방정식 $f(x)=mx+b$의 판별식 D가 $D=0$임을 이용하여 b의 값을 구한다.

(2) 점 (p, q)를 지나고 이차함수 $y=f(x)$의 그래프에 접하는 직선
➡ $y=a(x-p)+q$로 놓고, 이차방정식 $f(x)=a(x-p)+q$의 판별식 D가 $D=0$임을 이용하여 a의 값을 구한다.

개념ON 218쪽 유형ON 2권 079쪽

0644 대표문제

이차함수 $y=x^2-3x+1$의 그래프에 접하고 직선 $y=3x+2$에 평행한 직선의 방정식이 $y=ax+b$일 때, $a-b$의 값은? (단, a, b는 실수이다.)

① 5 ② 7 ③ 9
④ 11 ⑤ 13

0645

직선 $y=-x+m$을 y축의 방향으로 $-3m$만큼 평행이동하였더니 이차함수 $y=x^2-3x+5$의 그래프에 접하였다. 이때 실수 m의 값을 구하시오.

0646

기울기가 -2이고 y절편이 3 이상인 직선이 이차함수 $y=-x^2+2kx-k^2$의 그래프와 한 점에서 만나도록 하는 실수 k의 값의 범위는?

① $k\le-1$ ② $k<-1$ ③ $k\ge-1$
④ $k\ge0$ ⑤ $k\ge1$

0647 중요

점 $(-2, 3)$을 지나고, 이차함수 $y=-2x^2-x+2$의 그래프와 접하는 두 직선의 기울기의 곱은?

① -11 ② -9 ③ -7
④ 7 ⑤ 9

0648 서술형

실수 a의 값에 관계없이 이차함수 $y=x^2-4ax+4a^2+1$의 그래프에 항상 접하는 직선의 방정식을 구하시오.

0649

x에 대한 이차함수 $y=-x^2-2kx-k^2+k$의 그래프와 직선 $y=2ax+a^2-b+2$가 실수 k의 값에 관계없이 항상 접할 때, 상수 a, b에 대하여 $2a-b$의 값을 구하시오.

유형 07 이차함수의 최대, 최소

(1) 주어진 이차함수의 식이 $y=ax^2+bx+c$ 꼴이면
➡ $y=a(x-p)^2+q$ 꼴로 변형한다.
① $a>0$이면 ➡ $x=p$에서 최솟값 q를 갖는다.
➡ 최댓값은 없고 최솟값은 q이다.
② $a<0$이면 ➡ $x=p$에서 최댓값 q를 갖는다.
➡ 최솟값은 없고 최댓값은 q이다.
(2) 이차함수 $f(x)$가 $x=p$에서 최솟값 또는 최댓값을 갖는다.
➡ 주어진 이차함수의 식을 $y=a(x-p)^2+q$ 꼴로 변형했을 때 최댓값 또는 최솟값이 q임을 이용하여 미지수의 값을 구한다.

확인 문제

다음 이차함수의 최댓값과 최솟값을 구하시오.

(1) $y=(x+2)^2+6$ (2) $y=-(x-1)^2-1$
(3) $y=4x^2-3$ (4) $y=-x^2+2x+3$

유형ON 2권 080쪽

0650 대표문제

이차함수 $y=x^2+2ax-a+b$가 $x=-1$에서 최솟값 -6을 가질 때, 상수 a, b에 대하여 $a+b$의 값은?

① -5 ② -4 ③ -3
④ -2 ⑤ -1

0651 서술형

이차함수 $f(x)=ax^2+bx+c$가 $x=1$에서 최솟값 -3을 가지고 $f(-1)=5$일 때, 상수 a, b, c에 대하여 $2a+b+c$의 값을 구하시오.

0652

이차함수 $f(x)=-x^2+2ax+2+a^2+4a$의 최댓값을 $g(a)$라 할 때, $g(a)$의 최솟값을 구하시오. (단, a는 실수이다.)

정답과 풀이 107쪽

0653 교육청 기출

직선 $y=-x+a$가 이차함수 $y=x^2+bx+3$의 그래프에 접하도록 하는 a의 최댓값은? (단, a, b는 실수이다.)

① 1 ② 2 ③ 3 ④ 4 ⑤ 5

0654 중요

두 함수 $f(x)=-x^2+ax+b$, $g(x)=mx+n$의 그래프가 그림과 같을 때, 이차함수 $y=f(x)$의 그래프와 직선 $y=g(x)$의 교점의 x좌표는 1, 4이다. 이차함수 $f(x)-g(x)$의 최댓값을 구하시오.

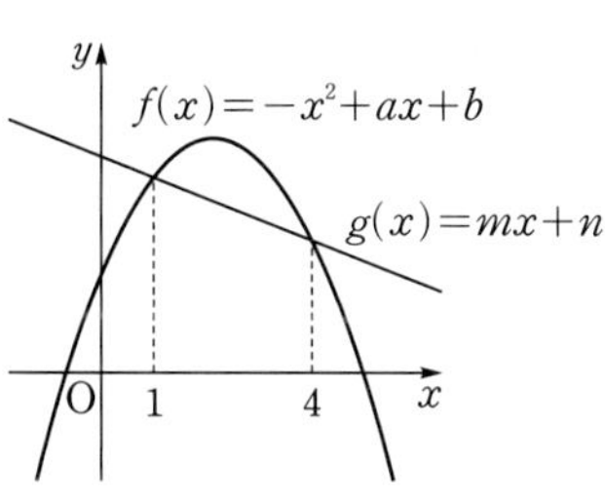

0655 교육청 기출

이차함수 $f(x)$가 다음 조건을 만족시킬 때, $f(2)$의 값은?

> (가) 함수 $f(x)$는 $x=1$에서 최댓값 9를 갖는다.
> (나) 곡선 $y=f(x)$에 접하고 직선 $2x-y+1=0$과 평행한 직선의 y절편은 9이다.

① $\frac{9}{2}$ ② $\frac{11}{2}$ ③ $\frac{13}{2}$ ④ $\frac{15}{2}$ ⑤ $\frac{17}{2}$

0656 서술형

이차함수 $f(x)$가 다음 조건을 만족시킬 때, 방정식 $f(x)=0$의 두 실근의 곱을 구하시오.

> (가) $f(1)=4$
> (나) $f(x)$의 최댓값은 8이다.
> (다) 방정식 $f(x)+10=0$의 두 실근의 합은 10이다.

유형 08 제한된 범위에서 이차함수의 최대, 최소

$\alpha\le x\le\beta$에서 이차함수 $f(x)=a(x-p)^2+q$에 대하여

(1) $\alpha\le p\le\beta$일 때
➡ $f(p)$, $f(\alpha)$, $f(\beta)$ 중 가장 큰 값이 최댓값, 가장 작은 값이 최솟값이다.

(2) $p<\alpha$ 또는 $p>\beta$일 때
➡ $f(\alpha)$, $f(\beta)$ 중 큰 값이 최댓값, 작은 값이 최솟값이다.

Tip x의 값의 범위가 $\alpha\le x\le\beta$일 때, 이차함수는 최댓값과 최솟값 모두 갖는다.

확인 문제

x의 값의 범위가 다음과 같을 때, 이차함수 $f(x)=(x-2)^2-3$의 최댓값과 최솟값을 구하시오.

(1) $-1\le x\le 3$ (2) $3\le x\le 6$

개념ON 224쪽 유형ON 2권 080쪽

0657 대표문제

$-3\le x\le 0$에서 이차함수 $f(x)=-3x^2-6x+k$의 최솟값이 -6일 때, $f(x)$의 최댓값은? (단, k는 상수이다.)

① 2 ② 4 ③ 6 ④ 8 ⑤ 10

06 이차방정식과 이차함수

0658

$-2 \le x \le 1$에서 이차함수 $y=2x^2+4x+a$의 최댓값과 최솟값의 차를 구하시오. (단, a는 상수이다.)

0659

이차함수 $f(x)=x^2+6x+k$가 $-4 \le x \le 1$에서 $f(x)<2$를 만족시킬 때, 정수 k의 최댓값은?

① -7　② -6　③ -5　④ -4　⑤ -3

0660 중요

$-3 \le x \le a$에서 이차함수 $y=-x^2+2x-3$의 최댓값은 -6, 최솟값은 -18일 때, 상수 a의 값은?

① -2　② -1　③ 1　④ 2　⑤ 3

0661 서술형

$0 \le x \le 3$에서 두 이차함수 $y=x^2+2x+4$, $y=-x^2+8x+k$의 최댓값과 최솟값이 각각 같을 때, 상수 k의 값을 구하시오.

0662 교육청 기출

이차함수 $f(x)=ax^2+bx+5$가 다음 조건을 만족시킬 때, $f(-2)$의 값을 구하시오.

(가) a, b는 음의 정수이다.
(나) $1 \le x \le 2$일 때, 이차함수 $f(x)$의 최댓값은 3이다.

0663

이차함수 $f(x)$가 모든 실수 x에 대하여

$$f(x+2)-f(x)=16x+6,\ f(0)=5$$

를 만족시킨다. $-2 \le x \le 1$에서 이차함수 $y=f(x)$의 최댓값을 M, 최솟값을 m이라 할 때, $M+16m$의 값은?

① 82　② 83　③ 84　④ 85　⑤ 86

유형 09 공통부분이 있는 함수의 최대, 최소 - 치환을 이용

함수 $y=\{f(x)\}^2+af(x)+b$의 최댓값과 최솟값은 다음과 같은 순서로 구한다.

❶ $f(x)=t$로 놓고 t의 값의 범위를 구한다.

❷ $y=t^2+at+b$를 $y=(t-p)^2+q$ 꼴로 변형한다.

❸ t의 값의 범위에서 최댓값 또는 최솟값을 구한다.

Tip 공통부분을 t로 치환하여 주어진 식의 최댓값과 최솟값을 구한 후 이때의 x의 값을 구할 때에는 치환한 식에 주의해야 한다. 또한 x의 값의 범위와 t의 값의 범위를 혼동하지 않도록 한다.

개념ON 226쪽 유형ON 2권 081쪽

0664 대표문제

$-1\le x\le 2$일 때, 함수

$$y=(x^2-2x+3)^2-6(x^2-2x+3)+2$$

의 최댓값과 최솟값의 곱은?

① -18 ② -17 ③ -16
④ -15 ⑤ -14

0665 교육청 기출

$1\le x\le 4$에서 이차함수 $y=(2x-1)^2-4(2x-1)+3$의 최댓값을 M, 최솟값을 m이라 할 때, $M-m$의 값을 구하시오.

0666 중요

함수 $y=-2(x^2-6x+8)^2+4(x^2-6x)+k+20$의 최댓값이 3일 때, 상수 k의 값은?

① 10 ② 11 ③ 12
④ 13 ⑤ 14

0667

함수 $y=-(3x+4)^4+2(3x+4)^2+k$가 $x=a$에서 최댓값 3을 가질 때, 상수 k에 대하여 $a-k$의 값은?
(단, a는 정수이다.)

① -3 ② -1 ③ 1
④ 3 ⑤ 5

0668

함수 $f(x)=a(x^2+2x+4)^2+3a(x^2+2x+4)+b$의 최솟값이 37이고 $f(-2)=57$이다. 이때 $f(1)$의 값을 구하시오.
(단, a, b는 상수이다.)

유형 10 완전제곱식을 이용한 이차식의 최대, 최소

x, y가 실수일 때, $ax^2+by^2+cx+dy+e$의 최댓값과 최솟값은
➡ $a(x-m)^2+b(y-n)^2+k$ 꼴로 변형한 후 $(\text{실수})^2\geq 0$임을 이용한다.
➡ $x=m$, $y=n$일 때, 최댓값 또는 최솟값은 k이다.

개념ON 228쪽 유형ON 2권 082쪽

0669 대표문제

x, y가 실수일 때, $3x^2-12x+2y^2+4y+18$의 최솟값은?

① 1 ② 2 ③ 3
④ 4 ⑤ 5

0670

x, y, z가 실수일 때, $x^2+2y^2+3z^2+6x-8y+24z+58$의 최솟값을 구하시오.

0671 서술형

실수 x, y에 대하여 $2x^2-2xy+y^2+3y+k$는 $x=\alpha$, $y=\beta$에서 최솟값 $\frac{1}{2}$을 가질 때, $2\alpha\beta+k$의 값을 구하시오.

(단, α, β, k는 상수이다.)

0672 중요

실수 x, y에 대하여 $(x^2+4x)^2-(x^2+4x)y+y^2-3y+k$의 최솟값이 19일 때, 상수 k의 값은?

① -22 ② -11 ③ 0
④ 11 ⑤ 22

유형 11 조건을 만족시키는 이차식의 최대, 최소

x, y에 대한 등식이 조건으로 주어진 경우 이차식의 최댓값과 최솟값은 다음과 같은 순서로 구한다.
❶ 주어진 등식에서 한 문자를 다른 문자에 대한 식으로 나타낸다.
❷ ❶의 식을 이차식에 대입하여 한 문자에 대한 이차식으로 나타낸다.
❸ ❷의 이차식에서 최댓값 또는 최솟값을 구한다.
Tip 문제에 주어진 조건에서의 x, y가 임의의 실수가 아니라 조건을 만족시키는 수이므로 주어진 식을 한 문자에 대하여 정리해야 한다. 또한 주어진 조건식에 제한된 범위가 존재할 경우 제한된 범위에 유의하여 문제를 푼다.

개념ON 228쪽 유형ON 2권 082쪽

0673 대표문제

$x-y+1=0$을 만족시키는 실수 x, y에 대하여 x^2+y^2-4y의 최솟값을 구하시오.

0674 서술형

실수 a, b에 대하여 $-2\leq a\leq 0$이고 $a-2b=4$일 때, ab의 최댓값과 최솟값의 합을 구하시오.

0675

직선 $3x+y-3=0$ 위를 움직이는 점 $P(a, b)$에 대하여 a^2+b^2의 최솟값을 구하시오.

0676 중요

그림과 같이 이차함수 $y=x^2-4x+3$의 그래프가 y축과 만나는 점을 A, x축과 만나는 점을 각각 B, C라 하자. $P(a, b)$가 점 A에서 이차함수 $y=x^2-4x+3$의 그래프 위를 따라 점 B를 거쳐 점 C까지 움직일 때, a^2+b+3의 최댓값과 최솟값의 합을 구하시오.

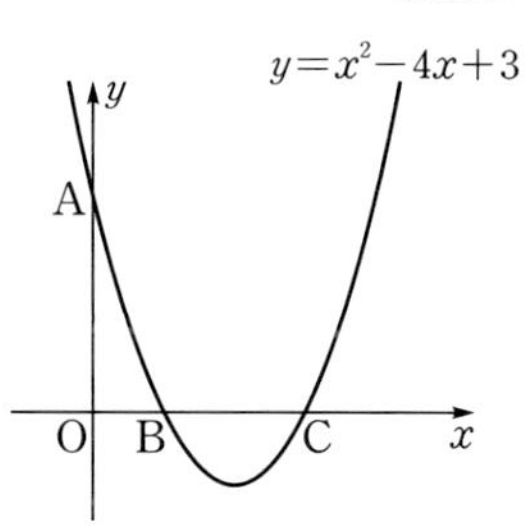

0677

x에 대한 이차방정식 $x^2+2(a-2)x+a^2+a+2=0$이 서로 다른 두 실근 α, β를 가질 때, $(\alpha-1)(\beta-1)$의 최솟값을 구하시오. (단, a는 실수이다.)

0678 교육청 기출

직선 $y=-\frac{1}{4}x+1$이 y축과 만나는 점을 A, x축과 만나는 점을 B라 하자. 점 $P(a, b)$가 점 A에서 직선 $y=-\frac{1}{4}x+1$을 따라 점 B까지 움직일 때, a^2+8b의 최솟값은? (단, O는 원점이다.)

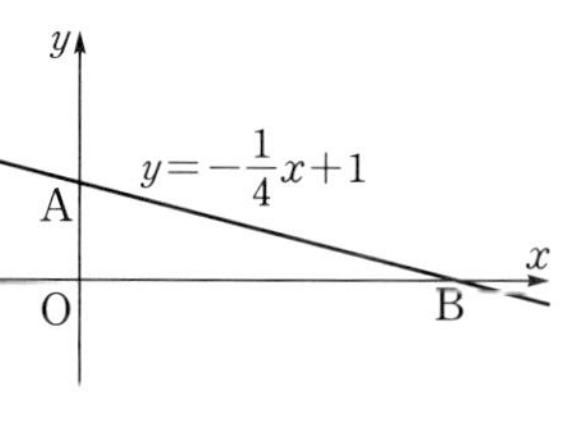

① 5 ② $\frac{17}{3}$ ③ $\frac{19}{3}$
④ 7 ⑤ $\frac{23}{3}$

유형 12 이차함수의 최대, 최소의 활용

이차함수의 최대, 최소의 활용 문제를 풀 때에는 다음과 같은 순서로 구한다.

❶ 주어진 상황을 한 문자에 대한 이차식으로 나타내고 문자의 값의 범위를 구한다.
❷ ❶에서 구한 이차식을 완전제곱식을 포함한 식으로 변형한다.
❸ ❶의 범위에서 최댓값 또는 최솟값을 구한다.

Tip 문제에서 주어진 조건들을 잘 찾아내고 각 조건들 또는 주어진 식의 범위를 확인하여 문제를 풀어나가야 한다.

개념ON 230쪽 유형ON 2권 083쪽

0679 대표문제

그림의 직사각형 ABCD에서 두 점 A, B는 x축 위에 있고, 두 점 C, D는 이차함수 $y=-x^2+4$의 그래프 위에 있다. 이때 직사각형 ABCD의 둘레의 길이의 최댓값은? (단, 점 C는 제1사분면 위에 있다.)

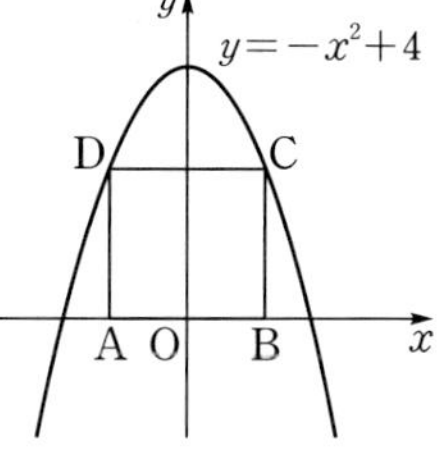

① 6 ② 8 ③ 10
④ 12 ⑤ 14

0680

어느 과일 가게에서 사과 한 개의 가격이 800원일 때, 하루에 100개씩 팔린다고 한다. 이 사과 한 개의 가격을 x원 내리면 하루 판매량은 x개 증가한다고 할 때, 사과의 하루 판매액이 최대가 되게 하려면 사과 한 개의 가격을 얼마로 정해야 하는지 구하시오.

0681 교육청 기출

그림과 같이 한 변의 길이가 2인 정삼각형 ABC에 대하여 변 BC의 중점을 P라 하고, 선분 AP 위의 점 Q에 대하여 선분 PQ의 길이를 x라 하자. $\overline{AQ}^2+\overline{BQ}^2+\overline{CQ}^2$은 $x=a$에서 최솟값 m을 가진다. $\frac{m}{a}$의 값은?

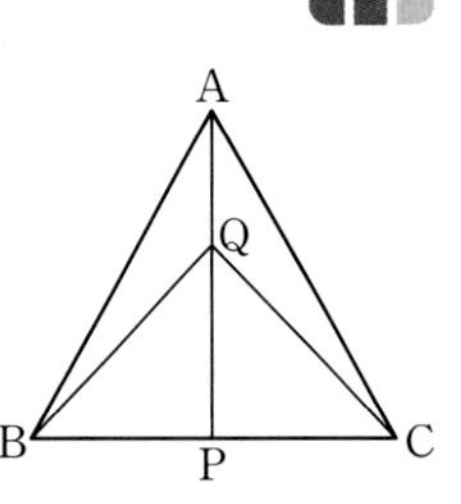

(단, $0<x<\sqrt{3}$이고, a는 실수이다.)

① $3\sqrt{3}$ ② $\frac{7}{2}\sqrt{3}$ ③ $4\sqrt{3}$
④ $\frac{9}{2}\sqrt{3}$ ⑤ $5\sqrt{3}$

0682 서술형

길이가 52 m인 철망을 이용하여 그림과 같이 벽면을 한 변으로 하는 직사각형 모양의 닭장을 만들려고 한다. 닭장의 넓이가 최대일 때, 닭장의 가로의 길이와 세로의 길이의 합을 구하시오. (단, 벽면에는 철망을 이용하지 않고, 철망의 두께는 무시한다.)

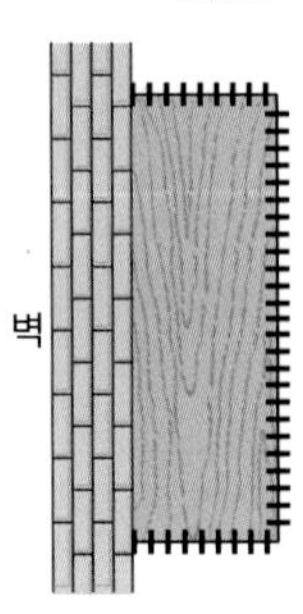

0683

밑면의 반지름의 길이가 3이고 높이가 13인 원뿔이 있다. 이 원뿔의 밑면의 넓이는 1초에 π씩 늘어나고 높이는 1초에 1씩 줄어들 때, 원뿔의 부피의 최댓값을 구하시오.

0684 중요

그림과 같이 빗변의 길이가 16 cm인 직각이등변삼각형에 내접하는 직사각형을 그렸다. 직사각형의 넓이가 최대일 때의 직사각형의 가로의 길이와 세로의 길이의 차를 구하시오.

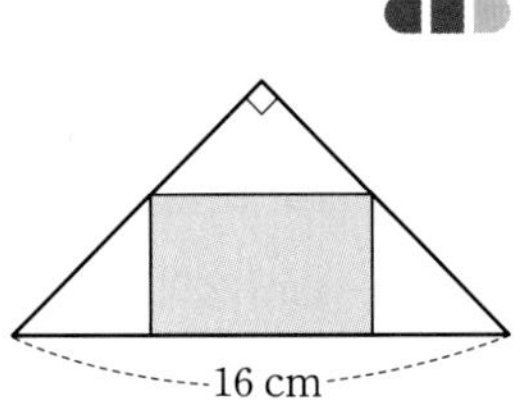

0685 교육청 기출

그림과 같이 두 직선

$l_1 : 2x-y+1=0$,

$l_2 : x+y-4=0$

과 x축으로 둘러싸인 부분에 직사각형이 있다. 이 직사각형의 한 변은 x축 위에 있고 두 꼭짓점은 각각 직선 l_1, l_2 위에 있을 때, 직사각형의 넓이의 최댓값은?

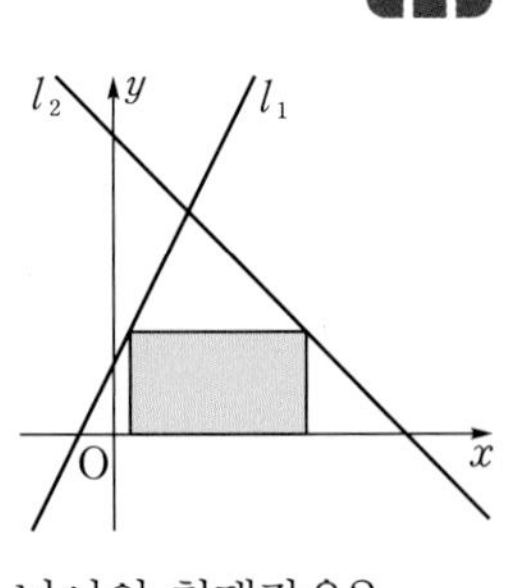

① $\frac{23}{8}$ ② 3 ③ $\frac{25}{8}$
④ $\frac{13}{4}$ ⑤ $\frac{27}{8}$

정답과 풀이 114쪽

0686

이차함수 $y=x^2-3x+3$의 그래프 위를 움직이는 점 (a, b)에 대하여 $3a^2-2b-6$의 최솟값은?

① -24　② -21　③ -18
④ -15　⑤ -12

0687

이차함수 $y=f(x)$의 그래프가 그림과 같을 때, 이차방정식 $f(3x+1)=0$의 두 실근의 합은?

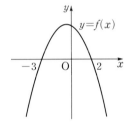

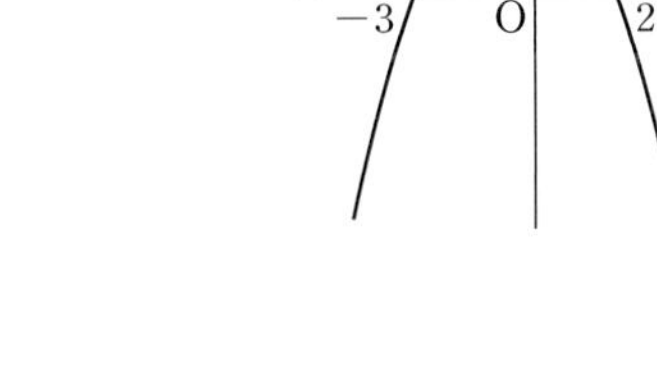

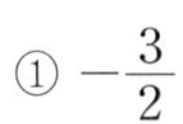

① $-\frac{3}{2}$　② -1
③ $-\frac{1}{2}$　④ 0
⑤ $\frac{1}{2}$

0688

x에 대한 이차함수 $y=x^2+2(a-k)x+k^2+4k+b$의 그래프가 실수 k의 값에 관계없이 항상 x축에 접할 때, 실수 a, b에 대하여 $b-a$의 값은?

① 5　② 6　③ 7
④ 8　⑤ 9

0689

이차함수 $y=ax^2+bx+c$의 그래프가 두 점 $(0, -2)$, $(-1+\sqrt{2}, 0)$을 지날 때, 유리수 a, b, c에 대하여 abc의 값을 구하시오.

0690

이차함수 $y=f(x)$의 그래프가 x축과 서로 다른 두 점에서 만나고, $f(2+x)=f(2-x)$를 만족시킬 때, 이차방정식 $f(x-2)=0$의 두 근의 합을 구하시오.

0691

그림과 같이 이차함수 $y=-x^2+6x+4$의 그래프와 직선 $y=ax+b$가 서로 다른 두 점에서 만나고 이 중 한 점의 x좌표가 $4+\sqrt{2}$이다. 유리수 a, b에 대하여 $a+b$의 값을 구하시오.

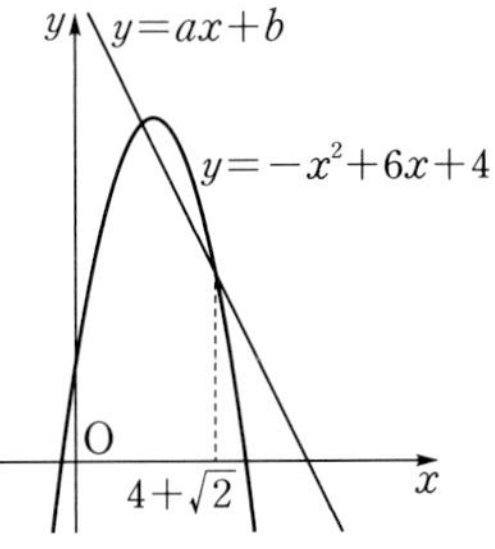

0692

이차함수 $y=x^2+4x$의 그래프를 x축의 방향으로 1만큼, y축의 방향으로 -2만큼 평행이동하면 직선 $y=mx$와 서로 다른 두 점 P, Q에서 만난다. 두 점 P, Q의 x좌표의 합이 0일 때, 상수 m의 값을 구하시오.

0693

자연수 a에 대하여 이차함수 $y=x^2-4ax+2a^2-1$의 그래프와 직선 $y=-6x+k$가 만나지 않도록 하는 자연수 k의 개수를 $f(a)$라 하자. 이때 $f(1)+f(2)+f(3)$의 값을 구하시오.

0694

x에 대한 이차함수 $y=x^2-2ax+a^2+2a-1$의 그래프가 실수 a의 값에 관계없이 직선 $y=mx+n$과 항상 접할 때, 실수 m, n에 대하여 $m+n$의 값은?

① -2 ② -1 ③ 0
④ 1 ⑤ 2

0695 교육청 기출

이차함수 $f(x)=x^2+ax-(b-7)^2$이 다음 조건을 만족시킨다.

> (가) $x=-1$에서 최솟값을 가진다.
> (나) 이차함수 $y=f(x)$의 그래프와 직선 $y=cx$가 한 점에서만 만난다.

세 상수 a, b, c에 대하여 $a+b+c$의 값을 구하시오.

0696

$-1\le x\le 1$에서 이차함수 $y=ax^2-4ax+b$의 최댓값이 3, 최솟값이 1이다. 상수 a, b에 대하여 $a+b$의 값을 구하시오.

0697 교육청 기출

이차함수 $f(x)$가 다음 조건을 만족시킨다.

> (가) x에 대한 방정식 $f(x)=0$의 두 근은 -2와 4이다.
> (나) $5\le x\le 8$에서 이차함수 $f(x)$의 최댓값은 80이다.

$f(-5)$의 값을 구하시오.

0698

실수 x, y에 대하여 $(x^2-x)^2-2(x^2-x)y+2y^2-6y+k$의 최솟값이 4일 때, 상수 k의 값을 구하시오.

0699

그림과 같이 이차함수 $y=x^2-5x+4$의 그래프가 y축과 만나는 점을 A, x축과 만나는 점을 각각 B, C라 하자. 점 P(a, b)가 점 A에서 이차함수 $y=x^2-5x+4$의 그래프 위를 따라 점 B를 거쳐 점 C까지 움직일 때, $a+b+4$의 최댓값과 최솟값의 합을 구하시오.

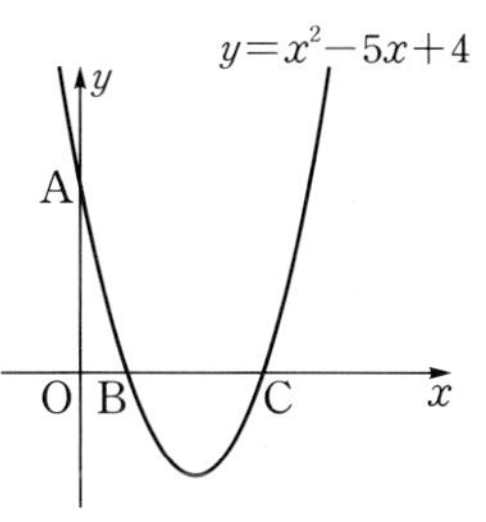

0700 교육청 기출

이차함수 $f(x)=x^2-2ax+5a$의 그래프의 꼭짓점을 A라 하고, 점 A에서 x축에 내린 수선의 발을 B라 하자. $0<a<5$일 때, $\overline{\text{OB}}+\overline{\text{AB}}$의 최댓값은? (단, O는 원점이다.)

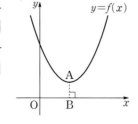

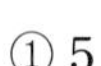

① 5　② 6　③ 7　④ 8　⑤ 9

서술형 대비하기

0701

이차함수 $y=x^2+px+q$의 그래프와 x축이 만나는 두 점의 x좌표가 $\alpha-1$, $\alpha+3$이고, 이차함수 $y=x^2-qx-p$의 그래프와 x축이 만나는 두 점의 x좌표가 α, $\alpha+1$일 때, 상수 p, q, α에 대하여 $p+q+\alpha$의 값을 구하시오.

0702

실수 x, y에 대하여 $x^2+3y^2+4x-12y+12$는 $x=a$, $y=b$에서 최솟값 c를 갖는다. 이때 abc의 값을 구하시오.

(단, a, b, c는 상수이다.)

0703

그림과 같이 한 변의 길이가 40인 정사각형 ABCD의 각 변 위를 움직이는 네 점 P, Q, R, S가 있다. 두 점 P, R는 각각 두 점 A, C를 출발하여 두 점 B, D를 향하여 매초 1의 속력으로 움직이고, 두 점 Q, S는 각각 두 점 C, A를 출발하여 두 점 B, D를 향하여 매초 2의 속력으로 움직인다. 네 점 P, Q, R, S가 20초 동안 움직인다고 할 때, 사각형 PQRS의 넓이의 최댓값을 구하시오.

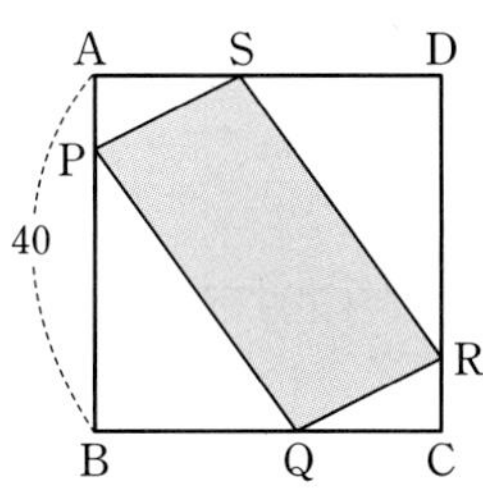

수능 녹인 변별력 문제

0704 교육청 기출

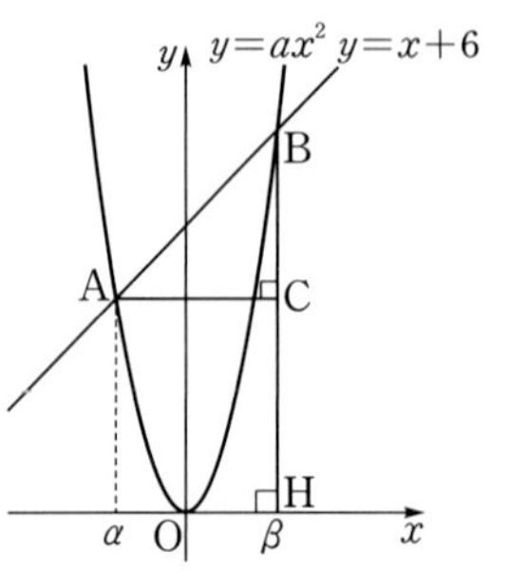

그림과 같이 이차함수 $y=ax^2(a>0)$의 그래프와 직선 $y=x+6$이 만나는 두 점 A, B의 x좌표를 α, β라 하자. 점 B에서 x축에 내린 수선의 발을 H, 점 A에서 선분 BH에 내린 수선의 발을 C라 하자. $\overline{\mathrm{BC}}=\frac{7}{2}$일 때, $\alpha^2+\beta^2$의 값은? (단, $\alpha<\beta$)

① $\frac{23}{4}$ ② $\frac{25}{4}$ ③ $\frac{27}{4}$
④ $\frac{29}{4}$ ⑤ $\frac{31}{4}$

0705

함수 $f(x)=-x^2+|x|-2$에 대하여 함수 $y=\{f(x)\}^2+6f(x)+5$의 최솟값을 구하시오.

0706

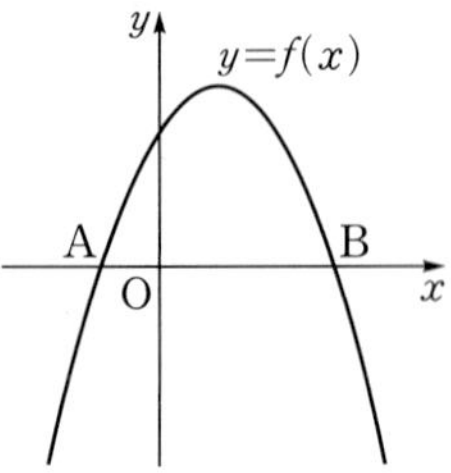

그림과 같이 이차함수 $y=f(x)$의 그래프가 x축과 만나는 두 점을 각각 A, B라 할 때, $3\overline{\mathrm{OA}}=\overline{\mathrm{OB}}$이다. 이차방정식 $f(x)=0$의 두 근의 합은 2이고 이차방정식 $f(3x-k)=0$의 두 근의 합은 -1일 때, 상수 k의 값을 구하시오. (단, 두 점 A, B의 x좌표의 부호는 서로 다르고, O는 원점이다.)

0707 교육청 기출

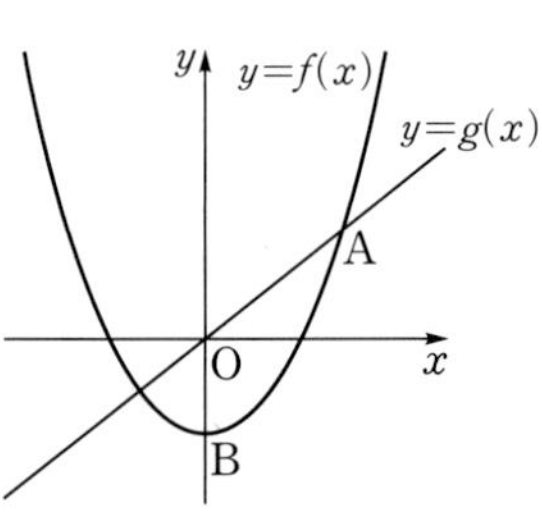

그림과 같이 점 A(a, b)를 지나고 꼭짓점이 점 B$(0, -b)$인 이차함수 $y=f(x)$의 그래프와 원점을 지나는 직선 $y=g(x)$가 점 A에서 만난다. $b=2$이고 x에 대한 방정식 $f(x)=g(x)$의 두 근의 차가 6일 때, 방정식 $f(x)=0$의 두 근의 곱은?

(단, a, b는 양수이고, O는 원점이다.)

① -12 ② -10 ③ -8
④ -6 ⑤ -4

0708 교육청 기출

자연수 n에 대하여 직선 $y=n$이 이차함수 $y=x^2-4x+4$의 그래프와 만나는 두 점의 x좌표를 각각 x_1, x_2라 하자. $\frac{|x_1|+|x_2|}{2}$의 값이 자연수가 되도록 하는 100 이하의 자연수 n의 개수를 구하시오.

0709

그림과 같이 이차항의 계수가 1인 이차함수 $y=f(x)$의 그래프가 x축과 두 점 $(\alpha, 0)$, $(\beta, 0)$에서 만나고, 직선 $y=g(x)$와 두 점 $(\alpha, 0)$, $(\gamma, f(\gamma))$에서 만난다. $\beta-\alpha=5$, $\gamma-\beta=3$이고 $g(0)=-3$일 때, $f(\alpha+\beta+\gamma)$의 값은?

(단, $\alpha<\beta<\gamma$)

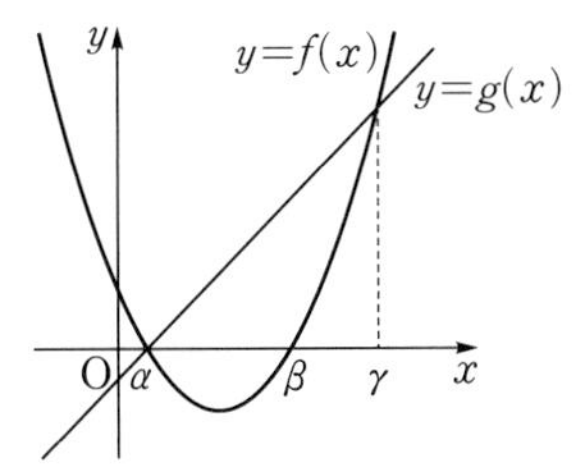

① 140 ② 150 ③ 160 ④ 170 ⑤ 180

0710 교육청 기출

그림과 같이 이차함수 $y=x^2-(a+4)x+3a+3$의 그래프가 x축과 만나는 서로 나른 두 점을 각각 A, B라 하고, y축과 만나는 점을 C라 하자. 삼각형 ABC의 넓이의 최댓값은? (단, $0<a<2$)

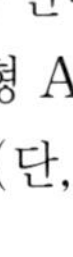

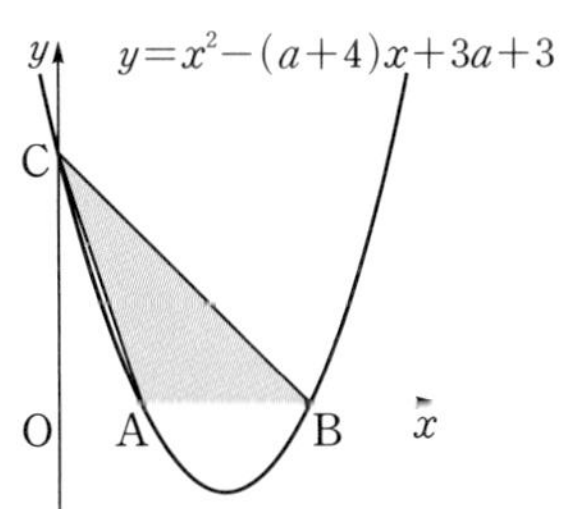

① $\frac{13}{4}$ ② $\frac{27}{8}$ ③ $\frac{7}{2}$ ④ $\frac{29}{8}$ ⑤ $\frac{15}{4}$

0711

그림과 같이 두 이차함수 $y=x^2-4x+4$, $y=-x^2+3x+4$의 그래프가 만나는 점을 각각 A, B라 하고, 직선 $x=k$와 두 이차함수의 그래프가 만나는 점을 각각 C, D라 하자. 사각형 ACBD가 $k=\alpha$에서 최대 넓이 S를 가질 때, $\frac{7\alpha^2}{S}$의 값을 구하시오. (단, k는 점 A의 x좌표보다 크고 점 B의 x좌표보다 작다.)

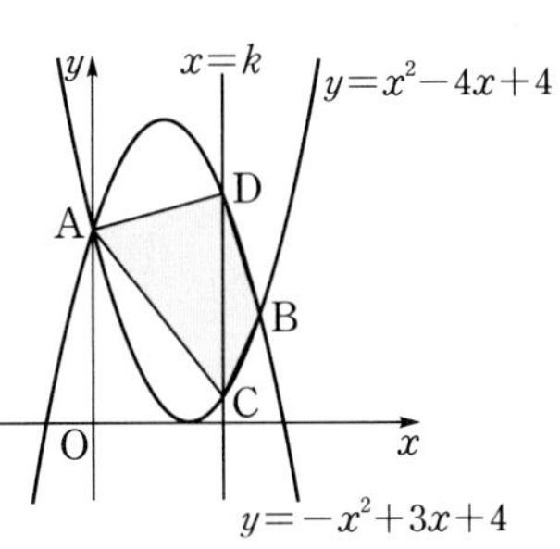

여러 가지 방정식

유형 01 삼차방정식의 풀이

삼차방정식 $f(x)=0$은 다음과 같은 방법으로 푼다.

(1) 인수분해 공식을 이용한 풀이

간단한 방정식은 $f(x)=0$ 꼴로 정리한 다음 공통인수로 묶거나 인수분해 공식을 이용하여 $f(x)$를 인수분해한 후 푼다.

➡ $ABC=0$이면 $A=0$ 또는 $B=0$ 또는 $C=0$

(2) 인수정리와 조립제법을 이용한 풀이

다항식 $f(x)$에 대하여 $f(\alpha)=0$을 만족시키는 α의 값을 찾은 다음 인수정리와 조립제법을 이용하여 $f(x)$를 인수분해한 후 푼다.

➡ $f(\alpha)=0$이면 $f(x)=(x-\alpha)Q(x)$

Tip 다항식 $f(x)$의 계수와 상수항이 모두 정수일 때, $f(\alpha)=0$을 만족시키는 α의 값은 $\pm\frac{(\text{상수항의 약수})}{(\text{최고차항의 계수의 약수})}$ 중에서 찾을 수 있다.

확인 문제

다음 방정식을 푸시오.

(1) $x^3-x^2-12x=0$ (2) $x^4-x^3+x-1=0$

(3) $x^3-2x^2+1=0$

개념ON 244쪽 유형ON 2권 086쪽

0712 대표문제

삼차방정식 $x^3-x^2-4x+4=0$의 세 근 중 가장 큰 근을 α, 가장 작은 근을 β라 할 때, $\alpha-\beta$의 값은?

① -4 ② -3 ③ 0

④ 1 ⑤ 4

0713 교육청 기출

삼차방정식 $x^3+2x-3=0$의 한 허근을 $a+bi$라 할 때, a^2b^2의 값은? (단, a, b는 실수이고, $i=\sqrt{-1}$이다.)

① $\frac{11}{16}$ ② $\frac{3}{4}$ ③ $\frac{13}{16}$

④ $\frac{7}{8}$ ⑤ $\frac{15}{16}$

0714 교육청 기출

삼차방정식 $x^3+x-2=0$의 서로 다른 두 허근을 α, β라 할 때, $\frac{\beta}{\alpha}+\frac{\alpha}{\beta}$의 값은?

① $-\frac{7}{2}$ ② $-\frac{5}{2}$ ③ $-\frac{3}{2}$

④ $-\frac{1}{2}$ ⑤ $\frac{1}{2}$

0715

삼차방정식 $x^3-4x^2+7x-6=0$의 두 허근을 각각 α, β라 할 때, $\alpha\overline{\alpha}+\beta\overline{\beta}$의 값은?

(단, $\overline{\alpha}$, $\overline{\beta}$는 각각 α, β의 켤레복소수이다.)

① 2 ② 3 ③ 4

④ 5 ⑤ 6

0716 중요 서술형

방정식 $(x-2)(x-3)(x+1)+2=x$의 세 근을 α, β, γ라 할 때, $\alpha^3+\beta^3+\gamma^3$의 값을 구하시오.

유형 02 사차방정식의 풀이

삼차방정식과 같이 인수분해 공식을 이용하거나 인수정리와 조립제법을 이용하여 푼다.

개념ON 244쪽 유형ON 2권 086쪽

0717 대표문제

사차방정식 $x^4-5x^3+5x^2+5x-6=0$의 네 실근 중 가장 작은 근을 α, 가장 큰 근을 β라 할 때, $\beta-\alpha$의 값은?

① 1 ② 2 ③ 3
④ 4 ⑤ 5

0718 중요

사차방정식 $x^4-x^3-2x^2+6x-4=0$의 두 허근을 α, β라 할 때, $\alpha^2+\beta^2$의 값은?

① -4 ② -2 ③ 0
④ 2 ⑤ 4

0719

사차방정식 $x^4+3x^3-7x^2-27x-18=0$의 네 근을 α, β, γ, δ라 할 때, $(1-\alpha)(1-\beta)(1-\gamma)(1-\delta)$의 값은?

① -56 ② -48 ③ -36
④ -22 ⑤ -18

유형 03 공통부분이 있는 사차방정식의 풀이 - 치환 이용

방정식에 공통부분이 있으면 공통부분을 한 문자로 치환하여 그 문자에 대한 방정식으로 변형한 후 인수분해한다.

Tip ( )( )( )( )$+k=0$ (k는 상수) 꼴
➡ 두 일차식의 상수항의 합이 서로 같아지도록 두 개씩 짝을 지어 전개한 후 공통부분을 치환한다.

확인 문제

치환을 이용하여 다음 방정식을 푸시오.

(1) $(x^2+2x)^2-3(x^2+2x)=0$
(2) $(x^2-x)^2-(x^2-x)-2=0$

개념ON 246쪽 유형ON 2권 087쪽

0720 대표문제

사차방정식 $(x^2+x)^2-8(x^2+x)+12=0$의 모든 음의 근의 합은?

① -10 ② -8 ③ -6
④ -5 ⑤ -3

0721

다음 중 사차방정식 $(x^2-4x)^2=-2x^2+8x+3$의 근이 아닌 것은?

① -3 ② $2-\sqrt{5}$ ③ 1
④ 3 ⑤ $2+\sqrt{5}$

0722 교육청 기출

사차방정식 $(x^2-3x)^2+5(x^2-3x)+6=0$의 모든 실근의 곱은?

① -4 ② -1 ③ 2
④ 5 ⑤ 8

0723 교육청 기출

사차방정식 $(x^2+x-1)(x^2+x+3)-5=0$의 서로 다른 두 허근을 α, β라 할 때, $\alpha\overline{\alpha}+\beta\overline{\beta}$의 값은?

(단, $\overline{z}$는 z의 켤레복소수이다.)

① 4 ② 5 ③ 6
④ 7 ⑤ 8

0724 서술형

사차방정식 $x(x+2)(x+3)(x+5)-7=0$의 두 허근을 α, β라 할 때, $(\alpha+\beta)^2$의 값을 구하시오.

0725 중요

사차방정식 $(x-2)(x-3)(x+5)(x+6)+12=0$의 모든 실근의 곱은?

① 100 ② 114 ③ 150
④ 162 ⑤ 192

유형 04 $x^4+ax^2+b=0$ 꼴의 방정식의 풀이

(1) $x^2=X$로 치환한 후 좌변을 인수분해하여 푼다.
(2) (1)의 방법으로 풀 수 없는 경우
➡ $(x^2+A)^2-(Bx)^2=0$ 꼴로 변형한 후 좌변을 인수분해하여 푼다.

Tip 방정식의 모든 항을 좌변으로 이항하였을 때, $x^4+ax^2+b=0$ (a, b는 상수)과 같이 차수가 짝수인 항과 상수항으로만 이루어진 방정식을 복이차방정식이라 한다.

확인 문제

다음 방정식을 푸시오.

(1) $x^4-4x^2+4=0$ (2) $x^4+x^2+1=0$

개념ON 248쪽 유형ON 2권 087쪽

0726 대표문제

사차방정식 $x^4-17x^2+16=0$의 네 근을 α, β, γ, δ라 할 때, $|\alpha|+|\beta|+|\gamma|+|\delta|$의 값은?

① 4 ② 6 ③ 8
④ 10 ⑤ 12

0727 중요

사차방정식 $x^4-5x^2-14=0$의 두 허근의 곱은?

① -2 ② -1 ③ 1
④ 2 ⑤ 3

0728

사차방정식 $x^4-16x^2+36=0$의 두 양의 근을 α, β라 할 때, $\alpha+\beta$의 값은?

① $-2\sqrt{7}$ ② -2 ③ 0
④ $\sqrt{7}$ ⑤ $2\sqrt{7}$

0729 중요 서술형

사차방정식 $x^4+7x^2+16=0$의 네 근을 α, β, γ, δ라 할 때, $\frac{1}{\alpha}+\frac{1}{\beta}+\frac{1}{\gamma}+\frac{1}{\delta}$의 값을 구하시오.

0730 교육청 기출

x에 대한 사차방정식 $x^4-(2a-9)x^2+4=0$이 서로 다른 네 실근 α, β, γ, δ $(\alpha<\beta<\gamma<\delta)$를 가진다. $\alpha^2+\beta^2=5$일 때, 상수 a의 값을 구하시오.

유형 05 $ax^4+bx^3+cx^2+bx+a=0$ 꼴의 방정식의 풀이

사차방정식 $ax^4+bx^3+cx^2+bx+a=0$ 꼴의 방정식은 다음과 같은 순서로 푼다.

❶ 양변을 x^2으로 나눈다.

❷ $x^2+\frac{1}{x^2}=\left(x+\frac{1}{x}\right)^2-2$임을 이용하여 좌변을 정리한 후 $x+\frac{1}{x}=X$로 치환하여 X에 대한 이차방정식을 푼다.

❸ X의 값을 구한 후 $x+\frac{1}{x}=X$에 대입하여 x의 값을 구한다.

Tip 내림차순 또는 오름차순으로 정리하였을 때, 가운데 항을 중심으로 계수가 서로 대칭인 방정식을 상반방정식이라 한다.

개념ON 248쪽 유형ON 2권 088쪽

0731 대표문제

사차방정식 $x^4+7x^3+8x^2+7x+1=0$의 실근을 모두 구하시오.

0732

사차방정식 $x^4+5x^3-7x^2+5x+1=0$을 만족시키는 x에 대하여 $x+\frac{1}{x}=k$라 할 때, 모든 k의 값의 합을 구하시오.

0733 중요 서술형

사차방정식 $x^4-5x^3+6x^2-5x+1=0$의 한 실근을 α라 할 때, $\alpha+\frac{1}{\alpha}$의 값을 구하시오.

0734

사차방정식 $x^4+6x^3+7x^2+6x+1=0$의 두 실근의 합을 a, 두 허근의 곱을 b라 할 때, $b-a$의 값은?

① -8　② -5　③ 2　④ 4　⑤ 6

유형 06 근이 주어진 삼·사차방정식

(1) 삼차방정식 $f(x)=0$의 한 근이 α이다.
➡ $f(\alpha)=0$

(2) 사차방정식 $f(x)=0$의 두 근이 α, β이다.
➡ $f(\alpha)=0$, $f(\beta)=0$

확인 문제

삼차방정식 $x^3+ax^2-5x-6=0$의 한 근이 -1일 때, 상수 a의 값과 나머지 두 근을 구하시오.

유형ON 2권 088쪽

0735 대표문제

삼차방정식 $x^3-kx^2+(k+5)x-12=0$의 한 근이 2이고 나머지 두 근이 α, β일 때, $k+\alpha+\beta$의 값은?
(단, k는 상수이다.)

① 1 ② 2 ③ 4
④ 6 ⑤ 8

0736

삼차방정식 $3x^3+x^2-ax+b=0$의 한 근이 $\sqrt{2}$일 때, 유리수 a, b에 대하여 $a-b$의 값을 구하시오.

0737 교육청 기출

x에 대한 사차방정식 $x^4-x^3+ax^2+x+6=0$의 한 근이 -2일 때, 네 실근 중 가장 큰 것을 b라 하자. $a+b$의 값은?
(단, a는 상수이다.)

① -7 ② -6 ③ -5
④ -4 ⑤ -3

0738 중요

사차방정식 $2x^4-ax^3-bx^2+x+a=0$의 두 근이 -1, 2일 때, 나머지 두 근의 곱을 구하시오. (단, a, b는 상수이다.)

0739 서술형

사차식 x^4+ax^2+b가 이차식 $(x+1)(x-\sqrt{3})$으로 나누어떨어질 때, 사차방정식 $x^4+ax^2+b=0$의 네 근의 곱을 구하시오. (단, a, b는 상수이다.)

유형 07 근의 조건이 주어진 삼차방정식

주어진 삼차방정식을 $(x-\alpha)(ax^2+bx+c)=0$ (α는 실수) 꼴로 변형한 후 이차방정식 $ax^2+bx+c=0$의 판별식을 D라 할 때, 삼차방정식이

(1) 실근만을 갖는다. ➡ $D\geq 0$

(2) 한 개의 실근과 두 개의 허근을 갖는다. ➡ $D<0$

(3) 중근을 갖는다. ➡ $D=0$ 또는 $a\alpha^2+b\alpha+c=0$

개념ON 250쪽 유형ON 2권 089쪽

0740 대표문제

삼차방정식 $x^3-(3k+1)x-3k=0$이 중근을 갖도록 하는 모든 실수 k의 값의 합은?

① $\frac{1}{4}$ ② $\frac{7}{12}$ ③ $\frac{5}{6}$
④ 2 ⑤ 3

0741 중요 서술형

삼차방정식 $2x^3+2x^2+kx+k=0$이 한 개의 실근과 두 개의 허근을 가질 때, 정수 k의 최솟값을 구하시오.

0742

삼차방정식 $x^3-6x^2+(k+8)x-2k=0$의 근이 모두 실수가 되도록 하는 실수 k의 값의 범위는?

① $k\ge-4$　② $k\le8$　③ $k>0$
④ $k\le4$　⑤ $k\ge8$

0743

삼차방정식 $x^3+3x^2+mx-m-4=0$의 서로 다른 실근의 개수가 2일 때, 모든 실수 m의 값의 합을 구하시오.

0744

삼차방정식 $kx^3+(k+4)x^2+(1-k)x-k-5=0$이 서로 다른 세 실근을 갖도록 하는 모든 자연수 k의 값의 합을 구하시오.

유형 08 삼차방정식의 근과 계수의 관계

삼차방정식 $ax^3+bx^2+cx+d=0$의 세 근을 α, β, γ라 하면

(1) $\alpha+\beta+\gamma=-\dfrac{b}{a}$　(2) $\alpha\beta+\beta\gamma+\gamma\alpha=\dfrac{c}{a}$

(3) $\alpha\beta\gamma=-\dfrac{d}{a}$

Tip 삼차방정식의 세 근의 조건이 주어지면 세 근을 다음과 같이 놓고 근과 계수의 관계를 이용하여 미정계수를 구한다.
(1) 세 근의 비가 $l:m:n$이면 ➡ $l\alpha$, $m\alpha$, $n\alpha$ $(\alpha\ne0)$
(2) 세 근이 연속한 세 정수이면 ➡ $\alpha-1$, α, $\alpha+1$ (α는 정수)

확인 문제

삼차방정식 $x^3+3x^2-2x-4=0$의 세 근을 α, β, γ라 할 때, 다음 식의 값을 구하시오.

(1) $\alpha+\beta+\gamma$　(2) $\alpha\beta+\beta\gamma+\gamma\alpha$
(3) $\alpha\beta\gamma$　(4) $\dfrac{1}{\alpha}+\dfrac{1}{\beta}+\dfrac{1}{\gamma}$

개념ON 258쪽　유형ON 2권 089쪽

0745 대표문제

삼차방정식 $x^3+3x^2-x+6=0$의 세 근을 α, β, γ라 할 때, $\dfrac{1}{\alpha\beta}+\dfrac{1}{\beta\gamma}+\dfrac{1}{\gamma\alpha}$의 값을 구하시오.

0746

삼차방정식 $x^3-5x^2+2x+1=0$의 세 근을 $\alpha-2$, $\beta+2$, $\gamma+1$이라 할 때, $(\alpha-1)(\beta+3)(\gamma+2)$의 값을 구하시오.

0747 중요

삼차방정식 $x^3-16x^2-ax-b=0$의 세 근의 비가 $1:2:5$일 때, 상수 a, b에 대하여 $a+b$의 값은?

① 12　② 24　③ 30
④ 36　⑤ 48

0748 서술형

삼차방정식 $x^3+6x^2+ax+b=0$의 세 근이 연속한 세 정수일 때, 상수 a, b에 대하여 $a-b$의 값을 구하시오.

0749 중요

삼차방정식 $x^3+4x^2-mx+2=0$의 세 근을 α, β, γ라 할 때, $(\alpha+\beta)(\beta+\gamma)(\gamma+\alpha)=-2$를 만족시키는 상수 m의 값을 구하시오.

0750

삼차방정식 $(x-3)(x-1)(x+2)+1=x$의 세 근을 α, β, γ라 할 때, $\alpha^3+\beta^3+\gamma^3$의 값은?

① 21 ② 23 ③ 25
④ 27 ⑤ 29

0751 서술형

이차방정식 $x^2-3x+p=0$의 두 근이 모두 삼차방정식 $x^3-2x^2+qx+2=0$의 근일 때, 상수 p, q에 대하여 p^2+q^2의 값을 구하시오.

유형 09 삼차방정식의 작성

세 수 α, β, γ를 근으로 하고 x^3의 계수가 1인 삼차방정식은

$(x-\alpha)(x-\beta)(x-\gamma)=0$

$\Longleftrightarrow x^3-\underbrace{(\alpha+\beta+\gamma)}_{\text{세 근의 합}}x^2+\underbrace{(\alpha\beta+\beta\gamma+\gamma\alpha)}_{\text{두 근끼리의 곱의 합}}x-\underbrace{\alpha\beta\gamma}_{\text{세 근의 곱}}=0$

Tip 세 수 α, β, γ를 근으로 하고 x^3의 계수가 a인 삼차방정식

➡ $a\{x^3-(\alpha+\beta+\gamma)x^2+(\alpha\beta+\beta\gamma+\gamma\alpha)x-\alpha\beta\gamma\}=0$

개념ON 260쪽 유형ON 2권 090쪽

0752 대표문제

삼차방정식 $x^3+3x^2-x+1=0$의 세 근을 α, β, γ라 할 때, $\frac{1}{\alpha}$, $\frac{1}{\beta}$, $\frac{1}{\gamma}$을 세 근으로 하고 x^3의 계수가 1인 삼차방정식은 $x^3+ax^2+bx+c=0$이다. 실수 a, b, c에 대하여 $a+b+c$의 값을 구하시오.

0753

삼차방정식 $x^3-5x^2+8x-1=0$의 세 근을 α, β, γ라 할 때, -2α, -2β, -2γ를 세 근으로 하는 삼차방정식은 $x^3+ax^2+bx+c=0$이다. 세 상수 a, b, c에 대하여 $a+b-c$의 값을 구하시오.

0754 중요

삼차방정식 $x^3-x^2-4x+2=0$의 세 근을 α, β, γ라 할 때, $\alpha+1$, $\beta+1$, $\gamma+1$을 세 근으로 하고 x^3의 계수가 1인 삼차방정식을 구하시오.

0755

삼차방정식 $x^3-5x+1=0$의 세 근을 α, β, γ라 할 때, $\alpha+\beta$, $\beta+\gamma$, $\gamma+\alpha$를 세 근으로 하고 x^3의 계수가 1인 삼차방정식을 구하시오.

0756 서술형

x^3의 계수가 1인 삼차식 $f(x)$에 대하여

$f(1)=f(3)=f(5)=-1$

이 성립할 때, 방정식 $f(x)=0$의 모든 근의 곱을 구하시오.

유형 10 삼차방정식과 사차방정식의 켤레근

삼차방정식 $ax^3+bx^2+cx+d=0$에서

(1) a, b, c, d가 유리수일 때, 한 근이 $p+q\sqrt{m}$이면

➡ $p-q\sqrt{m}$도 근이다.

(단, p, q는 유리수, $q\neq0$, $\sqrt{m}$은 무리수이다.)

(2) a, b, c, d가 실수일 때, 한 근이 $p+qi$이면

➡ $p-qi$도 근이다. (단, p, q는 실수, $q\neq0$, $i=\sqrt{-1}$이다.)

개념ON 262쪽 유형ON 2권 091쪽

0757 대표문제

삼차방정식 $x^3+ax^2+bx-4=0$의 한 근이 $1+\sqrt{3}$일 때, 유리수 a, b에 대하여 $a-b$의 값은?

① -8 ② -6 ③ 4
④ 6 ⑤ 10

0758

삼차방정식 $x^3+ax^2+bx+10=0$의 한 근이 $2-i$일 때, 나머지 두 근의 합은? (단, a, b는 실수이다.)

① $-2i$ ② $-i$ ③ i
④ 2 ⑤ 4

0759 중요

삼차방정식 $ax^3+bx^2+cx+1=0$의 두 근이 $2-\sqrt{5}$, 1일 때, 유리수 a, b, c에 대하여 $a-b+c$의 값을 구하시오.

0760

삼차방정식 $x^3-4x^2+ax+b=0$의 두 근이 $\frac{2}{1+i}$, c일 때, 실수 a, b, c에 대하여 abc의 값을 구하시오.

0761 중요

사차방정식 $x^4+ax^3+bx^2+cx+d=0$의 두 근이 $3i$, $1-i$일 때, 실수 a, b, c, d에 대하여 $a+b+c+d$의 값은?

① 9 ② 13 ③ 23
④ 45 ⑤ 49

0762 서술형

계수가 유리수이고 x^3의 계수가 1인 삼차방정식 $f(x)=0$의 두 근이 $1-\sqrt{2}$, 2일 때, $f(-1)$의 값을 구하시오.

0763 교육청 기출

세 실수 a, b, c에 대하여 한 근이 $1+\sqrt{3}i$인 삼차방정식 $x^3+ax^2+bx+c=0$과 이차방정식 $x^2+ax+2=0$이 공통인 근 m을 가질 때, m의 값은? (단, $i=\sqrt{-1}$이다.)

① 2 ② 1 ③ 0
④ -1 ⑤ -2

0764

세 실수 a, b, c에 대하여 다항식 $P(x)=x^3-ax^2+bx-c$는 다음 조건을 만족시킨다.

> (가) $1-i$는 삼차방정식 $P(x)=0$의 근이다.
> (나) $P(x)$를 일차식 $x-1$로 나눈 나머지는 4이다.

a, b, c를 세 근으로 하고 x^3의 계수가 1인 삼차방정식을 $f(x)=0$이라 할 때, $f(-2)$의 값을 구하시오.

유형 11 방정식 $x^3=1$, $x^3=-1$의 허근의 성질

(1) 방정식 $x^3=1$의 한 허근이 ω이면 다른 한 허근은 $\overline{\omega}$이다.
(단, $\overline{\omega}$는 ω의 켤레복소수이다.)

① $\omega^3=1$ ➡ $\omega^{3n-2}=\omega$, $\omega^{3n-1}=\omega^2$, $\omega^{3n}=1$
(단, n은 자연수이다.)

② $\omega^2+\omega+1=0$
③ $\omega+\overline{\omega}=-1$, $\omega\overline{\omega}=1$
➡ $\omega^2=\overline{\omega}=\frac{1}{\omega}$

Tip $x^3=1$, 즉 $x^3-1=0$에서 $(x-1)(x^2+x+1)=0$이므로 ω는 $x^2+x+1=0$의 근이다.

(2) 방정식 $x^3=-1$의 한 허근이 ω이면 다른 한 허근은 $\overline{\omega}$이다.
(단, $\overline{\omega}$는 ω의 켤레복소수이다.)

① $\omega^3=-1$, $\omega^2-\omega+1=0$
② $\omega+\overline{\omega}=1$, $\omega\overline{\omega}=1$
③ $\omega^2=-\overline{\omega}=-\frac{1}{\omega}$

개념ON 264쪽 유형ON 2권 092쪽

0765 대표문제

$\omega=\frac{1-\sqrt{3}i}{2}$일 때, $\omega^6-\omega^5+\omega^4-\omega^3$의 값을 구하시오.

0766

방정식 $x^3=-1$의 한 허근을 ω라 할 때, $1-\omega^2+\omega^4=a+b\omega$를 만족시키는 실수 a, b에 대하여 $a+b$의 값을 구하시오.

0767

방정식 $x^3+1=0$의 한 허근을 ω라 할 때, $\frac{(2\omega-1)\overline{(2\omega-1)}}{(\omega+1)\overline{(\omega+1)}}$의 값을 구하시오.
(단, $\overline{\omega}$는 ω의 켤레복소수이다.)

0768 중요

방정식 $x^3=1$의 한 허근을 ω라 할 때, 보기에서 옳은 것만을 있는 대로 고른 것은? (단, $\overline{\omega}$는 ω의 켤레복소수이다.)

보기

ㄱ. $\omega^{15}+\omega^{20}+\omega^{25}=0$

ㄴ. $\dfrac{1}{\omega^2+2\omega+2}+\dfrac{1}{\overline{\omega}^2+2\overline{\omega}+2}=-1$

ㄷ. 2ω는 이차방정식 $x^2-2x+4=0$의 한 근이다.

① ㄱ ② ㄴ ③ ㄱ, ㄴ
④ ㄱ, ㄷ ⑤ ㄱ, ㄴ, ㄷ

0769

방정식 $x^3=1$의 한 허근을 ω라 할 때, 보기에서 옳은 것만을 있는 대로 고른 것은? (단, $\overline{\omega}$는 ω의 켤레복소수이다.)

보기

ㄱ. $\omega^5+\omega^4+1=1$

ㄴ. $(1+\omega)(1+\omega^2)(1+\omega^3)(1+\omega^4)(1+\omega^5)(1+\omega^6)=4$

ㄷ. $\dfrac{\omega^2+1}{\omega+1}+\dfrac{\omega+1}{\omega^2+1}=-1$

ㄹ. $\dfrac{1}{1-\omega}+\dfrac{1}{1-\overline{\omega}}=0$

① ㄱ, ㄴ ② ㄱ, ㄷ ③ ㄴ, ㄷ
④ ㄴ, ㄹ ⑤ ㄷ, ㄹ

0770

삼차방정식 $x^3=1$의 한 허근을 ω라 할 때,

$\dfrac{1}{\omega+1}+\dfrac{1}{\omega^2+1}+\dfrac{1}{\omega^3+1}+\cdots+\dfrac{1}{\omega^{30}+1}$의 값을 구하시오.

0771

방정식 $x^3=-1$의 한 허근을 ω라 할 때, 다항식 $f(x)=x^3+ax^2+bx+c$에 대하여 $f(\omega)=15\omega-7$, $f(1)=20$이다. 이때 $a-b-c$의 값을 구하시오.

(단, a, b, c는 실수이다.)

0772 서술형

방정식 $x^3=1$의 한 허근을 ω라 할 때, 자연수 n에 대하여 $f(n)=1+\omega^{2n}$이라 하자. $f(1)+f(2)+f(3)+\cdots+f(12)$의 값을 구하시오.

유형 12 삼차방정식의 활용

삼차방정식의 활용 문제는 다음과 같은 순서로 푼다.
❶ 문제의 의미를 파악하여 구하는 것을 미지수 x로 놓는다.
❷ 주어진 조건을 이용하여 방정식을 세운다.
❸ 방정식을 풀고 구한 해가 문제의 조건에 맞는지 확인한다.

개념ON 252쪽 유형ON 2권 093쪽

0773 대표문제

그림과 같이 원기둥 모양의 A 그릇에 가득 차 있던 물을 밑면의 반지름의 길이와 높이가 모두 x cm인 원기둥 모양의 B 그릇에 모두 부었더니 그릇의 위에서부터 4 cm 만큼의 공간이 남았다. 이때 x의 값을 구하시오.

(단, 그릇의 두께는 무시한다.)

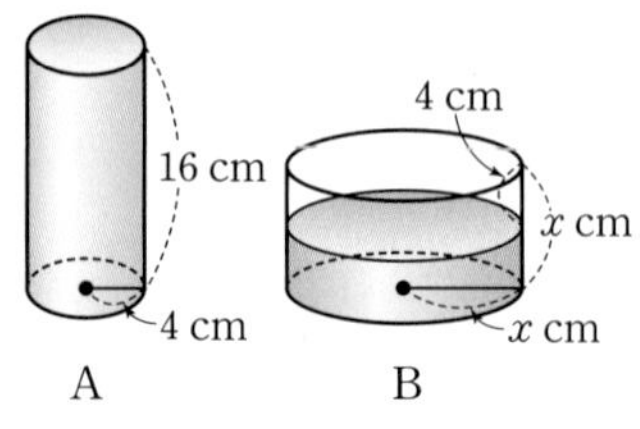

0774 중요

한 모서리의 길이가 자연수인 어떤 정육면체의 가로의 길이를 1 cm만큼, 세로의 길이를 4 cm만큼 각각 늘이고 높이를 2 cm만큼 줄여서 만든 직육면체의 부피는 처음 정육면체의 부피의 1.25배이다. 처음 정육면체의 한 모서리의 길이를 구하시오.

0775 중요 교육청 기출

한 모서리의 길이가 x cm인 정육면체 네 개를 그림과 같이 쌓아 놓은 입체의 부피는 $A\text{ cm}^3$, 겉넓이는 $B\text{ cm}^2$이다. $3A=B+24$일 때, x의 값은?

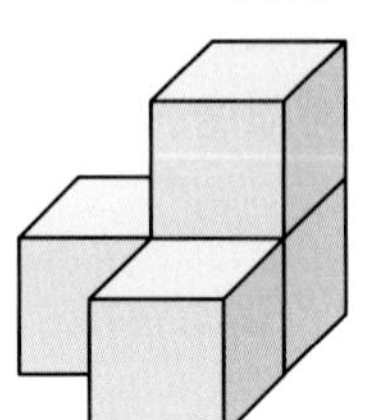

① $\frac{3}{2}$ ② 2 ③ $1+\sqrt{2}$
④ $\frac{5}{2}$ ⑤ 3

0776

그림과 같이 가로의 길이가 12 cm, 세로의 길이가 9 cm인 직사각형 모양의 종이가 있다. 이 종이의 네 귀퉁이에서 한 변의 길이가 x cm인 정사각형을 잘라 내고 점선을 따라 접었더니 부피가 54 cm^3인 뚜껑 없는 직육면체 모양의 상자가 되었다. 이때 자연수 x의 값은?

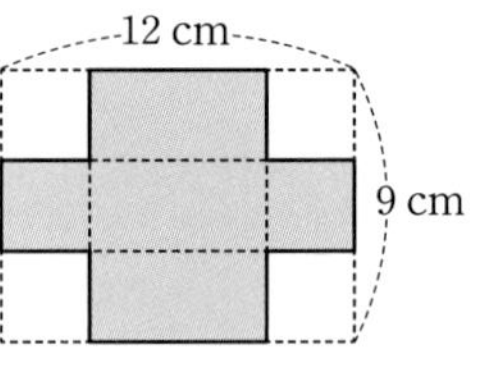

① 1 ② 2 ③ 3
④ 4 ⑤ 5

0777 서술형

그림과 같은 전개도로 만든 오각기둥의 부피가 80 cm^3일 때, x의 값을 구하시오.

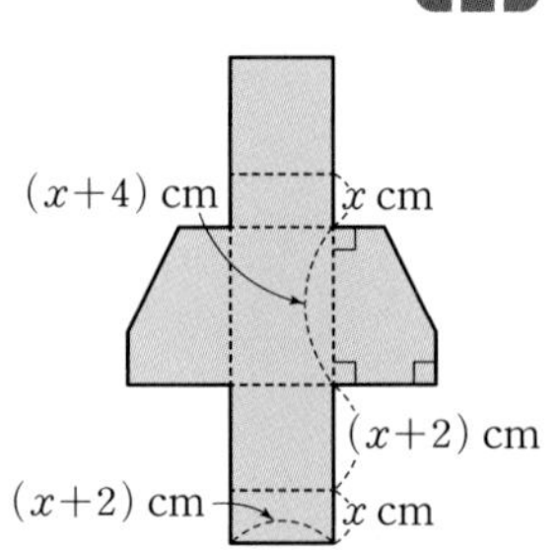

0778

그림과 같이 가로의 길이가 $x+1$이고 세로의 길이가 $x-1$인 직사각형을 밑면으로 하고 높이가 $x+2$인 사각뿔을 밑면과 평행하게 잘라서 부피가 $\frac{35}{3}$인 사각뿔대를 만들었다. 이 사각뿔대의 아랫면의 넓이가 윗면의 넓이의 4배일 때, x의 값을 구하시오.

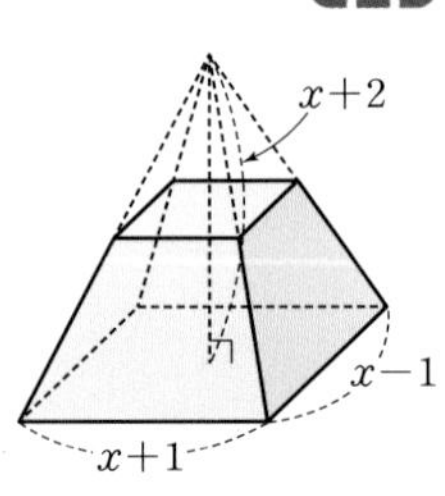

유형 13 $\begin{cases}\text{일차방정식}\\ \text{이차방정식}\end{cases}$ 꼴의 연립이차방정식

일차방정식과 이차방정식으로 이루어진 연립이차방정식은 다음과 같은 순서로 푼다.

❶ 일차방정식을 x 또는 y에 대하여 정리한다.

❷ ❶의 식을 이차방정식에 대입하여 푼다

확인 문제

다음 연립방정식을 푸시오.

(1) $\begin{cases} x+y=4 \\ x^2+y^2=10 \end{cases}$　　(2) $\begin{cases} x-y=3 \\ x^2+xy+y^2=3 \end{cases}$

개념ON 274쪽　유형ON 2권 094쪽

0779 대표문제

연립방정식 $\begin{cases} 2x-y=5 \\ x^2+y^2=10 \end{cases}$의 해를 $x=\alpha$, $y=\beta$라 할 때, 다음 중 $\alpha-\beta$의 값이 될 수 있는 것은?

① -2　② -1　③ 1
④ 4　⑤ 6

0780 중요 교육청 기출

연립방정식 $\begin{cases} 4x^2-y^2=27 \\ 2x+y=3 \end{cases}$의 해를 $x=\alpha$, $y=\beta$라 할 때, $\alpha-\beta$의 값은?

① 2　② 4　③ 6
④ 8　⑤ 10

0781 교육청 기출

연립방정식 $\begin{cases} 4x^2-4xy+y^2=0 \\ x+2y-10=0 \end{cases}$의 해를 $x=\alpha$, $y=\beta$라 할 때, $\alpha+\beta$의 값은?

① 5　② 6　③ 7
④ 8　⑤ 9

0782

연립방정식 $\begin{cases} x-y=5 \\ y^2+3xy=-9 \end{cases}$를 만족시키는 실수 x, y에 대하여 $x+y$의 최댓값을 구하시오.

0783 서술형

두 연립방정식 $\begin{cases} x+y=a \\ x-y=-1 \end{cases}$, $\begin{cases} x^2+y^2=13 \\ 4x-by=2 \end{cases}$의 공통인 해가 존재할 때, 자연수 a, b에 대하여 a^2+b^2의 값을 구하시오.

유형 14 $\begin{cases}\text{이차방정식}\\ \text{이차방정식}\end{cases}$ 꼴의 연립이차방정식

두 개의 이차방정식으로 이루어진 연립이차방정식은 다음과 같은 순서로 푼다.

❶ 인수분해가 되는 이차방정식에서 이차식을 두 일차식의 곱으로 인수분해하여 일차방정식을 얻는다.

❷ ❶의 일차방정식을 다른 이차방정식에 각각 대입하여 푼다.

확인 문제

연립방정식 $\begin{cases} x^2-y^2=0 \\ x^2+2xy+2y^2=5 \end{cases}$를 푸시오.

개념ON 276쪽　유형ON 2권 095쪽

0784 대표문제

연립방정식 $\begin{cases} x^2-xy-2y^2=0 \\ x^2+y^2=20 \end{cases}$을 만족시키는 정수 x, y에 대하여 xy의 값을 구하시오.

0785 교육청 기출

연립방정식 $\begin{cases} x^2-3xy+2y^2=0 \\ x^2-y^2=9 \end{cases}$의 해를 $\begin{cases} x=\alpha_1 \\ y=\beta_1 \end{cases}$ 또는 $\begin{cases} x=\alpha_2 \\ y=\beta_2 \end{cases}$라 하자. $\alpha_1<\alpha_2$일 때, $\beta_1-\beta_2$의 값은?

① $-2\sqrt{3}$ ② $-2\sqrt{2}$ ③ $2\sqrt{2}$
④ $2\sqrt{3}$ ⑤ 4

0786 서술형

연립방정식 $\begin{cases} 2x^2-3xy+y^2=0 \\ 2x^2+xy+y^2=8 \end{cases}$의 해를 $x=\alpha$, $y=\beta$라 할 때, $\alpha+\beta$의 최댓값을 구하시오.

0787 교육청 기출

연립방정식 $\begin{cases} x^2-y^2=6 \\ (x+y)^2-2(x+y)=3 \end{cases}$을 만족시키는 양수 x, y에 대하여 $20xy$의 값을 구하시오.

0788 중요

두 연립방정식 $\begin{cases} x^2-ay^2=0 \\ x^2+2xy-3y^2=20 \end{cases}$, $\begin{cases} x-ay=b \\ x^2-3xy+2y^2=0 \end{cases}$의 공통인 해가 존재할 때, 자연수 a, b에 대하여 $a+b$의 값을 구하시오.

유형 15 대칭형의 식으로 이루어진 연립이차방정식

x, y를 서로 바꾸어 대입해도 변하지 않는 식으로 이루어진 연립이차방정식은 다음과 같은 순서로 푼다. (→ 대칭식이라 한다.)

❶ $x+y=u$, $xy=v$로 놓는다.
❷ 주어진 연립방정식을 u, v에 대한 연립방정식으로 변형한 후 연립방정식을 푼다.
❸ x, y가 t에 대한 이차방정식 $t^2-ut+v=0$의 두 근임을 이용하여 x, y의 값을 구한다.
즉, $t^2-ut+v=0$의 해가 $t=\alpha$ 또는 $t=\beta$이면 $x=\alpha$, $y=\beta$ 또는 $x=\beta$, $y=\alpha$이다.

확인 문제

연립방정식 $\begin{cases} x+y=3 \\ xy=2 \end{cases}$를 푸시오.

개념ON 278쪽 유형ON 2권 095쪽

0789 대표문제

연립방정식 $\begin{cases} x^2+y^2=41 \\ xy=20 \end{cases}$을 만족시키는 x, y의 순서쌍 (x, y)를 모두 구하시오.

0790 중요

연립방정식 $\begin{cases} x+y-xy=1 \\ x^2+xy+y^2=13 \end{cases}$의 해를 $x=\alpha$, $y=\beta$라 할 때, $\alpha+\beta$의 최댓값을 구하시오.

0791

연립방정식 $\begin{cases} x+y+xy=-1 \\ x^2y+xy^2=-20 \end{cases}$을 만족시키는 x, y에 대하여 $x-y$의 최솟값을 구하시오.

유형 16 해에 대한 조건이 주어진 연립이차방정식

연립이차방정식의 해의 조건이 주어진 경우에는 다음과 같은 순서로 푼다.

❶ 일차방정식을 이차방정식에 대입한다.

❷ ❶에서 구한 이차방정식의 판별식을 이용하여 해의 조건을 만족시키는 미정계수를 구한다.

유형ON 2권 096쪽

0792 대표문제

연립방정식 $\begin{cases} x^2+y^2=2 \\ x+y=k \end{cases}$의 해가 오직 한 쌍만 존재하도록 하는 모든 실수 k의 값의 곱은?

① -1 ② -4 ③ -9
④ -16 ⑤ -25

0793 중요

연립방정식 $\begin{cases} 2x+y=3 \\ x^2+xy-k=1 \end{cases}$이 실근을 가질 때, 실수 k의 최댓값을 구하시오.

0794

연립방정식 $\begin{cases} x-y=-2 \\ x^2+xy+y^2=k \end{cases}$를 만족시키는 두 실수 x, y의 순서쌍 (x, y)가 한 개뿐일 때, 상수 k의 값은?

① -1 ② 0 ③ 1
④ 2 ⑤ 3

0795 교육청 기출

x, y에 대한 연립방정식 $\begin{cases} 2x-y=5 \\ x^2-2y=k \end{cases}$가 오직 한 쌍의 해 $x=\alpha$, $y=\beta$를 가질 때, $\alpha+\beta+k$의 값을 구하시오. (단, k는 상수이다.)

0796 서술형

연립방정식 $\begin{cases} x+y=2k-4 \\ xy=k^2-8 \end{cases}$의 실근이 존재하지 않도록 하는 정수 k의 최솟값을 구하시오.

유형 17 공통인 근을 갖는 방정식

두 방정식 $f(x)=0$, $g(x)=0$이 공통인 근을 가지는 경우에는 다음과 같은 순서로 푼다.

❶ 공통인 근을 α로 놓고 $f(\alpha)=0$, $g(\alpha)=0$임을 이용하여 연립방정식을 세운다.

❷ ❶에서 세운 연립방정식을 푼다.

❸ ❷에서 구한 값이 조건에 맞는지 확인한다.

개념ON 282쪽 유형ON 2권 096쪽

0797 대표문제

서로 다른 두 이차방정식

$x^2+kx+5=0$, $x^2+5x+k=0$

이 오직 한 개의 공통인 근 α를 가질 때, $k+\alpha$의 값을 구하시오. (단, k는 실수이다.)

0798 서술형

서로 다른 두 이차방정식

$x^2+(m-2)x-8=0$, $x^2+(m-1)x-4=0$

이 공통인 근을 갖도록 하는 실수 m의 값과 그때의 공통인 근을 구하시오.

0799 중요

서로 다른 두 이차방정식

$x^2+kx-4k+4=0$, $x^2+x-k^2+k=0$

이 오직 한 개의 공통인 근을 가질 때, 실수 k의 값을 구하시오.

0800

서로 다른 두 이차식 $f(x)=x^2+mx+3n$, $g(x)=x^2+nx+3m$에 대하여 두 이차방정식 $f(x)=0$, $g(x)=0$이 오직 한 개의 공통인 근을 갖는다. 공통인 근이 아닌 $f(x)=0$의 나머지 근과 $g(x)=0$의 나머지 근의 비가 3 : 1일 때, 상수 m, n에 대하여 $16mn$의 값을 구하시오.

유형 18 연립이차방정식의 활용

연립이차방정식의 활용 문제는 다음과 같은 순서로 푼다.

❶ 문제의 의미를 파악하여 구하는 것을 미지수 x로 놓는다.

❷ 주어진 조건을 이용하여 연립이차방정식을 세운다.

❸ 연립이차방정식을 풀고 구한 해가 문제의 조건에 맞는지 확인한다.

개념ON 280쪽 유형ON 2권 097쪽

0801 대표문제

지름의 길이가 13 cm인 원에 직사각형이 내접하고 있다. 직사각형의 둘레의 길이가 34 cm일 때, 이 직사각형의 긴 변의 길이를 구하시오.

0802 중요 서술형

각 자리의 숫자의 제곱의 합이 80인 두 자리 자연수가 있다. 이 자연수의 일의 자리의 숫자와 십의 자리의 숫자를 바꾼 수와 처음 수의 합이 132일 때, 처음 수를 구하시오.

(단, 십의 자리의 숫자가 일의 자리의 숫자보다 작다.)

정답과 풀이 137쪽

0803

반지름의 길이가 서로 다른 두 원이 있다. 두 원의 둘레의 길이의 합은 14π이고, 넓이의 합은 29π일 때, 두 원의 반지름의 길이의 차는?

① 2 ② 3 ③ 4
④ 5 ⑤ 6

0804

그림과 같이 길이가 32 cm인 철사로 다음 조건을 만족시키도록 세 정사각형 A, B, C를 만들었다.

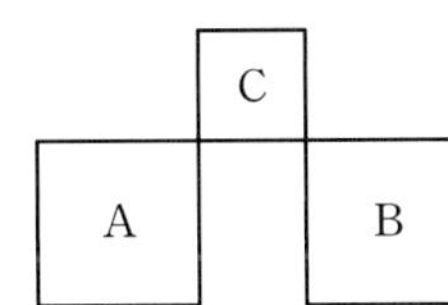

- A의 넓이는 B의 넓이와 같다.
- A의 한 변의 길이는 C의 한 변의 길이보다 길다.
- 세 정사각형의 넓이의 합은 22 cm^2이다.

이때 정사각형 A의 한 변의 길이를 구하시오. (단, 철사의 굵기는 무시하고, 겹치는 부분 없이 모두 사용한다.)

0805 중요 서술형

대각선의 길이가 5 m인 직사각형 모양의 종이가 있다. 이 종이의 가로의 길이와 세로의 길이를 각각 1 m씩 늘였더니 처음 종이보다 8 m^2만큼 넓어졌다. 처음 종이의 가로의 길이와 세로의 길이의 차를 구하시오.

0806

어느 가게의 제품 A의 하루 평균 매출 금액은 20만 원이다. 판매량을 늘리기 위하여 제품 A의 개당 판매 가격을 200원 할인하였더니 하루 판매량이 200개 증가하였고, 하루 매출은 32만 원이 되었다. 할인하기 전 제품 A의 개당 판매 가격을 구하시오.

유형 19 정수 조건의 부정방정식

x, y가 정수 (또는 자연수)라는 조건이 주어진 $xy+ax+by+c=0$ (a, b, c는 정수) 꼴의 부정방정식은

$x(y+a)+b(y+a)=ab-c$

즉, $\underbrace{(x+b)(y+a)=ab-c}_{(\text{일차식})\times(\text{일차식})=(\text{정수})\text{ 꼴}}$

로 변형하여 $x+b$, $y+a$가 $ab-c$의 약수임을 이용한다.

Tip 두 근이 모두 정수인 이차방정식

❶ 두 근을 α, β로 놓고 이차방정식의 근과 계수의 관계를 이용한다.

❷ (일차식)×(일차식)=(정수) 꼴로 변형한 후 약수와 배수의 성질을 이용하여 푼다.

확인 문제

방정식 $(x+1)(y-2)=3$을 만족시키는 정수 x, y의 순서쌍 (x, y)를 모두 구하시오.

개념ON 284쪽 유형ON 2권 097쪽

0807 대표문제

방정식 $2xy-4x-y-7=0$을 만족시키는 자연수 x, y에 대하여 $x+y$의 최댓값을 구하시오.

0808

방정식 $xy-4x-3y+2=0$을 만족시키는 자연수 x, y에 대하여 순서쌍 (x, y)의 개수는?

① 1　② 2　③ 3　④ 4　⑤ 5

0809 서술형

방정식 $\frac{1}{x}+\frac{1}{y}=\frac{1}{2}$을 만족시키는 정수 x, y에 대하여 xy의 최솟값을 구하시오. (단, $xy\neq0$)

0810 중요

이차방정식 $x^2-(a-1)x+2a+1=0$의 두 근이 모두 정수일 때, 모든 상수 a의 값의 합을 구하시오.

유형 20 실수 조건의 부정방정식

(1) 실수 A, B에 대하여 $A^2+B^2=0$이면 $A=0$, $B=0$임을 이용한다.

(2) 실수 x, y에 대한 이차방정식이 주어지면
➡ 한 문자에 대하여 내림차순으로 정리한 후 판별식 D가 $D\geq0$임을 이용한다.

확인 문제

방정식 $x^2+y^2-2x+4y+5=0$을 만족시키는 실수 x, y의 값을 구하시오.

개념ON 286쪽　유형ON 2권 098쪽

0811 대표문제

방정식 $5x^2+4xy+2y^2-2x+4y+5=0$을 만족시키는 실수 x, y에 대하여 $x+y$의 값은?

① -3　② -2　③ -1　④ 0　⑤ 1

0812

방정식 $9x^2-6xy+2y^2-2y+1=0$을 만족시키는 실수 x, y에 대하여 $9x-y$의 값을 구하시오.

0813 중요 서술형

방정식 $x^2+2xy+y^2-6x-3=0$을 만족시키는 양의 정수 x, y에 대하여 xy의 값을 구하시오.

내신 잡는 종합 문제

정답과 풀이 140쪽

0814

삼차방정식 $x^3-2x^2+2x-15=0$의 모든 허근의 곱은?

① 1　② 2　③ 3　④ 4　⑤ 5

0815

사차방정식 $x^4-22x^2+9=0$의 네 실근 중 가장 큰 근을 α, 가장 작은 근을 β라 할 때, $\alpha-\beta$의 값은?

① $-4-4\sqrt{7}$　② $-2-\sqrt{7}$　③ $\sqrt{7}$　④ $2+\sqrt{7}$　⑤ $4+2\sqrt{7}$

0816

사차방정식 $x^4+4x^3+6x^2+4x+1=0$의 한 근을 α라 할 때, $\alpha^2+\frac{1}{\alpha^2}$의 값은?

① 1　② 2　③ 3　④ 4　⑤ 5

0817 교육청 기출

x에 대한 삼차방정식 $x^3+(k-1)x^2-k=0$의 한 허근을 z라 할 때, $z+\overline{z}=-2$이다. 실수 k의 값은?

(단, $\overline{z}$는 z의 켤레복소수이다.)

① $\frac{3}{2}$　② 2　③ $\frac{5}{2}$　④ 3　⑤ $\frac{7}{2}$

0818

사차방정식 $x(x-3)(x-2)(x+1)-10=0$의 서로 다른 두 실근을 α, β라 할 때, $\alpha^2+\beta^2$의 값은?

① 2　② 5　③ 7　④ 11　⑤ 14

0819

사차방정식 $x^4+4x^3-5ax^2+(6a-1)x-6=0$의 한 근이 1일 때, 나머지 세 근 중 두 허근의 합은? (단, a는 실수이다.)

① -4　② -2　③ 1　④ 3　⑤ 6

0820

삼차방정식 $x^3-3x^2+ax+b=0$의 두 근이 $-1+\sqrt{3}i$, c일 때, 실수 a, b, c에 대하여 $a+b+c$의 값을 구하시오.

0821

연립방정식 $\begin{cases} 2x^2-7xy+3y^2=0 \\ x^2+xy=12 \end{cases}$의 해를 $x=\alpha$, $y=\beta$라 할 때, $\alpha+\beta$의 최댓값을 M, 최솟값을 m이라 하자. 이때 $M-m$의 값은?

① 4 ② 6 ③ 8
④ 10 ⑤ 12

0822

삼차방정식 $x^3-9x^2+4x-3=0$의 세 근을 α, β, γ라 할 때, $\frac{\beta+\gamma}{\alpha}+\frac{\gamma+\alpha}{\beta}+\frac{\alpha+\beta}{\gamma}$의 값은?

① 3 ② 4 ③ 6
④ 9 ⑤ 10

0823

연립방정식 $\begin{cases} x+3y=2 \\ x^2+xy+k=0 \end{cases}$이 실근을 가질 때, 실수 k의 값의 범위는?

① $k\geq-1$ ② $k\geq-\frac{1}{4}$ ③ $k\geq-\frac{1}{6}$
④ $k\leq\frac{1}{6}$ ⑤ $k\leq\frac{1}{4}$

0824

삼차방정식 $x^3-x^2-(k+2)x+2k=0$이 한 개의 실근과 두 개의 허근을 가질 때, 정수 k의 최댓값은?

① -2 ② -1 ③ 0
④ 1 ⑤ 2

0825

방정식 $x^3=-1$의 한 허근을 ω라 할 때, 다음 중 그 값이 나머지 넷과 다른 하나는? (단, $\overline{\omega}$는 ω의 켤레복소수이다.)

① $\omega\overline{\omega}$ ② $\omega+\overline{\omega}$ ③ ω^{60}
④ $\omega+\frac{1}{\omega}$ ⑤ $\omega^2+\frac{1}{\omega^2}$

0826 교육청 기출

x, y에 대한 두 연립방정식

$$\begin{cases} 3x+y=a \\ 2x+2y=1 \end{cases}, \begin{cases} x^2-y^2=-1 \\ x-y=b \end{cases}$$

의 해가 일치할 때, 두 상수 a, b에 대하여 ab의 값은?

① 1 ② 2 ③ 3
④ 4 ⑤ 5

0827

연립방정식 $\begin{cases} xy+x+y=5 \\ x^2+y^2=25 \end{cases}$를 만족시키는 x, y에 대하여 $|x-y|$의 최솟값은?

① 1 ② 3 ③ 5
④ 7 ⑤ 9

0828

이차방정식 $x^2-(m+5)x-m-1=0$의 두 근이 모두 정수가 되도록 하는 모든 정수 m의 값의 곱을 구하시오.

0829

그림과 같이 한 모서리의 길이가 x m인 정육면체에서 밑면의 가로, 세로의 길이가 모두 2 m이고 높이가 $\frac{3}{4}x$ m인 직육면체 모양으로 구멍을 파내었더니 남은 부분의 부피가 52 m^{3}가 되었다. 이때 x의 값은?

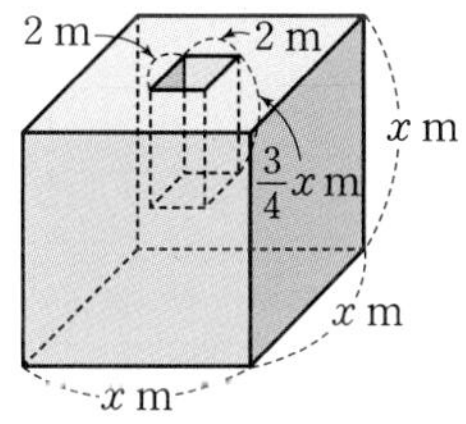

① 1 ② 2 ③ 3
④ 4 ⑤ 5

0830

연립방정식 $\begin{cases} 2x-y=4 \\ 9x^2-6xy+y^2=a \end{cases}$의 해 중에서 연립방정식 $\begin{cases} 4x^2+y^2=40 \\ 3x+by=1 \end{cases}$을 만족시키는 해가 존재할 때, 정수 a, b에 대하여 $a+b$의 값은?

① 42 ② 44 ③ 45
④ 48 ⑤ 51

0831

사차방정식 $x^4-(k-1)x^2+4k-20=0$이 두 개의 실근과 두 개의 허근을 갖도록 하는 모든 자연수 k의 값의 합을 구하시오.

0832

사차방정식 $x^4-6x^3+11x^2-6x+1=0$의 한 근을 α라 할 때, $\alpha^3+\alpha^5+\frac{1}{\alpha^3}+\frac{1}{\alpha^5}$의 값을 구하시오.

0833

삼차식 $f(x)=x^3-(a+3)x^2+(3a+2)x-2a$에 대하여 $f\left(a+\frac{1}{a}\right)=0$을 만족시키는 실수 a의 값을 구하시오.

0834

삼차방정식 $x^3-3x^2+ax+b=0$의 한 근이 1이고 나머지 두 근의 제곱의 합이 20일 때, 두 실수 a, b에 대하여 $b-a$의 값은?

① 10　② 11　③ 12　④ 13　⑤ 14

서술형 대비하기

0835

두 이차방정식

$$x^2+ax-b=0,\ x^2+bx-a=0$$

이 오직 한 개의 공통인 근을 가질 때, 공통이 아닌 나머지 근을 각각 p, q라 하면 $pq=-6$이다. 다음 물음에 답하시오.

(단, $a\neq b$이고, a, b는 실수이다.)

(1) 두 이차방정식의 공통인 근을 구하시오.

(2) $(a-b)^2$의 값을 구하시오.

0836

삼차방정식 $x^3-8x^2+5x+a=0$의 세 근을 α, β, γ라 할 때, $\alpha-1$, $\beta-1$, $\gamma-1$을 세 근으로 하고 x^3의 계수가 1인 삼차방정식은 $x^3+bx^2+cx+14=0$이다. 상수 a, b, c에 대하여 $a+b+c$의 값을 구하시오.

0837

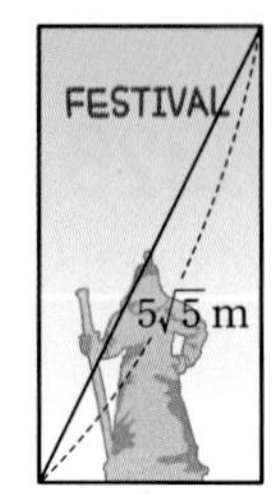

그림과 같이 대각선의 길이가 $5\sqrt{5}$ m인 직사각형 모양의 현수막이 있다. 이 현수막의 가로의 길이와 세로의 길이를 각각 2 m씩 줄인 현수막의 넓이는 처음 현수막의 넓이보다 26 m^2만큼 작다고 한다. 처음 현수막의 가로의 길이를 구하시오.

(단, 가로의 길이가 세로의 길이보다 더 짧다.)

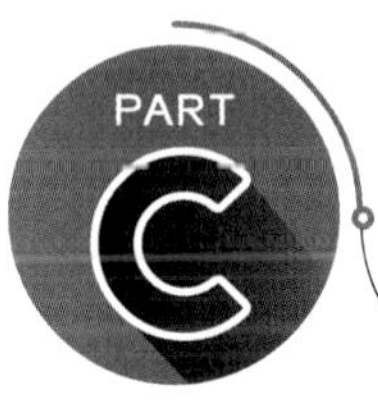

수능 녹인 변별력 문제

정답과 풀이 145쪽

0838

방정식 $x^2(y^2+9)=4xy+6x-5$를 만족시키는 실수 x, y에 대하여 $9x+y$의 값은?

① 2 ② 6 ③ 9
④ 12 ⑤ 18

0839

그림과 같이 대각선의 길이가 $2\sqrt{14}$인 직육면체의 부피가 48, 겉넓이가 88일 때, 이 직육면체의 가로, 세로의 길이, 높이를 세 근으로 하고 x^3의 계수가 1인 삼차방정식을 구하시오.

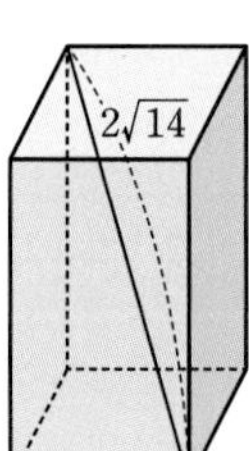

0840 교육청 기출

두 자연수 a, b $(a<b)$와 모든 실수 x에 대하여 등식

$$(x^2-x)(x^2-x+3)+k(x^2-x)+8$$
$$=(x^2-x+a)(x^2-x+b)$$

를 만족시키는 모든 상수 k의 값의 합은?

① 8 ② 9 ③ 10
④ 11 ⑤ 12

0841

방정식 $x^3=-1$의 한 허근을 ω라 할 때,

$(\omega-1)^n=\left(\dfrac{\omega}{\omega+\overline{\omega}}\right)^n$을 만족시키는 20보다 작은 자연수 n의 개수를 구하시오. (단, $\overline{\omega}$는 ω의 켤레복소수이다.)

0842

삼차방정식 $x^3-3x^2+(k+2)x-k=0$의 서로 다른 세 실근이 직각삼각형의 세 변의 길이일 때, 실수 k의 값을 구하시오.

0843

계수가 유리수인 삼차식 $f(x)=x^3+ax^2+bx+c$가 다음 조건을 모두 만족시킨다.

(가) $f(x)$는 $x-4$로 나누어떨어진다. (나) 삼차방정식 $f(x)=0$의 한 근이 $1+\sqrt{3}$이다.

이때 삼차방정식 $(3x+1)^3+a(3x+1)^2+b(3x+1)+c=0$의 세 근의 곱은?

① -1 ② $-\frac{1}{3}$ ③ $-\frac{1}{9}$
④ $\sqrt{3}$ ⑤ 3

0844 교육청 기출

x에 대한 사차방정식

$$x^4+(2a+1)x^3+(3a+2)x^2+(a+2)x=0$$

의 서로 다른 실근의 개수가 3이 되도록 하는 모든 실수 a의 값의 곱을 구하시오.

0845

서로 다른 두 실수 x, y에 대하여 x, y 중 큰 수를 $\max(x, y)$, 작은 수를 $\min(x, y)$라 하자.

연립방정식 $\begin{cases} \max(x, y)=2x+2y+1 \\ 2\min(x, y)=x^2-y^2-2 \end{cases}$를 만족시키는 xy의 값을 구하시오.

0846 교육청 기출

다음은 자연수 n에 대하여 x에 대한 사차방정식

$$4x^4-4(n+2)x^2+(n-2)^2=0$$

이 서로 다른 네 개의 정수해를 갖도록 하는 20 이하의 모든 n의 값의 합을 구하는 과정이다.

> $P(x)=4x^4-4(n+2)x^2+(n-2)^2$이라 하자.
> $x^2=X$라 하면 주어진 방정식 $P(x)=0$은
> $4X^2-4(n+2)X+(n-2)^2=0$이고
> 근의 공식에 의해 $X=\dfrac{n+2\pm\sqrt{\boxed{(가)}}}{2}$이다.
> 그러므로 $X=\left(\sqrt{\dfrac{n}{2}}+1\right)^2$ 또는 $X=\left(\sqrt{\dfrac{n}{2}}-1\right)^2$에서
> $x=\sqrt{\dfrac{n}{2}}+1$ 또는 $x=-\sqrt{\dfrac{n}{2}}-1$ 또는 $x=\sqrt{\dfrac{n}{2}}-1$
> 또는 $x=-\sqrt{\dfrac{n}{2}}+1$이다.
> 방정식 $P(x)=0$이 정수해를 갖기 위해서는 $\sqrt{\dfrac{n}{2}}$이 자연수가 되어야 한다.
> 따라서 자연수 n에 대하여 방정식 $P(x)=0$이 서로 다른 네 개의 정수해를 갖도록 하는 20 이하의 모든 n의 값은
> $\boxed{(나)}$, $\boxed{(다)}$이다.

위의 (가)에 알맞은 식을 $f(n)$이라 하고, (나), (다)에 알맞은 수를 각각 a, b라 할 때, $f(b-a)$의 값은? (단, $a<b$)

① 48 ② 56 ③ 64
④ 72 ⑤ 80

0847 교육청 기출

삼차방정식 $x^3+ax^2+bx+c=0$의 세 근을 α, β, γ라 하자.
$\dfrac{1}{\alpha\beta}$, $\dfrac{1}{\beta\gamma}$, $\dfrac{1}{\gamma\alpha}$을 세 근으로 하는 삼차방정식을
$x^3-2x^2+3x-1=0$이라 할 때, $a^2+b^2+c^2$의 값은?
(단, a, b, c는 상수이다.)

① 14 ② 15 ③ 16
④ 17 ⑤ 18

0848 교육청 기출

x에 대한 삼차방정식 $ax^3+2bx^2+4bx+8a=0$이 서로 다른 세 정수를 근으로 갖는다. 두 정수 a, b가 $|a|\le 50$, $|b|\le 50$일 때, 순서쌍 (a, b)의 개수를 구하시오.

0849

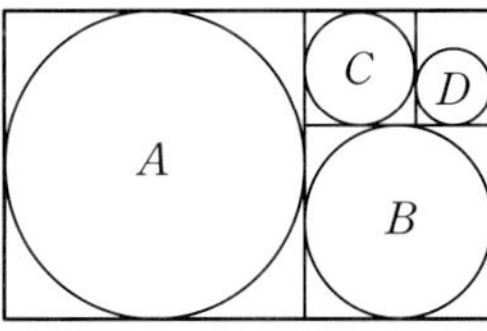

그림과 같이 서로 평행하거나 수직인 직선에 접하는 네 원 A, B, C, D가 있다. 두 원 A, B의 지름의 길이의 합은 26 cm이고, 두 원 A, D의 넓이의 차는 60π cm^2일 때, 원 A의 반지름의 길이를 구하시오.

08 일차부등식

유형 01 부등식의 기본 성질

실수 a, b, c에 대하여

(1) $a>b$, $b>c$이면 ➡ $a>c$

(2) $a>b$이면 ➡ $a+c>b+c$, $a-c>b-c$

(3) $a>b$, $c>0$이면 ➡ $ac>bc$, $\frac{a}{c}>\frac{b}{c}$

(4) $a>b$, $c<0$이면 ➡ $ac<bc$, $\frac{a}{c}<\frac{b}{c}$

(5) $a>b>0$이면 ➡ $a^2>b^2$, $\frac{1}{a}<\frac{1}{b}$

Tip 허수에서는 대소 관계를 생각할 수 없으므로 부등식에 포함된 문자는 모두 실수로 생각한다.

확인 문제

1. $a>b$일 때, 다음 □ 안에 알맞은 부등호를 써넣으시오.

(1) $a+3$ □ $b+3$ (2) $a-2$ □ $b-2$

(3) $\frac{a}{4}$ □ $\frac{b}{4}$ (4) $-\frac{a}{3}$ □ $-\frac{b}{3}$

2. $a>0>b$일 때, 다음 □ 안에 알맞은 부등호를 써넣으시오.

(1) $2a$ □ $a+b$ (2) ab □ b^2

(3) $2a+1$ □ $2b+1$ (4) $-a+1$ □ $-b+1$

유형ON 2권 102쪽

0850 대표문제

실수 a, b, c, d에 대하여 보기에서 옳은 것만을 있는 대로 고른 것은?

보기

ㄱ. $a<b$이면 $a-c<b-c$이다.

ㄴ. $ab\neq0$이고 $a>b$이면 $\frac{5}{a}<\frac{5}{b}$이다.

ㄷ. $a>b$, $c>d$이면 $a+c>b+d$이다.

① ㄱ ② ㄴ ③ ㄱ, ㄴ
④ ㄱ, ㄷ ⑤ ㄱ, ㄴ, ㄷ

0851 중요

$a>b$일 때, 다음 중 항상 성립하는 것은?

① $a-2<b-2$ ② $7-a>7-b$

③ $\frac{a}{3}+4<\frac{b}{3}+4$ ④ $-\frac{3}{2}a+1<-\frac{3}{2}b+1$

⑤ $a^2>b^2$

0852 중요

실수 a, b, c에 대하여 보기에서 항상 성립하는 것만을 있는 대로 고르시오.

보기

ㄱ. $a+c>b+c$이면 $a>b$이다.

ㄴ. $\frac{a}{c}>\frac{b}{c}$이면 $a>b$이다. (단, $c\neq0$)

ㄷ. $ac^2>bc^2$이면 $a>b$이다. (단, $c\neq0$)

ㄹ. $\frac{1}{a}>\frac{1}{b}$이면 $a<b$이다. (단, $a\neq0$, $b\neq0$)

ㅁ. $a>b>0$이면 $ab>b$이다.

0853

$a<b<0<c$일 때, 보기에서 옳은 것만을 있는 대로 고른 것은?

보기

ㄱ. $|a|<|b|$ ㄴ. $|a|>|c|$ ㄷ. $a^2>b^2$
ㄹ. $a^3>b^3$ ㅁ. $b^3<c^3$

① ㄱ, ㄴ ② ㄱ, ㄷ ③ ㄴ, ㄹ
④ ㄷ, ㄹ ⑤ ㄷ, ㅁ

0854

$a<b<0$일 때, 다음 중 항상 성립하는 것이 아닌 것은?

① $ab>0$ ② $ab>b^2$ ③ $\frac{a}{b}>1$
④ $\frac{a}{b}>\frac{b}{a}$ ⑤ $\frac{a^2}{b}>\frac{b^2}{a}$

정답과 풀이 149쪽

유형 02 부등식 $ax>b$의 풀이

x에 대한 부등식 $ax>b$의 해는

(1) $a>0$일 때, $x>\frac{b}{a}$ (2) $a<0$일 때, $x<\frac{b}{a}$

(3) $a=0$일 때, $\begin{cases} b\geq0\text{이면 해는 없다.} \\ b<0\text{이면 해는 모든 실수이다.} \end{cases}$

예 x에 대한 부등식 $ax>a+1$에서

(1) $a>0$일 때, $x>\frac{a+1}{a}$

(2) $a<0$일 때, $x<\frac{a+1}{a}$

(3) $a=0$일 때, $0\times x>1$이므로 해는 없다.

유형ON 2권 102쪽

0855 대표문제

부등식 $ax+b>0$의 해가 $x<-3$일 때, 부등식 $(a+b)x\geq b$의 해는? (단, a, b는 실수이다.)

① $x\geq-\frac{4}{3}$ ② $x\geq-\frac{3}{4}$ ③ $x\leq\frac{3}{4}$
④ $x\geq\frac{3}{4}$ ⑤ $x\leq\frac{4}{3}$

0856

$a<5$일 때, x에 대한 부등식 $ax+10>5x+2a$의 해를 구하시오.

0857 중요

$2a+b=0$인 두 실수 a, b에 대하여 부등식

$(a-b)x\leq2a-3b-5$

의 해가 $x\geq3$일 때, $a+b$의 값은?

① 1 ② 3 ③ 5
④ 7 ⑤ 9

0858

일차부등식 $0.2-0.1x>0.3(x-a)$를 만족시키는 자연수 x가 존재하지 않을 때, 실수 a의 값의 범위를 구하시오.

0859

x에 대한 부등식 $4x-a>ax-b$의 해가 없을 때, 실수 b의 최댓값은?

① -4 ② -2 ③ 0
④ 2 ⑤ 4

0860 서술형

모든 실수 x에 대하여 부등식 $a^2x+a\leq4x$가 성립할 때, 부등식 $ax-2>1-2x$의 해를 구하시오. (단, a는 실수이다.)

0861

부등식 $(a-b)x+a-3b\leq0$을 만족시키는 x가 존재하지 않을 때, 부등식 $(a-4b)x+a-7b>0$의 해를 구하시오.

(단, a, b는 실수이다.)

유형 03 연립일차부등식의 풀이

연립일차부등식은 다음과 같은 순서로 푼다.

❶ 각각의 일차부등식을 푼다.

❷ 각 부등식의 해를 수직선 위에 나타낸다.

❸ 공통부분을 찾아 주어진 연립부등식의 해를 구한다.

Tip $a<b$일 때,

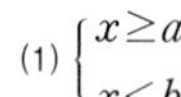

(1) $\begin{cases} x\ge a \\ x<b \end{cases}$ (2) $\begin{cases} x\ge a \\ x>b \end{cases}$ (3) $\begin{cases} x\le a \\ x<b \end{cases}$

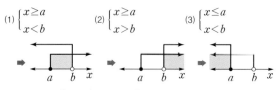

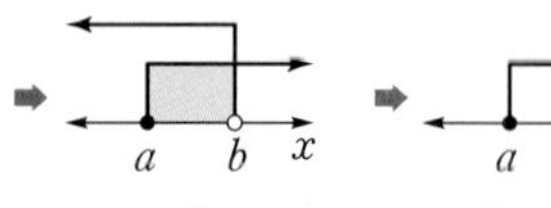

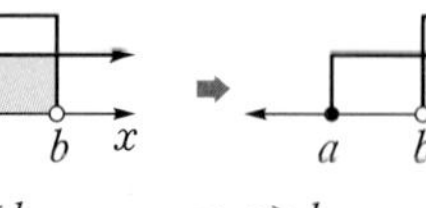

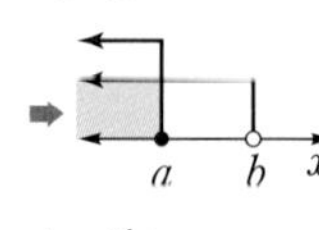

➡ $a\le x<b$ ➡ $x>b$ ➡ $x\le a$

Tip 연립일차부등식에서 괄호가 있으면 분배법칙을 이용하여 괄호를 풀고, 계수가 소수 또는 분수이면 적당한 수를 곱하여 계수를 정수로 고친 후 부등식을 푼다.

확인 문제

1. 다음 연립부등식을 푸시오.

(1) $\begin{cases} x\ge 3 \\ x\ge -5 \end{cases}$ (2) $\begin{cases} x<2 \\ x>-3 \end{cases}$ (3) $\begin{cases} x<9 \\ x\le 11 \end{cases}$

2. 다음 연립부등식을 푸시오.

(1) $\begin{cases} x-4\ge -7 \\ 3x\le 9 \end{cases}$ (2) $\begin{cases} 3x+5\ge -1 \\ 2x-1<1 \end{cases}$

개념ON 302쪽 유형ON 2권 103쪽

0862 대표문제

연립부등식 $\begin{cases} 3x-5<7-x \\ -2x+3\le 2(2x+3) \end{cases}$ 의 해는?

① $-2\le x<3$ ② $-2<x\le 3$

③ $-\frac{1}{2}\le x<3$ ④ $-\frac{1}{2}<x\le 3$

⑤ $\frac{1}{2}<x\le 3$

0863 교육청 기출

연립부등식 $\begin{cases} x+3<3x \\ 3x+4<2x+8 \end{cases}$ 의 해가 $a<x<b$일 때, ab의 값은?

① 6 ② 7 ③ 8

④ 9 ⑤ 10

0864

연립부등식 $\begin{cases} \dfrac{x+2}{2}\ge\dfrac{2x-1}{3} \\ 0.4(x-3)+0.5>0.2(x+2) \end{cases}$ 를 만족시키는 자연수 x의 개수를 구하시오.

0865 중요 서술형

연립부등식 $\begin{cases} \dfrac{3}{5}x-0.2\le x+0.6 \\ 0.3x+\dfrac{1}{3}\le 0.1 \end{cases}$ 을 만족시키는 x에 대하여 $9x+2$의 최댓값과 최솟값의 합을 구하시오.

0866

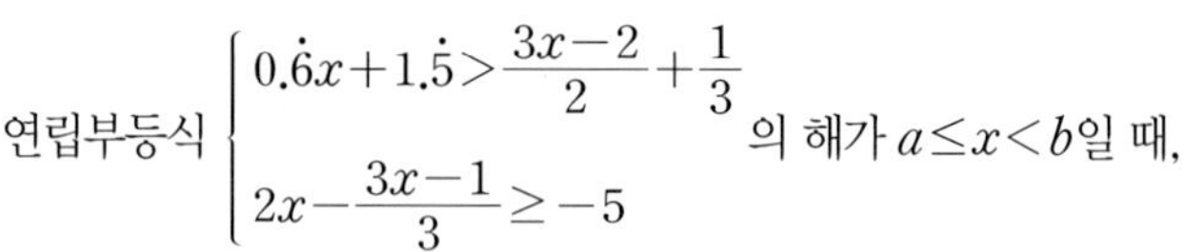

연립부등식 $\begin{cases} 0.\dot{6}x+1.\dot{5}>\dfrac{3x-2}{2}+\dfrac{1}{3} \\ 2x-\dfrac{3x-1}{3}\ge -5 \end{cases}$ 의 해가 $a\le x<b$일 때, 다음 중 부등식 $ax-b<0$의 해가 아닌 것은?

① -1 ② 0 ③ 1

④ 2 ⑤ 3

유형 04 $A<B<C$ 꼴의 부등식의 풀이

(1) $A<B<C$ 꼴의 부등식은 연립부등식 $\begin{cases} A<B \\ B<C \end{cases}$ 꼴로 고쳐서 푼다.

주의 부등식 $A<B<C$를 $\begin{cases} A<B \\ A<C \end{cases}$ 또는 $\begin{cases} A<C \\ B<C \end{cases}$ 꼴로 바꾸어 풀지 않도록 주의한다.

(2) $c<ax+b<d$ 꼴의 부등식은 부등식의 기본 성질을 이용하여 푼다.

개념ON 304쪽 유형ON 2권 103쪽

0867 대표문제

부등식 $2x-5\le 3x+7\le x-9$의 해가 $a\le x\le b$일 때, $a+b$의 값은?

① -20 ② -16 ③ -12
④ -8 ⑤ -4

0868 교육청 기출

부등식 $-2<\frac{1}{2}x-3<2$를 만족시키는 정수 x의 개수는?

① 4 ② 5 ③ 6
④ 7 ⑤ 8

0869

다음 부등식의 해는?

$$3(x+2)<x+8\le 12+2(x-1)$$

① $x\le -2$ ② $-2<x<2$ ③ $-2<x\le 1$
④ $-2\le x<1$ ⑤ $x>1$

0870

부등식 $2x-1\le 3x+1<x+5$에 대하여 보기에서 옳은 것만을 있는 대로 고른 것은?

보기
ㄱ. 정수인 해는 3개이다.
ㄴ. 자연수인 해는 1개이다.
ㄷ. $x=\frac{7}{3}$은 부등식의 해이다.

① ㄱ ② ㄴ ③ ㄱ, ㄴ
④ ㄱ, ㄷ ⑤ ㄴ, ㄷ

0871 중요

부등식 $\frac{2x-3}{3}<\frac{3x+1}{4}\le 0.1x+3.5$의 해가 아닌 것은?

① -14 ② -9 ③ -5
④ 3 ⑤ 6

0872

부등식 $\frac{x+1}{2}<\frac{x-1}{3}+\frac{3}{2}\le\frac{3x+7}{2}$의 해 중에서 가장 큰 정수를 M이라 할 때, 부등식 $a-5<M<\frac{a+3}{3}$을 만족시키는 정수 a의 값을 구하시오.

08 일차부등식

유형 05 특수한 해를 갖는 연립일차부등식

(1) 공통부분이 a뿐인 경우

$\begin{cases} x \le a \\ x \ge a \end{cases}$ ➡ ➡ $x=a$

(2) 공통부분이 없는 경우 (단, $a<b$)

① $\begin{cases} x \le a \\ x > b \end{cases}$　② $\begin{cases} x < a \\ x \ge a \end{cases}$　③ $\begin{cases} x < a \\ x > a \end{cases}$

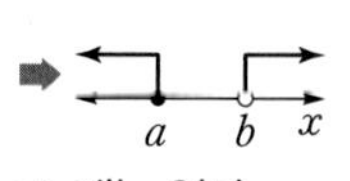

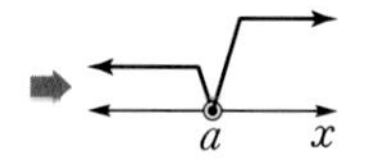

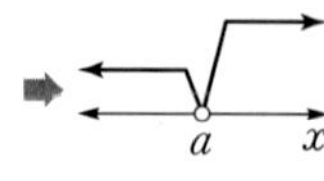

➡ 해는 없다.　➡ 해는 없다.　➡ 해는 없다.

확인 문제

다음 연립부등식을 푸시오.

(1) $\begin{cases} x \le -2 \\ x > 1 \end{cases}$　(2) $\begin{cases} x \ge 5 \\ x-5 \le 0 \end{cases}$　(3) $\begin{cases} x+4 < 0 \\ -3x < 12 \end{cases}$

개념ON 302쪽　유형ON 2권 104쪽

0873 대표문제

연립부등식 $\begin{cases} 4(x+3) > x-3 \\ 5x-6 > 7(x+1) \end{cases}$ 을 풀면?

① $x < -\frac{13}{2}$　② $-\frac{13}{2} < x < -5$

③ $x > -5$　④ 해는 없다.

⑤ 모든 실수

0874 중요

다음 보기의 연립부등식 중 해가 없는 것만을 있는 대로 고르시오.

보기

ㄱ. $\begin{cases} 3x+2 \ge -7 \\ -2x \ge 6 \end{cases}$　ㄴ. $\begin{cases} -x+8 < 3 \\ 4x-10 \le 10 \end{cases}$

ㄷ. $\begin{cases} 5x < 3x-4 \\ 3x+3 > x-3 \end{cases}$　ㄹ. $\begin{cases} 0.2x+1.4 < 3 \\ \frac{x-3}{3} \ge 2 \end{cases}$

ㅁ. $\begin{cases} 1.2(x-2) \le \frac{1}{5} \\ \frac{1}{2}x+0.4 \ge 1.2 \end{cases}$

0875

연립부등식 $\begin{cases} \frac{x}{6} - \frac{x+2}{3} \ge \frac{1}{2} \\ \frac{x+1}{3} \ge \frac{x-3}{5} \end{cases}$ 의 해를 구하시오.

0876

연립부등식 $\begin{cases} 2-2x \le x-4 \\ 2x \le x+a \end{cases}$ 에 대하여 보기에서 옳은 것만을 있는 대로 고른 것은?

보기

ㄱ. $a>2$이면 해는 $x=2$이다.
ㄴ. $a<2$이면 해는 없다.
ㄷ. $a=2$이면 해는 모든 실수이다.

① ㄱ　② ㄴ　③ ㄷ

④ ㄱ, ㄴ　⑤ ㄴ, ㄷ

유형 06 해가 주어진 연립일차부등식

연립부등식의 해가 주어지면 각 일차부등식을 풀어 해의 공통부분을 구한 후 이 공통부분을 주어진 해와 일치하도록 수직선 위에 나타내어 미정계수를 구한다.

개념ON 306쪽　유형ON 2권 104쪽

0877 대표문제

부등식 $10x+a<2x+9 \le 7x+24$의 해가 $b \le x < 4$일 때, 실수 a, b에 대하여 $b-a$의 값을 구하시오.

0878 교육청 기출

x에 대한 연립부등식 $\begin{cases} x-1>8 \\ 2x-16\le x+a \end{cases}$의 해가 $b<x\le 28$일 때, 두 상수 a, b에 대하여 $a+b$의 값을 구하시오.

0879

연립부등식 $\begin{cases} \dfrac{x}{5}+a\le\dfrac{x}{2}+\dfrac{1}{4} \\ 0.6(x+2)\ge 0.5x+1.6 \end{cases}$의 해가 $x\ge 5$일 때, 실수 a의 값은?

① $\dfrac{1}{4}$ ② $\dfrac{3}{4}$ ③ $\dfrac{5}{4}$
④ $\dfrac{7}{4}$ ⑤ $\dfrac{9}{4}$

0880 중요

연립부등식 $\begin{cases} 2x-3\le 5x+a \\ 4(2x+3)\le 2x+b \end{cases}$의 해가 $x=-\dfrac{2}{3}$일 때, 실수 a, b에 대하여 $a+b$의 값을 구하시오.

0881

부등식 $4x-a\le x-2a<5x-b$를 연립부등식 $\begin{cases} 4x-a\le x-2a \\ 4x-a<5x-b \end{cases}$로 잘못 고쳐서 풀었더니 해가 $-3<x\le 2$가 되었다. 처음 부등식의 해를 구하시오. (단, a, b는 실수이다.)

0882

이차방정식 $(x-2)^2=3(2x-7)$의 해가 연립부등식 $\begin{cases} \dfrac{a-2x}{5}\ge\dfrac{x}{3}+\dfrac{1}{3} \\ 7x\ge 2(3x+b)+3 \end{cases}$의 해와 같을 때, 실수 a, b에 대하여 $a-b$의 값은?

① 15 ② 17 ③ 19
④ 21 ⑤ 23

0883 서술형

연립부등식 $\begin{cases} -x+a\le 2x-4 \\ bx-2\ge 5(x-1) \end{cases}$의 해가 $-5\le x\le 3$일 때, 실수 a, b에 대하여 $a+b$의 값을 구하시오.

유형 07 해를 갖거나 갖지 않는 연립일차부등식

연립부등식에서 각 부등식의 해를 구한 후 이를 주어진 해의 조건에 맞게 수직선 위에 나타낸다.
(1) 해를 갖는 경우
➡ 공통부분이 생기도록 해를 수직선 위에 나타낸다.
(2) 해가 없는 경우
➡ 공통부분이 생기지 않도록 해를 수직선 위에 나타낸다.

개념ON 308쪽 유형ON 2권 105쪽

0884 대표문제

연립부등식 $\begin{cases} -3x-4\geq 8 \\ a\leq x-3a \end{cases}$가 해를 갖지 않도록 하는 실수 a의 값의 범위는?

① $a\leq -1$ ② $a<-1$ ③ $a\geq -1$
④ $a>-1$ ⑤ $a<1$

0885 중요

연립부등식 $\begin{cases} x-2\leq 2x-a \\ 3x-4\leq 12-5x \end{cases}$가 해를 갖도록 a의 값을 정할 때, 실수 a의 최댓값은?

① 1 ② 2 ③ 3
④ 4 ⑤ 5

0886

부등식 $x+\frac{1}{2}<\frac{3x+2}{2}\leq\frac{4x-k}{3}$가 해를 갖지 않도록 하는 실수 k의 값의 범위를 구하시오.

0887 서술형

연립부등식 $\begin{cases} \frac{x}{4}-a<2x+\frac{11}{4} \\ 0.3(3-2x)\geq -0.4x-0.5 \end{cases}$가 해를 갖도록 하는 정수 a의 최솟값을 구하시오.

유형 08 정수인 해 또는 해의 개수가 주어진 연립일차부등식

연립부등식의 정수인 해가 n개이면
❶ 주어진 부등식을 풀어 해를 수직선 위에 나타낸다.
❷ 공통부분이 n개의 정수를 포함하도록 하는 미지수의 값의 범위를 구한다.

예 연립부등식 $\begin{cases} x\leq 2 \\ x>a \end{cases}$의 정수인 해가 3개이다.

➡ 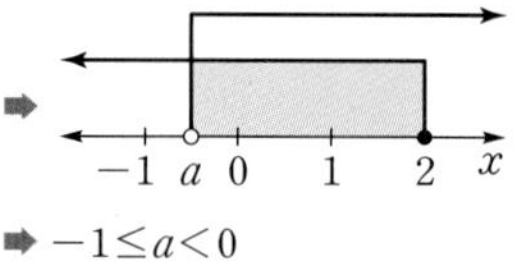

➡ $-1\leq a<0$

개념ON 308쪽 유형ON 2권 106쪽

0888 대표문제

연립부등식 $\begin{cases} 4x+7>5x+1 \\ 5x-a>2(x+3) \end{cases}$을 만족시키는 정수 x가 4개일 때, 실수 a의 값의 범위를 구하시오.

0889

연립부등식 $\begin{cases} 5x-5\geq 13 \\ x\leq k \end{cases}$를 만족시키는 정수 x가 하나뿐일 때, 실수 k의 값의 범위를 구하시오.

0890 중요

연립부등식 $\begin{cases} \frac{x}{4}-\frac{1}{2} \geq \frac{x}{3}+\frac{a}{6} \\ 2(2x+1) \geq x-6 \end{cases}$ 의 정수인 해가 -2, -1, 0 뿐일 때, 정수 a의 값은?

① -1　② -2　③ -3
④ -4　⑤ -5

0891

부등식 $a-3<2x+3\leq 2a-7$을 만족시키는 정수 x가 2와 3뿐일 때, 실수 a의 값의 범위를 구하시오.

0892 교육청 기출

x에 대한 연립부등식 $\begin{cases} x+2>3 \\ 3x<a+1 \end{cases}$ 을 만족시키는 모든 정수 x의 값의 합이 9가 되도록 하는 자연수 a의 최댓값은?

① 10　② 11　③ 12
④ 13　⑤ 14

유형 09 연립일차부등식의 활용

연립일차부등식의 활용 문제는 다음과 같은 순서로 푼다.
❶ 문제의 의미를 파악하여 구하는 것을 x로 놓는다.
❷ 연립부등식을 세운다.
❸ 연립부등식을 풀어 문제의 답을 구한다.

개념ON 310쪽　유형ON 2권 107쪽

0893 대표문제

한 개에 1200원인 오렌지와 한 개에 800원인 사과를 합하여 모두 24개를 사려고 한다. 오렌지의 개수가 사과의 개수의 2배보다 크고, 전체 금액이 26400원을 넘지 않게 하려고 할 때, 다음 중 오렌지의 개수가 될 수 있는 것은?

① 11　② 14　③ 17
④ 20　⑤ 23

0894 교육청 기출

어떤 정수 x의 4배에서 6을 빼면 65보다 크고 x의 3배에서 5를 빼면 50보다 작을 때, x의 값을 구하시오.

0895

6 %의 설탕물과 12 %의 설탕물을 섞어서 8 % 이상 10 % 이하의 설탕물 600 g을 만들려고 할 때, 섞어야 하는 6 %의 설탕물의 양의 범위를 구하시오.

0896 중요

둘레의 길이가 240 cm인 직사각형을 만들려고 한다. 가로의 길이를 세로의 길이보다 20 cm 이상 짧게 하고, 세로의 길이의 $\frac{1}{2}$배보다 길게 하려고 할 때, 세로의 길이는?

① 70 cm 초과 80 cm 미만 ② 70 cm 초과 80 cm 이하
③ 70 cm 이상 80 cm 미만 ④ 80 cm 초과 90 cm 이하
⑤ 80 cm 이상 90 cm 미만

0897

오른쪽 표는 두 식품 A, B의 100 g당 단백질과 지방의 양을 나타낸 것이다. 두 식품 A, B를 합하여 400 g을 섭취하여 단백질을 100 g 이하, 지방을 24 g 이상 얻으려고 할 때, 섭취해야 하는 식품 A의 양의 범위를 구하시오.

식품 \ 성분	단백질(g)	지방(g)
A	30	10
B	20	5

0898

그림과 같이 길이가 18 cm인 끈의 양 끝을 각각 x cm만큼 자른 후 세 조각의 끈을 세 변으로 하는 삼각형을 만들려고 한다. 삼각형을 만들 수 있는 x의 값의 범위가 $a<x<b$ (a, b는 실수)일 때, $2ab$의 값을 구하시오.

(단, 끈의 굵기는 무시한다.)

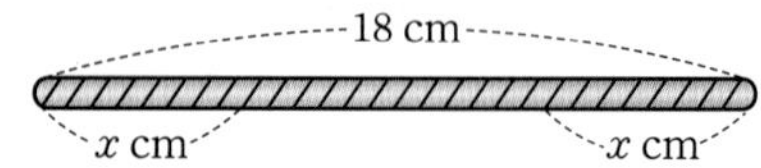

유형 10 연립일차부등식의 활용 - 과부족

한 의자에 앉는 학생 수가 일정하고, 학생 또는 의자가 남은 경우의 문제는 의자의 개수를 x로 놓고 다음을 이용한다.
(1) 한 의자에 a명씩 앉을 때 학생 b명이 남으면
➡ (전체 학생 수)$=ax+b$
(2) 한 의자에 c명씩 앉을 때 의자 n개가 남으면
➡ $c\{x-(n+1)\}+1\le$(전체 학생 수)$\le c\{x-(n+1)\}+c$

개념ON 310쪽 유형ON 2권 107쪽

0899 대표문제

마스크를 상자에 넣으려고 하는데 한 상자에 30개씩 넣으면 마스크가 20개 남고, 40개씩 넣으면 마지막 한 상자에는 마스크가 20개 이상 30개 미만 들어간다고 한다. 마스크의 개수를 구하시오.

0900

어느 반의 학생들에게 150개의 초콜릿을 5개씩 나누어 주면 초콜릿이 남고, 6개씩 나누어 주면 초콜릿이 부족하다고 한다. 이 반의 학생은 몇 명인가?

① 25명 이상 29명 이하 ② 25명 이상 30명 이하
③ 26명 이상 29명 이하 ④ 26명 이상 30명 이하
⑤ 26명 이상 31명 이하

0901

어떤 동아리에서 회장 1명을 포함한 모든 회원에게 쿠폰을 나누어 주려고 한다. 회장이 쿠폰을 11장 받으면 나머지 회원에게 3장씩 줄 수 있고 회장이 1장 이상 4장 미만으로 받으면 나머지 회원에게 4장씩 줄 수 있다고 한다. 회장 1명을 포함한 회원은 최대 몇 명인지 구하시오.

정답과 풀이 156쪽

0902 서술형

귤 300개를 한 상자에 20개씩 넣으면 귤이 50개 이상 남고, 한 상자에 26개씩 넣으면 모든 상자를 채우기에 귤이 12개 이상 부족하다. 상자의 개수를 구하시오.

0903 중요

지민이는 아몬드 한 통을 사서 먹으려고 한다. 하루에 8개씩 x일 동안 먹으면 5개가 남고, 9개씩 먹으면 $(x-2)$일 동안 다 먹게 된다고 한다. 이때 통 속에 있는 아몬드의 최대 개수와 최소 개수의 합을 구하시오.

0904 중요

어느 학교 학생들이 긴 의자에 앉으려고 한다. 한 의자에 5명씩 앉으면 학생이 8명 남고, 6명씩 앉으면 의자가 6개 남는다. 다음 중 의자의 개수가 될 수 없는 것은?

① 46 ② 47 ③ 48
④ 49 ⑤ 50

유형 11 $|ax+b|<c$, $|ax+b|>c$ 꼴의 부등식

$|ax+b|<c$ 또는 $|ax+b|>c$ $(c>0)$ 꼴의 부등식은 다음과 같이 절댓값 기호를 없앤 후 푼다.

(1) $|ax+b|<c$ ➡ $-c<ax+b<c$

(2) $|ax+b|>c$ ➡ $ax+b<-c$ 또는 $ax+b>c$

확인 문제

다음 부등식을 푸시오.

(1) $|x-2|<4$ (2) $|15-5x|\ge 5$

개념ON 312쪽 유형ON 2권 108쪽

0905 대표문제 교육청 기출

부등식 $|2x-3|<5$의 해가 $a<x<b$일 때, $a+b$의 값은?

① 2 ② $\frac{5}{2}$ ③ 3
④ $\frac{7}{2}$ ⑤ 4

0906 교육청 기출

연립부등식 $\begin{cases} 2x+5\le 9 \\ |x-3|\le 7 \end{cases}$ 을 만족시키는 정수 x의 개수를 구하시오.

0907 중요

부등식 $|x+a|<5$를 만족시키는 정수 x의 최솟값이 -8일 때, 정수 a의 값은?

① 3 ② 4 ③ 5
④ 6 ⑤ 7

0908 중요

부등식 $\left|x+\frac{1}{2}a\right| \le b$의 해가 $-6 \le x \le 8$일 때, 실수 a, b에 대하여 $a+b$의 값은?

① 1　② 3　③ 5
④ 7　⑤ 9

0909

부등식 $|x-a|>1$의 해가 $1<x<2$를 포함하도록 하는 실수 a의 값의 범위를 구하시오.

0910

부등식 $|x-a|+3 \ge b$의 해가 $x \le -1$ 또는 $x \ge 5$일 때, 실수 a, b에 대하여 ab의 값은?

① 11　② 12　③ 13
④ 14　⑤ 15

0911

다음 부등식을 푸시오.

$$2<|x+1|<4$$

0912

$ab<0$일 때, 부등식 $|ax+1| \ge b$의 해가 $x \le -1$ 또는 $x \ge 3$이다. 실수 a, b에 대하여 $b-a$의 값을 구하시오.

유형 12 $|ax+b|<cx+d$ 꼴의 부등식

$|ax+b|<cx+d$ 꼴의 부등식은 x의 값의 범위를

$x<-\frac{b}{a}$, $x \ge -\frac{b}{a}$ ← 절댓값 기호 안의 식의 값이 0이 되는 x의 값인 $-\frac{b}{a}$를 경계로 하여 x의 값의 범위를 나눈다.

로 나누어 푼다.

개념ON 312쪽 유형ON 2권 108쪽

0913 대표문제

부등식 $|x-2| \le x+8$의 해가 $x \ge a$일 때, 실수 a의 값은?

① -3　② -2　③ 0
④ 2　⑤ 3

정답과 풀이 157쪽

0914

다음 부등식을 푸시오.

$$|x|-2x<6$$

0915 중요 교육청 기출

부등식 $x>|3x+1|-7$을 만족시키는 모든 정수 x의 값의 합은?

① -2 ② -1 ③ 0
④ 1 ⑤ 2

0916

부등식 $|x+4|<-2x-11$의 해와 부등식 $-3x+a>4$의 해가 일치할 때, 실수 a의 값을 구하시오.

0917 서술형

부등식 $3|x-1|+x-7\geq 0$을 만족시키는 자연수 x의 최솟값을 구하시오.

유형 13 절댓값 기호를 2개 포함한 부등식

$|x-a|+|x-b|<c$ $(a<b)$ 꼴의 부등식은 x의 값의 범위를 $x<a$, $a\leq x<b$, $x\geq b$ ← 절댓값 기호 안의 식의 값이 0이 되는 x의 값인 a, b를 경계로 하여 x의 값의 범위를 나눈다.
로 나누어 푼다.

개념ON 312쪽 유형ON 2권 109쪽

0918 대표문제

부등식 $|x-4|+|x+3|\geq 9$의 해가 $x\leq a$ 또는 $x\geq b$일 때, $a+b$의 값을 구하시오.

0919 중요

부등식 $|x|+|x-3|\leq 5$를 풀면?

① $x\leq -1$ ② $-1<x<4$ ③ $-1\leq x<4$
④ $-1\leq x\leq 4$ ⑤ $x>4$

08 일차부등식

0920 교육청 기출

부등식 $|x+1|+|x-2|<5$를 만족시키는 정수 x의 개수를 구하시오.

0921 중요 서술형

부등식 $|x-1|+\sqrt{(x+5)^2}<x+8$의 해를 구하시오.

0922

부등식 $||x+2|-4|\le5$를 만족시키는 x의 최댓값을 M, 최솟값을 m이라 할 때, $M+m$의 값은?

① -5 ② -4 ③ -3
④ -2 ⑤ -1

유형 14 절댓값 기호를 포함한 부등식 - 해의 조건이 주어진 경우

(1) $|ax+b|<c$의 해가 없다. ➡ $c\le0$
(2) $|ax+b|\le c$의 해가 없다. ➡ $c<0$
(3) $|ax+b|>c$의 해가 모든 실수이다. ➡ $c<0$
(4) $|ax+b|\ge c$의 해가 모든 실수이다. ➡ $c\le0$

확인 문제

다음을 만족시키는 실수 a의 값의 범위를 구하시오.
(1) $|x|\ge a$의 해가 모든 실수이다.
(2) $|x|>a$의 해가 모든 실수이다.
(3) $|x|\le a$의 해가 없다.
(4) $|x|<a$의 해가 없다.

개념ON 312쪽 유형ON 2권 109쪽

0923 대표문제

부등식 $|2x-1|-a\le3$의 해가 존재하지 않도록 하는 실수 a의 값의 범위는?

① $a<-3$ ② $a\le-3$ ③ $a>-3$
④ $a\ge-3$ ⑤ $a>3$

0924 중요

부등식 $|x+7|\ge\frac{1}{3}a+2$의 해가 모든 실수가 되도록 하는 정수 a의 최댓값은?

① -7 ② -6 ③ -5
④ -4 ⑤ -3

0925

부등식 $\left|\frac{1}{2}x-3\right|+2<a$의 해가 존재하도록 하는 실수 a의 값의 범위는?

① $a<-2$ ② $a\ge-2$ ③ $a<2$
④ $a>2$ ⑤ $a\ge2$

내신 잡는 종합 문제

0926

두 정수 x, y가 $3x-y=6$을 만족시킬 때, 부등식 $2x-12<y+3\leq 4x+2$를 만족시키는 음의 정수 x의 개수를 구하시오.

0927

연립부등식 $\begin{cases} 0.2x+1.5\leq 0.5 \\ 3x+a\leq 4(x+1) \end{cases}$ 이 해를 갖도록 하는 실수 a의 값의 범위를 구하시오.

0928

부등식 $3-ax<2x\leq b(x+4)$의 해가 $1<x\leq 2$일 때, 두 상수 a, b에 대하여 $3ab$의 값은?

① -2 ② -1 ③ 1
④ 2 ⑤ 3

0929 교육청 기출

x에 대한 연립부등식 $3x-1<5x+3\leq 4x+a$를 만족시키는 정수 x의 개수가 8이 되도록 하는 자연수 a의 값을 구하시오.

0930 교육청 기출

x에 대한 부등식 $|x-a|<2$를 만족시키는 모든 정수 x의 값의 합이 33일 때, 자연수 a의 값은?

① 11 ② 12 ③ 13
④ 14 ⑤ 15

0931

연립부등식 $\begin{cases} |x+k-5|<6 \\ x-2k\geq 8 \end{cases}$ 의 해가 부등식 $|x+k-5|<6$의 해와 같을 때, 정수 k의 최댓값은?

① -5 ② -4 ③ -3
④ -2 ⑤ -1

08 일차부등식

0932

연립부등식 $\begin{cases} ||x+2|-1|<2 \\ \dfrac{x+k}{2}<2+x \end{cases}$ 가 해를 갖지 않도록 하는 정수 k의 최솟값은?

① -2　② -1　③ 0
④ 5　⑤ 6

0933

다음 표는 어느 테마파크의 두 테마 A, B를 각각 1회씩 체험하는 요금과 소요 시간을 나타낸 것이다. 테마 A, B를 합하여 10회 체험하고, 소요 시간은 95분 이내, 요금은 23000원 이하로 하려고 할 때, 테마 A를 체험하는 횟수를 구하시오.

(단, 이동 시간과 기다리는 시간은 생각하지 않는다.)

테마	요금(원)	소요 시간(분)
A	2000	10
B	3000	8

0934

이차방정식 $(x+2)^2-16=8(x-2)$의 해가 연립부등식 $\begin{cases} \dfrac{2x-a}{7} \geq \dfrac{x}{2}+\dfrac{1}{2} \\ 5x \leq 3(2x+b)+4 \end{cases}$ 의 해와 같을 때, 실수 a, b에 대하여 ab의 값은?

① 10　② 11　③ 12
④ 13　⑤ 14

0935

부등식 $2|x+2|-3|x-5| \geq 1$을 만족시키는 정수 x의 개수를 구하시오.

0936

실수 a, b, c, d에 대하여 $a>b>0$, $c>d>0$일 때, 다음 중 항상 성립하는 것은?

① $\dfrac{a}{b}<1$　② $\dfrac{a}{d}<\dfrac{b}{d}$　③ $\dfrac{a}{c}>\dfrac{a}{d}$
④ $a-d>b-c$　⑤ $ac<bd$

0937

모든 실수 x에 대하여 부등식 $a^2x-3x-1<a(2x+1)$이 성립할 때, 실수 a의 값은?

① -1　② 0　③ 1
④ 2　⑤ 3

0938

부등식 $3x+a\le 2-x\le b(x+3)$의 해가 $-2\le x\le 7$일 때, 실수 a, b에 대하여 $b-a$의 값을 구하시오.

0939

연립부등식 $\begin{cases} \frac{x}{3}-\frac{a}{9}\ge\frac{x}{9}-1 \\ 4x+3\ge 7x-3 \end{cases}$을 만족시키는 음의 정수 x가 1개뿐일 때, 실수 a의 값의 범위를 구하시오.

0940

부등식 $\sqrt{x^2-4x+4}\le a+1$이 오직 한 개의 해 $x=b$를 가질 때, $a+b$의 값을 구하시오. (단, a는 실수이다.)

서술형 대비하기

0941

연립부등식 $\begin{cases} 4x+a<15 \\ 2-2x\ge 4x+b \end{cases}$의 해를 수직선 위에 나타내면 그림과 같을 때, 실수 a, b에 대하여 $a+b$의 값을 구하시오.

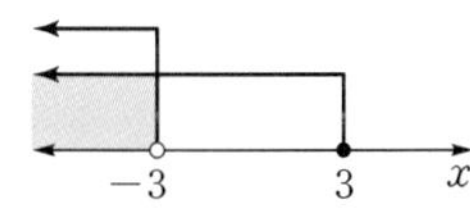

0942

삼각형의 세 변의 길이가 각각 x, x, $12-2x$일 때, x의 값의 범위를 구하시오.

0943

부등식 $|x+a|\le a^2-3a$의 해가 $-35\le x\le 21$일 때, $|2x-3|<a$를 만족시키는 모든 정수 x의 값의 합을 구하시오. (단, a는 실수이다.)

수능 녹인 변별력 문제

0944

실수 x, y가 다음 두 부등식을 만족시킬 때, $3x+y$의 최댓값과 최솟값의 합은?

$\lvert x-1\rvert \le 3,\ \lvert 2y+1\rvert \le 5$

① 1　② 3　③ 5　④ 7　⑤ 9

0945

연립부등식 $\begin{cases} 3x-2<2x+a \\ x-3a<4x+12 \end{cases}$를 만족시키는 양수 x는 존재하지 않고 음수 x는 존재하도록 하는 실수 a의 값의 범위는?

① $-5\le a\le -4$　② $-5\le a<-4$　③ $-3<a\le -2$　④ $-3\le a<-2$　⑤ $a<-3$ 또는 $a>-2$

0946

$-3\le x\le 4$일 때, x에 대한 부등식

$$|x-4|+|x+3|+|x-3|\ge a$$

가 항상 성립하기 위한 자연수 a의 최댓값은?

① 4　② 5　③ 6　④ 7　⑤ 8

0947

연립부등식 $\begin{cases} ax+6\le 3x+2a \\ bx-1+ax>3a+2b-8 \end{cases}$의 해가 $x<4$일 때, 실수 a, b에 대하여 $a-b$의 값을 구하시오.

0948

연립부등식 $\begin{cases} |2x+3|-9\le x \\ k(x+2)>4(x-2)+k^2 \end{cases}$의 해가 없도록 하는 실수 k의 값의 범위를 구하시오.

0949

x에 대한 부등식 $|x|-6n<x<-|x|+6n$을 만족시키는 모든 정수 x의 개수가 11일 때, 자연수 n의 값을 구하시오.

0950

부등식 $|x+1|+|x-3|\le 2a$를 만족시키는 정수 x의 개수가 7이 되도록 하는 실수 a의 값의 범위를 구하시오.

(단, $a>2$)

0951 교육청 기출

두 이차함수 $f(x)$, $g(x)$가 다음 조건을 만족시킨다.

> (가) 함수 $y=f(x)$의 그래프는 x축과 한 점 $(0, 0)$에서만 만난다.
> (나) 부등식 $f(x)+g(x)\ge 0$의 해는 $x\ge 2$이다.
> (다) 모든 실수 x에 대하여 $f(x)-g(x)\ge f(1)-g(1)$이다.

x에 대한 방정식 $\{f(x)-k\}\times\{g(x)-k\}=0$이 실근을 갖지 않도록 하는 정수 k의 개수가 5일 때, $f(22)+g(22)$의 최댓값을 구하시오.

이차부등식

유형 01 그래프를 이용한 이차부등식의 풀이

(1) **이차부등식:** 부등식의 모든 항을 좌변으로 이항하여 정리하였을 때, 좌변이 x에 대한 이차식인 부등식

(2) **부등식 $f(x)>0$의 해**
➡ $y=f(x)$의 그래프가 x축보다 위쪽에 있는 부분의 x의 값의 범위

(3) **부등식 $f(x)>g(x)$의 해**
➡ $y=f(x)$의 그래프가 $y=g(x)$의 그래프보다 위쪽에 있는 부분의 x의 값의 범위

확인 문제

이차함수 $y=f(x)$의 그래프와 직선 $y=g(x)$가 그림과 같을 때, 다음 이차부등식의 해를 구하시오.

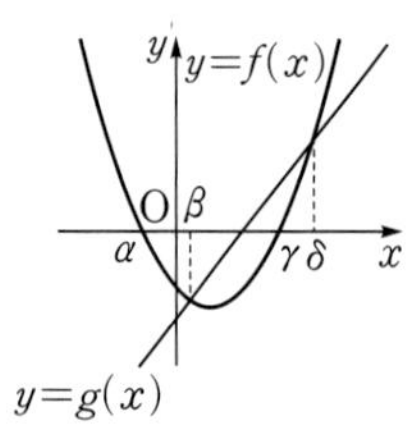

(1) $f(x)<0$
(2) $f(x)\geq0$
(3) $f(x)>g(x)$
(4) $f(x)\leq g(x)$

개념ON 328쪽 유형ON 2권 112쪽

0952

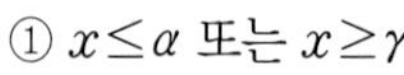

두 이차함수 $y=f(x)$, $y=g(x)$의 그래프가 그림과 같을 때, 부등식 $f(x)g(x)\geq0$의 해는?

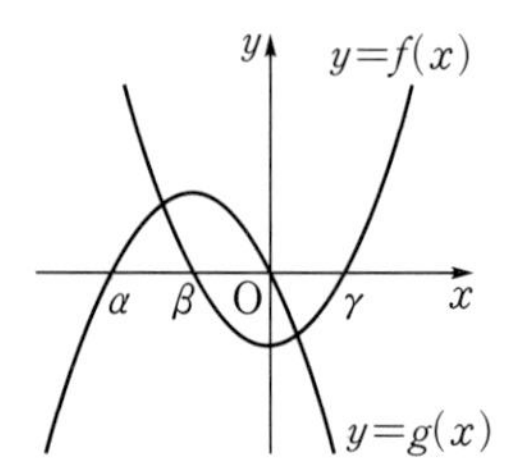

① $x\leq\alpha$ 또는 $x\geq\gamma$
② $x\leq\alpha$ 또는 $\beta\leq x\leq\gamma$
③ $\alpha\leq x\leq\beta$ 또는 $x\geq\gamma$
④ $\alpha\leq x\leq\beta$ 또는 $0\leq x\leq\gamma$
⑤ $\beta\leq x\leq0$ 또는 $x\geq\gamma$

0953

이차함수 $y=f(x)$의 그래프가 그림과 같을 때, 이차부등식 $f(x)>0$의 해는 $a<x<b$이다. 이때 $a+b$의 값은?

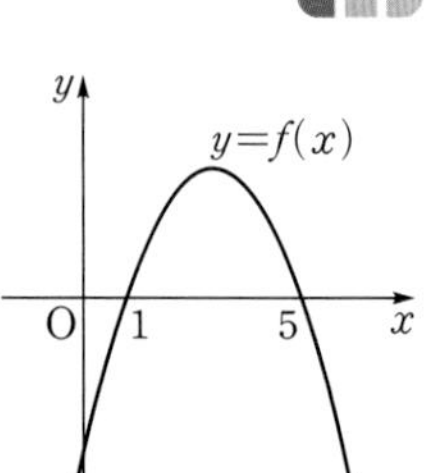

① 5 ② 6
③ 7 ④ 8
⑤ 9

0954

두 이차함수 $y=f(x)$, $y=g(x)$의 그래프가 그림과 같을 때, 다음 중 부등식 $f(x)-g(x)\leq0$을 만족시키는 x의 값이 아닌 것은?

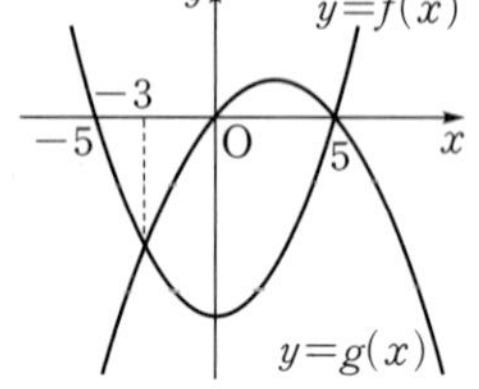

① -5 ② -3
③ 1 ④ 3
⑤ 5

0955 중요

이차함수 $y=ax^2+bx+c$의 그래프와 직선 $y=mx+n$이 그림과 같을 때, 이차부등식 $ax^2+(b-m)x+c-n<0$의 해를 구하시오.
(단, a, b, c, m, n은 상수이다.)

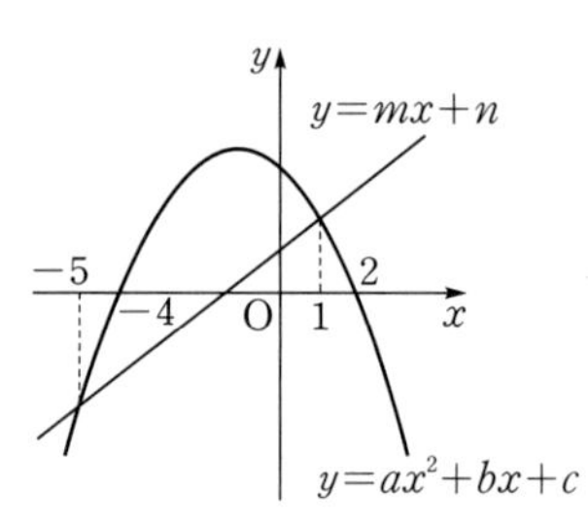

0956 중요 서술형

두 이차함수 $y=f(x)$, $y=g(x)$의 그래프가 그림과 같을 때, 부등식 $f(x)<g(x)<0$의 해는 $\alpha<x<\beta$이다. 이때 $\alpha\beta$의 값을 구하시오.

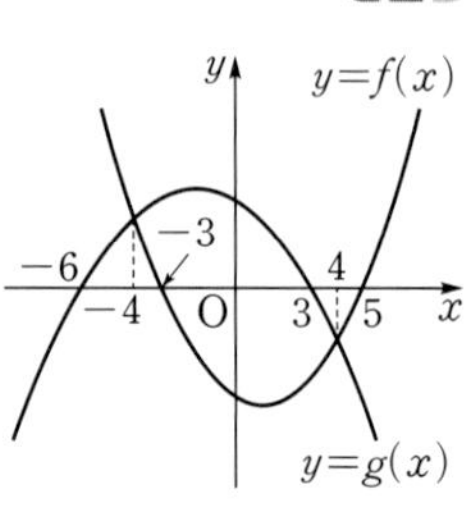

유형 02 이차부등식의 풀이

이차방정식 $f(x)=0$의 판별식을 D라 할 때, 이차부등식의 해는 다음과 같다. (단, ($f(x)$에서 x^2의 계수)>0)

	$D>0$	$D=0$	$D<0$
$y=f(x)$의 그래프	α β x	$\alpha(=\beta)$ x	x
$f(x)>0$	$x<\alpha$ 또는 $x>\beta$	$x\neq\alpha$인 모든 실수	모든 실수
$f(x)\geq0$	$x\leq\alpha$ 또는 $x\geq\beta$	모든 실수	모든 실수
$f(x)<0$	$\alpha<x<\beta$	없다.	없다.
$f(x)\leq0$	$\alpha\leq x\leq\beta$	$x=\alpha$	없다.

Tip $f(x)$에서 x^2의 계수가 음수인 경우에는 이차부등식의 양변에 -1을 곱하여 x^2의 계수를 양수로 만든 후 푼다. 이때 부등호의 방향이 바뀜에 주의한다.

참고 $D=0$ 또는 $D<0$일 때, $f(x)$를 $a(x-p)^2+q$ 꼴로 변형한다.

확인 문제

다음 이차부등식을 푸시오.

(1) $x^2-3x-10\leq0$　(2) $-2x^2+x+1\leq0$

(3) $x^2+8x+16>0$　(4) $4x^2+9\leq12x$

(5) $-x^2<3x+3$　(6) $4x-5\geq x^2$

개념ON 330쪽　유형ON 2권 112쪽

0957 대표문제

이차부등식 $-3x^2+10x+8<2-7x$의 해가 $x<\alpha$ 또는 $x>\beta$일 때, $\alpha\beta$의 값은?

① -2　② -1　③ 0

④ 1　⑤ 2

0958 교육청 기출

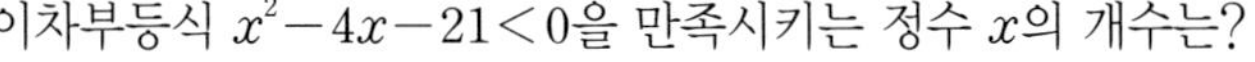

이차부등식 $x^2-4x-21<0$을 만족시키는 정수 x의 개수는?

① 3　② 6　③ 9

④ 12　⑤ 15

0959 중요

다음 보기의 이차부등식 중 해가 존재하지 않는 것을 있는 대로 고르시오.

보기

ㄱ. $x^2-2x+1>0$　ㄴ. $-2x^2+2x-1\geq0$

ㄷ. $\frac{1}{4}x^2+x+1\leq0$　ㄹ. $5(2x-5)>x^2$

ㅁ. $-3x^2<1-2x$

0960 중요

이차부등식 $x^2+2x-1<0$의 해가 $\alpha<x<\beta$일 때, $\alpha^2+\beta^2$의 값은?

① 5　② 6　③ 7

④ 8　⑤ 9

0961

다음 중 이차부등식 $(x+3)(x-1)\leq5$와 해가 같은 부등식은?

① $|x-1|\leq2$　② $|x-1|\leq3$　③ $|x+1|\leq2$

④ $|x+1|\leq3$　⑤ $|x+2|\leq2$

0962 서술형

$a<0$일 때, 이차부등식 $ax^2-3a^2x-4a^3\geq0$의 해는 $\alpha\leq x\leq\beta$이다. $(\alpha+1)(\beta-3)>0$을 만족시키는 모든 정수 a의 값의 합을 구하시오.

유형 03 절댓값 기호를 포함한 부등식

$|A| = \begin{cases} A & (A \ge 0) \\ -A & (A < 0) \end{cases}$임을 이용하여 절댓값 기호를 없앤다.

이때 절댓값 기호 안의 식의 값이 0이 되는 x의 값을 기준으로 하여 범위를 나누어 푼다.

참고 $|f(x)|>c\ (c>0)$ 꼴의 경우

⇒ $|f(x)|>c$이면 $f(x)<-c$ 또는 $f(x)>c$

개념ON 334쪽 유형ON 2권 113쪽

0963 대표문제

부등식 $x^2+4|x|-12\ge0$의 해가 $x\le\alpha$ 또는 $x\ge\beta$일 때, $\alpha+\beta$의 값은?

① -4 ② -2 ③ 0
④ 2 ⑤ 4

0964 중요

다음 중 부등식 $|x^2-3x-2|>2$의 해가 아닌 것은?

① -3 ② 1 ③ 3
④ 5 ⑤ 7

0965 중요 교육청 기출

부등식 $x^2-2x-5<|x-1|$을 만족시키는 정수 x의 개수는?

① 4 ② 5 ③ 6
④ 7 ⑤ 8

0966 서술형

부등식 $|x^2-5x+4|\le x+4$를 만족시키는 모든 정수 x의 값의 합을 구하시오.

유형 04 가우스 기호를 포함한 부등식

(1) $[x]$: x보다 크지 않은 최대의 정수

예 $[2.3]=2$, $[-3.7]=-4$, $[5]=5$

(2) 가우스 기호 [ ]를 포함한 이차부등식의 풀이

❶ $[x]$를 하나의 문자로 보고 $[x]$에 대한 이차부등식을 푼다. 이때 $[x]$는 정수이므로 정수인 $[x]$만 해가 된다.

❷ 정수 n에 대하여 $[x]=n$이면 $n\le x<n+1$

참고 n이 정수일 때, $[x\pm n]=[x]\pm n$

유형ON 2권 113쪽

0967 대표문제

부등식 $[x]^2+2[x]-3<0$을 풀면?

(단, $[x]$는 x보다 크지 않은 최대의 정수이다.)

① $-3\le x<0$ ② $-3<x\le0$ ③ $-3\le x\le0$
④ $-2\le x<1$ ⑤ $-2<x\le1$

0968

부등식 $[x-3]^2-5[x]+21\le0$을 푸시오.

(단, $[x]$는 x보다 크지 않은 최대의 정수이다.)

유형 05 이차부등식의 풀이 - 이차함수의 식 구하기

이차함수 $y=f(x)$의 그래프가 x축과 두 점 $(\alpha,\ 0)$, $(\beta,\ 0)$에서 만나면

$f(x)=a(x-\alpha)(x-\beta)$

로 놓는다. 이때 이차함수의 그래프가 아래로 볼록하면 $a>0$, 위로 볼록하면 $a<0$이다.

유형ON 2권 113쪽

0969 대표문제

이차함수 $y=f(x)$의 그래프가 그림과 같다. 부등식 $f(x)>-9$의 해가 $\alpha<x<\beta$일 때, $\beta-\alpha$의 값을 구하시오.

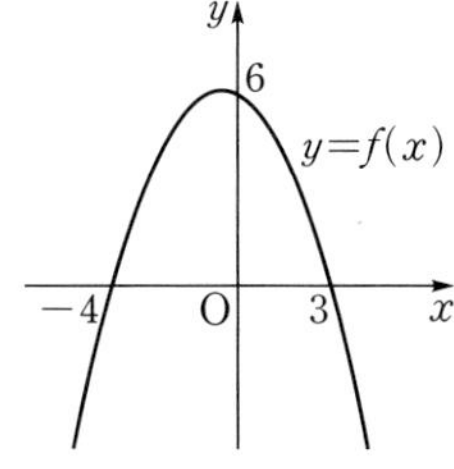

0970 중요

이차함수 $y=ax^2+bx+c$의 그래프가 그림과 같을 때, 부등식 $ax^2-cx+b<0$을 만족시키는 정수 x의 개수를 구하시오.

(단, a, b, c는 상수이다.)

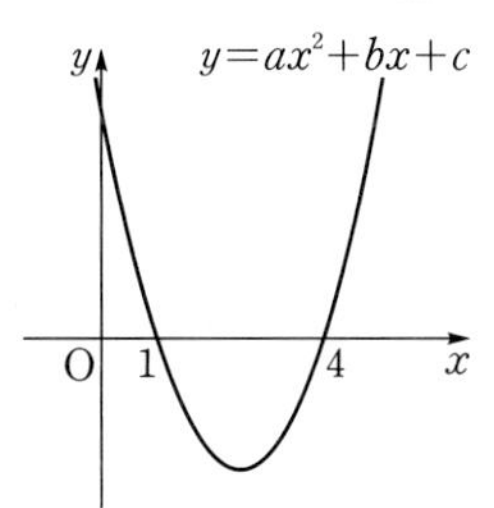

0971 서술형

이차함수 $y=f(x)$의 그래프가 그림과 같을 때, 부등식 $f(x)-15\le 0$을 만족시키는 모든 정수 x의 값의 합을 구하시오.

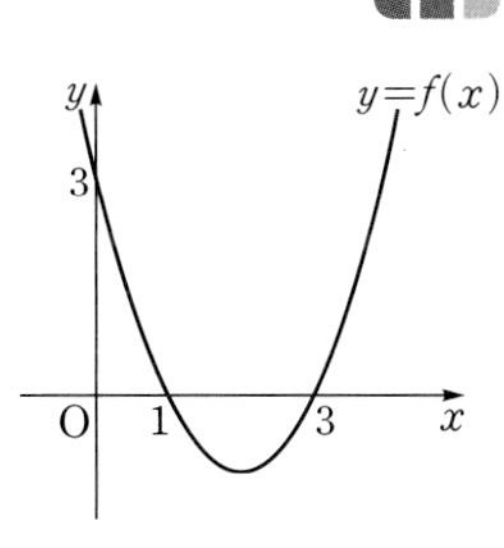

유형 06 해가 주어진 이차부등식

(1) 해가 $\alpha<x<\beta$이고 x^2의 계수가 1인 이차부등식
➡ $(x-\alpha)(x-\beta)<0$

(2) 해가 $x<\alpha$ 또는 $x>\beta$ $(\alpha<\beta)$이고 x^2의 계수가 1인 이차부등식
➡ $(x-\alpha)(x-\beta)>0$

확인 문제

해가 다음과 같고 x^2의 계수가 1인 이차부등식을 구하시오.

(1) $-3<x<4$　　(2) $x\le 1$ 또는 $x\ge 6$

(3) $x\ne 3$인 모든 실수　　(4) $x=-4$

개념ON 336쪽 유형ON 2권 114쪽

0972 대표문제

이차부등식 $ax^2+bx+2\le 0$의 해가 $2\le x\le 3$일 때, 실수 a, b에 대하여 $a-b$의 값은?

① 2　② $\frac{7}{3}$　③ $\frac{8}{3}$

④ 3　⑤ $\frac{10}{3}$

0973

이차부등식 $x^2+ax+4>0$의 해가 $x<-4$ 또는 $x>b$일 때, 실수 a, b에 대하여 $a-b$의 값은? (단, $b>-4$)

① 3　② 4　③ 5

④ 6　⑤ 7

0974

이차부등식 $x^2+ax+b\le 0$의 해가 $x=-\frac{1}{2}$일 때, 이차부등식 $bx^2+ax-\frac{5}{4}<0$을 만족시키는 정수 x의 개수를 구하시오. (단, a, b는 실수이다.)

09 이차부등식

0975 교육청 기출

이차함수 $f(x)$가 다음 조건을 만족시킨다. $f(5)$의 값은?

> (가) $f(0)=8$
> (나) 이차부등식 $f(x)>0$의 해는 $x\neq2$인 모든 실수이다.

① 12 ② 14 ③ 16
④ 18 ⑤ 20

0976 중요 서술형

이차부등식 $ax^2+bx+c>0$의 해가 $-4<x<1$일 때, 이차부등식 $bx^2-13ax-3c>0$을 만족시키는 정수 x의 값을 구하시오. (단, a, b, c는 실수이다.)

0977 교육청 기출

이차다항식 $P(x)$가 다음 조건을 만족시킬 때, $P(-1)$의 값은?

> (가) 부등식 $P(x)\geq-2x-3$의 해는 $0\leq x\leq1$이다.
> (나) 방정식 $P(x)=-3x-2$는 중근을 가진다.

① -3 ② -4 ③ -5
④ -6 ⑤ -7

유형 07 부등식 $f(x)<0$과 부등식 $f(ax+b)<0$의 관계

이차부등식 $f(x)<0$의 해가 주어졌을 때, 이차부등식 $f(ax+b)<0$의 해는 다음과 같은 방법으로 구한다.

[방법 1] $f(x)=p(x-\alpha)(x-\beta)$이면
➡ $f(ax+b)=p(ax+b-\alpha)(ax+b-\beta)$임을 이용한다.

[방법 2] $f(x)<0$의 해가 $\alpha<x<\beta$이면
➡ $f(ax+b)<0$의 해는 $\alpha<ax+b<\beta$

유형ON 2권 115쪽

0978 대표문제

이차부등식 $f(x)\leq0$의 해가 $x\leq-2$ 또는 $x\geq6$일 때, 부등식 $f(-2x)>0$의 해를 구하시오.

0979

이차부등식 $f(x)<0$의 해가 $-5<x<7$일 때, 부등식 $f(3x+1)<0$의 해는?

① $-14<x<2$ ② $-14<x<22$
③ $-2<x<2$ ④ $x<-14$ 또는 $x>22$
⑤ $x<-2$ 또는 $x>2$

0980 중요

이차부등식 $ax^2+bx+c>0$의 해가 $-3<x<2$일 때, 부등식 $a(x+2)^2+b(x+2)+c<0$의 해를 구하시오.
(단, a, b, c는 실수이다.)

정답과 풀이 169쪽

0981 서술형

이차함수 $y=f(x)$의 그래프가 그림과 같을 때, 부등식 $f\left(\frac{2x-1}{3}\right)<0$의 해를 구하시오.

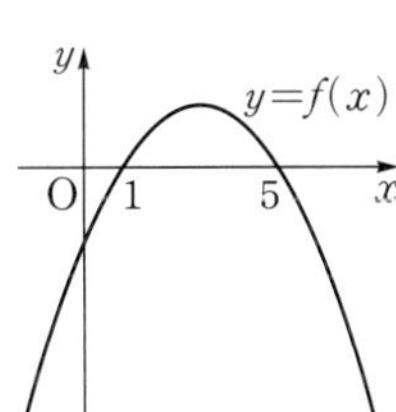

0982 중요

그림은 두 점 $(-1,\ 0)$, $(2,\ 0)$을 지나는 이차함수 $y=f(x)$의 그래프를 나타낸 것이다. 부등식 $f\left(\frac{x+k}{2}\right)\leq 0$의 해가 $-3\leq x\leq 3$일 때, 상수 k의 값은?

① 0　② 1　③ 2

④ 3　⑤ 4

유형 08 정수인 해의 개수가 주어진 이차부등식

이차부등식의 정수인 해가 n개이면
❶ 주어진 부등식을 풀어 해를 수직선 위에 나타낸다.
❷ n개의 정수를 포함하도록 하는 미지수의 값의 범위를 구한다.

예 부등식 $-1\leq x<a$의 정수인 해가 3개이다.

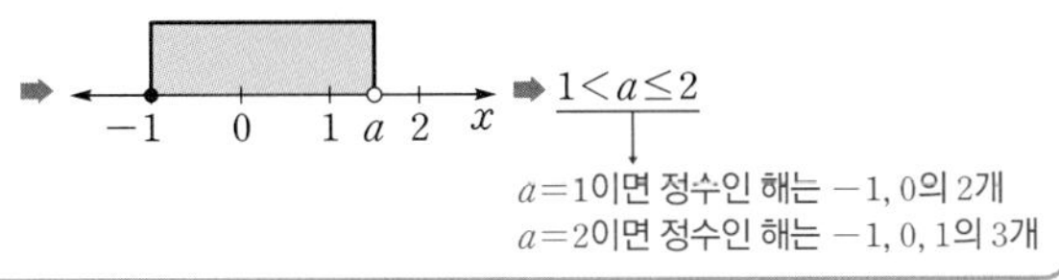

유형ON 2권 115쪽

0983 대표문제

x에 대한 이차부등식 $x^2+4x+4-a^2\leq 0$을 만족시키는 정수 x가 5개가 되도록 하는 자연수 a의 값을 구하시오.

0984

이차부등식 $(x-a)(x-3)<0$을 만족시키는 정수 x가 4개가 되도록 하는 실수 a의 값의 범위는? (단, $a<3$)

① $-2<a\leq -1$　② $-2\leq a<-1$
③ $-2\leq a\leq -1$　④ $-1<a\leq 0$
⑤ $-1\leq a<0$

0985 서술형

이차부등식 $x^2-2a<0$을 만족시키는 정수 x가 7개가 되도록 하는 자연수 a의 최댓값을 M, 최솟값을 m이라 할 때, $M+m$의 값을 구하시오.

0986

양의 실수 a에 대하여 이차함수 $f(x)=x^2-2ax+a$의 그래프의 꼭짓점을 A라 하고, 이 그래프와 y축과의 교점을 B라 하자. 그림과 같이 이차함수 $y=g(x)$의 그래프가 두 점 A, B를 지날 때, 부등식 $f(x)-g(x)\leq 0$을 만족시키는 정수 x가 5개가 되도록 하는 a의 값의 범위는?

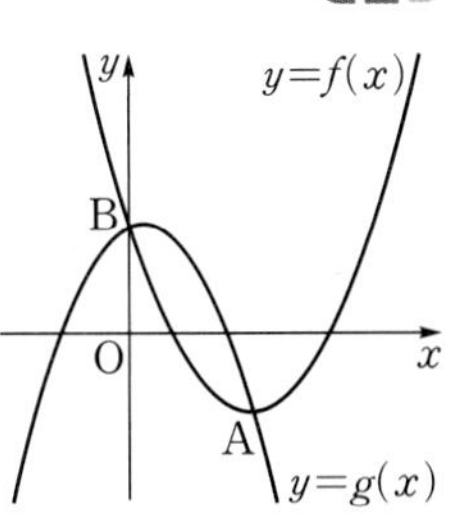

① $3<a\leq 4$　② $4\leq a<5$　③ $4<a\leq 5$
④ $5<a\leq 6$　⑤ $5\leq a<6$

0987 교육청 기출

x에 대한 이차부등식 $x^2-(n+5)x+5n\leq0$을 만족시키는 정수 x의 개수가 3이 되도록 하는 모든 자연수 n의 값의 합은?

① 8　　② 9　　③ 10
④ 11　　⑤ 12

유형 09 이차부등식이 해를 한 개만 가질 조건

이차방정식 $ax^2+bx+c=0$의 판별식을 D라 할 때

(1) 이차부등식 $ax^2+bx+c\geq0$의 해가 한 개이다.
➡ $a<0$, $D=0$

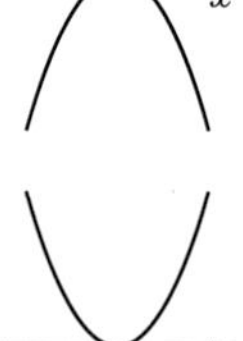

(2) 이차부등식 $ax^2+bx+c\leq0$의 해가 한 개이다.
➡ $a>0$, $D=0$

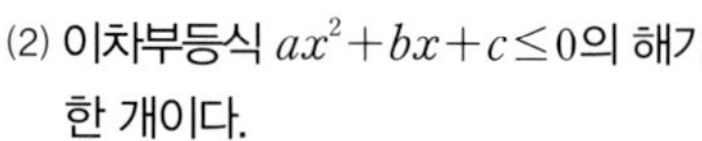

확인 문제

다음 이차부등식의 해가 오직 한 개 존재하도록 하는 실수 k의 값을 구하시오.

(1) $x^2-4x+k-1\leq0$　　(2) $-x^2-kx+2k\geq0$

유형ON 2권 116쪽

0988 대표문제

이차부등식 $(a-1)x^2-4x+a-4\leq0$의 해가 오직 한 개 존재할 때, 실수 a의 값을 구하시오.

0989 중요

이차부등식 $-x^2+(a+3)x+a\geq0$의 해가 오직 한 개 존재할 때, 모든 실수 a의 값의 곱을 구하시오.

0990

이차부등식 $9x^2+12x+k-2\leq0$의 해가 $x=a$뿐일 때, ak의 값을 구하시오. (단, k는 실수이다.)

0991 서술형

이차부등식 $(6-a)x^2+(a-6)x+1>0$을 만족시키지 않는 x의 값이 오직 b뿐일 때, $a+b$의 값을 구하시오.

(단, a는 실수이다.)

유형 10 이차부등식이 해를 가질 조건

이차방정식 $ax^2+bx+c=0$의 판별식을 D라 할 때

(1) 이차부등식 $ax^2+bx+c>0$이 해를 갖는다.
➡ ① $a>0$이면 부등식은 항상 해를 갖는다.
② $a<0$이면 $D>0$이어야 한다.

(2) 이차부등식 $ax^2+bx+c<0$이 해를 갖는다.
➡ ① $a<0$이면 부등식은 항상 해를 갖는다.
② $a>0$이면 $D>0$이어야 한다.

확인 문제

다음 이차부등식이 해를 갖도록 하는 실수 k의 값의 범위를 구하시오.

(1) $x^2+kx+1<0$　　(2) $-x^2+2x+k>0$

개념ON 340쪽　유형ON 2권 116쪽

0992 대표문제

이차부등식 $x^2+3x+a<0$이 해를 갖도록 하는 정수 a의 최댓값을 구하시오.

0993 중요

이차부등식 $-5x^2+2(a+1)x-5\geq0$이 해를 갖도록 하는 실수 a의 값의 범위를 구하시오.

0994

이차부등식 $(a-5)x^2-12x+a<0$이 해를 갖도록 하는 실수 a의 값의 범위는?

① $a>5$　② $a<9$　③ $-4<a<9$　④ $5<a<9$ 또는 $a>9$　⑤ $a<5$ 또는 $5<a<9$

0995 중요

다음 중 이차부등식 $mx^2+5x+m+12>0$이 해를 갖도록 하는 실수 m의 값이 아닌 것은?

① -14　② -7　③ -1　④ 7　⑤ 14

0996 서술형

x에 대한 부등식 $(k+2)x^2-(k+2)x+k+5\geq0$의 해가 존재하도록 하는 실수 k의 값의 범위를 구하시오.

유형 11 이차부등식이 항상 성립할 조건

이차방정식 $ax^2+bx+c=0$의 판별식을 D라 할 때, 모든 실수 x에 대하여

(1) $ax^2+bx+c>0$이 성립한다. ➡ $a>0$, $D<0$

(2) $ax^2+bx+c\geq0$이 성립한다. ➡ $a>0$, $D\leq0$

(3) $ax^2+bx+c<0$이 성립한다. ➡ $a<0$, $D<0$

(4) $ax^2+bx+c\leq0$이 성립한다. ➡ $a<0$, $D\leq0$

확인 문제

모든 실수 x에 대하여 다음 이차부등식이 성립하도록 하는 실수 k의 값의 범위를 구하시오.

(1) $x^2+6x+k-1>0$　(2) $-x^2+kx+k-3<0$

개념ON 338쪽　유형ON 2권 117쪽

0997 대표문제

이차부등식 $ax^2+4(a-4)x+5a-20<0$의 해가 모든 실수가 되도록 하는 실수 a의 값의 범위는?

① $a<-16$　② $a>4$　③ $a>16$　④ $-16<a<4$　⑤ $a<-16$ 또는 $a>4$

0998

이차부등식 $-x^2+(k+1)x-k\leq0$이 x의 값에 관계없이 항상 성립할 때, 실수 k의 값을 구하시오.

0999 교육청 기출

모든 실수 x에 대하여 이차부등식 $x^2+(m+2)x+2m+1>0$이 성립하도록 하는 모든 정수 m의 값의 합은?

① 3　② 4　③ 5　④ 6　⑤ 7

1000 중요

모든 실수 x에 대하여 $\sqrt{x^2+3ax+a+7}$이 실수가 되도록 하는 정수 a의 개수를 구하시오.

1001 서술형

부등식 $kx^2-kx-3<0$이 모든 실수 x에 대하여 성립할 때, 실수 k의 값의 범위를 구하시오.

유형 12 이차부등식이 해를 갖지 않을 조건

이차방정식 $ax^2+bx+c=0$의 판별식을 D라 할 때

(1) 이차부등식 $ax^2+bx+c>0$이 해를 갖지 않는다.
➡ 모든 실수 x에 대하여 이차부등식 $ax^2+bx+c\le0$이 성립한다.
➡ $a<0$, $D\le0$

(2) 이차부등식 $ax^2+bx+c<0$이 해를 갖지 않는다.
➡ 모든 실수 x에 대하여 이차부등식 $ax^2+bx+c\ge0$이 성립한다.
➡ $a>0$, $D\le0$

개념ON 340쪽 유형ON 2권 117쪽

1002 대표문제

이차부등식 $ax^2+3x\ge ax+4$가 해를 갖지 않도록 하는 실수 a의 값의 범위는?

① $a\le-9$
② $-9<a<-1$
③ $-9\le a\le-1$
④ $a<-9$ 또는 $-1<a<0$
⑤ $a\le-9$ 또는 $-1\le a<0$

1003 교육청 기출

x에 대한 이차부등식 $x^2+8x+(a-6)<0$이 해를 갖지 않도록 하는 실수 a의 최솟값을 구하시오.

1004 중요

이차부등식 $(2a-3)x^2-2ax+3<0$의 해가 없을 때, 실수 a의 값은?

① 1
② 2
③ 3
④ 4
⑤ 5

1005

두 이차함수 $f(x)=x^2-2mx-2$, $g(x)=2x^2+m$에 대하여 이차부등식 $f(x)\ge g(x)$를 만족시키는 해가 없도록 하는 실수 m의 값의 범위를 구하시오.

1006 중요 서술형

x에 대한 부등식 $(m+4)x^2-2(m+4)x-1>0$의 해가 존재하지 않도록 하는 정수 m의 개수를 구하시오.

정답과 풀이 174쪽

유형 13 제한된 범위에서 항상 성립하는 이차부등식

(1) $\alpha \le x \le \beta$에서 이차부등식 $f(x)>0$이 항상 성립한다.
➡ $\alpha \le x \le \beta$에서 ($f(x)$의 최솟값)>0이다.
(2) $\alpha \le x \le \beta$에서 이차부등식 $f(x)<0$이 항상 성립한다.
➡ $\alpha \le x \le \beta$에서 ($f(x)$의 최댓값)<0이다.

개념ON 344쪽 유형ON 2권 118쪽

1007 대표문제

$-1 \le x \le 4$에서 이차부등식 $-x^2+2x+2k+1 \ge 0$이 항상 성립할 때, 실수 k의 값의 범위는?

① $k \le -1$　② $k \le \frac{7}{2}$　③ $k \ge -1$
④ $k \ge 1$　⑤ $k \ge \frac{7}{2}$

1008 교육청 기출

$3 \le x \le 5$인 실수 x에 대하여 부등식

$$x^2-4x-4k+3 \le 0$$

이 항상 성립하도록 하는 상수 k의 최솟값은?

① 1　② 2　③ 3
④ 4　⑤ 5

1009

$1 \le x \le 7$에서 이차부등식 $-\frac{1}{2}x^2+5x+3m-\frac{1}{2} \le 0$이 항상 성립할 때, 실수 m의 최댓값을 구하시오.

1010

$1 \le x \le 3$인 모든 실수 x에 대하여 이차부등식

$$x^2+a^2+2<2x^2+4x+2a$$

가 성립할 때, 정수 a의 개수는?

① 1　② 3　③ 5
④ 7　⑤ 9

1011 중요 서술형

이차부등식 $x^2+7x+10 \le 0$을 만족시키는 모든 실수 x에 대하여 이차부등식 $x^2+3ax+a^2-11 \le 0$이 항상 성립할 때, 실수 a의 값의 범위를 구하시오.

1012

$2 \le x \le 6$에서 이차부등식 $x^2+a^2>2ax+a$가 항상 성립할 때, 실수 a의 값의 범위를 구하시오.

유형 14 이차부등식과 두 그래프의 위치 관계 - 만나는 경우

함수 $y=f(x)$의 그래프가 함수 $y=g(x)$의 그래프보다

(1) 위쪽에 있는 부분의 x의 값의 범위

➡ 부등식 $f(x)>g(x)$의 해와 같다.

(2) 아래쪽에 있는 부분의 x의 값의 범위

➡ 부등식 $f(x)<g(x)$의 해와 같다.

개념ON 342쪽 유형ON 2권 118쪽

1013 대표문제

이차함수 $y=x^2+ax+b$의 그래프가 직선 $y=-x+1$보다 아래쪽에 있는 부분의 x의 값의 범위가 $2<x<4$일 때, 실수 a, b에 대하여 $a+b$의 값을 구하시오.

1014

이차함수 $y=4x^2-4x-3$의 그래프가 x축보다 위쪽에 있는 부분의 x의 값의 범위가 $x<a$ 또는 $x>b$일 때, $b-a$의 값은? (단, $a<b$)

① -2 ② -1 ③ 1
④ 2 ⑤ 3

1015 서술형

이차함수 $y=3x^2+ax+a-1$의 그래프가 이차함수 $y=x^2-x+b$의 그래프보다 위쪽에 있는 부분의 x의 값의 범위가 $x<-3$ 또는 $x>2$일 때, 실수 a, b에 대하여 ab의 값을 구하시오.

1016

이차함수 $y=x^2+2mx-3m+1$의 그래프가 이차함수 $y=2x^2+3x-5$의 그래프보다 아래쪽에 있는 부분의 x의 값의 범위가 $x<2$ 또는 $x>n$일 때, 실수 m에 대하여 $m+n$의 값을 구하시오. (단, $n>2$)

1017 교육청 기출

이차항의 계수가 음수인 이차함수 $y=f(x)$의 그래프와 직선 $y=x+1$이 두 점에서 만나고 그 교점의 y좌표가 각각 3과 8이다. 이때 이차부등식 $f(x)-x-1>0$을 만족시키는 모든 정수 x의 값의 합은?

① 14 ② 15 ③ 16
④ 17 ⑤ 18

1018 중요

이차함수 $y=ax^2+bx+2a^2-9$의 그래프가 직선 $y=b+4$보다 위쪽에 있는 부분의 x의 값의 범위가 $-4<x<3$일 때, 실수 a, b에 대하여 $a+b$의 값을 구하시오.

유형 15 이차부등식과 두 그래프의 위치 관계 - 만나지 않는 경우

함수 $y=f(x)$의 그래프가 함수 $y=g(x)$의 그래프보다
(1) 항상 위쪽에 있으면
➡ 모든 실수 x에 대하여 부등식 $f(x)>g(x)$가 성립한다.
(2) 항상 아래쪽에 있으면
➡ 모든 실수 x에 대하여 부등식 $f(x)<g(x)$가 성립한다.

개념ON 342쪽 유형ON 2권 119쪽

1019 대표문제

이차함수 $y=x^2+3x+2$의 그래프가 직선 $y=ax-2$보다 항상 위쪽에 있도록 하는 정수 a의 개수를 구하시오.

1020

이차함수 $y=kx^2+2(k+2)x-1$의 그래프가 x축보다 항상 아래쪽에 있도록 하는 실수 k의 값의 범위는?

① $-5<k<-2$ ② $-5\le k\le -2$
③ $-4<k<-1$ ④ $-4\le k\le -1$
⑤ $k<-4$ 또는 $k>-1$

1021 중요

이차함수 $y=mx^2+5x+2$의 그래프가 직선 $y=3mx+1$보다 항상 위쪽에 있도록 하는 정수 m의 값을 구하시오.

1022 서술형

함수 $y=ax^2+2x-3$의 그래프가 이차함수 $y=x^2+2ax+2$의 그래프보다 항상 아래쪽에 있도록 하는 정수 a의 최댓값을 M, 최솟값을 m이라 할 때, $M+m$의 값을 구하시오.

유형 16 이차부등식의 활용

이차부등식의 활용 문제는 다음과 같은 순서로 푼다.
❶ 주어진 조건에 맞게 부등식을 세운다.
❷ 부등식을 풀어 해를 구한다.
이때 미지수의 값의 범위에 주의한다.

개념ON 332쪽 유형ON 2권 120쪽

1023 대표문제

그림과 같이 가로, 세로의 길이가 각각 25 m, 20 m인 직사각형의 꽃밭에 일정한 폭의 길을 만들었다. 길을 제외한 꽃밭의 넓이가 300 m^2 이상이 되도록 할 때, 길의 폭의 최댓값을 구하시오.

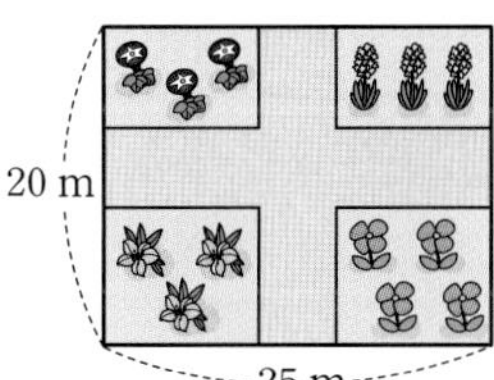

1024 중요

어떤 물체를 초속 50 m의 속도로 쏘아 올린 물체의 t초 후의 높이를 h m라 할 때, $h=-5t^2+50t$의 관계가 성립한다고 한다. 이 물체의 높이가 120 m 이상인 시간은 몇 초 동안인지 구하시오.

09 이차부등식

1025

어느 정육면체의 밑면의 가로와 세로의 길이를 각각 6 cm, 4 cm 늘이고, 높이를 6 cm 줄여서 새로운 직육면체를 만들었더니 직육면체의 부피가 처음 정육면체의 부피보다 작아졌다. 다음 중 처음 정육면체의 한 모서리의 길이가 될 수 없는 것은?

① 8 ② 9 ③ 10
④ 11 ⑤ 12

1026 서술형

가로, 세로의 길이가 각각 65 cm, 120 cm인 직사각형이 있다. 가로, 세로의 길이를 각각 x cm만큼 늘여서 만든 직사각형의 넓이가 처음 직사각형의 넓이의 $\frac{5}{4}$배 이상이 되도록 할 때, x의 값의 범위를 구하시오.

1027 교육청 기출

어느 라면 전문점에서 라면 한 그릇의 가격이 2000원이면 하루에 200그릇이 판매되고, 라면 한 그릇의 가격을 100원씩 내릴 때마다 하루 판매량이 20그릇씩 늘어난다고 한다. 하루의 라면 판매액의 합계가 442000원 이상이 되기 위한 라면 한 그릇의 가격의 최댓값은?

① 1500원 ② 1600원 ③ 1700원
④ 1800원 ⑤ 1900원

유형 17 연립이차부등식의 풀이

연립이차부등식은 각 부등식의 해를 구한 다음 공통부분을 구하여 푼다. 이때 $A<B<C$ 꼴의 부등식은 연립부등식 $\begin{cases} A<B \\ B<C \end{cases}$로 바꾸어 푼다.

확인 문제

다음 연립부등식을 푸시오.

(1) $\begin{cases} 3x-2>5x+4 \\ x^2+5x-14\le 0 \end{cases}$ (2) $\begin{cases} x^2-x-20\ge 0 \\ x^2+7x-8>0 \end{cases}$

개념ON 350쪽 유형ON 2권 120쪽

1028 대표문제

연립부등식 $\begin{cases} x^2-x-42\le 0 \\ 2x^2-3x-9>0 \end{cases}$을 만족시키는 정수 x의 개수는?

① 5 ② 6 ③ 7
④ 8 ⑤ 9

1029 교육청 기출

연립부등식 $\begin{cases} x-1\ge 2 \\ x^2-6x\le -8 \end{cases}$의 해가 $\alpha\le x\le\beta$이다. $\alpha+\beta$의 값을 구하시오.

1030

연립부등식 $\begin{cases} 2x+1<x-3 \\ x^2+6x-7<0 \end{cases}$을 만족시키는 정수 x의 개수는?

① 1 ② 2 ③ 3
④ 4 ⑤ 5

정답과 풀이 178쪽

1031 교육청 기출

연립부등식 $\begin{cases} x^2-4x-12\leq 0 \\ x^2-4x+4>0 \end{cases}$을 만족시키는 모든 정수 x의 개수는?

① 5 ② 6 ③ 7
④ 8 ⑤ 9

1032 교육청 기출

연립부등식 $\begin{cases} x^2-3x-18\leq 0 \\ x^2-8x+15\geq 0 \end{cases}$을 만족시키는 모든 정수 x의 값의 합은?

① 7 ② 8 ③ 9
④ 10 ⑤ 11

1033 중요 서술형

부등식 $3x^2+2x-26<x^2+16x+10\leq 2x^2+10x+15$를 만족시키는 모든 자연수 x의 값의 합을 구하시오.

1034 중요

$\dfrac{\sqrt{x^2-6x+8}}{\sqrt{x^2+2x-15}}=-\sqrt{\dfrac{x^2-6x+8}{x^2+2x-15}}$을 만족시키는 실수 x의 값의 범위를 구하시오.

유형 18 절댓값 기호를 포함한 연립부등식

(1) 절댓값 기호 안의 식의 값이 0이 되는 x의 값을 기준으로 하여 범위를 나누어 푼다.
(2) $|f(x)|<c$, $|f(x)|>c$ $(c>0)$ 꼴의 경우
① $|f(x)|<c$ ➡ $-c<f(x)<c$
② $|f(x)|>c$ ➡ $f(x)<-c$ 또는 $f(x)>c$

개념ON 350쪽 유형ON 2권 121쪽

1035 대표문제

연립부등식 $\begin{cases} |x-1|\leq 3 \\ x^2-8x+15>0 \end{cases}$을 만족시키는 정수 x의 개수는?

① 1 ② 2 ③ 3
④ 4 ⑤ 5

1036 중요

연립부등식 $\begin{cases} 6x^2+5x-4<0 \\ x^2-4|x|+3\leq 0 \end{cases}$을 만족시키는 정수 x의 값을 구하시오.

1037 서술형

연립부등식 $\begin{cases} 2x+3<-1 \\ |x^2+13x+24|<12 \end{cases}$를 만족시키는 정수 x의 개수를 구하시오.

유형 19 해가 주어진 연립이차부등식

연립이차부등식의 해가 주어지면 각 부등식의 해의 공통부분이 주어진 해와 일치하도록 수직선 위에 나타내어 미지수의 값의 범위를 구한다.

개념ON 352쪽 유형ON 2권 121쪽

1038 대표문제

연립부등식 $\begin{cases} x^2-3x-18<0 \\ x^2-(a+5)x+5a>0 \end{cases}$의 해가 $5<x<6$일 때, 실수 a의 최댓값은?

① -5 ② -4 ③ -3
④ 6 ⑤ 7

1039 중요

연립부등식 $3x^2-1<2x\le x+a-1$의 해가 $-\frac{1}{3}<x<1$이 되도록 하는 실수 a의 값의 범위는?

① $a<1$ ② $a>1$ ③ $a\le2$
④ $a<2$ ⑤ $a\ge2$

1040

$a<b<c<d$인 실수 a, b, c, d에 대하여 연립부등식

$$\begin{cases} x^2-(a+c)x+ac>0 \\ x^2-(b+d)x+bd>0 \end{cases}$$

의 해가 $x<-4$ 또는 $x>5$이다. 이차부등식 $x^2+ax-d<0$을 만족시키는 정수 x의 개수를 구하시오.

1041

연립부등식 $\begin{cases} x^2+ax+b>0 \\ x^2+cx+d\le0 \end{cases}$의 해가 $2\le x<4$ 또는 $4<x\le7$일 때, 실수 a, b, c, d에 대하여 $a+b+c+d$의 값은?

① 10 ② 11 ③ 12
④ 13 ⑤ 14

1042 중요 교육청 기출

연립이차부등식 $\begin{cases} x^2+4x-21\le0 \\ x^2-5kx-6k^2>0 \end{cases}$의 해가 존재하도록 하는 양의 정수 k의 개수는?

① 4 ② 5 ③ 6
④ 7 ⑤ 8

1043 서술형

모든 실수 x에 대하여 부등식

$$-2x^2-1\le x+a<3x^2-5x+4$$

가 성립하도록 하는 실수 a의 값의 범위를 구하시오.

유형 20 정수인 해의 개수가 주어진 연립이차부등식

연립이차부등식의 정수인 해가 n개이면
❶ 각 부등식의 해를 수직선 위에 나타낸다.
❷ 공통부분에 n개의 정수가 포함되게 하는 미지수의 값의 범위를 구한다.

개념ON 352쪽 유형ON 2권 122쪽

1044 대표문제

연립부등식 $\begin{cases} x^2+12x+32\le 0 \\ x^2-a^2<0 \end{cases}$의 정수인 해가 3개일 때, 자연수 a의 값은?

① 6 ② 7 ③ 8
④ 9 ⑤ 10

1045 교육청 기출

연립부등식 $\begin{cases} x^2-2x-3\le 0 \\ (x-4)(x-a)\le 0 \end{cases}$을 만족하는 정수 x의 개수가 4개가 되도록 하는 실수 a의 값의 범위는?

① $-1\le a\le 0$ ② $-1\le a<0$ ③ $-1<a\le 0$
④ $0\le a<1$ ⑤ $0<a\le 1$

1046 중요

연립부등식 $\begin{cases} x^2-8x+15>0 \\ x^2-(a+2)x+2a<0 \end{cases}$을 만족시키는 정수 x의 값이 6뿐일 때, 실수 a의 값의 범위를 구하시오.

1047 교육청 기출

연립부등식 $\begin{cases} |x-2|<k \\ x^2-2x-3\le 0 \end{cases}$을 만족시키는 정수 x가 3개 존재할 때, 양수 k의 최댓값은?

① 1 ② $\frac{3}{2}$ ③ 2
④ $\frac{5}{2}$ ⑤ 3

1048 교육청 기출

x에 대한 연립부등식 $\begin{cases} x^2+3x-10<0 \\ ax\ge a^2 \end{cases}$을 만족시키는 정수 x의 개수가 4가 되도록 하는 정수 a의 값은?

① -2 ② -1 ③ 0
④ 1 ⑤ 2

1049 교육청 기출

연립부등식 $\begin{cases} |x-k|\le 5 \\ x^2-x-12>0 \end{cases}$을 만족시키는 모든 정수 x의 값의 합이 7이 되도록 하는 정수 k의 값은?

① -2 ② -1 ③ 0
④ 1 ⑤ 2

1050

연립부등식 $\begin{cases} x^2-5|x|<0 \\ x^2+(1-a)x-a<0 \end{cases}$ 을 만족시키는 정수 x가 2개일 때, 실수 a의 값의 범위를 구하시오. (단, $a \neq -1$)

유형 21 연립이차부등식의 활용

연립이차부등식의 활용 문제는 다음과 같은 순서로 푼다.

❶ 문제의 의미를 파악하여 구하는 것을 미지수 x로 놓는다.

❷ 주어진 조건을 이용하여 연립부등식을 세운다.

❸ 연립부등식을 풀어 문제의 답을 구한다.

개념ON 354쪽 유형ON 2권 123쪽

1051 대표문제

그림과 같이 가로, 세로의 길이가 각각 150 m, 100 m인 직사각형 모양의 놀이공원의 둘레에 폭이 x m로 일정한 길을 만들려고 한다.

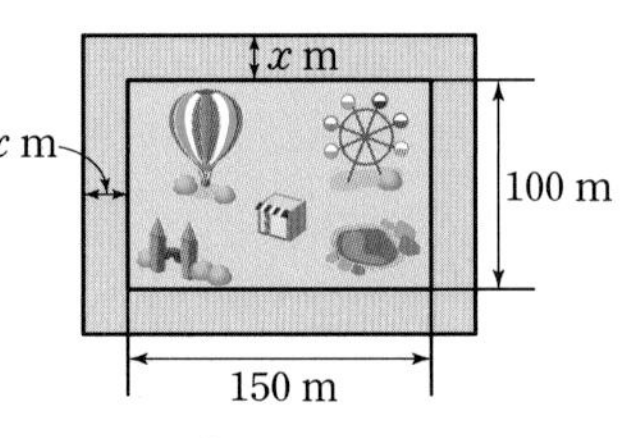

길의 넓이가 1275 m^2 이상 2600 m^2 이하가 되도록 하는 x의 값의 범위는?

① $\frac{5}{2} \leq x \leq 3$ ② $\frac{5}{2} \leq x \leq 4$ ③ $\frac{5}{2} \leq x \leq 5$

④ $5 \leq x \leq \frac{11}{2}$ ⑤ $5 \leq x \leq 6$

1052 중요 서술형

세 변의 길이가 각각 $x-3$, x, $x+3$인 삼각형이 둔각삼각형이 되도록 하는 자연수 x의 개수를 구하시오.

1053 중요

둘레의 길이가 32인 직사각형의 넓이가 60 이상이 되도록 가로와 세로의 길이를 정할 때, 가로의 길이의 최댓값과 최솟값의 합을 구하시오.

(단, 가로의 길이는 세로의 길이보다 길거나 같다.)

1054 교육청 기출

그림과 같이 $\overline{AC}=\overline{BC}=12$인 직각이등변삼각형 ABC가 있다. 빗변 AB 위의 점 P에서 변 BC와 변 AC에 내린 수선의 발을 각각 Q, R라 할 때, 직사각형 PQCR의 넓이는 두 삼각형 APR와 PBQ의 각각의 넓이보다 크다. $\overline{QC}=a$일 때, 모든 자연수 a의 값의 합을 구하시오.

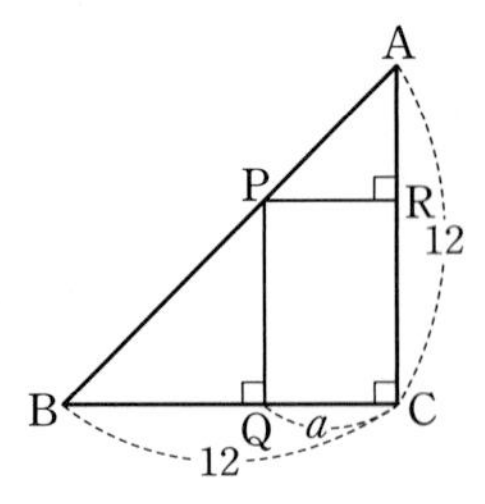

유형 22 이차방정식의 근의 판별과 이차부등식

이차방정식 $ax^2+bx+c=0$의 판별식을 D라 할 때
(1) 서로 다른 두 실근을 갖는다. ➡ $D>0$
(2) 중근을 갖는다. ➡ $D=0$
(3) 서로 다른 두 허근을 갖는다. ➡ $D<0$

개념ON 356쪽 유형ON 2권 123쪽

1055 대표문제

x에 대한 이차방정식 $2x^2+(a-12)x-a^2+24=0$이 허근을 갖도록 하는 정수 a의 최댓값은?

① 1 ② 2 ③ 3
④ 4 ⑤ 5

1056 교육청 기출

x에 대한 이차방정식 $x^2-2(k+2)x+2k^2-28=0$이 서로 다른 두 실근을 갖기 위한 정수 k의 개수는?

① 11 ② 12 ③ 13
④ 14 ⑤ 15

1057

이차방정식 $x^2-2kx+5k+6=0$은 실근을 갖고, 이차방정식 $x^2+3kx+2k^2+4=0$은 허근을 갖도록 하는 상수 k의 값의 범위는?

① $-4\le k<-1$ ② $-4<k\le -1$
③ $-1<k<4$ ④ $-1\le k<4$
⑤ $-1\le k\le 4$

1058 중요 교육청 기출

이차함수 $y=x^2+6x-3$의 그래프와 직선 $y=kx-7$이 만나지 않도록 하는 자연수 k의 개수는?

① 3 ② 4 ③ 5
④ 6 ⑤ 7

1059 서술형

x에 대한 이차방정식 $x^2-2(3m+1)x+m^2+2am-1=0$이 실수 m의 값에 관계없이 항상 서로 다른 두 실근을 갖도록 하는 실수 a의 값의 범위를 구하시오.

유형 23 이차방정식의 실근의 부호

이차방정식 $ax^2+bx+c=0$의 판별식을 D라 할 때
(1) 두 근이 모두 양수이다.
➡ $D\ge 0$, (두 근의 합)>0, (두 근의 곱)>0
(2) 두 근이 모두 음수이다.
➡ $D\ge 0$, (두 근의 합)<0, (두 근의 곱)>0
(3) 두 근이 서로 다른 부호이다.
➡ (두 근의 곱)<0

확인 문제

이차방정식 $x^2+2x+2k-1=0$의 두 근이 모두 음수일 때, 실수 k의 값의 범위를 구하시오.

개념ON 358쪽 유형ON 2권 124쪽

1060 대표문제

x에 대한 이차방정식 $x^2-3x+k^2-4k-21=0$의 두 근의 부호가 서로 다를 때, 정수 k의 최솟값은?

① -4 ② -3 ③ -2
④ 6 ⑤ 7

1061

이차방정식 $x^2+2(a-5)x+a-3=0$의 두 근이 모두 양수일 때, 실수 a의 값의 범위는?

① $3<a\leq 4$ ② $3<a<5$ ③ $4\leq a<5$
④ $5<a\leq 7$ ⑤ $a\geq 7$

1062 중요

이차방정식 $x^2+(m+4)x+3m+7=0$의 서로 다른 두 근이 모두 음수가 되도록 하는 정수 m의 최솟값을 구하시오.

1063 서술형

x에 대한 이차방정식 $2x^2+(a^2-3a-4)x+a^2-4=0$의 두 근의 부호가 서로 다르고 절댓값이 같도록 하는 실수 a의 값을 구하시오.

1064

x에 대한 이차방정식 $x^2+(a^2-4a+3)x-a+2=0$이 서로 다른 부호의 두 실근을 가진다. 음의 근의 절댓값이 양의 근보다 클 때, 실수 a의 값의 범위는?

① $a>3$ ② $a>2$ ③ $1<a<2$
④ $2<a<3$ ⑤ $a<1$ 또는 $a>3$

유형 24 이차방정식의 실근의 위치

이차방정식 $ax^2+bx+c=0$ $(a>0)$의 판별식을 D라 하고, $f(x)=ax^2+bx+c$라 할 때

(1) 두 근이 모두 p보다 크다.

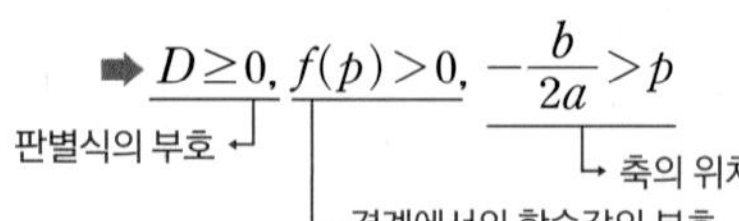

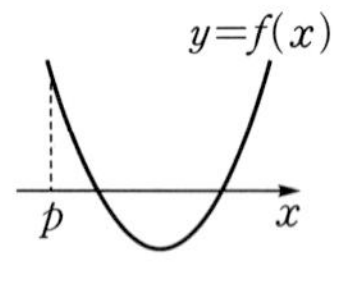

(2) 두 근이 모두 p보다 작다.

➡ $D\geq 0$, $f(p)>0$, $-\frac{b}{2a}<p$

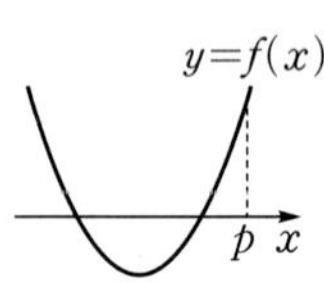

(3) 서로 다른 두 근 사이에 p가 있다.

➡ $f(p)<0$

Tip 두 근 사이에 있는 숫자가 하나라도 주어지면 경계에서의 함숫값의 부호만 따진다.

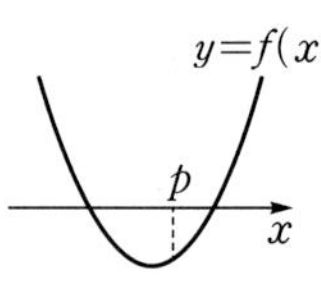

확인 문제

x^2의 계수가 양수인 이차방정식 $f(x)=0$의 판별식을 D, 이차함수 $y=f(x)$의 그래프의 축의 방정식을 $x=a$라 할 때, 다음 □ 안에 알맞은 부등호를 써넣으시오.

(1) 두 근이 모두 1보다 크다. ➡ D □ 0, $f(1)$ □ 0, a □ 1

(2) 서로 다른 두 근 사이에 -2가 있다. ➡ $f(-2)$ □ 0

개념ON 360쪽 유형ON 2권 124쪽

1065 대표문제

이차방정식 $x^2+2ax+4a+5=0$의 두 근이 모두 -1보다 클 때, 실수 a의 값의 범위는?

① $-3<a<-1$ ② $-3<a\leq -1$
③ $-3<a\leq 5$ ④ $a\leq -3$ 또는 $a\geq -1$
⑤ $a\leq -1$ 또는 $a\geq 5$

1066 중요

x에 대한 이차방정식 $x^2-(k+2)x+k^2-2k-15=0$의 서로 다른 두 근 사이에 4가 있도록 하는 실수 k의 값의 범위가 $\alpha<k<\beta$일 때, $\alpha+\beta$의 값을 구하시오.

1067

이차방정식 $x^2-mx+3m-5=0$의 두 근이 모두 2보다 작도록 하는 실수 m의 최댓값은?

① 2 ② 4 ③ 6
④ 8 ⑤ 10

1068 중요

이차방정식 $x^2+kx+4=0$의 두 근 중에서 한 근만이 이차방정식 $x^2-x-6=0$의 두 근 사이에 있도록 하는 실수 k의 값의 범위를 구하시오.

1069 서술형

이차방정식 $x^2+2(a-3)x+5-a=0$의 두 근이 모두 -3과 1 사이에 있을 때, 정수 a의 값을 구하시오.

유형 25 삼·사차방정식의 근의 조건

(1) 삼차방정식의 실근의 부호는 인수분해하여 이차방정식을 유도한 후 이차방정식의 실근의 부호를 이용한다.
(2) 사차방정식 $x^4+ax^2+b=0$ (a, b는 실수)의 근의 판별은 $x^2=X$로 놓은 후 다음과 같이 이차방정식 $X^2+aX+b=0$의 두 근의 부호를 이용한다.

$x^4+ax^2+b=0$의 근	$X^2+aX+b=0$의 근
서로 다른 네 실근	서로 다른 두 양의 실근
서로 다른 두 실근과 두 허근	서로 다른 부호의 두 실근

유형ON 2권 125쪽

1070 대표문제

사차방정식 $x^4+2ax^2+2-a=0$이 서로 다른 네 실근을 가질 때, 실수 a의 값의 범위는?

① $a<-2$ ② $-2<a<0$ ③ $0<a<1$
④ $1<a<2$ ⑤ $a>2$

1071 서술형

삼차방정식 $x^3+kx^2-2kx-8=0$의 두 근이 음수이고 한 근이 양수일 때, 실수 k의 최솟값을 구하시오.

1072 중요

사차방정식 $x^4-3mx^2+m^2-6m-7=0$이 서로 다른 두 실근과 서로 다른 두 허근을 갖도록 하는 정수 m의 개수는?

① 5 ② 6 ③ 7
④ 8 ⑤ 9

09 이차부등식

PART B

내신 잡는 종합 문제

1073

이차부등식 $x^2-6x+4\le 2x-8$을 만족시키는 정수 x의 개수는?

① 1　② 2　③ 3　④ 4　⑤ 5

1074

이차부등식 $ax^2+bx-8>0$의 해가 $x<-2$ 또는 $x>4$일 때, 실수 a, b에 대하여 $a+b$의 값은?

① -2　② -1　③ 0　④ 1　⑤ 2

1075

이차함수 $f(x)=x^2+3x-10$에 대하여 $f(x-2)<0$을 만족시키는 모든 정수 x의 값의 합은?

① -3　② -1　③ 1　④ 3　⑤ 5

1076

이차함수 $f(x)=(x-1)^2$에 대하여 $f(x)<3k$를 만족시키는 정수 x가 7개가 되도록 하는 모든 자연수 k의 값의 합을 구하시오.

1077 교육청 기출

이차함수 $f(x)=x^2-2ax+9a$에 대하여 이차부등식 $f(x)<0$을 만족시키는 해가 없도록 하는 정수 a의 개수는?

① 9　② 10　③ 11　④ 12　⑤ 13

1078 교육청 기출

$-1\le x\le 1$에서 이차부등식 $x^2-2x+3\le -x^2+k$가 항상 성립할 때, 실수 k의 최솟값을 구하시오.

1079

이차함수 $y=2x^2+4x+1$의 그래프가 이차함수 $y=x^2+ax+b$의 그래프보다 위쪽에 있는 부분의 x의 값의 범위가 $x<-5$ 또는 $x>4$일 때, 상수 a, b에 대하여 $a+b$의 값은?

① 20 ② 22 ③ 24 ④ 26 ⑤ 28

1080

연립부등식 $\begin{cases} x^2+2x-48<0 \\ 3x^2-8x-3\geq 0 \end{cases}$을 만족시키는 정수 x의 개수를 구하시오.

1081

모든 실수 x에 대하여 $\sqrt{(k+1)x^2-(k+1)x+5}$의 값이 실수가 되게 하는 정수 k의 개수를 구하시오.

1082 교육청 기출

연립부등식 $\begin{cases} |2x-1|<5 \\ x^2-5x+4\leq 0 \end{cases}$을 만족시키는 모든 정수 x의 개수는?

① 1 ② 2 ③ 3 ④ 4 ⑤ 5

1083

x에 대한 이차방정식 $x^2+3ax+3(a^2-2)=0$이 실근을 갖도록 하는 모든 정수 a의 값의 합은?

① -1 ② 0 ③ 1 ④ 2 ⑤ 3

1084

x에 대한 이차방정식 $x^2+mx+m^2-7=0$의 두 근을 α, β라 할 때, $-2<\alpha<0<\beta<3$을 만족시키는 실수 m의 값의 범위를 구하시오.

1085 교육청 기출

x에 대한 삼차방정식 $x^3+(a-1)x^2+ax-2a=0$이 한 실근과 서로 다른 두 허근을 갖도록 하는 정수 a의 개수는?

① 5　② 6　③ 7　④ 8　⑤ 9

1086

세 이차함수 $y=f(x)$, $y=g(x)$, $y=h(x)$의 그래프가 그림과 같을 때, 다음 중 부등식 $f(x)g(x)h(x)\le 0$을 만족시키는 x의 값이 아닌 것은?

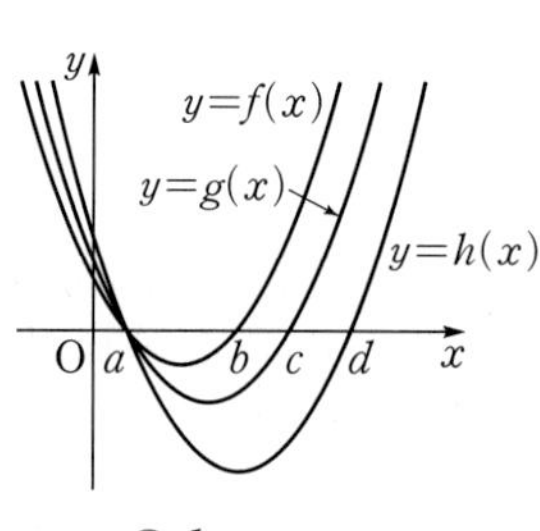

① a　② $\frac{a+b}{2}$　③ b　④ $\frac{b+c}{2}$　⑤ $\frac{c+d}{2}$

1087

$x\ge a$는 부등식 $|x^2+x-2|<x+2$의 해를 포함하고, $0<x<b$는 부등식 $|x^2+x-2|<x+2$의 해에 포함될 때, $a+b$의 최댓값을 구하시오. (단, $b>0$)

1088

부등식 $(m-3)x^2-(m-3)x+2\le 0$의 해가 존재하도록 하는 상수 m의 값의 범위를 구하시오.

1089

모든 실수 x에 대하여 $x^2+5ax+25>0$이 항상 성립할 때, 부등식 $2|a-2|+3|a+2|<11$의 해가 $\alpha<a<\beta$이다. 이때 $\alpha-\beta$의 값은?

① -1　② -3　③ -5　④ -7　⑤ -9

1090

함수 $y=mx^2-2x+1$의 그래프가 이차함수 $y=-2x^2+mx$의 그래프보다 항상 위쪽에 있도록 하는 정수 m의 개수를 구하시오.

1091 교육청 기출

x에 대한 두 다항식

$$f(x)=2x^2+5x+2,\ g(x)=(a-1)x+b$$

가 있다. 모든 실수 x에 대하여 부등식 $x-2\le g(x)\le f(x)$가 성립하도록 하는 b의 값의 범위는 $\alpha\le b\le\beta$이다. $\beta-\alpha$의 최댓값은? (단, a, b는 실수이다.)

① 1　② $\frac{3}{2}$　③ 2　④ $\frac{5}{2}$　⑤ 3

1092

연립부등식 $\begin{cases} x^2-3x-4\ge0 \\ x^2+ax+2a-4<0 \end{cases}$을 만족시키는 정수 x가 4개가 되도록 하는 모든 정수 a의 값의 합을 구하시오.

1093 교육청 기출

이차방정식 $x^2-2mx-3m-8=0$의 두 근 중 적어도 하나는 양의 실수가 되도록 하는 정수 m의 최솟값을 k라 할 때, k^2의 값은?

① 1　② 4　③ 9　④ 16　⑤ 25

서술형 대비하기

1094

x에 대한 이차부등식 $2ax^2-2(a^2+a)x+a+1\ge0$의 해가 오직 한 개 존재하도록 하는 서로 다른 실수 a의 개수를 구하시오.

1095

부등식 $[x]^2-4[x]-5\le0$의 해가 연립부등식 $\begin{cases} x^2+ax-12<0 \\ x^2+4x+b\ge0 \end{cases}$의 해와 같을 때, 상수 a, b에 대하여 $a+b$의 값을 구하시오.

(단, $[x]$는 x보다 크지 않은 최대의 정수이다.)

1096

x에 대한 삼차방정식 $x^3+ax^2+(2a-3)x-3a+2=0$이 서로 다른 세 실근을 갖는다. 이 세 실근의 곱이 양수가 되도록 하는 실수 a의 값의 범위를 구하시오.

수능 녹인 변별력 문제

1097

이차항의 계수가 음수인 이차함수 $y=f(x)$의 그래프와 직선 $y=x-1$이 서로 다른 두 점에서 만나고 그 교점의 y좌표가 각각 -3과 7이다. 이차부등식 $f(x)-x+1\geq0$을 만족시키는 정수 x의 개수는?

① 10 ② 11 ③ 12
④ 13 ⑤ 14

1098

이차방정식 $x^2-4ax+a(8a+3)=0$이 두 실근 α, β를 가질 때, $\alpha^2+\beta^2$의 최댓값을 구하시오. (단, a는 상수이다.)

1099

이차함수 $f(x)=x^2-2x-24$에 대하여 함수 $g(x)$를

$$g(x)=\frac{f(x)+|f(x)|}{2}$$

라 할 때, 부등식 $g(x)\leq0$의 해는?

① $-4\leq x\leq6$ ② $-3\leq x\leq4$ ③ $-2\leq x\leq3$
④ $0\leq x\leq4$ ⑤ $2\leq x\leq6$

1100

연립부등식 $\begin{cases} x^2+2x-(n^2-1)>0 \\ x^2-(n^2-n)x-n^3<0 \end{cases}$의 정수인 해가 12개 이하가 되도록 하는 모든 자연수 n의 값의 합은?

① 10 ② 11 ③ 12
④ 13 ⑤ 14

1101 교육청 기출

그림과 같이 일직선 위의 세 지점 A, B, C에 같은 제품을 생산하는 공장이 있다. A와 B 사이의 거리는 10 km, B와 C 사이의 거리는 30 km, A와 C 사이의 거리는 20 km이다. 이 일직선 위의 A와 C 사이에 보관창고를 지으려고 한다. 공장과 보관창고와의 거리가 x km일 때, 제품 한 개당 운송비는 x^2원이 든다고 하자. 세 지점 A, B, C의 공장에서 하루에 생산되는 제품이 각각 100개, 200개, 300개일 때, 하루에 드는 총 운송비가 155000원 이하가 되도록 하는 보관창고는 A 지점에서 최대 몇 km 떨어진 지점까지 지을 수 있는가?

(단, 공장과 보관창고의 크기는 무시한다.)

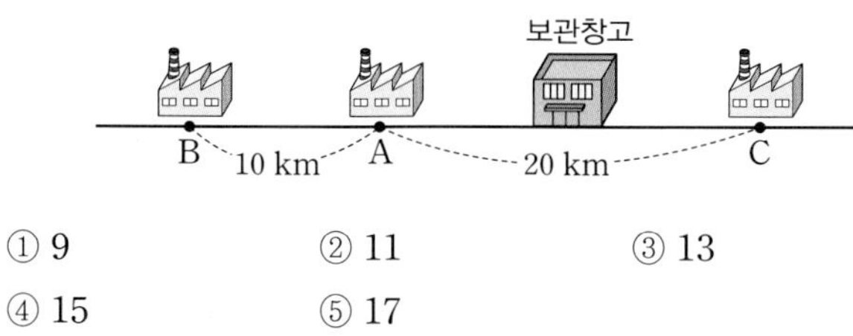

① 9　② 11　③ 13
④ 15　⑤ 17

1102

연립부등식 $\begin{cases} x^2+x-6>0 \\ |x-a| \le 1 \end{cases}$이 항상 해를 갖기 위한 실수 a의 값의 범위는?

① $-2<a<1$　② $-1 \le a \le 2$
③ $a<-1$ 또는 $a>0$　④ $a \le -2$ 또는 $a \ge 0$
⑤ $a<-2$ 또는 $a>1$

1103

이차방정식 $x^2+kx+k+8=0$의 두 근이 모두 4보다 작은 양수일 때, 실수 k의 값의 범위는?

① $-8<k \le -4$　② $-\frac{24}{5}<k \le -4$
③ $k \le -4$ 또는 $k \ge 8$　④ $-8<k \le -4$ 또는 $k \ge 8$
⑤ $-\frac{24}{5}<k \le -4$ 또는 $k \ge 8$

1104 교육청 기출

x에 대한 방정식 $x^3+(8-a)x^2+(a^2-8a)x-a^3=0$이 서로 다른 세 실근을 갖기 위한 정수 a의 개수는?

① 6　② 8　③ 10
④ 12　⑤ 14

1105

이차함수 $y=f(x)$의 그래프가 그림과 같이 두 점 $(-1,\ 0)$, $(2,\ 0)$을 지난다. 상수 k에 대하여 부등식 $f\left(\frac{k-x}{2}\right)\le 0$의 해가 $k^2-4k\le x\le k^2-10$일 때, 부등식 $f(kx-3)>0$의 해는 $x<\alpha$ 또는 $x>\beta$이다. 이때 $\alpha-\beta$의 값은?

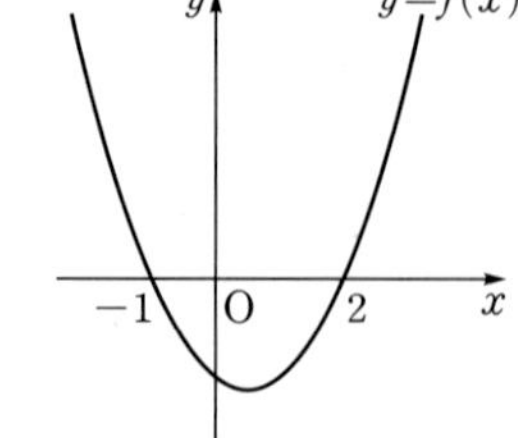

① $-\frac{5}{4}$　② -1　③ $-\frac{3}{4}$　④ $-\frac{1}{2}$　⑤ $-\frac{1}{4}$

1106

$a<b<c$인 실수 $a,\ b,\ c$에 대하여 연립부등식

$$\begin{cases} x^2+(2b+c)x+2bc<0 \\ x^2-\left(a-\frac{c}{2}\right)x-\frac{ac}{2}\ge 0 \end{cases}$$

의 해가 $-8<x\le -5$ 또는 $-4\le x<6$일 때, 이차부등식 $x^2-(b+c)x+2(b+c)a\le 0$의 정수인 해의 개수는?

① 14　② 15　③ 16　④ 17　⑤ 18

1107

x에 대한 이차부등식 $(3x-a^2+3a)(3x-2a)\le 0$의 해가 $\alpha\le x\le\beta$이다. 두 실수 $\alpha,\ \beta$가 다음 조건을 만족시킬 때, 모든 실수 a의 값의 합은?

> (가) $\beta-\alpha=2$
> (나) $\alpha\le x\le\beta$를 만족시키는 정수 x의 개수는 2이다.

① -4　② -1　③ 1　④ 4　⑤ 10

1108

x^2의 계수의 절댓값이 1인 두 이차함수 $y=f(x)$와 $y=g(x)$의 그래프가 그림과 같다. 자연수 n에 대하여 $y=f(x)$의 그래프의 x절편은 $-n$과 $2n$이고, $y=g(x)$의 그래프의 x절편은 n과 $3n$이다.

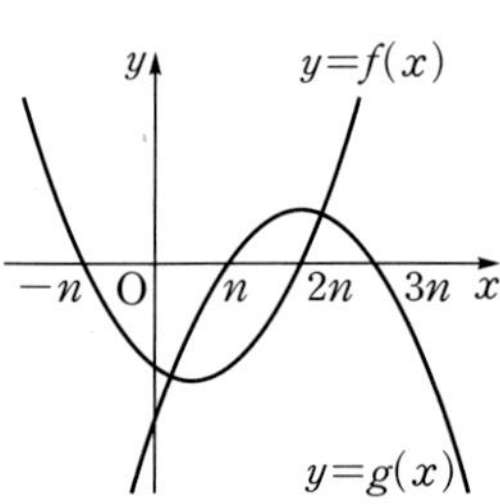

부등식 $f(x)g(x)\ge 0$을 만족시키는 정수 x가 11개이고, 부등식 $g(x)\ge f(x)$의 해가 $\alpha\le x\le\beta$일 때, $2(\alpha+\beta)$의 값은?

① 12　② 13　③ 14　④ 15　⑤ 16

경우의 수

PART A 10 Ⅲ. 경우의 수

경우의 수

유형별 문제

유형 01 합의 법칙

(1) 두 사건 A, B가 동시에 일어나지 않을 때, 사건 A, B가 일어나는 경우의 수가 각각 m, n이면
(사건 A 또는 사건 B가 일어나는 경우의 수)$=m+n$

(2) 두 사건 A, B가 일어나는 경우의 수가 각각 m, n이고, 사건 A, B가 동시에 일어나는 경우의 수가 l이면
(사건 A 또는 사건 B가 일어나는 경우의 수)$=m+n-l$

Tip 합의 법칙은 어느 두 사건도 동시에 일어나지 않는 셋 이상의 사건에 대해서도 성립한다.

확인 문제

다음을 구하시오.

(1) 1, 2, 3, 4가 하나씩 적혀 있는 정사면체 모양의 서로 다른 주사위 두 개를 동시에 던질 때, 바닥에 닿은 면에 적힌 수의 합이 짝수인 경우의 수

(2) 50 이하의 자연수 중 2의 배수 또는 5의 배수인 수의 개수

개념ON 374쪽 유형ON 2권 130쪽

1109 대표문제

서로 다른 주사위 2개를 동시에 던질 때, 나오는 눈의 수의 합이 10의 약수가 되는 경우의 수는?

① 6 ② 7 ③ 8 ④ 9 ⑤ 10

1110 중요

200 이하의 자연수 중 4와 7로 모두 나누어떨어지지 않는 자연수의 개수는?

① 97 ② 105 ③ 113 ④ 121 ⑤ 129

1111

1부터 5까지의 자연수가 각각 하나씩 적힌 5장의 카드가 들어 있는 상자에서 한 장씩 두 번 카드를 꺼낼 때, 카드에 적힌 수를 각각 a, b라 하자. $|a-b|\le 1$인 경우의 수는?
(단, 꺼낸 카드는 다시 상자에 넣는다.)

① 11 ② 12 ③ 13 ④ 14 ⑤ 15

1112 중요 서술형

1부터 6까지의 자연수가 각각 하나씩 적혀 있는 6장의 카드 중 3장의 카드를 동시에 뽑을 때, 뽑힌 카드에 적힌 세 수의 합이 7 또는 10이 되는 경우의 수를 구하시오.

1113

그림과 같은 계단을 한 번 올라갈 때 1계단 또는 2계단 또는 3계단씩 올라가려고 한다. 이때 A에서 B까지 계단을 올라가는 경우의 수를 구하시오.

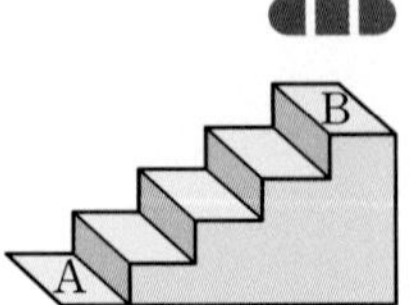

유형 02 방정식과 부등식의 해의 개수

(1) 방정식 $ax+by+cz=d$ (a, b, c, d는 상수)를 만족시키는 정수 x, y, z의 순서쌍 (x, y, z)의 개수
➡ x, y, z 중 계수의 절댓값이 큰 것부터 수를 대입하여 구한다.

(2) 부등식 $ax+by\le c$ (a, b, c는 자연수)를 만족시키는 자연수 x, y의 순서쌍 (x, y)의 개수
➡ 방정식 $ax+by=d$ ($a+b\le d\le c$, d는 자연수)의 해의 개수를 모두 구하여 더한다.
($a+b$: $ax+by$에 $x=1$, $y=1$을 대입한 값)

개념ON 376쪽 유형ON 2권 130쪽

1114 대표문제

방정식 $x+2y+3z=12$를 만족시키는 자연수 x, y, z의 모든 순서쌍 (x, y, z)의 개수는?

① 3 ② 4 ③ 5
④ 6 ⑤ 7

1115 중요

부등식 $1\le x+y\le 3$을 만족시키는 음이 아닌 정수 x, y의 모든 순서쌍 (x, y)의 개수는?

① 7 ② 8 ③ 9
④ 10 ⑤ 11

1116 서술형

서로 다른 두 개의 주사위를 동시에 던질 때 나오는 눈의 수를 각각 a, b라 하자. 이차방정식 $x^2+ax+2b=0$이 실근을 갖도록 하는 a, b의 모든 순서쌍 (a, b)의 개수를 구하시오.

1117 중요

방정식 $3x+y+z=9$를 만족시키는 음이 아닌 정수 x, y, z의 모든 순서쌍 (x, y, z)의 개수는?

① 21 ② 22 ③ 23
④ 24 ⑤ 25

1118

1000원짜리 지폐 8장, 5000원짜리 지폐 5장, 10000원짜리 지폐 2장을 가지고 23000원을 지불하는 모든 경우의 수는?

① 1 ② 2 ③ 3
④ 4 ⑤ 5

1119 서술형

부등식 $3x+4y\le 17$을 만족시키는 자연수 x, y의 모든 순서쌍 (x, y)의 개수를 구하시오.

유형 03 곱의 법칙

두 사건 A, B에 대하여 사건 A가 일어나는 경우가 m가지이고, 그 각각에 대하여 사건 B가 일어나는 경우가 n가지이면
(두 사건 A, B가 동시에 또는 연속하여 일어나는 경우의 수)
$=m\times n$

Tip 곱의 법칙은 잇달아 일어나는 셋 이상의 사건에 대해서도 성립한다.

확인 문제

모양이 다른 꽃병 2개와 색이 다른 장미 5송이가 있다. 꽃병에 장미를 꽂기 위하여 꽃병 한 개와 장미 한 송이를 동시에 택하는 경우의 수를 구하시오.

개념ON 378쪽 유형ON 2권 131쪽

1120 대표문제 평가원 기출

다음 조건을 만족시키는 두 자리의 자연수의 개수는?

(가) 2의 배수이다.
(나) 십의 자리의 수는 6의 약수이다.

① 16 ② 20 ③ 24
④ 28 ⑤ 32

1121

다음 다항식을 전개할 때, 항의 개수는?

$$(a+b+c)(x+y+z+w)$$

① 12 ② 13 ③ 14
④ 15 ⑤ 16

1122 중요

다항식 $(a+b)(x+y+z)(p+q+r+s)$를 전개하였을 때, a를 포함한 항의 개수는?

① 8 ② 12 ③ 16
④ 20 ⑤ 24

1123

어느 분식점에서 김밥 4종류, 라면 2종류, 튀김 3종류를 판매하고 있다. A 학생이 들어와 김밥과 라면을 각각 하나씩 주문하고, 뒤이어 B 학생이 들어와 라면과 튀김을 각각 하나씩 주문하는 경우의 수는?

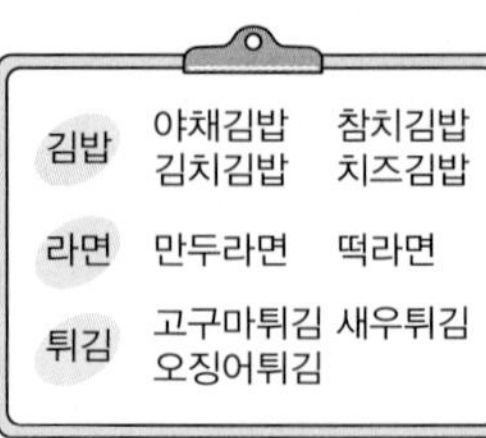

김밥 야채김밥 참치김밥
김치김밥 치즈김밥
라면 만두라면 떡라면
튀김 고구마튀김 새우튀김
오징어튀김

① 24 ② 30 ③ 36
④ 42 ⑤ 48

1124

어느 가전제품 매장에서 판매하는 제품 중 TV는 6종류, 냉장고는 5종류, 에어컨은 4종류가 있다. 이 매장에서 TV, 냉장고, 에어컨 중 서로 다른 제품 2개를 선택하여 각각 1종류씩 구입하는 경우의 수는?

① 72 ② 74 ③ 76
④ 78 ⑤ 80

1125

다항식 $(a+b)(x-y+z)^2$을 전개할 때 생기는 서로 다른 항의 개수는?

① 6 ② 9 ③ 12
④ 15 ⑤ 18

1126 서술형

서로 다른 세 개의 주사위를 동시에 던질 때, 나오는 눈의 수의 곱이 짝수인 경우의 수를 구하시오.

유형 04 자연수의 개수

최고 자리에는 0이 올 수 없음에 유의하면서, 주어진 조건에 따라 기준이 되는 자리부터 먼저 숫자를 배열하고 나머지 자리에는 남는 숫자를 배열한다.

유형ON 2권 131쪽

1127 대표문제

십의 자리의 수는 3의 배수이고 일의 자리의 수는 홀수인 두 자리 자연수의 개수는?

① 11 ② 12 ③ 13
④ 14 ⑤ 15

1128

세 자리 자연수 중 백의 자리의 수는 소수, 십의 자리의 수는 홀수, 일의 자리의 수는 6의 약수인 것의 개수는?

① 60 ② 70 ③ 80
④ 90 ⑤ 100

1129 서술형

서로 다른 3개의 주사위를 던져서 나오는 눈의 수를 각각 a, b, c라 할 때, $abc+a$의 값이 홀수가 되는 경우의 수를 구하시오.

1130 중요

5개의 숫자 0, 1, 2, 3, 4 중에서 서로 다른 3개를 택하여 세 자리 자연수를 만들 때, 300보다 큰 수를 만드는 경우의 수는?

① 24 ② 25 ③ 26
④ 27 ⑤ 28

1131

5개의 숫자 0, 1, 2, 3, 4 중에서 서로 다른 4개의 숫자를 택하여 네 자리 자연수를 만들려고 작은 수부터 차례대로 나열했을 때, 69번째에 오는 수의 십의 자리의 숫자를 구하시오.

1132

5개의 숫자 1, 2, 3, 4, 5 중에서 서로 다른 3개를 사용하여 만들 수 있는 세 자리 자연수를 큰 것부터 순서대로 나열할 때, 231은 몇 번째 수인가?

① 45 ② 43 ③ 40
④ 38 ⑤ 35

유형 05 약수의 개수

자연수 N이 $N=p^m\times q^n\times r^l$ (단, p, q, r는 서로 다른 소수, m, n, l은 자연수) 꼴로 소인수분해될 때,

① N의 양의 약수의 개수 ➡ $(m+1)(n+1)(l+1)$

($m+1$: p^m의 양의 약수의 개수, $n+1$: q^n의 양의 약수의 개수, $l+1$: r^l의 양의 약수의 개수)

② N의 양의 약수의 총합

➡ $(1+p+p^2+\cdots+p^m)\times(1+q+q^2+\cdots+q^n)\times(1+r+r^2+\cdots+r^l)$

확인 문제

다음 수의 양의 약수의 개수를 구하시오.

(1) 56　　(2) 108

개념ON 380쪽　유형ON 2권 132쪽

1133 대표문제

216의 양의 약수의 개수를 a, 양의 약수의 총합을 b라 할 때, $a+b$의 값은?

① 568　② 584　③ 600
④ 616　⑤ 632

1134

자연수 $2^a\times3^2\times5$의 양의 약수의 개수가 30이 되도록 하는 자연수 a의 값은?

① 1　② 2　③ 3
④ 4　⑤ 5

1135

1440의 양의 약수 중 5의 배수의 개수는?

① 12　② 18　③ 24
④ 30　⑤ 36

1136 중요

108과 180의 양의 공약수 중 3의 배수의 개수는?

① 4　② 5　③ 6
④ 7　⑤ 8

1137

98의 거듭제곱 중 양의 약수의 개수가 28인 수는?

① 98^2　② 98^3　③ 98^4
④ 98^5　⑤ 98^6

1138 서술형

300의 양의 약수 중 짝수의 개수를 구하시오.

1139

150^n의 양의 약수 중 일의 자리의 숫자가 5인 것의 개수가 112일 때, 자연수 n의 값은?

① 5　② 6　③ 7
④ 8　⑤ 9

유형 06 지불 방법의 수와 지불 금액의 수

(1) 지불하는 방법의 수
x원짜리 동전 p개로 지불할 수 있는 방법은 0개, 1개, 2개, …, p개의 $(p+1)$가지이므로 x원짜리 동전 p개, y원짜리 동전 q개, z원짜리 동전 r개로 지불할 수 있는 방법의 수는
$(p+1)(q+1)(r+1)-1$ ← 0원을 지불하는 방법
(단, 0원을 지불하는 경우는 제외한다.)

(2) 지불할 수 있는 금액의 수
지불할 수 있는 금액이 중복되는 경우, 즉 a원짜리 동전 n개로 지불할 수 있는 금액과 b원짜리 동전 1개로 지불할 수 있는 금액이 같으면 b원짜리 동전 1개를 a원짜리 동전 n개로 바꾸어 생각한다.

예 10원짜리 동전 5개와 50원짜리 동전 1개로 지불할 수 있는 금액의 수 (단, 0원을 지불하는 경우는 제외한다.)
➡ 50원짜리 동전 1개를 10원짜리 동전 5개로 바꾸어 생각하면 $(10+1)-1=10$

개념ON 386쪽 유형ON 2권 132쪽

1140 대표문제

10원짜리 동전 3개, 50원짜리 동전 2개, 100원짜리 동전 1개가 있다. 이 돈의 일부 또는 전부를 사용하여 거스름돈 없이 지불할 수 있는 방법의 수는?
(단, 0원을 지불하는 경우는 제외한다.)

① 19 ② 20 ③ 21
④ 23 ⑤ 24

1141

1000원짜리 지폐 4장, 5000원짜리 지폐 1장, 10000원짜리 지폐 2장이 있다. 이 돈의 일부 또는 전부를 사용하여 물건을 사려고 한다. 거스름돈 없이 지불할 수 있는 금액의 수는?
(단, 0원을 지불하는 경우는 제외한다.)

① 28 ② 29 ③ 30
④ 31 ⑤ 32

1142 중요

10원짜리 동전 4개, 50원짜리 동전 3개, 100원짜리 동전 2개의 일부 또는 전부를 사용하여 거스름돈 없이 지불할 수 있는 방법의 수는? (단, 0원을 지불하는 경우는 제외한다.)

① 51 ② 53 ③ 55
④ 57 ⑤ 59

1143 서술형

1000원짜리 지폐 2장, 500원짜리 동전 3개, 100원짜리 동전 4개의 일부 또는 전부를 사용하여 거스름돈 없이 지불할 수 있는 방법의 수를 a, 지불할 수 있는 금액의 수를 b라 할 때, $a+b$의 값을 구하시오.
(단, 0원을 지불하는 경우는 제외한다.)

1144

500원짜리 동전 2개와 1000원짜리 지폐 n장, 5000원짜리 지폐 1장의 일부 또는 전부를 사용하여 거스름돈 없이 지불할 수 있는 방법의 수가 47일 때, 지불할 수 있는 금액의 수는?
(단, n은 자연수이고, 0원을 지불하는 경우는 제외한다.)

① 26 ② 27 ③ 28
④ 29 ⑤ 30

유형 07 도로망에서의 방법의 수

(1) 동시에 갈 수 없는 길 ➡ 합의 법칙
(2) 동시에 가거나 이어지는 길 ➡ 곱의 법칙

확인 문제

집과 편의점, 학교를 연결하는 길이 그림과 같이 놓여 있다. 철수가 집에서 학교로 이동하는 경로의 모든 방법의 수를 구하시오. (단, 한 번 지나간 지점은 다시 지나가지 않는다.)

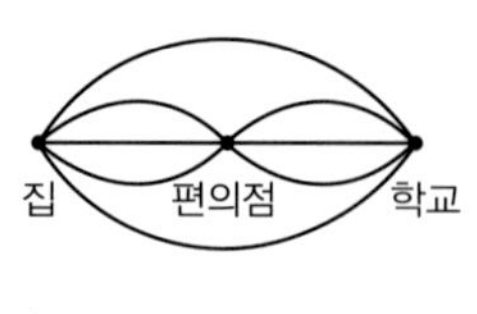

개념ON 382쪽 유형ON 2권 133쪽

1145 대표문제

그림과 같이 세 지점 A, P, B를 연결하는 도로망이 있다. A 지점에서 출발하여 같은 길을 두 번 지나지 않고 B 지점을 지나 다시 A 지점으로 돌아오는 방법의 수는?
(단, P 지점은 두 번만 지난다.)

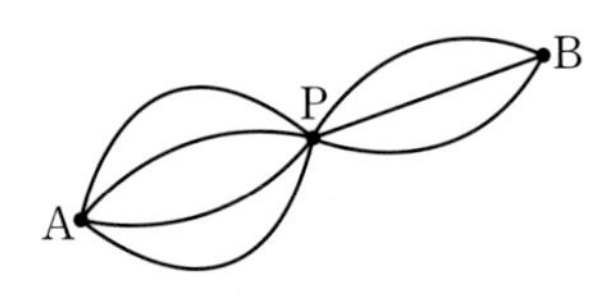

① 36 ② 54 ③ 72
④ 90 ⑤ 144

1146

그림과 같이 세 지점 P, Q, R를 연결하는 도로망이 있다. P 지점을 출발하여 R 지점으로 가는 방법의 수는? (단, 한 번 지나간 지점은 다시 지나가지 않는다.)

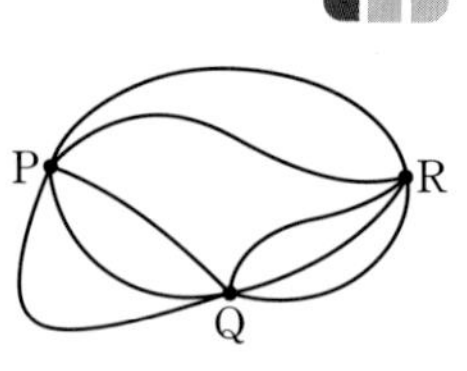

① 11 ② 12 ③ 13
④ 14 ⑤ 15

1147

그림과 같이 네 도시 P, Q, R, S가 연결되어 있는 도로망이 있다. P 도시에서 S 도시로 가는 방법의 수는?
(단, 한 번 지나간 도시는 다시 지나가지 않는다.)

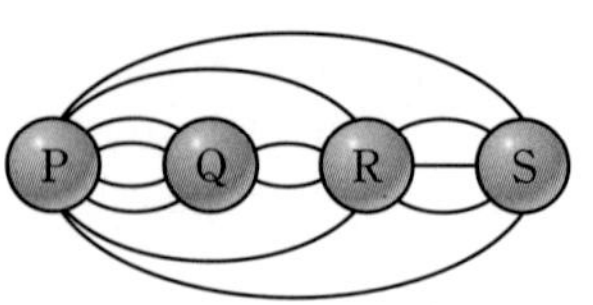

① 22 ② 26 ③ 30
④ 32 ⑤ 36

1148 중요

그림과 같이 네 도시 A, B, C, D를 연결하는 도로망이 있다. A 도시에서 출발하여 D 도시로 가는 방법의 수는? (단, 같은 도시는 두 번 이상 지나가지 않는다.)

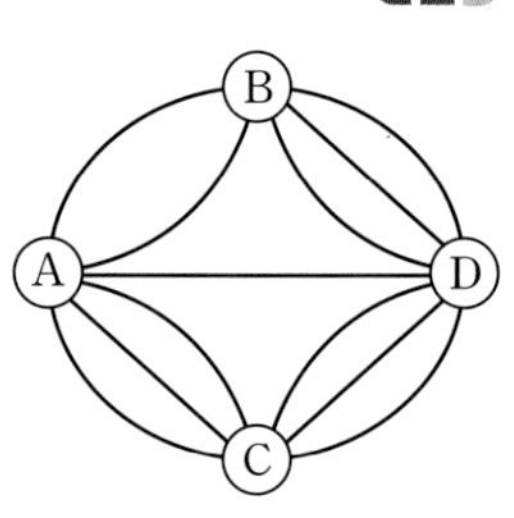

① 12 ② 13
③ 14 ④ 15
⑤ 16

1149

그림과 같은 도로망에서 C 지점과 D 지점을 연결하는 도로를 추가하여 A 지점에서 출발하여 B 지점으로 가는 모든 방법의 수가 60이 되도록 할 때, 추가해야 하는 도로의 개수는? (단, 한 번 지나간 지점은 다시 지나가지 않고, 도로끼리는 서로 만나지 않는다.)

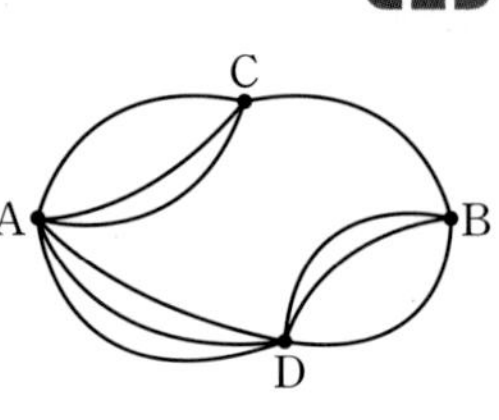

① 3 ② 4 ③ 5
④ 6 ⑤ 7

유형 08 색칠하는 방법의 수

❶ 먼저 한 영역을 정하여 칠하는 경우의 수를 구한다. 이때 정하는 한 영역은 인접한 영역이 가장 많은 영역으로 하는 것이 좋다.

❷ 다른 영역으로 옮겨 가면서 이전에 칠한 색을 제외하며 칠하는 경우의 수를 구한다. 이때 같은 색을 칠할 수 있는 영역은 같은 색인 경우와 다른 색인 경우로 나누어 생각한다.

확인 문제

그림과 같은 4개의 영역 A, B, C, D를 4가지 색을 이용하여 구분하려고 한다. 다음을 구하시오.

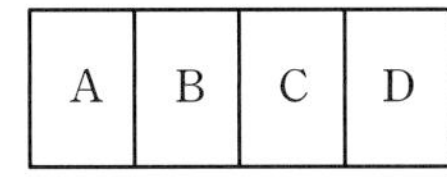

(1) 4가지 색을 모두 사용하여 구분하려고 할 때, 색을 칠하는 방법의 수

(2) 같은 색을 여러 번 사용하여 구분하려고 할 때, 색을 칠하는 방법의 수

개념ON 384쪽 유형ON 2권 133쪽

1150 대표문제

그림과 같은 4개의 영역 A, B, C, D를 빨강, 주황, 노랑, 초록, 파랑의 5가지의 색을 사용하여 칠하려고 한다. 같은 색을 중복하여 사용할 수 있으나 인접한 영역은 서로 다른 색으로 칠해서 구분하려고 할 때, 색을 칠하는 경우의 수는?

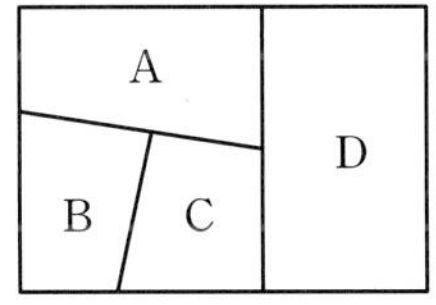

(단, 각 영역에는 한 가지 색만 칠한다.)

① 150 ② 160 ③ 170
④ 180 ⑤ 190

1151 중요

그림과 같은 5개의 영역 A, B, C, D, E를 서로 다른 5가지의 색을 사용하여 칠하려고 한다. 같은 색을 중복하여 사용할 수 있으나 인접한 영역은 서로 다른 색으로 칠해서 구분하려고 할 때, 색을 칠하는 방법의 수를 구하시오.

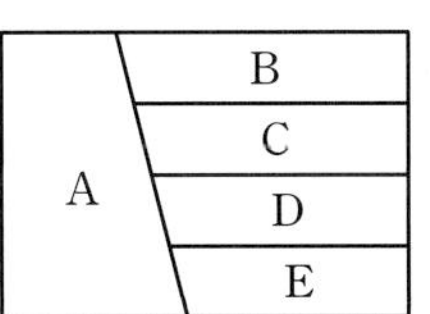

(단, 각 영역에는 한 가지 색만 칠한다.)

1152 서술형

그림과 같은 5개의 영역 A, B, C, D, E를 서로 다른 6가지 색을 사용하여 칠하려고 한다. 같은 색을 중복하여 사용할 수 있으나 변을 공유하는 영역은 서로 다른 색으로 칠하여 구분하려고 할 때, 색을 칠하는 방법의 수를 구하시오.

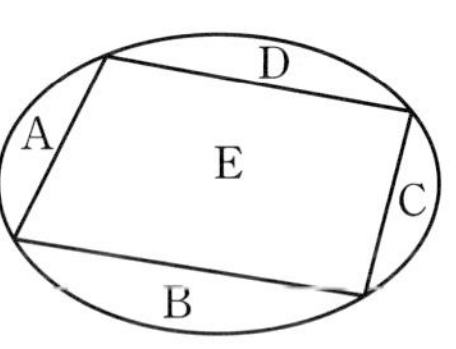

(단, 각 영역에는 한 가지 색만 칠한다.)

1153

그림과 같이 (가), (나), (다), (라), (마)의 5개의 영역으로 나누어 놓은 지도를 서로 다른 4가지 색을 사용하여 칠하려고 한다. 같은 색을 중복하여 사용할 수 있으나 인접한 영역은 서로 다른 색으로 칠하여 구분하려고 할 때, 색을 칠하는 방법의 수는?

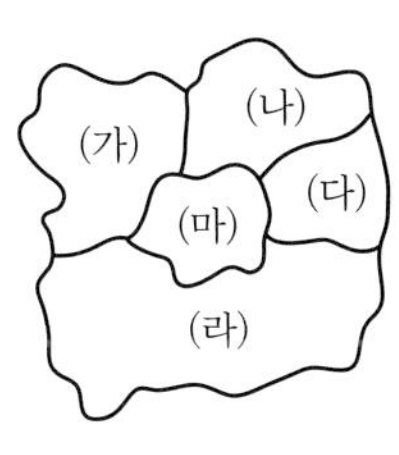

(단, 각 영역에는 한 가지 색만 칠한다.)

① 24 ② 48 ③ 72
④ 96 ⑤ 120

1154 교육청 기출

그림과 같이 크기가 같은 6개의 정사각형에 1부터 6까지의 자연수가 하나씩 적혀 있다. 서로 다른 4가지 색의 일부 또는 전부를 사용하여 다음 조건을 만족시키도록 6개의 정사각형에 색을 칠하는 경우의 수는?

1	2	3
4	5	6

(단, 한 정사각형에 한 가지 색만을 칠한다.)

> (가) 1이 적힌 정사각형과 6이 적힌 정사각형에는 같은 색을 칠한다.
> (나) 변을 공유하는 두 정사각형에는 서로 다른 색을 칠한다.

① 72 ② 84 ③ 96
④ 108 ⑤ 120

1155

그림과 같이 크기가 같은 정사각형 A, B, C, D, E를 붙여서 만든 도형이 있다. 각 정사각형이 다음 조건을 만족시키도록 색을 칠하여 구분하려고 할 때, 색을 칠하는 방법의 수는?

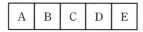

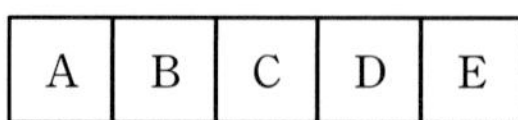

(단, 각 정사각형에는 한 가지 색만 칠한다.)

> (가) 서로 다른 4가지 색 중 전부 또는 일부를 사용하여 5개의 정사각형에 색을 칠한다.
> (나) 두 정사각형 A와 E는 서로 다른 색을 칠하고 한 변을 공유하는 두 정사각형에는 서로 다른 색을 칠한다.

① 216　② 240　③ 264　④ 288　⑤ 312

유형 09 최단거리로 이동하는 경우의 수

그림과 같이 격자 모양의 길에서 A 지점부터 C 지점까지 최단거리로 가는 경우의 수를 m, D 지점까지 최단거리로 가는 경우의 수를 n이라 하자.

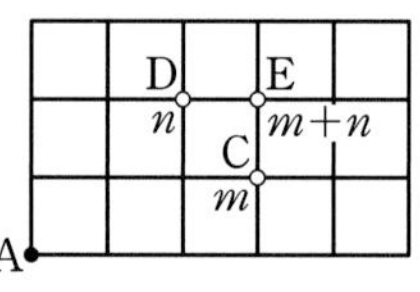

이때 A 지점부터 E 지점까지 최단경로는 C 지점을 통과하는 경우와 D 지점을 통과하는 경로로 나눌 수 있고, 이 경우는 동시에 일어날 수 없으므로 합의 법칙에 의하여 A 지점에서 출발하여 E 지점까지 최단거리로 가는 경우의 수는 $m+n$이다.

Tip 최단거리로 가는 경우의 수
그림의 A 지점에서 B 지점까지 최단거리로 가는 경우의 수
① A 지점에서 오른쪽과 위로 가는 경우의 수를 각각 적는다.
② 만나는 점에서 경우의 수를 더한다.
➡ A 지점에서 B 지점까지 최단거리로 가는 경우의 수는 6

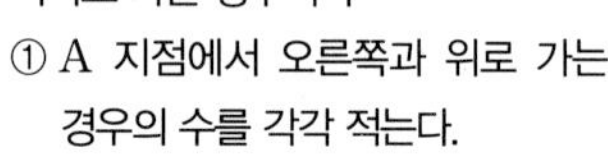

확인 문제

그림과 같은 도로망에서 점 P에서 출발하여 점 Q까지 최단거리로 가는 경우의 수를 구하시오.

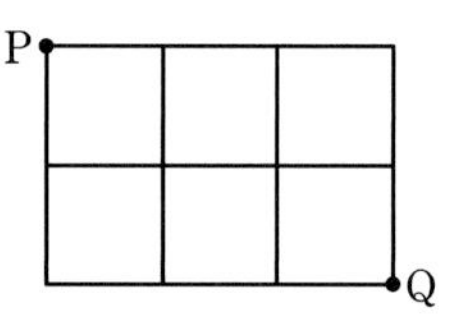

유형ON 2권 134쪽

1156 대표문제

그림과 같은 도로망에서 다빈이가 집에서 출발하여 연수네 집에 들렀다가 학교까지 최단거리로 가는 경우의 수를 구하시오.

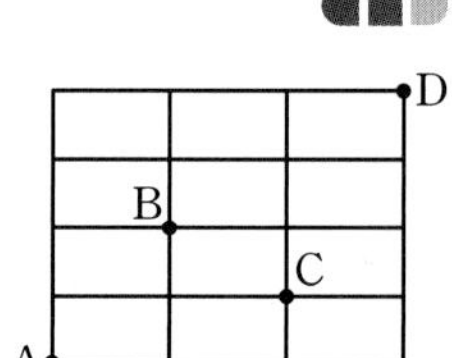

1157 중요

그림과 같은 도로망이 있다. A 지점에서 출발하여 B 지점 또는 C 지점을 지나 D 지점까지 최단거리로 가는 경우의 수를 구하시오.

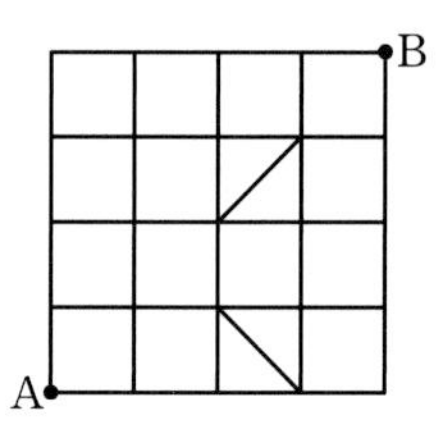

1158 서술형

그림과 같은 도로망이 있다. A 지점에서 출발하여 B 지점까지 갈 때, 최단거리로 가는 경우의 수를 구하시오.

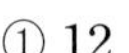

1159

그림과 같은 정육면체에서 모서리를 따라 꼭짓점 A에서 출발하여 꼭짓점 B까지 최단거리로 가는 경우의 수는?

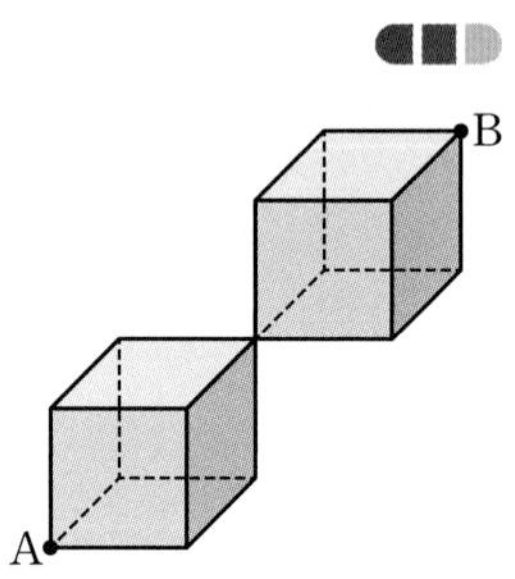

① 12　② 18
③ 24　④ 30
⑤ 36

유형 10 수형도를 이용하는 경우의 수

경우의 수를 하나하나씩 직접 구하는 문제는 수형도를 그려서 해결한다. 이때 중복되거나 빠짐이 없도록 주의해야 한다.

개념ON 388쪽 유형ON 2권 135쪽

1160 대표문제

네 명의 요리사 A, B, C, D에게 각자 자신 있는 요리 한 가지를 만들어 오게 해서 각 요리를 바꾸어 시식을 하기로 하였다. 자신이 가지고 온 요리는 자신이 먹지 않을 때, 요리를 바꾸어 먹는 경우의 수를 구하시오.

(단, 한 명의 요리사는 한 가지 요리만 먹는다.)

1161

1, 2, 3의 숫자가 각각 하나씩 적혀 있는 3장의 카드를 일렬로 나열할 때, i $(i=1, 2, 3)$번째 자리에는 숫자 i가 적힌 카드가 오지 않도록 나열하는 경우의 수는?

① 2 ② 3 ③ 4
④ 5 ⑤ 6

1162 교육청 기출

숫자 1, 2, 3을 전부 또는 일부를 사용하여 같은 숫자가 이웃하지 않도록 다섯 자리의 자연수를 만든다. 이때 만의 자리 숫자와 일의 자리 숫자가 같은 경우의 수를 구하시오.

1163

ⓐ, ⓑ, ⓒ, ⓓ, ⓔ가 각각 하나씩 적힌 5개의 가방을 [A], [B], [C], [D], [E]라고 적힌 사물함에 1개씩 넣는다. 이때 ⓔ가 적힌 가방은 사물함 [A]에 넣고, ⓑ, ⓒ, ⓓ가 적힌 가방은 각각 그 문사의 대문자가 적힌 사물함 [B], [C], [D]에 넣지 않는 경우의 수를 구하시오.

1164

4명의 학생 A, B, C, D가 쪽지 시험을 본 후, 이 네 학생이 시험지를 채점하려 한다. 단 한 명의 학생만이 자신의 시험지를 채점하고 나머지 학생들은 자신의 시험지를 채점하지 않는 경우의 수는? (단, 한 명의 학생은 하나의 시험지만 채점한다.)

① 5 ② 6 ③ 7
④ 8 ⑤ 9

1165 중요 서술형

5명의 사람 A, B, C, D, E의 이름이 각각 하나씩 적혀 있는 모자 5개가 가지런히 걸려 있다. A, B, C, D, E의 5명의 사람이 걸려 있는 모자를 하나씩 쓰고 나갈 때, 1명만 자신의 이름이 적힌 모자를 쓰고 나머지 4명은 다른 사람의 이름이 적힌 모자를 쓰게 되는 경우의 수를 구하시오.

내신 잡는 종합 문제

1166

$\frac{N}{6}$이 기약분수일 때, 200 이하의 양의 정수 N의 개수는?

① 63 ② 64 ③ 65
④ 66 ⑤ 67

1167

방정식 $2x+4y+z=14$를 만족시키는 자연수 x, y, z의 모든 순서쌍 (x, y, z)의 개수는?

① 3 ② 4 ③ 5
④ 6 ⑤ 7

1168

부등식 $x+2y\leq 5$를 만족시키는 음이 아닌 두 정수 x, y의 모든 순서쌍 (x, y)의 개수는?

① 11 ② 12 ③ 13
④ 14 ⑤ 15

1169

그림은 A, B, C, D 네 지점이 여러 개의 길로 연결되어 있는 경로를 나타낸 것이다. A 지점에서 출발하여 D 지점으로 가는 모든 경우의 수는?
(단, 같은 지점은 두 번 이상 지나가지 않는다.)

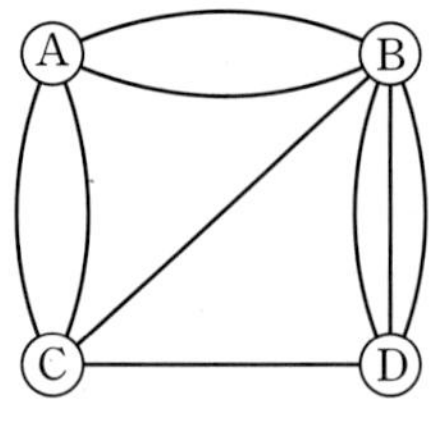

① 8 ② 10 ③ 12
④ 14 ⑤ 16

1170

다항식 $(a+b+c)(p+q+r+s)-(a+b)(x+y)$를 전개하였을 때, 모든 항의 개수는?

① 8 ② 12 ③ 16
④ 20 ⑤ 24

1171

A, B, C가 다음과 같을 때, A, B, C의 대소 관계로 옳은 것은?

> A : 420의 양의 약수의 개수
> B : 50 이하의 자연수 중 3의 배수도 5의 배수도 아닌 자연수의 개수
> C : 100 이하의 자연수 중 십의 자리 또는 일의 자리의 숫자가 3인 자연수의 개수

① $A<B<C$ ② $B<A<C$ ③ $B<C<A$
④ $C<A<B$ ⑤ $C<B<A$

1172

그림과 같이 직사각형 모양으로 연결된 도로망이 있다. 이 도로망을 따라 A 지점에서 출발하여 P 지점과 Q 지점 중 한 지점만을 지나 B 지점까지 최단거리로 가는 경우의 수는?

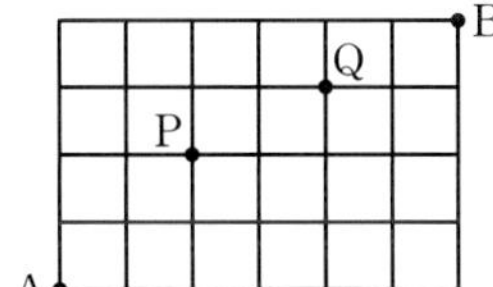

① 60 ② 87 ③ 114
④ 141 ⑤ 168

1173

900의 양의 약수의 개수를 A, 900의 양의 약수 중 25와 서로소인 약수의 개수를 B, 900의 양의 약수의 총합을 C라 할 때, $C-A-B$의 값은?

① 2785 ② 2792 ③ 2794
④ 2812 ⑤ 2821

1174

5명의 학생 A, B, C, D, E의 이름이 각각 하나씩 적힌 5개의 카드를 뒤집어 인쇄된 내용을 감추고 학생 A, B, C, D, E에게 각각 한 장씩 나누어 주었을 때, 한 명은 자기 자신의 이름이 적힌 카드를 받고, 나머지 4명은 각각 다른 사람의 이름이 적힌 카드를 받는 경우의 수는?

① 65 ② 60 ③ 55
④ 50 ⑤ 45

1175

100원짜리 동전 3개, 500원짜리 동전 3개, 1000원짜리 지폐 1장이 있을 때, 이 돈의 일부 또는 전부를 사용하여 거스름돈 없이 지불할 수 있는 방법의 수를 a, 지불할 수 있는 금액의 수를 b라 하자. 이때 $a+b$의 값은?

(단, 0원을 지불하는 경우는 제외한다.)

① 52 ② 54 ③ 62
④ 64 ⑤ 66

1176

그림과 같은 팔면체에서 꼭짓점 A를 출발하여 모서리를 따라 움직여 꼭짓점 B에 도착하는 방법의 수를 구하시오. (단, 한 번 지나간 점은 다시 지나가지 않는다.)

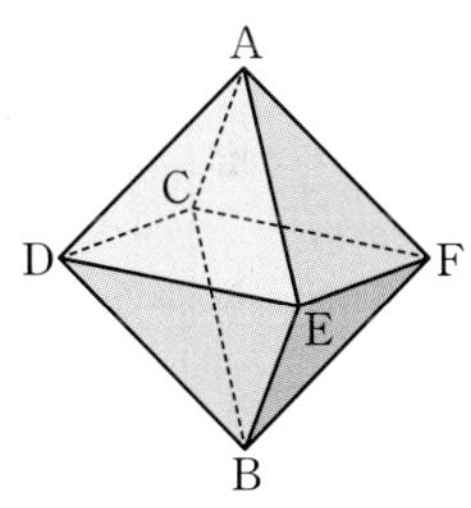

1177

선동이는 점 A에서 시작하여 펜을 떼지 않고 한 번에 그림과 같은 도형을 그리려고 한다. 이 도형을 그릴 수 있는 방법의 수를 구하시오. (단, 한 번 그린 도형은 다시 그리지 않는다.)

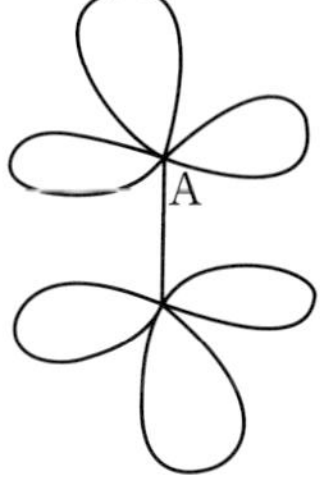

1178 교육청 기출

그림과 같이 4대의 컴퓨터에 A, B, C 3명이 앉아서 컴퓨터 실기 시험에 대비하여 연습을 하고 있다. 공정한 시험을 위하여 실기 시험에서는 자신이 연습하지 않은 컴퓨터를 사용하기로 한다. 세 명이 동시에 시험을 볼 때, 4대의 컴퓨터에 A, B, C 3명의 좌석을 배치하는 방법의 수를 구하시오.

1179 교육청 기출

그림과 같이 1번부터 20번까지 번호가 적힌 20개의 칸이 있는 사물함이 있다.

같은 모양의 9개의 공을 2개, 3개, 4개로 나누어 사물함의 서로 다른 3개의 칸에 넣으려 한다. 이때 홀수 번호가 적힌 칸에는 홀수 개, 짝수 번호가 적힌 칸에는 짝수 개를 넣고, 공이 들어갈 칸 중에서 오른쪽으로 갈수록 공의 개수가 많아지도록 공을 넣는 경우의 수를 구하시오.

1180

그림은 어느 공원의 정문과 후문을 연결하는 산책로를 나타낸 것이다. 정문에서 출발하여 후문으로 갔다가 다시 정문으로 되돌아오는 방법의 수는? (단, 같은 길은 중복하여 지나가지 않고, 정문은 출발할 때와 도착할 때를 제외하고 지나가지 않고 후문은 한 번만 지나간다.)

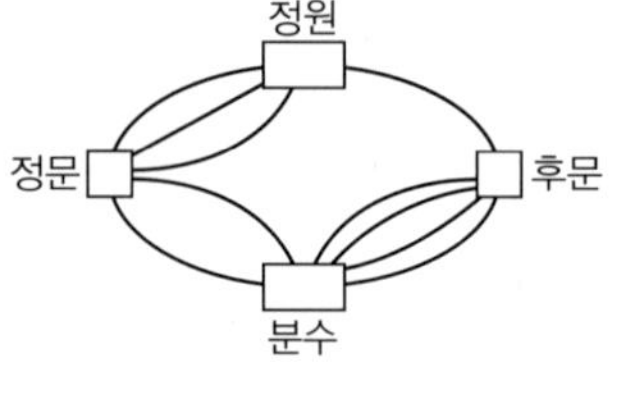

① 48 ② 56 ③ 64
④ 72 ⑤ 80

1181 교육청 기출

그림은 공연장의 좌석 배치도이며, 색칠한 부분은 예약이 완료된 좌석을 나타낸다. 다섯 좌석을 예약하려고 할 때, 두 좌석, 세 좌석씩 각각 이웃하게 하는 경우의 수는?

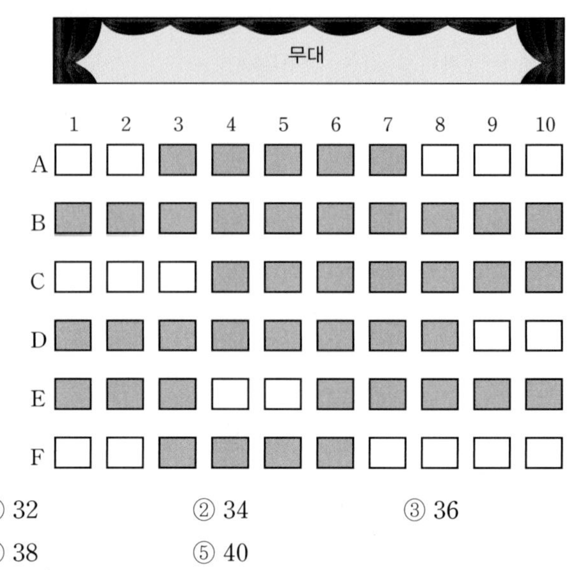

① 32 ② 34 ③ 36
④ 38 ⑤ 40

1182

그림은 A 지점에서 D 지점으로 가는 경로를 나타낸 것이다. B 지점과 C 지점을 연결하는 경로를 추가하여 A 지점에서 출발하여 D 지점으로 가는 방법의 수가 100 이상이 되도록 하려고 한다. 추가해야 하는 경로의 최소 개수는? (단, 같은 지점은 두 번 이상 지나가지 않고, 경로끼리는 서로 만나지 않는다.)

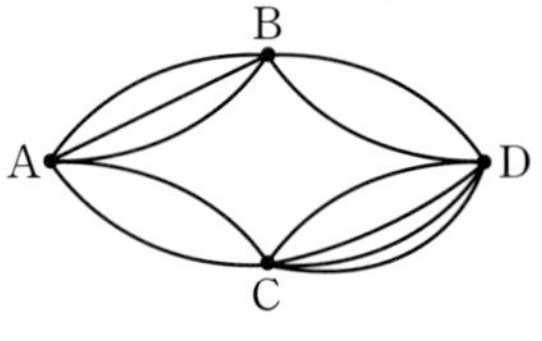

① 6 ② 7 ③ 8
④ 9 ⑤ 10

정답과 풀이 206쪽

1183

그림과 같은 5개의 영역 (가), (나), (다), (라), (마)를 빨강, 파랑, 노랑, 초록, 검정의 5가지 색을 사용하여 칠하려고 한다. 같은 색을 중복하여 사용할 수 있으나 인접한 영역은 서로 다른 색으로 칠하여 구분하려고 할 때, 색을 칠하는 방법의 수를 구하시오.

(단, 각 영역에는 한 가지 색만 칠한다.)

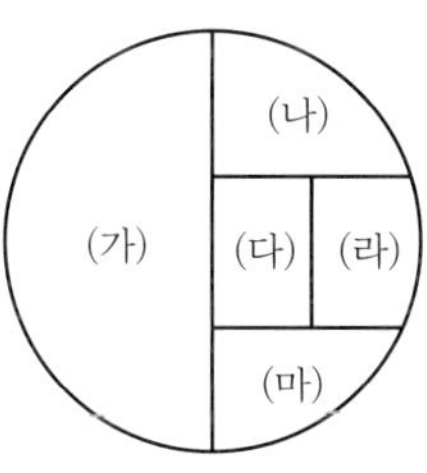

1184

우리나라의 자동차 등록 번호판은 2004년부터 '52가 3108'과 같이 (숫자 2개)+(한글)+(숫자 4개)로 이루어진 형식을 사용하고 있다. 이러한 번호판의 앞의 두 숫자는 차종, 가운데의 한글은 자동차의 용도, 마지막 네 숫자는 등록 번호를 의미하고 이 등록 번호는 0000부터 9999까지 10000개의 번호가 가능하다.

한편 자동차의 용도는 비사업용과 사업용으로 구분되며, 사업용은 다시 운수, 대여, 택배로 구분된다. 차종과 자동차의 용도에 따라 사용되는 번호와 한글은 각각 다음과 같다.

차종	승용차	승합차
번호	01 ~ 69	70 ~ 79
차종	화물차	특수차
번호	80 ~ 97	98 ~ 99

용도		한글
비사업용 (자가용)		가, 나, 다, 라, 마, 거, 너, 더, 러, 머, 버, 서, 어, 저, 고, 노, 도, 로, 모, 보, 소, 오, 조, 구, 누, 두, 루, 무, 부, 수, 우, 주
사업용	운수 (버스, 택시)	비, 사, 아, 자
	대여 (렌터카)	하, 허, 호
	택배	배

(출처: 국토교통부, 2016년)

위의 자료를 이용하여 차종은 승용차이고 용도는 사업용(대여)인 차량이 발급할 수 있는 서로 다른 번호판의 개수는?

① 138만 ② 207만 ③ 276만
④ 345만 ⑤ 414만

서술형 대비하기

1185

어느 고등학교의 방학 중 방과후학교에서 1교시에는 2개 강좌, 2교시에는 3개 강좌, 3교시에는 4개 강좌를 개설하였다. 어떤 학생이 개설된 서로 다른 9개의 강좌 중 2개의 강좌를 선택하여 수강하는 방법의 수를 구하시오.

1186

그림과 같이 5개의 영역으로 나누어진 정오각형을 서로 다른 5가지 색을 이용하여 칠하려고 한다. 같은 색을 중복하여 사용할 수 있으나 변을 공유하는 영역은 서로 다른 색으로 칠하여 구분하려고 할 때, 색을 칠하는 방법의 수를 구하시오. (단, 각 영역에는 한 가지 색만 칠한다.)

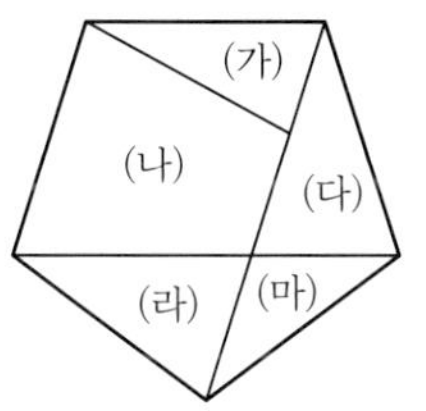

1187

그림은 어느 수목원의 두 쉼터 A, B와 입구, 출구를 연결하는 산책로를 나타낸 것이다. 쉼터 A와 쉼터 B를 연결하는 산책로를 추가하여 입구에서 출발하여 출구로 가는 방법의 수가 107가지가 되도록 하려고 한다. 추가해야 하는 산책로의 개수를 구하시오. (단, 같은 지점은 두 번 이상 지나가지 않고, 산책로끼리는 서로 만나지 않는다.)

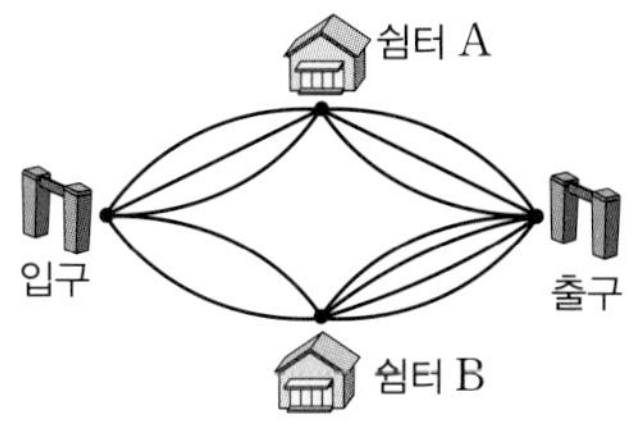

수능 녹인 변별력 문제

1188

빨강, 파랑, 노랑, 초록의 4가지 색연필을 이용하여 그림과 같은 곰돌이 얼굴을 색칠하려고 한다. 같은 색을 중복하여 이용해도 좋으나, 인접한 영역(선으로 닿아 있는 영역)은 서로 다른 색으로 칠할 때 색을 칠하는 경우의 수는? (단, 눈은 검정색으로 칠해져 있고 칠해야 하는 영역은 총 8개이다.)

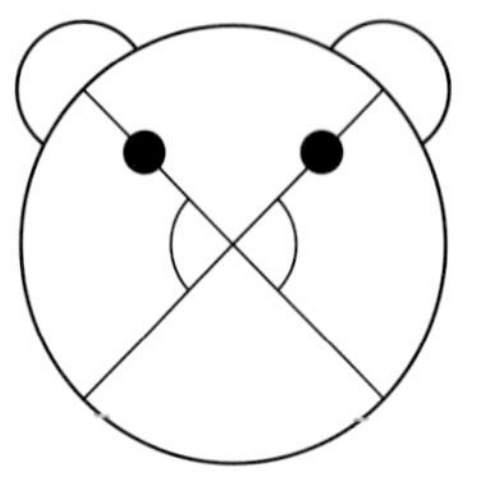

① 768　② 780　③ 792　④ 804　⑤ 816

1189 중요

500원짜리 동전 1개, 100원짜리 동전 2개, 50원짜리 동전 1개, 10원짜리 동전 6개가 있다. 이 동전의 일부 또는 전부를 사용하여 거스름돈 없이 지불할 수 있는 방법의 수를 a, 지불할 수 있는 금액의 수를 b라 할 때, $a+b$의 값은?

(단, 0원을 지불하는 경우는 제외한다.)

① 136　② 141　③ 146　④ 151　⑤ 156

1190 교육청 기출

그림과 같이 세 면이 막혀 있는 주차장에 A, B, C, D 네 대의 차량이 주차되어 있다. 주차된 네 대의 차량이 한 번에 한 대씩 빠져나오려고 할 때, 차량이 모두 빠져나오는 순서를 정하는 경우의 수는?

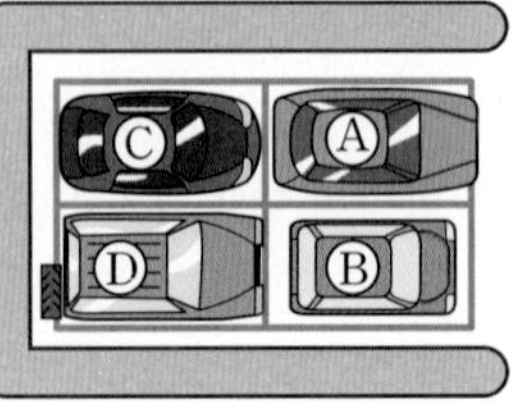

(단, 모든 차량은 주차 구역 내에서 직진만 하도록 한다.)

① 4　② 6　③ 8　④ 10　⑤ 12

1191

a, b, c, d, e를 모두 사용하여 만든 다섯 자리 문자열 중에서 다음 세 조건을 만족시키는 문자열의 개수는?

> (가) 첫째 자리에는 b가 올 수 없다.
> (나) 셋째 자리에는 a도 올 수 없고 b도 올 수 없다.
> (다) 다섯째 자리에는 b도 올 수 없고 c도 올 수 없다.

① 24　② 28　③ 32　④ 36　⑤ 40

1192 교육청 기출

장미 8송이, 카네이션 6송이, 백합 8송이가 있다. 이 중 1송이를 골라 꽃병 A에 꽂고, 이 꽃과는 다른 종류의 꽃들 중 꽃병 B에 꽂을 꽃 9송이를 고르는 경우의 수를 구하시오.

(단, 같은 종류의 꽃은 서로 구분하지 않는다.)

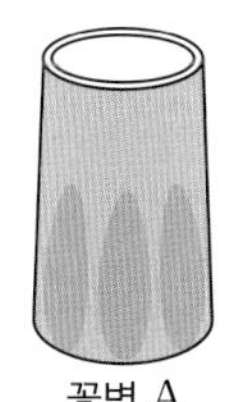
꽃병 A

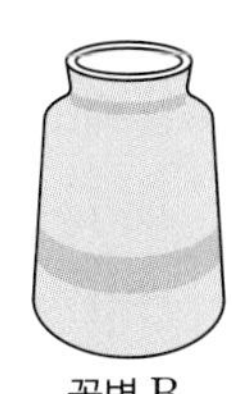
꽃병 B

1193

좌표평면 위에서 체스의 나이트 말은 한 번 이동할 때, x축 또는 y축과 평행한 방향으로 2만큼, 그리고 그와 수직인 방향으로 1만큼 이동한다고 할 수 있다. 원점에 위치한 나이트 말을 연속으로 4번 이동시켜 다음 규칙 Ⅰ, Ⅱ에 따라 점수를 얻는 게임을 한다.

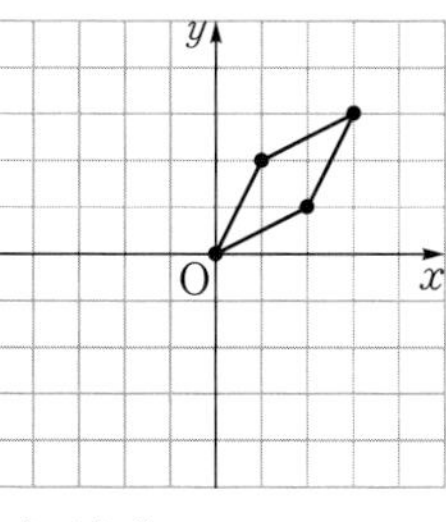

> Ⅰ. 매번 이동 후 나이트 말이 위치한 점의 좌표가 (a, b)이면 그때마다 $|ab|$의 값을 기록한다.
> Ⅱ. 나이트 말의 최종 위치가 원점이면 기록된 값들의 총합을 점수로 얻고, 원점이 아니면 0점 처리한다.

예를 들어 위의 그림과 같이 나이트 말을

$(0, 0) \to (1, 2) \to (3, 3) \to (2, 1) \to (0, 0)$

으로 4번 이동시키며 얻는 점수는 $2+9+2=13$(점)이다. 이 게임에서 4점을 획득하는 경우의 수를 구하시오.

1194

그림과 같은 5개의 영역 A, B, C, D, E를 서로 다른 5가지의 색을 사용하여 칠하려고 한다. 같은 색을 중복하여 사용할 수 있으나 인접한 영역은 서로 다른 색으로 칠하여 구분하려고 할 때, 색을 칠하는 방법의 수를 구하시오.

(단, 각 영역에는 한 가지 색만 칠한다.)

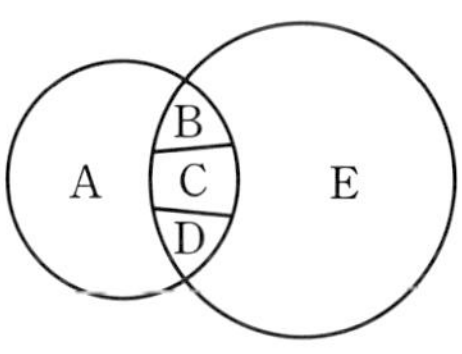

1195 교육청 기출

서로 다른 네 종류의 모자 A, B, C, D가 각각 3개씩 모두 12개 있다. 12개의 모자를 [그림 1]과 같이 일정한 간격으로 배열된 12개의 모자걸이에 각각 걸려고 한다. 이때 모든 가로 방향과 모든 세로 방향에 서로 다른 종류의 모자가 걸리도록 하려고 한다. [그림 2]는 이와 같은 방법으로 모자를 건 예이다.

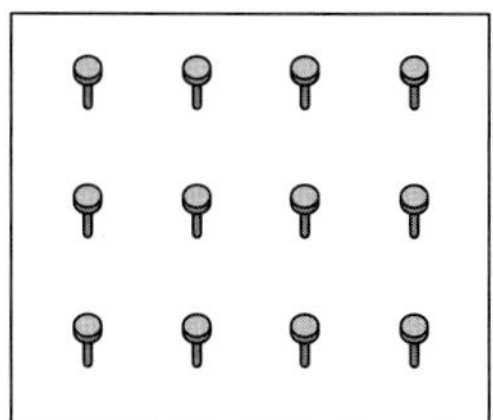
[그림 1]

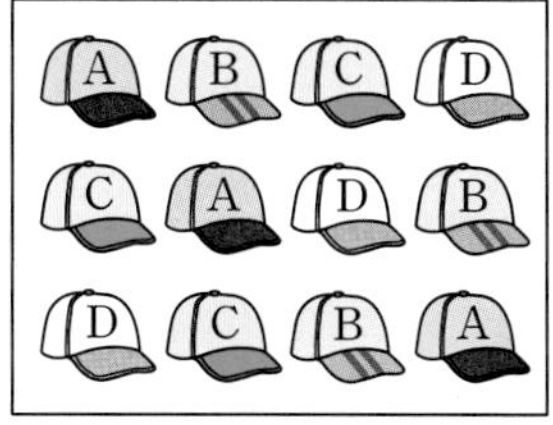

[그림 2]

이와 같은 방법으로 12개의 모자를 모자걸이에 걸 수 있는 방법의 수를 구하시오.

(단, 같은 종류의 모자끼리는 서로 구별하지 않는다.)

PART A

11 순열과 조합

Ⅲ. 경우의 수

유형별 문제

유형 01 순열의 수

(1) 서로 다른 n개에서 r개를 택하여 일렬로 나열하는 방법의 수
➡ ${}_nP_r$

(2) 서로 다른 n개를 모두 일렬로 나열하는 방법의 수
➡ ${}_nP_n=n!$

(3) 순열의 수
① $0!=1$, ${}_nP_0=1$, ${}_nP_n=n!$
② ${}_nP_r=n(n-1)(n-2)\times\cdots\times(n-r+1)$
$=\dfrac{n!}{(n-r)!}$ (단, $0\le r\le n$)

확인 문제

1. 다음 값을 구하시오.

(1) ${}_5P_3$ (2) $4!$
(3) ${}_6P_0$ (4) ${}_3P_3$

2. 다음을 만족시키는 n 또는 r의 값을 구하시오.

(1) ${}_nP_2=30$ (2) ${}_5P_r=60$
(3) ${}_9P_r=\dfrac{9!}{5!}$ (4) ${}_nP_n=720$

개념ON 404쪽 유형ON 2권 138쪽

1196 대표문제

등식 $12\times{}_nP_2={}_nP_4$를 만족시키는 자연수 n의 값은?

① 4 ② 5 ③ 6
④ 7 ⑤ 8

1197

SEOUL에 있는 5개의 문자 중 3개를 뽑아 일렬로 나열하는 방법의 수는?

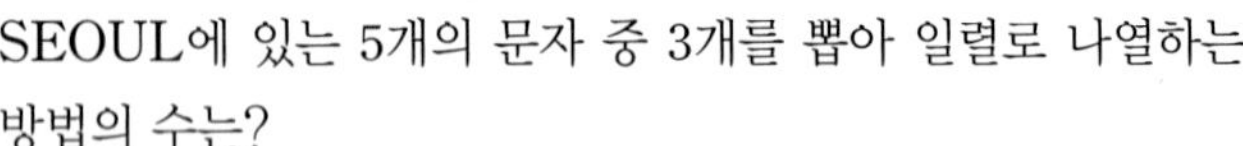

① 150 ② 120 ③ 90
④ 60 ⑤ 30

1198 중요

등식 $5\times{}_{2n}P_2=6\times{}_{2n-1}P_2$를 만족시키는 자연수 n의 값은?

① 4 ② 5 ③ 6
④ 7 ⑤ 8

1199 중요

회원 수가 n명인 동호회에서 회장 1명, 부회장 1명을 선출하는 방법의 수가 240일 때, 자연수 n의 값은?

① 13 ② 14 ③ 15
④ 16 ⑤ 17

1200

서로 다른 n개의 사탕 중 3개의 사탕을 선택하여 일렬로 늘어놓는 방법의 수가 990일 때, 자연수 n의 값을 구하시오.

유형 02 이웃하는 것이 있는 순열의 수

이웃하는 것이 있는 순열의 수는 다음과 같은 순서로 구한다.
❶ 이웃하는 것을 한 묶음으로 생각한 후, 일렬로 나열하는 경우의 수를 구한다.
❷ ❶의 한 묶음 안에서 이웃하는 것끼리 자리를 바꾸는 경우의 수를 구한다.
❸ ❶과 ❷에서 구한 경우의 수를 서로 곱한다.

개념ON 408쪽 유형ON 2권 138쪽

1201 대표문제

다섯 개의 문자 a, b, c, d, e를 일렬로 나열할 때, a와 b가 서로 이웃하는 경우의 수를 구하시오.

1202 중요

STRANGE에 있는 7개의 문자를 일렬로 나열할 때, 자음끼리 서로 이웃하는 경우의 수는?

① 720 ② 600 ③ 480
④ 360 ⑤ 240

1203

여학생 2명과 남학생 4명이 순서를 정하여 차례대로 뜀틀 넘기를 할 때, 여학생 2명이 연이어 뜀틀 넘기를 하게 되는 경우의 수는?

① 120 ② 180 ③ 240
④ 300 ⑤ 360

1204

남학생 3명과 여학생 n명을 일렬로 세울 때, 남학생 3명이 서로 이웃하도록 세우는 방법의 수는 720이다. 자연수 n의 값은?

① 2 ② 3 ③ 4
④ 5 ⑤ 6

1205 서술형

세 쌍의 부부를 일렬로 세울 때, 각 부부끼리 서로 이웃하도록 세우는 경우의 수를 구하시오.

1206 중요

6명의 농구선수 A, B, C, D, E, F를 일렬로 세울 때, A, B가 서로 이웃하거나 C, D가 서로 이웃하도록 세우는 경우의 수는?

① 84 ② 184 ③ 284
④ 384 ⑤ 484

유형 03 이웃하지 않는 것이 있는 순열의 수

이웃하지 않는 것이 있는 순열의 수는 다음과 같은 순서로 구한다.
❶ 이웃해도 되는 것을 일렬로 나열하는 경우의 수를 구한다.
❷ ❶에서 나열한 것의 양 끝과 사이사이에 이웃하지 않아야 할 것을 나열하는 경우의 수를 구한다.
❸ ❶과 ❷에서 구한 경우의 수를 서로 곱한다.

개념ON 408쪽 유형ON 2권 139쪽

1207 대표문제

남학생 4명과 여학생 2명이 일렬로 서서 사진을 찍으려고 한다. 여학생들끼리 서로 이웃하지 않도록 일렬로 서는 경우의 수는?

① 360 ② 390 ③ 420
④ 450 ⑤ 480

1208 교육청 기출

숫자 1, 2, 3, 4, 5가 하나씩 적혀 있는 5장의 카드가 있다. 이 5장의 카드를 모두 일렬로 나열할 때, 짝수가 적혀 있는 카드끼리 서로 이웃하지 않도록 나열하는 경우의 수는?

① 24 ② 36 ③ 48
④ 60 ⑤ 72

1209

7개의 문자 A, B, C, D, E, F, G를 일렬로 나열할 때, A, B, C 중 어느 두 개도 서로 이웃하지 않도록 나열하는 방법의 수는?

① 90 ② 180 ③ 360
④ 720 ⑤ 1440

1210

그림과 같이 의자 6개가 나란히 놓여 있다. 여학생 2명과 남학생 3명이 모두 의자에 앉을 때, 여학생이 이웃하지 않게 앉는 경우의 수를 구하시오. (단, 두 학생 사이에 빈 의자가 있는 경우는 이웃하지 않는 것으로 생각한다.)

1211 교육청 기출

어느 관광지에서 7명의 관광객 A, B, C, D, E, F, G가 마차를 타려고 한다. 그림과 같이 이 마차에는 4개의 2인용 의자가 있고, 마부는 가장 앞에 있는 2인용 의자의 오른쪽 좌석에 앉는다.

7명의 관광객이 다음 조건을 만족시키도록 비어 있는 7개의 좌석에 앉는 경우의 수를 구하시오.

> (가) A와 B는 같은 2인용 의자에 이웃하여 앉는다.
> (나) C와 D는 같은 2인용 의자에 이웃하여 앉지 않는다.

1212 중요

6개의 문자 a, b, c, d, e, f를 일렬로 나열할 때, b와 c가 모두 a와 서로 이웃하지 않도록 나열하는 경우의 수를 구하시오.

유형 04 자리에 대한 조건이 있는 순열의 수

(1) **특정한 자리에 대한 조건이 있는 순열의 수**
- ❶ 특정한 자리를 고정하고, 고정된 자리에 나열하는 경우의 수를 구한다.
- ❷ 특정한 자리를 제외한 나머지 자리에 배열하는 경우의 수를 구한다.
- ❸ ❶과 ❷에서 구한 경우의 수를 서로 곱한다.

(2) **교대로 배열하는 순열의 수**
- ❶ 두 개의 대상 중 하나를 일렬로 나열하는 경우의 수를 구한다.
- ❷ ❶에서 나열한 것의 양 끝과 사이사이에 나머지 대상들을 일렬로 나열하는 경우의 수를 구한다.
- ❸ ❶과 ❷에서 구한 경우의 수를 서로 곱한다.

Tip (1) 두 집단의 크기가 각각 n으로 같을 때, 교대로 서는 순열의 수 ➡ $2\times n!\times n!$

(2) 두 집단의 크기가 각각 n, $n-1$일 때, 교대로 서는 순열의 수 ➡ $n!\times(n-1)!$

개념ON 410쪽 유형ON 2권 139쪽

1213 대표문제

남학생 4명과 여학생 3명을 일렬로 세울 때, 양 끝에 남학생이 오도록 세우는 경우의 수는?

① 90 ② 180 ③ 360 ④ 720 ⑤ 1440

1214 중요

서로 다른 로즈메리 화분 3개와 라벤더 화분 4개를 일렬로 나열할 때, 로즈메리와 라벤더 화분을 번갈아 나열하는 경우의 수를 구하시오.

1215 중요

a, b, c, d, e, f의 6개의 문자를 일렬로 나열할 때, e, f 사이에 2개의 문자가 들어가는 경우의 수는?

① 72 ② 144 ③ 216 ④ 288 ⑤ 360

1216 교육청 기출

그림과 같이 한 줄에 3개씩 모두 6개의 좌석이 있는 케이블카가 있다. 두 학생 A, B를 포함한 5명의 학생이 이 케이블카에 탑승하여 A, B는 같은 줄의 좌석에 앉고 나머지 세 명은 맞은편 줄의 좌석에 앉는 경우의 수는?

탑승위치

① 48 ② 54 ③ 60
④ 66 ⑤ 72

1217

그림과 같이 7개의 좌석 A, B, C, D, E, F, G가 있다. 여자 2명과 남자 5명이 이 7개의 좌석에 앉을 때, 여자 2명이 서로 이웃한 좌석에 앉게 되는 경우의 수는? (단, 두 좌석 C, D는 서로 이웃한 좌석이 아니다.)

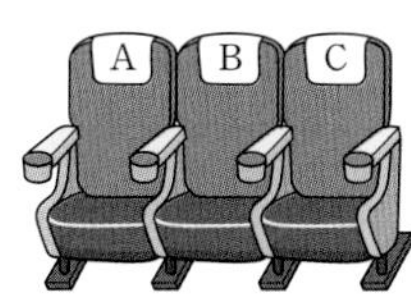

D E F G

① 600 ② 800 ③ 1000
④ 1200 ⑤ 1400

1218 서술형

5개의 숫자 1, 2, 3, 4, 5를 일렬로 나열할 때, 짝수가 서로 이웃하도록 나열하는 경우의 수를 a, 양 끝에 홀수가 오도록 나열하는 경우의 수를 b, 짝수가 서로 이웃하면서 양 끝에 홀수가 오도록 나열하는 경우의 수를 c라 하자. $a+b-c$의 값을 구하시오.

1219 중요

남자 3명과 여자 3명을 한 줄로 세울 때, 다음 조건을 만족시키도록 줄을 세우는 경우의 수는?

> (가) 남자끼리 서로 이웃하지 않는다.
> (나) 여자끼리 서로 이웃하지 않는다.
> (다) 특정한 한 쌍의 남녀가 서로 이웃한다.

① 20 ② 24 ③ 30
④ 36 ⑤ 40

유형 05 '적어도'의 조건이 있는 순열의 수

(사건 A가 적어도 한 번 일어나는 경우의 수)
=(전체 경우의 수)−(사건 A가 일어나지 않는 경우의 수)

개념ON 410쪽 유형ON 2권 140쪽

1220 대표문제

orient에 있는 6개의 문자를 일렬로 나열할 때, 적어도 한쪽 끝에 모음이 오는 경우의 수는?

① 432 ② 504 ③ 576
④ 648 ⑤ 720

1221

여학생 n명과 남학생 $(10-n)$명 중 2명을 택하여 일렬로 줄을 세울 때, 이 줄에 적어도 한 명의 남학생이 포함되는 경우의 수가 34가 되도록 하는 9 이하의 자연수 n의 값을 구하시오.

1222 중요

어느 영화관에 의자 10개가 일렬로 놓여 있다. 이 10개의 의자 중 3개의 의자에 3명의 학생이 각각 앉을 때, 적어도 2명의 학생이 서로 이웃하게 앉는 경우의 수는?

① 288 ② 312 ③ 336
④ 360 ⑤ 384

유형 06 자연수의 개수

(1) 서로 다른 n개의 한 자리 자연수 중에서 서로 다른 r개를 이용하여 만들 수 있는 r자리 자연수의 개수 ➡ ${}_nP_r$

(2) 0과 서로 다른 n개의 한 자리 자연수 중에서 서로 다른 r개를 이용하여 만들 수 있는 r자리 자연수의 개수
➡ $n\times{}_nP_{r-1}$

Tip r자리 자연수의 맨 앞 자리에는 0이 올 수 없다.

(3) 특정한 조건이 있는 경우 조건에 따라 기준이 되는 자리부터 먼저 나열하고 나머지 자리에는 남는 숫자들을 나열하여 구한다.

Tip 배수에 대한 조건은 다음의 성질을 이용한다.
(1) 3의 배수는 각 자리의 숫자의 합이 3의 배수이다.
(2) 4의 배수는 마지막의 두 자리 수가 4의 배수이다.
(3) 5의 배수는 일의 자리의 숫자가 0 또는 5이다.

개념ON 412쪽 유형ON 2권 141쪽

1223 대표문제

5개의 숫자 1, 2, 3, 4, 5 중 서로 다른 세 개의 숫자를 택하여 만들 수 있는 세 자리 자연수 중 5의 배수의 개수는?

① 4 ② 8 ③ 12
④ 16 ⑤ 20

1224

5개의 숫자 0, 1, 2, 3, 4 중 서로 다른 세 개의 숫자를 택하여 만들 수 있는 세 자리 자연수 중 3의 배수의 개수는?

① 16 ② 18 ③ 20
④ 22 ⑤ 24

1225 중요

5개의 숫자 0, 1, 2, 3, 4를 모두 사용하여 만들 수 있는 다섯 자리 자연수 중 홀수의 개수는?

① 24 ② 36 ③ 48
④ 60 ⑤ 72

1226 서술형

6개의 숫자 0, 2, 4, 6, 8, 9 중 서로 다른 4개의 숫자를 택하여 네 자리 자연수를 만들 때, 4의 배수의 개수를 구하시오.

1227

서로 다른 한 자리 자연수 6개를 일렬로 나열할 때, 적어도 한 쪽 끝에 홀수가 오는 경우의 수는 240이다. 이 6개의 자연수 중 홀수의 개수는?

① 1 ② 2 ③ 3
④ 4 ⑤ 5

유형 07 사전식 배열

(1) **문자나 숫자의 위치 찾기**
해당 문자나 숫자의 맨 앞자리부터 고정시켜서 차례대로 순열의 수를 이용하여 위치를 찾는다.
(2) **특정 위치에 있는 문자나 숫자 찾기**
기준이 되는 문자열 또는 수를 먼저 배열하고 해당 문자나 숫자가 나올 때까지 순열의 수를 이용한 후, 다음 문자나 숫자로 이동하여 찾는다.

개념ON 414쪽 유형ON 2권 141쪽

1228 대표문제

KOREA에 있는 5개의 문자를 모두 한 번씩 사용하여 사전식으로 배열할 때, 89번째에 오는 것은?

① OKEAR ② OKERA ③ OKRAE
④ OKREA ⑤ OKARE

1229

1, 2, 3, 4, 5의 5개의 숫자를 한 번씩 써서 만든 다섯 자리의 정수 중에서 35000보다 큰 수의 개수는?

① 50 ② 54 ③ 58
④ 62 ⑤ 66

1230

다섯 개의 숫자 0, 1, 2, 3, 4 중 서로 다른 4개의 숫자를 택하여 만든 모든 네 자리 자연수를 작은 수부터 차례대로 나열할 때, 2301은 몇 번째 오는 수인가?

① 34번째 ② 35번째 ③ 36번째
④ 37번째 ⑤ 38번째

1231 서술형

6개의 숫자 0, 1, 2, 3, 4, 5를 한 번씩만 사용하여 여섯 자리 자연수를 만들 때, 176번째로 큰 수를 구하시오.

1232 중요

6개의 문자 a, b, c, d, e, f를 한 번씩만 사용하여 $abcdef$부터 $fedcba$까지 사전식으로 배열할 때, $cbedfa$는 몇 번째에 오는지 구하시오.

1233

여섯 개의 문자 A, B, C, D, E, F를 모두 사용하여 만든 6자리 문자열 중에서 다음 조건을 모두 만족시키는 문자열의 개수는? (예를 들어 CDFBAE는 조건을 만족시키지만 CDFABE는 조건을 만족시키지 않는다.)

(가) A의 바로 다음 자리에 B가 올 수 없다.
(나) B의 바로 다음 자리에 C가 올 수 없다.
(다) C의 바로 다음 자리에 A가 올 수 없다.

① 380 ② 432 ③ 484
④ 536 ⑤ 598

11 순열과 조합

유형 08 ${}_{n}P_{r}$와 ${}_{n}C_{r}$의 계산

(1) ${}_{n}P_{r}=n(n-1)(n-2)\times\cdots\times(n-r+1)$

$=\dfrac{n!}{(n-r)!}$ (단, $0\le r\le n$)

(2) ${}_{n}P_{0}=1$, ${}_{n}P_{n}=n!$

(3) ${}_{n}C_{r}=\dfrac{{}_{n}P_{r}}{r!}=\dfrac{n!}{r!(n-r)!}$ (단, $0\le r\le n$)

(4) ${}_{n}C_{0}=1$, ${}_{n}C_{n}=1$

(5) ${}_{n}C_{r}={}_{n}C_{n-r}$

확인 문제

1. 다음 값을 구하시오.

(1) ${}_{4}C_{0}$　　(2) ${}_{3}C_{3}$

(3) ${}_{6}C_{2}$　　(4) ${}_{6}C_{4}$

2. 다음을 만족시키는 n 또는 r의 값을 구하시오.

(1) ${}_{n}C_{2}=10$　　(2) ${}_{4}C_{r}=6$

개념ON 424쪽　유형ON 2권 142쪽

1234 대표문제

등식 $6\times{}_{7}C_{5}+{}_{7}P_{3}=6\times{}_{n}C_{3}$을 만족시키는 자연수 n의 값은? (단, $n\ge3$)

① 6　② 7　③ 8　④ 9　⑤ 10

1235

등식 ${}_{n-1}P_{2}+4={}_{n+1}C_{2}$를 만족시키는 모든 자연수 n의 값의 합은?

① 3　② 4　③ 5　④ 6　⑤ 7

1236

x에 대한 이차방정식 $4x^{2}-{}_{n}P_{r}x-12{}_{n}C_{n-r}=0$의 두 근이 -3, 6일 때, $n+r$의 값을 구하시오. (단, n, r는 자연수이다.)

1237 중요

x에 대한 이차방정식 ${}_{n}C_{3}x^{2}-{}_{n}C_{5}x-{}_{n}C_{2}=0$의 두 근을 α, β라 하자. $\alpha+\beta=1$일 때, $\alpha\beta$의 값을 구하시오. (단, n은 자연수이다.)

1238 중요

다음은 $1\le r<n$일 때, 등식 ${}_{n}C_{r}={}_{n-1}C_{r-1}+{}_{n-1}C_{r}$가 성립함을 설명하는 과정이다.

$${}_{n-1}C_{r-1}+{}_{n-1}C_{r}$$
$$=\frac{(n-1)!}{(r-1)!(n-r)!}+\frac{(n-1)!}{r!(n-r-1)!}$$
$$=\frac{(\boxed{(가)})\times(n-1)!}{r!(n-r)!}+\frac{(\boxed{(나)})\times(n-1)!}{r!(n-r)!}$$
$$=\frac{(\boxed{(다)})\times(n-1)!}{r!(n-r)!}={}_{n}C_{r}$$

위의 (가), (나), (다)에 알맞은 것을 차례대로 나열한 것은?

	(가)	(나)	(다)
①	r	$n-r-1$	n
②	r	$n-r$	n
③	r	$n-r$	$n+1$
④	$n-r$	$r+1$	n
⑤	$n-r$	$r+1$	$n+1$

1239

다음은 $1\le r<n$일 때, 등식 ${}_{n}P_{r}={}_{n-1}P_{r}+r\times{}_{n-1}P_{r-1}$이 성립함을 설명하는 과정이다.

$${}_{n-1}P_{r}+r\times{}_{n-1}P_{r-1}$$
$$=\frac{(n-1)!}{\boxed{(가)}}+r\times\frac{(n-1)!}{\boxed{(나)}}$$
$$=(n-1)!\times\left(\frac{1}{\boxed{(가)}}+\frac{r}{\boxed{(나)}}\right)$$
$$=(n-1)!\times\frac{\boxed{(다)}}{(n-r)!}={}_{n}P_{r}$$

위의 (가), (나), (다)에 알맞은 것을 차례대로 나열한 것은?

	(가)	(나)	(다)
①	$(n-r)!$	$(n-r)!$	$n+1$
②	$(n-r)!$	$(n-r-1)!$	n
③	$(n-r-1)!$	$(n-r)!$	n
④	$(n-r-1)!$	$(n-r-1)!$	$n+1$
⑤	$(n-r-1)!$	$(n-r)!$	$n+1$

정답과 풀이 215쪽

유형 09 조합의 수

(1) 서로 다른 n개에서 순서를 생각하지 않고 r개를 택하는 방법의 수 ➡ ${}_{n}C_{r}$
(2) 서로 다른 n개에서 a개를 택한 후 나머지에서 b개를 택하는 경우의 수 ➡ ${}_{n}C_{a} \times {}_{n-a}C_{b}$

개념ON 426쪽 유형ON 2권 143쪽

1240 대표문제

서로 다른 종류의 사탕 6개와 서로 다른 종류의 초콜릿 3개가 있다. 이 9개의 사탕과 초콜릿 중 2개를 택할 때, 이 2개가 모두 사탕이거나 모두 초콜릿일 경우의 수를 구하시오.

1241 중요

서로 다른 6개의 사과 중 r개를 택하여 바구니에 담는 경우의 수가 20일 때, r의 값을 구하시오.

1242

$0<a<b<c<d<10$을 만족시키는 네 자연수 a, b, c, d를 한 번씩 사용하여 네 자리 자연수를 만들려고 한다. 일, 십, 백, 천의 자리의 숫자가 각각 a, b, c, d인 자연수의 개수는?

① 1008 ② 504 ③ 252
④ 126 ⑤ 63

1243

어느 학교 동아리 회원은 1학년이 6명, 2학년이 4명이다. 이 동아리에서 7명을 뽑을 때, 1학년에서 4명, 2학년에서 3명을 뽑는 경우의 수를 구하시오.

1244

A지역에는 세 곳, B지역에는 네 곳, C지역에는 다섯 곳, D지역에는 여섯 곳의 맛집 리스트를 작성하였다. 이 중에서 세 곳의 맛집을 선택하여 맛집 투어를 하려고 할 때, 선택한 세 곳이 모두 같은 지역에 있는 경우의 수를 구하시오.

1245 교육청 기출

1부터 8까지의 자연수가 각각 하나씩 적혀 있는 8장의 카드 중에서 동시에 5장의 카드를 선택하려고 한다. 선택한 카드에 적혀 있는 수의 합이 짝수인 경우의 수는?

① 24 ② 28 ③ 32
④ 36 ⑤ 40

1246

서로 다른 6개의 상자에 서로 다른 공 3개를 넣을 때, 빈 상자가 4개가 되도록 공을 넣는 방법의 수는?

① 30 ② 45 ③ 60
④ 75 ⑤ 90

11 순열과 조합

1247

각 자리의 숫자가 모두 다른 다섯 자리 자연수

$$a\times10^4+b\times10^3+c\times10^2+d\times10+e$$

중 $a<b<c$이고 $c>d>e$인 수를 '봉우리수'라 하자. 예를 들어 25941과 58976은 '봉우리수'이고, 26534와 89456은 '봉우리수'가 아니다. 60000 이상의 다섯 자리 자연수 중 '봉우리수'의 개수를 구하시오.

(단, a, b, c, d, e는 0 이상 9 이하의 정수이고, $a\neq0$이다.)

유형 10 특정한 것을 포함하거나 포함하지 않는 조합의 수

(1) **특정한 것을 포함하는 경우**

서로 다른 n개에서 특정한 k개를 포함하여 r개를 뽑는 경우의 수는 특정한 k개를 제외한 $(n-k)$개에서 $(r-k)$개를 뽑는 경우의 수와 같다.

➡ ${}_{n-k}C_{r-k}$

(2) **특정한 것을 포함하지 않는 경우**

서로 다른 n개에서 특정한 k개를 제외하고 r개를 뽑는 경우의 수는 특정한 k개를 제외한 $(n-k)$개에서 r개를 뽑는 경우의 수와 같다.

➡ ${}_{n-k}C_r$

개념ON 428쪽 유형ON 2권 144쪽

1248 대표문제

10명의 배구선수 중 경기에 출전할 6명의 선수를 뽑으려고 한다. 두 선수 A, B를 포함하여 뽑는 경우의 수는?

① 60 ② 70 ③ 80
④ 90 ⑤ 100

1249

주머니 안에 1부터 9까지의 자연수가 각각 하나씩 적혀 있는 9개의 공이 들어 있다. 이 주머니에서 3개의 공을 동시에 꺼낼 때, 3의 배수가 적혀 있는 공은 꺼내지 않는 경우의 수는?

① 10 ② 20 ③ 30
④ 40 ⑤ 50

1250 중요

A, B를 포함한 7명의 학생 중 3명을 뽑을 때, A와 B 중 한 명만 포함하는 경우의 수를 구하시오.

1251 서술형

어느 스키장에서 안전관리요원 모집 공고를 냈더니 남자 5명, 여자 5명이 지원하였다. 이 지원자 중 4명을 선발할 때, 남자 2명과 여자 2명을 선발하는 경우의 수를 a, 특정한 2명을 반드시 선발하는 경우의 수를 b라 하자. $a+b$의 값을 구하시오.

1252

서로 다른 5켤레의 장갑 10짝 중 4짝을 택할 때, 한 켤레만 짝이 맞는 경우의 수는?

① 24 ② 48 ③ 72
④ 96 ⑤ 120

1253

1부터 10까지의 자연수가 각각 하나씩 적혀 있는 10개의 공이 들어 있는 주머니가 있다. 이 주머니에서 4개의 공을 동시에 꺼낼 때, 소수가 적힌 공을 2개 이상 꺼내는 경우의 수를 구하시오.

유형 11 '적어도'의 조건이 있는 조합의 수

(사건 A가 적어도 한 번 일어나는 경우의 수)
=(전체 경우의 수)−(사건 A가 일어나지 않는 경우의 수)

개념ON 428쪽 유형ON 2권 144쪽

1254 대표문제

어느 학교의 1학년 학생 6명과 2학년 학생 5명 중 4명의 학생을 뽑을 때, 2학년 학생이 적어도 한 명은 포함되도록 뽑는 경우의 수는?

① 330 ② 315 ③ 300
④ 285 ⑤ 270

1255

2개의 불량품을 포함한 서로 다른 10개의 제품이 있다. 이 중 3개의 제품을 뽑을 때, 적어도 한 개의 불량품이 포함되는 경우의 수는?

① 48 ② 52 ③ 56
④ 60 ⑤ 64

1256 중요

20명으로 구성된 동아리에서 대표 2명을 뽑을 때, 적어도 한 명의 남학생이 대표에 포함되도록 뽑는 경우의 수는 124이다. 이 동아리에서 남학생의 수는?

① 4 ② 6 ③ 8
④ 10 ⑤ 12

유형 12 뽑아서 나열하는 경우의 수

(1) 서로 다른 n개 중 r개를 뽑아(조합의 수) 일렬로 나열하는(순열의 수) 경우의 수
➡ ${}_{n}C_{r}\times r!$
(2) m개 중 r개, n개 중 s개를 뽑아 일렬로 나열하는 경우의 수
➡ ${}_{m}C_{r}\times{}_{n}C_{s}\times(r+s)!$

개념ON 430쪽 유형ON 2권 145쪽

1257 대표문제

어른 4명과 어린이 5명 중 어른 2명과 어린이 1명을 뽑아 일렬로 세우는 방법의 수는?

① 45 ② 90 ③ 135
④ 180 ⑤ 225

1258 서술형

현수와 지현이를 포함한 8명 중 5명을 뽑아 일렬로 세울 때, 현수와 지현이가 모두 포함되고 이들이 서로 이웃하도록 세우는 방법의 수를 구하시오.

1259

7개의 문자 A, B, C, D, E, F, G 중에서 서로 다른 5개의 문자를 뽑아 일렬로 나열하여 문자열을 만들려고 한다. 문자열에 반드시 C, E를 포함하되 C와 E가 서로 이웃하지 않는 문자열의 개수는?

① 120 ② 144 ③ 240
④ 450 ⑤ 720

1260 중요

A, B, C를 포함한 n명 중 4명을 뽑아 일렬로 세울 때, A, B, C 중 2명이 포함된 경우의 수는 720이다. 자연수 n의 값을 구하시오. (단, $n \geq 4$)

1261 평가원 기출

이틀 동안 진행하는 어느 축제에 모두 다섯 개의 팀이 참가하여 공연한다. 매일 두 팀 이상이 공연하도록 다섯 팀의 공연 날짜와 공연 순서를 정하는 경우의 수는? (단, 공연은 한 팀씩 하고, 축제 기간 중 각 팀은 1회만 공연한다.)

① 180　② 210　③ 240　④ 270　⑤ 300

유형 13 직선과 대각선의 개수

(1) **직선의 개수**

① 어느 세 점도 일직선 위에 있지 않은 서로 다른 n개의 점으로 만들 수 있는 직선의 개수
➡ n개의 점 중 서로 이을 두 개의 점을 뽑는 경우의 수
➡ ${}_nC_2$

② 서로 다른 n개의 점 중 일직선 위에 r개의 점이 있을 때, n개의 점으로 만들 수 있는 직선의 수
➡ 일직선 위에 r개의 점이 있는 경우, 중복되는 직선의 개수는 ${}_rC_2$로 구할 수 있다.
➡ ${}_nC_2 - {}_rC_2 + 1$
→ 중복된 직선을 1개로 본다는 의미이므로 1을 더한다.

(2) **대각선의 개수**

n각형의 대각선의 개수는 n개의 꼭짓점 중 2개를 택하여 만들 수 있는 모든 선분의 개수에서 변의 개수인 n을 뺀 것과 같다.
➡ ${}_nC_2 - n$

개념ON 432쪽　유형ON 2권 145쪽

1262 대표문제

한 평면 위에 있는 서로 다른 6개의 점 중 어느 세 점도 한 직선 위에 있지 않을 때, 주어진 점을 이어서 만들 수 있는 서로 다른 직선의 개수는?

① 11　② 12　③ 13　④ 14　⑤ 15

1263

그림과 같이 반원 위에 있는 7개의 점 중 두 점을 이어서 만들 수 있는 서로 다른 직선의 개수는?

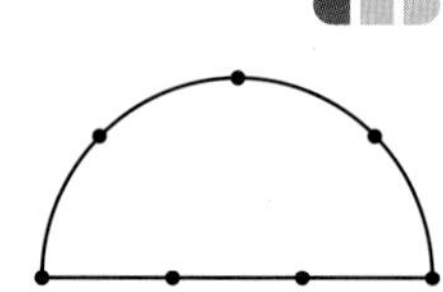

① 16　② 17　③ 18　④ 19　⑤ 20

1264

변의 개수가 n인 정다각형의 대각선의 개수가 77일 때, 자연수 n의 값은? (단, $n \geq 3$)

① 10　② 11　③ 12　④ 13　⑤ 14

1265 중요 서술형

그림과 같이 삼각형 위에 9개의 점이 있다. 이 9개의 점 중 두 점을 이어서 만들 수 있는 서로 다른 직선의 개수를 구하시오.

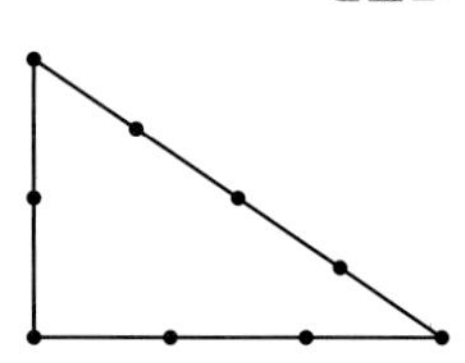

정답과 풀이 218쪽

1266

그림과 같이 동일한 간격으로 놓인 15개의 점 중 두 점을 이어서 만들 수 있는 서로 다른 직선의 개수를 구하시오. (단, 가로 방향의 5개의 점과 세로 방향의 3개의 점은 각각 한 직선 위에 있다.)

유형 14 삼각형의 개수

어느 세 점도 일직선 위에 있지 않은 서로 다른 n개의 점으로 만들 수 있는 삼각형의 개수

➡ n개의 점 중 삼각형의 꼭짓점이 될 세 개의 점을 뽑는 경우의 수

➡ ${}_nC_3$

Tip 일직선 위에 있는 세 개 이상의 점으로는 삼각형을 만들 수 없음에 유의한다.

개념ON 432쪽 유형ON 2권 146쪽

1267 대표문제

어느 세 점도 일직선 위에 있지 않은 5개의 점 중 3개의 점을 연결하여 만들 수 있는 삼각형의 개수는?

① 10 ② 12 ③ 14
④ 16 ⑤ 18

1268 중요

그림과 같은 정팔각형에서 세 꼭짓점을 이어서 만들 수 있는 삼각형의 개수는?

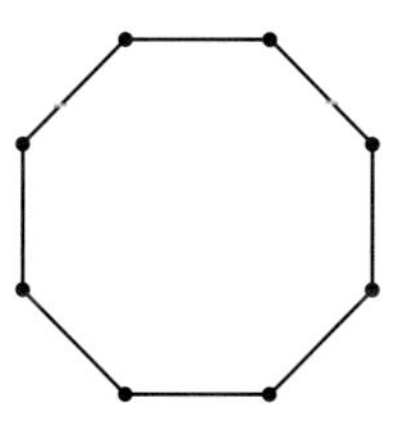

① 56 ② 58
③ 60 ④ 62
⑤ 64

1269

그림과 같이 반원 위에 7개의 점이 있다. 이 중에서 3개의 점을 꼭짓점으로 하는 삼각형의 개수는?

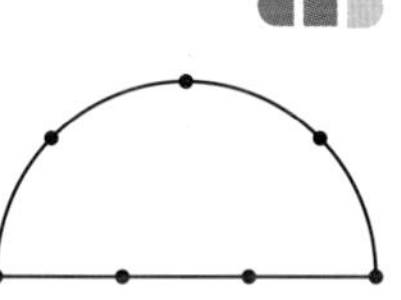

① 16 ② 24 ③ 31
④ 47 ⑤ 55

1270

그림과 같이 10개의 점이 나열되어 있다. 이 중에서 3개의 점을 꼭짓점으로 하는 삼각형의 개수를 구하시오.

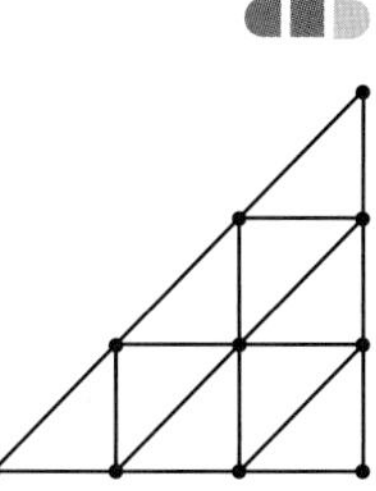

1271 교육청 기출

삼각형 ABC에서 꼭짓점 A와 선분 BC 위의 네 점을 연결하는 4개의 선분을 그리고, 선분 AB 위의 세 점과 선분 AC 위의 세 점을 연결하는 3개의 선분을 그려 그림과 같은 도형을 만들었다. 이 도형의 선들로 만들 수 있는 삼각형의 개수는?

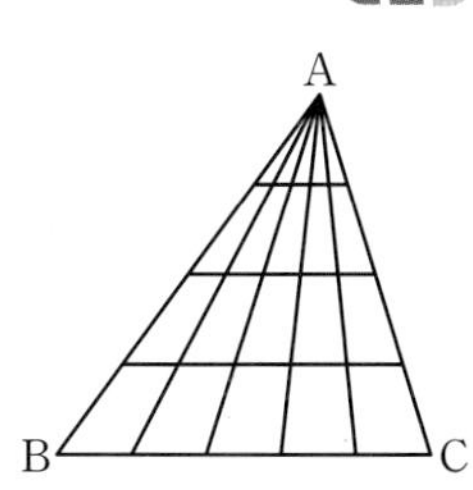

① 30 ② 40 ③ 50
④ 60 ⑤ 70

1272

정팔각형의 세 꼭짓점을 이어서 만들어지는 삼각형 중 정팔각형과 한 변도 공유하지 않는 삼각형의 개수를 구하시오.

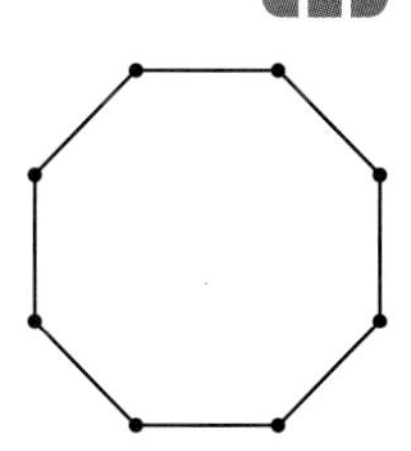

유형 15 사각형의 개수

(1) 어느 세 점도 일직선 위에 있지 않은 서로 다른 n개의 점으로 만들 수 있는 사각형의 개수
➡ n개의 점 중 사각형의 꼭짓점이 될 네 개의 점을 뽑는 경우의 수
➡ ${}_{n}C_{4}$
Tip 일직선 위에 있는 세 개 이상의 점이 선택될 경우 사각형을 만들 수 없음에 유의한다.

(2) m개의 평행한 직선과 n개의 평행한 직선이 서로 만날 때, 이 평행선으로 만들 수 있는 평행사변형의 개수
➡ 가로 방향의 평행한 직선 2개와 세로 방향의 평행한 직선 2개를 뽑는 경우의 수
➡ ${}_{m}C_{2}\times{}_{n}C_{2}$

개념ON 434쪽 유형ON 2권 146쪽

1273 대표문제

그림과 같이 5개의 평행한 직선과 6개의 평행한 직선이 서로 만날 때, 이 평행선으로 만들어지는 평행사변형의 개수는?

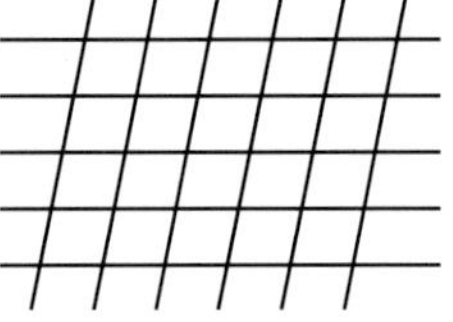

① 30 ② 60 ③ 90 ④ 120 ⑤ 150

1274 중요 서술형

그림과 같이 반원 위에 12개의 점이 있다. 이 중 4개의 점을 택하여 만들 수 있는 사각형의 개수를 구하시오.

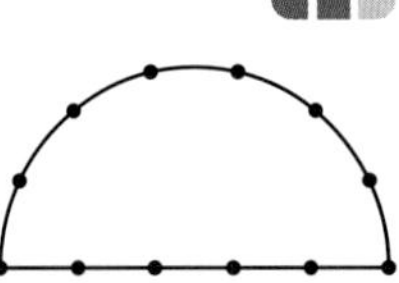

1275

평면 위에 n개의 평행선과 이것과 만나는 $(n-1)$개의 평행선이 있다. 이들 평행선으로 만들어지는 평행사변형의 개수가 150일 때, n의 값을 구하시오.

1276

그림과 같이 좌표평면 위에 x좌표가 m $(m=1, 2, 3)$이고, y좌표가 n $(n=1, 2, 3, 4)$인 점 12개가 있다. 이 12개의 점 중 4개의 점을 택하여 만들 수 있는 직사각형 중 각 변이 x축 또는 y축과 평행하고, 정사각형이 아닌 직사각형의 개수를 구하시오.

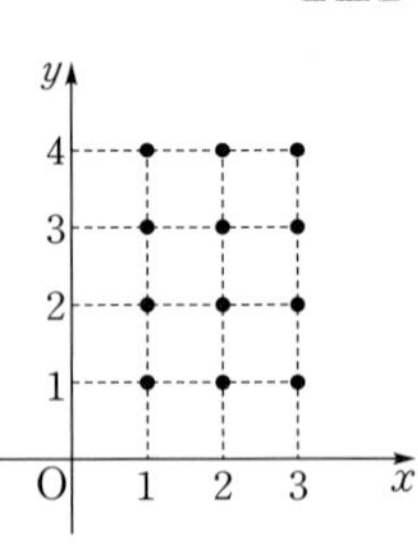

유형 16 분할과 분배

(1) **분할과 분배**: 여러 개의 물건을 몇 개의 묶음으로 나누는 것을 분할이라 하고, 분할된 묶음을 나누어주는 것을 분배라 한다.

(2) **분할의 수**: 서로 다른 n개의 물건을 p개, q개, r개 $(p+q+r=n)$로 나누는 경우의 수
① p, q, r가 모두 다른 수인 경우
➡ ${}_{n}C_{p}\times{}_{n-p}C_{q}\times{}_{r}C_{r}$
② p, q, r 중 어느 두 수가 같은 경우
➡ ${}_{n}C_{p}\times{}_{n-p}C_{q}\times{}_{r}C_{r}\times\frac{1}{2!}$
③ p, q, r가 모두 같은 수인 경우
➡ ${}_{n}C_{p}\times{}_{n-p}C_{q}\times{}_{r}C_{r}\times\frac{1}{3!}$

(3) **분배의 수**
서로 다른 n개의 물건을 p개, q개, r개 $(p+q+r=n)$로 나누어 서로 다른 3개의 대상에게 나누어주는 경우의 수
➡ (분할의 수)$\times 3!$

개념ON 436쪽 유형ON 2권 147쪽

1277 대표문제

7명의 학생을 3명, 2명, 2명의 3개의 조로 나누어 세 구역을 각각의 조가 청소하도록 하는 경우의 수는?

① 315 ② 630 ③ 945 ④ 1260 ⑤ 1575

1278 중요

9명을 6명, 2명, 1명의 3개의 조로 나누는 경우의 수를 a라 하고, 9명을 2명, 2명, 5명의 3개의 조로 나누는 경우의 수를 b라 하자. $a+b$의 값은?

① 504 ② 630 ③ 756
④ 882 ⑤ 1008

1279

서로 다른 6개의 선물을 두 사람 A, B에게 3개씩 주려고 할 때, 그 결과로 나올 수 있는 경우의 수를 구하시오.

1280 교육청 기출

남학생 4명과 여학생 3명을 세 개의 모둠으로 나누려 할 때, 모든 모둠에 남학생과 여학생이 각각 1명 이상 포함되도록 하는 경우의 수는?

① 30 ② 32 ③ 34
④ 36 ⑤ 38

1281

7명의 학생에게 서로 다른 3종류의 모자 중에서 한 개씩 선택하여 쓰도록 하였다. 이때 각 모자를 택하는 학생 수가 모두 다른 경우의 수는? (단, 아무도 선택하지 않은 모자는 없다.)

① 105 ② 240 ③ 360
④ 630 ⑤ 840

유형 17 대진표 작성하기

대진표를 작성하는 경우의 수는 대회에 참가한 팀을 몇 개의 조로 나누는 경우의 수로 생각한다. 이때 대진표가 양쪽이 대칭인 경우는 중복된 경우를 고려하고, 부전승으로 올라가는 팀이 있으면 그 팀을 정하는 방법은 별도로 생각한다.

개념ON 436쪽 유형ON 2권 147쪽

1282 대표문제

8개의 팀이 그림과 같은 토너먼트 방식으로 8강전을 치를 때, 대진표를 작성하는 방법의 수를 구하시오.

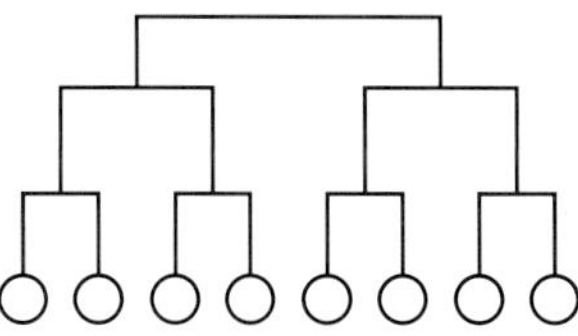

1283 중요

7개의 팀이 그림과 같은 토너먼트 방식으로 경기를 할 때, 대진표를 작성하는 방법의 수는?

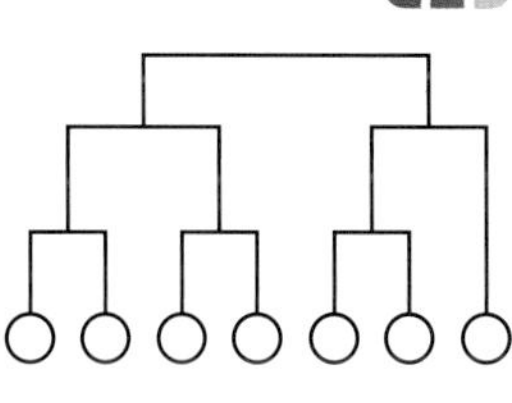

① 105 ② 210
③ 315 ④ 420
⑤ 630

1284

두 팀 A, B를 포함한 8개의 팀이 토너먼트 방식으로 경기를 하려고 한다. A팀과 B팀이 결승전에서만 경기를 진행할 수 있도록 대진표를 작성하는 경우의 수를 구하시오.

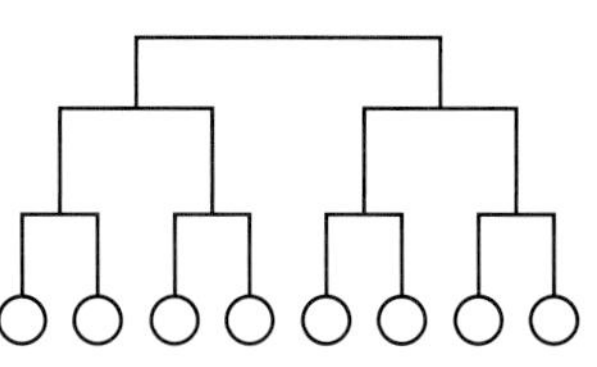

내신 잡는 종합 문제

1285

$a>b+c$를 만족시키는 세 자연수 a, b, c에 대하여

$${}_{a}\mathrm{P}_{b}\times{}_{a-b}\mathrm{P}_{c}\times{}_{a-b-c}\mathrm{P}_{a-b-c}=720$$

이 성립할 때, a의 값을 구하시오.

1286

서로 다른 잡지 2권, 서로 다른 소설책 4권, 시집 1권이 있다. 같은 종류의 책끼리 서로 이웃하도록 책꽂이에 일렬로 꽂는 경우의 수를 구하시오.

1287 교육청 기출

할머니, 아버지, 어머니, 아들, 딸로 구성된 5명의 가족이 있다. 이 가족이 그림과 같이 번호가 적힌 5개의 의자에 모두 앉을 때, 아버지, 어머니가 모두 홀수 번호가 적힌 의자에 앉는 경우의 수는?

① 28 ② 30 ③ 32
④ 34 ⑤ 36

1288

4개의 소문자 a, b, c, d와 2개의 대문자 A, B를 모두 일렬로 나열할 때, '$ac\mathrm{A}d\mathrm{B}b$'와 같이 모든 대문자의 바로 왼쪽에는 적어도 1개 이상의 소문자가 오도록 나열하는 경우의 수는?

① 96 ② 144 ③ 288
④ 384 ⑤ 432

1289

5개의 문자 A, B, C, D, E를 모두 한 번씩 사용하여 사전식으로 배열할 때, 53번째에 오는 것은?

① CABED ② CADEB ③ CAEBD
④ CAEDB ⑤ CBADE

1290

서로 다른 흰색 모자 3개와 서로 같은 검은색 모자 2개를 그림과 같이 놓인 모자걸이 6개에 진열하려고 한다. 같은 가로줄에 같은 색 모자를 진열하는 모든 경우의 수를 구하시오.

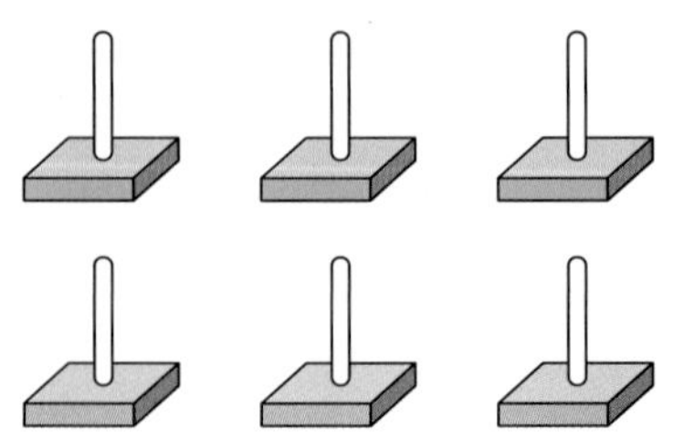

1291

남학생 4명과 여학생 n명으로 구성된 동아리 모임에서 단체 사진을 찍으려고 한다. 남학생이 양 끝에 오도록 $(n+4)$명이 한 줄로 서는 경우의 수를 A라 하고, 여학생 n명이 서로 이웃하도록 $(n+4)$명이 한 줄로 서는 경우의 수를 B라 하자. $A=11B$일 때, 자연수 n의 값을 구하시오.

1292 수능 기출

두 인형 A, B에게 색이 정해지지 않은 셔츠와 바지를 모두 입힌 후, 입힌 옷의 색을 정하는 컴퓨터 게임이 있다. 서로 다른 모양의 셔츠와 바지가 각각 3개씩 있고, 각 옷의 색은 빨강과 초록 중 하나를 정한다. 한 인형에게 입힌 셔츠와 바지는 다른 인형에게 입히지 않는다. A 인형의 셔츠와 바지의 색은 서로 다르게 정하고, B 인형의 셔츠와 바지의 색도 서로 다르게 정한다. 이 게임에서 두 인형 A, B에게 셔츠와 바지를 입히고 색을 정할 때, 그 결과로 나타날 수 있는 경우의 수는?

① 252 ② 216 ③ 180
④ 144 ⑤ 108

1293

그림과 같이 3개, 4개, 5개의 평행한 직선이 서로 만날 때, 이 평행한 직선으로 만들어지는 평행사변형이 아닌 사다리꼴의 개수는?

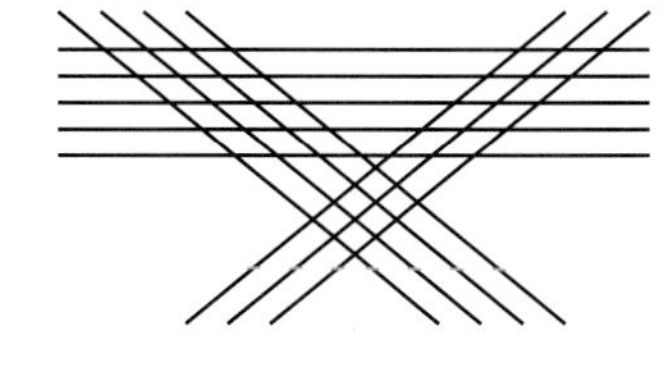

① 160 ② 180 ③ 240
④ 270 ⑤ 300

1294

그림과 같은 8개의 빈칸에 3^1, 3^2, 3^3, 3^4, 3^5, 3^6, 3^7, 3^8의 8개의 수를 각각 하나씩 써넣으려고 한다. 1열, 2열, 3열, 4열의 수들의 합을 각각 a_1, a_2, a_3, a_4라 할 때, $a_1<a_2<a_3<a_4$가 되도록 빈칸을 채우는 방법의 수는?

① 420 ② 840 ③ 1260
④ 1680 ⑤ 2100

1295

그림과 같이 16칸으로 이루어진 진열장에 똑같은 화분 10개를 진열하려고 한다. 화분을 가로줄에 각각 1개, 2개, 3개, 4개로 진열하는 모든 경우의 수를 구하시오.

1296

어느 대학교는 컴퓨터를 이용하여 수시 전형 지원 학생을 대상으로 수험번호를 부여하려고 한다. 6000부터 6999까지 네 자리 자연수에서 각 자리의 수의 합이 짝수이면 0, 홀수이면 1을 끝에 덧붙여서 다섯 자리 자연수로 바꾸어 수험번호를 정한다. 예를 들면 6026은 60260으로, 6102는 61021로 정한다. 수험번호를 정하기 위하여 끝자리에 1을 덧붙인 다섯 자리 수 중 양 끝을 제외한 가운데 세 자리의 각각의 숫자가 모두 다른 경우의 수를 구하시오.

1297

0 또는 1로만 이루어져 있는 6자리의 비밀번호 중 0이 두 개 이상 연속하지 않는 비밀번호의 개수를 구하시오.

1298

0 이상 7 이하인 서로 다른 네 정수 a, b, c, d에 대하여 다음 조건을 만족시키는 네 자리 자연수

$$N=a\times10^3+b\times10^2+c\times10+d$$

의 개수를 구하시오.

(가) N은 5의 배수이다. (나) $a<b<c$이고 $c>d$이다.

1299

주사위를 5번 던져서 k번째 나오는 눈의 수를 a_k라 할 때, $a_1\le a_2<a_3\le a_4<a_5$를 만족시키는 모든 경우의 수는?

① 12　② 32　③ 56
④ 64　⑤ 72

서술형 대비하기

1300

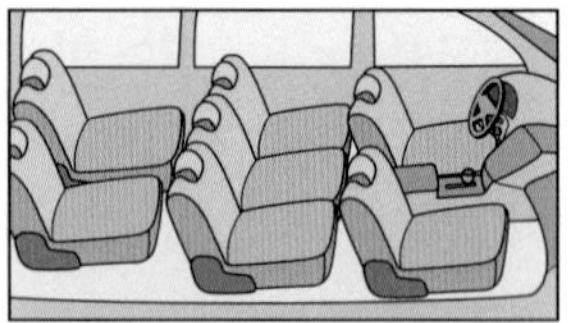

할아버지, 할머니, 아버지, 어머니, 민정, 민영, 민수 모두 7명의 가족이 승합차를 타고 여행을 가려고 한다. 이 승합차에는 그림과 같이 앞줄에 2개, 가운데 줄에 3개, 뒷줄에 2개의 좌석이 있다. 운전석에는 아버지나 어머니만 앉을 수 있고, 할아버지와 할머니는 가운데 줄에만 앉을 수 있을 때, 가족 7명이 좌석에 앉는 경우의 수를 구하시오.

1301 교육청 기출

서로 다른 네 종류의 인형이 각각 2개씩 있다. 이 8개의 인형 중에서 5개를 선택하는 경우의 수를 구하시오.

(단, 같은 종류의 인형끼리는 서로 구별하지 않는다.)

1302

주머니에 1부터 8까지의 자연수가 각각 하나씩 적혀 있는 8개의 구슬이 들어 있다. 이 주머니에서 5개의 구슬을 동시에 꺼낼 때, 구슬에 적혀 있는 수의 합이 홀수인 경우의 수를 구하시오.

1303 교육청 기출

그림과 같이 9개의 칸으로 나누어진 정사각형의 각 칸에 1부터 9까지의 자연수가 적혀 있다.
이 9개의 숫자 중 다음 조건을 만족시키도록 2개의 숫자를 선택하려고 한다.

1	2	3
4	5	6
7	8	9

(가) 선택한 2개의 숫자는 서로 다른 가로줄에 있다.
(나) 선택한 2개의 숫자는 서로 다른 세로줄에 있다.

예를 들어, 숫자 1과 5를 선택하는 것은 조건을 만족시키지만, 숫자 3과 9를 선택하는 것은 조건을 만족시키지 않는다. 조건을 만족시키도록 2개의 숫자를 선택하는 경우의 수는?

① 9 ② 12 ③ 15
④ 18 ⑤ 21

1304 교육청 기출

서로 다른 종류의 꽃 4송이와 같은 종류의 초콜릿 2개를 5명의 학생에게 남김없이 나누어 주려고 한다. 아무것도 받지 못하는 학생이 없도록 꽃과 초콜릿을 나누어 주는 경우의 수를 구하시오.

1305

'빨강, 주황, 노랑, 초록, 파랑' 색깔의 깃발이 각각 하나씩 있다. 이 5개의 깃발을 다음 조건을 만족시키도록 일렬로 나열하는 경우의 수는? (단, 깃발은 한 쪽 방향에서만 바라본다.)

(가) 가장 왼쪽 자리에는 빨강 깃발이 올 수 없다.
(나) 왼쪽에서 세 번째 자리에는 빨강 깃발과 노랑 깃발이 올 수 없다.
(다) 가장 오른쪽 자리에는 빨강 깃발과 파랑 깃발이 올 수 없다.

① 18 ② 28 ③ 36
④ 48 ⑤ 54

1306 교육청 기출

그림과 같이 한 개의 정삼각형과 세 개의 정사각형으로 이루어진 도형이 있다. 숫자 1, 2, 3, 4, 5, 6 중에서 중복을 허락하여 네 개를 택해 네 개의 정다각형 내부에 하나씩 적을 때, 다음 조건을 만족시키는 경우의 수를 구하시오.

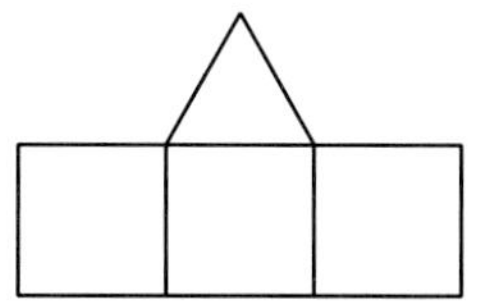

(가) 세 개의 정사각형에 적혀 있는 수는 모두 정삼각형에 적혀 있는 수보다 작다.
(나) 변을 공유하는 두 정사각형에 적혀 있는 수는 서로 다르다.

1307

흰색 공이 2개, 검은색 공이 2개, 붉은색 공이 3개 있다. 이 7개의 공을 일렬로 배열할 때, 같은 색의 공이 이웃하지 않게 배열하는 경우의 수는? (단, 같은 색의 공은 구별하지 않는다.)

① 38 ② 36 ③ 34
④ 32 ⑤ 30

1308

그림과 같이 일렬로 15대의 자동차를 각 칸마다 한 대씩만 주차할 수 있는 주차장이 3대씩 주차할 수 있는 5개의 구역 A, B, C, D, E로 나누어져 있다. 세 종류의 자동차 P, Q, R에 대하여 P가 2대, Q가 4대, R가 6대 있고, 이 세 종류의 자동차 12대를 다음 조건을 만족시키도록 주차장에 주차하려고 한다. 자동차를 주차하는 경우의 수는?

(단, 같은 종류의 자동차는 서로 구별하지 않는다.)

A구역			B구역			C구역			D구역			E구역		

(가) 같은 종류의 자동차는 모두 이웃하게 주차한다.
(나) P종류의 자동차는 같은 구역에 주차한다.

① 48 ② 72 ③ 80
④ 96 ⑤ 104

1309 교육청 기출

그림과 같이 한 변의 길이가 1인 정사각형 8개로 이루어진 도로망이 있다. 이 도로망을 따라 A 지점에서 출발하여 B 지점에 도착할 때, 가로 방향으로 이동한 길이의 합이 4이고 전체 이동한 길이가 12인 경우의 수를 구하시오. (단, 한 번 지나간 도로는 다시 지나지 않는다.)

1310 교육청 기출

[그림 1]과 같이 빗변의 길이가 $\sqrt{2}$인 직각이등변삼각형 모양의 조각 6개와 한 변의 길이가 1인 정사각형 모양의 조각 1개가 있다. 직각이등변삼각형 모양의 조각 중 ○, ☆, ◎가 그려진 조각은 각각 1개, 1개, 4개가 있고, 정사각형 모양의 조각에는 ◇가 그려져 있다.

[그림 1]

[그림 1]의 조각을 모두 사용하여 [그림 2]의 한 변의 길이가 1인 정사각형 4개로 이루어진 도형을 빈틈없이 채우려고 한다. [그림 3]은 도형을 빈틈없이 채운 한 예이다.

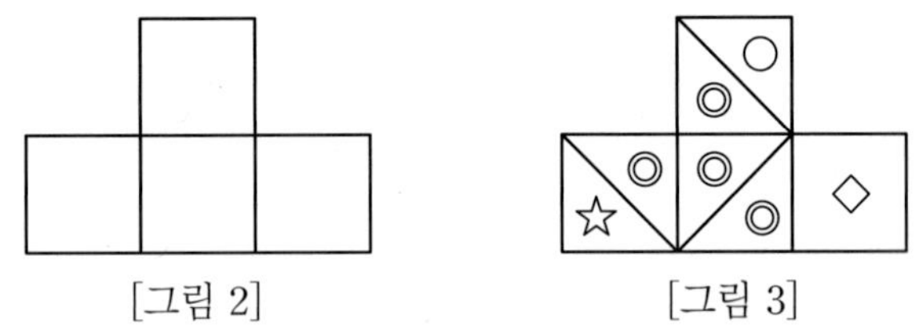
[그림 2] [그림 3]

[그림 1]의 조각을 모두 사용하여 [그림 2]의 도형을 빈틈없이 채우는 경우의 수를 구하시오. (단, ◎가 그려진 조각은 서로 구별하지 않고, 각 조각은 뒤집지 않는다.)

행렬

12 행렬

유형 01 (i, j) 성분이 주어질 때 행렬 구하기

$m\times n$ 행렬 A의 (i, j) 성분 a_{ij}가 식으로 주어지면

$i=1, 2, \cdots, m, j=1, 2, \cdots, n$

을 각각 대입하여 $a_{11}, a_{12}, \cdots, a_{mn}$을 구한다.

확인 문제

2×2 행렬 A의 (i, j) 성분 a_{ij}를 $a_{ij}=i-j$라 할 때, 행렬 A를 구하시오.

개념ON 448쪽 유형ON 2권 152쪽

1311 대표문제

2×3 행렬 A의 (i, j) 성분 a_{ij}를 $a_{ij}=i^2+j^2-2j$라 할 때, 행렬 A의 모든 성분의 합을 구하시오.

1312 중요

삼차정사각행렬 A의 (i, j) 성분 a_{ij}가 $a_{ij}=\begin{cases} 2i-3j & (i\geq j) \\ 0 & (i<j) \end{cases}$

일 때, 행렬 A를 구하시오.

1313 교육청 기출

이차정사각행렬 A의 (i, j) 성분 a_{ij}가

$a_{ij}=(i+2j$의 양의 약수의 개수$)$

일 때, 행렬 A의 모든 성분의 합을 구하시오.

(단, $i=1, 2, j=1, 2$)

1314

2×3 행렬 A의 (i, j) 성분 a_{ij}가 $a_{ij}=(i+2)(j-1)$일 때, $b_{ij}=a_{ji}$를 만족시키는 행렬 $B=(b_{ij})$를 구하시오.

1315

삼차정사각행렬 A의 (i, j) 성분 a_{ij}가

$$a_{ij}=\begin{cases} 1 & (i=j) \\ ai+bj-5 & (i\neq j) \end{cases}$$

일 때, 행렬 $A=\begin{pmatrix} 1 & 0 & 1 \\ 2 & 1 & 4 \\ 5 & 6 & 1 \end{pmatrix}$이다. 상수 a, b에 대하여 $a+b$의 값은?

① 2 ② 3 ③ 4
④ 5 ⑤ 6

유형 02 행렬의 성분과 실생활 활용

주어진 문장에서 행렬의 각 성분 a_{ij}를 구하여 행렬을 완성한다.

개념ON 448쪽 유형ON 2권 152쪽

1316 대표문제

그림은 P_1, P_2, P_3 지점 사이의 길의 방향을 화살표로 나타낸 것이다. 행렬 A의 (i, j) 성분 a_{ij}를 P_i 지점에서 P_j 지점으로 바로 가는 길의 수라 할 때, 행렬 A를 구하시오.

(단, $i=1, 2, 3, j=1, 2, 3$)

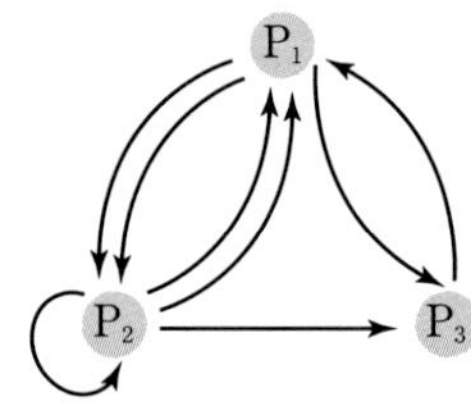

1317 서술형

그림과 같은 전기회로도에서 행렬 A의 $(i,\ j)$ 성분 a_{ij}를 스위치 $i,\ j$가 닫혀 있을 때, 불이 켜지는 전구의 개수라 하자. 행렬 A의 모든 성분의 합을 구하시오.

(단, $i=1,\ 2,\ 3,\ j=1,\ 2,\ 3$)

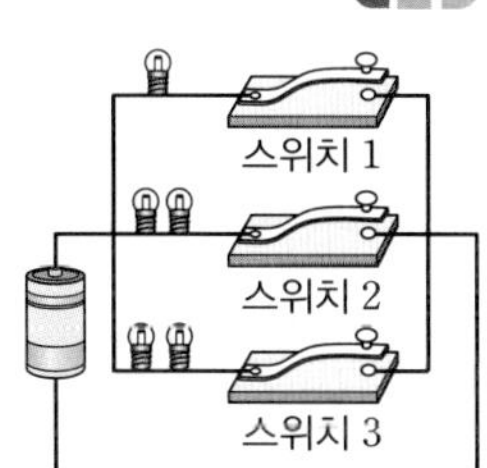

1318

행렬 $A=\begin{pmatrix} 0 & 5 & 1 \\ 5 & 0 & 3 \\ 1 & 3 & 0 \end{pmatrix}$의 $(i,\ j)$ 성분 a_{ij}는 세 지역 A_1, A_2, A_3에 대하여 A_i 지역에서 A_j 지역을 바로 연결하는 고속버스 노선의 수를 나타낸다. A_2 지역에서 출발하여 나머지 두 지역을 한 번씩 거쳐 다시 A_2 지역으로 되돌아오는 경우의 수를 구하시오.

유형 03 서로 같은 행렬

두 행렬 A, B에 대하여 $A=B$이면 A, B가 같은 꼴이고 대응하는 성분이 모두 같다.

Tip 2×2 행렬 A, B가 서로 같을 조건

$A=\begin{pmatrix} a_{11} & a_{12} \\ a_{21} & a_{22} \end{pmatrix}$, $B=\begin{pmatrix} b_{11} & b_{12} \\ b_{21} & b_{22} \end{pmatrix}$일 때 $A=B$이면

➡ $a_{11}=b_{11}$, $a_{12}=b_{12}$, $a_{21}=b_{21}$, $a_{22}=b_{22}$

확인 문제

등식 $\begin{pmatrix} a & b \\ 0 & 3 \end{pmatrix}=\begin{pmatrix} 2 & -1 \\ c & d \end{pmatrix}$를 만족시키는 a, b, c, d의 값을 구하시오.

개념ON 450쪽 유형ON 2권 153쪽

1319 대표문제

등식 $\begin{pmatrix} ac-3b & 5 \\ 2a-5b & -4 \end{pmatrix}=\begin{pmatrix} -9 & 3a-2b \\ -4 & 2ac+b \end{pmatrix}$가 성립할 때, 실수 a, b, c에 대하여 $a+b-c$의 값을 구하시오.

1320

등식 $\begin{pmatrix} z & -1 \\ 4 & x-y \end{pmatrix}=\begin{pmatrix} x^2+y^2 & -1 \\ 2xy & 3 \end{pmatrix}$을 만족시키는 실수 z의 값을 구하시오. (단, x, y는 실수이다.)

1321

두 행렬 $A=\begin{pmatrix} x+z & 3x \\ 5 & 6 \end{pmatrix}$, $B=\begin{pmatrix} 1 & y+2 \\ y-z & x+y \end{pmatrix}$에 대하여 $A=B$일 때, 실수 x, y, z의 곱 xyz의 값을 구하시오.

1322

등식 $\begin{pmatrix} -6 & x^2+1 \\ y^2-2 & 1 \end{pmatrix}=\begin{pmatrix} xy & 10 \\ 2 & x+y \end{pmatrix}$가 성립할 때, 실수 x, y에 대하여 $x-y$의 값은?

① -5　② -1　③ 1
④ 5　⑤ 10

1323 중요

두 행렬 $A=\begin{pmatrix} 3x^2-4 & 3 \\ x^2+4x & -3x-3 \end{pmatrix}$, $B=\begin{pmatrix} 2x^2 & x^2-1 \\ x-2 & -x^2+7 \end{pmatrix}$에 대하여 $A=B$가 성립하도록 하는 실수 x의 값을 구하시오.

유형 04 행렬의 덧셈, 뺄셈과 실수배 (1)

두 행렬 $A=\begin{pmatrix} a_{11} & a_{12} \\ a_{21} & a_{22} \end{pmatrix}$, $B=\begin{pmatrix} b_{11} & b_{12} \\ b_{21} & b_{22} \end{pmatrix}$에 대하여

(1) $A\pm B=\begin{pmatrix} a_{11}\pm b_{11} & a_{12}\pm b_{12} \\ a_{21}\pm b_{21} & a_{22}\pm b_{22} \end{pmatrix}$ (복부호동순)

(2) $kA=\begin{pmatrix} ka_{11} & ka_{12} \\ ka_{21} & ka_{22} \end{pmatrix}$ (단, k는 실수)

확인 문제

두 행렬 $A=\begin{pmatrix} 1 & 2 \\ 0 & 1 \end{pmatrix}$, $B=\begin{pmatrix} 3 & -3 \\ 6 & 12 \end{pmatrix}$에 대하여 다음을 구하시오.

(1) $A+B$ (2) $A-B$ (3) $2A+\frac{1}{3}B$

개념ON 458쪽 유형ON 2권 153쪽

1324 대표문제

두 행렬 $A=\begin{pmatrix} -3 & 1 \\ 0 & -2 \end{pmatrix}$, $B=\begin{pmatrix} -3 & 1 \\ 3 & -2 \end{pmatrix}$에 대하여 $X-(A-2B)=A+3B-2X$를 만족시키는 행렬 X의 모든 성분의 합을 구하시오.

1325

두 행렬 $A=\begin{pmatrix} 2 & 4 & 0 \\ 6 & 7 & -1 \end{pmatrix}$, $B=\begin{pmatrix} 1 & 3 & -2 \\ 4 & 5 & 1 \end{pmatrix}$에 대하여 $2(2A-3B)+3B$를 구하시오.

1326

등식 $\begin{pmatrix} x & 4 \\ 2 & y \end{pmatrix}+\begin{pmatrix} -1 & z \\ -3 & -2 \end{pmatrix}=\begin{pmatrix} y & 1 \\ x & z \end{pmatrix}+\begin{pmatrix} 4 & x \\ y & -4 \end{pmatrix}$를 만족시키는 실수 x, y, z에 대하여 $x+y+z$의 값을 구하시오.

1327 중요

두 행렬 X, Y에 대하여

$$X+Y=\begin{pmatrix} 2 & 3 \\ 4 & 5 \end{pmatrix},\ X-2Y=\begin{pmatrix} -1 & 3 \\ -2 & 2 \end{pmatrix}$$

일 때, 행렬 $X-Y$를 구하시오.

1328 서술형

두 행렬 $A=\begin{pmatrix} -1 & 2 \\ 5 & 1 \end{pmatrix}$, $B=\begin{pmatrix} 5 & 4 \\ -3 & 3 \end{pmatrix}$에 대하여 $X+Y=A$, $X-Y=B$를 만족시키는 두 행렬 X, Y가 있다. 행렬 $3X+Y$의 가장 큰 성분과 가장 작은 성분의 차를 구하시오.

유형 05 행렬의 덧셈, 뺄셈과 실수배 (2)

세 행렬 A, B, C와 실수 x, y에 대하여 $xA+yB=C$로 주어지면 $xA+yB$를 구한 후, C와 서로 같음을 이용한다.

개념ON 460쪽 유형ON 2권 154쪽

1329 대표문제

등식 $x\begin{pmatrix} -1 & 2 \\ 0 & 1 \end{pmatrix}+y\begin{pmatrix} 2 & -1 \\ 3 & 2 \end{pmatrix}=\begin{pmatrix} -8 & 7 \\ -9 & -4 \end{pmatrix}$를 만족시키는 실수 x, y에 대하여 xy의 값을 구하시오.

1330

등식 $x\begin{pmatrix} 3 \\ -1 \\ -4 \end{pmatrix}+y\begin{pmatrix} 2 \\ 4 \\ -3 \end{pmatrix}=\begin{pmatrix} 2 \\ k \\ -2 \end{pmatrix}$를 만족시키는 실수 k의 값은? (단, x, y는 실수이다.)

① -16　② -14　③ -12
④ -10　⑤ -8

1331

세 행렬 $A=\begin{pmatrix} a & 1 \\ -4 & 2b \end{pmatrix}$, $B=\begin{pmatrix} -1 & 2 \\ b & -3a \end{pmatrix}$, $C=\begin{pmatrix} 1 & 8 \\ 7 & x \end{pmatrix}$에 대하여 $2A+3B=C$가 성립할 때, 실수 x의 값을 구하시오. (단, a, b는 실수이다.)

1332 중요

세 행렬 $A=\begin{pmatrix} 2 & 0 \\ 1 & -2 \end{pmatrix}$, $B=\begin{pmatrix} -1 & 0 \\ 4 & 2 \end{pmatrix}$, $C=\begin{pmatrix} 4 & 0 \\ 11 & -2 \end{pmatrix}$가 $xA+yB=C$를 만족시킬 때, 실수 x, y에 대하여 x^2+y^2의 값을 구하시오.

1333

세 행렬 $A=\begin{pmatrix} 1 & a \\ 3 & b \end{pmatrix}$, $B=\begin{pmatrix} 2 & b \\ -1 & a \end{pmatrix}$, $C=\begin{pmatrix} -6 & -10 \\ 10 & 8 \end{pmatrix}$에 대하여 $xA+yB=C$일 때, $x+y+a+b$의 값을 구하시오. (단, a, b, x, y는 실수이다.)

유형 06 행렬의 곱셈

(1) $(a \quad b)\begin{pmatrix} x \\ y \end{pmatrix}=(ax+by)$

참고 이때 1×1 행렬 $(ax+by)$는 괄호를 없애고 간단히 $ax+by$로 나타낼 수도 있다.

(2) $\begin{pmatrix} a \\ b \end{pmatrix}(x \quad y)=\begin{pmatrix} ax & ay \\ bx & by \end{pmatrix}$

(3) $(a \quad b)\begin{pmatrix} x & y \\ z & w \end{pmatrix}=(ax+bz \quad ay+bw)$

(4) $\begin{pmatrix} a & b \\ c & d \end{pmatrix}\begin{pmatrix} x \\ y \end{pmatrix}=\begin{pmatrix} ax+by \\ cx+dy \end{pmatrix}$

(5) $\begin{pmatrix} a & b \\ c & d \end{pmatrix}\begin{pmatrix} x & y \\ z & w \end{pmatrix}=\begin{pmatrix} ax+bz & ay+bw \\ cx+dz & cy+dw \end{pmatrix}$

참고 행렬의 곱 AB는 행렬 A의 열의 수와 행렬 B의 행의 수가 같을 때만 가능하다. 또한 A가 $m\times l$ 행렬이고, B가 $l\times n$ 행렬일 때, AB는 $m\times n$ 행렬이 된다.

확인 문제

다음 행렬의 곱셈을 하시오.

(1) $(2 \quad 3)\begin{pmatrix} -3 \\ 2 \end{pmatrix}$　(2) $\begin{pmatrix} 3 \\ 1 \end{pmatrix}(2 \quad -1)$

(3) $(5 \quad -1)\begin{pmatrix} 1 & 0 \\ -3 & 2 \end{pmatrix}$　(4) $\begin{pmatrix} 4 & -4 \\ 1 & 2 \end{pmatrix}\begin{pmatrix} 3 \\ 1 \end{pmatrix}$

(5) $\begin{pmatrix} 1 & 3 \\ 2 & -1 \end{pmatrix}\begin{pmatrix} 1 & -1 \\ 0 & 2 \end{pmatrix}$

개념ON 472쪽　유형ON 2권 154쪽

1334 대표문제

등식 $\begin{pmatrix} 1 & a \\ 0 & -3 \end{pmatrix}\begin{pmatrix} 3 & 2 \\ b & 3 \end{pmatrix}=\begin{pmatrix} 1 & 8 \\ x & -9 \end{pmatrix}$가 성립하도록 하는 실수 x의 값을 구하시오. (단, a, b는 실수이다.)

1335

세 행렬 $A=\begin{pmatrix} 2 \\ 3 \end{pmatrix}$, $B=\begin{pmatrix} 3 & 0 \\ 1 & 2 \end{pmatrix}$, $C=\begin{pmatrix} 4 & 1 \\ 2 & 3 \\ 3 & 2 \end{pmatrix}$에 대하여 곱셈이 가능한 것을 보기에서 있는 대로 고르시오.

보기

ㄱ. AB　ㄴ. BA　ㄷ. BC
ㄹ. CB　ㅁ. CA

1336

두 행렬 $A=\begin{pmatrix} 3 & 6 \\ 1 & x \end{pmatrix}$, $B=\begin{pmatrix} y & 6 \\ 1 & -3 \end{pmatrix}$에 대하여 $AB=O$를 만족시키는 실수 x, y의 곱 xy의 값을 구하시오.

(단, O는 영행렬이다.)

1337 평가원 기출

이차정사각행렬 A의 (i, j) 성분 a_{ij}와 이차정사각행렬 B의 (i, j) 성분 b_{ij}를 각각

$a_{ij}=i-j+1$, $b_{ij}=i+j+1$ $(i=1, 2, j=1, 2)$

이라 할 때, 행렬 AB의 $(2, 2)$ 성분을 구하시오.

1338 서술형

이차방정식 $x^2-ax+b=0$의 두 실근을 α, β라 할 때, $\begin{pmatrix} \alpha & \beta \\ \beta & \alpha \end{pmatrix}\begin{pmatrix} \alpha & \beta \\ \beta & \alpha \end{pmatrix}=\begin{pmatrix} 5 & 4 \\ 4 & 5 \end{pmatrix}$를 만족시키는 실수 a, b에 대하여 $a+b$의 값을 구하시오. (단, $a>0$)

유형 07 행렬의 거듭제곱

❶ A가 정사각행렬일 때, 다음을 이용하여 A^2, A^3, A^4, $\cdots$을 직접 구한 후 규칙성을 확인한다.

- $A^2=AA$, $A^3=A^2A$, $A^4=A^3A$, $\cdots$, $A^n=A^{n-1}A$ (단, $n\geq 2$인 자연수)
- $A^mA^n=A^{m+n}$, $(A^m)^n=A^{mn}$ (단, m, n은 자연수)

Tip 한 행렬의 곱셈에 대해서는 지수법칙이 성립한다.

❷ 행렬 A^n의 성분을 n에 대한 식으로 나타낸다.

개념ON 474쪽 유형ON 2권 155쪽

1339 대표문제

행렬 $A=\begin{pmatrix} 1 & 0 \\ 3 & 1 \end{pmatrix}$에 대하여 $A^{40}=\begin{pmatrix} a & b \\ c & d \end{pmatrix}$일 때, $a+b+c+d$의 값을 구하시오.

1340

행렬 $A=\begin{pmatrix} 1 & 0 \\ 0 & 3 \end{pmatrix}$에 대하여 A^{55}의 $(2, 2)$ 성분은?

① 0 ② 55 ③ 165
④ 3^{54} ⑤ 3^{55}

1341 중요

행렬 $A=\begin{pmatrix} 1 & -2 \\ 0 & 1 \end{pmatrix}$에 대하여 $A^n=\begin{pmatrix} 1 & -32 \\ 0 & 1 \end{pmatrix}$을 만족시키는 자연수 n의 값을 구하시오.

정답과 풀이 231쪽

1342

행렬 $A=\begin{pmatrix} 4 & 1 \\ 4 & 1 \end{pmatrix}$에 대하여 A^{50}의 모든 성분의 합은?

① 5^{49} ② 2×5^{49} ③ 5^{50}
④ 2×5^{50} ⑤ 4×5^{50}

유형 08 행렬의 곱셈과 실생활 활용

❶ 주어진 조건에 맞게 식을 세운다.
❷ 식을 행렬의 곱셈으로 나타낸다.

개념ON 476쪽 유형ON 2권 155쪽

1343 대표문제

[표 1]은 마트와 편의점에서의 과자와 음료수의 개당 가격을 나타낸 것이고, [표 2]는 민주와 수영이가 구입한 과자와 음료수의 개수를 나타낸 것이다.

(단위: 원)

	과자	음료수
마트	900	600
편의점	1000	800

[표 1]

(단위: 개)

	민주	수영
과자	2	3
음료수	5	4

[표 2]

$A=\begin{pmatrix} 900 & 600 \\ 1000 & 800 \end{pmatrix}$, $B=\begin{pmatrix} 2 & 3 \\ 5 & 4 \end{pmatrix}$라 할 때, 행렬 AB의 $(2, 2)$ 성분이 나타내는 것은?

① 마트에서의 민주의 지불 금액
② 마트에서의 수영이의 지불 금액
③ 편의점에서의 민주의 지불 금액
④ 편의점에서의 수영이의 지불 금액
⑤ 편의점에서의 민주와 수영이의 지불 금액의 총합

1344

진우와 명진이네 모임이 패밀리 레스토랑에 갔다. [표 1]은 두 모임의 인원을 나타낸 것이고, [표 2]는 A, B 두 세트 요리의 1인당 가격을 나타낸 것이다.

(단위: 명)

	진우	명진
일반	3	4
15세 미만	1	2

[표 1]

(단위: 원)

	일반	15세 미만
A 세트	40000	25000
B 세트	50000	30000

[표 2]

[표 1]과 [표 2]를 각각 행렬

$$X=\begin{pmatrix} 3 & 4 \\ 1 & 2 \end{pmatrix},\ Y=\begin{pmatrix} 40000 & 25000 \\ 50000 & 30000 \end{pmatrix}$$

으로 나타낼 때, 명진이네 모임이 A 세트를 먹었을 때의 지불 금액을 나타내는 것은?

① XY의 $(1, 2)$ 성분 ② XY의 $(2, 1)$ 성분
③ YX의 $(1, 2)$ 성분 ④ YX의 $(2, 1)$ 성분
⑤ YX의 $(2, 2)$ 성분

1345 교육청 기출

어느 제과회사에서는 표와 같이 구성된 '고소한 세트'와 '달콤한 세트'를 판매하고 있다. 각 세트에 들어가는 과자와 사탕의 한 봉 당 가격은 각각 500원, 800원이다. 이 회사에서 판매하는 '고소한 세트' 10개와 '달콤한 세트' 15개를 구입하려고 할 때, 필요한 금액을 나타내는 행렬은?

(단, 가격할인이나 포장비용은 고려하지 않는다.)

	과자 (봉)	사탕 (봉)
고소한 세트	5	1
달콤한 세트	2	4

① $(500\ \ 800)\begin{pmatrix} 5 & 1 \\ 2 & 4 \end{pmatrix}\begin{pmatrix} 10 \\ 15 \end{pmatrix}$

② $(500\ \ 800)\begin{pmatrix} 5 & 1 \\ 2 & 4 \end{pmatrix}\begin{pmatrix} 15 \\ 10 \end{pmatrix}$

③ $(800\ \ 500)\begin{pmatrix} 5 & 1 \\ 2 & 4 \end{pmatrix}\begin{pmatrix} 10 \\ 15 \end{pmatrix}$

④ $(10\ \ 15)\begin{pmatrix} 5 & 1 \\ 2 & 4 \end{pmatrix}\begin{pmatrix} 500 \\ 800 \end{pmatrix}$

⑤ $(10\ \ 15)\begin{pmatrix} 5 & 1 \\ 2 & 4 \end{pmatrix}\begin{pmatrix} 800 \\ 500 \end{pmatrix}$

12 행렬

유형 09 행렬의 곱셈에 대한 성질 (1)

합과 곱이 가능한 세 행렬 A, B, C에 대하여

(1) 일반적으로 곱셈에 대한 교환법칙이 성립하지 않는다.

➡ $AB \neq BA$

(2) $(AB)C=A(BC)$ - 결합법칙

(3) $AB+AC=A(B+C)$

$BA+CA=(B+C)A$ - 분배법칙

(4) $k(AB)=(kA)B=A(kB)$ (단, k는 실수)

개념ON 478쪽 유형ON 2권 156쪽

1346 대표문제

세 행렬 $A=\begin{pmatrix} 3 & -5 \\ 1 & 4 \end{pmatrix}$, $B=\begin{pmatrix} -2 & 5 \\ -1 & -3 \end{pmatrix}$, $C=\begin{pmatrix} -1 & 3 \\ 2 & 1 \end{pmatrix}$에 대하여 $AC+CA+BC+CB$의 모든 성분의 합을 구하시오.

1347

세 행렬 A, B, C에 대하여

$$AB=\begin{pmatrix} 2 & 3 \\ -1 & 5 \end{pmatrix},\ BC=\begin{pmatrix} -2 & 3 \\ 1 & 0 \end{pmatrix}$$

일 때, AB^2C의 모든 성분의 곱을 구하시오.

1348

세 행렬 $A=\begin{pmatrix} 1 & 0 \\ 2 & -1 \end{pmatrix}$, $B=\begin{pmatrix} 4 & 1 \\ 5 & 0 \end{pmatrix}$, $C=\begin{pmatrix} -3 & 0 \\ -6 & 2 \end{pmatrix}$에 대하여 $4AB-A(B-3C)$를 구하시오.

1349

두 행렬 A, B에 대하여

$$A+B=\begin{pmatrix} 2 & -3 \\ 0 & 1 \end{pmatrix},\ A-B=\begin{pmatrix} 4 & 1 \\ 0 & 3 \end{pmatrix}$$

일 때, A^2-AB의 $(1, 1)$ 성분과 $(2, 2)$ 성분의 합은?

① 12 ② 14 ③ 16 ④ 18 ⑤ 20

1350

두 행렬 $A=\begin{pmatrix} 1 & 1 \\ 0 & -2 \end{pmatrix}$, $B=\begin{pmatrix} 0 & 1 \\ -1 & 0 \end{pmatrix}$에 대하여 $A^2+3AB-BA-3B^2$의 가장 큰 성분을 구하시오.

유형 10 행렬의 곱셈에 대한 성질 (2)

다음을 이용하여 식을 변형한 후, 필요한 행렬을 구한다.

(1) $(A+B)^2=A^2+AB+BA+B^2$

(2) $(A-B)^2=A^2-AB-BA+B^2$

(3) $(A+B)(A-B)=A^2-AB+BA-B^2$

개념ON 478쪽 유형ON 2권 157쪽

1351 대표문제

두 행렬 A, B에 대하여

$$A-B=\begin{pmatrix} 0 & 1 \\ -1 & -3 \end{pmatrix},\ \frac{1}{3}(AB+BA)=\begin{pmatrix} -2 & 1 \\ 2 & 0 \end{pmatrix}$$

일 때, $A^2+B^2=\begin{pmatrix} a & b \\ c & d \end{pmatrix}$이다. $a+b+c+d$의 값을 구하시오.

1352

두 행렬 A, B에 대하여

$$AB-BA=\begin{pmatrix} -5 & 0 \\ 0 & 5 \end{pmatrix},\ A^2-B^2=\begin{pmatrix} 7 & 4 \\ 6 & 7 \end{pmatrix}$$

일 때, $(A+B)(A-B)$의 제2열의 모든 성분의 곱을 구하시오.

1353

두 행렬 A, B에 대하여

$$A^2+B^2=\begin{pmatrix} 1 & 2 \\ 0 & 4 \end{pmatrix},\ (A-B)^2=\begin{pmatrix} 3 & 0 \\ -1 & 2 \end{pmatrix}$$

일 때, $(A+B)^2$의 $(2, 2)$ 성분은?

① -4　② -1　③ 1　④ 4　⑤ 6

1354 교육청 기출

이차정사각행렬 A, B가

$$A^2+B^2=\begin{pmatrix} 5 & 0 \\ \frac{3}{2} & 1 \end{pmatrix},\ AB+BA=\begin{pmatrix} -4 & 0 \\ -\frac{1}{2} & 0 \end{pmatrix}$$

을 만족시킬 때, 행렬 $(A+B)^{100}$의 모든 성분의 합을 구하시오.

유형 11 행렬의 곱셈에 대한 성질 (3) - $AB=BA$가 성립하는 경우

(1) $(A+B)^2=A^2+2AB+B^2$이면 $AB=BA$이다.
(2) $(A-B)^2=A^2-2AB+B^2$이면 $AB=BA$이다.
(3) $(A+B)(A-B)=A^2-B^2$이면 $AB=BA$이다.

개념ON 480쪽　유형ON 2권 157쪽

1355 대표문제

두 행렬 $A=\begin{pmatrix} 2 & x \\ 3 & -1 \end{pmatrix}$, $B=\begin{pmatrix} 1 & 2 \\ -3 & y \end{pmatrix}$에 대하여

$$(A+B)^2=A^2+2AB+B^2$$

이 성립할 때, $y-x$의 값을 구하시오. (단, x, y는 실수이다.)

1356 중요 서술형

두 행렬 $A=\begin{pmatrix} 1 & -2 \\ 3 & -1 \end{pmatrix}$, $B=\begin{pmatrix} 1 & 2 \\ x & y \end{pmatrix}$에 대하여

$$(A+B)(A-B)=A^2-B^2$$

이 성립할 때, $x+y$의 값을 구하시오. (단, x, y는 실수이다.)

1357

두 행렬 $A=\begin{pmatrix} x & 2x \\ y & 5 \end{pmatrix}$, $B=\begin{pmatrix} 2x & 2y \\ 3y & 1 \end{pmatrix}$에 대하여

$$(A-3B)^2=A^2-6AB+9B^2$$

이 성립할 때, $x+y$의 값을 구하시오.

(단, x, y는 $xy\neq 0$인 실수이다.)

유형 12 행렬의 변형과 곱셈

이차정사각행렬 A와 2×1 행렬 B, C, D, X, Y에 대하여
(1) $AX=B$, $AY=C$일 때, 행렬 AD는 다음과 같은 순서로 구한다.
❶ $aX+bY=D$를 만족시키는 상수 a, b의 값을 구한다.
❷ $AD=A(aX+bY)=aB+bC$
(2) $A\begin{pmatrix} a \\ b \end{pmatrix}=\begin{pmatrix} c \\ d \end{pmatrix}$이면 $A\begin{pmatrix} c \\ d \end{pmatrix}=AA\begin{pmatrix} a \\ b \end{pmatrix}=A^2\begin{pmatrix} a \\ b \end{pmatrix}$

유형ON 2권 158쪽

1358 대표문제

이차정사각행렬 A에 대하여 $A\begin{pmatrix} 1 \\ 2 \end{pmatrix}=\begin{pmatrix} -3 \\ 2 \end{pmatrix}$, $A\begin{pmatrix} 3 \\ -1 \end{pmatrix}=\begin{pmatrix} -2 \\ 1 \end{pmatrix}$이 성립할 때, $A\begin{pmatrix} -3 \\ 8 \end{pmatrix}$의 모든 성분의 합을 구하시오.

1359

이차정사각행렬 A에 대하여 $A\begin{pmatrix} 1 \\ 3 \end{pmatrix}=\begin{pmatrix} 2 \\ 1 \end{pmatrix}$, $A^2\begin{pmatrix} 1 \\ 3 \end{pmatrix}=\begin{pmatrix} -1 \\ 4 \end{pmatrix}$가 성립할 때, $A\begin{pmatrix} 2 \\ 1 \end{pmatrix}$을 구하시오.

1360 중요

이차정사각행렬 A에 대하여 $A\begin{pmatrix} a \\ b \end{pmatrix}=\begin{pmatrix} 3 \\ -2 \end{pmatrix}$, $A\begin{pmatrix} c \\ d \end{pmatrix}=\begin{pmatrix} -1 \\ 3 \end{pmatrix}$이 성립할 때, 다음 중 $A\begin{pmatrix} 2a+3c \\ 2b+3d \end{pmatrix}$와 같은 행렬은?

① $\begin{pmatrix} 2 \\ 1 \end{pmatrix}$ ② $\begin{pmatrix} 3 \\ 5 \end{pmatrix}$ ③ $\begin{pmatrix} 10 \\ 2 \end{pmatrix}$
④ $\begin{pmatrix} 3 \\ 7 \end{pmatrix}$ ⑤ $\begin{pmatrix} 5 \\ 7 \end{pmatrix}$

1361

이차정사각행렬 A에 대하여 $A\begin{pmatrix} 1 \\ -3 \end{pmatrix}=\begin{pmatrix} -3 \\ 9 \end{pmatrix}$, $A\begin{pmatrix} 2 \\ 3 \end{pmatrix}=\begin{pmatrix} 0 \\ 0 \end{pmatrix}$이 성립할 때, $A^{50}\begin{pmatrix} 3 \\ 0 \end{pmatrix}=\begin{pmatrix} a \\ b \end{pmatrix}$이다. ab의 값은?

① -3^{102} ② -3^{101} ③ -3^{100}
④ 3^{100} ⑤ 3^{101}

유형 13 단위행렬을 이용한 행렬의 거듭제곱

❶ 단위행렬 E 꼴이 나올 때까지 $A^2, A^3, A^4, \cdots$을 차례대로 구한다.
❷ $A^n=E$ ➡ $A^{an+b}=A^b$ (단, a, b, n은 자연수)
참고 정사각행렬 A가 자연수 m, n과 실수 k에 대하여 $A^m=kE$이면 $(A^m)^n=k^nE$

개념ON 482쪽 유형ON 2권 158쪽

1362 대표문제

행렬 $A=\begin{pmatrix} 1 & -3 \\ 1 & -2 \end{pmatrix}$에 대하여 $A^{80}=\begin{pmatrix} a & b \\ c & d \end{pmatrix}$일 때, $ac+bd$의 값은?

① 1 ② 2 ③ 3
④ 4 ⑤ 5

1363

행렬 $A=\begin{pmatrix} 0 & -1 \\ 1 & 1 \end{pmatrix}$에 대하여 $A^n=E$를 만족시키는 자연수 n의 최솟값을 구하시오. (단, E는 단위행렬이다.)

1364 서술형

행렬 $A=\begin{pmatrix} 2 & -5 \\ 1 & -2 \end{pmatrix}$에 대하여 $A^{93}+A^{100}$의 모든 성분의 합을 구하시오.

1365 평가원 기출

행렬 $A=\begin{pmatrix} -1 & 3 \\ -1 & -1 \end{pmatrix}$에 대하여 $A^6\begin{pmatrix} 1 \\ 1 \end{pmatrix}=\begin{pmatrix} a \\ b \end{pmatrix}$일 때, $a+b$의 값을 구하시오.

1366 중요

행렬 $A=\begin{pmatrix} 1 & -1 \\ 3 & -2 \end{pmatrix}$에 대하여 다음 중 $A+A^2+A^3+\cdots+A^{10}$과 같은 행렬은?

① $-A^2$ ② $-A$ ③ A
④ A^2 ⑤ $A+A^2$

1367 교육청 기출

행렬 $A=\begin{pmatrix} 3 & 7 \\ -1 & -2 \end{pmatrix}$에 대하여 $A+A^2+A^3+\cdots+A^{2011}$의 모든 성분의 합은?

① 2 ② 7 ③ 12
④ 17 ⑤ 22

유형 14 단위행렬을 이용한 식의 계산

행렬 A와 단위행렬 E에 대하여 $AE=EA=A$가 성립함을 이용하여 주어진 식을 간단히 한 후 계산한다.

Tip 행렬 A와 단위행렬 E로만 이루어진 식의 계산은 교환법칙이 성립하므로 일반적인 문자가 포함된 식의 계산과 동일하다.

개념ON 482쪽 유형ON 2권 159쪽

1368 대표문제

행렬 $A=\begin{pmatrix} 1 & 2 \\ -3 & 0 \end{pmatrix}$에 대하여 $(A-E)(A^2+A+E)$의 제 2행의 모든 성분의 합을 구하시오. (단, E는 단위행렬이다.)

1369 중요 서술형

행렬 $A=\begin{pmatrix} 1 & 3 \\ 0 & -4 \end{pmatrix}$에 대하여 $(A+2E)(A-E)$의 모든 성분의 합을 구하시오. (단, E는 단위행렬이다.)

1370

행렬 $A=\begin{pmatrix} x & 1 \\ -1 & y \end{pmatrix}$에 대하여 $(A+E)(A-E)=2E$가 성립할 때, $x-y$의 최댓값은?

(단, x, y는 실수이고, E는 단위행렬이다.)

① 2 ② 3 ③ 4
④ 5 ⑤ 6

유형 15 $A^n \pm B^n$ 구하기

두 이차정사각행렬 A, B에 대하여 주어진 조건식에서
(i) 두 행렬 A, B 중 하나를 소거하거나
(ii) 조건식의 양변에 A 또는 B를 곱하여
$A^n=B^n=\pm E$ 또는 $A^n=A$, $B^n=B$를 만족시키는 자연수 n의 값을 구한다.

유형ON 2권 159쪽

1371 대표문제

이차정사각행렬 A, B에 대하여 $A+B=O$, $AB=E$일 때, $A^{50}+B^{50}$을 간단히 하면?

(단, E는 단위행렬, O는 영행렬이다.)

① $-2E$ ② $-2A$ ③ O
④ $2A$ ⑤ $2E$

1372 중요 서술형

이차정사각행렬 A, B에 대하여 $A+B=E$, $BA=O$일 때, A^4+B^4을 간단히 하시오.

(단, E는 단위행렬, O는 영행렬이다.)

1373

이차정사각행렬 $A=\begin{pmatrix} 1 & x \\ y-1 & z-3 \end{pmatrix}$, $B=\begin{pmatrix} 4 & 15-x \\ -y & -z \end{pmatrix}$에 대하여 $AB=A$, $BA=B$가 성립할 때, $A^{20}+B^{20}$을 구하시오. (단, x, y, z는 실수이다.)

유형 16 행렬의 곱셈에 대한 진위 판정

(1) 일반적으로 교환법칙이 성립하지 않음에 주의한다.
(2) 문장이 성립하지 않는 예를 찾아보고 문장이 옳은지 판단한다.

예 $A^2=O$이면 $A=O$이다.

➡ $A=\begin{pmatrix} 0 & 1 \\ 0 & 0 \end{pmatrix}$이면

$A^2=\begin{pmatrix} 0 & 1 \\ 0 & 0 \end{pmatrix}\begin{pmatrix} 0 & 1 \\ 0 & 0 \end{pmatrix}=\begin{pmatrix} 0 & 0 \\ 0 & 0 \end{pmatrix}$이지만 $A\neq O$이다.

따라서 "$A^2=O$이면 $A=O$이다."는 옳지 않은 문장이다.

유형ON 2권 160쪽

1374 대표문제

이차정사각행렬 A, B, C에 대하여 다음 중 옳은 것은?

(단, E는 단위행렬, O는 영행렬이다.)

① $(A-E)^2=O$이면 $A=E$이다.
② $AB=AC$이고 $A\neq O$이면 $B=C$이다.
③ $A=O$ 또는 $B=O$이면 $AB=O$이다.
④ $AB=O$이면 $BA=O$이다.
⑤ $A^2=B^2=E$이면 $A=B$ 또는 $A=-B$이다.

1375 교육청 기출

이차정사각행렬 A, B에 대하여 보기에서 옳은 것을 모두 고르면? (단, E는 단위행렬, O는 영행렬이다.)

보기
ㄱ. $A+B=E$이면 $A^2-B^2=A-B$이다.
ㄴ. $A^2=2A$이면 $A=O$ 또는 $A=2E$이다.
ㄷ. $AB=A$이고 $BA=B$이면 $AB=BA$이다.

① ㄱ ② ㄴ ③ ㄱ, ㄷ
④ ㄴ, ㄷ ⑤ ㄱ, ㄴ, ㄷ

1376

이차정사각행렬 A, B에 대하여 보기에서 옳은 것만을 있는 대로 고른 것은? (단, O는 영행렬이다.)

보기

ㄱ. $AB=O$이면 $A^2B^2=(AB)^2$

ㄴ. $AB=O$이면 $A=O$ 또는 $B=O$이다.

ㄷ. $AB=-BA$이면 $A^2B=BA^2$이다.

① ㄱ ② ㄱ, ㄴ ③ ㄱ, ㄷ
④ ㄴ, ㄷ ⑤ ㄱ, ㄴ, ㄷ

유형 17 행렬과 일반 연산

주어진 연산에 맞게 등식의 좌변과 우변을 각각 계산한 후, 등호가 성립하는지 판단한다.

유형ON 2권 160쪽

1377 대표문제

실수 x, y에 대하여 $x◎y$를 행렬 $\begin{pmatrix} x & -y \\ -y & x \end{pmatrix}$라 할 때, 보기에서 옳은 것만을 있는 대로 고른 것은?

보기

ㄱ. 임의의 실수 a, b에 대하여 $a◎b=b◎a$

ㄴ. 임의의 실수 a, b, c, d에 대하여
$(a◎b)+(c◎d)=(a+c)◎(b+d)$

ㄷ. 임의의 실수 a, b, k에 대하여
$(ka)◎(kb)=k(a◎b)$

① ㄱ ② ㄴ ③ ㄷ
④ ㄱ, ㄴ ⑤ ㄴ, ㄷ

1378 교육청 기출

행렬 $A=\begin{pmatrix} a & b \\ c & d \end{pmatrix}$에 대하여 $f(A)=a+d$라 하자. 예를 들면 $A=\begin{pmatrix} 1 & 2 \\ 3 & 4 \end{pmatrix}$라 할 때, $f(A)=1+4=5$이다. 보기에서 옳은 것을 모두 고른 것은?

(단, A, B는 이차정사각행렬이고 k는 상수이다.)

보기

ㄱ. $f(kA)=kf(A)$

ㄴ. $f(AB)=f(BA)$

ㄷ. $f(A+B)=f(A)+f(B)$

① ㄱ ② ㄴ ③ ㄱ, ㄷ
④ ㄴ, ㄷ ⑤ ㄱ, ㄴ, ㄷ

1379 중요

이차정사각행렬 X, Y에 대하여 $X \odot Y=XY+YX$라 할 때, 보기에서 옳은 것만을 있는 대로 고른 것은?

(단, A, B, C는 이차정사각행렬이고 p, q는 실수이다.)

보기

ㄱ. $A \odot B=B \odot A$

ㄴ. $pA \odot qB=pq(A \odot B)$

ㄷ. $(A+B) \odot C=(A \odot C)+(B \odot C)$

ㄹ. $(A \odot B) \odot C=A \odot (B \odot C)$

① ㄱ, ㄴ ② ㄴ, ㄷ ③ ㄴ, ㄹ
④ ㄱ, ㄴ, ㄷ ⑤ ㄱ, ㄷ, ㄹ

PART B

내신 잡는 종합 문제

1380

행렬 $A=\begin{pmatrix} -2 & 1 \\ -5 & 2 \end{pmatrix}$에 대하여 $A^n=E$를 만족시키는 100 이하의 자연수 n의 개수는? (단, E는 단위행렬이다.)

① 10　② 12　③ 25　④ 33　⑤ 50

1381

등식 $\begin{pmatrix} 3 & c \\ a & -1 \end{pmatrix}+\begin{pmatrix} -5 & d \\ -b & -3 \end{pmatrix}=\begin{pmatrix} ab & 1 \\ 3 & cd \end{pmatrix}$가 성립할 때, 실수 a, b, c, d에 대하여 $a^2+b^2+c^2+d^2$의 값은?

① 6　② 11　③ 14　④ 18　⑤ 21

1382

두 행렬 $A=\begin{pmatrix} 1 & -2 \\ 3 & -1 \end{pmatrix}$, $B=\begin{pmatrix} 4 & 1 \\ -1 & 2 \end{pmatrix}$에 대하여 $X-8A-3B=2(2A-3B-X)$를 만족시키는 행렬 X의 성분 중에서 최댓값과 최솟값의 합을 구하시오.

1383

이차정사각행렬 A, B에 대하여

$$A-B=\begin{pmatrix} 0 & 1 \\ 3 & 2 \end{pmatrix},\ A^2+B^2=\begin{pmatrix} -1 & 5 \\ 6 & 8 \end{pmatrix}$$

일 때, 행렬 $AB+BA$의 모든 성분의 합을 구하시오.

1384

이차정사각행렬 A, B의 $(i,\ j)$ 성분을 각각 a_{ij}, b_{ij}라 할 때, $a_{ij}-b_{ij}=-i+2j$, $a_{ij}b_{ij}=i^2+2j^2-2j-1$이 성립한다. 행렬 $A+B$의 $(1,\ 2)$ 성분은?

(단, 행렬 $A+B$의 모든 성분은 양수이다.)

① 1　② 2　③ 3　④ 4　⑤ 5

1385

두 행렬 $A=\begin{pmatrix} 3 & x \\ 1 & 5 \end{pmatrix}$, $B=\begin{pmatrix} y & 2 \\ 1 & 4 \end{pmatrix}$에 대하여

$$(A-B)(A+2B)=A^2+AB-2B^2$$

이 성립할 때, $x+y$의 값을 구하시오. (단, x, y는 실수이다.)

1386

이차정사각행렬 A에 대하여

$A\begin{pmatrix} a \\ 2b \end{pmatrix}=\begin{pmatrix} 3 \\ -2 \end{pmatrix}$, $A\begin{pmatrix} 2a+c \\ 4b-d \end{pmatrix}=\begin{pmatrix} 2 \\ 5 \end{pmatrix}$일 때, $A\begin{pmatrix} -c \\ d \end{pmatrix}$는?

① $\begin{pmatrix} -3 \\ 5 \end{pmatrix}$ ② $\begin{pmatrix} 1 \\ -7 \end{pmatrix}$ ③ $\begin{pmatrix} 4 \\ -9 \end{pmatrix}$

④ $\begin{pmatrix} 5 \\ -7 \end{pmatrix}$ ⑤ $\begin{pmatrix} 8 \\ -9 \end{pmatrix}$

1387

세 행렬 $A=\begin{pmatrix} 1 & -2 \\ 3 & -1 \end{pmatrix}$, $B=\begin{pmatrix} 5 & -3 \\ -2 & 1 \end{pmatrix}$, $C=\begin{pmatrix} 13 & a \\ b & 5 \end{pmatrix}$에 대하여 $mA+nB=C$가 성립할 때, $a-b$의 값은?

(단, a, b, m, n은 실수이다.)

① 3 ② 4 ③ 5

④ 6 ⑤ 7

1388

두 행렬 $A=\begin{pmatrix} -1 & 2 \\ 2 & 7 \end{pmatrix}$, $B=\begin{pmatrix} 3 & 4 \\ 2 & 1 \end{pmatrix}$에 대하여

$$X+Y=3A,\ X-2Y=-3B$$

가 성립할 때, $X-Y$의 성분 중에서 최댓값을 구하시오.

1389

이차정사각행렬 A, B에 대하여

$$A+B=\begin{pmatrix} 1 & 0 \\ 0 & 1 \end{pmatrix},\ A^2-B^2=\begin{pmatrix} 7 & -4 \\ 6 & 5 \end{pmatrix}$$

가 성립할 때, 행렬 A의 모든 성분의 합을 구하시오.

1390 교육청 기출

어떤 회사에서 새로 추진하려는 사업에 대하여 전체 사원을 대상으로 세 차례에 걸쳐 찬반 의견을 조사하였다. 1차 조사 결과 찬성이 60 %, 반대가 40 %였다. 아래 표는 사업 설명회 이후 2차 조사 결과 1차 조사와 달리 찬반 의견을 바꾼 비율과 사원 토론회 이후 3차 조사 결과 2차 조사와 달리 찬반 의견을 바꾼 비율을 각각 나타낸 것이다.

변화 / 조사	직전조사에서 찬성한 사원 중 반대로 의견을 바꾼 비율	직전조사에서 반대한 사원 중 찬성으로 의견을 바꾼 비율
2차 조사 결과	20 %	30 %
3차 조사 결과	10 %	40 %

$A=(0.6\ \ 0.4)$, $B=\begin{pmatrix} 0.8 & 0.2 \\ 0.3 & 0.7 \end{pmatrix}$, $C=\begin{pmatrix} 0.9 & 0.1 \\ 0.4 & 0.6 \end{pmatrix}$일 때, 3차 조사 결과 전체 사원 중에서 찬성하는 사원들의 비율을 나타내는 것은? (단, 기권한 사원은 없다.)

① ABC의 $(1,\ 1)$ 성분 ② ABC의 $(1,\ 2)$ 성분

③ ACB의 $(1,\ 1)$ 성분 ④ ACB의 $(1,\ 2)$ 성분

⑤ AB^2의 $(1,\ 1)$ 성분

1391 교육청 기출

행렬 $A=\begin{pmatrix} m & 0 \\ m-5 & 5 \end{pmatrix}$에 대하여 행렬 A^n의 모든 성분의 합이 2^{49}이 되도록 하는 두 자연수 m, n의 순서쌍 (m, n)의 개수를 구하시오.

1392

이차정사각행렬 A, B에 대하여 보기에서 옳은 것만을 있는 대로 고른 것은? (단, E는 단위행렬, O는 영행렬이다.)

보기

ㄱ. $A^3=O$이면 $A=O$이다.
ㄴ. $A^5=A^7=E$이면 $A=E$이다.
ㄷ. $A-B=E$, $AB=E$이면 $A^2+B^2=3E$이다.

① ㄱ ② ㄴ ③ ㄷ
④ ㄱ, ㄴ ⑤ ㄴ, ㄷ

1393

이차정사각행렬 A, B에 대하여 $A+B=2E$, $AB=E$이고, $\begin{pmatrix} 1 & 2 \\ 2 & 1 \end{pmatrix}A$의 모든 성분의 합이 27일 때, 행렬 A^3의 모든 성분의 합을 구하시오. (단, E는 단위행렬이다.)

서술형 대비하기

1394 교육청 기출

행렬 $A=\begin{pmatrix} a & b \\ c & d \end{pmatrix}$에 대하여 $A\begin{pmatrix} 2 \\ 3 \end{pmatrix}=\begin{pmatrix} 3 \\ 4 \end{pmatrix}$, $A^2\begin{pmatrix} 2 \\ 3 \end{pmatrix}=\begin{pmatrix} 5 \\ 7 \end{pmatrix}$일 때, $abcd$의 값을 구하시오.

1395

이차정사각행렬 A에 대하여 $(A+E)^2=5A-2E$가 성립할 때, $(A+E)^3=mA+nE$이다. 실수 m, n에 대하여 $m+n$의 값을 구하시오. (단, E는 단위행렬이다.)

1396

이차정사각행렬 A, B가 $A+B=O$, $AB=E$를 만족시킬 때, $(A+A^2+\cdots+A^{50})+(B+B^2+\cdots+B^{50})$을 간단히 하시오. (단, E는 단위행렬, O는 영행렬이다.)

수능 녹인 변별력 문제

정답과 풀이 242쪽

1397

행렬 $A=\begin{pmatrix} x+1 & 8 & 5a+8 \\ a-3b & y-3 & -4 \\ a+2b & c & z-5 \end{pmatrix}$의 $(i,\ j)$ 성분 a_{ij}가 $a_{ij}=-a_{ji}$일 때, $a+b+c+x+y+z$의 값을 구하시오.

1398

세 행렬 $A=\begin{pmatrix} a & b & c \\ 4 & 1 & 1 \end{pmatrix}$, $B=\begin{pmatrix} b & c & a \\ -2 & 4 & 9 \end{pmatrix}$, $C=\begin{pmatrix} 4 & 7 & 5 \\ xy & yz & zx \end{pmatrix}$에 대하여 $A+B=C$가 성립할 때, $a^2+b^2+c^2+x^2+y^2+z^2$의 값을 구하시오.

(단, x, y, z는 양수이다.)

1399 수능 기출

이차정사각행렬 A는 모든 성분의 합이 0이고

$$A^2+A^3=-3A-3E$$

를 만족시킨다. 행렬 A^4+A^5의 모든 성분의 합을 구하시오.

(단, E는 단위행렬이다.)

1400 교육청 기출

두 이차정사각행렬 A, B의 $(i,\ j)$ 성분을 각각 a_{ij}, b_{ij}라 할 때, $a_{ij}+a_{ji}=0$, $b_{ij}-b_{ji}=0$ $(i=1,\ 2,\ j=1,\ 2)$이 성립한다. 두 행렬 A, B가 $2A-B=\begin{pmatrix} 1 & 2 \\ -2 & 4 \end{pmatrix}$를 만족시킬 때, 행렬 A^2-B의 $(2,\ 2)$ 성분을 구하시오.

1401 교육청 기출

이차정사각행렬 A가 등식 $A^2-2A+E=O$를 만족시킨다. 다음은 n이 2 이상의 자연수일 때, 행렬 A^n을 구하는 과정이다. (단, E는 단위행렬이고, O는 영행렬이다.)

> $A^2-2A+E=O$에서
> $A^2-A=A-E$
> $A^3-A^2=A(A^2-A)=A(A-E)=A^2-A$
> $\qquad =A-E$
> $A^4-A^3=A(A^3-A^2)=A(A-E)=A^2-A$
> $\qquad =A-E$
> $\vdots$
> $A^n-A^{n-1}=A-E$
> 위 등식들을 변끼리 더하면
> $A^n-A=$ (가) $(A-E)$
> $\therefore A^n=$ (나) $A-$ (가) E

위의 과정에서 (가), (나)에 알맞은 식을 각각 $f(n)$, $g(n)$이라 할 때, $f(100)+g(100)$의 값은?

① 191 ② 193 ③ 195
④ 197 ⑤ 199

1402

행렬 $A=\begin{pmatrix} a & b \\ c & d \end{pmatrix}$에서 a와 d는 이차방정식 $x^2+x-6=0$의 두 근이고, b와 c는 이차방정식 $x^2-8x-7=0$의 두 근일 때, $A+A^2+\cdots+A^{10}$의 모든 성분의 합은?

① 7 ② 9 ③ 11
④ 13 ⑤ 15

1403

이차정사각행렬 A에 대하여

$$A\begin{pmatrix} 1 \\ 3 \end{pmatrix}=\begin{pmatrix} 0 \\ -3 \end{pmatrix},\ A\begin{pmatrix} 0 \\ -3 \end{pmatrix}=\begin{pmatrix} 2 \\ 3 \end{pmatrix},\ A^3\begin{pmatrix} 1 \\ 3 \end{pmatrix}=\begin{pmatrix} a \\ b \end{pmatrix}$$

일 때, ab의 값을 구하시오.

1404

행렬 $A=\begin{pmatrix} 0 & 1 \\ -1 & 1 \end{pmatrix}$에 대하여 $A^m=A^n$을 만족시키는 50 이하의 두 자연수 m, $n\,(m>n)$의 순서쌍 $(m,\ n)$의 개수를 구하시오.

빠른 정답 1권

I 다항식

01 다항식의 연산

확인 문제

유형 01 (1) $-x^2+(2y+1)x+4y^2-3$

(2) $4y^2-3+(2y+1)x-x^2$

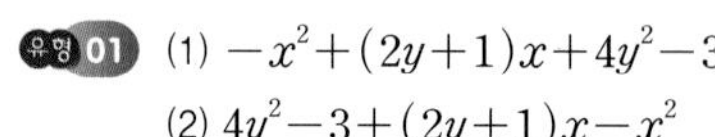

PART A 유형별 문제

0001 17	0002 23	0003 65	0004 ④
0005 -12	0006 7	0007 2	0008 3
0009 ①	0010 ②	0011 ②	0012 32
0013 8	0014 ④	0015 -1	0016 ④
0017 ⑤	0018 ③	0019 ③	0020 ②
0021 3	0022 ⑤	0023 35	0024 -34
0025 13	0026 ②	0027 ⑤	0028 1
0029 4	0030 -4	0031 -8	0032 ①
0033 ②	0034 ②	0035 ⑤	0036 ③
0037 $18\sqrt{3}$	0038 ③	0039 ④	0040 ②
0041 41	0042 198	0043 21	0044 ③
0045 ⑤	0046 48	0047 -10	0048 19
0049 ③	0050 -4	0051 16	0052 ④
0053 109	0054 ②	0055 2	0056 ④
0057 25	0058 7	0059 192	0060 108
0061 $48x+64$	0062 ③	0063 240	0064 95
0065 56	0066 24	0067 -4	0068 $a+3$
0069 30	0070 -3	0071 12	0072 x^2-x+5
0073 0	0074 ②	0075 $21x+20$	0076 8
0077 ①	0078 ①	0079 ⑤	0080 ①
0081 ⑤	0082 ①		

PART B 내신 잡는 종합 문제

0083 ④	0084 ①	0085 ④	0086 ②
0087 ①	0088 ③	0089 ②	0090 ①
0091 ③	0092 ②	0093 ⑤	0094 ④
0095 32	0096 $234\sqrt{2}$	0097 5	0098 180
0099 168	0100 5		

PART C 수능 녹인 변별력 문제

0101 ⑤	0102 135	0103 ③	0104 5
0105 ①	0106 ③	0107 ②	0108 $4\sqrt{2}$

02 항등식과 나머지정리

확인 문제

유형 06 (1) 0 (2) 6

유형 07 (1) -4 (2) 3

PART A 유형별 문제

0109 16	0110 6	0111 3	0112 ①
0113 3	0114 11	0115 ②	0116 ①
0117 ③	0118 -6	0119 7	0120 11
0121 60	0122 4	0123 -6	0124 52
0125 5	0126 260	0127 ③	0128 ④
0129 ⑤	0130 ②	0131 ①	0132 5
0133 -7	0134 -15	0135 20	0136 ①
0137 -8	0138 52	0139 ④	0140 75
0141 2	0142 ②	0143 ①	0144 ①
0145 ②	0146 ③	0147 -4	0148 ⑤
0149 21	0150 ⑤	0151 $2x-1$	0152 $-5x+9$
0153 ⑤	0154 25	0155 $x-2$	0156 6
0157 $-2x^2+2x+3$		0158 4	0159 2
0160 31	0161 2	0162 1	0163 30
0164 ③	0165 -1	0166 3	0167 4
0168 -8	0169 ①	0170 ①	0171 7
0172 ③	0173 ②	0174 3	0175 28
0176 98	0177 25	0178 ②	0179 13
0180 5	0181 ②	0182 24	0183 45
0184 20	0185 3	0186 8	0187 ④
0188 -12	0189 ③	0190 -2	0191 24
0192 -12	0193 ②	0194 -62	0195 23
0196 ③	0197 ④	0198 ④	0199 8
0200 ④	0201 3	0202 7	0203 6
0204 112	0205 0	0206 1231	0207 ④
0208 6			

PART B 내신 잡는 종합 문제

0209 ①	0210 ④	0211 ④	0212 -1
0213 ④	0214 ③	0215 ⑤	0216 ③
0217 ①	0218 ③	0219 ④	0220 2
0221 6	0222 3	0223 91	0224 ④
0225 4	0226 ②	0227 ⑤	0228 40
0229 106	0230 6	0231 1	0232 3

PART C 수능 녹인 변별력 문제

0233 -14	0234 ②	0235 ④	0236 2
0237 ②	0238 ③	0239 $2n$	0240 ②
0241 ④	0242 ③	0243 1	0244 ④

03 인수분해

확인 문제

유형 01 (1) $(x+5)^2$ (2) $(a-4b)^2$ (3) $(x+4y)(x-4y)$ (4) $(3a-2)(a-2)$

PART A 유형별 문제

0245 ②	0246 ②	0247 ②	0248 ⑤
0249 ②	0250 ④	0251 0	0252 5장
0253 ④	0254 $(a+2b-1)(a+2b-3)$		0255 ③
0256 ①	0257 ④	0258 1	0259 ⑤
0260 -48	0261 -15	0262 503	0263 ③
0264 10	0265 ②	0266 -30	0267 ⑤
0268 ⑤	0269 $(x+2)(x-3)(x-y)$		0270 ④
0271 4	0272 -5	0273 ②	0274 ③
0275 ①	0276 2	0277 6	0278 ②
0279 35	0280 ⑤	0281 ②	0282 3
0283 ⑤	0284 6	0285 ③	0286 ④
0287 ②	0288 3	0289 ③	0290 ⑤
0291 ④	0292 ③	0293 ④	0294 $\sqrt{15}$
0295 ③	0296 ③	0297 ③	0298 ④
0299 3	0300 ⑤	0301 36	0302 4
0303 ②	0304 ②	0305 ③	0306 176
0307 ①	0308 13		

PART B 내신 잡는 종합 문제

0309 ⑤	0310 ②	0311 ④	0312 ④
0313 ③	0314 ②	0315 ③	0316 ④
0317 ②	0318 ③	0319 ②	0320 ①
0321 ④	0322 ⑤	0323 ③	0324 -6
0325 -16	0326 -7		

PART C 수능 녹인 변별력 문제

0327 12100	0328 13	0329 ②	0330 ⑤
0331 12	0332 228	0333 25	0334 20
0335 ①	0336 14	0337 ⑤	0338 ④

Ⅱ 방정식과 부등식

04 복소수

확인 문제

유형 01 (1) 실수부분: $\frac{2}{3}$, 허수부분: $-\frac{5}{3}$

(2) 실수부분: 0, 허수부분: -6

(3) 실수부분: $2+\sqrt{5}$, 허수부분: 0

유형 02 (1) $-2+10i$ (2) $1+5i$ (3) $5-i$ (4) $1+3i$

유형 06 (1) $a=-4$, $b=2$ (2) $a=1$, $b=2$

유형 08 (1) 11 (2) $\frac{4}{5}$

유형 12 (1) i (2) 1 (3) i (4) 0

유형 13 (1) 16 (2) -1

유형 14 (1) -4 (2) $9i$ (3) $-\sqrt{7}i$ (4) $\sqrt{3}$

PART A 유형별 문제

0339 ②	0340 ③	0341 4	0342 27
0343 3	0344 ④	0345 -9	0346 ③
0347 9	0348 ②	0349 -17	0350 -5
0351 900	0352 ③	0353 ②	0354 $-9+2i$
0355 ⑤	0356 ③	0357 ③	0358 6
0359 9	0360 7	0361 -1	0362 1
0363 -2	0364 ②	0365 ②	0366 -9
0367 55	0368 ①	0369 -1	0370 8
0371 9	0372 ①	0373 17	0374 14
0375 12	0376 3	0377 8	0378 -19
0379 55	0380 $-16i$	0381 ③	0382 ④
0383 4	0384 $-\frac{1}{3}$	0385 ①	0386 ㄷ, ㅁ
0387 ⑤	0388 $8-7i$	0389 ⑤	0390 ②
0391 -5	0392 $\frac{2}{9}$	0393 25	0394 $1-2i$
0395 ③	0396 $3\pm\sqrt{2}i$	0397 ②	0398 1
0399 4	0400 ④	0401 -2	0402 -1
0403 37	0404 10	0405 58	0406 16
0407 ⑤	0408 ③	0409 2	0410 $-2i$
0411 100	0412 ②	0413 ㄱ, ㄷ	0414 24
0415 ③	0416 0	0417 ④	0418 3
0419 0	0420 $1-i$	0421 ⑤	0422 4
0423 ㄱ, ㅁ	0424 $2a+4b$	0425 $2b-2c$	0426 ④
0427 ①			

PART B 내신 잡는 종합 문제

0428 ⑤	0429 ④	0430 ③	0431 ④
0432 ②	0433 ③	0434 ①	0435 ⑤
0436 ③	0437 ②	0438 ③	0439 ①
0440 ①	0441 ②	0442 ②	0443 ①

0444 ③ 0445 ④ 0446 100 0447 ⑤
0448 ② 0449 17 0450 $3\pm\sqrt{2}i$ 0451 0

PART C 수능 녹인 변별력 문제

0452 $103-i$ 0453 ① 0454 -36 0455 ⑤
0456 ③ 0457 ② 0458 $\pm4(3-i)$ 0459 ④
0460 ② 0461 18 0462 -10 0463 73

05 이차방정식

확인 문제

유형 01 (1) $x=-\frac{1}{3}$ 또는 $x=2$ (2) $x=\frac{1}{4}$ (3) $x=\frac{3\pm\sqrt{13}}{2}$

유형 03 (1) $x=-2$ 또는 $x=1$ (2) $x=\frac{1}{4}$ 또는 $x=\frac{3}{2}$

유형 06 (1) 서로 다른 두 허근 (2) 서로 다른 두 실근 (3) 중근

유형 11 (1) -1 (2) 2 (3) -3 (4) 4

유형 16 (1) $x^2-x-6=0$ (2) $x^2-6x+7=0$
(3) $x^2-2x+2=0$

유형 21 (1) $a=-2$, $b=-4$ (2) $a=-4$, $b=13$

PART A 유형별 문제

0464 ③ 0465 ② 0466 ⑤ 0467 -3
0468 2 0469 ① 0470 6 0471 -2
0472 3 0473 -4 0474 23 0475 ①
0476 ④ 0477 $x=-\frac{1}{2}$ 또는 $x=\frac{1}{2}$ 0478 ②
0479 ③ 0480 3 0481 ② 0482 ③
0483 $x=2+2\sqrt{2}$ 또는 $x=5$ 0484 ② 0485 16
0486 19 0487 ③ 0488 18 cm 0489 600 m^2
0490 10 0491 ② 0492 6 0493 -6
0494 ④ 0495 $-8\le k<1$ 또는 $k>1$ 0496 ①
0497 ① 0498 서로 다른 두 실근
0499 서로 다른 두 실근 0500 서로 다른 두 허근
0501 서로 다른 두 실근 0502 ①
0503 빗변의 길이가 a인 직각삼각형 0504 ⑤
0505 정삼각형 0506 ⑤ 0507 5 0508 ③
0509 빗변의 길이가 a인 직각삼각형 0510 5
0511 ④ 0512 3 0513 3 0514 ②
0515 $\frac{1}{2}$ 0516 ② 0517 $5\sqrt{17}$ 0518 4
0519 0 0520 ② 0521 ② 0522 27
0523 ② 0524 20 0525 15 0526 -39
0527 $3\sqrt{13}$ 0528 $-\frac{1}{2}$ 0529 $\frac{1}{3}$ 0530 13
0531 ② 0532 ④ 0533 4 0534 ④
0535 -1 0536 10 0537 6 0538 ②
0539 ② 0540 $-\frac{7}{2}$ 0541 10 0542 -6
0543 $3x^2+4x+6=0$ 0544 ④
0545 $x^2-9x+16=0$ 0546 ② 0547 -10
0548 7 0549 $x=-1$ 또는 $x=5$
0550 $x^2-2x+7=0$ 0551 49 0552 ③
0553 -6 0554 ② 0555 ③ 0556 ③
0557 -2 0558 ② 0559 합: 5, 곱: 9 0560 $-\frac{2}{9}$
0561 ⑤ 0562 56 0563 ④ 0564 35
0565 $x^2-3x+\frac{11}{3}$ 0566 ④ 0567 22
0568 ① 0569 -9 0570 6 0571 14
0572 ①

PART B 내신 잡는 종합 문제

0573 ① 0574 ④ 0575 ④ 0576 ④
0577 ⑤ 0578 ② 0579 ② 0580 6
0581 ④ 0582 ① 0583 ⑤ 0584 ③
0585 11 0586 ② 0587 4 0588 ②
0589 8 0590 15 0591 ㄱ, ㄷ 0592 8
0593 18 0594 503 0595 8 0596 $2-\sqrt{3}$

PART C 수능 녹인 변별력 문제

0597 12 0598 -143 0599 ⑤ 0600 2
0601 ③ 0602 4 0603 ③ 0604 ③
0605 ④ 0606 76 0607 ② 0608 10

06 이차방정식과 이차함수

확인 문제

유형 01 (1) 0, -1 (2) 2, 3 (3) -5, 1 (4) 0, 6

유형 03 (1) -1, 3 (2) $-\frac{1}{2}$, 3

유형 04 (1) -1, 4 (2) 3, 4

유형 05 (1) 만나지 않는다. (2) 서로 다른 두 점에서 만난다.
(3) 한 점에서 만난다.

유형 07 (1) 최댓값: 없다., 최솟값: 6 (2) 최댓값: -1, 최솟값: 없다.
(3) 최댓값: 없다., 최솟값: -3 (4) 최댓값: 4, 최솟값: 없다.

유형 08 (1) 최댓값: 6, 최솟값: -3 (2) 최댓값: 13, 최솟값: -2

유형별 문제

0609 -27　0610 -1　0611 $-\frac{5}{9}$　0612 ⑤

0613 ①　0614 0　0615 ①　0616 ⑤

0617 $\frac{5}{12}$　0618 8　0619 ⑤　0620 32

0621 13　0622 -1　0623 ④　0624 ②

0625 ④　0626 10　0627 4　0628 ④

0629 -38　0630 14　0631 ②　0632 2

0633 ②　0634 -20　0635 4　0636 ⑤

0637 $k>-\frac{49}{4}$　0638 $m\geq-\frac{1}{2}$　0639 ④　0640 -1

0641 24　0642 10　0643 12　0644 ④

0645 -2　0646 ⑤　0647 ③　0648 $y=1$

0649 -3　0650 ③　0651 -1　0652 0

0653 ③　0654 $\frac{9}{4}$　0655 ⑤　0656 -7

0657 ③　0658 8　0659 ②　0660 ②

0661 4　0662 3　0663 ⑤　0664 ⑤

0665 25　0666 ④　0667 ①　0668 141

0669 ④　0670 -7　0671 14　0672 ⑤

0673 $-\frac{7}{2}$　0674 6　0675 $\frac{9}{10}$　0676 16

0677 $-\frac{13}{4}$　0678 ④　0679 ③　0680 450원

0681 ③　0682 39 m　0683 $\frac{121}{3}\pi$　0684 4 cm

0685 ⑤

PART B 내신 잡는 종합 문제

0686 ②　0687 ②　0688 ②　0689 -16

0690 8　0691 16　0692 2　0693 12

0694 ③　0695 11　0696 2　0697 54

0698 13　0699 12　0700 ⑤　0701 1

0702 16　0703 900

PART C 수능 녹인 변별력 문제

0704 ②　0705 -4　0706 $-\frac{5}{2}$　0707 ③

0708 12　0709 ②　0710 ②　0711 2

07 여러 가지 방정식

확인 문제

유형 01 (1) $x=-3$ 또는 $x=0$ 또는 $x=4$
(2) $x=-1$ 또는 $x=1$ 또는 $x=\frac{1\pm\sqrt{3}i}{2}$
(3) $x=1$ 또는 $x=\frac{1\pm\sqrt{5}}{2}$

유형 03 (1) $x=-3$ 또는 $x=-2$ 또는 $x=0$ 또는 $x=1$
(2) $x=-1$ 또는 $x=2$ 또는 $x=\frac{1\pm\sqrt{3}i}{2}$

유형 04 (1) $x=\pm\sqrt{2}$　(2) $x=\frac{-1\pm\sqrt{3}i}{2}$ 또는 $x=\frac{1\pm\sqrt{3}i}{2}$

유형 06 $a=2$, 나머지 두 근: -3, 2

유형 08 (1) -3　(2) -2　(3) 4　(4) $-\frac{1}{2}$

유형 13 (1) $\begin{cases} x=1 \\ y=3 \end{cases}$ 또는 $\begin{cases} x=3 \\ y=1 \end{cases}$　(2) $\begin{cases} x=1 \\ y=-2 \end{cases}$ 또는 $\begin{cases} x=2 \\ y=-1 \end{cases}$

유형 14 $\begin{cases} x=-\sqrt{5} \\ y=\sqrt{5} \end{cases}$ 또는 $\begin{cases} x=\sqrt{5} \\ y=-\sqrt{5} \end{cases}$ 또는 $\begin{cases} x=-1 \\ y=-1 \end{cases}$ 또는 $\begin{cases} x=1 \\ y=1 \end{cases}$

유형 15 $\begin{cases} x=1 \\ y=2 \end{cases}$ 또는 $\begin{cases} x=2 \\ y=1 \end{cases}$

유형 19 $(-4, 1)$, $(-2, -1)$, $(0, 5)$, $(2, 3)$

유형 20 $x=1$, $y=-2$

PART A 유형별 문제

0712 ⑤　0713 ①　0714 ③　0715 ⑤

0716 40　0717 ④　0718 ③　0719 ②

0720 ④　0721 ①　0722 ③　0723 ⑤

0724 25　0725 ⑤　0726 ④　0727 ④

0728 ⑤　0729 0　0730 7　0731 $-3\pm2\sqrt{2}$

0732 -5　0733 4　0734 ⑤　0735 ③

0736 8　0737 ④　0738 $-\frac{1}{2}$　0739 3

0740 ②　0741 1　0742 ④　0743 -9

0744 6　0745 $\frac{1}{2}$　0746 7　0747 ①

0748 5　0749 -1　0750 ②　0751 5

0752 3　0753 34　0754 $x^3-4x^2+x+4=0$

0755 $x^3-5x-1=0$　0756 16　0757 ④

0758 ③　0759 9　0760 -48　0761 ①

0762 -6　0763 ②　0764 -8　0765 1

0766 0　0767 1　0768 ①　0769 ③

0770 15　0771 1　0772 12　0773 8

0774 4 cm　0775 ②　0776 ③　0777 2

0778 3　0779 ④　0780 ③　0781 ②

0782 $\frac{7}{2}$　0783 29　0784 8　0785 ①

0786 3　0787 25　0788 8

0789 $(-5, -4)$, $(-4, -5)$, $(4, 5)$, $(5, 4)$　0790 4

0791 -6　0792 ②　0793 $\frac{5}{4}$　0794 ③

0795 7 0796 4 0797 -5
0798 $m=4$, 공통인 근 : -4 0799 $\frac{5}{2}$ 0800 27
0801 12 cm 0802 48 0803 ② 0804 3 cm
0805 1 m 0806 1000원 0807 12 0808 ④
0809 -2 0810 10 0811 ③ 0812 2
0813 2

PART B 내신 잡는 종합 문제

0814 ⑤ 0815 ⑤ 0816 ② 0817 ②
0818 ⑤ 0819 ③ 0820 -21 0821 ⑤
0822 ④ 0823 ④ 0824 ② 0825 ⑤
0826 ② 0827 ① 0828 13 0829 ④
0830 ③ 0831 10 0832 141 0833 1
0834 ⑤ 0835 (1) -1 (2) 25 0836 3
0837 5 m

PART C 수능 녹인 변별력 문제

0838 ③ 0839 $x^3-12x^2+44x-48=0$ 0840 ②
0841 3 0842 $\frac{15}{16}$ 0843 ② 0844 12
0845 -1 0846 ⑤ 0847 ① 0848 46
0849 8 cm

08 일차부등식

확인 문제

유형 01 1. (1) $>$ (2) $>$ (3) $>$ (4) $<$
2. (1) $>$ (2) $<$ (3) $>$ (4) $<$
유형 03 1. (1) $x\geq3$ (2) $-3<x<2$ (3) $x<9$
2. (1) $-3\leq x\leq3$ (2) $-2\leq x<1$
유형 05 (1) 해는 없다. (2) $x=5$ (3) 해는 없다.
유형 11 (1) $-2<x<6$ (2) $x\geq4$ 또는 $x\leq2$
유형 14 (1) $a\leq0$ (2) $a<0$ (3) $a<0$ (4) $a\leq0$

PART A 유형별 문제

0850 ④ 0851 ④ 0852 ㄱ, ㄷ 0853 ⑤
0854 ⑤ 0855 ③ 0856 $x<2$ 0857 ③
0858 $a\leq\frac{2}{3}$ 0859 ⑤ 0860 해는 없다. 0861 $x>-2$
0862 ③ 0863 ① 0864 3 0865 -21
0866 ① 0867 ① 0868 ④ 0869 ④
0870 ② 0871 ⑤ 0872 7 0873 ④
0874 ㄴ, ㄹ 0875 $x=-7$ 0876 ② 0877 20
0878 21 0879 ④ 0880 7 0881 $\frac{3}{4}<x\leq2$
0882 ③ 0883 -15 0884 ④ 0885 ④
0886 $k\geq-\frac{5}{2}$ 0887 -14 0888 $-3\leq a<0$
0889 $4\leq k<5$ 0890 ③ 0891 $8\leq a<9$ 0892 ⑤
0893 ③ 0894 18 0895 200 g 이상 400 g 이하
0896 ③ 0897 80 g 이상 200 g 이하 0898 81
0899 140 0900 ③ 0901 11명 0902 12
0903 442 0904 ⑤ 0905 ③ 0906 7
0907 ② 0908 ③ 0909 $a\leq0$ 또는 $a\geq3$
0910 ② 0911 $-5<x<-3$ 또는 $1<x<3$
0912 3 0913 ① 0914 $x>-2$ 0915 ⑤
0916 -17 0917 3 0918 1 0919 ④
0920 4 0921 $-2<x<4$ 0922 ②
0923 ① 0924 ② 0925 ④

PART B 내신 잡는 종합 문제

0926 5 0927 $a\leq-1$ 0928 ④ 0929 9
0930 ① 0931 ③ 0932 ④ 0933 7
0934 ④ 0935 16 0936 ④ 0937 ⑤
0938 30 0939 $5<a\leq7$ 0940 1 0941 11
0942 $3<x<6$ 0943 9

PART C 수능 녹인 변별력 문제

0944 ③ 0945 ③ 0946 ④ 0947 8
0948 $k\leq-6$ 또는 $k\geq4$ 0949 2 0950 $3\leq a<4$
0951 120

09 이차부등식

확인 문제

유형 01 (1) $\alpha<x<\gamma$ (2) $x\leq\alpha$ 또는 $x\geq\gamma$
(3) $x<\beta$ 또는 $x>\delta$ (4) $\beta\leq x\leq\delta$
유형 02 (1) $-2\leq x\leq5$ (2) $x\leq-\frac{1}{2}$ 또는 $x\geq1$
(3) $x\neq-4$인 모든 실수 (4) $x=\frac{3}{2}$
(5) 모든 실수 (6) 해는 없다.
유형 06 (1) $x^2-x-12<0$ (2) $x^2-7x+6\geq0$
(3) $x^2-6x+9>0$ (4) $x^2+8x+16\leq0$
유형 09 (1) 5 (2) -8, 0
유형 10 (1) $k<-2$ 또는 $k>2$ (2) $k>-1$
유형 11 (1) $k>10$ (2) $-6<k<2$
유형 17 (1) $-7\leq x<-3$ (2) $x<-8$ 또는 $x\geq5$
유형 23 $\frac{1}{2}<k\leq1$ 유형 24 (1) $\geq$, $>$, $>$ (2) $<$

PART A 유형별 문제

0952 ④ 0953 ② 0954 ①
0955 $x<-5$ 또는 $x>1$ 0956 12 0957 ①
0958 ③ 0959 ㄴ, ㄹ 0960 ② 0961 ④
0962 -3 0963 ③ 0964 ③ 0965 ②
0966 21 0967 ④ 0968 $5\le x<7$ 0969 11
0970 5 0971 18 0972 ① 0973 ④
0974 5 0975 ④ 0976 2 0977 ①
0978 $-3<x<1$ 0979 ③
0980 $x<-5$ 또는 $x>0$ 0981 $x<2$ 또는 $x>8$
0982 ② 0983 2 0984 ② 0985 13
0986 ② 0987 ③ 0988 5 0989 9
0990 -4 0991 $\frac{5}{2}$ 0992 2
0993 $a\le-6$ 또는 $a\ge4$ 0994 ⑤ 0995 ①
0996 $k\ge-6$ 0997 ① 0998 1 0999 ④
1000 4 1001 $-12<k\le0$ 1002 ②
1003 22 1004 ③ 1005 $-1<m<2$
1006 2 1007 ⑤ 1008 ② 1009 -4
1010 ② 1011 $1\le a\le7$ 1012 $a<1$ 또는 $a>9$
1013 2 1014 ④ 1015 12 1016 7
1017 ⑤ 1018 -13 1019 7 1020 ③
1021 2 1022 -2 1023 5 m 1024 2초
1025 ⑤ 1026 $x\ge10$ 1027 ③ 1028 ⑤
1029 7 1030 ② 1031 ④ 1032 ⑤
1033 27 1034 $-5<x\le2$ 또는 $x=4$ 1035 ⑤
1036 -1 1037 3 1038 ③ 1039 ⑤
1040 5 1041 ④ 1042 ③
1043 $-\frac{7}{8}\le a<1$ 1044 ② 1045 ③
1046 $6<a\le7$ 1047 ③ 1048 ② 1049 ④
1050 $-4\le a<-3$ 또는 $2<a\le3$ 1051 ③
1052 5 1053 18 1054 18 1055 ③
1056 ① 1057 ② 1058 ⑤
1059 $-1<a<7$ 1060 ③ 1061 ①
1062 7 1063 -1 1064 ① 1065 ②
1066 6 1067 ① 1068 $k<-\frac{13}{3}$ 또는 $k>4$
1069 4 1070 ① 1071 2 1072 ③

PART B 내신 잡는 종합 문제

1073 ⑤ 1074 ② 1075 ④ 1076 9
1077 ② 1078 7 1079 ③ 1080 10
1081 21 1082 ② 1083 ②
1084 $-\sqrt{7}<m<-2$ 1085 ③ 1086 ④
1087 2 1088 $m<3$ 또는 $m\ge11$ 1089 ②
1090 4 1091 ③ 1092 4 1093 ②
1094 2 1095 -1 1096 $\frac{2}{3}<a<1$ 또는 $a>9$

PART C 수능 녹인 변별력 문제

1097 ② 1098 $\frac{9}{2}$ 1099 ① 1100 ①
1101 ④ 1102 ⑤ 1103 ② 1104 ①
1105 ③ 1106 ③ 1107 ③ 1108 ④

Ⅲ 경우의 수

10 경우의 수

확인 문제

유형 01	(1) 8 (2) 30	유형 03	10
유형 05	(1) 8 (2) 12	유형 07	11
유형 08	(1) 24 (2) 108	유형 09	10

PART A 유형별 문제

1109 ③	1110 ⑤	1111 ③	1112 4
1113 7	1114 ⑤	1115 ③	1116 10
1117 ②	1118 ⑤	1119 8	1120 ②
1121 ①	1122 ②	1123 ⑤	1124 ②
1125 ③	1126 189	1127 ⑤	1128 ③
1129 81	1130 ①	1131 1	1132 ①
1133 ④	1134 ④	1135 ②	1136 ③
1137 ②	1138 12	1139 ③	1140 ④
1141 ②	1142 ⑤	1143 98	1144 ①
1145 ③	1146 ①	1147 ④	1148 ⑤
1149 ②	1150 ④	1151 540	1152 3750
1153 ③	1154 ③	1155 ②	1156 9
1157 30	1158 12	1159 ⑤	1160 9
1161 ①	1162 18	1163 11	1164 ④
1165 45			

PART B 내신 잡는 종합 문제

1166 ⑤	1167 ④	1168 ②	1169 ⑤
1170 ③	1171 ④	1172 ②	1173 ①
1174 ⑤	1175 ②	1176 28	1177 2304
1178 11	1179 165	1180 ④	1181 ②
1182 ①	1183 420	1184 ②	1185 26
1186 780	1187 5		

PART C 수능 녹인 변별력 문제

1188 ①	1189 ③	1190 ②	1191 ②
1192 20	1193 96	1194 420	1195 576

11 순열과 조합

확인 문제

유형 01 1. (1) 60 (2) 24 (3) 1 (4) 6
2. (1) 6 (2) 3 (3) 4 (4) 6

유형 08 1. (1) 1 (2) 1 (3) 15 (4) 15
2. (1) 5 (2) 2

PART A 유형별 문제

1196 ③	1197 ④	1198 ③	1199 ④
1200 11	1201 48	1202 ①	1203 ③
1204 ③	1205 48	1206 ④	1207 ⑤
1208 ⑤	1209 ⑤	1210 480	1211 576
1212 288	1213 ⑤	1214 144	1215 ②
1216 ⑤	1217 ④	1218 60	1219 ⑤
1220 ③	1221 8	1222 ⑤	1223 ③
1224 ③	1225 ②	1226 144	1227 ①
1228 ③	1229 ②	1230 ④	1231 423501
1232 280번째	1233 ②	1234 ③	1235 ⑤
1236 6	1237 $-\frac{1}{2}$	1238 ②	1239 ③
1240 18	1241 3	1242 ④	1243 60
1244 35	1245 ②	1246 ⑤	1247 78
1248 ②	1249 ②	1250 20	1251 128
1252 ⑤	1253 115	1254 ②	1255 ⑤
1256 ③	1257 ④	1258 960	1259 ⑤
1260 8	1261 ③	1262 ⑤	1263 ①
1264 ⑤	1265 20	1266 52	1267 ①
1268 ①	1269 ③	1270 105	1271 ④
1272 16	1273 ⑤	1274 360	1275 6
1276 10	1277 ②	1278 ②	1279 20
1280 ④	1281 ④	1282 315	1283 ③
1284 180			

PART B 내신 잡는 종합 문제

1285 6	1286 288	1287 ⑤	1288 ③
1289 ③	1290 36	1291 9	1292 ④
1293 ④	1294 ④	1295 2304	1296 360
1297 21	1298 51	1299 ③	1300 288
1301 16	1302 28		

PART C 수능 녹인 변별력 문제

1303 ④	1304 960	1305 ②	1306 130
1307 ①	1308 ④	1309 9	1310 960

IV 행렬

12 행렬

확인 문제

유형 01 $\begin{pmatrix} 0 & -1 \\ 1 & 0 \end{pmatrix}$

유형 03 $a=2,\ b=-1,\ c=0,\ d=3$

유형 04 (1) $\begin{pmatrix} 4 & -1 \\ 6 & 13 \end{pmatrix}$ (2) $\begin{pmatrix} -2 & 5 \\ -6 & -11 \end{pmatrix}$ (3) $\begin{pmatrix} 3 & 3 \\ 2 & 6 \end{pmatrix}$

유형 06 (1) (0) (2) $\begin{pmatrix} 6 & -3 \\ 2 & -1 \end{pmatrix}$ (3) $(8\ \ -2)$

(4) $\begin{pmatrix} 8 \\ 5 \end{pmatrix}$ (5) $\begin{pmatrix} 1 & 5 \\ 2 & -4 \end{pmatrix}$

PART A 유형별 문제

1311 19　1312 $\begin{pmatrix} -1 & 0 & 0 \\ 1 & -2 & 0 \\ 3 & 0 & -3 \end{pmatrix}$　1313 11

1314 $\begin{pmatrix} 0 & 0 \\ 3 & 4 \\ 6 & 8 \end{pmatrix}$　1315 ③　1316 $\begin{pmatrix} 0 & 2 & 1 \\ 2 & 1 & 1 \\ 1 & 0 & 0 \end{pmatrix}$

1317 25　1318 30　1319 6　1320 13

1321 -8　1322 ④　1323 -2　1324 -3

1325 $\begin{pmatrix} 5 & 7 & 6 \\ 12 & 13 & -7 \end{pmatrix}$　1326 -2　1327 $\begin{pmatrix} 0 & 3 \\ 0 & 3 \end{pmatrix}$

1328 5　1329 -6　1330 ④　1331 2

1332 13　1333 -1　1334 3　1335 ㄴ, ㄹ, ㅁ

1336 -4　1337 13　1338 5　1339 122

1340 ⑤　1341 16　1342 ④　1343 ④

1344 ③　1345 ④　1346 10　1347 126

1348 $\begin{pmatrix} 3 & 3 \\ 9 & 0 \end{pmatrix}$　1349 ④　1350 8　1351 10

1352 8　1353 ⑤　1354 52　1355 6

1356 0　1357 56　1358 -1　1359 $\begin{pmatrix} -1 \\ 4 \end{pmatrix}$

1360 ②　1361 ②　1362 ⑤　1363 6

1364 -2　1365 128　1366 ③　1367 ②

1368 8　1369 4　1370 ③　1371 ①

1372 E　1373 $\begin{pmatrix} 5 & 15 \\ -1 & -3 \end{pmatrix}$　1374 ③

1375 ①　1376 ③　1377 ⑤　1378 ⑤

1379 ④

PART B 내신 잡는 종합 문제

1380 ③　1381 ③　1382 4　1383 0

1384 ⑤　1385 4　1386 ③　1387 ⑤

1388 6　1389 8　1390 ①　1391 10

1392 ⑤　1393 23　1394 30　1395 1

1396 $-2E$

PART C 수능 녹인 변별력 문제

1397 11　1398 56　1399 18　1400 3

1401 ⑤　1402 ①　1403 -6　1404 184

MEMO

유형 03

유형 09

유형 01

수학의 바이블

모든 유형으로 실력을 밝혀라!

유형ON 공통수학1

수학의 바이블 유형 ON 특장점

- 학습 부담은 줄이고 휴대성은 높인 1권, 2권 구조
- 고등 수학의 모든 유형을 담은 유형 문제집
- 내신 만점을 위한 내신 빈출, 서술형 대비 문항 수록
- 수능, 평가원, 교육청 기출, 기출 변형 문항 수록
- 중단원별 종합 문제로 유형별 학습의 단점 극복 및 내신 대비
- 1권과 2권의 A PART 유사 변형 문항으로 복습, 오답노트 가능

가르치기 쉽고 빠르게 배울 수 있는 **이투스북**

www.etoosbook.com

○ **도서 내용 문의**
홈페이지 > 이투스북 고객센터 > 1:1 문의

○ **도서 정답 및 해설**
홈페이지 > 도서자료실 > 정답/해설

○ **도서 정오표**
홈페이지 > 도서자료실 > 정오표

○ **선생님을 위한 강의 지원 서비스 T폴더**
홈페이지 > 교강사 T폴더

수학의 바이블

유형ON

2권

학교 시험에
자주 나오는
195유형
2314제 수록

1권 유형편
1404제로
완벽한
필수 유형 학습

2권 변형편
910제로
복습 및 학교 시험
완벽 대비

2022개정 교육과정 **공통수학1**

이투스북

유형

수학의 바이블

유형 on

2권

공통수학1

이 책의 차례

I 다항식

II 방정식과 부등식

III 경우의 수

IV 행렬

다항식

PART A′ 01

I. 다항식

다항식의 연산

유형별 유사문제

유형 01 다항식의 덧셈과 뺄셈 (1)

0001

두 다항식 $A=x^2+5xy-4y^2$, $B=2x^2-xy+y^2$에 대하여 $(2A-B)-(A+B)$를 계산하면?

① $3x^2+7xy+6y^2$ ② $3x^2-7xy+6y^2$
③ $-3x^2+7xy+6y^2$ ④ $-3x^2+7xy-6y^2$
⑤ $-3x^2-7xy-6y^2$

0002

세 다항식 $A=x^2+2x-4$, $B=3x^3+x^2+2x+4$, $C=x^3+x^2+2x+1$에 대하여 $3A-(B-C)+2(C-A)$를 계산하면?

① $-3x^2+6x+5$ ② $-3x^3+6x^2+3x+1$
③ $3x^2+6x-5$ ④ $3x^3+6x^2-3x+1$
⑤ $3x^2+7x+6$

0003

두 다항식 A, B에 대하여 $A*B=3A-2B$라 할 때, $(-2x^2-3xy+y^2)*(3x^2+xy-5y^2)$을 계산하면 $ax^2+bxy+cy^2$이다. 상수 a, b, c에 대하여 $a-b+c$의 값을 구하시오.

유형 02 다항식의 덧셈과 뺄셈 (2)

0004

두 다항식 $A=2x^2+xy-4y^2$, $B=3x^2-xy+2y^2$에 대하여 $X+2(2A+B)=2A$를 만족시키는 다항식 X는?

① $-10x^2+2y^2$ ② $-10x^2+4y^2$ ③ $-8x^2+2y^2$
④ $-8x^2+4y^2$ ⑤ $-6x^2+2y^2$

0005

세 다항식 A, B, C에 대하여

$A+B=x^2+3xy+y^2$, $B+C=4x^2-xy+y^2$,
$C+A=-3x^2-6y^2$

일 때, $A+B+C$를 계산하면?

① $-x^2-2xy-3y^2$ ② $-x^2-2xy+3y^2$
③ $-x^2+xy-2y^2$ ④ $x^2-xy+2y^2$
⑤ $x^2+xy-2y^2$

0006

두 다항식 A, B에 대하여

$A+B=3x^2-2xy-3y^2$, $A-B=-x^2+4xy+5y^2$

일 때, $3A-2B$를 계산하면?

① $x^2+9xy-5y^2$ ② $x^2+9xy+5y^2$
③ $x^2+9xy+11y^2$ ④ $-x^2-9xy-5y^2$
⑤ $-x^2+9xy+11y^2$

유형 03 다항식의 전개식에서 계수 구하기

0007

다항식 $(a-b+c-1)(-a+3b+1)$의 전개식에서 ab의 계수와 bc의 계수의 합은?

① 2 ② 4 ③ 5
④ 7 ⑤ 10

0008

다항식 $(3x^3+x^2-x-1)(x^2-kx+2k)$의 전개식에서 x^2의 계수가 -4일 때, 상수 k의 값은?

① -3 ② -2 ③ -1
④ 1 ⑤ 2

0009

다항식 $(1+x+2x^2+\cdots+10x^{10})^2$의 전개식에서 x^6의 계수를 구하시오.

0010

다항식 $(x+1)(x+2)(x+3)\cdots(x+10)$의 전개식에서 x^9의 계수는?

① 55 ② 45 ③ 36
④ 28 ⑤ 21

0011

다항식 $(3x-1)(x^2-2ax-a)$의 전개식에서 상수항과 계수들의 총합이 8일 때, x^2의 계수와 x의 계수의 합을 구하시오.
(단, a는 상수이다.)

유형 04 곱셈 공식을 이용한 다항식의 전개 (1)

0012

$(2x-y+3)^2=4x^2+ay^2+bxy+cx-6y+9$일 때, 상수 a, b, c에 대하여 $a+b+c$의 값을 구하시오.

0013

네 다항식

$A=(a+b+2c)^2$, $B=(-a+b+2c)^2$,
$C=(a-b+2c)^2$, $D=(a+b-2c)^2$

에 대하여 $A-B-C+D$를 계산하시오.

0014

$x^8=281$일 때, $(x-2)(x+2)(x^2+4)(x^4+16)$의 양의 제곱근은?

① 5 ② 6 ③ 7
④ 8 ⑤ 9

유형 05 곱셈 공식을 이용한 다항식의 전개 (2)

0015

다항식 $\left(\frac{1}{2}x-1\right)^2(x+2)^3$의 전개식에서 x^3의 계수를 a, x^2의 계수를 b라 할 때, $a-b$의 값은?

① -2 ② -1 ③ 0
④ 1 ⑤ 2

0016

다음 중 다항식의 전개가 옳은 것은?

① $(x-1)(x+2)(x-4)=x^3+3x^2-6x+8$
② $(a-b)(a+b)(a^2+b^2)(a^4+b^4)=a^8+b^8$
③ $(x^2+x+1)(x^2-x+1)=x^4+x^2+1$
④ $(x-2y)^3=x^3-12x^2y+12xy^2-8y^3$
⑤ $(x-2)(x^2+2x+4)=x^3+8$

0017

가로의 길이가 $a+b$, 세로의 길이가 a^2-ab+b^2인 직사각형의 넓이를 A, 가로의 길이가 $a-b$, 세로의 길이가 a^2+ab+b^2인 직사각형의 넓이를 B라 할 때, $A-B$를 계산하면?

① a^3 ② b^3 ③ $2a^3-2b^3$
④ $2a^3$ ⑤ $2b^3$

0018

다항식 $(x-\sqrt{6})^3(x+\sqrt{6})^3$의 전개식에서 x^4의 계수를 a, 상수항을 b라 할 때, $\frac{b}{a}$의 값을 구하시오.

0019

다음 식을 전개하시오.

$$(1+x+x^2)(1-x+x^2)(1-x^2+x^4)(1-x^4+x^8)\times(1-x^8+x^{16})$$

0020

$a^6=3$, $b^8=4$일 때,

$$(a-b)(a+b)(a^2+b^2)(a^4+b^4)(a^{16}+a^8b^8+b^{16})$$

의 값을 구하시오.

유형 06 공통부분이 있는 식의 전개

0021

다항식 $(x+2)(x-3)(x^2+x-6)$을 전개한 식이 $x^4+ax^3+bx^2+cx+36$일 때, 상수 a, b, c에 대하여 $a-b+c$의 값을 구하시오.

0022 교육청 변형

두 실수 a, b에 대하여

$$(a-b-3)\{(a-b)^2+3a-3b+9\}=3$$

일 때, $(a-b)^3$의 값은?

① 30 ② 32 ③ 34
④ 36 ⑤ 38

0023

다항식 $(x-1)(x+2)(x-3)(x+4)+16$을 전개한 식에서 x^2의 계수를 a, 상수항을 b라 할 때, $a+b$의 값을 구하시오.

0024

다항식 $(x-1)(x-2)(x^2-3x-2)$를 전개한 식이 $x^4+ax^3+bx^2-4$일 때, 상수 a, b에 대하여 $a+b$의 값을 구하시오.

0025

$k=\sqrt{5}$일 때, 다음 식의 값을 구하시오.

$$\{(3+k)^3+(3-k)^3\}^2-\{(3+k)^3-(3-k)^3\}^2$$

유형 07 곱셈 공식의 변형 - $a^n \pm b^n$의 값

0026 교육청 변형

$x+y=4$, $x^2+y^2=10$일 때, x^3+y^3의 값은?

① 6 ② 28 ③ 55
④ 60 ⑤ 64

0027

$a+b=3$, $ab=1$일 때, $(a+a^3)-(b+b^3)$의 값은? (단, $a>b$)

① $8\sqrt{2}$ ② $8\sqrt{3}$ ③ $8\sqrt{5}$
④ $9\sqrt{3}$ ⑤ $9\sqrt{5}$

0028

$x+y=4$, $x^3+y^3=16$일 때, $\frac{y}{x}+\frac{x}{y}$의 값은?

① 2 ② 4 ③ 6
④ 8 ⑤ 10

0029

$x-y=2$, $x^3-y^3=26$일 때, x^4+y^4의 값은?

① 73 ② 82 ③ 94
④ 106 ⑤ 118

0030

두 양수 a, b에 대하여 $a=2+\sqrt{3}$, $b=2-\sqrt{3}$일 때, $\frac{b}{a^2}+\frac{a}{b^2}$의 값을 구하시오.

0031

$x+y=3$, $x^2+y^2=5$일 때, $x^3+y^3+x^5+y^5$의 값은?

① 42 ② 47 ③ 51
④ 56 ⑤ 70

유형 08 곱셈 공식의 변형 - $a^n\pm\frac{1}{a^n}$의 값

0032

$x^2-5x+1=0$일 때, $x^3+\frac{1}{x^3}$의 값은?

① 95 ② 100 ③ 105
④ 110 ⑤ 115

0033

$x^4=11x^2-1$일 때, $x^3-\frac{1}{x^3}$의 값은? (단, $x>1$)

① 18 ② 27 ③ 36
④ 45 ⑤ 63

0034

$x^2-4x+1=0$일 때, $x^3-2x^2+3x+4+\frac{3}{x}-\frac{2}{x^2}+\frac{1}{x^3}$의 값을 구하시오.

0035

$x^2=x+1$일 때, $x^6-\frac{1}{x^6}$의 값은? (단, $x>1$)

① $6\sqrt{3}$ ② $8\sqrt{3}$ ③ $4\sqrt{5}$
④ $6\sqrt{5}$ ⑤ $8\sqrt{5}$

0036

양수 x에 대하여 $x^2-\frac{1}{x^2}=-2\sqrt{3}$일 때, $\frac{x^6+3x^4+3x^2+1}{x^3}$의 값을 구하시오.

유형 09 곱셈 공식의 변형 - $a^n+b^n+c^n$의 값

0037

$a+b+c=6$, $a^2+b^2+c^2=14$, $abc=6$일 때, $a^3+b^3+c^3$의 값은?

① 28 ② 30 ③ 32
④ 34 ⑤ 36

0038

$a+b+c=5$, $a^2+b^2+c^2=15$, $\frac{1}{a}+\frac{1}{b}+\frac{1}{c}=1$일 때, $a^3+b^3+c^3$의 값을 구하시오. (단, $abc\neq0$)

0039

$a+b-c=4$, $a^2+b^2+c^2=20$일 때,
$(a+b)^2+(b-c)^2+(c-a)^2$의 값을 구하시오.

0040

$a-b=2$, $b-c=3$일 때, $a^2+b^2+c^2-ab-bc-ca$의 값을 구하시오.

0041

$a+b+c=0$, $a^2+b^2+c^2=6$일 때, $a^4+b^4+c^4$의 값을 구하시오.

0042

세 양수 a, b, c에 대하여

$$a^2=a+b,\ b^2=b+c,\ c^2=c+a$$

이고, $ab+bc+ca=24$일 때, $a+b+c$의 값을 구하시오.

0043

실수 a, b, c에 대하여 $a+b+c=6$, $a^2+b^2+c^2=26$, $a^3+b^3+c^3=90$일 때, $\frac{a^4+b^4+c^4}{a^2b^2+b^2c^2+c^2a^2}$의 값은?

① 1 ② 2 ③ 4
④ 8 ⑤ 11

0044

세 실수 a, b, c에 대하여

$a+b+c\neq0$, $a^3+b^3+c^3=81$, $abc=27$

일 때, $(a+2b)(b+2c)(c+2a)$의 값은?

① 64 ② 243 ③ 480
④ 512 ⑤ 729

유형 10 곱셈 공식의 변형의 활용

0045

세 실수 x, y, z에 대하여

$x+y+z=3$, $xy+yz+zx=2$, $xyz=-6$

일 때, $(x+y)(y+z)(z+x)$의 값을 구하시오.

0046

세 실수 x, y, z에 대하여
$x+y+z=5$, $x^2+y^2+z^2=15$일 때,
$(x+y)(y+z)+(y+z)(z+x)+(z+x)(x+y)$의 값은?

① 10 ② 15 ③ 20
④ 25 ⑤ 30

유형 11 곱셈 공식을 이용한 수의 계산

0047

$9\times11\times101\times10001$을 계산하면?

① 10^5 ② 10^6-1 ③ 10^7-1
④ 10^8-1 ⑤ 10^9

0048

$\dfrac{147^4}{148\times(147^2-146)-1}$의 값을 구하시오.

0049

$p=3(2^3-1)(2^6+1)(2^{12}+1)(2^{24}+1)(2^{48}+1)$일 때,
4^{95}을 p를 이용하여 나타낸 것은?

① $\dfrac{3p+1}{2}$ ② $\dfrac{(3p+1)^2}{4}$ ③ $\dfrac{(3p+1)^2}{2}$
④ $2(3p+1)^2$ ⑤ $4(3p+1)^2$

0050

$\dfrac{55^4+55^2+1}{55^2-55+1}-\dfrac{55^4+55^2+1}{55^2+55+1}$의 값은?

① 45 ② 55 ③ 90
④ 110 ⑤ 220

0051

$(4+1)(4^2+1)(4^4+1)(4^8+1)=\dfrac{2^b-1}{a}$을 만족시키는 자연수 a, b와 $(9+1)(9^4+9^2+1)=\dfrac{3^d-1}{c}$을 만족시키는 자연수 c, d에 대하여 $a+b+c+d$의 값을 구하시오.

유형 12 곱셈 공식의 도형에의 활용

0052

그림과 같은 직육면체의 모든 모서리의 길이의 합이 36, 대각선 AB의 길이가 $3\sqrt{5}$일 때, 직육면체의 겉넓이는?

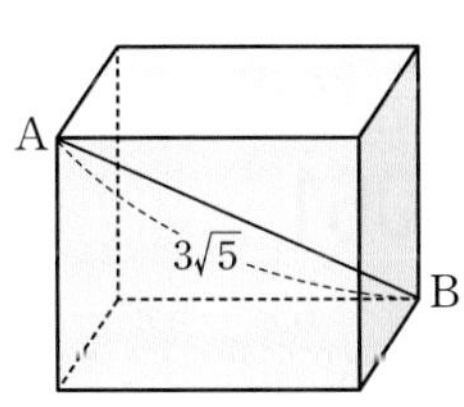

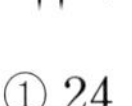

① 24　② 36　③ 48　④ $24\sqrt{5}$　⑤ $48\sqrt{5}$

0053 교육청 변형

그림과 같이 $\angle C=90°$인 직각삼각형 ABC가 있다. $\overline{AB}=2\sqrt{5}$이고 삼각형 ABC의 넓이가 1일 때, $\overline{AC}^3-\overline{BC}^3$의 값을 구하시오.

(단, $\overline{AC}<\overline{BC}$)

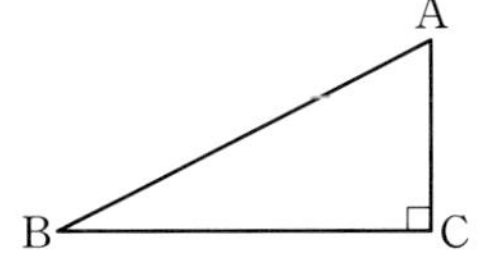

0054

$\overline{AB}=c$, $\overline{BC}=a$, $\overline{AC}=b$인 삼각형 ABC에서

$$(a+b+c)(a+b-c)=(a-b+c)(-a+b+c)$$

일 때, 삼각형 ABC는 어떤 삼각형인가?

① $a=b$인 이등변삼각형
② $b=c$인 이등변삼각형
③ $\angle A=90°$인 직각삼각형
④ $\angle B=90°$인 직각삼각형
⑤ $\angle C=90°$인 직각삼각형

0055

각 모서리의 길이가 각각 x, y, z인 직육면체의 대각선의 길이가 $2\sqrt{6}$이고 직육면체의 모든 모서리의 길이의 합이 32이다. $x^2y^2+y^2z^2+z^2x^2=160$일 때, 직육면체의 겉넓이와 부피의 합은?

① 53　② 55　③ 57　④ 59　⑤ 61

0056 교육청 변형

그림과 같이 큰 정육면체 안에 작은 정육면체가 세 면이 접하도록 놓여 있다. $\overline{AB}=8$이고 두 정육면체의 부피의 차가 992일 때, 두 정육면체의 겉넓이의 합을 구하시오.

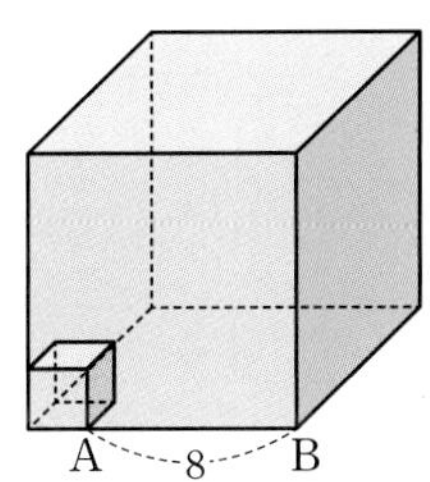

0057

그림과 같은 직육면체의 겉넓이가 72이고 삼각형 BGD의 세 변의 길이의 제곱의 합이 194이다. 이 직육면체의 모든 모서리의 길이의 합을 구하시오.

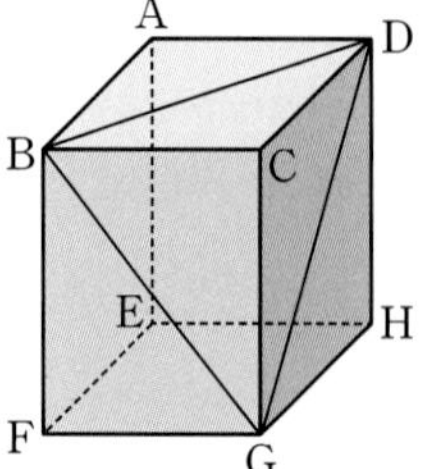

0060

오른쪽은 다항식 $3x^3+5x^2+2$를 x^2-a로 나누는 과정을 나타낸 것이다. 상수 a, b, c, d, e에 대하여 $a+b+c+d+e$의 값을 구하시오.

$$
\begin{array}{r}
bx+5 \qquad\qquad \\
x^2-a\,\overline{)\,3x^3+5x^2 \qquad +2} \\
3x^3 \qquad -3x \quad \\
\hline
5x^2+3x+2 \\
cx^2 \qquad -ac \\
\hline
dx+e
\end{array}
$$

유형 13 다항식의 나눗셈 - 몫과 나머지

0058

오른쪽은 다항식 $4x^3-7x+16$을 $x-2$로 나누는 과정을 나타낸 것이다. 상수 a, b, c, d에 대하여 $d-(a+b+c)$의 값을 구하시오.

$$
\begin{array}{r}
4x^2+ax+9 \qquad\qquad \\
x-2\,\overline{)\,4x^3 \qquad -7x+16} \\
4x^3-8x^2 \qquad\qquad \\
\hline
8x^2-bx \qquad \\
8x^2-16x \qquad \\
\hline
cx+16 \\
9x-18 \\
\hline
d
\end{array}
$$

0059

다항식 $x^4+x^3+2x^2-3x-5$를 x^2-1로 나누었을 때의 몫을 $Q(x)$, 나머지를 $R(x)$라 할 때, $Q(-2)+R(1)$의 값을 구하시오.

유형 14 다항식의 나눗셈 - $A=BQ+R$

0061

다항식 $6x^3-5x^2-x+1$이 다항식 $A(x)$로 나누어떨어지고, 그때의 몫이 $2x-1$이다. 다항식 $A(x)$의 x^2의 계수와 상수항의 합은?

① -2 ② -1 ③ 0 ④ 1 ⑤ 2

0062

다항식 $3x^4+4x^2+22x-40$을 다항식 A로 나누었을 때의 몫이 x^2+x-3이고, 나머지가 $-3x+8$일 때, 다항식 A를 구하시오.

0063

다항식 $f(x)$를 x^2+1로 나누었을 때의 몫이 $2x-1$이고, 나머지가 5일 때, $f(x)$를 x^2-1로 나누었을 때의 몫을 $ax+b$, 나머지 $cx+d$라 하자. 상수 a, b, c, d에 대하여 $ab+cd$의 값은?

① 2 ② 4 ③ 6
④ 8 ⑤ 10

0064

두 다항식 A, B를 $x+1$로 나누었을 때의 몫이 각각 $x-2$, $x+2$이고, 나머지가 각각 -2, 1일 때, 다항식 $xA+B$를 x^2+2x-1로 나누었을 때의 몫과 나머지를 각각 $Q(x)$, $R(x)$라 하자. 이때 $Q(1)+R(1)$의 값을 구하시오.

0065

다항식 x^3+2x^2-ax-3이 x^2+x-b로 나누어떨어질 때, 상수 a, b에 대하여 $a+b$의 값은?

① 1 ② 2 ③ 3
④ 4 ⑤ 5

유형 15 몫과 나머지의 변형

0066

다항식 $P(x)$를 $x+\frac{1}{3}$로 나누었을 때의 몫을 $Q(x)$, 나머지를 R라 할 때, $P(x)$를 $6x+2$로 나누었을 때의 몫과 나머지를 차례대로 구한 것은?

① $\frac{1}{6}Q(x)$, R ② $\frac{1}{6}Q(x)$, $6R$ ③ $Q(x)$, R
④ $Q(x)$, $6R$ ⑤ $6Q(x)$, $6R$

0067

다항식 $P(x)$를 $5x+2$로 나누었을 때의 몫을 $Q(x)$, 나머지를 R라 할 때, $xP(x)$를 $x+\frac{2}{5}$로 나누었을 때의 몫과 나머지를 차례대로 구한 것은?

① $xQ(x)+R$, $-\frac{2}{5}R$ ② $xQ(x)+R$, $5R$
③ $5xQ(x)+R$, $-\frac{2}{5}R$ ④ $5xQ(x)+R$, $2R$
⑤ $5xQ(x)+R$, $5R$

0068 교육청 변형

다항식 $f(x)$를 x^2-2로 나눈 나머지가 $x-2$이다. $\{f(x)\}^2$을 x^2-2로 나눈 나머지가 $R(x)$일 때, $R(2)$의 값은?

① -4 ② -2 ③ 0
④ 2 ⑤ 4

기출 & 기출변형 문제

0069 교육청 변형

x에 대한 다항식 $(x^2+2mx+3n)(3x^2-x+n)$의 전개식에서 x^3과 x의 계수가 각각 5, 3일 때, 상수 m, n에 대하여 $m-n$의 값은?

① 1　② 2　③ 3　④ 4　⑤ 5

0070 교육청 변형

두 다항식 $A=x^2+\frac{1}{2}xy-4y^2$, $B=-2x^2-xy-2y^2$에 대하여 $A-2B+3X=5X-(A+B)$를 만족시키는 다항식 X는?

① $2x^2-xy+y^2$　② $2x^2+xy-3y^2$　③ $2x^2+xy+y^2$　④ $3x^2-2xy+y^2$　⑤ $3x^2+xy-y^2$

0071 교육청 기출

1이 아닌 서로소인 두 자연수 a, b에 대하여 세 모서리의 길이가 각각 $a+b$, $a+b$, $a+2b$인 직육면체가 있다. 이 직육면체를 그림과 같이 각 모서리의 길이가 a 또는 b가 되도록 12개의 작은 직육면체로 나누었을 때, 부피가 150인 직육면체는 5개이다. $a+2b$의 값을 구하시오.

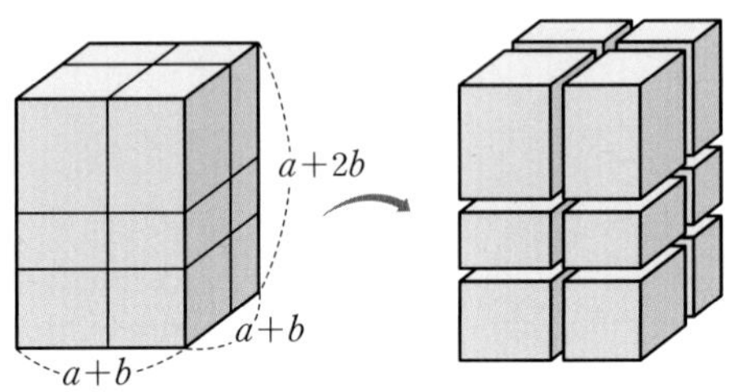

0072 교육청 변형

그림에서 위 칸의 식은 바로 아래 두 칸의 식을 더한 것이다.

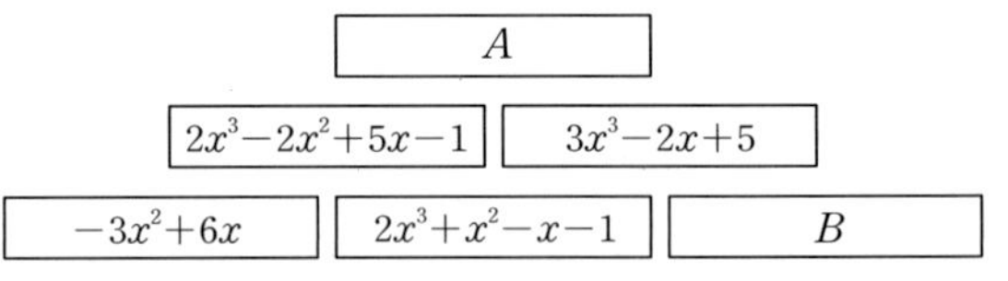

두 다항식 A, B의 합을 $2x-1$로 나누었을 때의 몫을 $Q(x)$, 나머지를 R라 하자. 이때 $Q(2)-R$의 값을 구하시오.

0073 교육청 변형

그림과 같은 직육면체의 모든 모서리의 길이의 합은 $12\sqrt{5}$이고, 삼각형 BGD의 세 변의 길이의 제곱의 합은 30이다. 이 직육면체의 부피는?

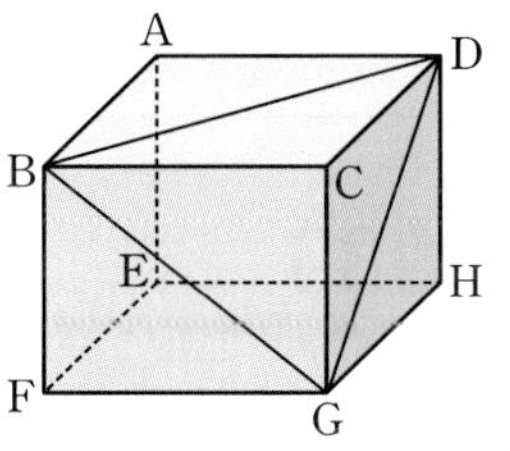

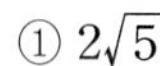

① $2\sqrt{5}$ ② $3\sqrt{5}$ ③ $4\sqrt{5}$ ④ $5\sqrt{5}$ ⑤ $6\sqrt{5}$

0074 교육청 변형

두 수 x, y의 합과 곱이 모두 양수이고 $x^2+y^2=8$, $x^4+y^4=56$일 때, 다음 (가), (나), (다), (라)의 식의 값의 합은 $p+q\sqrt{r}$이다. 이때 $p+q+r$의 값을 구하시오.

(단, p, q는 유리수이고, r는 소수이다.)

(가) $x+y$	(나) xy
(다) x^3+y^3	(라) x^5+y^5

0075 교육청 변형

그림과 같이 한 변의 길이가 10인 정사각형 ABCD에 내접하는 원이 있다. 원 위의 한 점 P에서 선분 AB에 내린 수선의 발을 Q, 선분 BC에 내린 수선의 발을 R라 하자. 직사각형 PQBR의 둘레의 길이가 28, 넓이가 48일 때, 선분 DP의 길이는?

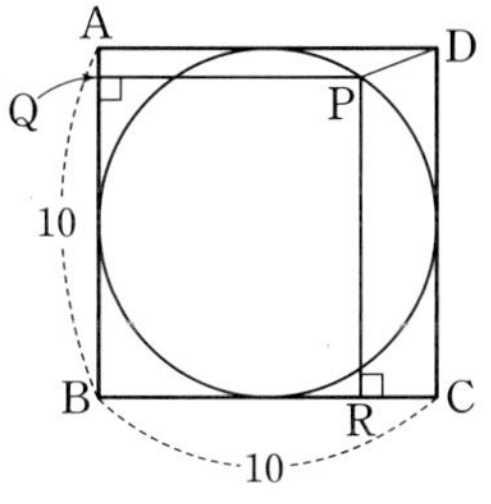

① $2\sqrt{3}$ ② $2\sqrt{5}$ ③ $3\sqrt{5}$ ④ $4\sqrt{5}$ ⑤ $6\sqrt{5}$

0076 교육청 변형

$(a+b+c)(a+b-c)+(a-b+c)(-a+b+c)=4$, $a+b=\sqrt{5}$일 때, a^3-b^3의 값을 p, $(a^2+a^4+a^6)-(b^2+b^4+b^6)$의 값을 q라 하자. 이때 pq의 값을 구하시오. (단, a, b, c는 실수이고, $a>b$이다.)

항등식과 나머지정리

유형 01 항등식에서 미정계수 구하기 - 계수 비교법

0077

등식 $a(x+2y)-b(x-y)+1=7x+2y-c$가 x, y에 대한 항등식일 때, 상수 a, b, c에 대하여 $a+b+c$의 값은?

① -2 ② 0 ③ 2
④ 4 ⑤ 6

0078 교육청 변형

다항식 $f(x)=x^3+2x^2+3x+3$에 대하여 등식 $f(x+a)=x^3-x^2+bx+1$이 x의 값에 관계없이 항상 성립한다. 상수 a, b에 대하여 $a+b$의 값을 구하시오.

0079

x, y가 어떤 값을 갖더라도 $\frac{ax+2by-6}{x-3y-3}$의 값이 항상 일정할 때, 상수 a, b에 대하여 $a-b$의 값은? (단, $x-3y-3\neq0$)

① 1 ② 2 ③ 3
④ 4 ⑤ 5

0080

다항식 $f(x)$가 x에 대한 일차식일 때,

$$f(2x^2-8x-1)=\{f(-x)\}^2-14$$

가 x에 대한 항등식이 되도록 하는 $f(x)$의 상수항을 구하시오.

0081

임의의 실수 x에 대하여 등식

$$2x^3-3x^2+a=(2x^2+3x-1)Q(x)+bx+3$$

이 성립할 때, 상수 a, b에 대하여 $a+b$의 값은?

(단, $Q(x)$는 x에 대한 다항식이다.)

① 7 ② 10 ③ 13
④ 16 ⑤ 19

유형 02 항등식에서 미정계수 구하기 - 수치 대입법

0082 교육청 변형

x의 값에 관계없이 등식

$2x^2-7x+3=ax(x+1)+bx(x-1)+c(x+1)(x-1)$

이 항상 성립할 때, 상수 a, b, c에 대하여 $a+b+c$의 값은?

① 2 ② 4 ③ 6
④ 8 ⑤ 10

0083

등식 $3x^3+ax^2-bx+4=(cx-1)(x-2)(x+d)$가 x에 대한 항등식이 되도록 하는 상수 a, b, c, d에 대하여 $ab+cd$의 값을 구하시오.

0084

x의 값에 관계없이 등식
$2x^3-5x^2+4x-3=a(x-2)^3+b(x-2)^2+c(x-2)+d$
가 항상 성립할 때, 상수 a, b, c, d에 대하여 $abd+c$의 값을 구하시오.

0085

임의의 실수 x에 대하여 다항식 $f(x)$가 등식
$f(x^3-2x)=x^4f(x)-5x^4+12x^2-7$을 만족시킬 때, $f(3)$의 값은?

① 23 ② 22 ③ 21
④ 20 ⑤ 19

유형 03 조건을 만족시키는 항등식

0086

x에 대한 이차방정식
$ax^2+(k+1)x+(2-k)b+a-1=0$이 k의 값에 관계없이 항상 2를 근으로 가질 때, 상수 a, b에 대하여 $b-a$의 값을 구하시오.

0087

$x+2y=1$을 만족시키는 모든 실수 x, y에 대하여 등식 $ax^2-3bxy+cy=3$이 성립할 때, 상수 a, b, c에 대하여 $a+b+c$의 값을 구하시오.

0088

$x+y=2$를 만족시키는 모든 실수 x, y에 대하여 등식
$$ax^2+by^2+xy+x+y-4=0$$
이 성립할 때, 상수 a, b에 대하여 $4a+2b$의 값은?

① 1 ② 2 ③ 3
④ 4 ⑤ 5

유형 04 항등식에서 계수의 합 구하기

0089 교육청 변형

모든 실수 x에 대하여 등식

$$(x+1)^{10}=a_0+a_1x+a_2x^2+\cdots+a_{10}x^{10}$$

이 성립할 때, $a_2+a_4+a_6+a_8+a_{10}$의 값은?

(단, a_0, a_1, $\cdots$, a_9, a_{10}은 상수이다.)

① 256 ② 511 ③ 512
④ 1023 ⑤ 1024

0090

모든 실수 x에 대하여 다음 등식이 성립할 때, 상수 a_0, a_1, $\cdots$, a_{1817}, a_{1818}에 대하여 $a_{1818}+a_{1817}+\cdots+a_1$의 값은?

$$x^{1818}+1 \\ =a_{1818}(x-1)^{1818}+a_{1817}(x-1)^{1817}+\cdots+a_1(x-1)+a_0$$

① $2^{1818}-1$ ② 2^{1818} ③ $2^{1818}+1$
④ $2^{1819}-1$ ⑤ 2^{1819}

0091

모든 실수 x에 대하여 다음 등식이 성립할 때, 상수 a_0, a_1, $\cdots$, a_9, a_{10}에 대하여 $1+3a_1+5a_2+7a_3+\cdots+21a_{10}$의 값을 구하시오.

$$a_0+a_1(x+1)^2+a_2(x+2)^2+\cdots+a_{10}(x+10)^2 \\ =x^2-x+1$$

유형 05 다항식의 나눗셈과 항등식

0092

다항식 x^3+ax^2-x+b가 x^2-x+2로 나누어떨어질 때, 상수 a, b에 대하여 ab의 값을 구하시오.

0093

다항식 x^3+ax+b를 x^2+x+1로 나누었을 때의 나머지가 $x+1$일 때, 상수 a, b에 대하여 $a+b$의 값을 구하시오.

0094

다항식 $2x^3+3x^2+bx-1$을 $x-a$로 나누었을 때의 몫이 $2x^2+4x+2$이고 나머지가 c이다. $2a+b+c$의 값을 구하시오. (단, a, b, c는 상수이다.)

0095

다항식 x^3+ax^2+b를 어떤 일차식 $f(x)$로 나누었더니 몫이 x^2-2x-2이고 나머지가 4이었다. 이때 $a+b+f(1)$의 값을 구하시오. (단, a, b는 상수이다.)

유형 06 일차식으로 나누었을 때의 나머지

0096

다항식 $f(x)$를 $x-3$으로 나누었을 때의 나머지가 1이고, 다항식 $g(x)$를 $x-3$으로 나누었을 때의 나머지가 -2일 때, 다항식 $2f(x)+3g(x)$를 $x-3$으로 나누었을 때의 나머지는?

① -1 ② -2 ③ -3
④ -4 ⑤ -5

0097

다항식 $f(x)$를 $3x-2$로 나누었을 때의 나머지가 2일 때, 다항식 $(3x^2+x-3)f(x)$를 $3x-2$로 나누었을 때의 나머지는?

① -2 ② -1 ③ 0
④ 1 ⑤ 2

0098

모든 실수 x에 대하여 등식

$$-kx^2+x(x+2)f(x)=x^5-x^4$$

이 성립하도록 하는 다항식 $f(x)$가 있다. 다항식 $f(x)$를 $x-1$로 나누었을 때의 나머지는? (단, k는 실수이다.)

① 1 ② 2 ③ 3
④ 4 ⑤ 5

0099 교육청 변형

두 다항식 $f(x)$, $g(x)$에 대하여 $f(x)-g(x)$를 $x-1$로 나누었을 때의 나머지가 3이고, $\{f(x)\}^2+\{g(x)\}^2$을 $x-1$로 나누었을 때의 나머지가 5일 때, $\{f(x)\}^3-\{g(x)\}^3$을 $x-1$로 나누었을 때의 나머지를 구하시오.

유형 07 일차식으로 나누었을 때의 나머지 - 미정계수 구하기

0100

다항식 $x^3+ax^2-2x+32$를 $x+2$로 나누었을 때의 나머지와 $x-3$으로 나누었을 때의 나머지가 서로 같을 때, 상수 a의 값을 구하시오.

0101 교육청 변형

최고차항의 계수가 -2인 이차다항식 $f(x)$를 $x+1$로 나누었을 때의 나머지와 $x+2$로 나누었을 때의 나머지가 7로 같다. 이차다항식 $f(x)$를 $x-1$로 나누었을 때의 나머지는?

① -11 ② -9 ③ -7
④ -5 ⑤ -3

0102

다항식 $f(x)=x^2-ax+5$를 $x-1$로 나누었을 때의 나머지를 R_1, $x+1$로 나누었을 때의 나머지를 R_2라 하자. $R_1-R_2=8$일 때, $f(x)$를 $x+3$으로 나누었을 때의 나머지를 구하시오. (단, a는 상수이다.)

0103

다항식 $f(x)=x^2+ax+b$에 대하여 다항식 $(x+1)f(x)$를 $x-3$으로 나누었을 때의 나머지가 20이고, 다항식 $(x-3)f(x)$를 $x+2$로 나누었을 때의 나머지가 25일 때, $(x^2-x-1)f(x)$를 $x+1$로 나누었을 때의 나머지를 구하시오. (단, a, b는 상수이다.)

0104 교육청 변형

두 다항식 $f(x)$, $g(x)$가 모든 실수 x에 대하여 다음 조건을 만족시킬 때, $g(x)$를 $x-3$으로 나누었을 때의 나머지를 구하시오. (단, a, b는 상수이다.)

> (가) $g(x)=xf(x)$
> (나) $g(x)+(3x^2+2x)f(x)=x^3+ax^2+3x+b$

유형 08 이차식으로 나누었을 때의 나머지

0105

다항식 $f(x)$를 $3x+3$으로 나누었을 때의 나머지가 3이고, $4x+8$로 나누었을 때의 나머지가 2이다. $f(x)$를 $2x^2+6x+4$로 나누었을 때의 나머지를 $R(x)$라 할 때, $R(1)$의 값은?

① 1 ② 2 ③ 3 ④ 4 ⑤ 5

0106

다음을 이용하여 다항식 $x^{200}-1$을 $(x-1)^2$으로 나누었을 때의 나머지를 $R(x)$라 하자. 이때 $R(9)$의 값은?

> 2 이상의 자연수 n에 대하여 등식
> $x^n-1=(x-1)(x^{n-1}+x^{n-2}+\cdots+x+1)$
> 이 항상 성립한다.

① 1400 ② 1600 ③ 1800 ④ 2000 ⑤ 2200

0107

최고차항의 계수가 1인 삼차다항식 $f(x)$가 다음 조건을 만족시킬 때, $f(0)$의 값은?

> (가) $f(x)$를 $x+1$로 나누었을 때의 나머지는 2이다.
> (나) $f(x)$를 x^2-2x-1로 나누었을 때의 나머지는 $15x+3$이다.

① -5 ② -4 ③ -3 ④ -2 ⑤ -1

0108

다항식 ax^3-bx^2-2a를 x^2-4로 나누었을 때의 나머지가 $8x+16$이고, x^2-x로 나누었을 때의 나머지가 $cx-4$이다. 상수 a, b, c에 대하여 $a-b-c$의 값은?

① -4 ② -3 ③ -2
④ -1 ⑤ 0

0109

다항식 $f(x)$를 x^2-1로 나누었을 때의 나머지가 $-x+5$이고, x^2-9로 나누었을 때의 나머지가 $3x+5$이다. $f(x)$를 x^2+2x-3으로 나누었을 때의 나머지를 $R(x)$라 할 때, $R(-3)$의 값은?

① -5 ② -4 ③ -3
④ -2 ⑤ -1

0110 교육청 변형

삼차다항식 $f(x)$가 다음 조건을 만족시킨다.

(가) $f(-5)=7$ (나) $(x-2)f(x+3)=(x+7)f(x)$

이때 $f(x)$를 x^2+x-2로 나누었을 때의 나머지는?

① $\frac{1}{2}x-1$ ② $\frac{3}{2}x-1$ ③ $x+1$
④ $\frac{1}{2}x+1$ ⑤ $\frac{3}{2}x+1$

유형 09 삼차식으로 나누었을 때의 나머지

0111

다항식 $x^{11}-x^{10}+3x^9-1$을 x^3-x로 나누었을 때의 나머지를 $R(x)$라 할 때, $R(-1)$의 값은?

① -7 ② -6 ③ -5
④ -4 ⑤ -3

0112

다항식 $f(x)$를 $3x^2+1$로 나누었을 때의 나머지가 $x-2$이고, $x-1$로 나누었을 때의 나머지가 7이다. $f(x)$를 $(3x^2+1)(x-1)$로 나누었을 때의 나머지를 ax^2+bx+c라 할 때, 상수 a, b, c에 대하여 $a-b+c$의 값을 구하시오.

0113

다항식 $f(x)$를 x^2+x+1로 나누었을 때의 나머지가 $2x-1$이고, $x+1$로 나누었을 때의 나머지가 1이다. $f(x)+2x^2+x$를 $(x^2+x+1)(x+1)$로 나누었을 때의 나머지가 ax^2+bx+c일 때, 상수 a, b, c에 대하여 $a+b+c$의 값을 구하시오.

0114 교육청 변형

삼차다항식 $P(x)$가 다음 조건을 만족시킨다.

(가) $P(1)=2$
(나) $P(x)$를 $(x-1)^2$으로 나눈 몫과 나머지는 같다.

$P(x)$를 $(x-1)^3$으로 나눈 나머지를 $R(x)$라 하자. $R(0)=R(3)$일 때, $R(2)$의 값을 구하시오.

0115 교육청 변형

다항식 $f(x)$를 $(x+1)(x-3)(x-4)$로 나누었을 때의 나머지는 x^2-2x이다. 다항식 $f(6x)$를 $6x^2-7x+2$로 나누었을 때의 나머지를 $R(x)$라 할 때, $R(1)$의 값을 구하시오.

0116

다항식 $f(x)$는 $(x-1)(x-2)$로 나누어떨어지고, $(x+1)(x-3)$으로 나누었을 때의 나머지는 $x+1$이다. $f(x)$를 $(x-1)(x-2)(x-3)$으로 나누었을 때의 나머지를 $R(x)$라 할 때, $R(0)$의 값을 구하시오.

유형 10 $f(ax+b)$를 $x-a$로 나누었을 때의 나머지

0117

다항식 $f(x)$를 $x+1$로 나누었을 때의 나머지를 $2R$라 할 때, $f(3x+5)$를 $x+2$로 나누었을 때의 나머지는?

(단, R는 상수이다.)

① $-R$　② $\frac{1}{2}R$　③ R
④ $2R$　⑤ $R+1$

0118 교육청 변형

다항식 $f(x)$를 x^2+2x로 나누었을 때의 나머지가 $ax+5a$이고, 다항식 $f(3x-8)$을 $x-2$로 나누었을 때의 나머지가 -9일 때, 상수 a의 값은?

① -5　② -4　③ -3
④ -2　⑤ -1

0119

다항식 $P(x)=x^2+ax+b$를 $x+1$로 나누었을 때의 나머지가 10이고, $P(2x-1)$을 $x-1$로 나누었을 때의 나머지가 20이다. $xP(x)$를 $x-2$로 나누었을 때의 나머지는?

(단, a, b는 상수이다.)

① 18　② 36　③ 42
④ 56　⑤ 62

0120

다항식 $f(x)$를 x^2+x-6으로 나누었을 때의 나머지가 $x-4$일 때, 다항식 $(6x+1)f(9x-6)$을 $3x-1$로 나누었을 때의 나머지는?

① -23　② -21　③ -19
④ -17　⑤ -15

0121

다항식 $f(x)=x^3+ax^2+bx$에 대하여 $f(x+2418)$을 $x+2420$으로 나누었을 때의 나머지가 -4이고, $f(x+2420)$을 $x+2418$로 나누었을 때의 나머지가 20이다. 상수 a, b에 대하여 ab의 값을 구하시오.

0122

두 다항식 $f(x)$, $g(x)$에 대하여 다항식 $f(x)+g(x)$를 $x+1$로 나누었을 때의 나머지는 9이고, 다항식 $f(x)-2g(x)$를 $x+1$로 나누었을 때의 나머지는 6이다. 다항식 $xf\left(\frac{1}{3}x+1\right)$을 $x+6$으로 나누었을 때의 나머지를 구하시오.

유형 11 몫 $Q(x)$를 $x-a$로 나누었을 때의 나머지

0123

다항식 $x^{10}+x^7+x^5$을 $x-3$으로 나누었을 때의 몫을 $Q(x)$, 나머지를 R라 하자. 다항식 $Q(x)$를 $x-1$로 나누었을 때의 나머지는?

① $\frac{R-3}{2}$　② $\frac{R}{2}-1$　③ $R-3$
④ 3　⑤ -2

0124

다항식 x^4-ax^2-3x+2를 $x-2$로 나누었을 때의 몫이 $Q(x)$이고 나머지가 8일 때, $Q(x)$를 $x+2$로 나누었을 때의 나머지를 구하시오. (단, a는 상수이다.)

0125

다항식 $f(x)$를 $x+2$로 나누었을 때의 몫이 $Q(x)$, 나머지가 4이고, $Q(x)$를 $x-3$으로 나누었을 때의 나머지가 1이다. $f(x)$를 $x-3$으로 나누었을 때의 나머지는?

① 8　② 9　③ 10
④ 11　⑤ 12

0126

다항식 x^3-2x^2+ax-4를 $x-1$로 나누었을 때의 몫이 $Q(x)$이고, $Q(x)$를 $x+1$로 나누었을 때의 나머지가 -7일 때, 상수 a의 값은?

① -10　② -9　③ -8　④ -7　⑤ -6

0127

다항식 $P(x)$를 $x-3$으로 나누었을 때의 몫이 $Q(x)$, 나머지가 5이고, $P(x)$를 $x+1$로 나누었을 때의 나머지가 7이다. $Q(x)$를 $x+1$로 나누었을 때의 나머지는?

① -1　② $-\frac{1}{2}$　③ $\frac{1}{2}$　④ 1　⑤ 2

0128 교육청 변형

다항식 $f(x)$를 x^3-1로 나누었을 때의 나머지가 $2x^2+x+1$이다. $f(x)$를 x^2+x+1로 나누었을 때의 몫을 $Q(x)$, 나머지를 $R(x)$라 할 때, $Q(x)$를 $x-1$로 나누었을 때의 나머지는 2이다. $R(0)$의 값을 구하시오.

유형 12 나머지정리를 활용한 수의 나눗셈

0129

100^8을 98로 나누었을 때의 나머지를 구하시오.

0130

11×34^{10}을 35로 나누었을 때의 나머지는?

① 9　② 11　③ 13　④ 15　⑤ 17

0131

$81^{10}+81^5+1$을 82로 나누었을 때의 나머지를 구하시오.

0132

$3019^{10}+3021^{10}+3019^{11}+3021^{11}$을 3020으로 나누었을 때의 나머지는?

① 0 ② 1 ③ 2
④ 3 ⑤ 4

0133 교육청 변형

$(2828-1)(2828^2+2828+1)$을 2826으로 나누었을 때의 나머지를 구하시오.

유형 13 인수정리 - 일차식으로 나누는 경우

0134

다항식 x^3-ax^2+5x+b가 $x-1$, $x-2$로 각각 나누어떨어질 때, 다항식 x^2+ax-b를 $x-1$로 나누었을 때의 나머지를 구하시오. (단, a, b는 상수이다.)

0135

다항식 $(ax^2-3)(ax-2)+2ax$가 $x+1$로 나누어떨어지도록 하는 모든 상수 a의 값의 합은?

① -5 ② -3 ③ -1
④ 1 ⑤ 3

0136 교육청 변형

다항식 $f(x)=x^5+ax^3+bx^2+x+2$를 $x-1$로 나누었을 때의 나머지는 -3이다. $f(x+3)$이 $x+1$로 나누어떨어질 때, $a-b$의 값을 구하시오. (단, a, b는 상수이다.)

0137

다항식 $f(x)=x^3+ax+b$에 대하여 $f(x-2)$는 $x+1$로 나누어떨어지고 $f(x+2)$는 $x-1$로 나누어떨어진다. $f(x)$를 $x-4$로 나누었을 때의 나머지를 구하시오.

(단, a, b는 상수이다.)

0138

다항식 $f(x)=3x+k$에 대하여 $f(x^2)-2k$가 $f(x)$로 나누어떨어질 때, $f(1)$의 값은? (단, k는 0이 아닌 실수이다.)

① 3 ② 6 ③ 9
④ 12 ⑤ 15

0139

최고차항의 계수가 1인 삼차식 $f(x)$를 $x-2$로 나누었을 때의 몫이 $Q(x)$이고 나머지가 1일 때, $Q(x)$는 $x-1$로 나누어떨어진다. $f(x)$를 $x-3$으로 나눈 나머지가 13일 때, $f(0)$의 값을 구하시오.

유형 14 인수정리 - 이차식으로 나누는 경우

0140

다항식 x^3+ax^2-8x-b가 x^2-x-6으로 나누어떨어질 때, 상수 a, b에 대하여 $a-b$의 값은?

① -11 ② -10 ③ -9
④ -8 ⑤ -7

0141

다항식 $f(x)$에 대하여 $f(x)$는 x^2-3x+2로 나누어떨어지고, $f(x)+4$는 $x+2$로 나누어떨어진다고 한다. $f(x)-1$을 x^2-4로 나누었을 때의 나머지를 구하시오.

0142

사차식 $f(x)$에 대하여 $f(x)+25$는 $(x+2)^3$으로 나누어떨어지고, $2-f(x)$는 x^2-1로 나누어떨어진다. $f(0)$의 값을 구하시오.

0143

최고차항의 계수가 2인 이차다항식 $f(x)$가 다음 조건을 만족시킬 때, $f(2)$의 값은?

(가) 다항식 $f(x)$는 $x+1$로 나누어떨어진다.
(나) 다항식 $f(x^2)$은 $f(x)$로 나누어떨어진다.

① -6 ② -3 ③ 0
④ 6 ⑤ 12

0144

다항식 $P(x)-3$은 x^2-2x-8로 나누어떨어진다. 다항식 $(x-2)P(x+5)$를 x^2+8x+7로 나누었을 때의 나머지를 $R(x)=mx+n$이라 할 때, $R(3)$의 값을 구하시오.

(단, m, n은 상수이다.)

유형 15 인수정리의 응용

0145

최고차항의 계수가 1인 x에 대한 이차식 $f(x)$가 서로 다른 두 자연수 a, b에 대하여 $f(a)=f(b)=0$, $f(0)=7$을 만족시킨다. $f(x)$를 $x-5$로 나누었을 때의 나머지를 구하시오.

0146

최고차항의 계수가 1인 삼차식 $f(x)$에 대하여 $f(1)=0$, $f(2)=0$, $f(3)=0$이 성립한다. 다항식 $f(x)-x^2+x$를 x^2+4x+3으로 나누었을 때의 나머지를 $R(x)$라 할 때, $R(-1)$의 값을 구하시오.

0147

최고차항의 계수가 1인 삼차식 $f(x)$에 대하여 $f(x)$를 $x-1$, $x-2$, $x-3$으로 나누었을 때의 나머지가 각각 2, 4, 6일 때, $f(x)$를 $x-4$로 나누었을 때의 나머지를 구하시오.

0148

삼차식 $f(x)$에 대하여 $f(1)=2$, $f(2)=4$, $f(3)=9$, $f(4)=16$일 때, $f(x)$를 $x-5$로 나누었을 때의 나머지는?

① 21 ② 24 ③ 27 ④ 30 ⑤ 33

유형 16 조립제법을 이용한 다항식의 나눗셈

0149

오른쪽은 다항식 x^3+ax^2-2x-b를 $x-2$로 나누었을 때의 몫과 나머지를 조립제법을 이용하여 구하는 과정이다. 다음 중 옳지 않은 것은?

k	1	a	-2	$-b$
		c	d	16
	1	5	8	12

① $k=2$ ② $a=3$ ③ $b=4$ ④ $c=2$ ⑤ $d=5$

0150 교육청 변형

다음은 조립제법을 이용하여 다항식 $3x^3-x^2+4x+1$을 일차식 $x-a$로 나누었을 때, 나머지를 구하는 과정을 나타낸 것이다.

a	3	-1	4	1
		6	□	□
	3	□	□	b

위의 과정에 들어갈 상수 a, b에 대하여 $a+b$의 값은?

① 30 ② 31 ③ 32
④ 33 ⑤ 34

0151

다항식 $-x^3-3x^2+2x+1$을 $x+1$로 나누었을 때의 몫을 $Q(x)$라 하고, $Q(x)$를 $x-2$로 나누었을 때의 몫을 $Q'(x)$라 하자. 조립제법을 두 번 이용하여 $Q'(x)$를 구할 때, $Q(1)-Q'(1)$의 값을 구하시오.

0152

다항식 $2x^3-ax^2+bx+1$이 $(x+1)^2$으로 나누어떨어질 때, 조립제법을 이용하여 $b-a$의 값을 구하시오.

(단, a, b는 상수이다.)

유형 17 조립제법을 이용하여 항등식의 미정계수 구하기

0153

임의의 실수 x에 대하여 등식

$$x^3-2x+1=a(x+1)^3+b(x+1)^2+c(x+1)+d$$

가 항상 성립할 때, 상수 a, b, c, d에 대하여 $ad-bc$의 값은?

① 1 ② 3 ③ 5
④ 7 ⑤ 9

0154

다항식 $f(x)=x^3-6x^2+4x-2$에 대하여 다음 물음에 답하시오.

(1) $f(x)=a(x-2)^3+b(x-2)^2+c(x-2)+d$가 x에 대한 항등식일 때, 상수 a, b, c, d에 대하여 $a+b+c-d$의 값을 구하시오.

(2) (1)의 결과를 이용하여 $f(12)$의 값을 구하시오.

0155

x의 값에 관계없이 등식

$$8x^3-8x^2-4x+6$$
$$=a(2x-1)^3+b(2x-1)^2+c(2x-1)+d$$

가 항상 성립할 때, 상수 a, b, c, d에 대하여 $a-2b+c+2d$의 값은?

① -2 ② -1 ③ 0
④ 1 ⑤ 2

기출 & 기출변형 문제

정답과 풀이 269쪽

0156 교육청 기출

다항식 x^4을 $x-1$로 나눈 몫을 $q(x)$, 나머지를 r_1이라 하고, $q(x)$를 $x-4$로 나눈 나머지를 r_2라 하자. r_1+3r_2의 값을 구하시오.

0157 교육청 변형

다항식 $P(x)$가 모든 실수 x에 대하여

$$P(1+x)=P(1-x),\ P(2)=3$$

일 때, $P(x)$를 $x(x-2)$로 나누었을 때의 나머지는?

① 1 ② 2 ③ 3
④ 4 ⑤ 5

0158 교육청 변형

두 다항식 $f(x)$, $g(x)$가 다음 조건을 만족시킨다.

> (가) 모든 실수 x에 대하여 $f(x+1)=g(x)(x-1)+5$이다.
> (나) $g(x)$를 x^2-3x+2로 나누었을 때의 나머지가 $3x+1$이다.

다항식 $f(x)-g(x)$를 $x-2$로 나누었을 때의 나머지는?

① -4 ② -2 ③ -1
④ 2 ⑤ 4

0159 교육청 변형

다항식 $2x^3+x^2-3x+5$를 이차식 x^2+x-1로 나누었을 때의 나머지와 다항식 $x^3+2ax^2+a^2$을 $x-1$로 나누었을 때의 나머지가 서로 같을 때, 모든 상수 a의 값의 합은?

① -5 ② -4 ③ -2
④ -1 ⑤ 2

0160 교육청 변형

이차식 $f(x)$와 일차식 $g(x)$가 다음 조건을 만족시킨다.

> (가) 방정식 $f(x)-g(x)=0$이 중근 -2를 갖는다.
> (나) 두 다항식 $f(x)$, $g(x)$를 $x-1$로 나누었을 때의 나머지는 각각 10, 1이다.

다항식 $f(x)-g(x)$를 x로 나누었을 때의 나머지는?

① -2 ② -1 ③ 2 ④ 4 ⑤ 6

0161 교육청 변형

다항식 $f(x)$가 모든 실수 x에 대하여

$$f(x^2+2)=x^2\{f(x)+2\}$$

를 만족시킬 때, $f(4)$의 값은?

① -7 ② -3 ③ 3 ④ 7 ⑤ 15

0162 교육청 기출

x에 대한 삼차다항식

$$P(x)=(x^2-x-1)(ax+b)+2$$

에 대하여 $P(x+1)$을 x^2-4로 나눈 나머지가 -3일 때, $50a+b$의 값을 구하시오. (단, a, b는 상수이다.)

0163 교육청 변형

다항식 $f(x)$가 다음 조건을 만족시킬 때, $f(0)$의 값은?

> (가) $f(x)$를 x^3-1로 나누었을 때의 몫은 $x+2$이다.
> (나) $f(x)$를 x^2+x+1로 나누었을 때의 나머지는 $x-5$이다.
> (다) $f(x)$를 $x+1$로 나누었을 때의 나머지는 -3이다.

① -5 ② -4 ③ -3 ④ -2 ⑤ -1

정답과 풀이 269쪽

0164 교육청 변형

최고차항의 계수가 1인 두 이차식 $f(x)$, $g(x)$가 다음 조건을 만족시킨다. $f(2)g(2)$의 값은?

> (가) $f(x)+g(x)$와 $f(x)g(x)$가 모두 $x+1$로 나누어떨어진다.
> (나) $f(x)g(x)=x^4+ax^3+bx^2-13x-6$

① -36　② -34　③ -32
④ -30　⑤ -28

0165 교육청 변형

다항식 $x^{30}-1$을 $(x-1)^2$으로 나누었을 때의 나머지를 $R(x)$라 할 때, $R(5)$의 값은?

① 120　② 140　③ 160
④ 180　⑤ 200

0166 교육청 변형

삼차식 $f(x)$가 다음 조건을 만족시킨다.

> (가) $f(x)$를 $x+1$로 나누었을 때의 나머지는 -3이다.
> (나) $f(x)$를 $(x+1)(2x-1)$로 나누었을 때의 몫과 나머지가 같다.

$f(x)$를 $(x+1)^2(2x-1)$로 나누었을 때의 나머지를 $R(x)$라 하자. $R\left(\frac{1}{2}\right)-R(-1)=3$일 때, $R(1)$의 값은?

① -5　② -3　③ -1
④ 1　⑤ 3

0167 교육청 변형

삼차식 $f(x)$가 다음 조건을 만족시킬 때, $f(4)$의 값은?

> (가) $f(1)-1=f(2)-2=f(3)-3$
> (나) 다항식 $f(x)$를 $x(x+1)$로 나누었을 때의 나머지가 $-17x-10$이다.

① -18　② -16　③ -14
④ -12　⑤ -10

I. 다항식

03 인수분해

유형별 유사문제

유형 01 인수분해 공식을 이용한 다항식의 인수분해

0168

다음 중 인수분해한 것이 옳지 않은 것은?

① $x^3+8=(x+2)(x^2-2x+4)$
② $xy+2x+y+2=(x+1)(y+2)$
③ $8x^3-12x^2y+6xy^2-y^3=(2x-y)^3$
④ $x^2-(y+z)^2=(x+y+z)(x-y+z)$
⑤ $x^2+y^2+4+2xy-4x-4y=(x+y-2)^2$

0169 교육청 변형

$x^2-5x^2y+5xy^2-y^2=(x+ay)(x+y+bxy)$일 때, 상수 a, b에 대하여 $a-b$의 값을 구하시오.

0170

다항식 $x^6+x^3z^3-y^3z^3-y^6$의 인수를 보기에서 있는 대로 고른 것은?

보기
ㄱ. $x-y$ ㄴ. $y-z$ ㄷ. $z-x$
ㄹ. x^2-xy+y^2 ㅁ. $x^3+y^3+z^3$

① ㄱ, ㄷ ② ㄱ, ㅁ ③ ㄱ, ㄴ, ㅁ
④ ㄴ, ㄹ, ㅁ ⑤ ㄷ, ㄹ, ㅁ

0171

다음 중 인수분해를 바르게 한 것은?

① $a^3-6a^2+12a-8=(a+2)^3$
② $x^2+4y^2+9z^2-4xy-12yz+6zx=(x-2y-3z)^2$
③ $1-a^2-2ab-b^2=(1+a+b)(1+a-b)$
④ $x^3-xy^2-y^2z+x^2z=(x-y)^2(x+z)$
⑤ $x^5+x^3y^2+xy^4=x(x^2+xy+y^2)(x^2-xy+y^2)$

0172

다음 중 x^6-y^6의 인수가 아닌 것은?

① $x+y$ ② x^2-y^2 ③ x^2+y^2
④ x^2+xy+y^2 ⑤ x^3-y^3

0173

다음 중 $(a^2x-4x)(x^2+12)+(4-a^2)(6x^2+8)$의 인수가 아닌 것은?

① $a-2$ ② $a+2$ ③ $x+2$
④ a^2-4 ⑤ x^2-4x+4

0174

다항식 $81x^4+y^4-3xy^3-27x^3y$가 다음 식으로 인수분해될 때, 상수 a, b, c, d에 대하여 $a+b+c+d$의 값은?

$$(ax+by)^2(cx^2+dxy+y^2)$$

① 8 ② 11 ③ 14
④ 15 ⑤ 29

유형 02 공통부분이 있는 다항식의 인수분해

0175

다항식 $(x-2)(x-4)(x+1)(x+3)+24$가 $(x+a)(x+b)(x^2-x+c)$로 인수분해될 때, 상수 a, b, c에 대하여 $ab+c$의 값을 구하시오.

0176 교육청 변형

다항식 $(x^2-2x)^2-7(x^2-2x)-8$을 인수분해하면 $(x+a)^2(x+b)(x+c)$일 때, 상수 a, b, c에 대하여 $a+bc$의 값을 구하시오.

0177

다항식 $(x^2-x+2)(x^2-x-7)+20$을 인수분해하면 $(x+1)(x+a)(x^2+bx+c)$일 때, 상수 a, b, c에 대하여 $a+b+c$의 값을 구하시오.

0178

다음 중 $(x^2-4x)^2-3x^2+12x-10$의 인수가 아닌 것은?

① $x-5$ ② $x+1$ ③ x^2-4x-5
④ x^2-4x+2 ⑤ x^2-4x+3

0179 교육청 변형

다항식 $(x^2+4x+3)(x^2+12x+35)+k$가 $(x^2+ax+b)^2$으로 인수분해될 때, $a+b+k$의 값을 구하시오.

(단, k, a, b는 상수이다.)

유형 03 x^4+ax^2+b 꼴의 다항식의 인수분해

0180

다음 중 x^4+x^2-20의 인수가 아닌 것은?

① $x-2$ ② $x+2$ ③ x^2-4
④ x^2-5 ⑤ x^2+5

0181 교육청 변형

$x^4-18x^2+81=(x+a)^2(x+b)^2$일 때, 상수 a, b에 대하여 $a-b$의 값은? (단, $a>b$)

① 4 ② 6 ③ 8
④ 10 ⑤ 12

0182

다항식 x^4+4가 x^2의 계수가 1이고 상수항이 정수인 두 이차식의 곱으로 인수분해될 때, 두 이차식의 합은?

① $2x^2-4$ ② $2x^2+4$ ③ $2x^2+5$
④ $2x^2-4x$ ⑤ $2x^2+4x$

0183

다항식 $x^4-29x^2y^2+100y^4$이 $(x+ay)(x+by)(x+cy)(x+dy)$로 인수분해될 때, 상수 a, b, c, d에 대하여 $ad-bc$의 값을 구하시오.

(단, $a>b>c>d$)

0184

$(x-1)^4-11(x-1)^2+25=(x^2-x+a)(x^2+bx+c)$일 때, 상수 a, b, c에 대하여 abc의 값을 구하시오.

유형 04 문자가 여러 개인 다항식의 인수분해

0185

다항식 $2x^2+5xy-3y^2-2x+8y-4$를 인수분해하면 $(ax+by+2)(x+cy-2)$일 때, 상수 a, b, c에 대하여 $a^2+b^2+c^2$의 값을 구하시오.

0186

다음 중 $x^3-2(y-1)x^2-(4y+3)x+6y$의 인수가 아닌 것은?

① $x-1$ ③ $x+3$ ② $x-2y$
④ $x+2y$ ⑤ x^2+2x-3

0187

다항식 $x^2-4xy+3y^2+3x-7y+2$가 x, y에 대한 두 일차식의 곱으로 인수분해될 때, 두 일차식의 합을 구하시오.
(단, x의 계수는 자연수이다.)

0188

다항식 $x^2+3xy-4y^2+ax+7y+15$가 x, y에 대한 두 일차식의 곱으로 인수분해될 때, 정수 a의 값을 구하시오.

유형 05 인수정리와 조립제법을 이용한 인수분해

0189

다항식 $x^3-6x^2+5x+12$를 인수분해하였더니 $(x+a)(x+b)(x+c)$가 되었다. 상수 a, b, c에 대하여 $a^2+b^2+c^2$의 값을 구하시오.

0190 교육청 변형

부피가 $(x^3+3x^2-24x+28)\pi$인 원기둥이 있다. 이 원기둥의 밑면의 반지름의 길이와 높이는 각각 일차항의 계수가 1인 x에 대한 일차식일 때, 이 원기둥의 겉넓이는? (단, $x>2$)

① $2\pi x(x-2)$ ② $2\pi(x-2)(x+3)$
③ $2\pi(x-2)(x+5)$ ④ $2\pi(x-2)(2x+5)$
⑤ $2\pi(2x+5)^2$

0191 교육청 변형

다항식 $x^4+2x^3+2x^2-2x-3$을 인수분해하면 $(x-1)(x+a)(x^2+bx+c)$일 때, 상수 a, b, c에 대하여 $a-b+c$의 값을 구하시오.

0192

다음 중 $x^4-5x^3-3x^2+17x-10$의 인수가 아닌 것은?

① $x-5$ ② $x-1$ ③ $x+2$
④ x^2+x-2 ⑤ x^2-6x-5

0193

다항식 $x^3-(2a+2)x^2+(4a-3)x+6a$가 x의 계수가 1인 세 일차식의 곱으로 인수분해될 때, 세 일차식의 상수항의 곱이 18이다. 상수 a의 값을 구하시오.

0194

최고차항의 계수가 1인 두 이차식 $f(x)$, $g(x)$의 곱이 $x^4-4x^3-3x^2+10x+8$이다. $f(4)\neq0$, $g(2)\neq0$일 때, $f(1)+g(0)$의 값을 구하시오.

유형 06 인수가 주어질 때, 미정계수 구하기

0195

다항식 ax^4-4x+b가 $(x-1)^2$을 인수로 가질 때, 상수 a, b에 대하여 $b-a$의 값은?

① -2 ② -1 ③ 0
④ 1 ⑤ 2

0196

다항식 $f(x)=x^3+x^2-14x+a$가 $x+2$를 인수로 가질 때, $f(x)$를 인수분해하시오. (단, a는 상수이다.)

0197

다항식 $x^4+ax^3-16x^2+bx+9$가 $(x+1)(x-3)Q(x)$로 인수분해될 때, $Q(-3)$의 값은? (단, a, b는 상수이다.)

① -9 ② -6 ③ -3
④ 6 ⑤ 9

유형 07 계수가 대칭인 사차식의 인수분해

0198

다항식 $x^4-3x^3-6x^2+3x+1$을 인수분해하면?

① $(x^2-x-1)(x^2-4x-1)$
② $(x^2-x+1)(x^2-4x+1)$
③ $(x^2+x-1)(x^2-4x-1)$
④ $(x^2+x-1)(x^2+4x-1)$
⑤ $(x^2+x+1)(x^2-4x+1)$

0199

다항식 $x^4+5x^3-12x^2+5x+1$을 인수분해하면 $(x^2+ax+b)(x-c)^2$일 때, 상수 a, b, c에 대하여 $a+b+c$의 값은?

① 7 ② 8 ③ 9
④ 10 ⑤ 11

0200

다항식 $x^4+7x^3+8x^2+7x+1$이 x^2의 계수가 1인 두 이차식의 곱으로 인수분해될 때, 두 이차식의 합을 구하시오.

유형 08 순환하는 꼴의 다항식의 인수분해

0201 교육청 변형

다항식 $xy(y-x)+zx(x-z)-yz(y-z)$를 인수분해하면?

① $-(x-y)(y-z)(z-x)$
② $-(x+y)(y-z)(z-x)$
③ $(x-y)(y-z)(z-x)$
④ $(x-y)(y+z)(z-x)$
⑤ $(x+y)(y-z)(z-x)$

0202

다항식 $a^2(b-c)-b^2(c-a)+c^2(a+b)-2abc$의 인수를 보기에서 있는 대로 고른 것은?

보기
ㄱ. $a-b$ ㄴ. $a+c$ ㄷ. $c-a$ ㄹ. $b-c$

① ㄱ, ㄴ ② ㄱ, ㄹ ③ ㄴ, ㄷ
④ ㄴ, ㄹ ⑤ ㄷ, ㄹ

0203

세 실수 a, b, c에 대하여 $[a, b, c]=a(b+c)^2$이라 할 때, $[a, b, c]+[b, c, a]+[c, a, b]-4abc$를 인수분해하시오.

03 인수분해

유형 09 조건이 주어진 다항식의 인수분해

0204

$x-2y+3z=0$일 때, 다음 중 $x^2+10yz-15z^2$과 같은 것은?

① $2x(y+z)$　② $2y(z+x)$　③ $2z(x+y)$
④ $2xy(x+y)$　⑤ $2yz(y+z)$

0205

$a-4b+5=0$일 때, 다음 중 $25-a^2-8ab-16b^2$과 같은 것은?

① $-18ab$　② $-16ab$　③ $-14ab$
④ $14ab$　⑤ $16ab$

0206

$ab-c=-1$일 때, 다음 중 $abc-2ab-a^2b+ab^2$과 같은 것은?

① $ab(c+1)$　② $ab(a+c)$
③ $(a-1)(b-1)(c-1)$　④ $(a-1)(b+1)(c+1)$
⑤ $(a+1)(b-1)(c-1)$

유형 10 인수분해를 이용하여 삼각형의 모양 판단하기

0207

삼각형의 세 변의 길이 a, b, c에 대하여

$$a^3+a^2b+ab^2-ac^2+b^3-bc^2=0$$

이 성립할 때, 이 삼각형은 어떤 삼각형인가?

① $a=b$인 이등변삼각형
② $a=c$인 이등변삼각형
③ 빗변의 길이가 a인 직각삼각형
④ 빗변의 길이가 b인 직각삼각형
⑤ 빗변의 길이가 c인 직각삼각형

0208

삼각형의 세 변의 길이 a, b, c에 대하여

$$ab(a+b)-bc(b+c)+ca(a-c)=0$$

이 성립할 때, 이 삼각형은 어떤 삼각형인가?

① $a\neq c$, $b=c$인 이등변삼각형
② $a=c$인 이등변삼각형
③ 빗변의 길이가 a인 직각삼각형
④ 빗변의 길이가 b인 직각삼각형
⑤ 빗변의 길이가 c인 직각삼각형

0209

다항식 $x^3+(b+c)x^2+(c^2-b^2)x-b^3-b^2c+bc^2+c^3$이 $x-a$로 나누어떨어질 때, a, b, c를 세 변의 길이로 하는 삼각형의 넓이를 구하시오.

유형 11 인수분해를 이용하여 식의 값 구하기

0210
$a+b=3$, $ab=2$일 때, $a^4+a^2b^2+b^4$의 값을 구하시오.

0211 교육청 변형
$x=1+\sqrt{5}$, $y=1-\sqrt{5}$일 때, $x^3+x^2y+xy^2+y^3$의 값을 구하시오.

0212
세 양수 a, b, c에 대하여 $a^3+b^3+c^3=3abc$일 때, $\dfrac{3ab+c^2}{a^2}$의 값은?

① 2　② 3　③ 4　④ 5　⑤ 6

0213
세 실수 a, b, c에 대하여 $a+b+c=0$일 때, $\dfrac{a^2(b+c)+b^2(c+a)+c^2(a+b)}{abc}$의 값은? (단, $abc\neq0$)

① -3　② -2　③ -1　④ 2　⑤ 3

0214
$a+b=3+\sqrt{5}$, $b-c=3-\sqrt{5}$일 때, $a^2(b-c)+b^2(a+c)-c^2(a+b)$의 값을 구하시오.

유형 12 인수분해를 이용한 복잡한 수의 계산

0215
2 이상의 네 자연수 a, b, c, d에 대하여

$$(14^2+2\times14)^2-18\times(14^2+2\times14)+45$$
$$=a\times b\times c\times d$$

일 때, $a+b+c+d$의 값은?

① 56　② 58　③ 60　④ 62　⑤ 64

0216

$65^2+66^2+67^2+68^2-(32^2+33^2+34^2+35^2)$의 값을 구하시오.

0217 교육청 변형

$\frac{53^4+53^2+1}{53^2+53+1}=54^2-k$를 만족시키는 자연수 k의 값을 구하시오.

0218

$f(x)=x^3+9x^2+24x+16$일 때, $f(96)$의 값은?

① 950000 ② 960000 ③ 970000
④ 980000 ⑤ 990000

0219

$29^3-4\times29^2-11\times29-6$의 값을 구하시오.

0220 교육청 변형

$\sqrt{20\times21\times22\times23+1}$의 값을 구하시오.

0221

5^6-1이 세 자리 자연수 n으로 나누어떨어진다고 할 때, 다음 중 n의 값이 될 수 없는 것은?

① 186 ② 217 ③ 252
④ 496 ⑤ 504

기출 & 기출변형 문제

정답과 풀이 279쪽

0222 교육청 변형

다항식 $(x^2+3x+2)(x^2-9x+20)-16$을 인수분해하면 $(x^2+ax+b)(x^2+ax+c)$일 때, 상수 a, b, c에 대하여 $a+b+c$의 값을 구하시오.

0223 교육청 변형

다항식 $P(x)=x^3+ax^2+bx+c$가 있다. 0이 아닌 모든 실수 x에 대하여 등식 $P\left(x-2+\frac{1}{x}\right)=x^3-2+\frac{1}{x^3}$이 성립할 때, $a+b+c$의 값은? (단, a, b, c는 상수이다.)

① 6 ② 12 ③ 15 ④ 18 ⑤ 20

0224 교육청 변형

다음 중 $x^4-x^3-4x^2+x+1$과 $x^4-4x^3+4x^2-1$의 공통인수는?

① x^2-x-1 ② x^2-x+1 ③ x^2-2x ④ x^2-2x-1 ⑤ x^2-2x+1

0225 교육청 변형

$24\times27\times30\times33+77=n(n+4)$를 만족시키는 자연수 n의 값은?

① 759 ② 769 ③ 779 ④ 789 ⑤ 799

0226 교육청 기출

등식

$$(182\sqrt{182}+13\sqrt{13})\times(182\sqrt{182}-13\sqrt{13})=13^4\times m$$

을 만족하는 자연수 m의 값은?

① 211　② 217　③ 223
④ 229　⑤ 235

0227 교육청 변형

각 모서리의 길이가 그림과 같은 직육면체 모양의 나무 블록 A, B, C, D가 있다. A 블록 1개, B 블록 9개, C 블록 26개, D 블록 24개를 모두 사용하여 빈틈없이 붙여서 하나의 직육면체를 만들 때, 새로 만든 직육면체의 모든 모서리의 길이의 합은 60이다. 이때 x의 값을 구하시오.

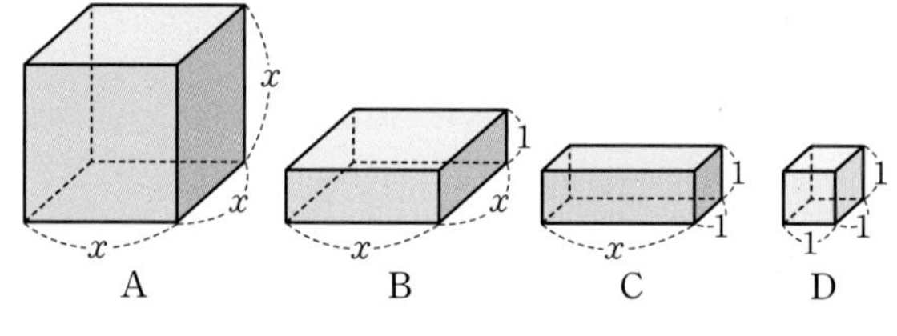

0228 교육청 변형

최고차항의 계수가 1인 일차 이상의 두 다항식 $f(x)$, $g(x)$에 대하여 다음 조건을 만족시킬 때 $f(3)+g(5)$의 값은?

(가) $f(x)g(x)=x^4-5x^3+8x^2-4x$
(나) $f(0)\neq0$
(다) $g(x)$는 $f(x)$로 나누어떨어진다.

① 31　② 41　③ 51
④ 61　⑤ 71

0229 교육청 기출

일차식 $f(x)$에 대하여 다항식 $x^3+1-f(x)$가 $(x+1)(x+a)^2$으로 인수분해될 때, $f(7)$의 값은?
(단, a는 상수이다.)

① 2　② 4　③ 6
④ 8　⑤ 10

0230 교육청 변형

세 변의 길이가 a, b, c인 삼각형 ABC가 다음 조건을 만족시킬 때, 삼각형 ABC의 둘레의 길이를 구하시오.

> (가) $a^3-b^3-ab^2+a^2b+ac^2+bc^2=0$
> (나) $2a+c=2b$
> (다) 삼각형 ABC의 넓이는 96이다.

0231 교육청 기출

$\dfrac{2007^4-2\times2007^2-3\times2007-2}{2007^3-2007^2-2009}$의 값은?

① 2004 ② 2005 ③ 2006
④ 2007 ⑤ 2008

0232 교육청 변형

$p=\dfrac{2x^3-4x^2+4x+10}{x^2-2x-3}$이 자연수가 되도록 하는 4보다 큰 모든 자연수 x의 값의 합을 구하시오.

0233 교육청 기출

그림과 같이 여덟 개의 정삼각형으로 이루어진 정팔면체가 있다. 여섯 개의 꼭짓점에는 자연수를 적고 여덟 개의 정삼각형의 면에는 각각의 삼각형의 꼭짓점에 적힌 세 수의 곱을 적는다. 여덟 개의 면에 적힌 수들의 합이 105일 때, 여섯 개의 꼭짓점에 적힌 수들의 합을 구하시오.

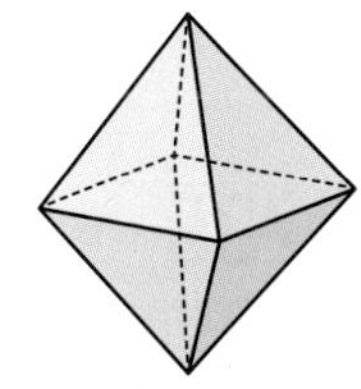

03 인수분해

0234 교육청 변형

세 자연수 a, b, c에 대하여 보기에서 등식 $\frac{b^3+c^3}{a^3+c^3}=\frac{b+c}{a+c}$를 만족시키는 순서쌍 (a, b, c)만을 있는 대로 고른 것은?

보기

ㄱ. (48, 49, 100)　　ㄴ. (51, 52, 103)

ㄷ. (100, 45, 55)　　ㄹ. (101, 101, 50)

① ㄴ　② ㄱ, ㄷ　③ ㄴ, ㄹ
④ ㄷ, ㄹ　⑤ ㄱ, ㄷ, ㄹ

0235 교육청 변형

최고차항의 계수가 양수인 다항식 $f(x)$가 모든 실수 x에 대하여 $\{f(x+1)\}^2-k=x(x+3)(x+4)(x+7)$을 만족시킨다. $f(x)$가 $x+a$로 나누어떨어지게 만드는 모든 실수 a의 값의 합은? (단, k는 실수이다.)

① -7　② -5　③ 3
④ 5　⑤ 7

0236 교육청 변형

다항식 $2x^4+(a-3)x^3-4(a-3)x-32$가 계수가 모두 정수인 서로 다른 네 일차식의 곱으로 인수분해되도록 하는 정수 a의 개수를 구하시오.

0237 교육청 변형

그림과 같이 직사각형 4개를 붙여 만든 도형이 있다. 직사각형 A의 세로의 길이는 x^2+3x+2이고, 직사각형 A, B, C, D의 넓이는 차례대로
x^3+6x^2+ax+b,
$x^2+(a-4)x+2b$,
$x^3+(a-2)x^2+26x+4b$,
$x^4+(a-1)x^3+(b^2-1)x^2+(a-1)(b-1)x+2(a+1)$
이다. 직사각형 D의 세로의 길이가 x^2+cx+d일 때, 상수 a, b, c, d에 대하여 $a-b+c-d$의 값을 구하시오.

D
B　C
A　x^2+3x+2

방정식과 부등식

복소수

유형 01 복소수의 뜻과 분류

0238

다음 보기에서 옳은 것만을 있는 대로 고른 것은?

보기

ㄱ. -16의 제곱근은 ± 4이다.
ㄴ. $1-4i$는 순허수이다.
ㄷ. $2-\sqrt{3}i$의 실수부분은 2이고 허수부분은 $-\sqrt{3}$이다.
ㄹ. $\sqrt{3}i$의 실수부분은 0이고, 허수부분은 $\sqrt{3}$이다.
ㅁ. $-\sqrt{4}$는 복소수이다.

① ㄱ, ㄷ ② ㄷ, ㄹ ③ ㄱ, ㄴ, ㄹ
④ ㄴ, ㄷ, ㄹ ⑤ ㄷ, ㄹ, ㅁ

0239

다음 수 중 순허수가 아닌 허수의 개수를 구하시오.

$$-\sqrt{-7},\quad -i^2,\quad 1-\sqrt{2}i,\quad i+i^2,$$
$$\pi,\quad -2+\sqrt{5},\quad \frac{1-2i}{3}$$

0240

다음 수들에 대한 보기의 설명 중 옳은 것만을 있는 대로 고르시오.

$$-3,\quad 2+3i,\quad 0,\quad -\sqrt{2}i,\quad 3i+\sqrt{7}$$
$$2-\sqrt{3}i,\quad -2i^2,\quad 1-\pi,\quad 2-i^2$$

보기

ㄱ. 복소수는 모두 6개이다. ㄴ. 순허수는 1개뿐이다.
ㄷ. 허수는 모두 4개이다. ㄹ. 실수는 모두 4개이다.

유형 02 복소수의 사칙연산

0241

$\dfrac{\sqrt{5}-2i}{\sqrt{5}+2i}+\dfrac{\sqrt{5}+2i}{\sqrt{5}-2i}$의 값은?

① 0 ② $\dfrac{2}{9}$ ③ $\dfrac{4}{9}$
④ $\dfrac{2}{3}$ ⑤ $\dfrac{8}{9}$

0242

$(3+4i)(3-i)+\dfrac{4(1-\sqrt{2}i)}{\sqrt{2}+i}$를 $a+bi$ 꼴로 나타내시오.
(단, a, b는 실수이다.)

0243

$(2+5i)(1-\sqrt{2}i)^2(1+\sqrt{2}i)^2$을 $a+bi$ 꼴로 나타낼 때, $b-a$의 값을 구하시오. (단, a, b는 실수이다.)

0244

두 복소수 $z_1=(1+i)^2$, $z_2=\frac{2+\sqrt{3}i}{2-\sqrt{3}i}$에 대하여 z_1z_2의 실수부분을 a, 허수부분을 b라 할 때, a^2+b^2의 값을 구하시오.

0245 교육청 변형

두 복소수 $\alpha=\frac{\sqrt{2}i}{1-i}$, $\beta=\frac{\sqrt{2}i}{1+i}$에 대하여 $(5+\alpha^2)(5+\beta^2)-\alpha\beta$의 값을 구하시오.

유형 03 복소수가 주어질 때의 식의 값 구하기

0246

$x=\frac{3+i}{2}$일 때, $6x^2-18x+11$의 값을 구하시오.

0247

$x=\frac{5+i}{1-i}$일 때, $x^3-4x^2+15x-6$의 값은?

① $-2-6i$　② $-2+6i$　③ $-6i$
④ $2+6i$　⑤ $4+6i$

0248

$x^2=-1+\sqrt{2}i$일 때, $x^4+x^3+5x^2+2x+\frac{3}{x}$의 값을 구하시오.

04 복소수

유형 04 복소수 z가 실수 또는 순허수가 될 조건

0249

복소수 $(x-i)(x-2i)-(x+3i)$가 순허수가 되도록 하는 실수 x의 값은?

① -2　② -1　③ 0
④ 1　⑤ 2

0250

복소수 $z=i(a-2i)^2$이 실수가 되도록 하는 양수 a의 값을 α, 그때의 z의 값을 β라 할 때, $\beta-\alpha$의 값을 구하시오.

0251

두 복소수 $z_1=(x^2-x-6)+(y^2-3y-10)i$, $z_2=(x^2-9)+(y^2-6y+5)i$가 있다. z_1, iz_2가 모두 순허수가 되도록 하는 두 실수 x, y에 대하여 $y-x$의 값을 구하시오.

유형 05 복소수 z^2이 실수 또는 양(음)의 실수가 될 조건

0252

복소수 $z=(a^2-16)+(a+3)i$에 대하여 z^2이 실수가 되도록 하는 모든 실수 a의 값의 합은?

① -4 ② -3 ③ -2
④ -1 ⑤ 0

0253

복소수 $z=a^2(1-i)+a(1-4i)-(2-5i)$에 대하여 z^2이 음의 실수가 된다고 할 때, 실수 a의 값은?

① -2 ② -1 ③ 0
④ 1 ⑤ 2

0254

복소수 $z=(a-3i)(5+2i)+a(-7+ai)$에 대하여 z^2이 양의 실수가 되도록 하는 실수 a의 값은?

① -7 ② -5 ③ -3
④ 3 ⑤ 5

0255 교육청 변형

복소수 $z=(n-4+7i)^2$에 대하여 $z^2<0$일 때, 자연수 n의 값을 구하시오. (단, $i=\sqrt{-1}$이다.)

0256

복소수 $z=(1+i)a^2-(2+4i)a-(3-3i)$에 대하여 z^2과 $z-8i$가 모두 실수가 되도록 하는 실수 a의 값을 구하시오.

유형 06 복소수가 서로 같을 조건

0257

등식 $(5+4i)x+(3-7i)y=7+15i$를 만족시키는 두 실수 x, y에 대하여 $2x-y$의 값을 구하시오.

0258 교육청 변형

두 실수 a, b에 대하여 $\frac{1+i}{1-i}+(1+3i)(a-i)=5+bi$일 때, $a+b$의 값을 구하시오.

0259

등식 $(1-2i)x+\frac{3-yi}{1+2i}=5-3i$를 만족시키는 두 실수 x, y에 대하여 $5x-y$의 값을 구하시오.

0260

등식 $\frac{x}{1+i}+\frac{y}{1-i}=\frac{10(1+2i)}{3-i}$를 만족시키는 두 실수 x, y에 대하여 xy의 값을 구하시오.

0261

두 실수 x, y에 대하여 등식 $x^2+y^2i-2x+yi-3-6i=0$이 성립할 때, 다음 중 xy의 값이 될 수 없는 것은?

① -9 ② -6 ③ -2
④ 3 ⑤ 6

0262

$x-3y=2$를 만족시키는 두 실수 x, y에 대하여 등식 $x+yi=\frac{2a}{a+i}$가 성립할 때, 실수 a의 값은?

① $\frac{1}{3}$ ② $\frac{2}{3}$ ③ 1
④ $\frac{4}{3}$ ⑤ $\frac{5}{3}$

0263

두 실수 a, b에 대하여 등식

$$\{a(1+3i)+b(1+i)\}^2=-4$$

가 성립할 때, a^2+b^2의 값을 구하시오.

04 복소수

유형 07 켤레복소수의 계산

0264

$z=1-2i$일 때, $\frac{1-z^2}{\overline{z}}$의 허수부분을 구하시오.

(단, $\overline{z}$는 z의 켤레복소수이다.)

0265

복소수 $z=\frac{2}{1+i}$에 대하여 $\frac{z-1}{z}+\frac{\overline{z}-1}{\overline{z}}$의 값을 구하시오.

(단, $\overline{z}$는 z의 켤레복소수이다.)

0266 교육청 변형

양의 실수 a에 대하여 복소수 $z=a-3i$가 $i(\overline{z})^2=-6z-11i$를 만족시킬 때, a의 값을 구하시오.

(단, $\overline{z}$는 z의 켤레복소수이다.)

0267

복소수 $z=\frac{3}{1+\sqrt{2}i}$과 그 켤레복소수 $\overline{z}$에 대하여 $(\sqrt{2}-i)z+z\overline{z}+1=a+bi$일 때, $a-b$의 값은?

(단, a, b는 실수이다.)

① 3 ② 4 ③ 5 ④ 6 ⑤ 7

유형 08 켤레복소수가 주어질 때의 식의 값 구하기

0268

$x=-5+3i$, $y=-5-3i$일 때, $\frac{y}{x}-\frac{x}{y}$의 값은?

① $\frac{15}{17}i$ ② $\frac{20}{17}i$ ③ $\frac{24}{17}i$ ④ $\frac{28}{17}i$ ⑤ $\frac{30}{17}i$

0269

$x=\frac{3-\sqrt{3}i}{2}$, $y=\frac{3+\sqrt{3}i}{2}$일 때, x^3-y^3의 값은?

① $-12\sqrt{3}i$ ② $-6\sqrt{3}i$ ③ $-3\sqrt{3}i$ ④ $6\sqrt{3}i$ ⑤ $12\sqrt{3}i$

0270

$x=\frac{6}{1+i}$, $y=\frac{6}{1-i}$일 때, $x^3-x^2y-xy^2+y^3$의 값을 구하시오.

유형 09 켤레복소수의 성질

0271

복소수 z와 그 켤레복소수 $\overline{z}$에 대하여 보기에서 옳은 것만을 있는 대로 고르시오.

보기
ㄱ. $z\overline{z}=0$이면 $z=0$이다.
ㄴ. $\frac{1}{z}+\frac{1}{\overline{z}}$은 순허수이다. (단, $z\neq0$)
ㄷ. $\overline{z}$가 순허수이면 $\frac{1}{z}$도 순허수이다.
ㄹ. z가 허수이면 $z=-\overline{z}$이다.

0272

다음 중 $\overline{z}=-z$를 만족시키는 복소수 z는?
(단, $\overline{z}$는 z의 켤레복소수이다.)

① $z=\frac{\sqrt{2}-5}{3}$　② $z=(2-\sqrt{5})i$
③ $z=1-\sqrt{5}i$　④ $z=i(3-i)$
⑤ $z=(i-1)i^2$

0273

0이 아닌 복소수 $z=(2x^2-5x-12)+(x^2-16)i$에 대하여 $z=\overline{z}$가 성립할 때, 실수 x의 값은?
(단, $\overline{z}$는 z의 켤레복소수이다.)

① -4　② -2　③ 0
④ 2　⑤ 4

0274 교육청 변형

0이 아닌 복소수 $z=3(1+2i)x^2-8x-3-54i$에 대하여 $z=-\overline{z}$가 성립할 때, 실수 x의 값을 구하시오.
(단, $\overline{z}$는 z의 켤레복소수이다.)

0275

두 복소수 z, w에 대하여 $z+\overline{w}=0$을 만족시킬 때, 보기에서 항상 실수인 것만을 있는 대로 고르시오.
(단, $\overline{z}$, $\overline{w}$는 각각 z, w의 켤레복소수이다.)

보기
ㄱ. $\frac{\overline{z}}{w}$ (단, $w\neq0$)　ㄴ. $i(z+w)$
ㄷ. $\overline{z}w$　ㄹ. $wz+z\overline{z}$

0276

복소수 z와 그 켤레복소수 $\overline{z}$에 대하여 보기에서 항상 실수인 것만을 있는 대로 고른 것은?

보기
ㄱ. $(z+1)(\overline{z}+1)$　ㄴ. $(z+1)(\overline{z}-1)$
ㄷ. $z^3+(\overline{z})^3$　ㄹ. $z^4+z^2(\overline{z})^2+(\overline{z})^4$

① ㄱ, ㄷ　② ㄱ, ㄹ　③ ㄴ, ㄷ
④ ㄱ, ㄷ, ㄹ　⑤ ㄴ, ㄷ, ㄹ

유형 10 켤레복소수의 성질을 이용하여 식의 값 구하기

0277

두 복소수 α, β에 대하여 $\alpha-\beta=3-2i$일 때, $\alpha\overline{\alpha}-\overline{\alpha}\beta-\alpha\overline{\beta}+\beta\overline{\beta}$의 값은?

(단, $\overline{\alpha}$, $\overline{\beta}$는 각각 α, β의 켤레복소수이다.)

① 9 ② 11 ③ 13
④ 15 ⑤ 17

0278

두 복소수 z_1, z_2에 대하여 $\overline{z_1}-\overline{z_2}=-1-3i$, $\overline{z_1}\times\overline{z_2}=2+2i$일 때, $(3z_1+1)(3z_2-1)$의 값을 구하시오.

(단, $\overline{z_1}$, $\overline{z_2}$는 각각 z_1, z_2의 켤레복소수이다.)

0279 교육청 변형

두 복소수 α, β에 대하여 $\overline{\alpha}\beta=1$, $\overline{\beta}+\frac{1}{\beta}=3i$일 때, $\alpha+\frac{1}{\alpha}$의 값을 구하시오. (단, $\overline{\alpha}$, $\overline{\beta}$는 각각 α, β의 켤레복소수이다.)

0280

두 복소수 α, β에 대하여 $\alpha-\overline{\beta}=-6i$, $\alpha\overline{\beta}=4$일 때, $\frac{1}{\alpha}-\frac{1}{\beta}$의 값은? (단, $\overline{\alpha}$, $\overline{\beta}$는 각각 α, β의 켤레복소수이다.)

① $-3i$ ② $-2i$ ③ $-\frac{3}{2}i$
④ $\frac{3}{2}i$ ⑤ $2i$

0281

두 복소수 α, β에 대하여 $\alpha\overline{\alpha}=5$, $\beta\overline{\beta}=5$, $\alpha+\beta=4i$일 때, $\frac{1}{\alpha}+\frac{1}{\beta}$의 값은? (단, $\overline{\alpha}$, $\overline{\beta}$는 각각 α, β의 켤레복소수이다.)

① $-\frac{4}{5}$ ② $-\frac{4}{5}i$ ③ $-\frac{2}{5}i$
④ $\frac{4}{5}i$ ⑤ $\frac{4}{5}$

0282

복소수 $w=1-\sqrt{2}i$에 대하여 $z=\frac{2w-1}{w-3}$일 때, $2z\overline{z}$의 값을 구하시오. (단, $\overline{z}$는 z의 켤레복소수이다.)

유형 11 조건을 만족시키는 복소수 구하기

0283

다음 중 등식 $(2+3i)z+(-2+3i)\overline{z}=8i$를 만족시키는 복소수 z가 될 수 있는 것은? (단, $\overline{z}$는 z의 켤레복소수이다.)

① $3-2i$　② $2-2i$　③ $2-i$
④ $1-i$　⑤ $1+2i$

0284

복소수 z와 그 켤레복소수 $\overline{z}$에 대하여 $z-\overline{z}=10i$, $z\overline{z}=25$일 때, $\frac{z}{2+i}$의 값은?

① $1-2i$　② $2-i$　③ $2i$
④ $1+i$　⑤ $1+2i$

0285 교육청 변형

복소수 z와 그 켤레복소수 $\overline{z}$에 대하여 등식

$$(1-3i)z+(2-5i)\overline{z}=-1-10i$$

가 성립할 때, $z\overline{z}$의 값을 구하시오.

0286

복소수 z에 대하여 $\overline{z-iz}=2+4i$일 때, $z+\frac{10}{z}$의 값을 구하시오. (단, $\overline{z}$는 z의 켤레복소수이다.)

0287

복소수 z가 다음 조건을 모두 만족시킬 때, $\frac{z+\overline{z}}{2}$의 값을 구하시오. (단, $\overline{z}$는 z의 켤레복소수이다.)

> (가) $(2+i)+z$는 음의 실수이다.
> (나) $z\overline{z}=6$

유형 12 허수단위 i의 거듭제곱

0288

$x=1+\frac{1}{i}+\frac{1}{i^2}+\frac{1}{i^3}+\cdots+\frac{1}{i^{30}}$일 때, $x+\frac{3}{x}$의 값은?

① 0　② 2　③ $1-2i$
④ $2i$　⑤ $1+2i$

04 복소수

0289

두 실수 x, y에 대하여

$$i-2i^2+3i^3-4i^4+\cdots+49i^{49}-50i^{50}=x+yi$$

일 때, $x+y$의 값을 구하시오.

0290

자연수 n에 대하여 $f(n)=i^n+(-i)^n$이라 할 때, $f(k)=-2$를 만족시키는 50 이하의 자연수 k의 개수는?

① 12 ② 13 ③ 14
④ 15 ⑤ 16

0291

두 실수 x, y에 대하여 복소수 $x+yi$를 좌표평면 위의 점 (x, y)에 대응시킬 때, 복소수 $(3+i)i^n$을 대응시킨 점을 P_n이라 하자. 이때 세 점 P_{50}, P_{51}, P_{52}를 꼭짓점으로 하는 삼각형의 넓이를 구하시오. (단, n은 자연수이다.)

0292

자연수 m에 대하여 복소수 $z_m=\frac{1}{i^m}-\frac{1}{(-i)^m}$일 때, 보기에서 옳은 것만을 있는 대로 고르시오.

(단, $\overline{z_m}$는 z_m의 켤레복소수이다.)

보기

ㄱ. $z_m=2i$를 만족시키는 자연수 m이 존재한다.
ㄴ. $z_{100}=z_{102}$
ㄷ. 임의의 자연수 m에 대하여 $z_m\overline{z_m}$는 항상 양의 실수이다.

유형 13 복소수의 거듭제곱

0293

$z=\frac{1+i}{\sqrt{2}}$일 때, $z^2-z^3+z^4-\cdots+z^{10}$을 간단히 하면?

① $1-i$ ② $-i$ ③ 0
④ i ⑤ $-1+i$

0294

자연수 n에 대하여 $f(n)=\left(\frac{1-i}{1+i}\right)^n+\left(\frac{1+i}{1-i}\right)^n$일 때, $f(1)+f(2)+f(3)+f(4)+f(5)$의 값을 구하시오.

0295

$(1-i)^{2n}=2^n i$를 만족시키는 100 이하의 자연수 n의 개수를 구하시오.

0296

자연수 n에 대하여 복소수 $z^n=\left(\frac{1+\sqrt{3}i}{2}\right)^n$일 때, 보기에서 옳은 것만을 있는 대로 고르시오.

(단, $\bar{z}$는 z의 켤레복소수이다.)

보기

ㄱ. $z^3=1$
ㄴ. $\bar{z}=z^5$
ㄷ. $z-1=z^2$
ㄹ. $z^{n+6}=z^n$

0297 교육청 변형

두 복소수 $z=\frac{1-i}{\sqrt{2}i}$, $w=\frac{1-\sqrt{3}i}{2}$에 대하여 $z^n=w^n$일 때, 다음 중 자연수 n의 값이 될 수 있는 것은?

① 14 ② 20 ③ 32
④ 48 ⑤ 52

유형 14 음수의 제곱근의 계산

0298

다음 중 옳은 것은?

① $\sqrt{5}\sqrt{-6}=-\sqrt{30}i$
② $\sqrt{-3}\sqrt{-27}=9$
③ $\frac{\sqrt{-10}}{\sqrt{2}}=-\sqrt{5}$
④ $\frac{\sqrt{24}}{\sqrt{-6}}=-2i$
⑤ $\frac{\sqrt{-63}}{\sqrt{-7}}=3i$

0299

$\sqrt{-4}\sqrt{-9}+\sqrt{-3}\sqrt{12}+\frac{\sqrt{-27}}{\sqrt{-3}}+\frac{\sqrt{50}}{\sqrt{-2}}=a+bi$일 때, 두 실수 a, b에 대하여 $a+b$의 값을 구하시오.

0300

$-1<x<1$일 때, 다음을 간단히 하면?

$$\sqrt{x+1}\sqrt{x-1}\sqrt{1-x}\sqrt{-x-1}+\frac{\sqrt{1+x}}{\sqrt{-1-x}}\sqrt{\frac{-1-x}{1+x}}$$

① $-x^2$ ② $1-x^2$ ③ x^2
④ x^2+1 ⑤ 0

유형 15 음수의 제곱근의 성질

0301

0이 아닌 두 실수 a, b에 대하여 $\frac{\sqrt{a}}{\sqrt{b}}=-\sqrt{\frac{a}{b}}$일 때, 다음 중 옳은 것은?

① $\sqrt{a}\sqrt{-b}=-\sqrt{-ab}$
② $\frac{\sqrt{b}}{\sqrt{-a}}=-\sqrt{-\frac{b}{a}}$
③ $\sqrt{-a}\sqrt{-b}=\sqrt{ab}$
④ $\sqrt{a^2}\sqrt{b^2}=ab$
⑤ $|a-b|=-a+b$

0302

0이 아닌 세 실수 a, b, c가 다음 조건을 만족시킨다.

(가) $b+c<a$	(나) $\frac{\sqrt{b}}{\sqrt{a}}=-\sqrt{\frac{b}{a}}$

세 수 a, b, c의 대소 관계로 옳은 것은?

① $a<c<b$ ② $b<a<c$ ③ $b<c<a$
④ $c<a<b$ ⑤ $c<b<a$

0303

0이 아닌 두 실수 a, b에 대하여 $\sqrt{a}\sqrt{b}+\sqrt{ab}=0$일 때, $\sqrt{(2a+b)^2}-3\sqrt{b^2}+2|a|$를 간단히 하시오.

0304

서로 다른 세 양수 a, b, c에 대하여 $\frac{\sqrt{b-c}}{\sqrt{b-a}}=-\sqrt{\frac{b-c}{b-a}}$일 때, $|a-b|+|b-c|+|c-a|$를 간단히 하시오.

0305

0이 아닌 세 실수 a, b, c에 대하여 $\sqrt{a}\sqrt{b}=-\sqrt{ab}$, $\frac{\sqrt{c}}{\sqrt{a}}=-\sqrt{\frac{c}{a}}$일 때, $\sqrt{(b-c)^2}+\sqrt{a^2}+|b|-\sqrt{(c-b)^2}$을 간단히 하시오.

0306 교육청 변형

0이 아닌 세 실수 a, b, c가 다음 조건을 만족시킨다.

(가) $\sqrt{a}\sqrt{b}=-\sqrt{ab}$
(나) $(a+c)^2+(3a-4b)^2=0$

세 수 a, b, c의 대소 관계로 옳은 것은?

① $a<b<c$ ② $a<c<b$ ③ $b<a<c$
④ $b<c<a$ ⑤ $c<a<b$

기출 & 기출변형 문제

정답과 풀이 293쪽

0307 교육청 변형

복소수 $z=x^2+(i+5)x+4+4i$에 대하여 z^2과 $z-3i$가 모두 실수가 되도록 하는 실수 x의 값은?

① -4　② -2　③ -1
④ 1　⑤ 4

0308 교육청 변형

$x=5-\sqrt{5}$일 때,

$$\sqrt{x-3}\times\sqrt{3-x}-\frac{\sqrt{3-x}}{\sqrt{x-3}}\times\sqrt{\frac{x-3}{3-x}}+\sqrt{x}\times\sqrt{-x}=a+bi$$

이다. $a+b$의 값을 구하시오. (단, a, b는 실수이다.)

0309 교육청 기출

5 이하의 두 자연수 a, b에 대하여 복소수 z를 $z=a+bi$라 할 때, $\frac{z}{\overline{z}}$의 실수부분이 0이 되게 하는 모든 복소수 z의 개수는?

(단, $i=\sqrt{-1}$이고 $\overline{z}$는 z의 켤레복소수이다.)

① 1　② 2　③ 3
④ 4　⑤ 5

0310 교육청 변형

복소수 $\alpha=\frac{5+\sqrt{3}i}{2}$에 대하여 $z=\frac{\alpha+1}{\alpha-2}$일 때, $z\overline{z}$의 값은?

(단, $\overline{z}$는 z의 켤레복소수이다.)

① 11　② 12　③ 13
④ 14　⑤ 15

04 복소수

0311 교육청 변형

$x=\dfrac{1+\sqrt{5}i}{2}$, $y=\dfrac{1-\sqrt{5}i}{2}$일 때, $x^3-3x^2y-3xy^2+y^3$의 값을 구하시오.

0312 교육청 변형

실수가 아닌 복소수 z와 그 켤레복소수 $\overline{z}$에 대하여 $\overline{z}-\dfrac{1}{z}$이 실수일 때, $z\overline{z}$의 값을 구하시오.

0313 교육청 변형

복소수 $z=(2-3i)x-(1+2i)y-3+8i$에 대하여 $\overline{z}=-z$, $z\overline{z}=49$일 때, 두 실수 x, y에 대하여 모든 x^2+y^2의 값의 합을 구하시오. (단, $\overline{z}$는 z의 켤레복소수이다.)

0314 교육청 변형

자연수 n에 대하여 $f(n)=\left(\dfrac{5-4i}{4+5i}\right)^n$일 때,

$f(1)+2f(2)+3f(3)+4f(4)+\cdots+100f(100)=a+bi$

이다. $2a+b$의 값을 구하시오. (단, a, b는 실수이다.)

0315 교육청 기출

복소수 $z=\frac{-1+\sqrt{3}i}{2}$에 대하여 보기에서 옳은 것만을 있는 대로 고른 것은? (단, $i=\sqrt{-1}$이다.)

보기

ㄱ. $z^3=1$

ㄴ. $z^4+z^5=-1$

ㄷ. $z^n+z^{2n}+z^{3n}+z^{4n}+z^{5n}=-1$을 만족시키는 100 이하의 모든 자연수 n의 개수는 66이다.

① ㄱ　② ㄴ　③ ㄱ, ㄴ　④ ㄱ, ㄷ　⑤ ㄱ, ㄴ, ㄷ

0316 교육청 기출

복소수 $z=\frac{i-1}{\sqrt{2}}$에 대하여 $z^n+(z+\sqrt{2})^n=0$을 만족시키는 25 이하의 자연수 n의 개수를 구하시오. (단, $i=\sqrt{-1}$이다.)

0317 교육청 기출

$\left(\frac{\sqrt{2}}{1+i}\right)^n+\left(\frac{\sqrt{3}+i}{2}\right)^n=2$를 만족시키는 자연수 n의 최솟값을 구하시오. (단, $i=\sqrt{-1}$이다.)

0318 교육청 변형

a, b, c, d가 자연수일 때, 두 복소수 $z=a+bi$, $w=c+di$에 대하여 $z\bar{z}=20$이고, $z\bar{z}+w\bar{w}+z\bar{w}+\bar{z}w=5z\bar{z}$이다. $w\bar{w}$의 최댓값과 최솟값의 차는?

(단, $i=\sqrt{-1}$이고, $\bar{z}$, $\bar{w}$는 각각 z, w의 켤레복소수이다.)

① 2　② 4　③ 6　④ 8　⑤ 10

II. 방정식과 부등식

05 이차방정식

유형 01 이차방정식의 풀이

0319

이차방정식 $\frac{x(x+3)}{3}-x+\frac{2}{5}=\frac{(x-1)^2}{5}$의 두 근 중 큰 근을 α라 할 때, $2\alpha+3$의 값을 구하시오.

0320

이차방정식 $\sqrt{3}x^2-(5\sqrt{3}-3)x=15$의 두 근 중 작은 근을 α라 할 때, α^2의 값을 구하시오.

0321

이차방정식 $(\sqrt{3}+1)x^2-(5+\sqrt{3})x+2\sqrt{3}=0$의 두 근을 α, β라 할 때, $\alpha-\beta$의 값을 구하시오. (단, $\alpha>\beta$)

유형 02 한 근이 주어진 이차방정식

0322 교육청 변형

이차방정식 $x^2-(m+1)x-8=0$의 한 근이 -4가 되도록 상수 m의 값을 정할 때, 이 방정식의 나머지 한 근을 α라 하자. 이때 $m+\alpha$의 값을 구하시오.

0323

이차방정식 $(a+4)x^2-kx+(k-2)b=0$이 실수 k의 값에 관계없이 항상 $x=-2$를 근으로 가질 때, 상수 a, b에 대하여 ab의 값을 구하시오.

0324

이차방정식 $x^2-3x-1=0$의 한 근을 α라 할 때, $\alpha^3-\frac{1}{\alpha^3}$의 값을 구하시오.

유형 03 절댓값 기호를 포함한 방정식

0325

방정식 $x^2+|2x-4|=4$의 모든 근의 합은?

① 1 ② 2 ③ 3
④ 4 ⑤ 5

0326

다음 방정식의 두 근을 α, β라 할 때, $\alpha^2+\beta^2$의 값을 구하시오.

$$x^2+\sqrt{(x+1)^2}=\sqrt{x^2}+3$$

0327

방정식 $x^2-7x+\sqrt{x^2-6x+9}-4=0$의 두 근을 α, β라 할 때, $\alpha-\beta$의 값을 구하시오. (단, $\alpha>\beta$)

유형 04 가우스 기호를 포함한 방정식

0328

방정식 $3[x]^2-5[x]-2=0$을 만족시키는 x의 값의 범위를 구하시오. (단, $[x]$는 x보다 크지 않은 최대의 정수이다.)

0329

다음 중 방정식 $[x]^2-2[x]-15=0$의 해가 아닌 것은?
(단, $[x]$는 x보다 크지 않은 최대의 정수이다.)

① -3 ② $-\frac{5}{2}$ ③ -2
④ 5 ⑤ $\frac{11}{2}$

0330

$0\le x<2$일 때, 방정식 $3x^2=2x+5[x]$의 모든 근의 합은?
(단, $[x]$는 x보다 크지 않은 최대의 정수이다.)

① $\frac{2}{3}$ ② $\frac{4}{3}$ ③ 2
④ $\frac{7}{3}$ ⑤ 3

05 이차방정식

유형 05 이차방정식의 활용

0331

정사각형 모양의 땅에서 가로의 길이는 4 m 줄이고, 세로의 길이는 3 m 늘여서 직사각형 모양의 땅을 만들었더니 땅의 넓이가 처음 땅의 넓이의 $\frac{5}{6}$가 되었다. 처음 정사각형 모양의 땅의 한 변의 길이는?

① 10 m ② 12 m ③ 14 m
④ 16 m ⑤ 18 m

0332 교육청 변형

한 변의 길이가 12 cm인 정사각형이 있다. 정사각형의 가로의 길이는 매초 2 cm씩 늘어나고, 세로의 길이는 매초 1 cm씩 줄어든다고 할 때, 직사각형의 넓이가 130 cm^2가 되는 것은 몇 초 후인가?

① 5초 후 ② 6초 후 ③ 7초 후
④ 8초 후 ⑤ 9초 후

0333

그림과 같이 정삼각형 ABC에서 변 AB의 길이를 4 cm, 변 AC의 길이를 2 cm 만큼 늘여 삼각형 A′BC를 만들었더니 직각삼각형이 되었다. 처음 정삼각형의 넓이를 구하시오.

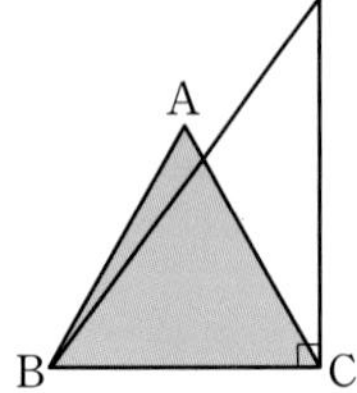

0334

나무 공예품을 만들기 위해 밑면의 가로, 세로의 길이가 각각 15 cm, 18 cm이고 높이가 10 cm인 직육면체 모양의 나무토막을 높이는 그대로 두고 밑면의 가로, 세로의 길이를 같은 길이만큼 줄여서 부피를 60 % 줄이려고 한다. 나무토막의 밑면의 가로와 세로의 길이를 각각 몇 cm씩 줄여야 하는지 구하시오.

0335

그림과 같이 한 변의 길이가 6 cm인 정사각형 모양의 종이에서 색칠한 4개의 합동인 직각이등변삼각형을 잘라 내었더니 남은 부분의 넓이가 처음 정사각형의 넓이의 $\frac{5}{9}$가 되었다. 이때 x의 값을 구하시오.

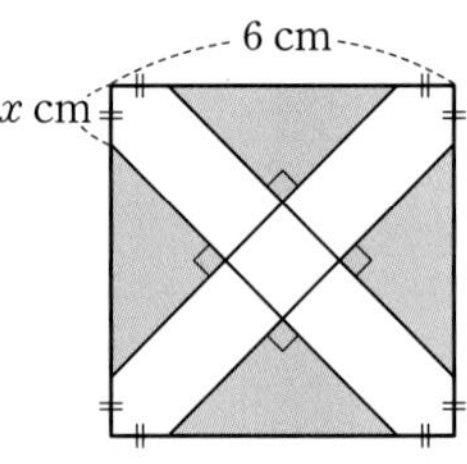

0336 교육청 변형

마트에서 어떤 제품의 가격을 x % 인상한 후, 다시 x %를 인하하였더니 처음 가격보다 4 % 낮아졌다. 이때 x의 값은? (단, $x>0$)

① 10 ② 15 ③ 20
④ 25 ⑤ 30

유형 06 판별식을 이용한 이차방정식의 근의 판별

0337

이차방정식 $2x^2-4x+(k-1)=0$이 허근을 갖고 이차방정식 $x^2-(k+1)x+k+9=0$이 중근을 가질 때, 실수 k의 값은?

① -7 ② -5 ③ 5
④ 7 ⑤ 9

0338

이차방정식 $kx^2-2(2k-3)x+4k=0$이 서로 다른 두 실근을 가질 때, 다음 중 실수 k의 값이 될 수 있는 것은?

① 0 ② $\frac{1}{2}$ ③ $\frac{3}{4}$
④ 1 ⑤ $\frac{5}{4}$

0339

x에 대한 이차방정식 $(k^2-4)x^2-6(k+2)x+9=0$이 실근을 가질 때, 실수 k의 값의 범위를 구하시오.

0340 교육청 변형

x에 대한 이차방정식 $x^2+(a+2k)x+k^2-4k-b=0$이 실수 k의 값에 관계없이 항상 중근을 가질 때, 실수 a, b에 대하여 ab의 값은?

① 10 ② 12 ③ 14
④ 15 ⑤ 16

유형 07 계수의 조건이 주어진 이차방정식의 근의 판별

0341

실수 a, b, c에 대하여 $bc-2a+1=0$일 때, 이차방정식 $x^2-2ax+bc=0$의 근을 판별하면?

① 실근을 갖는다.
② 중근을 갖는다.
③ 서로 다른 두 실근을 갖는다.
④ 서로 다른 두 허근을 갖는다.
⑤ 판별할 수 없다.

0342

이차방정식 $x^2+ax+5-2a=0$이 중근을 가질 때, 이차방정식 $2x^2-ax+a+3=0$의 근을 판별하면?

(단, a는 양의 실수이다.)

① 실근을 갖는다.
② 중근을 갖는다.
③ 서로 다른 두 실근을 갖는다.
④ 서로 다른 두 허근을 갖는다.
⑤ 판별할 수 없다.

0343

이차방정식 $x^2+ax+b=0$이 서로 다른 두 실근을 가질 때, 이차방정식 $x^2+2(a+3)x+2(3a+2b)=0$의 근을 판별하시오. (단, a, b는 실수이다.)

0344

x에 대한 이차방정식 $x^2-2ax+b^2+3=0$이 중근을 가질 때, 이차방정식 $x^2-3ax+3b+4=0$의 근을 판별하시오.

(단, a, b는 실수이다.)

0345

0이 아닌 두 실수 a, b에 대하여 $\frac{\sqrt{b}}{\sqrt{a}}=-\sqrt{\frac{b}{a}}$가 성립할 때, 항상 서로 다른 두 실근을 갖는 이차방정식인 것만을 보기에서 있는 대로 고른 것은?

보기

ㄱ. $x^2-ax-b=0$　　ㄴ. $x^2+bx+a=0$

ㄷ. $ax^2-2bx+1=0$　　ㄹ. $bx^2-4x-a=0$

① ㄱ, ㄴ　② ㄴ, ㄷ　③ ㄷ, ㄹ

④ ㄱ, ㄴ, ㄷ　⑤ ㄴ, ㄷ, ㄹ

유형 08 이차방정식의 판별식과 삼각형의 모양

0346

x에 대한 이차방정식 $(a-c)x^2+2bx+a+c=0$이 서로 다른 두 허근을 가질 때, a, b, c를 세 변의 길이로 하는 삼각형은 어떤 삼각형인가?

① 정삼각형

② 예각삼각형

③ 둔각삼각형

④ 빗변의 길이가 a인 직각삼각형

⑤ 빗변의 길이가 b인 직각삼각형

0347

직각을 낀 두 변의 길이가 a, b인 직각삼각형이 있다. 이차방정식 $2x^2-(a+2b)x+ab=0$이 중근을 가질 때, 직각삼각형의 넓이를 b에 대한 식으로 나타내면?

① $\frac{b^2}{2}$　② b^2　③ $\frac{3}{2}b^2$

④ $2b^2$　⑤ $\frac{5}{2}b^2$

0348

x에 대한 이차방정식

$$3x^2+4(a+b+c)x+4(ab+bc+ca)=0$$

이 중근을 가질 때, a, b, c를 세 변의 길이로 하는 삼각형은 어떤 삼각형인가?

① 정삼각형

② $a=b$, $b\neq c$인 이등변삼각형

③ $b=c$, $c\neq a$인 이등변삼각형

④ 빗변의 길이가 a인 직각삼각형

⑤ 빗변의 길이가 c인 직각삼각형

유형 09 이차식이 완전제곱식이 될 조건

0349

x에 대한 이차식 $x^2-2(k-3)x+k^2-8k+5$가 완전제곱식이 될 때, 실수 k의 값은?

① -2 ② -1 ③ 0
④ 1 ⑤ 2

0350

x에 대한 이차식 $(k+1)x^2-(2k+2)x+2k-3$이 완전제곱식이 될 때, 실수 k의 값을 구하시오.

0351

x에 대한 이차식 $ax^2+2(m+b)x+m^2+c+2$가 실수 m의 값에 관계없이 항상 완전제곱식이 될 때, 실수 a, b, c에 대하여 $a^2+b^2+c^2$의 값을 구하시오.

0352

x에 대한 이차식 $3x^2-(4a+2)x+a^2+3a+5$가 $3(x+k)^2$으로 인수분해될 때, $a-k$의 값을 구하시오.

(단, $a>1$이고, k는 실수이다.)

유형 10 이차식이 두 일차식의 곱으로 인수분해될 조건

0353

x, y에 대한 이차식 $2x^2+2xy-2y^2-4x+3y+k$가 두 일차식의 곱으로 인수분해될 때, 실수 k의 값은?

① $-\frac{3}{2}$ ② $-\frac{1}{2}$ ③ 0
④ $\frac{1}{2}$ ⑤ $\frac{3}{2}$

0354

x, y에 대한 이차식 $x^2+3xy-my^2-x-3y+1$이 두 일차식의 곱으로 인수분해될 때, 실수 m의 값을 구하시오.

0355

x, y에 대한 이차식 $x^2+xy-y^2+x-ky-1$이 두 일차식의 곱으로 인수분해될 때, 양수 k의 값을 구하시오.

유형 11 이차방정식의 근과 계수의 관계를 이용하여 식의 값 구하기

0356

이차방정식 $x^2-6x+4=0$의 두 근을 α, β라 할 때, $\sqrt{\alpha}+\sqrt{\beta}$의 값을 구하시오.

0357

이차방정식 $2x^2+8x-3=0$의 두 근을 α, β라 할 때, $|\alpha^2-\beta^2|$의 값을 구하시오.

0358

방정식 $|x^2+7x|=3$의 근을 α, β, γ, δ라 할 때, $\frac{1}{\alpha}+\frac{1}{\beta}+\frac{1}{\gamma}+\frac{1}{\delta}$의 값을 구하시오.

0359

방정식 $x+\frac{1}{x}=\sqrt{3}$의 두 근을 α, β라 할 때, $(\alpha+\beta)+(\alpha^2+\beta^2)+(\alpha^4+\beta^4)$의 값을 구하시오.

유형 12 이차방정식의 근의 성질과 근과 계수의 관계를 이용하여 식의 값 구하기

0360

이차방정식 $x^2-x-4=0$의 두 근을 α, β라 할 때, $(\alpha^2-2\alpha-1)(\beta^2-2\beta-1)$의 값은?

① -2 ② -1 ③ 0
④ 1 ⑤ 2

0361

이차방정식 $x^2-(a-4)x-3=0$의 두 근을 α, β라 할 때, $(\alpha^2-a\alpha-3)(\beta^2-a\beta-3)$의 값을 구하시오.

0362

이차방정식 $x^2-2x-2=0$의 두 근을 α, β라 할 때, $(\alpha^3-2\alpha^2-\alpha-1)(\beta^3-2\beta^2-\beta-1)$의 값을 구하시오.

0363

이차방정식 $x^2-x-1=0$의 두 근을 α, β라 할 때, $\alpha^5+\beta^5-\alpha^4-\beta^4+\alpha^3+\beta^3$의 값을 구하시오.

0364

이차방정식 $x^2-4x+1=0$의 두 근을 α, β라 할 때, $\sqrt{\alpha^2+1}+\sqrt{\beta^2+1}$의 값을 구하시오.

유형 13 근과 계수의 관계를 이용하여 미정계수 구하기 - 근의 조건이 주어진 경우

0365

이차방정식 $x^2-5(k-2)x+4k=0$의 두 근의 비가 $4:1$일 때, 실수 k의 값을 구하시오. (단, $k>1$)

0366

x에 대한 이차방정식 $x^2+3(m+1)x+m^2+2=0$의 한 근이 다른 근의 2배일 때, 음수 m의 값을 구하시오.

0367 교육청 변형

x에 대한 이차방정식 $x^2-(2k-1)x+3k^2+3k-4=0$의 두 근의 차가 3이 되도록 하는 모든 실수 k의 값의 합을 구하시오.

0368

x에 대한 이차방정식 $x^2-8kx+16k^2+2k-7=0$의 두 근이 연속된 홀수일 때, 실수 k의 값을 구하시오.

0369 교육청 변형

x에 대한 이차방정식 $x^2+(k^2-5k-6)x+k-3=0$의 두 실근의 절댓값이 같고 부호가 서로 다를 때, 실수 k의 값은?

① -6　② -3　③ -1　④ 1　⑤ 3

유형 14 근과 계수의 관계를 이용하여 미정계수 구하기 - 근의 관계식이 주어진 경우

0370

이차방정식 $x^2-3x+k=0$의 두 근을 α, β라 할 때, $|\alpha-\beta|=5$를 만족시키는 실수 k의 값을 구하시오.

0371 교육청 변형

x에 대한 이차방정식 $x^2-2mx+7-3m^2=0$의 두 근을 α, β라 할 때, $\alpha^2+\beta^2=26$을 만족시키는 양수 m의 값을 구하시오.

0372

이차방정식 $x^2-ax+b=0$의 두 근을 α, β라 할 때,

$$(\alpha-1)(\beta-1)=-4,\ (2\alpha+1)(2\beta+1)=-1$$

이 성립한다. 상수 a, b에 대하여 $a+b$의 값을 구하시오.

0373

이차방정식 $x^2-(2k+3)x+k-2=0$의 두 근을 α, β라 할 때, $\alpha^2\beta+\alpha\beta^2-3\alpha-3\beta=15$를 만족시키는 정수 k의 값을 구하시오.

0374

이차방정식 $x^2+2ax+3a=0$ $(a<0)$의 서로 다른 두 실근 α, β에 대하여 $|\alpha|+|\beta|=4$일 때, $\alpha^3+\beta^3$의 값은?

① 18　② 20　③ 22　④ 24　⑤ 26

유형 15 근과 계수의 관계를 이용하여 미정계수 구하기 - 두 이차방정식이 주어진 경우

0375

이차방정식 $x^2+ax-4=0$의 두 근을 α, β라 할 때, 이차방정식 $x^2-bx+12=0$의 두 근은 $\alpha+\beta$, $\alpha\beta$이다. 상수 a, b에 대하여 ab의 값을 구하시오.

0376

이차방정식 $x^2+6x-3=0$의 두 근이 α, β이고, 이차방정식 $x^2+ax+b=0$의 두 근이 $2\alpha-1$, $2\beta-1$이다. 상수 a, b에 대하여 $a+b$의 값을 구하시오.

0377

이차방정식 $x^2+ax+b=0$의 두 근이 α, β이고, 이차방정식 $x^2+bx+a=0$의 두 근이 $\frac{1}{\alpha}$, $\frac{1}{\beta}$이다. 실수 a, b에 대하여 $a+b$의 값을 구하시오.

0378

이차방정식 $x^2-ax-2=0$의 두 근이 α, β이고, 이차방정식 $2x^2+(b-3)x-a=0$의 두 근이 $\alpha^2\beta$, $\alpha\beta^2$일 때, 상수 a, b에 대하여 $b-2a$의 값을 구하시오.

유형 16 이차방정식의 작성

0379

이차방정식 $4x^2-7x-3=0$의 두 근을 α, β라 할 때, $2-\alpha$, $2-\beta$를 두 근으로 하고 x^2의 계수가 4인 이차방정식을 구하시오.

0380

이차방정식 $5x^2-2x+3=0$의 두 근을 $\frac{1}{\alpha}$, $\frac{1}{\beta}$이라 할 때, α, β를 두 근으로 하고 x^2의 계수가 3인 이차방정식을 구하시오.

0381 교육청 변형

그림과 같이 반지름의 길이가 16인 사분원에 넓이가 72인 직사각형이 내접하고 있다. 이 직사각형의 가로, 세로의 길이를 두 근으로 하는 이차방정식이 $x^2+ax+b=0$일 때, 상수 a, b에 대하여 $a+b$의 값을 구하시오.

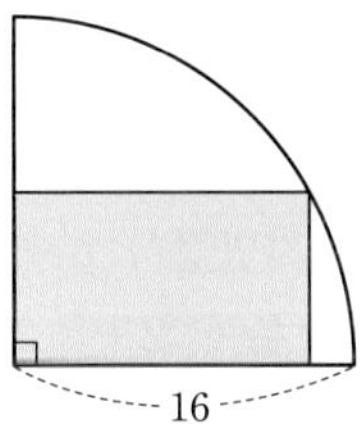

0382

이차방정식 $x^2+(a-3)x-b=0$의 두 근이 -1, α이고, 이차방정식 $x^2+(b+2)x-a=0$의 두 근이 4, β일 때, α, β를 두 근으로 하는 이차방정식은 $x^2+px+q=0$이다. 상수 p, q에 대하여 $p+q$의 값을 구하시오. (단, a, b는 상수이다.)

0383

이차방정식 $x^2-5x+m=0$의 두 근이 α, β이고, 이차방정식 $x^2-nx+25=0$의 두 근이 $\alpha+\frac{1}{\alpha}$, $\beta+\frac{1}{\beta}$일 때, 상수 m, n에 대하여 $m+n$의 값을 구하시오. (단, $m<25$)

유형 17 잘못 보고 푼 이차방정식

0384

이차방정식 $x^2+ax+b=0$을 푸는데, a를 잘못 보고 풀었더니 두 근 $2+i$, $2-i$를 얻었고, b를 잘못 보고 풀었더니 두 근 $3+2\sqrt{3}$, $3-2\sqrt{3}$을 얻었다. 이 이차방정식의 올바른 두 근의 차는? (단, a, b는 상수이다.)

① 1 ② 2 ③ 3
④ 4 ⑤ 5

0385

인성이와 동원이가 이차방정식 $ax^2+bx+c=0$을 푸는데, 인성이는 b를 잘못 보고 풀어 두 근 8, -2를 얻었고, 동원이는 c를 잘못 보고 풀어 두 근 $-3+\sqrt{5}$, $-3-\sqrt{5}$를 얻었다. 이 이차방정식의 올바른 두 근 중 음수인 근을 구하시오.

(단, a, b, c는 상수이다.)

0386

x에 대한 이차방정식 $ax^2+bx+c=0$의 근을 구하는데, 근의 공식을 $x=\frac{-b\pm\sqrt{b^2-4ac}}{a}$로 잘못 적용하여 풀어 두 근 -4, 1을 얻었다. 이 이차방정식의 올바른 두 근 중 정수인 근을 구하시오. (단, a, b, c는 실수이다.)

유형 18 이차식의 인수분해

0387

이차식 $4x^2-8x+9$를 복소수의 범위에서 인수분해하면?

① $(x-2-\sqrt{5}i)(x-2+\sqrt{5}i)$

② $\frac{1}{2}(2+\sqrt{5}i-2x)(2-\sqrt{5}i-2x)$

③ $(2+\sqrt{5}i-2x)(2-\sqrt{5}i-2x)$

④ $2\left(x-\frac{2+\sqrt{5}i}{2}\right)\left(x-\frac{2-\sqrt{5}i}{2}\right)$

⑤ $4\left(x+\frac{2+\sqrt{5}i}{2}\right)\left(x+\frac{2-\sqrt{5}i}{2}\right)$

0388

다음 중 이차식 $x^2+2\sqrt{3}x+4$의 인수인 것은?

① $x-3+i$ ② $x-\sqrt{3}-i$ ③ $x-\sqrt{3}+i$
④ $x+\sqrt{3}+i$ ⑤ $x+3+i$

0389

이차식 $\frac{1}{2}x^2-3x+5$를 인수분해하면

$\frac{1}{2}(x+a-i)(x-3+bi)$이다. 실수 a, b에 대하여 $a-b$의 값을 구하시오.

유형 19 이차방정식 $f(x)=0$의 근을 이용하여 $f(ax+b)=0$의 근 구하기

0390

방정식 $f(x)=0$의 한 근이 -1일 때, 다음 중 -3을 반드시 근으로 갖는 x에 대한 방정식은?

① $f(x+4)=0$　② $f(2x+3)=0$
③ $f(-x-2)=0$　④ $f(x^2-8)=0$
⑤ $f(2-|x|)=0$

0391

이차방정식 $f(x)=0$의 두 근의 합이 -2일 때, 이차방정식 $f(2x+3)=0$의 두 근의 합을 구하시오.

0392 교육청 변형

$f(x)=x^2+3x-5$에 대하여 $f(2-5x)=0$의 두 근의 곱을 구하시오.

0393

이차방정식 $f(x-2)=0$의 두 근 α, β에 대하여 $\alpha+\beta=2$, $\alpha\beta=4$일 때, 이차방정식 $f(x+1)=0$의 두 근의 합과 곱을 각각 구하시오.

0394

이차방정식 $f(3x-4)=0$의 두 근 α, β에 대하여 $\alpha+\beta=-\frac{3}{4}$, $\alpha\beta=-5$일 때, 이차방정식 $f(5x)=0$의 두 근의 곱을 구하시오.

유형 20 $f(\alpha)=f(\beta)=k$를 만족시키는 이차식 $f(x)$ 구하기

0395

이차식 $f(x)=x^2-5x+5$에 대하여 $f(\alpha)=-2$, $f(\beta)=-2$일 때, $f(\alpha\beta)$의 값은?

① 13　② 15　③ 17
④ 19　⑤ 21

0396

이차방정식 $x^2-3x-6=0$의 두 근을 α, β라 할 때, 이차식 $f(x)$가 $f(\alpha)=f(\beta)=1$을 만족시킨다. $f(x)$의 x^2의 계수가 1일 때, $f(0)+f(-2)$의 값을 구하시오.

0397

이차식 $f(x)=x^2+2x-7$에 대하여 $f(\alpha)=-1$, $f(\beta)=-1$일 때, $\alpha^3+\beta^3$의 값을 구하시오.

0398

이차방정식 $x^2+4x-9=0$의 두 근을 α, β라 할 때, $f(\alpha)=f(\beta)=\alpha\beta$, $f(1)=3$을 만족시키는 이차식 $f(x)$에 대하여 $f(-1)$의 값을 구하시오.

0399

$P(x)$는 x^2의 계수가 1인 x에 대한 이차식이고, 이차방정식 $2x^2-8x+3=0$의 두 근은 α, β이다. $P(\alpha)=\beta$, $P(\beta)=\alpha$일 때, 이차식 $P(x)$를 구하시오.

유형 21 이차방정식의 켤레근

0400

실수 a, b에 대하여 이차방정식 $x^2+ax+b=0$의 한 근이 $\frac{4}{1-i}$일 때, 다항식 $f(x)=x^2+(a-1)x+3b$를 $x+2$로 나누었을 때의 나머지를 구하시오. (단, $i=\sqrt{-1}$이다.)

0401

이차방정식 $x^2+ax+b=0$의 한 근이 $3-\sqrt{2}i$일 때, $a+b$, $a-b$를 두 근으로 하는 이차방정식은 $x^2+px+q=0$이다. 이때 $p-q$의 값을 구하시오.

(단, a, b, p, q는 실수이고 $i=\sqrt{-1}$이다.)

0402

이차방정식 $x^2-10x+a=0$의 한 근이 $\frac{b+i}{3-i}$일 때, 실수 a, b에 대하여 $a-b$의 값을 구하시오.

(단, $b\neq-3$이고 $i=\sqrt{-1}$이다.)

0403 교육청 변형

다항식 $f(x)=x^2+px+q$ (p, q는 실수)가 다음 두 조건을 만족시킨다. 이때 $p+q$의 값을 구하시오.

(단, $i=\sqrt{-1}$이다.)

> (가) 다항식 $f(x)$를 $x+2$로 나눈 나머지는 9이다.
> (나) 실수 a에 대하여 이차방정식 $f(x)=0$의 한 근은 $a-3i$이다.

기출 & 기출변형 문제

정답과 풀이 309쪽

0404 교육청 변형

이차방정식 $x^2-3x+5=0$의 한 근을 α라 할 때, $\alpha^4-10\alpha^2+33\alpha$의 값을 구하시오.

0405 교육청 기출

x에 대한 이차방정식 $(a^2-9)x^2=a+3$이 서로 다른 두 실근을 갖도록 하는 10보다 작은 자연수 a의 개수는?

① 3　② 4　③ 5　④ 6　⑤ 7

0406 교육청 변형

x에 대한 이차방정식 $x^2-2mx+n^2=0$의 한 근이 $x=2m-3n$이다. m, n이 모두 20 이하의 자연수일 때, 순서쌍 (m, n)의 개수는?

① 2　② 3　③ 4　④ 5　⑤ 6

0407 교육청 변형

이차방정식 $f(2x-1)=0$의 두 근 α, β에 대하여 $\alpha+\beta=2$, $\alpha\beta=-3$일 때, 이차방정식 $f(x+4)=0$의 두 근의 곱을 구하시오.

0408 교육청 변형

x에 대한 이차방정식 $x^2-3(a+2)x+2=0$의 두 근을 α, β라 할 때, $\alpha=\beta-1$을 만족시키는 모든 실수 a의 값의 곱을 구하시오.

0409 교육청 기출

이차방정식

$$(x-a)(x-b)+(x-b)(x-c)+(x-c)(x-a)=0$$

의 두 근의 합과 곱이 각각 4, -3일 때, 이차방정식

$$(x-a)^2+(x-b)^2+(x-c)^2=0$$

의 두 근의 곱은? (단, a, b, c는 상수이다.)

① 15 ② 16 ③ 17 ④ 18 ⑤ 19

0410 교육청 변형

이차방정식 $x^2+(2|a|-3)x-a=0$의 두 근을 α, β라 할 때, $\alpha^2\beta+\alpha^2+\alpha\beta^2+\beta^2-2\alpha-2\beta=18$을 만족시키는 모든 실수 a의 값의 합은?

① $-\frac{5}{2}$ ② -2 ③ $-\frac{1}{2}$ ④ 2 ⑤ $\frac{5}{2}$

0411 교육청 변형

실수 p, q에 대하여 x에 대한 이차방정식
$x^2-(p^2+q)x+p^2q+9=0$의 한 근이 $\frac{25}{4-3i}$일 때, $\frac{1}{p}$, $\frac{1}{q}$을 두 근으로 하는 이차방정식은 $8x^2+ax+b=0$이다. 상수 a, b에 대하여 $b-a$의 값을 구하시오.

(단, $p>0$이고 $i=\sqrt{-1}$이다.)

0412 교육청 변형

두 자연수 m, n에 대하여 이차방정식 $mx^2-21x+n=0$의 두 근이 서로 다른 소수일 때, 모든 n의 값의 합을 구하시오.

0413 교육청 변형

그림과 같이 한 변의 길이가 1인 정오각형 ABCDE가 있다. 두 대각선 AC와 BE가 만나는 점을 P, 대각선 BE의 길이를 x라 할 때, $2x$의 값을 구하시오.

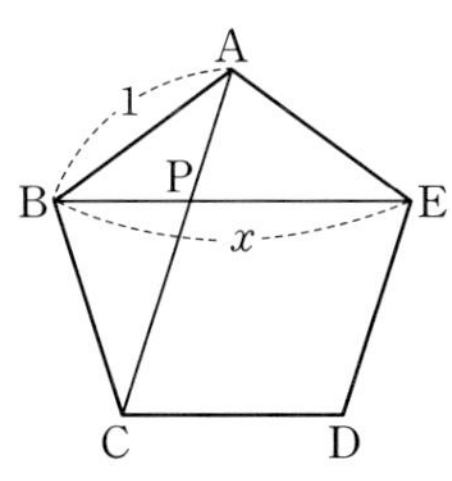

0414 교육청 기출

x에 대한 이차방정식 $x^2+(a-4)x-1=0$의 두 근을 α와 β, $x^2+ax+b=0$의 두 근을 α와 γ라 하자. 상수 a, b에 대하여 $2\alpha=\beta-\gamma$가 성립할 때, $2a-b$의 값을 구하시오.

0415 교육청 변형

이차방정식 $x^2-5x+1=0$의 두 근을 α, β라 할 때, 다음 조건을 모두 만족시키는 이차식 $f(x)$에 대하여 이차방정식 $f(x)=0$의 두 근을 p, q라 하자. 이때 $|p-q|$의 값을 구하시오.

(가) $\beta f(\alpha)=1$	(나) $\alpha f(\beta)=1$	(다) $f(0)=-1$

이차방정식과 이차함수

유형 01 이차함수의 그래프와 x축의 교점

0416

그림과 같이 꼭짓점의 좌표가 $(4, 1)$인 이차함수 $y=f(x)$의 그래프가 x축과 두 점 $(\alpha, 0)$, $(\beta, 0)$에서 만날 때, $\alpha+\beta$의 값은? (단, $\alpha<\beta$)

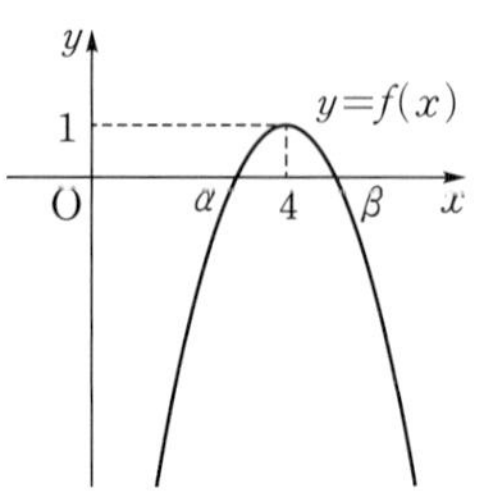

① 5　② 6　③ 7　④ 8　⑤ 9

0417

이차함수 $y=f(x)$의 그래프의 꼭짓점의 y좌표가 4이고, $f(-1)=f(-5)=0$일 때, $f(2)$의 값은?

① -25　② -21　③ -17　④ -13　⑤ -9

0418

이차함수 $y=x^2+ax-3$의 그래프가 x축과 만나는 두 점의 x좌표의 합이 -3일 때, 상수 a의 값은?

① -3　② -1　③ 0　④ 1　⑤ 3

0419

두 상수 a, b에 대하여 이차함수 $y=x^2+ax+b$의 그래프가 점 $(1, 0)$에서 x축과 접할 때, 이차함수 $y=x^2+bx+a$의 그래프가 x축과 만나는 두 점 사이의 거리를 구하시오.

유형 02 이차함수의 그래프와 x축의 위치 관계

0420

이차함수 $y=-x^2-3x+a$의 그래프가 x축과 서로 다른 두 점에서 만나도록 하는 실수 a의 값의 범위는?

① $a>-\frac{9}{4}$　② $a\ge-\frac{9}{4}$　③ $a<\frac{9}{4}$　④ $a\le\frac{9}{4}$　⑤ $a>\frac{9}{4}$

0421 교육청 변형

이차함수 $y=x^2-2(k+3)x+k^2+5k-1$의 그래프가 x축과 만나도록 하는 실수 k의 값의 범위를 구하시오.

0422

이차함수 $y=x^2-4x+a$의 그래프가 x축과 만나지 않도록 하는 정수 a의 최솟값은?

① 3　② 4　③ 5　④ 6　⑤ 7

0423

이차함수 $y=x^2-2kx+k+6$의 그래프는 x축과 한 점에서 만나고, 이차함수 $y=-2x^2+3x+k$의 그래프는 x축과 서로 다른 두 점에서 만나도록 하는 실수 k의 값을 구하시오.

0424

이차함수 $f(x)=x^2+2(a-3k)x+9k^2-2k+b$의 그래프가 실수 k의 값에 관계없이 항상 x축에 접할 때, 실수 a, b에 대하여 $a+b$의 값을 구하시오.

유형 03 이차함수의 그래프와 이차방정식의 실근의 합

0425

이차함수 $y=f(x)$의 그래프가 그림과 같을 때, x에 대한 이차방정식 $f(x+3p)=0$의 두 실근의 합이 10이 되도록 하는 상수 p의 값을 구하시오.

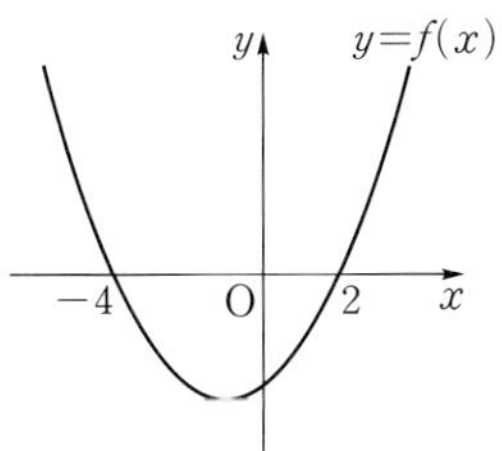

0426

이차함수 $y=f(x)$의 그래프가 x축과 서로 다른 두 점 $(\alpha, 0)$, $(\beta, 0)$에서 만나고 $\alpha+\beta=26$일 때, 방정식 $f(3x-2)=0$의 모든 실근의 합은?

① 10 ② 15 ③ 20
④ 25 ⑤ 30

0427

그림과 같이 두 함수 $f(x)=x^2-x-5$와 $g(x)=x+3$의 그래프가 만나는 두 점을 각각 A, B라 하자. 방정식 $f(2x-k)=g(2x-k)$의 두 실근의 합이 3일 때, 상수 k의 값을 구하시오.

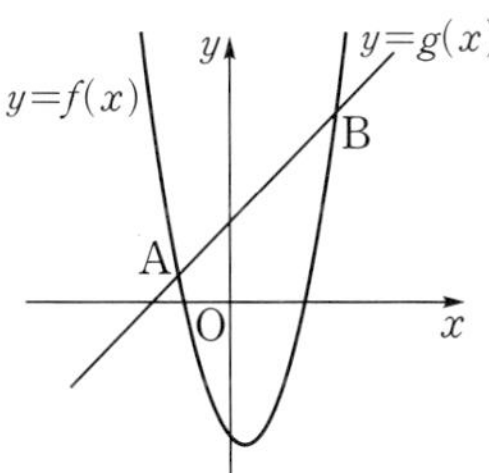

0428

그림과 같이 최고차항의 계수의 절댓값이 같은 세 이차함수 $y=f(x)$, $y=g(x)$, $y=h(x)$의 그래프가 있다. 방정식 $f(x)+g(x)+h(x)=0$의 모든 근의 합을 구하시오.

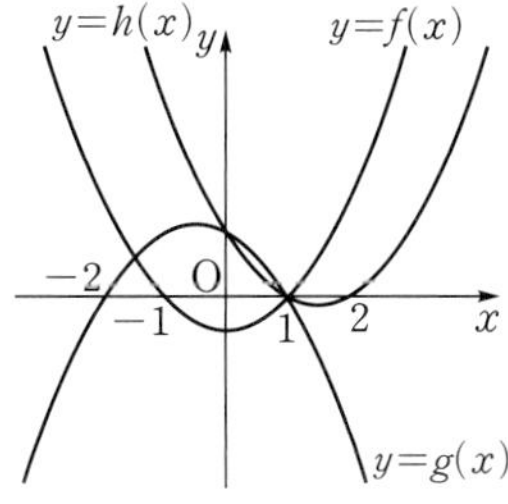

0429 교육청 변형

이차함수 $y=f(x)$의 그래프가 그림과 같이 직선 $x=3$에 대하여 대칭이고 x축과 서로 다른 두 점에서 만난다. 방정식 $f(2x-5)=0$의 두 근의 합은?

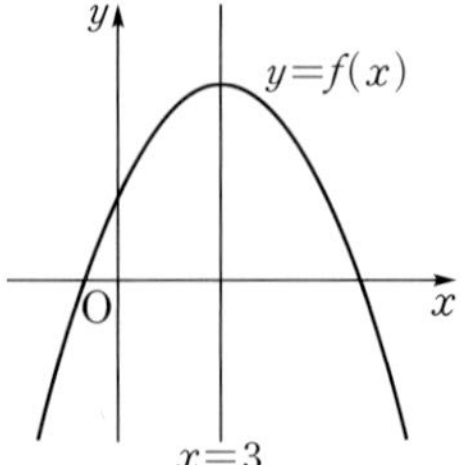

① 2 ② 4 ③ 6 ④ 8 ⑤ 10

유형 04 이차함수의 그래프와 직선의 교점

0430

이차함수 $y=x^2+2ax+8$의 그래프와 직선 $y=2x-6$의 두 교점의 x좌표의 차가 $2\sqrt{2}$일 때, 양수 a의 값은?

① 3 ② 4 ③ 5 ④ 6 ⑤ 7

0431 교육청 변형

이차함수 $y=3x^2+(3k+4)x+k$의 그래프와 직선 $y=-2x+k^2$의 두 교점의 x좌표의 합이 7일 때, 두 교점의 x좌표의 곱을 구하시오. (단, k는 상수이다.)

0432

이차함수 $y=-2x^2-x+3$의 그래프와 직선 $y=kx$가 만나는 서로 다른 두 점을 각각 A, B라 할 때, $\overline{OA}:\overline{OB}=3:2$가 되도록 하는 음수 k의 값을 구하시오. (단, O는 원점이다.)

0433

이차함수 $y=2x^2-(a^2-2a+6)x+(3a-1)$의 그래프와 직선 $y=-3ax+a^2$이 서로 다른 두 점에서 만나고, 두 교점의 x좌표가 절댓값이 같고 부호가 다를 때, 상수 a의 값은?

① 0 ② 1 ③ 2 ④ 3 ⑤ 4

유형 05 이차함수의 그래프와 직선의 위치 관계

0434

이차함수 $y=x^2+4x+3$의 그래프와 직선 $y=-2x+k$가 서로 다른 두 점에서 만나도록 하는 실수 k의 값의 범위는?

① $k\geq-6$ ② $k>-6$ ③ $k\leq-6$ ④ $k<-6$ ⑤ $k<6$

0435

이차함수 $y=-x^2-(2k-1)x-k+3$의 그래프와 직선 $y=2k(x+2k)$가 적어도 한 점에서 만나도록 하는 정수 k의 최댓값은?

① -2　② -1　③ 0
④ 1　⑤ 2

0436 교육청 변형

이차함수 $y=x^2-2kx-k+10$의 그래프와 직선 $y=2x-k^2$이 만나지 않도록 하는 모든 자연수 k의 값의 합을 구하시오.

0437

직선 $y=-x+2k$가 이차함수 $y=2x^2-3x+1$의 그래프와 만날 때의 실수 k의 값의 범위는 $k\geq a$이고, 이차함수 $y=x^2+x+8$의 그래프와 만나지 않을 때의 실수 k의 값의 범위는 $k<b$이다. 이때 $8ab$의 값은?

① 6　② 7　③ 8
④ 9　⑤ 10

유형 06 이차함수의 그래프에 접하는 직선의 방정식

0438

직선 $y=2x+1$에 평행하고 이차함수 $y=-x^2+3$의 그래프에 접하는 직선의 방정식이 $y=ax+b$일 때, $a+b$의 값은? (단, a, b는 실수이다.)

① 5　② 6　③ 7
④ 8　⑤ 9

0439

점 (1, 5)를 지나고, 이차함수 $y=-x^2+x+4$의 그래프에 접하는 두 직선의 기울기의 곱은?

① -3　② -2　③ 1
④ 2　⑤ 3

0440

이차함수 $y=x^2-1$의 그래프에 접하고 기울기가 2인 직선이 이차함수 $y=-2x^2+2kx-3k-7$의 그래프에 접할 때, 양수 k의 값은?

① 6　② 7　③ 8
④ 9　⑤ 10

0441

두 이차함수 $y=x^2+ax-b$, $y=-x^2+2x+3$의 그래프가 점 $(-1, 0)$에서 한 직선에 접할 때, 실수 a, b에 대하여 $a-b$의 값을 구하시오.

유형 07 이차함수의 최대, 최소

0442

이차함수 $f(x)=3x^2+6ax+b$에 대하여 $f(-1)=f(5)$, $f(1)=7$일 때, $f(x)$의 최솟값은? (단, a, b는 상수이다.)

① 3 ② 4 ③ 5
④ 6 ⑤ 7

0443

두 이차함수

$$f(x)=-2x^2-4x-3a+1,\ g(x)=x^2+4x+2b-1$$

이 모든 실수 x에 대하여 $f(x)\le-3$, $g(x)\ge1$을 만족시킬 때, 상수 a, b에 대하여 $a+b$의 최솟값은?

① 1 ② 2 ③ 3
④ 4 ⑤ 5

0444

이차함수 $f(x)=-2x^2+4ax-b$의 최댓값은 0이고, 이차함수 $g(x)=x^2-6x+a-b$의 최솟값은 -12일 때, 상수 a, b에 대하여 $a+b$의 값은? (단, $a>0$)

① -6 ② -3 ③ 0
④ 3 ⑤ 6

0445

이차함수 $f(x)$가 모든 실수 x에 대하여 $f(x)+2f(1-x)=3x^2$을 만족시킬 때, 보기에서 옳은 것만을 있는 대로 고른 것은?

보기
ㄱ. $f(0)=2$
ㄴ. $f(x)$의 최솟값은 -2이다.
ㄷ. $f(2-x)=f(2+x)$

① ㄱ ② ㄱ, ㄴ ③ ㄱ, ㄷ
④ ㄴ, ㄷ ⑤ ㄱ, ㄴ, ㄷ

유형 08 제한된 범위에서 이차함수의 최대, 최소

0446

$0\le x\le3$에서 이차함수 $y=-x^2+2x+6$의 최솟값은?

① -3 ② -1 ③ 0
④ 1 ⑤ 3

0447

$-1\le x\le 3$에서 이차함수 $f(x)=x^2-4x+k$의 최댓값이 9일 때, 상수 k의 값은?

① 1 ② 2 ③ 3
④ 4 ⑤ 5

0448

$-1\le x\le 4$에서 이차함수 $y=x^2-2x-1$의 최댓값을 M, 최솟값을 m이라 할 때, $M+m$의 값은?

① 1 ② 3 ③ 5
④ 7 ⑤ 9

0449

$-2\le x\le a$에서 이차함수 $y=-x^2+4x+1$의 최댓값이 4이고, 최솟값이 b일 때, 상수 a, b에 대하여 $a-b$의 값을 구하시오.

0450

$0\le x\le a$에서 이차함수 $f(x)=x^2-6x+a+5$의 최솟값이 1이 되도록 하는 모든 상수 a의 값의 합은? (단, a는 양수이다.)

① 6 ② 7 ③ 8
④ 9 ⑤ 10

0451

$0\le x\le 2$에서 이차함수 $f(x)=x^2-2ax+2a^2$의 최솟값이 10일 때, 함수 $f(x)$의 최댓값을 구하시오.

(단, a는 양수이다.)

유형 09 공통부분이 있는 함수의 최대, 최소 - 치환을 이용

0452

함수 $y=(x^2-1)^2+8(x^2-1)-2$의 최솟값은?

① -18 ② -9 ③ 2
④ 9 ⑤ 18

0453

함수 $y=(x^2+4x)^2-2(x^2+4x-1)-k$의 최솟값이 -2일 때, 상수 k의 값을 구하시오.

0454

함수 $y=-(2x-3)^4+8(2x-3)^2+k$가 $x=a$에서 최댓값 4를 가질 때, 상수 k에 대하여 ak의 값은? (단, $a>1$)

① -30　② -15　③ 1
④ 15　⑤ 30

0455

$-1\le x\le 1$에서 함수

$$f(x)=(x^2-2x-3)^2+2(x^2-2x-3)+k$$

의 최댓값이 7일 때, 함수 $f(x)$의 최솟값을 구하시오.
(단, k는 상수이다.)

유형 10 완전제곱식을 이용한 이차식의 최대, 최소

0456

x, y가 실수일 때, $2x^2-8x+y^2+2y+5$의 최솟값을 구하시오.

0457

x, y가 실수일 때, $-x^2-y^2-2x-4y+5$의 최댓값을 구하시오.

0458

두 실수 x, y에 대하여 $x^2+6y^2-4xy-12y+20$이 $x=p$, $y=q$에서 최솟값 m을 가질 때, 상수 p, q, m에 대하여 $p+q+m$의 값은?

① 3　② 5　③ 7
④ 9　⑤ 11

0459

실수 x, y, z에 대하여 $-x^2-y^2-2z^2-2x+6y+8z-10$은 $x=a$, $y=b$, $z=c$에서 최댓값 d를 갖는다. 상수 a, b, c, d에 대하여 $a+b+c+d$의 값을 구하시오.

유형 11 조건을 만족시키는 이차식의 최대, 최소

0460

$x+2y=1$을 만족시키는 실수 x, y에 대하여 $2x^2+y^2$의 최솟값은?

① $\frac{2}{9}$　② $\frac{4}{9}$　③ $\frac{2}{3}$
④ $\frac{8}{9}$　⑤ $\frac{10}{9}$

0461

그림과 같이 이차함수 $y=x^2-2x+2$의 그래프 위를 움직이는 점 $\mathrm{P}(a, b)$가 있다. $0 \le a \le 6$일 때, $2a-b+4$의 최댓값과 최솟값의 합을 구하시오.

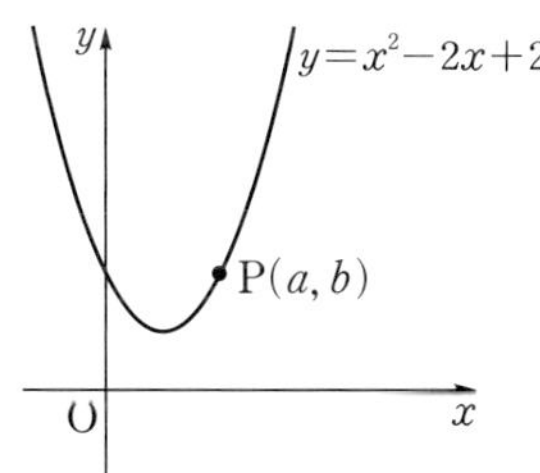

0462

x에 대한 이차방정식 $x^2-2(a-1)x+a^2-a+1=0$의 서로 다른 두 실근을 α, β라 할 때, $\alpha^2-4\alpha\beta+\beta^2$의 최댓값을 구하시오. (단, a는 실수이다.)

0463

점 $\mathrm{P}(a, b)$가 두 점 $\mathrm{A}(1, -2)$, $\mathrm{B}(-5, 1)$을 잇는 선분 AB 위를 움직일 때, a^2+2b^2의 최솟값을 구하시오.

유형 12 이차함수의 최대, 최소의 활용

0464

어느 호떡 가게에서 호떡 한 개의 가격이 1000원일 때, 하루에 200개씩 팔린다고 한다. 이 호떡 한 개의 가격을 $100x$원 인상할 때마다 하루 판매량은 $10x$개씩 줄어든다고 할 때, 호떡의 하루 판매액이 최대가 되도록 하는 호떡 한 개의 가격은?

① 800원 ② 1200원 ③ 1500원
④ 1700원 ⑤ 2000원

0465

그림과 같이 폭이 6, 높이가 9인 포물선 모양의 그물 안에 직사각형 모양의 덫을 둘레의 길이가 최대가 되도록 만들 때, 이 덫의 둘레의 길이를 구하시오.

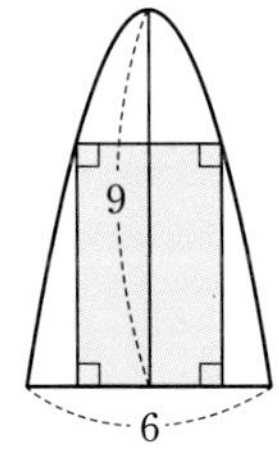

0466

그림과 같이 $\angle \mathrm{B}=90^\circ$, $\overline{\mathrm{AB}}=4$, $\overline{\mathrm{BC}}=4\sqrt{3}$인 직각삼각형 ABC에서 점 P가 변 AC 위를 움직일 때, $\overline{\mathrm{PB}}^2+\overline{\mathrm{PC}}^2$의 최솟값을 구하시오.

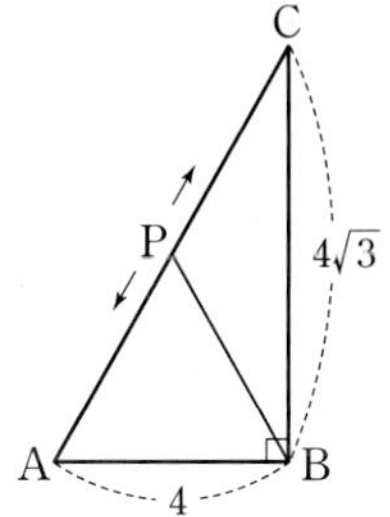

기출 & 기출변형 문제

0467 교육청 변형

두 실수 a, b에 대하여 복소수 $z=a+bi$가 $z^2+(\overline{z})^2=0$을 만족시킬 때, $8a-2b^2+5$의 최댓값은?

(단, $i=\sqrt{-1}$이고, $\overline{z}$는 z의 켤레복소수이다.)

① 11 ② 12 ③ 13
④ 14 ⑤ 15

0468 교육청 기출

양수 a에 대하여 $0\le x\le a$에서 이차함수

$$f(x)=x^2-8x+a+6$$

의 최솟값이 0이 되도록 하는 모든 a의 값의 합은?

① 11 ② 12 ③ 13
④ 14 ⑤ 15

0469 교육청 변형

이차함수 $f(x)$가 다음 조건을 만족시킬 때, $f(3)$의 값을 구하시오.

> (가) 함수 $f(x)$는 $x=1$에서 최솟값 7을 갖는다.
> (나) 곡선 $y=f(x)$에 접하고 직선 $4x-y-6=0$과 평행한 직선의 y절편은 -1이다.

0470 교육청 기출

그림과 같이 유리수 a, b에 대하여 두 이차함수 $y=x^2-3x+1$과 $y=-x^2+ax+b$의 그래프가 만나는 두 점을 각각 P, Q라 하자. 점 P의 x좌표가 $1-\sqrt{2}$일 때, $a+3b$의 값은?

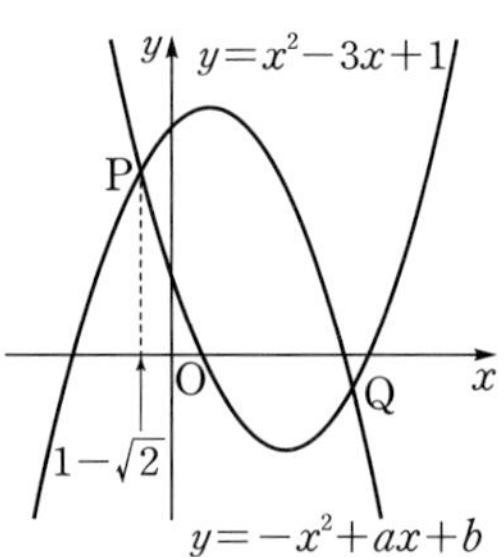

① 6 ② 7
③ 8 ④ 9
⑤ 10

0471 교육청 변형

두 양수 p, q에 대하여 이차함수 $f(x)=x^2-px+q$가 다음 조건을 만족시킬 때, p^2-q^2의 값을 구하시오.

> (가) $y=f(x)$의 그래프는 x축에 접한다.
> (나) $-p\leq x\leq p$에서 $f(x)$의 최댓값은 27이다.

0472 교육청 기출

이차함수 $f(x)=x^2-x+k$의 그래프와 직선 $y=x+1$이 두 점에서 만날 때, 그 교점의 x좌표를 각각 α, β $(\alpha<\beta)$라 하자. 세 점 $\mathrm{A}(\alpha, f(\alpha))$, $\mathrm{B}(\beta, f(\alpha))$, $\mathrm{C}(\beta, f(\beta))$를 꼭짓점으로 하는 삼각형 ABC의 넓이가 8일 때, $f(6)$의 값은? (단, k는 상수이다.)

① 28 ② 29 ③ 30
④ 31 ⑤ 32

0473 교육청 기출

자연수 n에 대하여 두 함수 $f(x)=x^2+n^2$과 $g(x)=2nx+1$의 그래프가 만나는 두 점을 각각 A, B라 하고, 점 A와 B에서 x축에 내린 수선의 발을 각각 C, D라 하자. 네 점 A, B, C, D를 꼭짓점으로 하는 사각형의 넓이가 66이 되도록 하는 n의 값은?

① 1 ② 2 ③ 3
④ 4 ⑤ 5

0474 교육청 변형

좌표평면에서 직선 $y=t$가 두 이차함수 $y=x^2+3$, $y=-x^2+x+6$의 그래프와 만날 때, 만나는 서로 다른 점의 개수가 3인 모든 실수 t의 값의 합을 구하시오.

여러 가지 방정식

유형별 유사문제

유형 01 삼차방정식의 풀이

0475

삼차방정식 $x^3+3x^2-x-3=0$의 세 실근 중 가장 큰 근과 가장 작은 근의 곱은?

① -5 ② -3 ③ -1
④ 2 ⑤ 6

0476

삼차방정식 $x^3-x^2+x-6=0$의 해는 $x=\alpha$ 또는 $x=\frac{\beta\pm\sqrt{\gamma}i}{2}$이다. 이때 세 유리수 α, β, γ에 대하여 $\alpha-\beta+\gamma$의 값을 구하시오.

0477 교육청 변형

삼차방정식 $x^3-2x^2-2x-3=0$의 서로 다른 두 허근을 α, β라 할 때, $\alpha^3+\beta^3$의 값을 구하시오.

0478

방정식 $(x+2)(x+1)(x-3)+12=-6x$의 세 근을 α, β, γ라 할 때, $\alpha^2+\beta^2+\gamma^2$의 값은?

① -2 ② -1 ③ 0
④ 1 ⑤ 2

유형 02 사차방정식의 풀이

0479

사차방정식 $x^4-x^3-2x^2-2x+4=0$의 모든 실근의 합은?

① -4 ② -2 ③ 1
④ 3 ⑤ 5

0480

사차방정식 $x^4+x^3-7x^2-x+6=0$의 네 근을 α, β, γ, δ라 할 때, $(3-\alpha)(3-\beta)(3-\gamma)(3-\delta)$의 값을 구하시오.

유형 03 공통부분이 있는 사차방정식의 풀이 - 치환 이용

0481 교육청 변형

사차방정식 $(x^2-4x)^2+9(x^2-4x)+18=0$의 모든 허근의 곱을 구하시오.

0482

사차방정식 $(x^2-x-3)^2+(x^2-x)-15=0$의 모든 실근의 곱을 a, 모든 허근의 합을 b라 할 때, $b-a$의 값은?

① 3 ② 4 ③ 5
④ 6 ⑤ 7

0483

사차방정식 $(x-2)(x+2)(x+3)(x+7)+19=0$의 모든 실근의 곱을 구하시오.

유형 04 $x^4+ax^2+b=0$ 꼴의 방정식의 풀이

0484

사차방정식 $x^4-13x^2+36=0$의 네 근을 α, β, γ, δ라 할 때, $|\alpha|+|\beta|+|\gamma|+|\delta|$의 값을 구하시오.

0485

사차방정식 $x^4+3x^2-18=0$의 두 실근의 곱은?

① -18 ② -6 ③ -3
④ 3 ⑤ 9

0486

사차방정식 $x^4-7x^2+9=0$의 두 음의 근을 α, β라 할 때, $\alpha+\beta$의 값은?

① $-\sqrt{13}$ ② $-\frac{\sqrt{13}}{2}$ ③ $-\sqrt{3}$
④ $-\sqrt{2}$ ⑤ -1

0487

사차방정식 $x^4+6x^2+25=0$의 네 근을 α, β, γ, δ라 할 때, $\frac{1}{\alpha}+\frac{1}{\beta}+\frac{1}{\gamma}+\frac{1}{\delta}$의 값을 구하시오.

유형 05 $ax^4+bx^3+cx^2+bx+a=0$ 꼴의 방정식의 풀이

0488

사차방정식 $x^4-2x^3-x^2-2x+1=0$의 두 실근의 합을 구하시오.

0489

사차방정식 $x^4-4x^3-3x^2-4x+1=0$의 한 실근을 α라 할 때, $\alpha+\frac{1}{\alpha}$의 값을 구하시오.

0490

사차방정식 $x^4-10x^3+11x^2-10x+1=0$의 두 실근의 합을 a, 두 허근의 곱을 b라 할 때, $a+b$의 값을 구하시오.

유형 06 근이 주어진 삼 · 사차방정식

0491

삼차방정식 $x^3-kx^2-(k-3)x+4=0$의 한 근이 1이고 나머지 두 근이 α, β일 때, $k+\alpha+\beta$의 값을 구하시오. (단, k는 상수이다.)

0492 교육청 변형

x에 대한 사차방정식 $x^4-3x^3-ax^2+12x+16=0$의 한 근이 -1일 때, 네 실근 중 가장 작은 근을 b, 가장 큰 근을 c라 하자. $a+b+c$의 값은? (단, a는 상수이다.)

① -12 ② -2 ③ 4
④ 8 ⑤ 10

0493

사차방정식 $2x^4-ax^3+bx^2-12x+b=0$의 두 근이 1, 3일 때, 나머지 두 근의 곱을 구하시오. (단, a, b는 상수이다.)

유형 07 근의 조건이 주어진 삼차방정식

0494

삼차방정식 $x^3-x^2-2(k+1)x+4k=0$이 중근을 갖도록 하는 모든 실수 k의 값의 합을 구하시오.

0495

삼차방정식 $x^3-3x^2-(k+4)x-k=0$의 근이 모두 실수가 되도록 하는 실수 k의 값이 될 수 있는 것은?

① -4 ② -8 ③ -10
④ -12 ⑤ -16

0496

삼차방정식 $x^3+3x^2+(k+2)x+2k=0$의 서로 다른 실근이 한 개뿐일 때, 실수 k의 값의 범위는?

① $k<-\frac{5}{2}$ ② $k<-\frac{1}{4}$ ③ $k>-\frac{1}{4}$
④ $k>-1$ ⑤ $k>\frac{1}{4}$

0497

삼차방정식 $x^3-(a+1)x^2+a=0$의 서로 다른 실근의 개수가 2일 때, 모든 실수 a의 값의 합을 구하시오.

0498

삼차방정식 $(k-1)x^3+(k+3)x^2+(2-k)x-k-4=0$이 서로 다른 세 실근을 갖도록 하는 모든 자연수 k의 값의 합을 구하시오.

유형 08 삼차방정식의 근과 계수의 관계

0499

삼차방정식 $x^3-3x^2-mx+2=0$의 세 근을 α, β, γ라 할 때, $(\alpha+\beta)(\beta+\gamma)(\gamma+\alpha)=-4$를 만족시키는 상수 m의 값을 구하시오.

0500

삼차방정식 $x^3-12x^2+ax+b=0$의 세 근이 연속한 세 정수일 때, 상수 a, b에 대하여 $a-b$의 값은?

① 105 ② 106 ③ 107
④ 108 ⑤ 109

0501 교육청 변형

삼차방정식 $(x-4)(x+3)(x+1)+8=-5x$의 세 근을 α, β, γ라 할 때, $\dfrac{1}{\alpha^2}+\dfrac{1}{\beta^2}+\dfrac{1}{\gamma^2}$의 값은?

① 1 ② 2 ③ 3
④ 4 ⑤ 5

0502

삼차방정식 $x^3-2x^2-5x+k=0$의 세 근이 모두 정수이고 어떤 한 근이 다른 한 근의 3배일 때, 상수 k의 값은?

① 1 ② 2 ③ 4
④ 6 ⑤ 8

0503

이차방정식 $x^2+4x+p=0$의 두 근이 모두 삼차방정식 $x^3+6x^2+qx-6=0$의 근일 때, 상수 p, q에 대하여 $(p+q)^2$의 값을 구하시오.

유형 09 삼차방정식의 작성

0504

삼차방정식 $x^3+5x^2-x+2=0$의 세 근을 α, β, γ라 할 때, $\dfrac{2}{\alpha}$, $\dfrac{2}{\beta}$, $\dfrac{2}{\gamma}$를 세 근으로 하고 x^3의 계수가 1인 삼차방정식을 구하시오.

0505

삼차방정식 $x^3-2x^2-x+1=0$의 세 근을 α, β, γ라 할 때, $\alpha-1$, $\beta-1$, $\gamma-1$을 세 근으로 하고 x^3의 계수가 1인 삼차방정식은 $x^3+ax^2+bx+c=0$이다. 실수 a, b, c에 대하여 abc의 값은?

① -4 ② -2 ③ 2
④ 4 ⑤ 6

0506

x^3의 계수가 1인 삼차식 $f(x)$에 대하여

$f(1)=f(2)=f(4)=2$

가 성립할 때, 방정식 $f(x)=0$의 모든 근의 곱을 구하시오.

유형 10 삼차방정식과 사차방정식의 켤레근

0507

삼차방정식 $x^3+ax^2+bx+4=0$의 한 근이 $1-\sqrt{5}$일 때, 유리수 a, b에 대하여 $a+b$의 값은?

① -5 ② -4 ③ -3
④ -2 ⑤ 1

0508

삼차방정식 $ax^3+bx^2+cx-8=0$의 두 근이 $1+\sqrt{3}i$, 2일 때, 실수 a, b, c에 대하여 $a+b+c$의 값을 구하시오.

0509

삼차방정식 $x^3-5x^2+ax+b=0$의 두 근이 $\frac{1}{2-\sqrt{3}}$, c일 때, 유리수 a, b, c에 대하여 abc의 값을 구하시오.

0510

계수가 유리수이고 x^3의 계수가 1인 삼차방정식 $f(x)=0$의 두 근이 -1, $3+\sqrt{2}$일 때, $f(2)$의 값을 구하시오.

0511 교육청 변형

세 실수 a, b, c에 대하여 한 근이 $-1+2i$인 삼차방정식 $x^3+ax^2+bx+c=0$과 이차방정식 $x^2+ax-6=0$이 공통인 근 m을 가질 때, m^2의 값을 구하시오. (단, $i=\sqrt{-1}$이다.)

유형 11 방정식 $x^3=1$, $x^3=-1$의 허근의 성질

0512

$\omega=\frac{1-\sqrt{3}i}{2}$일 때, $\omega^{1005}+\frac{1}{\omega^{1005}}$의 값은?

① -4 ② -2 ③ 0
④ 2 ⑤ 4

0513

방정식 $x^3=-1$의 한 허근을 ω라 할 때, 보기에서 옳은 것만을 있는 대로 고르시오. (단, $\overline{\omega}$는 ω의 켤레복소수이다.)

보기

ㄱ. $\omega^2-\omega+1=0$
ㄴ. $\omega\overline{\omega}=0$
ㄷ. $\frac{\omega^2}{\omega-1}+\frac{\overline{\omega}}{\overline{\omega}^2+1}=1$
ㄹ. $1-\omega+\omega^2-\omega^3+\omega^4-\omega^5+\cdots+\omega^{98}-\omega^{99}=1$

0514

방정식 $x^3=-1$의 한 허근을 ω라 할 때, 보기에서 옳은 것만을 있는 대로 고른 것은? (단, $\overline{\omega}$는 ω의 켤레복소수이다.)

보기

ㄱ. $\omega^{2020}+\overline{\omega}^{2020}=-1$
ㄴ. $\frac{\omega^4}{1+\omega^2}+\frac{\overline{\omega}^5}{1-\overline{\omega}}=2$
ㄷ. $1+2\omega+3\omega^2+4\omega^3+5\omega^4=a+b\omega$가 성립할 때, $a+b=6$이다. (단, a, b는 실수이다.)

① ㄱ ② ㄴ ③ ㄱ, ㄷ
④ ㄴ, ㄷ ⑤ ㄱ, ㄴ, ㄷ

0515

방정식 $x^3-1=0$의 한 허근을 ω라 할 때,
$\frac{(\omega-2)\overline{(\omega-2)}}{(3\omega+2)\overline{(3\omega+2)}}$의 값은? (단, $\overline{\omega}$는 ω의 켤레복소수이다.)

① $\frac{5}{7}$ ② $\frac{6}{7}$ ③ 1
④ $\frac{8}{7}$ ⑤ $\frac{9}{7}$

0516 교육청 변형

방정식 $x^3=1$의 한 허근을 ω라 할 때,
$\frac{\omega}{\omega^2+1}+\frac{\omega^2}{\omega^4+1}+\frac{\omega^3}{\omega^6+1}+\cdots+\frac{\omega^{12}}{\omega^{24}+1}$의 값을 구하시오.

0517

방정식 $x^4+x^3-8x-8=0$의 한 허근을 ω라 할 때, 보기에서 옳은 것만을 있는 대로 고른 것은?
(단, $\overline{\omega}$는 ω의 켤레복소수이다.)

보기

ㄱ. $\overline{\omega}^2+4=2\overline{\omega}$ ㄴ. $\frac{1}{\omega}+\frac{1}{\overline{\omega}}=-\frac{1}{2}$
ㄷ. $\omega^7+32\omega^2+128=0$

① ㄴ ② ㄷ ③ ㄱ, ㄴ
④ ㄴ, ㄷ ⑤ ㄱ, ㄴ, ㄷ

유형 12 삼차방정식의 활용

0518

그림과 같이 밑면의 반지름의 길이와 높이가 모두 x cm인 원기둥 모양의 그릇에 108π cm^3의 물을 부었더니 그릇의 위에서부터 3 cm만큼의 공간이 남았다. 이때 x의 값을 구하시오.

(단, 그릇의 두께는 무시한다.)

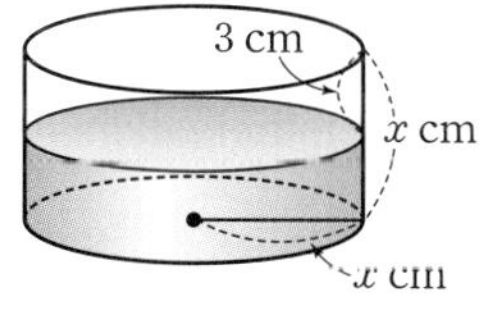

0519

한 모서리의 길이가 자연수인 어떤 정육면체의 가로의 길이를 1 cm만큼 줄이고 세로의 길이를 1 cm만큼, 높이를 6 cm만큼 늘여서 만든 직육면체의 부피는 처음 정육면체의 부피의 $\frac{8}{3}$배이다. 처음 정육면체의 한 모서리의 길이는?

① 2 cm ② 3 cm ③ 4 cm
④ 5 cm ⑤ 6 cm

0520

그림과 같이 반구를 원기둥 위에 올려놓은 모양의 용기를 만들려고 한다. 이 용기의 전체 부피는 648π이고, 원기둥의 높이는 밑면의 반지름의 길이보다 8만큼 더 길다고 한다. 이때 밑면의 반지름의 길이는? (단, 반구의 반지름의 길이와 원기둥의 밑면의 반지름의 길이는 같고 용기의 두께는 무시한다.)

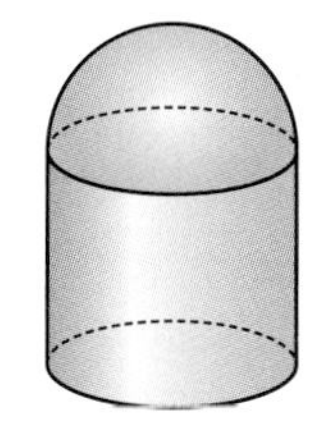

① 4 ② 5 ③ 6
④ 7 ⑤ 8

0521 교육청 변형

한 모서리의 길이가 x cm인 정육면체 6개를 그림과 같이 쌓아 놓은 입체의 겉넓이는 A cm^2, 부피는 B cm^3이다. $A=B+48$일 때, 자연수 x의 값을 구하시오.

0522

그림과 같은 전개도로 만든 직육면체의 겉넓이가 122 cm^2일 때, x의 값은?

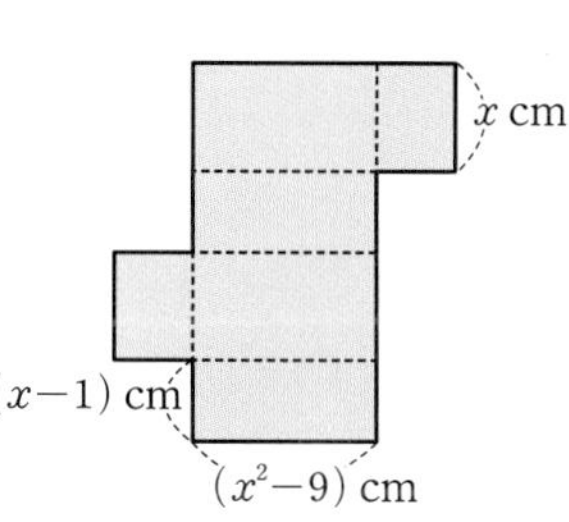

① 1 ② 2
③ 3 ④ 4
⑤ 5

0523

그림과 같이 삼각형 ABC의 한 변 AB를 지름으로 하고 삼각형 ABC에 외접하는 원을 그린다. 점 A를 지나고 이 원에 접하는 직선과 선분 BC의 연장선이 만나는 점을 D라 하고 선분 AD를 지름으로 하는 원을 그린다. $\overline{AB}=3x+4$, $\overline{BC}=3x$, $\overline{CD}=x^2+3x+\frac{2}{3}$일 때, 삼각형 ABC의 넓이를 구하시오.

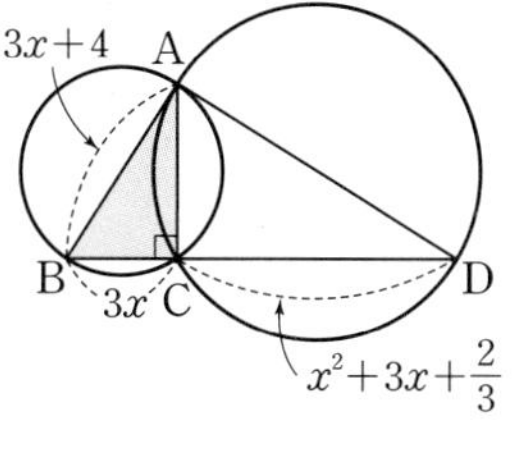

유형 13 $\begin{cases} \text{일차방정식} \\ \text{이차방정식} \end{cases}$ 꼴의 연립이차방정식

0524

연립방정식 $\begin{cases} 3x+y=1 \\ x^2+y^2=5 \end{cases}$의 해를 $x=\alpha$, $y=\beta$라 할 때, 다음 중 $\alpha+\beta$의 값이 될 수 있는 것은?

① $\frac{2}{5}$ ② $\frac{4}{5}$ ③ $\frac{7}{5}$
④ $\frac{9}{5}$ ⑤ $\frac{11}{5}$

0525

연립방정식 $\begin{cases} x-y=7 \\ x^2+y^2-xy=79 \end{cases}$의 해를 $x=\alpha$, $y=\beta$라 할 때, $\alpha\beta$의 값은? (단, $\alpha>0$, $\beta>0$)

① 10 ② 30 ③ 60
④ 90 ⑤ 120

0526 교육청 변형

연립방정식 $\begin{cases} 2x+y=3 \\ x^2-xy=6 \end{cases}$의 해를 $x=\alpha$, $y=\beta$라 할 때, $\alpha-\beta$의 최솟값을 구하시오.

0527

연립방정식 $\begin{cases} x+y=2 \\ 3x-y=a \end{cases}$의 해가 연립방정식 $\begin{cases} 2x+by=1 \\ x^2+3y^2=12 \end{cases}$를 만족시킬 때, 자연수 a, b에 대하여 $a+b$의 값을 구하시오.

0528

두 연립방정식 $\begin{cases} 4x-y=a \\ x-y=5 \end{cases}$, $\begin{cases} x^2-y^2=5 \\ 2x+y=b \end{cases}$의 해가 일치할 때, $a-b$의 값은? (단, a, b는 상수이다.)

① -18 ② -10 ③ 0
④ 10 ⑤ 18

0529

x, y에 대한 두 연립방정식 $\begin{cases} x^2+y^2=a \\ x+y=-2 \end{cases}$, $\begin{cases} bx+cy+3=0 \\ x-by-c=0 \end{cases}$의 해가 일치할 때, 상수 a, b, c에 대하여 $a+b+c$의 값은?

① 1 ② 2 ③ 3
④ 4 ⑤ 5

유형 14 $\begin{cases} \text{이차방정식} \\ \text{이차방정식} \end{cases}$ 꼴의 연립이차방정식

0530

연립방정식 $\begin{cases} x^2-3xy+2y^2=0 \\ x^2+5xy-4y^2=40 \end{cases}$을 만족시키는 자연수 x, y에 대하여 $x+y$의 값을 구하시오.

0531 교육청 변형

연립방정식 $\begin{cases} x^2+y^2=40 \\ x^2-2xy-3y^2=0 \end{cases}$을 만족시키는 정수 x, y에 대하여 $\begin{cases} x=\alpha_1 \\ y=\beta_1 \end{cases}$ 또는 $\begin{cases} x=\alpha_2 \\ y=\beta_2 \end{cases}$라 하자. $\alpha_1>\alpha_2$일 때, $\beta_2-\beta_1$의 값은?

① -6　② -4　③ -2　④ 1　⑤ 3

0532

연립방정식 $\begin{cases} x^2-xy-2y^2=0 \\ x^2+2xy-y^2=28 \end{cases}$의 해를 $x=\alpha$, $y=\beta$라 할 때, $\alpha+\beta$의 최솟값을 구하시오.

유형 15 대칭형의 식으로 이루어진 연립이차방정식

0533

연립방정식 $\begin{cases} x^2+y^2=5 \\ xy=2 \end{cases}$를 만족시키는 x, y의 순서쌍 (x, y)의 개수를 구하시오.

0534

연립방정식 $\begin{cases} x^2+xy+y^2=7 \\ x+y+xy=-5 \end{cases}$의 해를 $x=\alpha$, $y=\beta$라 할 때, $\alpha+\beta$의 최댓값은?

① 1　② 2　③ 3　④ 4　⑤ 5

0535

연립방정식 $\begin{cases} x^2+y^2+x+y=2 \\ x^2+xy+y^2=1 \end{cases}$을 만족시키는 x, y에 대하여 $x-y$의 최솟값을 구하시오.

유형 16 해에 대한 조건이 주어진 연립이차방정식

0536

연립방정식 $\begin{cases} x+y=k \\ x^2+y^2=32 \end{cases}$의 해가 오직 한 쌍만 존재하도록 하는 자연수 k의 값을 구하시오.

0537 교육청 변형

x, y에 대한 연립방정식 $\begin{cases} 2x+y=1 \\ x^2-ky=-6 \end{cases}$이 오직 한 쌍의 해 $x=\alpha$, $y=\beta$를 가질 때, $\alpha+\beta+k$의 값은? (단, $k>0$)

① 1　② 2　③ 3　④ 4　⑤ 5

0538

연립방정식 $\begin{cases} x+y=2a-6 \\ xy=a^2-9 \end{cases}$가 실근을 갖도록 하는 실수 a의 최댓값을 구하시오.

유형 17 공통인 근을 갖는 방정식

0539

서로 다른 두 이차방정식

$x^2-kx+8=0$, $x^2+8x-k=0$

이 오직 한 개의 공통인 근 α를 가질 때, $k-\alpha$의 값은? (단, k는 실수이다.)

① -10　② -7　③ 1　④ 8　⑤ 12

0540

두 이차방정식

$2x^2+(m-1)x-15=0$, $2x^2+(m+3)x-3=0$

이 공통인 근을 갖도록 하는 실수 m의 값은?

① -3　② -1　③ 2　④ 5　⑤ 6

0541

서로 다른 두 이차식 $f(x)=x^2+mx+4n$, $g(x)=x^2+nx+4m$에 대하여 두 이차방정식 $f(x)=0$, $g(x)=0$이 오직 한 개의 공통인 근을 갖는다. 공통인 근이 아닌 $f(x)=0$의 나머지 근과 $g(x)=0$의 나머지 근의 비가 $4:1$일 때, 상수 m, n에 대하여 $25mn$의 값을 구하시오.

유형 18 연립이차방정식의 활용

0542

그림과 같이 지름의 길이가 17 cm인 원에 직각삼각형이 내접하고 있다. 이 직각삼각형의 둘레의 길이가 40 cm일 때, 이 직각삼각형의 가장 짧은 변의 길이를 구하시오.

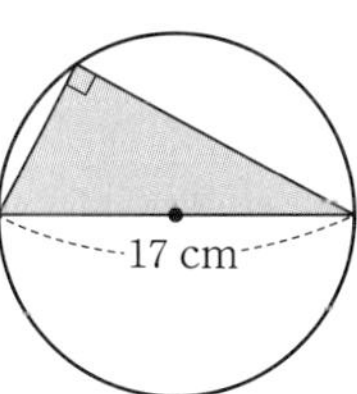

0543

각 자리의 숫자의 제곱의 합이 100인 두 자리 자연수가 있다. 이 자연수의 일의 자리의 숫자와 십의 자리의 숫자를 바꾼 수와 처음 수의 합이 154일 때, 처음 수를 구하시오.

(단, 십의 자리의 숫자가 일의 자리의 숫자보다 크다.)

0544

대각선의 길이가 $3\sqrt{5}$인 직사각형 모양의 땅이 있다. 이 땅의 가로의 길이를 1만큼 줄이고, 세로의 길이를 1만큼 늘였더니 처음 땅의 넓이보다 2만큼 넓어졌다. 처음 땅의 넓이를 구하시오.

0545 교육청 변형

그림과 같이 길이가 48 cm인 끈으로 다음 조건을 만족시키도록 세 정사각형 A, B, C를 만들었다.

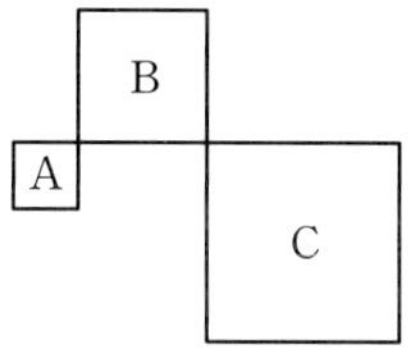

- B의 한 변의 길이는 A의 한 변의 길이의 2배이다.
- C의 한 변의 길이는 B의 한 변의 길이보다 길다.
- 세 정사각형의 넓이의 합은 56 cm^2이다.

이때 정사각형 C의 한 변의 길이를 구하시오.

(단, 끈의 굵기는 무시하고, 겹치는 부분 없이 모두 사용한다.)

0546

560개의 젤리를 남김없이 교실에 있는 모든 학생들에게 똑같이 나누어 주었다. 그런데 잠시 후에 5명의 학생이 늦게 도착하여 이미 나누어 준 젤리 중에서 각자 2개씩 다시 걷은 후 늦게 온 5명에게 똑같이 나누어 주었더니 모든 학생들이 받은 젤리의 개수가 같게 되었다. 처음에 교실에 모여 있던 학생 수를 구하시오.

유형 19 정수 조건의 부정방정식

0547

방정식 $xy-x-y-1=0$을 만족시키는 정수 x, y에 대하여 $x+y$의 최댓값은?

① 2 ② 3 ③ 4 ④ 5 ⑤ 6

0548

방정식 $\frac{1}{x}+\frac{1}{y}=\frac{1}{3}$을 만족시키는 0이 아닌 정수 x, y에 대하여 $x-y$의 최솟값을 구하시오.

0549

이차방정식 $x^2-(a-1)x+a+1=0$의 두 근이 모두 양의 정수일 때, 상수 a의 값을 구하시오.

0550

두 자연수 a, b $(a<b)$와 모든 실수 x에 대하여 등식

$$(x^2-x)(x^2-x+1)+k(x^2-x)+6$$
$$=(x^2-x-a)(x^2-x-b)$$

를 만족시키는 모든 상수 k의 값의 곱을 구하시오.

유형 20 실수 조건의 부정방정식

0551

방정식 $2x^2+8xy+17y^2+8x-2y+17=0$을 만족시키는 실수 x, y에 대하여 $x+y$의 값을 구하시오.

0552

방정식 $x^2+4xy+8y^2-4y+1=0$을 만족시키는 실수 x, y에 대하여 $x+y$의 값은?

① $-\frac{3}{2}$ ② $-\frac{1}{2}$ ③ 0
④ $\frac{3}{2}$ ⑤ $\frac{5}{2}$

0553

방정식 $x^2+2xy+2y^2+4x+2y+5=0$을 만족시키는 실수 x, y에 대하여 xy의 값을 구하시오.

기출 & 기출변형 문제

정답과 풀이 336쪽

0554 교육청 기출

삼차방정식 $x^3-x^2-kx+k=0$의 세 근을 α, β, γ라 하자. α, β 중 실수는 하나뿐이고 $\alpha^2=-2\beta$일 때, $\beta^2+\gamma^2$의 값은?

(단, k는 0이 아닌 실수이다.)

① -5　② -4　③ -3　④ -2　⑤ -1

0555 교육청 변형

삼차방정식 $x^3+mx^2+x+2=0$의 세 근을 α, β, γ라 할 때, $(2-\alpha)(2-\beta)(2-\gamma)=4$를 만족시키는 상수 m에 대하여 $m+5$의 값은?

① -4　② -2　③ 1　④ 3　⑤ 5

0556 교육청 변형

사차방정식 $(x^2+2x)(x^2+2x-10)-75=0$의 모든 실근의 곱을 a, 모든 허근의 곱을 b라 할 때, $b-a$의 값을 구하시오.

0557 교육청 변형

삼차방정식 $x^3-5x^2+(a+6)x-3a=0$의 서로 다른 실근의 개수가 3이 되도록 하는 정수 a의 최댓값은?

① 0　② 1　③ 2　④ 4　⑤ 9

0558 교육청 기출

그림과 같이 삼각형 ABC의 변 BC 위의 점 D에 대하여 $\overline{AD}=6$, $\overline{BD}=8$이고, $\angle BAD=\angle BCA$이다.
$\overline{AC}=\overline{CD}-1$일 때, 삼각형 ABC의 둘레의 길이를 구하시오.

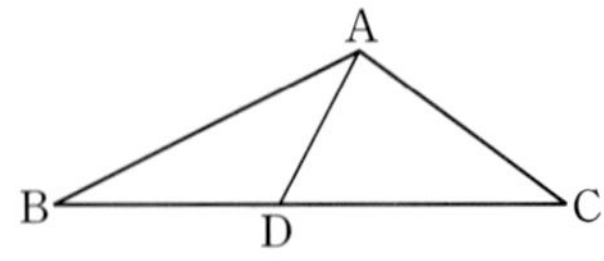

0559 교육청 변형

방정식 $x^3-(a-1)x^2-(a+2)x+2a=0$의 두 근이 a, $a-5$일 때, 모든 실수 a의 값의 곱은?

① 3　② 6　③ 9
④ 15　⑤ 18

0560 교육청 변형

x, y에 대한 두 방정식 $2x-y=5$, $x^2-ky=4$가 오직 한 개의 공통인 근 $x=\alpha$, $y=\beta$를 가질 때, 모든 실수 k의 값의 합은?

① 1　② 2　③ 4
④ 5　⑤ 7

0561 교육청 기출

삼차방정식 $x^3=1$의 한 허근을 ω라 할 때, 보기에서 옳은 것만을 있는 대로 고른 것은? (단, $\overline{\omega}$는 ω의 켤레복소수이다.)

보기

ㄱ. $\overline{\omega}^3=1$

ㄴ. $\frac{1}{\omega}+\left(\frac{1}{\omega}\right)^2=\frac{1}{\overline{\omega}}+\left(\frac{1}{\overline{\omega}}\right)^2$

ㄷ. $(-\omega-1)^n=\left(\frac{\overline{\omega}}{\omega+\overline{\omega}}\right)^n$을 만족시키는 100 이하의 자연수 n의 개수는 50이다.

① ㄱ　② ㄷ　③ ㄱ, ㄴ
④ ㄴ, ㄷ　⑤ ㄱ, ㄴ, ㄷ

0562 교육청 변형

등식 $(1+2i)x^2+(1+3i)x-(2+5i)y=-4-13i$를 만족시키는 두 정수 x, y에 대하여 xy의 최솟값을 구하시오.

(단, $i=\sqrt{-1}$이다.)

0563 교육청 변형

복소수 $z=a+bi$(a, b는 실수)가 다음 조건을 만족시킬 때, $3a-b$의 값을 구하시오.

(단, $i=\sqrt{-1}$이고, $\overline{z}$는 z의 켤레복소수이다.)

(가) z는 사차방정식 $x^4-2x^3-2x^2+8x-8=0$의 근이다.
(나) $(z-\overline{z})i$는 양의 실수이다.

0564 교육청 기출

한 모서리의 길이가 a인 정육면체 모양의 입체도형이 있다. 이 입체도형에서 그림과 같이 밑면의 반지름의 길이가 b이고 높이가 a인 원기둥 모양의 구멍을 뚫었다. 남아 있는 입체도형의 겉넓이가 $216+16\pi$일 때, 두 유리수 a, b에 대하여 $15(a-b)$의 값을 구하시오. (단, $a>2b$)

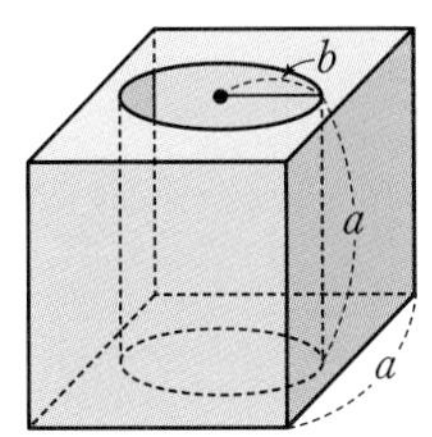

0565 교육청 변형

그림과 같이 각 변의 길이는 자연수이고

$\overline{AB}=3$, $\overline{CD}=7$,

$\angle ABC=\angle CDA=90°$

인 사각형 ABCD가 있다. $x+y$의 최댓값을 구하시오.

PART
A'
08
Ⅱ. 방정식과 부등식
일차부등식

유형 01 부등식의 기본 성질

0566

실수 a, b, c에 대하여 $a<b<0$, $c<0$일 때, 다음 중 항상 성립하는 것은?

① $ac<bc$　② $\frac{a}{c}<\frac{b}{c}$　③ $a+c>b+c$
④ $\frac{a}{c^2}<\frac{b}{c^2}$　⑤ $\frac{a+c}{c}<\frac{b+c}{c}$

0567

실수 a, b, c, d에 대하여 보기에서 옳은 것만을 있는 대로 고른 것은?

보기

ㄱ. $a>b$, $b<c$이면 $a<c$이다.
ㄴ. $a>b$이면 $ac>bc$이다.
ㄷ. $a>b>0>c$이면 $\frac{c}{a}>\frac{c}{b}$이다.
ㄹ. $a>b>0$, $c>d>0$이면 $\frac{a}{d}>\frac{b}{c}$이다.

① ㄱ　② ㄷ　③ ㄱ, ㄹ
④ ㄴ, ㄷ　⑤ ㄷ, ㄹ

0568

$0<a<b<1$일 때, 보기에서 옳은 것만을 있는 대로 고르시오.

보기

ㄱ. $\frac{a}{b}<1$　ㄴ. $a^2b>ab^2$　ㄷ. $1<\frac{1}{ab}$

유형 02 부등식 $ax>b$의 풀이

0569

부등식 $(2-a)x<a-b$의 해가 $x>3$일 때, 부등식 $(4a-b)x\ge-12$의 해는? (단, a, b는 실수이다.)

① $x\le-1$　② $x\le-2$　③ $x\ge-2$
④ $x\le-3$　⑤ $x\ge-3$

0570

$a-b=1$인 두 실수 a, b에 대하여 부등식

$$(2b-a)x>a+4b-1$$

의 해가 $x<-5$일 때, $a+b$의 값은?

① $\frac{1}{2}$　② 1　③ $\frac{3}{2}$
④ 2　⑤ $\frac{5}{2}$

0571

부등식 $(a-b)x+2a+3b<0$의 해가 $x>-\frac{1}{3}$일 때, 부등식 $(a-2b)x+a+3b>0$의 해를 구하시오.

(단, a, b는 실수이다.)

0572

부등식 $(a+b)x-2a+b\le 0$을 만족시키는 x가 존재하지 않을 때, 부등식 $(a+4b)x+a-5b\ge 0$의 해를 구하시오.
(단, a, b는 실수이다.)

0573

x에 대한 부등식 $a(ax+1)\ge 9x-2$의 해가 모든 실수일 때의 a의 값을 p, 해가 없을 때의 a의 값을 q라 할 때, $p-q$의 값을 구하시오.

유형 03 연립일차부등식의 풀이

0574

연립부등식 $\begin{cases} 2x<x+9 \\ x+5\le 5x-3 \end{cases}$을 만족시키는 정수 x의 개수는?

① 3 ② 4 ③ 5
④ 6 ⑤ 7

0575

연립부등식 $\begin{cases} 5x+1>x-7 \\ 6x-3<4x-4 \end{cases}$를 만족시키는 정수 x가 x에 대한 일차방정식 $ax-8=5$의 해일 때, 실수 a의 값을 구하시오.

0576

연립부등식 $\begin{cases} 2x-3<7x+2 \\ \frac{3}{2}-\frac{1}{3}(x-2)<\frac{1}{2}(x+1) \end{cases}$을 만족시키는 정수 x의 최솟값을 구하시오.

0577

연립부등식 $\begin{cases} 1.2x-2\le 0.8x+0.4 \\ 2-\frac{x-1}{2}<\frac{2x-1}{4} \end{cases}$을 만족시키는 x에 대하여 $4x-5$의 최댓값을 구하시오.

유형 04 $A<B<C$ 꼴의 부등식의 풀이

0578

부등식 $-2x+3<x+12\le 14-3x$에 대하여 보기에서 옳은 것만을 있는 대로 고른 것은?

보기
ㄱ. $x=0$은 부등식의 해이다.
ㄴ. 정수인 해는 2개이다.
ㄷ. 양수인 해는 없다.

① ㄱ ② ㄷ ③ ㄱ, ㄴ
④ ㄱ, ㄷ ⑤ ㄱ, ㄴ, ㄷ

0579

부등식 $\frac{x-10}{4} \le 2x < \frac{4x+18}{5}$을 만족시키는 x의 값 중에서 가장 큰 정수를 M, 가장 작은 정수를 m이라 할 때, $M+m$의 값은?

① -2 ② -1 ③ 0
④ 1 ⑤ 2

0580

부등식 $0.4x-1<0.6x+\frac{3}{2} \le 0.5x+2$를 만족시키는 x에 대하여 $A=-2x+3$일 때, A의 최솟값을 구하시오.

유형 05 특수한 해를 갖는 연립일차부등식

0581

다음 보기의 연립부등식 중 해가 없는 것만을 있는 대로 고르시오.

보기

ㄱ. $\begin{cases} 4 \ge -11+5x \\ 3x-2 \ge 4 \end{cases}$ ㄴ. $\begin{cases} -7-2x<7 \\ x+1 \le -5 \end{cases}$

ㄷ. $\begin{cases} 2x-3>4x+10 \\ 0.3x-3.4<1.2x+2 \end{cases}$ ㄹ. $\begin{cases} 2.2>1.3x-0.4 \\ \frac{x+2}{7} \le \frac{3-x}{3} \end{cases}$

0582

연립부등식 $\begin{cases} 1.5x-1 \ge 1.2x+0.8 \\ \frac{x}{2}-\frac{2}{3} \le \frac{x}{6}+\frac{4}{3} \end{cases}$를 푸시오.

0583

$y=x-2$를 만족시키는 두 실수 x, y가 연립부등식 $\begin{cases} x+3 \le 1 \\ 4x-3y \ge 4 \end{cases}$를 만족시킬 때, xy의 값은?

① -4 ② -2 ③ 2
④ 4 ⑤ 8

유형 06 해가 주어진 연립일차부등식

0584 교육청 변형

연립부등식 $\begin{cases} 3x-4 \ge 8 \\ x+3a \le 6x-1 \end{cases}$의 해를 수직선 위에 나타내면 그림과 같을 때, 실수 a의 값은?

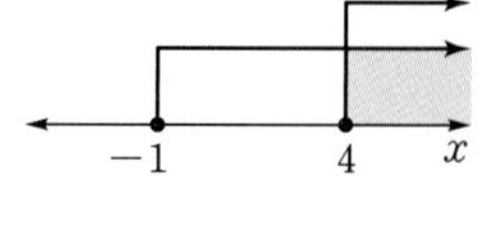

① -2 ② -1 ③ 0
④ 1 ⑤ 2

0585

연립부등식 $\begin{cases} x-a \le 5x+3 \\ 3-2x \ge 2-x \end{cases}$의 해가 $-2 \le x \le b$일 때, 실수 a, b에 대하여 $a+b$의 값을 구하시오.

0586

연립부등식 $\begin{cases} a-3x\le b-4x \\ 4x-a\ge b+7 \end{cases}$의 해가 $x=3$일 때, 실수 a, b에 대하여 ab의 값을 구하시오.

0587

연립부등식 $\begin{cases} 0.2x+a>0.6x-1 \\ \frac{2}{3}x-2\ge\frac{bx-3}{6} \end{cases}$의 해가 $3\le x<6$일 때, 실수 a, b에 대하여 $a-b$의 값을 구하시오. (단, $b<4$)

0588

연립부등식 $\begin{cases} ax>b \\ cx\ge d \end{cases}$의 해를 수직선 위에 나타내면 그림과 같을 때, 연립부등식 $\begin{cases} ax+2b\ge0 \\ cx-3d<0 \end{cases}$의 해를 구하시오.

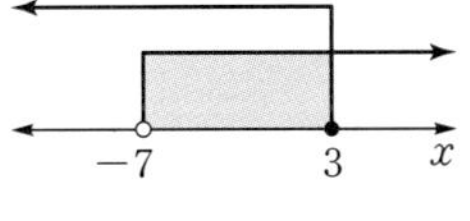

(단, a, b, c, d는 실수이다.)

유형 07 해를 갖거나 갖지 않는 연립일차부등식

0589

연립부등식 $\begin{cases} 2x+3a>x+a \\ 5x\le3x+6 \end{cases}$의 해가 존재하지 않도록 하는 실수 a의 값의 범위를 구하시오.

0590

연립부등식 $\begin{cases} 2(x+3)>x-1 \\ 3x+1>4x-a \end{cases}$가 해를 갖도록 하는 실수 a의 값의 범위는?

① $a\le-8$　② $a<-8$　③ $a\ge-8$
④ $a>-8$　⑤ $a<8$

0591

부등식 $4x-2<x+7<3x+a$의 해가 없을 때, 실수 a의 값의 범위를 구하시오.

0592

부등식 $\frac{3x-1}{2}\le2x+1<x+a$가 해를 갖도록 하는 정수 a의 최솟값은?

① -3　② -2　③ -1
④ 1　⑤ 2

0593

연립부등식 $\begin{cases} \frac{5}{4}x-a\ge\frac{x}{2}+\frac{1}{4} \\ 1.2(x+1)\le0.7x-0.3 \end{cases}$이 해를 갖도록 하는 정수 a의 최댓값을 구하시오.

유형 08 정수인 해 또는 해의 개수가 주어진 연립일차부등식

0594

연립부등식 $\begin{cases} 3x-5<4 \\ x\geq a \end{cases}$를 만족시키는 정수 x가 2개일 때, 실수 a의 값의 범위는?

① $0\leq a<1$　② $0<a\leq 1$　③ $1<a<2$
④ $1\leq a<2$　⑤ $1<a\leq 2$

0595

부등식 $2x+5<4x+3\leq 3x+a$를 만족시키는 정수 x가 6개가 되도록 하는 자연수 a의 값은?

① 8　② 9　③ 10
④ 11　⑤ 12

0596

연립부등식 $\begin{cases} 2x-4\geq a \\ 3x-9<x-1 \end{cases}$ 을 만족시키는 음의 정수 x가 1개뿐일 때, 실수 a의 값의 범위는?

① $-10<a\leq -8$　② $-8\leq a<-6$
③ $-8<a\leq -6$　④ $-6\leq a<-4$
⑤ $-6<a\leq -4$

0597 교육청 변형

부등식 $5(x+1)-a\leq 7x+3\leq 6x-3$을 만족시키는 모든 정수 x의 값의 합이 -21이 되도록 하는 실수 a의 값의 범위를 구하시오.

0598

부등식 $\frac{4}{3}x-\frac{a}{3}+1<2x-a+1<\frac{1}{2}\left(x+a+\frac{13}{2}\right)$을 만족시키는 정수 x가 3과 4뿐일 때, 실수 a의 값의 범위를 구하시오.

0599

연립부등식 $\begin{cases} \frac{x}{3}+1>\frac{4x-2}{5} \\ 3(x-k)<x+1 \end{cases}$ 을 만족시키는 정수 x가 음의 정수뿐일 때, 실수 k의 최댓값은?

① $-\frac{2}{3}$　② $-\frac{1}{3}$　③ 0
④ $\frac{1}{3}$　⑤ $\frac{2}{3}$

유형 09 연립일차부등식의 활용

0600
연속하는 세 홀수의 합이 78보다 크고 87보다 작을 때, 이 세 홀수 중 가장 작은 수는?

① 25 ② 27 ③ 29
④ 31 ⑤ 33

0601
어느 편의점에서 두 종류의 선물 세트 A, B를 각각 1상자씩 만드는 데 필요한 사탕과 초콜릿의 개수는 다음과 같다.

선물 세트	사탕(개)	초콜릿(개)
A	15	10
B	12	25

사탕 300개와 초콜릿 320개로 세트 20상자를 만들려고 할 때, 세트 A는 최소 몇 상자부터 만들 수 있는가?

① 10상자 ② 11상자 ③ 12상자
④ 13상자 ⑤ 14상자

0602
농도가 10 %인 소금물 300 g에 농도가 20 %인 소금물을 섞어서 농도가 14 % 이상 16 % 이하인 소금물을 만들려고 할 때, 농도가 20 %인 소금물의 양의 범위를 구하시오.

유형 10 연립일차부등식의 활용 – 과부족

0603
어느 학교 학생들에게 공책을 나누어 주는데 한 명에게 4권씩 주면 12권이 남고, 5권씩 주면 마지막 한 명은 2권 이상 5권 미만을 받는다고 한다. 이 학교의 최대 학생 수는?

① 11 ② 13 ③ 15
④ 17 ⑤ 19

0604
쿠키 50개와 젤리 80개가 있다. 어느 동아리의 회원들에게 쿠키를 1인당 5개씩 나누어 주면 쿠키가 8개 이상 남고, 젤리를 1인당 12개씩 나누어 주면 젤리가 10개 이상 부족하다. 동아리의 회원 수를 구하시오.

0605
어느 반 학생들이 진로 교육을 받기 위해 긴 의자가 여러 개 있는 강의실에 모였다. 한 의자에 3명씩 앉으면 학생이 5명 남고, 4명씩 앉으면 의자가 1개 남는다. 의자의 최대 개수는?

① 9 ② 10 ③ 11
④ 12 ⑤ 13

유형 11 $|ax+b|<c$, $|ax+b|>c$ 꼴의 부등식

0606

부등식 $|4x-a|>8$의 해가 $x<b$ 또는 $x>3$일 때, 실수 a, b에 대하여 $a+b$의 값을 구하시오.

0607

부등식 $|x-2|<a$를 만족시키는 정수 x의 개수가 19일 때, 자연수 a의 값은?

① 10 ② 12 ③ 14
④ 16 ⑤ 18

0608

어느 축구공 제조사에서는 축구공의 무게가 350 g 이상 650 g 이하인 것을 합격품으로 인정한다. 축구공의 무게를 x g이라 하면 불합격인 축구공의 무게의 범위를 나타내는 부등식이 $|x-a|>b$일 때, 실수 a, b에 대하여 $\frac{a}{b}$의 값은?

(단, $a>0$, $b>0$)

① $\frac{3}{10}$ ② $\frac{7}{13}$ ③ $\frac{13}{7}$
④ $\frac{7}{3}$ ⑤ $\frac{10}{3}$

0609

부등식 $|x-a|\le a^2-a$의 해가 오직 한 개만 존재할 때, 그 해를 구하시오. (단, $a\neq 0$)

유형 12 $|ax+b|<cx+d$ 꼴의 부등식

0610 교육청 변형

부등식 $2|x-1|+x\le 4$를 만족시키는 모든 정수 x의 값의 합은?

① -2 ② -1 ③ 0
④ 1 ⑤ 2

0611

부등식 $3|-x+2|>x+6$의 해가 $x<a$ 또는 $x>b$일 때, 실수 a, b에 대하여 $a+b$의 값은?

① 5 ② 6 ③ 7
④ 8 ⑤ 9

0612

다음 부등식을 푸시오.

$$1\le|2x+1|<1-x$$

유형 13 절댓값 기호를 2개 포함한 부등식

0613

부등식 $|x+1|+|x-3|\le 6$을 만족시키는 x의 최댓값을 M, 최솟값을 m이라 할 때, $M-m$의 값은?

① -6 ② -3 ③ 0
④ 3 ⑤ 6

0614

부등식 $|x-1|-2|x+3|>1$을 만족시키는 모든 정수 x의 값의 합은?

① -20 ② -18 ③ -16
④ -14 ⑤ -12

0615

부등식 $|x-2|+\sqrt{x^2+4x+4}>x+9$의 해는?

① $x\le -3$ ② $x<-3$ 또는 $x>9$
③ $x\le -3$ 또는 $x\ge 9$ ④ $x<-2$ 또는 $x>9$
⑤ $-3<x<9$

유형 14 절댓값 기호를 포함한 부등식 – 해의 조건이 주어진 경우

0616

부등식 $|3x+1|+2>a$의 해가 모든 실수가 되도록 하는 정수 a의 최댓값은?

① 1 ② 2 ③ 3
④ 4 ⑤ 5

0617

부등식 $|x-13|-\frac{a}{4}\le 1$의 해가 존재하지 않도록 하는 실수 a의 값의 범위는?

① $a\le -4$ ② $a<-4$ ③ $a\ge -4$
④ $a>-4$ ⑤ $-4<a<4$

0618

부등식 $\left|\frac{x}{5}+1\right|+a\le -2$의 해가 존재하도록 하는 실수 a의 값의 범위를 구하시오.

기출 & 기출변형 문제

0619 교육청 변형

$0<x<y<1$을 만족시키는 실수 x, y에 대하여 옳지 않은 것은?

① $0<xy<1$　② $\frac{1}{x}>\frac{1}{y}$　③ $\frac{y}{x}>\frac{x}{y}$
④ $x^2y>xy^2$　⑤ $xy<x+y$

0620 교육청 변형

연립부등식 $\begin{cases} \frac{x}{6}-\frac{7}{3}<\frac{1}{3}-\frac{x}{2} \\ 1.2x+0.2\le 1.4x+0.5 \end{cases}$ 를 만족시키는 정수 x의 개수는?

① 1　② 3　③ 5
④ 7　⑤ 9

0621 교육청 변형

x에 대한 연립부등식 $\begin{cases} 3-x>2 \\ 2x-1>a \end{cases}$ 를 만족시키는 모든 정수 x의 값의 합이 -6이 되도록 하는 정수 a의 최솟값은?

① -10　② -9　③ -8
④ -7　⑤ -6

0622 교육청 기출

x에 대한 부등식 $|x-7|\le a+1$을 만족시키는 모든 정수 x의 개수가 9가 되도록 하는 자연수 a의 값은?

① 1　② 2　③ 3
④ 4　⑤ 5

0623 교육청 변형

부등식 $|ax+7|>b$의 해가 $x<2$ 또는 $x>5$일 때, 실수 a, b에 대하여 $a+b$의 값을 구하시오. (단, $a<0$)

0624 교육청 변형

부등식 $|2x-1|<x+a$의 해가 $-2<x<8$일 때, 양수 a의 값은?

① 1 ② 3 ③ 5
④ 7 ⑤ 9

0625 교육청 기출

x에 대한 일차부등식 $|x-a[a]|<b[b]$의 해가 $8<x<30$이다. 이를 만족하는 양수 a, b에 대하여 $8a+9b$의 값을 구하시오. (단, $[x]$는 x보다 크지 않은 최대의 정수이다.)

0626 교육청 변형

그림과 같이 수직선 위의 세 점 A, B, C에 대하여 $\overline{AB}=8$, $\overline{BC}=5$이다. 수직선 위의 점 P가 $\overline{BP}+\overline{CP}\le 7$을 만족시킬 때, 선분 AP의 길이는?

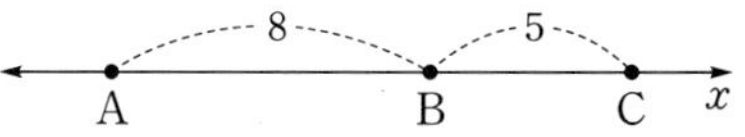

① 3 이상 7 이하 ② 5 이상 13 이하
③ 7 이상 14 이하 ④ 8 이상 15 이하
⑤ 9 이상 16 이하

이차부등식

유형 01 그래프를 이용한 이차부등식의 풀이

0627

두 이차함수 $y=f(x)$, $y=g(x)$의 그래프가 그림과 같을 때, 다음 중 부등식 $f(x)g(x)<0$을 만족시키는 x의 값이 아닌 것은?

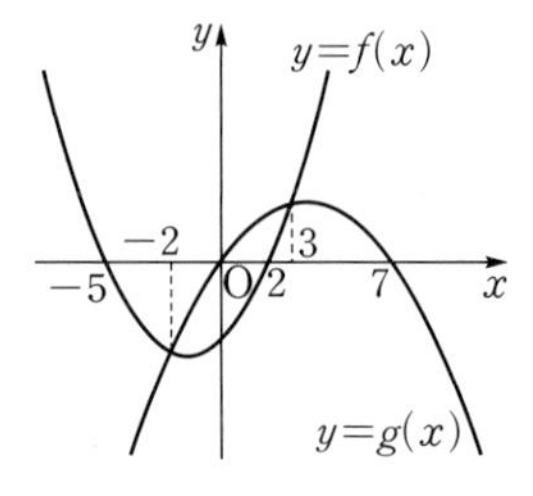

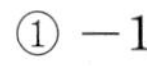

① -10　② 1　③ 5　④ 10　⑤ 15

0628

이차함수 $y=ax^2+bx+c$의 그래프와 직선 $y=px+q$가 그림과 같을 때, 이차부등식 $ax^2+(b-p)x+c-q\le0$의 해를 구하시오. (단, a, b, c, p, q는 상수이다.)

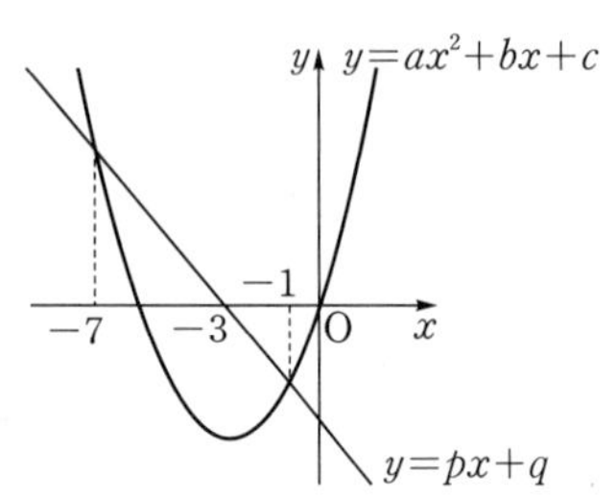

0629

두 이차함수 $y=f(x)$, $y=g(x)$의 그래프가 그림과 같을 때, 부등식 $0\le g(x)\le f(x)$의 해는 $\alpha\le x\le\beta$이다. 이때 $\beta-\alpha$의 값은?

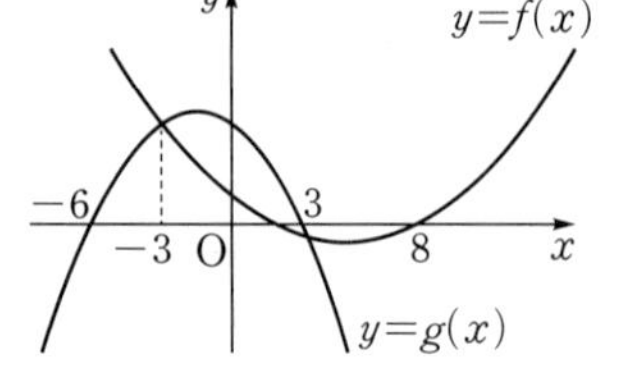

① 1　② 2　③ 3　④ 4　⑤ 5

유형 02 이차부등식의 풀이

0630 교육청 변형

이차부등식 $-\frac{1}{2}(x+3)(x-4)\ge3$을 만족시키는 정수 x의 개수는?

① 5　② 6　③ 7　④ 8　⑤ 9

0631

이차부등식 $9(x^2+4x+3)\le6x+2$의 해를 구하시오.

0632

모든 실수 x에 대하여 성립하는 이차부등식을 보기에서 있는 대로 고른 것은?

보기

ㄱ. $x^2+6x\ge-10$　ㄴ. $9x^2+1>6x$

ㄷ. $2x-\frac{1}{4}\le4x^2$　ㄹ. $2x^2-x<-3$

① ㄱ, ㄴ　② ㄱ, ㄷ　③ ㄴ, ㄷ　④ ㄴ, ㄹ　⑤ ㄷ, ㄹ

0633

이차부등식 $x^2-6x+4\geq 0$의 해가 $x\leq\alpha$ 또는 $x\geq\beta$일 때, $\alpha+2\beta$의 값은?

① $-9+\sqrt{5}$ ② $-6+\sqrt{5}$ ③ 0
④ $6+\sqrt{5}$ ⑤ $9+\sqrt{5}$

유형 03 절댓값 기호를 포함한 부등식

0634

부등식 $x^2-5|x|-6<0$의 해가 $\alpha<x<\beta$일 때, $\beta-\alpha$의 값은?

① 10 ② 12 ③ 14
④ 16 ⑤ 18

0635

부등식 $|x^2+4x+5|>5$의 해를 구하시오.

0636 교육청 변형

부등식 $|x+2|\geq x^2+4x-8$의 해를 구하시오.

유형 04 가우스 기호를 포함한 부등식

0637

부등식 $[x]^2-5[x]+4\leq 0$을 풀면?

(단, $[x]$는 x보다 크지 않은 최대의 정수이다.)

① $0<x\leq 4$ ② $0\leq x<4$ ③ $1\leq x<4$
④ $1<x\leq 5$ ⑤ $1\leq x<5$

0638

부등식 $[x+1]^2+2[x]-1<0$을 푸시오.

(단, $[x]$는 x보다 크지 않은 최대의 정수이다.)

유형 05 이차부등식의 풀이 - 이차함수의 식 구하기

0639

이차함수 $y=f(x)$의 그래프가 그림과 같다. 부등식 $f(x)<6$의 해가 $\alpha<x<\beta$일 때, $\beta-\alpha$의 값을 구하시오.

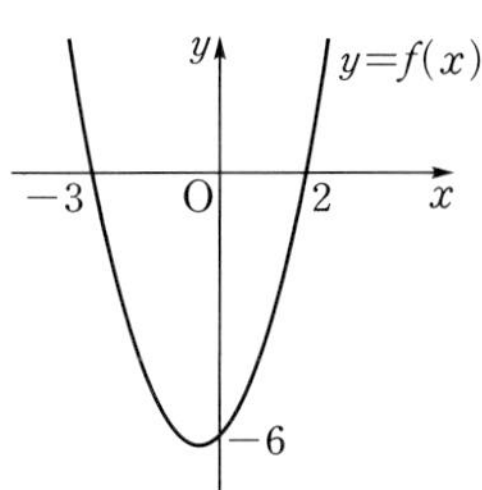

09 이차부등식

0640

이차함수 $y=ax^2+bx+c$의 그래프가 그림과 같을 때, 부등식 $ax^2+cx+16b>0$을 만족시키는 정수 x의 개수를 구하시오.

(단, a, b, c는 상수이다.)

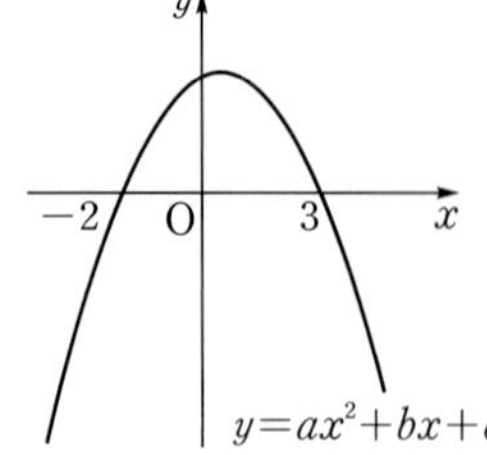

0641

이차함수 $y=f(x)$의 그래프가 그림과 같을 때, 삼각형 ABC의 넓이는 15이다. 부등식 $f(x)+16\geq 0$을 만족시키는 정수 x의 최댓값을 M, 최솟값을 m이라 할 때, $M+m$의 값을 구하시오.

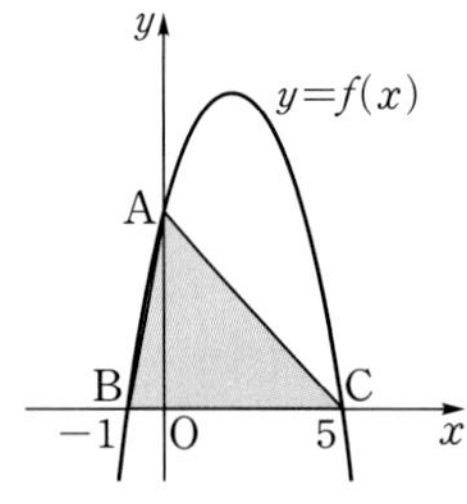

유형 06 해가 주어진 이차부등식

0642

이차부등식 $ax^2+bx-2b+1>0$의 해가 $2-\sqrt{3}<x<2+\sqrt{3}$일 때, 유리수 a, b에 대하여 $b-a$의 값을 구하시오.

0643

이차부등식 $x^2+2ax+b\leq 0$의 해가 $x=3$일 때, 이차부등식 $ax^2-bx-6\geq 0$의 해는? (단, a, b는 실수이다.)

① $x=-3$
② $x\neq -3$인 모든 실수
③ $-2\leq x\leq -1$
④ $x\leq -3$ 또는 $x\geq 1$
⑤ $x\leq -2$ 또는 $x\geq -1$

0644 교육청 변형

이차함수 $f(x)$가 다음 조건을 만족시킨다. 이때 $f(4)$의 값을 구하시오.

(가) $f(1)=-14$
(나) 이차부등식 $f(x)\geq 0$의 해는 $x\leq -6$ 또는 $x\geq 5$이다.

0645

이차부등식 $ax^2+bx+c<0$의 해가 $x<-1$ 또는 $x>2$일 때, 이차부등식 $(2a+b)x^2+(b-2a)x+2c\geq 0$을 만족시키는 정수 x의 개수를 구하시오. (단, a, b, c는 실수이다.)

유형 07 부등식 $f(x)<0$과 부등식 $f(ax+b)<0$의 관계

0646
이차부등식 $f(x)>0$의 해가 $-3<x<5$일 때, 부등식 $f(-x+3)\le 0$의 해는?

① $-8\le x\le 0$
② $-2\le x\le 6$
③ $2\le x\le 6$
④ $x\le -8$ 또는 $x\ge 0$
⑤ $x\le -2$ 또는 $x\ge 6$

0647
이차부등식 $ax^2+bx+c\le 0$의 해가 $x\le 2$ 또는 $x\ge 4$일 때, 부등식 $a(x-3)^2+b(x-3)+c>0$의 해를 구하시오.
(단, a, b, c는 실수이다.)

0648
그림은 이차함수 $y=f(x)$의 그래프를 나타낸 것이다. 부등식 $f\left(\frac{x-m}{3}\right)\ge 0$의 해가 $-3\le x\le 12$일 때, 상수 m의 값을 구하시오.

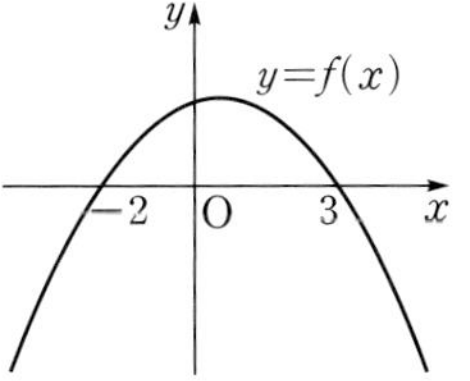

유형 08 정수인 해의 개수가 주어진 이차부등식

0649
x에 대한 이차부등식 $x^2-9m^2\le 0$을 만족시키는 정수 x가 3개가 되도록 하는 양의 실수 m의 값의 범위는?

① $\frac{1}{3}\le m\le \frac{2}{3}$
② $\frac{1}{3}<m\le \frac{2}{3}$
③ $\frac{1}{3}\le m<\frac{2}{3}$
④ $\frac{2}{3}<m\le 1$
⑤ $\frac{2}{3}\le m<1$

0650
x에 대한 이차부등식 $x^2-2x+1-k^2<0$을 만족시키는 정수 x가 5개가 되도록 하는 양수 k의 값의 범위를 구하시오.

0651 교육청 변형
이차부등식 $x^2+(3-a)x-3a<0$을 만족시키는 정수 x가 4개가 되도록 하는 모든 정수 a의 값의 합은?

① -5
② -6
③ -7
④ -8
⑤ -9

유형 09 이차부등식이 해를 한 개만 가질 조건

0652
이차부등식 $4x^2-6ax+2a+5\le 0$의 해가 오직 한 개 존재할 때, 모든 실수 a의 값의 합은?

① $\frac{5}{9}$ ② $\frac{2}{3}$ ③ $\frac{7}{9}$
④ $\frac{8}{9}$ ⑤ 1

0653
이차부등식 $kx^2+4(k+1)x+5k+8\le 0$의 해가 오직 한 개 존재할 때, 실수 k의 값을 구하시오.

0654
이차부등식 $-2x^2+(m+4)x-2m\ge 0$의 해가 $x=n$일 때, $m+n$의 값은? (단, m은 실수이다.)

① 2 ② 4 ③ 6
④ 8 ⑤ 10

유형 10 이차부등식이 해를 가질 조건

0655
이차부등식 $-x^2+ax+a-3>0$이 해를 갖도록 하는 실수 a의 값의 범위는?

① $-6<a<2$ ② $-2<a<6$
③ $a<-6$ 또는 $a>2$ ④ $a\le -6$ 또는 $a\ge 2$
⑤ $a<-2$ 또는 $a>6$

0656
두 함수 $f(x)=2x^2+2x+m^2$, $g(x)=2mx-m-\frac{5}{2}$에 대하여 부등식 $f(x)\le g(x)$가 해를 갖도록 하는 실수 m의 값을 구하시오.

0657
다음 중 이차부등식 $kx^2-kx+2k-7<0$이 해를 갖도록 하는 실수 k의 값이 아닌 것은?

① -3 ② -1 ③ 1
④ 3 ⑤ 5

유형 11 이차부등식이 항상 성립할 조건

0658 교육청 변형

모든 실수 x에 대하여 이차부등식

$$-2x^2+mx-1<3x+1$$

이 성립하도록 하는 실수 m의 값의 범위는?

① $m<-1$ ② $-1<m<7$
③ $-1\le m\le 7$ ④ $m<-1$ 또는 $m>7$
⑤ $m\le -1$ 또는 $m\ge 7$

0659

이차부등식 $kx^2-2(3k-1)x+10k-6\le 0$의 해가 모든 실수가 되도록 하는 실수 k의 최댓값은?

① -3 ② -1 ③ 1
④ 3 ⑤ 5

0660

x의 값에 관계없이 $\sqrt{ax^2-2ax-2a+6}$이 실수가 되도록 하는 실수 a의 값의 범위를 구하시오.

0661

부등식 $(m+2)x^2+(m+2)x+1>0$이 모든 실수 x에 대하여 성립할 때, 모든 정수 m의 값의 합을 구하시오.

유형 12 이차부등식이 해를 갖지 않을 조건

0662 교육청 변형

이차함수 $f(x)=x^2-4kx+8k$에 대하여 이차부등식 $f(x)\le 0$을 만족시키는 해가 없도록 하는 정수 k의 개수는?

① 1 ② 2 ③ 3
④ 4 ⑤ 5

0663

이차부등식 $m(x^2+3x+2)>1$이 해를 갖지 않도록 하는 실수 m의 값의 범위를 구하시오.

0664

x에 대한 부등식 $(a-1)x^2+(a-1)x+2<0$의 해가 존재하지 않도록 하는 실수 a의 최댓값과 최솟값의 합을 구하시오.

유형 13 제한된 범위에서 항상 성립하는 이차부등식

0665 교육청 변형

$2\leq x\leq 4$인 실수 x에 대하여 이차부등식

$$-2x^2+24x+a-49\leq 0$$

이 항상 성립할 때, 실수 a의 최댓값은?

① -11　② -13　③ -15
④ -17　⑤ -19

0666

$-4\leq x\leq -1$에서 이차부등식 $x^2+4x+k^2-5k+8\geq 0$이 항상 성립할 때, 실수 k의 값의 범위를 구하시오.

0667

이차부등식 $x^2+2x-3\leq 0$을 만족시키는 모든 실수 x에 대하여 이차부등식 $3x^2+6x+4<2m+1$이 항상 성립할 때, 정수 m의 최솟값은?

① 1　② 3　③ 5
④ 7　⑤ 9

0668

$x\geq 0$에서 이차부등식 $x^2-2ax+9\geq 0$이 항상 성립할 때, 상수 a의 값의 범위를 구하시오.

유형 14 이차부등식과 두 그래프의 위치 관계 - 만나는 경우

0669

이차함수 $y=-2x^2+ax+b$의 그래프가 직선 $y=x+3$보다 위쪽에 있는 부분의 x의 값의 범위가 $-2<x<5$일 때, 실수 a, b에 대하여 $a+b$의 값은?

① 22　② 24　③ 26
④ 28　⑤ 30

0670

이차함수 $y=x^2-mx-2m-4$의 그래프가 이차함수 $y=4x^2+x-2$의 그래프보다 아래쪽에 있는 부분의 x의 값의 범위가 $x<-1$ 또는 $x>n$일 때, 실수 m에 대하여 $n-m$의 값을 구하시오. (단, $n>-1$)

0671

이차함수 $y=-x^2+ax+b-1$의 그래프가 이차함수 $y=x^2+(b+1)x-a$의 그래프보다 위쪽에 있는 부분의 x의 값의 범위가 $-1<x<b$일 때, 실수 a, b에 대하여 $a+b$의 값은?

① 1 ② 2 ③ 3
④ 4 ⑤ 5

0672

이차함수 $y=mx^2-2nx+m^2+n-4$의 그래프가 x축보다 아래쪽에 있는 부분의 x의 값의 범위가 $x<-5$ 또는 $x>1$일 때, 상수 m, n에 대하여 $m+n$의 값을 구하시오.

유형 15 이차부등식과 두 그래프의 위치 관계 - 만나지 않는 경우

0673

이차함수 $y=-x^2+mx$의 그래프가 직선 $y=6$보다 항상 아래쪽에 있도록 하는 정수 m의 개수는?

① 5 ② 6 ③ 7
④ 8 ⑤ 9

0674

이차함수 $y=x^2+(1-m)x-2$의 그래프가 직선 $y=2x-3$보다 항상 위쪽에 있도록 하는 실수 m의 값의 범위를 구하시오.

0675

함수 $y=ax^2+6x-2a$의 그래프가 이차함수 $y=3x^2+2ax-1$의 그래프보다 항상 아래쪽에 있도록 하는 정수 a의 최댓값은?

① 0 ② 1 ③ 2
④ 3 ⑤ 4

유형 16 이차부등식의 활용

0676

어떤 배구 선수가 친 배구공의 t초 후의 지면으로부터의 높이를 h m라 할 때, $h=-5t^2+11t+1.5$의 관계가 성립한다고 한다. 이 배구 선수가 친 배구공의 높이가 3.5 m 이상인 시간은 몇 초 동안인가?

① $\frac{6}{5}$초 ② $\frac{7}{5}$초 ③ $\frac{8}{5}$초
④ $\frac{9}{5}$초 ⑤ 2초

0677

그림과 같이 한 변의 길이가 40 m인 정사각형 모양의 땅에 폭이 일정한 도로를 만들었다. 도로를 제외한 땅의 넓이가 900 m^2 이상이 되도록 할 때, 도로의 폭의 최댓값을 구하시오.

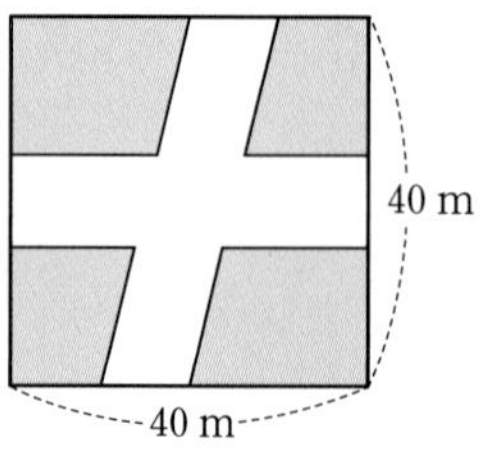

0678

어떤 상품의 가격을 x % 인상하면 판매량은 $\frac{1}{2}x$ % 감소한다고 한다. 가격을 올린 후의 수입이 4.5 % 이상 증가하도록 하는 x의 최댓값을 구하시오.

유형 17 연립이차부등식의 풀이

0679

부등식 $5x^2-2x-40\le 2x^2<3x^2+3x-10$을 만족시키는 실수 x의 최댓값은?

① 3 ② 4 ③ 5
④ 6 ⑤ 7

0680

연립부등식 $\begin{cases} x^2+2x-24>0 \\ 2x^2+17x+8>0 \end{cases}$의 해가 이차부등식 $ax^2+bx+8<0$의 해와 같을 때, 실수 a, b에 대하여 $a-b$의 값은?

① $\frac{1}{4}$ ② $\frac{1}{2}$ ③ $\frac{3}{4}$
④ 1 ⑤ $\frac{5}{4}$

0681

$\frac{\sqrt{x^2+6x-7}}{\sqrt{x^2-4x-45}}=-\sqrt{\frac{x^2+6x-7}{x^2-4x-45}}$을 만족시키는 정수 x의 개수를 구하시오.

유형 18 절댓값 기호를 포함한 연립부등식

0682 교육청 변형

연립부등식 $\begin{cases} |2x-1|>5 \\ x^2-x-30\leq 0 \end{cases}$ 을 만족시키는 모든 정수 x의 값의 합은?

① 1 ② 2 ③ 3
④ 4 ⑤ 5

0683

연립부등식 $\begin{cases} 3x+5<2 \\ |x^2+6x+4|\leq 4 \end{cases}$ 를 만족시키는 정수 x의 개수를 구하시오.

0684

연립부등식 $\begin{cases} x^2-2x-35\leq 0 \\ x^2+3|x|-18>0 \end{cases}$ 을 푸시오.

유형 19 해가 주어진 연립이차부등식

0685

연립부등식 $\begin{cases} x^2+4x-21\geq 0 \\ x^2-(k+10)x+9k+9\leq 0 \end{cases}$ 의 해가 $3\leq x\leq 9$일 때, 실수 k의 값의 범위는?

① $k>-8$ ② $k\leq 2$ ③ $-8\leq k<2$
④ $-8<k\leq 2$ ⑤ $-8\leq k\leq 2$

0686

연립부등식 $\begin{cases} x^2-5x+a<0 \\ x^2-5x-b\geq 0 \end{cases}$ 의 해가 $-3<x\leq -1$ 또는 $6\leq x<8$이 되도록 하는 실수 a, b에 대하여 $a+b$의 값은?

① -20 ② -18 ③ -16
④ -14 ⑤ -12

0687

연립부등식 $\begin{cases} |x+5|<a \\ x^2-4x-12<0 \end{cases}$ 의 해가 $-2<x<6$이 되도록 하는 양수 a의 값의 범위를 구하시오.

0688 교육청 변형

연립부등식 $\begin{cases} x^2+2x-35\ge0 \\ |x-a|<2 \end{cases}$의 해가 존재하도록 하는 자연수 a의 최솟값은?

① 1 ② 2 ③ 3
④ 4 ⑤ 5

0689

연립부등식 $\begin{cases} (x+3)^2<5x+11 \\ x^2-(2a+1)x+(a+3)(a-2)\ge0 \end{cases}$의 해가 존재하지 않을 때, 정수 a의 개수를 구하시오.

유형 20 정수인 해의 개수가 주어진 연립이차부등식

0690 교육청 변형

연립부등식 $\begin{cases} x^2-9x+14\le0 \\ x^2-(n-5)x-5n<0 \end{cases}$을 만족시키는 정수 x가 4개가 되도록 하는 실수 n의 값의 범위를 구하시오.

0691

두 이차부등식 $x^2+3x-4>0$, $x^2+(3-m)x-3m<0$을 동시에 만족시키는 정수 x의 값이 -6, -5뿐일 때, 실수 m의 값의 범위는?

① $-7\le m<-6$ ② $-7<m\le-6$
③ $-6\le m<-5$ ④ $-6<m\le-5$
⑤ $m\le-7$

0692

연립부등식 $\begin{cases} |x-3|\le k \\ x^2+5x-6\le0 \end{cases}$을 만족시키는 정수 x가 3개 존재할 때, 양수 k의 최솟값은?

① 1 ② 2 ③ 3
④ 4 ⑤ 5

0693

x에 대한 연립부등식 $\begin{cases} x^2-(a^2-3)x-3a^2<0 \\ x^2+(a-9)x-9a>0 \end{cases}$을 만족시키는 정수 x가 존재하지 않기 위한 실수 a의 최댓값을 M이라 하자. 이때 M^2의 값을 구하시오. (단, $a>2$)

유형 21 연립이차부등식의 활용

0694

세 변의 길이가 각각 x, $x+1$, $x+2$인 삼각형이 예각삼각형이 되도록 하는 실수 x의 값의 범위를 구하시오.

0695

한 모서리의 길이가 a인 정육면체의 밑면의 가로의 길이를 4만큼 늘이고, 높이를 3만큼 줄여서 직육면체를 만들려고 한다. 이 직육면체의 겉넓이는 처음 정육면체의 겉넓이보다 커지고, 부피는 처음 정육면체의 부피보다 작아지도록 하는 자연수 a의 개수를 구하시오.

0696

가로의 길이가 같은 두 직사각형 A, B가 있다. A의 세로의 길이는 A의 가로의 길이보다 2만큼 길고, B의 세로의 길이는 A의 가로의 길이보다 4만큼 짧을 때, A의 넓이는 48 이상, B의 넓이는 32 이하가 되도록 하는 직사각형의 가로의 길이의 최댓값과 최솟값의 합을 구하시오.

유형 22 이차방정식의 근의 판별과 이차부등식

0697

이차방정식 $x^2-(m+3)x+m+6=0$이 허근을 갖도록 하는 정수 m의 개수는?

① 5 ② 6 ③ 7 ④ 8 ⑤ 9

0698

이차방정식 $ax^2+6ax+10a+4=0$이 실근을 갖도록 하는 실수 a의 값의 범위를 구하시오.

0699 교육청 변형

이차함수 $y=x^2-4x+2$의 그래프와 직선 $y=ax+1$이 서로 다른 두 점에서 만날 때, 다음 중 상수 a의 값이 될 수 없는 것은?

① -9 ② -5 ③ -1 ④ 3 ⑤ 7

0700

두 이차방정식 $x^2+kx+k^2+3k=0$, $x^2-2x+k^2-3=0$ 중 적어도 하나가 실근을 갖도록 하는 상수 k의 값의 범위는?

① $-6\le k\le -2$ ② $-5\le k\le 0$ ③ $-4\le k\le 2$
④ $-2\le k\le 3$ ⑤ $-2\le k\le 4$

유형 23 이차방정식의 실근의 부호

0701

이차방정식 $x^2+(k+1)x+2k+7=0$의 서로 다른 두 근이 모두 양수가 되도록 하는 실수 k의 값의 범위는?

① $k<-\frac{7}{2}$ ② $-\frac{7}{2}<k<-3$
③ $-\frac{7}{2}<k\le -3$ ④ $-1<k\le 9$
⑤ $-3\le k<-1$ 또는 $k\ge 9$

0702

이차방정식 $x^2+2ax-2a+8=0$의 두 근이 모두 음수일 때, 모든 정수 a의 값의 합을 구하시오.

0703

x에 대한 이차방정식 $x^2-(k^2+5k+4)x-k^2+9=0$의 두 근의 부호가 서로 다르고 절댓값이 같도록 하는 실수 k의 값을 구하시오.

0704

x에 대한 이차방정식 $x^2+(m^2-m-12)x-m+1=0$의 두 근의 부호가 서로 다르고 양수인 근이 음수인 근의 절댓값보다 클 때, 실수 m의 값의 범위를 구하시오.

유형 24 이차방정식의 실근의 위치

0705

이차방정식 $x^2-4kx+k+14=0$의 서로 다른 두 근이 모두 -2보다 작을 때, 실수 k의 값의 범위는?

① $-2<k<-\frac{7}{4}$ ② $-2<k<-1$
③ $-\frac{7}{4}<k<-1$ ④ $-1<k<2$
⑤ $-2<k<-\frac{7}{4}$ 또는 $k>2$

0706

이차방정식 $x^2-2(m+1)x+m-2=0$의 한 근은 -1과 6 사이에 있고 다른 한 근은 6보다 클 때, 실수 m의 값의 범위를 구하시오.

0707

직선 $y=5x+22$가 이차함수 $y=x^2+(3a+10)x+2a^2-a$의 그래프와 만나는 두 점을 A, B라 할 때, 선분 AB 위에 A, B가 아닌 점 $(-3, 7)$이 존재하도록 하는 정수 a의 개수는?

① 5　② 6　③ 7
④ 8　⑤ 9

0708

이차방정식 $ax^2-x-3a+6=0$의 두 근을 α, β라 할 때, $-2<\alpha<0$, $1<\beta<2$가 되도록 하는 실수 a의 값의 범위를 구하시오.

유형 25 삼 · 사차방정식의 근의 조건

0709

사차방정식 $x^4+kx^2-2k+5=0$이 서로 다른 두 실근과 서로 다른 두 허근을 갖도록 하는 실수 k의 값의 범위는?

① $-2\le k<0$　② $-2<k\le 0$　③ $0\le k<\frac{5}{2}$
④ $0<k\le\frac{5}{2}$　⑤ $k>\frac{5}{2}$

0710

삼차방정식 $2x^3+(m+1)x^2+(m+1)x+2=0$의 세 근이 모두 음수가 되도록 하는 실수 m의 값의 범위를 구하시오.

0711

삼차방정식 $x^3-(2k-3)x^2+2(k+6)x-16=0$이 2보다 작은 한 근과 2보다 큰 두 근을 갖도록 하는 정수 k의 개수는?

① 0　② 1　③ 2
④ 3　⑤ 4

09 이차부등식

PART B′ 기출 & 기출변형 문제

0712 교육청 변형

x에 대한 이차방정식 $x^2+2ax+10=0$이 서로 다른 두 허근을 갖도록 하는 정수 a의 개수는?

① 5　② 6　③ 7
④ 8　⑤ 9

0713 교육청 변형

이차부등식 $ax^2+bx+c\geq0$의 해가 $x=-4$뿐일 때, 보기에서 옳은 것만을 있는 대로 고른 것은?

보기

ㄱ. $a<0$
ㄴ. $b^2-4ac=0$
ㄷ. $-a-2b+c<0$

① ㄱ　② ㄱ, ㄴ　③ ㄱ, ㄷ
④ ㄴ, ㄷ　⑤ ㄱ, ㄴ, ㄷ

0714 교육청 기출

이차부등식 $x^2-ax+12\leq0$의 해가 $\alpha\leq x\leq\beta$이고, 이차부등식 $x^2-5x+b\geq0$의 해가 $x\leq\alpha-1$ 또는 $x\geq\beta-1$일 때, 상수 a, b의 곱 ab의 값을 구하시오.

0715 교육청 변형

이차함수 $f(x)=-x^2+kx+3k+5$에 대하여 이차부등식 $f(x)\geq0$을 만족시키는 해가 없도록 하는 정수 k의 개수는?

① 5　② 6　③ 7
④ 8　⑤ 9

0716 교육청 변형

$-1\le x\le 2$인 실수 x에 대하여 부등식 $x^2-6x-4k+4\ge 0$이 항상 성립하도록 하는 상수 k의 최댓값은?

① -2　② -1　③ 0
④ 1　⑤ 2

0717 교육청 변형

실수 x에 대하여 복소수 z가 다음 조건을 만족시킨다.

(가) $z=2x-(x+3)i$	(나) $z^2+(\overline{z})^2$은 음수이다.

이때 정수 x의 개수를 구하시오.

(단, $i=\sqrt{-1}$이고 $\overline{z}$는 z의 켤레복소수이다.)

0718 교육청 기출

$a<0$일 때, x에 대한 연립부등식

$$\begin{cases}(x-a)^2<a^2\\ x^2+a<(a+1)x\end{cases}$$

의 해가 $b<x<b+1$이다. $a+b$의 값은?

(단, a, b는 상수이다.)

① 2　② 1　③ 0
④ -1　⑤ -2

0719 교육청 변형

x에 대한 연립부등식 $\begin{cases}x^2+ax+b\le 0\\ x^2+cx+d\ge 0\end{cases}$의 해가 $x=-3$ 또는 $-1\le x\le 4$일 때, 실수 a, b, c, d에 대하여 $a+b+c+d$의 값을 구하시오.

0720 교육청 기출

자연수 n에 대하여 x에 대한 연립부등식

$\begin{cases} |x-n|>2 \\ x^2-14x+40\leq 0 \end{cases}$ 을 만족시키는 자연수 x의 개수가 2가 되도록 하는 모든 n의 값의 합을 구하시오.

0721 교육청 변형

x에 대한 삼차방정식 $x^3-(2a+1)x^2+(2a+9)x-9=0$이 -1보다 작은 두 근과 -1보다 큰 한 근을 갖도록 하는 실수 a의 값의 범위를 구하시오.

0722 교육청 변형

그림과 같이 $\overline{AB}=\overline{DC}$인 등변사다리꼴 ABCD가 다음 조건을 만족시킨다. $\overline{AD}=a$, $\overline{BC}=8$, $\angle BAP=30°$일 때, 모든 자연수 a의 값의 합을 구하시오.

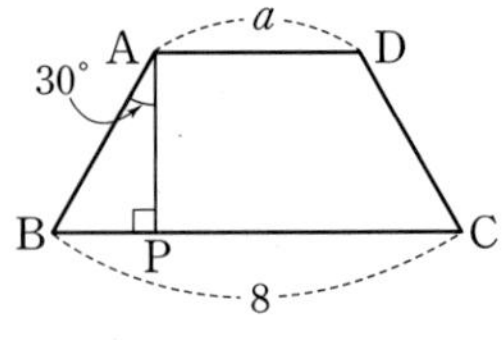

(가) 선분 AD의 길이는 선분 AB의 길이의 3배보다 크지 않다.
(나) 등변사다리꼴 ABCD의 넓이는 $12\sqrt{3}$ 이하이다.

0723 교육청 기출

그림과 같이 이차함수 $f(x)=-x^2+2kx+k^2+4$ $(k>0)$의 그래프가 y축과 만나는 점을 A라 하자. 점 A를 지나고 x축에 평행한 직선이 이차함수 $y=f(x)$의 그래프와 만나는 점 중 A가 아닌 점을 B라 하고, 점 B에서 x축에 내린 수선의 발을 C라 하자. 사각형 OCBA의 둘레의 길이를 $g(k)$라 할 때, 부등식 $14\leq g(k)\leq 78$을 만족시키는 모든 자연수 k의 값의 합을 구하시오. (단, O는 원점이다.)

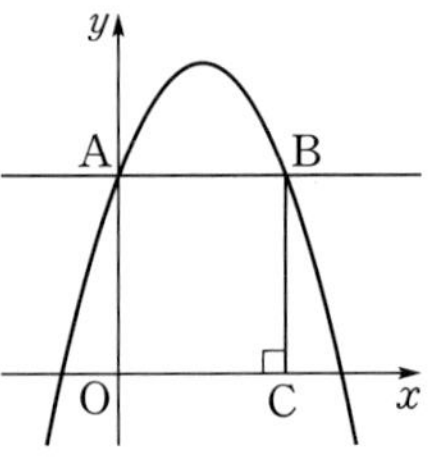

경우의 수

경우의 수

유형 01 합의 법칙

0724

서로 다른 두 개의 주사위를 동시에 던질 때, 나오는 눈의 수의 곱이 12의 배수가 되는 경우의 수는?

① 3 ② 4 ③ 5
④ 6 ⑤ 7

0725

한 개의 주사위를 두 번 던질 때, 나오는 눈의 수를 차례대로 m, n이라 하자. $i^m \times (-i)^n$의 값이 1이 되는 경우의 수를 구하시오. (단, $i=\sqrt{-1}$이다.)

0726

서로 다른 두 개의 주사위를 동시에 던질 때, 나오는 눈의 수의 합이 소수가 되는 경우의 수는?

① 11 ② 13 ③ 15
④ 17 ⑤ 19

유형 02 방정식과 부등식의 해의 개수

0727

방정식 $2x+y+z=9$를 만족시키는 자연수 x, y, z의 모든 순서쌍 (x, y, z)의 개수는?

① 10 ② 11 ③ 12
④ 13 ⑤ 14

0728

부등식 $3x+y \leq 10$을 만족시키는 자연수 x, y의 모든 순서쌍 (x, y)의 개수는?

① 10 ② 11 ③ 12
④ 13 ⑤ 15

0729

서로 다른 두 개의 주사위를 동시에 던질 때 나오는 눈의 수를 각각 a, b라 하자. $|a-b| \geq 2$를 만족시키는 a, b의 모든 순서쌍 (a, b) 의 개수는?

① 16 ② 20 ③ 25
④ 26 ⑤ 31

유형 03 곱의 법칙

0730

다항식 $a(x+y+z)(m+n)(p+q+r+s)$를 전개할 때, y를 포함하지 않는 항의 개수는?

① 12 ② 13 ③ 14
④ 15 ⑤ 16

0731 평가원 변형

다음 조건을 만족시키는 세 자리 자연수의 개수를 구하시오.

> (가) 짝수이다.
> (나) 십의 자리의 수는 9의 약수이다.
> (다) 백의 자리의 수는 4의 약수이다.

0732

어느 디저트 가게에서는 다음과 같이 쿠키 3종류, 마카롱 4종류, 케이크 2종류를 판매하고 있다. 이 가게에서 쿠키, 마카롱, 케이크 중 서로 다른 제품 2개를 선택하여 각각 1종류씩 구입하는 경우의 수를 구하시오.

쿠키	마카롱	케이크
딸기쿠키 아몬드쿠키 초코쿠키	바닐라맛 민트초코맛 초코크림맛 딸기크림맛	치즈케이크 고구마케이크

0733

다항식 $(a+b)(p+q)(x+y+z)+(s-t)(u-v+w)$를 전개하였을 때, 모든 항의 개수는?

① 14 ② 16 ③ 18
④ 20 ⑤ 22

유형 04 자연수의 개수

0734

세 자리 자연수 중 백의 자리의 수는 3의 배수, 십의 자리의 수는 소수, 일의 자리의 수는 홀수인 것의 개수는?

① 12 ② 48 ③ 60
④ 75 ⑤ 100

0735

0, 1, 2, 3, 4, 5의 숫자가 각각 하나씩 적힌 6장의 카드 중에서 2장을 뽑아 만들 수 있는 두 자리의 자연수 중 3의 배수의 개수를 구하시오.

0736

서로 다른 세 개의 주사위를 던져서 나오는 눈의 수를 각각 a, b, c라 할 때, a^2bc+ab의 값이 홀수가 되는 경우의 수를 구하시오.

0737

0, 0, 1, 2, 3, 4가 각각 하나씩 적힌 6장의 카드 중 3장을 뽑아 세 자리 자연수를 만들 때, 짝수의 개수를 구하시오.

유형 05 약수의 개수

0738

1008의 양의 약수의 개수를 a, 양의 약수의 총합을 b라 할 때, $a+b$의 값은?

① 3164　② 3194　③ 3224
④ 3254　⑤ 3284

0739

3360의 양의 약수 중 7의 배수의 개수는?

① 12　② 18　③ 24
④ 30　⑤ 36

0740

375의 거듭제곱 중 양의 약수의 개수가 96인 수는?

① 375^2　② 375^3　③ 375^4
④ 375^5　⑤ 375^6

0741

1764의 양의 약수 중 짝수의 개수는?

① 6　② 8　③ 12
④ 18　⑤ 26

유형 06 지불 방법의 수와 지불 금액의 수

0742

100원짜리 동전 3개, 1000원짜리 지폐 4장, 5000원짜리 지폐 5장이 있다. 이 돈의 일부 또는 전부를 사용하여 거스름돈 없이 지불할 수 있는 방법의 수는?

(단, 0원을 지불하는 경우는 제외한다.)

① 111　② 113　③ 115
④ 117　⑤ 119

0743

100원짜리 동전 7개, 500원짜리 동전 3개, 1000원짜리 지폐 2장이 있다. 이 돈의 일부 또는 전부를 사용하여 거스름돈 없이 지불할 수 있는 금액의 수는?

(단, 0원을 지불하는 경우는 제외한다.)

① 41　② 42　③ 43
④ 44　⑤ 45

0744

10000원짜리 지폐 3장, 5000원짜리 지폐 2장, 1000원짜리 지폐 6장이 있다. 이 돈의 일부 또는 전부를 사용하여 물건을 사려고 한다. 거스름돈 없이 지불할 수 있는 방법의 수를 a, 지불할 수 있는 금액의 수를 b라 할 때, $a+b$의 값을 구하시오. (단, 0원을 지불하는 경우는 제외한다.)

유형 07 도로망에서의 방법의 수

0745

그림과 같이 A, B, C, D 네 지점을 연결한 8개의 길이 있다. 한 번 지나간 길은 다시 지날 수 없고, B 지점 또는 C 지점은 두 번까지 지날 수 있다고 할 때, A 지점에서 출발하여 D 지점에 처음으로 도착하는 방법의 수는?

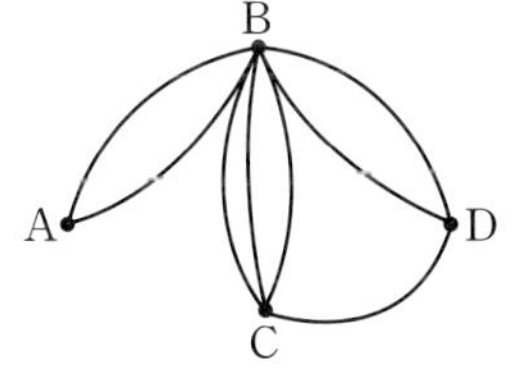

① 10 ② 22 ③ 34
④ 46 ⑤ 58

0746

그림과 같이 네 지점 A, B, C, D를 연결하는 도로망이 있다. A 지점에서 출발하여 C 지점으로 가는 방법의 수는? (단, 한 번 지나간 지점은 다시 지나가지 않는다.)

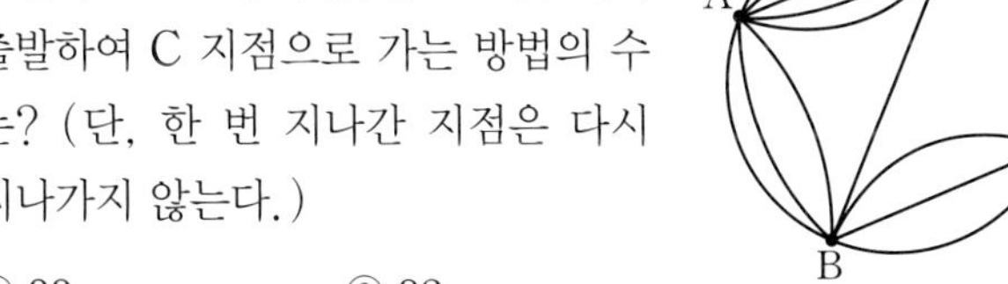

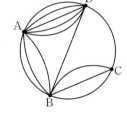

① 33 ② 32
③ 31 ④ 30
⑤ 29

0747

그림과 같이 1, 2, 3, 4, 5, 6번 지점을 연결하는 도로망이 있다. 번호가 큰 지점에서 작은 지점으로 갈 수 없다고 할 때, 1번 지섬에서 6번 지점으로 갈 수 있는 방법의 수는?

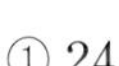

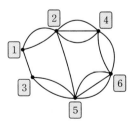

① 24 ② 28
③ 32 ④ 36
⑤ 40

0748

그림과 같은 도로망에서 B 지점과 C 지점 사이에 도로를 추가하여 A 지점에서 출발하여 D 지점으로 가는 방법의 수가 62가 되도록 하려고 한다. 추가해야 하는 도로의 개수는? (단, 한 번 지나간 지점은 다시 지나가지 않고, 도로끼리는 서로 만나지 않는다.)

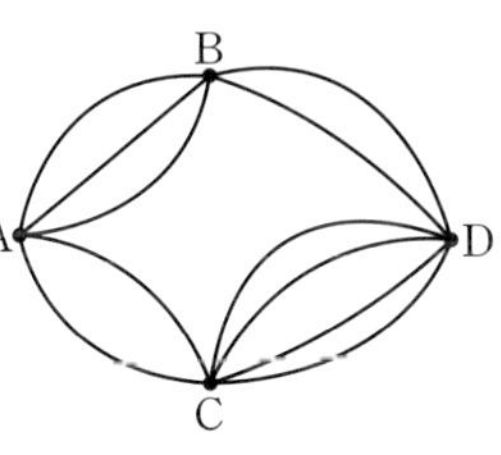

① 1 ② 2 ③ 3
④ 4 ⑤ 5

유형 08 색칠하는 방법의 수

0749

그림과 같은 4개의 영역을 서로 다른 7가지의 색을 사용하여 칠하려고 한다. 같은 색을 중복하여 사용할 수 있으나 인접한 영역은 서로 다른 색으로 칠하여 구분하려고 할 때, 색을 칠하는 방법의 수를 구하시오. (단, 각 영역에는 한 가지 색만 칠한다.)

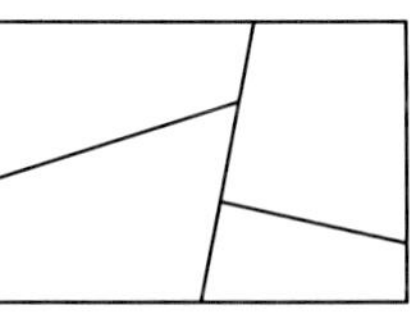

0750

그림과 같은 5개의 영역 A, B, C, D, E를 서로 다른 5가지 색을 사용하여 칠하려고 한다. 같은 색을 중복하여 사용할 수 있으나 인접한 영역은 서로 다른 색으로 칠하여 구분하려고 할 때, 색을 칠하는 방법의 수를 구하시오.

(단, 각 영역에는 한 가지 색만 칠한다.)

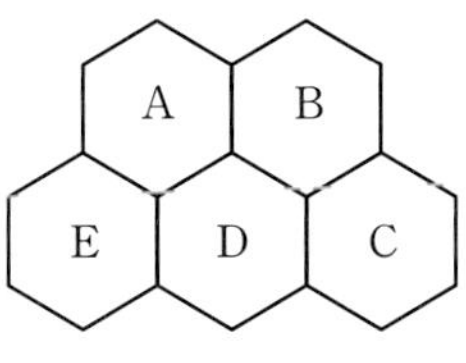

0751

그림과 같은 5개의 영역 A, B, C, D, E에 색을 칠하려고 한다. A 영역은 빨강색 또는 주황색으로만 칠할 수 있고, 나머지 B, C, D, E 영역에 빨강, 주황, 노랑, 초록의 네 가지 색을 중복하여 사용할 수 있으나 변을 공유한 영역은 서로 다른 색으로 칠하여 구분하려고 한다. 색을 칠하는 방법의 수는?

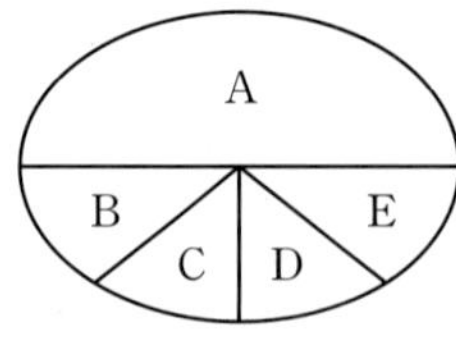

(단, 각 영역에는 한 가지 색만 칠한다.)

① 81 ② 96 ③ 100 ④ 108 ⑤ 120

0752

그림과 같은 5개의 영역 A, B, C, D, E를 서로 다른 6가지의 색을 이용하여 칠하려고 한다. 같은 색을 중복하여 사용할 수 있으나 인접한 영역은 서로 다른 색으로 칠하여 구분하려고 할 때, 색을 칠하는 방법의 수는? (단, 각 영역에는 한 가지 색만 칠한다.)

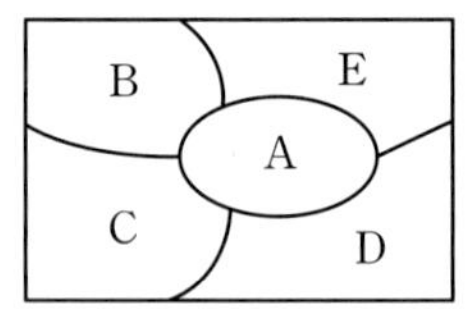

① 1040 ② 1320 ③ 1560 ④ 1800 ⑤ 2040

0753

그림과 같은 5개의 영역 A, B, C, D, E에 빨강, 노랑, 파랑의 3가지 색을 칠하려고 한다. 같은 색을 여러 번 사용할 수 있으나 인접한 영역은 서로 다른 색을 칠하여 구분하려고 할 때, 색을 칠하는 방법의 수를 구하시오. (단, 각 영역에는 한 가지 색만 칠한다.)

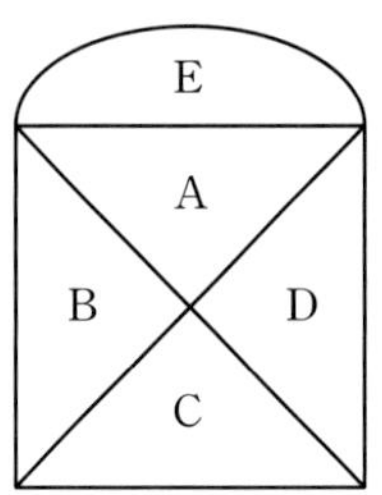

유형 09 최단거리로 이동하는 경우의 수

0754

그림과 같은 바둑판 모양의 도로망이 있다. 이 지역에 빗금친 장애물이 생겼고, 이 장애물을 통과하여 이동할 수 없다고 한다. A 지점에서 출발하여 B 지점까지 길을 따라 최단거리로 가는 경우의 수는?

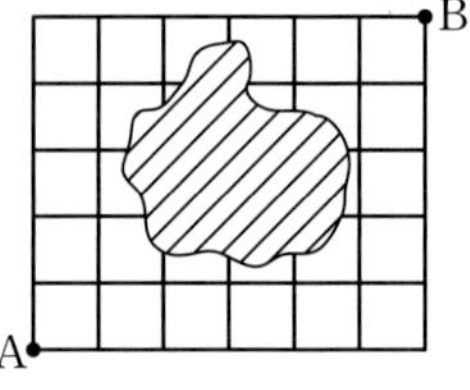

① 42 ② 44 ③ 46 ④ 48 ⑤ 50

0755

그림과 같은 도로망이 있다. A 지점에서 출발하여 B 지점까지 최단거리로 가는 경우의 수는?

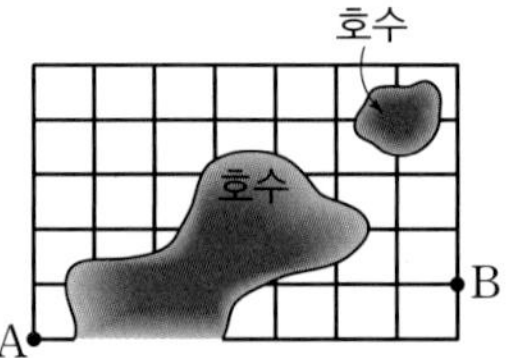

① 18 ② 21 ③ 24 ④ 27 ⑤ 30

0756

그림과 같이 정육면체와 정사각형이 서로 이어 붙어 있다. 꼭짓점 A에서 출발하여 모서리 또는 변을 따라 점 B까지 최단거리로 가는 경우의 수를 구하시오.

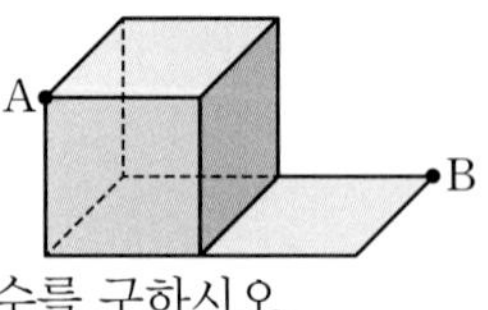

유형 03 이웃하지 않는 것이 있는 순열의 수

0777

PROMISE에 있는 7개의 문자를 일렬로 나열할 때, 모음이 서로 이웃하지 않는 경우의 수는?

① 480 ② 720 ③ 960
④ 1200 ⑤ 1440

0778

A, B, C를 포함한 8명의 학생을 일렬로 배열할 때, A, B, C가 서로 이웃하지 않도록 배열하는 방법의 수는?

① 3600 ② 7200 ③ 14400
④ 28800 ⑤ 57600

0779

6개의 숫자 1, 2, 3, 4, 5, 6을 일렬로 나열할 때, 1, 2는 서로 이웃하고 3, 4는 서로 이웃하지 않게 나열하는 방법의 수를 구하시오.

유형 04 자리에 대한 조건이 있는 순열의 수

0780

festival에 있는 8개의 문자를 일렬로 나열할 때, 양 끝에 모음이 오는 경우의 수는 $a\times6!$이다. 자연수 a의 값은?

① 3 ② 4 ③ 5
④ 6 ⑤ 7

0781

서로 다른 볼펜 3자루와 서로 다른 연필 3자루를 일렬로 나열할 때, 볼펜과 연필을 번갈아 나열하는 경우의 수는?

① 9 ② 18 ③ 36
④ 72 ⑤ 144

0782

A, B, C, D, E 5명이 3인용 소파에 3명, 2인용 소파에 2명으로 나누어 앉으려고 한다. A와 B가 같은 소파에 이웃하여 앉는 방법의 수를 구하시오.

0783

7개의 숫자 1, 2, 3, 4, 5, 6, 7을 일렬로 나열하려고 한다. 1과 3 사이에 두 개의 숫자만 들어가고, 이 두 개의 숫자가 모두 짝수가 되도록 나열하는 경우의 수는?

① 36　② 72　③ 144　④ 288　⑤ 576

0784

남학생 3명과 여학생 2명이 그림과 같이 번호가 적힌 5개의 의자에 각각 한 명씩 앉을 때, 여학생 2명이 모두 홀수가 적힌 의자에 앉는 경우의 수는?

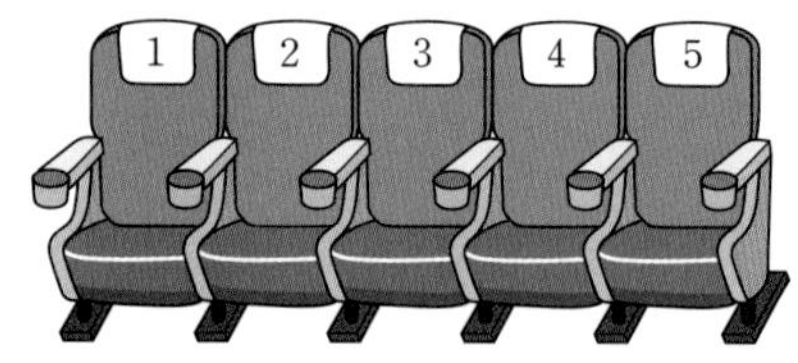

① 36　② 37　③ 38　④ 39　⑤ 40

0785

남학생 2명과 여학생 2명이 함께 놀이공원에 가서 그림과 같이 한 줄에 2개의 의자가 있고, 모두 4줄로 된 놀이 기구를 타려고 한다. 남학생은 남학생끼리, 여학생은 여학생끼리 짝을 지어 2명씩 같은 줄에 앉을 때, 4명이 모두 놀이 기구의 의자에 앉는 경우의 수는? (단, 다른 탑승자는 없다고 한다.)

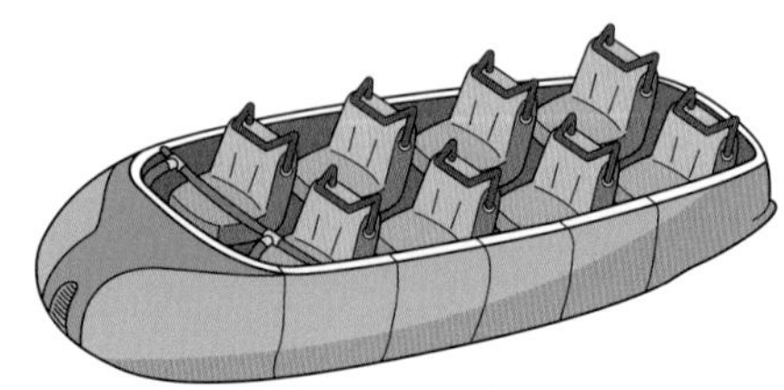

① 46　② 48　③ 50　④ 52　⑤ 54

유형 05 '적어도'의 조건이 있는 순열의 수

0786

6개의 문자 a, b, c, d, e, f에서 4개의 문자를 택하여 일렬로 나열할 때, 적어도 한쪽 끝에 모음이 오도록 나열하는 방법의 수는?

① 72　② 144　③ 216　④ 288　⑤ 360

0787

남학생 5명, 여학생 6명 중 반장 1명, 부반장 1명을 뽑을 때, 반장과 부반장 중 적어도 한 명이 여학생인 경우의 수는?

① 78　② 84　③ 90　④ 96　⑤ 102

0788

8개의 의자가 일렬로 놓여 있다. 2명의 학생이 서로 다른 의자에 앉을 때, 이 2명의 학생 사이에 적어도 하나의 빈 의자가 있도록 앉는 경우의 수는?

① 34　② 36　③ 38　④ 40　⑤ 42

유형 06 자연수의 개수

0789
6개의 숫자 0, 2, 3, 5, 7, 8 중 서로 다른 다섯 개의 숫자를 택하여 만들 수 있는 다섯 자리 자연수 중 5의 배수의 개수는?

① 42 ② 72 ③ 108
④ 168 ⑤ 216

0790
5개의 숫자 0, 0, 1, 2, 3을 모두 사용하여 만들 수 있는 다섯 자리 자연수 중 4의 배수의 개수는?

① 12 ② 14 ③ 16
④ 18 ⑤ 20

0791
서로 다른 한 자리 자연수 a, b, c, d, e를 일렬로 나열할 때, 적어도 한쪽 끝에 짝수가 오도록 나열하는 경우의 수는 84이다. a, b, c, d, e 중 짝수인 자연수의 개수를 구하시오.

유형 07 사전식 배열

0792
다섯 개의 문자 A, B, C, D, E를 모두 한 번씩만 사용하여 ABCDE부터 EDCBA까지 사전식으로 배열할 때, DEACB는 몇 번째에 오는지 구하시오.

0793
5개의 숫자 0, 2, 4, 6, 8 중 서로 다른 3개의 숫자를 택하여 만든 모든 세 자리 자연수를 작은 수부터 차례대로 나열할 때, 30번째에 오는 수의 일의 자리의 숫자는?

① 0 ② 2 ③ 4
④ 6 ⑤ 8

0794
FRIEND에 있는 6개의 문자를 모두 한 번씩 사용하여 사전식으로 배열할 때, 307번째에 오는 것은?

① FINEDR ② FIREND ③ FINDRE
④ FIRDEN ⑤ FIRNED

유형 08 ${}_{n}P_{r}$와 ${}_{n}C_{r}$의 계산

0795

등식 ${}_{n}P_{2}-{}_{7}C_{2}=21$을 만족시키는 자연수 n의 값은?

① 6 ② 7 ③ 8
④ 9 ⑤ 10

0796

2 이상의 자연수 n에 대하여 등식 ${}_{n}P_{3}=k({}_{n-1}C_{2}+{}_{n-1}C_{3})$이 성립할 때, 자연수 k의 값을 구하시오.

0797

다음은 $1\le r\le n-1$일 때, 등식 $n\times{}_{n-1}C_{r-1}=r\times{}_{n}C_{r}$이 성립함을 설명하는 과정이다.

$$n\times{}_{n-1}C_{r-1}=n\times\frac{(n-1)!}{(r-1)!(\boxed{\text{(가)}})!}$$
$$=\frac{r\times n!}{(\boxed{\text{(가)}})!(\boxed{\text{(나)}})!}$$
$$=r\times{}_{n}C_{r}$$

위의 (가), (나)에 알맞은 식을 차례대로 나열한 것은?

	(가)	(나)
①	$n-r$	r
②	$n-r$	$r+1$
③	$n-r-1$	r
④	$n-r-1$	$r+1$
⑤	$n-r+1$	r

0798

x에 대한 이차방정식 $6x^2-{}_{n}P_{r}x-15{}_{n}C_{n-r}=0$의 두 근이 -3, 5일 때, $n+r$의 값은? (단, n, r는 자연수이다.)

① 4 ② 5 ③ 6
④ 7 ⑤ 8

0799

보기에서 옳은 것만을 있는 대로 고른 것은?

보기

ㄱ. ${}_{n}P_{r}=n(n-1)(n-2)\times\cdots\times(n-r)$ (단, $0\le r\le n$)
ㄴ. ${}_{n}C_{r}\times r!={}_{n}P_{r}$ (단, $0\le r\le n$)
ㄷ. ${}_{n}C_{r}={}_{n}C_{n-r}$ (단, $0\le r\le n$)
ㄹ. ${}_{n}C_{r}={}_{n-1}C_{r}+r\times{}_{n-1}C_{r-1}$ (단, $1\le r<n$)

① ㄱ, ㄴ ② ㄱ, ㄷ ③ ㄴ, ㄷ
④ ㄴ, ㄹ ⑤ ㄷ, ㄹ

0800

2 이상의 자연수 n에 대하여 등식 ${}_{n+1}P_{3}=k\times\frac{{}_{n}C_{3}+{}_{n}C_{2}}{3}$가 성립할 때, 자연수 k의 값은?

① 10 ② 12 ③ 14
④ 16 ⑤ 18

유형 09 조합의 수

0801

서로 다른 5개의 상자에 같은 종류의 사탕 2개를 모두 넣을 때, 각 상자에는 많아야 1개의 사탕을 넣는 경우의 수는?

① 10 ② 12 ③ 16 ④ 18 ⑤ 20

0802

서로 다른 빨간색 구슬 4개와 서로 다른 파란색 구슬 3개가 들어 있는 주머니에서 빨간색 구슬 2개와 파란색 구슬 1개를 꺼내는 경우의 수는?

① 12 ② 14 ③ 16 ④ 18 ⑤ 20

0803

어느 음악 수업에서 8종류의 서양 타악기와 4종류의 사물놀이 타악기 중 일부를 선택하여 합동 연주를 하려고 한다. 12종류의 타악기 중 4종류를 선택하는 경우의 수를 a, 4종류의 서양 타악기와 2종류의 사물놀이 타악기를 선택하는 경우의 수를 b라 할 때, $a-b$의 값을 구하시오.

0804 교육청 변형

10 미만의 자연수 중 서로 다른 세 수를 택할 때, 이 세 수의 합이 짝수가 되는 경우의 수는?

① 40 ② 42 ③ 44 ④ 46 ⑤ 48

0805

8가지 색의 깃발이 하나씩 있다. 이 8개의 깃발 중 4개 이상의 깃발을 뽑는 경우의 수는?

① 145 ② 154 ③ 163 ④ 175 ⑤ 182

0806

1부터 10까지의 자연수가 각각 하나씩 적혀 있는 10장의 카드가 주머니 안에 들어 있다. 이 주머니에서 임의로 카드 3장을 동시에 꺼낼 때, 꺼낸 카드에 적힌 세 자연수 중에서 가장 작은 수가 3 이하이거나 7 이상일 경우의 수를 구하시오.

유형 10 특정한 것을 포함하거나 포함하지 않는 조합의 수

0807
어느 학급에서 1번부터 6번까지의 학생 6명 중 2명을 뽑을 때, 이 2명의 번호가 서로 이웃하지 않도록 뽑는 모든 경우의 수는?

① 7 ② 8 ③ 9
④ 10 ⑤ 11

0808
찬렬이와 규하를 포함한 8명 중 찬렬이와 규하를 모두 포함하여 4명의 대표를 뽑는 경우의 수를 a, 찬렬이와 규하 중 한 명만 포함하여 4명의 대표를 뽑는 경우의 수를 b라 하자. $a+b$의 값을 구하시오.

0809
서로 다른 4켤레의 신발 8짝 중 4짝을 택할 때, 한 켤레만 짝이 맞는 경우의 수는?

① 36 ② 48 ③ 72
④ 96 ⑤ 112

0810
퀴즈쇼에 참가한 여학생 5명과 남학생 6명을 4개의 조로 나누려고 한다. 여학생은 1조에 3명, 2조에 2명을 배정하고, 남학생은 3조와 4조에 각각 3명씩 배정하는 방법의 수는?

① 100 ② 200 ③ 300
④ 400 ⑤ 500

유형 11 '적어도'의 조건이 있는 조합의 수

0811
실외형 부스 6개와 실내형 부스 3개가 있는 박람회장이 있다. 이 박람회장에서 서로 다른 부스 4개를 선택하여 박람회를 열 때, 실내형 부스를 적어도 1개를 선택하는 경우의 수는?

① 111 ② 120 ③ 132
④ 140 ⑤ 155

0812
남학생 6명과 여학생 4명으로 구성된 동아리에서 대표 4명을 뽑을 때, 남학생과 여학생을 적어도 1명씩 포함하는 경우의 수는?

① 191 ② 192 ③ 193
④ 194 ⑤ 195

0813
남학생과 여학생을 합하여 8명이 있는 동아리에서 2명의 대표를 뽑으려고 한다. 남학생이 적어도 한 명 포함되도록 뽑는 경우의 수가 13일 때, 이 동아리의 여학생 수는?

① 3 ② 4 ③ 5
④ 6 ⑤ 7

유형 12 뽑아서 나열하는 경우의 수

0814

서로 다른 빨간색 펜 4자루와 서로 다른 파란색 펜 5자루 중 빨간색 펜 2자루와 파란색 펜 2자루를 뽑아서 일렬로 나열하는 방법의 수는?

① 960 ② 1200 ③ 1440
④ 1680 ⑤ 1920

0815

A, B를 포함한 8명 중 5명을 뽑아 일렬로 세울 때, A, B가 모두 포함되고 A와 B가 서로 이웃하도록 세우는 방법의 수는?

① 900 ② 920 ③ 940
④ 960 ⑤ 980

0816

1부터 6까지의 자연수 중 서로 다른 세 수를 일렬로 나열하여 세 자리 자연수를 만들 때, 모든 자리의 숫자의 곱이 6의 배수인 자연수의 개수를 구하시오.

유형 13 직선과 대각선의 개수

0817

칠각형의 대각선의 개수는?

① 12 ② 14 ③ 16
④ 18 ⑤ 20

0818

그림과 같이 삼각형 위에 7개의 점이 있다. 이 중 두 점을 연결하여 만들 수 있는 서로 다른 직선의 개수는?

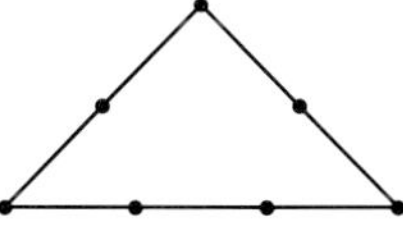

① 12 ② 13 ③ 14
④ 15 ⑤ 16

0819

그림과 같이 동일한 간격으로 놓인 12개의 점 중 두 점을 이어서 만들 수 있는 서로 다른 직선의 개수를 구하시오.
(단, 가로 방향의 4개의 점과 세로 방향의 3개의 점은 각각 한 직선 위에 있다.)

11 순열과 조합

유형 14 삼각형의 개수

0820

그림과 같이 서로 다른 두 직선 위에 각각 4개의 점이 있다. 이 8개의 점 중 3개의 점을 꼭짓점으로 하는 삼각형의 개수는?

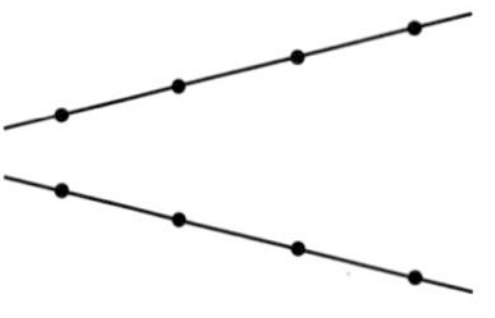

① 56　② 52　③ 48
④ 44　⑤ 40

0821

그림과 같이 가로의 길이가 4, 세로의 길이가 2인 직사각형을 합동인 8개의 정사각형으로 나눈 후 정사각형의 꼭짓점의 위치에 15개의 점을 찍었다. 이 점들을 꼭짓점으로 하는 삼각형 중 점 A를 한 꼭짓점으로 하는 삼각형의 개수는?

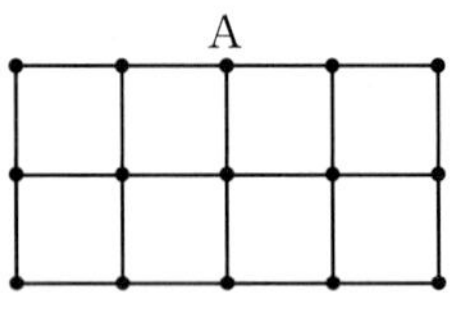

① 72　② 75　③ 78
④ 82　⑤ 85

0822

그림과 같이 도형 위에 13개의 점이 있다. 이 13개의 점 중 3개의 점을 꼭짓점으로 하는 서로 다른 삼각형의 개수는?

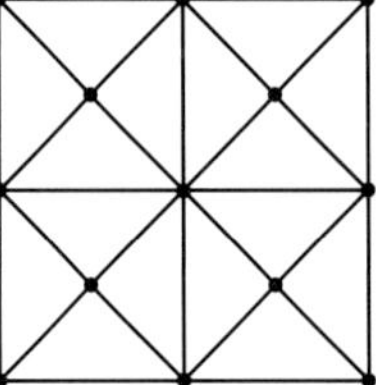

① 240　② 244
③ 248　④ 252
⑤ 256

유형 15 사각형의 개수

0823

그림과 같이 세로 방향의 평행한 직선 6개와 가로 방향의 평행한 직선 4개가 서로 만나고 있다. 이 평행선으로 만들 수 있는 평행사변형의 개수는?

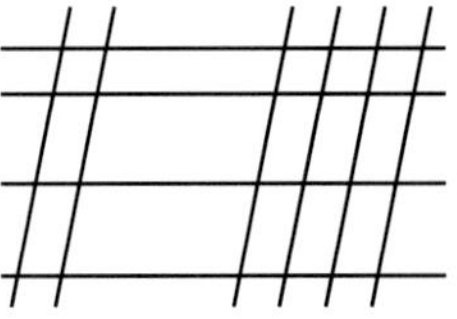

① 70　② 80　③ 90
④ 100　⑤ 110

0824

그림과 같이 사다리꼴의 변 위에 10개의 점이 있다. 이 중 4개의 점을 꼭짓점으로 하는 사각형의 개수를 구하시오.

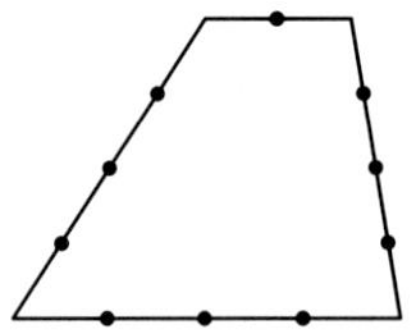

0825

그림과 같이 좌표평면 위에 x좌표가 m $(m=1,\ 2,\ 3)$이고, y좌표가 n $(n=1,\ 2,\ 3,\ 4)$인 점 12개가 있다. 이 12개의 점 중 4개의 점을 택하여 만들 수 있는 사각형의 개수를 구하시오.

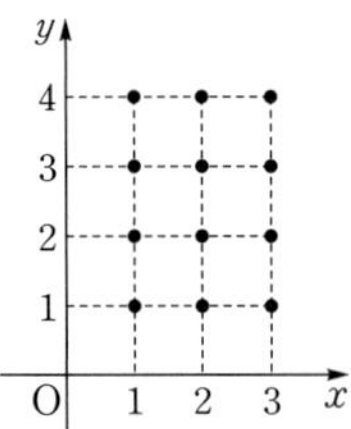

유형 16 분할과 분배

0826

9명을 2명, 3명, 4명의 세 모둠으로 나누는 경우의 수는?

① 1120 ② 1155 ③ 1190
④ 1225 ⑤ 1260

0827

서로 다른 종류의 꽃 7송이를 2송이, 2송이, 3송이의 세 묶음으로 나누어 세 명에게 나누어주는 경우의 수는?

① 210 ② 315 ③ 420
④ 525 ⑤ 630

0828 교육청 변형

어른 3명, 어린이 7명으로 구성된 철수네 가족이 놀이공원에 가서 오리 보트를 타려고 한다. 보트 1대에는 최대 6명까지 탈 수 있고 반드시 어른이 1명 이상 탑승해야 한다. 철수네 가족이 서로 다른 2대의 오리 보트에 나누어 타는 방법의 수는?

(단, 2대의 보트에는 철수네 가족만 탑승한다.)

① 182 ② 364 ③ 546
④ 728 ⑤ 910

유형 17 대진표 작성하기

0829

6개의 팀이 그림과 같이 토너먼트 방식으로 경기를 할 때, 대진표를 작성하는 경우의 수는?

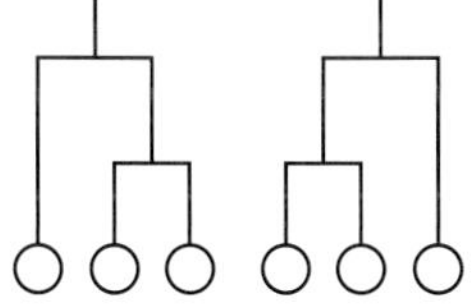

① 30 ② 45
③ 60 ④ 75
⑤ 90

0830

두 팀 P, Q를 포함한 6개의 팀이 그림과 같은 토너먼트 방식으로 시합을 할 때, 두 팀 P와 Q가 결승전에서만 만날 수 있도록 대진표를 작성하는 경우의 수는?

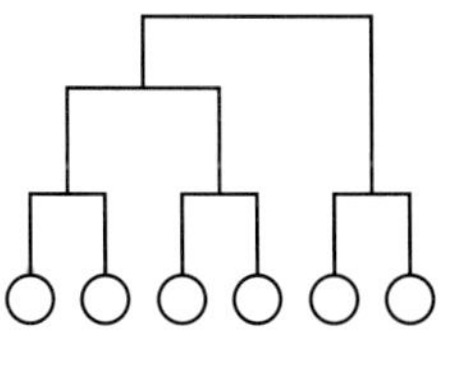

① 12 ② 15 ③ 18
④ 21 ⑤ 24

0831

어느 학교 1학년 1반부터 5반까지 5개의 반이 반별 축구시합을 그림과 같은 대진표로 진행하려고 한다. 2반과 3반이 결승전 이전에 서로 대결하는 일이 없도록 대진표를 작성하는 경우의 수는?

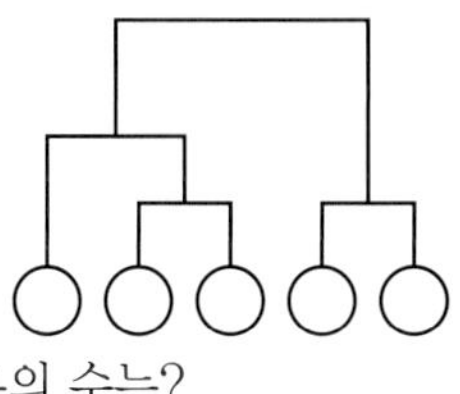

① 12 ② 14 ③ 16
④ 18 ⑤ 20

기출 & 기출변형 문제

0832 교육청 변형

그림과 같이 숫자 1, 2, 3, 4가 각각 하나씩 적힌 두 가지 그림의 카드 8장이 있다. 이 중에서 서로 다른 5장의 카드를 선택할 때, 숫자 1, 2, 3, 4가 적힌 카드가 적어도 한 장씩 포함되도록 선택하는 경우의 수를 구하시오.

(단, 카드를 선택하는 순서는 고려하지 않는다.)

0833 평가원 기출

어느 김밥 가게에서는 기본재료만 포함된 김밥의 가격을 1000원으로 하고, 기본재료 외에 선택재료가 추가될 경우 다음 표에 따라 가격을 정한다. 예를 들어 맛살과 참치가 추가된 김밥의 가격은 1500원이다.

선택재료	가격(원)
햄	200
맛살	200
김치	200
불고기	300
치즈	300
참치	300

선택재료를 추가하였을 때, 가격이 1500원 또는 2000원이 되는 김밥의 종류는 모두 몇 가지인가?

(단, 선택재료의 양은 가격에 영향을 주지 않는다.)

① 12 ② 14 ③ 16 ④ 18 ⑤ 20

0834 교육청 기출

1학년 학생 2명과 2학년 학생 4명이 있다. 이 6명의 학생이 일렬로 나열된 6개의 의자에 다음 조건을 만족시키도록 모두 앉는 경우의 수는?

(가) 1학년 학생끼리는 이웃하지 않는다.
(나) 양 끝에 있는 의자에는 모두 2학년 학생이 앉는다.

① 96 ② 120 ③ 144 ④ 168 ⑤ 192

0835 평가원 변형

어느 복지회관에서 다음 규칙에 따라 월요일부터 금요일까지 5일 동안 하루에 한 프로그램씩 운영하는 계획을 세우려 한다.

(가) 5일 중 2일을 선택하여 생활컴퓨터 프로그램을 한다.
(나) 생활컴퓨터 프로그램을 하지 않는 3일 중 하루를 선택하여 요가, 중국어회화 중 한 가지를 하고, 남은 2일은 서예, 베이킹, 통기타 중 두 가지를 한다.

이 복지회관에서 세울 수 있는 계획의 가짓수는?

① 45 ② 90 ③ 180 ④ 360 ⑤ 720

0836 교육청 기출

흰 공 4개, 검은 공과 파란 공이 각각 2개씩, 빨간 공과 노란 공이 각각 1개씩 총 10개의 공이 들어있는 주머니가 있다. 이 주머니에서 5개의 공을 꺼낼 때, 꺼낸 공의 색이 3종류인 경우의 수를 구하시오. (단, 같은 색의 공은 구별하지 않는다.)

0837 평가원 기출

좌표평면 위에 9개의 점 (i, j) $(i=0, 4, 8, j=0, 4, 8)$가 있다. 이 9개의 점 중 네 점을 꼭짓점으로 하는 사각형 중에서 내부에 세 점 $(1, 1)$, $(3, 1)$, $(1, 3)$을 꼭짓점으로 하는 삼각형을 포함하는 사각형의 개수는?

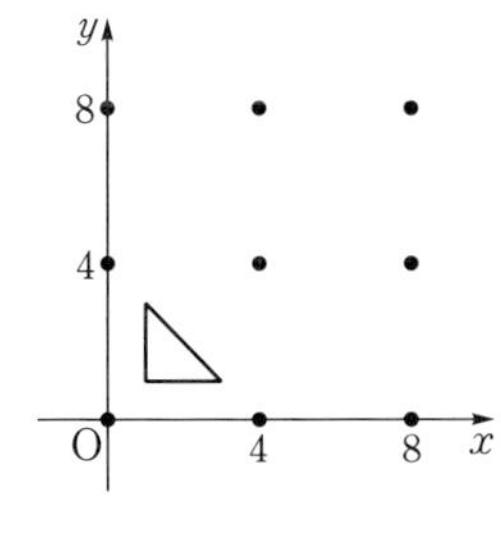

① 13 ② 15 ③ 17 ④ 19 ⑤ 21

0838 교육청 변형

어느 학급에서 7명의 학생 A, B, C, D, E, F, G에게 사물함을 배정하려고 한다. 그림과 같이 사물함은 가로로 2줄, 세로로 4줄로 되어 있고, 오른쪽 마지막 세로줄 아래 칸에는 학급 물품을 보관한다.

7명의 학생에게 다음 조건을 만족시키도록 사물함을 배정하는 경우의 수는?

> (가) A와 B는 같은 세로줄에 배정한다.
> (나) C와 D는 같은 세로줄에 배정하지 않는다.

① 556 ② 566 ③ 576 ④ 586 ⑤ 596

0839 교육청 변형

디저트 페어에 참석한 손님들은 케이크Ⅰ, 샐러드Ⅰ, 스낵Ⅰ, 음료Ⅰ, 케이크Ⅱ, 샐러드Ⅱ, 스낵Ⅱ, 음료Ⅱ의 8개 디저트 부스 중에서 최대 4곳까지 무료 시식을 할 수 있다. 단, 케이크Ⅱ, 샐러드Ⅱ, 스낵Ⅱ, 음료Ⅱ 4곳의 부스 중에서는 2곳까지만 무료 시식을 할 수 있다고 한다. 어떤 손님이 디저트 페어에서 3곳을 선택하여 무료 시식하려고 할 때, 선택 가능한 모든 경우의 수를 구하시오.

0840 교육청 변형

한 변의 길이가 1인 정사각형 모양의 시트지 2장, 빗변의 길이가 $\sqrt{2}$인 직각이등변삼각형 모양의 시트지 4장이 있다. 정사각형 모양의 시트지와 직각이등변삼각형 모양의 시트지의 색은 모두 서로 다르다.

[그림 1]과 같이 한 변의 길이가 1인 정사각형 모양의 창문 네 개가 있는 집이 있다. [그림 2]는 이 집의 창문 네 개에 6장의 시트지를 빈틈없이 붙인 경우의 예이다.

이 집의 창문 네 개에 시트지 6장을 빈틈없이 붙이는 경우의 수는? (단, 붙이는 순서는 구분하지 않으며, 집의 외부에서만 시트지를 붙일 수 있다.)

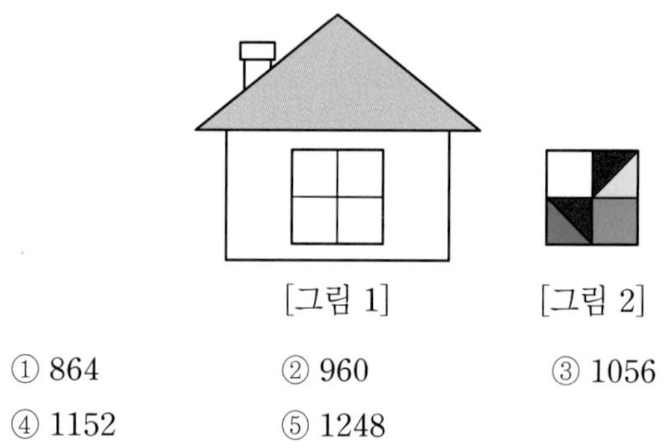

[그림 1]　　[그림 2]

① 864　② 960　③ 1056　④ 1152　⑤ 1248

0841 교육청 기출

그림과 같이 좌석 번호가 적힌 10개의 의자가 배열되어 있다.

두 학생 A, B를 포함한 5명의 학생이 다음 규칙에 따라 10개의 의자 중에서 서로 다른 5개의 의자에 앉는 경우의 수는?

> (가) A의 좌석 번호는 24 이상이고, B의 좌석 번호는 14 이하이다.
> (나) 5명의 학생 중에서 어느 두 학생도 좌석 번호의 차가 1이 되도록 앉지 않는다.
> (다) 5명의 학생 중에서 어느 두 학생도 좌석 번호의 차가 10이 되도록 앉지 않는다.

① 54　② 60　③ 66　④ 72　⑤ 78

행렬

IV. 행렬

12 행렬

유형별 유사문제

유형 01 (i, j) 성분이 주어질 때 행렬 구하기

0842

3×2 행렬 A의 (i, j) 성분 a_{ij}가 $a_{ij}=3i+ij-2$일 때, 행렬 A의 모든 성분의 합은?

① 40 ② 42 ③ 44
④ 46 ⑤ 48

0843

삼차정사각행렬 A의 (i, j) 성분 a_{ij}가

$$a_{ij}=\begin{cases} i^2-2j & (i>j) \\ 1 & (i=j) \\ -a_{ji} & (i<j) \end{cases}$$

일 때, 행렬 A를 구하시오.

0844

행렬 A의 (i, j) 성분 a_{ij}가

$$a_{ij}=\begin{cases} -1 & (i=j) \\ 2i+(-1)^{i+j} & (i\neq j) \end{cases}$$

일 때, 행렬 A의 모든 성분의 합을 구하시오.

(단, $i=1, 2, j=1, 2, 3$)

유형 02 행렬의 성분과 실생활 활용

0845

세 도시 A_1, A_2, A_3을 연결하는 도로가 그림과 같고, 삼차정사각행렬 A의 (i, j) 성분 a_{ij}를 도시 A_i에서 도시 A_j로 가는 방법의 수라 할 때, 행렬 A를 구하시오. (단, $i=j$이면 $a_{ij}=0$이고, 같은 도시를 두 번 이상 지나지 않는다.)

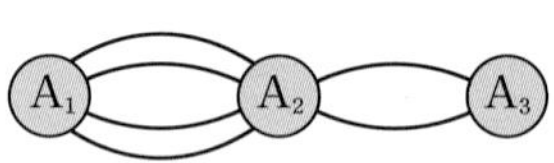

0846

어느 도시의 세 정거장 1, 2, 3에 대하여 행렬 A의 (i, j) 성분 a_{ij}는 i 정거장에서 j 정거장으로 가는 버스 노선의 수를 나타낸 것이다. $A=\begin{pmatrix} 0 & 2 & 1 \\ 0 & 0 & 1 \\ 1 & 1 & 1 \end{pmatrix}$일 때, 세 정거장 1, 2, 3의 노선의 연결 상태를 바르게 나타낸 것은?

(단, 화살표는 통행 방향을 나타낸다.)

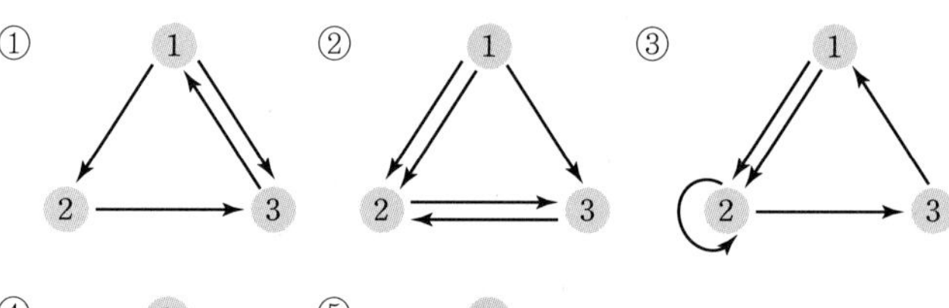

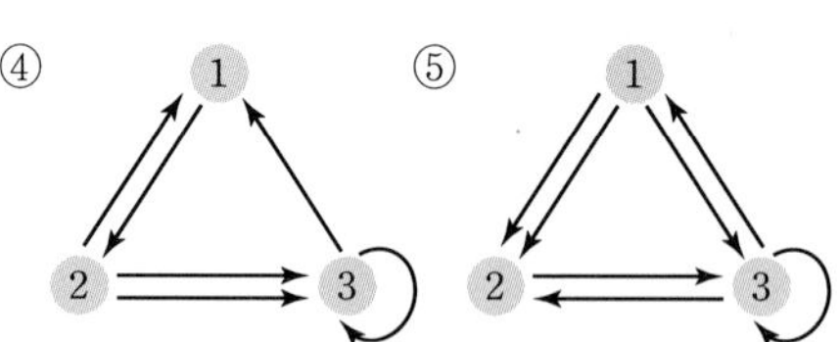

0847

직선 $y=ix-2j$의 x절편을 (i, j) 성분으로 하는 이차정사각행렬 A의 모든 성분의 합을 구하시오.

유형 03 서로 같은 행렬

0848

등식 $\begin{pmatrix} 3 & -2x+y \\ 3x+y & x-4 \end{pmatrix}=\begin{pmatrix} 3 & x-y \\ 3y & 1-y \end{pmatrix}$가 성립할 때, 실수 x, y에 대하여 x^2+y^2의 값은?

① 10 ② 13 ③ 18
④ 20 ⑤ 26

0849

행렬 $X=\begin{pmatrix} x & y \\ z & w \end{pmatrix}$에 대하여 $X^t=\begin{pmatrix} w & y \\ z & x \end{pmatrix}$라 하자. 두 행렬

$$A=\begin{pmatrix} a^2+b^2 & a+b \\ 5 & 3 \end{pmatrix},\ B=\begin{pmatrix} ab & 7 \\ 5 & c \end{pmatrix}$$

에 대하여 $A^t=B$일 때, 실수 c의 값은?

(단, a, b는 실수이다.)

① 40 ② 41 ③ 42
④ 43 ⑤ 44

0850

등식 $\begin{pmatrix} a^2-1 & c \\ 2b-3 & a^2-2a \end{pmatrix}=\begin{pmatrix} 8 & 3b \\ b-2 & bc \end{pmatrix}$가 성립할 때, 실수 a, b, c에 대하여 $a+b+c$의 값을 구하시오.

유형 04 행렬의 덧셈, 뺄셈과 실수배 (1)

0851

두 행렬 $A=\begin{pmatrix} 0 & -1 \\ -2 & 1 \end{pmatrix}$, $B=\begin{pmatrix} 1 & -3 \\ -2 & -1 \end{pmatrix}$에 대하여 $2(2A-B)-3(B-2A)$를 구하시오.

0852

두 행렬 $A=\begin{pmatrix} 1 & 0 \\ 2 & -1 \end{pmatrix}$, $B=\begin{pmatrix} -1 & 4 \\ -2 & 1 \end{pmatrix}$에 대하여 $X-2(2A-3B)=3(B-X)+A$를 만족시키는 행렬 X의 모든 성분의 합은?

① -2 ② -1 ③ 0
④ 1 ⑤ 2

0853

두 행렬 $A=\begin{pmatrix} 6 & 2 \\ -3 & 3 \end{pmatrix}$, $B=\begin{pmatrix} 2 & 4 \\ -1 & 6 \end{pmatrix}$에 대하여 $X\quad 2Y=A$, $2X+Y=B$를 만족시키는 두 행렬 X, Y가 있다. 행렬 $X+Y$의 성분 중 최댓값을 구하시오.

유형 05 행렬의 덧셈, 뺄셈과 실수배 (2)

0854

세 행렬 $A=\begin{pmatrix} 1 \\ 3 \end{pmatrix}$, $B=\begin{pmatrix} -2 \\ 5 \end{pmatrix}$, $C=\begin{pmatrix} 5 \\ 4 \end{pmatrix}$에 대하여 $xA+yB=C$일 때, $x+y$의 값은? (단, x, y는 실수이다.)

① -2 ② -1 ③ 0
④ 1 ⑤ 2

0855

두 행렬 $A=\begin{pmatrix} 1 & 0 \\ 2 & 3 \end{pmatrix}$, $B=\begin{pmatrix} -1 & -5 \\ 3 & 2 \end{pmatrix}$에 대하여 행렬 $\begin{pmatrix} 4 & 10 \\ -2 & 2 \end{pmatrix}$를 $xA+yB$ 꼴로 나타낼 때, 실수 x, y의 곱 xy의 값을 구하시오.

0856

세 행렬 $A=\begin{pmatrix} 0 & 3 \\ -6 & 3 \end{pmatrix}$, $B=\begin{pmatrix} -2 & 3 \\ -7 & 6 \end{pmatrix}$, $C=\begin{pmatrix} 2 & 1 \\ -1 & -2 \end{pmatrix}$에 대하여 실수 x, y가 $xA+yB=3C$를 만족시킬 때, $x-y$의 값은?

① 3 ② 4 ③ 5
④ 6 ⑤ 7

유형 06 행렬의 곱셈

0857 평가원 변형

이차정사각행렬 A의 $(i,\ j)$ 성분 a_{ij}와 이차정사각행렬 B의 $(i,\ j)$ 성분 b_{ij}를 각각

$a_{ij}=ij+(-1)^i$, $b_{ij}=3i-2j$ $(i=1,\ 2,\ j=1,\ 2)$

라 할 때, 행렬 AB의 $(2,\ 1)$ 성분을 구하시오.

0858

다음 등식을 만족시키는 실수 x, y에 대하여 $x+y$의 값을 구하시오.

$$\begin{pmatrix} 3 & 6 \\ -4 & x \end{pmatrix}\begin{pmatrix} y & 0 \\ -5 & 9 \end{pmatrix}=-3\begin{pmatrix} 11 & -18 \\ 2 & -6 \end{pmatrix}$$

0859

등식 $\begin{pmatrix} x & y \\ x & 0 \end{pmatrix}\begin{pmatrix} 3 & 1 \\ y & x \end{pmatrix}=3\begin{pmatrix} y & -4 \\ x & 0 \end{pmatrix}+\begin{pmatrix} -5 & 9 \\ 0 & -1 \end{pmatrix}$을 만족시키는 실수 x, y에 대하여 $y-x$의 값은?

① 1 ② 2 ③ 3
④ 4 ⑤ 5

0860

이차방정식 $x^2-3x-2=0$의 두 실근을 α, β라 할 때, 두 행렬의 곱 $\begin{pmatrix} \alpha & \beta \\ 0 & \alpha \end{pmatrix}\begin{pmatrix} \beta & \alpha \\ 0 & \beta \end{pmatrix}$의 모든 성분의 합은?

① 5 ② 6 ③ 7
④ 8 ⑤ 9

0861

등식 $\begin{pmatrix} 4 & a \\ 3 & 1 \end{pmatrix}\begin{pmatrix} a \\ b \end{pmatrix}=\begin{pmatrix} 3 & 2 \\ 2 & 1 \end{pmatrix}\begin{pmatrix} 4 \\ -1 \end{pmatrix}$을 만족시키는 정수 a, b에 대하여 a^2+b^2의 값은?

① 2 ② 5 ③ 8
④ 10 ⑤ 13

유형 07 행렬의 거듭제곱

0862

행렬 $A=\begin{pmatrix} 1 & 0 \\ a & 1 \end{pmatrix}$에 대하여 $A^{21}=\begin{pmatrix} 1 & 0 \\ 63 & 1 \end{pmatrix}$을 만족시키는 실수 a의 값을 구하시오.

0863

행렬 $A=\begin{pmatrix} 1 & -3 \\ 0 & 1 \end{pmatrix}$에 대하여 행렬 A^n의 모든 성분의 합이 -160일 때, 자연수 n의 값을 구하시오.

0864

행렬 $A=\begin{pmatrix} -1 & 0 \\ 0 & 2 \end{pmatrix}$에 대하여 $A^n=\begin{pmatrix} -1 & 0 \\ 0 & 128 \end{pmatrix}$을 만족시키는 자연수 n의 값을 구하시오.

유형 08 행렬의 곱셈과 실생활 활용

0865

[표 1]은 어느 꽃집에서 7월과 8월에 필요한 장미와 튤립의 수를 나타낸 것이고, [표 2]는 P, Q 두 도매상가에서 팔고 있는 장미와 튤립의 단가를 나타낸 것이다.

(단위: 송이)

	장미	튤립
7월	130	120
8월	100	110

[표 1]

(단위: 원)

	P	Q
장미	800	700
튤립	700	600

[표 2]

$A=\begin{pmatrix} 130 & 120 \\ 100 & 110 \end{pmatrix}$, $B=\begin{pmatrix} 800 & 700 \\ 700 & 600 \end{pmatrix}$이라 할 때, 다음 중 8월에 필요한 장미와 튤립을 P 도매상가에서 구입하는 데 드는 비용을 나타내는 것은?

① AB의 $(1, 2)$ 성분 ② AB의 $(2, 1)$ 성분
③ AB의 $(2, 2)$ 성분 ④ BA의 $(1, 2)$ 성분
⑤ BA의 $(2, 1)$ 성분

12 행렬

0866 교육청 변형

[표 1]은 어느 제약회사의 두 영양제 A, B의 1정에 포함되어 있는 비타민 C와 아연의 양을 나타낸 것이고, [표 2]는 비타민 C와 아연 1 mg당 제조원가를 나타낸 것이다.

(단위: mg)

	비타민 C	아연
A	500	15
B	400	25

[표 1]

(단위: 원)

	제조원가
비타민 C	a
아연	b

[표 2]

영양제 A는 500정, 영양제 B는 700정 만드는 데 필요한 비용을 나타내는 행렬은?

① $\begin{pmatrix} 500 & 15 \\ 400 & 25 \end{pmatrix}\begin{pmatrix} a \\ b \end{pmatrix}(500 \quad 700)$

② $\begin{pmatrix} 500 \\ 700 \end{pmatrix}(a \quad b)\begin{pmatrix} 500 & 15 \\ 400 & 25 \end{pmatrix}$

③ $(500 \quad 700)\begin{pmatrix} 500 & 15 \\ 400 & 25 \end{pmatrix}\begin{pmatrix} a \\ b \end{pmatrix}$

④ $\begin{pmatrix} a \\ b \end{pmatrix}(500 \quad 700)\begin{pmatrix} 500 & 15 \\ 400 & 25 \end{pmatrix}$

⑤ $(a \quad b)\begin{pmatrix} 500 & 15 \\ 400 & 25 \end{pmatrix}\begin{pmatrix} 500 \\ 700 \end{pmatrix}$

0867

어느 농가의 A, B 두 작물의 지난해의 수확량을 각각 a kg, b kg, 올해의 수확량을 각각 c kg, d kg이라 할 때, $\begin{pmatrix} c \\ d \end{pmatrix}=\begin{pmatrix} 0.4 & 0.7 \\ 0.8 & 0.6 \end{pmatrix}\begin{pmatrix} a \\ b \end{pmatrix}$인 관계가 성립한다고 한다. 현재 A, B 두 작물의 수확량이 같다고 할 때, 이와 같은 추세로 수확량의 변화가 생긴다면 2년 후의 A, B 두 작물의 수확량의 비를 가장 작은 자연수의 비로 나타내시오.

유형 09 행렬의 곱셈에 대한 성질 (1)

0868

세 행렬 $A=\begin{pmatrix} 3 & 1 \\ -1 & 2 \end{pmatrix}$, $B=\begin{pmatrix} 1 & 3 \\ 2 & -1 \end{pmatrix}$, $C=\begin{pmatrix} -3 & 2 \\ 1 & 2 \end{pmatrix}$에 대하여 $(5A-B)C+A(B-5C)$의 가장 큰 성분을 M, 가장 작은 성분을 m이라 할 때, $M+m$의 값은?

① 1 ② 2 ③ 3 ④ 4 ⑤ 5

0869

두 행렬 A, B에 대하여

$$A=\begin{pmatrix} 2 & -3 \\ 5 & 2 \end{pmatrix}-B,\ B=\begin{pmatrix} 0 & -1 \\ 1 & 2 \end{pmatrix}+A$$

일 때, $AB-B^2$의 모든 성분의 합은?

① -7 ② -6 ③ -5 ④ -4 ⑤ -3

0870

두 행렬 $A=\begin{pmatrix} 3 & 2 \\ -1 & 1 \end{pmatrix}$, $B=\begin{pmatrix} -1 & -2 \\ 1 & 1 \end{pmatrix}$에 대하여 A^2B+AB^2의 성분 중 절댓값이 가장 큰 수를 구하시오.

유형 10 행렬의 곱셈에 대한 성질 (2)

0871

두 행렬 A, B에 대하여

$$A+B=\begin{pmatrix} 1 & 3 \\ -3 & 2 \end{pmatrix},\ AB+BA=\begin{pmatrix} -4 & -5 \\ -6 & -7 \end{pmatrix}$$

일 때, A^2+B^2의 모든 성분의 합은?

① 6 ② 7 ③ 8
④ 9 ⑤ 10

0872

두 행렬 A, B에 대하여

$$(A+B)(A-B)=\begin{pmatrix} -4 & 3 \\ -3 & 1 \end{pmatrix},\ A^2-B^2=\begin{pmatrix} -3 & 2 \\ -3 & 0 \end{pmatrix}$$

일 때, $(A-B)(A+B)$의 가장 작은 성분을 구하시오.

0873

두 행렬 A, B에 대하여

$$A-B=\begin{pmatrix} -1 & 1 \\ 2 & 2 \end{pmatrix},\ A^2+B^2=\begin{pmatrix} a & a \\ -a & 5a \end{pmatrix},$$

$$AB+BA=\begin{pmatrix} b & -b \\ 4b & -4b \end{pmatrix}$$

일 때, $(A+B)^2$의 $(2, 1)$ 성분을 구하시오.
(단, a, b는 실수이다.)

유형 11 행렬의 곱셈에 대한 성질 (3) - $AB=BA$가 성립하는 경우

0874

두 행렬 $A=\begin{pmatrix} x & 1 \\ 0 & -1 \end{pmatrix}$, $B=\begin{pmatrix} 1 & -1 \\ y & 1 \end{pmatrix}$에 대하여

$$(A-B)^2=A^2-2AB+B^2$$

이 성립할 때, $x-y$의 값은? (단, x, y는 실수이다.)

① -2 ② -1 ③ 0
④ 1 ⑤ 2

0875

두 행렬 $A=\begin{pmatrix} 1 & a \\ -2 & -1 \end{pmatrix}$, $B=\begin{pmatrix} b & 2 \\ 2 & 3 \end{pmatrix}$에 대하여
$(A+B)(A-B)=A^2-B^2$이 성립할 때, $A+B$의 모든 성분의 합은? (단, a, b는 실수이다.)

① 1 ② 2 ③ 3
④ 4 ⑤ 5

0876

두 행렬 $A=\begin{pmatrix} 1 & x \\ 2 & y \end{pmatrix}$, $B=\begin{pmatrix} 1 & 3 \\ 3 & 4 \end{pmatrix}$에 대하여

$$(A+2B)(A-B)=A^2+AB-2B^2$$

이 성립할 때, xy의 값을 구하시오. (단, x, y는 실수이다.)

유형 12 행렬의 변형과 곱셈

0877

이차정사각행렬 A에 대하여 $A\begin{pmatrix}3\\1\end{pmatrix}=\begin{pmatrix}-1\\2\end{pmatrix}$, $A\begin{pmatrix}1\\-2\end{pmatrix}=\begin{pmatrix}4\\1\end{pmatrix}$이 성립할 때, $A\begin{pmatrix}5\\4\end{pmatrix}$의 모든 성분의 합은?

① -3　② -2　③ -1
④ 0　⑤ 1

0878

이차정사각행렬 A에 대하여 $A\begin{pmatrix}a\\c\end{pmatrix}=\begin{pmatrix}-1\\2\end{pmatrix}$, $A\begin{pmatrix}3a-2b\\3c-2d\end{pmatrix}=\begin{pmatrix}1\\4\end{pmatrix}$가 성립할 때, $A\begin{pmatrix}b\\d\end{pmatrix}$를 구하시오.

(단, a, b, c, d는 실수이다.)

0879

이차정사각행렬 A에 대하여 $A^2=\begin{pmatrix}1&-3\\0&3\end{pmatrix}$, $A\begin{pmatrix}x\\y\end{pmatrix}=\begin{pmatrix}3\\2\end{pmatrix}$가 성립할 때, $A\begin{pmatrix}x+3\\y+2\end{pmatrix}$의 모든 성분의 합은?

(단, x, y는 실수이다.)

① $2x-5$　② $x+5$　③ $x-2y$
④ $x-6y+5$　⑤ $x+y+5$

유형 13 단위행렬을 이용한 행렬의 거듭제곱

0880

행렬 $A=\begin{pmatrix}-1&2\\-1&1\end{pmatrix}$에 대하여 $A^{97}+A^{98}+A^{99}+A^{100}$의 모든 성분의 합을 구하시오.

0881

행렬 $A=\begin{pmatrix}3&-1\\5&-1\end{pmatrix}$에 대하여 $A^{200}=kE$를 만족시키는 실수 k의 값은? (단, E는 단위행렬이다.)

① 100　② 200　③ 2^{50}
④ 2^{100}　⑤ 2^{200}

0882 평가원 변형

행렬 $A=\begin{pmatrix}-1&3\\-1&2\end{pmatrix}$에 대하여 $A^{40}\begin{pmatrix}x\\y\end{pmatrix}=\begin{pmatrix}1\\-1\end{pmatrix}$일 때, 실수 x, y의 곱 xy의 값은?

① 2　② 4　③ 6
④ 8　⑤ 10

0883 교육청 변형

행렬 $A=\begin{pmatrix} -2 & 7 \\ -1 & 3 \end{pmatrix}$에 대하여

$$A^3+A^6+A^9+\cdots+A^{195}=\begin{pmatrix} a & b \\ c & d \end{pmatrix}$$

일 때, $a+b+c+d$의 값을 구하시오.

유형 14 단위행렬을 이용한 식의 계산

0884

행렬 $A=\begin{pmatrix} 2 & 0 \\ 1 & 3 \end{pmatrix}$에 대하여 $(A+E)(A^2-A+E)$의 $(1, 1)$ 성분과 $(2, 2)$ 성분의 합을 구하시오.

(단, E는 단위행렬이다.)

0885

행렬 $A=\begin{pmatrix} 4x & 0 \\ x & -2 \end{pmatrix}$에 대하여 $(A+E)(A-3E)=5E$가 성립할 때, 실수 x의 값을 구하시오.

(단, E는 단위행렬이다.)

유형 15 $A^n \pm B^n$ 구하기

0886

이차정사각행렬 A, B에 대하여 $A+B=2E$, $AB=O$일 때, A^4+B^4을 간단히 하면?

(단, E는 단위행렬, O는 영행렬이다.)

① $4E$ ② $6E$ ③ $8E$
④ $12E$ ⑤ $16E$

0887

이차정사각행렬 A, B에 대하여 $A+B=-E$, $AB=E$일 때, $A^{100}+B^{100}$을 간단히 하면? (단, E는 단위행렬이다.)

① $-2E$ ② $-E$ ③ E
④ $2E$ ⑤ $2A$

0888

이차정사각행렬 A, B에 대하여 $A+B=E$, $AB=O$가 성립할 때, $A^{100}+A^{99}B+A^{98}B^2+\cdots+AB^{99}+B^{100}$을 간단히 하시오. (단, E는 단위행렬, O는 영행렬이다.)

유형 16 행렬의 곱셈에 대한 진위 판정

0889

이차정사각행렬 A, B에 대하여 보기에서 옳은 것만을 있는 대로 고른 것은? (단, E는 단위행렬, O는 영행렬이다.)

보기
ㄱ. $AB=BA$이면 $A^2-B^2=(A+B)(A-B)$이다.
ㄴ. $A+B=E$이면 $AB=BA$이다.
ㄷ. $(A+B)^2=(A-B)^2$이면 $AB=O$이다.

① ㄱ ② ㄴ ③ ㄱ, ㄴ
④ ㄱ, ㄷ ⑤ ㄴ, ㄷ

0890

이차정사각행렬 A, B에 대하여 $AB+BA=O$가 성립할 때, 보기에서 옳은 것만을 있는 대로 고르시오.
(단, O는 영행렬이다.)

보기
ㄱ. $(A-B)^2=A^2+B^2$
ㄴ. $(AB)^2=-A^2B^2$
ㄷ. $AB=O$

0891

이차정사각행렬 A, B에 대하여 보기에서 옳은 것만을 있는 대로 고르시오. (단, E는 단위행렬, O는 영행렬이다.)

보기
ㄱ. $A^3=A^5=E$이면 $A=E$이다.
ㄴ. $A^2+B^2=O$이면 $A=B=O$이다.
ㄷ. $A^2=E$, $B^2=B$이면 $(ABA)^2=ABA$이다.

유형 17 행렬과 일반 연산

0892

행렬 A, B에 대하여 $A◎B=AB-BA$라 할 때, 보기에서 옳은 것만을 있는 대로 고르시오.
(단, 행렬 A, B, C는 이차정사각행렬이다.)

보기
ㄱ. $A◎B=B◎A$
ㄴ. $4A◎3B=12(A◎B)$
ㄷ. $(A-B)◎C=(A◎C)-(B◎C)$

0893

행렬 $X=\begin{pmatrix} a & b \\ c & d \end{pmatrix}$에 대하여 $f(X)=ad-bc$라 하자. 행렬 $A=\begin{pmatrix} 1 & 1 \\ 0 & x \end{pmatrix}$에 대하여 $f(A^2)=f(4A)$를 만족시키는 양수 x의 값을 구하시오.

0894

행렬 $X=\begin{pmatrix} a & b \\ c & d \end{pmatrix}$에 대하여 $S(X)=a+b+c+d$라 하자. 행렬 $A=\begin{pmatrix} 2 & 1 \\ -5 & -2 \end{pmatrix}$에 대하여 보기에서 옳은 것만을 있는 대로 고른 것은?

보기
ㄱ. $S(A)+S(A^2)+S(A^3)+S(A^4)$
$=S(A+A^2+A^3+A^4)$
ㄴ. $S(A)+S(A^2)+\cdots+S(A^{50})=-4$
ㄷ. 모든 자연수 m, n에 대하여 $S(A^{mn})=\{S(A^m)\}^n$

① ㄱ ② ㄴ ③ ㄷ
④ ㄱ, ㄴ ⑤ ㄴ, ㄷ

기출 & 기출변형 문제

정답과 풀이 394쪽

0895 평가원 변형

행렬 $A=\begin{pmatrix} 1 & 2 \\ -3 & 2 \end{pmatrix}$에 대하여 $A^2=pA+qE$가 성립할 때, 실수 p, q의 곱 pq의 값을 구하시오. (단, E는 단위행렬이다.)

0896 교육청 변형

등식

$$\begin{pmatrix} 2 & 1 \\ -1 & 3 \end{pmatrix}\begin{pmatrix} x & 4 \\ 1 & y \end{pmatrix}=\begin{pmatrix} 1 & 2 \\ 3 & 4 \end{pmatrix}\begin{pmatrix} 0 & 2 \\ -1 & -3 \end{pmatrix}+\begin{pmatrix} 7 & 9 \\ 5 & -7 \end{pmatrix}$$

을 만족시키는 실수 x, y에 대하여 $x-y$의 값은?

① 1 ② 2 ③ 3 ④ 4 ⑤ 5

0897 교육청 변형

두 행렬 $A=\begin{pmatrix} 4 & 6 \\ 7 & 8 \end{pmatrix}$, $B=\begin{pmatrix} -1 & 3 \\ 0 & 3 \end{pmatrix}$에 대하여 $3(X-2A)+B=X-4A-3B$를 만족시키는 행렬 X의 성분 중에서 최댓값을 M, 최솟값을 m이라 할 때, $M-m$의 값을 구하시오.

0898 교육청 변형

두 행렬 X, Y에 대하여

$$2X+3Y=\begin{pmatrix} 4 & k \\ 2 & k-1 \end{pmatrix},\ 3X-2Y=\begin{pmatrix} k & -a \\ 7 & 5 \end{pmatrix}$$

일 때, $5X+Y$의 모든 성분이 같다. 실수 a의 값을 구하시오. (단, k는 실수이다.)

0899 교육청 변형

2×3 행렬 A의 $(i,\ j)$ 성분 a_{ij}가 $a_{ij}=(i+j-2)(i+k)$일 때, 행렬 A의 모든 성분의 합은 33이다. 실수 k의 값은?

① 1 ② 2 ③ 3 ④ 4 ⑤ 5

0900 교육청 기출

행렬 $A=\begin{pmatrix} -2 & -3 \\ 1 & 1 \end{pmatrix}$에 대하여 $A^{2005}\begin{pmatrix} x \\ y \end{pmatrix}=\begin{pmatrix} 1 \\ 2 \end{pmatrix}$일 때, $x-y$의 값을 구하시오.

0901 교육청 변형

이차정사각행렬 A, B에 대하여

$$(A+B)^2=\begin{pmatrix} -2 & 1 \\ 0 & 3 \end{pmatrix},\ A^2+B^2=\begin{pmatrix} 1 & 2 \\ 3 & 4 \end{pmatrix}$$

일 때, 행렬 $(A-B)^2$의 모든 성분의 합은?

① 12 ② 14 ③ 16 ④ 18 ⑤ 20

0902 교육청 기출

이차정사각행렬 $A=\begin{pmatrix} 2 & 0 \\ 1 & 1 \end{pmatrix}$, $B=\frac{1}{2}\begin{pmatrix} -1 & 0 \\ 1 & -2 \end{pmatrix}$에 대하여 행렬 B^4A^8의 모든 성분의 합을 구하시오.

0903 교육청 변형

어느 농가의 농작물 A, B를 재배하는 면적이 매년 오른쪽 표와 같은 비율로 일정하게 변화한다고 한다. 예를 들면 올해 A를 재배한 면적의 10 %는 내년에 B를 재배한다.

올해 \ 내년	A	B
A	90 %	10 %
B	20 %	80 %

올해 농작물 A, B를 재배한 면적이 각각 80 km^2, 90 km^{2}일 때, 두 행렬 $X=(80\ \ 90)$, $Y=\begin{pmatrix} 0.9 & 0.1 \\ 0.2 & 0.8 \end{pmatrix}$에 대하여 3년 뒤의 농작물 A, B의 재배 면적을 나타내는 행렬은?

① XY^2 ② XY^3 ③ X^3Y
④ Y^2X ⑤ Y^3X

0904 수능 기출

이차정사각행렬 A의 (i, j) 성분 a_{ij}가

$$a_{ij}=i-j\ (i=1,\ 2,\ j=1,\ 2)$$

이다. 행렬 $A+A^2+A^3+\cdots+A^{2010}$의 $(2, 1)$ 성분은?

① -2010 ② -1 ③ 0
④ 1 ⑤ 2010

0905 교육청 변형

이차정사각행렬 A, B에 대하여 $A+B=E$, $AB=E$일 때, $A^{60}+B^{60}$의 모든 성분의 합을 구하시오.

(단, E는 단위행렬이다.)

0906 교육청 기출

다음은 이차정사각행렬 $A=\begin{pmatrix} a & b \\ c & a+6 \end{pmatrix}$에 대하여 $A^2=E$를 만족시키는 행렬 A의 개수를 구하는 과정이다.

(단, a, b, c는 정수이고 E는 단위행렬이다.)

> A가 $A^2=E$를 만족시키므로
> $A^2=\begin{pmatrix} a^2+bc & 2b\times(a+3) \\ 2c\times(a+3) & (a+6)^2+bc \end{pmatrix}=\begin{pmatrix} 1 & 0 \\ 0 & 1 \end{pmatrix}$이다.
> (i) $a\neq$ (가) 인 경우
> $b=0$이고 $c=0$이므로 $A^2=\begin{pmatrix} a^2 & 0 \\ 0 & (a+6)^2 \end{pmatrix}$ ⋯⋯ ㉠
> 이다.
> ㉠에서 $A^2\neq E$이므로 주어진 조건을 만족시키지 않는다.
> (ii) $a=$ (가) 인 경우
> 주어진 조건 $A^2=E$에서 $bc=$ (나) 이다.
> b, c가 정수이므로
> $bc=$ (나) 를 만족시키는 순서쌍 (b, c)의 개수는 (다)
> 이다.
> 따라서 $A^2=E$를 만족시키는 행렬 A의 개수는 (다) 이다.

위의 (가), (나), (다)에 알맞은 수를 각각 p, q, r라 할 때, $p+q+r$의 값은?

① -3 ② -1 ③ 0
④ 1 ⑤ 3

12 행렬

0907 교육청 변형

이차방정식 $3x^2-ax-b=0$의 두 근 α, β가 자연수일 때, 행렬 $A=\begin{pmatrix} \alpha & \beta \\ \beta & -\alpha \end{pmatrix}$에 대하여 A^{100}의 모든 성분의 합이 2^{51}이다. 상수 a, b에 대하여 $a+b$의 값을 구하시오.

0908 교육청 기출

행렬 $A=\begin{pmatrix} 0 & 1 \\ 1 & 1 \end{pmatrix}$에 대하여 자연수 m, n은 다음 조건을 만족시킨다.

> (가) $A^m=A^n$
> (나) m, n은 100 이하의 서로 다른 자연수이다.

$|m-n|$의 최댓값을 p, 최솟값을 q라 할 때, $p+q$의 값을 구하시오.

0909 평가원 기출

행렬 $A=\begin{pmatrix} 1 & 1 \\ a & a \end{pmatrix}$와 이차정사각행렬 B가 다음 조건을 만족시킬 때, 행렬 $A+B$의 $(1,\ 2)$ 성분과 $(2,\ 1)$ 성분의 합은?

> (가) $B\begin{pmatrix} 1 \\ -1 \end{pmatrix}=\begin{pmatrix} 0 \\ 0 \end{pmatrix}$이다.
> (나) $AB=2A$이고, $BA=4B$이다.

① 2　② 4　③ 6　④ 8　⑤ 10

0910 교육청 기출

이차정사각행렬 A, B에 대하여 등식

$A+B=3E$, $AB=4B$

가 성립할 때, 항상 옳은 것을 보기에서 모두 고른 것은?

(단, E는 단위행렬이고 O는 영행렬이다.)

> 보기
> ㄱ. $A=4E$
> ㄴ. $B^2+B=O$
> ㄷ. $A^2-B^2=3(A-B)$

① ㄱ　② ㄴ　③ ㄷ　④ ㄴ, ㄷ　⑤ ㄱ, ㄴ, ㄷ

MEMO

빠른 정답 2권

I 다항식

01 다항식의 연산

PART A' 유형별 유사문제

0001 ④ 0002 ③ 0003 12 0004 ②
0005 ⑤ 0006 ⑤ 0007 ④ 0008 ③
0009 47 0010 ① 0011 6 0012 9
0013 $8ab$ 0014 ① 0015 ⑤ 0016 ③
0017 ⑤ 0018 12 0019 $1+x^{16}+x^{32}$
0020 17 0021 13 0022 ① 0023 27
0024 3 0025 256 0026 ② 0027 ⑤
0028 ① 0029 ② 0030 52 0031 ①
0032 ④ 0033 ③ 0034 40 0035 ⑤
0036 $6\sqrt{6}$ 0037 ⑤ 0038 65 0039 36
0040 19 0041 18 0042 8 0043 ②
0044 ⑤ 0045 12 0046 ⑤ 0047 ④
0048 147 0049 ② 0050 ④ 0051 55
0052 ② 0053 -88 0054 ⑤ 0055 ②
0056 624 0057 52 0058 10 0059 1
0060 19 0061 ⑤ 0062 $3x^2-3x+16$
0063 ⑤ 0064 4 0065 ⑤ 0066 ①
0067 ③ 0068 ②

PART B' 기출 & 기출변형 문제

0069 ④ 0070 ② 0071 16 0072 2
0073 ④ 0074 107 0075 ② 0076 $48\sqrt{5}$

02 항등식과 나머지정리

PART A' 유형별 유사문제

0077 ① 0078 1 0079 ⑤ 0080 4
0081 ④ 0082 ① 0083 -6 0084 22
0085 ④ 0086 3 0087 7 0088 ③
0089 ② 0090 ① 0091 1 0092 12
0093 1 0094 1 0095 3 0096 ④
0097 ① 0098 ④ 0099 9 0100 -5
0101 ④ 0102 2 0103 -7 0104 6
0105 ⑤ 0106 ② 0107 ① 0108 ⑤
0109 ② 0110 ⑤ 0111 ② 0112 5
0113 16 0114 2 0115 18 0116 4
0117 ④ 0118 ③ 0119 ④ 0120 ②
0121 4 0122 -48 0123 ① 0124 -3
0125 ② 0126 ③ 0127 ② 0128 -1
0129 60 0130 ② 0131 1 0132 ③
0133 7 0134 7 0135 ③ 0136 3
0137 28 0138 ② 0139 7 0140 ①
0141 $x-3$ 0142 87 0143 ④ 0144 3
0145 -8 0146 -26 0147 14 0148 ②
0149 ⑤ 0150 ② 0151 6 0152 9
0153 ③ 0154 (1) 3 (2) 910 0155 ⑤

PART B' 기출 & 기출변형 문제

0156 256 0157 ③ 0158 ② 0159 ③
0160 ④ 0161 ③ 0162 46 0163 ④
0164 ① 0165 ① 0166 ① 0167 ①

03 인수분해

PART A' 유형별 유사문제

0168 ④ 0169 4 0170 ② 0171 ⑤
0172 ③ 0173 ③ 0174 ③ 0175 -14
0176 -9 0177 -6 0178 ⑤ 0179 35
0180 ④ 0181 ② 0182 ② 0183 -21
0184 -45 0185 14 0186 ④
0187 $2x-4y+3$ 0188 8 0189 26
0190 ④ 0191 2 0192 ⑤ 0193 3
0194 -6 0195 ⑤ 0196 $(x+2)(x+3)(x-4)$
0197 ① 0198 ③ 0199 ③
0200 $2x^2+7x+2$ 0201 ③ 0202 ⑤
0203 $(a+b)(b+c)(c+a)$ 0204 ① 0205 ②
0206 ⑤ 0207 ⑤ 0208 ② 0209 $\frac{1}{2}ac$
0210 21 0211 24 0212 ③ 0213 ①
0214 $8\sqrt{5}$ 0215 ③ 0216 13200 0217 159
0218 ③ 0219 20700 0220 461 0221 ④

PART B' 기출 & 기출변형 문제

0222 -17 0223 ③ 0224 ④ 0225 ⑤
0226 ① 0227 2 0228 ④ 0229 ③
0230 48 0231 ⑤ 0232 26 0233 15
0234 ③ 0235 ④ 0236 4 0237 6

Ⅱ 방정식과 부등식

04 복소수

PART A' 유형별 유사문제

0238 ⑤　0239 3　0240 ㄴ, ㄷ　0241 ②
0242 $13+5i$　0243 27　0244 4　0245 27
0246 -4　0247 ②　0248 $-6+3\sqrt{2}i$
0249 ⑤　0250 6　0251 3　0252 ②
0253 ①　0254 ②　0255 11　0256 -1
0257 5　0258 8　0259 15　0260 -48
0261 ②　0262 ①　0263 2　0264 $-\frac{4}{5}$
0265 1　0266 4　0267 ⑤　0268 ⑤
0269 ②　0270 -216　0271 ㄱ, ㄷ　0272 ②
0273 ①　0274 $-\frac{1}{3}$　0275 ㄱ, ㄴ, ㄹ　0276 ④
0277 ③　0278 $20-27i$　0279 $-3i$　0280 ③
0281 ②　0282 3　0283 ③　0284 ⑤
0285 5　0286 6　0287 $-\sqrt{5}$　0288 ④
0289 51　0290 ②　0291 10　0292 ㄱ, ㄴ
0293 ④　0294 0　0295 25　0296 ㄴ, ㄷ, ㄹ
0297 ④　0298 ④　0299 -2　0300 ③
0301 ③　0302 ④　0303 $-4a+2b$　0304 $2a-2c$
0305 $-a-b$　0306 ①

PART B' 기출 & 기출변형 문제

0307 ③　0308 2　0309 ⑤　0310 ③
0311 -8　0312 1　0313 20　0314 150
0315 ③　0316 6　0317 24　0318 ④

05 이차방정식

유형별 유사문제

0319 $\sqrt{3}$　0320 3　0321 1　0322 -1
0323 10　0324 36　0325 ②　0326 6
0327 $3+\sqrt{17}$　0328 $2\le x<3$　0329 ③　0330 ④
0331 ②　0332 ③　0333 $9\sqrt{3}\text{ cm}^2$　0334 6 cm
0335 1　0336 ③　0337 ④　0338 ②
0339 $-2<k<2$ 또는 $k>2$　0340 ⑤　0341 ①
0342 ④　0343 서로 다른 두 실근
0344 서로 다른 두 실근　0345 ④　0346 ③
0347 ②　0348 ①　0349 ①　0350 4
0351 5　0352 12　0353 ②　0354 -3
0355 2　0356 $\sqrt{10}$　0357 $4\sqrt{22}$　0358 0
0359 $\sqrt{3}$　0360 ⑤　0361 -48　0362 -3
0363 8　0364 $2\sqrt{6}$　0365 4　0366 -4
0367 -2　0368 3　0369 ③　0370 -4
0371 2　0372 1　0373 6　0374 ⑤
0375 -21　0376 15　0377 2　0378 35
0379 $4x^2-9x-1=0$　0380 $3x^2-2x+5=0$
0381 52　0382 14　0383 11　0384 ④
0385 -8　0386 -2　0387 ③　0388 ④
0389 -4　0390 ⑤　0391 -4　0392 $\frac{1}{5}$
0393 합: -4, 곱: 7　0394 $-\frac{4}{5}$　0395 ④
0396 0　0397 -44　0398 27
0399 $x^2-5x+\frac{11}{2}$　0400 38　0401 97
0402 12　0403 17

PART B' 기출 & 기출변형 문제

0404 30　0405 ④　0406 ③　0407 -7
0408 3　0409 ④　0410 ①　0411 7
0412 68　0413 $1+\sqrt{5}$　0414 14　0415 $4\sqrt{2}$

06 이차방정식과 이차함수

PART A' 유형별 유사문제

0416 ④　0417 ②　0418 ⑤　0419 3
0420 ①　0421 $k\ge-10$　0422 ③　0423 3
0424 $\frac{4}{9}$　0425 -2　0426 ①　0427 2
0428 4　0429 ④　0430 ③　0431 -30
0432 -2　0433 ④　0434 ②　0435 ④
0436 3　0437 ②　0438 ②　0439 ①
0440 ④　0441 11　0442 ②　0443 ⑤
0444 ⑤　0445 ⑤　0446 ⑤　0447 ④
0448 ③　0449 12　0450 ①　0451 18
0452 ②　0453 3　0454 ①　0455 -2
0456 -4　0457 10　0458 ⑤　0459 12
0460 ①　0461 -4　0462 $-\frac{3}{2}$　0463 3
0464 ③　0465 20　0466 30

PART B′ 기출&기출변형 문제

0467 ③	0468 ①	0469 11	0470 ⑤
0471 3	0472 ①	0473 ④	0474 $\frac{37}{2}$

07 여러 가지 방정식

PART A′ 유형별 유사문제

0475 ②	0476 14	0477 2	0478 ⑤
0479 ④	0480 48	0481 6	0482 ⑤
0483 -65	0484 10	0485 ③	0486 ①
0487 0	0488 3	0489 5	0490 10
0491 7	0492 ⑤	0493 $\frac{3}{2}$	0494 $\frac{23}{8}$
0495 ①	0496 ⑤	0497 $-\frac{7}{2}$	0498 9
0499 2	0500 ③	0501 ④	0502 ④
0503 4	0504 $x^3-x^2+10x+4=0$		0505 ③
0506 6	0507 ①	0508 5	0509 -5
0510 -3	0511 9	0512 ②	0513 ㄱ, ㄹ
0514 ①	0515 ③	0516 -6	0517 ④
0518 6	0519 ②	0520 ③	0521 2
0522 ④	0523 24	0524 ④	0525 ②
0526 -6	0527 15	0528 ④	0529 ⑤
0530 6	0531 ②	0532 -6	0533 4
0534 ①	0535 -2	0536 8	0537 ⑤
0538 3	0539 ④	0540 ③	0541 64
0542 8 cm	0543 86	0544 18	0545 6 cm
0546 35	0547 ④	0548 -8	0549 7
0550 48	0551 -3	0552 ②	0553 -3

PART B′ 기출&기출변형 문제

0554 ⑤	0555 ④	0556 20	0557 ①
0558 39	0559 ⑤	0560 ④	0561 ⑤
0562 -6	0563 4	0564 60	0565 20

08 일차부등식

PART A′ 유형별 유사문제

0566 ④	0567 ⑤	0568 ㄱ, ㄷ	0569 ③
0570 ④	0571 $x<\frac{1}{4}$	0572 $x\geq 2$	0573 6
0574 ⑤	0575 -13	0576 3	0577 19
0578 ①	0579 ④	0580 -7	0581 ㄷ
0582 $x=6$	0583 ⑤	0584 ①	0585 6
0586 4	0587 $\frac{2}{5}$	0588 $x\geq 14$	0589 $a\leq -\frac{3}{2}$
0590 ④	0591 $a\leq 1$	0592 ③	0593 -3
0594 ②	0595 ③	0596 ③	0597 $18\leq a<20$
0598 $\frac{5}{2}<a<3$	0599 ②	0600 ①	0601 ③
0602 200 g 이상 450 g 이하		0603 ③	0604 8
0605 ④	0606 3	0607 ①	0608 ⑤
0609 $x=1$	0610 ③	0611 ②	
0612 $-2<x\leq -1$		0613 ⑤	0614 ⑤
0615 ②	0616 ①	0617 ②	0618 $a\leq -2$

PART B′ 기출&기출변형 문제

0619 ④	0620 ③	0621 ②	0622 ③
0623 1	0624 ④	0625 71	0626 ③

09 이차부등식

PART A′ 유형별 유사문제

0627 ③	0628 $-7\leq x\leq -1$		0629 ③
0630 ②	0631 $x=-\frac{5}{3}$	0632 ②	0633 ⑤
0634 ②	0635 $x<-4$ 또는 $x>0$		0636 $-6\leq x\leq 2$
0637 ⑤	0638 $-3\leq x<0$	0639 7	0640 9
0641 4	0642 $\frac{5}{7}$	0643 ③	0644 -5
0645 6	0646 ⑤	0647 $5<x<7$	0648 3
0649 ③	0650 $2<k\leq 3$	0651 ②	0652 ④
0653 2	0654 ③	0655 ③	0656 -2
0657 ⑤	0658 ②	0659 ②	0660 $0\leq a\leq 2$
0661 -2	0662 ①	0663 $-4\leq m<0$	
0664 10	0665 ③	0666 $k\leq 1$ 또는 $k\geq 4$	
0667 ④	0668 $a\leq 3$	0669 ⑤	0670 6
0671 ③	0672 4	0673 ⑤	0674 $-3<m<1$
0675 ④	0676 ④	0677 10 m	0678 90

0679 ② 0680 ③ 0681 9 0682 ③
0683 4 0684 $-5\le x<-3$ 또는 $3<x\le 7$
0685 ④ 0686 ② 0687 $a\ge 11$ 0688 ④
0689 3 0690 $5<n\le 6$ 0691 ① 0692 ④
0693 10 0694 $x>3$ 0695 5 0696 14
0697 ③ 0698 $-4\le a<0$ 0699 ②
0700 ③ 0701 ② 0702 5 0703 -4
0704 $1<m<4$ 0705 ① 0706 $m>2$ 0707 ④
0708 $a<-8$ 또는 $a>\frac{5}{2}$ 0709 ⑤ 0710 $m\ge 5$
0711 ②

PART B′ 기출 & 기출변형 문제

0712 ③ 0713 ② 0714 42 0715 ③
0716 ② 0717 3 0718 ⑤ 0719 -6
0720 21 0721 $-5<a\le -3$ 0722 15
0723 15

III 경우의 수

10 경우의 수

PART A′ 유형별 유사문제

0724 ⑤ 0725 10 0726 ③ 0727 ③
0728 ③ 0729 ② 0730 ⑤ 0731 45
0732 26 0733 ③ 0734 ③ 0735 9
0736 27 0737 34 0738 ④ 0739 ③
0740 ④ 0741 ④ 0742 ⑤ 0743 ②
0744 129 0745 ④ 0746 ② 0747 ①
0748 ③ 0749 1050 0750 540 0751 ⑤
0752 ③ 0753 36 0754 ① 0755 ①
0756 8 0757 9 0758 ⑤ 0759 ⑤
0760 ③ 0761 ②

PART B′ 기출 & 기출변형 문제

0762 336 0763 18 0764 45 0765 32
0766 ④ 0767 400번 0768 8 0769 4100

11 순열과 조합

PART A′ 유형별 유사문제

0770 72 0771 ⑤ 0772 ① 0773 ②
0774 ③ 0775 ② 0776 ② 0777 ⑤
0778 ③ 0779 144 0780 ④ 0781 ④
0782 36 0783 ④ 0784 ① 0785 ②
0786 ③ 0787 ③ 0788 ⑤ 0789 ⑤
0790 ① 0791 2 0792 92번째 0793 ⑤
0794 ④ 0795 ② 0796 6 0797 ①
0798 ③ 0799 ③ 0800 ⑤ 0801 ①
0802 ④ 0803 75 0804 ③ 0805 ③
0806 89 0807 ④ 0808 55 0809 ②
0810 ② 0811 ① 0812 ④ 0813 ④
0814 ③ 0815 ④ 0816 90 0817 ②
0818 ① 0819 35 0820 ③ 0821 ④
0822 ⑤ 0823 ③ 0824 189 0825 324
0826 ⑤ 0827 ⑤ 0828 ③ 0829 ⑤
0830 ⑤ 0831 ④

0832 32	0833 ④	0834 ③	0835 ④
0836 15	0837 ②	0838 ③	0839 52
0840 ④	0841 ②		

Ⅳ 행렬

12 행렬

PART A' 유형별 유사문제

0842 ②	0843 $\begin{pmatrix} 1 & -2 & -7 \\ 2 & 1 & -5 \\ 7 & 5 & 1 \end{pmatrix}$		0844 8
0845 $\begin{pmatrix} 0 & 4 & 8 \\ 4 & 0 & 2 \\ 8 & 2 & 0 \end{pmatrix}$		0846 ⑤	0847 9
0848 ②	0849 ④	0850 7	
0851 $\begin{pmatrix} -5 & 5 \\ -10 & 15 \end{pmatrix}$		0852 ④	0853 3
0854 ⑤	0855 -4	0856 ⑤	0857 23
0858 1	0859 ③	0860 ⑤	0861 ②
0862 3	0863 54	0864 7	0865 ②
0866 ③	0867 71 : 86	0868 ③	0869 ④
0870 -8	0871 ④	0872 -3	0873 -6
0874 ②	0875 ④	0876 6	0877 ①
0878 $\begin{pmatrix} -2 \\ 1 \end{pmatrix}$	0879 ②	0880 0	0881 ④
0882 ⑤	0883 -2	0884 37	0885 1
0886 ⑤	0887 ②	0888 E	0889 ③
0890 ㄱ, ㄴ	0891 ㄱ, ㄷ	0892 ㄴ, ㄷ	0893 16
0894 ①			

PART B' 기출 & 기출변형 문제

0895 -24	0896 ⑤	0897 7	0898 -4
0899 ②	0900 12	0901 ④	0902 32
0903 ②	0904 ④	0905 4	0906 ①
0907 3	0908 102	0909 ③	0910 ④

MEMO

MEMO

MEMO

유형

수학의 바이블 유형 ON 공통수학1

모든 유형으로 실력을 밝혀라!

수학의 바이블 유형 ON 특장점

- 학습 부담은 줄이고 휴대성은 높인 1권, 2권 구조
- 고등 수학의 모든 유형을 담은 유형 문제집
- 내신 만점을 위한 내신 빈출, 서술형 대비 문항 수록
- 수능, 평가원, 교육청 기출, 기출 변형 문항 수록
- 중단원별 종합 문제로 유형별 학습의 단점 극복 및 내신 대비
- 1권과 2권의 A PART 유사 변형 문항으로 복습, 오답노트 가능

가르치기 쉽고 빠르게 배울 수 있는 **이투스북**

www.etoosbook.com

○ **도서 내용 문의**
홈페이지 > 이투스북 고객센터 > 1:1 문의

○ **도서 정답 및 해설**
홈페이지 > 도서자료실 > 정답/해설

○ **도서 정오표**
홈페이지 > 도서자료실 > 정오표

○ **선생님을 위한 강의 지원 서비스 T폴더**
홈페이지 > 교강사 T폴더

학교 시험에
자주 나오는
195유형
2314제 수록

1권 유형편
1404제로
완벽한
필수 유형 학습

2권 변형편
910제로
복습 및 학교 시험
완벽 대비

수학의 바이블 유형ON

정답과 풀이

2022개정 교육과정 **공통수학1**

이투스북

유형

수학의 바이블

유형 ON

1권

정답과 풀이

공통수학1

I 다항식

유형별 문제

01 다항식의 연산

유형 01 다항식의 덧셈과 뺄셈 (1)

확인 문제 (1) $-x^2+(2y+1)x+4y^2-3$
(2) $4y^2-3+(2y+1)x-x^2$

0001 답 17

$2A-3(B-2C)-5C$
$=2A-3B+6C-5C$
$=2A-3B+C$
$=2(x^3+4x^2+5)-3(x^3+4x^2-2x-3)+(-2x^2-3x+2)$
$=2x^3+8x^2+10-3x^3-12x^2+6x+9-2x^2-3x+2$
$=-x^3-6x^2+3x+21$
따라서 $a=-1$, $b=-6$, $c=3$, $d=21$이므로
$a+b+c+d=-1+(-6)+3+21=17$

주의 다항식의 계산에서 분배법칙을 이용하여 괄호를 풀 때, 괄호 앞의 부호가 $-$이면 괄호 안의 부호를 반대로 쓴다.
➡ $A-(B-C)=A-B+C$

0002 답 23

$(3x^2-2xy+3y^2)*(5x^2-3xy-7y^2)$
$=3(3x^2-2xy+3y^2)-(5x^2-3xy-7y^2)$
$=9x^2-6xy+9y^2-5x^2+3xy+7y^2$
$=4x^2-3xy+16y^2$
따라서 $a=4$, $b=-3$, $c=16$이므로
$a-b+c=4-(-3)+16=23$

0003 답 65

(나)$+(5x^2-y^2)+(7x^2-6xy-3y^2)=15x^2-3y^2$이므로
(나)$=15x^2-3y^2-(5x^2-y^2)-(7x^2-6xy-3y^2)$
$=15x^2-3y^2-5x^2+y^2-7x^2+6xy+3y^2$
$=3x^2+6xy+y^2=B$
(가)+(나)$+(8x^2-4xy-y^2)=15x^2-3y^2$이므로
(가)$+(3x^2+6xy+y^2)+(8x^2-4xy-y^2)=15x^2-3y^2$
$\therefore$ (가)$=15x^2-3y^2-(3x^2+6xy+y^2)-(8x^2-4xy-y^2)$
$=15x^2-3y^2-3x^2-6xy-y^2-8x^2+4xy+y^2$
$=4x^2-2xy-3y^2=A$
$\therefore B-2A=3x^2+6xy+y^2-2(4x^2-2xy-3y^2)$
$=3x^2+6xy+y^2-8x^2+4xy+6y^2$
$=-5x^2+10xy+7y^2$
따라서 $a=-5$, $b=10$, $c=7$이므로
$a+bc=-5+10\times7=65$

유형 02 다항식의 덧셈과 뺄셈 (2)

0004 답 ④

$A+2X=X-(A-B)$에서
$A+2X=X-A+B$이므로 $X=-2A+B$
$\therefore X=-2A+B$
$=-2(x^2-xy-2y^2)+(3x^2+xy+y^2)$
$=-2x^2+2xy+4y^2+3x^2+xy+y^2$
$=x^2+3xy+5y^2$

0005 답 -12

$2X-B=A-9B$에서 $2X=A-8B$이므로
$X=\frac{1}{2}A-4B$
$=\frac{1}{2}(4x^2+8xy+12y^2)-4\left(-\frac{1}{2}x^2+4xy+\frac{1}{2}y^2\right)$
$=2x^2+4xy+6y^2+2x^2-16xy-2y^2$
$=4x^2-12xy+4y^2$
따라서 xy의 계수는 -12이다.

0006 답 7

$A+B=3x^2-xy+y^2$ ⋯⋯ ㉠
$A-B=-x^2+7xy+5y^2$ ⋯⋯ ㉡
㉠+㉡을 하면
$2A=(3x^2-xy+y^2)+(-x^2+7xy+5y^2)=2x^2+6xy+6y^2$
$\therefore A=x^2+3xy+3y^2$ ⋯⋯ ㉢
㉢을 ㉠에 대입하면 $(x^2+3xy+3y^2)+B=3x^2-xy+y^2$
$\therefore B=3x^2-xy+y^2-(x^2+3xy+3y^2)=2x^2-4xy-2y^2$
$\therefore 3A+B=3(x^2+3xy+3y^2)+(2x^2-4xy-2y^2)$
$=3x^2+9xy+9y^2+2x^2-4xy-2y^2$
$=5x^2+5xy+7y^2$
따라서 $a=5$, $b=5$, $c=7$이므로
$a-b+c=5-5+7=7$

Bible Says 가감법을 이용한 연립방정식의 풀이

가감법: 연립방정식에서 두 일차방정식을 변끼리 더하거나 빼어서 한 미지수를 없앤 후 연립방정식의 해를 구하는 방법이다.
소거할 미지수의 계수의 절댓값이 같을 때
<부호가 다른 경우> <부호가 같은 경우>

$$\begin{array}{rr} & 4x+3y=8 \\ +) & -4x-5y=2 \\ \hline & -2y=10 \end{array}$$
변끼리 더한다. / x가 소거

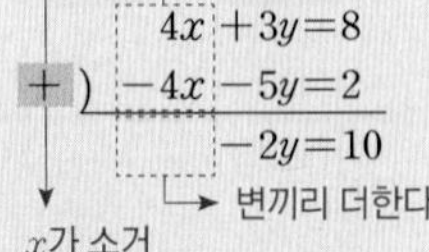

$$\begin{array}{rr} & 5x+3y=5 \\ -) & 4x+3y=4 \\ \hline & x=1 \end{array}$$
변끼리 뺀다. / y가 소거

참고
㉢을 구한 후 $A+B$에 $2A$를 더해도 $3A+B$를 계산할 수 있다.

0007

답 2

$A+B=-x^2+4xy+2y^2$ …… ㉠

$B+C=2x^2-5xy$ …… ㉡

$C+A=5x^2+3xy-6y^2$ …… ㉢

㉠+㉡+㉢을 하면

$2(A+B+C)$

$=(-x^2+4xy+2y^2)+(2x^2-5xy)+(5x^2+3xy-6y^2)$

$=6x^2+2xy-4y^2$

$\therefore A+B+C=3x^2+xy-2y^2$

따라서 $a=3$, $b=1$, $c=-2$이므로

$a-5b-2c=3-5\times1-2\times(-2)=2$

0008

답 3

$2A-B=3x^2-2x$ …… ㉠

$A-2B=3x^2-x-3$ …… ㉡

㉠×2−㉡을 하면

$2(2A-B)-(A-2B)=2(3x^2-2x)-(3x^2-x-3)$

$4A-2B-A+2B=6x^2-4x-3x^2+x+3$

$3A=3x^2-3x+3 \quad \therefore A=x^2-x+1$

…… ❶

위의 식을 ㉠에 대입하면

$2(x^2-x+1)-B=3x^2-2x$

$\therefore B=2x^2-2x+2-(3x^2-2x)$

$=2x^2-2x+2-3x^2+2x$

$=-x^2+2$

…… ❷

$\therefore 2A+B=2(x^2-x+1)+(-x^2+2)$

$=2x^2-2x+2-x^2+2$

$=x^2-2x+4$

…… ❸

따라서 $a=1$, $b=-2$, $c=4$이므로

$a-3b-c=1-3\times(-2)-4=3$

…… ❹

채점 기준	배점
❶ A 구하기	30%
❷ B 구하기	30%
❸ $2A+B$ 계산하기	30%
❹ $a-3b-c$의 값 구하기	10%

유형 03 다항식의 전개식에서 계수 구하기

0009

답 ①

$(2x^3+3x^2-7x-1)(x^2+4x+9)$의 전개식에서 x^2항은

$3x^2\times9+(-7x)\times4x+(-1)\times x^2=27x^2-28x^2-x^2=-2x^2$

따라서 x^2의 계수는 -2이다.

Bible Says 다항식과 다항식의 곱셈

다항식과 다항식의 곱셈은 분배법칙을 이용하여 전개하고 동류항이 있으면 간단히 정리한다.

$(a+b)(c+d)=\underset{①}{ac}+\underset{②}{ad}+\underset{③}{bc}+\underset{④}{bd}$

0010

답 ②

$(a-b+5)(3a+2b-2)$의 전개식에서 ab항은

$a\times2b+(-b)\times3a=2ab-3ab=-ab$

따라서 ab의 계수는 -1이다.

참고

다항식의 전개식에서 특정한 항의 계수를 구할 때에는 모두 전개해도 되지만 필요한 항만 쏙 뽑아서 계산하는 것이 효율적이다.

0011

답 ②

$(3x^2+x-1)(x^2+4x+3k)$의 전개식에서 x항은

$x\times3k+(-1)\times4x=3kx-4x=(3k-4)x$

이때 x의 계수가 8이므로

$3k-4=8$, $3k=12 \quad \therefore k=4$

0012

답 32

$(1+2x-3x^2+4x^3-5x^4)^2$의 전개식에서 x^3의 계수는 $-5x^4$항과는 관계가 없으므로 $(1+2x-3x^2+4x^3)^2$의 전개식에서 x^3의 계수와 $(1+2x-3x^2+4x^3-5x^4)^2$의 전개식에서 x^3의 계수는 서로 같다.

$\therefore a=b$

$(1+2x-3x^2+4x^3)^2=(1+2x-3x^2+4x^3)(1+2x-3x^2+4x^3)$

이 식의 전개식에서 x^3항은

$1\times4x^3+2x\times(-3x^2)+(-3x^2)\times2x+4x^3\times1$

$=4x^3-6x^3-6x^3+4x^3=-4x^3$

즉, $(1+2x-3x^2+4x^3)^2$의 전개식에서 x^3의 계수는 -4이므로

$a=-4 \quad \therefore b=a=-4$

$\therefore a^2+b^2=(-4)^2+(-4)^2=32$

0013

답 8

$(x^2+ax+8)(x^2+bx+8)$의 전개식에서

x^3항은 $x^2\times bx+ax\times x^2=bx^3+ax^3=(a+b)x^3$

x^2항은 $x^2\times8+ax\times bx+8\times x^2=16x^2+abx^2=(16+ab)x^2$

이때 x^3의 계수와 x^2의 계수가 모두 0이므로

$a+b=0$, $16+ab=0 \quad \therefore a+b=0$, $ab=-16$

따라서 $(a-b)^2=(a+b)^2-4ab=0^2-4\times(-16)=64$이므로

$|a-b|=8$

0014 답 ④

$(x+1)(x+2)(x+3)\cdots(x+9)$에서 임의의 8개의 일차식에서는 x항을, 나머지 1개의 일차식에서는 상수항을 선택하여 곱하면 x^8항이 되므로 이 식의 전개식에서 x^8항은

$x^8\times 9+x^8\times 8+x^8\times 7+x^8\times 6+x^8\times 5+x^8\times 4+x^8\times 3$
$+x^8\times 2+x^8\times 1$
$=(1+2+3+\cdots+7+8+9)x^8=45x^8$

따라서 x^8의 계수는 45이다.

0015 답 -1

$f(x)=(x-3)(x^2-ax-3a)$라 하면
$f(x)$의 상수항과 계수들의 총합은 $f(1)$의 값과 같으므로
$f(1)=-2\times(1-a-3a)=-2(1-4a)$
즉, $-2(1-4a)=-18$이므로
$1-4a=9,\ -4a=8 \qquad \therefore a=-2$

…… ❶

$\therefore f(x)=(x-3)(x^2+2x+6)$
이 식의 전개식에서 x^2항은
$x\times 2x+(-3)\times x^2=2x^2-3x^2=-x^2$
따라서 x^2의 계수는 -1이다.

…… ❷

채점 기준	배점
❶ a의 값 구하기	60%
❷ x^2의 계수 구하기	40%

참고

전개식이 아닌 다항식의 곱 꼴에서 상수항과 계수들의 총합을 구할 때에는 직접 전개하지 않아도 $x=1$을 대입하여 얻은 값이 상수항과 계수들의 총합과 같음을 이용하면 된다.

유형 04 곱셈 공식을 이용한 다항식의 전개 (1)

0016 답 ④

$(x+ay-1)^2$
$=x^2+(ay)^2+(-1)^2+2\times x\times ay+2\times ay\times(-1)$
$\quad +2\times(-1)\times x$
$=x^2+a^2y^2+1+2axy-2x-2ay$

$(x+ay-1)^2$을 전개한 식이 $x^2+a^2y^2+1+xy+bx+cy$이므로
$x^2+a^2y^2+1+xy+bx+cy=x^2+a^2y^2+1+2axy-2x-2ay$
$2a=1,\ b=-2,\ c=-2a$
따라서 $a=\frac{1}{2},\ b=-2,\ c=-1$이므로
$abc=\frac{1}{2}\times(-2)\times(-1)=1$

0017 답 ⑤

$(x+a)(x-b)(x-3)$
$=x^3+(a-b-3)x^2+(-ab-3a+3b)x+3ab$

$(x+a)(x-b)(x-3)$을 전개한 식이 x^3-2x^2-cx+6이므로
$x^3+(a-b-3)x^2+(-ab-3a+3b)x+3ab$
$=x^3-2x^2-cx+6$
$a-b-3=-2$에서 $a-b=1$
$3ab=6$에서 $ab=2$
$-ab-3a+3b=-c$이므로
$c=ab+3a-3b=ab+3(a-b)=2+3\times 1=5$

0018 답 ③

$A+B+C+D$
$=(a+b+c)^2+(-a+b+c)^2+(a-b+c)^2+(a+b-c)^2$
$=(a^2+b^2+c^2+2ab+2bc+2ca)$
$\quad +(a^2+b^2+c^2-2ab+2bc-2ca)$
$\quad +(a^2+b^2+c^2-2ab-2bc+2ca)$
$\quad +(a^2+b^2+c^2+2ab-2bc-2ca)$
$=4a^2+4b^2+4c^2$

참고

주어진 네 개의 다항식 모두 다음의 곱셈 공식을 이용하여 전개하면 된다.
$(a+b+c)^2=a^2+b^2+c^2+2ab+2bc+2ca$

0019 답 ③

$(x-1)(x+1)(x^2+1)(x^4+1)(x^8+1)$
$=(x^2-1)(x^2+1)(x^4+1)(x^8+1)$
$=(x^4-1)(x^4+1)(x^8+1)$
$=(x^8-1)(x^8+1)$
$=x^{16}-1$
이때 $x^{16}=20$이므로 $x^{16}-1=20-1=19$

유형 05 곱셈 공식을 이용한 다항식의 전개 (2)

0020 답 ②

$(2x-y)^3=(2x)^3-3\times(2x)^2\times y+3\times 2x\times y^2-y^3$
$\qquad\qquad =8x^3-12x^2y+6xy^2-y^3$
이므로
$(2x-y)^3(x+2y)=(8x^3-12x^2y+6xy^2-y^3)(x+2y)$의 전개식에서 x^2y^2항은
$-12x^2y\times 2y+6xy^2\times x=-24x^2y^2+6x^2y^2=-18x^2y^2$
따라서 x^2y^2의 계수는 -18이다.

0021 답 3

$(x+a)^3+x(x-4)=x^3+3ax^2+3a^2x+a^3+x^2-4x$
$\qquad\qquad\qquad\qquad =x^3+(3a+1)x^2+(3a^2-4)x+a^3$
이므로 주어진 식의 전개식에서 x^2항은 $(3a+1)x^2$
이때 x^2의 계수가 10이므로
$3a+1=10,\ 3a=9 \qquad \therefore a=3$

0022

답 ⑤

① $(3x-1)(9x^2+3x+1)=(3x)^3-1^3=27x^3-1$

② $(2x+3y)^3=(2x)^3+3\times(2x)^2\times3y+3\times2x\times(3y)^2+(3y)^3$
$=8x^3+36x^2y+54xy^2+27y^3$

③ $(x-y)(x+y)(x^2-xy+y^2)(x^2+xy+y^2)$
$=\{(x-y)(x^2+xy+y^2)\}\{(x+y)(x^2-xy+y^2)\}$
$=(x^3-y^3)(x^3+y^3)=(x^3)^2-(y^3)^2=x^6-y^6$

④ $(x+y+2z)(x^2+y^2+4z^2-xy-2yz-2zx)$
$=x^3+y^3+(2z)^3-3\times x\times y\times 2z$
$=x^3+y^3+8z^3-6xyz$

⑤ $(4x^2+2xy+y^2)(4x^2-2xy+y^2)$
$=\{(2x)^2+2x\times y+y^2\}\{(2x)^2-2x\times y+y^2\}$
$=(2x)^4+(2x)^2\times y^2+y^4$
$=16x^4+4x^2y^2+y^4$

따라서 다항식의 전개가 옳지 않은 것은 ⑤이다.

다른 풀이

③ $(x-y)(x+y)(x^2-xy+y^2)(x^2+xy+y^2)$
$=(x^2-y^2)(x^4+x^2y^2+y^4)$
$=(x^2)^3-(y^2)^3=x^6-y^6$

⑤ $(4x^2+2xy+y^2)(4x^2-2xy+y^2)$에서 $4x^2+y^2=t$로 놓으면
$(t+2xy)(t-2xy)=t^2-4x^2y^2$
$=(4x^2+y^2)^2-4x^2y^2$
$=16x^4+8x^2y^2+y^4-4x^2y^2$
$=16x^4+4x^2y^2+y^4$

0023

답 35

$(x-\sqrt{5})^3(x+\sqrt{5})^3=\{(x-\sqrt{5})(x+\sqrt{5})\}^3$
$=(x^2-5)^3$
$=(x^2)^3-3\times(x^2)^2\times5+3\times x^2\times5^2-5^3$
$=x^6-15x^4+75x^2-125$

❶

따라서 $a=-15$, $b=75$, $c=-125$이므로
$a-b-c=-15-75-(-125)=35$

❷

채점 기준	배점
❶ $(x-\sqrt{5})^3(x+\sqrt{5})^3$을 전개하여 정리하기	70%
❷ $a-b-c$의 값 구하기	30%

0024

답 −34

(가) $(ax+2)^3+(x-1)^2$
$=(a^3x^3+6a^2x^2+12ax+8)+(x^2-2x+1)$
$=a^3x^3+(6a^2+1)x^2+(12a-2)x+9$
이때 x의 계수가 34이므로
$12a-2=34$, $12a=36$ $\quad\therefore a=3$

(나) $(x-3y)^3+(2x-y)(4x^2+2xy+y^2)$
$=x^3-9x^2y+27xy^2-27y^3+8x^3-y^3$
$=9x^3-9x^2y+27xy^2-28y^3$
따라서 x^2y의 계수는 -9, y^3의 계수는 -28이므로
$b=-9+(-28)=-37$

$\therefore a+b=3+(-37)=-34$

0025

답 13

(가) $(ax-1)^3$을 전개한 식에서 상수항과 계수들의 총합은 $x=1$을 대입하여 얻은 값과 같고 이 값은 64이므로
$(a-1)^3=64=4^3$
따라서 $a-1=4$이므로 $a=5$

(나) $(x-1)(x^{19}+x^{18}+x^{17}+\cdots+x+1)$
$=x(x^{19}+x^{18}+x^{17}+\cdots+x+1)-(x^{19}+x^{18}+x^{17}+\cdots+x+1)$
$=x^{20}-1=(x^{10})^2-1=3^2-1=8$ $\quad\therefore b=8$

$\therefore a+b=5+8=13$

Bible Says 식의 전개

$(x-1)(x+1)=x^2-1$
$(x-1)(x^2+x+1)=x^3-1$
$(x-1)(x^3+x^2+x+1)=x^4-1$
$\vdots$
$\therefore (x-1)(x^{n-1}+x^{n-2}+x^{n-3}+\cdots+x^2+x+1)=x^n-1$

유형 06 공통부분이 있는 식의 전개

0026

답 ②

$(a+b-c^2)(a-b+c^2)$에서 $b-c^2=t$로 놓으면
$(a+b-c^2)(a-b+c^2)=\{a+(b-c^2)\}\{a-(b-c^2)\}$
$=(a+t)(a-t)$
$=a^2-t^2$
$=a^2-(b-c^2)^2$ ($t=b-c^2$을 대입)
$=a^2-(b^2-2bc^2+c^4)$
$=a^2-b^2-c^4+2bc^2$

따라서 a^2의 계수는 1, b^2의 계수는 -1, c^4의 계수는 -1이므로
$x=1$, $y=-1$, $z=-1$
$\therefore x+y+z=1+(-1)+(-1)=-1$

0027

답 ⑤

$(a+b-1)\{(a+b)^2+a+b+1\}=8$에서 $a+b=t$로 놓으면
$(a+b-1)\{(a+b)^2+a+b+1\}=(t-1)(t^2+t+1)$
$=t^3-1$
이때 $t^3-1=8$이므로 $t^3=9$
$\therefore (a+b)^3=9$

0028

답 1

$(x-1)(x-2)(x+2)(x+3)$
$=\{(x-1)(x+2)\}\{(x-2)(x+3)\}$
$=(x^2+x-2)(x^2+x-6)$

❶

$x^2+x=t$로 놓으면

$(x^2+x-2)(x^2+x-6)=(t-2)(t-6)$
$=t^2-8t+12$
$=(x^2+x)^2-8(x^2+x)+12$ ← $t=x^2+x$를 대입
$=x^4+2x^3+x^2-8x^2-8x+12$
$=x^4+2x^3-7x^2-8x+12$
…… ❷

따라서 x^2의 계수는 -7, x의 계수는 -8이므로
$a=-7$, $b=-8$
$\therefore a-b=-7-(-8)=1$
…… ❸

채점 기준	배점
❶ $(x-1)(x-2)(x+2)(x+3)$을 공통부분이 생기도록 짝을 지어 곱하기	40%
❷ 공통부분을 t로 놓고 식을 정리하기	40%
❸ $a-b$의 값 구하기	20%

0029

답 4

$\{(x+a)^2-2a^2\}\{(x-a)^2-2a^2\}$
$=(x^2+2ax-a^2)(x^2-2ax-a^2)$
$x^2-a^2=t$로 놓으면
$(x^2+2ax-a^2)(x^2-2ax-a^2)$
$=(t+2ax)(t-2ax)$
$=t^2-4a^2x^2$
$=(x^2-a^2)^2-4a^2x^2$ ← $t=x^2-a^2$을 대입
$=x^4-2a^2x^2+a^4-4a^2x^2$
$=x^4-6a^2x^2+a^4$
이때 주어진 다항식의 전개식에서 x^2의 계수가 -12이므로
$-6a^2=-12 \quad \therefore a^2=2$
따라서 주어진 다항식의 전개식에서 상수항은
$a^4=(a^2)^2=2^2=4$

다른 풀이

$\{(x+a)^2-2a^2\}\{(x-a)^2-2a^2\}$
$=(x^2+2ax-a^2)(x^2-2ax-a^2)$
의 전개식에서 x^2항은
$x^2\times(-a^2)+2ax\times(-2ax)+(-a^2)\times x^2$
$=-a^2x^2+(-4a^2x^2)+(-a^2x^2)=-6a^2x^2$
이때 주어진 다항식의 전개식에서 x^2의 계수가 -12이므로
$-6a^2=-12 \quad \therefore a^2=2$
따라서 주어진 다항식의 전개식에서 상수항은
$(-a^2)\times(-a^2)=(a^2)^2=2^2=4$

0030

답 -4

$(5+2a)^3=A$, $(5-2a)^3=B$로 놓으면
$\{(5+2a)^3-(5-2a)^3\}^2-\{(5+2a)^3+(5-2a)^3\}^2$
$=(A-B)^2-(A+B)^2$
$=A^2-2AB+B^2-(A^2+2AB+B^2)$
$=-4AB$
$=-4(5+2a)^3(5-2a)^3$ ← $A=(5+2a)^3$, $B=(5-2a)^3$을 대입
$=-4\{(5+2a)(5-2a)\}^3$
$=-4(25-4a^2)^3$
$=-4(25-4\times6)^3 \ (\because a=\sqrt{6})$
$=-4\times1=-4$

다른 풀이 1

$5+2a=A$, $5-2a=B$로 놓으면
$\{(5+2a)^3-(5-2a)^3\}^2-\{(5+2a)^3+(5-2a)^3\}^2$
$=(A^3-B^3)^2-(A^3+B^3)^2$
$=A^6-2A^3B^3+B^6-(A^6+2A^3B^3+B^6)$
$=-4A^3B^3$
$=-4(5+2a)^3(5-2a)^3$ ← $A=5+2a$, $B=5-2a$를 대입
$=-4\{(5+2a)(5-2a)\}^3$
$=-4(25-4a^2)^3$
$=-4(25-4\times6)^3 \ (\because a=\sqrt{6})$
$=-4\times1=-4$

다른 풀이 2

$(5+2a)^3=A$, $(5-2a)^3=B$로 놓으면
$\{(5+2a)^3-(5-2a)^3\}^2-\{(5+2a)^3+(5-2a)^3\}^2$
$=(A-B)^2-(A+B)^2$
$=\{(A-B)+(A+B)\}\{(A-B)-(A+B)\}$ ← $x^2-y^2=(x+y)(x-y)$를 이용
$=2A\times(-2B)$
$=-4AB$
$=-4(5+2a)^3(5-2a)^3$ ← $A=(5+2a)^3$, $B=(5-2a)^3$을 대입
$=-4\{(5+2a)(5-2a)\}^3$
$=-4(25-4a^2)^3$
$=-4(25-4\times6)^3 \ (\because a=\sqrt{6})$
$=-4\times1=-4$

0031

답 -8

$(a+b+c)(a-b+c)(a+b-c)(a-b-c)$
$=(a+b+c)(a-b-c)(a+b-c)(a-b+c)$
$=\{a+(b+c)\}\{a-(b+c)\}\{a+(b-c)\}\{a-(b-c)\}$
$=\{a^2-(b+c)^2\}\{a^2-(b-c)^2\}$
$=a^4-a^2(b^2-2bc+c^2)-a^2(b^2+2bc+c^2)+(b+c)^2(b-c)^2$
$=a^4-a^2b^2+2a^2bc-c^2a^2-a^2b^2-2a^2bc-c^2a^2+(b^2-c^2)^2$
$=a^4-2a^2b^2-2c^2a^2+b^4-2b^2c^2+c^4$
$=a^4+b^4+c^4-2a^2b^2-2b^2c^2-2c^2a^2$
따라서 a^2b^2의 계수는 -2, b^2c^2의 계수는 -2, c^2a^2의 계수는 -2이므로 $x=-2$, $y=-2$, $z=-2$
$\therefore x+2y+z=-2+2\times(-2)+(-2)=-8$

유형 07 곱셈 공식의 변형 - $a^n\pm b^n$의 값

0032

답 ①

$x^2+y^2=(x+y)^2-2xy$에서
$4=(2\sqrt{3})^2-2xy$, $4=12-2xy$
$2xy=8 \quad \therefore xy=4$
$\therefore x^3+y^3=(x+y)^3-3xy(x+y)$
$=(2\sqrt{3})^3-3\times4\times2\sqrt{3}$
$=24\sqrt{3}-24\sqrt{3}=0$

0033

답 ②

$x^3y+xy^3=xy(x^2+y^2)$

이때 $x^2+y^2=(x+y)^2-2xy=3^2-2\times(-3)=9+6=15$이므로

$x^3y+xy^3=xy(x^2+y^2)=-3\times15=-45$

0034

답 ②

$x^3-y^3=(x-y)^3+3xy(x-y)$에서

$12=2^3+3xy\times2,\ 6xy=4 \qquad \therefore xy=\frac{2}{3}$

0035

답 ⑤

$x^3-y^3=(x-y)^3+3xy(x-y)$에서

$14=2^3+3xy\times2,\ 6xy=6 \qquad \therefore xy=1$

$\therefore \frac{y}{x}+\frac{x}{y}=\frac{x^2+y^2}{xy}=\frac{(x-y)^2+2xy}{xy}=\frac{2^2+2\times1}{1}=6$

0036

답 ③

$x^3+y^3=(x+y)^3-3xy(x+y)$에서

$4=1^3-3xy\times1,\ 3xy=-3 \qquad \therefore xy=-1$

$\therefore x^2+y^2=(x+y)^2-2xy=1^2-2\times(-1)=3$

$\therefore x^4+y^4=(x^2+y^2)^2-2x^2y^2=(x^2+y^2)^2-2(xy)^2$

$=3^2-2\times(-1)^2=7$

0037

답 $18\sqrt{3}$

$\frac{x^2}{y}+\frac{y^2}{x}=\frac{x^3+y^3}{xy}$

이때 $x^2y^2=(5+2\sqrt{6})(5-2\sqrt{6})=25-24=1$이므로

$xy=1$ ($\because x>0,\ y>0$)

❶

$x^2+y^2=(5+2\sqrt{6})+(5-2\sqrt{6})=10$이므로

$(x+y)^2=x^2+y^2+2xy=10+2\times1=12$

$\therefore x+y=2\sqrt{3}$ ($\because x>0,\ y>0$)

❷

$\therefore x^3+y^3=(x+y)^3-3xy(x+y)$

$=(2\sqrt{3})^3-3\times1\times2\sqrt{3}$

$=24\sqrt{3}-6\sqrt{3}=18\sqrt{3}$

❸

$\therefore \frac{x^2}{y}+\frac{y^2}{x}=\frac{x^3+y^3}{xy}=\frac{18\sqrt{3}}{1}=18\sqrt{3}$

❹

채점 기준	배점
❶ xy의 값 구하기	30%
❷ $x+y$의 값 구하기	30%
❸ x^3+y^3의 값 구하기	30%
❹ $\frac{x^2}{y}+\frac{y^2}{x}$의 값 구하기	10%

0038

답 ③

$(x^2+y^2)(x^3+y^3)=x^5+x^2y^3+x^3y^2+y^5$

$=x^5+y^5+x^2y^2(x+y)$

이므로

$x^5+y^5=(x^2+y^2)(x^3+y^3)-x^2y^2(x+y)$ ······ ㉠

$x^3+y^3=(x+y)^3-3xy(x+y)$

$=2^3-3\times(-2)\times2=20$

$x^2+y^2=(x+y)^2-2xy=2^2-2\times(-2)=8$

㉠에서

$x^5+y^5=(x^2+y^2)(x^3+y^3)-x^2y^2(x+y)$

$=8\times20-(-2)^2\times2=152$

$\therefore x^5+y^5-x^3-y^3=(x^5+y^5)-(x^3+y^3)$

$=152-20=132$

유형 08 곱셈 공식의 변형 - $a^n\pm\frac{1}{a^n}$의 값

0039

답 ④

$x\neq0$이므로 $x^2-4x-1=0$의 양변을 x로 나누면

$x-4-\frac{1}{x}=0 \qquad \therefore x-\frac{1}{x}=4$

$\therefore x^3-\frac{1}{x^3}=\left(x-\frac{1}{x}\right)^3+3\left(x-\frac{1}{x}\right)$

$=4^3+3\times4=76$

참고

$x=0$을 $x^2-4x-1=0$에 대입하면 $-1\neq0$이므로 $x\neq0$이다.

0040

답 ②

$\left(x-\frac{1}{x}\right)^2=x^2+\frac{1}{x^2}-2=6-2=4$

$0<x<1$에서 $x<1$이므로 $1<\frac{1}{x} \qquad \therefore 0<x<1<\frac{1}{x}$

$x<\frac{1}{x}$에서 $x-\frac{1}{x}<0$이므로 $x-\frac{1}{x}=-2$

$\therefore x^3-\frac{1}{x^3}=\left(x-\frac{1}{x}\right)^3+3\left(x-\frac{1}{x}\right)$

$=(-2)^3+3\times(-2)=-14$

0041

답 41

$x\neq0$이므로 $x^2-3x+1=0$의 양변을 x로 나누면

$x-3+\frac{1}{x}=0 \qquad \therefore x+\frac{1}{x}=3$

❶

$x^3+\frac{1}{x^3}=\left(x+\frac{1}{x}\right)^3-3\left(x+\frac{1}{x}\right)=3^3-3\times3=18$

❷

$\therefore 2x^3+5x-10+\frac{5}{x}+\frac{2}{x^3}=2\left(x^3+\frac{1}{x^3}\right)+5\left(x+\frac{1}{x}\right)-10$

$=2\times18+5\times3-10=41$

❸

채점 기준	배점
❶ $x+\frac{1}{x}$의 값 구하기	20%
❷ $x^3+\frac{1}{x^3}$의 값 구하기	40%
❸ 주어진 식의 값 구하기	40%

0042

답 198

$x\neq0$이므로 $x^2=2x+1$의 양변을 x로 나누면

$x=2+\frac{1}{x}\qquad\therefore x-\frac{1}{x}=2$

$x^3-\frac{1}{x^3}=\left(x-\frac{1}{x}\right)^3+3\left(x-\frac{1}{x}\right)=2^3+3\times2=14$

$\therefore x^6+\frac{1}{x^6}=(x^3)^2+\frac{1}{(x^3)^2}=\left(x^3-\frac{1}{x^3}\right)^2+2=14^2+2=198$

0043

답 21

$\frac{x^7+x^5+x^3+x}{x^4}=x^3+x+\frac{1}{x}+\frac{1}{x^3}$

$=\left(x^3+\frac{1}{x^3}\right)+\left(x+\frac{1}{x}\right)$

$=\left(x+\frac{1}{x}\right)^3-3\left(x+\frac{1}{x}\right)+\left(x+\frac{1}{x}\right)$

$=\left(x+\frac{1}{x}\right)^3-2\left(x+\frac{1}{x}\right)$ …… ㉠

$x^2\neq0$이므로 $x^4-7x^2+1=0$의 양변을 x^2으로 나누면

$x^2-7+\frac{1}{x^2}=0\qquad\therefore x^2+\frac{1}{x^2}=7$

$x^2+\frac{1}{x^2}=\left(x+\frac{1}{x}\right)^2-2$에서

$7=\left(x+\frac{1}{x}\right)^2-2\qquad\therefore \left(x+\frac{1}{x}\right)^2=9$

이때 $x>0$이므로 $x+\frac{1}{x}=3$

㉠에서

$\frac{x^7+x^5+x^3+x}{x^4}=\left(x+\frac{1}{x}\right)^3-2\left(x+\frac{1}{x}\right)=3^3-2\times3=21$

유형 09 곱셈 공식의 변형 - $a^n+b^n+c^n$의 값

0044

답 ③

$(a+b+c)^2=a^2+b^2+c^2+2(ab+bc+ca)$에서

$4^2=10+2(ab+bc+ca)\qquad\therefore ab+bc+ca=3$

$\therefore a^3+b^3+c^3=(a+b+c)(a^2+b^2+c^2-ab-bc-ca)+3abc$

$=4\times(10-3)+3\times2=34$

0045

답 ⑤

$(a+b+c)^2=a^2+b^2+c^2+2(ab+bc+ca)$에서

$6^2=16+2(ab+bc+ca)\qquad\therefore ab+bc+ca=10$

$\frac{1}{a}+\frac{1}{b}+\frac{1}{c}=2$에서

$\frac{1}{a}+\frac{1}{b}+\frac{1}{c}=\frac{ab+bc+ca}{abc}=\frac{10}{abc}=2$

$\therefore abc=5$

0046

답 48

$(a-b)^2+(b-c)^2+(c-a)^2$

$=(a^2-2ab+b^2)+(b^2-2bc+c^2)+(c^2-2ca+a^2)$

$=2(a^2+b^2+c^2)-2(ab+bc+ca)$

❶

이때 $a^2+b^2+c^2=(a+b+c)^2-2(ab+bc+ca)$에서

$28=6^2-2(ab+bc+ca)\qquad\therefore ab+bc+ca=4$

❷

$\therefore (a-b)^2+(b-c)^2+(c-a)^2$

$=2(a^2+b^2+c^2)-2(ab+bc+ca)$

$=2\times28-2\times4=48$

❸

채점 기준	배점
❶ $(a-b)^2+(b-c)^2+(c-a)^2$을 변형하기	40%
❷ $ab+bc+ca$의 값 구하기	40%
❸ $(a-b)^2+(b-c)^2+(c-a)^2$의 값 구하기	20%

0047

답 -10

$(a-b)(b-c)+(b-c)(c-a)+(c-a)(a-b)$

$=(ab-ac-b^2+bc)+(bc-ab-c^2+ca)+(ca-bc-a^2+ab)$

$=ab+bc+ca-(a^2+b^2+c^2)$

이때 $(a+b+c)^2=a^2+b^2+c^2+2(ab+bc+ca)$에서

$4^2=a^2+b^2+c^2+2\times2\qquad\therefore a^2+b^2+c^2=12$

$\therefore (a-b)(b-c)+(b-c)(c-a)+(c-a)(a-b)$

$=ab+bc+ca-(a^2+b^2+c^2)$

$=2-12=-10$

0048

답 19

$a^2+b^2+c^2-ab-bc-ca$

$=\frac{1}{2}(2a^2+2b^2+2c^2-2ab-2bc-2ca)$

$=\frac{1}{2}\{(a^2-2ab+b^2)+(b^2-2bc+c^2)+(c^2-2ca+a^2)\}$

$=\frac{1}{2}\{(a-b)^2+(b-c)^2+(c-a)^2\}$ …… ㉠

$a-b=3$, $a-c=-2$를 변끼리 빼면

$-b+c=5\qquad\therefore b-c=-5$

㉠에서

$a^2+b^2+c^2-ab-bc-ca=\frac{1}{2}\{(a-b)^2+(b-c)^2+(c-a)^2\}$

$=\frac{1}{2}\times\{3^2+(-5)^2+2^2\}=19$

유형 10 곱셈 공식의 변형의 활용

0049
답 ③

$x+y+z=2$에서

$x+y=2-z,\ y+z=2-x,\ x+z=2-y$

$\therefore (x+y)(y+z)(z+x)$

$=(2-z)(2-x)(2-y)$

$=(2-x)(2-y)(2-z)$

$=2^3-2^2(x+y+z)+2(xy+yz+zx)-xyz$

$=8-4\times2+2\times3-(-1)=7$

0050
답 -4

$x+y+z=3$에서

$x+y=3-z,\ y+z=3-x,\ x+z=3-y$ …… ㉠

$(x+y)(y+z)(z+x)=-11$에 ㉠을 대입하면

$(x+y)(y+z)(z+x)$

$=(3-z)(3-x)(3-y)$

$=(3-x)(3-y)(3-z)$

$=3^3-3^2(x+y+z)+3(xy+yz+zx)-xyz$

$\therefore 27-9(x+y+z)+3(xy+yz+zx)-xyz=-11$ …… ㉡

$x+y+z=3,\ xy+yz+zx=-5$를 ㉡에 대입하면

$27-9\times3+3\times(-5)-xyz=-11$

$\therefore xyz=-4$

0051
답 16

$(a+b+c)^2=a^2+b^2+c^2+2(ab+bc+ca)$에서

$2^2=10+2(ab+bc+ca)$ $\therefore ab+bc+ca=-3$

$a^3+b^3+c^3=(a+b+c)(a^2+b^2+c^2-ab-bc-ca)+3abc$에서

$4=2\times\{10-(-3)\}+3abc$ $\therefore 3abc=-22$

$a+b+c=2$이므로

$a+b=2-c,\ b+c=2-a,\ c+a=2-b$

$\therefore ab(a+b)+bc(b+c)+ca(c+a)$

$=ab(2-c)+bc(2-a)+ca(2-b)$

$=2ab-abc+2bc-abc+2ca-abc$

$=2(ab+bc+ca)-3abc$

$=2\times(-3)-(-22)=16$

유형 11 곱셈 공식을 이용한 수의 계산

0052
답 ④

$8\times12\times104\times10016=(10-2)(10+2)(100+4)(10000+16)$

$=(10^2-2^2)(10^2+2^2)(10^4+2^4)$

$=(10^4-2^4)(10^4+2^4)$

$=10^8-2^8=10^8-256$

0053
답 109

$$\frac{109^4}{108\times(109^2+110)+1}=\frac{109^4}{(109-1)\times(109^2+109+1)+1}=\frac{109^4}{109^3-1+1}=\frac{109^4}{109^3}=109$$

다른 풀이

$109=a$라 하면

$$\frac{109^4}{108\times(109^2+110)+1}=\frac{a^4}{(a-1)(a^2+a+1)+1}=\frac{a^4}{a^3-1+1}=\frac{a^4}{a^3}=a=109$$

참고

$(a-b)(a^2+ab+b^2)=a^3-b^3$을 이용하여 식을 간단히 한다.

0054
답 ②

$2016\times2019\times2022=2019^3-9a$의 좌변에서 $2019=x$라 하면

$2016\times2019\times2022=(x-3)x(x+3)=x\{(x+3)(x-3)\}$

$=x(x^2-9)=x^3-9x$

$=2019^3-9\times2019$ ($\because x=2019$)

이때 $2019^3-9\times2019=2019^3-9a$이므로

$9a=9\times2019$ $\therefore a=2019$

0055
답 2

$90=a,\ \sqrt{97}=b$라 하면

$\dfrac{(90+\sqrt{97})^3+(90-\sqrt{97})^3}{90}$

$=\dfrac{(a+b)^3+(a-b)^3}{a}$

$=\dfrac{(a^3+3a^2b+3ab^2+b^3)+(a^3-3a^2b+3ab^2-b^3)}{a}$

$=\dfrac{2a^3+6ab^2}{a}$

$=2a^2+6b^2$

$=2\times90^2+6\times(\sqrt{97})^2$ ($\because a=90,\ b=\sqrt{97}$)

$=2\times8100+6\times97$

따라서 2×8100의 일의 자리의 숫자는 0, 6×97의 일의 자리의 숫자는 2이므로 주어진 수의 일의 자리의 숫자는 2이다.

0056
답 ④

$1=2\times\frac{1}{2}=2\left(1-\frac{1}{2}\right)$이므로

$a=\left(1+\frac{1}{2}\right)\left(1+\frac{1}{2^2}\right)\left(1+\frac{1}{2^4}\right)\left(1+\frac{1}{2^8}\right)$

$=2\left(1-\frac{1}{2}\right)\left(1+\frac{1}{2}\right)\left(1+\frac{1}{2^2}\right)\left(1+\frac{1}{2^4}\right)\left(1+\frac{1}{2^8}\right)$

$=2\left(1-\frac{1}{2^2}\right)\left(1+\frac{1}{2^2}\right)\left(1+\frac{1}{2^4}\right)\left(1+\frac{1}{2^8}\right)$

$=2\left(1-\frac{1}{2^4}\right)\left(1+\frac{1}{2^4}\right)\left(1+\frac{1}{2^8}\right)$

$=2\left(1-\frac{1}{2^8}\right)\left(1+\frac{1}{2^8}\right)=2\left(1-\frac{1}{2^{16}}\right)$

즉, $a=2\left(1-\frac{1}{2^{16}}\right)$이므로 $\frac{a}{2}=1-\frac{1}{2^{16}}$

$\frac{1}{2^{16}}=1-\frac{a}{2}$, $\frac{1}{2^{16}}=\frac{2-a}{2}$ $\quad\therefore 2^{16}=\frac{2}{2-a}$

0057

답 25

$\frac{(2^2+1)(2^4+1)(2^8+1)}{(3^3-1)(3^6+1)}=X$라 하고

양변에 $\frac{(2^2-1)}{(3^3+1)}$을 곱하면

$\frac{(2^2-1)}{(3^3+1)}X=\frac{(2^2-1)(2^2+1)(2^4+1)(2^8+1)}{(3^3-1)(3^3+1)(3^6+1)}$

$\frac{3}{28}X=\frac{(2^4-1)(2^4+1)(2^8+1)}{(3^6-1)(3^6+1)}=\frac{2^{16}-1}{3^{12}-1}$

즉, $\frac{3}{28}X=\frac{2^{16}-1}{3^{12}-1}$이므로 $X=\frac{28}{3}\times\frac{2^{16}-1}{3^{12}-1}$

따라서 $a=3$, $b=28$이므로

$b-a=28-3=25$

유형 12 곱셈 공식의 도형에의 활용

0058

답 7

직육면체의 밑면의 가로의 길이, 세로의 길이, 높이를 각각 a, b, c라 하면 모든 모서리의 길이의 합이 44, 겉넓이가 72이므로

$4(a+b+c)=44$, $2(ab+bc+ca)=72$

$\therefore a+b+c=11$, $ab+bc+ca=36$

$a^2+b^2+c^2=(a+b+c)^2-2(ab+bc+ca)$

$\qquad=11^2-2\times36=49$

$\therefore \overline{AB}=\sqrt{a^2+b^2+c^2}=\sqrt{49}=7$

Bible Says 직육면체의 대각선의 길이

세 모서리의 길이가 각각 a, b, c인 직육면체의 대각선의 길이를 l이라 하면

$l=\sqrt{a^2+b^2+c^2}$

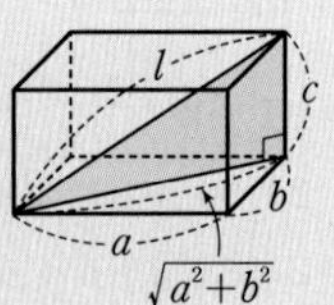

참고 한 모서리의 길이가 a인 정육면체의 대각선의 길이 ➡ $\sqrt{a^2+a^2+a^2}=\sqrt{3}a$

0059

답 192

직사각형의 가로, 세로의 길이를 각각 a, b라 하면 원의 지름의 길이가 20이므로

$a^2+b^2=20^2 \quad \therefore a^2+b^2=400$ ❶

직사각형의 둘레의 길이가 56이므로

$2(a+b)=56 \quad \therefore a+b=28$ ❷

$a^2+b^2=(a+b)^2-2ab$에서

$400=28^2-2ab$, $2ab=384 \quad \therefore ab=192$ ❸

따라서 직사각형의 넓이는 192이다. ❹

채점 기준	배점
❶ 직사각형의 가로, 세로의 길이를 각각 a, b라 할 때, a^2+b^2의 값 구하기	30%
❷ $a+b$의 값 구하기	30%
❸ ab의 값 구하기	30%
❹ 직사각형의 넓이 구하기	10%

Bible Says 직사각형의 대각선의 길이

가로의 길이가 a, 세로의 길이가 b인 직사각형의 대각선의 길이를 l이라 하면

$l=\sqrt{a^2+b^2}$

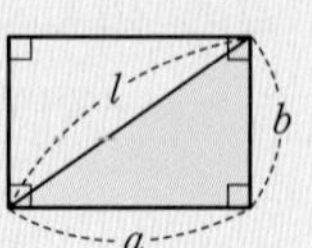

참고 한 변의 길이가 a인 정사각형의 대각선의 길이 ➡ $\sqrt{a^2+a^2}=\sqrt{2}a$

0060

답 108

$\overline{AC}=a$, $\overline{BC}=b$라 하면

$\overline{AB}=2\sqrt{6}$이므로

$a^2+b^2=(2\sqrt{6})^2=24$

삼각형 ABC의 넓이가 3이므로

$\frac{1}{2}ab=3 \quad \therefore ab=6$

$(a+b)^2=a^2+b^2+2ab$에서

$(a+b)^2=24+2\times6=36 \quad \therefore a+b=6\ (\because a>0,\ b>0)$

$a^3+b^3=(a+b)^3-3ab(a+b)=6^3-3\times6\times6=108$

$\therefore \overline{AC}^3+\overline{BC}^3=a^3+b^3=108$

0061

답 $48x+64$

[그림 2]는 [그림 1]을 아래와 같이 파낸 모양이다.

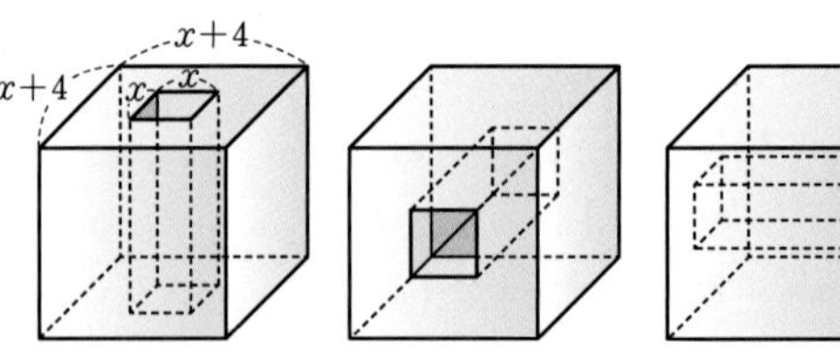

이때 파낸 부분의 모양을 합치면 다음과 같다.

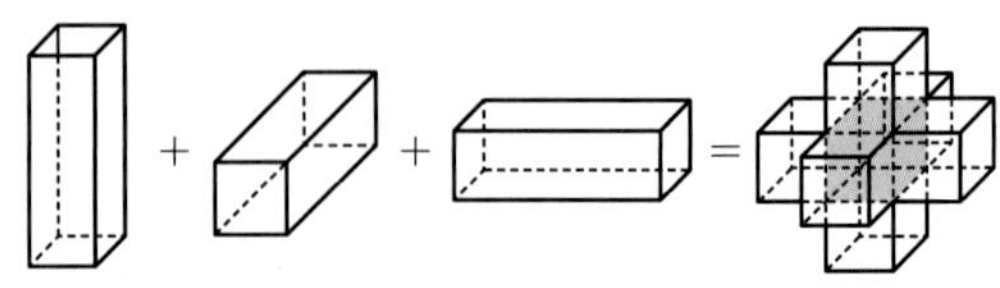

즉, 정육면체의 부피에서 세 직육면체의 부피를 빼면 위의 그림에서 파란 부분의 부피가 3번 빠지므로 2번을 다시 더해야 한다.

따라서 구하는 입체도형의 부피는

(정육면체의 부피)−(세 직육면체의 부피)+(파란 부분의 부피)×2

$=(x+4)^3-3\times x^2\times(x+4)+2\times x^3$

$=x^3+12x^2+48x+64-3x^3-12x^2+2x^3$

$=48x+64$

0062

답 ③

$(a-b-c)(a+b+c)=(b-c-a)(a+b-c)$에서

$\{a-(b+c)\}\{a+(b+c)\}=\{(b-c)-a\}\{(b-c)+a\}$

$a^2-(b+c)^2=(b-c)^2-a^2$

$a^2-(b^2+2bc+c^2)=(b^2-2bc+c^2)-a^2$

$a^2-b^2-2bc-c^2=b^2-2bc+c^2-a^2$

$2a^2=2b^2+2c^2 \qquad \therefore a^2=b^2+c^2$

따라서 삼각형 ABC는 빗변의 길이가 a인 직각삼각형이다.

0063

답 240

$\overline{AC}=a$, $\overline{BC}=b$라 하면 $\overline{AB}=a+b=8$

두 정육면체의 부피의 합이 224이므로

$a^3+b^3=224$

$(a+b)^3=a^3+b^3+3ab(a+b)$에서

$8^3=224+3ab\times8 \qquad \therefore ab=12$

$a^2+b^2=(a+b)^2-2ab=8^2-2\times12=40$

따라서 두 정육면체의 겉넓이의 합은

$6a^2+6b^2=6(a^2+b^2)=6\times40=240$

0064

답 95

선분 AC를 한 대각선으로 하는 정육면체의 한 변의 길이를 x라 하면 $\overline{AC}=\sqrt{3}x$

선분 BC를 한 대각선으로 하는 정육면체의 한 변의 길이를 y라 하면 $\overline{BC}=\sqrt{3}y$

$\overline{AB}=5\sqrt{3}$이므로 $\overline{AB}=\sqrt{3}(x+y)=5\sqrt{3}$

$\therefore x+y=5$

두 정육면체의 겉넓이의 합이 126이므로

$6x^2+6y^2=126$, $6(x^2+y^2)=126 \qquad \therefore x^2+y^2=21$

이때 $(x+y)^2=x^2+y^2+2xy$이므로

$5^2=21+2xy \qquad \therefore xy=2$

따라서 두 정육면체의 부피의 합은

$x^3+y^3=(x+y)^3-3xy(x+y)$

$=5^3-3\times2\times5=95$

0065

답 56

세 정사각형 A, B, C의 넓이의 합이 84이므로

$a^2+b^2+c^2=84$

세 정사각형 A, B, C의 둘레의 길이의 합이 56이므로

$4a+4b+4c=56 \qquad \therefore a+b+c=14$

한편, $S_B=b^2$, $S_D=(a+b)(b+c)$이므로

$S_D-S_B=(a+b)(b+c)-b^2$

$=ab+ac+b^2+bc-b^2$

$=ab+bc+ca$

$a^2+b^2+c^2=(a+b+c)^2-2(ab+bc+ca)$에서

$84=14^2-2(ab+bc+ca) \qquad \therefore ab+bc+ca=56$

$\therefore S_D-S_B=56$

0066

답 24

$\overline{OA}=a$, $\overline{OB}=b$, $\overline{OC}=c$라 하면

(가)에서 $a+b+c=8$

…… ❶

(나)에서 $\frac{1}{2}ab+\frac{1}{2}bc+\frac{1}{2}ca=10$

$\therefore ab+bc+ca=20$

…… ❷

$a^2+b^2+c^2=(a+b+c)^2-2(ab+bc+ca)$

$=8^2-2\times20=24$

$\therefore \overline{OA}^2+\overline{OB}^2+\overline{OC}^2=a^2+b^2+c^2=24$

…… ❸

채점 기준	배점
❶ $\overline{OA}=a$, $\overline{OB}=b$, $\overline{OC}=c$라 할 때, $a+b+c$의 값 구하기	30%
❷ $ab+bc+ca$의 값 구하기	30%
❸ $\overline{OA}^2+\overline{OB}^2+\overline{OC}^2$의 값 구하기	40%

유형 13 다항식의 나눗셈 - 몫과 나머지

0067

답 −4

$$\begin{array}{r} x-1 \\ x^2-2x-1\overline{)\,x^3-3x^2+5x+4} \\ \underline{x^3-2x^2-\;x\quad} \\ -x^2+6x+4 \\ \underline{-x^2+2x+1} \\ 4x+3 \end{array}$$

따라서 $Q(x)=x-1$, $R(x)=4x+3$이므로

$Q(2)+R(-2)=(2-1)+(-8+3)=-4$

0068

답 $a+3$

직육면체의 높이를 A라 하면

$(a+3)(a-4)A=a^3+2a^2-15a-36$

$(a^2-a-12)A=a^3+2a^2-15a-36$

$$\begin{array}{r} a+3 \\ a^2-a-12\overline{)\,a^3+2a^2-15a-36} \\ \underline{a^3-\;a^2-12a\quad} \\ 3a^2-\;3a-36 \\ \underline{3a^2-\;3a-36} \\ 0 \end{array}$$

$\therefore A=(a^3+2a^2-15a-36)\div(a^2-a-12)=a+3$

따라서 직육면체의 높이는 $a+3$이다.

0069
답 30

$$\begin{array}{r} 3x^2+10x+10 \\ x-1\,\overline{)\,3x^3+7x^2\qquad-8} \\ \underline{3x^3-3x^2\qquad\qquad} \\ 10x^2\qquad\quad \\ \underline{10x^2-10x\quad} \\ 10x-8 \\ \underline{10x-10} \\ 2 \end{array}$$

따라서 $a=10$, $b=10$, $c=8$, $d=2$이므로
$a+b+c+d=10+10+8+2=30$

0070
답 -3

$$\begin{array}{r} -2x+1 \\ x^2+3x+2\,\overline{)\,-2x^3-5x^2\qquad+4} \\ \underline{-2x^3-6x^2-4x\quad} \\ x^2+4x+4 \\ \underline{x^2+3x+2} \\ x+2 \end{array}$$

따라서 몫은 $-2x+1$, 나머지는 $x+2$이므로
$a=-2$, $b=1$, $c=1$, $d=2$
$\therefore ad+bc=-2\times2+1\times1=-3$

0071
답 12

$(ax+1)x^2=bx^3+x^2$이므로
$ax^3+x^2=bx^3+x^2 \quad \therefore a=b$
또한, $2x^3+x^2-(bx^3+x^2)=0$이므로
$(2-b)x^3=0 \quad \therefore b=2,\ a=2$
······································ ❶
주어진 식에서 $(ax+1)c=dx+e$이므로
$acx+c=dx+e \quad \therefore ac=d,\ c=e$
또한, $4x-4-(dx+e)=-6$이므로
$(4-d)x+2-e=0 \quad \therefore d=4,\ e=2,\ c=2$
······································ ❷
따라서 $a=2$, $b=2$, $c=2$, $d=4$, $e=2$이므로
$a+b+c+d+e=2+2+2+4+2=12$
······································ ❸

채점 기준	배점
❶ a, b의 값 구하기	40%
❷ c, d, e의 값 구하기	40%
❸ $a+b+c+d+e$의 값 구하기	20%

유형 14 다항식의 나눗셈 - $A=BQ+R$

0072
답 x^2-x+5

$2x^4+5x^2+12x-10=f(x)(2x^2+2x-3)-x+5$이므로
$f(x)(2x^2+2x-3)=2x^4+5x^2+12x-10-(-x+5)$
$=2x^4+5x^2+13x-15$

$$\begin{array}{r} x^2-x+5 \\ 2x^2+2x-3\,\overline{)\,2x^4\qquad+5x^2+13x-15} \\ \underline{2x^4+2x^3-3x^2\qquad\qquad} \\ -2x^3+8x^2+13x\quad \\ \underline{-2x^3-2x^2+3x\quad} \\ 10x^2+10x-15 \\ \underline{10x^2+10x-15} \\ 0 \end{array}$$

$\therefore f(x)=(2x^4+5x^2+13x-15)\div(2x^2+2x-3)$
$=x^2-x+5$

0073
답 0

$f(x)=(x-1)(2x-3)+4$
$=2x^2-5x+7$
$\therefore f(x)=(x+1)(2x-7)+14$
따라서 $f(x)$를 $x+1$로 나누었을 때의
몫은 $2x-7$, 나머지는 14이므로
$a=2$, $b=-7$, $c=14$
$\therefore ab+c=2\times(-7)+14=0$

$$\begin{array}{r} 2x-7 \\ x+1\,\overline{)\,2x^2-5x+7} \\ \underline{2x^2+2x\quad} \\ -7x+7 \\ \underline{-7x-7} \\ 14 \end{array}$$

0074
답 ②

주어진 등식은 다항식 $2x^4+4x^3+3x^2+7x-1$을 $2x^2+5$로 나누었을 때의 몫이 $P(x)$, 나머지가 $ax+4$이다.

$$\begin{array}{r} x^2+2x-1 \\ 2x^2+5\,\overline{)\,2x^4+4x^3+3x^2+7x-1} \\ \underline{2x^4\qquad+5x^2\qquad\qquad} \\ 4x^3-2x^2+7x\quad \\ \underline{4x^3\qquad+10x\quad} \\ -2x^2-3x-1 \\ \underline{-2x^2\qquad-5} \\ -3x+4 \end{array}$$

따라서 $P(x)=x^2+2x-1$, $a=-3$이므로
$P(a)=P(-3)=(-3)^2+2\times(-3)-1=2$

0075
답 $21x+20$

$A=(x-1)(x+3)+2=x^2+2x-1$
$B=(x-1)(x+2)+4=x^2+x+2$
$\therefore xA+B=x(x^2+2x-1)+x^2+x+2$
$=x^3+2x^2-x+x^2+x+2$
$=x^3+3x^2+2$

$$\begin{array}{r} x+6 \\ x^2-3x-2\,\overline{)\,x^3+3x^2\qquad+2} \\ \underline{x^3-3x^2-2x\qquad} \\ 6x^2+2x+2 \\ \underline{6x^2-18x-12} \\ 20x+14 \end{array}$$

따라서 $xA+B$를 x^2-3x-2로 나누었을 때의 몫은 $x+6$, 나머지는 $20x+14$이므로 구하는 합은
$(x+6)+(20x+14)=21x+20$

0076 답 8

$$
\begin{array}{r}
x-2 \\
x^2-x+b\,\overline{)\,x^3-3x^2+ax-6} \\
x^3-x^2+bx \\
\hline
-2x^2+(a-b)x-6 \\
-2x^2+2x-2b \\
\hline
(a-b-2)x-6+2b
\end{array}
$$

이때 x^3-3x^2+ax-6이 x^2-x+b로 나누어떨어지므로 나머지가 0이어야 한다.

즉, $a-b-2=0$, $-6+2b=0$이므로 $b=3$, $a=5$

$\therefore a+b=5+3=8$

0077 답 ①

$$
\begin{array}{r}
2x^2+x \\
x^2-x-1\,\overline{)\,2x^4-x^3-3x^2-x-5} \\
2x^4-2x^3-2x^2 \\
\hline
x^3-x^2-x \\
x^3-x^2-x \\
\hline
-5
\end{array}
$$

$\therefore 2x^4-x^3-3x^2-x-5=(x^2-x-1)(2x^2+x)-5$

이때 $x^2-x-1=0$이므로 구하는 식의 값은 -5이다.

유형 15 몫과 나머지의 변형

0078 답 ①

$P(x)$를 $x-\frac{1}{4}$로 나누었을 때의 몫이 $Q(x)$, 나머지가 R이므로

$$
\begin{aligned}
P(x)&=\left(x-\frac{1}{4}\right)Q(x)+R \\
&=\frac{1}{4}(4x-1)Q(x)+R \\
&=(4x-1)\times\frac{1}{4}Q(x)+R
\end{aligned}
$$

따라서 $P(x)$를 $4x-1$로 나누었을 때의 몫은 $\frac{1}{4}Q(x)$, 나머지는 R이다.

0079 답 ⑤

$f(x)$를 $3x-2$로 나누었을 때의 몫이 $Q(x)$, 나머지가 R이므로

$$
\begin{aligned}
f(x)&=(3x-2)Q(x)+R \\
&=3\left(x-\frac{2}{3}\right)Q(x)+R \\
&=\left(x-\frac{2}{3}\right)\times 3Q(x)+R
\end{aligned}
$$

따라서 $f(x)$를 $x-\frac{2}{3}$로 나누었을 때의 몫은 $3Q(x)$, 나머지는 R이다.

0080 답 ①

$P(x)$를 $x+\frac{1}{2}$로 나누었을 때의 몫이 $Q(x)$, 나머지가 4이므로

$P(x)=\left(x+\frac{1}{2}\right)Q(x)+4$ ...... ㉠

㉠의 양변에 x를 곱하면

$$
\begin{aligned}
xP(x)&=x\left(x+\frac{1}{2}\right)Q(x)+4x \\
&=x\left(\frac{1}{2}\times 2x+\frac{1}{2}\times 1\right)Q(x)+4x \\
&=\frac{1}{2}x(2x+1)Q(x)+\underline{2(2x+1)-2} \\
&=(2x+1)\left\{\frac{1}{2}xQ(x)+2\right\}-2
\end{aligned}
$$

($\underline{2(2x+1)-2}\rightarrow 4x$)

따라서 $xP(x)$를 $2x+1$로 나눈 나머지는 -2이다.

0081 답 ⑤

다항식 $P(x)-1$을 $x+1$로 나누었을 때의 몫이 $Q(x)$, 나머지가 R이므로

$P(x)-1=(x+1)Q(x)+R$

$\therefore P(x)=(x+1)Q(x)+R+1$ ...... ㉠

㉠의 양변에 x를 곱하면

$$
\begin{aligned}
xP(x)&=x(x+1)Q(x)+(R+1)x \\
&=x(x+1)Q(x)+(R+1)x+(R+1)-(R+1) \\
&=x(x+1)Q(x)+\{(R+1)x+(R+1)\}-(R+1) \\
&=(x+1)xQ(x)+(R+1)(x+1)-(R+1) \\
&=(x+1)\{xQ(x)+R+1\}-(R+1)
\end{aligned}
$$

따라서 $xP(x)$를 $x+1$로 나누었을 때의 몫은 $xQ(x)+R+1$, 나머지는 $-(R+1)=-R-1$이다.

0082 답 ①

$f(x)$를 x^2+1로 나누었을 때의 몫을 $Q(x)$라 하면 나머지가 $x+1$이므로

$f(x)=(x^2+1)Q(x)+x+1$

$$
\begin{aligned}
\therefore \{f(x)\}^2&=\{(x^2+1)Q(x)+x+1\}^2 \\
&=\{(x^2+1)Q(x)\}^2+2(x^2+1)Q(x)(x+1) \\
&\qquad+(x+1)^2 \\
&=(x^2+1)^2\{Q(x)\}^2+2(x^2+1)(x+1)Q(x) \\
&\qquad+(x^2+2x+1) \\
&=(x^2+1)^2\{Q(x)\}^2+2(x^2+1)(x+1)Q(x) \\
&\qquad+(x^2+1)+2x \\
&=(x^2+1)[(x^2+1)\{Q(x)\}^2+2(x+1)Q(x)+1]+2x
\end{aligned}
$$

따라서 $\{f(x)\}^2$을 x^2+1로 나눈 나머지는 $2x$이므로

$R(x)=2x$

$\therefore R(3)=2\times 3=6$

PART B 내신 잡는 종합 문제

0083 답 ④

$2A-(B-3C)+(2B-C)$
$=2A-B+3C+2B-C$
$=2A+B+2C$
$=2(x^3-3x^2-2x+4)+(-x^3-2x+1)+2(-x^3+2x^2-5)$
$=2x^3-6x^2-4x+8-x^3-2x+1-2x^3+4x^2-10$
$=-x^3-2x^2-6x-1$

0084 답 ①

$2A+B=(x-2)(x^2+2x+4)=x^3-8$ …… ㉠
$A-B=(x-1)(x+1)=x^2-1$ …… ㉡
㉠+㉡을 하면
$(2A+B)+(A-B)=x^3+x^2-9$
$3A=x^3+x^2-9 \quad \therefore A=\frac{1}{3}x^3+\frac{1}{3}x^2-3$
$A=\frac{1}{3}x^3+\frac{1}{3}x^2-3$을 ㉡에 대입하면
$\left(\frac{1}{3}x^3+\frac{1}{3}x^2-3\right)-B=x^2-1 \quad \therefore B=\frac{1}{3}x^3-\frac{2}{3}x^2-2$
$X-A=5B$에서 $X=A+5B$이므로 X의 상수항은
$-3+5\times(-2)=-13$

0085 답 ④

$(1+2x+3x^2+4x^3+\cdots+50x^{49})^2$
$=(1+2x+3x^2+4x^3+\cdots+50x^{49})$
$\times(1+2x+3x^2+4x^3+\cdots+50x^{49})$
이 식의 전개식에서 x^5항은
$2(1\times 6x^5+2x\times 5x^4+3x^2\times 4x^3)=2\times 28x^5=56x^5$
따라서 x^5의 계수는 56이다.

0086 답 ②

$a^2+b^2=(3+2\sqrt{2})+(3-2\sqrt{2})=6$
$a^2b^2=(ab)^2=(3+2\sqrt{2})(3-2\sqrt{2})=1$
이때 $a<0$, $b>0$, 즉 $ab<0$이므로 $ab=-1$
$a^2>b^2$이므로 $|a|>|b| \quad \therefore a+b<0$
$(a+b)^2=a^2+b^2+2ab=6+2\times(-1)=4$
$\therefore a+b=-2$ ($\because a+b<0$)
$\therefore a^3+b^3=(a+b)^3-3ab(a+b)$
$=(-2)^3-3\times(-1)\times(-2)=-14$

0087 답 ①

$\left(x^2+\frac{1}{x^2}\right)\left(x^3-\frac{1}{x^3}\right)=x^5-\frac{1}{x^5}+x-\frac{1}{x}$이므로
$x^5-\frac{1}{x^5}=\left(x^2+\frac{1}{x^2}\right)\left(x^3-\frac{1}{x^3}\right)-\left(x-\frac{1}{x}\right)$
이때 $x\neq0$이므로 $x^2-2x-1=0$의 양변을 x로 나누면
$x-2-\frac{1}{x}=0 \quad \therefore x-\frac{1}{x}=2$
$x^2+\frac{1}{x^2}=\left(x-\frac{1}{x}\right)^2+2=2^2+2=6$
$x^3-\frac{1}{x^3}=\left(x-\frac{1}{x}\right)^3+3\left(x-\frac{1}{x}\right)=2^3+3\times2=14$
$\therefore x^5-\frac{1}{x^5}=\left(x^2+\frac{1}{x^2}\right)\left(x^3-\frac{1}{x^3}\right)-\left(x-\frac{1}{x}\right)$
$=6\times14-2=82$

0088 답 ③

$1=\frac{1}{9}\times9=\frac{1}{9}\times(10-1)$이므로
$A=(10+1)(10^2+1)(10^4+1)(10^8+1)$
$=\frac{1}{9}(10-1)(10+1)(10^2+1)(10^4+1)(10^8+1)$
$=\frac{1}{9}(10^2-1)(10^2+1)(10^4+1)(10^8+1)$
$=\frac{1}{9}(10^4-1)(10^4+1)(10^8+1)$
$=\frac{1}{9}(10^8-1)(10^8+1)$
$=\frac{1}{9}(10^{16}-1)$
이때 $10^{16}-1$은 모든 자리의 숫자가 9인 16자리 자연수이므로
$\frac{1}{9}(10^{16}-1)$은 모든 자리의 숫자가 1인 16자리 자연수이다.
따라서 $n=16$, $k=1$이므로
$n+k=16+1=17$

0089 답 ②

[그림 1]의 직육면체의 밑면의 가로의 길이, 세로의 길이, 높이를 각각 a, b, c라 하면 [그림 2]의 입체도형의 겉넓이는 236이고, 모든 모서리의 길이의 합은 82이므로
$2(ab+bc+ca)=236 \quad \therefore ab+bc+ca=118$
$4(a+b+c)+6=82 \quad \therefore a+b+c=19$
$a^2+b^2+c^2=(a+b+c)^2-2(ab+bc+ca)$
$=19^2-2\times118=125$
이므로
$\sqrt{a^2+b^2+c^2}=\sqrt{125}=5\sqrt{5}$
따라서 [그림 1]의 직육면체의 대각선의 길이는 $5\sqrt{5}$이다.

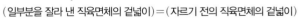

참고
(일부분을 잘라 낸 직육면체의 겉넓이)=(자르기 전의 직육면체의 겉넓이)

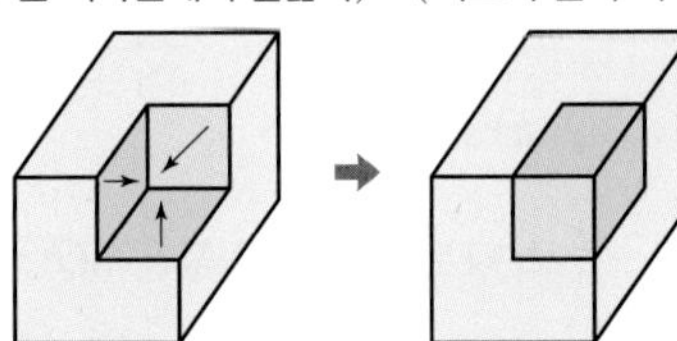

0090 답 ①

$$\begin{array}{r} x^2+x+2 \\ x^2-3x+1 \overline{) x^4-2x^3 \quad\quad -5x+4} \\ x^4-3x^3+x^2 \\ \hline x^3-x^2-5x \\ x^3-3x^2+x \\ \hline 2x^2-6x+4 \\ 2x^2-6x+2 \\ \hline 2 \end{array}$$

$\therefore x^4-2x^3-5x+4=(x^2-3x+1)(x^2+x+2)+2$

이때 $x^2-3x+1=0$이므로 구하는 식의 값은 2이다.

0091 답 ③

$$\begin{array}{r} 2x+7 \\ x^2-x+1 \overline{) 2x^3+5x^2-6x-1} \\ 2x^3-2x^2+2x \\ \hline 7x^2-8x-1 \\ 7x^2-7x+7 \\ \hline -x-8 \end{array}$$

따라서 $Q(x)=2x+7$, $R(x)=-x-8$이므로

$Q(1)+R(1)=(2+7)+(-1-8)=0$

0092 답 ②

$f(x)=(x^2+x+1)(x+1)+x-2$

$\quad=(x+1)(x^2+x+1)+(x+1)-3$

$\quad=(x+1)\{(x^2+x+1)+1\}-3$

$\quad=(x+1)(x^2+x+2)-3$

따라서 $Q(x)=x^2+x+2$, $R=-3$이므로

$Q(-1)-2R=\{(-1)^2-1+2\}-2\times(-3)=8$

0093 답 ⑤

$P(x)$를 $2x-14$로 나누었을 때의 몫이 $Q(x)$, 나머지가 R이므로

$P(x)=(2x-14)Q(x)+R$ …… ㉠

㉠의 양변에 x를 곱하면

$xP(x)=x(2x-14)Q(x)+Rx$

$\quad=2x(x-7)Q(x)+R\times(x-7+7)$

$\quad=2x(x-7)Q(x)+(x-7)R+7R$

$\quad=(x-7)\{2xQ(x)+R\}+7R$

따라서 $xP(x)$를 $x-7$로 나누었을 때의 몫은 $2xQ(x)+R$, 나머지는 $7R$이다.

0094 답 ④

$a+3b=4ab$, $b+3c=4bc$, $c+3a=4ca$를 변끼리 더하면

$4a+4b+4c=4ab+4bc+4ca$

$\therefore a+b+c=ab+bc+ca$

$a+b+c=5$이므로 $ab+bc+ca=5$

$\therefore a^2+b^2+c^2=(a+b+c)^2-2(ab+bc+ca)$

$\quad=5^2-2\times5=15$

0095 답 32

(i) $a+b+c=4$, $ab+bc+ca=2$이므로

$(a+b+c)^2=a^2+b^2+c^2+2(ab+bc+ca)$에서

$4^2=a^2+b^2+c^2+2\times2$

$\therefore a^2+b^2+c^2=12$

$\therefore p=12$

(ii) $a+b+c=4$, $ab+bc+ca=2$, $abc=-2$이므로

$(ab+bc+ca)^2=a^2b^2+b^2c^2+c^2a^2+2abc(a+b+c)$에서

$2^2=a^2b^2+b^2c^2+c^2a^2+2\times(-2)\times4$

$\therefore a^2b^2+b^2c^2+c^2a^2=20$

$\therefore q=20$

(i), (ii)에서 $p=12$, $q=20$이므로

$p+q=12+20=32$

0096 답 $234\sqrt{2}$

$(a+b+c)(a+b-c)+(a-b+c)(-a+b+c)$

$=\{(a+b)+c\}\{(a+b)-c\}+\{c+(a-b)\}\{c-(a-b)\}$

$=\{(a+b)^2-c^2\}+\{c^2-(a-b)^2\}$

$=(a+b)^2-(a-b)^2$

$=a^2+2ab+b^2-(a^2-2ab+b^2)$

$=4ab$

즉, $4ab=80$이므로 $ab=20$

$a^2+b^2=(a-b)^2+2ab$에서

$58=(a-b)^2+2\times20$, $(a-b)^2=18$

$\therefore a-b=3\sqrt{2}$ ($\because a>b$)

$\therefore a^3-b^3=(a-b)^3+3ab(a-b)$

$\quad=(3\sqrt{2})^3+3\times20\times3\sqrt{2}$

$\quad=54\sqrt{2}+180\sqrt{2}=234\sqrt{2}$

0097 답 5

(가)에서 $x^2+y^2=a$이고 $x^2+y^2=(x+y)^2-2xy$이므로

$(x+y)^2-2xy=a$ …… ㉠

(나)에서 $x^3+y^3=b(x+y)$이고

$x^3+y^3=(x+y)^3-3xy(x+y)$이므로

$(x+y)^3-3xy(x+y)=b(x+y)$ …… ㉡

이때 x, y는 자연수이므로 $x+y\neq0$

㉡의 양변을 $x+y$로 나누면

$(x+y)^2-3xy=b$ …… ㉢

㉠−㉢을 하면 $a-b=xy$이고,

(다)에서 $a-b=16$이므로 $xy=16$

따라서 $xy=16$을 만족시키는 자연수 x, y의 순서쌍 (x, y)는

$(1, 16)$, $(2, 8)$, $(4, 4)$, $(8, 2)$, $(16, 1)$의 5개이다.

0098 답 180

$A+B=5x^2+2xy-2y^2$ …… ㉠

$A-B=x^2+4xy-6y^2$ …… ㉡

㉠+㉡을 하면

$2A=(5x^2+2xy-2y^2)+(x^2+4xy-6y^2)=6x^2+6xy-8y^2$

$\therefore A=3x^2+3xy-4y^2$ ······ ㉢

······························ ❶

㉢을 ㉠에 대입하면

$(3x^2+3xy-4y^2)+B=5x^2+2xy-2y^2$

$\therefore B=5x^2+2xy-2y^2-(3x^2+3xy-4y^2)=2x^2-xy+2y^2$

······························ ❷

$\therefore A-3B=3x^2+3xy-4y^2-3(2x^2-xy+2y^2)$

$=3x^2+3xy-4y^2-6x^2+3xy-6y^2$

$=-3x^2+6xy-10y^2$

······························ ❸

따라서 $a=-3$, $b=6$, $c=-10$이므로

$abc=-3\times6\times(-10)=180$

······························ ❹

채점 기준	배점
❶ A 구하기	30%
❷ B 구하기	30%
❸ $A-3B$ 계산하기	30%
❹ abc의 값 구하기	10%

0099

답 168

직육면체의 겉넓이가 42이므로

$2(ab+bc+ca)=42$ $\therefore ab+bc+ca=21$

대각선 AG의 길이가 $\sqrt{22}$이므로

$\sqrt{a^2+b^2+c^2}=\sqrt{22}$ $\therefore a^2+b^2+c^2=22$

······························ ❶

$(a+b+c)^2=a^2+b^2+c^2+2(ab+bc+ca)$

$=22+2\times21=64$

$\therefore a+b+c=8$ ($\because a+b+c>0$)

······························ ❷

$a+b+c=8$에서

$a+b=8-c$, $b+c=8-a$, $c+a=8-b$

$\therefore ab(a+b)+bc(b+c)+ca(c+a)+3abc$

$=ab(8-c)+bc(8-a)+ca(8-b)+3abc$

$=8(ab+bc+ca)$

$=8\times21=168$

······························ ❸

채점 기준	배점
❶ $ab+bc+ca$, $a^2+b^2+c^2$의 값 구하기	30%
❷ $a+b+c$의 값 구하기	30%
❸ $ab(a+b)+bc(b+c)+ca(c+a)+3abc$의 값 구하기	40%

0100

답 5

다항식 $2x^3+3x^2-10x+5$를 $4x-2$로 나누었을 때의 몫이 $Q_1(x)$, 나머지가 R_1이므로

$2x^3+3x^2-10x+5=(4x-2)Q_1(x)+R_1$

······························ ❶

$\therefore 2x^3+3x^2-10x+5=4\left(x-\frac{1}{2}\right)Q_1(x)+R_1$

$=\left(x-\frac{1}{2}\right)\times4Q_1(x)+R_1$

즉, $2x^3+3x^2-10x+5$를 $x-\frac{1}{2}$로 나누었을 때의 몫은 $4Q_1(x)$, 나머지는 R_1이다.

$\therefore Q_2(x)=4Q_1(x)$, $R_2=R_1$

······························ ❷

$\therefore \frac{Q_2(x)}{Q_1(x)}+\frac{R_2}{R_1}=\frac{4Q_1(x)}{Q_1(x)}+\frac{R_1}{R_1}=4+1=5$

······························ ❸

채점 기준	배점
❶ $2x^3+3x^2-10x+5=(4x-2)Q_1(x)+R_1$으로 나타내기	30%
❷ $Q_2(x)$, R_2를 각각 $Q_1(x)$, R_1을 이용하여 나타내기	40%
❸ $\frac{Q_2(x)}{Q_1(x)}+\frac{R_2}{R_1}$의 값 구하기	30%

PART C 수능 녹인 변별력 문제

0101

답 ⑤

$\overline{OC}=a$, $\overline{CD}=b$라 하면 (가)에서

A, D, 2a, b, b, a, B, a, O, C

$a+b=x+y+3$ ······ ㉠

$\overline{DA}=2a$, $\overline{AB}=b$, $\overline{BO}=a$이므로 (나)에서

$2a+b+a=3x+y+5$

$\therefore 3a+b=3x+y+5$ ······ ㉡

㉡−㉠을 하면

$2a=2x+2$ $\therefore a=x+1$

이것을 ㉠에 대입하면

$x+1+b=x+y+3$ $\therefore b=y+2$

따라서 직사각형 ABCD의 넓이는

$2a\times b=2(x+1)(y+2)$

0102

답 135

(가)에서 $(3-x)(3-y)(3-2z)=0$이므로

$3^3-3^2(x+y+2z)+3(xy+2yz+2zx)-x\times(-y)\times(-2z)=0$

$27-9(x+y+2z)+3(xy+2yz+2zx)-2xyz=0$ ······ ㉠

(나)에서 $3(x+y+2z)=xy+2yz+2zx$이므로

$9(x+y+2z)=3(xy+2yz+2zx)$

이것을 ㉠에 대입하면

$27-3(xy+2yz+2zx)+3(xy+2yz+2zx)-2xyz=0$

$27-2xyz=0$ $\therefore xyz=\frac{27}{2}$

$\therefore 10xyz=10\times\frac{27}{2}=135$

다른 풀이

(가)에서 $x=3$이라 하자.

(나)에서 $3(x+y+2z)=xy+2yz+2xz$에 $x=3$을 대입하면

$3(3+y+2z)=3y+2yz+6z$

$9+3y+6z=3y+2yz+6z$

$2yz=9 \qquad \therefore yz=\frac{9}{2}$

$\therefore 10xyz=10\times3\times\frac{9}{2}=135$

0103

답 ③

$a^7+b^7+a^3b^4+a^4b^3=a^7+a^4b^3+a^3b^4+b^7$

$=a^4(a^3+b^3)+b^4(a^3+b^3)$

$=(a^3+b^3)(a^4+b^4)$

이때 $(a+b)^2=a^2+b^2+2ab$에서

$2^2=6+2ab \qquad \therefore ab=-1$

$a^3+b^3=(a+b)^3-3ab(a+b)$

$=2^3-3\times(-1)\times2=14$

$a^4+b^4=(a^2+b^2)^2-2a^2b^2$

$=6^2-2\times(-1)^2=34$

$\therefore a^7+b^7+a^3b^4+a^4b^3=(a^3+b^3)(a^4+b^4)$

$=14\times34=476$

0104

답 5

다항식 $P(x)$를 $(x+1)^3$으로 나누었을 때의 몫을 $Q(x)$라 하면

$P(x)=(x+1)^3Q(x)+3x^2+ax+1$

$=(x+1)(x+1)^2Q(x)+3(x^2+2x+1-2x-1)+ax+1$

$=(x+1)(x+1)^2Q(x)+3(x^2+2x+1)-6x-3+ax+1$

$=(x+1)(x+1)^2Q(x)+3(x^2+2x+1)+(a-6)x-2$

$=(x+1)(x+1)^2Q(x)+3(x+1)^2+(a-6)x-2$

$=(x+1)^2\{(x+1)Q(x)+3\}+(a-6)x-2$

이때 $P(x)$를 $(x+1)^2$으로 나누었을 때의 나머지가 $x+b$이므로

$(a-6)x-2=x+b \qquad \therefore a-6=1,\ b=-2$

따라서 $a=7$, $b=-2$이므로

$a+b=7+(-2)=5$

다른 풀이

다항식 $P(x)$를 $(x+1)^3$으로 나누었을 때의 몫을 $Q(x)$라 하면

$P(x)=(x+1)^3Q(x)+3x^2+ax+1$

이때 $(x+1)^3Q(x)$는 $(x+1)^2$으로 나누어떨어지므로 다항식 $P(x)$를 $(x+1)^2$으로 나누었을 때의 나머지는 다항식 $3x^2+ax+1$을 $(x+1)^2$으로 나누었을 때의 나머지와 같다.

$$\begin{array}{r} 3 \\ x^2+2x+1\,\overline{)\,3x^2+ax+1} \\ \underline{3x^2+6x+3} \\ (a-6)x-2 \end{array}$$

한편, $P(x)$를 $(x+1)^2$으로 나누었을 때의 나머지가 $x+b$이므로

$(a-6)x-2=x+b \qquad \therefore a-6=1,\ b=-2$

따라서 $a=7$, $b=-2$이므로

$a+b=7+(-2)=5$

0105

답 ①

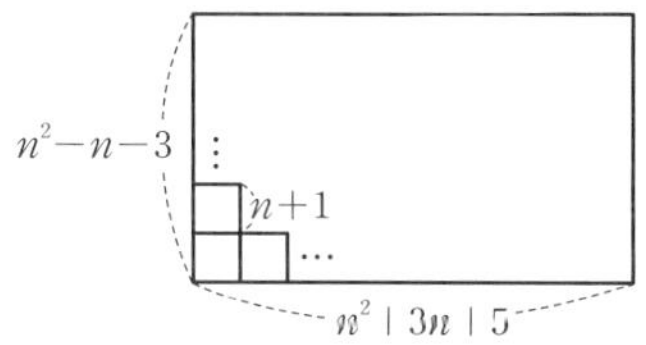

다항식의 나눗셈을 이용하여 직사각형의 가로의 길이, 세로의 길이를 정사각형의 한 변의 길이로 나누어본다.

n^2+3n+5를 $n+1$로 나누면

$$\begin{array}{r} n+2 \\ n+1\,\overline{)\,n^2+3n+5} \\ \underline{n^2+n} \\ 2n+5 \\ \underline{2n+2} \\ 3 \end{array}$$

$n^2+3n+5=(n+1)(n+2)+3$

정사각형 한 변의 길이 / 가로 한 줄에 들어가는 정사각형의 최대 개수

이므로 가로에는 한 변의 길이가 $n+1$인 정사각형을 최대 $(n+2)$개 놓을 수 있다.

n^2-n-3을 $n+1$로 나누면

$$\begin{array}{r} n-2 \\ n+1\,\overline{)\,n^2-n-3} \\ \underline{n^2+n} \\ -2n-3 \\ \underline{-2n-2} \\ -1 \end{array}$$

$n^2-n-3=(n+1)(n-2)-1$ ← 정사각형의 개수이므로 나머지는 양수이어야 한다.

$=(n+1)\{(n-2)-1+1\}-1$

$=(n+1)\{(n-2)-1\}+(n+1)-1$

$=(n+1)(n-3)+n$

정사각형의 한 변의 길이 / 세로 한 줄에 들어가는 정사각형의 최대 개수

이므로 세로에는 한 변의 길이가 $n+1$인 정사각형을 최대 $(n-3)$개 놓을 수 있다.

따라서 주어진 직사각형 내부에 채울 수 있는 정사각형의 최대 개수는 $(n-3)(n+2)$이므로 $f(n)=(n-3)(n+2)$

$f(13)=(13-3)\times(13+2)=150$

$f(14)=(14-3)\times(14+2)=176$

$\therefore f(13)+f(14)=150+176=326$

0106

답 ③

$$\begin{array}{r} 2x+3 \\ x^2+3x+2\,\overline{)\,2x^3+9x^2+16x+12} \\ \underline{2x^3+6x^2+4x} \\ 3x^2+12x+12 \\ \underline{3x^2+9x+6} \\ 3x+6 \end{array}$$

$\therefore 2x^3+9x^2+16x+12=(x^2+3x+2)(2x+3)+3x+6$

$\therefore \frac{2x^3+9x^2+16x+12}{x^2+3x+2}=2x+3+\frac{3x+6}{x^2+3x+2}$

$=2x+3+\frac{3(x+2)}{(x+1)(x+2)}$

$=2x+3+\frac{3}{x+1}$

즉, $\frac{2x^3+9x^2+16x+12}{x^2+3x+2}$의 값이 정수가 되려면 $\frac{3}{x+1}$이 정수가 되어야 한다.

$x+1=\pm(3$의 약수$)$이어야 하므로 $x+1=\pm1$ 또는 $x+1=\pm3$

따라서 가능한 x의 값은 $0,\ -2,\ 2,\ -4$

이때 주어진 분수식에서 분모는 0이 될 수 없으므로

$x^2+3x+2\neq0,\ (x+1)(x+2)\neq0$

$\therefore x\neq-1,\ x\neq-2$

따라서 구하는 x의 값은 $0,\ 2,\ -4$이므로 그 합은

$0+2+(-4)=-2$

0107

답 ②

$\overline{PH}=x$, $\overline{PI}=y$라 하면 반지름의 길이가 4이므로

$\overline{OP}=\sqrt{x^2+y^2}=4 \qquad \therefore x^2+y^2=16$

삼각형 PIH에 내접하는 원의 반지름의 길이를 r라 하면

원의 넓이가 $\frac{\pi}{4}$이므로

$\pi r^2=\frac{\pi}{4}$, $r^2=\frac{1}{4} \qquad \therefore r=\frac{1}{2}\ (\because r>0)$

한편, (삼각형 PIH의 넓이)$=\frac{1}{2}xy=\frac{1}{2}r(x+y+4)$이므로

$xy=\frac{1}{2}(x+y+4) \qquad \therefore x+y=2xy-4 \quad \cdots\cdots$ ㉠

㉠의 양변을 제곱하면

$x^2+y^2+2xy=4x^2y^2-16xy+16$

$16+2xy=4x^2y^2-16xy+16$, $4x^2y^2-18xy=0$

$2xy(2xy-9)=0 \qquad \therefore xy=\frac{9}{2}\ (\because x>0,\ y>0)$

이것을 ㉠에 대입하면

$x+y=2\times\frac{9}{2}-4=5$

따라서 $\overline{PH}^3+\overline{PI}^3=x^3+y^3$이므로

$x^3+y^3=(x+y)^3-3xy(x+y)$에서

$x^3+y^3=5^3-3\times\frac{9}{2}\times5=125-\frac{135}{2}=\frac{115}{2}$

참고

$\angle C=90^\circ$인 직각삼각형 ABC에서 내접원 I의 반지름의 길이를 r라 하면

$\frac{1}{2}\times a\times b=\frac{1}{2}\times r\times(a+b+c)$

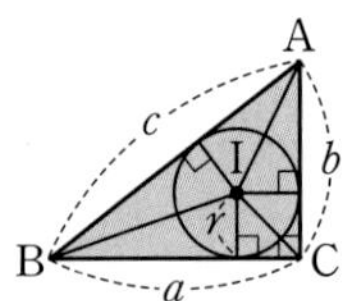

0108

답 $4\sqrt{2}$

$\overline{AB}=8$이므로 가장 큰 원의 반지름의 길이는 4이고

$\overline{AO}=x$, $\overline{BO}=y$라 하면 $x+y=8 \quad \cdots\cdots$ ㉠

색칠한 부분의 넓이가 S_1이므로

$S_1=$(지름의 길이가 8인 원의 넓이)

$\quad -$(지름의 길이가 $\overline{AO}$인 원의 넓이)

$\quad -$(지름의 길이가 $\overline{BO}$인 원의 넓이)

$\quad =\pi\times4^2-\pi\times\left(\frac{x}{2}\right)^2-\pi\times\left(\frac{y}{2}\right)^2$

$\therefore S_1=16\pi-\left(\frac{x^2}{4}\pi+\frac{y^2}{4}\pi\right)$

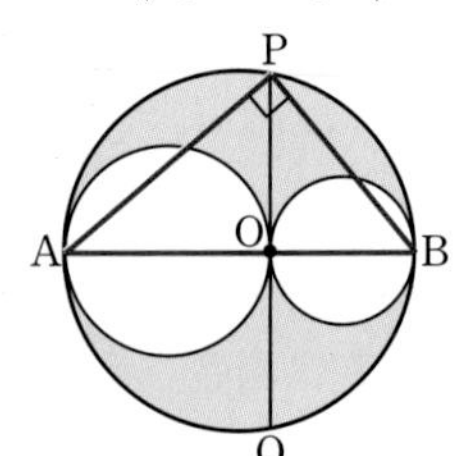

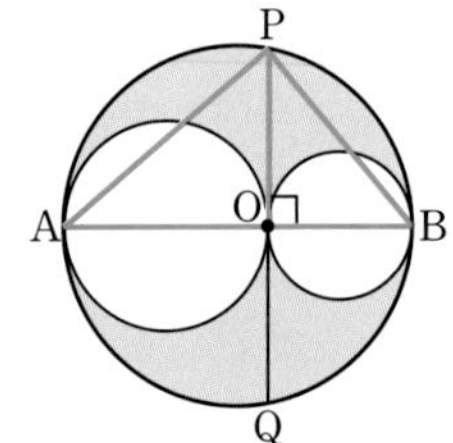

그림에서 선분 AB는 원의 지름이므로 $\angle APB=90^\circ$

$\triangle AOP$와 $\triangle POB$에서

$\angle AOP=\angle POB=90^\circ$

$\angle APO=90^\circ-\angle BPO=\angle PBO$

이므로 $\triangle AOP\backsim\triangle POB$ (AA 닮음)

즉, $\overline{AO}:\overline{PO}=\overline{OP}:\overline{OB}$이므로

$x:\overline{OP}=\overline{OP}:y \qquad \therefore \overline{PO}^2=xy$

이때 선분 AB는 원의 중심을 지나고 $\overline{AO}\perp\overline{PQ}$이므로

$\overline{PO}=\overline{QO}$

$\therefore S_2=\pi\times\overline{PO}^2=xy\pi$

$S_2-S_1=xy\pi-\left\{16\pi-\left(\frac{x^2}{4}\pi+\frac{y^2}{4}\pi\right)\right\}$

$\qquad =xy\pi-16\pi+\left(\frac{x^2}{4}\pi+\frac{y^2}{4}\pi\right)$

$\qquad =4\pi$

$4xy-64+x^2+y^2=16$, $x^2+y^2+4xy=80$

$\therefore (x+y)^2+2xy=80$

㉠에서 $x+y=8$이므로 $64+2xy=80$

$2xy=16 \qquad \therefore xy=8$

$\overline{AO}-\overline{BO}=x-y$이므로

$(x-y)^2=(x+y)^2-4xy$에서

$(x-y)^2=8^2-4\times8=32$

$\therefore \overline{AO}-\overline{BO}=x-y=\sqrt{32}=4\sqrt{2}\ (\because \overline{AO}>\overline{BO})$

Bible Says 직각삼각형의 닮음의 활용

$\angle A=90^\circ$인 직각삼각형 ABC에서

$\overline{AD}\perp\overline{BC}$일 때,

$\triangle ABC\backsim\triangle DBA\backsim\triangle DAC$(AA 닮음)

임을 이용한다.

(1) $\overline{AB}^2=\overline{BD}\times\overline{BC}$

(2) $\overline{AC}^2=\overline{CD}\times\overline{CB}$

(3) $\overline{AD}^2=\overline{BD}\times\overline{CD}$

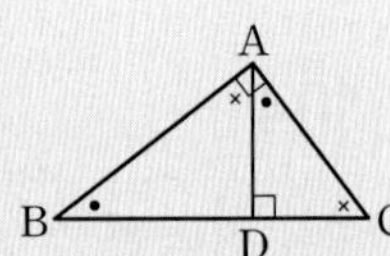

02 항등식과 나머지정리

유형 01 항등식에서 미정계수 구하기 - 계수 비교법

0109

답 16

$x^3+ax^2-24=(x+b)(x^2+cx-12)$에서
등식의 우변을 정리하면
$x^3+ax^2-24=x^3+(b+c)x^2+(bc-12)x-12b$
위의 등식이 x에 대한 항등식이므로
$b+c=a$, $bc-12=0$, $-12b=-24$
$\therefore$ $b=2$, $c=6$, $a=8$
$\therefore$ $a+b+c=8+2+6=16$

0110

답 6

$a(x+y)-b(2x-y)=-4x+5y$에서
등식의 좌변을 정리하면
$ax+ay-2bx+by=-4x+5y$
$(a-2b)x+(a+b)y=-4x+5y$
위의 등식이 x, y에 대한 항등식이므로
$a-2b=-4$ …… ㉠
$a+b=5$ …… ㉡
㉠, ㉡을 연립하여 풀면 $a=2$, $b=3$
$\therefore$ $ab=2\times3=6$

0111

답 3

$kx^2+2x+ky^2+2y-10k-8=0$을 k에 대하여 정리하면
$(x^2+y^2-10)k+(2x+2y-8)=0$
위의 등식이 k에 대한 항등식이므로
$x^2+y^2-10=0$, $2x+2y-8=0$
$\therefore$ $x^2+y^2=10$, $x+y=4$
$x^2+y^2=(x+y)^2-2xy$이므로
$10=4^2-2xy$, $2xy=6$ $\therefore$ $xy=3$

0112

답 ①

$f(x)=x^3+9x^2+4x-45$에 x 대신 $x+a$를 대입하면
$f(x+a)$
$=(x+a)^3+9(x+a)^2+4(x+a)-45$
$=x^3+3ax^2+3a^2x+a^3+9x^2+18ax+9a^2+4x+4a-45$
$=x^3+(3a+9)x^2+(3a^2+18a+4)x+a^3+9a^2+4a-45$
$\therefore$ $x^3+(3a+9)x^2+(3a^2+18a+4)x+a^3+9a^2+4a-45$
$=x^3+bx-3$
위의 등식이 x에 대한 항등식이므로
$3a+9=0$, $3a^2+18a+4=b$, $a^3+9a^2+4a-45=-3$
$\therefore$ $a=-3$, $b=-23$
$\therefore$ $a+b=-3+(-23)=-26$

0113

답 3

$\dfrac{ax+by-15}{2x-y-5}=k$ (k는 상수)라 하면
$ax+by-15=k(2x-y-5)$
$(a-2k)x+(b+k)y-15+5k=0$
…… ❶
위의 등식이 x, y에 대한 항등식이므로
$a-2k=0$, $b+k=0$, $-15+5k=0$
…… ❷
$\therefore$ $k=3$, $a=6$, $b=-3$
$\therefore$ $a+b=6+(-3)=3$
…… ❸

채점 기준	배점
❶ 주어진 식을 상수 k로 놓고 x, y에 대하여 정리하기	40%
❷ 항등식의 성질을 이용하여 식 세우기	20%
❸ $a+b$의 값 구하기	40%

0114

답 11

$x^3+6x+a=(x^2-2x-1)Q(x)+bx+3$이 x에 대한 항등식이므로 $Q(x)$는 x에 대한 일차식이어야 한다.
이때 좌변의 최고차항의 계수가 1이므로
$Q(x)=x+c$ (c는 상수)라 하면
$x^3+6x+a=(x^2-2x-1)(x+c)+bx+3$
$=x^3+(c-2)x^2+(b-2c-1)x-c+3$
위의 등식이 x에 대한 항등식이므로
$c-2=0$, $b-2c-1=6$, $-c+3=a$
$\therefore$ $c=2$, $b=11$, $a=1$
$\therefore$ $ab=1\times11=11$

유형 02 항등식에서 미정계수 구하기 - 수치 대입법

0115

답 ②

주어진 등식의 양변에 $x=0$, $x=1$, $x=2$를 각각 대입한다.
양변에 $x=0$을 대입하면 $2=2b$ $\therefore$ $b=1$
양변에 $x=1$을 대입하면 $3-8+2=-c$ $\therefore$ $c=3$
양변에 $x=2$를 대입하면 $12-16+2=2a$
$2a=-2$ $\therefore$ $a=-1$
$\therefore$ $a+b+c=-1+1+3=3$

0116

답 ①

주어진 등식의 양변에 $x=1$을 대입하면
$1-5+a+1=-1$ $\therefore$ $a=2$
$\therefore$ $x^3-5x^2+2x+1=(x-1)Q(x)-1$
등식의 양변에 $x=2$를 대입하면
$8-20+4+1=(2-1)Q(2)-1$
$-7=Q(2)-1$ $\therefore$ $Q(2)=-6$

0117

답 ③

주어진 등식의 양변에 $x=0$, $x=1$, $x=2$를 각각 대입한다.
양변에 $x=0$을 대입하면 $4=2c$ $\quad\therefore c=2$
양변에 $x=1$을 대입하면 $3+a+4=0$ $\quad\therefore a=-7$
양변에 $x=2$를 대입하면 $12+2a+4=2b$
$12-14+4=2b$, $2b=2$ $\quad\therefore b=1$
$\therefore a+b+c=-7+1+2=-4$

0118

답 -6

주어진 등식의 좌변의 최고차항의 계수가 2이므로 $c=2$
······················ ❶
$\therefore 2x^3+ax^2-18x+b=(x-3)(x+3)(2x+1)$ ······ ㉠
㉠의 양변에 $x=0$, $x=3$을 각각 대입한다.
양변에 $x=0$을 대입하면 $b=-9$
······················ ❷
양변에 $x=3$을 대입하면 $54+9a-54+b=0$
$9a-9=0$ $\quad\therefore a=1$
······················ ❸
$\therefore a+b+c=1+(-9)+2=-6$
······················ ❹

채점 기준	배점
❶ c의 값 구하기	20%
❷ b의 값 구하기	40%
❸ a의 값 구하기	30%
❹ $a+b+c$의 값 구하기	10%

다른 풀이

$2x^3+ax^2-18x+b=(x-3)(x+3)(cx+1)$에서 등식의 우변을 정리하면
$2x^3+ax^2-18x+b=cx^3+x^2-9cx-9$
위의 등식이 항등식이 되려면
$2=c$, $a=1$, $-18=-9c$, $b=-9$
$\therefore a=1$, $b=-9$, $c=2$
$\therefore a+b+c=1+(-9)+2=-6$

0119

답 7

주어진 등식의 양변에 $x=1$, $x=\sqrt{3}$을 각각 대입한다.
양변에 $x=1$을 대입하면 $0=1+a+b$
$\therefore a+b=-1$ ······ ㉠
양변에 $x=\sqrt{3}$을 대입하면 $0=9+3a+b$
$\therefore 3a+b=-9$ ······ ㉡
㉠, ㉡을 연립하여 풀면 $a=-4$, $b=3$
$\therefore b-a=3-(-4)=7$

다른 풀이

주어진 등식의 양변에 $x=1$, $x^2=3$을 각각 대입한다.
양변에 $x=1$을 대입하면 $0=1+a+b$
$\therefore a+b=-1$ ······ ㉠
양변에 $x^2=3$을 대입하면 $0=9+3a+b$
$\therefore 3a+b=-9$ ······ ㉡
㉠, ㉡을 연립하여 풀면 $a=-4$, $b=3$
$\therefore b-a=3-(-4)=7$

0120

답 11

주어진 등식의 좌변의 최고차항의 계수가 1이므로 $a=1$
$\therefore x^3+x-3=(x-1)^3+b(x-1)^2+c(x-1)+d$ ······ ㉠
㉠의 양변에 $x=1$, $x=0$, $x=2$를 각각 대입한다.
양변에 $x=1$을 대입하면 $1+1-3=d$ $\quad\therefore d=-1$
양변에 $x=0$을 대입하면 $-3=-1+b-c-1$
$\therefore b-c=-1$ ······ ㉡
양변에 $x=2$를 대입하면 $8+2-3=1+b+c-1$
$\therefore b+c=7$ ······ ㉢
㉡, ㉢을 연립하여 풀면 $b=3$, $c=4$
$\therefore ad+bc=1\times(-1)+3\times4=11$

0121

답 60

$aP_3(x)+bP_2(x)+cP_1(x)+d=3x^3+4x^2-x+2$에서
$ax(x+1)(x+2)+bx(x+1)+cx+d=3x^3+4x^2-x+2$
위의 등식의 우변의 최고차항의 계수가 3이므로 $a=3$
$\therefore 3x(x+1)(x+2)+bx(x+1)+cx+d=3x^3+4x^2-x+2$ ······ ㉠
㉠의 양변에 $x=0$, $x=-1$, $x=-2$를 각각 대입한다.
양변에 $x=0$을 대입하면 $d=2$
양변에 $x=-1$을 대입하면 $-c+d=-3+4+1+2$
$-c+2=4$ $\quad\therefore c=-2$
양변에 $x=-2$를 대입하면 $2b-2c+d=-24+16+2+2$
$2b+4+2=-4$, $2b=-10$ $\quad\therefore b=-5$
$\therefore abcd=3\times(-5)\times(-2)\times2=60$

유형 03 조건을 만족시키는 항등식

0122

답 4

$\frac{x-3}{2}=\frac{3}{2}y+3$의 양변에 2를 곱하면
$x-3=3y+6$ $\quad\therefore x=3y+9$
이것을 $ax+by-9=0$의 좌변에 대입하면
$a(3y+9)+by-9=0$ $\quad\therefore (3a+b)y+9a-9=0$
위의 등식이 y에 대한 항등식이므로
$3a+b=0$, $9a-9=0$ $\quad\therefore a=1$, $b=-3$
$\therefore a-b=1-(-3)=4$

0123
답 -6

이차방정식 $x^2+(k-4)x+(k+5)m+n+2=0$이 1을 근으로 가지므로 $x=1$을 이 이차방정식에 대입하면

$1+(k-4)+km+5m+n+2=0$

$\therefore (1+m)k+(5m+n-1)=0$

위의 등식이 k에 대한 항등식이므로

$1+m=0,\ 5m+n-1=0 \qquad \therefore m=-1,\ n=6$

$\therefore mn=-1\times 6=-6$

0124
답 52

$2x+y=1$에서 $y=1-2x$

이것을 $(2a+b)x-by+4=0$의 좌변에 대입하면

$(2a+b)x-b(1-2x)+4=0 \qquad \therefore (2a+3b)x-b+4=0$

위의 등식이 x에 대한 항등식이므로

$2a+3b=0,\ -b+4=0 \qquad \therefore a=-6,\ b=4$

$\therefore a^2+b^2=(-6)^2+4^2=52$

0125
답 5

$x-y=2$에서 $y=x-2$

이것을 주어진 등식의 좌변에 대입하면

$px^2+qx+2(x-2)^2-x(x-2)+r(x-2)+4=0$

$px^2+qx+2x^2-8x+8-x^2+2x+rx-2r+4=0$

$\therefore (p+1)x^2+(q+r-6)x+12-2r=0$

…… ❶

위의 등식이 x에 대한 항등식이므로

$p+1=0,\ q+r-6=0,\ 12-2r=0$

$\therefore p=-1,\ r=6,\ q=0$

…… ❷

$\therefore p-q+r=-1-0+6=5$

…… ❸

채점 기준	배점
❶ $y=x-2$를 주어진 등식에 대입하여 정리하기	45%
❷ 항등식의 성질을 이용하여 $p,\ q,\ r$의 값 구하기	45%
❸ $p-q+r$의 값 구하기	10%

유형 04 항등식에서 계수의 합 구하기

0126
답 260

주어진 등식의 양변에 $x=1,\ x=-1$을 각각 대입한다.

양변에 $x=1$을 대입하면

$2^3=a_6+a_5+a_4+a_3+a_2+a_1+a_0$ …… ㉠

양변에 $x=-1$을 대입하면

$8^3=a_6-a_5+a_4-a_3+a_2-a_1+a_0$ …… ㉡

㉠+㉡을 하면 $8+512=2(a_6+a_4+a_2+a_0)$

$\therefore a_0+a_2+a_4+a_6=260$

참고

(1) 위의 풀이에서 ㉠−㉡을 하면

$8-512=2(a_1+a_3+a_5) \qquad \therefore a_1+a_3+a_5=-252$

(2) 주어진 등식의 양변에 $x=0$을 대입하면 $4^3=a_0 \qquad \therefore a_0=64$

$\therefore a_2+a_4+a_6=260-64=196$

0127
답 ③

주어진 등식의 양변에 $x=1$을 대입하면

$3^3=a+b+c+d \qquad \therefore a+b+c+d=27$

0128
답 ④

주어진 등식의 양변에 $x=1,\ x=-1$을 각각 대입한다.

양변에 $x=1$을 대입하면

$3^{10}=a_0+a_1+a_2+a_3+\cdots+a_{19}+a_{20}$ …… ㉠

양변에 $x=-1$을 대입하면

$1=a_0-a_1+a_2-a_3+\cdots-a_{19}+a_{20}$ …… ㉡

㉠−㉡을 하면

$3^{10}-1=2(a_1+a_3+a_5+\cdots+a_{17}+a_{19})$

$\therefore a_1+a_3+a_5+\cdots+a_{17}+a_{19}=\frac{3^{10}-1}{2}$

참고

위의 풀이에서 ㉠+㉡을 하면

$3^{10}+1=2(a_0+a_2+a_4+\cdots+a_{18}+a_{20})$

$\therefore a_0+a_2+a_4+\cdots+a_{18}+a_{20}=\frac{3^{10}+1}{2}$

0129
답 ⑤

주어진 등식의 양변에 $x=-1,\ x=-3$을 각각 대입한다.

양변에 $x=-1$을 대입하면

$(-1)^{10}+1=a_{10}+a_9+\cdots+a_1+a_0$ …… ㉠

양변에 $x=-3$을 대입하면

$(-3)^{10}+1=a_{10}-a_9+\cdots-a_1+a_0$ …… ㉡

㉠+㉡을 하면

$3^{10}+3=2(a_{10}+a_8+a_6+a_4+a_2+a_0)$

$\therefore a_{10}+a_8+a_6+a_4+a_2+a_0=\frac{3^{10}+3}{2}=\frac{3(3^9+1)}{2}$

0130
답 ②

주어진 등식의 양변에 $x=0,\ x=2$를 각각 대입한다.

양변에 $x=0$을 대입하면

$0=a_0-a_1+a_2-a_3+\cdots+a_{3018}-a_{3019}$ …… ㉠

양변에 $x=2$를 대입하면

$2^{3019}=a_0+a_1+a_2+a_3+\cdots+a_{3018}+a_{3019}$ …… ㉡

㉠+㉡을 하면

$2^{3019}=2(a_0+a_2+a_4+\cdots+a_{3018})$

$\therefore 2^{3018}=a_0+a_2+a_4+\cdots+a_{3018}$ …… ㉢

주어진 등식의 양변에 $x=1$을 대입하면 $1=a_0$

㉢에 $a_0=1$을 대입하면

$a_2+a_4+\cdots+a_{3018}=2^{3018}-1$

유형 05 다항식의 나눗셈과 항등식

0131

답 ①

x^3+ax^2+b를 x^2-x-1로 나누었을 때의 몫을 $x+c$ (c는 상수)라 하면

$x^3+ax^2+b=(x^2-x-1)(x+c)+x+2$

$=x^3+(c-1)x^2-cx-c+2$

위의 등식이 x에 대한 항등식이므로

$a=c-1$, $0=-c$, $b=-c+2$

$\therefore c=0$, $a=-1$, $b=2$

$\therefore ab=-1\times 2=-2$

참고

x에 대한 삼차식을 이차식으로 나누었을 때의 몫은 일차식 $kx+c$ (k, c는 상수) 꼴이다. 이때 나누는 식과 나누어지는 식의 최고차항의 계수가 모두 1이므로 몫의 최고차항의 계수도 1이다. 즉 몫은 $x+c$ 꼴이다.

0132

답 5

$2x^3+a$를 x^2+x-b로 나누었을 때의 몫을 $2x+c$ (c는 상수)라 하면

$2x^3+a=(x^2+x-b)(2x+c)$

$=2x^3+(c+2)x^2+(c-2b)x-bc$

위의 등식이 x에 대한 항등식이므로

$0=c+2$, $0=c-2b$, $a=-bc$

$\therefore c=-2$, $b=-1$, $a=-2$

$\therefore a^2+b^2=(-2)^2+(-1)^2=5$

참고

나누는 식의 최고차항의 계수는 1, 나누어지는 식의 최고차항의 계수는 2이므로 몫의 최고차항의 계수는 2이다. 즉 몫은 $2x+c$ (c는 상수) 꼴이다.

0133

답 -7

x^3+ax+b를 x^2-3x+1로 나누었을 때의 몫을 $x+c$ (c는 상수)라 하면

$x^3+ax+b=(x^2-3x+1)(x+c)-2$

$=x^3+(c-3)x^2+(-3c+1)x+c-2$

………… ❶

위의 등식이 x에 대한 항등식이므로

$0=c-3$, $a=-3c+1$, $b=c-2$

$\therefore c=3$, $a=-8$, $b=1$

………… ❷

$\therefore a+b=-8+1=-7$

………… ❸

채점 기준	배점
❶ 몫을 $x+c$ (c는 상수)로 놓고 나눗셈에 대한 등식 세우기	50%
❷ a, b, c의 값 구하기	40%
❸ $a+b$의 값 구하기	10%

0134

답 -15

x^4+ax^2-4x+b를 x^2-x-1로 나누었을 때의 몫을 x^2+cx+d (c, d는 상수)라 하면

$x^4+ax^2-4x+b=(x^2-x-1)(x^2+cx+d)+2x$

$=x^4+(c-1)x^3+(d-c-1)x^2$

$+(-d-c+2)x-d$

………… ❶

위의 등식이 x에 대한 항등식이므로

$0=c-1$, $a=d-c-1$, $-4=-d-c+2$, $b=-d$

$\therefore c=1$, $d=5$, $a=3$, $b=-5$

………… ❷

$\therefore ab=3\times(-5)=-15$

………… ❸

채점 기준	배점
❶ 몫을 x^2+cx+d (c, d는 상수)로 놓고 나눗셈에 대한 등식 세우기	50%
❷ a, b, c, d의 값 구하기	40%
❸ ab의 값 구하기	10%

참고

x에 대한 사차식을 이차식으로 나누었을 때의 몫은 이차식 kx^2+cx+d (k, c, d는 상수) 꼴이다. 이때 나누는 식과 나누어지는 식의 최고차항의 계수가 모두 1이므로 몫의 최고차항의 계수도 1이다. 즉 몫은 x^2+cx+d 꼴이다.

유형 06 일차식으로 나누었을 때의 나머지

확인 문제 (1) 0 (2) 6

(1) $f(-1)=2\times(-1)^3-3\times(-1)^2+(-1)+6$

$=-2-3-1+6=0$

(2) $f\left(\frac{1}{2}\right)=2\times\left(\frac{1}{2}\right)^3-3\times\left(\frac{1}{2}\right)^2+\frac{1}{2}+6$

$=\frac{1}{4}-\frac{3}{4}+\frac{1}{2}+6=6$

참고

(1) x에 대한 다항식 $f(x)$를 일차식 $x-a$로 나누었을 때의 몫을 $Q(x)$, 나머지를 R라 하면 $f(x)=(x-a)Q(x)+R$가 성립한다.
이 등식은 x에 대한 항등식이므로 양변에 $x=a$를 대입하면 $f(a)=R$

(2) x에 대한 다항식 $f(x)$를 일차식 $ax+b$로 나누었을 때의 몫을 $Q(x)$, 나머지를 R라 하면 $f(x)=(ax+b)Q(x)+R$가 성립한다.
이 등식은 x에 대한 항등식이므로 양변에 $x=-\frac{b}{a}$를 대입하면
$f\left(-\frac{b}{a}\right)=R$

0135

답 20

$f(x)$를 $x-2$로 나누었을 때의 나머지가 4이고, $g(x)$를 $x-2$로 나누었을 때의 나머지가 -2이므로 나머지정리에 의하여

$f(2)=4$, $g(2)=-2$

따라서 $2f(x)-6g(x)$를 $x-2$로 나누었을 때의 나머지는
나머지정리에 의하여
$2f(2)-6g(2)=2\times4-6\times(-2)=20$

0136 답 ①

$(x+3)\{f(x)-2\}$를 $x-1$로 나눈 나머지가 16이므로
나머지정리에 의하여 $(1+3)\{f(1)-2\}=16$, $f(1)-2=4$
$\therefore f(1)=6$
따라서 $f(x)$를 $x-1$로 나눈 나머지는 6이다.

0137 답 −8

$f(x)+g(x)$를 $x+1$로 나누었을 때의 나머지가 -2이고,
$f(x)-g(x)$를 $x+1$로 나누었을 때의 나머지가 6이므로
나머지정리에 의하여
$f(-1)+g(-1)=-2$ …… ㉠
$f(-1)-g(-1)=6$ …… ㉡
㉠+㉡을 하면 $2f(-1)=4$ $\therefore f(-1)=2$
…… ❶
$f(-1)=2$를 ㉠에 대입하면 $2+g(-1)=-2$
$\therefore g(-1)=-4$
…… ❷
따라서 $f(x)g(x)$를 $x+1$로 나누었을 때의 나머지는
나머지정리에 의하여
$f(-1)g(-1)=2\times(-4)=-8$
…… ❸

채점 기준	배점
❶ $f(-1)$의 값 구하기	50%
❷ $g(-1)$의 값 구하기	30%
❸ $f(x)g(x)$를 $x+1$로 나누었을 때의 나머지 구하기	20%

0138 답 52

$f(x)+g(x)$를 $x-3$으로 나누었을 때의 나머지가 8이고,
$f(x)g(x)$를 $x-3$으로 나누었을 때의 나머지가 6이므로
나머지정리에 의하여
$f(3)+g(3)=8$, $f(3)g(3)=6$
$f(3)=a$, $g(3)=b$라 하면 $a+b=8$, $ab=6$
따라서 $\{f(x)\}^2+\{g(x)\}^2$을 $x-3$으로 나누었을 때의 나머지는
나머지정리에 의하여
$\{f(3)\}^2+\{g(3)\}^2=a^2+b^2$
$=(a+b)^2-2ab$
$=8^2-2\times6=52$

0139 답 ④

$f(x)$를 $x-a$로 나누었을 때의 나머지가 R_1, $f(x)$를 $x+a$로 나누었을 때의 나머지가 R_2이므로 나머지정리에 의하여
$f(a)=R_1$, $f(-a)=R_2$
$R_1=f(a)=a^3+a^2-3a+2$
$R_2=f(-a)=-a^3+a^2+3a+2$
이때 $R_1+R_2=10$이므로
$(a^3+a^2-3a+2)+(-a^3+a^2+3a+2)=10$
$2a^2+4=10$, $2a^2=6$ $\therefore a^2=3$
따라서 $f(x)$를 $x-a^2$으로 나누었을 때의 나머지는
나머지정리에 의하여 $f(a^2)$이므로
$f(a^2)=f(3)=27+9-9+2=29$

0140 답 75

$f(x)-g(x)=(2x^2-6x-1)-(-x^2-x+1)$
$=3x^2-5x-2$ …… ㉠
$\{f(x)\}^3-\{g(x)\}^3=(3x^2-5x-2)h(x)$이므로
$\{f(x)-g(x)\}[\{f(x)\}^2+f(x)g(x)+\{g(x)\}^2]$
$=(3x^2-5x-2)h(x)$
$\therefore h(x)=\{f(x)\}^2+f(x)g(x)+\{g(x)\}^2$ ($\because$ ㉠)
이때 $f(2)=2\times2^2-6\times2-1=-5$
$g(2)=-2^2-2+1=-5$이므로 $h(x)$를 $x-2$로 나누었을 때의 나머지는 나머지정리에 의하여
$h(2)=\{f(2)\}^2+f(2)g(2)+\{g(2)\}^2$
$=(-5)^2+(-5)\times(-5)+(-5)^2=75$

유형 07 일차식으로 나누었을 때의 나머지 - 미정계수 구하기

확인 문제 (1) −4 (2) 3

(1) $f(1)=-2$이므로 $1+a+3-2=-2$ $\therefore a=-4$
(2) $f(-1)=0$이므로 $2-a+1=0$ $\therefore a=3$

0141 답 2

$f(x)=x^3+ax^2+bx+6$이라 하면 $f(x)$를 $x-1$로 나누었을 때의 나머지가 1이고, $x+2$로 나누었을 때의 나머지가 -2이므로
나머지정리에 의하여 $f(1)=1$, $f(-2)=-2$
$f(1)=1+a+b+6=1$ $\therefore a+b=-6$ …… ㉠
$f(-2)=-8+4a-2b+6=-2$
$2a-b=0$ $\therefore b=2a$ …… ㉡
㉠, ㉡을 연립하여 풀면 $a=-2$, $b=-4$
$\therefore a-b=-2-(-4)=2$

0142 답 ②

$f(x)=x^3-x^2-ax+5$라 하면 $f(x)$를 $x-2$로 나누었을 때의 나머지가 5이므로 나머지정리에 의하여 $f(2)=5$
즉, $f(2)=8-4-2a+5=5$이므로
$-2a=-4$ $\therefore a=2$
$x^3-x^2-2x+5=(x-2)Q(x)+5$이므로
$(x-2)Q(x)=x^3-x^2-2x$
$=x(x^2-x-2)$
$=x(x+1)(x-2)$
위의 식의 양변을 $x-2$로 나누면 $Q(x)=x(x+1)$
$\therefore Q(a)=Q(2)=2\times3=6$

0143

답 ①

$f(x)=x^2+ax+4$라 하면 $f(x)$를 $x-1$로 나누었을 때의 나머지와 $x-2$로 나누었을 때의 나머지가 서로 같으므로
나머지정리에 의하여 $f(1)=f(2)$
$f(1)=1+a+4=a+5$
$f(2)=4+2a+4=2a+8$
즉, $a+5=2a+8$이므로 $a=-3$

0144

답 ①

$f(x)$를 $x-1$로 나누었을 때의 나머지와 $x-3$으로 나누었을 때의 나머지가 -6으로 같으므로 나머지정리에 의하여
$f(1)=f(3)=-6$
$f(x)=x^2+ax+b$ (a, b는 상수)라 하면
$f(1)=1+a+b=-6 \quad \therefore a+b=-7$ …… ㉠
$f(3)=9+3a+b=-6 \quad \therefore 3a+b=-15$ …… ㉡
㉠, ㉡을 연립하여 풀면 $a=-4$, $b=-3$
따라서 $f(x)=x^2-4x-3$이므로 $f(x)$를 $x-4$로 나누었을 때의 나머지는 나머지정리에 의하여
$f(4)=16-16-3=-3$

0145

답 ②

$P(x)=x^2+ax+b$ (a, b는 상수)라 하자.
(가)에서 나머지정리에 의하여 $P(1)=1$이므로
$1+a+b=1 \quad \therefore a+b=0$ …… ㉠
(나)에서 나머지정리에 의하여 $2P(2)=2$, 즉 $P(2)=1$이므로
$4+2a+b=1 \quad \therefore 2a+b=-3$ …… ㉡
㉠, ㉡을 연립하여 풀면 $a=-3$, $b=3$
따라서 $P(x)=x^2-3x+3$이므로
$P(4)=16-3\times4+3=7$

0146

답 ③

$f(x)=x^5+ax^2+(a+1)x+2$라 하면
$f(x)$를 $x-1$로 나누었을 때의 나머지가 6이므로 나머지정리에 의하여 $f(1)=6$
즉, $f(1)=1+a+(a+1)+2=6$이므로 $2a+4=6 \quad \therefore a=1$
$x^5+x^2+2x+2=(x-1)Q(x)+6$이므로
$(x-1)Q(x)=x^5+x^2+2x-4$
$=(x-1)(x^4+x^3+x^2+2x+4)$
위의 식의 양변을 $x-1$로 나누면
$Q(x)=x^4+x^3+x^2+2x+4$
$\therefore a+Q(2)=1+2^4+2^3+2^2+2\times2+4=37$

다른 풀이

$x^5+ax^2+(a+1)x+2=(x-1)Q(x)+6$ …… ㉠
㉠의 양변에 $x=1$을 대입하면
$1+a+(a+1)+2=6$, $2a=2 \quad \therefore a=1$
$x^5+x^2+2x+2=(x-1)Q(x)+6$ …… ㉡
㉡의 양변에 $x=2$를 대입하면
$32+4+4+2=Q(2)+6 \quad \therefore Q(2)=36$
$\therefore a+Q(2)=1+36=37$

0147

답 -4

$(x+1)f(x)$를 $x-2$로 나누었을 때의 나머지가 6이고, $(x-2)f(x)$를 $x+1$로 나누었을 때의 나머지가 21이므로
나머지정리에 의하여
$3f(2)=6$, $-3f(-1)=21$
$\therefore f(2)=2$, $f(-1)=-7$
$f(x)=x^2+ax+b$에서
$f(2)=4+2a+b=2 \quad \therefore 2a+b=-2$ …… ㉠
$f(-1)=1-a+b=-7 \quad \therefore -a+b=-8$ …… ㉡
㉠, ㉡을 연립하여 풀면 $a=2$, $b=-6$
$\therefore a+b=2+(-6)=-4$

0148

답 ⑤

(가)를 (나)에 대입하면
$x^2f(x)+(3x^2+4x)f(x)=x^3+ax^2+2x+b$
$(4x^2+4x)f(x)=x^3+ax^2+2x+b$
$\therefore 4x(x+1)f(x)=x^3+ax^2+2x+b$ …… ㉠
㉠의 양변에 $x=0$을 대입하면 $0=b$
㉠의 양변에 $x=-1$을 대입하면 $0=-1+a-2+b$
$a+b=3 \quad \therefore a=3$
즉, $4x(x+1)f(x)=x^3+3x^2+2x$이므로
$f(x)=\frac{x^3+3x^2+2x}{4x(x+1)}=\frac{x(x+1)(x+2)}{4x(x+1)}=\frac{x+2}{4}$
이때 $g(x)=x^2f(x)$이므로 $g(x)=\frac{x^3+2x^2}{4}$
따라서 $g(x)$를 $x-4$로 나누었을 때의 나머지는 나머지정리에 의하여 $g(4)=\frac{64+32}{4}=24$

유형 08 이차식으로 나누었을 때의 나머지

0149

답 21

$f(x)$를 $x+1$로 나누었을 때의 나머지가 -3이고, $x-2$로 나누었을 때의 나머지가 9이므로 나머지정리에 의하여
$f(-1)=-3$, $f(2)=9$
$f(x)$를 x^2-x-2로 나누었을 때의 몫을 $Q(x)$, $R(x)=ax+b$ (a, b는 상수)라 하면
$f(x)=(x^2-x-2)Q(x)+ax+b$
$=(x+1)(x-2)Q(x)+ax+b$ …… ㉠
㉠의 양변에 $x=-1$을 대입하면
$f(-1)=-a+b \quad \therefore -a+b=-3$ …… ㉡

㉠의 양변에 $x=2$를 대입하면

$f(2)=2a+b \quad \therefore 2a+b=9$ …… ㉢

㉡, ㉢을 연립하여 풀면 $a=4$, $b=1$

따라서 $R(x)=4x+1$이므로

$R(5)=4\times5+1=21$

0150

답 ⑤

$P(x)$를 x^2+2x-3으로 나누었을 때의 몫을 $Q(x)$라 하면

나머지가 $2x+5$이므로

$P(x)=(x^2+2x-3)Q(x)+2x+5$

$=(x+3)(x-1)Q(x)+2x+5$

따라서 $P(x)$를 $x-1$로 나누었을 때의 나머지는

나머지정리에 의하여 $P(1)=2+5=7$

0151

답 $2x-1$

$f(x)$를 $x-2$로 나누었을 때의 나머지가 3이고, $x+2$로 나누었을 때의 나머지가 -1이므로 나머지정리에 의하여

$f(2)=3$, $f(-2)=-1$

$(x^2-x-1)f(x)$를 x^2-4로 나누었을 때의 몫을 $Q(x)$, 나머지를 $ax+b$ (a, b는 상수)라 하면

$(x^2-x-1)f(x)=(x^2-4)Q(x)+ax+b$

$=(x+2)(x-2)Q(x)+ax+b$ …… ㉠

㉠의 양변에 $x=2$를 대입하면

$f(2)=2a+b \quad \therefore 2a+b=3$ …… ㉡

㉠의 양변에 $x=-2$를 대입하면

$5f(-2)=-2a+b \quad \therefore -2a+b=-5$ …… ㉢

㉡, ㉢을 연립하여 풀면 $a=2$, $b=-1$

따라서 구하는 나머지는 $2x-1$이다.

0152

답 $-5x+9$

$f(x)$를 x^2-1로 나누었을 때의 몫을 $Q_1(x)$라 하면

나머지가 $x+3$이므로

$f(x)=(x^2-1)Q_1(x)+x+3$

$=(x+1)(x-1)Q_1(x)+x+3$

$\therefore f(-1)=2$, $f(1)=4$

$f(x)$를 x^2-x-2로 나누었을 때의 몫을 $Q_2(x)$라 하면

나머지가 $-x+1$이므로

$f(x)=(x^2-x-2)Q_2(x)-x+1$

$=(x+1)(x-2)Q_2(x)-x+1$

$\therefore f(-1)=2$, $f(2)=-1$

$f(x)$를 x^2-3x+2로 나누었을 때의 몫을 $Q(x)$,

나머지를 $ax+b$ (a, b는 상수)라 하면

$f(x)=(x^2-3x+2)Q(x)+ax+b$

$=(x-1)(x-2)Q(x)+ax+b$ …… ㉠

㉠의 양변에 $x=1$을 대입하면

$f(1)=a+b \quad \therefore a+b=4$ …… ㉡

㉠의 양변에 $x=2$를 대입하면

$f(2)=2a+b \quad \therefore 2a+b=-1$ …… ㉢

㉡, ㉢을 연립하여 풀면 $a=-5$, $b=9$

따라서 구하는 나머지는 $-5x+9$이다.

0153

답 ⑤

$f(x)$가 최고차항의 계수가 1인 삼차다항식이므로 (나)에서

$f(x)=(x-2)^2(x+k)+2(x-2)$ (k는 상수) …… ㉠

라 할 수 있다.

(가)에서 $f(0)=0$이므로 ㉠의 양변에 $x=0$을 대입하면

$f(0)=4k-4=0 \quad \therefore k=1$

$\therefore f(x)=(x-2)^2(x+1)+2(x-2)$

$=(x-2)\{(x-2)(x+1)+2\}$ ← 공통인수 $x-2$로 묶기

$=(x-2)(x^2-x-2+2)$

$=(x-2)(x^2-x)$

$=x(x-1)(x-2)=(x-1)x(x-2)$

이때 $f(x)$를 $x-1$로 나누었을 때의 몫이 $Q(x)$이므로

$Q(x)=x(x-2)$

$\therefore Q(5)=5\times(5-2)=15$

참고

최고차항의 계수가 1인 삼차다항식 $f(x)$를 $(x-2)^2$으로 나누었을 때의 나머지가 $2(x-2)$이다.

➡ 삼차식을 이차식으로 나누었을 때의 몫은 일차식이고, 삼차식과 이차식의 최고차항의 계수가 모두 1이므로 몫의 최고차항의 계수도 1이다.

0154

답 25

ax^3+bx^2+3x를 x^2-1로 나누었을 때의 몫을 $Q_1(x)$라 하면

나머지가 $9x+8$이므로

$ax^3+bx^2+3x=(x^2-1)Q_1(x)+9x+8$

$=(x+1)(x-1)Q_1(x)+9x+8$ …… ㉠

㉠의 양변에 $x=1$을 대입하면

$a+b+3=17 \quad \therefore a+b=14$ …… ㉡

㉠의 양변에 $x=-1$을 대입하면

$-a+b-3=-1 \quad \therefore a-b=-2$ …… ㉢

㉡, ㉢을 연립하여 풀면 $a=6$, $b=8$

한편, $6x^3+8x^2+3x$를 x^2+2x로 나누었을 때의 몫을 $Q_2(x)$라 하면 나머지가 cx이므로

$6x^3+8x^2+3x=(x^2+2x)Q_2(x)+cx$

$=x(x+2)Q_2(x)+cx$ …… ㉣

㉣의 양변에 $x=-2$를 대입하면

$-48+32-6=-2c$, $2c=22 \quad \therefore c=11$

따라서 $a=6$, $b=8$, $c=11$이므로

$a+b+c=6+8+11=25$

0155

답 $x-2$

$\dfrac{f(x+2)-f(x)}{2}=3x^2-6x+4$에서

$f(x+2)-f(x)=2\times(3x^2-6x+4)$ …… ㉠

㉠의 양변에 $x=-1$을 대입하면

$f(1)-f(-1)=2\times(3+6+4)$

$f(1)+27=26 \quad \therefore f(1)=-1$

㉠의 양변에 $x=1$을 대입하면

$f(3)-f(1)=2\times(3-6+4)$

$f(3)+1=2 \quad \therefore f(3)=1$

$f(x)$를 x^2-4x+3으로 나누었을 때의 몫을 $Q(x)$,

나머지를 $ax+b$ (a, b는 상수)라 하면

$f(x)=(x^2-4x+3)Q(x)+ax+b$
$\quad=(x-1)(x-3)Q(x)+ax+b$ …… ㉡
㉡의 양변에 $x=1$을 대입하면
$f(1)=a+b \quad \therefore a+b=-1$ …… ㉢
㉡의 양변에 $x=3$을 대입하면
$f(3)=3a+b \quad \therefore 3a+b=1$ …… ㉣
㉢, ㉣을 연립하여 풀면 $a=1$, $b=-2$
따라서 구하는 나머지는 $x-2$이다.

0156

답 6

$f(x)$를 x^2-x-6으로 나누있을 때의 몫을 $Q(x)$,
$R(x)=ax+b$ (a, b는 상수)라 하면
$f(x)=(x^2-x-6)Q(x)+ax+b$
$\quad=(x+2)(x-3)Q(x)+ax+b$ …… ㉠

…… ❶

(나)의 등식의 양변에 $x=3$을 대입하면
$f(3)+f(3)=4 \quad \therefore f(3)=2$
(나)의 등식의 양변에 $x=-2$를 대입하면
$f(-2)+f(8)=4 \quad \therefore f(-2)=7$ ($\because f(8)=-3$)

…… ❷

㉠의 양변에 $x=-2$를 대입하면
$f(-2)=-2a+b \quad \therefore -2a+b=7$ …… ㉡
㉠의 양변에 $x=3$을 대입하면
$f(3)=3a+b \quad \therefore 3a+b=2$ …… ㉢
㉡, ㉢을 연립하여 풀면 $a=-1$, $b=5$

…… ❸

따라서 $R(x)=-x+5$이므로 $R(-1)=-(-1)+5=6$

…… ❹

채점 기준	배점
❶ 몫을 $Q(x)$, $R(x)=ax+b$ (a, b는 상수)로 놓고 나눗셈에 대한 등식 세우기	20%
❷ $f(3)$, $f(-2)$의 값 구하기	30%
❸ a, b의 값 구하기	40%
❹ $R(-1)$의 값 구하기	10%

유형 09 삼차식으로 나누었을 때의 나머지

0157

답 $-2x^2+2x+3$

$f(x)$를 $(x^2-1)(x-2)$로 나누었을 때의 몫을 $Q(x)$,
나머지를 ax^2+bx+c (a, b, c는 상수)라 하면
$f(x)=(x^2-1)(x-2)Q(x)+ax^2+bx+c$ …… ㉠
$f(x)$를 x^2-1로 나누었을 때의 나머지가 $2x+1$이므로 ㉠에서
ax^2+bx+c를 x^2-1로 나누었을 때의 나머지가 $2x+1$이다.
$\therefore ax^2+bx+c=a(x^2-1)+2x+1$ …… ㉡
㉡을 ㉠에 대입하면
$f(x)=(x^2-1)(x-2)Q(x)+a(x^2-1)+2x+1$ …… ㉢
한편, $f(x)$를 $x-2$로 나누었을 때의 나머지가 -1이므로 나머지정리에 의하여 $f(2)=-1$
㉢의 양변에 $x=2$를 대입하면
$f(2)=3a+5=-1 \quad \therefore a=-2$
따라서 구하는 나머지는 ㉡의 우변에 $a=-2$를 대입하면
$-2(x^2-1)+2x+1=-2x^2+2x+3$

0158

답 4

$x^{13}-x^{11}+4x^9-4$를 x^3-x로 나누었을 때의 몫을 $Q(x)$,
$R(x)=ax^2+bx+c$ (a, b, c는 상수)라 하면
$x^{13}-x^{11}+4x^9-4$
$=(x^3-x)Q(x)+ax^2+bx+c$
$=x(x+1)(x-1)Q(x)+ax^2+bx+c$ …… ㉠
㉠의 양변에 $x=0$을 대입하면 $-4=c$
㉠의 양변에 $x=1$을 대입하면
$0=a+b+c \quad \therefore a+b=4$ …… ㉡
㉠의 양변에 $x=-1$을 대입하면
$-8=a-b+c \quad \therefore a-b=-4$ …… ㉢
㉡, ㉢을 연립하여 풀면 $a=0$, $b=4$
따라서 $R(x)=4x-4$이므로
$R(2)=4\times2-4=4$

Bible Says 다항식의 나눗셈에서의 나머지

다항식 $f(x)$를 $g(x)$로 나누었을 때의 나머지 $R(x)$는
(1) $g(x)$가 일차식 ➡ $R(x)$는 상수
➡ $R(x)=a$ (a는 상수)
(2) $g(x)$가 이차식 ➡ $R(x)$는 상수이거나 일차식
➡ $R(x)=ax+b$ (a, b는 상수)
(3) $g(x)$가 삼차식 ➡ $R(x)$는 상수이거나 이차 이하의 다항식
➡ $R(x)=ax^2+bx+c$ (a, b, c는 상수)

0159

답 2

$f(x)$를 $(x+1)^2(x-2)$로 나누었을 때의 몫을 $Q(x)$라 하면
나머지가 ax^2+bx+c이므로
$f(x)=(x+1)^2(x-2)Q(x)+ax^2+bx+c$ …… ㉠
$f(x)$를 $(x+1)^2$으로 나누었을 때의 나머지가 $x-3$이므로 ㉠에서
ax^2+bx+c를 $(x+1)^2$으로 나누었을 때의 나머지가 $x-3$이다.
$\therefore ax^2+bx+c=a(x+1)^2+x-3$ …… ㉡
㉡을 ㉠에 대입하면
$f(x)=(x+1)^2(x-2)Q(x)+a(x+1)^2+x-3$ …… ㉢
한편, $f(x)$를 $x-2$로 나누었을 때의 나머지가 8이므로
나머지정리에 의하여 $f(2)=8$
㉢의 양변에 $x=2$를 대입하면
$f(2)=9a-1=8 \quad \therefore a=1$
따라서 구하는 나머지는 ㉡의 우변에 $a=1$을 대입하면
$(x+1)^2+x-3=x^2+3x-2$이므로 $b=3$, $c=-2$
$\therefore a+b+c=1+3+(-2)=2$

0160

답 31

$f(x)$를 $(x-1)(x-2)(x-3)$으로 나누었을 때의 몫을 $Q_1(x)$라 하면 나머지는 x^2+x+1이므로
$f(x)=(x-1)(x-2)(x-3)Q_1(x)+x^2+x+1$
위의 식의 양변에 $x=2$, $x=3$을 각각 대입하면
$f(2)=7$, $f(3)=13$
$f(6x)$를 $6x^2-5x+1$로 나누었을 때의 몫을 $Q_2(x)$라 하면

나머지가 $ax+b$이므로

$f(6x)=(6x^2-5x+1)Q_2(x)+ax+b$
$\quad=(2x-1)(3x-1)Q_2(x)+ax+b$ …… ㉠

㉠의 양변에 $x=\frac{1}{2}$을 대입하면

$f\left(6\times\frac{1}{2}\right)=f(3)=\frac{1}{2}a+b \quad \therefore \frac{1}{2}a+b=13$ …… ㉡

㉠의 양변에 $x=\frac{1}{3}$을 대입하면

$f\left(6\times\frac{1}{3}\right)=f(2)=\frac{1}{3}a+b \quad \therefore \frac{1}{3}a+b=7$ …… ㉢

㉡, ㉢을 연립하여 풀면 $a=36$, $b=-5$

$\therefore a+b=36+(-5)=31$

다른 풀이

$f(x)$를 $(x-1)(x-2)(x-3)$으로 나누었을 때의 몫을 $Q(x)$라 하면 나머지는 x^2+x+1이므로

$f(x)=(x-1)(x-2)(x-3)Q(x)+x^2+x+1$

위의 등식의 양변에 x 대신 $6x$를 대입하면

$f(6x)=(6x-1)(6x-2)(6x-3)Q(6x)+36x^2+6x+1$
$\quad=6(6x-1)(3x-1)(2x-1)Q(6x)+36x^2+6x+1$
$\quad=6(6x-1)(6x^2-5x+1)Q(6x)+6(6x^2-5x+1)$
$\quad\quad+36x-5$

따라서 $36x-5=ax+b$이므로 $a=36$, $b=-5$

$\therefore a+b=36+(-5)=31$

0161

답 2

$f(x)$를 $(x+1)(x+3)(x-2)$로 나누었을 때의 몫을 $Q_1(x)$, $R(x)=ax^2+bx+c$ (a, b, c는 상수)라 하면

$f(x)=(x+1)(x+3)(x-2)Q_1(x)+ax^2+bx+c$ …… ㉠

$f(x)$가 $(x+1)(x-2)$로 나누어떨어지므로

$ax^2+bx+c=a(x+1)(x-2)$ …… ㉡

㉡을 ㉠에 대입하면

$f(x)=(x+1)(x+3)(x-2)Q_1(x)+a(x+1)(x-2)$ …… ㉢

…… ❶

한편, $f(x)$를 $(x+2)(x+3)$으로 나누었을 때의 몫을 $Q_2(x)$라 하면 나머지는 $x-7$이므로

$f(x)=(x+2)(x+3)Q_2(x)+x-7$ …… ㉣

…… ❷

㉢의 양변에 $x=-3$을 대입하면 $f(-3)=10a$

㉣의 양변에 $x=-3$을 대입하면 $f(-3)=-10$

즉, $10a=-10$이므로 $a=-1$

…… ❸

따라서 $R(x)=-(x+1)(x-2)$이므로

$R(1)=-2\times(-1)=2$

…… ❹

채점 기준	배점
❶ $f(x)$를 $(x+1)(x+3)(x-2)$로 나누었을 때의 몫을 $Q_1(x)$로 놓고 나눗셈에 대한 등식 세우기	40%
❷ $f(x)$를 $(x+2)(x+3)$으로 나누었을 때의 몫을 $Q_2(x)$로 놓고 나눗셈에 대한 등식 세우기	30%
❸ a의 값 구하기	20%
❹ $R(1)$의 값 구하기	10%

유형 10 $f(ax+b)$를 $x-a$로 나누었을 때의 나머지

0162

답 1

$f(x)$를 x^2-2x-3으로 나누었을 때의 몫을 $Q(x)$라 하면 나머지는 $2x+3$이므로

$f(x)=(x^2-2x-3)Q(x)+2x+3$
$\quad=(x+1)(x-3)Q(x)+2x+3$ …… ㉠

$f(x-2)$를 $x-1$로 나누었을 때의 나머지는 나머지정리에 의하여 $f(1-2)=f(-1)$

이때 ㉠의 양변에 $x=-1$을 대입하면 구하는 나머지는

$f(-1)=1$

다른 풀이

$f(x)$를 x^2-2x-3으로 나누었을 때의 몫을 $Q(x)$라 하면 나머지는 $2x+3$이므로

$f(x)=(x^2-2x-3)Q(x)+2x+3$
$\quad=(x+1)(x-3)Q(x)+2x+3$ …… ㉡

㉡의 양변에 x 대신 $x-2$를 대입하면

$f(x-2)=(x-1)(x-5)Q(x-2)+2(x-2)+3$
$\quad=(x-1)(x-5)Q(x-2)+2x-1$

이때 $(x-1)(x-5)Q(x-2)$는 $x-1$로 나누어떨어지므로 $f(x-2)$를 $x-1$로 나누었을 때의 나머지는 $2x-1$을 $x-1$로 나누었을 때의 나머지와 같다.

따라서 구하는 나머지는 $2\times1-1=1$

0163

답 30

$f(x)$를 $x-1$로 나누었을 때의 나머지가 14, $x-2$로 나누었을 때의 나머지가 8이므로 나머지정리에 의하여

$f(1)=14$, $f(2)=8$

따라서 $2f(4x-10)+f(x-2)$를 $x-3$으로 나누었을 때의 나머지는 나머지정리에 의하여

$2f(4\times3-10)+f(3-2)=2f(2)+f(1)$
$\quad=2\times8+14=30$

0164

답 ③

$f(x)$를 x^2-x로 나누었을 때의 몫을 $Q(x)$라 하면 나머지는 $ax+a$이므로

$f(x)=(x^2-x)Q(x)+ax+a$
$\quad=x(x-1)Q(x)+a(x+1)$ …… ㉠

이때 다항식 $f(x+1)$을 x로 나누었을 때의 나머지가 6이므로 나머지정리에 의하여 $f(1)=6$

㉠의 양변에 $x=1$을 대입하면

$f(1)=2a=6 \quad \therefore a=3$

0165

답 -1

$f(x)$를 $(3x-2)(x-2)$로 나누었을 때의 몫을 $Q(x)$라 하면 나머지는 $2x-3$이므로

$f(x)=(3x-2)(x-2)Q(x)+2x-3$ …… ㉠

$(4x+1)f(6x+5)$를 $2x+1$로 나누었을 때의 나머지는
나머지정리에 의하여

$$\left\{4\times\left(-\frac{1}{2}\right)+1\right\}f\left(6\times\left(-\frac{1}{2}\right)+5\right)=-f(2)$$

이때 ㉠의 양변에 $x=2$를 대입하면 $f(2)=1$
따라서 구하는 나머지는
$-f(2)=-1$

0166

답 3

$f(x+1818)$을 $x+1819$로 나누었을 때의 나머지가 1이므로
나머지정리에 의하여
$f(-1819+1818)=f(-1)=1$
$f(x)=x^3+ax+b$의 양변에 $x=-1$을 대입하면
$f(-1)=-1-a+b=1 \quad \therefore a-b=-2 \quad \cdots\cdots$ ㉠

❶

$f(x+1819)$를 $x+1818$로 나누었을 때의 나머지가 5이므로
나머지정리에 의하여
$f(-1818+1819)=f(1)=5$
$f(x)=x^3+ax+b$의 양변에 $x=1$을 대입하면
$f(1)=1+a+b=5 \quad \therefore a+b=4 \quad \cdots\cdots$ ㉡

❷

㉠, ㉡을 연립하여 풀면 $a=1$, $b=3$
$\therefore ab=1\times3=3$

❸

채점 기준	배점
❶ ㉠의 식 구하기	40%
❷ ㉡의 식 구하기	40%
❸ ab의 값 구하기	20%

0167

답 4

$f(x)+g(x)$를 $x-2$로 나누었을 때의 나머지는 2이고,
$2f(x)+g(x)$를 $x-2$로 나누었을 때의 나머지는 6이므로
나머지정리에 의하여
$f(2)+g(2)=2 \quad \cdots\cdots$ ㉠
$2f(2)+g(2)=6 \quad \cdots\cdots$ ㉡
㉠, ㉡을 연립하여 풀면 $f(2)=4$, $g(2)=-2$
따라서 $f(7x-12)$를 $x-2$로 나누었을 때의 나머지는
나머지정리에 의하여
$f(7\times2-12)=f(2)=4$

유형 11 몫 $Q(x)$를 $x-a$로 나누었을 때의 나머지

0168

답 -8

x^3-3x^2+ax+5를 $x+1$로 나누었을 때의 몫이 $Q(x)$,
나머지가 10이므로
$x^3-3x^2+ax+5=(x+1)Q(x)+10 \quad \cdots\cdots$ ㉠
㉠의 양변에 $x=-1$을 대입하면
$-1-3-a+5=10 \quad \therefore a=-9$
$Q(x)$를 $x-1$로 나누었을 때의 나머지는 나머지정리에 의하여
$Q(1)$이므로 ㉠의 양변에 $x=1$을 대입하면
$1-3-9+5=2Q(1)+10$
$-6=2Q(1)+10$, $2Q(1)=-16$
$\therefore Q(1)=-8$

0169

답 ①

$P(x)$를 $x-2$로 나누었을 때의 몫이 $Q(x)$, 나머지가 3이므로
$P(x)=(x-2)Q(x)+3 \quad \cdots\cdots$ ㉠
$Q(x)$를 $x-1$로 나누었을 때의 몫을 $Q'(x)$라 하면
나머지가 2이므로
$Q(x)=(x-1)Q'(x)+2 \quad \cdots\cdots$ ㉡
㉡을 ㉠에 대입하면
$P(x)=(x-2)\{(x-1)Q'(x)+2\}+3$
$\quad=(x-2)(x-1)Q'(x)+2x-1$
따라서 $R(x)=2x-1$이므로
$R(3)=2\times3-1=5$

다른 풀이

$P(x)$를 $(x-1)(x-2)$로 나누었을 때의 몫을 $Q''(x)$,
$R(x)=ax+b$ (a, b는 상수)라 하면
$P(x)=(x-1)(x-2)Q''(x)+ax+b \quad \cdots\cdots$ ㉠
$P(x)$를 $x-2$로 나누었을 때의 몫이 $Q(x)$, 나머지가 3이므로
$P(x)=(x-2)Q(x)+3 \quad \therefore P(2)=3$
$Q(x)$를 $x-1$로 나누었을 때의 몫을 $Q'(x)$라 하면
나머지가 2이므로
$Q(x)=(x-1)Q'(x)+2 \quad \therefore Q(1)=2$
$P(x)=(x-2)Q(x)+3$의 양변에 $x=1$을 대입하면
$P(1)=-Q(1)+3$
$Q(1)=2$이므로 $P(1)=-2+3=1$
㉠의 양변에 $x=2$를 대입하면
$P(2)=2a+b \quad \therefore 2a+b=3 \quad \cdots\cdots$ ㉡
㉠의 양변에 $x=1$을 대입하면
$P(1)=a+b \quad \therefore a+b=1 \quad \cdots\cdots$ ㉢
㉡, ㉢을 연립하여 풀면 $a=2$, $b=-1$이므로
$R(x)=2x-1$
$\therefore R(3)=2\times3-1=5$

0170

답 ①

$x^{10}+x^9+x^2$을 $x-1$로 나누었을 때의 몫이 $Q(x)$이므로
나머지를 R라 하면
$x^{10}+x^9+x^2=(x-1)Q(x)+R$
위의 식의 양변에 $x=1$을 대입하면 $3=R$
$\therefore x^{10}+x^9+x^2=(x-1)Q(x)+3 \quad \cdots\cdots$ ㉠
$Q(x)$를 $x+1$로 나누었을 때의 나머지는 나머지정리에 의하여
$Q(-1)$이므로 ㉠의 양변에 $x=-1$을 대입하면
$1=-2Q(-1)+3$, $2Q(-1)=2$
$\therefore Q(-1)=1$

0171

답 7

$f(x)$를 x^2+x+1로 나누었을 때의 몫이 $Q(x)$, 나머지가 $x-3$이므로

$f(x)=(x^2+x+1)Q(x)+x-3$ …… ㉠

$Q(x)$를 $x-1$로 나누었을 때의 몫을 $Q'(x)$라 하면

나머지가 3이므로

$Q(x)=(x-1)Q'(x)+3$ …… ㉡

❶

㉡을 ㉠에 대입하면

$f(x)=(x^2+x+1)\{(x-1)Q'(x)+3\}+x-3$

$=(x^2+x+1)(x-1)Q'(x)+3(x^2+x+1)+x-3$

└→ $(x-1)(x^2+x+1)=x^3-1$

$=(x^3-1)Q'(x)+3x^2+4x$

❷

따라서 $R(x)=3x^2+4x$이므로

$R(1)=3+4=7$

❸

채점 기준	배점
❶ ㉠, ㉡의 식 구하기	50%
❷ $Q(x)$를 $x-1$로 나누었을 때의 몫을 $Q'(x)$로 놓고 $f(x)=(x^3-1)Q'(x)+3x^2+4x$로 나타내기	30%
❸ $R(1)$의 값 구하기	20%

0172

답 ③

$f(x)=x+x^2+x^3+\cdots+x^{4n}$ (n은 자연수)을 $x+1$로 나누었을 때의 몫이 $Q(x)$이므로 나머지를 R라 하면

$f(x)=(x+1)Q(x)+R$ …… ㉠

㉠의 양변에 $x=-1$을 대입하면 $f(-1)=R$

이때 $f(-1)=\underbrace{-1+1-1+1-\cdots-1+1}_{4n\text{개}}=0$

$\therefore R=0$

$\therefore f(x)=(x+1)Q(x)$ …… ㉡

$Q(x)$를 $x-1$로 나누었을 때의 나머지는 나머지정리에 의하여 $Q(1)$이므로 ㉡의 양변에 $x=1$을 대입하면

$f(1)=2Q(1)$

이때 $f(1)=\underbrace{1+1+1+\cdots+1+1}_{4n\text{개}}=4n$이므로

$4n=2Q(1)$ $\therefore Q(1)=2n$

유형 12 나머지정리를 활용한 수의 나눗셈

0173

답 ②

$999=x$라 하면 $998=x-1$

x^{10}을 $x-1$로 나누었을 때의 몫을 $Q(x)$, 나머지를 R라 하면

$x^{10}=(x-1)Q(x)+R$ …… ㉠

㉠의 양변에 $x=1$을 대입하면 $1=R$

$x^{10}=(x-1)Q(x)+1$의 양변에 $x=999$를 대입하면

$999^{10}=998Q(999)+1$

따라서 999^{10}을 998로 나누었을 때의 나머지는 1이다.

0174

답 3

$7=x$라 하면 $8=x+1$

$3x^{10}$을 $x+1$로 나누었을 때의 몫을 $Q(x)$, 나머지를 R라 하면

$3x^{10}=(x+1)Q(x)+R$ …… ㉠

㉠의 양변에 $x=-1$을 대입하면 $3=R$

$3x^{10}=(x+1)Q(x)+3$의 양변에 $x=7$을 대입하면

$3\times7^{10}=8Q(7)+3$

따라서 3×7^{10}을 8로 나누었을 때의 나머지는 3이다.

0175

답 28

$2020=x$라 하면 $2017=x-3$

$(2020+1)(2020^2-2020+1)=(x+1)(x^2-x+1)$

$=x^3+1$

이므로

x^3+1을 $x-3$으로 나누었을 때의 몫을 $Q(x)$, 나머지를 R라 하면

$x^3+1=(x-3)Q(x)+R$ …… ㉠

㉠의 양변에 $x=3$을 대입하면

$3^3+1=R$ $\therefore R=28$

$x^3+1=(x-3)Q(x)+28$의 양변에 $x=2020$을 대입하면

$2020^3+1=2017\times Q(2020)+28$

따라서 2020^3+1을 2017로 나누었을 때의 나머지는 28이다.

다른 풀이

$2020=x$라 하면

$(2020+1)(2020^2-2020+1)=(x+1)(x^2-x+1)$

$=x^3+1$

$f(x)=x^3+1$이라 하면 $2017=x-3$이므로 주어진 식을 2017로 나누었을 때의 나머지는 x^3+1을 $x-3$으로 나누었을 때의 나머지를 이용하여 구할 수 있다.

따라서 구하는 나머지는 나머지정리에 의하여

$f(3)=3^3+1=28$

0176

답 98

$100=x$라 하면 $101=x+1$

$x^{97}+x^{99}+x^{101}$을 $x+1$로 나누었을 때의 몫을 $Q(x)$, 나머지를 R라 하면

$x^{97}+x^{99}+x^{101}=(x+1)Q(x)+R$ …… ㉠

㉠의 양변에 $x=-1$을 대입하면 $-3=R$

$x^{97}+x^{99}+x^{101}=(x+1)Q(x)-3$의 양변에 $x=100$을 대입하면

$100^{97}+100^{99}+100^{101}=101Q(100)-3$

$=101\{Q(100)-1\}+101-3$

$=101\{Q(100)-1\}+98$

따라서 $100^{97}+100^{99}+100^{101}$을 101로 나누었을 때의 나머지는 98이다.

0177

답 25

$2^{3328}=(2^5)^{665}\times 2^3=8\times 32^{665}$

❶

$32=x$라 하면 $33=x+1$

$8x^{665}$을 $x+1$로 나누었을 때의 몫을 $Q(x)$, 나머지를 R라 하면

$8x^{665}=(x+1)Q(x)+R$ …… ㉠

㉠의 양변에 $x=-1$을 대입하면 $-8=R$

❷

$8x^{665}=(x+1)Q(x)-8$의 양변에 $x=32$를 대입하면

$8\times 32^{665}=33Q(32)-8$

$=33\{Q(32)-1\}+33-8$

$=33\{Q(32)-1\}+25$

따라서 2^{3328}을 33으로 나누었을 때의 나머지는 25이다.

❸

채점 기준	배점
❶ $2^{3328}=8\times 32^{665}$으로 나타내기	20%
❷ $32=x$라 할 때, $8x^{665}$을 $x+1$로 나누었을 때의 나머지 구하기	30%
❸ 2^{3328}을 33으로 나누었을 때의 나머지 구하기	50%

유형 13 인수정리 - 일차식으로 나누는 경우

0178

답 ②

$f(x)=x^4-ax^3+2x^2+bx-4$라 하면

$f(x)$가 $x+1$, $x-2$로 각각 나누어떨어지므로

$f(-1)=0$, $f(2)=0$

$f(-1)=1+a+2-b-4$이므로 $a-b-1=0$

$\therefore a-b=1$ …… ㉠

$f(2)=16-8a+8+2b-4$이므로 $-8a+2b+20=0$

$\therefore 4a-b=10$ …… ㉡

㉠, ㉡을 연립하여 풀면 $a=3$, $b=2$

$\therefore ab=3\times 2=6$

0179

답 13

$f(7x-4)$가 $x-1$로 나누어떨어지므로

$f(7\times 1-4)=f(3)=0$

이때 $f(3)=27+9-3a+3$이므로 $39-3a=0$

$\therefore a=13$

0180

답 5

$f(x)=ax^3+2x^2-a^2x+4$라 하면

$f(x)$가 $x-1$로 나누어떨어지므로 $f(1)=0$

이때 $f(1)=a+2-a^2+4$이므로

$-a^2+a+6=0$, $a^2-a-6=0$, $(a+2)(a-3)=0$

$\therefore a=-2$ 또는 $a=3$

따라서 $M=3$, $m=-2$이므로

$M-m=3-(-2)=5$

0181

답 ②

$f(x)=x^3+ax^2+bx+6$을 $x-1$로 나누었을 때의 나머지가 4이므로 나머지정리에 의하여 $f(1)=4$

이때 $f(1)=1+a+b+6$이므로 $a+b+7=4$

$\therefore a+b=-3$ …… ㉠

$f(x+2)$가 $x-1$로 나누어떨어지므로

$f(1+2)=f(3)=0$

이때 $f(3)=27+9a+3b+6$이므로 $9a+3b+33=0$

$\therefore 3a+b=-11$ …… ㉡

㉠, ㉡을 연립하여 풀면 $a=-4$, $b=1$

$\therefore b-a=1-(-4)=5$

0182

답 24

$f(x-1)$이 $x-2$로 나누어떨어지므로

$f(2-1)=f(1)=0$

$f(x+1)$이 $x+2$로 나누어떨어지므로

$f(-2+1)=f(-1)=0$

❶

$f(1)=1+a+b$이므로 $1+a+b=0$

$\therefore a+b=-1$ …… ㉠

$f(-1)=-1-a+b$이므로 $-1-a+b=0$

$\therefore a-b=-1$ …… ㉡

㉠, ㉡을 연립하여 풀면 $a=-1$, $b=0$

❷

$\therefore f(x)=x^3-x$

따라서 $f(x)$를 $x-3$으로 나누었을 때의 나머지는 나머지정리에 의하여

$f(3)=3^3-3=24$

❸

채점 기준	배점
❶ $f(1)$, $f(-1)$의 값 구하기	30%
❷ a, b의 값 구하기	40%
❸ $f(x)$를 $x-3$으로 나누었을 때의 나머지 구하기	30%

0183

답 45

$f(x)=x^3-x^2+ax+b$를 x^2-2x-2로 나누면

$$\begin{array}{r} x+1 \\ x^2-2x-2\overline{)\, x^3-x^2+ax +b} \\ \underline{x^3-2x^2-2x} \\ x^2+(a+2)x+b \\ \underline{x^2-2x-2} \\ (a+4)x+b+2 \end{array}$$

이므로 $Q(x)=x+1$, $R(x)=(a+4)x+b+2$

$R(2)=9$이므로 $R(2)=2(a+4)+b+2=9$

$\therefore 2a+b=-1$ $\cdots\cdots$ ㉠

$f(x)$가 $x+1$로 나누어떨어지므로

$f(-1)=-1-1-a+b=0$

$\therefore a-b=-2$ $\cdots\cdots$ ㉡

㉠, ㉡을 연립하여 풀면 $a=-1$, $b=1$

$\therefore f(x)=x^3-x^2-x+1$

$\therefore f(4)=64-16-4+1=45$

다른 풀이

$f(x)=x^3-x^2+ax+b$를 x^2-2x-2로 나누었을 때의 몫이 $Q(x)=x+1$이므로 $R(x)$가 $x+1$로 나누어떨어진다.

$\therefore R(x)=k(x+1)$ (k는 상수)

$R(2)=9$에서 $3k=9$ $\therefore k=3$

$\therefore R(x)=3(x+1)$

$g(x)=x^2-2x-2$라 하면

$f(x)=g(x)Q(x)+R(x)$이므로

$f(4)=g(4)Q(4)+R(4)$

$=(4^2-2\times4-2)\times(4+1)+3\times(4+1)$

$=6\times5+3\times5=45$

유형 14 인수정리 - 이차식으로 나누는 경우

0184

답 20

$f(x)=x^3+x^2+ax+b$라 하면

$f(x)$가 $(x-1)(x-2)$로 나누어떨어지므로

$f(1)=0$, $f(2)=0$

$f(1)=1+1+a+b$이므로 $a+b+2=0$

$\therefore a+b=-2$ $\cdots\cdots$ ㉠

$f(2)=8+4+2a+b$이므로 $2a+b+12=0$

$\therefore 2a+b=-12$ $\cdots\cdots$ ㉡

㉠, ㉡을 연립하여 풀면 $a=-10$, $b=8$

$\therefore f(x)=x^3+x^2-10x+8$

따라서 $f(x)$를 $x+3$으로 나누었을 때의 나머지는 나머지정리에 의하여

$f(-3)=-27+9+30+8=20$

0185

답 3

$x^2-4x+3=(x-1)(x-3)$이고

$f(x)-3$이 x^2-4x+3으로 나누어떨어지므로

$f(1)-3=0$, $f(3)-3=0$ $\therefore f(1)=3$, $f(3)=3$

$f(2x+1)$을 x^2-x로 나누었을 때의 몫을 $Q(x)$, 나머지를 $ax+b$(a, b는 상수)라 하면

$f(2x+1)=(x^2-x)Q(x)+ax+b$

$=x(x-1)Q(x)+ax+b$ $\cdots\cdots$ ㉠

㉠의 양변에 $x=0$, $x=1$을 각각 대입하면

$f(1)=b$, $f(3)=a+b$ $\therefore b=3$, $a+b=3$

따라서 $a=0$, $b=3$이므로 구하는 나머지는 3이다.

0186

답 8

$x^2-3x-4=(x+1)(x-4)$이고 $f(x)$는 x^2-3x-4로 나누어떨어지므로 $f(-1)=0$, $f(4)=0$

❶

$f(x)-4$는 $x-1$로 나누어떨어지므로

$f(1)-4=0$ $\therefore f(1)=4$

❷

$f(x)+2$를 x^2-1로 나누었을 때의 몫을 $Q(x)$, $R(x)=ax+b$ (a, b는 상수)라 하면

$f(x)+2=(x^2-1)Q(x)+ax+b$

$=(x+1)(x-1)Q(x)+ax+b$ $\cdots\cdots$ ㉠

㉠의 양변에 $x=-1$을 대입하면 $f(-1)+2=-a+b$

$\therefore -a+b=2$ ($f(-1)=0$) $\cdots\cdots$ ㉡

㉠의 양변에 $x=1$을 대입하면 $f(1)+2=a+b$

$\therefore a+b=6$ ($f(1)=4$) $\cdots\cdots$ ㉢

㉡, ㉢을 연립하여 풀면 $a=2$, $b=4$

❸

따라서 $R(x)=2x+4$이므로

$R(2)=2\times2+4=8$

❹

채점 기준	배점
❶ $f(-1)$, $f(4)$의 값 구하기	20%
❷ $f(1)$의 값 구하기	10%
❸ a, b의 값 구하기	50%
❹ $R(2)$의 값 구하기	20%

0187

답 ④

$f(x)$와 $g(x)$는 최고차항의 계수가 1인 이차식이므로

$F(x)=(x-1)f(x)=(x-2)g(x)$라 하면

$F(x)$는 최고차항의 계수가 1인 삼차식이다.

또한, $F(1)=0$, $F(2)=0$이므로

$F(x)$는 $x-1$, $x-2$로 각각 나누어떨어진다.

$F(x)$는 $(x-1)(x-2)$를 인수로 가지므로

$F(x)=(x-1)(x-2)(x+a)$ (a는 상수)라 하면

$F(x)=(x-1)f(x)$이므로 $f(x)=(x-2)(x+a)$

$f(1)=-2$이므로 $(1-2)(1+a)=-2$ $\therefore a=1$

$F(x)=(x-2)g(x)$이므로 $g(x)=(x-1)(x+1)$

$\therefore g(2)=3$

0188

답 -12

(가)에서 $f(x)$는 $x^2+x-6=(x+3)(x-2)$로 나누어떨어지므로

$x+3$, $x-2$를 인수로 갖는다. $\cdots\cdots$ ㉠

또, $f(x)$는 $x^2-x-12=(x+3)(x-4)$로 나누어떨어지므로

$x+3$, $x-4$를 인수로 갖는다. $\cdots\cdots$ ㉡

㉠, ㉡에 의하여 $g(x)=a(x+3)(x-2)(x-4)$(a는 상수, $a\neq0$)라 하면

(나)에서 $f(x)$를 $x-1$로 나누었을 때의 나머지가 24이므로
$f(1)=24$
즉, $g(1)=24$이므로
$a\times4\times(-1)\times(-3)=24$ $\therefore a=2$
따라서 $g(x)$를 $x-3$으로 나눈 나머지는 나머지정리에 의하여
$g(3)=2\times6\times1\times(-1)=-12$

0189

답 ③

(가)에서 $f(x)$를 $x+1$로 나눈 몫을 $Q_1(x)$, 나머지를 R라 하고
$f(x)$를 x^2-3으로 나눈 몫을 $Q_2(x)$, 나머지를 R라 하면
$f(x)=(x+1)Q_1(x)+R$이므로
$f(x)-R=(x+1)Q_1(x)$ …… (i)
$f(x)=(x^2-3)Q_2(x)+R$이므로
$f(x)-R=(x^2-3)Q_2(x)$ …… (ii)
$f(x)$는 최고차항의 계수가 1인 사차다항식이므로 $Q_1(x)$와 $Q_2(x)$는 일차항의 계수가 1인 다항식이다. …… (iii)
(i)~(iii)에 의하여
$f(x)-R=(x+1)(x^2-3)(x+a)$ (a는 상수) …… ㉠
(나)에서 $f(x+1)-5$는 x^2+x로 나누어떨어지므로
나눈 몫을 $Q_3(x)$라 하면
$f(x+1)-5=(x^2+x)Q_3(x)$
$\therefore f(x+1)-5=x(x+1)Q_3(x)$ …… ㉡
㉡의 양변에 $x=-1$을 대입하면 $f(0)-5=0$ $\therefore f(0)=5$
㉡의 양변에 $x=0$을 대입하면 $f(1)-5=0$ $\therefore f(1)=5$
㉠의 양변에 $x=0$을 대입하면 $f(0)-R=-3a$이므로
$-3a+R=5$ …… ㉢
㉠의 양변에 $x=1$을 대입하면 $f(1)-R=-4(1+a)$이므로
$-4a+R=9$ …… ㉣
㉢, ㉣을 연립하여 풀면 $R=-7$, $a=-4$
따라서 $f(x)=(x+1)(x^2-3)(x-4)-7$이므로
$f(4)=(4+1)(4^2-3)(4-4)-7=-7$

0190

답 -2

$f(x)=ax^2+bx+c$ (a, b, c는 상수, $a\neq0$)라 하면
$f(2-x)$를 $x-2$로 나누었을 때의 나머지가 6이므로
$f(2-2)=f(0)=6$ $\therefore c=6$
$\therefore f(x)=ax^2+bx+6$
$xf(x)-2x^2$은 $(x+1)(x-3)$으로 나누어떨어지므로
$-f(-1)-2=0$, $3f(3)-18=0$
$\therefore f(-1)=-2$, $f(3)=6$
$f(-1)=a-b+6$이므로 $a-b+6=-2$
$\therefore a-b=-8$ …… ㉠
$f(3)=9a+3b+6$이므로 $9a+3b+6=6$
$\therefore 3a+b=0$ …… ㉡
㉠, ㉡을 연립하여 풀면 $a=-2$, $b=6$
따라서 $f(x)=-2x^2+6x+6$이므로
$f(4)=-32+24+6=-2$

0191

답 24

(가)에서 $Q(x)=-2P(x)$이므로
$P(x)Q(x)=P(x)\times\{-2P(x)\}=-2\{P(x)\}^2$
(나)에서 $P(x)Q(x)$, 즉 $-2\{P(x)\}^2$을 x^2-3x+2로 나누었을 때의 몫을 $A(x)$라 하면
$-2\{P(x)\}^2=(x^2-3x+2)A(x)$이고
$\{P(x)\}^2=(x-1)(x-2)\left\{-\frac{1}{2}A(x)\right\}$
$P(x)$는 이차다항식이고
$\{P(x)\}^2$이 $x-1$과 $x-2$를 인수로 가지므로
$P(x)$도 $x-1$과 $x-2$를 인수로 가진다. …… ㉠
㉠에 의하여 $P(x)=a(x-1)(x-2)$(a는 상수, $a\neq0$) …… ㉡
라 하면
$Q(x)=-2P(x)=-2a(x-1)(x-2)$
$P(0)=-4$이므로 ㉡에 $x=0$을 대입하면
$P(0)=2a=-4$ $\therefore a=-2$
따라서 $Q(x)=4(x-1)(x-2)$이므로
$Q(4)=4\times3\times2=24$

유형 15 인수정리의 응용

0192

답 -12

$f(-1)=f(1)=f(2)=0$이므로 $f(x)$는 $x+1$, $x-1$, $x-2$로 각각 나누어떨어진다.
이때 $f(x)$는 최고차항의 계수가 1인 삼차식이므로
$f(x)=(x+1)(x-1)(x-2)$
따라서 $f(x)$를 $x+2$로 나누었을 때의 나머지는 나머지정리에 의하여
$f(-2)=-1\times(-3)\times(-4)=-12$

0193

답 ②

$f(1)=f(2)=f(3)=1$에서
$f(1)-1=0$, $f(2)-1=0$, $f(3)-1=0$이므로
$f(x)-1$은 $x-1$, $x-2$, $x-3$으로 각각 나누어떨어진다.
이때 $f(x)$는 최고차항의 계수가 1인 삼차식이므로
$f(x)-1=(x-1)(x-2)(x-3)$
$\therefore f(x)=(x-1)(x-2)(x-3)+1$
따라서 $f(x)$를 $x-4$로 나누었을 때의 나머지는 나머지정리에 의하여 $f(4)=3\times2\times1+1=7$

0194

답 -62

$f(1)=1$, $f(2)=2$, $f(3)=3$에서
$f(1)-1=0$, $f(2)-2=0$, $f(3)-3=0$이므로
$f(x)-x$는 $x-1$, $x-2$, $x-3$으로 각각 나누어떨어진다.
이때 $f(x)$는 최고차항의 계수가 1인 삼차식이므로
$f(x)-x=(x-1)(x-2)(x-3)$
$\therefore f(x)=(x-1)(x-2)(x-3)+x$

따라서 $f(x)$를 $x+2$로 나누었을 때의 나머지는 나머지정리에 의하여 $f(-2)=-3\times(-4)\times(-5)+(-2)=-62$

0195

답 23

$f(a)=f(b)=f(c)=0$이므로 $f(x)$는 $x-a$, $x-b$, $x-c$로 각각 나누어떨어진다.
이때 $f(x)$는 최고차항의 계수가 1인 삼차식이므로
$f(x)=(x-a)(x-b)(x-c)$
즉, $x^3-10x^2+kx-14=(x-a)(x-b)(x-c)$ ❶

$x^3-10x^2+kx-14=x^3-(a+b+c)x^2+(ab+bc+ca)x-abc$
좌변과 우변의 각 항의 계수를 비교하면
$a+b+c=10$, $ab+bc+ca=k$, $abc=14$ ❷

이때 합이 10이고 곱이 14인 서로 다른 세 자연수는 오직 1, 2, 7뿐이다.
$\therefore k=ab+bc+ca=1\times2+2\times7+7\times1=23$ ❸

채점 기준	배점
❶ $x^3-10x^2+kx-14=(x-a)(x-b)(x-c)$임을 보이기	40%
❷ $a+b+c=10$, $ab+bc+ca=k$, $abc=14$임을 보이기	40%
❸ k의 값 구하기	20%

유형 16 조립제법을 이용한 다항식의 나눗셈

0196

답 ③

주어진 조립제법에서 $2a=2$이므로 $a=1$
즉, $2x^3+3x+4$를 $x-1$로 나누었을 때의 몫과 나머지를 조립제법을 이용하여 구하면 오른쪽과 같다.

$$\begin{array}{r|rrrr} 1 & 2 & 0 & 3 & 4 \\ & & 2 & 2 & 5 \\ \hline & 2 & 2 & 5 & \boxed{9} \end{array}$$

따라서 $b=9$이므로 $a+b=1+9=10$

0197

답 ④

$3x^3-7x^2+5x+1$을 $x-\frac{1}{3}$로 나누었을 때의 몫과 나머지를 조립제법을 이용하여 구하면 다음과 같다.

$$\begin{array}{r|rrrr} \frac{1}{3} & 3 & -7 & 5 & 1 \\ & & 1 & -2 & 1 \\ \hline & 3 & -6 & 3 & \boxed{2} \end{array}$$

$3x^3-7x^2+5x+1=\left(x-\frac{1}{3}\right)(3x^2-6x+3)+2$ ($\to 3(x^2-2x+1)$)
$=(3x-1)(x^2-2x+1)+2$
따라서 $f(x)=3x^2-6x+3$, $g(x)=x^2-2x+1$이므로
$f(2)+g(2)=(12-12+3)+(4-4+1)=4$

0198

답 ④

$6x^3+7x^2-2$를 $x+\frac{1}{2}$로 나누었을 때의 몫과 나머지를 조립제법을 이용하여 구하면 다음과 같다.

$$\begin{array}{r|rrrr} -\frac{1}{2} & 6 & 7 & 0 & -2 \\ & & -3 & -2 & 1 \\ \hline & 6 & 4 & -2 & \boxed{-1} \end{array}$$

$6x^3+7x^2-2=\left(x+\frac{1}{2}\right)(6x^2+4x-2)-1$ ($\to 2(3x^2+2x-1)$)
$=(2x+1)(3x^2+2x-1)-1$
따라서 $a=-\frac{1}{2}$이고 $Q(x)=3x^2+2x-1$, $R=-1$이므로
$a\times Q(1)\times R=-\frac{1}{2}\times(3+2-1)\times(-1)=2$

0199

답 8

$$\begin{array}{r|rrrr} 2 & 1 & a & 5 & b \\ & & 2 & 2a+4 & 4a+18 \\ \hline & 1 & a+2 & 2a+9 & \boxed{4a+b+18} \end{array}$$

위와 같이 조립제법을 이용하면 x^3+ax^2+5x+b를 $x-2$로 나누었을 때의 몫은 $x^2+(a+2)x+2a+9$이다.
즉, $x^2+(a+2)x+2a+9=x^2-3x+c$이므로
$a+2=-3$, $2a+9=c$
$\therefore a=-5$, $c=-1$
x^3+ax^2+5x+b가 $x-2$로 나누어떨어지므로
$4a+b+18=0$ …… ㉠
㉠에 $a=-5$를 대입하면 $-20+b+18=0$ $\therefore b=2$
$\therefore b-a-c=2-(-5)-(-1)=8$

다른 풀이
계수비교법을 이용하여 풀 수도 있다.
$x^3+ax^2+5x+b=(x-2)(x^2-3x+c)$이므로
$x^3+ax^2+5x+b=x^3-5x^2+(c+6)x-2c$
이때 $a=-5$, $5=c+6$, $b=-2c$이므로
$c=-1$, $b=2$
$\therefore b-a-c=2-(-5)-(-1)=8$

0200

답 ④

x^3+x^2+ax+b가 $(x-1)^2$으로 나누어떨어지므로

$$\begin{array}{r|rrrr} 1 & 1 & 1 & a & b \\ & & 1 & 2 & a+2 \\ \hline 1 & 1 & 2 & a+2 & \boxed{a+b+2=0} \\ & & 1 & 3 & \\ \hline & 1 & 3 & \boxed{a+5=0} & \end{array}$$

위와 같이 조립제법을 이용하면
$a+b+2=0$, $a+5=0$ $\therefore a=-5$, $b=3$
따라서 $Q(x)=x+3$이므로
$Q(ab)=Q(-15)=-15+3=-12$

다른 풀이 1

$f(x)=x^3+x^2+ax+b$라 하면

$f(x)=(x-1)^2(x+b)$이므로 $Q(x)=x+b$

$f(x)$가 $(x-1)^2$으로 나누어떨어지므로 $f(1)=0$

이때 $f(1)=1+1+a+b$이므로 $a+b+2=0$

$\therefore a+b=-2$ ⋯⋯ ㉠

1	1	1	a	b
		1	2	$a+2$
	1	2	$a+2$	$a+b+2$

위의 조립제법에서

$f(x)=(x-1)(x^2+2x+a+2)$

$f(x)$를 $x-1$로 나누었을 때의 몫을 $Q_1(x)$라 하면

$Q_1(x)=x^2+2x+a+2$

한편 $Q_1(x)$도 $x-1$로 나누어떨어지므로 $Q_1(1)=0$

이때 $Q_1(1)=1+2+a+2$이므로 $a+5=0$ $\quad\therefore a=-5$

㉠에 $a=-5$를 대입하면 $b=3$

따라서 $Q(x)=x+3$이므로

$Q(ab)=Q(-15)=-15+3=-12$

다른 풀이 2

$f(x)=x^3+x^2+ax+b$라 하면

$f(x)=(x-1)^2(x+b)$이므로 $Q(x)=x+b$

$f(x)$가 $(x-1)^2$으로 나누어떨어지므로 $f(1)=0$

이때 $f(1)=1+1+a+b$이므로 $a+b+2=0$

$\therefore b=-a-2$ ⋯⋯ ㉡

1	1	1	a	$-a-2$
		1	2	$a+2$
1	1	2	$a+2$	0
		1	3	
	1	3	$a+5$	

위의 조립제법에서 $a+5=0$ $\quad\therefore a=-5$

㉡에 $a=-5$를 대입하면 $b=3$

따라서 $Q(x)=x+3$이므로

$Q(ab)=Q(-15)=-15+3=-12$

0201

답 3

-3	2	5	-4	-3
		-6	3	3
-3	2	-1	-1	0
		-6	21	
	2	-7	20	

위와 같이 조립제법을 이용하면 $2x^3+5x^2-4x-3$을 $x+3$으로 나누었을 때의 몫은 $2x^2-x-1$이므로

$Q(x)=2x^2-x-1$

따라서 $Q(x)$를 $x+3$으로 나누었을 때의 몫은 $2x-7$이므로

$Q'(x)=2x-7$

$\therefore Q'(5)=2\times5-7=3$

유형 17 조립제법을 이용하여 항등식의 미정계수 구하기

0202

답 7

조립제법을 완성하면 오른쪽과 같으므로

1	1	3	-5
		1	4
1	1	4	-1
		1	
	1	5	

$x^2+3x-5=(x-1)(x+4)-1$

$=(x-1)\{(x-1)+5\}-1$

$=(x-1)^2+5(x-1)-1$

따라서 $a=1$, $b=5$, $c=-1$이므로

$a+b-c=1+5-(-1)=7$

참고

$x^2+3x-5=1\times(x-1)^2+5(x-1)-1$과 같이 다항식을 $x-1$에 대하여 내림차순으로 정리한 식에서 계수 1, 5, -1은 조립제법을 연속으로 이용하면 쉽게 구할 수 있다.

0203

답 6

1	2	-5	2	3
		2	-3	-1
1	2	-3	-1	$2=d$
		2	-1	
1	2	-1	$-2=c$	
		2		
	$2=a$	$1=b$		

$2x^3-5x^2+2x+3=(x-1)(2x^2-3x-1)+2$

$=(x-1)\{(x-1)(2x-1)-2\}+2$

$=(x-1)[(x-1)\{2(x-1)+1\}-2]+2$

$=(x-1)\{2(x-1)^2+(x-1)-2\}+2$

$=2(x-1)^3+(x-1)^2-2(x-1)+2$

따라서 $a=2$, $b=1$, $c=-2$, $d=2$이므로

$ad-bc=2\times2-1\times(-2)=4-(-2)=6$

다른 풀이

$a(x-1)^3+b(x-1)^2+c(x-1)+d$

$=ax^3-3ax^2+3ax-a+bx^2-2bx+b+cx-c+d$

$=ax^3+(-3a+b)x^2+(3a-2b+c)x-a+b-c+d$

$=2x^3-5x^2+2x+3$

이므로

$a=2$, $-3a+b=-5$, $3a-2b+c=2$, $-a+b-c+d=3$

따라서 $a=2$, $b=1$, $c=-2$, $d=2$이므로

$ad-bc=4-(-2)=6$

0204

답 112

2	14	-17	-16	34
		28	22	12
2	14	11	6	46
		28	78	
2	14	39	84	
		28		
	14	67		

$14x^3-17x^2-16x+34$

$=(x-2)(\underbrace{14x^2+11x+6}_{\text{(가)}})+46$

$=(x-2)\{(x-2)(\underbrace{14x+39}_{\text{(나)}})+84\}+46$

$=(x-2)[(x-2)\{14(x-2)+\underbrace{67}_{\text{(다)}}\}+84]+46$

$=(x-2)\{14(x-2)^2+\underbrace{67}_{\text{(나)}}(x-2)+84\}+46$

$=14(x-2)^3+\underbrace{67}_{\text{(다)}}(x-2)^2+84(x-2)+46$

따라서 $p(x)=14x^2+11x+6$, $q(x)=14x+39$, $a=67$이므로

$p(0)+q(0)+a=6+39+67=112$

0205 답 0

$\frac{1}{2}$	16	−16	−4	8
		8	−4	−4
$\frac{1}{2}$	16	−8	−8	4 $=d$
		8	0	
$\frac{1}{2}$	16	0	−8 $=c$	
		8		
	16 ($=a$)	8 $=b$		

$16x^3-16x^2-4x+8$

$=\left(x-\frac{1}{2}\right)(16x^2-8x-8)+4$

$=\left(x-\frac{1}{2}\right)\left\{\left(x-\frac{1}{2}\right)\times 16x-8\right\}+4$

$=\left(x-\frac{1}{2}\right)\left[\left(x-\frac{1}{2}\right)\left\{16\left(x-\frac{1}{2}\right)+8\right\}-8\right]+4$

$=\left(x-\frac{1}{2}\right)\left\{16\left(x-\frac{1}{2}\right)^2+8\left(x-\frac{1}{2}\right)-8\right\}+4$

$=16\left(x-\frac{1}{2}\right)^3+8\left(x-\frac{1}{2}\right)^2-8\left(x-\frac{1}{2}\right)+4$

$=2(2x-1)^3+2(2x-1)^2-4(2x-1)+4$

따라서 $a=2$, $b=2$, $c=-4$, $d=4$이므로

$ad+bc=2\times4+2\times(-4)=8+(-8)=0$

0206 답 1231

4	1	−9	26	−23
		4	−20	24
4	1	−5	6	1
		4	−4	
4	1	−1	2	
		4		
	1	3		

$x^3-9x^2+26x-23=(x-4)(x^2-5x+6)+1$

$=(x-4)\{(x-4)(x-1)+2\}+1$

$=(x-4)[(x-4)\{(x-4)+3\}+2]+1$

$=(x-4)\{(x-4)^2+3(x-4)+2\}+1$

$=(x-4)^3+3(x-4)^2+2(x-4)+1$

이므로

$f(x)=\dfrac{(x-4)^3+3(x-4)^2+2(x-4)+1}{(x-4)^3}$

$\therefore f(4.1)=\dfrac{(4.1-4)^3+3(4.1-4)^2+2(4.1-4)+1}{(4.1-4)^3}$

$=\dfrac{(0.1)^3+3\times(0.1)^2+2\times0.1+1}{(0.1)^3}$

$=1+30+200+1000=1231$

0207 답 ④

$x^3-x^2+2x-d=a(x-1)^3+b(x-1)^2+c(x-2)$에서

$x^3-x^2+2x-d=a(x-1)^3+b(x-1)^2+c(x-1)-c$이므로

1	1	−1	2	$-d$
		1	0	2
1	1	0	2	$2-d=-c$
		1	1	
1	1	1	3 $=c$	
		1		
	1 ($=a$)	2 $=b$		

위의 조립제법에서

$x^3-x^2+2x-d=(x-1)(x^2+2)+2-d$

$=(x-1)\{(x-1)(x+1)+3\}+2-d$

$=(x-1)[(x-1)\{(x-1)+2\}+3]+2-d$

$=(x-1)\{(x-1)^2+2(x-1)+3\}+2-d$

$=(x-1)^3+2(x-1)^2+3(x-1)+2-d$

$=a(x-1)^3+b(x-1)^2+c(x-1)-c$

따라서 $a=1$, $b=2$, $c=3$이고, $2-d=-c$에서 $d=5$이므로

$abcd=1\times2\times3\times5=30$

0208 답 6

$f(x)=ax^3+bx^2+cx+d$ (a, b, c, d는 상수)라 하면

$f(x+1)=a(x+1)^3+b(x+1)^2+c(x+1)+d$

$=x^3+2x^2+2x-2$

이므로 조립제법을 이용하여 $f(x+1)$을 $x+1$로 나누면 다음과 같다.

−1	1	2	2	−2
		−1	−1	−1
−1	1	1	1	−3 $=d$
		−1	0	
−1	1	0	1 $=c$	
		−1		
	1 ($=a$)	−1 $=b$		

$x^3+2x^2+2x-2=(x+1)(x^2+x+1)-3$

$=(x+1)\{(x+1)x+1\}-3$

$=(x+1)[(x+1)\{(x+1)-1\}+1]-3$

$=(x+1)\{(x+1)^2-(x+1)+1\}-3$

$=(x+1)^3-(x+1)^2+(x+1)-3$

따라서 $a=1$, $b=-1$, $c=1$, $d=-3$이므로

$f(x)=x^3-x^2+x-3$

조립제법을 이용하여 $f(x)$를 $x-1$로 나누면 다음과 같다.

1	1	-1	1	-3
		1	0	1
	1	0	1	-2

따라서 $f(x)$를 $x-1$로 나누었을 때의 몫은 x^2+1, 나머지는 -2이므로

$Q(x)=x^2+1$, $R=-2$

$\therefore Q(1)-2R=2-2\times(-2)=6$

PART B 내신 잡는 종합 문제

0209
답 ①

$f(x)$를 $(x-3)(2x-a)$로 나누었을 때의 몫은 $x+1$, 나머지는 6이므로

$f(x)=(x-3)(2x-a)(x+1)+6$

$f(x)$를 $x-1$로 나누었을 때의 나머지가 6이므로

나머지정리에 의하여

$f(1)=-2\times(2-a)\times2+6=6$

$-8+4a+6=6$, $4a=8$ $\quad\therefore a=2$

0210
답 ④

$f(x)=x^3-ax+2$라 하면

$f(x)$를 $x-1$로 나누었을 때의 나머지와 $x-2$로 나누었을 때의 나머지가 서로 같으므로 나머지정리에 의하여 $f(1)=f(2)$

$f(1)=1-a+2=3-a$

$f(2)=8-2a+2=10-2a$

즉, $3-a=10-2a$ $\quad\therefore a=7$

0211
답 ④

$(x-2y)a+(3y-x)b+2x-3y=0$에서 등식의 좌변을 정리하면

$(a-b+2)x-(2a-3b+3)y=0$

위의 등식이 x, y에 대한 항등식이므로

$a-b+2=0$, $2a-3b+3=0$

위의 두 식을 연립하여 풀면 $a=-3$, $b=-1$

$\therefore a+b=-3+(-1)=-4$

0212
답 -1

$3x^2-2x-4=ax(x+1)+b(x+1)(x-2)+cx(x-2)$의

양변에 $x=0$, $x=-1$, $x=2$를 각각 대입한다.

양변에 $x=0$을 대입하면 $-4=-2b$ $\quad\therefore b=2$

양변에 $x=-1$을 대입하면 $1=3c$ $\quad\therefore c=\frac{1}{3}$

양변에 $x=2$를 대입하면 $4=6a$ $\quad\therefore a=\frac{2}{3}$

$\therefore a-b+c=\frac{2}{3}-2+\frac{1}{3}=-1$

0213
답 ④

$x+y=5$에서 $y=5-x$

이것을 주어진 등식의 좌변에 대입하면

$2x^2+a(5-x)^2+2bx+5c=0$

$\therefore (a+2)x^2+(-10a+2b)x+25a+5c=0$

위의 등식이 x에 대한 항등식이므로

$a+2=0$, $-10a+2b=0$, $25a+5c=0$

$\therefore a=-2$, $b=-10$, $c=10$

$\therefore a-b+c=-2-(-10)+10=18$

0214
답 ③

$2P(x)+Q(x)$, $P(x)-2Q(x)$를 각각 $x-2$로 나누었을 때의 나머지가 2, -9이므로 나머지정리에 의하여

$2P(2)+Q(2)=2$ $\quad\cdots\cdots$ ㉠

$P(2)-2Q(2)=-9$ $\quad\cdots\cdots$ ㉡

㉠, ㉡을 연립하여 풀면 $P(2)=-1$, $Q(2)=4$

따라서 $P(x)+Q(x)$를 $x-2$로 나누었을 때의 나머지는

$P(2)+Q(2)=-1+4=3$

0215
답 ⑤

$f(x)$는 이차식이므로 $f(x)=ax^2+bx+c$ (a, b, c는 상수)라 하면

$2f(x-1)-f(x)=2x^2$에서

$2\{a(x-1)^2+b(x-1)+c\}-(ax^2+bx+c)=2x^2$

$\therefore ax^2+(b-4a)x+2a-2b+c=2x^2$

위의 등식이 x에 대한 항등식이므로

$a=2$, $b-4a=0$, $2a-2b+c=0$ $\quad\therefore a=2$, $b=8$, $c=12$

따라서 $f(x)=2x^2+8x+12$이므로

$f(-1)=2\times(-1)^2+8\times(-1)+12=2-8+12=6$

0216
답 ③

$x(x+1)(x+2)=(x+1)(x-1)P(x)+ax+b$의 양변에

$x=-1$, $x=1$을 각각 대입한다.

양변에 $x=-1$을 대입하면 $0=-a+b$

$\therefore a=b$ $\quad\cdots\cdots$ ㉠

양변에 $x=1$을 대입하면 $1\times2\times3=a+b$

$\therefore a+b=6$ $\quad\cdots\cdots$ ㉡

㉠, ㉡을 연립하여 풀면 $a=3$, $b=3$

$\therefore x(x+1)(x+2)=(x+1)(x-1)P(x)+3x+3$

$a-b=0$이므로 위의 등식의 양변에 $x=0$을 대입하면

$0=-P(0)+3$ $\quad\therefore P(0)=3$

$\therefore P(a-b)=P(0)=3$

0217

답 ①

$(x^2+2x-1)^{10}=a_0+a_1x+\cdots+a_{19}x^{19}+a_{20}x^{20}$ ...... ㉠

ㄱ. ㉠의 양변에 $x=0$을 대입하면 $1=a_0$

ㄴ. ㉠의 양변에 $x=1$을 대입하면 $2^{10}=a_0+a_1+\cdots+a_{19}+a_{20}$

ㄱ에서 $a_0=1$이므로 $a_1+a_2+\cdots+a_{19}+a_{20}=2^{10}-1$

ㄷ. ㄴ에서 $2^{10}=a_0+a_1+\cdots+a_{19}+a_{20}$ ...... ㉡

㉠의 양변에 $x=-1$을 대입하면

$(-2)^{10}=a_0-a_1+a_2-\cdots-a_{19}+a_{20}$

$\therefore 2^{10}=a_0-a_1+a_2-\cdots-a_{19}+a_{20}$ ...... ㉢

㉡+㉢을 하면 $2\times2^{10}=2(a_0+a_2+\cdots+a_{18}+a_{20})$

$\therefore a_0+a_2+\cdots+a_{18}+a_{20}=2^{10}$

따라서 옳은 것은 ㄱ이다.

0218

답 ③

x^3-ax+b를 x^2-x+1로 나누었을 때의 몫을

$Q(x)=x+p$ (p는 상수)라 하면

$x^3-ax+b=(x^2-x+1)(x+p)+3x+2$

$=x^3+(p-1)x^2+(-p+4)x+p+2$

x^3-ax+b에서 x^3의 계수는 1, x^2-x+1에서 x^2의 계수도 1이므로 몫인 일차식의 x의 계수도 1이다.

위의 등식이 x에 대한 항등식이므로

$0=p-1$, $-a=-p+4$, $b=p+2$

$\therefore p=1,\ a=-3,\ b=3$

$\therefore a+b=-3+3=0$

다른 풀이

다항식 x^3-ax+b를 x^2-x+1로 직접 나누면 다음과 같다.

$$\begin{array}{r} x+1 \\ x^2-x+1\overline{)\,x^3 \quad - \quad ax+b} \\ \underline{x^3-x^2+ \qquad x\quad} \\ x^2-(a+1)x+b \\ \underline{x^2- \qquad x+1} \\ -ax+b-1 \end{array}$$

$\therefore x^3-ax+b=(x^2-x+1)(x+1)-ax+b-1$

이때 x^3-ax+b를 x^2-x+1로 나누었을 때의 나머지가 $3x+2$이므로

$-ax+b-1=3x+2$

위의 등식은 x에 대한 항등식이므로

$-a=3,\ b-1=2 \quad \therefore a=-3,\ b=3$

$\therefore a+b=-3+3=0$

0219

답 ④

$f(x)$를 $(x-2)(x+1)$로 나누었을 때의 몫을 $Q(x)$라 하면

나머지가 $2x-3$이므로

$f(x)=(x-2)(x+1)Q(x)+2x-3$ ...... ㉠

ㄱ. 다항식 $f(x)+5$를 $x+1$로 나누었을 때의 나머지를 R_1이라 하면

$R_1=f(-1)+5$

㉠의 양변에 $x=-1$을 대입하면 $f(-1)=-5$이므로

$R_1=-5+5=0$

따라서 $f(x)+5$는 $x+1$로 나누어떨어진다.

ㄴ. 다항식 $f(3x+2)$를 $x+1$로 나누었을 때의 나머지를 R_2라 하면

$R_2=f(3\times(-1)+2)=f(-1)$

ㄱ에서 $f(-1)=-5$이므로 $R_2=-5$

ㄷ. $xf\left(\frac{1}{2}x\right)$를 $x-4$로 나누었을 때의 나머지를 R_3이라 하면

$R_3=4\times f\left(\frac{1}{2}\times4\right)=4f(2)$

㉠의 양변에 $x=2$를 대입하면 $f(2)=1$이므로 $R_3=4$

따라서 옳은 것은 ㄱ, ㄷ이다.

0220

답 2

$f(x)$를 $(x-1)(x^2-x-1)$로 나누었을 때의 몫을 $Q(x)$,

$R(x)=ax^2+bx+c$ (a, b, c는 상수)라 하면

$f(x)=(x-1)(x^2-x-1)Q(x)+ax^2+bx+c$ ...... ㉠

$f(x)$를 x^2-x-1로 나누었을 때의 나머지가 $-x+2$이므로

$ax^2+bx+c=a(x^2-x-1)-x+2$ ...... ㉡

㉡을 ㉠에 대입하면

$f(x)=(x-1)(x^2-x-1)Q(x)+a(x^2-x-1)-x+2$

한편, $f(x)$를 $x-1$로 나누었을 때의 나머지가 2이므로

나머지정리에 의하여

$f(1)=-a-1+2=2 \quad \therefore a=-1$

따라서 구하는 나머지는 $-(x^2-x-1)-x+2=-x^2+3$이므로

$R(x)=-x^2+3$

$\therefore R(-1)=-(-1)^2+3=2$

0221

답 6

$f(x)$를 x^2-4로 나누었을 때의 몫을 $Q(x)$라 하면 나머지가 $x+3$이므로

$f(x)=(x^2-4)Q(x)+x+3$

$=(x+2)(x-2)Q(x)+x+3$ ...... ㉠

$f(10x)$를 $5x-1$로 나누었을 때의 나머지는 나머지정리에 의하여

$R_1=f\left(10\times\frac{1}{5}\right)=f(2)$

㉠의 양변에 $x=2$를 대입하면 $f(2)=5$

$\therefore R_1=5$

$f(x+1004)$를 $x+1006$으로 나누었을 때의 나머지는 나머지정리에 의하여

$R_2=f(-1006+1004)=f(-2)$

㉠의 양변에 $x=-2$를 대입하면 $f(-2)=1$

$\therefore R_2=1$

$\therefore R_1+R_2=5+1=6$

0222

답 3

$(x+2)(x-1)(x+a)+b(x-1)$을 x^2+4x+5로 나누었을 때의 몫을 $Q(x)$라 하면 $Q(x)$는 일차식이다.

$(x+2)(x-1)(x+a)+b(x-1)=(x^2+4x+5)Q(x)$

$(x-1)\{(x+2)(x+a)+b\}=(x^2+4x+5)Q(x)$

이때 x^2+4x+5는 $x-1$을 인수로 갖지 않으므로

$Q(x)=x-1$

$\therefore x^2+4x+5=(x+2)(x+a)+b$

$=x^2+(2+a)x+2a+b$

즉, $2+a=4$, $2a+b=5$이므로 $a=2$, $b=1$

$\therefore a+b=2+1=3$

0223

답 91

$(x-2)P(x)-x^2$을 $P(x)-x$로 나누었을 때의 나머지가 $P(x)-3x$이므로 나머지 $P(x)-3x$의 차수는 $P(x)-x$의 차수보다 낮아야 한다.

다항식 $P(x)$의 차수가 1이 아니면 $P(x)-x$의 차수와 $P(x)-3x$의 차수는 같아지므로 $P(x)$의 차수는 1이다.

$P(x)=ax+b$ ($a\neq0$, a, b는 실수)라 하면

$P(x)-3x=(a-3)x+b$는 상수이므로 $a=3$

$P(x)=3x+b$에 대하여

$(x-2)P(x)-x^2=\{P(x)-x\}Q(x)+P(x)-3x$

위의 식을 정리하면

$\{P(x)-x\}Q(x)=(x-2)P(x)-x^2-\{P(x)-3x\}$

$=\{P(x)-x\}(x-3)$

이므로

$Q(x)=x-3$

$P(x)$를 $x-3$으로 나눈 나머지는 10이므로 나머지정리에 의하여

$P(3)=9+b=10 \qquad \therefore b=1$

따라서 $P(x)=3x+1$이므로 $P(30)=90+1=91$

0224

답 ④

$2^{2117}=(2^5)^{423}\times2^2=4\times32^{423}$

$32=x$라 하면 $31=x-1$

$4x^{423}$을 $x-1$로 나누었을 때의 몫을 $Q(x)$, 나머지를 R라 하면

$4x^{423}=(x-1)Q(x)+R \qquad \cdots\cdots$ ㉠

㉠의 양변에 $x=1$을 대입하면 $4=R$

$4x^{423}=(x-1)Q(x)+4$의 양변에 $x=32$를 대입하면

$4\times32^{423}=31Q(32)+4$

따라서 2^{2117}을 31로 나누었을 때의 나머지는 4이다.

0225

답 4

주어진 조립제법에서 삼차다항식 $f(x)$를 $x-\frac{1}{2}$로 나누었을 때의 몫을 $Q_1(x)$라 하면 $Q_1(x)$를 $x-\frac{1}{2}$로 나누었을 때의 몫은 $4x-8$, 나머지는 -2이므로

$Q_1(x)=\left(x-\frac{1}{2}\right)(4x-8)-2$

이때 삼차다항식 $f(x)$를 $x-\frac{1}{2}$로 나누었을 때의 나머지는 6이므로

$f(x)=\left(x-\frac{1}{2}\right)Q_1(x)+6$

$=\left(x-\frac{1}{2}\right)\left\{\left(x-\frac{1}{2}\right)(4x-8)-2\right\}+6$

$=\left(x-\frac{1}{2}\right)^2(4x-8)-2\left(x-\frac{1}{2}\right)+6$

$=(2x-1)^2(x-2)-(2x-1)+6$

$=(2x-1)^2(x-2)-2x+7$

따라서 $Q(x)=x-2$, $R(x)=-2x+7$이므로

$Q(1)+R(1)=(1-2)+(-2\times1+7)=4$

0226

답 ②

$f(1)=f(2)=f(3)=k$ (k는 실수)라 하면

$f(1)-k=0$, $f(2)-k=0$, $f(3)-k=0$이므로

$f(x)-k$는 $x-1$, $x-2$, $x-3$으로 각각 나누어떨어진다.

이때 $f(x)$는 최고차항의 계수가 1인 삼차식이므로

$f(x)-k=(x-1)(x-2)(x-3)$

$\therefore f(x)=(x-1)(x-2)(x-3)+k$

한편, $f(x)$는 $x+1$로 나누어떨어지므로

$f(-1)=0$

이때 $f(-1)=-2\times(-3)\times(-4)+k=-24+k$이므로

$-24+k=0 \qquad \therefore k=24$

따라서 $f(x)=(x-1)(x-2)(x-3)+24$이므로

$f(0)=-1\times(-2)\times(-3)+24=18$

0227

답 ⑤

$f(x)=x^3+ax^2+3x+b$라 하면 $f(x)$는 $x+1$로 나누어떨어지고 $x-2$로 나누었을 때의 나머지가 15이므로 나머지정리에 의하여

$f(-1)=0$, $f(2)=15$

$f(-1)=-1+a-3+b=a+b-4$

$a+b-4=0$이므로 $a+b=4 \qquad \cdots\cdots$ ㉠

$f(2)=8+4a+6+b=4a+b+14$

$4a+b+14=15$이므로 $4a+b=1 \qquad \cdots\cdots$ ㉡

㉠, ㉡을 연립하여 풀면 $a=-1$, $b=5$

$\therefore a^2+b^2=(-1)^2+5^2=1+25=26$

0228

답 40

$f(x)=x^4+ax+b$라 하면 $f(x)$가 $(x-2)^2$으로 나누어떨어지므로

$f(2)=0$

이때 $f(2)=16+2a+b$이므로 $16+2a+b=0$

$\therefore 2a+b=-16 \qquad \cdots\cdots$ ㉠

2	1	0	0	a	b
		2	4	8	$2a+16$
	1	2	4	$a+8$	$2a+b+16=0$

위의 조립제법에 의하여

$f(x)=(x-2)\{x^3+2x^2+4x+(a+8)\}$

$f(x)$를 $x-2$로 나누었을 때의 몫을 $Q'(x)$라 하면

$Q'(x)=x^3+2x^2+4x+a+8$

한편, $Q'(x)$도 $x-2$로 나누어떨어지므로

$Q'(2)=0$

이때 $Q'(2)=8+8+8+a+8$이므로 $a+32=0$

$\therefore a=-32$ ······ ㉡

㉡을 ㉠에 대입하면 $-64+b=-16$ $\therefore b=48$

$Q'(x)=x^3+2x^2+4x-24$를 $x-2$로 나누면

2	1	2	4	−24
		2	8	24
	1	4	12	0

즉, $Q(x)=x^2+4x+12$이므로

$Q(2)=2^2+4\times2+12=4+8+12=24$

$\therefore a+b+Q(2)=-32+48+24=40$

다른 풀이

$f(x)=x^4+ax+b$라 하면 $f(x)$가 $(x-2)^2$으로 나누어떨어지므로

$f(2)=0$

이때 $f(2)=16+2a+b$이므로 $16+2a+b=0$

$\therefore b=-2a-16$ ······ ㉢

2	1	0	0	a	$-2a-16$
		2	4	8	$2a+16$
2	1	2	4	$a+8$	0
		2	8	24	
	1	4	12	$a+32$	

위의 조립제법에서

$a+32=0$이므로 $a=-32$

㉢에서 $b=-2\times(-32)-16=64-16=48$

즉, $Q(x)=x^2+4x+12$이므로 $Q(2)=4+8+12=24$

$\therefore a+b+Q(2)=-32+48+24=40$

0229

답 106

이차항의 계수가 1인 이차다항식 $f(x)$를

$f(x)=x^2+ax+b$ (a, b는 상수)라 하면

$f(x)+2$가 $x+2$로 나누어떨어지므로

$f(-2)+2=0$ $\therefore f(-2)=-2$

$f(-2)=4-2a+b=-2$

$\therefore -2a+b=-6$ ······ ㉠

$f(x)-2$가 $x-2$로 나누어떨어지므로

$f(2)-2=0$ $\therefore f(2)=2$

$f(2)=4+2a+b=2$

$\therefore 2a+b=-2$ ······ ㉡

㉠, ㉡을 연립하여 풀면 $a=1$, $b=-4$

따라서 $f(x)=x^2+x-4$이므로

$f(10)=100+10-4=106$

0230

답 6

$f(x)$를 x^2-4로 나누었을 때의 몫을 $Q_1(x)$라 하면

나머지가 $3x+2$이므로

$f(x)=(x^2-4)Q_1(x)+3x+2$

$\quad=(x+2)(x-2)Q_1(x)+3x+2$ ······ ㉠

$g(x)$를 x^2+x-2로 나누었을 때의 몫을 $Q_2(x)$라 하면

나머지가 $x-3$이므로

$g(x)=(x^2+x-2)Q_2(x)+x-3$

$\quad=(x+2)(x-1)Q_2(x)+x-3$ ······ ㉡

······ ❶

$f(x-1)+g(2x-5)$를 $x-3$으로 나누었을 때의 나머지는

나머지정리에 의하여

$f(3-1)+g(2\times3-5)=f(2)+g(1)$

㉠의 양변에 $x=2$를 대입하면 $f(2)=8$

㉡의 양변에 $x=1$을 대입하면 $g(1)=-2$

······ ❷

따라서 구하는 나머지는

$f(2)+g(1)=8+(-2)=6$

······ ❸

채점 기준	배점
❶ $f(x)$, $g(x)$를 $A(x)Q(x)+R(x)$ 꼴로 나타내기	40%
❷ $f(2)$, $g(1)$의 값 구하기	40%
❸ $f(x-1)+g(2x-5)$를 $x-3$으로 나누었을 때의 나머지 구하기	20%

0231

답 1

$x^{100}+2x^{99}-x$를 $x-1$로 나누었을 때의 몫이 $Q(x)$이므로

나머지를 R라 하면

$x^{100}+2x^{99}-x=(x-1)Q(x)+R$

위의 식의 양변에 $x=1$을 대입하면 $2=R$

······ ❶

$\therefore x^{100}+2x^{99}-x=(x-1)Q(x)+2$ ······ ㉠

$Q(x)$를 $x+1$로 나누었을 때의 나머지는 나머지정리에 의하여

$Q(-1)$이므로 ㉠의 양변에 $x=-1$을 대입하면

$0=-2Q(-1)+2$, $2Q(-1)=2$

$\therefore Q(-1)=1$

······ ❷

채점 기준	배점
❶ $x^{100}+2x^{99}-x$를 $x-1$로 나누었을 때의 나머지 구하기	50%
❷ $Q(x)$를 $x+1$로 나누었을 때의 나머지 구하기	50%

0232

답 3

$f\left(-\frac{1}{2}\right)=f\left(-\frac{1}{3}\right)=f\left(-\frac{1}{4}\right)=f\left(-\frac{1}{5}\right)=0$이므로

$f(x)$는 $x+\frac{1}{2}$, $x+\frac{1}{3}$, $x+\frac{1}{4}$, $x+\frac{1}{5}$로 나누어떨어진다.

이때 $f(x)$는 최고차항의 계수가 1인 사차식이므로

$f(x)=\left(x+\frac{1}{2}\right)\left(x+\frac{1}{3}\right)\left(x+\frac{1}{4}\right)\left(x+\frac{1}{5}\right)$ ······ ㉠

······ ❶

한편, $f(x)$를 $x-1$로 나누었을 때의 나머지는 나머지정리에 의하여 $f(1)$이므로 ㉠의 양변에 $x=1$을 대입하면

$f(1)=\frac{3}{2}\times\frac{4}{3}\times\frac{5}{4}\times\frac{6}{5}=3$

따라서 $f(x)$를 $x-1$로 나누었을 때의 나머지는 3이다. ❷

채점 기준	배점
❶ $f(x)$ 구하기	60%
❷ $f(x)$를 $x-1$로 나누었을 때의 나머지 구하기	40%

PART C 수능 녹인 변별력 문제

0233

답 -14

$-2x^3+3x^2+1=a+bf_1(x)+cf_2(x)+df_3(x)$에서

$-2x^3+3x^2+1$

$=a+b(x-1)+c(x-1)(x-2)+d(x-1)(x-2)(x-3)$ ...... ㉠

이므로 $d=-2$

㉠의 양변에 $x=1$을 대입하면 $a=2$

㉠의 양변에 $x=2$를 대입하면 $-16+12+1=a+b$

$-3=2+b \qquad \therefore b=-5$

㉠의 양변에 $x=3$을 대입하면 $-54+27+1=a+2b+2c$

$-26=2-10+2c \qquad \therefore c=-9$

$\therefore a+b+c+d=2+(-5)+(-9)+(-2)=-14$

참고

$-2x^3+3x^2+1$

$=a+b(x-1)+c(x-1)(x-2)+\underbrace{d(x-1)(x-2)(x-3)}_{x^3\text{이 있는 항}}$

x^3항은 $d(x-1)(x-2)(x-3)$에서만 나오므로 양변의 x^3의 계수를 비교하면 $d=-2$이다.

0234

답 ②

(나)에서 $f(x)$를 $(x+1)^2$으로 나누었을 때의 나머지를

$ax+b$ (a, b는 상수)라 하면 몫과 나머지가 같으므로

$f(x)=(x+1)^2(ax+b)+(ax+b)$ ...... ㉠

(가)에서 $f(-1)=2$이므로 $-a+b=2$

$\therefore b=a+2$

이것을 ㉠에 대입하면

$f(x)=(x+1)^2(ax+a+2)+(ax+a+2)$

$=(ax+a+2)\{(x+1)^2+1\}$

$=\{a(x+1)+2\}\{(x+1)^2+1\}$

$=a(x+1)^3+2(x+1)^2+a(x+1)+2$

따라서 $f(x)$를 $(x+1)^3$으로 나누었을 때의 몫은 a,

나머지는 $R(x)=2(x+1)^2+a(x+1)+2$이므로

$R(0)=a+4$, $R(2)=3a+20$

이때 $R(0)=R(2)$이므로

$a+4=3a+20$, $2a=-16 \qquad \therefore a=-8$

따라서 $R(x)=2(x+1)^2-8(x+1)+2$이므로

$R(4)=2\times5^2-8\times5+2=50-40+2=12$

0235

답 ④

$f(x)$의 차수를 n이라 하면 좌변의 차수는 $3n$, 우변의 차수는

$n+2$이므로 $3n=n+2 \qquad \therefore n=1$

즉, $f(x)$는 최고차항의 계수가 1인 일차식이다.

$\{f(x)\}^3-8=x^2f(x)+4x^2+12x$의 양변에 $x=0$을 대입하면

$\{f(0)\}^3-8=0$, $\{f(0)\}^3=8 \qquad \therefore f(0)=2$

$f(x)=x+k$ (k는 상수)라 하면 $f(0)=2$이므로 $k=2$

$\therefore f(x)=x+2$

ㄱ. $f(x)=x+2$이므로 $f(2)=4$

ㄴ. $f(x)$를 x로 나누었을 때의 나머지는 $f(0)=2$

ㄷ. $\{f(x)\}^3$을 x^2-1로 나누었을 때의 몫을 $Q(x)$,

$R(x)=px+q$ (p, q는 상수)라 하면

$\{f(x)\}^3=(x^2-1)Q(x)+px+q$

$=(x+1)(x-1)Q(x)+px+q$ ...... ㉠

㉠의 양변에 $x=-1$을 대입하면 $\{f(-1)\}^3=-p+q$

$f(-1)=1$이므로 $-p+q=1$ ...... ㉡

㉠의 양변에 $x=1$을 대입하면 $\{f(1)\}^3=p+q$

$f(1)=3$이므로 $p+q=27$ ...... ㉢

㉡, ㉢을 연립하여 풀면 $p=13$, $q=14$

즉, $R(x)=13x+14$이므로 $R(0)=14$

따라서 옳은 것은 ㄴ, ㄷ이다.

0236

답 2

$f(x)=\frac{1}{2}(x-1)$에서 $f(x^2)=\frac{1}{2}(x^2-1)$

$\therefore 2f(x^2)=x^2-1=(x+1)(x-1)$

$\{f(x)\}^{1000}$을 $2f(x^2)$으로 나누었을 때의 몫을 $Q(x)$,

$R(x)=ax+b$ (a, b는 상수)라 하면

$\{f(x)\}^{1000}=2f(x^2)Q(x)+R(x)$

$=(x+1)(x-1)Q(x)+ax+b$ ...... ㉠

㉠의 양변에 $x=-1$을 대입하면

$\{f(-1)\}^{1000}=-a+b$

$f(-1)=-1$이므로 $-a+b=1$ ...... ㉡

㉠의 양변에 $x=1$을 대입하면

$\{f(1)\}^{1000}=a+b$

$f(1)=0$이므로 $a+b=0$ ...... ㉢

㉡, ㉢을 연립하여 풀면 $a=-\frac{1}{2}$, $b=\frac{1}{2}$

따라서 $R(x)=-\frac{1}{2}x+\frac{1}{2}$이므로

$R(-3)=-\frac{1}{2}\times(-3)+\frac{1}{2}=\frac{3}{2}+\frac{1}{2}=2$

0237

답 ②

㈎에서 $P(x+1)-Q(x+1)$은 $x+1$로 나누어떨어지므로
나머지정리에 의하여
$P(-1+1)-Q(-1+1)=0 \quad \therefore P(0)-Q(0)=0$
이차다항식 $P(x)$의 x^2의 계수가 1, 일차다항식 $Q(x)$의 x의 계수가 1이므로 $P(x)=x^2+ax+b$, $Q(x)=x+c$ (a, b, c는 상수)라 하면

$$P(x)-Q(x)=x^2+ax+b-(x+c)$$
$$=x^2+(a-1)x+b-c$$

위의 식의 양변에 $x=0$을 대입하면 $P(0)-Q(0)=b-c$
$b-c=0 \quad \therefore b=c$
$\therefore P(x)-Q(x)=x^2+(a-1)x$
㈏에서 $P(x)-Q(x)=0$이 중근을 가지므로
$x^2+(a-1)x=0$이 중근을 갖는다.
$\left(\frac{a-1}{2}\right)^2=0$, $(a-1)^2=0 \quad \therefore a=1$
한편, $P(x)+Q(x)$를 $x-2$로 나누었을 때의 나머지가 12이므로
나머지정리에 의하여 $P(2)+Q(2)=12$

$$P(x)+Q(x)=x^2+x+b+x+b$$
$$=x^2+2x+2b$$

이므로
위의 식의 양변에 $x=2$를 대입하면
$P(2)+Q(2)=4+4+2b=12$
$2b=4 \quad \therefore b=c=2$
따라서 $P(x)=x^2+x+2$이므로
$P(2)=4+2+2=8$

Bible Says **이차방정식이 중근을 가질 조건**

이차방정식 $x^2+ax+b=0$이 중근을 가지려면 $b=\left(\frac{a}{2}\right)^2$이어야 한다.

0238

답 ③

$P(x)=ax^2+bx+c$ (a, b, c는 상수, $a\neq0$)라 하면
$P(x+1)$을 $x+1$로 나누었을 때의 나머지가 2이므로
나머지정리에 의하여
$P(-1+1)=P(0)=2$
$P(x)=ax^2+bx+c$의 양변에 $x=0$을 대입하면
$P(0)=c \quad \therefore c=2$
한편, $xP(x)+x^2-8$을 $(x-1)(x+2)$로 나누었을 때의 몫을 $Q(x)$라 하면
$xP(x)+x^2-8=(x-1)(x+2)Q(x)$ …… ㉠
위의 식의 양변에 $x=1$을 대입하면
$P(1)-7=0 \quad \therefore P(1)=7$
$P(x)=ax^2+bx+2$의 양변에 $x=1$을 대입하면
$P(1)=a+b+2=7 \quad \therefore a+b=5$ …… ㉡
㉠의 양변에 $x=-2$를 대입하면
$-2P(-2)-4=0 \quad \therefore P(-2)=-2$
$P(x)=ax^2+bx+2$의 양변에 $x=-2$를 대입하면
$P(-2)=4a-2b+2$이므로
$4a-2b+2=-2 \quad \therefore 2a-b=-2$ …… ㉢
㉡, ㉢을 연립하여 풀면 $a=1$, $b=4$
따라서 $P(x)=x^2+4x+2$이므로
$P(2)=4+8+2=14$

0239

답 $2n$

2 이상의 자연수 n에 대하여 $x^{4n}+x+1$을 x^2-1로 나누었을 때의 몫이 $Q(x)$이므로 나머지를 $ax+b$ (a, b는 상수)라 하면

$$x^{4n}+x+1=(x^2-1)Q(x)+ax+b$$
$$=(x+1)(x-1)Q(x)+ax+b \quad \cdots\cdots ㉠$$

㉠의 양변에 $x=-1$을 대입하면 $1=-a+b$ …… ㉡
㉠의 양변에 $x=1$을 대입하면 $3=a+b$ …… ㉢
㉡, ㉢을 연립하여 풀면 $a=1$, $b=2$
따라서 $x^{4n}+x+1=(x+1)(x-1)Q(x)+x+2$이므로
$x^{4n}-1=(x+1)(x-1)Q(x)$

$$(x-1)(x^{4n-1}+x^{4n-2}+\cdots+x+1)=(x+1)(x-1)Q(x) \quad \cdots\cdots ㉣$$

㉣이 x에 대한 항등식이므로
$x^{4n-1}+x^{4n-2}+\cdots+x+1=(x+1)Q(x)$ …… ㉤
$Q(x)$의 상수항과 모든 계수들의 총합은 $Q(x)$에 $x=1$을 대입한 값과 같으므로 ㉤의 양변에 $x=1$을 대입하면
$\underbrace{1+1+\cdots+1+1}_{4n\text{개}}=2Q(1)$, $4n=2Q(1) \quad \therefore Q(1)=2n$

0240

답 ②

㈎에서 $f(x)-g(x)$는 일차식이고 $x-2$로 나누었을 때의 몫과 나머지가 서로 같으므로 몫과 나머지를 각각 a (a는 실수)라 하면

$$f(x)-g(x)=a(x-2)+a$$
$$=a(x-1)$$

즉, $f(x)-g(x)$는 $x-1$로 나누어떨어진다.
㈏에서 $f(x)g(x)$가 x^2-1로 나누어떨어지므로 몫을 $Q(x)$라 하면

$$f(x)g(x)=(x^2-1)Q(x)$$
$$=(x+1)(x-1)Q(x) \quad \cdots\cdots ㉠$$

즉, $f(x)$와 $g(x)$는 모두 $x-1$로 나누어떨어진다.
$g(x)$의 최고차항의 계수가 1이고 $x-1$로 나누어떨어지므로
$g(x)=(x-1)(x+b)$ (b는 상수)라 하면
$g(4)=3$이므로
$g(4)=3(b+4)=3$, $b+4=1 \quad \therefore b=-3$
$\therefore g(x)=(x-1)(x-3)$
한편, ㉠에서 $f(x)g(x)$가 $(x+1)(x-1)$로 나누어떨어지는데 $g(x)$가 $x+1$로 나누어떨어지지 않으므로 $f(x)$가 $x+1$로 나누어떨어진다.
따라서 $f(x)=(x+1)(x-1)$, $g(x)=(x-1)(x-3)$이므로
$f(2)+g(2)=3+(-1)=2$

0241

답 ④

(가)에서 $f(x)$를 x^3+1로 나누었을 때의 몫이 $x+2$이므로
나머지를 ax^2+bx+c (a, b, c는 상수)라 하면

$f(x)=(x^3+1)(x+2)+ax^2+bx+c$
$\quad=(x+1)(x^2-x+1)(x+2)+ax^2+bx+c$

이때 (나)에서 $f(x)$를 x^2-x+1로 나누었을 때의 나머지가 $x-6$이므로

$f(x)=(x+1)(x^2-x+1)(x+2)+a(x^2-x+1)+x-6$
$\quad=(x^2-x+1)\{(x+1)(x+2)+a\}+x-6$
$\quad=(x^2-x+1)(x^2+3x+a+2)+x-6$ ...... ㉠

(다)에서 나머지정리에 의하여 $f(1)=-2$이므로
㉠의 양변에 $x=1$을 대입하면

$f(1)=1\times(a+6)+1-6=a+1$

즉, $a+1=-2$이므로 $a=-3$

따라서 $f(x)=(x^2-x+1)(x^2+3x-1)+x-6$이므로

$f(0)=1\times(-1)-6=-7$

0242

답 ③

x^3-x+2를 $x-a$로 나누었을 때의 나머지가 1이므로
나머지정리에 의하여

$a^3-a+2=1 \quad \therefore a^3-a+1=0$ ...... ㉠

$(x^2-x+1)P(x)+22$를 $x-a$로 나누었을 때의 나머지가 2이므로 나머지정리에 의하여

$(a^2-a+1)P(a)+22=2$

이때 $a^2-a+1=\left(a-\frac{1}{2}\right)^2+\frac{3}{4}$이므로 $a^2-a+1\neq0$

$\therefore P(a)=-\frac{20}{a^2-a+1}$

따라서 $\frac{P(x)}{(a+1)^2(a-1)}$를 $x-a$로 나누었을 때의 나머지는

$$\frac{P(a)}{(a+1)^2(a-1)}=-\frac{20}{(a+1)^2(a-1)(a^2-a+1)}$$
$$=-\frac{20}{(a+1)(a-1)(a+1)(a^2-a+1)}$$
$$=-\frac{20}{(a^2-1)(a^3+1)}$$
$$=-\frac{20}{(a^2-1)a}$$
㉠에서 $a^3+1=a$
$$=-\frac{20}{a^3-a}$$
$$=-\frac{20}{-1}=20$$
㉠에서 $a^3-a=-1$

0243

답 1

$x^n(x^2+ax+b)$를 $(x-3)^2$으로 나누었을 때의 나머지가 $3^n(x-3)$이므로 몫을 $Q(x)$라 하면

$x^n(x^2+ax+b)=(x-3)^2Q(x)+3^n(x-3)$ ...... ㉠

위의 등식의 양변에 $x=3$을 대입하면

$3^n(9+3a+b)=0 \quad \therefore b=-3a-9$ ...... ㉡

㉡을 ㉠에 대입하면

$x^n(x^2+ax-3a-9)=(x-3)^2Q(x)+3^n(x-3)$

이때

$x^2+ax-3a-9=x^2-9+ax-3a$
$\quad=(x+3)(x-3)+a(x-3)$
$\quad=(x-3)(x+3+a)$

이므로

$x^n(x-3)(x+3+a)=(x-3)^2Q(x)+3^n(x-3)$
$\quad=(x-3)\{(x-3)Q(x)+3^n\}$

위의 등식이 x에 대한 항등식이므로

$x^n(x+3+a)=(x-3)Q(x)+3^n$

위의 식의 양변에 $x=3$을 대입하면 $3^n(6+a)=3^n$

이때 $3^n\neq0$이므로 $6+a=1 \quad \therefore a=-5$

따라서 ㉡에 $a=-5$를 대입하면 $b=6$

$\therefore a+b=-5+6=1$

0244

답 ④

(가)에서 $f(x)$를 $x+2$, x^2+4로 나누었을 때의 나머지는 모두 $3p^2$이므로 $f(x)-3p^2$은 $x+2$, x^2+4로 각각 나누어떨어진다.
이때 $f(x)$는 최고차항의 계수가 1인 사차식이므로

$f(x)-3p^2=(x+2)(x^2+4)(x+a)$ (a는 상수)

$\therefore f(x)=(x+2)(x^2+4)(x+a)+3p^2$ ...... ㉠

㉠의 양변에 $x=1$을 대입하면

$f(1)=3\times5\times(1+a)+3p^2=15+15a+3p^2$

㉠의 양변에 $x=-1$을 대입하면

$f(-1)=1\times5\times(-1+a)+3p^2=-5+5a+3p^2$

(나)에서 $f(1)=f(-1)$이므로

$15+15a+3p^2=-5+5a+3p^2$, $10a=-20 \quad \therefore a=-2$

$\therefore f(x)=(x+2)(x^2+4)(x-2)+3p^2$
$\quad=(x+2)(x-2)(x^2+4)+3p^2$
$\quad=(x^2-4)(x^2+4)+3p^2$
$\quad=x^4-16+3p^2$ ...... ㉡

한편, (다)에서 $x-\sqrt{p}$가 $f(x)$의 인수이므로 $f(\sqrt{p})=0$
㉡의 양변에 $x=\sqrt{p}$를 대입하면

$p^2-16+3p^2=0$, $4p^2=16$

$p^2=4 \quad \therefore p=2$ ($\because p>0$)

Bible Says 인수정리

다항식 $P(x)$에 대하여
(1) $P(\alpha)=0$이면 $P(x)$는 일차식 $x-\alpha$로 나누어떨어진다.
(2) $P(x)$가 일차식 $x-\alpha$로 나누어떨어지면 $P(\alpha)=0$이다.

참고 다음은 모두 다항식 $P(x)$가 $x-\alpha$로 나누어떨어짐을 나타낸다.
① $P(x)$를 $x-\alpha$로 나누었을 때의 나머지가 0이다.
② $P(\alpha)=0$
③ $P(x)=(x-\alpha)Q(x)$
④ $P(x)$가 $x-\alpha$를 인수로 갖는다.

03 인수분해

유형 01 인수분해 공식을 이용한 다항식의 인수분해

확인 문제 (1) $(x+5)^2$ (2) $(a-4b)^2$
(3) $(x+4y)(x-4y)$ (4) $(3a-2)(a-2)$

0245
답 ②

② $x^3+125=x^3+5^3=(x+5)(x^2-5x+25)$

0246
답 ②

$x^3-8y^3=x^3-(2y)^3$
$=(x-2y)(x^2+2xy+4y^2)$
$\therefore a=2$

0247
답 ②

$x^2-x-y^2-y=x^2-y^2-(x+y)$
$=(x+y)(x-y)-(x+y)$
$=(x+y)(x-y-1)$
따라서 인수인 것은 ②이다.

0248
답 ⑤

$x^5-9x^3+4x^2-12x=x(x^4-9x^2+4x-12)$
$=x\{x^2(x^2-9)+4(x-3)\}$
$=x\{x^2(x+3)(x-3)+4(x-3)\}$
$=x(x-3)\{x^2(x+3)+4\}$
$=x(x-3)(x^3+3x^2+4)$
따라서 인수인 것은 ⑤이다.

0249
답 ②

ㄱ. $27x^3+8y^3=(3x)^3+(2y)^3$
$=(3x+2y)(9x^2-6xy+4y^2)$
ㄴ. $x^3-6x^2y+12xy^2-8y^3$
$=x^3-3\times x^2\times 2y+3\times x\times(2y)^2-(2y)^3$
$=(x-2y)^3$
ㄷ. $(a-3b)^3-27b^3$
$=(a-3b)^3-(3b)^3$
$=(a-3b-3b)\{(a-3b)^2+(a-3b)\times 3b+(3b)^2\}$
$=(a-6b)(a^2-6ab+9b^2+3ab-9b^2+9b^2)$
$=(a-6b)(a^2-3ab+9b^2)$
ㄹ. $x^3-y^3+8z^3+6xyz$
$=x^3+(-y)^3+(2z)^3-3\times x\times(-y)\times 2z$
$=(x-y+2z)(x^2+y^2+4z^2+xy+2yz-2zx)$
따라서 옳은 것은 ㄴ, ㄹ이다.

0250
답 ④

$(xy^2-4x)(x^2+3)+(4-y^2)(3x^2+1)$
$=x(y^2-4)(x^2+3)-(y^2-4)(3x^2+1)$
$=(y^2-4)\{x(x^2+3)-3x^2-1\}$
$=(y+2)(y-2)(x^3-3x^2+3x-1)$
$=(y+2)(y-2)(x-1)^3$
따라서 인수가 아닌 것은 ④이다.

0251
답 0

$x^4+16y^4+2x^3y+8xy^3=x^4+8xy^3+2x^3y+16y^4$
$=x(x^3+8y^3)+2y(x^3+8y^3)$
$=(x^3+8y^3)(x+2y)$
$=(x+2y)\{x^3+(2y)^3\}$
$=(x+2y)\{(x+2y)(x^2-2xy+4y^2)\}$
$=(x+2y)^2(x^2-2xy+4y^2)$
…… ❶
따라서 $a=-2$, $b=-2$, $c=4$이므로
$a+b+c=-2+(-2)+4=0$
…… ❷

채점 기준	배점
❶ 다항식 $x^4+16y^4+2x^3y+8xy^3$ 인수분해하기	70%
❷ $a+b+c$의 값 구하기	30%

다른 풀이
$x^4+16y^4+2x^3y+8xy^3=x^4+2x^3y+8xy^3+16y^4$
$=x^3(x+2y)+8y^3(x+2y)$
$=(x+2y)(x^3+8y^3)$
$=(x+2y)\{x^3+(2y)^3\}$
$=(x+2y)\{(x+2y)(x^2-2xy+4y^2)\}$
$=(x+2y)^2(x^2-2xy+4y^2)$
따라서 $a=-2$, $b=-2$, $c=4$이므로
$a+b+c=-2+(-2)+4=0$

0252
답 5장

$a^8+a^6b^2-a^2b^6-b^8$
$=a^6(a^2+b^2)-b^6(a^2+b^2)$
$=(a^2+b^2)(a^6-b^6)$
$=(a^2+b^2)(a^3+b^3)(a^3-b^3)$
$=(a^2+b^2)(a+b)(a^2-ab+b^2)(a-b)(a^2+ab+b^2)$
이고
$(a^2+b^2)(a+b)(a^2-ab+b^2)(a-b)(a^2+ab+b^2)$
$=(a+b)(a-b)(a^2+b^2)(a^2+ab+b^2)(a^2-ab+b^2)$
$=(a^2-b^2)(a^2+b^2)(a^2+ab+b^2)(a^2-ab+b^2)$
$=(a^4-b^4)(a^4+a^2b^2+b^4)$
이므로 주어진 다항식의 인수가 적힌 카드는 다음 중 색칠한 것이다.

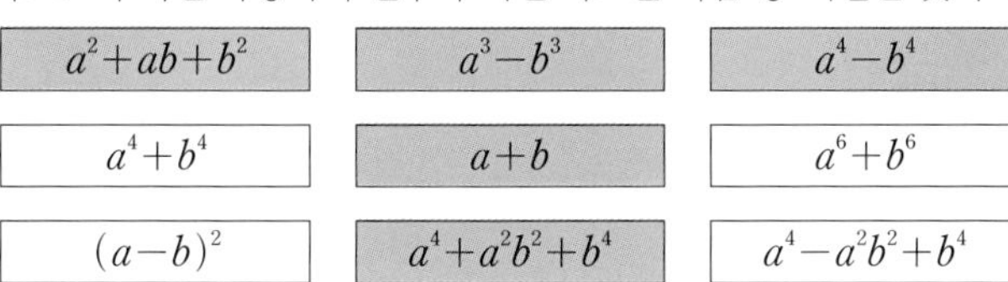

a^2+ab+b^2
a^3-b^3
a^4-b^4
a^4+b^4
$a+b$
a^6+b^6
$(a-b)^2$
$a^4+a^2b^2+b^4$
$a^4-a^2b^2+b^4$

따라서 주어진 다항식의 인수가 적힌 카드는 5장이다.

다른 풀이

$a^8+a^6b^2-a^2b^6-b^8$
$=a^8-b^8+a^6b^2-a^2b^6$
$=(a^4+b^4)(a^4-b^4)+a^2b^2(a^4-b^4)$
$=(a^4-b^4)(a^4+a^2b^2+b^4)$
$=(a^2+b^2)(a^2-b^2)(a^2+ab+b^2)(a^2-ab+b^2)$
$=(a+b)(a-b)(a^2+b^2)(a^2+ab+b^2)(a^2-ab+b^2)$
$=(a^2+b^2)(a+b)(a^2-ab+b^2)(a-b)(a^2+ab+b^2)$
$=(a^2+b^2)(a^3+b^3)(a^3-b^3)$

참고

$(a-b)(a^2+ab+b^2)=a^3-b^3$이므로 a^3-b^3은 주어진 다항식의 인수이다.

유형 02 공통부분이 있는 다항식의 인수분해

0253 답 ④

$(x+5)(x+4)(x-2)(x-1)-40$
$=\{(x+5)(x-2)\}\{(x+4)(x-1)\}-40$
$=(x^2+3x-10)(x^2+3x-4)-40$
$x^2+3x=t$로 놓으면
$(x^2+3x-10)(x^2+3x-4)-40=(t-10)(t-4)-40$
$=t^2-14t$
$=t(t-14)$
$=(x^2+3x)(x^2+3x-14)$
$=x(x+3)(x^2+3x-14)$
따라서 인수인 것은 ④이다.

0254 답 $(a+2b-1)(a+2b-3)$

$a+2b=t$로 놓으면
$(a+2b+1)(a+2b-5)+8=(t+1)(t-5)+8$
$=t^2-4t+3$
$=(t-1)(t-3)$
$=(a+2b-1)(a+2b-3)$

0255 답 ③

$2x+y=t$로 놓으면
$(2x+y)^2-2(2x+y)-3=t^2-2t-3$
$=(t+1)(t-3)$
$=(2x+y+1)(2x+y-3)$
따라서 $a=2$, $b=1$, $c=-3$이므로
$a+b+c=2+1+(-3)=0$

0256 답 ①

$x^2+3x=t$로 놓으면
$(x^2+3x+1)(x^2+3x-3)-5=(t+1)(t-3)-5$
$=t^2-2t-8$
$=(t+2)(t-4)$
$=(x^2+3x+2)(x^2+3x-4)$
$=(x+1)(x+2)(x+4)(x-1)$
따라서 인수가 아닌 것은 ①이다.

0257 답 ④

$x^2+x=t$로 놓으면
$(x^2+x)(x^2+x+1)-6=t(t+1)-6$
$=t^2+t-6$
$=(t+3)(t-2)$
$=(x^2+x+3)(x^2+x-2)$
$=(x+2)(x-1)(x^2+x+3)$
따라서 $a=1$, $b=3$이므로
$a+b=1+3=4$

0258 답 1

$(x-2)(x-3)(x-4)(x-5)+k$
$=\{(x-2)(x-5)\}\{(x-3)(x-4)\}+k$
$=(x^2-7x+10)(x^2-7x+12)+k$
…… ❶
$x^2-7x=t$로 놓으면
$(x^2-7x+10)(x^2-7x+12)+k=(t+10)(t+12)+k$
$=t^2+22t+120+k$ …… ㉠
…… ❷
주어진 식이 x에 대한 이차식의 완전제곱식으로 인수분해되려면 ㉠이 t에 대한 완전제곱식으로 인수분해되어야 하므로
$120+k=\left(\frac{22}{2}\right)^2=121$ $\therefore k=1$
…… ❸

채점 기준	배점
❶ 주어진 식을 공통부분이 생기도록 짝을 지어 전개하기	30%
❷ 공통부분을 하나의 문자로 치환하여 전개하기	30%
❸ k의 값 구하기	40%

0259 답 ⑤

$(x-1)(x-4)(x-5)(x-8)+a$
$=\{(x-1)(x-8)\}\{(x-4)(x-5)\}+a$
$=(x^2-9x+8)(x^2-9x+20)+a$
$x^2-9x=t$로 놓으면
$(t+8)(t+20)+a=t^2+28t+160+a$ …… ㉠
㉠이 t에 대한 완전제곱식으로 인수분해되어야 하므로
$160+a=\left(\frac{28}{2}\right)^2$ $\therefore a=36$

$a=36$을 ㉠에 대입하면

$t^2+28t+196=(t+14)^2$
$=(x^2-9x+14)^2$
$=\{(x-2)(x-7)\}^2$
$=(x-2)^2(x-7)^2$

따라서 $a=36$, $b=-2$, $c=-7$

또는 $a=36$, $b=-7$, $c=-2$이므로

$a+b+c=36+(-2)+(-7)=27$

0260

답 -48

$(x^2-1)(x^2+8x+15)-9$
$=(x+1)(x-1)(x+3)(x+5)-9$
$=\{(x+1)(x+3)\}\{(x-1)(x+5)\}-9$
$=(x^2+4x+3)(x^2+4x-5)-9$

$x^2+4x=t$로 놓으면

$(x^2+4x+3)(x^2+4x-5)-9=(t+3)(t-5)-9$
$=t^2-2t-24$
$=(t+4)(t-6)$
$=(x^2+4x+4)(x^2+4x-6)$
$=(x+2)^2(x^2+4x-6)$

따라서 $a=2$, $b=4$, $c=-6$이므로

$abc=2\times4\times(-6)=-48$

유형 03 x^4+ax^2+b 꼴의 다항식의 인수분해

0261

답 -15

$x^2=X$로 놓으면

$x^4-17x^2+16=X^2-17X+16$
$=(X-1)(X-16)$
$=(x^2-1)(x^2-16)$
$=(x+1)(x-1)(x+4)(x-4)$
$=(x+4)(x+1)(x-1)(x-4)$

이때 $a<b<c<d$이므로

$a=-4$, $b=-1$, $c=1$, $d=4$

$\therefore ad-bc=-4\times4-(-1)\times1=-15$

0262

답 503

$x^2=X$로 놓으면

$x^4-8x^2+16=X^2-8X+16$
$=(X-4)^2$
$=(x^2-4)^2$
$=\{(x+2)(x-2)\}^2$
$=(x+2)^2(x-2)^2$

이때 $a>b$이므로 $a=2$, $b=-2$

$\therefore \dfrac{2012}{a-b}=\dfrac{2012}{2-(-2)}=\dfrac{2012}{4}=503$

0263

답 ③

$x^4+x^2+25=(x^4+10x^2+25)-9x^2$
$=(x^2+5)^2-(3x)^2$
$=(x^2+3x+5)(x^2-3x+5)$

따라서 $a=3$, $b=5$, $c=3$, $d=5$이므로

$a+b+c+d=3+5+3+5=16$

0264

답 10

$9x^4+5x^2y^2+y^4=(9x^4+6x^2y^2+y^4)-x^2y^2$
$=(3x^2+y^2)^2-(xy)^2$
$=(3x^2+xy+y^2)(3x^2-xy+y^2)$

……… ❶

따라서 $a=3$, $b=1$ 또는 $a=3$, $b=-1$이므로

$a^2+b^2=9+1=10$

……… ❷

채점 기준	배점
❶ $9x^4+5x^2y^2+y^4$ 인수분해하기	70%
❷ a^2+b^2의 값 구하기	30%

0265

답 ②

$x+3=X$로 놓으면

$(x+3)^4-6(x+3)^2+1$
$=X^4-6X^2+1$
$=(X^4-2X^2+1)-4X^2$
$=(X^2-1)^2-(2X)^2$
$=(X^2+2X-1)(X^2-2X-1)$
$=\{(x+3)^2+2(x+3)-1\}\{(x+3)^2-2(x+3)-1\}$
$=(x^2+8x+14)(x^2+4x+2)$

따라서 $a=8$, $b=14$, $c=2$이므로

$a+b-c=8+14-2=20$

유형 04 문자가 여러 개인 다항식의 인수분해

0266

답 -30

주어진 식을 x에 대하여 내림차순으로 정리한 후 인수분해하면

$x^2-xy-2y^2-8x+y+15=x^2-(y+8)x-(2y^2-y-15)$
$=x^2-(y+8)x-(2y+5)(y-3)$
$=\{x-(2y+5)\}\{x+(y-3)\}$
$=(x-2y-5)(x+y-3)$

따라서 $a=-2$, $b=-5$, $c=1$, $d=-3$

또는 $a=1$, $b=-3$, $c=-2$, $d=-5$이므로

$abcd=-2\times(-5)\times1\times(-3)=-30$

0267

답 ⑤

주어진 식을 c에 대하여 내림차순으로 정리한 후 인수분해하면

$$\begin{aligned}b^2-abc+ab-a^2c&=-(a^2+ab)c+b^2+ab\\&=-(a+b)ac+b(a+b)\\&=(a+b)(b-ac)\end{aligned}$$

따라서 인수인 것은 ⑤이다.

다른 풀이

$$\begin{aligned}b^2-abc+ab-a^2c&=b(b-ac)+a(b-ac)\\&=(b-ac)(a+b)\end{aligned}$$

0268

답 ⑤

주어진 식을 x에 대하여 내림차순으로 정리한 후 인수분해하면

$$\begin{aligned}3x^2-2xy-y^2+x+3y-2&=3x^2+(1-2y)x-(y^2-3y+2)\\&=3x^2+(1-2y)x-(y-1)(y-2)\\&=\{3x+(y-2)\}\{x-(y-1)\}\\&=(3x+y-2)(x-y+1)\end{aligned}$$

따라서 인수인 것은 ⑤이다.

0269

답 $(x+2)(x-3)(x-y)$

주어진 식을 y에 대하여 내림차순으로 정리한 후 인수분해하면

$$\begin{aligned}x^3-(y+1)x^2+(y-6)x+6y&=x^3-x^2y-x^2+xy-6x+6y\\&=(-x^2+x+6)y+x^3-x^2-6x\\&=-(x^2-x-6)y+x(x^2-x-6)\\&=(x^2-x-6)(x-y)\\&=(x+2)(x-3)(x-y)\end{aligned}$$

0270

답 ④

주어진 식을 x에 대하여 내림차순으로 정리한 후 인수분해하면

$$\begin{aligned}2x^2+3xy+y^2-7x-5y+6&=2x^2+(3y-7)x+y^2-5y+6\\&=2x^2+(3y-7)x+(y-2)(y-3)\\&=\{x+(y-2)\}\{2x+(y-3)\}\\&=(x+y-2)(2x+y-3)\end{aligned}$$

따라서 두 일차식의 합은

$(x+y-2)+(2x+y-3)=3x+2y-5$

0271

답 4

주어진 식을 x에 대하여 내림차순으로 정리하면

$x^2-xy-6y^2+ax-2y+4$

$=x^2-(y-a)x-(6y^2+2y-4)$

$=x^2-(y-a)x-2(3y^2+y-2)$

$=x^2-(y-a)x-2(3y-2)(y+1)$

……… ❶

주어진 식이 x, y에 대한 두 일차식의 곱으로 인수분해되려면

$2(y+1)-(3y-2)=-(y-a)$

……… ❷

$-y+4=-y+a \qquad \therefore a=4$

……… ❸

채점 기준	배점
❶ 주어진 식을 x에 대하여 내림차순으로 정리하기	40%
❷ 주어진 식이 x, y에 대한 두 일차식의 곱으로 인수분해되는 조건 구하기	40%
❸ a의 값 구하기	20%

다른 풀이

이차방정식의 판별식을 이용하여 문제를 해결할 수 있다. (06단원)

$x^2-xy-6y^2+ax-2y+4$를 x에 대한 내림차순으로 정리하면

$x^2-(y-a)x-6y^2-2y+4$

이때 x에 대한 이차방정식 $x^2-(y-a)x-6y^2-2y+4=0$의 판별식을 D라 하면

$$\begin{aligned}D&=\{-(y-a)\}^2-4(-6y^2-2y+4)\\&=y^2-2ay+a^2+24y^2+8y-16\\&=25y^2-2(a-4)y+a^2-16\end{aligned}$$

이 완전제곱식이 되어야 한다.

즉, y에 대한 이차방정식 $25y^2-2(a-4)y+a^2-16=0$의 판별식을 D'이라 하면

$\frac{D'}{4}=(a-4)^2-25\times(a^2-16)=0$

$a^2-8a+16-25a^2+400=0$, $-24a^2-8a+416=0$

$3a^2+a-52=0$, $(a-4)(3a+13)=0$

$\therefore a=4$ 또는 $a=-\frac{13}{3}$

이때 a는 정수이므로 $a=4$

유형 05 인수정리와 조립제법을 이용한 인수분해

0272

답 -5

$P(x)=2x^3+3x^2-11x-6$이라 하면

$P(2)=16+12-22-6=0$

조립제법을 이용하여 $P(x)$를 인수분해하면

2	2	3	−11	−6
		4	14	6
	2	7	3	0

$$\begin{aligned}P(x)&=2x^3+3x^2-11x-6\\&=(x-2)(2x^2+7x+3)\\&=(x-2)(x+3)(2x+1)\end{aligned}$$

따라서 $a=-2$, $b=3$, $c=1$ 또는 $a=3$, $b=-2$, $c=1$이므로

$ab+c=-6+1=-5$

0273

답 ②

나무 블록의 부피는

$x^2(x+3)-1^3\times2=x^3+3x^2-2$

이때 $P(x)=x^3+3x^2-2$라 하면

$P(-1)=-1+3-2=0$

조립제법을 이용하여 $P(x)$를 인수분해하면

$$\begin{array}{r|rrrr} -1 & 1 & 3 & 0 & -2 \\ & & -1 & -2 & 2 \\ \hline & 1 & 2 & -2 & 0 \end{array}$$

$P(x)=x^3+3x^2-2$

$=(x+1)(x^2+2x-2)$

따라서 $a=1$, $b=2$, $c=-2$이므로

$abc=1\times2\times(-2)=-4$

0274

답 ③

$P(x)=x^4-2x^3+2x^2-x-6$이라 하면

$P(-1)=1+2+2+1-6=0$

$P(2)=16-16+8-2-6=0$

조립제법을 이용하여 $P(x)$를 인수분해하면

$$\begin{array}{r|rrrrr} -1 & 1 & -2 & 2 & -1 & -6 \\ & & -1 & 3 & -5 & 6 \\ \hline 2 & 1 & -3 & 5 & -6 & 0 \\ & & 2 & -2 & 6 & \\ \hline & 1 & -1 & 3 & 0 & \end{array}$$

$P(x)=x^4-2x^3+2x^2-x-6$

$=(x+1)(x-2)(x^2-x+3)$

따라서 $a=-2$, $b=-1$, $c=3$이므로

$a+b+c=-2+(-1)+3=0$

0275

답 ①

$P(x)=x^4+4x^3+2x^2-4x-3$이라 하면

$P(1)=1+4+2-4-3=0$

$P(-1)=1-4+2+4-3=0$

조립제법을 이용하여 $P(x)$를 인수분해하면

$$\begin{array}{r|rrrrr} 1 & 1 & 4 & 2 & -4 & -3 \\ & & 1 & 5 & 7 & 3 \\ \hline -1 & 1 & 5 & 7 & 3 & 0 \\ & & -1 & -4 & -3 & \\ \hline & 1 & 4 & 3 & 0 & \end{array}$$

$P(x)=x^4+4x^3+2x^2-4x-3$

$=(x-1)(x+1)(x^2+4x+3)$

$=(x-1)(x+1)(x+1)(x+3)$

$=(x-1)(x+1)^2(x+3)$

따라서 인수가 아닌 것은 ①이다.

0276

답 2

$P(x)=x^3-(2a+1)x^2-a(3a-2)x+3a^2$이라 하면

$P(1)=1-2a-1-3a^2+2a+3a^2=0$

조립제법을 이용하여 $P(x)$를 인수분해하면

$$\begin{array}{r|rrrr} 1 & 1 & -2a-1 & -3a^2+2a & 3a^2 \\ & & 1 & -2a & -3a^2 \\ \hline & 1 & -2a & -3a^2 & 0 \end{array}$$

$P(x)=x^3-(2a+1)x^2-a(3a-2)x+3a^2$

$=(x-1)(x^2-2ax-3a^2)$

$=(x-1)(x+a)(x-3a)$

이때 세 일차식의 상수항의 합은 -5이므로

$-1+a+(-3a)=-5$, $-2a=-4$

$\therefore a=2$

0277

답 6

$x^4+7x^3+8x^2-16x=x(x^3+7x^2+8x-16)$

$h(x)=x^3+7x^2+8x-16$이라 하면

$h(1)=1+7+8-16=0$

조립제법을 이용하여 $h(x)$를 인수분해하면

$$\begin{array}{r|rrrr} 1 & 1 & 7 & 8 & -16 \\ & & 1 & 8 & 16 \\ \hline & 1 & 8 & 16 & 0 \end{array}$$

$h(x)=x^3+7x^2+8x-16$

$=(x-1)(x^2+8x+16)$

$=(x-1)(x+4)^2$

$\therefore x^4+7x^3+8x^2-16x=x(x-1)(x+4)^2$

…… ❶

$f(x)$, $g(x)$는 각각 최고차항의 계수가 1인 이차식이고

$f(1)\neq0$, $g(0)\neq0$이므로 $f(x)$는 $x-1$을 인수로 갖지 않고,

$g(x)$는 x를 인수로 갖지 않는다.

$\therefore f(x)=x(x+4)$, $g(x)=(x-1)(x+4)$

…… ❷

$\therefore f(2)+g(-1)=2\times6+(-2)\times3=6$

…… ❸

채점 기준	배점
❶ 주어진 식을 인수분해하기	40%
❷ $f(x)$, $g(x)$ 구하기	30%
❸ $f(2)+g(-1)$의 값 구하기	30%

0278

답 ②

$P(x)=x^3+x^2+(k-12)x-3k$라 하면

$P(3)=27+9+3k-36-3k=0$

조립제법을 이용하여 $P(x)$를 인수분해하면

$$\begin{array}{r|rrrr} 3 & 1 & 1 & k-12 & -3k \\ & & 3 & 12 & 3k \\ \hline & 1 & 4 & k & 0 \end{array}$$

$P(x)=x^3+x^2+(k-12)x-3k=(x-3)(x^2+4x+k)$

$P(x)$가 $(x+a)(x+b)^2$ 꼴이 되려면 x^2+4x+k가 완전제곱식으로 인수분해되거나 $x-3$을 인수로 가지면 된다.

(i) x^2+4x+k가 완전제곱식으로 인수분해되는 경우

$k=\left(\frac{4}{2}\right)^2$이므로 $k=4$

(ⅱ) x^2+4x+k가 $x-3$을 인수로 가지는 경우
x^2+4x+k에 $x=3$을 대입하면 그 값이 0이므로
$9+12+k=0$에서 $k=-21$
(ⅰ), (ⅱ)에서 $k=4$ 또는 $k=-21$이므로
모든 상수 k의 값의 합은 $4+(-21)=-17$

유형 06 인수가 주어질 때, 미정계수 구하기

0279

답 35

$P(x)=x^3+ax^2+bx+3$이라 하면
$P(x)$가 $(x+1)^2$을 인수로 가지므로
$P(-1)=-1+a-b+3=0$
$\therefore b=a+2$ …… ㉠
따라서 $P(x)=x^3+ax^2+(a+2)x+3$이므로
조립제법을 이용하여 인수분해하면

-1	1	a	$a+2$	3
		-1	$-a+1$	-3
-1	1	$a-1$	3	0
		-1	$-a+2$	
	1	$a-2$	$-a+5$	

이때 $P(x)$가 $(x+1)^2$을 인수로 가지므로
$-a+5=0$ $\therefore a=5$
$a=5$를 ㉠에 대입하면 $b=7$
$\therefore ab=5\times7=35$

다른 풀이

-1	1	a	b	3
		-1	$-a+1$	$a-b-1$
-1	1	$a-1$	$-a+b+1$	$a-b+2$
		-1	$-a+2$	
	1	$a-2$	$-2a+b+3$	

이때 x^3+ax^2+bx+3이 $(x+1)^2$을 인수로 가지므로
$a-b+2=0$, $-2a+b+3=0$
위의 두 식을 연립하여 풀면 $a=5$, $b=7$
$\therefore ab=5\times7=35$

0280

답 ⑤

$f(x)=3x^3+5x^2+ax-4$가 $x-1$로 나누어떨어지므로
$f(1)=3+5+a-4=0$ $\therefore a=-4$
$\therefore f(x)=3x^3+5x^2-4x-4$
조립제법을 이용하여 $f(x)$를 인수분해하면

1	3	5	-4	-4
		3	8	4
	3	8	4	0

$f(x)=3x^3+5x^2-4x-4$
$=(x-1)(3x^2+8x+4)$
$=(x-1)(x+2)(3x+2)$
따라서 $f(x)$의 인수인 것은 ⑤이다.

0281

답 ②

(전력)=(전압)×(전류)이고
전력이 $P(t)=t^3+9t^2+23t+a$이므로
$t^3+9t^2+23t+a=(t+5)V(t)$ …… ㉠
㉠의 양변에 $t=-5$를 대입하면
$-125+225-115+a=0$ $\therefore a=15$
$P(-5)=0$이므로 조립제법을 이용하여 $P(t)=t^3+9t^2+23t+15$를 인수분해하면

-5	1	9	23	15
		-5	-20	-15
	1	4	3	0

$P(t)=(t-5)(t^2+4t+3)$
$\therefore V(t)=t^2+4t+3$
따라서 $a=15$, $b=4$, $c=3$이므로
$a-2b+c=15-2\times4+3=10$

0282

답 3

$P(x)=x^4+4x^3+ax^2+bx+2$라 하면
$P(x)$가 $x-1$, $x+2$를 인수로 가지므로
$P(1)=1+4+a+b+2=0$
$\therefore a+b=-7$ …… ㉠
$P(-2)=16-32+4a-2b+2=0$
$4a-2b=14$ $\therefore 2a-b=7$ …… ㉡
㉠, ㉡을 연립하여 풀면 $a=0$, $b=-7$
…… ❶
즉, $P(x)=x^4+4x^3-7x+2$이므로 조립제법을 이용하여 인수분해하면

1	1	4	0	-7	2
		1	5	5	-2
-2	1	5	5	-2	0
		-2	-6	2	
	1	3	-1	0	

$P(x)=x^4+4x^3-7x+2$
$=(x-1)(x+2)(x^2+3x-1)$
…… ❷
따라서 $Q(x)=x^2+3x-1$이므로
$Q(-4)=16-12-1=3$
…… ❸

채점 기준	배점
❶ a, b의 값 구하기	50%
❷ 조립제법을 이용하여 주어진 식 인수분해하기	40%
❸ $Q(-4)$의 값 구하기	10%

유형 07 계수가 대칭인 사차식의 인수분해

0283 답 ⑤

$$x^4-5x^3+8x^2-5x+1=x^2\left(x^2-5x+8-\frac{5}{x}+\frac{1}{x^2}\right)$$
$$=x^2\left\{x^2+\frac{1}{x^2}-5\left(x+\frac{1}{x}\right)+8\right\}$$
$$=x^2\left\{\left(x+\frac{1}{x}\right)^2-2-5\left(x+\frac{1}{x}\right)+8\right\}$$
$$=x^2\left\{\left(x+\frac{1}{x}\right)^2-5\left(x+\frac{1}{x}\right)+6\right\}$$

$x+\frac{1}{x}=t$로 놓으면 $t^2-5t+6=(t-2)(t-3)$

$$=x^2\left(x+\frac{1}{x}-2\right)\left(x+\frac{1}{x}-3\right)$$
$$=(x^2-2x+1)(x^2-3x+1)$$
$$=(x-1)^2(x^2-3x+1)$$

따라서 인수인 것은 ⑤이다.

0284 답 6

$$x^4-4x^3-7x^2+4x+1=x^2\left(x^2-4x-7+\frac{4}{x}+\frac{1}{x^2}\right)$$
$$=x^2\left\{x^2+\frac{1}{x^2}-4\left(x-\frac{1}{x}\right)-7\right\}$$
$$=x^2\left\{\left(x-\frac{1}{x}\right)^2+2-4\left(x-\frac{1}{x}\right)-7\right\}$$
$$=x^2\left\{\left(x-\frac{1}{x}\right)^2-4\left(x-\frac{1}{x}\right)-5\right\}$$

$x-\frac{1}{x}=t$로 놓으면 $t^2-4t-5=(t+1)(t-5)$

$$=x^2\left(x-\frac{1}{x}+1\right)\left(x-\frac{1}{x}-5\right)$$
$$=(x^2+x-1)(x^2-5x-1)$$

이때 $a>0$이므로 $a=1,\ b=-1,\ c=-5,\ d=-1$

$\therefore\ bc-ad=-1\times(-5)-1\times(-1)=6$

0285 답 ③

$$x^4-x^3-10x^2-x+1=x^2\left(x^2-x-10-\frac{1}{x}+\frac{1}{x^2}\right)$$
$$=x^2\left\{x^2+\frac{1}{x^2}-\left(x+\frac{1}{x}\right)-10\right\}$$
$$=x^2\left\{\left(x+\frac{1}{x}\right)^2-2-\left(x+\frac{1}{x}\right)-10\right\}$$
$$=x^2\left\{\left(x+\frac{1}{x}\right)^2-\left(x+\frac{1}{x}\right)-12\right\}$$

$x+\frac{1}{x}=t$로 놓으면 $t^2-t-12=(t+3)(t-4)$

$$=x^2\left(x+\frac{1}{x}+3\right)\left(x+\frac{1}{x}-4\right)$$
$$=(x^2+3x+1)(x^2-4x+1)$$

따라서 두 이차식의 합은

$(x^2+3x+1)+(x^2-4x+1)=2x^2-x+2$

유형 08 순환하는 꼴의 다항식의 인수분해

0286 답 ④

주어진 식을 a에 대하여 내림차순으로 정리한 후 인수분해하면

$a^2(b-c)-b^2(c+a)-c^2(a-b)+2abc$
$=a^2(b-c)-b^2c-ab^2-ac^2+bc^2+2abc$
$=(b-c)a^2-(b^2-2bc+c^2)a-b^2c+bc^2$
$=(b-c)a^2-(b-c)^2a-bc(b-c)$
$=(b-c)\{a^2-(b-c)a-bc\}$
$=(b-c)(a-b)(a+c)$
$=(a-b)(b-c)(c+a)$

0287 답 ②

주어진 식을 x에 대하여 내림차순으로 정리한 후 인수분해하면

$xy(x+y)-yz(y+z)-zx(z-x)$
$=x^2y+xy^2-y^2z-yz^2-xz^2+x^2z$
$=(y+z)x^2+(y^2-z^2)x-y^2z-yz^2$
$=(y+z)x^2+(y+z)(y-z)x-yz(y+z)$
$=(y+z)\{x^2+(y-z)x-yz\}$
$=(y+z)(x+y)(x-z)$

따라서 인수인 것은 ②이다.

0288 답 3

주어진 식의 분자를 x에 대하여 내림차순으로 정리한 후 인수분해하면

$(x-y)^3+(y-z)^3+(z-x)^3$
$=(x^3-3x^2y+3xy^2-y^3)+(y^3-3y^2z+3yz^2-z^3)$
$\quad+(z^3-3z^2x+3zx^2-x^3)$
$=-3x^2y+3xy^2-3y^2z+3yz^2-3z^2x+3zx^2$
$=-3x^2y+3zx^2+3xy^2-3z^2x-3y^2z+3yz^2$
$=-3(y-z)x^2+3(y^2-z^2)x-3y^2z+3yz^2$
$=-3(y-z)x^2+3(y+z)(y-z)x-3yz(y-z)$
$=-3(y-z)\{x^2-(y+z)x+yz\}$
$=-3(y-z)(x-y)(x-z)$
$=3(x-y)(y-z)(z-x)$

$$\therefore\ \frac{(x-y)^3+(y-z)^3+(z-x)^3}{(x-y)(y-z)(z-x)}=\frac{3(x-y)(y-z)(z-x)}{(x-y)(y-z)(z-x)}=3$$

유형 09 조건이 주어진 다항식의 인수분해

0289 답 ③

$x+3y-z=0$에서 $z=x+3y$ ...... ㉠

$\therefore\ 2x^2+6xy+z^2=2x^2+6xy+(x+3y)^2$
$=2x(x+3y)+(x+3y)^2$
$=(x+3y)\{2x+(x+3y)\}$
$=(x+3y)(3x+3y)$
$=3z(x+y)$ ($\because$ ㉠)

0290 답 ⑤

$9-25x^2+10xy-y^2=9-(25x^2-10xy+y^2)$
$=3^2-(5x-y)^2$
$=(3+5x-y)(3-5x+y)$

이때 $5x+y+3=0$에서 $3+5x=-y$, $y+3=-5x$이므로
$(3+5x-y)(3-5x+y)=(-y-y)(-5x-5x)$
$=(-2y)\times(-10x)=20xy$

0291 답 ④

$xy+z=3$에서 $z=3-xy$
$\therefore 5xy-2x^2y-xy^2-xyz=5xy-2x^2y-xy^2-xy(3-xy)$
$=x^2y^2-2x^2y-xy^2+2xy$
$=xy(xy-2x-y+2)$
$=xy(x-1)(y-2)$

이때 $xy+z=3$에서 $xy=3-z$이므로
$xy(x-1)(y-2)=(3-z)(x-1)(y-2)$
$=(1-x)(2-y)(3-z)$

유형 10 인수분해를 이용하여 삼각형의 모양 판단하기

0292 답 ③

주어진 식의 좌변을 b에 대하여 내림차순으로 정리하면
$a^3-ab^2+a^2c-ac^2-b^2c-c^3$
$=-ab^2-b^2c+a^3+a^2c-ac^2-c^3$
$=-b^2(a+c)+a^2(a+c)-c^2(a+c)$
$=(a+c)(a^2-b^2-c^2)$
즉, $(a+c)(a^2-b^2-c^2)=0$이고 $a+c\neq0$이므로
$a^2-b^2-c^2=0 \qquad \therefore a^2=b^2+c^2$
따라서 주어진 조건을 만족시키는 삼각형은 빗변의 길이가 a인 직각삼각형이다.

다른 풀이

주어진 식의 좌변을 인수분해하면
$a^3-ab^2+a^2c-ac^2-b^2c-c^3$
$=a^3-c^3+a^2c-ac^2-ab^2-b^2c$
$=(a-c)(a^2+ac+c^2)+ac(a-c)-b^2(a+c)$
$=(a-c)(a^2+2ac+c^2)-b^2(a+c)$
$=(a-c)(a+c)^2-b^2(a+c)$
$=(a+c)\{(a-c)(a+c)-b^2\}$
$=(a+c)(a^2-c^2-b^2)$
즉, $(a+c)(a^2-c^2-b^2)=0$이고 $a+c\neq0$이므로
$a^2-c^2-b^2=0 \qquad \therefore a^2=b^2+c^2$
따라서 주어진 조건을 만족시키는 삼각형은 빗변의 길이가 a인 직각삼각형이다.

0293 답 ④

주어진 식의 좌변을 c에 대하여 내림차순으로 정리한 후 인수분해하면
$a^3-a^2b+ac^2+ab^2-b^3-bc^2$
$=(a-b)c^2+a^3-a^2b+ab^2-b^3$
$=(a-b)c^2+a^2(a-b)+b^2(a-b)$
$=(a-b)(c^2+a^2+b^2)$
즉, $(a-b)(c^2+a^2+b^2)=0$이고 $c^2+a^2+b^2\neq0$이므로
$a-b=0 \qquad \therefore a=b$
따라서 주어진 조건을 만족시키는 삼각형은 $a=b$인 이등변삼각형이다.

다른 풀이

주어진 식의 좌변을 인수분해하면
$a^3-a^2b+ac^2+ab^2-b^3-bc^2$
$=a^3-b^3-a^2b+ab^2+ac^2-bc^2$
$=(a-b)(a^2+ab+b^2)-ab(a-b)+c^2(a-b)$
$=(a-b)(a^2+b^2+c^2)$
즉, $(a-b)(a^2+b^2+c^2)=0$이고 $a^2+b^2+c^2\neq0$이므로
$a-b=0 \qquad \therefore a=b$
따라서 주어진 조건을 만족시키는 삼각형은 $a=b$인 이등변삼각형이다.

0294 답 $\sqrt{15}$

(나)에서 $a^4+b^4+81+2a^2b^2-18a^2-18b^2=0$의 좌변을 인수분해하면
$(a^2)^2+(b^2)^2+(-9)^2+2\times a^2b^2+2\times(-9)\times a^2+2\times(-9)\times b^2$
$=(a^2+b^2-9)^2$
$a^2+b^2-9=0$, 즉 $a^2+b^2=9$이므로 삼각형 ABC는 빗변의 길이가 3인 직각삼각형이다.

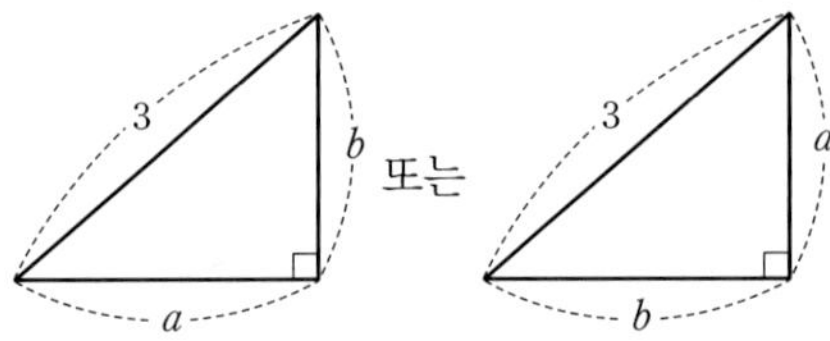

(가)에서 (삼각형 ABC의 넓이)$=\frac{1}{2}ab=\frac{3}{2}$이므로 $ab=3$
따라서 $a^2+b^2=9$, $ab=3$이므로
$(a+b)^2=a^2+b^2+2ab=9+6=15$
$\therefore a+b=\sqrt{15}$ ($\because a>0, b>0$)

0295 답 ③

$f(x)=x^3+(a+b)x^2-(a^2+b^2)x-(a+b)(a^2+b^2)$이라 하면
다항식 $f(x)$가 $x-c$로 나누어떨어지므로
$f(c)=0$
$\therefore c^3+(a+b)c^2-(a^2+b^2)c-(a+b)(a^2+b^2)=0$
이 식의 좌변을 인수분해하면
$c^3+(a+b)c^2-(a^2+b^2)c-(a+b)(a^2+b^2)$
$=c^2(c+a+b)-(a^2+b^2)(c+a+b)$
$=(c+a+b)(c^2-a^2-b^2)$
즉, $(c+a+b)(c^2-a^2-b^2)=0$이고 $c+a+b\neq0$이므로
$c^2-a^2-b^2=0 \qquad \therefore c^2=a^2+b^2$
따라서 주어진 조건을 만족시키는 삼각형은 빗변의 길이가 c인 직각삼각형이다.

0296
답 ③

$a^3+b^3+c^3=3abc$에서 $a^3+b^3+c^3-3abc=0$

이 식의 좌변을 인수분해하면

$a^3+b^3+c^3-3abc$

$=(a+b+c)(a^2+b^2+c^2-ab-bc-ca)$

$=\frac{1}{2}(a+b+c)\{(a-b)^2+(b-c)^2+(c-a)^2\}$

즉, $(a+b+c)\{(a-b)^2+(b-c)^2+(c-a)^2\}=0$이고

$a+b+c\neq0$이므로

$(a-b)^2+(b-c)^2+(c-a)^2=0$

$a-b=0$, $b-c=0$, $c-a=0$

$\therefore a=b=c$

따라서 주어진 조건을 만족시키는 삼각형은 정삼각형이고, 정삼각형의 둘레의 길이가 12이므로 한 변의 길이는 $\frac{12}{3}=4$이다.

따라서 구하는 삼각형의 넓이는

$\frac{1}{2}\times4\times4\times\sin60^\circ=4\sqrt{3}$

유형 11 인수분해를 이용하여 식의 값 구하기

0297
답 ③

$x^4+y^4-x^3y-xy^3=x^3(x-y)-y^3(x-y)$

$=(x-y)(x^3-y^3)$

$=(x-y)(x-y)(x^2+xy+y^2)$

$=(x-y)^2(x^2+xy+y^2)$

$=\{(x+y)^2-4xy\}\{(x+y)^2-xy\}$

$=\{(2\sqrt{2})^2-4\times(-1)\}\{(2\sqrt{2})^2-(-1)\}$

$=108$

0298
답 ④

$x+y=(\sqrt{3}+\sqrt{2})+(\sqrt{3}-\sqrt{2})=2\sqrt{3}$

$xy=(\sqrt{3}+\sqrt{2})(\sqrt{3}-\sqrt{2})=3-2=1$

$\therefore x^2y+xy^2+x+y=xy(x+y)+(x+y)$

$=(x+y)(xy+1)$

$=2\sqrt{3}\times(1+1)$

$=4\sqrt{3}$

0299
답 3

$a^3+b^3+c^3-3abc=(a+b+c)(a^2+b^2+c^2-ab-bc-ca)$에서

$a+b+c=0$이므로

$a^3+b^3+c^3-3abc=0$ $\quad\therefore a^3+b^3+c^3=3abc$

$\therefore \frac{a^3+b^3+c^3}{abc}=\frac{3abc}{abc}=3$

0300
답 ⑤

$a+b+c=0$에서 $b+c=-a$, $c+a=-b$, $a+b=-c$이므로

$a^2(b+c)+b^2(c+a)+c^2(a+b)=-a^3-b^3-c^3$

$=-(a^3+b^3+c^3)$

이때 $a^3+b^3+c^3-3abc=(a+b+c)(a^2+b^2+c^2-ab-bc-ca)$

에서 $a+b+c=0$이므로 $a^3+b^3+c^3-3abc=0$

$\therefore a^3+b^3+c^3=3abc=3\times(-5)=-15$

$\therefore a^2(b+c)+b^2(c+a)+c^2(a+b)=-a^3-b^3-c^3$

$=-(a^3+b^3+c^3)$

$=-(-15)=15$

0301
답 36

주어진 식을 a에 대하여 내림차순으로 정리한 후 인수분해하면

$(a+b+c)(ab+bc+ca)-abc$

$=a^2b+abc+a^2c+ab^2+b^2c+abc+abc+bc^2+ac^2-abc$

$=(b+c)a^2+(b^2+2bc+c^2)a+b^2c+bc^2$

$=(b+c)a^2+(b+c)^2a+bc(b+c)$

$=(b+c)\{a^2+(b+c)a+bc\}$

$=(b+c)(a+b)(a+c)$

$=(-3)\times3\times(-4)=36$

0302
답 4

주어진 식을 a에 대하여 내림차순으로 정리한 후 인수분해하면

$ab^2-a^2b+bc^2-b^2c+a^2c-ac^2$

$=(-b+c)a^2+(b^2-c^2)a+bc^2-b^2c$

$=-(b-c)a^2+(b+c)(b-c)a-bc(b-c)$

$=(b-c)\{-a^2+(b+c)a-bc\}$

$=-(b-c)\{a^2-(b+c)a+bc\}$

$=-(b-c)(a-b)(a-c)$

$=(a-b)(b-c)(c-a)$

❶

이때 $a-b=1+\sqrt{3}$, $b-c=1-\sqrt{3}$을 변끼리 더하면

$a-c=2$ $\quad\therefore c-a=-2$

❷

$\therefore ab^2-a^2b+bc^2-b^2c+a^2c-ac^2$

$=(a-b)(b-c)(c-a)$

$=(1+\sqrt{3})\times(1-\sqrt{3})\times(-2)=4$

❸

채점 기준	배점
❶ 주어진 식을 인수분해하기	60%
❷ $c-a$의 값 구하기	20%
❸ 주어진 식의 값 구하기	20%

유형 12 인수분해를 이용한 복잡한 수의 계산

0303
답 ②

$23^2-21^2+19^2-17^2+15^2-13^2+11^2-9^2$

$=(23+21)(23-21)+(19+17)(19-17)$

$\quad+(15+13)(15-13)+(11+9)(11-9)$

$=44\times2+36\times2+28\times2+20\times2$

$=2\times(44+36+28+20)$

$=256$

0304

답 ②

2016$=x$라 하면

$$\frac{2016^3+1}{2016^2-2016+1}=\frac{x^3+1}{x^2-x+1}=\frac{(x+1)(x^2-x+1)}{x^2-x+1}$$
$$=x+1=2016+1=2017$$

0305

답 ③

$f(1)=1-6+8-3=0$, $f(-3)=81-54-24-3=0$이므로

조립제법을 이용하여 $f(x)$를 인수분해하면

1	1	0	−6	8	−3
		1	1	−5	3
−3	1	1	−5	3	0
		−3	6	−3	
	1	−2	1	0	

$$\begin{aligned}f(x)&=x^4-6x^2+8x-3\\&=(x-1)(x+3)(x^2-2x+1)\\&=(x-1)(x+3)(x-1)^2\\&=(x-1)^3(x+3)\end{aligned}$$

$$\begin{aligned}\therefore f(1.1)&=(1.1-1)^3\times(1.1+3)\\&=0.1^3\times4.1=0.0041\end{aligned}$$

0306

답 176

10$=x$라 하면

$$\begin{aligned}10\times13\times14\times17+36&=x(x+3)(x+4)(x+7)+36\\&=\{x(x+7)\}\{(x+3)(x+4)\}+36\\&=(x^2+7x)(x^2+7x+12)+36\end{aligned}$$

$x^2+7x=t$로 놓으면

$$\begin{aligned}(x^2+7x)(x^2+7x+12)+36&=t(t+12)+36\\&=t^2+12t+36\\&=(t+6)^2\\&=(x^2+7x+6)^2\\&=(10^2+7\times10+6)^2\\&=176^2\end{aligned}$$

$\therefore \sqrt{10\times13\times14\times17+36}=176$

0307

답 ①

42$=x$라 하면

$$\begin{aligned}&42\times(42-1)\times(42+6)+5\times42-5\\&=x(x-1)(x+6)+5x-5\\&=x(x-1)(x+6)+5(x-1)\\&=(x-1)\{x(x+6)+5\}\\&=(x-1)(x^2+6x+5)\\&=(x-1)(x+1)(x+5)\\&=41\times43\times47\end{aligned}$$

$\therefore p+q+r=41+43+47=131$

0308

답 13

$$\begin{aligned}7^6-1&=(7^3)^2-1\\&=(7^3+1)(7^3-1)\\&=(7+1)(7^2-7+1)(7-1)(7^2+7+1)\\&=6\times8\times43\times57\\&=2^4\times3^2\times19\times43\end{aligned}$$

······ ❶

따라서 구하는 두 자리 자연수는 7^6-1의 약수이므로

$2^4=16$, $2^4\times3=48$, $2^3\times3=24$, $2^3\times3^2=72$, $2^2\times3=12$, $2^2\times3^2=36$, $2^2\times19=76$, $2\times3^2=18$, $2\times19=38$, $2\times43=86$, $3\times19=57$, 19, 43의 13개이다.

······ ❷

채점 기준	배점
❶ 7^6-1을 인수분해 공식을 사용하여 소인수분해하기	50%
❷ 7^6-1을 나누어떨어지도록 하는 두 자리 자연수의 개수 구하기	50%

PART B 내신 잡는 종합 문제

0309

답 ⑤

$$\begin{aligned}x^4+7x^2+16&=(x^4+8x^2+16)-x^2\\&=(x^2+4)^2-x^2\\&=(x^2+x+4)(x^2-x+4)\end{aligned}$$

$$\begin{aligned}x^4+2x^3+x^2-16&=x^2(x^2+2x+1)-16\\&=x^2(x+1)^2-4^2\\&=(x^2+x)^2-4^2\\&=(x^2+x+4)(x^2+x-4)\end{aligned}$$

따라서 두 다항식의 공통인수는 x^2+x+4이다.

0310

답 ②

$$\begin{aligned}11^4-6^4&=(11^2+6^2)(11^2-6^2)\\&=157\times(11+6)(11-6)\\&=157\times17\times5\end{aligned}$$

이때 $a<b$이므로 $a=5$, $b=17$

$\therefore a+b=5+17=22$

0311

답 ④

$(x^2+2x)^2+2x^2+4x-15=(x^2+2x)^2+2(x^2+2x)-15$

$x^2+2x=t$로 놓으면

$$\begin{aligned}(x^2+2x)^2+2(x^2+2x)-15&=t^2+2t-15\\&=(t-3)(t+5)\\&=(x^2+2x-3)(x^2+2x+5)\\&=(x+3)(x-1)(x^2+2x+5)\end{aligned}$$

따라서 인수가 아닌 것은 ④이다.

0312

답 ④

$$x^4+3x^3-8x^2+3x+1=x^2\left(x^2+3x-8+\frac{3}{x}+\frac{1}{x^2}\right)$$
$$=x^2\left\{x^2+\frac{1}{x^2}+3\left(x+\frac{1}{x}\right)-8\right\}$$
$$=x^2\left\{\left(x+\frac{1}{x}\right)^2-2+3\left(x+\frac{1}{x}\right)-8\right\}$$
$$=x^2\left\{\left(x+\frac{1}{x}\right)^2+3\left(x+\frac{1}{x}\right)-10\right\}$$

$x+\frac{1}{x}=t$로 놓으면 $t^2+3t-10=(t+5)(t-2)$

$$=x^2\left(x+\frac{1}{x}+5\right)\left(x+\frac{1}{x}-2\right)$$
$$=(x^2+5x+1)(x^2-2x+1)$$
$$=(x^2+5x+1)(x-1)^2$$

따라서 $a=5$, $b=1$, $c=-1$이므로

$ab+c=5\times1+(-1)=4$

0313

답 ③

$$x^4+5x^2+9=(x^4+6x^2+9)-x^2$$
$$=(x^2+3)^2-x^2$$
$$=(x^2+x+3)(x^2-x+3)$$
$$=(x^2-x+3)\{(x+1)^2-(x+1)+3\}$$

따라서 $f(x)=x^2-x+3$ 또는 $f(x)=-(x^2-x+3)$이므로

$|f(2)|=|4-2+3|=5$

0314

답 ②

주어진 식을 b에 대하여 내림차순으로 정리한 후 인수분해하면

$$a^2b+2ab+a^2+2a+b+1=(a^2+2a+1)b+(a^2+2a+1)$$
$$=(a^2+2a+1)(b+1)$$
$$=(a+1)^2(b+1)$$

이때 $245=7^2\times5$이므로 $a+1=7$, $b+1=5$

따라서 $a=6$, $b=4$이므로

$a+b=6+4=10$

다른 풀이

$$a^2b+2ab+a^2+2a+b+1=a^2(b+1)+2a(b+1)+(b+1)$$
$$=(b+1)(a^2+2a+1)$$
$$=(a+1)^2(b+1)$$

0315

답 ③

$81=x$라 하면

$81^3+7\times81^2-17\times81+9=x^3+7x^2-17x+9$

$P(x)=x^3+7x^2-17x+9$라 하면

$P(1)=1+7-17+9=0$

조립제법을 이용하여 $P(x)$를 인수분해하면

1	1	7	−17	9
		1	8	−9
	1	8	−9	0

$$P(x)=x^3+7x^2-17x+9$$
$$=(x-1)(x^2+8x-9)$$
$$=(x-1)(x-1)(x+9)$$
$$=(x-1)^2(x+9)$$

$$\therefore 81^3+7\times81^2-17\times81+9=P(81)$$
$$=(81-1)^2\times(81+9)$$
$$=80^2\times90$$
$$=8^2\times9\times10^3$$
$$=576\times10^3$$
$$=576000$$

따라서 각 자리의 숫자의 합은

$5+7+6=18$

0316

답 ④

$$[x^2, x^2]-[3x-5, x+3]-49$$
$$=x^4-x^2-x^2-\{(3x-5)(x+3)-(3x-5)-(x+3)\}-49$$
$$=x^4-2x^2-(3x^2+4x-15-4x+2)-49$$
$$=x^4-5x^2-36$$

$x^2=X$로 놓으면

$$x^4-5x^2-36=X^2-5X-36$$
$$=(X-9)(X+4)$$
$$=(x^2-9)(x^2+4)$$
$$=(x+3)(x-3)(x^2+4)$$

0317

답 ②

주어진 식의 좌변을 인수분해하면

$$a^4+c^4+a^2b^2-2a^2c^2-b^2c^2=(a^2-c^2)b^2+a^4+c^4-2a^2c^2$$
$$=(a^2-c^2)b^2+(a^2-c^2)^2$$
$$=(a^2-c^2)(b^2+a^2-c^2)$$
$$=(a+c)(a-c)(a^2+b^2-c^2)$$

즉, $(a+c)(a-c)(a^2+b^2-c^2)=0$이고 $a+c\neq0$이므로

$a-c=0$ 또는 $a^2+b^2-c^2=0$

$\therefore a=c$ 또는 $c^2=a^2+b^2$

따라서 주어진 조건을 만족시키는 삼각형은 $a=c$인 이등변삼각형 또는 빗변의 길이가 c인 직각삼각형이므로 ㄱ, ㄹ이다.

0318

답 ③

$$(x+1)(x+2)(x+4)(x+5)-15x^2-90x-75$$
$$=\{(x+1)(x+5)\}\{(x+2)(x+4)\}-15(x^2+6x+5)$$
$$=(x^2+6x+5)(x^2+6x+8)-15(x^2+6x+5)$$

$x^2+6x=X$로 놓으면

$$(\text{주어진 식})=(X+5)(X+8)-15(X+5)$$
$$=(X+5)(X-7)$$
$$=(x^2+6x+5)(x^2+6x-7)$$
$$=(x+1)(x+5)(x+7)(x-1)$$

x^2+6x+5로 묶으면 바로 넘어갈 수 있다.

따라서 인수가 아닌 것은 ③이다.

0319

답 ②

$P(x)=x^4+ax^3-4x^2+bx+16$이라 하면

$P(x)$가 $(x+2)^2$을 인수로 가지므로

$P(-2)=16-8a-16-2b+16=0$

$-8a-2b+16=0 \qquad \therefore b=-4a+8 \quad \cdots\cdots$ ㉠

즉, $P(x)=x^4+ax^3-4x^2+(-4a+8)x+16$이므로

조립제법을 이용하여 인수분해하면

-2	1	a	-4	$-4a+8$	16
		-2	$-2a+4$	$4a$	-16
-2	1	$a-2$	$-2a$	8	0
		-2	$-2a+8$	$8a-16$	
	1	$a-4$	$-4a+8$	$8a-8$	

이때 $P(x)$가 $(x+2)^2$을 인수로 가지므로

$8a-8=0 \qquad \therefore a=1$

$a=1$을 ㉠에 대입하면 $b=4$

$\therefore P(x)=x^4+x^3-4x^2+4x+16$

$\qquad =(x+2)^2(x^2-3x+4)$

따라서 $Q(x)=x^2-3x+4$이므로

$Q(1)-Q(0)=(1-3+4)-4=-2$

0320

답 ①

$2018=a$, $3=b$라 하면

$2018^3-27=2018^3-3^3=a^3-b^3$,

$2018\times2021+9=a(a+b)+b^2=a^2+ab+b^2$이므로

$2018^3-27=a^3-b^3$

$\qquad =(a-b)(a^2+ab+b^2)$

$\qquad =2015\times(2018^2+2018\times3+9)$

$\qquad =2015\times\{2018\times(2018+3)+9\}$

$\qquad =2015\times(2018\times2021+9)$

따라서 2018^3-27을 $2018\times2021+9$로 나누었을 때의 몫은 2015이다.

0321

답 ④

주어진 식을 x에 대하여 내림차순으로 정리한 후 인수분해하면

$2x^2+xy-y^2-10x-y+12=2x^2+(y-10)x-(y^2+y-12)$

$\qquad =2x^2+(y-10)x-(y+4)(y-3)$

$\qquad =\{x+(y-3)\}\{2x-(y+4)\}$

$\qquad =(x+y-3)(2x-y-4)$

이때 $x-y-3=0$에서 $x-3=y$, $x=y+3$이므로

$(x+y-3)(2x-y-4)=\{(x-3)+y\}(2x-y-4)$

$\qquad =(y+y)\{2(y+3)-y-4\}$

$\qquad =2y(y+2)$

0322

답 ⑤

$f(x)=ax+b$ (a, b는 상수)라 하면

$x^3-2x^2+6f(x)=x^3-2x^2+6ax+6b$

$P(x)=x^3-2x^2+6ax+6b$라 하면 $P(x)$가 $x-2$를 인수로 가지므로

$P(2)=8-8+12a+6b=0$

$\therefore b=-2a \quad \cdots\cdots$ ㉠

따라서 $P(x)=x^3-2x^2+6ax-12a$이므로

조립제법을 이용하여 인수분해하면

2	1	-2	$6a$	$-12a$
		2	0	$12a$
	1	0	$6a$	0

$P(x)=x^3-2x^2+6ax-12a$

$\qquad =(x-2)(x^2+6a)$

즉, $(x+\alpha)(x+\beta)=x^2+6a$이므로

$x^2+(\alpha+\beta)x+\alpha\beta=x^2+6a$

$\therefore \alpha+\beta=0$, $\alpha\beta=6a$

그런데 $\alpha\beta=-6$이므로 $6a=-6 \qquad \therefore a=-1$

$a=-1$을 ㉠에 대입하면 $b=-2\times(-1)=2$

따라서 $f(x)=-x+2$이므로

$f(-3)=-(-3)+2=5$

다른 풀이

$x^3-2x^2+6f(x)$

$=(x-2)(x+\alpha)(x+\beta)$

$=(x-2)\{x^2+(\alpha+\beta)x+\alpha\beta\}$

$=x^3+(\alpha+\beta-2)x^2+(-2\alpha-2\beta+\alpha\beta)x-2\alpha\beta$

즉, $\alpha+\beta-2=-2$에서

$\alpha+\beta=0$이고, $\alpha\beta=-6$이므로

$f(x)=\frac{1}{6}\{(-2\alpha-2\beta+\alpha\beta)x-2\alpha\beta\}$

$\qquad =\frac{1}{6}(-6x+12)=-x+2$

$\therefore f(-3)=-(-3)+2=5$

0323

답 ③

$P(n)=n^3+7n^2+16n+12$라 하면

$P(-2)=-8+28-32+12=0$

조립제법을 이용하여 $P(n)$을 인수분해하면

-2	1	7	16	12
		-2	-10	-12
	1	5	6	0

$P(n)=n^3+7n^2+16n+12$

$\qquad =(n+2)(n^2+5n+6)$

$\qquad =(n+2)(n+2)(n+3)$

$\qquad =(n+2)^2(n+3)$

즉, 한 변의 길이가 $n+2$인 정사각형 모양의 타일은 세로 방향으로 $(n+2)(n+3)$개 필요하다.

또한 $5n+10=5(n+2)$이므로 한 변의 길이가 $n+2$인 정사각형 모양의 타일은 가로 방향으로 5개 필요하다.

따라서 필요한 정사각형 모양의 타일의 개수는

$5(n+2)(n+3)$

0324

답 -6

주어진 식을 x에 대하여 내림차순으로 정리하면

$2x^2-3xy+y^2+ax+2y-15=2x^2-(3y-a)x+y^2+2y-15$

$\qquad =2x^2-(3y-a)x+(y-3)(y+5)$

………………………………………………………… ❶

주어진 식이 x, y에 대한 두 일차식의 곱으로 인수분해되려면

(i) $-2(y-3)-(y+5)=-(3y-a)$일 때,

$-3y+1=-3y+a \qquad \therefore a=1$

(ii) $-2(y+5)-(y-3)=-(3y-a)$일 때,

$-3y-7=-3y+a \qquad \therefore a=-7$

❷

(i), (ii)에서 모든 정수 a의 값의 합은

$1+(-7)=-6$

❸

채점 기준	배점
❶ 주어진 식을 x에 대하여 내림차순으로 정리하기	40%
❷ 정수 a의 값 모두 구하기	40%
❸ 모든 정수 a의 값의 합 구하기	20%

다른 풀이

이차방정식의 판별식을 이용하여 문제를 해결할 수 있다. (06단원)

$2x^2-3xy+y^2+ax+2y-15$를 x에 대한 내림차순으로 정리하면

$2x^2-(3y-a)x+y^2+2y-15$

이때 $2x^2-(3y-a)x+y^2+2y-15=0$의 판별식을 D라 하면

$D=\{-(3y-a)\}^2-4\times2(y^2+2y-15)$

$=9y^2-6ay+a^2-8y^2-16y+120$

$=y^2-2(3a+8)y+a^2+120$

이 완전제곱식이 되어야 한다.

즉, $y^2-2(3a+8)y+a^2+120=0$의 판별식을 D'이라 하면

$\frac{D'}{4}=(3a+8)^2-(a^2+120)=0$

$9a^2+48a+64-a^2-120=0$, $8a^2+48a-56=0$

$a^2+6a-7=0$, $(a+7)(a-1)=0$

$\therefore a=-7$ 또는 $a=1$

따라서 모든 정수 a의 값의 합은

$-7+1=-6$

0325

답 -16

주어진 식을 a에 대하여 내림차순으로 정리한 후 인수분해하면

$f(a, b, c)+f(b, c, a)+f(c, a, b)$

$=a^2(b-c)+b^2(c-a)+c^2(a-b)$

$=(b-c)a^2-(b^2-c^2)a+b^2c-bc^2$

$=(b-c)a^2-(b^2-c^2)a+bc(b-c)$

$=(b-c)a^2-(b+c)(b-c)a+bc(b-c)$

$=(b-c)\{a^2-(b+c)a+bc\}$

$=(b-c)(a-b)(a-c)$

$=-(a-b)(b-c)(c-a)$

❶

이때 a, b, c는 연속하는 세 짝수이고 $a<b<c$이므로

$a-b=-2$, $b-c=-2$, $c-a=4$

❷

따라서 구하는 식의 값은

$-(a-b)(b-c)(c-a)=-(-2)\times(-2)\times4=-16$

❸

채점 기준	배점
❶ $f(a, b, c)+f(b, c, a)+f(c, a, b)$를 인수분해하기	50%
❷ $a-b$, $b-c$, $c-a$의 값 구하기	30%
❸ $f(a, b, c)+f(b, c, a)+f(c, a, b)$의 값 구하기	20%

0326

답 -7

$(x-2)(x-4)(x+3)(x+5)+k$

$=\{(x-2)(x+3)\}\{(x-4)(x+5)\}+k$

$=(x^2+x-6)(x^2+x-20)+k$

$x^2+x=t$로 놓으면

$(x^2+x-6)(x^2+x-20)+k=(t-6)(t-20)+k$

$=t^2-26t+120+k \quad \cdots\cdots ㉠$

❶

주어진 식을 $\{f(x)\}^2$ 꼴로 나타내려면

㉠이 t에 대한 완전제곱식으로 인수분해되어야 하므로

$120+k=\left(\frac{-26}{2}\right)^2=169 \qquad \therefore k=49$

❷

$k=49$를 ㉠에 대입하면

$t^2-26t+169=(t-13)^2=(x^2+x-13)^2$

$\therefore f(x)=x^2+x-13$

❸

따라서 $f(2)=2^2+2-13=-7$이므로

$\frac{k}{f(2)}=\frac{49}{-7}=-7$

❹

채점 기준	배점
❶ 주어진 다항식을 치환을 이용하여 전개하기	40%
❷ k의 값 구하기	30%
❸ $f(x)$ 구하기	20%
❹ $\frac{k}{f(2)}$의 값 구하기	10%

다른 풀이

$(x-2)(x-4)(x+3)(x+5)+k$

$=\{(x-2)(x+3)\}\{(x-4)(x+5)\}+k$

$=(x^2+x-6)(x^2+x-20)+k$

$x^2+x-6=t$로 놓으면

$(x^2+x-6)(x^2+x-20)+k=(x^2+x-6)(x^2+x-6-14)+k$

$=t(t-14)+k$

$=t^2-14t+k \quad \cdots\cdots ㉠$

주어진 식을 $\{f(x)\}^2$ 꼴로 나타내려면

㉠이 t에 대한 완전제곱식으로 인수분해되어야 하므로

$k=\left(\frac{-14}{2}\right)^2=49$

$k=49$를 ㉠에 대입하면

$t^2-14t+49=(t-7)^2$

$=(x^2+x-13)^2$ ← $t=x^2+x-6$을 대입

$\therefore f(x)=x^2+x-13$

따라서 $f(2)=2^2+2-13=-7$이므로

$\frac{k}{f(2)}=\frac{49}{-7}=-7$

0327

답 12100

$100=a$, $30=b$라 하면

$$\frac{100^4-3\times100^2\times30^2+30^4}{100^2-100\times30-30^2}=\frac{a^4-3a^2b^2+b^4}{a^2-ab-b^2}$$
$$=\frac{(a^4-2a^2b^2+b^4)-a^2b^2}{a^2-ab-b^2}$$
$$=\frac{(a^2-b^2)^2-(ab)^2}{a^2-ab-b^2}$$
$$=\frac{(a^2+ab-b^2)(a^2-ab-b^2)}{a^2-ab-b^2}$$
$$=a^2+ab-b^2$$
$$=100^2+100\times30-30^2$$
$$=10000+3000-900$$
$$=12100$$

0328

답 13

$f_n(x)=x^2-x-n=(x+a)(x-b)$ (a, b는 자연수)에서

$x^2-x-n=x^2+(a-b)x-ab$

$\therefore a-b=-1,\ ab=n$

이때 ab의 값은 200 이하의 자연수이므로 a, b의 값을 구하면 다음과 같다.

a	1	2	3	4	…	12	13
b	2	3	4	5	…	13	14
ab	2	6	12	20	…	156	182

따라서 구하는 다항식의 개수는 13이다.

0329

답 ②

$$n^4-6n^2+25=(n^4+10n^2+25)-16n^2$$
$$=(n^2+5)^2-(4n)^2$$
$$=(n^2+4n+5)(n^2-4n+5)$$

이 자연수가 소수가 되려면 1과 자기 자신만을 약수로 가져야 한다.

즉, $n^2+4n+5=1$ 또는 $n^2-4n+5=1$이어야 한다.

(i) $n^2+4n+5=1$일 때,

$n^2+4n+4=0,\ (n+2)^2=0 \quad \therefore n=-2$

(ii) $n^2-4n+5=1$일 때,

$n^2-4n+4=0,\ (n-2)^2=0 \quad \therefore n=2$

(i), (ii)에서 n은 자연수이므로 $n=2$

0330

답 ⑤

직육면체 P, Q, R, S, T의 부피가 각각 p, q, r, s, t이므로

$p=a^3$, $q=b^3$, $r=a^2$, $s=b^2$, $t=ab(a-b)$

이때 $p=q+r+s+t$이므로

$a^3=b^3+a^2+b^2+ab(a-b)$

$a^3-b^3-a^2-b^2-ab(a-b)=0$

$(a-b)(a^2+ab+b^2)-(a^2+b^2)-ab(a-b)=0$

$(a-b)(a^2+b^2)-(a^2+b^2)=0$

$(a^2+b^2)(a-b-1)=0$

그런데 $a^2+b^2\neq0$이므로 $a-b-1=0$

$\therefore a-b=1$

0331

답 12

$P(x)=x^4+2x^3+ax^2+bx+4$라 하면 $P(x)$가 $x+1$로 나누어떨어지므로

$P(-1)=1-2+a-b+4=0$

$\therefore a-b=-3 \quad \cdots\cdots$ ㉠

또한 $P(x)$를 $x-1$로 나누면 나머지가 -4이므로

$P(1)=1+2+a+b+4=-4$

$\therefore a+b=-11 \quad \cdots\cdots$ ㉡

㉠, ㉡을 연립하여 풀면 $a=-7$, $b=-4$

즉, $P(x)=x^4+2x^3-7x^2-4x+4$이고

$P(-1)=0$, $P(2)=16+16-28-8+4=0$이므로

조립제법을 이용하여 $P(x)$를 인수분해하면

−1	1	2	−7	−4	4
		−1	−1	8	−4
2	1	1	−8	4	0
		2	6	−4	
	1	3	−2	0	

$P(x)=x^4+2x^3-7x^2-4x+4$

$=(x+1)(x-2)(x^2+3x-2)$

따라서 $p=-2$, $q=3$, $r=-2$이므로

$pqr=-2\times3\times(-2)=12$

0332

답 228

$15=x$라 하면

$15^3+15^2-15+2=x^3+x^2-x+2$

$P(x)=x^3+x^2-x+2$라 하면

$P(-2)=-8+4+2+2=0$

조립제법을 이용하여 $P(x)$를 인수분해하면

−2	1	1	−1	2
		−2	2	−2
	1	−1	1	0

$P(x)=x^3+x^2-x+2$

$=(x+2)(x^2-x+1)$

$\therefore P(15)=(15+2)(15^2-15+1)=17\times211$

이때 17과 211은 모두 소수이다.

따라서 $a=17$, $b=211$ 또는 $a=211$, $b=17$이므로

$a+b=17+211=228$

0333

답 25

$x^{10}-1$을 $(x-1)^2$으로 나누었을 때의 몫이 $Q(x)$이므로
나머지 $R(x)$를 $R(x)=ax+b$ (a, b는 상수)라 하면
$x^{10}-1=(x-1)^2Q(x)+ax+b$
위의 식의 양변에 $x=1$을 대입하면
$0=a+b \quad \therefore b=-a$

$$\begin{aligned}\therefore x^{10}-1&=(x-1)^2Q(x)+ax-a\\&=(x-1)^2Q(x)+a(x-1)\\&=(x-1)\{(x-1)Q(x)+a\} \quad \cdots\cdots \text{㉠}\end{aligned}$$

$x^{10}-1$이 $x-1$을 인수로 가지므로 조립제법을 이용하여 $x^{10}-1$을 인수분해하면

1	1	0	0	⋯	0	−1
		1	1	⋯	1	1
	1	1	1	⋯	1	0

$x^{10}-1=(x-1)(x^9+x^8+x^7+\cdots+x+1) \quad \cdots\cdots$ ㉡
㉠, ㉡에서
$x^9+x^8+x^7+\cdots+x+1=(x-1)Q(x)+a$
위의 식의 양변에 $x=1$을 대입하면
$1+1+1+\cdots+1+1=a \quad \therefore a=10$
따라서 $R(x)=10x-10$이므로 $R(3)=30-10=20$이고,
$x^9+x^8+x^7+\cdots+x+1=(x-1)Q(x)+10$이므로
위의 식의 양변에 $x=-1$을 대입하면
$0=-2Q(-1)+10 \quad \therefore Q(-1)=5$
$\therefore Q(-1)+R(3)=5+20=25$

0334

답 20

n^4+n^2-2가 $(n-1)(n-2)$의 배수가 되기 위해서는
n^4+n^2-2가 $n-1$, $n-2$를 인수로 가져야 한다.

1	1	0	1	0	−2
		1	1	2	2
2	1	1	2	2	0
		2	6	16	
	1	3	8	18	

위의 조립제법에서

$$\begin{aligned}n^4+n^2-2&=(n-1)(n^3+n^2+2n+2)\\&=(n-1)\{(n-2)(n^2+3n+8)+18\}\\&=(n-1)(n-2)(n^2+3n+8)+18(n-1)\end{aligned}$$

이때 $(n-1)(n-2)(n^2+3n+18)$은 $(n-1)(n-2)$로 나누어떨어지므로 n^4+n^2-2가 $(n-1)(n-2)$의 배수가 되기 위해서는 $18(n-1)$이 $(n-1)(n-2)$의 배수이어야 한다.
즉, $18(n-1)=(n-1)(n-2)k$ (k는 자연수)이므로
$18=(n-2)k$ ($\because n\neq 1$)
따라서 $k=1$일 때, 즉 $18=n-2$일 때, n이 가장 큰 값을 가지므로 구하는 n의 값은 20이다.

0335

답 ①

ㄱ. $a=0$, $b=-1$이므로

$$\begin{aligned}f(x)&=x^4-1\\&=(x^2-1)(x^2+1)\\&=(x+1)(x-1)(x^2+1)\end{aligned}$$

$\therefore N(0,\ -1)=2$

ㄴ. $a=p$, $b=-3$이므로 $f(x)=x^4+px^2-3$
이때 $-3=(-3)\times 1=(-1)\times 3$이므로
$f(x)=(x^2-3)(x^2+1)$ 또는 $f(x)=(x^2-1)(x^2+3)$
이 중에서 $f(x)=(x^2-1)(x^2+3)=(x+1)(x-1)(x^2+3)$ 인 경우에만 $N(p,\ -3)=2$이므로
$f(x)=(x^2-1)(x^2+3)=x^4+2x^2-3 \quad \therefore p=2$

ㄷ. $a=q$, $b=4$이므로 $f(x)=x^4+qx^2+4$
이때 $4=1\times 4=(-1)\times(-4)=2\times 2=(-2)\times(-2)$이므로
$f(x)=(x^2+1)(x^2+4)$ 또는 $f(x)=(x^2-1)(x^2-4)$ 또는
$f(x)=(x^2+2)(x^2+2)$ 또는 $f(x)=(x^2-2)(x^2-2)$
이 중에서
$f(x)=(x^2-1)(x^2-4)=(x+1)(x-1)(x+2)(x-2)$
인 경우에만 $N(q,\ 4)=4$이므로 정수 q의 개수는 1이다.

따라서 옳은 것은 ㄱ이다.

0336

답 14

$P(x)=2x^3+(2-k)x^2+(k-1)x-3$이라 하면
$P(1)=2+2-k+k-1-3=0$
조립제법을 이용하여 $P(x)$를 인수분해하면

1	2	2−k	k−1	−3
		2	4−k	3
	2	4−k	3	0

$$\begin{aligned}P(x)&=2x^3+(2-k)x^2+(k-1)x-3\\&=(x-1)\{2x^2+(4-k)x+3\}\end{aligned}$$

이때 $2x^2+(4-k)x+3=(2x+a)(x+b)$ (a, b는 정수)라 하면
$2x^2+(4-k)x+3=2x^2+(a+2b)x+ab$에서
$4-k=a+2b$, $3=ab$

(i) $a=-3$, $b=-1$일 때,
$4-k=-5 \quad \therefore k=9$
$P(x)=(x-1)^2(2x-3)$이므로 서로 다른 세 일차식의 곱으로 인수분해된다는 조건을 만족시키지 않는다.

(ii) $a=-1$, $b=-3$일 때,
$4-k=-7 \quad \therefore k=11$

(iii) $a=1$, $b=3$일 때,
$4-k=7 \quad \therefore k=-3$

(iv) $a=3$, $b=1$일 때,
$4-k=5 \quad \therefore k=-1$

(i)~(iv)에서 $M=11$, $m=-3$이므로
$M-m=11-(-3)=14$

0337 답 ⑤

(나)에서

$\{P(x)\}^3+\{Q(x)\}^3$

$=\{P(x)+Q(x)\}^3-3P(x)Q(x)\{P(x)+Q(x)\}$

$=4^3-3\times P(x)Q(x)\times 4$ ($\because$ (가))

$=64-12P(x)Q(x)$

즉, $12x^4+24x^3+12x^2+16=64-12P(x)Q(x)$이므로

$-12P(x)Q(x)=12x^4+24x^3+12x^2-48$

$\therefore -P(x)Q(x)=x^4+2x^3+x^2-4$

$-P(1)Q(1)=1+2+1-4=0$

$-P(-2)Q(-2)=16-16+4-4=0$

조립제법을 이용하여 $-P(x)Q(x)=x^4+2x^3+x^2-4$의 우변을 인수분해하면

1	1	2	1	0	−4
		1	3	4	4
−2	1	3	4	4	0
		−2	−2	−4	
	1	1	2	0	

$x^4+2x^3+x^2-4=(x-1)(x+2)(x^2+x+2)$

$=(x^2+x-2)(x^2+x+2)$

이때 (가)에서 $P(x)+Q(x)=4$이고

$P(x)$의 최고차항의 계수가 음수이므로

$P(x)=-x^2-x+2$, $Q(x)=x^2+x+2$

$\therefore P(2)+Q(3)=(-4-2+2)+(9+3+2)=10$

다른 풀이

(나)에서

$\{P(x)\}^3+\{Q(x)\}^3$

$=\{P(x)+Q(x)\}^3-3P(x)Q(x)\{P(x)+Q(x)\}$

$=4^3-3\times P(x)Q(x)\times 4$ ($\because$ (가))

$=64-12P(x)Q(x)$

즉, $12x^4+24x^3+12x^2+16=64-12P(x)Q(x)$이므로

$-12P(x)Q(x)=12x^4+24x^3+12x^2-48$

$\therefore -P(x)Q(x)=x^4+2x^3+x^2-4$

$-P(1)Q(1)=1+2+1-4=0$

$-P(-2)Q(-2)=16-16+4-4=0$

$-P(x)Q(x)=x^4+2x^3+x^2-4$의 우변을 인수분해하면

$x^4+2x^3+x^2-4=x^2(x^2+2x+1)-4$

$=x^2(x+1)^2-2^2$

$=\{x(x+1)\}^2-2^2$

$=\{x(x+1)+2\}\{x(x+1)-2\}$

$=(x^2+x+2)(x^2+x-2)$

이때 (가)에서 $P(x)+Q(x)=4$이고

$P(x)$의 최고차항의 계수가 음수이므로

$P(x)=-x^2-x+2$, $Q(x)=x^2+x+2$

$\therefore P(2)+Q(3)=(-4-2+2)+(9+3+2)=10$

0338 답 ④

(가)에서 주어진 식의 좌변을 인수분해하면

$(b-c)a^2+(2b^2-bc-c^2)a+b^3-bc^2$

$=(b-c)a^2+(b-c)(2b+c)a+b(b^2-c^2)$

$=(b-c)a^2+(b-c)(2b+c)a+b(b+c)(b-c)$

$=(b-c)\{a^2+(2b+c)a+b(b+c)\}$

$=(b-c)(a+b)(a+b+c)$

즉, $(b-c)(a+b)(a+b+c)=0$이고

$a+b\neq 0$, $a+b+c\neq 0$이므로

$b-c=0 \quad \therefore b=c$

따라서 삼각형 ABC는 $c=b$인 이등변삼각형이다.

(나)에서 $5a+2b=10c$이므로 $b=c$를 대입하면

$5a+2b=10b$, $5a=8b \quad \therefore a=\frac{8}{5}b$

그림과 같이 삼각형 ABC의 밑변의 길이가 $a=\frac{8}{5}b$이므로 높이 AH는

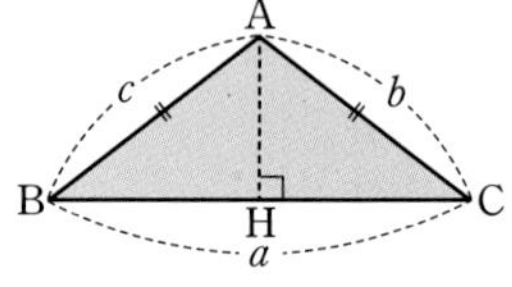

$\overline{AH}=\sqrt{b^2-\left(\frac{1}{2}a\right)^2}$

$=\sqrt{b^2-\left(\frac{1}{2}\times\frac{8}{5}b\right)^2}$

$=\sqrt{b^2-\left(\frac{4}{5}b\right)^2}=\sqrt{\frac{9}{25}b^2}=\frac{3}{5}b$

한편, (다)에서 삼각형 ABC의 넓이는 36이므로

$\frac{1}{2}\times a\times\overline{AH}=36$에서

$\frac{1}{2}\times\frac{8}{5}b\times\frac{3}{5}b=36$

$\frac{12}{25}b^2=36$, $b^2=75 \quad \therefore b=5\sqrt{3}$

$\therefore a=8\sqrt{3}$, $c=5\sqrt{3}$

따라서 삼각형 ABC의 둘레의 길이는

$a+b+c=8\sqrt{3}+5\sqrt{3}+5\sqrt{3}=18\sqrt{3}$

Ⅱ 방정식과 부등식

유형별 문제

PART A

04 복소수

유형 01 복소수의 뜻과 분류

확인 문제 (1) 실수부분: $\frac{2}{3}$, 허수부분: $-\frac{5}{3}$

(2) 실수부분: 0, 허수부분: -6

(3) 실수부분: $2+\sqrt{5}$, 허수부분: 0

0339

답 ②

① $1-6i$는 순허수가 아니다.

② 모든 실수는 복소수이므로 0은 복소수이다.

③ $3-\sqrt{7}i$의 실수부분은 3, 허수부분은 $-\sqrt{7}$이다.

④ $4i$의 실수부분은 0이다.

⑤ $a=2i$, $b=0$이면 $a\neq0$, $b=0$이지만 $a+bi=2i$는 허수이다.

따라서 옳은 것은 ②이다.

0340

답 ③

복소수 $a+bi$ (a, b는 실수)를 세 개의 상자에 나누어 담은 기준은

(가) 상자는 $b=0$

(나) 상자는 $a\neq0$, $b\neq0$

(다) 상자는 $a=0$, $b\neq0$

따라서 (다) 상자에 들어갈 복소수는 bi 꼴, 즉 순허수이다.

② $1+\sqrt{-2}=1+2i$ ③ $-\sqrt{-5}=-\sqrt{5}i$ ④ $\frac{1-i}{2}=\frac{1}{2}-\frac{1}{2}i$

따라서 (다) 상자에 들어갈 복소수로 알맞은 것은 ③이다.

0341

답 4

$-\sqrt{-8}=-2\sqrt{2}i$, $\sqrt{5}i^2=-\sqrt{5}$, $i^2+1=-1+1=0$이므로

허수는 $\sqrt{3}-3i$, $-\sqrt{-8}$, $5i-2$이고 이 중 순허수는 $-\sqrt{-8}$의 1개이므로 $a=1$

실수는 -4, $\sqrt{5}i^2$, -2π, $-\sqrt{6}$, i^2+1의 5개이므로 $b=5$

복소수는 8개이므로 $c=8$

$\therefore a-b+c=1-5+8=4$

유형 02 복소수의 사칙연산

확인 문제 (1) $-2+10i$ (2) $1+5i$ (3) $5-i$ (4) $1+3i$

(3) $(3+2i)(1-i)=3-3i+2i+2=5-i$

(4) $\frac{4+2i}{1-i}=\frac{(4+2i)(1+i)}{(1-i)(1+i)}=\frac{4+4i+2i-2}{1+1}=\frac{2+6i}{2}=1+3i$

0342

답 27

$(1+3i)(3-4i)+\frac{-5+7i}{1+i}$

$=3-4i+9i+12+\frac{(-5+7i)(1-i)}{(1+i)(1-i)}$

$=15+5i+\frac{-5+5i+7i+7}{1+1}$

$=15+5i+\frac{2+12i}{2}$

$=15+5i+1+6i=16+11i$

따라서 $a=16$, $b=11$이므로

$a+b=16+11=27$

0343

답 3

$(1-3i)z=7-i$에서

$z=\frac{7-i}{1-3i}=\frac{(7-i)(1+3i)}{(1-3i)(1+3i)}=\frac{7+21i-i+3}{1+9}=\frac{10+20i}{10}$

$=1+2i$

따라서 $a=1$, $b=2$이므로

$a+b=1+2=3$

0344

답 ④

$\frac{a+3i}{2-i}=\frac{(a+3i)(2+i)}{(2-i)(2+i)}=\frac{2a+ai+6i-3}{4+1}=\frac{2a-3}{5}+\frac{a+6}{5}i$

주어진 복소수의 실수부분과 허수부분의 합이 3이므로

$\frac{2a-3}{5}+\frac{a+6}{5}=3$, $\frac{3a+3}{5}=3$

$3a+3=15$, $3a=12$ $\therefore a=4$

0345

답 -9

$(2+\sqrt{3}i)(-\sqrt{3}+i)+\frac{26}{2\sqrt{3}+i}$

$=-2\sqrt{3}+2i-3i-\sqrt{3}+\frac{26(2\sqrt{3}-i)}{(2\sqrt{3}+i)(2\sqrt{3}-i)}$

$=-3\sqrt{3}-i+\frac{26(2\sqrt{3}-i)}{12+1}$

$=-3\sqrt{3}-i+2(2\sqrt{3}-i)$

$=-3\sqrt{3}-i+4\sqrt{3}-2i=\sqrt{3}-3i$

따라서 $a=\sqrt{3}$, $b=-3$이므로

$a^2b=(\sqrt{3})^2\times(-3)=-9$

0346

답 ③

$(1+3i)(\sqrt{3}-\sqrt{2}i)^2(\sqrt{3}+\sqrt{2}i)^2$

$=(1+3i)\{(\sqrt{3}-\sqrt{2}i)(\sqrt{3}+\sqrt{2}i)\}^2$

$=(1+3i)(3+2)^2=25+75i$

따라서 $a=25$, $b=75$이므로

$b-a=75-25=50$

0347

답 9

$z_1=(2\sqrt{2}-i)(2\sqrt{2}+i)=8+1=9$

$z_2=\frac{5-\sqrt{5}i}{5+\sqrt{5}i}=\frac{(5-\sqrt{5}i)^2}{(5+\sqrt{5}i)(5-\sqrt{5}i)}=\frac{25-10\sqrt{5}i-5}{25+5}=\frac{2-\sqrt{5}i}{3}$

$\therefore z_1z_2=9\times\frac{2-\sqrt{5}i}{3}=3(2-\sqrt{5}i)=6-3\sqrt{5}i$

따라서 $a=6$, $b=-3\sqrt{5}$이므로

$b^2-a^2=(-3\sqrt{5})^2-6^2=9$

0348

답 ②

$\alpha^2=\left(\frac{1+i}{2i}\right)^2=\frac{2i}{-4}=-\frac{i}{2}$, $\beta^2=\left(\frac{1-i}{2i}\right)^2=\frac{-2i}{-4}=\frac{i}{2}$

$\therefore (2\alpha^2+3)(2\beta^2+3)=(-i+3)(i+3)$

$=1+9=10$

0349

답 -17

$(1+2i)\triangle(4-3i)=(1+2i)-2(4-3i)-(1+2i)(4-3i)$

$=1+2i-8+6i-(4-3i+8i+6)$

$=-7+8i-10-5i=-17+3i$

…… ❶

따라서 구하는 실수부분은 -17이다.

…… ❷

채점 기준	배점
❶ $(1+2i)\triangle(4-3i)$를 간단히 하기	80%
❷ $(1+2i)\triangle(4-3i)$의 실수부분 구하기	20%

유형 03 복소수가 주어질 때의 식의 값 구하기

0350

답 -5

$x=\frac{1-\sqrt{2}i}{3}$에서 $3x-1=-\sqrt{2}i$

양변을 제곱하면 $9x^2-6x+1=-2$

$9x^2-6x=-3$ $\therefore 3x^2-2x=-1$

$\therefore 6x^2-4x-3=2(3x^2-2x)-3$

$=2\times(-1)-3=-5$

0351

답 900

$5x^2y+3xy^2=xy(5x+3y)$

이때

$xy=(3+3i)(5-5i)=15-15i+15i+15=30$

$5x+3y=5(3+3i)+3(5-5i)=15+15i+15-15i=30$

이므로

$5x^2y+3xy^2=xy(5x+3y)=30\times30=900$

0352

답 ③

$x=2+i$, $y=2-i$에서 $x+y=4$, $xy=5$이므로

$x^2+y^2=(x+y)^2-2xy=4^2-2\times5=6$

$\therefore x^4+x^2y^2+y^4=(x^4+2x^2y^2+y^4)-x^2y^2$

$=(x^2+y^2)^2-(xy)^2$

$=6^2-5^2=11$

0353

답 ②

$z=\frac{1+3i}{1-i}=\frac{(1+3i)(1+i)}{(1-i)(1+i)}=\frac{-2+4i}{2}=-1+2i$에서

$z+1=2i$

양변을 제곱하면 $z^2+2z+1=-4$

$\therefore z^2+2z+5=0$

$\therefore z^3+2z^2+6z+1=z(z^2+2z+5)+z+1$

$=z+1=2i$

0354

답 $-9+2i$

$x^2=-2+i$에서 $x^2+2=i$

양변을 제곱하면 $x^4+4x^2+4=-1$

$\therefore x^4+4x^2+5=0$

양변을 x로 나누면 $x^3+4x+\frac{5}{x}=0$

$\therefore x^4+x^3+6x^2+4x+\frac{5}{x}=x^4+6x^2+\left(x^3+4x+\frac{5}{x}\right)$

$=x^4+6x^2$

$=(x^4+4x^2+5)+2x^2-5$

$=2x^2-5$

$=2(-2+i)-5=-9+2i$

유형 04 복소수 z가 실수 또는 순허수가 될 조건

0355

답 ⑤

$(x-i)(x-3i)-(2x+4i)=x^2-3xi-xi-3-2x-4i$

$=(x^2-2x-3)-4(x+1)i$

이 복소수가 순허수가 되려면 $x^2-2x-3=0$, $x+1\neq0$

$x^2-2x-3=0$에서 $(x+1)(x-3)=0$

$\therefore x=-1$ 또는 $x=3$ …… ㉠

$x+1\neq0$에서 $x\neq-1$ …… ㉡

㉠, ㉡에서 $x=3$

0356

답 ③

$z=i(a+3i)^2=i(a^2+6ai-9)=-6a+(a^2-9)i$

z가 실수가 되려면 $a^2-9=0$

$a^2=9$ $\therefore a=-3$ ($\because a<0$)

$\therefore \alpha=-3$

$a=-3$을 $z=-6a+(a^2-9)i$에 대입하면

$z=18$ $\therefore \beta=18$

$\therefore \alpha+\beta=-3+18=15$

0357 답 ③

$z_1=(x^2-3x+2)+(y^2+4y+3)i$에서 z_1이 순허수가 되려면
$x^2-3x+2=0$, $y^2+4y+3\neq0$
$(x-1)(x-2)=0$, $(y+1)(y+3)\neq0$
$\therefore x=1$ 또는 $x=2$이고 $y\neq-1$, $y\neq-3$ …… ㉠
$z_2=(x^2-5x+6)+(y^2-y-2)i$에서
$iz_2=-(y^2-y-2)+(x^2-5x+6)i$
iz_2가 순허수가 되려면 $y^2-y-2=0$, $x^2-5x+6\neq0$
$(y+1)(y-2)=0$, $(x-2)(x-3)\neq0$
$\therefore y=-1$ 또는 $y=2$이고 $x\neq2$, $x\neq3$ …… ㉡
㉠, ㉡에서 $x=1$, $y=2$
$\therefore x+y=1+2=3$

유형 05 복소수 z^2이 실수 또는 양(음)의 실수가 될 조건

0358 답 6

$z=x(2-5i)+3(-4+i)$
$=2x-5xi-12+3i$
$=(2x-12)+(-5x+3)i$
z^2이 음의 실수가 되려면 z는 순허수이어야 하므로
$2x-12=0$, $-5x+3\neq0$
$\therefore x=6$

0359 답 9

$(3+7i)(x-i)=3x-3i+7xi+7$
$=(3x+7)+(7x-3)i$ …… ㉠
㉠을 제곱하여 양의 실수가 되려면 ㉠은 0이 아닌 실수이어야 하므로
$3x+7\neq0$, $7x-3=0$ $\quad\therefore x=\frac{3}{7}$
$\therefore a=\frac{3}{7}$
$\therefore 21a=21\times\frac{3}{7}=9$

0360 답 7

$\alpha=(2-n-5i)^2$
$=(2-n)^2-10(2-n)i-25$
$=(n^2-4n-21)+10(n-2)i$
α^2이 음의 실수가 되려면 α는 순허수이어야 하므로
$n^2-4n-21=0$, $10(n-2)\neq0$
$n^2-4n-21=0$에서 $(n+3)(n-7)=0$
$\therefore n=-3$ 또는 $n=7$
$10(n-2)\neq0$에서 $n\neq2$
이때 n은 자연수이므로 구하는 자연수 n의 값은 7이다.

0361 답 −1

$z=(a+2i)(1+3i)+a(-4+ai)$
$=a+3ai+2i-6-4a+a^2i$
$=(-3a-6)+(a^2+3a+2)i$
z^2이 양의 실수가 되려면 z는 0이 아닌 실수이어야 하므로
$-3a-6\neq0$, $a^2+3a+2=0$
$-3a-6\neq0$에서 $a\neq-2$ …… ㉠
$a^2+3a+2=0$에서 $(a+2)(a+1)=0$
$\therefore a=-2$ 또는 $a=-1$ …… ㉡
㉠, ㉡에서 $a=-1$

0362 답 1

z^2이 실수가 되려면 z는 실수 또는 순허수이어야 하므로
$a^2-4a+3=0$ 또는 $a^2+2a-3=0$ ❶

(i) $a^2-4a+3=0$에서 $(a-1)(a-3)=0$
$\therefore a=1$ 또는 $a=3$ ❷

(ii) $a^2+2a-3=0$에서 $(a+3)(a-1)=0$
$\therefore a=-3$ 또는 $a=1$ ❸

(i), (ii)에서 $a=-3$ 또는 $a=1$ 또는 $a=3$
따라서 구하는 모든 실수 a의 값의 합은
$-3+1+3=1$ ❹

채점 기준	배점
❶ z^2이 실수가 되는 조건 알기	20%
❷ $a^2-4a+3=0$을 만족시키는 a의 값 구하기	30%
❸ $a^2+2a-3=0$을 만족시키는 a의 값 구하기	30%
❹ 모든 실수 a의 값의 합 구하기	20%

0363 답 −2

$z=a^2(1+2i)+a(1-i)-(2+i)$
$=a^2+2a^2i+a-ai-2-i$
$=(a^2+a-2)+(2a^2-a-1)i$
(i) z^2이 실수가 되려면 z는 실수 또는 순허수이어야 하므로
$a^2+a-2=0$ 또는 $2a^2-a-1=0$
$(a+2)(a-1)=0$ 또는 $(2a+1)(a-1)=0$
$\therefore a=-2$ 또는 $a=-\frac{1}{2}$ 또는 $a=1$
(ii) $z-9i=(a^2+a-2)+(2a^2-a-1)i-9i$
$=(a^2+a-2)+(2a^2-a-10)i$
이 복소수가 실수가 되려면 $2a^2-a-10=0$
$(a+2)(2a-5)=0$ $\quad\therefore a=-2$ 또는 $a=\frac{5}{2}$
(i), (ii)에서 $a=-2$

유형 06 복소수가 서로 같을 조건

확인 문제 (1) $a=-4$, $b=2$ (2) $a=1$, $b=2$

(1) $(a+b)+6i=-2+3bi$에서
복소수가 서로 같을 조건에 의하여
$a+b=-2$, $6=3b$
위의 두 식을 연립하여 풀면 $a=-4$, $b=2$

(2) $(3a+b)+(a-b)i=5-i$에서
복소수가 서로 같을 조건에 의하여
$3a+b=5$, $a-b=-1$
위의 두 식을 연립하여 풀면 $a=1$, $b=2$

0364

답 ②

$2x(3-i)-y(1-5i)=8-12i$에서
$6x-2xi-y+5yi=8-12i$
$(6x-y)+(-2x+5y)i=8-12i$
복소수가 서로 같을 조건에 의하여
$6x-y=8$, $-2x+5y=-12$
위의 두 식을 연립하여 풀면 $x=1$, $y=-2$
$\therefore x+y=1+(-2)=-1$

0365

답 ②

$\frac{2a}{1-i}+3i=\frac{2a(1+i)}{(1-i)(1+i)}+3i=\frac{2a(1+i)}{2}+3i$
$=a+(a+3)i$
$a+(a+3)i=2+bi$이므로
복소수가 서로 같을 조건에 의하여
$a=2$, $b=a+3=2+3=5$
$\therefore a+b=2+5=7$

0366

답 -9

$(1+i)x+\frac{1+yi}{2-3i}=1-2i$의 양변에 $2-3i$를 곱하면
$(1+i)(2-3i)x+1+yi=(1-2i)(2-3i)$
$(5-i)x+1+yi=-4-7i$
$(5x+1)+(-x+y)i=-4-7i$
복소수가 서로 같을 조건에 의하여
$5x+1=-4$, $-x+y=-7$
위의 두 식을 연립하여 풀면 $x=-1$, $y=-8$
$\therefore x+y=-1+(-8)=-9$

0367

답 55

$\frac{x}{1+2i}+\frac{y}{1-2i}=\frac{5}{4-3i}$에서
$\frac{x(1-2i)+y(1+2i)}{(1+2i)(1-2i)}=\frac{5(4+3i)}{(4-3i)(4+3i)}$
$\frac{(x+y)-2(x-y)i}{5}=\frac{5(4+3i)}{25}$
$(x+y)-2(x-y)i=4+3i$
…… ❶

복소수가 서로 같을 조건에 의하여
$x+y=4$, $-2(x-y)=3$
위의 두 식을 연립하여 풀면 $x=\frac{5}{4}$, $y=\frac{11}{4}$
…… ❷

$\therefore 16xy=16\times\frac{5}{4}\times\frac{11}{4}=55$
…… ❸

채점 기준	배점
❶ 주어진 등식의 양변을 각각 $a+bi$ 꼴로 나타내기	40%
❷ x, y의 값 구하기	40%
❸ $16xy$의 값 구하기	20%

0368

답 ①

$x^2+y^2i-4x-yi-5-12i=0$에서
$(x^2-4x-5)+(y^2-y-12)i=0$
복소수가 서로 같을 조건에 의하여
$x^2-4x-5=0$, $y^2-y-12=0$
(i) $x^2-4x-5=0$에서 $(x+1)(x-5)=0$
$\therefore x=-1$ 또는 $x=5$
(ii) $y^2-y-12=0$에서 $(y+3)(y-4)=0$
$\therefore y=-3$ 또는 $y=4$
(i), (ii)에서 $x+y$의 값이 될 수 있는 것은
$-1+(-3)=-4$ 또는 $-1+4=3$ 또는
$5+(-3)=2$ 또는 $5+4=9$
따라서 $x+y$의 값이 될 수 없는 것은 ①이다.

0369

답 -1

$\frac{a}{1+ai}=\frac{a(1-ai)}{(1+ai)(1-ai)}=\frac{a-a^2i}{1+a^2}=\frac{a}{1+a^2}-\frac{a^2}{1+a^2}i$
이므로
$x+yi=\frac{a}{1+a^2}-\frac{a^2}{1+a^2}i$
복소수가 서로 같을 조건에 의하여
$x=\frac{a}{1+a^2}$, $y=-\frac{a^2}{1+a^2}$
이때 $3x-y=-1$이므로
$3\times\frac{a}{1+a^2}+\frac{a^2}{1+a^2}=-1$, $\frac{3a+a^2}{1+a^2}=-1$
$3a+a^2=-1-a^2$, $2a^2+3a+1=0$
$(a+1)(2a+1)=0$ $\therefore a=-1$ 또는 $a=-\frac{1}{2}$
이때 a는 정수이므로 $a=-1$

0370

답 8

$a(3+i)-b(3-i)=3(a-b)+(a+b)i$이고,
-16의 제곱근은 $\pm4i$이므로
(i) $3(a-b)+(a+b)i=4i$일 때
복소수가 서로 같을 조건에 의하여
$a-b=0$, $a+b=4$
위의 두 식을 연립하여 풀면 $a=2$, $b=2$
$\therefore a^2+b^2=2^2+2^2=8$

(ii) $3(a-b)+(a+b)i=-4i$일 때

복소수가 서로 같을 조건에 의하여

$a-b=0,\ a+b=-4$

위의 두 식을 연립하여 풀면 $a=-2,\ b=-2$

$\therefore\ a^2+b^2=(-2)^2+(-2)^2=8$

(i), (ii)에서 $a^2+b^2=8$

다른 풀이

$a(3+i)-b(3-i)=3(a-b)+(a+b)i$ …… ㉠

㉠을 제곱하여 -16, 즉 음의 실수가 되려면

㉠은 순허수이어야 하므로

$3(a-b)=0,\ a+b\neq0$ $\therefore\ a=b,\ a\neq-b$

$b=a$를 ㉠에 대입하면 $2ai$

따라서 $(2ai)^2=-16$이므로 $-4a^2=-16$

$\therefore\ a^2=4,\ b^2=a^2=4$

$\therefore\ a^2+b^2=4+4=8$

유형 07 켤레복소수의 계산

0371 답 9

$z=\dfrac{5}{2-i}=\dfrac{5(2+i)}{(2-i)(2+i)}=\dfrac{5(2+i)}{4+1}=2+i$

따라서 $\overline{z}=2-i$이므로

$z+\overline{z}+z\overline{z}=(2+i)+(2-i)+(2+i)(2-i)=4+5=9$

0372 답 ①

$\overline{z}=2+3i$이므로

$(1+2i)\overline{z}=(1+2i)(2+3i)=2+3i+4i-6=-4+7i$

0373 답 17

$\overline{\alpha}=3-i,\ \overline{\beta}=2+5i$이므로

$(\overline{\alpha}-\overline{\beta})(\alpha-\beta)=\{(3-i)-(2-5i)\}\{(3+i)-(2+5i)\}$

$=(1+4i)(1-4i)=1+16=17$

0374 답 14

$\overline{z}=2-4i$이므로

$\dfrac{1-\overline{z}}{z}=\dfrac{1-(2-4i)}{2+4i}=\dfrac{-1+4i}{2+4i}=\dfrac{(-1+4i)(2-4i)}{(2+4i)(2-4i)}$

$=\dfrac{-2+4i+8i+16}{4+16}=\dfrac{14+12i}{20}=\dfrac{7}{10}+\dfrac{3}{5}i$

따라서 구하는 실수부분은 $\dfrac{7}{10}$이므로 $20a=20\times\dfrac{7}{10}=14$

0375 답 12

$\overline{z}=\dfrac{z^2}{4i}$에서 $4i\overline{z}=z^2$

이때 $\overline{z}=a-2i$이므로

$4i(a-2i)=(a+2i)^2,\ 8+4ai=a^2-4+4ai$

복소수가 서로 같을 조건에 의하여

$a^2-4=8$ $\therefore\ a^2=12$

0376 답 3

$z=\dfrac{2}{1-i}=\dfrac{2(1+i)}{(1-i)(1+i)}=\dfrac{2(1+i)}{2}=1+i$

이므로 $\overline{z}=1-i$

$\therefore\ (z+1)(\overline{z}-1)=(1+i+1)(1-i-1)$

$=(2+i)\times(-i)=1-2i$

따라서 $1-2i=a+bi$이므로 복소수가 서로 같을 조건에 의하여

$a=1,\ b=-2$

$\therefore\ a-b=1-(-2)=3$

유형 08 켤레복소수가 주어질 때의 식의 값 구하기

확인 문제 (1) 11 (2) $\dfrac{4}{5}$

$x+y=(2+i)+(2-i)=4,\ xy=(2+i)(2-i)=4+1=5$이므로

(1) $x^2+xy+y^2=(x+y)^2-xy=4^2-5=11$

(2) $\dfrac{1}{x}+\dfrac{1}{y}=\dfrac{x+y}{xy}=\dfrac{4}{5}$

0377 답 8

$\dfrac{5y}{x}+\dfrac{5x}{y}=\dfrac{5(x^2+y^2)}{xy}=\dfrac{5\{(x+y)^2-2xy\}}{xy}$

이때

$x+y=(3+i)+(3-i)=6,$

$xy=(3+i)(3-i)=9+1=10$

이므로

$\dfrac{5y}{x}+\dfrac{5x}{y}=\dfrac{5\{(x+y)^2-2xy\}}{xy}=\dfrac{5\times(6^2-2\times10)}{10}=8$

0378 답 -19

$x^2+y^2-3xy=(x+y)^2-5xy$

이때

$x+y=(3+\sqrt{2}i)+(3-\sqrt{2}i)=6,$

$xy=(3+\sqrt{2}i)(3-\sqrt{2}i)=9+2=11$

이므로

$x^2+y^2-3xy=(x+y)^2-5xy=6^2-5\times11=-19$

다른 풀이

$x^2+y^2-3xy=(x-y)^2-xy$

이때 $x-y=(3+\sqrt{2}i)-(3-\sqrt{2}i)=2\sqrt{2}i$이므로

$x^2+y^2-3xy=(x-y)^2-xy=(2\sqrt{2}i)^2-11=-19$

0379

답 55

$x^3+y^3=(x+y)^3-3xy(x+y)$

이때

$x+y=\frac{5-i}{2}+\frac{5+i}{2}=5$,

$xy=\frac{5-i}{2}\times\frac{5+i}{2}=\frac{25+1}{4}=\frac{13}{2}$

이므로

$x^3+y^3=(x+y)^3-3xy(x+y)=5^3-3\times\frac{13}{2}\times5=\frac{55}{2}$

$\therefore 2(x^2+y^2)=2\times\frac{55}{2}=55$

0380

답 $-16i$

$x^3+x^2y-xy^2-y^3=x^2(x+y)-y^2(x+y)$
$=(x+y)(x^2-y^2)$
$=(x+y)(x+y)(x-y)=(x+y)^2(x-y)$

❶

이때

$x=\frac{5}{1+2i}=\frac{5(1-2i)}{(1+2i)(1-2i)}=\frac{5(1-2i)}{1+4}=1-2i$,

$y=\frac{5}{1-2i}=\frac{5(1+2i)}{(1-2i)(1+2i)}=\frac{5(1+2i)}{1+4}=1+2i$

이므로

$x+y=(1-2i)+(1+2i)=2$,

$x-y=(1-2i)-(1+2i)=-4i$

❷

$\therefore x^3+x^2y-xy^2-y^3=(x+y)^2(x-y)$
$=2^2\times(-4i)=-16i$

❸

채점 기준	배점
❶ 주어진 식을 인수분해하기	40%
❷ $x+y$, $x-y$의 값 구하기	40%
❸ 식의 값 구하기	20%

유형 09 켤레복소수의 성질

0381

답 ③

$z=a+bi$ (a, b는 실수)라 하면 $\bar{z}=a-bi$

① $z\bar{z}=(a+bi)(a-bi)=a^2+b^2$이므로 실수이다.

② $z+\bar{z}=(a+bi)+(a-bi)=2a$이므로 실수이다.

③ $\frac{1}{z}-\frac{1}{\bar{z}}=\frac{1}{a+bi}-\frac{1}{a-bi}=\frac{a-bi-(a+bi)}{(a+bi)(a-bi)}=\frac{-2bi}{a^2+b^2}$이므로 0 또는 순허수이다.

④ $z-\bar{z}=0$이므로 $z=\bar{z}$
$a+bi=a-bi$에서 $2bi=0$ $\quad\therefore b=0$
즉, $z=a$이므로 z는 실수이다.

⑤ $\bar{z}=a-bi$가 순허수이면 $a=0$, $b\neq0$
즉, $z=bi$이므로 z도 순허수이다.

따라서 옳지 않은 것은 ③이다.

0382

답 ④

$z=a+bi$ (a, b는 실수)라 하면 $\bar{z}=a-bi$

$z=\bar{z}$에서 $a+bi=a-bi$, $2bi=0$ $\quad\therefore b=0$

즉, $z=a$이므로 z는 실수이다.

② $(1+i)i=-1+i$

④ $(3+\sqrt{5})i^2=-3-\sqrt{5}$

따라서 조건을 만족시키는 복소수 z는 ④이다.

0383

답 4

$z=a+bi$ (a, b는 실수)라 하면 $\bar{z}=a-bi$

$z+\bar{z}=0$에서 $(a+bi)+(a-bi)=0$, $2a=0$ $\quad\therefore a=0$

즉, $z=bi$이므로 z는 0 또는 순허수이다.

따라서 z가 될 수 있는 것은 $-7i$, $(1+\sqrt{5})i$, 0, $-i$의 4개이다.

0384

답 $-\frac{1}{3}$

$z=a+bi$ (a, b는 실수)라 하면 $\bar{z}=a-bi$

$z=\bar{z}$에서 $a+bi=a-bi$, $2bi=0$ $\quad\therefore b=0$

따라서 $z=a$이고 $z\neq0$이므로 z는 0이 아닌 실수이다.

❶

$z=(x^2-9)+(3x^2-8x-3)i$에서

$x^2-9\neq0$, $3x^2-8x-3=0$

$x^2-9\neq0$에서 $x^2\neq9$ $\quad\therefore x\neq-3$, $x\neq3$ ······ ㉠

❷

$3x^2-8x-3=0$에서 $(3x+1)(x-3)=0$

$\therefore x=-\frac{1}{3}$ 또는 $x=3$ ······ ㉡

❸

㉠, ㉡에서 $x=-\frac{1}{3}$

❹

채점 기준	배점
❶ z가 0이 아닌 실수임을 알기	30%
❷ $x^2-9\neq0$을 만족시키는 x의 조건 구하기	30%
❸ $3x^2-8x-3=0$을 만족시키는 x의 조건 구하기	30%
❹ x의 값 구하기	10%

0385

답 ①

$z=a+bi$ (a, b는 실수)라 하면 $\bar{z}=a-bi$

$z+\bar{z}=0$에서 $(a+bi)+(a-bi)=0$, $2a=0$ $\quad\therefore a=0$

즉, $z=bi$이고 $z\neq0$이므로 z는 순허수이다.

$z=(i-2)x^2-3xi-4i+32$
$=(-2x^2+32)+(x^2-3x-4)i$

이므로

$-2x^2+32=0$, $x^2-3x-4\neq0$

$-2x^2+32=0$에서 $x^2=16$ $\quad\therefore x=\pm4$ ······ ㉠

$x^2-3x-4\neq0$에서 $(x+1)(x-4)\neq0$

$\therefore x\neq-1$, $x\neq4$ ······ ㉡

㉠, ㉡에서 $x=-4$

0386

답 ㄷ, ㅁ

$z=a+bi$ (a, b는 실수)라 하면 $\bar{z}=a-bi$이므로

$z+\bar{z}=(a+bi)+(a-bi)=2a$,

$z\bar{z}=(a+bi)(a-bi)=a^2+b^2$,

$z-\bar{z}=(a+bi)-(a-bi)=2bi$

ㄱ. $\frac{z}{\bar{z}}=\frac{a+bi}{a-bi}=\frac{(a+bi)^2}{(a-bi)(a+bi)}=\frac{a^2-b^2}{a^2+b^2}+\frac{2ab}{a^2+b^2}i$

이때 $ab\neq0$이면 실수가 아니다.

ㄴ. $\frac{1}{z}-\frac{1}{\bar{z}}=\frac{\bar{z}-z}{z\bar{z}}=-\frac{z-\bar{z}}{z\bar{z}}=-\frac{2b}{a^2+b^2}i$

이므로 0 또는 순허수이다.

ㄷ. $(z+3)(\bar{z}+3)=z\bar{z}+3(z+\bar{z})+9$

$=a^2+b^2+6a+9$

이므로 항상 실수이다.

ㄹ. $z^2-(\bar{z})^2=(z+\bar{z})(z-\bar{z})$

$=2a\times2bi=4abi$

이므로 0 또는 순허수이다.

ㅁ. $(3z+1)(\bar{z}+1)-2z=3z\bar{z}+3z+\bar{z}+1-2z$

$=3z\bar{z}+z+\bar{z}+1$

$=3(a^2+b^2)+2a+1$

이므로 항상 실수이다.

따라서 항상 실수인 것은 ㄷ, ㅁ이다.

유형 10 켤레복소수의 성질을 이용하여 식의 값 구하기

0387

답 ⑤

$\alpha\bar{\alpha}+\bar{\alpha}\beta+\alpha\bar{\beta}+\beta\bar{\beta}=\bar{\alpha}(\alpha+\beta)+\bar{\beta}(\alpha+\beta)$

$=(\alpha+\beta)(\bar{\alpha}+\bar{\beta})$

$=(\alpha+\beta)(\overline{\alpha+\beta})$

이때 $\alpha+\beta=(4+3i)+(2-i)=6+2i$에서 $\overline{\alpha+\beta}=6-2i$이므로

$\alpha\bar{\alpha}+\bar{\alpha}\beta+\alpha\bar{\beta}+\beta\bar{\beta}=(\alpha+\beta)(\overline{\alpha+\beta})$

$=(6+2i)(6-2i)=36+4=40$

0388

답 $8-7i$

$(z_1-2)(z_2+2)=z_1z_2+2(z_1-z_2)-4$

이때 $\overline{z_1-z_2}=\bar{z_1}-\bar{z_2}=5+3i$이므로 $z_1-z_2=5-3i$

$\overline{z_1z_2}=\bar{z_1}\times\bar{z_2}=2+i$이므로 $z_1z_2=2-i$

$\therefore (z_1-2)(z_2+2)=z_1z_2+2(z_1-z_2)-4$

$=2-i+2(5-3i)-4$

$=2-i+10-6i-4$

$=8-7i$

0389

답 ⑤

$\alpha\bar{\beta}=1$에서 $\bar{\alpha}\beta=\overline{(\alpha\bar{\beta})}=1$

따라서 $\beta=\frac{1}{\bar{\alpha}}$, $\bar{\beta}=\frac{1}{\alpha}$이므로

$\beta+\frac{1}{\bar{\beta}}=\frac{1}{\bar{\alpha}}+\alpha=2i$

0390

답 ②

$\frac{1}{\bar{\alpha}}+\frac{1}{\beta}=\frac{\bar{\alpha}+\beta}{\bar{\alpha}\beta}$

이때 $\alpha\bar{\beta}=1$이므로 $\bar{\alpha}\beta=\overline{(\alpha\bar{\beta})}=1$

$\alpha+\bar{\beta}=i$이므로 $\bar{\alpha}+\beta=\overline{(\alpha+\bar{\beta})}=-i$

$\therefore \frac{1}{\bar{\alpha}}+\frac{1}{\beta}=\frac{\bar{\alpha}+\beta}{\bar{\alpha}\beta}=\frac{-i}{1}=-i$

0391

답 -5

$\alpha\bar{\alpha}=\beta\bar{\beta}=5$에서 $\bar{\alpha}=\frac{5}{\alpha}$, $\bar{\beta}=\frac{5}{\beta}$

$\bar{\alpha}+\bar{\beta}=i$에서 $\frac{5}{\alpha}+\frac{5}{\beta}=i$

$\frac{5(\bar{\alpha}+\bar{\beta})}{\bar{\alpha}\times\bar{\beta}}=i$, $5(\overline{\alpha+\beta})=i\overline{\alpha\beta}$

$5\bar{i}=i\overline{\alpha\beta}$, $-5i=i\overline{\alpha\beta}$

$\overline{\alpha\beta}=-5$ $\therefore \alpha\beta=-5$

0392

답 $\frac{2}{9}$

$z=\frac{w-2}{3w-9}=\frac{5+i-2}{3(5+i)-9}=\frac{3+i}{6+3i}$ ❶

$\therefore z\bar{z}=\frac{3+i}{6+3i}\times\left(\overline{\frac{3+i}{6+3i}}\right)=\frac{3+i}{6+3i}\times\frac{\overline{3+i}}{\overline{6+3i}}$

$=\frac{3+i}{6+3i}\times\frac{3-i}{6-3i}=\frac{9+1}{36+9}=\frac{2}{9}$ ❷

채점 기준	배점
❶ 복소수 z 구하기	30%
❷ $z\bar{z}$의 값 구하기	70%

0393

답 25

$z\bar{z}=\frac{5\alpha}{\alpha-3}\times\left(\overline{\frac{5\alpha}{\alpha-3}}\right)=\frac{5\alpha}{\alpha-3}\times\frac{5\bar{\alpha}}{\bar{\alpha}-3}$

$=\frac{25\alpha\bar{\alpha}}{\alpha\bar{\alpha}-3(\alpha+\bar{\alpha})+9}$

이때 $\alpha=\frac{3+\sqrt{7}i}{2}$이므로 $\bar{\alpha}=\frac{3-\sqrt{7}i}{2}$,

$\alpha+\bar{\alpha}=\frac{3+\sqrt{7}i}{2}+\frac{3-\sqrt{7}i}{2}=\frac{6}{2}=3$

$\alpha\bar{\alpha}=\frac{3+\sqrt{7}i}{2}\times\frac{3-\sqrt{7}i}{2}=\frac{9+7}{4}=4$

이므로

$z\bar{z}=\frac{25\alpha\bar{\alpha}}{\alpha\bar{\alpha}-3(\alpha+\bar{\alpha})+9}=\frac{25\times4}{4-3\times3+9}=25$

다른 풀이

$z=\frac{5\alpha}{\alpha-3}=\frac{5\times\frac{3+\sqrt{7}i}{2}}{\frac{3+\sqrt{7}i}{2}-3}=\frac{5(3+\sqrt{7}i)}{3+\sqrt{7}i-6}=\frac{5(3+\sqrt{7}i)}{-3+\sqrt{7}i}$

$$\therefore z\bar{z}=\frac{5(3+\sqrt{7}i)}{-3+\sqrt{7}i}\times\overline{\left\{\frac{5(3+\sqrt{7}i)}{-3+\sqrt{7}i}\right\}}=\frac{5(3+\sqrt{7}i)}{-3+\sqrt{7}i}\times\frac{\overline{5(3+\sqrt{7}i)}}{\overline{-3+\sqrt{7}i}}$$

$$=\frac{5(3+\sqrt{7}i)}{-3+\sqrt{7}i}\times\frac{5(3-\sqrt{7}i)}{-3-\sqrt{7}i}=\frac{25(9+7)}{9+7}=25$$

유형 11 조건을 만족시키는 복소수 구하기

0394

답 $1-2i$

$z=a+bi$ (a, b는 실수)라 하면 $\bar{z}=a-bi$

$(2+3i)z+2i\bar{z}=4+i$에서

$(2+3i)(a+bi)+2i(a-bi)=4+i$

$2a+2bi+3ai-3b+2ai+2b=4+i$

$(2a-b)+(5a+2b)i=4+i$

복소수가 서로 같을 조건에 의하여

$2a-b=4$, $5a+2b=1$

위의 두 식을 연립하여 풀면 $a=1$, $b=-2$

$\therefore z=1-2i$

0395

답 ③

$z=a+bi$ (a, b는 실수)라 하면 $\bar{z}=a-bi$

$(1+i)\bar{z}+(1-i)z=6$에서

$(1+i)(a-bi)+(1-i)(a+bi)=6$

$a-bi+ai+b+a+bi-ai+b=6$

$2a+2b=6 \qquad \therefore a+b=3$

따라서 $a+b=3$을 만족시키는 복소수는 ㄴ, ㄹ이다.

0396

답 $3\pm\sqrt{2}i$

$z=a+bi$ (a, b는 실수)라 하면 $\bar{z}=a-bi$

$z+\bar{z}=6$에서 $(a+bi)+(a-bi)=6$

$2a=6 \qquad \therefore a=3$

…… ❶

$z\bar{z}=11$에서 $(a+bi)(a-bi)=11$

$a^2+b^2=11$, $3^2+b^2=11$, $b^2=2 \qquad \therefore b=\pm\sqrt{2}$

…… ❷

$\therefore z=3\pm\sqrt{2}i$

…… ❸

채점 기준	배점
❶ $z=a+bi$라 할 때, a의 값 구하기	40%
❷ b의 값 구하기	40%
❸ 복소수 z 구하기	20%

0397

답 ②

$z=a+bi$ (a, b는 실수)라 하면 $\bar{z}=a-bi$

$(2+i)z+3i\bar{z}=2+6i$에서

$(2+i)(a+bi)+3i(a-bi)=2+6i$

$2a+2bi+ai-b+3ai+3b=2+6i$

$(2a+2b)+(4a+2b)i=2+6i$

복소수가 서로 같을 조건에 의하여

$2a+2b=2$, $4a+2b=6$

위의 두 식을 연립하여 풀면 $a=2$, $b=-1$

따라서 $z=2-i$이므로 $z\bar{z}=(2-i)(2+i)=4+1=5$

0398

답 1

$z=a+bi$ (a, b는 실수)라 하면

$z+iz=(a+bi)+i(a+bi)=a+bi+ai-b=(a-b)+(a+b)i$

이므로

$\overline{z+iz}=(a-b)-(a+b)i=-2-i$

복소수가 서로 같을 조건에 의하여

$a-b=-2$, $a+b=1$

위의 두 식을 연립하여 풀면 $a=-\frac{1}{2}$, $b=\frac{3}{2}$

따라서 $z=-\frac{1}{2}+\frac{3}{2}i$이므로

$3i-2z=3i-2\left(-\frac{1}{2}+\frac{3}{2}i\right)=3i+1-3i=1$

0399

답 4

$z=a+bi$ (a, b는 실수)라 하면 $\bar{z}=a-bi$

(가)에서

$z-(1-5i)=(a+bi)-(1-5i)$

$=(a-1)+(b+5)i$

가 양의 실수이므로

$a-1>0$, $b+5=0 \qquad \therefore a>1$, $b=-5$

(나)에서 $z\bar{z}=(a+bi)(a-bi)=29$

$\therefore a^2+b^2=29$

위의 식에 $b=-5$를 대입하면 $a^2+25=29$

$a^2=4 \qquad \therefore a=2$ ($\because a>1$)

따라서 $z=2-5i$이므로

$z+\bar{z}=(2-5i)+(2+5i)=4$

유형 12 허수단위 i의 거듭제곱

확인 문제 (1) i (2) 1 (3) i (4) 0

(1) $i^{25}=(i^4)^6\times i=i$

(2) $-i^6=-i^4\times i^2=-i^2=-(-1)=1$

(3) $(-i)^7=-i^7=-i^4\times i^3=-i^3=-(-i)=i$

(4) $i^{50}+i^{100}=(i^4)^{12}\times i^2+(i^4)^{25}=i^2+1=-1+1=0$

0400

답 ④

$i=i^5=i^9=\cdots=i^{5001}$, $i^2=i^6=i^{10}=\cdots=i^{5002}=-1$,

$i^3=i^7=i^{11}=\cdots=i^{4999}=-i$, $i^4=i^8=i^{12}=\cdots=i^{5000}=1$이므로

$i+i^2+i^3+\cdots+i^{5002}$

$=(i-1-i+1)+(i-1-i+1)+\cdots+(i-1-i+1)+i-1$

$=i-1$

0401

답 -2

$i=i^5=i^9=\cdots=i^{113}$, $i^2=i^6=i^{10}=\cdots=i^{114}=-1$,

$i^3=i^7=i^{11}=\cdots=i^{111}=-i$, $i^4=i^8=i^{12}=\cdots=i^{112}=1$이므로

$$\frac{1}{i}+\frac{1}{i^2}+\frac{1}{i^3}+\frac{1}{i^4}+\cdots+\frac{1}{i^{114}}$$
$$=\left(\frac{1}{i}+\frac{1}{i^2}+\frac{1}{i^3}+\frac{1}{i^4}\right)+\cdots+\left(\frac{1}{i^{109}}+\frac{1}{i^{110}}+\frac{1}{i^{111}}+\frac{1}{i^{112}}\right)$$
$$+\frac{1}{i^{113}}+\frac{1}{i^{114}}$$
$$=\left(\frac{1}{i}-1-\frac{1}{i}+1\right)+\left(\frac{1}{i}-1-\frac{1}{i}+1\right)$$
$$+\cdots+\left(\frac{1}{i}-1-\frac{1}{i}+1\right)+\frac{1}{i}-1$$
$$=\frac{1}{i}-1=-1-i$$

따라서 $-1-i=a+bi$이므로

복소수가 서로 같을 조건에 의하여

$a=-1$, $b=-1$

$\therefore a+b=-1+(-1)=-2$

0402

답 -1

$i=i^5=i^9=\cdots=i^{65}$, $i^2=i^6=i^{10}=\cdots=i^{62}=-1$,

$i^3=i^7=i^{11}=\cdots=i^{63}=-i$, $i^4=i^8=i^{12}=\cdots=i^{64}=1$이므로

$$i+2i^2+3i^3+\cdots+64i^{64}+65i^{65}$$
$$=(i-2-3i+4)+(5i-6-7i+8)$$
$$+\cdots+(61i-62-63i+64)+65i$$
$$=\underbrace{(2-2i)+(2-2i)+\cdots+(2-2i)}_{16\text{개}}+65i$$
$$=16(2-2i)+65i$$
$$=32+33i$$

……… ❶

따라서 $32+33i=a+bi$이므로

복소수가 서로 같을 조건에 의하여

$a=32$, $b=33$

……… ❷

$\therefore a-b=32-33=-1$

……… ❸

채점 기준	배점
❶ 주어진 등식의 좌변을 간단히 하기	70%
❷ a, b의 값 구하기	20%
❸ $a-b$의 값 구하기	10%

0403

답 37

$i=i^5=i^9=\cdots$, $i^2=i^6=i^{10}=\cdots=-1$,

$i^3=i^7=i^{11}=\cdots=-i$, $i^4=i^8=i^{12}=\cdots=1$이므로

$f(k)=0$이 되려면

$$f(k)=1+i+i^2+\cdots+i^k$$
$$=(1+i-1-i)+(1+i-1-i)+\cdots+(1+i-1-i)$$

이어야 하므로 k는 3, 7, 11, …, 즉 $k+1$이 4의 배수이어야 한다.

따라서 150 이하의 자연수 k는 3, 7, 11, …, 147의 37개이다.

0404

답 10

$i=i^5=i^9=\cdots$, $i^2=i^6=i^{10}=\cdots=-1$,

$i^3=i^7=i^{11}=\cdots=-i$, $i^4=i^8=i^{12}=\cdots=1$이므로

$$i-2i^2+3i^3-4i^4+5i^5-6i^6+7i^7-8i^8+\cdots$$
$$=i+2-3i-4+5i+6-7i-8+\cdots$$
$$=(2-4+6-8+\cdots)+(1-3+5-7+\cdots)i \quad \cdots\cdots ㉠$$

복소수가 서로 같을 조건에 의하여 ㉠의 실수부분이 6, 허수부분이 5이어야 한다.

이때 $2-4+6-8+10=6$, $1-3+5-7+9=5$이므로

$n=10$

0405

답 58

$(2+5i)i^{35}=(2+5i)\times(i^4)^8\times i^3=(2+5i)\times(-i)=5-2i$

$(2+5i)i^{36}=(2+5i)\times(i^4)^9=(2+5i)\times1=2+5i$

$(2+5i)i^{37}=(2+5i)\times(i^4)^9\times i=(2+5i)\times i=-5+2i$

$(2+5i)i^{38}=(2+5i)\times(i^4)^9\times i^2=(2+5i)\times(-1)=-2-5i$

$\therefore P_{35}(5, -2)$, $P_{36}(2, 5)$, $P_{37}(-5, 2)$, $P_{38}(-2, -5)$

네 점 P_{35}, P_{36}, P_{37}, P_{38}을 좌표평면 위에 나타내면 그림과 같으므로 구하는 사각형의 넓이는

$$10^2-4\times\left(\frac{1}{2}\times7\times3\right)=100-42=58$$

0406

답 16

$i=i^5=i^9=i^{13}=i^{17}$, $i^2=i^6=i^{10}=i^{14}=i^{18}=-1$,

$i^3=i^7=i^{11}=i^{15}=i^{19}=-i$, $i^4=i^8=i^{12}=i^{16}=i^{20}=1$이므로

$$i+i^2+i^3+i^4=i^5+i^6+i^7+i^8=\cdots=i^{13}+i^{14}+i^{15}+i^{16}$$
$$=i^{17}+i^{18}+i^{19}+i^{20}=0$$

$$\therefore (i+i^2)+(i^2+i^3)+(i^3+i^4)+\cdots+(i^{18}+i^{19})$$
$$=(i+i^2+\cdots+i^{18})+(i^2+i^3+\cdots+i^{19})$$
$$=\{(i+i^2+\cdots+i^{16})+i^{17}+i^{18}\}+\{(i+i^2+\cdots+i^{20})-i-i^{20}\}$$
$$=(i-1)+(-i-1)=-2$$

따라서 $-2=a+bi$이므로 복소수가 서로 같을 조건에 의하여

$a=-2$, $b=0$

$\therefore 4(a+b)^2=4\times(-2)^2=16$

다른 풀이

$i+i^{19}=i \quad i=0$이므로

$$(i+i^2)+(i^2+i^3)+(i^3+i^4)+\cdots+(i^{18}+i^{19})$$
$$=i+\{(i^2+i^2)+(i^3+i^3)+(i^4+i^4)+\cdots+(i^{18}+i^{18})\}+i^{19}$$
$$=2(i^2+i^3+i^4+\cdots+i^{18})$$
$$=2\{(-1-i+1+i)+(-1-i+1+i)+\cdots+(-1-i+1+i)-1\}$$
$$=2\times(-1)=-2$$

0407

답 ⑤

자연수 k에 대하여

(i) $m=4k-3$일 때

$i^{4k-3}=i$, $(-i)^{4k-3}=-i$이므로

$z_m=i+(-i)=0$

(ii) $m=4k-2$일 때

$i^{4k-2}=-1$, $(-i)^{4k-2}=-1$이므로

$z_m=-1-1=-2$

(iii) $m=4k-1$일 때

$i^{4k-1}=-i$, $(-i)^{4k-1}=i$이므로

$z_m=-i+i=0$

(iv) $m=4k$일 때

$i^{4k}=1$, $(-i)^{4k}=1$이므로

$z_m=1+1=2$

ㄱ. $z_m=1$을 만족시키는 자연수 m은 존재하지 않는다.

ㄴ. $200=4\times50$이므로 $z_{200}=2$,

$202=4\times51-2$이므로 $z_{202}=-2$

$\therefore z_{200}+z_{202}=2+(-2)=0$

ㄷ. 임의의 자연수 m에 대하여 z_m은 실수이므로 $z_m=\overline{z_m}$이다.

따라서 옳은 것은 ㄴ, ㄷ이다.

유형 13 복소수의 거듭제곱

확인 문제 (1) 16 (2) -1

(1) $(1+i)^8=\{(1+i)^2\}^4=(2i)^4=2^4\times i^4=16$

(2) $\left(\frac{1+i}{1-i}\right)^{18}=i^{18}=(i^4)^4\times i^2=i^2=-1$

0408

답 ③

$(1+i)^{50}=\{(1+i)^2\}^{25}=(2i)^{25}=2^{25}\times(i^4)^6\times i=2^{25}i$

$(1-i)^{50}=\{(1-i)^2\}^{25}=(-2i)^{25}=(-2)^{25}\times(i^4)^6\times i=-2^{25}i$

$\therefore (1+i)^{50}+(1-i)^{50}=2^{25}i+(-2^{25}i)=0$

0409

답 2

$\frac{1-i}{1+i}=\frac{(1-i)^2}{(1+i)(1-i)}=\frac{-2i}{2}=-i$이므로

$\left(\frac{1-i}{1+i}\right)^{50}=(-i)^{50}=i^{50}=(i^4)^{12}\times i^2=i^2=-1$

$\left(\frac{1-i}{1+i}\right)^{50}(a-2bi)=1-4i$에서

$-(a-2bi)=1-4i \qquad \therefore -a+2bi=1-4i$

복소수가 서로 같을 조건에 의하여

$-a=1$, $2b=-4 \qquad \therefore a=-1$, $b=-2$

$\therefore ab=-1\times(-2)=2$

0410

답 $-2i$

$\frac{1+i}{1-i}=\frac{(1+i)^2}{(1-i)(1+i)}=\frac{2i}{2}=i$

$\frac{1-i}{1+i}=\frac{(1-i)^2}{(1+i)(1-i)}=\frac{-2i}{2}=-i$

$\therefore \left(\frac{1+i}{1-i}\right)^{95}-\left(\frac{1-i}{1+i}\right)^{95}=i^{95}-(-i)^{95}$

$=i^{95}+i^{95}=2i^{95}$

$=2\times(i^4)^{23}\times i^3$

$=2i^3=-2i$

0411

답 100

$\frac{1-i}{1+i}=\frac{(1-i)^2}{(1+i)(1-i)}=\frac{-2i}{2}=-i$

$\frac{1+i}{1-i}=\frac{(1+i)^2}{(1-i)(1+i)}=\frac{2i}{2}=i$

$\therefore f(n)=\left(\frac{1-i}{1+i}\right)^{4n}+\left(\frac{1+i}{1-i}\right)^{2n}$

$=(-i)^{4n}+i^{2n}=i^{4n}+i^{2n}=1+(-1)^n$

……… ❶

즉, n이 홀수일 때 $f(n)=1+(-1)=0$이고

n이 짝수일 때 $f(n)=1+1=2$이므로

$f(1)+f(2)+f(3)+\cdots+f(100)=0+2+0+2+\cdots+0+2$

$=2\times50=100$

……… ❷

채점 기준	배점
❶ $f(n)$을 간단히 하기	50%
❷ $f(1)+f(2)+f(3)+\cdots+f(100)$의 값 구하기	50%

0412

답 ②

$z^2=\left(\frac{1-i}{\sqrt{2}}\right)^2=\frac{-2i}{2}=-i$이므로

$z^4=(z^2)^2=(-i)^2=-1$, $z^8=(z^4)^2=(-1)^2=1$

$\therefore 1+z^2+z^4+z^6+z^8+z^{10}+z^{12}$

$=(1+z^2)+z^4(1+z^2)+z^8(1+z^2)+z^{12}$

$=(1+z^2)-(1+z^2)+(1+z^2)+z^{12}$

$=1+z^2+(z^4)^3$

$=1-i+(-1)^3=-i$

다른 풀이

$z^2=\left(\frac{1-i}{\sqrt{2}}\right)^2=\frac{-2i}{2}=-i$이므로 $z^4=(z^2)^2=(-i)^2=-1$

$z^6=z^4\times z^2=(-1)\times(-i)=i$, $z^8=(z^4)^2=(-1)^2=1$

$\therefore 1+z^2+z^4+z^6+z^8+z^{10}+z^{12}=1+z^2+z^4+z^6+z^8+z^8(z^2+z^4)$

$=1-i-1+i+1+z^2+z^4$

$=1+z^2+z^4$

$=1-i-1=-i$

0413

답 ㄱ, ㄷ

ㄱ. $z^2=\left(\frac{1+i}{\sqrt{2i}}\right)^2=\frac{2i}{-2}=-i$

$\therefore z^4=(z^2)^2=(-i)^2=-1$

ㄴ. $z^2=-i$이므로 $z^6=(z^2)^3=(-i)^3=-i^3=i$

$\therefore z^2\neq z^6$

ㄷ. $z^n=\left(\frac{1+i}{\sqrt{2}i}\right)^n$에서 $z=\frac{1+i}{\sqrt{2}i}$

$z^2=-i$

$z^3=z^2\times z=(-i)\times\frac{1+i}{\sqrt{2}i}=\frac{-1-i}{\sqrt{2}}$

$z^4=-1$

$z^5=z^4\times z=-z=\frac{-1-i}{\sqrt{2}i}$

$z^6=z^4\times z^2=(-1)\times(-i)=i$

$z^7=z^6\times z=i\times\frac{1+i}{\sqrt{2}i}=\frac{1+i}{\sqrt{2}}$

$z^8=(z^4)^2=(-1)^2=1$

⋮

즉, n이 8의 배수일 때 $z^n=1$이다.

ㄹ. $z^3=\frac{-1-i}{\sqrt{2}}$에서 $\overline{z^3}=\frac{-1+i}{\sqrt{2}}$, $z^7=\frac{1+i}{\sqrt{2}}$이므로 $z^7\neq\overline{z^3}$

따라서 옳은 것은 ㄱ, ㄷ이다.

0414

답 24

$z_1=\frac{\sqrt{2}}{1+i}$에서

$z_1^2=\left(\frac{\sqrt{2}}{1+i}\right)^2=\frac{2}{2i}=-i$

$z_1^3=z_1^2\times z_1=(-i)\times\frac{\sqrt{2}}{1+i}=-\frac{\sqrt{2}i}{1+i}$

$z_1^4=(z_1^2)^2=(-i)^2=-1$

$z_1^5=z_1^4\times z_1=(-1)\times\frac{\sqrt{2}}{1+i}=-\frac{\sqrt{2}}{1+i}$

$z_1^6=z_1^4\times z_1^2=(-1)\times(-i)=i$

$z_1^7=z_1^6\times z_1=i\times\frac{\sqrt{2}}{1+i}=\frac{\sqrt{2}i}{1+i}$

$z_1^8=(z_1^4)^2=(-1)^2=1$

⋮

$z_2=\frac{-1+\sqrt{3}i}{2}$에서

$z_2^2=\left(\frac{-1+\sqrt{3}i}{2}\right)^2=\frac{-2-2\sqrt{3}i}{4}=\frac{-1-\sqrt{3}i}{2}$

$z_2^3=z_2^2\times z_2=\frac{-1-\sqrt{3}i}{2}\times\frac{-1+\sqrt{3}i}{2}=\frac{1+3}{4}=1$

⋮

따라서 n이 8의 배수일 때 $z_1^n=1$이고, n이 3의 배수일 때 $z_2^n=1$이므로 $z_1^n=z_2^n$을 만족시키는 가장 작은 자연수 n은 8과 3의 최소공배수인 24이다.

유형 14 음수의 제곱근의 계산

확인 문제 (1) -4 (2) $9i$ (3) $-\sqrt{7}i$ (4) $\sqrt{3}$

(1) $\sqrt{-2}\sqrt{-8}=\sqrt{2}i\times2\sqrt{2}i=4i^2=-4$

(2) $\sqrt{3}\sqrt{-27}=\sqrt{3}\times3\sqrt{3}i=9i$

(3) $\frac{\sqrt{14}}{\sqrt{-2}}=\frac{\sqrt{14}}{\sqrt{2}i}=\frac{\sqrt{7}}{i}=-\sqrt{7}i$

(4) $\frac{\sqrt{-15}}{\sqrt{-5}}=\frac{\sqrt{15}i}{\sqrt{5}i}=\sqrt{3}$

0415

답 ③

① $\sqrt{-3}\sqrt{5}=\sqrt{3}i\times\sqrt{5}=\sqrt{15}i=\sqrt{-15}$

② $\sqrt{-3}\sqrt{-5}=\sqrt{3}i\times\sqrt{5}i=\sqrt{15}i^2=-\sqrt{15}$

③ $\frac{\sqrt{3}}{\sqrt{-5}}=\frac{\sqrt{3}}{\sqrt{5}i}=\frac{\sqrt{3}i}{-\sqrt{5}}=-\sqrt{\frac{3}{5}}i=-\sqrt{-\frac{3}{5}}$

④ $\frac{\sqrt{-3}}{\sqrt{-5}}=\frac{\sqrt{3}i}{\sqrt{5}i}=\sqrt{\frac{3}{5}}$

⑤ $\frac{\sqrt{-3}}{\sqrt{5}}=\frac{\sqrt{3}i}{\sqrt{5}}=\sqrt{\frac{3}{5}}i=\sqrt{-\frac{3}{5}}$

따라서 옳은 것은 ③이다.

참고

(1) $a<0$, $b<0$ 이외의 경우에는 $\sqrt{a}\sqrt{b}=\sqrt{ab}$

(2) $a>0$, $b<0$ 이외의 경우에는 $\frac{\sqrt{a}}{\sqrt{b}}=\sqrt{\frac{a}{b}}$ (단, $b\neq0$)

0416

답 0

$z=\frac{3-\sqrt{-9}}{3+\sqrt{-9}}=\frac{3-3i}{3+3i}=\frac{1-i}{1+i}$

$=\frac{(1-i)^2}{(1+i)(1-i)}=\frac{-2i}{2}=-i$

$\therefore z+\overline{z}=-i+i=0$

0417

답 ④

① $\sqrt{-2}\sqrt{-3}=\sqrt{2}i\times\sqrt{3}i=\sqrt{6}i^2=-\sqrt{6}$

② $\sqrt{-6}\sqrt{24}=\sqrt{6}i\times2\sqrt{6}=12i$

③ $\frac{\sqrt{12}}{\sqrt{-3}}=\frac{2\sqrt{3}}{\sqrt{3}i}=\frac{2}{i}=-2i$

④ $(-\sqrt{-5})^2=(\sqrt{-5})^2=(\sqrt{5}i)^2=5i^2=-5$

⑤ $\frac{\sqrt{-8}}{\sqrt{2}}=\frac{2\sqrt{2}i}{\sqrt{2}}=2i$

따라서 옳은 것은 ④이다.

0418

답 3

$\frac{\sqrt{27}}{\sqrt{-3}}+\frac{\sqrt{-24}}{\sqrt{-2}}+\sqrt{-2}\sqrt{-6}=\frac{3\sqrt{3}}{\sqrt{3}i}+\frac{2\sqrt{6}i}{\sqrt{2}i}+\sqrt{2}i\times\sqrt{6}i$

$=-3i+2\sqrt{3}-2\sqrt{3}$

$=-3i$

…… ❶

따라서 $-3i=a+bi$이므로 복소수가 서로 같을 조건에 의하여 $a=0$, $b=-3$

…… ❷

$\therefore a-b=0-(-3)=3$

…… ❸

채점 기준	배점
❶ 주어진 등식의 좌변을 간단히 하기	60%
❷ a, b의 값 구하기	30%
❸ $a-b$의 값 구하기	10%

0419

답 0

$(\sqrt{2}+\sqrt{-2})(2\sqrt{2}-\sqrt{-2})+\sqrt{-2}\sqrt{-18}+\dfrac{\sqrt{24}}{\sqrt{-6}}$

$=(\sqrt{2}+\sqrt{2}i)(2\sqrt{2}-\sqrt{2}i)+\sqrt{2}i\times 3\sqrt{2}i+\dfrac{2\sqrt{6}}{\sqrt{6}i}$

$=4-2i+4i+2-6-2i$

$=0$

0420

답 $1-i$

$0<x<1$이므로 $x-1<0$, $1-x>0$

$\therefore \dfrac{\sqrt{1-x}}{\sqrt{x-1}}\sqrt{\dfrac{x-1}{1-x}}-\sqrt{x-1}\sqrt{1-x}-\sqrt{-x}\sqrt{x}$

$=\dfrac{\sqrt{1-x}}{\sqrt{1-x}i}\times\sqrt{-\dfrac{1-x}{1-x}}-\sqrt{1-x}i\times\sqrt{1-x}-\sqrt{x}i\times\sqrt{x}$

$=\dfrac{1}{i}\times i-(1-x)i-xi$

$=1-i+xi-xi=1-i$

유형 15 음수의 제곱근의 성질

0421

답 ⑤

$\dfrac{\sqrt{a}}{\sqrt{b}}=-\sqrt{\dfrac{a}{b}}$이고 $a\neq0$, $b\neq0$이므로 $a>0$, $b<0$

① $\sqrt{a^2b}=\sqrt{a^2}\times\sqrt{b}=a\sqrt{b}$ ($\because \sqrt{a^2}=|a|=a$)

② $\sqrt{ab^2}=\sqrt{a}\times\sqrt{b^2}=-b\sqrt{a}$ ($\because \sqrt{b^2}=|b|=-b$)

③ $\dfrac{\sqrt{b}}{\sqrt{a}}=\sqrt{\dfrac{b}{a}}$

④ $\sqrt{a}\sqrt{b}=\sqrt{ab}$

⑤ $-a<0$, $b<0$이므로 $\sqrt{-a}\sqrt{b}=-\sqrt{-ab}$

따라서 옳지 않은 것은 ⑤이다.

0422

답 4

$\dfrac{\sqrt{x-3}}{\sqrt{x-7}}=-\sqrt{\dfrac{x-3}{x-7}}$이고 $x-3\neq0$, $x-7\neq0$이므로

$x-3>0$, $x-7<0$

이때 $x-3>0$에서 $3-x<0$

$\therefore \sqrt{(x-7)^2}+|3-x|=|x-7|+|3-x|$

$=-(x-7)-(3-x)$

$=-x+7-3+x=4$

0423

답 ㄱ, ㅁ

$\sqrt{a}\sqrt{b}=-\sqrt{ab}$이고 $a\neq0$, $b\neq0$이므로 $a<0$, $b<0$

ㄱ. $a+b<0$이므로 $|a+b|=-a-b$

$|a|+|b|=-a-b$

$\therefore |a+b|=|a|+|b|$

ㄴ. $\dfrac{\sqrt{b}}{\sqrt{a}}=\sqrt{\dfrac{b}{a}}$

ㄷ. $\sqrt{a^2}\sqrt{b^2}=|a|\times|b|=(-a)\times(-b)=ab$

ㄹ. $\sqrt{a^2b}=\sqrt{a^2}\times\sqrt{b}=|a|\times\sqrt{b}=-a\sqrt{b}$

ㅁ. $-a>0$, $b<0$이므로 $\sqrt{-a}\sqrt{b}=\sqrt{-ab}$

따라서 옳은 것은 ㄱ, ㅁ이다.

0424

답 $2a+4b$

$\dfrac{\sqrt{a}}{\sqrt{b}}=-\sqrt{\dfrac{a}{b}}$이고 $a\neq0$, $b\neq0$이므로 $a>0$, $b<0$

$\therefore a-b>0$

$\therefore \sqrt{(a-b)^2}+|a|-5\sqrt{b^2}=|a-b|+|a|-5|b|$

$=a-b+a+5b$

$=2a+4b$

0425

답 $2b-2c$

$\sqrt{a-b}\sqrt{c-a}=-\sqrt{(a-b)(c-a)}$이고 $a-b\neq0$, $c-a\neq0$이므로

$a-b<0$, $c-a<0$ $\quad\therefore c<a<b$

❶

$b-a>0$, $b-c>0$, $c-a<0$이므로

$|b-a|+|b-c|+|c-a|=b-a+(b-c)-(c-a)$

$=b-a+b-c-c+a$

$=2b-2c$

❷

채점 기준	배점
❶ a, b, c의 대소를 비교하기	50%
❷ 주어진 식을 간단히 하기	50%

0426

답 ④

$\sqrt{a}\sqrt{b}=-\sqrt{ab}$이고 $a\neq0$, $b\neq0$이므로 $a<0$, $b<0$

$\dfrac{\sqrt{c}}{\sqrt{b}}=-\sqrt{\dfrac{c}{b}}$이고 $b\neq0$, $c\neq0$이므로 $b<0$, $c>0$

$\therefore a-c<0$, $a+b<0$

$\therefore \sqrt{(a-c)^2}+\sqrt{c^2}-|a+b|=|a-c|+|c|-|a+b|$

$=-(a-c)+c+(a+b)$

$=-a+c+c+a+b$

$=b+2c$

0427

답 ①

(가)에서 $\dfrac{\sqrt{b}}{\sqrt{a}}=-\sqrt{\dfrac{b}{a}}$이고 $a\neq0$, $b\neq0$이므로 $a<0$, $b>0$

$\therefore a<b$

(나)에서 $|a+b|+|a+c-1|=0$이므로

$a+b=0$, $a+c-1=0$

$a+b=0$에서 $b=-a$이므로

$a+c-1=0$에서 $c=-a+1=b+1$

따라서 $b<c$이므로

$a<b<c$

내신 잡는 종합 문제

0428
답 ⑤

① $\sqrt{5}i^2=-\sqrt{5}$이므로 실수이다.

② $-3i$의 실수부분은 0이다.

③ $1-\sqrt{7}i$의 허수부분은 $-\sqrt{7}$이다.

④ $a\neq0$, $b=0$이고 a가 실수이면 $a+bi$는 실수, a가 허수이면 $a+bi$도 허수이므로 복소수이다.

0429
답 ④

$(3+5i)\triangle(5+3i)=(3+5i)(5+3i)-(3+5i)-2(5+3i)$
$=15+9i+25i-15-3-5i-10-6i$
$=-13+23i$

0430
답 ③

a^2-bc는 a^2의 값이 최소가 되고 bc의 값이 최대가 될 때 최솟값을 갖는다.
a^2은 $a=5i$일 때 최솟값 $(5i)^2=-25$를 갖고,
bc는 $b=-4i$, $c=5i$ 또는 $b=5i$, $c=-4i$일 때 최댓값
$-4i\times5i=20$을 갖는다.
따라서 a^2-bc의 최솟값은
$-25-20=-45$

0431
답 ④

$\sqrt{-3}\sqrt{-9}+\dfrac{\sqrt{-18}}{\sqrt{-6}}-\dfrac{\sqrt{6}}{\sqrt{-3}}+\dfrac{\sqrt{-10}}{\sqrt{5}}$
$=\sqrt{3}i\times3i+\dfrac{\sqrt{18}i}{\sqrt{6}i}-\dfrac{\sqrt{6}}{\sqrt{3}i}+\dfrac{\sqrt{10}i}{\sqrt{5}}$
$=-3\sqrt{3}+\sqrt{3}+\sqrt{2}i+\sqrt{2}i$
$=-2\sqrt{3}+2\sqrt{2}i$

0432
답 ②

$z^3\bar{z}+z(\bar{z})^3=z\bar{z}\{z^2+(\bar{z})^2\}=z\bar{z}\{(z+\bar{z})^2-2z\bar{z}\}$
이때 $\bar{z}=1-\sqrt{3}i$이므로
$z+\bar{z}=(1+\sqrt{3}i)+(1-\sqrt{3}i)=2$
$z\bar{z}=(1+\sqrt{3}i)(1-\sqrt{3}i)=1+3=4$
$\therefore\ z^3\bar{z}+z(\bar{z})^3=z\bar{z}\{(z+\bar{z})^2-2z\bar{z}\}$
$=4\times(2^2-2\times4)$
$=4\times(-4)=-16$

0433
답 ③

$z=a+bi$ (a, b는 실수)라 하면 $\bar{z}=a-bi$
$\dfrac{z}{1+i}+\dfrac{\bar{z}}{1-i}=1$에서
$\dfrac{a+bi}{1+i}+\dfrac{a-bi}{1-i}=1$
$\dfrac{(a+bi)(1-i)+(a-bi)(1+i)}{(1+i)(1-i)}=1$
$\dfrac{(a-ai+bi+b)+(a+ai-bi+b)}{2}=1$
$\therefore\ a+b=1$
따라서 $a+b=1$을 만족시키는 복소수 z가 될 수 없는 것은 ③이다.

0434
답 ①

$a^3+b^3-ab=(a+b)^3-3ab(a+b)-ab$
이때
$a=\dfrac{5}{1+2i}=\dfrac{5(1-2i)}{(1+2i)(1-2i)}=1-2i$,
$b=\dfrac{5}{1-2i}=\dfrac{5(1+2i)}{(1-2i)(1+2i)}=1+2i$
이므로
$a+b=(1-2i)+(1+2i)=2$
$ab=(1-2i)(1+2i)=1+4=5$
$\therefore\ a^3+b^3-ab=(a+b)^3-3ab(a+b)-ab$
$=2^3-3\times5\times2-5=-27$

0435
답 ⑤

$\dfrac{3x}{1+i}+\dfrac{y}{1-i}=\overline{7+4i}$에서
$\dfrac{3x(1-i)+y(1+i)}{(1+i)(1-i)}=7-4i$
$\dfrac{(3x+y)+(-3x+y)i}{2}=7-4i$
$(3x+y)+(-3x+y)i=14-8i$
복소수가 서로 같을 조건에 의하여
$3x+y=14$, $-3x+y=-8$
위의 두 식을 연립하여 풀면 $x=\dfrac{11}{3}$, $y=3$
$\therefore\ 3x+2y=3\times\dfrac{11}{3}+2\times3=17$

0436
답 ③

$z=a+bi$ (a, b는 실수)라 하면 $\bar{z}=a-bi$
$3iz-(5-i)\bar{z}=-4-7i$에서
$3i(a+bi)-(5-i)(a-bi)=-4-7i$
$3ai-3b-(5a-5bi-ai-b)=-4-7i$
$(-5a-2b)+(4a+5b)i=-4-7i$
복소수가 서로 같을 조건에 의하여
$-5a-2b=-4$, $4a+5b=-7$
위의 두 식을 연립하여 풀면 $a=2$, $b=-3$
따라서 $z=2-3i$이므로
$z\bar{z}=(2-3i)(2+3i)=4+9=13$

0437
답 ②

$\alpha\bar{\alpha}+2\alpha\bar{\beta}+2\bar{\alpha}\beta+4\beta\bar{\beta}=\alpha(\bar{\alpha}+2\bar{\beta})+2\beta(\bar{\alpha}+2\bar{\beta})$
$=(\bar{\alpha}+2\bar{\beta})(\alpha+2\beta)$
$=\overline{(\alpha+2\beta)}(\alpha+2\beta)$

이때

$\alpha+2\beta=1+4i+2(2-3i)$

$=1+4i+4-6i=5-2i$

이므로 $\overline{\alpha+2\beta}=5+2i$

$\therefore\ \alpha\overline{\alpha}+2\alpha\overline{\beta}+2\overline{\alpha}\beta+4\beta\overline{\beta}=\overline{(\alpha+2\beta)}(\alpha+2\beta)$

$=(5+2i)(5-2i)$

$=25+4=29$

0438

답 ③

$\alpha\overline{\alpha}=\beta\overline{\beta}=3$에서 $\alpha=\frac{3}{\overline{\alpha}}$, $\beta=\frac{3}{\overline{\beta}}$이므로 $\frac{1}{\alpha}=\frac{\overline{\alpha}}{3}$, $\frac{1}{\beta}=\frac{\overline{\beta}}{3}$

$\therefore\ (\alpha+\beta)\left(\frac{1}{\alpha}+\frac{1}{\beta}\right)=(\alpha+\beta)\left(\frac{\overline{\alpha}}{3}+\frac{\overline{\beta}}{3}\right)$

$=\frac{1}{3}(\alpha+\beta)(\overline{\alpha}+\overline{\beta})$

$=\frac{1}{3}(\alpha+\beta)(\overline{\alpha+\beta})$

$=\frac{1}{3}\times 3=1$

0439

답 ①

$z=\frac{7-i}{1-i}=\frac{(7-i)(1+i)}{(1-i)(1+i)}=\frac{7+7i-i+1}{1+1}=\frac{8+6i}{2}=4+3i$에서

$z-4=3i$

양변을 제곱하면 $z^2-8z+16=-9$

$\therefore\ z^2-8z+25=0$

$\therefore\ -z^3+8z^2-26z+3=-z(z^2-8z+25)-z+3$

$=-z+3$

$=-(4+3i)+3$

$=-1-3i$

0440

답 ①

$\frac{2-i}{1+2i}=\frac{(2-i)(1-2i)}{(1+2i)(1-2i)}=\frac{2-4i-i-2}{1+4}=\frac{-5i}{5}=-i$

$\left(\frac{1-i}{\sqrt{2}i}\right)^2=\frac{-2i}{-2}=i$

$\therefore\ \left(\frac{2-i}{1+2i}\right)^{2022}+\left(\frac{1-i}{\sqrt{2}i}\right)^{4044}=(-i)^{2022}+i^{2022}$

$=i^{2022}+i^{2022}$

$=2i^{2022}$

$=2\times(i^4)^{505}\times i^2$

$=2i^2=-2$

0441

답 ②

$z=x^2+(i-2)x+2i-8=(x^2-2x-8)+(x+2)i$

(i) $z=\overline{z}$, 즉 z가 실수가 되려면

$x+2=0$ $\quad\therefore\ x=-2$

$\therefore\ a=-2$

(ii) z^2이 음의 실수가 되려면 z가 순허수이어야 하므로

$x^2-2x-8=0$, $x+2\neq 0$

$x^2-2x-8=0$에서 $(x+2)(x-4)=0$

$\therefore\ x=-2$ 또는 $x=4$ ⋯⋯ ㉠

$x+2\neq 0$에서 $x\neq -2$ ⋯⋯ ㉡

㉠, ㉡에서 $x=4$ $\quad\therefore\ b=4$

(i), (ii)에서 $a+b=-2+4=2$

0442

답 ②

$z=a+bi$ (a, b는 실수)라 하면 $\overline{z}=a-bi$

ㄱ. $z\overline{z}=(a+bi)(a-bi)=a^2+b^2$에서

$\overline{z\overline{z}}=\overline{a^2+b^2}=a^2+b^2$이므로 $z\overline{z}$는 실수이다.

ㄴ. $z=i$이면 $z^2=-1$이므로 z^2은 실수이지만

$(z-1)^2=(i-1)^2=-2i$이므로 $(z-1)^2$은 허수이다.

ㄷ. $z=1+i$이면

$z^2+(\overline{z})^2=(1+i)^2+(1-i)^2=2i+(-2i)=0$이지만

$z\neq 0$이다.

ㄹ. $z^2=(a+bi)^2=a^2-b^2+2abi$가 허수이면 $ab\neq 0$

즉, $a\neq 0$, $b\neq 0$이므로 z는 허수이다.

따라서 옳은 것은 ㄱ, ㄹ이다.

0443

답 ①

$(a+b+3)x+ab-1=0$이 x의 값에 관계없이 항상 성립하므로

$a+b+3=0$, $ab-1=0$ $\quad\therefore\ a+b=-3$, $ab=1$

이때 $a+b<0$이고 $ab>0$이므로 $a<0$, $b<0$

$\therefore\ \sqrt{a}\sqrt{b}=-\sqrt{ab}$

$\therefore\ (\sqrt{a}+\sqrt{b})^2=a+b+2\sqrt{a}\sqrt{b}$

$=a+b-2\sqrt{ab}$

$=-3-2\sqrt{1}=-5$

0444

답 ③

(가)에서 $\sqrt{-a}\sqrt{b}=-\sqrt{-ab}$이고 $a\neq 0$, $b\neq 0$이므로

$-a<0$, $b<0$

즉, $a>0$, $b<0$이므로 $b<a$

(나)에서 $(b+c)^2+(3a+2b)^2=0$이므로

$b+c=0$, $3a+2b=0$

$b+c=0$에서 $c=-b$이고 $b<0$이므로 $c>0$

$3a+2b=0$에서 $b=-\frac{3}{2}a$이므로 $c=\frac{3}{2}a$

이때 $a>0$, $c>0$이므로 $a<c$

$\therefore\ b<a<c$

0445

답 ④

$w=a+bi$ (a, b는 실수)라 하면 $\overline{w}=a-bi$

$\overline{w}+2=a+2-bi$이므로

$f(\overline{w}+2)=f(a+2-bi)$

$=a+2-bi-3i+2$

$=(a+4)-(b+3)i$

즉, $(a+4)-(b+3)i=1-2i$이므로
복소수가 서로 같을 조건에 의하여
$a+4=1,\ b+3=2$
$\therefore a=-3,\ b=-1$
따라서 $w=-3-i$이므로
$f(-w)=f(3+i)=3+i-3i+2=5-2i$

0446

답 100

$\frac{1}{i}=\frac{1}{i^5}=\frac{1}{i^9}=\cdots=\frac{1}{i^{97}}=-i,\ \frac{1}{i^2}=\frac{1}{i^6}=\frac{1}{i^{10}}=\cdots=\frac{1}{i^{98}}=-1,$

$\frac{1}{i^3}=\frac{1}{i^7}=\frac{1}{i^{11}}=\cdots=\frac{1}{i^{99}}=i,\ \frac{1}{i^4}=\frac{1}{i^8}=\frac{1}{i^{12}}=\cdots=\frac{1}{i^{96}}=1$이므로

$$\frac{1}{i}+\frac{2}{i^2}+\frac{3}{i^3}+\cdots+\frac{99}{i^{99}}$$
$$=(-i-2+3i+4)+(-5i-6+7i+8)$$
$$+\cdots+(-93i-94+95i+96)-97i-98+99i$$
$$=\underbrace{(2+2i)+(2+2i)+\cdots+(2+2i)}_{24\text{개}}-98+2i$$
$$=24(2+2i)-98+2i=-50+50i$$

따라서 $a=-50,\ b=50$이므로
$b-a=50-(-50)=100$

0447

답 ⑤

$f(1,\ 2)=\frac{5+2i}{1-2i}$

$f(2,\ 4)=\frac{10+4i}{2-4i}=\frac{5+2i}{1-2i}$

$f(3,\ 6)=\frac{15+6i}{3-6i}=\frac{5+2i}{1-2i}$

$\vdots$

$f(10,\ 20)=\frac{50+20i}{10-20i}=\frac{5+2i}{1-2i}$

이때 $\frac{5+2i}{1-2i}=\frac{(5+2i)(1+2i)}{(1-2i)(1+2i)}=\frac{5+10i+2i-4}{1+4}=\frac{1+12i}{5}$

$\therefore f(1,\ 2)+f(2,\ 4)+f(3,\ 6)+\cdots+f(10,\ 20)$
$=10\times\frac{1+12i}{5}=2+24i$

다른 풀이

$b=2a$이면

$f(a,\ b)=f(a,\ 2a)=\frac{5a+2ai}{a-2ai}=\frac{5+2i}{1-2i}=\frac{1+12i}{5}$ ($\because a\neq0$)

$\therefore f(1,\ 2)+f(2,\ 4)+f(3,\ 6)+\cdots+f(10,\ 20)$
$=10\times\frac{1+12i}{5}=2+24i$

0448

답 ②

주사위의 눈이 1부터 6까지 있으므로 $1\le n\le6$인 자연수 n에 대하여 z^n을 계산하면
$z^1=2i,\ z^2=(2i)^2=-4,\ z^3=(2i)^3=-8i,\ z^4=(2i)^4=16,$
$z^5=(2i)^5=32i,\ z^6=(2i)^6=-64$
말은 z^n이 허수이면 이동하지 않으므로
$n=1,\ n=3,\ n=5$일 때에는 이동하지 않고
$n=2$일 때 4칸, $n=4$일 때 16칸, $n=6$일 때 64칸 이동한다.
$100=64\times1+16\times2+4\times1$이므로 출발점에서 시작하여 주사위를 최소 4번 던져 2가 한 번, 4가 두 번, 6이 한 번 나오면 말이 100이 적혀 있는 칸에 도착한다.
따라서 a의 최솟값은 $1+2+1=4$이다.

참고

주사위를 최소로 던지려면 가장 많은 칸을 이동할 수 있는 주사위의 눈이 가장 많이 나와야 한다.
이때 $64\times2=128>100$이므로 주사위의 눈 6은 한 번 나와야 한다.

0449

답 17

$\left(\frac{\sqrt{3}+i}{2}\right)^2=\frac{3+2\sqrt{3}i-1}{4}=\frac{2+2\sqrt{3}i}{4}=\frac{1+\sqrt{3}i}{2}$

$\left(\frac{\sqrt{3}+i}{2}\right)^3=\frac{1+\sqrt{3}i}{2}\times\frac{\sqrt{3}+i}{2}=\frac{\sqrt{3}+i+3i-\sqrt{3}}{4}=\frac{4i}{4}=i$

$\left(\frac{\sqrt{3}+i}{2}\right)^6=i^2=-1$

$\left(\frac{\sqrt{3}+i}{2}\right)^{12}=(-1)^2=1$

…… ❶

따라서 $n=12k-6$ (k는 자연수) 꼴일 때 $\left(\frac{\sqrt{3}+i}{2}\right)^n=-1$이므로
$1\le12k-6\le200$을 만족시키는 k의 값은 1, 2, …, 17이다.
따라서 구하는 자연수 n은 17개이다.

…… ❷

채점 기준	배점
❶ $\left(\frac{\sqrt{3}+i}{2}\right)^n=-1,\ \left(\frac{\sqrt{3}+i}{2}\right)^n=1$을 만족시키는 n의 값 구하기	50%
❷ 자연수 n의 개수 구하기	50%

0450

답 $3\pm\sqrt{2}i$

$\frac{1}{2}\left(z+\frac{11}{z}\right)=3$에서 $z+\frac{11}{z}=6$

$z\bar{z}=11$이므로 $z+\frac{11}{z}=z+\frac{z\bar{z}}{z}=z+\bar{z}=6$

…… ❶

이때 $z=a+bi$ ($a,\ b$는 실수)라 하면 $\bar{z}=a-bi$
$z+\bar{z}=6$에서 $(a+bi)+(a-bi)=6$
$2a=6\quad\therefore a=3$

…… ❷

$z\bar{z}=11$에서 $(a+bi)(a-bi)=a^2+b^2=11$이므로
$3^2+b^2=11,\ b^2=2\quad\therefore b=\pm\sqrt{2}$

…… ❸

$\therefore z=3\pm\sqrt{2}i$

…… ❹

채점 기준	배점
❶ $z+\bar{z}$의 값 구하기	30%
❷ $z=a+bi$로 놓고 a의 값 구하기	30%
❸ b의 값 구하기	30%
❹ 복소수 z의 값 모두 구하기	10%

0451

답 0

복소수 $\frac{1}{1-z^2}$이 실수이므로

$\frac{1}{1-z^2}=\overline{\left(\frac{1}{1-z^2}\right)}$, $\frac{1}{1-z^2}=\frac{1}{\overline{1-z^2}}$

$1-z^2=\overline{1-z^2}$, $1-z^2=1-\overline{z}^2$

$z^2-\overline{z}^2=0$ $\quad\therefore (z-\overline{z})(z+\overline{z})=0$

❶

그런데 z는 허수이므로 $z\neq\overline{z}$

$\therefore z+\overline{z}=0$

❷

이때 $z=a+bi$ (a, b는 실수)라 하면 $\overline{z}=a-bi$이므로

$z+\overline{z}=(a+bi)+(a-bi)=2a=0$ $\quad\therefore a=0$

따라서 z의 실수부분은 0이다.

❸

채점 기준	배점
❶ 켤레복소수의 성질을 이용하여 $(z-\overline{z})(z+\overline{z})=0$임을 보이기	50%
❷ $z+\overline{z}=0$임을 보이기	20%
❸ z의 실수부분 구하기	30%

다른 풀이 1

z가 허수이므로 $z=a+bi$ (a, b는 실수, $b\neq0$)라 하면

$\frac{1}{1-z^2}=\frac{1}{1-(a+bi)^2}=\frac{1}{1-(a^2-b^2+2abi)}$

$=\frac{1}{(1-a^2+b^2)-2abi}=\frac{1-a^2+b^2+2abi}{(1-a^2+b^2)^2+4a^2b^2}$

가 실수이므로 $ab=0$ $\quad\therefore a=0$ ($\because b\neq0$)

다른 풀이 2

$\frac{1}{1-z^2}$이 실수이므로 $1-z^2$도 실수이어야 한다.

즉, z^2이 실수이어야 한다.

$z=a+bi$ (a, b는 실수)라 하면 z^2이 실수이기 위해서는

z는 순허수 또는 실수이어야 한다.

이때 z는 허수이므로 $b\neq0$, 즉 z는 순허수이다.

따라서 z의 실수 부분은 $a=0$이다.

PART C 수능 녹인 변별력 문제

0452

답 $103-i$

$z_2=\overline{z_1}+(1-i)=(1-3i)+(1-i)=2-4i$

$z_3=\overline{z_2}+(1-i)=(2+4i)+(1-i)=3+3i$

$z_4=\overline{z_3}+(1-i)=(3-3i)+(1-i)=4-4i$

$z_5=\overline{z_4}+(1-i)=(4+4i)+(1-i)=5+3i$

⋮

즉, z_n의 실수부분은 n이고, z_n의 허수부분은

n이 짝수일 때 -4, n이 홀수일 때 3이다.

따라서 $z_{50}=50-4i$, $z_{53}=53+3i$이므로

$z_{50}+z_{53}=(50-4i)+(53+3i)=103-i$

0453

답 ①

ㄱ. $(\alpha\beta)^2=\alpha^2\beta^2=2i\times(-2i)=4$

$\therefore \alpha\beta=2$ 또는 $\alpha\beta=-2$

ㄴ. $\alpha^2+\beta^2=2i+(-2i)=0$이므로

$(\alpha+\beta)^2=\alpha^2+\beta^2+2\alpha\beta=2\alpha\beta$

이때 $\alpha\beta=2$ 또는 $\alpha\beta=-2$이므로

$(\alpha+\beta)^4=(2\alpha\beta)^2=16$

ㄷ. $\alpha^2+\beta^2=0$이므로

$\left(\frac{\alpha-\beta}{\alpha+\beta}\right)^2=\frac{(\alpha-\beta)^2}{(\alpha+\beta)^2}=\frac{\alpha^2+\beta^2-2\alpha\beta}{\alpha^2+\beta^2+2\alpha\beta}=\frac{-2\alpha\beta}{2\alpha\beta}=-1<0$

이때 $\left(\frac{\alpha-\beta}{\alpha+\beta}\right)^2$이 음수이므로 $\frac{\alpha-\beta}{\alpha+\beta}$는 순허수이다.

즉, 실수가 아니다.

따라서 옳은 것은 ㄴ이다.

0454

답 -36

$z=a+bi$ (a, b는 실수, $b\neq0$)라 하면 $\overline{z}=a-bi$

$z\overline{z}+\frac{\overline{z}}{z}=8$에서 $(a+bi)(a-bi)+\frac{a-bi}{a+bi}=8$

$a^2+b^2+\frac{(a-bi)^2}{(a+bi)(a-bi)}=8$

$a^2+b^2+\frac{a^2-b^2-2abi}{a^2+b^2}=8$

$a^2+b^2+\frac{a^2-b^2}{a^2+b^2}-\frac{2ab}{a^2+b^2}i=8$

복소수가 서로 같을 조건에 의하여

$a^2+b^2+\frac{a^2-b^2}{a^2+b^2}=8$, $-\frac{2ab}{a^2+b^2}=0$

이때 $b\neq0$이고 $-\frac{2ab}{a^2+b^2}=0$이므로 $a=0$

$a=0$을 $a^2+b^2+\frac{a^2-b^2}{a^2+b^2}=8$에 대입하면

$b^2-1=8$ $\quad\therefore b^2=9$

$\therefore (z-\overline{z})^2=(2bi)^2=-4b^2=-4\times9=-36$

다른 풀이

$z\overline{z}+\frac{\overline{z}}{z}$가 실수이므로 $z\overline{z}+\frac{\overline{z}}{z}=\overline{z\overline{z}+\frac{\overline{z}}{z}}$

$z\overline{z}+\frac{\overline{z}}{z}=\overline{z}z+\frac{z}{\overline{z}}$, $\frac{\overline{z}}{z}=\frac{z}{\overline{z}}$, $z^2=(\overline{z})^2$

$\therefore z=\overline{z}$ 또는 $z=-\overline{z}$

이때 z는 허수이므로 $z=-\overline{z}$

$z=a+bi$ (a, b는 실수, $b\neq0$)이라 하면

$a+bi=-(a-bi)$, $2a=0$ $\quad\therefore a=0$, 즉 $z=bi$

$z\overline{z}+\frac{\overline{z}}{z}=bi\times(-bi)+\frac{-bi}{bi}=b^2-1=8$이므로 $b^2=9$

$\therefore (z-\overline{z})^2=(2bi)^2=-4b^2=-36$

참고

복소수 $z=a+bi$ (a, b는 실수)에 대하여 다음이 성립한다.

(1) $\overline{z}=z$이면 z는 실수이다.

[설명] $\overline{z}=z$이면 $a-bi=a+bi$에서 $2bi=0$ $\quad\therefore b=0$

따라서 $z=a$, 즉 z는 실수이다.

(2) $\overline{z}=-z$이면 z는 순허수 또는 0

[설명] $\overline{z}=-z$이면 $a-bi=-(a+bi)$에서 $2a=0$ $\quad\therefore a=0$

따라서 $z=bi$, 즉 z는 순허수 또는 0이다.

0455
답 ⑤

ㄱ. z^2-z가 실수이므로 $\overline{z^2-z}$도 실수이다.

ㄴ. $z=a+bi$에서

$z^2-z=(a+bi)^2-(a+bi)$
$=a^2-b^2+2abi-a-bi$
$=(a^2-b^2-a)+(2a-1)bi$

이때 z^2-z가 실수이므로 $(2a-1)b=0$

$2a-1=0 \quad \therefore a=\frac{1}{2}\ (\because b\neq0)$

즉, $z=\frac{1}{2}+bi$이므로

$z+\overline{z}=\left(\frac{1}{2}+bi\right)+\left(\frac{1}{2}-bi\right)=1$

ㄷ. $z\overline{z}=\left(\frac{1}{2}+bi\right)\left(\frac{1}{2}-bi\right)=\frac{1}{4}+b^2$

이때 $b\neq0$이므로 $b^2>0 \quad \therefore z\overline{z}=\frac{1}{4}+b^2>\frac{1}{4}$

따라서 옳은 것은 ㄱ, ㄴ, ㄷ이다.

다른 풀이

ㄴ. z^2-z가 실수이므로 $z^2-z=\overline{z^2-z}$

$z^2-z=(\overline{z})^2-\overline{z}$, $z^2-(\overline{z})^2-z+\overline{z}=0$

$(z-\overline{z})(z+\overline{z})-(z-\overline{z})=(z-\overline{z})(z+\overline{z}-1)=0$

$a\neq0$, $b\neq0$에서 z는 허수, 즉 $z\neq\overline{z}$이므로 $z+\overline{z}-1=0$

$\therefore z+\overline{z}=1$

0456
답 ③

$z=a+bi$, $w=c+di$ (a, b, c, d는 실수)라 하면

두 복소수 z, w는 실수가 아니므로 $b\neq0$, $d\neq0$

$z+w=(a+bi)+(c+di)=(a+c)+(b+d)i$가 실수이므로

$b+d=0 \quad \therefore b=-d \quad \cdots\cdots$ ㉠

$zw=(a+bi)(c+di)=(ac-bd)+(ad+bc)i$가 실수이므로

$ad+bc=0 \quad \cdots\cdots$ ㉡

㉠을 ㉡에 대입하면

$ad-cd=0$, $d(a-c)=0$

$a-c=0\ (\because d\neq0) \quad \therefore a=c$

$\therefore z=a+bi$, $w=a-bi=\overline{z}$

ㄱ. $\overline{z}+w=\overline{z}+\overline{z}=2\overline{z}$, $z+\overline{w}=z+z=2z$이므로

$\overline{z}+w\neq z+\overline{w}$

ㄴ. $\overline{z}-w=\overline{z}-\overline{z}=0$, $z-\overline{w}=z-z=0$이므로

$\overline{z}-w=z-\overline{w}$

ㄷ. zw는 실수이므로 $zw=\overline{zw}$

ㄹ. $z\overline{w}=z\times z=z^2$, $\overline{z}w=\overline{z}\times\overline{z}=(\overline{z})^2$이므로

$z\overline{w}\neq\overline{z}w$

따라서 옳은 것은 ㄴ, ㄷ이다.

0457
답 ②

$z=a+bi$ (a, b는 실수)라 하면 $\overline{z}=a-bi$

(나)에서 $z^2+(\overline{z})^2=0$이므로 $(a+bi)^2+(a-bi)^2=0$

$a^2-b^2+2abi+a^2-b^2-2abi=0$

$2a^2-2b^2=0$, $a^2-b^2=0 \quad \therefore a^2=b^2$

(가)에서 $a+bi=3x+(4-x)i$이므로

복소수가 서로 같을 조건에 의하여

$a=3x$, $b=4-x$

이것을 $a^2=b^2$에 대입하면 $(3x)^2=(4-x)^2$

$9x^2=x^2-8x+16$, $8x^2+8x-16=0$

$x^2+x-2=0$, $(x+2)(x-1)=0$

$\therefore x=-2$ 또는 $x=1$

따라서 구하는 모든 실수 x의 값의 합은

$-2+1=-1$

다른 풀이

(가)에서 $z=3x+(4-x)i$이므로

$\overline{z}=3x-(4-x)i$

$\therefore z+\overline{z}=6x$,

$z\overline{z}=(3x)^2+(4-x)^2=10x^2-8x+16$

(나)에서 $z^2+(\overline{z})^2=0$이므로

$z^2+(\overline{z})^2=(z+\overline{z})^2-2z\overline{z}$
$=(6x)^2-2(10x^2-8x+16)$
$=16x^2+16x-32=0$

$x^2+x-2=0$, $(x+2)(x-1)=0$

$\therefore x=-2$ 또는 $x=1$

따라서 구하는 모든 실수 x의 값의 합은 $-2+1=-1$

0458
답 $\pm4(3-i)$

$z=a+bi$ (a, b는 실수)라 하면

$z^2=(a+bi)^2=8+6i$

$a^2-b^2+2abi=8+6i$

복소수가 서로 같을 조건에 의하여

$a^2-b^2=8$, $2ab=6$

$2ab=6$에서 $b=\frac{3}{a}$이므로 이것을 $a^2-b^2=8$에 대입하면

$a^2-\frac{9}{a^2}=8$, $a^4-8a^2-9=0$

$(a^2+1)(a^2-9)=0$

그런데 $a^2+1\neq0$이므로 $a^2-9=0 \quad \therefore a^2=9$

$\therefore a=\pm3$, $b=\pm1$ (복부호동순)

$\therefore z=\pm(3+i)$

$z^2=8+6i$에서 $z^2-8=6i$

양변을 제곱하면 $z^4-16z^2+64=-36$

$\therefore z^4-16z^2=-100$

$$\therefore z^3-16z+\frac{60}{z}=\frac{z^4-16z^2+60}{z}=\frac{-100+60}{\pm(3+i)}=\frac{-40(3-i)}{\pm(3+i)(3-i)}=\mp\frac{40(3-i)}{9+1}=\mp4(3-i)$$

0459
답 ④

$$S_n=i+i^2+i^3+\cdots+i^n=\begin{cases} i & (n=4k-3) \\ -1+i & (n=4k-2) \\ -1 & (n=4k-1) \\ 0 & (n=4k) \end{cases} \ (k\text{는 자연수})$$

ㄱ. $24=4\times6$, $40=4\times10$이므로 $S_{24}=0$, $S_{40}=0$

$\therefore S_{24}=S_{40}$

ㄴ. $S_n=-1$을 만족시키는 경우는 $n=4k-1$일 때이므로

30 이하의 자연수 n은 3, 7, 11, …, 27의 7개이다.

ㄷ. $S_1+S_2+S_3+\cdots+S_{20}$

$=(i-1+i-1+0)+(i-1+i-1+0)$

$+\cdots+(i-1+i-1+0)$

$=5(-2+2i)=-10+10i$

ㄹ. $S_n=i$를 만족시키는 경우는 $n=4k-3$일 때이므로

50 이하의 자연수 n은 1, 5, 9, …, 49이고 그 최댓값은 49이다.

따라서 옳은 것은 ㄱ, ㄷ, ㄹ이다.

0460

답 ②

(i) A버튼만 누를 때 화면에 표시되는 수는

1번 누르면 $\dfrac{\sqrt{2}+\sqrt{2}i}{2}$

2번 누르면 $\left(\dfrac{\sqrt{2}+\sqrt{2}i}{2}\right)^2=\dfrac{2+4i-2}{4}=i$

3번 누르면 $\left(\dfrac{\sqrt{2}+\sqrt{2}i}{2}\right)^3=\dfrac{\sqrt{2}+\sqrt{2}i}{2}\times i=\dfrac{-\sqrt{2}+\sqrt{2}i}{2}$

4번 누르면 $\left(\dfrac{\sqrt{2}+\sqrt{2}i}{2}\right)^4=i^2=-1$

따라서 A버튼을 8번 누르면 화면에 1이 나타난다.

(ii) B버튼만 누를 때 화면에 표시되는 수는

1번 누르면 $\dfrac{-\sqrt{2}+\sqrt{2}i}{2}$

2번 누르면 $\left(\dfrac{-\sqrt{2}+\sqrt{2}i}{2}\right)^2=\dfrac{2-4i-2}{4}=-i$

3번 누르면

$\left(\dfrac{-\sqrt{2}+\sqrt{2}i}{2}\right)^3=\dfrac{-\sqrt{2}+\sqrt{2}i}{2}\times(-i)=\dfrac{\sqrt{2}+\sqrt{2}i}{2}$

4번 누르면 $\left(\dfrac{-\sqrt{2}+\sqrt{2}i}{2}\right)^4=(-i)^2=-1$

따라서 B버튼을 8번 누르면 화면에 1이 나타난다.

(iii) A버튼과 B버튼을 1번씩 누를 때 화면에 표시되는 수는

$\dfrac{\sqrt{2}+\sqrt{2}i}{2}\times\dfrac{-\sqrt{2}+\sqrt{2}i}{2}=\dfrac{-2-2}{4}=-1$

따라서 A버튼과 B버튼을 2번씩, 총 4번 누르면 화면에 1이 나타난다.

(i)~(iii)에서 화면에 다시 1이 나타낼 때까지 버튼을 누른 횟수의 최솟값은 4이다.

0461

답 18

주사위를 던져서 0, 3, 5가 적어도 한 번 나오면 나온 수들의 곱이 -32가 될 수 없다.

$(1+i)^2=2i$, $(1+i)^2\times2i=-4$, $(1+i)^4=(2i)^2=-4$이므로

주사위에 적힌 수들의 곱이 -32가 되는 경우는 다음과 같다.

(i) $-32=2^3\times(2i)^2$인 경우

2가 3번, $2i$가 2번 나오면 되므로

$n=3+2=5$

(ii) $-32=2^3\times(1+i)^2\times2i$인 경우

2가 3번, $1+i$가 2번, $2i$가 1번 나오면 되므로

$n=3+2+1=6$

(iii) $-32=2^3\times(1+i)^4$인 경우

2가 3번, $1+i$가 4번 나오면 되므로

$n=3+4=7$

(i)~(iii)에서 가능한 n의 값은 5, 6, 7이므로 구하는 합은

$5+6+7=18$

0462

답 -10

a_1, a_2, a_3, …, a_{30} 중 -1, i, $1-i$의 개수를 각각 x, y, z라 하면

$x+y+z=30$ …… ㉠

$(-1)^2=1$, $i^2=-1$, $(1-i)^2=-2i$이므로

$a_1{}^2+a_2{}^2+a_3{}^2+\cdots+a_{30}{}^2=1\times x+(-1)\times y+(-2i)\times z$

$=x-y-2zi$

즉, $x-y-2zi=10-24i$이므로

복소수가 서로 같을 조건에 의하여

$x-y=10$ …… ㉡

$-2z=-24$ $\quad\therefore z=12$ …… ㉢

㉠, ㉡, ㉢을 연립하여 풀면 $x=14$, $y=4$, $z=12$

$\therefore a_1+a_2+a_3+\cdots+a_{30}=(-1)\times14+i\times4+(1-i)\times12$

$=-14+4i+12-12i$

$=-2-8i$

따라서 $a_1+a_2+a_3+\cdots+a_{30}$의 실수부분은 -2, 허수부분은 -8이므로 구하는 합은

$-2+(-8)=-10$

0463

답 73

$\alpha-\beta<0$, $\alpha\beta<0$에서 $\alpha<0$, $\beta>0$이므로

$\sqrt{\dfrac{\alpha}{\beta}}=\dfrac{\sqrt{\alpha}}{\sqrt{\beta}}$, $\sqrt{\dfrac{\beta}{\alpha}}=-\dfrac{\sqrt{\beta}}{\sqrt{\alpha}}$, $\sqrt{\alpha}\sqrt{\beta}=\sqrt{\alpha\beta}$

$\therefore \sqrt{\dfrac{\alpha}{\beta}}-\sqrt{\dfrac{\beta}{\alpha}}=\dfrac{\sqrt{\alpha}}{\sqrt{\beta}}+\dfrac{\sqrt{\beta}}{\sqrt{\alpha}}=\dfrac{\alpha+\beta}{\sqrt{\alpha}\sqrt{\beta}}=\dfrac{\alpha+\beta}{\sqrt{\alpha\beta}}$ …… ㉠

이때

$(\alpha+\beta)^2=(\alpha-\beta)^2+4\alpha\beta$

$=(-4)^2+4\times(-1)$

$=16-4=12$

$\alpha<0$, $\beta>0$, $|\alpha|>|\beta|$이므로 $\alpha+\beta<0$

$\therefore \alpha+\beta=-\sqrt{12}=-2\sqrt{3}$

$\alpha+\beta=-2\sqrt{3}$, $\alpha\beta=-1$을 ㉠에 대입하면

$\sqrt{\dfrac{\alpha}{\beta}}-\sqrt{\dfrac{\beta}{\alpha}}=\dfrac{\alpha+\beta}{\sqrt{\alpha\beta}}=\dfrac{-2\sqrt{3}}{\sqrt{-1}}=\dfrac{-2\sqrt{3}}{i}=2\sqrt{3}i$

$\therefore \left(\sqrt{\dfrac{\alpha}{\beta}}-\sqrt{\dfrac{\beta}{\alpha}}+1\right)^2=(2\sqrt{3}i+1)^2$

$=-12+1+4\sqrt{3}i$

$=-11+4\sqrt{3}i$

즉, $-11+4\sqrt{3}i=p+qi$이므로

복소수가 서로 같을 조건에 의하여

$p=-11$, $q=4\sqrt{3}$

$\therefore p^2-q^2=(-11)^2-(4\sqrt{3})^2=121-48=73$

05 이차방정식

유형 01 이차방정식의 풀이

확인 문제 (1) $x=-\frac{1}{3}$ 또는 $x=2$ (2) $x=\frac{1}{4}$ (3) $x=\frac{3\pm\sqrt{13}}{2}$

(1) $3x^2-5x-2=0$에서 $(3x+1)(x-2)=0$

$\therefore x=-\frac{1}{3}$ 또는 $x=2$

(2) $16x^2-8x+1=0$에서 $(4x-1)^2=0$ $\therefore x=\frac{1}{4}$

(3) 근의 공식을 이용하여 해를 구하면

$x=\frac{-(-3)\pm\sqrt{(-3)^2-4\times1\times(-1)}}{2}=\frac{3\pm\sqrt{13}}{2}$

0464

답 ③

근의 공식을 이용하여 해를 구하면

$x=\frac{-(-5)\pm\sqrt{(-5)^2-4\times3\times4}}{2\times3}=\frac{5\pm\sqrt{23}i}{6}$

따라서 $a=5$, $b=23$이므로

$a+b=5+23=28$

0465

답 ②

$\frac{3}{2}x(x+2)-x+3=\frac{(x-2)^2}{3}$의 양변에 6을 곱하면

$9x(x+2)-6x+18=2(x-2)^2$

$9x^2+18x-6x+18=2x^2-8x+8$

$7x^2+20x+10=0$

$\therefore x=\frac{-10\pm\sqrt{10^2-7\times10}}{7}=\frac{-10\pm\sqrt{30}}{7}$

따라서 $\alpha=\frac{-10-\sqrt{30}}{7}$이므로 $7\alpha=-10-\sqrt{30}$

$\therefore 7\alpha+\sqrt{30}=-10$

0466

답 ⑤

$2x^2-23=2\sqrt{3}x$에서

$2x^2-2\sqrt{3}x-23=0$

$\therefore x=\frac{-(-\sqrt{3})\pm\sqrt{(-\sqrt{3})^2-2\times(-23)}}{2}=\frac{\sqrt{3}\pm7}{2}$

0467

답 -3

$\sqrt{2}x^2-(2-3\sqrt{2})x-6=0$의 양변에 $\sqrt{2}$를 곱하면

$2x^2-\sqrt{2}(2-3\sqrt{2})x-6\sqrt{2}=0$

$2x^2-(2\sqrt{2}-6)x-6\sqrt{2}=0$

양변을 2로 나누면

$x^2-(\sqrt{2}-3)x-3\sqrt{2}=0$, $(x+3)(x-\sqrt{2})=0$

$\therefore x=-3$ 또는 $x=\sqrt{2}$

따라서 유리수인 근은 -3이다.

참고

x^2의 계수가 무리수인 이차방정식은 x^2의 계수를 유리화한 후 인수분해 또는 근의 공식을 이용하여 해를 구한다.

0468

답 2

$(x*x)+2(3*x)+12=0$에서

$(2x^2-x-x)+2(6x-3-x)+12=0$

$2x^2-2x+12x-6-2x+12=0$

$2x^2+8x+6=0$

양변을 2로 나누면

$x^2+4x+3=0$, $(x+3)(x+1)=0$

$\therefore x=-3$ 또는 $x=-1$

……… ❶

이때 $\alpha>\beta$이므로 $\alpha=-1$, $\beta=-3$

$\therefore \alpha-\beta=-1-(-3)=2$

……… ❷

채점 기준	배점
❶ $(x*x)+2(3*x)+12=0$을 만족시키는 실수 x의 값 구하기	80%
❷ $\alpha-\beta$의 값 구하기	20%

0469

답 ①

$(\sqrt{2}-1)x^2-(4-\sqrt{2})x-3=0$의 양변에 $\sqrt{2}+1$을 곱하면

$(\sqrt{2}-1)(\sqrt{2}+1)x^2-(4-\sqrt{2})(\sqrt{2}+1)x-3(\sqrt{2}+1)=0$

$x^2-(2+3\sqrt{2})x-3-3\sqrt{2}=0$, $(x+1)(x-3-3\sqrt{2})=0$

$\therefore x=-1$ 또는 $x=3+3\sqrt{2}$

따라서 $a=-1$, $b=3$, $c=2$이므로

$abc=-1\times3\times2=-6$

유형 02 한 근이 주어진 이차방정식

0470

답 6

이차방정식 $x^2+(a-1)x-6a=0$의 한 근이 -4이므로

$(-4)^2+(a-1)\times(-4)-6a=0$

$16-4a+4-6a=0$, $-10a=-20$ $\therefore a=2$

이차방정식 $kx^2-8x+k+1=0$의 한 근이 2이므로

$k\times2^2-8\times2+k+1=0$

$4k-16+k+1=0$, $5k=15$ $\therefore k=3$

$\therefore ak=2\times3=6$

0471

답 -2

이차방정식 $x^2+kx+2\sqrt{3}-3=0$의 한 근이 $2-\sqrt{3}$이므로

$(2-\sqrt{3})^2+k(2-\sqrt{3})+2\sqrt{3}-3=0$

$7-4\sqrt{3}+k(2-\sqrt{3})+2\sqrt{3}-3=0$

$k(2-\sqrt{3})=-4+2\sqrt{3}$, $k(2-\sqrt{3})=-2(2-\sqrt{3})$

$\therefore k=-2$

0472

답 3

이차방정식 $x^2-(2m+13)x+m=0$의 한 근이 3이므로
$3^2-(2m+13)\times3+m=0$
$9-6m-39+m=0$, $-5m=30$ $\therefore m=-6$
❶

$m=-6$을 주어진 이차방정식에 대입하면
$x^2-x-6=0$, $(x+2)(x-3)=0$
$\therefore x=-2$ 또는 $x=3$
따라서 $n=-2$이므로 $\frac{m}{n}=\frac{-6}{-2}=3$
❷

채점 기준	배점
❶ m의 값 구하기	40%
❷ $\frac{m}{n}$의 값 구하기	60%

0473

답 -4

이차방정식 $x^2+(a+k)x+(k-2)b=0$의 한 근이 1이므로
$1+(a+k)+(k-2)b=0$
$(1+b)k+a-2b+1=0$
위의 등식이 k의 값에 관계없이 항상 성립하므로
$1+b=0$, $a-2b+1=0$
$\therefore a=-3$, $b=-1$
$\therefore a+b=-3+(-1)=-4$

Bible Says 항등식에 대한 여러 가지 표현

다음은 모두 k에 대한 항등식을 나타낸다.
(1) k의 값에 관계없이 항상 성립하는 등식
(2) 모든 k에 대하여 성립하는 등식
(3) 임의의 k에 대하여 성립하는 등식

0474

답 23

이차방정식 $x^2-5x+1=0$의 한 근이 α이므로
$\alpha^2-5\alpha+1=0$
$\alpha\neq0$이므로 양변을 α로 나누면
$\alpha-5+\frac{1}{\alpha}=0$ $\therefore \alpha+\frac{1}{\alpha}=5$
$\therefore \alpha^2+\frac{1}{\alpha^2}=\left(\alpha+\frac{1}{\alpha}\right)^2-2=5^2-2=25-2=23$

0475

답 ①

이차방정식 $2x^2-2x+1=0$의 한 근이 α이므로
$2\alpha^2-2\alpha+1=0$, $2\alpha^2=2\alpha-1$
$\therefore \alpha^2=\alpha-\frac{1}{2}$ ...... ㉠
㉠의 양변을 제곱하면 $\alpha^4=\left(\alpha-\frac{1}{2}\right)^2$, $\alpha^4=\alpha^2-\alpha+\frac{1}{4}$
$\therefore \alpha^4-\alpha^2+\alpha=\frac{1}{4}$

유형 03 절댓값 기호를 포함한 방정식

확인 문제 (1) $x=-2$ 또는 $x=1$ (2) $x=\frac{1}{4}$ 또는 $x=\frac{3}{2}$

(1) $|2x+1|=3$에서
(i) $x<-\frac{1}{2}$일 때, $-(2x+1)=3$
$-2x-1=3$, $-2x=4$ $\therefore x=-2$
(ii) $x\geq-\frac{1}{2}$일 때, $2x+1=3$
$2x=2$ $\therefore x=1$
(i), (ii)에서 주어진 방정식의 근은 $x=-2$ 또는 $x=1$

다른 풀이
$|2x+1|=3$에서 $2x+1=\pm3$
(i) $2x+1=-3$일 때, $2x=-4$ $\therefore x=-2$
(ii) $2x+1=3$일 때, $2x=2$ $\therefore x=1$

(2) $|3x-2|=x+1$에서
(i) $x<\frac{2}{3}$일 때, $-(3x-2)=x+1$
$-3x+2=x+1$, $-4x=-1$ $\therefore x=\frac{1}{4}$
(ii) $x\geq\frac{2}{3}$일 때, $3x-2=x+1$
$2x=3$ $\therefore x=\frac{3}{2}$
(i), (ii)에서 주어진 방정식의 근은 $x=\frac{1}{4}$ 또는 $x=\frac{3}{2}$

0476

답 ④

$x^2+|2x-3|=5$에서
(i) $x<\frac{3}{2}$일 때, $x^2-(2x-3)=5$
$x^2-2x+3=5$, $x^2-2x-2=0$ $\therefore x=1\pm\sqrt{3}$
그런데 $x<\frac{3}{2}$이므로 $x=1-\sqrt{3}$
(ii) $x\geq\frac{3}{2}$일 때, $x^2+2x-3=5$
$x^2+2x-8=0$, $(x+4)(x-2)=0$
$\therefore x=-4$ 또는 $x=2$
그런데 $x\geq\frac{3}{2}$이므로 $x=2$
(i), (ii)에서 주어진 방정식의 근은
$x=1-\sqrt{3}$ 또는 $x=2$
$\therefore \alpha+\beta=(1-\sqrt{3})+2=3-\sqrt{3}$

0477

답 $x=-\frac{1}{2}$ 또는 $x=\frac{1}{2}$

$2x^2+7|x|-4=0$에서
(i) $x<0$일 때, $2x^2-7x-4=0$
$(2x+1)(x-4)=0$ $\therefore x=-\frac{1}{2}$ 또는 $x=4$
그런데 $x<0$이므로 $x=-\frac{1}{2}$

(ii) $x\geq 0$일 때, $2x^2+7x-4=0$

$(x+4)(2x-1)=0$ $\quad\therefore x=-4$ 또는 $x=\frac{1}{2}$

그런데 $x\geq 0$이므로 $x=\frac{1}{2}$

(i), (ii)에서 주어진 방정식의 근은

$x=-\frac{1}{2}$ 또는 $x=\frac{1}{2}$

다른 풀이

$x^2=|x|^2$이므로 주어진 방정식은

$2|x|^2+7|x|-4=0$, $(|x|+4)(2|x|-1)=0$

그런데 $|x|\geq 0$이므로 $|x|=\frac{1}{2}$

$\therefore x=-\frac{1}{2}$ 또는 $x=\frac{1}{2}$

0478

답 ②

$|2◎x|=x◎x$에서 $|2x-2-x|=x^2-x-x$

$\therefore |x-2|=x^2-2x$

(i) $x<2$일 때, $-(x-2)=x^2-2x$

$x^2-x-2=0$, $(x+1)(x-2)=0$

$\therefore x=-1$ 또는 $x=2$

그런데 $x<2$이므로 $x=-1$

(ii) $x\geq 2$일 때, $x-2=x^2-2x$

$x^2-3x+2=0$, $(x-1)(x-2)=0$

$\therefore x=1$ 또는 $x=2$

그런데 $x\geq 2$이므로 $x=2$

(i), (ii)에서 주어진 방정식의 근은

$x=-1$ 또는 $x=2$

따라서 모든 실수 x의 값의 곱은

$(-1)\times 2=-2$

0479

답 ③

$\sqrt{x^2}=|x|$, $\sqrt{(x-1)^2}=|x-1|$이므로

$x^2-\sqrt{x^2}=\sqrt{(x-1)^2}+2$에서 $x^2-|x|=|x-1|+2$

(i) $x<0$일 때, $x-1<0$이므로

$x^2+x=-(x-1)+2$

$x^2+x=-x+1+2$, $x^2+2x-3=0$

$(x+3)(x-1)=0$ $\quad\therefore x=-3$ 또는 $x=1$

그런데 $x<0$이므로 $x=-3$

(ii) $0\leq x<1$일 때, $x-1<0$이므로

$x^2-x=-(x-1)+2$

$x^2-x=-x+1+2$, $x^2=3$ $\quad\therefore x=\pm\sqrt{3}$

그런데 $0\leq x<1$이므로 $x=\pm\sqrt{3}$은 근이 아니다.

(iii) $x\geq 1$일 때, $x-1\geq 0$이므로

$x^2-x=(x-1)+2$

$x^2-2x-1=0$ $\quad\therefore x=1\pm\sqrt{2}$

그런데 $x\geq 1$이므로 $x=1+\sqrt{2}$

(i)~(iii)에서 주어진 방정식의 근은

$x=-3$ 또는 $x=1+\sqrt{2}$

Bible Says 절댓값 기호를 2개 포함한 방정식

절댓값 기호를 2개 포함한 방정식 $|x-a|+|x-b|=c\ (a<b,\ c>0)$는 $x<a$, $a\leq x<b$, $x\geq b$로 x의 값의 범위를 나누어 푼다.
이때 각각의 범위에서 구한 x의 값 중 해당 범위에 속하는 것만이 방정식의 근이다.

0480

답 3

$\sqrt{x^2-4x+4}=\sqrt{(x-2)^2}=|x-2|$이므로

$x^2-5x+3\sqrt{x^2-4x+4}=0$에서 $x^2-5x+3|x-2|=0$

(i) $x<2$일 때, $x^2-5x-3(x-2)=0$

$x^2-5x-3x+6=0$, $x^2-8x+6=0$

$\therefore x=4\pm\sqrt{10}$

그런데 $x<2$이므로 $x=4-\sqrt{10}$

(ii) $x\geq 2$일 때, $x^2-5x+3(x-2)=0$

$x^2-5x+3x-6=0$, $x^2-2x-6=0$

$\therefore x=1\pm\sqrt{7}$

그런데 $x\geq 2$이므로 $x=1+\sqrt{7}$

(i), (ii)에서 주어진 방정식의 근은

$x=4-\sqrt{10}$ 또는 $x=1+\sqrt{7}$

따라서 $a=10$, $b=7$이므로

$a-b=10-7=3$

유형 04 가우스 기호를 포함한 방정식

0481

답 ②

$2[x]^2+7[x]-4=0$에서

$([x]+4)(2[x]-1)=0$

$\therefore [x]=-4$ 또는 $[x]=\frac{1}{2}$

그런데 $[x]$는 정수이므로 $[x]=-4$

$\therefore -4\leq x<-3$

0482

답 ③

$[x]^2-5[x]-14=0$에서

$([x]+2)([x]-7)=0$

$\therefore [x]=-2$ 또는 $[x]=7$

$\therefore -2\leq x<-1$ 또는 $7\leq x<8$

따라서 주어진 방정식의 해가 아닌 것은 ③이다.

0483

답 $x=2+2\sqrt{2}$ 또는 $x=5$

$x^2-4x-[x]=0$에서

(i) $4\leq x<5$일 때, $[x]=4$이므로

$x^2-4x-4=0$ $\quad\therefore x=2\pm 2\sqrt{2}$

그런데 $4\leq x<5$이므로 $x=2+2\sqrt{2}$

(ii) $5\leq x<6$일 때, $[x]=5$이므로

$x^2-4x-5=0$, $(x+1)(x-5)=0$

$\therefore x=-1$ 또는 $x=5$

그런데 $5\leq x<6$이므로 $x=5$

(ⅰ), (ⅱ)에서 주어진 방정식의 근은

$x=2+2\sqrt{2}$ 또는 $x=5$

유형 05 이차방정식의 활용

0484

답 ②

처음 정사각형 모양의 땅의 한 변의 길이를 x m라 하면

새로 만들어진 직사각형 모양의 땅의 가로의 길이는 $(x+6)$ m,

세로의 길이는 $(x-5)$ m이므로

$(x+6)(x-5)=\frac{80}{100}x^2$

$x^2+x-30=\frac{4}{5}x^2$, $5x^2+5x-150=4x^2$

$x^2+5x-150=0$, $(x+15)(x-10)=0$

$\therefore x=-15$ 또는 $x=10$

그런데 $x-5>0$에서 $x>5$이므로 $x=10$

따라서 처음 정사각형 모양의 땅의 한 변의 길이는 10 m이다.

0485

답 16

변 AB의 길이를 x라 하면 직각삼각형 ABC에서

$\overline{BC}=\sqrt{x^2+8^2}=\sqrt{x^2+64}$

이므로 사각형 BDEC의 넓이는

$\overline{BC}^2=x^2+64$

이때 사각형 BDEC의 넓이는 삼각형 ABC의 넓이의 5배이므로

$x^2+64=5\times\left(\frac{1}{2}\times8\times x\right)$

$x^2+64=20x$, $x^2-20x+64=0$

$(x-4)(x-16)=0$

$\therefore x=4$ 또는 $x=16$

그런데 $\overline{AB}>\overline{AC}$에서 $x>8$이므로 $x=16$

따라서 변 AB의 길이는 16이다.

0486

답 19

처음 직사각형의 넓이는

$60\times33=1980\,(\text{cm}^2)$

t초가 지난 후의 직사각형의 가로의 길이는 $(60-2t)$ cm,

세로의 길이는 $(33+3t)$ cm이므로

$(60-2t)(33+3t)=1980$

$6(30-t)(11+t)=1980$, $(30-t)(11+t)=330$

$330+19t-t^2=330$, $t^2-19t=0$

$t(t-19)=0$ $\quad\therefore t=19\ (\because t>0)$

0487

답 ③

처음 정삼각형 ABC의 한 변의 길이를 x cm라 하면

$\overline{AC'}=x-6$ (cm), $\overline{BC'}=x-3$ (cm)

삼각형 ABC′은 직각삼각형이므로

$(x-6)^2+(x-3)^2=x^2$

$2x^2-18x+45=x^2$, $x^2-18x+45=0$

$(x-3)(x-15)=0$

$\therefore x=3$ 또는 $x=15$

그런데 $x-6>0$에서 $x>6$이므로 $x=15$

따라서 처음 정삼각형 ABC의 한 변의 길이는 15 cm이다.

0488

답 18 cm

처음 종이의 세로의 길이를 x cm라 하면 가로의 길이는 $2x$ cm이다.

직육면체 모양의 상자의 밑면의 가로의 길이는 $(2x-4)$ cm,

세로의 길이는 $(x-4)$ cm, 높이는 2 cm이므로

$(2x-4)(x-4)\times2=140$

$(x-2)(x-4)=35$, $x^2-6x+8=35$

$x^2-6x-27=0$, $(x+3)(x-9)=0$

$\therefore x=-3$ 또는 $x=9$

그런데 $x-4>0$에서 $x>4$이므로 $x=9$

따라서 처음 종이의 가로의 길이는

$2\times9=18\,(\text{cm})$

0489

답 600 m²

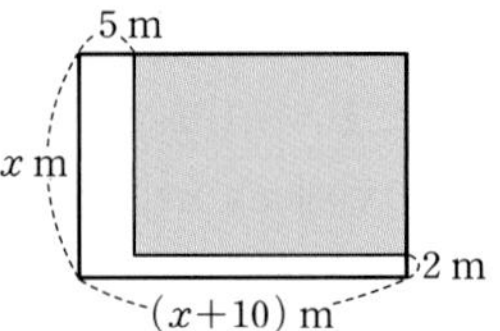

처음 땅의 세로의 길이를 x m라 하면

가로의 길이는 $(x+10)$ m이므로

처음 땅의 넓이는 $x(x+10)$ m²이다.

길을 제외한 땅의 넓이는 그림에서

색칠한 부분의 넓이와 같고,

색칠한 부분은 가로의 길이가 $(x+10-5)$ m,

세로의 길이가 $(x-2)$ m인 직사각형이다.

길을 제외한 땅의 넓이가 처음 땅의 넓이의 $\frac{3}{4}$이므로

$(x+5)(x-2)=\frac{3}{4}x(x+10)$

……… ❶

$x^2+3x-10=\frac{3}{4}(x^2+10x)$

$4x^2+12x-40=3x^2+30x$

$x^2-18x-40=0$, $(x+2)(x-20)=0$

$\therefore x=-2$ 또는 $x=20$

……… ❷

그런데 $x-2>0$에서 $x>2$이므로 $x=20$

따라서 처음 땅의 넓이는

$20\times30=600\,(\text{m}^2)$

……… ❸

채점 기준	배점
❶ 문제의 뜻을 파악하여 이차방정식 세우기	40%
❷ 이차방정식의 근 구하기	40%
❸ 처음 땅의 넓이 구하기	20%

0490

답 10

기름값을 x % 내린 가격은 1 L당 $a\left(1-\frac{x}{100}\right)$원

이때 증가한 기름 판매량은 $b\left(1+\frac{2x}{100}\right)$ L

전체 판매액은 8 % 증가하였으므로

$a\left(1-\frac{x}{100}\right)\times b\left(1+\frac{2x}{100}\right)=ab\left(1+\frac{8}{100}\right)$

$(100-x)(100+2x)=10800$

$10000+100x-2x^2=10800$, $2x^2-100x+800=0$

$x^2-50x+400=0$, $(x-10)(x-40)=0$

$\therefore x=10$ 또는 $x=40$

그런데 $0<x<30$이므로 $x=10$

참고

a원인 물건의 가격을

(1) x % 인상한 가격 ➡ $a+a\times\frac{x}{100}=a\left(1+\frac{x}{100}\right)$(원)

(2) x % 인하한 가격 ➡ $a-a\times\frac{x}{100}=a\left(1-\frac{x}{100}\right)$(원)

유형 06 판별식을 이용한 이차방정식의 근의 판별

확인 문제 (1) 서로 다른 두 허근 (2) 서로 다른 두 실근 (3) 중근

각 이차방정식의 판별식을 D라 하면

(1) $D=(-3)^2-4\times2\times2=9-16=-7<0$

따라서 서로 다른 두 허근을 갖는다.

(2) $\frac{D}{4}=(\sqrt{3})^2-1\times1=3-1=2>0$

따라서 서로 다른 두 실근을 갖는다.

(3) $\frac{D}{4}=(-6)^2-4\times9=36-36=0$

따라서 중근을 갖는다.

0491

답 ②

이차방정식 $x^2-2(k+5)x+k^2-3=0$의 판별식을 D라 하면

$\frac{D}{4}=\{-(k+5)\}^2-(k^2-3)>0$

$k^2+10k+25-k^2+3>0$, $10k+28>0$ $\quad\therefore k>-\frac{14}{5}$

따라서 가장 작은 정수 k의 값은 -2이다.

0492

답 6

이차방정식 $x^2-2ax+a^2-a+7=0$의 판별식을 D라 하면

$\frac{D}{4}=(-a)^2-(a^2-a+7)<0$

$a^2-a^2+a-7<0$, $a-7<0$ $\quad\therefore a<7$

따라서 자연수 a는 1, 2, 3, 4, 5, 6의 6개이다.

0493

답 -6

이차방정식 $x^2-4x-(3k-1)=0$의 판별식을 D_1이라 하면

$\frac{D_1}{4}=(-2)^2+(3k-1)<0$

$4+3k-1<0$, $3k+3<0$ $\quad\therefore k<-1$ ...... ㉠

이차방정식 $2x^2-(k+2)x+k+8=0$의 판별식을 D_2라 하면

$D_2=\{-(k+2)\}^2-8(k+8)=0$

$k^2+4k+4-8k-64=0$

$k^2-4k-60=0$, $(k+6)(k-10)=0$

$\therefore k=-6$ 또는 $k=10$ ...... ㉡

㉠, ㉡에서 $k=-6$

0494

답 ④

$(x+2)^2+(2x+a)^2=0$에서 $x^2+4x+4+4x^2+4ax+a^2=0$

$5x^2+(4a+4)x+a^2+4=0$

이차방정식 $5x^2+(4a+4)x+a^2+4=0$의 판별식을 D라 하면
(→ $5x^2+2(2a+2)x+a^2+4=0$)

$\frac{D}{4}=(2a+2)^2-5(a^2+4)\ge0$

$4a^2+8a+4-5a^2-20\ge0$

$a^2-8a+16\le0$ $\quad\therefore (a-4)^2\le0$

이때 모든 실수 a에 대하여 $(a-4)^2\ge0$이므로 $(a-4)^2=0$

$a-4=0$ $\quad\therefore a=4$

참고

$A^2\le0$이면 모든 실수 A에 대하여 $A^2\ge0$이므로 $A^2=0$이다.

다른 풀이

두 실수 A, B에 대하여

$A^2+B^2=0$이면 $A=0$, $B=0$

$(x+2)^2+(2x+a)^2=0$에서 $x+2=0$, $2x+a=0$

$\therefore x=-2$, $a=4$

0495

답 $-8\le k<1$ 또는 $k>1$

$(k-1)x^2+2(k+2)x+k+4=0$이 이차방정식이므로

$k-1\ne0$ $\quad\therefore k\ne1$ ...... ㉠

❶

이차방정식 $(k-1)x^2+2(k+2)x+k+4=0$의 판별식을 D라 하면

$\frac{D}{4}=(k+2)^2-(k-1)(k+4)\ge0$

$k^2+4k+4-(k^2+3k-4)\ge0$

$k+8\ge0$ $\quad\therefore k\ge-8$ ...... ㉡

❷

㉠, ㉡에서 실수 k의 값의 범위는

$-8\le k<1$ 또는 $k>1$

❸

채점 기준	배점
❶ 주어진 방정식이 이차방정식이기 위한 k의 조건 구하기	30%
❷ 판별식을 이용하여 k의 값의 범위 구하기	40%
❸ k의 값의 범위 구하기	30%

0496

답 ①

이차방정식 $4x^2+2(2k+m)x+k^2-k+n=0$의 판별식을 D라 하면

$\frac{D}{4}=(2k+m)^2-4(k^2-k+n)=0$

$4k^2+4mk+m^2-4k^2+4k-4n=0$

$(4m+4)k+m^2-4n=0$

위의 등식이 k의 값에 관계없이 항상 성립하므로

$4m+4=0$, $m^2-4n=0$

따라서 $m=-1$, $n=\frac{1}{4}$이므로

$m+n=-1+\frac{1}{4}=-\frac{3}{4}$

유형 07 계수의 조건이 주어진 이차방정식의 근의 판별

0497

답 ①

이차방정식 $ax^2+bx-c=0$의 판별식을 D라 하면

$D=b^2+4ac$ ······ ㉠

$b=a-c$를 ㉠에 대입하면

$D=(a-c)^2+4ac=(a+c)^2\geq0$

따라서 이차방정식 $ax^2+bx-c=0$은 실근을 갖는다.

0498

답 서로 다른 두 실근

이차방정식 $x^2-2ax+a^2+4a-8=0$의 판별식을 D라 하면

$\frac{D}{4}=(-a)^2-(a^2+4a-8)=-4a+8$

이때 $a<2$에서 $-4a+8>0$이므로 $\frac{D}{4}>0$

따라서 이차방정식 $x^2-2ax+a^2+4a-8=0$은 서로 다른 두 실근을 갖는다.

0499

답 서로 다른 두 실근

이차방정식 $ax^2+(b+1)x+c=0$의 판별식을 D라 하면

$D=(b+1)^2-4ac$ ······ ㉠

$b=a+c-1$에서 $b+1=a+c$ ······ ㉡

㉡을 ㉠에 대입하면

$D=(a+c)^2-4ac=(a-c)^2$

이때 a, c는 서로 다른 실수이므로 $D=(a-c)^2>0$

따라서 이차방정식 $ax^2+(b+1)x+c=0$은 서로 다른 두 실근을 갖는다.

0500

답 서로 다른 두 허근

이차방정식 $x^2-8x-2a=0$의 판별식을 D_1이라 하면

$\frac{D_1}{4}=(-4)^2+2a<0$

$16+2a<0$ $\therefore a<-8$

······ ❶

이차방정식 $x^2+3x-(a+2)=0$의 판별식을 D_2라 하면

$D_2=3^2+4(a+2)=9+4a+8=4a+17$

이때 $a<-8$에서 $4a+17<-15$이므로 $D_2<0$

······ ❷

따라서 이차방정식 $x^2+3x-(a+2)=0$은 서로 다른 두 허근을 갖는다.

······ ❸

채점 기준	배점
❶ a의 값의 범위 구하기	40%
❷ 이차방정식 $x^2+3x-(a+2)=0$의 판별식의 부호 구하기	40%
❸ 이차방정식 $x^2+3x-(a+2)=0$의 근 판별하기	20%

0501

답 서로 다른 두 실근

이차방정식 $x^2+2ax+b^2+1=0$의 판별식을 D_1이라 하면

$\frac{D_1}{4}=a^2-(b^2+1)=a^2-b^2-1=0$

$\therefore a^2=b^2+1$ ······ ㉠

이차방정식 $x^2-4ax+2b+3=0$의 판별식을 D_2라 하면

$\frac{D_2}{4}=(-2a)^2-(2b+3)$

$=4a^2-2b-3$

$=4(b^2+1)-2b-3$ ($\because$ ㉠)

$=4b^2-2b+1$

$=4\left(b-\frac{1}{4}\right)^2+\frac{3}{4}>0$

따라서 이차방정식 $x^2-4ax+2b+3=0$은 서로 다른 두 실근을 갖는다.

유형 08 이차방정식의 판별식과 삼각형의 모양

0502

답 ①

이차방정식 $x^2-2(a+b)x+2ab+c^2=0$의 판별식을 D라 하면

$\frac{D}{4}=\{-(a+b)\}^2-(2ab+c^2)>0$

$a^2+2ab+b^2-2ab-c^2>0$ $\therefore a^2+b^2>c^2$

따라서 a, b, c를 세 변의 길이로 하는 삼각형은 예각삼각형이다.

0503

답 빗변의 길이가 a인 직각삼각형

이차방정식 $x^2+2bx+a^2-c^2=0$의 판별식을 D라 하면

$\frac{D}{4}=b^2-(a^2-c^2)=0$

$b^2-a^2+c^2=0$ $\therefore b^2+c^2=a^2$

따라서 a, b, c를 세 변의 길이로 하는 삼각형은 빗변의 길이가 a인 직각삼각형이다.

0504

답 ⑤

이차방정식 $3x^2-(3a+b)x+ab=0$의 판별식을 D라 하면

$D=\{-(3a+b)\}^2-12ab=0$

$9a^2+6ab+b^2-12ab=0$

$9a^2-6ab+b^2=0$, $(3a-b)^2=0$ $\therefore b=3a$

따라서 직각삼각형의 빗변의 길이는

$\sqrt{a^2+b^2}=\sqrt{a^2+(3a)^2}$

$=\sqrt{10a^2}=\sqrt{10}a$ ($\because a>0$)

0505 답 정삼각형

이차방정식 $x^2-2(a+b+c)x+3(ab+bc+ca)=0$의 판별식을 D라 하면

$\frac{D}{4}=\{-(a+b+c)\}^2-3(ab+bc+ca)=0$

$a^2+b^2+c^2+2ab+2bc+2ca-3ab-3bc-3ca=0$

$a^2+b^2+c^2-ab-bc-ca=0$

양변에 2를 곱하면

$2a^2+2b^2+2c^2-2ab-2bc-2ca=0$

$(a^2-2ab+b^2)+(b^2-2bc+c^2)+(c^2-2ca+a^2)=0$

$(a-b)^2+(b-c)^2+(c-a)^2=0$

이때 a, b, c가 실수이므로

$a-b=0$, $b-c=0$, $c-a=0$

$\therefore a=b=c$

따라서 a, b, c를 세 변의 길이로 하는 삼각형은 정삼각형이다.

유형 09 이차식이 완전제곱식이 될 조건

0506 답 ⑤

$(k+1)x^2+(2k+5)x+k+5$가 x에 대한 이차식이므로

$k+1\neq0$ $\quad\therefore k\neq-1$

주어진 이차식이 완전제곱식이 되려면 x에 대한 이차방정식 $(k+1)x^2+(2k+5)x+k+5=0$이 중근을 가져야 하므로

이 이차방정식의 판별식을 D라 하면

$D=(2k+5)^2-4(k+1)(k+5)=0$

$4k^2+20k+25-4k^2-24k-20=0$

$-4k+5=0$ $\quad\therefore k=\frac{5}{4}$

0507 답 5

$(k-3)x^2+(4k-12)x+3k-7$이 x에 대한 이차식이므로

$k-3\neq0$ $\quad\therefore k\neq3$

주어진 이차식이 완전제곱식이 되려면 x에 대한 이차방정식 $(k-3)x^2+(4k-12)x+3k-7=0$이 중근을 가져야 하므로

이 이차방정식의 판별식을 D라 하면

$\frac{D}{4}=(2k-6)^2-(k-3)(3k-7)=0$

$4k^2-24k+36-(3k^2-16k+21)=0$

$k^2-8k+15=0$, $(k-3)(k-5)=0$

$\therefore k=5$ ($\because k\neq3$)

0508 답 ③

$x^2+2(k-a+2)x+k^2+a^2+2b$가 완전제곱식이 되려면

x에 대한 이차방정식 $x^2+2(k-a+2)x+k^2+a^2+2b=0$이 중근을 가져야 하므로 이 이차방정식의 판별식을 D라 하면

$\frac{D}{4}=(k-a+2)^2-(k^2+a^2+2b)=0$

$k^2+a^2+4-2ak+4k-4a-k^2-a^2-2b=0$

$-2ak+4k+4-4a-2b=0$

$2(2-a)k+(4-4a-2b)=0$

위의 등식이 k의 값에 관계없이 항상 성립하므로

$2-a=0$, $4-4a-2b=0$ $\quad\therefore a=2$, $b=-2$

$\therefore a+b=2+(-2)=0$

0509 답 빗변의 길이가 a인 직각삼각형

$a(x^2+1)-2bx-c(x^2-1)$이 완전제곱식이 되려면

x에 대한 이차방정식 $a(x^2+1)-2bx-c(x^2-1)=0$,

즉 $(a-c)x^2-2bx+a+c=0$이 중근을 가져야 하므로

이 이차방정식의 판별식을 D라 하면

$\frac{D}{4}=(-b)^2-(a-c)(a+c)=0$

$b^2-(a^2-c^2)=0$, $b^2-a^2+c^2=0$

$\therefore b^2+c^2=a^2$

따라서 a, b, c를 세 변의 길이로 하는 삼각형은 빗변의 길이가 a인 직각삼각형이다.

0510 답 5

$x^2-(ak-b)x+k^2-2ck+1$이 완전제곱식이 되려면

x에 대한 이차방정식 $x^2-(ak-b)x+k^2-2ck+1=0$이 중근을 가져야 하므로 이 이차방정식의 판별식을 D라 하면

$D=\{-(ak-b)\}^2-4(k^2-2ck+1)=0$

$a^2k^2-2abk+b^2-4k^2+8ck-4=0$

$(a^2-4)k^2+(-2ab+8c)k+b^2-4=0$

위의 등식이 k의 값에 관계없이 항상 성립하므로

$a^2-4=0$, $-2ab+8c=0$, $b^2-4=0$

$\therefore a=2$, $b=2$, $c=1$ ($\because a>0$, $b>0$)

$\therefore a+b+c=2+2+1=5$

유형 10 이차식이 두 일차식의 곱으로 인수분해될 조건

0511 답 ④

$x^2-xy+my^2+2x+y+3$을 x에 대하여 내림차순으로 정리하면

$x^2-(y-2)x+my^2+y+3$

이때 x에 대한 이차방정식 $x^2-(y-2)x+my^2+y+3=0$의 판별식을 D라 하면

$D=\{-(y-2)\}^2-4(my^2+y+3)$

$\quad=y^2-4y+4-4my^2-4y-12$

$\quad=(1-4m)y^2-8y-8$

이 완전제곱식이 되어야 한다.

즉, y에 대한 이차방정식 $(1-4m)y^2-8y-8=0$의 판별식을 D'이라 하면

$\frac{D'}{4}=(-4)^2+8(1-4m)=0$

$16+8-32m=0$, $24-32m=0$ $\quad\therefore m=\frac{3}{4}$

0512 답 3

$3y^2-x^2+2xy+4x-8y-6+a$를 x에 대하여 내림차순으로 정리하면

$-x^2+(2y+4)x+3y^2-8y-6+a$

이때 x에 대한 이차방정식 $-x^2+(2y+4)x+3y^2-8y-6+a=0$의 판별식을 D라 하면

$\frac{D}{4}=(y+2)^2+3y^2-8y-6+a$

$=y^2+4y+4+3y^2-8y-6+a$

$=4y^2-4y-2+a$

가 완전제곱식이 되어야 한다.

즉, y에 대한 이차방정식 $4y^2-4y-2+a=0$의 판별식을 D'이라 하면

$\frac{D'}{4}=(-2)^2-4(-2+a)=0$

$4+8-4a=0$, $12-4a=0$ $\therefore a=3$

0513 답 3

$x^2-3xy+y^2+x-ky-1$을 x에 대하여 내림차순으로 정리하면

$x^2-(3y-1)x+y^2-ky-1$

…… ❶

이때 x에 대한 이차방정식 $x^2-(3y-1)x+y^2-ky-1=0$의 판별식을 D라 하면

$D=\{-(3y-1)\}^2-4(y^2-ky-1)$

$=9y^2-6y+1-4y^2+4ky+4$

$=5y^2+(4k-6)y+5$

가 완전제곱식이 되어야 한다.

즉, y에 대한 이차방정식 $5y^2+(4k-6)y+5=0$의 판별식을 D'이라 하면

$\frac{D'}{4}=(2k-3)^2-25=0$

$4k^2-12k-16=0$, $k^2-3k-4=0$

$(k+1)(k-4)=0$ $\therefore k=-1$ 또는 $k=4$

…… ❷

따라서 모든 실수 k의 값의 합은

$-1+4=3$

…… ❸

채점 기준	배점
❶ 주어진 이차식을 한 문자에 대하여 내림차순으로 정리하기	20%
❷ 판별식을 이용하여 k의 값 구하기	70%
❸ 모든 k의 값의 합 구하기	10%

유형 11 이차방정식의 근과 계수의 관계를 이용하여 식의 값 구하기

확인 문제 (1) -1 (2) 2 (3) -3 (4) 4

(3) $\alpha^2+\beta^2=(\alpha+\beta)^2-2\alpha\beta$

$=(-1)^2-2\times2=1-4=-3$

(4) $(\alpha-1)(\beta-1)=\alpha\beta-(\alpha+\beta)+1$

$=2-(-1)+1=4$

0514 답 ②

이차방정식의 근과 계수의 관계에 의하여

$\alpha+\beta=-3$, $\alpha\beta=\frac{3}{2}$

$\therefore \frac{\alpha^2+\beta^2}{(\alpha-\beta)^2}=\frac{(\alpha+\beta)^2-2\alpha\beta}{(\alpha+\beta)^2-4\alpha\beta}=\frac{(-3)^2-2\times\frac{3}{2}}{(-3)^2-4\times\frac{3}{2}}$

$=\frac{9-3}{9-6}=2$

0515 답 $\frac{1}{2}$

이차방정식의 근과 계수의 관계에 의하여

$\alpha+\beta=\frac{5}{2}$, $\alpha\beta=\frac{3}{2}$

$\therefore (\alpha-\beta)^2=(\alpha+\beta)^2-4\alpha\beta=\left(\frac{5}{2}\right)^2-4\times\frac{3}{2}=\frac{25}{4}-6=\frac{1}{4}$

$\therefore |\alpha-\beta|=\frac{1}{2}$

0516 답 ②

이차방정식 $x^2-3x+1=0$의 판별식을 D라 하면

$D=(-3)^2-4=5>0$ …… ㉠

이차방정식의 근과 계수의 관계에 의하여

$\alpha+\beta=3$, $\alpha\beta=1$ …… ㉡

㉠, ㉡에서 $\alpha>0$, $\beta>0$이므로

$(\sqrt{\alpha}+\sqrt{\beta})^2=\alpha+\beta+2\sqrt{\alpha}\sqrt{\beta}$

$=\alpha+\beta+2\sqrt{\alpha\beta}$

$=3+2=5$

$\therefore \sqrt{\alpha}+\sqrt{\beta}=\sqrt{5}$

참고

두 실수의 합과 곱이 양수이면 두 실수는 모두 양수이다.
따라서 ㉠에서 α, β는 실수이고 ㉡에서 $\alpha+\beta>0$, $\alpha\beta>0$이므로
$\alpha>0$, $\beta>0$

Bible Says 실수하기 쉬운 문제

이차방정식 $x^2+3x+1=0$의 두 근을 α, β라 할 때, $(\sqrt{\alpha}+\sqrt{\beta})^2$의 값을 구하시오.

[풀이] 이차방정식 $x^2+3x+1=0$의 판별식을 D라 하면

$D=3^2-4=5>0$ …… ㉠

이차방정식의 근과 계수의 관계의 의하여

$\alpha+\beta=-3$, $\alpha\beta=1$ …… ㉡

㉠, ㉡에서 $\alpha<0$, $\beta<0$이므로

$(\sqrt{\alpha}+\sqrt{\beta})^2=\alpha+\beta+2\sqrt{\alpha}\sqrt{\beta}$ ← $a<0$, $b<0$일 때, $\sqrt{a}\sqrt{b}=-\sqrt{ab}$

$=\alpha+\beta-2\sqrt{\alpha\beta}$

$=-3-2=-5$

0517 답 $5\sqrt{17}$

이차방정식의 근과 계수의 관계에 의하여

$\alpha+\beta=-1$, $\alpha\beta=-4$

$(\alpha-\beta)^2=(\alpha+\beta)^2-4\alpha\beta=(-1)^2-4\times(-4)=1+16=17$

이때 $\alpha>\beta$에서 $\alpha-\beta>0$이므로

$\alpha-\beta=\sqrt{17}$

$\therefore \alpha^3-\beta^3=(\alpha-\beta)^3+3\alpha\beta(\alpha-\beta)$

$=(\sqrt{17})^3+3\times(-4)\times\sqrt{17}$

$=17\sqrt{17}-12\sqrt{17}=5\sqrt{17}$

0518

답 4

이차방정식의 근과 계수의 관계에 의하여

$\alpha+\beta=2,\ \alpha\beta=3$

$\alpha^2+\beta^2=(\alpha+\beta)^2-2\alpha\beta=2^2-2\times3=-2$

$\alpha^3+\beta^3=(\alpha+\beta)^3-3\alpha\beta(\alpha+\beta)=2^3-3\times3\times2=-10$

$(\alpha^2+\beta^2)(\alpha^3+\beta^3)=\alpha^5+\alpha^2\beta^3+\alpha^3\beta^2+\beta^5$

$=\alpha^5+\beta^5+\alpha^2\beta^2(\alpha+\beta)$

이므로

$\alpha^5+\beta^5=(\alpha^2+\beta^2)(\alpha^3+\beta^3)-\alpha^2\beta^2(\alpha+\beta)$

$=-2\times(-10)-3^2\times2=2$

따라서 $p=\frac{\beta^3}{\alpha^2}+\frac{\alpha^3}{\beta^2}=\frac{\alpha^5+\beta^5}{\alpha^2\beta^2}=\frac{2}{9}$이므로

$18p=18\times\frac{2}{9}=4$

0519

답 0

$|x^2-5x|=2$에서 $x^2-5x=\pm2$

(i) $x^2-5x=2$, 즉 $x^2-5x-2=0$의 두 근을 α, β라 하면

이차방정식의 근과 계수의 관계에 의하여

$\alpha+\beta=5,\ \alpha\beta=-2$

❶

(ii) $x^2-5x=-2$, 즉 $x^2-5x+2=0$의 두 근을 γ, δ라 하면

이차방정식의 근과 계수의 관계에 의하여

$\gamma+\delta=5,\ \gamma\delta=2$

❷

(i), (ii)에서

$\frac{1}{\alpha}+\frac{1}{\beta}+\frac{1}{\gamma}+\frac{1}{\delta}=\frac{\alpha+\beta}{\alpha\beta}+\frac{\gamma+\delta}{\gamma\delta}$

$=\frac{5}{-2}+\frac{5}{2}=0$

❸

채점 기준	배점
❶ $x^2-5x=2$의 두 근의 합과 곱 구하기	35%
❷ $x^2-5x=-2$의 두 근의 합과 곱 구하기	35%
❸ $\frac{1}{\alpha}+\frac{1}{\beta}+\frac{1}{\gamma}+\frac{1}{\delta}$의 값 구하기	30%

0520

답 ②

이차방정식의 근과 계수의 관계에 의하여

$\alpha+\beta=2,\ \alpha\beta=-\frac{1}{2}$

$\alpha^2+\beta^2=(\alpha+\beta)^2-2\alpha\beta=2^2-2\times\left(-\frac{1}{2}\right)=5$

$\therefore \alpha^4+\beta^4=(\alpha^2+\beta^2)^2-2\alpha^2\beta^2=5^2-2\times\left(-\frac{1}{2}\right)^2=\frac{49}{2}$

$\therefore \alpha^5\beta+\alpha\beta^5=\alpha\beta(\alpha^4+\beta^4)$

$=\left(-\frac{1}{2}\right)\times\frac{49}{2}=-\frac{49}{4}$

유형 12 이차방정식의 근의 성질과 근과 계수의 관계를 이용하여 식의 값 구하기

0521

답 ②

이차방정식 $x^2-5x+2=0$의 두 근이 α, β이므로

$\alpha^2-5\alpha+2=0,\ \beta^2-5\beta+2=0$

$\therefore \alpha^2-4\alpha+1=\alpha-1,\ \beta^2-4\beta+1=\beta-1$

이차방정식의 근과 계수의 관계에 의하여

$\alpha+\beta=5,\ \alpha\beta=2$

$\therefore (\alpha^2-4\alpha+1)(\beta^2-4\beta+1)=(\alpha-1)(\beta-1)$

$=\alpha\beta-(\alpha+\beta)+1$

$=2-5+1=-2$

0522

답 27

이차방정식 $x^2+5x-2=0$의 한 근이 α이므로

$\alpha^2+5\alpha-2=0 \qquad \therefore \alpha^2=-5\alpha+2$

이차방정식의 근과 계수의 관계에 의하여

$\alpha+\beta=-5$

$\therefore \alpha^2-5\beta=-5\alpha+2-5\beta$

$=-5(\alpha+\beta)+2$

$=-5\times(-5)+2=27$

0523

답 ②

이차방정식 $x^2-(5a-3)x+1=0$의 두 근이 α, β이므로

$\alpha^2-(5a-3)\alpha+1=0,\ \beta^2-(5a-3)\beta+1=0$

$\therefore \alpha^2-5a\alpha+1=-3\alpha,\ \beta^2-5a\beta+1=-3\beta$

이차방정식의 근과 계수의 관계에 의하여

$\alpha\beta=1$

$\therefore (\alpha^2-5a\alpha+1)(\beta^2-5a\beta+1)=(-3\alpha)\times(-3\beta)$

$=9\alpha\beta$

$=9\times1=9$

0524

답 20

이차방정식 $x^2-6x+3=0$의 두 근이 α, β이므로

$\alpha^2-6\alpha+3=0,\ \beta^2-6\beta+3=0$

$\therefore \alpha^2+\alpha+3=7\alpha,\ \beta^2+\beta+3=7\beta$

이차방정식의 근과 계수의 관계에 의하여

$\alpha+\beta=6,\ \alpha\beta=3$

$\therefore \frac{14\beta}{\alpha^2+\alpha+3}+\frac{14\alpha}{\beta^2+\beta+3}=\frac{14\beta}{7\alpha}+\frac{14\alpha}{7\beta}=\frac{2\beta}{\alpha}+\frac{2\alpha}{\beta}$

$=\frac{2(\alpha^2+\beta^2)}{\alpha\beta}=\frac{2\{(\alpha+\beta)^2-2\alpha\beta\}}{\alpha\beta}$

$=\frac{2(6^2-2\times3)}{3}=20$

0525

답 15

이차방정식 $x^2+x+3=0$의 두 근이 α, β이므로

$\alpha^2+\alpha+3=0$, $\beta^2+\beta+3=0$

$\therefore \alpha^2+\alpha=-3$, $\beta^2+\beta=-3$

이차방정식의 근과 계수의 관계에 의하여

$\alpha+\beta=-1$, $\alpha\beta=3$

$\therefore (1+\alpha+\alpha^2+\alpha^3)(1+\beta+\beta^2+\beta^3)$

$=\{1+\alpha+\alpha(\alpha+\alpha^2)\}\{1+\beta+\beta(\beta+\beta^2)\}$

$=(1+\alpha-3\alpha)(1+\beta-3\beta)$

$=(1-2\alpha)(1-2\beta)$

$=1-2(\alpha+\beta)+4\alpha\beta$

$=1-2\times(-1)+4\times3=15$

0526

답 -39

이차방정식 $x^2+x-4=0$의 두 근이 α, β이므로

$\alpha^2+\alpha-4=0$, $\beta^2+\beta-4=0$

$\therefore \alpha^2+\alpha=4$, $\beta^2+\beta=4$

……………… ❶

이차방정식의 근과 계수의 관계에 의하여

$\alpha+\beta=-1$, $\alpha\beta=-4$

……………… ❷

$\therefore \alpha^5+\beta^5+\alpha^4+\beta^4-\alpha^3-\beta^3$

$=\alpha^3(\alpha^2+\alpha-1)+\beta^3(\beta^2+\beta-1)$

$=3(\alpha^3+\beta^3)$

$=3\{(\alpha+\beta)^3-3\alpha\beta(\alpha+\beta)\}$

$=3\{(-1)^3-3\times(-4)\times(-1)\}=-39$

……………… ❸

채점 기준	배점
❶ $\alpha^2+\alpha$, $\beta^2+\beta$의 값 구하기	25%
❷ 근과 계수의 관계를 이용하여 $\alpha+\beta$, $\alpha\beta$의 값 구하기	25%
❸ $\alpha^5+\beta^5+\alpha^4+\beta^4-\alpha^3-\beta^3$의 값 구하기	50%

0527

답 $3\sqrt{13}$

이차방정식 $x^2-9x+4=0$의 판별식을 D라 하면

$D=(-9)^2-16=65>0$ …… ㉠

이차방정식의 근과 계수의 관계에 의하여

$\alpha+\beta=9$, $\alpha\beta=4$ …… ㉡

㉠, ㉡에서 $\alpha>0$, $\beta>0$이므로

$(\sqrt{\alpha}+\sqrt{\beta})^2=\alpha+\beta+2\sqrt{\alpha}\sqrt{\beta}$

$=\alpha+\beta+2\sqrt{\alpha\beta}$

$=9+2\sqrt{4}=13$

$\therefore \sqrt{\alpha}+\sqrt{\beta}=\sqrt{13}$

이차방정식 $x^2-9x+4=0$의 두 근이 α, β이므로

$\alpha^2-9\alpha+4=0$, $\beta^2-9\beta+4=0$

$\therefore \alpha^2+4=9\alpha$, $\beta^2+4=9\beta$

$\therefore \sqrt{\alpha^2+4}+\sqrt{\beta^2+4}=\sqrt{9\alpha}+\sqrt{9\beta}$

$=3(\sqrt{\alpha}+\sqrt{\beta})=3\sqrt{13}$

유형 13 근과 계수의 관계를 이용하여 미정계수 구하기 - 근의 조건이 주어진 경우

0528

답 $-\frac{1}{2}$

주어진 이차방정식의 두 근을 2α, 3α $(\alpha\neq0)$라 하면

이차방정식의 근과 계수의 관계에 의하여

$2\alpha+3\alpha=5k$, $5\alpha=5k$ $\therefore \alpha=k$ …… ㉠

$2\alpha\times3\alpha=2k^2+1$ $\therefore 6\alpha^2=2k^2+1$ …… ㉡

㉠을 ㉡에 대입하면

$6k^2=2k^2+1$, $4k^2=1$, $k^2=\frac{1}{4}$ $\therefore k=-\frac{1}{2}$ ($\because k<0$)

0529

답 $\frac{1}{3}$

주어진 이차방정식의 두 근을 α, 4α $(\alpha\neq0)$라 하면

이차방정식의 근과 계수의 관계에 의하여

$\alpha+4\alpha=-10m$, $5\alpha=-10m$ $\therefore \alpha=-2m$ …… ㉠

$\alpha\times4\alpha=7m^2+1$ $\therefore 4\alpha^2=7m^2+1$ …… ㉡

㉠을 ㉡에 대입하면

$4\times(-2m)^2=7m^2+1$, $16m^2=7m^2+1$

$9m^2=1$, $m^2=\frac{1}{9}$ $\therefore m=\frac{1}{3}$ ($\because m>0$)

0530

답 13

주어진 이차방정식의 두 근을 α, $\alpha+4$라 하면

이차방정식의 근과 계수의 관계에 의하여

$\alpha+(\alpha+4)=-(1-3m)$

$2\alpha+4=-1+3m$, $2\alpha=3m-5$

$\therefore \alpha=\frac{3}{2}m-\frac{5}{2}$ …… ㉠

$\alpha(\alpha+4)=2m^2-4m-7$ …… ㉡

㉠을 ㉡에 대입하면

$\left(\frac{3}{2}m-\frac{5}{2}\right)\left(\frac{3}{2}m+\frac{3}{2}\right)=2m^2-4m-7$

$\frac{1}{4}(3m-5)(3m+3)=2m^2-4m-7$

양변에 4를 곱하면

$9m^2-6m-15=8m^2-16m-28$

$m^2+10m+13=0$

따라서 실수 m의 모든 값의 곱은 13이다.

0531

답 ②

주어진 이차방정식의 두 근을 α, $\alpha+1$ (α는 정수)이라 하면

이차방정식의 근과 계수의 관계에 의하여

$\alpha+(\alpha+1)=k+2$ $\therefore k=2\alpha-1$ …… ㉠

$\alpha(\alpha+1)=-k+9$ $\therefore \alpha^2+\alpha=-k+9$ …… ㉡

㉠을 ㉡에 대입하면

$\alpha^2+\alpha=-(2\alpha-1)+9$, $\alpha^2+3\alpha-10=0$

$(\alpha+5)(\alpha-2)=0$ $\therefore \alpha=-5$ 또는 $\alpha=2$

$\alpha=-5$를 ㉠에 대입하면 $k=2\times(-5)-1=-11$

$\alpha=2$를 ㉠에 대입하면 $k=2\times2-1=3$

그런데 $k>0$이므로 $k=3$

0532 답 ④

주어진 이차방정식의 두 근을 α, $-\alpha$ $(\alpha\neq0)$라 하면
이차방정식의 근과 계수의 관계에 의하여
$\alpha+(-\alpha)=-(a^2-3a-4)$
$a^2-3a-4=0$, $(a+1)(a-4)=0$
$\therefore a=-1$ 또는 $a=4$ …… ㉠
$\alpha\times(-\alpha)=-a+2$이고 두 근의 부호가 서로 다르므로
$-a+2<0$ $\quad\therefore a>2$ …… ㉡
㉠, ㉡에서 $a=4$

Bible Says 절댓값이 같고 부호가 서로 다른 두 실근

이차방정식 $ax^2+bx+c=0$의 두 실근 α, β의 절댓값이 같고 부호가 서로 다르면
➡ $\alpha+\beta=-\frac{b}{a}=0$, $\alpha\beta=\frac{c}{a}<0$

0533 답 4

이차방정식의 근과 계수의 관계에 의하여 두 근의 곱이 $-12<0$이므로 두 근의 부호는 서로 다르다.
주어진 이차방정식의 두 근을 α, -3α $(\alpha\neq0)$라 하면
이차방정식의 근과 계수의 관계에 의하여
$\alpha+(-3\alpha)=-(k-2)$ $\quad\therefore 2\alpha=k-2$ …… ㉠
$\alpha\times(-3\alpha)=-12$, $\alpha^2=4$
$\therefore \alpha=-2$ 또는 $\alpha=2$
…… ❶
$\alpha=-2$를 ㉠에 대입하면 $-4=k-2$ $\quad\therefore k=-2$
$\alpha=2$를 ㉠에 대입하면 $4=k-2$ $\quad\therefore k=6$
…… ❷
따라서 모든 실수 k의 값의 합은
$-2+6=4$
…… ❸

채점 기준	배점
❶ α의 값 구하기	50%
❷ k의 값 구하기	40%
❸ 모든 실수 k의 값의 합 구하기	10%

유형 14 근과 계수의 관계를 이용하여 미정계수 구하기 - 근의 관계식이 주어진 경우

0534 답 ④

이차방정식의 근과 계수의 관계에 의하여
$\alpha+\beta=k+1$, $\alpha\beta=k+3$
$\therefore (\alpha-\beta)^2=(\alpha+\beta)^2-4\alpha\beta$
$=(k+1)^2-4(k+3)$
$=k^2+2k+1-4k-12$
$=k^2-2k-11$
$(\alpha-\beta)^2=4$에서 $k^2-2k-11=4$
$k^2-2k-15=0$, $(k+3)(k-5)=0$
$\therefore k=5$ $(\because k>0)$

0535 답 -1

이차방정식의 근과 계수의 관계에 의하여
$\alpha+\beta=-\frac{k+5}{2}$, $\alpha\beta=\frac{k}{2}$
$\therefore \frac{1}{\alpha}+\frac{1}{\beta}=\frac{\alpha+\beta}{\alpha\beta}=-\frac{k+5}{2}\times\frac{2}{k}=-\frac{k+5}{k}$
$\frac{1}{\alpha}+\frac{1}{\beta}=4$에서 $-\frac{k+5}{k}=4$
$k+5=-4k$, $5k=-5$ $\quad\therefore k=-1$

다른 풀이
$ax^2+bx+c=0$의 두 근 α, β에 대하여
$\frac{1}{\alpha}$, $\frac{1}{\beta}$을 두 근으로 하는 이차방정식은 $cx^2+bx+a=0$이므로
$kx^2+(k+5)x+2=0$
$\frac{1}{\alpha}+\frac{1}{\beta}=4$에서 $-\frac{k+5}{k}=4$
$k+5=-4k$, $5k=-5$ $\quad\therefore k=-1$

참고
이차방정식 $ax^2+bx+c=0$의 두 근 α, β에 대하여
$x^2+\frac{b}{a}x+\frac{c}{a}=0$, $\alpha+\beta=-\frac{b}{a}$, $\alpha\beta=\frac{c}{a}$이므로
(1) $-\alpha$, $-\beta$를 두 근으로 하는 이차방정식은
$-(\alpha+\beta)=\frac{b}{a}$, $(-\alpha)\times(-\beta)=\alpha\beta=\frac{c}{a}$
즉, $x^2-\frac{b}{a}x+\frac{c}{a}=0$이므로 $ax^2-bx+c=0$
(2) $\frac{1}{\alpha}$, $\frac{1}{\beta}$을 두 근으로 하는 이차방정식은
$\frac{1}{\alpha}+\frac{1}{\beta}=\frac{\alpha+\beta}{\alpha\beta}=\frac{-\frac{b}{a}}{\frac{c}{a}}=-\frac{b}{c}$, $\frac{1}{\alpha\beta}=\frac{a}{c}$
즉, $x^2+\frac{b}{c}x+\frac{a}{c}=0$이므로 $cx^2+bx+a=0$
(3) $-\frac{1}{\alpha}$, $-\frac{1}{\beta}$을 두 근으로 하는 이차방정식은
$-\left(\frac{1}{\alpha}+\frac{1}{\beta}\right)=-\frac{\alpha+\beta}{\alpha\beta}=-\frac{-\frac{b}{a}}{\frac{c}{a}}=\frac{b}{c}$,
$\left(-\frac{1}{\alpha}\right)\times\left(-\frac{1}{\beta}\right)=\frac{1}{\alpha\beta}=\frac{a}{c}$
즉, $x^2-\frac{b}{c}x+\frac{a}{c}=0$이므로 $cx^2-bx+a=0$
정리하면
이차방정식 $ax^2+bx+c=0$의 두 근 α, β에 대하여
(1) $-\alpha$, $-\beta$를 두 근으로 하는 이차방정식은 $ax^2-bx+c=0$
(2) $\frac{1}{\alpha}$, $\frac{1}{\beta}$을 두 근으로 하는 이차방정식은 $cx^2+bx+a=0$
(3) $-\frac{1}{\alpha}$, $-\frac{1}{\beta}$을 두 근으로 하는 이차방정식은 $cx^2-bx+a=0$

0536 답 10

이차방정식의 근과 계수의 관계에 의하여
$\alpha+\beta=2$, $\alpha\beta=\frac{k}{2}$
$\therefore \alpha^3+\beta^3=(\alpha+\beta)^3-3\alpha\beta(\alpha+\beta)$
$=2^3-3\times\frac{k}{2}\times2$
$=8-3k$

$\alpha^3+\beta^3=7$에서 $8-3k=7$

$-3k=-1$ $\quad\therefore k=\frac{1}{3}$

$\therefore 30k=30\times\frac{1}{3}=10$

0537

답 6

이차방정식의 근과 계수의 관계에 의하여

$\alpha+\beta=-a$, $\alpha\beta=-b$

$(1+\alpha)(1+\beta)=6$에서 $1+(\alpha+\beta)+\alpha\beta=6$

$1-a-b=6$ $\quad\therefore a+b=-5$ $\quad\cdots\cdots$ ㉠

$\frac{1}{\alpha}+\frac{1}{\beta}=\frac{2}{3}$에서 $\frac{\alpha+\beta}{\alpha\beta}=\frac{2}{3}$

$\frac{-a}{-b}=\frac{2}{3}$ $\quad\therefore a=\frac{2}{3}b$ $\quad\cdots\cdots$ ㉡

㉠, ㉡을 연립하여 풀면 $a=-2$, $b=-3$

$\therefore ab=(-2)\times(-3)=6$

0538

답 ②

이차방정식의 근과 계수의 관계에 의하여

$\alpha+\beta=3k-2$, $\alpha\beta=k$

$\therefore \alpha^2\beta+\alpha+\alpha\beta^2+\beta=\alpha\beta(\alpha+\beta)+(\alpha+\beta)$

$=(\alpha+\beta)(\alpha\beta+1)$

$=(3k-2)(k+1)$

$=3k^2+k-2$

$\alpha^2\beta+\alpha+\alpha\beta^2+\beta=8$에서 $3k^2+k-2=8$

$3k^2+k-10=0$, $(k+2)(3k-5)=0$

$\therefore k=-2$ 또는 $k=\frac{5}{3}$

그런데 k는 정수이므로 $k=-2$

유형 15 근과 계수의 관계를 이용하여 미정계수 구하기 - 두 이차방정식이 주어진 경우

0539

답 ②

이차방정식 $x^2-ax-b=0$의 두 근이 α, β이므로

근과 계수의 관계에 의하여

$\alpha+\beta=a$, $\alpha\beta=-b$ $\quad\cdots\cdots$ ㉠

이차방정식 $x^2-(a+2)x+b=0$의 두 근이 $\alpha+\beta$, $\alpha\beta$이므로

근과 계수의 관계에 의하여

$(\alpha+\beta)+\alpha\beta=a+2$, $(\alpha+\beta)\alpha\beta=b$ $\quad\cdots\cdots$ ㉡

㉠을 ㉡에 대입하면

$a-b=a+2$, $a\times(-b)=b$ $\quad\therefore a=-1$, $b=-2$

$\therefore a^2+b^2=(-1)^2+(-2)^2=5$

0540

답 $-\frac{7}{2}$

이차방정식 $x^2-ax+b=0$의 두 근이 -3, 5이므로

근과 계수의 관계에 의하여

$-3+5=a$, $(-3)\times5=b$ $\quad\therefore a=2$, $b=-15$

이차방정식 $ax^2-(a-9)x+4a+b=0$에

$a=2$, $b=-15$를 대입하면

$2x^2+7x-7=0$

따라서 구하는 두 근의 곱은 $-\frac{7}{2}$이다.

0541

답 10

이차방정식 $x^2-5x+a=0$의 두 근이 α, β이므로

근과 계수의 관계에 의하여

$\alpha+\beta=5$, $\alpha\beta=a$ $\quad\cdots\cdots$ ㉠

이차방정식 $x^2-bx+9=0$의 두 근이 $\alpha+1$, $\beta+1$이므로

$(\alpha+1)+(\beta+1)=b$, $(\alpha+1)(\beta+1)=9$

$\therefore \alpha+\beta+2=b$, $\alpha\beta+(\alpha+\beta)+1=9$ $\quad\cdots\cdots$ ㉡

㉠을 ㉡에 대입하면

$5+2=b$, $a+5+1=9$ $\quad\therefore a=3$, $b=7$

$\therefore a+b=3+7=10$

0542

답 -6

이차방정식 $3x^2+ax+1=0$의 두 근이 α, β이므로

근과 계수의 관계에 의하여

$\alpha+\beta=-\frac{a}{3}$, $\alpha\beta=\frac{1}{3}$ $\quad\cdots\cdots$ ㉠

❶

이차방정식 $x^2+2x-b=0$의 두 근이 $\frac{1}{\alpha}$, $\frac{1}{\beta}$이므로

근과 계수의 관계에 의하여

$\frac{1}{\alpha}+\frac{1}{\beta}=-2$, $\frac{1}{\alpha}\times\frac{1}{\beta}=-b$

$\frac{\alpha+\beta}{\alpha\beta}=-2$, $\frac{1}{\alpha\beta}=-b$

$\therefore \alpha+\beta=-2\alpha\beta$, $\alpha\beta=-\frac{1}{b}$ $\quad\cdots\cdots$ ㉡

㉠을 ㉡에 대입하면

$-\frac{a}{3}=-\frac{2}{3}$, $\frac{1}{3}=-\frac{1}{b}$ $\quad\therefore a=2$, $b=-3$

❷

$\therefore ab=2\times(-3)=-6$

❸

채점 기준	배점
❶ $\alpha+\beta$, $\alpha\beta$의 값 구하기	20%
❷ a, b의 값 구하기	70%
❸ ab의 값 구하기	10%

다른 풀이

이차방정식 $3x^2+ax+1=0$의 두 근이 α, β이므로

$\frac{1}{\alpha}$, $\frac{1}{\beta}$을 두 근으로 하는 이차방정식은 $x^2+ax+3=0$

이 이차방정식이 $x^2+2x-b=0$과 같으므로

$a=2$, $b=-3$

$\therefore ab=2\times(-3)=-6$

참고

이차방정식 $ax^2+bx+c=0$의 두 근 α, β에 대하여

$\frac{1}{\alpha}$, $\frac{1}{\beta}$을 두 근으로 하는 이차방정식은 $cx^2+bx+a=0$

유형 16 이차방정식의 작성

확인 문제 (1) $x^2-x-6=0$ (2) $x^2-6x+7=0$ (3) $x^2-2x+2=0$

(2) 두 근의 합이 $(3+\sqrt{2})+(3-\sqrt{2})=6$,
누 근의 곱이 $(3+\sqrt{2})(3-\sqrt{2})=9-2=7$
이므로 구하는 이차방정식은 $x^2-6x+7=0$

(3) 두 근의 합이 $(1+i)+(1-i)=2$,
두 근의 곱이 $(1+i)(1-i)=1+1=2$
이므로 구하는 이차방정식은 $x^2-2x+2=0$

0543

답 $3x^2+4x+6=0$

이차방정식 $3x^2-2x+5=0$의 두 근이 α, β이므로
근과 계수의 관계에 의하여

$\alpha+\beta=\frac{2}{3}$, $\alpha\beta=\frac{5}{3}$

$\therefore (\alpha-1)+(\beta-1)=\alpha+\beta-2=\frac{2}{3}-2=-\frac{4}{3}$,

$(\alpha-1)(\beta-1)=\alpha\beta-(\alpha+\beta)+1=\frac{5}{3}-\frac{2}{3}+1=2$

따라서 $\alpha-1$, $\beta-1$을 두 근으로 하고 x^2의 계수가 3인 이차방정식은

$3\left(x^2+\frac{4}{3}x+2\right)=0$ $\quad\therefore 3x^2+4x+6=0$

0544

답 ④

이차방정식 $x^2-ax+b=0$의 두 근이 α, β이므로
근과 계수의 관계에 의하여

$\alpha+\beta=a$, $\alpha\beta=b$

$\therefore \frac{1}{\alpha}+\frac{1}{\beta}=\frac{\alpha+\beta}{\alpha\beta}=\frac{a}{b}$, $\frac{1}{\alpha}\times\frac{1}{\beta}=\frac{1}{\alpha\beta}=\frac{1}{b}$

따라서 $\frac{1}{\alpha}$, $\frac{1}{\beta}$을 두 근으로 하는 이차방정식은

$x^2-\frac{a}{b}x+\frac{1}{b}=0$ $\quad\therefore bx^2-ax+1=0$

0545

답 $x^2-9x+16=0$

$\overline{AH}=\alpha$, $\overline{BH}=\beta$라 하면
$\overline{AB}=\overline{AH}+\overline{BH}$이므로 $\alpha+\beta=9$
반원에 대한 원주각의 크기는 $90°$이므로
삼각형 PAB는 $\angle APB=90°$인 직각삼각형이다.
즉, $\overline{PH}^2=\overline{AH}\times\overline{BH}$이므로 $4^2=\alpha\beta$ $\quad\therefore \alpha\beta=16$
따라서 α, β를 두 근으로 하고 x^2의 계수가 1인 이차방정식은
$x^2-9x+16=0$

Bible Says

$\angle A=90°$인 직각삼각형 ABC에서
$\overline{AD}\perp\overline{BC}$일 때
(1) 피타고라스 정리 ➡ $a^2=b^2+c^2$
(2) 직각삼각형의 닮음
➡ $c^2=ax$, $b^2=ay$, $h^2=xy$
(3) 직각삼각형의 넓이 ➡ $bc=ah$

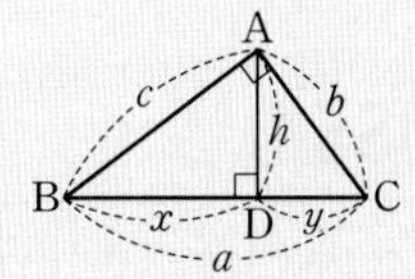

0546

답 ②

$\overline{AE}=\alpha$, $\overline{AH}=\beta$라 하면
직사각형 PFCG의 둘레의 길이가 28이므로
$2\{(10-\alpha)+(10-\beta)\}=28$
$20-(\alpha+\beta)=14$
$\therefore \alpha+\beta=6$ $\quad\cdots\cdots$ ㉠
직사각형 PFCG의 넓이가 46이므로
$(10-\alpha)(10-\beta)=46$
$\therefore 100-10(\alpha+\beta)+\alpha\beta=46$ $\quad\cdots\cdots$ ㉡
㉠을 ㉡에 대입하면
$100-60+\alpha\beta=46$ $\quad\therefore \alpha\beta=6$
따라서 α, β를 두 근으로 하고 x^2의 계수가 1인 이차방정식은
$x^2-6x+6=0$

0547

답 -10

이차방정식 $x^2-3x-1=0$의 두 근이 α, β이므로
근과 계수의 관계에 의하여
$\alpha+\beta=3$, $\alpha\beta=-1$ ❶

$\therefore \alpha^2+\beta^2=(\alpha+\beta)^2-2\alpha\beta=3^2-2\times(-1)=11$,
$\alpha^2\beta^2=(\alpha\beta)^2=(-1)^2=1$ ❷

따라서 α^2, β^2을 두 근으로 하고 x^2의 계수가 1인 이차방정식은
$x^2-11x+1=0$이므로 $a=-11$, $b=1$
$\therefore a+b=-11+1=-10$ ❸

채점 기준	배점
❶ $\alpha+\beta$, $\alpha\beta$의 값 구하기	20%
❷ $\alpha^2+\beta^2$, $\alpha^2\beta^2$의 값 구하기	50%
❸ $a+b$의 값 구하기	30%

0548

답 7

이차방정식 $x^2+ax+b=0$의 두 근이 2, α이므로
근과 계수의 관계에 의하여
$2+\alpha=-a$, $2\alpha=b$ $\quad\therefore a=-2-\alpha$, $b=2\alpha$ $\quad\cdots\cdots$ ㉠
이차방정식 $x^2+(a+3)x+b-1=0$의 두 근이 1, β이므로
근과 계수의 관계에 의하여
$1+\beta=-(a+3)$, $\beta=b-1$ $\quad\therefore a=-\beta-4$, $b=\beta+1$ $\cdots\cdots$ ㉡
㉠을 ㉡에 대입하면
$-2-\alpha=-\beta-4$, $2\alpha=\beta+1$ $\quad\therefore \alpha-\beta=2$, $2\alpha-\beta=1$
위의 두 식을 연립하여 풀면 $\alpha=-1$, $\beta=-3$
따라서 -1, -3을 두 근으로 하고 x^2의 계수가 1인 이차방정식은
$x^2+4x+3=0$이므로 $p=4$, $q=3$
$\therefore p+q=4+3=7$

유형 17 잘못 보고 푼 이차방정식

0549

답 $x=-1$ 또는 $x=5$

수지는 a와 c를 바르게 보고 풀었으므로 두 근의 곱은

$\frac{c}{a}=-5\times1=-5$ $\therefore c=-5a$ …… ㉠

경수는 a와 b를 바르게 보고 풀었으므로 두 근의 합은

$-\frac{b}{a}=(2+\sqrt{3})+(2-\sqrt{3})=4$ $\therefore b=-4a$ …… ㉡

㉠, ㉡을 $ax^2+bx+c=0$에 대입하면

$ax^2-4ax-5a=0$

$a\neq0$이므로 양변을 a로 나누면

$x^2-4x-5=0$, $(x+1)(x-5)=0$

$\therefore x=-1$ 또는 $x=5$

0550

답 $x^2-2x+7=0$

원래의 이차방정식을 $x^2+ax+b=0$ (a, b는 상수)이라 하자. ❶

문익이는 b를 바르게 보고 풀었으므로 두 근의 곱은

$b=(\sqrt{6}+i)(\sqrt{6}-i)=6+1=7$ ❷

재형이는 a를 바르게 보고 풀었으므로 두 근의 합은

$-a=(1+\sqrt{2})+(1-\sqrt{2})=2$ $\therefore a=-2$ ❸

따라서 구하는 이차방정식은

$x^2-2x+7=0$ ❹

채점 기준	배점
❶ 원래의 이차방정식을 $x^2+ax+b=0$으로 놓기	20%
❷ b의 값 구하기	30%
❸ a의 값 구하기	30%
❹ 원래의 이차방정식 구하기	20%

0551

답 49

이차방정식 $ax^2+bx+c=0$의 근의 공식을 $x=\frac{-b\pm\sqrt{b^2-ac}}{2a}$로 잘못 적용하여 얻은 두 근이 -3, 4이므로

$\frac{-b+\sqrt{b^2-ac}}{2a}+\frac{-b-\sqrt{b^2-ac}}{2a}=-3+4=1$

$\frac{-2b}{2a}=1$ $\therefore b=-a$ …… ㉠

$\frac{-b+\sqrt{b^2-ac}}{2a}\times\frac{-b-\sqrt{b^2-ac}}{2a}=-3\times4=-12$

$\frac{b^2-(b^2-ac)}{4a^2}=\frac{c}{4a}=-12$

$\therefore c=-48a$ …… ㉡

㉠, ㉡을 $ax^2+bx+c=0$에 대입하면

$ax^2-ax-48a=0$

따라서 이 이차방정식의 올바른 두 근의 합은 $\frac{a}{a}=1$,

두 근의 곱은 $\frac{-48a}{a}=-48$이므로 $p=1$, $q=-48$

$\therefore p-q=1-(-48)=49$

다른 풀이

이차방정식 $ax^2+bx+c=0$에 대한 근의 공식은

$x=\frac{-b\pm\sqrt{b^2-4ac}}{2a}$이므로

주어진 근의 공식은 c를 $\frac{c}{4}$로 잘못 대입한 것과 같다.

즉, 이차방정식 $ax^2+bx+\frac{c}{4}=0$의 두 근이 -3, 4이므로

근과 계수의 관계에 의하여

두 근의 합은 $-3+4=-\frac{b}{a}$ $\therefore -\frac{b}{a}=1$

두 근의 곱은 $-3\times4=\frac{\frac{c}{4}}{a}$ $\therefore \frac{c}{a}=-48$

따라서 이 이차방정식의 올바른 두 근의 합은 $-\frac{b}{a}=1$, 두 근의 곱은

$\frac{c}{a}=-48$이므로 $p=1$, $q=-48$

$\therefore p-q=1-(-48)=49$

유형 18 이차식의 인수분해

0552

답 ③

$x^2+4x+7=0$에서 근의 공식에 의하여

$x=-2\pm\sqrt{2^2-1\times7}=-2\pm\sqrt{3}i$

$\therefore x^2+4x+7=\{x-(-2+\sqrt{3}i)\}\{x-(-2-\sqrt{3}i)\}$

$=(x+2-\sqrt{3}i)(x+2+\sqrt{3}i)$

0553

답 -6

$x^2-6x+13=0$에서 근의 공식에 의하여

$x=-(-3)\pm\sqrt{(-3)^2-1\times13}=3\pm2i$

$\therefore x^2-6x+13=\{x-(3+2i)\}\{x-(3-2i)\}$

$=(x-3-2i)(x-3+2i)$

따라서 $a=-3$, $b=2$이므로

$ab=-3\times2=-6$

0554

답 ②

$3x^2-4x+3=0$에서 근의 공식에 의하여

$x=\frac{-(-2)\pm\sqrt{(-2)^2-3\times3}}{3}=\frac{2\pm\sqrt{5}i}{3}$

$\therefore 3x^2-4x+3=3\left(x-\frac{2+\sqrt{5}i}{3}\right)\left(x-\frac{2-\sqrt{5}i}{3}\right)$

$=\frac{1}{3}(3x-2-\sqrt{5}i)(3x-2+\sqrt{5}i)$

따라서 인수인 것은 ②이다.

유형 19 이차방정식 $f(x)=0$의 근을 이용하여 $f(ax+b)=0$의 근 구하기

0555 답 ③

$f(\alpha)=0$, $f(\beta)=0$이므로 $f(5x-4)=0$이려면

$5x-4=\alpha$ 또는 $5x-4=\beta$

$\therefore x=\frac{\alpha+4}{5}$ 또는 $x=\frac{\beta+4}{5}$

따라서 이차방정식 $f(5x-4)=0$의 두 근의 합은

$\frac{\alpha+4}{5}+\frac{\beta+4}{5}=\frac{\alpha+\beta+8}{5}=\frac{7+8}{5}=3$

다른 풀이

이차방정식 $f(x)=0$의 두 근이 α, β이므로

$f(x)=a(x-\alpha)(x-\beta)\,(a\neq0)$로 놓으면

$f(5x-4)=0$에서

$f(5x-4)=a(5x-4-\alpha)(5x-4-\beta)=0$

$\therefore x=\frac{\alpha+4}{5}$ 또는 $x=\frac{\beta+4}{5}$

따라서 이차방정식 $f(5x-4)=0$의 두 근의 합은

$\frac{\alpha+4}{5}+\frac{\beta+4}{5}=\frac{\alpha+\beta+8}{5}=\frac{7+8}{5}=3$

0556 답 ③

방정식 $f(x)=0$이 -3을 근으로 가지므로 $f(-3)=0$

각 방정식의 좌변에 $x=2$를 대입하면

ㄱ. $f(2-5)=f(-3)=0$ ㄴ. $f(-2+3)=f(1)$

ㄷ. $f(8-3\times2)=f(2)$ ㄹ. $f(2^2-7)=f(-3)=0$

따라서 2를 반드시 근으로 갖는 방정식은 ㄱ, ㄹ이다.

0557 답 -2

이차방정식 $f(x)=0$의 두 근을 α, β라 하면

$\alpha\beta=-32$이고 $f(\alpha)=0$, $f(\beta)=0$이므로 $f(4x)=0$이려면

$4x=\alpha$ 또는 $4x=\beta$ $\therefore x=\frac{\alpha}{4}$ 또는 $x=\frac{\beta}{4}$

따라서 이차방정식 $f(4x)=0$의 두 근의 곱은

$\frac{\alpha}{4}\times\frac{\beta}{4}=\frac{\alpha\beta}{16}=\frac{-32}{16}=-2$

0558 답 ②

$f(\alpha)=0$, $f(\beta)=0$이므로 $f(2x-1)=0$이려면

$2x-1=\alpha$ 또는 $2x-1=\beta$

$\therefore x=\frac{\alpha+1}{2}$ 또는 $x=\frac{\beta+1}{2}$

따라서 이차방정식 $f(2x-1)=0$의 두 근의 곱은

$\frac{\alpha+1}{2}\times\frac{\beta+1}{2}=\frac{\alpha\beta+(\alpha+\beta)+1}{4}=\frac{6+1+1}{4}=2$

0559 답 합: 5, 곱: 9

$f(\alpha+1)=0$, $f(\beta+1)=0$이므로 $f(x-3)=0$이려면

$x-3=\alpha+1$ 또는 $x-3=\beta+1$

$\therefore x=\alpha+4$ 또는 $x=\beta+4$

따라서 이차방정식 $f(x-3)=0$의 두 근의 합과 곱은 각각

$(\alpha+4)+(\beta+4)=\alpha+\beta+8=-3+8=5$,

$(\alpha+4)(\beta+4)=\alpha\beta+4(\alpha+\beta)+16$

$=5+4\times(-3)+16=9$

0560 답 $-\frac{2}{9}$

$f(5-3\alpha)=0$, $f(5-3\beta)=0$이므로 $f(6x)=0$이려면

$6x=5-3\alpha$ 또는 $6x=5-3\beta$

$\therefore x=\frac{5-3\alpha}{6}$ 또는 $x=\frac{5-3\beta}{6}$

따라서 이차방정식 $f(6x)=0$의 두 근의 곱은

$\frac{5-3\alpha}{6}\times\frac{5-3\beta}{6}=\frac{25-15(\alpha+\beta)+9\alpha\beta}{36}$

$=\frac{25-15\times2+9\times\left(-\frac{1}{3}\right)}{36}=-\frac{2}{9}$

유형 20 $f(\alpha)=f(\beta)=k$를 만족시키는 이차식 $f(x)$ 구하기

0561 답 ⑤

$f(\alpha)=f(\beta)=2$이므로 $f(\alpha)-2=0$, $f(\beta)-2=0$

따라서 이차방정식 $f(x)-2=0$의 두 근이 α, β이고,

$f(x)$의 x^2의 계수가 1이므로

$f(x)-2=(x-\alpha)(x-\beta)=x^2-4x-8$

$\therefore f(x)=x^2-4x-6$

$\therefore f(-3)=(-3)^2-4\times(-3)-6=15$

0562 답 56

$f(\alpha)=1$, $f(\beta)=1$이므로 $f(\alpha)-1=0$, $f(\beta)-1=0$

$f(x)-1=0$의 두 근이 α, β이므로

$f(x)-1=(x-\alpha)(x-\beta)$이고

$f(x)-1=x^2-7x+12-1=x^2-7x+11$

즉, $x^2-7x+11=0$의 두 근이 α, β이므로 근과 계수의 관계에 의하여 $\alpha\beta=11$

$\therefore f(\alpha\beta)=f(11)=11^2-7\times11+12=56$

0563 답 ④

$f(\alpha)=-3$, $f(\beta)=-3$이므로 $f(\alpha)+3=0$, $f(\beta)+3=0$

$f(x)+3=0$의 두 근이 α, β이므로

$f(x)+3=(x-\alpha)(x-\beta)$이고
$f(x)+3=x^2+8x-5+3=x^2+8x-2$
즉, $x^2+8x-2=0$의 두 근이 α, β이므로 근과 계수의 관계에 의하여
$\alpha+\beta=-8$, $\alpha\beta=-2$

$\therefore \frac{\alpha}{\beta}+\frac{\beta}{\alpha}=\frac{\alpha^2+\beta^2}{\alpha\beta}=\frac{(\alpha+\beta)^2-2\alpha\beta}{\alpha\beta}$

$=\frac{(-8)^2-2\times(-2)}{-2}=\frac{68}{-2}=-34$

0564

답 35

이차방정식 $x^2-7x-4=0$의 두 근이 α, β이므로
근과 계수의 관계에 의하여 $\alpha+\beta=7$
$f(\alpha)=f(\beta)=\alpha+\beta$에서 $f(\alpha)=f(\beta)=7$이므로
$f(\alpha)-7=0$, $f(\beta)-7=0$
즉, 이차방정식 $f(x)-7=0$의 두 근이 α, β이므로
$f(x)-7=a(x^2-7x-4)(a\neq0)$로 놓을 수 있다.
이때 $f(0)=-1$이므로
$-8=-4a$ $\quad\therefore a=2$
따라서 $f(x)=2(x^2-7x-4)+7$이므로
$f(-2)=2\{(-2)^2-7\times(-2)-4\}+7=35$

0565

답 $x^2-3x+\frac{11}{3}$

이차방정식 $3x^2-6x+5=0$의 두 근이 α, β이므로
근과 계수의 관계에 의하여 $\alpha+\beta=2$, $\alpha\beta=\frac{5}{3}$
$\alpha+\beta=2$에서 $\alpha=2-\beta$, $\beta=2-\alpha$
$f(\alpha)=\beta$, $f(\beta)=\alpha$에서 $f(\alpha)=2-\alpha$, $f(\beta)=2-\beta$이므로
$f(\alpha)+\alpha-2=0$, $f(\beta)+\beta-2=0$
따라서 이차방정식 $f(x)+x-2=0$의 두 근이 α, β이고,
$f(x)$의 x^2의 계수가 1이므로
$3x^2-6x+5=0$의 양변을 3으로 나누면 $x^2-2x+\frac{5}{3}=0$
따라서 $f(x)+x-2=(x-\alpha)(x-\beta)=x^2-2x+\frac{5}{3}$이므로
$f(x)=x^2-3x+\frac{11}{3}$

0566

답 ④

이차방정식 $4x^2-5x-4=0$의 두 근이 α, β이므로
근과 계수의 관계에 의하여 $\alpha+\beta=\frac{5}{4}$, $\alpha\beta=-1$
$\alpha\beta=-1$에서 $\frac{1}{\alpha}=-\beta$, $\frac{1}{\beta}=-\alpha$
이때 $\beta f(\alpha)=1$, $\alpha f(\beta)=1$에서 $f(\alpha)=\frac{1}{\beta}$, $f(\beta)=\frac{1}{\alpha}$이므로
$f(\alpha)=-\alpha$, $f(\beta)=-\beta$
$\therefore f(\alpha)+\alpha=0$, $f(\beta)+\beta=0$
따라서 이차방정식 $f(x)+x=0$의 두 근이 α, β이고,
$f(x)$의 x^2의 계수가 1이므로
$4x^2-5x-4=0$의 양변을 4로 나누면 $x^2-\frac{5}{4}x-1=0$
따라서 $f(x)+x=(x-\alpha)(x-\beta)=x^2-\frac{5}{4}x-1$이므로
$f(x)=x^2-\frac{9}{4}x-1$
$\therefore f(-4)=(-4)^2-\frac{9}{4}\times(-4)-1=24$

유형 21 이차방정식의 켤레근

확인 문제 (1) $a=-2$, $b=-4$ (2) $a=-4$, $b=13$

(1) a, b가 유리수이므로 이차방정식 $x^2+ax+b=0$의 한 근이 $1+\sqrt{5}$이면 다른 한 근은 $1-\sqrt{5}$이다.
이때 이차방정식의 근과 계수의 관계에 의하여
$(1+\sqrt{5})+(1-\sqrt{5})=-a$ $\quad\therefore a=-2$
$(1+\sqrt{5})(1-\sqrt{5})=b$ $\quad\therefore b=-4$

(2) a, b가 실수이므로 이차방정식 $x^2+ax+b=0$의 한 근이 $2+3i$이면 다른 한 근은 $2-3i$이다.
이때 이차방정식의 근과 계수의 관계에 의하여
$(2+3i)+(2-3i)=-a$ $\quad\therefore a=-4$
$(2+3i)(2-3i)=b$ $\quad\therefore b=13$

0567

답 22

$\frac{22}{5-\sqrt{3}}=\frac{22(5+\sqrt{3})}{(5-\sqrt{3})(5+\sqrt{3})}=\frac{22(5+\sqrt{3})}{22}=5+\sqrt{3}$
a, b가 유리수이면 $a+3$, $3b-5$도 유리수이므로 이차방정식
$x^2+(a+3)x+3b-5=0$의 한 근이 $5+\sqrt{3}$이면
다른 한 근은 $5-\sqrt{3}$이다.
이때 이차방정식의 근과 계수의 관계에 의하여
$(5+\sqrt{3})+(5-\sqrt{3})=-(a+3)$, $(5+\sqrt{3})(5-\sqrt{3})=3b-5$
이므로
$10=-a-3$, $22=3b-5$ $\quad\therefore a=-13$, $b=9$
$\therefore b-a=9-(-13)=22$

0568

답 ①

a, b가 실수이므로 이차방정식 $x^2+ax+b=0$의 한 근이 $2-4i$이면 다른 한 근은 $2+4i$이다.
이때 이차방정식의 근과 계수의 관계에 의하여
$(2-4i)+(2+4i)=-a$, $(2-4i)(2+4i)=b$
이므로 $a=-4$, $b=20$
$\therefore a+b=-4+20=16$

0569

답 -9

$\frac{5}{2+i}=\frac{5(2-i)}{(2+i)(2-i)}=\frac{5(2-i)}{4+1}=2-i$
a, b가 실수이므로 이차방정식 $x^2+ax+b=0$의 한 근이 $2-i$이면
다른 한 근은 $2+i$이다.
이때 이차방정식의 근과 계수의 관계에 의하여
$(2-i)+(2+i)=-a$, $(2-i)(2+i)=b$
이므로 $a=-4$, $b=5$
$\therefore f(x)=x^2-8x+6$

따라서 $f(x)$를 $x-3$으로 나누었을 때의 나머지는
나머지정리에 의하여
$f(3)=3^2-8\times3+6=-9$

0570

답 6

m, n이 실수이므로 이차방정식 $x^2+mx+n=0$의 한 근이 $-1+\sqrt{2}i$이면 다른 한 근은 $-1-\sqrt{2}i$이다.
이때 이차방정식의 근과 계수의 관계에 의하여
$(-1+\sqrt{2}i)+(-1-\sqrt{2}i)=-m$, $(-1+\sqrt{2}i)(-1-\sqrt{2}i)=n$
이므로 $m=2$, $n=3$
$\therefore \frac{1}{m}+\frac{1}{n}=\frac{1}{2}+\frac{1}{3}=\frac{5}{6}$, $\frac{1}{m}\times\frac{1}{n}=\frac{1}{2}\times\frac{1}{3}=\frac{1}{6}$
$\frac{1}{m}$, $\frac{1}{n}$을 두 근으로 하고 x^2의 계수가 6인 이차방정식은
$6\left(x^2-\frac{5}{6}x+\frac{1}{6}\right)=0 \quad \therefore 6x^2-5x+1=0$
따라서 $a=-5$, $b=1$이므로
$b-a=1-(-5)=6$

0571

답 14

$\frac{b-2i}{1+i}=\frac{(b-2i)(1-i)}{(1+i)(1-i)}=\frac{(b-2)-(b+2)i}{2}$

…… ❶

a, b가 실수이므로 이차방정식 $x^2-2x+a=0$의 한 근이 $\frac{(b-2)-(b+2)i}{2}$이면 다른 한 근은 $\frac{(b-2)+(b+2)i}{2}$이다.
따라서 이차방정식의 근과 계수의 관계에 의하여 두 근의 합은
$\frac{(b-2)-(b+2)i}{2}+\frac{(b-2)+(b+2)i}{2}=2$
$b-2=2 \quad \therefore b=4$

…… ❷

즉, 두 근은 $1+3i$, $1-3i$이므로 두 근의 곱은
$(1+3i)(1-3i)=10 \quad \therefore a=10$

…… ❸

$\therefore a+b=10+4=14$

…… ❹

채점 기준	배점
❶ $\frac{b-2i}{1+i}$의 분모를 유리화하기	20%
❷ b의 값 구하기	50%
❸ a의 값 구하기	20%
❹ $a+b$의 값 구하기	10%

0572

답 ①

㈎에서 나머지정리에 의하여 $f(1)=1$이므로
$1+p+q=1 \quad \therefore p+q=0$ …… ㉠
a, p, q가 실수이므로 ㈏에서 이차방정식 $x^2+px+q=0$의 한 근이 $a+i$이면 다른 한 근은 $a-i$이다.
이때 이차방정식의 근과 계수의 관계에 의하여
$(a+i)+(a-i)=-p$, $(a+i)(a-i)=q$
$\therefore p=-2a$, $q=a^2+1$ …… ㉡
㉡을 ㉠에 대입하면
$-2a+(a^2+1)=0$, $a^2-2a+1=0$
$(a-1)^2=0 \quad \therefore a=1$
따라서 $p=-2$, $q=2$이므로
$p+2q=-2+2\times2=2$

PART B 내신 잡는 종합 문제

0573

답 ①

이차방정식 $x^2+3x-a=0$의 한 근이 -2이므로
$(-2)^2+3\times(-2)-a=0$
$4-6-a=0 \quad \therefore a=-2$
이차방정식 $5x^2+bx+a=0$, 즉 $5x^2+bx-2=0$의 한 근이 -2이므로
$5\times(-2)^2+b\times(-2)-2=0$
$20-2b-2=0$, $-2b=-18 \quad \therefore b=9$
$\therefore ab=-2\times9=-18$

0574

답 ④

$x\triangle(x\triangle x)-(3\triangle x)-3=0$에서
$x\triangle(x^2-2x+x)-(3^2-2\times3+x)-3=0$
$x\triangle(x^2-x)-(3+x)-3=0$
$x^2-2x+x^2-x-3-x-3=0$
$2x^2-4x-6=0$, $x^2-2x-3=0$
$(x+1)(x-3)=0 \quad \therefore x=-1$ 또는 $x=3$
따라서 모든 실수 x의 값의 합은
$-1+3=2$

0575

답 ④

이차방정식의 근과 계수의 관계에 의하여
$\alpha+\beta=-1$, $\alpha\beta=-1$
다항식 $P(x)=2x^2-3x$에 대하여
$$\begin{aligned}\beta P(\alpha)+\alpha P(\beta)&=\beta(2\alpha^2-3\alpha)+\alpha(2\beta^2-3\beta)\\&=2\alpha^2\beta-3\alpha\beta+2\alpha\beta^2-3\alpha\beta\\&=2\alpha^2\beta+2\alpha\beta^2-6\alpha\beta\\&=2\alpha\beta(\alpha+\beta-3)\\&=2\times(-1)\times(-1-3)=8\end{aligned}$$

0576

답 ④

이차방정식 $x^2+2x+k=0$의 두 근이 α, β이므로
이차방정식의 근과 계수의 관계에 의하여
$\alpha+\beta=-2$, $\alpha\beta=k$
$\alpha^2+\beta^2=(\alpha+\beta)^2-2\alpha\beta$에서
$8=(-2)^2-2k$, $8=4-2k \quad \therefore k=-2$

0577

답 ⑤

이차방정식 $x^2-4x+2=0$의 두 근이 α, β이므로

$\alpha^2-4\alpha+2=0$, $\beta^2-4\beta+2=0$

이차방정식의 근과 계수의 관계에 의하여

$\alpha+\beta=4$, $\alpha\beta=2$

$$\therefore \frac{5\beta}{3\alpha^2-11\alpha+6}+\frac{5\alpha}{3\beta^2-11\beta+6}$$
$$=\frac{5\beta}{3(\alpha^2-4\alpha+2)+\alpha}+\frac{5\alpha}{3(\beta^2-4\beta+2)+\beta}$$
$$=\frac{5\beta}{\alpha}+\frac{5\alpha}{\beta}=\frac{5(\alpha^2+\beta^2)}{\alpha\beta}$$
$$=\frac{5\{(\alpha+\beta)^2-2\alpha\beta\}}{\alpha\beta}$$
$$=\frac{5(4^2-2\times2)}{2}=30$$

0578

답 ②

이차방정식 $x^2-6x+4=0$의 판별식을 D라 하면

$\frac{D}{4}=(-3)^2-4=5>0$ ······ ㉠

이차방정식의 근과 계수의 관계에 의하여

$\alpha+\beta=6$, $\alpha\beta=4$ ······ ㉡

㉠, ㉡에서 $\alpha>0$, $\beta>0$이므로

$(\sqrt{\alpha}+\sqrt{\beta})^2=\alpha+\beta+2\sqrt{\alpha}\sqrt{\beta}$

$=\alpha+\beta+2\sqrt{\alpha\beta}$

$=6+2\sqrt{4}=10$

$\therefore \sqrt{\alpha}+\sqrt{\beta}=\sqrt{10}$, $\sqrt{\alpha}\sqrt{\beta}=\sqrt{\alpha\beta}=\sqrt{4}=2$

따라서 $\sqrt{\alpha}$, $\sqrt{\beta}$를 두 근으로 하고 x^2의 계수가 1인 이차방정식은

$x^2-\sqrt{10}x+2=0$이므로 $a=-\sqrt{10}$, $b=2$

$\therefore a^2+b^2=(-\sqrt{10})^2+2^2=14$

0579

답 ②

이차방정식 $ax^2-2\sqrt{b^2c+bc^2+c^2a}\,x+b^2+ab+ca=0$의 판별식을 D라 하면

$\frac{D}{4}=(-\sqrt{b^2c+bc^2+c^2a})^2-a(b^2+ab+ca)=0$

$b^2c+bc^2+c^2a-ab^2-a^2b-ca^2=0$

$b^2(c-a)+b(c^2-a^2)+ac(c-a)=0$

$b^2(c-a)+b(c+a)(c-a)+ac(c-a)=0$

$(c-a)\{b^2+b(c+a)+ac\}=0$

$(c-a)(b+c)(b+a)=0$

그런데 $b+c>0$, $b+a>0$이므로 $c-a=0$ $\therefore a=c$

따라서 a, b, c를 세 변의 길이로 하는 삼각형은 $a=c$인 이등변삼각형이다.

0580

답 6

α, β는 이차방정식 $x^2-3x+k=0$의 두 근이므로

$\alpha^2-3\alpha+k=0$, $\beta^2-3\beta+k=0$

$\therefore \alpha^2-\alpha+k=2\alpha$, $\beta^2-\beta+k=2\beta$

이때 $\alpha+\beta=3$, $\alpha\beta=k$이므로

$$\frac{1}{\alpha^2-\alpha+k}+\frac{1}{\beta^2-\beta+k}=\frac{1}{2\alpha}+\frac{1}{2\beta}=\frac{\alpha+\beta}{2\alpha\beta}=\frac{3}{2k}=\frac{1}{4}$$

따라서 $\frac{3}{2k}=\frac{1}{4}$이므로 $2k=12$ $\therefore k=6$

0581

답 ④

이차방정식 $x^2-5x+3=0$의 두 근이 α, β이므로

근과 계수의 관계에 의하여 $\alpha+\beta=5$, $\alpha\beta=3$

$f(\alpha)=f(\beta)=\alpha\beta$에서 $f(\alpha)=f(\beta)=3$이므로

$f(\alpha)-3=0$, $f(\beta)-3=0$

즉, 이차방정식 $f(x)-3=0$의 두 근이 α, β이므로

$f(x)-3=a(x^2-5x+3)(a\neq0)$으로 놓을 수 있다.

이때 $f(1)=2$이므로

$f(1)-3=a(1-5+3)$, $-1=-a$ $\therefore a=1$

따라서 $f(x)=x^2-5x+6$이므로

$f(\alpha+\beta)=f(5)=5^2-5\times5+6=6$

0582

답 ①

a, b가 실수이므로 이차방정식 $x^2+ax+b=0$의 한 근이 $-1-\sqrt{2}i$이면 다른 한 근은 $-1+\sqrt{2}i$이다.

이차방정식의 근과 계수의 관계에 의하여

$(-1-\sqrt{2}i)+(-1+\sqrt{2}i)=-a$ $\therefore a=2$

$(-1-\sqrt{2}i)(-1+\sqrt{2}i)=b$ $\therefore b=3$

따라서 이차방정식 $x^2+abx+a^2+b^2-1=0$, 즉 $x^2+6x+12=0$의 두 근이 α, β이므로 근과 계수의 관계에 의하여

$\alpha+\beta=-6$, $\alpha\beta=12$

이때 α는 $x^2+6x+12=0$의 한 근이므로

$\alpha^2+6\alpha+12=0$ $\therefore \alpha^2+6\alpha=-12$

$\therefore \alpha^3+6\alpha^2+\alpha\beta-12\beta=\alpha(\alpha^2+6\alpha)+\alpha\beta-12\beta$

$=-12\alpha+\alpha\beta-12\beta$

$=\alpha\beta-12(\alpha+\beta)$

$=12-12\times(-6)=84$

0583

답 ⑤

$|x^2-9|=x+3$에서

$x^2-9=(x+3)(x-3)$

(i) $x<-3$일 때, $x+3<0$, $x-3<0$이므로 $x^2-9>0$

즉, $x^2-9=x+3$

$x^2-x-12=0$, $(x+3)(x-4)=0$

$\therefore x=-3$ 또는 $x=4$

그런데 $x<-3$이므로 $x=-3$, $x=4$는 근이 아니다.

(ii) $-3\le x<3$일 때, $x+3\ge0$, $x-3<0$이므로 $x^2-9\le0$

즉, $-(x^2-9)=x+3$

$-x^2+9=x+3$, $x^2+x-6=0$

$(x+3)(x-2)=0$ $\therefore x=-3$ 또는 $x=2$

(iii) $x\ge3$일 때, $x+3>0$, $x-3\ge0$이므로 $x^2-9\ge0$

즉, $x^2-9=x+3$

$x^2-x-12=0$, $(x+3)(x-4)=0$

$\therefore x=-3$ 또는 $x=4$

그런데 $x\ge3$이므로 $x=4$

(ⅰ)~(ⅲ)에서 $x=-3$ 또는 $x=2$ 또는 $x=4$
따라서 모든 실근의 합은 $-3+2+4=3$

다른 풀이

$|x^2-9|=x+3$에서
(ⅰ) $x^2-9\ge0$일 때, $x\le-3$ 또는 $x\ge3$
$x^2-9=x+3$, $x^2-x-12=0$
$(x+3)(x-4)=0$ $\therefore x=-3$ 또는 $x=4$
그런데 $x\le-3$ 또는 $x\ge3$이므로 $x=-3$ 또는 $x=4$
(ⅱ) $x^2-9<0$일 때, $-3<x<3$
$-(x^2-9)=x+3$, $x^2+x-6=0$
$(x+3)(x-2)=0$ $\therefore x=-3$ 또는 $x=2$
그런데 $-3<x<3$이므로 $x=2$
(ⅰ), (ⅱ)에서 $x=-3$ 또는 $x=2$ 또는 $x=4$
따라서 모든 실근의 합은 $-3+2+4=3$

0584

답 ③

a, b가 실수이므로 이차방정식 $x^2+ax+b=0$의 한 근이 $\frac{b}{2}+i$이면 다른 한 근은 $\frac{b}{2}-i$이다.
이차방정식의 근과 계수의 관계에 의하여
$\left(\frac{b}{2}+i\right)+\left(\frac{b}{2}-i\right)=-a$, $\left(\frac{b}{2}+i\right)\left(\frac{b}{2}-i\right)=b$
이므로 $b=-a$, $\frac{b^2}{4}+1=b$
$\frac{b^2}{4}+1=b$에서 $b^2-4b+4=0$
$(b-2)^2=0$ $\therefore b=2$
$b=-a$이므로 $a=-2$
$\therefore ab=-2\times2=-4$

0585

답 11

$f(x)$의 이차항의 계수가 1이고, ㈎에서 이차방정식 $f(x)=0$의 두 근의 곱이 5이므로 $f(x)=x^2+ax+5$ (a는 상수)로 놓을 수 있다.
㈏에서 이차방정식 $x^2-3x+1=0$의 두 근이 α, β이므로
근과 계수의 관계에 의하여
$\alpha+\beta=3$, $\alpha\beta=1$
이때 $\alpha^2+\beta^2=(\alpha+\beta)^2-2\alpha\beta=3^2-2\times1=7$이므로
$f(\alpha)+f(\beta)=(\alpha^2+a\alpha+5)+(\beta^2+a\beta+5)$
$=\alpha^2+\beta^2+a(\alpha+\beta)+10$
$=7+3a+10$
즉, $7+3a+10=2$이므로 $3a=-15$
$\therefore a=-5$
따라서 $f(x)=x^2-5x+5$이므로
$f(-1)=(-1)^2-5\times(-1)+5=11$

0586

답 ②

㈏에서 양의 약수가 3개인 자연수는 소수의 제곱인 수이고
㈎에서 c, d는 100 이하의 자연수이므로 c, d가 될 수 있는 수는 2^2, 3^2, 5^2, 7^2, 즉 4, 9, 25, 49이다.
이때 이차방정식 $x^2-ax+b=0$의 두 근이 c, d이므로
근과 계수의 관계에 의하여
$c+d=a$, $cd=b$
㈎에서 a, b는 100 이하의 서로 다른 자연수이므로 순서쌍 (a, b)는
$(4+9, 4\times9)$, $(4+25, 4\times25)$,
즉 $(13, 36)$, $(29, 100)$의 2개이다.

0587

답 4

이차방정식 $x^2-6x+k^2-4k=0$의 두 근을 α, α^2 $(\alpha\ne0)$이라 하면
이차방정식의 근과 계수의 관계에 의하여
$\alpha^2+\alpha=6$이므로 $\alpha^2+\alpha-6=0$
$(\alpha+3)(\alpha-2)=0$ $\therefore \alpha=-3$ 또는 $\alpha=2$
$\alpha\times\alpha^2=k^2-4k$이므로 $\alpha^3=k^2-4k$
(ⅰ) $\alpha=-3$을 $\alpha^3=k^2-4k$에 대입하면
$-27=k^2-4k$, $k^2-4k+27=0$
이 이차방정식의 판별식을 D_1이라 하면
$\frac{D_1}{4}=(-2)^2-27=-23<0$이므로 k는 허수이다.
(ⅱ) $\alpha=2$를 $\alpha^3=k^2-4k$에 대입하면
$8=k^2-4k$, $k^2-4k-8=0$
이 이차방정식의 판별식을 D_2라 하면
$\frac{D_2}{4}=(-2)^2+8=12>0$이므로 k는 실수이고, 이차방정식의 근과 계수의 관계에 의하여 실수 k의 값의 합은 4이다.
(ⅰ), (ⅱ)에서 모든 실수 k의 값의 합은 4이다.

0588

답 ②

$(p+2qi)^2=-16i$에서 $p^2-4q^2+4pqi=-16i$
$\therefore p^2-4q^2=0$, $4pq=-16$
$p^2-4q^2=0$에서 $p^2=4q^2$ $\therefore p=\pm2q$
$4pq=-16$에서 $pq=-4$
(ⅰ) $p=2q$를 $pq=-4$에 대입하면
$2q^2=-4$ $\therefore q^2=-2$
그런데 이를 만족시키는 실수 q는 존재하지 않는다.
(ⅱ) $p=-2q$를 $pq=-4$에 대입하면
$-2q^2=-4$ $\therefore q^2=2$
$\therefore q=\sqrt{2}$ 또는 $q=-\sqrt{2}$
$q=\sqrt{2}$일 때, $p=-2q$이므로 $p=-2\sqrt{2}$
$q=-\sqrt{2}$일 때, $p=-2q$이므로 $p=2\sqrt{2}$
그런데 $p>0$이므로 $p=2\sqrt{2}$, $q=-\sqrt{2}$
(ⅰ), (ⅱ)에서 이차방정식 $x^2+ax+b=0$의 두 실근이 $2\sqrt{2}$, $-\sqrt{2}$이므로 근과 계수의 관계에 의하여
$-a=2\sqrt{2}+(-\sqrt{2})=\sqrt{2}$ $\therefore a=-\sqrt{2}$
$b=2\sqrt{2}\times(-\sqrt{2})=-4$
$\therefore a^2+b^2=(-\sqrt{2})^2+(-4)^2=18$

0589

답 8

이차방정식의 근과 계수의 관계에 의하여
$$\alpha_n+\beta_n=\frac{\sqrt{n}}{\sqrt{n(n+1)}+n}=\frac{\sqrt{n}\{\sqrt{n(n+1)}-n\}}{\{\sqrt{n(n+1)}+n\}\{\sqrt{n(n+1)}-n\}}$$
$$=\frac{\sqrt{n}\{\sqrt{n(n+1)}-n\}}{n(n+1)-n^2}=\frac{n\sqrt{n+1}-n\sqrt{n}}{n}$$
$$=\sqrt{n+1}-\sqrt{n}$$

위의 식에 $n=1, 2, 3, \cdots, 80$을 차례대로 대입하면

$\alpha_1+\beta_1=\sqrt{2}-\sqrt{1}$

$\alpha_2+\beta_2=\sqrt{3}-\sqrt{2}$

$\alpha_3+\beta_3=\sqrt{4}-\sqrt{3}$

$\vdots$

$\alpha_{80}+\beta_{80}=\sqrt{81}-\sqrt{80}$

$\therefore (\alpha_1+\alpha_2+\cdots+\alpha_{80})+(\beta_1+\beta_2+\cdots+\beta_{80})$

$=(\alpha_1+\beta_1)+(\alpha_2+\beta_2)+(\alpha_3+\beta_3)+\cdots+(\alpha_{80}+\beta_{80})$

$=(\sqrt{2}-\sqrt{1})+(\sqrt{3}-\sqrt{2})+(\sqrt{4}-\sqrt{3})+\cdots+(\sqrt{81}-\sqrt{80})$

$=\sqrt{81}-\sqrt{1}$

$=9-1=8$

0590

답 15

주어진 이차방정식의 두 실근을 $\alpha, \beta\ (\alpha<\beta)$라 하면

이차방정식의 근과 계수의 관계에 의하여

$\alpha+\beta=4,\ \alpha\beta=-\dfrac{k}{3}$

또한 두 실근의 절댓값의 합이 6이므로 $|\alpha|+|\beta|=6$

(i) $\alpha<\beta<0$일 때

$\alpha+\beta<0$이므로 $\alpha+\beta=4$인 조건에 모순이다.

(ii) $\alpha<0<\beta$일 때

$|\alpha|+|\beta|=-\alpha+\beta=6$이고 $\alpha+\beta=4$이므로

$\alpha=-1,\ \beta=5$

(iii) $0<\alpha<\beta$일 때

$|\alpha|+|\beta|=\alpha+\beta$이므로 $\alpha+\beta=4,\ |\alpha|+|\beta|=6$인 조건에 모순이다.

(i)~(iii)에서 $\alpha=-1,\ \beta=5$

이때 $\alpha\beta=-\dfrac{k}{3}$이므로 $-5=-\dfrac{k}{3}$ $\quad\therefore k=15$

0591

답 ㄱ, ㄷ

$\sqrt{a}\sqrt{b}=-\sqrt{ab}$이고 $a\neq0,\ b\neq0$이므로 $a<0,\ b<0$

ㄱ. 이차방정식 $x^2-ax+b=0$의 판별식을 D_1이라 하면

$D_1=(-a)^2-4b=a^2-4b>0$

이므로 서로 다른 두 실근을 갖는다.

ㄴ. 이차방정식 $x^2-bx-a=0$의 판별식을 D_2라 하면

$D_2=(-b)^2-4\times(-a)=b^2+4a$

b^2+4a의 부호는 알 수 없으므로 근을 판별할 수 없다.

ㄷ. 이차방정식 $ax^2+x-b=0$의 판별식을 D_3이라 하면

$D_3=1^2-4\times a\times(-b)=1+4ab>0$

이므로 서로 다른 두 실근을 갖는다.

ㄹ. 이차방정식 $bx^2-ax-1=0$의 판별식을 D_4라 하면

$D_4=(-a)^2-4b\times(-1)=a^2+4b$

a^2+4b의 부호는 알 수 없으므로 근을 판별할 수 없다.

따라서 항상 서로 다른 두 실근을 갖는 이차방정식은 ㄱ, ㄷ이다.

0592

답 8

$4x^2-(5a-1)x+a^2+3a-4$가 $4(x+k)^2$으로 인수분해되려면 완전제곱식이 되어야 한다.

즉, x에 대한 이차방정식 $4x^2-(5a-1)x+a^2+3a-4=0$이 중근을 가져야 하므로 이 이차방정식의 판별식을 D라 하면

$D=\{-(5a-1)\}^2-16(a^2+3a-4)=0$

$25a^2-10a+1-16a^2-48a+64=0$

$9a^2-58a+65=0,\ (9a-13)(a-5)=0$

$\therefore a=5\ (\because a>2)$

따라서 주어진 이차식은 $4x^2-24x+36=4(x^2-6x+9)$이고, 이것은 $4(x-3)^2$으로 인수분해되므로 $k=-3$

$\therefore a-k=5-(-3)=8$

0593

답 18

이차방정식 $x^2+px+q=0$의 두 실근이 α, β이므로

근과 계수의 관계에 의하여

$\alpha+\beta=-p,\ \alpha\beta=q$ $\quad\cdots\cdots$ ㉠

이차방정식 $x^2-5px+3(2q-3)=0$의 두 실근이 α^2, β^2이므로

근과 계수의 관계에 의하여

$\alpha^2+\beta^2=5p,\ \alpha^2\beta^2=3(2q-3)$

$\therefore (\alpha+\beta)^2-2\alpha\beta=5p,\ (\alpha\beta)^2=3(2q-3)$ $\quad\cdots\cdots$ ㉡

㉠을 ㉡에 대입하면

$p^2-2q=5p,\ q^2=6q-9$

$q^2=6q-9$에서 $q^2-6q+9=0$

$(q-3)^2=0$ $\quad\therefore q=3$

$p^2-2q=5p$에 $q=3$을 대입하면 $p^2-6=5p$

$p^2-5p-6=0,\ (p+1)(p-6)=0$

$\therefore p=-1$ 또는 $p=6$

그런데 $\alpha^2+\beta^2=5p$에서 $p>0$이므로 $p=6$

$\therefore pq=6\times3=18$

0594

답 503

이차방정식 $f(x)=0$의 두 근을 α, β라 하면

$\alpha+\beta=16$

이때 $f(\alpha)=0,\ f(\beta)=0$이므로 $f(2020-8x)=0$이려면

$2020-8x=\alpha$ 또는 $2020-8x=\beta$

$\therefore x=\dfrac{2020-\alpha}{8}$ 또는 $x=\dfrac{2020-\beta}{8}$

······························ ❶

따라서 이차방정식 $f(2020-8x)=0$의 두 근의 합은

$\dfrac{2020-\alpha}{8}+\dfrac{2020-\beta}{8}=\dfrac{4040-(\alpha+\beta)}{8}$

$=\dfrac{4040-16}{8}=503$

······························ ❷

채점 기준	배점
❶ $f(x)=0$의 두 근을 α, β로 놓고 $f(2020-8x)=0$의 두 근을 α, β를 사용하여 나타내기	60%
❷ $f(2020-8x)=0$의 두 근의 합 구하기	40%

0595

답 8

이차방정식 $x^2-2x-1=0$의 두 근이 α, β이므로

$\alpha^2-2\alpha-1=0,\ \beta^2-2\beta-1=0$

$\therefore\ \alpha^2-2\alpha=1,\ \beta^2-2\beta-1$

…………………………………………………………………… ❶

이차방정식의 근과 계수의 관계에 의하여

$\alpha+\beta=2,\ \alpha\beta=-1$

…………………………………………………………………… ❷

$\therefore\ (\sqrt{\alpha^4-4\alpha^3+4\alpha^2+2\alpha}+\sqrt{\beta^4-4\beta^3+4\beta^2+2\beta})^2$

$-\{\sqrt{(\alpha^2-2\alpha)^2+2\alpha}+\sqrt{(\beta^2-2\beta)^2+2\beta}\}^2$

$=(\sqrt{2\alpha+1}+\sqrt{2\beta+1})^2$

$=2\alpha+1+2\sqrt{2\alpha+1}\sqrt{2\beta+1}+2\beta+1$

$=2(\alpha+\beta)+2+2\sqrt{(2\alpha+1)(2\beta+1)}$

$(\because\ 2\alpha+1=\alpha^2\geq0,\ 2\beta+1=\beta^2\geq0)$

$=2(\alpha+\beta)+2+2\sqrt{4\alpha\beta+2(\alpha+\beta)+1}$

$=2\times2+2+2\sqrt{4\times(-1)+2\times2+1}$

$=4+2+2=8$

…………………………………………………………………… ❸

채점 기준	배점
❶ 이차방정식의 근의 성질에 의하여 $\alpha^2-2\alpha=1,\ \beta^2-2\beta=1$임을 알기	15%
❷ 이차방정식의 근과 계수의 관계에 의하여 $\alpha+\beta=2,\ \alpha\beta=-1$임을 알기	15%
❸ $(\sqrt{\alpha^4-4\alpha^3+4\alpha^2+2\alpha}+\sqrt{\beta^4-4\beta^3+4\beta^2+2\beta})^2$의 값 구하기	70%

참고

이차방정식 $x^2-2x-1=0$의 판별식을 D라 하면

$\frac{D}{4}=(-1)^2+1=2>0$ …… ㉠

$\alpha^2-2\alpha-1=0,\ \beta^2-2\beta-1=0$에서 $\alpha^2=2\alpha+1,\ \beta^2=2\beta+1$이므로

$2\alpha+1\geq0,\ 2\beta+1\geq0$ …… ㉡

㉠, ㉡에서 $\sqrt{2\alpha+1}\sqrt{2\beta+1}=\sqrt{(2\alpha+1)(2\beta+1)}$

0596

답 $2-\sqrt{3}$

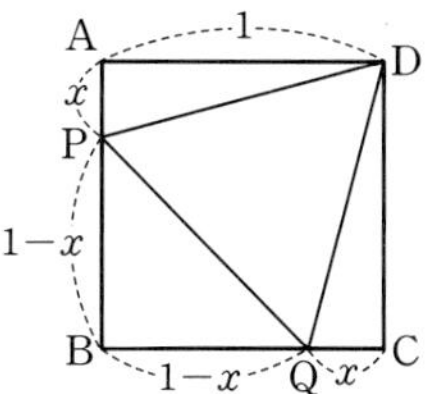

삼각형 DPQ는 정삼각형이므로

삼각형 APD와 삼각형 CQD에서

$\angle PAD=\angle QCD=90^\circ$,

$\triangle DPQ$가 정삼각형이므로 $\overline{DP}=\overline{DQ}$

$\square ABCD$가 정사각형이므로 $\overline{AD}=\overline{CD}$

$\therefore\ \triangle APD\equiv\triangle CQD$ (RHS 합동)

…………………………………………………………………… ❶

$\overline{AP}=x$라 하면 $\overline{CQ}=\overline{AP}=x$이므로

$\overline{PB}=\overline{QB}=1-x$

삼각형 APD에서 피타고라스 정리에 의하여

$\overline{PD}^2=x^2+1$

삼각형 PBQ에서 피타고라스 정리에 의하여

$\overline{PQ}^2=(1-x)^2+(1-x)^2$

삼각형 DPQ는 정삼각형이므로 $\overline{PD}^2=\overline{PQ}^2$

$x^2+1=(1-x)^2+(1-x)^2$

…………………………………………………………………… ❷

$x^2+1=2x^2-4x+2$

$x^2-4x+1=0\qquad\therefore\ x=2\pm\sqrt{3}$

…………………………………………………………………… ❸

그런데 $0<x<1$이므로 $x=2-\sqrt{3}$

따라서 선분 AP의 길이는 $2-\sqrt{3}$이다.

…………………………………………………………………… ❹

채점 기준	배점
❶ $\triangle APD\equiv\triangle CQD$임을 설명하기	20%
❷ 피타고라스 정리를 이용하여 문제의 뜻에 맞는 이차방정식 세우기	40%
❸ 이차방정식을 만족시키는 x의 값 구하기	20%
❹ 선분 AP의 길이 구하기	20%

PART C 수능 녹인 변별력 문제

0597

답 12

이차방정식의 근과 계수의 관계에 의하여

$\alpha+\beta=-a,\ \alpha\beta=-2a$

$a>0$에서 $\alpha\beta<0$이므로

$(|\alpha|+|\beta|)^2=\alpha^2+\beta^2+2|\alpha\beta|$

$=\alpha^2+\beta^2-2\alpha\beta$

$=(\alpha+\beta)^2-4\alpha\beta$

$=(-a)^2-4\times(-2a)$

$=a^2+8a$

$(|\alpha|+|\beta|)^2=(2\sqrt{5})^2$에서 $a^2+8a=20$

$a^2+8a-20=0,\ (a+10)(a-2)=0$

$\therefore\ a=2\ (\because\ a>0)$

따라서 $\alpha+\beta=-2,\ \alpha\beta=-4$이므로

$\alpha^2+\beta^2=(\alpha+\beta)^2-2\alpha\beta$

$=(-2)^2-2\times(-4)=12$

다른 풀이

$a>0$이므로 두 근의 합 $\alpha+\beta=-a<0$, 두 근의 곱 $\alpha\beta=-2a<0$

두 근 α, β는 $\alpha>0,\ \beta<0$ 또는 $\alpha<0,\ \beta>0$이다.

이때 $|\alpha|+|\beta|$는 $\alpha-\beta=2\sqrt{5}$ 또는 $-\alpha+\beta=2\sqrt{5}$이므로

$(\alpha-\beta)^2=(\alpha+\beta)^2-4\alpha\beta$ 또는 $(-\alpha+\beta)^2=(\alpha+\beta)^2-4\alpha\beta$

$(2\sqrt{5})^2=(-a)^2-4\times(-2a),\ 20=a^2+8a$

$a^2+8a-20=0,\ (a+10)(a-2)=0\qquad\therefore\ a=2\ (\because\ a>0)$

따라서 $\alpha+\beta=-2,\ \alpha\beta=-4$이므로

$\alpha^2+\beta^2=(\alpha+\beta)^2-2\alpha\beta$

$=(-2)^2-2\times(-4)=12$

0598

답 -143

이차방정식 $x^2-x-3=0$의 두 근이 α, β이므로

$\alpha^2-\alpha-3=0$에서 $\alpha^2-\alpha=3$

$\beta^2-\beta-3=0$에서 $\beta^2-\beta=3$

이차방정식의 근과 계수의 관계에 의하여

$\alpha+\beta=1,\ \alpha\beta=-3$

$\therefore\ A=\alpha^5+\beta^5-\alpha^4-\beta^4-2\alpha^3-2\beta^3$

$=\alpha^5-\alpha^4-2\alpha^3+\beta^5-\beta^4-2\beta^3$

$=\alpha^3(\alpha^2-\alpha-2)+\beta^3(\beta^2-\beta-2)$

$=\alpha^3(\underline{\alpha^2-\alpha-3}+1)+\beta^3(\underline{\beta^2-\beta-3}+1)$ ($\to 0$, $\to 0$)

$=\alpha^3+\beta^3$

$=(\alpha+\beta)^3-3\alpha\beta(\alpha+\beta)$

$=1^3-3\times(-3)\times1=10$

$B=(1-\alpha)(1-\beta)(3-\alpha)(3-\beta)(5-\alpha)(5-\beta)$

$=\{1-(\alpha+\beta)+\alpha\beta\}\{9-3(\alpha+\beta)+\alpha\beta\}\{25-5(\alpha+\beta)+\alpha\beta\}$

$=(1-1-3)(9-3-3)(25-5-3)$

$=-3\times3\times17=-153$

$\therefore A+B=10+(-153)=-143$

다른 풀이

이차방정식 $x^2-x-3=0$의 두 근이 α, β이므로

$x^2-x-3=(x-\alpha)(x-\beta)$

위의 식에 $x=1$을 대입하면

$1^2-1-3=(1-\alpha)(1-\beta)$ $\quad\therefore (1-\alpha)(1-\beta)=-3$

위의 식에 $x=3$을 내입하면

$3^2-3-3=(3-\alpha)(3-\beta)$ $\quad\therefore (3-\alpha)(3-\beta)=3$

위의 식에 $x=5$를 대입하면

$5^2-5-3=(5-\alpha)(5-\beta)$ $\quad\therefore (5-\alpha)(5-\beta)=17$

$\therefore B=(1-\alpha)(1-\beta)(3-\alpha)(3-\beta)(5-\alpha)(5-\beta)$

$=-3\times3\times17=-153$

0599

답 ⑤

이차방정식의 근과 계수의 관계에 의하여

$\alpha+\beta=4$, $\alpha\beta=2$

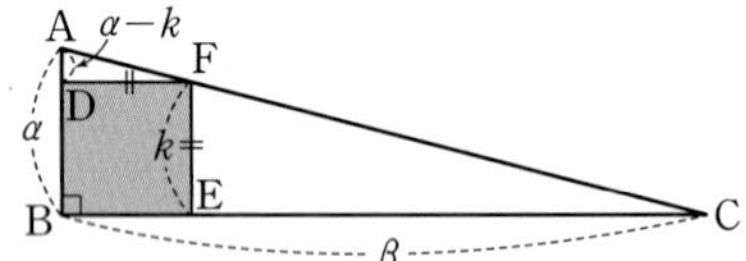

그림과 같이 직각삼각형 ABC에 내접하는 정사각형 DBEF의 한 변의 길이를 k라 하면

$\triangle ADF \backsim \triangle ABC$ (AA 닮음)이므로

$\overline{AD}:\overline{AB}=\overline{DF}:\overline{BC}$, $(\alpha-k):\alpha=k:\beta$

$\alpha k=\beta(\alpha-k)$, $(\alpha+\beta)k=\alpha\beta$

$\therefore k=\dfrac{\alpha\beta}{\alpha+\beta}=\dfrac{2}{4}=\dfrac{1}{2}$

즉, 정사각형 DBEF의 넓이는 $\left(\dfrac{1}{2}\right)^2=\dfrac{1}{4}$, 둘레의 길이는 $4\times\dfrac{1}{2}=2$

이므로 $\dfrac{1}{4}$, 2를 두 근으로 하고 x^2의 계수가 4인 이차방정식은

$4\left\{x^2-\left(\dfrac{1}{4}+2\right)x+\dfrac{1}{4}\times2\right\}=0$

$4\left(x^2-\dfrac{9}{4}x+\dfrac{1}{2}\right)=0$ $\quad\therefore 4x^2-9x+2=0$

따라서 $m=-9$, $n=2$이므로

$m+n=-9+2=-7$

0600

답 2

(가)에서 이차방정식 $P(x)=0$의 계수가 모두 실수이므로 한 근이 $2-i$이면 다른 한 근은 $2+i$이다.

이때 이차방정식의 근과 계수의 관계에 의하여

$(2-i)+(2+i)=4$, $(2+i)(2-i)=5$이므로

$P(x)=a(x^2-4x+5)$ $(a\neq0)$로 놓을 수 있다.

(나)에서 나머지정리에 의하여 $P(2)=3$이므로

$a(2^2-4\times2+5)=3$ $\quad\therefore a=3$

$\therefore P(x)=3(x^2-4x+5)=3x^2-12x+15$

(다)에서 이차방정식 $Q(x)=0$은 4를 중근으로 가지므로 나머지정리에 의하여 $Q(x)=b(x-4)^2$ $(b\neq0)$으로 놓을 수 있다.

(라)에서 나머지정리에 의하여 $Q(1)=9$이므로

$9b=9$ $\quad\therefore b=1$

$\therefore Q(x)=(x-4)^2=x^2-8x+16$

이때 방정식 $P(x)=Q(x)$에서

$3x^2-12x+15=x^2-8x+16$

$\therefore 2x^2-4x-1=0$

따라서 방정식 $P(x)=Q(x)$의 두 근의 합은

이차방정식의 근과 계수의 관계에 의하여

$-\dfrac{-4}{2}=2$

0601

답 ③

$kx^2+(4k-3)x+a(k-1)$이 완전제곱식이 되려면 이차방정식 $kx^2+(4k-3)x+a(k-1)=0$이 중근을 가져야 한다.

이 이차방정식의 판별식을 D라 하면

$D=(4k-3)^2-4ak(k-1)=0$

$16k^2-24k+9-4ak^2+4ak=0$

$(16-4a)k^2+(4a-24)k+9=0$ $\quad\cdots\cdots$ ㉠

(i) $16-4a\neq0$일 때, k의 값이 오직 한 개뿐이려면 이차방정식 ㉠이 중근을 가져야 한다. 즉, ㉠의 판별식을 D'이라 하면

$\dfrac{D'}{4}=(2a-12)^2-9(16-4a)=0$

$4a^2-48a+144-144+36a=0$

$4a^2-12a=0$, $4a(a-3)=0$

$\therefore a=0$ 또는 $a=3$

그런데 a는 자연수이므로 $a=3$

(ii) $16-4a=0$, 즉 $a=4$일 때,

㉠에 $a=4$를 대입하면 $-8k+9=0$이므로 $k=\dfrac{9}{8}$

(i), (ii)에서 $a=3$ 또는 $a=4$

따라서 가능한 모든 자연수 a의 값의 합은 $3+4=7$

0602

답 4

a, b가 실수이므로 이차방정식 $x^2+ax+b=0$의 한 근이 허수 α이면 다른 한 근은 $\overline{\alpha}$이다.

이차방정식의 근과 계수의 관계에 의하여

$\alpha+\overline{\alpha}=-a$, $\alpha\overline{\alpha}=b$ $\quad\cdots\cdots$ ㉠

이차방정식 $x^2-2bx+a+3=0$의 한 근이 $\alpha+3$이면 다른 한 근은 $\overline{\alpha+3}=\overline{\alpha}+3$이다.

이차방정식의 근과 계수의 관계에 의하여

$(\alpha+3)+(\overline{\alpha}+3)=2b$, $(\alpha+3)(\overline{\alpha}+3)=a+3$

$\therefore \alpha+\overline{\alpha}+6=2b$, $\alpha\overline{\alpha}+3(\alpha+\overline{\alpha})+9=a+3$ $\quad\cdots\cdots$ ㉡

㉠을 ㉡에 대입하면

$\alpha+\overline{\alpha}+6=2b$에서 $-a+6=2b$

$\therefore a+2b=6$ $\quad\cdots\cdots$ ㉢

$\alpha\overline{\alpha}+3(\alpha+\overline{\alpha})+9=a+3$에서

$b-3a+9=a+3$ $\quad\therefore 4a-b=6$ $\quad\cdots\cdots$ ㉣

㉢, ㉣을 연립하여 풀면 $a=2$, $b=2$

$\therefore ab=2\times2=4$

0603

답 ③

이차방정식 $ax^2+\sqrt{3}bx+c=0$의 한 근이 $2+\sqrt{3}$이므로
$a(2+\sqrt{3})^2+\sqrt{3}b(2+\sqrt{3})+c=0$
$a(7+4\sqrt{3})+2\sqrt{3}b+3b+c=0$
$\therefore (7a+3b+c)+(4a+2b)\sqrt{3}=0$
이때 a, b, c는 유리수이므로
$7a+3b+c=0$, $4a+2b=0$
$4a+2b=0$에서 $b=-2a$
$b=-2a$를 $7a+3b+c=0$에 대입하면
$7a-6a+c=0 \qquad \therefore c=-a$
따라서 주어진 이차방정식은 $ax^2-2\sqrt{3}ax-a=0$
$a\neq0$이므로 양변을 a로 나누면
$x^2-2\sqrt{3}x-1=0$
이 이차방정식의 근은
$x=-(-\sqrt{3})\pm\sqrt{(-\sqrt{3})^2-1\times(-1)}=\sqrt{3}\pm2$
$\therefore \beta=\sqrt{3}-2$

$$\therefore \alpha+\frac{1}{\beta}=2+\sqrt{3}+\frac{1}{\sqrt{3}-2}$$
$$=2+\sqrt{3}+\frac{\sqrt{3}+2}{(\sqrt{3}-2)(\sqrt{3}+2)}$$
$$=2+\sqrt{3}-(\sqrt{3}+2)=0$$

참고

$ax^2+\sqrt{3}bx+c=0$에서 $\sqrt{3}b$는 유리수가 아니므로 이 방정식의 다른 한 근은 $2-\sqrt{3}$이 아니다.

0604

답 ③

$\overline{AP}=x$라 하면
$\triangle ABD \backsim \triangle SOD$ (AA 닮음)이므로
$\overline{AB}:\overline{SO}=\overline{AD}:\overline{SD}$
$2:x=4:\overline{SD} \qquad \therefore \overline{SD}=2x$
직사각형 APOS의 넓이는
$\overline{AP}\times\overline{AS}=\overline{AP}\times(\overline{AD}-\overline{SD})$
$=x(4-2x)=4x-2x^2$
직사각형 OQCR의 넓이는
$\overline{OQ}\times\overline{OR}=(\overline{SQ}-\overline{SO})\times\overline{OR}$
$=(\overline{AB}-\overline{AP})\times\overline{SD}$
$=(2-x)\times2x=4x-2x^2$
이때 직사각형 APOS의 넓이와 직사각형 OQCR의 넓이의 합이 3이므로
$4x-2x^2+4x-2x^2=3$
$4x^2-8x+3=0$, $(2x-1)(2x-3)=0$
$\therefore x=\frac{1}{2}$ 또는 $x=\frac{3}{2}$
그런데 $\overline{AP}<\overline{PB}$이므로 $x<2-x$
즉, $x<1$이므로 $x=\frac{1}{2}$
따라서 선분 AP의 길이는 $\frac{1}{2}$이다.

0605

답 ④

p는 소수이고 (나)에서 두 근이 서로 다른 자연수이므로
$x^2-ax+2p=(x-2)(x-p)=0$
또는 $x^2-ax+2p=(x-1)(x-2p)=0$
(i) $x^2-ax+2p=(x-2)(x-p)=0$인 경우
$x=2$ 또는 $x=p$
이차방정식의 근과 계수의 관계에 의하여 $a=2+p$
이때 (가)에서 a는 13의 배수인 두 자리 자연수이고
$p=a-2$이므로
$a=13$일 때, $p=11$
$a=26$일 때, $p=24$
$a=39$일 때, $p=37$
$a=52$일 때, $p=50$
$a=65$일 때, $p=63$
$a=78$일 때, $p=76$
$a=91$일 때, $p=89$
따라서 소수 p의 값은 11, 37, 89의 3개이다.
(ii) $x^2-ax+2p=(x-1)(x-2p)=0$인 경우
$x=1$ 또는 $x=2p$
이차방정식의 근과 계수의 관계에 의하여 $a=1+2p$
이때 (가)에서 a는 13의 배수인 두 자리 홀수이고 $p=\frac{a-1}{2}$이므로
$a=13$일 때, $p=6$
$a=39$일 때, $p=19$
$a=65$일 때, $p=32$
$a=91$일 때, $p=45$
따라서 소수 p의 값은 19의 1개이다.
(i), (ii)에서 구하는 소수 p의 개수는 $3+1=4$

0606

답 76

이차방정식의 근과 계수의 관계에 의하여
$\alpha+\beta=a$, $\alpha\beta=5a-1$ …… ㉠
이때 $a<0$이므로 $\alpha+\beta<0$, $\alpha\beta<0$
즉, α와 β는 부호가 서로 다르고 $\alpha+\beta<0$, $|\alpha|<|\beta|$이므로
$\alpha>0$, $\beta<0$
$\therefore |2\alpha|+|\beta|=2\alpha-\beta=13$
즉, $\beta=2\alpha-13$이므로
$\alpha+\beta=\alpha+(2\alpha-13)=3\alpha-13$ …… ㉡
$\alpha\beta=\alpha(2\alpha-13)=2\alpha^2-13\alpha$ …… ㉢
㉠에서 $\alpha\beta=5a-1=5(\alpha+\beta)-1$이므로
㉡, ㉢을 $\alpha\beta=5(\alpha+\beta)-1$에 대입하면
$2\alpha^2-13\alpha=5(3\alpha-13)-1$
$2\alpha^2-13\alpha=15\alpha-65-1$
$2\alpha^2-28\alpha+66=0$, $\alpha^2-14\alpha+33=0$
$(\alpha-3)(\alpha-11)=0 \qquad \therefore \alpha=3$ 또는 $\alpha=11$

(i) $\alpha=3$이면 $\beta=2\times3-13=-7$
(ii) $\alpha=11$이면 $\beta=2\times11-13=9$
그런데 $\alpha>0$, $\beta<0$이므로 $\alpha=3$, $\beta=-7$
$\therefore \alpha^3+\beta^2=3^3+(-7)^2=76$

0607
답 ②

$\alpha=a+bi$ (a, b는 실수, $b\neq0$)라 하자.
p가 실수이므로 이차방정식 $x^2-px+p+3=0$의 한 근이 α이면 다른 한 근은 $\overline{\alpha}=a-bi$이다.
이차방정식의 근과 계수의 관계에 의하여
$\alpha+\overline{\alpha}=(a+bi)+(a-bi)=p$이므로 $2a=p$
$\therefore a=\dfrac{p}{2}$ ...... ㉠
$\alpha\overline{\alpha}=(a+bi)(a-bi)=p+3$이므로 $a^2+b^2=p+3$ ...... ㉡
이때
$\alpha^3=(a+bi)^3=a^3+3a^2bi-3ab^2-b^3i$
$=(a^3-3ab^2)+(3a^2b-b^3)i$
이므로 α^3이 실수이려면 $3a^2b-b^3=0$이어야 한다.
즉, $b(3a^2-b^2)=0$이고 $b\neq0$이므로
$3a^2-b^2=0$ $\quad\therefore b^2=3a^2=\dfrac{3p^2}{4}$ ($\because$ ㉠)
$a^2=\dfrac{p^2}{4}$, $b^2=\dfrac{3p^2}{4}$을 ㉡에 대입하면
$\dfrac{p^2}{4}+\dfrac{3p^2}{4}=p+3$ $\quad\therefore p^2-p-3=0$
따라서 이차방정식의 근과 계수의 관계에 의하여 모든 실수 p의 값의 곱은 -3이다.

다른 풀이

이차방정식 $x^2-px+p+3=0$의 한 근이 α이므로
$\alpha^2-p\alpha+p+3=0$ $\quad\therefore \alpha^2=p\alpha-p-3$
$\therefore \alpha^3=p\alpha^2-p\alpha-3\alpha$
$=p(p\alpha-p-3)-p\alpha-3\alpha$
$=p^2\alpha-p^2-3p-p\alpha-3\alpha$
$=(p^2-p-3)\alpha-p^2-3p$
이때 p는 실수, α는 허수이므로 α^3이 실수이려면
$p^2-p-3=0$이어야 한다.
따라서 이차방정식의 근과 계수의 관계에 의하여 모든 실수 p의 값의 곱은 -3이다.

0608
답 10

이차방정식 $x^2+x+1=0$의 두 근이 α, β이므로
$\alpha^2+\alpha+1=0$ ...... ㉠
$\beta^2+\beta+1=0$ ...... ㉡
이차방정식의 근과 계수의 관계에 의하여
$\alpha+\beta=-1$이므로 $\alpha+1=-\beta$, $\beta+1=-\alpha$
$\alpha+1=-\beta$를 ㉠에 대입하면
$\alpha^2-\beta=0$ $\quad\therefore \beta=\alpha^2$
$\beta+1=-\alpha$를 ㉡에 대입하면
$\beta^2-\alpha=0$ $\quad\therefore \alpha=\beta^2$
이때 $f(\alpha)=f(\beta^2)=-4\beta$, $f(\beta)=f(\alpha^2)=-4\alpha$이므로
$f(\alpha)+4\beta=0$, $f(\beta)+4\alpha=0$
위의 식에 각각 $\alpha=-\beta-1$, $\beta=-\alpha-1$을 대입하면
$f(\alpha)+4(-\alpha-1)=0$, $f(\beta)+4(-\beta-1)=0$
$f(\alpha)-4\alpha-4=0$, $f(\beta)-4\beta-4=0$
즉, 이차방정식 $f(x)-4x-4=0$의 두 근이 α, β이고
$f(x)$의 이차항의 계수가 1이므로
$f(x)-4x-4=(x-\alpha)(x-\beta)=x^2+x+1$
따라서 $f(x)=x^2+5x+5$이므로 $p=5$, $q=5$
$\therefore p+q=5+5=10$

다른 풀이 1

이차방정식의 근과 계수의 관계에 의하여
$\alpha+\beta=-1$, $\alpha\beta=1$
$f(\alpha^2)=-4\alpha$, $f(\beta^2)=-4\beta$이므로
$\alpha^4+p\alpha^2+q=-4\alpha$ ...... ㉠
$\beta^4+p\beta^2+q=-4\beta$ ...... ㉡
㉠+㉡을 하면
$\alpha^4+\beta^4+p(\alpha^2+\beta^2)+2q=-4(\alpha+\beta)$ ...... ㉢
이때
$\alpha^2+\beta^2=(\alpha+\beta)^2-2\alpha\beta=(-1)^2-2\times1=-1$,
$\alpha^4+\beta^4=(\alpha^2+\beta^2)^2-2\alpha^2\beta^2=(-1)^2-2\times1^2=-1$
이므로 이것을 ㉢에 대입하면 $-1-p+2q=4$
$\therefore p-2q=-5$ ...... ㉣
㉠−㉡을 하면
$\alpha^4-\beta^4+p(\alpha^2-\beta^2)=-4(\alpha-\beta)$
$(\alpha^2-\beta^2)(\alpha^2+\beta^2)+p(\alpha^2-\beta^2)=-4(\alpha-\beta)$
$(\alpha+\beta)(\alpha-\beta)(\alpha^2+\beta^2)+p(\alpha+\beta)(\alpha-\beta)+4(\alpha-\beta)=0$
$(-1)\times(\alpha-\beta)\times(-1)+p\times(-1)\times(\alpha-\beta)+4(\alpha-\beta)=0$
$\alpha-\beta-p(\alpha-\beta)+4(\alpha-\beta)=0$
$5(\alpha-\beta)-p(\alpha-\beta)=0$, $(\alpha-\beta)(5-p)=0$
$\therefore p=5$ ($\because \alpha\neq\beta$) → $x^2+x+1=0$의 판별식을 D라 하면 $D=1^2-4=-3<0$ 따라서 서로 다른 두 허근을 갖는다.
$p=5$를 ㉣에 대입하면
$5-2q=-5$, $-2q=-10$ $\quad\therefore q=5$
$\therefore p+q=5+5=10$

다른 풀이 2

$f(\alpha^2)=-4\alpha$, $f(\beta^2)=-4\beta$에서 $f(\alpha^2)+4\alpha=0$, $f(\beta^2)+4\beta=0$
이므로 방정식 $f(x^2)+4x=0$의 두 근이 α, β이다.
즉, $f(x^2)+4x=x^4+px^2+4x+q$가
$(x-\alpha)(x-\beta)=x^2+x+1$로 나누어떨어진다.

$$
\begin{array}{r|l}
 & x^2-x+p \\
\hline
x^2+x+1 & x^4 \qquad\quad + px^2+4x+q \\
 & x^4+x^3+\quad x^2 \\
\hline
 & -x^3+(p-1)x^2+4x+q \\
 & -x^3-\quad x^2-\ x \\
\hline
 & px^2+5x+q \\
 & px^2+px+p \\
\hline
 & (5-p)x+q-p
\end{array}
$$

따라서 $(5-p)x+q-p=0$이므로 $5-p=0$, $q-p=0$
$\therefore p=5$, $q=p=5$ $\quad\therefore p+q=5+5=10$

06 이차방정식과 이차함수

유형 01 이차함수의 그래프와 x축의 교점

확인 문제 (1) 0, -1 (2) 2, 3 (3) -5, 1 (4) 0, 6

(1) $x^2+x=0$에서 $x^2+x=x(x+1)=0$ $\therefore x=0$ 또는 $x=-1$

(2) $x^2-5x+6=0$에서 $(x-2)(x-3)=0$
$\therefore x=2$ 또는 $x=3$

(3) $x^2+4x-5=0$에서 $(x+5)(x-1)=0$
$\therefore x=-5$ 또는 $x=1$

(4) $-x^2+6x=0$에서 $-x(x-6)=0$
$\therefore x=0$ 또는 $x=6$

0609

답 -27

이차함수 $y=3x^2+ax+b$의 그래프가 x축과 만나는 점의 x좌표가 -1, 5이므로 -1, 5는 이차방정식 $3x^2+ax+b=0$의 두 근이다.
따라서 이차방정식의 근과 계수의 관계에 의하여

$-1+5=-\frac{a}{3}$, $-1\times5=\frac{b}{3}$

따라서 $a=-12$, $b=-15$이므로
$a+b=-12+(-15)=-27$

0610

답 -1

이차방정식 $2x^2+ax-3=0$의 두 근을 α, β라 하면
이차방정식의 근과 계수의 관계에 의하여

$\alpha+\beta=-\frac{a}{2}$, $\alpha\beta=-\frac{3}{2}$ …… ㉠

이때 주어진 이차함수의 그래프가 x축과 만나는 두 점 사이의 거리가 $\frac{5}{2}$이므로 $|\alpha-\beta|=\frac{5}{2}$

양변을 제곱하면 $(\alpha-\beta)^2=\frac{25}{4}$

$\therefore (\alpha+\beta)^2-4\alpha\beta=\frac{25}{4}$ …… ㉡

㉠을 ㉡에 대입하면 $\frac{a^2}{4}+6=\frac{25}{4}$

$a^2=1$ $\therefore a=\pm1$
따라서 모든 상수 a의 값의 곱은
$1\times(-1)=-1$

다른 풀이

이차방정식 $2x^2+ax-3=0$의 두 근을 α, $\alpha+\frac{5}{2}$라 하면
이차방정식의 근과 계수의 관계에 의하여

$\alpha+\left(\alpha+\frac{5}{2}\right)=-\frac{a}{2}$ …… ㉠

$\alpha\left(\alpha+\frac{5}{2}\right)=-\frac{3}{2}$ …… ㉡

㉡에서 $\alpha^2+\frac{5}{2}\alpha+\frac{3}{2}=0$

$2\alpha^2+5\alpha+3=0$, $(\alpha+1)(2\alpha+3)=0$

$\therefore \alpha=-1$ 또는 $\alpha=-\frac{3}{2}$ …… ㉢

㉢을 ㉠에 대입하면 $a=-1$ 또는 $a=1$
따라서 모든 상수 a의 값의 곱은
$1\times(-1)=-1$

0611

답 $-\frac{5}{9}$

꼭짓점의 좌표가 $(3, -1)$이므로
주어진 이차함수를 $y=a(x-3)^2-1$이라 하면
$y=a(x-3)^2-1=ax^2-6ax+9a-1$ …… ㉠
이때 주어진 이차함수의 그래프의 축의 방정식이 $x=3$이고 $\overline{PQ}=6$이므로 두 점 P, Q의 x좌표는 각각 0, 6이다.
즉, 0, 6은 이차방정식 $ax^2-6ax+9a-1=0$의 두 근이므로
이차방정식의 근과 계수의 관계에 의하여

$0\times6=\frac{9a-1}{a}$, $9a-1=0$ $\therefore a=\frac{1}{9}$

…… ❶

$a=\frac{1}{9}$을 ㉠에 대입하면

$y=\frac{1}{9}x^2-\frac{2}{3}x$ $\therefore b=-\frac{2}{3}$, $c=0$

…… ❷

$\therefore a+b+c=\frac{1}{9}+\left(-\frac{2}{3}\right)+0=-\frac{5}{9}$

…… ❸

채점 기준	배점
❶ a의 값 구하기	60%
❷ b, c의 값 구하기	20%
❸ $a+b+c$의 값 구하기	20%

다른 풀이

꼭짓점의 좌표가 $(3, -1)$이므로
주어진 이차함수를 $y=a(x-3)^2-1$이라 하면

이차방정식 $a(x-3)^2-1=0$에서 $(x-3)^2=\frac{1}{a}$

$x-3=\pm\sqrt{\frac{1}{a}}$ $\therefore x=3\pm\sqrt{\frac{1}{a}}$

즉, 두 점 P, Q의 x좌표가 $3+\sqrt{\frac{1}{a}}$, $3-\sqrt{\frac{1}{a}}$이고 $\overline{PQ}=6$이므로

$3+\sqrt{\frac{1}{a}}-\left(3-\sqrt{\frac{1}{a}}\right)=6$

$\sqrt{\frac{1}{a}}=3$, $\frac{1}{a}=9$ $\therefore a=\frac{1}{9}$

따라서 주어진 이차함수는

$y=\frac{1}{9}(x-3)^2-1=\frac{1}{9}x^2-\frac{2}{3}x$

이므로 $b=-\frac{2}{3}$, $c=0$

$\therefore a+b+c=\frac{1}{9}+\left(-\frac{2}{3}\right)+0=-\frac{5}{9}$

0612 답 ⑤

$y=x^2-4x-3=(x-2)^2-7$이므로
대칭축은 $x=2$, y절편은 -3이다.
그림과 같이 두 점 P, Q의 x좌표를 각각 α, β $(\alpha>0,\ \beta<0)$라 하면
$\alpha+\beta=4$, $\alpha\beta=-3$

$$\begin{aligned}\overline{OP}^2+\overline{OQ}^2&=|\alpha|^2+|\beta|^2\\&=\alpha^2+\beta^2\\&=(\alpha+\beta)^2-2\alpha\beta\\&=4^2-2\times(\quad 3)=22\end{aligned}$$

이고, 점 R의 y좌표가 -3이므로 $\overline{OR}^2=3^2=9$

$$\begin{aligned}\therefore \overline{PR}^2+\overline{QR}^2&=\overline{OP}^2+\overline{OR}^2+\overline{OQ}^2+\overline{OR}^2\\&=\overline{OP}^2+\overline{OQ}^2+2\overline{OR}^2\\&=22+2\times9=40\end{aligned}$$

0613 답 ①

(가)에서 $f(0)=6$이므로
$f(0)=a\times(0-2)\times(0-b)=2ab=6$ $\quad\therefore ab=3$
이때 a, b는 자연수이므로
$a=1$, $b=3$ 또는 $a=3$, $b=1$

(i) $a=1$, $b=3$일 때,
주어진 이차함수는
$f(x)=(x-2)(x-3)$이므로
이차함수 $y=f(x)$의 그래프의
개형은 오른쪽 그림과 같다.
그런데 $2<x\le3$에서 $f(x)\le0$
이므로 (나)를 만족시키지 않는다.

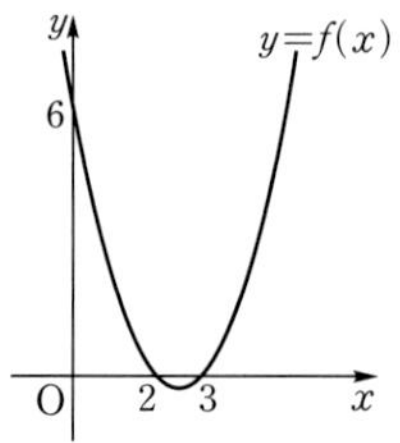

(ii) $a=3$, $b=1$일 때,
주어진 이차함수는
$f(x)=3(x-2)(x-1)$이므로
이차함수 $y=f(x)$의 그래프의
개형은 오른쪽 그림과 같다.
이때 $x>2$에서 $f(x)>0$이므로
(나)를 만족시킨다.

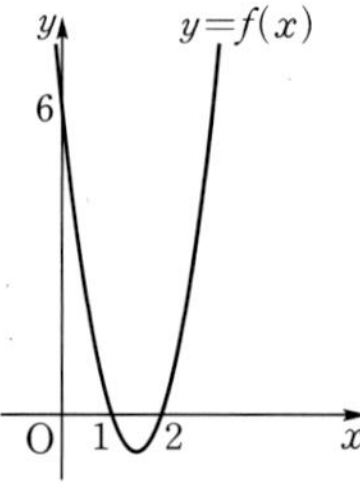

(i), (ii)에서 $f(x)=3(x-2)(x-1)$이므로
$f(4)=3\times(4-2)\times(4-1)=18$

유형 02 이차함수의 그래프와 x축의 위치 관계

0614 답 0

이차함수 $y=2x^2-(3-2m)x+\frac{m^2}{2}$의 그래프가 x축과 서로 다른 두 점에서 만나므로 이차방정식 $2x^2-(3-2m)x+\frac{m^2}{2}=0$의 판별식을 D라 하면

$D=\{-(3-2m)\}^2-4\times2\times\frac{m^2}{2}>0$

$9-12m>0$ $\quad\therefore m<\frac{3}{4}$

따라서 정수 m의 최댓값은 0이다.

0615 답 ①

이차함수 $y=x^2+4x+a$의 그래프가 x축과 접하므로
이차방정식 $x^2+4x+a=0$의 판별식을 D라 하면

$\frac{D}{4}=2^2-a=0$ $\quad\therefore a=4$

다른 풀이

$y=x^2+4x+a=(x+2)^2+a-4$이므로
이차함수 $y=x^2+4x+a$의 그래프의 꼭짓점의 좌표는
$(-2,\ a-4)$
이차함수 $y=x^2+4x+a$의 그래프가 x축과 접하므로 그래프는 그림과 같아야 한다.
즉, 꼭짓점의 y좌표가 0이어야 하므로
$a-4=0$ $\quad\therefore a=4$

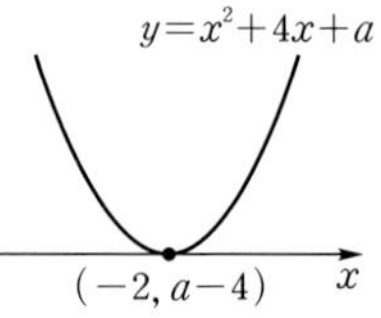

0616 답 ⑤

각 이차방정식의 판별식을 D라 하면

ㄱ. $2x^2+3x+1=0$에서 $D=3^2-4\times2\times1=1>0$
이므로 x축과 서로 다른 두 점에서 만난다.

ㄴ. $-x^2+2x+3=0$에서 $\frac{D}{4}=1^2-(-1)\times3=4>0$
이므로 x축과 서로 다른 두 점에서 만난다.

ㄷ. $x^2-x+1=0$에서 $D=(-1)^2-4\times1\times1=-3<0$
이므로 x축과 만나지 않는다.

ㄹ. $-2x^2+3x-4=0$에서 $D=3^2-4\times(-2)\times(-4)=-23<0$
이므로 x축과 만나지 않는다.

따라서 이차함수의 그래프가 x축과 만나지 않는 것은 ㄷ, ㄹ이다.

0617 답 $\frac{5}{12}$

이차함수 $y=x^2+(4m-1)x+4m^2+m-1$의 그래프가 x축과 만나므로 이차방정식 $x^2+(4m-1)x+4m^2+m-1=0$의 판별식을 D라 하면

$D=(4m-1)^2-4(4m^2+m-1)\ge0$

$-12m+5\ge0$ $\quad\therefore m\le\frac{5}{12}$

따라서 실수 m의 최댓값은 $\frac{5}{12}$이다.

0618 답 8

이차함수 $y=x^2+3kx-2k$의 그래프가 x축과 한 점에서 만나므로
이차방정식 $x^2+3kx-2k=0$의 판별식을 D_1이라 하면

$D_1=(3k)^2-4\times1\times(-2k)=0$

$9k^2+8k=0$, $k(9k+8)=0$

$\therefore k=0$ 또는 $k=-\frac{8}{9}$ …… ㉠

❶

또한 이차함수 $y=-x^2+x+k$의 그래프가 x축과 만나지 않으므로 이차방정식 $-x^2+x+k=0$의 판별식을 D_2라 하면

$D_2=1^2-4\times(-1)\times k<0$

$1+4k<0$ $\therefore k<-\frac{1}{4}$ …… ㉡

❷

㉠, ㉡에서 $k=-\frac{8}{9}$이므로

$a=-\frac{8}{9}$ $\therefore -9a=8$

❸

채점 기준	배점
❶ 이차함수 $y=x^2+3kx-2k$의 그래프가 x축과 한 점에서 만나도록 하는 k의 값 구하기	40%
❷ 이차함수 $y=-x^2+x+k$의 그래프가 x축과 만나지 않도록 하는 k의 값의 범위 구하기	40%
❸ $-9a$의 값 구하기	20%

0619

답 ⑤

이차함수 $y=x^2+2ax+b$의 그래프가 점 (3, 9)를 지나므로

$9=9+6a+b$ $\therefore b=-6a$ …… ㉠

또한 이차함수의 그래프가 x축에 접하므로

이차방정식 $x^2+2ax+b=0$의 판별식을 D라 하면

$\frac{D}{4}=a^2-1\times b=0$ $\therefore a^2=b$ …… ㉡

㉠을 ㉡에 대입하면 $a^2=-6a$, $a^2+6a=0$

$a(a+6)=0$ $\therefore a=-6$ ($\because a<0$)

$a=-6$을 ㉠에 대입하면 $b=36$

$\therefore a+b=-6+36=30$

0620

답 32

이차함수 $y=x^2-(2k+a)x+k^2+bk+4$의 그래프가 x축에 접하므로 이차방정식 $x^2-(2k+a)x+k^2+bk+4=0$의 판별식을 D라 하면

$D=\{-(2k+a)\}^2-4(k^2+bk+4)=0$

$\therefore 4(a-b)k+a^2-16=0$ …… ㉠

❶

㉠이 실수 k의 값에 관계없이 항상 성립해야 하므로

$a-b=0$, $a^2-16=0$

$\therefore a=4$, $b=4$ 또는 $a=-4$, $b=-4$

$\therefore a^2+b^2=16+16=32$

❷

채점 기준	배점
❶ 이차함수 $y=x^2-(2k+a)x+k^2+bk+4$의 그래프가 x축에 접하도록 하는 식 세우기	60%
❷ a^2+b^2의 값 구하기	40%

유형 03 이차함수의 그래프와 이차방정식의 실근의 합

확인 문제 (1) -1, 3 (2) $-\frac{1}{2}$, 3

(1) $x^2-2x-3=0$에서 $(x+1)(x-3)=0$

$\therefore x=-1$ 또는 $x=3$

(2) $2x^2-5x-3=0$에서 $(2x+1)(x-3)=0$

$\therefore x=-\frac{1}{2}$ 또는 $x=3$

0621

답 13

$f(x)=x^2-8x+7=(x-1)(x-7)$

이차함수 $f(x)$에 x 대신 $3x-1$을 대입하면

$f(3x-1)=(3x-1-1)(3x-1-7)$

$=(3x-2)(3x-8)$

즉, $f(3x-1)=0$의 두 근은 $x=\frac{2}{3}$ 또는 $x=\frac{8}{3}$이므로

두 근의 합은 $\frac{2}{3}+\frac{8}{3}=\frac{10}{3}$

따라서 $a=3$, $b=10$이므로

$a+b=3+10=13$

다른 풀이

$f(x)=x^2-8x+7=(x-1)(x-7)=0$의 두 근이 1, 7이므로

$f(1)=0$, $f(7)=0$

$f(3x-1)=0$을 만족시키는 x의 값은

$3x-1=1$, $3x-1=7$에서 $x=\frac{2}{3}$ 또는 $x=\frac{8}{3}$

즉, 이차방정식 $f(3x-1)=0$의 두 근의 합은

$\frac{2}{3}+\frac{8}{3}=\frac{10}{3}$

따라서 $a=3$, $b=10$이므로

$a+b=3+10=13$

0622

답 -1

$f(x)-g(x)=0$에서 $f(x)=g(x)$ …… ㉠

㉠의 근은 두 함수 $y=f(x)$, $y=g(x)$의 그래프의 교점의 x좌표와 같으므로

$x=-4$ 또는 $x=3$

따라서 모든 근의 합은

$-4+3=-1$

0623

답 ④

이차함수 $y=f(x)$의 그래프가 두 점 $(-4, 0)$, $(2, 0)$을 지나므로

$f(x)=a(x+4)(x-2)$ $(a\neq0)$라 하자.

이차함수 $f(x)$에 x 대신 $\frac{3x+1}{2}$을 대입하면

$f\left(\frac{3x+1}{2}\right)=a\left(\frac{3x+1}{2}+4\right)\left(\frac{3x+1}{2}-2\right)$

$=a\left(\frac{3x+9}{2}\right)\times\left(\frac{3x-3}{2}\right)$

$=\frac{a(3x+9)(3x-3)}{4}=\frac{9}{4}a(x+3)(x-1)$

즉, $f\left(\frac{3x+1}{2}\right)=0$의 두 근은 $x=-3$ 또는 $x=1$이므로

두 근의 합은 $-3+1=-2$

0624

답 ②

최고차항의 계수가 1인 이차함수 $y=f(x)$의 그래프와 x축과의 교점은 -2, 4이므로 $f(x)=(x+2)(x-4)$

이차함수 $f(x)$에 x 대신 $2x-1$을 대입하면

$f(2x-1)=(2x-1+2)(2x-1-4)$

$=(2x+1)(2x-5)$

즉, $f(2x-1)=0$의 두 근은 $x=-\frac{1}{2}$ 또는 $x=\frac{5}{2}$이므로

두 근의 합은 $-\frac{1}{2}+\frac{5}{2}=2$

0625

답 ④

이차함수 $y=f(x)$의 그래프는 위로 볼록하고 x축과 서로 다른 두 점 $(-3, 0)$, $(1, 0)$에서 만나므로

$f(x)=k(x+3)(x-1)$ $(k<0)$

이차함수 $f(x)$에 x 대신 $x+2a$를 대입하면

$f(x+2a)=k(x+2a+3)(x+2a-1)$ $(k<0)$

즉, $f(x+2a)=0$의 두 근은

$x=-2a-3$ 또는 $x=-2a+1$

이때 $f(x+2a)=0$의 두 실근의 합이 -10이므로

$-2a-3+(-2a+1)=-10$

$-4a=-8$ $\quad\therefore a=2$

다른 풀이

$f(-3)=0$, $f(1)=0$이므로

$f(x+2a)=0$을 만족시키는 x의 값은

$x+2a=-3$, $x+2a=1$에서

$x=-2a-3$ 또는 $x=-2a+1$

이때 이차방정식 $f(x+2a)=0$의 두 실근의 합이 -10이므로

$-2a-3+(-2a+1)=-10$

$-4a=-8$ $\quad\therefore a=2$

0626

답 10

이차함수 $y=f(x)$의 그래프가 x축과 서로 다른 두 점 $(m, 0)$, $(n, 0)$에서 만나므로 $f(x)=a(x-m)(x-n)$ $(a\neq0)$

이차함수 $f(x)$에 x 대신 $\frac{x-3}{2}$을 대입하면

$f\left(\frac{x-3}{2}\right)=a\left(\frac{x-3}{2}-m\right)\left(\frac{x-3}{2}-n\right)$

$=\frac{1}{4}a(x-3-2m)(x-3-2n)$

즉, $f\left(\frac{x-3}{2}\right)=0$의 두 근은 $x=3+2m$ 또는 $x=3+2n$

이때 $m+n=2$이므로 이차방정식 $f\left(\frac{x-3}{2}\right)=0$의 두 근의 합은

$3+2m+(3+2n)=6+2(m+n)$

$=6+2\times2=10$

0627

답 4

두 이차함수 $y=f(x)$, $y=g(x)$의 그래프가 만나는 두 점의 x좌표가 -4, 2이므로 $f(x)=g(x)$의 근은 -4, 2이다.

즉, $f(x)-g(x)=0$의 근이 -4, 2이므로

$f(x)-g(x)=a(x+4)(x-2)=a(x^2+2x-8)$ $(a\neq0)$ ……❶

이차방정식 $f(x)-g(x)=0$에 x 대신 $k-2x$를 대입하면

$f(k-2x)-g(k-2x)=a\{(k-2x)^2+2(k-2x)-8\}$

$=a\{4x^2-4(k+1)x+k^2+2k-8\}$ ……❷

이때 방정식 $f(k-2x)=g(k-2x)$의 두 근의 합이 5이므로

이차방정식의 근과 계수의 관계에 의하여

$\frac{4(k+1)}{4}=5$ $\quad\therefore k=4$ ……❸

채점 기준	배점
❶ 이차함수 $f(x)-g(x)$의 식 세우기	40%
❷ 이차함수 $f(x)-g(x)$에 x 대신 $k-2x$를 대입하여 정리하기	40%
❸ k의 값 구하기	20%

유형 04 이차함수의 그래프와 직선의 교점

확인 문제 (1) -1, 4 (2) 3, 4

(1) $y=x^2+2x+1$, $y=5x+5$에서

$x^2+2x+1=5x+5$, $x^2-3x-4=0$

$(x+1)(x-4)=0$ $\quad\therefore x=-1$ 또는 $x=4$

(2) $y=-x^2+4x-10$, $y=-3x+2$에서

$-x^2+4x-10=-3x+2$, $x^2-7x+12=0$

$(x-3)(x-4)=0$ $\quad\therefore x=3$ 또는 $x=4$

0628

답 ④

이차함수 $y=x^2+ax$의 그래프와 직선 $y=x+b$의 두 교점의 x좌표가 -1, 6이므로 -1, 6은 이차방정식 $x^2+ax=x+b$, 즉 $x^2+(a-1)x-b=0$의 두 근이다.

따라서 이차방정식의 근과 계수의 관계에 의하여

$-1+6=-(a-1)$, $-1\times6=-b$이므로

$a=-4$, $b=6$

$\therefore a+b=-4+6=2$

0629

답 -38

이차함수 $y=-2x^2-x+5$의 그래프와 직선 $y=ax+b$의 두 교점의 x좌표가 -4, 5이므로 -4, 5는 이차방정식 $-2x^2-x+5=ax+b$, 즉 $2x^2+(a+1)x+b-5=0$의 두 근이다.
따라서 이차방정식의 근과 계수의 관계에 의하여
$-4+5=-\frac{a+1}{2}$, $-4\times5=\frac{b-5}{2}$이므로
$a=-3$, $b=-35$
$\therefore a+b=-3+(-35)=-38$

0630

답 14

이차함수 $f(x)=2x^2+6x-1$의 그래프가 직선 $y=ax-3$과 서로 다른 두 점 $(x_1, f(x_1))$, $(x_2, f(x_2))$에서 만나므로 x_1, x_2는 이차방정식 $2x^2+6x-1=ax-3$, 즉 $2x^2+(6-a)x+2=0$의 두 근이다.
따라서 이차방정식의 근과 계수의 관계에 의하여
$x_1+x_2=-\frac{6-a}{2}$
이때 $x_1+x_2=4$이므로
$-\frac{6-a}{2}=4 \qquad \therefore a=14$

0631

답 ②

곡선 $y=2x^2-5x+a$와 직선 $y=x+12$의 두 교점의 x좌표를 각각 α, β라 하면 α, β는 이차방정식 $2x^2-5x+a=x+12$,
즉 $2x^2-6x+a-12=0$의 두 근이다.
따라서 이차방정식의 근과 계수의 관계에 의하여
$\alpha\beta=\frac{a-12}{2}$
이때 두 교점의 x좌표의 곱이 -4, 즉 $\alpha\beta=-4$이므로
$\frac{a-12}{2}=-4 \qquad \therefore a=4$

0632

답 2

이차함수 $y=x^2-x+1$의 그래프와 직선 $y=mx$의 두 교점의 x좌표의 차가 $\sqrt{5}$이므로 이차방정식 $x^2-x+1=mx$
즉, $x^2-(m+1)x+1=0$의 두 근의 차가 $\sqrt{5}$이다.
이차방정식의 두 근을 α, β라 하면
$|\alpha-\beta|=\sqrt{5}$ ...... ㉠
이차방정식의 근과 계수의 관계에 의하여
$\alpha+\beta=m+1$, $\alpha\beta=1$ ...... ㉡
㉠의 양변을 제곱하면 $(\alpha-\beta)^2=5$에서
$(\alpha+\beta)^2-4\alpha\beta=5$ ...... ㉢
㉡을 ㉢에 대입하면 $(m+1)^2-4=5$
$m^2+2m-8=0$, $(m+4)(m-2)=0$
$\therefore m=2$ ($\because m>0$)

0633

답 ②

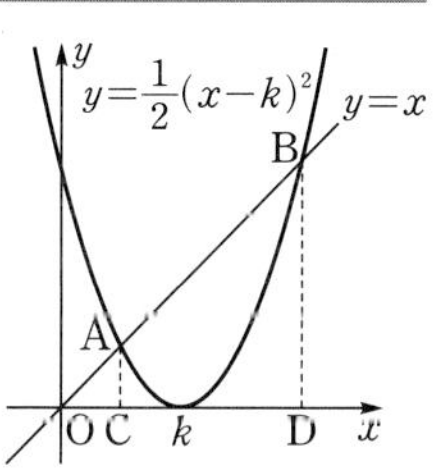

점 C의 좌표를 $(\alpha, 0)$이라 하면
선분 CD의 길이는 6이므로
점 D의 좌표는 $(\alpha+6, 0)$이다.
직선 $y=x$ 위의 두 점 $A(\alpha, \alpha)$, $B(\alpha+6, \alpha+6)$은 이차함수 $y=\frac{1}{2}(x-k)^2$의 그래프와 직선 $y=x$의 교점이므로 α, $\alpha+6$은 이차방정식 $\frac{1}{2}(x-k)^2=x$, 즉 $x^2-2(k+1)x+k^2=0$의 두 근이다.
따라서 이차방정식의 근과 계수의 관계에 의하여
$\alpha+(\alpha+6)=2(k+1) \qquad \therefore \alpha=k-2$ ...... ㉠
$\alpha(\alpha+6)=k^2$ ...... ㉡
㉠을 ㉡에 대입하면
$(k-2)(k+4)=k^2$, $2k-8=0 \qquad \therefore k=4$

0634

답 -20

이차함수 $y=x^2+px+q$의 그래프와 직선 $y=-2x+5$의 두 교점 중 한 점의 x좌표가 $3-\sqrt{2}$이므로 $3-\sqrt{2}$는 이차방정식 $x^2+px+q=-2x+5$, 즉 $x^2+(p+2)x+q-5=0$의 한 근이다.
.... ❶
이때 이차방정식 $x^2+(p+2)x+q-5=0$의 계수가 모두 유리수이고 한 근이 $3-\sqrt{2}$이므로 다른 한 근은 $3+\sqrt{2}$이다.
.... ❷
따라서 이차방정식의 근과 계수의 관계에 의하여
$(3-\sqrt{2})+(3+\sqrt{2})=-(p+2)$,
$(3-\sqrt{2})(3+\sqrt{2})=q-5$
이므로 $6=-p-2$, $7=q-5$
$\therefore p=-8$, $q=12$
.... ❸
$\therefore p-q=-8-12=-20$
.... ❹

채점 기준	배점
❶ $3-\sqrt{2}$를 한 근으로 갖는 이차방정식 세우기	30%
❷ 이차방정식의 다른 한 근이 $3+\sqrt{2}$임을 알기	30%
❸ p, q의 값 구하기	30%
❹ $p-q$의 값 구하기	10%

0635

답 4

원점을 지나는 직선 l의 방정식을 $y=ax$ $(a<0)$라 하면
이차함수 $y=-x^2$의 그래프와 직선 $y=ax$의 교점의 x좌표는 이차방정식 $-x^2=ax$, 즉 $x^2+ax=0$의 두 근이다.
$x^2+ax=x(x+a)=0$에서 $x=0$ 또는 $x=-a$
$\therefore A(-a, -a^2)$

이때 $\overline{OA}:\overline{OB}=4:1$에서 $\overline{OB}=\frac{1}{4}\overline{OA}$이므로 두 점 A, B에서 x축에 내린 수선의 발을 각각 A′, B′이라 하면 두 삼각형 OAA′, OBB′은 서로 닮음이고, 닮음비가 4 : 1이다.

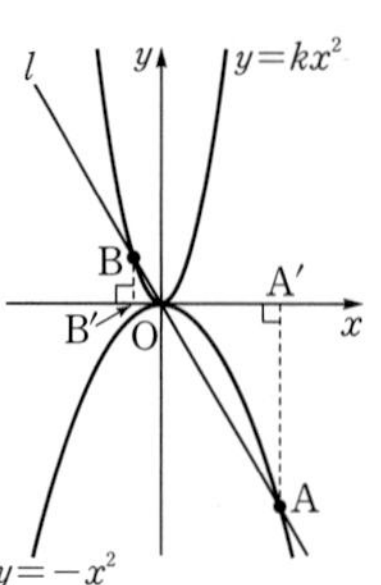

따라서 점 B의 좌표는 $\left(\frac{1}{4}a,\ \frac{1}{4}a^2\right)$이고,

이를 $y=kx^2$에 대입하면

$\frac{1}{4}a^2=k\times\left(\frac{1}{4}a\right)^2$, $\frac{1}{4}a^2=k\times\frac{1}{16}a^2$

$\frac{k}{16}=\frac{1}{4}$ $\quad\therefore k=4$

유형 05 이차함수의 그래프와 직선의 위치 관계

확인 문제 (1) 만나지 않는다. (2) 서로 다른 두 점에서 만난다. (3) 한 점에서 만난다.

(1) $y=x^2-3x-2$, $y=x-7$에서 이차방정식
$x^2-3x-2=x-7$, 즉 $x^2-4x+5=0$의 판별식을 D라 하면
$\frac{D}{4}=(-2)^2-5=-1<0$
따라서 만나지 않는다.

(2) $y=x^2+2x-1$, $y=-3x+4$에서 이차방정식
$x^2+2x-1=-3x+4$, 즉 $x^2+5x-5=0$의 판별식을 D라 하면
$D=5^2-4\times(-5)=45>0$
따라서 서로 다른 두 점에서 만난다.

(3) $y=-x^2+6x+1$, $y=2x+5$에서 이차방정식
$-x^2+6x+1=2x+5$, 즉 $x^2-4x+4=0$의 판별식을 D라 하면
$\frac{D}{4}=(-2)^2-4=0$
따라서 한 점에서 만난다.

0636

답 ⑤

이차함수 $y=x^2+kx+3$의 그래프와 직선 $y=2x-1$이 접하므로 이차방정식 $x^2+kx+3=2x-1$, 즉 $x^2+(k-2)x+4=0$의 판별식을 D라 하면

$D=(k-2)^2-4\times4=0$

$k^2-4k-12=0$, $(k+2)(k-6)=0$

$\therefore k=-2$ 또는 $k=6$

따라서 모든 실수 k의 값의 합은

$-2+6=4$

0637

답 $k>-\frac{49}{4}$

이차함수 $y=x^2-6x$의 그래프와 직선 $y=x+k$가 서로 다른 두 점에서 만나므로 이차방정식 $x^2-6x=x+k$, 즉 $x^2-7x-k=0$의 판별식을 D라 하면

$D=(-7)^2-4\times(-k)>0$

$49+4k>0$ $\quad\therefore k>-\frac{49}{4}$

0638

답 $m\geq-\frac{1}{2}$

이차함수 $y=x^2+4mx+4m^2$의 그래프와 직선 $y=-2x+1$이 적어도 한 점에서 만나려면 이차방정식

$x^2+4mx+4m^2=-2x+1$, 즉 $x^2+2(2m+1)x+4m^2-1=0$이 실근을 가져야 한다.

따라서 이차방정식 $x^2+2(2m+1)x+4m^2-1=0$의 판별식을 D라 하면

$\frac{D}{4}=(2m+1)^2-(4m^2-1)\geq0$

$4m+2\geq0$ $\quad\therefore m\geq-\frac{1}{2}$

0639

답 ④

이차함수 $y=x^2+5x+9$의 그래프와 직선 $y=x+k$가 만나지 않아야 하므로 이차방정식 $x^2+5x+9=x+k$, 즉 $x^2+4x+9-k=0$의 판별식을 D라 하면

$\frac{D}{4}=2^2-(9-k)<0$, $-5+k<0$ $\quad\therefore k<5$

따라서 이차함수의 그래프와 직선이 만나지 않도록 하는 자연수 k는 1, 2, 3, 4의 4개이다.

0640

답 -1

이차함수 $y=x^2-2kx+2$의 그래프가 직선 $y=-x-k^2$보다 항상 위쪽에 있으려면 이차함수의 그래프와 직선이 만나지 않아야 한다.

따라서 이차방정식 $x^2-2kx+2=-x-k^2$, 즉

$x^2-(2k-1)x+k^2+2=0$의 판별식을 D라 하면

$D=\{-(2k-1)\}^2-4\times(k^2+2)<0$

……… ❶

$-4k-7<0$ $\quad\therefore k>-\frac{7}{4}$

……… ❷

따라서 정수 k의 최솟값은 -1이다.

……… ❸

채점 기준	배점
❶ 주어진 이차함수의 그래프가 직선보다 항상 위쪽에 있도록 하는 조건 구하기	60%
❷ k의 값의 범위 구하기	20%
❸ 정수 k의 최솟값 구하기	20%

0641

답 24

이차함수 $y=x^2+ax+b$의 그래프와 직선 $y=-x+4$가 접하므로 이차방정식 $x^2+ax+b=-x+4$, 즉 $x^2+(a+1)x+b-4=0$의 판별식을 D_1이라 하면

$D_1=(a+1)^2-4(b-4)=0$

$\therefore a^2+2a-4b+17=0$ $\quad\cdots\cdots$ ㉠

이차함수 $y=x^2+ax+b$의 그래프와 직선 $y=5x+7$이 접하므로 이차방정식 $x^2+ax+b=5x+7$, 즉 $x^2+(a-5)x+b-7=0$의 판별식을 D_2라 하면

$D_2=(a-5)^2-4(b-7)=0$

$\therefore a^2-10a-4b+53=0$ ...... ㉡

㉠−㉡을 하면 $12a-36=0$ $\quad\therefore a=3$

$a=3$을 ㉠에 대입하면

$9+6-4b+17=0,\ 4b=32$ $\quad\therefore b=8$

$\therefore ab=3\times8=24$

0642

답 10

직선 $y=2x+k$가 이차함수 $y=x^2-3x+1$의 그래프와 서로 다른 두 점에서 만나므로 이차방정식 $x^2-3x+1=2x+k$, 즉 $x^2-5x+1-k=0$의 판별식을 D_1이라 하면

$D_1=(-5)^2-4(1-k)>0$

$21+4k>0$ $\quad\therefore k>-\dfrac{21}{4}$ $\quad\therefore a=-\dfrac{21}{4}$

직선 $y=2x+k$가 이차함수 $y=x^2+3x+5$의 그래프와 만나지 않으므로 이차방정식 $x^2+3x+5=2x+k$, 즉 $x^2+x+5-k=0$의 판별식을 D_2라 하면

$D_2=1^2-4(5-k)<0$

$-19+4k<0$ $\quad\therefore k<\dfrac{19}{4}$ $\quad\therefore b=\dfrac{19}{4}$

$\therefore b-a=\dfrac{19}{4}-\left(-\dfrac{21}{4}\right)=10$

0643

답 12

x에 대한 이차함수 $y=x^2-2ax+a^2+2$의 그래프와 직선 $y=2x-k$가 서로 다른 두 점에서 만나므로 이차방정식 $x^2-2ax+a^2+2=2x-k$, 즉 $x^2-2(a+1)x+(a^2+2+k)=0$의 판별식을 D라 하면

$\dfrac{D}{4}=\{-(a+1)\}^2-(a^2+2+k)>0$

$2a-1-k>0$ $\quad\therefore k<2a-1$

즉, k는 $2a-1$보다 작은 자연수이므로 조건을 만족시키는 모든 자연수 k의 개수 $\langle a\rangle$는

(i) $a=1$일 때, $k<1$에서 $<1>=0$

(ii) $a=2$일 때, $k<3$에서 $<2>=2$

(iii) $a=3$일 때, $k<5$에서 $<3>=4$

(iv) $a=4$일 때, $k<7$에서 $<4>=6$

(i)~(iv)에서

$<1>+<2>+<3>+<4>=0+2+4+6=12$

유형 06 이차함수의 그래프에 접하는 직선의 방정식

0644

답 ④

직선 $y=ax+b$가 직선 $y=3x+2$에 평행하므로

$a=3$

직선 $y=3x+b$가 이차함수 $y=x^2-3x+1$의 그래프와 접하므로 이차방정식 $x^2-3x+1=3x+b$, 즉 $x^2-6x+1-b=0$의 판별식을 D라 하면

$\dfrac{D}{4}=(-3)^2-(1-b)=0,\ 8+b=0$ $\quad\therefore b=-8$

$\therefore a-b=3-(-8)=11$

참고

두 직선 $y=ax+b$, $y=a'x+b'$이 서로 평행하면 $a=a'$, $b\neq b'$이다.

0645

답 −2

직선 $y=-x+m$을 y축의 방향으로 $-3m$만큼 평행이동한 직선의 방정식은

$y=-x+m-3m=-x-2m$

직선 $y=-x-2m$이 이차함수 $y=x^2-3x+5$의 그래프와 접하므로 이차방정식 $x^2-3x+5=-x-2m$, 즉 $x^2-2x+5+2m=0$의 판별식을 D라 하면

$\dfrac{D}{4}=(-1)^2-(5+2m)=0$

$-4-2m=0$ $\quad\therefore m=-2$

0646

답 ⑤

기울기가 -2이고 y절편이 3 이상인 직선의 방정식을 $y=-2x+b\ (b\geq3)$라 하자.

이차함수 $y=-x^2+2kx-k^2$의 그래프와 직선 $y=-2x+b$가 한 점에서 만나므로 이차방정식 $-x^2+2kx-k^2=-2x+b$, 즉 $x^2-2(k+1)x+k^2+b=0$의 판별식을 D라 하면

$\dfrac{D}{4}=\{-(k+1)\}^2-(k^2+b)=0$

$2k+1-b=0$ $\quad\therefore b=2k+1$

이때 $b\geq3$이므로 $2k+1\geq3$ $\quad\therefore k\geq1$

0647

답 ③

점 $(-2,\ 3)$을 지나는 직선의 방정식을 $y=a(x+2)+3$이라 하자.

직선 $y=a(x+2)+3$이 이차함수 $y=-2x^2-x+2$의 그래프와 접하므로 이차방정식 $-2x^2-x+2=a(x+2)+3$, 즉 $2x^2+(a+1)x+2a+1=0$의 판별식을 D라 하면

$D=(a+1)^2-4\times2\times(2a+1)=0$

$a^2+2a+1-16a-8=0$ $\quad\therefore a^2-14a-7=0$

이차방정식 $a^2-14a-7=0$의 두 실근을 α, β라 하면

α, β는 두 직선의 기울기이므로 구하는 기울기의 곱은 이차방정식의 근과 계수의 관계에 의하여

$\alpha\beta=-7$

참고

이차방정식 $a^2-14a-7=0$의 판별식을 D'이라 하면

$\dfrac{D'}{4}=(-7)^2-1\times(-7)=56>0$

이므로 이차방정식 $a^2-14a-7=0$은 서로 다른 두 실근을 갖는다.

0648

답 $y=1$

구하는 직선의 방정식을 $y=mx+n$이라 하자.

직선 $y=mx+n$이 이차함수 $y=x^2-4ax+4a^2+1$의 그래프와 접하므로 이차방정식 $x^2-4ax+4a^2+1=mx+n$, 즉

$x^2-(4a+m)x+4a^2+1-n=0$의 판별식을 D라 하면

$D=\{-(4a+m)\}^2-4(4a^2+1-n)=0$

$\therefore 8ma+(m^2-4+4n)=0$ …… ㉠

…… ❶

이때 ㉠이 실수 a의 값에 관계없이 항상 성립하므로

$8m=0,\ m^2-4+4n=0 \qquad \therefore m=0,\ n=1$

따라서 구하는 직선의 방정식은

$y=1$

…… ❷

채점 기준	배점
❶ 직선이 이차함수 $y=x^2-4ax+4a^2+1$의 그래프와 항상 접하기 위한 조건을 이용하여 식 세우기	60%
❷ 조건을 만족시키는 직선의 방정식 구하기	40%

0649

답 -3

이차함수 $y=-x^2-2kx-k^2+k$의 그래프와

직선 $y=2ax+a^2-b+2$가 접하므로

이차방정식 $-x^2-2kx-k^2+k=2ax+a^2-b+2$, 즉

$x^2+2(a+k)x+k^2-k+a^2-b+2=0$의 판별식을 D라 하면

$\frac{D}{4}=(a+k)^2-(k^2-k+a^2-b+2)=0$

$\therefore (2a+1)k+b-2=0$ …… ㉠

이때 ㉠이 실수 k의 값에 관계없이 항상 성립하므로

$2a+1=0,\ b-2=0 \qquad \therefore a=-\frac{1}{2},\ b=2$

$\therefore 2a-b=2\times\left(-\frac{1}{2}\right)-2=-3$

유형 07 이차함수의 최대, 최소

확인 문제 (1) 최댓값: 없다., 최솟값: 6
(2) 최댓값: -1, 최솟값: 없다.
(3) 최댓값: 없다., 최솟값: -3
(4) 최댓값: 4, 최솟값: 없다.

(1) $y=(x+2)^2+6$은 $x=-2$에서 최솟값 6을 가지고, 최댓값은 없다.

(2) $y=-(x-1)^2-1$은 $x=1$에서 최댓값 -1을 가지고, 최솟값은 없다.

(3) $y=4x^2-3$은 $x=0$에서 최솟값 -3을 가지고, 최댓값은 없다.

(4) $y=-x^2+2x+3=-(x-1)^2+4$는 $x=1$에서 최댓값 4를 가지고, 최솟값은 없다.

0650

답 ③

이차함수 $y=x^2+2ax-a+b$가 $x=-1$에서 최솟값 -6을 가지므로

$x^2+2ax-a+b=(x+1)^2-6=x^2+2x-5$

$2a=2,\ -a+b=-5$이므로 $a=1,\ b=-4$

$\therefore a+b=1+(-4)=-3$

참고

x의 값의 범위가 실수 전체일 때, 이차함수 $f(x)=ax^2+bx+c$에 대하여
(i) $a>0$이면 $f(x)$는 최솟값을 가지고, 최댓값은 없다.
(ii) $a<0$이면 $f(x)$는 최댓값을 가지고, 최솟값은 없다.
즉, 이차함수 $y=x^2+2x-5$의 이차항의 계수가 양수이므로 최솟값을 구할 수 있다.

0651

답 -1

이차함수 $f(x)=ax^2+bx+c$가 $x=1$에서 최솟값 -3을 가지므로

$f(x)=a(x-1)^2-3$

$f(-1)=5$에서 $5=a(-1-1)^2-3$

$4a=8 \qquad \therefore a=2$

…… ❶

$f(x)=2(x-1)^2-3=2x^2-4x-1$

이므로 $b=-4,\ c=-1$

…… ❷

$\therefore 2a+b+c=2\times2+(-4)+(-1)=-1$

…… ❸

채점 기준	배점
❶ a의 값 구하기	50%
❷ b, c의 값 구하기	30%
❸ $2a+b+c$의 값 구하기	20%

0652

답 0

$f(x)=-x^2+2ax+2+a^2+4a=-(x-a)^2+2a^2+4a+2$이므로

$f(x)$는 $x=a$에서 최댓값 $2a^2+4a+2$를 갖는다.

$\therefore g(a)=2a^2+4a+2=2(a+1)^2$

따라서 $g(a)$는 $a=-1$에서 최솟값 0을 갖는다.

0653

답 ③

직선 $y=-x+a$가 이차함수 $y=x^2+bx+3$의 그래프와 접하므로 이차방정식 $x^2+bx+3=-x+a$, 즉 $x^2+(b+1)x+3-a=0$의 판별식을 D라 하면

$D=(b+1)^2-4(3-a)=0$

$(b+1)^2-12+4a=0 \qquad \therefore a=-\frac{1}{4}(b+1)^2+3$

따라서 실수 a는 $b=-1$에서 최댓값 3을 갖는다.

0654

답 $\frac{9}{4}$

방정식 $f(x)=g(x)$, 즉 $f(x)-g(x)=0$의 두 근이 1, 4이므로

$$\begin{aligned} f(x)-g(x) &= -x^2+ax+b-(mx+n) \\ &= -(x-1)(x-4) \\ &= -x^2+5x-4 \\ &= -\left(x-\frac{5}{2}\right)^2+\frac{9}{4} \end{aligned}$$

따라서 $f(x)-g(x)$는 $x=\frac{5}{2}$에서 최댓값 $\frac{9}{4}$를 갖는다.

0655

답 ⑤

(가)에서 $f(x)$는 $x=1$에서 최댓값 9를 가지므로

$f(x)=a(x-1)^2+9$ $(a<0)$라 하자.

(나)에서 직선 $2x-y+1=0$, 즉 $y=2x+1$의 기울기가 2이므로 이 직선과 평행한 직선의 기울기는 2이다.

따라서 기울기가 2이고 y절편이 9인 직선 $y=2x+9$가 곡선 $y=f(x)$에 접하므로 이차방정식 $a(x-1)^2+9=2x+9$, 즉 $ax^2-2(a+1)x+a=0$의 판별식을 D라 하면

$\frac{D}{4}=\{-(a+1)\}^2-a\times a=0$

$2a+1=0$ $\quad\therefore a=-\frac{1}{2}$

따라서 $f(x)=-\frac{1}{2}(x-1)^2+9$이므로

$f(2)=-\frac{1}{2}(2-1)^2+9=\frac{17}{2}$

0656

답 -7

(나)에서 이차함수 $f(x)$의 최댓값이 8이므로

$f(x)=a(x-m)^2+8$ $(a<0)$이라 하자.

(가)에서 $f(1)=4$이므로

$a(1-m)^2+8=4$, 즉 $a(1-m)^2=-4$ $\quad\cdots\cdots$ ㉠

❶

(다)의 방정식 $f(x)+10=0$에서 $a(x-m)^2+8+10=0$

즉, $ax^2-2amx+am^2+18=0$의 두 실근의 합이 10이므로

$\frac{2am}{a}=10$ $\quad\therefore m=5$

❷

$m=5$를 ㉠에 대입하면

$16a=-4$ $\quad\therefore a=-\frac{1}{4}$

❸

따라서 $f(x)=-\frac{1}{4}(x-5)^2+8$이므로 이차방정식

$-\frac{1}{4}(x-5)^2+8=0$, 즉 $x^2-10x-7=0$의 두 실근의 곱은 이차방정식의 근과 계수의 관계에 의하여 -7이다.

❹

채점 기준	배점
❶ (가), (나)를 이용하여 식 세우기	30%
❷ m의 값 구하기	30%
❸ a의 값 구하기	10%
❹ 이차방정식 $f(x)=0$의 두 실근의 곱 구하기	30%

유형 08 제한된 범위에서 이차함수의 최대, 최소

확인 문제 (1) 최댓값: 6, 최솟값: -3 (2) 최댓값: 13, 최솟값: -2

(1) $-1\le x\le 3$에서 $y=f(x)$의 그래프는 그림과 같고 $f(-1)=6$, $f(2)=-3$, $f(3)=-2$

따라서 $f(x)$는 $x=-1$에서 최댓값 6을 갖고, $x=2$에서 최솟값 -3을 갖는다.

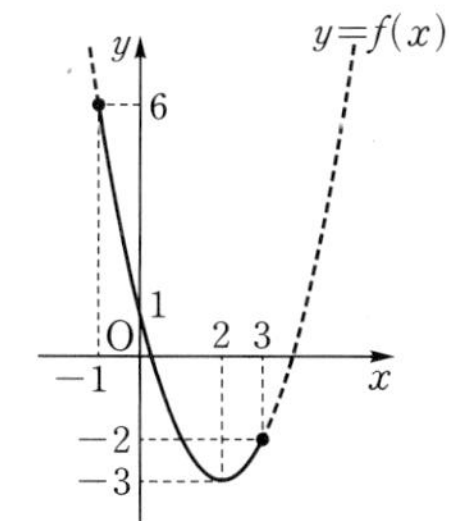

(2) $3\le x\le 6$에서 $y=f(x)$의 그래프는 그림과 같고 $f(3)=-2$, $f(6)=13$

따라서 $f(x)$는 $x=6$에서 최댓값 13을 갖고, $x=3$에서 최솟값 -2를 갖는다.

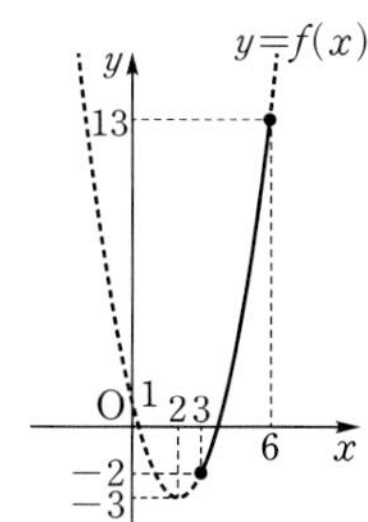

0657

답 ③

$f(x)=-3x^2-6x+k$

$\quad=-3(x+1)^2+3+k$

$-3\le x\le 0$에서 $y=f(x)$의 그래프는 그림과 같다.

따라서 $f(x)$는 $x=-1$에서 최댓값 $3+k$를 갖고, $x=-3$에서 최솟값 $-9+k$를 갖는다.

$f(x)$의 최솟값이 -6이므로

$-9+k=-6$ $\quad\therefore k=3$

따라서 $f(x)$의 최댓값은 $3+k=3+3=6$

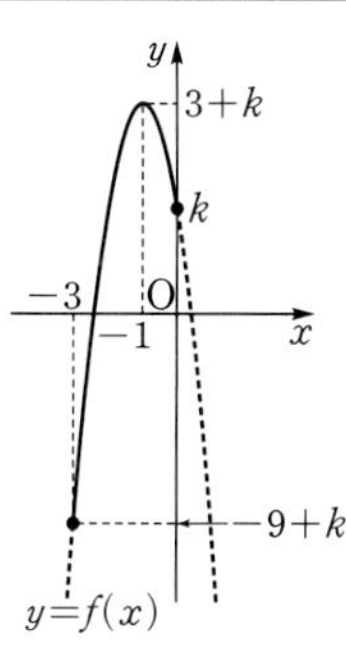

0658

답 8

$y=2x^2+4x+a=2(x+1)^2+a-2$

$-2\le x\le 1$에서 이차함수 $y=2x^2+4x+a$는 $x=1$에서 최댓값 $a+6$을 갖고 $x=-1$에서 최솟값 $a-2$를 갖는다.

따라서 구하는 차는

$(a+6)-(a-2)=8$

0659

답 ②

$f(x)=x^2+6x+k=(x+3)^2+k-9$

$-4\le x\le 1$에서 $f(x)$는 $x=-3$에서 최솟값 $k-9$를 갖고, $x=1$에서 최댓값 $k+7$을 갖는다.

$f(x)$가 $-4\le x\le 1$에서 $f(x)<2$를 만족시키려면

$k+7<2$ $\quad\therefore k<-5$

따라서 정수 k의 최댓값은 -6이다.

0660

답 ②

$f(x)=-x^2+2x-3=-(x-1)^2-2$

$a\geq 1$이면 $-3\leq x\leq a$에서 $f(x)$는 $x=1$일 때, 최댓값 -2를 갖는다.

따라서 $-3\leq x\leq a$에서 최댓값이 -6이려면 $-3<a<1$이어야 한다.

$-3\leq x\leq a$에서 $y=f(x)$의 그래프는 그림과 같다.

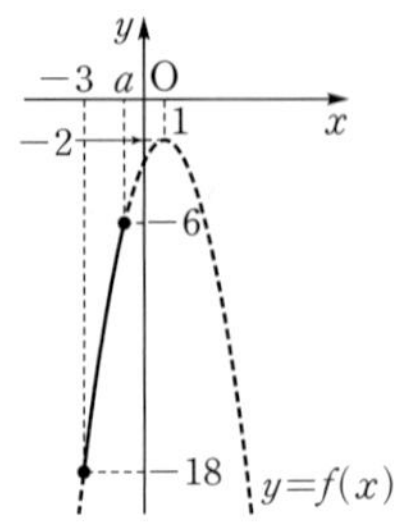

$f(-3)=-18$이므로 $f(x)$는 $x=-3$에서 최솟값을 갖고, $x=a$에서 최댓값을 갖는다.

따라서 $f(a)=-6$이므로

$-a^2+2a-3=-6$, $a^2-2a-3=0$

$(a-3)(a+1)=0$ $\quad\therefore a=-1$ ($\because a<1$)

0661

답 4

$f(x)=x^2+2x+4=(x+1)^2+3$

$0\leq x\leq 3$에서 $y=f(x)$의 그래프는 오른쪽 그림과 같다.

따라서 $f(x)$는 $x=3$에서 최댓값 19를 갖고, $x=0$에서 최솟값 4를 갖는다.

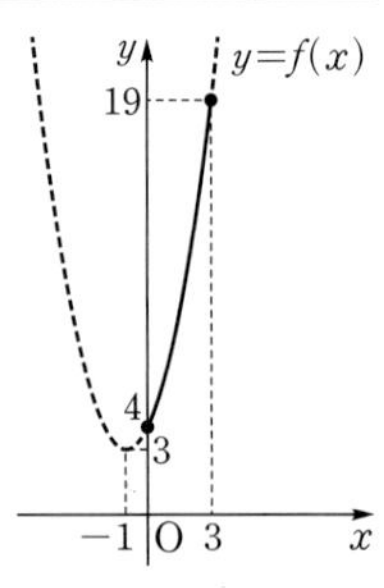

.... ❶

$g(x)=-x^2+8x+k$

$\quad=-(x-4)^2+k+16$

$0\leq x\leq 3$에서 $y=g(x)$의 그래프는 오른쪽 그림과 같다.

따라서 $g(x)$는 $x=3$에서 최댓값 $k+15$를 갖고, $x=0$에서 최솟값 k를 갖는다.

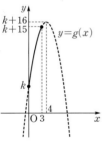

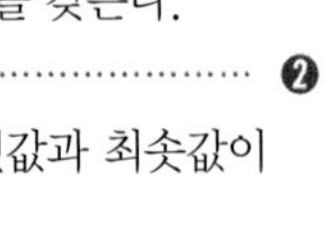

.... ❷

이때 $f(x)$와 $g(x)$의 최댓값과 최솟값이 각각 같으므로

$k+15=19$ $\quad\therefore k=4$

.... ❸

채점 기준	배점
❶ $f(x)=x^2+2x+4$로 놓고 $f(x)$의 최댓값과 최솟값 구하기	40%
❷ $g(x)=-x^2+8x+k$로 놓고 $g(x)$의 최댓값과 최솟값 구하기	40%
❸ $f(x)$와 $g(x)$의 최댓값과 최솟값이 각각 같음을 이용하여 k의 값 구하기	20%

0662

답 3

이차함수 $f(x)=ax^2+bx+5=a\left(x+\dfrac{b}{2a}\right)^2-\dfrac{b^2}{4a}+5$에서

꼭짓점의 x좌표는 $-\dfrac{b}{2a}$이다.

(가)에서 $a<0$, $b<0$이므로 $-\dfrac{b}{2a}<0$

즉, $1\leq x\leq 2$에서 이차함수 $y=f(x)$의 그래프는 그림과 같이 x의 값이 증가할 때 y의 값은 감소한다.

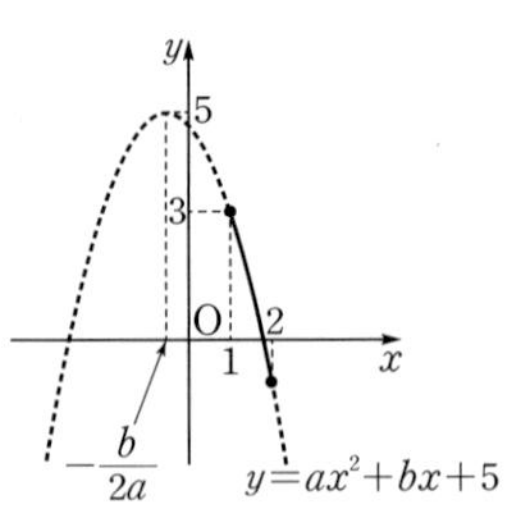

(나)에서 이차함수 $f(x)$는 $x=1$에서 최댓값 3을 가지므로

$f(1)=a+b+5=3$

$\therefore a+b=-2$

이때 a, b는 음의 정수이므로

$a=-1$, $b=-1$

따라서 $f(x)=-x^2-x+5$이므로

$f(-2)=-(-2)^2-(-2)+5=3$

0663

답 ⑤

$f(0)=5$이므로 이차함수 $f(x)$를 $f(x)=ax^2+bx+5$라 하면

$f(x+2)-f(x)=a(x+2)^2+b(x+2)+5-ax^2-bx-5$

$\qquad\qquad\qquad=4ax+4a+2b$

$4ax+4a+2b=16x+6$에서

$4a=16$, $4a+2b=6$ $\quad\therefore a=4$, $b=-5$

$\therefore f(x)=4x^2-5x+5=4\left(x-\dfrac{5}{8}\right)^2+\dfrac{55}{16}$

$-2\leq x\leq 1$에서 $f(x)$는

$x=-2$에서 최댓값을 갖고 이때 최댓값은

$M=f(-2)=4\times(-2)^2-5\times(-2)+5=31$

$x=\dfrac{5}{8}$에서 최솟값을 갖고 이때 최솟값은

$m=f\left(\dfrac{5}{8}\right)=\dfrac{55}{16}$

$\therefore M+16m=31+55=86$

유형 09 공통부분이 있는 함수의 최대, 최소 - 치환을 이용

0664

답 ⑤

$y=(x^2-2x+3)^2-6(x^2-2x+3)+2$에서

$x^2-2x+3=t$로 놓으면

$t=(x-1)^2+2$

$-1\leq x\leq 2$이므로 그림에서

$2\leq t\leq 6$

이때 주어진 함수는

$y=(x^2-2x+3)^2-6(x^2-2x+3)+2$

$\quad=t^2-6t+2$

$\quad=(t-3)^2-7$ $(2\leq t\leq 6)$

따라서 $t=3$일 때 최솟값은 -7이고, $t=6$일 때 최댓값은 2이므로

최댓값과 최솟값의 곱은

$-7\times 2=-14$

0665 　답 25

$y=(2x-1)^2-4(2x-1)+3$에서

$2x-1=t$로 놓으면

$1\le x\le 4$에서 $1\le t\le 7$

이때 주어진 함수는

$y=(2x-1)^2-4(2x-1)+3$

$=t^2-4t+3$

$=(t-2)^2-1\ (1\le t\le 7)$

따라서 $t=2$일 때 최솟값은 $m=-1$이고,

$t=7$일 때 최댓값은 $M=5^2-1=24$이므로

$M-m=24-(-1)=25$

다른 풀이

$y=(2x-1)^2-4(2x-1)+3=4\left(x-\frac{3}{2}\right)^2-1$

따라서 $1\le x\le 4$에서 $x=\frac{3}{2}$일 때 최솟값은 $m=-1$

$x=4$일 때 최댓값은 $M=4\times\left(\frac{5}{2}\right)^2-1=24$

$\therefore M-m=24-(-1)=25$

0666 　답 ④

$y=-2(x^2-6x+8)^2+4(x^2-6x)+k+20$에서

$x^2-6x+8=t$로 놓으면

$t=(x-3)^2-1\ge -1$

이때 주어진 함수는

$y=-2(x^2-6x+8)^2+4(x^2-6x)+k+20$

$=-2t^2+4(t-8)+k+20$

$=-2(t-1)^2+k-10\ (t\ge -1)$

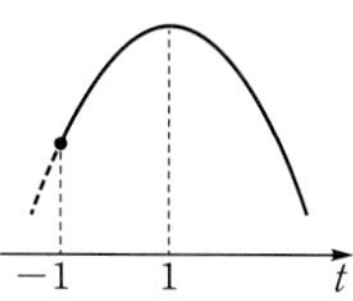

따라서 $t=1$일 때 최댓값은 $k-10$이므로

$k-10=3 \qquad \therefore k=13$

0667 　답 ①

$y=-(3x+4)^4+2(3x+4)^2+k$에서

$(3x+4)^2=t$로 놓으면 $t\ge 0$

$y=-t^2+2t+k$

$=-(t-1)^2+k+1\ (t\ge 0)$

따라서 $t=1$일 때 최댓값은 $k+1$이다.

$t=1$에서 $(3x+4)^2=1$

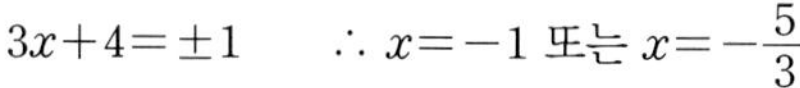

$3x+4=\pm 1 \qquad \therefore x=-1$ 또는 $x=-\frac{5}{3}$

이때 a는 정수이므로 $a=-1$

또한 최댓값은 3이므로

$k+1=3 \qquad \therefore k=2$

$\therefore a-k=-1-2=-3$

0668 　답 141

$f(x)=a(x^2+2x+4)^2+3a(x^2+2x+4)+b$에서

$x^2+2x+4=t$로 놓으면

$t=(x+1)^2+3>3$

$g(t)=at^2+3at+b$ 　…… ㉠

라 하면

$g(t)=a\left(t+\frac{3}{2}\right)^2-\frac{9}{4}a+b$

이므로 $t\ge 3$에서 $g(t)$가 최솟값을 가지려면 $a>0$이어야 한다.

이때 $g(t)$는 $t=3$일 때 최솟값이 37이므로 $g(3)=37$

따라서 ㉠에서 $g(3)=9a+9a+b=37$

$\therefore 18a+b=37$ 　…… ㉡

$x=-2$일 때, $t=(-2)^2+2\times(-2)+4=4$

즉, $f(-2)=g(4)=57$이므로 ㉠에서

$g(4)=16a+12a+b=57$

$\therefore 28a+b=57$ 　…… ㉢

㉡, ㉢을 연립하여 풀면 $a=2$, $b=1$

$\therefore g(t)=2t^2+6t+1$

따라서 $x=1$일 때, $t=1+2+4=7$이므로

$f(1)=g(7)=98+42+1=141$

유형 10 완전제곱식을 이용한 이차식의 최대, 최소

0669 　답 ④

$3x^2-12x+2y^2+4y+18=3(x-2)^2+2(y+1)^2+4$

이때 x, y가 실수이므로

$(x-2)^2\ge 0$, $(y+1)^2\ge 0$

$\therefore 3x^2-12x+2y^2+4y+18\ge 4$

따라서 주어진 식의 최솟값은 $x=2$, $y=-1$에서 4이다.

0670 　답 −7

$x^2+2y^2+3z^2+6x-8y+24z+58$

$=(x+3)^2+2(y-2)^2+3(z+4)^2-7$

이때 x, y, z가 실수이므로

$(x+3)^2\ge 0$, $(y-2)^2\ge 0$, $(z+4)^2\ge 0$

$\therefore x^2+2y^2+3z^2+6x-8y+24z+58\ge -7$

따라서 주어진 식의 최솟값은 $x=-3$, $y=2$, $z=-4$에서 -7이다.

0671 　답 14

$2x^2-2xy+y^2+3y+k$

$=\frac{1}{2}(4x^2-4xy+2y^2+6y)+k$

$=\frac{1}{2}\{(4x^2-4xy+y^2)+(y^2+6y+9)-9\}+k$

$=\frac{1}{2}\{(2x-y)^2+(y+3)^2\}+k-\frac{9}{2}$

이때 x, y가 실수이므로
$(2x-y)^2 \ge 0$, $(y+3)^2 \ge 0$

$\therefore 2x^2-2xy+y^2+3y+k \ge k-\frac{9}{2}$

…… ❶

즉, $2x^2-2xy+y^2+3y+k$는 $2x-y=0$, $y+3=0$일 때 최솟값 $\frac{1}{2}$을 가지므로

$2\alpha-\beta=0$, $\beta+3=0$, $k-\frac{9}{2}=\frac{1}{2}$

따라서 $\alpha=-\frac{3}{2}$, $\beta=-3$, $k=5$이므로

$2\alpha\beta+k=2\times\left(-\frac{3}{2}\right)\times(-3)+5=14$

…… ❷

채점 기준	배점
❶ $2x^2-2xy+y^2+3y+k$의 값의 범위 구하기	50%
❷ $2\alpha\beta+k$의 값 구하기	50%

0672

답 ⑤

$x^2+4x=t$로 놓으면
$(x^2+4x)^2-(x^2+4x)y+y^2-3y+k$
$=t^2-ty+y^2-3y+k$
$=\left(t-\frac{1}{2}y\right)^2+\frac{3}{4}y^2-3y+k$
$=\left(t-\frac{1}{2}y\right)^2+\frac{3}{4}(y-2)^2+k-3$
이때 t, y가 실수이므로
$\left(t-\frac{1}{2}y\right)^2 \ge 0$, $(y-2)^2 \ge 0$
$\therefore (x^2+4x)^2-(x^2+4x)y+y^2-3y+k \ge k-3$
따라서 최솟값이 19이므로
$k-3=19$에서 $k=22$

유형 11 조건을 만족시키는 이차식의 최대, 최소

0673

답 $-\frac{7}{2}$

$x-y+1=0$에서 $x=y-1$
$\therefore x^2+y^2-4y=(y-1)^2+y^2-4y$
$=2y^2-6y+1$
$=2\left(y-\frac{3}{2}\right)^2-\frac{7}{2}$

따라서 x^2+y^2-4y는 $y=\frac{3}{2}$에서 최솟값 $-\frac{7}{2}$을 갖는다.

0674

답 6

$a-2b=4$에서 $b=\frac{1}{2}a-2$

…… ❶

$\therefore ab=a\left(\frac{1}{2}a-2\right)=\frac{1}{2}(a-2)^2-2$

…… ❷

이때 ab는 $-2 \le a \le 0$에서 $a=-2$일 때 최댓값 6을 갖고, $a=0$일 때 최솟값 0을 갖는다.
따라서 ab의 최댓값과 최솟값의 합은
$6+0=6$

…… ❸

채점 기준	배점
❶ b를 a에 대한 식으로 나타내기	20%
❷ ab를 a에 대한 이차식으로 나타내기	30%
❸ ab의 최댓값과 최솟값의 합 구하기	50%

0675

답 $\frac{9}{10}$

점 $\mathrm{P}(a, b)$가 직선 $3x+y-3=0$ 위의 점이므로
$3a+b-3=0$ $\quad\therefore b=-3a+3$
$a^2+b^2=a^2+(-3a+3)^2$
$=10a^2-18a+9$
$=10\left(a-\frac{9}{10}\right)^2+\frac{9}{10}$
따라서 a^2+b^2은 $a=\frac{9}{10}$에서 최솟값 $\frac{9}{10}$를 갖는다.

0676

답 16

점 A는 이차함수 $y=x^2-4x+3$의 그래프와 y축의 교점이므로 $\mathrm{A}(0, 3)$
두 점 B, C는 이차함수 $y=x^2-4x+3$의 그래프와 x축의 교점이므로
$x^2-4x+3=0$, $(x-1)(x-3)=0$
$\therefore x=1$ 또는 $x=3$
$\therefore \mathrm{B}(1, 0)$, $\mathrm{C}(3, 0)$
점 $\mathrm{P}(a, b)$가 이차함수 $y=x^2-4x+3$의 그래프 위의 점이므로
$b=a^2-4a+3$
이때 점 P가 점 $\mathrm{A}(0, 3)$에서 점 $\mathrm{C}(3, 0)$까지 움직이므로
$0 \le a \le 3$
$\therefore a^2+b+3=a^2+(a^2-4a+3)+3$
$=2a^2-4a+6$
$=2(a-1)^2+4\ (0 \le a \le 3)$
따라서 a^2+b+3은 $0 \le a \le 3$에서 $a=3$일 때 최댓값 12를 갖고, $a=1$일 때 최솟값 4를 가지므로 구하는 합은
$12+4=16$

0677

답 $-\frac{13}{4}$

이차방정식 $x^2+2(a-2)x+a^2+a+2=0$이 서로 다른 두 실근 α, β를 가지므로 이차방정식의 판별식을 D라 하면
$\frac{D}{4}=(a-2)^2-(a^2+a+2)>0$
$-5a+2>0$ $\quad\therefore a<\frac{2}{5}$

이차방정식의 근과 계수의 관계에 의하여

$\alpha+\beta=-2(a-2),\ \alpha\beta=a^2+a+2$

$\therefore (\alpha-1)(\beta-1)=\alpha\beta-(\alpha+\beta)+1$

$=a^2+a+2+2(a-2)+1$

$=a^2+3a-1$

$=\left(a+\frac{3}{2}\right)^2-\frac{13}{4}$

따라서 $(\alpha-1)(\beta-1)$은 $a<\frac{2}{5}$에서 $a=-\frac{3}{2}$일 때 최솟값 $-\frac{13}{4}$을 갖는다.

0678

답 ④

점 $P(a, b)$는 직선 $y=-\frac{1}{4}x+1$ 위의 점이므로

$b=-\frac{1}{4}a+1$

두 점 A, B의 좌표는 각각 $A(0, 1)$, $B(4, 0)$

이때 점 $P(a, b)$는 점 A에서 점 B까지 움직이므로 $0\le a\le 4$

$\therefore a^2+8b=a^2+8\left(-\frac{1}{4}a+1\right)$

$=a^2-2a+8$

$=(a-1)^2+7\ (0\le a\le 4)$

따라서 a^2+8b는 $0\le a\le 4$에서 $a=1$일 때 최솟값 7을 갖는다.

참고

아래로 볼록한 이차함수 $y=(a-1)^2+7$이 $a=1$에 대하여 대칭이므로 $0\le a\le 4$에서 $a=1$에서 가장 멀리 떨어진 $a=4$일 때 최댓값을 가지고, $a=1$일 때 최솟값을 가진다.

유형 12 이차함수의 최대, 최소의 활용

0679

답 ③

이차함수 $y=-x^2+4$의 그래프가 x축과 만나는 점의 x좌표는 -2, 2이므로 점 B의 좌표를 $(a, 0)$ $(0<a<2)$이라 하면

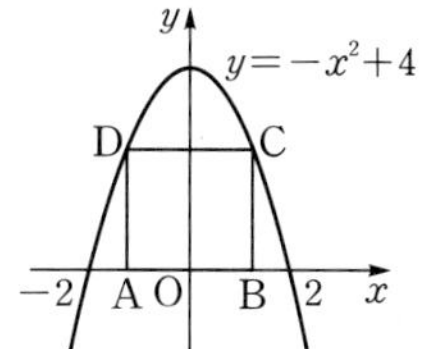

$C(a, -a^2+4)$

$\therefore \overline{AB}=2a,\ \overline{BC}=-a^2+4$

따라서 직사각형 ABCD의 둘레의 길이는

$2(-a^2+2a+4)=-2(a-1)^2+10$

이때 $0<a<2$이므로 $a=1$에서 최댓값 10을 갖는다.

따라서 직사각형 ABCD의 둘레의 길이의 최댓값은 10이다.

0680

답 450원

사과 한 개의 가격이 $(800-x)$원일 때 하루 판매량은 $(100+x)$ $(0\le x\le 800)$개이므로 사과의 하루 판매액을 y원이라 하면

$y=(800-x)(100+x)$

$=-x^2+700x+80000$

$=-(x-350)^2+202500$

따라서 $x=350$에서 사과의 하루 판매액이 최대가 되므로 이때의 사과 한 개의 가격은

$800-350=450$(원)

0681

답 ③

$\overline{AP}=\frac{\sqrt{3}}{2}\times 2=\sqrt{3}$이고, $\overline{PQ}=x$이므로

$\overline{AQ}=\sqrt{3}-x,\ \overline{BQ}^2=\overline{CQ}^2=1^2+x^2$

$\therefore \overline{AQ}^2+\overline{BQ}^2+\overline{CQ}^2=(\sqrt{3}-x)^2+2(1+x^2)$

$=3x^2-2\sqrt{3}x+5$

$=3\left(x^2-\frac{2}{3}\sqrt{3}x\right)+5$

$=3\left(x-\frac{\sqrt{3}}{3}\right)^2+4$

따라서 $\overline{AQ}^2+\overline{BQ}^2+\overline{CQ}^2$은 $x=\frac{\sqrt{3}}{3}$에서 최솟값 4를 가지므로

$a=\frac{\sqrt{3}}{3},\ m=4 \qquad \therefore \frac{m}{a}=4\times\frac{3}{\sqrt{3}}=4\sqrt{3}$

0682

답 39 m

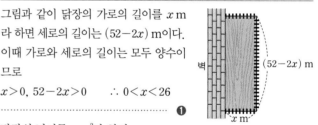

그림과 같이 닭장의 가로의 길이를 x m라 하면 세로의 길이는 $(52-2x)$ m이다.

이때 가로와 세로의 길이는 모두 양수이므로

$x>0,\ 52-2x>0 \qquad \therefore 0<x<26$

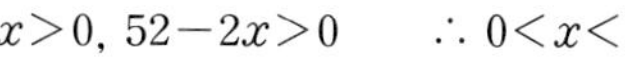
❶

닭장의 넓이를 y m²라 하면

$y=x(52-2x)=-2x^2+52x$

$=-2(x-13)^2+338$

❷

이때 $0<x<26$이므로 닭장의 넓이는 $x=13$에서 최댓값 338을 갖는다.

따라서 가로의 길이는 13 m, 세로의 길이는 $52-2\times 13=26$(m)일 때 닭장의 넓이가 최대가 되므로 닭장의 가로의 길이와 세로의 길이의 합은

$13+26=39$(m)

❸

채점 기준	배점
❶ 닭장의 가로의 길이의 범위 구하기	40%
❷ 닭장의 넓이를 이차식으로 나타내기	40%
❸ 닭장의 넓이가 최대가 될 때 가로와 세로의 길이의 합 구하기	20%

0683

답 $\frac{121}{3}\pi$

t초 후 원뿔의 밑면의 넓이는 $(t+9)\pi$이고 높이는 $13-t$이다.

이때 높이는 양수이므로 $0<t<13$

원뿔의 부피를 V라 하면

$V=\frac{1}{3}\times(t+9)\pi\times(13-t)$

$=\frac{\pi}{3}(-t^2+4t+117)$

$=-\frac{\pi}{3}(t-2)^2+\frac{121}{3}\pi$

따라서 원뿔의 부피는 $0<t<13$에서 $t=2$일 때 최댓값 $\frac{121}{3}\pi$를 가지므로 원뿔의 부피의 최댓값은 $\frac{121}{3}\pi$이다.

0684

답 4 cm

그림과 같이 직사각형의 세로의 길이를 x cm라 하면 가로의 길이는 $(16-2x)$ cm이다.

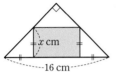

이때 가로와 세로의 길이는 모두 양수이므로 $x>0$, $16-2x>0$ $\quad\therefore 0<x<8$

직사각형의 넓이를 y cm^{2}라 하면

$y=x(16-2x)$

$=-2x^2+16x$

$=-2(x-4)^2+32$

이때 직사각형의 넓이는 $0<x<8$에서 $x=4$일 때 최댓값 32를 갖는다.

따라서 직사각형의 넓이가 최대일 때 직사각형의 세로의 길이는 4 cm이고 가로의 길이는 $16-2\times4=8$(cm)이므로 가로의 길이와 세로의 길이의 차는

$8-4=4$(cm)

0685

답 ⑤

l_1: $y=2x+1$, l_2: $y=-x+4$

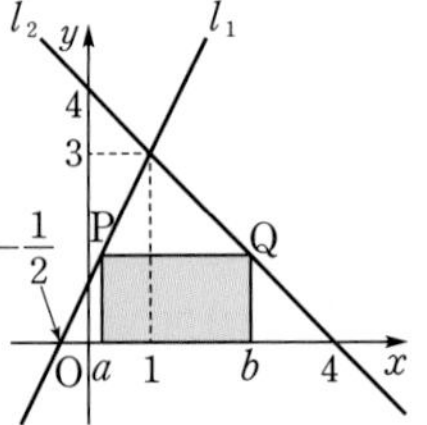

그림과 같이 직선 l_1 위의 직사각형의 꼭짓점을 P, 직선 l_2 위의 직사각형의 꼭짓점을 Q라 하고 두 점 P, Q의 x좌표를 각각 a, b $\left(-\frac{1}{2}<a<1,\ 1<b<4\right)$라 하면

P$(a,\ 2a+1)$, Q$(b,\ -b+4)$

이때 선분 PQ는 x축과 서로 평행하므로

두 점 P, Q의 y좌표는 같다.

즉, $2a+1=-b+4$에서 $b=-2a+3$이므로

$\overline{PQ}=b-a=(-2a+3)-a=-3a+3$

따라서 직사각형의 넓이를 S라 하면

$S=\overline{PQ}\times$(점 P의 y좌표)

$=(-3a+3)(2a+1)$

$=-6a^2+3a+3$

$=-6\left(a-\frac{1}{4}\right)^2+\frac{27}{8}$

따라서 직사각형의 넓이는 $-\frac{1}{2}<a<1$에서 $a=\frac{1}{4}$일 때 최댓값 $\frac{27}{8}$을 가지므로 직사각형의 넓이의 최댓값은 $\frac{27}{8}$이다.

내신 잡는 종합 문제

0686

답 ②

점 $(a,\ b)$가 이차함수 $y=x^2-3x+3$의 그래프 위의 점이므로

$b=a^2-3a+3$

$\therefore 3a^2-2b-6=3a^2-2(a^2-3a+3)-6$

$=a^2+6a-12$

$=(a+3)^2-21$

따라서 $3a^2-2b-6$은 $a=-3$에서 최솟값 -21을 갖는다.

0687

답 ②

이차함수 $y=f(x)$의 그래프가 x축과 서로 다른 두 점 $(-3,\ 0)$, $(2,\ 0)$에서 만나므로

$f(x)=a(x+3)(x-2)$ $(a<0)$라 하자.

이차방정식 $f(x)=0$에 x 대신 $3x+1$을 대입하면

$f(3x+1)=a(3x+4)(3x-1)=0$

따라서 $f(3x+1)=0$의 두 근은 $x=-\frac{4}{3}$ 또는 $x=\frac{1}{3}$이므로

두 근의 합은 $-\frac{4}{3}+\frac{1}{3}=-1$

다른 풀이

$f(x)=0$의 두 근이 -3, 2이므로

$f(-3)=0$, $f(2)=0$

$f(3x+1)=0$을 만족시키는 x의 값은

$3x+1=-3$, $3x+1=2$에서 $x=-\frac{4}{3}$ 또는 $x=\frac{1}{3}$

따라서 $f(3x+1)=0$의 두 근의 합은

$-\frac{4}{3}+\frac{1}{3}=-1$

0688

답 ②

이차함수 $y=x^2+2(a-k)x+k^2+4k+b$의 그래프가 x축에 접하므로 이차방정식 $x^2+2(a-k)x+k^2+4k+b=0$의 판별식을 D라 하면

$\frac{D}{4}=(a-k)^2-(k^2+4k+b)=0$

$a^2-2ak+k^2-k^2-4k-b=0$

$\therefore (-2a-4)k+a^2-b=0$ $\quad\cdots\cdots$ ㉠

㉠이 실수 k의 값에 관계없이 항상 성립해야 하므로

$-2a-4=0$, $a^2-b=0$ $\quad\therefore a=-2$, $b=4$

$\therefore b-a=4-(-2)=6$

0689

답 -16

$y=ax^2+bx+c$의 그래프가 점 $(0,\ -2)$를 지나므로

$c=-2$ $\quad\therefore y=ax^2+bx-2$

$y=ax^2+bx-2$의 그래프가 점 $(-1+\sqrt{2},\ 0)$을 지나므로

$-1+\sqrt{2}$는 이차방정식 $ax^2+bx-2=0$의 한 근이다.

이때 이차방정식 $ax^2+bx-2=0$의 계수가 모두 유리수이고 한 근이 $-1+\sqrt{2}$이므로 다른 한 근은 $-1-\sqrt{2}$이다.
따라서 이차방정식의 근과 계수의 관계에 의하여

$(-1+\sqrt{2})+(-1-\sqrt{2})=-\frac{b}{a}$

$(-1+\sqrt{2})(-1-\sqrt{2})=-\frac{2}{a}$

즉, $-\frac{b}{a}=-2$, $-\frac{2}{a}=-1$이므로 $a=2$, $b=4$

$\therefore abc=2\times4\times(-2)=-16$

0690

답 8

이차함수 $y=f(x)$가 $f(2+x)=f(2-x)$를 만족시키므로 $y=f(x)$의 그래프는 $x=2$에 대하여 대칭이다.
즉, 이차함수 $y=f(x)$의 그래프가 x축과 만나는 점의 x좌표를 α, β라 하면

$\frac{\alpha+\beta}{2}=2 \qquad \therefore \alpha+\beta=4$

$f(x)=a(x-\alpha)(x-\beta)\ (a\neq0)$라 하자.
이차방정식 $f(x)=0$에 x 대신 $x-2$를 대입하면
$f(x-2)=a(x-2-\alpha)(x-2-\beta)$
따라서 이차방정식 $f(x-2)=0$의 두 근은
$x=2+\alpha$ 또는 $x=2+\beta$
이때 $\alpha+\beta=4$이므로 $f(x-2)=0$의 두 근의 합은

$$\begin{aligned}(2+\alpha)+(2+\beta)&=4+\alpha+\beta\\&=4+4=8\end{aligned}$$

참고

이차함수 $y=f(x)$에 대하여 $f(a+x)=f(b-x)$를 만족시키면 $y=f(x)$의 그래프는 $x=\frac{a+b}{2}$에 대하여 대칭이다.

0691

답 16

이차함수 $y=-x^2+6x+4$의 그래프와 직선 $y=ax+b$가 만나는 두 점 중 한 점의 x좌표가 $4+\sqrt{2}$이므로 $4+\sqrt{2}$는 이차방정식 $-x^2+6x+4=ax+b$, 즉 $x^2+(a-6)x+b-4=0$의 한 근이다.
이때 이차방정식 $x^2+(a-6)x+b-4=0$의 계수가 모두 유리수이고 한 근이 $4+\sqrt{2}$이므로 다른 한 근은 $4-\sqrt{2}$이다.
따라서 이차방정식의 근과 계수의 관계에 의하여

$(4+\sqrt{2})+(4-\sqrt{2})=-(a-6)$

$(4+\sqrt{2})(4-\sqrt{2})=b-4$

즉, $8=-a+6$, $14=b-4$이므로 $a=-2$, $b=18$

$\therefore a+b=-2+18=16$

0692

답 2

이차함수 $y=x^2+4x$, 즉 $y=(x+2)^2-4$의 그래프를 x축의 방향으로 1만큼, y축의 방향으로 -2만큼 평행이동하면

$y+2=(x-1+2)^2-4$

$\therefore y=(x+1)^2-6$

이차함수 $y=(x+1)^2-6$의 그래프와 직선 $y=mx$가 만나는 두 점 P, Q의 x좌표를 각각 α, β라 하면 α, β는 이차방정식 $(x+1)^2-6=mx$, 즉 $x^2-(m-2)x-5=0$의 두 근이다.
이때 이차방정식의 근과 계수의 관계에 의하여

$\alpha+\beta=m-2$

두 점 P, Q의 x좌표의 합이 0, 즉 $\alpha+\beta=0$이므로

$m-2=0 \qquad \therefore m=2$

0693

답 12

이차함수 $y=x^2-4ax+2a^2-1$의 그래프와 직선 $y=-6x+k$가 만나지 않으므로 이차방정식 $x^2-4ax+2a^2-1=-6x+k$, 즉 $x^2-2(2a-3)x+2a^2-1-k=0$의 판별식을 D라 하면

$\frac{D}{4}=\{-(2a-3)\}^2-(2a^2-1-k)<0$

$\therefore k<-2a^2+12a-10$

(i) $a=1$일 때, $k<0$이므로 $f(1)=0$
(ii) $a=2$일 때, $k<6$이므로 $f(2)=5$
(iii) $a=3$일 때, $k<8$이므로 $f(3)=7$
(i)~(iii)에서 $f(1)+f(2)+f(3)=0+5+7=12$

0694

답 ③

직선 $y=mx+n$이 이차함수 $y=x^2-2ax+a^2+2a-1$의 그래프와 접하므로 이차방정식 $x^2-2ax+a^2+2a-1=mx+n$, 즉 $x^2-(2a+m)x+a^2+2a-1-n=0$의 판별식을 D라 하면

$D=\{-(2a+m)\}^2-4(a^2+2a-1-n)=0$

$\therefore (4m-8)a+(m^2+4n+4)=0 \qquad \cdots\cdots ㉠$

이때 ㉠이 실수 a의 값에 관계없이 항상 성립하므로

$4m-8=0$, $m^2+4n+4=0$

$\therefore m=2$, $n=-2$

$\therefore m+n=2+(-2)=0$

0695

답 11

$f(x)=x^2+ax-(b-7)^2=\left(x+\frac{a}{2}\right)^2-\frac{a^2}{4}-(b-7)^2$

(가)에서 함수 $f(x)$는 $x=-1$에서 최솟값을 가지므로

$-\frac{a}{2}=-1 \qquad \therefore a=2$

(나)에서 이차함수 $y=f(x)$의 그래프와 직선 $y=cx$가 한 점에서만 만나므로 이차방정식 $x^2+ax-(b-7)^2=cx$, 즉 $x^2+(a-c)x-(b-7)^2=0$의 판별식을 D라 하면

$D=(a-c)^2+4(b-7)^2=0$

이때 $(a-c)^2\geq0$, $4(b-7)^2\geq0$이므로

$(a-c)^2=0$, $4(b-7)^2=0$

따라서 $a=c=2$, $b=7$이므로

$a+b+c=2+7+2=11$

0696

답 2

$f(x)=ax^2-4ax+b=a(x-2)^2-4a+b$라 하자.

(i) $a>0$일 때,

$f(x)$는 $x=-1$에서 최댓값 3을 가지고, $x=1$에서 최솟값 1을 가지므로

$f(-1)=5a+b=3$, $f(1)=-3a+b=1$

위의 두 식을 연립하여 풀면 $a=\frac{1}{4}$, $b=\frac{7}{4}$

$\therefore a+b=\frac{1}{4}+\frac{7}{4}=2$

(ii) $a<0$일 때,

$f(x)$는 $x=-1$에서 최솟값 1을 가지고, $x=1$에서 최댓값 3을 가지므로

$f(-1)=5a+b=1$, $f(1)=-3a+b=3$

위의 두 식을 연립하여 풀면 $a=-\frac{1}{4}$, $b=\frac{9}{4}$

$\therefore a+b=-\frac{1}{4}+\frac{9}{4}=2$

(i), (ii)에서 $a+b=2$

참고

꼭짓점이 주어진 x의 값의 범위 $\alpha\leq x\leq\beta$에 포함되지 않는 경우, $f(\alpha)$, $f(\beta)$ 중에서 큰 값이 최댓값이고, 작은 값이 최솟값이다.

0697

답 54

(가)에서 x에 대한 방정식 $f(x)=0$의 두 근이 -2와 4이므로

$f(x)=a(x+2)(x-4)$ $(a\neq0)$라 하면

$f(x)=a(x^2-2x-8)=a(x-1)^2-9a$

(나)에서

(i) $a>0$일 때

오른쪽 그림과 같이 $f(x)$는 $5\leq x\leq8$에서 $x=8$일 때 최댓값 80을 갖는다.

따라서 $f(8)=80$이므로

$f(8)=a\times10\times4=40a$

즉, $40a=80$이므로 $a=2$

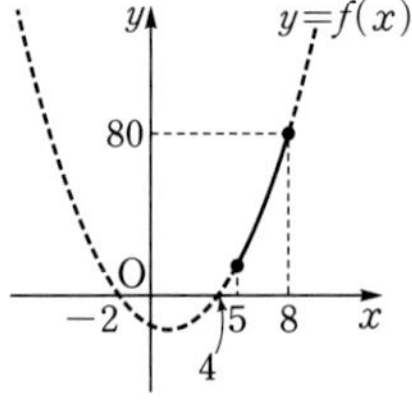

(ii) $a<0$일 때

오른쪽 그림과 같이 $f(x)$는 $5\leq x\leq8$에서 $x=5$일 때 최댓값을 갖는다.

하지만 $f(5)=a\times7\times1=7a$

즉, $7a<0$이므로 최댓값이 80이 될 수 없다.

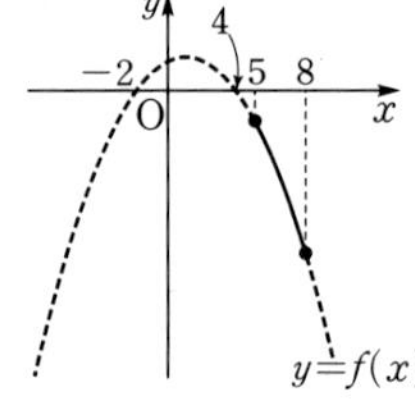

(i), (ii)에서 $a=2$이므로

$f(x)=2(x+2)(x-4)$

$\therefore f(-5)=2\times(-3)\times(-9)=54$

0698

답 13

$x^2-x=t$로 놓으면

$(x^2-x)^2-2(x^2-x)y+2y^2-6y+k=t^2-2ty+2y^2-6y+k$

$=(t-y)^2+(y-3)^2+k-9$

이때 t, y가 실수이므로

$(t-y)^2\geq0$, $(y-3)^2\geq0$

$\therefore (t-y)^2+(y-3)^2+k-9\geq k-9$

따라서 최솟값이 4이므로

$k-9=4$ $\quad\therefore k=13$

0699

답 12

점 A는 이차함수 $y=x^2-5x+4$의 그래프와 y축의 교점이므로

A$(0, 4)$

$x^2-5x+4=0$, $(x-1)(x-4)=0$ $\quad\therefore x=1$ 또는 $x=4$

$\therefore$ B$(1, 0)$, C$(4, 0)$

점 P(a, b)는 이차함수 $y=x^2-5x+4$의 그래프 위의 점이므로

$b=a^2-5a+4$

이때 점 P가 점 A$(0, 4)$에서 점 C$(4, 0)$까지 움직이므로

$0\leq a\leq4$

$\therefore a+b+4=a+(a^2-5a+4)+4$

$=a^2-4a+8$

$=(a-2)^2+4$

따라서 $a=2$에서 최솟값은 4이고 $a=0$ 또는 $a=4$에서 최댓값은 8이므로 최댓값과 최솟값의 합은

$4+8=12$

0700

답 ⑤

$f(x)=x^2-2ax+5a$

$=(x-a)^2-a^2+5a$

이므로 꼭짓점의 좌표는

A$(a, -a^2+5a)$

$\therefore$ B$(a, 0)$

$\therefore \overline{OB}=a$, $\overline{AB}=-a^2+5a$

따라서 $\overline{OB}+\overline{AB}=g(a)$라 하면

$g(a)=a+(-a^2+5a)$

$=-a^2+6a=-(a-3)^2+9$

이때 $0<a<5$이므로 $a=3$에서 최댓값 9를 갖는다.

따라서 $\overline{OB}+\overline{AB}$의 최댓값은 9이다.

0701

답 1

이차방정식 $x^2+px+q=0$의 두 근이 $\alpha-1$, $\alpha+3$이므로

이차방정식의 근과 계수의 관계에 의하여

$-p=(\alpha-1)+(\alpha+3)=2\alpha+2$ ······ ㉠

$q=(\alpha-1)(\alpha+3)$ ······ ㉡

❶

이차방정식 $x^2-qx-p=0$의 두 근이 α, $\alpha+1$이므로

이차방정식의 근과 계수의 관계에 의하여

$q=\alpha+(\alpha+1)=2\alpha+1$ ······ ㉢

$-p=\alpha(\alpha+1)$ ······ ㉣

❷

㉠, ㉣에서 $2\alpha+2=\alpha(\alpha+1)$

$\alpha^2-\alpha-2=0$, $(\alpha+1)(\alpha-2)=0$

$\therefore \alpha=-1$ 또는 $\alpha=2$ …… ㉤

㉡, ㉢에서 $(\alpha-1)(\alpha+3)=2\alpha+1$

$\alpha^2-4=0$, $(\alpha+2)(\alpha-2)=0$

$\therefore \alpha=-2$ 또는 $\alpha=2$ …… ㉥

㉤, ㉥에서 $\alpha=2$

…… ❸

$\alpha=2$를 ㉠, ㉢에 각각 대입하면

$p=-6$, $q=5$

$\therefore p+q+\alpha=-6+5+2=1$

…… ❹

채점 기준	배점
❶ 이차방정식 $x^2+px+q=0$의 두 근의 합과 곱 나타내기	20%
❷ 이차방정식 $x^2-qx-p=0$의 두 근의 합과 곱 나타내기	20%
❸ α의 값 구하기	40%
❹ $p+q+\alpha$의 값 구하기	20%

0702

답 16

$x^2+3y^2+4x-12y+12=(x+2)^2+3(y-2)^2-4$

이때 x, y가 실수이므로

$(x+2)^2\geq 0$, $(y-2)^2\geq 0$

$\therefore x^2+3y^2+4x-12y+12\geq -4$

…… ❶

따라서 $x^2+3y^2+4x-12y+12$는 $x+2=0$, $y-2=0$, 즉

$x=-2$, $y=2$에서 최솟값 -4를 가지므로

$a=-2$, $b=2$, $c=-4$

…… ❷

$\therefore abc=-2\times 2\times(-4)=16$

…… ❸

채점 기준	배점
❶ $x^2+3y^2+4x-12y+12$의 값의 범위 구하기	50%
❷ a, b, c의 값 구하기	30%
❸ abc의 값 구하기	20%

0703

답 900

그림에서 t초 후

$\overline{AP}=\overline{CR}=t$, $\overline{AS}=\overline{CQ}=2t$

이므로

$\overline{BP}=\overline{DR}=40-t$

$\overline{BQ}=\overline{DS}=40-2t$

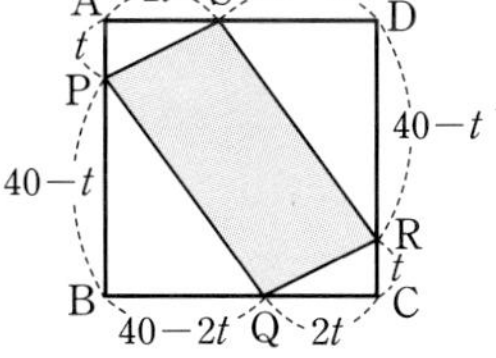

이때 $t>0$이고 변의 길이는 양수이므로

$0<t\leq 20$

두 직각삼각형 APS, CRQ의 넓이는

$\frac{1}{2}\times t\times 2t=t^2$

…… ❶

또한 두 직각삼각형 BPQ, DRS의 넓이는

$\frac{1}{2}\times(40-2t)\times(40-t)=t^2-60t+800$

…… ❷

따라서 사각형 PQRS의 넓이를 S라 하면

$S=40^2-2\{t^2+(t^2-60t+800)\}$

$=-4t^2+120t$

$=-4(t-15)^2+900$

…… ❸

이때 $0<t\leq 20$이므로 $t=15$에서 최댓값 900을 갖는다.

따라서 사각형 PQRS의 넓이의 최댓값은 900이다.

…… ❹

채점 기준	배점
❶ t초 후의 두 직각삼각형 APS, CRQ의 넓이 구하기	40%
❷ t초 후의 두 직각삼각형 BPQ, DRS의 넓이 구하기	30%
❸ 사각형 PQRS의 넓이를 t에 대한 이차식으로 나타내기	20%
❹ 사각형 PQRS의 넓이의 최댓값 구하기	10%

PART C 수능 녹인 변별력 문제

0704

답 ②

이차함수 $y=ax^2$ $(a>0)$의 그래프와 직선 $y=x+6$이 만나는 점의 x좌표는 이차방정식 $ax^2=x+6$, 즉 $ax^2-x-6=0$의 두 실근 α, β $(\alpha<\beta)$와 같으므로 이차방정식의 근과 계수의 관계에 의해

$\alpha+\beta=\frac{1}{a}$, $\alpha\beta=-\frac{6}{a}$

한편, $\overline{CA}=\beta-\alpha$이고 직선 $y=x+6$의 기울기가 1이므로

$\frac{\overline{BC}}{\overline{CA}}=\frac{\overline{BC}}{\beta-\alpha}=1$에서 $\beta-\alpha=\overline{BC}=\frac{7}{2}$

$(\beta-\alpha)^2=(\alpha+\beta)^2-4\alpha\beta$에서

$\left(\frac{7}{2}\right)^2=\left(\frac{1}{a}\right)^2-4\times\left(-\frac{6}{a}\right)$

$\left(\frac{1}{a}\right)^2+\frac{24}{a}-\frac{49}{4}=0$, $49a^2-96a-4=0$

$(49a+2)(a-2)=0$ $\quad\therefore a=-\frac{2}{49}$ 또는 $a=2$

그런데 $a>0$이므로 $a=2$

$\therefore \alpha^2+\beta^2=(\alpha+\beta)^2-2\alpha\beta$

$=\left(\frac{1}{2}\right)^2-2\times\left(-\frac{6}{2}\right)$

$=\frac{1}{4}+6=\frac{25}{4}$

0705
답 -4

$f(x)=-x^2+|x|-2$에서

(i) $x<0$일 때

$$f(x)=-x^2-x-2=-\left(x+\frac{1}{2}\right)^2-\frac{7}{4}$$

(ii) $x\geq0$일 때

$$f(x)=-x^2+x-2=-\left(x-\frac{1}{2}\right)^2-\frac{7}{4}$$

(i), (ii)에서 함수 $y=f(x)$의 그래프는 그림과 같다.

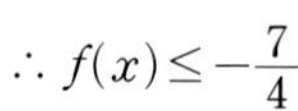

$\therefore f(x)\leq-\frac{7}{4}$

$y=\{f(x)\}^2+6f(x)+5$에서

$f(x)=t$로 놓으면

$y=t^2+6t+5$

$=(t+3)^2-4\ \left(t\leq-\frac{7}{4}\right)$

따라서 $t=-3$, 즉 $f(x)=-3$일 때 y의 최솟값은 -4이다.

0706
답 $-\frac{5}{2}$

$3\overline{OA}=\overline{OB}$이므로 $A(-a, 0)$, $B(3a, 0)$ $(a>0)$이라 하면

$-a$, $3a$는 이차방정식 $f(x)=0$의 두 근이다.

이때 이차방정식 $f(x)=0$의 두 근의 합이 2이므로

$-a+3a=2$에서 $a=1$

$\therefore A(-1, 0)$, $B(3, 0)$

한편, 이차방정식 $f(3x-k)=0$을 만족시키는 x의 값은

$3x-k=-1$, $3x-k=3$에서

$x=\frac{k-1}{3}$ 또는 $x=\frac{k+3}{3}$

이차방정식 $f(3x-k)=0$의 두 근의 합이 -1이므로

$\frac{k-1}{3}+\frac{k+3}{3}=-1$

$2k+2=-3$, $2k=-5$ $\quad\therefore k=-\frac{5}{2}$

0707
답 ③

$b=2$일 때, 곡선 $y=f(x)$의 꼭짓점의 좌표가 $(0, -2)$이므로

$f(x)=kx^2-2$ $(k>0)$라 하자.

곡선 $y=f(x)$가 점 $A(a, 2)$를 지나므로 $f(a)=ka^2-2=2$

$\therefore k=\frac{4}{a^2}$, 즉 $f(x)=\frac{4}{a^2}x^2-2$ $\quad\cdots\cdots$ ㉠

직선 $y=g(x)$가 원점과 점 $A(a, 2)$를 지나므로 $g(x)=\frac{2}{a}x$

$f(x)=g(x)$에서 $\frac{4}{a^2}x^2-2=\frac{2}{a}x$

$2x^2-ax-a^2=0$, $(2x+a)(x-a)=0$

$\therefore x=-\frac{a}{2}$ 또는 $x=a$

이때 두 근의 차가 6이므로

$a-\left(-\frac{a}{2}\right)=6$, $\frac{3}{2}a=6$ $\quad\therefore a=4$

$a=4$를 ㉠에 대입하면 $f(x)=\frac{1}{4}x^2-2$

따라서 이차방정식의 근과 계수의 관계에 의하여 방정식

$f(x)=0$, 즉 $\frac{1}{4}x^2-2=0$의 두 근의 곱은 -8이다.

0708
답 12

직선 $y=n$이 이차함수 $y=x^2-4x+4$의 그래프와 만나는 점의 x좌표는 이차방정식 $x^2-4x+4=n$의 실근과 같다.

$x^2-4x+4=n$, $(x-2)^2=n$

$x-2=\pm\sqrt{n}$ $\quad\therefore x=2-\sqrt{n}$ 또는 $x=2+\sqrt{n}$

x_1, x_2 중 작은 것을 α, 큰 것을 β라 하면

$\alpha=2-\sqrt{n}$, $\beta=2+\sqrt{n}$

(i) $1\leq n\leq4$인 경우

$\alpha\geq0$, $\beta>0$이므로

$$\frac{|x_1|+|x_2|}{2}=\frac{\alpha+\beta}{2}=\frac{(2-\sqrt{n})+(2+\sqrt{n})}{2}=2$$

따라서 $\frac{|x_1|+|x_2|}{2}$의 값이 자연수가 되는 n의 값은

1, 2, 3, 4의 4개이다.

(ii) $n>4$인 경우

$\alpha<0<\beta$이므로

$$\frac{|x_1|+|x_2|}{2}=\frac{-\alpha+\beta}{2}=\frac{(\sqrt{n}-2)+(2+\sqrt{n})}{2}=\sqrt{n}$$

따라서 $\frac{|x_1|+|x_2|}{2}$의 값이 자연수가 되는 100 이하의 자연수

n의 값은 9, 16, 25, 36, 49, 64, 81, 100의 8개이다.

(i), (ii)에서 $\frac{|x_1|+|x_2|}{2}$의 값이 자연수가 되도록 하는 100 이하의 자연수 n의 개수는 $4+8=12$

0709
답 ②

이차함수 $y=f(x)$의 이차항의 계수는 1이고 $y=f(x)$의 그래프와 x축의 교점의 x좌표가 α, β이므로 α, β는 이차방정식 $f(x)=0$의 두 근이다.

$\therefore f(x)=(x-\alpha)(x-\beta)$ (단, $\alpha<\beta$) $\quad\cdots\cdots$ ㉠

또한 이차함수 $y=f(x)$의 그래프와 직선 $y=g(x)$의 두 교점의 x좌표가 α, γ이므로 α, γ는 이차방정식 $f(x)=g(x)$,

즉 $f(x)-g(x)=0$의 두 근이다.

$\therefore f(x)-g(x)=(x-\alpha)(x-\gamma)$

$\therefore g(x)=f(x)-(x-\alpha)(x-\gamma)$

$=(x-\alpha)(x-\beta)-(x-\alpha)(x-\gamma)$ ($\because$ ㉠)

$=(x-\alpha)(x-\beta-x+\gamma)$

$=(x-\alpha)(\gamma-\beta)$

$=3(x-\alpha)$ ($\because \gamma-\beta=3$)

이때 $g(0)=-3$이므로

$-3\alpha=-3$ $\quad\therefore \alpha=1$

$\beta-\alpha=5$에서 $\beta-1=5$ $\quad\therefore \beta=6$

$\gamma-\beta=3$에서 $\gamma-6=3$ $\quad\therefore \gamma=9$

따라서 $f(x)=(x-1)(x-6)$이므로

$f(\alpha+\beta+\gamma)=f(16)=15\times10=150$

0710

답 ②

이차함수 $y=x^2-(a+4)x+3a+3$의 그래프가 x축과 만나는 점의 x좌표는 $x^2-(a+4)x+3a+3=0$에서

$(x-a-1)(x-3)=0 \quad \therefore x=a+1$ 또는 $x=3$

그런데 $0<a<2$이므로

$A(a+1, 0)$, $B(3, 0)$

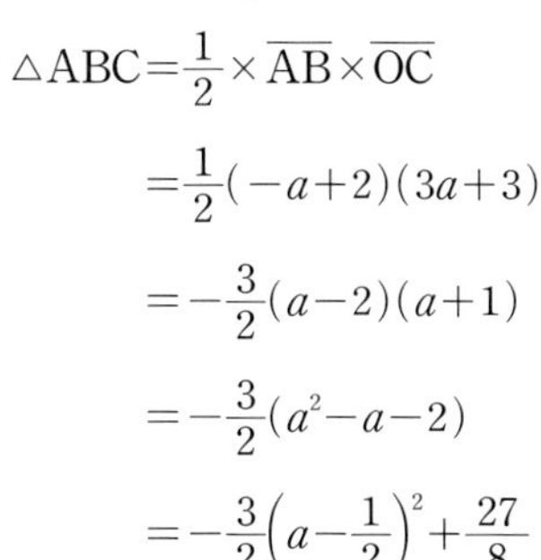

한편, 이차함수의 식에 $x=0$을 대입하면 $y=3a+3$이므로

$C(0, 3a+3)$

$\overline{AB}=3-(a+1)=-a+2$,

$\overline{OC}=3a+3$이므로

$$\triangle ABC=\frac{1}{2}\times\overline{AB}\times\overline{OC}$$
$$=\frac{1}{2}(-a+2)(3a+3)$$
$$=-\frac{3}{2}(a-2)(a+1)$$
$$=-\frac{3}{2}(a^2-a-2)$$
$$=-\frac{3}{2}\left(a-\frac{1}{2}\right)^2+\frac{27}{8}$$

이때 $0<a<2$이므로 $a=\frac{1}{2}$에서 최댓값 $\frac{27}{8}$을 갖는다.

따라서 삼각형 ABC의 넓이의 최댓값은 $\frac{27}{8}$이다.

0711

답 2

두 이차함수 $y=x^2-4x+4$, $y=-x^2+3x+4$의 그래프가 만나는 점의 x좌표는 이차방정식 $x^2-4x+4=-x^2+3x+4$, 즉 $2x^2-7x=0$의 실근과 같으므로 $x(2x-7)=0$

$\therefore x=0$ 또는 $x=\frac{7}{2} \quad \therefore A(0, 4)$, $B\left(\frac{7}{2}, \frac{9}{4}\right)$

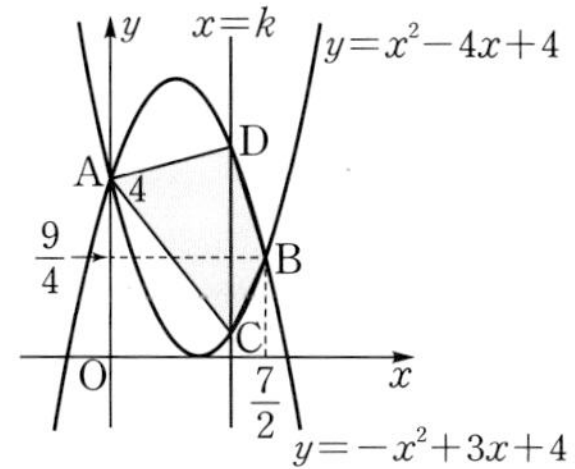

또한 두 점 C, D의 x좌표가 k이므로

$C(k, k^2-4k+4)$, $D(k, -k^2+3k+4)$

$\therefore \overline{CD}=(-k^2+3k+4)-(k^2-4k+4)=-2k^2+7k$

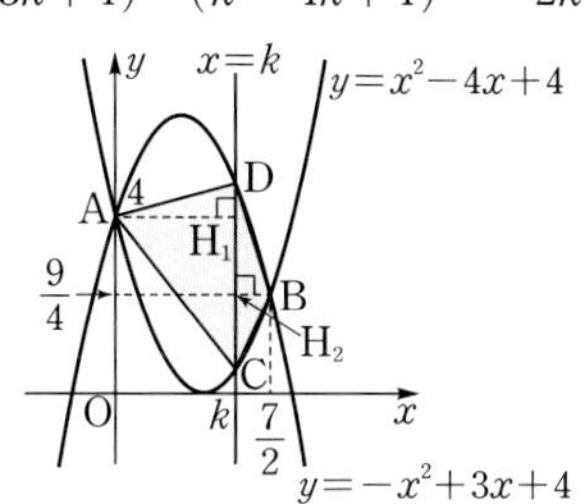

한편, 두 점 A, B에서 직선 $x=k$에 내린 수선의 발을 각각 H_1, H_2라 하면

$\overline{AH_1}=k$, $\overline{BH_2}=\frac{7}{2}-k$

삼각형 ACD의 넓이는

$\frac{1}{2}\times\overline{CD}\times\overline{AH_1}=\frac{1}{2}\times(-2k^2+7k)\times k$

삼각형 BCD의 넓이는

$\frac{1}{2}\times\overline{CD}\times\overline{BH_2}=\frac{1}{2}\times(-2k^2+7k)\times\left(\frac{7}{2}-k\right)$

이므로 사각형 ACBD의 넓이를 $T(k)$라 하면

$$T(k)=\frac{1}{2}\times(-2k^2+7k)\times\left\{k+\left(\frac{7}{2}-k\right)\right\}$$
$$=\frac{7}{4}(-2k^2+7k)$$
$$=-\frac{7}{2}\left(k-\frac{7}{4}\right)^2+\frac{7^3}{32}$$

이때 $0<k<\frac{7}{2}$이므로 $k=\frac{7}{4}$에서 최댓값 $\frac{7^3}{32}$을 갖는다.

따라서 $a=\frac{7}{4}$, $S=\frac{7^3}{32}$이므로

$$\frac{7a^2}{S}=7\times\left(\frac{7}{4}\right)^2\times\frac{32}{7^3}=2$$

PART A 07 여러 가지 방정식

유형 01 삼차방정식의 풀이

확인 문제 (1) $x=-3$ 또는 $x=0$ 또는 $x=4$

(2) $x=-1$ 또는 $x=1$ 또는 $x=\frac{1\pm\sqrt{3}i}{2}$

(3) $x=1$ 또는 $x=\frac{1\pm\sqrt{5}}{2}$

(1) $x^3-x^2-12x=0$의 좌변을 인수분해하면

$x(x^2-x-12)=0$, $x(x+3)(x-4)=0$

$\therefore x=-3$ 또는 $x=0$ 또는 $x=4$

(2) $x^4-x^3+x-1=0$의 좌변을 인수분해하면

$x^3(x-1)+(x-1)=0$, $(x-1)(x^3+1)=0$

$(x+1)(x-1)(x^2-x+1)=0$

$\therefore x=-1$ 또는 $x=1$ 또는 $x=\frac{1\pm\sqrt{3}i}{2}$

(3) $f(x)=x^3-2x^2+1$이라 하면 $f(1)=1-2+1=0$

조립제법을 이용하여 $f(x)$를 인수분해하면

1	1	−2	0	1
		1	−1	−1
	1	−1	−1	0

$\therefore f(x)=(x-1)(x^2-x-1)$

즉, 주어진 방정식은 $(x-1)(x^2-x-1)=0$

$\therefore x=1$ 또는 $x=\frac{1\pm\sqrt{5}}{2}$

Bible Says **인수정리**

다항식 $f(x)$에 대하여 $f(a)=0$이면 $f(x)$는 일차식 $x-a$로 나누어떨어진다.

0712 답 ⑤

$x^3-x^2-4x+4=0$의 좌변을 인수분해하면

$x^2(x-1)-4(x-1)=0$, $(x-1)(x^2-4)=0$

$(x+2)(x-1)(x-2)=0$ $\qquad\therefore x=-2$ 또는 $x=1$ 또는 $x=2$

따라서 가장 큰 근은 2, 가장 작은 근은 -2이므로

$\alpha=2$, $\beta=-2$

$\therefore \alpha-\beta=2-(-2)=4$

0713 답 ①

$f(x)=x^3+2x-3$이라 하면 $f(1)=0$이므로 $f(x)$는 $x-1$을 인수로 갖는다.

조립제법을 이용하여 $f(x)$를 인수분해하면

1	1	0	2	−3
		1	1	3
	1	1	3	0

주어진 방정식은

$(x-1)(x^2+x+3)=0$

$\therefore x=1$ 또는 $x^2+x+3=0$

$x^2+x+3=0$에서 $x=\frac{-1\pm\sqrt{11}i}{2}$

따라서 $a=-\frac{1}{2}$, $b=\frac{\sqrt{11}}{2}$ 또는 $a=-\frac{1}{2}$, $b=-\frac{\sqrt{11}}{2}$이므로

$a^2b^2=\left(-\frac{1}{2}\right)^2\times\left(\pm\frac{\sqrt{11}}{2}\right)^2=\frac{11}{16}$

0714 답 ③

$f(x)=x^3+x-2$라 하면

$f(1)=1+1-2=0$

조립제법을 이용하여 $f(x)$를 인수분해하면

1	1	0	1	−2
		1	1	2
	1	1	2	0

$\therefore f(x)=(x-1)(x^2+x+2)$

즉, 주어진 방정식은 $(x-1)(x^2+x+2)=0$

이때 삼차방정식 $x^3+x-2=0$의 두 허근 α, β는 이차방정식 $x^2+x+2=0$의 두 근이므로 이차방정식의 근과 계수의 관계에 의하여

$\alpha+\beta=-1$, $\alpha\beta=2$

$\therefore \frac{\beta}{\alpha}+\frac{\alpha}{\beta}=\frac{\alpha^2+\beta^2}{\alpha\beta}=\frac{(\alpha+\beta)^2-2\alpha\beta}{\alpha\beta}$

$=\frac{(-1)^2-2\times2}{2}=-\frac{3}{2}$

0715 답 ⑤

$f(x)=x^3-4x^2+7x-6$이라 하면

$f(2)=8-16+14-6=0$

조립제법을 이용하여 $f(x)$를 인수분해하면

2	1	−4	7	−6
		2	−4	6
	1	−2	3	0

$\therefore f(x)=(x-2)(x^2-2x+3)$

즉, 주어진 방정식은 $(x-2)(x^2-2x+3)=0$

이때 삼차방정식 $x^3-4x^2+7x-6=0$의 두 허근 α, β는 이차방정식 $x^2-2x+3=0$의 두 근이므로 이차방정식의 근과 계수의 관계에 의하여

$\alpha\beta=3$

또한 계수가 실수인 이차방정식의 한 허근이 α이면 $\overline{\alpha}$도 근이므로

$\overline{\alpha}=\beta$, $\overline{\beta}=\alpha$

$\therefore \alpha\overline{\alpha}+\beta\overline{\beta}=2\alpha\beta=6$

0716 답 40

$(x-2)(x-3)(x+1)+2=x$에서

$(x-2)(x-3)(x+1)-(x-2)=0$

$(x-2)\{(x-3)(x+1)-1\}=0$

$\therefore (x-2)(x^2-2x-4)=0$ ……… ❶

따라서 주어진 방정식의 한 근은 2이고 나머지 두 근은 이차방정식 $x^2-2x-4=0$의 근이다.
이때 $\gamma=2$라 하면 α, β는 이차방정식 $x^2-2x-4=0$의 두 근이므로 이차방정식의 근과 계수의 관계에 의하여
$\alpha+\beta=2$, $\alpha\beta=-4$
$\therefore \alpha^3+\beta^3=(\alpha+\beta)^3-3\alpha\beta(\alpha+\beta)$
$=2^3-3\times(-4)\times2=32$
…… ❷
$\therefore \alpha^3+\beta^3+\gamma^3=32+2^3=40$
…… ❸

채점 기준	배점
❶ 주어진 방정식을 ( )$=0$ 꼴로 정리한 후 좌변을 인수분해하기	40%
❷ $\alpha^3+\beta^3$의 값 구하기	40%
❸ $\alpha^3+\beta^3+\gamma^3$의 값 구하기	20%

유형 02 사차방정식의 풀이

0717

답 ④

$f(x)=x^4-5x^3+5x^2+5x-6$이라 하면
$f(1)=1-5+5+5-6=0$, $f(-1)=1+5+5-5-6=0$
조립제법을 이용하여 $f(x)$를 인수분해하면

1	1	−5	5	5	−6
		1	−4	1	6
−1	1	−4	1	6	0
		−1	5	−6	
	1	−5	6	0	

$\therefore f(x)=(x+1)(x-1)(x^2-5x+6)$
즉, 주어진 방정식은 $(x+1)(x-1)(x-2)(x-3)=0$
$\therefore x=-1$ 또는 $x=1$ 또는 $x=2$ 또는 $x=3$
따라서 $\alpha=-1$, $\beta=3$이므로
$\beta-\alpha=3-(-1)=4$

0718

답 ③

$f(x)=x^4-x^3-2x^2+6x-4$라 하면
$f(1)=1-1-2+6-4=0$
$f(-2)=16+8-8-12-4=0$
조립제법을 이용하여 $f(x)$를 인수분해하면

1	1	−1	−2	6	−4
		1	0	−2	4
−2	1	0	−2	4	0
		−2	4	−4	
	1	−2	2	0	

$\therefore f(x)=(x-1)(x+2)(x^2-2x+2)$
즉, 주어진 방정식은 $(x-1)(x+2)(x^2-2x+2)=0$
이때 사차방정식 $x^4-x^3-2x^2+6x-4=0$의 두 허근 α, β는 이차방정식 $x^2-2x+2=0$의 두 근이므로 이차방정식의 근과 계수의 관계에 의하여
$\alpha+\beta=2$, $\alpha\beta=2$
$\therefore \alpha^2+\beta^2=(\alpha+\beta)^2-2\alpha\beta$
$=2^2-2\times2=0$

0719

답 ②

$f(x)=x^4+3x^3-7x^2-27x-18$이라 하면
$f(-1)=1-3-7+27-18=0$
$f(-2)=16-24-28+54-18=0$
조립제법을 이용하여 $f(x)$를 인수분해하면

−1	1	3	−7	−27	−18
		−1	−2	9	18
−2	1	2	−9	−18	0
		−2	0	18	
	1	0	−9	0	

$\therefore f(x)=(x+1)(x+2)(x^2-9)$
$=(x+1)(x+2)(x+3)(x-3)$
즉, 주어진 방정식은 $(x+1)(x+2)(x+3)(x-3)=0$
$\therefore x=-1$ 또는 $x=-2$ 또는 $x=-3$ 또는 $x=3$
$\therefore (1-\alpha)(1-\beta)(1-\gamma)(1-\delta)$
$=(1+1)\times(1+2)\times(1+3)\times(1-3)$
$=-48$

다른 풀이

사차방정식 $x^4+3x^3-7x^2-27x-18=0$의 네 근이 α, β, γ, δ이므로
$x^4+3x^3-7x^2-27x-18=(x-\alpha)(x-\beta)(x-\gamma)(x-\delta)$
위의 식의 양변에 $x=1$을 대입하면
$(1-\alpha)(1-\beta)(1-\gamma)(1-\delta)=1+3-7-27-18=-48$

유형 03 공통부분이 있는 사차방정식의 풀이 - 치환 이용

확인 문제 (1) $x=-3$ 또는 $x=-2$ 또는 $x=0$ 또는 $x=1$
(2) $x=-1$ 또는 $x=2$ 또는 $x=\dfrac{1\pm\sqrt{3}i}{2}$

(1) $(x^2+2x)^2-3(x^2+2x)=0$에서
$x^2+2x=X$로 놓으면 주어진 방정식은
$X^2-3X=0$, $X(X-3)=0$
$\therefore X=0$ 또는 $X=3$
(i) $X=0$일 때, $x^2+2x=0$에서
$x(x+2)=0$ $\quad\therefore x=0$ 또는 $x=-2$
(ii) $X=3$일 때, $x^2+2x=3$에서
$x^2+2x-3=0$, $(x+3)(x-1)=0$
$\therefore x=-3$ 또는 $x=1$
(i), (ii)에서 주어진 방정식의 해는
$x=-3$ 또는 $x=-2$ 또는 $x=0$ 또는 $x=1$
(2) $(x^2-x)^2-(x^2-x)-2=0$에서
$x^2-x=X$로 놓으면 주어진 방정식은
$X^2-X-2=0$, $(X+1)(X-2)=0$
$\therefore X=-1$ 또는 $X=2$

(i) $X=-1$일 때, $x^2-x=-1$에서

$x^2-x+1=0 \qquad \therefore x=\frac{1\pm\sqrt{3}i}{2}$

(ii) $X=2$일 때, $x^2-x=2$에서

$x^2-x-2=0$, $(x+1)(x-2)=0$

$\therefore x=-1$ 또는 $x=2$

(i), (ii)에서 주어진 방정식의 해는

$x=-1$ 또는 $x=2$ 또는 $x=\frac{1\pm\sqrt{3}i}{2}$

0720

답 ④

$x^2+x=X$로 놓으면 주어진 방정식은

$X^2-8X+12=0$, $(X-2)(X-6)=0$

$\therefore X=2$ 또는 $X=6$

(i) $X=2$일 때, $x^2+x=2$에서

$x^2+x-2=0$, $(x+2)(x-1)=0$

$\therefore x=-2$ 또는 $x=1$

(ii) $X=6$일 때, $x^2+x=6$에서

$x^2+x-6=0$, $(x+3)(x-2)=0$

$\therefore x=-3$ 또는 $x=2$

(i), (ii)에서 주어진 방정식의 음의 근은 -2, -3이므로 구하는 합은

$-2+(-3)=-5$

0721

답 ①

$(x^2-4x)^2=-2x^2+8x+3$에서

$(x^2-4x)^2+2x^2-8x-3=0$

$(x^2-4x)^2+2(x^2-4x)-3=0$

$x^2-4x=X$로 놓으면 주어진 방정식은

$X^2+2X-3=0$, $(X+3)(X-1)=0$

$\therefore X=-3$ 또는 $X=1$

(i) $X=-3$일 때, $x^2-4x=-3$에서

$x^2-4x+3=0$, $(x-1)(x-3)=0$

$\therefore x=1$ 또는 $x=3$

(ii) $X=1$일 때, $x^2-4x=1$에서

$x^2-4x-1=0 \qquad \therefore x=2\pm\sqrt{5}$

(i), (ii)에서 주어진 방정식의 해는

$x=1$ 또는 $x=3$ 또는 $x=2\pm\sqrt{5}$

따라서 주어진 방정식의 근이 아닌 것은 ①이다.

0722

답 ③

$x^2-3x=X$로 놓으면 주어진 방정식은

$X^2+5X+6=0$, $(X+2)(X+3)=0$

$\therefore X=-2$ 또는 $X=-3$

(i) $X=-2$일 때, $x^2-3x=-2$에서

$x^2-3x+2=0$

이 방정식의 판별식을 D_1이라 하면

$D_1=(-3)^2-4\times1\times2=1>0$

즉, 이 방정식은 서로 다른 두 실근을 갖는다.

(ii) $X=-3$일 때, $x^2-3x=-3$에서

$x^2-3x+3=0$

이 방정식의 판별식을 D_2라 하면

$D_2=(-3)^2-4\times1\times3=-3<0$

즉, 이 방정식은 서로 다른 두 허근을 갖는다.

(i), (ii)에서 주어진 방정식의 두 실근은 방정식 $x^2-3x+2=0$의 근이므로 구하는 모든 실근의 곱은 이차방정식의 근과 계수의 관계에 의하여 2이다.

참고

(i) $X=-2$일 때, $x^2-3x=-2$에서

$x^2-3x+2=0$, $(x-1)(x-2)=0$

$\therefore x=1$ 또는 $x=2$

인수분해가 가능하면 인수분해를 사용하여 해를 구해도 된다.

0723

답 ⑤

$x^2+x=X$로 놓으면 주어진 방정식은

$(X-1)(X+3)-5=0$, $X^2+2X-8=0$

$(X+4)(X-2)=0 \qquad \therefore X=-4$ 또는 $X=2$

(i) $X=-4$일 때, $x^2+x=-4$에서

$x^2+x+4=0$

이 방정식의 판별식을 D_1이라 하면

$D_1=1^2-4\times1\times4=-15<0$

즉, 이 방정식은 서로 다른 두 허근을 갖는다.

(ii) $X=2$일 때, $x^2+x=2$에서

$x^2+x-2=0$

이 방정식의 판별식을 D_2라 하면

$D_2=1^2-4\times1\times(-2)=9>0$

즉, 이 방정식은 서로 다른 두 실근을 갖는다.

(i), (ii)에서 주어진 방정식의 두 허근 α, β는 방정식 $x^2+x+4=0$의 근이므로 이차방정식의 근과 계수의 관계에 의하여

$\alpha\beta=4$

또한 $\overline{\alpha}=\beta$, $\overline{\beta}=\alpha$이므로

$\alpha\overline{\alpha}+\beta\overline{\beta}=2\alpha\beta=2\times4=8$

0724

답 25

$x(x+2)(x+3)(x+5)-7=0$에서

$\{x(x+5)\}\{(x+2)(x+3)\}-7=0$

$(x^2+5x)(x^2+5x+6)-7=0$

이때 $x^2+5x=X$로 놓으면

$X(X+6)-7=0$, $X^2+6X-7=0$

$(X+7)(X-1)=0 \qquad \therefore X=-7$ 또는 $X=1$

………… ❶

(i) $X=-7$일 때, $x^2+5x=-7$에서

$x^2+5x+7=0$

이 방정식의 판별식을 D_1이라 하면

$D_1=5^2-4\times1\times7=-3<0$

즉, 이 방정식은 서로 다른 두 허근을 갖는다.

………… ❷

(ii) $X=1$일 때, $x^2+5x=1$에서

$x^2+5x-1=0$

이 방정식의 판별식을 D_2라 하면

$D_2=5^2-4\times1\times(-1)=29>0$

즉, 이 방정식은 서로 다른 두 실근을 갖는다.

…… ❸

(i), (ii)에서 주어진 방정식의 두 허근 α, β는 이차방정식 $x^2+5x+7=0$의 두 근이므로 이차방정식의 근과 계수의 관계에 의하여

$\alpha+\beta=-5$

$\therefore (\alpha+\beta)^2=(-5)^2=25$

…… ❹

채점 기준	배점
❶ $x^2+5x=X$로 놓고 X에 대한 이차방정식의 해 구하기	25%
❷ $X=-7$일 때, 근을 판별하기	25%
❸ $X=1$일 때, 근을 판별하기	25%
❹ $(\alpha+\beta)^2$의 값 구하기	25%

0725

답 ⑤

$(x-2)(x-3)(x+5)(x+6)+12=0$에서

$\{(x-2)(x+5)\}\{(x-3)(x+6)\}+12=0$

$(x^2+3x-10)(x^2+3x-18)+12=0$

이때 $x^2+3x=X$로 놓으면

$(X-10)(X-18)+12=0$, $X^2-28X+192=0$

$(X-12)(X-16)=0$ $\quad\therefore X=12$ 또는 $X=16$

(i) $X=12$일 때, $x^2+3x=12$에서

$x^2+3x-12=0$

이 방정식의 판별식을 D_1이라 하면

$D_1=3^2-4\times1\times(-12)=57>0$

즉, 이 방정식은 서로 다른 두 실근을 갖는다.

(ii) $X=16$일 때, $x^2+3x=16$에서

$x^2+3x-16=0$

이 방정식의 판별식을 D_2라 하면

$D_2=3^2-4\times1\times(-16)=73>0$

즉, 이 방정식은 서로 다른 두 실근을 갖는다.

(i), (ii)에서 주어진 방정식의 모든 실근의 곱은 이차방정식의 근과 계수의 관계에 의하여

$(-12)\times(-16)=192$

유형 04 $x^4+ax^2+b=0$ 꼴의 방정식의 풀이

확인 문제 (1) $x=\pm\sqrt{2}$

(2) $x=\dfrac{-1\pm\sqrt{3}i}{2}$ 또는 $x=\dfrac{1\pm\sqrt{3}i}{2}$

(1) $x^2=X$로 놓으면 주어진 방정식은

$X^2-4X+4=0$, $(X-2)^2=0$

$\therefore X=2$

따라서 $x^2=2$이므로 $x=\pm\sqrt{2}$

(2) $x^4+x^2+1=0$에서 $(x^4+2x^2+1)-x^2=0$

$(x^2+1)^2-x^2=0$, $(x^2+x+1)(x^2-x+1)=0$

$x^2+x+1=0$ 또는 $x^2-x+1=0$

$\therefore x=\dfrac{-1\pm\sqrt{3}i}{2}$ 또는 $x=\dfrac{1\pm\sqrt{3}i}{2}$

0726

답 ④

$x^2=X$로 놓으면 주어진 방정식은

$X^2-17X+16=0$, $(X-1)(X-16)=0$

$\therefore X=1$ 또는 $X=16$

즉, $x^2=1$ 또는 $x^2=16$이므로

$x=\pm1$ 또는 $x=\pm4$

$\therefore |\alpha|+|\beta|+|\gamma|+|\delta|=|1|+|-1|+|4|+|-4|$

$=10$

0727

답 ④

$x^2=X$로 놓으면 주어진 방정식은

$X^2-5X-14=0$, $(X+2)(X-7)=0$

$\therefore X=-2$ 또는 $X=7$

즉, $x^2=-2$ 또는 $x^2=7$이므로

$x=\pm\sqrt{2}i$ 또는 $x=\pm\sqrt{7}$

따라서 주어진 방정식의 허근은 $\pm\sqrt{2}i$이므로 두 허근의 곱은

$(\sqrt{2}i)\times(-\sqrt{2}i)=-2i^2=2$

0728

답 ⑤

$x^4-16x^2+36=0$에서

$(x^4-12x^2+36)-4x^2=0$, $(x^2-6)^2-(2x)^2=0$

$(x^2+2x-6)(x^2-2x-6)=0$

$x^2+2x-6=0$ 또는 $x^2-2x-6=0$

$\therefore x=-1\pm\sqrt{7}$ 또는 $x=1\pm\sqrt{7}$

따라서 주어진 방정식의 두 양의 근은 $-1+\sqrt{7}$, $1+\sqrt{7}$이므로

$\alpha+\beta=(-1+\sqrt{7})+(1+\sqrt{7})=2\sqrt{7}$

0729

답 0

$x^4+7x^2+16=0$에서

$(x^4+8x^2+16)-x^2=0$, $(x^2+4)^2-x^2=0$

$(x^2+x+4)(x^2-x+4)=0$

…… ❶

$x^2+x+4=0$ 또는 $x^2-x+4=0$

방정식 $x^2+x+4=0$의 두 근을 α, β,

방정식 $x^2-x+4=0$의 두 근을 γ, δ라 하면

이차방정식의 근과 계수의 관계에 의하여

$\alpha+\beta=-1$, $\alpha\beta=4$, $\gamma+\delta=1$, $\gamma\delta=4$

…… ❷

$\therefore \frac{1}{\alpha}+\frac{1}{\beta}+\frac{1}{\gamma}+\frac{1}{\delta}=\frac{\alpha+\beta}{\alpha\beta}+\frac{\gamma+\delta}{\gamma\delta}=\frac{-1}{4}+\frac{1}{4}=0$

❸

채점 기준	배점
❶ 주어진 식의 좌변을 인수분해하기	30%
❷ 이차방정식의 근과 계수의 관계를 이용하여 $\alpha+\beta$, $\alpha\beta$, $\gamma+\delta$, $\gamma\delta$의 값 구하기	40%
❸ $\frac{1}{\alpha}+\frac{1}{\beta}+\frac{1}{\gamma}+\frac{1}{\delta}$의 값 구하기	30%

0730

답 7

주어진 사차방정식은 $x=\alpha$를 근으로 가지면 $x=-\alpha$도 근으로 가지므로 양의 실근 2개, 음의 실근 2개를 가짐을 알 수 있다.

즉, 서로 다른 네 실근을

α, β, $-\beta(=\gamma)$, $-\alpha(=\delta)(\alpha<\beta<0)$라 하자.

$x^2=X$라 하면 주어진 사차방정식은 $X^2-(2a-9)X+4=0$이고 두 근은 α^2, β^2이다.

따라서 $\alpha^2+\beta^2=2a-9=5$이므로

$a=7$

유형 05 $ax^4+bx^3+cx^2+bx+a=0$ 꼴의 방정식의 풀이

0731

답 $-3\pm2\sqrt{2}$

방정식 $x^4+7x^3+8x^2+7x+1=0$의 양변을 x^2으로 나누면

$x^2+7x+8+\frac{7}{x}+\frac{1}{x^2}=0$, $x^2+\frac{1}{x^2}+7\left(x+\frac{1}{x}\right)+8=0$

$\left(x+\frac{1}{x}\right)^2+7\left(x+\frac{1}{x}\right)+6=0$

이때 $x+\frac{1}{x}=X$로 놓으면

$X^2+7X+6=0$, $(X+6)(X+1)=0$

$\therefore X=-6$ 또는 $X=-1$

(i) $X=-6$일 때, $x+\frac{1}{x}=-6$에서

$x^2+6x+1=0$ $\quad\therefore x=-3\pm2\sqrt{2}$

(ii) $X=-1$일 때, $x+\frac{1}{x}=-1$에서

$x^2+x+1=0$ $\quad\therefore x=\frac{-1\pm\sqrt{3}i}{2}$

(i), (ii)에서 주어진 방정식의 실근은 $-3\pm2\sqrt{2}$이다.

0732

답 -5

방정식 $x^4+5x^3-7x^2+5x+1=0$의 양변을 x^2으로 나누면

$x^2+5x-7+\frac{5}{x}+\frac{1}{x^2}=0$, $x^2+\frac{1}{x^2}+5\left(x+\frac{1}{x}\right)-7=0$

$\therefore \left(x+\frac{1}{x}\right)^2+5\left(x+\frac{1}{x}\right)-9=0$

이때 $x+\frac{1}{x}=k$이므로 $k^2+5k-9=0$에서 이차방정식의 근과 계수의 관계에 의하여 모든 k의 값의 합은 -5이다.

0733

답 4

방정식 $x^4-5x^3+6x^2-5x+1=0$의 양변을 x^2으로 나누면

$x^2-5x+6-\frac{5}{x}+\frac{1}{x^2}=0$, $x^2+\frac{1}{x^2}-5\left(x+\frac{1}{x}\right)+6=0$

$\therefore \left(x+\frac{1}{x}\right)^2-5\left(x+\frac{1}{x}\right)+4=0$

이때 $x+\frac{1}{x}=X$로 놓으면

$X^2-5X+4=0$, $(X-1)(X-4)=0$

$\therefore X=1$ 또는 $X=4$

❶

(i) $X=1$일 때, $x+\frac{1}{x}=1$에서 $x^2-x+1=0$

이 방정식의 판별식을 D_1이라 하면

$D_1=(-1)^2-4\times1\times1=-3<0$

즉, 이 방정식은 서로 다른 두 허근을 갖는다.

❷

(ii) $X=4$일 때, $x+\frac{1}{x}=4$에서 $x^2-4x+1=0$

이 방정식의 판별식을 D_2라 하면

$\frac{D_2}{4}=(-2)^2-1\times1=3>0$

즉, 이 방정식은 서로 다른 두 실근을 갖는다.

❸

(i), (ii)에서 α는 방정식 $x^2-4x+1=0$, 즉 $x+\frac{1}{x}=4$의 한 근이므로

$\alpha+\frac{1}{\alpha}=4$

❹

채점 기준	배점
❶ $x+\frac{1}{x}=X$로 놓고 X에 대한 이차방정식의 해 구하기	30%
❷ $X=1$일 때, 근을 판별하기	30%
❸ $X=4$일 때, 근을 판별하기	30%
❹ $\alpha+\frac{1}{\alpha}$의 값 구하기	10%

0734

답 ⑤

방정식 $x^4+6x^3+7x^2+6x+1=0$의 양변을 x^2으로 나누면

$x^2+6x+7+\frac{6}{x}+\frac{1}{x^2}=0$, $x^2+\frac{1}{x^2}+6\left(x+\frac{1}{x}\right)+7=0$

$\therefore \left(x+\frac{1}{x}\right)^2+6\left(x+\frac{1}{x}\right)+5=0$

이때 $x+\frac{1}{x}=X$로 놓으면

$X^2+6X+5=0$, $(X+5)(X+1)=0$

$\therefore X=-5$ 또는 $X=-1$

(i) $X=-5$일 때, $x+\frac{1}{x}=-5$에서

$x^2+5x+1=0$

이 이차방정식의 판별식을 D_1이라 하면

$D_1=5^2-4\times1\times1=21>0$

즉, 이 방정식은 서로 다른 두 실근을 갖는다.

(ii) $X=-1$일 때, $x+\frac{1}{x}=-1$에서

$x^2+x+1=0$

이 이차방정식의 판별식을 D_2라 하면

$D_2=1^2-4\times1\times1=-3<0$

즉, 이 방정식은 서로 다른 두 허근을 갖는다.

(i), (ii)에서 주어진 방정식의 두 실근은 방정식 $x^2+5x+1=0$의 근이고, 두 허근은 방정식 $x^2+x+1=0$의 근이다.

따라서 이차방정식의 근과 계수의 관계에 의하여

$a=-5,\ b=1$

$\therefore b-a=1-(-5)=6$

유형 06 근이 주어진 삼 · 사차방정식

확인 문제 $a=2$, 나머지 두 근: $-3,\ 2$

방정식 $x^3+ax^2-5x-6=0$의 한 근이 -1이므로

$-1+a+5-6=0 \qquad \therefore a=2$

즉, 주어진 방정식은 $x^3+2x^2-5x-6=0$이므로

$f(x)=x^3+2x^2-5x-6$이라 하면 $f(-1)=0$

조립제법을 이용하여 $f(x)$를 인수분해하면

-1	1	2	-5	-6
		-1	-1	6
	1	1	-6	0

$\therefore f(x)=(x+1)(x^2+x-6)$

$=(x+1)(x+3)(x-2)$

즉, 주어진 방정식은 $(x+1)(x+3)(x-2)=0$

$\therefore x=-1$ 또는 $x=-3$ 또는 $x=2$

따라서 나머지 두 근은 $-3,\ 2$이다.

0735

답 ③

방정식 $x^3-kx^2+(k+5)x-12=0$의 한 근이 2이므로

$8-4k+2(k+5)-12=0$

$6-2k=0 \qquad \therefore k=3$

즉, 주어진 방정식은 $x^3-3x^2+8x-12=0$이므로

$f(x)=x^3-3x^2+8x-12$라 하면 $f(2)=0$

조립제법을 이용하여 $f(x)$를 인수분해하면

2	1	-3	8	-12
		2	-2	12
	1	-1	6	0

$\therefore f(x)=(x-2)(x^2-x+6)$

즉, 주어진 방정식은 $(x-2)(x^2-x+6)=0$

이때 $\alpha,\ \beta$는 이차방정식 $x^2-x+6=0$의 두 근이므로 이차방정식의 근과 계수의 관계에 의하여

$\alpha+\beta=1$

$\therefore k+\alpha+\beta=3+1=4$

0736

답 8

방정식 $3x^3+x^2-ax+b=0$의 한 근이 $\sqrt{2}$이므로

$3(\sqrt{2})^3+(\sqrt{2})^2-a\sqrt{2}+b=0$

$6\sqrt{2}+2-a\sqrt{2}+b=0$

$(2+b)+(6-a)\sqrt{2}=0$

$a,\ b$가 유리수이므로 $2+b=0,\ 6-a=0$

따라서 $a=6,\ b=-2$이므로

$a-b=6-(-2)=8$

Bible Says 무리수가 서로 같을 조건

(1) 유리수 $p,\ q$와 무리수 $\sqrt{m}$에 대하여
$p+q\sqrt{m}=0 \Rightarrow p=0,\ q=0$

(2) 유리수 $p,\ q,\ r,\ s$와 무리수 $\sqrt{m}$에 대하여
$p+q\sqrt{m}=r+s\sqrt{m} \Rightarrow p=r,\ q=s$

0737

답 ④

방정식 $x^4-x^3+ax^2+x+6=0$의 한 근이 -2이므로

$16+8+4a-2+6=0$

$28+4a=0 \qquad \therefore a=-7$

즉, 주어진 방정식은 $x^4-x^3-7x^2+x+6=0$이므로

$f(x)=x^4-x^3-7x^2+x+6$이라 하면

$f(-2)=0,\ f(-1)=1+1-7-1+6=0$

조립제법을 이용하여 $f(x)$를 인수분해하면

-2	1	-1	-7	1	6
		-2	6	2	-6
-1	1	-3	-1	3	0
		-1	4	-3	
	1	-4	3	0	

$\therefore f(x)=(x+2)(x+1)(x^2-4x+3)$

$=(x+2)(x+1)(x-1)(x-3)$

즉, 주어진 방정식은 $(x+2)(x+1)(x-1)(x-3)=0$

$\therefore x=-2$ 또는 $x=-1$ 또는 $x=1$ 또는 $x=3$

따라서 $a=-7,\ b=3$이므로

$a+b=-7+3=-4$

0738

답 $-\frac{1}{2}$

주어진 방정식의 두 근이 $-1,\ 2$이므로

$2+a-b-1+a=0$에서

$2a-b=-1 \qquad \cdots\cdots ㉠$

$32-8a-4b+2+a=0$에서

$7a+4b=34 \qquad \cdots\cdots ㉡$

㉠, ㉡을 연립하여 풀면 $a=2,\ b=5$

즉, 주어진 방정식은 $2x^4-2x^3-5x^2+x+2=0$이므로

$f(x)=2x^4-2x^3-5x^2+x+2$라 하면 $f(-1)=0$, $f(2)=0$

조립제법을 이용하여 $f(x)$를 인수분해하면

-1	2	-2	-5	1	2
		-2	4	1	-2
2	2	-4	-1	2	0
		4	0	-2	
	2	0	-1	0	

$\therefore f(x)=(x+1)(x-2)(2x^2-1)$

즉, 주어진 방정식은 $(x+1)(x-2)(2x^2-1)=0$

따라서 주어진 방정식의 나머지 두 근은 방정식 $2x^2-1=0$의 근이므로 이차방정식의 근과 계수의 관계에 의하여 구하는 곱은 $-\frac{1}{2}$이다.

0739

답 3

사차식 x^4+ax^2+b가 이차식 $(x+1)(x-\sqrt{3})$으로 나누어떨어지므로 $x=-1$, $x=\sqrt{3}$은 사차방정식 $x^4+ax^2+b=0$의 근이다.

$x=-1$, $x=\sqrt{3}$을 방정식 $x^4+ax^2+b=0$에 각각 대입하면

$1+a+b=0 \quad \therefore a+b=-1 \quad \cdots\cdots$ ㉠

$9+3a+b=0 \quad \therefore 3a+b=-9 \quad \cdots\cdots$ ㉡

㉠, ㉡을 연립하여 풀면 $a=-4$, $b=3$

❶

즉, 주어진 방정식은 $x^4-4x^2+3=0$

$x^2=X$로 놓으면 주어진 방정식은

$X^2-4X+3=0$, $(X-1)(X-3)=0$

$\therefore X=1$ 또는 $X=3$

❷

즉, $x^2=1$ 또는 $x^2=3$이므로

$x=\pm1$ 또는 $x=\pm\sqrt{3}$

따라서 구하는 네 근의 곱은

$-1\times1\times(-\sqrt{3})\times\sqrt{3}=3$

❸

채점 기준	배점
❶ a, b의 값 각각 구하기	50%
❷ $x^2=X$로 놓고 X에 대한 이차방정식의 해 구하기	25%
❸ 네 근의 곱 구하기	25%

유형 07 근의 조건이 주어진 삼차방정식

0740

답 ②

$f(x)=x^3-(3k+1)x-3k$라 하면

$f(-1)=-1+3k+1-3k=0$

조립제법을 이용하여 $f(x)$를 인수분해하면

-1	1	0	$-(3k+1)$	$-3k$
		-1	1	$3k$
	1	-1	$-3k$	0

$\therefore f(x)=(x+1)(x^2-x-3k)$

이때 방정식 $f(x)=0$이 중근을 가지려면

(i) 방정식 $x^2-x-3k=0$이 $x=-1$을 근으로 갖는 경우

$1+1-3k=0 \quad \therefore k=\frac{2}{3}$

(ii) 방정식 $x^2-x-3k=0$이 중근을 갖는 경우

이 이차방정식의 판별식을 D라 하면

$D=(-1)^2-4\times1\times(-3k)=0$

$1+12k=0 \quad \therefore k=-\frac{1}{12}$

(i), (ii)에서 모든 실수 k의 값의 합은

$\frac{2}{3}+\left(-\frac{1}{12}\right)=\frac{7}{12}$

0741

답 1

$2x^3+2x^2+kx+k=0$에서 $2x^2(x+1)+k(x+1)=0$

$\therefore (x+1)(2x^2+k)=0$

❶

이때 주어진 방정식이 한 개의 실근과 두 개의 허근을 가지려면 이차방정식 $2x^2+k=0$이 두 개의 허근을 가져야 하므로 이 이차방정식의 판별식을 D라 하면

$D=0^2-4\times2\times k<0$, $-8k<0 \quad \therefore k>0$

❷

따라서 정수 k의 최솟값은 1이다.

❸

채점 기준	배점
❶ 주어진 방정식의 좌변을 인수분해하기	30%
❷ k의 값의 범위 구하기	50%
❸ 정수 k의 최솟값 구하기	20%

0742

답 ④

$f(x)=x^3-6x^2+(k+8)x-2k$라 하면

$f(2)=8-24+2(k+8)-2k=0$

조립제법을 이용하여 $f(x)$를 인수분해하면

2	1	-6	$k+8$	$-2k$
		2	-8	$2k$
	1	-4	k	0

$\therefore f(x)=(x-2)(x^2-4x+k)$

이때 방정식 $f(x)=0$의 근이 모두 실수가 되려면 이차방정식 $x^2-4x+k=0$이 실근을 가져야 하므로

이 이차방정식의 판별식을 D라 하면

$\frac{D}{4}=(-2)^2-1\times k\geq0$, $4-k\geq0 \quad \therefore k\leq4$

0743

답 -9

$f(x)=x^3+3x^2+mx-m-4$라 하면

$f(1)=1+3+m-m-4=0$

조립제법을 이용하여 $f(x)$를 인수분해하면

$$\begin{array}{c|cccc} 1 & 1 & 3 & m & -m-4 \\ & & 1 & 4 & m+4 \\ \hline & 1 & 4 & m+4 & 0 \end{array}$$

$\therefore f(x)=(x-1)(x^2+4x+m+4)$

이때 방정식 $f(x)=0$의 서로 다른 실근의 개수가 2이려면

(i) 방정식 $x^2+4x+m+4=0$이 $x=1$을 근으로 갖는 경우

$1+4+m+4=0 \qquad \therefore m=-9$

(ii) 방정식 $x^2+4x+m+4=0$이 중근을 갖는 경우

이 이차방정식의 판별식을 D라 하면

$\frac{D}{4}=2^2-1\times(m+4)=0 \qquad \therefore m=0$

(i), (ii)에서 m의 값의 합은

$-9+0=-9$

0744

답 6

$f(x)=kx^3+(k+4)x^2+(1-k)x-k-5$로 놓으면

$f(1)=k+k+4+1-k-k-5=0$

$f(x)=0$이 삼차방정식이므로 $k\neq0$

조립제법을 이용하여 $f(x)$를 인수분해하면

$$\begin{array}{c|cccc} 1 & k & k+4 & 1-k & -k-5 \\ & & k & 2k+4 & k+5 \\ \hline & k & 2k+4 & k+5 & 0 \end{array}$$

$\therefore f(x)=(x-1)\{kx^2+2(k+2)x+k+5\}$

즉, 주어진 방정식은 $(x-1)\{kx^2+2(k+2)x+k+5\}=0$

이때 방정식 $(x-1)\{kx^2+2(k+2)x+k+5\}=0$이 서로 다른 세 실근을 가지려면 이차방정식 $kx^2+2(k+2)x+k+5=0$이 1이 아닌 서로 다른 두 실근을 가져야 하므로 이 이차방정식의 판별식을 D라 하면

$\frac{D}{4}=(k+2)^2-k\times(k+5)>0,\ -k+4>0$

$\therefore k<4$ …… ㉠

또한 $x=1$을 이차방정식 $kx^2+2(k+2)x+k+5=0$에 대입하면 성립하지 않아야 하므로

$k+2(k+2)+k+5\neq0,\ 4k+9\neq0 \qquad \therefore k\neq-\frac{9}{4}$ …… ㉡

㉠, ㉡에서 $k<-\frac{9}{4}$ 또는 $-\frac{9}{4}<k<4$

따라서 자연수 k는 1, 2, 3이므로 그 합은

$1+2+3=6$

유형 08 삼차방정식의 근과 계수의 관계

확인 문제 (1) -3 (2) -2 (3) 4 (4) $-\frac{1}{2}$

삼차방정식 $x^3+3x^2-2x-4=0$의 세 근이 α, β, γ이므로

삼차방정식의 근과 계수의 관계에 의하여

(1) $\alpha+\beta+\gamma=-3$

(2) $\alpha\beta+\beta\gamma+\gamma\alpha=-2$

(3) $\alpha\beta\gamma=4$

(4) $\frac{1}{\alpha}+\frac{1}{\beta}+\frac{1}{\gamma}=\frac{\alpha\beta+\beta\gamma+\gamma\alpha}{\alpha\beta\gamma}=\frac{-2}{4}=-\frac{1}{2}$

0745

답 $\frac{1}{2}$

삼차방정식 $x^3+3x^2-x+6=0$의 세 근이 α, β, γ이므로

삼차방정식의 근과 계수의 관계에 의하여

$\alpha+\beta+\gamma=-3,\ \alpha\beta+\beta\gamma+\gamma\alpha=-1,\ \alpha\beta\gamma=-6$

$\therefore \frac{1}{\alpha\beta}+\frac{1}{\beta\gamma}+\frac{1}{\gamma\alpha}=\frac{\alpha+\beta+\gamma}{\alpha\beta\gamma}=\frac{-3}{-6}=\frac{1}{2}$

0746

답 7

$\alpha-2=\alpha'$, $\beta+2=\beta'$, $\gamma+1=\gamma'$이라 하면

삼차방정식 $x^3-5x^2+2x+1=0$의 세 근이 α', β', γ'이므로

삼차방정식의 근과 계수의 관계에 의하여

$\alpha'+\beta'+\gamma'=5,\ \alpha'\beta'+\beta'\gamma'+\gamma'\alpha'=2,\ \alpha'\beta'\gamma'=-1$

$\therefore (\alpha-1)(\beta+3)(\gamma+2)$

$=(\alpha'+1)(\beta'+1)(\gamma'+1)$

$=\alpha'\beta'\gamma'+(\alpha'\beta'+\beta'\gamma'+\gamma'\alpha')+(\alpha'+\beta'+\gamma')+1$

$=-1+2+5+1=7$

0747

답 ①

주어진 삼차방정식의 세 근을 α, 2α, 5α $(\alpha\neq0)$라 하면

삼차방정식의 근과 계수의 관계에 의하여

$\alpha+2\alpha+5\alpha=16,\ 8\alpha=16 \qquad \therefore \alpha=2$

따라서 세 근이 2, 4, 10이므로

$2\times4+4\times10+10\times2=-a,\ 2\times4\times10=b$

$\therefore a=-68,\ b=80$

$\therefore a+b=-68+80=12$

0748

답 5

주어진 삼차방정식의 세 근을 $\alpha-1$, α, $\alpha+1$ (α는 정수)이라 하면

삼차방정식의 근과 계수의 관계에 의하여

$(\alpha-1)+\alpha+(\alpha+1)=-6,\ 3\alpha=-6 \qquad \therefore \alpha=-2$

…… ❶

따라서 세 근이 -3, -2, -1이므로

$(-3)\times(-2)+(-2)\times(-1)+(-1)\times(-3)=a$

$\therefore a=11$

…… ❷

$(-3)\times(-2)\times(-1)=-b \qquad \therefore b=6$

…… ❸

$\therefore a-b=11-6=5$

…… ❹

채점 기준	배점
❶ 세 근을 $\alpha-1$, α, $\alpha+1$ (α는 정수)이라 할 때, α의 값 구하기	50%
❷ a의 값 구하기	20%
❸ b의 값 구하기	20%
❹ $a-b$의 값 구하기	10%

0749

답 -1

삼차방정식 $x^3+4x^2-mx+2=0$의 세 근이 α, β, γ이므로
삼차방정식의 근과 계수의 관계에 의하여
$\alpha+\beta+\gamma=-4$, $\alpha\beta+\beta\gamma+\gamma\alpha=-m$, $\alpha\beta\gamma=-2$
이때 $\alpha+\beta=-4-\gamma$, $\beta+\gamma=-4-\alpha$, $\gamma+\alpha=-4-\beta$이므로
$(\alpha+\beta)(\beta+\gamma)(\gamma+\alpha)$
$=(-4-\gamma)(-4-\alpha)(-4-\beta)$
$=-64-16(\alpha+\beta+\gamma)-4(\alpha\beta+\beta\gamma+\gamma\alpha)-\alpha\beta\gamma$
$=-64-16\times(-4)-4\times(-m)-(-2)$
$=4m+2$
이때 $(\alpha+\beta)(\beta+\gamma)(\gamma+\alpha)=-2$이므로
$4m+2=-2$, $4m=-4$ $\quad\therefore m=-1$

0750

답 ②

방정식 $(x-3)(x-1)(x+2)+1=x$를 전개하여 정리하면
$x^3-2x^2-6x+7=0$
삼차방정식 $x^3-2x^2-6x+7=0$의 세 근이 α, β, γ이므로
삼차방정식의 근과 계수의 관계에 의하여
$\alpha+\beta+\gamma=2$, $\alpha\beta+\beta\gamma+\gamma\alpha=-6$, $\alpha\beta\gamma=-7$
$\therefore \alpha^3+\beta^3+\gamma^3$
$=(\alpha+\beta+\gamma)(\alpha^2+\beta^2+\gamma^2-\alpha\beta-\beta\gamma-\gamma\alpha)+3\alpha\beta\gamma$
$=(\alpha+\beta+\gamma)\{(\alpha+\beta+\gamma)^2-3(\alpha\beta+\beta\gamma+\gamma\alpha)\}+3\alpha\beta\gamma$
$=2\times\{2^2-3\times(-6)\}+3\times(-7)$
$=23$

0751

답 5

이차방정식 $x^2-3x+p=0$의 두 근을 α, β라 하면 이차방정식의 근과 계수의 관계에 의하여
$\alpha+\beta=3$, $\alpha\beta=p$
이때 α, β가 삼차방정식 $x^3-2x^2+qx+2=0$의 근이므로 나머지 한 근을 γ라 하면 삼차방정식의 근과 계수의 관계에 의하여
$\alpha+\beta+\gamma=2$, $\alpha\beta+\beta\gamma+\gamma\alpha=q$, $\alpha\beta\gamma=-2$
······ ❶

$\alpha+\beta+\gamma=2$에서 $\alpha+\beta=3$이므로 $\gamma=-1$
$\alpha\beta\gamma=-2$에서 $\alpha\beta=p$, $\gamma=-1$이므로 $p=2$
$\alpha\beta+\beta\gamma+\gamma\alpha=\alpha\beta+\gamma(\alpha+\beta)=q$에서
$\alpha+\beta=3$, $\alpha\beta=2$, $\gamma=-1$이므로 $q=-1$
······ ❷

$\therefore p^2+q^2=2^2+(-1)^2=5$
······ ❸

채점 기준	배점
❶ 삼차방정식의 근과 계수의 관계를 이용하여 $\alpha+\beta+\gamma$, $\alpha\beta+\beta\gamma+\gamma\alpha$, $\alpha\beta\gamma$의 값 구하기	50%
❷ p, q의 값 구하기	40%
❸ p^2+q^2의 값 구하기	10%

유형 09 삼차방정식의 작성

0752

답 3

삼차방정식 $x^3+3x^2-x+1=0$의 세 근이 α, β, γ이므로
삼차방정식의 근과 계수의 관계에 의하여
$\alpha+\beta+\gamma=-3$, $\alpha\beta+\beta\gamma+\gamma\alpha=-1$, $\alpha\beta\gamma=-1$
$\therefore \frac{1}{\alpha}+\frac{1}{\beta}+\frac{1}{\gamma}=\frac{\alpha\beta+\beta\gamma+\gamma\alpha}{\alpha\beta\gamma}=\frac{-1}{-1}=1$,
$\frac{1}{\alpha\beta}+\frac{1}{\beta\gamma}+\frac{1}{\gamma\alpha}=\frac{\alpha+\beta+\gamma}{\alpha\beta\gamma}=\frac{-3}{-1}=3$,
$\frac{1}{\alpha}\times\frac{1}{\beta}\times\frac{1}{\gamma}=\frac{1}{\alpha\beta\gamma}=\frac{1}{-1}=-1$
즉, $\frac{1}{\alpha}$, $\frac{1}{\beta}$, $\frac{1}{\gamma}$을 세 근으로 하고 x^3의 계수가 1인 삼차방정식은
$x^3-x^2+3x+1=0$
따라서 $a=-1$, $b=3$, $c=1$이므로
$a+b+c=-1+3+1=3$

Bible Says **세 근이 α, β, γ인 삼차방정식**

삼차방정식 $ax^3+bx^2+cx+d=0\ (ad\neq0)$의 세 근이 α, β, γ이면
➡ $dx^3+cx^2+bx+a=0$의 세 근은 $\frac{1}{\alpha}$, $\frac{1}{\beta}$, $\frac{1}{\gamma}$이다.

0753

답 34

삼차방정식 $x^3-5x^2+8x-1=0$의 세 근이 α, β, γ이므로 삼차방정식의 근과 계수의 관계에 의하여
$\alpha+\beta+\gamma=5$, $\alpha\beta+\beta\gamma+\gamma\alpha=8$, $\alpha\beta\gamma=1$
또한, -2α, -2β, -2γ가 삼차방정식 $x^3+ax^2+bx+c=0$의 세 근이므로 삼차방정식의 근과 계수의 관계에 의하여
$(-2\alpha)+(-2\beta)+(-2\gamma)=-a$ ······ ㉠
$(-2\alpha)(-2\beta)+(-2\beta)(-2\gamma)+(-2\gamma)(-2\alpha)=b$ ······ ㉡
$(-2\alpha)(-2\beta)(-2\gamma)=-c$ ······ ㉢
㉠에서 $-2(\alpha+\beta+\gamma)=-a$, $-2\times5=-a$ $\quad\therefore a=10$
㉡에서 $4(\alpha\beta+\beta\gamma+\gamma\alpha)=b$, $4\times8=b$ $\quad\therefore b=32$
㉢에서 $-8\alpha\beta\gamma=-c$, $-8\times1=-c$ $\quad\therefore c=8$
$\therefore a+b-c=10+32-8=34$

0754

답 $x^3-4x^2+x+4=0$

삼차방정식 $x^3-x^2-4x+2=0$의 세 근이 α, β, γ이므로
삼차방정식의 근과 계수의 관계에 의하여
$\alpha+\beta+\gamma=1$, $\alpha\beta+\beta\gamma+\gamma\alpha=-4$, $\alpha\beta\gamma=-2$
$\therefore (\alpha+1)+(\beta+1)+(\gamma+1)=\alpha+\beta+\gamma+3=4$,
$(\alpha+1)(\beta+1)+(\beta+1)(\gamma+1)+(\gamma+1)(\alpha+1)$
$=(\alpha\beta+\beta\gamma+\gamma\alpha)+2(\alpha+\beta+\gamma)+3$
$=-4+2\times1+3=1$,
$(\alpha+1)(\beta+1)(\gamma+1)$
$=\alpha\beta\gamma+(\alpha\beta+\beta\gamma+\gamma\alpha)+(\alpha+\beta+\gamma)+1$
$=-2+(-4)+1+1=-4$
따라서 $\alpha+1$, $\beta+1$, $\gamma+1$을 세 근으로 하고 x^3의 계수가 1인 삼차방정식은
$x^3-4x^2+x+4=0$

0755

답 $x^3-5x-1=0$

삼차방정식 $x^3-5x+1=0$의 세 근이 α, β, γ이므로
삼차방정식의 근과 계수의 관계에 의하여
$\alpha+\beta+\gamma=0$, $\alpha\beta+\beta\gamma+\gamma\alpha=-5$, $\alpha\beta\gamma=-1$
이때 $\alpha+\beta=-\gamma$, $\beta+\gamma=-\alpha$, $\gamma+\alpha=-\beta$이므로
$(\alpha+\beta)+(\beta+\gamma)+(\gamma+\alpha)=(-\gamma)+(-\alpha)+(-\beta)$
$=-(\alpha+\beta+\gamma)=0$
$(\alpha+\beta)(\beta+\gamma)+(\beta+\gamma)(\gamma+\alpha)+(\gamma+\alpha)(\alpha+\beta)$
$=(-\gamma)\times(-\alpha)+(-\alpha)\times(-\beta)+(-\beta)\times(-\gamma)$
$=\alpha\beta+\beta\gamma+\gamma\alpha=-5$
$(\alpha+\beta)(\beta+\gamma)(\gamma+\alpha)=(-\gamma)\times(-\alpha)\times(-\beta)$
$=-\alpha\beta\gamma=1$
따라서 $\alpha+\beta$, $\beta+\gamma$, $\gamma+\alpha$를 세 근으로 하고 x^3의 계수가 1인 삼차방정식은 $x^3-5x-1=0$

0756

답 16

$f(1)=f(3)=f(5)=-1$에서
$f(1)+1=f(3)+1=f(5)+1=0$
이므로 삼차방정식 $f(x)+1=0$의 세 근이 1, 3, 5이다.

❶

이때 1, 3, 5를 세 근으로 하고 x^3의 계수가 1인 삼차방정식은
$x^3-(1+3+5)x^2+(1\times3+3\times5+5\times1)x-1\times3\times5=0$
$\therefore x^3-9x^2+23x-15=0$

❷

즉, $f(x)+1=x^3-9x^2+23x-15$
$\therefore f(x)=x^3-9x^2+23x-16$
따라서 삼차방정식의 근과 계수의 관계에 의하여 방정식 $f(x)=0$의 모든 근의 곱은 16이다.

❸

채점 기준	배점
❶ 삼차방정식 $f(x)+1=0$의 세 근 구하기	30%
❷ 1, 3, 5를 세 근으로 하고 x^3의 계수가 1인 삼차방정식 구하기	40%
❸ 삼차방정식의 근과 계수의 관계를 이용하여 방정식 $f(x)=0$의 모든 근의 곱 구하기	30%

유형 10 삼차방정식과 사차방정식의 켤레근

0757

답 ④

주어진 삼차방정식의 계수가 유리수이므로 $1+\sqrt{3}$이 근이면
$1-\sqrt{3}$도 근이다.
나머지 한 근을 α라 하면 삼차방정식의 근과 계수의 관계에 의하여
$\alpha+(1+\sqrt{3})+(1-\sqrt{3})=-a$에서
$\alpha+2=-a$ ...... ㉠
$\alpha(1+\sqrt{3})+(1+\sqrt{3})(1-\sqrt{3})+\alpha(1-\sqrt{3})=b$에서
$2\alpha-2=b$ ...... ㉡
$\alpha(1+\sqrt{3})(1-\sqrt{3})=4$에서 $-2\alpha=4$ $\quad\therefore \alpha=-2$
$\alpha=-2$를 ㉠, ㉡에 각각 대입하면 $a=0$, $b=-6$
$\therefore a-b=0-(-6)=6$

다른 풀이

방정식 $x^3+ax^2+bx-4=0$의 한 근이 $1+\sqrt{3}$이므로
$(1+\sqrt{3})^3+a(1+\sqrt{3})^2+b(1+\sqrt{3})-4=0$
$(10+6\sqrt{3})+a(4+2\sqrt{3})+b+b\sqrt{3}-4=0$
$10+6\sqrt{3}+4a+2a\sqrt{3}+b+b\sqrt{3}-4=0$
$(6+4a+b)+(6+2a+b)\sqrt{3}=0$
무리수가 서로 같을 조건에 의하여
$6+4a+b=0$, $6+2a+b=0$
위의 두 식을 연립하여 풀면 $a=0$, $b=-6$
$\therefore a-b=0-(-6)=6$

0758

답 ③

주어진 삼차방정식의 계수가 실수이므로 $2-i$가 근이면 $2+i$도 근이다.
나머지 한 근을 α라 하면 삼차방정식의 근과 계수의 관계에 의하여
$(2-i)(2+i)\alpha=-10$에서 $5\alpha=-10$ $\quad\therefore \alpha=-2$
따라서 나머지 두 근의 합은
$(2+i)+(-2)=i$

0759

답 9

주어진 삼차방정식의 계수가 유리수이므로 $2-\sqrt{5}$가 근이면 $2+\sqrt{5}$도 근이다.
따라서 주어진 방정식의 세 근이 $2-\sqrt{5}$, 1, $2+\sqrt{5}$이므로
삼차방정식의 근과 계수의 관계에 의하여
$(2-\sqrt{5})+1+(2+\sqrt{5})=-\dfrac{b}{a}$에서
$\dfrac{b}{a}=-5$ ...... ㉠
$(2-\sqrt{5})\times1+1\times(2+\sqrt{5})+(2+\sqrt{5})(2-\sqrt{5})=\dfrac{c}{a}$에서
$\dfrac{c}{a}=3$ ...... ㉡
$(2-\sqrt{5})\times1\times(2+\sqrt{5})=-\dfrac{1}{a}$에서 $a=1$
$a=1$을 ㉠, ㉡에 각각 대입하면
$b=-5$, $c=3$
$\therefore a-b+c=1-(-5)+3=9$

0760

답 -48

주어진 삼차방정식의 계수가 실수이므로 $\dfrac{2}{1+i}=1-i$가 근이면
$1+i$도 근이다.
나머지 한 근이 c이므로 삼차방정식의 근과 계수의 관계에 의하여
$(1-i)+(1+i)+c=4$에서 $c+2=4$ $\quad\therefore c=2$
$(1-i)(1+i)+c(1+i)+c(1-i)=a$에서
$2c+2=a$ ...... ㉠
$c(1+i)(1-i)=-b$에서
$b=-2c$ ...... ㉡

$c=2$를 ㉠, ㉡에 각각 대입하면 $a=6$, $b=-4$

$\therefore abc=6\times(-4)\times2=-48$

0761 답 ①

a, b, c, d가 실수이므로 주어진 방정식의 두 근이 $3i$, $1-i$이면 다른 두 근은 $-3i$, $1+i$이다.

이때 $3i$, $-3i$, $1-i$, $1+i$를 네 근으로 하고 x^4의 계수가 1인 사차방정식은

$(x-3i)(x+3i)\{x-(1-i)\}\{x-(1+i)\}=0$

$(x^2+9)(x^2-2x+2)=0$

$\therefore x^4-2x^3+11x^2-18x+18=0$

따라서 $a=-2$, $b=11$, $c=-18$, $d=18$이므로

$a+b+c+d=-2+11+(-18)+18=9$

0762 답 −6

삼차방정식 $f(x)=0$의 계수가 유리수이므로 $1-\sqrt{2}$가 근이면 $1+\sqrt{2}$도 근이다.

즉, 삼차방정식 $f(x)=0$의 세 근이 $1-\sqrt{2}$, 2, $1+\sqrt{2}$이므로 삼차방정식의 근과 계수의 관계에 의하여

$(1-\sqrt{2})+2+(1+\sqrt{2})=4$

$(1-\sqrt{2})\times2+2\times(1+\sqrt{2})+(1+\sqrt{2})(1-\sqrt{2})=3$

$(1-\sqrt{2})\times2\times(1+\sqrt{2})=-2$

.... ❶

따라서 $1-\sqrt{2}$, 2, $1+\sqrt{2}$를 세 근으로 하고 x^3의 계수가 1인 삼차방정식은 $x^3-4x^2+3x+2=0$이므로

$f(x)=x^3-4x^2+3x+2$

.... ❷

$\therefore f(-1)=-1-4-3+2=-6$

.... ❸

채점 기준	배점
❶ 켤레근을 이용하여 삼차방정식 $f(x)=0$의 각 항의 계수 구하기	50%
❷ $f(x)$ 구하기	40%
❸ $f(-1)$의 값 구하기	10%

0763 답 ②

주어진 삼차방정식의 계수가 실수이므로 $1+\sqrt{3}i$가 근이면 $1-\sqrt{3}i$도 근이다.

이때 $(1+\sqrt{3}i)(1-\sqrt{3}i)=4\neq2$이므로 $1+\sqrt{3}i$, $1-\sqrt{3}i$는 이차방정식 $x^2+ax+2=0$의 두 근이 될 수 없다.

이차방정식 $x^2+ax+2=0$의 나머지 한 근을 n이라 하면

이차방정식의 근과 계수의 관계에 의하여

$m+n=-a$ ...... ㉠

이때 삼차방정식의 근과 계수의 관계에 의하여

$(1+\sqrt{3}i)+(1-\sqrt{3}i)+m=-a$

$\therefore 2+m=-a$ ...... ㉡

㉠, ㉡에서 $m+n=2+m$이므로 $n=2$

따라서 $x^2+ax+2=0$의 한 근이 2이므로

$4+2a+2=0$, $2a=-6$ $\therefore a=-3$

즉, 주어진 이차방정식은 $x^2-3x+2=0$이므로

$(x-1)(x-2)=0$ $\therefore x=1$ 또는 $x=2$

따라서 공통인 근은 1이므로 $m=1$

참고

이차방정식의 근과 계수의 관계에 의하여 $mn=2$이므로 $n=2$를 대입하여 m의 값을 구할 수도 있다.

0764 답 −8

(가)에서 삼차방정식 $P(x)=0$의 계수가 실수이므로 $1-i$가 근이면 $1+i$도 근이다.

이때 삼차방정식 $x^3-ax^2+bx-c=0$의 나머지 한 근을 α라 하면 삼차방정식의 근과 계수의 관계에 의하여

$(1-i)+(1+i)+\alpha=a$에서

$\alpha+2=a$ ...... ㉠

$(1-i)(1+i)+\alpha(1-i)+\alpha(1+i)=b$에서

$2\alpha+2=b$ ...... ㉡

$(1-i)(1+i)\alpha=c$에서

$2\alpha=c$ ...... ㉢

한편, (나)에서 $P(1)=4$이므로

$P(1)=1-a+b-c=4$

$\therefore a-b+c=-3$ ...... ㉣

㉠, ㉡, ㉢을 ㉣에 대입하면

$(\alpha+2)-(2\alpha+2)+2\alpha=-3$ $\therefore \alpha=-3$

$\alpha=-3$을 ㉠, ㉡, ㉢에 각각 대입하면

$a=-1$, $b=-4$, $c=-6$

따라서 a, b, c를 세 근으로 하고 x^3의 계수가 1인 삼차방정식은

$(x+1)(x+4)(x+6)=0$이므로

$f(x)=(x+1)(x+4)(x+6)$

$\therefore f(-2)=(-2+1)\times(-2+4)\times(-2+6)=-8$

유형 11 방정식 $x^3=1$, $x^3=-1$의 허근의 성질

0765 답 1

$\omega=\dfrac{1-\sqrt{3}i}{2}$에서 $2\omega-1=-\sqrt{3}i$

양변을 제곱하면 $4\omega^2-4\omega+1=-3$

$4\omega^2-4\omega+4=0$ $\therefore \omega^2-\omega+1=0$

양변에 $\omega+1$을 곱하면 $(\omega+1)(\omega^2-\omega+1)=0$

$\omega^3+1=0$ $\therefore \omega^3=-1$

$\therefore \omega^6-\omega^5+\omega^4-\omega^3$

$=(\omega^3)^2-\omega^3(\omega^2-\omega+1)$

$=(-1)^2-(-1)\times0=1$

0766 답 0

$x^3=-1$에서 $x^3+1=0$, 즉 $(x+1)(x^2-x+1)=0$이므로

ω는 $x^2-x+1=0$의 한 허근이다.

$\therefore\ \omega^3=-1,\ \omega^2-\omega+1=0$

$\therefore\ 1-\omega^2+\omega^4=1-\omega^2+\omega^3\times\omega$

$=1-\omega^2-\omega$

$=1-(\omega-1)-\omega$

$=2-2\omega$

따라서 $a=2,\ b=-2$이므로

$a+b=2+(-2)=0$

0767

답 1

$x^3+1=0$에서 $(x+1)(x^2-x+1)=0$이므로

ω는 $x^2-x+1=0$의 한 허근이고, 방정식의 계수가 실수이므로

ω의 켤레복소수인 $\overline{\omega}$도 $x^2-x+1=0$의 근이다.

$\therefore\ \omega+\overline{\omega}=1,\ \omega\overline{\omega}=1$

$$\therefore\ \frac{(2\omega-1)\overline{(2\omega-1)}}{(\omega+1)\overline{(\omega+1)}}=\frac{(2\omega-1)(2\overline{\omega}-1)}{(\omega+1)(\overline{\omega}+1)}$$

$$=\frac{4\omega\overline{\omega}-2(\omega+\overline{\omega})+1}{\omega\overline{\omega}+(\omega+\overline{\omega})+1}$$

$$=\frac{4\times1-2\times1+1}{1+1+1}=1$$

Bible Says 켤레복소수의 성질

두 복소수 z_1, z_2의 켤레복소수를 각각 $\overline{z_1}$, $\overline{z_2}$라 할 때

(1) $\overline{(\overline{z_1})}=z_1$

(2) $\overline{z_1+z_2}=\overline{z_1}+\overline{z_2}$, $\overline{z_1-z_2}=\overline{z_1}-\overline{z_2}$

(3) $\overline{z_1z_2}=\overline{z_1}\times\overline{z_2}$, $\overline{\left(\frac{z_1}{z_2}\right)}=\frac{\overline{z_1}}{\overline{z_2}}$ (단, $z_2\neq0$)

0768

답 ①

$x^3=1$에서 $x^3-1=0$, 즉 $(x-1)(x^2+x+1)=0$이므로

ω는 $x^2+x+1=0$의 한 허근이고, 방정식의 계수가 실수이므로

ω의 켤레복소수인 $\overline{\omega}$도 $x^2+x+1=0$의 근이다.

$\therefore\ \omega^3=1,\ \omega^2+\omega+1=0,\ \overline{\omega}^2+\overline{\omega}+1=0,\ \omega+\overline{\omega}=-1,\ \omega\overline{\omega}=1$

ㄱ. $\omega^{15}+\omega^{20}+\omega^{25}=(\omega^3)^5+(\omega^3)^6\times\omega^2+(\omega^3)^8\times\omega$

$=1+\omega^2+\omega=0$

ㄴ. $$\frac{1}{\omega^2+2\omega+2}+\frac{1}{\overline{\omega}^2+2\overline{\omega}+2}=\frac{1}{(\omega^2+\omega+1)+\omega+1}+\frac{1}{(\overline{\omega}^2+\overline{\omega}+1)+\overline{\omega}+1}$$

$$=\frac{1}{\omega+1}+\frac{1}{\overline{\omega}+1}$$

$$=\frac{\omega+\overline{\omega}+2}{\omega\overline{\omega}+\omega+\overline{\omega}+1}$$

$$=\frac{-1+2}{1+(-1)+1}=1$$

ㄷ. $x=2\omega$를 x^2-2x+4에 대입하면

$(2\omega)^2-2(2\omega)+4=4\omega^2-4\omega+4$

$=4(\omega^2-\omega+1)$

$=4(-\omega-1-\omega+1)$

$=4(-2\omega)$

$=-8\omega$

이때 $-8\omega\neq0$이므로 2ω는 $x^2-2x+4=0$의 근이 아니다.

따라서 옳은 것은 ㄱ이다.

0769

답 ③

$x^3=1$에서 $x^3-1=0$, 즉 $(x-1)(x^2+x+1)=0$이므로

ω는 $x^2+x+1=0$의 한 허근이고, 방정식의 계수가 실수이므로

ω의 켤레복소수인 $\overline{\omega}$도 $x^2+x+1=0$의 근이다.

$\therefore\ \omega^3=1,\ \omega^2+\omega+1=0,\ \overline{\omega}^2+\overline{\omega}+1=0,\ \omega+\overline{\omega}=-1,\ \omega\overline{\omega}=1$

ㄱ. $\omega^5+\omega^4+1=\omega^3\times\omega^2+\omega^3\times\omega+1$

$=\omega^2+\omega+1=0$

ㄴ. $(1+\omega)(1+\omega^2)(1+\omega^3)(1+\omega^4)(1+\omega^5)(1+\omega^6)$

$=(1+\omega)(1+\omega^2)(1+1)(1+\omega)(1+\omega^2)(1+1)$

$=4(1+\omega)^2(1+\omega^2)^2$

$=4(-\omega^2)^2(-\omega)^2$

$=4\omega^6=4$

ㄷ. $$\frac{\omega^2+1}{\omega+1}+\frac{\omega+1}{\omega^2+1}=\frac{-\omega}{-\omega^2}+\frac{-\omega^2}{-\omega}=\frac{1}{\omega}+\omega$$

$$=\frac{1+\omega^2}{\omega}=\frac{-\omega}{\omega}=-1$$

ㄹ. $$\frac{1}{1-\omega}+\frac{1}{1-\overline{\omega}}=\frac{1-\overline{\omega}+1-\omega}{(1-\omega)(1-\overline{\omega})}$$

$$=\frac{2-(\omega+\overline{\omega})}{1-(\omega+\overline{\omega})+\omega\overline{\omega}}$$

$$=\frac{2-(-1)}{1-(-1)+1}=1$$

따라서 옳은 것은 ㄴ, ㄷ이다.

0770

답 15

$x^3=1$에서 $x^3-1=0$, 즉 $(x-1)(x^2+x+1)=0$이므로

ω는 $x^2+x+1=0$의 한 허근이다.

$\therefore\ \omega^3=1,\ \omega^2+\omega+1=0$

$$\therefore\ \frac{1}{\omega+1}+\frac{1}{\omega^2+1}+\frac{1}{\omega^3+1}=\frac{\omega^3}{-\omega^2}+\frac{\omega^3}{-\omega}+\frac{1}{1+1}$$

$$=-\omega-\omega^2+\frac{1}{2}$$

$$=1+\frac{1}{2}=\frac{3}{2}$$

이때 $\omega^3=1$에서 $\omega=\omega^4=\omega^7=\cdots$,

$\omega^2=\omega^5=\omega^8=\cdots$, $\omega^3=\omega^6=\omega^9=\cdots$이므로

$$\frac{1}{\omega+1}+\frac{1}{\omega^2+1}+\frac{1}{\omega^3+1}+\cdots+\frac{1}{\omega^{30}+1}=10\times\frac{3}{2}=15$$

0771

답 1

$x^3=-1$에서 $x^3+1=0$, 즉 $(x+1)(x^2-x+1)=0$이므로

ω는 $x^2-x+1=0$의 한 허근이다.

$\therefore\ \omega^3=-1,\ \omega^2-\omega+1=0$

$f(\omega)=\omega^3+a\omega^2+b\omega+c$

$=-1+a(\omega-1)+b\omega+c$

$=(a+b)\omega+(-1-a+c)$

$=15\omega-7$

이므로 $a+b=15,\ -1-a+c=-7$

$\therefore\ a+b=15$ …… ㉠

$a-c=6$ …… ㉡

이때 $f(1)=1+a+b+c=20$에서

$a+b+c=19$ …… ㉢

㉠을 ㉢에 대입하면 $c=4$
$c=4$를 ㉡에 대입하면 $a=10$
$a=10$을 ㉠에 대입하면 $b=5$
$\therefore a-b-c=10-5-4=1$

0772

답 12

$x^3=1$에서 $x^3-1=0$, 즉 $(x-1)(x^2+x+1)=0$이므로
ω는 $x^2+x+1=0$의 한 허근이다.
$\therefore \omega^2+\omega+1=0,\ \omega^3=1$

…… ❶

이때
$f(1)=1+\omega^2=-\omega$
$f(2)=1+\omega^4=1+\omega^3\times\omega=1+\omega=-\omega^2$
$f(3)=1+\omega^6=1+(\omega^3)^2=2$
$f(4)=1+\omega^8=1+(\omega^3)^2\times\omega^2=1+\omega^2=f(1)$
$f(5)=1+\omega^{10}=1+(\omega^3)^3\times\omega=1+\omega=f(2)$
$f(6)=1+\omega^{12}=1+(\omega^3)^4=2=f(3)$
⋮
이므로
$f(1)=f(4)=f(7)=f(10)=-\omega$
$f(2)=f(5)=f(8)=f(11)=-\omega^2$
$f(3)=f(6)=f(9)=f(12)=2$

…… ❷

$\therefore f(1)+f(2)+f(3)+\cdots+f(12)$
$=4\{f(1)+f(2)+f(3)\}$
$=4\{-(\omega+\omega^2)+2\}$
$=4\{-(-1)+2\}$
$=12$

…… ❸

채점 기준	배점
❶ $\omega^2+\omega+1=0,\ \omega^3=1$임을 구하기	20%
❷ $f(1), f(2), f(3), \cdots, f(12)$의 값 구하기	60%
❸ $f(1)+f(2)+f(3)+\cdots+f(12)$의 값 구하기	20%

유형 12 삼차방정식의 활용

0773

답 8

$\pi\times4^2\times16=\pi x^2(x-4)$이므로
$x^3-4x^2-256=0$
조립제법을 이용하여 인수분해하면

8	1	-4	0	-256
		8	32	256
	1	4	32	0

위의 조립제법으로부터
$(x-8)(x^2+4x+32)=0$
$\therefore x=8$ 또는 $x=-2\pm2\sqrt{7}i$
그런데 $x-4>0$에서 $x>4$이므로 $x=8$

0774

답 4 cm

처음 정육면체의 한 모서리의 길이를 x cm라 하면
(직육면체의 부피)$=\frac{5}{4}\times$(처음 정육면체의 부피)이므로
$(x+1)(x+4)(x-2)=\frac{5}{4}x^3$
$x^3-12x^2+24x+32=0$
조립제법을 이용하여 인수분해하면

4	1	-12	24	32
		4	-32	-32
	1	-8	-8	0

위의 조립제법으로부터
$(x-4)(x^2-8x-8)=0$
$\therefore x=4$ 또는 $x=4\pm2\sqrt{6}$
그런데 x는 자연수이므로 $x=4$
따라서 처음 정육면체의 한 모서리의 길이는 4 cm이다.

0775

답 ②

$A=$(입체도형의 부피)$=4x^3(\text{cm}^3)$
$B=$(입체도형의 겉넓이)$=18x^2(\text{cm}^2)$
$3A=B+24$에서 $3\times4x^3=18x^2+24$
$2x^3-3x^2-4=0$
조립제법을 이용하여 인수분해하면

2	2	-3	0	-4
		4	2	4
	2	1	2	0

위의 조립제법으로부터
$(x-2)(2x^2+x+2)=0$
$\therefore x=2$ 또는 $x=\frac{-1\pm\sqrt{15}i}{4}$
그런데 $x>0$이므로 $x=2$

0776

답 ③

밑면의 가로의 길이는 $(12-2x)$ cm,
세로의 길이는 $(9-2x)$ cm이고, 높이는 x cm인 뚜껑 없는 직육면체 모양의 상자의 부피가 54 cm^3이므로
$(12-2x)(9-2x)x=54$
$2x^3-21x^2+54x-27=0$
조립제법을 이용하여 인수분해하면

3	2	-21	54	-27
		6	-45	27
	2	-15	9	0

위의 조립제법으로부터
$(x-3)(2x^2-15x+9)=0$
$\therefore x=3$ 또는 $x=\frac{15\pm3\sqrt{17}}{4}$
그런데 x는 자연수이므로 $x=3$

0777

답 2

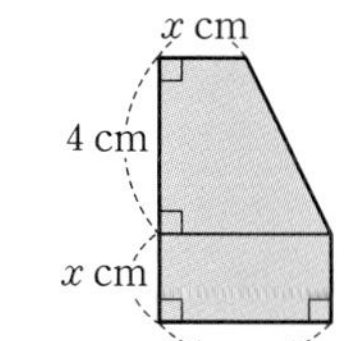
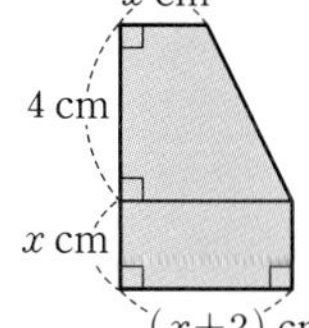

밑면인 오각형은 그림과 같이 직사각형과 사다리꼴로 나눌 수 있으므로

(밑넓이)

$=x(x+2)+\frac{1}{2}\times\{x+(x+2)\}\times 4$

$=x^2+2x+2(2x+2)$

$=x^2+6x+4(\text{cm}^2)$

❶

이때 오각기둥의 높이는 $(x+2)$ cm이고, 부피가 80 cm^3이므로

$(x^2+6x+4)(x+2)=80$

$x^3+8x^2+16x-72=0$

조립제법을 이용하여 인수분해하면

2	1	8	16	−72
		2	20	72
	1	10	36	0

위의 조립제법으로부터

$(x-2)(x^2+10x+36)=0$

$\therefore x=2$ 또는 $x=-5\pm\sqrt{11}i$

❷

그런데 $x>0$이므로 $x=2$

❸

채점 기준	배점
❶ 주어진 오각기둥의 밑넓이 구하기	50%
❷ 부피를 구하는 식을 세운 후, 삼차방정식 풀기	40%
❸ 조건을 만족시키는 x의 값 구하기	10%

0778

답 3

큰 사각뿔과 작은 사각뿔의 밑면은 닮음이고 두 밑면의 넓이의 비가 4 : 1이므로 닮음비는 2 : 1이다.

즉, 큰 사각뿔과 작은 사각뿔의 부피의 비는 $2^3:1^3=8:1$이므로 작은 사각뿔과 사각뿔대의 부피의 비는 $1:(8-1)=1:7$이다.

이때 사각뿔대의 부피가 $\frac{35}{3}$이므로 작은 사각뿔의 부피는

$\frac{35}{3}\times\frac{1}{7}=\frac{5}{3}$

따라서 큰 사각뿔의 부피는 $\frac{5}{3}\times 8=\frac{40}{3}$이므로

$\frac{1}{3}\times(x+1)\times(x-1)\times(x+2)=\frac{40}{3}$

$x^3+2x^2-x-42=0$

조립제법을 이용하여 인수분해하면

3	1	2	−1	−42
		3	15	42
	1	5	14	0

위의 조립제법으로부터

$(x-3)(x^2+5x+14)=0$

$\therefore x=3$ 또는 $x=\frac{-5\pm\sqrt{31}i}{2}$

그런데 $x-1>0$에서 $x>1$이므로 $x=3$

유형 13 $\begin{cases}\text{일차방정식}\\\text{이차방정식}\end{cases}$ 꼴의 연립이차방정식

확인 문제 (1) $\begin{cases}x=1\\y=3\end{cases}$ 또는 $\begin{cases}x=3\\y=1\end{cases}$ (2) $\begin{cases}x=1\\y=-2\end{cases}$ 또는 $\begin{cases}x=2\\y=-1\end{cases}$

(1) $\begin{cases}x+y=4 & \cdots\cdots ㉠\\x^2+y^2=10 & \cdots\cdots ㉡\end{cases}$

㉠에서 $y=-x+4$ ⋯⋯ ㉢

㉢을 ㉡에 대입하면

$x^2+(-x+4)^2=10$, $2x^2-8x+6=0$

$x^2-4x+3=0$, $(x-1)(x-3)=0$

$\therefore x=1$ 또는 $x=3$

이것을 ㉢에 대입하면 주어진 연립방정식의 해는

$\begin{cases}x=1\\y=3\end{cases}$ 또는 $\begin{cases}x=3\\y=1\end{cases}$

(2) $\begin{cases}x-y=3 & \cdots\cdots ㉠\\x^2+xy+y^2=3 & \cdots\cdots ㉡\end{cases}$

㉠에서 $y=x-3$ ⋯⋯ ㉢

㉢을 ㉡에 대입하면

$x^2+x(x-3)+(x-3)^2=3$, $3x^2-9x+6=0$

$x^2-3x+2=0$, $(x-1)(x-2)=0$

$\therefore x=1$ 또는 $x=2$

이것을 ㉢에 대입하면 주어진 연립방정식의 해는

$\begin{cases}x=1\\y=-2\end{cases}$ 또는 $\begin{cases}x=2\\y=-1\end{cases}$

0779

답 ④

$\begin{cases}2x-y=5 & \cdots\cdots ㉠\\x^2+y^2=10 & \cdots\cdots ㉡\end{cases}$

㉠에서 $y=2x-5$ ⋯⋯ ㉢

㉢을 ㉡에 대입하면

$x^2+(2x-5)^2=10$, $x^2-4x+3=0$

$(x-1)(x-3)=0$ $\quad\therefore x=1$ 또는 $x=3$

이것을 ㉢에 대입하면 주어진 연립방정식의 해는

$x=1$, $y=-3$ 또는 $x=3$, $y=1$

$\therefore \alpha=1$, $\beta=-3$ 또는 $\alpha=3$, $\beta=1$

$\therefore \alpha-\beta=4$ 또는 $\alpha-\beta=2$

따라서 $\alpha-\beta$의 값이 될 수 있는 것은 ④이다.

0780

답 ③

$\begin{cases}4x^2-y^2=27 & \cdots\cdots ㉠\\2x+y=3 & \cdots\cdots ㉡\end{cases}$

㉡에서 $y=-2x+3$이므로 이것을 ㉠에 대입하면

$4x^2-(-2x+3)^2=27$, $12x-9=27$

$12x=36$ $\quad\therefore x=3$

이것을 ㉡에 대입하면 $6+y=3$ $\quad\therefore y=-3$

따라서 $\alpha=3$, $\beta=-3$이므로

$\alpha-\beta=3-(-3)=6$

다른 풀이

$\begin{cases} 4x^2-y^2=27 & \cdots\cdots ㉠ \\ 2x+y=3 & \cdots\cdots ㉡ \end{cases}$

㉠의 좌변을 인수분해하면

$4x^2-y^2=(2x+y)(2x-y)=3(2x-y)=27$

이므로 $2x-y=9$ ⋯⋯ ㉢

㉡, ㉢을 연립하여 풀면 $x=3$, $y=-3$

따라서 $\alpha=3$, $\beta=-3$이므로

$\alpha-\beta=3-(-3)=6$

0781

답 ②

$\begin{cases} 4x^2-4xy+y^2=0 & \cdots\cdots ㉠ \\ x+2y-10=0 & \cdots\cdots ㉡ \end{cases}$

㉠에서 $(2x-y)^2=0$ $\therefore y=2x$

㉡에 $y=2x$를 대입하면

$x+4x-10=0$, $5x=10$ $\therefore x=2$

$\therefore y=2x=2\times2=4$

따라서 $\alpha=2$, $\beta=4$이므로

$\alpha+\beta=2+4=6$

0782

답 $\frac{7}{2}$

$\begin{cases} x-y=5 & \cdots\cdots ㉠ \\ y^2+3xy=-9 & \cdots\cdots ㉡ \end{cases}$

㉠에서 $y=x-5$ ⋯⋯ ㉢

㉢을 ㉡에 대입하면

$(x-5)^2+3x(x-5)=-9$, $4x^2-25x+34=0$

$(4x-17)(x-2)=0$

$\therefore x=\frac{17}{4}$ 또는 $x=2$

이것을 ㉢에 대입하면 주어진 연립방정식의 해는

$x=\frac{17}{4}$, $y=-\frac{3}{4}$ 또는 $x=2$, $y=-3$

$\therefore x+y=\frac{7}{2}$ 또는 $x+y=-1$

따라서 $x+y$의 최댓값은 $\frac{7}{2}$이다.

0783

답 29

두 연립방정식의 공통인 해는 연립방정식

$\begin{cases} x-y=-1 & \cdots\cdots ㉠ \\ x^2+y^2=13 & \cdots\cdots ㉡ \end{cases}$

을 만족시킨다.

⋯⋯ ❶

㉠에서 $y=x+1$ ⋯⋯ ㉢

㉢을 ㉡에 대입하면

$x^2+(x+1)^2=13$, $x^2+x-6=0$

$(x+3)(x-2)=0$ $\therefore x=-3$ 또는 $x=2$

이것을 ㉢에 대입하면 위의 연립방정식의 해는

$x=-3$, $y=-2$ 또는 $x=2$, $y=3$

⋯⋯ ❷

(i) $x=-3$, $y=-2$를 $x+y=a$, $4x-by=2$에 각각 대입하면

$-3-2=a$, $-12+2b=2$

$\therefore a=-5$, $b=7$

(ii) $x=2$, $y=3$을 $x+y=a$, $4x-by=2$에 각각 대입하면

$2+3=a$, $8-3b=2$

$\therefore a=5$, $b=2$

(i), (ii)에서 a, b는 자연수이므로

$a=5$, $b=2$

⋯⋯ ❸

$\therefore a^2+b^2=5^2+2^2=29$

⋯⋯ ❹

채점 기준	배점
❶ 두 연립방정식의 공통인 해를 갖는 연립방정식 구하기	20%
❷ ❶에서 구한 연립방정식의 해 구하기	30%
❸ 자연수 a, b의 값 구하기	30%
❹ a^2+b^2의 값 구하기	20%

유형 14 {이차방정식 / 이차방정식 꼴의 연립이차방정식

확인 문제 $\begin{cases} x=-\sqrt{5} \\ y=\sqrt{5} \end{cases}$ 또는 $\begin{cases} x=\sqrt{5} \\ y=-\sqrt{5} \end{cases}$ 또는 $\begin{cases} x=-1 \\ y=-1 \end{cases}$ 또는 $\begin{cases} x=1 \\ y=1 \end{cases}$

$\begin{cases} x^2-y^2=0 & \cdots\cdots ㉠ \\ x^2+2xy+2y^2=5 & \cdots\cdots ㉡ \end{cases}$

㉠에서 $(x+y)(x-y)=0$

$\therefore x=-y$ 또는 $x=y$

(i) $x=-y$를 ㉡에 대입하면

$y^2-2y^2+2y^2=5$, $y^2=5$ $\therefore y=\pm\sqrt{5}$

$\therefore x=\pm\sqrt{5}$, $y=\mp\sqrt{5}$ (복부호동순)

(ii) $x=y$를 ㉡에 대입하면

$y^2+2y^2+2y^2=5$, $5y^2=5$, $y^2=1$ $\therefore y=\pm1$

$\therefore x=\pm1$, $y=\pm1$ (복부호동순)

(i), (ii)에서 주어진 연립방정식의 해는

$\begin{cases} x=-\sqrt{5} \\ y=\sqrt{5} \end{cases}$ 또는 $\begin{cases} x=\sqrt{5} \\ y=-\sqrt{5} \end{cases}$ 또는 $\begin{cases} x=-1 \\ y=-1 \end{cases}$ 또는 $\begin{cases} x=1 \\ y=1 \end{cases}$

0784

답 8

$\begin{cases} x^2-xy-2y^2=0 & \cdots\cdots ㉠ \\ x^2+y^2=20 & \cdots\cdots ㉡ \end{cases}$

㉠에서 $(x+y)(x-2y)=0$

$\therefore x=-y$ 또는 $x=2y$

(i) $x=-y$를 ㉡에 대입하면

$y^2+y^2=20$, $y^2=10$ $\therefore y=\pm\sqrt{10}$

$\therefore x=\pm\sqrt{10}$, $y=\mp\sqrt{10}$ (복부호동순)

(ii) $x=2y$를 ㉡에 대입하면

$4y^2+y^2=20$, $y^2=4$ $\therefore y=\pm2$

$\therefore x=\pm4$, $y=\pm2$ (복부호동순)

(ⅰ), (ⅱ)에서 x, y는 정수이므로

$x=4$, $y=2$ 또는 $x=-4$, $y=-2$

$\therefore xy=8$

0785 답 ①

$\begin{cases} x^2-3xy+2y^2=0 & \cdots\cdots ㉠ \\ x^2-y^2=9 & \cdots\cdots ㉡ \end{cases}$

㉠에서 $(x-y)(x-2y)=0$

$\therefore x=y$ 또는 $x=2y$

(ⅰ) $x=y$를 ㉡에 대입하면

$y^2-y^2=0\neq 9$이므로 조건을 만족시키지 않는다.

(ⅱ) $x=2y$를 ㉡에 대입하면

$4y^2-y^2=9$, $3y^2=9$, $y^2=3$ $\quad\therefore y=\pm\sqrt{3}$

$\therefore x=\pm 2\sqrt{3}$, $y=\pm\sqrt{3}$ (복부호동순)

(ⅰ), (ⅱ)에서 $\alpha_1<\alpha_2$이므로

$\alpha_1=-2\sqrt{3}$, $\beta_1=-\sqrt{3}$, $\alpha_2=2\sqrt{3}$, $\beta_2=\sqrt{3}$

$\therefore \beta_1-\beta_2=-\sqrt{3}-\sqrt{3}=-2\sqrt{3}$

0786 답 3

$\begin{cases} 2x^2-3xy+y^2=0 & \cdots\cdots ㉠ \\ 2x^2+xy+y^2=8 & \cdots\cdots ㉡ \end{cases}$

㉠에서 $(x-y)(2x-y)=0$

$\therefore y=x$ 또는 $y=2x$

❶

(ⅰ) $y=x$를 ㉡에 대입하면

$2x^2+x^2+x^2=8$, $x^2=2$ $\quad\therefore x=\pm\sqrt{2}$

$\therefore x=\pm\sqrt{2}$, $y=\pm\sqrt{2}$ (복부호동순)

$\therefore \alpha+\beta=-2\sqrt{2}$ 또는 $\alpha+\beta=2\sqrt{2}$

❷

(ⅱ) $y=2x$를 ㉡에 대입하면

$2x^2+2x^2+4x^2=8$, $x^2=1$ $\quad\therefore x=\pm 1$

$\therefore x=\pm 1$, $y=\pm 2$ (복부호동순)

$\therefore \alpha+\beta=-3$ 또는 $\alpha+\beta=3$

❸

(ⅰ), (ⅱ)에서 $\alpha+\beta$의 최댓값은 3이다.

❹

채점 기준	배점
❶ 주어진 연립방정식에서 x, y에 대한 관계식 구하기	30%
❷ $y=x$인 경우의 해를 구하고 그때의 $\alpha+\beta$의 값을 각각 구하기	30%
❸ $y=2x$인 경우의 해를 구하고 그때의 $\alpha+\beta$의 값을 각각 구하기	30%
❹ $\alpha+\beta$의 최댓값 구하기	10%

0787 답 25

$\begin{cases} x^2-y^2=6 & \cdots\cdots ㉠ \\ (x+y)^2-2(x+y)=3 & \cdots\cdots ㉡ \end{cases}$

㉡에서 $x+y=t$로 놓으면

$t^2-2t-3=0$, $(t+1)(t-3)=0$

$\therefore t=-1$ 또는 $t=3$

이때 $x>0$, $y>0$이므로 $t>0$ $\quad\therefore t=3$

$\therefore x+y=3$ $\quad\cdots\cdots ㉢$

㉠에서 $(x+y)(x-y)=6$이므로 ㉢을 대입하면

$3(x-y)=6$ $\quad\therefore x-y=2$ $\quad\cdots\cdots ㉣$

㉢, ㉣을 연립하여 풀면

$x=\frac{5}{2}$, $y=\frac{1}{2}$

$\therefore 20xy=20\times\frac{5}{2}\times\frac{1}{2}=25$

0788 답 8

두 연립방정식의 공통인 해는 연립방정식

$\begin{cases} x^2+2xy-3y^2=20 & \cdots\cdots ㉠ \\ x^2-3xy+2y^2=0 & \cdots\cdots ㉡ \end{cases}$

을 만족시킨다.

㉡에서 $(x-y)(x-2y)=0$

$\therefore x=y$ 또는 $x=2y$

$x=y$를 ㉠에 대입하면

$y^2+2y^2-3y^2=0\neq 20$이므로 조건을 만족시키지 않는다.

즉, 이 경우에는 위의 연립방정식을 만족시키는 x, y의 값이 존재하지 않는다.

$x=2y$를 ㉠에 대입하면

$4y^2+4y^2-3y^2=20$, $5y^2=20$, $y^2=4$ $\quad\therefore y=\pm 2$

$\therefore x=\pm 4$, $y=\pm 2$ (복부호동순)

즉, 주어진 두 연립방정식의 공통인 해는

$x=-4$, $y=-2$ 또는 $x=4$, $y=2$

(ⅰ) $x=-4$, $y=-2$를 $x^2-ay^2=0$, $x-ay=b$에 각각 대입하면

$16-4a=0$, $-4+2a=b$ $\quad\therefore a=4$, $b=4$

(ⅱ) $x=4$, $y=2$를 $x^2-ay^2=0$, $x-ay=b$에 각각 대입하면

$16-4a=0$, $4-2a=b$ $\quad\therefore a=4$, $b=-4$

(ⅰ), (ⅱ)에서 a, b는 자연수이므로

$a=4$, $b=4$

$\therefore a+b=4+4=8$

유형 15 대칭형의 식으로 이루어진 연립이차방정식

확인 문제 $\begin{cases} x=1 \\ y=2 \end{cases}$ 또는 $\begin{cases} x=2 \\ y=1 \end{cases}$

$x+y=3$, $xy=2$를 만족시키는 x, y는 이차방정식 $t^2-3t+2=0$의 두 근이다.

$t^2-3t+2=0$에서 $(t-1)(t-2)=0$

$\therefore t=1$ 또는 $t=2$

따라서 주어진 연립방정식의 해는

$\begin{cases} x=1 \\ y=2 \end{cases}$ 또는 $\begin{cases} x=2 \\ y=1 \end{cases}$

0789

답 $(-5, -4), (-4, -5), (4, 5), (5, 4)$

$x+y=u$, $xy=v$로 놓으면 주어진 연립방정식은

$\begin{cases} u^2-2v=41 & \cdots\cdots ㉠ \\ v=20 & \cdots\cdots ㉡ \end{cases}$

㉡을 ㉠에 대입하면

$u^2-40=41$, $u^2=81$ $\quad\therefore u=\pm 9$

(i) $u=9$, $v=20$, 즉 $x+y=9$, $xy=20$일 때,

x, y는 이차방정식 $t^2-9t+20=0$의 두 근이므로

$(t-4)(t-5)=0$ $\quad\therefore t=4$ 또는 $t=5$

$\therefore \begin{cases} x=4 \\ y=5 \end{cases}$ 또는 $\begin{cases} x=5 \\ y=4 \end{cases}$

(ii) $u=-9$, $v=20$, 즉 $x+y=-9$, $xy=20$일 때,

x, y는 이차방정식 $t^2+9t+20=0$의 두 근이므로

$(t+4)(t+5)=0$ $\quad\therefore t=-4$ 또는 $t=-5$

$\therefore \begin{cases} x=-4 \\ y=-5 \end{cases}$ 또는 $\begin{cases} x=-5 \\ y=-4 \end{cases}$

(i), (ii)에서 구하는 순서쌍 (x, y)는

$(-5, -4)$, $(-4, -5)$, $(4, 5)$, $(5, 4)$

0790

답 4

$x+y=u$, $xy=v$로 놓으면 주어진 연립방정식은

$\begin{cases} u-v=1 & \cdots\cdots ㉠ \\ u^2-v=13 & \cdots\cdots ㉡ \end{cases}$

㉠에서 $v=u-1$ $\quad\cdots\cdots ㉢$

㉢을 ㉡에 대입하면

$u^2-(u-1)=13$, $u^2-u-12=0$

$(u+3)(u-4)=0$ $\quad\therefore u=-3$ 또는 $u=4$

이것을 ㉢에 대입하면

$u=-3$, $v=-4$ 또는 $u=4$, $v=3$

(i) $u=-3$, $v=-4$, 즉 $x+y=-3$, $xy=-4$일 때,

x, y는 이차방정식 $t^2+3t-4=0$의 두 근이므로

$(t+4)(t-1)=0$ $\quad\therefore t=-4$ 또는 $t=1$

$\therefore \begin{cases} x=-4 \\ y=1 \end{cases}$ 또는 $\begin{cases} x=1 \\ y=-4 \end{cases}$

$\therefore \alpha+\beta=-3$

(ii) $u=4$, $v=3$, 즉 $x+y=4$, $xy=3$일 때,

x, y는 이차방정식 $t^2-4t+3=0$의 두 근이므로

$(t-1)(t-3)=0$ $\quad\therefore t=1$ 또는 $t=3$

$\therefore \begin{cases} x=1 \\ y=3 \end{cases}$ 또는 $\begin{cases} x=3 \\ y=1 \end{cases}$

$\therefore \alpha+\beta=4$

(i), (ii)에서 $\alpha+\beta$의 최댓값은 4이다.

0791

답 -6

$x+y=u$, $xy=v$로 놓으면 주어진 연립방정식은

$\begin{cases} u+v=-1 \\ uv=-20 \end{cases}$

u, v는 이차방정식 $s^2+s-20=0$의 두 근이므로

$(s+5)(s-4)=0$ $\quad\therefore s=-5$ 또는 $s=4$

$\therefore \begin{cases} u=-5 \\ v=4 \end{cases}$ 또는 $\begin{cases} u=4 \\ v=-5 \end{cases}$

(i) $u=-5$, $v=4$, 즉 $x+y=-5$, $xy=4$일 때,

x, y는 이차방정식 $t^2+5t+4=0$의 두 근이므로

$(t+4)(t+1)=0$ $\quad\therefore t=-4$ 또는 $t=-1$

$\therefore \begin{cases} x=-4 \\ y=-1 \end{cases}$ 또는 $\begin{cases} x=-1 \\ y=-4 \end{cases}$

$\therefore x-y=-3$ 또는 $x-y=3$

(ii) $u=4$, $v=-5$, 즉 $x+y=4$, $xy=-5$일 때,

x, y는 이차방정식 $t^2-4t-5=0$의 두 근이므로

$(t+1)(t-5)=0$ $\quad\therefore t=-1$ 또는 $t=5$

$\therefore \begin{cases} x=-1 \\ y=5 \end{cases}$ 또는 $\begin{cases} x=5 \\ y=-1 \end{cases}$

$\therefore x-y=-6$ 또는 $x-y=6$

(i), (ii)에서 $x-y$의 최솟값은 -6이다.

유형 16 해에 대한 조건이 주어진 연립이차방정식

0792

답 ②

$\begin{cases} x^2+y^2=2 & \cdots\cdots ㉠ \\ x+y=k & \cdots\cdots ㉡ \end{cases}$

㉡에서 $y=k-x$

이것을 ㉠에 대입하면

$x^2+(k-x)^2=2$, $x^2+k^2-2kx+x^2=2$

$\therefore 2x^2-2kx+k^2-2=0$

이를 만족시키는 x의 값이 오직 한 개 존재해야 하므로

이 이차방정식의 판별식을 D라 하면

$\frac{D}{4}=(-k)^2-2\times(k^2-2)=0$

$k^2=4$ $\quad\therefore k=\pm 2$

따라서 모든 실수 k의 값의 곱은

$2\times(-2)=-4$

0793

답 $\frac{5}{4}$

$\begin{cases} 2x+y=3 & \cdots\cdots ㉠ \\ x^2+xy-k=1 & \cdots\cdots ㉡ \end{cases}$

㉠에서 $y=3-2x$

이것을 ㉡에 대입하면

$x^2+x(3-2x)-k=1$

$\therefore x^2-3x+k+1=0$

이를 만족시키는 실수 x의 값이 존재해야 하므로

이 이차방정식의 판별식을 D라 하면

$D=(-3)^2-4\times1\times(k+1)\ge 0$

$5-4k\ge 0$ $\quad\therefore k\le\frac{5}{4}$

따라서 실수 k의 최댓값은 $\frac{5}{4}$이다.

0794

답 ③

$\begin{cases} x-y=-2 & \cdots\cdots ㉠ \\ x^2+xy+y^2=k & \cdots\cdots ㉡ \end{cases}$

㉠에서 $y=x+2$ ⋯⋯ ㉢

㉢을 ㉡에 대입하면

$x^2+x(x+2)+(x+2)^2=k$

$x^2+x^2+2x+x^2+4x+4=k$

$\therefore 3x^2+6x+4-k=0$

이를 만족시키는 x의 값이 오직 한 개 존재해야 하므로

이 이차방정식의 판별식을 D라 하면

$\frac{D}{4}=3^2-3\times(4-k)=0$

$3k=3 \quad \therefore k=1$

0795

답 7

$\begin{cases} 2x-y=5 & \cdots\cdots ㉠ \\ x^2-2y=k & \cdots\cdots ㉡ \end{cases}$

㉠에서 $y=2x-5$

이것을 ㉡에 대입하면 $x^2-2(2x-5)=k$

$\therefore x^2-4x+10-k=0$ ⋯⋯ ㉢

이를 만족시키는 x의 값이 오직 한 개 존재해야 하므로

이 이차방정식의 판별식을 D라 하면

$\frac{D}{4}=(-2)^2-1\times(10-k)=0$

$-6+k=0 \quad \therefore k=6$

$k=6$을 ㉢에 대입하면

$x^2-4x+4=0,\ (x-2)^2=0 \quad \therefore x=2$

$x=2$를 ㉠에 대입하면 $y=-1$

따라서 $\alpha=2,\ \beta=-1$이므로

$\alpha+\beta+k=2+(-1)+6=7$

0796

답 4

주어진 연립방정식을 만족시키는 실수 x, y는 이차방정식 $t^2-2(k-2)t+k^2-8=0$의 두 근이다.

❶

이 이차방정식의 실근이 존재하지 않아야 하므로

이 이차방정식의 판별식을 D라 하면

$\frac{D}{4}=\{-(k-2)\}^2-(k^2-8)<0$

$-4k+12<0 \quad \therefore k>3$

❷

따라서 구하는 정수 k의 최솟값은 4이다.

❸

채점 기준	배점
❶ x, y를 두 근으로 하는 이차방정식 구하기	30%
❷ k의 값의 범위 구하기	50%
❸ 정수 k의 최솟값 구하기	20%

유형 17 공통인 근을 갖는 방정식

0797

답 -5

두 이차방정식의 공통인 근이 α이므로

$\begin{cases} \alpha^2+k\alpha+5=0 & \cdots\cdots ㉠ \\ \alpha^2+5\alpha+k=0 & \cdots\cdots ㉡ \end{cases}$

㉠$-$㉡을 하면 $(k-5)\alpha+5-k=0$

$(k-5)(\alpha-1)=0 \quad \therefore k=5$ 또는 $\alpha=1$

(i) $k=5$일 때, 두 이차방정식은 일치하므로 서로 다른 두 이차방정식이라는 조건을 만족시키지 않는다.

(ii) $\alpha=1$일 때, 이것을 ㉠에 대입하면

$1+k+5=0 \quad \therefore k=-6$

(i), (ii)에서 $k+\alpha=-6+1=-5$

0798

답 $m=4$, 공통인 근 : -4

두 이차방정식의 공통인 근을 α라 하면

$\begin{cases} \alpha^2+(m-2)\alpha-8=0 & \cdots\cdots ㉠ \\ \alpha^2+(m-1)\alpha-4=0 & \cdots\cdots ㉡ \end{cases}$

㉠$-$㉡을 하면 $-\alpha-4=0 \quad \therefore \alpha=-4$

❶

$\alpha=-4$를 ㉠에 대입하면

$16-4\times(m-2)-8=0 \quad \therefore m=4$

❷

채점 기준	배점
❶ 공통인 근 구하기	50%
❷ m의 값 구하기	50%

0799

답 $\frac{5}{2}$

두 이차방정식의 공통인 근을 α라 하면

$\begin{cases} \alpha^2+k\alpha-4k+4=0 & \cdots\cdots ㉠ \\ \alpha^2+\alpha-k^2+k=0 & \cdots\cdots ㉡ \end{cases}$

㉠$-$㉡을 하면 $(k-1)\alpha+k^2-5k+4=0$

$(k-1)\alpha+(k-1)(k-4)=0,\ (k-1)(\alpha+k-4)=0$

$\therefore k=1$ 또는 $\alpha=-k+4$

(i) $k=1$일 때, 두 이차방정식은 일치하므로 서로 다른 두 이차방정식이라는 조건을 만족시키지 않는다.

(ii) $\alpha=-k+4$일 때, 이것을 ㉠에 대입하면

$(-k+4)^2+k(-k+4)-4k+4=0$

$-8k+20=0 \quad \therefore k=\frac{5}{2}$

(i), (ii)에서 $k=\frac{5}{2}$

0800

답 27

두 방정식 $f(x)=0$, $g(x)=0$의 공통인 근을 α라 하면

$\begin{cases} \alpha^2+m\alpha+3n=0 & \cdots\cdots ㉠ \\ \alpha^2+n\alpha+3m=0 & \cdots\cdots ㉡ \end{cases}$

㉠−㉡을 하면 $(m-n)\alpha+3(n-m)=0$

$(m-n)(\alpha-3)=0$ $\therefore m=n$ 또는 $\alpha=3$

그런데 $m=n$이면 두 이차방정식은 일치하므로 서로 다른 두 이차식이라는 조건을 만족시키지 않는다.

$\therefore \alpha=3$

공통인 근이 아닌 $f(x)=0$의 나머지 근과 $g(x)=0$의 나머지 근의 비가 3 : 1이므로 두 근을 $3t$, $t\ (t\neq 0)$라 하면 이차방정식의 근과 계수의 관계에 의하여

$3+3t=-m$, $3\times 3t=3n$ $\therefore m=-3t-3$, $n=3t$

$3+t=-n$, $3\times t=3m$ $\therefore n=-t-3$, $m=t$

즉, $-3t-3=t$, $3t=-t-3$이므로 $t=-\frac{3}{4}$

따라서 $m=-\frac{3}{4}$, $n=-\frac{9}{4}$이므로

$16mn=16\times\left(-\frac{3}{4}\right)\times\left(-\frac{9}{4}\right)=27$

유형 18 연립이차방정식의 활용

0801 답 12 cm

원에 내접하는 직사각형의 가로, 세로의 길이를 각각 x cm, y cm라 하면

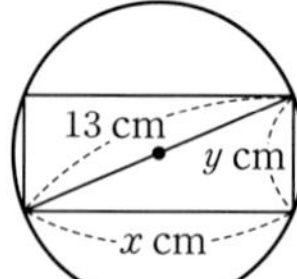

$\begin{cases} 2(x+y)=34 \\ x^2+y^2=13^2 \end{cases}$

즉, $\begin{cases} x+y=17 & \cdots\cdots ㉠ \\ x^2+y^2=169 & \cdots\cdots ㉡ \end{cases}$

㉠에서 $y=17-x$ ······ ㉢

㉢을 ㉡에 대입하면

$x^2+(17-x)^2=169$, $x^2-17x+60=0$

$(x-5)(x-12)=0$ $\therefore x=5$ 또는 $x=12$

이것을 ㉢에 대입하면

$x=5$, $y=12$ 또는 $x=12$, $y=5$

따라서 직사각형의 긴 변의 길이는 12 cm이다.

0802 답 48

처음 수의 십의 자리의 숫자를 x, 일의 자리의 숫자를 y라 하면

$\begin{cases} x^2+y^2=80 & \cdots\cdots ㉠ \\ (10y+x)+(10x+y)=132 & \cdots\cdots ㉡ \end{cases}$

······ ❶

㉡에서 $11x+11y=132$, $x+y=12$

$\therefore y=12-x$ ······ ㉢

㉢을 ㉠에 대입하면

$x^2+(12-x)^2=80$, $x^2-12x+32=0$

$(x-4)(x-8)=0$ $\therefore x=4$ 또는 $x=8$

이것을 ㉢에 대입하면

$x=4$, $y=8$ 또는 $x=8$, $y=4$

그런데 $x<y$이므로 $x=4$, $y=8$

······ ❷

따라서 처음 수는 48이다.

······ ❸

채점 기준	배점
❶ 연립이차방정식 세우기	30%
❷ 연립이차방정식의 해 구하기	50%
❸ 처음 수 구하기	20%

0803 답 ②

반지름의 길이가 서로 다른 두 원을 각각 O_1, O_2라 하고, 두 원의 반지름의 길이를 각각 r_1, r_2라 하면

$\begin{cases} 2\pi r_1+2\pi r_2=14\pi \\ \pi r_1^2+\pi r_2^2=29\pi \end{cases}$, 즉 $\begin{cases} r_1+r_2=7 & \cdots\cdots ㉠ \\ r_1^2+r_2^2=29 & \cdots\cdots ㉡ \end{cases}$

㉠에서 $r_2=7-r_1$ ······ ㉢

㉢을 ㉡에 대입하면

$r_1^2+(7-r_1)^2=29$, $r_1^2-7r_1+10=0$

$(r_1-2)(r_1-5)=0$ $\therefore r_1=2$ 또는 $r_1=5$

이것을 ㉢에 대입하면

$r_1=2$, $r_2=5$ 또는 $r_1=5$, $r_2=2$

따라서 두 원의 반지름의 길이의 차는

$5-2=3$

0804 답 3 cm

정사각형 A와 정사각형 B의 한 변의 길이를 x cm, 정사각형 C의 한 변의 길이를 y cm $(x>y)$라 하면

$\begin{cases} 2\times 4x+4y=32 & \cdots\cdots ㉠ \\ 2x^2+y^2=22 & \cdots\cdots ㉡ \end{cases}$

㉠에서 $2x+y=8$ $\therefore y=8-2x$ ······ ㉢

㉢을 ㉡에 대입하면

$2x^2+(8-2x)^2=22$, $3x^2-16x+21=0$

$(x-3)(3x-7)=0$ $\therefore x=3$ 또는 $x=\frac{7}{3}$

이것을 ㉢에 대입하면

$x=3$, $y=2$ 또는 $x=\frac{7}{3}$, $y=\frac{10}{3}$

그런데 $x>y$이므로 $x=3$, $y=2$

따라서 정사각형 A의 한 변의 길이는 3 cm이다.

0805 답 1 m

처음 종이의 가로의 길이를 x m, 세로의 길이를 y m라 하면

$\begin{cases} x^2+y^2=25 & \cdots\cdots ㉠ \\ (x+1)(y+1)=xy+8 & \cdots\cdots ㉡ \end{cases}$

······ ❶

㉡에서 $xy+x+y+1=xy+8$, $x+y=7$

$\therefore y=7-x$ ······ ㉢

㉢을 ㉠에 대입하면

$x^2+(7-x)^2=25$, $x^2-7x+12=0$

$(x-3)(x-4)=0$ $\therefore x=3$ 또는 $x=4$

이것을 ㉢에 대입하면

$x=3$, $y=4$ 또는 $x=4$, $y=3$ ❷

따라서 처음 종이의 가로의 길이와 세로의 길이의 차는

$4-3=1(\text{m})$ ❸

채점 기준	배점
❶ 연립이차방정식 세우기	30%
❷ 연립이차방정식의 해 구하기	50%
❸ 처음 종이의 가로의 길이와 세로의 길이의 차 구하기	20%

다른 풀이

㉡에서 $x+y=7$

이때 $(x+y)^2=x^2+y^2+2xy$이므로

$49=25+2xy$ $\quad\therefore xy=12$

따라서 $(x-y)^2=(x+y)^2-4xy=7^2-4\times12=1$이므로

$|x-y|=1$

즉, 처음 종이의 가로의 길이와 세로의 길이의 차는 1 m이다.

0806

답 1000원

할인하기 전 제품 A의 개당 판매 가격을 x원, 할인하기 전 판매량을 y개라 하면

$\begin{cases} xy=200000 & \cdots\cdots ㉠ \\ (x-200)(y+200)=320000 & \cdots\cdots ㉡ \end{cases}$

㉡에서 $xy+200x-200y-40000=320000$

$\therefore xy+200x-200y=360000$

㉠을 위의 식에 대입하면

$200000+200x-200y=360000$

$x-y=800$ $\quad\therefore y=x-800$ $\quad\cdots\cdots$ ㉢

㉢을 ㉠에 대입하면

$x(x-800)=200000$, $x^2-800x-200000=0$

$(x+200)(x-1000)=0$ $\quad\therefore x=-200$ 또는 $x=1000$

그런데 $x>0$이므로 $x=1000$

따라서 할인하기 전 제품 A의 개당 판매 가격은 1000원이다.

유형 19 정수 조건의 부정방정식

확인 문제 $(-4, 1)$, $(-2, -1)$, $(0, 5)$, $(2, 3)$

$(x+1)(y-2)=3$에서 x, y가 정수이므로

$x+1$	-3	-1	1	3
$y-2$	-1	-3	3	1

$\therefore \begin{cases} x=-4 \\ y=1 \end{cases}$ 또는 $\begin{cases} x=-2 \\ y=-1 \end{cases}$ 또는 $\begin{cases} x=0 \\ y=5 \end{cases}$ 또는 $\begin{cases} x=2 \\ y=3 \end{cases}$

따라서 정수 (x, y)의 순서쌍은

$(-4, 1)$, $(-2, -1)$, $(0, 5)$, $(2, 3)$

0807

답 12

$2xy-4x-y-7=0$에서

$2x(y-2)-(y-2)-9=0$

$\therefore (2x-1)(y-2)=9$

이때 x, y는 자연수이므로

$2x-1$	1	3	9
$y-2$	9	3	1

$\therefore \begin{cases} x=1 \\ y=11 \end{cases}$ 또는 $\begin{cases} x=2 \\ y=5 \end{cases}$ 또는 $\begin{cases} x=5 \\ y=3 \end{cases}$

따라서 $x+y$의 최댓값은 12이다.

0808

답 ④

$xy-4x-3y+2=0$에서

$x(y-4)-3(y-4)-10=0$

$\therefore (x-3)(y-4)=10$

이때 x, y가 자연수이므로

$x-3$	1	2	5	10
$y-4$	10	5	2	1

$\therefore \begin{cases} x=4 \\ y=14 \end{cases}$ 또는 $\begin{cases} x=5 \\ y=9 \end{cases}$ 또는 $\begin{cases} x=8 \\ y=6 \end{cases}$ 또는 $\begin{cases} x=13 \\ y=5 \end{cases}$

따라서 자연수 (x, y)의 순서쌍은 $(4, 14)$, $(5, 9)$, $(8, 6)$, $(13, 5)$의 4개이다.

0809

답 -2

$\frac{1}{x}+\frac{1}{y}=\frac{1}{2}$에서 $\frac{x+y}{xy}=\frac{1}{2}$

$2x+2y=xy$, $xy-2x-2y=0$

$x(y-2)-2(y-2)-4=0$

$\therefore (x-2)(y-2)=4$ ❶

이때 x, y는 $xy\neq0$, 즉 0이 아닌 정수이므로

$x-2$	-4	-1	1	2	4
$y-2$	-1	-4	4	2	1

$\therefore \begin{cases} x=-2 \\ y=1 \end{cases}$ 또는 $\begin{cases} x=1 \\ y=-2 \end{cases}$ 또는 $\begin{cases} x=3 \\ y=6 \end{cases}$ 또는 $\begin{cases} x=4 \\ y=4 \end{cases}$ 또는 $\begin{cases} x=6 \\ y=3 \end{cases}$ ❷

따라서 xy의 최솟값은 -2이다. ❸

채점 기준	배점
❶ 주어진 식을 (일차식)×(일차식)=(정수) 꼴로 정리하기	40%
❷ 가능한 x, y의 값 구하기	40%
❸ xy의 최솟값 구하기	20%

0810

답 10

이차방정식 $x^2-(a-1)x+2a+1=0$의 두 근을 α, β라 하면 이차방정식의 근과 계수의 관계에 의하여

$\alpha+\beta=a-1$ …… ㉠
$\alpha\beta=2a+1$ …… ㉡
㉡－㉠×2를 하면
$\alpha\beta-2(\alpha+\beta)=3$, $\alpha\beta-2\alpha-2\beta=3$
$\alpha(\beta-2)-2(\beta-2)-4=3$
$\therefore (\alpha-2)(\beta-2)=7$
이때 α, β가 정수이므로

$\alpha-2$	-7	-1	1	7
$\beta-2$	-1	-7	7	1

$\therefore \begin{cases}\alpha=-5\\ \beta=1\end{cases}$ 또는 $\begin{cases}\alpha=1\\ \beta=-5\end{cases}$ 또는 $\begin{cases}\alpha=3\\ \beta=9\end{cases}$ 또는 $\begin{cases}\alpha=9\\ \beta=3\end{cases}$
$\therefore \alpha+\beta=-4$ 또는 $\alpha+\beta=12$
(i) $\alpha+\beta=-4$일 때
㉠에 대입하면 $-4=a-1$ $\therefore a=-3$
(ii) $\alpha+\beta=12$일 때
㉠에 대입하면 $12=a-1$ $\therefore a=13$
(i), (ii)에서 모든 a의 값의 합은
$-3+13=10$

유형 20 실수 조건의 부정방정식

확인 문제 $x=1$, $y=-2$

$x^2+y^2-2x+4y+5=0$에서
$(x^2-2x+1)+(y^2+4y+4)=0$
$\therefore (x-1)^2+(y+2)^2=0$
이때 x, y가 실수이므로
$x-1=0$, $y+2=0$
$\therefore x=1$, $y=-2$

0811

답 ③

$5x^2+4xy+2y^2-2x+4y+5=0$에서
$(4x^2+4xy+y^2)+(x^2-2x+1)+(y^2+4y+4)=0$
$\therefore (2x+y)^2+(x-1)^2+(y+2)^2=0$
이때 x, y가 실수이므로
$2x+y=0$, $x-1=0$, $y+2=0$
$\therefore x=1$, $y=-2$
$\therefore x+y=1+(-2)=-1$

0812

답 2

$9x^2-6xy+2y^2-2y+1=0$에서
$(9x^2-6xy+y^2)+(y^2-2y+1)=0$
$\therefore (3x-y)^2+(y-1)^2=0$
이때 x, y가 실수이므로
$3x-y=0$, $y-1=0$
$\therefore x=\frac{1}{3}$, $y=1$
$\therefore 9x-y=9\times\frac{1}{3}-1=2$

0813

답 2

$x^2+2xy+y^2-6x-3=0$에서
$x^2+2(y-3)x+y^2-3=0$ …… ㉠
이를 만족시키는 x, y가 양의 정수이므로 주어진 이차방정식은 실근을 가져야 한다.
x에 대한 이차방정식 ㉠의 판별식을 D라 하면
$\frac{D}{4}=(y-3)^2-(y^2-3)\geq 0$
$-6y+12\geq 0$ $\therefore y\leq 2$
그런데 y는 양의 정수이므로 $y=1$ 또는 $y=2$
…… ❶
(i) $y=1$일 때, $x^2-4x-2=0$
$\therefore x=2\pm\sqrt{6}$
그런데 이것은 x가 양의 정수라는 조건을 만족시키지 않는다.
…… ❷
(ii) $y=2$일 때, $x^2-2x+1=0$
$(x-1)^2=0$ $\therefore x=1$
…… ❸
(i), (ii)에서 $x=1$, $y=2$이므로
$xy=1\times 2=2$
…… ❹

채점 기준	배점
❶ y의 값 구하기	40%
❷ $y=1$일 때, 양의 정수 x의 값이 존재하지 않음을 알기	25%
❸ $y=2$일 때, x의 값 구하기	25%
❹ xy의 값 구하기	10%

PART B 내신 잡는 종합 문제

0814

답 ⑤

$f(x)=x^3-2x^2+2x-15$라 하면
$f(3)=27-18+6-15=0$
조립제법을 이용하여 $f(x)$를 인수분해하면

3	1	-2	2	-15
		3	3	15
	1	1	5	0

$\therefore f(x)=(x-3)(x^2+x+5)$
즉, 주어진 방정식은 $(x-3)(x^2+x+5)=0$
따라서 주어진 방정식의 허근은 이차방정식 $x^2+x+5=0$의 두 근이므로 이차방정식의 근과 계수의 관계에 의하여 구하는 곱은 5이다.

0815
답 ⑤

$x^4-22x^2+9=0$에서

$(x^4-6x^2+9)-(4x)^2=0$, $(x^2-3)^2-(4x)^2=0$

$(x^2+4x-3)(x^2-4x-3)=0$

$x^2+4x-3=0$ 또는 $x^2-4x-3=0$

$\therefore x=-2\pm\sqrt{7}$ 또는 $x=2\pm\sqrt{7}$

따라서 주어진 방정식의 네 실근 중 가장 큰 근은 $2+\sqrt{7}$, 가장 작은 근은 $-2-\sqrt{7}$이므로

$\alpha=2+\sqrt{7}$, $\beta=-2-\sqrt{7}$

$\therefore \alpha-\beta=(2+\sqrt{7})-(-2-\sqrt{7})$

$=4+2\sqrt{7}$

0816
답 ②

방정식 $x^4+4x^3+6x^2+4x+1=0$의 양변을 x^2으로 나누면

$x^2+4x+6+\frac{4}{x}+\frac{1}{x^2}=0$, $x^2+\frac{1}{x^2}+4\left(x+\frac{1}{x}\right)+6=0$

$\left(x+\frac{1}{x}\right)^2+4\left(x+\frac{1}{x}\right)+4=0$

이때 $x+\frac{1}{x}=X$로 놓으면

$X^2+4X+4=0$, $(X+2)^2=0$ $\therefore X=-2$

즉, $x+\frac{1}{x}=-2$의 한 근이 α이므로 $\alpha+\frac{1}{\alpha}=-2$

$\therefore \alpha^2+\frac{1}{\alpha^2}=\left(\alpha+\frac{1}{\alpha}\right)^2-2$

$=(-2)^2-2=2$

0817
답 ②

주어진 삼차방정식의 한 허근이 z이고, 방정식의 계수가 실수이므로 z의 켤레복소수 $\bar{z}$도 주어진 삼차방정식의 근이다.

$f(x)=x^3+(k-1)x^2-k$라 하면

$f(1)=1+k-1-k=0$

조립제법을 이용하여 $f(x)$를 인수분해하면

1	1	$k-1$	0	$-k$
		1	k	k
	1	k	k	0

$\therefore f(x)=(x-1)(x^2+kx+k)$

이때 방정식 $(x-1)(x^2+kx+k)=0$의 두 허근 z, $\bar{z}$는 이차방정식 $x^2+kx+k=0$의 두 근이므로 이차방정식의 근과 계수의 관계에 의하여

$z+\bar{z}=-k$

이때 $z+\bar{z}=-2$이므로

$-k=-2$ $\therefore k=2$

0818
답 ⑤

$x(x-3)(x-2)(x+1)-10=0$에서

$\{x(x-2)\}\{(x-3)(x+1)\}-10=0$

$(x^2-2x)(x^2-2x-3)-10=0$

이때 $x^2-2x=X$로 놓으면

$X(X-3)-10=0$, $X^2-3X-10=0$

$(X+2)(X-5)=0$ $\therefore X=-2$ 또는 $X=5$

(i) $X=-2$일 때, $x^2-2x=-2$에서

$x^2-2x+2=0$

이 방정식의 판별식을 D_1이라 하면

$\frac{D_1}{4}=(-1)^2-1\times2=-1<0$

즉, 이 방정식은 서로 다른 두 허근을 갖는다.

(ii) $X=5$일 때, $x^2-2x=5$에서

$x^2-2x-5=0$

이 방정식의 판별식을 D_2라 하면

$\frac{D_2}{4}=(-1)^2-1\times(-5)=6>0$

즉, 이 방정식은 서로 다른 두 실근을 갖는다.

(i), (ii)에서 주어진 방정식의 서로 다른 두 실근 α, β는 이차방정식 $x^2-2x-5=0$의 두 근이므로 이차방정식의 근과 계수의 관계에 의하여

$\alpha+\beta=2$, $\alpha\beta=-5$

$\therefore \alpha^2+\beta^2=(\alpha+\beta)^2-2\alpha\beta=2^2-2\times(-5)=14$

0819
답 ③

방정식 $x^4+4x^3-5ax^2+(6a-1)x-6=0$의 한 근이 1이므로

$1+4-5a+6a-1-6=0$ $\therefore a=2$

즉, 주어진 방정식은 $x^4+4x^3-10x^2+11x-6=0$이므로

$f(x)=x^4+4x^3-10x^2+11x-6$이라 하면

$f(1)=0$

$f(-6)=1296-864-360-66-6=0$

조립제법을 이용하여 $f(x)$를 인수분해하면

1	1	4	-10	11	-6
		1	5	-5	6
-6	1	5	-5	6	0
		-6	6	-6	
	1	-1	1	0	

$\therefore f(x)=(x-1)(x+6)(x^2-x+1)$

즉, 주어진 방정식은 $(x-1)(x+6)(x^2-x+1)=0$

따라서 주어진 방정식의 두 허근은 이차방정식 $x^2-x+1=0$의 두 근이므로 이차방정식의 근과 계수의 관계에 의하여 구하는 합은 1이다.

0820
답 -21

주어진 삼차방정식의 계수가 실수이므로 한 근이 $-1+\sqrt{3}i$이면 $-1-\sqrt{3}i$도 근이다.

나머지 한 근이 c이므로 삼차방정식의 근과 계수의 관계에 의하여

$(-1+\sqrt{3}i)+(-1-\sqrt{3}i)+c=3$ …… ㉠

$(-1+\sqrt{3}i)(-1-\sqrt{3}i)+c(-1-\sqrt{3}i)+c(-1+\sqrt{3}i)=a$ …… ㉡

$(-1+\sqrt{3}i)(-1-\sqrt{3}i)c=-b$ …… ㉢

㉠에서 $c=5$

㉡에서 $4-2c=a$ $\therefore a=-6$

㉢에서 $4c=-b$ $\quad\therefore b=-20$

$\therefore a+b+c=-6+(-20)+5=-21$

0821

답 ⑤

$\begin{cases} 2x^2-7xy+3y^2=0 & \cdots\cdots ㉠ \\ x^2+xy=12 & \cdots\cdots ㉡ \end{cases}$

㉠에서 $(x-3y)(2x-y)=0$

$\therefore x=3y$ 또는 $y=2x$

(i) $x=3y$를 ㉡에 대입하면

$9y^2+3y^2=12,\ y^2=1 \quad\therefore y=\pm1$

$\therefore x=\pm3,\ y=\pm1$ (복부호동순)

$\therefore \alpha+\beta=4$ 또는 $\alpha+\beta=-4$

(ii) $y=2x$를 ㉡에 대입하면

$x^2+2x^2=12,\ x^2=4 \quad\therefore x=\pm2$

$\therefore x=\pm2,\ y=\pm4$ (복부호동순)

$\therefore \alpha+\beta=6$ 또는 $\alpha+\beta=-6$

(i), (ii)에서 $\alpha+\beta$의 최댓값 $M=6$, 최솟값 $m=-6$이므로

$M-m=6-(-6)=12$

0822

답 ④

삼차방정식의 근과 계수의 관계에 의하여

$\alpha+\beta+\gamma=9,\ \alpha\beta+\beta\gamma+\gamma\alpha=4,\ \alpha\beta\gamma=3$

$$\begin{aligned}\therefore \frac{\beta+\gamma}{\alpha}+\frac{\gamma+\alpha}{\beta}+\frac{\alpha+\beta}{\gamma}&=\frac{9-\alpha}{\alpha}+\frac{9-\beta}{\beta}+\frac{9-\gamma}{\gamma}\\&=\frac{9}{\alpha}-1+\frac{9}{\beta}-1+\frac{9}{\gamma}-1\\&=9\left(\frac{1}{\alpha}+\frac{1}{\beta}+\frac{1}{\gamma}\right)-3\\&=9\times\frac{\alpha\beta+\beta\gamma+\gamma\alpha}{\alpha\beta\gamma}-3\\&=9\times\frac{4}{3}-3=9\end{aligned}$$

0823

답 ④

$\begin{cases} x+3y=2 & \cdots\cdots ㉠ \\ x^2+xy+k=0 & \cdots\cdots ㉡ \end{cases}$

㉠에서 $x=2-3y$

이것을 ㉡에 대입하면

$(2-3y)^2+(2-3y)y+k=0$

$6y^2-10y+k+4=0$

이를 만족시키는 실수 y의 값이 존재해야 하므로

이 이차방정식의 판별식을 D라 하면

$\frac{D}{4}=(-5)^2-6(k+4)\ge0$

$-6k+1\ge0 \quad\therefore k\le\frac{1}{6}$

0824

답 ②

$f(x)=x^3-x^2-(k+2)x+2k$라 하면

$f(2)=8-4-2(k+2)+2k=0$

조립제법을 이용하여 $f(x)$를 인수분해하면

2	1	-1	$-(k+2)$	$2k$
		2	2	$-2k$
	1	1	$-k$	0

$\therefore f(x)=(x-2)(x^2+x-k)$

이때 방정식 $f(x)=0$이 한 개의 실근과 두 개의 허근을 가지려면

이차방정식 $x^2+x-k=0$이 두 개의 허근을 가져야 한다.

이 이차방정식의 판별식을 D라 하면

$D=1^2-4\times1\times(-k)<0$

$1+4k<0 \quad\therefore k<-\frac{1}{4}$

따라서 정수 k의 최댓값은 -1이다.

0825

답 ⑤

$x^3=-1$에서 $x^3+1=0$, 즉 $(x+1)(x^2-x+1)=0$이므로

ω는 $x^2-x+1=0$의 한 허근이고, 방정식의 계수가 실수이므로

ω의 켤레복소수인 $\overline{\omega}$도 $x^2-x+1=0$의 근이다.

①, ② 이차방정식의 근과 계수의 관계에 의하여

$\omega+\overline{\omega}=1,\ \omega\overline{\omega}=1$

③ $\omega^3=-1$이므로

$\omega^{60}=(\omega^3)^{20}=(-1)^{20}=1$

④ $\omega^2-\omega+1=0$이므로

$\omega+\frac{1}{\omega}=\frac{\omega^2+1}{\omega}=\frac{\omega}{\omega}=1$

⑤ $\omega^3=-1,\ \omega^2-\omega+1=0$이므로

$\omega^2+\frac{1}{\omega^2}=\frac{\omega^4+1}{\omega^2}=\frac{-\omega+1}{\omega^2}=\frac{-\omega^2}{\omega^2}=-1$

따라서 그 값이 다른 하나는 ⑤이다.

0826

답 ②

두 연립방정식의 공통인 해는 연립방정식

$\begin{cases} 2x+2y=1 & \cdots\cdots ㉠ \\ x^2-y^2=-1 & \cdots\cdots ㉡ \end{cases}$

을 만족시킨다.

㉠에서 $x+y=\frac{1}{2} \quad\therefore y=\frac{1}{2}-x \quad\cdots\cdots ㉢$

㉢을 ㉡에 대입하면

$x^2-\left(\frac{1}{2}-x\right)^2=-1,\ x-\frac{1}{4}=-1 \quad\therefore x=-\frac{3}{4}$

이것을 ㉢에 대입하면 $y=\frac{5}{4}$

$x=-\frac{3}{4},\ y=\frac{5}{4}$를 $3x+y=a,\ x-y=b$에 각각 대입하면

$a=3\times\left(-\frac{3}{4}\right)+\frac{5}{4}=-1,\ b=-\frac{3}{4}-\frac{5}{4}=-2$

$\therefore ab=-1\times(-2)=2$

0827

답 ①

$x+y=u,\ xy=v$로 놓으면 주어진 연립방정식은

$\begin{cases} u+v=5 & \cdots\cdots ㉠ \\ u^2-2v=25 & \cdots\cdots ㉡ \end{cases}$

㉠에서 $v=5-u$ …… ㉢

㉢을 ㉡에 대입하면

$u^2-2(5-u)=25$, $u^2+2u-35=0$

$(u+7)(u-5)=0$ $\therefore u=-7$ 또는 $u=5$

이것을 ㉢에 대입하면

$u=-7$, $v=12$ 또는 $u=5$, $v=0$

(i) $u=-7$, $v=12$, 즉 $x+y=-7$, $xy=12$일 때

x, y는 이차방정식 $t^2+7t+12=0$의 두 근이므로

$(t+4)(t+3)=0$ $\therefore t=-4$ 또는 $t=-3$

$\therefore \begin{cases} x=-4 \\ y=-3 \end{cases}$ 또는 $\begin{cases} x=-3 \\ y=-4 \end{cases}$

$\therefore |x-y|=1$

(ii) $u=5$, $v=0$, 즉 $x+y=5$, $xy=0$일 때

x, y는 이차방정식 $t^2-5t=0$의 두 근이므로

$t(t-5)=0$ $\therefore t=0$ 또는 $t=5$

$\therefore \begin{cases} x=0 \\ y=5 \end{cases}$ 또는 $\begin{cases} x=5 \\ y=0 \end{cases}$

$\therefore |x-y|=5$

(i), (ii)에서 $|x-y|$의 최솟값은 1이다.

0828

답 13

이차방정식 $x^2-(m+5)x-m-1=0$의 두 근을 α, β라 하면 이차방정식의 근과 계수의 관계에 의하여

$\alpha+\beta=m+5$ …… ㉠

$\alpha\beta=-m-1$ …… ㉡

㉠+㉡을 하면 $\alpha\beta+\alpha+\beta=4$

$\beta(\alpha+1)+(\alpha+1)-1=4$

$\therefore (\alpha+1)(\beta+1)=5$

이때 α, β가 정수이므로

$\alpha+1$	-5	-1	1	5
$\beta+1$	-1	-5	5	1

$\therefore \begin{cases} \alpha=-6 \\ \beta=-2 \end{cases}$ 또는 $\begin{cases} \alpha=-2 \\ \beta=-6 \end{cases}$ 또는 $\begin{cases} \alpha=0 \\ \beta=4 \end{cases}$ 또는 $\begin{cases} \alpha=4 \\ \beta=0 \end{cases}$

$\therefore \alpha+\beta=-8$ 또는 $\alpha+\beta=4$

(i) $\alpha+\beta=-8$일 때

㉠에 대입하면 $-8=m+5$ $\therefore m=-13$

(ii) $\alpha+\beta=4$일 때

㉠에 대입하면 $4=m+5$ $\therefore m=-1$

(i), (ii)에서 모든 정수 m의 값의 곱은

$-13\times(-1)=13$

0829

답 ④

구멍을 파낸 후 남은 부분의 부피가 52 m^3이므로

$x^3-2\times2\times\frac{3}{4}x=52$, $x^3-3x-52=0$

조립제법을 이용하여 인수분해하면

4	1	0	-3	-52
		4	16	52
	1	4	13	0

위의 조립제법으로부터

$(x-4)(x^2+4x+13)=0$

$\therefore x=4$ 또는 $x=-2\pm3i$

그런데 $x>2$이므로 $x=4$

0830

답 ③

두 연립방정식 $\begin{cases} 2x-y=4 \\ 9x^2-6xy+y^2=a \end{cases}$와 $\begin{cases} 4x^2+y^2=40 \\ 3x+by=1 \end{cases}$의 공통인 해는

연립방정식 $\begin{cases} 2x-y=4 & \cdots\cdots ㉠ \\ 4x^2+y^2=40 & \cdots\cdots ㉡ \end{cases}$을 만족시킨다.

㉠에서 $y=2x-4$ …… ㉢

㉢을 ㉡에 대입하면

$4x^2+(2x-4)^2=40$, $x^2-2x-3=0$

$(x+1)(x-3)=0$ $\therefore x=-1$ 또는 $x=3$

이것을 ㉢에 대입하면 위의 연립방정식의 해는

$x=-1$, $y=-6$ 또는 $x=3$, $y=2$

(i) $x=-1$, $y=-6$을 $9x^2-6xy+y^2=a$, $3x+by=1$에 각각 대입하면

$9-36+36=a$, $-3-6b=1$

$\therefore a=9$, $b=-\frac{2}{3}$

(ii) $x=3$, $y=2$를 $9x^2-6xy+y^2=a$, $3x+by=1$에 각각 대입하면

$81-36+4=a$, $9+2b=1$

$\therefore a=49$, $b=-4$

(i), (ii)에서 a, b는 정수이므로

$a=49$, $b=-4$

$\therefore a+b=49+(-4)=45$

0831

답 10

$x^2=X$로 놓으면 주어진 방정식은

$X^2-(k-1)X+4k-20=0$, $X^2-(k-1)X+4(k-5)=0$

$(X-4)\{X-(k-5)\}=0$

$\therefore X=4$ 또는 $X=k-5$

$X=4$일 때, $x^2=4$에서 $x=\pm2$이므로

이 방정식은 두 개의 실근을 갖는다.

즉, $X=k-5$일 때, $x^2=k-5$가

두 개의 허근을 가져야 하므로

$k-5<0$ $\therefore k<5$

따라서 자연수 k는 1, 2, 3, 4이므로 그 합은

$1+2+3+4=10$

0832

답 141

사차방정식 $x^4-6x^3+11x^2-6x+1=0$의 양변을 x^2으로 나누면

$x^2-6x+11-\frac{6}{x}+\frac{1}{x^2}=0$, $x^2+\frac{1}{x^2}-6\left(x+\frac{1}{x}\right)+11=0$

$\therefore \left(x+\frac{1}{x}\right)^2-6\left(x+\frac{1}{x}\right)+9=0$

$x+\frac{1}{x}=X$로 놓으면

$X^2-6X+9=0$, $(X-3)^2=0$ $\quad\therefore X=3$

즉, $x+\frac{1}{x}=3$의 한 근이 α이므로 $\alpha+\frac{1}{\alpha}=3$

이때

$\alpha^2+\frac{1}{\alpha^2}=\left(\alpha+\frac{1}{\alpha}\right)^2-2=3^2-2=7$,

$\alpha^3+\frac{1}{\alpha^3}=\left(\alpha+\frac{1}{\alpha}\right)^3-3\alpha\times\frac{1}{\alpha}\times\left(\alpha+\frac{1}{\alpha}\right)=3^3-3\times3=18$,

$\alpha^5+\frac{1}{\alpha^5}=\left(\alpha^3+\frac{1}{\alpha^3}\right)\left(\alpha^2+\frac{1}{\alpha^2}\right)-\left(\alpha+\frac{1}{\alpha}\right)=18\times7-3=123$

이므로

$\alpha^3+\alpha^5+\frac{1}{\alpha^3}+\frac{1}{\alpha^5}=\left(\alpha^3+\frac{1}{\alpha^3}\right)+\left(\alpha^5+\frac{1}{\alpha^5}\right)$

$=18+123=141$

0833

답 1

$f(x)=x^3-(a+3)x^2+(3a+2)x-2a$에서

$f(1)=1-a-3+3a+2-2a=0$,

$f(2)=8-4(a+3)+2(3a+2)-2a=0$

조립제법을 이용하여 $f(x)$를 인수분해하면

1	1	$-a-3$	$3a+2$	$-2a$
		1	$-a-2$	$2a$
2	1	$-a-2$	$2a$	0
		2	$-2a$	
	1	$-a$	0	

$\therefore f(x)=(x-1)(x-2)(x-a)$

즉, 주어진 방정식은 $(x-1)(x-2)(x-a)=0$

$\therefore x=1$ 또는 $x=2$ 또는 $x=a$

이때 $f\left(a+\frac{1}{a}\right)=0$에서 $a+\frac{1}{a}$은 방정식 $f(x)=0$의 한 근이므로

$a+\frac{1}{a}=1$ 또는 $a+\frac{1}{a}=2$ 또는 $a+\frac{1}{a}=a$

(i) $a+\frac{1}{a}=1$일 때,

$a^2-a+1=0$이므로 이 이차방정식의 판별식을 D라 하면

$D=(-1)^2-4\times1\times1=-3<0$

즉, 이 방정식은 서로 다른 두 허근을 갖는다.

(ii) $a+\frac{1}{a}=2$일 때,

$a^2-2a+1=0$이므로 $(a-1)^2=0$ $\quad\therefore a=1$

(iii) $a+\frac{1}{a}=a$일 때,

$a+\frac{1}{a}\neq a$이므로 이 경우는 성립하지 않는다.

(i)~(iii)에서 실수 a의 값은 1이다.

0834

답 ⑤

삼차방정식 $x^3-3x^2+ax+b=0$의 나머지 두 근을 α, β라 하면 삼차방정식의 근과 계수의 관계에 의하여

$\alpha+\beta+1=3$

즉, $\alpha+\beta=2$, $\alpha^2+\beta^2=20$이므로 α, β는 연립방정식

$\begin{cases} x+y=2 & \cdots\cdots ㉠ \\ x^2+y^2=20 & \cdots\cdots ㉡ \end{cases}$

의 해이다.

㉠에서 $y=2-x$ $\quad\cdots\cdots ㉢$

㉢을 ㉡에 대입하면

$x^2+(2-x)^2=20$, $x^2-2x-8=0$

$(x+2)(x-4)=0$ $\quad\therefore x=-2$ 또는 $x=4$

이것을 ㉢에 대입하면 연립방정식의 해는

$x=-2$, $y=4$ 또는 $x=4$, $y=-2$

즉, 주어진 삼차방정식의 나머지 두 근은 -2, 4이다.

따라서 삼차방정식 $x^3-3x^2+ax+b=0$의 세 근이 -2, 1, 4이므로 삼차방정식의 근과 계수의 관계에 의하여

$a=-2\times1+1\times4+4\times(-2)=-6$

$-b=(-2)\times1\times4=-8$ $\quad\therefore b=8$

$\therefore b-a=8-(-6)=14$

0835

답 (1) -1 (2) 25

(1) 두 이차방정식의 공통인 근을 α라 하면

$\begin{cases} \alpha^2+a\alpha-b=0 & \cdots\cdots ㉠ \\ \alpha^2+b\alpha-a=0 & \cdots\cdots ㉡ \end{cases}$

㉠$-$㉡을 하면

$(a-b)\alpha-b+a=0$, $(a-b)\alpha+(a-b)=0$

$(a-b)(\alpha+1)=0$ $\quad\therefore a=b$ 또는 $\alpha=-1$

이때 $a\neq b$이므로 두 이차방정식의 공통인 근은 -1이다.

❶

(2) $x^2+ax-b=0$의 나머지 한 근이 p,

$x^2+bx-a=0$의 나머지 한 근이 q이므로

이차방정식의 근과 계수의 관계에 의하여

$-1\times p=-b$, $-1\times q=-a$ $\quad\therefore a=q$, $b=p$

❷

한편, $\alpha=-1$이므로 ㉠에 대입하면

$1-a-b=0$

이때 $a=q$, $b=p$이므로

$1-q-p=0$ $\quad\therefore p+q=1$

❸

또한 $pq=-6$이므로

$(a-b)^2=(q-p)^2=(p-q)^2=(p+q)^2-4pq$

$=1^2-4\times(-6)=25$

❹

채점 기준	배점
❶ 두 이차방정식의 공통인 근 구하기	40%
❷ a, b를 p, q에 대한 식으로 각각 나타내기	20%
❸ $p+q$의 값 구하기	20%
❹ $(a-b)^2$의 값 구하기	20%

0836

답 3

삼차방정식의 근과 계수의 관계에 의하여

$\alpha+\beta+\gamma=8$, $\alpha\beta+\beta\gamma+\gamma\alpha=5$, $\alpha\beta\gamma=-a$

………… ❶

$\therefore (\alpha-1)+(\beta-1)+(\gamma-1)=\alpha+\beta+\gamma-3=8-3=5$,

$(\alpha-1)(\beta-1)+(\beta-1)(\gamma-1)+(\gamma-1)(\alpha-1)$

$=\alpha\beta+\beta\gamma+\gamma\alpha-2(\alpha+\beta+\gamma)+3$

$=5-2\times8+3=-8$,

$(\alpha-1)(\beta-1)(\gamma-1)$

$=\alpha\beta\gamma-(\alpha\beta+\beta\gamma+\gamma\alpha)+(\alpha+\beta+\gamma)-1$

$=-a-5+8-1=2-a$

즉, $\alpha-1$, $\beta-1$, $\gamma-1$을 세 근으로 하고 x^3의 계수가 1인 삼차방정식은

$x^3-5x^2-8x-(2-a)=0$

따라서 $b=-5$, $c=-8$, $14=-(2-a)$이므로

$a=16$, $b=-5$, $c=-8$

………… ❷

$\therefore a+b+c=16+(-5)+(-8)=3$

………… ❸

채점 기준	배점
❶ 삼차방정식의 근과 계수의 관계를 이용하여 $\alpha+\beta+\gamma$, $\alpha\beta+\beta\gamma+\gamma\alpha$, $\alpha\beta\gamma$의 값 구하기	30%
❷ 삼차방정식의 근과 계수의 관계를 이용하여 실수 a, b, c의 값 구하기	50%
❸ $a+b+c$의 값 구하기	20%

0837

답 5 m

현수막의 가로, 세로의 길이를 각각 x m, y m라 하면

$\begin{cases} x^2+y^2=125 & \cdots\cdots ㉠ \\ (x-2)(y-2)=xy-26 & \cdots\cdots ㉡ \end{cases}$

………… ❶

㉡에서 $xy-2x-2y+4=xy-26$

$x+y=15$ $\quad\therefore y=15-x$ …… ㉢

㉢을 ㉠에 대입하면

$x^2+(15-x)^2=125$, $x^2-15x+50=0$

$(x-5)(x-10)=0$ $\quad\therefore x=5$ 또는 $x=10$

이것을 ㉢에 대입하면

$x=5$, $y=10$ 또는 $x=10$, $y=5$

그런데 $x<y$이므로 $x=5$, $y=10$

………… ❷

따라서 처음 현수막의 가로의 길이는 5 m이다.

………… ❸

채점 기준	배점
❶ 연립이차방정식 세우기	30%
❷ 연립이차방정식의 해 구하기	50%
❸ 처음 현수막의 가로의 길이 구하기	20%

PART C 수능 녹인 변별력 문제

0838

답 ③

$x^2(y^2+9)=4xy+6x-5$에서

$x^2y^2+9x^2-4xy-6x+5=0$

$(x^2y^2-4xy+4)+(9x^2-6x+1)=0$

$\therefore (xy-2)^2+(3x-1)^2=0$

이때 x, y가 실수이므로

$xy-2=0$, $3x-1=0$ $\quad\therefore xy=2$, $x=\frac{1}{3}$

따라서 $x=\frac{1}{3}$, $y=6$이므로

$9x+y=9\times\frac{1}{3}+6=9$

0839

답 $x^3-12x^2+44x-48=0$

직육면체의 가로, 세로의 길이, 높이를 α, β, γ라 하면

(부피)$=\alpha\beta\gamma=48$ …… ㉠

(겉넓이)$=2(\alpha\beta+\beta\gamma+\gamma\alpha)=88$

$\therefore \alpha\beta+\beta\gamma+\gamma\alpha=44$ …… ㉡

(대각선의 길이)$=\sqrt{\alpha^2+\beta^2+\gamma^2}=2\sqrt{14}$

$\therefore \alpha^2+\beta^2+\gamma^2=56$

이때

$(\alpha+\beta+\gamma)^2=\alpha^2+\beta^2+\gamma^2+2(\alpha\beta+\beta\gamma+\gamma\alpha)$

$=56+88=144$

$\therefore \alpha+\beta+\gamma=12$ ($\because \alpha$, β, γ는 양수) …… ㉢

㉠, ㉡, ㉢에서 가로, 세로의 길이, 높이를 세 근으로 하고 x^3의 계수가 1인 삼차방정식은

$x^3-12x^2+44x-48=0$

0840

답 ②

$(x^2-x)(x^2-x+3)+k(x^2-x)+8$

$=(x^2-x+a)(x^2-x+b)$

에서 $x^2-x=X$로 놓으면 주어진 방정식은

$X(X+3)+kX+8=(X+a)(X+b)$

$X^2+(k+3)X+8=X^2+(a+b)X+ab$

$\therefore a+b=k+3$, $ab=8$ …… ㉠

㉠에서 $ab=8$이고 a, b $(a<b)$가 자연수이므로

$a=1$, $b=8$ 또는 $a=2$, $b=4$

(i) $a=1$, $b=8$인 경우

$k+3=a+b=1+8=9$

$\therefore k=6$

(ii) $a=2$, $b=4$인 경우

$k+3=a+b=2+4=6$

$\therefore k=3$

(i), (ii)에서 모든 상수 k의 값의 합은

$6+3=9$

0841

답 3

$x^3=-1$에서 $x^3+1=0$, 즉 $(x+1)(x^2-x+1)=0$이므로

ω는 $x^2-x+1=0$의 한 허근이고, 방정식의 계수가 실수이므로

ω의 켤레복소수인 $\overline{\omega}$도 $x^2-x+1=0$의 근이다.

$\therefore \omega^3=-1,\ \omega^2-\omega+1=0,\ \omega+\overline{\omega}=1,\ \omega\overline{\omega}=1$

$(\omega-1)^n=\left(\dfrac{\omega}{\omega+\overline{\omega}}\right)^n$에서

$(\omega-1)^n=(\omega^2)^n=\omega^{2n}$, $\left(\dfrac{\omega}{\omega+\overline{\omega}}\right)^n=\omega^n$이므로 $\omega^{2n}=\omega^n$

$\omega^{2n}=\omega^n$에서 $\omega^{2n}-\omega^n=0$, $\omega^n(\omega^n-1)=0$

이때 $\omega^n\neq0$이므로 $\omega^n=1$

즉, $\omega^3=-1$이므로 자연수 n은 6의 배수이어야 한다.

따라서 조건을 만족시키는 20보다 작은 자연수는 6, 12, 18의 3개이다.

0842

답 $\dfrac{15}{16}$

$f(x)=x^3-3x^2+(k+2)x-k$라 하면

$f(1)=1-3+k+2-k=0$

조립제법을 이용하여 $f(x)$를 인수분해하면

1	1	-3	$k+2$	$-k$
		1	-2	k
	1	-2	k	0

$\therefore f(x)=(x-1)(x^2-2x+k)$

이때 방정식 $f(x)=0$이 서로 다른 세 실근을 가지려면 이차방정식 $x^2-2x+k=0$이 서로 다른 두 실근을 가져야 하므로 이 이차방정식의 판별식을 D라 하면

$\dfrac{D}{4}=(-1)^2-1\times k>0 \qquad \therefore k<1$ ...... ㉠

또한 $x=1$을 $x^2-2x+k=0$에 대입하면 성립하지 않아야 하므로

$1-2+k\neq0 \qquad \therefore k\neq1$ ...... ㉡

㉠, ㉡에서 $k<1$

이차방정식 $x^2-2x+k=0$의 두 실근을 $\alpha,\ \beta\ (0<\alpha<\beta)$라 하면

이차방정식의 근과 계수의 관계에 의하여

$\alpha+\beta=2$ ...... ㉢

$\alpha\beta=k$

1, α, β가 직각삼각형의 세 변의 길이가 되려면

(i) 빗변의 길이가 1일 때

$\alpha^2+\beta^2=1$이므로 $(\alpha+\beta)^2-2\alpha\beta=1$

$2^2-2k=1,\ 2k=3 \qquad \therefore k=\dfrac{3}{2}$

그런데 $k<1$이므로 조건을 만족시키지 않는다.

(ii) 빗변의 길이가 β일 때

$1+\alpha^2=\beta^2,\ \beta^2-\alpha^2=1$

$(\beta+\alpha)(\beta-\alpha)=1,\ 2(\beta-\alpha)=1$

$\therefore \beta-\alpha=\dfrac{1}{2}$ ...... ㉣

㉢, ㉣을 연립하여 풀면 $\alpha=\dfrac{3}{4},\ \beta=\dfrac{5}{4}$

$\therefore k=\alpha\beta=\dfrac{3}{4}\times\dfrac{5}{4}=\dfrac{15}{16}$

(i), (ii)에서 $k=\dfrac{15}{16}$

0843

답 ②

(가)에서 $f(x)$는 $x-4$를 인수로 가지므로 4는 방정식 $f(x)=0$의 한 근이다.

(나)에서 방정식 $f(x)=0$의 한 근이 $1+\sqrt{3}$이고 계수가 유리수이므로 $1-\sqrt{3}$도 근이다.

삼차방정식 $(3x+1)^3+a(3x+1)^2+b(3x+1)+c=0$에서

$f(3x+1)=0$이므로

$3x+1=4$ 또는 $3x+1=1+\sqrt{3}$ 또는 $3x+1=1-\sqrt{3}$

$\therefore x=1$ 또는 $x=\dfrac{\sqrt{3}}{3}$ 또는 $x=-\dfrac{\sqrt{3}}{3}$

따라서 삼차방정식의 세 근의 곱은

$1\times\dfrac{\sqrt{3}}{3}\times\left(-\dfrac{\sqrt{3}}{3}\right)=-\dfrac{1}{3}$

0844

답 12

$x^4+(2a+1)x^3+(3a+2)x^2+(a+2)x=0$에서

$x\{x^3+(2a+1)x^2+(3a+2)x+a+2\}=0$

$f(x)=x^3+(2a+1)x^2+(3a+2)x+a+2$라 하면

$f(-1)=-1+2a+1-3a-2+a+2=0$

조립제법을 이용하여 $f(x)$를 인수분해하면

-1	1	$2a+1$	$3a+2$	$a+2$
		-1	$-2a$	$-a-2$
	1	$2a$	$a+2$	0

$\therefore f(x)=(x+1)(x^2+2ax+a+2)$

따라서 주어진 방정식은

$x(x+1)(x^2+2ax+a+2)=0$

$\therefore x=-1$ 또는 $x=0$ 또는 $x^2+2ax+a+2=0$

주어진 사차방정식의 서로 다른 실근의 개수가 3이 되려면 이 사차방정식은 한 개의 중근을 가져야 한다.

(i) $x=0$이 사차방정식의 중근인 경우

$x=0$은 이차방정식 $x^2+2ax+a+2=0$의 해이므로

$a+2=0 \qquad \therefore a=-2$

즉, $x^2-4x=0$, $x(x-4)=0$

$\therefore x=0$ 또는 $x=4$

사차방정식의 서로 다른 세 실근은

$x=-1$, $x=0$ (중근), $x=4$

(ii) $x=-1$이 사차방정식의 중근인 경우

$x=-1$은 이차방정식 $x^2+2ax+a+2=0$의 해이므로

$1-2a+a+2=0 \qquad \therefore a=3$

즉, $x^2+6x+5=0$, $(x+5)(x+1)=0$

$\therefore x=-5$ 또는 $x=-1$

사차방정식의 서로 다른 세 실근은

$x=-5$, $x=-1$ (중근), $x=0$

(iii) 사차방정식이 $x\neq0$이고 $x\neq-1$인 중근을 갖는 경우

이차방정식 $x^2+2ax+a+2=0$이 중근을 가져야 하므로

이 이차방정식의 판별식을 D라 하면

$\dfrac{D}{4}=a^2-a-2=0,\ (a+1)(a-2)=0$

$\therefore a=-1$ 또는 $a=2$

ⓐ $a=-1$인 경우, 사차방정식의 서로 다른 세 실근은

$x=-1$, $x=0$, $x=1$ (중근)

ⓑ $a=2$인 경우, 사차방정식의 서로 다른 세 실근은

$x=-2$ (중근), $x=-1$, $x=0$

(i)~(iii)에서 실수 a는 -2, -1, 2, 3이므로 구하는 곱은

$-2\times(-1)\times2\times3=12$

0845

답 -1

(i) $x>y$일 때,

$\max(x, y)=x$, $\min(x, y)=y$이므로 주어진 연립방정식은

$\begin{cases} x=2x+2y+1 & \cdots\cdots ㉠ \\ 2y=x^2-y^2-2 & \cdots\cdots ㉡ \end{cases}$

㉠에서 $x=-2y-1$ $\cdots\cdots$ ㉢

㉢을 ㉡에 대입하면

$2y=(-2y-1)^2-y^2-2$, $3y^2+2y-1=0$

$(y+1)(3y-1)=0$ $\quad\therefore y=-1$ 또는 $y=\frac{1}{3}$

이것을 ㉢에 대입하면

$x=1$, $y=-1$ 또는 $x=-\frac{5}{3}$, $y=\frac{1}{3}$

그런데 $x>y$이므로 $x=1$, $y=-1$

$\therefore xy=-1$

(ii) $x<y$일 때,

$\max(x, y)=y$, $\min(x, y)=x$이므로 주어진 연립방정식은

$\begin{cases} y=2x+2y+1 & \cdots\cdots ㉣ \\ 2x=x^2-y^2-2 & \cdots\cdots ㉤ \end{cases}$

㉣에서 $y=-2x-1$ $\cdots\cdots$ ㉥

㉥을 ㉤에 대입하면

$2x=x^2-(-2x-1)^2-2$, $x^2+2x+1=0$

$(x+1)^2=0$ $\quad\therefore x=-1$

이것을 ㉥에 대입하면

$x=-1$, $y=1$

$\therefore xy=-1$

(i), (ii)에서 xy의 값은 -1이다.

0846

답 ⑤

$x^2=X$로 놓으면

$4X^2-4(n+2)X+(n-2)^2=0$이고

근의 공식을 이용하면

$X=\frac{2(n+2)\pm\sqrt{4(n+2)^2-4(n-2)^2}}{4}$

$=\frac{n+2\pm\sqrt{\boxed{8n}}}{2}=\frac{n}{2}+1\pm2\sqrt{\frac{n}{2}}=\left(\sqrt{\frac{n}{2}}\pm1\right)^2$

$\therefore X=\left(\sqrt{\frac{n}{2}}+1\right)^2$ 또는 $X=\left(\sqrt{\frac{n}{2}}-1\right)^2$

즉, $x^2=\left(\sqrt{\frac{n}{2}}+1\right)^2$ 또는 $x^2=\left(\sqrt{\frac{n}{2}}-1\right)^2$이므로

$x=\sqrt{\frac{n}{2}}+1$ 또는 $x=-\sqrt{\frac{n}{2}}-1$ 또는

$x=\sqrt{\frac{n}{2}}-1$ 또는 $x=-\sqrt{\frac{n}{2}}+1$

$4x^4-4(n+2)x^2+(n-2)^2=0$이 정수해를 갖기 위해서는 $\sqrt{\frac{n}{2}}$이 자연수가 되어야 한다.

자연수 l에 대하여 $l=\sqrt{\frac{n}{2}}$, 즉 $n=2l^2$이어야 하므로

20 이하의 자연수 n의 값은 2, 8, 18이다.

(i) $n=2$인 경우

$x=-2$ 또는 $x=0$ 또는 $x=2$이므로

서로 다른 세 개의 정수해를 가진다.

(ii) $n=8$인 경우

$x=-3$ 또는 $x=-1$ 또는 $x=1$ 또는 $x=3$이므로

서로 다른 네 개의 정수해를 가진다.

(iii) $n=18$인 경우

$x=-4$ 또는 $x=-2$ 또는 $x=2$ 또는 $x=4$이므로

서로 다른 네 개의 정수해를 가진다.

(i)~(iii)에서 방정식 $4x^4-4(n+2)x^2+(n-2)^2=0$이 서로 다른 네 개의 정수해를 갖도록 하는 20 이하의 모든 n의 값은 $\boxed{8}$, $\boxed{18}$ 이다.

따라서 $f(n)=8n$, $a=8$, $b=18$이므로

$f(b-a)=f(10)=80$

0847

답 ①

삼차방정식 $x^3-2x^2+3x-1=0$의 세 근이 $\frac{1}{\alpha\beta}$, $\frac{1}{\beta\gamma}$, $\frac{1}{\gamma\alpha}$이므로

삼차방정식의 근과 계수의 관계에 의하여

$\frac{1}{\alpha\beta}+\frac{1}{\beta\gamma}+\frac{1}{\gamma\alpha}=2$,

$\frac{1}{\alpha\beta}\times\frac{1}{\beta\gamma}+\frac{1}{\beta\gamma}\times\frac{1}{\gamma\alpha}+\frac{1}{\gamma\alpha}\times\frac{1}{\alpha\beta}=3$,

$\frac{1}{\alpha\beta}\times\frac{1}{\beta\gamma}\times\frac{1}{\gamma\alpha}=1$

$\therefore \frac{\alpha+\beta+\gamma}{\alpha\beta\gamma}=2$, $\frac{\alpha\beta+\beta\gamma+\gamma\alpha}{(\alpha\beta\gamma)^2}=3$, $\frac{1}{(\alpha\beta\gamma)^2}=1$ $\quad\cdots\cdots$ ㉠

이때 α, β, γ가 삼차방정식 $x^3+ax^2+bx+c=0$의 세 근이므로

$\alpha+\beta+\gamma=-a$, $\alpha\beta+\beta\gamma+\gamma\alpha=b$, $\alpha\beta\gamma=-c$

이것을 ㉠의 각 식에 대입하면

$\frac{a}{c}=2$, $\frac{b}{c^2}=3$, $\frac{1}{c^2}=1$

따라서 $a=2c$, $b=3c^2$, $c^2=1$이므로

$a^2=4$, $b^2=9$, $c^2=1$

$\therefore a^2+b^2+c^2=4+9+1=14$

0848

답 46

$f(x)=ax^3+2bx^2+4bx+8a$라 하면

$f(-2)=-8a+8b-8b+8a=0$

조립제법을 이용하여 $f(x)$를 인수분해하면

-2	a	$2b$	$4b$	$8a$
		$-2a$	$4(a-b)$	$-8a$
	a	$-2(a-b)$	$4a$	0

$\therefore f(x)=(x+2)\{ax^2-2(a-b)x+4a\}$

이때 삼차방정식 $f(x)=0$이 서로 다른 세 정수를 근으로 가지려면 이차방정식 $ax^2-2(a-b)x+4a=0$은 -2가 아닌 서로 다른 두 정수를 근으로 가져야 한다.
이차방정식의 근과 계수의 관계에 의하여
두 근의 곱이 $\frac{4a}{a}=4$이므로 가능한 두 근은
$x=1$, $x=4$ 또는 $x=-1$, $x=-4$
즉, 두 근의 합은 5 또는 -5이므로 이차방정식의 근과 계수의 관계에 의하여
$\frac{2(a-b)}{a}=5$ 또는 $\frac{2(a-b)}{a}=-5$
$\therefore b=-\frac{3}{2}a$ 또는 $b=\frac{7}{2}a$ (단, $a\neq0$)
(i) $b=-\frac{3}{2}a$일 때, 조건을 만족시키는 순서쌍 (a, b)는
$(2, -3)$, $(4, -6)$, $\cdots$, $(32, -48)$, $(-2, 3)$, $(-4, 6)$, $\cdots$, $(-32, 48)$의 32개이다.
(ii) $b=\frac{7}{2}a$일 때, 조건을 만족시키는 순서쌍 (a, b)는
$(2, 7)$, $(4, 14)$, $\cdots$, $(14, 49)$, $(-2, -7)$, $(-4, -14)$, $\cdots$, $(-14, -49)$의 14개이다.
(i), (ii)에서 조건을 만족시키는 순서쌍 (a, b)의 개수는
$32+14=46$

0849

답 8 cm

두 원 A, B의 반지름의 길이를 각각 x cm, y cm라 하면
두 원 A, B의 지름의 길이의 합이 26 cm이므로
$2x+2y=26$, $x+y=13$
$\therefore x=13-y$ $\cdots\cdots$ ㉠
또한 원 C의 지름의 길이는
(원 A의 지름의 길이)$-$(원 B의 지름의 길이)$=2x-2y$(cm)
이므로 원 D의 반지름의 길이는
$\frac{1}{2}${(원 B의 지름의 길이)$-$(원 C의 지름의 길이)}
$=\frac{1}{2}\{2y-(2x-2y)\}=-x+2y$(cm)
두 원 A, D의 넓이의 차가 60π cm^{2}이므로
$\pi x^2-\pi(-x+2y)^2=60\pi$
$x^2-(x^2-4xy+4y^2)=60$
$4xy-4y^2=60$
$\therefore xy-y^2=15$ $\cdots\cdots$ ㉡
㉠을 ㉡에 대입하면
$(13-y)y-y^2=15$, $2y^2-13y+15=0$
$(2y-3)(y-5)=0$ $\quad\therefore y=\frac{3}{2}$ 또는 $y=5$
이것을 ㉠에 대입하면
$x=\frac{23}{2}$, $y=\frac{3}{2}$ 또는 $x=8$, $y=5$
그런데 $x=\frac{23}{2}$, $y=\frac{3}{2}$이면 원 D의 반지름의 길이가
$-x+2y=-\frac{23}{2}+3=-\frac{17}{2}<0$이 되어 음수이다.
$\therefore x=8$, $y=5$
따라서 원 A의 반지름의 길이는 8 cm이다.

08 일차부등식

유형 01 부등식의 기본 성질

확인 문제 1. (1) > (2) > (3) > (4) <
2. (1) > (2) < (3) > (4) <

2. (1) $a>b$의 양변에 a를 더하면 $a+a>b+a$ $\therefore 2a>a+b$
(2) $b<0$이므로 $a>b$의 양변에 b를 곱하면 $ab<b^2$
(3) $a>b$의 양변에 2를 곱하면 $2a>2b$
위의 식의 양변에 1을 더하면 $2a+1>2b+1$
(4) $a>b$의 양변에 -1을 곱하면 $-a<-b$
위의 식의 양변에 1을 더하면 $-a+1<-b+1$

0850
답 ④

ㄱ. $a<b$에서 $a-c<b-c$
ㄴ. $a=1$, $b=-1$이면
$ab\neq0$이고 $a>b$이지만 $\frac{5}{a}>\frac{5}{b}$이다.
ㄷ. $a>b$에서 $a+c>b+c$ ...... ㉠
$c>d$에서 $b+c>b+d$ ...... ㉡
㉠, ㉡에서 $a+c>b+d$
따라서 옳은 것은 ㄱ, ㄷ이다.

Bible Says $a>b$일 때, $\frac{1}{a}$과 $\frac{1}{b}$의 대소 비교

$a>b$일 때
(1) a와 b의 부호가 같으면 $\frac{1}{a}<\frac{1}{b}$이다.
(2) a와 b의 부호가 다르면 $\frac{1}{a}>\frac{1}{b}$이다.

0851
답 ④

① $a>b$에서 $a-2>b-2$
② $a>b$에서 $-a<-b$ $\therefore 7-a<7-b$
③ $a>b$에서 $\frac{a}{3}>\frac{b}{3}$ $\therefore \frac{a}{3}+4>\frac{b}{3}+4$
④ $a>b$에서 $-\frac{3}{2}a<-\frac{3}{2}b$ $\therefore -\frac{3}{2}a+1<-\frac{3}{2}b+1$
⑤ $a=1$, $b=-2$이면 $a>b$이지만 $a^2<b^2$이다.
따라서 항상 성립하는 것은 ④이다.

Bible Says $a>b$일 때, a^2과 b^2의 대소 비교

$a>b$일 때
(1) $a>b>0$이면 $|a|>|b|$이므로 $a^2>b^2$이다.
(2) $a>0>b$이면 a^2과 b^2의 대소는 알 수 없다.
(3) $0>a>b$이면 $|a|<|b|$이므로 $a^2<b^2$이다.

0852
답 ㄱ, ㄷ

ㄱ. $a+c>b+c$에서 $a+c-c>b+c-c$ $\therefore a>b$
ㄴ. $\frac{a}{c}>\frac{b}{c}$에서 $c<0$이면 $a<b$
ㄷ. $c^2>0$이므로 $ac^2>bc^2$의 양변을 c^2으로 나누면 $a>b$
ㄹ. $a=1$, $b=-1$이면 $\frac{1}{a}>\frac{1}{b}$이지만 $a>b$이다.
ㅁ. $a=\frac{1}{2}$, $b=\frac{1}{4}$이면 $a>b>0$이지만 $ab<b$이다.
따라서 항상 성립하는 것은 ㄱ, ㄷ이다.

0853
답 ⑤

ㄱ. $a<b<0$에서 $|a|>|b|$
ㄴ. $a=-2$, $c=3$이면
$a<0<c$이지만 $|a|<|c|$이다.
ㄷ. $a<b<0$에서 $|a|>|b|$이므로 $a^2>b^2$
ㄹ. $a<b<0$에서 $a^3<b^3$
ㅁ. $b<0$, $c>0$이므로 $b^3<0$, $c^3>0$ $\therefore b^3<c^3$
따라서 옳은 것은 ㄷ, ㅁ이다.

0854
답 ⑤

① $a<0$, $b<0$이므로 $ab>0$
② $a<b$, $b<0$이므로 $ab>b^2$
③ $b<0$이므로 $a<b$의 양변을 b로 나누면 $\frac{a}{b}>1$
④ $a<b<0$에서 $|a|>|b|$이므로 $a^2>b^2$
$ab>0$이므로 $a^2>b^2$의 양변을 ab로 나누면 $\frac{a}{b}>\frac{b}{a}$
⑤ $a<b<0$에서 $a^3<b^3$
$ab>0$이므로 $a^3<b^3$의 양변을 ab로 나누면 $\frac{a^2}{b}<\frac{b^2}{a}$
따라서 항상 성립하는 것이 아닌 것은 ⑤이다.

다른 풀이
④ ③에서 $\frac{a}{b}>1$ ...... ㉠
$a<0$이므로 $a<b$의 양변을 a로 나누면 $1>\frac{b}{a}$ ...... ㉡
㉠, ㉡에서 $\frac{b}{a}<1<\frac{a}{b}$이므로 $\frac{b}{a}<\frac{a}{b}$

유형 02 부등식 $ax>b$의 풀이

0855
답 ③

$ax+b>0$, 즉 $ax>-b$의 해가 $x<-3$이므로 $a<0$
$\therefore x<-\frac{b}{a}$
따라서 $-\frac{b}{a}=-3$이므로 $b=3a$
$b=3a$를 $(a+b)x\geq b$에 대입하면 $4ax\geq3a$
이때 $a<0$에서 $4a<0$이므로 양변을 $4a$로 나누면 $x\leq\frac{3}{4}$

0856

답 $x<2$

$ax+10>5x+2a$에서 $(a-5)x>2(a-5)$

이때 $a<5$에서 $a-5<0$이므로 양변을 $a-5$로 나누면

$x<2$

0857

답 ③

$2a+b=0$에서 $b=-2a$ ······ ㉠

㉠을 주어진 부등식에 대입하면

$(a+2a)x\le 2a+6a-5$ $\quad\therefore 3ax\le 8a-5$

이 부등식의 해가 $x\ge 3$이므로 $a<0$

$\therefore x\ge\dfrac{8a-5}{3a}$

따라서 $\dfrac{8a-5}{3a}=3$이므로 $8a-5=9a$ $\quad\therefore a=-5$

$a=-5$를 ㉠에 대입하면 $b=10$

$\therefore a+b=-5+10=5$

0858

답 $a\le\dfrac{2}{3}$

$0.2-0.1x>0.3(x-a)$에서 $2-x>3(x-a)$

$2-x>3x-3a,\ -4x>-3a-2$ $\quad\therefore x<\dfrac{3a+2}{4}$

이때 부등식을 만족시키는 자연수 x가 존재하지 않으려면 그림에서

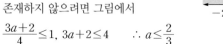

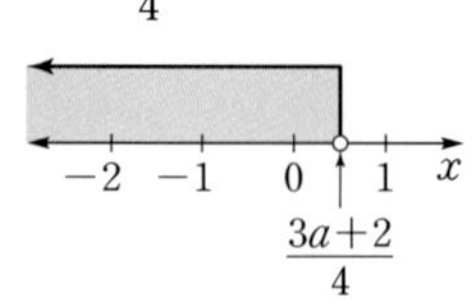

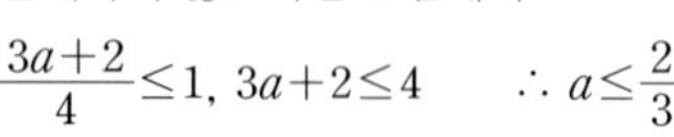

$\dfrac{3a+2}{4}\le 1,\ 3a+2\le 4$ $\quad\therefore a\le\dfrac{2}{3}$

0859

답 ⑤

$4x-a>ax-b$에서 $(4-a)x>a-b$

이 부등식의 해가 없으려면

$4-a=0,\ a-b\ge 0$ $\quad\therefore a=4,\ b\le 4$

따라서 실수 b의 최댓값은 4이다.

0860

답 해는 없다.

$a^2x+a\le 4x$에서 $(a^2-4)x\le -a$

모든 실수 x에 대하여 이 부등식이 성립하려면

$a^2-4=0,\ -a\ge 0$

$a^2-4=0$에서 $a^2=4$ $\quad\therefore a=\pm 2$

이때 $-a\ge 0$에서 $a\le 0$이므로 $a=-2$

······························ ❶

$a=-2$를 $ax-2>1-2x$에 대입하면

$-2x-2>1-2x$

따라서 $0\times x>3$이므로 해는 없다.

······························ ❷

채점 기준	배점
❶ a의 값 구하기	50%
❷ 부등식 $ax-2>1-2x$의 해 구하기	50%

0861

답 $x>-2$

$(a-b)x+a-3b\le 0$에서 $(a-b)x\le -a+3b$

이 부등식을 만족시키는 x가 존재하지 않으려면

$a-b=0,\ -a+3b<0$

$a-b=0$에서 $b=a$이므로

$-a+3b<0$에 $b=a$를 대입하면 $-a+3a<0$

$2a<0$ $\quad\therefore a<0$

$b=a$를 $(a-4b)x+a-7b>0$에 대입하면

$(a-4a)x+a-7a>0$ $\quad\therefore -3ax>6a$

이때 $a<0$에서 $3a>0$이므로

$x>-2$

유형 03 연립일차부등식의 풀이

확인 문제 **1.** (1) $x\ge 3$ (2) $-3<x<2$ (3) $x<9$
2. (1) $-3\le x\le 3$ (2) $-2\le x<1$

2. (1) $x-4\ge -7$에서 $x\ge -3$ ······ ㉠

$3x\le 9$에서 $x\le 3$ ······ ㉡

㉠, ㉡의 공통부분을 구하면

$-3\le x\le 3$

(2) $3x+5\ge -1$에서 $3x\ge -6$

$\therefore x\ge -2$ ······ ㉠

$2x-1<1$에서 $2x<2$

$\therefore x<1$ ······ ㉡

㉠, ㉡의 공통부분을 구하면

$-2\le x<1$

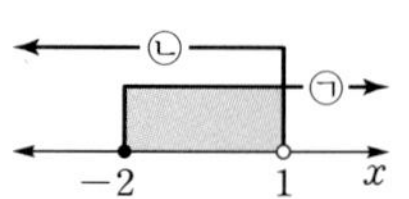

0862

답 ③

$3x-5<7-x$에서 $4x<12$ $\quad\therefore x<3$ ······ ㉠

$-2x+3\le 2(2x+3)$에서 $-2x+3\le 4x+6$

$-6x\le 3$ $\quad\therefore x\ge -\dfrac{1}{2}$ ······ ㉡

㉠, ㉡의 공통부분을 구하면

$-\dfrac{1}{2}\le x<3$

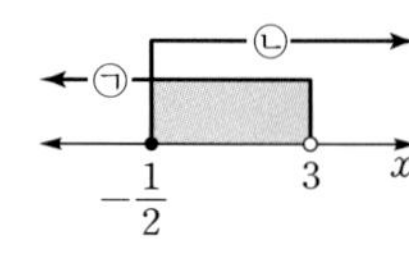

0863

답 ①

$x+3<3x$에서 $-2x<-3$ $\quad\therefore x>\dfrac{3}{2}$ ······ ㉠

$3x+4<2x+8$에서 $x<4$ ······ ㉡

㉠, ㉡의 공통부분을 구하면

$\dfrac{3}{2}<x<4$

따라서 $a=\dfrac{3}{2},\ b=4$이므로

$ab=\dfrac{3}{2}\times 4=6$

0864

답 3

$\frac{x+2}{2} \geq \frac{2x-1}{3}$의 양변에 6을 곱하면

$3(x+2) \geq 2(2x-1)$, $3x+6 \geq 4x-2$

$-x \geq -8$　　$\therefore x \leq 8$　　…… ㉠

$0.4(x-3)+0.5 > 0.2(x+2)$의 양변에 10을 곱하면

$4(x-3)+5 > 2(x+2)$, $4x-12+5 > 2x+4$

$2x > 11$　　$\therefore x > \frac{11}{2}$　　…… ㉡

㉠, ㉡의 공통부분을 구하면

$\frac{11}{2} < x \leq 8$

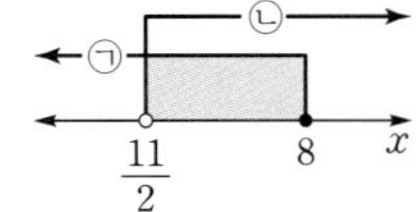

따라서 자연수 x는 6, 7, 8의 3개이다.

0865

답 -21

$\frac{3}{5}x-0.2 \leq x+0.6$의 양변에 10을 곱하면

$6x-2 \leq 10x+6$, $-4x \leq 8$

$\therefore x \geq -2$　　…… ㉠

❶

$0.3x+\frac{1}{3} \leq 0.1$의 양변에 30을 곱하면

$9x+10 \leq 3$, $9x \leq -7$

$\therefore x \leq -\frac{7}{9}$　　…… ㉡

❷

㉠, ㉡의 공통부분을 구하면

$-2 \leq x \leq -\frac{7}{9}$

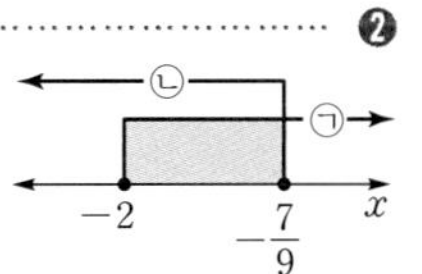

❸

이때 $-18 \leq 9x \leq -7$이므로

$-16 \leq 9x+2 \leq -5$

따라서 $9x+2$의 최댓값은 -5, 최솟값은 -16이므로

구하는 합은 $-5+(-16)=-21$

❹

채점 기준	배점
❶ $\frac{3}{5}x-0.2 \leq x+0.6$의 해 구하기	20%
❷ $0.3x+\frac{1}{3} \leq 0.1$의 해 구하기	20%
❸ 주어진 연립부등식의 해 구하기	30%
❹ $9x+2$의 최댓값과 최솟값의 합 구하기	30%

0866

답 ①

$0.\dot{6}x+1.\dot{5} > \frac{3x-2}{2}+\frac{1}{3}$에서

$\frac{6}{9}x+\frac{14}{9} > \frac{3x-2}{2}+\frac{1}{3}$

양변에 18을 곱하면

$12x+28 > 9(3x-2)+6$, $12x+28 > 27x-18+6$

$-15x > -40$　　$\therefore x < \frac{8}{3}$　　…… ㉠

$2x-\frac{3x-1}{3} \geq -5$의 양변에 3을 곱하면

$6x-(3x-1) \geq -15$, $6x-3x+1 \geq -15$

$3x \geq -16$　　$\therefore x \geq -\frac{16}{3}$　　…… ㉡

㉠, ㉡의 공통부분을 구하면

$-\frac{16}{3} \leq x < \frac{8}{3}$이므로

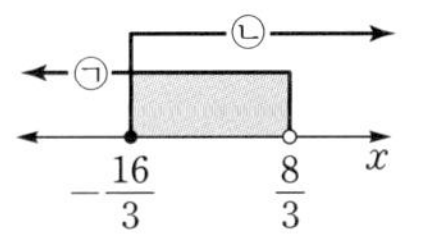

$a=-\frac{16}{3}$, $b=\frac{8}{3}$

이것을 $ax-b<0$에 대입하면

$-\frac{16}{3}x-\frac{8}{3}<0$, $-\frac{16}{3}x<\frac{8}{3}$　　$\therefore x>-\frac{1}{2}$

따라서 해가 아닌 것은 ①이다.

유형 04 $A<B<C$ 꼴의 부등식의 풀이

0867

답 ①

$2x-5 \leq 3x+7$에서 $-x \leq 12$　　$\therefore x \geq -12$　　…… ㉠

$3x+7 \leq x-9$에서 $2x \leq -16$　　$\therefore x \leq -8$　　…… ㉡

㉠, ㉡의 공통부분을 구하면

$-12 \leq x \leq -8$

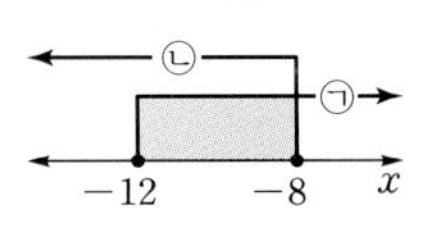

따라서 $a=-12$, $b=-8$이므로

$a+b=-12+(-8)=-20$

0868

답 ④

$-2<\frac{1}{2}x-3$에서 $-\frac{1}{2}x<-1$　　$\therefore x>2$　　…… ㉠

$\frac{1}{2}x-3<2$에서 $\frac{1}{2}x<5$　　$\therefore x<10$　　…… ㉡

㉠, ㉡의 공통부분을 구하면

$2<x<10$

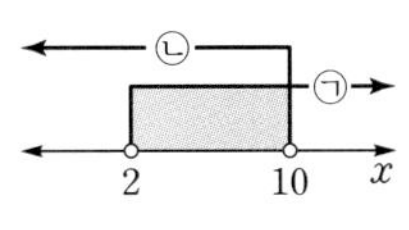

따라서 정수 x는 3, 4, 5, 6, 7, 8, 9의 7개이다.

다른 풀이

$-2<\frac{1}{2}x-3<2$의 각 변에 3을 더하면 $1<\frac{1}{2}x<5$

각 변에 2를 곱하면 $2<x<10$

따라서 정수 x는 3, 4, 5, 6, 7, 8, 9의 7개이다.

0869

답 ④

$3(x+2)<x+8$에서 $3x+6<x+8$

$2x<2$　　$\therefore x<1$　　…… ㉠

$x+8 \leq 12+2(x-1)$에서 $x+8 \leq 12+2x-2$

$-x \leq 2$　　$\therefore x \geq -2$　　…… ㉡

㉠, ㉡의 공통부분을 구하면

$-2 \leq x < 1$

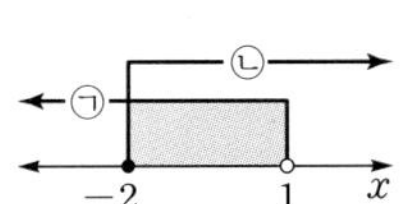

0870

답 ②

$2x-1\le 3x+1$에서 $-x\le 2$ $\quad\therefore x\ge -2$ $\quad\cdots\cdots$ ㉠

$3x+1<x+5$에서 $2x<4$ $\quad\therefore x<2$ $\quad\cdots\cdots$ ㉡

㉠, ㉡의 공통부분을 구하면

$-2\le x<2$

ㄱ. 정수인 해는 -2, -1, 0, 1의 4개이다.

ㄴ. 자연수인 해는 1의 1개이다.

ㄷ. $x=\frac{7}{3}$은 부등식의 해가 아니다.

따라서 옳은 것은 ㄴ이다.

0871

답 ⑤

$\frac{2x-3}{3}<\frac{3x+1}{4}$의 양변에 12를 곱하면

$4(2x-3)<3(3x+1)$

$8x-12<9x+3$, $-x<15$

$\therefore x>-15$ $\quad\cdots\cdots$ ㉠

$\frac{3x+1}{4}\le 0.1x+3.5$의 양변에 20을 곱하면

$5(3x+1)\le 2x+70$

$15x+5\le 2x+70$, $13x\le 65$

$\therefore x\le 5$ $\quad\cdots\cdots$ ㉡

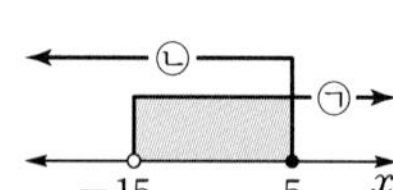

㉠, ㉡의 공통부분을 구하면

$-15<x\le 5$

따라서 해가 아닌 것은 ⑤이다.

0872

답 7

$\frac{x+1}{2}<\frac{x-1}{3}+\frac{3}{2}$의 양변에 6을 곱하면

$3(x+1)<2(x-1)+9$

$3x+3<2x-2+9$ $\quad\therefore x<4$ $\quad\cdots\cdots$ ㉠

$\frac{x-1}{3}+\frac{3}{2}\le\frac{3x+7}{2}$의 양변에 6을 곱하면

$2(x-1)+9\le 3(3x+7)$

$2x-2+9\le 9x+21$, $-7x\le 14$

$\therefore x\ge -2$ $\quad\cdots\cdots$ ㉡

㉠, ㉡의 공통부분을 구하면

$-2\le x<4$이므로 $M=3$

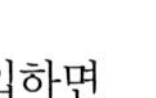

$M=3$을 $a-5<M<\frac{a+3}{3}$에 대입하면

$a-5<3<\frac{a+3}{3}$

$a-5<3$에서 $a<8$ $\quad\cdots\cdots$ ㉢

$3<\frac{a+3}{3}$에서 $9<a+3$, $-a<-6$

$\therefore a>6$ $\quad\cdots\cdots$ ㉣

㉢, ㉣의 공통부분을 구하면

$6<a<8$

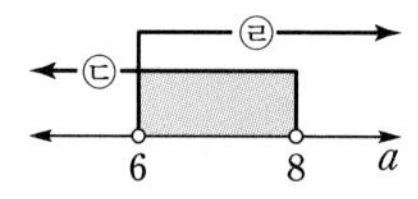

따라서 정수 a는 7이다.

유형 05 특수한 해를 갖는 연립일차부등식

확인 문제 (1) 해는 없다. (2) $x=5$ (3) 해는 없다.

(1) $\begin{cases} x\le -2 & \cdots\cdots ㉠ \\ x>1 & \cdots\cdots ㉡ \end{cases}$

㉠, ㉡의 공통부분이 없으므로 주어진 연립부등식의 해는 없다.

(2) $x\ge 5$ $\quad\cdots\cdots$ ㉠

$x-5\le 0$에서 $x\le 5$ $\quad\cdots\cdots$ ㉡

㉠, ㉡의 공통부분을 구하면

$x=5$

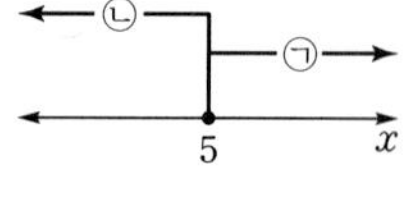

(3) $x+4<0$에서 $x<-4$ $\quad\cdots\cdots$ ㉠

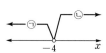

$-3x<12$에서 $x>-4$ $\quad\cdots\cdots$ ㉡

㉠, ㉡의 공통부분이 없으므로 주어진 연립부등식의 해는 없다.

0873

답 ④

$4(x+3)>x-3$에서 $4x+12>x-3$

$3x>-15$ $\quad\therefore x>-5$ $\quad\cdots\cdots$ ㉠

$5x-6>7(x+1)$에서 $5x-6>7x+7$

$-2x>13$ $\quad\therefore x<-\frac{13}{2}$ $\quad\cdots\cdots$ ㉡

㉠, ㉡의 공통부분이 없으므로 주어진 연립부등식의 해는 없다.

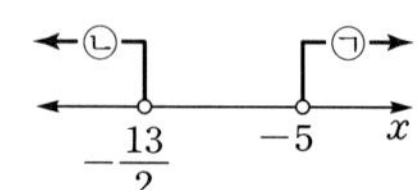

0874

답 ㄴ, ㄹ

ㄱ. $3x+2\ge -7$에서 $3x\ge -9$ $\quad\therefore x\ge -3$

$-2x\ge 6$에서 $x\le -3$

따라서 주어진 연립부등식의 해는

$x=-3$

ㄴ. $-x+8<3$에서 $-x<-5$ $\quad\therefore x>5$

$4x-10\le 10$에서 $4x\le 20$ $\quad\therefore x\le 5$

따라서 주어진 연립부등식의 해는 없다.

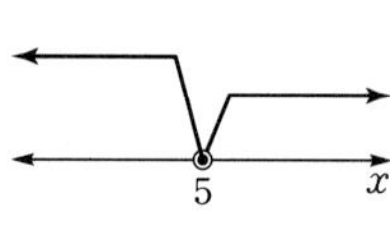

ㄷ. $5x<3x-4$에서 $2x<-4$ $\quad\therefore x<-2$

$3x+3>x-3$에서 $2x>-6$ $\quad\therefore x>-3$

따라서 주어진 연립부등식의 해는

$-3<x<-2$

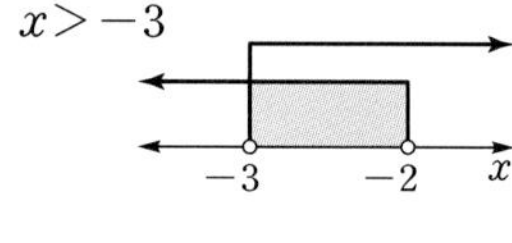

ㄹ. $0.2x+1.4<3$에서 $2x+14<30$

$2x<16$ $\quad\therefore x<8$

$\frac{x-3}{3}\ge 2$에서 $x-3\ge 6$ $\quad\therefore x\ge 9$

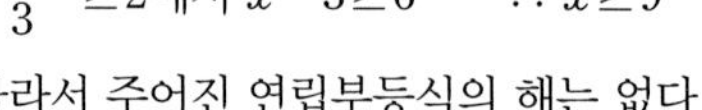

따라서 주어진 연립부등식의 해는 없다.

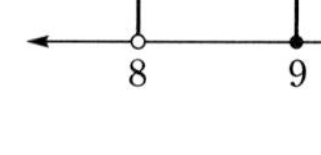

ㅁ. $1.2(x-2)\le\frac{1}{5}$에서 $12(x-2)\le 2$

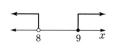

$12x-24\le 2$, $12x\le 26$ $\quad\therefore x\le\frac{13}{6}$

$\frac{1}{2}x+0.4\geq1.2$에서 $5x+4\geq12$

$5x\geq8\qquad\therefore x\geq\frac{8}{5}$

따라서 주어진 연립부등식의 해는

$\frac{8}{5}\leq x\leq\frac{13}{6}$

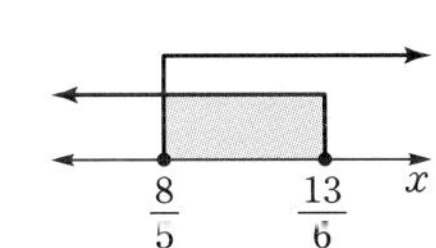

따라서 해가 없는 것은 ㄴ, ㄹ이다.

0875

답 $x=-7$

$\frac{x}{6}-\frac{x+2}{3}\geq\frac{1}{2}$에서 $x-2(x+2)\geq3$

$x-2x-4\geq3,\ -x\geq7$

$\therefore x\leq-7\qquad\cdots\cdots$ ㉠

$\frac{x+1}{3}\geq\frac{x-3}{5}$에서 $5(x+1)\geq3(x-3)$

$5x+5\geq3x-9,\ 2x\geq-14$

$\therefore x\geq-7\qquad\cdots\cdots$ ㉡

㉠, ㉡의 공통부분을 구하면

$x=-7$

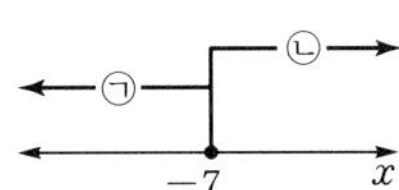

0876

답 ②

$2-2x\leq x-4$에서 $-3x\leq-6\qquad\therefore x\geq2$

$2x\leq x+a$에서 $x\leq a$

ㄱ. $a>2$이면 오른쪽 그림과 같으므로 해는 $2\leq x\leq a$

ㄴ. $a<2$이면 오른쪽 그림과 같으므로 해는 없다.

ㄷ. $a=2$이면 오른쪽 그림과 같으므로 해는 $x=2$

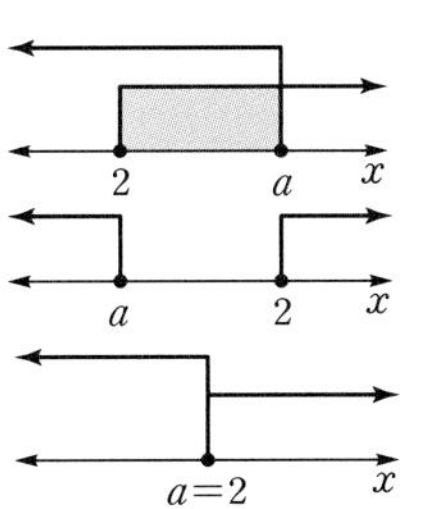

따라서 옳은 것은 ㄴ이다.

유형 06 해가 주어진 연립일차부등식

0877

답 20

$10x+a<2x+9$에서 $8x<9-a\qquad\therefore x<\frac{9-a}{8}$

$2x+9\leq7x+24$에서 $-5x\leq15\qquad\therefore x\geq-3$

주어진 부등식의 해가 $b\leq x<4$이므로

$\frac{9-a}{8}=4,\ b=-3\qquad\therefore a=-23,\ b=-3$

$\therefore b-a=-3-(-23)=20$

0878

답 21

$x-1>8$에서 $x>9$

$2x-16\leq x+a$에서 $x\leq a+16$

주어진 연립부등식의 해가 $b<x\leq28$이므로

$a+16=28,\ b=9\qquad\therefore a=12,\ b=9$

$\therefore a+b=12+9=21$

0879

답 ④

$\frac{x}{5}+a\leq\frac{x}{2}+\frac{1}{4}$에서 $4x+20a\leq10x+5$

$-6x\leq5-20a\qquad\therefore x\geq-\frac{5-20a}{6}$

$0.6(x+2)\geq0.5x+1.6$에서 $6(x+2)\geq5x+16$

$6x+12\geq5x+16\qquad\therefore x\geq4$

주어진 연립부등식의 해가 $x\geq5$이므로

$-\frac{5-20a}{6}=5,\ 5-20a=-30$

$-20a=-35\qquad\therefore a=\frac{7}{4}$

0880

답 7

$2x-3\leq5x+a$에서 $-3x\leq a+3\qquad\therefore x\geq-\frac{a+3}{3}$

$4(2x+3)\leq2x+b$에서 $8x+12\leq2x+b$

$6x\leq b-12\qquad\therefore x\leq\frac{b-12}{6}$

주어진 연립부등식의 해가 $x=-\frac{2}{3}$이므로

$-\frac{a+3}{3}=-\frac{2}{3}$에서 $a+3=2\qquad\therefore a=-1$

$\frac{b-12}{6}=-\frac{2}{3}$에서 $b-12=-4\qquad\therefore b=8$

$\therefore a+b=-1+8=7$

0881

답 $\frac{3}{4}<x\leq2$

$4x-a\leq x-2a$에서 $3x\leq-a\qquad\therefore x\leq-\frac{a}{3}$

$4x-a<5x-b$에서 $-x<a-b\qquad\therefore x>-a+b$

잘못 푼 연립부등식의 해가 $-3<x\leq2$이므로

$-\frac{a}{3}=2,\ -a+b=-3\qquad\therefore a=-6,\ b=-9$

따라서 처음 부등식은 $4x+6\leq x+12<5x+9$이므로

$4x+6\leq x+12$에서 $3x\leq6\qquad\therefore x\leq2\qquad\cdots\cdots$ ㉠

$x+12<5x+9$에서 $-4x<-3\qquad\therefore x>\frac{3}{4}\qquad\cdots\cdots$ ㉡

㉠, ㉡의 공통부분을 구하면

처음 부등식의 해는

$\frac{3}{4}<x\leq2$

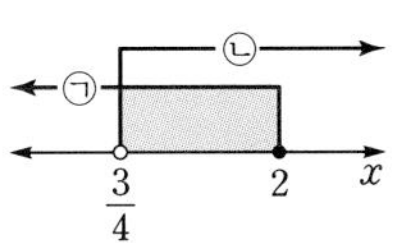

1권

0882

답 ③

$(x-2)^2=3(2x-7)$에서 $x^2-4x+4=6x-21$

$x^2-10x+25=0$, $(x-5)^2=0$ $\quad\therefore x=5$

$\frac{a-2x}{5}\geq\frac{x}{3}+\frac{1}{3}$에서 $3(a-2x)\geq5x+5$

$3a-6x\geq5x+5$, $-11x\geq5-3a$

$\therefore x\leq-\frac{5-3a}{11}$ ...... ㉠

$7x\geq2(3x+b)+3$에서 $7x\geq6x+2b+3$

$\therefore x\geq2b+3$ ...... ㉡

주어진 연립부등식의 해가 $x=5$이므로

$-\frac{5-3a}{11}=5$에서 $5-3a=-55$, $-3a=-60$ $\quad\therefore a=20$

$2b+3=5$에서 $2b=2$ $\quad\therefore b=1$

$\therefore a-b=20-1=19$

0883

답 -15

$-x+a\leq2x-4$에서 $-3x\leq-a-4$

$\therefore x\geq\frac{a+4}{3}$ ...... ㉠

.... ❶

$bx-2\geq5(x-1)$에서 $bx-2\geq5x-5$

$\therefore (b-5)x\geq-3$ ...... ㉡

이때 주어진 부등식의 해가 $-5\leq x\leq3$이므로 부등식 ㉠의 해는 $x\geq-5$, 부등식 ㉡의 해는 $x\leq3$이어야 한다.

즉, $b-5<0$이므로 $x\leq-\frac{3}{b-5}$

.... ❷

따라서 $\frac{a+4}{3}=-5$, $-\frac{3}{b-5}=3$이므로

.... ❸

$a+4=-15$, $-3=3b-15$

$\therefore a=-19$, $b=4$

$\therefore a+b=-19+4=-15$

.... ❹

채점 기준	배점
❶ $-x+a\leq2x-4$의 해 구하기	20%
❷ $bx-2\geq5(x-1)$의 해 구하기	40%
❸ 주어진 해를 이용하여 a와 b에 대한 식 세우기	20%
❹ $a+b$의 값 구하기	20%

유형 07 해를 갖거나 갖지 않는 연립일차부등식

0884

답 ④

$-3x-4\geq8$에서 $-3x\geq12$ $\quad\therefore x\leq-4$

$a\leq x-3a$에서 $-x\leq-4a$ $\quad\therefore x\geq4a$

주어진 연립부등식이 해를 갖지 않으려면 그림에서

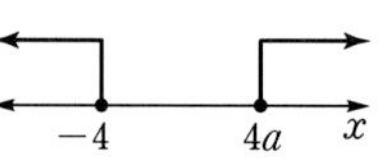

$4a>-4$ $\quad\therefore a>-1$

0885

답 ④

$x-2\leq2x-a$에서 $-x\leq-a+2$ $\quad\therefore x\geq a-2$

$3x-4\leq12-5x$에서 $8x\leq16$ $\quad\therefore x\leq2$

주어진 연립부등식이 해를 가지려면 그림에서

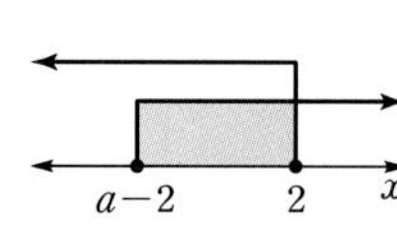

$a-2\leq2$ $\quad\therefore a\leq4$

따라서 a의 최댓값은 4이다.

0886

답 $k\geq-\frac{5}{2}$

$x+\frac{1}{2}<\frac{3x+2}{2}$에서 $2x+1<3x+2$

$-x<1$ $\quad\therefore x>-1$

$\frac{3x+2}{2}\leq\frac{4x-k}{3}$에서 $3(3x+2)\leq2(4x-k)$

$9x+6\leq8x-2k$ $\quad\therefore x\leq-2k-6$

주어진 부등식이 해를 갖지 않으려면 그림에서

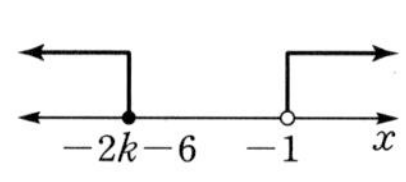

$-2k-6\leq-1$, $-2k\leq5$

$\therefore k\geq-\frac{5}{2}$

0887

답 -14

$\frac{x}{4}-a<2x+\frac{11}{4}$에서 $x-4a<8x+11$

$-7x<4a+11$ $\quad\therefore x>-\frac{4a+11}{7}$

.... ❶

$0.3(3-2x)\geq-0.4x-0.5$에서 $3(3-2x)\geq-4x-5$

$9-6x\geq-4x-5$, $-2x\geq-14$

$\therefore x\leq7$

.... ❷

주어진 연립부등식이 해를 가지려면 그림에서

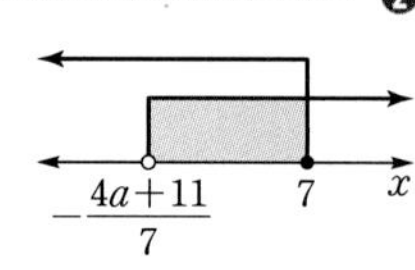

$-\frac{4a+11}{7}<7$

.... ❸

$4a+11>-49$, $4a>-60$

$\therefore a>-15$

따라서 정수 a의 최솟값은 -14이다.

.... ❹

채점 기준	배점
❶ $\frac{x}{4}-a<2x+\frac{11}{4}$의 해 구하기	20%
❷ $0.3(3-2x)\geq-0.4x-0.5$의 해 구하기	20%
❸ 주어진 연립부등식이 해를 가질 조건을 이용하여 a에 대한 부등식 세우기	40%
❹ 정수 a의 최솟값 구하기	20%

유형 08 정수인 해 또는 해의 개수가 주어진 연립일차부등식

0888
답 $-3\le a<0$

$4x+7>5x+1$에서 $-x>-6$ $\quad\therefore x<6$

$5x-a>2(x+3)$에서 $5x-a>2x+6$

$3x>a+6$ $\quad\therefore x>\dfrac{a+6}{3}$

주어진 연립부등식을 만족시키는 정수 x가 4개이려면 그림에서

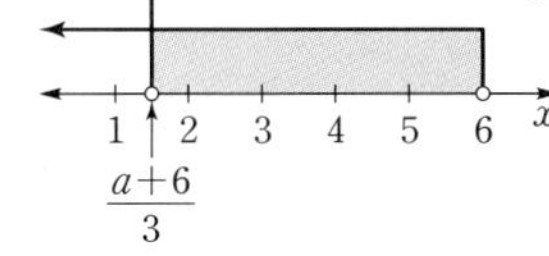

$1\le\dfrac{a+6}{3}<2$, $3\le a+6<6$

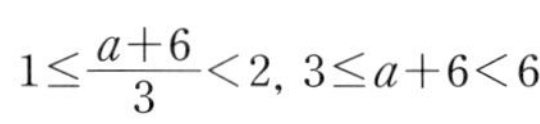

$\therefore -3\le a<0$

0889
답 $4\le k<5$

$5x-5\ge13$에서 $5x\ge18$ $\quad\therefore x\ge\dfrac{18}{5}$

주어진 연립부등식을 만족시키는 정수 x가 하나뿐이려면 그림에서

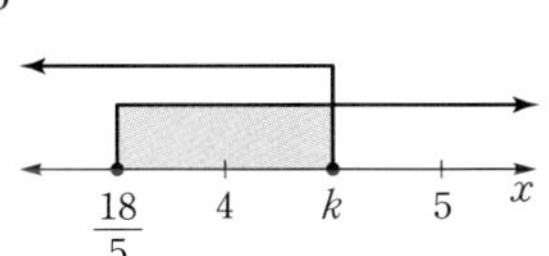

$4\le k<5$

0890
답 ③

$\dfrac{x}{4}-\dfrac{1}{2}\ge\dfrac{x}{3}+\dfrac{a}{6}$에서 $3x-6\ge4x+2a$

$-x\ge2a+6$ $\quad\therefore x\le-2a-6$

$2(2x+1)\ge x-6$에서 $4x+2\ge x-6$

$3x\ge-8$ $\quad\therefore x\ge-\dfrac{8}{3}$

주어진 연립부등식의 정수인 해가 -2, -1, 0뿐이려면 그림에서

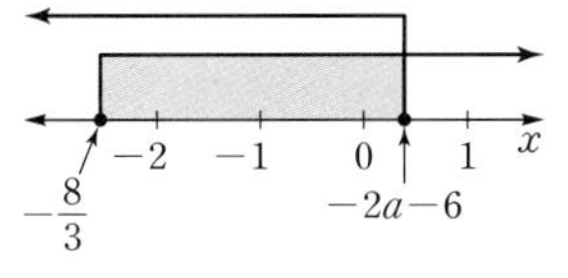

$0\le-2a-6<1$, $6\le-2a<7$

$\therefore -\dfrac{7}{2}<a\le-3$

따라서 정수 a의 값은 -3이다.

0891
답 $8\le a<9$

$a-3<2x+3\le2a-7$에서 $a-6<2x\le2a-10$

$\therefore \dfrac{a-6}{2}<x\le a-5$

주어진 부등식을 만족시키는 정수 x가 2와 3뿐이려면 오른쪽 그림에서

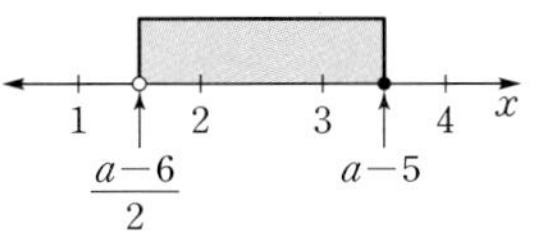

$1\le\dfrac{a-6}{2}<2$, $3\le a-5<4$

를 동시에 만족시켜야 한다.

즉, $8\le a<10$, $8\le a<9$이므로 오른쪽 그림에서 공통부분을 구하면

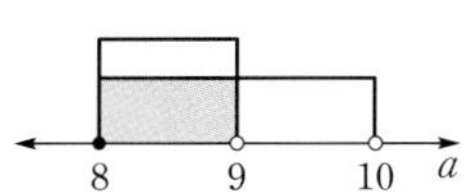

$8\le a<9$

0892
답 ⑤

$x+2>3$에서 $x>1$

$3x<a+1$에서 $x<\dfrac{a+1}{3}$

주어진 연립부등식을 만족시키는 모든 정수 x의 값의 합이 9이므로 모든 정수 x는 2, 3, 4이다.

즉, 그림에서 $4<\dfrac{a+1}{3}\le5$이므로

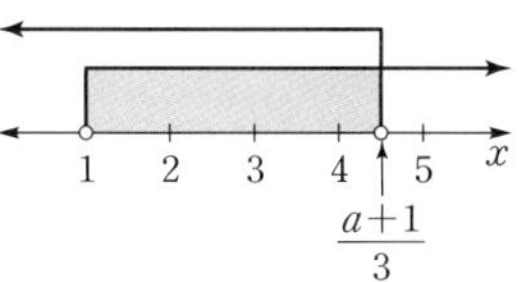

$12<a+1\le15$ $\quad\therefore 11<a\le14$

따라서 자연수 a의 최댓값은 14이다.

유형 09 연립일차부등식의 활용

0893
답 ③

오렌지의 개수를 x라 하면 사과의 개수는 $24-x$이므로

$$\begin{cases} x>2(24-x) \\ 1200x+800(24-x)\le26400 \end{cases}$$

$x>2(24-x)$에서 $x>48-2x$

$3x>48$ $\quad\therefore x>16$ $\quad\cdots\cdots$ ㉠

$1200x+800(24-x)\le26400$에서

$12x+8(24-x)\le264$, $12x+192-8x\le264$

$4x\le72$ $\quad\therefore x\le18$ $\quad\cdots\cdots$ ㉡

㉠, ㉡의 공통부분을 구하면

$16<x\le18$

따라서 오렌지의 개수가 될 수 있는 것은 ③이다.

0894
답 18

$$\begin{cases} 4x-6>65 \\ 3x-5<50 \end{cases}$$

$4x-6>65$에서 $4x>71$ $\quad\therefore x>\dfrac{71}{4}$ $\quad\cdots\cdots$ ㉠

$3x-5<50$에서 $3x<55$ $\quad\therefore x<\dfrac{55}{3}$ $\quad\cdots\cdots$ ㉡

㉠, ㉡의 공통부분을 구하면

$\dfrac{71}{4}<x<\dfrac{55}{3}$

따라서 x는 정수이므로 18이다.

0895
답 200 g 이상 400 g 이하

6 %의 설탕물을 x g 섞는다고 하면

$\dfrac{8}{100}\times600\le\dfrac{6}{100}x+\dfrac{12}{100}(600-x)\le\dfrac{10}{100}\times600$

$4800\le6x+12(600-x)\le6000$

$4800\le-6x+7200\le6000$

$-2400\le-6x\le-1200$

$\therefore 200\le x\le400$

따라서 6 %의 설탕물을 200 g 이상 400 g 이하로 섞어야 한다.

0896

답 ③

세로의 길이를 x cm라 하면

가로의 길이는 $\frac{1}{2}(240-2x)=120-x$ (cm)이므로

$\frac{1}{2}x<120-x\le x-20$

$\frac{1}{2}x<120-x$에서 $x<240-2x$

$3x<240$　　$\therefore x<80$　　…… ㉠

$120-x\le x-20$에서 $-2x\le -140$

$\therefore x\ge 70$　　…… ㉡

㉠, ㉡의 공통부분을 구하면 $70\le x<80$

따라서 세로의 길이는 70 cm 이상 80 cm 미만이다.

0897

답 80 g 이상 200 g 이하

섭취해야 하는 식품 A의 양을 x g이라 하면

식품 B는 $(400-x)$ g 섭취해야 하므로

$$\begin{cases}\frac{30}{100}x+\frac{20}{100}(400-x)\le 100\\ \frac{10}{100}x+\frac{5}{100}(400-x)\ge 24\end{cases}$$

$\frac{30}{100}x+\frac{20}{100}(400-x)\le 100$에서

$30x+8000-20x\le 10000$, $10x\le 2000$

$\therefore x\le 200$　　…… ㉠

$\frac{10}{100}x+\frac{5}{100}(400-x)\ge 24$에서

$10x+2000-5x\ge 2400$, $5x\ge 400$

$\therefore x\ge 80$　　…… ㉡

㉠, ㉡의 공통부분을 구하면 $80\le x\le 200$

따라서 섭취해야 하는 식품 A의 양은 80 g 이상 200 g 이하이다.

0898

답 81

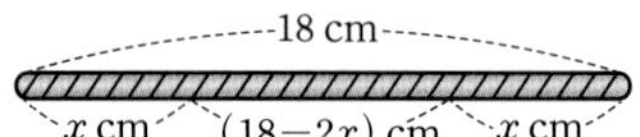

삼각형의 세 변의 길이는 각각 x cm, x cm, $(18-2x)$ cm이므로

$x>0$, $18-2x>0$　　$\therefore 0<x<9$

세 변의 길이로 삼각형을 만들려면 삼각형에서 가장 긴 변의 길이는 나머지 두 변의 길이의 합보다 작아야 한다.

(i) 세 변의 길이가 모두 같을 때,

$x=18-2x$에서 $3x=18$　　$\therefore x=6$

이때 만들어지는 삼각형은 정삼각형이다.

(ii) 가장 긴 변의 길이가 x일 때,

$18-2x<x$에서 $-3x<-18$　　$\therefore x>6$

$x<(18-2x)+x$에서 $x<18-x$, $2x<18$　　$\therefore x<9$

$\therefore 6<x<9$

(iii) 가장 긴 변의 길이가 $18-2x$일 때,

$x<18-2x$에서 $3x<18$　　$\therefore x<6$

$18-2x<x+x$에서 $-4x<-18$　　$\therefore x>\frac{9}{2}$

$\therefore \frac{9}{2}<x<6$

(i)~(iii)에서 삼각형을 만들 수 있는 x의 값의 범위는 $\frac{9}{2}<x<9$이므로 $a=\frac{9}{2}$, $b=6$　　$\therefore 2ab=2\times\frac{9}{2}\times 9=81$

Bible Says 삼각형의 변의 길이

삼각형의 세 변의 길이가 주어질 때

(1) (삼각형의 변의 길이) > 0

(2) (가장 긴 변의 길이) < (나머지 두 변의 길이의 합)

유형 10 연립일차부등식의 활용 – 과부족

0899

답 140

상자의 개수를 x라 하면 마스크의 개수는 $30x+20$이므로

$40(x-1)+20\le 30x+20<40(x-1)+30$

$40(x-1)+20\le 30x+20$에서

$40x-20\le 30x+20$, $10x\le 40$

$\therefore x\le 4$　　…… ㉠

$30x+20<40(x-1)+30$에서

$30x+20<40x-10$, $-10x<-30$

$\therefore x>3$　　…… ㉡

㉠, ㉡의 공통부분을 구하면 $3<x\le 4$

이때 x는 자연수이므로 $x=4$

따라서 상자의 개수가 4이므로 마스크의 개수는

$30\times 4+20=140$

0900

답 ③

학생 수를 x라 하면 $5x<150<6x$

$5x<150$에서 $x<30$　　…… ㉠

$150<6x$에서 $x>25$　　…… ㉡

㉠, ㉡의 공통부분을 구하면 $25<x<30$

따라서 이 반의 학생은 26명 이상 29명 이하이다.

Bible Says

물건 k개를 한 사람에게 n개씩 나누어 주는 경우의 문제는 학생 수를 x로 놓고 다음을 이용한다.

(1) 물건이 남으면 ➡ $nx<k$

(2) 물건이 부족하면 ➡ $nx>k$

0901

답 11명

회장 1명을 제외한 나머지 회원 수를 x명이라 하면

쿠폰의 수는 $(11+3x)$장이다.

회장이 1장 이상 4장 미만으로 받으면 나머지 회원에게 4장씩 줄 수 있으므로

$1+4x\le 11+3x<4+4x$

$1+4x\le 11+3x$에서 $x\le 10$　　…… ㉠

$11+3x<4+4x$에서 $x>7$　　…… ㉡

㉠, ㉡의 공통부분을 구하면 $7<x\le 10$

따라서 회장을 포함한 회원은 최대 $10+1=11$(명)이다.

0902

답 12

상자의 개수를 x라 하면

$20x+50\leq300\leq26x-12$ ❶

$20x+50\leq300$에서 $20x\leq250$ $\quad\therefore x\leq\frac{25}{2}$ …… ㉠

$300\leq26x-12$에서 $-26x\leq-312$ $\quad\therefore x\geq12$ …… ㉡

㉠, ㉡의 공통부분을 구하면

$12\leq x\leq\frac{25}{2}$ ❷

이때 x는 자연수이므로 $x=12$

따라서 상자의 개수는 12이다. ❸

채점 기준	배점
❶ 주어진 조건을 이용하여 연립부등식 세우기	30%
❷ 연립부등식의 해 구하기	50%
❸ 상자의 개수 구하기	20%

0903

답 442

아몬드의 총 개수는 $8x+5$이므로

$9(x-3)+1\leq8x+5\leq9(x-3)+9$

$9(x-3)+1\leq8x+5$에서

$9x-26\leq8x+5$ $\quad\therefore x\leq31$ …… ㉠

$8x+5\leq9(x-3)+9$에서

$8x+5\leq9x-18$ $\quad\therefore x\geq23$ …… ㉡

㉠, ㉡의 공통부분을 구하면

$23\leq x\leq31$

이때 $184\leq8x\leq248$이므로

$189\leq8x+5\leq253$

따라서 아몬드의 최대 개수는 253, 최소 개수는 189이므로 구하는 합은 442이다.

0904

답 ⑤

의자의 개수를 x라 하면 학생은 $(5x+8)$명이므로

$6(x-7)+1\leq5x+8\leq6(x-7)+6$

$6(x-7)+1\leq5x+8$에서 $6x-41\leq5x+8$

$\therefore x\leq49$ …… ㉠

$5x+8\leq6(x-7)+6$에서 $5x+8\leq6x-36$

$-x\leq-44$ $\quad\therefore x\geq44$ …… ㉡

㉠, ㉡의 공통부분을 구하면

$44\leq x\leq49$

따라서 의자의 개수가 될 수 없는 것은 ⑤이다.

유형 11 $|ax+b|<c$, $|ax+b|>c$ 꼴의 부등식

확인 문제 (1) $-2<x<6$ (2) $x\geq4$ 또는 $x\leq2$

(1) $|x-2|<4$에서 $-4<x-2<4$ $\quad\therefore -2<x<6$

(2) $|15-5x|\geq5$에서

$15-5x\leq-5$ 또는 $15-5x\geq5$

$-5x\leq-20$ 또는 $-5x\geq-10$

$\therefore x\geq4$ 또는 $x\leq2$

0905

답 ③

$|2x-3|<5$에서

$-5<2x-3<5$, $-2<2x<8$

$\therefore -1<x<4$

따라서 $a=-1$, $b=4$이므로

$a+b=-1+4=3$

0906

답 7

$2x+5\leq9$에서 $2x\leq4$ $\quad\therefore x\leq2$ …… ㉠

$|x-3|\leq7$에서 $-7\leq x-3\leq7$

$\therefore -4\leq x\leq10$ …… ㉡

㉠, ㉡의 공통부분을 구하면

$-4\leq x\leq2$

따라서 주어진 연립부등식을 만족시키는 정수 x는

-4, -3, -2, -1, 0, 1, 2의 7개이다.

0907

답 ②

$|x+a|<5$에서 $-5<x+a<5$

$\therefore -a-5<x<-a+5$

주어진 연립부등식을 만족시키는 정수 x의 최솟값이 -8이려면 그림에서

$-9\leq-a-5<-8$, $-4\leq-a<-3$

$\therefore 3<a\leq4$

따라서 정수 a의 값은 4이다.

0908

답 ③

$\left|x+\frac{1}{2}a\right|\leq b$에서 $b>0$이므로 $-b\leq x+\frac{1}{2}a\leq b$

$-\frac{1}{2}a-b\leq x\leq-\frac{1}{2}a+b$

주어진 부등식의 해가 $-6\leq x\leq8$이므로

$-\frac{1}{2}a-b=-6$, $-\frac{1}{2}a+b=8$

위의 두 식을 연립하여 풀면 $a=-2$, $b=7$

$\therefore a+b=-2+7=5$

참고

$\left|x+\frac{1}{2}a\right|\leq b$에서

(i) $b=0$일 때, $\left|x+\frac{1}{2}a\right|\leq0$

이때 $\left|x+\frac{1}{2}a\right|$는 음수가 될 수 없으므로 $\left|x+\frac{1}{2}a\right|=0$

$\therefore x=-\frac{1}{2}a$

(ii) $b<0$일 때, $\left|x+\frac{1}{2}a\right|\leq b$의 해는 없다.

(i), (ii)에서 부등식 $\left|x+\frac{1}{2}a\right|\leq b$의 해가 $-6\leq x\leq8$이면 $b>0$일 수밖에 없다.

0909

답 $a\le 0$ 또는 $a\ge 3$

$|x-a|>1$에서
$x-a<-1$ 또는 $x-a>1$
$\therefore x<a-1$ 또는 $x>a+1$
따라서 $x<a-1$ 또는 $x>a+1$이 $1<x<2$를 포함하려면 그림에서

(i)

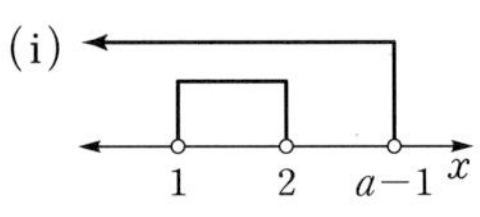

$a-1\ge 2$에서 $a\ge 3$

(ii) $a+1\le 1$에서 $a\le 0$

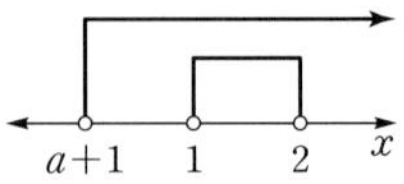

(i), (ii)에서 $a\le 0$ 또는 $a\ge 3$

0910

답 ②

$|x-a|+3\ge b$에서 $|x-a|\ge b-3$
$b-3\le 0$이면 $|x-a|\ge b-3$의 해가 모든 실수가 되므로
$b-3>0 \qquad \therefore b>3$
$|x-a|\ge b-3$에서
$x-a\le -b+3$ 또는 $x-a\ge b-3$
$\therefore x\le a-b+3$ 또는 $x\ge a+b-3$
주어진 부등식의 해가 $x\le -1$ 또는 $x\ge 5$이므로
$a-b+3=-1,\ a+b-3=5$
$\therefore a-b=-4,\ a+b=8$
위의 두 식을 연립하여 풀면 $a=2,\ b=6$
$\therefore ab=2\times 6=12$

0911

답 $-5<x<-3$ 또는 $1<x<3$

$2<|x+1|$에서
$x+1<-2$ 또는 $x+1>2$
$\therefore x<-3$ 또는 $x>1$ ······ ㉠
$|x+1|<4$에서 $-4<x+1<4$
$\therefore -5<x<3$ ······ ㉡
㉠, ㉡의 공통부분을 구하면
$-5<x<-3$ 또는 $1<x<3$

0912

답 3

$b<0$이면 $|ax+1|\ge b$의 해가 모든 실수가 되므로 $b>0$
이때 $ab<0$이므로 $a<0$
$|ax+1|\ge b$에서
$ax+1\le -b$ 또는 $ax+1\ge b$
$ax\le -b-1$ 또는 $ax\ge b-1$
$\therefore x\ge \dfrac{-b-1}{a}$ 또는 $x\le \dfrac{b-1}{a}$ $(\because a<0)$
주어진 부등식의 해가 $x\le -1$ 또는 $x\ge 3$이므로
$\dfrac{-b-1}{a}=3,\ \dfrac{b-1}{a}=-1$
$\therefore -b-1=3a,\ b-1=-a$
위의 두 식을 연립하여 풀면 $a=-1,\ b=2$
$\therefore b-a=2-(-1)=3$

유형 12 $|ax+b|<cx+d$ 꼴의 부등식

0913

답 ①

$|x-2|\le x+8$에서
(i) $x<2$일 때, $x-2<0$이므로
$-(x-2)\le x+8,\ -x+2\le x+8$
$-2x\le 6 \qquad \therefore x\ge -3$
그런데 $x<2$이므로 $-3\le x<2$
(ii) $x\ge 2$일 때, $x-2\ge 0$이므로
$x-2\le x+8 \qquad \therefore 0\times x\le 10$
따라서 해는 모든 실수이다.
그런데 $x\ge 2$이므로 $x\ge 2$
(i), (ii)에서 주어진 부등식의 해는 $x\ge -3$
$\therefore a=-3$

0914

답 $x>-2$

$|x|-2x<6$에서
(i) $x<0$일 때, $-x-2x<6$
$-3x<6 \qquad \therefore x>-2$
그런데 $x<0$이므로 $-2<x<0$
(ii) $x\ge 0$일 때, $x-2x<6$
$-x<6 \qquad \therefore x>-6$
그런데 $x\ge 0$이므로 $x\ge 0$
(i), (ii)에서 주어진 부등식의 해는 $x>-2$

0915

답 ⑤

$x>|3x+1|-7$에서
(i) $x<-\dfrac{1}{3}$일 때, $3x+1<0$이므로
$x>-(3x+1)-7,\ x>-3x-8$
$4x>-8 \qquad \therefore x>-2$
그런데 $x<-\dfrac{1}{3}$이므로 $-2<x<-\dfrac{1}{3}$
(ii) $x\ge -\dfrac{1}{3}$일 때, $3x+1\ge 0$이므로
$x>3x+1-7,\ -2x>-6 \qquad \therefore x<3$
그런데 $x\ge -\dfrac{1}{3}$이므로 $-\dfrac{1}{3}\le x<3$
(i), (ii)에서 주어진 부등식의 해는 $-2<x<3$
따라서 정수 x는 $-1,\ 0,\ 1,\ 2$이므로 구하는 합은
$-1+0+1+2=2$

0916

답 -17

$|x+4|<-2x-11$에서
(i) $x<-4$일 때, $x+4<0$이므로
$-(x+4)<-2x-11$

$-x-4<-2x-11 \qquad \therefore x<-7$

그런데 $x<-4$이므로 $x<-7$

(ii) $x\ge-4$일 때, $x+4\ge0$이므로

$x+4<-2x-11$, $3x<-15 \qquad \therefore x<-5$

그런데 $x\ge-4$이므로 해는 없다.

(i), (ii)에서 주어진 부등식의 해는 $x<-7$

$-3x+a>4$에서 $-3x>4-a \qquad \therefore x<\frac{a-4}{3}$

이때 두 부등식의 해가 일치하므로

$\frac{a-4}{3}=-7$, $a-4=-21$

$\therefore a=-17$

0917 답 3

$3|x-1|+x-7\ge0$에서

(i) $x<1$일 때, $x-1<0$이므로

$-3(x-1)+x-7\ge0$, $-3x+3+x-7\ge0$

$-2x\ge4 \qquad \therefore x\le-2$

그런데 $x<1$이므로 $x\le-2$

······························ ❶

(ii) $x\ge1$일 때, $x-1\ge0$이므로

$3(x-1)+x-7\ge0$, $3x-3+x-7\ge0$

$4x\ge10 \qquad \therefore x\ge\frac{5}{2}$

그런데 $x\ge1$이므로 $x\ge\frac{5}{2}$

······························ ❷

(i), (ii)에서 주어진 부등식의 해는

$x\le-2$ 또는 $x\ge\frac{5}{2}$

······························ ❸

따라서 자연수 x의 최솟값은 3이다.

······························ ❹

채점 기준	배점
❶ $x<1$일 때, 부등식의 해 구하기	30%
❷ $x\ge1$일 때, 부등식의 해 구하기	30%
❸ 주어진 부등식의 해 구하기	20%
❹ 자연수 x의 최솟값 구하기	20%

유형 13 절댓값 기호를 2개 포함한 부등식

0918 답 1

$|x-4|+|x+3|\ge9$에서

(i) $x<-3$일 때, $x-4<0$, $x+3<0$이므로

$-(x-4)-(x+3)\ge9$, $-x+4-x-3\ge9$

$-2x\ge8 \qquad \therefore x\le-4$

그런데 $x<-3$이므로 $x\le-4$

(ii) $-3\le x<4$일 때, $x-4<0$, $x+3\ge0$이므로

$-(x-4)+x+3\ge9$, $-x+4+x+3\ge9$

$\therefore 0\times x\ge2$

따라서 해는 없다.

(iii) $x\ge4$일 때, $x-4\ge0$, $x+3>0$이므로

$x-4+x+3\ge9$, $2x\ge10 \qquad \therefore x\ge5$

그런데 $x\ge4$이므로 $x\ge5$

(i)~(iii)에서 주어진 부등식의 해는

$x\le-4$ 또는 $x\ge5$

따라서 $a=-4$, $b=5$이므로

$a+b=-4+5=1$

0919 답 ④

$|x|+|x-3|\le5$에서

(i) $x<0$일 때, $x<0$, $x-3<0$이므로

$-x-(x-3)\le5$, $-x-x+3\le5$

$-2x\le2 \qquad \therefore x\ge-1$

그런데 $x<0$이므로 $-1\le x<0$

(ii) $0\le x<3$일 때, $x\ge0$, $x-3<0$이므로

$x-(x-3)\le5$, $x-x+3\le5$

$\therefore 0\times x\le2$

따라서 해는 모든 실수이다.

그런데 $0\le x<3$이므로 $0\le x<3$

(iii) $x\ge3$일 때, $x>0$, $x-3\ge0$이므로

$x+x-3\le5$, $2x\le8 \qquad \therefore x\le4$

그런데 $x\ge3$이므로 $3\le x\le4$

(i)~(iii)에서 주어진 부등식의 해는

$-1\le x\le4$

0920 답 4

$|x+1|+|x-2|<5$에서

(i) $x<-1$일 때, $x+1<0$, $x-2<0$이므로

$-(x+1)-(x-2)<5$, $-x-1-x+2<5$

$-2x<4 \qquad \therefore x>-2$

그런데 $x<-1$이므로 $-2<x<-1$

(ii) $-1\le x<2$일 때, $x+1\ge0$, $x-2<0$이므로

$x+1-(x-2)<5$, $x+1-x+2<5$

$\therefore 0\times x<2$

따라서 해는 모든 실수이다.

그런데 $-1\le x<2$이므로 $-1\le x<2$

(iii) $x\ge2$일 때, $x+1>0$, $x-2\ge0$이므로

$x+1+x-2<5$, $2x<6 \qquad \therefore x<3$

그런데 $x\ge2$이므로 $2\le x<3$

(i)~(iii)에서 주어진 부등식의 해는

$-2<x<3$

따라서 정수 x는 -1, 0, 1, 2의 4개이다.

0921

답 $-2<x<4$

$\sqrt{(x+5)^2}=|x+5|$이므로 주어진 부등식은

$|x-1|+|x+5|<x+8$

(i) $x<-5$일 때, $x-1<0$, $x+5<0$이므로

$-(x-1)-(x+5)<x+8$, $-x+1-x-5<x+8$

$-3x<12$ $\quad\therefore x>-4$

그런데 $x<-5$이므로 해는 없다. ❶

(ii) $-5\le x<1$일 때, $x-1<0$, $x+5\ge0$이므로

$-(x-1)+x+5<x+8$, $-x+1+x+5<x+8$

$-x<2$ $\quad\therefore x>-2$

그런데 $-5\le x<1$이므로 $-2<x<1$ ❷

(iii) $x\ge1$일 때, $x-1\ge0$, $x+5>0$이므로

$x-1+x+5<x+8$ $\quad\therefore x<4$

그런데 $x\ge1$이므로 $1\le x<4$ ❸

(i)~(iii)에서 주어진 부등식의 해는

$-2<x<4$ ❹

채점 기준	배점
❶ $x<-5$일 때, 부등식의 해 구하기	30%
❷ $-5\le x<1$일 때, 부등식의 해 구하기	30%
❸ $x\ge1$일 때, 부등식의 해 구하기	30%
❹ 주어진 부등식의 해 구하기	10%

0922

답 ②

$||x+2|-4|\le5$에서 $-5\le|x+2|-4\le5$

$\therefore -1\le|x+2|\le9$

그런데 $|x+2|\ge0$이므로 $0\le|x+2|\le9$

$-9\le x+2\le9$ $\quad\therefore -11\le x\le7$

따라서 $M=7$, $m=-11$이므로

$M+m=7+(-11)=-4$

다른 풀이

$||x+2|-4|\le5$에서

(i) $x<-2$일 때, $x+2<0$이므로

$|-(x+2)-4|\le5$, $|-x-6|\le5$

$|x+6|\le5$, $-5\le x+6\le5$

$\therefore -11\le x\le-1$

그런데 $x<-2$이므로 $-11\le x<-2$

(ii) $x\ge-2$일 때, $x+2\ge0$이므로

$|x+2-4|\le5$, $|x-2|\le5$

$-5\le x-2\le5$ $\quad\therefore -3\le x\le7$

그런데 $x\ge-2$이므로 $-2\le x\le7$

(i), (ii)에서 주어진 부등식의 해는

$-11\le x\le7$

따라서 $M=7$, $m=-11$이므로

$M+m=7+(-11)=-4$

유형 14 절댓값 기호를 포함한 부등식 - 해의 조건이 주어진 경우

확인 문제 (1) $a\le0$ (2) $a<0$ (3) $a<0$ (4) $a\le0$

0923

답 ①

$|2x-1|-a\le3$에서 $|2x-1|\le a+3$

이 부등식의 해가 존재하지 않으려면

$a+3<0$ $\quad\therefore a<-3$

0924

답 ②

주어진 부등식의 해가 모든 실수이려면

$\frac{1}{3}a+2\le0$, $\frac{1}{3}a\le-2$ $\quad\therefore a\le-6$

따라서 정수 a의 최댓값은 -6이다.

0925

답 ④

$\left|\frac{1}{2}x-3\right|+2<a$에서 $\left|\frac{1}{2}x-3\right|<a-2$

이 부등식의 해가 존재하려면

$a-2>0$ $\quad\therefore a>2$

PART B 내신 잡는 종합 문제

0926

답 5

$3x-y=6$에서 $y=3x-6$

이것을 주어진 부등식에 대입하면

$2x-12<3x-6+3\le4x+2$

$\therefore 2x-12<3x-3\le4x+2$

$2x-12<3x-3$에서

$-x<9$ $\quad\therefore x>-9$ $\quad\cdots\cdots$ ㉠

$3x-3\le4x+2$에서

$-x\le5$ $\quad\therefore x\ge-5$ $\quad\cdots\cdots$ ㉡

㉠, ㉡의 공통부분을 구하면 $x\ge-5$

따라서 음의 정수 x는 -5, -4, -3, -2, -1의 5개이다.

0927

답 $a\le-1$

$0.2x+1.5\le0.5$에서 $2x+15\le5$

$2x\le-10$ $\quad\therefore x\le-5$

$3x+a\le4(x+1)$에서 $3x+a\le4x+4$

$-x<4-a \quad \therefore x\geq a-4$

주어진 연립부등식이 해를 가지려면 그림에서

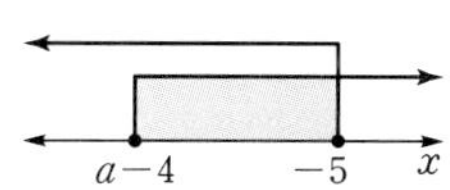

$a-4\leq -5 \quad \therefore a\leq -1$

0928

답 ④

$3-ax<2x$에서 $(a+2)x>3 \quad \cdots\cdots$ ㉠

$2x\leq b(x+4)$에서 $(2-b)x\leq 4b \quad \cdots\cdots$ ㉡

이때 주어진 부등식의 해가 $1<x\leq 2$이므로

$a+2>0$, $2-b>0$

㉠에서 $a+2>0$이므로 $x>\dfrac{3}{a+2}$

$\dfrac{3}{a+2}=1$, $a+2=3 \quad \therefore a=1$

㉡에서 $2-b>0$이므로 $x\leq\dfrac{4b}{2-b}$

$\dfrac{4b}{2-b}=2$, $4b=4-2b$, $6b=4 \quad \therefore b=\dfrac{2}{3}$

$\therefore 3ab=3\times1\times\dfrac{2}{3}=2$

0929

답 9

$3x-1<5x+3$에서

$-2x<4 \quad \therefore x>-2$

$5x+3\leq 4x+a$에서 $x\leq a-3$

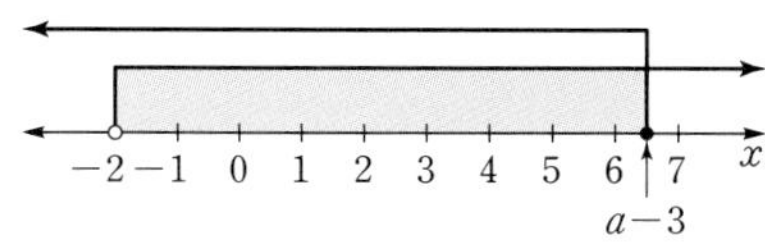

주어진 연립부등식을 만족시키는 정수 x의 개수가 8이려면 그림에서

$6\leq a-3<7 \quad \therefore 9\leq a<10$

따라서 자연수 a의 값은 9이다.

0930

답 ①

$|x-a|<2$에서 $-2<x-a<2$

$\therefore a-2<x<a+2 \quad \cdots\cdots$ ㉠

a가 자연수이므로 ㉠을 만족시키는 정수 x는 $a-1$, a, $a+1$이다.

모든 정수 x의 값의 합이 33이므로

$(a-1)+a+(a+1)=33$, $3a=33$

$\therefore a=11$

0931

답 ③

$|x+k-5|<6$에서 $-6<x+k-5<6$

$\therefore -k-1<x<-k+11 \quad \cdots\cdots$ ㉠

$x-2k\geq 8$에서 $x\geq 2k+8$

주어진 연립부등식의 해가 ㉠의 해와 같으려면 그림에서

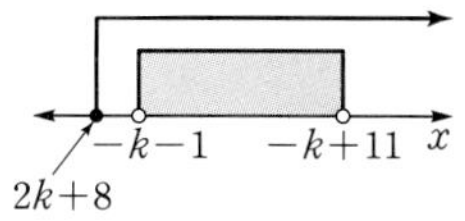

$2k+8\leq -k-1$, $3k\leq -9 \quad \therefore k\leq -3$

따라서 정수 k의 최댓값은 -3이다.

0932

답 ①

$||x+2|-1|<2$에서 $-2<|x+2|-1<2$

$\therefore -1<|x+2|<3$

그런데 $|x+2|\geq 0$이므로 $0\leq|x+2|<3$

$-3<x+2<3 \quad \therefore -5<x<1$

$\dfrac{x+k}{2}<2+x$에서 $x+k<4+2x \quad \therefore x>k-4$

연립부등식의 해가 존재하지 않으려면 그림에서

−5 1 k−4 x

$k-4\geq 1 \quad \therefore k\geq 5$

따라서 정수 k의 최솟값은 5이다.

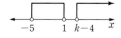

0933

답 7

테마 A를 체험하는 횟수를 x라 하면

테마 B를 체험하는 횟수는 $10-x$이므로

$\begin{cases}2000x+3000(10-x)\leq 23000\\10x+8(10-x)\leq 95\end{cases}$

$2000x+3000(10-x)\leq 23000$에서

$2x+3(10-x)\leq 23$, $2x+30-3x\leq 23$

$-x\leq -7 \quad \therefore x\geq 7 \quad \cdots\cdots$ ㉠

$10x+8(10-x)\leq 95$에서

$10x+80-8x\leq 95$, $2x\leq 15$

$\therefore x\leq\dfrac{15}{2} \quad \cdots\cdots$ ㉡

㉠, ㉡의 공통부분을 구하면

$7\leq x\leq\dfrac{15}{2}$

그런데 x는 자연수이므로 $x=7$

따라서 테마 A를 체험하는 횟수는 7이다.

0934

답 ④

$(x+2)^2-16=8(x-2)$에서

$x^2+4x+4-16=8x-16$, $x^2-4x+4=0$

$(x-2)^2=0 \quad \therefore x=2$

$\dfrac{2x-a}{7}\geq\dfrac{x}{2}+\dfrac{1}{2}$에서

$2(2x-a)\geq 7x+7$, $4x-2a\geq 7x+7$

$-3x\geq 2a+7 \quad \therefore x\leq -\dfrac{2a+7}{3}$

$5x\leq 3(2x+b)+4$에서

$5x\leq 6x+3b+4$, $-x\leq 3b+4$

$\therefore x\geq -3b-4$

주어진 연립부등식의 해가 $x=2$이므로

$-\frac{2a+7}{3}=2$에서 $2a+7=-6$, $2a=-13$ $\quad\therefore a=-\frac{13}{2}$

$-3b-4=2$에서 $-3b=6$ $\quad\therefore b=-2$

$\therefore ab=-\frac{13}{2}\times(-2)=13$

0935

답 16

$2|x+2|-3|x-5|\geq1$에서

(i) $x<-2$일 때, $x+2<0$, $x-5<0$이므로

$-2(x+2)+3(x-5)\geq1$, $-2x-4+3x-15\geq1$

$\therefore x\geq20$

그런데 $x<-2$이므로 해는 없다.

(ii) $-2\leq x<5$일 때, $x+2\geq0$, $x-5<0$이므로

$2(x+2)+3(x-5)\geq1$, $2x+4+3x-15\geq1$

$5x\geq12$ $\quad\therefore x\geq\frac{12}{5}$

그런데 $-2\leq x<5$이므로 $\frac{12}{5}\leq x<5$

(iii) $x\geq5$일 때, $x+2>0$, $x-5\geq0$이므로

$2(x+2)-3(x-5)\geq1$, $2x+4-3x+15\geq1$

$-x\geq-18$ $\quad\therefore x\leq18$

그런데 $x\geq5$이므로 $5\leq x\leq18$

(i)~(iii)에서 주어진 부등식의 해는

$\frac{12}{5}\leq x\leq18$

따라서 정수 x는 3, 4, 5, ⋯, 18의 16개이다.

0936

답 ④

① $b>0$이므로 $a>b$의 양변을 b로 나누면 $\frac{a}{b}>1$

② $d>0$이므로 $a>b$의 양변을 d로 나누면 $\frac{a}{d}>\frac{b}{d}$

③ $c>d>0$이므로 $\frac{1}{c}<\frac{1}{d}$

$a>0$이므로 양변에 a를 곱하면 $\frac{a}{c}<\frac{a}{d}$

④ $a>b$에서 $a-d>b-d$ $\quad\cdots\cdots$ ㉠

$c>d$에서 $-c<-d$ $\quad\therefore b-c<b-d$ $\quad\cdots\cdots$ ㉡

㉠, ㉡에서 $a-d>b-c$

⑤ $a>b$, $c>0$이므로 $ac>bc$ $\quad\cdots\cdots$ ㉢

$c>d$, $b>0$이므로 $bc>bd$ $\quad\cdots\cdots$ ㉣

㉢, ㉣에서 $ac>bd$

따라서 항상 성립하는 것은 ④이다.

다른 풀이

③ $\frac{a}{c}-\frac{a}{d}=\frac{ad-ac}{cd}=\frac{a(d-c)}{cd}$

이때 $a>b>0$, $c>d>0$에서 $a>0$, $d-c<0$, $cd>0$이므로

$\frac{a(d-c)}{cd}<0$ $\quad\therefore \frac{a}{c}<\frac{a}{d}$

④ $(a-d)-(b-c)=(a-b)+(c-d)$

이때 $a>b$에서 $a-b>0$, $c>d$에서 $c-d>0$이므로

$(a-b)+(c-d)>0$ $\quad\therefore a-d>b-c$

0937

답 ⑤

$a^2x-3x-1<a(2x+1)$에서

$a^2x-3x-1<2ax+a$, $(a^2-2a-3)x<a+1$

$\therefore (a+1)(a-3)x<a+1$

이 부등식의 해가 모든 실수가 되려면

$0\times x<$(양수) 꼴이어야 한다.

(i) $a=-1$일 때, $0\times x<0$이므로 해는 없다.

(ii) $a=3$일 때, $0\times x<4$이므로 해는 모든 실수이다.

(i), (ii)에서 $a=3$

다른 풀이

$a^2x-3x-1<a(2x+1)$에서

$a^2x-3x-1<2ax+a$, $(a^2-2a-3)x<a+1$

$\therefore (a+1)(a-3)x<a+1$

이 부등식의 해가 모든 실수가 되려면

$0\times x<$(양수) 꼴이어야 하므로

$(a+1)(a-3)=0$이고 $a+1>0$이어야 한다.

$(a+1)(a-3)=0$에서 $a=-1$ 또는 $a=3$

이때 $a+1>0$이므로 $a>-1$

$\therefore a=3$

0938

답 30

$3x+a\leq2-x$에서 $4x\leq-a+2$

$\therefore x\leq\frac{-a+2}{4}$ $\quad\cdots\cdots$ ㉠

$2-x\leq b(x+3)$에서 $2-x\leq bx+3b$

$(-b-1)x\leq3b-2$ $\quad\cdots\cdots$ ㉡

이때 주어진 부등식의 해가 $-2\leq x\leq7$이므로 부등식 ㉠의 해는 $x\leq7$, 부등식 ㉡의 해는 $x\geq-2$이어야 한다.

즉, $-b-1<0$이므로 $x\geq\frac{3b-2}{-b-1}$

따라서 $\frac{-a+2}{4}=7$, $\frac{3b-2}{-b-1}=-2$이므로

$-a+2=28$, $3b-2=2b+2$

$\therefore a=-26$, $b=4$

$\therefore b-a=4-(-26)=30$

0939

답 $5<a\leq7$

$\frac{x}{3}-\frac{a}{9}\geq\frac{x}{9}-1$에서 $3x-a\geq x-9$

$2x\geq a-9$ $\quad\therefore x\geq\frac{a-9}{2}$

$4x+3\geq7x-3$에서

$-3x\geq-6$ $\quad\therefore x\leq2$

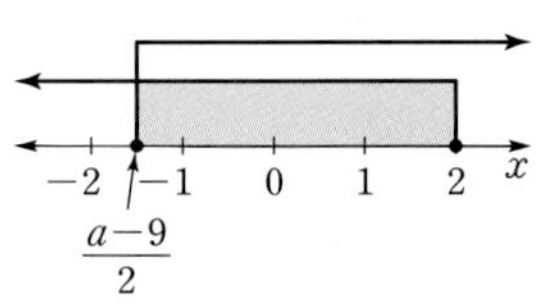

주어진 연립부등식을 만족시키는 음의 정수 x가 1개뿐이려면 그림에서

$-2<\frac{a-9}{2}\le -1$, $-4<a-9\le -2$

$\therefore 5<a\le 7$

0940

답 1

$\sqrt{x^2-4x+4}=\sqrt{(x-2)^2}=|x-2|$이므로 주어진 부등식은

$|x-2|\le a+1$

이 부등식의 해가 오직 한 개만 존재하려면

$a+1=0$ $\therefore a=-1$

따라서 주어진 부등식은 $|x-2|\le 0$이므로 구하는 해는

$x=2$ $\therefore b=2$

$\therefore a+b=-1+2=1$

0941

답 11

$4x+a<15$에서 $4x<15-a$ $\therefore x<\frac{15-a}{4}$

❶

$2-2x\ge 4x+b$에서 $-6x\ge b-2$

$\therefore x\le -\frac{b-2}{6}$

❷

주어진 그림에서 $x<-3$, $x\le 3$이므로

$\frac{15-a}{4}=-3$, $-\frac{b-2}{6}=3$

❸

$15-a=-12$, $b-2=-18$

$\therefore a=27$, $b=-16$

$\therefore a+b=27+(-16)=11$

❹

채점 기준	배점
❶ $4x+a<15$의 해 구하기	20%
❷ $2-2x\ge 4x+b$의 해 구하기	20%
❸ 수직선 위의 해를 이용하여 a와 b에 대한 식 세우기	40%
❹ $a+b$의 값 구하기	20%

0942

답 $3<x<6$

x, x, $12-2x$는 삼각형의 세 변의 길이이므로

$x>0$, $12-2x>0$

$\therefore 0<x<6$ …… ㉠

❶

(i) 세 변의 길이가 모두 같을 때,

$x=12-2x$에서 $3x=12$ $\therefore x=4$

(ii) 가장 긴 변의 길이가 x일 때,

$x>12-2x$에서 $3x>12$ $\therefore x>4$ …… ㉡

또한 $x<x+(12-2x)$이어야 하므로

$2x<12$ $\therefore x<6$ …… ㉢

㉡, ㉢에서 $4<x<6$

(iii) 가장 긴 변의 길이가 $12-2x$일 때,

$12-2x>x$에서 $-3x>-12$ $\therefore x<4$ …… ㉣

또한 $12-2x<x+x$이어야 하므로

$-4x<-12$ $\therefore x>3$ …… ㉤

㉣, ㉤에서 $3<x<4$

(i)~(iii)에서 $3<x<6$ …… ㉥

❷

㉠, ㉥에서 $3<x<6$

❸

채점 기준	배점
❶ (삼각형의 변의 길이)>0임을 이용하여 x의 값의 범위 구하기	20%
❷ (가장 긴 변의 길이)$<$(나머지 두 변의 길이의 합)임을 이용하여 x의 값의 범위 구하기	60%
❸ x의 값의 범위 구하기	20%

0943

답 9

$|x+a|\le a^2-3a$에서 $-a^2+3a\le x+a\le a^2-3a$

$\therefore -a^2+2a\le x\le a^2-4a$

이때 부등식의 해가 $-35\le x\le 21$이므로

$-a^2+2a=-35$, $a^2-4a=21$

을 동시에 만족시켜야 한다.

❶

(i) $-a^2+2a=-35$일 때,

$a^2-2a-35=0$, $(a+5)(a-7)=0$

$\therefore a=-5$ 또는 $a=7$

(ii) $a^2-4a=21$일 때,

$a^2-4a-21=0$, $(a+3)(a-7)=0$

$\therefore a=-3$ 또는 $a=7$

(i), (ii)에서 $a=7$

❷

$|2x-3|<a$에서 $|2x-3|<7$

$-7<2x-3<7$, $-4<2x<10$

$\therefore -2<x<5$

따라서 정수 x는 $-1, 0, 1, 2, 3, 4$이므로 구하는 합은

$-1+0+1+2+3+4=9$

❸

채점 기준	배점
❶ 주어진 부등식과 해를 이용하여 a에 대한 식 세우기	30%
❷ 조건을 만족시키는 a의 값 구하기	40%
❸ 정수 x의 값의 합 구하기	30%

참고

$|x+a|\le a^2-3a$의 해가 $-35\le x\le 21$이므로

$a^2-3a>0$이어야 한다.

즉, $a(a-3)>0$이므로 $a<0$ 또는 $a>3$

(i), (ii)에서 a의 값은 이를 모두 만족시킨다.

944

답 ③

$|x-1|\le 3$에서 $-3\le x-1\le 3$

$\therefore -2\le x\le 4$ ...... ㉠

$|2y+1|\le 5$에서 $-5\le 2y+1\le 5$

$-6\le 2y\le 4$ $\quad\therefore -3\le y\le 2$ ...... ㉡

$3\times$㉠$+$㉡을 하면

$-9\le 3x+y\le 14$

따라서 $3x+y$의 최댓값은 14, 최솟값은 -9이므로 구하는 합은

$14+(-9)=5$

Bible Says 부등식의 사칙계산

실수 x, y에 대하여 $a<x<b$, $c<y<d$일 때

(1) $a+c<x+y<b+d$

(2) $a-d<x-y<b-c$

(3) $A<xy<B$

(단, ac, ad, bc, bd 중 가장 작은 값이 A, 가장 큰 값이 B이다.)

(4) $C<\dfrac{x}{y}<D$

(단, $cd>0$이고, $\dfrac{a}{c}$, $\dfrac{a}{d}$, $\dfrac{b}{c}$, $\dfrac{b}{d}$ 중 가장 작은 값이 C, 가장 큰 값이 D이다.)

945

답 ③

$3x-2<2x+a$에서 $x<a+2$

$x-3a<4x+12$에서 $-3x<3a+12$

$\therefore x>-a-4$

주어진 연립부등식이 해를 가지려면 그림에서

$-a-4<a+2$, $-2a<6$

$\therefore a>-3$ ...... ㉠

또한 주어진 연립부등식을 만족시키는 양수 x가 존재하지 않으므로

$a+2\le 0$ $\quad\therefore a\le -2$ ...... ㉡

㉠, ㉡의 공통부분을 구하면

$-3<a\le -2$

946

답 ④

$-3\le x\le 4$이므로 부등식 $|x-4|+|x+3|+|x-3|\ge a$에서

(i) $-3\le x<3$일 때, $x-4<0$, $x+3\ge 0$, $x-3<0$이므로

$|x-4|+|x+3|+|x-3|$

$=-(x-4)+(x+3)-(x-3)$

$=-x+4+x+3-x+3$

$=-x+10$

이때 $-3\le x<3$에서 $-3<-x\le 3$

$\therefore 7<-x+10\le 13$

(ii) $3\le x\le 4$일 때, $x-4\le 0$, $x+3>0$, $x-3\ge 0$이므로

$|x-4|+|x+3|+|x-3|$

$=-(x-4)+(x+3)+(x-3)$

$=-x+4+x+3+x-3$

$=x+4$

이때 $3\le x\le 4$에서 $7\le x+4\le 8$

(i), (ii)에서 $7\le |x-4|+|x+3|+|x-3|\le 13$이므로 $a\le 7$

따라서 자연수 a의 최댓값은 7이다.

947

답 8

$ax+6\le 3x+2a$에서 $(a-3)x\le 2(a-3)$ ...... ㉠

(i) $a>3$일 때,

$a-3>0$이므로 부등식 ㉠의 해는 $x\le 2$이고,

이때 연립부등식의 해는 $x<4$가 될 수 없다.

(ii) $a=3$일 때,

$0\times x\le 0$이므로 부등식 ㉠의 해는 모든 실수이고,

이때 연립부등식의 해는 $x<4$가 될 수 있다.

(iii) $a<3$일 때,

$a-3<0$이므로 부등식 ㉠의 해는 $x\ge 2$이고,

이때 연립부등식의 해는 $x<4$가 될 수 없다.

(i)~(iii)에서 $a=3$

$a=3$을 $bx-1+ax>3a+2b-8$에 대입하면

$bx-1+3x>9+2b-8$ $\quad\therefore (b+3)x>2b+2$

이 부등식의 해가 $x<4$이므로 $b+3<0$

$\therefore x<\dfrac{2b+2}{b+3}$

따라서 $\dfrac{2b+2}{b+3}=4$이므로

$2b+2=4b+12$, $-2b=10$ $\quad\therefore b=-5$

$\therefore a-b=3-(-5)=8$

948

답 $k\le -6$ 또는 $k\ge 4$

$|2x+3|-9\le x$에서 $|2x+3|\le x+9$

(i) $x<-\dfrac{3}{2}$일 때, $-(2x+3)\le x+9$

$-3x\le 12$ $\quad\therefore x\ge -4$

그런데 $x<-\dfrac{3}{2}$이므로 $-4\le x<-\dfrac{3}{2}$ ...... ㉠

(ii) $x\ge -\dfrac{3}{2}$일 때, $2x+3\le x+9$ $\quad\therefore x\le 6$

그런데 $x\ge -\dfrac{3}{2}$이므로 $-\dfrac{3}{2}\le x\le 6$ ...... ㉡

㉠, ㉡에서 $|2x+3|-9\le x$의 해는 $-4\le x\le 6$

$k(x+2)>4(x-2)+k^2$에서 $kx+2k>4x-8+k^2$

$(k-4)x>k^2-2k-8$

$\therefore (k-4)x>(k+2)(k-4)$ ...... ㉢

(iii) $k<4$일 때, ㉢에서 $x<k+2$

주어진 연립부등식의 해가 없으려면 그림에서

$k+2\le -4$ $\quad\therefore k\le -6$

그런데 $k<4$이므로 $k\le -6$

(iv) $k=4$일 때, ㉢에서 $0\times x>0$이므로 해는 없다.

따라서 주어진 연립부등식의 해는 없다.

(v) $k>4$일 때, ㉢에서 $x>k+2$

주어진 연립부등식의 해가 없으려면 그림에서

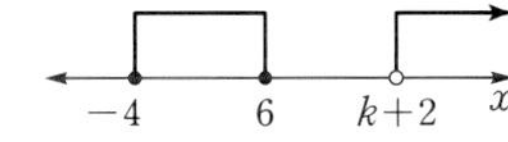

$k+2\ge 6$ $\quad\therefore k\ge 4$

그런데 $k>4$이므로 $k>4$

(iii)~(v)에서 $k\le -6$ 또는 $k\ge 4$

949

답 2

$|x|-6n<x$에서

(i) $x<0$일 때, $-x-6n<x$

$-2x<6n$ $\quad\therefore x>-3n$

그런데 $-3n<0$이고 $x<0$이므로 (n이 자연수이므로 $-3n<0$)

$-3n<x<0$

(ii) $x\ge 0$일 때, $x-6n<x$

$\therefore 0\times x<6n$

이때 $6n>0$이므로 해는 모든 실수이다.

그런데 $x\ge 0$이므로 $x\ge 0$

(i), (ii)에서 $|x|-6n<x$의 해는

$x>-3n$ $\quad\cdots\cdots$ ㉠

$x<-|x|+6n$에서

(iii) $x<0$일 때, $x<-(-x)+6n$

$x<x+6n$ $\quad\therefore 0\times x<6n$

이때 $6n>0$이므로 해는 모든 실수이다.

그런데 $x<0$이므로 $x<0$

(iv) $x\ge 0$일 때, $x<-x+6n$

$2x<6n$ $\quad\therefore x<3n$

그런데 $3n>0$이고 $x\ge 0$이므로

$0\le x<3n$

(iii), (iv)에서 $x<-|x|+6n$의 해는

$x<3n$ $\quad\cdots\cdots$ ㉡

$-3n<0$, $3n>0$이므로 ㉠, ㉡의 공통부분을 구하면

$-3n<x<3n$

주어진 부등식을 만족시키는 정수의 개수가 11이므로

$3n-(-3n)-1=11$

$6n=12$ $\quad\therefore n=2$

950

답 $3\le a<4$

$|x+1|+|x-3|\le 2a$에서

(i) $x<-1$일 때, $x+1<0$, $x-3<0$이므로

$-(x+1)-(x-3)\le 2a$, $-x-1-x+3\le 2a$

$-2x\le 2a-2$ $\quad\therefore x\ge -a+1$

그런데 $a>2$에서 $-a+1<-1$이고 $x<-1$이므로

$-a+1\le x<-1$

(ii) $-1\le x<3$일 때, $x+1\ge 0$, $x-3<0$이므로

$x+1-(x-3)\le 2a$, $x+1-x+3\le 2a$

$\therefore 0\times x\le 2a-4$

이때 $a>2$에서 $2a-4>0$이므로 해는 모든 실수이다.

그런데 $-1\le x<3$이므로 $-1\le x<3$

(iii) $x\ge 3$일 때, $x+1>0$, $x-3\ge 0$이므로

$x+1+x-3\le 2a$, $2x\le 2a+2$

$\therefore x\le a+1$

그런데 $a>2$에서 $a+1>3$이고 $x\ge 3$이므로

$3\le x\le a+1$

(i)~(iii)에서 주어진 부등식의 해는

$1-a\le x\le 1+a$

주어진 부등식을 만족시키는 정수 x의 개수가 7이므로 그림에서

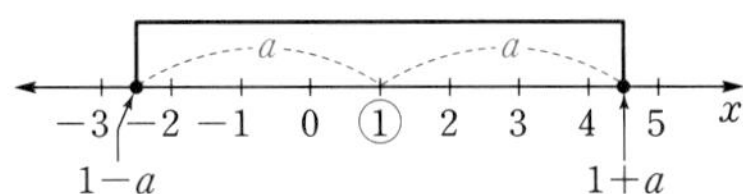

$-3<1-a\le -2$, $4\le 1+a<5$

$\therefore 3\le a<4$

951

답 120

(가)에서 $f(x)=ax^2\ (a\ne 0)$

(나)에서 $f(x)+g(x)$는 일차식이어야 하므로

$g(x)=-ax^2+bx+c\ (b\ne 0)$라 하면

$f(x)+g(x)=ax^2+(-ax^2+bx+c)=bx+c$

부등식 $bx+c\ge 0$의 해가 $x\ge 2$이므로

$b>0$이어야 하고, $-\frac{c}{b}=2$이므로 $c=-2b$

(다)에서

$f(x)-g(x)=2ax^2-bx-c=2ax^2-bx+2b$

$=2a\left(x-\frac{b}{4a}\right)^2-\frac{b^2}{8a}+2b$

가 $x=1$에서 최솟값을 가지므로

$a>0$이고, $\frac{b}{4a}=1$에서 $b=4a$

(나)에서 $c=-2b$이므로 $c=-8a$

즉, $g(x)=-a(x^2-4x+8)=-a(x-2)^2-4a$

$\therefore f(x)+g(x)=bx+c=4ax-8a=4a(x-2)$ $\quad\cdots\cdots$ ㉠

이때 방정식 $\{f(x)-k\}\times\{g(x)-k\}=0$이 실근을 갖지 않기 위해서는 방정식 $f(x)-k=0$은 실근을 갖지 않고, 방정식 $g(x)-k=0$도 실근을 갖지 않아야 한다.

즉, 함수 $y=f(x)$의 그래프와 직선 $y=k$가 만나지 않고, 함수 $y=g(x)$의 그래프와 직선 $y=k$도 만나지 않으므로 직선 $y=k$는 두 함수 $y=f(x)$, $y=g(x)$의 그래프 사이에 있다.

따라서 정수 k는 함수 $y=g(x)$의 최댓값인 $-4a$보다 크고, 함수 $y=f(x)$의 최솟값인 0보다 작다.

$-4a<k<0$을 만족시키는 정수 k의 개수가 5이므로 그림에서

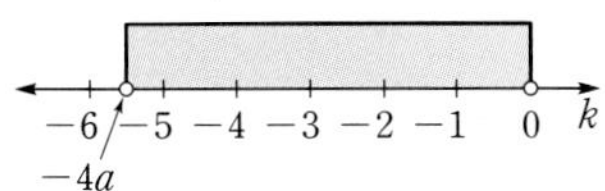

$-6\le -4a<-5$에서 $\frac{5}{4}<a\le\frac{3}{2}$

㉠에서 $f(22)+g(22)=4a(22-2)=80a$이므로

$f(22)+g(22)$의 최댓값은 $80\times\frac{3}{2}=120$

09 이차부등식

유형 01 그래프를 이용한 이차부등식의 풀이

확인 문제 (1) $\alpha<x<\gamma$ (2) $x\le\alpha$ 또는 $x\ge\gamma$
(3) $x<\beta$ 또는 $x>\delta$ (4) $\beta\le x\le\delta$

0952 답 ④

$f(x)g(x)\ge0$에서

$f(x)\ge0,\ g(x)\ge0$ 또는 $f(x)\le0,\ g(x)\le0$

(i) $f(x)\ge0,\ g(x)\ge0$을 만족시키는 x의 값의 범위는 이차함수 $y=f(x)$의 그래프가 x축보다 위쪽에 있거나 만나고 이차함수 $y=g(x)$의 그래프가 x축보다 위쪽에 있거나 만나는 부분의 x의 값의 범위이므로 $\alpha\le x\le\beta$

(ii) $f(x)\le0,\ g(x)\le0$을 만족시키는 x의 값의 범위는 이차함수 $y=f(x)$의 그래프가 x축보다 아래쪽에 있거나 만나고 이차함수 $y=g(x)$의 그래프가 x축보다 아래쪽에 있거나 만나는 부분의 x의 값의 범위이므로 $0\le x\le\gamma$

(i), (ii)에서 주어진 부등식의 해는

$\alpha\le x\le\beta$ 또는 $0\le x\le\gamma$

0953 답 ②

부등식 $f(x)>0$의 해는 이차함수 $y=f(x)$의 그래프가 x축보다 위쪽에 있는 부분의 x의 값의 범위이므로

$1<x<5$

따라서 $a=1,\ b=5$이므로

$a+b=1+5=6$

0954 답 ①

$f(x)-g(x)\le0$에서 $f(x)\le g(x)$

이 부등식의 해는 이차함수 $y=f(x)$의 그래프가 이차함수 $y=g(x)$의 그래프보다 아래쪽에 있거나 만나는 부분의 x의 값의 범위이므로

$-3\le x\le5$

따라서 주어진 부등식을 만족시키는 x의 값이 아닌 것은 ①이다.

0955 답 $x<-5$ 또는 $x>1$

$ax^2+(b-m)x+c-n<0$에서 $ax^2+bx+c-(mx+n)<0$

$\therefore\ ax^2+bx+c<mx+n$

이 부등식의 해는 이차함수 $y=ax^2+bx+c$의 그래프가 직선 $y=mx+n$보다 아래쪽에 있는 부분의 x의 값의 범위이므로

$x<-5$ 또는 $x>1$

0956 답 12

부등식 $f(x)<g(x)<0$의 해는 이차함수 $y=g(x)$의 그래프가 x축보다 아래쪽에 있고 이차함수 $y=f(x)$의 그래프보다 위쪽에 있는 부분의 x의 값의 범위이므로

$3<x<4$ ❶

따라서 $\alpha=3,\ \beta=4$이므로

$\alpha\beta=3\times4=12$ ❷

채점 기준	배점
❶ $f(x)<g(x)<0$의 해 구하기	80%
❷ $\alpha\beta$의 값 구하기	20%

유형 02 이차부등식의 풀이

확인 문제 (1) $-2\le x\le5$ (2) $x\le-\frac{1}{2}$ 또는 $x\ge1$
(3) $x\ne-4$인 모든 실수 (4) $x=\frac{3}{2}$
(5) 모든 실수 (6) 해는 없다.

(1) $x^2-3x-10\le0$에서 $(x+2)(x-5)\le0$ $\quad\therefore\ -2\le x\le5$

(2) $-2x^2+x+1\le0$에서 $2x^2-x-1\ge0$

$(2x+1)(x-1)\ge0$ $\quad\therefore\ x\le-\frac{1}{2}$ 또는 $x\ge1$

(3) $x^2+8x+16=(x+4)^2\ge0$

따라서 $x^2+8x+16>0$의 해는 $x\ne-4$인 모든 실수이다.

(4) $4x^2+9\le12x$에서 $4x^2-12x+9\le0$

그런데 $4x^2-12x+9=(2x-3)^2\ge0$이므로 주어진 부등식의 해는 $x=\frac{3}{2}$이다.

(5) $-x^2<3x+3$에서 $x^2+3x+3>0$

그런데 $x^2+3x+3=\left(x+\frac{3}{2}\right)^2+\frac{3}{4}\ge\frac{3}{4}$이므로 주어진 부등식의 해는 모든 실수이다.

(6) $4x-5\ge x^2$에서 $x^2-4x+5\le0$

그런데 $x^2-4x+5=(x-2)^2+1\ge1$이므로 주어진 부등식의 해는 없다.

0957 답 ①

$-3x^2+10x+8<2-7x$에서 $3x^2-17x-6>0$

$(3x+1)(x-6)>0$ $\quad\therefore\ x<-\frac{1}{3}$ 또는 $x>6$

따라서 $\alpha=-\frac{1}{3},\ \beta=6$이므로

$\alpha\beta=-\frac{1}{3}\times6=-2$

0958 답 ③

$x^2-4x-21<0$에서 $(x+3)(x-7)<0$

$\therefore\ -3<x<7$

따라서 정수 x는 $-2,\ -1,\ 0,\ 1,\ 2,\ \cdots,\ 6$의 9개이다.

0959

답 ㄴ, ㄹ

ㄱ. $x^2-2x+1=(x-1)^2\ge0$
따라서 $x^2-2x+1>0$의 해는 $x\ne1$인 모든 실수이다.

ㄴ. $-2x^2+2x-1\ge0$에서 $2x^2-2x+1\le0$
그런데 $2x^2-2x+1=2\left(x-\frac{1}{2}\right)^2+\frac{1}{2}\ge\frac{1}{2}$이므로 주어진 부등식의 해는 없다.

ㄷ. $\frac{1}{4}x^2+x+1=\left(\frac{1}{2}x+1\right)^2\ge0$
따라서 $\frac{1}{4}x^2+x+1\le0$의 해는 $x=-2$이다.

ㄹ. $5(2x-5)>x^2$에서 $x^2-10x+25<0$
그런데 $x^2-10x+25=(x-5)^2\ge0$이므로 주어진 부등식의 해는 없다.

ㅁ. $-3x^2<1-2x$에서 $3x^2-2x+1>0$
그런데 $3x^2-2x+1=3\left(x-\frac{1}{3}\right)^2+\frac{2}{3}\ge\frac{2}{3}$이므로 주어진 부등식의 해는 모든 실수이다.

따라서 해가 존재하지 않는 것은 ㄴ, ㄹ이다.

0960

답 ②

이차부등식 $x^2+2x-1<0$의 해가 $\alpha<x<\beta$이므로 이차방정식 $x^2+2x-1=0$의 해는 α, β이다.
따라서 $\alpha+\beta=-2$, $\alpha\beta=-1$이므로
$\alpha^2+\beta^2=(\alpha+\beta)^2-2\alpha\beta=(-2)^2+2=6$

다른 풀이

이차방정식 $x^2+2x-1=0$의 해는
$x=-1\pm\sqrt{2}$
이므로 이차부등식 $x^2+2x-1<0$의 해는
$-1-\sqrt{2}<x<-1+\sqrt{2}$
따라서 $\alpha=-1-\sqrt{2}$, $\beta=-1+\sqrt{2}$이므로
$\alpha^2+\beta^2=(-1-\sqrt{2})^2+(-1+\sqrt{2})^2=6$

0961

답 ④

$(x+3)(x-1)\le5$에서 $x^2+2x-3\le5$
$x^2+2x-8\le0$, $(x+4)(x-2)\le0$ $\quad\therefore -4\le x\le2$
① $|x-1|\le2$에서 $-2\le x-1\le2$ $\quad\therefore -1\le x\le3$
② $|x-1|\le3$에서 $-3\le x-1\le3$ $\quad\therefore -2\le x\le4$
③ $|x+1|\le2$에서 $-2\le x+1\le2$ $\quad\therefore -3\le x\le1$
④ $|x+1|\le3$에서 $-3\le x+1\le3$ $\quad\therefore -4\le x\le2$
⑤ $|x+2|\le2$에서 $-2\le x+2\le2$ $\quad\therefore -4\le x\le0$
따라서 주어진 이차부등식과 해가 같은 것은 ④이다.

0962

답 -3

$a<0$이므로 $ax^2-3a^2x-4a^3\ge0$에서
$x^2-3ax-4a^2\le0$, $(x-4a)(x+a)\le0$
$\therefore 4a\le x\le -a$
……………………………………………………………… ❶
즉, $\alpha=4a$, $\beta=-a$이므로 $(\alpha+1)(\beta-3)>0$에서
$(4a+1)(-a-3)>0$, $(4a+1)(a+3)<0$
$\therefore -3<a<-\frac{1}{4}$
……………………………………………………………… ❷
따라서 정수 a는 -2, -1이므로 구하는 합은
$-2+(-1)=-3$
……………………………………………………………… ❸

채점 기준	배점
❶ $ax^2-3a^2x-4a^3\ge0$의 해 구하기	40%
❷ $(\alpha+1)(\beta-3)>0$의 해 구하기	40%
❸ 모든 정수 a의 값의 합 구하기	20%

유형 03 절댓값 기호를 포함한 부등식

0963

답 ③

$x^2+4|x|-12\ge0$에서
(i) $x<0$일 때, $x^2-4x-12\ge0$
$(x+2)(x-6)\ge0$ $\quad\therefore x\le-2$ 또는 $x\ge6$
그런데 $x<0$이므로 $x\le-2$
(ii) $x\ge0$일 때, $x^2+4x-12\ge0$
$(x+6)(x-2)\ge0$ $\quad\therefore x\le-6$ 또는 $x\ge2$
그런데 $x\ge0$이므로 $x\ge2$
(i), (ii)에서 주어진 부등식의 해는
$x\le-2$ 또는 $x\ge2$
따라서 $\alpha=-2$, $\beta=2$이므로
$\alpha+\beta=-2+2=0$

다른 풀이

$x^2=|x|^2$이므로 $|x|^2+4|x|-12\ge0$
$(|x|+6)(|x|-2)\ge0$ $\quad\therefore |x|\le-6$ 또는 $|x|\ge2$
그런데 $|x|\ge0$이므로 $|x|\ge2$
$|x|\ge2$에서 $x\le-2$ 또는 $x\ge2$
따라서 $\alpha=-2$, $\beta=2$이므로
$\alpha+\beta=-2+2=0$

0964

답 ③

$|x^2-3x-2|>2$에서
$x^2-3x-2<-2$ 또는 $x^2-3x-2>2$
(i) $x^2-3x-2<-2$에서 $x^2-3x<0$
$x(x-3)<0$ $\quad\therefore 0<x<3$
(ii) $x^2-3x-2>2$에서 $x^2-3x-4>0$
$(x+1)(x-4)>0$ $\quad\therefore x<-1$ 또는 $x>4$
(i), (ii)에서 주어진 부등식의 해는
$0<x<3$ 또는 $x<-1$ 또는 $x>4$
따라서 주어진 부등식의 해가 아닌 것은 ③이다.

0965

답 ②

$x^2-2x-5<|x-1|$에서
(i) $x<1$일 때, $x-1<0$이므로
$x^2-2x-5<-(x-1)$, $x^2-2x-5<-x+1$

$x^2-x-6<0$, $(x+2)(x-3)<0$

$\therefore -2<x<3$

그런데 $x<1$이므로 $-2<x<1$

(ii) $x\geq1$일 때, $x-1\geq0$이므로

$x^2-2x-5<x-1$, $x^2-3x-4<0$

$(x+1)(x-4)<0$ $\quad\therefore -1<x<4$

그런데 $x\geq1$이므로 $1\leq x<4$

(i), (ii)에서 주어진 부등식의 해는

$-2<x<4$

따라서 정수 x는 -1, 0, 1, 2, 3의 5개이다.

0966

답 21

$x^2-5x+4=0$에서 $(x-1)(x-4)=0$ $\quad\therefore x=1$ 또는 $x=4$

$|x^2-5x+4|\leq x+4$에서

(i) $1<x<4$일 때, $x^2-5x+4<0$이므로

$-(x^2-5x+4)\leq x+4$, $-x^2+5x-4\leq x+4$

$\therefore x^2-4x+8\geq0$

이때 $x^2-4x+8=(x-2)^2+4\geq4$이므로 해는 모든 실수이다.

그런데 $1<x<4$이므로 $1<x<4$

❶

(ii) $x\leq1$ 또는 $x\geq4$일 때, $x^2-5x+4\geq0$이므로

$x^2-5x+4\leq x+4$, $x^2-6x\leq0$

$x(x-6)\leq0$ $\quad\therefore 0\leq x\leq6$

그런데 $x\leq1$ 또는 $x\geq4$이므로

$0\leq x\leq1$ 또는 $4\leq x\leq6$

❷

(i), (ii)에서 주어진 부등식의 해는

$0\leq x\leq6$

❸

따라서 정수 x는 0, 1, 2, 3, 4, 5, 6이므로 구하는 합은

$0+1+2+3+4+5+6=21$

❹

채점 기준	배점
❶ $1<x<4$일 때 부등식의 해 구하기	30%
❷ $x\leq1$ 또는 $x\geq4$일 때 부등식의 해 구하기	30%
❸ 주어진 부등식의 해 구하기	20%
❹ 모든 정수 x의 값의 합 구하기	20%

유형 04 가우스 기호를 포함한 부등식

0967

답 ④

$[x]^2+2[x]-3<0$에서 $([x]+3)([x]-1)<0$

$\therefore -3<[x]<1$

이때 $[x]$는 정수이므로 $[x]=-2$, -1, 0

(i) $[x]=-2$일 때, $-2\leq x<-1$

(ii) $[x]=-1$일 때, $-1\leq x<0$

(iii) $[x]=0$일 때, $0\leq x<1$

(i) ~ (iii)에서 주어진 부등식의 해는

$-2\leq x<1$

0968

답 $5\leq x<7$

$[x-3]=[x]-3$이므로

$[x-3]^2-5[x]+21\leq0$에서 $([x]-3)^2-5[x]+21\leq0$

$[x]^2-6[x]+9-5[x]+21\leq0$, $[x]^2-11[x]+30\leq0$

$([x]-5)([x]-6)\leq0$ $\quad\therefore 5\leq[x]\leq6$

이때 $[x]$는 정수이므로 $[x]=5$, 6

(i) $[x]=5$일 때, $5\leq x<6$

(ii) $[x]=6$일 때, $6\leq x<7$

(i), (ii)에서 주어진 부등식의 해는

$5\leq x<7$

유형 05 이차부등식의 풀이 - 이차함수의 식 구하기

0969

답 11

이차함수 $y=f(x)$의 그래프가 x축과 두 점 $(-4, 0)$, $(3, 0)$에서 만나므로

$f(x)=a(x+4)(x-3)$ $(a<0)$이라 하자.

이 그래프가 점 $(0, 6)$을 지나므로

$-12a=6$ $\quad\therefore a=-\frac{1}{2}$

$\therefore f(x)=-\frac{1}{2}(x+4)(x-3)$

$f(x)>-9$에서 $-\frac{1}{2}(x+4)(x-3)>-9$

$(x+4)(x-3)<18$, $x^2+x-30<0$

$(x+6)(x-5)<0$ $\quad\therefore -6<x<5$

따라서 $\alpha=-6$, $\beta=5$이므로

$\beta-\alpha=5-(-6)=11$

0970

답 5

이차함수 $y=ax^2+bx+c$의 그래프가 x축과 두 점 $(1, 0)$, $(4, 0)$에서 만나므로

$y=a(x-1)(x-4)=ax^2-5ax+4a$ $(a>0)$라 하면

$b=-5a$, $c=4a$

이것을 $ax^2-cx+b<0$에 대입하면

$ax^2-4ax-5a<0$, $x^2-4x-5<0$ $(\because a>0)$

$(x+1)(x-5)<0$ $\quad\therefore -1<x<5$

따라서 정수 x는 0, 1, 2, 3, 4의 5개이다.

0971

답 18

이차함수 $y=f(x)$의 그래프가 x축과 두 점 $(1, 0)$, $(3, 0)$에서 만나므로

$f(x)=a(x-1)(x-3)$ $(a>0)$이라 하자.

이 그래프가 점 $(0, 3)$을 지나므로

$3a=3$ $\quad\therefore a=1$

$\therefore f(x)=(x-1)(x-3)$

❶

$f(x)-15\le 0$에서 $(x-1)(x-3)-15\le 0$
$x^2-4x-12\le 0$, $(x+2)(x-6)\le 0$
$\therefore -2\le x\le 6$
…… ❷
따라서 정수 x는 -2, -1, 0, 1, 2, 3, 4, 5, 6이므로 구하는 합은
$-2+(-1)+0+1+2+3+4+5+6=18$
…… ❸

채점 기준	배점
❶ $f(x)$ 구하기	30%
❷ $f(x)-15\le 0$의 해 구하기	50%
❸ 모든 정수 x의 값의 합 구하기	20%

유형 06 해가 주어진 이차부등식

확인 문제 (1) $x^2-x-12<0$ (2) $x^2-7x+6\ge 0$
(3) $x^2-6x+9>0$ (4) $x^2+8x+16\le 0$

(1) $(x+3)(x-4)<0$에서 $x^2-x-12<0$
(2) $(x-1)(x-6)\ge 0$에서 $x^2-7x+6\ge 0$
(3) $(x-3)^2>0$에서 $x^2-6x+9>0$
(4) $(x+4)^2\le 0$에서 $x^2+8x+16\le 0$

0972

답 ①

$ax^2+bx+2\le 0$의 해가 $2\le x\le 3$이므로 $a>0$
해가 $2\le x\le 3$이고 x^2의 계수가 1인 이차부등식은
$(x-2)(x-3)\le 0$ $\therefore x^2-5x+6\le 0$
양변에 a를 곱하면 $ax^2-5ax+6a\le 0$ ($\because a>0$)
이 부등식이 $ax^2+bx+2\le 0$과 같으므로
$b=-5a$, $2=6a$
따라서 $a=\frac{1}{3}$, $b=-\frac{5}{3}$이므로
$a-b=\frac{1}{3}-\left(-\frac{5}{3}\right)=2$

다른 풀이
이차방정식 $ax^2+bx+2=0$의 두 근이 2, 3이므로
$2+3=-\frac{b}{a}$, $2\times 3=\frac{2}{a}$
따라서 $a=\frac{1}{3}$, $b=-\frac{5}{3}$이므로
$a-b=\frac{1}{3}-\left(-\frac{5}{3}\right)=2$

0973

답 ④

해가 $x<-4$ 또는 $x>b$이고 x^2의 계수가 1인 이차부등식은
$(x+4)(x-b)>0$ $\therefore x^2+(4-b)x-4b>0$
이 부등식이 $x^2+ax+4>0$과 같으므로
$a=4-b$, $4=-4b$
따라서 $a=5$, $b=-1$이므로
$a-b=5-(-1)=6$

0974

답 5

해가 $x=-\frac{1}{2}$이고 x^2의 계수가 1인 이차부등식은
$\left(x+\frac{1}{2}\right)^2\le 0$ $\therefore x^2+x+\frac{1}{4}\le 0$
이 부등식이 $x^2+ax+b\le 0$과 같으므로 $a=1$, $b=\frac{1}{4}$
이것을 $bx^2+ax-\frac{5}{4}<0$에 대입하면
$\frac{1}{4}x^2+x-\frac{5}{4}<0$, $x^2+4x-5<0$
$(x+5)(x-1)<0$ $\therefore -5<x<1$
따라서 정수 x는 -4, -3, -2, -1, 0의 5개이다.

0975

답 ④

(가)에서 $f(0)=8$이므로 $f(x)=ax^2+bx+8$ $(a\ne 0)$이라 하자.
(나)에서 $f(x)>0$의 해가 $x\ne 2$인 모든 실수이므로 $a>0$
해가 $x\ne 2$인 모든 실수이고 x^2의 계수가 1인 이차부등식은
$(x-2)^2>0$ $\therefore x^2-4x+4>0$
양변에 a를 곱하면 $ax^2-4ax+4a>0$ ($\because a>0$)
이 부등식이 $ax^2+bx+8>0$과 같으므로
$b=-4a$, $8=4a$ $\therefore a=2$, $b=-8$
따라서 $f(x)=2x^2-8x+8$이므로
$f(5)=50-40+8=18$

0976

답 2

$ax^2+bx+c>0$의 해가 $-4<x<1$이므로 $a<0$
…… ❶
해가 $-4<x<1$이고 x^2의 계수가 1인 이차부등식은
$(x+4)(x-1)<0$ $\therefore x^2+3x-4<0$
양변에 a를 곱하면 $ax^2+3ax-4a>0$ ($\because a<0$)
…… ❷
이 부등식이 $ax^2+bx+c>0$과 같으므로
$b=3a$, $c=-4a$
…… ❸
이것을 $bx^2-13ax-3c>0$에 대입하면
$3ax^2-13ax+12a>0$, $3x^2-13x+12<0$ ($\because a<0$)
$(3x-4)(x-3)<0$ $\therefore \frac{4}{3}<x<3$
따라서 주어진 부등식을 만족시키는 정수 x는 2이다.
…… ❹

채점 기준	배점
❶ a의 부호 구하기	10%
❷ 해가 $-4<x<1$이고 x^2의 계수가 a인 이차부등식 세우기	30%
❸ b와 c를 a에 대한 식으로 나타내기	20%
❹ 정수 x의 값 구하기	40%

0977

답 ①

(가)에서 $P(x)+2x+3=ax(x-1)$ $(a<0)$

$\therefore P(x)=ax^2-(a+2)x-3$

(나)에서 방정식 $ax^2-(a+2)x-3=-3x-2$가 중근을 가지므로

이차방정식 $ax^2-(a-1)x-1=0$의 판별식을 D라 하면

$D=(a-1)^2-4a\times(-1)=0$, $(a+1)^2=0$ $\quad\therefore a=-1$

따라서 $P(x)=-x^2-x-3$이므로

$P(-1)=-1+1-3=-3$

유형 07 부등식 $f(x)<0$과 부등식 $f(ax+b)<0$의 관계

0978

답 $-3<x<1$

$f(x)\le 0$의 해가 $x\le -2$ 또는 $x\ge 6$이므로

$f(x)=a(x+2)(x-6)$ $(a<0)$이라 하면

$f(-2x)=a(-2x+2)(-2x-6)$

$\qquad=4a(x-1)(x+3)$

$f(-2x)>0$, 즉 $4a(x-1)(x+3)>0$에서

$(x-1)(x+3)<0$ $(\because a<0)$

$\therefore -3<x<1$

다른 풀이

$f(x)\le 0$의 해가 $x\le -2$ 또는 $x\ge 6$이므로

$f(x)>0$의 해는 $-2<x<6$

따라서 $f(-2x)>0$의 해는 $-2<-2x<6$

$\therefore -3<x<1$

0979

답 ③

$f(x)<0$의 해가 $-5<x<7$이므로

$f(x)=a(x+5)(x-7)$ $(a>0)$이라 하면

$f(3x+1)=a(3x+1+5)(3x+1-7)$

$\qquad=9a(x+2)(x-2)$

$f(3x+1)<0$, 즉 $9a(x+2)(x-2)<0$에서

$(x+2)(x-2)<0$ $(\because a>0)$

$\therefore -2<x<2$

다른 풀이

$f(x)<0$의 해가 $-5<x<7$이므로

$f(3x+1)<0$의 해는 $-5<3x+1<7$

$-6<3x<6$ $\quad\therefore -2<x<2$

0980

답 $x<-5$ 또는 $x>0$

$f(x)=ax^2+bx+c$라 하면 $f(x)>0$의 해가 $-3<x<2$이므로

$f(x)=a(x+3)(x-2)$ $(a<0)$

$a(x+2)^2+b(x+2)+c<0$, 즉 $f(x+2)<0$의 해는

$a(x+2+3)(x+2-2)<0$에서

$ax(x+5)<0$, $x(x+5)>0$ $(\because a<0)$

$\therefore x<-5$ 또는 $x>0$

다른 풀이

$f(x)=ax^2+bx+c$라 하면 $f(x)>0$의 해가 $-3<x<2$이므로

$f(x)<0$의 해는 $x<-3$ 또는 $x>2$

따라서 $a(x+2)^2+b(x+2)+c<0$, 즉 $f(x+2)<0$의 해는

$x+2<-3$ 또는 $x+2>2$

$\therefore x<-5$ 또는 $x>0$

0981

답 $x<2$ 또는 $x>8$

이차함수 $y=f(x)$의 그래프가 x축과 두 점 $(1, 0)$, $(5, 0)$에서 만나므로

$f(x)=a(x-1)(x-5)$ $(a<0)$라 하면

…… ❶

$f\left(\frac{2x-1}{3}\right)=a\left(\frac{2x-1}{3}-1\right)\left(\frac{2x-1}{3}-5\right)$

$\qquad=\frac{a}{9}(2x-1-3)(2x-1-15)$

$\qquad=\frac{4}{9}a(x-2)(x-8)$

…… ❷

$f\left(\frac{2x-1}{3}\right)<0$, 즉 $\frac{4}{9}a(x-2)(x-8)<0$에서

$(x-2)(x-8)>0$ $(\because a<0)$

$\therefore x<2$ 또는 $x>8$

…… ❸

채점 기준	배점
❶ 주어진 그래프를 이용하여 $f(x)$를 이차식으로 나타내기	30%
❷ $f\left(\frac{2x-1}{3}\right)$ 구하기	30%
❸ $f\left(\frac{2x-1}{3}\right)<0$의 해 구하기	40%

다른 풀이

주어진 그래프에서 $f(x)<0$의 해는 $x<1$ 또는 $x>5$이므로

$f\left(\frac{2x-1}{3}\right)<0$의 해는 $\frac{2x-1}{3}<1$ 또는 $\frac{2x-1}{3}>5$

$\therefore x<2$ 또는 $x>8$

0982

답 ②

이차함수 $y=f(x)$의 그래프가 x축과 두 점 $(-1, 0)$, $(2, 0)$에서 만나므로

$f(x)=a(x+1)(x-2)$ $(a>0)$라 하면

$f\left(\frac{x+k}{2}\right)=a\left(\frac{x+k}{2}+1\right)\left(\frac{x+k}{2}-2\right)$

$\qquad=\frac{a}{4}(x+k+2)(x+k-4)$

$f\left(\frac{x+k}{2}\right)\le 0$, 즉 $\frac{a}{4}(x+k+2)(x+k-4)\le 0$에서

$(x+k+2)(x+k-4)\le 0$ $(\because a>0)$

$\therefore -k-2\le x\le -k+4$ $\quad$ …… ㉠

㉠이 $-3\le x\le 3$과 같으므로

$-k-2=-3$, $-k+4=3$ $\quad\therefore k=1$

다른 풀이

주어진 그래프에서 $f(x)\le 0$의 해는 $-1\le x\le 2$이므로

$f\left(\frac{x+k}{2}\right)\le 0$의 해는 $-1\le \frac{x+k}{2}\le 2$

$\therefore -k-2\le x\le -k+4$

이것이 $-3\le x\le 3$과 같으므로

$-k-2=-3,\ -k+4=3\qquad \therefore k=1$

유형 08 정수인 해의 개수가 주어진 이차부등식

0983

답 2

$x^2+4x+4-a^2\le 0$에서 $(x+2)^2-a^2\le 0$

$(x+2+a)(x+2-a)\le 0$

$\therefore -2-a\le x\le -2+a$ ($\because$ a는 자연수)

이때 $-2-a\le x\le -2+a$를 만족시키는 정수 x가 5개이려면 그림에서

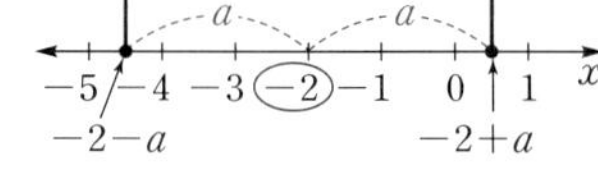

$-5<-2-a\le -4,\ 0\le -2+a<1$

$\therefore 2\le a<3$

따라서 자연수 a의 값은 2이다.

0984

답 ②

$(x-a)(x-3)<0$에서 $a<x<3$ ($\because a<3$)

이때 $a<x<3$을 만족시키는 정수 x가 4개이려면 그림에서

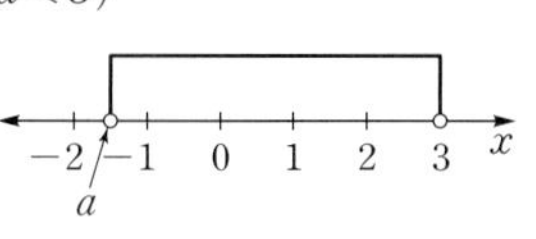

$-2\le a<-1$

0985

답 13

$x^2-2a<0$에서 $(x+\sqrt{2a})(x-\sqrt{2a})<0$

$\therefore -\sqrt{2a}<x<\sqrt{2a}$

❶

이때 $-\sqrt{2a}<x<\sqrt{2a}$를 만족시키는 정수 x가 7개이려면 그림에서

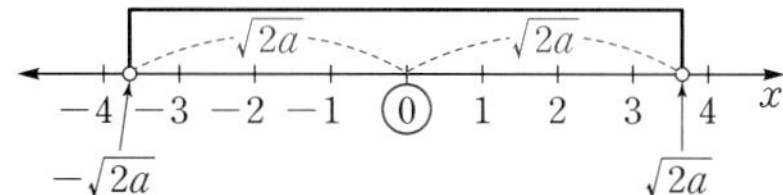

$3<\sqrt{2a}\le 4,\ 9<2a\le 16\qquad \therefore \frac{9}{2}<a\le 8$

❷

따라서 자연수 a의 최댓값은 8, 최솟값은 5이므로

$M=8,\ m=5$

$\therefore M+m=8+5=13$

❸

채점 기준	배점
❶ 주어진 이차부등식의 해 구하기	30%
❷ 주어진 이차부등식의 정수인 해의 개수를 이용하여 a의 값의 범위 구하기	40%
❸ $M+m$의 값 구하기	30%

0986

답 ②

$f(x)=x^2-2ax+a=(x-a)^2-a^2+a$

점 A의 x좌표는 a이고 점 B의 x좌표는 0이므로

부등식 $f(x)-g(x)\le 0$, 즉 $f(x)\le g(x)$의 해는

$0<x<a$

이때 $0\le x\le a$를 만족시키는 정수 x가 5개이려면 그림에서

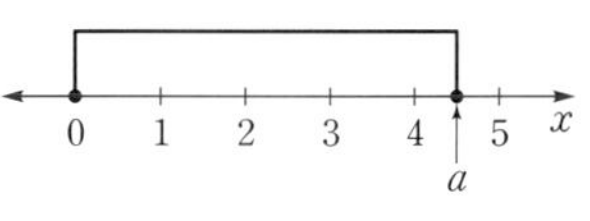

$4\le a<5$

0987

답 ③

$x^2-(n+5)x+5n\le 0$에서 $(x-5)(x-n)\le 0$

(i) $n<5$일 때,

$(x-5)(x-n)\le 0$에서 $n\le x\le 5$

이 부등식을 만족시키는 정수 x가 3개이려면 오른쪽 그림에서

$2<n\le 3$

그런데 $n<5$이므로 $2<n\le 3$

(ii) $n=5$일 때,

$(x-5)(x-n)\le 0$에서 $(x-5)^2\le 0$

이 부등식을 만족시키는 정수 x는 5뿐이므로 주어진 조건을 만족시키지 않는다.

(iii) $n>5$일 때,

$(x-5)(x-n)\le 0$에서 $5\le x\le n$

이 부등식을 만족시키는 정수 x가 3개이려면 오른쪽 그림에서

$7\le n<8$

그런데 $n>5$이므로 $7\le n<8$

(i) ~ (iii)에서 $2<n\le 3$ 또는 $7\le n<8$

따라서 자연수 n은 3, 7이므로 구하는 합은

$3+7=10$

유형 09 이차부등식이 해를 한 개만 가질 조건

확인 문제 (1) 5 (2) $-8,\ 0$

(1) 이차부등식 $x^2-4x+k-1\le 0$의 해가 오직 한 개 존재하므로 이차방정식 $x^2-4x+k-1=0$의 판별식을 D라 하면

$\frac{D}{4}=(-2)^2-(k-1)=0$

$4-k+1=0\qquad \therefore k=5$

(2) 이차부등식 $-x^2-kx+2k\ge 0$의 해가 오직 한 개 존재하므로 이차방정식 $-x^2-kx+2k=0$의 판별식을 D라 하면

$D=(-k)^2+8k=0$

$k^2+8k=0,\ k(k+8)=0$

$\therefore k=-8$ 또는 $k=0$

0988

답 5

이차부등식 $(a-1)x^2-4x+a-4\le 0$의 해가 오직 한 개 존재하려면

$a-1>0$ $\therefore a>1$ …… ㉠

또한 이차방정식 $(a-1)x^2-4x+a-4=0$의 판별식을 D라 하면

$\frac{D}{4}=(-2)^2-(a-1)(a-4)=0$

$a^2-5a=0$, $a(a-5)=0$

$\therefore a=0$ 또는 $a=5$ …… ㉡

㉠, ㉡에서 $a=5$

0989

답 9

이차부등식 $-x^2+(a+3)x+a\ge 0$의 해가 오직 한 개 존재하므로 이차방정식 $-x^2+(a+3)x+a=0$의 판별식을 D라 하면

$D=(a+3)^2+4a=0$

$a^2+10a+9=0$, $(a+9)(a+1)=0$

$\therefore a=-9$ 또는 $a=-1$

따라서 모든 실수 a의 값의 곱은

$-9\times(-1)=9$

0990

답 -4

이차부등식 $9x^2+12x+k-2\le 0$의 해가 오직 한 개 존재하므로 이차방정식 $9x^2+12x+k-2=0$의 판별식을 D라 하면

$\frac{D}{4}=6^2-9(k-2)=0$

$36-9k+18=0$, $9k=54$ $\therefore k=6$

따라서 $9x^2+12x+k-2\le 0$에 $k=6$을 대입하면

$9x^2+12x+4\le 0$ $\therefore (3x+2)^2\le 0$

이 부등식의 해는 $x=-\frac{2}{3}$이므로 $a=-\frac{2}{3}$

$\therefore ak=-\frac{2}{3}\times 6=-4$

0991

답 $\frac{5}{2}$

이차부등식 $(6-a)x^2+(a-6)x+1>0$을 만족시키지 않는 x의 값이 오직 한 개이려면 이차부등식 $(6-a)x^2+(a-6)x+1\le 0$이 오직 한 개의 근을 가져야 하므로

$6-a>0$ $\therefore a<6$ …… ㉠

……………………………………………… ❶

또한 이차방정식 $(6-a)x^2+(a-6)x+1=0$의 판별식을 D라 하면

$D=(a-6)^2-4(6-a)=0$

$a^2-8a+12=0$, $(a-2)(a-6)=0$

$\therefore a=2$ 또는 $a=6$ …… ㉡

㉠, ㉡에서 $a=2$

……………………………………………… ❷

따라서 $(6-a)x^2+(a-6)x+1>0$에 $a=2$를 대입하면

$4x^2-4x+1>0$ $\therefore (2x-1)^2>0$

이 부등식을 만족시키지 않는 x의 값은 오직 $\frac{1}{2}$뿐이므로 $b=\frac{1}{2}$

$\therefore a+b=2+\frac{1}{2}=\frac{5}{2}$

……………………………………………… ❸

채점 기준	배점
❶ 부등식 $(6-a)x^2+(a-6)x+1\le 0$이 오직 한 개의 근을 가질 조건을 이용하여 a의 값의 범위 구하기	20%
❷ a의 값 구하기	40%
❸ $a+b$의 값 구하기	40%

유형 10 이차부등식이 해를 가질 조건

확인 문제 (1) $k<-2$ 또는 $k>2$ (2) $k>-1$

(1) 이차부등식 $x^2+kx+1<0$이 해를 가지려면
이차방정식 $x^2+kx+1=0$이 서로 다른 두 실근을 가져야 하므로 이 이차방정식의 판별식을 D라 하면
$D=k^2-4>0$
$(k+2)(k-2)>0$ $\therefore k<-2$ 또는 $k>2$

(2) 이차부등식 $-x^2+2x+k>0$이 해를 가지려면
이차방정식 $-x^2+2x+k=0$이 서로 다른 두 실근을 가져야 하므로 이 이차방정식의 판별식을 D라 하면
$\frac{D}{4}=1^2+k>0$ $\therefore k>-1$

0992

답 2

이차부등식 $x^2+3x+a<0$이 해를 가지려면

이차방정식 $x^2+3x+a=0$이 서로 다른 두 실근을 가져야 하므로 이 이차방정식의 판별식을 D라 하면

$D=3^2-4a>0$

$4a<9$ $\therefore a<\frac{9}{4}$

따라서 정수 a의 최댓값은 2이다.

0993

답 $a\le -6$ 또는 $a\ge 4$

이차부등식 $-5x^2+2(a+1)x-5\ge 0$이 해를 가지려면

이차방정식 $-5x^2+2(a+1)x-5=0$이 실근을 가져야 하므로 이 이차방정식의 판별식을 D라 하면

$\frac{D}{4}=(a+1)^2-25\ge 0$

$a^2+2a-24\ge 0$, $(a+6)(a-4)\ge 0$

$\therefore a\le -6$ 또는 $a\ge 4$

0994

답 ⑤

(i) $a>5$일 때,

주어진 이차부등식이 해를 가지려면

이차방정식 $(a-5)x^2-12x+a=0$이 서로 다른 두 실근을 가져야 하므로 이 이차방정식의 판별식을 D라 하면

$\frac{D}{4}=(-6)^2-a(a-5)>0$

$a^2-5a-36<0$, $(a+4)(a-9)<0$

$\therefore -4<a<9$

그런데 $a>5$이므로 $5<a<9$

(ii) $a<5$일 때,

이차함수 $y=(a-5)x^2-12x+a$의 그래프는 위로 볼록하므로 주어진 부등식의 해는 항상 존재한다.

(i), (ii)에서 $a<5$ 또는 $5<a<9$

참고

$a=5$이면 주어진 부등식은 이차부등식이 아니므로 $a\neq5$

0995

답 ①

(i) $m>0$일 때,

이차함수 $y=mx^2+5x+m+12$의 그래프는 아래로 볼록하므로 주어진 부등식의 해는 항상 존재한다.

(ii) $m<0$일 때,

주어진 이차부등식이 해를 가지려면

이차방정식 $mx^2+5x+m+12=0$이 서로 다른 두 실근을 가져야 하므로 이 이차방정식의 판별식을 D라 하면

$D=5^2-4m(m+12)>0$

$4m^2+48m-25<0$, $(2m+25)(2m-1)<0$

$\therefore -\frac{25}{2}<m<\frac{1}{2}$

그런데 $m<0$이므로 $-\frac{25}{2}<m<0$

(i), (ii)에서 $-\frac{25}{2}<m<0$ 또는 $m>0$

따라서 m의 값이 아닌 것은 ①이다.

참고

$m=0$이면 주어진 부등식은 이차부등식이 아니므로 $m\neq0$

0996

답 $k\geq-6$

(i) $k>-2$일 때,

이차함수 $y=(k+2)x^2-(k+2)x+k+5$의 그래프는 아래로 볼록하므로 주어진 부등식의 해는 항상 존재한다.

…… ❶

(ii) $k=-2$일 때,

$0\times x^2-0\times x+3=3\geq0$이므로 주어진 부등식은 모든 실수 x에 대하여 성립한다.

…… ❷

(iii) $k<-2$일 때,

주어진 부등식의 해가 존재하려면

이차방정식 $(k+2)x^2-(k+2)x+k+5=0$이 실근을 가져야 하므로 이 이차방정식의 판별식을 D라 하면

$D=\{-(k+2)\}^2-4(k+2)(k+5)\geq0$

$k^2+4k+4-4(k^2+7k+10)\geq0$

$-3k^2-24k-36\geq0$, $k^2+8k+12\leq0$

$(k+6)(k+2)\leq0$ $\quad\therefore -6\leq k\leq-2$

그런데 $k<-2$이므로 $-6\leq k<-2$

…… ❸

(i)~(iii)에서 $k\geq-6$

…… ❹

채점 기준	배점
❶ $k>-2$일 때, 주어진 부등식의 해가 항상 존재함을 보이기	30%
❷ $k=-2$일 때, 주어진 부등식의 해는 모든 실수임을 보이기	30%
❸ $k<-2$일 때, 주어진 부등식의 해가 존재하는 k의 값의 범위 구하기	30%
❹ k의 값의 범위 구하기	10%

참고

이차부등식이라는 조건이 없으므로 $k+2=0$인 경우도 생각한다.

유형 11 이차부등식이 항상 성립할 조건

확인 문제 (1) $k>10$ (2) $-6<k<2$

(1) 모든 실수 x에 대하여 $x^2+6x+k-1>0$이 성립해야 하므로

이차방정식 $x^2+6x+k-1=0$의 판별식을 D라 하면

$\frac{D}{4}=3^2-(k-1)<0$, $9-k+1<0$

$\therefore k>10$

(2) 모든 실수 x에 대하여 $-x^2+kx+k-3<0$이 성립해야 하므로

이차방정식 $-x^2+kx+k-3=0$의 판별식을 D라 하면

$D=k^2+4(k-3)<0$, $k^2+4k-12<0$

$(k+6)(k-2)<0$ $\quad\therefore -6<k<2$

0997

답 ①

모든 실수 x에 대하여 $ax^2+4(a-4)x+5a-20<0$이 성립해야 하므로 $a<0$ …… ㉠

이차방정식 $ax^2+4(a-4)x+5a-20=0$의 판별식을 D라 하면

$\frac{D}{4}=\{2(a-4)\}^2-a(5a-20)<0$

$4(a^2-8a+16)-5a^2+20a<0$

$-a^2-12a+64<0$, $a^2+12a-64>0$

$(a+16)(a-4)>0$ $\quad\therefore a<-16$ 또는 $a>4$ …… ㉡

㉠, ㉡의 공통부분을 구하면

$a<-16$

참고

$a=0$이면 주어진 부등식은 이차부등식이 아니므로 $a\neq0$

0998

답 1

이차부등식 $-x^2+(k+1)x-k\le0$이 x의 값에 관계없이 항상 성립해야 하므로 이차방정식 $-x^2+(k+1)x-k=0$의 판별식을 D라 하면

$D=(k+1)^2-4k\le0$

$k^2-2k+1\le0$, $(k-1)^2\le0$

$\therefore k=1$

0999

답 ④

모든 실수 x에 대하여 이차부등식 $x^2+(m+2)x+2m+1>0$이 성립해야 하므로 이차방정식 $x^2+(m+2)x+2m+1=0$의 판별식을 D라 하면

$D=(m+2)^2-4(2m+1)<0$

$m^2-4m<0$, $m(m-4)<0$ $\quad\therefore 0<m<4$

따라서 정수 m은 1, 2, 3이므로 구하는 합은

$1+2+3=6$

1000

답 4

모든 실수 x에 대하여 $\sqrt{x^2+3ax+a+7}$이 실수가 되려면 모든 실수 x에 대하여 $x^2+3ax+a+7\ge0$이 성립해야 한다.

이차방정식 $x^2+3ax+a+7=0$의 판별식을 D라 하면

$D=(3a)^2-4(a+7)\le0$

$9a^2-4a-28\le0$, $(9a+14)(a-2)\le0$

$\therefore -\frac{14}{9}\le a\le2$

따라서 정수 a는 -1, 0, 1, 2의 4개이다.

1001

답 $-12<k\le0$

(i) $k=0$일 때,

$0\times x^2-0\times x-3=-3<0$이므로 주어진 부등식은 모든 실수 x에 대하여 성립한다.

······························ ❶

(ii) $k\ne0$일 때,

모든 실수 x에 대하여 $kx^2-kx-3<0$이 성립하려면

$k<0$ $\quad$ ······ ㉠

이차방정식 $kx^2-kx-3=0$의 판별식을 D라 하면

$D=(-k)^2+12k<0$

$k^2+12k<0$, $k(k+12)<0$

$\therefore -12<k<0$ $\quad$ ······ ㉡

㉠, ㉡의 공통부분을 구하면

$-12<k<0$

······························ ❷

(i), (ii)에서 $-12<k\le0$

······························ ❸

채점 기준	배점
❶ $k=0$일 때, 주어진 부등식이 모든 실수 x에 대하여 성립함을 보이기	30%
❷ $k\ne0$일 때, k의 값의 범위 구하기	50%
❸ k의 값의 범위 구하기	20%

참고

이차부등식이라는 조건이 없으므로 $k=0$인 경우도 생각한다.

유형 12 이차부등식이 해를 갖지 않을 조건

1002

답 ②

$ax^2+3x\ge ax+4$에서 $ax^2+(3-a)x-4\ge0$

이 부등식이 해를 갖지 않으려면 모든 실수 x에 대하여

$ax^2+(3-a)x-4<0$이 성립해야 하므로

$a<0$ $\quad$ ······ ㉠

이차방정식 $ax^2+(3-a)x-4=0$의 판별식을 D라 하면

$D=(3-a)^2+16a<0$

$a^2+10a+9<0$, $(a+9)(a+1)<0$

$\therefore -9<a<-1$ $\quad$ ······ ㉡

㉠, ㉡의 공통부분을 구하면

$-9<a<-1$

참고

$a=0$이면 주어진 부등식은 이차부등식이 아니므로 $a\ne0$

1003

답 22

이차부등식 $x^2+8x+(a-6)<0$이 해를 갖지 않으려면 모든 실수 x에 대하여 $x^2+8x+(a-6)\ge0$이 성립해야 한다.

이차방정식 $x^2+8x+(a-6)=0$의 판별식을 D라 하면

$\frac{D}{4}=4^2-(a-6)\le0$

$16-a+6\le0$ $\quad\therefore a\ge22$

따라서 실수 a의 최솟값은 22이다.

1004

답 ③

이차부등식 $(2a-3)x^2-2ax+3<0$의 해가 없으려면 모든 실수 x에 대하여 $(2a-3)x^2-2ax+3\ge0$이 성립해야 하므로

$2a-3>0$ $\quad\therefore a>\frac{3}{2}$ $\quad$ ······ ㉠

이차방정식 $(2a-3)x^2-2ax+3=0$의 판별식을 D라 하면

$\frac{D}{4}=(-a)^2-3(2a-3)\le0$

$a^2-6a+9\le0$, $(a-3)^2\le0$

$\therefore a=3$ $\quad$ ······ ㉡

㉠, ㉡에서 $a=3$

참고

$a=\frac{3}{2}$이면 주어진 부등식은 이차부등식이 아니므로 $a\neq\frac{3}{2}$

1005

답 $-1<m<2$

이차부등식 $f(x)\geq g(x)$, 즉 $x^2-2mx-2\geq 2x^2+m$에서
$x^2+2mx+m+2\leq 0$
이 부등식을 만족시키는 해가 없으려면 모든 실수 x에 대하여
$x^2+2mx+m+2>0$이 성립해야 한다.
이차방정식 $x^2+2mx+m+2=0$의 판별식을 D라 하면
$\frac{D}{4}=m^2-(m+2)<0$
$m^2-m-2<0$, $(m+1)(m-2)<0$
$\therefore -1<m<2$

1006

답 2

부등식 $(m+4)x^2-2(m+4)x-1>0$의 해가 존재하지 않으려면 모든 실수 x에 대하여
$(m+4)x^2-2(m+4)x-1\leq 0$ …… ㉠
이 성립해야 한다.
(i) $m=-4$일 때,
$0\times x^2-0\times x-1=-1\leq 0$이므로 ㉠은 모든 실수 x에 대하여 성립한다.
…… ❶
(ii) $m\neq -4$일 때,
모든 실수 x에 대하여 ㉠이 성립하려면
$m+4<0$ $\therefore m<-4$ …… ㉡
이차방정식 $(m+4)x^2-2(m+4)x-1=0$의 판별식을 D라 하면
$\frac{D}{4}=\{-(m+4)\}^2+(m+4)\leq 0$
$(m+4)(m+4+1)\leq 0$, $(m+4)(m+5)\leq 0$
$\therefore -5\leq m\leq -4$ …… ㉢
㉡, ㉢의 공통부분을 구하면
$-5\leq m<-4$
…… ❷
(i), (ii)에서 $-5\leq m\leq -4$
따라서 정수 m은 -5, -4의 2개이다.
…… ❸

채점 기준	배점
❶ $m=-4$일 때, 부등식 $(m+4)x^2-2(m+4)x-1\leq 0$이 모든 실수 x에 대하여 성립함을 보이기	30%
❷ $m\neq -4$일 때, m의 값의 범위 구하기	40%
❸ 정수 m의 개수 구하기	30%

참고

이차부등식이라는 조건이 없으므로 $m+4=0$, 즉 $m=-4$인 경우도 생각한다.

유형 13 제한된 범위에서 항상 성립하는 이차부등식

1007

답 ⑤

$f(x)=-x^2+2x+2k+1$이라 하면
$f(x)=-(x-1)^2+2k+2$
$-1\leq x\leq 4$에서 $f(x)\geq 0$이어야 하므로
이차함수 $y=f(x)$의 그래프가 그림과 같아야 한다.

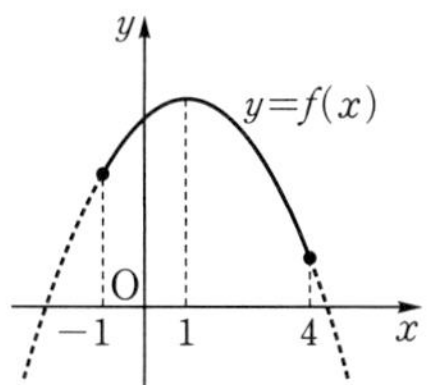

이때 $-1\leq x\leq 4$에서 $f(x)$의 최솟값은 $f(4)$이므로
$f(4)=-16+8+2k+1\geq 0$
$2k\geq 7$ $\therefore k\geq\frac{7}{2}$

1008

답 ②

$f(x)=x^2-4x-4k+3$이라 하면
$f(x)=(x-2)^2-4k-1$
$3\leq x\leq 5$에서 $f(x)\leq 0$이어야 하므로
이차함수 $y=f(x)$의 그래프가 그림과 같아야 한다.

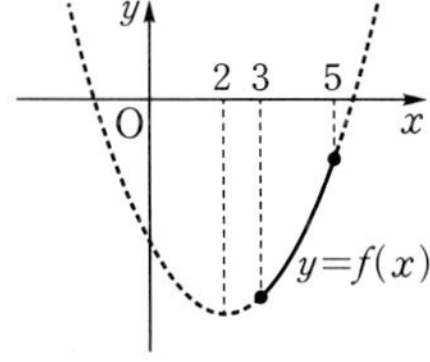

이때 $3\leq x\leq 5$에서 $f(x)$의 최댓값은 $f(5)$이므로
$f(5)=25-20-4k+3\leq 0$
$-4k\leq -8$ $\therefore k\geq 2$
따라서 k의 최솟값은 2이다.

1009

답 -4

$f(x)=-\frac{1}{2}x^2+5x+3m-\frac{1}{2}$이라 하면
$f(x)=-\frac{1}{2}(x-5)^2+3m+12$
$1\leq x\leq 7$에서 $f(x)\leq 0$이어야 하므로
이차함수 $y=f(x)$의 그래프가 그림과 같아야 한다.

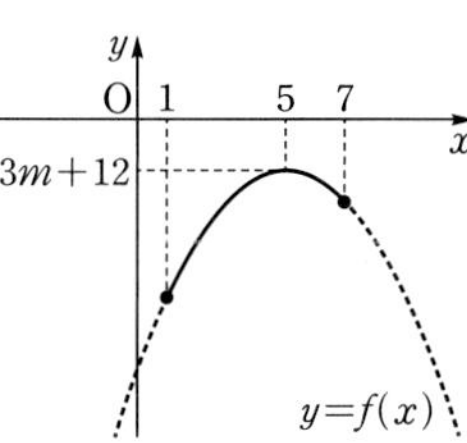

이때 $1\leq x\leq 7$에서 $f(x)$의 최댓값은 $f(5)$이므로
$f(5)=3m+12\leq 0$
$3m\leq -12$ $\therefore m\leq -4$
따라서 실수 m의 최댓값은 -4이다.

1010

답 ②

$x^2+a^2+2<2x^2+4x+2a$, 즉 $x^2+4x-a^2+2a-2>0$에서
$f(x)=x^2+4x-a^2+2a-2$라 하면
$f(x)=(x+2)^2-a^2+2a-6$

$1 \le x \le 3$에서 $f(x)>0$이어야 하므로 이차함수 $y=f(x)$의 그래프가 그림과 같아야 한다.
이때 $1 \le x \le 3$에서 $f(x)$의 최솟값은 $f(1)$이므로
$f(1)=1+4-a^2+2a-2>0$
$-a^2+2a+3>0$
$a^2-2a-3<0$, $(a+1)(a-3)<0$
$\therefore -1<a<3$
따라서 정수 a는 0, 1, 2의 3개이다.

1011

답 $1 \le a \le 7$

$x^2+7x+10 \le 0$에서 $(x+5)(x+2) \le 0$
$\therefore -5 \le x \le -2$
……………… ❶

$f(x)=x^2+3ax+a^2-11$이라 하면 $-5 \le x \le -2$에서 $f(x) \le 0$이어야 하므로 이차함수 $y=f(x)$의 그래프가 그림과 같아야 한다.

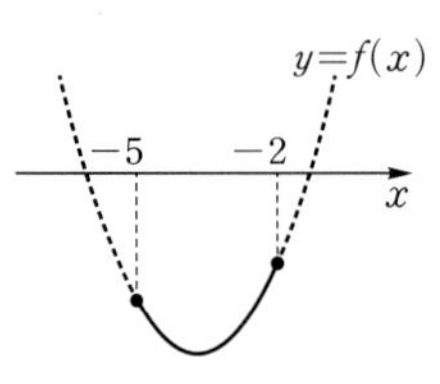

이때 $-5 \le x \le -2$에서 $f(x)$의 최댓값은 $f(-5)$ 또는 $f(-2)$이므로
(i) $f(-5) \le 0$에서
$25-15a+a^2-11 \le 0$, $a^2-15a+14 \le 0$
$(a-1)(a-14) \le 0$ $\quad \therefore 1 \le a \le 14$
……………… ❷

(ii) $f(-2) \le 0$에서
$4-6a+a^2-11 \le 0$, $a^2-6a-7 \le 0$
$(a+1)(a-7) \le 0$ $\quad \therefore -1 \le a \le 7$
……………… ❸

(i), (ii)에서 $1 \le a \le 7$
……………… ❹

채점 기준	배점
❶ $x^2+7x+10 \le 0$을 만족시키는 x의 값의 범위 구하기	20%
❷ $f(x)=x^2+3ax+a^2-11$로 놓고 $f(-5) \le 0$일 때 a의 값의 범위 구하기	40%
❸ $f(-2) \le 0$일 때, a의 값의 범위 구하기	30%
❹ a의 값의 범위 구하기	10%

1012

답 $a<1$ 또는 $a>9$

$x^2+a^2>2ax+a$에서 $x^2-2ax+a^2-a>0$
$f(x)=x^2-2ax+a^2-a$라 하면
$f(x)=(x-a)^2-a$
(i) $a<2$일 때,
$2 \le x \le 6$에서 $f(x)$의 최솟값은 $f(2)$이므로

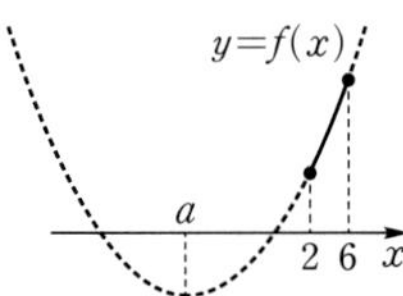

$f(2)=4-4a+a^2-a>0$
$a^2-5a+4>0$, $(a-1)(a-4)>0$
$\therefore a<1$ 또는 $a>4$
그런데 $a<2$이므로 $a<1$

(ii) $2 \le a \le 6$일 때,
$2 \le x \le 6$에서 $f(x)$의 최솟값은 $f(a)$이므로

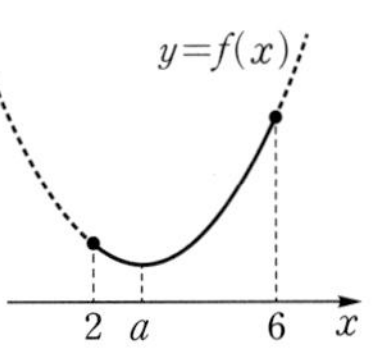

$f(a)=-a>0$ $\quad \therefore a<0$
그런데 $2 \le a \le 6$이므로 조건을 만족시키는 a의 값은 존재하지 않는다.

(iii) $a>6$일 때,
$2 \le x \le 6$에서 $f(x)$의 최솟값은 $f(6)$이므로

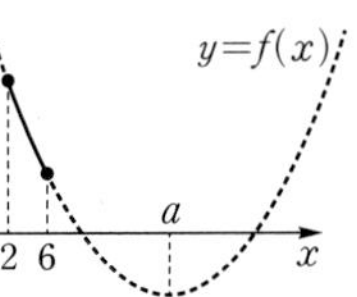

$f(6)=36-12a+a^2-a>0$
$a^2-13a+36>0$, $(a-4)(a-9)>0$
$\therefore a<4$ 또는 $a>9$
그런데 $a>6$이므로 $a>9$
(i) ~ (iii)에서 $a<1$ 또는 $a>9$

유형 14 이차부등식과 두 그래프의 위치 관계 - 만나는 경우

1013

답 2

이차함수 $y=x^2+ax+b$의 그래프가 직선 $y=-x+1$보다 아래쪽에 있는 부분의 x의 값의 범위는
$x^2+ax+b<-x+1$
즉, $x^2+(a+1)x+b-1<0$ …… ㉠
의 해와 같다.
해가 $2<x<4$이고 x^2의 계수가 1인 이차부등식은
$(x-2)(x-4)<0$ $\quad \therefore x^2-6x+8<0$ …… ㉡
㉠과 ㉡이 같아야 하므로
$a+1=-6$, $b-1=8$ $\quad \therefore a=-7$, $b=9$
$\therefore a+b=-7+9=2$

1014

답 ④

이차함수 $y=4x^2-4x-3$의 그래프가 x축보다 위쪽에 있는 부분의 x의 값의 범위는 $4x^2-4x-3>0$의 해와 같다.
$(2x+1)(2x-3)>0$ $\quad \therefore x<-\frac{1}{2}$ 또는 $x>\frac{3}{2}$
따라서 $a=-\frac{1}{2}$, $b=\frac{3}{2}$이므로
$b-a=\frac{3}{2}-\left(-\frac{1}{2}\right)=2$

1015

답 12

이차함수 $y=3x^2+ax+a-1$의 그래프가 이차함수 $y=x^2-x+b$의 그래프보다 위쪽에 있는 부분의 x의 값의 범위는
$3x^2+ax+a-1>x^2-x+b$
즉, $2x^2+(a+1)x+a-b-1>0$ …… ㉠
의 해와 같다.
……………… ❶

해가 $x<-3$ 또는 $x>2$이고 x^2의 계수가 1인 이차부등식은
$(x+3)(x-2)>0$ $\quad \therefore x^2+x-6>0$

양변에 2를 곱하면

$2x^2+2x-12>0$ …… ㉡

…… ❷

㉠과 ㉡이 같아야 하므로

$a+1=2$, $a-b-1=-12$ $\quad\therefore a=1, b=12$

$\therefore ab=1\times12=12$

…… ❸

채점 기준	배점
❶ 주어진 x의 값의 범위가 부등식 $2x^2+(a+1)x+a-b-1>0$의 해와 같음을 보이기	30%
❷ 해가 $x<-3$ 또는 $x>2$인 이차부등식 세우기	40%
❸ ab의 값 구하기	30%

1016

답 7

이차함수 $y=x^2+2mx-3m+1$의 그래프가 이차함수 $y=2x^2+3x-5$의 그래프보다 아래쪽에 있는 부분의 x의 값의 범위는

$x^2+2mx-3m+1<2x^2+3x-5$

즉, $x^2+(3-2m)x+3m-6>0$ …… ㉠

의 해와 같다.

해가 $x<2$ 또는 $x>n$이고 x^2의 계수가 1인 이차부등식은

$(x-2)(x-n)>0$ $\quad\therefore x^2-(n+2)x+2n>0$ …… ㉡

㉠과 ㉡이 같아야 하므로

$3-2m=-(n+2)$, $3m-6=2n$

위의 두 식을 연립하여 풀면 $m=4$, $n=3$

$\therefore m+n=4+3=7$

1017

답 ⑤

이차함수 $y=f(x)$의 그래프와 직선 $y=x+1$이 두 점에서 만나고 그 교점의 y좌표가 각각 3, 8이므로 $y=x+1$에서

$y=3$일 때 $x=2$이고 $y=8$일 때 $x=7$

따라서 직선 $y=x+1$과 이차함수 $y=f(x)$의 그래프의 교점은 두 점 $(2, 3)$, $(7, 8)$이므로 그림과 같다.

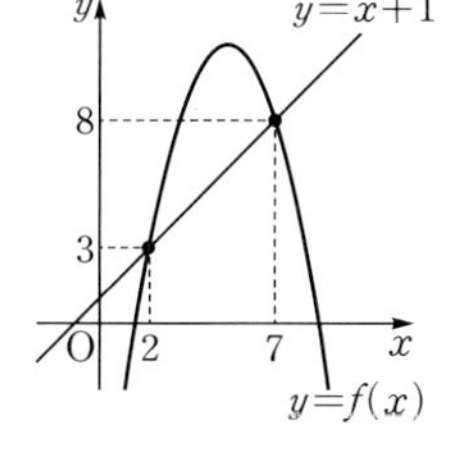

이때 이차부등식 $f(x)-x-1>0$에서 $f(x)>x+1$이고 이를 만족시키는 x의 값의 범위는 $2<x<7$이다.

따라서 정수 x는 3, 4, 5, 6이므로 구하는 합은

$3+4+5+6=18$

1018

답 -13

이차함수 $y=ax^2+bx+2a^2-9$의 그래프가 직선 $y=b+4$보다 위쪽에 있는 부분의 x의 값의 범위는

$ax^2+bx+2a^2-9>b+4$

즉, $ax^2+bx+2a^2-b-13>0$ …… ㉠

의 해와 같다.

㉠의 해가 $-4<x<3$이므로 $a<0$

해가 $-4<x<3$이고 x^2의 계수가 1인 이차부등식은

$(x+4)(x-3)<0$ $\quad\therefore x^2+x-12<0$

양변에 a를 곱하면

$ax^2+ax-12a>0$ ($\because a<0$) …… ㉡

㉠과 ㉡이 같아야 하므로

$b=a$, $2a^2-b-13=-12a$

$b=a$를 $2a^2-b-13=-12a$에 대입하면

$2a^2-a-13=-12a$, $2a^2+11a-13=0$

$(2a+13)(a-1)=0$ $\quad\therefore a=-\frac{13}{2}$ 또는 $a=1$

그런데 $a<0$이므로 $a=-\frac{13}{2}$

따라서 $b=a=-\frac{13}{2}$이므로

$a+b=-\frac{13}{2}+\left(-\frac{13}{2}\right)=-13$

유형 15 이차부등식과 두 그래프의 위치 관계 - 만나지 않는 경우

1019

답 7

이차함수 $y=x^2+3x+2$의 그래프가 직선 $y=ax-2$보다 항상 위쪽에 있으려면 모든 실수 x에 대하여 $x^2+3x+2>ax-2$, 즉 $x^2+(3-a)x+4>0$이 성립해야 한다.

이차방정식 $x^2+(3-a)x+4=0$의 판별식을 D라 하면

$D=(3-a)^2-16<0$

$a^2-6a-7<0$, $(a+1)(a-7)<0$

$\therefore -1<a<7$

따라서 정수 a는 0, 1, 2, 3, 4, 5, 6의 7개이다.

1020

답 ③

이차함수 $y=kx^2+2(k+2)x-1$의 그래프가 x축보다 항상 아래쪽에 있으려면 모든 실수 x에 대하여 $kx^2+2(k+2)x-1<0$이 성립해야 하므로

$k<0$ …… ㉠

이차방정식 $kx^2+2(k+2)x-1=0$의 판별식을 D라 하면

$\frac{D}{4}=(k+2)^2+k<0$

$k^2+5k+4<0$, $(k+4)(k+1)<0$

$\therefore -4<k<-1$ …… ㉡

㉠, ㉡의 공통부분을 구하면

$-4<k<-1$

1021

답 2

이차함수 $y=mx^2+5x+2$의 그래프가 직선 $y=3mx+1$보다 항상 위쪽에 있으려면 모든 실수 x에 대하여

$mx^2+5x+2>3mx+1$, 즉

$mx^2+(5-3m)x+1>0$이 성립해야 하므로

$m>0$ …… ㉠

이차방정식 $mx^2+(5-3m)x+1=0$의 판별식을 D라 하면

$D=(5-3m)^2-4m<0$

$9m^2-34m+25<0$, $(m-1)(9m-25)<0$

$\therefore 1<m<\frac{25}{9}$ …… ㉡

㉠, ㉡의 공통부분을 구하면

$1<m<\frac{25}{9}$

따라서 정수 m의 값은 2이다.

1022

답 -2

함수 $y=ax^2+2x-3$의 그래프가 이차함수 $y=x^2+2ax+2$의 그래프보다 항상 아래쪽에 있으려면 모든 실수 x에 대하여

$ax^2+2x-3<x^2+2ax+2$

즉, $(a-1)x^2+2(1-a)x-5<0$ …… ㉠

이 성립해야 한다.

(ⅰ) $a=1$일 때,

$0\times x^2+0\times x-5=-5<0$이므로 모든 실수 x에 대하여 ㉠이 성립한다.

…… ❶

(ⅱ) $a\neq1$일 때,

모든 실수 x에 대하여 ㉠이 성립하려면

$a-1<0$ $\therefore a<1$ …… ㉡

이차방정식 $(a-1)x^2+2(1-a)x-5=0$의 판별식을 D라 하면

$\frac{D}{4}=(1-a)^2+5(a-1)<0$

$(a-1)(a-1+5)<0$, $(a-1)(a+4)<0$

$\therefore -4<a<1$ …… ㉢

㉡, ㉢의 공통부분을 구하면

$-4<a<1$

…… ❷

(ⅰ), (ⅱ)에서 $-4<a\le1$

따라서 정수 a의 최댓값은 1, 최솟값은 -3이므로

$M=1$, $m=-3$

$\therefore M+m=1+(-3)=-2$

…… ❸

채점 기준	배점
❶ $a=1$일 때, 주어진 조건을 만족시키는 부등식의 해가 모든 실수임을 보이기	40%
❷ $a\neq1$일 때, a의 값의 범위 구하기	40%
❸ $M+m$의 값 구하기	20%

유형 16 이차부등식의 활용

1023

답 5 m

길의 폭을 x m $(x>0)$라 하면 길을 제외한 꽃밭을 직사각형 모양으로 이어 붙였을 때, 가로와 세로의 길이는 각각

$(25-x)$ m, $(20-x)$ m이므로

$25-x>0$, $20-x>0$ $\therefore 0<x<20$

길을 제외한 꽃밭의 넓이가 300 m^2 이상이 되려면

$(25-x)(20-x)\ge300$

$x^2-45x+200\ge0$, $(x-5)(x-40)\ge0$

$\therefore x\le5$ 또는 $x\ge40$

그런데 $0<x<20$이므로 $0<x\le5$

따라서 길의 폭의 최댓값은 5 m이다.

1024

답 2초

물체의 높이가 120 m 이상이려면

$-5t^2+50t\ge120$, $t^2-10t+24\le0$

$(t-4)(t-6)\le0$ $\therefore 4\le t\le6$

따라서 물체의 높이가 120 m 이상인 시간은 $6-4=2$(초) 동안이다.

1025

답 ⑤

정육면체의 한 모서리의 길이를 x cm라 하면 부피는 x^3 cm^{3}이다.

새로운 직육면체의 밑면의 가로와 세로의 길이는 각각

$(x+6)$ cm, $(x+4)$ cm이고, 높이는 $(x-6)$ cm이므로 부피는

$(x+6)(x+4)(x-6)$ cm^{3}이다.

새로운 직육면체의 부피가 처음 정육면체의 부피보다 작아졌으므로

$(x+6)(x+4)(x-6)<x^3$

$4x^2-36x-144<0$, $x^2-9x-36<0$

$(x+3)(x-12)<0$ $\therefore -3<x<12$

이때 $x-6>0$, 즉 $x>6$이므로 $6<x<12$

따라서 정육면체의 한 모서리의 길이가 될 수 없는 것은 ⑤이다.

1026

답 $x\ge10$

새로 만든 직사각형의 가로와 세로의 길이는 각각

$(65+x)$ cm, $(120+x)$ cm

…… ❶

새로 만든 직사각형의 넓이가 처음 직사각형의 넓이의 $\frac{5}{4}$배 이상이 되려면

$(65+x)(120+x)\ge65\times120\times\frac{5}{4}$

…… ❷

$x^2+185x-1950\ge0$, $(x+195)(x-10)\ge0$

$\therefore x\le-195$ 또는 $x\ge10$

그런데 $x>0$이므로 $x\ge10$

…… ❸

채점 기준	배점
❶ 새로 만든 직사각형의 가로, 세로의 길이를 x에 대한 식으로 나타내기	20%
❷ 주어진 조건을 이용하여 x에 대한 부등식 세우기	40%
❸ x의 값의 범위 구하기	40%

1027

답 ③

가격을 $100x$원 할인한다고 하면 하루 판매량이 $20x$그릇 늘어나므로 하루의 라면 판매액의 합계는

$(2000-100x)(200+20x)$(원)

하루의 라면 판매액의 합계가 442000원 이상이려면

$(2000-100x)(200+20x) \geq 442000$

$(20-x)(10+x) \geq 221$, $x^2-10x+21 \leq 0$

$(x-3)(x-7) \leq 0$ $\quad \therefore 3 \leq x \leq 7$

이때 $300 \leq 100x \leq 700$이므로

$-700 \leq -100x \leq -300$ $\quad \therefore 1300 \leq 2000-100x \leq 1700$

따라서 라면 한 그릇의 가격의 최댓값은 1700원이다.

유형 17 연립이차부등식의 풀이

확인 문제 (1) $-7 \leq x < -3$ (2) $x < -8$ 또는 $x \geq 5$

(1) $3x-2>5x+4$에서 $-2x>6$

$\therefore x<-3$ …… ㉠

$x^2+5x-14 \leq 0$에서 $(x+7)(x-2) \leq 0$

$\therefore -7 \leq x \leq 2$ …… ㉡

㉠, ㉡의 공통부분을 구하면

$-7 \leq x < -3$

(2) $x^2-x-20 \geq 0$에서 $(x+4)(x-5) \geq 0$

$\therefore x \leq -4$ 또는 $x \geq 5$ …… ㉠

$x^2+7x-8>0$에서 $(x+8)(x-1)>0$

$\therefore x<-8$ 또는 $x>1$ …… ㉡

㉠, ㉡의 공통부분을 구하면

$x<-8$ 또는 $x \geq 5$

1028

답 ⑤

$x^2-x-42 \leq 0$에서 $(x+6)(x-7) \leq 0$

$\therefore -6 \leq x \leq 7$ …… ㉠

$2x^2-3x-9>0$에서 $(2x+3)(x-3)>0$

$\therefore x<-\frac{3}{2}$ 또는 $x>3$ …… ㉡

㉠, ㉡의 공통부분을 구하면

$-6 \leq x < -\frac{3}{2}$ 또는 $3<x \leq 7$

따라서 정수 x는 -6, -5, -4, -3, -2, 4, 5, 6, 7의 9개이다.

1029

답 7

$x-1 \geq 2$에서 $x \geq 3$ …… ㉠

$x^2-6x \leq -8$에서 $x^2-6x+8 \leq 0$

$(x-2)(x-4) \leq 0$ $\quad \therefore 2 \leq x \leq 4$ …… ㉡

㉠, ㉡의 공통부분을 구하면

$3 \leq x \leq 4$

따라서 $\alpha=3$, $\beta=4$이므로

$\alpha+\beta=3+4=7$

1030

답 ②

$2x+1<x-3$에서 $x<-4$ …… ㉠

$x^2+6x-7<0$에서 $(x+7)(x-1)<0$

$\therefore -7<x<1$ …… ㉡

㉠, ㉡의 공통부분을 구하면

$-7<x<-4$

따라서 정수 x는 -6, -5의 2개이다.

1031

답 ④

$x^2-4x-12 \leq 0$에서 $(x+2)(x-6) \leq 0$

$\therefore -2 \leq x \leq 6$ …… ㉠

$x^2-4x+4>0$, $(x-2)^2>0$

$\therefore x \neq 2$인 모든 실수 …… ㉡

㉠, ㉡의 공통부분을 구하면 $-2 \leq x < 2$ 또는 $2<x \leq 6$

따라서 모든 정수 x는 -2, -1, 0, 1, 3, 4, 5, 6의 8개이다.

1032

답 ⑤

$x^2-3x-18 \leq 0$에서 $(x+3)(x-6) \leq 0$

$\therefore -3 \leq x \leq 6$ …… ㉠

$x^2-8x+15 \geq 0$에서 $(x-3)(x-5) \geq 0$

$\therefore x \leq 3$ 또는 $x \geq 5$ …… ㉡

㉠, ㉡의 공통부분을 구하면

$-3 \leq x \leq 3$ 또는 $5 \leq x \leq 6$

따라서 정수 x는 -3, -2, -1, 0, 1, 2, 3, 5, 6이므로 구하는 합은

$-3+(-2)+(-1)+0+1+2+3+5+6=11$

1033

답 27

$3x^2+2x-26<x^2+16x+10$에서

$2x^2-14x-36<0$, $x^2-7x-18<0$

$(x+2)(x-9)<0$ $\quad \therefore -2<x<9$ …… ㉠

…… ❶

$x^2+16x+10 \leq 2x^2+10x+15$에서

$x^2-6x+5 \geq 0$, $(x-1)(x-5) \geq 0$

$\therefore x \leq 1$ 또는 $x \geq 5$ …… ㉡

…… ❷

㉠, ㉡의 공통부분을 구하면

$-2<x \leq 1$ 또는 $5 \leq x<9$

…… ❸

따라서 자연수 x는 1, 5, 6, 7, 8이므로 구하는 합은

$1+5+6+7+8=27$

…… ❹

채점 기준	배점
❶ 부등식 $3x^2+2x-26<x^2+16x+10$의 해 구하기	30%
❷ 부등식 $x^2+16x+10 \leq 2x^2+10x+15$의 해 구하기	30%
❸ 주어진 부등식의 해 구하기	30%
❹ 모든 자연수 x의 값의 합 구하기	10%

1034

답 $-5<x\le 2$ 또는 $x=4$

$\dfrac{\sqrt{x^2-6x+8}}{\sqrt{x^2+2x-15}}=-\sqrt{\dfrac{x^2-6x+8}{x^2+2x-15}}$이므로

$x^2-6x+8>0$, $x^2+2x-15<0$

또는 $x^2-6x+8=0$, $x^2+2x-15\ne 0$

(i) $x^2-6x+8>0$에서 $(x-2)(x-4)>0$

$\therefore x<2$ 또는 $x>4$ ...... ㉠

$x^2+2x-15<0$에서 $(x+5)(x-3)<0$

$\therefore -5<x<3$ ...... ㉡

㉠, ㉡의 공통부분을 구하면

$-5<x<2$

(ii) $x^2-6x+8=0$에서 $(x-2)(x-4)=0$

$\therefore x=2$ 또는 $x=4$ ...... ㉢

$x^2+2x-15\ne 0$에서 $(x+5)(x-3)\ne 0$

$\therefore x\ne -5$, $x\ne 3$ ...... ㉣

㉢, ㉣의 공통부분을 구하면

$x=2$ 또는 $x=4$

(i), (ii)에서 $-5<x\le 2$ 또는 $x=4$

Bible Says 음수의 제곱근의 성질

두 실수 a, b에 대하여

(1) $\sqrt{a}\sqrt{b}=-\sqrt{ab}$이면 $a<0$, $b<0$ 또는 $a=0$ 또는 $b=0$

(2) $\dfrac{\sqrt{a}}{\sqrt{b}}=-\sqrt{\dfrac{a}{b}}$이면 $a>0$, $b<0$ 또는 $a=0$, $b\ne 0$

유형 18 절댓값 기호를 포함한 연립부등식

1035

답 ⑤

$|x-1|\le 3$에서 $-3\le x-1\le 3$

$\therefore -2\le x\le 4$ ...... ㉠

$x^2-8x+15>0$에서 $(x-3)(x-5)>0$

$\therefore x<3$ 또는 $x>5$ ...... ㉡

㉠, ㉡의 공통부분을 구하면

$-2\le x<3$

따라서 정수 x는 -2, -1, 0, 1, 2의 5개이다.

1036

답 -1

$6x^2+5x-4<0$에서 $(3x+4)(2x-1)<0$

$\therefore -\dfrac{4}{3}<x<\dfrac{1}{2}$ ...... ㉠

$x^2-4|x|+3\le 0$에서

(i) $x<0$일 때, $x^2+4x+3\le 0$이므로

$(x+3)(x+1)\le 0$ $\therefore -3\le x\le -1$

그런데 $x<0$이므로 $-3\le x\le -1$

(ii) $x\ge 0$일 때, $x^2-4x+3\le 0$이므로

$(x-1)(x-3)\le 0$ $\therefore 1\le x\le 3$

그런데 $x\ge 0$이므로 $1\le x\le 3$

(i), (ii)에서 $-3\le x\le -1$ 또는 $1\le x\le 3$ ...... ㉡

㉠, ㉡의 공통부분을 구하면 $-\dfrac{4}{3}<x\le -1$

따라서 주어진 연립부등식을 만족시키는 정수 x는 -1이다.

다른 풀이

$x^2=|x|^2$이므로 $x^2-4|x|+3\le 0$에서

$|x|^2-4|x|+3\le 0$, $(|x|-1)(|x|-3)\le 0$

$1\le |x|\le 3$

$\therefore -3\le x\le -1$ 또는 $1\le x\le 3$

1037

답 3

$2x+3<-1$에서 $2x<-4$

$\therefore x<-2$ ...... ㉠

.... ❶

$|x^2+13x+24|<12$에서 $-12<x^2+13x+24<12$

$-12<x^2+13x+24$에서 $x^2+13x+36>0$

$(x+9)(x+4)>0$ $\therefore x<-9$ 또는 $x>-4$ ...... ㉡

.... ❷

$x^2+13x+24<12$에서 $x^2+13x+12<0$

$(x+12)(x+1)<0$ $\therefore -12<x<-1$ ...... ㉢

.... ❸

㉠ ~ ㉢의 공통부분을 구하면

$-12<x<-9$ 또는 $-4<x<-2$

따라서 정수 x는 -11, -10, -3의 3개이다.

.... ❹

채점 기준	배점
❶ 부등식 $2x+3<-1$의 해 구하기	20%
❷ 부등식 $-12<x^2+13x+24$의 해 구하기	30%
❸ 부등식 $x^2+13x+24<12$의 해 구하기	30%
❹ 정수 x의 개수 구하기	20%

유형 19 해가 주어진 연립이차부등식

1038

답 ③

$x^2-3x-18<0$에서 $(x+3)(x-6)<0$

$\therefore -3<x<6$ ...... ㉠

$x^2-(a+5)x+5a>0$에서 $(x-a)(x-5)>0$ ...... ㉡

㉠, ㉡의 공통부분이 $5<x<6$이므로 그림에서

$a\le -3$

따라서 a의 최댓값은 -3이다.

1039

답 ⑤

$3x^2-1<2x$에서 $3x^2-2x-1<0$

$(3x+1)(x-1)<0$ $\therefore -\dfrac{1}{3}<x<1$ ...... ㉠

$2x\le x+a-1$에서 $x\le a-1$ ...... ㉡

㉠, ㉡의 공통부분이 $-\frac{1}{3}<x<1$ 이므로 그림에서

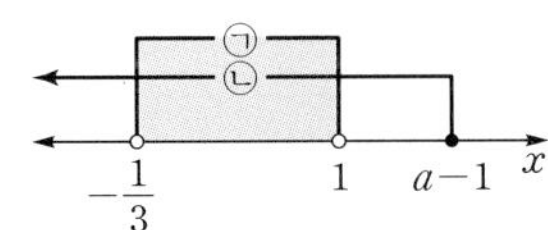

$a-1\ge1$ $\quad\therefore a\ge2$

1040

답 5

$x^2-(a+c)x+ac>0$에서 $(x-a)(x-c)>0$

$\therefore x<a$ 또는 $x>c$ ($\because a<c$) ...... ㉠

$x^2-(b+d)x+bd>0$에서 $(x-b)(x-d)>0$

$\therefore x<b$ 또는 $x>d$ ($\because b<d$) ...... ㉡

㉠, ㉡의 공통부분을 구하면

$x<a$ 또는 $x>d$ ($\because a<b<c<d$)

$\therefore a=-4,\ d=5$

이것을 $x^2+ax-d<0$에 대입하면

$x^2-4x-5<0,\ (x+1)(x-5)<0$

$\therefore -1<x<5$

따라서 정수 x는 0, 1, 2, 3, 4의 5개이다.

1041

답 ④

연립부등식 $\begin{cases} x^2+ax+b>0 & \cdots\cdots ㉠ \\ x^2+cx+d\le0 & \cdots\cdots ㉡ \end{cases}$의 해 $2\le x<4$ 또는 $4<x\le7$을 수직선 위에 나타내면 그림과 같다.

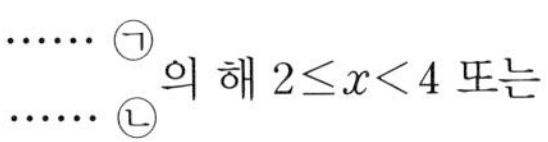

즉, $x^2+ax+b>0$의 해는 $x\neq4$인 모든 실수이므로

$(x-4)^2>0,\ x^2-8x+16>0$

$\therefore a=-8,\ b=16$

또한 $x^2+cx+d\le0$의 해는 $2\le x\le7$이므로

$(x-2)(x-7)\le0,\ x^2-9x+14\le0$

$\therefore c=-9,\ d=14$

$\therefore a+b+c+d=-8+16+(-9)+14=13$

1042

답 ③

$x^2+4x-21\le0$에서 $(x+7)(x-3)\le0$

$\therefore -7\le x\le3$ ...... ㉠

$x^2-5kx-6k^2>0$에서 $(x+k)(x-6k)>0$

$\therefore x<-k$ 또는 $x>6k$ ($\because k>0$) ...... ㉡

주어진 연립이차부등식의 해가 존재하려면 ㉠, ㉡의 공통부분이 존재해야 하므로 그림에서

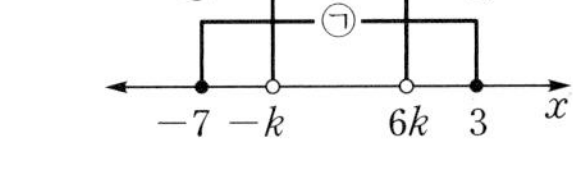

$-k>-7$ 또는 $6k<3$

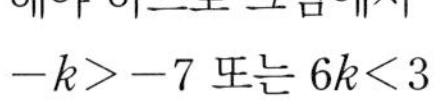

$k<7$ 또는 $k<\frac{1}{2}$ $\quad\therefore k<7$

이때 $k>0$이므로 $0<k<7$

따라서 양의 정수 k는 1, 2, 3, 4, 5, 6의 6개이다.

1043

답 $-\frac{7}{8}\le a<1$

모든 실수 x에 대하여 $-2x^2-1\le x+a$, 즉 $2x^2+x+a+1\ge0$이 성립해야 하므로 이차방정식 $2x^2+x+a+1=0$의 판별식을 D_1이라 하면

$D_1=1^2-8(a+1)\le0$

$1-8a-8\le0,\ -8a\le7$ $\quad\therefore a\ge-\frac{7}{8}$ ...... ㉠

❶

모든 실수 x에 대하여 $x+a<3x^2-5x+4$, 즉 $3x^2-6x+4-a>0$이 성립해야 하므로 이차방정식 $3x^2-6x+4-a=0$의 판별식을 D_2라 하면

$\frac{D_2}{4}=(-3)^2-3(4-a)<0$

$9-12+3a<0,\ 3a<3$ $\quad\therefore a<1$ ...... ㉡

❷

㉠, ㉡의 공통부분을 구하면

$-\frac{7}{8}\le a<1$

❸

채점 기준	배점
❶ 모든 실수 x에 대하여 부등식 $-2x^2-1\le x+a$가 성립하도록 하는 a의 값의 범위 구하기	40%
❷ 모든 실수 x에 대하여 부등식 $x+a<3x^2-5x+4$가 성립하도록 하는 a의 값의 범위 구하기	40%
❸ a의 값의 범위 구하기	20%

유형 20 정수인 해의 개수가 주어진 연립이차부등식

1044

답 ②

$x^2+12x+32\le0$에서 $(x+8)(x+4)\le0$

$\therefore -8\le x\le-4$ ...... ㉠

$x^2-a^2<0$에서 $(x+a)(x-a)<0$

$\therefore -a<x<a$ ($\because a$는 자연수) ...... ㉡

㉠, ㉡을 동시에 만족시키는 정수 x가 3개이므로 그림에서

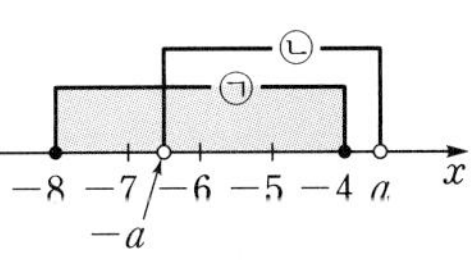

$-7\le-a<-6$ $\quad\therefore 6<a\le7$

따라서 자연수 a의 값은 7이다.

1045

답 ③

$x^2-2x-3\le0$에서 $(x+1)(x-3)\le0$

$\therefore -1\le x\le3$ ...... ㉠

㉠과 $(x-4)(x-a)\le0$을 동시에 만족시키는 정수 x가 4개이므로 그림에서

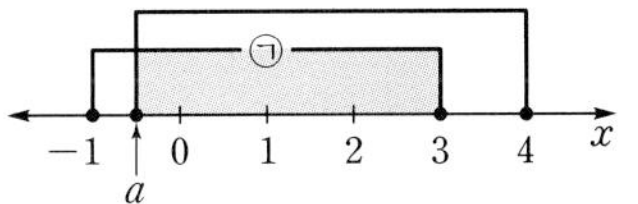

$-1<a\le0$

1046

답 $6<a\le7$

$x^2-8x+15>0$에서 $(x-3)(x-5)>0$

$\therefore x<3$ 또는 $x>5$ …… ㉠

$x^2-(a+2)x+2a<0$에서 $(x-2)(x-a)<0$ …… ㉡

㉠, ㉡을 동시에 만족시키는 정수 x의 값이 6뿐이므로 그림에서

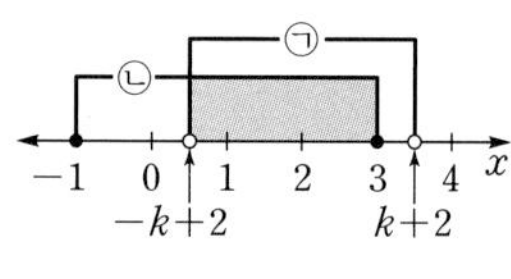

$6<a\le7$

1047

답 ③

$|x-2|<k$에서 k가 양수이므로 $-k<x-2<k$

$\therefore -k+2<x<k+2$ …… ㉠

$x^2-2x-3\le0$에서 $(x+1)(x-3)\le0$

$\therefore -1\le x\le3$ …… ㉡

㉠에서 x의 값의 범위는 $x=2$인 점에 대하여 대칭이므로 ㉠, ㉡을 동시에 만족시키는 정수 x가 3개 존재하려면 그림에서 $0\le-k+2<1$이고 $3<k+2\le4$이어야 한다.

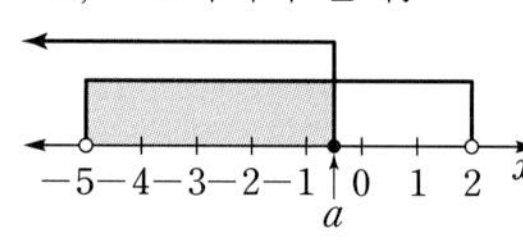

$\therefore 1<k\le2$

따라서 양수 k의 최댓값은 2이다.

1048

답 ②

$x^2+3x-10<0$에서 $(x+5)(x-2)<0$ $\therefore -5<x<2$

이 이차부등식을 만족시키는 정수 x는 $-4, -3, -2, -1, 0, 1$의 6개이다.

$ax\ge a^2$에서

(i) $a=0$인 경우

$0\times x\ge0$이고 이 부등식의 해는 모든 실수이므로 주어진 연립부등식을 만족시키는 정수 x는 $-4, -3, -2, -1, 0, 1$의 6개이다. 따라서 주어진 조건을 만족시키지 않는다.

(ii) $a>0$인 경우

$x\ge a$이므로 주어진 연립부등식을 만족시키는 정수 x의 개수는 0 또는 1이다. 따라서 주어진 조건을 만족시키지 않는다.

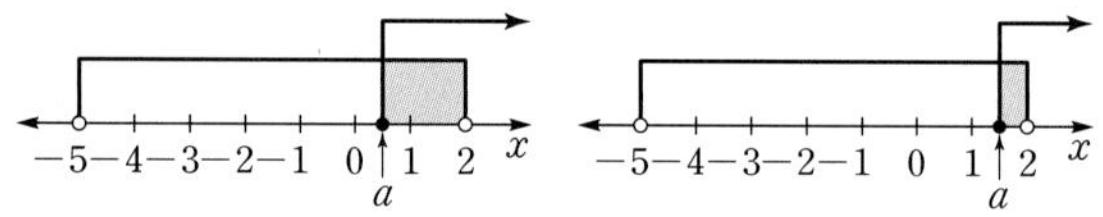

(iii) $a<0$인 경우

$x\le a$이므로 주어진 연립부등식을 만족시키는 정수 x의 개수가 4이기 위해서는 그 값이 $-4, -3, -2, -1$이어야 한다.

즉, 그림에서 a의 값의 범위는 $-1\le a<0$이어야 하므로 정수 a의 값은 -1이다.

(i)~(iii)에서 $a=-1$

1049

답 ④

$|x-k|\le5$에서 $-5\le x-k\le5$

$\therefore k-5\le x\le k+5$ …… ㉠

$x^2-x-12>0$에서 $(x+3)(x-4)>0$

$\therefore x<-3$ 또는 $x>4$ …… ㉡

(i) $k+5\le4$, 즉 $k\le-1$일 때

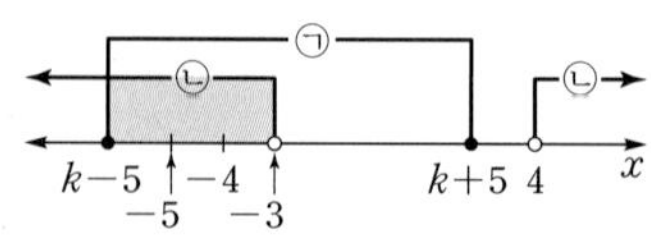

㉠, ㉡을 동시에 만족시키는 정수 x는 모두 -3보다 작으므로 그 합은 7보다 작게 되어 조건을 만족시키지 않는다.

(ii) $k-5<-3$이고 $k+5>4$, 즉 $-1<k<2$일 때

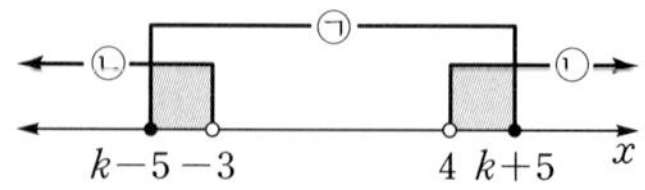

$k=0$이면 ㉠, ㉡을 동시에 만족시키는 정수 x는 $-5, -4, 5$이고 그 합은 -4가 되어 조건을 만족시키지 않는다.

$k=1$이면 ㉠, ㉡을 동시에 만족시키는 정수 x는 $-4, 5, 6$이고 그 합은 7이 되어 조건을 만족시킨다.

(iii) $k-5\ge-3$, 즉 $k\ge2$일 때

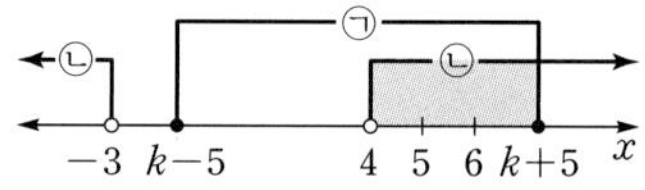

㉠, ㉡을 동시에 만족시키는 정수 x는 3개 이상이고 모두 4보다 크므로 그 합은 7보다 크게 되어 조건을 만족시키지 않는다.

(i)~(iii)에서 $k=1$

1050

답 $-4\le a<-3$ 또는 $2<a\le3$

$x^2-5|x|<0$에서

(i) $x<0$일 때, $x^2+5x<0$이므로

$x(x+5)<0$ $\therefore -5<x<0$

그런데 $x<0$이므로 $-5<x<0$

(ii) $x\ge0$일 때, $x^2-5x<0$이므로

$x(x-5)<0$ $\therefore 0<x<5$

그런데 $x\ge0$이므로 $0<x<5$

(i), (ii)에서 $x^2-5|x|<0$의 해는

$-5<x<0$ 또는 $0<x<5$ …… ㉠

$x^2+(1-a)x-a<0$에서 $(x+1)(x-a)<0$

(iii) $a<-1$일 때,

$(x+1)(x-a)<0$에서 $a<x<-1$ …… ㉡

㉠, ㉡을 동시에 만족시키는 정수 x가 2개이므로 다음 그림에서

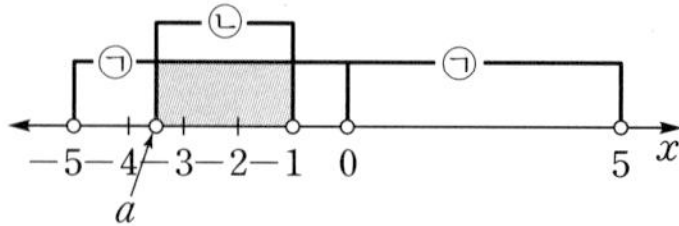

$-4\le a<-3$

그런데 $a<-1$이므로 $-4\le a<-3$

(iv) $a>-1$일 때,

$(x+1)(x-a)<0$에서 $-1<x<a$ …… ㉢

㉠, ㉢을 동시에 만족시키는 정수 x가 2개이므로 다음 그림에서

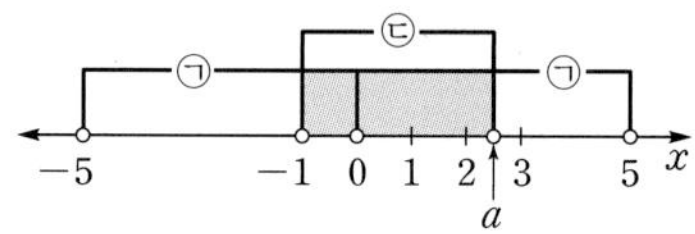

$2<a\le3$

그런데 $a>-1$이므로 $2<a\le3$

(iii), (iv)에서 $-4\le a<-3$ 또는 $2<a\le3$

다른 풀이

$x^2=|x|^2$이므로 $x^2-5|x|<0$에서

$|x|^2-5|x|<0$, $|x|(|x|-5)<0$ $\quad\therefore 0<|x|<5$

$0<|x|$에서 $x\ne0$ …… ㉣

$|x|<5$에서 $-5<x<5$ …… ㉤

㉣, ㉤의 공통부분을 구하면

$-5<x<0$ 또는 $0<x<5$

유형 21 연립이차부등식의 활용

1051

답 ③

주어진 그림에서 길의 넓이는

$(2x+150)(2x+100)-150\times100=4x^2+500x\ (\mathrm{m}^2)$

길의 넓이가 $1275\ \mathrm{m}^2$ 이상 $2600\ \mathrm{m}^2$ 이하이므로

$1275\le4x^2+500x\le2600$

$1275\le4x^2+500x$에서 $4x^2+500x-1275\ge0$

$(2x+255)(2x-5)\ge0$ $\quad\therefore x\le-\frac{255}{2}$ 또는 $x\ge\frac{5}{2}$

그런데 $x>0$이므로 $x\ge\frac{5}{2}$ …… ㉠

$4x^2+500x\le2600$에서 $4x^2+500x-2600\le0$

$x^2+125x-650\le0$, $(x+130)(x-5)\le0$

$\therefore -130\le x\le5$

그런데 $x>0$이므로 $0<x\le5$ …… ㉡

㉠, ㉡의 공통부분을 구하면

$\frac{5}{2}\le x\le5$

1052

답 5

$x-3$, x, $x+3$은 변의 길이이므로

$x-3>0$ $\quad\therefore x>3$ …… ㉠

…… ❶

세 변 중 가장 긴 변의 길이는 $x+3$이므로 삼각형이 만들어질 조건에 의하여

$x+3<x-3+x$

$x+3<2x-3$ $\quad\therefore x>6$ …… ㉡

…… ❷

또한 둔각삼각형이 되려면

$(x+3)^2>(x-3)^2+x^2$

$x^2+6x+9>x^2-6x+9+x^2$

$x^2-12x<0$, $x(x-12)<0$

$\therefore 0<x<12$ …… ㉢

…… ❸

㉠~㉢의 공통부분을 구하면

$6<x<12$

따라서 자연수 x는 7, 8, 9, 10, 11의 5개이다.

…… ❹

채점 기준	배점
❶ 변의 길이가 양수임을 이용하여 x의 값의 범위 구하기	10%
❷ 삼각형이 만들어질 조건을 이용하여 x의 값의 범위 구하기	30%
❸ 둔각삼각형임을 이용하여 x의 값의 범위 구하기	30%
❹ 자연수 x의 개수 구하기	30%

1053

답 18

직사각형의 둘레의 길이가 32이므로 가로의 길이를 x라 하면 세로의 길이는 $16-x$이다.

이때 x, $16-x$는 변의 길이이고, 가로의 길이가 세로의 길이보다 길거나 같으므로

$x>0$, $16-x>0$, $x\ge16-x$

$\therefore 8\le x<16$ …… ㉠

직사각형의 넓이가 60 이상이므로

$x(16-x)\ge60$

$x^2-16x+60\le0$, $(x-6)(x-10)\le0$

$\therefore 6\le x\le10$ …… ㉡

㉠, ㉡의 공통부분을 구하면

$8\le x\le10$

따라서 가로의 길이의 최댓값은 10, 최솟값은 8이므로 구하는 합은

$10+8=18$

1054

답 18

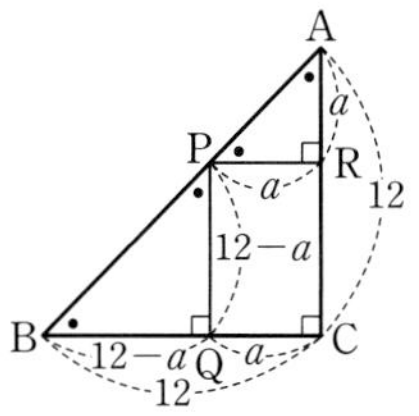

그림에서 $\triangle ABC$는 직각이등변삼각형이므로 $\triangle APR$, $\triangle PBQ$도 직각이등변삼각형이다.

$\overline{QC}=a$이므로

$0<a<12$ …… ㉠

$\overline{PR}=a$, $\overline{BQ}=12-a$이므로

$\overline{AR}=\overline{PR}=a$, $\overline{PQ}=\overline{BQ}=12-a$

$\therefore \square PQCR=a(12-a)$, $\triangle APR=\frac{1}{2}a^2$, $\triangle PBQ=\frac{1}{2}(12-a)^2$

이때 $\square PQCR>\triangle APR$이므로

$a(12-a)>\frac{1}{2}a^2$, $a^2-8a<0$

$a(a-8)<0$ $\quad\therefore 0<a<8$ …… ㉡

또한 $\square PQCR>\triangle PBQ$이므로

$a(12-a)>\frac{1}{2}(12-a)^2$, $12a-a^2>\frac{1}{2}(144-24a+a^2)$

$a^2-16a+48<0$, $(a-4)(a-12)<0$

$\therefore 4<a<12$ …… ㉢

㉠~㉢의 공통부분을 구하면

$4<a<8$

따라서 자연수 a는 5, 6, 7이므로 구하는 합은

$5+6+7=18$

유형 22 이차방정식의 근의 판별과 이차부등식

1055

답 ③

이차방정식 $2x^2+(a-12)x-a^2+24=0$이 허근을 가지므로 이 이차방정식의 판별식을 D라 하면

$D=(a-12)^2-8(-a^2+24)<0$

$a^2-24a+144+8a^2-192<0$, $9a^2-24a-48<0$

$3a^2-8a-16<0$, $(3a+4)(a-4)<0$

$\therefore -\frac{4}{3}<a<4$

따라서 정수 a의 최댓값은 3이다.

1056

답 ①

이차방정식 $x^2-2(k+2)x+2k^2-28=0$이 서로 다른 두 실근을 가지므로 이 이차방정식의 판별식을 D라 하면

$\frac{D}{4}=\{-(k+2)\}^2-(2k^2-28)>0$

$k^2+4k+4-2k^2+28>0$, $-k^2+4k+32>0$

$k^2-4k-32<0$, $(k+4)(k-8)<0$

$\therefore -4<k<8$

따라서 정수 k는 -3, -2, -1, $\cdots$, 7의 11개이다.

1057

답 ②

이차방정식 $x^2-2kx+5k+6=0$이 실근을 가지므로 이 이차방정식의 판별식을 D_1이라 하면

$\frac{D_1}{4}=(-k)^2-(5k+6)\geq0$

$k^2-5k-6\geq0$, $(k+1)(k-6)\geq0$

$\therefore k\leq-1$ 또는 $k\geq6$ $\cdots\cdots$ ㉠

이차방정식 $x^2+3kx+2k^2+4=0$이 허근을 가지므로 이 이차방정식의 판별식을 D_2라 하면

$D_2=(3k)^2-4(2k^2+4)<0$

$k^2-16<0$, $(k+4)(k-4)<0$

$\therefore -4<k<4$ $\cdots\cdots$ ㉡

㉠, ㉡의 공통부분을 구하면

$-4<k\leq-1$

1058

답 ⑤

이차함수 $y=x^2+6x-3$의 그래프와 직선 $y=kx-7$이 만나지 않으려면 이차방정식 $x^2+6x-3=kx-7$, 즉 $x^2+(6-k)x+4=0$이 허근을 가져야 하므로 이 이차방정식의 판별식을 D라 하면

$D=(6-k)^2-16<0$

$k^2-12k+20<0$, $(k-2)(k-10)<0$

$\therefore 2<k<10$

따라서 자연수 k는 3, 4, 5, 6, 7, 8, 9의 7개이다.

1059

답 $-1<a<7$

이차방정식 $x^2-2(3m+1)x+m^2+2am-1=0$이 서로 다른 두 실근을 가지므로 이 이차방정식의 판별식을 D_1이라 하면

$\frac{D_1}{4}=\{-(3m+1)\}^2-(m^2+2am-1)>0$

$9m^2+6m+1-m^2-2am+1>0$, $8m^2+2(3-a)m+2>0$

$4m^2+(3-a)m+1>0$ $\cdots\cdots$ ㉠

❶

㉠이 실수 m의 값에 관계없이 항상 성립해야 하므로 m에 대한 이차방정식 $4m^2+(3-a)m+1=0$의 판별식을 D_2라 하면

$D_2=(3-a)^2-16<0$

$a^2-6a-7<0$, $(a+1)(a-7)<0$

$\therefore -1<a<7$

❷

채점 기준	배점
❶ m에 대한 이차부등식 세우기	40%
❷ a의 값의 범위 구하기	60%

유형 23 이차방정식의 실근의 부호

확인 문제 $\frac{1}{2}<k\leq1$

(i) 이차방정식 $x^2+2x+2k-1=0$의 판별식을 D라 하면

$\frac{D}{4}=1^2-(2k-1)\geq0$, $2k\leq2$ $\quad\therefore k\leq1$ $\cdots\cdots$ ㉠

(ii) (두 근의 합)$=-2<0$

(iii) (두 근의 곱)$=2k-1>0$, $2k>1$ $\quad\therefore k>\frac{1}{2}$ $\cdots\cdots$ ㉡

㉠, ㉡의 공통부분을 구하면

$\frac{1}{2}<k\leq1$

1060

답 ③

이차방정식 $x^2-3x+k^2-4k-21=0$의 두 근의 부호가 서로 다르므로

(두 근의 곱)$=k^2-4k-21<0$

$(k+3)(k-7)<0$ $\quad\therefore -3<k<7$

따라서 정수 k의 최솟값은 -2이다.

1061

답 ①

(i) 이차방정식 $x^2+2(a-5)x+a-3=0$의 판별식을 D라 하면

$\frac{D}{4}=(a-5)^2-(a-3)\geq0$

$a^2-10a+25-a+3\geq0$, $a^2-11a+28\geq0$

$(a-4)(a-7)\geq0$ $\quad\therefore a\leq4$ 또는 $a\geq7$ $\cdots\cdots$ ㉠

(ii) (두 근의 합)$=-2(a-5)>0$

$a-5<0$ $\quad\therefore a<5$ $\cdots\cdots$ ㉡

(iii) (두 근의 곱)$=a-3>0$

$\therefore a>3$ ...... ㉢

㉠ ~ ㉢의 공통부분을 구하면

$3<a\le4$

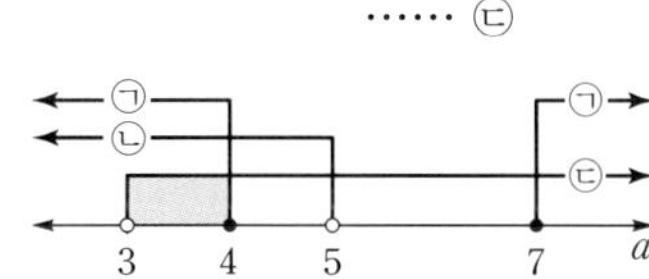

1062

답 7

(i) 이차방정식 $x^2+(m+4)x+3m+7=0$의 판별식을 D라 하면

$D=(m+4)^2-4(3m+7)>0$

$m^2+8m+16-12m-28>0$, $m^2-4m-12>0$

$(m+2)(m-6)>0$ $\therefore m<-2$ 또는 $m>6$ ...... ㉠

(ii) (두 근의 합)$=-(m+4)<0$

$m+4>0$ $\therefore m>-4$ ...... ㉡

(iii) (두 근의 곱)$=3m+7>0$ $\therefore m>-\frac{7}{3}$ ...... ㉢

㉠ ~ ㉢의 공통부분을 구하면

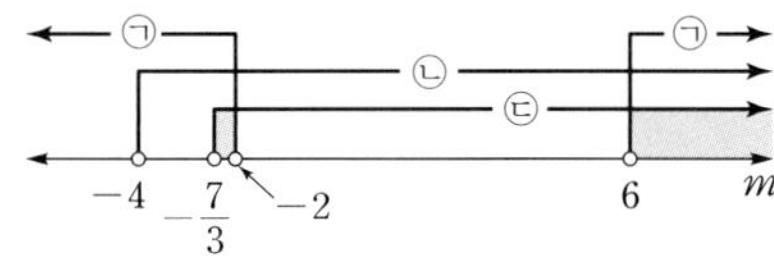

$-\frac{7}{3}<m<-2$ 또는 $m>6$

따라서 정수 m의 최솟값은 7이다.

1063

답 -1

이차방정식 $2x^2+(a^2-3a-4)x+a^2-4=0$의 두 근의 부호가 서로 다르므로

(두 근의 곱)$=\frac{a^2-4}{2}<0$, $a^2-4<0$

$(a+2)(a-2)<0$ $\therefore -2<a<2$ ...... ㉠

.... ❶

또한 두 근의 절댓값이 같으므로

(두 근의 합)$=-\frac{a^2-3a-4}{2}=0$

$a^2-3a-4=0$, $(a+1)(a-4)=0$

$\therefore a=-1$ 또는 $a=4$ ...... ㉡

.... ❷

㉠, ㉡에서 $a=-1$

.... ❸

채점 기준	배점
❶ 두 근의 부호가 서로 다름을 이용하여 a의 값의 범위 구하기	40%
❷ 두 근의 절댓값이 같음을 이용하여 a의 값 구하기	40%
❸ a의 값 구하기	20%

Bible Says 이차방정식의 두 실근의 절댓값

이차방정식의 두 근이 서로 다른 부호일 때

(1) |양수인 근|=|음수인 근|
➡ (두 근의 합)$=0$, (두 근의 곱)<0

(2) |양수인 근|>|음수인 근|
➡ (두 근의 합)>0, (두 근의 곱)<0

(3) |양수인 근|<|음수인 근|
➡ (두 근의 합)<0, (두 근의 곱)<0

1064

답 ①

이차방정식 $x^2+(a^2-4a+3)x-a+2=0$의 두 근의 부호가 서로 다르므로

(두 근의 곱)$=-a+2<0$ $\therefore a>2$ ...... ㉠

또한 음의 근의 절댓값이 양의 근보다 크므로

(두 근의 합)$=-(a^2-4a+3)<0$

$a^2-4a+3>0$, $(a-1)(a-3)>0$

$\therefore a<1$ 또는 $a>3$ ...... ㉡

㉠, ㉡의 공통부분을 구하면

$a>3$

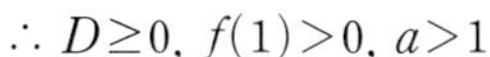

유형 24 이차방정식의 실근의 위치

확인 문제 (1) ≥, >, > (2) <

(1) 이차방정식 $f(x)=0$의 두 근이 모두 1보다 크므로 이차함수 $y=f(x)$의 그래프는 그림과 같다.

$\therefore D\ge0$, $f(1)>0$, $a>1$

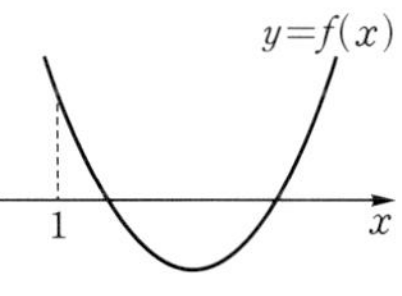

(2) 이차방정식 $f(x)=0$의 두 근 사이에 -2가 있으므로 이차함수 $y=f(x)$의 그래프는 그림과 같다.

$\therefore f(-2)<0$

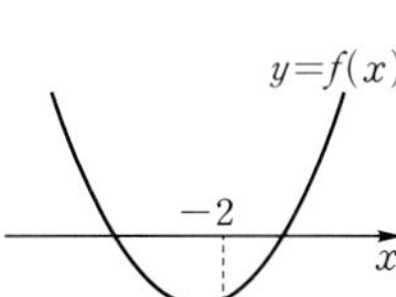

1065

답 ②

$f(x)=x^2+2ax+4a+5$라 하면 이차방정식 $f(x)=0$의 두 근이 모두 -1보다 크므로 이차함수 $y=f(x)$의 그래프는 오른쪽 그림과 같다.

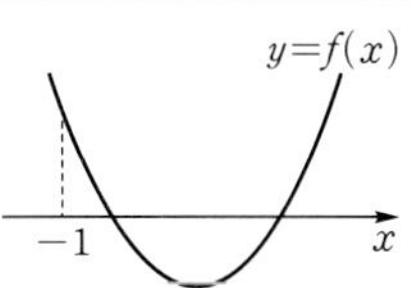

(i) $f(x)=0$의 판별식을 D라 하면

$\frac{D}{4}=a^2-(4a+5)\ge0$

$a^2-4a-5\ge0$, $(a+1)(a-5)\ge0$

$\therefore a\le-1$ 또는 $a\ge5$ ...... ㉠

(ii) $f(-1)=1-2a+4a+5>0$

$2a>-6$ $\therefore a>-3$ ...... ㉡

(iii) $y=f(x)$의 그래프의 축의 방정식이 $x=-a$이므로

$-a>-1$ $\therefore a<1$ ...... ㉢

㉠ ~ ㉢의 공통부분을 구하면

$-3<a\le-1$

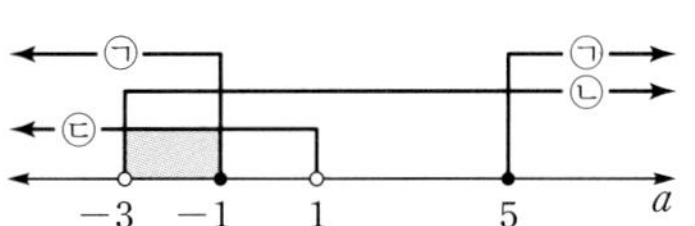

1066

답 6

$f(x)=x^2-(k+2)x+k^2-2k-15$라 하면 이차방정식 $f(x)=0$의 서로 다른 두 근 사이에 4가 있으므로 이차함수 $y=f(x)$의 그래프는 그림과 같다.

즉, $f(4)<0$이어야 하므로

$16-4(k+2)+k^2-2k-15<0$

$k^2-6k-7<0$, $(k+1)(k-7)<0$

$\therefore -1<k<7$

따라서 $\alpha=-1$, $\beta=7$이므로

$\alpha+\beta=-1+7=6$

1067

답 ①

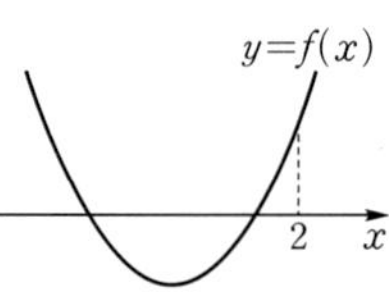

$f(x)=x^2-mx+3m-5$라 하면 이차방정식 $f(x)=0$의 두 근이 모두 2보다 작으므로 이차함수 $y=f(x)$의 그래프는 오른쪽 그림과 같다.

(i) $f(x)=0$의 판별식을 D라 하면

$D=(-m)^2-4(3m-5)\ge 0$

$m^2-12m+20\ge 0$, $(m-2)(m-10)\ge 0$

$\therefore m\le 2$ 또는 $m\ge 10$ …… ㉠

(ii) $f(2)=4-2m+3m-5>0$ $\therefore m>1$ …… ㉡

(iii) $y=f(x)$의 그래프의 축의 방정식이 $x=\dfrac{m}{2}$이므로

$\dfrac{m}{2}<2$ $\therefore m<4$ …… ㉢

㉠ ~ ㉢의 공통부분을 구하면

$1<m\le 2$

따라서 m의 최댓값은 2이다.

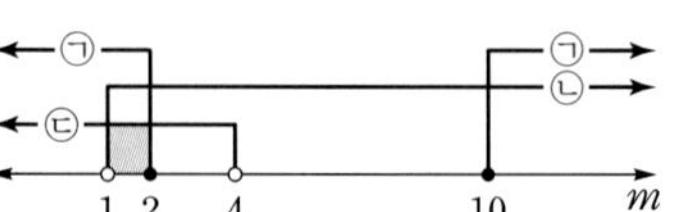

1068

답 $k<-\dfrac{13}{3}$ 또는 $k>4$

$x^2-x-6=0$에서 $(x+2)(x-3)=0$

$\therefore x=-2$ 또는 $x=3$

즉, $x^2+kx+4=0$의 한 근만이 -2와 3 사이에 있어야 하므로 $f(x)=x^2+kx+4$라 하면 이차함수 $y=f(x)$의 그래프는 그림과 같다.

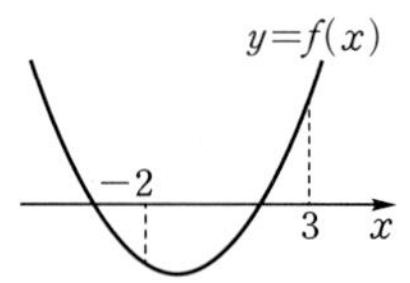

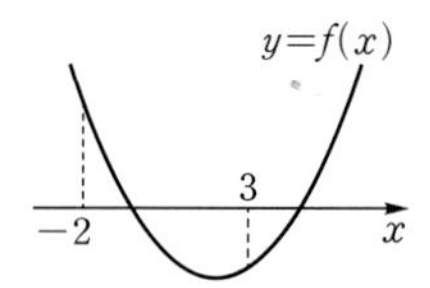

따라서 $f(-2)f(3)<0$이므로

$(4-2k+4)(9+3k+4)<0$, $-2(k-4)(3k+13)<0$

$(k-4)(3k+13)>0$ $\therefore k<-\dfrac{13}{3}$ 또는 $k>4$

1069

답 4

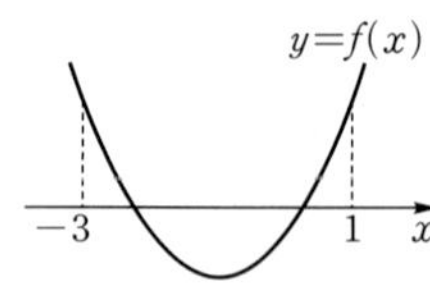

$f(x)=x^2+2(a-3)x+5-a$라 하면 이차방정식 $f(x)=0$의 두 근이 모두 -3과 1 사이에 있으므로 이차함수 $y=f(x)$의 그래프는 오른쪽 그림과 같다.

(i) $f(x)=0$의 판별식을 D라 하면

$\dfrac{D}{4}=(a-3)^2-(5-a)\ge 0$

$a^2-5a+4\ge 0$, $(a-1)(a-4)\ge 0$

$\therefore a\le 1$ 또는 $a\ge 4$ …… ㉠

❶

(ii) $f(-3)=9-6(a-3)+5-a>0$

$7a<32$ $\therefore a<\dfrac{32}{7}$ …… ㉡

(iii) $f(1)=1+2(a-3)+5-a>0$

$\therefore a>0$ …… ㉢

❷

(iv) $y=f(x)$의 그래프의 축의 방정식이 $x=-a+3$이므로

$-3<-a+3<1$

$-6<-a<-2$ $\therefore 2<a<6$ …… ㉣

❸

㉠ ~ ㉣의 공통부분을 구하면

$4\le a<\dfrac{32}{7}$

따라서 정수 a의 값은 4이다.

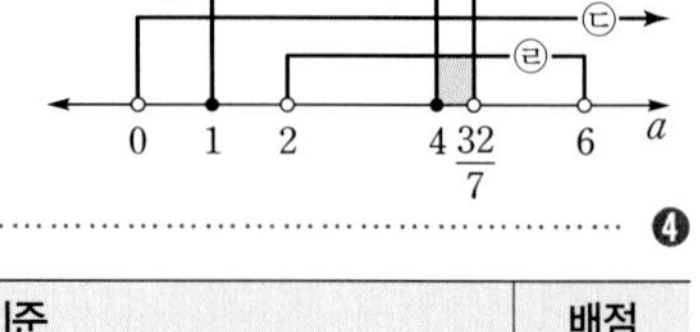

❹

채점 기준	배점
❶ (판별식)≥ 0임을 이용하여 a의 값의 범위 구하기	20%
❷ $f(-3)>0$, $f(1)>0$임을 이용하여 a의 값의 범위 구하기	40%
❸ 그래프의 축의 방정식을 이용하여 a의 값의 범위 구하기	20%
❹ 정수 a의 값 구하기	20%

유형 25 삼 · 사차방정식의 근의 조건

1070

답 ①

$x^2=X$로 놓으면 주어진 방정식은

$X^2+2aX+2-a=0$ …… ㉠

이때 주어진 사차방정식이 서로 다른 네 실근을 가지려면 방정식 ㉠이 서로 다른 두 양의 실근을 가져야 하므로

(i) ㉠의 판별식을 D라 하면

$\dfrac{D}{4}=a^2-(2-a)>0$

$a^2+a-2>0$, $(a+2)(a-1)>0$

$\therefore a<-2$ 또는 $a>1$ …… ㉡

(ii) (두 근의 합)$=-2a>0$

$\therefore a<0$ ...... ㉢

(iii) (두 근의 곱)$=2-a>0$

$\therefore a<2$ ...... ㉣

㉡~㉣의 공통부분을 구하면

$a<-2$

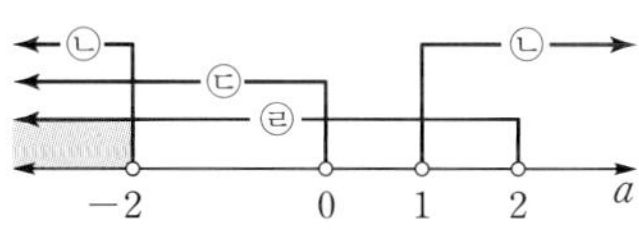

1071

답 2

$f(x)=x^3+kx^2-2kx-8$이라 하면

$f(2)=8+4k-4k-8=0$

조립제법을 이용하여 $f(x)$를 인수분해하면

2	1	k	$-2k$	-8
		2	$2k+4$	8
	1	$k+2$	4	0

$f(x)=(x-2)\{x^2+(k+2)x+4\}$

$(x-2)\{x^2+(k+2)x+4\}=0$에서

$x=2$ 또는 $x^2+(k+2)x+4=0$

이때 $x=2$가 양수인 근이므로 이차방정식 $x^2+(k+2)x+4=0$의 두 근은 음수이다.

❶

이차방정식 $x^2+(k+2)x+4=0$의 판별식을 D라 하면

(i) $D=(k+2)^2-16\geq0$

$k^2+4k-12\geq0$, $(k+6)(k-2)\geq0$

$\therefore k\leq-6$ 또는 $k\geq2$

(ii) (두 근의 합)$=-(k+2)<0$

$k+2>0$ $\therefore k>-2$

(iii) (두 근의 곱)$=4>0$

(i)~(iii)에서 $k\geq2$

따라서 k의 최솟값은 2이다.

❷

채점 기준	배점
❶ $x^2+(k+2)x+4=0$의 두 근이 음수임을 보이기	30%
❷ 실수 k의 최솟값 구하기	70%

1072

답 ③

$x^2=X$로 놓으면 주어진 방정식은

$X^2-3mX+m^2-6m-7=0$ ...... ㉠

이때 주어진 사차방정식이 서로 다른 두 실근과 서로 다른 두 허근을 가지려면 방정식 ㉠이 서로 다른 부호의 두 실근을 가져야 하므로

(두 근의 곱)$=m^2-6m-7<0$

$(m+1)(m-7)<0$ $\therefore -1<m<7$

따라서 정수 m은 0, 1, 2, 3, 4, 5, 6의 7개이다.

PART B 내신 잡는 종합 문제

1073

답 ⑤

$x^2-6x+4\leq2x-8$에서 $x^2-8x+12\leq0$

$(x-2)(x-6)\leq0$ $\therefore 2\leq x\leq6$

따라서 정수 x는 2, 3, 4, 5, 6의 5개이다.

1074

답 ②

$ax^2+bx-8>0$의 해가 $x<-2$ 또는 $x>4$이므로 $a>0$

해가 $x<-2$ 또는 $x>4$이고 x^2의 계수가 1인 이차부등식은

$(x+2)(x-4)>0$ $\therefore x^2-2x-8>0$

양변에 a를 곱하면 $ax^2-2ax-8a>0$ ($\because a>0$)

이 부등식이 $ax^2+bx-8>0$과 같으므로

$b=-2a$, $-8=-8a$

따라서 $a=1$, $b=-2$이므로

$a+b=1+(-2)=-1$

다른 풀이

이차방정식 $ax^2+bx-8=0$의 두 근이 -2, 4이므로 이차방정식의 근과 계수의 관계에 의하여

$-2+4=-\frac{b}{a}$, $-2\times4=-\frac{8}{a}$ $\therefore a=1, b=-2$

$\therefore a+b=1+(-2)=-1$

1075

답 ④

$f(x)=x^2+3x-10=(x+5)(x-2)$이므로

$f(x-2)=(x-2+5)(x-2-2)=(x+3)(x-4)$

$f(x-2)<0$, 즉 $(x+3)(x-4)<0$에서

$-3<x<4$

따라서 정수 x는 -2, -1, 0, 1, 2, 3이므로 구하는 합은

$-2+(-1)+0+1+2+3=3$

다른 풀이

$f(x)<0$, 즉 $x^2+3x-10<0$의 해는

$(x+5)(x-2)<0$ $\therefore -5<x<2$

따라서 $f(x-2)<0$의 해는

$-5<x-2<2$ $\therefore -3<x<4$

1076

답 9

$f(x)<3k$에서 $(x-1)^2<3k$

$-\sqrt{3k}<x-1<\sqrt{3k}$ ($\because k>0$)

$\therefore 1-\sqrt{3k}<x<1+\sqrt{3k}$

이때 $1-\sqrt{3k}<x<1+\sqrt{3k}$를 만족시키는 정수 x가 7개이므로 그림에서

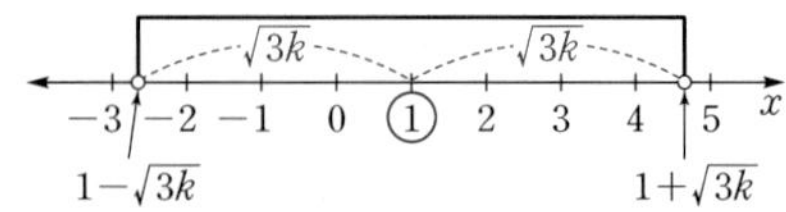

$4<1+\sqrt{3k}\le 5$, $3<\sqrt{3k}\le 4$

$9<3k\le 16$ $\quad\therefore 3<k\le \frac{16}{3}$

따라서 자연수 k는 4, 5이므로 구하는 합은

$4+5=9$

1077

답 ②

$f(x)<0$에서 $x^2-2ax+9a<0$

이 부등식을 만족시키는 해가 없으려면 모든 실수 x에 대하여

$x^2-2ax+9a\ge 0$이 성립해야 한다.

이차방정식 $x^2-2ax+9a=0$의 판별식을 D라 하면

$\frac{D}{4}=(-a)^2-9a\le 0$

$a^2-9a\le 0$, $a(a-9)\le 0$

$\therefore 0\le a\le 9$

따라서 정수 a는 0, 1, 2, ⋯, 9의 10개이다.

1078

답 7

$x^2-2x+3\le -x^2+k$에서 $2x^2-2x+3-k\le 0$

$f(x)=2x^2-2x+3-k$라 하면

$f(x)=2\left(x-\frac{1}{2}\right)^2+\frac{5}{2}-k$

$-1\le x\le 1$에서 $f(x)\le 0$이어야 하므로 $y=f(x)$의 그래프가 그림과 같아야 한다.

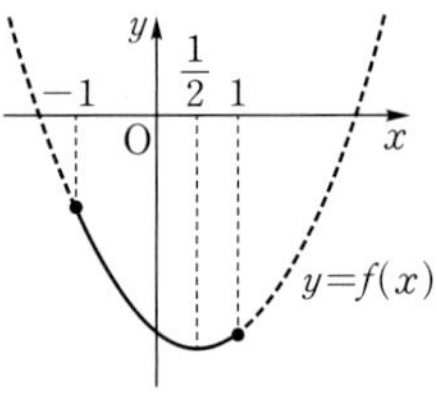

이때 $-1\le x\le 1$에서 $f(x)$의 최댓값은 $f(-1)$이므로

$f(-1)=2+2+3-k\le 0$ $\quad\therefore k\ge 7$

따라서 k의 최솟값은 7이다.

1079

답 ③

$y=2x^2+4x+1$의 그래프가 $y=x^2+ax+b$의 그래프보다 위쪽에 있는 부분의 x의 값의 범위는

$2x^2+4x+1>x^2+ax+b$

즉, $x^2+(4-a)x+1-b>0$ ⋯⋯ ㉠

의 해와 같다.

해가 $x<-5$ 또는 $x>4$이고 x^2의 계수가 1인 이차부등식은

$(x+5)(x-4)>0$ $\quad\therefore x^2+x-20>0$ ⋯⋯ ㉡

㉠과 ㉡이 같아야 하므로

$4-a=1$, $1-b=-20$ $\quad\therefore a=3$, $b=21$

$\therefore a+b=3+21=24$

1080

답 10

$x^2+2x-48<0$에서 $(x+8)(x-6)<0$

$\therefore -8<x<6$ ⋯⋯ ㉠

$3x^2-8x-3\ge 0$에서 $(3x+1)(x-3)\ge 0$

$\therefore x\le -\frac{1}{3}$ 또는 $x\ge 3$ ⋯⋯ ㉡

㉠, ㉡의 공통부분을 구하면

$-8<x\le -\frac{1}{3}$ 또는 $3\le x<6$

따라서 정수 x는 -7, -6, ⋯, -1, 3, 4, 5의 10개이다.

1081

답 21

모든 실수 x에 대하여 $\sqrt{(k+1)x^2-(k+1)x+5}$의 값이 실수가 되려면 모든 실수 x에 대하여

$(k+1)x^2-(k+1)x+5\ge 0$ ⋯⋯ ㉠

이 성립해야 한다.

(i) $k=-1$일 때,

$0\times x^2-0\times x+5=5\ge 0$이므로 부등식 ㉠은 모든 실수 x에 대하여 성립한다.

(ii) $k\ne -1$일 때,

모든 실수 x에 대하여 $(k+1)x^2-(k+1)x+5\ge 0$이 성립하려면

$k+1>0$ $\quad\therefore k>-1$ ⋯⋯ ㉡

이차방정식 $(k+1)x^2-(k+1)x+5=0$의 판별식을 D라 하면

$D=\{-(k+1)\}^2-20(k+1)\le 0$

$(k+1)(k+1-20)\le 0$, $(k+1)(k-19)\le 0$

$\therefore -1\le k\le 19$ ⋯⋯ ㉢

㉡, ㉢의 공통부분을 구하면

$-1<k\le 19$

(i), (ii)에서 $-1\le k\le 19$

따라서 정수 k는 -1, 0, 1, ⋯, 19의 21개이다.

1082

답 ②

$|2x-1|<5$에서 $-5<2x-1<5$

$-4<2x<6$ $\quad\therefore -2<x<3$ ⋯⋯ ㉠

$x^2-5x+4\le 0$에서 $(x-1)(x-4)\le 0$

$\therefore 1\le x\le 4$ ⋯⋯ ㉡

㉠, ㉡의 공통부분을 구하면

$1\le x<3$

따라서 정수 x는 1, 2의 2개이다.

1083

답 ②

이차방정식 $x^2+3ax+3(a^2-2)=0$이 실근을 가지므로 이 이차방정식의 판별식을 D라 하면

$D=(3a)^2-12(a^2-2)\ge 0$

$9a^2-12a^2+24\ge 0$, $3a^2-24\le 0$

$a^2-8\le 0$, $(a+2\sqrt{2})(a-2\sqrt{2})\le 0$

$\therefore -2\sqrt{2}\le a\le 2\sqrt{2}$

따라서 정수 a는 -2, -1, 0, 1, 2이므로 구하는 합은

$-2+(-1)+0+1+2=0$

1084

답 $-\sqrt{7}<m<-2$

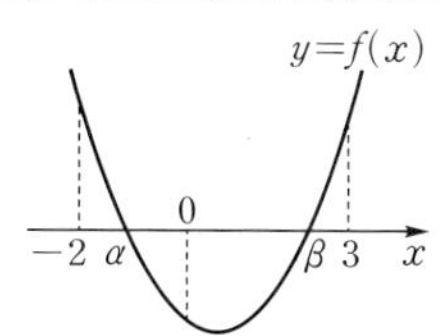

$f(x)=x^2+mx+m^2-7$이라 하면 이차방정식 $f(x)=0$의 한 근은 -2와 0 사이에 있고 다른 한 근은 0과 3 사이에 있으므로 이차함수 $y=f(x)$의 그래프는 오른쪽 그림과 같다.

$f(-2)>0$에서 $4-2m+m^2-7>0$

$m^2-2m-3>0$, $(m+1)(m-3)>0$

$\therefore m<-1$ 또는 $m>3$ …… ㉠

$f(0)<0$에서 $m^2-7<0$

$(m+\sqrt{7})(m-\sqrt{7})<0$

$\therefore -\sqrt{7}<m<\sqrt{7}$ …… ㉡

$f(3)>0$에서 $9+3m+m^2-7>0$

$m^2+3m+2>0$, $(m+2)(m+1)>0$

$\therefore m<-2$ 또는 $m>-1$ …… ㉢

㉠~㉢의 공통부분을 구하면

$-\sqrt{7}<m<-2$

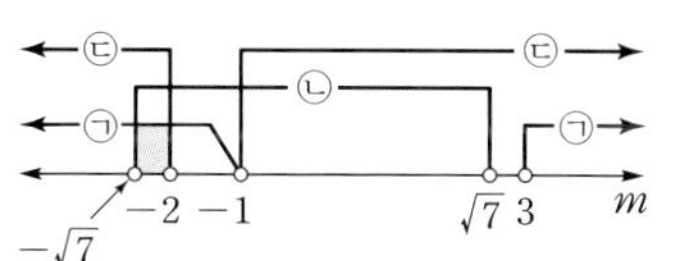

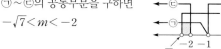

1085

답 ③

$f(x)=x^3+(a-1)x^2+ax-2a$라 하면

$f(1)=1+a-1+a-2a=0$

조립제법을 이용하여 $f(x)$를 인수분해하면

$f(x)=(x-1)(x^2+ax+2a)$

1	1	$a-1$	a	$-2a$
		1	a	$2a$
	1	a	$2a$	0

$(x-1)(x^2+ax+2a)=0$에서

$x=1$ 또는 $x^2+ax+2a=0$

이때 $x=1$이 실근이므로 이차방정식 $x^2+ax+2a=0$은 서로 다른 두 허근을 갖는다.

이차방정식 $x^2+ax+2a=0$의 판별식을 D라 하면

$D=a^2-8a<0$

$a(a-8)<0$ $\therefore 0<a<8$

따라서 정수 a는 1, 2, 3, 4, 5, 6, 7의 7개이다.

1086

답 ④

$f(x)g(x)h(x)\le 0$이려면

$f(x)\ge 0$, $g(x)\ge 0$, $h(x)\le 0$ 또는 $f(x)\ge 0$, $g(x)\le 0$, $h(x)\ge 0$ 또는 $f(x)\le 0$, $g(x)\ge 0$, $h(x)\ge 0$ 또는 $f(x)\le 0$, $g(x)\le 0$, $h(x)\le 0$이어야 한다.

(ⅰ) $f(x)\ge 0$, $g(x)\ge 0$, $h(x)\le 0$을 만족시키는 x의 값의 범위는 $c\le x\le d$

(ⅱ) $f(x)\ge 0$, $g(x)\le 0$, $h(x)\ge 0$을 만족시키는 x의 값은 없다.

(ⅲ) $f(x)\le 0$, $g(x)\ge 0$, $h(x)\ge 0$을 만족시키는 x의 값은 없다.

(ⅳ) $f(x)\le 0$, $g(x)\le 0$, $h(x)\le 0$을 만족시키는 x의 값의 범위는 $a\le x\le b$

(ⅰ)~(ⅳ)에서 주어진 부등식의 해는

$a\le x\le b$ 또는 $c\le x\le d$

따라서 주어진 부등식을 만족시키는 x의 값이 아닌 것은 ④이다.

1087

답 2

$x^2+x-2=0$에서 $(x+2)(x-1)=0$

$\therefore x=-2$ 또는 $x=1$

$|x^2+x-2|<x+2$에서

(ⅰ) $-2<x<1$일 때, $x^2+x-2<0$이므로

$-(x^2+x-2)<x+2$, $-x^2-x+2<x+2$

$x^2+2x>0$, $x(x+2)>0$

$\therefore x<-2$ 또는 $x>0$

그런데 $-2<x<1$이므로 $0<x<1$

(ⅱ) $x\le -2$ 또는 $x\ge 1$일 때, $x^2+x-2\ge 0$이므로

$x^2+x-2<x+2$, $x^2-4<0$

$(x+2)(x-2)<0$ $\therefore -2<x<2$

그런데 $x\le -2$ 또는 $x\ge 1$이므로 $1\le x<2$

(ⅰ), (ⅱ)에서 주어진 부등식의 해는

$0<x<2$

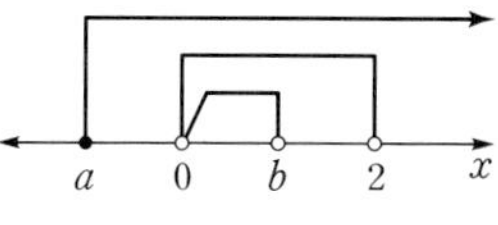

따라서 $x\ge a$는 $0<x<2$를 포함하고 $0<x<b$는 $0<x<2$에 포함되려면 그림에서 $a\le 0$, $0<b\le 2$

따라서 $a+b$의 최댓값은

$0+2=2$

1088

답 $m<3$ 또는 $m\ge 11$

(ⅰ) $m>3$일 때,

주어진 부등식의 해가 존재하려면 이차방정식 $(m-3)x^2-(m-3)x+2=0$이 실근을 가져야 하므로

이 이차방정식의 판별식을 D라 하면

$D=\{-(m-3)\}^2-8(m-3)\ge 0$

$(m-3)(m-3-8)\ge 0$, $(m-3)(m-11)\ge 0$

$\therefore m\le 3$ 또는 $m\ge 11$

그런데 $m>3$이므로 $m\ge 11$

(ⅱ) $m=3$일 때,

$0\times x^2-0\times x+2=2>0$이므로 주어진 부등식의 해는 존재하지 않는다.

(ⅲ) $m<3$일 때,

이차함수 $y=(m-3)x^2-(m-3)x+2$의 그래프는 위로 볼록하므로 주어진 부등식의 해는 항상 존재한다.

(ⅰ)~(ⅲ)에서 $m<3$ 또는 $m\ge 11$

참고

이차부등식이라는 조건이 없으므로 $m-3=0$, 즉 $m=3$인 경우도 생각한다.

1089

답 ②

모든 실수 x에 대하여 $x^2+5ax+25>0$이 항상 성립해야 하므로 이차방정식 $x^2+5ax+25=0$의 판별식을 D라 하면

$D=(5a)^2-100<0$

$25a^2-100<0$, $a^2-4<0$

$(a+2)(a-2)<0$ $\quad\therefore -2<a<2$ $\quad\cdots\cdots$ ㉠

이때 $a-2<0$, $a+2>0$이므로

$2|a-2|+3|a+2|<11$에서

$-2(a-2)+3(a+2)<11$, $-2a+4+3a+6<11$

$\therefore a<1$ $\quad\cdots\cdots$ ㉡

㉠, ㉡의 공통부분을 구하면

$-2<a<1$

따라서 $\alpha=-2$, $\beta=1$이므로

$\alpha-\beta=-2-1=-3$

1090

답 4

$y=mx^2-2x+1$의 그래프가 $y=-2x^2+mx$의 그래프보다 항상 위쪽에 있으려면 모든 실수 x에 대하여

$mx^2-2x+1>-2x^2+mx$

즉, $(m+2)x^2-(m+2)x+1>0$ $\quad\cdots\cdots$ ㉠

이 성립해야 한다.

(i) $m=-2$일 때,

$0\times x^2-0\times x+1>0$이므로 모든 실수 x에 대하여 ㉠이 성립한다.

(ii) $m\neq-2$일 때,

모든 실수 x에 대하여 ㉠이 성립하려면

$m+2>0$ $\quad\therefore m>-2$ $\quad\cdots\cdots$ ㉡

또한 이차방정식 $(m+2)x^2-(m+2)x+1=0$의 판별식을 D라 하면

$D=\{-(m+2)\}^2-4(m+2)<0$

$(m+2)(m+2-4)<0$, $(m+2)(m-2)<0$

$\therefore -2<m<2$ $\quad\cdots\cdots$ ㉢

㉡, ㉢의 공통부분을 구하면

$-2<m<2$

(i), (ii)에서 $-2\leq m<2$

따라서 정수 m은 -2, -1, 0, 1의 4개이다.

1091

답 ③

$x-2\leq g(x)$에서 $x-2\leq(a-1)x+b$

$(a-2)x\geq-b-2$

모든 실수 x에 대하여 $(a-2)x\geq-b-2$가 성립해야 하므로

$a-2=0$에서 $a=2$

$-b-2\leq0$에서 $b\geq-2$ $\quad\cdots\cdots$ ㉠

$a=2$이므로 $g(x)=x+b$

$g(x)\leq f(x)$에서 $x+b\leq2x^2+5x+2$

$2x^2+4x+2-b\geq0$

모든 실수 x에 대하여 $2x^2+4x+2-b\geq0$이 성립해야 하므로 이차방정식 $2x^2+4x+2-b=0$의 판별식을 D라 하면

$\frac{D}{4}=2^2-2(2-b)\leq0$

$2b\leq0$ $\quad\therefore b\leq0$ $\quad\cdots\cdots$ ㉡

㉠, ㉡의 공통부분을 구하면

$-2\leq b\leq0$

따라서 $\alpha=-2$, $\beta=0$이므로 $\beta-\alpha$의 최댓값은

$\beta-\alpha=0-(-2)=2$

1092

답 4

$x^2-3x-4\geq0$에서 $(x+1)(x-4)\geq0$

$\therefore x\leq-1$ 또는 $x\geq4$ $\quad\cdots\cdots$ ㉠

$x^2+ax+2a-4<0$에서 $(x+2)(x+a-2)<0$ $\quad\cdots\cdots$ ㉡

㉠, ㉡을 동시에 만족시키는 정수 x가 4개이려면

(i) $-a+2>-2$, 즉 $a<4$일 때, 다음 그림과 같아야 하므로

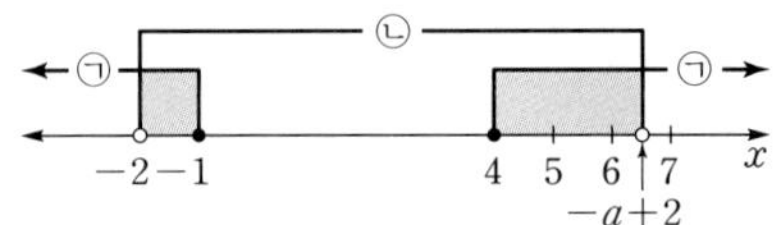

$6<-a+2\leq7$, $4<-a\leq5$ $\quad\therefore -5\leq a<-4$

그런데 $a<4$이므로 $-5\leq a<-4$

(ii) $-a+2=-2$, 즉 $a=4$일 때, ㉡의 해가 존재하지 않는다.

(iii) $-a+2<-2$, 즉 $a>4$일 때, 다음 그림과 같아야 하므로

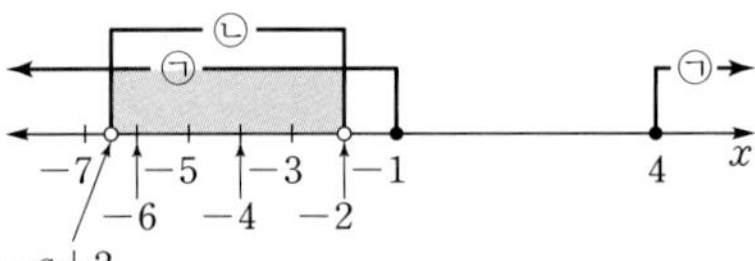

$-7\leq-a+2<-6$, $-9\leq-a<-8$ $\quad\therefore 8<a\leq9$

그런데 $a>4$이므로 $8<a\leq9$

(i)~(iii)에서 $-5\leq a<-4$ 또는 $8<a\leq9$

따라서 정수 a는 -5, 9이므로 구하는 합은

$-5+9=4$

1093

답 ②

(i) 한 근만 양의 실수일 때,

나머지 한 근은 0이거나 음의 실수이므로

(두 근의 곱)$=-3m-8\leq0$

$-3m\leq8$ $\quad\therefore m\geq-\frac{8}{3}$

이때 (두 근의 곱)$=0$, 즉 $m=-\frac{8}{3}$이면

(두 근의 합)$=2m=-\frac{16}{3}$이므로 주어진 이차방정식은

$x=0$, $x=-\frac{16}{3}$을 근으로 갖는다.

따라서 이 경우는 양의 실근이 존재하지 않으므로 $m>-\frac{8}{3}$

(ii) 두 근이 모두 양의 실수일 때,

ⓐ 이차방정식 $x^2-2mx-3m-8=0$의 판별식을 D라 하면

$\frac{D}{4}=(-m)^2-(-3m-8)\geq 0$

$\therefore m^2+3m+8\geq 0$ ...... ㉠

그런데 $m^2+3m+8=\left(m+\frac{3}{2}\right)^2+\frac{23}{4}\geq\frac{23}{4}$이므로

㉠의 해는 모든 실수이다.

ⓑ (두 근의 합)$=2m>0$ $\therefore m>0$

ⓒ (두 근의 곱)$=-3m-8>0$

$-3m>8$ $\therefore m<-\frac{8}{3}$

ⓐ ~ ⓒ에서 m의 값은 존재하지 않는다.

(i), (ii)에서 $m>-\frac{8}{3}$

따라서 정수 m의 최솟값은 -2이므로 $k=-2$

$\therefore k^2=4$

1094

답 2

이차부등식 $2ax^2-2(a^2+a)x+a+1\geq 0$의 해가 오직 한 개 존재하려면

$a<0$ ...... ㉠

❶

또한 이차방정식 $2ax^2-2(a^2+a)x+a+1=0$의 판별식을 D라 하면

$\frac{D}{4}=\{-(a^2+a)\}^2-2a(a+1)=0$

❷

$(a^2+a)^2-2(a^2+a)=0$

$(a^2+a)(a^2+a-2)=0$

$a(a+1)(a+2)(a-1)=0$

$\therefore a=-2$ 또는 $a=-1$ 또는 $a=0$ 또는 $a=1$ ...... ㉡

㉠, ㉡에서 $a=-2$ 또는 $a=-1$

따라서 서로 다른 실수 a는 2개이다.

❸

채점 기준	배점
❶ a의 값의 범위 구하기	20%
❷ (판별식)=0임을 이용하여 식 세우기	30%
❸ 서로 다른 실수 a의 개수 구하기	50%

1095

답 -1

$[x]^2-4[x]-5\leq 0$에서 $([x]+1)([x]-5)\leq 0$

$\therefore -1\leq[x]\leq 5$

❶

이때 $[x]$는 정수이므로 $[x]=-1, 0, 1, 2, 3, 4, 5$

(i) $[x]=-1$일 때, $-1\leq x<0$

(ii) $[x]=0$일 때, $0\leq x<1$

⋮

(vii) $[x]=5$일 때, $5\leq x<6$

(i) ~ (vii)에서 $[x]^2-4[x]-5\leq 0$의 해는

$-1\leq x<6$

❷

따라서 연립부등식 $\begin{cases}x^2+ax-12<0\\x^2+4x+b\geq 0\end{cases}$의 해가 $-1\leq x<6$이므로

$x=-1$은 $x^2+4x+b=0$의 근이고 $x=6$은 $x^2+ax-12=0$의 근이다.

즉, $1-4+b=0$, $36+6a-12=0$이므로

$a=-4$, $b=3$

$\therefore a+b=-4+3=-1$

❸

채점 기준	배점
❶ $[x]$의 값의 범위 구하기	20%
❷ $[x]^2-4[x]-5\leq 0$의 해 구하기	40%
❸ $a+b$의 값 구하기	40%

1096

답 $\frac{2}{3}<a<1$ 또는 $a>9$

$f(x)=x^3+ax^2+(2a-3)x-3a+2$라 하면

$f(1)=1+a+(2a-3)-3a+2=0$

조립제법을 이용하여 $f(x)$를 인수분해하면

1	1	a	$2a-3$	$-3a+2$
		1	$a+1$	$3a-2$
	1	$a+1$	$3a-2$	0

$f(x)=(x-1)\{x^2+(a+1)x+3a-2\}$

$(x-1)\{x^2+(a+1)x+3a-2\}=0$에서

$x=1$ 또는 $x^2+(a+1)x+3a-2=0$

이때 $x=1$이 양수인 근이므로 주어진 삼차방정식의 서로 다른 세 실근의 곱이 양수가 되려면 이차방정식 $x^2+(a+1)x+3a-2=0$이 1이 아닌 서로 다른 두 실근을 가지면서 두 실근의 곱이 양수이면 된다.

❶

이차방정식 $x^2+(a+1)x+3a-2=0$의 판별식을 D라 하면

(i) $D=(a+1)^2-4(3a-2)>0$

$a^2+2a+1-12a+8>0$, $a^2-10a+9>0$

$(a-1)(a-9)>0$ $\therefore a<1$ 또는 $a>9$

(ii) $x=1$을 $x^2+(a+1)x+3a-2=0$에 대입하면

$1+(a+1)+3a-2\neq 0$, $4a\neq 0$ $\therefore a\neq 0$

(iii) (두 실근의 곱)$=3a-2>0$ $\therefore a>\frac{2}{3}$

(i) ~ (iii)에서 $\frac{2}{3}<a<1$ 또는 $a>9$

❷

채점 기준	배점
❶ 방정식 $x^2+(a+1)x+3a-2=0$이 1이 아닌 서로 다른 두 양의 실근을 가짐을 알기	30%
❷ 실수 a의 값의 범위 구하기	70%

PART C 수능 녹인 변별력 문제

1097

답 ②

이차함수 $y=f(x)$의 그래프와 직선 $y=x-1$이 두 점에서 만나고 그 교점의 y좌표가 -3, 7이므로 $y=x-1$에서
$y=-3$일 때 $x=-2$이고,
$y=7$일 때 $x=8$

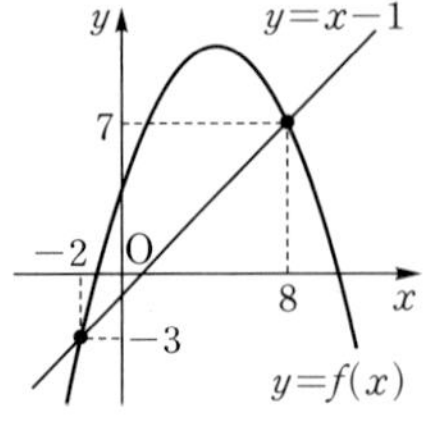

따라서 직선 $y=x-1$과 이차함수 $y=f(x)$의 그래프의 교점은 두 점 $(-2,\ -3)$, $(8,\ 7)$이므로 그림과 같다.
이때 이차부등식 $f(x)-x+1\ge 0$에서 $f(x)\ge x-1$이고
이를 만족시키는 x의 값의 범위는
$-2\le x\le 8$
따라서 정수 x는 $-2,\ -1,\ 0,\ \cdots,\ 8$의 11개이다.

1098

답 $\frac{9}{2}$

이차방정식 $x^2-4ax+a(8a+3)=0$이 실근을 가지므로
이 이차방정식의 판별식을 D라 하면
$\frac{D}{4}=(-2a)^2-a(8a+3)\ge 0$
$4a^2-8a^2-3a\ge 0$, $-4a^2-3a\ge 0$
$4a^2+3a\le 0$, $a(4a+3)\le 0$
$\therefore -\frac{3}{4}\le a\le 0$ $\cdots\cdots$ ㉠
한편 이차방정식의 근과 계수의 관계에 의하여
$\alpha+\beta=4a$, $\alpha\beta=a(8a+3)$
$$\begin{aligned}\therefore \alpha^2+\beta^2&=(\alpha+\beta)^2-2\alpha\beta\\&=(4a)^2-2a(8a+3)\\&=16a^2-16a^2-6a=-6a\end{aligned}$$
㉠에서 $0\le -6a\le \frac{9}{2}$이므로 $\alpha^2+\beta^2$의 최댓값은 $\frac{9}{2}$이다.

1099

답 ①

$f(x)=x^2-2x-24=(x+4)(x-6)$이므로
(i) $f(x)\ge 0$, 즉 $x\le -4$ 또는 $x\ge 6$일 때,
$$g(x)=\frac{f(x)+f(x)}{2}=f(x)$$
(ii) $f(x)<0$, 즉 $-4<x<6$일 때,
$$g(x)=\frac{f(x)-f(x)}{2}=0$$
(i), (ii)에서 $g(x)=\begin{cases}f(x) & (x\le -4 \text{ 또는 } x\ge 6)\\ 0 & (-4<x<6)\end{cases}$
따라서 $y=g(x)$의 그래프는 그림과 같으므로 부등식 $g(x)\le 0$의 해는
$-4\le x\le 6$

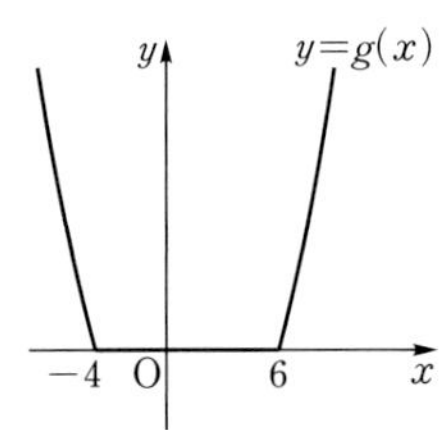

1100

답 ①

$x^2+2x-(n^2-1)>0$에서
$x^2+2x-(n+1)(n-1)>0$, $(x+n+1)(x-n+1)>0$
$\therefore x<-n-1$ 또는 $x>n-1$ ($\because n>0$) $\cdots\cdots$ ㉠
$x^2-(n^2-n)x-n^3<0$에서
$(x+n)(x-n^2)<0$ $\quad\therefore -n<x<n^2$ $\cdots\cdots$ ㉡
㉠, ㉡의 공통부분을 구하면 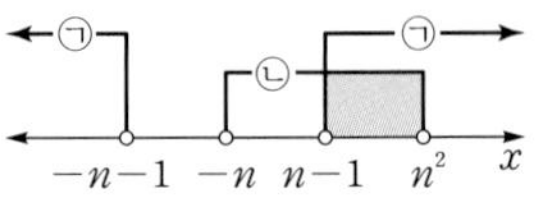
$n-1<x<n^2$
$n-1$, n^2은 정수이므로 정수 x의 개수는
$n^2-(n-1)-1=n^2-n$
정수 x가 12개 이하이므로 $n^2-n\le 12$
$n^2-n-12\le 0$, $(n+3)(n-4)\le 0$
$\therefore -3\le n\le 4$
따라서 자연수 n은 1, 2, 3, 4이므로 구하는 합은
$1+2+3+4=10$

참고

$n^2-(n-1)=n^2-n+1=\left(n-\frac{1}{2}\right)^2+\frac{3}{4}>0$이므로 $n^2>n-1$이다.

1101

답 ④

보관창고가 A 지점에서 x km 떨어져 있다고 하면
보관창고와 B 지점 사이의 거리는 $(10+x)$ km,
보관창고와 C 지점 사이의 거리는 $(20-x)$ km이므로
$x>0$, $20-x>0$ $\quad\therefore 0<x<20$ $\cdots\cdots$ ㉠
공장과 보관창고 사이의 거리가 x km일 때, 제품 한 개당 운송비는 x^2원이고 세 지점 A, B, C의 공장에서 하루에 각각 100개, 200개, 300개를 생산하므로
A 지점의 공장에서 하루에 생산된 제품의 운송비는
$100x^2$원
B 지점의 공장에서 하루에 생산된 제품의 운송비는
$200(10+x)^2$원
C 지점의 공장에서 하루에 생산된 제품의 운송비는
$300(20-x)^2$원
하루에 드는 총 운송비가 155000원 이하가 되어야 하므로
$100x^2+200(10+x)^2+300(20-x)^2\le 155000$
$3x^2-40x-75\le 0$, $(3x+5)(x-15)\le 0$
$\therefore -\frac{5}{3}\le x\le 15$ $\cdots\cdots$ ㉡
㉠, ㉡의 공통부분을 구하면
$0<x\le 15$
따라서 보관창고는 A 지점에서 최대 15 km 떨어진 지점까지 지을 수 있다.

1102

답 ⑤

$x^2+x-6>0$에서 $(x+3)(x-2)>0$
$\therefore x<-3$ 또는 $x>2$ $\cdots\cdots$ ㉠

$|x-a|\le 1$에서 $-1\le x-a\le 1$

$\therefore a-1\le x\le a+1$ …… ㉡

주어진 연립부등식이 항상 해를 가지려면 ㉠, ㉡의 공통부분이 존재해야 하므로

(i) $a-1<-3$, 즉 $a<-2$일 때, 오른쪽 그림에서 주어진 연립부등식은 항상 해를 갖는다.

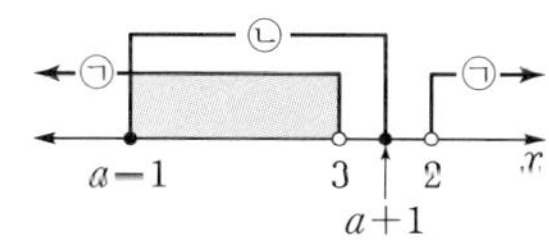

(ii) $-3\le a-1<2$, 즉 $-2\le a<3$일 때, 오른쪽 그림에서 $a+1>2$ $\therefore a>1$

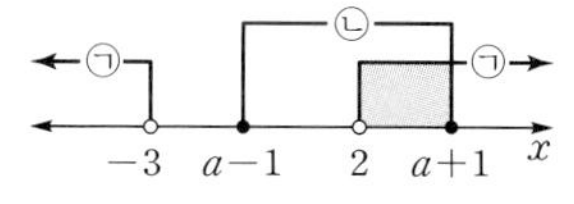

그런데 $-2\le a<3$이므로 $1<a<3$

(iii) $a-1\ge 2$, 즉 $a\ge 3$일 때, 오른쪽 그림에서 주어진 연립부등식은 항상 해를 갖는다.

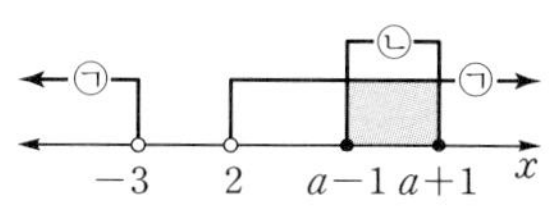

(i)~(iii)에서 $a<-2$ 또는 $a>1$

1103

답 ②

$f(x)=x^2+kx+k+8$이라 하면 이차방정식 $f(x)=0$의 두 근이 모두 0과 4 사이에 있으므로 $y=f(x)$의 그래프는 오른쪽 그림과 같다.

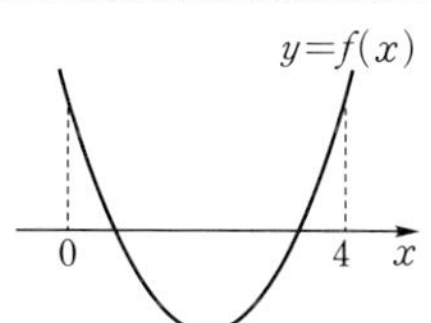

(i) $f(x)=0$의 판별식을 D라 하면

$D=k^2-4(k+8)\ge 0$

$k^2-4k-32\ge 0$, $(k+4)(k-8)\ge 0$

$\therefore k\le -4$ 또는 $k\ge 8$ …… ㉠

(ii) $f(0)=k+8>0$ $\therefore k>-8$ …… ㉡

(iii) $f(4)=16+4k+k+8>0$

$5k>-24$ $\therefore k>-\frac{24}{5}$ …… ㉢

(iv) $y=f(x)$의 그래프의 축의 방정식이 $x=-\frac{k}{2}$이므로

$0<-\frac{k}{2}<4$ $\therefore -8<k<0$ …… ㉣

㉠~㉣의 공통부분을 구하면

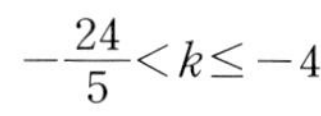

$-\frac{24}{5}<k\le -4$

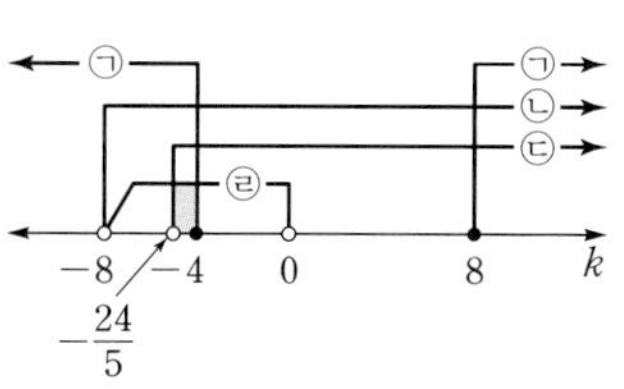

1104

답 ①

$f(x)=x^3+(8-a)x^2+(a^2-8a)x-a^3$이라 하면

$f(a)=a^3+(8-a)a^2+(a^2-8a)a-a^3=0$

조립제법을 이용하여 $f(x)$를 인수분해하면

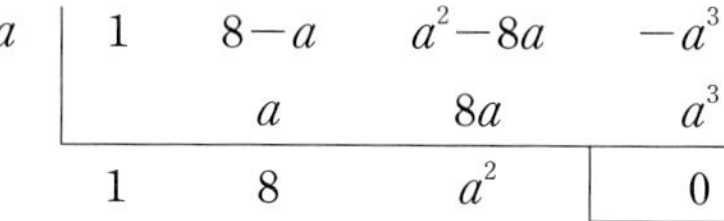

a	1	$8-a$	a^2-8a	$-a^3$
		a	$8a$	a^3
	1	8	a^2	0

$f(x)=(x-a)(x^2+8x+a^2)$

$(x-a)(x^2+8x+a^2)=0$에서

$x=a$ 또는 $x^2+8x+a^2=0$

즉, 삼차방정식 $(x-a)(x^2+8x+a^2)=0$이 서로 다른 세 실근을 가지려면 이차방정식 $x^2+8x+a^2=0$이 a가 아닌 서로 다른 두 실근을 가져야 한다.

(i) $x=a$를 $x^2+8x+a^2=0$에 대입하면

$a^2+8a+a^2\ne 0$, $2a^2+8a\ne 0$

$a^2+4a\ne 0$, $a(a+4)\ne 0$

$\therefore a\ne -4$, $a\ne 0$

(ii) 이차방정식 $x^2+8x+a^2=0$의 판별식을 D라 하면

$\frac{D}{4}=4^2-a^2>0$

$a^2-16<0$, $(a+4)(a-4)<0$

$\therefore -4<a<4$

(i), (ii)에서 $-4<a<0$ 또는 $0<a<4$

따라서 정수 a는 -3, -2, -1, 1, 2, 3의 6개이다.

1105

답 ③

부등식 $f(x)\le 0$의 해는 $-1\le x\le 2$이므로

부등식 $f\left(\frac{k-x}{2}\right)\le 0$에서 $-1\le \frac{k-x}{2}\le 2$

$\therefore k-4\le x\le k+2$

이 부등식이 $k^2-4k\le x\le k^2-10$과 같으므로

$k-4=k^2-4k$, $k+2=k^2-10$

$k-4=k^2-4k$에서 $k^2-5k+4=0$

$(k-1)(k-4)=0$ $\therefore k=1$ 또는 $k=4$ …… ㉠

$k+2=k^2-10$에서 $k^2-k-12=0$

$(k+3)(k-4)=0$ $\therefore k=-3$ 또는 $k=4$ …… ㉡

㉠, ㉡에서 $k=4$

부등식 $f(x)>0$의 해는 $x<-1$ 또는 $x>2$이므로

부등식 $f(4x-3)>0$에서 $4x-3<-1$ 또는 $4x-3>2$

$\therefore x<\frac{1}{2}$ 또는 $x>\frac{5}{4}$

따라서 $\alpha=\frac{1}{2}$, $\beta=\frac{5}{4}$이므로

$\alpha-\beta=\frac{1}{2}-\frac{5}{4}=-\frac{3}{4}$

1106

답 ③

연립부등식

$$\begin{cases} x^2+(2b+c)x+2bc<0 & \cdots\cdots ㉠ \\ x^2-\left(a-\frac{c}{2}\right)x-\frac{ac}{2}\ge 0 & \cdots\cdots ㉡ \end{cases}$$

의 해 $-8<x\le -5$ 또는 $-4\le x<6$을 수직선 위에 나타내면 그림과 같다.

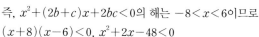

즉, $x^2+(2b+c)x+2bc<0$의 해는 $-8<x<6$이므로

$(x+8)(x-6)<0$, $x^2+2x-48<0$

$\therefore 2b+c=2$, $2bc=-48$

위의 두 식을 연립하여 풀면

$b=-3$, $c=8$ 또는 $b=4$, $c=-6$

이때 $b<c$이므로 $b=-3$, $c=8$

또한 $x^2-\left(a-\frac{c}{2}\right)x-\frac{ac}{2}\geq 0$의 해는 $x\leq -5$ 또는 $x\geq -4$이므로

$(x+5)(x+4)\geq 0$, $x^2+9x+20\geq 0$

$\therefore -a+\frac{c}{2}=9$, $-\frac{ac}{2}=20$

이때 $c=8$이므로 $a=-5$

$x^2-(b+c)x+2(b+c)a\leq 0$에서

$x^2-5x-50\leq 0$, $(x+5)(x-10)\leq 0$

$\therefore -5\leq x\leq 10$

따라서 정수 x는 -5, -4, -3, $\cdots$, 10의 16개이다.

1107

답 ③

$(3x-a^2+3a)(3x-2a)\leq 0$에서

$\alpha=\frac{2a}{3}$, $\beta=\frac{a^2-3a}{3}$ 또는 $\alpha=\frac{a^2-3a}{3}$, $\beta=\frac{2a}{3}$이므로

$\beta-\alpha=\left|\frac{a^2-3a}{3}-\frac{2a}{3}\right|=2$ ($\because$ (가))

$|a^2-5a|=6$

$a^2-5a=6$ 또는 $a^2-5a=-6$

$a^2-5a-6=0$ 또는 $a^2-5a+6=0$

$(a+1)(a-6)=0$ 또는 $(a-2)(a-3)=0$

$\therefore a=-1$ 또는 $a=6$ 또는 $a=2$ 또는 $a=3$

(i) $a=-1$일 때,

$\frac{a^2-3a}{3}=\frac{4}{3}$, $\frac{2a}{3}=-\frac{2}{3}$이므로

$-\frac{2}{3}\leq x\leq \frac{4}{3}$에서 정수 x는 0, 1의 2개이다.

(ii) $a=2$일 때,

$\frac{a^2-3a}{3}=-\frac{2}{3}$, $\frac{2a}{3}=\frac{4}{3}$이므로

$-\frac{2}{3}\leq x\leq \frac{4}{3}$에서 정수 x는 0, 1의 2개이다.

(iii) $a=3$일 때,

$\frac{a^2-3a}{3}=0$, $\frac{2a}{3}=2$이므로

$0\leq x\leq 2$에서 정수 x는 0, 1, 2의 3개이다.

따라서 (나)를 만족시키지 못한다.

(iv) $a=6$일 때,

$\frac{a^2-3a}{3}=6$, $\frac{2a}{3}=4$이므로

$4\leq x\leq 6$에서 정수 x는 4, 5, 6의 3개이다.

따라서 (나)를 만족시키지 못한다.

(i)~(iv)에서 실수 a는 -1, 2이므로 구하는 합은

$-1+2=1$

1108

답 ④

두 이차함수의 x^2의 계수의 절댓값이 1이므로 주어진 그래프에서

$f(x)=(x+n)(x-2n)$, $g(x)=-(x-n)(x-3n)$

$f(x)g(x)\geq 0$에서

$f(x)\geq 0$, $g(x)\geq 0$ 또는 $f(x)\leq 0$, $g(x)\leq 0$

(i) $f(x)\geq 0$, $g(x)\geq 0$을 만족시키는 x의 값의 범위는

$2n\leq x\leq 3n$

(ii) $f(x)\leq 0$, $g(x)\leq 0$을 만족시키는 x의 값의 범위는

$-n\leq x\leq n$

(i), (ii)에서 부등식 $f(x)g(x)\geq 0$의 해는

$-n\leq x\leq n$ 또는 $2n\leq x\leq 3n$

이때 $-n\leq x\leq n$을 만족시키는 정수 x의 개수는

$n-(-n)+1=2n+1$

$2n\leq x\leq 3n$을 만족시키는 정수 x의 개수는

$3n-2n+1=n+1$

부등식 $f(x)g(x)\geq 0$을 만족시키는 정수 x가 11개이므로

$(2n+1)+(n+1)=11$

$3n+2=11$ $\quad\therefore n=3$

$\therefore f(x)=(x+3)(x-6)$, $g(x)=-(x-3)(x-9)$

부등식 $g(x)\geq f(x)$에서

$-(x-3)(x-9)\geq (x+3)(x-6)$

$-x^2+12x-27\geq x^2-3x-18$

$\therefore 2x^2-15x+9\leq 0$

이 부등식의 해가 $\alpha\leq x\leq \beta$이므로

이차방정식 $2x^2-15x+9=0$의 두 근이 α, β이다.

즉, 이차방정식의 근과 계수의 관계에 의하여

$\alpha+\beta=\frac{15}{2}$ $\quad\therefore 2(\alpha+\beta)=2\times\frac{15}{2}=15$

경우의 수

유형별 문제

10 경우의 수

유형 01 합의 법칙

확인 문제 (1) 8 (2) 30

(1) 두 눈의 수의 합이 짝수인 경우는
(짝수)+(짝수) 또는 (홀수)+(홀수)이므로
(i) (짝수, 짝수)인 경우
(2, 2), (2, 4), (4, 2), (4, 4)의 4가지
(ii) (홀수, 홀수)인 경우
(1, 1), (1, 3), (3, 1), (3, 3)의 4가지
(i), (ii)에서 구하는 경우의 수는 $4+4=8$

(2) 50 이하의 자연수 중에서
(i) 2의 배수는
2, 4, 6, ⋯, 50의 25개
(ii) 5의 배수는
5, 10, 15, ⋯, 50의 10개
(iii) 2와 5의 공배수인 10의 배수는
10, 20, 30, 40, 50의 5개
(i)~(iii)에서 50 이하의 자연수 중 2의 배수 또는 5의 배수인 수의 개수는 $25+10-5=30$

1109

답 ③

두 주사위에서 나오는 눈의 수의 합이 10의 약수가 되는 경우는 눈의 수의 합이 2 또는 5 또는 10인 경우이다.
서로 다른 두 주사위에서 나오는 눈의 수를 순서쌍으로 나타내면
(i) 두 눈의 수의 합이 2가 되는 경우
(1, 1)의 1가지
(ii) 두 눈의 수의 합이 5가 되는 경우
(1, 4), (2, 3), (3, 2), (4, 1)의 4가지
(iii) 두 눈의 수의 합이 10이 되는 경우
(4, 6), (5, 5), (6, 4)의 3가지
(i)~(iii)은 동시에 일어날 수 없으므로 구하는 경우의 수는
$1+4+3=8$

1110

답 ⑤

200 이하의 자연수 중에서
(i) 4로 나누어떨어지는 수, 즉 4의 배수는
4, 8, 12, ⋯, 200의 50개
(ii) 7로 나누어떨어지는 수, 즉 7의 배수는
7, 14, 21, ⋯, 196의 28개
(iii) 4와 7로 모두 나누어떨어지는 수, 즉 28의 배수는
28, 56, 84, ⋯, 196의 7개

따라서 4 또는 7로 나누어떨어지는 자연수의 개수는
$50+28-7=71$
이므로 4와 7로 모두 나누어떨어지지 않는 자연수의 개수는
$200-71=129$

1111

답 ③

꺼낸 카드에 적힌 수를 순서쌍으로 나타내면
(i) $|a-b|=0$이 되는 경우
(1, 1), (2, 2), (3, 3), (4, 4), (5, 5)의 5가지
(ii) $|a-b|=1$이 되는 경우
(1, 2), (2, 3), (3, 4), (4, 5), (5, 4), (4, 3), (3, 2), (2, 1)의 8가지
(i), (ii)는 동시에 일어날 수 없으므로 $|a-b|\le 1$인 경우의 수는
$5+8=13$

1112

답 4

뽑힌 카드에 적힌 세 수를 순서쌍으로 나타내면
(i) 세 수의 합이 7이 되는 경우
(1, 2, 4)의 1가지
······ ❶
(ii) 세 수의 합이 10이 되는 경우
(1, 3, 6), (1, 4, 5), (2, 3, 5)의 3가지
······ ❷
(i), (ii)는 동시에 일어날 수 없으므로 구하는 경우의 수는
$1+3=4$
······ ❸

채점 기준	배점
❶ 세 수의 합이 7이 되는 경우의 수 구하기	40%
❷ 세 수의 합이 10이 되는 경우의 수 구하기	40%
❸ 세 수의 합이 7 또는 10이 되는 경우의 수 구하기	20%

1113

답 7

(i) 1계단씩 4번 올라가는 경우
(1, 1, 1, 1)의 1가지
(ii) 1계단씩 2번, 2계단씩 1번 올라가는 경우
(1, 1, 2), (1, 2, 1), (2, 1, 1)의 3가지
(iii) 1계단씩 1번, 3계단씩 1번 올라가는 경우
(1, 3), (3, 1)의 2가지
(iv) 2계단씩 2번 올라가는 경우
(2, 2)의 1가지
(i)~(iv)에서 구하는 경우의 수는
$1+3+2+1=7$

유형 02 방정식과 부등식의 해의 개수

1114

답 ⑤

(i) $z=1$일 때, $x+2y=9$이므로 순서쌍 (x, y)는
(1, 4), (3, 3), (5, 2), (7, 1)의 4가지

(ii) $z=2$일 때, $x+2y=6$이므로 순서쌍 (x, y)는
$(2, 2)$, $(4, 1)$의 2가지

(iii) $z=3$일 때, $x+2y=3$이므로 순서쌍 (x, y)는
$(1, 1)$의 1가지

(i)~(iii)에서 구하는 순서쌍 (x, y, z)의 개수는
$4+2+1=7$

참고

$x+2y+3z=12$를 만족시키는 자연수 x, y, z의 값을 표로 나타내면 다음과 같다.

z	y	x
1	1	7
	2	5
	3	3
	4	1
2	1	4
	2	2
3	1	1

1115

답 ③

(i) $x+y=1$일 때, 순서쌍 (x, y)는
$(0, 1)$, $(1, 0)$의 2가지

(ii) $x+y=2$일 때, 순서쌍 (x, y)는
$(0, 2)$, $(1, 1)$, $(2, 0)$의 3가지

(iii) $x+y=3$일 때, 순서쌍 (x, y)는
$(0, 3)$, $(1, 2)$, $(2, 1)$, $(3, 0)$의 4가지

(i)~(iii)에서 구하는 순서쌍 (x, y)의 개수는
$2+3+4=9$

다른 풀이

(i) $x=0$일 때
$1\le y\le 3$이므로 $y=1, 2, 3$의 3개

(ii) $x=1$일 때
$1\le 1+y\le 3$, 즉 $0\le y\le 2$이므로 $y=0, 1, 2$의 3개

(iii) $x=2$일 때
$1\le 2+y\le 3$, 즉 $-1\le y\le 1$이므로 $y=0, 1$의 2개

(iv) $x=3$일 때
$1\le 3+y\le 3$, 즉 $-2\le y\le 0$이므로 $y=0$의 1개

(i)~(iv)에서 구하는 순서쌍 (x, y)의 개수는
$3+3+2+1=9$

1116

답 10

이차방정식 $x^2+ax+2b=0$이 실근을 가지려면 판별식을 D라 할 때,
$D=a^2-8b\ge 0 \quad \therefore a^2\ge 8b$

…… ❶

$a^2\ge 8b$를 만족시키는 두 수 a, b를 순서쌍 (a, b)로 나타내면
$(3, 1)$, $(4, 1)$, $(4, 2)$, $(5, 1)$, $(5, 2)$, $(5, 3)$,
$(6, 1)$, $(6, 2)$, $(6, 3)$, $(6, 4)$

…… ❷

따라서 구하는 순서쌍 (a, b)의 개수는 10이다.

…… ❸

채점 기준	배점
❶ 이차방정식이 실근을 가질 조건 구하기	40%
❷ 조건을 만족시키는 순서쌍 구하기	50%
❸ 순서쌍의 개수 구하기	10%

Bible Says **이차방정식의 근의 판별**

이차방정식의 판별식을 D라 할 때
(1) 서로 다른 두 실근을 갖는다. ➡ $D>0$
(2) 중근을 갖는다. ➡ $D=0$
(1), (2): 실근을 갖는다. ➡ $D\ge 0$
(3) 서로 다른 두 허근을 갖는다. ➡ $D<0$

다른 풀이

(i) $b=1$일 때
$a^2\ge 8$에서 $a=3, 4, 5, 6$의 4개

(ii) $b=2$일 때
$a^2\ge 16$에서 $a=4, 5, 6$의 3개

(iii) $b=3$일 때
$a^2\ge 24$에서 $a=5, 6$의 2개

(iv) $b=4$일 때
$a^2\ge 32$에서 $a=6$의 1개

(i)~(iv)에서 구하는 순서쌍 (a, b)의 개수는
$4+3+2+1=10$

1117

답 ②

(i) $x=0$일 때, $y+z=9$이므로 순서쌍 (y, z)는
$(0, 9)$, $(1, 8)$, $(2, 7)$, $(3, 6)$, $(4, 5)$, $(5, 4)$, $(6, 3)$
$(7, 2)$, $(8, 1)$, $(9, 0)$의 10가지

(ii) $x=1$일 때, $y+z=6$이므로 순서쌍 (y, z)는
$(0, 6)$, $(1, 5)$, $(2, 4)$, $(3, 3)$, $(4, 2)$, $(5, 1)$, $(6, 0)$
의 7가지

(iii) $x=2$일 때, $y+z=3$이므로 순서쌍 (y, z)는
$(0, 3)$, $(1, 2)$, $(2, 1)$, $(3, 0)$의 4가지

(iv) $x=3$일 때, $y+z=0$이므로 순서쌍 (y, z)는
$(0, 0)$의 1가지

(i)~(iv)에서 구하는 순서쌍 (x, y, z)의 개수는
$10+7+4+1=22$

1118

답 ⑤

1000원짜리 지폐가 x장, 5000원짜리 지폐가 y장, 10000원짜리 지폐가 z장이라 하면
$1000x+5000y+10000z=23000$
$\therefore x+5y+10z=23$ (단, $0\le x\le 8$, $0\le y\le 5$, $0\le z\le 2$)

(i) $z=0$일 때, $x+5y=23$이므로 순서쌍 (x, y)는
$(8, 3)$, $(3, 4)$의 2가지

(ii) $z=1$일 때, $x+5y=13$이므로 순서쌍 (x, y)는
$(8, 1)$, $(3, 2)$의 2가지

(iii) $z=2$일 때, $x+5y=3$이므로 순서쌍 (x, y)는
$(3, 0)$의 1가지

(i)~(iii)에서 구하는 경우의 수는
$2+2+1=5$

1119

답 8

(i) $y=1$일 때, $3x\le13$이므로 순서쌍 (x, y)는
$(1, 1)$, $(2, 1)$, $(3, 1)$, $(4, 1)$의 4가지
…… ❶

(ii) $y=2$일 때, $3x\le9$이므로 순서쌍 (x, y)는
$(1, 2)$, $(2, 2)$, $(3, 2)$의 3가지
…… ❷

(iii) $y=3$일 때, $3x\le5$이므로 순서쌍 (x, y)는
$(1, 3)$의 1가지
…… ❸

(i)~(iii)에서 구하는 순서쌍 (x, y)의 개수는
$4+3+1=8$
…… ❹

채점 기준	배점
❶ $y=1$일 때의 순서쌍 (x, y)의 개수 구하기	30%
❷ $y=2$일 때의 순서쌍 (x, y)의 개수 구하기	30%
❸ $y=3$일 때의 순서쌍 (x, y)의 개수 구하기	30%
❹ 조건을 만족시키는 순서쌍 (x, y)의 개수 구하기	10%

유형 03 곱의 법칙

확인 문제 10

모양이 다른 꽃병 2개와 색이 다른 장미 5송이를 동시에 선택해야 하기 때문에 구하는 경우의 수는 $2\times5=10$이다.

1120

답 ②

(나)에서 십의 자리의 수는 6의 약수이므로 십의 자리의 숫자가 될 수 있는 숫자는 1, 2, 3, 6의 4개
(가)에서 2의 배수, 즉 짝수이므로 일의 자리의 숫자가 될 수 있는 숫자는 0, 2, 4, 6, 8의 5개
따라서 조건을 만족시키는 두 자리의 자연수의 개수는
$4\times5=20$

1121

답 ①

$(a+b+c)(x+y+z+w)$에서 a, b, c에 곱해지는 항이 각각 x, y, z, w의 4개이므로 구하는 항의 개수는
$3\times4=12$

Bible Says 항의 개수

두 다항식 A, B의 각 항의 문자가 모두 다르면 AB의 전개식에서 항의 개수는
(A의 항의 개수)×(B의 항의 개수)

1122

답 ②

a를 포함한 항은 $(x+y+z)(p+q+r+s)$를 전개한 각 항에 a를 곱하면 된다.
$(x+y+z)$, $(p+q+r+s)$의 항은 각각 3개, 4개이고 곱해지는 각 항이 모두 다른 문자이므로 동류항이 생기지 않는다.
따라서 a를 포함한 항의 개수는
$3\times4=12$

1123

답 ⑤

A 학생이 김밥과 라면을 각각 하나씩 주문하는 경우의 수는
$4\times2=8$
B 학생이 라면과 튀김을 각각 하나씩 주문하는 경우의 수는
$2\times3=6$
따라서 구하는 경우의 수는
$8\times6=48$

1124

답 ②

(i) TV, 냉장고를 구입할 때,
TV는 6종류, 냉장고는 5종류이므로 구입하는 경우의 수는
$6\times5=30$
(ii) TV, 에어컨을 구입할 때,
TV는 6종류, 에어컨은 4종류이므로 구입하는 경우의 수는
$6\times4=24$
(iii) 냉장고, 에어컨을 구입할 때,
냉장고는 5종류, 에어컨은 4종류이므로 구입하는 경우의 수는
$5\times4=20$
(i)~(iii)에서 구하는 경우의 수는
$30+24+20=74$

1125

답 ③

$(x-y+z)^2$을 전개하면 서로 다른 6개의 항이 생기므로
$(a+b)(x-y+z)^2$을 전개할 때 생기는 서로 다른 항의 개수는
$2\times6=12$

1126

답 189

서로 다른 세 개의 주사위를 던질 때 나오는 모든 경우의 수는
$6\times6\times6=216$
…… ❶

세 눈의 수의 곱이 짝수가 되는 경우의 수는 전체 경우의 수에서 세 눈의 수의 곱이 홀수가 되는 경우의 수를 빼면 된다.
이때 세 눈의 수의 곱이 홀수가 되는 경우는 세 수 모두 홀수인 경우이고, 주사위의 눈의 수 중 홀수는 1, 3, 5의 3가지이므로
$3\times3\times3=27$
…… ❷

따라서 구하는 경우의 수는
$216-27=189$
…… ❸

채점 기준	배점
❶ 서로 다른 세 개의 주사위를 던질 때 나오는 모든 경우의 수 구하기	30%
❷ 세 눈의 수의 곱이 홀수가 되는 경우의 수 구하기	40%
❸ 세 눈의 수의 곱이 짝수가 되는 경우의 수 구하기	30%

유형 04 자연수의 개수

1127
답 ⑤

십의 자리에 올 수 있는 숫자는 3, 6, 9의 3가지
십의 자리의 숫자 각각에 대하여 일의 자리에 올 수 있는 숫자는 1, 3, 5, 7, 9의 5가지
따라서 구하는 두 자리 자연수의 개수는
$3\times5=15$

1128
답 ③

백의 자리에 올 수 있는 숫자는 2, 3, 5, 7의 4가지
십의 자리에 올 수 있는 숫자는 1, 3, 5, 7, 9의 5가지
일의 자리에 올 수 있는 숫자는 1, 2, 3, 6의 4가지
따라서 구하는 세 자리 자연수의 개수는
$4\times5\times4=80$

1129
답 81

$abc+a$, 즉 $a(bc+1)$의 값이 홀수이어야 하므로
a의 값은 홀수, $bc+1$의 값도 홀수이어야 한다.
즉, bc의 값은 짝수이어야 한다.
…… ❶

(bc의 값이 짝수가 되는 경우의 수)
=(서로 다른 2개의 주사위를 던져 나오는 전체 경우의 수)
−(bc의 값이 홀수가 되는 경우의 수)
$=6\times6-3\times3=27$
이므로 $bc+1$의 값이 홀수가 되는 경우의 수는 27이다.
…… ❷

($abc+a$의 값이 홀수가 되는 경우의 수)
=(a의 값이 홀수인 경우의 수)×($bc+1$의 값이 홀수인 경우의 수)
$=3\times27=81$
…… ❸

채점 기준	배점
❶ a의 값은 홀수, bc의 값은 짝수임을 설명하기	30%
❷ $bc+1$의 값이 홀수가 되는 경우의 수 구하기	40%
❸ $abc+a$의 값이 홀수가 되는 경우의 수 구하기	30%

참고
(1) (홀수)×(홀수)=(홀수), (짝수)×(짝수)=(짝수)
(홀수)×(짝수)=(짝수), (짝수)×(홀수)=(짝수)
(2) (홀수)+1=(짝수), (짝수)+1=(홀수)

1130
답 ①

(i) 백의 자리의 수가 3인 경우
십의 자리에 올 수 있는 숫자는 0, 1, 2, 4의 4가지 …… ㉠
일의 자리에 올 수 있는 숫자는 3과 ㉠에서 사용한 숫자를 제외한 3가지
따라서 만들 수 있는 수의 개수는 $4\times3=12$

(ii) 백의 자리의 수가 4인 경우
십의 자리에 올 수 있는 숫자는 0, 1, 2, 3의 4가지 …… ㉡
일의 자리에 올 수 있는 숫자는 4와 ㉡에서 사용한 숫자를 제외한 3가지
따라서 만들 수 있는 수의 개수는 $4\times3=12$

(i), (ii)에서 구하는 경우의 수는
$12+12=24$

1131
답 1

작은 수부터 차례대로 구해 보면
(i) 천의 자리의 숫자가 1인 경우(1○○○ 꼴)
만들 수 있는 수는 $4\times3\times2=24$(가지)
➡ 24번째 수까지 만들 수 있다.
(ii) 천의 자리의 숫자가 2인 경우(2○○○ 꼴)
만들 수 있는 수는 $4\times3\times2=24$(가지)
➡ 48번째 수까지 만들 수 있다.
(iii) 천의 자리의 숫자가 3인 경우
30○○ 꼴인 경우: 만들 수 있는 수는 $3\times2=6$(가지)
31○○ 꼴인 경우: 만들 수 있는 수는 $3\times2=6$(가지)
32○○ 꼴인 경우: 만들 수 있는 수는 $3\times2=6$(가지)
➡ 66번째 수까지 만들 수 있다.
(iv) 67번째 수부터 차례대로 만들어 보면 3401, 3402, 3410, …이므로 69번째 오는 수는 3410이다.
(i)~(iv)에서 이 수의 십의 자리의 숫자는 1이다.

1132
답 ①

(i) 5○○ 꼴인 경우: 만들 수 있는 수는 $4\times3=12$(가지)
(ii) 4○○ 꼴인 경우: 만들 수 있는 수는 $4\times3=12$(가지)
(iii) 3○○ 꼴인 경우: 만들 수 있는 수는 $4\times3=12$(가지)
➡ 36번째 수까지 만들 수 있다.
(iv) 25○ 꼴인 경우: 만들 수 있는 수는 3가지
(v) 24○ 꼴인 경우: 만들 수 있는 수는 3가지
➡ 42번째 수까지 만들 수 있다.
(vi) 23○ 꼴인 수를 큰 수부터 차례대로 만들어 보면
235, 234, 231, …
(i)~(vi)에서 231은 $42+3=45$(번)째 수이다.

유형 05 약수의 개수

확인 문제 (1) 8 (2) 12

(1) 56을 소인수분해하면 $56=2^3\times7$
2^3의 양의 약수는 1, 2, 2^2, 2^3의 4개
7의 양의 약수는 1, 7의 2개
이때 2^3의 양의 약수와 7의 양의 약수에서 각각 하나씩 택하여 곱한 수는 모두 56의 약수가 된다.
따라서 구하는 약수의 개수는 $4\times2=8$이다.

(2) 108을 소인수분해하면 $108=2^2\times3^3$

2^2의 양의 약수는 1, 2, 2^2의 3개

3^3의 양의 약수는 1, 3, 3^2, 3^3의 4개

이때 2^2의 양의 약수와 3^3의 양의 약수에서 각각 하나씩 택하여 곱한 수는 모두 108의 약수가 된다.

따라서 구하는 약수의 개수는 $3\times4=12$이다.

1133

답 ④

216을 소인수분해하면 $216=2^3\times3^3$

따라서 216의 양의 약수의 개수는

$(3+1)\times(3+1)=16$ $\quad\therefore a=16$

216의 양의 약수의 총합은

$(1+2+2^2+2^3)(1+3+3^2+3^3)=15\times40=600$

$\therefore b=600$

$\therefore a+b=16+600=616$

1134

답 ④

$2^a\times3^2\times5$의 양의 약수의 개수가 30이므로

$(a+1)\times(2+1)\times(1+1)=30$

$6(a+1)=30$, $a+1=5$ $\quad\therefore a=4$

1135

답 ②

1440을 소인수분해하면 $1440=2^5\times3^2\times5$

5의 배수는 5를 소인수로 가지므로 1440의 양의 약수 중 5의 배수의 개수는 $2^5\times3^2$의 양의 약수의 개수와 같다.

따라서 구하는 5의 배수의 개수는

$(5+1)\times(2+1)=18$

1136

답 ③

108, 180을 소인수분해하면 $108=2^2\times3^3$, $180=2^2\times3^2\times5$이므로

108과 180의 최대공약수는 $2^2\times3^2=36$

108과 180의 양의 공약수 중 3의 배수는 36의 양의 약수 중 3의 배수와 같다.

이때 3의 배수는 3을 소인수로 가지므로 36의 양의 약수 중 3의 배수의 개수는 $2^2\times3$의 양의 약수의 개수와 같다.

따라서 구하는 3의 배수의 개수는

$(2+1)\times(1+1)=6$

1137

답 ②

98을 소인수분해하면 $98=2\times7^2$

$98^n=2^n\times7^{2n}$ (n은 자연수)의 양의 약수의 개수가 28이므로

$(n+1)\times(2n+1)=28$

$2n^2+3n-27=0$, $(2n+9)(n-3)=0$

$\therefore n=3$ ($\because$ n은 자연수)

따라서 구하는 수는 98^3이다.

1138

답 12

300을 소인수분해하면 $300=2^2\times3\times5^2$ ······ ❶

짝수는 2를 소인수로 가지므로 300의 양의 약수 중 짝수의 개수는 $2\times3\times5^2$의 양의 약수의 개수와 같다. ······ ❷

따라서 구하는 짝수의 개수는

$(1+1)\times(1+1)\times(2+1)=12$ ······ ❸

채점 기준	배점
❶ 300을 소인수분해하기	20%
❷ 300의 양의 약수 중 짝수의 개수가 $2\times3\times5^2$의 양의 약수의 개수와 같음을 설명하기	50%
❸ 짝수의 개수 구하기	30%

다른 풀이

300을 소인수분해하면 $300=2^2\times3\times5^2$

따라서 모든 양의 약수의 개수는 $(2+1)\times(1+1)\times(2+1)=18$

이 중 홀수인 약수의 개수는 3×5^2의 양의 약수의 개수와 같으므로

$(1+1)\times(2+1)=6$

따라서 구하는 짝수의 개수는

$18-6=12$

참고

홀수인 약수는 소인수 중 홀수인 소인수만의 곱으로 이루어진 수들이다.

1139

답 ③

150을 소인수분해하면 $150=2\times3\times5^2$

$150^n=(2\times3\times5^2)^n=2^n\times3^n\times5^{2n}$

150^n의 양의 약수 중 일의 자리의 숫자가 5인 것은

$3^n\times5^{2n}$의 양의 약수에서 3^n의 약수를 제외한 것이다.

$(n+1)(2n+1)-(n+1)=112$

$n^2+n-56=0$, $(n+8)(n-7)=0$

$\therefore n=7$ ($\because$ n은 자연수)

유형 06 지불 방법의 수와 지불 금액의 수

1140

답 ④

100원짜리 동전 1개로 지불할 수 있는 방법은

0개, 1개의 2가지

50원짜리 동전 2개로 지불할 수 있는 방법은

0개, 1개, 2개의 3가지

10원짜리 동전 3개로 지불할 수 있는 방법은

0개, 1개, 2개, 3개의 4가지

이때 0원을 지불하는 경우는 제외해야 하므로 지불할 수 있는 방법의 수는 $2\times3\times4-1=23$

1141

답 ②

1000원짜리 지폐 4장으로 지불할 수 있는 금액은
0원, 1000원, 2000원, 3000원, 4000원의 5가지
5000원짜리 지폐 1장으로 지불할 수 있는 금액은
0원, 5000원의 2가지
10000원짜리 지폐 2장으로 지불할 수 있는 금액은
0원, 10000원, 20000원의 3가지
이때 1000원짜리 지폐 4장, 5000원짜리 지폐 1장, 10000원짜리 지폐 2장을 사용하여 같은 금액을 두 번 이상 만들 수 없고, 0원을 지불하는 경우는 제외해야 하므로 지불할 수 있는 금액의 수는
$5\times2\times3-1=29$

1142

답 ⑤

10원짜리 동전 4개로 지불할 수 있는 방법은
0개, 1개, 2개, 3개, 4개의 5가지
50원짜리 동전 3개로 지불할 수 있는 방법은
0개, 1개, 2개, 3개의 4가지
100원짜리 동전 2개로 지불할 수 있는 방법은
0개, 1개, 2개의 3가지
이때 0원을 지불하는 경우는 제외해야 하므로 지불할 수 있는 방법의 수는
$5\times4\times3-1=59$

1143

답 98

(i) 지불할 수 있는 방법의 수
1000원짜리 지폐 2장으로 지불할 수 있는 방법은
0장, 1장, 2장의 3가지
500원짜리 동전 3개로 지불할 수 있는 방법은
0개, 1개, 2개, 3개의 4가지
100원짜리 동전 4개로 지불할 수 있는 방법은
0개, 1개, 2개, 3개, 4개의 5가지
이때 0원을 지불하는 경우는 제외해야 하므로 지불할 수 있는 방법의 수는
$3\times4\times5-1=59$ $\therefore a=59$
······ ❶

(ii) 지불할 수 있는 금액의 수
500원짜리 동전 2개로 지불할 수 있는 금액과 1000원짜리 지폐 1장으로 지불할 수 있는 금액이 같으므로 1000원짜리 지폐 2장을 500원짜리 동전 4개로 바꾸면 지불할 수 있는 금액의 수는 500원짜리 동전 7개, 100원짜리 동전 4개로 지불할 수 있는 금액의 수와 같다.
500원짜리 동전 7개로 지불할 수 있는 금액은
0원, 500원, 1000원, ⋯, 3500원의 8가지
100원짜리 동전 4개로 지불할 수 있는 금액은
0원, 100원, 200원, 300원, 400원의 5가지
이때 0원을 지불하는 경우는 제외해야 하므로 지불할 수 있는 금액의 수는
$8\times5-1=39$ $\therefore b=39$
······ ❷

(i), (ii)에서 $a+b=59+39=98$
······ ❸

채점 기준	배점
❶ 지불할 수 있는 방법의 수 a의 값 구하기	40%
❷ 지불할 수 있는 금액의 수 b의 값 구하기	50%
❸ $a+b$의 값 구하기	10%

1144

답 ①

주어진 돈으로 지불할 수 있는 방법의 수가 47이므로
$(2+1)(n+1)(1+1)-1=47$, $6(n+1)-1=47$
$n+1=8$ $\therefore n=7$
이때 500원짜리 동전 2개로 지불할 수 있는 금액과 1000원짜리 지폐 1장으로 지불할 수 있는 금액은 같고, 1000원짜리 지폐 5장으로 지불할 수 있는 금액과 5000원짜리 지폐 1장으로 지불할 수 있는 금액이 같다.
즉, 1000원짜리 지폐 7장과 5000원짜리 지폐 1장을 500원짜리 동전 24개로 바꾸면 지불할 수 있는 금액의 수는 500원짜리 동전 26개로 지불할 수 있는 금액의 수와 같다.
따라서 500원짜리 동전 26개로 지불할 수 있는 금액은
0원, 500원, 1000원, ⋯, 13000원의 27가지
이때 0원을 지불하는 경우는 제외해야 하므로 지불할 수 있는 금액의 수는
$27-1=26$

유형 07 도로망에서의 방법의 수

확인 문제 11

(i) 집 → 학교로 가는 방법의 수는 2
(ii) 집 → 편의점 → 학교로 가는 방법의 수는 $3\times3=9$
(i), (ii)에서 구하는 방법의 수는
$2+9=11$

1145

답 ③

(i) A → P로 가는 방법의 수는 4
(ii) P → B로 가는 방법의 수는 3
(iii) B → P로 가는 방법의 수는 P → B로 갔던 길을 지나는 방법의 수를 제외해야 하므로 $3-1=2$
(iv) P → A로 가는 방법의 수는 A → P로 갔던 길을 지나는 방법의 수를 제외해야 하므로 $4-1=3$
(i)~(iv)에서 구하는 방법의 수는
$4\times3\times2\times3=72$

1146

답 ①

(i) P → R로 가는 방법의 수는 2
(ii) P → Q → R로 가는 방법의 수는 $3\times3=9$

(ⅰ), (ⅱ)에서 구하는 방법의 수는

$2+9=11$

1147

답 ④

(ⅰ) P → Q → R → S로 가는 방법의 수는

$4\times2\times3=24$

(ⅱ) 도시 Q를 거치지 않고 P → R → S로 가는 방법의 수는

$2\times3=6$

(ⅲ) 두 도시 Q, R를 거치지 않고 P → S로 가는 방법의 수는

2

(ⅰ)~(ⅲ)에서 구하는 방법의 수는

$24+6+2=32$

1148

답 ⑤

(ⅰ) A → B → D로 가는 방법의 수는 $2\times3=6$

(ⅱ) A → D로 가는 방법의 수는 1

(ⅲ) A → C → D로 가는 방법의 수는 $3\times3=9$

(ⅰ)~(ⅲ)에서 구하는 방법의 수는

$6+1+9=16$

1149

답 ②

추가해야 하는 도로의 개수를 n이라 하면

(ⅰ) A → C → B로 가는 방법의 수는 $3\times1=3$

(ⅱ) A → D → B로 가는 방법의 수는 $3\times3=9$

(ⅲ) A → C → D → B로 가는 방법의 수는 $3\times n\times3=9n$

(ⅳ) A → D → C → B로 가는 방법의 수는 $3\times n\times1=3n$

(ⅰ)~(ⅳ)에서 A 지점에서 출발하여 B 지점으로 가는 방법의 수는

$3+9+9n+3n=60,\ 12n=48 \qquad \therefore n=4$

따라서 추가해야 하는 도로의 개수는 4이다.

유형 08 색칠하는 방법의 수

확인 문제 (1) 24 (2) 108

(1) (ⅰ) A에 칠할 수 있는 색은 4가지

(ⅱ) B에 칠할 수 있는 색은 A에 칠한 색을 제외한 3가지

(ⅲ) C에 칠할 수 있는 색은 A, B에 칠한 색을 제외한 2가지

(ⅳ) D에 칠할 수 있는 색은 A, B, C에 칠한 색을 제외한 1가지

(ⅰ)~(ⅳ)에서 구하는 방법의 수는

$4\times3\times2\times1=24$

(2) (ⅰ) A에 칠할 수 있는 색은 4가지

(ⅱ) B에 칠할 수 있는 색은 A에 칠한 색을 제외한 3가지

(ⅲ) C에 칠할 수 있는 색은 B에 칠한 색을 제외한 3가지

(ⅳ) D에 칠할 수 있는 색은 C에 칠한 색을 제외한 3가지

(ⅰ)~(ⅳ)에서 구하는 방법의 수는

$4\times3\times3\times3=108$

1150

답 ④

(ⅰ) D에 칠할 수 있는 색은 5가지

(ⅱ) A에 칠할 수 있는 색은 D에 칠한 색을 제외한 4가지

(ⅲ) C에 칠할 수 있는 색은 A, D에 칠한 색을 제외한 3가지

(ⅳ) B에 칠할 수 있는 색은 A, C에 칠한 색을 제외한 3가지

(ⅰ)~(ⅳ)에서 구하는 경우의 수는

$5\times4\times3\times3=180$

다른 풀이

A에 칠할 수 있는 색은 5가지

(ⅰ) B, D에 같은 색을 칠하는 경우

B, D에 칠할 수 있는 색은 A에 칠한 색을 제외한 4가지

C에 칠할 수 있는 색은 A, B에 칠한 색을 제외한 3가지

이므로 이 경우의 수는

$5\times4\times3=60$

(ⅱ) B, D에 다른 색을 칠하는 경우

B에 칠할 수 있는 색은 A에 칠한 색을 제외한 4가지

D에 칠할 수 있는 색은 A, B에 칠한 색을 제외한 3가지

C에 칠할 수 있는 색은 A, B, D에 칠한 색을 제외한 2가지

이므로 이 경우의 수는

$5\times4\times3\times2=120$

(ⅰ), (ⅱ)에서 구하는 경우의 수는

$60+120=180$

1151

답 540

(ⅰ) A에 칠할 수 있는 색은 5가지

(ⅱ) B에 칠할 수 있는 색은 A에 칠한 색을 제외한 4가지

(ⅲ) C에 칠할 수 있는 색은 A, B에 칠한 색을 제외한 3가지

(ⅳ) D에 칠할 수 있는 색은 A, C에 칠한 색을 제외한 3가지

(ⅴ) E에 칠할 수 있는 색은 A, D에 칠한 색을 제외한 3가지

(ⅰ)~(ⅴ)에서 구하는 방법의 수는

$5\times4\times3\times3\times3=540$

1152

답 3750

(ⅰ) E에 칠할 수 있는 색은 6가지

.... ❶

(ⅱ) A에 칠할 수 있는 색은 E에 칠한 색을 제외한 5가지

(ⅲ) B에 칠할 수 있는 색은 E에 칠한 색을 제외한 5가지

(ⅳ) C에 칠할 수 있는 색은 E에 칠한 색을 제외한 5가지

(ⅴ) D에 칠할 수 있는 색은 E에 칠한 색을 제외한 5가지

.... ❷

(ⅰ)~(ⅴ)에서 구하는 방법의 수는

$6\times5\times5\times5\times5=3750$

.... ❸

채점 기준	배점
❶ E에 칠할 수 있는 색의 가짓수 구하기	10%
❷ A, B, C, D에 칠할 수 있는 색의 가짓수 구하기	70%
❸ 색을 칠하는 방법의 수 구하기	20%

1153

답 ③

㈎에 칠할 수 있는 색은 4가지

(i) ㈏, ㈑에 같은 색을 칠하는 경우

㈏, ㈑에 칠할 수 있는 색은 ㈎에 칠한 색을 제외한 3가지

㈎, ㈐에 칠할 수 있는 색은 각각 ㈏, ㈎에 칠한 색을 제외한 2가지

이므로 이 경우의 수는

$4\times3\times2\times2=48$

(ii) ㈏, ㈑에 다른 색을 칠하는 경우

㈏에 칠할 수 있는 색은 ㈎에 칠한 색을 제외한 3가지

㈑에 칠할 수 있는 색은 ㈏, ㈎에 칠한 색을 제외한 2가지

㈎, ㈐에 칠할 수 있는 색은 각각 ㈏, ㈑, ㈎에 칠한 색을 제외한 1가지

이므로 이 경우의 수는

$4\times3\times2\times1\times1=24$

(i), (ii)에서 구하는 방법의 수는

$48+24=72$

1154

답 ③

1이 적힌 정사각형과 6이 적힌 정사각형에 같은 색을 칠해야 하고, 변을 공유하는 두 정사각형에는 서로 다른 색을 칠해야 하므로 1, 6, 2, 3, 5, 4가 적힌 정사각형의 순서로 색을 칠한다고 생각하자.

(i) 1이 적힌 정사각형에 칠할 수 있는 색은 4가지

(ii) 6이 적힌 정사각형에는 1이 적힌 정사각형에 칠한 색과 같은 색을 칠해야 하므로 칠할 수 있는 색은 1가지

(iii) 2가 적힌 정사각형에 칠할 수 있는 색은 1이 적힌 정사각형에 칠한 색을 제외한 3가지

(iv) 3이 적힌 정사각형에 칠할 수 있는 색은 2, 6이 적힌 정사각형에 칠한 색을 제외한 2가지

(v) 5가 적힌 정사각형에 칠할 수 있는 색은 2, 6이 적힌 정사각형에 칠한 색을 제외한 2가지

(vi) 4가 적힌 정사각형에 칠할 수 있는 색은 1, 5가 적힌 정사각형에 칠한 색을 제외한 2가지

(i)~(vi)에서 구하는 경우의 수는

$4\times1\times3\times2\times2\times2=96$

1155

답 ②

A에 칠할 수 있는 색은 4가지

E에 칠할 수 있는 색은 A에 칠한 색을 제외한 3가지

(i) B, E에 같은 색을 칠하는 경우

B에 칠할 수 있는 색은 E에 칠한 1가지

D에 칠할 수 있는 색은 E에 칠한 색을 제외한 3가지

C에 칠할 수 있는 색은 B, D에 칠한 색을 제외한 2가지

이므로 이 경우의 수는

$4\times3\times1\times3\times2=72$

(ii) B, E에 다른 색을 칠하는 경우

B에 칠할 수 있는 색은 A, E에 칠한 색을 제외한 2가지

ⓐ B, D에 같은 색을 칠하는 경우

D에 칠할 수 있는 색은 B에 칠한 1가지

C에 칠할 수 있는 색은 B에 칠한 색을 제외한 3가지

이므로 이 경우의 수는

$4\times3\times2\times1\times3=72$

ⓑ B, D에 다른 색을 칠하는 경우

D에 칠할 수 있는 색은 B, E에 칠한 색을 제외한 2가지

C에 칠할 수 있는 색은 B, D에 칠한 색을 제외한 2가지

이므로 이 경우의 수는

$4\times3\times2\times2\times2=96$

ⓐ, ⓑ에서 이 경우의 수는

$72+96=168$

(i), (ii)에서 구하는 방법의 수는

$72+168=240$

유형 09 최단거리로 이동하는 경우의 수

확인 문제 10

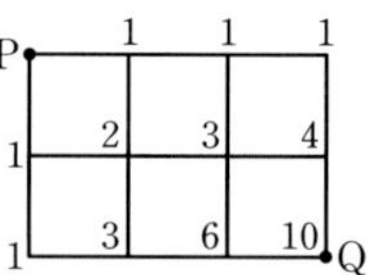

점 P에서 출발하여 점 Q까지 최단거리로 가는 경우의 수는 10

1156

답 9

다빈이네 집에서 연수네 집까지 최단거리로 가는 경우의 수는 3

연수네 집에서 학교까지 최단거리로 가는 경우의 수는 3

따라서 구하는 경우의 수는

$3\times3=9$

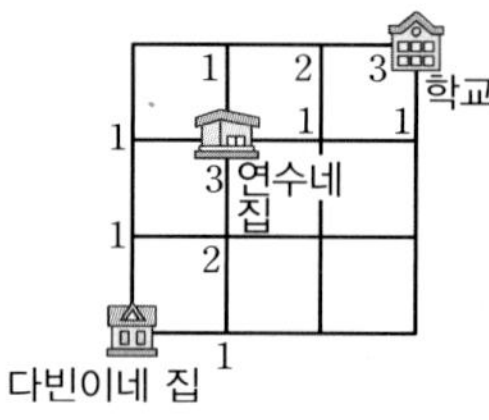

1157

답 30

(i) A → B → D로 가는 경우의 수는

$3\times6=18$

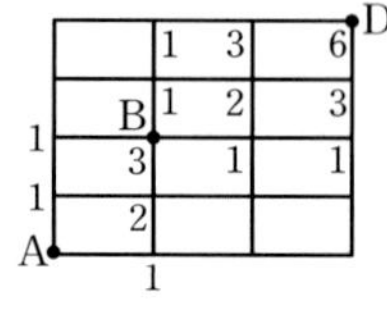

(ii) A → C → D로 가는 경우의 수는

$3\times4=12$

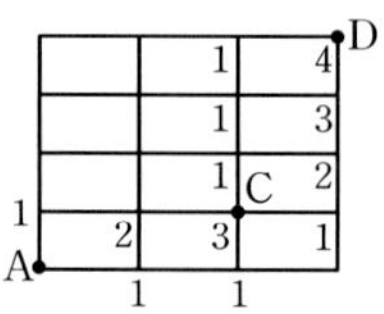

(i), (ii)에서 구하는 경우의 수는

$18+12=30$

1158

답 12

오른쪽 그림에서 A 지점에서 B 지점까지 최단거리로 가는 경로는

A → C → D → B이다.

(i) A → C로 가는 경우의 수는 6 ❶

(ii) C → D로 가는 경우의 수는 1

❷

(iii) D → B로 가는 경우의 수는 2

❸

(i)~(iii)에서 구하는 경우의 수는

$6\times1\times2=12$

❹

채점 기준	배점
❶ A 지점에서 C 지점까지 가는 경우의 수 구하기	30%
❷ C 지점에서 D 지점까지 가는 경우의 수 구하기	30%
❸ D 지점에서 B 지점까지 가는 경우의 수 구하기	30%
❹ 최단거리로 가는 경우의 수 구하기	10%

1159

답 ⑤

오른쪽 그림에서 꼭짓점 A에서 꼭짓점 B까지 최단거리로 가는 경로는

A → P → B이다.

(i) A → P로 가는 경우의 수는 6

(ii) P → B로 가는 경우의 수는 6

(i), (ii)에서 구하는 경우의 수는

$6\times6=36$

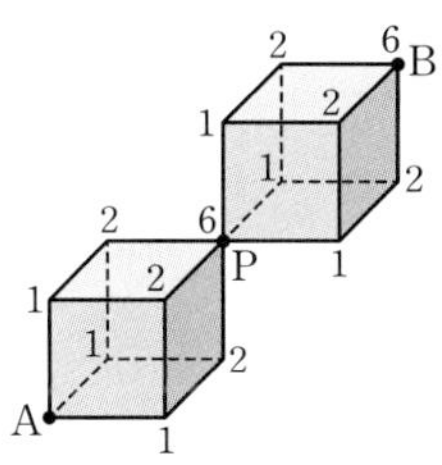

유형 10 수형도를 이용하는 경우의 수

1160

답 9

네 명의 요리사 A, B, C, D의 요리를 각각 a, b, c, d라 하고 4명 모두 다른 요리사의 요리를 먹는 경우를 수형도로 나타내면 다음과 같다.

A	B	C	D
b	a	d	c
	c	d	a
	d	a	c
c	a	d	b
	d	a	b
		b	a
d	a	b	c
	c	a	b
		b	a

따라서 구하는 경우의 수는 9이다.

1161

답 ①

i번째 자리에는 숫자 i가 적힌 카드가 오지 않도록 나열하는 경우를 수형도로 나타내면 다음과 같다.

1번째	2번째	3번째
2	3	1
3	1	2

따라서 구하는 경우의 수는 2이다.

1162

답 18

만의 자리 숫자와 일의 자리 숫자가 같은 다섯 자리 자연수는

1□□□1, 2□□□2, 3□□□3 꼴의 3가지이다.

1□□□1 꼴인 자연수를 수형도로 나타내면 다음과 같다.

만의 자리 천의 자리 백의 자리 십의 자리 일의 자리

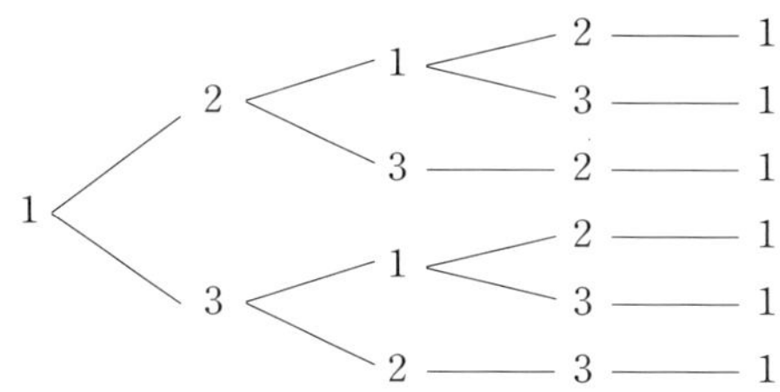

즉, 1□□□1 꼴인 자연수의 경우의 수는 6이다.

마찬가지로 생각하면 2□□□2, 3□□□3 꼴인 자연수의 경우의 수도 각각 6가지 경우가 나오므로 구하는 경우의 수는

$6\times3=18$

1163

답 11

ⓔ가 적힌 가방은 사물함 A에 넣고, ⓑ, ⓒ, ⓓ가 적힌 가방은 각각 그 문자의 대문자가 적힌 사물함 B, C, D에 넣지 않는 경우를 수형도로 나타내면 다음과 같다.

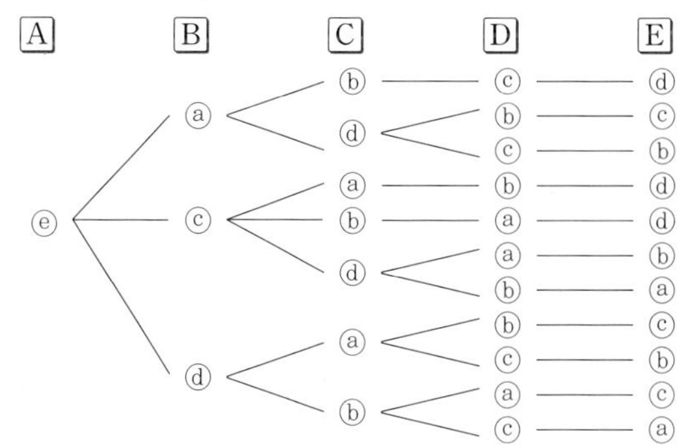

따라서 구하는 경우의 수는 11이다.

1164

답 ④

4명의 학생 A, B, C, D가 쪽지 시험을 본 시험지의 이름을 각각 a, b, c, d라 할 때, A만 자신의 시험지를 채점하고 나머지 학생들은 자신의 시험지를 채점하지 않는 경우를 수형도로 나타내면 다음과 같다.

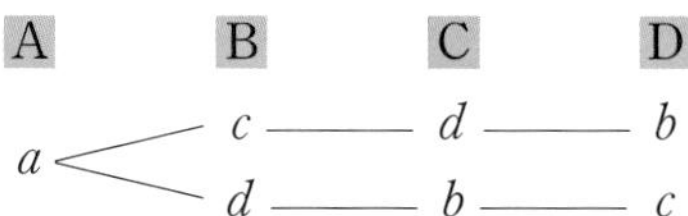

즉, 이 경우의 수는 2이다.

마찬가지로 생각하면 자신의 시험지를 채점하는 학생이 B, C, D일 때도 각각 2가지 경우가 나오므로 구하는 경우의 수는

$2\times4=8$

1165

답 45

5명의 사람 A, B, C, D, E의 이름이 적힌 모자를 각각 a, b, c, d, e라 하고 A만 자신의 이름이 적힌 모자를 쓰고, 나머지는 다른 사람의 이름이 적힌 모자를 쓰게 되는 경우를 수형도로 나타내면 다음과 같다.

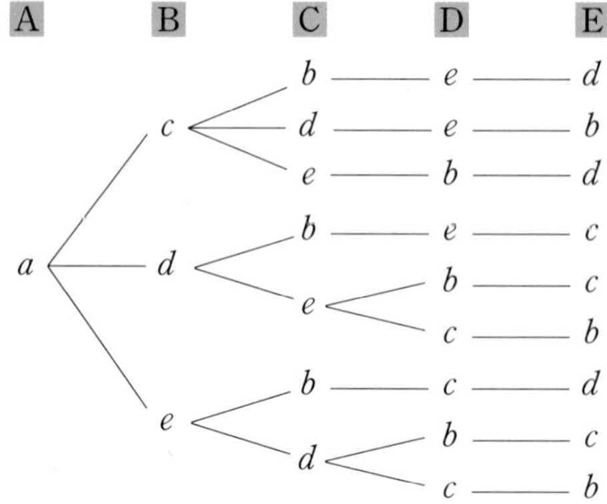

즉, 이 경우의 수는 9이다.

❶

마찬가지로 생각하면 자신의 이름이 적힌 모자를 쓰는 사람이 B, C, D, E일 때도 각각 9가지 경우가 나오므로 구하는 경우의 수는

$9\times5=45$

❷

채점 기준	배점
❶ A만 자신의 이름이 적힌 모자를 쓰고 나머지는 다른 사람의 이름이 적힌 모자를 쓰게 되는 경우의 수 구하기	70%
❷ 1명만 자신의 이름이 적힌 모자를 쓰고 나머지 4명은 다른 사람의 이름이 적힌 모자를 쓰게 되는 경우의 수 구하기	30%

PART B 내신 잡는 종합 문제

1166

답 ⑤

$\frac{N}{6}$이 기약분수가 되기 위해서는

N은 2의 배수도 아니고 3의 배수도 아니어야 한다.

200 이하의 양의 정수 중

(i) 2의 배수는 2, 4, 6, …, 200의 100개

(ii) 3의 배수는 3, 6, 9, …, 198의 66개

(iii) 2와 3의 공배수인 6의 배수는 6, 12, 18, …, 198의 33개

(i)~(iii)에서 200 이하의 양의 정수 중 2의 배수 또는 3의 배수인 수의 개수는 $100+66-33=133$

따라서 구하는 N의 개수는

$200-133=67$

1167

답 ④

$2x+4y+z=14$에서

(i) $y=1$일 때, $2x+z=10$이므로 순서쌍 (x, z)는

$(1, 8)$, $(2, 6)$, $(3, 4)$, $(4, 2)$의 4가지

(ii) $y=2$일 때, $2x+z=6$이므로 순서쌍 (x, z)는

$(1, 4)$, $(2, 2)$의 2가지

(i), (ii)에서 구하는 순서쌍 (x, y, z)의 개수는

$4+2=6$

1168

답 ②

$x+2y\le5$에서

$y=0$일 때, $x\le5$이므로 $x=0, 1, 2, 3, 4, 5$의 6개

$y=1$일 때, $x\le3$이므로 $x=0, 1, 2, 3$의 4개

$y=2$일 때, $x\le1$이므로 $x=0, 1$의 2개

따라서 구하는 순서쌍 (x, y)의 개수는

$6+4+2=12$

다른 풀이

부등식 $x+2y\le5$를 만족시키는 음이 아닌 두 정수 x, y를 순서쌍 (x, y)로 나타내면

$(0, 0)$, $(0, 1)$, $(0, 2)$, $(1, 0)$, $(1, 1)$, $(1, 2)$, $(2, 0)$, $(2, 1)$, $(3, 0)$, $(3, 1)$, $(4, 0)$, $(5, 0)$의 12개이다.

1169

답 ⑤

(i) A → B → D로 가는 경우의 수는 $2\times3=6$

(ii) A → C → D로 가는 경우의 수는 $2\times1=2$

(iii) A → B → C → D로 가는 경우의 수는 $2\times1\times1=2$

(iv) A → C → B → D로 가는 경우의 수는 $2\times1\times3=6$

(i)~(iv)에서 구하는 경우의 수는

$6+2+2+6=16$

1170

답 ③

$(a+b+c)(p+q+r+s)$에서 a, b, c에 곱해지는 항이 각각 p, q, r, s의 4개이므로 이 전개식에서 항의 개수는

$3\times4=12$

$(a+b)(x+y)$에서 a, b에 곱해지는 항이 각각 x, y의 2개이므로 이 전개식에서 항의 개수는

$2\times2=4$

이때 동류항이 없으므로 구하는 항의 개수는

$12+4=16$

1171

답 ④

(i) 420을 소인수분해하면 $420=2^2\times3\times5\times7$

420의 양의 약수의 개수는

$(2+1)\times(1+1)\times(1+1)\times(1+1)=24$

$\therefore A=24$

(ii) 50 이하의 자연수 중

3의 배수는 3, 6, 9, …, 48의 16개,

5의 배수는 5, 10, 15, …, 50의 10개,

15의 배수는 15, 30, 45의 3개

이므로 3의 배수도 5의 배수도 아닌 자연수의 개수는

$50-(16+10-3)=27$

$\therefore B=27$

(iii) 십의 자리의 숫자가 3인 자연수는 10개

일의 자리의 숫자가 3인 자연수는 10개

이때 33은 중복해서 세어지므로 100 이하의 자연수 중 십의 자리 또는 일의 자리의 숫자가 3인 자연수의 개수는

$10+10-1=19$

$\therefore C=19$

(i)~(iii)에서 $C<A<B$

1172

답 ②

(i) P 지점만 지나는 경우

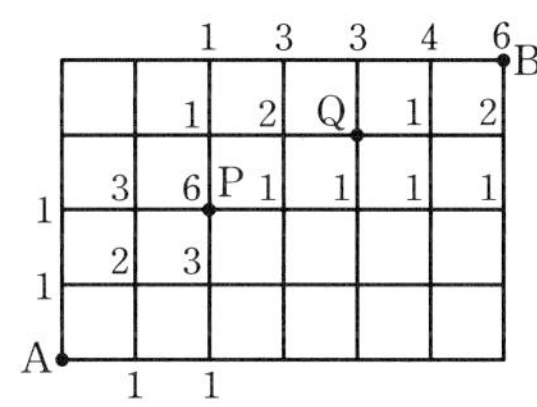

ⓐ A → P로 가는 경우의 수는 6

ⓑ P → B로 가는 경우의 수는 6

즉, 이 경우의 수는 $6\times6=36$

(ii) Q 지점만 지나는 경우

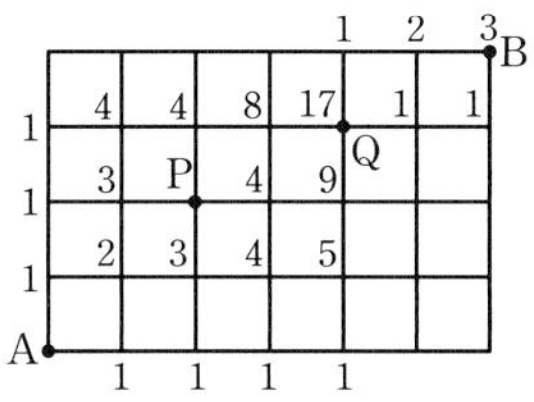

ⓐ A → Q로 가는 경우의 수는 17

ⓑ Q → B로 가는 경우의 수는 3

즉, 이 경우의 수는 $17\times3=51$

(i), (ii)에서 구하는 경우의 수는

$36+51=87$

1173

답 ①

900을 소인수분해하면 $900=2^2\times3^2\times5^2$

(i) 900의 양의 약수의 개수는

$(2+1)\times(2+1)\times(2+1)=27$ $\therefore A=27$

(ii) 900의 양의 약수 중 25와 서로소인 약수의 개수는

$2^2\times3^2$의 양의 약수의 개수와 같으므로

$(2+1)\times(2+1)=9$ $\therefore B=9$

(iii) 900의 양의 약수의 총합은

$(1+2+2^2)\times(1+3+3^2)\times(1+5+5^2)=2821$

$\therefore C=2821$

(i)~(iii)에서

$C-A-B=2821-27-9=2785$

1174

답 ⑤

5명의 학생 A, B, C, D, E의 이름을 a, b, c, d, e라 하면 A만 자기 자신의 이름이 적힌 카드를 받고, 나머지는 다른 사람의 이름이 적힌 카드를 받는 경우를 수형도로 나타내면 다음과 같다.

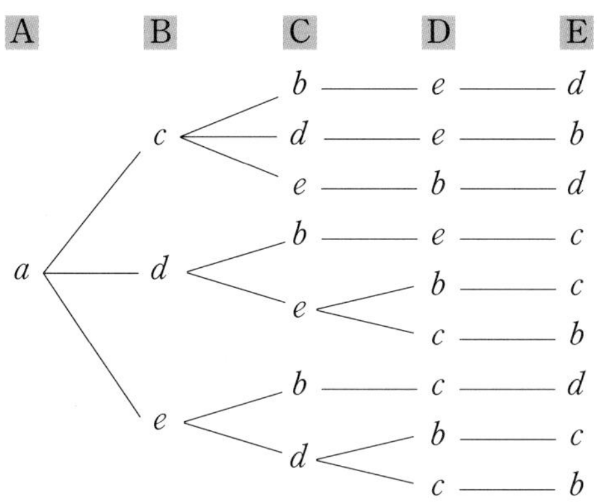

즉, 이 경우의 수는 9이다.

마찬가지로 생각하면 자기 자신의 이름이 적힌 카드를 받은 사람이 B, C, D, E일 때도 각각 9가지 경우가 나오므로 구하는 경우의 수는

$9\times5=45$

1175

답 ②

(i) 지불할 수 있는 방법의 수

100원짜리 동전 3개로 지불할 수 있는 방법은

0개, 1개, 2개, 3개의 4가지

500원짜리 동전 3개로 지불할 수 있는 방법은

0개, 1개, 2개, 3개의 4가지

1000원짜리 지폐 1장으로 지불할 수 있는 방법은

0장, 1장의 2가지

이때 0원을 지불하는 경우를 제외해야 하므로 지불할 수 있는 방법의 수는

$4\times4\times2-1=31$ $\therefore a=31$

(ii) 지불할 수 있는 금액의 수

500원짜리 동전 2개로 지불할 수 있는 금액과 1000원짜리 지폐 1장으로 지불할 수 있는 금액이 같으므로 1000원짜리 지폐 1장을 500원짜리 동전 2개로 바꾸면 지불할 수 있는 금액의 수는 500원짜리 동전 5개, 100원짜리 동전 3개로 지불할 수 있는 금액의 수와 같다.

500원짜리 동전 5개로 지불할 수 있는 금액은

0원, 500원, 1000원, 1500원, 2000원, 2500원의 6가지

100원짜리 동전 3개로 지불할 수 있는 금액은

0원, 100원, 200원, 300원의 4가지

이때 0원을 지불하는 경우를 제외해야 하므로 지불할 수 있는 금액의 수는

$6\times4-1=23$ $\therefore b=23$

(i), (ii)에서 $a+b=31+23=54$

1176

답 28

꼭짓점 A에서 출발하여 꼭짓점 C로 움직인 후 꼭짓점 B에 도착하는 경우를 수형도로 나타내면 다음과 같다.

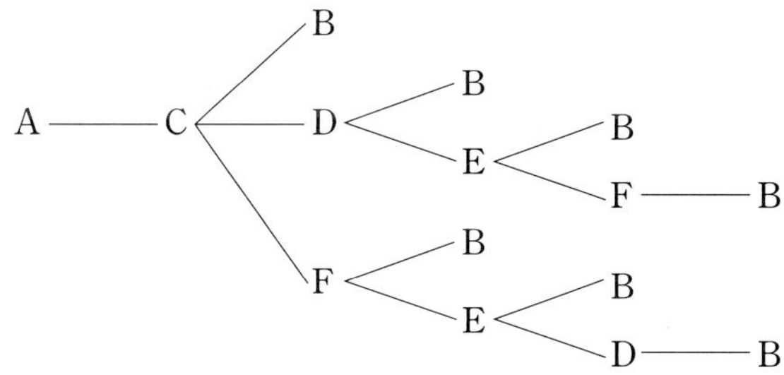

즉, 이 경우의 수는 7이다.

마찬가지로 생각하면 꼭짓점 A에서 출발하여 꼭짓점 D 또는 E 또는 F로 움직인 후 꼭짓점 B에 도착할 때도 각각 7가지 경우가 나오므로 구하는 방법의 수는

$7\times4=28$

1177

답 2304

그림에서 ①, ②, ③을 그리는 순서를 정하는 방법의 수는

①-②-③, ①-③-②, ②-①-③, ②-③-①, ③-①-②, ③-②-①의 6가지

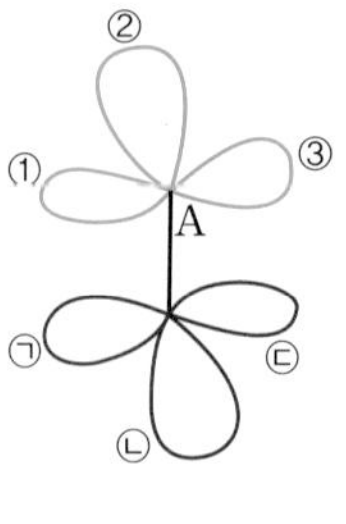

그런데 ①, ②, ③은 시계 방향으로도, 시계 반대 방향으로도 각각 그릴 수 있으므로 ①, ②, ③을 그리는 방법의 수는

$2\times2\times2=8$

즉, 점 A에서 시작하여 ①, ②, ③을 한 번에 그릴 수 있는 방법의 수는 $6\times8=48$

같은 방법으로 ㉠, ㉡, ㉢을 한 번에 그릴 수 있는 방법의 수도 48이므로 구하는 방법의 수는

$48\times48=2304$

1178

답 11

빈 자리를 O라 하고, A, B, C 3명이 앉을 자리를 각각 A, B, C라 하자. 현재 연습을 하고 있는 좌석 배치를 순서쌍으로 나타내면

(A, O, B, C)

어느 좌석을 비울 것인지를 경우를 나누어 생각해 보면

(i) 첫 번째 좌석을 비우는 경우
(O, A, C, B), (O, B, C, A), (O, C, A, B)의 3가지

(ii) 두 번째 좌석을 비우는 경우
(B, O, C, A), (C, O, A, B)의 2가지

(iii) 세 번째 좌석을 비우는 경우
(B, C, O, A), (C, A, O, B), (C, B, O, A)의 3가지

(iv) 네 번째 좌석을 비우는 경우
(B, A, C, O), (B, C, A, O), (C, B, A, O)의 3가지

(i)~(iv)에서 구하는 방법의 수는

$3+2+3+3=11$

1179

답 165

2개, 3개, 4개가 들어갈 칸을 각각 a, b, c라 하자.

(단, $a<b<c$이고, a, c는 짝수, b는 홀수)

$b=3$일 때, $a=2$ / $c=4, 6, 8, \cdots, 20$이므로 이 경우의 수는 1×9

$b=5$일 때, $a=2, 4$/ $c=6, 8, \cdots, 20$이므로 이 경우의 수는 2×8

⋮

$b=19$일 때, $a=2, 4, \cdots, 18$ / $c=20$이므로 이 경우의 수는 9×1

따라서 구하는 경우의 수는

$1\times9+2\times8+3\times7+4\times6+5\times5+6\times4+7\times3+8\times2+9\times1$

$=2\times(1\times9+2\times8+3\times7+4\times6)+5\times5$

$=2\times70+25$

$=165$

1180

답 ④

(i) 정문 → 정원 → 후문 → 분수 → 정문으로 가는 방법의 수는
$3\times1\times4\times2=24$

(ii) 정문 → 분수 → 후문 → 정원 → 정문으로 가는 방법의 수는
$2\times4\times1\times3=24$

(iii) 정문 → 분수 → 후문 → 분수 → 정문으로 가는 방법의 수는
$2\times4\times3\times1=24$

(i)~(iii)에서 구하는 방법의 수는

$24+24+24=72$

1181

답 ②

(i) A8, A9, A10 세 좌석과 나머지 이웃한 두 좌석을 예약하는 방법은
(A1, A2), (C1, C2), (C2, C3), (D9, D10), (E4, E5), (F1, F2), (F7, F8), (F8, F9), (F9, F10)의 9가지

(ii) C1, C2, C3 세 좌석과 나머지 이웃한 두 좌석을 예약하는 방법은
(A1, A2), (A8, A9), (A9, A10), (D9, D10), (E4, E5), (F1, F2), (F7, F8), (F8, F9), (F9, F10)의 9가지

(iii) F7, F8, F9, F10 중에서 이웃한 세 좌석을 예약하는 경우는
(F7, F8, F9), (F8, F9, F10)의 2가지이고
각각의 경우에 나머지 이웃한 두 좌석을 예약하는 방법은
(A1, A2), (A8, A9), (A9, A10), (C1, C2), (C2, C3), (D9, D10), (E4, E5), (F1, F2)의 8가지
즉, 이 경우의 수는 $2\times8=16$

(i)~(iii)에서 구하는 방법의 수는

$9+9+16=34$

1182

답 ①

추가해야 하는 경로의 개수를 n이라 하면

(i) A → B → D로 가는 방법의 수는 $3\times2=6$

(ii) A → C → D로 가는 방법의 수는 $2\times4=8$

(iii) A → B → C → D로 가는 방법의 수는 $3\times n\times4=12n$

(iv) A → C → B → D로 가는 방법의 수는 $2\times n\times2=4n$

(i)~(iv)에서 A 지점에서 출발하여 D 지점으로 가는 방법의 수는

$6+8+12n+4n\geq100$

$16n+14\geq100$ $\quad\therefore n\geq\frac{43}{8}=5.\times\times\times$

따라서 추가해야 하는 경로의 최소 개수는 6이다.

1183

답 420

㈐에 칠할 수 있는 색은 5가지

(i) ㈎, ㈑에 같은 색을 칠하는 경우
㈎, ㈑에 칠할 수 있는 색은 ㈐에 칠한 색을 제외한 4가지
㈏에 칠할 수 있는 색은 ㈎, ㈐에 칠한 색을 제외한 3가지
㈒에 칠할 수 있는 색은 ㈎, ㈐에 칠한 색을 제외한 3가지
이므로 이 경우의 수는 $5\times4\times3\times3=180$

(ii) ㈎, ㈑에 다른 색을 칠하는 경우
㈎에 칠할 수 있는 색은 ㈐에 칠한 색을 제외한 4가지
㈑에 칠할 수 있는 색은 ㈎, ㈐에 칠한 색을 제외한 3가지
㈏에 칠할 수 있는 색은 ㈎, ㈐, ㈑에 칠한 색을 제외한 2가지
㈒에 칠할 수 있는 색은 ㈎, ㈐, ㈑에 칠한 색을 제외한 2가지
이므로 이 경우의 수는 $5\times4\times3\times2\times2=240$

(i), (ii)에서 구하는 방법의 수는

180+240=420

1184

답 ②

승용차이므로 차종 번호는 69가지 중 하나를 선택할 수 있고,
사업용(대여)이므로 용도 번호는 3가지 중 하나를 선택할 수 있다.
등록 번호는 총 10000가지 중 하나이므로
발급할 수 있는 서로 다른 번호판의 개수는
$69\times3\times10000=2070000$

1185

답 26

(i) 1교시와 2교시 강좌를 선택하는 경우의 수는 $2\times3=6$

❶

(ii) 1교시와 3교시 강좌를 선택하는 경우의 수는 $2\times4=8$

❷

(iii) 2교시와 3교시 강좌를 선택하는 경우의 수는 $3\times4=12$

❸

(i)~(iii)에서 2개의 강좌를 선택하여 수강하는 모든 방법의 수는
$6+8+12=26$

❹

채점 기준	배점
❶ 1교시와 2교시 강좌를 선택하는 경우의 수 구하기	30%
❷ 1교시와 3교시 강좌를 선택하는 경우의 수 구하기	30%
❸ 2교시와 3교시 강좌를 선택하는 경우의 수 구하기	30%
❹ 2개의 강좌를 선택하여 수강하는 모든 방법의 수 구하기	10%

1186

답 780

(마)에 칠할 수 있는 색은 5가지

(i) (다), (라)에 같은 색을 칠하는 경우

(다), (라)에 칠할 수 있는 색은 (마)에 칠한 색을 제외한 4가지
(나)에 칠할 수 있는 색은 (다)에 칠한 색을 제외한 4가지
(가)에 칠할 수 있는 색은 (나), (다)에 칠한 색을 제외한 3가지
이므로 경우의 수는
$5\times4\times4\times3=240$

❶

(ii) (다), (라)에 다른 색을 칠하는 경우

(다)에 칠할 수 있는 색은 (마)에 칠한 색을 제외한 4가지
(라)에 칠할 수 있는 색은 (다), (마)에 칠한 색을 제외한 3가지
(나)에 칠할 수 있는 색은 (다), (라)에 칠한 색을 제외한 3가지
(가)에 칠할 수 있는 색은 (나), (다)에 칠한 색을 제외한 3가지
이므로 경우의 수는
$5\times4\times3\times3\times3=540$

❷

(i), (ii)에서 구하는 방법의 수는
$240+540=780$

❸

채점 기준	배점
❶ (다), (라)에 같은 색을 칠하는 경우의 수 구하기	40%
❷ (다), (라)에 다른 색을 칠하는 경우의 수 구하기	40%
❸ 색을 칠하는 경우의 수 구하기	20%

1187

답 5

추가해야 하는 산책로의 개수를 n이라 하면

(i) 입구 → 쉼터 A → 출구로 가는 방법의 수는
$3\times3=9$

(ii) 입구 → 쉼터 B → 출구로 가는 방법의 수는
$2\times4=8$

❶

(iii) 입구 → 쉼터 A → 쉼터 B → 출구로 가는 방법의 수는
$3\times n\times4=12n$

(iv) 입구 → 쉼터 B → 쉼터 A → 출구로 가는 방법의 수는
$2\times n\times3=6n$

❷

(i)~(iv)에서 입구에서 출발하여 출구로 가는 방법의 수는
$9+8+12n+6n=107$
$18n=90 \qquad \therefore n=5$
따라서 추가해야 하는 산책로의 개수는 5이다.

❸

채점 기준	배점
❶ 입구에서 쉼터 A 또는 쉼터 B만 거쳐 출구로 가는 방법의 수 구하기	30%
❷ 입구에서 쉼터 A와 쉼터 B를 모두 거쳐 출구로 가는 방법의 수 나타내기	40%
❸ 추가해야 하는 산책로의 개수 구하기	30%

수능 녹인 변별력 문제

1188

답 ①

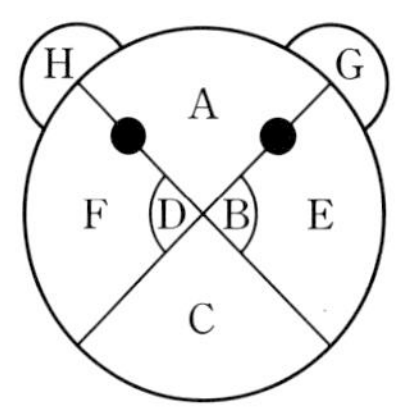

A, B, C, D, E, F, G, H의 순서로 칠할 때, A에 칠할 수 있는 색은 4가지

(i) A, C에 같은 색을 칠하는 경우

B에 칠할 수 있는 색은 A에 칠한 색을 제외한 3가지

C에 칠할 수 있는 색은 A=C이므로 1가지
D에 칠할 수 있는 색은 A에 칠한 색을 제외한 3가지
E에 칠할 수 있는 색은 A, B에 칠한 색을 제외한 2가지
F에 칠할 수 있는 색은 A, D에 칠한 색을 제외한 2가지
G에 칠할 수 있는 색은 A, E에 칠한 색을 제외한 2가지
H에 칠할 수 있는 색은 A, F에 칠한 색을 제외한 2가지
이므로 이 경우의 수는
$4\times3\times1\times3\times2\times2\times2\times2=576$

(ii) A, C에 다른 색을 칠하는 경우
B에 칠할 수 있는 색은 A에 칠한 색을 제외한 3가지
C에 칠할 수 있는 색은 A, B에 칠한 색을 제외한 2가지
D에 칠할 수 있는 색은 A, C에 칠한 색을 제외한 2가지
E에 칠할 수 있는 색은 A, B, C에 칠한 색을 제외한 1가지
F에 칠할 수 있는 색은 A, C, D에 칠한 색을 제외한 1가지
G에 칠할 수 있는 색은 A, E에 칠한 색을 제외한 2가지
H에 칠할 수 있는 색은 A, F에 칠한 색을 제외한 2가지
이므로 이 경우의 수는
$4\times3\times2\times2\times1\times1\times2\times2=192$

(i), (ii)에서 구하는 방법의 수는
$576+192=768$

1189

답 ③

(i) 지불할 수 있는 방법의 수
500원짜리 동전 1개로 지불할 수 있는 방법은 0개, 1개의 2가지
100원짜리 동전 2개로 지불할 수 있는 방법은 0개, 1개, 2개의 3가지
50원짜리 동전 1개로 지불할 수 있는 방법은 0개, 1개의 2가지
10원짜리 동전 6개로 지불할 수 있는 방법은 0개, 1개, 2개, 3개, 4개, 5개, 6개의 7가지
이때 0원을 지불하는 경우는 제외해야 하므로 지불할 수 있는 방법의 수는
$2\times3\times2\times7-1=83$ $\therefore a=83$

(ii) 지불할 수 있는 금액의 수
50원짜리 동전 1개, 10원짜리 동전 5개로 지불할 수 있는 금액과 100원짜리 동전 1개로 지불할 수 있는 금액이 서로 같다.
또한 10원짜리 동전 5개로 지불할 수 있는 금액과 50원짜리 동전 1개로 지불할 수 있는 금액이 서로 같으므로 100원짜리 동전 2개를 10원짜리 동전 20개로, 50원짜리 동전 1개를 10원짜리 동전 5개로 바꾸면 100원짜리 동전 2개, 50원짜리 동전 1개, 10원짜리 동전 6개를 이용하여 지불할 수 있는 금액은 10원짜리 동전 31개로 지불할 수 있는 금액의 수와 같다.
500원짜리 동전 1개로 지불할 수 있는 금액은 0원, 500원의 2가지
10원짜리 동전 31개로 지불할 수 있는 금액은 0원, 10원, 20원, …, 310원의 32가지
이때 0원을 지불하는 경우는 제외해야 하므로 지불할 수 있는 금액의 수는
$2\times32-1=63$ $\therefore b=63$

(i), (ii)에서 $a+b=83+63=146$

1190

답 ②

C와 D는 뒷면에 주차된 상태이기 때문에 먼저 빠져나올 수 없다.

(i) A가 제일 먼저 빠져 나오는 경우

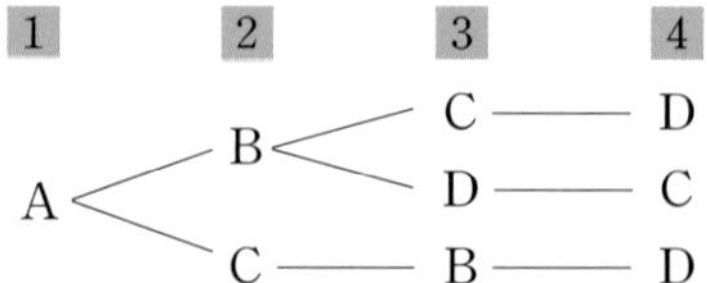

(ii) B가 제일 먼저 빠져 나오는 경우

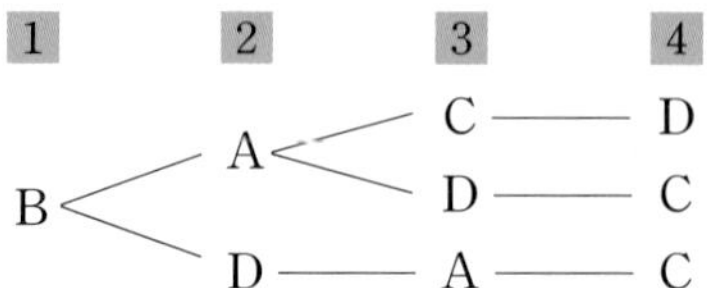

(i), (ii)에서 구하는 경우의 수는
$3+3=6$

1191

답 ②

(가), (나), (다)에서 첫째, 셋째, 다섯째 자리를 채우는 경우를 수형도로 나타내면 다음과 같다.

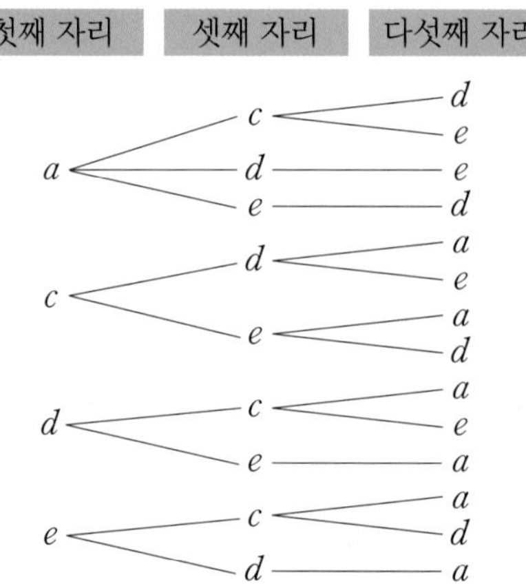

첫째, 셋째, 다섯째 자리를 채우는 방법의 수는 $4+4+3+3=14$이고 남은 둘째, 넷째 자리를 남은 두 개의 문자로 채우는 방법은 각각 2가지씩 있다.
따라서 구하는 문자열의 개수는 $14\times2=28$

1192

답 20

(i) 꽃병 A에 장미를 꽂을 때,
꽃병 B에 꽂을 꽃 9송이 중 카네이션이 a송이, 백합이 b송이라 하면 $a+b=9$에서 (a, b)로 가능한 경우는
$(1, 8)$, $(2, 7)$, $(3, 6)$, $(4, 5)$, $(5, 4)$, $(6, 3)$의 6가지

(ii) 꽃병 A에 카네이션을 꽂을 때,
꽃병 B에 꽂을 꽃 9송이 중 장미가 c송이, 백합이 d송이라 하면 $c+d=9$에서 (c, d)로 가능한 경우는
$(1, 8)$, $(2, 7)$, $(3, 6)$, $(4, 5)$, $(5, 4)$, $(6, 3)$, $(7, 2)$, $(8, 1)$의 8가지

(iii) 꽃병 A에 백합을 꽂을 때,
꽃병 B에 꽂을 꽃 9송이 중 장미가 e송이, 카네이션이 f송이라 하면 $e+f=9$에서 (e, f)로 가능한 경우는

$(3, 6)$, $(4, 5)$, $(5, 4)$, $(6, 3)$, $(7, 2)$, $(8, 1)$의 6가지
(i)~(iii)에서 구하는 경우의 수는
$6+8+6=20$

1193
답 96

나이트 말은 첫 번째 이동 후 점 $(-2, -1)$, $(-2, 1)$, $(-1, -2)$, $(-1, 2)$, $(1, -2)$, $(1, 2)$, $(2, -1)$, $(2, 1)$에 위치할 수 있고, 네 번째 이동 후 원점에 위치해야 0이 아닌 점수를 얻을 수 있으므로 세 번째 이동 후 위치할 수 있는 점도 위와 같다.
이때 첫 번째, 세 번째 이동의 결과로 항상 $2+2=4$(점)을 얻게 되므로 이 게임에서 4점을 얻기 위해서는 두 번째 이동에서 x좌표 또는 y좌표가 0인 점으로 이동해야 한다.
(i) $(0, 0) \to (x_1, y_1) \to (0, 0) \to (x_3, y_3) \to (0, 0)$으로 이동할 때

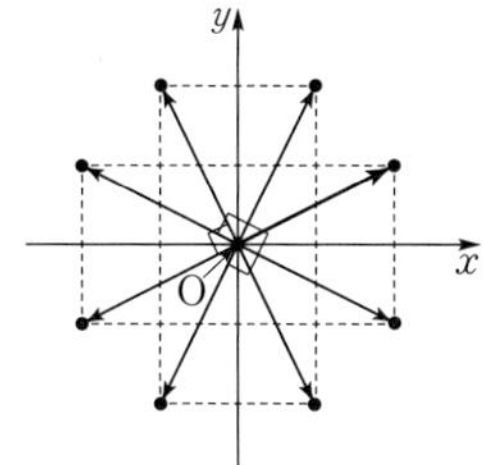

점 (x_1, y_1)로 가능한 점의 개수는 8
점 (x_3, y_3)으로 가능한 점의 개수도 8
즉, 이 경우 4점을 획득하는 경우의 수는 $8\times8=64$
(ii) $(0, 0) \to (x_1, y_1) \to (x_2, y_2) \to (x_3, y_3) \to (0, 0)$으로 이동할 때

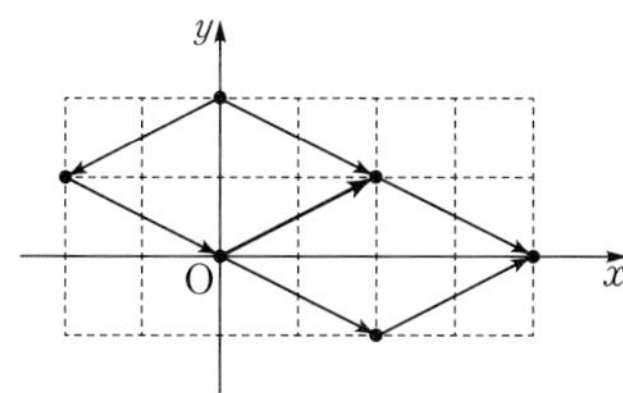

점 (x_1, y_1)로 가능한 점의 개수는 8
점 (x_1, y_1)에 따라 점 (x_2, y_2)가 될 수 있는 점의 개수는 2
점 (x_2, y_2)에 따라 점 (x_3, y_3)으로 가능한 점의 개수도 2
즉, 이 경우 4점을 획득하는 경우의 수는 $8\times2\times2=32$
(i), (ii)에서 구하는 경우의 수는 $64+32=96$

1194
답 420

A에 칠할 수 있는 색은 5가지
B에 칠할 수 있는 색은 A에 칠한 색을 제외한 4가지
C에 칠할 수 있는 색은 A, B에 칠한 색을 제외한 3가지
(i) D에 B와 같은 색을 칠하는 경우
D에 칠할 수 있는 색은 B에 칠한 색과 같으므로 1가지
E에 칠할 수 있는 색은 B, C에 칠한 색을 제외한 3가지
이므로 이 경우의 수는 $5\times4\times3\times1\times3=180$
(ii) D에 B와 다른 색을 칠하는 경우
D에 칠할 수 있는 색은 A, B, C에 칠한 색을 제외한 2가지
E에 칠할 수 있는 색은 B, C, D에 칠한 색을 제외한 2가지
이므로 이 경우의 수는 $5\times4\times3\times2\times2=240$
(i), (ii)에서 구하는 방법의 수는
$180+240=420$

1195
답 576

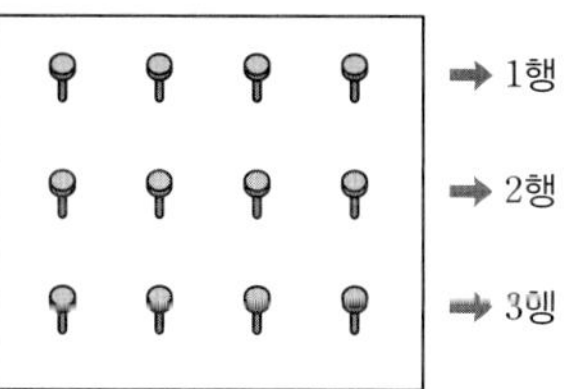

첫 번째 칸에 걸 수 있는 모자는 A, B, C, D의 4가지,
두 번째 칸에 걸 수 있는 모자는 첫 번째 칸에 건 모자를 뺀 3가지,
세 번째 칸에 걸 수 있는 모자는 첫 번째와 두 번째 칸에 건 모자를 뺀 2가지,
마지막 칸에 걸 수 있는 모자는 남아 있는 모자 1가지이므로 1행에 모자를 배열하는 방법의 수는
$4\times3\times2\times1=24$
이때 1행에 건 모자의 배열을 A, B, C, D라 하고 2행에 걸 수 있는 모자의 배열을 생각해 보면 다음과 같다.

1행	A	B	C	D
2행	B	A	D	C
		C	D	A
		D	A	C
	C	A	D	B
		D	A	B
			B	A
	D	A	B	C
		C	A	B
			B	A

또한 2행의 첫 번째 칸에 걸린 모자가 B인 경우, 3행에 걸 수 있는 모자의 배열을 생각해 보면 다음과 같다.

1행	A	B	C	D
2행	B	A	D	C
3행	C	D	A	B
			B	A
	D	C	A	B
			B	A

1행	A	B	C	D
2행	B	C	D	A
3행	C	D	A	B
	D	A	B	C

1행	A	B	C	D
2행	B	D	A	C
3행	C	A	D	B
	D	C	B	A

즉, 이 경우의 수는 $4+2+2=8$이다.
마찬가지로 생각하면 2행의 첫 번째 칸에 걸린 모자가 C, D일 때도 각각 8가지 경우가 나오므로 구하는 방법의 수는
$24\times8\times3=576$

PART A 11 순열과 조합

유형 01 순열의 수

확인 문제
1. (1) 60 (2) 24 (3) 1 (4) 6
2. (1) 6 (2) 3 (3) 4 (4) 6

1. (1) ${}_5\mathrm{P}_3=\frac{5!}{2!}=5\times4\times3=60$

(2) $4!=4\times3\times2\times1=24$

(3) ${}_6\mathrm{P}_0=1$

(4) ${}_3\mathrm{P}_3=3!=3\times2\times1=6$

2. (1) ${}_n\mathrm{P}_2=\frac{n!}{(n-2)!}=n(n-1)=30=6\times5$ $\quad\therefore n=6$

(2) ${}_5\mathrm{P}_0=1,\ {}_5\mathrm{P}_1=\frac{5!}{4!}=5,\ {}_5\mathrm{P}_2=\frac{5!}{3!}=5\times4=20$

${}_5\mathrm{P}_3=\frac{5!}{2!}=5\times4\times3=60,\ {}_5\mathrm{P}_4=\frac{5!}{1!}=5\times4\times3\times2=120$

${}_5\mathrm{P}_5=5!=120$ $\quad\therefore r=3$

(3) $\frac{9!}{5!}={}_9\mathrm{P}_4$ $\quad\therefore r=4$

(4) ${}_n\mathrm{P}_n=n!=720=6!$ $\quad\therefore n=6$

1196
답 ③

${}_n\mathrm{P}_2$에서 $n\geq2$이고 ${}_n\mathrm{P}_4$에서 $n\geq4$

$\therefore n\geq4$

$12\times{}_n\mathrm{P}_2={}_n\mathrm{P}_4$에서

$12n(n-1)=n(n-1)(n-2)(n-3)$

양변을 $n(n-1)$로 나누면

$12=(n-2)(n-3),\ n^2-5n-6=0$

$(n+1)(n-6)=0$ $\quad\therefore n=6\ (\because n\geq4)$

1197
답 ④

서로 다른 5개의 문자 중 3개를 뽑아 일렬로 나열하는 방법의 수는

${}_5\mathrm{P}_3=5\times4\times3=60$

참고

서로 다른 n개에서 r개를 뽑아 일렬로 나열하는 방법의 수는 서로 다른 n개에서 r개를 택하는 순열의 수와 같다.

1198
답 ③

${}_{2n}\mathrm{P}_2$에서 $2n\geq2$이고 ${}_{2n-1}\mathrm{P}_2$에서 $2n-1\geq2$

$\therefore n\geq\frac{3}{2}$

$5\times{}_{2n}\mathrm{P}_2=6\times{}_{2n-1}\mathrm{P}_2$에서

$5\times2n(2n-1)=6(2n-1)(2n-2)$

양변을 $2n-1$로 나누면

$5\times2n=6(2n-2),\ 10n=12n-12$

$\therefore n=6$

1199
답 ④

n명에서 2명을 택하는 순열의 수가 240이므로

${}_n\mathrm{P}_2=240$에서 $n(n-1)=240=16\times15$

$\therefore n=16$

참고

n명 중 2명을 뽑아 일렬로 세운 후, 앞사람을 회장, 뒷사람을 부회장으로 선출하는 경우로 바꾸어 생각할 수 있다.
따라서 n명 중 회장 1명과 부회장 1명을 선출하는 경우의 수는 n명에서 2명을 택하는 순열의 수와 같다.

1200
답 11

서로 다른 n개의 사탕 중 3개를 택하는 순열의 수가 990이므로

${}_n\mathrm{P}_3=990$에서 $n(n-1)(n-2)=990=11\times10\times9$

$\therefore n=11$

유형 02 이웃하는 것이 있는 순열의 수

1201
답 48

a, b를 한 문자로 생각하여 4개의 문자를 일렬로 나열하는 경우의 수는 $4!=24$

a와 b가 서로 자리를 바꾸는 경우의 수는 $2!=2$

따라서 구하는 경우의 수는 $24\times2=48$

1202
답 ①

S, T, R, N, G를 한 문자로 생각하여 3개의 문자를 일렬로 나열하는 경우의 수는 $3!=6$

S, T, R, N, G 5개의 문자가 서로 자리를 바꾸는 경우의 수는 $5!=120$

따라서 구하는 경우의 수는 $6\times120=720$

1203
답 ③

그림과 같이 여학생 2명을 한 사람으로 생각하여 5명을 일렬로 나열하는 경우의 수는 $5!=120$

여학생 2명이 서로 자리를 바꾸는 경우의 수는 $2!=2$

따라서 구하는 경우의 수는 $120\times2=240$

1204
답 ③

남학생 3명을 한 사람으로 생각하여 $(n+1)$명을 일렬로 세우는 방법의 수는 $(n+1)!$

남학생 3명이 서로 자리를 바꾸는 방법의 수는 $3!=6$

따라서 $(n+1)!\times6=720$이므로

$(n+1)!=120=5!$

$n+1=5$ $\quad\therefore n=4$

1205

답 48

각각의 부부를 한 사람으로 생각하여 3명을 일렬로 나열하는 경우의 수는 $3!=6$ ❶

각각의 부부끼리 서로 자리를 바꾸는 경우의 수는 $2!\times2!\times2!=8$ ❷

따라서 구하는 경우의 수는 $6\times8=48$ ❸

채점 기준	배점
❶ 각각의 부부를 한 사람으로 생각하여 3명을 일렬로 나열하는 경우의 수 구하기	40%
❷ 각각의 부부끼리 서로 자리를 바꾸는 경우의 수 구하기	40%
❸ 부부끼리 서로 이웃하게 세우는 경우의 수 구하기	20%

1206

답 ④

(i) A, B가 서로 이웃하는 경우

A, B를 한 사람으로 생각하여 5명을 일렬로 나열하는 경우의 수는 $5!=120$

A와 B가 서로 자리를 바꾸는 경우의 수는 $2!=2$

따라서 A, B가 서로 이웃하는 경우의 수는 $120\times2=240$

(ii) C, D가 서로 이웃하는 경우

C, D를 한 사람으로 생각하여 5명을 일렬로 나열하는 경우의 수는 $5!=120$

C와 D가 서로 자리를 바꾸는 경우의 수는 $2!=2$

따라서 C, D가 서로 이웃하는 경우의 수는 $120\times2=240$

(iii) A, B가 서로 이웃하고 C, D가 서로 이웃하는 경우

A, B를 한 사람으로 생각하고, C, D를 한 사람으로 생각하여 4명을 일렬로 나열하는 경우의 수는 $4!=24$

A와 B, C와 D끼리 서로 자리를 바꾸는 경우의 수는 $2!\times2!=4$

따라서 A, B가 서로 이웃하고 C, D가 서로 이웃하는 경우의 수는 $24\times4=96$

(i)~(iii)에서 구하는 경우의 수는 $240+240-96=384$

유형 03 이웃하지 않는 것이 있는 순열의 수

1207

답 ⑤

남학생 4명을 일렬로 세우는 경우의 수는 $4!=24$

남학생의 양 끝과 사이사이에 여학생이 이웃하지 않도록 세우는 경우의 수는 ${}_5P_2=20$

따라서 구하는 경우의 수는 $24\times20=480$

다른 풀이

남학생 4명과 여학생 2명을 일렬로 세울 때 여학생들끼리 서로 이웃하지 않도록 세우는 경우의 수는 6명을 일렬로 세우는 경우의 수에서 여학생 2명이 서로 이웃하는 경우의 수를 제외하면 된다.

남학생 4명과 여학생 2명을 일렬로 세우는 경우의 수는 $6!=720$

여학생 2명을 한 사람으로 생각하여 5명을 일렬로 세우는 경우의 수는 $5!=120$

여학생 2명이 서로 자리를 바꾸는 경우의 수는 $2!=2$

즉, 여학생 2명이 서로 이웃하도록 일렬로 세우는 경우의 수는 $120\times2=240$

따라서 구하는 경우의 수는 $720-240=480$

참고

남학생의 양 끝과 사이사이에 여학생이 이웃하지 않도록 세우는 경우는 남학생의 양 끝과 사이사이에 있는 서로 다른 5개의 공간 중 첫 번째 여학생과 두 번째 여학생을 세울 2개의 공간을 택하는 경우와 같다.

↓ 남 ↓ 남 ↓ 남 ↓ 남 ↓

따라서 그 경우의 수는 순열(${}_5P_2$)로 계산하면 된다.

1208

답 ⑤

먼저 1, 3, 5가 적혀 있는 3장의 카드를 일렬로 나열하는 경우의 수는 $3!=6$

1, 3, 5가 적혀 있는 3장의 카드의 양 끝과 사이사이에 2, 4가 적혀 있는 카드를 이웃하지 않도록 나열하는 경우의 수는 ${}_4P_2=12$

따라서 구하는 경우의 수는 $6\times12=72$

다른 풀이

5장의 카드를 모두 일렬로 나열하는 경우의 수는 $5!=120$

2, 4가 적혀 있는 두 장의 카드를 하나로 생각하여 4장의 카드를 일렬로 나열하는 경우의 수는 $4!=24$

2, 4가 적혀 있는 2장의 카드가 서로 자리를 바꾸는 경우의 수는 $2!=2$

즉, 짝수가 적혀 있는 카드끼리 서로 이웃하도록 나열하는 경우의 수는 $24\times2=48$

따라서 짝수가 적혀 있는 카드끼리 서로 이웃하지 않도록 나열하는 경우의 수는 $120-48=72$

1209

답 ⑤

4개의 문자 D, E, F, G를 일렬로 나열하는 방법의 수는 $4!=24$

이 4개의 문자의 양 끝과 사이사이에 A, B, C 중 어느 두 개도 이웃하지 않도록 나열하는 방법의 수는 ${}_5P_3=60$

따라서 구하는 방법의 수는 $24\times60=1440$

1210

답 480

학생이 앉을 의자를 나열하는 방법으로 생각해 보자.

남학생 3명이 앉을 의자와 빈자리를 포함하여 4개의 의자를 일렬로 나열하는 경우의 수는

$4!=24$

두 학생 사이에 빈 의자가 있는 경우 이웃하지 않는 것으로 생각하므로 그림과 같이 4개의 의자의 양 끝과 사이사이에 여학생이 앉을 의자를 놓는 경우의 수는 ${}_5P_2=20$

'빈자리 1개 , 남학생 3명 배열'

따라서 구하는 경우의 수는 $24\times20=480$

다른 풀이

빈 의자와 5명이 앉을 의자를 일렬로 나열하는 경우의 수는
$6!=720$
여학생 2명을 한 명으로 생각하여 빈 의자를 포함한 5개의 의자를 일렬로 나열하는 경우의 수는
$5!=120$
여학생끼리 서로 자리를 바꾸는 경우의 수는 $2!=2$
즉, 여학생이 이웃하여 앉는 경우의 수는 $120\times2=240$
따라서 여학생이 이웃하지 않게 하는 경우의 수는
$720-240=480$

1211

답 576

(가)에서 A와 B가 이웃하여 앉을 수 있는 2인용 의자는 마부가 앉은 의자를 제외한 3개이고, 두 사람 A, B가 2인용 의자에 앉고 서로 자리를 바꾸는 경우의 수는 $2!=2$이므로 A와 B가 앉는 경우의 수는
$3\times2=6$
(나)에서 남은 좌석 5개에 C와 D가 이웃하여 앉지 않는 경우의 수는 남은 5개의 좌석에 C, D가 앉을 수 있는 경우의 수에서 C, D가 나란히 이웃하여 앉는 경우의 수를 빼면 되므로
${}_5P_2-(2\times2!)=20-4=16$
남은 좌석 3개에 E, F, G가 앉는 경우의 수는 $3!=6$
따라서 구하는 경우의 수는 $6\times16\times6=576$

1212

답 288

(i) a가 끝에 나열되는 경우
나열의 양 끝에서 a의 위치를 고르는 경우의 수는 2
d, e, f 중 a의 옆에 1개의 문자를 나열하는 경우의 수는
${}_3P_1=3$
남은 4개의 문자를 일렬로 나열하는 경우의 수는 $4!=24$
따라서 a가 끝에 나열되는 경우의 수는 $2\times3\times24=144$

(ii) a가 끝에 나열되지 않는 경우
d, e, f 중 a의 양 옆에 2개의 문자를 나열하는 경우의 수는
${}_3P_2=6$
a와 a의 양 옆의 2개의 문자를 한 묶음으로 생각하여 4개의 문자를 일렬로 나열하는 경우의 수는 $4!=24$
따라서 a가 끝에 나열되지 않는 경우의 수는 $6\times24=144$

(i), (ii)에서 구하는 경우의 수는 $144+144=288$

다른 풀이

6개의 문자를 일렬로 나열하는 경우의 수는 $6!=720$
이 중 a와 b가 서로 이웃하는 경우의 수와 a와 c가 서로 이웃하는 경우의 수를 제외하면 된다.

(i) a와 b가 서로 이웃하는 경우
a, b를 한 문자로 생각하여 5개의 문자를 일렬로 나열하는 경우의 수는 $5!=120$
a와 b가 서로 자리를 바꾸는 경우의 수는 $2!=2$
따라서 a와 b가 서로 이웃하는 경우의 수는 $120\times2=240$

(ii) a와 c가 서로 이웃하는 경우
(i)과 마찬가지로 생각하면 a와 c가 서로 이웃하는 경우의 수는 $120\times2=240$

(iii) b와 c가 모두 a와 이웃하는 경우
a, b, c를 한 문자로 생각하여 4개의 문자를 일렬로 나열하는 경우의 수는 $4!=24$
b와 c가 서로 자리를 바꾸는 경우의 수는 $2!=2$
따라서 b와 c가 모두 a와 이웃하는 경우의 수는 $24\times2=48$

(i)~(iii)에서 구하는 경우의 수는 $720-(240+240-48)=288$

유형 04 자리에 대한 조건이 있는 순열의 수

1213

답 ⑤

남학생은 4명이므로 양 끝에 남학생 2명을 세우는 경우의 수는
${}_4P_2=12$
나머지 5명을 일렬로 세우는 경우의 수는 $5!=120$
따라서 구하는 경우의 수는 $12\times120=1440$

1214

답 144

로즈메리 화분의 개수는 3이고 라벤더 화분의 개수는 4이므로 라벤더 화분을 일렬로 나열한 후 로즈메리 화분을 라벤더 화분 사이사이에 나열하면 된다.
라벤더 화분 4개를 일렬로 나열하는 경우의 수는 $4!=24$
4개의 라벤더 화분의 사이사이에 로즈메리 화분 3개를 나열하는 경우의 수는 $3!=6$
따라서 구하는 경우의 수는 $24\times6=144$

참고

두 집단의 크기가 각각 n, $n-1$일 때, 교대로 배열하는 순열의 수는 $n!\times(n-1)!$이다.

1215

답 ②

e, f를 제외한 4개의 문자 중 2개를 택하여 일렬로 나열하는 경우의 수는 ${}_4P_2=12$
e, f와 그 사이의 2개의 문자를 한 문자로 생각하여 3개의 문자를 일렬로 나열하는 경우의 수는 $3!=6$
e와 f가 서로 자리를 바꾸는 경우의 수는 $2!=2$
따라서 구하는 경우의 수는 $12\times6\times2=144$

Bible Says A, B 사이에 일부가 들어가는 순열의 수

A, B 사이에 일부가 들어가는 순열의 수는 다음과 같은 순서로 구한다.
❶ A, B를 제외한 남은 것들 중 A, B 사이에 들어갈 일부를 일렬로 나열하는 경우의 수를 구한다.
❷ A, B와 A, B 사이에 들어갈 일부를 하나로 생각한 후 전체를 일렬로 나열하는 경우의 수를 구한다.
❸ A와 B가 서로 자리를 바꾸는 경우의 수를 구한다.
❹ ❶~❸에서 구한 경우의 수를 모두 곱한다.

1216

답 ⑤

A, B가 앉는 줄을 선택하는 경우의 수는 2
한 줄에 놓인 3개의 좌석에서 2개의 좌석을 선택하여 A, B가 앉는 경우의 수는 ${}_3P_2=6$

다른 줄에 놓인 3개의 좌석에 남은 3명이 앉는 경우의 수는
$3!=6$
따라서 구하는 경우의 수는 $2\times6\times6=72$

1217

답 ④

여자 2명이 서로 이웃한 좌석에 앉은 후 남은 자리에 남자 5명이 앉으면 된다.
서로 이웃한 좌석의 순서쌍은 (A, B), (B, C), (D, E), (E, F), (F, G)의 5개이므로 여자 2명이 앉을 좌석을 선택하는 경우의 수는 5
서로 이웃한 좌석에 여자 2명을 일렬로 나열하는 경우의 수는
$2!=2$
남은 5개의 좌석에 남자 5명을 일렬로 나열하는 경우의 수는
$5!=120$
따라서 구하는 경우의 수는 $5\times2\times120=1200$

1218

답 60

5개의 숫자 1, 2, 3, 4, 5에서 짝수는 2, 4이고 홀수는 1, 3, 5이다.
(i) 짝수가 서로 이웃하는 경우
2, 4를 하나의 숫자로 생각하여 4개의 숫자를 일렬로 나열하는 경우의 수는 $4!=24$
2와 4가 서로 자리를 바꾸는 경우의 수는 $2!=2$
따라서 짝수가 서로 이웃하도록 나열하는 경우의 수는
$24\times2=48$ $\therefore a=48$
❶

(ii) 양 끝에 홀수가 오는 경우
홀수는 3개이므로 양 끝에 홀수 2개를 나열하는 경우의 수는
${}_3P_2=6$
나머지 3개의 숫자를 일렬로 나열하는 경우의 수는 $3!=6$
따라서 양 끝에 홀수가 오도록 나열하는 경우의 수는
$6\times6=36$ $\therefore b=36$
❷

(iii) 짝수가 서로 이웃하면서 양 끝에 홀수가 오는 경우
홀수는 3개이므로 양 끝에 홀수 2개를 나열하는 경우의 수는
${}_3P_2=6$
나머지 3개의 숫자에서 2, 4를 하나의 숫자로 생각하여 2개의 숫자를 일렬로 나열하는 경우의 수는 $2!=2$
2와 4가 서로 자리를 바꾸는 경우의 수는 $2!=2$
따라서 짝수가 서로 이웃하면서 양 끝에 홀수가 오도록 나열하는 경우의 수는
$6\times2\times2=24$ $\therefore c=24$
❸

(i)~(iii)에서 $a+b-c=48+36-24=60$
❹

채점 기준	배점
❶ a의 값 구하기	30%
❷ b의 값 구하기	30%
❸ c의 값 구하기	30%
❹ $a+b-c$의 값 구하기	10%

1219

답 ⑤

특정한 한 쌍의 남녀를 제외한 남자 2명과 여자 2명을 두 조건 (가), (나)를 만족시키도록 한 줄로 세우는 경우의 수는 $2\times2!\times2!=8$
특정한 한 쌍의 남녀를 한 사람으로 생각하고 앞서 줄을 세운 4명의 양 끝과 사이사이에 세우는 경우의 수는 ${}_5P_1=5$
이때 두 조건 (가), (나)를 모두 만족시키기 위해서는 각 자리에서 특정한 한 쌍의 남녀가 줄을 서는 순서는 정해진다.
따라서 구하는 경우의 수는 $8\times5=40$

유형 05 '적어도'의 조건이 있는 순열의 수

1220

답 ③

6개의 문자를 일렬로 나열하는 경우의 수는 $6!=720$
이 중 양 끝에 자음이 오도록 나열하는 경우의 수를 제외하면 된다.
o, r, i, e, n, t에서 자음은 r, n, t로 3개이므로 양 끝에 자음 3개 중 2개를 택하여 일렬로 나열하는 경우의 수는 ${}_3P_2=6$
나머지 4개의 문자를 일렬로 나열하는 경우의 수는 $4!=24$
즉, 양 끝에 자음이 오도록 나열하는 경우의 수는 $6\times24=144$
따라서 구하는 경우의 수는 $720-144=576$

1221

답 8

전체 학생 10명 중 2명을 택하여 일렬로 줄을 세우는 경우의 수는
${}_{10}P_2=90$
여학생 n명 중 2명을 택하여 일렬로 줄을 세우는 경우의 수는
${}_nP_2=n(n-1)$
이때 주어진 조건에 의하여 $90-n(n-1)=34$이므로
$n(n-1)=56=8\times7$ $\therefore n=8$

1222

답 ⑤

10개의 의자 중 3개의 의자에 3명의 학생이 각각 앉는 경우의 수는
${}_{10}P_3=720$
이 중 3명의 학생이 모두 이웃하지 않도록 앉는 경우의 수를 제외하면 된다.
이때 3명의 학생이 모두 이웃하지 않도록 앉는 경우의 수, 즉 빈 의자 7개의 양 끝과 사이사이에 3명이 서로 이웃하지 않도록 나열하는 경우의 수는 ${}_8P_3=336$
따라서 구하는 경우의 수는 $720-336=384$

유형 06 자연수의 개수

1223

답 ③

5의 배수가 되기 위해서는 일의 자리의 숫자가 5이어야 한다.
따라서 5를 제외한 4개의 숫자 중 2개를 택하여 백의 자리와 십의 자리에 나열하면 되므로 구하는 5의 배수의 개수는 ${}_4P_2=12$

1224

답 ③

5개의 숫자 0, 1, 2, 3, 4에서 서로 다른 3개를 택하여 그 합이 3의

배수가 되는 경우는 다음과 같다.

0, 1, 2 또는 0, 2, 4 또는 1, 2, 3 또는 2, 3, 4

(i) 0, 1, 2로 만들 수 있는 세 자리 자연수의 개수는

$2\times2!=4$

(ii) 0, 2, 4로 만들 수 있는 세 자리 자연수의 개수는

$2\times2!=4$

(iii) 1, 2, 3으로 만들 수 있는 세 자리 자연수의 개수는

$3!=6$

(iv) 2, 3, 4로 만들 수 있는 세 자리 자연수의 개수는

$3!=6$

(i)~(iv)에서 구하는 3의 배수의 개수는 $4+4+6+6=20$

1225

답 ②

홀수가 되기 위해서는 일의 자리의 숫자가 홀수이어야 하므로

일의 자리에 올 수 있는 숫자는 1, 3의 2개

만의 자리에 올 수 있는 숫자는 0과 일의 자리의 숫자를 제외한 3개

일의 자리와 만의 자리의 숫자를 제외한 3개의 숫자 중 천의 자리, 백의 자리, 십의 자리의 숫자를 정하는 경우의 수는 $3!=6$

따라서 구하는 홀수의 개수는 $2\times3\times6=36$

1226

답 144

4의 배수는 마지막의 두 자리 수가 4의 배수이어야 한다.

❶

(i) 마지막의 두 자리 수에 0이 포함될 때

마지막 두 자리로 가능한 수는

04, 08, 20, 40, 60, 80의 6개

일의 자리와 십의 자리의 숫자를 제외한 4개의 숫자에서 천의 자리와 백의 자리의 숫자를 정하는 경우의 수는

${}_4P_2=12$

즉, 마지막의 두 자리 수에 0이 포함된 4의 배수의 개수는

$6\times12=72$

❷

(ii) 마지막의 두 자리 수에 0이 포함되지 않을 때

마지막 두 자리로 가능한 수는

24, 28, 48, 64, 68, 84, 92, 96의 8개

일의 자리와 십의 자리에 나열된 숫자를 제외한 4개의 숫자에서 천의 자리에 올 수 있는 숫자는 0을 제외한 3개, 백의 자리에 올 수 있는 숫자는 3개

즉, 마지막의 두 자리 수에 0이 포함되지 않는 4의 배수의 개수는 $8\times3\times3=72$

❸

(i), (ii)에서 구하는 4의 배수의 개수는

$72+72=144$

❹

채점 기준	배점
❶ 네 자리 자연수가 4의 배수이기 위한 조건 구하기	10%
❷ 마지막의 두 자리 수에 0이 포함되는 4의 배수의 개수 구하기	40%
❸ 마지막의 두 자리 수에 0이 포함되지 않는 4의 배수의 개수 구하기	40%
❹ 4의 배수의 개수 구하기	10%

1227

답 ①

서로 다른 한 자리 자연수 6개를 일렬로 나열하는 경우의 수는

$6!=720$

이 중 양 끝에 모두 짝수가 오는 경우의 수를 제외하면 된다.

6개의 자연수 중 짝수의 개수를 $n(n\le6)$이라 하면

양 끝에 모두 짝수를 나열하는 경우의 수는 ${}_nP_2=n(n-1)$

남은 4개의 수를 일렬로 나열하는 경우의 수는 $4!=24$

즉, 양 끝에 모두 짝수가 오는 경우의 수는 $24n(n-1)$이므로

적어도 한 쪽 끝에 홀수가 오는 경우의 수는 $720-24n(n-1)$이다.

$720-24n(n-1)=240$에서

$24n(n-1)=480$, $n(n-1)=20=5\times4$

$\therefore n=5$

따라서 홀수의 개수는 $6-5=1$

유형 07 사전식 배열

1228

답 ③

KOREA에 있는 5개의 문자를 사전식으로 나열하면

A, E, K, O, R의 순서로 나열된다.

A로 시작하는 것의 개수는 $4!=24$

E로 시작하는 것의 개수는 $4!=24$

K로 시작하는 것의 개수는 $4!=24$

OA로 시작하는 것의 개수는 $3!=6$

OE로 시작하는 것의 개수는 $3!=6$

OKA로 시작하는 것의 개수는 $2!=2$

OKE로 시작하는 것의 개수는 $2!=2$

따라서 A로 시작하는 것부터 OKE로 시작하는 것까지의 총 개수는

$24+24+24+6+6+2+2=88$

이므로 89번째에 오는 것은 OKRAE이다.

1229

답 ②

35000보다 큰 수는 35□□□, 4□□□□, 5□□□□ 꼴의 수이다.

(i) 35□□□ 꼴의 자연수의 개수는 $3!=6$

(ii) 4□□□□ 꼴의 자연수의 개수는 $4!=24$

(iii) 5□□□□ 꼴의 자연수의 개수는 $4!=24$

따라서 35000보다 큰 수의 개수는 $6+24+24=54$

1230

답 ④

1로 시작하는 네 자리 자연수의 개수는 ${}_4P_3=24$

20으로 시작하는 네 자리 자연수의 개수는 ${}_3P_2=6$

21로 시작하는 네 자리 자연수의 개수는 ${}_3P_2=6$

따라서 1로 시작하는 수부터 21로 시작하는 수까지의 총 개수는

$24+6+6=36$

이므로 2301은 37번째에 온다.

1231

답 423501

5로 시작하는 여섯 자리 자연수의 개수는 $5!=120$

❶

45로 시작하는 여섯 자리 자연수의 개수는 $4!=24$
43으로 시작하는 여섯 자리 자연수의 개수는 $4!=24$
425로 시작하는 여섯 자리 자연수의 개수는 $3!=6$

·· ❷

따라서 5로 시작하는 수부터 425로 시작하는 수까지의 총 개수는
$120+24+24+6=174$
이므로 175번째로 큰 수는 423510이고 176번째로 큰 수는 423501 이다.

·· ❸

채점 기준	배점
❶ 5로 시작하는 여섯 자리 자연수의 개수 구하기	20%
❷ 계승을 이용하여 174번째로 큰 수까지 찾기	40%
❸ 176번째로 큰 수 찾기	40%

1232

답 280번째

6개의 문자 a, b, c, d, e, f를 사전식으로 나열하면
a, b, c, d, e, f의 순서로 나열된다.
a로 시작하는 것의 개수는 $5!=120$
b로 시작하는 것의 개수는 $5!=120$
ca로 시작하는 것의 개수는 $4!=24$
cba로 시작하는 것의 개수는 $3!=6$
cbd로 시작하는 것의 개수는 $3!=6$
$cbea$로 시작하는 것의 개수는 $2!=2$
따라서 a로 시작하는 것부터 $cbea$로 시작하는 것까지의 총 개수는
$120+120+24+6+6+2=278$
이므로
$cbedaf$는 279번째에 오고 $cbedfa$는 280번째에 온다.

1233

답 ②

조건을 모두 만족시키는 문자열의 개수는 6개의 문자를 일렬로 나열한 경우의 수에서 조건을 만족시키지 않는 문자열의 개수를 제외하면 된다.
A, B, C, D, E, F 6개의 문자를 일렬로 나열하는 경우의 수는
$6!=720$
A 바로 다음에 B가 오거나 B 바로 다음에 C가 오거나 C 바로 다음에 A가 오는 경우의 수는 AB, BC, CA를 한 문자로 보고 전체를 일렬로 나열하는 경우의 수와 같으므로 $3\times5!=360$
그런데 ABC를 포함하는 문자열은 2번 중복으로 세어졌고, BCA, CAB를 포함하는 문자열도 마찬가지이므로 이때의 경우의 수는
$3\times4!=72$
따라서 구하는 문자열의 개수는
$720-(360-72)=432$

유형 08 ${}_n\mathrm{P}_r$와 ${}_n\mathrm{C}_r$의 계산

확인 문제
1. (1) 1 (2) 1 (3) 15 (4) 15
2. (1) 5 (2) 2

1. (1) ${}_4\mathrm{C}_0=1$
(2) ${}_3\mathrm{C}_3=1$
(3) ${}_6\mathrm{C}_2=\dfrac{{}_6\mathrm{P}_2}{2!}=\dfrac{6\times5}{2\times1}=15$
(4) ${}_6\mathrm{C}_4={}_6\mathrm{C}_2=15$

2. (1) ${}_n\mathrm{C}_2=\dfrac{{}_n\mathrm{P}_2}{2!}=\dfrac{n(n-1)}{2\times1}=10$에서
$n(n-1)=20=5\times4 \qquad \therefore n=5$
(2) ${}_4\mathrm{C}_0=1$, ${}_4\mathrm{C}_1=\dfrac{{}_4\mathrm{P}_1}{1!}=4$, ${}_4\mathrm{C}_2=\dfrac{{}_4\mathrm{P}_2}{2!}=\dfrac{4\times3}{2\times1}=6$
${}_4\mathrm{C}_3=\dfrac{{}_4\mathrm{P}_3}{3!}=\dfrac{4\times3\times2}{3\times2\times1}=4$, ${}_4\mathrm{C}_4=1$
$\therefore r=2$

1234

답 ③

$6\times{}_7\mathrm{C}_5+{}_7\mathrm{P}_3=6\times21+210=336$
$6\times{}_n\mathrm{C}_3=6\times\dfrac{n(n-1)(n-2)}{3!}$이므로
$336=8\times7\times6=n(n-1)(n-2)$
$\therefore n=8$

1235

답 ⑤

${}_{n-1}\mathrm{P}_2+4={}_{n+1}\mathrm{C}_2$에서
$(n-1)(n-2)+4=\dfrac{n(n+1)}{2}$
$n^2-7n+12=0$, $(n-3)(n-4)=0$
$\therefore n=3$ 또는 $n=4$
따라서 주어진 조건을 만족시키는 모든 자연수 n의 값의 합은
$3+4=7$

참고
$n^2-7n+12=0$에서 이차방정식의 근과 계수의 관계에 의하여 모든 자연수 n의 값의 합은 $-\dfrac{-7}{1}=7$이다.

1236

답 6

이차방정식의 근과 계수의 관계에 의하여
$\dfrac{{}_n\mathrm{P}_r}{4}=3$이므로 ${}_n\mathrm{P}_r=12$
$\dfrac{-12{}_n\mathrm{C}_{n-r}}{4}=-18$이므로 ${}_n\mathrm{C}_{n-r}=6$
따라서 ${}_n\mathrm{C}_r=6$이므로 $\dfrac{{}_n\mathrm{P}_r}{r!}=\dfrac{12}{r!}=6$에서
$r!=2 \qquad \therefore r=2$
${}_n\mathrm{P}_r=12$에서 $n(n-1)=12=4\times3 \qquad \therefore n=4$
$\therefore n+r=4+2=6$

1237

답 $-\dfrac{1}{2}$

${}_n\mathrm{C}_3x^2-{}_n\mathrm{C}_5x-{}_n\mathrm{C}_2=0$의 두 근이 α, β이므로
이차방정식의 근과 계수의 관계에 의하여
$\alpha+\beta=\dfrac{{}_n\mathrm{C}_5}{{}_n\mathrm{C}_3}$, $\alpha\beta=-\dfrac{{}_n\mathrm{C}_2}{{}_n\mathrm{C}_3}$

이때 $\alpha+\beta=1$이므로

$\frac{{}_nC_5}{{}_nC_3}=1$, ${}_nC_5={}_nC_3$

${}_nC_{n-5}={}_nC_3$, $n-5=3$ $\therefore n=8$

$\therefore \alpha\beta=-\frac{{}_8C_2}{{}_8C_3}=-\frac{28}{56}=-\frac{1}{2}$

1238

답 ②

$${}_{n-1}C_{r-1}+{}_{n-1}C_r=\frac{(n-1)!}{(r-1)!(n-r)!}+\frac{(n-1)!}{r!(n-r-1)!}$$
$$=\frac{\boxed{r}\times(n-1)!}{r!(n-r)!}+\frac{(\boxed{n-r})\times(n-1)!}{r!(n-r)!}$$
$$=\frac{\boxed{n}\times(n-1)!}{r!(n-r)!}$$
$$=\frac{n!}{r!(n-r)!}={}_nC_r$$

따라서 (가) : r, (나) : $n-r$, (다) : n이다.

참고

서로 다른 n개에서 순서를 생각하지 않고 r $(0<r\le n)$개를 택하는 조합의 수 ${}_nC_r$는 다음의 두 경우의 수의 합으로 생각할 수 있다.

(1) n개 중 특정한 A를 포함하여 r개를 택하는 경우의 수
A를 제외한 $(n-1)$개에서 $(r-1)$개를 택하는 조합의 수 ${}_{n-1}C_{r-1}$과 같다.

(2) n개 중 특정한 A를 제외하고 r개를 택하는 경우의 수
A를 제외한 $(n-1)$개에서 r개를 택하는 조합의 수 ${}_{n-1}C_r$와 같다.

즉, ${}_nC_r={}_{n-1}C_{r-1}+{}_{n-1}C_r$이다.

1239

답 ③

${}_{n-1}P_r+r\times{}_{n-1}P_{r-1}$

$$=\frac{(n-1)!}{\boxed{(n-r-1)!}}+r\times\frac{(n-1)!}{\boxed{(n-r)!}}$$
$$=(n-1)!\times\left\{\frac{1}{\boxed{(n-r-1)!}}+\frac{r}{\boxed{(n-r)!}}\right\}$$
$$=(n-1)!\times\left\{\frac{n-r}{(n-r)!}+\frac{r}{(n-r)!}\right\}$$
$$=(n-1)!\times\frac{\boxed{n}}{(n-r)!}$$
$$=\frac{n!}{(n-r)!}={}_nP_r$$

따라서 (가) : $(n-r-1)!$, (나) : $(n-r)!$, (다) : n이다.

참고

서로 다른 n개에서 r개를 택하여 일렬로 나열하는 순열의 수 ${}_nP_r$는 다음의 두 경우의 수의 합으로 생각할 수 있다.

(1) n개 중 특정한 A를 제외하고 r개를 택하여 일렬로 나열하는 경우의 수
A를 제외한 $(n-1)$개에서 r개를 택하여 일렬로 나열하는 순열의 수 ${}_{n-1}P_r$와 같다.

(2) n개 중 특정한 A를 포함하여 r개를 택하여 일렬로 나열하는 경우의 수
A를 제외한 $(n-1)$개에서 $(r-1)$개를 먼저 택하여 일렬로 나열한 후, 이 나열에 A를 끼워서 나열하면 된다.
이때 $(n-1)$개에서 $(r-1)$개를 먼저 택하여 일렬로 나열하는 경우의 수는 ${}_{n-1}P_{r-1}$이고, $(r-1)$개의 나열의 양 끝과 사이사이에 A를 나열하는 경우의 수는 r이므로 n개 중 특정한 A를 포함하여 r개를 택하여 일렬로 나열하는 경우의 수는 $r\times{}_{n-1}P_{r-1}$이다.

즉, ${}_nP_r={}_{n-1}P_r+r\times{}_{n-1}P_{r-1}$이다.

유형 09 조합의 수

1240

답 18

사탕 6개 중 2개를 뽑는 경우의 수는 ${}_6C_2=15$

초콜릿 3개 중 2개를 뽑는 경우의 수는 ${}_3C_2=3$

따라서 구하는 경우의 수는 $15+3=18$

1241

답 3

서로 다른 6개의 사과 중 r개를 뽑아 바구니에 담는 경우의 수는 ${}_6C_r$

이때 ${}_6C_0=1$, ${}_6C_1=6$, ${}_6C_2=15$, ${}_6C_3=20$, ${}_6C_4=15$, ${}_6C_5=6$, ${}_6C_6=1$이므로 ${}_6C_r=20$을 만족시키는 r의 값은 3이다.

1242

답 ④

1부터 9까지의 9개의 자연수 중 4개를 택하면

$a<b<c<d$에서 a, b, c, d의 값이 결정되고

일, 십, 백, 천의 자리의 숫자가 각각 a, b, c, d인 자연수 또한 결정된다.

따라서 구하는 자연수의 개수는 ${}_9C_4=126$

1243

답 60

1학년 6명 중 4명을 뽑는 경우의 수는 ${}_6C_4=15$

2학년 4명 중 3명을 뽑는 경우의 수는 ${}_4C_3=4$

따라서 구하는 경우의 수는 $15\times4=60$

1244

답 35

A지역에서 세 곳을 선택하는 경우의 수는 ${}_3C_3=1$

B지역에서 세 곳을 선택하는 경우의 수는 ${}_4C_3=4$

C지역에서 세 곳을 선택하는 경우의 수는 ${}_5C_3=10$

D지역에서 세 곳을 선택하는 경우의 수는 ${}_6C_3=20$

따라서 구하는 경우의 수는 $1+4+10+20=35$

1245

답 ②

1부터 8까지의 자연수의 합은 36, 즉 짝수이므로 선택한 카드 5장에 적혀 있는 수의 합이 짝수이려면 선택되지 않은 카드 3장에 적혀 있는 수의 합 또한 짝수이어야 한다.

(i) 선택되지 않은 카드 3장에 적혀 있는 수가 모두 짝수일 때
1부터 8까지의 짝수 4개 중 3개를 택하는 경우의 수는
${}_4C_3=4$

(ii) 선택되지 않은 카드 3장에 적혀 있는 수 중 짝수가 1개, 홀수가 2개일 때
1부터 8까지의 짝수 4개 중 1개를 택하고, 홀수 4개 중 2개를 택하는 경우의 수는
${}_4C_1\times{}_4C_2=4\times6=24$

(i), (ii)에서 구하는 경우의 수는 $4+24=28$

1246

답 ⑤

서로 다른 6개의 상자에서 빈 상자 4개를 택하는 방법의 수는
${}_6C_4=15$
공을 넣는 두 상자를 각각 A, B라 하고 두 상자 A, B에 넣는 공의 개수를 각각 a, b라 하자.
이때 상자에 넣을 공의 개수는 3이므로 가능한 순서쌍 (a, b)는
$(1, 2)$ 또는 $(2, 1)$
(i) $(a, b)=(1, 2)$일 때
서로 다른 3개의 공 중 상자 A에 넣을 1개의 공을 택하는 방법의 수는 ${}_3C_1=3$
이후 남은 2개의 공을 상자 B에 넣으면 된다.
(ii) $(a, b)=(2, 1)$일 때
서로 다른 3개의 공 중 상자 A에 넣을 2개의 공을 택하는 방법의 수는 ${}_3C_2=3$
이후 남은 1개의 공을 상자 B에 넣으면 된다.
(i), (ii)에서 2개의 상자에 공을 넣는 방법의 수는 $3+3=6$
따라서 구하는 방법의 수는 $15\times6=90$

1247

답 78

6, 7, 8, 9 중 세 수를 택하여 크기순으로 각각 a, b, c라 하고 c보다 작은 자연수와 0에서 a, b가 아닌 수 중 두 수를 택하여 크기순으로 각각 e, d라 하면
$a\times10^4+b\times10^3+c\times10^2+d\times10+e$는 '봉우리수'이다.
이때 가능한 순서쌍 (a, b, c)는
$(6, 7, 8)$ 또는 $(6, 7, 9)$ 또는 $(6, 8, 9)$ 또는 $(7, 8, 9)$
(i) $(6, 7, 8)$일 때
0, 1, 2, 3, 4, 5 중 2개의 수를 택하면 d, e가 결정되므로
이 경우의 수는 ${}_6C_2=15$
(ii) $(6, 7, 9)$일 때
0, 1, 2, 3, 4, 5, 8 중 2개의 수를 택하면 d, e가 결정되므로
이 경우의 수는 ${}_7C_2=21$
(iii) $(6, 8, 9)$일 때
0, 1, 2, 3, 4, 5, 7 중 2개의 수를 택하면 d, e가 결정되므로
이 경우의 수는 ${}_7C_2=21$
(iv) $(7, 8, 9)$일 때
0, 1, 2, 3, 4, 5, 6 중 2개의 수를 택하면 d, e가 결정되므로
이 경우의 수는 ${}_7C_2=21$
(i)~(iv)에서 60000 이상의 다섯 자리 자연수 중 '봉우리수'의 개수는
$15+21+21+21=78$

유형 10 특정한 것을 포함하거나 포함하지 않는 조합의 수

1248

답 ②

두 선수 A, B를 제외한 8명 중 4명의 선수를 뽑는 경우의 수와 같으므로 ${}_8C_4=70$

1249

답 ②

1부터 9까지의 자연수 중 3의 배수는 3, 6, 9로 3개이다.
따라서 3의 배수가 적혀 있는 공은 꺼내지 않는 경우의 수는 1, 2, 4, 5, 7, 8의 자연수가 각각 하나씩 적힌 6개의 공 중 3개를 꺼내는 경우의 수와 같으므로 ${}_6C_3=20$

1250

답 20

(i) A만 포함하는 경우
A, B를 제외한 5명의 학생 중 2명의 학생을 뽑는 경우의 수와 같으므로 ${}_5C_2=10$
(ii) B만 포함하는 경우
A, B를 제외한 5명의 학생 중 2명의 학생을 뽑는 경우의 수와 같으므로 ${}_5C_2=10$
(i), (ii)에서 구하는 경우의 수는 $10+10=20$

다른 풀이

7명의 학생 중 3명의 학생을 뽑는 경우의 수는 ${}_7C_3=35$
이 중 A, B가 모두 뽑히거나 A, B가 모두 뽑히지 않는 경우의 수를 제외하면 된다.
(i) A, B가 모두 뽑히는 경우
A, B를 제외한 5명의 학생 중 1명의 학생을 뽑는 경우의 수와 같으므로 ${}_5C_1=5$
(ii) A, B가 모두 뽑히지 않는 경우
A, B를 제외한 5명의 학생 중 3명의 학생을 뽑는 경우의 수와 같으므로 ${}_5C_3=10$
(i), (ii)에서 구하는 경우의 수는 $35-5-10=20$

1251

답 128

10명의 지원자 중 남자는 5명, 여자는 5명이므로 남자 2명과 여자 2명을 선발하는 경우의 수는
${}_5C_2\times{}_5C_2=10\times10=100 \qquad \therefore a=100$
❶
특정한 2명을 선발하는 경우의 수는 특정한 2명을 제외한 8명 중 2명을 선발하는 경우의 수와 같으므로
${}_8C_2=28 \qquad \therefore b=28$
❷
$\therefore a+b=100+28=128$
❸

채점 기준	배점
❶ a의 값 구하기	40%
❷ b의 값 구하기	40%
❸ $a+b$의 값 구하기	20%

1252

답 ⑤

5켤레의 장갑 중 짝이 맞는 한 켤레의 장갑을 택하는 경우의 수는
${}_5C_1=5$
나머지 4켤레의 장갑 8짝 중 2짝을 택하는 경우의 수는 ${}_8C_2=28$
이때 장갑 4켤레 중 짝이 맞는 한 켤레의 장갑을 택하는 경우의 수는
${}_4C_1=4$

즉, 장갑 8짝 중 짝이 맞지 않는 장갑 2짝을 택하는 경우의 수는
$28-4=24$
따라서 구하는 경우의 수는 $5\times24=120$

1253
답 115

1부터 10까지의 자연수 중 소수는 2, 3, 5, 7의 4개이다.
(i) 소수 2개를 꺼내는 경우의 수는 4개의 소수 중 2개를 꺼내고, 나머지 6개의 수 중 2개를 꺼내는 경우의 수와 같으므로
$_4C_2\times{}_6C_2=6\times15=90$
(ii) 소수 3개를 꺼내는 경우의 수는 4개의 소수 중 3개를 꺼내고, 나머지 6개의 수 중 1개를 꺼내는 경우의 수와 같으므로
$_4C_3\times{}_6C_1=4\times6=24$
(iii) 소수 4개를 꺼내는 경우의 수는 4개의 소수 중 4개를 꺼내는 경우의 수와 같으므로
$_4C_4=1$
(i)~(iii)에서 구하는 경우의 수는
$90+24+1=115$

유형 11 '적어도'의 조건이 있는 조합의 수

1254
답 ②

11명의 학생 중 4명의 학생을 뽑는 경우의 수는 $_{11}C_4=330$
이 중 2학년 학생이 포함되지 않는 경우의 수를 제외하면 된다.
2학년 학생이 포함되지 않는 경우의 수는 1학년 학생 6명 중 4명의 학생을 뽑는 경우의 수와 같으므로 $_6C_4=15$
따라서 구하는 경우의 수는 $330-15=315$

1255
답 ⑤

서로 다른 10개의 제품 중 3개의 제품을 뽑는 경우의 수는
$_{10}C_3=120$
이 중 불량품이 포함되지 않는 경우의 수를 제외하면 된다.
불량품 2개를 제외한 8개의 제품 중 3개의 제품을 뽑는 경우의 수는 $_8C_3=56$
따라서 적어도 한 개의 불량품이 포함되는 경우의 수는
$120-56=64$

1256
답 ③

20명의 학생 중 대표 2명을 뽑는 경우의 수는 $_{20}C_2=190$
이 중 여학생이 모두 대표가 되도록 뽑는 경우의 수를 제외하면 된다.
이 동아리의 여학생 수를 n $(0\le n\le 20)$이라 하면
n명의 여학생 중 대표 2명을 뽑는 경우의 수는
$_nC_2=\dfrac{n(n-1)}{2}$이므로
$190-\dfrac{n(n-1)}{2}=124$에서
$n(n-1)=132=12\times11$ $\qquad\therefore n=12$
따라서 이 동아리에서 남학생의 수는 $20-12=8$

유형 12 뽑아서 나열하는 경우의 수

1257
답 ④

어른 4명 중 2명을 뽑는 방법의 수는 $_4C_2=6$
어린이 5명 중 1명을 뽑는 방법의 수는 $_5C_1=5$
3명을 일렬로 세우는 방법의 수는 $3!=6$
따라서 구하는 방법의 수는 $6\times5\times6=180$

1258
답 960

현수와 지현이를 제외한 6명 중 3명을 뽑는 방법의 수는 $_6C_3=20$
……… ❶
현수와 지현이를 한 사람으로 생각하여 4명을 일렬로 세우는 방법의 수는 $4!=24$
현수와 지현이가 서로 자리를 바꾸는 방법의 수는 $2!=2$
……… ❷
따라서 구하는 방법의 수는 $20\times24\times2=960$
……… ❸

채점 기준	배점
❶ 8명 중 현수와 지현이를 포함하여 5명을 뽑는 방법의 수 구하기	40%
❷ 현수와 지현이를 서로 이웃하도록 세우는 방법의 수 구하기	40%
❸ 현수와 지현이가 포함되고 이들이 서로 이웃하도록 세우는 방법의 수 구하기	20%

1259
답 ⑤

7개의 문자 중에서 C, E를 반드시 포함해야 하므로
A, B, D, F, G 중에서 3개를 선택하는 방법의 수는 $_5C_3=10$
선택한 5개의 문자를 일렬로 나열하는 방법의 수는 $5!=120$
5개의 문자를 일렬로 나열할 때, C와 E가 서로 이웃하는 경우의 수는 $4!\times2!=48$
따라서 구하는 문자열의 개수는
$10\times120-10\times48=1200-480=720$

1260
답 8

A, B, C 중 2명을 뽑는 경우의 수는 $_3C_2=3$
A, B, C를 제외한 $(n-3)$명 중 2명을 뽑는 경우의 수는
$_{n-3}C_2=\dfrac{(n-3)(n-4)}{2}$
4명을 일렬로 세우는 경우의 수는 $4!=24$
따라서 A, B, C 중 2명을 포함하여 4명을 뽑아 일렬로 세우는 경우의 수는
$3\times\dfrac{(n-3)(n-4)}{2}\times24=36(n-3)(n-4)$
$36(n-3)(n-4)=720$에서
$(n-3)(n-4)=20=5\times4$
$\therefore n=8$

1261
답 ③

(i) 첫째 날 2팀, 둘째 날 3팀이 공연하는 경우

다섯 개의 팀 중 첫째 날 공연할 두 개의 팀을 고르는 경우의 수는 ${}_5C_2=10$

남은 세 개의 팀은 둘째 날에 공연하면 된다.

첫째 날 공연할 팀의 순서를 정하는 경우의 수는 $2!=2$

둘째 날 공연할 팀의 순서를 정하는 경우의 수는 $3!=6$

따라서 이 경우의 수는 $10\times2\times6=120$

(ii) 첫째 날 3팀, 둘째 날 2팀이 공연하는 경우

다섯 개의 팀 중 첫째 날 공연할 세 개의 팀을 고르는 경우의 수는 ${}_5C_3=10$

남은 두 개의 팀은 둘째 날에 공연하면 된다.

첫째 날 공연할 팀의 순서를 정하는 경우의 수는 $3!=6$

둘째 날 공연할 팀의 순서를 정하는 경우의 수는 $2!=2$

따라서 이 경우의 수는 $10\times6\times2=120$

(i), (ii)에서 구하는 경우의 수는 $120+120=240$

다른 풀이

다섯 개의 팀의 공연 순서를 먼저 정하고, 첫째 날과 둘째 날에 공연할 팀의 수에 맞추어 순서대로 공연을 진행하면 된다.

다섯 개의 팀의 공연 순서를 정하는 경우의 수는 $5!=120$

첫째 날에 공연할 팀의 수를 a, 둘째 날에 공연할 팀의 수를 b라 할 때 순서쌍 (a, b)는 $(2, 3)$ 또는 $(3, 2)$로 2가지

따라서 구하는 경우의 수는 $120\times2=240$

유형 13 직선과 대각선의 개수

1262
답 ⑤

서로 다른 6개의 점을 이어서 만들 수 있는 서로 다른 직선의 개수는 6개의 점 중 서로 이을 두 개의 점을 뽑는 경우의 수와 같으므로 ${}_6C_2=15$

1263
답 ①

7개의 점 중 서로 이을 두 개의 점을 뽑는 경우의 수는 ${}_7C_2=21$

한 직선 위에 있는 4개의 점 중 서로 이을 두 개의 점을 뽑는 경우의 수는 ${}_4C_2=6$

따라서 구하는 서로 다른 직선의 개수는 $21-6+1=16$

1264
답 ⑤

변의 개수가 n인 정다각형의 꼭짓점의 개수는 n

정n각형의 대각선의 개수는 n개의 꼭짓점 중 2개를 택하여 만들 수 있는 선분의 개수에서 변의 개수인 n을 뺀 것과 같으므로

${}_nC_2-n=77$

$\frac{n(n-1)}{2}-n=77,\ n^2-3n-154=0$

$(n+11)(n-14)=0 \quad \therefore n=14\ (\because n\geq3)$

1265
답 20

9개의 점 중 서로 이을 두 개의 점을 뽑는 경우의 수는 ${}_9C_2=36$ ······ ❶

한 직선 위에 있는 3개의 점 중 서로 이을 두 개의 점을 뽑는 경우의 수는 ${}_3C_2=3$

한 직선 위에 있는 4개의 점 중 서로 이을 두 개의 점을 뽑는 경우의 수는 ${}_4C_2=6$

한 직선 위에 있는 5개의 점 중 서로 이을 두 개의 점을 뽑는 경우의 수는 ${}_5C_2=10$ ······ ❷

따라서 구하는 서로 다른 직선의 개수는

$36-(3+6+10)+3=20$ ······ ❸

채점 기준	배점
❶ 9개의 점으로 만들 수 있는 직선의 개수 구하기	20%
❷ 중복되는 직선의 개수 찾기	60%
❸ 구하는 직선의 개수 구하기	20%

참고

중복된 직선의 개수를 모두 빼서 ${}_9C_2-({}_3C_2+{}_4C_2+{}_5C_2)$와 같이 계산하지 않도록 주의한다.

1266
답 52

15개의 점 중 서로 이을 두 개의 점을 뽑는 경우의 수는 ${}_{15}C_2=105$

한 직선 위에 있는 3개의 점 중 서로 이을 두 개의 점을 뽑는 경우의 수는 ${}_3C_2=3$

한 직선 위에 있는 5개의 점 중 서로 이을 두 개의 점을 뽑는 경우의 수는 ${}_5C_2=10$

이때 한 직선 위에 3개의 점이 있는 직선의 개수는 13이고

한 직선 위에 5개의 점이 있는 직선의 개수는 3이다.

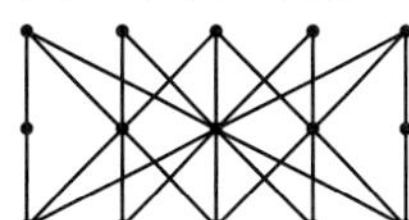
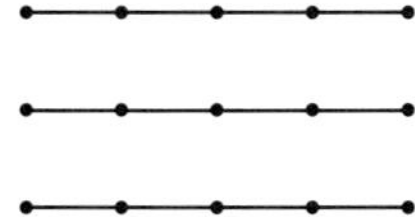

따라서 구하는 서로 다른 직선의 개수는

$105-(3\times13+10\times3)+(13+3)=52$

유형 14 삼각형의 개수

1267
답 ①

5개의 점 중 삼각형의 꼭짓점이 될 3개의 점을 뽑는 경우의 수는 ${}_5C_3=10$

1268
답 ①

8개의 점 중 삼각형의 꼭짓점이 될 3개의 점을 뽑는 경우의 수는 ${}_8C_3=56$

1269

답 ③

7개의 점 중 삼각형의 꼭짓점이 될 3개의 점을 뽑는 경우의 수는

${}_7C_3=35$

이때 한 직선 위에 있는 4개의 점 중 3개의 점을 뽑는 경우의 수는

${}_4C_3=4$

따라서 구하는 삼각형의 개수는 $35-4=31$

1270

답 105

10개의 점 중에서 3개의 점을 택하는 경우의 수는

${}_{10}C_3=120$

세 점이 일직선 상에 있는 경우의 수는 3

네 점이 일직선 상에 있고 그 중에서 세 점을 택하는 경우의 수는

$3\times{}_4C_3=12$

따라서 구하는 삼각형의 개수는 $120-(3+12)=105$

1271

답 ④

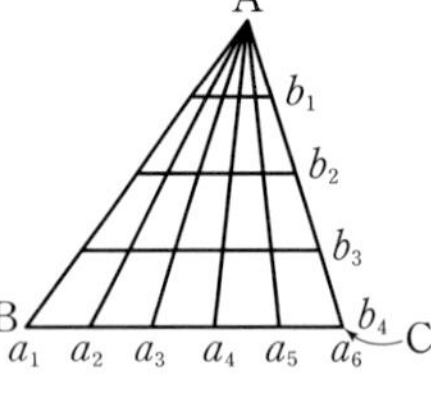

그림과 같이 점 A에서 만나는 선을 각각 a_1, a_2, a_3, a_4, a_5, a_6이라 하고 서로 만나지 않는 네 선을 각각 b_1, b_2, b_3, b_4라 하자.

삼각형을 만들려면 a_1, a_2, a_3, a_4, a_5, a_6 중 2개, b_1, b_2, b_3, b_4 중 1개를 택해야 한다.

a_1, a_2, a_3, a_4, a_5, a_6 중 두 개의 선분을 뽑는 경우의 수는

${}_6C_2=15$

b_1, b_2, b_3, b_4 중 한 개의 선분을 뽑는 경우의 수는 ${}_4C_1=4$

따라서 구하는 삼각형의 개수는 $15\times4=60$

1272

답 16

8개의 점 중 삼각형의 꼭짓점이 될 3개의 점을 뽑는 경우의 수는

${}_8C_3=56$

이 중 정팔각형과 한 변을 공유하는 삼각형의 개수와 두 변을 공유하는 삼각형의 개수를 제외하면 된다.

(i) 정팔각형과 한 변을 공유하는 삼각형

정팔각형에서 공유할 한 변을 택하는 경우의 수는 ${}_8C_1=8$

이때 이 한 변의 양 끝점과 서로 이웃하지 않는 네 점 중 한 점을 택하여 삼각형의 꼭짓점으로 하면 이 삼각형은 정팔각형과 한 변만 공유한다.

네 점 중 한 점을 택하는 경우의 수는 ${}_4C_1=4$

따라서 정팔각형과 한 변을 공유하는 삼각형의 개수는

$8\times4=32$

(ii) 정팔각형과 두 변을 공유하는 삼각형

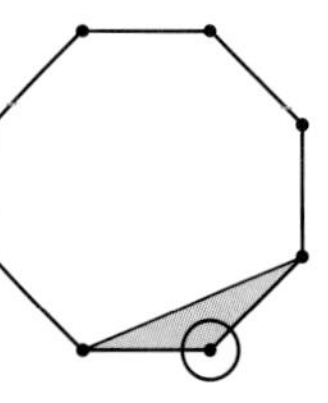

공유하는 두 변은 서로 이웃해야 하므로 정팔각형과 두 변을 공유하는 삼각형의 개수는 이 두 변을 모두 포함하는 꼭짓점을 택하는 경우의 수와 같다.

이때 8개의 점 중 한 점을 택하는 경우의 수는 ${}_8C_1=8$

따라서 정팔각형과 두 변을 공유하는 삼각형의 개수는 8

(i), (ii)에서 구하는 삼각형의 개수는 $56-(32+8)=16$

유형 15 사각형의 개수

1273

답 ⑤

가로 방향의 평행한 직선 5개 중 2개를 택하는 경우의 수는

${}_5C_2=10$

세로 방향의 평행한 직선 6개 중 2개를 택하는 경우의 수는

${}_6C_2=15$

따라서 구하는 평행사변형의 개수는 $10\times15=150$

1274

답 360

12개의 점 중 4개의 점을 택하는 경우의 수는 ${}_{12}C_4=495$ ······ ❶

이 중 한 직선 위의 4개의 점을 택하는 경우의 수와 한 직선 위의 3개의 점과 이 직선 위에 있지 않은 1개의 점을 택하는 경우의 수를 제외하면 된다.

(i) 한 직선 위의 4개의 점을 택하는 경우

한 직선 위에 있는 6개의 점 중 4개의 점을 택하는 경우의 수는

${}_6C_4=15$ ······ ❷

(ii) 한 직선 위의 3개의 점과 이 직선 위에 있지 않은 1개의 점을 택하는 경우

한 직선 위에 있는 6개의 점 중 3개의 점을 택하는 경우의 수는

${}_6C_3=20$

이 직선 위에 있지 않은 1개의 점을 택하는 경우의 수는 ${}_6C_1=6$

따라서 한 직선 위의 3개의 점과 이 직선 위에 있지 않은 1개의 점을 택하는 경우의 수는 ${}_6C_3\times{}_6C_1=20\times6=120$ ······ ❸

(i), (ii)에서 구하는 사각형의 개수는 $495-(15+120)=360$ ······ ❹

채점 기준	배점
❶ 12개의 점 중 4개의 점을 택하는 경우의 수 구하기	10%
❷ 한 직선 위의 4개의 점을 택하는 경우의 수 구하기	40%
❸ 한 직선 위의 3개의 점과 이 직선 위에 있지 않은 1개의 점을 택하는 경우의 수 구하기	40%
❹ 만들 수 있는 사각형의 개수 구하기	10%

1275

답 6

n개의 평행선에서 두 직선을 택하고 $(n-1)$개의 평행선에서 두 직선을 택하면 평행사변형 하나가 결정되므로 만들어지는 평행사변형의 개수는 ${}_nC_2\times{}_{n-1}C_2$

이때 평행사변형의 개수가 150이므로 ${}_nC_2\times{}_{n-1}C_2=150$

$$\frac{n(n-1)}{2}\times\frac{(n-1)(n-2)}{2}=150$$

$n(n-1)^2(n-2)=600=6\times5^2\times4$ $\qquad\therefore n=6$

1276

답 10

12개의 점 중 4개의 점을 택하여 만들 수 있는 직사각형의 개수는 세 개의 직선 $x=m$ ($m=1, 2, 3$) 중 2개의 직선을 택하고 네 개의 직선 $y=n$ ($n=1, 2, 3, 4$) 중 2개의 직선을 택하여 만드는 사각형의 개수와 같다.

따라서 만들 수 있는 직사각형의 개수는 ${}_3C_2 \times {}_4C_2=3\times6=18$

이때 정사각형이 아닌 직사각형의 개수는 직사각형의 개수에서 정사각형의 개수를 제외하면 된다.

한 변의 길이가 1인 정사각형의 개수는 6

한 변의 길이가 2인 정사각형의 개수는 2

따라서 구하는 직사각형의 개수는 $18-(6+2)=10$

유형 16 분할과 분배

1277

답 ②

7명의 학생을 3명, 2명, 2명의 3개의 조로 나누는 경우의 수는

${}_7C_3\times{}_4C_2\times{}_2C_2\times\frac{1}{2!}=35\times6\times1\times\frac{1}{2}=105$

3개의 조를 세 개의 구역에 배정하는 경우의 수는 $3!=6$

따라서 구하는 경우의 수는 $105\times6=630$

1278

답 ②

9명을 6명, 2명, 1명으로 나누는 경우의 수는

${}_9C_6\times{}_3C_2\times{}_1C_1=84\times3\times1=252$ $\therefore a=252$

9명을 2명, 2명, 5명으로 나누는 경우의 수는

${}_9C_2\times{}_7C_2\times{}_5C_5\times\frac{1}{2!}=36\times21\times1\times\frac{1}{2}=378$ $\therefore b=378$

$\therefore a+b=252+378=630$

1279

답 20

서로 다른 6개의 선물을 3개, 3개의 2개의 묶음으로 나누는 경우의 수는

${}_6C_3\times{}_3C_3\times\frac{1}{2!}=20\times1\times\frac{1}{2}=10$

2개의 묶음을 두 사람 A, B에게 분배하는 경우의 수는 $2!=2$

따라서 구하는 경우의 수는 $10\times2=20$

1280

답 ④

남학생 4명을 2명, 1명, 1명의 세 개의 모둠으로 나누는 경우의 수는

${}_4C_2\times{}_2C_1\times{}_1C_1\times\frac{1}{2!}=6\times2\times1\times\frac{1}{2}=6$

이 세 모둠에 여학생을 한 명씩 포함시키는 경우의 수는 $3!=6$

따라서 구하는 경우의 수는 $6\times6=36$

다른 풀이

세 개의 모둠에 여학생이 각각 1명씩 있어야 하므로 각각의 여학생이 같은 모둠을 이룰 남학생을 선택하는 경우로 바꾸어 생각할 수 있다.

이때 모든 모둠에 남학생이 각각 1명 이상 포함되어야 하므로 한 여학생은 2명의 남학생을 선택하고, 남은 두 여학생은 각각 1명의 남학생을 선택해야 한다.

3명의 여학생 중 2명의 남학생을 선택할 여학생을 고르는 경우의 수는 ${}_3C_1=3$

이 여학생이 남학생 4명 중 2명을 선택하는 경우의 수는 ${}_4C_2=6$

남은 두 여학생이 각각 남은 두 남학생 중 1명씩 택하는 경우의 수는 $2!=2$

따라서 구하는 경우의 수는

$3\times6\times2=36$

1281

답 ④

3종류의 모자를 각각 선택하는 학생 수는 1, 2, 4이어야 하므로 7명을 1명, 2명, 4명으로 나누는 경우의 수는

${}_7C_1\times{}_6C_2\times{}_4C_4=7\times15\times1=105$

1명, 2명, 4명으로 나누어진 학생들이 모자를 선택하는 경우의 수는 $3!=6$

따라서 구하는 경우의 수는 $105\times6=630$

유형 17 대진표 작성하기

1282

답 315

8개의 팀을 4팀, 4팀의 2개의 조로 나누는 방법의 수는

${}_8C_4\times{}_4C_4\times\frac{1}{2!}=70\times1\times\frac{1}{2}=35$

4팀으로 이루어진 1개의 조를 2팀, 2팀의 2개의 조로 나누는 방법의 수는

${}_4C_2\times{}_2C_2\times\frac{1}{2!}=6\times1\times\frac{1}{2}=3$

따라서 구하는 방법의 수는 $35\times3\times3=315$

다른 풀이

8개의 팀을 2팀, 2팀, 2팀, 2팀의 4개의 조로 나누는 방법의 수는

${}_8C_2\times{}_6C_2\times{}_4C_2\times{}_2C_2\times\frac{1}{4!}=28\times15\times6\times1\times\frac{1}{24}=105$

4개의 조를 2개, 2개의 2개의 조로 나누는 방법의 수는

${}_4C_2\times{}_2C_2\times\frac{1}{2!}=6\times1\times\frac{1}{2}=3$

따라서 구하는 방법의 수는 $105\times3=315$

1283

답 ③

7개의 팀을 4팀, 3팀의 2개의 조로 나누는 방법의 수는

${}_7C_4\times{}_3C_3=35\times1=35$

4팀으로 이루어진 1개의 조를 2팀, 2팀의 2개의 조로 나누는 방법의 수는

${}_4C_2\times{}_2C_2\times\frac{1}{2!}=6\times1\times\frac{1}{2}=3$

3팀으로 이루어진 1개의 조에서 부전승으로 올라가는 1팀을 택하는 방법의 수는 ${}_3C_1=3$

따라서 구하는 방법의 수는 $35\times3\times3=315$

다른 풀이

7개의 팀을 2팀, 2팀, 2팀, 1팀의 4개의 조로 나누는 방법의 수는

${}_7C_2\times{}_5C_2\times{}_3C_2\times{}_1C_1\times\frac{1}{3!}=21\times10\times3\times1\times\frac{1}{6}=105$

4개의 조를 2개, 2개의 2개의 조로 나누는 방법의 수는

${}_4C_2\times{}_2C_2\times\frac{1}{2!}=6\times1\times\frac{1}{2}=3$

따라서 대진표를 작성하는 방법의 수는

$105\times3=315$

1284

답 180

8개의 팀을 4팀, 4팀의 2개의 조로 나눌 때, A팀과 B팀이 각각 다른 조가 되도록 나누는 경우의 수는 A팀과 B팀을 제외한 6개의 팀을 3팀, 3팀의 2개의 조로 나누는 경우의 수와 같으므로

${}_6C_3\times{}_3C_3\times\frac{1}{2!}=20\times1\times\frac{1}{2}=10$

이 2개의 조에 A팀과 B팀을 각각 포함시키는 경우의 수는 $2!=2$

이때 A팀을 포함한 4개의 팀을 2팀, 2팀의 2개의 조로 나누는 경우의 수는

${}_3C_1\times{}_2C_2=3\times1=3$

└ A팀과 같은 팀이 될 1팀을 고르는 경우

같은 방법으로 B팀을 포함한 4개의 팀을 2팀, 2팀의 2개의 조로 나누는 경우의 수는 3

따라서 구하는 경우의 수는 $10\times2\times3\times3=180$

PART B 내신 잡는 종합 문제

1285

답 6

${}_aP_b\times{}_{a-b}P_c\times{}_{a-b-c}P_{a-b-c}$

$=\frac{a!}{(a-b)!}\times\frac{(a-b)!}{(a-b-c)!}\times(a-b-c)!$

$=a!=720=6!$

$\therefore a=6$

참고

${}_aP_b$는 서로 다른 a개에서 b개를 택하여 일렬로 나열하는 방법의 수, ${}_{a-b}P_c$는 서로 다른 $(a-b)$개에서 c개를 택하여 일렬로 나열하는 방법의 수, ${}_{a-b-c}P_{a-b-c}$는 서로 다른 $(a-b-c)$개에서 $(a-b-c)$개를 택하여 일렬로 나열하는 방법의 수이다.
따라서 먼저 a개를 일렬로 나열한 후 순서대로 b개, c개, $(a-b-c)$개로 나누면 되므로 ${}_aP_b\times{}_{a-b}P_c\times{}_{a-b-c}P_{a-b-c}$는 a개를 일렬로 나열하는 방법의 수와 같다.

1286

답 288

잡지 2권을 한 권의 책으로 생각하고, 소설책 4권을 한 권의 책으로 생각하여 3권의 책을 일렬로 나열하는 경우의 수는 $3!=6$

잡지 2권이 서로 자리를 바꾸는 경우의 수는 $2!=2$

소설책 4권이 서로 자리를 바꾸는 경우의 수는 $4!=24$

따라서 구하는 경우의 수는 $6\times2\times24=288$

1287

답 ⑤

홀수 번호가 적힌 3개의 의자 중 2개의 의자에 아버지, 어머니가 앉는 경우의 수는 ${}_3P_2=6$

나머지 3개의 의자에 남은 3명이 앉는 경우의 수는 $3!=6$

따라서 구하는 경우의 수는 $6\times6=36$

1288

답 ③

4개의 소문자를 먼저 일렬로 나열한 후 대문자 A, B를 대문자끼리 서로 이웃하지 않고, 나열의 가장 왼쪽에 대문자가 위치하지 않도록 나열하면 된다.

4개의 소문자를 일렬로 나열하는 경우의 수는 $4!=24$

대문자 배열 가능

4개의 소문자의 오른쪽 끝과 사이사이에 A, B가 서로 이웃하지 않도록 나열하는 경우의 수는 ${}_4P_2=12$

따라서 구하는 경우의 수는 $24\times12=288$

1289

답 ③

A로 시작하는 것의 개수는 $4!=24$

B로 시작하는 것의 개수는 $4!=24$

CAB로 시작하는 것의 개수는 $2!=2$

CAD로 시작하는 것의 개수는 $2!=2$

A로 시작하는 것부터 CAD로 시작하는 것까지의 총 개수는

$24+24+2+2=52$

이므로 53번째에 오는 것은 CAEBD이다.

1290

답 36

흰색 모자를 진열할 줄을 택하는 경우의 수는 ${}_2C_1=2$

서로 다른 흰색 모자 3개를 일렬로 진열하는 경우의 수는 $3!=6$

남은 3개의 모자걸이 중 검은색 모자를 진열할 2개의 모자걸이를 택하는 경우의 수는 ${}_3C_2=3$

따라서 구하는 경우의 수는 $2\times6\times3=36$

1291

답 9

남학생은 4명 중 2명을 뽑아 양 끝에 세우는 경우의 수는

${}_4P_2=12$

나머지 $(n+2)$명을 일렬로 세우는 경우의 수는 $(n+2)!$

$\therefore A=12\times(n+2)!$

여학생 n명을 한 사람으로 생각하여 5명을 일렬로 세우는 경우의 수는 $5!=120$

여학생 n명이 서로 자리를 바꾸는 경우의 수는 $n!$

$\therefore B=120\times n!$

$A=11B$에서 $12\times(n+2)!=11\times120\times n!$

$(n+2)(n+1)=11\times10\qquad\therefore n=9$

1292
답 ④

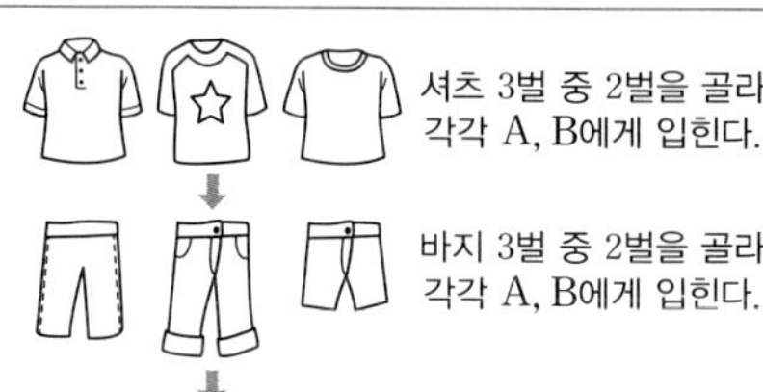

셔츠 3벌 중 2벌을 골라
각각 A, B에게 입힌다.
바지 3벌 중 2벌을 골라
각각 A, B에게 입힌다.
셔츠와 바지의 색을 정한다.

한 인형에게 입힌 셔츠와 바지는 다른 인형에게 입히지 않으므로 3개의 셔츠 중 두 인형 A, B에게 입힐 셔츠 2개를 결정하는 경우의 수는 3명 중 2명을 뽑아 일렬로 세우는 경우의 수와 같으므로 ${}_3P_2=6$

마찬가지로 바지를 결정하는 경우의 수는 ${}_3P_2=6$

이때 A의 옷의 색을 결정하는 경우의 수는 2

B의 옷의 색을 결정하는 경우의 수는 2

따라서 구하는 경우의 수는

$6\times6\times2\times2=144$

1293
답 ④

평행사변형이 아닌 사다리꼴은 한 쌍의 변이 서로 평행하고 다른 쌍의 변은 서로 평행하지 않아야 한다.

3개의 평행한 직선 중 2개를 택하여 사다리꼴의 평행한 두 변을 만들고 나머지 두 변은 각각 4개의 평행선과 5개의 평행선 중 1개를 택하면 되므로 이 경우의 수는 ${}_3C_2\times{}_4C_1\times{}_5C_1=3\times4\times5=60$

4개의 평행한 직선 중 2개를 택하여 사다리꼴의 평행한 두 변을 만들고 나머지 두 변은 각각 3개의 평행선과 5개의 평행선 중 1개를 택하면 되므로 이 경우의 수는 ${}_4C_2\times{}_3C_1\times{}_5C_1=6\times3\times5=90$

5개의 평행한 직선 중 2개를 택하여 사다리꼴의 평행한 두 변을 만들고 나머지 두 변은 각각 3개의 평행선과 4개의 평행선 중 1개를 택하면 되므로 이 경우의 수는 ${}_5C_2\times{}_3C_1\times{}_4C_1=10\times3\times4=120$

따라서 구하는 사다리꼴의 개수는 $60+90+120=270$

1294
답 ④

어떠한 두 수를 선택하더라도 합이 같은 경우는 없으므로 8개의 수를 2개, 2개, 2개, 2개의 4개의 묶음으로 나눈 후 합이 작은 순서부터 차례대로 나열하면 된다.

8개의 수를 2개, 2개, 2개, 2개의 4개의 묶음으로 나누는 방법의 수는

${}_8C_2\times{}_6C_2\times{}_4C_2\times{}_2C_2\times\frac{1}{4!}=28\times15\times6\times1\times\frac{1}{24}=105$

한 묶음의 2개의 수가 서로 자리를 바꾸는 방법의 수는 $2!=2$

따라서 구하는 방법의 수는 $105\times2\times2\times2\times2=1680$

1295
답 2304

각 가로줄에 진열하는 화분의 개수를 정하는 경우의 수는

$4!=24$

1개를 나열하는 줄에 화분 1개를 넣을 곳을 정하는 경우의 수는

${}_4C_1=4$

2개를 나열하는 줄에 화분 2개를 넣을 곳을 정하는 경우의 수는

${}_4C_2=6$

3개를 나열하는 줄에 화분 3개를 넣을 곳을 정하는 경우의 수는

${}_4C_3=4$

4개를 나열하는 줄에 화분 4개를 넣을 곳을 정하는 경우의 수는

${}_4C_4=1$

따라서 구하는 경우의 수는 $24\times4\times6\times4\times1=2304$

1296
답 360

끝자리에 1을 덧붙이기 위해서는 네 자리 자연수의 각 자리의 수의 합이 홀수이어야 한다.

이때 네 자리 자연수에서 천의 자리의 숫자는 6이므로

백, 십, 일의 자리의 수의 합은 홀수이어야 한다.

(i) 홀수 3개를 백, 십, 일의 자리에 배열하는 경우

1, 3, 5, 7, 9 중 3개를 택하여 백, 십, 일의 자리에 배열하는 경우의 수는 ${}_5P_3=60$

(ii) 홀수 1개와 짝수 2개를 백, 십, 일의 자리에 배열하는 경우

1, 3, 5, 7, 9 중 1개를 택하는 경우의 수는 ${}_5C_1=5$

2, 4, 6, 8, 0 중 2개를 택하는 경우의 수는 ${}_5C_2=10$

세 수를 일렬로 배열하는 경우의 수는 $3!=6$

따라서 이 경우의 수는 $5\times10\times6=300$

(i), (ii)에서 구하는 경우의 수는 $60+300=360$

1297
답 21

구하는 비밀번호의 개수는 1의 나열의 양 끝과 사이사이에 0이 연속하지 않도록 나열하는 경우의 수와 같다.

(i) 0이 존재하지 않는 경우

111111의 1가지

(ii) 0이 1개인 경우

5개의 1의 양 끝과 사이사이 중 한 개의 0이 위치할 자리를 택하는 경우의 수는 ${}_6C_1=6$

(iii) 0이 2개인 경우

4개의 1의 양 끝과 사이사이 중 두 개의 0이 위치할 자리를 택하는 경우의 수는 ${}_5C_2=10$

(iv) 0이 3개인 경우

3개의 1의 양 끝과 사이사이 중 세 개의 0이 위치할 자리를 택하는 경우의 수는 ${}_4C_3=4$

(v) 0이 4개 이상인 경우

반드시 두 개 이상의 0이 연속한다.

(i)~(v)에서 구하는 비밀번호의 개수는 $1+6+10+4=21$

1298
답 51

N이 네 자리 자연수이기 위해서는 $a\geq1$이고

(가)에 의하여 $d=0$ 또는 $d=5$이다.

(i) $d=0$일 때

1부터 7까지의 자연수 중 3개를 택하면 $a<b<c$에서 a, b, c의 값이 결정된다.

1부터 7까지의 자연수 중 3개를 택하는 경우의 수는 ${}_7C_3=35$

(ii) $d=5$일 때

$c>d$이므로 $c=6$ 또는 $c=7$이다.

ⓐ $c=6$일 때

1부터 4까지의 자연수 중 2개를 택하면 $a<b<c$에서 a, b의 값이 결정된다.

1부터 4까지의 자연수 중 2개를 택하는 경우의 수는 ${}_4C_2=6$

ⓑ $c=7$일 때

1, 2, 3, 4, 6의 5개의 자연수 중 2개를 택하면 $a<b<c$에서 a, b의 값이 결정된다.

1, 2, 3, 4, 6의 5개의 자연수 중 2개를 택하는 경우의 수는 ${}_5C_2=10$

(i), (ii)에서 구하는 네 자리 자연수 N의 개수는 $35+6+10=51$

1299

답 ③

(i) $a_1<a_2<a_3<a_4<a_5$인 경우

1부터 6까지의 자연수 중 5개를 택하여 크기순으로 나열하면 된다.

이 경우의 수는 ${}_6C_5=6$

(ii) $a_1=a_2<a_3<a_4<a_5$인 경우

$a_2<a_3<a_4<a_5$로 생각하면

1부터 6까지의 자연수 중 4개를 택하여 크기순으로 나열하면 된다.

이 경우의 수는 ${}_6C_4=15$

(iii) $a_1<a_2<a_3=a_4<a_5$인 경우

$a_1<a_2<a_4<a_5$로 생각하면

1부터 6까지의 자연수 중 4개를 택하여 크기순으로 나열하면 된다.

이 경우의 수는 ${}_6C_4=15$

(iv) $a_1=a_2<a_3=a_4<a_5$인 경우

$a_2<a_4<a_5$로 생각하면

1부터 6까지의 자연수 중 3개를 택하여 크기순으로 나열하면 된다.

이 경우의 수는 ${}_6C_3=20$

(i)~(iv)에서 구하는 경우의 수는 $6+15+15+20=56$

참고

수를 크기순으로 나열할 때 등호가 포함된 경우는 등호의 유 · 무에 따라서 경우를 나누면 된다.

1300

답 288

운전석에 아버지 또는 어머니가 앉는 경우의 수는 2

…… ❶

가운데 줄에 할아버지와 할머니가 앉는 경우의 수는 ${}_3P_2=6$

…… ❷

나머지 네 자리에 나머지 가족이 차례대로 앉는 경우의 수는 $4!=24$

…… ❸

따라서 구하는 경우의 수는 $2\times6\times24=288$

…… ❹

채점 기준	배점
❶ 운전석에 아버지 또는 어머니가 앉는 경우의 수 구하기	20%
❷ 할아버지와 할머니가 앉는 경우의 수 구하기	30%
❸ 나머지 자리에 나머지 가족이 앉는 경우의 수 구하기	30%
❹ 가족 7명이 좌석에 앉는 경우의 수 구하기	20%

1301

답 16

서로 다른 네 종류의 인형이 각각 2개씩 있으므로 5개의 인형을 선택하려면 세 종류 이상의 인형을 선택해야 한다.

(i) 서로 다른 세 종류의 인형을 각각 1개, 2개, 2개 선택하는 경우

서로 다른 네 종류의 인형 중에서 세 종류의 인형을 선택하는 경우의 수는 ${}_4C_3=4$

위의 각각의 경우에 대하여 세 종류의 인형 중에서 1개를 선택하는 인형의 종류를 정하면 남은 두 종류의 인형은 각각 2개씩 선택하면 되므로 이때의 경우의 수는 ${}_3C_1=3$

따라서 서로 다른 세 종류의 인형을 각각 1개, 2개, 2개 선택하는 경우의 수는 $4\times3=12$

…… ❶

(ii) 서로 다른 네 종류의 인형을 각각 1개, 1개, 1개, 2개 선택하는 경우

서로 다른 네 종류의 인형 중에서 2개를 선택하는 인형의 종류를 정하면 남은 세 종류의 인형은 각각 1개씩 선택하면 되므로 이때의 경우의 수는 ${}_4C_1=4$

…… ❷

(i), (ii)에서 구하는 경우의 수는 $12+4=16$

…… ❸

채점 기준	배점
❶ 서로 다른 세 종류의 인형을 각각 1개, 2개, 2개 선택하는 경우의 수 구하기	50%
❷ 서로 다른 네 종류의 인형을 각각 1개, 1개, 1개, 2개 선택하는 경우의 수 구하기	40%
❸ 8개의 인형 중에서 5개를 선택하는 경우의 수 구하기	10%

1302

답 28

1부터 8까지의 자연수의 합은 36, 즉 짝수이므로

선택한 구슬 5개에 적혀 있는 수의 합이 홀수이면 선택되지 않은 구슬 3개에 적혀 있는 수의 합도 홀수이다.

…… ❶

(i) 선택되지 않은 구슬 3개에 적혀 있는 수가 모두 홀수일 때

1부터 8까지의 홀수 4개 중 3개의 홀수를 택하는 경우의 수는 ${}_4C_3=4$

…… ❷

(ii) 선택되지 않은 구슬 3개에 적혀 있는 수 중 홀수가 1개, 짝수가 2개일 때

1부터 8까지의 홀수 4개 중 1개의 홀수를 택하고, 짝수 4개 중 2개의 짝수를 택하는 경우의 수는 ${}_4C_1\times{}_4C_2=4\times6=24$

…… ❸

(i), (ii)에서 구하는 경우의 수는 $4+24=28$

…… ❹

채점 기준	배점
❶ 구슬에 적혀 있는 수의 합이 홀수가 되기 위한 조건 구하기	30%
❷ 선택되지 않은 구슬 3개에 적혀 있는 수가 모두 홀수인 경우의 수 구하기	30%
❸ 선택되지 않은 구슬 3개에 적혀 있는 수 중 홀수가 1개, 짝수가 2개인 경우의 수 구하기	30%
❹ 구슬에 적혀 있는 수의 합이 홀수인 경우의 수 구하기	10%

1303

답 ④

1부터 9까지의 9개의 숫자 중 2개를 택하는 경우의 수는
${}_{9}C_{2}=36$
이 중 한 가로줄에 있는 3개의 수 중 2개를 택하는 경우의 수와 한 세로줄에 있는 3개의 수 중 2개를 택하는 경우의 수를 제외하면 된다.
3개의 수 중 2개를 택하는 경우의 수는 ${}_{3}C_{2}=3$
9개의 칸으로 이루어진 정사각형에서 가로줄과 세로줄의 개수는 6
따라서 구하는 경우의 수는 $36-3\times6=18$

다른 풀이

1부터 9까지의 9개의 숫자 중 1개를 택하는 경우의 수는 ${}_{9}C_{1}=9$
이 수가 포함된 가로줄과 세로줄에 있는 수를 제외한 남은 4개의 수 중 1개를 택하는 경우의 수는 ${}_{4}C_{1}=4$
예와 같이 1과 5를 선택하는 경우를 생각해보면 1을 먼저 택한 후 5를 택하는 경우와 5를 먼저 택한 후 1을 택하는 경우는 서로 같으므로 중복을 제외하여 구한 경우의 수는 $9\times4\times\frac{1}{2!}=18$

1304

답 960

아무것도 받지 못하는 학생이 없도록 꽃 4송이와 초콜릿 2개를 나누어주면 1명의 학생은 꽃 2송이 또는 꽃 1송이와 초콜릿 1개 또는 초콜릿 2개를 받는다.

(i) 1명의 학생이 꽃 2송이를 받는 경우
꽃 4송이 중 1명의 학생에게 나누어줄 2송이의 꽃을 택하는 경우의 수는 ${}_{4}C_{2}=6$
5명의 학생 중 꽃 2송이를 받을 한 학생을 택하는 경우의 수는 ${}_{5}C_{1}=5$
남은 4명의 학생 중 2명에게 서로 다른 꽃 2송이를 한 송이씩 나누어주는 경우의 수는 ${}_{4}P_{2}=12$
이후 남은 2명의 학생에게는 초콜릿 1개씩을 나누어주면 된다.
따라서 이 경우의 수는 $6\times5\times12=360$

(ii) 1명의 학생이 꽃 1송이와 초콜릿 1개를 받는 경우
5명의 학생 중 4명에게 서로 다른 꽃 4송이를 한 송이씩 나누어주는 경우의 수는 ${}_{5}P_{4}=120$
이 4명의 학생 중 초콜릿 하나를 받을 학생을 택하는 경우의 수는 ${}_{4}C_{1}=4$
이후 아무것도 받지 못한 학생에게는 초콜릿 1개를 나누어주면 된다.
따라서 이 경우의 수는 $120\times4=480$

(iii) 1명의 학생이 초콜릿 2개를 받는 경우
5명의 학생 중 초콜릿 2개를 받을 학생을 택하는 경우의 수는 ${}_{5}C_{1}=5$
남은 4명의 학생에게 서로 다른 꽃 4송이를 한 송이씩 나누어주는 경우의 수는 $4!=24$
따라서 이 경우의 수는 $5\times24=120$

(i)~(iii)에서 구하는 경우의 수는 $360+480+120=960$

다른 풀이

(i) 1명의 학생이 초콜릿 2개를 받는 경우
5명의 학생 중 초콜릿 2개를 받을 학생을 택하는 경우의 수는 ${}_{5}C_{1}=5$
남은 4명의 학생에게 서로 다른 꽃 4송이를 한 송이씩 나누어주는 경우의 수는 $4!=24$
따라서 이 경우의 수는 $5\times24=120$

(ii) 1명의 학생이 꽃 2송이 또는 꽃 1송이와 초콜릿 1개를 받는 경우
초콜릿 2개를 서로 다른 것으로 취급하자.
꽃과 초콜릿 중 2개를 받을 학생 한 명을 택하는 경우의 수는 ${}_{5}C_{1}=5$
꽃 2송이 또는 꽃 1송이와 초콜릿 1개를 택하는 경우의 수는 ${}_{6}C_{2}-{}_{2}C_{2}=15-1=14$
남은 4명의 학생에게 남은 4개를 나누어주는 경우의 수는 $4!=24$
이는 초콜릿 2개를 서로 다른 것으로 취급하여 세어준 경우의 수이므로 이 초콜릿 2개의 자리를 서로 바꾸어 생각할 때 중복하여 세어지는 것이 있다.
따라서 중복을 제외하여 경우의 수를 구하면
$5\times14\times24\times\frac{1}{2!}=840$

(i), (ii)에서 구하는 경우의 수는 $120+840=960$

참고

서로 다른 n개에서 순서를 생각하지 않고 r개를 택하는 경우의 수는 서로 같은 n개에서 r개를 택하는 경우의 수와 같다.
따라서 서로 같은 것을 서로 다른 것으로 취급하여 세어준 경우는 순서를 생각한 경우, 즉 중복을 제외하여 계산해야 한다.
다만, 한 학생이 초콜릿 2개를 받은 경우는 서로 같은 것을 서로 다른 것으로 취급하여도 중복이 발생하지 않으므로 경우를 나누어 생각한 것이다.

1305

답 ②

(가), (나), (다)에서 빨강 깃발은 왼쪽에서 두 번째 자리 또는 왼쪽에서 네 번째 자리에 올 수 있다.

(i) 빨강 깃발이 왼쪽에서 두 번째 자리에 오는 경우
빨강 깃발을 제외한 남은 4개의 깃발을 나열하는 경우의 수는 $4!=24$
노랑 깃발이 왼쪽에서 세 번째 자리에 오도록 빨강 깃발을 제외한 남은 3개의 깃발을 나열하는 경우의 수는 $3!=6$
파랑 깃발이 가장 오른쪽 자리에 오도록 빨강 깃발을 제외한 남은 3개의 깃발을 나열하는 경우의 수는 $3!=6$
노랑 깃발이 왼쪽에서 세 번째 자리에 오고 파랑 깃발이 가장 오른쪽 자리에 오도록 빨강 깃발을 제외한 남은 2개의 깃발을 나열하는 경우의 수는 $2!=2$
따라서 이 경우의 수는 $24-(6+6-2)=14$

(ii) 빨강 깃발이 왼쪽에서 네 번째 자리에 오는 경우
(i)과 마찬가지로 생각하면 이 경우의 수는 14

(i), (ii)에서 구하는 경우의 수는 $14+14=28$

다른 풀이

(가), (나), (다)에서
빨강 깃발은 왼쪽에서 두 번째 또는 왼쪽에서 네 번째 자리에 올 수 있고, 노랑 깃발은 왼쪽에서 세 번째 자리를 제외하고 남은 4개의 자리에 올 수 있고, 파랑 깃발은 가장 오른쪽 자리를 제외하고 남은 4개의 자리에 올 수 있다.

빨강 깃발의 위치를 택하는 경우의 수는 ${}_2C_1=2$

(i) 노랑 깃발이 가장 오른쪽 자리에 오는 경우

남은 3개의 깃발을 나열하는 경우의 수는 $3!=6$

(ii) 노랑 깃발이 가장 오른쪽 자리가 아닌 다른 자리에 오는 경우

노랑 깃발의 위치를 택하는 경우의 수는 ${}_2C_1=2$

파랑 깃발의 위치를 택하는 경우의 수는 ${}_2C_1=2$

남은 2개의 깃발을 나열하는 경우의 수는 $2!=2$

(i), (ii)에서 구하는 경우의 수는 $2\times(6+2\times2\times2)=28$

1306

답 130

그림과 같이 정삼각형에 적힌 수를 a, 정사각형에 적힌 수를 왼쪽부터 차례대로 b, c, d라 하자.

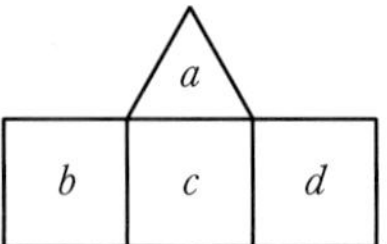

(가)에서 $a>b$, $a>c$, $a>d$이다.

(나)에서 $b\neq c$, $c\neq d$이다.

(i) $b\neq d$일 때, a, b, c, d가 서로 다르다.

6 이하의 자연수 중에서 서로 다른 4개의 수를 택하는 경우의 수는 ${}_6C_4=15$

이 각각에 대하여 택한 4개의 수 중에서 가장 큰 수를 a라 하고, 나머지 3개의 수를 b, c, d로 정하면 되므로 이 경우의 수는 $1\times3!=6$

따라서 $b\neq d$인 경우의 수는 $15\times6=90$

(ii) $b=d$일 때

$a>b=d$, $a>c$이므로 a, b, c, d 중 서로 다른 수의 개수는 3이다.

6 이하의 자연수 중에서 서로 다른 3개의 수를 택하는 경우의 수는 ${}_6C_3=20$

이 각각에 대하여 택한 3개의 수 중에서 가장 큰 수를 a라 하고, 나머지 2개의 수를 $b(=d)$, c로 정하면 되므로 이 경우의 수는 $1\times2!=2$

따라서 $b=d$인 경우의 수는 $20\times2=40$

(i), (ii)에서 구하는 경우의 수는 $90+40=130$

다른 풀이

(가), (나)에서 a보다 작은 수가 적어도 2개 존재해야 하므로 $a\geq3$

(i) $a=3$일 때, c는 1, 2 중 하나이다.

이 각각에 대하여 b, d는 1, 2 중 c가 아닌 수이면 되므로 b, d가 될 수를 정하는 경우의 수는 $1\times1=1$

따라서 $a=3$인 경우의 수는 $2\times1=2$

(ii) $a=4$일 때, c는 1, 2, 3 중 하나이다.

이 각각에 대하여 b, d는 1, 2, 3 중 c가 아닌 수이면 되므로 b, d가 될 수를 정하는 경우의 수는 $2\times2=4$

따라서 $a=4$인 경우의 수는 $3\times4=12$

(iii) $a=5$일 때, c는 1, 2, 3, 4 중 하나이다.

이 각각에 대하여 b, d는 1, 2, 3, 4 중 c가 아닌 수이면 되므로 b, d가 될 수를 정하는 경우의 수는 $3\times3=9$

따라서 $a=5$인 경우의 수는 $4\times9=36$

(iv) $a=6$일 때, c는 1, 2, 3, 4, 5 중 하나이다.

이 각각에 대하여 b, d는 1, 2, 3, 4, 5 중 c가 아닌 수이면 되므로 b, d가 될 수를 정하는 경우의 수는 $4\times4=16$

따라서 $a=6$인 경우의 수는 $5\times16=80$

(i)~(iv)에서 구하는 경우의 수는

$2+12+36+80=130$

1307

답 ①

흰색 공 2개와 검은색 공 2개를 먼저 일렬로 배열한 후 공 4개 사이사이 및 양 끝의 5개의 자리에 같은 색의 공이 이웃하지 않도록 붉은색 공 3개가 들어갈 자리 3개를 선택하면 된다.

(i) ∨흰∨흰∨검∨검∨인 경우

붉은색 공 2개는 각각 두 번째, 네 번째 자리에 반드시 들어가야 하고 나머지 붉은색 공 1개는 남은 자리 중 한 자리에 들어가면 된다.

따라서 이 경우의 수는 ${}_3C_1=3$

(ii) ∨흰∨검∨검∨흰∨인 경우

붉은색 공 1개는 세 번째 자리에 반드시 들어가야 하고 나머지 붉은색 공 2개는 각각 남은 자리 중 두 자리에 들어가면 된다.

따라서 이 경우의 수는 ${}_4C_2=6$

(iii) ∨흰∨검∨흰∨검∨인 경우

붉은색 공 3개는 각각 5개의 자리 어느 곳에도 들어갈 수 있으므로 경우의 수는 ${}_5C_3=10$

(iv) ∨검∨검∨흰∨흰∨인 경우

붉은색 공 2개는 각각 두 번째, 네 번째 자리에 반드시 들어가야 하고 나머지 붉은색 공 1개는 남은 자리 중 한 자리에 들어가면 된다.

따라서 이 경우의 수는 ${}_3C_1=3$

(v) ∨검∨흰∨흰∨검∨인 경우

붉은색 공 1개는 세 번째 자리에 반드시 들어가야 하고 나머지 붉은색 공 2개는 각각 남은 자리 중 두 자리에 들어가면 된다.

따라서 이 경우의 수는 ${}_4C_2=6$

(vi) ∨검∨흰∨검∨흰∨인 경우

붉은색 공 3개는 각각 5개의 자리 어느 곳에도 들어갈 수 있으므로 경우의 수는 ${}_5C_3=10$

(i)~(vi)에서 구하는 경우의 수는

$3+6+10+3+6+10=38$

1308

답 ④

(가)에서 Q종류 4대와 R종류 6대를 각각 한 묶음으로 생각하자.

(i) A구역에 P종류를 주차하는 경우

ⓐ | P | P | | | | | | | | | | | | |

Q종류 한 묶음, R종류 한 묶음, 빈자리 3개를 나열하는 경우의 수는 $5!$

이때 빈자리 3개의 자리를 서로 바꾸는 경우의 수가 3!이므로 이 경우의 수는 $\frac{5!}{3!}=5\times4=20$

ⓑ

	P	P												

Q종류 한 묶음, R종류 한 묶음, 빈자리 2개를 나열하는 경우의 수는 4!

이때 빈자리의 2개의 자리를 서로 바꾸는 경우의 수가 2!이므로

이 경우의 수는 $\frac{4!}{2!}=4\times3=12$

따라서 이 경우의 수는 $20+12=32$

(ii) B구역에 P종류를 주차하는 경우

ⓒ

			P	P										

[P|P]의 오른쪽에 Q종류 한 묶음, R종류 한 묶음을 나열하는 것과 같으므로 경우의 수는 $2!=2$

ⓓ

				P	P									

[P|P]의 왼쪽에 Q종류 한 묶음을 나열하고 [P|P]의 오른쪽에 R종류 한 묶음, 빈자리 3개를 나열하는 것과 같으므로 경우의 수는

$\frac{4!}{3!}=4$

따라서 이 경우의 수는 $2+4=6$

(iii) C구역에 P종류를 주차하는 경우

ⓔ

						P	P							

[P|P]의 왼쪽에 Q종류 한 묶음, 빈자리 2개를 나열하고

[P|P]의 오른쪽에 R종류 한 묶음, 빈자리 1개를 나열하거나

[P|P]의 왼쪽에 R종류 한 묶음을 나열하고 [P|P]의 오른쪽에 Q종류 한 묶음, 빈자리 3개를 나열하는 것과 같으므로

경우의 수는 $\frac{3!}{2!}\times2!+1\times\frac{4!}{3!}=6+4=10$

ⓕ

							P	P						

이 경우도 ⓔ와 마찬가지로 경우의 수는 10

따라서 이 경우의 수는 $10+10=20$

(iv) D구역에 P종류를 주차하는 경우는 B구역에 P종류를 주차하는 경우와 같으므로 경우의 수는 6

(v) E구역에 P종류를 주차하는 경우는 A구역에 P종류를 주차하는 경우와 같으므로 경우의 수는 32

(i)~(v)에서 구하는 경우의 수는

$32+6+20+6+32=96$

1309

답 9

전체 이동한 길이가 12이고 가로 방향으로 이동한 길이의 합이 4이므로 세로 방향으로 이동한 길이는 8이다.

(i) 길이가 2인 세로 방향의 도로망 4개를 지나는 경우

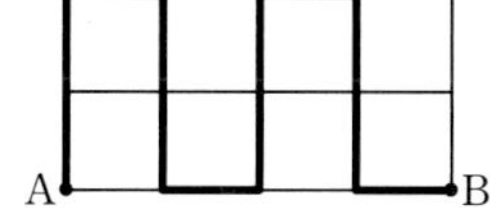

길이가 2인 5개의 세로 방향의 도로망 중 4개를 택하는 경우의 수는 ${}_5C_4=5$

(ii) 길이가 1인 세로 방향의 도로망 2개, 길이가 2인 세로 방향의 도로망 3개를 지나는 경우

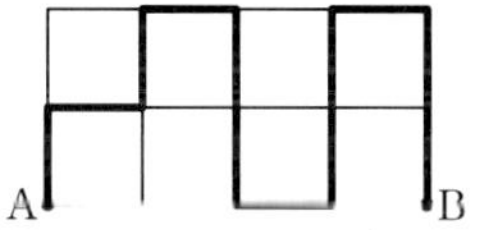

길이가 1인 세로 방향의 도로망 2개를 연달아 지나야 하므로 길이가 1인 2개의 세로 방향의 도로망 사이에 있는 길이가 1인 1개의 가로 방향의 도로망을 택하는 것과 같다.

따라서 이 경우의 수는 ${}_4C_1=4$

(i), (ii)에서 구하는 경우의 수는 $5+4=9$

1310

답 960

◇가 그려진 조각으로 채울 정사각형을 택하는 경우의 수는 ${}_4C_1=4$

남은 세 개의 정사각형 중 ○가 그려진 조각이 채워질 정사각형을 택하는 경우의 수는 ${}_3C_1=3$

택한 정사각형에 ○가 그려진 조각은 다음 그림과 같이 4가지 방법으로 채울 수 있다.

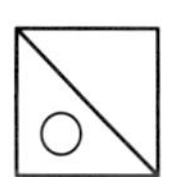   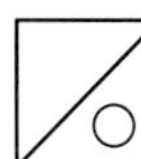

(i) ☆가 그려진 조각으로 ○가 그려진 조각이 채워진 정사각형을 채우는 경우

◎가 그려진 두 개의 조각으로 정사각형 1개를 채우는 경우의 수는 2이므로 이 경우의 수는 $2\times2=4$

(ii) ☆가 그려진 조각으로 ○가 그려진 조각이 채워져 있지 않은 정사각형을 채우는 경우

☆가 그려진 조각이 채울 정사각형을 택하는 경우의 수는 ${}_2C_1=2$

택한 정사각형에 ☆가 그려진 조각을 채우는 경우의 수는 4

◎가 그려진 네 개의 조각으로 남은 부분을 채우는 경우의 수는 2

따라서 이 경우의 수는 $2\times4\times2=16$

(i), (ii)에서 구하는 경우의 수는 $4\times3\times4\times(4+16)=960$

다른 풀이

4개의 정사각형 중 대각선을 그을 3개의 정사각형을 택하는 경우의 수는 ${}_4C_3=4$

정사각형에서 두 대각선 중 한 대각선을 택하는 경우의 수는 ${}_2C_1=2$이므로 세 개의 정사각형의 대각선을 정하는 경우의 수는 $2\times2\times2=8$

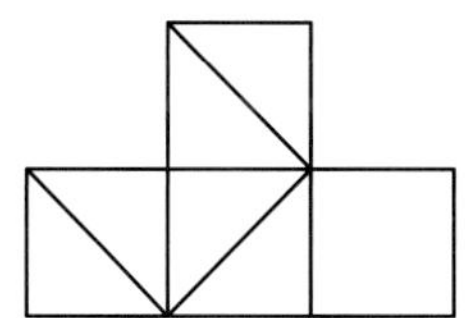

6개의 직각삼각형에서 ◎가 그려진 조각을 채울 4개를 택하는 경우의 수는 ${}_6C_4=15$

남은 2개의 직각삼각형에 ○와 ☆가 그려진 조각을 채우는 경우의 수는 $2!=2$

이때 남은 1개의 정사각형에 ◇가 그려진 조각을 채우면 되므로 구하는 경우의 수는 $4\times8\times15\times2=960$

행렬

유형별 문제

12 행렬

유형 01 (i, j) 성분이 주어질 때 행렬 구하기

확인 문제 $\begin{pmatrix} 0 & -1 \\ 1 & 0 \end{pmatrix}$

1311

답 19

$a_{11}=1^2+1^2-2\times1=0$, $a_{12}=1^2+2^2-2\times2=1$,
$a_{13}=1^2+3^2-2\times3=4$, $a_{21}=2^2+1^2-2\times1=3$,
$a_{22}=2^2+2^2-2\times2=4$, $a_{23}=2^2+3^2-2\times3=7$

$\therefore A=\begin{pmatrix} 0 & 1 & 4 \\ 3 & 4 & 7 \end{pmatrix}$

따라서 행렬 A의 모든 성분의 합은
$0+1+4+3+4+7=19$

1312

답 $\begin{pmatrix} -1 & 0 & 0 \\ 1 & -2 & 0 \\ 3 & 0 & -3 \end{pmatrix}$

(i) $i\ge j$이면 $a_{ij}=2i-3j$이므로
$a_{11}=2\times1-3\times1=-1$, $a_{21}=2\times2-3\times1=1$,
$a_{22}=2\times2-3\times2=-2$, $a_{31}=2\times3-3\times1=3$,
$a_{32}=2\times3-3\times2=0$, $a_{33}=2\times3-3\times3=-3$

(ii) $i<j$이면 $a_{ij}=0$이므로
$a_{12}=0$, $a_{13}=0$, $a_{23}=0$

(i), (ii)에서 $A=\begin{pmatrix} -1 & 0 & 0 \\ 1 & -2 & 0 \\ 3 & 0 & -3 \end{pmatrix}$

1313

답 11

$a_{11}=$(3의 양의 약수의 개수)$=2$
$a_{12}=$(5의 양의 약수의 개수)$=2$
$a_{21}=$(4의 양의 약수의 개수)$=3$
$a_{22}=$(6의 양의 약수의 개수)$=4$

$\therefore A=\begin{pmatrix} 2 & 2 \\ 3 & 4 \end{pmatrix}$

따라서 행렬 A의 모든 성분의 합은
$2+2+3+4=11$

1314

답 $\begin{pmatrix} 0 & 0 \\ 3 & 4 \\ 6 & 8 \end{pmatrix}$

$a_{11}=(1+2)(1-1)=0$, $a_{12}=(1+2)(2-1)=3$,
$a_{13}=(1+2)(3-1)=6$, $a_{21}=(2+2)(1-1)=0$,
$a_{22}=(2+2)(2-1)=4$, $a_{23}=(2+2)(3-1)=8$
이므로 ⟶ $A=\begin{pmatrix} 0 & 3 & 6 \\ 0 & 4 & 8 \end{pmatrix}$
$b_{11}=a_{11}=0$, $b_{12}=a_{21}=0$, $b_{21}=a_{12}=3$,
$b_{22}=a_{22}=4$, $b_{31}=a_{13}=6$, $b_{32}=a_{23}=8$

$\therefore B=\begin{pmatrix} 0 & 0 \\ 3 & 4 \\ 6 & 8 \end{pmatrix}$

1315

답 ③

$a_{12}=0$이므로 $a+2b-5=0$
$\therefore a+2b=5$ ······ ㉠
$a_{13}=1$이므로 $a+3b-5=1$
$\therefore a+3b=6$ ······ ㉡
㉠, ㉡을 연립하여 풀면 $a=3$, $b=1$
$\therefore a+b=3+1=4$

유형 02 행렬의 성분과 실생활 활용

1316

답 $\begin{pmatrix} 0 & 2 & 1 \\ 2 & 1 & 1 \\ 1 & 0 & 0 \end{pmatrix}$

P_1 지점에서는 P_1 지점으로 다시 되돌아오는 길이 0개, P_2 지점으로 가는 길이 2개, P_3 지점으로 가는 길이 1개이므로
$a_{11}=0$, $a_{12}=2$, $a_{13}=1$
P_2 지점에서는 P_1 지점으로 가는 길이 2개, P_2 지점으로 다시 되돌아오는 길이 1개, P_3 지점으로 가는 길이 1개이므로
$a_{21}=2$, $a_{22}=1$, $a_{23}=1$
P_3 지점에서는 P_1 지점으로 가는 길이 1개, P_2 지점으로 가는 길이 0개, P_3 지점으로 다시 되돌아오는 길이 0개이므로
$a_{31}=1$, $a_{32}=0$, $a_{33}=0$

$\therefore A=\begin{pmatrix} 0 & 2 & 1 \\ 2 & 1 & 1 \\ 1 & 0 & 0 \end{pmatrix}$

1317

답 25

스위치 1만 닫히면 켜지는 전구는 1개이므로 $a_{11}=1$
스위치 2만 닫히면 켜지는 전구는 2개이므로 $a_{22}=2$
스위치 3만 닫히면 켜지는 전구는 2개이므로 $a_{33}=2$
스위치 1, 2가 닫히면 켜지는 전구는 3개이므로 $a_{12}=a_{21}=3$
스위치 1, 3이 닫히면 켜지는 전구는 3개이므로 $a_{13}=a_{31}=3$
스위치 2, 3이 닫히면 켜지는 전구는 4개이므로 $a_{23}=a_{32}=4$

$\therefore A=\begin{pmatrix} 1 & 3 & 3 \\ 3 & 2 & 4 \\ 3 & 4 & 2 \end{pmatrix}$ ······ ❶

따라서 행렬 A의 모든 성분의 합은
$1+3+3+3+2+4+3+4+2=25$ ······ ❷

채점 기준	배점
❶ 행렬 A 구하기	60%
❷ 행렬 A의 모든 성분의 합 구하기	40%

1318

답 30

A_2 지역에서 출발하여 나머지 두 지역을 한 번씩 거쳐 다시 A_2 지역으로 되돌아오는 경우는 다음과 같다.

(i) $A_2 \to A_1 \to A_3 \to A_2$인 경우

$a_{21}=5$, $a_{13}=1$, $a_{32}=3$이므로 경우의 수는

$5\times1\times3=15$

(ii) $A_2 \to A_3 \to A_1 \to A_2$인 경우

$a_{23}=3$, $a_{31}=1$, $a_{12}=5$이므로 경우의 수는

$3\times1\times5=15$

(i), (ii)에서 구하는 경우의 수는 $15+15=30$

유형 03 서로 같은 행렬

확인 문제 $a=2$, $b=-1$, $c=0$, $d=3$

1319

답 6

두 행렬이 서로 같을 조건에 의하여

$ac-3b=-9$ …… ㉠

$5=3a-2b$ …… ㉡

$2a-5b=-4$ …… ㉢

$-4=2ac+b$ …… ㉣

㉡, ㉢을 연립하여 풀면 $a=3$, $b=2$

$a=3$, $b=2$를 ㉠에 대입하면 $3c-6=-9$

$3c=-3$ $\therefore c=-1$ → 또는 $a=3$, $b=2$를 ㉣에 대입하면 $-4=6c+2$ $\therefore c=-1$

$\therefore a+b-c=3+2-(-1)=6$

1320

답 13

두 행렬이 서로 같을 조건에 의하여

$4=2xy$이므로 $xy=2$

$x-y=3$

$\therefore z=x^2+y^2=(x-y)^2+2xy$

$=3^2+2\times2=13$

1321

답 −8

두 행렬이 서로 같을 조건에 의하여

$x+z=1$ …… ㉠

$3x=y+2$이므로 $3x-y=2$ …… ㉡

$5=y-z$ …… ㉢

$6=x+y$ …… ㉣

㉡, ㉣을 연립하여 풀면 $x=2$, $y=4$

$x=2$를 ㉠에 대입하면 $2+z=1$ → 또는 $y=4$를 ㉢에 대입하면 $5=4-z$ $\therefore z=-1$

$\therefore z=-1$

$\therefore xyz=2\times4\times(-1)=-8$

1322

답 ④

두 행렬이 서로 같을 조건에 의하여

$-6=xy$ …… ㉠

$x^2+1=10$ …… ㉡

$y^2-2=2$ …… ㉢

$1=x+y$ …… ㉣

㉡에서 $x^2=9$ $\therefore x=\pm3$

㉢에서 $y^2=4$ $\therefore y=\pm2$

이때 ㉠, ㉣을 만족시키는 x, y의 값을 구하면

$x=3$, $y=-2$

$\therefore x-y=3-(-2)=5$

1323

답 −2

두 행렬이 서로 같을 조건에 의하여

$3x^2-4=2x^2$이고 $3=x^2-1$이므로

$x^2=4$ $\therefore x=\pm2$ …… ㉠

$x^2+4x=x-2$이므로 $x^2+3x+2=0$

$(x+2)(x+1)=0$

$\therefore x=-2$ 또는 $x=-1$ …… ㉡

$-3x-3=-x^2+7$에서 $x^2-3x-10=0$

$(x+2)(x-5)=0$

$\therefore x=-2$ 또는 $x=5$ …… ㉢

㉠, ㉡, ㉢에서 구하는 x의 값은 -2이다.

유형 04 행렬의 덧셈, 뺄셈과 실수배 (1)

확인 문제 (1) $\begin{pmatrix}4&-1\\6&13\end{pmatrix}$ (2) $\begin{pmatrix}-2&5\\-6&-11\end{pmatrix}$ (3) $\begin{pmatrix}3&3\\2&6\end{pmatrix}$

(3) $2A+\frac{1}{3}B=2\begin{pmatrix}1&2\\0&1\end{pmatrix}+\frac{1}{3}\begin{pmatrix}3&-3\\6&12\end{pmatrix}$

$=\begin{pmatrix}2&4\\0&2\end{pmatrix}+\begin{pmatrix}1&-1\\2&4\end{pmatrix}=\begin{pmatrix}3&3\\2&6\end{pmatrix}$

1324

답 −3

$X-(A-2B)=A+3B-2X$에서

$X-A+2B=A+3B-2X$

$3X=2A+B$

$\therefore X=\frac{1}{3}(2A+B)$

$=\frac{1}{3}\left\{2\begin{pmatrix}-3&1\\0&-2\end{pmatrix}+\begin{pmatrix}-3&1\\3&-2\end{pmatrix}\right\}$

$=\frac{1}{3}\begin{pmatrix}-9&3\\3&-6\end{pmatrix}=\begin{pmatrix}-3&1\\1&-2\end{pmatrix}$

따라서 행렬 X의 모든 성분의 합은

$-3+1+1+(-2)=-3$

1325

답 $\begin{pmatrix} 5 & 7 & 6 \\ 12 & 13 & -7 \end{pmatrix}$

$$\begin{aligned}2(2A-3B)+3B&=4A-6B+3B\\&=4A-3B\\&=4\begin{pmatrix} 2 & 4 & 0 \\ 6 & 7 & -1 \end{pmatrix}-3\begin{pmatrix} 1 & 3 & -2 \\ 4 & 5 & 1 \end{pmatrix}\\&=\begin{pmatrix} 5 & 7 & 6 \\ 12 & 13 & -7 \end{pmatrix}\end{aligned}$$

1326

답 -2

$\begin{pmatrix} x & 4 \\ 2 & y \end{pmatrix}+\begin{pmatrix} -1 & z \\ -3 & -2 \end{pmatrix}=\begin{pmatrix} y & 1 \\ x & z \end{pmatrix}+\begin{pmatrix} 4 & x \\ y & -4 \end{pmatrix}$이므로

$\begin{pmatrix} x-1 & z+4 \\ -1 & y-2 \end{pmatrix}=\begin{pmatrix} y+4 & x+1 \\ x+y & z-4 \end{pmatrix}$

두 행렬이 서로 같을 조건에 의하여

$x-1=y+4$이므로 $x-y=5$ ...... ㉠

$z+4=x+1$이므로 $x-z=3$ ...... ㉡

$x+y=-1$ ...... ㉢

$y-2=z-4$이므로 $y-z=-2$ ...... ㉣

㉠, ㉢을 연립하여 풀면 $x=2$, $y=-3$

$x=2$를 ㉡에 대입하면 $2-z=3$ → 또는 $y=-3$을 ㉣에 대입하면 $-3-z=-2$ $\therefore z=-1$

$\therefore z=-1$

$\therefore x+y+z=2+(-3)+(-1)=-2$

1327

답 $\begin{pmatrix} 0 & 3 \\ 0 & 3 \end{pmatrix}$

$X+Y=\begin{pmatrix} 2 & 3 \\ 4 & 5 \end{pmatrix}$ ...... ㉠

$X-2Y=\begin{pmatrix} -1 & 3 \\ -2 & 2 \end{pmatrix}$ ...... ㉡

㉠$\times 2+$㉡을 하면

$3X=2\begin{pmatrix} 2 & 3 \\ 4 & 5 \end{pmatrix}+\begin{pmatrix} -1 & 3 \\ -2 & 2 \end{pmatrix}=\begin{pmatrix} 3 & 9 \\ 6 & 12 \end{pmatrix}$

$\therefore X=\frac{1}{3}\begin{pmatrix} 3 & 9 \\ 6 & 12 \end{pmatrix}=\begin{pmatrix} 1 & 3 \\ 2 & 4 \end{pmatrix}$ ...... ㉢

㉢을 ㉠에 대입하면 $\begin{pmatrix} 1 & 3 \\ 2 & 4 \end{pmatrix}+Y=\begin{pmatrix} 2 & 3 \\ 4 & 5 \end{pmatrix}$

$\therefore Y=\begin{pmatrix} 2 & 3 \\ 4 & 5 \end{pmatrix}-\begin{pmatrix} 1 & 3 \\ 2 & 4 \end{pmatrix}=\begin{pmatrix} 1 & 0 \\ 2 & 1 \end{pmatrix}$

$\therefore X-Y=\begin{pmatrix} 1 & 3 \\ 2 & 4 \end{pmatrix}-\begin{pmatrix} 1 & 0 \\ 2 & 1 \end{pmatrix}=\begin{pmatrix} 0 & 3 \\ 0 & 3 \end{pmatrix}$

다른 풀이

㉠$-$㉡을 하면

$3Y=\begin{pmatrix} 2 & 3 \\ 4 & 5 \end{pmatrix}-\begin{pmatrix} -1 & 3 \\ -2 & 2 \end{pmatrix}=\begin{pmatrix} 3 & 0 \\ 6 & 3 \end{pmatrix}$

$\therefore Y=\frac{1}{3}\begin{pmatrix} 3 & 0 \\ 6 & 3 \end{pmatrix}=\begin{pmatrix} 1 & 0 \\ 2 & 1 \end{pmatrix}$ ...... ㉣

㉡$+$㉣을 하면

$X-Y=\begin{pmatrix} -1 & 3 \\ -2 & 2 \end{pmatrix}+\begin{pmatrix} 1 & 0 \\ 2 & 1 \end{pmatrix}=\begin{pmatrix} 0 & 3 \\ 0 & 3 \end{pmatrix}$

1328

답 5

$X+Y=A$이므로 $X+Y=\begin{pmatrix} -1 & 2 \\ 5 & 1 \end{pmatrix}$ ...... ㉠

$X-Y=B$이므로 $X-Y=\begin{pmatrix} 5 & 4 \\ -3 & 3 \end{pmatrix}$ ...... ㉡

㉠$+$㉡을 하면

$2X=\begin{pmatrix} -1 & 2 \\ 5 & 1 \end{pmatrix}+\begin{pmatrix} 5 & 4 \\ -3 & 3 \end{pmatrix}=\begin{pmatrix} 4 & 6 \\ 2 & 4 \end{pmatrix}$

$\therefore X=\frac{1}{2}\begin{pmatrix} 4 & 6 \\ 2 & 4 \end{pmatrix}=\begin{pmatrix} 2 & 3 \\ 1 & 2 \end{pmatrix}$ ...... ㉢

㉢을 ㉠에 대입하면

$\begin{pmatrix} 2 & 3 \\ 1 & 2 \end{pmatrix}+Y=\begin{pmatrix} -1 & 2 \\ 5 & 1 \end{pmatrix}$

$\therefore Y=\begin{pmatrix} -1 & 2 \\ 5 & 1 \end{pmatrix}-\begin{pmatrix} 2 & 3 \\ 1 & 2 \end{pmatrix}=\begin{pmatrix} -3 & -1 \\ 4 & -1 \end{pmatrix}$

...... ❶

$\therefore 3X+Y=3\begin{pmatrix} 2 & 3 \\ 1 & 2 \end{pmatrix}+\begin{pmatrix} -3 & -1 \\ 4 & -1 \end{pmatrix}=\begin{pmatrix} 3 & 8 \\ 7 & 5 \end{pmatrix}$

...... ❷

따라서 행렬 $3X+Y$의 가장 큰 성분은 8, 가장 작은 성분은 3이므로 가장 큰 성분과 가장 작은 성분의 차는

$8-3=5$

...... ❸

채점 기준	배점
❶ 행렬 X, Y 구하기	50%
❷ 행렬 $3X+Y$ 구하기	30%
❸ 행렬 $3X+Y$의 가장 큰 성분과 가장 작은 성분의 차 구하기	20%

유형 05 행렬의 덧셈, 뺄셈과 실수배 (2)

1329

답 -6

$x\begin{pmatrix} -1 & 2 \\ 0 & 1 \end{pmatrix}+y\begin{pmatrix} 2 & -1 \\ 3 & 2 \end{pmatrix}=\begin{pmatrix} -8 & 7 \\ -9 & -4 \end{pmatrix}$이므로

$\begin{pmatrix} -x+2y & 2x-y \\ 3y & x+2y \end{pmatrix}=\begin{pmatrix} -8 & 7 \\ -9 & -4 \end{pmatrix}$

두 행렬이 서로 같을 조건에 의하여

$-x+2y=-8$, $2x-y=7$, $3y=-9$, $x+2y=-4$

위의 식을 연립하여 풀면 $x=2$, $y=-3$

$\therefore xy=2\times(-3)=-6$

1330

답 ④

$x\begin{pmatrix} 3 \\ -1 \\ -4 \end{pmatrix}+y\begin{pmatrix} 2 \\ 4 \\ -3 \end{pmatrix}=\begin{pmatrix} 2 \\ k \\ -2 \end{pmatrix}$이므로

$\begin{pmatrix} 3x+2y \\ -x+4y \\ -4x-3y \end{pmatrix}=\begin{pmatrix} 2 \\ k \\ -2 \end{pmatrix}$

두 행렬이 서로 같을 조건에 의하여

$3x+2y=2$ ...... ㉠

$-x+4y=k$ ...... ㉡

$-4x-3y=-2$ ...... ㉢

㉠, ㉢을 연립하여 풀면 $x=2$, $y=-2$

$x=2$, $y=-2$를 ㉡에 대입하면

$k=-2+4\times(-2)=-10$

1331

답 2

$2A+3B=C$에서

$2\begin{pmatrix} a & 1 \\ -4 & 2b \end{pmatrix}+3\begin{pmatrix} -1 & 2 \\ b & -3a \end{pmatrix}=\begin{pmatrix} 1 & 8 \\ 7 & x \end{pmatrix}$이므로

$\begin{pmatrix} 2a-3 & 8 \\ -8+3b & 4b-9a \end{pmatrix}=\begin{pmatrix} 1 & 8 \\ 7 & x \end{pmatrix}$

두 행렬이 서로 같을 조건에 의하여

$2a-3=1$이므로 $2a=4$ $\therefore a=2$

$-8+3b=7$이므로 $3b=15$ $\therefore b=5$

$\therefore x=4b-9a=4\times5-9\times2=2$

1332

답 13

$xA+yB=C$에서

$x\begin{pmatrix} 2 & 0 \\ 1 & -2 \end{pmatrix}+y\begin{pmatrix} -1 & 0 \\ 4 & 2 \end{pmatrix}=\begin{pmatrix} 4 & 0 \\ 11 & -2 \end{pmatrix}$이므로

$\begin{pmatrix} 2x-y & 0 \\ x+4y & -2x+2y \end{pmatrix}=\begin{pmatrix} 4 & 0 \\ 11 & -2 \end{pmatrix}$

두 행렬이 서로 같을 조건에 의하여

$2x-y=4$, $x+4y=11$, $-2x+2y=-2$

위의 식을 연립하여 풀면 $x=3$, $y=2$

$\therefore x^2+y^2=3^2+2^2=13$

1333

답 -1

$xA+yB=C$에서

$x\begin{pmatrix} 1 & a \\ 3 & b \end{pmatrix}+y\begin{pmatrix} 2 & b \\ -1 & a \end{pmatrix}=\begin{pmatrix} -6 & -10 \\ 10 & 8 \end{pmatrix}$이므로

$\begin{pmatrix} x+2y & ax+by \\ 3x-y & bx+ay \end{pmatrix}=\begin{pmatrix} -6 & -10 \\ 10 & 8 \end{pmatrix}$

두 행렬이 서로 같을 조건에 의하여

$x+2y=-6$ ...... ㉠

$ax+by=-10$ ...... ㉡

$3x-y=10$ ...... ㉢

$bx+ay=8$ ...... ㉣

㉠, ㉢을 연립하여 풀면 $x=2$, $y=-4$

$x=2$, $y=-4$를 ㉡, ㉣에 각각 대입하면

$2a-4b=-10$, $-4a+2b=8$

위의 두 식을 연립하여 풀면 $a=-1$, $b=2$

$\therefore x+y+a+b=2+(-4)+(-1)+2=-1$

유형 06 행렬의 곱셈

확인 문제 (1) (0) (2) $\begin{pmatrix} 6 & -3 \\ 2 & -1 \end{pmatrix}$ (3) $(8 \quad -2)$ (4) $\begin{pmatrix} 8 \\ 5 \end{pmatrix}$ (5) $\begin{pmatrix} 1 & 5 \\ 2 & -4 \end{pmatrix}$

(1) $(2 \quad 3)\begin{pmatrix} -3 \\ 2 \end{pmatrix}=(0)$

(2) $\begin{pmatrix} 3 \\ 1 \end{pmatrix}(2 \quad -1)=\begin{pmatrix} 6 & -3 \\ 2 & -1 \end{pmatrix}$

(3) $(5 \quad -1)\begin{pmatrix} 1 & 0 \\ -3 & 2 \end{pmatrix}=(8 \quad -2)$

(4) $\begin{pmatrix} 4 & -4 \\ 1 & 2 \end{pmatrix}\begin{pmatrix} 3 \\ 1 \end{pmatrix}=\begin{pmatrix} 8 \\ 5 \end{pmatrix}$

(5) $\begin{pmatrix} 1 & 3 \\ 2 & -1 \end{pmatrix}\begin{pmatrix} 1 & -1 \\ 0 & 2 \end{pmatrix}=\begin{pmatrix} 1 & 5 \\ 2 & -4 \end{pmatrix}$

1334

답 3

$\begin{pmatrix} 1 & a \\ 0 & -3 \end{pmatrix}\begin{pmatrix} 3 & 2 \\ b & 3 \end{pmatrix}=\begin{pmatrix} 1 & 8 \\ x & -9 \end{pmatrix}$이므로

$\begin{pmatrix} 3+ab & 2+3a \\ -3b & -9 \end{pmatrix}=\begin{pmatrix} 1 & 8 \\ x & -9 \end{pmatrix}$

두 행렬이 서로 같을 조건에 의하여

$3+ab=1$이므로 $ab=-2$ ...... ㉠

$2+3a=8$이므로 $3a=6$ $\therefore a=2$

$-3b=x$ ...... ㉡

$a=2$를 ㉠에 대입하면 $2b=-2$ $\therefore b=-1$

$b=-1$을 ㉡에 대입하면 $x=-3\times(-1)=3$

1335

답 ㄴ, ㄹ, ㅁ

A: 2×1 행렬, B: 2×2 행렬, C: 3×2 행렬

ㄱ. A의 열의 개수와 B의 행의 개수가 서로 다르므로 두 행렬의 곱 AB는 불가능하다.

ㄴ. B의 열의 개수와 A의 행의 개수가 2로 같으므로 BA는 2×1 행렬이 된다.

ㄷ. B의 열의 개수와 C의 행의 개수가 서로 다르므로 두 행렬의 곱 BC는 불가능하다.

ㄹ. C의 열의 개수와 B의 행의 개수가 2로 같으므로 CB는 3×2 행렬이 된다.

ㅁ. C의 열의 개수와 A의 행의 개수가 2로 같으므로 CA는 3×1 행렬이 된다.

따라서 곱셈이 가능한 것은 ㄴ, ㄹ, ㅁ이다.

1336

답 -4

$AB=O$에서

$\begin{pmatrix} 3 & 6 \\ 1 & x \end{pmatrix}\begin{pmatrix} y & 6 \\ 1 & -3 \end{pmatrix}=\begin{pmatrix} 0 & 0 \\ 0 & 0 \end{pmatrix}$이므로

$$\begin{pmatrix} 3y+6 & 0 \\ x+y & 6-3x \end{pmatrix}=\begin{pmatrix} 0 & 0 \\ 0 & 0 \end{pmatrix}$$

두 행렬이 서로 같을 조건에 의하여

$3y+6=0$, $x+y=0$, $6-3x=0$

위의 식을 연립하여 풀면 $x=2$, $y=-2$

$\therefore xy=2\times(-2)=-4$

1337

답 13

$a_{ij}=i\quad j+1$에서

$a_{11}=1-1+1=1$, $a_{12}=1-2+1=0$,

$a_{21}=2-1+1=2$, $a_{22}=2-2+1=1$

이므로 $A=\begin{pmatrix} 1 & 0 \\ 2 & 1 \end{pmatrix}$

$b_{ij}=i+j+1$에서

$b_{11}=1+1+1=3$, $b_{12}=1+2+1=4$,

$b_{21}=2+1+1=4$, $b_{22}=2+2+1=5$

이므로 $B=\begin{pmatrix} 3 & 4 \\ 4 & 5 \end{pmatrix}$

$\therefore AB=\begin{pmatrix} 1 & 0 \\ 2 & 1 \end{pmatrix}\begin{pmatrix} 3 & 4 \\ 4 & 5 \end{pmatrix}=\begin{pmatrix} 3 & 4 \\ 10 & 13 \end{pmatrix}$

따라서 행렬 AB의 $(2,\ 2)$ 성분은 13이다.

1338

답 5

$\begin{pmatrix} \alpha & \beta \\ \beta & \alpha \end{pmatrix}\begin{pmatrix} \alpha & \beta \\ \beta & \alpha \end{pmatrix}=\begin{pmatrix} 5 & 4 \\ 4 & 5 \end{pmatrix}$이므로

$$\begin{pmatrix} \alpha^2+\beta^2 & 2\alpha\beta \\ 2\alpha\beta & \alpha^2+\beta^2 \end{pmatrix}=\begin{pmatrix} 5 & 4 \\ 4 & 5 \end{pmatrix}$$

두 행렬이 서로 같을 조건에 의하여

$\alpha^2+\beta^2=5$, $\alpha\beta=2$ …… ㉠

…… ❶

$x^2-ax+b=0$의 두 실근이 α, β이므로

이차방정식의 근과 계수의 관계에 의하여

$\alpha+\beta=a$, $\alpha\beta=b=2$

이때

$a^2=(\alpha+\beta)^2=\alpha^2+\beta^2+2\alpha\beta$

$=5+2\times2$ ($\because$ ㉠)

$=9$

이므로 $a=3$ ($\because a>0$)

…… ❷

$\therefore a+b=3+2=5$

…… ❸

채점 기준	배점
❶ 두 행렬이 서로 같을 조건을 이용하여 $\alpha^2+\beta^2=5$, $\alpha\beta=2$임을 보이기	30%
❷ a, b의 값 구하기	50%
❸ $a+b$의 값 구하기	20%

유형 07 행렬의 거듭제곱

1339

답 122

$A^2=AA=\begin{pmatrix} 1 & 0 \\ 3 & 1 \end{pmatrix}\begin{pmatrix} 1 & 0 \\ 3 & 1 \end{pmatrix}=\begin{pmatrix} 1 & 0 \\ 6 & 1 \end{pmatrix}$

$A^3=A^2A=\begin{pmatrix} 1 & 0 \\ 6 & 1 \end{pmatrix}\begin{pmatrix} 1 & 0 \\ 3 & 1 \end{pmatrix}=\begin{pmatrix} 1 & 0 \\ 9 & 1 \end{pmatrix}$

$A^4=A^3A=\begin{pmatrix} 1 & 0 \\ 9 & 1 \end{pmatrix}\begin{pmatrix} 1 & 0 \\ 3 & 1 \end{pmatrix}=\begin{pmatrix} 1 & 0 \\ 12 & 1 \end{pmatrix}$

⋮

$\therefore A^n=\begin{pmatrix} 1 & 0 \\ 3n & 1 \end{pmatrix}$

따라서 $A^{40}=\begin{pmatrix} 1 & 0 \\ 120 & 1 \end{pmatrix}=\begin{pmatrix} a & b \\ c & d \end{pmatrix}$이므로

$a+b+c+d=1+0+120+1=122$

참고

자연수 n에 대하여 A^n을 구할 때, 다음과 같은 특수한 행렬의 A^n을 알아두면 편리하게 구할 수 있다.

(1) $A=\begin{pmatrix} 1 & a \\ 0 & 1 \end{pmatrix}$일 때, $A^n=\begin{pmatrix} 1 & an \\ 0 & 1 \end{pmatrix}$

(2) $A=\begin{pmatrix} 1 & 0 \\ a & 1 \end{pmatrix}$일 때, $A^n=\begin{pmatrix} 1 & 0 \\ an & 1 \end{pmatrix}$

(3) $A=\begin{pmatrix} a & 0 \\ 0 & b \end{pmatrix}$일 때, $A^n=\begin{pmatrix} a^n & 0 \\ 0 & b^n \end{pmatrix}$

1340

답 ⑤

$A^2=AA=\begin{pmatrix} 1 & 0 \\ 0 & 3 \end{pmatrix}\begin{pmatrix} 1 & 0 \\ 0 & 3 \end{pmatrix}=\begin{pmatrix} 1 & 0 \\ 0 & 3^2 \end{pmatrix}$

$A^3=A^2A=\begin{pmatrix} 1 & 0 \\ 0 & 3^2 \end{pmatrix}\begin{pmatrix} 1 & 0 \\ 0 & 3 \end{pmatrix}=\begin{pmatrix} 1 & 0 \\ 0 & 3^3 \end{pmatrix}$

$A^4=A^3A=\begin{pmatrix} 1 & 0 \\ 0 & 3^3 \end{pmatrix}\begin{pmatrix} 1 & 0 \\ 0 & 3 \end{pmatrix}=\begin{pmatrix} 1 & 0 \\ 0 & 3^4 \end{pmatrix}$

⋮

$\therefore A^n=\begin{pmatrix} 1 & 0 \\ 0 & 3^n \end{pmatrix}$

따라서 $A^{55}=\begin{pmatrix} 1 & 0 \\ 0 & 3^{55} \end{pmatrix}$이므로 행렬 A^{55}의 $(2,\ 2)$ 성분은 3^{55}이다.

1341

답 16

$A^2=\begin{pmatrix} 1 & -2 \\ 0 & 1 \end{pmatrix}\begin{pmatrix} 1 & -2 \\ 0 & 1 \end{pmatrix}=\begin{pmatrix} 1 & -4 \\ 0 & 1 \end{pmatrix}$

$A^3=A^2A=\begin{pmatrix} 1 & -4 \\ 0 & 1 \end{pmatrix}\begin{pmatrix} 1 & -2 \\ 0 & 1 \end{pmatrix}=\begin{pmatrix} 1 & -6 \\ 0 & 1 \end{pmatrix}$

$A^4=A^3A=\begin{pmatrix} 1 & -6 \\ 0 & 1 \end{pmatrix}\begin{pmatrix} 1 & -2 \\ 0 & 1 \end{pmatrix}=\begin{pmatrix} 1 & -8 \\ 0 & 1 \end{pmatrix}$

⋮

$\therefore A^n=\begin{pmatrix} 1 & -2n \\ 0 & 1 \end{pmatrix}$

따라서 $A^n=\begin{pmatrix} 1 & -2n \\ 0 & 1 \end{pmatrix}=\begin{pmatrix} 1 & -32 \\ 0 & 1 \end{pmatrix}$이므로

$-2n=-32 \qquad \therefore n=16$

1342

답 ④

$A^2=AA=\begin{pmatrix} 4 & 1 \\ 4 & 1 \end{pmatrix}\begin{pmatrix} 4 & 1 \\ 4 & 1 \end{pmatrix}=\begin{pmatrix} 20 & 5 \\ 20 & 5 \end{pmatrix}=5\begin{pmatrix} 4 & 1 \\ 4 & 1 \end{pmatrix}=5A$

$A^3=A^2A=5AA=5A^2=5(5A)=5^2A$

$A^4=A^3A=5^2AA=5^2(5A)=5^3A$

⋮

$\therefore A^n=5^{n-1}\begin{pmatrix} 4 & 1 \\ 4 & 1 \end{pmatrix}$

따라서 $A^{50}=5^{49}\begin{pmatrix} 4 & 1 \\ 4 & 1 \end{pmatrix}$이므로 행렬 A^{50}의 모든 성분의 합은

$5^{49}(4+1+4+1)=5^{49}\times 10=2\times 5^{50}$

유형 08 행렬의 곱셈과 실생활 활용

1343

답 ④

$AB=\begin{pmatrix} 900 & 600 \\ 1000 & 800 \end{pmatrix}\begin{pmatrix} 2 & 3 \\ 5 & 4 \end{pmatrix}$

$=\begin{pmatrix} 900\times 2+600\times 5 & 900\times 3+600\times 4 \\ 1000\times 2+800\times 5 & 1000\times 3+800\times 4 \end{pmatrix}$

행렬 AB의 (2, 2) 성분은 1000원짜리 과자 3개와 800원짜리 음료수 4개의 가격의 합이므로 편의점에서의 수영이의 지불 금액을 나타낸다.

1344

답 ③

$YX=\begin{pmatrix} 40000 & 25000 \\ 50000 & 30000 \end{pmatrix}\begin{pmatrix} 3 & 4 \\ 1 & 2 \end{pmatrix}$

$=\begin{pmatrix} 40000\times 3+25000\times 1 & 40000\times 4+25000\times 2 \\ 50000\times 3+30000\times 1 & 50000\times 4+30000\times 2 \end{pmatrix}$

명진이네 모임이 A 세트를 먹었을 때의 지불 금액을 나타내면

$40000\times 4+25000\times 2$

이는 행렬 YX의 (1, 2) 성분이다.

1345

답 ④

각 세트에 구성된 과자와 사탕의 개수를 행렬로 나타내면 $\begin{pmatrix} 5 & 1 \\ 2 & 4 \end{pmatrix}$

이고 각 세트의 개수가 10, 15이므로

전체 과자와 사탕의 개수는

$(10 \quad 15)\begin{pmatrix} 5 & 1 \\ 2 & 4 \end{pmatrix}=(10\times 5+15\times 2 \quad 10\times 1+15\times 4)$

이때 한 봉 당 과자가 500원, 사탕이 800원이므로

필요한 금액을 세 행렬의 곱으로 나타내면

$(10 \quad 15)\begin{pmatrix} 5 & 1 \\ 2 & 4 \end{pmatrix}\begin{pmatrix} 500 \\ 800 \end{pmatrix}$

유형 09 행렬의 곱셈에 대한 성질 (1)

1346

답 10

$AC+CA+BC+CB=AC+BC+CA+CB$

$=(A+B)C+C(A+B) \quad \cdots\cdots ㉠$

이때 $A+B=\begin{pmatrix} 3 & -5 \\ 1 & 4 \end{pmatrix}+\begin{pmatrix} -2 & 5 \\ -1 & -3 \end{pmatrix}=\begin{pmatrix} 1 & 0 \\ 0 & 1 \end{pmatrix}=E$이므로

㉠에서

$AC+CA+BC+CB=(A+B)C+C(A+B)$

$=EC+CE=C+C=2C$

$=2\begin{pmatrix} -1 & 3 \\ 2 & 1 \end{pmatrix}=\begin{pmatrix} -2 & 6 \\ 4 & 2 \end{pmatrix}$

따라서 $AC+CA+BC+CB$의 모든 성분의 합은

$-2+6+4+2=10$

1347

답 126

$AB^2C=(AB)(BC)$

$=\begin{pmatrix} 2 & 3 \\ -1 & 5 \end{pmatrix}\begin{pmatrix} -2 & 3 \\ 1 & 0 \end{pmatrix}=\begin{pmatrix} -1 & 6 \\ 7 & -3 \end{pmatrix}$

따라서 AB^2C의 모든 성분의 곱은

$-1\times 6\times 7\times(-3)=126$

1348

답 $\begin{pmatrix} 3 & 3 \\ 9 & 0 \end{pmatrix}$

$4AB-A(B-3C)=4AB-AB+3AC$

$=3AB+3AC$

$=3A(B+C) \quad \cdots\cdots ㉠$

이때 $B+C=\begin{pmatrix} 4 & 1 \\ 5 & 0 \end{pmatrix}+\begin{pmatrix} -3 & 0 \\ -6 & 2 \end{pmatrix}=\begin{pmatrix} 1 & 1 \\ -1 & 2 \end{pmatrix}$이므로

㉠에서

$4AB-A(B-3C)=3A(B+C)$

$=3\begin{pmatrix} 1 & 0 \\ 2 & -1 \end{pmatrix}\begin{pmatrix} 1 & 1 \\ -1 & 2 \end{pmatrix}$

$=3\begin{pmatrix} 1 & 1 \\ 3 & 0 \end{pmatrix}=\begin{pmatrix} 3 & 3 \\ 9 & 0 \end{pmatrix}$

1349

답 ④

$A+B=\begin{pmatrix} 2 & -3 \\ 0 & 1 \end{pmatrix}$ ...... ㉠

$A-B=\begin{pmatrix} 4 & 1 \\ 0 & 3 \end{pmatrix}$ ...... ㉡

㉠+㉡을 하면

$2A=\begin{pmatrix} 2 & -3 \\ 0 & 1 \end{pmatrix}+\begin{pmatrix} 4 & 1 \\ 0 & 3 \end{pmatrix}=\begin{pmatrix} 6 & -2 \\ 0 & 4 \end{pmatrix}$

$\therefore A=\begin{pmatrix} 3 & -1 \\ 0 & 2 \end{pmatrix}$

$\therefore A^2-AB=A(A-B)$

$=\begin{pmatrix} 3 & -1 \\ 0 & 2 \end{pmatrix}\begin{pmatrix} 4 & 1 \\ 0 & 3 \end{pmatrix}=\begin{pmatrix} 12 & 0 \\ 0 & 6 \end{pmatrix}$

따라서 A^2-AB의 (1, 1) 성분은 12이고, (2, 2) 성분은 6이므로 그 합은 $12+6=18$

1350

답 8

$A^2+3AB-BA-3B^2=A(A+3B)-B(A+3B)$

$=(A-B)(A+3B)$ ...... ㉠

이때

$A-B=\begin{pmatrix} 1 & 1 \\ 0 & -2 \end{pmatrix}-\begin{pmatrix} 0 & 1 \\ -1 & 0 \end{pmatrix}=\begin{pmatrix} 1 & 0 \\ 1 & -2 \end{pmatrix}$,

$A+3B=\begin{pmatrix} 1 & 1 \\ 0 & -2 \end{pmatrix}+3\begin{pmatrix} 0 & 1 \\ -1 & 0 \end{pmatrix}=\begin{pmatrix} 1 & 4 \\ -3 & -2 \end{pmatrix}$

이므로 ㉠에서

$A^2+3AB-BA-3B^2$

$=(A-B)(A+3B)$

$=\begin{pmatrix} 1 & 0 \\ 1 & -2 \end{pmatrix}\begin{pmatrix} 1 & 4 \\ -3 & -2 \end{pmatrix}=\begin{pmatrix} 1 & 4 \\ 7 & 8 \end{pmatrix}$

따라서 $A^2+3AB-BA-3B^2$의 가장 큰 성분은 8이다.

유형 10 행렬의 곱셈에 대한 성질 (2)

1351

답 10

$(A-B)^2=A^2-AB-BA+B^2$이므로

$A^2+B^2=(A-B)^2+(AB+BA)$

$=\begin{pmatrix} 0 & 1 \\ -1 & -3 \end{pmatrix}\begin{pmatrix} 0 & 1 \\ -1 & -3 \end{pmatrix}+3\begin{pmatrix} -2 & 1 \\ 2 & 0 \end{pmatrix}$

$=\begin{pmatrix} -1 & -3 \\ 3 & 8 \end{pmatrix}+\begin{pmatrix} -6 & 3 \\ 6 & 0 \end{pmatrix}=\begin{pmatrix} -7 & 0 \\ 9 & 8 \end{pmatrix}$

따라서 $a=-7$, $b=0$, $c=9$, $d=8$이므로

$a+b+c+d=-7+0+9+8=10$

1352

답 8

$(A+B)(A-B)=A^2-AB+BA-B^2$

$=(A^2-B^2)-(AB-BA)$

$=\begin{pmatrix} 7 & 4 \\ 6 & 7 \end{pmatrix}-\begin{pmatrix} -5 & 0 \\ 0 & 5 \end{pmatrix}=\begin{pmatrix} 12 & 4 \\ 6 & 2 \end{pmatrix}$

따라서 행렬 $(A+B)(A-B)$의 제2열의 모든 성분의 곱은

$4\times2=8$

1353

답 ⑤

$(A+B)^2=A^2+AB+BA+B^2$ ...... ㉠

$(A-B)^2=A^2-AB-BA+B^2$ ...... ㉡

㉠+㉡을 하면

$(A+B)^2+(A-B)^2=2(A^2+B^2)$

$\therefore (A+B)^2=2(A^2+B^2)-(A-B)^2$

$=2\begin{pmatrix} 1 & 2 \\ 0 & 4 \end{pmatrix}-\begin{pmatrix} 3 & 0 \\ -1 & 2 \end{pmatrix}=\begin{pmatrix} -1 & 4 \\ 1 & 6 \end{pmatrix}$

따라서 행렬 $(A+B)^2$의 (2, 2) 성분은 6이다.

다른 풀이

$(A-B)^2=A^2-AB-BA+B^2$이므로

$AB+BA=(A^2+B^2)-(A-B)^2$

$=\begin{pmatrix} 1 & 2 \\ 0 & 4 \end{pmatrix}-\begin{pmatrix} 3 & 0 \\ -1 & 2 \end{pmatrix}=\begin{pmatrix} -2 & 2 \\ 1 & 2 \end{pmatrix}$

$\therefore (A+B)^2=A^2+AB+BA+B^2$

$=(A^2+B^2)+(AB+BA)$

$=\begin{pmatrix} 1 & 2 \\ 0 & 4 \end{pmatrix}+\begin{pmatrix} -2 & 2 \\ 1 & 2 \end{pmatrix}=\begin{pmatrix} -1 & 4 \\ 1 & 6 \end{pmatrix}$

따라서 행렬 $(A+B)^2$의 (2, 2) 성분은 6이다.

1354

답 52

$(A+B)^2=(A^2+B^2)+(AB+BA)$

$=\begin{pmatrix} 5 & 0 \\ \frac{3}{2} & 1 \end{pmatrix}+\begin{pmatrix} -4 & 0 \\ -\frac{1}{2} & 0 \end{pmatrix}=\begin{pmatrix} 1 & 0 \\ 1 & 1 \end{pmatrix}$

$(A+B)^4=(A+B)^2(A+B)^2=\begin{pmatrix} 1 & 0 \\ 1 & 1 \end{pmatrix}\begin{pmatrix} 1 & 0 \\ 1 & 1 \end{pmatrix}=\begin{pmatrix} 1 & 0 \\ 2 & 1 \end{pmatrix}$

$(A+B)^6=(A+B)^4(A+B)^2=\begin{pmatrix} 1 & 0 \\ 2 & 1 \end{pmatrix}\begin{pmatrix} 1 & 0 \\ 1 & 1 \end{pmatrix}=\begin{pmatrix} 1 & 0 \\ 3 & 1 \end{pmatrix}$

$\vdots$

$\therefore \{(A+B)^2\}^n=\begin{pmatrix} 1 & 0 \\ n & 1 \end{pmatrix}$

$\therefore (A+B)^{100}=\{(A+B)^2\}^{50}=\begin{pmatrix} 1 & 0 \\ 50 & 1 \end{pmatrix}$

따라서 행렬 $(A+B)^{100}$의 모든 성분의 합은

$1+0+50+1=52$

유형 11 행렬의 곱셈에 대한 성질 (3) - $AB=BA$가 성립하는 경우

1355

답 6

$(A+B)^2=A^2+AB+BA+B^2$이고
주어진 조건에서 $(A+B)^2=A^2+2AB+B^2$이므로
$A^2+AB+BA+B^2=A^2+2AB+B^2$
$AB+BA=2AB \quad \therefore AB=BA$
즉, $\begin{pmatrix} 2 & x \\ 3 & -1 \end{pmatrix}\begin{pmatrix} 1 & 2 \\ -3 & y \end{pmatrix}=\begin{pmatrix} 1 & 2 \\ -3 & y \end{pmatrix}\begin{pmatrix} 2 & x \\ 3 & -1 \end{pmatrix}$이므로
$\begin{pmatrix} 2-3x & 4+xy \\ 6 & 6-y \end{pmatrix}=\begin{pmatrix} 8 & x-2 \\ -6+3y & -3x-y \end{pmatrix}$
두 행렬이 서로 같을 조건에 의하여
$2-3x=8$이므로 $-3x=6 \quad \therefore x=-2$
$6=-6+3y$이므로 $3y=12 \quad \therefore y=4$
$\therefore y-x=4-(-2)=6$

1356

답 0

$(A+B)(A-B)=A^2-AB+BA-B^2$이고
주어진 조건에서 $(A+B)(A-B)=A^2-B^2$이므로
$A^2-AB+BA-B^2=A^2-B^2$
$-AB+BA=O \quad \therefore AB=BA$
……… ❶
즉, $\begin{pmatrix} 1 & -2 \\ 3 & -1 \end{pmatrix}\begin{pmatrix} 1 & 2 \\ x & y \end{pmatrix}=\begin{pmatrix} 1 & 2 \\ x & y \end{pmatrix}\begin{pmatrix} 1 & -2 \\ 3 & -1 \end{pmatrix}$이므로
$\begin{pmatrix} 1-2x & 2-2y \\ 3-x & 6-y \end{pmatrix}=\begin{pmatrix} 7 & -4 \\ x+3y & -2x-y \end{pmatrix}$
두 행렬이 서로 같을 조건에 의하여
$1-2x=7$이므로 $-2x=6 \quad \therefore x=-3$
$2-2y=-4$이므로 $-2y=-6 \quad \therefore y=3$
……… ❷
$\therefore x+y=-3+3=0$
……… ❸

채점 기준	배점
❶ $AB=BA$임을 보이기	30%
❷ x, y의 값 구하기	60%
❸ $x+y$의 값 구하기	10%

1357

답 56

$(A-3B)^2=A^2-3AB-3BA+9B^2$이고
주어진 조건에서 $(A-3B)^2=A^2-6AB+9B^2$이므로
$A^2-3AB-3BA+9B^2=A^2-6AB+9B^2$
$-3AB-3BA=-6AB \quad \therefore AB=BA$
즉, $\begin{pmatrix} x & 2x \\ y & 5 \end{pmatrix}\begin{pmatrix} 2x & 2y \\ 3y & 1 \end{pmatrix}=\begin{pmatrix} 2x & 2y \\ 3y & 1 \end{pmatrix}\begin{pmatrix} x & 2x \\ y & 5 \end{pmatrix}$이므로
$\begin{pmatrix} 2x^2+6xy & 2xy+2x \\ 2xy+15y & 2y^2+5 \end{pmatrix}=\begin{pmatrix} 2x^2+2y^2 & 4x^2+10y \\ 3xy+y & 6xy+5 \end{pmatrix}$
두 행렬이 서로 같을 조건에 의하여
$2x^2+6xy=2x^2+2y^2$이므로 $6xy=2y^2 \quad \therefore 3x=y \ (\because y\neq 0)$
$2xy+15y=3xy+y$이므로
$xy=14y \quad \therefore x=14 \ (\because y\neq 0),\ y=42$
$\therefore x+y=14+42=56$

유형 12 행렬의 변형과 곱셈

1358

답 -1

실수 a, b에 대하여 $a\begin{pmatrix} 1 \\ 2 \end{pmatrix}+b\begin{pmatrix} 3 \\ -1 \end{pmatrix}=\begin{pmatrix} -3 \\ 8 \end{pmatrix}$로 놓으면
$a+3b=-3$, $2a-b=8$
위의 두 식을 연립하여 풀면 $a=3$, $b=-2$
즉, $\begin{pmatrix} -3 \\ 8 \end{pmatrix}=3\begin{pmatrix} 1 \\ 2 \end{pmatrix}-2\begin{pmatrix} 3 \\ -1 \end{pmatrix}$이므로
양변의 왼쪽에 행렬 A를 곱하면

$$A\begin{pmatrix} -3 \\ 8 \end{pmatrix}=A\left\{3\begin{pmatrix} 1 \\ 2 \end{pmatrix}-2\begin{pmatrix} 3 \\ -1 \end{pmatrix}\right\}=3A\begin{pmatrix} 1 \\ 2 \end{pmatrix}-2A\begin{pmatrix} 3 \\ -1 \end{pmatrix}=3\begin{pmatrix} -3 \\ 2 \end{pmatrix}-2\begin{pmatrix} -2 \\ 1 \end{pmatrix}=\begin{pmatrix} -5 \\ 4 \end{pmatrix}$$

따라서 $A\begin{pmatrix} -3 \\ 8 \end{pmatrix}$의 모든 성분의 합은 $-5+4=-1$

1359

답 $\begin{pmatrix} -1 \\ 4 \end{pmatrix}$

$A\begin{pmatrix} 2 \\ 1 \end{pmatrix}=AA\begin{pmatrix} 1 \\ 3 \end{pmatrix}=A^2\begin{pmatrix} 1 \\ 3 \end{pmatrix}=\begin{pmatrix} -1 \\ 4 \end{pmatrix}$

1360

답 ②

$\begin{pmatrix} 2a+3c \\ 2b+3d \end{pmatrix}=2\begin{pmatrix} a \\ b \end{pmatrix}+3\begin{pmatrix} c \\ d \end{pmatrix}$이므로
양변의 왼쪽에 행렬 A를 곱하면

$$A\begin{pmatrix} 2a+3c \\ 2b+3d \end{pmatrix}=A\left\{2\begin{pmatrix} a \\ b \end{pmatrix}+3\begin{pmatrix} c \\ d \end{pmatrix}\right\}=2A\begin{pmatrix} a \\ b \end{pmatrix}+3A\begin{pmatrix} c \\ d \end{pmatrix}=2\begin{pmatrix} 3 \\ -2 \end{pmatrix}+3\begin{pmatrix} -1 \\ 3 \end{pmatrix}=\begin{pmatrix} 3 \\ 5 \end{pmatrix}$$

1361

답 ②

$$A\begin{pmatrix} 3 \\ 0 \end{pmatrix}=A\left\{\begin{pmatrix} 1 \\ -3 \end{pmatrix}+\begin{pmatrix} 2 \\ 3 \end{pmatrix}\right\}=A\begin{pmatrix} 1 \\ -3 \end{pmatrix}+A\begin{pmatrix} 2 \\ 3 \end{pmatrix}=\begin{pmatrix} -3 \\ 9 \end{pmatrix}+\begin{pmatrix} 0 \\ 0 \end{pmatrix}=-3\begin{pmatrix} 1 \\ -3 \end{pmatrix}$$

$A^2\begin{pmatrix}3\\0\end{pmatrix}=AA\begin{pmatrix}3\\0\end{pmatrix}=A\left\{-3\begin{pmatrix}1\\-3\end{pmatrix}\right\}$

$=-3A\begin{pmatrix}1\\-3\end{pmatrix}=-3\begin{pmatrix}-3\\9\end{pmatrix}=9\begin{pmatrix}1\\-3\end{pmatrix}$

$A^3\begin{pmatrix}3\\0\end{pmatrix}=AA^2\begin{pmatrix}3\\0\end{pmatrix}=A\left\{9\begin{pmatrix}1\\-3\end{pmatrix}\right\}=9A\begin{pmatrix}1\\-3\end{pmatrix}$

$=9\begin{pmatrix}-3\\9\end{pmatrix}=-27\begin{pmatrix}1\\-3\end{pmatrix}$

$\vdots$

$\therefore A^n\begin{pmatrix}3\\0\end{pmatrix}=(-3)^n\begin{pmatrix}1\\-3\end{pmatrix}$

$\therefore A^{50}\begin{pmatrix}3\\0\end{pmatrix}=(-3)^{50}\begin{pmatrix}1\\-3\end{pmatrix}=3^{50}\begin{pmatrix}1\\-3\end{pmatrix}=\begin{pmatrix}3^{50}\\-3^{51}\end{pmatrix}$

따라서 $a=3^{50}$, $b=-3^{51}$이므로

$ab=3^{50}\times(-3^{51})=-3^{101}$

유형 13 단위행렬을 이용한 행렬의 거듭제곱

1362 답 ⑤

$A^2=AA=\begin{pmatrix}1&-3\\1&-2\end{pmatrix}\begin{pmatrix}1&-3\\1&-2\end{pmatrix}=\begin{pmatrix}-2&3\\-1&1\end{pmatrix}$

$A^3=A^2A=\begin{pmatrix}-2&3\\-1&1\end{pmatrix}\begin{pmatrix}1&-3\\1&-2\end{pmatrix}=\begin{pmatrix}1&0\\0&1\end{pmatrix}=E$

$\therefore A^{80}=(A^3)^{26}A^2=E^{26}A^2=A^2=\begin{pmatrix}-2&3\\-1&1\end{pmatrix}$

따라서 $a=-2$, $b=3$, $c=-1$, $d=1$이므로

$ac+bd=-2\times(-1)+3\times1=5$

1363 답 6

$A^2=AA=\begin{pmatrix}0&-1\\1&1\end{pmatrix}\begin{pmatrix}0&-1\\1&1\end{pmatrix}=\begin{pmatrix}-1&-1\\1&0\end{pmatrix}$

$A^3=A^2A=\begin{pmatrix}-1&-1\\1&0\end{pmatrix}\begin{pmatrix}0&-1\\1&1\end{pmatrix}=\begin{pmatrix}-1&0\\0&-1\end{pmatrix}=-E$

$A^6=(A^3)^2=(-E)^2=E$

따라서 $A^n=E$를 만족시키는 자연수 n의 최솟값은 6이다.

1364 답 −2

$A^2=AA=\begin{pmatrix}2&-5\\1&-2\end{pmatrix}\begin{pmatrix}2&-5\\1&-2\end{pmatrix}=\begin{pmatrix}-1&0\\0&-1\end{pmatrix}=-E$

$\therefore A^4=(-E)^2=E$

…… ❶

$\therefore A^{93}+A^{100}=(A^4)^{23}A+(A^4)^{25}=E^{23}A+E^{25}=A+E$

$=\begin{pmatrix}2&-5\\1&-2\end{pmatrix}+\begin{pmatrix}1&0\\0&1\end{pmatrix}=\begin{pmatrix}3&-5\\1&-1\end{pmatrix}$

…… ❷

따라서 행렬 $A^{93}+A^{100}$의 모든 성분의 합은

$3+(-5)+1+(-1)=-2$

…… ❸

채점 기준	배점
❶ $A^2=-E$, $A^4=E$임을 보이기	30%
❷ $A^{93}+A^{100}$ 구하기	50%
❸ $A^{93}+A^{100}$의 모든 성분의 합 구하기	20%

1365 답 128

$A^2=AA=\begin{pmatrix}-1&3\\-1&-1\end{pmatrix}\begin{pmatrix}-1&3\\-1&-1\end{pmatrix}=\begin{pmatrix}-2&-6\\2&-2\end{pmatrix}$

$A^3=A^2A=\begin{pmatrix}-2&-6\\2&-2\end{pmatrix}\begin{pmatrix}-1&3\\-1&-1\end{pmatrix}=\begin{pmatrix}8&0\\0&8\end{pmatrix}=8E$

$\therefore A^6=(A^3)^2=(8E)^2=64E$

$\therefore A^6\begin{pmatrix}1\\1\end{pmatrix}=64E\begin{pmatrix}1\\1\end{pmatrix}=64\begin{pmatrix}1&0\\0&1\end{pmatrix}\begin{pmatrix}1\\1\end{pmatrix}=\begin{pmatrix}64\\64\end{pmatrix}$

따라서 $a=b=64$이므로

$a+b=64+64=128$

1366 답 ③

$A^2=AA=\begin{pmatrix}1&-1\\3&-2\end{pmatrix}\begin{pmatrix}1&-1\\3&-2\end{pmatrix}=\begin{pmatrix}-2&1\\-3&1\end{pmatrix}$

$A^3=A^2A=\begin{pmatrix}-2&1\\-3&1\end{pmatrix}\begin{pmatrix}1&-1\\3&-2\end{pmatrix}=\begin{pmatrix}1&0\\0&1\end{pmatrix}=E$

이므로 자연수 n에 대하여

$A^{3n-2}=A$, $A^{3n-1}=A^2$, $A^{3n}=E$

$\therefore A+A^2+A^3+\cdots+A^{10}$

$=(A+A^2+E)+(A+A^2+E)+(A+A^2+E)+A$

$=3(A+A^2+E)+A$ …… ㉠

이때

$A+A^2+E=\begin{pmatrix}1&-1\\3&-2\end{pmatrix}+\begin{pmatrix}-2&1\\-3&1\end{pmatrix}+\begin{pmatrix}1&0\\0&1\end{pmatrix}=\begin{pmatrix}0&0\\0&0\end{pmatrix}=O$

이므로 ㉠에서

$A+A^2+A^3+\cdots+A^{10}=3O+A=A$

1367 답 ②

$A^2=AA=\begin{pmatrix}3&7\\-1&-2\end{pmatrix}\begin{pmatrix}3&7\\-1&-2\end{pmatrix}=\begin{pmatrix}2&7\\-1&-3\end{pmatrix}$

$A^3=A^2A=\begin{pmatrix}2&7\\-1&-3\end{pmatrix}\begin{pmatrix}3&7\\-1&-2\end{pmatrix}=\begin{pmatrix}-1&0\\0&-1\end{pmatrix}=-E$

$A^4=A^3A=-EA=-A$

$A^5=A^3A^2=-EA^2=-A^2$

$A^6=(A^3)^2=(-E)^2=E$

$\therefore A+A^2+A^3+A^4+A^5+A^6$

$=A+A^2-E-A-A^2+E=O$

이때 $2011=6\times335+1$이므로

$A+A^2+A^3+\cdots+A^{2010}+A^{2011}$

$=(A+A^2+\cdots+A^6)+A^6(A+A^2+\cdots+A^6)+$

$\cdots+A^{2004}(A+A^2+\cdots+A^6)+A^{2011}$

$=A^{2011}=A=\begin{pmatrix}3&7\\-1&-2\end{pmatrix}$

따라서 구하는 행렬의 모든 성분의 합은

$3+7+(-1)+(-2)=7$

유형 14 단위행렬을 이용한 식의 계산

1368

답 8

$(A-E)(A^2+A+E)=A^3+A^2+A-A^2-A-E^2$
$=A^3-E$ ...... ㉠

이때

$A^2=AA=\begin{pmatrix} 1 & 2 \\ -3 & 0 \end{pmatrix}\begin{pmatrix} 1 & 2 \\ -3 & 0 \end{pmatrix}=\begin{pmatrix} -5 & 2 \\ -3 & -6 \end{pmatrix}$

$A^3=A^2A=\begin{pmatrix} -5 & 2 \\ -3 & -6 \end{pmatrix}\begin{pmatrix} 1 & 2 \\ -3 & 0 \end{pmatrix}=\begin{pmatrix} -11 & -10 \\ 15 & -6 \end{pmatrix}$

이므로 ㉠에서

$(A-E)(A^2+A+E)=A^3-E$
$=\begin{pmatrix} -11 & -10 \\ 15 & -6 \end{pmatrix}-\begin{pmatrix} 1 & 0 \\ 0 & 1 \end{pmatrix}$
$=\begin{pmatrix} -12 & -10 \\ 15 & -7 \end{pmatrix}$

따라서 $(A-E)(A^2+A+E)$의 제2행의 모든 성분의 합은
$15+(-7)=8$

1369

답 4

$(A+2E)(A-E)=A^2+A-2E^2$
$=A^2+A-2E$ ...... ㉠

❶

이때

$A^2=AA=\begin{pmatrix} 1 & 3 \\ 0 & -4 \end{pmatrix}\begin{pmatrix} 1 & 3 \\ 0 & -4 \end{pmatrix}=\begin{pmatrix} 1 & -9 \\ 0 & 16 \end{pmatrix}$

❷

이므로 ㉠에서

$(A+2E)(A-E)=A^2+A-2E$
$=\begin{pmatrix} 1 & -9 \\ 0 & 16 \end{pmatrix}+\begin{pmatrix} 1 & 3 \\ 0 & -4 \end{pmatrix}-\begin{pmatrix} 2 & 0 \\ 0 & 2 \end{pmatrix}$
$=\begin{pmatrix} 0 & -6 \\ 0 & 10 \end{pmatrix}$

❸

따라서 행렬 $(A+2E)(A-E)$의 모든 성분의 합은
$-6+10=4$

❹

채점 기준	배점
❶ $(A+2E)(A-E)=A^2+A-2E$임을 보이기	20%
❷ A^2 구하기	30%
❸ $(A+2E)(A-E)$ 구하기	40%
❹ $(A+2E)(A-E)$의 모든 성분의 합 구하기	10%

1370

답 ③

$(A+E)(A-E)=2E$이므로 $A^2-E^2=2E$

$\therefore A^2=3E$ ...... ㉠

이때

$A^2=AA=\begin{pmatrix} x & 1 \\ -1 & y \end{pmatrix}\begin{pmatrix} x & 1 \\ -1 & y \end{pmatrix}=\begin{pmatrix} x^2-1 & x+y \\ -x-y & -1+y^2 \end{pmatrix}$

이므로 ㉠에서

$\begin{pmatrix} x^2-1 & x+y \\ -x-y & -1+y^2 \end{pmatrix}=\begin{pmatrix} 3 & 0 \\ 0 & 3 \end{pmatrix}$

두 행렬이 서로 같을 조건에 의하여

$x^2-1=3$이므로 $x^2=4$ $\quad\therefore x=\pm 2$

$x+y=0$이므로 $y=-x$

$-1+y^2=3$이므로 $y^2=4$ $\quad\therefore y=\pm 2$

$y=-x$이므로 x와 y의 부호는 서로 다르고 $x-y$가 최대이려면 $x=2$, $y=-2$이어야 한다.

따라서 구하는 $x-y$의 최댓값은 $2-(-2)=4$

유형 15 $A^n \pm B^n$ 구하기

1371

답 ①

$A+B=O$에서 $B=-A$

이를 $AB=E$에 대입하면 $-A^2=E$ $\quad\therefore A^2=-E$

$\therefore A^{50}=(A^2)^{25}=(-E)^{25}=-E$

또한 $A+B=O$에서 $A=-B$

이를 $AB=E$에 대입하면 $-B^2=E$ $\quad\therefore B^2=-E$

$\therefore B^{50}=(B^2)^{25}=(-E)^{25}=-E$

$\therefore A^{50}+B^{50}=-E-E=-2E$

1372

답 E

$A+B=E$의 양변의 오른쪽에 행렬 A를 곱하면

$A^2+BA=A$ $\quad\therefore A^2=A$ ($\because BA=O$)

❶

$A+B=E$의 양변의 왼쪽에 행렬 B를 곱하면

$BA+B^2=B$ $\quad\therefore B^2=B$ ($\because BA=O$)

❷

$\therefore A^4+B^4=(A^2)^2+(B^2)^2$
$=A^2+B^2=A+B=E$

❸

채점 기준	배점
❶ $A^2=A$임을 보이기	35%
❷ $B^2=B$임을 보이기	35%
❸ A^4+B^4을 간단히 하기	30%

1373

답 $\begin{pmatrix} 5 & 15 \\ -1 & -3 \end{pmatrix}$

$AB=A$의 양변의 오른쪽에 행렬 A를 곱하면

$ABA=A^2$ ...... ㉠

$BA=B$의 양변의 왼쪽에 행렬 A를 곱하면

$ABA=AB$ ...... ㉡

㉠, ㉡에서 $A^2=AB$이고 문제의 조건에서 $AB=A$이므로

$A^2=A$

$A^3=A^2A=AA=A^2=A$

$A^4=A^3A=AA=A^2=A$

$\vdots$

$\therefore A^n=A$ (단, n은 자연수)

같은 방법으로 하면 $B^n=B$ (단, n은 자연수)

$\therefore A^{20}+B^{20}=A+B$

$=\begin{pmatrix} 1 & x \\ y-1 & z-3 \end{pmatrix}+\begin{pmatrix} 4 & 15-x \\ -y & -z \end{pmatrix}$

$=\begin{pmatrix} 5 & 15 \\ -1 & -3 \end{pmatrix}$

유형 16 행렬의 곱셈에 대한 진위 판정

1374

답 ③

① $A=\begin{pmatrix} 2 & -1 \\ 1 & 0 \end{pmatrix}$이면 $A-E=\begin{pmatrix} 2 & -1 \\ 1 & 0 \end{pmatrix}-\begin{pmatrix} 1 & 0 \\ 0 & 1 \end{pmatrix}=\begin{pmatrix} 1 & -1 \\ 1 & -1 \end{pmatrix}$

이므로

$(A-E)^2=\begin{pmatrix} 1 & -1 \\ 1 & -1 \end{pmatrix}\begin{pmatrix} 1 & -1 \\ 1 & -1 \end{pmatrix}=\begin{pmatrix} 0 & 0 \\ 0 & 0 \end{pmatrix}=O$이지만

$A\neq E$이다.

② $A=\begin{pmatrix} 0 & 0 \\ 1 & 0 \end{pmatrix}$, $B=\begin{pmatrix} 0 & 0 \\ 1 & 2 \end{pmatrix}$, $C=\begin{pmatrix} 0 & 0 \\ 3 & 4 \end{pmatrix}$이면

$AB=AC=O$이고 $A\neq O$이지만 $B\neq C$이다.

③ 어떤 행렬에 영행렬을 곱하면 영행렬이 되므로

$A=O$ 또는 $B=O$이면 $AB=O$이다.

④ $A=\begin{pmatrix} 0 & 1 \\ 0 & 0 \end{pmatrix}$, $B=\begin{pmatrix} 1 & 0 \\ 0 & 0 \end{pmatrix}$이면

$AB=\begin{pmatrix} 0 & 1 \\ 0 & 0 \end{pmatrix}\begin{pmatrix} 1 & 0 \\ 0 & 0 \end{pmatrix}=O$이지만

$BA=\begin{pmatrix} 1 & 0 \\ 0 & 0 \end{pmatrix}\begin{pmatrix} 0 & 1 \\ 0 & 0 \end{pmatrix}=\begin{pmatrix} 0 & 1 \\ 0 & 0 \end{pmatrix}\neq O$이다.

⑤ $A=\begin{pmatrix} 1 & 0 \\ 0 & -1 \end{pmatrix}$, $B=\begin{pmatrix} 1 & 0 \\ 0 & 1 \end{pmatrix}$이면

$A^2=\begin{pmatrix} 1 & 0 \\ 0 & -1 \end{pmatrix}\begin{pmatrix} 1 & 0 \\ 0 & -1 \end{pmatrix}=\begin{pmatrix} 1 & 0 \\ 0 & 1 \end{pmatrix}$, $B^2=E$이므로

$A^2=B^2=E$이지만 $A\neq B$, $A\neq -B$이다.

따라서 옳은 것은 ③이다.

1375

답 ①

ㄱ. $A+B=E$이므로 $A=E-B$

$\therefore A^2-B^2=(E-B)^2-B^2$

$=E-2B+B^2-B^2$

$=E-2B$

$=(E-B)-B=A-B$

ㄴ. $A=\begin{pmatrix} 1 & -1 \\ -1 & 1 \end{pmatrix}$이면

$A^2=AA=\begin{pmatrix} 1 & -1 \\ -1 & 1 \end{pmatrix}\begin{pmatrix} 1 & -1 \\ -1 & 1 \end{pmatrix}=\begin{pmatrix} 2 & -2 \\ -2 & 2 \end{pmatrix}=2A$

이지만 $A\neq O$, $A\neq 2E$이다.

ㄷ. $A=\begin{pmatrix} 1 & 0 \\ 0 & 0 \end{pmatrix}$, $B=\begin{pmatrix} 1 & 0 \\ 1 & 0 \end{pmatrix}$이면

$AB=\begin{pmatrix} 1 & 0 \\ 0 & 0 \end{pmatrix}\begin{pmatrix} 1 & 0 \\ 1 & 0 \end{pmatrix}=\begin{pmatrix} 1 & 0 \\ 0 & 0 \end{pmatrix}=A$,

$BA=\begin{pmatrix} 1 & 0 \\ 1 & 0 \end{pmatrix}\begin{pmatrix} 1 & 0 \\ 0 & 0 \end{pmatrix}=\begin{pmatrix} 1 & 0 \\ 1 & 0 \end{pmatrix}=B$이지만

$AB\neq BA$이다.

따라서 옳은 것은 ㄱ이다.

1376

답 ③

ㄱ. $AB=O$이므로

$A^2B^2=A(AB)B=AOB=O$, $(AB)^2=O$

$\therefore A^2B^2=(AB)^2$

ㄴ. $A=\begin{pmatrix} 0 & 1 \\ 0 & 0 \end{pmatrix}$, $B=\begin{pmatrix} 1 & 0 \\ 0 & 0 \end{pmatrix}$이면

$AB=\begin{pmatrix} 0 & 1 \\ 0 & 0 \end{pmatrix}\begin{pmatrix} 1 & 0 \\ 0 & 0 \end{pmatrix}=\begin{pmatrix} 0 & 0 \\ 0 & 0 \end{pmatrix}=O$이지만 $A\neq O$, $B\neq O$이다.

ㄷ. $AB=-BA$이므로

$A^2B=A(AB)=A(-BA)$

$=-(AB)A=-(-BA)A=BA^2$

따라서 옳은 것은 ㄱ, ㄷ이다.

유형 17 행렬과 일반 연산

1377

답 ⑤

ㄱ. $a◎b=\begin{pmatrix} a & -b \\ -b & a \end{pmatrix}$, $b◎a=\begin{pmatrix} b & -a \\ -a & b \end{pmatrix}$이므로

$a◎b\neq b◎a$

ㄴ. $(a◎b)+(c◎d)=\begin{pmatrix} a & -b \\ -b & a \end{pmatrix}+\begin{pmatrix} c & -d \\ -d & c \end{pmatrix}$

$=\begin{pmatrix} a+c & -b-d \\ -b-d & a+c \end{pmatrix}$

$=(a+c)◎(b+d)$

ㄷ. $(ka)◎(kb)=\begin{pmatrix} ka & -kb \\ -kb & ka \end{pmatrix}=k\begin{pmatrix} a & -b \\ -b & a \end{pmatrix}=k(a◎b)$

따라서 옳은 것은 ㄴ, ㄷ이다.

1378

답 ⑤

$A=\begin{pmatrix} a & b \\ c & d \end{pmatrix}$, $B=\begin{pmatrix} x & y \\ z & w \end{pmatrix}$라 하자.

ㄱ. $kA=\begin{pmatrix} ka & kb \\ kc & kd \end{pmatrix}$이므로

$f(kA)=ka+kd=k(a+d)=kf(A)$

ㄴ. $AB=\begin{pmatrix} a & b \\ c & d \end{pmatrix}\begin{pmatrix} x & y \\ z & w \end{pmatrix}=\begin{pmatrix} ax+bz & ay+bw \\ cx+dz & cy+dw \end{pmatrix}$이므로

$f(AB)=ax+bz+cy+dw$

$BA=\begin{pmatrix} x & y \\ z & w \end{pmatrix}\begin{pmatrix} a & b \\ c & d \end{pmatrix}=\begin{pmatrix} ax+cy & bx+dy \\ az+cw & bz+dw \end{pmatrix}$이므로

$f(BA)=ax+cy+bz+dw$

$\therefore f(AB)=f(BA)$

ㄷ. $A+B=\begin{pmatrix} a+x & b+y \\ c+z & d+w \end{pmatrix}$이므로

$f(A+B)=a+x+d+w$

$f(A)+f(B)=a+d+x+w$

$\therefore f(A+B)=f(A)+f(B)$

따라서 옳은 것은 ㄱ, ㄴ, ㄷ이다.

1379

답 ④

ㄱ. $A\odot B=AB+BA=BA+AB=B\odot A$

ㄴ. $pA\odot qB=(pA)(qB)+(qB)(pA)$

$=pqAB+pqBA$

$=pq(AB+BA)=pq(A\odot B)$

ㄷ. $(A+B)\odot C=(A+B)C+C(A+B)$

$=AC+BC+CA+CB$

$=AC+CA+BC+CB$

$=(A\odot C)+(B\odot C)$

ㄹ. $(A\odot B)\odot C=(AB+BA)\odot C$

$=(AB+BA)C+C(AB+BA)$

$=ABC+BAC+CAB+CBA$

$A\odot(B\odot C)=A\odot(BC+CB)$

$=A(BC+CB)+(BC+CB)A$

$=ABC+ACB+BCA+CBA$

$\therefore (A\odot B)\odot C\neq A\odot(B\odot C)$

따라서 옳은 것은 ㄱ, ㄴ, ㄷ이다.

PART B 내신 잡는 종합 문제

1380

답 ③

$A^2=AA=\begin{pmatrix} -2 & 1 \\ -5 & 2 \end{pmatrix}\begin{pmatrix} -2 & 1 \\ -5 & 2 \end{pmatrix}=\begin{pmatrix} -1 & 0 \\ 0 & -1 \end{pmatrix}=-E$

$\therefore A^4=(A^2)^2=(-E)^2=E$

즉, $A^n=E$를 만족시키는 자연수 n은 4의 배수이므로 구하는 100 이하의 자연수 n은 25개이다.

1381

답 ③

$\begin{pmatrix} 3 & c \\ a & -1 \end{pmatrix}+\begin{pmatrix} -5 & d \\ -b & -3 \end{pmatrix}=\begin{pmatrix} ab & 1 \\ 3 & cd \end{pmatrix}$이므로

$\begin{pmatrix} -2 & c+d \\ a-b & -4 \end{pmatrix}=\begin{pmatrix} ab & 1 \\ 3 & cd \end{pmatrix}$

두 행렬이 서로 같을 조건에 의하여

$ab=-2,\ c+d=1,\ a-b=3,\ cd=-4$

$\therefore a^2+b^2+c^2+d^2$

$=(a-b)^2+2ab+(c+d)^2-2cd$

$=3^2+2\times(-2)+1^2-2\times(-4)$

$=9-4+1+8=14$

1382

답 4

$X-8A-3B=2(2A-3B-X)$에서

$X-8A-3B=4A-6B-2X$

$3X=12A-3B$

$\therefore X=4A-B$

$=4\begin{pmatrix} 1 & -2 \\ 3 & -1 \end{pmatrix}-\begin{pmatrix} 4 & 1 \\ -1 & 2 \end{pmatrix}=\begin{pmatrix} 0 & -9 \\ 13 & -6 \end{pmatrix}$

따라서 행렬 X의 성분 중에서 최댓값은 13, 최솟값은 -9이므로 그 합은

$13+(-9)=4$

1383

답 0

$(A-B)^2=A^2-AB-BA+B^2$이므로

$AB+BA=A^2+B^2-(A-B)^2$

$=\begin{pmatrix} -1 & 5 \\ 6 & 8 \end{pmatrix}-\begin{pmatrix} 0 & 1 \\ 3 & 2 \end{pmatrix}\begin{pmatrix} 0 & 1 \\ 3 & 2 \end{pmatrix}$

$=\begin{pmatrix} -1 & 5 \\ 6 & 8 \end{pmatrix}-\begin{pmatrix} 3 & 2 \\ 6 & 7 \end{pmatrix}=\begin{pmatrix} -4 & 3 \\ 0 & 1 \end{pmatrix}$

따라서 행렬 $AB+BA$의 모든 성분의 합은

$-4+3+0+1=0$

1384

답 ⑤

행렬 $A+B$의 $(1,\ 2)$ 성분은 $a_{12}+b_{12}$이다.

이때 $i=1,\ j=2$를

$a_{ij}-b_{ij}=-i+2j,\ a_{ij}b_{ij}=i^2+2j^2-2j-1$에 각각 대입하면

$a_{12}-b_{12}=-1+2\times2=3,$

$a_{12}b_{12}=1^2+2\times2^2-2\times2-1=4$이므로

$(a_{12}+b_{12})^2=(a_{12}-b_{12})^2+4a_{12}b_{12}$

$=3^2+4\times4=25$

$\therefore a_{12}+b_{12}=5\ (\because a_{12}+b_{12}>0)$

따라서 행렬 $A+B$의 $(1,\ 2)$ 성분은 5이다.

1385

답 4

$(A-B)(A+2B)=A^2+2AB-BA-2B^2$이고

주어진 조건에서 $(A-B)(A+2B)=A^2+AB-2B^2$이므로

$A^2+2AB-BA-2B^2=A^2+AB-2B^2$

$2AB-BA=AB \quad \therefore AB=BA$

즉, $\begin{pmatrix} 3 & x \\ 1 & 5 \end{pmatrix}\begin{pmatrix} y & 2 \\ 1 & 4 \end{pmatrix}=\begin{pmatrix} y & 2 \\ 1 & 4 \end{pmatrix}\begin{pmatrix} 3 & x \\ 1 & 5 \end{pmatrix}$이므로

$\begin{pmatrix} 3y+x & 6+4x \\ y+5 & 22 \end{pmatrix}=\begin{pmatrix} 3y+2 & xy+10 \\ 7 & x+20 \end{pmatrix}$

두 행렬이 서로 같을 조건에 의하여

$y+5=7$이므로 $y=2$

$22=x+20$이므로 $x=2$

$\therefore x+y=2+2=4$

1386

답 ③

$A\begin{pmatrix} 2a+c \\ 4b-d \end{pmatrix}=\begin{pmatrix} 2 \\ 5 \end{pmatrix}$에서

$A\begin{pmatrix} 2a \\ 4b \end{pmatrix}-A\begin{pmatrix} -c \\ d \end{pmatrix}=\begin{pmatrix} 2 \\ 5 \end{pmatrix}$이므로

$2A\begin{pmatrix} a \\ 2b \end{pmatrix}-A\begin{pmatrix} -c \\ d \end{pmatrix}=\begin{pmatrix} 2 \\ 5 \end{pmatrix}$

$\therefore A\begin{pmatrix} -c \\ d \end{pmatrix}=2A\begin{pmatrix} a \\ 2b \end{pmatrix}-\begin{pmatrix} 2 \\ 5 \end{pmatrix}$

$=2\begin{pmatrix} 3 \\ -2 \end{pmatrix}-\begin{pmatrix} 2 \\ 5 \end{pmatrix}=\begin{pmatrix} 4 \\ -9 \end{pmatrix}$

1387

답 ⑤

$mA+nB=C$이므로

$m\begin{pmatrix} 1 & -2 \\ 3 & -1 \end{pmatrix}+n\begin{pmatrix} 5 & -3 \\ -2 & 1 \end{pmatrix}=\begin{pmatrix} 13 & a \\ b & 5 \end{pmatrix}$

$\begin{pmatrix} m+5n & -2m-3n \\ 3m-2n & -m+n \end{pmatrix}=\begin{pmatrix} 13 & a \\ b & 5 \end{pmatrix}$

두 행렬이 서로 같을 조건에 의하여

$m+5n=13$ …… ㉠

$-2m-3n=a$ …… ㉡

$3m-2n=b$ …… ㉢

$-m+n=5$ …… ㉣

㉠, ㉣을 연립하여 풀면 $m=-2$, $n=3$

㉡$-$㉢을 하면

$a-b=-2m-3n-(3m-2n)$

$=-5m-n$

$=-5\times(-2)-3=7$

1388

답 6

$X+Y=3A$ …… ㉠

$X-2Y=-3B$ …… ㉡

㉠$-$㉡을 하면 $3Y=3A+3B$

$\therefore Y=A+B$

$=\begin{pmatrix} -1 & 2 \\ 2 & 7 \end{pmatrix}+\begin{pmatrix} 3 & 4 \\ -2 & 1 \end{pmatrix}=\begin{pmatrix} 2 & 6 \\ 0 & 8 \end{pmatrix}$

㉠에서 $X=3A-Y$이므로

$X=3\begin{pmatrix} -1 & 2 \\ 2 & 7 \end{pmatrix}-\begin{pmatrix} 2 & 6 \\ 0 & 8 \end{pmatrix}=\begin{pmatrix} -5 & 0 \\ 6 & 13 \end{pmatrix}$

$\therefore X-Y=\begin{pmatrix} -5 & 0 \\ 6 & 13 \end{pmatrix}-\begin{pmatrix} 2 & 6 \\ 0 & 8 \end{pmatrix}=\begin{pmatrix} -7 & -6 \\ 6 & 5 \end{pmatrix}$

따라서 행렬 $X-Y$의 성분 중에서 최댓값은 6이다.

1389

답 8

$A+B=E$에서 $B=E-A$이므로

$A^2-B^2=A^2-(E-A)^2$

$=A^2-(E-2A+A^2)$

$=2A-E$

이때 $A^2-B^2=\begin{pmatrix} 7 & -4 \\ 6 & 5 \end{pmatrix}$이므로 $2A-E=\begin{pmatrix} 7 & -4 \\ 6 & 5 \end{pmatrix}$

$2A=\begin{pmatrix} 7 & -4 \\ 6 & 5 \end{pmatrix}+\begin{pmatrix} 1 & 0 \\ 0 & 1 \end{pmatrix}=\begin{pmatrix} 8 & -4 \\ 6 & 6 \end{pmatrix}$

$\therefore A=\begin{pmatrix} 4 & -2 \\ 3 & 3 \end{pmatrix}$

따라서 행렬 A의 모든 성분의 합은

$4+(-2)+3+3=8$

1390

답 ①

주어진 표에서

(i) 2차 조사 결과를 살펴보면

1차 조사에서 찬성한 사원 중 반대로 의견을 바꾼 비율이 20 % 이므로 그대로 찬성을 유지한 비율은 80 %이다.

또한 1차 조사에서 반대한 사원 중 찬성으로 의견을 바꾼 비율이 30 %이므로 그대로 반대를 유지한 비율은 70 %이다.

즉, 2차 조사에서 찬성한 사원의 비율과 반대한 사원의 비율을 나타내는 행렬은 $(0.6 \quad 0.4)\begin{pmatrix} 0.8 & 0.2 \\ 0.3 & 0.7 \end{pmatrix}=AB$

(ii) 3차 조사 결과를 살펴보면

2차 조사에서 찬성한 사원 중 반대로 의견을 바꾼 비율이 10 % 이므로 그대로 찬성을 유지한 비율은 90 %이다.

또한 2차 조사에서 반대한 사원 중 찬성으로 의견을 바꾼 비율이 40 %이므로 그대로 반대를 유지한 비율은 60 %이다.

즉, 3차 조사에서 찬성한 사원의 비율과 반대한 사원의 비율을 나타내는 행렬은 $(0.6 \quad 0.4)\begin{pmatrix} 0.8 & 0.2 \\ 0.3 & 0.7 \end{pmatrix}\begin{pmatrix} 0.9 & 0.1 \\ 0.4 & 0.6 \end{pmatrix}=ABC$

따라서 $AB=(a \quad b)$라 할 때, 3차 조사에서 찬성한 사원의 비율은 $0.9a+0.4b$이므로 행렬 ABC의 (1, 1) 성분과 같다.

1391

답 10

$A^2=AA=\begin{pmatrix} m & 0 \\ m-5 & 5 \end{pmatrix}\begin{pmatrix} m & 0 \\ m-5 & 5 \end{pmatrix}=\begin{pmatrix} m^2 & 0 \\ m^2-5^2 & 5^2 \end{pmatrix}$

$A^3=A^2A=\begin{pmatrix} m^2 & 0 \\ m^2-5^2 & 5^2 \end{pmatrix}\begin{pmatrix} m & 0 \\ m-5 & 5 \end{pmatrix}=\begin{pmatrix} m^3 & 0 \\ m^3-5^3 & 5^3 \end{pmatrix}$

⋮

$\therefore A^n=\begin{pmatrix} m^n & 0 \\ m^n-5^n & 5^n \end{pmatrix}$

따라서 A^n의 모든 성분의 합은 $m^n+0+(m^n-5^n)+5^n=2m^n$이므로 $2m^n=2^{49}$

$\therefore m^n=2^{48}$

이때 m은 2의 거듭제곱 꼴이므로 n은 $48=2^4\times3$의 약수이다.

따라서 구하는 순서쌍 (m, n)의 개수는 n의 개수와 같으므로

$(4+1)(1+1)=10$

1392

답 ⑤

ㄱ. $A=\begin{pmatrix}0&1\\0&0\end{pmatrix}$이면

$A^2=AA=\begin{pmatrix}0&1\\0&0\end{pmatrix}\begin{pmatrix}0&1\\0&0\end{pmatrix}=\begin{pmatrix}0&0\\0&0\end{pmatrix}$,

$A^3=A^2A=OA=O$이지만

$A\neq O$이다.

ㄴ. $A^7=A^2A^5=A^2E=A^2$이므로 $A^2=E$

$A^5=(A^2)^2A=E^2A=A$이므로 $A=E$

ㄷ. $A-B=E$의 양변의 왼쪽에 행렬 A를 곱하면

$A^2-AB=A$, $A^2-E=A$

$\therefore A^2=A+E$

$A-B=E$의 양변의 오른쪽에 행렬 B를 곱하면

$AB-B^2=B$, $E-B^2=B$

$\therefore B^2-E-B$

$\therefore A^2+B^2=A+E+E-B$

$=A-B+2E=E+2E$

$=3E$

따라서 옳은 것은 ㄴ, ㄷ이다.

1393

답 23

$A=\begin{pmatrix}a&b\\c&d\end{pmatrix}$라 하면

$\begin{pmatrix}1&2\\2&1\end{pmatrix}A=\begin{pmatrix}1&2\\2&1\end{pmatrix}\begin{pmatrix}a&b\\c&d\end{pmatrix}=\begin{pmatrix}a+2c&b+2d\\2a+c&2b+d\end{pmatrix}$

모든 성분의 합이 27이므로

$(a+2c)+(b+2d)+(2a+c)+(2b+d)=3(a+b+c+d)$

$=27$

또한 $A+B=2E$이므로 $B=2E-A$를 $AB=E$에 대입하면

$AB=A(2E-A)=2A-A^2=E$

$\therefore A^2=2A-E$

이 식의 양변에 행렬 A를 곱하면

$A^3=2A^2-A=2(2A-E)-A$

$=3A-2E=3\begin{pmatrix}a&b\\c&d\end{pmatrix}-2\begin{pmatrix}1&0\\0&1\end{pmatrix}=\begin{pmatrix}3a-2&3b\\3c&3d-2\end{pmatrix}$

따라서 행렬 A^3의 모든 성분의 합은

$(3a-2)+3b+3c+(3d-2)=3(a+b+c+d)-4$

$=27-4=23$

1394

답 30

$A\begin{pmatrix}2\\3\end{pmatrix}=\begin{pmatrix}a&b\\c&d\end{pmatrix}\begin{pmatrix}2\\3\end{pmatrix}=\begin{pmatrix}2a+3b\\2c+3d\end{pmatrix}=\begin{pmatrix}3\\4\end{pmatrix}$

두 행렬이 서로 같을 조건에 의하여

$2a+3b=3$ …… ㉠

$2c+3d=4$ …… ㉡

$A^2\begin{pmatrix}2\\3\end{pmatrix}=AA\begin{pmatrix}2\\3\end{pmatrix}=A\begin{pmatrix}3\\4\end{pmatrix}=\begin{pmatrix}a&b\\c&d\end{pmatrix}\begin{pmatrix}3\\4\end{pmatrix}=\begin{pmatrix}3a+4b\\3c+4d\end{pmatrix}=\begin{pmatrix}5\\7\end{pmatrix}$

두 행렬이 서로 같을 조건에 의하여

$3a+4b=5$ …… ㉢

$3c+4d=7$ …… ㉣

…… ❶

㉠, ㉢을 연립하여 풀면 $a=3$, $b=-1$

㉡, ㉣을 연립하여 풀면 $c=5$, $d=-2$

…… ❷

$\therefore abcd=3\times(-1)\times5\times(-2)=30$

…… ❸

채점 기준	배점
❶ 주어진 조건을 이용하여 a, b와 c, d에 대한 식 도출하기	45%
❷ a, b, c, d의 값 구하기	35%
❸ $abcd$의 값 구하기	20%

1395

답 1

$(A+E)^2=5A-2E$이므로

$A^2+2A+E=5A-2E$

$\therefore A^2=3A-3E=3(A-E)$

…… ❶

$\therefore (A+E)^3=(A+E)^2(A+E)$

$=(5A-2E)(A+E)$

$=5A^2+3A-2E$

$=5\times3(A-E)+3A-2E$

$=15A-15E+3A-2E$

$=18A-17E$

…… ❷

따라서 $m=18$, $n=-17$이므로 $m+n=18+(-17)=1$

…… ❸

채점 기준	배점
❶ $A^2=3(A-E)$임을 보이기	40%
❷ $(A+E)^3$을 간단히 하기	40%
❸ $m+n$의 값 구하기	20%

1396

답 $-2E$

$A+B=O$에서 $B=-A$, $A=-B$

$B=-A$를 $AB=E$에 대입하면 $-A^2=E$ $\quad\therefore A^2=-E$

$A^3=A^2A=-EA=-A$

$A^4=(A^2)^2=(-E)^2=E$

$A^5=A$, $A^6=-E$, $A^7=-A$, $A^8=E$, $\cdots$

$\therefore A+A^2+A^3+A^4=A^5+A^6+A^7+A^8=\cdots$
$=A-E-A+E=O$

$\therefore A+A^2+\cdots+A^{50}$
$=(A+A^2+A^3+A^4)+(A^5+A^6+A^7+A^8)$
$+\cdots+(A^{45}+A^{46}+A^{47}+A^{48})+A^{49}+A^{50}$
$=A^{49}+A^{50}=A-E$ ...... ㉠

.... ❶

$A=-B$를 $AB=E$에 대입하면 $-B^2=E$ $\therefore B^2=-E$
즉, 위와 같은 방법으로 하면
$B+B^2+\cdots+B^{50}=B-E$ ...... ㉡

.... ❷

㉠, ㉡에서
$(A+A^2+\cdots+A^{50})+(B+B^2+\cdots+B^{50})$
$=A-E+B-E=A+B-2E$
$=O-2E=-2E$

.... ❸

채점 기준	배점
❶ $A+A^2+\cdots+A^{50}$을 간단히 하기	50%
❷ $B+B^2+\cdots+B^{50}$을 간단히 하기	30%
❸ $(A+A^2+\cdots+A^{50})+(B+B^2+\cdots+B^{50})$을 간단히 하기	20%

PART C 수능 녹인 변별력 문제

1397

답 11

$i=j$일 때, $a_{ii}=-a_{ii}$이므로 $2a_{ii}=0$ $\therefore a_{ii}=0$
즉, $a_{11}=a_{22}=a_{33}=0$이므로
$x+1=0$, $y-3=0$, $z-5=0$
$\therefore x=-1$, $y=3$, $z=5$
또한 $a_{12}=-a_{21}$이므로 $8=-(a-3b)$
$\therefore -a+3b=8$ ...... ㉠
$a_{13}=-a_{31}$이므로 $5a+8=-(a+2b)$
$\therefore 6a+2b=-8$ ...... ㉡
㉠, ㉡을 연립하여 풀면 $a=-2$, $b=2$
$a_{23}=-a_{32}$이므로 $-4=-c$
$\therefore c=4$
$\therefore a+b+c+x+y+z=-2+2+4+(-1)+3+5=11$

1398

답 56

$A+B=C$이므로
$\begin{pmatrix} a+b & b+c & c+a \\ 2 & 5 & 10 \end{pmatrix}=\begin{pmatrix} 4 & 7 & 5 \\ xy & yz & zx \end{pmatrix}$
두 행렬이 서로 같을 조건에 의하여
$a+b=4$, $b+c=7$, $c+a=5$ ...... ㉠
$xy=2$, $yz=5$, $zx=10$ ...... ㉡
㉠의 세 식의 양변을 각 변끼리 더하면
$2(a+b+c)=16$
$\therefore a+b+c=8$ ...... ㉢
㉠, ㉢을 연립하여 풀면
$a=1$, $b=3$, $c=4$
㉡의 세 식의 양변을 각 변끼리 곱하면
$(xyz)^2=100$ $\therefore xyz=10$ ...... ㉣
㉡, ㉣을 연립하여 풀면
$x=2$, $y=1$, $z=5$
$\therefore a^2+b^2+c^2+x^2+y^2+z^2$
$=1^2+3^2+4^2+2^2+1^2+5^2=56$

1399

답 18

$A^2+A^3=-3A-3E$이므로
$A^4+A^5=A^2(A^2+A^3)$
$=A^2(-3A-3E)$
$=-3A^3-3A^2$
$=-3(A^2+A^3)$
$=-3(-3A-3E)$
$=9A+9E$

$A=\begin{pmatrix} a & b \\ c & d \end{pmatrix}$라 하면
$9A+9E=\begin{pmatrix} 9a & 9b \\ 9c & 9d \end{pmatrix}+\begin{pmatrix} 9 & 0 \\ 0 & 9 \end{pmatrix}=\begin{pmatrix} 9a+9 & 9b \\ 9c & 9d+9 \end{pmatrix}$
이때 $a+b+c+d=0$이므로 행렬 A^4+A^5, 즉 $9A+9E$의 모든 성분의 합은
$(9a+9)+9b+9c+(9d+9)=9(a+b+c+d)+18$
$=9\times0+18=18$

1400

답 3

$a_{ij}+a_{ji}=0$에서 $a_{ij}=-a_{ji}$이므로
$a_{11}=0$, $a_{12}=-a_{21}$, $a_{22}=0$
$A=\begin{pmatrix} a_{11} & a_{12} \\ a_{21} & a_{22} \end{pmatrix}=\begin{pmatrix} 0 & a_{12} \\ -a_{12} & 0 \end{pmatrix}$
$b_{ij}-b_{ji}=0$에서 $b_{ij}=b_{ji}$이므로 $b_{12}=b_{21}$
$B=\begin{pmatrix} b_{11} & b_{12} \\ b_{21} & b_{22} \end{pmatrix}=\begin{pmatrix} b_{11} & b_{12} \\ b_{12} & b_{22} \end{pmatrix}$
$\therefore 2A-B=2\begin{pmatrix} 0 & a_{12} \\ -a_{12} & 0 \end{pmatrix}-\begin{pmatrix} b_{11} & b_{12} \\ b_{12} & b_{22} \end{pmatrix}$
$=\begin{pmatrix} -b_{11} & 2a_{12}-b_{12} \\ -2a_{12}-b_{12} & -b_{22} \end{pmatrix}=\begin{pmatrix} 1 & 2 \\ -2 & 4 \end{pmatrix}$
두 행렬이 서로 같을 조건에 의하여
$-b_{11}=1$이므로 $b_{11}=-1$
$-b_{22}=4$이므로 $b_{22}=-4$
$2a_{12}-b_{12}=2$ ...... ㉠
$-2a_{12}-b_{12}=-2$ ...... ㉡
㉠, ㉡을 연립하여 풀면 $a_{12}=1$, $b_{12}=0$

$\therefore A=\begin{pmatrix} 0 & 1 \\ -1 & 0 \end{pmatrix}$, $B=\begin{pmatrix} -1 & 0 \\ 0 & -4 \end{pmatrix}$

$\therefore A^2-B=\begin{pmatrix} 0 & 1 \\ -1 & 0 \end{pmatrix}\begin{pmatrix} 0 & 1 \\ -1 & 0 \end{pmatrix}-\begin{pmatrix} -1 & 0 \\ 0 & -4 \end{pmatrix}$

$=\begin{pmatrix} -1 & 0 \\ 0 & -1 \end{pmatrix}-\begin{pmatrix} -1 & 0 \\ 0 & -4 \end{pmatrix}=\begin{pmatrix} 0 & 0 \\ 0 & 3 \end{pmatrix}$

따라서 행렬 A^2-B의 (2, 2) 성분은 3이다.

1401

답 ⑤

$A^2-2A+E=O$에서

$A^2-A=A-E$

$A^3-A^2=A(A^2-A)=A(A-E)=A^2-A$

$=A-E$

$A^4-A^3=A(A^3-A^2)=A(A-E)=A^2-A$

$=A-E$

$\vdots$

$A^n-A^{n-1}=A-E$

위 등식들을 변끼리 더하면

$(A^n-A^{n-1})+(A^{n-1}-A^{n-2})+\cdots+(A^3-A^2)+(A^2-A)$

$=(A-E)+(A-E)+\cdots+(A-E)+(A-E)$

이 식을 정리하면

$A^n-A=\boxed{(n-1)}(A-E)$

$\therefore A^n=\boxed{n}A-\boxed{(n-1)}E$

따라서 $f(n)=n-1$, $g(n)=n$이므로

$f(100)+g(100)=99+100=199$

1402

답 ①

$x^2+x-6=0$, 즉 $(x+3)(x-2)=0$의 두 근이 a, d이므로

$a=-3$, $d=2$ 또는 $a=2$, $d=-3$

$x^2-8x-7=0$의 두 근이 b, c이므로

이차방정식의 근과 계수의 관계에 의하여

$b+c=8$, $bc=-7$

(i) $a=-3$, $d=2$일 때

$A=\begin{pmatrix} -3 & b \\ c & 2 \end{pmatrix}$

$A^2=AA=\begin{pmatrix} -3 & b \\ c & 2 \end{pmatrix}\begin{pmatrix} -3 & b \\ c & 2 \end{pmatrix}$

$=\begin{pmatrix} 9+bc & -b \\ -c & bc+4 \end{pmatrix}=\begin{pmatrix} 2 & -b \\ -c & -3 \end{pmatrix}$

$A^3=A^2A=\begin{pmatrix} 2 & -b \\ -c & -3 \end{pmatrix}\begin{pmatrix} -3 & b \\ c & 2 \end{pmatrix}=\begin{pmatrix} -6-bc & 0 \\ 0 & -bc-6 \end{pmatrix}$

$=\begin{pmatrix} 1 & 0 \\ 0 & 1 \end{pmatrix}=E$

이때

$A+A^2+A^3=\begin{pmatrix} -3 & b \\ c & 2 \end{pmatrix}+\begin{pmatrix} 2 & -b \\ -c & -3 \end{pmatrix}+\begin{pmatrix} 1 & 0 \\ 0 & 1 \end{pmatrix}=\begin{pmatrix} 0 & 0 \\ 0 & 0 \end{pmatrix}$

이므로

$A+A^2+A^3=A^4+A^5+A^6=A^7+A^8+A^9=O$

$\therefore A+A^2+A^3+A^4+\cdots+A^{10}$

$=(A+A^2+A^3)+(A^4+A^5+A^6)+(A^7+A^8+A^9)+A^{10}$

$=A^{10}=A$

따라서 $A+A^2+\cdots+A^{10}$의 모든 성분의 합은 A의 모든 성분의 합과 같으므로

$-3+b+c+2=-3+8+2=7$

(ii) $a=2$, $d=-3$일 때에도 같은 방법으로 하면

$A+A^2+\cdots+A^{10}$의 모든 성분의 합은 7이다.

(i), (ii)에서 $A+A^2+\cdots+A^{10}$의 모든 성분의 합은 7이다.

1403

답 −6

$A^3\begin{pmatrix} 1 \\ 3 \end{pmatrix}=A^2A\begin{pmatrix} 1 \\ 3 \end{pmatrix}=A^2\begin{pmatrix} 0 \\ -3 \end{pmatrix}$

$=AA\begin{pmatrix} 0 \\ -3 \end{pmatrix}=A\begin{pmatrix} 2 \\ 3 \end{pmatrix}$ …… ㉠

이때 주어진 조건에서

$A\begin{pmatrix} 1 \\ 3 \end{pmatrix}=\begin{pmatrix} 0 \\ -3 \end{pmatrix}$, …… ㉡

$A\begin{pmatrix} 0 \\ -3 \end{pmatrix}=\begin{pmatrix} 2 \\ 3 \end{pmatrix}$ …… ㉢

이므로 ㉡의 양변에 2를 곱하면

$2A\begin{pmatrix} 1 \\ 3 \end{pmatrix}=2\begin{pmatrix} 0 \\ -3 \end{pmatrix}$ $\quad\therefore A\begin{pmatrix} 2 \\ 6 \end{pmatrix}=\begin{pmatrix} 0 \\ -6 \end{pmatrix}$ …… ㉣

㉢+㉣을 하면

$A\begin{pmatrix} 0 \\ -3 \end{pmatrix}+A\begin{pmatrix} 2 \\ 6 \end{pmatrix}=\begin{pmatrix} 2 \\ -3 \end{pmatrix}$, $A\left\{\begin{pmatrix} 0 \\ -3 \end{pmatrix}+\begin{pmatrix} 2 \\ 6 \end{pmatrix}\right\}=\begin{pmatrix} 2 \\ -3 \end{pmatrix}$

$\therefore A\begin{pmatrix} 2 \\ 3 \end{pmatrix}=\begin{pmatrix} 2 \\ -3 \end{pmatrix}$

따라서 ㉠에서 $A^3\begin{pmatrix} 1 \\ 3 \end{pmatrix}=A\begin{pmatrix} 2 \\ 3 \end{pmatrix}=\begin{pmatrix} 2 \\ -3 \end{pmatrix}$

$\therefore a=2$, $b=-3$ $\quad\therefore ab=2\times(-3)=-6$

다른 풀이

$A^3\begin{pmatrix} 1 \\ 3 \end{pmatrix}=A^2A\begin{pmatrix} 1 \\ 3 \end{pmatrix}=A^2\begin{pmatrix} 0 \\ -3 \end{pmatrix}$

$=AA\begin{pmatrix} 0 \\ -3 \end{pmatrix}=A\begin{pmatrix} 2 \\ 3 \end{pmatrix}$

$A\begin{pmatrix} 2 \\ 3 \end{pmatrix}=2A\begin{pmatrix} 1 \\ 0 \end{pmatrix}+3A\begin{pmatrix} 0 \\ 1 \end{pmatrix}$ …… ㉠

이때 주어진 조건에서

$A\begin{pmatrix} 1 \\ 3 \end{pmatrix}=\begin{pmatrix} 0 \\ -3 \end{pmatrix}$ …… ㉡

$A\begin{pmatrix} 0 \\ -3 \end{pmatrix}=\begin{pmatrix} 2 \\ 3 \end{pmatrix}$ …… ㉢

이므로 ㉡+㉢을 하면

$A\begin{pmatrix} 1 \\ 3 \end{pmatrix}+A\begin{pmatrix} 0 \\ -3 \end{pmatrix}=\begin{pmatrix} 2 \\ 0 \end{pmatrix}$, $A\left\{\begin{pmatrix} 1 \\ 3 \end{pmatrix}+\begin{pmatrix} 0 \\ -3 \end{pmatrix}\right\}=\begin{pmatrix} 2 \\ 0 \end{pmatrix}$

$\therefore A\begin{pmatrix} 1 \\ 0 \end{pmatrix}=\begin{pmatrix} 2 \\ 0 \end{pmatrix}$ …… ㉣

㉡－㉣을 하면

$A\begin{pmatrix}1\\3\end{pmatrix}-A\begin{pmatrix}1\\0\end{pmatrix}=\begin{pmatrix}-2\\-3\end{pmatrix}$, $A\left\{\begin{pmatrix}1\\3\end{pmatrix}-\begin{pmatrix}1\\0\end{pmatrix}\right\}=\begin{pmatrix}-2\\-3\end{pmatrix}$

$A\begin{pmatrix}0\\3\end{pmatrix}=\begin{pmatrix}-2\\-3\end{pmatrix}$, $3A\begin{pmatrix}0\\1\end{pmatrix}=\begin{pmatrix}-2\\-3\end{pmatrix}$ → $A\begin{pmatrix}0\\3\end{pmatrix}=A\left\{3\begin{pmatrix}0\\1\end{pmatrix}\right\}=3A\begin{pmatrix}0\\1\end{pmatrix}$

$\therefore A\begin{pmatrix}0\\1\end{pmatrix}=\begin{pmatrix}-\frac{2}{3}\\-1\end{pmatrix}$

㉠에서

$$A\begin{pmatrix}2\\3\end{pmatrix}=2A\begin{pmatrix}1\\0\end{pmatrix}+3A\begin{pmatrix}0\\1\end{pmatrix}$$

$$=2\begin{pmatrix}2\\0\end{pmatrix}+3\begin{pmatrix}-\frac{2}{3}\\-1\end{pmatrix}=\begin{pmatrix}2\\-3\end{pmatrix}$$

따라서 $a=2$, $b=-3$이므로

$ab=2\times(-3)=-6$

1404

답 184

$A^2=AA=\begin{pmatrix}0&1\\-1&1\end{pmatrix}\begin{pmatrix}0&1\\-1&1\end{pmatrix}=\begin{pmatrix}-1&1\\-1&0\end{pmatrix}$

$A^3=A^2A=\begin{pmatrix}-1&1\\-1&0\end{pmatrix}\begin{pmatrix}0&1\\-1&1\end{pmatrix}=\begin{pmatrix}-1&0\\0&-1\end{pmatrix}=-E$

$A^4=A^3A=-EA=-A$

$A^5=A^3A^2=-EA^2=-A^2$

$A^6=(A^3)^2=(-E)^2=E$

이므로 모든 자연수 k에 대하여

$A^{6k-5}=A$, $A^{6k-4}=A^2$, $A^{6k-3}=-E$,

$A^{6k-2}=-A$, $A^{6k-1}=-A^2$, $A^{6k}=E$

따라서 50 이하의 두 자연수 m, n $(m>n)$에 대하여

(i) $A^m=A^n=A$를 만족시키는 순서쌍 (m, n)의 개수는
1, 7, 13, …, 49의 9개의 수 중 2개를 뽑는 경우의 수와 같으므로
${}_9C_2=\frac{9\times8}{2}=36$

(ii) $A^m=A^n=A^2$을 만족시키는 순서쌍 (m, n)의 개수는
2, 8, 14, …, 50의 9개의 수 중 2개를 뽑는 경우의 수와 같으므로
${}_9C_2=\frac{9\times8}{2}=36$

(iii) $A^m=A^n=A^3=-E$를 만족시키는 순서쌍 (m, n)의 개수는
3, 9, 15, …, 45의 8개의 수 중 2개를 뽑는 경우의 수와 같으므로
${}_8C_2=\frac{8\times7}{2}=28$

(iv) $A^m=A^n=A^4=-A$를 만족시키는 순서쌍 (m, n)의 개수는
4, 10, 16, …, 46의 8개의 수 중 2개를 뽑는 경우의 수와 같으므로
${}_8C_2=\frac{8\times7}{2}=28$

(v) $A^m=A^n=A^5=-A^2$을 만족시키는 순서쌍 (m, n)의 개수는
5, 11, 17, …, 47의 8개의 수 중 2개를 뽑는 경우의 수와 같으므로
${}_8C_2=\frac{8\times7}{2}=28$

(vi) $A^m=A^n=A^6=E$를 만족시키는 순서쌍 (m, n)의 개수는
6, 12, 18, …, 48의 8개의 수 중 2개를 뽑는 경우의 수와 같으므로
${}_8C_2=\frac{8\times7}{2}=28$

따라서 구하는 순서쌍 (m, n)의 개수는

$36\times2+28\times4=184$

수학의 바이블

유형 ON

2권

정답과 풀이

공통수학1

다항식

유형별 유사문제

01 다항식의 연산

유형 01 다항식의 덧셈과 뺄셈 (1)

0001 답 ④

$(2A-B)-(A+B)=2A-B-A-B$
$=A-2B$
$=x^2+5xy-4y^2-2(2x^2-xy+y^2)$
$=x^2+5xy-4y^2-4x^2+2xy-2y^2$
$=-3x^2+7xy-6y^2$

0002 답 ③

$3A-(B-C)+2(C-A)$
$=3A-B+C+2C-2A$
$=A-B+3C$
$=x^2+2x-4-(3x^3+x^2+2x+4)+3(x^3+x^2+2x+1)$
$=x^2+2x-4-3x^3-x^2-2x-4+3x^3+3x^2+6x+3$
$=3x^2+6x-5$

0003 답 12

$(-2x^2-3xy+y^2)*(3x^2+xy-5y^2)$
$=3(-2x^2-3xy+y^2)-2(3x^2+xy-5y^2)$
$=-6x^2-9xy+3y^2-6x^2-2xy+10y^2$
$=-12x^2-11xy+13y^2$
따라서 $a=-12$, $b=-11$, $c=13$이므로
$a-b+c=-12-(-11)+13=12$

유형 02 다항식의 덧셈과 뺄셈 (2)

0004 답 ②

$X+2(2A+B)=2A$에서
$X+4A+2B=2A$이므로 $X=-2A-2B$
$\therefore X=-2A-2B$
$=-2(2x^2+xy-4y^2)-2(3x^2-xy+2y^2)$
$=-4x^2-2xy+8y^2-6x^2+2xy-4y^2$
$=-10x^2+4y^2$

0005 답 ⑤

$A+B=x^2+3xy+y^2$ …… ㉠
$B+C=4x^2-xy+y^2$ …… ㉡
$C+A=-3x^2-6y^2$ …… ㉢
㉠+㉡+㉢을 하면
$2(A+B+C)$
$=(x^2+3xy+y^2)+(4x^2-xy+y^2)+(-3x^2-6y^2)$
$=2x^2+2xy-4y^2$
$\therefore A+B+C=x^2+xy-2y^2$

0006 답 ⑤

$A+B=3x^2-2xy-3y^2$ …… ㉠
$A-B=-x^2+4xy+5y^2$ …… ㉡
㉠+㉡을 하면
$2A=(3x^2-2xy-3y^2)+(-x^2+4xy+5y^2)=2x^2+2xy+2y^2$
$\therefore A=x^2+xy+y^2$ …… ㉢
㉢을 ㉠에 대입하면
$(x^2+xy+y^2)+B=3x^2-2xy-3y^2$
$\therefore B=(3x^2-2xy-3y^2)-(x^2+xy+y^2)$
$=3x^2-2xy-3y^2-x^2-xy-y^2$
$=2x^2-3xy-4y^2$
$\therefore 3A-2B=3(x^2+xy+y^2)-2(2x^2-3xy-4y^2)$
$=3x^2+3xy+3y^2-4x^2+6xy+8y^2$
$=-x^2+9xy+11y^2$

유형 03 다항식의 전개식에서 계수 구하기

0007 답 ④

$(a-b+c-1)(-a+3b+1)$의 전개식에서 ab항은
$a\times 3b+(-b)\times(-a)=3ab+ab=4ab$
$(a-b+c-1)(-a+3b+1)$의 전개식에서 bc항은
$c\times 3b=3bc$
따라서 ab의 계수와 bc의 계수의 합은
$4+3=7$

0008 답 ③

$(3x^3+x^2-x-1)(x^2-kx+2k)$의 전개식에서 x^2항은
$x^2\times 2k+(-x)\times(-kx)+(-1)\times x^2=2kx^2+kx^2-x^2$
$=(3k-1)x^2$
이때 x^2의 계수가 -4이므로
$3k-1=-4$, $3k=-3$
$\therefore k=-1$

0009 답 47

$(1+x+2x^2+\cdots+10x^{10})^2$
$=(1+x+2x^2+\cdots+10x^{10})(1+x+2x^2+\cdots+10x^{10})$
이 식의 전개식에서 x^6항은

$1\times 6x^6+x\times 5x^5+2x^7\times 4x^4+3x^3\times 3x^3+4x^4\times 2x^2$
$+5x^5\times x+6x^6\times 1$
$=6x^6+5x^6+8x^6+9x^6+8x^6+5x^6+6x^6$
$=(6+5+8+9+8+5+6)x^6=47x^6$
따라서 x^6의 계수는 47이다.

0010 답 ①

$(x+1)(x+2)(x+3)\cdots(x+10)$에서 임의의 9개의 일차식에서는 x항을, 나머지 1개의 일차식에서는 상수항을 선택하여 곱하면 x^9항이 되므로 이 식의 전개식에서 x^9항은
$x^9\times 10+x^9\times 9+x^9\times 8+x^9\times 7+x^9\times 6+x^9\times 5+x^9\times 4$
$+x^9\times 3+x^9\times 2+x^9\times 1$
$=(1+2+3+\cdots+8+9+10)x^9=55x^9$
따라서 x^9의 계수는 55이다.

0011 답 6

$f(x)=(3x-1)(x^2-2ax-a)$라 하면
$f(x)$의 상수항과 계수들의 총합은 $f(1)$의 값과 같으므로
$f(1)=2\times(1-2a-a)=2(1-3a)$
즉, $2(1-3a)=8$이므로
$1-3a=4,\ -3a=3 \qquad \therefore a=-1$
$\therefore f(x)=(3x-1)(x^2+2x+1)$
이 식의 전개식에서
x^2항은 $3x\times 2x+(-1)\times x^2=6x^2-x^2=5x^2$
x항은 $3x\times 1+(-1)\times 2x=3x-2x=x$
따라서 x^2의 계수와 x의 계수의 합은
$5+1=6$

유형 04 곱셈 공식을 이용한 다항식의 전개 (1)

0012 답 9

$(2x-y+3)^2$
$=(2x)^2+(-y)^2+3^2+2\times 2x\times(-y)$
$\quad +2\times(-y)\times 3+2\times 3\times 2x$
$=4x^2+y^2-4xy+12x-6y+9$
따라서 $a=1,\ b=-4,\ c=12$이므로
$a+b+c=1+(-4)+12=9$

0013 답 $8ab$

$A-B-C+D$
$=(a+b+2c)^2-(-a+b+2c)^2-(a-b+2c)^2+(a+b-2c)^2$
$=(a^2+b^2+4c^2+2ab+4bc+4ca)$
$\quad -(a^2+b^2+4c^2-2ab+4bc-4ca)$
$\quad -(a^2+b^2+4c^2-2ab-4bc+4ca)$
$\quad +(a^2+b^2+4c^2+2ab-4bc-4ca)$
$=8ab$

다른 풀이
인수분해 공식 $a^2-b^2=(a+b)(a-b)$를 이용하여 해결할 수도 있다.
$A-B-C+D$
$=(a+b+2c)^2-(-a+b+2c)^2-(a-b+2c)^2+(a+b-2c)^2$
$=\{(a+b+2c)^2-(-a+b+2c)^2\}$
$\quad -\{(a-b+2c)^2-(a+b-2c)^2\}$
$=\{(a+b+2c)+(-a+b+2c)\}\{(a+b+2c)-(-a+b+2c)\}$
$\quad -\{(a-b+2c)+(a+b-2c)\}\{(a-b+2c)-(a+b-2c)\}$
$=(2b+4c)\times 2a-2a\times(-2b+4c)$
$=4ab+8ac+4ab-8ac$
$=8ab$

0014 답 ①

$(x-2)(x+2)(x^2+4)(x^4+16)=(x^2-4)(x^2+4)(x^4+16)$
$=(x^4-16)(x^4+16)$
$=x^8-16^2$
$=x^8-256$
이때 $x^8=281$이므로
$x^8-256=281-256=25$
따라서 25의 양의 제곱근은 5이다.

유형 05 곱셈 공식을 이용한 다항식의 전개 (2)

0015 답 ⑤

$\left(\frac{1}{2}x-1\right)^2(x+2)^3=\left(\frac{1}{4}x^2-x+1\right)(x^3+6x^2+12x+8)$의 전개식에서 x^3항은
$\frac{1}{4}x^2\times 12x+(-x)\times 6x^2+1\times x^3=3x^3-6x^3+x^3=-2x^3$
x^2항은
$\frac{1}{4}x^2\times 8+(-x)\times 12x+1\times 6x^2=2x^2-12x^2+6x^2=-4x^2$
따라서 $a=-2,\ b=-4$이므로
$a-b=-2-(-4)=2$

0016 답 ③

① $(x-1)(x+2)(x-4)$
$=x^3+(-1+2-4)x^2$
$\quad +\{(-1)\times 2+2\times(-4)+(-4)\times(-1)\}x$
$\quad +(-1)\times 2\times(-4)$
$=x^3-3x^2-6x+8$
② $(a-b)(a+b)(a^2+b^2)(a^4+b^4)=(a^2-b^2)(a^2+b^2)(a^4+b^4)$
$=(a^4-b^4)(a^4+b^4)$
$=a^8-b^8$
④ $(x-2y)^3=x^3-3\times x^2\times 2y+3\times x\times(2y)^2-(2y)^3$
$=x^3-6x^2y+12xy^2-8y^3$
⑤ $(x-2)(x^2+2x+4)=x^3-2^3=x^3-8$
따라서 다항식의 전개가 옳은 것은 ③이다.

2 권

0017

답 ⑤

가로의 길이가 $a+b$, 세로의 길이가 a^2-ab+b^2인 직사각형의 넓이가 A이므로

$A=(a+b)(a^2-ab+b^2)=a^3+b^3$

가로의 길이가 $a-b$, 세로의 길이가 a^2+ab+b^2인 직사각형의 넓이가 B이므로

$B=(a-b)(a^2+ab+b^2)=a^3-b^3$

$\therefore A-B=a^3+b^3-(a^3-b^3)=2b^3$

0018

답 12

$(x-\sqrt{6})^3(x+\sqrt{6})^3=\{(x-\sqrt{6})(x+\sqrt{6})\}^3$

$=(x^2-6)^3$

$=(x^2)^3-3\times(x^2)^2\times6+3\times x^2\times6^2-6^3$

$=x^6-18x^4+108x^2-216$

따라서 $a=-18$, $b=-216$이므로

$\frac{b}{a}=\frac{-216}{-18}=12$

0019

답 $1+x^{16}+x^{32}$

$(1+x+x^2)(1-x+x^2)(1-x^2+x^4)(1-x^4+x^8)(1-x^8+x^{16})$

$=(1+x^2+x^4)(1-x^2+x^4)(1-x^4+x^8)(1-x^8+x^{16})$

$=(1+x^4+x^8)(1-x^4+x^8)(1-x^8+x^{16})$

$=(1+x^8+x^{16})(1-x^8+x^{16})$

$=1+x^{16}+x^{32}$

참고

$(a^2+ab+b^2)(a^2-ab+b^2)=a^4+a^2b^2+b^4$을 이용하여 식을 간단히 한다.

0020

답 17

$(a-b)(a+b)(a^2+b^2)(a^4+b^4)(a^{16}+a^8b^8+b^{16})$

$=(a^2-b^2)(a^2+b^2)(a^4+b^4)(a^{16}+a^8b^8+b^{16})$

$=(a^4-b^4)(a^4+b^4)(a^{16}+a^8b^8+b^{16})$

$=(a^8-b^8)(a^{16}+a^8b^8+b^{16})$

$=a^{24}-b^{24}$

$=(a^6)^4-(b^8)^3$

$=3^4-4^3$

$=81-64=17$

Bible Says $(a^n-b^n)(a^{2n}+a^nb^n+b^{2n})$의 전개

곱셈 공식에 의하여

$(a^n-b^n)(a^{2n}+a^nb^n+b^{2n})=(a^n)^3-(b^n)^3$

$=a^{3n}-b^{3n}$

유형 06 공통부분이 있는 식의 전개

0021

답 13

$(x+2)(x-3)(x^2+x-6)=(x^2-x-6)(x^2+x-6)$

$x^2-6=t$로 놓으면

$(x^2-x-6)(x^2+x-6)=(t-x)(t+x)$

$=t^2-x^2$

$=(x^2-6)^2-x^2$ ← $t=x^2-6$을 대입

$=x^4-12x^2+36-x^2$

$=x^4-13x^2+36$

따라서 $a=0$, $b=-13$, $c=0$이므로

$a-b+c=0-(-13)+0=13$

0022

답 ①

$(a-b-3)\{(a-b)^2+3a-3b+9\}$에서

$a-b=t$로 놓으면

$(a-b-3)\{(a-b)^2+3a-3b+9\}$

$=(t-3)(t^2+3t+9)$

$=t^3-27$

이때 $t^3-27=3$이므로 $t^3=30$

$\therefore (a-b)^3=30$

0023

답 27

$(x-1)(x+2)(x-3)(x+4)+16$

$=\{(x-1)(x+2)\}\{(x-3)(x+4)\}+16$

$=(x^2+x-2)(x^2+x-12)+16$

$x^2+x=t$로 놓으면

$(x^2+x-2)(x^2+x-12)+16$

$=(t-2)(t-12)+16$

$=t^2-14t+40$

$=(x^2+x)^2-14(x^2+x)+40$ ← $t=x^2+x$를 대입

$=x^4+2x^3+x^2-14x^2-14x+40$

$=x^4+2x^3-13x^2-14x+40$

따라서 x^2의 계수는 -13, 상수항은 40이므로

$a=-13$, $b=40$

$\therefore a+b=-13+40=27$

0024

답 3

$(x-1)(x-2)(x^2-3x-2)=(x^2-3x+2)(x^2-3x-2)$

$x^2-3x=t$로 놓으면

$(x^2-3x+2)(x^2-3x-2)$

$=(t+2)(t-2)$

$=t^2-2^2$

$=(x^2-3x)^2-4$ ← $t=x^2-3x$를 대입

$=x^4-6x^3+9x^2-4$

따라서 $a=-6$, $b=9$이므로

$a+b=-6+9=3$

0025 답 256

$(3+k)^3=A$, $(3-k)^3=B$로 놓으면

$\{(3+k)^3+(3-k)^3\}^2-\{(3+k)^3-(3-k)^3\}^2$

$=(A+B)^2-(A-B)^2$

$=A^2+2AB+B^2-(A^2-2AB+B^2)$

$=4AB$

$=4(3+k)^3(3-k)^3$ ← $A=(3+k)^3$, $B=(3-k)^3$을 대입

$=4\{(3+k)(3-k)\}^3$

$=4(9-k^2)^3$

$=4(9-5)^3$ ($\because k=\sqrt{5}$)

$=4^4=256$

다른 풀이 1

$3+k=A$, $3-k=B$로 놓으면

$\{(3+k)^3+(3-k)^3\}^2-\{(3+k)^3-(3-k)^3\}^2$

$=(A^3+B^3)^2-(A^3-B^3)^2$

$=A^6+2A^3B^3+B^6-(A^6-2A^3B^3+B^6)$

$=4A^3B^3$

$=4(3+k)^3(3-k)^3$ ← $A=3+k$, $B=3-k$를 대입

$=4\{(3+k)(3-k)\}^3$

$=4(9-k^2)^3=4(9-5)^3$ ($\because k=\sqrt{5}$)

$=4^4=256$

다른 풀이 2

$(3+k)^3=A$, $(3-k)^3=B$로 놓으면

$\{(3+k)^3+(3-k)^3\}^2-\{(3+k)^3-(3-k)^3\}^2$

$=(A+B)^2-(A-B)^2$

$=\{(A+B)+(A-B)\}\{(A+B)-(A-B)\}$

$=2A\times 2B$

$=4AB$

$=4(3+k)^3(3-k)^3$ ← $A=(3+k)^3$, $B=(3-k)^3$을 대입

$=4\{(3+k)(3-k)\}^3$

$=4(9-k^2)^3$

$=4(9-5)^3$ ($\because k=\sqrt{5}$)

$=4^4=256$

유형 07 곱셈 공식의 변형 - $a^n\pm b^n$의 값

0026 답 ②

$x^2+y^2=(x+y)^2-2xy$에서

$10=4^2-2xy$, $2xy=6$ $\quad\therefore xy=3$

$\therefore x^3+y^3=(x+y)^3-3xy(x+y)$

$=4^3-3\times3\times4=28$

0027 답 ⑤

$(a+a^3)-(b+b^3)=a-b+a^3-b^3$

$=a-b+(a-b)^3+3ab(a-b)$

이때 $(a-b)^2=(a+b)^2-4ab=3^2-4\times1=5$이므로

$a-b=\sqrt{5}$ ($\because a>b$)

$\therefore (a+a^3)-(b+b^3)=a-b+(a-b)^3+3ab(a-b)$

$=\sqrt{5}+(\sqrt{5})^3+3\times1\times\sqrt{5}$

$=\sqrt{5}+5\sqrt{5}+3\sqrt{5}=9\sqrt{5}$

0028 답 ①

$x^3+y^3=(x+y)^3-3xy(x+y)$에서

$16=4^3-3xy\times4$, $12xy=48$ $\quad\therefore xy=4$

$\therefore \frac{y}{x}+\frac{x}{y}=\frac{x^2+y^2}{xy}=\frac{(x+y)^2-2xy}{xy}$

$=\frac{4^2-2\times4}{4}=2$

0029 답 ②

$x^3-y^3=(x-y)^3+3xy(x-y)$에서

$26=2^3+3xy\times2$, $6xy=18$ $\quad\therefore xy=3$

$\therefore x^2+y^2=(x-y)^2+2xy=2^2+2\times3=10$

$\therefore x^4+y^4=(x^2+y^2)^2-2x^2y^2=(x^2+y^2)^2-2(xy)^2$

$=10^2-2\times3^2=82$

0030 답 52

$a=2+\sqrt{3}$, $b=2-\sqrt{3}$이므로

$a+b=(2+\sqrt{3})+(2-\sqrt{3})=4$

$ab=(2+\sqrt{3})(2-\sqrt{3})=1$

$\therefore \frac{b}{a^2}+\frac{a}{b^2}=\frac{a^3+b^3}{a^2b^2}=\frac{(a+b)^3-3ab(a+b)}{(ab)^2}$

$=\frac{4^3-3\times1\times4}{1^2}=52$

0031 답 ①

$(x^2+y^2)(x^3+y^3)=x^5+x^2y^3+x^3y^2+y^5$

$=x^5+y^5+x^2y^2(x+y)$

이므로

$x^5+y^5=(x^2+y^2)(x^3+y^3)-x^2y^2(x+y)$ ...... ㉠

이때 $x^2+y^2=(x+y)^2-2xy$에서

$5=3^2-2xy$, $2xy=4$ $\quad\therefore xy=2$

$x^3+y^3=(x+y)^3-3xy(x+y)$

$=3^3-3\times2\times3=9$

㉠에서

$x^5+y^5=(x^2+y^2)(x^3+y^3)-x^2y^2(x+y)$

$=5\times9-2^2\times3=33$

$\therefore x^3+y^3+x^5+y^5=9+33=42$

유형 08 곱셈 공식의 변형 - $a^n\pm\frac{1}{a^n}$의 값

0032 답 ④

$x\neq0$이므로 $x^2-5x+1=0$의 양변을 x로 나누면

$x-5+\frac{1}{x}=0$ $\quad\therefore x+\frac{1}{x}=5$

$\therefore x^3+\frac{1}{x^3}=\left(x+\frac{1}{x}\right)^3-3\left(x+\frac{1}{x}\right)$

$=5^3-3\times5=110$

0033

답 ③

$x^2\neq0$이므로 $x^4=11x^2-1$의 양변을 x^2으로 나누면

$x^2=11-\dfrac{1}{x^2}$ $\quad\therefore x^2+\dfrac{1}{x^2}=11$

$\left(x-\dfrac{1}{x}\right)^2=x^2+\dfrac{1}{x^2}-2=11-2=9$

이때 $x>1$에서 $x>\dfrac{1}{x}$, 즉 $x-\dfrac{1}{x}>0$이므로 $x-\dfrac{1}{x}=3$

$\therefore x^3-\dfrac{1}{x^3}=\left(x-\dfrac{1}{x}\right)^3+3\left(x-\dfrac{1}{x}\right)$

$=3^3+3\times3=36$

0034

답 40

$x\neq0$이므로 $x^2-4x+1=0$의 양변을 x로 나누면

$x-4+\dfrac{1}{x}=0$ $\quad\therefore x+\dfrac{1}{x}=4$

$x^2+\dfrac{1}{x^2}=\left(x+\dfrac{1}{x}\right)^2-2=4^2-2=14$

$x^3+\dfrac{1}{x^3}=\left(x+\dfrac{1}{x}\right)^3-3\left(x+\dfrac{1}{x}\right)=4^3-3\times4=52$

$\therefore x^3-2x^2+3x+4+\dfrac{3}{x}-\dfrac{2}{x^2}+\dfrac{1}{x^3}$

$=\left(x^3+\dfrac{1}{x^3}\right)-2\left(x^2+\dfrac{1}{x^2}\right)+3\left(x+\dfrac{1}{x}\right)+4$

$=52-2\times14+3\times4+4=40$

0035

답 ⑤

$x\neq0$이므로 $x^2=x+1$의 양변을 x로 나누면

$x=1+\dfrac{1}{x}$ $\quad\therefore x-\dfrac{1}{x}=1$

$x^3-\dfrac{1}{x^3}=\left(x-\dfrac{1}{x}\right)^3+3\left(x-\dfrac{1}{x}\right)=1^3+3\times1=4$

$\left(x+\dfrac{1}{x}\right)^2=\left(x-\dfrac{1}{x}\right)^2+4=1^2+4=5$

이때 $x>1$에서 $x+\dfrac{1}{x}>0$이므로 $x+\dfrac{1}{x}=\sqrt{5}$

$x^3+\dfrac{1}{x^3}=\left(x+\dfrac{1}{x}\right)^3-3\left(x+\dfrac{1}{x}\right)=(\sqrt{5})^3-3\times\sqrt{5}=2\sqrt{5}$

$\therefore x^6-\dfrac{1}{x^6}=(x^3)^2-\dfrac{1}{(x^3)^2}$

$=\left(x^3+\dfrac{1}{x^3}\right)\left(x^3-\dfrac{1}{x^3}\right)$

$=2\sqrt{5}\times4=8\sqrt{5}$

0036

답 $6\sqrt{6}$

$\dfrac{x^6+3x^4+3x^2+1}{x^3}=x^3+3x+\dfrac{3}{x}+\dfrac{1}{x^3}$

$=\left(x^3+\dfrac{1}{x^3}\right)+3\left(x+\dfrac{1}{x}\right)$

$=\left(x+\dfrac{1}{x}\right)^3-3\left(x+\dfrac{1}{x}\right)+3\left(x+\dfrac{1}{x}\right)$

$=\left(x+\dfrac{1}{x}\right)^3$ $\quad\cdots\cdots$ ㉠

$x^2-\dfrac{1}{x^2}=-2\sqrt{3}$이므로

$\left(x^2+\dfrac{1}{x^2}\right)^2=\left(x^2-\dfrac{1}{x^2}\right)^2+4=(-2\sqrt{3})^2+4=16$

이때 $x^2>0$이므로 $x^2+\dfrac{1}{x^2}=4$

$\therefore \left(x+\dfrac{1}{x}\right)^2=x^2+\dfrac{1}{x^2}+2=4+2=6$

이때 $x>0$이므로 $x+\dfrac{1}{x}=\sqrt{6}$

㉠에서

$\dfrac{x^6+3x^4+3x^2+1}{x^3}=\left(x+\dfrac{1}{x}\right)^3=(\sqrt{6})^3=6\sqrt{6}$

유형 09 곱셈 공식의 변형 - $a^n+b^n+c^n$의 값

0037

답 ⑤

$(a+b+c)^2=a^2+b^2+c^2+2(ab+bc+ca)$에서

$6^2=14+2(ab+bc+ca)$ $\quad\therefore ab+bc+ca=11$

$\therefore a^3+b^3+c^3=(a+b+c)(a^2+b^2+c^2-ab-bc-ca)+3abc$

$=6\times(14-11)+3\times6=36$

0038

답 65

$(a+b+c)^2=a^2+b^2+c^2+2(ab+bc+ca)$에서

$5^2=15+2(ab+bc+ca)$ $\quad\therefore ab+bc+ca=5$

$\dfrac{1}{a}+\dfrac{1}{b}+\dfrac{1}{c}=1$에서

$\dfrac{1}{a}+\dfrac{1}{b}+\dfrac{1}{c}=\dfrac{ab+bc+ca}{abc}=\dfrac{5}{abc}=1$ $\quad\therefore abc=5$

$\therefore a^3+b^3+c^3=(a+b+c)(a^2+b^2+c^2-ab-bc-ca)+3abc$

$=5\times(15-5)+3\times5=65$

0039

답 36

$(a+b)^2+(b-c)^2+(c-a)^2$

$=(a^2+2ab+b^2)+(b^2-2bc+c^2)+(c^2-2ca+a^2)$

$=2(a^2+b^2+c^2)+2(ab-bc-ca)$ $\quad\cdots\cdots$ ㉠

이때 $(a+b-c)^2=a^2+b^2+c^2+2ab-2bc-2ca$에서

$(a+b-c)^2=a^2+b^2+c^2+2(ab-bc-ca)$이므로

$4^2=20+2(ab-bc-ca)$ $\quad\therefore ab-bc-ca=-2$

㉠에서

$(a+b)^2+(b-c)^2+(c-a)^2=2(a^2+b^2+c^2)+2(ab-bc-ca)$

$=2\times20+2\times(-2)=36$

다른 풀이

$a+b=4+c$, $b-c=4-a$, $c-a=b-4$이므로

$(a+b)^2+(b-c)^2+(c-a)^2$

$=(4+c)^2+(4-a)^2+(b-4)^2$

$=(c^2+8c+16)+(a^2-8a+16)+(b^2-8b+16)$

$=(a^2+b^2+c^2)-8(a+b-c)+48$

$=20-8\times4+48=36$

0040 답 19

$a^2+b^2+c^2-ab-bc-ca$

$=\frac{1}{2}(2a^2+2b^2+2c^2-2ab-2bc-2ca)$

$=\frac{1}{2}\{(a^2-2ab+b^2)+(b^2-2bc+c^2)+(c^2-2ac+a^2)\}$

$=\frac{1}{2}\{(a-b)^2+(b-c)^2+(c-a)^2\}$ …… ㉠

이때 $a-b=2$, $b-c=3$을 변끼리 더하면

$a-c=5$ $\therefore c-a=-5$

㉠에서

$a^2+b^2+c^2-ab-bc-ca=\frac{1}{2}\{(a-b)^2+(b-c)^2+(c-a)^2\}$

$=\frac{1}{2}\times\{2^2+3^2+(-5)^2\}=19$

0041 답 18

$(a+b+c)^2=a^2+b^2+c^2+2(ab+bc+ca)$에서

$0=6+2(ab+bc+ca)$ $\therefore ab+bc+ca=-3$

$ab+bc+ca=-3$의 양변을 제곱하면

$a^2b^2+b^2c^2+c^2a^2+2(ab^2c+abc^2+a^2bc)=9$

$a^2b^2+b^2c^2+c^2a^2+2abc(a+b+c)=9$

이때 $a+b+c=0$이므로 $a^2b^2+b^2c^2+c^2a^2=9$

$\therefore a^4+b^4+c^4=(a^2+b^2+c^2)^2-2(a^2b^2+b^2c^2+c^2a^2)$

$=6^2-2\times 9=18$

0042 답 8

$a^2=a+b$, $b^2=b+c$, $c^2=c+a$를 변끼리 더하면

$a^2+b^2+c^2=2(a+b+c)$

이때 $a^2+b^2+c^2=(a+b+c)^2-2(ab+bc+ca)$이므로

$2(a+b+c)=(a+b+c)^2-2(ab+bc+ca)$

$a+b+c=t$로 놓으면 $2t=t^2-2\times 24$, $t^2-2t-48=0$

$(t+6)(t-8)=0$ $\therefore t=-6$ 또는 $t=8$

이때 a, b, c는 양수이므로 $a+b+c>0$, 즉 $t>0$ $\therefore t=8$

$\therefore a+b+c=8$

0043 답 ②

$(a+b+c)^2=a^2+b^2+c^2+2(ab+bc+ca)$에서

$6^2=26+2(ab+bc+ca)$ $\therefore ab+bc+ca=5$

$a^3+b^3+c^3-3abc=(a+b+c)(a^2+b^2+c^2-ab-bc-ca)$에서

$90-3abc=6\times(26-5)$ $\therefore abc=-12$

$(ab+bc+ca)^2=a^2b^2+b^2c^2+c^2a^2+2abc(a+b+c)$이므로

$a^2b^2+b^2c^2+c^2a^2=(ab+bc+ca)^2-2abc(a+b+c)$

$=5^2-2\times(-12)\times 6=25+144=169$

$(a^2+b^2+c^2)^2=a^4+b^4+c^4+2(a^2b^2+b^2c^2+c^2a^2)$이므로

$a^4+b^4+c^4=(a^2+b^2+c^2)^2-2(a^2b^2+b^2c^2+c^2a^2)$

$=26^2-2\times 169=676-338=338$

$\therefore \frac{a^4+b^4+c^4}{a^2b^2+b^2c^2+c^2a^2}=\frac{338}{169}=2$

0044 답 ⑤

$a^3+b^3+c^3=(a+b+c)(a^2+b^2+c^2-ab-bc-ca)+3abc$에서

$81=(a+b+c)(a^2+b^2+c^2-ab-bc-ca)+3\times 27$

$\therefore (a+b+c)(a^2+b^2+c^2-ab-bc-ca)=0$

$a+b+c\neq 0$이므로 $a^2+b^2+c^2-ab-bc-ca=0$

$a^2+b^2+c^2-ab-bc-ca=\frac{1}{2}\{(a-b)^2+(b-c)^2+(c-a)^2\}$

이므로

$\frac{1}{2}\{(a-b)^2+(b-c)^2+(c-a)^2\}=0$

따라서 $a-b=0$, $b-c=0$, $c-a=0$이므로 $a=b=c$

이때 $abc=27$이므로 $a=b=c=3$

$\therefore (a+2b)(b+2c)(c+2a)=(3+2\times 3)(3+2\times 3)(3+2\times 3)$

$=9^3=729$

유형 10 곱셈 공식의 변형의 활용

0045 답 12

$x+y+z=3$에서

$x+y=3-z$, $y+z=3-x$, $z+x=3-y$이므로

$(x+y)(y+z)(z+x)$

$=(3-z)(3-x)(3-y)$

$=3^3-3^2(x+y+z)+3(xy+yz+zx)-xyz$

$=27-9\times 3+3\times 2-(-6)$

$=12$

0046 답 ⑤

$(x+y+z)^2=x^2+y^2+z^2+2(xy+yz+zx)$에서

$5^2=15+2(xy+yx+zx)$ $\therefore xy+yz+zx=5$

$x+y+z=5$에서

$x+y=5-z$, $y+z=5-x$, $z+x=5-y$

이므로

$(x+y)(y+z)+(y+z)(z+x)+(z+x)(x+y)$

$=(5-z)(5-x)+(5-x)(5-y)+(5-y)(5-z)$

$=75-10(x+y+z)+(xy+yz+zx)$

$=75-10\times 5+5=30$

유형 11 곱셈 공식을 이용한 수의 계산

0047 답 ④

$9\times 11\times 101\times 10001=(10-1)(10+1)(100+1)(10000+1)$

$=(10-1)(10+1)(10^2+1)(10^4+1)$

$=(10^2-1)(10^2+1)(10^4+1)$

$=(10^4-1)(10^4+1)$

$=10^8-1$

0048

답 147

$$\frac{147^4}{148\times(147^2-146)-1}=\frac{147^4}{(147+1)\times(147^2-147+1)-1}$$
$$=\frac{147^4}{147^3+1-1}=\frac{147^4}{147^3}=147$$

다른 풀이

$147=a$라 하면

$$\frac{147^4}{148\times(147^2-146)-1}=\frac{a^4}{(a+1)(a^2-a+1)-1}$$
$$=\frac{a^4}{a^3+1-1}=\frac{a^4}{a^3}=a=147$$

참고

$(a+b)(a^2-ab+b^2)=a^3+b^3$을 이용하여 식을 간단히 한다.

0049

답 ②

$1=\frac{1}{9}\times9=\frac{1}{9}\times(2^3+1)$이므로

$p=3(2^3-1)(2^6+1)(2^{12}+1)(2^{24}+1)(2^{48}+1)$

$=3\times\frac{1}{9}(2^3+1)(2^3-1)(2^6+1)(2^{12}+1)(2^{24}+1)(2^{48}+1)$

$=\frac{1}{3}(2^6-1)(2^6+1)(2^{12}+1)(2^{24}+1)(2^{48}+1)$

$=\frac{1}{3}(2^{12}-1)(2^{12}+1)(2^{24}+1)(2^{48}+1)$

$=\frac{1}{3}(2^{24}-1)(2^{24}+1)(2^{48}+1)$

$=\frac{1}{3}(2^{48}-1)(2^{48}+1)$

$=\frac{1}{3}(2^{96}-1)$

$p=\frac{1}{3}(2^{96}-1)$, $3p=2^{96}-1$, $3p+1=2^{96}$

$3p+1=2\times2^{95}\qquad \therefore 2^{95}=\frac{3p+1}{2}$

$4^{95}=(2^2)^{95}=(2^{95})^2$이고 $2^{95}=\frac{3p+1}{2}$이므로

$4^{95}=(2^{95})^2=\left(\frac{3p+1}{2}\right)^2=\frac{(3p+1)^2}{4}$

0050

답 ④

$55=x$라 하면

$\frac{55^4+55^2+1}{55^2-55+1}-\frac{55^4+55^2+1}{55^2+55+1}$

$=\frac{x^4+x^2+1}{x^2-x+1}-\frac{x^4+x^2+1}{x^2+x+1}$

$=\frac{(x^4+x^2+1)\{(x^2+x+1)-(x^2-x+1)\}}{(x^2-x+1)(x^2+x+1)}$

$(x^2-x+1)(x^2+x+1)=(x^2+1)^2-x^2=x^4+x^2+1$

$=\frac{2x(x^4+x^2+1)}{x^4+x^2+1}$

$=2x=2\times55=110$

0051

답 55

$1=\frac{1}{3}\times3=\frac{1}{3}(4-1)$이므로

$(4+1)(4^2+1)(4^4+1)(4^8+1)$

$=\frac{1}{3}(4-1)(4+1)(4^2+1)(4^4+1)(4^8+1)$

$=\frac{1}{3}(4^2-1)(4^2+1)(4^4+1)(4^8+1)$

$=\frac{1}{3}(4^4-1)(4^4+1)(4^8+1)$

$=\frac{1}{3}(4^8-1)(4^8+1)$

$=\frac{1}{3}(4^{16}-1)$

$=\frac{2^{32}-1}{3}$

$\therefore a=3,\ b=32$

$1=\frac{1}{8}\times8=\frac{1}{8}(9-1)$이므로

$(9+1)(9^4+9^2+1)=\frac{1}{8}(9-1)(9+1)(9^4+9^2+1)$

$=\frac{1}{8}(9^2-1)(9^4+9^2+1)$

$=\frac{1}{8}(9^6-1)$

$=\frac{3^{12}-1}{8}$

$\therefore c=8,\ d=12$

$\therefore a+b+c+d=3+32+8+12=55$

유형 12 곱셈 공식의 도형에의 활용

0052

답 ②

직육면체의 밑면의 가로의 길이, 세로의 길이, 높이를 각각 a, b, c라 하면 모든 모서리의 길이의 합이 36이므로

$4(a+b+c)=36\qquad \therefore a+b+c=9$

대각선 AB의 길이가 $3\sqrt{5}$이므로

$\sqrt{a^2+b^2+c^2}=3\sqrt{5}\qquad \therefore a^2+b^2+c^2=(3\sqrt{5})^2=45$

$(a+b+c)^2=a^2+b^2+c^2+2(ab+bc+ca)$에서

$9^2=45+2(ab+bc+ca)\qquad \therefore ab+bc+ca=18$

따라서 직육면체의 겉넓이는

$2(ab+bc+ca)=2\times18=36$

0053

답 -88

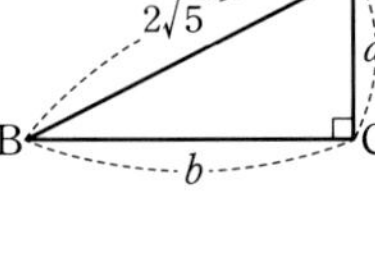

$\overline{AC}=a$, $\overline{BC}=b$라 하면

$\overline{AB}=2\sqrt{5}$이므로

$a^2+b^2=(2\sqrt{5})^2=20$

삼각형 ABC의 넓이가 1이므로

$\frac{1}{2}ab=1\qquad \therefore ab=2$

$(a-b)^2=a^2+b^2-2ab=20-2\times2=16$

$\therefore a-b=-4\ (\because a<b)$

$a^3-b^3=(a-b)^3+3ab(a-b)$

$=(-4)^3+3\times2\times(-4)=-88$

$\therefore \overline{AC}^3-\overline{BC}^3=a^3-b^3=-88$

0054

답 ⑤

$(a+b+c)(a+b-c)=(a-b+c)(-a+b+c)$에서
$\{(a+b)+c\}\{(a+b)-c\}=\{c+(a-b)\}\{c-(a-b)\}$
$(a+b)^2-c^2=c^2-(a-b)^2$
$(a^2+2ab+b^2)-c^2=c^2-(a^2-2ab+b^2)$
$a^2+2ab+b^2-c^2=c^2-a^2+2ab-b^2$
$2a^2+2b^2=2c^2 \quad \therefore a^2+b^2=c^2$
따라서 삼각형 ABC는 그림과 같이 $\angle C=90°$인 직각삼각형이다.

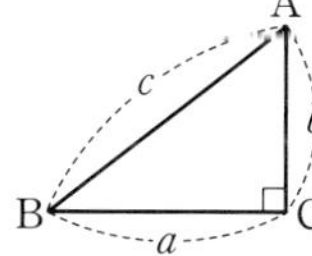

0055

답 ②

직육면체의 대각선의 길이가 $2\sqrt{6}$이므로
$x^2+y^2+z^2=(2\sqrt{6})^2=24$
직육면체의 모든 모서리의 길이의 합이 32이므로
$4(x+y+z)=32 \quad \therefore x+y+z=8$
$x^2+y^2+z^2=(x+y+z)^2-2(xy+yz+zx)$에서
$24=8^2-2(xy+yz+zx) \quad \therefore xy+yz+zx=20$
$x^2y^2+y^2z^2+z^2x^2=(xy+yz+zx)^2-2xyz(x+y+z)$에서
$160=20^2-16xyz \quad \therefore xyz=15$
(i) 직육면체의 겉넓이는 $2(xy+yz+zx)=2\times 20=40$
(ii) 직육면체의 부피는 $xyz=15$
(i), (ii)에서 직육면체의 겉넓이와 부피의 합은
$40+15=55$

0056

답 624

큰 정육면체와 작은 정육면체의 한 모서리의 길이를 각각 a, b라 하면 $a-b=8$
두 정육면체의 부피의 차가 992이므로
$a^3-b^3=992$
$a^3-b^3=(a-b)^3+3ab(a-b)$에서
$992=8^3+3ab\times 8 \quad \therefore ab=20$
$a^2+b^2=(a-b)^2+2ab=8^2+2\times 20=104$
따라서 두 정육면체의 겉넓이의 합은
$6a^2+6b^2=6(a^2+b^2)=6\times 104=624$

0057

답 52

직육면체의 밑면의 가로의 길이, 세로의 길이, 높이를 각각 a, b, c라 하면 겉넓이가 72이므로
$2(ab+bc+ca)=72 \quad \therefore ab+bc+ca=36$
삼각형 BGD의 세 변의 길이의 제곱의 합이 194이므로
$\overline{BD}^2+\overline{DG}^2+\overline{BG}^2=194$
$(a^2+b^2)+(b^2+c^2)+(a^2+c^2)=194$
$2(a^2+b^2+c^2)=194 \quad \therefore a^2+b^2+c^2=97$
$(a+b+c)^2=a^2+b^2+c^2+2(ab+bc+ca)$
$=97+2\times 36=169$
$\therefore a+b+c=13$ ($\because a>0$, $b>0$, $c>0$)
따라서 직육면체의 모든 모서리의 길이의 합은
$4(a+b+c)=4\times 13=52$

유형 13 다항식의 나눗셈 - 몫과 나머지

0058

답 10

$$\begin{array}{r} 4x^2+8x+9 \\ x-2\overline{)4x^3 \qquad -7x+16} \\ \underline{4x^3-8x^2 \qquad\qquad} \\ 8x^2-7x \qquad \\ \underline{8x^2-16x \qquad} \\ 9x+16 \\ \underline{9x-18} \\ 34 \end{array}$$

따라서 $a=8$, $b=7$, $c=9$, $d=34$이므로
$d-(a+b+c)=34-(8+7+9)=10$

0059

답 1

$$\begin{array}{r} x^2+x+3 \qquad\qquad \\ x^2-1\overline{)x^4+x^3+2x^2-3x-5} \\ \underline{x^4 \qquad -x^2 \qquad\qquad\quad} \\ x^3+3x^2-3x \qquad \\ \underline{x^3 \qquad\quad -x \qquad} \\ 3x^2-2x-5 \\ \underline{3x^2 \qquad -3} \\ -2x-2 \end{array}$$

따라서 $Q(x)=x^2+x+3$, $R(x)=-2x-2$이므로
$Q(-2)+R(1)=(4-2+3)+(-2\times 1-2)=1$

0060

답 19

$(x^2-a)bx=3x^3-3x$이므로
$bx^3-abx=3x^3-3x$
$b=3$, $-ab=-3$
$\therefore a=1$, $b=3$
즉, $3x^3+5x^2+2$를 x^2-1로 나누면 오른쪽과 같다.

$$\begin{array}{r} 3x+5 \qquad\qquad \\ x^2-1\overline{)3x^3+5x^2 \qquad +2} \\ \underline{3x^3 \qquad\quad -3x \qquad} \\ 5x^2+3x+2 \\ \underline{5x^2 \qquad -5} \\ 3x+7 \end{array}$$

따라서 $a=1$, $b=3$, $c=5$, $d=3$, $e=7$이므로
$a+b+c+d+e=1+3+5+3+7=19$

유형 14 다항식의 나눗셈 - $A=BQ+R$

0061

답 ⑤

$6x^3-5x^2-x+1=A(x)(2x-1)$이므로
$A(x)=(6x^3-5x^2-x+1)\div(2x-1)$

$$
\begin{array}{r}
3x^2-\ x\ -1 \\
2x-1\overline{)\,6x^3-5x^2-\ x+1} \\
\underline{6x^3-3x^2\qquad\qquad} \\
-2x^2-\ x \\
\underline{-2x^2+\ x} \\
-2x+1 \\
\underline{-2x+1} \\
0
\end{array}
$$

따라서 $A(x)=3x^2-x-1$이므로

$A(x)$의 x^2의 계수와 상수항의 합은 $3+(-1)=2$

0062

답 $3x^2-3x+16$

$3x^4+4x^2+22x-40=A(x^2+x-3)-3x+8$이므로

$A(x^2+x-3)=3x^4+4x^2+22x-40-(-3x+8)$

$\qquad\qquad\qquad=3x^4+4x^2+25x-48$

$\therefore A=(3x^4+4x^2+25x-48)\div(x^2+x-3)$

$$
\begin{array}{r}
3x^2-3x\ +16 \\
x^2+x-3\overline{)\,3x^4\qquad +\ 4x^2+25x-48} \\
\underline{3x^4+3x^3-\ 9x^2\qquad\qquad\quad} \\
-3x^3+13x^2+25x\qquad \\
\underline{-3x^3-\ 3x^2+\ 9x\qquad} \\
16x^2+16x-48 \\
\underline{16x^2+16x-48} \\
0
\end{array}
$$

$\therefore A=3x^2-3x+16$

0063

답 ⑤

$f(x)=(x^2+1)(2x-1)+5$

$\quad=2x^3-x^2+2x+4$

$\therefore f(x)=(x^2-1)(2x-1)+4x+3$

따라서 $f(x)$를 x^2-1로 나누었을 때의 몫은 $2x-1$, 나머지는 $4x+3$이므로

$a=2,\ b=-1,\ c=4,\ d=3$

$\therefore ab+cd=2\times(-1)+4\times3=10$

$$
\begin{array}{r}
2x\ -1 \\
x^2-1\overline{)\,2x^3-x^2+2x+4} \\
\underline{2x^3\qquad -2x\qquad} \\
-x^2+4x+4 \\
\underline{-x^2\qquad +1} \\
4x+3
\end{array}
$$

0064

답 4

$A=(x+1)(x-2)-2$

$\ =x^2-x-4$

$B=(x+1)(x+2)+1$

$\ =x^2+3x+3$

$\therefore xA+B$

$\ =x(x^2-x-4)+x^2+3x+3$

$\ =x^3-x^2-4x+x^2+3x+3$

$\ =x^3-x+3$

$$
\begin{array}{r}
x\ -2 \\
x^2+2x-1\overline{)\,x^3\qquad -\ x+3} \\
\underline{x^3+2x^2-\ x\qquad} \\
-2x^2\qquad +3 \\
\underline{-2x^2-4x+2} \\
4x+1
\end{array}
$$

따라서 $xA+B$를 x^2+2x-1로 나누었을 때의 몫은 $x-2$, 나머지는 $4x+1$이므로

$Q(x)=x-2,\ R(x)=4x+1$

$\therefore Q(1)+R(1)=(1-2)+(4+1)=4$

0065

답 ⑤

$$
\begin{array}{r}
x\ +1\qquad\qquad\qquad\qquad \\
x^2+x-b\overline{)\,x^3+2x^2-\qquad\qquad ax\quad -3} \\
\underline{x^3+\ x^2-\qquad\qquad bx\qquad\quad} \\
x^2+\quad(-a+b)x\quad -3 \\
\underline{x^2+\qquad\qquad x\quad -b} \\
(-a+b-1)x-3+b
\end{array}
$$

이때 x^3+2x^2-ax-3이 x^2+x-b로 나누어떨어지므로 나머지가 0이어야 한다.

즉, $-a+b-1=0,\ -3+b=0$이므로 $a=2,\ b=3$

$\therefore a+b=2+3=5$

유형 15 몫과 나머지의 변형

0066

답 ①

$P(x)$를 $x+\frac{1}{3}$로 나누었을 때의 몫이 $Q(x)$, 나머지가 R이므로

$P(x)=\left(x+\frac{1}{3}\right)Q(x)+R$

$\qquad=\frac{1}{6}(6x+2)Q(x)+R$

$\qquad=(6x+2)\times\frac{1}{6}Q(x)+R$

따라서 $P(x)$를 $6x+2$로 나누었을 때의 몫은 $\frac{1}{6}Q(x)$, 나머지는 R이다.

0067

답 ③

$P(x)$를 $5x+2$로 나누었을 때의 몫이 $Q(x)$, 나머지가 R이므로

$P(x)=(5x+2)Q(x)+R$ $\quad$ ...... ㉠

㉠의 양변에 x를 곱하면

$xP(x)=x(5x+2)Q(x)+Rx$

$\qquad=5x\left(x+\frac{2}{5}\right)Q(x)+R\left(x+\frac{2}{5}\right)-\frac{2}{5}R$

$\qquad=\left(x+\frac{2}{5}\right)\{5xQ(x)+R\}-\frac{2}{5}R$

따라서 $xP(x)$를 $x+\frac{2}{5}$로 나누었을 때의 몫은 $5xQ(x)+R$, 나머지는 $-\frac{2}{5}R$이다.

0068

답 ②

$f(x)$를 x^2-2로 나누었을 때의 몫을 $Q(x)$라 하면 나머지가 $x-2$이므로

$f(x)=(x^2-2)Q(x)+x-2$

$\therefore \{f(x)\}^2$

$\quad=\{(x^2-2)Q(x)+(x-2)\}^2$

$\quad=\{(x^2-2)Q(x)\}^2+2(x^2-2)Q(x)(x-2)+(x-2)^2$

$\quad=(x^2-2)^2\{Q(x)\}^2+2(x^2-2)(x-2)Q(x)+(x^2-4x+4)$

$\quad=(x^2-2)^2\{Q(x)\}^2+2(x^2-2)(x-2)Q(x)+(x^2-2)-4x+6$

$\quad=(x^2-2)[(x^2-2)\{Q(x)\}^2+2(x-2)Q(x)+1]-4x+6$

따라서 $\{f(x)\}^2$을 x^2-2로 나눈 나머지는 $-4x+6$이므로
$R(x)=-4x+6$
$\therefore R(2)=-4\times2+6=-2$

PART B′ 기출 & 기출변형 문제

0069 답 ④

$(x^2+2mx+3n)(3x^2-x+n)$의 전개식에서 x^3항은
$x^2\times(-x)+2mx\times3x^2=-x^3+6mx^3=(-1+6m)x^3$
이때 x^3의 계수가 5이므로
$-1+6m=5 \quad \therefore m=1$
또한, x항은
$2mx\times n+3n\times(-x)=2mnx-3nx=(2mn-3n)x$
이때 x의 계수가 3이므로
$2mn-3n=3,\ 2n-3n=3 \quad \therefore n=-3$
$\therefore m-n=1-(-3)=4$

짝기출 답 20

$(x^2+2x+5)^2$의 전개식에서 x의 계수를 구하시오.

0070 답 ②

$A-2B+3X=5X-(A+B)$에서
$A-2B+3X=5X-A-B,\ 2X=2A-B$
$\therefore X=A-\frac{1}{2}B \quad \cdots\cdots ㉠$
㉠에 A, B를 대입하면
$X=\left(x^2+\frac{1}{2}xy-4y^2\right)-\frac{1}{2}(-2x^2-xy-2y^2)$
$=x^2+\frac{1}{2}xy-4y^2+x^2+\frac{1}{2}xy+y^2$
$=2x^2+xy-3y^2$

짝기출 답 ③

두 다항식 $A=2x^3+x^2-4x+1$, $B=x^2-4x+3$에 대하여 $A-2X=B$를 만족시키는 다항식 X는?

① x^2+1 ② x^2+2 ③ x^3-1
④ x^3-2 ⑤ x^3+3

0071 답 16

처음 직육면체의 부피는
$(a+b)^2(a+2b)=(a^2+2ab+b^2)(a+2b)$
$=a^3+4a^2b+5ab^2+2b^3$
즉, 12개의 작은 직육면체 중
부피가 a^3인 직육면체는 1개, 부피가 a^2b인 직육면체는 4개, 부피가 ab^2인 직육면체는 5개, 부피가 b^3인 직육면체는 2개이다.
이때 부피가 150인 작은 직육면체는 5개이므로 $ab^2=150$
한편, $ab^2=150=2\times3\times5\times5=6\times5^2$이고,
a, b는 1이 아닌 서로소인 자연수이므로 $a=6$, $b=5$
$\therefore a+2b=6+2\times5=16$

참고

a, b는 서로소이므로 a^3, a^2b, b^3의 부피는 모두 다르다.

0072 답 2

$A=(2x^3-2x^2+5x-1)+(3x^3-2x+5)=5x^3-2x^2+3x+4$
$2x^3+x^2-x-1+B=3x^3-2x+5$이므로
$B=(3x^3-2x+5)-(2x^3+x^2-x-1)=x^3-x^2-x+6$
$\therefore A+B=(5x^3-2x^2+3x+4)+(x^3-x^2-x+6)$
$=6x^3-3x^2+2x+10$

$$\begin{array}{r} 3x^2+1 \\ 2x-1\overline{)6x^3-3x^2+2x+10} \\ \underline{6x^3-3x^2} \\ 2x+10 \\ \underline{2x-1} \\ 11 \end{array}$$

$\therefore 6x^3-3x^2+2x+10=(2x-1)(3x^2+1)+11$
따라서 $Q(x)=3x^2+1$, $R=11$이므로
$Q(2)-R=(3\times2^2+1)-11=2$

짝기출 답 9

다항식 $2x^3-x^2+x+3$을 $x+1$로 나눈 몫을 $Q(x)$라 할 때, $Q(-1)$의 값을 구하시오.

0073 답 ④

직육면체의 밑면의 가로의 길이, 세로의 길이, 높이를 각각 a, b, c라 하면 모든 모서리의 길이의 합이 $12\sqrt{5}$이므로
$4(a+b+c)=12\sqrt{5} \quad \therefore a+b+c=3\sqrt{5}$
삼각형 BGD의 세 변의 길이의 제곱의 합이 30이므로
$\overline{BD}^2=a^2+b^2$, $\overline{DG}^2=b^2+c^2$, $\overline{BG}^2=a^2+c^2$에서
$\overline{BD}^2+\overline{DG}^2+\overline{BG}^2=30$
$(a^2+b^2)+(b^2+c^2)+(a^2+c^2)=30$
$2(a^2+b^2+c^2)=30 \quad \therefore a^2+b^2+c^2=15$
$a^2+b^2+c^2=(a+b+c)^2-2(ab+bc+ca)$에서
$15=(3\sqrt{5})^2-2(ab+bc+ca)$
$\therefore ab+bc+ca=15$
즉, $a^2+b^2+c^2=15$, $ab+bc+ca=15$이므로
$a^2+b^2+c^2=ab+bc+ca$, $a^2+b^2+c^2-ab-bc-ca=0$
$\therefore \frac{1}{2}\{(a-b)^2+(b-c)^2+(c-a)^2\}=0$
이때 a, b, c는 모두 양의 실수이므로 $a=b=c$
$a+b+c=3\sqrt{5}$이므로 $a=b=c=\sqrt{5}$
따라서 직육면체의 부피는 $(\sqrt{5})^3=5\sqrt{5}$

짝기출 답 ④

그림과 같이 겉넓이가 148이고, 모든 모서리의 길이의 합이 60인 직육면체 ABCD−EFGH가 있다. $\overline{BG}^2+\overline{GD}^2+\overline{DB}^2$의 값은?

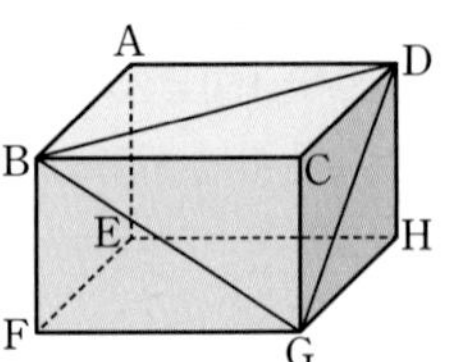

① 136 ② 142 ③ 148
④ 154 ⑤ 160

0074 답 107

$x+y=a$, $xy=b$ $(a>0,\ b>0)$로 놓으면
$x^2+y^2=8$에서 $(x+y)^2-2xy=8$
$\therefore a^2-2b=8$ …… ㉠
$x^4+y^4=56$에서 $(x^2+y^2)^2-2x^2y^2=56$
$8^2-2b^2=56$, $-2b^2=-8$ $\therefore b^2=4$
$b>0$이므로 $b=2$
이 값을 ㉠에 대입하면 $a^2-2\times2=8$ $\therefore a^2=12$
$a>0$이므로 $a=2\sqrt{3}$
즉, ㈎, ㈏, ㈐, ㈑의 식의 값은
㈎ $x+y=a=2\sqrt{3}$
㈏ $xy=b=2$
㈐ $x^3+y^3=(x+y)^3-3xy(x+y)$
$=(2\sqrt{3})^3-3\times2\times2\sqrt{3}$
$=24\sqrt{3}-12\sqrt{3}=12\sqrt{3}$
㈑ $x^5+y^5=(x^2+y^2)(x^3+y^3)-x^2y^2(x+y)$
$=8\times12\sqrt{3}-2^2\times2\sqrt{3}$
$=96\sqrt{3}-8\sqrt{3}=88\sqrt{3}$
따라서 구하는 합은
$2\sqrt{3}+2+12\sqrt{3}+88\sqrt{3}=2+102\sqrt{3}$이므로
$p=2$, $q=102$, $r=3$
$\therefore p+q+r=2+102+3=107$

짝기출 답 ①

$x-y=3$, $x^3-y^3=18$일 때, x^2+y^2의 값은?

① 7 ② 8 ③ 9 ④ 10 ⑤ 11

0075 답 ②

$\overline{PQ}=x$, $\overline{PR}=y$라 하면
직사각형 PQBR의 둘레의 길이가 28이므로
$2(x+y)=28$ $\therefore x+y=14$
직사각형 PQBR의 넓이가 48이므로
$xy=48$

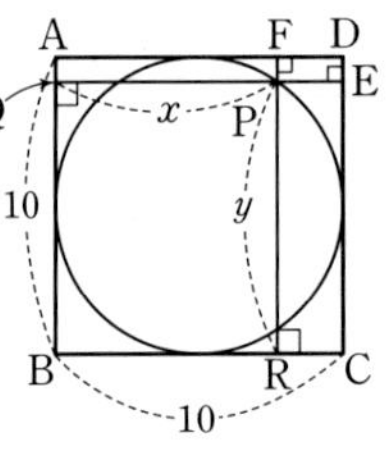

$\therefore x^2+y^2=(x+y)^2-2xy=14^2-2\times48=100$
점 P에서 선분 CD에 내린 수선의 발을 E, 선분 AD에 내린 수선의 발을 F라 하면
$\overline{DP}=\sqrt{\overline{PE}^2+\overline{PF}^2}$
$=\sqrt{(10-x)^2+(10-y)^2}$
$=\sqrt{(100-20x+x^2)+(100-20y+y^2)}$
$=\sqrt{(x^2+y^2)-20(x+y)+200}$
$=\sqrt{100-20\times14+200}$
$=\sqrt{20}=2\sqrt{5}$

짝기출 답 ②

그림과 같이 $\overline{AB}=2$, $\overline{BC}=4$인 직사각형과 선분 BC를 지름으로 하는 반원이 있다. 직사각형 ABCD의 내부에 있는 한 점 P에서 선분 AB에 내린 수선의 발을 Q, 선분 AD에 내린 수선의 발을 R라 할 때, 호 BC 위에 있는 점 P에 대하여 직사각형 AQPR의 둘레의 길이는 10이다. 직사각형 AQPR의 넓이는?

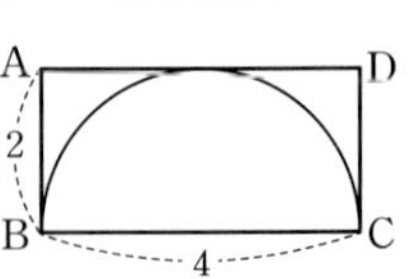

① 4 ② $\frac{9}{2}$ ③ 5 ④ $\frac{11}{2}$ ⑤ 6

0076 답 $48\sqrt{5}$

$(a+b+c)(a+b-c)+(a-b+c)(-a+b+c)$
$=\{(a+b)+c\}\{(a+b)-c\}+\{c+(a-b)\}\{c-(a-b)\}$
$=(a+b)^2-c^2+c^2-(a-b)^2$
$=(a+b)^2-(a-b)^2=4ab=4$
$\therefore ab=1$
$(a-b)^2=(a+b)^2-4ab=(\sqrt{5})^2-4\times1=1$
이때 $a>b$이므로 $a-b=1$
$\therefore a^3-b^3=(a-b)^3+3ab(a-b)$
$=1^3+3\times1\times1=4$
$\therefore p=4$
$a^2-b^2=(a+b)(a-b)=\sqrt{5}$
$a^2+b^2=(a+b)^2-2ab=(\sqrt{5})^2-2=3$
$a^4-b^4=(a^2+b^2)(a^2-b^2)=3\sqrt{5}$
$a^3+b^3=(a+b)^3-3ab(a+b)=(\sqrt{5})^3-3\times1\times\sqrt{5}=2\sqrt{5}$
$a^6-b^6=(a^3+b^3)(a^3-b^3)=2\sqrt{5}\times4=8\sqrt{5}$
$\therefore (a^2+a^4+a^6)-(b^2+b^4+b^6)$
$=(a^2-b^2)+(a^4-b^4)+(a^6-b^6)$
$=\sqrt{5}+3\sqrt{5}+8\sqrt{5}=12\sqrt{5}$
$\therefore q=12\sqrt{5}$
$\therefore pq=4\times12\sqrt{5}=48\sqrt{5}$

짝기출 답 ①

$x-y=3$, $x^3-y^3=18$일 때, x^2+y^2의 값은?

① 7 ② 8 ③ 9 ④ 10 ⑤ 11

PART A' 02 항등식과 나머지정리

유형 01 항등식에서 미정계수 구하기 - 계수 비교법

0077

답 ①

$a(x+2y)-b(x-y)+1=7x+2y-c$에서 등식의 좌변을 정리하면
$(a-b)x+(2a+b)y+1=7x+2y-c$
위의 등식이 x, y에 대한 항등식이므로
$a-b=7$, $2a+b=2$, $1=-c$
$1=-c$에서 $c=-1$
$a-b=7$ …… ㉠
$2a+b=2$ …… ㉡
㉠, ㉡을 연립하여 풀면 $a=3$, $b=-4$
$\therefore a+b+c=3+(-4)+(-1)=-2$

0078

답 1

$f(x)=x^3+2x^2+3x+3$에 x 대신 $x+a$를 대입하면
$f(x+a)$
$=(x+a)^3+2(x+a)^2+3(x+a)+3$
$=x^3+3ax^2+3a^2x+a^3+2x^2+4ax+2a^2+3x+3a+3$
$=x^3+(3a+2)x^2+(3a^2+4a+3)x+a^3+2a^2+3a+3$
$\therefore x^3+(3a+2)x^2+(3a^2+4a+3)x+a^3+2a^2+3a+3$
$=x^3-x^2+bx+1$
위의 등식이 x에 대한 항등식이므로
$3a+2=-1$, $3a^2+4a+3=b$, $a^3+2a^2+3a+3=1$
$3a+2=-1$에서 $a=-1$
$3a^2+4a+3=b$에 $a=-1$을 대입하면
$3+(-4)+3=b$ $\therefore b=2$
$\therefore a+b=-1+2=1$

0079

답 ⑤

$\dfrac{ax+2by-6}{x-3y-3}=k$ (k는 상수)라 하면
$ax+2by-6=k(x-3y-3)$
$(a-k)x+(2b+3k)y-6+3k=0$
위의 등식이 x, y에 대한 항등식이므로
$a-k=0$, $2b+3k=0$, $-6+3k=0$
$-6+3k=0$에서 $k=2$
$a-k=0$에 $k=2$를 대입하면 $a=2$
$2b+3k=0$에 $k=2$를 대입하면 $2b+6=0$ $\therefore b=-3$
$\therefore a-b=2-(-3)=5$

0080

답 4

$f(x)=ax+b$ ($a\neq0$, a, b는 상수)라 하면
$f(2x^2-8x-1)=a(2x^2-8x-1)+b$
$=2ax^2-8ax-a+b$
$f(-x)=-ax+b$이므로
$\{f(-x)\}^2=(-ax+b)^2=a^2x^2-2abx+b^2$
이때 $f(2x^2-8x-1)=\{f(-x)\}^2-14$이므로
$2ax^2-8ax-a+b=a^2x^2-2abx+b^2-14$
위의 등식이 x에 대한 항등식이므로
$2a=a^2$, $-8a=-2ab$, $-a+b=b^2-14$
$2a=a^2$에서 $a^2-2a=0$, $a(a-2)=0$ $\therefore a=2$ ($\because a\neq0$)
$-8a=-2ab$에 $a=2$를 대입하면
$-16=-4b$ $\therefore b=4$
따라서 $f(x)=2x+4$이므로 상수항은 4이다.

0081

답 ④

$2x^3-3x^2+a=(2x^2+3x-1)Q(x)+bx+3$이 x에 대한 항등식이므로 $Q(x)$는 x에 대한 일차식이어야 한다.
이때 좌변의 최고차항의 계수가 2이므로
$Q(x)=x+c$ (c는 상수)라 하면
$2x^3-3x^2+a=(2x^2+3x-1)(x+c)+bx+3$
$=2x^3+(2c+3)x^2+(b+3c-1)x-c+3$
위의 등식이 x에 대한 항등식이므로
$2c+3=-3$, $b+3c-1=0$, $-c+3=a$
$2c+3=-3$에서 $c=-3$
$b+3c-1=0$에 $c=-3$을 대입하면 $b-9-1=0$ $\therefore b=10$
$-c+3=a$에 $c=-3$을 대입하면 $a=6$
$\therefore a+b=6+10=16$

유형 02 항등식에서 미정계수 구하기 - 수치 대입법

0082

답 ①

주어진 등식의 양변에 $x=0$, $x=1$, $x=-1$을 각각 대입한다.
양변에 $x=0$을 대입하면 $3=-c$ $\therefore c=-3$
양변에 $x=1$을 대입하면 $2-7+3=2a$ $\therefore a=-1$
양변에 $x=-1$을 대입하면 $2+7+3=2b$ $\therefore b=6$
$\therefore a+b+c=-1+6+(-3)=2$

0083

답 -6

주어진 등식의 좌변의 최고차항의 계수가 3이므로 $c=3$
$\therefore 3x^3+ax^2-bx+4=(3x-1)(x-2)(x+d)$
위의 등식의 양변에 $x=0$, $x=2$를 각각 대입한다.
양변에 $x=0$을 대입하면 $4=2d$ $\therefore d=2$
양변에 $x=2$를 대입하면 $24+4a-2b+4=0$
$\therefore 2a-b=-14$ …… ㉠
$3x^3+ax^2-bx+4=(3x-1)(x-2)(x+2)$이므로
양변에 $x=-2$를 대입하면 $-24+4a+2b+4=0$
$\therefore 2a+b=10$ …… ㉡
㉠, ㉡을 연립하여 풀면 $a=-1$, $b=12$
$\therefore ab+cd=-1\times12+3\times2=-6$

0084

답 22

주어진 등식의 좌변의 최고차항의 계수가 2이므로 $a=2$

$\therefore 2x^3-5x^2+4x-3=2(x-2)^3+b(x-2)^2+c(x-2)+d$

위의 등식의 양변에 $x=2$, $x=1$, $x=3$을 각각 대입한다.

양변에 $x=2$를 대입하면 $16-20+8-3=d$ $\quad \therefore d=1$

양변에 $x=1$을 대입하면 $2-5+4-3=-2+b-c+1$

$\therefore b-c=-1$ $\quad \cdots\cdots$ ㉠

양변에 $x=3$을 대입하면 $54-45+12-3=2+b+c+1$

$\therefore b+c=15$ $\quad \cdots\cdots$ ㉡

㉠, ㉡을 연립하여 풀면 $b=7$, $c=8$

$\therefore abd+c=2\times7\times1+8=22$

0085

답 ④

$f(x^3-2x)=x^4f(x)-5x^4+12x^2-7$ $\quad \cdots\cdots$ ㉠

$f(x)$의 차수를 n차라 하면

좌변의 차수는 $3n$차, 우변의 차수는 $(n+4)$차이므로

$3n=n+4$ $\quad \therefore n=2$

따라서 $f(x)$의 차수는 2차이다.

㉠의 양변에 $x=0$을 대입하면 $f(0)=-7$ $\quad \cdots\cdots$ ㉡

㉠의 양변에 $x=1$을 대입하면 $f(-1)=f(1)$ $\quad \cdots\cdots$ ㉢

$f(x)=ax^2+bx+c$ ($a\neq0$, a, b, c는 상수)라 하면

㉡에서 $f(0)=c=-7$

㉢에서 $f(-1)=f(1)$이므로 $a-b+c=a+b+c$ $\quad \therefore b=0$

$f(x)=ax^2-7$이므로 ㉠에 대입하면

$a(x^3-2x)^2-7=x^4(ax^2-7)-5x^4+12x^2-7$

$ax^6-4ax^4+4ax^2-7=ax^6-12x^4+12x^2-7$

위의 등식의 x^2의 계수를 비교하면 $4a=12$ $\quad \therefore a=3$

따라서 $f(x)=3x^2-7$이므로 $f(3)=3\times9-7=20$

유형 03 조건을 만족시키는 항등식

0086

답 3

이차방정식 $ax^2+(k+1)x+(2-k)b+a-1=0$이 2를 근으로 가지므로 $x=2$를 이 이차방정식에 대입하면

$4a+2k+2+2b-bk+a-1=0$

$\therefore (2-b)k+5a+2b+1=0$

위의 등식이 k에 대한 항등식이므로

$2-b=0$, $5a+2b+1=0$ $\quad \therefore a=-1$, $b=2$

$\therefore b-a=2-(-1)=3$

0087

답 7

$x+2y=1$에서 $x=1-2y$

이것을 $ax^2-3bxy+cy=3$의 좌변에 대입하면

$a(1-2y)^2-3b(1-2y)y+cy=3$

$a-4ay+4ay^2-3by+6by^2+cy=3$

$\therefore (4a+6b)y^2-(4a+3b-c)y+a-3=0$

위의 등식이 y에 대한 항등식이므로

$4a+6b=0$, $4a+3b-c=0$, $a-3=0$

$\therefore a=3$, $b=-2$, $c=6$

$\therefore a+b+c=3+(-2)+6=7$

0088

답 ③

$x+y=2$에서 $y=2-x$

이것을 $ax^2+by^2+xy+x+y-4=0$의 좌변에 대입하면

$ax^2+b(2-x)^2+x(2-x)+x+(2-x)-4=0$

$ax^2+4b-4bx+bx^2+2x-x^2+x+2-x-4=0$

$\therefore (a+b-1)x^2+2(-2b+1)x+4b-2=0$

위의 등식이 x에 대한 항등식이므로

$a+b-1=0$, $-2b+1=0$, $4b-2=0$ $\quad \therefore a=\frac{1}{2}$, $b=\frac{1}{2}$

$\therefore 4a+2b=4\times\frac{1}{2}+2\times\frac{1}{2}=3$

유형 04 항등식에서 계수의 합 구하기

0089

답 ②

주어진 등식의 양변에 $x=1$, $x=-1$을 각각 대입한다.

양변에 $x=1$을 대입하면

$2^{10}=a_0+a_1+a_2+a_3+\cdots+a_9+a_{10}$ $\quad \cdots\cdots$ ㉠

양변에 $x=-1$을 대입하면

$0=a_0-a_1+a_2-a_3+\cdots-a_9+a_{10}$ $\quad \cdots\cdots$ ㉡

㉠+㉡을 하면

$1024=2(a_0+a_2+a_4+a_6+a_8+a_{10})$

$\therefore a_0+a_2+a_4+a_6+a_8+a_{10}=512$ $\quad \cdots\cdots$ ㉢

주어진 등식의 양변에 $x=0$을 대입하면 $1=a_0$

㉢에 $a_0=1$을 대입하면

$a_2+a_4+a_6+a_8+a_{10}=511$

0090

답 ①

주어진 등식의 양변에 $x=1$, $x=2$를 각각 대입한다.

양변에 $x=1$을 대입하면

$2=a_0$ $\quad \cdots\cdots$ ㉠

양변에 $x=2$를 대입하면

$2^{1818}+1=a_{1818}+a_{1817}+\cdots+a_1+a_0$ $\quad \cdots\cdots$ ㉡

㉠을 ㉡에 대입하면

$2^{1818}+1=a_{1818}+a_{1817}+\cdots+a_1+2$

$\therefore a_{1818}+a_{1817}+\cdots+a_1=2^{1818}-1$

0091

답 1

주어진 등식의 양변에 $x=1$, $x=0$을 각각 대입한다.

양변에 $x=1$을 대입하면

$a_0+4a_1+9a_2+16a_3+\cdots+121a_{10}=1$ $\quad \cdots\cdots$ ㉠

양변에 $x=0$을 대입하면

$a_0+a_1+4a_2+9a_3+\cdots+100a_{10}=1$ $\quad \cdots\cdots$ ㉡

㉠−㉡을 하면

$3a_1+5a_2+7a_3+\cdots+21a_{10}=0$

$\therefore 1+3a_1+5a_2+7a_3+\cdots+21a_{10}=1$

유형 05 다항식의 나눗셈과 항등식

0092 답 12

x^3+ax^2-x+b를 x^2-x+2로 나누었을 때의 몫을

$x+c$ (c는 상수)라 하면

$x^3+ax^2-x+b=(x^2-x+2)(x+c)$

$=x^3+(c-1)x^2+(2-c)x+2c$

위의 등식이 x에 대한 항등식이므로

$a=c-1,\ -1=2-c,\ b=2c$

$\therefore c=3,\ a=2,\ b=6$

$\therefore ab=2\times6=12$

0093 답 1

x^3+ax+b를 x^2+x+1로 나누었을 때의 몫을 $x+c$ (c는 상수)라 하면

$x^3+ax+b=(x^2+x+1)(x+c)+x+1$

$=x^3+(c+1)x^2+(c+2)x+c+1$

위의 등식이 x에 대한 항등식이므로

$0=c+1,\ a=c+2,\ b=c+1$

$\therefore c=-1,\ a=1,\ b=0$

$\therefore a+b=1+0=1$

0094 답 1

$2x^3+3x^2+bx-1$을 $x-a$로 나누었을 때의 몫이 $2x^2+4x+2$이고 나머지가 c이므로

$2x^3+3x^2+bx-1=(x-a)(2x^2+4x+2)+c$

$=2x^3+(4-2a)x^2+(2-4a)x+c-2a$

위의 등식이 x에 대한 항등식이므로

$3=4-2a,\ b=2-4a,\ -1=c-2a \qquad \therefore a=\frac{1}{2},\ b=0,\ c=0$

$\therefore 2a+b+c=2\times\frac{1}{2}+0+0=1$

0095 답 3

$x^3+ax^2+b=f(x)(x^2-2x-2)+4$이므로

$f(x)=x+c$ (c는 상수)라 하면

$x^3+ax^2+b=(x+c)(x^2-2x-2)+4$

$=x^3+(c-2)x^2+(-2c-2)x-2c+4$

위의 등식이 x에 대한 항등식이므로

$a=c-2,\ 0=-2c-2,\ b=-2c+4$

$\therefore c=-1,\ a=-3,\ b=6$

따라서 $f(x)=x-1$이므로 $f(1)=1-1=0$

$\therefore a+b+f(1)=-3+6+0=3$

유형 06 일차식으로 나누었을 때의 나머지

0096 답 ④

$f(x)$를 $x-3$으로 나누었을 때의 나머지가 1이고,

$g(x)$를 $x-3$으로 나누었을 때의 나머지가 -2이므로

나머지정리에 의하여 $f(3)=1,\ g(3)=-2$

따라서 $2f(x)+3g(x)$를 $x-3$으로 나누었을 때의 나머지는

나머지정리에 의하여

$2f(3)+3g(3)=2\times1+3\times(-2)=-4$

0097 답 ①

$f(x)$를 $3x-2$로 나누었을 때의 나머지가 2이므로

나머지정리에 의하여 $f\left(\frac{2}{3}\right)=2$

따라서 $(3x^2+x-3)f(x)$를 $3x-2$로 나누었을 때의 나머지는

나머지정리에 의하여

$\left\{3\times\left(\frac{2}{3}\right)^2+\frac{2}{3}-3\right\}f\left(\frac{2}{3}\right)=\left(\frac{4}{3}+\frac{2}{3}-3\right)f\left(\frac{2}{3}\right)$

$=(-1)\times2=-2$

0098 답 ④

주어진 등식의 양변에 $x=-2$를 대입하면

$-4k=-32-16 \qquad \therefore k=12$

$-12x^2+x(x+2)f(x)=x^5-x^4$에 $x=1$을 대입하면

$-12+3f(1)=0 \qquad \therefore f(1)=4$

따라서 $f(x)$를 $x-1$로 나눈 나머지는 4이다.

0099 답 9

$f(x)-g(x)$를 $x-1$로 나누었을 때의 나머지가 3이고,

$\{f(x)\}^2+\{g(x)\}^2$을 $x-1$로 나누었을 때의 나머지가 5이므로

나머지정리에 의하여

$f(1)-g(1)=3,\ \{f(1)\}^2+\{g(1)\}^2=5$

$f(1)=a,\ g(1)=b$라 하면 $a-b=3,\ a^2+b^2=5$

$a^2+b^2=(a-b)^2+2ab$이므로

$5=3^2+2ab \qquad \therefore ab=-2$

따라서 $\{f(x)\}^3-\{g(x)\}^3$을 $x-1$로 나누었을 때의 나머지는

나머지정리에 의하여

$\{f(1)\}^3-\{g(1)\}^3=a^3-b^3$

$=(a-b)^3+3ab(a-b)$

$=3^3+3\times(-2)\times3=9$

유형 07 일차식으로 나누었을 때의 나머지 - 미정계수 구하기

0100 답 −5

$f(x)=x^3+ax^2-2x+32$라 하면

$f(x)$를 $x+2$로 나누었을 때의 나머지와 $x-3$으로 나누었을 때의

나머지가 서로 같으므로

나머지정리에 의하여 $f(-2)=f(3)$

$f(-2)=-8+4a+4+32=4a+28$

$f(3)=27+9a-6+32=9a+53$

즉, $4a+28=9a+53$이므로 $-5a=25$

$\therefore a=-5$

0101

답 ④

$f(x)$를 $x+1$로 나누었을 때의 나머지와 $x+2$로 나누었을 때의 나머지가 7로 같으므로 나머지정리에 의하여

$f(-1)=f(-2)=7$

$f(x)=-2x^2+ax+b$ (a, b는 상수)라 하면

$f(-1)=-2-a+b=7$

$\therefore a-b=-9$ ...... ㉠

$f(-2)=-8-2a+b=7$

$\therefore 2a-b=-15$ ...... ㉡

㉠, ㉡을 연립하여 풀면 $a=-6$, $b=3$

따라서 $f(x)=-2x^2-6x+3$이므로 $f(x)$를 $x-1$로 나누었을 때의 나머지는 나머지정리에 의하여

$f(1)=-2-6+3=-5$

0102

답 2

$f(x)=x^2-ax+5$를 $x-1$로 나누었을 때의 나머지가 R_1, $x+1$로 나누었을 때의 나머지가 R_2이므로

나머지정리에 의하여

$R_1=f(1)=1-a+5=6-a$

$R_2=f(-1)=1+a+5=6+a$

이때 $R_1-R_2=8$이므로

$6-a-(6+a)=8$, $-2a=8$ $\therefore a=-4$

따라서 $f(x)=x^2+4x+5$를 $x+3$으로 나누었을 때의 나머지는

나머지정리에 의하여

$f(-3)=9-12+5=2$

0103

답 -7

$(x+1)f(x)$를 $x-3$으로 나누었을 때의 나머지가 20이고,

$(x-3)f(x)$를 $x+2$로 나누었을 때의 나머지가 25이므로

나머지정리에 의하여

$4f(3)=20$, $-5f(-2)=25$

$\therefore f(3)=5$, $f(-2)=-5$

$f(x)=x^2+ax+b$에서

$f(3)=9+3a+b=5$ $\therefore 3a+b=-4$ ...... ㉠

$f(-2)=4-2a+b=-5$ $\therefore -2a+b=-9$ ...... ㉡

㉠, ㉡을 연립하여 풀면 $a=1$, $b=-7$

따라서 $f(x)=x^2+x-7$이므로 $(x^2-x-1)f(x)$를 $x+1$로 나누었을 때의 나머지는 나머지정리에 의하여

$(1+1-1)f(-1)=f(-1)$

$=(-1)^2+(-1)-7$

$=-7$

0104

답 6

(가)를 (나)에 대입하면

$xf(x)+(3x^2+2x)f(x)=x^3+ax^2+3x+b$

$(3x^2+3x)f(x)=x^3+ax^2+3x+b$

$\therefore 3x(x+1)f(x)=x^3+ax^2+3x+b$ ...... ㉠

㉠의 양변에 $x=0$을 대입하면 $0=b$

㉠의 양변에 $x=-1$을 대입하면 $0=-1+a-3+b$

$a+b=4$ $\therefore a=4$

즉, $3x(x+1)f(x)=x^3+4x^2+3x$이므로

$f(x)=\frac{x^3+4x^2+3x}{3x(x+1)}=\frac{x(x+1)(x+3)}{3x(x+1)}=\frac{x+3}{3}$

이때 $g(x)=xf(x)$이므로 $g(x)=\frac{x^2+3x}{3}$

따라서 $g(x)$를 $x-3$으로 나누었을 때의 나머지는

나머지정리에 의하여

$g(3)=\frac{9+9}{3}=6$

유형 08 이차식으로 나누었을 때의 나머지

0105

답 ⑤

$f(x)$를 $3x+3$으로 나누었을 때의 나머지가 3이고, $4x+8$로 나누었을 때의 나머지가 2이므로 나머지정리에 의하여

$f(-1)=3$, $f(-2)=2$

$f(x)$를 $2x^2+6x+4$로 나누었을 때의 몫을 $Q(x)$,

$R(x)=ax+b$ (a, b는 상수)라 하면

$f(x)=(2x^2+6x+4)Q(x)+ax+b$

$=2(x+1)(x+2)Q(x)+ax+b$ ...... ㉠

㉠의 양변에 $x=-1$을 대입하면

$f(-1)=-a+b$ $\therefore -a+b=3$ ...... ㉡

㉠의 양변에 $x=-2$를 대입하면

$f(-2)=-2a+b$ $\therefore -2a+b=2$ ...... ㉢

㉡, ㉢을 연립하여 풀면 $a=1$, $b=4$

따라서 $R(x)=x+4$이므로

$R(1)=1+4=5$

0106

답 ②

$x^{200}-1$을 $(x-1)^2$으로 나누었을 때의 몫을 $Q(x)$,

$R(x)=ax+b$ (a, b는 상수)라 하면

$x^{200}-1=(x-1)^2Q(x)+ax+b$ ...... ㉠

㉠의 양변에 $x=1$을 대입하면 $a+b=0$ $\therefore b=-a$

$x^{200}-1=(x-1)^2Q(x)+ax-a$

이때

$x^{200}-1=(x-1)(x^{199}+x^{198}+\cdots+x+1)$이므로

$(x-1)(x^{199}+x^{198}+\cdots+x+1)=(x-1)^2Q(x)+a(x-1)$ ...... ㉡

㉡의 양변을 $x-1$로 나누면

$x^{199}+x^{198}+\cdots+x+1=(x-1)Q(x)+a$ ...... ㉢

㉢의 양변에 $x=1$을 대입하면 $a=200$이므로 $b=-200$

따라서 $R(x)=200x-200$이므로

$R(9)=1800-200=1600$

참고

조립제법을 이용하면

1	1	0	0	$\cdots$	0	0	-1
		1	1	$\cdots$	1	1	1
	1	1	1	$\cdots$	1	1	0

이므로

$x^{200}-1=(x-1)(x^{199}+x^{198}+\cdots+x+1)$

0107

답 ①

(가)에서 $f(x)$를 $x+1$로 나누었을 때의 나머지는 2이므로

나머지정리에 의하여

$f(-1)=2$

한편, $f(x)$는 최고차항의 계수가 1인 삼차다항식이므로

(나)에서 x^2-2x-1로 나누었을 때의 몫을 $x+a$ (a는 상수)라 하면

$f(x)=(x^2-2x-1)(x+a)+15x+3$ …… ㉠

㉠의 양변에 $x=-1$을 대입하면

$f(-1)=2(-1+a)-12=2a-14$

이때 $f(-1)=2$이므로 $2a-14=2$, $2a=16$ $\quad\therefore a=8$

따라서 $f(x)=(x^2-2x-1)(x+8)+15x+3$이므로

$f(0)=-1\times8+3=-5$

0108

답 ⑤

ax^3-bx^2-2a를 x^2-4로 나누었을 때의 몫을 $Q_1(x)$라 하면

나머지가 $8x+16$이므로

$ax^3-bx^2-2a=(x^2-4)Q_1(x)+8x+16$

$\qquad=(x+2)(x-2)Q_1(x)+8x+16$ …… ㉠

㉠의 양변에 $x=2$를 대입하면

$8a-4b-2a=32$ $\quad\therefore 3a-2b=16$ …… ㉡

㉠의 양변에 $x=-2$를 대입하면

$-8a-4b-2a=0$ $\quad\therefore 5a+2b=0$ …… ㉢

㉡, ㉢을 연립하여 풀면 $a=2$, $b=-5$

한편, $2x^3+5x^2-4$를 x^2-x로 나누었을 때의 몫을 $Q_2(x)$라 하면

나머지가 $cx-4$이므로

$2x^3+5x^2-4=(x^2-x)Q_2(x)+cx-4$

$\qquad=x(x-1)Q_2(x)+cx-4$ …… ㉣

㉣의 양변에 $x=1$을 대입하면

$2+5-4=c-4$ $\quad\therefore c=7$

따라서 $a=2$, $b=-5$, $c=7$이므로

$a-b-c=2-(-5)-7=0$

0109

답 ②

$f(x)$를 x^2-1로 나누었을 때의 몫을 $Q_1(x)$라 하면

나머지가 $-x+5$이므로

$f(x)=(x^2-1)Q_1(x)-x+5$

$\qquad=(x+1)(x-1)Q_1(x)-x+5$

$\therefore f(1)=4$

$f(x)$를 x^2-9로 나누었을 때의 몫을 $Q_2(x)$라 하면

나머지가 $3x+5$이므로

$f(x)=(x^2-9)Q_2(x)+3x+5$

$\qquad=(x+3)(x-3)Q_2(x)+3x+5$

$\therefore f(-3)=-4$

$f(x)$를 x^2+2x-3으로 나누었을 때의 몫을 $Q(x)$,

$R(x)=ax+b$ (a, b는 상수)라 하면

$f(x)=(x^2+2x-3)Q(x)+ax+b$

$\qquad=(x+3)(x-1)Q(x)+ax+b$ …… ㉠

㉠의 양변에 $x=-3$을 대입하면

$f(-3)=-3a+b$ $\quad\therefore -3a+b=-4$ …… ㉡

㉠의 양변에 $x=1$을 대입하면

$f(1)=a+b$ $\quad\therefore a+b=4$ …… ㉢

㉡, ㉢을 연립하여 풀면 $a=2$, $b=2$

따라서 $R(x)=2x+2$이므로

$R(-3)=-6+2=-4$

0110

답 ⑤

$f(x)$를 x^2+x-2로 나누었을 때의 몫을 $Q(x)$,

나머지를 $ax+b$ (a, b는 상수)라 하면

$f(x)=(x^2+x-2)Q(x)+ax+b$

$\qquad=(x+2)(x-1)Q(x)+ax+b$ …… ㉠

(나)의 양변에 $x=-5$를 대입하면

$-7f(-2)=2f(-5)$

(가)에서 $f(-5)=7$이므로 $f(-2)=-2$

(나)의 양변에 $x=-2$를 대입하면

$-4f(1)=5f(-2)=-10$ $\quad\therefore f(1)=\frac{5}{2}$

㉠의 양변에 $x=1$을 대입하면

$f(1)=a+b$ $\quad\therefore a+b=\frac{5}{2}$ …… ㉡

㉠의 양변에 $x=-2$를 대입하면

$f(-2)=-2a+b$ $\quad\therefore -2a+b=-2$ …… ㉢

㉡, ㉢을 연립하여 풀면 $a=\frac{3}{2}$, $b=1$

따라서 구하는 나머지는 $\frac{3}{2}x+1$이다.

유형 09 삼차식으로 나누었을 때의 나머지

0111

답 ②

$x^{11}-x^{10}+3x^9-1$을 x^3-x로 나누었을 때의 몫을 $Q(x)$,

$R(x)=ax^2+bx+c$ (a, b, c는 상수)라 하면

$x^{11}-x^{10}+3x^9-1$

$=(x^3-x)Q(x)+ax^2+bx+c$

$=x(x+1)(x-1)Q(x)+ax^2+bx+c$ …… ㉠

㉠의 양변에 $x=0$을 대입하면 $-1=c$

㉠의 양변에 $x=1$을 대입하면

$2=a+b+c$ $\quad\therefore a+b=3$ …… ㉡

㉠의 양변에 $x=-1$을 대입하면

$-6=a-b+c$ $\quad\therefore a-b=-5$ …… ㉢

㉡, ㉢을 연립하여 풀면 $a=-1$, $b=4$
따라서 $R(x)=-x^2+4x-1$이므로
$R(-1)=-1-4-1=-6$

0112

답 5

$f(x)$를 $(3x^2+1)(x-1)$로 나누었을 때의 몫을 $Q(x)$라 하면
나머지가 ax^2+bx+c이므로
$f(x)=(3x^2+1)(x-1)Q(x)+ax^2+bx+c$ ...... ㉠
$f(x)$를 $3x^2+1$로 나누었을 때의 나머지가 $x-2$이므로 ㉠에서 ax^2+bx+c를 $3x^2+1$로 나누었을 때의 나머지가 $x-2$이다.
$\therefore ax^2+bx+c=\frac{a}{3}(3x^2+1)+x-2$ ...... ㉡
㉡을 ㉠에 대입하면
$f(x)=(3x^2+1)(x-1)Q(x)+\frac{a}{3}(3x^2+1)+x-2$ ...... ㉢
한편, $f(x)$를 $x-1$로 나누었을 때의 나머지가 7이므로
나머지정리에 의하여 $f(1)=7$
㉢의 양변에 $x=1$을 대입하면
$f(1)=\frac{a}{3}\times4-1=7$　　$\therefore a=6$
따라서 구하는 나머지는 ㉡의 우변에 $a=6$을 대입하면
$2(3x^2+1)+x-2=6x^2+x$이므로 $b=1$, $c=0$
$\therefore a-b+c=6-1+0=5$

0113

답 16

$f(x)+2x^2+x$를 $(x^2+x+1)(x+1)$로 나누었을 때의 몫을 $Q(x)$라 하면 나머지가 ax^2+bx+c이므로
$f(x)+2x^2+x=(x^2+x+1)(x+1)Q(x)+ax^2+bx+c$
$\therefore f(x)=(x^2+x+1)(x+1)Q(x)+(a-2)x^2+(b-1)x+c$ ...... ㉠
$f(x)$를 x^2+x+1로 나누었을 때의 나머지가 $2x-1$이므로 ㉠에서 $(a-2)x^2+(b-1)x+c$를 x^2+x+1로 나누었을 때의 나머지가 $2x-1$이다.
$\therefore (a-2)x^2+(b-1)x+c=(a-2)(x^2+x+1)+2x-1$ ...... ㉡
㉡을 ㉠에 대입하면
$f(x)=(x^2+x+1)(x+1)Q(x)+(a-2)(x^2+x+1)+2x-1$ ...... ㉢
한편, $f(x)$를 $x+1$로 나누었을 때의 나머지가 1이므로
나머지정리에 의하여 $f(-1)=1$
㉢의 양변에 $x=-1$을 대입하면
$f(-1)=a-5=1$　　$\therefore a=6$
따라서 구하는 나머지는 ㉡의 우변에 $a=6$을 대입하면
$4(x^2+x+1)+2x-1=4x^2+6x+3$이므로
$b-1=6$, $c=3$　　$\therefore b=7$, $c=3$
$\therefore a+b+c=6+7+3=16$

0114

답 2

㈏에서 $P(x)$를 $(x-1)^2$으로 나눈 몫과 나머지가 같으므로
$P(x)$를 $(x-1)^2$으로 나눈 몫과 나머지를 $ax+b$ (a, b는 상수)라 하면
$P(x)=(x-1)^2(ax+b)+ax+b$ ...... ㉠
㈎에서 $P(1)=2$이므로 ㉠의 양변에 $x=1$을 대입하면
$P(1)=a+b=2$　　$\therefore b=2-a$ ...... ㉡
㉠의 양변에 ㉡을 대입하면
$P(x)=(x-1)^2(ax+2-a)+ax+2-a$
$=(x-1)^2\{a(x-1)+2\}+a(x-1)+2$
$=a(x-1)^3+2(x-1)^2+a(x-1)+2$
$P(x)$를 $(x-1)^3$으로 나눈 나머지가 $R(x)$이므로
$R(x)=2(x-1)^2+a(x-1)+2$ ...... ㉢
$R(0)=R(3)$이므로 ㉢에 $x=0$, $x=3$을 각각 대입하면
$2-a+2=8+2a+2$, $-3a=6$　　$\therefore a=-2$
따라서 $R(x)=2(x-1)^2-2(x-1)+2$이므로
$R(2)=2-2+2=2$

0115

답 18

$f(x)$를 $(x+1)(x-3)(x-4)$로 나누었을 때의 몫을 $Q_1(x)$라 하면 나머지는 x^2-2x이므로
$f(x)=(x+1)(x-3)(x-4)Q_1(x)+x^2-2x$
위의 식의 양변에 $x=3$, $x=4$를 각각 대입하면
$f(3)=3$, $f(4)=8$
$f(6x)$를 $6x^2-7x+2$로 나누었을 때의 몫을 $Q_2(x)$,
$R(x)=ax+b$ (a, b는 상수)라 하면
$f(6x)=(6x^2-7x+2)Q_2(x)+ax+b$
$=(2x-1)(3x-2)Q_2(x)+ax+b$ ...... ㉠
㉠의 양변에 $x=\frac{1}{2}$을 대입하면
$f\left(6\times\frac{1}{2}\right)=f(3)=\frac{1}{2}a+b$　　$\therefore \frac{1}{2}a+b=3$ ...... ㉡
㉠의 양변에 $x=\frac{2}{3}$를 대입하면
$f\left(6\times\frac{2}{3}\right)=f(4)=\frac{2}{3}a+b$　　$\therefore \frac{2}{3}a+b=8$ ...... ㉢
㉡, ㉢을 연립하여 풀면 $a=30$, $b=-12$
따라서 $R(x)=30x-12$이므로
$R(1)=30-12=18$

다른 풀이

$f(x)$를 $(x+1)(x-3)(x-4)$로 나누었을 때의 몫을 $Q(x)$라 하면 나머지는 x^2-2x이므로
$f(x)=(x+1)(x-3)(x-4)Q(x)+x^2-2x$
위의 등식의 양변에 x 대신 $6x$를 대입하면
$f(6x)=(6x+1)(6x-3)(6x-4)Q(x)+36x^2-12x$
$=6(6x+1)(2x-1)(3x-2)Q(x)+36x^2-12x$
$=6(6x+1)(2x-1)(3x-2)Q(x)$
$+6(6x^2-7x+2)+30x-12$
따라서 $R(x)=30x-12$이므로
$R(1)=30-12=18$

0116

답 4

$f(x)$를 $(x-1)(x-2)(x-3)$으로 나누었을 때의 몫을 $Q_1(x)$,
$R(x)=ax^2+bx+c$ (a, b, c는 상수)라 하면
$f(x)=(x-1)(x-2)(x-3)Q_1(x)+ax^2+bx+c$ ...... ㉠
$f(x)$가 $(x-1)(x-2)$로 나누어떨어지므로

$ax^2+bx+c=a(x-1)(x-2)$ ...... ㉡

㉡을 ㉠에 대입하면

$f(x)=(x-1)(x-2)(x-3)Q_1(x)+a(x-1)(x-2)$ ...... ㉢

한편, $f(x)$를 $(x+1)(x-3)$으로 나누었을 때의 몫을 $Q_2(x)$라 하면 나머지는 $x+1$이므로

$f(x)=(x+1)(x-3)Q_2(x)+x+1$ ...... ㉣

㉢의 양변에 $x=3$을 대입하면 $f(3)=2a$

㉣의 양변에 $x=3$을 대입하면 $f(3)=4$

즉, $2a=4$이므로 $a=2$

따라서 $R(x)=2(x-1)(x-2)$이므로

$R(0)=2\times(-1)\times(-2)=4$

유형 10 $f(ax+b)$를 $x-\alpha$로 나누었을 때의 나머지

0117

답 ④

$f(x)$를 $x+1$로 나누었을 때의 나머지가 $2R$이므로

나머지정리에 의하여

$f(-1)=2R$

따라서 $f(3x+5)$를 $x+2$로 나누었을 때의 나머지는

나머지정리에 의하여

$f(3\times(-2)+5)=f(-1)=2R$

0118

답 ③

$f(x)$를 x^2+2x로 나누었을 때의 몫을 $Q(x)$라 하면 나머지가 $ax+5a$이므로

$f(x)=(x^2+2x)Q(x)+ax+5a$

$=x(x+2)Q(x)+a(x+5)$ ...... ㉠

이때 다항식 $f(3x-8)$을 $x-2$로 나누었을 때의 나머지가 -9이므로 나머지정리에 의하여

$f(3\times2-8)=f(-2)=-9$

㉠의 양변에 $x=-2$를 대입하면

$f(-2)=3a=-9$ $\therefore a=-3$

0119

답 ④

$P(x)$를 $x+1$로 나눈 나머지가 10이므로

$P(-1)=1-a+b=10$ $\therefore -a+b=9$ ...... ㉠

$P(2x-1)$을 $x-1$로 나눈 나머지가 20이므로

$P(2-1)=P(1)=1+a+b=20$ $\therefore a+b=19$ ...... ㉡

㉠, ㉡을 연립하여 풀면 $a=5$, $b=14$

따라서 $P(x)=x^2+5x+14$이므로

다항식 $xP(x)$를 $x-2$로 나눈 나머지는

$2P(2)=2\times(4+10+14)=56$

0120

답 ②

$f(x)$를 x^2+x-6으로 나누었을 때의 몫을 $Q(x)$라 하면

나머지가 $x-4$이므로

$f(x)=(x^2+x-6)Q(x)+x-4$

$=(x+3)(x-2)Q(x)+x-4$ ...... ㉠

$(6x+1)f(9x-6)$을 $3x-1$로 나누었을 때의 나머지는

나머지정리에 의하여

$\left(6\times\frac{1}{3}+1\right)f\left(9\times\frac{1}{3}-6\right)=3f(-3)$

이때 ㉠의 양변에 $x=-3$을 대입하면 $f(-3)=-7$

따라서 구하는 나머지는

$3f(-3)=3\times(-7)=-21$

0121

답 4

$f(x+2418)$을 $x+2420$으로 나누었을 때의 나머지가 -4이므로

나머지정리에 의하여

$f(-2420+2418)=f(-2)=-4$

$f(x)=x^3+ax^2+bx$의 양변에 $x=-2$를 대입하면

$f(-2)=-8+4a-2b=-4$ $\therefore 2a-b=2$ ...... ㉠

$f(x+2420)$을 $x+2418$로 나누었을 때의 나머지가 20이므로 나머지정리에 의하여

$f(-2418+2420)=f(2)=20$

$f(x)=x^3+ax^2+bx$의 양변에 $x=2$를 대입하면

$f(2)=8+4a+2b=20$ $\therefore 2a+b=6$ ...... ㉡

㉠, ㉡을 연립하여 풀면 $a=2$, $b=2$

$\therefore ab=2\times2=4$

0122

답 -48

$f(x)+g(x)$를 $x+1$로 나누었을 때의 나머지는 9이고,

$f(x)-2g(x)$를 $x+1$로 나누었을 때의 나머지는 6이므로

나머지정리에 의하여

$f(-1)+g(-1)=9$ ...... ㉠

$f(-1)-2g(-1)=6$ ...... ㉡

㉠, ㉡을 연립하여 풀면 $f(-1)=8$, $g(-1)=1$

따라서 $xf\left(\frac{1}{3}x+1\right)$을 $x+6$으로 나누었을 때의 나머지는

나머지정리에 의하여

$-6\times f\left(\frac{1}{3}\times(-6)+1\right)=-6f(-1)=-6\times8=-48$

유형 11 몫 $Q(x)$를 $x-\alpha$로 나누었을 때의 나머지

0123

답 ①

$x^{10}+x^7+x^5$을 $x-3$으로 나누었을 때의 몫이 $Q(x)$,

나머지가 R이므로

$x^{10}+x^7+x^5=(x-3)Q(x)+R$ ...... ㉠

㉠의 양변에 $x=1$을 대입하면

$3=-2Q(1)+R$ $\therefore Q(1)=\frac{R-3}{2}$

따라서 다항식 $Q(x)$를 $x-1$로 나누었을 때의 나머지는

$Q(1)=\frac{R-3}{2}$

0124

답 -3

x^4-ax^2-3x+2를 $x-2$로 나누었을 때의 몫이 $Q(x)$, 나머지가 8이므로

$x^4-ax^2-3x+2=(x-2)Q(x)+8$ ······ ㉠

㉠의 양변에 $x=2$를 대입하면

$16-4a-6+2=8,\ -4a=-4 \quad \therefore a=1$

$Q(x)$를 $x+2$로 나누었을 때의 나머지는 나머지정리에 의하여 $Q(-2)$이므로 ㉠의 양변에 $x=-2$를 대입하면

$16-4+6+2=-4Q(-2)+8$

$20=-4Q(-2)+8,\ 4Q(-2)=-12$

$\therefore Q(-2)=-3$

0125

답 ②

$f(x)$를 $x+2$로 나누었을 때의 몫이 $Q(x)$, 나머지가 4이므로

$f(x)=(x+2)Q(x)+4$ ······ ㉠

$Q(x)$를 $x-3$으로 나누었을 때의 나머지가 1이므로

나머지정리에 의하여 $Q(3)=1$

$f(x)$를 $x-3$으로 나누었을 때의 나머지는 나머지정리에 의하여 $f(3)$이므로 ㉠의 양변에 $x=3$을 대입하면

$f(3)=5Q(3)+4=5\times1+4=9$

0126

답 ③

x^3-2x^2+ax-4를 $x-1$로 나누었을 때의 몫이 $Q(x)$이므로 나머지를 R라 하면

$x^3-2x^2+ax-4=(x-1)Q(x)+R$ ······ ㉠

$Q(x)$를 $x+1$로 나누었을 때의 몫을 $Q'(x)$라 하면 나머지가 -7이므로

$Q(x)=(x+1)Q'(x)-7$ ······ ㉡

㉡을 ㉠에 대입하면

$x^3-2x^2+ax-4=(x-1)\{(x+1)Q'(x)-7\}+R$

$=(x^2-1)Q'(x)-7(x-1)+R$ ······ ㉢

㉢의 양변에 $x=1$을 대입하면

$1-2+a-4=R \quad \therefore a-5=R$

㉢의 양변에 $x=-1$을 대입하면

$-1-2-a-4=14+R \quad \therefore -a-21=R$

즉, $a-5=-a-21$이므로 $2a=-16$

$\therefore a=-8$

0127

답 ②

$P(x)$를 $x-3$으로 나누었을 때의 몫이 $Q(x)$, 나머지가 5이므로

$P(x)=(x-3)Q(x)+5$ ······ ㉠

$P(x)$를 $x+1$로 나누었을 때의 나머지가 7이므로

나머지정리에 의하여 $P(-1)=7$

$Q(x)$를 $x+1$로 나누었을 때의 나머지는 나머지정리에 의하여 $Q(-1)$이므로 ㉠의 양변에 $x=-1$을 대입하면

$P(-1)=-4Q(-1)+5$

$7=-4Q(-1)+5,\ 4Q(-1)=-2$

$\therefore Q(-1)=-\frac{1}{2}$

0128

답 -1

$f(x)$를 x^2+x+1로 나누었을 때의 몫이 $Q(x)$, 나머지가 $R(x)$이므로

$f(x)=(x^2+x+1)Q(x)+R(x)$ ······ ㉠

$Q(x)$를 $x-1$로 나누었을 때의 몫을 $Q'(x)$라 하면 나머지가 2이므로

$Q(x)=(x-1)Q'(x)+2$ ······ ㉡

㉡을 ㉠에 대입하면

$f(x)=(x^2+x+1)\{(x-1)Q'(x)+2\}+R(x)$

$=(x^3-1)Q'(x)+2(x^2+x+1)+R(x)$

이때 $f(x)$를 x^3-1로 나누었을 때의 나머지가 $2x^2+x+1$이므로

$2(x^2+x+1)+R(x)=2x^2+x+1$

따라서 $R(x)=-x-1$이므로

$R(0)=-1$

유형 12 나머지정리를 활용한 수의 나눗셈

0129

답 60

$100=x$라 하면 $98=x-2$

x^8을 $x-2$로 나누었을 때의 몫을 $Q(x)$, 나머지를 R라 하면

$x^8=(x-2)Q(x)+R$ ······ ㉠

㉠의 양변에 $x=2$를 대입하면 $256=R$

$x^8=(x-2)Q(x)+256$의 양변에 $x=100$을 대입하면

$100^8=98Q(100)+256$

$=98\{Q(100)+2\}+60$

따라서 100^8을 98로 나누었을 때의 나머지는 60이다.

0130

답 ②

$34=x$라 하면 $35=x+1$

$11x^{10}$을 $x+1$로 나누었을 때의 몫을 $Q(x)$, 나머지를 R라 하면

$11x^{10}=(x+1)Q(x)+R$ ······ ㉠

㉠의 양변에 $x=-1$을 대입하면 $11=R$

$11x^{10}=(x+1)Q(x)+11$의 양변에 $x=34$를 대입하면

$11\times34^{10}=35Q(34)+11$

따라서 11×34^{10}을 35로 나누었을 때의 나머지는 11이다.

0131

답 1

$81=x$라 하면 $82=x+1$

$x^{10}+x^5+1$을 $x+1$로 나누었을 때의 몫을 $Q(x)$, 나머지를 R라 하면

$x^{10}+x^5+1=(x+1)Q(x)+R$ ······ ㉠

㉠의 양변에 $x=-1$을 대입하면 $1=R$

$x^{10}+x^5+1=(x+1)Q(x)+1$의 양변에 $x=81$을 대입하면

$81^{10}+81^5+1=82Q(81)+1$

따라서 $81^{10}+81^5+1$을 82로 나누었을 때의 나머지는 1이다.

0132 답 ③

$3020=x$라 하면 $3019=x-1$, $3021=x+1$

$3019^{10}+3021^{10}+3019^{11}+3021^{11}$

$=(x-1)^{10}+(x+1)^{10}+(x-1)^{11}+(x+1)^{11}$

을 x로 나누었을 때의 몫을 $Q(x)$, 나머지를 R라 하면

$(x-1)^{10}+(x+1)^{10}+(x-1)^{11}+(x+1)^{11}$

$=xQ(x)+R$ ...... ㉠

㉠의 양변에 $x=0$을 대입하면 $2=R$

$(x-1)^{10}+(x+1)^{10}+(x-1)^{11}+(x+1)^{11}=xQ(x)+2$

의 양변에 $x=3020$을 대입하면

$3019^{10}+3021^{10}+3019^{11}+3021^{11}=3020Q(3020)+2$

따라서 $3019^{10}+3021^{10}+3019^{11}+3021^{11}$을 3020으로 나누었을 때의 나머지는 2이다.

0133 답 7

$2828=x$라 하면 $2826=x-2$

$(2828-1)(2828^2+2828+1)=(x-1)(x^2+x+1)$

$=x^3-1$

이므로

x^3-1을 $x-2$로 나누었을 때의 몫을 $Q(x)$, 나머지를 R라 하면

$x^3-1=(x-2)Q(x)+R$ ...... ㉠

㉠의 양변에 $x=2$를 대입하면

$2^3-1=R$ $\therefore R=7$

$x^3-1=(x-2)Q(x)+7$의 양변에 $x=2828$을 대입하면

$2828^3-1=2826Q(2828)+7$

따라서 2828^3-1을 2826으로 나누었을 때의 나머지는 7이다.

유형 13 인수정리 - 일차식으로 나누는 경우

0134 답 7

$f(x)=x^3-ax^2+5x+b$라 하면

$f(x)$가 $x-1$, $x-2$로 각각 나누어떨어지므로

$f(1)=0$, $f(2)=0$

$f(1)=1-a+5+b$이므로 $-a+b+6=0$

$\therefore a-b=6$ ...... ㉠

$f(2)=8-4a+10+b$이므로 $-4a+b+18=0$

$\therefore 4a-b=18$ ...... ㉡

㉠, ㉡을 연립하여 풀면 $a=4$, $b=-2$

따라서 $g(x)=x^2+4x+2$라 하면 $g(x)$를 $x-1$로 나누었을 때의 나머지는 나머지정리에 의하여

$g(1)=1+4+2=7$

0135 답 ③

$f(x)=(ax^2-3)(ax-2)+2ax$라 하면

$f(x)$가 $x+1$로 나누어떨어지므로

$f(-1)=0$

이때 $f(-1)=(a-3)(-a-2)-2a=0$이므로

$-a^2-a+6=0$, $a^2+a-6=0$, $(a+3)(a-2)=0$

$\therefore a=-3$ 또는 $a=2$

따라서 구하는 모든 상수 a의 값의 합은

$-3+2=-1$

0136 답 3

$f(x)=x^5+ax^3+bx^2+x+2$를 $x-1$로 나누었을 때의 나머지가 -3이므로 나머지정리에 의하여

$f(1)=-3$

이때 $f(1)=1+a+b+1+2$이므로 $a+b+4=-3$

$\therefore a+b=-7$ ...... ㉠

$f(x+3)$이 $x+1$로 나누어떨어지므로

$f(-1+3)=f(2)=0$

이때 $f(2)=32+8a+4b+2+2$이므로 $8a+4b+36=0$

$\therefore 2a+b=-9$ ...... ㉡

㉠, ㉡을 연립하여 풀면 $a=-2$, $b=-5$

$\therefore a-b=-2-(-5)=3$

0137 답 28

$f(x-2)$가 $x+1$로 나누어떨어지므로

$f(-1-2)=f(-3)=0$

$f(x+2)$가 $x-1$로 나누어떨어지므로

$f(1+2)=f(3)=0$

$f(-3)=-27-3a+b$이므로 $-27-3a+b=0$

$\therefore -3a+b=27$ ...... ㉠

$f(3)=27+3a+b$이므로 $27+3a+b=0$

$\therefore 3a+b=-27$ ...... ㉡

㉠, ㉡을 연립하여 풀면 $a=-9$, $b=0$

$\therefore f(x)=x^3-9x$

따라서 $f(x)$를 $x-4$로 나누었을 때의 나머지는 나머지정리에 의하여

$f(4)=64-36=28$

0138 답 ②

$f(x)=3x+k$에서 $f(x^2)=3x^2+k$

$g(x)=f(x^2)-2k$라 하면

$g(x)=(3x^2+k)-2k=3x^2-k$

$g(x)$가 $f(x)$, 즉 $3x+k$로 나누어떨어지므로 $g\left(-\frac{k}{3}\right)=0$

$g\left(-\frac{k}{3}\right)=3\times\left(-\frac{k}{3}\right)^2-k=0$이므로

$\frac{k^2}{3}-k=0$, $k^2-3k=0$

$k(k-3)=0$ $\therefore k=3$ ($\because k\neq0$)

따라서 $f(x)=3x+3$이므로

$f(1)=3+3=6$

0139 답 7

$f(x)$를 $x-2$로 나누었을 때의 몫이 $Q(x)$, 나머지가 1이므로

$f(x)=(x-2)Q(x)+1$ ...... ㉠

$Q(x)$는 $x-1$로 나누어떨어지므로 $Q(1)=0$
$f(x)$를 $x-3$으로 나눈 나머지가 13이므로 $f(3)=13$
㉠에 $x=3$을 대입하면 $f(3)=Q(3)+1$
$13=Q(3)+1 \qquad \therefore Q(3)=12$
이때 $f(x)$는 최고차항의 계수가 1인 삼차식이므로
$Q(x)$는 최고차항의 계수가 1인 이차식이다.
$Q(x)=x^2+ax+b$ (a, b는 상수)라 하면
$Q(1)=1+a+b=0 \qquad \therefore a+b=-1$ …… ㉡
$Q(3)=9+3a+b=12 \qquad \therefore 3a+b=3$ …… ㉢
㉡, ㉢을 연립하여 풀면 $a=2$, $b=-3$
따라서 $Q(x)=x^2+2x-3$, $f(x)=(x-2)(x^2+2x-3)+1$
이므로 $f(0)=-2\times(-3)+1=7$

유형 14 인수정리 - 이차식으로 나누는 경우

0140
답 ①

$f(x)=x^3+ax^2-8x-b$라 하면
$f(x)$가 x^2-x-6, 즉 $(x+2)(x-3)$으로 나누어떨어지므로
$f(-2)=0$, $f(3)=0$
$f(-2)=-8+4a+16-b$이므로 $4a-b+8=0$
$\therefore 4a-b=-8$ …… ㉠
$f(3)=27+9a-24-b$이므로 $9a-b+3=0$
$\therefore 9a-b=-3$ …… ㉡
㉠, ㉡을 연립하여 풀면 $a=1$, $b=12$
$\therefore a-b=1-12=-11$

0141
답 $x-3$

$f(x)$는 x^2-3x+2, 즉 $(x-1)(x-2)$로 나누어떨어지므로
$f(1)=0$, $f(2)=0$
$f(x)+4$는 $x+2$로 나누어떨어지므로
$f(-2)+4=0 \qquad \therefore f(-2)=-4$
$f(x)-1$을 x^2-4로 나누었을 때의 몫을 $Q(x)$,
나머지를 $ax+b$ (a, b는 상수)라 하면
$f(x)-1=(x^2-4)Q(x)+ax+b$
$\qquad =(x-2)(x+2)Q(x)+ax+b$ …… ㉠
㉠의 양변에 $x=-2$를 대입하면 $f(-2)-1=-2a+b$
$\therefore -2a+b=-5$ …… ㉡
㉠의 양변에 $x=2$를 대입하면 $f(2)-1=2a+b$
$\therefore 2a+b=-1$ …… ㉢
㉡, ㉢을 연립하여 풀면 $a=1$, $b=-3$
따라서 구하는 나머지는 $x-3$이다.

0142
답 87

$2-f(x)$가 x^2-1, 즉 $(x+1)(x-1)$로 나누어떨어지므로
$2-f(-1)=0$, $2-f(1)=0 \qquad \therefore f(1)=2$, $f(-1)=2$
$f(x)+25$는 $(x+2)^3$으로 나누어떨어지므로
나눈 몫을 $ax+b$ (a, b는 상수)라 하면
$f(x)+25=(x+2)^3(ax+b)$ …… ㉠
㉠에 $x=1$을 대입하면 $f(1)+25=27(a+b)$
$27=27(a+b) \qquad \therefore a+b=1$ …… ㉡
㉠에 $x=-1$을 대입하면
$f(-1)+25=-a+b \qquad \therefore -a+b=27$ …… ㉢
㉡, ㉢을 연립하여 풀면 $a=-13$, $b=14$
따라서 $f(x)=(x+2)^3(-13x+14)-25$이므로
$f(0)=8\times14-25=87$

0143
답 ④

$f(x)=2x^2+ax+b$ (a, b는 상수)라 하면
㈎에서 $f(x)$가 $x+1$로 나누어떨어지므로
$f(-1)=0$
$f(-1)=2-a+b=0$이므로 $a-b=2$ …… ㉠
이때 $f(x^2)=2x^4+ax^2+b$이고 ㈏에서 $f(x^2)$은 $f(x)$로 나누어떨어지므로 $f(x^2)$도 $x+1$로 나누어떨어진다.
즉, $f((-1)^2)=f(1)=0$이므로
$2+a+b=0 \qquad \therefore a+b=-2$ …… ㉡
㉠, ㉡을 연립하여 풀면 $a=0$, $b=-2$
따라서 $f(x)=2x^2-2$이므로
$f(2)=8-2=6$

0144
답 3

$P(x)-3$은 x^2-2x-8, 즉 $(x-4)(x+2)$로 나누어떨어지므로
$P(4)-3=0$, $P(-2)-3=0$
$\therefore P(4)=P(-2)=3$
$(x-2)P(x+5)$를 x^2+8x+7로 나눈 몫을 $Q(x)$라 하면 나머지가 $R(x)=mx+n$이므로
$(x-2)P(x+5)=(x^2+8x+7)Q(x)+mx+n$
$\qquad =(x+1)(x+7)Q(x)+mx+n$ …… ㉠
㉠의 양변에 $x=-1$을 대입하면
$-3P(4)=-m+n \qquad \therefore m-n=9$ …… ㉡
㉠의 양변에 $x=-7$을 대입하면
$-9P(-2)=-7m+n \qquad \therefore 7m-n=27$ …… ㉢
㉡, ㉢을 연립하여 풀면 $m=3$, $n=-6$
따라서 $R(x)=3x-6$이므로
$R(3)=3\times3-6=3$

유형 15 인수정리의 응용

0145
답 -8

$f(a)=f(b)=0$이므로 $f(x)$는 $x-a$, $x-b$로 각각 나누어떨어진다.
이때 $f(x)$는 최고차항의 계수가 1인 이차식이므로
$f(x)=(x-a)(x-b)$ …… ㉠
한편, $f(0)=7$이므로 ㉠의 양변에 $x=0$을 대입하면
$f(0)=ab \qquad \therefore ab=7$
이때 a, b는 자연수이므로 $ab=7$을 만족시키는 순서쌍 (a, b)는
$(1, 7)$, $(7, 1)$이다.
$\therefore f(x)=(x-1)(x-7)$

따라서 $f(x)$를 $x-5$로 나누었을 때의 나머지는
나머지정리에 의하여
$f(5)=4\times(-2)=-8$

0146 답 -26

$f(1)=0$, $f(2)=0$, $f(3)=0$이므로 $f(x)$는 $x-1$, $x-2$, $x-3$으로 각각 나누어떨어진다.
이때 $f(x)$는 최고차항의 계수가 1인 삼차식이므로
$f(x)=(x-1)(x-2)(x-3)$ ...... ㉠
$f(x)-x^2+x$를 x^2+4x+3, 즉 $(x+1)(x+3)$으로 나누었을 때의 몫을 $Q(x)$라 하면 나머지가 $R(x)$이므로
$f(x)-x^2+x=(x+1)(x+3)Q(x)+R(x)$ ...... ㉡
㉡의 양변에 $x=-1$을 대입하면
$f(-1)-2=R(-1)$
㉠의 양변에 $x=-1$을 대입하면
$f(-1)=-2\times(-3)\times(-4)=-24$
$\therefore R(-1)=-24-2=-26$

0147 답 14

$f(x)$를 $x-1$, $x-2$, $x-3$으로 나누었을 때의 나머지가 각각 2, 4, 6이므로
$f(1)=2$, $f(2)=4$, $f(3)=6$
즉, $f(1)-2=0$, $f(2)-4=0$, $f(3)-6=0$이므로
$f(x)-2x$는 $x-1$, $x-2$, $x-3$으로 각각 나누어떨어진다.
이때 $f(x)$는 최고차항의 계수가 1인 삼차식이므로
$f(x)-2x=(x-1)(x-2)(x-3)$
$\therefore f(x)=(x-1)(x-2)(x-3)+2x$
따라서 $f(x)$를 $x-4$로 나누었을 때의 나머지는
나머지정리에 의하여
$f(4)=3\times2\times1+8=14$

0148 답 ②

$f(2)=4$, $f(3)=9$, $f(4)=16$에서
$f(2)=2^2$, $f(3)=3^2$, $f(4)=4^2$
즉, $f(2)-2^2=0$, $f(3)-3^2=0$, $f(4)-4^2=0$이므로
$f(x)-x^2$은 $x-2$, $x-3$, $x-4$로 각각 나누어떨어진다.
이때 $f(x)$의 최고차항의 계수를 a라 하면
$f(x)-x^2=a(x-2)(x-3)(x-4)$
$\therefore f(x)=a(x-2)(x-3)(x-4)+x^2$ ...... ㉠
$f(1)=2$이므로 ㉠의 양변에 $x=1$을 대입하면
$f(1)=-6a+1=2$, $-6a=1$ $\therefore a=-\dfrac{1}{6}$
$\therefore f(x)=-\dfrac{1}{6}(x-2)(x-3)(x-4)+x^2$
따라서 $f(x)$를 $x-5$로 나누었을 때의 나머지는
나머지정리에 의하여
$f(5)=-\dfrac{1}{6}\times3\times2\times1+25=24$

유형 16 조립제법을 이용한 다항식의 나눗셈

0149 답 ⑤

x^3+ax^2-2x-b를 $x-2$로 나누었을 때의 몫과 나머지를
조립제법을 이용하여 구하면 다음과 같다.

2	1	a	-2	$-b$
		2	$2a+4$	$4a+4$
	1	$a+2$	$2a+2$	$4a-b+4$

주어진 조립제법에서 $k=2$, $c=2$
$a+2=5$이므로 $a=3$
$2a+4=d$이므로 $d=10$
$4a-b+4=12$이므로 $12-b+4=12$ $\therefore b=4$
따라서 옳지 않은 것은 ⑤이다.

0150 답 ②

주어진 조립제법에서 $3a=6$이므로 $a=2$
즉, $3x^3-x^2+4x+1$을 $x-2$로 나누었을 때의 몫과 나머지를 조립제법을 이용하여 구하면 오른쪽과 같다.

2	3	-1	4	1
		6	10	28
	3	5	14	29

따라서 $b=29$이므로
$a+b=2+29=31$

0151 답 6

-1	-1	-3	2	1
		1	2	-4
2	-1	-2	4	-3
		-2	-8	
	-1	-4	-4	

위와 같이 조립제법을 이용하면 $-x^3-3x^2+2x+1$을 $x+1$로 나누었을 때의 몫은 $-x^2-2x+4$이므로
$Q(x)=-x^2-2x+4$
따라서 $Q(x)$를 $x-2$로 나누었을 때의 몫은 $-x-4$이므로
$Q'(x)=-x-4$
$\therefore Q(1)-Q'(1)=(-1-2+4)-(-1-4)=6$

0152 답 9

$f(x)=2x^3-ax^2+bx+1$이라 하면
$f(x)$가 $(x+1)^2$으로 나누어떨어지므로
$f(-1)=0$
이때 $f(-1)=-2-a-b+1$이므로 $-a-b-1=0$
$\therefore a+b=-1$ ...... ㉠

-1	2	$-a$	b	1
		-2	$a+2$	$-a-b-2$
	2	$-a-2$	$a+b+2$	$-a-b-1=0$

위의 조립제법에서
$f(x)=(x+1)\{2x^2+(-a-2)x+a+b+2\}$
$f(x)$를 $x+1$로 나누었을 때의 몫을 $Q(x)$라 하면

$Q(x)=2x^2+(-a-2)x+a+b+2$

한편, $Q(x)$도 $x+1$로 나누어떨어지므로

$Q(-1)=0$

$Q(-1)=2+a+2+a+b+2$이므로 $2a+b+6=0$

$\therefore 2a+b=-6$ …… ㉡

㉠, ㉡을 연립하여 풀면 $a=-5$, $b=4$

$\therefore b-a=4-(-5)=9$

다른 풀이

$2x^3-ax^2+bx+1$이 $(x+1)^2$으로 나누어떨어지므로 조립제법을 두 번 이용하면

-1	2	$-a$	b	1
		-2	$a+2$	$-a-b-2$
-1	2	$-a-2$	$a+b+2$	$-a-b-1=0$
		-2	$a+4$	
	2	$-a-4$	$2a+b+6=0$	

$-a-b-1=0$이므로 $a+b=-1$ …… ㉠

$2a+b+6=0$이므로 $2a+b=-6$ …… ㉡

㉠, ㉡을 연립하여 풀면 $a=-5$, $b=4$

$\therefore b-a=4-(-5)=9$

유형 17 조립제법을 이용하여 항등식의 미정계수 구하기

0153

답 ③

-1	1	0	-2	1
		-1	1	1
-1	1	-1	-1	$2=d$
		-1	2	
-1	1	-2	$1=c$	
		-1		
	1 ($=a$)	$-3=b$		

위의 조립제법에서

$x^3-2x+1=(x+1)(x^2-x-1)+2$

$=(x+1)\{(x+1)(x-2)+1\}+2$

$=(x+1)[(x+1)\{(x+1)-3\}+1]+2$

$=(x+1)\{(x+1)^2-3(x+1)+1\}+2$

$=(x+1)^3-3(x+1)^2+(x+1)+2$

따라서 $a=1$, $b=-3$, $c=1$, $d=2$이므로

$ad-bc=1\times 2-(-3)\times 1=5$

참고

$a(x+1)^3+b(x+1)^2+c(x+1)+d$

$=(x+1)\{a(x+1)^2+b(x+1)+c\}+d$

$=(x+1)[(x+1)\{a(x+1)+b\}+c]+d$

즉, 상수 b, c, d는 x^3-2x+1을 $x+1$로 계속 나누었을 때의 나머지들이므로 조립제법을 연속으로 이용하면 쉽게 구할 수 있다.

다른 풀이

$a(x+1)^3+b(x+1)^2+c(x+1)+d$

$=ax^3+3ax^2+3ax+a+bx^2+2bx+b+cx+c+d$

$=ax^3+(3a+b)x^2+(3a+2b+c)x+a+b+c+d$

$=x^3-2x+1$

이므로

$a=1$, $3a+b=0$, $3a+2b+c=-2$, $a+b+c+d=1$

따라서 $a=1$, $b=-3$, $c=1$, $d=2$이므로

$ad-bc=1\times 2-(-3)\times 1=5$

0154

답 (1) 3 (2) 910

(1) 2	1	-6	4	-2
		2	-8	-8
2	1	-4	-4	$-10=d$
		2	-4	
2	1	-2	$-8=c$	
		2		
	1 ($=a$)	$0=b$		

위의 조립제법에서

$x^3-6x^2+4x-2=(x-2)(x^2-4x-4)-10$

$=(x-2)\{(x-2)(x-2)-8\}-10$

$=(x-2)\{(x-2)^2-8\}-10$

$=(x-2)^3-8(x-2)-10$

따라서 $a=1$, $b=0$, $c=-8$, $d=-10$이므로

$a+b+c-d=1+0+(-8)-(-10)=3$

(2) (1)에서 $f(x)=(x-2)^3-8(x-2)-10$이므로

$f(12)=(12-2)^3-8\times(12-2)-10$

$=1000-80-10=910$

0155

답 ⑤

$\frac{1}{2}$	8	-8	-4	6
		4	-2	-3
$\frac{1}{2}$	8	-4	-6	3
		4	0	
$\frac{1}{2}$	8	0	-6	
		4		
	8	4		

위의 조립제법에서

$8x^3-8x^2-4x+6=\left(x-\frac{1}{2}\right)(8x^2-4x-6)+3$

$=\left(x-\frac{1}{2}\right)\left\{\left(x-\frac{1}{2}\right)\times 8x-6\right\}+3$

$=\left(x-\frac{1}{2}\right)\left[\left(x-\frac{1}{2}\right)\left\{8\left(x-\frac{1}{2}\right)+4\right\}-6\right]+3$

$=\left(x-\frac{1}{2}\right)\left\{8\left(x-\frac{1}{2}\right)^2+4\left(x-\frac{1}{2}\right)-6\right\}+3$

$=8\left(x-\frac{1}{2}\right)^3+4\left(x-\frac{1}{2}\right)^2-6\left(x-\frac{1}{2}\right)+3$

$=(2x-1)^3+(2x-1)^2-3(2x-1)+3$

따라서 $a=1$, $b=1$, $c=-3$, $d=3$이므로

$a-2b+c+2d=1-2\times 1+(-3)+2\times 3=2$

PART B' 기출 & 기출변형 문제

0156

답 256

x^4을 $x-1$로 나누었을 때의 몫이 $q(x)$, 나머지가 r_1이므로

$x^4=(x-1)q(x)+r_1$ …… ㉠

$q(x)$를 $x-4$로 나누었을 때의 몫을 $q'(x)$라 하면

나머지가 r_2이므로

$q(x)=(x-4)q'(x)+r_2$ …… ㉡

㉡을 ㉠에 대입하면

$x^4=(x-1)\{(x-4)q'(x)+r_2\}+r_1$

$=(x-1)(x-4)q'(x)+(x-1)r_2+r_1$ …… ㉢

㉢의 양변에 $x=4$를 대입하면 $4^4=3r_2+r_1$

$\therefore r_1+3r_2=256$

0157

답 ③

$P(1+x)=P(1-x)$의 양변에 $x=1$을 대입하면

$P(2)=P(0)=3$

$P(x)$를 $x(x-2)$로 나누었을 때의 몫을 $Q(x)$,

나머지를 $ax+b$ (a, b는 상수)라 하면

$P(x)=x(x-2)Q(x)+ax+b$ …… ㉠

㉠의 양변에 $x=0$을 대입하면 $P(0)=b=3$

㉠의 양변에 $x=2$를 대입하면 $P(2)=2a+b=3$

$2a+3=3$ $\quad\therefore a=0$

$\therefore P(x)=x(x-2)Q(x)+3$

따라서 $P(x)$를 $x(x-2)$로 나누었을 때의 나머지는 3이다.

짝기출 답 ③

다항식 $P(x)$를 $x-5$로 나눈 나머지가 10이고, $x+3$으로 나눈 나머지가 -6이다. $P(x)$를 $(x-5)(x+3)$으로 나눈 나머지를 $R(x)$라 할 때, $R(1)$의 값은?

① -2 ② 0 ③ 2 ④ 4 ⑤ 6

0158

답 ②

$f(x+1)=g(x)(x-1)+5$의 양변에 $x=1$을 대입하면

$f(2)=5$

$g(x)$를 x^2-3x+2, 즉 $(x-1)(x-2)$로 나누었을 때의 몫을 $Q(x)$라 하면 나머지가 $3x+1$이므로

$g(x)=(x-1)(x-2)Q(x)+3x+1$ …… ㉠

㉠의 양변에 $x=2$를 대입하면 $g(2)=7$

따라서 $f(x)-g(x)$를 $x-2$로 나누었을 때의 나머지는

나머지정리에 의하여

$f(2)-g(2)=5-7=-2$

짝기출 답 ③

다항식 $f(x)$를 x^2-x로 나눈 나머지가 $ax+a$이고, 다항식 $f(x+1)$을 x로 나눈 나머지는 6일 때, 상수 a의 값은?

① 1 ② 2 ③ 3 ④ 4 ⑤ 5

0159

답 ③

$2x^3+x^2-3x+5$를 이차식 x^2+x-1로 나누었을 때의 나머지를 구하면 다음과 같다.

$$\begin{array}{r} 2x-1 \\ x^2+x-1\,\big)\,2x^3+x^2-3x+5 \\ 2x^3+2x^2-2x \\ \hline -x^2-x+5 \\ -x^2-x+1 \\ \hline 4 \end{array}$$

$\therefore 2x^3+x^2-3x+5=(x^2+x-1)(2x-1)+4$ (4: 나머지)

$f(x)=x^3+2ax^2+a^2$이라 하면 $f(x)$를 $x-1$로 나누었을 때의 나머지는 4이므로 나머지정리에 의하여 $f(1)=4$

즉, $f(1)=a^2+2a+1=4$이므로

$a^2+2a-3=0$, $(a+3)(a-1)=0$

$\therefore a=-3$ 또는 $a=1$

따라서 모든 a의 값의 합은 $-3+1=-2$

짝기출 답 ①

다항식 x^2+ax+4를 $x-1$로 나누었을 때의 나머지와 $x-2$로 나누었을 때의 나머지가 서로 같을 때, 상수 a의 값은?

① -3 ② -1 ③ 1 ④ 3 ⑤ 5

0160

답 ④

$f(x)$는 이차식, $g(x)$는 일차식이므로 $f(x)-g(x)$는 이차식이다.

이차식 $f(x)$의 최고차항의 계수를 a (a는 실수)라 하면

(가)에서 $f(x)-g(x)$는 $(x+2)^2$으로 나누어떨어지므로

$f(x)-g(x)=a(x+2)^2$ …… ㉠

(나)에서 나머지정리에 의하여 $f(1)=10$, $g(1)=1$이므로

$f(1)-g(1)=9$

㉠의 양변에 $x=1$을 대입하면 $f(1)-g(1)=9a$

즉, $9a=9$이므로 $a=1$

$\therefore f(x)-g(x)=(x+2)^2$ …… ㉡

따라서 $f(x)-g(x)$를 x로 나누었을 때의 나머지는 나머지정리에 의하여 $f(0)-g(0)$이므로 ㉡의 양변에 $x=0$을 대입하면

$f(0)-g(0)=4$

짝기출 답 ③

이차식 $f(x)$와 일차식 $g(x)$가 다음 조건을 만족시킨다.

(가) 방정식 $f(x)-g(x)=0$이 중근 1을 갖는다.
(나) 두 다항식 $f(x)$, $g(x)$를 $x-2$로 나누었을 때의 나머지는 각각 2, 5이다.

다항식 $f(x)-g(x)$를 $x+1$로 나누었을 때의 나머지는?

① -16 ② -14 ③ -12 ④ -10 ⑤ -8

0161

답 ③

$f(x)$의 차수를 n이라 하면 좌변의 차수는 $2n$이고 우변의 차수는 $n+2$이므로

$2n=n+2 \qquad \therefore n=2$

즉, $f(x)$는 이차식이다.

$f(x^2+2)=x^2\{f(x)+2\}$의 양변에 $x=0$을 대입하면 $f(2)=0$이므로 $f(x)$는 $x-2$로 나누어떨어진다.

$f(x)=a(x-2)(x+b)$ (a, b는 상수, $a\neq0$)라 하면

$f(x^2+2)=ax^2(x^2+2+b)$,

$x^2\{f(x)+2\}=x^2\{a(x-2)(x+b)+2\}$이므로

$ax^2(x^2+2+b)=x^2\{a(x-2)(x+b)+2\}$

$ax^2+a(2+b)=a(x-2)(x+b)+2$

$\therefore ax^2+2a+ab=ax^2+a(b-2)x-2ab+2$

위의 등식이 x에 대한 항등식이므로

$a(b-2)=0$, $-2ab+2=2a+ab$

$a\neq0$이므로 $b-2=0 \qquad \therefore b=2$

$b=2$를 $-2ab+2=2a+ab$에 대입하면

$-4a+2=4a$, $8a=2 \qquad \therefore a=\frac{1}{4}$

따라서 $f(x)=\frac{1}{4}(x-2)(x+2)$이므로

$f(4)=\frac{1}{4}\times2\times6=3$

짝기출 답 ③

다항식 $P(x)$가 모든 실수 x에 대하여 등식

$x(x+1)(x+2)=(x+1)(x-1)P(x)+ax+b$

를 만족시킬 때, $P(a-b)$의 값은? (단, a, b는 상수이다.)

① 1 ② 2 ③ 3 ④ 4 ⑤ 5

0162

답 46

$P(x+1)$을 x^2-4로 나누었을 때의 몫을 $Q(x)$라 하면 나머지가 -3이므로

$P(x+1)=(x^2-4)Q(x)-3$

$\quad=(x+2)(x-2)Q(x)-3 \qquad \cdots\cdots$ ㉠

㉠의 양변에 $x=2$를 대입하면 $P(3)=-3$

$P(x)=(x^2-x-1)(ax+b)+2$의 양변에 $x=3$을 대입하면

$P(3)=5(3a+b)+2$

$5(3a+b)+2=-3 \qquad \therefore 3a+b=-1 \qquad \cdots\cdots$ ㉡

㉠의 양변에 $x=-2$를 대입하면 $P(-1)=-3$

$P(x)=(x^2-x-1)(ax+b)+2$의 양변에 $x=-1$을 대입하면

$P(-1)=-a+b+2$

$-a+b+2=-3 \qquad \therefore a-b=5 \qquad \cdots\cdots$ ㉢

㉡, ㉢을 연립하여 풀면 $a=1$, $b=-4$

$\therefore 50a+b=50\times1-4=46$

0163

답 ④

(가)에서 $f(x)$를 x^3-1로 나누었을 때의 몫이 $x+2$이므로 나머지를 ax^2+bx+c (a, b, c는 상수)라 하면

$f(x)=(x^3-1)(x+2)+ax^2+bx+c$

$\quad=(x-1)(x^2+x+1)(x+2)+ax^2+bx+c$

이때 (나)에서 $f(x)$를 x^2+x+1로 나누었을 때의 나머지가 $x-5$이므로

$f(x)=(x-1)(x^2+x+1)(x+2)+a(x^2+x+1)+x-5$

$\quad=(x^2+x+1)\{(x-1)(x+2)+a\}+x-5$

$\quad=(x^2+x+1)(x^2+x-2+a)+x-5 \qquad \cdots\cdots$ ㉠

(다)에서 나머지정리에 의하여 $f(-1)=-3$이므로

㉠의 양변에 $x=-1$을 대입하면

$f(-1)=-2+a-6=a-8$

즉, $a-8=-3$이므로 $a=5$

따라서 $f(x)=(x^2+x+1)(x^2+x+3)+x-5$이므로

$f(0)=1\times3-5=-2$

짝기출 답 ④

다항식 $f(x)$가 다음 세 조건을 만족시킬 때, $f(0)$의 값은?

(가) $f(x)$를 x^3+1로 나눈 몫은 $x+2$이다.
(나) $f(x)$를 x^2-x+1로 나눈 나머지는 $x-6$이다.
(다) $f(x)$를 $x-1$로 나눈 나머지는 -2이다.

① -10 ② -9 ③ -8 ④ -7 ⑤ -6

0164

답 ①

(가)에서 $f(x)+g(x)$와 $f(x)g(x)$가 모두 $x+1$로 나누어떨어지므로 $f(x)$ 또는 $g(x)$는 $x+1$을 인수로 갖고

$f(x)=(x+1)A(x)$, $g(x)=(x+1)B(x)$

(단, $A(x)$, $B(x)$는 일차식)라 하면

$f(x)g(x)=(x+1)^2A(x)B(x)$

즉, $f(x)g(x)$는 $(x+1)^2$으로 나누어떨어진다.

한편, (나)에서 조립제법을 연속으로 이용하여 $f(x)g(x)$를 $x+1$로 나누면 다음과 같다.

-1	1	a	b	-13	-6
		-1	$-a+1$	$a-b-1$	$-a+b+14$
-1	1	$a-1$	$-a+b+1$	$a-b-14$	$-a+b+8=0$
		-1	$-a+2$	$2a-b-3$	
	1	$a-2$	$-2a+b+3$	$3a-2b-17=0$	

이때 $f(x)g(x)$는 $(x+1)^2$으로 나누어떨어지므로

$-a+b+8=0$, $3a-2b-17=0$

$\therefore a-b=8$, $3a-2b=17$

위의 두 식을 연립하여 풀면 $a=1$, $b=-7$

따라서 $f(x)g(x)=x^4+x^3-7x^2-13x-6$이므로

$f(2)g(2)=16+8-28-26-6=-36$

짝기출 답 ②

최고차항의 계수가 1인 두 이차다항식 $f(x)$, $g(x)$가 다음 조건을 만족시킨다.

(가) $f(x)-g(x)$를 $x-2$로 나눈 몫과 나머지가 서로 같다.
(나) $f(x)g(x)$는 x^2-1로 나누어떨어진다.

$g(4)=3$일 때, $f(2)+g(2)$의 값은?

① 1 ② 2 ③ 3 ④ 4 ⑤ 5

0165

답 ①

$x^{30}-1$을 $(x-1)^2$으로 나누었을 때의 몫을 $Q(x)$, $R(x)=ax+b$ (a, b는 상수)라 하면

$x^{30}-1=(x-1)^2Q(x)+ax+b$ …… ㉠

㉠의 양변에 $x=1$을 대입하면 $0=a+b$ $\quad\therefore b=-a$

$b=-a$를 ㉠에 대입하면

$$\begin{aligned}x^{30}-1&=(x-1)^2Q(x)+ax-a\\&=(x-1)^2Q(x)+a(x-1)\end{aligned}$$

조립제법을 이용하여 $x^{30}-1$을 $x-1$로 나누었을 때의 몫을 구하면 다음과 같다.

1	1	0	0	⋯	0	−1
		1	1	⋯	1	1
	1	1	1	⋯	1	0

즉, $x^{30}-1=(x-1)(x^{29}+x^{28}+\cdots+x+1)$이므로

$$\begin{aligned}(x-1)(x^{29}+x^{28}+\cdots+x+1)&=(x-1)^2Q(x)+a(x-1)\\&=(x-1)\{(x-1)Q(x)+a\}\end{aligned}$$ …… ㉡

㉡의 양변을 $x-1$로 나누면

$\underbrace{x^{29}+x^{28}+\cdots+x+1}_{\text{항이 30개}}=(x-1)Q(x)+a$ …… ㉢

㉢의 양변에 $x=1$을 대입하면 $30=a$

이때 $b=-a$이므로 $b=-30$

따라서 $R(x)=30x-30$이므로

$R(5)=30\times5-30=120$

참고

> 자연수 n에 대하여
> $x^n-1=(x-1)(x^{n-1}+x^{n-2}+\cdots+x^2+x+1)$
> n이 홀수일 때
> $x^n+1=(x+1)(x^{n-1}-x^{n-2}+\cdots+x^2-x+1)$

짝기출 답 ①

> 다항식 $f(x)$를 x^2+1로 나눈 나머지가 $x+1$이다. $\{f(x)\}^2$을 x^2+1로 나눈 나머지가 $R(x)$일 때, $R(3)$의 값은?
>
> ① 6 ② 7 ③ 8 ④ 9 ⑤ 10

0166

답 ①

㈏에서 $f(x)$를 $(x+1)(2x-1)$로 나누었을 때의 나머지를 $ax+b$ (a, b는 상수)라 하면 몫과 나머지가 같으므로

$f(x)=(x+1)(2x-1)(ax+b)+ax+b$ …… ㉠

㈎에서 $f(x)$를 $x+1$로 나누었을 때의 나머지는 -3이므로

나머지정리에 의하여 $f(-1)=-3$

㉠의 양변에 $x=-1$을 대입하면 $f(-1)=-a+b$

$-a+b=-3$ $\quad\therefore b=a-3$

이것을 ㉠에 대입하면

$$\begin{aligned}f(x)&=(x+1)(2x-1)(ax+a-3)+ax+a-3\\&=(x+1)(2x-1)\{a(x+1)-3\}+a(x+1)-3\\&=a(x+1)^2(2x-1)-3(x+1)(2x-1)+a(x+1)-3\end{aligned}$$

따라서 $f(x)$를 $(x+1)^2(2x-1)$로 나누었을 때의 몫은 a, 나머지는 $-3(x+1)(2x-1)+a(x+1)-3$이므로

$R(x)=-3(x+1)(2x-1)+a(x+1)-3$

$R\left(\frac{1}{2}\right)=\frac{3}{2}a-3$, $R(-1)=-3$

이때 $R\left(\frac{1}{2}\right)-R(-1)=3$이므로

$\left(\frac{3}{2}a-3\right)-(-3)=3$, $\frac{3}{2}a=3$ $\quad\therefore a=2$

따라서 $R(x)=-3(x+1)(2x-1)+2(x+1)-3$이므로

$R(1)=-3\times2\times1+2\times2-3=-5$

짝기출 답 26

> 삼차다항식 $f(x)$가 다음 조건을 만족시킨다.
>
> ㈎ $f(1)=2$
> ㈏ $f(x)$를 $(x-1)^2$으로 나눈 몫과 나머지가 같다.
>
> $f(x)$를 $(x-1)^3$으로 나눈 나머지를 $R(x)$라 하자. $R(0)=R(3)$일 때, $R(5)$의 값을 구하시오.

0167

답 ①

㈎에서 $f(1)-1=f(2)-2=f(3)-3=k$ (k는 상수)라 하면

$f(1)-1-k=0$, $f(2)-2-k=0$, $f(3)-3-k=0$이므로

$f(x)-x-k$는 $x-1$, $x-2$, $x-3$으로 각각 나누어떨어진다.

이때 $f(x)$의 최고차항의 계수를 a (a는 실수)라 하면

$f(x)-x-k=a(x-1)(x-2)(x-3)$

$\therefore f(x)=a(x-1)(x-2)(x-3)+x+k$ …… ㉠

㈏에서 $f(x)$를 $x(x+1)$로 나누었을 때의 몫을 $Q(x)$라 하면 나머지가 $-17x-10$이므로

$f(x)=x(x+1)Q(x)-17x-10$ …… ㉡

㉡의 양변에 $x=0$을 대입하면 $f(0)=-10$

㉡의 양변에 $x=-1$을 대입하면 $f(-1)=7$

㉠의 양변에 $x=0$을 대입하면 $f(0)=-6a+k$

$\therefore -6a+k=-10$ …… ㉢

㉠의 양변에 $x=-1$을 대입하면 $f(-1)=-24a-1+k$

$-24a-1+k=7$ $\quad\therefore -24a+k=8$ …… ㉣

㉢, ㉣을 연립하여 풀면 $a=-1$, $k=-16$

따라서 $f(x)=-(x-1)(x-2)(x-3)+x-16$이므로

$f(4)=-(3\times2\times1)+4-16=-18$

짝기출 답 ④

> 최고차항의 계수가 1인 x에 대한 삼차다항식 $P(x)$가 서로 다른 세 자연수 a, b, c에 대하여 $P(a)=P(b)=P(c)=0$, $P(0)=-6$을 만족할 때, 다항식 $P(x)$를 $x-6$으로 나눈 나머지는?
>
> ① 30 ② 40 ③ 50 ④ 60 ⑤ 70

2권

03 인수분해

유형 01 인수분해 공식을 이용한 다항식의 인수분해

0168

답 ④

④ $x^2-(y+z)^2=\{x+(y+z)\}\{x-(y+z)\}$
$=(x+y+z)(x-y-z)$

0169

답 4

$x^2-5x^2y+5xy^2-y^2=(x^2-y^2)+(-5x^2y+5xy^2)$
$=(x+y)(x-y)-5xy(x-y)$
$=(x-y)\{(x+y)-5xy\}$
$=(x-y)(x+y-5xy)$

따라서 $a=-1$, $b=-5$이므로
$a-b=-1-(-5)=4$

0170

답 ②

$x^6+x^3z^3-y^3z^3-y^6=x^6-y^6+x^3z^3-y^3z^3$
$=(x^3+y^3)(x^3-y^3)+z^3(x^3-y^3)$
$=(x^3-y^3)(x^3+y^3+z^3)$
$=(x-y)(x^2+xy+y^2)(x^3+y^3+z^3)$

따라서 주어진 다항식의 인수인 것은 ㄱ, ㅁ이다.

0171

답 ⑤

① $a^3-6a^2+12a-8$
$=a^3+3\times a^2\times(-2)+3\times a\times(-2)^2+(-2)^3=(a-2)^3$

② $x^2+4y^2+9z^2-4xy-12yz+6zx$
$=x^2+(-2y)^2+(3z)^2+2\times x\times(-2y)+2\times(-2y)\times 3z+2\times 3z\times x$
$=(x-2y+3z)^2$

③ $1-a^2-2ab-b^2=1-(a^2+2ab+b^2)$
$=1-(a+b)^2$
$=(1+a+b)(1-a-b)$

④ $x^3-xy^2-y^2z+x^2z=x(x^2-y^2)+z(x^2-y^2)$
$=(x^2-y^2)(x+z)$
$=(x+y)(x-y)(x+z)$

⑤ $x^5+x^3y^2+xy^4=x(x^4+x^2y^2+y^4)$
$=x(x^2+xy+y^2)(x^2-xy+y^2)$

따라서 인수분해를 바르게 한 것은 ⑤이다.

0172

답 ③

$x^6-y^6=(x^3)^2-(y^3)^2$
$=(x^3+y^3)(x^3-y^3)$
$=(x+y)(x^2-xy+y^2)(x-y)(x^2+xy+y^2)$

따라서 인수가 아닌 것은 ③이다.

0173

답 ③

$(a^2x-4x)(x^2+12)+(4-a^2)(6x^2+8)$
$=x(a^2-4)(x^2+12)-(a^2-4)(6x^2+8)$
$=(a^2-4)x(x^2+12)-(a^2-4)(6x^2+8)$
$=(a^2-4)(x^3+12x)-(a^2-4)(6x^2+8)$
$=(a^2-4)(x^3+12x-6x^2-8)$
$=(a+2)(a-2)(x^3-6x^2+12x-8)$
$=(a+2)(a-2)(x-2)^3$

따라서 인수가 아닌 것은 ③이다.

0174

답 ③

$81x^4+y^4-3xy^3-27x^3y=81x^4-3xy^3-27x^3y+y^4$
$=3x(27x^3-y^3)-y(27x^3-y^3)$
$=(27x^3-y^3)(3x-y)$
$=(3x-y)\{(3x)^3-y^3\}$
$=(3x-y)\{(3x-y)(9x^2+3xy+y^2)\}$
$=(3x-y)^2(9x^2+3xy+y^2)$

따라서 $a=3$, $b=-1$, $c=9$, $d=3$이므로
$a+b+c+d=3+(-1)+9+3=14$

유형 02 공통부분이 있는 다항식의 인수분해

0175

답 -14

$(x-2)(x-4)(x+1)(x+3)+24$
$=\{(x-2)(x+1)\}\{(x-4)(x+3)\}+24$
$=(x^2-x-2)(x^2-x-12)+24$

$x^2-x=t$로 놓으면
$(x^2-x-2)(x^2-x-12)+24=(t-2)(t-12)+24$
$=t^2-14t+48$
$=(t-6)(t-8)$
$=(x^2-x-6)(x^2-x-8)$
$=(x+2)(x-3)(x^2-x-8)$

따라서 $a=2$, $b=-3$, $c=-8$
또는 $a=-3$, $b=2$, $c=-8$이므로
$ab+c=2\times(-3)+(-8)=-14$

0176

답 -9

$x^2-2x=t$로 놓으면
$(x^2-2x)^2-7(x^2-2x)-8=t^2-7t-8$
$=(t+1)(t-8)$
$=(x^2-2x+1)(x^2-2x-8)$
$=(x-1)^2(x+2)(x-4)$

따라서 $a=-1$, $b=2$, $c=-4$
또는 $a=-1$, $b=-4$, $c=2$이므로
$a+bc=-1+2\times(-4)=-9$

0177

답 -6

$x^2-x=t$로 놓으면

$$\begin{aligned}(x^2-x+2)(x^2-x-7)+20&=(t+2)(t-7)+20\\&=t^2-5t+6\\&=(t-2)(t-3)\\&=(x^2-x-2)(x^2-x-3)\\&=(x+1)(x-2)(x^2-x-3)\end{aligned}$$

따라서 $a=-2$, $b=-1$, $c=-3$이므로

$a+b+c=-2+(-1)+(-3)=-6$

0178

답 ⑤

$(x^2-4x)^2-3x^2+12x-10=(x^2-4x)^2-3(x^2-4x)-10$

$x^2-4x=t$로 놓으면

$$\begin{aligned}(x^2-4x)^2-3(x^2-4x)-10&=t^2-3t-10\\&=(t-5)(t+2)\\&=(x^2-4x-5)(x^2-4x+2)\\&=(x+1)(x-5)(x^2-4x+2)\end{aligned}$$

따라서 인수가 아닌 것은 ⑤이다.

0179

답 35

$(x^2+4x+3)(x^2+12x+35)+k$

$=(x+1)(x+3)(x+5)(x+7)+k$

$=\{(x+1)(x+7)\}\{(x+3)(x+5)\}+k$

$=(x^2+8x+7)(x^2+8x+15)+k$

$x^2+8x=t$로 놓으면

$$\begin{aligned}(x^2+8x+7)(x^2+8x+15)+k&=(t+7)(t+15)+k\\&=t^2+22t+105+k \quad \cdots\cdots ㉠\end{aligned}$$

주어진 식이 x에 대한 이차식의 완전제곱식으로 인수분해되려면 ㉠이 t에 대한 완전제곱식으로 인수분해되어야 하므로

$105+k=\left(\frac{22}{2}\right)^2=121 \qquad \therefore k=16$

이때 $k=16$을 ㉠에 대입하면

$$\begin{aligned}t^2+22t+121&=(t+11)^2\\&=(x^2+8x+11)^2\end{aligned}$$

따라서 $a=8$, $b=11$이므로

$a+b+k=8+11+16=35$

유형 03 x^4+ax^2+b 꼴의 다항식의 인수분해

0180

답 ④

$x^2=X$로 놓으면

$$\begin{aligned}x^4+x^2-20&=X^2+X-20\\&=(X-4)(X+5)\\&=(x^2-4)(x^2+5)\\&=(x+2)(x-2)(x^2+5)\end{aligned}$$

따라서 인수가 아닌 것은 ④이다.

0181

답 ②

$x^2=X$로 놓으면

$$\begin{aligned}x^4-18x^2+81&=X^2-18X+81\\&=(X-9)^2\\&=(x^2-9)^2\\&=\{(x+3)(x-3)\}^2\\&=(x+3)^2(x-3)^2\end{aligned}$$

이때 $a>b$이므로 $a=3$, $b=-3$

$\therefore a-b=3-(-3)=6$

0182

답 ②

$$\begin{aligned}x^4+4&=(x^4+4x^2+4)-4x^2\\&=(x^2+2)^2-(2x)^2\\&=(x^2+2x+2)(x^2-2x+2)\end{aligned}$$

따라서 두 이차식의 합은

$(x^2+2x+2)+(x^2-2x+2)=2x^2+4$

0183

답 -21

$$\begin{aligned}x^4-29x^2y^2+100y^4&=(x^4-20x^2y^2+100y^4)-9x^2y^2\\&=(x^2-10y^2)^2-(3xy)^2\\&=(x^2+3xy-10y^2)(x^2-3xy-10y^2)\\&=(x+5y)(x-2y)(x+2y)(x-5y)\\&=(x+5y)(x+2y)(x-2y)(x-5y)\end{aligned}$$

이때 $a>b>c>d$이므로 $a=5$, $b=2$, $c=-2$, $d=-5$

$\therefore ad-bc=5\times(-5)-2\times(-2)=-21$

0184

답 -45

$x-1=X$로 놓으면

$(x-1)^4-11(x-1)^2+25$

$=X^4-11X^2+25$

$=(X^4-10X^2+25)-X^2$

$=(X^2-5)^2-X^2$

$=(X^2+X-5)(X^2-X-5)$

$=\{(x-1)^2+(x-1)-5\}\{(x-1)^2-(x-1)-5\}$

$=(x^2-x-5)(x^2-3x-3)$

따라서 $a=-5$, $b=-3$, $c=-3$이므로

$abc=(-5)\times(-3)\times(-3)=-45$

유형 04 문자가 여러 개인 다항식의 인수분해

0185

답 14

주어진 식을 x에 대하여 내림차순으로 정리한 후 인수분해하면

$$\begin{aligned}2x^2+5xy-3y^2-2x+8y-4&=2x^2+(5y-2)x-(3y^2-8y+4)\\&=2x^2+(5y-2)x-(y-2)(3y-2)\\&=\{2x-(y-2)\}\{x+(3y-2)\}\\&=(2x-y+2)(x+3y-2)\end{aligned}$$

따라서 $a=2$, $b=-1$, $c=3$이므로
$a^2+b^2+c^2=4+1+9=14$

0186

답 ④

주어진 식을 y에 대하여 내림차순으로 정리한 후 인수분해하면
$x^3-2(y-1)x^2-(4y+3)x+6y$
$=x^3-2x^2y+2x^2-4xy-3x+6y$
$=-2y(x^2+2x-3)+x(x^2+2x-3)$
$=(x^2+2x-3)(x-2y)$
$=(x+3)(x-1)(x-2y)$
따라서 인수가 아닌 것은 ④이다.

0187

답 $2x-4y+3$

주어진 식을 x에 대하여 내림차순으로 정리한 후 인수분해하면
$x^2-4xy+3y^2+3x-7y+2$
$=x^2+(-4y+3)x+3y^2-7y+2$
$=x^2+(-4y+3)x+(y-2)(3y-1)$
$=\{x-(y-2)\}\{x-(3y-1)\}$
$=(x-y+2)(x-3y+1)$
따라서 두 일차식의 합은
$(x-y+2)+(x-3y+1)=2x-4y+3$

0188

답 8

주어진 식을 x에 대하여 내림차순으로 정리한 후 인수분해하면
$x^2+3xy-4y^2+ax+7y+15$
$=x^2+(3y+a)x-(4y^2-7y-15)$
$=x^2+(3y+a)x-(y-3)(4y+5)$
주어진 식이 x, y에 대한 두 일차식의 곱으로 인수분해되려면
$-(y-3)+(4y+5)=3y+a$
$3y+8=3y+a \qquad \therefore a=8$

유형 05 인수정리와 조립제법을 이용한 인수분해

0189

답 26

$P(x)=x^3-6x^2+5x+12$라 하면
$P(-1)=-1-6-5+12=0$
조립제법을 이용하여 $P(x)$를 인수분해하면

-1	1	-6	5	12
		-1	7	-12
	1	-7	12	0

$P(x)=x^3-6x^2+5x+12$
$=(x+1)(x^2-7x+12)$
$=(x+1)(x-3)(x-4)$
$\therefore a^2+b^2+c^2=(-1)^2+3^2+4^2=26$

0190

답 ④

$P(x)=x^3+3x^2-24x+28$이라 하면
$P(2)=8+12-48+28=0$
조립제법을 이용하여 $P(x)$를 인수분해하면

2	1	3	-24	28
		2	10	-28
	1	5	-14	0

$P(x)=x^3+3x^2-24x+28$
$=(x-2)(x^2+5x-14)$
$=(x-2)(x-2)(x+7)$
$=(x-2)^2(x+7)$
이때 원기둥의 부피는
$(\text{반지름의 길이})^2\times(\text{높이})\times\pi=(x^3+3x^2-24x+28)\pi$
$=(x-2)^2(x+7)\pi$
이므로 원기둥의 밑면의 반지름의 길이는 $x-2$, 높이는 $x+7$이다.
따라서 구하는 원기둥의 겉넓이는
$2\pi(x-2)(x+7)+2\pi(x-2)^2=2\pi(x-2)\{(x+7)+(x-2)\}$
$=2\pi(x-2)(2x+5)$

0191

답 2

$P(x)=x^4+2x^3+2x^2-2x-3$이라 하면
$P(1)=1+2+2-2-3=0$
$P(-1)=1-2+2+2-3=0$
조립제법을 이용하여 $P(x)$를 인수분해하면

1	1	2	2	-2	-3
		1	3	5	3
-1	1	3	5	3	0
		-1	-2	-3	
	1	2	3	0	

$P(x)=x^4+2x^3+2x^2-2x-3$
$=(x-1)(x+1)(x^2+2x+3)$
따라서 $a=1$, $b=2$, $c=3$이므로
$a-b+c=1-2+3=2$

0192

답 ⑤

$P(x)=x^4-5x^3-3x^2+17x-10$이라 하면
$P(1)=1-5-3+17-10=0$
$P(-2)=16+40-12-34-10=0$
조립제법을 이용하여 $P(x)$를 인수분해하면

1	1	-5	-3	17	-10
		1	-4	-7	10
-2	1	-4	-7	10	0
		-2	12	-10	
	1	-6	5	0	

$P(x)=x^4-5x^3-3x^2+17x-10$
$=(x-1)(x+2)(x^2-6x+5)$
$=(x-1)(x+2)(x-1)(x-5)$
$=(x-1)^2(x-5)(x+2)$
따라서 인수가 아닌 것은 ⑤이다.

0193

답 3

$P(x)=x^3-(2a+2)x^2+(4a-3)x+6a$라 하면

$P(-1)=-1-2a-2-4a+3+6a=0$

조립제법을 이용하여 $P(x)$를 인수분해하면

-1	1	$-2a-2$	$4a-3$	$6a$
		-1	$2a+3$	$-6a$
	1	$-2a-3$	$6a$	0

$P(x)=x^3-(2a+2)x^2+(4a-3)x+6a$

$=(x+1)\{x^2-(2a+3)x+6a\}$

$=(x+1)(x-3)(x-2a)$

이때 세 일차식의 상수항의 곱이 18이므로

$1\times(-3)\times(-2a)=18$, $6a=18$

$\therefore a=3$

0194

답 -6

$h(x)=x^4-4x^3-3x^2+10x+8$이라 하면

$h(-1)=1+4-3-10+8=0$

$h(2)=16-32-12+20+8=0$

조립제법을 이용하여 $h(x)$를 인수분해하면

-1	1	-4	-3	10	8
		-1	5	-2	-8
2	1	-5	2	8	0
		2	-6	-8	
	1	-3	-4	0	

$h(x)=x^4-4x^3-3x^2+10x+8$

$=(x+1)(x-2)(x^2-3x-4)$

$=(x+1)(x-2)(x+1)(x-4)$

$=(x+1)^2(x-2)(x-4)$

$f(x)$, $g(x)$는 각각 최고차항의 계수가 1인 이차식이고

$f(4)\neq0$, $g(2)\neq0$이므로 $f(x)$는 $x-4$를 인수로 갖지 않고,

$g(x)$는 $x-2$를 인수로 갖지 않는다.

$\therefore f(x)=(x+1)(x-2)$, $g(x)=(x+1)(x-4)$

$\therefore f(1)+g(0)=2\times(-1)+1\times(-4)=-6$

유형 06 인수가 주어질 때, 미정계수 구하기

0195

답 ⑤

$P(x)=ax^4-4x+b$라 하면 $P(x)$가 $(x-1)^2$을 인수로 가지므로

$P(1)=a-4+b=0$

$\therefore b=-a+4$ …… ㉠

따라서 $P(x)=ax^4-4x+(-a+4)$이므로 조립제법을 이용하여 인수분해하면

1	a	0	0	-4	$-a+4$
		a	a	a	$a-4$
1	a	a	a	$a-4$	0
		a	$2a$	$3a$	
	a	$2a$	$3a$	$4a-4$	

이때 $P(x)$가 $(x-1)^2$을 인수로 가지므로

$4a-4=0$ $\quad\therefore a=1$

$a=1$을 ㉠에 대입하면 $b=3$

$\therefore b-a=3-1=2$

다른 풀이

1	a	0	0	-4	b
		a	a	a	$a-4$
1	a	a	a	$a-4$	$a+b-4$
		a	$2a$	$3a$	
	a	$2a$	$3a$	$4a-4$	

이때 ax^4-4x+b가 $(x-1)^2$을 인수로 가지므로

$a+b-4=0$, $4a-4=0$

위의 두 식을 연립하여 풀면 $a=1$, $b=3$

$\therefore b-a=3-1=2$

0196

답 $(x+2)(x+3)(x-4)$

$f(x)=x^3+x^2-14x+a$가 $x+2$를 인수로 가지므로

$f(-2)=-8+4+28+a=0$ $\quad\therefore a=-24$

따라서 $f(x)=x^3+x^2-14x-24$이므로

조립제법을 이용하여 인수분해하면

-2	1	1	-14	-24
		-2	2	24
	1	-1	-12	0

$f(x)=x^3+x^2-14x-24$

$=(x+2)(x^2-x-12)$

$=(x+2)(x+3)(x-4)$

0197

답 ①

$P(x)=x^4+ax^3-16x^2+bx+9$라 하면

$P(x)$가 $x+1$, $x-3$을 인수로 가지므로

$P(-1)=1-a-16-b+9=0$

$\therefore a+b=-6$ …… ㉠

$P(3)=81+27a-144+3b+9=0$

$27a+3b=54$ $\quad\therefore 9a+b=18$ …… ㉡

㉠, ㉡을 연립하여 풀면 $a=3$, $b=-9$

즉, $P(x)=x^4+3x^3-16x^2-9x+9$이므로

조립제법을 이용하여 인수분해하면

-1	1	3	-16	-9	9
		-1	-2	18	-9
3	1	2	-18	9	0
		3	15	-9	
	1	5	-3	0	

$P(x)=x^4+3x^3-16x^2-9x+9$

$=(x+1)(x-3)(x^2+5x-3)$

따라서 $Q(x)=x^2+5x-3$이므로

$Q(-3)=9-15-3=-9$

유형 07 계수가 대칭인 사차식의 인수분해

0198 답 ③

$$x^4-3x^3-6x^2+3x+1=x^2\left(x^2-3x-6+\frac{3}{x}+\frac{1}{x^2}\right)$$
$$=x^2\left\{x^2+\frac{1}{x^2}-3\left(x-\frac{1}{x}\right)-6\right\}$$
$$=x^2\left\{\left(x-\frac{1}{x}\right)^2+2-3\left(x-\frac{1}{x}\right)-6\right\}$$
$$=x^2\left\{\left(x-\frac{1}{x}\right)^2-3\left(x-\frac{1}{x}\right)-4\right\}$$
$$=x^2\left(x-\frac{1}{x}+1\right)\left(x-\frac{1}{x}-4\right)$$
$$=(x^2+x-1)(x^2-4x-1)$$

$x-\frac{1}{x}=t$로 놓으면 $t^2-3t-4=(t+1)(t-4)$

0199 답 ③

$$x^4+5x^3-12x^2+5x+1=x^2\left(x^2+5x-12+\frac{5}{x}+\frac{1}{x^2}\right)$$
$$=x^2\left\{x^2+\frac{1}{x^2}+5\left(x+\frac{1}{x}\right)-12\right\}$$
$$=x^2\left\{\left(x+\frac{1}{x}\right)^2-2+5\left(x+\frac{1}{x}\right)-12\right\}$$
$$=x^2\left\{\left(x+\frac{1}{x}\right)^2+5\left(x+\frac{1}{x}\right)-14\right\}$$
$$=x^2\left(x+\frac{1}{x}+7\right)\left(x+\frac{1}{x}-2\right)$$
$$=(x^2+7x+1)(x^2-2x+1)$$
$$=(x^2+7x+1)(x-1)^2$$

$x+\frac{1}{x}=t$로 놓으면 $t^2+5t-14=(t+7)(t-2)$

따라서 $a=7$, $b=1$, $c=1$이므로

$a+b+c=7+1+1=9$

0200 답 $2x^2+7x+2$

$$x^4+7x^3+8x^2+7x+1=x^2\left(x^2+7x+8+\frac{7}{x}+\frac{1}{x^2}\right)$$
$$=x^2\left\{x^2+\frac{1}{x^2}+7\left(x+\frac{1}{x}\right)+8\right\}$$
$$=x^2\left\{\left(x+\frac{1}{x}\right)^2-2+7\left(x+\frac{1}{x}\right)+8\right\}$$
$$=x^2\left\{\left(x+\frac{1}{x}\right)^2+7\left(x+\frac{1}{x}\right)+6\right\}$$
$$=x^2\left(x+\frac{1}{x}+1\right)\left(x+\frac{1}{x}+6\right)$$
$$=(x^2+x+1)(x^2+6x+1)$$

$x+\frac{1}{x}=t$로 놓으면 $t^2+7t+6=(t+1)(t+6)$

따라서 두 이차식의 합은

$(x^2+x+1)+(x^2+6x+1)=2x^2+7x+2$

유형 08 순환하는 꼴의 다항식의 인수분해

0201 답 ③

주어진 식을 x에 대하여 내림차순으로 정리한 후 인수분해하면

$$xy(y-x)+zx(x-z)-yz(y-z)$$
$$=xy^2-x^2y+x^2z-xz^2-y^2z+yz^2$$
$$=(z-y)x^2-(z^2-y^2)x+yz(z-y)$$
$$=(z-y)x^2-(z+y)(z-y)x+yz(z-y)$$
$$=(z-y)\{x^2-(z+y)x+yz\}$$
$$=(z-y)(x-y)(x-z)$$
$$=(x-y)(y-z)(z-x)$$

0202 답 ⑤

주어진 식을 a에 대하여 내림차순으로 정리한 후 인수분해하면

$$a^2(b-c)-b^2(c-a)+c^2(a+b)-2abc$$
$$=a^2(b-c)-b^2c+ab^2+ac^2+bc^2-2abc$$
$$=(b-c)a^2+(b^2+c^2-2bc)a-b^2c+bc^2$$
$$=(b-c)a^2+(b-c)^2a-bc(b-c)$$
$$=(b-c)\{a^2+(b-c)a-bc\}$$
$$=(b-c)(a+b)(a-c)$$
$$=-(a+b)(b-c)(c-a)$$

따라서 인수인 것은 ㄷ, ㄹ이다.

0203 답 $(a+b)(b+c)(c+a)$

주어진 식을 a에 대하여 내림차순으로 정리한 후 인수분해하면

$$[a, b, c]+[b, c, a]+[c, a, b]-4abc$$
$$=a(b+c)^2+b(c+a)^2+c(a+b)^2-4abc$$
$$=a(b^2+2bc+c^2)+b(c^2+2ca+a^2)+c(a^2+2ab+b^2)-4abc$$
$$=ab^2+2abc+ac^2+bc^2+2abc+a^2b+a^2c+2abc+b^2c-4abc$$
$$=(b+c)a^2+(b^2+2bc+c^2)a+b^2c+bc^2$$
$$=(b+c)a^2+(b+c)^2a+bc(b+c)$$
$$=(b+c)\{a^2+(b+c)a+bc\}$$
$$=(b+c)(a+b)(a+c)$$
$$=(a+b)(b+c)(c+a)$$

유형 09 조건이 주어진 다항식의 인수분해

0204 답 ①

$x-2y+3z=0$에서 $x=2y-3z$

$$\therefore\ x^2+10yz-15z^2=(2y-3z)^2+10yz-15z^2$$
$$=(2y-3z)^2+5z(2y-3z)$$
$$=(2y-3z)\{(2y-3z)+5z\}$$
$$=(2y-3z)(2y+2z)$$
$$=2x(y+z)$$

0205 답 ②

$$25-a^2-8ab-16b^2=25-(a^2+8ab+16b^2)$$
$$=5^2-(a+4b)^2$$
$$=(5+a+4b)(5-a-4b)$$

이때 $a-4b+5=0$에서 $5+a=4b$, $5-4b=-a$

$$\begin{aligned}\therefore (5+a+4b)(5-a-4b)&=(4b+4b)(-a-a)\\&=8b\times(-2a)\\&=-16ab\end{aligned}$$

0206

답 ⑤

$ab-c=-1$에서 $c=ab+1$

$$\begin{aligned}\therefore abc-2ab-a^2b+ab^2&=ab(ab+1)-2ab-a^2b+ab^2\\&=ab(ab+1)-2ab-ab(a-b)\\&=ab(ab+1-2-a+b)\\&=ab(ab-a+b-1)\\&=ab(a+1)(b-1)\end{aligned}$$

이때 $ab-c=-1$에서 $ab=c-1$

$$\begin{aligned}\therefore ab(a+1)(b-1)&=(c-1)(a+1)(b-1)\\&=(a+1)(b-1)(c-1)\end{aligned}$$

유형 10 인수분해를 이용하여 삼각형의 모양 판단하기

0207

답 ⑤

주어진 식의 좌변을 인수분해하면

$$\begin{aligned}a^3+a^2b+ab^2-ac^2+b^3-bc^2&=a^3+a^2b+ab^2+b^3-ac^2-bc^2\\&=(a+b)a^2+(a+b)b^2-(a+b)c^2\\&=(a+b)(a^2+b^2-c^2)\end{aligned}$$

즉, $(a+b)(a^2+b^2-c^2)=0$이고 $a+b\neq0$이므로

$a^2+b^2-c^2=0$ $\quad\therefore c^2=a^2+b^2$

따라서 주어진 조건을 만족시키는 삼각형은 빗변의 길이가 c인 직각삼각형이다.

0208

답 ②

주어진 식의 좌변을 a에 대하여 내림차순으로 정리하여 인수분해하면

$$\begin{aligned}&ab(a+b)-bc(b+c)+ca(a-c)\\&=a^2b+ab^2-b^2c-bc^2+a^2c-ac^2\\&=(b+c)a^2+(b^2-c^2)a-bc(b+c)\\&=(b+c)a^2+(b+c)(b-c)a-bc(b+c)\\&=(b+c)\{a^2+(b-c)a-bc\}\\&=(b+c)(a+b)(a-c)\end{aligned}$$

즉, $(b+c)(a+b)(a-c)=0$이고 $b+c\neq0$, $a+b\neq0$이므로

$a-c=0$ $\quad\therefore a=c$

따라서 주어진 조건을 만족시키는 삼각형은 $a=c$인 이등변삼각형이다.

0209

답 $\frac{1}{2}ac$

$f(x)=x^3+(b+c)x^2+(c^2-b^2)x-b^3-b^2c+bc^2+c^3$이라 하면

다항식 $f(x)$가 $x-a$로 나누어떨어지므로 $f(a)=0$

$\therefore a^3+(b+c)a^2+(c^2-b^2)a-b^3-b^2c+bc^2+c^3=0$

이 식의 좌변을 인수분해하면

$$\begin{aligned}&a^3+(b+c)a^2+(c^2-b^2)a-b^3-b^2c+bc^2+c^3\\&=a^3+(b+c)a^2+(c^2-b^2)a-b^2(b+c)+c^2(b+c)\\&=a^3+(b+c)a^2+(c^2-b^2)a+(b+c)(c^2-b^2)\\&=a^2(a+b+c)+(c^2-b^2)(a+b+c)\\&=(a+b+c)(a^2+c^2-b^2)\end{aligned}$$

즉, $(a+b+c)(a^2+c^2-b^2)=0$이고 $a+b+c\neq0$이므로

$a^2+c^2-b^2=0$ $\quad\therefore b^2=a^2+c^2$

따라서 주어진 조건을 만족시키는 삼각형은 빗변의 길이가 b인 직각삼각형이므로 그 넓이는 $\frac{1}{2}ac$이다.

유형 11 인수분해를 이용하여 식의 값 구하기

0210

답 21

$$\begin{aligned}a^4+a^2b^2+b^4&=(a^2+ab+b^2)(a^2-ab+b^2)\\&=\{(a+b)^2-ab\}\{(a+b)^2-3ab\}\\&=(3^2-2)(3^2-3\times2)=21\end{aligned}$$

0211

답 24

$x+y=(1+\sqrt{5})+(1-\sqrt{5})=2$

$xy=(1+\sqrt{5})(1-\sqrt{5})=1-5=-4$

$$\begin{aligned}\therefore x^3+x^2y+xy^2+y^3&=x^2(x+y)+y^2(x+y)\\&=(x+y)(x^2+y^2)\\&=(x+y)\{(x+y)^2-2xy\}\\&=2\times\{2^2-2\times(-4)\}\\&=2\times12=24\end{aligned}$$

0212

답 ③

$a^3+b^3+c^3=3abc$에서 $a^3+b^3+c^3-3abc=0$이므로

$$\begin{aligned}&a^3+b^3+c^3-3abc\\&=(a+b+c)(a^2+b^2+c^2-ab-bc-ca)\\&=\frac{1}{2}(a+b+c)\{(a-b)^2+(b-c)^2+(c-a)^2\}=0\end{aligned}$$

이때 $a+b+c>0$이므로

$(a-b)^2+(b-c)^2+(c-a)^2=0$ $\quad\therefore a=b=c$

$$\therefore \frac{3ab+c^2}{a^2}=\frac{3a\times a+a^2}{a^2}=\frac{4a^2}{a^2}=4$$

0213

답 ①

$a+b+c=0$에서 $b+c=-a$, $c+a=-b$, $a+b=-c$이므로

$a^2(b+c)+b^2(c+a)+c^2(a+b)=-a^3-b^3-c^3$

이때 $a^3+b^3+c^3-3abc=(a+b+c)(a^2+b^2+c^2-ab-bc-ca)$에서 $a+b+c=0$이므로 $a^3+b^3+c^3-3abc=0$

$\therefore a^3+b^3+c^3=3abc$

$$\begin{aligned}\therefore \frac{a^2(b+c)+b^2(c+a)+c^2(a+b)}{abc}&=\frac{-a^3-b^3-c^3}{abc}\\&=\frac{-3abc}{abc}=-3\end{aligned}$$

0214

답 $8\sqrt{5}$

주어진 식을 a에 대하여 내림차순으로 정리한 후 인수분해하면

$a^2(b-c)+b^2(a+c)-c^2(a+b)$

$=a^2(b-c)+ab^2+b^2c-ac^2-bc^2$

$=(b-c)a^2+(b^2-c^2)a+bc(b-c)$

$=(b-c)a^2+(b+c)(b-c)a+bc(b-c)$

$=(b-c)\{a^2+(b+c)a+bc\}$

$=(b-c)(a+b)(a+c)$

이때 $a+b=3+\sqrt{5}$, $b-c=3-\sqrt{5}$를 변끼리 빼면

$a+c=2\sqrt{5}$

$\therefore a^2(b-c)+b^2(a+c)-c^2(a+b)$

$=(b-c)(a+b)(a+c)$

$=(3-\sqrt{5})\times(3+\sqrt{5})\times 2\sqrt{5}=8\sqrt{5}$

유형 12 인수분해를 이용한 복잡한 수의 계산

0215

답 ③

$14=x$라 하면

$(x^2+2x)^2-18(x^2+2x)+45=(x^2+2x-3)(x^2+2x-15)$

$=(x-1)(x+3)(x-3)(x+5)$

$=13\times17\times11\times19$

$\therefore a+b+c+d=13+17+11+19=60$

0216

답 13200

$65^2+66^2+67^2+68^2-(32^2+33^2+34^2+35^2)$

$=(65^2-35^2)+(66^2-34^2)+(67^2-33^2)+(68^2-32^2)$

$=(65+35)(65-35)+(66+34)(66-34)$

$+(67+33)(67-33)+(68+32)(68-32)$

$=100\times30+100\times32+100\times34+100\times36$

$=100\times(30+32+34+36)$

$=13200$

0217

답 159

$53=x$라 하면

$\dfrac{53^4+53^2+1}{53^2+53+1}=\dfrac{x^4+x^2+1}{x^2+x+1}$

$=\dfrac{(x^2+x+1)(x^2-x+1)}{x^2+x+1}$

$=x^2-x+1$

$=(x+1)^2-3x$

$=(53+1)^2-3\times53$

$=54^2-159$

$\therefore k=159$

0218

답 ③

$f(-1)=-1+9-24+16=0$이므로

조립제법을 이용하여 $f(x)$를 인수분해하면

-1	1	9	24	16
		-1	-8	-16
	1	8	16	0

$f(x)=x^3+9x^2+24x+16$

$=(x+1)(x^2+8x+16)$

$=(x+1)(x+4)^2$

$\therefore f(96)=(96+1)\times(96+4)^2$

$=97\times100^2$

$=970000$

0219

답 20700

$29=x$라 하면

$29^3-4\times29^2-11\times29-6=x^3-4x^2-11x-6$

이때 $P(x)=x^3-4x^2-11x-6$이라 하면

$P(-1)=-1-4+11-6=0$

조립제법을 이용하여 $P(x)$를 인수분해하면

-1	1	-4	-11	-6
		-1	5	6
	1	-5	-6	0

$P(x)=x^3-4x^2-11x-6$

$=(x+1)(x^2-5x-6)$

$=(x+1)(x+1)(x-6)$

$=(x+1)^2(x-6)$

$\therefore 29^3-4\times29^2-11\times29-6=P(29)$

$=(29+1)^2\times(29-6)$

$=30^2\times23$

$=20700$

0220

답 461

$20=x$라 하면

$20\times21\times22\times23+1=x(x+1)(x+2)(x+3)+1$

$=\{x(x+3)\}\{(x+1)(x+2)\}+1$

$=(x^2+3x)(x^2+3x+2)+1$

$=(x^2+3x)^2+2(x^2+3x)+1$

$x^2+3x=t$로 놓으면

$(x^2+3x)^2+2(x^2+3x)+1=t^2+2t+1$

$=(t+1)^2$

$=(x^2+3x+1)^2$

$=(20^2+3\times20+1)^2$

$=461^2$

$\therefore \sqrt{20\times21\times22\times23+1}=461$

0221

답 ④

$5^6-1=(5^3)^2-1$

$=(5^3+1)(5^3-1)$

$=(5+1)(5^2-5+1)(5-1)(5^2+5+1)$

$=4\times6\times21\times31$

$=2^3\times3^2\times7\times31$

① $186=2\times3\times31$ ② $217=7\times31$
③ $252=2^2\times3^2\times7$ ④ $496=2^4\times31$
⑤ $504=2^3\times3^2\times7$
따라서 n은 5^6-1의 약수이므로 n의 값이 될 수 없는 것은 ④이다.

PART B' 기출 & 기출변형 문제

0222

답 -17

$(x^2+3x+2)(x^2-9x+20)-16$
$=(x+1)(x+2)(x-4)(x-5)-16$
$=\{(x+1)(x-4)\}\{(x+2)(x-5)\}-16$
$=(x^2-3x-4)(x^2-3x-10)-16$
$x^2-3x=t$로 놓으면
$(x^2-3x-4)(x^2-3x-10)-16=(t-4)(t-10)-16$
$=t^2-14t+24$
$=(t-2)(t-12)$
$=(x^2-3x-2)(x^2-3x-12)$
따라서 $a=-3$, $b=-2$, $c=-12$
또는 $a=-3$, $b=-12$, $c=-2$이므로
$a+b+c=-3+(-2)+(-12)=-17$

짝기출 답 ③

$(x^2-x)(x^2+3x+2)-3$을 인수분해하면
$(x^2+ax+b)(x^2+cx+d)$이다. 이때 $a+b+c+d$의 값은?
(단, a, b, c, d는 상수이다.)

① -2 ② -1 ③ 0 ④ 1 ⑤ 2

0223

답 ③

$x+\frac{1}{x}=X$라 하면

$x^3+\frac{1}{x^3}=\left(x+\frac{1}{x}\right)^3-3\left(x+\frac{1}{x}\right)=X^3-3X$

$P\left(x-2+\frac{1}{x}\right)=x^3-2+\frac{1}{x^3}$을 정리하면

$P\left(x+\frac{1}{x}-2\right)=x^3+\frac{1}{x^3}-2$

$\therefore P(X-2)=X^3-3X-2$
위의 식의 양변에 $X=2$를 대입하면
$P(0)=8-6-2=0$이므로
X^3-3X-2를 조립제법을 이용하여 인수분해하면

2	1	0	-3	-2
		2	4	2
	1	2	1	0

즉, $X^3-3X-2=(X-2)(X^2+2X+1)=(X-2)(X+1)^2$
이므로
$P(X-2)=(X-2)(X+1)^2=(X-2)(X-2+3)^2$
$\therefore P(x)=x(x+3)^2=x^3+6x^2+9x$
따라서 $a=6$, $b=9$, $c=0$이므로
$a+b+c=6+9+0=15$

짝기출 답 5

모든 실수 x에 대하여
$2x^3-x^2-7x+6=(x-1)(x+2)(ax+b)$
일 때, $a-b$의 값을 구하시오. (단, a, b는 상수이다.)

0224

답 ④

$x^4-x^3-4x^2+x+1=x^2\left(x^2-x-4+\frac{1}{x}+\frac{1}{x^2}\right)$
$=x^2\left\{x^2+\frac{1}{x^2}-\left(x-\frac{1}{x}\right)-4\right\}$
$=x^2\left\{\left(x-\frac{1}{x}\right)^2+2-\left(x-\frac{1}{x}\right)-4\right\}$
$=x^2\left\{\left(x-\frac{1}{x}\right)^2-\left(x-\frac{1}{x}\right)-2\right\}$
($x-\frac{1}{x}=t$로 놓으면 $t^2-t-2=(t+1)(t-2)$)
$=x^2\left(x-\frac{1}{x}+1\right)\left(x-\frac{1}{x}-2\right)$
$=(x^2+x-1)(x^2-2x-1)$
$x^4-4x^3+4x^2-1=x^2(x^2-4x+4)-1$
$=x^2(x-2)^2-1^2$
$=\{x(x-2)\}^2-1^2$
$=\{x(x-2)+1\}\{x(x-2)-1\}$
$=(x^2-2x+1)(x^2-2x-1)$
$=(x-1)^2(x^2-2x-1)$
따라서 두 다항식의 공통인수는 x^2-2x-1이다.

짝기출 답 ①

다항식 x^4+7x^2+16이 $(x^2+ax+b)(x^2-ax+b)$로 인수분해될 때, 두 양수 a, b에 대하여 $a+b$의 값은?

① 5 ② 6 ③ 7 ④ 8 ⑤ 9

0225

답 ⑤

$24=x$라 하면
$24\times27\times30\times33+77=x(x+3)(x+6)(x+9)+77$
$=\{x(x+9)\}\{(x+3)(x+6)\}+77$
$=(x^2+9x)(x^2+9x+18)+77$
$=(x^2+9x)^2+18(x^2+9x)+77$
$x^2+9x=t$로 놓으면
$(x^2+9x)^2+18(x^2+9x)+77=t^2+18t+77$
$=(t+7)(t+11)$
$=(x^2+9x+7)(x^2+9x+11)$
$=n(n+4)$ ($x^2+9x+11=(x^2+9x+7)+4$)
$\therefore n=x^2+9x+7$
$=24^2+9\times24+7$
$=576+216+7=799$

짝기출 **답** 176

$\sqrt{10\times13\times14\times17+36}$의 값을 구하시오.

0226 **답** ①

$(182\sqrt{182}+13\sqrt{13})\times(182\sqrt{182}-13\sqrt{13})$
$=(182\sqrt{182})^2-(13\sqrt{13})^2$
$=182^3-13^3$
$=(13\times14)^3-(13\times1)^3$
$=13^3\times14^3-13^3\times1^3$
$=13^3\times(14^3-1^3)$
$=13^3\times(14-1)(14^2+14\times1+1^2)$
$=13^3\times13\times211=13^4\times211$
$\therefore m=211$

0227 **답** 2

A, B, C, D 블록 1개의 부피는 각각 x^3, x^2, x, 1이므로 A 블록 1개, B 블록 9개, C 블록 26개, D 블록 24개를 모두 사용하여 만든 직육면체의 부피는 $x^3+9x^2+26x+24$이다.
$f(x)=x^3+9x^2+26x+24$라 하면
$f(-2)=-8+36-52+24=0$
조립제법을 이용하여 $f(x)$를 인수분해하면

-2	1	9	26	24
		-2	-14	-24
	1	7	12	0

$f(x)=x^3+9x^2+26x+24$
$=(x+2)(x^2+7x+12)$
$=(x+2)(x+3)(x+4)$
따라서 새로 만든 직육면체의 모서리의 길이는 각각 $x+2$, $x+3$, $x+4$이고 모든 모서리의 길이의 합이 60이므로
$4\{(x+2)+(x+3)+(x+4)\}=60$
$3x+9=15$, $3x=6$ $\quad\therefore x=2$

짝기출 **답** ⑤

두 양수 a, b $(a>b)$에 대하여 그림과 같은 직육면체 P, Q, R, S, T의 부피를 각각 p, q, r, s, t라 하자.

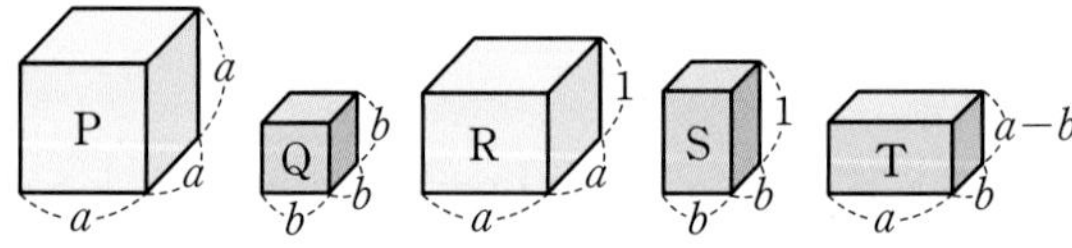

$p=q+r+s+t$일 때, $a-b$의 값은?

① $\frac{2}{3}$ ② $\frac{3}{4}$ ③ $\frac{4}{5}$ ④ $\frac{5}{6}$ ⑤ 1

0228 **답** ④

(가)에서
$f(x)g(x)=x^4-5x^3+8x^2-4x=x(x^3-5x^2+8x-4)$
$h(x)=x^3-5x^2+8x-4$라 하면
$h(1)=1-5+8-4=0$, $h(2)=8-20+16-4=0$

조립제법을 이용하여 $h(x)$를 인수분해하면

1	1	-5	8	-4
		1	-4	4
2	1	-4	4	0
		2	-4	
	1	-2	0	

$h(x)=x^3-5x^2+8x-4=(x-1)(x-2)^2$
$\therefore f(x)g(x)=x(x-1)(x-2)^2$
(나)에서 $f(0)\neq0$이므로 $f(x)$는 x를 인수로 가지지 않는다.
(다)에서 $g(x)$는 $f(x)$로 나누어떨어지므로
$f(x)$, $g(x)$는 모두 같은 인수를 가지고 있어야 한다.
$\therefore f(x)=x-2$, $g(x)=x(x-1)(x-2)$
따라서 $f(3)=3-2=1$, $g(5)=5\times4\times3=60$이므로
$f(3)+g(5)=1+60=61$

짝기출 **답** 33

최고차항의 계수가 양수인 두 다항식 $f(x)$, $g(x)$가 다음 조건을 만족시킨다.

(가) $f(x)$를 $x^2+g(x)$로 나눈 몫은 $x+2$이고 나머지는 $\{g(x)\}^2-x^2$이다.
(나) $f(x)$는 $g(x)$로 나누어떨어진다.

$f(0)\neq0$일 때, $f(2)$의 값을 구하시오.

0229 **답** ③

다항식 $x^3+1-f(x)$가 $(x+1)(x+a)^2$으로 인수분해되므로
$x^3+1-f(x)=(x+1)(x+a)^2$ ······ ㉠
㉠의 양변에 $x=-1$을 대입하면
$-1+1-f(-1)=0$ $\quad\therefore f(-1)=0$
즉, 일차식 $f(x)$는 $x+1$을 인수로 가지므로
$f(x)=m(x+1)$(m은 0이 아닌 상수)이라 하면
$x^3+1-f(x)=x^3+1-m(x+1)$
$=x^3-mx+1-m$
$x^3-mx+1-m$을 조립제법을 이용하여 인수분해하면

-1	1	0	$-m$	$1-m$
		-1	1	$-1+m$
	1	-1	$1-m$	0

$\therefore x^3+1-f(x)=x^3-mx+1-m$
$=(x+1)(x^2-x+1-m)$ ······ ㉡
㉠, ㉡에서
$(x+1)(x+a)^2=(x+1)(x^2-x+1-m)$
양변을 $x+1$로 나누면
$(x+a)^2=x^2-x+1-m$
$x^2+2ax+a^2=x^2-x+1-m$ ······ ㉢
㉢이 x에 대한 항등식이므로
$2a=-1$, $a^2=1-m$ $\quad\therefore a=-\frac{1}{2}$, $m=\frac{3}{4}$
따라서 $f(x)=\frac{3}{4}(x+1)$이므로

$f(7)=\frac{3}{4}\times(7+1)=6$

다른 풀이

이차함수의 그래프와 x축의 위치관계를 이용하여 문제를 해결할 수 있다. (06단원)

다항식 $x^3+1-f(x)$가 $(x+1)(x+a)^2$으로 인수분해되므로

$x^3+1-f(x)=(x+1)(x+a)^2$ …… ㉠

㉠의 양변에 $x=-1$을 대입하면

$-1+1-f(-1)=0 \quad \therefore f(-1)=0$

즉, 일차식 $f(x)$는 $x+1$을 인수로 가지므로

$f(x)=m(x+1)$(m은 0이 아닌 상수)이라 하면

$x^3+1-f(x)=x^3+1-m(x+1)$

$=x^3-mx+1-m$

$x^3-mx+1-m$을 조립제법을 이용하여 인수분해하면

-1	1	0	$-m$	$1-m$
		-1	1	$-1+m$
	1	-1	$1-m$	0

$\therefore x^3+1-f(x)=(x+1)(x^2-x+1-m)$ …… ㉡

㉠, ㉡에서

$(x+1)(x+a)^2=(x+1)(x^2-x+1-m)$

양변을 $x+1$로 나누면

$(x+a)^2=x^2-x+1-m$

이때 이차함수 $y=(x+a)^2$의 그래프는 그림과 같이 x축과 $x=-a$에서만 만나므로 이차함수 $y=x^2-x+1-m$의 그래프 또한 x축과 한 점에서 만난다.

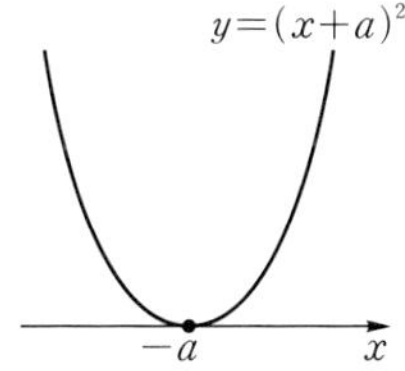

즉, 이차방정식 $x^2-x+1-m=0$이 중근을 가져야 하므로

이차방정식의 판별식을 D라 하면

$D=(-1)^2-4\times1\times(1-m)=0$

$4m-3=0 \quad \therefore m=\frac{3}{4}$

따라서 $f(x)=\frac{3}{4}(x+1)$이므로

$f(7)=\frac{3}{4}\times(7+1)=6$

0230

답 48

㈎에서 주어진 식의 좌변을 인수분해하면

$a^3-b^3-ab^2+a^2b+ac^2+bc^2$ ← 차수가 가장 작은 c에 대하여 내림차순으로 정리

$=c^2(a+b)+a^3+a^2b-b^3-ab^2$

$=c^2(a+b)+a^2(a+b)-b^2(a+b)$

$=(a+b)(a^2-b^2+c^2)$

즉, $(a+b)(a^2-b^2+c^2)=0$이고 $a+b\neq0$이므로

$a^2-b^2+c^2=0$ …… ㉠

$\therefore a^2+c^2=b^2$

따라서 삼각형 ABC는 $\angle B=90^\circ$인 직각삼각형이므로 삼각형 ABC에서 빗변의 길이를 b, 밑변의 길이를 a라 하면 높이는 c이다.

㈏에서 $\triangle ABC=\frac{1}{2}ac=96 \quad \therefore ac=192$

㈏에서 $b=a+\frac{1}{2}c$이므로 ㉠에 대입하면

$a^2-\left(a+\frac{1}{2}c\right)^2+c^2=0,\ -ac+\frac{3}{4}c^2=0$

$ac=192$이므로 $\frac{3}{4}c^2=192,\ c^2=256 \quad \therefore c=16\ (\because c>0)$

$ac=192$에서 $c=16$이므로 $a=12$

$b=a+\frac{1}{2}c$에서 $a=12$, $c=16$이므로 $b=20$

따라서 $a=12$, $b=20$, $c=16$이므로

삼각형 ABC의 둘레의 길이는

$12+20+16=48$

짝기출 답 ②

두 자연수 a, b에 대하여 $a^2b+2ab+a^2+2a+b+1$의 값이 245일 때, $a+b$의 값은?

① 9 ② 10 ③ 11 ④ 12 ⑤ 13

0231

답 ⑤

$2007=x$라 하면

$\frac{2007^4-2\times2007^2-3\times2007-2}{2007^3-2007^2-2009}=\frac{x^4-2x^2-3x-2}{x^3-x^2-(x+2)}$

$=\frac{x^4-2x^2-3x-2}{x^3-x^2-x-2}$

$f(x)=x^4-2x^2-3x-2$라 하면

$f(-1)=1-2+3-2=0$

$f(2)=16-8-6-2=0$

조립제법을 이용하여 $f(x)$를 인수분해하면

-1	1	0	-2	-3	-2
		-1	1	1	2
2	1	-1	-1	-2	0
		2	2	2	
	1	1	1	0	

$f(x)=x^4-2x^2-3x-2$

$=(x+1)(x-2)(x^2+x+1)$

$g(x)=x^3-x^2-x-2$라 하면

$g(2)=8-4-2-2=0$

조립제법을 이용히여 $g(x)$를 인수분해하면

2	1	-1	-1	-2
		2	2	2
	1	1	1	0

$g(x)=x^3-x^2-x-2=(x-2)(x^2+x+1)$

$\therefore \frac{2007^4-2\times2007^2-3\times2007-2}{2007^3-2007^2-2009}$

$=\frac{x^4-2x^2-3x-2}{x^3-x^2-x-2}$

$=\frac{(x+1)(x-2)(x^2+x+1)}{(x-2)(x^2+x+1)}$

$=x+1$

$=2007+1=2008$

0232

답 26

$p=\dfrac{2x^3-4x^2+4x+10}{x^2-2x-3}=\dfrac{2(x^3-2x^2+2x+5)}{(x+1)(x-3)}$

$P(x)=x^3-2x^2+2x+5$라 하면

$P(-1)=-1-2-2+5=0$

조립제법을 이용하여 $P(x)$를 인수분해하면

$$\begin{array}{r|rrrr} -1 & 1 & -2 & 2 & 5 \\ & & -1 & 3 & -5 \\ \hline & 1 & -3 & 5 & 0 \end{array}$$

$P(x)=x^3-2x^2+2x+5=(x+1)(x^2-3x+5)$

$\therefore p=\dfrac{2x^3-4x^2+4x+10}{x^2-2x-3}=\dfrac{2(x+1)(x^2-3x+5)}{(x+1)(x-3)}$

$=\dfrac{2(x^2-3x+5)}{x-3}=\dfrac{2x(x-3)+10}{x-3}$

$=2x+\dfrac{10}{x-3}$

즉, p의 값이 자연수이려면 $x-3$의 값은 10의 약수이어야 한다.

이때 $x>4$에서 $x-3>1$이므로

$x-3=2,\ 5,\ 10 \qquad \therefore x=5,\ 8,\ 13$

따라서 구하는 모든 자연수 x의 값의 합은

$5+8+13=26$

짝기출 답 5

모든 실수 x에 대하여

$2x^3-x^2-7x+6=(x-1)(x+2)(ax+b)$

일 때, $a-b$의 값을 구하시오. (단, a, b는 상수이다.)

0233

답 15

그림과 같이 여섯 개의 꼭짓점에 적힌 자연수를 각각 a, b, c, d, e, f라 하면 각 면에 적힌 세 숫자들의 곱은 각각 abc, abe, acd, ade, fbc, fbe, fcd, fde이다.

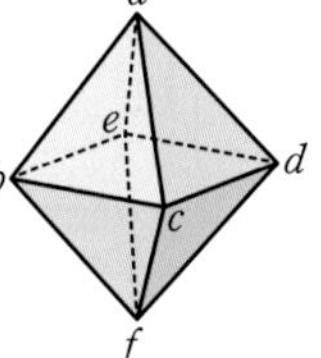

여덟 개의 면에 적힌 수들의 합이 105이므로

$abc+abe+acd+ade+fbc+fbe$

$+fcd+fde=105 \qquad \cdots\cdots$ ㉠

㉠의 좌변을 인수분해하면

$abc+abe+acd+ade+fbc+fbe+fcd+fde$

└ 앞의 네 개의 항과 뒤의 네 개의 항을 공통인수 a와 f로 각각 묶는다.

$=a(bc+be+cd+de)+f(bc+be+cd+de)$

$=(a+f)(bc+be+cd+de)$

$=(a+f)\{b(c+e)+d(c+e)\}$

└ 공통인수 $c+e$로 묶는다.

$=(a+f)(b+d)(c+e)$

$(a+f)(b+d)(c+e)=105=3\times5\times7$이고

3, 5, 7은 모두 소수이므로

$a+b+c+d+e+f=3+5+7=15$

따라서 여섯 개의 꼭짓점에 적힌 수들의 합은 15이다.

0234

답 ③

$\dfrac{b^3+c^3}{a^3+c^3}=\dfrac{(b+c)(b^2-bc+c^2)}{(a+c)(a^2-ac+c^2)}$이므로

$\dfrac{(b+c)(b^2-bc+c^2)}{(a+c)(a^2-ac+c^2)}=\dfrac{b+c}{a+c}$, $\dfrac{b+c}{a+c}\times\dfrac{b^2-bc+c^2}{a^2-ac+c^2}=\dfrac{b+c}{a+c}$

a, b, c는 자연수에서 $\dfrac{b+c}{a+c}\neq0$이므로 $\dfrac{b^2-bc+c^2}{a^2-ac+c^2}=1$

$\therefore b^2-bc+c^2=a^2-ac+c^2$

$b^2-bc+c^2=a^2-ac+c^2$의 우변을 좌변으로 이항하여 정리하면

$a^2-b^2-ac+bc=0$, $(a-b)(a+b)-c(a-b)=0$

$(a-b)(a+b-c)=0 \qquad \therefore a=b$ 또는 $a+b=c$

따라서 이를 만족시키는 순서쌍 $(a,\ b,\ c)$는 ㄴ, ㄹ이다.

짝기출 답 ⑤

다항식 x^3-27이 $(x-3)(x^2+ax+b)$로 인수분해될 때, $a+b$의 값은? (단, a, b는 상수이다.)

① 8 ② 9 ③ 10 ④ 11 ⑤ 12

0235

답 ④

$\{f(x+1)\}^2-k=x(x+3)(x+4)(x+7)$에서

$\{f(x+1)\}^2=x(x+3)(x+4)(x+7)+k$

$=\{x(x+7)\}\{(x+3)(x+4)\}+k$

$=(x^2+7x)(x^2+7x+12)+k \qquad \cdots\cdots$ ㉠

$x^2+7x=X$로 놓으면 ㉠의 우변은

$X(X+12)+k=X^2+12X+k$

이 식이 완전제곱식이 되어야 하므로 $k=\left(\dfrac{12}{2}\right)^2=36$

$\therefore \{f(x+1)\}^2=X^2+12X+36=(X+6)^2$

(i) $f(x+1)=X+6$일 때, $X=x^2+7x$이므로

$f(x+1)=x^2+7x+6=(x+1)(x+6)$

$\therefore f(x)=x(x+5)$

이때 다항식 $f(x)$의 최고차항의 계수가 양수이므로 조건을 만족시킨다.

따라서 $f(x)$가 $x+a$로 나누어떨어지게 만드는 실수 a의 값은 0 또는 5이다.

(ii) $f(x+1)=-(X+6)$일 때, $X=x^2+7x$이므로

$f(x+1)=-(x^2+7x+6)=-(x+1)(x+6)$

$\therefore f(x)=-x(x+5)$

이때 다항식 $f(x)$는 최고차항의 계수가 양수이므로 조건을 만족시키지 않는다.

(i), (ii)에서 $f(x)=x(x+5)$

따라서 구하는 실수 a의 값은 0 또는 5이므로 그 합은 5이다.

짝기출 답 ①

x에 대한 다항식 $x(x+2)+a$가 이차식 $(x+b)^2$으로 인수분해될 때, 두 상수 a, b에 대하여 ab의 값은?

① 1 ② 2 ③ 3 ④ 4 ⑤ 5

0236

답 4

$P(x)=2x^4+(a-3)x^3-4(a-3)x-32$라 하면

$P(2)=32+8a-24-8a+24-32=0$

$P(-2)=32-8a+24+8a-24-32=0$

조립제법을 이용하여 $P(x)$를 인수분해하면

2	2	$a-3$	0	$-4a+12$	-32
		4	$2a+2$	$4a+4$	32
-2	2	$a+1$	$2a+2$	16	0
		-4	$-2a+6$	-16	
	2	$a-3$	8	0	

$P(x)=2x^4+(a-3)x^3-4(a-3)x-32$

$\quad=(x-2)(x+2)\{2x^2+(a-3)x+8\}$

주어진 다항식이 계수가 모두 정수인 서로 다른 네 일차식의 곱으로 인수분해 되려면 $2x^2+(a-3)x+8$은 계수가 모두 정수인 두 일차식의 곱으로 인수분해되어야 한다.

즉, 이차항의 계수가 2이고 상수항이 8이므로 $(2x+m)(x+n)$ (m, n은 정수) 꼴로 인수분해되어야 한다.

(i) $(2x+1)(x+8)$로 인수분해될 때

$2x^2+17x+8$이므로 $a-3=17$ $\quad\therefore a=20$

(ii) $(2x+8)(x+1)=2(x+4)(x+1)$로 인수분해될 때

$2x^2+10x+8$이므로 $a-3=10$ $\quad\therefore a=13$

(iii) $(2x-1)(x-8)$로 인수분해될 때

$2x^2-17x+8$이므로 $a-3=-17$ $\quad\therefore a=-14$

(iv) $(2x-8)(x-1)=2(x-4)(x-1)$로 인수분해될 때

$2x^2-10x+8$이므로 $a-3=-10$ $\quad\therefore a=-7$

(v) $(2x+4)(x+2)=2(x+2)^2$으로 인수분해될 때

서로 다른 네 일차식의 곱으로 인수분해된다는 조건을 만족시키지 않는다.

(vi) $(2x+2)(x+4)=2(x+1)(x+4)$로 인수분해될 때

…… (ii)와 동일

(vii) $(2x-4)(x-2)=2(x-2)^2$으로 인수분해될 때

서로 다른 네 일차식의 곱으로 인수분해된다는 조건을 만족시키지 않는다.

(viii) $(2x-2)(x-4)=2(x-1)(x-4)$로 인수분해될 때

…… (iv)와 동일

(i)~(viii)에서 조건을 만족시키는 정수 a의 개수는 4이다.

짝기출 답 146

두 자연수 a, b에 대하여 일차식 $x-a$를 인수로 가지는 다항식 $P(x)=x^4-290x^2+b$가 다음 조건을 만족시킨다.

> 계수와 상수항이 모두 정수인 서로 다른 세 개의 다항식의 곱으로 인수분해된다.

모든 다항식 $P(x)$의 개수를 p라 하고, b의 최댓값을 q라 할 때, $\dfrac{q}{(p-1)^2}$의 값을 구하시오.

0237

답 6

직사각형 A, B, C, D의 넓이를 차례대로

$A(x)=x^3+6x^2+ax+b$,

$B(x)=x^2+(a-4)x+2b$,

$C(x)=x^3+(a-2)x^2+26x+4b$,

$D(x)=x^4+(a-1)x^3+(b^2-1)x^2+(a-1)(b-1)x+2(a+1)$

이라 하자.

직사각형 A의 세로의 길이가

$x^2+3x+2=(x+1)(x+2)$이므로

$A(x)$는 $x+1$, $x+2$를 인수로 가진다.

인수정리에 의해 $A(-1)=0$, $A(-2)=0$

$A(-1)=-1+6-a+b=0$에서 $a-b=5$ …… ㉠

$A(-2)=-8+24-2a+b=0$에서 $2a-b=16$ …… ㉡

㉠, ㉡을 연립하여 풀면 $a=11$, $b=6$ …… ㉢

$A(x)=x^3+6x^2+11x+6$이므로

조립제법을 이용하여 인수분해하면

-1	1	6	11	6
		-1	-5	-6
	1	5	6	0

$A(x)=x^3+6x^2+11x+6$

$\quad=(x+1)(x^2+5x+6)$

$\quad=(x+1)(x+2)(x+3)$

└ 직사각형 A의 세로의 길이

따라서 직사각형 A의 가로의 길이는 $x+3$이다.

직사각형 B에서 $B(x)=x^2+7x+12=(x+3)(x+4)$이므로

직사각형 B의 세로의 길이는 $x+4$이다.

직사각형 C에서 $C(x)=x^3+9x^2+26x+24$이고

$C(x)$가 $x+4$를 인수로 가지므로

조립제법을 이용하여 인수분해하면

-4	1	9	26	24
		-4	-20	-24
	1	5	6	0

$C(x)=x^3+9x^2+26x+24$

$\quad=(x+4)(x^2+5x+6)$

$\quad=(x+4)(x+2)(x+3)$

└ 직사각형 C의 세로의 길이

따라서 직사각형 C의 가로의 길이는

$x^2+5x+6=(x+2)(x+3)$

직사각형 D에서 $D(x)=x^4+10x^3+35x^2+50x+24$이고

$D(x)$가 $x+2$, $x+3$을 인수로 가지므로

조립제법을 이용하여 인수분해하면

-2	1	10	35	50	24
		-2	-16	-38	-24
-3	1	8	19	12	0
		-3	-15	-12	
	1	5	4	0	

$D(x)=x^4+10x^3+35x^2+50x+24$

$\quad=(x+2)(x+3)(x^2+5x+4)$

└ 직사각형 D의 가로의 길이

따라서 직사각형 D의 세로의 길이는 x^2+5x+4이다.

$\therefore c=5$, $d=4$ …… ㉣

㉢, ㉣에서 $a-b+c-d=11-6+5-4=6$

짝기출 답 ⑤

두 양수 a, b $(a>b)$에 대하여 그림과 같은 직육면체 P, Q, R, S, T의 부피를 각각 p, q, r, s, t라 하자.

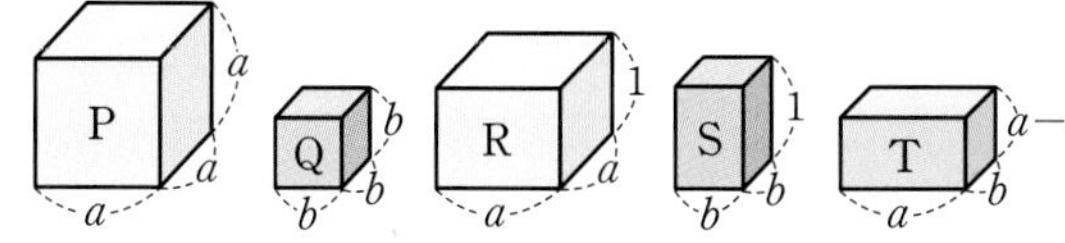

$p=q+r+s+t$일 때, $a-b$의 값은?

① $\dfrac{2}{3}$ ② $\dfrac{3}{4}$ ③ $\dfrac{4}{5}$ ④ $\dfrac{5}{6}$ ⑤ 1

방정식과 부등식

유형별 유사문제

04 복소수

유형 01 복소수의 뜻과 분류

0238 답 ⑤

ㄱ. -16의 제곱근은 $\pm\sqrt{-16}=\pm 4i$이다.
ㄴ. $1-4i$는 순허수가 아니다.
ㅁ. $-\sqrt{4}=-\sqrt{2^2}=-2$는 실수이므로 복소수이다.
따라서 옳은 것은 ㄷ, ㄹ, ㅁ이다.

0239 답 3

$-\sqrt{-7}=-\sqrt{7}i$, $-i^2=1$, $i+i^2=i-1$이므로
허수는 $-\sqrt{-7}$, $1-\sqrt{2}i$, $i+i^2$, $\dfrac{1-2i}{3}$이고,
이 중 순허수는 $-\sqrt{-7}$이므로 주어진 수 중 순허수가 아닌 허수는
$1-\sqrt{2}i$, $i+i^2$, $\dfrac{1-2i}{3}$의 3개이다.

0240 답 ㄴ, ㄷ

$-2i^2=2$, $2-i^2=3$
ㄱ. 주어진 수 모두 복소수이므로 복소수는 모두 9개이다.
ㄴ. 순허수는 $-\sqrt{2}i$로 1개뿐이다.
ㄷ. 허수는 $2+3i$, $-\sqrt{2}i$, $3i+\sqrt{7}$, $2-\sqrt{3}i$로 모두 4개이다.
ㄹ. 실수는 -3, 0, $-2i^2=2$, $1-\pi$, $2-i^2=3$으로 모두 5개이다.
따라서 옳은 것은 ㄴ, ㄷ이다.

유형 02 복소수의 사칙연산

0241 답 ②

$$\frac{\sqrt{5}-2i}{\sqrt{5}+2i}+\frac{\sqrt{5}+2i}{\sqrt{5}-2i}=\frac{(\sqrt{5}-2i)^2+(\sqrt{5}+2i)^2}{(\sqrt{5}+2i)(\sqrt{5}-2i)}$$
$$=\frac{5-4\sqrt{5}i-4+5+4\sqrt{5}i-4}{5+4}=\frac{2}{9}$$

0242 답 $13+5i$

$$(3+4i)(3-i)+\frac{4(1-\sqrt{2}i)}{\sqrt{2}+i}$$
$$=9-3i+12i+4+\frac{4(1-\sqrt{2}i)(\sqrt{2}-i)}{(\sqrt{2}+i)(\sqrt{2}-i)}$$
$$=13+9i+\frac{4(\sqrt{2}-i-2i-\sqrt{2})}{2+1}$$
$$=13+9i-4i=13+5i$$

0243 답 27

$$(2+5i)(1-\sqrt{2}i)^2(1+\sqrt{2}i)^2=(2+5i)\{(1-\sqrt{2}i)(1+\sqrt{2}i)\}^2$$
$$=(2+5i)(1+2)^2$$
$$=18+45i$$
따라서 $a=18$, $b=45$이므로
$b-a=45-18=27$

0244 답 4

$z_1=(1+i)^2=1+2i-1=2i$
$$z_2=\frac{2+\sqrt{3}i}{2-\sqrt{3}i}=\frac{(2+\sqrt{3}i)^2}{(2-\sqrt{3}i)(2+\sqrt{3}i)}=\frac{4+4\sqrt{3}i-3}{4+3}=\frac{1+4\sqrt{3}i}{7}$$
$$\therefore\ z_1z_2=2i\times\frac{1+4\sqrt{3}i}{7}=-\frac{8\sqrt{3}}{7}+\frac{2}{7}i$$
따라서 $a=-\dfrac{8\sqrt{3}}{7}$, $b=\dfrac{2}{7}$이므로
$$a^2+b^2=\left(-\frac{8\sqrt{3}}{7}\right)^2+\left(\frac{2}{7}\right)^2=\frac{192}{49}+\frac{4}{49}=4$$

0245 답 27

$$\alpha^2=\left(\frac{\sqrt{2}i}{1-i}\right)^2=\frac{-2}{-2i}=\frac{1}{i}=-i$$
$$\beta^2=\left(\frac{\sqrt{2}i}{1+i}\right)^2=\frac{-2}{2i}=-\frac{1}{i}=i$$
$$\alpha\beta=\frac{\sqrt{2}i}{1-i}\times\frac{\sqrt{2}i}{1+i}=\frac{-2}{2}=-1$$
$$\therefore\ (5+\alpha^2)(5+\beta^2)-\alpha\beta=(5-i)(5+i)-(-1)$$
$$=25+1+1=27$$

유형 03 복소수가 주어질 때의 식의 값 구하기

0246 답 -4

$x=\dfrac{3+i}{2}$에서 $2x-3=i$
양변을 제곱하면 $4x^2-12x+9=-1$
$4x^2-12x=-10$ $\quad\therefore\ 2x^2-6x=-5$
$\therefore\ 6x^2-18x+11=3(2x^2-6x)+11=3\times(-5)+11=-4$

0247 답 ②

$x=\dfrac{5+i}{1-i}=\dfrac{(5+i)(1+i)}{(1-i)(1+i)}=\dfrac{4+6i}{2}=2+3i$에서
$x-2=3i$
양변을 제곱하면 $x^2-4x+4=-9$
$\therefore\ x^2-4x+13=0$
$$\therefore\ x^3-4x^2+15x-6=x(x^2-4x+13)+2x-6$$
$$=2x-6=2(2+3i)-6$$
$$=4+6i-6=-2+6i$$

0248

답 $-6+3\sqrt{2}i$

$x^2=-1+\sqrt{2}i$에서 $x^2+1=\sqrt{2}i$

양변을 제곱하면 $x^4+2x^2+1=-2$

$\therefore x^4+2x^2+3=0$

양변을 x로 나누면 $x^3+2x+\dfrac{3}{x}=0$

$$\begin{aligned}\therefore x^4+x^3+5x^2+2x+\frac{3}{x}&=x^4+5x^2+\left(x^3+2x+\frac{3}{x}\right)\\&=x^4+5x^2\\&=(x^4+2x^2+3)+3x^2-3\\&=3x^2-3\\&=3(-1+\sqrt{2}i)-3\\&=-6+3\sqrt{2}i\end{aligned}$$

유형 04 복소수 z가 실수 또는 순허수가 될 조건

0249

답 ⑤

$$\begin{aligned}(x-i)(x-2i)-(x+3i)&=x^2-2xi-xi-2-x-3i\\&=(x^2-x-2)-3(x+1)i\end{aligned}$$

이 복소수가 순허수가 되려면 $x^2-x-2=0,\ x+1\neq0$

$x^2-x-2=0$에서 $(x+1)(x-2)=0$

$\therefore x=-1$ 또는 $x=2$ ...... ㉠

$x+1\neq0$에서 $x\neq-1$ ...... ㉡

㉠, ㉡에서 $x=2$

0250

답 6

$z=i(a-2i)^2=i(a^2-4ai-4)=4a+(a^2-4)i$

z가 실수가 되려면 $a^2-4=0$

$a^2=4 \quad \therefore a=2\ (\because a>0)$

$\therefore \alpha=2$

$a=2$를 $z=4a+(a^2-4)i$에 대입하면

$z=8 \quad \therefore \beta=8$

$\therefore \beta-\alpha=8-2=6$

0251

답 3

$z_1=(x^2-x-6)+(y^2-3y-10)i$에 대하여

z_1이 순허수가 되려면

$x^2-x-6=0,\ y^2-3y-10\neq0$

$(x+2)(x-3)=0,\ (y+2)(y-5)\neq0$

$\therefore x=-2$ 또는 $x=3$이고 $y\neq-2,\ y\neq5$ ...... ㉠

$z_2=(x^2-9)+(y^2-6y+5)i$에서

$iz_2=-(y^2-6y+5)+(x^2-9)i$

iz_2가 순허수가 되려면 $y^2-6y+5=0,\ x^2-9\neq0$

$(y-1)(y-5)=0,\ x^2\neq9$

$\therefore y=1$ 또는 $y=5$이고 $x\neq-3,\ x\neq3$ ...... ㉡

㉠, ㉡에서 $x=-2,\ y=1$

$\therefore y-x=1-(-2)=3$

유형 05 복소수 z^2이 실수 또는 양(음)의 실수가 될 조건

0252

답 ②

z^2이 실수가 되려면 z는 실수 또는 순허수이어야 하므로

$a^2-16=0$ 또는 $a+3=0$

(i) $a^2-16=0$에서 $(a+4)(a-4)=0$

$\therefore a=-4$ 또는 $a=4$

(ii) $a+3=0$에서 $a=-3$

(i), (ii)에서 $a=-4$ 또는 $a=-3$ 또는 $a=4$

따라서 구하는 모든 실수 a의 값의 합은

$-4+(-3)+4=-3$

0253

답 ①

$$\begin{aligned}z&=a^2(1-i)+a(1-4i)-(2-5i)\\&=a^2-a^2i+a-4ai-2+5i\\&=(a^2+a-2)+(-a^2-4a+5)i\end{aligned}$$

z^2이 음의 실수가 되려면 z가 순허수이어야 하므로

$a^2+a-2=0,\ -a^2-4a+5\neq0$

$a^2+a-2=0$에서 $(a+2)(a-1)=0$

$\therefore a=-2$ 또는 $a=1$ ...... ㉠

$-a^2-4a+5\neq0$에서 $a^2+4a-5\neq0,\ (a+5)(a-1)\neq0$

$\therefore a\neq-5,\ a\neq1$ ...... ㉡

㉠, ㉡에서 $a=-2$

0254

답 ②

$$\begin{aligned}z&=(a-3i)(5+2i)+a(-7+ai)\\&=5a+2ai-15i+6-7a+a^2i\\&=(-2a+6)+(a^2+2a-15)i\end{aligned}$$

z^2이 양의 실수가 되려면 z는 0이 아닌 실수이어야 하므로

$-2a+6\neq0,\ a^2+2a-15=0$

$-2a+6\neq0$에서 $a\neq3$ ...... ㉠

$a^2+2a-15=0$에서 $(a+5)(a-3)=0$

$\therefore a=-5$ 또는 $a=3$ ...... ㉡

㉠, ㉡에서 $a=-5$

0255

답 11

$$\begin{aligned}z&=(n-4+7i)^2\\&=(n-4)^2+14(n-4)i-49\\&=(n^2-8n-33)+14(n-4)i\end{aligned}$$

$z^2<0$이 되려면 z는 순허수이어야 하므로

$n^2-8n-33=0,\ 14(n-4)\neq0$

$n^2-8n-33=0$에서 $(n+3)(n-11)=0$

$\therefore n=-3$ 또는 $n=11$

$14(n-4)\neq0$에서 $n\neq4$

이때 n은 자연수이므로 구하는 자연수 n의 값은 11이다.

0256 답 -1

$z=(1+i)a^2-(2+4i)a-(3-3i)$
$=a^2+a^2i-2a-4ai-3+3i$
$=(a^2-2a-3)+(a^2-4a+3)i$

(i) z^2이 실수가 되려면 z는 실수 또는 순허수이어야 하므로
$a^2-2a-3=0$ 또는 $a^2-4a+3=0$
$(a+1)(a-3)=0$ 또는 $(a-1)(a-3)=0$
$\therefore a=-1$ 또는 $a=1$ 또는 $a=3$

(ii) $z-8i=(a^2-2a-3)+(a^2-4a+3)i-8i$
$=(a^2-2a-3)+(a^2-4a-5)i$
이 복소수가 실수가 되려면
$a^2-4a-5=0$, $(a+1)(a-5)=0$
$\therefore a=-1$ 또는 $a=5$

(i), (ii)에서 $a=-1$

유형 06 복소수가 서로 같을 조건

0257 답 5

$(5+4i)x+(3-7i)y=7+15i$에서
$5x+4xi+3y-7yi=7+15i$
$(5x+3y)+(4x-7y)i=7+15i$
복소수가 서로 같을 조건에 의하여
$5x+3y=7$, $4x-7y=15$
위의 두 식을 연립하여 풀면 $x=2$, $y=-1$
$\therefore 2x-y=2\times2-(-1)=5$

0258 답 8

$\frac{1+i}{1-i}+(1+3i)(a-i)=\frac{(1+i)^2}{(1-i)(1+i)}+a-i+3ai+3$
$=\frac{2i}{2}+(a+3)+(3a-1)i$
$=(a+3)+3ai$

$(a+3)+3ai=5+bi$이므로
복소수가 서로 같을 조건에 의하여
$a+3=5$, $3a=b$ $\quad\therefore a=2$, $b=3\times2=6$
$\therefore a+b=2+6=8$

0259 답 15

$(1-2i)x+\frac{3-yi}{1+2i}=5-3i$의 양변에 $1+2i$를 곱하면
$(1-2i)(1+2i)x+3-yi=(5-3i)(1+2i)$
$5x+3-yi=5+10i-3i+6$
$5x+3-yi=11+7i$
복소수가 서로 같을 조건에 의하여
$5x+3=11$, $-y=7$ $\quad\therefore x=\frac{8}{5}$, $y=-7$
$\therefore 5x-y=5\times\frac{8}{5}-(-7)=15$

0260 답 -48

$\frac{x}{1+i}+\frac{y}{1-i}=\frac{10(1+2i)}{3-i}$에서
$\frac{x(1-i)+y(1+i)}{(1+i)(1-i)}=\frac{10(1+2i)(3+i)}{(3-i)(3+i)}$
$\frac{x-xi+y+yi}{2}=\frac{10(3+i+6i-2)}{10}$
$\frac{(x+y)+(-x+y)i}{2}=1+7i$
$(x+y)+(-x+y)i=2+14i$
복소수가 서로 같을 조건에 의하여
$x+y=2$, $-x+y=14$
위의 두 식을 연립하여 풀면 $x=-6$, $y=8$
$\therefore xy=-6\times8=-48$

0261 답 ②

$x^2+y^2i-2x+yi-3-6i=0$에서
$(x^2-2x-3)+(y^2+y-6)i=0$
복소수가 서로 같을 조건에 의하여
$x^2-2x-3=0$, $y^2+y-6=0$

(i) $x^2-2x-3=0$에서 $(x+1)(x-3)=0$
$\therefore x=-1$ 또는 $x=3$

(ii) $y^2+y-6=0$에서 $(y+3)(y-2)=0$
$\therefore y=-3$ 또는 $y=2$

(i), (ii)에서 xy의 값이 될 수 있는 것은
$-1\times(-3)=3$ 또는 $-1\times2=-2$ 또는
$3\times(-3)=-9$ 또는 $3\times2=6$
따라서 xy의 값이 될 수 없는 것은 ②이다.

0262 답 ①

$\frac{2a}{a+i}=\frac{2a(a-i)}{(a+i)(a-i)}=\frac{2a^2-2ai}{a^2+1}=\frac{2a^2}{a^2+1}-\frac{2a}{a^2+1}i$
이므로
$x+yi=\frac{2a^2}{a^2+1}-\frac{2a}{a^2+1}i$
복소수가 서로 같을 조건에 의하여
$x=\frac{2a^2}{a^2+1}$, $y=-\frac{2a}{a^2+1}$
이때 $x-3y=2$이므로
$\frac{2a^2}{a^2+1}-3\times\left(-\frac{2a}{a^2+1}\right)=2$, $\frac{2a^2+6a}{a^2+1}=2$
$2a^2+6a=2a^2+2$, $6a=2$ $\quad\therefore a=\frac{1}{3}$

0263 답 2

$a(1+3i)+b(1+i)=(a+b)+(3a+b)i$이고,
-4의 제곱근은 $\pm2i$이므로

(i) $(a+b)+(3a+b)i=2i$일 때
복소수가 서로 같을 조건에 의하여

$a+b=0,\ 3a+b=2$

위의 두 식을 연립하여 풀면 $a=1,\ b=-1$

$\therefore\ a^2+b^2=1^2+(-1)^2=2$

(ii) $(a+b)+(3a+b)i=-2i$일 때

복소수가 서로 같을 조건에 의하여

$a+b=0,\ 3a+b=-2$

위의 두 식을 연립하여 풀면 $a=-1,\ b=1$

$\therefore\ a^2+b^2=(-1)^2+1^2=2$

(i), (ii)에서 $a^2+b^2=2$

다른 풀이

$a(1+3i)+b(1+i)=(a+b)+(3a+b)i$ ······ ㉠

㉠을 제곱하여 -4, 즉 음의 실수가 되려면

㉠은 순허수이어야 하므로

$a+b=0,\ 3a+b\neq0 \qquad \therefore\ b=-a,\ a\neq-\dfrac{b}{3}$

$b=-a$를 ㉠에 대입하면 $2ai$

따라서 $(2ai)^2=-4$이므로 $-4a^2=-4$

$\therefore\ a^2=1,\ b^2=(-a)^2=1$

$\therefore\ a^2+b^2=1+1=2$

유형 07 켤레복소수의 계산

0264

답 $-\dfrac{4}{5}$

$\overline{z}=1+2i$이므로

$$\frac{1-z^2}{\overline{z}}=\frac{1-(1-2i)^2}{1+2i}=\frac{1-(1-4i-4)}{1+2i}=\frac{4(1+i)(1-2i)}{(1+2i)(1-2i)}$$
$$=\frac{4(1-2i+i+2)}{1+4}=\frac{4(3-i)}{5}=\frac{12}{5}-\frac{4}{5}i$$

따라서 구하는 허수부분은 $-\dfrac{4}{5}$이다.

0265

답 1

$$z=\frac{2}{1+i}=\frac{2(1-i)}{(1+i)(1-i)}=\frac{2(1-i)}{2}=1-i$$

이므로 $\overline{z}=1+i$

$$\therefore\ \frac{z-1}{z}+\frac{\overline{z}-1}{\overline{z}}=\frac{1-i-1}{1-i}+\frac{1+i-1}{1+i}$$
$$=\frac{-i}{1-i}+\frac{i}{1+i}$$
$$=\frac{-i(1+i)+i(1-i)}{(1-i)(1+i)}$$
$$=\frac{-i+1+i+1}{1+1}=\frac{2}{2}=1$$

다른 풀이

$$z=\frac{2}{1+i}=\frac{2(1-i)}{(1+i)(1-i)}=\frac{2(1-i)}{2}=1-i$$

이므로 $\overline{z}=1+i$

$z+\overline{z}=2,\ z\overline{z}=2$

$$\therefore\ \frac{z-1}{z}+\frac{\overline{z}-1}{\overline{z}}=\frac{\overline{z}(z-1)+z(\overline{z}-1)}{z\overline{z}}=\frac{z\overline{z}-\overline{z}+z\overline{z}-z}{(1-i)(1+i)}$$
$$=\frac{2-\overline{z}+2-z}{2}=\frac{4-(z+\overline{z})}{2}=\frac{4-2}{2}=1$$

0266

답 4

$\overline{z}=a+3i$이므로

$i(\overline{z})^2=-6z-11i$에서

$i(a+3i)^2=-6(a-3i)-11i$

$(a^2+6ai-9)i=-6a+18i-11i$

$-6a+(a^2-9)i=-6a+7i$

복소수가 서로 같을 조건에 의하여

$a^2-9=7,\ a^2=16 \qquad \therefore\ a=4\ (\because\ a>0)$

0267

답 ⑤

$$z=\frac{3}{1+\sqrt{2}i}=\frac{3(1-\sqrt{2}i)}{(1+\sqrt{2}i)(1-\sqrt{2}i)}=\frac{3(1-\sqrt{2}i)}{1+2}=1-\sqrt{2}i$$

이므로 $\overline{z}=1+\sqrt{2}i$

$\therefore\ (\sqrt{2}-i)z+z\overline{z}+1$

$=(\sqrt{2}-i)(1-\sqrt{2}i)+(1-\sqrt{2}i)(1+\sqrt{2}i)+1$

$=\sqrt{2}-2i-i-\sqrt{2}+1+2+1$

$=4-3i$

따라서 $4-3i=a+bi$이므로 복소수가 서로 같을 조건에 의하여

$a=4,\ b=-3$

$\therefore\ a-b=4-(-3)=7$

유형 08 켤레복소수가 주어질 때의 식의 값 구하기

0268

답 ⑤

$$\frac{y}{x}-\frac{x}{y}=\frac{y^2-x^2}{xy}=\frac{(y+x)(y-x)}{xy}$$

이때

$y+x=(-5-3i)+(-5+3i)=-10,$

$y-x=(-5-3i)-(-5+3i)=-6i,$

$xy=(-5+3i)(-5-3i)=25+9=34$

이므로

$$\frac{y}{x}-\frac{x}{y}=\frac{(y+x)(y-x)}{xy}=\frac{-10\times(-6i)}{34}=\frac{30}{17}i$$

0269

답 ②

$x^3-y^3=(x-y)^3+3xy(x-y)$

이때

$$x-y=\frac{3-\sqrt{3}i}{2}-\frac{3+\sqrt{3}i}{2}=-\sqrt{3}i,$$
$$xy=\frac{3-\sqrt{3}i}{2}\times\frac{3+\sqrt{3}i}{2}=\frac{9+3}{4}=3$$

이므로

$x^3-y^3=(x-y)^3+3xy(x-y)$

$=(-\sqrt{3}i)^3+3\times3\times(-\sqrt{3}i)$

$=-3\sqrt{3}i^3-9\sqrt{3}i$

$=3\sqrt{3}i-9\sqrt{3}i=-6\sqrt{3}i$

0270

답 -216

$x^3-x^2y-xy^2+y^3=x^2(x-y)-y^2(x-y)$
$=(x-y)(x^2-y^2)$
$=(x-y)^2(x+y)$

이때

$x=\frac{6}{1+i}=\frac{6(1-i)}{(1+i)(1-i)}=\frac{6(1-i)}{2}=3-3i$,

$y=\frac{6}{1-i}=\frac{6(1+i)}{(1-i)(1+i)}=\frac{6(1+i)}{2}=3+3i$

이므로

$x+y=(3-3i)+(3+3i)=6$,

$x-y=(3-3i)-(3+3i)=-6i$

$\therefore x^3-x^2y-xy^2+y^3=(x-y)^2(x+y)$
$=(-6i)^2\times 6=-216$

유형 09 켤레복소수의 성질

0271

답 ㄱ, ㄷ

$z=a+bi$ (a, b는 실수)라 하면 $\overline{z}=a-bi$

ㄱ. $z\overline{z}=(a+bi)(a-bi)=a^2+b^2=0$에서
$a=0$, $b=0$ $\quad\therefore z=0$

ㄴ. $\frac{1}{z}+\frac{1}{\overline{z}}=\frac{1}{a+bi}+\frac{1}{a-bi}=\frac{a-bi+a+bi}{(a+bi)(a-bi)}=\frac{2a}{a^2+b^2}$이므로
실수이다.

ㄷ. $\overline{z}=a-bi$가 순허수이면 $a=0$, $b\neq 0$
따라서 $\frac{1}{z}=\frac{1}{bi}=-\frac{1}{b}i$이므로 $\frac{1}{z}$도 순허수이다.

ㄹ. $z=1+i$이면
$-\overline{z}=-(1-i)=-1+i$
$\therefore z\neq -\overline{z}$

따라서 옳은 것은 ㄱ, ㄷ이다.

0272

답 ②

$z=a+bi$ (a, b는 실수)라 하면 $\overline{z}=a-bi$

$\overline{z}=-z$에서 $a-bi=-a-bi$, $2a=0$ $\quad\therefore a=0$

즉, $z=bi$이므로 z는 0 또는 순허수이다.

④ $z=i(3-i)=1+3i$

⑤ $z=(i-1)i^2=(i-1)\times(-1)=1-i$

따라서 조건을 만족시키는 복소수 z는 ②이다.

0273

답 ①

$z=a+bi$ (a, b는 실수)라 하면 $\overline{z}=a-bi$

$z=\overline{z}$에서 $a+bi=a-bi$, $2bi=0$ $\quad\therefore b=0$

즉, $z=a$이고 $z\neq 0$이므로 z는 0이 아닌 실수이다.

$z=(2x^2-5x-12)+(x^2-16)i$에서

$2x^2-5x-12\neq 0$, $x^2-16=0$

$2x^2-5x-12\neq 0$에서 $(2x+3)(x-4)\neq 0$

$\therefore x\neq -\frac{3}{2}$, $x\neq 4$ $\quad\cdots\cdots$ ㉠

$x^2-16=0$에서 $x^2=16$

$\therefore x=\pm 4$ $\quad\cdots\cdots$ ㉡

㉠, ㉡에서 $x=-4$

0274

답 $-\frac{1}{3}$

$z=a+bi$ (a, b는 실수)라 하면 $\overline{z}=a-bi$

$z=-\overline{z}$에서 $a+bi=-(a-bi)$, $2a=0$ $\quad\therefore a=0$

즉, $z=bi$이고 $z\neq 0$이므로 z는 순허수이다.

$z=3(1+2i)x^2-8x-3-54i$
$=(3x^2-8x-3)+(6x^2-54)i$

이므로

$3x^2-8x-3=0$, $6x^2-54\neq 0$

$3x^2-8x-3=0$에서 $(3x+1)(x-3)=0$

$\therefore x=-\frac{1}{3}$ 또는 $x=3$ $\quad\cdots\cdots$ ㉠

$6x^2-54\neq 0$에서 $x^2\neq 9$

$\therefore x\neq -3$, $x\neq 3$ $\quad\cdots\cdots$ ㉡

㉠, ㉡에서 $x=-\frac{1}{3}$

0275

답 ㄱ, ㄴ, ㄹ

$z=a+bi$ (a, b는 실수)라 하면 $\overline{z}=a-bi$

$z+\overline{w}=0$에서 $\overline{w}=-z$이므로 $\overline{w}=-a-bi$ $\quad\therefore w=-a+bi$

ㄱ. $\frac{\overline{z}}{w}=\frac{a-bi}{-a+bi}=\frac{a-bi}{-(a-bi)}=-1$이므로 항상 실수이다.

ㄴ. $i(z+w)=i(a+bi-a+bi)=-2b$이므로 항상 실수이다.

ㄷ. $\overline{z}w=(a-bi)(-a+bi)=-(a-bi)^2=-a^2+b^2+2abi$
이때 $ab\neq 0$이면 실수가 아니다.

ㄹ. $wz+z\overline{z}=(w+\overline{z})z=(-a+bi+a-bi)(a+bi)=0$
이므로 항상 실수이다.

따라서 항상 실수인 것은 ㄱ, ㄴ, ㄹ이다.

0276

답 ④

$z=a+bi$ (a, b는 실수)라 하면 $\overline{z}=a-bi$이므로

$z+\overline{z}=(a+bi)+(a-bi)=2a$,

$z-\overline{z}=(a+bi)-(a-bi)=2bi$,

$z\overline{z}=(a+bi)(a-bi)=a^2+b^2$

ㄱ. $(z+1)(\overline{z}+1)=z\overline{z}+z+\overline{z}+1=a^2+b^2+2a+1$
이므로 항상 실수이다.

ㄴ. $(z+1)(\overline{z}-1)=z\overline{z}-z+\overline{z}-1=z\overline{z}-(z-\overline{z})-1$
$=a^2+b^2-2bi-1$
이때 $b\neq 0$이면 실수가 아니다.

ㄷ. $z^3+(\bar{z})^3=(z+\bar{z})^3-3z\bar{z}(z+\bar{z})$
$=(2a)^3-3(a^2+b^2)\times 2a$
$=8a^3-6a^3-6ab^2=2a^3-6ab^2$
이므로 항상 실수이다.

ㄹ. $z^4+z^2(\bar{z})^2+(\bar{z})^4=\{z^2+z\bar{z}+(\bar{z})^2\}\{z^2-z\bar{z}+(\bar{z})^2\}$
$=\{(z+\bar{z})^2-z\bar{z}\}\{(z+\bar{z})^2-3z\bar{z}\}$
$=\{(2a)^2-(a^2+b^2)\}\{(2a)^2-3(a^2+b^2)\}$
$=(3a^2-b^2)(a^2-3b^2)$
이므로 항상 실수이다.

따라서 항상 실수인 것은 ㄱ, ㄷ, ㄹ이다.

유형 10 켤레복소수의 성질을 이용하여 식의 값 구하기

0277 답 ③

$\alpha\bar{\alpha}-\bar{\alpha}\beta-\alpha\bar{\beta}+\beta\bar{\beta}=\bar{\alpha}(\alpha-\beta)-\bar{\beta}(\alpha-\beta)$
$=(\alpha-\beta)(\bar{\alpha}-\bar{\beta})$
$=(\alpha-\beta)(\overline{\alpha-\beta})$
$=(3-2i)(3+2i)$
$=9+4=13$

0278 답 $20-27i$

$(3z_1+1)(3z_2-1)=9z_1z_2-3(z_1-z_2)-1$
이때 $\overline{z_1-z_2}=\overline{z_1}-\overline{z_2}=-1-3i$이므로
$z_1-z_2=-1+3i$
$\overline{z_1z_2}=\overline{z_1}\times\overline{z_2}=2+2i$이므로
$z_1z_2=2-2i$
$\therefore (3z_1+1)(3z_2-1)=9z_1z_2-3(z_1-z_2)-1$
$=9(2-2i)-3(-1+3i)-1$
$=18-18i+3-9i-1$
$=20-27i$

0279 답 $-3i$

$\bar{\alpha}\beta=1$에서 $\alpha\bar{\beta}=\overline{(\bar{\alpha}\beta)}=1$
따라서 $\alpha=\frac{1}{\bar{\beta}}$, $\bar{\alpha}=\frac{1}{\beta}$이므로
$\alpha+\frac{1}{\bar{\alpha}}=\frac{1}{\bar{\beta}}+\beta=\overline{\left(\bar{\beta}+\frac{1}{\beta}\right)}=\overline{3i}=-3i$

다른 풀이

$\bar{\alpha}\beta=1$에서 $\frac{1}{\bar{\alpha}}=\beta$이고,
$\overline{(\bar{\alpha}\beta)}=\bar{1}$이므로 $\alpha\bar{\beta}=1$, 즉 $\alpha=\frac{1}{\bar{\beta}}$
$\bar{\beta}+\frac{1}{\beta}=3i$에서 $\overline{\left(\bar{\beta}+\frac{1}{\beta}\right)}=\overline{3i}$이므로 $\beta+\frac{1}{\bar{\beta}}=-3i$
$\therefore \alpha+\frac{1}{\bar{\alpha}}=\frac{1}{\bar{\beta}}+\beta=-3i$

0280 답 ③

$\frac{1}{\bar{\alpha}}-\frac{1}{\beta}=\frac{\beta-\bar{\alpha}}{\bar{\alpha}\beta}$
이때 $\alpha\bar{\beta}=4$이므로 $\bar{\alpha}\beta=\overline{(\alpha\bar{\beta})}=\bar{4}=4$
$\alpha-\bar{\beta}=-6i$이므로 $\bar{\alpha}-\beta=\overline{(\alpha-\bar{\beta})}=\overline{-6i}=6i$
$\therefore \beta-\bar{\alpha}=-6i$
$\therefore \frac{1}{\bar{\alpha}}-\frac{1}{\beta}=\frac{\beta-\bar{\alpha}}{\bar{\alpha}\beta}=\frac{-6i}{4}=-\frac{3}{2}i$

0281 답 ②

$\alpha\bar{\alpha}=5$, $\beta\bar{\beta}=5$에서 $\frac{1}{\alpha}=\frac{\bar{\alpha}}{5}$, $\frac{1}{\beta}=\frac{\bar{\beta}}{5}$
$\therefore \frac{1}{\alpha}+\frac{1}{\beta}=\frac{\bar{\alpha}}{5}+\frac{\bar{\beta}}{5}=\frac{\overline{\alpha+\beta}}{5}=\frac{\overline{4i}}{5}=-\frac{4}{5}i$

0282 답 3

$z=\frac{2w-1}{w-3}=\frac{2(1-\sqrt{2}i)-1}{1-\sqrt{2}i-3}=\frac{1-2\sqrt{2}i}{-2-\sqrt{2}i}$
$\therefore 2z\bar{z}=2\times\frac{1-2\sqrt{2}i}{-2-\sqrt{2}i}\times\overline{\left(\frac{1-2\sqrt{2}i}{-2-\sqrt{2}i}\right)}$
$=2\times\frac{1-2\sqrt{2}i}{-2-\sqrt{2}i}\times\frac{\overline{1-2\sqrt{2}i}}{\overline{-2-\sqrt{2}i}}$
$=2\times\frac{1-2\sqrt{2}i}{-2-\sqrt{2}i}\times\frac{1+2\sqrt{2}i}{-2+\sqrt{2}i}$
$=2\times\frac{1+8}{4+2}=3$

유형 11 조건을 만족시키는 복소수 구하기

0283 답 ③

$z=a+bi$ (a, b는 실수)라 하면 $\bar{z}=a-bi$
$(2+3i)z+(-2+3i)\bar{z}=8i$에서
$(2+3i)(a+bi)+(-2+3i)(a-bi)=8i$
$2a+2bi+3ai-3b-2a+2bi+3ai+3b=8i$
$2(3a+2b)i=8i$　　$\therefore 3a+2b=4$
따라서 $3a+2b=4$를 만족시키는 복소수는 ③이다.

0284 답 ⑤

$z=a+bi$ (a, b는 실수)라 하면 $\bar{z}=a-bi$
$z-\bar{z}=10i$에서 $(a+bi)-(a-bi)=10i$
$2bi=10i$　　$\therefore b=5$
$z\bar{z}=25$에서 $(a+bi)(a-bi)=25$
$\therefore a^2+b^2=25$
위의 식에 $b=5$를 대입하면 $a^2+25=25$

$a^2=0 \qquad \therefore a=0$

따라서 $z=5i$이므로

$\frac{z}{2+i}=\frac{5i}{2+i}=\frac{5i(2-i)}{(2+i)(2-i)}=i(2-i)=1+2i$

0285

답 5

$z=a+bi$ (a, b는 실수)라 하면 $\overline{z}=a-bi$

$(1-3i)z+(2-5i)\overline{z}=-1-10i$에서

$(1-3i)(a+bi)+(2-5i)(a-bi)=-1-10i$

$a+bi-3ai+3b+2a-2bi-5ai-5b=-1-10i$

$(3a-2b)+(-8a-b)i=-1-10i$

복소수가 서로 같을 조건에 의하여

$3a-2b=-1,\ -8a-b=-10$

위의 두 식을 연립하여 풀면 $a=1$, $b=2$

따라서 $z=1+2i$이므로

$z\overline{z}=(1+2i)(1-2i)=1+4=5$

0286

답 6

$z=a+bi$ (a, b는 실수)라 하면

$z-iz=(a+bi)-i(a+bi)$

$=a+bi-ai+b$

$=(a+b)-(a-b)i$

이므로

$\overline{z-iz}=(a+b)+(a-b)i=2+4i$

복소수가 서로 같을 조건에 의하여

$a+b=2,\ a-b=4$

위의 두 식을 연립하여 풀면 $a=3$, $b=-1$

따라서 $z=3-i$이므로

$z+\frac{10}{z}=3-i+\frac{10}{3-i}$

$=3-i+\frac{10(3+i)}{(3-i)(3+i)}$

$=3-i+3+i=6$

0287

답 $-\sqrt{5}$

$z=a+bi$ (a, b는 실수)라 하면 $\overline{z}=a-bi$

(가)에서

$(2+i)+z=(2+i)+(a+bi)$

$=(a+2)+(b+1)i$

가 음의 실수이므로

$a+2<0,\ b+1=0$

$\therefore a<-2,\ b=-1$

(나)에서 $z\overline{z}=(a+bi)(a-bi)=6$

$\therefore a^2+b^2=6$

위의 식에 $b=-1$을 대입하면 $a^2+1=6$

$a^2=5 \qquad \therefore a=-\sqrt{5}\ (\because a<-2)$

따라서 $z=-\sqrt{5}-i$이므로

$\frac{z+\overline{z}}{2}=\frac{(-\sqrt{5}-i)+(-\sqrt{5}+i)}{2}=-\sqrt{5}$

유형 12 허수단위 i의 거듭제곱

0288

답 ④

$i=i^5=i^9=\cdots=i^{29}$, $i^2=i^6=i^{10}=\cdots=i^{30}=-1$,

$i^3=i^7=i^{11}=\cdots=i^{27}=-i$, $i^4=i^8=i^{12}=\cdots=i^{28}=1$이므로

$x=1+\frac{1}{i}+\frac{1}{i^2}+\frac{1}{i^3}+\cdots+\frac{1}{i^{30}}$

$=\left(1+\frac{1}{i}+\frac{1}{i^2}+\frac{1}{i^3}\right)+\left(\frac{1}{i^4}+\frac{1}{i^5}+\frac{1}{i^6}+\frac{1}{i^7}\right)$

$+\cdots+\left(\frac{1}{i^{24}}+\frac{1}{i^{25}}+\frac{1}{i^{26}}+\frac{1}{i^{27}}\right)+\frac{1}{i^{28}}+\frac{1}{i^{29}}+\frac{1}{i^{30}}$

$=\left(1+\frac{1}{i}-1-\frac{1}{i}\right)+\left(1+\frac{1}{i}-1-\frac{1}{i}\right)$

$+\cdots+\left(1+\frac{1}{i}-1-\frac{1}{i}\right)+1+\frac{1}{i}-1$

$=\frac{1}{i}=-i$

$\therefore x+\frac{3}{x}=-i+\frac{3}{-i}=-i+3i=2i$

0289

답 51

$i=i^5=i^9=\cdots=i^{49}$, $i^2=i^6=i^{10}=\cdots=i^{50}=-1$,

$i^3=i^7=i^{11}=\cdots=i^{47}=-i$, $i^4=i^8=i^{12}=\cdots=i^{48}=1$이므로

$i-2i^2+3i^3-4i^4+\cdots+49i^{49}-50i^{50}$

$=(i+2-3i-4)+\cdots+(45i+46-47i-48)+49i+50$

$=\underbrace{(-2-2i)+\cdots+(-2-2i)}_{12개}+49i+50$

$=12(-2-2i)+49i+50$

$=26+25i$

따라서 $26+25i=x+yi$이므로

복소수가 서로 같을 조건에 의하여

$x=26$, $y=25$

$\therefore x+y=26+25=51$

0290

답 ②

자연수 m에 대하여

(i) $n=4m-3$일 때

$i^{4m-3}=i$, $(-i)^{4m-3}=-i$이므로

$f(n)=i+(-i)=0$

(ii) $n=4m-2$일 때

$i^{4m-2}=-1$, $(-i)^{4m-2}=-1$이므로

$f(n)=-1+(-1)=-2$

(iii) $n=4m-1$일 때

$i^{4m-1}=-i$, $(-i)^{4m-1}=i$이므로

$f(n)=-i+i=0$

(iv) $n=4m$일 때

$i^{4m}=1$, $(-i)^{4m}=1$이므로

$f(n)=1+1=2$

따라서 $k=4m-2$ (m은 자연수)일 때, $f(k)=-2$이므로

구하는 50 이하의 자연수 k는 2, 6, 10, $\cdots$, 50의 13개이다.

다른 풀이

$f(1)=i-i=0$

$f(2)=i^2+(-i)^2=-1+(-1)=-2$

$f(3)=i^3+(-i)^3=-i+i=0$

$f(4)=i^4+(-i)^4=1+1=2$

$f(5)=i^5+(-i)^5=i-i=0$

$f(6)=i^6+(-i)^6=-1+(-1)=-2$

$\vdots$

따라서 $k=2,\ 6,\ 10,\ \cdots$, 즉 $k+2$가 4의 배수일 때, $f(k)=-2$이므로 구하는 50 이하의 자연수 k는 2, 6, 10, ⋯, 50의 13개이다.

0291

답 10

$(3+i)i^{50}=(3+i)\times(i^4)^{12}\times i^2=(3+i)\times(-1)=-3-i$

$(3+i)i^{51}=(3+i)\times(i^4)^{12}\times i^3=(3+i)\times(-i)=1-3i$

$(3+i)i^{52}=(3+i)\times(i^4)^{13}=(3+i)\times 1=3+i$

$\therefore \mathrm{P}_{50}(-3,\ -1),\ \mathrm{P}_{51}(1,\ -3),\ \mathrm{P}_{52}(3,\ 1)$

세 점 P_{50}, P_{51}, P_{52}를 좌표평면 위에 나타내면 그림과 같으므로 구하는 삼각형의 넓이는

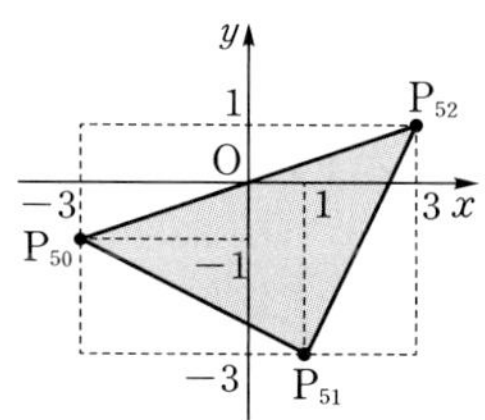

6×4

$-\left(\frac{1}{2}\times6\times2+\frac{1}{2}\times4\times2+\frac{1}{2}\times2\times4\right)$

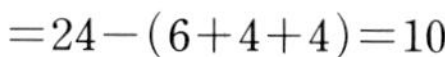

$=24-(6+4+4)=10$

0292

답 ㄱ, ㄴ

자연수 k에 대하여

(i) $m=4k-3$일 때

$i^{4k-3}=i,\ (-i)^{4k-3}=-i$이므로

$z_m=\frac{1}{i}-\frac{1}{-i}=\frac{2}{i}=-2i$

(ii) $m=4k-2$일 때

$i^{4k-2}=-1,\ (-i)^{4k-2}=-1$이므로

$z_m=\frac{1}{-1}-\frac{1}{-1}=0$

(iii) $m=4k-1$일 때

$i^{4k-1}=-i,\ (-i)^{4k-1}=i$이므로

$z_m=\frac{1}{-i}-\frac{1}{i}=-\frac{2}{i}=2i$

(iv) $m=4k$일 때

$i^{4k}=1,\ (-i)^{4k}=1$이므로

$z_m=\frac{1}{1}-\frac{1}{1}=0$

ㄱ. $m=4k-1$ (k는 자연수)일 때 $z_m=2i$이므로 $z_m=2i$를 만족시키는 자연수 m이 존재한다.

ㄴ. $100=4\times25$이므로 $z_{100}=0$,

$102=4\times26-2$이므로 $z_{102}=0$

$\therefore z_{100}=z_{102}$

ㄷ. 임의의 자연수 m에 대하여 z_m은 0 또는 순허수이므로 $z_m\overline{z_m}$는 0 또는 양의 실수이다.

따라서 옳은 것은 ㄱ, ㄴ이다.

유형 13 복소수의 거듭제곱

0293

답 ④

$z^2=\left(\frac{1+i}{\sqrt{2}}\right)^2=\frac{2i}{2}=i$이므로 $z^4=(z^2)^2=i^2=-1$

$\therefore z^2-z^3+z^4-\cdots+z^{10}$

$=(z^2-z^3+z^4-z^5)+z^4(z^2-z^3+z^4-z^5)+z^{10}$

$=(z^2-z^3+z^4-z^5)-(z^2-z^3+z^4-z^5)+z^{10}$

$=z^{10}=(z^2)^5=i^5=i$

다른 풀이

$z^2=\left(\frac{1+i}{\sqrt{2}}\right)^2=\frac{2i}{2}=i$이므로

$z^2+z^4+z^6+z^8=z^2+(z^2)^2+(z^2)^3+(z^2)^4$

$=i+i^2+i^3+i^4=i-1-i+1=0$

$\therefore z^2-z^3+z^4-\cdots+z^{10}$

$=z^2+z^4+z^6+z^8+z^{10}-(z^3+z^5+z^7+z^9)$

$=(z^2+z^4+z^6+z^8)-z(z^2+z^4+z^6+z^8)+z^{10}$

$=z^{10}=(z^2)^5=i^5=i$

0294

답 0

$\frac{1-i}{1+i}=\frac{(1-i)^2}{(1+i)(1-i)}=\frac{-2i}{2}=-i$

$\frac{1+i}{1-i}=\frac{(1+i)^2}{(1-i)(1+i)}=\frac{2i}{2}=i$

$\therefore f(n)=\left(\frac{1-i}{1+i}\right)^n+\left(\frac{1+i}{1-i}\right)^n=(-i)^n+i^n$

$\therefore f(1)+f(2)+f(3)+f(4)+f(5)$

$=\{(-i)+i\}+\{(-i)^2+i^2\}+\{(-i)^3+i^3\}$

$+\{(-i)^4+i^4\}+\{(-i)^5+i^5\}$

$=(-i+i)+(-1-1)+(i-i)+(1+1)+(-i+i)$

$=0-2+0+2+0=0$

0295

답 25

$(1-i)^{2n}=\{(1-i)^2\}^n=(-2i)^n=2^n(-i)^n$이므로

$2^n(-i)^n=2^ni$에서 $(-i)^n=i$

이때

$-i,\ (-i)^2=-1,\ (-i)^3=i,\ (-i)^4=1,\ (-i)^5=-i,\ \cdots$

이므로 $(-i)^n=i$를 만족시키는 자연수 n은 3, 7, 11, ⋯

즉, $n+1$은 4의 배수이어야 한다.

따라서 100 이하의 자연수 n은 3, 7, 11, ⋯, 99의 25개이다.

0296

답 ㄴ, ㄷ, ㄹ

ㄱ. $z^n=\left(\frac{1+\sqrt{3}i}{2}\right)^n$에서 $z=\frac{1+\sqrt{3}i}{2}$

$z^2=\left(\frac{1+\sqrt{3}i}{2}\right)^2=\frac{-2+2\sqrt{3}i}{4}=\frac{-1+\sqrt{3}i}{2}$

$\therefore z^3=z^2\times z=\frac{-1+\sqrt{3}i}{2}\times\frac{1+\sqrt{3}i}{2}=\frac{-4}{4}=-1$

ㄴ. $z=\frac{1+\sqrt{3}i}{2}$에서 $\bar{z}=\frac{1-\sqrt{3}i}{2}$

$z^5=z^3\times z^2=-z^2=\frac{1-\sqrt{3}i}{2}$ $\quad\therefore \bar{z}=z^5$

ㄷ. $z-1=\frac{1+\sqrt{3}i}{2}-1=\frac{-1+\sqrt{3}i}{2}$이므로 $z-1=z^2$

ㄹ. $z^6=(z^3)^2=(-1)^2=1$이므로

$z^{n+6}=z^n\times z^6=z^n$

따라서 옳은 것은 ㄴ, ㄷ, ㄹ이다.

0297

답 ④

$z=\frac{1-i}{\sqrt{2}i}$에서

$z^2=\left(\frac{1-i}{\sqrt{2}i}\right)^2=\frac{-2i}{-2}=i$

$z^3=z^2\times z=i\times\frac{1-i}{\sqrt{2}i}=\frac{1-i}{\sqrt{2}}$

$z^4=(z^2)^2=i^2=-1$

$z^5=z^4\times z=(-1)\times\frac{1-i}{\sqrt{2}i}=\frac{-1+i}{\sqrt{2}i}$

$z^6=z^4\times z^2=(-1)\times i=-i$

$z^7=z^6\times z=(-i)\times\frac{1-i}{\sqrt{2}i}=\frac{-1+i}{\sqrt{2}}$

$z^8=(z^4)^2=(-1)^2=1$

⋮

$w=\frac{1-\sqrt{3}i}{2}$에서

$w^2=\left(\frac{1-\sqrt{3}i}{2}\right)^2=\frac{-2-2\sqrt{3}i}{4}=\frac{-1-\sqrt{3}i}{2}$

$w^3=w^2\times w=\frac{-1-\sqrt{3}i}{2}\times\frac{1-\sqrt{3}i}{2}=\frac{-4}{4}=-1$

$w^4=w^3\times w=(-1)\times\frac{1-\sqrt{3}i}{2}=\frac{-1+\sqrt{3}i}{2}$

$w^5=w^3\times w^2=(-1)\times\frac{-1-\sqrt{3}i}{2}=\frac{1+\sqrt{3}i}{2}$

$w^6=(w^3)^2=(-1)^2=1$

⋮

즉, n이 8의 배수일 때 $z^n=1$이고, n이 6의 배수일 때 $w^n=1$이므로 $z^n=w^n$을 만족시키는 자연수 n은 8과 6의 공배수이다.

따라서 자연수 n의 값이 될 수 있는 것은 24의 배수이므로 ④이다.

유형 14 음수의 제곱근의 계산

0298

답 ④

① $\sqrt{5}\sqrt{-6}=\sqrt{5}\times\sqrt{6}i=\sqrt{30}i$

② $\sqrt{-3}\sqrt{-27}=\sqrt{3}i\times 3\sqrt{3}i=9i^2=-9$

③ $\frac{\sqrt{-10}}{\sqrt{2}}=\frac{\sqrt{10}i}{\sqrt{2}}=\sqrt{5}i$

④ $\frac{\sqrt{24}}{\sqrt{-6}}=\frac{2\sqrt{6}}{\sqrt{6}i}=\frac{2}{i}=-2i$

⑤ $\frac{\sqrt{-63}}{\sqrt{-7}}=\frac{3\sqrt{7}i}{\sqrt{7}i}=3$

따라서 옳은 것은 ④이다.

0299

답 -2

$\sqrt{-4}\sqrt{-9}+\sqrt{-3}\sqrt{12}+\frac{\sqrt{-27}}{\sqrt{-3}}+\frac{\sqrt{50}}{\sqrt{-2}}$

$=2i\times 3i+\sqrt{3}i\times 2\sqrt{3}+\frac{3\sqrt{3}i}{\sqrt{3}i}+\frac{5\sqrt{2}}{\sqrt{2}i}$

$=-6+6i+3-5i=-3+i$

따라서 $-3+i=a+bi$이므로

복소수가 서로 같을 조건에 의하여 $a=-3$, $b=1$

$\therefore a+b=-3+1=-2$

0300

답 ③

$-1<x<1$이므로

$x+1>0$, $x-1<0$, $1-x>0$, $-x-1<0$

$\therefore \sqrt{x+1}\sqrt{x-1}\sqrt{1-x}\sqrt{-x-1}+\frac{\sqrt{1+x}}{\sqrt{-1-x}}\sqrt{\frac{-1-x}{1+x}}$

$=\sqrt{x+1}\sqrt{-(1-x)}\sqrt{1-x}\sqrt{-(x+1)}$

$\quad+\frac{\sqrt{1+x}}{\sqrt{-(1+x)}}\sqrt{-\frac{1+x}{1+x}}$

$=\sqrt{x+1}\times\sqrt{1-x}i\times\sqrt{1-x}\times\sqrt{x+1}i+\frac{\sqrt{1+x}}{\sqrt{1+x}i}\times i$

$=(1+x)(1-x)i^2+\frac{1}{i}\times i$

$=-(1-x^2)+1$

$=-1+x^2+1=x^2$

유형 15 음수의 제곱근의 성질

0301

답 ③

$\frac{\sqrt{a}}{\sqrt{b}}=-\sqrt{\frac{a}{b}}$이고 $a\neq 0$, $b\neq 0$이므로 $a>0$, $b<0$

① $a>0$, $-b>0$이므로 $\sqrt{a}\sqrt{-b}=\sqrt{-ab}$

② $-a<0$, $b<0$이므로 $\frac{\sqrt{b}}{\sqrt{-a}}=\sqrt{-\frac{b}{a}}$

③ $-a<0$, $-b>0$이므로

$\sqrt{-a}\sqrt{-b}=\sqrt{(-a)\times(-b)}=\sqrt{ab}$

④ $\sqrt{a^2}\sqrt{b^2}=|a|\times|b|=a\times(-b)=-ab$

⑤ $a-b>0$이므로 $|a-b|=a-b$

따라서 옳은 것은 ③이다.

0302

답 ④

(나)에서 $\frac{\sqrt{b}}{\sqrt{a}}=-\sqrt{\frac{b}{a}}$이고 $a\neq 0$, $b\neq 0$이므로 $a<0$, $b>0$

$\therefore a<b$ $\quad\cdots\cdots$ ㉠

$b>0$이므로 $b>0$의 양변에 c를 더하면

$b+c>0+c$ $\quad\therefore c<b+c$

이때 (가)에서 $b+c<a$이므로

$c<b+c<a$ $\quad\cdots\cdots$ ㉡

㉠, ㉡에서 $c<a<b$

0303

답 $-4a+2b$

$\sqrt{a}\sqrt{b}+\sqrt{ab}=0$에서 $\sqrt{a}\sqrt{b}=-\sqrt{ab}$이고 $a\neq0$, $b\neq0$이므로
$a<0$, $b<0$
$\therefore 2a+b<0$
$$\therefore \sqrt{(2a+b)^2}-3\sqrt{b^2}+2|a|=|2a+b|-3|b|+2|a|$$
$$=-(2a+b)-3\times(-b)+2\times(-a)$$
$$=-2a-b+3b-2a$$
$$=-4a+2b$$

0304

답 $2a-2c$

$\frac{\sqrt{b-c}}{\sqrt{b-a}}=-\sqrt{\frac{b-c}{b-a}}$이고 $b-a\neq0$, $b-c\neq0$이므로
$b-a<0$, $b-c>0$ $\quad\therefore c<b<a$
$a-b>0$, $b-c>0$, $c-a<0$이므로
$$|a-b|+|b-c|+|c-a|=a-b+b-c-(c-a)$$
$$=a-b+b-c-c+a$$
$$=2a-2c$$

0305

답 $-a-b$

$\sqrt{a}\sqrt{b}=-\sqrt{ab}$이고 $a\neq0$, $b\neq0$이므로 $a<0$, $b<0$
$\frac{\sqrt{c}}{\sqrt{a}}=-\sqrt{\frac{c}{a}}$이고 $a\neq0$, $c\neq0$이므로 $a<0$, $c>0$
$b-c<0$, $c-b>0$이므로
$$\sqrt{(b-c)^2}+\sqrt{a^2}+|b|-\sqrt{(c-b)^2}=|b-c|+|a|+|b|-|c-b|$$
$$=-(b-c)-a-b-(c-b)$$
$$=-b+c-a-b-c+b$$
$$=-a-b$$

0306

답 ①

(가)에서 $\sqrt{a}\sqrt{b}=-\sqrt{ab}$이고 $a\neq0$, $b\neq0$이므로 $a<0$, $b<0$
(나)에서 $(a+c)^2+(3a-4b)^2=0$이므로 $a+c=0$, $3a-4b=0$
$a+c=0$에서 $c=-a>0$
$3a-4b=0$에서 $a=\frac{4}{3}b$이고 $a<0$, $b<0$이므로 $a<b$
이때 $c>0$이므로 $a<b<c$

기출 & 기출변형 문제

0307

답 ③

$z=x^2+(i+5)x+4+4i=(x^2+5x+4)+(x+4)i$
(i) z^2이 실수가 되려면 z는 실수 또는 순허수이어야 하므로
$x+4=0$ 또는 $x^2+5x+4=0$
$x+4=0$ 또는 $(x+4)(x+1)=0$
$\therefore x=-4$ 또는 $x=-1$
(ii) $z-3i=(x^2+5x+4)+(x+4)i-3i$
$=(x^2+5x+4)+(x+1)i$
이므로 $z-3i$가 실수가 되려면
$x+1=0$ $\quad\therefore x=-1$
따라서 z^2, $z-3i$가 모두 실수가 되도록 하는 실수 x의 값은 -1이다.

짝기출 답 ③

복소수 $(a^2+3a+2)+(a^2+2a)i$를 제곱하면 음의 실수가 된다. 이때 실수 a의 값은? (단, $i=\sqrt{-1}$이다.)

① -3 ② -2 ③ -1 ④ 0 ⑤ 1

0308

답 2

$x=5-\sqrt{5}$이므로 $x-3=2-\sqrt{5}$
이때 $2<\sqrt{5}<3$이므로 $2-\sqrt{5}<0$
$x-3<0$, $3-x>0$
$$\therefore \sqrt{x-3}\times\sqrt{3-x}-\frac{\sqrt{3-x}}{\sqrt{x-3}}\times\sqrt{\frac{x-3}{3-x}}+\sqrt{x}\times\sqrt{-x}$$
$$=\sqrt{3-x}i\times\sqrt{3-x}-\frac{\sqrt{3-x}}{\sqrt{3-x}i}\times\sqrt{\frac{-(3-x)}{3-x}}+\sqrt{x}\times\sqrt{x}i$$
$$=(3-x)i-\frac{1}{i}\times i+xi$$
$$=3i-xi-1+xi$$
$$=-1+3i$$
따라서 $-1+3i=a+bi$이므로 복소수가 서로 같을 조건에 의하여
$a=-1$, $b=3$
$\therefore a+b=-1+3=2$

짝기출 답 ⑤

$\sqrt{-2}\sqrt{-18}+\frac{\sqrt{12}}{\sqrt{-3}}$의 값은? (단, $i=\sqrt{-1}$이다.)

① $6+2i$ ② $6-2i$ ③ $-8i$
④ $-6+2i$ ⑤ $-6-2i$

0309

답 ⑤

$$\frac{z}{\bar{z}}=\frac{a+bi}{a-bi}=\frac{(a+bi)^2}{(a-bi)(a+bi)}=\frac{a^2-b^2+2abi}{a^2+b^2}$$
$$=\frac{a^2-b^2}{a^2+b^2}+\frac{2ab}{a^2+b^2}i$$
$\frac{z}{\bar{z}}$의 실수부분이 0이므로 $\frac{a^2-b^2}{a^2+b^2}=0$
$a^2-b^2=0$, $(a+b)(a-b)=0$
$\therefore a=b$ 또는 $a=-b$
이때 a, b가 5 이하의 자연수이므로 $a=b$
따라서 조건을 만족시키는 모든 복소수 z는
$1+i$, $2+2i$, $3+3i$, $4+4i$, $5+5i$의 5개이다.

0310

답 ③

$\alpha=\frac{5+\sqrt{3}i}{2}$이므로

$$z=\frac{\alpha+1}{\alpha-2}=\frac{\frac{5+\sqrt{3}i}{2}+1}{\frac{5+\sqrt{3}i}{2}-2}=\frac{5+\sqrt{3}i+2}{5+\sqrt{3}i-4}=\frac{7+\sqrt{3}i}{1+\sqrt{3}i}$$

$$\therefore \bar{z}=\overline{\left(\frac{7+\sqrt{3}i}{1+\sqrt{3}i}\right)}=\frac{\overline{7+\sqrt{3}i}}{\overline{1+\sqrt{3}i}}=\frac{7-\sqrt{3}i}{1-\sqrt{3}i}$$

$$\therefore z\bar{z}=\frac{7+\sqrt{3}i}{1+\sqrt{3}i}\times\frac{7-\sqrt{3}i}{1-\sqrt{3}i}=\frac{49+3}{1+3}=\frac{52}{4}=13$$

다른 풀이

$$z\bar{z}=\frac{\alpha+1}{\alpha-2}\times\overline{\left(\frac{\alpha+1}{\alpha-2}\right)}=\frac{\alpha+1}{\alpha-2}\times\frac{\bar{\alpha}+1}{\bar{\alpha}-2}=\frac{\alpha\bar{\alpha}+(\alpha+\bar{\alpha})+1}{\alpha\bar{\alpha}-2(\alpha+\bar{\alpha})+4}$$

이때 $\alpha=\frac{5+\sqrt{3}i}{2}$에서 $\bar{\alpha}=\frac{5-\sqrt{3}i}{2}$이므로

$$\alpha+\bar{\alpha}=\frac{5+\sqrt{3}i}{2}+\frac{5-\sqrt{3}i}{2}=\frac{10}{2}=5$$

$$\alpha\bar{\alpha}=\frac{5+\sqrt{3}i}{2}\times\frac{5-\sqrt{3}i}{2}=\frac{25+3}{4}=7$$

$$\therefore z\bar{z}=\frac{\alpha\bar{\alpha}+(\alpha+\bar{\alpha})+1}{\alpha\bar{\alpha}-2(\alpha+\bar{\alpha})+4}=\frac{7+5+1}{7-2\times5+4}=13$$

짝기출 답 ⑤

복소수 $z=1+2i$에 대하여 $z\times\bar{z}$의 값은?
(단, $i=\sqrt{-1}$이고 $\bar{z}$는 z의 켤레복소수이다.)

① -3 ② -1 ③ 1 ④ 3 ⑤ 5

0311

답 -8

$$x^3-3x^2y-3xy^2+y^3=x^3+y^3-3xy(x+y)$$
$$=(x+y)^3-3xy(x+y)-3xy(x+y)$$
$$=(x+y)^3-6xy(x+y)$$

이때

$$x+y=\frac{1+\sqrt{5}i}{2}+\frac{1-\sqrt{5}i}{2}=1,$$

$$xy=\frac{1+\sqrt{5}i}{2}\times\frac{1-\sqrt{5}i}{2}=\frac{1+5}{4}=\frac{3}{2}$$

이므로

$$x^3-3x^2y-3xy^2+y^3=(x+y)^3-6xy(x+y)$$
$$=1^3-6\times\frac{3}{2}\times1$$
$$=1-9=-8$$

짝기출 답 ①

$x=-2+3i$, $y=2+3i$일 때, $x^3+x^2y-xy^2-y^3$의 값은?
(단, $i=\sqrt{-1}$이다.)

① 144 ② 150 ③ 156 ④ 162 ⑤ 168

0312

답 1

$z=a+bi$ (a, b는 실수, $b\neq0$)라 하면 $\bar{z}=a-bi$

$$\bar{z}-\frac{1}{z}=a-bi-\frac{1}{a+bi}$$
$$=a-bi-\frac{a-bi}{(a+bi)(a-bi)}$$
$$=a-bi-\frac{a-bi}{a^2+b^2}$$
$$=a\left(1-\frac{1}{a^2+b^2}\right)-b\left(1-\frac{1}{a^2+b^2}\right)i$$

$\bar{z}-\frac{1}{z}$이 실수이려면 $b\left(1-\frac{1}{a^2+b^2}\right)=0$이어야 한다.

그런데 $b\neq0$이므로 $\frac{1}{a^2+b^2}=1$ $\therefore a^2+b^2=1$

$\therefore z\bar{z}=(a+bi)(a-bi)=a^2+b^2=1$

다른 풀이 1

$\bar{z}-\frac{1}{z}$이 실수이므로 $\bar{z}-\frac{1}{z}=\overline{\bar{z}-\frac{1}{z}}=z-\frac{1}{\bar{z}}$

$\bar{z}-\frac{1}{z}=z-\frac{1}{\bar{z}}$, $z-\bar{z}=\frac{1}{\bar{z}}-\frac{1}{z}$ $\therefore z-\bar{z}=\frac{z-\bar{z}}{z\bar{z}}$

이때 z는 실수가 아니므로 $z-\bar{z}\neq0$

따라서 양변을 $z-\bar{z}$로 나누면 $1=\frac{1}{z\bar{z}}$ $\therefore z\bar{z}=1$

다른 풀이 2

$z=a+bi$ (a, b는 실수, $b\neq0$)라 하면 $\bar{z}=a-bi$

$\bar{z}-\frac{1}{z}=k$ (k는 실수)라 하면 $\frac{z\bar{z}-1}{z}=k$

$\therefore z\bar{z}-1=kz$ ...... ㉠

㉠에 $z=a+bi$를 대입하면

$(a+bi)(a-bi)-1=k(a+bi)$

$a^2+b^2-1=ka+kbi$

이때 a, b, k는 실수이므로 $kb=0$

$b\neq0$이므로 $k=0$

㉠에 $k=0$을 대입하면

$z\bar{z}-1=0$ $\therefore z\bar{z}=1$

짝기출 답 ⑤

복소수 $z=a+bi$ (a, b는 0이 아닌 실수)에 대하여 z^2-z가 실수일 때, 보기에서 옳은 것만을 있는 대로 고른 것은?
(단, $i=\sqrt{-1}$이고 $\bar{z}$는 z의 켤레복소수이다.)

보기

ㄱ. $\overline{z^2-z}$는 실수이다. ㄴ. $z+\bar{z}=1$ ㄷ. $z\bar{z}>\frac{1}{4}$

① ㄱ ② ㄴ ③ ㄱ, ㄴ
④ ㄱ, ㄷ ⑤ ㄱ, ㄴ, ㄷ

0313

답 20

$z=a+bi$ (a, b는 실수)라 하면 $\bar{z}=a-bi$

$\bar{z}=-z$에서 $a-bi=-a-bi$

$2a=0$ $\therefore a=0$

즉, $z=bi$이므로 z는 0 또는 순허수이다.

그런데 $z\bar{z}=49$에서 $z\neq0$이므로 z는 순허수이다.

$z\bar{z}=bi\times(-bi)=b^2$이므로 $b^2=49$ $\therefore b=\pm7$

$\therefore z=7i$ 또는 $z=-7i$

$z=(2-3i)x-(1+2i)y-3+8i$

$=(2x-y-3)+(-3x-2y+8)i$

(i) $z=7i$일 때

복소수가 서로 같을 조건에 의하여

$2x-y-3=0$, $-3x-2y+8=7$

위의 두 식을 연립하여 풀면 $x=1$, $y=-1$

$\therefore x^2+y^2=1^2+(-1)^2=2$

(ii) $z=-7i$일 때

복소수가 서로 같을 조건에 의하여

$2x-y-3=0$, $-3x-2y+8=-7$

위의 두 식을 연립하여 풀면 $x=3$, $y=3$

$\therefore x^2+y^2=3^2+3^2=18$

(i), (ii)에서 구하는 모든 x^2+y^2의 값의 합은

$2+18=20$

짝기출 답 ⑤

복소수 $z=x^2-(5-i)x+4-2i$에 대하여 $\bar{z}=-z$를 만족시키는 모든 실수 x의 값의 합은?

(단, $i=\sqrt{-1}$이고 $\bar{z}$는 z의 켤레복소수이다.)

① 1 ② 2 ③ 3 ④ 4 ⑤ 5

0314

답 150

$\frac{5-4i}{4+5i}=\frac{(5-4i)(4-5i)}{(4+5i)(4-5i)}=\frac{20-25i-16i-20}{16+25}=\frac{-41i}{41}=-i$

이므로 $f(n)=(-i)^n$

이때

$-i=(-i)^5=\cdots=(-i)^{97}$,

$(-i)^2=(-i)^6=\cdots=(-i)^{98}=-1$,

$(-i)^3=(-i)^7=\cdots=(-i)^{99}=i$,

$(-i)^4=(-i)^8=\cdots=(-i)^{100}=1$

이므로

$f(1)+2f(2)+3f(3)+4f(4)+\cdots+100f(100)$

$=-i+2\times(-i)^2+3\times(-i)^3+4\times(-i)^4+\cdots+100\times(-i)^{100}$

$=(-i-2+3i+4)+(-5i-6+7i+8)$

$+\cdots+(-97i-98+99i+100)$

$=\underbrace{(2+2i)+(2+2i)+\cdots+(2+2i)}_{25\text{개}}$

$=25(2+2i)=50+50i$

따라서 $50+50i=a+bi$이므로 복소수가 서로 같을 조건에 의하여

$a=50$, $b=50$

$\therefore 2a+b=2\times50+50=150$

짝기출 답 12

$i+2i^2+3i^3+4i^4+5i^5=a+bi$일 때, $3a+2b$의 값을 구하시오. (단, $i=\sqrt{-1}$이고 a, b는 실수이다.)

0315

답 ③

ㄱ. $z^2=\left(\frac{-1+\sqrt{3}i}{2}\right)^2=\frac{1-3-2\sqrt{3}i}{4}=\frac{-1-\sqrt{3}i}{2}$

$z^3=z^2\times z=\frac{-1-\sqrt{3}i}{2}\times\frac{-1+\sqrt{3}i}{2}=\frac{1+3}{4}=1$

ㄴ. $z^4=z^3\times z=z$, $z^5=z^3\times z^2=z^2$

$\therefore z^4+z^5=z+z^2=\frac{-1+\sqrt{3}i}{2}+\frac{-1-\sqrt{3}i}{2}=\frac{-2}{2}=-1$

ㄷ. $z^3=1$이므로 z^n의 값으로 가능한 것은 1, z, z^2이다.

(i) $z^n=1$, 즉 $n=3k$ (k는 자연수)일 때

$z^n+z^{2n}+z^{3n}+z^{4n}+z^{5n}=1+1+1+1+1=5$

(ii) $z^n=z$, 즉 $n=3k-2$ (k는 자연수)일 때

$z^n+z^{2n}+z^{3n}+z^{4n}+z^{5n}=z+z^2+z^3+z^4+z^5$

$=(z+z^2)+1+(z+z^2)$

$=-1+1+(-1)=-1$

(iii) $z^n=z^2$, 즉 $n=3k-1$ (k는 자연수)일 때

$z^n+z^{2n}+z^{3n}+z^{4n}+z^{5n}$

$=z^2+z^4+z^6+z^8+z^{10}$

$=z^2+z+(z^3)^2+(z^3)^2\times z^2+(z^3)^3\times z$

$=(z^2+z)+1+(z^2+z)$

$=-1+1+(-1)=-1$

(i)~(iii)에서 $z^n=1$인 경우, 즉 n이 3의 배수일 때에만

$z^n+z^{2n}+z^{3n}+z^{4n}+z^{5n}=-1$이 성립하지 않는다.

따라서 100 이하의 자연수 중 3의 배수는 33개이므로 구하는 자연수 n의 개수는 $100-33=67$

따라서 옳은 것은 ㄱ, ㄴ이다.

0316

답 6

$z=\frac{i-1}{\sqrt{2}}$에 대하여 $n=1, 2, 3, \cdots, 8$일 때,

z^n, $(z+\sqrt{2})^n$, $z^n+(z+\sqrt{2})^n$의 값을 각각 구하면 다음과 같다.

n	z^n	$(z+\sqrt{2})^n$	$z^n+(z+\sqrt{2})^n$
1	$\frac{-1+i}{\sqrt{2}}$	$\frac{1+i}{\sqrt{2}}$	$\sqrt{2}i$
2	$-i$	i	0
3	$\frac{1+i}{\sqrt{2}}$	$\frac{-1+i}{\sqrt{2}}$	$\sqrt{2}i$
4	-1	-1	-2
5	$\frac{1-i}{\sqrt{2}}$	$\frac{-1-i}{\sqrt{2}}$	$-\sqrt{2}i$
6	i	$-i$	0
7	$\frac{-1-i}{\sqrt{2}}$	$\frac{1-i}{\sqrt{2}}$	$-\sqrt{2}i$
8	1	1	2

위의 표에서 $n=2, 6$일 때 $z^n+(z+\sqrt{2})^n=0$

이때 $z^8=1$, $(z+\sqrt{2})^8=1$이므로

$z^2=z^{10}=z^{18}=-i$이고,

$(z+\sqrt{2})^2=(z+\sqrt{2})^{10}=(z+\sqrt{2})^{18}=i$ ...... ㉠

$z^6=z^{14}=z^{22}=i$이고,

$(z+\sqrt{2})^6=(z+\sqrt{2})^{14}=(z+\sqrt{2})^{22}=-i$ ...... ㉡

2권

㉠, ㉡에서 $z^n+(z+\sqrt{2})^n=0$을 만족시키는 25 이하의 자연수 n은 2, 6, 10, 14, 18, 22의 6개이다.

0317

답 24

(i) $z_1=\dfrac{\sqrt{2}}{1+i}$라 하면

$z_1^{\,2}=\left(\dfrac{\sqrt{2}}{1+i}\right)^2=\dfrac{2}{2i}=\dfrac{1}{i}=-i$

$z_1^{\,4}=(z_1^{\,2})^2=(-i)^2=-1$

$z_1^{\,8}=(z_1^{\,4})^2=(-1)^2=1$

이므로 $\left(\dfrac{\sqrt{2}}{1+i}\right)^n=1$을 만족시키는 자연수 n은 8의 배수이다.

(ii) $z_2=\dfrac{\sqrt{3}+i}{2}$라 하면

$z_2^{\,2}=\left(\dfrac{\sqrt{3}+i}{2}\right)^2=\dfrac{2+2\sqrt{3}i}{4}=\dfrac{1+\sqrt{3}i}{2}$,

$z_2^{\,3}=z_2^{\,2}\times z_2=\dfrac{1+\sqrt{3}i}{2}\times\dfrac{\sqrt{3}+i}{2}=\dfrac{4i}{4}=i$,

$z_2^{\,6}=(z_2^{\,3})^2=i^2=-1$,

$z_2^{\,12}=(z_2^{\,6})^2=(-1)^2=1$

이므로 $\left(\dfrac{\sqrt{3}+i}{2}\right)^n=1$을 만족시키는 자연수 n은 12의 배수이다.

(i), (ii)에서 $\left(\dfrac{\sqrt{2}}{1+i}\right)^n+\left(\dfrac{\sqrt{3}+i}{2}\right)^n=2$를 만족시키려면

$\left(\dfrac{\sqrt{2}}{1+i}\right)^n=1$, $\left(\dfrac{\sqrt{3}+i}{2}\right)^n=1$이어야 하므로

두 식을 동시에 만족시키는 자연수 n은 8과 12의 공배수이다.

따라서 자연수 n의 최솟값은 8, 12의 최소공배수인 24이다.

0318

답 ④

$z=a+bi$이고 $z\bar{z}=20$이므로

$z\bar{z}=(a+bi)(a-bi)=a^2+b^2=20$

그런데 a, b가 자연수이므로

$a=2$, $b=4$ 또는 $a=4$, $b=2$

$z+w=(a+c)+(b+d)i$, $\overline{z+w}=(a+c)-(b+d)i$이므로

$$\begin{aligned}z\bar{z}+w\bar{w}+z\bar{w}+\bar{z}w&=z(\bar{z}+\bar{w})+w(\bar{z}+\bar{w})\\&=(z+w)(\bar{z}+\bar{w})\\&=(z+w)(\overline{z+w})\\&=\{(a+c)+(b+d)i\}\{(a+c)-(b+d)i\}\\&=(a+c)^2+(b+d)^2\end{aligned}$$

이때 $z\bar{z}+w\bar{w}+z\bar{w}+\bar{z}w=5z\bar{z}=5\times20=100$ ($\because z\bar{z}=20$)

이므로 $(a+c)^2+(b+d)^2=100$

(i) $a=2$, $b=4$일 때

$(2+c)^2+(4+d)^2=100$이고 c, d는 자연수이므로

$2+c=6$, $4+d=8$ 또는 $2+c=8$, $4+d=6$

$\therefore c=4$, $d=4$ 또는 $c=6$, $d=2$

(ii) $a=4$, $b=2$일 때

$(4+c)^2+(2+d)^2=100$이고 c, d는 자연수이므로

$4+c=6$, $2+d=8$ 또는 $4+c=8$, $2+d=6$

$\therefore c=2$, $d=6$ 또는 $c=4$, $d=4$

(i), (ii)에서 $w\bar{w}=(c+di)(c-di)=c^2+d^2$이므로

$w\bar{w}$의 값은 $4^2+4^2=32$ 또는 $6^2+2^2=40$

따라서 $w\bar{w}$의 최댓값과 최솟값의 차는 $40-32=8$

참고

$m=1, 2, 3, \cdots, 10$일 때, $m^2+k=100$을 만족시키는 m^2, k를 순서쌍 (m^2, k)로 나타내면

(1, 99), (4, 96), (9, 91), (16, 84), (25, 75), (36, 64), (49, 51), (64, 36), (81, 19), (100, 0)

이때 k가 n^2 (n은 자연수) 꼴인 것은 (36, 64) 또는 (64, 36)

짝기출

답 ③

$\alpha=2-7i$, $\beta=-1+4i$일 때, $\alpha\bar{\alpha}+\bar{\alpha}\beta+\alpha\bar{\beta}+\beta\bar{\beta}$의 값은?

(단, $i=\sqrt{-1}$이고 $\bar{\alpha}$, $\bar{\beta}$는 각각 α, β의 켤레복소수이다.)

① 8 ② 9 ③ 10 ④ 11 ⑤ 12

05 이차방정식

유형 01 이차방정식의 풀이

0319

답 $\sqrt{3}$

$\frac{x(x+3)}{3}-x+\frac{2}{5}=\frac{(x-1)^2}{5}$의 양변에 15를 곱하면

$5x(x+3)-15x+6=3(x-1)^2$

$5x^2+15x-15x+6=3x^2-6x+3$

$2x^2+6x+3=0$

$\therefore x=\frac{-3\pm\sqrt{3^2-2\times3}}{2}=\frac{-3\pm\sqrt{3}}{2}$

따라서 $\alpha=\frac{-3+\sqrt{3}}{2}$이므로 $2\alpha=-3+\sqrt{3}$

$\therefore 2\alpha+3=\sqrt{3}$

0320

답 3

$\sqrt{3}x^2-(5\sqrt{3}-3)x=15$의 양변에 $\sqrt{3}$을 곱하면

$3x^2-\sqrt{3}(5\sqrt{3}-3)x=15\sqrt{3}$

$3x^2-(15-3\sqrt{3})x-15\sqrt{3}=0$

양변을 3으로 나누면

$x^2-(5-\sqrt{3})x-5\sqrt{3}=0$

$(x+\sqrt{3})(x-5)=0$

$\therefore x=-\sqrt{3}$ 또는 $x=5$

따라서 $\alpha=-\sqrt{3}$이므로 $\alpha^2=3$

0321

답 1

$(\sqrt{3}+1)x^2-(5+\sqrt{3})x+2\sqrt{3}=0$의 양변에 $\sqrt{3}-1$을 곱하면

$(\sqrt{3}+1)(\sqrt{3}-1)x^2-(5+\sqrt{3})(\sqrt{3}-1)x+2\sqrt{3}(\sqrt{3}-1)=0$

$2x^2-(4\sqrt{3}-2)x+2\sqrt{3}(\sqrt{3}-1)=0$

양변을 2로 나누면

$x^2-(2\sqrt{3}-1)x+\sqrt{3}(\sqrt{3}-1)=0$

$(x-\sqrt{3})(x-\sqrt{3}+1)=0$

$\therefore x=\sqrt{3}$ 또는 $x=\sqrt{3}-1$

이때 $\alpha>\beta$이므로 $\alpha=\sqrt{3}$, $\beta=\sqrt{3}-1$

$\therefore \alpha-\beta=\sqrt{3}-(\sqrt{3}-1)=1$

유형 02 한 근이 주어진 이차방정식

0322

답 -1

이차방정식 $x^2-(m+1)x-8=0$의 한 근이 -4이므로

$(-4)^2-(m+1)\times(-4)-8=0$

$16+4m+4-8=0$

$4m=-12 \qquad \therefore m=-3$

$m=-3$을 주어진 이차방정식에 대입하면

$x^2+2x-8=0$, $(x+4)(x-2)=0$

$\therefore x=-4$ 또는 $x=2$

따라서 $a=2$이므로

$m+a=-3+2=-1$

0323

답 10

이차방정식 $(a+4)x^2-kx+(k-2)b=0$의 한 근이 -2이므로

$(a+4)\times(-2)^2-k\times(-2)+(k-2)b=0$

$4a+16+2k+bk-2b=0$

$(b+2)k+4a-2b+16=0$

위의 등식이 k의 값에 관계없이 항상 성립하므로

$b+2=0$, $4a-2b+16=0$

$\therefore a=-5$, $b=-2$

$\therefore ab=(-5)\times(-2)=10$

0324

답 36

이차방정식 $x^2-3x-1=0$의 한 근이 α이므로

$\alpha^2-3\alpha-1=0$

$\alpha\neq0$이므로 양변을 α로 나누면

$\alpha-3-\frac{1}{\alpha}=0 \qquad \therefore \alpha-\frac{1}{\alpha}=3$

$\therefore \alpha^3-\frac{1}{\alpha^3}=\left(\alpha-\frac{1}{\alpha}\right)^3+3\left(\alpha-\frac{1}{\alpha}\right)$

$=3^3+3\times3$

$=27+9=36$

유형 03 절댓값 기호를 포함한 방정식

0325

답 ②

$x^2+|2x-4|=4$에서

(i) $x<2$일 때, $x^2-(2x-4)=4$

$x^2-2x=0$, $x(x-2)=0$

$\therefore x=0$ 또는 $x=2$

그런데 $x<2$이므로 $x=0$

(ii) $x\geq2$일 때, $x^2+2x-4=4$

$x^2+2x-8=0$, $(x+4)(x-2)=0$

$\therefore x=-4$ 또는 $x=2$

그런데 $x\geq2$이므로 $x=2$

(i), (ii)에서 주어진 방정식의 근은

$x=0$ 또는 $x=2$

따라서 모든 근의 합은 $0+2=2$

0326

답 6

$\sqrt{(x+1)^2}=|x+1|$, $\sqrt{x^2}=|x|$이므로

$x^2+\sqrt{(x+1)^2}=\sqrt{x^2}+3$에서

$x^2+|x+1|=|x|+3$

(i) $x<-1$일 때, $x+1<0$이므로

$x^2-(x+1)=-x+3$

$x^2-x-1=-x+3$, $x^2=4$ $\quad \therefore x=\pm 2$

그런데 $x<-1$이므로 $x=-2$

(ii) $-1\le x<0$일 때, $x+1\ge 0$이므로

$x^2+x+1=-x+3$, $x^2+2x-2=0$

$\therefore x=-1\pm\sqrt{3}$

그런데 $-1\le x<0$이므로 $x=-1\pm\sqrt{3}$은 근이 아니다.

(iii) $x\ge 0$일 때, $x+1>0$이므로

$x^2+x+1=x+3$

$x^2=2$ $\quad \therefore x=\pm\sqrt{2}$

그런데 $x\ge 0$이므로 $x=\sqrt{2}$

(i)~(iii)에서 주어진 방정식의 근은

$x=-2$ 또는 $x=\sqrt{2}$

$\therefore \alpha^2+\beta^2=(-2)^2+(\sqrt{2})^2=4+2=6$

0327

답 $3+\sqrt{17}$

$\sqrt{x^2-6x+9}=\sqrt{(x-3)^2}=|x-3|$이므로

$x^2-7x+\sqrt{x^2-6x+9}-4=0$에서

$x^2-7x+|x-3|-4=0$

(i) $x<3$일 때, $x^2-7x-(x-3)-4=0$

$x^2-8x-1=0$ $\quad \therefore x=4\pm\sqrt{17}$

그런데 $x<3$이므로 $x=4-\sqrt{17}$

(ii) $x\ge 3$일 때, $x^2-7x+x-3-4=0$

$x^2-6x-7=0$, $(x+1)(x-7)=0$

$\therefore x=-1$ 또는 $x=7$

그런데 $x\ge 3$이므로 $x=7$

(i), (ii)에서 주어진 방정식의 근은

$x=4-\sqrt{17}$ 또는 $x=7$

이때 $\alpha>\beta$이므로 $\alpha=7$, $\beta=4-\sqrt{17}$

$\therefore \alpha-\beta=7-(4-\sqrt{17})=3+\sqrt{17}$

유형 04 가우스 기호를 포함한 방정식

0328

답 $2\le x<3$

$3[x]^2-5[x]-2=0$에서

$(3[x]+1)([x]-2)=0$

$\therefore [x]=-\frac{1}{3}$ 또는 $[x]=2$

이때 $[x]$는 정수이므로 $[x]=2$

$\therefore 2\le x<3$

0329

답 ③

$[x]^2-2[x]-15=0$에서

$([x]+3)([x]-5)=0$

$\therefore [x]=-3$ 또는 $[x]=5$

$\therefore -3\le x<-2$ 또는 $5\le x<6$

따라서 주어진 방정식의 해가 아닌 것은 ③이다.

0330

답 ④

$3x^2=2x+5[x]$에서

(i) $0\le x<1$일 때, $[x]=0$이므로

$3x^2=2x$, $3x^2-2x=0$

$x(3x-2)=0$ $\quad \therefore x=0$ 또는 $x=\frac{2}{3}$

(ii) $1\le x<2$일 때, $[x]=1$이므로

$3x^2=2x+5$, $3x^2-2x-5=0$

$(x+1)(3x-5)=0$ $\quad \therefore x=-1$ 또는 $x=\frac{5}{3}$

그런데 $1\le x<2$이므로 $x=\frac{5}{3}$

(i), (ii)에서 주어진 방정식의 근은 $x=0$ 또는 $x=\frac{2}{3}$ 또는 $x=\frac{5}{3}$이므로 모든 근의 합은 $0+\frac{2}{3}+\frac{5}{3}=\frac{7}{3}$

유형 05 이차방정식의 활용

0331

답 ②

처음 정사각형 모양의 땅의 한 변의 길이를 x m라 하면

새로 만들어진 직사각형 모양의 땅의 가로의 길이는 $(x-4)$ m,

세로의 길이는 $(x+3)$ m이므로

$(x-4)(x+3)=\frac{5}{6}x^2$

$x^2-x-12=\frac{5}{6}x^2$, $6x^2-6x-72=5x^2$

$x^2-6x-72=0$, $(x+6)(x-12)=0$

$\therefore x=-6$ 또는 $x=12$

그런데 $x-4>0$에서 $x>4$이므로 $x=12$

따라서 처음 정사각형 모양의 땅의 한 변의 길이는 12 m이다.

0332

답 ③

x초 후에 직사각형의 넓이가 130 cm^2가 된다고 하면

x초 후의 직사각형의 가로의 길이는 $(12+2x)$ cm,

세로의 길이는 $(12-x)$ cm이므로

$(12+2x)(12-x)=130$

$(6+x)(12-x)=65$, $72+6x-x^2=65$

$x^2-6x-7=0$, $(x+1)(x-7)=0$

$\therefore x=-1$ 또는 $x=7$

그런데 $x>0$, $12-x>0$에서 $0<x<12$이므로 $x=7$

따라서 직사각형의 넓이가 130 cm^2가 되는 것은 7초 후이다.

0333

답 $9\sqrt{3}$ cm^2

처음 정삼각형 ABC의 한 변의 길이를 x cm라 하면

$\overline{A'B}=x+4$ (cm), $\overline{A'C}=x+2$ (cm)

삼각형 A′BC는 직각삼각형이므로

$(x+4)^2=x^2+(x+2)^2$

$x^2+8x+16=2x^2+4x+4$

$x^2-4x-12=0$, $(x+2)(x-6)=0$
$\therefore x=-2$ 또는 $x=6$
그런데 $x>0$이므로 $x=6$
따라서 처음 정삼각형 ABC의 한 변의 길이는 6 cm이므로
구하는 넓이는
$\frac{\sqrt{3}}{4}\times 6^2=9\sqrt{3}\,(\text{cm}^2)$

Bible Says **정삼각형의 높이와 넓이**

한 변의 길이가 a인 정삼각형의 높이를 h, 넓이를 S라 하면
(1) $h=\frac{\sqrt{3}}{2}a$ (2) $S=\frac{\sqrt{3}}{4}a^2$

0334

답 6 cm

나무토막의 밑면의 가로, 세로의 길이를 각각 x cm씩 줄였을 때, 줄인 밑면의 가로, 세로의 길이는 각각 $(15-x)$ cm, $(18-x)$ cm이므로 줄인 나무토막의 부피는
$10(15-x)(18-x)(\text{cm}^3)$
이때 처음 나무토막의 부피에서 60 % 줄인 나무토막의 부피는
$\left(1-\frac{60}{100}\right)\times 15\times 18\times 10=\frac{40}{100}\times 15\times 18\times 10=1080\,(\text{cm}^3)$
이므로
$10(15-x)(18-x)=1080$
$(15-x)(18-x)=108$, $x^2-33x+270=108$
$x^2-33x+162=0$, $(x-6)(x-27)=0$
$\therefore x=6$ 또는 $x=27$
그런데 $x>0$, $15-x>0$에서 $0<x<15$이므로 $x=6$
따라서 나무토막의 밑면의 가로와 세로의 길이를 각각 6 cm씩 줄여야 한다.

0335

답 1

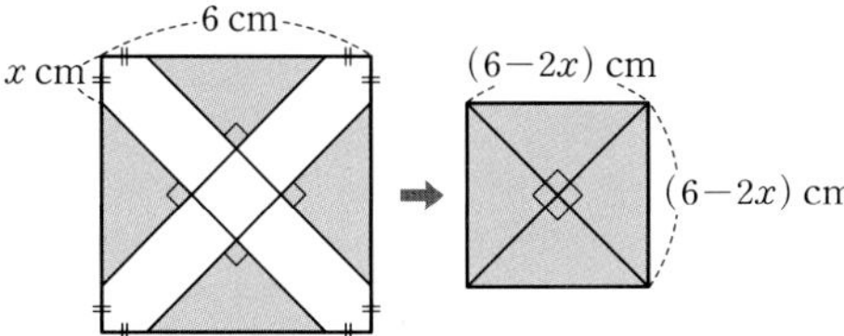

잘라 낸 부분을 모으면 그림과 같이 한 변의 길이가 $(6-2x)$ cm인 정사각형이 되므로
$6^2-(6-2x)^2=\frac{5}{9}\times 6^2$
$36-(4x^2-24x+36)=\frac{5}{9}\times 36$
$-4x^2+24x=20$, $4x^2-24x+20=0$
$x^2-6x+5=0$, $(x-1)(x-5)=0$
$\therefore x=1$ 또는 $x=5$
그런데 $x>0$, $6-2x>0$에서 $0<x<3$이므로 $x=1$

0336

답 ③

제품의 처음 가격을 a원이라 하면
x % 인상한 가격은 $a\left(1+\frac{x}{100}\right)$원
다시 이 가격을 x % 인하한 가격은 $a\left(1+\frac{x}{100}\right)\left(1-\frac{x}{100}\right)$원
이 가격이 제품의 처음 가격보다 4 % 낮으므로
$a\left(1+\frac{x}{100}\right)\left(1-\frac{x}{100}\right)=a\left(1-\frac{4}{100}\right)$
$(100+x)(100-x)=9600$
$10000-x^2=9600$, $x^2=400$
$\therefore x=\pm 20$
그런데 $x>0$이므로 $x=20$

유형 06 판별식을 이용한 이차방정식의 근의 판별

0337

답 ④

이차방정식 $2x^2-4x+(k-1)=0$의 판별식을 D_1이라 하면
$\frac{D_1}{4}=(-2)^2-2(k-1)<0$
$4-2k+2<0$, $6-2k<0$
$\therefore k>3$ …… ㉠
이차방정식 $x^2-(k+1)x+k+9=0$의 판별식을 D_2라 하면
$D_2=\{-(k+1)\}^2-4(k+9)=0$
$k^2+2k+1-4k-36=0$
$k^2-2k-35=0$, $(k+5)(k-7)=0$
$\therefore k=-5$ 또는 $k=7$ …… ㉡
㉠, ㉡에서 $k=7$

0338

답 ②

$kx^2-2(2k-3)x+4k=0$이 이차방정식이므로
$k\neq 0$ …… ㉠
이차방정식 $kx^2-2(2k-3)x+4k=0$의 판별식을 D라 하면
$\frac{D}{4}=\{-(2k-3)\}^2-4k^2>0$
$4k^2-12k+9-4k^2>0$
$-12k+9>0$ $\therefore k<\frac{3}{4}$ …… ㉡
㉠, ㉡에서 $k<0$ 또는 $0<k<\frac{3}{4}$
따라서 k의 값이 될 수 있는 것은 ②이다.

0339

답 $-2<k<2$ 또는 $k>2$

$(k^2-4)x^2-6(k+2)x+9=0$이 이차방정식이므로
$k^2-4\neq 0$, $(k+2)(k-2)\neq 0$
$\therefore k\neq -2$, $k\neq 2$ …… ㉠
이차방정식 $(k^2-4)x^2-6(k+2)x+9=0$의 판별식을 D라 하면
$\frac{D}{4}=\{-3(k+2)\}^2-9(k^2-4)\geq 0$
$9k^2+36k+36-9k^2+36\geq 0$
$36k+72\geq 0$ $\therefore k\geq -2$ …… ㉡
㉠, ㉡에서 실수 k의 값의 범위는
$-2<k<2$ 또는 $k>2$

0340 답 ⑤

이차방정식 $x^2+(a+2k)x+k^2-4k-b=0$의 판별식을 D라 하면

$D=(a+2k)^2-4(k^2-4k-b)=0$

$a^2+4ak+4k^2-4k^2+16k+4b=0$

$(4a+16)k+a^2+4b=0$

위의 등식이 k의 값에 관계없이 항상 성립하므로

$4a+16=0$, $a^2+4b=0$

따라서 $a=-4$, $b=-4$이므로

$ab=(-4)\times(-4)=16$

유형 07 계수의 조건이 주어진 이차방정식의 근의 판별

0341 답 ①

이차방정식 $x^2-2ax+bc=0$의 판별식을 D라 하면

$\frac{D}{4}=(-a)^2-bc=a^2-bc$ …… ㉠

$bc-2a+1=0$에서 $bc=2a-1$ …… ㉡

㉡을 ㉠에 대입하면

$\frac{D}{4}=a^2-bc=a^2-(2a-1)$

$=a^2-2a+1$

$=(a-1)^2\geq 0$

따라서 이차방정식 $x^2-2ax+bc=0$은 실근을 갖는다.

0342 답 ④

이차방정식 $x^2+ax+5-2a=0$의 판별식을 D_1이라 하면

$D_1=a^2-4(5-2a)=0$

$a^2+8a-20=0$, $(a+10)(a-2)=0$

$\therefore a=2$ ($\because a>0$)

$a=2$를 $2x^2-ax+a+3=0$에 대입하면

$2x^2-2x+5=0$

위의 이차방정식의 판별식을 D_2라 하면

$\frac{D_2}{4}=(-1)^2-2\times 5=-9<0$

따라서 서로 다른 두 허근을 갖는다.

0343 답 서로 다른 두 실근

이차방정식 $x^2+ax+b=0$의 판별식을 D_1이라 하면

$D_1=a^2-4b>0$

이차방정식 $x^2+2(a+3)x+2(3a+2b)=0$의 판별식을 D_2라 하면

$\frac{D_2}{4}=(a+3)^2-2(3a+2b)$

$=a^2+6a+9-6a-4b$

$=a^2-4b+9$

이때 $a^2-4b>0$에서 $a^2-4b+9>9$이므로 $\frac{D_2}{4}>0$

따라서 이차방정식 $x^2+2(a+3)x+2(3a+2b)=0$은 서로 다른 두 실근을 갖는다.

0344 답 서로 다른 두 실근

이차방정식 $x^2-2ax+b^2+3=0$의 판별식을 D_1이라 하면

$\frac{D_1}{4}=(-a)^2-(b^2+3)=0$

$a^2-b^2-3=0$ $\quad\therefore a^2=b^2+3$ …… ㉠

이차방정식 $x^2-3ax+3b+4=0$의 판별식을 D_2라 하면

$D_2=(-3a)^2-4(3b+4)$

$=9a^2-12b-16$

$=9(b^2+3)-12b-16$ ($\because$ ㉠)

$=9b^2-12b+11$

$=9\left(b-\frac{2}{3}\right)^2+7>0$

따라서 이차방정식 $x^2-3ax+3b+4=0$은 서로 다른 두 실근을 갖는다.

0345 답 ④

$\frac{\sqrt{b}}{\sqrt{a}}=-\sqrt{\frac{b}{a}}$이고 $a\neq 0$, $b\neq 0$이므로 $a<0$, $b>0$

ㄱ. 이차방정식 $x^2-ax-b=0$의 판별식을 D_1이라 하면

$D_1=(-a)^2+4b=a^2+4b>0$

이므로 서로 다른 두 실근을 갖는다.

ㄴ. 이차방정식 $x^2+bx+a=0$의 판별식을 D_2라 하면

$D_2=b^2-4a>0$

이므로 서로 다른 두 실근을 갖는다.

ㄷ. 이차방정식 $ax^2-2bx+1=0$의 판별식을 D_3이라 하면

$\frac{D_3}{4}=(-b)^2-a=b^2-a>0$

이므로 서로 다른 두 실근을 갖는다.

ㄹ. 이차방정식 $bx^2-4x-a=0$의 판별식을 D_4라 하면

$\frac{D_4}{4}=(-2)^2+ab=4+ab$

$4+ab$의 부호는 알 수 없으므로 근을 판별할 수 없다.

따라서 항상 서로 다른 두 실근을 갖는 이차방정식은 ㄱ, ㄴ, ㄷ이다.

유형 08 이차방정식의 판별식과 삼각형의 모양

0346 답 ③

이차방정식 $(a-c)x^2+2bx+a+c=0$의 판별식을 D라 하면

$\frac{D}{4}=b^2-(a-c)(a+c)<0$

$b^2-(a^2-c^2)<0$, $b^2-a^2+c^2<0$

$\therefore b^2+c^2<a^2$

따라서 a, b, c를 세 변의 길이로 하는 삼각형은 가장 긴 변의 길이가 a인 둔각삼각형이다.

0347 답 ②

이차방정식 $2x^2-(a+2b)x+ab=0$의 판별식을 D라 하면

$D=\{-(a+2b)\}^2-8ab=0$

$a^2+4ab+4b^2-8ab=0$, $a^2-4ab+4b^2=0$

$(a-2b)^2=0 \qquad \therefore a=2b$
따라서 직각삼각형의 넓이는
$\frac{1}{2}ab=\frac{1}{2}\times 2b\times b=b^2$

0348

답 ①

이차방정식 $3x^2+4(a+b+c)x+4(ab+bc+ca)=0$의 판별식을 D라 하면
$\frac{D}{4}=\{2(a+b+c)\}^2-12(ab+bc+ca)=0$
$4a^2+4b^2+4c^2+8ab+8bc+8ca-12ab-12bc-12ca=0$
$4a^2+4b^2+4c^2-4ab-4bc-4ca=0$
양변을 2로 나누면
$2a^2+2b^2+2c^2-2ab-2bc-2ca=0$
$(a^2-2ab+b^2)+(b^2-2bc+c^2)+(c^2-2ca+a^2)=0$
$(a-b)^2+(b-c)^2+(c-a)^2=0$
이때 a, b, c가 실수이므로
$a-b=0$, $b-c=0$, $c-a=0$
$\therefore a=b=c$
따라서 a, b, c를 세 변의 길이로 하는 삼각형은 정삼각형이다.

유형 09 이차식이 완전제곱식이 될 조건

0349

답 ①

$x^2-2(k-3)x+k^2-8k+5$가 완전제곱식이 되려면 x에 대한 이차방정식 $x^2-2(k-3)x+k^2-8k+5=0$이 중근을 가져야 하므로 이 이차방정식의 판별식을 D라 하면
$\frac{D}{4}=\{-(k-3)\}^2-(k^2-8k+5)=0$
$k^2-6k+9-k^2+8k-5=0$
$2k+4=0 \qquad \therefore k=-2$

0350

답 4

$(k+1)x^2-(2k+2)x+2k-3$이 x에 대한 이차식이므로
$k+1\neq 0 \qquad \therefore k\neq -1$
주어진 이차식이 완전제곱식이 되려면 x에 대한 이차방정식 $(k+1)x^2-(2k+2)x+2k-3=0$이 중근을 가져야 하므로
이 이차방정식의 판별식을 D라 하면
$\frac{D}{4}=\{-(k+1)\}^2-(k+1)(2k-3)=0$
$k^2+2k+1-(2k^2-k-3)=0$
$-k^2+3k+4=0$, $k^2-3k-4=0$
$(k+1)(k-4)=0$
$\therefore k=4\ (\because k\neq -1)$

0351

답 5

$ax^2+2(m+b)x+m^2+c+2$가 x에 대한 이차식이므로 $a\neq 0$
주어진 이차식이 완전제곱식이 되려면 x에 대한 이차방정식
$ax^2+2(m+b)x+m^2+c+2=0$이 중근을 가져야 하므로
이 이차방정식의 판별식을 D라 하면
$\frac{D}{4}=(m+b)^2-a(m^2+c+2)=0$
$m^2+2bm+b^2-am^2-ac-2a=0$
$(1-a)m^2+2bm+b^2-ac-2a=0$
위의 등식이 m의 값에 관계없이 항상 성립하므로
$1-a=0$, $2b=0$, $b^2-ac-2a=0$
$\therefore a=1$, $b=0$, $c=-2$
$\therefore a^2+b^2+c^2=1^2+0^2+(-2)^2=1+0+4=5$

0352

답 12

$3x^2-(4a+2)x+a^2+3a+5$가 $3(x+k)^2$으로 인수분해되려면 완전제곱식이 되어야 한다.
완전제곱식이 되려면 x에 대한 이차방정식
$3x^2-(4a+2)x+a^2+3a+5=0$이 중근을 가져야 하므로
이 이차방정식의 판별식을 D라 하면
$\frac{D}{4}=\{-(2a+1)\}^2-3(a^2+3a+5)=0$
$4a^2+4a+1-3a^2-9a-15=0$
$a^2-5a-14=0$, $(a+2)(a-7)=0$
$\therefore a=7\ (\because a>1)$
따라서 주어진 이차식은 $3x^2-30x+75$이고,
이것은 $3(x-5)^2$으로 인수분해되므로 $k=-5$
$\therefore a-k=7-(-5)=12$

유형 10 이차식이 두 일차식의 곱으로 인수분해될 조건

0353

답 ②

$2x^2+2xy-2y^2-4x+3y+k$를 x에 대하여 내림차순으로 정리하면
$2x^2+(2y-4)x-2y^2+3y+k$
이때 x에 대한 이차방정식 $2x^2+(2y-4)x-2y^2+3y+k=0$의 판별식을 D라 하면
$\frac{D}{4}=(y-2)^2-2(-2y^2+3y+k)$
$=y^2-4y+4+4y^2-6y-2k$
$=5y^2-10y+4-2k$
가 완전제곱식이 되어야 한다.
이때 y에 대한 이차방정식 $5y^2-10y+4-2k=0$의 판별식을 D'이라 하면
$\frac{D'}{4}=(-5)^2-5(4-2k)=0$
$25-20+10k=0$, $5+10k=0$
$\therefore k=-\frac{1}{2}$

0354

답 -3

$x^2+3xy-my^2-x-3y+1$을 x에 대하여 내림차순으로 정리하면
$x^2+(3y-1)x-my^2-3y+1$

이때 x에 대한 이차방정식 $x^2+(3y-1)x-my^2-3y+1=0$의 판별식을 D라 하면

$D=(3y-1)^2-4(-my^2-3y+1)$
$=9y^2-6y+1+4my^2+12y-4$
$=(9+4m)y^2+6y-3$

이 완전제곱식이 되어야 한다.
즉, y에 대한 이차방정식 $(9+4m)y^2+6y-3=0$의 판별식을 D'이라 하면

$\frac{D'}{4}=3^2+3(9+4m)=0$

$9+27+12m=0$, $36+12m=0$

$\therefore m=-3$

0355

답 2

$x^2+xy-y^2+x-ky-1$을 x에 대하여 내림차순으로 정리하면
$x^2+(y+1)x-y^2-ky-1$
이때 x에 대한 이차방정식 $x^2+(y+1)x-y^2-ky-1=0$의 판별식을 D라 하면

$D=(y+1)^2-4(-y^2-ky-1)$
$=y^2+2y+1+4y^2+4ky+4$
$=5y^2+(2+4k)y+5$

가 완전제곱식이 되어야 한다.
즉, y에 대한 이차방정식 $5y^2+(2+4k)y+5=0$의 판별식을 D'이라 하면

$\frac{D'}{4}=(1+2k)^2-25=0$

$4k^2+4k-24=0$, $k^2+k-6=0$

$(k+3)(k-2)=0$ $\quad\therefore k=2$ ($\because k>0$)

유형 11 이차방정식의 근과 계수의 관계를 이용하여 식의 값 구하기

0356

답 $\sqrt{10}$

이차방정식 $x^2-6x+4=0$의 판별식을 D라 하면

$\frac{D}{4}=(-3)^2-4=5>0$ ⋯⋯ ㉠

이차방정식의 근과 계수의 관계에 의하여

$\alpha+\beta=6$, $\alpha\beta=4$ ⋯⋯ ㉡

㉠, ㉡에서 $\alpha>0$, $\beta>0$이므로

$(\sqrt{\alpha}+\sqrt{\beta})^2=\alpha+\beta+2\sqrt{\alpha}\sqrt{\beta}$
$=\alpha+\beta+2\sqrt{\alpha\beta}$
$=6+2\sqrt{4}=10$

$\therefore \sqrt{\alpha}+\sqrt{\beta}=\sqrt{10}$

0357

답 $4\sqrt{22}$

이차방정식의 근과 계수의 관계에 의하여

$\alpha+\beta=-4$, $\alpha\beta=-\frac{3}{2}$

이므로

$(\alpha-\beta)^2=(\alpha+\beta)^2-4\alpha\beta$
$=(-4)^2-4\times\left(-\frac{3}{2}\right)=22$

$\therefore \alpha-\beta=\pm\sqrt{22}$

$\therefore |\alpha^2-\beta^2|=|(\alpha+\beta)(\alpha-\beta)|$
$=|(-4)\times(\pm\sqrt{22})|=4\sqrt{22}$

0358

답 0

$|x^2+7x|=3$에서 $x^2+7x=\pm3$

(i) $x^2+7x=3$, 즉 $x^2+7x-3=0$의 두 근을 α, β라 하면
이차방정식의 근과 계수의 관계에 의하여
$\alpha+\beta=-7$, $\alpha\beta=-3$

(ii) $x^2+7x=-3$, 즉 $x^2+7x+3=0$의 두 근을 γ, δ라 하면
이차방정식의 근과 계수의 관계에 의하여
$\gamma+\delta=-7$, $\gamma\delta=3$

(i), (ii)에서

$\frac{1}{\alpha}+\frac{1}{\beta}+\frac{1}{\gamma}+\frac{1}{\delta}=\frac{\alpha+\beta}{\alpha\beta}+\frac{\gamma+\delta}{\gamma\delta}$
$=\frac{-7}{-3}+\frac{-7}{3}=0$

0359

답 $\sqrt{3}$

방정식 $x+\frac{1}{x}=\sqrt{3}$, 즉 $x^2-\sqrt{3}x+1=0$의 두 근이 α, β이므로
이차방정식의 근과 계수의 관계에 의하여

$\alpha+\beta=\sqrt{3}$, $\alpha\beta=1$

$\alpha^2+\beta^2=(\alpha+\beta)^2-2\alpha\beta=(\sqrt{3})^2-2\times1=1$

$\alpha^4+\beta^4=(\alpha^2+\beta^2)^2-2\alpha^2\beta^2=(\alpha^2+\beta^2)^2-2(\alpha\beta)^2$
$=1^2-2\times1^2=-1$

$\therefore (\alpha+\beta)+(\alpha^2+\beta^2)+(\alpha^4+\beta^4)=\sqrt{3}+1+(-1)=\sqrt{3}$

유형 12 이차방정식의 근의 성질과 근과 계수의 관계를 이용하여 식의 값 구하기

0360

답 ⑤

이차방정식 $x^2-x-4=0$의 두 근이 α, β이므로

$\alpha^2-\alpha-4=0$, $\beta^2-\beta-4=0$

$\therefore \alpha^2-2\alpha-1=-\alpha+3$, $\beta^2-2\beta-1=-\beta+3$

이차방정식의 근과 계수의 관계에 의하여

$\alpha+\beta=1$, $\alpha\beta=-4$

$\therefore (\alpha^2-2\alpha-1)(\beta^2-2\beta-1)=(-\alpha+3)(-\beta+3)$
$=\alpha\beta-3(\alpha+\beta)+9$
$=-4-3\times1+9=2$

0361

답 -48

이차방정식 $x^2-(a-4)x-3=0$의 두 근이 α, β이므로

$\alpha^2-(a-4)\alpha-3=0$, $\beta^2-(a-4)\beta-3=0$

$\therefore\ \alpha^2-a\alpha-3=-4\alpha,\ \beta^2-a\beta-3=-4\beta$

이차방정식의 근과 계수의 관계에 의하여

$\alpha\beta=-3$

$\therefore\ (\alpha^2-a\alpha-3)(\beta^2-a\beta-3)=(-4\alpha)\times(-4\beta)$

$=16\alpha\beta$

$=16\times(-3)=-48$

0362

답 -3

이차방정식 $x^2-2x-2=0$의 두 근이 α, β이므로

$\alpha^2-2\alpha-2=0,\ \beta^2-2\beta-2=0$

$\therefore\ \alpha^2-2\alpha=2,\ \beta^2-2\beta=2$

이차방정식의 근과 계수의 관계에 의하여

$\alpha+\beta=2,\ \alpha\beta=-2$

$\therefore\ (\alpha^3-2\alpha^2-\alpha-1)(\beta^3-2\beta^2-\beta-1)$

$=\{\alpha(\alpha^2-2\alpha)-\alpha-1\}\{\beta(\beta^2-2\beta)-\beta-1\}$

$=(2\alpha-\alpha-1)(2\beta-\beta-1)$

$=(\alpha-1)(\beta-1)$

$=\alpha\beta-(\alpha+\beta)+1$

$=-2-2+1=-3$

0363

답 8

이차방정식 $x^2-x-1=0$의 두 근이 α, β이므로

$\alpha^2-\alpha-1=0,\ \beta^2-\beta-1=0\qquad\therefore\ \alpha^2-\alpha=1,\ \beta^2-\beta=1$

이차방정식의 근과 계수의 관계에 의하여

$\alpha+\beta=1,\ \alpha\beta=-1$

$\therefore\ \alpha^5+\beta^5-\alpha^4-\beta^4+\alpha^3+\beta^3=\alpha^3(\alpha^2-\alpha+1)+\beta^3(\beta^2-\beta+1)$

$=2(\alpha^3+\beta^3)$

$=2\{(\alpha+\beta)^3-3\alpha\beta(\alpha+\beta)\}$

$=2\times\{1^3-3\times(-1)\times1\}=8$

0364

답 $2\sqrt{6}$

이차방정식 $x^2-4x+1=0$의 판별식을 D라 하면

$\dfrac{D}{4}=(-2)^2-1=3>0\qquad\cdots\cdots$ ㉠

이차방정식의 근과 계수의 관계에 의하여

$\alpha+\beta=4,\ \alpha\beta=1\qquad\cdots\cdots$ ㉡

㉠, ㉡에서 $\alpha>0,\ \beta>0$이므로

$(\sqrt{\alpha}+\sqrt{\beta})^2=\alpha+\beta+2\sqrt{\alpha}\sqrt{\beta}$

$=\alpha+\beta+2\sqrt{\alpha\beta}$

$=4+2=6$

$\therefore\ \sqrt{\alpha}+\sqrt{\beta}=\sqrt{6}$

이차방정식 $x^2-4x+1=0$의 두 근이 α, β이므로

$\alpha^2-4\alpha+1=0,\ \beta^2-4\beta+1=0$

$\therefore\ \alpha^2+1=4\alpha,\ \beta^2+1=4\beta$

$\therefore\ \sqrt{\alpha^2+1}+\sqrt{\beta^2+1}=\sqrt{4\alpha}+\sqrt{4\beta}$

$=2(\sqrt{\alpha}+\sqrt{\beta})$

$=2\sqrt{6}$

유형 13 근과 계수의 관계를 이용하여 미정계수 구하기 - 근의 조건이 주어진 경우

0365

답 4

주어진 이차방정식의 두 근을 α, 4α $(\alpha\neq0)$라 하면

이차방정식의 근과 계수의 관계에 의하여

$\alpha+4\alpha=5(k-2),\ 5\alpha=5(k-2)$

$\therefore\ \alpha=k-2\qquad\cdots\cdots$ ㉠

$\alpha\times4\alpha=4k,\ 4\alpha^2=4k$

$\therefore\ \alpha^2=k\qquad\cdots\cdots$ ㉡

㉠을 ㉡에 대입하면

$(k-2)^2=k,\ k^2-4k+4=k$

$k^2-5k+4=0,\ (k-1)(k-4)=0$

$\therefore\ k=4\ (\because\ k>1)$

0366

답 -4

주어진 이차방정식의 두 근을 α, 2α $(\alpha\neq0)$라 하면

이차방정식의 근과 계수의 관계에 의하여

$\alpha+2\alpha=-3(m+1),\ 3\alpha=-3(m+1)$

$\therefore\ \alpha=-m-1\qquad\cdots\cdots$ ㉠

$\alpha\times2\alpha=m^2+2\qquad\therefore\ 2\alpha^2=m^2+2\qquad\cdots\cdots$ ㉡

㉠을 ㉡에 대입하면

$2(-m-1)^2=m^2+2,\ 2m^2+4m+2=m^2+2$

$m^2+4m=0,\ m(m+4)=0$

$\therefore\ m=-4\ (\because\ m<0)$

0367

답 -2

주어진 이차방정식의 두 근을 α, $\alpha+3$이라 하면

이차방정식의 근과 계수의 관계에 의하여

$\alpha+(\alpha+3)=2k-1$

$2\alpha+3=2k-1,\ 2\alpha=2k-4$

$\therefore\ \alpha=k-2\qquad\cdots\cdots$ ㉠

$\alpha(\alpha+3)=3k^2+3k-4\qquad\cdots\cdots$ ㉡

㉠을 ㉡에 대입하면

$(k-2)(k+1)=3k^2+3k-4$

$k^2-k-2=3k^2+3k-4,\ 2k^2+4k-2=0$

$\therefore\ k^2+2k-1=0$

이차방정식 $k^2+2k-1=0$의 판별식을 D라 하면

$\dfrac{D}{4}=1+1=2>0$

따라서 모든 실수 k의 값의 합은 -2이다.

0368

답 3

주어진 이차방정식의 두 근을 α, $\alpha+2$ (α는 홀수)라 하면

이차방정식의 근과 계수의 관계에 의하여

$\alpha+(\alpha+2)=8k$

$2\alpha+2=8k,\ \alpha+1=4k$

$\therefore\ \alpha=4k-1\qquad\cdots\cdots$ ㉠

$\alpha(\alpha+2)=16k^2+2k-7$ ······ ㉡

㉠을 ㉡에 대입하면

$(4k-1)(4k+1)=16k^2+2k-7$

$16k^2-1=16k^2+2k-7$, $2k=6$ $\therefore k=3$

0369

답 ③

주어진 이차방정식의 두 근을 α, $-\alpha$ $(\alpha\neq0)$라 하면

이차방정식의 근과 계수의 관계에 의하여

$\alpha+(-\alpha)=-(k^2-5k-6)$

$k^2-5k-6=0$, $(k+1)(k-6)=0$

$\therefore k=-1$ 또는 $k=6$ ······ ㉠

$\alpha\times(-\alpha)=k-3$이고 두 근의 부호가 서로 다르므로

$k-3<0$ $\therefore k<3$ ······ ㉡

㉠, ㉡에서 $k=-1$

유형 14 근과 계수의 관계를 이용하여 미정계수 구하기 - 근의 관계식이 주어진 경우

0370

답 -4

이차방정식의 근과 계수의 관계에 의하여

$\alpha+\beta=3$, $\alpha\beta=k$

$\therefore (\alpha-\beta)^2=(\alpha+\beta)^2-4\alpha\beta$

$=3^2-4k=9-4k$

$|\alpha-\beta|=5$에서 $(\alpha-\beta)^2=25$이므로

$9-4k=25$, $-4k=16$ $\therefore k=-4$

0371

답 2

이차방정식의 근과 계수의 관계에 의하여

$\alpha+\beta=2m$, $\alpha\beta=7-3m^2$

$\therefore \alpha^2+\beta^2=(\alpha+\beta)^2-2\alpha\beta$

$=(2m)^2-2(7-3m^2)$

$=4m^2-14+6m^2$

$=10m^2-14$

$\alpha^2+\beta^2=26$에서 $10m^2-14=26$이므로

$10m^2=40$, $m^2=4$ $\therefore m=2$ ($\because m>0$)

0372

답 1

이차방정식의 근과 계수의 관계에 의하여

$\alpha+\beta=a$, $\alpha\beta=b$

$(\alpha-1)(\beta-1)=-4$에서 $\alpha\beta-(\alpha+\beta)+1=-4$

$b-a+1=-4$ $\therefore a-b=5$ ······ ㉠

$(2\alpha+1)(2\beta+1)=-1$에서 $4\alpha\beta+2(\alpha+\beta)+1=-1$

$4b+2a+1=-1$ $\therefore a+2b=-1$ ······ ㉡

㉠, ㉡을 연립하여 풀면 $a=3$, $b=-2$

$\therefore a+b=3+(-2)=1$

0373

답 6

이차방정식의 근과 계수의 관계에 의하여

$\alpha+\beta=2k+3$, $\alpha\beta=k-2$

$\therefore \alpha^2\beta+\alpha\beta^2-3\alpha-3\beta=\alpha\beta(\alpha+\beta)-3(\alpha+\beta)$

$=(\alpha+\beta)(\alpha\beta-3)$

$=(2k+3)(k-5)$

$=2k^2-7k-15$

$\alpha^2\beta+\alpha\beta^2-3\alpha-3\beta=15$에서 $2k^2-7k-15=15$이므로

$2k^2-7k-30=0$, $(2k+5)(k-6)=0$

$\therefore k=-\frac{5}{2}$ 또는 $k=6$

그런데 k는 정수이므로 $k=6$

0374

답 ⑤

이차방정식의 근과 계수의 관계에 의하여

$\alpha+\beta=-2a$, $\alpha\beta=3a$

$a<0$에서 $\alpha\beta<0$이므로

$(|\alpha|+|\beta|)^2=\alpha^2+\beta^2+2|\alpha\beta|$

$=\alpha^2+\beta^2-2\alpha\beta$

$=(\alpha+\beta)^2-4\alpha\beta$

$=(-2a)^2-4\times3a$

$=4a^2-12a$

$(|\alpha|+|\beta|)^2=4^2$에서 $4a^2-12a=16$이므로

$4a^2-12a-16=0$, $a^2-3a-4=0$

$(a+1)(a-4)=0$ $\therefore a=-1$ ($\because a<0$)

따라서 $\alpha+\beta=2$, $\alpha\beta=-3$이므로

$\alpha^3+\beta^3=(\alpha+\beta)^3-3\alpha\beta(\alpha+\beta)$

$=2^3-3\times(-3)\times2=26$

유형 15 근과 계수의 관계를 이용하여 미정계수 구하기 - 두 이차방정식이 주어진 경우

0375

답 -21

이차방정식 $x^2+ax-4=0$의 두 근이 α, β이므로

근과 계수의 관계에 의하여

$\alpha+\beta=-a$, $\alpha\beta=-4$ ······ ㉠

이차방정식 $x^2-bx+12=0$의 두 근이 $\alpha+\beta$, $\alpha\beta$이므로

근과 계수의 관계에 의하여

$(\alpha+\beta)+\alpha\beta=b$, $(\alpha+\beta)\alpha\beta=12$ ······ ㉡

㉠을 ㉡에 대입하면

$-a-4=b$, $4a=12$

$\therefore a=3$, $b=-7$

$\therefore ab=3\times(-7)=-21$

0376

답 15

이차방정식 $x^2+6x-3=0$의 두 근이 α, β이므로

근과 계수의 관계에 의하여

$\alpha+\beta=-6$, $\alpha\beta=-3$ ······ ㉠
이차방정식 $x^2+ax+b=0$의 두 근이 $2\alpha-1$, $2\beta-1$이므로
근과 계수의 관계에 의하여
$(2\alpha-1)+(2\beta-1)=-a$, $(2\alpha-1)(2\beta-1)=b$
$\therefore 2(\alpha+\beta)-2=-a$, $4\alpha\beta-2(\alpha+\beta)+1=b$ ······ ㉡
㉠을 ㉡에 대입하면
$2\times(-6)-2=-a$, $4\times(-3)-2\times(-6)+1=b$
$\therefore a=14$, $b=1$
$\therefore a+b=14+1=15$

0377

답 2

이차방정식 $x^2+ax+b=0$의 두 근이 α, β이므로
근과 계수의 관계에 의하여
$\alpha+\beta=-a$, $\alpha\beta=b$ ······ ㉠
이차방정식 $x^2+bx+a=0$의 두 근이 $\frac{1}{\alpha}$, $\frac{1}{\beta}$이므로
근과 계수의 관계에 의하여
$\frac{1}{\alpha}+\frac{1}{\beta}=-b$, $\frac{1}{\alpha}\times\frac{1}{\beta}=a$
$\therefore \frac{\alpha+\beta}{\alpha\beta}=-b$, $\frac{1}{\alpha\beta}=a$ ······ ㉡
㉠을 ㉡에 대입하면 $-\frac{a}{b}=-b$, $\frac{1}{b}=a$이므로
$a=b^2$, $ab=1$
즉, $b^3=1$이고 b는 실수이므로 $b=1$
$\therefore a=b^2=1$
$\therefore a+b=1+1=2$

0378

답 35

이차방정식 $x^2-ax-2=0$의 두 근이 α, β이므로
근과 계수의 관계에 의하여
$\alpha+\beta=a$, $\alpha\beta=-2$ ······ ㉠
이차방정식 $2x^2+(b-3)x-a=0$의 두 근이 $\alpha^2\beta$, $\alpha\beta^2$이므로
근과 계수의 관계에 의하여
$\alpha^2\beta+\alpha\beta^2=-\frac{b-3}{2}$, $\alpha^2\beta\times\alpha\beta^2=-\frac{a}{2}$
$\therefore \alpha\beta(\alpha+\beta)=-\frac{b-3}{2}$, $(\alpha\beta)^3=-\frac{a}{2}$ ······ ㉡
㉠을 ㉡에 대입하면
$-2a=-\frac{b-3}{2}$, $-8=-\frac{a}{2}$
$\therefore a=16$, $b=67$
$\therefore b-2a=67-2\times16=35$

유형 16 이차방정식의 작성

0379

답 $4x^2-9x-1=0$

이차방정식 $4x^2-7x-3=0$의 두 근이 α, β이므로
근과 계수의 관계에 의하여
$\alpha+\beta=\frac{7}{4}$, $\alpha\beta=-\frac{3}{4}$
$\therefore (2-\alpha)+(2-\beta)=4-(\alpha+\beta)=4-\frac{7}{4}=\frac{9}{4}$,
$(2-\alpha)(2-\beta)=4-2(\alpha+\beta)+\alpha\beta$
$=4-2\times\frac{7}{4}-\frac{3}{4}=-\frac{1}{4}$
따라서 $2-\alpha$, $2-\beta$를 두 근으로 하고 x^2의 계수가 4인 이차방정식은
$4\left(x^2-\frac{9}{4}x-\frac{1}{4}\right)=0$ $\therefore 4x^2-9x-1=0$

0380

답 $3x^2-2x+5=0$

이차방정식 $5x^2-2x+3=0$의 두 근이 $\frac{1}{\alpha}$, $\frac{1}{\beta}$이므로
근과 계수의 관계에 의하여
$\frac{1}{\alpha}+\frac{1}{\beta}=\frac{2}{5}$, $\frac{1}{\alpha\beta}=\frac{3}{5}$
$\frac{1}{\alpha}+\frac{1}{\beta}=\frac{2}{5}$에서 $\frac{\alpha+\beta}{\alpha\beta}=\frac{2}{5}$, $\frac{3}{5}(\alpha+\beta)=\frac{2}{5}$
$\therefore \alpha+\beta=\frac{2}{5}\times\frac{5}{3}=\frac{2}{3}$, $\alpha\beta=\frac{5}{3}$
따라서 α, β를 두 근으로 하고 x^2의 계수가 3인 이차방정식은
$3\left(x^2-\frac{2}{3}x+\frac{5}{3}\right)=0$ $\therefore 3x^2-2x+5=0$

0381

답 52

직사각형의 가로, 세로의 길이를 각각 α, β라
하면 직사각형의 넓이가 72이므로
$\alpha\beta=72$
피타고라스 정리에 의하여
$\alpha^2+\beta^2=16^2=256$
$(\alpha+\beta)^2=\alpha^2+\beta^2+2\alpha\beta$
$=256+2\times72=400$
$\therefore \alpha+\beta=20$ ($\because \alpha>0$, $\beta>0$)
따라서 α, β를 두 근으로 하고 x^2의 계수가 1인 이차방정식은
$x^2-20x+72=0$이므로 $a=-20$, $b=72$
$\therefore a+b=-20+72=52$

0382

답 14

이차방정식 $x^2+(a-3)x-b=0$의 두 근이 -1, α이므로
근과 계수의 관계에 의하여
$-1+\alpha=-(a-3)$, $-\alpha=-b$
$\therefore a=-\alpha+4$, $b=\alpha$ ······ ㉠
이차방정식 $x^2+(b+2)x-a=0$의 두 근이 4, β이므로
근과 계수의 관계에 의하여
$4+\beta=-(b+2)$, $4\beta=-a$ ······ ㉡
㉠을 ㉡에 대입하면
$4+\beta=-(\alpha+2)$, $4\beta=\alpha-4$
$\therefore \alpha+\beta=-6$, $\alpha-4\beta=4$
위의 두 식을 연립하여 풀면 $\alpha=-4$, $\beta=-2$
따라서 -4, -2를 두 근으로 하고 x^2의 계수가 1인 이차방정식은
$x^2+6x+8=0$이므로 $p=6$, $q=8$
$\therefore p+q=6+8=14$

0383

답 11

이차방정식 $x^2-5x+m=0$의 두 근이 α, β이므로
근과 계수의 관계에 의하여
$\alpha+\beta=5$, $\alpha\beta=m$
이차방정식 $x^2-nx+25=0$의 두 근이 $\alpha+\frac{1}{\alpha}$, $\beta+\frac{1}{\beta}$이므로
근과 계수의 관계에 의하여
$\left(\alpha+\frac{1}{\alpha}\right)+\left(\beta+\frac{1}{\beta}\right)=n$, $\left(\alpha+\frac{1}{\alpha}\right)\left(\beta+\frac{1}{\beta}\right)=25$
$\left(\alpha+\frac{1}{\alpha}\right)+\left(\beta+\frac{1}{\beta}\right)=n$에서

$$\left(\alpha+\frac{1}{\alpha}\right)+\left(\beta+\frac{1}{\beta}\right)=\alpha+\beta+\frac{1}{\alpha}+\frac{1}{\beta}=(\alpha+\beta)+\frac{\alpha+\beta}{\alpha\beta}$$
$$=5+\frac{5}{m}=n$$

$\left(\alpha+\frac{1}{\alpha}\right)\left(\beta+\frac{1}{\beta}\right)=25$에서

$$\left(\alpha+\frac{1}{\alpha}\right)\left(\beta+\frac{1}{\beta}\right)=\alpha\beta+\frac{\alpha}{\beta}+\frac{\beta}{\alpha}+\frac{1}{\alpha\beta}=\alpha\beta+\frac{\alpha^2+\beta^2}{\alpha\beta}+\frac{1}{\alpha\beta}$$
$$=\alpha\beta+\frac{(\alpha+\beta)^2-2\alpha\beta}{\alpha\beta}+\frac{1}{\alpha\beta}$$
$$=m+\frac{25-2m}{m}+\frac{1}{m}$$
$$=m+\frac{26}{m}-2=25$$

이때 $m+\frac{26}{m}=27$이므로 양변에 m을 곱하면
$m^2-27m+26=0$, $(m-1)(m-26)=0$
$\therefore m=1$ 또는 $m=26$
그런데 $m<25$이므로 $m=1$, $n=5+\frac{5}{1}=10$
$\therefore m+n=1+10=11$

유형 17 잘못 보고 푼 이차방정식

0384

답 ④

b를 바르게 보고 풀었으므로 두 근의 곱은
$b=(2-i)(2+i)=4+1=5$
a를 바르게 보고 풀었으므로 두 근의 합은
$-a=(3+2\sqrt{3})+(3-2\sqrt{3})=6$ $\quad\therefore a=-6$
즉, 원래의 이차방정식은 $x^2-6x+5=0$이므로
$(x-1)(x-5)=0$ $\quad\therefore x=1$ 또는 $x=5$
따라서 이 이차방정식의 올바른 두 근의 차는
$5-1=4$

0385

답 −8

인성이는 a와 c를 바르게 보고 풀었으므로 두 근의 곱은
$\frac{c}{a}=8\times(-2)=-16$ $\quad\therefore c=-16a$ $\quad\cdots\cdots$ ㉠
동원이는 a와 b를 바르게 보고 풀었으므로 두 근의 합은
$-\frac{b}{a}=(-3+\sqrt{5})+(-3-\sqrt{5})=-6$ $\quad\therefore b=6a$ $\quad\cdots\cdots$ ㉡
㉠, ㉡을 $ax^2+bx+c=0$에 대입하면
$ax^2+6ax-16a=0$
$a\neq0$이므로 양변을 a로 나누면
$x^2+6x-16=0$, $(x+8)(x-2)=0$
$\therefore x=-8$ 또는 $x=2$
따라서 이 이차방정식의 올바른 두 근 중 음수인 근은 -8이다.

0386

답 −2

이차방정식 $ax^2+bx+c=0$의 근의 공식을 $x=\frac{-b\pm\sqrt{b^2-4ac}}{a}$로
잘못 적용하여 얻은 두 근이 -4, 1이므로
$\frac{-b+\sqrt{b^2-4ac}}{a}+\frac{-b-\sqrt{b^2-4ac}}{a}=-4+1=-3$
$\frac{-2b}{a}=-3$ $\quad\therefore b=\frac{3}{2}a$ $\quad\cdots\cdots$ ㉠
$\frac{-b+\sqrt{b^2-4ac}}{a}\times\frac{-b-\sqrt{b^2-4ac}}{a}=-4\times1=-4$
$\frac{b^2-(b^2-4ac)}{a^2}=\frac{4c}{a}=-4$ $\quad\therefore c=-a$ $\quad\cdots\cdots$ ㉡
㉠, ㉡을 $ax^2+bx+c=0$에 대입하면
$ax^2+\frac{3}{2}ax-a=0$
$a\neq0$이므로 양변을 a로 나누면 $x^2+\frac{3}{2}x-1=0$
양변에 2를 곱하면
$2x^2+3x-2=0$, $(x+2)(2x-1)=0$
$\therefore x=-2$ 또는 $x=\frac{1}{2}$
따라서 이 이차방정식의 올바른 두 근 중 정수인 근은 -2이다.

유형 18 이차식의 인수분해

0387

답 ③

$4x^2-8x+9=0$에서 근의 공식에 의하여

$$x=\frac{-(-4)\pm\sqrt{(-4)^2-4\times9}}{4}$$
$$=\frac{4\pm2\sqrt{5}i}{4}=\frac{2\pm\sqrt{5}i}{2}$$
$$\therefore 4x^2-8x+9=4\left(x-\frac{2+\sqrt{5}i}{2}\right)\left(x-\frac{2-\sqrt{5}i}{2}\right)$$
$$=(2x-2-\sqrt{5}i)(2x-2+\sqrt{5}i)$$
$$=(2+\sqrt{5}i-2x)(2-\sqrt{5}i-2x)$$

0388

답 ④

$x^2+2\sqrt{3}x+4=0$에서 근의 공식에 의하여
$x=-\sqrt{3}\pm\sqrt{(\sqrt{3})^2-1\times4}=-\sqrt{3}\pm i$

$$\therefore x^2+2\sqrt{3}x+4=\{x-(-\sqrt{3}+i)\}\{x-(-\sqrt{3}-i)\}$$
$$=(x+\sqrt{3}-i)(x+\sqrt{3}+i)$$

따라서 인수인 것은 ④이다.

0389

답 -4

$\frac{1}{2}x^2-3x+5=0$, 즉 $x^2-6x+10=0$에서

근의 공식에 의하여

$x=-(-3)\pm\sqrt{(-3)^2-1\times10}=3\pm i$

$\therefore \frac{1}{2}x^2-3x+5=\frac{1}{2}\{x-(3+i)\}\{x-(3-i)\}$

$=\frac{1}{2}(x-3-i)(x-3+i)$

따라서 $a=-3$, $b=1$이므로

$a-b=-3-1=-4$

유형 19 이차방정식 $f(x)=0$의 근을 이용하여 $f(ax+b)=0$의 근 구하기

0390

답 ⑤

방정식 $f(x)=0$이 -1을 근으로 가지므로 $f(-1)=0$

각 방정식의 좌변에 $x=-3$을 대입하면

① $f(-3+4)=f(1)$

② $f(2\times(-3)+3)=f(-3)$

③ $f(-(-3)-2)=f(1)$

④ $f((-3)^2-8)=f(1)$

⑤ $f(2-|-3|)=f(-1)=0$

따라서 -3을 반드시 근으로 갖는 방정식은 ⑤이다.

0391

답 -4

이차방정식 $f(x)=0$의 두 근을 α, β라 하면

$\alpha+\beta=-2$이고 $f(\alpha)=0$, $f(\beta)=0$

$f(2x+3)=0$이려면

$2x+3=\alpha$ 또는 $2x+3=\beta$

$\therefore x=\frac{\alpha-3}{2}$ 또는 $x=\frac{\beta-3}{2}$

따라서 이차방정식 $f(2x+3)=0$의 두 근의 합은

$\frac{\alpha-3}{2}+\frac{\beta-3}{2}=\frac{\alpha+\beta-6}{2}=\frac{-2-6}{2}=-4$

0392

답 $\frac{1}{5}$

이차방정식 $f(x)=0$, 즉 $x^2+3x-5=0$의 두 근을 α, β라 하면

$\alpha+\beta=-3$, $\alpha\beta=-5$이고 $f(\alpha)=0$, $f(\beta)=0$

$f(2-5x)=0$이려면

$2-5x=\alpha$ 또는 $2-5x=\beta$

$\therefore x=\frac{2-\alpha}{5}$ 또는 $x=\frac{2-\beta}{5}$

따라서 이차방정식 $f(2-5x)=0$의 두 근의 곱은

$\frac{2-\alpha}{5}\times\frac{2-\beta}{5}=\frac{4-2(\alpha+\beta)+\alpha\beta}{25}$

$=\frac{4-2\times(-3)-5}{25}=\frac{1}{5}$

다른 풀이

$f(x)=x^2+3x-5$이므로

$f(2-5x)=0$에서 $(2-5x)^2+3(2-5x)-5=0$

$\therefore 25x^2-35x+5=0$

따라서 이차방정식의 근과 계수의 관계에 의하여

방정식 $f(2-5x)=0$의 두 근의 곱은 $\frac{5}{25}=\frac{1}{5}$

0393

답 합: -4, 곱: 7

$f(\alpha-2)=0$, $f(\beta-2)=0$이므로 $f(x+1)=0$이려면

$x+1=\alpha-2$ 또는 $x+1=\beta-2$

$\therefore x=\alpha-3$ 또는 $x=\beta-3$

따라서 이차방정식 $f(x+1)=0$의 두 근의 합과 곱은 각각

$(\alpha-3)+(\beta-3)=\alpha+\beta-6=2-6=-4$,

$(\alpha-3)(\beta-3)=\alpha\beta-3(\alpha+\beta)+9$

$=4-3\times2+9=7$

0394

답 $-\frac{4}{5}$

$f(3\alpha-4)=0$, $f(3\beta-4)=0$이므로 $f(5x)=0$이려면

$5x=3\alpha-4$ 또는 $5x=3\beta-4$

$\therefore x=\frac{3\alpha-4}{5}$ 또는 $x=\frac{3\beta-4}{5}$

따라서 이차방정식 $f(5x)=0$의 두 근의 곱은

$\frac{3\alpha-4}{5}\times\frac{3\beta-4}{5}=\frac{9\alpha\beta-12(\alpha+\beta)+16}{25}$

$=\frac{9\times(-5)-12\times\left(-\frac{3}{4}\right)+16}{25}$

$=-\frac{4}{5}$

유형 20 $f(\alpha)=f(\beta)=k$를 만족시키는 이차식 $f(x)$ 구하기

0395

답 ④

$f(\alpha)=-2$, $f(\beta)=-2$이므로 $f(\alpha)+2=0$, $f(\beta)+2=0$

따라서 이차방정식 $f(x)+2=0$, 즉 $x^2-5x+7=0$의 두 근이 α, β이므로 근과 계수의 관계에 의하여

$\alpha\beta=7$

$\therefore f(\alpha\beta)=f(7)=7^2-5\times7+5=19$

0396

답 0

$f(\alpha)=f(\beta)=1$이므로 $f(\alpha)-1=0$, $f(\beta)-1=0$

즉, 이차방정식 $f(x)-1=0$의 두 근이 α, β이고,

$f(x)$의 x^2의 계수가 1이므로

$f(x)-1=(x-\alpha)(x-\beta)=x^2-3x-6$

$\therefore f(x)=x^2-3x-5$

따라서 $f(0)=-5$, $f(-2)=(-2)^2-3\times(-2)-5=5$이므로

$f(0)+f(-2)=-5+5=0$

0397

답 -44

$f(\alpha)=-1$, $f(\beta)=-1$이므로 $f(\alpha)+1=0$, $f(\beta)+1=0$
따라서 이차방정식 $f(x)+1=0$, 즉 $x^2+2x-6=0$의 두 근이 α, β이므로 근과 계수의 관계에 의하여
$\alpha+\beta=-2$, $\alpha\beta=-6$
$\therefore \alpha^3+\beta^3=(\alpha+\beta)^3-3\alpha\beta(\alpha+\beta)$
$=(-2)^3-3\times(-6)\times(-2)=-44$

0398

답 27

이차방정식 $x^2+4x-9=0$의 두 근이 α, β이므로
근과 계수의 관계에 의하여
$\alpha\beta=-9$
$f(\alpha)=f(\beta)=\alpha\beta$에서 $f(\alpha)=f(\beta)=-9$이므로
$f(\alpha)+9=0$, $f(\beta)+9=0$
즉, 이차방정식 $f(x)+9=0$의 두 근이 α, β이므로
$f(x)+9=a(x^2+4x-9)(a\neq0)$로 놓을 수 있다.
이때 $f(1)=3$이므로
$12=-4a \qquad \therefore a=-3$
따라서 $f(x)=-3(x^2+4x-9)-9$이므로
$f(-1)=-3\times\{(-1)^2+4\times(-1)-9\}-9=27$

0399

답 $x^2-5x+\frac{11}{2}$

이차방정식 $2x^2-8x+3=0$의 두 근이 α, β이므로
근과 계수의 관계에 의하여
$\alpha+\beta=4$, $\alpha\beta=\frac{3}{2}$
$\alpha+\beta=4$에서 $\alpha=4-\beta$, $\beta=4-\alpha$
$P(\alpha)=\beta$, $P(\beta)=\alpha$에서
$P(\alpha)=4-\alpha$, $P(\beta)=4-\beta$이므로
$P(\alpha)+\alpha-4=0$, $P(\beta)+\beta-4=0$
따라서 이차방정식 $P(x)+x-4=0$의 두 근이 α, β이고,
$P(x)$의 x^2의 계수가 1이므로
$P(x)+x-4=(x-\alpha)(x-\beta)=x^2-4x+\frac{3}{2}$
$\therefore P(x)=x^2-5x+\frac{11}{2}$

유형 21 이차방정식의 켤레근

0400

답 38

$\frac{4}{1-i}=\frac{4(1+i)}{(1-i)(1+i)}=\frac{4(1+i)}{1+1}=2+2i$
a, b가 실수이므로 이차방정식 $x^2+ax+b=0$의 한 근이 $2+2i$이면 다른 한 근은 $2-2i$이다.
이때 이차방정식의 근과 계수의 관계에 의하여
$(2+2i)+(2-2i)=-a$, $(2+2i)(2-2i)=b$
이므로 $a=-4$, $b=8$
$\therefore f(x)=x^2-5x+24$
따라서 $f(x)$를 $x+2$로 나누었을 때의 나머지는
나머지정리에 의하여
$f(-2)=(-2)^2-5\times(-2)+24=38$

0401

답 97

a, b가 실수이므로 이차방정식 $x^2+ax+b=0$의 한 근이 $3-\sqrt{2}i$이면 다른 한 근은 $3+\sqrt{2}i$이다.
이때 이차방정식의 근과 계수의 관계에 의하여
$(3-\sqrt{2}i)+(3+\sqrt{2}i)=-a$, $(3-\sqrt{2}i)(3+\sqrt{2}i)=b$
이므로 $a=-6$, $b=11$
$\therefore (a+b)+(a-b)=2a=2\times(-6)=-12$,
$(a+b)(a-b)=a^2-b^2=(-6)^2-11^2=-85$
따라서 $a+b$, $a-b$를 두 근으로 하고 x^2의 계수가 1인 이차방정식은
$x^2+12x-85=0$이므로 $p=12$, $q=-85$
$\therefore p-q=12-(-85)=97$

0402

답 12

$\frac{b+i}{3-i}=\frac{(b+i)(3+i)}{(3-i)(3+i)}=\frac{(3b-1)+(b+3)i}{10}$
a, b가 실수이므로 이차방정식 $x^2-10x+a=0$의 한 근이
$\frac{(3b-1)+(b+3)i}{10}$이면 다른 한 근은 $\frac{(3b-1)-(b+3)i}{10}$이다.
따라서 이차방정식의 근과 계수의 관계에 의하여 두 근의 합은
$\frac{(3b-1)+(b+3)i}{10}+\frac{(3b-1)-(b+3)i}{10}=10$
$3b-1=50$, $3b=51 \qquad \therefore b=17$
즉, 두 근은 $5+2i$, $5-2i$이므로 두 근의 곱은
$(5+2i)(5-2i)=29 \qquad \therefore a=29$
$\therefore a-b=29-17=12$

0403

답 17

(가)에서 나머지정리에 의하여 $f(-2)=9$이므로
$4-2p+q=9 \qquad \therefore -2p+q=5$ …… ㉠
a, p, q가 실수이므로 (나)에서 이차방정식 $x^2+px+q=0$의 한 근이 $a-3i$이면 다른 한 근은 $a+3i$이다.
이때 이차방정식의 근과 계수의 관계에 의하여
$(a-3i)+(a+3i)=-p$, $(a-3i)(a+3i)=q$
$\therefore p=-2a$, $q=a^2+9$ …… ㉡
㉡을 ㉠에 대입하면
$4a+(a^2+9)=5$, $a^2+4a+4=0$
$(a+2)^2=0 \qquad \therefore a=-2$
따라서 $p=4$, $q=13$이므로
$p+q=4+13=17$

기출 & 기출변형 문제

0404

답 30

이차방정식 $x^2-3x+5=0$의 한 근이 α이므로

$\alpha^2-3\alpha+5=0$ $\quad\therefore \alpha^2=3\alpha-5,\ \alpha^2-3\alpha=-5$

$\alpha^2=3\alpha-5$의 양변을 제곱하면 $\alpha^4=9\alpha^2-30\alpha+25$

$\therefore \alpha^4-9\alpha^2+30\alpha=25$

$\therefore \alpha^4-10\alpha^2+33\alpha=\alpha^4-9\alpha^2+30\alpha-(\alpha^2-3\alpha)$

$=25-(-5)=30$

짝기출 답 ①

이차방정식 $2x^2-2x+1=0$의 한 근을 α라 할 때, $\alpha^4-\alpha^2+\alpha$의 값은?

① $\frac{1}{4}$ ② $\frac{5}{16}$ ③ $\frac{3}{8}$ ④ $\frac{7}{16}$ ⑤ $\frac{1}{2}$

0405

답 ④

$(a^2-9)x^2=a+3$에서 $(a+3)(a-3)x^2=a+3$

이때 a는 자연수이므로 $a+3\neq0$

즉, $(a+3)(a-3)x^2=a+3$의 양변을 $a+3$으로 나누면

$(a-3)x^2=1$

이차방정식 $(a-3)x^2-1=0$의 판별식을 D라 하면

$D=0^2+4(a-3)=4a-12>0$ $\quad\therefore a>3$

따라서 조건을 만족시키는 10보다 작은 자연수 a는

4, 5, 6, 7, 8, 9의 6개이다.

다른 풀이

$(a^2-9)x^2=a+3$에서 $(a+3)(a-3)x^2=a+3$

이때 a는 자연수이므로 $a+3\neq0$

즉, $(a+3)(a-3)x^2=a+3$의 양변을 $a+3$으로 나누면

$(a-3)x^2=1$ $\quad\therefore x^2=\frac{1}{a-3}$ $(\because a\neq3)$

주어진 이차방정식이 서로 다른 두 실근을 가지므로

$\frac{1}{a-3}>0,\ a-3>0$ $\quad\therefore a>3$

0406

답 ③

이차방정식 $x^2-2mx+n^2=0$의 한 근이 $2m-3n$이므로

$(2m-3n)^2-2m(2m-3n)+n^2=0$

$4m^2-12mn+9n^2-4m^2+6mn+n^2=0$

$10n^2-6mn=0,\ 2n(5n-3m)=0$

그런데 $n\neq0$이므로 $5n-3m=0$ $\quad\therefore 3m=5n$

이때 m, n이 모두 20 이하의 자연수이므로 $3m=5n$을 만족시키는 순서쌍 (m, n)은 $(5, 3)$, $(10, 6)$, $(15, 9)$, $(20, 12)$의 4개이다.

짝기출 답 ③

x에 대한 이차방정식 $x^2+ax-2=0$의 두 근이 1과 b일 때, 두 상수 a, b에 대하여 $a-b$의 값은?

① 1 ② 2 ③ 3 ④ 4 ⑤ 5

0407

답 -7

이차방정식 $f(2x-1)=0$의 두 근이 α, β이므로

$f(2\alpha-1)=0,\ f(2\beta-1)=0$

$f(x+4)=0$이려면

$x+4=2\alpha-1$ 또는 $x+4=2\beta-1$

$\therefore x=2\alpha-5$ 또는 $x=2\beta-5$

따라서 이차방정식 $f(x+4)=0$의 두 근의 곱은

$(2\alpha-5)(2\beta-5)=4\alpha\beta-10(\alpha+\beta)+25$

$=4\times(-3)-10\times2+25=-7$

짝기출 답 503

x에 대한 이차방정식 $f(x)=0$의 두 근의 합이 16일 때, x에 대한 이차방정식 $f(2020-8x)=0$의 두 근의 합을 구하시오.

0408

답 3

이차방정식의 근과 계수의 관계에 의하여

$\alpha+\beta=3(a+2)$ ...... ㉠

$\alpha\beta=2$ ...... ㉡

이때 $\alpha=\beta-1$을 ㉠에 대입하면

$(\beta-1)+\beta=3(a+2)$

$2\beta-1=3a+6,\ 3a=2\beta-7$

$\therefore a=\frac{2\beta-7}{3}$ ...... ㉢

한편 $\alpha=\beta-1$을 ㉡에 대입하면

$\beta(\beta-1)=2,\ \beta^2-\beta-2=0$

$(\beta+1)(\beta-2)=0$ $\quad\therefore \beta=-1$ 또는 $\beta=2$

(i) $\beta=-1$일 때, ㉢에서 $a=\frac{2\times(-1)-7}{3}=-3$

(ii) $\beta=2$일 때, ㉢에서 $a=\frac{2\times2-7}{3}=-1$

(i), (ii)에서 모든 실수 a의 값의 곱은

$-3\times(-1)=3$

다른 풀이

이차방정식의 근과 계수의 관계에 의하여

$\alpha+\beta=3(a+2),\ \alpha\beta=2$

$\alpha=\beta-1$에서 $\beta-\alpha=1$이고

$(\beta-\alpha)^2=(\alpha+\beta)^2-4\alpha\beta$이므로

$1^2=\{3(a+2)\}^2-4\times2,\ 9(a+2)^2=9$

$(a+2)^2=1$ $\quad\therefore a+2=-1$ 또는 $a+2=1$

따라서 $a=-3$ 또는 $a=-1$이므로 모든 실수 a의 값의 곱은

$-3\times(-1)=3$

짝기출 답 20

x에 대한 이차방정식 $x^2-kx+4=0$의 두 근을 α, β라 할 때, $\frac{1}{\alpha}+\frac{1}{\beta}=5$이다. 상수 k의 값을 구하시오.

2권

0409

답 ④

$(x-a)(x-b)+(x-b)(x-c)+(x-c)(x-a)=0$에서

$x^2-(a+b)x+ab+x^2-(b+c)x+bc+x^2-(a+c)x+ca=0$

$\therefore 3x^2-2(a+b+c)x+ab+bc+ca=0$

이때 이차방정식의 근과 계수의 관계에 의하여

$\frac{2}{3}(a+b+c)=4$이므로 $a+b+c=6$ …… ㉠

$\frac{ab+bc+ca}{3}=-3$이므로 $ab+bc+ca=-9$ …… ㉡

한편 이차방정식 $(x-a)^2+(x-b)^2+(x-c)^2=0$에서

$x^2-2ax+a^2+x^2-2bx+b^2+x^2-2cx+c^2=0$

$3x^2-2(a+b+c)x+a^2+b^2+c^2=0$

따라서 이차방정식의 근과 계수의 관계에 의하여 두 근의 곱은

$\frac{a^2+b^2+c^2}{3}=\frac{(a+b+c)^2-2(ab+bc+ca)}{3}$

$=\frac{6^2-2\times(-9)}{3}=18$ ($\because$ ㉠, ㉡)

0410

답 ①

이차방정식의 근과 계수의 관계에 의하여

$\alpha+\beta=3-2|a|$, $\alpha\beta=-a$ …… ㉠

$\alpha^2\beta+\alpha^2+\alpha\beta^2+\beta^2-2\alpha-2\beta=18$에서

$\alpha^2\beta+\alpha\beta^2+\alpha^2+\beta^2-2\alpha-2\beta=18$

$\alpha\beta(\alpha+\beta)+(\alpha+\beta)^2-2\alpha\beta-2(\alpha+\beta)=18$ …… ㉡

㉠을 ㉡에 대입하면

$-a(3-2|a|)+(3-2|a|)^2-2\times(-a)-2(3-2|a|)=18$

$-3a+2a|a|+9-12|a|+4a^2+2a-6+4|a|=18$

$\therefore 4a^2+2a|a|-a-8|a|-15=0$

(i) $a\geq 0$일 때

$4a^2+2a^2-a-8a-15=0$

$6a^2-9a-15=0$, $2a^2-3a-5=0$

$(a+1)(2a-5)=0$ $\quad\therefore a=-1$ 또는 $a=\frac{5}{2}$

그런데 $a\geq 0$이므로 $a=\frac{5}{2}$

(ii) $a<0$일 때

$4a^2-2a^2-a+8a-15=0$

$2a^2+7a-15=0$, $(a+5)(2a-3)=0$

$\therefore a=-5$ 또는 $a=\frac{3}{2}$

그런데 $a<0$이므로 $a=-5$

(i), (ii)에서 $a=\frac{5}{2}$ 또는 $a=-5$이므로 모든 실수 a의 값의 합은

$\frac{5}{2}+(-5)=-\frac{5}{2}$

짝기출 답 10

이차방정식 $2x^2-4x+k=0$의 서로 다른 두 실근 α, β가 $\alpha^3+\beta^3=7$을 만족시킬 때, 상수 k에 대하여 $30k$의 값을 구하시오.

0411

답 7

$\frac{25}{4-3i}=\frac{25(4+3i)}{(4-3i)(4+3i)}=\frac{25(4+3i)}{16+9}=4+3i$

p, q가 실수이면 p^2+q, p^2q+9도 실수이므로 이차방정식 $x^2-(p^2+q)x+p^2q+9=0$의 한 근이 $4+3i$이면 다른 한 근은 $4-3i$이다.

이차방정식의 근과 계수의 관계에 의하여

$(4+3i)+(4-3i)=p^2+q$이므로 $p^2+q=8$

$\therefore p^2=8-q$ …… ㉠

$(4+3i)(4-3i)=p^2q+9$이므로 $p^2q+9=25$ …… ㉡

㉠을 ㉡에 대입하면 $(8-q)q+9=25$

$8q-q^2+9=25$, $q^2-8q+16=0$

$(q-4)^2=0$ $\quad\therefore q=4$

$q=4$를 ㉠에 대입하면

$p^2=8-4=4$ $\quad\therefore p=2$ ($\because p>0$)

따라서 $\frac{1}{p}+\frac{1}{q}=\frac{1}{2}+\frac{1}{4}=\frac{3}{4}$, $\frac{1}{p}\times\frac{1}{q}=\frac{1}{2}\times\frac{1}{4}=\frac{1}{8}$이므로

$\frac{1}{p}$, $\frac{1}{q}$을 두 근으로 하고 x^2의 계수가 8인 이차방정식은

$8\left(x^2-\frac{3}{4}x+\frac{1}{8}\right)=0$, 즉 $8x^2-6x+1=0$

$\therefore a=-6$, $b=1$

$\therefore b-a=1-(-6)=7$

짝기출 답 ①

x에 대한 이차방정식 $x^2+ax+b=0$의 한 근이 $1+i$일 때, 두 실수 a, b의 곱 ab의 값은? (단, $i=\sqrt{-1}$이다.)

① -4 ② -2 ③ 0 ④ 2 ⑤ 4

0412

답 68

이차방정식의 근과 계수의 관계에 의하여 두 근의 합은 $\frac{21}{m}$이다.

이때 두 근이 서로 다른 소수이므로 두 근의 합은 자연수이다.

$\frac{21}{m}$은 자연수이므로 m은 21의 약수이다.

즉, m이 될 수 있는 값은 1, 3, 7, 21이다.

(i) $m=1$일 때, 두 근의 합은 21이고, 합이 21이 되는 서로 다른 두 소수는 2와 19뿐이다.

이때 이차방정식은 $(x-2)(x-19)=0$

즉, $x^2-21x+38=0$이므로 $n=38$

(ii) $m=3$일 때, 두 근의 합은 7이고, 합이 7이 되는 서로 다른 두 소수는 2와 5뿐이다.

이때 이차방정식은 $3(x-2)(x-5)=0$

즉, $3x^2-21x+30=0$이므로 $n=30$

(iii) $m=7$일 때, 두 근의 합은 3이고, 합이 3이 되는 서로 다른 두 소수는 존재하지 않는다.

(iv) $m=21$일 때, 두 근의 합은 1이고, 합이 1이 되는 서로 다른 두 소수는 존재하지 않는다.

(i)~(iv)에서 모든 n의 값의 합은

$38+30=68$

짝기출 답 ②

이차방정식 $x^2-ax+b=0$의 두 근이 c와 d일 때, 다음 조건을 만족하는 순서쌍 (a, b)의 개수는? (단, a와 b는 상수이다.)

(가) a, b, c, d는 100 이하의 서로 다른 자연수이다.
(나) c와 d는 각각 3개의 양의 약수를 가진다.

① 1 ② 2 ③ 3 ④ 4 ⑤ 5

0413

답 $1+\sqrt{5}$

정오각형의 한 내각의 크기는 $\frac{180^\circ \times (5-2)}{5}=108^\circ$이고

삼각형 ABE와 삼각형 BCA는 이등변삼각형이므로

$\angle ABE=\angle AEB=\angle BAC=\angle BCA$

$=\frac{1}{2}\times(180^\circ-108^\circ)=36^\circ$

$\therefore \angle PAE=108^\circ-36^\circ=72^\circ$

$\therefore \angle APE=180^\circ-(72^\circ+36^\circ)=72^\circ$

즉, 삼각형 APE는 $\overline{PE}=\overline{AE}=1$인 이등변삼각형이고,

$\overline{BE}=x$이므로 $\overline{BP}=x-1$

이때 $\triangle PAB \backsim \triangle ABE$ (AA 닮음)이므로

$\overline{AB}:\overline{BE}=\overline{PB}:\overline{AE}$

$1:x=(x-1):1$, $x(x-1)=1$

$x^2-x=1$, $x^2-x-1=0$

$\therefore x=\frac{1\pm\sqrt{5}}{2}$

그런데 $x>0$이므로 $x=\frac{1+\sqrt{5}}{2}$

$\therefore 2x=2\times\frac{1+\sqrt{5}}{2}=1+\sqrt{5}$

짝기출 답 ③

그림과 같이 $\overline{AB}=2$, $\overline{BC}=4$인 직사각형 ABCD가 있다. 대각선 BD 위에 한 점 O를 잡고, 점 O에서 네 변 AB, BC, CD, DA에 내린 수선의 발을 각각 P, Q, R, S라 하자. 사각형 APOS와 사각형 OQCR의 넓이의 합이 3이고 $\overline{AP}<\overline{PB}$일 때, 선분 AP의 길이는?

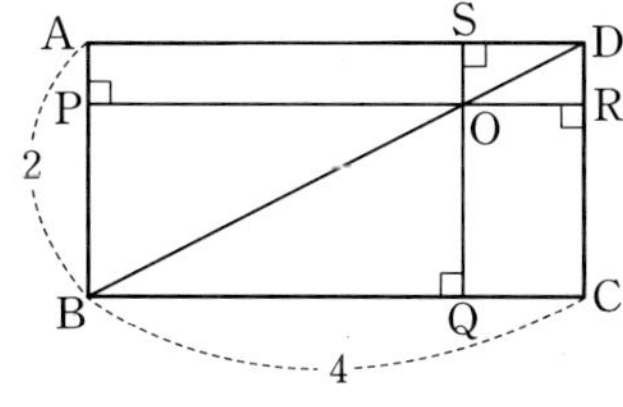

① $\frac{3}{8}$ ② $\frac{7}{16}$ ③ $\frac{1}{2}$ ④ $\frac{9}{16}$ ⑤ $\frac{5}{8}$

0414

답 14

이차방정식 $x^2+(a-4)x-1=0$의 두 근이 α, β이므로

근과 계수의 관계에 의하여

$\alpha+\beta=-a+4$ …… ㉠

$\alpha\beta=-1$ …… ㉡

이차방정식 $x^2+ax+b=0$의 두 근이 α, γ이므로

근과 계수의 관계에 의하여

$\alpha+\gamma=-a$ …… ㉢

$\alpha\gamma=b$ …… ㉣

㉠－㉢을 하면 $\beta-\gamma=4$

이때 $2\alpha=\beta-\gamma$이므로 $2\alpha=4$ $\therefore \alpha=2$

$\alpha=2$를 ㉡에 대입하면 $2\beta=-1$ $\therefore \beta=-\frac{1}{2}$

$\alpha=2$, $\beta=-\frac{1}{2}$을 ㉠에 대입하면 $2+\left(-\frac{1}{2}\right)=-a+4$

$\frac{3}{2}=-a+4$ $\therefore a=\frac{5}{2}$

$\alpha=2$, $a=\frac{5}{2}$를 ㉢에 대입하면

$2+\gamma=-\frac{5}{2}$ $\therefore \gamma=-\frac{9}{2}$

$\alpha=2$, $\gamma=-\frac{9}{2}$를 ㉣에 대입하면 $b=2\times\left(-\frac{9}{2}\right)=-9$

$\therefore 2a-b=2\times\frac{5}{2}-(-9)=14$

0415

답 $4\sqrt{2}$

이차방정식 $x^2-5x+1=0$의 두 근이 α, β이므로

근과 계수의 관계에 의하여

$\alpha+\beta=5$, $\alpha\beta=1$

$\alpha\beta=1$에서 $\alpha=\frac{1}{\beta}$, $\beta=\frac{1}{\alpha}$

(가)에서 $\beta f(\alpha)=1$이므로 $f(\alpha)=\frac{1}{\beta}$,

(나)에서 $\alpha f(\beta)=1$이므로 $f(\beta)=\frac{1}{\alpha}$

$\therefore f(\alpha)=\alpha$, $f(\beta)=\beta$

즉, $f(\alpha)-\alpha=0$, $f(\beta)-\beta=0$이므로 이차방정식 $f(x)-x=0$의 두 근은 α, β이다.

$f(x)-x=a(x^2-5x+1)$ $(a\neq0)$로 놓으면

(다)에서 $f(0)=-1$이므로

$-1-0=a$ $\therefore a=-1$

$\therefore f(x)=-x^2+6x-1$

따라서 이차방정식 $f(x)=0$의 두 근이 p, q이므로

근과 계수의 관계에 의하여

$p+q=6$, $pq=1$

$\therefore |p-q|=\sqrt{(p-q)^2}$

$=\sqrt{(p+q)^2-4pq}$

$=\sqrt{6^2-4\times1}=4\sqrt{2}$

짝기출 답 ①

이차방정식 $x^2+x-3=0$의 두 근을 α, β라 할 때, $f(\alpha)=f(\beta)=1$을 만족하는 이차식 $f(x)$는?

(단, $f(x)$의 이차항의 계수는 1이다.)

① x^2+x-2 ② x^2-x-4 ③ x^2+x+4
④ x^2-2x+2 ⑤ x^2+2x+4

06 이차방정식과 이차함수

유형 01 이차함수의 그래프와 x축의 교점

0416 답 ④

이차함수 $y=f(x)$의 그래프의 꼭짓점의 좌표가 $(4, 1)$이고 그래프의 개형이 위로 볼록하므로

$f(x)=a(x-4)^2+1$ $(a<0)$

이때 이차함수 $y=f(x)$의 그래프가 x축과 만나는 점의 x좌표가 각각 α, β이므로 이차방정식 $f(x)=0$의 두 근이 α, β이다.

즉, $a(x-4)^2+1=0$에서 $ax^2-8ax+16a+1=0$

따라서 이차방정식의 근과 계수의 관계에 의하여

$\alpha+\beta=-\dfrac{-8a}{a}=8$

0417 답 ②

$f(-1)=f(-5)=0$이므로 이차함수 $y=f(x)$의 그래프가 x축과 만나는 두 점의 좌표는 $(-1, 0)$, $(-5, 0)$

즉, 이차함수의 식을 $f(x)=a(x+1)(x+5)$ (a는 상수)라 하면

$f(x)=a(x+1)(x+5)$

$\quad=a(x^2+6x+5)$

$\quad=a(x+3)^2-4a$ ...... ㉠

이므로 꼭짓점의 좌표는 $(-3, -4a)$이다.

이때 꼭짓점의 y좌표가 4이므로

$-4a=4$ $\quad\therefore a=-1$

$a=-1$을 ㉠에 대입하면 $f(x)=-(x+3)^2+4$

$\therefore f(2)=-5^2+4=-21$

0418 답 ⑤

이차함수 $y=x^2+ax-3$의 그래프가 x축과 만나는 두 점의 x좌표는 이차방정식 $x^2+ax-3=0$의 두 실근과 같다.

이때 이차함수 $y=x^2+ax-3$의 그래프가 x축과 만나는 두 점의 x좌표의 합이 -3이므로 이차방정식 $x^2+ax-3=0$의 근과 계수의 관계에 의하여

$-a=-3$ $\quad\therefore a=3$

0419 답 3

이차함수 $y=x^2+ax+b$의 그래프가 점 $(1, 0)$에서 x축과 접하므로 이차방정식 $x^2+ax+b=0$은 중근 $x=1$을 갖는다.

$y=x^2+ax+b=(x-1)^2=x^2-2x+1$이므로

$a=-2$, $b=1$

이차함수 $y=x^2+bx+a=x^2+x-2=(x+2)(x-1)$의 그래프가 x축과 만나는 두 점의 좌표는 $(-2, 0)$, $(1, 0)$

따라서 두 점 사이의 거리는 $1-(-2)=3$

유형 02 이차함수의 그래프와 x축의 위치 관계

0420 답 ①

이차함수 $y=-x^2-3x+a$의 그래프가 x축과 서로 다른 두 점에서 만나므로 이차방정식 $-x^2-3x+a=0$의 판별식을 D라 하면

$D=(-3)^2-4\times(-1)\times a>0$

$9+4a>0$ $\quad\therefore a>-\dfrac{9}{4}$

0421 답 $k\geq-10$

이차함수 $y=x^2-2(k+3)x+k^2+5k-1$의 그래프가 x축과 만나므로 이차방정식 $x^2-2(k+3)x+k^2+5k-1=0$의 판별식을 D라 하면

$\dfrac{D}{4}=\{-(k+3)\}^2-(k^2+5k-1)\geq0$

$k+10\geq0$ $\quad\therefore k\geq-10$

0422 답 ③

이차함수 $y=x^2-4x+a$의 그래프가 x축과 만나지 않으므로 이차방정식 $x^2-4x+a=0$의 판별식을 D라 하면

$\dfrac{D}{4}=(-2)^2-a<0$, $4-a<0$ $\quad\therefore a>4$

따라서 정수 a의 최솟값은 5이다.

0423 답 3

이차함수 $y=x^2-2kx+k+6$의 그래프가 x축과 한 점에서 만나므로 이차방정식 $x^2-2kx+k+6=0$의 판별식을 D_1이라 하면

$\dfrac{D_1}{4}=(-k)^2-(k+6)=0$

$k^2-k-6=0$, $(k+2)(k-3)=0$

$\therefore k=-2$ 또는 $k=3$ ...... ㉠

또한 이차함수 $y=-2x^2+3x+k$의 그래프가 x축과 서로 다른 두 점에서 만나므로 이차방정식 $-2x^2+3x+k=0$의 판별식을 D_2라 하면

$D_2=3^2-4\times(-2)\times k>0$

$9+8k>0$, $8k>-9$

$\therefore k>-\dfrac{9}{8}$ ...... ㉡

㉠, ㉡에서 $k=3$

0424 답 $\dfrac{4}{9}$

이차함수 $f(x)=x^2+2(a-3k)x+9k^2-2k+b$의 그래프가 x축에 접하므로 이차방정식 $x^2+2(a-3k)x+9k^2-2k+b=0$의 판별식을 D라 하면

$\dfrac{D}{4}=(a-3k)^2-(9k^2-2k+b)=0$

$\therefore (2-6a)k+a^2-b=0$ ...... ㉠

㉠이 실수 k의 값에 관계없이 항상 성립해야 하므로
$2-6a=0$, $a^2-b=0$
따라서 $a=\frac{1}{3}$, $b=\frac{1}{9}$이므로
$a+b=\frac{1}{3}+\frac{1}{9}=\frac{4}{9}$

유형 03 이차함수의 그래프와 이차방정식의 실근의 합

0425 답 -2

이차함수 $y=f(x)$의 그래프가 아래로 볼록하고 x축과 서로 다른 두 점 $(-4, 0)$, $(2, 0)$에서 만나므로
$f(x)=a(x+4)(x-2)$ $(a>0)$
이차함수 $f(x)$에 x 대신 $x+3p$를 대입하면
$f(x+3p)=a(x+3p+4)(x+3p-2)$
즉, $f(x+3p)=0$의 두 근은
$x=-3p-4$ 또는 $x=-3p+2$
이때 $f(x+3p)=0$의 두 실근의 합이 10이므로
$-3p-4+(-3p+2)=10$
$-6p-2=10$, $-6p=12$ $\quad\therefore p=-2$

0426 답 ①

이차함수 $y=f(x)$의 그래프가 x축과 서로 다른 두 점 $(\alpha, 0)$, $(\beta, 0)$에서 만나므로
$f(x)=a(x-\alpha)(x-\beta)$ $(a\neq0)$
이차함수 $f(x)$에 x 대신 $3x-2$를 대입하면
$f(3x-2)=a(3x-2-\alpha)(3x-2-\beta)$
$=9a\left(x-\frac{2+\alpha}{3}\right)\left(x-\frac{2+\beta}{3}\right)$
즉, $f(3x-2)=0$의 두 근은
$x=\frac{2+\alpha}{3}$ 또는 $x=\frac{2+\beta}{3}$
이때 $\alpha+\beta=26$이므로 이차방정식 $f(3x-2)=0$의 모든 실근의 합은
$\frac{2+\alpha}{3}+\frac{2+\beta}{3}=\frac{4+\alpha+\beta}{3}=\frac{4+26}{3}=10$

0427 답 2

$f(x)=x^2-x-5$, $g(x)=x+3$에서
$f(2x-k)=g(2x-k)$이므로
두 함수 $f(x)$, $g(x)$에 x 대신 $2x-k$를 대입하면
$(2x-k)^2-(2x-k)-5=(2x-k)+3$
$\therefore 4x^2-4(k+1)x+k^2+2k-8=0$
이때 방정식 $f(2x-k)=g(2x-k)$의 두 실근의 합이 3이므로
이차방정식의 근과 계수의 관계에 의하여
$\frac{4(k+1)}{4}=3$, $k+1=3$ $\quad\therefore k=2$

0428 답 4

세 이차함수 $f(x)$, $g(x)$, $h(x)$의 최고차항의 계수의 절댓값이 같으므로 함수 $f(x)$의 최고차항의 계수를 a $(a>0)$라 하면
$f(x)=a(x+1)(x-1)$, $g(x)=-a(x+2)(x-1)$,
$h(x)=a(x-1)(x-2)$
방정식 $f(x)+g(x)+h(x)=0$에서
$a(x+1)(x-1)+\{-a(x+2)(x-1)\}+a(x-1)(x-2)=0$
$a(x-1)\{x+1-(x+2)+x-2\}=0$
$a(x-1)(x-3)=0$ $\quad\therefore x=1$ 또는 $x=3$
따라서 방정식 $f(x)+g(x)+h(x)=0$의 모든 근의 합은
$1+3=4$

0429 답 ④

이차함수 $y=f(x)$의 그래프가 x축과 서로 다른 두 점 $(\alpha, 0)$, $(\beta, 0)$에서 만난다고 하면
$f(x)=a(x-\alpha)(x-\beta)$ $(a<0)$
이차함수 $y=f(x)$의 그래프의 축이 직선 $x=3$이므로
$\frac{\alpha+\beta}{2}=3$에서 $\alpha+\beta=6$
이차함수 $f(x)$에 x 대신 $2x-5$를 대입하면
$f(2x-5)=a(2x-5-\alpha)(2x-5-\beta)$
$=4a\left(x-\frac{5+\alpha}{2}\right)\left(x-\frac{5+\beta}{2}\right)$
즉, $f(2x-5)=0$의 두 근은
$x=\frac{5+\alpha}{2}$ 또는 $x=\frac{5+\beta}{2}$
이때 $\alpha+\beta=6$이므로 이차방정식 $f(2x-5)=0$의 두 근의 합은
$\frac{5+\alpha}{2}+\frac{5+\beta}{2}=\frac{10+\alpha+\beta}{2}=\frac{10+6}{2}=8$

다른 풀이

$f(x)=0$의 두 근을 α, β라 하면 이차함수 $y=f(x)$의 그래프의 축이 직선 $x=3$이므로
$\frac{\alpha+\beta}{2}=3$ $\quad\therefore \alpha+\beta=6$
$f(\alpha)=0$, $f(\beta)=0$이므로
$f(2x-5)=0$을 만족시키는 x의 값은
$2x-5=\alpha$, $2x-5=\beta$에서 $x=\frac{5+\alpha}{2}$ 또는 $x=\frac{5+\beta}{2}$
따라서 방정식 $f(2x-5)=0$의 두 근의 합은
$\frac{5+\alpha}{2}+\frac{5+\beta}{2}=\frac{10+\alpha+\beta}{2}=\frac{10+6}{2}=8$

유형 04 이차함수의 그래프와 직선의 교점

0430 답 ③

이차함수 $y=x^2+2ax+8$의 그래프와 직선 $y=2x-6$의 두 교점의 x좌표의 차가 $2\sqrt{2}$이므로 이차방정식 $x^2+2ax+8=2x-6$, 즉 $x^2+2(a-1)x+14=0$의 두 근의 차가 $2\sqrt{2}$이다.

이차방정식의 두 근을 α, β라 하면

$|\alpha-\beta|=2\sqrt{2}$ …… ㉠

이차방정식의 근과 계수의 관계에 의하여

$\alpha+\beta=-2(a-1)$, $\alpha\beta=14$ …… ㉡

㉠의 양변을 제곱하면 $(\alpha-\beta)^2=8$에서

$(\alpha+\beta)^2-4\alpha\beta=8$ …… ㉢

㉡을 ㉢에 대입하면 $4(a-1)^2-4\times14=8$

$a^2-2a-15=0$, $(a+3)(a-5)=0$

$\therefore a=5$ ($\because a>0$)

0431

답 -30

이차함수 $y=3x^2+(3k+4)x+k$의 그래프와 직선 $y=-2x+k^2$의 두 교점의 x좌표를 α, β라 하면 α, β는 이차방정식

$3x^2+(3k+4)x+k=-2x+k^2$, 즉 $3x^2+3(k+2)x-k^2+k=0$

의 두 근이다.

따라서 이차방정식의 근과 계수의 관계에 의하여

$\alpha+\beta=-\frac{3(k+2)}{3}$, $\alpha\beta=\frac{-k^2+k}{3}$

이때 두 교점의 x좌표의 합이 7, 즉 $\alpha+\beta=7$이므로

$7=-\frac{3(k+2)}{3}$ $\therefore k=-9$

따라서 두 교점의 x좌표의 곱은

$\alpha\beta=\frac{-k^2+k}{3}=\frac{-(-9)^2+(-9)}{3}=-30$

0432

답 -2

이차함수 $y=-2x^2-x+3$의 그래프와 직선 $y=kx$의 두 교점 A, B의 x좌표를 각각 α, β라 하면 α, β는 이차방정식

$-2x^2-x+3=kx$, 즉 $2x^2+(k+1)x-3=0$의 두 근이다.

따라서 이차방정식의 근과 계수의 관계에 의하여

$\alpha+\beta=-\frac{k+1}{2}$ …… ㉠

$\alpha\beta=-\frac{3}{2}$ …… ㉡

한편, $\overline{OA}:\overline{OB}=3:2$이므로

$|\alpha|:|\beta|=3:2$, $2|\alpha|=3|\beta|$

$\therefore \alpha=-\frac{3}{2}\beta$ ($\because \alpha\beta<0$) …… ㉢

㉢을 ㉡에 대입하면

$-\frac{3}{2}\beta^2=-\frac{3}{2}$, $\beta^2=1$ $\therefore \beta=\pm1$

따라서 $\alpha=\frac{3}{2}$, $\beta=-1$ 또는 $\alpha=-\frac{3}{2}$, $\beta=1$이므로

이것을 ㉠에 대입하면 $k=-2$ 또는 $k=0$이다.

그런데 $k<0$이므로 $k=-2$이다.

0433

답 ④

이차함수 $y=2x^2-(a^2-2a+6)x+(3a-1)$의 그래프와

직선 $y=-3ax+a^2$의 두 교점의 x좌표는 이차방정식

$2x^2-(a^2-2a+6)x+(3a-1)=-3ax+a^2$,

즉 $2x^2-(a^2-5a+6)x+(-a^2+3a-1)=0$의 두 근이다.

이때 이차함수의 그래프와 직선의 두 교점의 x좌표가 절댓값이 같고 부호가 다르므로 두 근의 합은 0이다.

즉, 이차방정식의 근과 계수의 관계에 의하여

$\frac{a^2-5a+6}{2}=0$, $a^2-5a+6=0$

$(a-2)(a-3)=0$ $\therefore a=2$ 또는 $a=3$

(i) $a=2$일 때

이차방정식 $2x^2+1=0$에서 $2x^2=-1$ $\therefore x=\pm\frac{\sqrt{2}}{2}i$

이때 이차함수의 그래프와 직선은 만나지 않는다.

(ii) $a=3$일 때

이차방정식 $2x^2-1=0$에서 $2x^2=1$ $\therefore x=\pm\frac{\sqrt{2}}{2}$

이때 이차함수의 그래프와 직선은 서로 다른 두 점에서 만난다.

(i), (ii)에서 이차함수의 그래프와 직선이 서로 다른 두 점에서 만나기 위한 상수 a의 값은 3이다.

유형 05 이차함수의 그래프와 직선의 위치 관계

0434

답 ②

이차함수 $y=x^2+4x+3$의 그래프와 직선 $y=-2x+k$가 서로 다른 두 점에서 만나므로 이차방정식 $x^2+4x+3=-2x+k$,

즉 $x^2+6x+3-k=0$의 판별식을 D라 하면

$\frac{D}{4}=3^2-(3-k)>0$

$6+k>0$ $\therefore k>-6$

0435

답 ④

이차함수 $y=-x^2-(2k-1)x-k+3$의 그래프와

직선 $y=2k(x+2k)$가 적어도 한 점에서 만나려면

이차방정식 $-x^2-(2k-1)x-k+3=2k(x+2k)$,

즉 $x^2+(4k-1)x+4k^2+k-3=0$이 실근을 가져야 한다.

따라서 이차방정식 $x^2+(4k-1)x+4k^2+k-3=0$의 판별식을 D라 하면

$D=(4k-1)^2-4(4k^2+k-3)\ge0$

$-12k+13\ge0$ $\therefore k\le\frac{13}{12}$

따라서 정수 k의 최댓값은 1이다.

0436

답 3

이차함수 $y=x^2-2kx-k+10$의 그래프와 직선 $y=2x-k^2$이 만나지 않으므로 이차방정식 $x^2-2kx-k+10=2x-k^2$,

즉 $x^2-2(k+1)x+k^2-k+10=0$의 판별식을 D라 하면

$\frac{D}{4}=\{-(k+1)\}^2-(k^2-k+10)<0$

$3k-9<0$ $\therefore k<3$

따라서 구하는 자연수 k는 1, 2이므로 모든 자연수 k의 값의 합은

$1+2=3$

0437

답 ②

직선 $y=-x+2k$가 이차함수 $y=2x^2-3x+1$의 그래프와 만나므로 이차방정식 $2x^2-3x+1=-x+2k$, 즉 $2x^2-2x-2k+1=0$의 판별식을 D_1이라 하면

$\frac{D_1}{4}=(-1)^2-2(-2k+1)\geq 0$

$4k-1\geq 0 \quad \therefore k\geq \frac{1}{4}$, 즉 $a=\frac{1}{4}$

직선 $y=-x+2k$가 이차함수 $y=x^2+x+8$의 그래프와 만나지 않으므로 이차방정식 $x^2+x+8=-x+2k$, 즉 $x^2+2x-2k+8=0$의 판별식을 D_2라 하면

$\frac{D_2}{4}=1^2-(-2k+8)<0$

$2k-7<0 \quad \therefore k<\frac{7}{2}$, 즉 $b=\frac{7}{2}$

$\therefore 8ab=8\times\frac{1}{4}\times\frac{7}{2}=7$

유형 06 이차함수의 그래프에 접하는 직선의 방정식

0438

답 ②

직선 $y=ax+b$가 직선 $y=2x+1$에 평행하므로

$a=2$

직선 $y=2x+b$가 이차함수 $y=-x^2+3$의 그래프와 접하므로 이차방정식 $-x^2+3=2x+b$, 즉 $x^2+2x+b-3=0$의 판별식을 D라 하면

$\frac{D}{4}=1^2-(b-3)=0$

$4-b=0 \quad \therefore b=4$

$\therefore a+b=2+4=6$

0439

답 ①

점 $(1, 5)$를 지나는 직선의 방정식을 $y=a(x-1)+5$라 하자.

직선 $y=a(x-1)+5$가 이차함수 $y=-x^2+x+4$의 그래프와 접하므로 이차방정식 $-x^2+x+4=a(x-1)+5$, 즉 $x^2+(a-1)x-a+1=0$의 판별식을 D라 하면

$D=(a-1)^2-4(-a+1)=0$

$a^2-2a+1+4a-4=0 \quad \therefore a^2+2a-3=0$

이차방정식 $a^2+2a-3=0$의 두 실근을 α, β라 하면 α, β는 두 직선의 기울기이므로 구하는 기울기의 곱은 이차방정식의 근과 계수의 관계에 의하여

$\alpha\beta=-3$

0440

답 ④

기울기가 2인 직선의 방정식을 $y=2x+b$라 하자.

직선 $y=2x+b$가 이차함수 $y=x^2-1$의 그래프와 접하므로 이차방정식 $x^2-1=2x+b$, 즉 $x^2-2x-1-b=0$의 판별식을 D_1이라 하면

$\frac{D_1}{4}=(-1)^2-(-1-b)=0$

$2+b=0 \quad \therefore b=-2$

$\therefore y=2x-2$

직선 $y=2x-2$가 이차함수 $y=-2x^2+2kx-3k-7$의 그래프와 접하므로 이차방정식 $-2x^2+2kx-3k-7=2x-2$, 즉 $2x^2-2(k-1)x+3k+5=0$의 판별식을 D_2라 하면

$\frac{D_2}{4}=\{-(k-1)\}^2-2(3k+5)=0$

$k^2-8k-9=0$, $(k+1)(k-9)=0$

$\therefore k=-1$ 또는 $k=9$

그런데 $k>0$이므로 $k=9$

0441

답 11

점 $(-1, 0)$을 지나는 직선의 방정식을 $y=m(x+1)$이라 하자.

직선 $y=m(x+1)$이 이차함수 $y=-x^2+2x+3$의 그래프와 접하므로 이차방정식 $-x^2+2x+3=m(x+1)$, 즉 $x^2+(m-2)x+m-3=0$의 판별식을 D_1이라 하면

$D_1=(m-2)^2-4(m-3)=0$

$m^2-8m+16=0$, $(m-4)^2=0 \quad \therefore m=4$

$\therefore y=4x+4$

직선 $y=4x+4$가 이차함수 $y=x^2+ax-b$의 그래프와 접하므로 이차방정식 $x^2+ax-b=4x+4$, 즉 $x^2+(a-4)x-b-4=0$의 판별식을 D_2라 하면

$D_2=(a-4)^2-4(-b-4)=0$

$\therefore a^2-8a+4b+32=0 \quad \cdots\cdots$ ㉠

한편 점 $(-1, 0)$은 이차함수 $y=x^2+ax-b$의 그래프 위에 있으므로

$0=1-a-b \quad \therefore b=1-a \quad \cdots\cdots$ ㉡

㉡을 ㉠에 대입하면

$a^2-8a+4(1-a)+32=0$, $a^2-12a+36=0$

$(a-6)^2=0 \quad \therefore a=6$

$a=6$을 ㉡에 대입하면 $b=1-6=-5$

$\therefore a-b=6-(-5)=11$

유형 07 이차함수의 최대, 최소

0442

답 ②

$f(x)=3x^2+6ax+b$에서 $f(-1)=f(5)$이므로

$3-6a+b=75+30a+b$

$36a=-72 \quad \therefore a=-2$

$\therefore f(x)=3x^2-12x+b$

한편 $f(1)=7$이므로

$3-12+b=7 \quad \therefore b=16$

따라서 $f(x)=3x^2-12x+16=3(x-2)^2+4$이므로

$f(x)$는 $x=2$에서 최솟값 4를 갖는다.

0443

답 ⑤

$f(x)=-2x^2-4x-3a+1=-2(x+1)^2-3a+3$이므로

$f(x)$는 $x=-1$에서 최댓값 $-3a+3$을 갖는다.

이차함수 $f(x)$가 모든 실수 x에 대하여 $f(x)\le-3$을 만족시키므로

$-3a+3\le-3,\ -3a\le-6 \quad \therefore a\ge2$

$g(x)=x^2+4x+2b-1=(x+2)^2+2b-5$이므로

$g(x)$는 $x=-2$에서 최솟값 $2b-5$를 갖는다.

이차함수 $g(x)$가 모든 실수 x에 대하여 $g(x)\ge1$을 만족시키므로

$2b-5\ge1,\ 2b\ge6 \quad \therefore b\ge3$

따라서 $a=2$, $b=3$일 때 $a+b$는 최솟값 $2+3=5$를 갖는다.

0444

답 ⑤

$f(x)=-2x^2+4ax-b=-2(x-a)^2+2a^2-b$

$f(x)$의 최댓값이 0이므로

$2a^2-b=0$ …… ㉠

$g(x)=x^2-6x+a-b=(x-3)^2-9+a-b$

$g(x)$의 최솟값이 -12이므로

$-9+a-b=-12 \quad \therefore b=a+3$ …… ㉡

㉡을 ㉠에 대입하면 $2a^2-a-3=0$

$(a+1)(2a-3)=0 \quad \therefore a=\frac{3}{2}\ (\because a>0)$

$a=\frac{3}{2}$을 ㉡에 대입하면 $b=\frac{3}{2}+3=\frac{9}{2}$

$\therefore a+b=\frac{3}{2}+\frac{9}{2}=6$

0445

답 ⑤

$f(x)+2f(1-x)=3x^2$ …… ㉠

ㄱ. ㉠에 $x=0$을 대입하면 $f(0)+2f(1)=0$ …… ㉡

㉠에 $x=1$을 대입하면 $f(1)+2f(0)=3$ …… ㉢

㉡, ㉢을 연립하여 풀면

$f(0)=2,\ f(1)=-1$

ㄴ. ㉠에 $x=-1$을 대입하면 $f(-1)+2f(2)=3$ …… ㉣

㉠에 $x=2$를 대입하면 $f(2)+2f(-1)=12$ …… ㉤

㉣, ㉤을 연립하여 풀면

$f(-1)=7,\ f(2)=-2$

$f(x)=ax^2+bx+c$ (a, b, c는 상수)라 하면

$f(-1)=a-b+c=7$

$f(0)=c=2$

$f(1)=a+b+c=-1$

위 세 방정식을 연립하여 풀면

$a=1,\ b=-4,\ c=2$

$\therefore f(x)=x^2-4x+2=(x-2)^2-2$

따라서 $f(x)$는 $x=2$에서 최솟값 -2를 갖는다.

ㄷ. 이차함수 $f(x)=(x-2)^2-2$의 그래프는 직선 $x=2$에 대하여 대칭이므로 $f(2-x)=f(2+x)$이다.

따라서 옳은 것은 ㄱ, ㄴ, ㄷ이다.

다른 풀이

$f(x)+2f(1-x)=3x^2$ …… ㉠

㉠에 x 대신 $1-x$를 대입하면

$f(1-x)+2f(x)=3(1-x)^2$

$\therefore 2f(x)+f(1-x)=3x^2-6x+3$ …… ㉡

㉡$\times2-$㉠을 하면 $3f(x)=3x^2-12x+6$

$\therefore f(x)=x^2-4x+2$ …… ㉢

ㄱ. ㉢에 $x=0$을 대입하면 $f(0)=2$

ㄴ. $f(x)=x^2-4x+2=(x-2)^2-2$이므로 최솟값은 -2이다.

ㄷ. 이차함수 $f(x)=(x-2)^2-2$의 그래프는 직선 $x=2$에 대하여 대칭이므로 $f(2-x)=f(2+x)$이다.

따라서 옳은 것은 ㄱ, ㄴ, ㄷ이다.

유형 08 제한된 범위에서 이차함수의 최대, 최소

0446

답 ⑤

$y=-x^2+2x+6$

$=-(x-1)^2+7$

$0\le x\le3$에서 이차함수 $y=-x^2+2x+6$의 그래프는 그림과 같다.

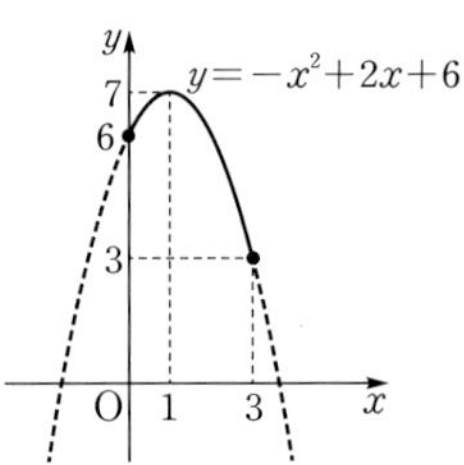

따라서 $x=1$에서 최댓값 7을 갖고,

$x=3$에서 최솟값 3을 갖는다.

다른 풀이

주어진 범위에서 이차함수의 최대, 최소를 구할 때는 x의 값의 범위의 양 끝 점과 축에서의 함숫값만 비교하면 된다.

$x=0$일 때, 함숫값은 $y=6$

$x=3$일 때, 함숫값은 $y=-3^2+2\times3+6=3$

축의 방정식 $x=1$일 때, 함숫값은 $y=-1^2+2\times1+6=7$

따라서 주어진 이차함수의 최솟값은 3이다.

0447

답 ④

$f(x)=x^2-4x+k$

$=(x-2)^2+k-4$

$-1\le x\le3$에서 이차함수 $y=f(x)$의 그래프는 그림과 같다.

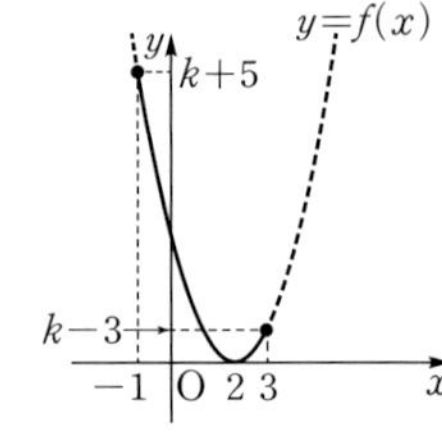

따라서 $f(x)$는 $x=-1$에서 최댓값 9를 가지므로

$f(-1)=k+5=9 \quad \therefore k=4$

0448

답 ③

$y=x^2-2x-1$

$=(x-1)^2-2$

$-1\le x\le4$에서 이차함수 $y=x^2-2x-1$의 그래프는 그림과 같다.

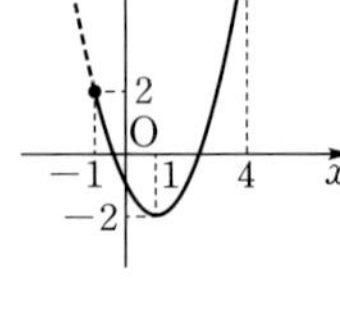

따라서 $x=4$에서 최댓값 7을 갖고,

$x=1$에서 최솟값 -2를 갖는다.

$\therefore M=7,\ m=-2$

$\therefore M+m=7+(-2)=5$

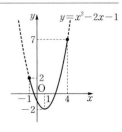

0449

답 12

$y=-x^2+4x+1$

$=-(x-2)^2+5$

$a\ge 2$이면 $-2\le x\le a$에서 이차함수 $y=-x^2+4x+1$은 $x=2$에서 최댓값 5를 갖는다.

따라서 $-2\le x\le a$에서 최댓값이 4이려면 $-2<a<2$이어야 한다.

$-2\le x\le a$에서 이차함수 $y=-x^2+4x+1$의 그래프는 그림과 같다.

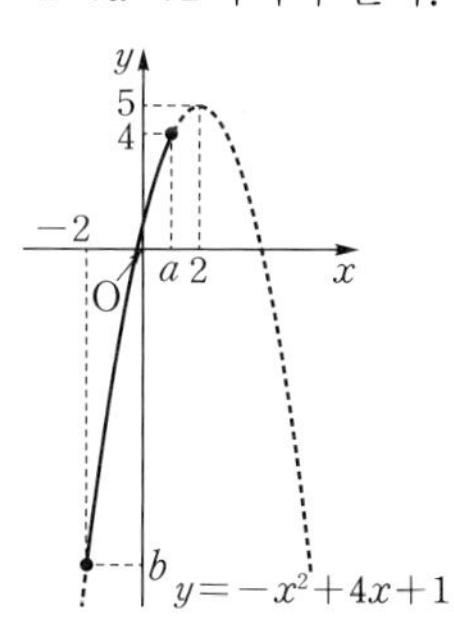

이때 $x=a$에서 최댓값 4를 가지므로

$-a^2+4a+1=4$, $a^2-4a+3=0$

$(a-1)(a-3)=0$

$\therefore a=1$ 또는 $a=3$

그런데 $-2<a<2$이므로 $a=1$

한편 $x=-2$에서 최솟값을 가지므로

$b=-4-8+1=-11$

$\therefore a-b=1-(-11)=12$

0450

답 ①

$f(x)=x^2-6x+a+5=(x-3)^2+a-4$이므로 함수 $y=f(x)$의 그래프는 축의 방정식이 $x=3$이고 아래로 볼록한 곡선이다.

따라서 $0\le x\le a$의 범위 안에 축이 포함되는 경우와 포함되지 않는 경우로 나누어 그래프의 개형을 그리면 다음과 같다.

a의 값의 범위	(i) $0<a<3$	(ii) $a\ge 3$
이차함수 $y=f(x)$의 그래프의 개형	0 a 3 x	0 3 a x

(i) $0<a<3$일 때, $f(x)$의 최솟값은 $f(a)=1$이므로

$f(a)=a^2-5a+5=1$, $a^2-5a+4=0$

$(a-1)(a-4)=0$ $\therefore a=1$ 또는 $a=4$

그런데 $0<a<3$이므로 $a=1$

(ii) $a\ge 3$일 때, $f(x)$의 최솟값은 $f(3)=1$이므로

$f(3)=a-4=1$ $\therefore a=5$

(i), (ii)에서 모든 a의 값의 합은

$1+5=6$

0451

답 18

$f(x)=x^2-2ax+2a^2=(x-a)^2+a^2$

(i) $0<a<2$일 때, $f(x)$의 최솟값은 $f(a)=a^2$

$0<a^2<4$이므로 $f(x)$의 최솟값이 10이 되도록 하는 실수 a의 값은 존재하지 않는다.

(ii) $a\ge 2$일 때, $f(x)$의 최솟값은 $f(2)=2a^2-4a+4$

$2a^2-4a+4=10$, $a^2-2a-3=0$

$(a+1)(a-3)=0$ $\therefore a=3$ ($\because a\ge 2$)

즉, 함수 $f(x)$의 최댓값은 $f(0)=2a^2=18$

(i), (ii)에서 함수 $f(x)$의 최댓값은 18이다.

유형 09 공통부분이 있는 함수의 최대, 최소 - 치환을 이용

0452

답 ②

$y=(x^2-1)^2+8(x^2-1)-2$에서

$x^2-1=t$로 놓으면

$x^2=t+1\ge 0$이므로 $t\ge -1$

이때 주어진 함수는

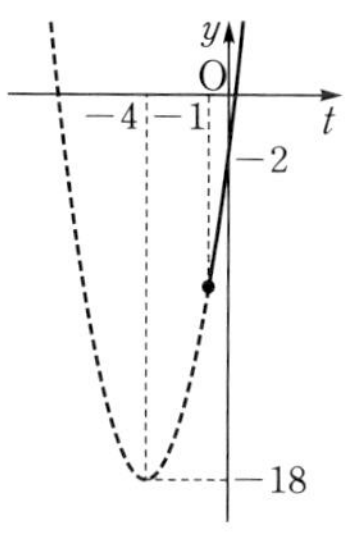

$y=(x^2-1)^2+8(x^2-1)-2$

$=t^2+8t-2$

$=(t+4)^2-18$ $(t\ge -1)$

따라서 $t=-1$일 때 최솟값은

$3^2-18=-9$

0453

답 3

$y=(x^2+4x)^2-2(x^2+4x-1)-k$에서

$x^2+4x=t$로 놓으면

$t=(x+2)^2-4\ge -4$

이때 주어진 함수는

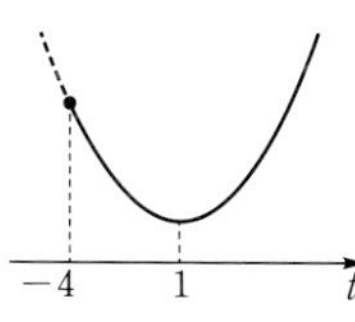

$y=(x^2+4x)^2-2(x^2+4x-1)-k$

$=t^2-2(t-1)-k$

$=(t-1)^2-k+1$ $(t\ge -4)$

따라서 $t=1$일 때 최솟값은 $-k+1$이므로

$-k+1=-2$ $\therefore k=3$

0454

답 ①

$y=-(2x-3)^4+8(2x-3)^2+k$에서

$(2x-3)^2=t$로 놓으면 $t\ge 0$

$y=-t^2+8t+k$

$=-(t-4)^2+k+16$ $(t\ge 0)$

따라서 $t=4$일 때 최댓값은 $k+16$이다.

$t=4$에서 $(2x-3)^2=4$이므로

$2x-3=\pm 2$ $\therefore x=\frac{1}{2}$ 또는 $x=\frac{5}{2}$

이때 $a>1$이므로 $a=\frac{5}{2}$

또한 최댓값은 4이므로 $k+16=4$ $\therefore k=-12$

$\therefore ak=\frac{5}{2}\times(-12)=-30$

0455

답 -2

$f(x)=(x^2-2x-3)^2+2(x^2-2x-3)+k$에서

$x^2-2x-3=t$로 놓으면

$t=(x-1)^2-4$

$-1\le x\le 1$에서 $-4\le t\le 0$

$y=t^2+2t+k$
$=(t+1)^2+k-1\ (-4\le t\le 0)$
따라서 $t=-1$일 때 최솟값은 $k-1$,
$t=-4$일 때 최댓값은 $k+8$이다.

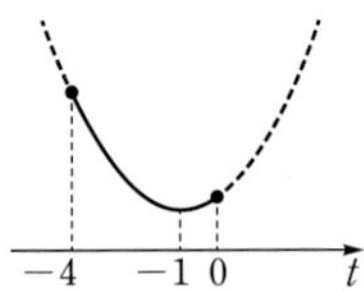

이때 함수 $f(x)$의 최댓값이 7이므로
$k+8=7 \qquad \therefore k=-1$
따라서 함수 $f(x)$의 최솟값은
$k-1=-1-1=-2$

유형 10 완전제곱식을 이용한 이차식의 최대, 최소

0456

답 -4

$2x^2-8x+y^2+2y+5=2(x-2)^2+(y+1)^2-4$
이때 x, y가 실수이므로 $(x-2)^2\ge 0$, $(y+1)^2\ge 0$
$\therefore 2x^2-8x+y^2+2y+5\ge -4$
따라서 주어진 식의 최솟값은 $x=2$, $y=-1$에서 -4이다.

0457

답 10

$-x^2-y^2-2x-4y+5=-(x^2+2x)-(y^2+4y)+5$
$=-(x+1)^2-(y+2)^2+10$
이때 x, y가 실수이므로 $(x+1)^2\ge 0$, $(y+2)^2\ge 0$
$\therefore -x^2-y^2-2x-4y+5\le 10$
따라서 주어진 식의 최댓값은 $x=-1$, $y=-2$에서 10이다.

0458

답 ⑤

$x^2+6y^2-4xy-12y+20$
$=(x^2-4xy+4y^2)+2(y^2-6y+9)+2$
$=(x-2y)^2+2(y-3)^2+2$
이때 x, y가 실수이므로 $(x-2y)^2\ge 0$, $(y-3)^2\ge 0$
$\therefore x^2+6y^2-4xy-12y+20\ge 2$
따라서 $x-2y=0$, $y-3=0$, 즉 $x=6$, $y=3$에서 최솟값은 2이므로
$p=6$, $q=3$, $m=2$
$\therefore p+q+m=6+3+2=11$

0459

답 12

$-x^2-y^2-2z^2-2x+6y+8z-10$
$=-(x+1)^2-(y-3)^2-2(z-2)^2+8$
이때 x, y, z가 실수이므로
$(x+1)^2\ge 0$, $(y-3)^2\ge 0$, $(z-2)^2\ge 0$
$\therefore -x^2-y^2-2z^2-2x+6y+8z-10\le 8$
따라서 $x+1=0$, $y-3=0$, $z-2=0$, 즉 $x=-1$, $y=3$, $z=2$에서 최댓값은 8이므로 $a=-1$, $b=3$, $c=2$, $d=8$
$\therefore a+b+c+d=-1+3+2+8=12$

유형 11 조건을 만족시키는 이차식의 최대, 최소

0460

답 ①

$x+2y=1$에서 $x=1-2y$
$\therefore 2x^2+y^2=2(1-2y)^2+y^2$
$=9y^2-8y+2$
$=9\left(y-\frac{4}{9}\right)^2+\frac{2}{9}$
따라서 $2x^2+y^2$은 $y=\frac{4}{9}$에서 최솟값 $\frac{2}{9}$를 갖는다.

0461

답 -4

점 $\mathrm{P}(a,\ b)$는 이차함수 $y=x^2-2x+2$의 그래프 위의 점이므로
$b=a^2-2a+2$
$\therefore 2a-b+4=2a-(a^2-2a+2)+4$
$=-a^2+4a+2$
$=-(a-2)^2+6$
이때 $2a-b+4$는 $0\le a\le 6$에서
$a=2$일 때 최댓값 6, $a=6$일 때 최솟값 -10을 갖는다.
따라서 $2a-b+4$의 최댓값과 최솟값의 합은
$6+(-10)=-4$

0462

답 $-\frac{3}{2}$

이차방정식 $x^2-2(a-1)x+a^2-a+1=0$이 서로 다른 두 실근 α, β를 가지므로 이차방정식의 판별식을 D라 하면
$\frac{D}{4}=\{-(a-1)\}^2-(a^2-a+1)>0$
$-a>0 \qquad \therefore a<0$
이차방정식의 근과 계수의 관계에 의하여
$\alpha+\beta=2(a-1)$, $\alpha\beta=a^2-a+1$
$\therefore \alpha^2-4\alpha\beta+\beta^2=(\alpha+\beta)^2-6\alpha\beta$
$=\{2(a-1)\}^2-6(a^2-a+1)$
$=-2a^2-2a-2$
$=-2\left(a+\frac{1}{2}\right)^2-\frac{3}{2}$
따라서 $\alpha^2-4\alpha\beta+\beta^2$은 $a<0$에서 $a=-\frac{1}{2}$일 때 최댓값 $-\frac{3}{2}$을 갖는다.

0463

답 3

두 점 $\mathrm{A}(1,\ -2)$, $\mathrm{B}(-5,\ 1)$을 잇는 선분의 기울기는
$\frac{1-(-2)}{-5-1}=-\frac{1}{2}$
$y=-\frac{1}{2}x+k$로 놓고 $x=1$, $y=-2$를 대입하면
$-2=-\frac{1}{2}+k \qquad \therefore k=-\frac{3}{2}$
따라서 선분 AB를 나타내는 방정식은
$y=-\frac{1}{2}x-\frac{3}{2} \qquad \therefore x+2y+3=0\ (-5\le x\le 1)$

점 P(a, b)가 선분 $x+2y+3=0$ $(-5\le x\le 1)$ 위를 움직이므로
$a+2b+3=0$에서 $a=-2b-3$
이때 $-5\le a\le 1$이므로 $-5\le -2b-3\le 1$
$\therefore -2\le b\le 1$
$\therefore a^2+2b^2=(-2b-3)^2+2b^2$
$=6b^2+12b+9$
$=6(b+1)^2+3$ $(-2\le b\le 1)$
따라서 a^2+2b^2은 $b=-1$에서 최솟값 3을 갖는다.

유형 12 이차함수의 최대, 최소의 활용

0464

답 ③

호떡 한 개의 가격을 $100x$원 인상할 때, 호떡 한 개의 가격은 $(1000+100x)$원이고, 하루 판매량은 $(200-10x)(0\le x\le 20)$개이므로 호떡의 하루 판매액을 y원이라 하면
$y=(1000+100x)(200-10x)$
$=-1000x^2+10000x+200000$
$=-1000(x-5)^2+225000$
따라서 $x=5$에서 호떡의 하루 판매액이 최대가 되므로
이때의 호떡 한 개의 가격은
$1000+100\times 5=1500$(원)

0465

답 20

그림과 같이 좌표평면을 생각하면 그물을 나타내는 포물선의 방정식은
$y=-x^2+9$
점 A의 좌표를 $(a, 0)$ $(0<a<3)$이라 하면
B$(a, -a^2+9)$
C$(-a, -a^2+9)$
D$(-a, 0)$
$\therefore \overline{AD}=a-(-a)=2a$, $\overline{AB}=-a^2+9$
따라서 직사각형 모양의 덫의 둘레의 길이는
$2(-a^2+2a+9)=-2(a-1)^2+20$
이때 $0<a<3$이므로 $a=1$에서 최댓값 20을 갖는다.
따라서 덫의 둘레의 길이의 최댓값은 20이다.

0466

답 30

그림과 같이 점 B를 원점으로 하고 두 변 AB, BC를 각각 x축, y축으로 하는 좌표평면을 생각하면
A$(-4, 0)$, B$(0, 0)$, C$(0, 4\sqrt{3})$
이때 직선 AC의 기울기는
$\dfrac{0-4\sqrt{3}}{-4-0}=\sqrt{3}$

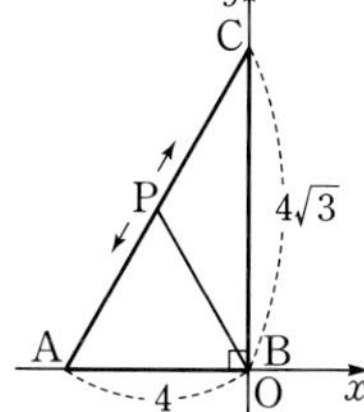

즉, 직선 AC의 방정식은 $y=\sqrt{3}x+4\sqrt{3}$
점 P의 좌표를 $(a, \sqrt{3}a+4\sqrt{3})$ $(-4\le a\le 0)$이라 하면
$\overline{PB}^2=(a-0)^2+(\sqrt{3}a+4\sqrt{3}-0)^2=4a^2+24a+48$
$\overline{PC}^2=(a-0)^2+(\sqrt{3}a+4\sqrt{3}-4\sqrt{3})^2=4a^2$
$\therefore \overline{PB}^2+\overline{PC}^2=(4a^2+24a+48)+4a^2$
$=8a^2+24a+48$
$=8\left(a+\dfrac{3}{2}\right)^2+30$
이때 $-4\le a\le 0$이므로 $a=-\dfrac{3}{2}$에서 최솟값 30을 갖는다.
따라서 $\overline{PB}^2+\overline{PC}^2$의 최솟값은 30이다.

다른 풀이

그림에서 $\triangle CAB\backsim\triangle CPD$ (AA 닮음)이고
$\overline{AB}:\overline{CB}=4:4\sqrt{3}=1:\sqrt{3}$이므로
$\overline{PD}=a$라 하면 $\overline{CD}=\sqrt{3}a$ $(0\le a\le 4)$
$\overline{PB}^2=\overline{PD}^2+\overline{DB}^2$
$=a^2+(4\sqrt{3}-\sqrt{3}a)^2$
$=a^2+3a^2-24a+48$
$=4a^2-24a+48$
$\overline{PC}^2=\overline{PD}^2+\overline{CD}^2=a^2+(\sqrt{3}a)^2=4a^2$
$\therefore \overline{PB}^2+\overline{PC}^2=(4a^2-24a+48)+4a^2$
$=8a^2-24a+48$
$=8\left(a-\dfrac{3}{2}\right)^2+30$

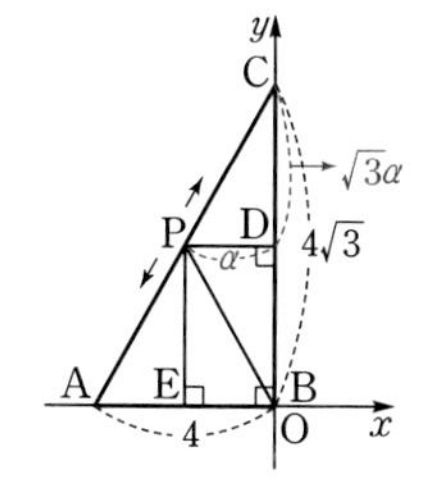

이때 $0\le a\le 4$이므로 $a=\dfrac{3}{2}$에서 최솟값 30을 갖는다.
따라서 $\overline{PB}^2+\overline{PC}^2$의 최솟값은 30이다.

2 권

PART B′ 기출&기출변형 문제

0467

답 ③

$z^2=(a+bi)^2=(a^2-b^2)+2abi$
$(\bar{z})^2=(a-bi)^2=(a^2-b^2)-2abi$
$z^2+(\bar{z})^2=0$에서 $2(a^2-b^2)=0$
$\therefore a^2=b^2$
$8a-2b^2+5$에 $a^2=b^2$을 대입하면
$8a-2b^2+5=-2a^2+8a+5$
$=-2(a-2)^2+13$
따라서 $8a-2b^2+5$는 $a=2$에서 최댓값 13을 갖는다.

짝기출 답 ③

두 실수 a, b에 대하여 복소수 $z=a+2bi$가 $z^2+(\bar{z})^2=0$을 만족시킬 때, $6a+12b^2+11$의 최솟값은?
(단, $i=\sqrt{-1}$이고, $\bar{z}$는 z의 켤레복소수이다.)

① 6 ② 7 ③ 8 ④ 9 ⑤ 10

0468

답 ①

$f(x)=x^2-8x+a+6=(x-4)^2+a-10$이므로 함수 $y=f(x)$의 그래프는 축의 방정식이 $x=4$이고 아래로 볼록한 곡선이다.
따라서 $0\le x\le a$의 범위 안에 축이 포함되는 경우와 포함되지 않는 경우로 나누어 그래프의 개형을 그리면 다음과 같다.

a의 값의 범위	(i) $0<a<4$	(ii) $a\ge4$
이차함수 $y=f(x)$의 그래프의 개형	0 a 4 x	0 4 a x

(i) $0<a<4$일 때
$0\le x\le a$에서 $f(x)$의 최솟값은 $x=a$일 때이므로
$f(a)=a^2-8a+a+6=a^2-7a+6=(a-1)(a-6)=0$
이때 $0<a<4$이므로 $a=1$

(ii) $a\ge4$일 때
$0\le x\le a$에서 $f(x)$의 최솟값은 $x=4$일 때이므로
$f(4)=a-10=0 \qquad \therefore a=10$

(i), (ii)에서 주어진 조건을 만족시키는 모든 a의 값의 합은
$1+10=11$

0469

답 11

(가)에서 이차함수 $f(x)$는 $x=1$에서 최솟값 7을 가지므로
$f(x)=a(x-1)^2+7\ (a>0)$이라 하자.
(나)에서 직선 $4x-y-6=0$, 즉 $y=4x-6$의 기울기가 4이므로 이 직선과 평행한 직선의 기울기는 4이다.
따라서 기울기가 4이고 y절편이 -1인 직선의 방정식은
$y=4x-1$
이때 직선 $y=4x-1$이 곡선 $y=f(x)$에 접하므로
이차방정식 $a(x-1)^2+7=4x-1$, 즉 $ax^2-2(a+2)x+a+8=0$의 판별식을 D라 하면

$\dfrac{D}{4}=\{-(a+2)\}^2-a\times(a+8)=0$

$-4a+4=0 \qquad \therefore a=1$

따라서 $f(x)=(x-1)^2+7$이므로
$f(3)=(3-1)^2+7=11$

짝기출 답 ⑤

이차함수 $f(x)$가 다음 조건을 만족시킬 때, $f(2)$의 값은?

> (가) 함수 $f(x)$는 $x=1$에서 최댓값 9를 갖는다.
> (나) 곡선 $y=f(x)$에 접하고 직선 $2x-y+1=0$과 평행한 직선의 y절편은 9이다.

① $\dfrac{9}{2}$ ② $\dfrac{11}{2}$ ③ $\dfrac{13}{2}$ ④ $\dfrac{15}{2}$ ⑤ $\dfrac{17}{2}$

0470

답 ⑤

두 이차함수 $y=x^2-3x+1$, $y=-x^2+ax+b$의 그래프가 만나는 점 P의 x좌표가 $1-\sqrt{2}$이므로 $1-\sqrt{2}$는 이차방정식
$x^2-3x+1=-x^2+ax+b$, 즉 $2x^2-(3+a)x+1-b=0$의
한 실근이다.
이때 이차방정식의 계수가 모두 유리수이므로 다른 한 실근은 $1+\sqrt{2}$이다.
따라서 이차방정식의 근과 계수의 관계에 의하여

$(1+\sqrt{2})+(1-\sqrt{2})=\dfrac{3+a}{2},\ 2=\dfrac{3+a}{2} \qquad \therefore a=1$

$(1+\sqrt{2})(1-\sqrt{2})=\dfrac{1-b}{2},\ -1=\dfrac{1-b}{2} \qquad \therefore b=3$

$\therefore a+3b=1+3\times3=10$

0471

답 3

(가)에서 이차함수 $f(x)=x^2-px+q$의 그래프가 x축에 접하므로 이차방정식 $x^2-px+q=0$의 판별식을 D라 하면

$D=(-p)^2-4q=0 \qquad \therefore q=\dfrac{p^2}{4} \qquad \cdots\cdots ㉠$

㉠을 $f(x)$에 대입하면

$f(x)=x^2-px+\dfrac{p^2}{4}=\left(x-\dfrac{p}{2}\right)^2$

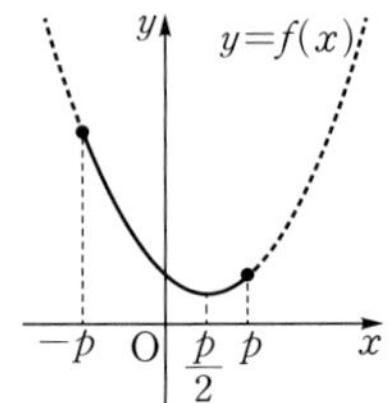

이차함수 $y=f(x)$의 그래프의 꼭짓점의 x좌표가 $\dfrac{p}{2}$이고 최고차항의 계수가 1이므로
$y=f(x)$의 그래프는 아래로 볼록하다.
(나)에서 $-p\le x\le p$에서 $f(x)$의 최댓값은 $f(-p)$이므로

$f(-p)=\left(-p-\dfrac{p}{2}\right)^2=\dfrac{9p^2}{4}=27 \qquad \therefore p^2=12$

$p^2=12$를 ㉠에 대입하면 $q=\dfrac{12}{4}=3$

$\therefore p^2-q^2=12-9=3$

짝기출 답 60

두 양수 p, q에 대하여 이차함수 $f(x)=-x^2+px-q$가 다음 조건을 만족시킬 때, p^2+q^2의 값을 구하시오.

> (가) $y=f(x)$의 그래프는 x축에 접한다.
> (나) $-p\le x\le p$에서 $f(x)$의 최솟값은 -54이다.

0472

답 ①

이차함수 $f(x)=x^2-x+k$의 그래프와 직선 $y=x+1$이 만나는 두 교점의 x좌표가 α, β이므로 이차방정식 $x^2-x+k=x+1$, 즉 $x^2-2x+k-1=0$의 두 실근이 α, β이다.
따라서 이차방정식의 근과 계수의 관계에 의하여

$\alpha+\beta=2 \qquad \cdots\cdots ㉠$

또한, 두 함수의 그래프는 오른쪽 그림과 같이 두 점 $A(\alpha,\ f(\alpha))$, $C(\beta,\ f(\beta))$에서 만난다.

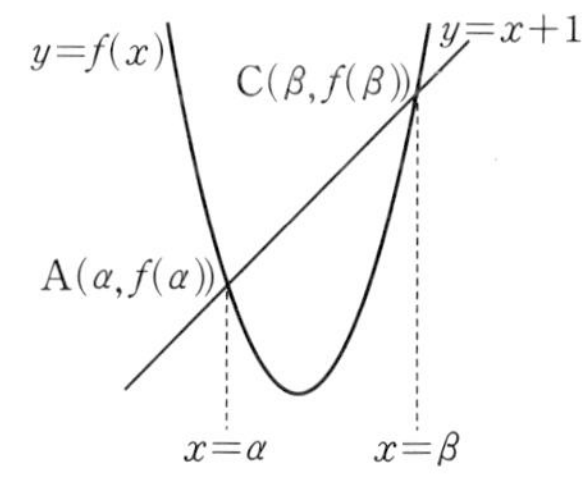

오른쪽 그림에서 직선 $y=x+1$의 기울기는 1이므로 $\overline{AB}=\overline{BC}$이고 점 $B(\beta,\ f(\alpha))$에 대하여 삼각형 ABC는 직각이등변삼각형이다.

$f(\alpha)=\alpha+1$, $f(\beta)=\beta+1$이므로

$f(\beta)-f(\alpha)=\beta-\alpha$

이때 삼각형 ABC의 넓이가 8이므로

$\frac{1}{2}\times\overline{AB}\times\overline{BC}=\frac{1}{2}\times(\beta-\alpha)^2=8$, $(\beta-\alpha)^2=16$

$\therefore\ \beta-\alpha=4\ (\because\ \alpha<\beta)$ ⋯⋯ ㉡

㉠, ㉡을 연립하여 풀면 $\alpha=-1$, $\beta=3$

이차방정식 $x^2-2x+k-1=0$의 한 근이 -1이므로

$(-1)^2-2\times(-1)+k-1=0$ $\therefore\ k=-2$

따라서 $f(x)=x^2-x-2$이므로

$f(6)=6^2-6-2=28$

0473

답 ④

두 함수 $y=f(x)$와 $y=g(x)$의 그래프의 교점의 x좌표를 구하면

$f(x)=g(x)$이므로 $x^2+n^2=2nx+1$

$x^2-2nx+n^2-1=0$, $x^2-2nx+(n+1)(n-1)=0$

$\{x-(n-1)\}\{x-(n+1)\}=0$ $\therefore\ x=n-1$ 또는 $x=n+1$

따라서 두 함수의 그래프가 만나는 두 점 중 x좌표가 작은 점을 A라 하면 두 점 A, B의 좌표는

$A(n-1,\ 2n^2-2n+1)$, $B(n+1,\ 2n^2+2n+1)$

그림과 같이 두 점 A, B에서 각각 x축에 내린 수선의 발 C, D에 대하여

$C(n-1,\ 0)$, $D(n+1,\ 0)$이므로

$\overline{AC}=2n^2-2n+1$,

$\overline{BD}=2n^2+2n+1$

$\therefore\ \overline{CD}=(n+1)-(n-1)=2$

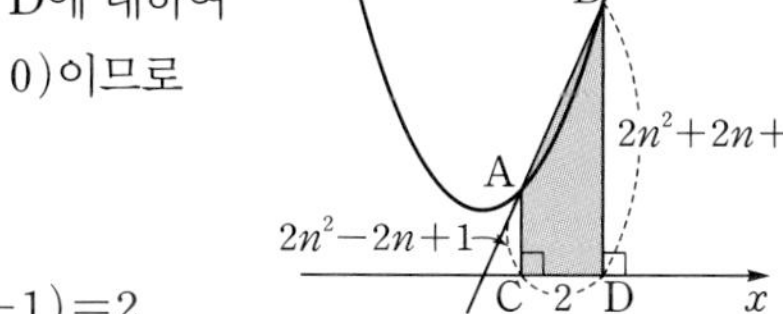

따라서 네 점 A, B, C, D를 꼭짓점으로 하는 사각형의 넓이는

$\frac{1}{2}\times(\overline{AC}+\overline{BD})\times\overline{CD}$

$=\frac{1}{2}\times\{(2n^2-2n+1)+(2n^2+2n+1)\}\times2$

$=\frac{1}{2}(4n^2+2)\times2=4n^2+2$

사각형의 넓이가 66이어야 하므로

$4n^2+2=66$, $n^2=16$ $\therefore\ n=4\ (\because\ n$은 자연수$)$

0474

답 $\frac{37}{2}$

이차함수 $y=x^2+3$의 그래프는 아래로 볼록하고 꼭짓점의 좌표가 $(0,\ 3)$이다.

또한 이차함수 $y=-x^2+x+6=-\left(x-\frac{1}{2}\right)^2+\frac{25}{4}$의 그래프는 위로 볼록하고 꼭짓점의 좌표가 $\left(\frac{1}{2},\ \frac{25}{4}\right)$이다.

따라서 두 그래프와 세 점에서 만나도록 하는 직선 $y=t$를 좌표평면 위에 나타내면 그림과 같다.

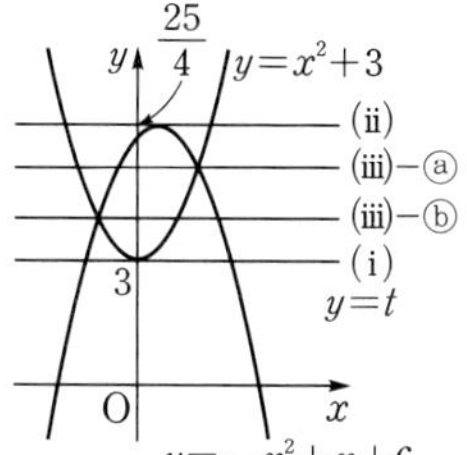

직선 $y=t$가 두 이차함수의 그래프와 만나는 서로 다른 점의 개수가 3인 경우는 다음과 같다.

(i) 직선 $y=t$가 이차함수 $y=x^2+3$의 그래프의 꼭짓점을 지날 때

이차함수 $y=x^2+3$의 그래프의 꼭짓점의 좌표는 $(0,\ 3)$이므로 $t=3$

(ii) 직선 $y=t$가 이차함수 $y=-x^2+x+6$의 그래프의 꼭짓점을 지날 때

이차함수 $y=-x^2+x+6$의 그래프의 꼭짓점의 좌표는 $\left(\frac{1}{2},\ \frac{25}{4}\right)$이므로 $t=\frac{25}{4}$

(iii) 직선 $y=t$가 두 이차함수의 그래프의 교점을 지날 때

두 이차함수 $y=x^2+3$, $y=-x^2+x+6$의 그래프의 교점의 x좌표는

$x^2+3=-x^2+x+6$에서 $2x^2-x-3=0$

$(x+1)(2x-3)=0$ $\therefore\ x=-1$ 또는 $x=\frac{3}{2}$

따라서 두 이차함수의 그래프의 교점의 좌표는 $\left(\frac{3}{2},\ \frac{21}{4}\right)$, $(-1,\ 4)$이다.

ⓐ 직선 $y=t$가 점 $\left(\frac{3}{2},\ \frac{21}{4}\right)$을 지날 때, $t=\frac{21}{4}$

ⓑ 직선 $y=t$가 점 $(-1,\ 4)$를 지날 때, $t=4$

(i)~(iii)에서 직선 $y=t$가 두 이차함수의 그래프와 만나는 서로 다른 점의 개수가 3이 되도록 하는 t의 값은

$t=3$ 또는 $t=\frac{25}{4}$ 또는 $t=\frac{21}{4}$ 또는 $t=4$

따라서 모든 실수 t의 값의 합은

$3+\frac{25}{4}+\frac{21}{4}+4=\frac{37}{2}$

짝기출 답 17

좌표평면에서 직선 $y=t$가 두 이차함수 $y=\frac{1}{2}x^2+3$, $y=-\frac{1}{2}x^2+x+5$의 그래프와 만날 때, 만나는 서로 다른 점의 개수가 3인 모든 실수 t의 값의 합을 구하시오.

07 여러 가지 방정식

유형 01 삼차방정식의 풀이

0475

답 ②

$x^3+3x^2-x-3=0$의 좌변을 인수분해하면

$x^2(x+3)-(x+3)=0$, $(x+3)(x^2-1)=0$

$(x+3)(x+1)(x-1)=0$

$\therefore x=-3$ 또는 $x=-1$ 또는 $x=1$

따라서 가장 큰 근은 1, 가장 작은 근은 -3이므로 두 수의 곱은

$1\times(-3)=-3$

0476

답 14

$f(x)=x^3-x^2+x-6$이라 하면

$f(2)=8-4+2-6=0$

조립제법을 이용하여 $f(x)$를 인수분해하면

2	1	-1	1	-6
		2	2	6
	1	1	3	0

$\therefore f(x)=(x-2)(x^2+x+3)$

즉, 주어진 방정식은 $(x-2)(x^2+x+3)=0$

$\therefore x=2$ 또는 $x=\dfrac{-1\pm\sqrt{11}i}{2}$

즉, $\alpha=2$, $\beta=-1$, $\gamma=11$이므로

$\alpha-\beta+\gamma=2-(-1)+11=14$

0477

답 2

$f(x)=x^3-2x^2-2x-3$이라 하면

$f(3)=27-18-6-3=0$

조립제법을 이용하여 $f(x)$를 인수분해하면

3	1	-2	-2	-3
		3	3	3
	1	1	1	0

$\therefore f(x)=(x-3)(x^2+x+1)$

이때 삼차방정식 $x^3-2x^2-2x-3=0$의 두 허근 α, β는 이차방정식 $x^2+x+1=0$의 두 근이므로 이차방정식의 근과 계수의 관계에 의하여

$\alpha+\beta=-1$, $\alpha\beta=1$

$\therefore \alpha^3+\beta^3=(\alpha+\beta)^3-3\alpha\beta(\alpha+\beta)$

$=(-1)^3-3\times1\times(-1)=2$

0478

답 ⑤

$(x+2)(x+1)(x-3)+12=-6x$에서

$(x+2)(x+1)(x-3)+6(x+2)=0$

$(x+2)\{(x+1)(x-3)+6\}=0$

$(x+2)(x^2-2x+3)=0$

따라서 주어진 방정식의 한 근은 -2이고 나머지 두 근은 이차방정식 $x^2-2x+3=0$의 근이다.

이때 $\gamma=-2$라 하면 α, β는 이차방정식 $x^2-2x+3=0$의 두 근이므로 이차방정식의 근과 계수의 관계에 의하여

$\alpha+\beta=2$, $\alpha\beta=3$

$\therefore \alpha^2+\beta^2=(\alpha+\beta)^2-2\alpha\beta=2^2-2\times3=-2$

$\therefore \alpha^2+\beta^2+\gamma^2=-2+(-2)^2=2$

유형 02 사차방정식의 풀이

0479

답 ④

$f(x)=x^4-x^3-2x^2-2x+4$라 하면

$f(1)=1-1-2-2+4=0$

$f(2)=16-8-8-4+4=0$

조립제법을 이용하여 $f(x)$를 인수분해하면

1	1	-1	-2	-2	4
		1	0	-2	-4
2	1	0	-2	-4	0
		2	4	4	
	1	2	2	0	

$\therefore f(x)=(x-1)(x-2)(x^2+2x+2)$

즉, 주어진 방정식은 $(x-1)(x-2)(x^2+2x+2)=0$

$\therefore x=1$ 또는 $x=2$ 또는 $x=-1\pm i$

따라서 모든 실근의 합은

$1+2=3$

0480

답 48

$f(x)=x^4+x^3-7x^2-x+6$이라 하면

$f(1)=1+1-7-1+6=0$

$f(2)=16+8-28-2+6=0$

조립제법을 이용하여 $f(x)$를 인수분해하면

1	1	1	-7	-1	6
		1	2	-5	-6
2	1	2	-5	-6	0
		2	8	6	
	1	4	3	0	

$\therefore f(x)=(x-1)(x-2)(x^2+4x+3)$

$=(x-1)(x-2)(x+1)(x+3)$

즉, 주어진 방정식은 $(x-1)(x-2)(x+1)(x+3)=0$

$\therefore x=-3$ 또는 $x=-1$ 또는 $x=1$ 또는 $x=2$

$\therefore (3-\alpha)(3-\beta)(3-\gamma)(3-\delta)$

$=(3+3)\times(3+1)\times(3-1)\times(3-2)$

$=48$

다른 풀이

사차방정식 $x^4+x^3-7x^2-x+6=0$의 네 근이 α, β, γ, δ이므로

$x^4+x^3-7x^2-x+6=(x-\alpha)(x-\beta)(x-\gamma)(x-\delta)$

위의 식의 양변에 $x=3$을 대입하면

$(3-\alpha)(3-\beta)(3-\gamma)(3-\delta)=81+27-63-3+6=48$

유형 03 공통부분이 있는 사차방정식의 풀이 - 치환 이용

0481
답 6

$x^2-4x=X$로 놓으면 주어진 방정식은
$X^2+9X+18=0$, $(X+6)(X+3)=0$
$\therefore X=-6$ 또는 $X=-3$
(i) $X=-6$일 때, $x^2-4x=-6$에서
$x^2-4x+6=0$
이 방정식의 판별식을 D_1이라 하면
$\frac{D_1}{4}=(-2)^2-1\times6=-2<0$
즉, 이 방정식은 서로 다른 두 허근을 갖는다.
(ii) $X=-3$일 때, $x^2-4x=-3$에서
$x^2-4x+3=0$
이 방정식의 판별식을 D_2라 하면
$\frac{D_2}{4}=(-2)^2-1\times3=1>0$
즉, 이 방정식은 서로 다른 두 실근을 갖는다.
(i), (ii)에서 주어진 방정식의 두 허근은 방정식 $x^2-4x+6=0$의 근이므로 구하는 모든 허근의 곱은 이차방정식의 근과 계수의 관계에 의하여 6이다.

0482
답 ⑤

$x^2-x=X$로 놓으면 주어진 방정식은
$(X-3)^2+X-15=0$, $X^2-5X-6=0$
$(X+1)(X-6)=0$ $\therefore X=-1$ 또는 $X=6$
(i) $X=-1$일 때, $x^2-x=-1$에서
$x^2-x+1=0$
이 방정식의 판별식을 D_1이라 하면
$D_1=(-1)^2-4\times1\times1=-3<0$
즉, 이 방정식은 서로 다른 두 허근을 갖는다.
(ii) $X=6$일 때, $x^2-x=6$에서
$x^2-x-6=0$
이 방정식의 판별식을 D_2라 하면
$D_2=(-1)^2-4\times1\times(-6)=25>0$
즉, 이 방정식은 서로 다른 두 실근을 갖는다.
(i), (ii)에서 주어진 방정식의
두 실근은 방정식 $x^2-x-6=0$의 근이고
두 허근은 방정식 $x^2-x+1=0$의 근이다.
따라서 이차방정식의 근과 계수의 관계에 의하여
$a=-6$, $b=1$
$\therefore b-a=1-(-6)=7$

0483
답 -65

$(x-2)(x+2)(x+3)(x+7)+19=0$에서
$\{(x-2)(x+7)\}\{(x+2)(x+3)\}+19=0$
$(x^2+5x-14)(x^2+5x+6)+19=0$
이때 $x^2+5x=X$로 놓으면
$(X-14)(X+6)+19=0$, $X^2-8X-65=0$
$(X+5)(X-13)=0$ $\therefore X=-5$ 또는 $X=13$
(i) $X=-5$일 때, $x^2+5x=-5$에서
$x^2+5x+5=0$
이 방정식의 판별식을 D_1이라 하면
$D_1=5^2-4\times1\times5=5>0$
즉, 이 방정식은 서로 다른 두 실근을 갖는다.
(ii) $X=13$일 때, $x^2+5x=13$에서
$x^2+5x-13=0$
이 방정식의 판별식을 D_2라 하면
$D_2=5^2-4\times1\times(-13)=77>0$
즉, 이 방정식은 서로 다른 두 실근을 갖는다.
(i), (ii)에서 주어진 방정식의 모든 실근의 곱은 이차방정식의 근과 계수의 관계에 의하여
$5\times(-13)=-65$

유형 04 $x^4+ax^2+b=0$ 꼴의 방정식의 풀이

0484
답 10

$x^2=X$로 놓으면 주어진 방정식은
$X^2-13X+36=0$, $(X-4)(X-9)=0$
$\therefore X=4$ 또는 $X=9$
즉, $x^2=4$ 또는 $x^2=9$이므로
$x=\pm2$ 또는 $x=\pm3$
$\therefore |\alpha|+|\beta|+|\gamma|+|\delta|=|2|+|-2|+|3|+|-3|$
$=10$

0485
답 ③

$x^2=X$로 놓으면 주어진 방정식은
$X^2+3X-18=0$, $(X+6)(X-3)=0$
$\therefore X=-6$ 또는 $X=3$
즉, $x^2=-6$ 또는 $x^2=3$이므로
$x=\pm\sqrt{6}i$ 또는 $x=\pm\sqrt{3}$
따라서 주어진 방정식의 실근은 $\pm\sqrt{3}$이므로 두 실근의 곱은
$\sqrt{3}\times(-\sqrt{3})=-3$

0486
답 ①

$x^4-7x^2+9=0$에서
$(x^4-6x^2+9)-x^2=0$, $(x^2-3)^2-x^2=0$
$(x^2+x-3)(x^2-x-3)=0$
$x^2+x-3=0$ 또는 $x^2-x-3=0$
$\therefore x=\frac{-1\pm\sqrt{13}}{2}$ 또는 $x=\frac{1\pm\sqrt{13}}{2}$
따라서 주어진 방정식의 두 음의 근은 $\frac{-1-\sqrt{13}}{2}$, $\frac{1-\sqrt{13}}{2}$이므로
$\alpha+\beta=\frac{-1-\sqrt{13}}{2}+\frac{1-\sqrt{13}}{2}=-\sqrt{13}$

0487

답 0

$x^4+6x^2+25=0$에서

$(x^4+10x^2+25)-4x^2=0$, $(x^2+5)^2-(2x)^2=0$

$(x^2+2x+5)(x^2-2x+5)=0$

$x^2+2x+5=0$ 또는 $x^2-2x+5=0$

방정식 $x^2+2x+5=0$의 두 근을 α, β,

방정식 $x^2-2x+5=0$의 두 근을 γ, δ라 하면

이차방정식의 근과 계수의 관계에 의하여

$\alpha+\beta=-2$, $\alpha\beta=5$, $\gamma+\delta=2$, $\gamma\delta=5$

$\therefore \frac{1}{\alpha}+\frac{1}{\beta}+\frac{1}{\gamma}+\frac{1}{\delta}=\frac{\alpha+\beta}{\alpha\beta}+\frac{\gamma+\delta}{\gamma\delta}$

$=\frac{-2}{5}+\frac{2}{5}=0$

유형 05 $ax^4+bx^3+cx^2+bx+a=0$ 꼴의 방정식의 풀이

0488

답 3

방정식 $x^4-2x^3-x^2-2x+1=0$의 양변을 x^2으로 나누면

$x^2-2x-1-\frac{2}{x}+\frac{1}{x^2}=0$, $x^2+\frac{1}{x^2}-2\left(x+\frac{1}{x}\right)-1=0$

$\left(x+\frac{1}{x}\right)^2-2\left(x+\frac{1}{x}\right)-3=0$

이때 $x+\frac{1}{x}=X$로 놓으면

$X^2-2X-3=0$, $(X+1)(X-3)=0$

$\therefore X=-1$ 또는 $X=3$

(i) $X=-1$일 때, $x+\frac{1}{x}=-1$에서

$x^2+x+1=0$ $\quad\therefore x=\frac{-1\pm\sqrt{3}i}{2}$

(ii) $X=3$일 때, $x+\frac{1}{x}=3$에서

$x^2-3x+1=0$ $\quad\therefore x=\frac{3\pm\sqrt{5}}{2}$

(i), (ii)에서 주어진 방정식의 실근의 합은

$\frac{3-\sqrt{5}}{2}+\frac{3+\sqrt{5}}{2}=3$

0489

답 5

방정식 $x^4-4x^3-3x^2-4x+1=0$의 양변을 x^2으로 나누면

$x^2-4x-3-\frac{4}{x}+\frac{1}{x^2}=0$, $x^2+\frac{1}{x^2}-4\left(x+\frac{1}{x}\right)-3=0$

$\left(x+\frac{1}{x}\right)^2-4\left(x+\frac{1}{x}\right)-5=0$

이때 $x+\frac{1}{x}=X$로 놓으면

$X^2-4X-5=0$, $(X+1)(X-5)=0$

$\therefore X=-1$ 또는 $X=5$

(i) $X=-1$일 때, $x+\frac{1}{x}=-1$에서

$x^2+x+1=0$

이 방정식의 판별식을 D_1이라 하면

$D_1=1^2-4\times1\times1=-3<0$

즉, 이 방정식은 서로 다른 두 허근을 갖는다.

(ii) $X=5$일 때, $x+\frac{1}{x}=5$에서

$x^2-5x+1=0$

이 방정식의 판별식을 D_2라 하면

$D_2=(-5)^2-4\times1\times1=21>0$

즉, 이 방정식은 서로 다른 두 실근을 갖는다.

(i), (ii)에서 α는 방정식 $x^2-5x+1=0$, 즉 $x+\frac{1}{x}=5$의 한 근이므로

$\alpha+\frac{1}{\alpha}=5$

0490

답 10

방정식 $x^4-10x^3+11x^2-10x+1=0$의 양변을 x^2으로 나누면

$x^2-10x+11-\frac{10}{x}+\frac{1}{x^2}=0$, $x^2+\frac{1}{x^2}-10\left(x+\frac{1}{x}\right)+11=0$

$\left(x+\frac{1}{x}\right)^2-10\left(x+\frac{1}{x}\right)+9=0$

이때 $x+\frac{1}{x}=X$로 놓으면

$X^2-10X+9=0$, $(X-1)(X-9)=0$

$\therefore X=1$ 또는 $X=9$

(i) $X=1$일 때, $x+\frac{1}{x}=1$에서

$x^2-x+1=0$

이 방정식의 판별식을 D_1이라 하면

$D_1=(-1)^2-4\times1\times1=-3<0$

즉, 이 방정식은 서로 다른 두 허근을 갖는다.

(ii) $X=9$일 때, $x+\frac{1}{x}=9$에서

$x^2-9x+1=0$

이 방정식의 판별식을 D_2라 하면

$D_2=(-9)^2-4\times1\times1=77>0$

즉, 이 방정식은 서로 다른 두 실근을 갖는다.

(i), (ii)에서 주어진 방정식의 두 실근은 방정식 $x^2-9x+1=0$의 근이고, 두 허근은 방정식 $x^2-x+1=0$의 근이다.

따라서 이차방정식의 근과 계수의 관계에 의하여

$a=9$, $b=1$

$\therefore a+b=9+1=10$

유형 06 근이 주어진 삼·사차방정식

0491

답 7

방정식 $x^3-kx^2-(k-3)x+4=0$의 한 근이 1이므로

$1-k-k+3+4=0$

$-2k+8=0$ $\quad\therefore k=4$

즉, 주어진 방정식은 $x^3-4x^2-x+4=0$이므로

$f(x)=x^3-4x^2-x+4$라 하면

$f(1)=0$

조립제법을 이용하여 $f(x)$를 인수분해하면

1	1	-4	-1	4
		1	-3	-4
	1	-3	-4	0

$\therefore f(x)=(x-1)(x^2-3x-4)$

즉, 주어진 방정식은 $(x-1)(x^2-3x-4)=0$

이때 α, β는 이차방정식 $x^2-3x-4=0$의 두 근이므로

이차방정식의 근과 계수의 관계에 의하여

$\alpha+\beta=3$

$\therefore k+\alpha+\beta=4+3=7$

0492

답 ⑤

방정식 $x^4-3x^3-ax^2+12x+16=0$의 한 근이 -1이므로

$1+3-a-12+16=0$

$-a+8=0 \qquad \therefore a=8$

즉, 주어진 방정식은 $x^4-3x^3-8x^2+12x+16=0$이므로

$f(x)=x^4-3x^3-8x^2+12x+16$이라 하면

$f(-1)=0$, $f(-2)=16+24-32-24+16=0$

조립제법을 이용하여 $f(x)$를 인수분해하면

-1	1	-3	-8	12	16
		-1	4	4	-16
-2	1	-4	-4	16	0
		-2	12	-16	
	1	-6	8	0	

$\therefore f(x)=(x+1)(x+2)(x^2-6x+8)$

$\qquad =(x+1)(x+2)(x-2)(x-4)$

즉, 주어진 방정식은 $(x+1)(x+2)(x-2)(x-4)=0$

$\therefore x=-2$ 또는 $x=-1$ 또는 $x=2$ 또는 $x=4$

따라서 $a=8$, $b=-2$, $c=4$이므로

$a+b+c=8+(-2)+4=10$

0493

답 $\frac{3}{2}$

주어진 방정식의 두 근이 1, 3이므로

$2-a+b-12+b=0$에서

$-a+2b=10$ …… ㉠

$162-27a+9b-36+b=0$에서

$-27a+10b=-126$ …… ㉡

㉠, ㉡을 연립하여 풀면 $a=8$, $b=9$

즉, 주어진 방정식은 $2x^4-8x^3+9x^2-12x+9=0$이므로

$f(x)=2x^4-8x^3+9x^2-12x+9$라 하면

$f(1)=0$, $f(3)=0$

조립제법을 이용하여 $f(x)$를 인수분해하면

1	2	-8	9	-12	9
		2	-6	3	-9
3	2	-6	3	-9	0
		6	0	9	
	2	0	3	0	

$\therefore f(x)=(x-1)(x-3)(2x^2+3)$

즉, 주어진 방정식은 $(x-1)(x-3)(2x^2+3)=0$

따라서 주어진 방정식의 나머지 두 근은 방정식 $2x^2+3=0$의 근이므로 이차방정식의 근과 계수의 관계에 의하여 구하는 곱은 $\frac{3}{2}$이다.

유형 07 근의 조건이 주어진 삼차방정식

0494

답 $\frac{23}{8}$

$f(x)=x^3-x^2-2(k+1)x+4k$라 하면

$f(2)=8-4-4(k+1)+4k=0$

조립제법을 이용하여 $f(x)$를 인수분해하면

2	1	-1	$-2(k+1)$	$4k$
		2	2	$-4k$
	1	1	$-2k$	0

$\therefore f(x)=(x-2)(x^2+x-2k)$

이때 방정식 $f(x)=0$이 중근을 가지려면

(i) 방정식 $x^2+x-2k=0$이 $x=2$를 근으로 갖는 경우

$4+2-2k=0 \qquad \therefore k=3$

(ii) 방정식 $x^2+x-2k=0$이 중근을 갖는 경우

이 이차방정식의 판별식을 D라 하면

$D=1^2-4\times1\times(-2k)=0$

$1+8k=0 \qquad \therefore k=-\frac{1}{8}$

(i), (ii)에서 모든 실수 k의 값의 합은

$3+\left(-\frac{1}{8}\right)=\frac{23}{8}$

0495

답 ①

$f(x)=x^3-3x^2-(k+4)x-k$라 하면

$f(-1)=-1-3+k+4-k=0$

조립제법을 이용하여 $f(x)$를 인수분해하면

-1	1	-3	$-(k+4)$	$-k$
		-1	4	k
	1	-4	$-k$	0

$\therefore f(x)=(x+1)(x^2-4x-k)$

이때 방정식 $f(x)=0$의 근이 모두 실수가 되려면 이차방정식 $x^2-4x-k=0$이 실근을 가져야 하므로

이 이차방정식의 판별식을 D라 하면

$\frac{D}{4}=(-2)^2-1\times(-k)\ge0 \qquad \therefore k\ge-4$

따라서 실수 k의 값이 될 수 있는 것은 ①이다.

0496

답 ⑤

$f(x)=x^3+3x^2+(k+2)x+2k$라 하면

$f(-2)=-8+12-2(k+2)+2k=0$

조립제법을 이용하여 $f(x)$를 인수분해하면

-2	1	3	$k+2$	$2k$
		-2	-2	$-2k$
	1	1	k	0

$\therefore f(x)=(x+2)(x^2+x+k)$

이때 방정식 $f(x)=0$의 서로 다른 실근이 한 개뿐이려면

(i) 이차방정식 $x^2+x+k=0$이 실근을 갖지 않는 경우

이 이차방정식의 판별식을 D라 하면

$D=1^2-4\times1\times k<0 \qquad \therefore k>\frac{1}{4}$

(ii) 이차방정식 $x^2+x+k=0$이 $x=-2$를 중근으로 갖는 경우

이를 만족시키는 k의 값이 존재하지 않는다.

(i), (ii)에서 실수 k의 값의 범위는

$k>\frac{1}{4}$

0497

답 $-\frac{7}{2}$

$f(x)=x^3-(a+1)x^2+a$라 하면

$f(1)=1-a-1+a=0$

조립제법을 이용하여 $f(x)$를 인수분해하면

1	1	$-(a+1)$	0	a
		1	$-a$	$-a$
	1	$-a$	$-a$	0

$\therefore f(x)=(x-1)(x^2-ax-a)$

이때 방정식 $f(x)=0$의 서로 다른 실근의 개수가 2이려면

(i) 방정식 $x^2-ax-a=0$이 $x=1$을 근으로 갖는 경우

$1-a-a=0,\ 2a=1 \qquad \therefore a=\frac{1}{2}$

(ii) 방정식 $x^2-ax-a=0$이 중근을 갖는 경우

이 이차방정식의 판별식을 D라 하면

$D=(-a)^2-4\times1\times(-a)=0$

$a^2+4a=0,\ a(a+4)=0 \qquad \therefore a=0$ 또는 $a=-4$

(i), (ii)에서 a의 값의 합은

$\frac{1}{2}+0+(-4)=-\frac{7}{2}$

0498

답 9

$f(x)=(k-1)x^3+(k+3)x^2+(2-k)x-k-4$라 하면

$f(1)=k-1+k+3+2-k-k-4=0$

$f(x)=0$이 삼차방정식이므로 $k-1\neq0 \qquad \therefore k\neq1$

조립제법을 이용하여 $f(x)$를 인수분해하면

1	$k-1$	$k+3$	$2-k$	$-k-4$
		$k-1$	$2k+2$	$k+4$
	$k-1$	$2k+2$	$k+4$	0

$\therefore f(x)=(x-1)\{(k-1)x^2+2(k+1)x+k+4\}$

이때 방정식 $(x-1)\{(k-1)x^2+2(k+1)x+k+4\}=0$이

서로 다른 세 실근을 가지려면 이차방정식

$(k-1)x^2+2(k+1)x+k+4=0$이 1이 아닌 서로 다른 두 실근을 가져야 하므로 이 이차방정식의 판별식을 D라 하면

$\frac{D}{4}=(k+1)^2-(k-1)(k+4)>0$

$-k+5>0 \qquad \therefore k<5 \qquad \cdots\cdots ㉠$

또한 $x=1$을 이차방정식 $(k-1)x^2+2(k+1)x+k+4=0$에 대입하면 성립하지 않아야 하므로

$k-1+2(k+1)+k+4\neq0,\ 4k+5\neq0 \qquad \therefore k\neq-\frac{5}{4} \qquad \cdots\cdots ㉡$

㉠, ㉡에서 $k<-\frac{5}{4}$ 또는 $-\frac{5}{4}<k<5$이므로 자연수 k는 1, 2, 3, 4

그런데 $k\neq1$이므로 구하는 합은

$2+3+4=9$

유형 08 삼차방정식의 근과 계수의 관계

0499

답 2

삼차방정식 $x^3-3x^2-mx+2=0$의 세 근이 $\alpha,\ \beta,\ \gamma$이므로 삼차방정식의 근과 계수의 관계에 의하여

$\alpha+\beta+\gamma=3,\ \alpha\beta+\beta\gamma+\gamma\alpha=-m,\ \alpha\beta\gamma=-2$

$\alpha+\beta=3-\gamma,\ \beta+\gamma=3-\alpha,\ \gamma+\alpha=3-\beta$이므로

$(\alpha+\beta)(\beta+\gamma)(\gamma+\alpha)$

$=(3-\gamma)(3-\alpha)(3-\beta)$

$=27-9(\alpha+\beta+\gamma)+3(\alpha\beta+\beta\gamma+\gamma\alpha)-\alpha\beta\gamma$

$=27-9\times3+3\times(-m)-(-2)$

$=-3m+2$

이때 $(\alpha+\beta)(\beta+\gamma)(\gamma+\alpha)=-4$이므로

$-3m+2=-4,\ -3m=-6 \qquad \therefore m=2$

다른 풀이

$(\alpha+\beta)(\beta+\gamma)(\gamma+\alpha)$

$=(\alpha\beta+\alpha\gamma+\beta^2+\beta\gamma)(\gamma+\alpha)$

$=\alpha\beta\gamma+\alpha\gamma^2+\beta^2\gamma+\beta\gamma^2+\alpha^2\beta+\alpha^2\gamma+\alpha\beta^2+\alpha\beta\gamma$

$=\alpha\beta\gamma+\alpha\gamma^2+\beta^2\gamma+\beta\gamma^2+\alpha^2\beta+\alpha^2\gamma+\alpha\beta^2+\alpha\beta\gamma+\alpha\beta\gamma-\alpha\beta\gamma$

$=(\alpha^2\beta+\alpha\beta^2+\alpha\beta\gamma)+(\alpha\beta\gamma+\beta^2\gamma+\beta\gamma^2)+(\gamma\alpha^2+\alpha\beta\gamma+\gamma^2\alpha)-\alpha\beta\gamma$

$=\alpha\beta(\alpha+\beta+\gamma)+\beta\gamma(\alpha+\beta+\gamma)+\gamma\alpha(\alpha+\beta+\gamma)-\alpha\beta\gamma$

$=(\alpha+\beta+\gamma)(\alpha\beta+\beta\gamma+\gamma\alpha)-\alpha\beta\gamma$

이므로

$(\alpha+\beta)(\beta+\gamma)(\gamma+\alpha)=(\alpha+\beta+\gamma)(\alpha\beta+\beta\gamma+\gamma\alpha)-\alpha\beta\gamma$

$-4=3\times(-m)-(-2),\ 3m=6 \qquad \therefore m=2$

0500

답 ③

삼차방정식 $x^3-12x^2+ax+b=0$의 세 근을 $\alpha-1,\ \alpha,\ \alpha+1$($\alpha$는 정수)이라 하면 삼차방정식의 근과 계수의 관계에 의하여

$(\alpha-1)+\alpha+(\alpha+1)=12,\ 3\alpha=12 \qquad \therefore \alpha=4$

따라서 세 근이 3, 4, 5이므로

$3\times4+4\times5+5\times3=a \qquad \therefore a=47$

$3\times4\times5=-b \qquad \therefore b=-60$

$\therefore a-b=47-(-60)=107$

0501

답 ④

방정식 $(x-4)(x+3)(x+1)+8=-5x$를 전개하여 정리하면
$x^3-8x-4=0$
삼차방정식 $x^3-8x-4=0$의 세 근이 α, β, γ이므로
삼차방정식의 근과 계수의 관계에 의하여
$\alpha+\beta+\gamma=0$, $\alpha\beta+\beta\gamma+\gamma\alpha=-8$, $\alpha\beta\gamma=4$

$$\therefore \frac{1}{\alpha^2}+\frac{1}{\beta^2}+\frac{1}{\gamma^2}=\frac{\beta^2\gamma^2+\gamma^2\alpha^2+\alpha^2\beta^2}{\alpha^2\beta^2\gamma^2}$$
$$=\frac{(\alpha\beta+\beta\gamma+\gamma\alpha)^2-2\alpha\beta\gamma(\alpha+\beta+\gamma)}{(\alpha\beta\gamma)^2}$$
$$=\frac{(-8)^2-2\times4\times0}{4^2}$$
$$=4$$

0502

답 ④

주어진 삼차방정식의 세 근을 α, 3α, β (α, β는 정수)라 하면
삼차방정식의 근과 계수의 관계에 의하여
$\alpha+3\alpha+\beta=2$ $\quad\therefore 4\alpha+\beta=2$ ...... ㉠
$\alpha\times3\alpha+3\alpha\times\beta+\beta\times\alpha=-5$
$\therefore 3\alpha^2+4\alpha\beta=-5$ ...... ㉡
$\alpha\times3\alpha\times\beta=-k$ $\quad\therefore k=-3\alpha^2\beta$ ...... ㉢
㉠에서 $\beta=2-4\alpha$이므로 이것을 ㉡에 대입하면
$3\alpha^2+4\alpha(2-4\alpha)=-5$, $13\alpha^2-8\alpha-5=0$
$(\alpha-1)(13\alpha+5)=0$ $\quad\therefore \alpha=1$ ($\because$ α는 정수)
$\alpha=1$을 ㉠에 대입하면 $4+\beta=2$ $\quad\therefore \beta=-2$
$\alpha=1$, $\beta=-2$를 ㉢에 대입하면
$k=-3\times1^2\times(-2)=6$

0503

답 4

이차방정식 $x^2+4x+p=0$의 두 근을 α, β라 하면
이차방정식의 근과 계수의 관계에 의하여
$\alpha+\beta=-4$, $\alpha\beta=p$
이때 α, β가 삼차방정식 $x^3+6x^2+qx-6=0$의 근이므로
나머지 한 근을 γ라 하면
삼차방정식의 근과 계수의 관계에 의하여
$\alpha+\beta+\gamma=-6$, $\alpha\beta+\beta\gamma+\gamma\alpha=q$, $\alpha\beta\gamma=6$
$\alpha+\beta+\gamma=-6$에서 $\alpha+\beta=-4$이므로 $\gamma=-2$
$\alpha\beta\gamma=6$에서 $\alpha\beta=p$, $\gamma=-2$이므로 $p=-3$
$\alpha\beta+\beta\gamma+\gamma\alpha=\alpha\beta+\gamma(\alpha+\beta)=q$에서
$\alpha+\beta=-4$, $\alpha\beta=-3$, $\gamma=-2$이므로 $q=5$
$\therefore (p+q)^2=(-3+5)^2=4$

유형 09 삼차방정식의 작성

0504

답 $x^3-x^2+10x+4=0$

삼차방정식 $x^3+5x^2-x+2=0$의 세 근이 α, β, γ이므로
삼차방정식의 근과 계수의 관계에 의하여
$\alpha+\beta+\gamma=-5$, $\alpha\beta+\beta\gamma+\gamma\alpha=-1$, $\alpha\beta\gamma=-2$

$$\therefore \frac{2}{\alpha}+\frac{2}{\beta}+\frac{2}{\gamma}=\frac{2(\alpha\beta+\beta\gamma+\gamma\alpha)}{\alpha\beta\gamma}=\frac{-2}{-2}=1,$$
$$\frac{2}{\alpha}\times\frac{2}{\beta}+\frac{2}{\beta}\times\frac{2}{\gamma}+\frac{2}{\gamma}\times\frac{2}{\alpha}=\frac{4(\alpha+\beta+\gamma)}{\alpha\beta\gamma}$$
$$=\frac{-20}{-2}=10,$$
$$\frac{2}{\alpha}\times\frac{2}{\beta}\times\frac{2}{\gamma}=\frac{8}{\alpha\beta\gamma}=\frac{8}{-2}=-4$$

따라서 $\frac{2}{\alpha}$, $\frac{2}{\beta}$, $\frac{2}{\gamma}$를 세 근으로 하고 x^3의 계수가 1인 삼차방정식은
$x^3-x^2+10x+4=0$

0505

답 ③

삼차방정식 $x^3-2x^2-x+1=0$의 세 근이 α, β, γ이므로
삼차방정식의 근과 계수의 관계에 의하여
$\alpha+\beta+\gamma=2$, $\alpha\beta+\beta\gamma+\gamma\alpha=-1$, $\alpha\beta\gamma=-1$
$\therefore (\alpha-1)+(\beta-1)+(\gamma-1)=\alpha+\beta+\gamma-3=-1$
$(\alpha-1)(\beta-1)+(\beta-1)(\gamma-1)+(\gamma-1)(\alpha-1)$
$=(\alpha\beta+\beta\gamma+\gamma\alpha)-2(\alpha+\beta+\gamma)+3$
$=-1-2\times2+3=-2$,
$(\alpha-1)(\beta-1)(\gamma-1)$
$=\alpha\beta\gamma-(\alpha\beta+\beta\gamma+\gamma\alpha)+(\alpha+\beta+\gamma)-1$
$=-1-(-1)+2-1=1$
즉, $\alpha-1$, $\beta-1$, $\gamma-1$을 세 근으로 하고 x^3의 계수가 1인 삼차방정식은
$x^3+x^2-2x-1=0$
따라서 $a=1$, $b=-2$, $c=-1$이므로
$abc=1\times(-2)\times(-1)=2$

0506

답 6

$f(1)=f(2)=f(4)=2$에서
$f(1)-2=f(2)-2=f(4)-2=0$
이므로 삼차방정식 $f(x)-2=0$의 세 근이 1, 2, 4이다.
이때 1, 2, 4를 세 근으로 하고 x^3의 계수가 1인 삼차방정식은
$x^3-(1+2+4)x^2+(1\times2+2\times4+4\times1)x-1\times2\times4=0$
$\therefore x^3-7x^2+14x-8=0$
즉, $f(x)-2=x^3-7x^2+14x-8$이므로
$f(x)=x^3-7x^2+14x-6$
따라서 삼차방정식의 근과 계수의 관계에 의하여 방정식 $f(x)=0$의 모든 근의 곱은 6이다.

유형 10 삼차방정식과 사차방정식의 켤레근

0507

답 ①

주어진 삼차방정식의 계수가 유리수이므로 $1-\sqrt{5}$가 근이면
$1+\sqrt{5}$도 근이다.

나머지 한 근을 α라 하면 삼차방정식의 근과 계수의 관계에 의하여
$\alpha+(1-\sqrt{5})+(1+\sqrt{5})=-a$에서
$\alpha+2=-a$ $\cdots\cdots$ ㉠
$\alpha(1-\sqrt{5})+(1-\sqrt{5})(1+\sqrt{5})+\alpha(1+\sqrt{5})=b$에서
$2\alpha-4=b$ $\cdots\cdots$ ㉡
$\alpha(1-\sqrt{5})(1+\sqrt{5})=-4$에서
$-4\alpha=-4$ $\therefore \alpha=1$
$\alpha=1$을 ㉠, ㉡에 각각 대입하면
$a=-3,\ b=-2$
$\therefore a+b=-3+(-2)=-5$

다른 풀이
삼차방정식 $x^3+ax^2+bx+4=0$의 한 근이 $1-\sqrt{5}$이므로
$(1-\sqrt{5})^3+a(1-\sqrt{5})^2+b(1-\sqrt{5})+4=0$
$(16-8\sqrt{5})+a(6-2\sqrt{5})+b-b\sqrt{5}+4=0$
$16-8\sqrt{5}+6a-2a\sqrt{5}+b-b\sqrt{5}+4=0$
$(20+6a+b)-(8+2a+b)\sqrt{5}=0$
무리수가 서로 같을 조건에 의하여
$20+6a+b=0,\ 8+2a+b=0$
위의 두 식을 연립하여 풀면
$a=-3,\ b=-2$
$\therefore a+b=-3+(-2)=-5$

0508

답 5

주어진 삼차방정식의 계수가 실수이므로 $1+\sqrt{3}i$가 근이면 $1-\sqrt{3}i$도 근이다.
따라서 주어진 방정식의 세 근이 $1+\sqrt{3}i,\ 2,\ 1-\sqrt{3}i$이므로
삼차방정식의 근과 계수의 관계에 의하여
$(1+\sqrt{3}i)+2+(1-\sqrt{3}i)=-\dfrac{b}{a}$에서
$\dfrac{b}{a}=-4$ $\cdots\cdots$ ㉠
$(1+\sqrt{3}i)\times 2+2\times(1-\sqrt{3}i)+(1-\sqrt{3}i)(1+\sqrt{3}i)=\dfrac{c}{a}$에서
$\dfrac{c}{a}=8$ $\cdots\cdots$ ㉡
$(1+\sqrt{3}i)\times 2\times(1-\sqrt{3}i)=\dfrac{8}{a}$에서 $a=1$
$a=1$을 ㉠, ㉡에 각각 대입하면
$b=-4,\ c=8$
$\therefore a+b+c=1+(-4)+8=5$

0509

답 -5

주어진 삼차방정식의 계수가 유리수이므로 $\dfrac{1}{2-\sqrt{3}}=2+\sqrt{3}$이 근이면 $2-\sqrt{3}$도 근이다.
나머지 한 근이 c이므로 삼차방정식의 근과 계수의 관계에 의하여
$(2+\sqrt{3})+(2-\sqrt{3})+c=5$에서
$c+4=5$ $\therefore c=1$
$(2+\sqrt{3})(2-\sqrt{3})+c(2-\sqrt{3})+c(2+\sqrt{3})=a$에서
$4c+1=a$ $\cdots\cdots$ ㉠
$c(2+\sqrt{3})(2-\sqrt{3})=-b$에서
$b=-c$ $\cdots\cdots$ ㉡
$c=1$을 ㉠, ㉡에 각각 대입하면
$a=5,\ b=-1$
$\therefore abc=5\times(-1)\times 1=-5$

0510

답 -3

삼차방정식 $f(x)=0$의 계수가 유리수이므로 $3+\sqrt{2}$가 근이면
$3-\sqrt{2}$도 근이다.
즉, 삼차방정식 $f(x)=0$의 세 근이 $-1,\ 3+\sqrt{2},\ 3-\sqrt{2}$이므로
삼차방정식의 근과 계수의 관계에 의하여
$-1+(3+\sqrt{2})+(3-\sqrt{2})=5$
$-1\times(3+\sqrt{2})+(3+\sqrt{2})(3-\sqrt{2})+(3-\sqrt{2})\times(-1)=1$
$-1\times(3+\sqrt{2})\times(3-\sqrt{2})=-7$
따라서 $-1,\ 3+\sqrt{2},\ 3-\sqrt{2}$를 세 근으로 하고 x^3의 계수가 1인 삼차방정식은 $x^3-5x^2+x+7=0$이므로
$f(x)=x^3-5x^2+x+7$
$\therefore f(2)=8-20+2+7=-3$

0511

답 9

주어진 삼차방정식의 계수가 실수이므로 $-1+2i$가 근이면
$-1-2i$도 근이다.
이때 $(-1+2i)(-1-2i)=5\neq-6$이므로 $-1+2i,\ -1-2i$는
이차방정식 $x^2+ax-6=0$의 두 근이 될 수 없다.
이차방정식 $x^2+ax-6=0$의 나머지 한 근을 n이라 하면
이차방정식의 근과 계수의 관계에 의하여
$m+n=-a$ $\cdots\cdots$ ㉠
이때 삼차방정식의 근과 계수의 관계에 의하여
$(-1+2i)+(-1-2i)+m=-a$
$\therefore -2+m=-a$ $\cdots\cdots$ ㉡
㉠, ㉡에서 $m+n=-2+m$이므로 $n=-2$
따라서 $x^2+ax-6=0$의 한 근이 -2이므로
$4-2a-6=0,\ 2a=-2$ $\therefore a=-1$
즉, 주어진 이차방정식은 $x^2-x-6=0$이므로
$(x+2)(x-3)=0$ $\therefore x=-2$ 또는 $x=3$
따라서 공통인 근은 3이므로 $m=3$
$\therefore m^2=3^2=9$

유형 11 방정식 $x^3=1,\ x^3=-1$의 허근의 성질

0512

답 ②

$\omega=\dfrac{1-\sqrt{3}i}{2}$에서 $2\omega-1=-\sqrt{3}i$
양변을 제곱하면 $4\omega^2-4\omega+1=-3$
$4\omega^2-4\omega+4=0$ $\therefore \omega^2-\omega+1=0$

양변에 $\omega+1$을 곱하면 $(\omega+1)(\omega^2-\omega+1)=0$

$\omega^3+1=0 \quad \therefore \omega^3=-1$

$\therefore \omega^{1005}+\frac{1}{\omega^{1005}}=(\omega^3)^{335}+\frac{1}{(\omega^3)^{335}}$

$=-1+(-1)=-2$

0513

답 ㄱ, ㄹ

ㄱ, ㄴ. $x^3=-1$에서 $x^3+1=0$, 즉 $(x+1)(x^2-x+1)=0$이므로 ω는 $x^2-x+1=0$의 한 허근이고, 방정식의 계수가 실수이므로 ω의 켤레복소수인 $\overline{\omega}$도 $x^2-x+1=0$의 근이다.

$\therefore \omega^3=-1,\ \omega^2-\omega+1=0,\ \overline{\omega}^2-\overline{\omega}+1=0,\ \omega+\overline{\omega}=1,\ \omega\overline{\omega}=1$

ㄷ. ㄱ에서 $\omega-1=\omega^2$, $\overline{\omega}^2+1=\overline{\omega}$이므로

$\frac{\omega^2}{\omega-1}+\frac{\overline{\omega}}{\overline{\omega}^2+1}=\frac{\omega^2}{\omega^2}+\frac{\overline{\omega}}{\overline{\omega}}=2$

ㄹ. $1-\omega+\omega^2-\omega^3+\omega^4-\omega^5+\cdots+\omega^{98}-\omega^{99}$

$=(1-\omega+\omega^2)-\omega^3(1-\omega+\omega^2)+\cdots+\omega^{96}(1-\omega+\omega^2)-\omega^{99}$

$=-\omega^{99}=-(\omega^3)^{33}=-(-1)^{33}=1$

따라서 옳은 것은 ㄱ, ㄹ이다.

0514

답 ①

$x^3=-1$에서 $x^3+1=0$, 즉 $(x+1)(x^2-x+1)=0$이므로 ω는 $x^2-x+1=0$의 한 허근이고, 방정식의 계수가 실수이므로 ω의 켤레복소수인 $\overline{\omega}$도 $x^2-x+1=0$의 근이다.

$\therefore \omega^3=-1,\ \overline{\omega}^3=-1,\ \omega^2-\omega+1=0,\ \overline{\omega}^2-\overline{\omega}+1=0,\ \omega+\overline{\omega}=1,$
$\omega\overline{\omega}=1$

ㄱ. $\omega^{2020}=(\omega^3)^{673}\times\omega=(-1)^{673}\times\omega=-\omega$이고,

$\overline{\omega}^{2020}=(\overline{\omega}^3)^{673}\times\overline{\omega}=(-1)^{673}\times\overline{\omega}=-\overline{\omega}$

$\therefore \omega^{2020}+\overline{\omega}^{2020}=-\omega-\overline{\omega}=-1$

ㄴ. $\frac{\omega^4}{1+\omega^2}+\frac{\overline{\omega}^5}{1-\overline{\omega}}=\frac{\omega^3\times\omega}{\omega}+\frac{\overline{\omega}^3\times\overline{\omega}^2}{-\overline{\omega}^2}$

$=\omega^3-\overline{\omega}^3$

$=-1-(-1)=0$

ㄷ. $1+2\omega+3\omega^2+4\omega^3+5\omega^4$

$=1+2\omega+3(\omega-1)-4-5\omega$

$=1+2\omega+3\omega-3-4-5\omega$

$=-6$

이므로 $a=-6,\ b=0$

$\therefore a+b=-6$

따라서 옳은 것은 ㄱ이다.

0515

답 ③

$x^3-1=0$에서 $(x-1)(x^2+x+1)=0$이므로 ω는 $x^2+x+1=0$의 한 허근이고, 방정식의 계수가 실수이므로 ω의 켤레복소수인 $\overline{\omega}$도 $x^2+x+1=0$의 근이다.

$\therefore \omega+\overline{\omega}=-1,\ \omega\overline{\omega}=1$

$\therefore \frac{(\omega-2)\overline{(\omega-2)}}{(3\omega+2)\overline{(3\omega+2)}}=\frac{(\omega-2)(\overline{\omega}-2)}{(3\omega+2)(3\overline{\omega}+2)}$

$=\frac{\omega\overline{\omega}-2(\omega+\overline{\omega})+4}{9\omega\overline{\omega}+6(\omega+\overline{\omega})+4}$

$=\frac{1-2\times(-1)+4}{9+6\times(-1)+4}=1$

0516

답 -6

$x^3=1$에서 $x^3-1=0$, 즉 $(x-1)(x^2+x+1)=0$이므로 ω는 $x^2+x+1=0$의 한 허근이다.

$\therefore \omega^3=1,\ \omega^2+\omega+1=0$

$\therefore \frac{\omega}{\omega^2+1}+\frac{\omega^2}{\omega^4+1}+\frac{\omega^3}{\omega^6+1}=\frac{\omega}{\omega^2+1}+\frac{\omega^2}{\omega+1}+\frac{1}{1+1}$

$=\frac{\omega}{-\omega}+\frac{\omega^2}{-\omega^2}+\frac{1}{2}$

$=-1-1+\frac{1}{2}=-\frac{3}{2}$

이때 $\omega^3=1$에서 $\omega=\omega^4=\omega^7=\cdots$이고, $\omega^2=\omega^5=\omega^8=\cdots$이므로

$\frac{\omega}{\omega^2+1}+\frac{\omega^2}{\omega^4+1}+\frac{\omega^3}{\omega^6+1}+\cdots+\frac{\omega^{12}}{\omega^{24}+1}=4\times\left(-\frac{3}{2}\right)=-6$

0517

답 ④

조립제법을 이용하여 주어진 방정식을 인수분해하면

-1	1	1	0	-8	-8
		-1	0	0	8
2	1	0	0	-8	0
		2	4	8	
	1	2	4	0	

$\therefore (x+1)(x-2)(x^2+2x+4)=0$

즉, 방정식 $x^2+2x+4=0$의 서로 다른 두 허근이 $\omega,\ \overline{\omega}$이다.

ㄱ. $\overline{\omega}$가 방정식 $x^2+2x+4=0$의 한 근이므로

$\overline{\omega}^2+2\overline{\omega}+4=0 \quad \therefore \overline{\omega}^2+4=-2\overline{\omega}$

ㄴ. 이차방정식의 근과 계수의 관계에 의하여

$\omega+\overline{\omega}=-2,\ \omega\overline{\omega}=4$

$\therefore \frac{1}{\omega}+\frac{1}{\overline{\omega}}=\frac{\omega+\overline{\omega}}{\omega\overline{\omega}}=\frac{-2}{4}=-\frac{1}{2}$

ㄷ. $x^2+2x+4=0$의 양변에 $x-2$를 곱하면

$(x-2)(x^2+2x+4)=0,\ x^3-8=0 \quad \therefore x^3=8$

$\therefore \omega^3=8$

$\therefore \omega^7+32\omega^2+128=(\omega^3)^2\times\omega+32\omega^2+128$

$=64\omega+32\omega^2+128$

$=32(\omega^2+2\omega+4)$

$=0$

따라서 옳은 것은 ㄴ, ㄷ이다.

유형 12 삼차방정식의 활용

0518

답 6

$\pi x^2(x-3)=108\pi$이므로

$x^3-3x^2-108=0$

조립제법을 이용하여 인수분해하면

6	1	-3	0	-108
		6	18	108
	1	3	18	0

위의 조립제법으로부터

$(x-6)(x^2+3x+18)=0$

$\therefore x=6$ 또는 $x=\dfrac{-3\pm3\sqrt{7}i}{2}$

그런데 $x-3>0$에서 $x>3$이므로 $x=6$

0519

답 ②

처음 정육면체의 한 모서리의 길이를 x cm라 하면

(직육면체의 부피)$=\dfrac{8}{3}\times$(처음 정육면체의 부피)이므로

$(x-1)(x+1)(x+6)=\dfrac{8}{3}x^3$

$5x^3-18x^2+3x+18=0$

조립제법을 이용하여 인수분해하면

3	5	-18	3	18
		15	-9	-18
	5	-3	-6	0

위의 조립제법으로부터

$(x-3)(5x^2-3x-6)=0$

$\therefore x=3$ 또는 $x=\dfrac{3\pm\sqrt{129}}{10}$

그런데 x는 자연수이므로 $x=3$

따라서 처음 정육면체의 한 모서리의 길이는 3 cm이다.

0520

답 ③

원기둥의 밑면의 반지름의 길이를 r라 하면

원기둥의 높이는 $r+8$이다.

용기 전체의 부피가 648π이므로

$\dfrac{1}{2}\times\dfrac{4}{3}\pi r^3+\pi r^2(r+8)=648\pi$

$5r^3+24r^2-1944=0$

조립제법을 이용하여 인수분해하면

6	5	24	0	-1944
		30	324	1944
	5	54	324	0

위의 조립제법으로부터

$(r-6)(5r^2+54r+324)=0$

$\therefore r=6$ 또는 $r=\dfrac{-27\pm9\sqrt{11}i}{5}$

그런데 $r>0$이므로 $r=6$

따라서 밑면의 반지름의 길이는 6이다.

0521

답 2

$A=$(입체도형의 겉넓이)$=24x^2(\text{cm}^2)$

$B=$(입체도형의 부피)$=6x^3(\text{cm}^3)$

$A=B+48$에서 $24x^2=6x^3+48$

$x^3-4x^2+8=0$

조립제법을 이용하여 인수분해하면

2	1	-4	0	8
		2	-4	-8
	1	-2	-4	0

위의 조립제법으로부터

$(x-2)(x^2-2x-4)=0$

$\therefore x=2$ 또는 $x=1\pm\sqrt{5}$

그런데 x는 자연수이므로 $x=2$

0522

답 ④

주어진 전개도로 만든 직육면체의 겉넓이는

$2\{x(x-1)+x(x^2-9)+(x-1)(x^2-9)\}$

$=2(2x^3-19x+9)$

$=4x^3-38x+18(\text{cm}^2)$

이때 겉넓이가 122 cm^2이므로

$4x^3-38x+18=122$, $2x^3-19x-52=0$

조립제법을 이용하여 인수분해하면

4	2	0	-19	-52
		8	32	52
	2	8	13	0

위의 조립제법으로부터

$(x-4)(2x^2+8x+13)=0$

$\therefore x=4$ 또는 $x=\dfrac{-4\pm\sqrt{10}i}{2}$

그런데 $x>0$이므로 $x=4$

0523

답 24

선분 AD가 삼각형 ABC의 외접원의 접선이므로 $\angle\text{BAD}=90^\circ$

직각삼각형 ABC와 직각삼각형 DBA는 닮음이므로

$\overline{\text{AB}}:\overline{\text{DB}}=\overline{\text{BC}}:\overline{\text{BA}}$ $\quad\therefore \overline{\text{AB}}^2=\overline{\text{BC}}\times\overline{\text{DB}}$

$(3x+4)^2=3x\times\left(3x+x^2+3x+\dfrac{2}{3}\right)$

$3x^3+9x^2-22x-16=0$

조립제법을 이용하여 인수분해하면

2	3	9	-22	-16
		6	30	16
	3	15	8	0

위의 조립제법으로부터

$(x-2)(3x^2+15x+8)=0$

$\therefore x=2$ 또는 $x=\dfrac{-15\pm\sqrt{129}}{6}$

이때 $x>0$이므로 $x=2$

즉, $\overline{\text{AB}}=10$, $\overline{\text{BC}}=6$이므로 피타고라스 정리에 의하여

$\overline{\text{AC}}=\sqrt{10^2-6^2}=\sqrt{64}=8$

$\therefore$ (삼각형 ABC의 넓이)$=\dfrac{1}{2}\times6\times8=24$

유형 13 $\begin{cases}\text{일차방정식}\\\text{이차방정식}\end{cases}$ 꼴의 연립이차방정식

0524

답 ④

$\begin{cases} 3x+y=1 & \cdots\cdots ㉠ \\ x^2+y^2=5 & \cdots\cdots ㉡ \end{cases}$

㉠에서 $y=1-3x$ ⋯⋯ ㉢

㉢을 ㉡에 대입하면

$x^2+(1-3x)^2=5$, $5x^2-3x-2=0$

$(5x+2)(x-1)=0$ $\therefore x=-\frac{2}{5}$ 또는 $x=1$

이것을 ㉢에 대입하면 주어진 연립방정식의 해는

$x=-\frac{2}{5}$, $y=\frac{11}{5}$ 또는 $x=1$, $y=-2$

$\therefore \alpha=-\frac{2}{5}$, $\beta=\frac{11}{5}$ 또는 $\alpha=1$, $\beta=-2$

$\therefore \alpha+\beta=\frac{9}{5}$ 또는 $\alpha+\beta=-1$

따라서 $\alpha+\beta$의 값이 될 수 있는 것은 ④이다.

0525

답 ②

$\begin{cases} x-y=7 & \cdots\cdots ㉠ \\ x^2+y^2-xy=79 & \cdots\cdots ㉡ \end{cases}$

㉠에서 $y=x-7$ ⋯⋯ ㉢

㉢을 ㉡에 대입하면

$x^2+(x-7)^2-x(x-7)=79$, $x^2-7x-30=0$

$(x+3)(x-10)=0$ $\therefore x=-3$ 또는 $x=10$

이것을 ㉢에 대입하면 주어진 연립방정식의 해는

$x=-3$, $y=-10$ 또는 $x=10$, $y=3$

이때 $\alpha>0$, $\beta>0$이므로 $\alpha=10$, $\beta=3$

$\therefore \alpha\beta=10\times3=30$

0526

답 -6

$\begin{cases} 2x+y=3 & \cdots\cdots ㉠ \\ x^2-xy=6 & \cdots\cdots ㉡ \end{cases}$

㉠에서 $y=3-2x$ ⋯⋯ ㉢

㉢을 ㉡에 대입하면

$x^2-x(3-2x)=6$, $x^2-x-2=0$

$(x+1)(x-2)=0$ $\therefore x=-1$ 또는 $x=2$

이것을 ㉢에 대입하면 주어진 연립방정식의 해는

$x=-1$, $y=5$ 또는 $x=2$, $y=-1$

$\therefore \alpha=-1$, $\beta=5$ 또는 $\alpha=2$, $\beta=-1$

$\therefore \alpha-\beta=-6$ 또는 $\alpha-\beta=3$

따라서 $\alpha-\beta$의 최솟값은 -6이다.

0527

답 15

$\begin{cases} x+y=2 \\ 3x-y=a \end{cases}$의 해가 $\begin{cases} 2x+by=1 \\ x^2+3y^2=12 \end{cases}$의 해가 되므로

두 연립방정식의 공통인 해는 연립방정식

$\begin{cases} x+y=2 & \cdots\cdots ㉠ \\ x^2+3y^2=12 & \cdots\cdots ㉡ \end{cases}$

를 만족시킨다.

㉠에서 $x=2-y$ ⋯⋯ ㉢

㉢을 ㉡에 대입하면

$(2-y)^2+3y^2=12$, $y^2-y-2=0$

$(y+1)(y-2)=0$ $\therefore y=-1$ 또는 $y=2$

이것을 ㉢에 대입하면 위의 연립방정식의 해는

$x=3$, $y=-1$ 또는 $x=0$, $y=2$

(i) $x=3$, $y=-1$을 $3x-y=a$, $2x+by=1$에 각각 대입하면

$9+1=a$, $6-b=1$ $\therefore a=10$, $b=5$

(ii) $x=0$, $y=2$를 $3x-y=a$, $2x+by=1$에 각각 대입하면

$-2=a$, $2b=1$ $\therefore a=-2$, $b=\frac{1}{2}$

(i), (ii)에서 a, b는 자연수이므로

$a=10$, $b=5$

$\therefore a+b=10+5=15$

0528

답 ④

주어진 두 연립방정식의 해가 일치하므로 이 해는 연립방정식

$\begin{cases} x-y=5 & \cdots\cdots ㉠ \\ x^2-y^2=5 & \cdots\cdots ㉡ \end{cases}$

를 만족시킨다.

㉠에서 $x=y+5$ ⋯⋯ ㉢

㉢을 ㉡에 대입하면

$(y+5)^2-y^2=5$, $10y+20=0$ $\therefore y=-2$

이것을 ㉢에 대입하면 $x=3$

$x=3$, $y=-2$를 $4x-y=a$, $2x+y=b$에 각각 대입하면

$12-(-2)=a$, $6-2=b$ $\therefore a=14$, $b=4$

$\therefore a-b=14-4=10$

0529

답 ⑤

두 연립방정식의 해가 일치하므로 연립방정식

$\begin{cases} x^2+y^2=a & \cdots\cdots ㉠ \\ x+y=-2 & \cdots\cdots ㉡ \end{cases}$

의 해는 한 쌍이다.

㉡에서 $y=-x-2$ ⋯⋯ ㉢

㉢을 ㉠에 대입하면

$x^2+(-x-2)^2=a$, $2x^2+4x+4-a=0$

이 이차방정식이 중근을 가져야 하므로

이 방정식의 판별식을 D라 하면

$\frac{D}{4}=4-2(4-a)=0$ $\therefore a=2$

$a=2$를 $2x^2+4x+4-a=0$에 대입하면

$2x^2+4x+2=0$, $x^2+2x+1=0$

$(x+1)^2=0$ $\therefore x=-1$

$x=-1$을 ㉢에 대입하면 $y=-1$

$x=-1$, $y=-1$을 $bx+cy+3=0$, $x-by-c=0$에 각각 대입하면

$b+c=3$, $b-c=1$

위의 두 식을 연립하여 풀면 $b=2$, $c=1$

$\therefore a+b+c=2+2+1=5$

유형 14 $\begin{cases}\text{이차방정식}\\ \text{이차방정식}\end{cases}$ 꼴의 연립이차방정식

0530

답 6

$\begin{cases} x^2-3xy+2y^2=0 & \cdots\cdots ㉠ \\ x^2+5xy-4y^2=40 & \cdots\cdots ㉡ \end{cases}$

㉠에서 $(x-y)(x-2y)=0$

$\therefore x=y$ 또는 $x=2y$

(i) $x=y$를 ㉡에 대입하면

$y^2+5y^2-4y^2=40,\ 2y^2=40,\ y^2=20 \quad \therefore y=\pm2\sqrt{5}$

$\therefore x=\pm2\sqrt{5},\ y=\pm2\sqrt{5}$ (복부호동순)

(ii) $x=2y$를 ㉡에 대입하면

$4y^2+10y^2-4y^2=40,\ 10y^2=40,\ y^2=4 \quad \therefore y=\pm2$

$\therefore x=\pm4,\ y=\pm2$ (복부호동순)

(i), (ii)에서 x, y가 자연수이므로

$x=4,\ y=2$

$\therefore x+y=4+2=6$

0531

답 ②

$\begin{cases} x^2+y^2=40 & \cdots\cdots ㉠ \\ x^2-2xy-3y^2=0 & \cdots\cdots ㉡ \end{cases}$

㉡에서 $(x+y)(x-3y)=0$

$\therefore x=-y$ 또는 $x=3y$

(i) $x=-y$를 ㉠에 대입하면

$y^2+y^2=40,\ 2y^2=40,\ y^2=20 \quad \therefore y=\pm2\sqrt{5}$

$\therefore x=\pm2\sqrt{5},\ y=\mp2\sqrt{5}$ (복부호동순)

(ii) $x=3y$를 ㉠에 대입하면

$9y^2+y^2=40,\ 10y^2=40,\ y^2=4 \quad \therefore y=\pm2$

$\therefore x=\pm6,\ y=\pm2$ (복부호동순)

(i), (ii)에서 x, y는 정수이고, $\alpha_1>\alpha_2$이므로

$\alpha_1=6,\ \beta_1=2$ 또는 $\alpha_2=-6,\ \beta_2=-2$

$\therefore \beta_2-\beta_1=-2-2=-4$

0532

답 -6

$\begin{cases} x^2-xy-2y^2=0 & \cdots\cdots ㉠ \\ x^2+2xy-y^2=28 & \cdots\cdots ㉡ \end{cases}$

㉠에서 $(x+y)(x-2y)=0$

$\therefore x=-y$ 또는 $x=2y$

(i) $x=-y$를 ㉡에 대입하면

$y^2-2y^2-y^2=28,\ y^2=-14 \quad \therefore y=\pm\sqrt{14}i$

$\therefore x=\pm\sqrt{14}i,\ y=\mp\sqrt{14}i$ (복부호동순)

$\therefore \alpha+\beta=0$

(ii) $x=2y$를 ㉡에 대입하면

$4y^2+4y^2-y^2=28,\ 7y^2=28,\ y^2=4 \quad \therefore y=\pm2$

$\therefore x=\pm4,\ y=\pm2$ (복부호동순)

$\therefore \alpha+\beta=6$ 또는 $\alpha+\beta=-6$

(i), (ii)에서 $\alpha+\beta$의 최솟값은 -6이다.

유형 15 대칭형의 식으로 이루어진 연립이차방정식

0533

답 4

$x+y=u,\ xy=v$로 놓으면 주어진 연립방정식은

$\begin{cases} u^2-2v=5 & \cdots\cdots ㉠ \\ v=2 & \cdots\cdots ㉡ \end{cases}$

㉡을 ㉠에 대입하면

$u^2-4=5,\ u^2=9 \quad \therefore u=\pm3$

(i) $u=3,\ v=2$, 즉 $x+y=3,\ xy=2$일 때,

x, y는 이차방정식 $t^2-3t+2=0$의 두 근이므로

$(t-1)(t-2)=0 \quad \therefore t=1$ 또는 $t=2$

$\therefore \begin{cases} x=1 \\ y=2 \end{cases}$ 또는 $\begin{cases} x=2 \\ y=1 \end{cases}$

(ii) $u=-3,\ v=2$, 즉 $x+y=-3,\ xy=2$일 때,

x, y는 이차방정식 $t^2+3t+2=0$의 두 근이므로

$(t+1)(t+2)=0 \quad \therefore t=-1$ 또는 $t=-2$

$\therefore \begin{cases} x=-1 \\ y=-2 \end{cases}$ 또는 $\begin{cases} x=-2 \\ y=-1 \end{cases}$

(i), (ii)에서 구하는 순서쌍 (x, y)는

$(-2, -1), (-1, -2), (1, 2), (2, 1)$의 4개이다.

0534

답 ①

$x+y=u,\ xy=v$로 놓으면 주어진 연립방정식은

$\begin{cases} u^2-v=7 & \cdots\cdots ㉠ \\ u+v=-5 & \cdots\cdots ㉡ \end{cases}$

㉡에서 $v=-u-5 \quad \cdots\cdots ㉢$

㉢을 ㉠에 대입하면

$u^2-(-u-5)=7,\ u^2+u-2=0$

$(u+2)(u-1)=0 \quad \therefore u=-2$ 또는 $u=1$

이것을 ㉢에 대입하면

$u=-2,\ v=-3$ 또는 $u=1,\ v=-6$

(i) $u=-2,\ v=-3$, 즉 $x+y=-2,\ xy=-3$일 때,

x, y는 이차방정식 $t^2+2t-3=0$의 두 근이므로

$(t+3)(t-1)=0 \quad \therefore t=-3$ 또는 $t=1$

$\therefore \begin{cases} x=-3 \\ y=1 \end{cases}$ 또는 $\begin{cases} x=1 \\ y=-3 \end{cases}$

$\therefore \alpha+\beta=-2$

(ii) $u=1,\ v=-6$, 즉 $x+y=1,\ xy=-6$일 때,

x, y는 이차방정식 $t^2-t-6=0$의 두 근이므로

$(t+2)(t-3)=0 \quad \therefore t=-2$ 또는 $t=3$

$\therefore \begin{cases} x=-2 \\ y=3 \end{cases}$ 또는 $\begin{cases} x=3 \\ y=-2 \end{cases}$

$\therefore \alpha+\beta=1$

(i), (ii)에서 $\alpha+\beta$의 최댓값은 1이다.

0535

답 -2

$x+y=u,\ xy=v$로 놓으면 주어진 연립방정식은

$\begin{cases} u^2-2v+u=2 & \cdots\cdots ㉠ \\ u^2-v=1 & \cdots\cdots ㉡ \end{cases}$

㉡에서 $v=u^2-1$ ...... ㉢

㉢을 ㉠에 대입하면

$u^2-2(u^2-1)+u=2$, $u^2-u=0$

$u(u-1)=0$ $\therefore u=0$ 또는 $u=1$

이것을 ㉢에 대입하면

$u=0$, $v=-1$ 또는 $u=1$, $v=0$

(i) $u=0$, $v=-1$, 즉 $x+y=0$, $xy=-1$일 때,

x, y는 이차방정식 $t^2-1=0$의 두 근이므로

$(t+1)(t-1)=0$ $\therefore t=-1$ 또는 $t=1$

$\therefore \begin{cases} x=-1 \\ y=1 \end{cases}$ 또는 $\begin{cases} x=1 \\ y=-1 \end{cases}$

$\therefore x-y=-2$ 또는 $x-y=2$

(ii) $u=1$, $v=0$, 즉 $x+y=1$, $xy=0$일 때,

x, y는 이차방정식 $t^2-t=0$의 두 근이므로

$t(t-1)=0$ $\therefore t=0$ 또는 $t=1$

$\therefore \begin{cases} x=0 \\ y=1 \end{cases}$ 또는 $\begin{cases} x=1 \\ y=0 \end{cases}$

$\therefore x-y=-1$ 또는 $x-y=1$

(i), (ii)에서 $x-y$의 최솟값은 -2이다.

유형 16 해에 대한 조건이 주어진 연립이차방정식

0536 답 8

$\begin{cases} x+y=k & \cdots\cdots ㉠ \\ x^2+y^2=32 & \cdots\cdots ㉡ \end{cases}$

㉠에서 $y=k-x$

이것을 ㉡에 대입하면

$x^2+(k-x)^2=32$

$\therefore 2x^2-2kx+k^2-32=0$

이를 만족시키는 x의 값이 오직 한 개 존재해야 하므로

이 이차방정식의 판별식을 D라 하면

$\frac{D}{4}=(-k)^2-2\times(k^2-32)=0$

$-k^2+64=0$, $k^2=64$ $\therefore k=\pm 8$

따라서 자연수 k의 값은 8이다.

0537 답 ⑤

$\begin{cases} 2x+y=1 & \cdots\cdots ㉠ \\ x^2-ky=-6 & \cdots\cdots ㉡ \end{cases}$

㉠에서 $y=1-2x$

이것을 ㉡에 대입하면

$x^2-k(1-2x)=-6$

$\therefore x^2+2kx-k+6=0$ ...... ㉢

이를 만족시키는 x의 값이 오직 한 개 존재해야 하므로

이 이차방정식의 판별식을 D라 하면

$\frac{D}{4}=k^2-1\times(-k+6)=0$

$k^2+k-6=0$, $(k+3)(k-2)=0$

$\therefore k=-3$ 또는 $k=2$

이때 $k>0$이므로 $k=2$

$k=2$를 ㉢에 대입하면

$x^2+4x+4=0$, $(x+2)^2=0$ $\therefore x=-2$

$x=-2$를 ㉠에 대입하면 $y=5$

따라서 $\alpha=-2$, $\beta=5$이므로

$\alpha+\beta+k=-2+5+2=5$

0538 답 3

주어진 연립방정식을 만족시키는 실수 x, y는 이차방정식

$t^2-2(a-3)t+a^2-9=0$의 두 실근이다.

이를 만족시키는 실수 t의 값이 존재해야 하므로

이 이차방정식의 판별식을 D라 하면

$\frac{D}{4}=\{-(a-3)\}^2-(a^2-9)\geq 0$

$-6a+18\geq 0$ $\therefore a\leq 3$

따라서 실수 a의 최댓값은 3이다.

유형 17 공통인 근을 갖는 방정식

0539 답 ④

두 이차방정식의 공통인 근이 α이므로

$\begin{cases} \alpha^2-k\alpha+8=0 & \cdots\cdots ㉠ \\ \alpha^2+8\alpha-k=0 & \cdots\cdots ㉡ \end{cases}$

㉠$-$㉡을 하면 $-(k+8)\alpha+8+k=0$

$(k+8)(-\alpha+1)=0$ $\therefore k=-8$ 또는 $\alpha=1$

(i) $k=-8$일 때, 두 이차방정식은 일치하므로

서로 다른 두 이차방정식이라는 조건을 만족시키지 않는다.

(ii) $\alpha=1$일 때, 이것을 ㉠에 대입하면

$1-k+8=0$ $\therefore k=9$

(i), (ii)에서 $k-\alpha=9-1=8$

0540 답 ③

두 이차방정식의 공통인 근을 α라 하면

$\begin{cases} 2\alpha^2+(m-1)\alpha-15=0 & \cdots\cdots ㉠ \\ 2\alpha^2+(m+3)\alpha-3=0 & \cdots\cdots ㉡ \end{cases}$

㉠$-$㉡을 하면 $-4\alpha-12=0$ $\therefore \alpha=-3$

$\alpha=-3$을 ㉠에 대입하면

$18+(m-1)\times(-3)-15=0$ $\therefore m=2$

0541 답 64

두 방정식 $f(x)=0$, $g(x)=0$의 공통인 근을 α라 하면

$\begin{cases} \alpha^2+m\alpha+4n=0 & \cdots\cdots ㉠ \\ \alpha^2+n\alpha+4m=0 & \cdots\cdots ㉡ \end{cases}$

㉠$-$㉡을 하면 $(m-n)\alpha+4(n-m)=0$

$(m-n)(a-4)=0 \quad \therefore m=n$ 또는 $a=4$
그런데 $m=n$이면 두 이차방정식은 일치하므로
서로 다른 두 이차식이라는 조건을 만족시키지 않는다.
$\therefore a=4$
공통인 근이 아닌 $f(x)=0$의 나머지 근과 $g(x)=0$의 나머지 근의 비가 $4:1$이므로 두 근을 $4t$, t $(t\neq0)$라 하면
이차방정식의 근과 계수의 관계에 의하여
$4+4t=-m$, $4\times4t=4n \quad \therefore m=-4t-4$, $n=4t$
$4+t=-n$, $4\times t=4m \quad \therefore n=-t-4$, $m=t$
즉, $-4t-4=t$, $4t=-t-4$이므로 $t=-\frac{4}{5}$
따라서 $m=-\frac{4}{5}$, $n=-\frac{16}{5}$이므로
$25mn=25\times\left(-\frac{4}{5}\right)\times\left(-\frac{16}{5}\right)=64$

유형 18 연립이차방정식의 활용

0542
답 8 cm

원에 내접하는 직각삼각형의 빗변이 아닌 두 변의 길이를 각각 x cm, y cm라 하면 직각삼각형의 빗변의 길이가 17 cm이고 둘레의 길이가 40 cm이므로
$\begin{cases} x^2+y^2=289 & \cdots\cdots ㉠ \\ x+y+17=40 & \cdots\cdots ㉡ \end{cases}$
㉡에서 $y=23-x \quad \cdots\cdots ㉢$
㉢을 ㉠에 대입하면
$x^2+(23-x)^2=289$, $x^2-23x+120=0$
$(x-8)(x-15)=0 \quad \therefore x=8$ 또는 $x=15$
이것을 ㉢에 대입하면
$x=8$, $y=15$ 또는 $x=15$, $y=8$
따라서 직각삼각형의 세 변의 길이는 8 cm, 15 cm, 17 cm이므로 가장 짧은 변의 길이는 8 cm이다.

0543
답 86

처음 수의 십의 자리의 숫자를 x, 일의 자리의 숫자를 y라 하면
$\begin{cases} x^2+y^2=100 & \cdots\cdots ㉠ \\ (10y+x)+(10x+y)=154 & \cdots\cdots ㉡ \end{cases}$
㉡에서 $11x+11y=154$, $x+y=14$
$\therefore y=14-x \quad \cdots\cdots ㉢$
㉢을 ㉠에 대입하면
$x^2+(14-x)^2=100$, $x^2-14x+48=0$
$(x-6)(x-8)=0 \quad \therefore x=6$ 또는 $x=8$
이것을 ㉢에 대입하면
$x=6$, $y=8$ 또는 $x=8$, $y=6$
그런데 $x>y$이므로 $x=8$, $y=6$
따라서 처음 수는 86이다.

0544
답 18

처음 땅의 가로의 길이를 x, 세로의 길이를 y라 하면
$\begin{cases} x^2+y^2=45 & \cdots\cdots ㉠ \\ (x-1)(y+1)=xy+2 & \cdots\cdots ㉡ \end{cases}$
㉡에서 $xy+x-y-1=xy+2$, $x-y=3$
$\therefore x=y+3 \quad \cdots\cdots ㉢$
㉢을 ㉠에 대입하면
$(y+3)^2+y^2=45$, $y^2+3y-18=0$
$(y+6)(y-3)=0 \quad \therefore y=-6$ 또는 $y=3$
그런데 $y>0$이므로 $y=3$
이것을 ㉢에 대입하면 $x=6$
따라서 처음 땅의 넓이는 $6\times3=18$

0545
답 6 cm

정사각형 A의 한 변의 길이를 x cm, 정사각형 C의 한 변의 길이를 y cm라 하면 정사각형 B의 한 변의 길이는 $2x$ cm이므로
$\begin{cases} 4x+4\times2x+4y=48 & \cdots\cdots ㉠ \\ x^2+4x^2+y^2=56 & \cdots\cdots ㉡ \end{cases}$
㉠에서 $3x+y=12 \quad \therefore y=12-3x \quad \cdots\cdots ㉢$
㉡에서 $5x^2+y^2=56 \quad \cdots\cdots ㉣$
㉢을 ㉣에 대입하면
$5x^2+(12-3x)^2=56$, $7x^2-36x+44=0$
$(x-2)(7x-22)=0 \quad \therefore x=2$ 또는 $x=\frac{22}{7}$
이것을 ㉢에 대입하면
$x=2$, $y=6$ 또는 $x=\frac{22}{7}$, $y=\frac{18}{7}$
그런데 $2x<y$이므로 $x=2$, $y=6$
따라서 정사각형 C의 한 변의 길이는 6 cm이다.

0546
답 35

처음 학생 수를 x, 한 학생에게 나누어 준 젤리의 개수를 y라 하면 총 젤리의 수는 560이므로
$xy=560$
5명의 학생이 더 왔을 때 한 학생이 받은 젤리의 수는 $y-2$이므로
$(x+5)(y-2)=560$
$\begin{cases} xy=560 & \cdots\cdots ㉠ \\ (x+5)(y-2)=560 & \cdots\cdots ㉡ \end{cases}$
㉡에서 $xy-2x+5y-10=560$
$\therefore xy-2x+5y-570=0$
㉠을 위의 식에 대입하면
$-2x+5y=10 \quad \therefore y=2+\frac{2}{5}x \quad \cdots\cdots ㉢$
㉢을 ㉠에 대입하면
$x\left(2+\frac{2}{5}x\right)=560$, $x^2+5x-1400=0$
$(x+40)(x-35)=0 \quad \therefore x=-40$ 또는 $x=35$
그런데 $x>0$이므로 $x=35$
따라서 처음에 교실에 모여 있던 학생 수는 35이다.

유형 19 정수 조건의 부정방정식

0547

답 ④

$xy-x-y-1=0$에서

$x(y-1)-(y-1)-2=0$

$\therefore (x-1)(y-1)=2$

이때 x, y는 정수이므로

$x-1$	-2	-1	1	2
$y-1$	-1	-2	2	1

$\therefore \begin{cases} x=-1 \\ y=0 \end{cases}$ 또는 $\begin{cases} x=0 \\ y=-1 \end{cases}$ 또는 $\begin{cases} x=2 \\ y=3 \end{cases}$ 또는 $\begin{cases} x=3 \\ y=2 \end{cases}$

따라서 $x+y$의 최댓값은 5이다.

0548

답 -8

$\frac{1}{x}+\frac{1}{y}=\frac{1}{3}$에서 $\frac{x+y}{xy}=\frac{1}{3}$

$3x+3y=xy$, $xy-3x-3y=0$

$x(y-3)-3(y-3)-9=0$

$\therefore (x-3)(y-3)=9$

이때 x, y는 0이 아닌 정수이므로

$x-3$	-9	-1	1	3	9
$y-3$	-1	-9	9	3	1

$\therefore \begin{cases} x=-6 \\ y=2 \end{cases}$ 또는 $\begin{cases} x=2 \\ y=-6 \end{cases}$ 또는

$\begin{cases} x=4 \\ y=12 \end{cases}$ 또는 $\begin{cases} x=6 \\ y=6 \end{cases}$ 또는 $\begin{cases} x=12 \\ y=4 \end{cases}$

따라서 $x-y$의 최솟값은 -8이다.

0549

답 7

이차방정식 $x^2-(a-1)x+a+1=0$의 두 근을 α, β라 하면 이차방정식의 근과 계수의 관계에 의하여

$\alpha+\beta=a-1$ ······ ㉠

$\alpha\beta=a+1$ ······ ㉡

㉡$-$㉠을 하면 $\alpha\beta-\alpha-\beta=2$

$\alpha(\beta-1)-(\beta-1)-1=2$

$\therefore (\alpha-1)(\beta-1)=3$

이때 α, β가 양의 정수이므로

$\alpha-1$	1	3
$\beta-1$	3	1

$\therefore \begin{cases} \alpha=2 \\ \beta=4 \end{cases}$ 또는 $\begin{cases} \alpha=4 \\ \beta=2 \end{cases}$

$\therefore \alpha+\beta=6$

이것을 ㉠에 대입하면

$6=a-1$ $\quad\therefore a=7$

0550

답 48

$(x^2-x)(x^2-x+1)+k(x^2-x)+6$

$=(x^2-x-a)(x^2-x-b)$

에서 $x^2-x=X$로 놓으면 주어진 방정식은

$X(X+1)+kX+6=(X-a)(X-b)$

$X^2+(k+1)X+6=X^2-(a+b)X+ab$

이 식은 X에 대한 항등식이므로

$a+b=-k-1$, $ab=6$ ······ ㉠

㉠에서 $ab=6$이고 a, b $(a<b)$가 자연수이므로

$a=1$, $b=6$ 또는 $a=2$, $b=3$

(i) $a=1$, $b=6$인 경우

$-k-1=a+b=1+6=7$

$\therefore k=-8$

(ii) $a=2$, $b=3$인 경우

$-k-1=a+b=2+3=5$

$\therefore k=-6$

(i), (ii)에서 모든 상수 k의 값의 곱은

$-8\times(-6)=48$

유형 20 실수 조건의 부정방정식

0551

답 -3

$2x^2+8xy+17y^2+8x-2y+17=0$에서

$(x^2+8xy+16y^2)+(x^2+8x+16)+(y^2-2y+1)=0$

$\therefore (x+4y)^2+(x+4)^2+(y-1)^2=0$

이때 x, y가 실수이므로

$x+4y=0$, $x+4=0$, $y-1=0$

$\therefore x=-4$, $y=1$

$\therefore x+y=-4+1=-3$

0552

답 ②

$x^2+4xy+8y^2-4y+1=0$에서

$(x^2+4xy+4y^2)+(4y^2-4y+1)=0$

$\therefore (x+2y)^2+(2y-1)^2=0$

이때 x, y가 실수이므로

$x+2y=0$, $2y-1=0$

$\therefore x=-1$, $y=\frac{1}{2}$

$\therefore x+y=-1+\frac{1}{2}=-\frac{1}{2}$

0553

답 -3

$x^2+2xy+2y^2+4x+2y+5=0$에서

$x^2+2(y+2)x+2y^2+2y+5=0$ ······ ㉠

이를 만족시키는 x, y가 실수이므로 주어진 이차방정식은 실근을 가져야 한다.

2권

x에 대한 이차방정식 ㉠의 판별식을 D라 하면

$\frac{D}{4}=(y+2)^2-(2y^2+2y+5)\geq 0$

$-y^2+2y-1\geq 0$, $y^2-2y+1\leq 0$

$\therefore (y-1)^2\leq 0$

이때 y는 실수이므로

$y-1=0$ $\quad\therefore y=1$

$y=1$을 ㉠에 대입하면

$x^2+6x+9=0$, $(x+3)^2=0$ $\quad\therefore x=-3$

$\therefore xy=-3\times 1=-3$

PART B' 기출 & 기출변형 문제

0554

답 ⑤

$x^3-x^2-kx+k=0$에서 $x^2(x-1)-k(x-1)=0$

$(x-1)(x^2-k)=0$ $\quad\therefore x=1$ 또는 $x^2=k$

0이 아닌 실수 k에 대하여 $k>0$이면 주어진 방정식의 모든 근이 실수이므로 α, β 중 실수는 하나뿐이라는 조건을 만족시키지 않는다.

$k<0$이면 주어진 방정식의 실근은 $x=1$뿐이고, α, β 중에서 실수가 존재하므로 $\alpha=1$ 또는 $\beta=1$이다.

(i) $\alpha=1$일 때, $\alpha^2=-2\beta$에서 $\beta=-\frac{1}{2}\alpha^2=-\frac{1}{2}$이므로

α, β 중 실수는 하나뿐이라는 조건을 만족시키지 않는다.

(ii) $\beta=1$일 때, $\alpha^2=-2\beta$에서 $\alpha^2=-2$

이때 α, γ는 방정식 $x^2=k$의 근이므로

$k=\alpha^2=-2$이고 $\gamma^2=k=-2$

(i), (ii)에서 $\beta=1$, $\gamma^2=-2$

$\therefore \beta^2+\gamma^2=1^2+(-2)=-1$

0555

답 ④

삼차방정식의 근과 계수의 관계에 의하여

$\alpha+\beta+\gamma=-m$, $\alpha\beta+\beta\gamma+\gamma\alpha=1$, $\alpha\beta\gamma=-2$

$\therefore (2-\alpha)(2-\beta)(2-\gamma)$

$=8-4(\alpha+\beta+\gamma)+2(\alpha\beta+\beta\gamma+\gamma\alpha)-\alpha\beta\gamma$

$=8+4m+2+2$

$=12+4m$

이때 $(2-\alpha)(2-\beta)(2-\gamma)=4$이므로

$12+4m=4$, $4m=-8$ $\quad\therefore m=-2$

$\therefore m+5=-2+5=3$

짝기출 답 ②

삼차방정식 $x^3+2x^2-3x+4=0$의 세 근을 α, β, γ라 할 때, $(3+\alpha)(3+\beta)(3+\gamma)$의 값은?

① -5 ② -4 ③ -3 ④ -2 ⑤ -1

0556

답 20

$x^2+2x=X$로 놓으면 주어진 방정식은

$X(X-10)-75=0$, $X^2-10X-75=0$

$(X+5)(X-15)=0$ $\quad\therefore X=-5$ 또는 $X=15$

(i) $X=-5$일 때, $x^2+2x=-5$에서 $x^2+2x+5=0$

이 방정식의 판별식을 D_1이라 하면

$\frac{D_1}{4}=1-1\times 5=-4<0$

즉, 이 방정식은 서로 다른 두 허근을 갖는다.

(ii) $X=15$일 때, $x^2+2x=15$에서 $x^2+2x-15=0$

이 방정식의 판별식을 D_2라 하면

$\frac{D_2}{4}=1-1\times(-15)=16>0$

즉, 이 방정식은 서로 다른 두 실근을 갖는다.

(i), (ii)에서 주어진 방정식의 두 실근은 방정식 $x^2+2x-15=0$의 근이고 두 허근은 방정식 $x^2+2x+5=0$의 근이다.

따라서 이차방정식의 근과 계수의 관계에 의하여 $a=-15$, $b=5$

$\therefore b-a=5-(-15)=20$

짝기출 답 6

사차방정식 $(x^2-5x)(x^2-5x+13)+42=0$의 모든 실근의 곱을 구하시오.

0557

답 ①

$f(x)=x^3-5x^2+(a+6)x-3a$라 하면

$f(3)=27-45+3(a+6)-3a=0$

조립제법을 이용하여 $f(x)$를 인수분해하면

3	1	-5	$a+6$	$-3a$
		3	-6	$3a$
	1	-2	a	0

$\therefore f(x)=(x-3)(x^2-2x+a)$

이때 방정식 $f(x)=0$의 서로 다른 실근의 개수가 3이 되려면 이차방정식 $x^2-2x+a=0$이 3이 아닌 서로 다른 두 실근을 가져야 하므로 이 이차방정식의 판별식을 D라 하면

$\frac{D}{4}=(-1)^2-a>0$ $\quad\therefore a<1$ $\quad\cdots\cdots$ ㉠

또한 $x=3$을 $x^2-2x+a=0$에 대입하면 성립하지 않아야 하므로

$9-6+a\neq 0$ $\quad\therefore a\neq -3$ $\quad\cdots\cdots$ ㉡

㉠, ㉡에서 $a<-3$ 또는 $-3<a<1$

따라서 정수 a의 최댓값은 0이다.

짝기출 답 7

삼차방정식 $x^3-5x^2+(a+4)x-a=0$의 서로 다른 실근의 개수가 2가 되도록 하는 모든 실수 a의 값의 합을 구하시오.

0558

답 39

두 삼각형 ABC, DBA에서 ∠B는 공통이고

∠BAD=∠BCA이므로

$\triangle ABC \backsim \triangle DBA$ (AA 닮음)
따라서 $\overline{AB}=x$, $\overline{CD}=y$라 하면 $\overline{AC}=y-1$이므로
$\overline{AB}:\overline{BD}=\overline{AC}:\overline{AD}$에서
$x:8=(y-1):6$, $8(y-1)=6x$
$\therefore x=\frac{4}{3}(y-1)$
$\overline{AB}:\overline{BD}=\overline{BC}:\overline{AB}$에서
$x:8=(8+y):x$, $x^2=8(8+y)$ $\quad\therefore x^2=64+8y$
연립방정식 $\begin{cases} x=\frac{4}{3}(y-1) & \cdots\cdots ㉠ \\ x^2=64+8y & \cdots\cdots ㉡ \end{cases}$에서 ㉠을 ㉡에 대입하면
$\left\{\frac{4}{3}(y-1)\right\}^2=64+8y$, $\frac{16}{9}(y-1)^2=64+8y$
양변에 $\frac{9}{8}$를 곱하면 $2(y-1)^2=72+9y$
$2(y^2-2y+1)=72+9y$, $2y^2-4y+2=72+9y$
$2y^2-13y-70=0$, $(2y+7)(y-10)=0$
$\therefore y=10$ ($\because y>0$)
이를 ㉠에 대입하면
$x=\frac{4}{3}(10-1)=\frac{4}{3}\times 9=12$
따라서 $\overline{AB}=12$, $\overline{AC}=9$, $\overline{BC}=18$이므로
삼각형 ABC의 둘레의 길이는
$\overline{AB}+\overline{AC}+\overline{BC}=12+9+18=39$

0559

답 ⑤

$f(x)=x^3-(a-1)x^2-(a+2)x+2a$라 하면
$f(a)=0$, $f(a-5)=0$
조립제법을 이용하여 $f(x)$를 인수분해하면

a	1	$-a+1$	$-a-2$	$2a$
		a	a	$-2a$
	1	1	-2	0

$\therefore f(x)=(x-a)(x^2+x-2)$
$=(x-a)(x+2)(x-1)$
즉, 주어진 방정식은 $(x-a)(x+2)(x-1)=0$
$\therefore x=a$ 또는 $x=-2$ 또는 $x=1$
(i) $f(a)=0$에서 $a=-2$ 또는 $a=1$
$a=-2$일 때, 주어진 방정식의 근은 $x=-2$ (중근) 또는 $x=1$
$a=1$일 때, 주어진 방정식의 근은 $x=-2$ 또는 $x=1$ (중근)
이므로 두 근이 a, $a-5$라는 조건을 만족시키지 않는다.
(ii) $f(a-5)=0$에서 $a-5=-2$ 또는 $a-5=1$
$\therefore a=3$ 또는 $a=6$
$a=3$일 때, 주어진 방정식의 근은 $x=-2$ 또는 $x=1$ 또는 $x=3$
$a=6$일 때, 주어진 방정식의 근은 $x=-2$ 또는 $x=1$ 또는 $x=6$
이므로 두 근이 a, $a-5$라는 조건을 만족시킨다.
(i), (ii)에서 모든 실수 a의 값의 곱은
$3\times 6=18$

다른 풀이

주어진 방정식의 한 근이 $a-5$이므로
$(a-5)^3-(a-1)(a-5)^2-(a+2)(a-5)+2a=0$
$-5a^2+45a-90=0$, $a^2-9a+18=0$
$(a-3)(a-6)=0$ $\quad\therefore a=3$ 또는 $a=6$
따라서 모든 실수 a의 값의 곱은
$3\times 6=18$

짝기출 답 ②

다항식 $f(x)=x^3-(a+4)x^2+(4a-5)x+5a$에 대하여 $f(a)=f(a+3)=0$을 만족시키는 실수 a의 값의 합은?

① -4 ② -2 ③ 0 ④ 2 ⑤ 4

0560

답 ④

$\begin{cases} 2x-y=5 & \cdots\cdots ㉠ \\ x^2-ky=4 & \cdots\cdots ㉡ \end{cases}$
㉠에서 $y=2x-5$
이것을 ㉡에 대입하면
$x^2-k(2x-5)=4$, $x^2-2kx+5k-4=0$
이를 만족시키는 x의 값이 오직 한 개 존재해야 하므로
이 이차방정식의 판별식을 D라 하면
$\frac{D}{4}=(-k)^2-(5k-4)=0$
$k^2-5k+4=0$, $(k-1)(k-4)=0$
$\therefore k=1$ 또는 $k=4$
따라서 모든 실수 k의 값의 합은
$1+4=5$

짝기출 답 ②

x, y에 대한 연립방정식 $\begin{cases} 2x+y=1 \\ x^2-ky=-6 \end{cases}$이 오직 한 쌍의 해를 갖도록 하는 양수 k의 값은?

① 1 ② 2 ③ 3 ④ 4 ⑤ 5

0561

답 ⑤

$x^3=1$에서 $x^3-1=0$, 즉 $(x-1)(x^2+x+1)=0$이므로
ω는 $x^2+x+1=0$의 한 허근이고, 방정식의 계수가 실수이므로
ω의 켤레복소수인 $\overline{\omega}$도 $x^2+x+1=0$의 근이다.
$\therefore \omega^2+\omega+1=0$, $\overline{\omega}^2+\overline{\omega}+1=0$, $\omega+\overline{\omega}=-1$, $\omega\overline{\omega}=1$
ㄱ. ω가 방정식 $x^3=1$의 한 허근이므로 ω의 켤레복소수인 $\overline{\omega}$도 방정식 $x^3=1$의 근이다.
$\therefore \overline{\omega}^3=1$
ㄴ. $\frac{1}{\omega}+\left(\frac{1}{\omega}\right)^2=\frac{1}{\omega}+\frac{1}{\omega^2}=\frac{\omega+1}{\omega^2}=\frac{-\omega^2}{\omega^2}=-1$
$\frac{1}{\overline{\omega}}+\left(\frac{1}{\overline{\omega}}\right)^2=\frac{1}{\overline{\omega}}+\frac{1}{\overline{\omega}^2}=\frac{\overline{\omega}+1}{\overline{\omega}^2}=\frac{-\overline{\omega}^2}{\overline{\omega}^2}=-1$
$\therefore \frac{1}{\omega}+\left(\frac{1}{\omega}\right)^2=\frac{1}{\overline{\omega}}+\left(\frac{1}{\overline{\omega}}\right)^2$

ㄷ. (좌변)$=(-\omega-1)^n=(\omega^2)^n$

(우변)$=\left(\dfrac{\overline{\omega}}{\omega+\overline{\omega}}\right)^n=(-\overline{\omega})^n$ ($\because \omega+\overline{\omega}=-1$)

$=\left(-\dfrac{1}{\omega}\right)^n=(-1)^n\times\left(\dfrac{1}{\omega}\right)^n$

$=(-1)^n\times(\omega^2)^n$ ($\because \omega^3=1$이므로 $\omega^2=\dfrac{1}{\omega}$)

즉, $(-\omega-1)^n=\left(\dfrac{\overline{\omega}}{\omega+\overline{\omega}}\right)^n$에서

$(\omega^2)^n=(-1)^n\times(\omega^2)^n$

위의 식의 양변을 $(\omega^2)^n$으로 나누면

$1=(-1)^n$

따라서 $1=(-1)^n$을 만족시키는 n은 짝수이므로 100 이하의 짝수 n의 개수는 50이다.

따라서 옳은 것은 ㄱ, ㄴ, ㄷ이다.

0562

답 -6

주어진 식을 정리하면

$(x^2+x-2y)+(2x^2+3x-5y)i=-4-13i$

두 복소수가 서로 같을 조건에 의하여

$\begin{cases} x^2+x-2y=-4 & \cdots\cdots ㉠ \\ 2x^2+3x-5y=-13 & \cdots\cdots ㉡ \end{cases}$

㉠$\times 2-$㉡을 하면

$-x+y=5 \quad \therefore y=x+5 \quad \cdots\cdots$ ㉢

㉢을 ㉠에 대입하면

$x^2+x-2(x+5)=-4$

$x^2-x-6=0$, $(x+2)(x-3)=0$

$\therefore x=-2$ 또는 $x=3$

(i) $x=-2$를 ㉢에 대입하면 $y=3$

$\therefore xy=-2\times 3=-6$

(ii) $x=3$을 ㉢에 대입하면 $y=8$

$\therefore xy=3\times 8=24$

(i), (ii)에서 xy의 최솟값은 -6이다.

Bible Says 이차항을 소거하는 연립이차방정식

두 식이 모두 인수분해가 되지 않고 이차항을 소거할 수 있으면

❶ 이차항을 소거하여 일차방정식을 얻는다.

❷ ❶에서 얻은 일차방정식을 이차방정식에 대입하여 푼다.

{(이차식)=0, (이차식)=0} ➡ 인수분해되는 식이 없음 ➡ 이차항 또는 상수항 소거

짝기출 답 ⑤

등식 $(3+2i)x^2-5(2y+i)x=8+12i$를 만족시키는 두 정수 x, y에 대하여 $x+y$의 값은? (단, $i=\sqrt{-1}$이다.)

① 1 ② 2 ③ 3 ④ 4 ⑤ 5

0563

답 4

(가)에서 $f(x)=x^4-2x^3-2x^2+8x-8$이라 하면

$f(-2)=16+16-8-16-8=0$

$f(2)=16-16-8+16-8=0$

조립제법을 이용하여 $f(x)$를 인수분해하면

-2	1	-2	-2	8	-8
		-2	8	-12	8
2	1	-4	6	-4	0
		2	-4	4	
	1	-2	2	0	

$\therefore f(x)=(x+2)(x-2)(x^2-2x+2)$

즉, 주어진 방정식은 $(x+2)(x-2)(x^2-2x+2)=0$

$\therefore x=-2$ 또는 $x=2$ 또는 $x=1-i$ 또는 $x=1+i$

(나)에서 $(z-\overline{z})i=\{(a+bi)-(a-bi)\}i=2bi^2=-2b$

이때 $(z-\overline{z})i$가 양의 실수이므로 $-2b>0$

$\therefore b<0$

따라서 $z=1-i$이므로 $a=1$, $b=-1$

$\therefore 3a-b=3\times 1-(-1)=4$

짝기출 답 ②

복소수 $z=a+bi$ (a, b는 실수)가 다음 조건을 만족시킬 때, $a+b$의 값은? (단, $i=\sqrt{-1}$이고, $\overline{z}$는 z의 켤레복소수이다.)

(가) z는 방정식 $x^3-3x^2+9x+13=0$의 근이다.

(나) $\dfrac{z-\overline{z}}{i}$는 음의 실수이다.

① -3 ② -1 ③ 1 ④ 3 ⑤ 5

0564

답 60

남아 있는 입체도형의 겉넓이를 S라 하면 S는 정육면체의 겉넓이에서 원기둥의 두 밑면의 넓이를 빼고 원기둥의 옆면의 넓이를 더한 것과 같으므로

$S=$(정육면체의 겉넓이)$-2\times$(원기둥의 밑면의 넓이)$+$(원기둥의 옆면의 넓이)

$=6a^2-2\pi b^2+2\pi ab$

$=6a^2+2\pi(ab-b^2)$

이때 $S=216+16\pi$이므로

$6a^2+2\pi(ab-b^2)=216+16\pi$

$6a^2-216+2\pi(ab-b^2-8)=0$

a, b가 유리수이므로

$\begin{cases} 6a^2-216=0 & \cdots\cdots ㉠ \\ ab-b^2-8=0 & \cdots\cdots ㉡ \end{cases}$

㉠에서 $6a^2=216$이므로 $a^2=36$

$\therefore a=6$ ($\because a>0$)

$a=6$을 ㉡에 대입하면

$6b-b^2-8=0$, $b^2-6b+8=0$

$(b-2)(b-4)=0 \quad \therefore b=2$ 또는 $b=4$

그런데 $a>2b$이므로 $b=2$

$\therefore 15(a-b)=15\times(6-2)=60$

0565

답 20

그림과 같이 $\overline{AC}$를 그으면

$x^2+7^2=\overline{AC}^2$, $3^2+y^2=\overline{AC}^2$이므로

$x^2+7^2=3^2+y^2$

$y^2-x^2=40$

$\therefore (y+x)(y-x)=40$

이때 x, y는 자연수이고 $y+x>y-x$이므로

$y+x$	40	20	10	8
$y-x$	1	2	4	5

$\begin{cases} y+x=40 \\ y-x=1 \end{cases}$에서 $x=\frac{39}{2}$, $y=\frac{41}{2}$

$\begin{cases} y+x=20 \\ y-x=2 \end{cases}$에서 $x=9$, $y=11$

$\begin{cases} y+x=10 \\ y-x=4 \end{cases}$에서 $x=3$, $y=7$

$\begin{cases} y+x=8 \\ y-x=5 \end{cases}$에서 $x=\frac{3}{2}$, $y=\frac{13}{2}$

이때 x, y는 자연수이므로 $\begin{cases} x=9 \\ y=11 \end{cases}$ 또는 $\begin{cases} x=3 \\ y=7 \end{cases}$

$\therefore x+y=20$ 또는 $x+y=10$

따라서 $x+y$의 최댓값은 20이다.

짝기출

답 85

네 변의 길이는 서로 다른 자연수이고,

$\overline{AB}=9$, $\overline{CD}=7$,

$\angle BAD=\angle BCD=90°$

인 사각형 ABCD가 있다. 대각선 BD의 길이를 a라 할 때, a^2의 값을 구하시오.

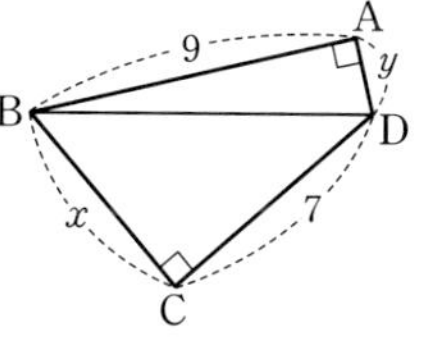

08 일차부등식

유형 01 부등식의 기본 성질

0566
답 ④

① $c<0$이므로 $a<b$의 양변에 c를 곱하면 $ac>bc$

② $c<0$이므로 $a<b$의 양변을 c로 나누면 $\frac{a}{c}>\frac{b}{c}$

③ $a<b$에서 $a+c<b+c$

④ $c^2>0$이므로 $a<b$의 양변을 c^2으로 나누면 $\frac{a}{c^2}<\frac{b}{c^2}$

⑤ ③에서 $a+c<b+c$

$c<0$이므로 양변을 c로 나누면 $\frac{a+c}{c}>\frac{b+c}{c}$

따라서 항상 성립하는 것은 ④이다.

0567
답 ⑤

ㄱ. $a=3$, $b=1$, $c=2$이면

$a>b$, $b<c$이지만 $a>c$이다.

ㄴ. $a>b$에서 $c<0$이면 $ac<bc$

ㄷ. $a>b>0$이므로 $\frac{1}{a}<\frac{1}{b}$

$c<0$이므로 양변에 c를 곱하면 $\frac{c}{a}>\frac{c}{b}$

ㄹ. $d>0$이므로 $a>b$의 양변을 d로 나누면 $\frac{a}{d}>\frac{b}{d}$ …… ㉠

$c>d>0$이므로 $\frac{1}{c}<\frac{1}{d}$

$b>0$이므로 양변에 b를 곱하면 $\frac{b}{c}<\frac{b}{d}$ …… ㉡

㉠, ㉡에서 $\frac{a}{d}>\frac{b}{c}$

따라서 옳은 것은 ㄷ, ㄹ이다.

0568
답 ㄱ, ㄷ

ㄱ. $b>0$이므로 $a<b$의 양변을 b로 나누면 $\frac{a}{b}<1$

ㄴ. $ab>0$이므로 $a<b$의 양변에 ab를 곱하면 $a^2b<ab^2$

ㄷ. $a>0$이므로 $b<1$의 양변에 a를 곱하면 $ab<a$

이때 $a<1$이므로 $ab<1$

$ab>0$이므로 양변을 ab로 나누면 $1<\frac{1}{ab}$

따라서 옳은 것은 ㄱ, ㄷ이다.

유형 02 부등식 $ax>b$의 풀이

0569
답 ③

$(2-a)x<a-b$의 해가 $x>3$이므로 $2-a<0$

$\therefore x>\frac{a-b}{2-a}$

즉, $\frac{a-b}{2-a}=3$이므로 $a-b=6-3a$

$\therefore 4a-b=6$

이것을 $(4a-b)x\geq-12$에 대입하면

$6x\geq-12$ $\quad\therefore x\geq-2$

0570
답 ④

$a-b=1$에서 $b=a-1$ …… ㉠

㉠을 주어진 부등식에 대입하면

$(2a-2-a)x>a+4a-4-1$ $\quad\therefore (a-2)x>5a-5$

이 부등식의 해가 $x<-5$이므로 $a-2<0$

$\therefore x<\frac{5a-5}{a-2}$

따라서 $\frac{5a-5}{a-2}=-5$이므로 $5a-5=-5a+10$

$10a=15$ $\quad\therefore a=\frac{3}{2}$

$a=\frac{3}{2}$을 ㉠에 대입하면 $b=\frac{1}{2}$

$\therefore a+b=\frac{3}{2}+\frac{1}{2}=2$

0571
답 $x<\frac{1}{4}$

$(a-b)x+2a+3b<0$에서 $(a-b)x<-2a-3b$

이 부등식의 해가 $x>-\frac{1}{3}$이므로 $a-b<0$

$\therefore x>\frac{-2a-3b}{a-b}$

따라서 $\frac{-2a-3b}{a-b}=-\frac{1}{3}$이므로 $3(2a+3b)=a-b$

$6a+9b=a-b$, $5a=-10b$ $\quad\therefore a=-2b$

그런데 $a-b<0$이므로 $-2b-b<0$, $-3b<0$

$\therefore b>0$

$a=-2b$를 $(a-2b)x+a+3b>0$에 대입하면

$(-2b-2b)x-2b+3b>0$, $-4bx>-b$

이때 $b>0$에서 $-4b<0$이므로 양변을 $-4b$로 나누면

$x<\frac{1}{4}$

0572
답 $x\geq2$

$(a+b)x-2a+b\leq0$에서 $(a+b)x\leq2a-b$

이 부등식을 만족시키는 x가 존재하지 않으려면

$a+b=0$, $2a-b<0$

$a+b=0$에서 $b=-a$이므로

$2a-b<0$에 $b=-a$를 대입하면 $2a-(-a)<0$

$3a<0$ $\quad\therefore a<0$

$b=-a$를 $(a+4b)x+a-5b\geq0$에 대입하면

$(a-4a)x+a+5a\geq0$ $\quad\therefore -3ax\geq-6a$

이때 $a<0$에서 $-3a>0$이므로 양변을 $-3a$로 나누면

$x\geq2$

0573

답 6

$a(ax+1)\ge 9x-2$에서 $a^2x+a\ge 9x-2$

$\therefore (a^2-9)x\ge -a-2$ ······ ㉠

부등식 ㉠의 해가 모든 실수이려면 $a^2-9=0$, $-a-2\le 0$

$a^2-9=0$에서 $a^2=9$ $\quad\therefore a=-3$ 또는 $a=3$

이때 $a\ge -2$이므로 $a=3$

부등식 ㉠의 해가 없으려면 $a^2-9=0$, $-a-2>0$

$a^2-9=0$에서 $a^2=9$ $\quad\therefore a=-3$ 또는 $a=3$

이때 $a<-2$이므로 $a=-3$

따라서 $p=3$, $q=-3$이므로

$p-q=3-(-3)=6$

유형 03 연립일차부등식의 풀이

0574

답 ⑤

$2x<x+9$에서 $x<9$ ······ ㉠

$x+5\le 5x-3$에서 $-4x\le -8$

$\therefore x\ge 2$ ······ ㉡

㉠, ㉡의 공통부분을 구하면

$2\le x<9$

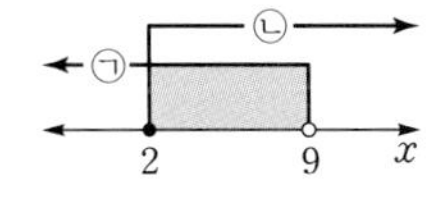

따라서 정수 x는 2, 3, 4, 5, 6, 7, 8의 7개이다.

0575

답 -13

$5x+1>x-7$에서 $4x>-8$

$\therefore x>-2$ ······ ㉠

$6x-3<4x-4$에서 $2x<-1$

$\therefore x<-\frac{1}{2}$ ······ ㉡

㉠, ㉡의 공통부분을 구하면

$-2<x<-\frac{1}{2}$

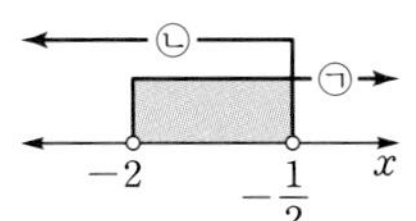

이므로 연립부등식을 만족시키는 정수 x는 -1이다.

$x=-1$을 $ax-8=5$에 대입하면

$-a-8=5$ $\quad\therefore a=-13$

0576

답 3

$2x-3<7x+2$에서 $-5x<5$

$\therefore x>-1$ ······ ㉠

$\frac{3}{2}-\frac{1}{3}(x-2)<\frac{1}{2}(x+1)$의 양변에 6을 곱하면

$9-2(x-2)<3(x+1)$, $9-2x+4<3x+3$

$-5x<-10$ $\quad\therefore x>2$ ······ ㉡

㉠, ㉡의 공통부분을 구하면

$x>2$

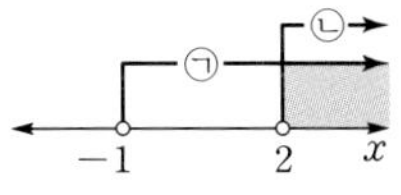

따라서 정수 x의 최솟값은 3이다.

0577

답 19

$1.2x-2\le 0.8x+0.4$의 양변에 10을 곱하면

$12x-20\le 8x+4$, $4x\le 24$ $\quad\therefore x\le 6$ ······ ㉠

$2-\frac{x-1}{2}<\frac{2x-1}{4}$의 양변에 4를 곱하면

$8-2(x-1)<2x-1$, $8-2x+2<2x-1$

$-4x<-11$ $\quad\therefore x>\frac{11}{4}$ ······ ㉡

㉠, ㉡의 공통부분을 구하면

$\frac{11}{4}<x\le 6$

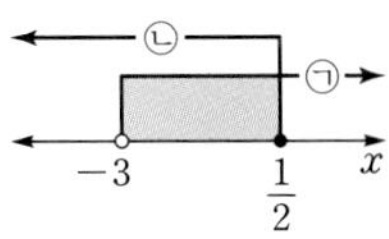

이때 $11<4x\le 24$이므로

$6<4x-5\le 19$

따라서 $4x-5$의 최댓값은 19이다.

유형 04 $A<B<C$ 꼴의 부등식의 풀이

0578

답 ①

$-2x+3<x+12$에서 $-3x<9$ $\quad\therefore x>-3$ ······ ㉠

$x+12\le 14-3x$에서 $4x\le 2$ $\quad\therefore x\le\frac{1}{2}$ ······ ㉡

㉠, ㉡의 공통부분을 구하면

$-3<x\le\frac{1}{2}$

ㄱ. $x=0$은 부등식의 해이다.

ㄴ. 정수인 해는 -2, -1, 0의 3개이다.

ㄷ. 양수인 해는 $0<x\le\frac{1}{2}$이다.

따라서 옳은 것은 ㄱ이다.

0579

답 ④

$\frac{x-10}{4}\le 2x$의 양변에 4를 곱하면

$x-10\le 8x$, $-7x\le 10$ $\quad\therefore x\ge -\frac{10}{7}$ ······ ㉠

$2x<\frac{4x+18}{5}$의 양변에 5를 곱하면

$10x<4x+18$, $6x<18$ $\quad\therefore x<3$ ······ ㉡

㉠, ㉡의 공통부분을 구하면

$-\frac{10}{7}\le x<3$

따라서 $M=2$, $m=-1$이므로

$M+m=2+(-1)=1$

0580

답 -7

$0.4x-1<0.6x+\frac{3}{2}$의 양변에 10을 곱하면

$4x-10<6x+15$, $-2x<25$ $\quad\therefore x>-\frac{25}{2}$ ······ ㉠

$0.6x+\frac{3}{2}\le 0.5x+2$의 양변에 10을 곱하면

$6x+15\le 5x+20$ $\quad\therefore x\le 5$ $\quad\cdots\cdots$ ㉡

㉠, ㉡의 공통부분을 구하면

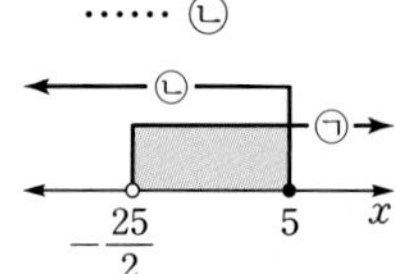

$-\frac{25}{2}<x\le 5$

이때 $-10\le -2x<25$이므로

$-7\le -2x+3<28$ $\quad\therefore -7\le A<28$

따라서 A의 최솟값은 -7이다.

유형 05 특수한 해를 갖는 연립일차부등식

0581

답 ㄷ

ㄱ. $4\ge -11+5x$에서 $-5x\ge -15$ $\quad\therefore x\le 3$

$3x-2\ge 4$에서 $3x\ge 6$ $\quad\therefore x\ge 2$

따라서 주어진 연립부등식의 해는

$2\le x\le 3$

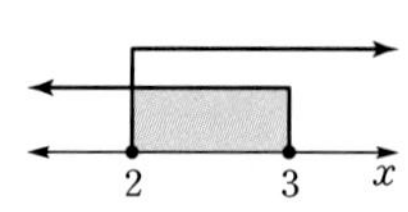

ㄴ. $-7-2x<7$에서 $-2x<14$ $\quad\therefore x>-7$

$x+1\le -5$에서 $x\le -6$

따라서 주어진 연립부등식의 해는

$-7<x\le -6$

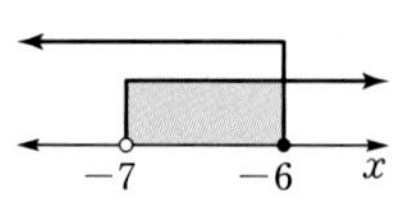

ㄷ. $2x-3>4x+10$에서 $-2x>13$ $\quad\therefore x<-\frac{13}{2}$

$0.3x-3.4<1.2x+2$에서

$3x-34<12x+20$

$-9x<54$ $\quad\therefore x>-6$

따라서 주어진 연립부등식의 해는 없다.

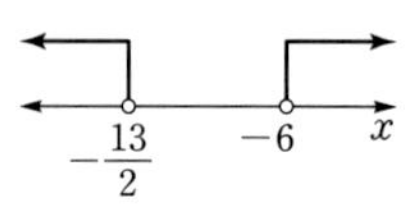

ㄹ. $2.2>1.3x-0.4$에서 $22>13x-4$

$-13x>-26$ $\quad\therefore x<2$

$\frac{x+2}{7}\le\frac{3-x}{3}$에서 $3(x+2)\le 7(3-x)$

$3x+6\le 21-7x$, $10x\le 15$ $\quad\therefore x\le\frac{3}{2}$

따라서 주어진 연립부등식의 해는

$x\le\frac{3}{2}$

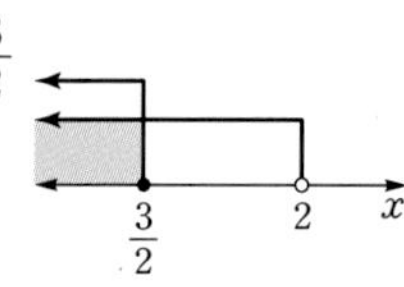

따라서 해가 없는 것은 ㄷ이다.

0582

답 $x=6$

$1.5x-1\ge 1.2x+0.8$에서 $15x-10\ge 12x+8$

$3x\ge 18$ $\quad\therefore x\ge 6$ $\quad\cdots\cdots$ ㉠

$\frac{x}{2}-\frac{2}{3}\le\frac{x}{6}+\frac{4}{3}$에서 $3x-4\le x+8$

$2x\le 12$ $\quad\therefore x\le 6$ $\quad\cdots\cdots$ ㉡

㉠, ㉡의 공통부분을 구하면

$x=6$

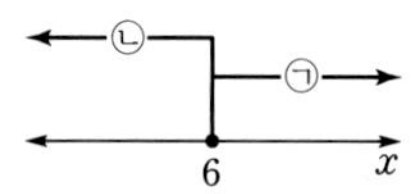

0583

답 ⑤

$x+3\le 1$에서 $x\le -2$ $\quad\cdots\cdots$ ㉠

$y=x-2$를 $4x-3y\ge 4$에 대입하면

$4x-3(x-2)\ge 4$

$4x-3x+6\ge 4$ $\quad\therefore x\ge -2$ $\quad\cdots\cdots$ ㉡

㉠, ㉡의 공통부분을 구하면

$x=-2$

따라서 $x=-2$를 $y=x-2$에 대입하면

$y=-4$

$\therefore xy=-2\times(-4)=8$

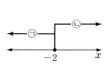

유형 06 해가 주어진 연립일차부등식

0584

답 ①

$3x-4\ge 8$에서 $3x\ge 12$ $\quad\therefore x\ge 4$

$x+3a\le 6x-1$에서 $-5x\le -3a-1$ $\quad\therefore x\ge\frac{3a+1}{5}$

주어진 그림에서 $x\ge -1$, $x\ge 4$이므로

$\frac{3a+1}{5}=-1$, $3a+1=-5$

$3a=-6$ $\quad\therefore a=-2$

0585

답 6

$x-a\le 5x+3$에서 $-4x\le a+3$ $\quad\therefore x\ge -\frac{a+3}{4}$

$3-2x\ge 2-x$에서 $-x\ge -1$ $\quad\therefore x\le 1$

주어진 연립부등식의 해가 $-2\le x\le b$이므로

$-\frac{a+3}{4}=-2$, $b=1$ $\quad\therefore a=5$, $b=1$

$\therefore a+b=5+1=6$

0586

답 4

$a-3x\le b-4x$에서 $x\le -a+b$

$4x-a\ge b+7$에서 $4x\ge a+b+7$ $\quad\therefore x\ge\frac{a+b+7}{4}$

주어진 연립부등식의 해가 $x=3$이므로

$-a+b=3$에서 $a-b=-3$ $\quad\cdots\cdots$ ㉠

$\frac{a+b+7}{4}=3$에서 $a+b+7=12$ $\quad\therefore a+b=5$ $\quad\cdots\cdots$ ㉡

㉠, ㉡을 연립하여 풀면 $a=1$, $b=4$

$\therefore ab=1\times 4=4$

0587

답 $\frac{2}{5}$

$0.2x+a>0.6x-1$에서 $2x+10a>6x-10$

$-4x>-10a-10$ $\quad\therefore x<\frac{5a+5}{2}$

$\frac{2}{3}x-2\ge\frac{bx-3}{6}$에서

$4x-12\ge bx-3$, $(4-b)x\ge 9$

이때 $b<4$에서 $4-b>0$이므로 $x\ge\frac{9}{4-b}$

주어진 연립부등식의 해가 $3\le x<6$이므로

$\frac{9}{4-b}=3$에서 $9=12-3b$, $3b=3$ $\quad\therefore b=1$

$\frac{5a+5}{2}=6$에서 $5a+5=12$, $5a=7$ $\quad\therefore a=\frac{7}{5}$

$\therefore a-b=\frac{7}{5}-1=\frac{2}{5}$

0588

답 $x\geq 14$

주어진 그림에서 연립부등식의 해는 $-7<x\leq 3$이므로 부등식 $ax>b$의 해는 $x>-7$, 부등식 $cx\geq d$의 해는 $x\leq 3$이어야 한다.

즉, $a>0$이므로 $ax>b$에서 $x>\frac{b}{a}$ $\quad\therefore \frac{b}{a}=-7$

또한 $c<0$이므로 $cx\geq d$에서 $x\leq\frac{d}{c}$ $\quad\therefore \frac{d}{c}=3$

$ax+2b\geq 0$에서 $ax\geq -2b$

이때 $a>0$이므로 $x\geq -\frac{2b}{a}$ $\quad\therefore x\geq 14\left(\because \frac{b}{a}=-7\right)$ ...... ㉠

$cx-3d<0$에서 $cx<3d$

이때 $c<0$이므로 $x>\frac{3d}{c}$ $\quad\therefore x>9\left(\because \frac{d}{c}=3\right)$ ...... ㉡

㉠, ㉡의 공통부분을 구하면

$x\geq 14$

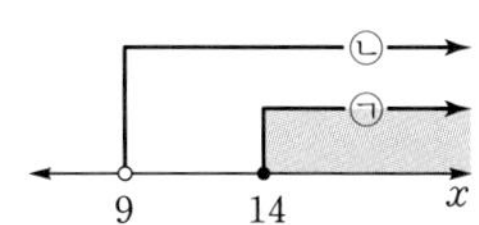

유형 07 해를 갖거나 갖지 않는 연립일차부등식

0589

답 $a\leq -\frac{3}{2}$

$2x+3a>x+a$에서 $x>-2a$

$5x\leq 3x+6$에서 $2x\leq 6$ $\quad\therefore x\leq 3$

주어진 연립부등식의 해가 존재하지 않으려면 그림에서

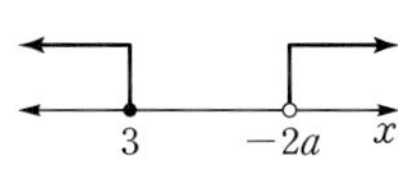

$-2a\geq 3$ $\quad\therefore a\leq -\frac{3}{2}$

0590

답 ④

$2(x+3)>x-1$에서 $2x+6>x-1$ $\quad\therefore x>-7$

$3x+1>4x-a$에서 $-x>-a-1$ $\quad\therefore x<a+1$

주어진 연립부등식이 해를 가지려면 그림에서

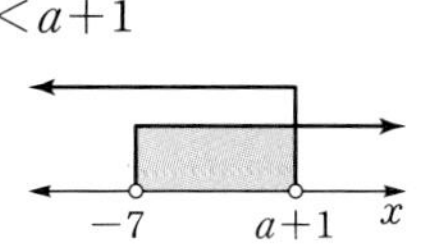

$a+1>-7$ $\quad\therefore a>-8$

0591

답 $a\leq 1$

$4x-2<x+7$에서 $3x<9$ $\quad\therefore x<3$

$x+7<3x+a$에서 $-2x<a-7$ $\quad\therefore x>-\frac{a-7}{2}$

주어진 부등식의 해가 없으려면 그림에서

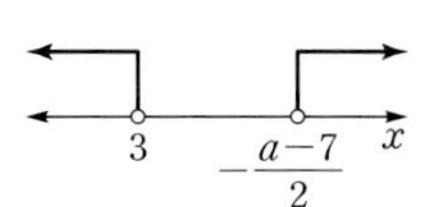

$-\frac{a-7}{2}\geq 3$, $a-7\leq -6$ $\quad\therefore a\leq 1$

0592

답 ③

$\frac{3x-1}{2}\leq 2x+1$에서 $3x-1\leq 4x+2$

$-x\leq 3$ $\quad\therefore x\geq -3$

$2x+1<x+a$에서 $x<a-1$

주어진 연립부등식이 해를 가지려면 그림에서

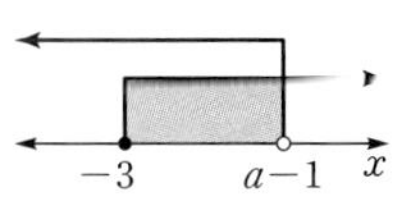

$a-1>-3$ $\quad\therefore a>-2$

따라서 정수 a의 최솟값은 -1이다.

0593

답 -3

$\frac{5}{4}x-a\geq\frac{x}{2}+\frac{1}{4}$에서 $5x-4a\geq 2x+1$

$3x\geq 4a+1$ $\quad\therefore x\geq\frac{4a+1}{3}$

$1.2(x+1)\leq 0.7x-0.3$에서 $12(x+1)\leq 7x-3$

$12x+12\leq 7x-3$, $5x\leq -15$ $\quad\therefore x\leq -3$

주어진 연립부등식이 해를 가지려면 그림에서

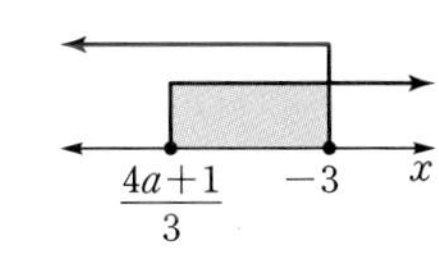

$\frac{4a+1}{3}\leq -3$, $4a+1\leq -9$

$4a\leq -10$ $\quad\therefore a\leq -\frac{5}{2}$

따라서 정수 a의 최댓값은 -3이다.

유형 08 정수인 해 또는 해의 개수가 주어진 연립일차부등식

0594

답 ②

$3x-5<4$에서 $3x<9$ $\quad\therefore x<3$

주어진 연립부등식을 만족시키는 정수 x가 2개이려면 그림에서

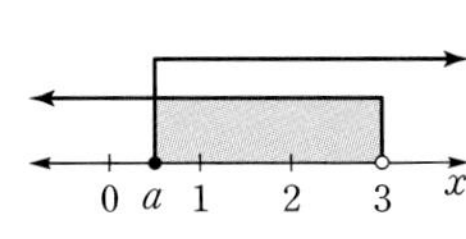

$0<a\leq 1$

0595

답 ③

$2x+5<4x+3$에서 $-2x<-2$ $\quad\therefore x>1$

$4x+3\leq 3x+a$에서 $x\leq a-3$

주어진 부등식을 만족시키는 정수 x가 6개이려면 그림에서

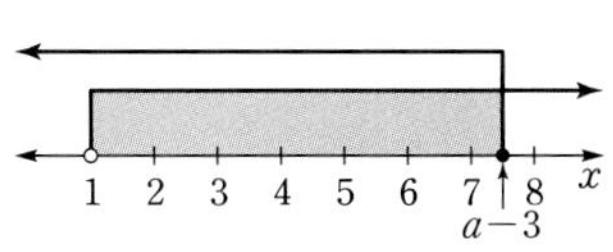

$7\leq a-3<8$

$\therefore 10\leq a<11$

따라서 자연수 a의 값은 10이다.

0596
답 ③

$2x-4 \geq a$에서 $2x \geq a+4$ $\quad \therefore x \geq \frac{a+4}{2}$

$3x-9 < x-1$에서 $2x < 8$ $\quad \therefore x < 4$

주어진 연립부등식을 만족시키는 음의 정수 x가 1개뿐이려면 그림에서

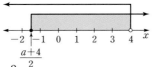

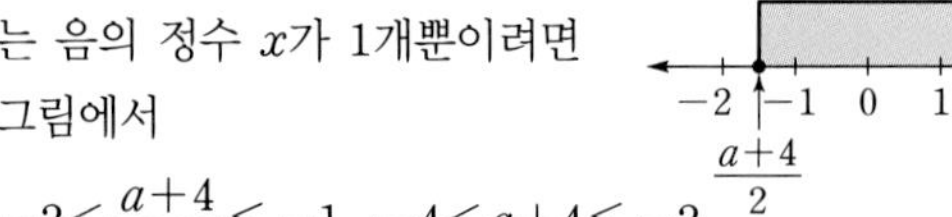

$-2 < \frac{a+4}{2} \leq -1$, $-4 < a+4 \leq -2$

$\therefore -8 < a \leq -6$

0597
답 $18 \leq a < 20$

$5(x+1)-a \leq 7x+3$에서 $5x+5-a \leq 7x+3$

$-2x \leq a-2$ $\quad \therefore x \geq -\frac{a-2}{2}$

$7x+3 \leq 6x-3$에서 $x \leq -6$

주어진 부등식을 만족시키는 모든 정수 x의 값의 합이 -21이므로 정수 x는 -6, -7, -8이다.

즉, 그림에서

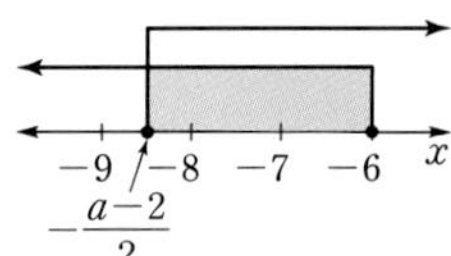

$-9 < -\frac{a-2}{2} \leq -8$이므로

$16 \leq a-2 < 18$ $\quad \therefore 18 \leq a < 20$

0598
답 $\frac{5}{2} < a < 3$

$\frac{4}{3}x - \frac{a}{3} + 1 < 2x - a + 1$에서

$4x-a+3 < 6x-3a+3$, $-2x < -2a$ $\quad \therefore x > a$

$2x-a+1 < \frac{1}{2}\left(x+a+\frac{13}{2}\right)$에서

$4x-2a+2 < x+a+\frac{13}{2}$

$3x < 3a+\frac{9}{2}$ $\quad \therefore x < a+\frac{3}{2}$

주어진 부등식을 만족시키는 정수 x가 3과 4뿐이려면 오른쪽 그림에서

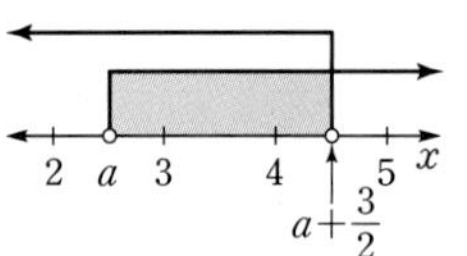

$2 \leq a < 3$, $4 < a+\frac{3}{2} \leq 5$를 동시에 만족시켜야 한다.

즉, $2 \leq a < 3$, $\frac{5}{2} < a \leq \frac{7}{2}$이므로 오른쪽 그림에서 공통부분을 구하면

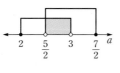

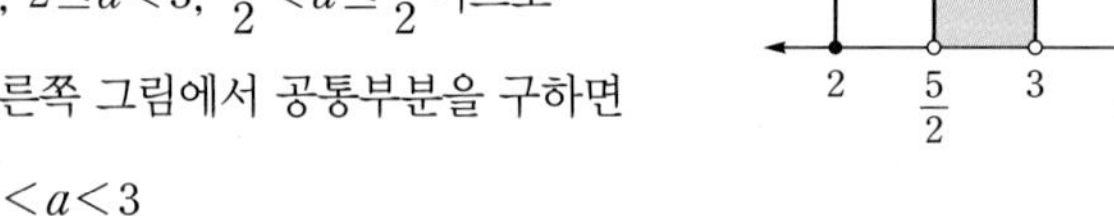

$\frac{5}{2} < a < 3$

0599
답 ②

$\frac{x}{3}+1 > \frac{4x-2}{5}$에서 $5x+15 > 12x-6$

$-7x > -21$ $\quad \therefore x < 3$

$3(x-k) < x+1$에서 $3x-3k < x+1$

$2x < 3k+1$ $\quad \therefore x < \frac{3k+1}{2}$

주어진 연립부등식을 만족시키는 정수 x가 음의 정수뿐이려면 그림에서

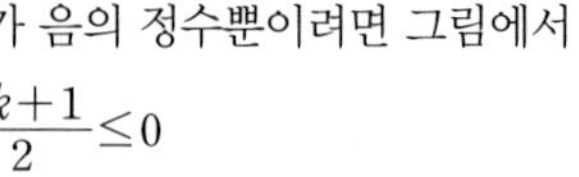

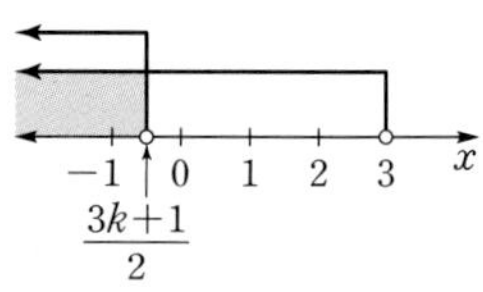

$\frac{3k+1}{2} \leq 0$

$3k+1 \leq 0$, $3k \leq -1$ $\quad \therefore k \leq -\frac{1}{3}$

따라서 k의 최댓값은 $-\frac{1}{3}$이다.

유형 09 연립일차부등식의 활용

0600
답 ①

연속하는 세 홀수를 $x-2$, x, $x+2$라 하면

$78 < (x-2)+x+(x+2) < 87$

$78 < 3x < 87$ $\quad \therefore 26 < x < 29$

이때 x는 홀수이므로 $x=27$

따라서 연속하는 세 홀수는 25, 27, 29이므로 가장 작은 수는 25이다.

0601
답 ③

세트 A를 x상자 만든다고 하면 세트 B는 $(20-x)$상자이므로

$\begin{cases} 15x+12(20-x) \leq 300 \\ 10x+25(20-x) \leq 320 \end{cases}$

$15x+12(20-x) \leq 300$에서

$15x+240-12x \leq 300$

$3x \leq 60$ $\quad \therefore x \leq 20$ $\quad \cdots\cdots$ ㉠

$10x+25(20-x) \leq 320$에서

$10x+500-25x \leq 320$

$-15x \leq -180$ $\quad \therefore x \geq 12$ $\quad \cdots\cdots$ ㉡

㉠, ㉡의 공통부분을 구하면

$12 \leq x \leq 20$

따라서 세트 A는 최소 12상자부터 만들 수 있다.

0602
답 200 g 이상 450 g 이하

농도가 10 %인 소금물 300 g에 들어 있는 소금의 양은

$\frac{10}{100} \times 300 = 30$ (g)

농도가 20 %인 소금물을 x g 섞는다고 하면

$\frac{14}{100}(300+x) \leq 30 + \frac{20}{100}x \leq \frac{16}{100}(300+x)$

$\therefore 14(300+x) \leq 3000+20x \leq 16(300+x)$

$14(300+x) \leq 3000+20x$에서

$4200+14x \leq 3000+20x$, $-6x \leq -1200$

$\therefore x \geq 200$ $\quad \cdots\cdots$ ㉠

$3000+20x \leq 16(300+x)$에서

$3000+20x \leq 4800+16x$, $4x \leq 1800$

$\therefore x \leq 450$ $\quad \cdots\cdots$ ㉡

㉠, ㉡의 공통부분을 구하면

$200 \leq x \leq 450$

따라서 농도가 20 %인 소금물을 200 g 이상 450 g 이하로 섞어야 한다.

유형 10 연립일차부등식의 활용 - 과부족

0603

답 ③

학생 수를 x라 하면 공책은 $(4x+12)$권이므로

$5(x-1)+2\le 4x+12<5(x-1)+5$

$5(x-1)+2\le 4x+12$에서

$5x-3\le 4x+12 \quad \therefore x\le 15 \quad \cdots\cdots ㉠$

$4x+12<5(x-1)+5$에서

$4x+12<5x,\ -x<-12$

$\therefore x>12 \quad \cdots\cdots ㉡$

㉠, ㉡의 공통부분을 구하면

$12<x\le 15$

따라서 이 학교의 최대 학생 수는 15이다.

0604

답 8

동아리의 회원 수를 x라 하면

$\begin{cases} 5x+8\le 50 \\ 12x-10\ge 80 \end{cases}$

$5x+8\le 50$에서 $5x\le 42 \quad \therefore x\le \frac{42}{5} \quad \cdots\cdots ㉠$

$12x-10\ge 80$에서 $12x\ge 90 \quad \therefore x\ge \frac{15}{2} \quad \cdots\cdots ㉡$

㉠, ㉡의 공통부분을 구하면

$\frac{15}{2}\le x\le \frac{42}{5}$

이때 x는 자연수이므로 $x=8$

따라서 동아리의 회원 수는 8이다.

0605

답 ④

의자의 개수를 x라 하면 학생 수는 $(3x+5)$명이므로

$4(x-2)+1\le 3x+5\le 4(x-2)+4$

$4(x-2)+1\le 3x+5$에서 $4x-7\le 3x+5$

$\therefore x\le 12 \quad \cdots\cdots ㉠$

$3x+5\le 4(x-2)+4$에서 $3x+5\le 4x-4$

$-x\le -9 \quad \therefore x\ge 9 \quad \cdots\cdots ㉡$

㉠, ㉡의 공통부분을 구하면

$9\le x\le 12$

따라서 의자의 최대 개수는 12이다.

유형 11 $|ax+b|<c$, $|ax+b|>c$ 꼴의 부등식

0606

답 3

$|4x-a|>8$에서 $4x-a<-8$ 또는 $4x-a>8$

$\therefore x<\frac{a}{4}-2$ 또는 $x>\frac{a}{4}+2$

주어진 부등식의 해가 $x<b$ 또는 $x>3$이므로

$\frac{a}{4}-2=b,\ \frac{a}{4}+2=3$

따라서 $a=4,\ b=-1$이므로

$a+b=4+(-1)=3$

0607

답 ①

$|x-2|<a$에서 $-a<x-2<a$

$\therefore -a+2<x<a+2$

$-a+2,\ a+2$가 모두 정수이고

주어진 부등식을 만족시키는 정수 x의 개수가 19이므로

$a+2-(-a+2)-1=19$

$a+2+a-2-1=19,\ 2a=20$

$\therefore a=10$

Bible Says 두 정수 사이에 있는 정수의 개수 구하기

a, b가 정수일 때, 다음을 만족시키는 정수 x는

(1) $a<x<b$ ➡ $(b-a-1)$개 (2) $a\le x<b$ ➡ $(b-a)$개

(3) $a<x\le b$ ➡ $(b-a)$개 (4) $a\le x\le b$ ➡ $(b-a+1)$개

0608

답 ⑤

불합격인 축구공의 무게의 범위는 $x<350$ 또는 $x>650$

$|x-a|>b$에서 $x-a<-b$ 또는 $x-a>b$

$\therefore x<a-b$ 또는 $x>a+b$

부등식의 해가 $x<350$ 또는 $x>650$이므로

$a-b=350,\ a+b=650$

위의 두 식을 연립하여 풀면

$a=500,\ b=150$

$\therefore \frac{a}{b}=\frac{500}{150}=\frac{10}{3}$

0609

답 $x=1$

$|x-a|\ge 0$이므로 $|x-a|\le a^2-a$의 해가 오직 한 개이려면

$a^2-a=0,\ a(a-1)=0$

$\therefore a=1\ (\because a\ne 0)$

따라서 주어진 부등식은 $|x-1|\le 0$이므로 구하는 해는 $x=1$

유형 12 $|ax+b|<cx+d$ 꼴의 부등식

0610

답 ③

$2|x-1|+x\le 4$에서

(i) $x<1$일 때, $x-1<0$이므로

$-2(x-1)+x\le 4,\ -2x+2+x\le 4$

$-x\le 2 \quad \therefore x\ge -2$

그런데 $x<1$이므로 $-2\le x<1$

(ii) $x\ge 1$일 때, $x-1\ge 0$이므로

$2(x-1)+x\le 4,\ 2x-2+x\le 4$

$3x\le 6 \quad \therefore x\le 2$

그런데 $x\ge 1$이므로 $1\le x\le 2$

(i), (ii)에서 주어진 부등식의 해는

$-2\le x\le 2$

따라서 정수 x는 -2, -1, 0, 1, 2이므로 구하는 합은

$-2+(-1)+0+1+2=0$

0611

답 ②

$3|-x+2|>x+6$에서

(i) $-x+2<0$, 즉 $x>2$일 때,

$-3(-x+2)>x+6$, $3x-6>x+6$

$2x>12$ $\therefore x>6$

그런데 $x>2$이므로 $x>6$

(ii) $-x+2\ge 0$, 즉 $x\le 2$일 때,

$3(-x+2)>x+6$, $-3x+6>x+6$

$-4x>0$ $\therefore x<0$

그런데 $x\le 2$이므로 $x<0$

(i), (ii)에서 주어진 부등식의 해는

$x<0$ 또는 $x>6$

따라서 $a=0$, $b=6$이므로

$a+b=0+6=6$

0612

답 $-2<x\le -1$

$1\le |2x+1|$에서

$2x+1\le -1$ 또는 $2x+1\ge 1$

$2x\le -2$ 또는 $2x\ge 0$

$\therefore x\le -1$ 또는 $x\ge 0$ …… ㉠

$|2x+1|<1-x$에서

(i) $x<-\frac{1}{2}$일 때, $2x+1<0$이므로

$-(2x+1)<1-x$, $-2x-1<1-x$

$-x<2$ $\therefore x>-2$

그런데 $x<-\frac{1}{2}$이므로 $-2<x<-\frac{1}{2}$

(ii) $x\ge -\frac{1}{2}$일 때, $2x+1\ge 0$이므로

$2x+1<1-x$, $3x<0$ $\therefore x<0$

그런데 $x\ge -\frac{1}{2}$이므로 $-\frac{1}{2}\le x<0$

(i), (ii)에서 부등식 $|2x+1|<1-x$의 해는

$-2<x<0$ …… ㉡

㉠, ㉡의 공통부분을 구하면

$-2<x\le -1$

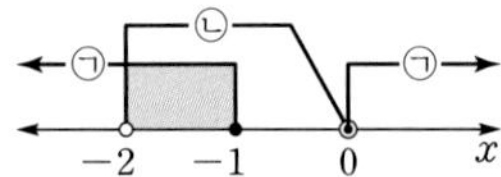

유형 13 절댓값 기호를 2개 포함한 부등식

0613

답 ⑤

$|x+1|+|x-3|\le 6$에서

(i) $x<-1$일 때, $x+1<0$, $x-3<0$이므로

$-(x+1)-(x-3)\le 6$, $-x-1-x+3\le 6$

$-2x\le 4$ $\therefore x\ge -2$

그런데 $x<-1$이므로 $-2\le x<-1$

(ii) $-1\le x<3$일 때, $x+1\ge 0$, $x-3<0$이므로

$x+1-(x-3)\le 6$, $x+1-x+3\le 6$

$\therefore 0\times x\le 2$

따라서 해는 모든 실수이다.

그런데 $-1\le x<3$이므로 $-1\le x<3$

(iii) $x\ge 3$일 때, $x+1>0$, $x-3\ge 0$이므로

$x+1+x-3\le 6$, $2x\le 8$ $\therefore x\le 4$

그런데 $x\ge 3$이므로 $3\le x\le 4$

(i)~(iii)에서 주어진 부등식의 해는

$-2\le x\le 4$

따라서 $M=4$, $m=-2$이므로

$M-m=4-(-2)=6$

0614

답 ⑤

$|x-1|-2|x+3|>1$에서

(i) $x<-3$일 때, $x-1<0$, $x+3<0$이므로

$-(x-1)+2(x+3)>1$, $-x+1+2x+6>1$

$\therefore x>-6$

그런데 $x<-3$이므로 $-6<x<-3$

(ii) $-3\le x<1$일 때, $x-1<0$, $x+3\ge 0$이므로

$-(x-1)-2(x+3)>1$, $-x+1-2x-6>1$

$-3x>6$ $\therefore x<-2$

그런데 $-3\le x<1$이므로 $-3\le x<-2$

(iii) $x\ge 1$일 때, $x-1\ge 0$, $x+3>0$이므로

$x-1-2(x+3)>1$, $x-1-2x-6>1$

$-x>8$ $\therefore x<-8$

그런데 $x\ge 1$이므로 해는 없다.

(i)~(iii)에서 주어진 부등식의 해는

$-6<x<-2$

따라서 정수 x는 -5, -4, -3이므로 구하는 합은

$-5+(-4)+(-3)=-12$

0615

답 ②

$\sqrt{x^2+4x+4}=\sqrt{(x+2)^2}=|x+2|$이므로 주어진 부등식은

$|x-2|+|x+2|>x+9$

(i) $x<-2$일 때, $x-2<0$, $x+2<0$이므로

$-(x-2)-(x+2)>x+9$, $-x+2-x-2>x+9$

$-3x>9$ $\therefore x<-3$

그런데 $x<-2$이므로 $x<-3$

(ii) $-2\le x<2$일 때, $x-2<0$, $x+2\ge 0$이므로

$-(x-2)+x+2>x+9$, $-x+2+x+2>x+9$

$-x>5$ $\therefore x<-5$

그런데 $-2\le x<2$이므로 해는 없다.

(iii) $x\ge 2$일 때, $x-2\ge 0$, $x+2>0$이므로

$x-2+x+2>x+9$ $\therefore x>9$

그런데 $x\ge 2$이므로 $x>9$

(i)~(iii)에서 주어진 부등식의 해는

$x<-3$ 또는 $x>9$

유형 14 절댓값 기호를 포함한 부등식 - 해의 조건이 주어진 경우

0616

답 ①

$|3x+1|+2>a$에서 $|3x+1|>a-2$

이 부등식의 해가 모든 실수이려면

$a-2<0 \quad \therefore a<2$

따라서 정수 a의 최댓값은 1이다.

0617

답 ②

$|x-13|-\frac{a}{4}\le 1$에서 $|x-13|\le \frac{a}{4}+1$

이 부등식의 해가 존재하지 않으려면

$\frac{a}{4}+1<0,\ \frac{a}{4}<-1 \quad \therefore a<-4$

0618

답 $a\le -2$

$\left|\frac{x}{5}+1\right|+a\le -2$에서 $\left|\frac{x}{5}+1\right|\le -a-2$

이 부등식의 해가 존재하려면

$-a-2\ge 0,\ -a\ge 2$

$\therefore a\le -2$

PART B' 기출 & 기출변형 문제

0619

답 ④

① $x>0$이므로 $0<y<1$의 각 변에 x를 곱하면 $0<xy<x$
　이때 $x<1$이므로 $0<xy<x<1 \quad \therefore 0<xy<1$

② $0<x<y$이므로 $\frac{1}{x}>\frac{1}{y}$

③ $x>0$이므로 $x<y$의 양변을 x로 나누면 $1<\frac{y}{x}$ …… ㉠

　$y>0$이므로 $x<y$의 양변을 y로 나누면 $\frac{x}{y}<1$ …… ㉡

　㉠, ㉡에서 $\frac{x}{y}<1<\frac{y}{x}$이므로 $\frac{y}{x}>\frac{x}{y}$

④ $xy>0$이므로 $x<y$의 양변에 xy를 곱하면 $x^2y<xy^2$

⑤ $x>0$이므로 $y<1$의 양변에 x를 곱하면 $xy<x$ …… ㉢
　$y>0$의 양변에 x를 더하면 $x+y>x$ …… ㉣
　㉢, ㉣에서 $xy<x<x+y$이므로 $xy<x+y$

따라서 옳지 않은 것은 ④이다.

짝기출 답 ⑤

$0<x<1<y$를 만족하는 x, y에 대하여 옳지 않은 것은?

① $\frac{1}{x}>\frac{1}{y}$　② $\frac{y^2}{x}>\frac{x^2}{y}$　③ $\frac{y}{x^2}>\frac{x^2}{y}$
④ $xy^2>x^2y$　⑤ $xy>x+y$

0620

답 ③

$\frac{x}{6}-\frac{7}{3}<\frac{1}{3}-\frac{x}{2}$에서

$x-14<2-3x,\ 4x<16 \quad \therefore x<4$ …… ㉠

$1.2x+0.2\le 1.4x+0.5$에서

$12x+2\le 14x+5,\ -2x\le 3 \quad \therefore x\ge -\frac{3}{2}$ …… ㉡

㉠, ㉡의 공통부분을 구하면 $-\frac{3}{2}\le x<4$

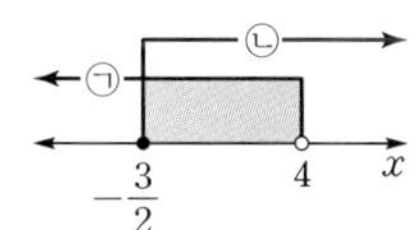

따라서 정수 x는 -1, 0, 1, 2, 3의 5개이다.

짝기출 답 ⑤

연립부등식 $\begin{cases} 2x<x+9 \\ x+5\le 5x-3 \end{cases}$을 만족시키는 정수 x의 개수는?

① 3　② 4　③ 5　④ 6　⑤ 7

0621

답 ②

$3-x>2$에서 $-x>-1 \quad \therefore x<1$

$2x-1>a$에서 $2x>a+1 \quad \therefore x>\frac{a+1}{2}$

주어진 연립부등식을 만족시키는 모든 정수 x의 값의 합이 -6이므로 모든 정수 x는 0, -1, -2, -3이다.

즉, 그림에서

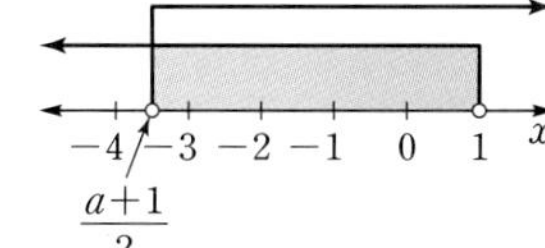

$-4\le \frac{a+1}{2}<-3$이므로

$-8\le a+1<-6$

$\therefore -9\le a<-7$

따라서 정수 a의 최솟값은 -9이다.

짝기출 답 ⑤

x에 대한 연립부등식 $\begin{cases} x+2>3 \\ 3x<a+1 \end{cases}$을 만족시키는 모든 정수 x의 값의 합이 9가 되도록 하는 자연수 a의 최댓값은?

① 10　② 11　③ 12　④ 13　⑤ 14

0622

답 ③

$|x-7|\le a+1$에서

$-a-1\le x-7\le a+1$ ($\because a+1>0$)

$\therefore -a+6\le x\le a+8$

$-a+6$, $a+8$이 모두 정수이고 부등식을 만족시키는 정수 x의 개수가 9이므로

$a+8-(-a+6)+1=9$

$a+8+a-6+1=9,\ 2a=6 \quad \therefore a=3$

0623

답 1

$|ax+7|>b$의 해가 $x<2$ 또는 $x>5$이므로 $b>0$

$|ax+7|>b$에서

$ax+7>b$ 또는 $ax+7<-b$

$ax>b-7$ 또는 $ax<-b-7$

이때 $a<0$이므로 $x<\frac{b-7}{a}$ 또는 $x>\frac{-b-7}{a}$

주어진 부등식의 해가 $x<2$ 또는 $x>5$이므로

$\frac{b-7}{a}=2$, $\frac{-b-7}{a}=5$

$b-7=2a$, $-b-7=5a$

위의 두 식을 연립하여 풀면 $a=-2$, $b=3$

$\therefore a+b=-2+3=1$

짝기출 답 ②

부등식 $|x-a|<3$의 해가 $4<x<10$일 때, 상수 a의 값은?

① 6 ② 7 ③ 8 ④ 9 ⑤ 10

0624

답 ④

$|2x-1|<x+a$에서

(i) $x<\frac{1}{2}$일 때, $2x-1<0$이므로

$-(2x-1)<x+a$, $-2x+1<x+a$

$-3x<a-1$ $\therefore x>-\frac{a-1}{3}$

그런데 $a>0$에서 $-\frac{a-1}{3}<\frac{1}{3}$이고 $x<\frac{1}{2}$이므로

$-\frac{a-1}{3}<x<\frac{1}{2}$

(ii) $x\geq\frac{1}{2}$일 때, $2x-1\geq0$이므로

$2x-1<x+a$ $\therefore x<a+1$

그런데 $a>0$에서 $a+1>1$이고 $x\geq\frac{1}{2}$이므로

$\frac{1}{2}\leq x<a+1$

(i), (ii)에서 주어진 부등식의 해는

$-\frac{a-1}{3}<x<a+1$

따라서 $-\frac{a-1}{3}=-2$, $a+1=8$이므로 $a=7$

짝기출 답 ⑤

x에 대한 부등식 $|3x-1|<x+a$의 해가 $-1<x<3$일 때, 양수 a의 값은?

① 4 ② $\frac{17}{4}$ ③ $\frac{9}{2}$ ④ $\frac{19}{4}$ ⑤ 5

0625

답 71

$|x-a[a]|<b[b]$에서

$-b[b]<x-a[a]<b[b]$

$\therefore a[a]-b[b]<x<a[a]+b[b]$

주어진 부등식의 해가 $8<x<30$이므로

$a[a]-b[b]=8$, $a[a]+b[b]=30$

위의 두 식을 연립하여 풀면

$a[a]=19$, $b[b]=11$

(i) $a[a]=19$에서

$[a]=n$ (n은 양의 정수)이라 하면 $n\leq a<n+1$이므로

$n^2\leq a[a]<n^2+n$

$\therefore n^2\leq19<n^2+n$

$n=4$일 때, $16\leq19<20$이므로

$n=[a]=4$

이것을 $a[a]=19$에 대입하면

$4a=19$ $\therefore a=\frac{19}{4}$

(ii) $b[b]=11$에서

$[b]=m$ (m은 양의 정수)이라 하면 $m\leq b<m+1$이므로

$m^2\leq b[b]<m^2+m$

$\therefore m^2\leq11<m^2+m$

$m=3$일 때, $9\leq11<12$이므로

$m=[b]=3$

이것을 $b[b]=11$에 대입하면

$3b=11$ $\therefore b=\frac{11}{3}$

(i), (ii)에서 $8a+9b=8\times\frac{19}{4}+9\times\frac{11}{3}=71$

0626

답 ③

점 A를 원점으로 하면 두 점 B, C의 좌표는 각각 B(8), C(13)이다. 점 P의 좌표를 P(x)라 하면 $\overline{BP}+\overline{CP}\leq7$에서

$|x-8|+|x-13|\leq7$

(i) $x<8$일 때, $x-8<0$, $x-13<0$이므로

$-(x-8)-(x-13)\leq7$, $-x+8-x+13\leq7$

$-2x\leq-14$ $\therefore x\geq7$

그런데 $x<8$이므로 $7\leq x<8$

(ii) $8\leq x<13$일 때, $x-8\geq0$, $x-13<0$이므로

$x-8-(x-13)\leq7$, $x-8-x+13\leq7$

$\therefore 0\times x\leq2$

따라서 해는 모든 실수이다.

그런데 $8\leq x<13$이므로 $8\leq x<13$

(iii) $x\geq13$일 때, $x-8>0$, $x-13\geq0$이므로

$x-8+x-13\leq7$, $2x\leq28$

$\therefore x\leq14$

그런데 $x\geq13$이므로 $13\leq x\leq14$

(i)~(iii)에서 부등식 $|x-8|+|x-13|\leq7$의 해는

$7\leq x\leq14$

따라서 선분 AP의 길이는 7 이상 14 이하이다.

짝기출 답 ④

수직선 위의 두 점 A(3), B(7)에 대하여 점 P(x)가 $\overline{AP}+\overline{BP}\leq8$을 만족시킬 때, 선분 OP의 길이의 최댓값과 최솟값의 합은? (단, O는 원점이다.)

① 7 ② 8 ③ 9 ④ 10 ⑤ 11

09 이차부등식

유형 01 그래프를 이용한 이차부등식의 풀이

0627

답 ③

$f(x)g(x)<0$에서

$f(x)>0$, $g(x)<0$ 또는 $f(x)<0$, $g(x)>0$

(i) $f(x)>0$, $g(x)<0$을 만족시키는 x의 값의 범위는 $y=f(x)$의 그래프가 x축보다 위쪽에 있고 $y=g(x)$의 그래프가 x축보다 아래쪽에 있는 부분의 x의 값의 범위이므로

$x<-5$ 또는 $x>7$

(ii) $f(x)<0$, $g(x)>0$을 만족시키는 x의 값의 범위는 $y=f(x)$의 그래프가 x축보다 아래쪽에 있고 $y=g(x)$의 그래프가 x축보다 위쪽에 있는 부분의 x의 값의 범위이므로

$0<x<2$

(i), (ii)에서 주어진 부등식의 해는

$x<-5$ 또는 $0<x<2$ 또는 $x>7$

따라서 주어진 부등식을 만족시키는 x의 값이 아닌 것은 ③이다.

0628

답 $-7\le x\le -1$

$ax^2+(b-p)x+c-q\le 0$에서 $ax^2+bx+c-(px+q)\le 0$

$\therefore\ ax^2+bx+c\le px+q$

이 부등식의 해는 이차함수 $y=ax^2+bx+c$의 그래프가 직선 $y=px+q$보다 아래쪽에 있거나 만나는 부분의 x의 값의 범위이므로

$-7\le x\le -1$

0629

답 ③

부등식 $0\le g(x)\le f(x)$의 해는 $y=g(x)$의 그래프가 x축보다 위쪽에 있거나 만나고 $y=f(x)$의 그래프보다 아래쪽에 있거나 만나는 부분의 x의 값의 범위이므로

$-6\le x\le -3$

따라서 $\alpha=-6$, $\beta=-3$이므로

$\beta-\alpha=-3-(-6)=3$

유형 02 이차부등식의 풀이

0630

답 ②

$-\frac{1}{2}(x+3)(x-4)\ge 3$에서 $(x+3)(x-4)\le -6$

$x^2-x-12\le -6$, $x^2-x-6\le 0$

$(x+2)(x-3)\le 0\qquad \therefore\ -2\le x\le 3$

따라서 정수 x는 -2, -1, 0, 1, 2, 3의 6개이다.

0631

답 $x=-\frac{5}{3}$

$9(x^2+4x+3)\le 6x+2$에서 $9x^2+36x+27\le 6x+2$

$\therefore\ 9x^2+30x+25\le 0$

그런데 $9x^2+30x+25=(3x+5)^2\ge 0$이므로 주어진 부등식의 해는 $x=-\frac{5}{3}$이다.

0632

답 ②

ㄱ. $x^2+6x\ge -10$에서 $x^2+6x+10\ge 0$

그런데 $x^2+6x+10=(x+3)^2+1\ge 1$이므로 주어진 부등식의 해는 모든 실수이다.

ㄴ. $9x^2+1>6x$에서 $9x^2-6x+1>0$

그런데 $9x^2-6x+1=(3x-1)^2\ge 0$이므로 주어진 부등식의 해는 $x\ne\frac{1}{3}$인 모든 실수이다.

ㄷ. $2x-\frac{1}{4}\le 4x^2$에서 $4x^2-2x+\frac{1}{4}\ge 0\qquad \therefore\ 16x^2-8x+1\ge 0$

그런데 $16x^2-8x+1=(4x-1)^2\ge 0$이므로 주어진 부등식의 해는 모든 실수이다.

ㄹ. $2x^2-x<-3$에서 $2x^2-x+3<0$

그런데 $2x^2-x+3=2\left(x-\frac{1}{4}\right)^2+\frac{23}{8}\ge\frac{23}{8}$이므로 주어진 부등식의 해는 없다.

따라서 모든 실수 x에 대하여 성립하는 이차부등식은 ㄱ, ㄷ이다.

0633

답 ⑤

이차방정식 $x^2-6x+4=0$의 해는

$x=3\pm\sqrt{5}$

이므로 이차부등식 $x^2-6x+4\ge 0$의 해는

$x\le 3-\sqrt{5}$ 또는 $x\ge 3+\sqrt{5}$

따라서 $\alpha=3-\sqrt{5}$, $\beta=3+\sqrt{5}$이므로

$\alpha+2\beta=(3-\sqrt{5})+2(3+\sqrt{5})=9+\sqrt{5}$

유형 03 절댓값 기호를 포함한 부등식

0634

답 ②

$x^2-5|x|-6<0$에서

(i) $x<0$일 때, $x^2+5x-6<0$

$(x+6)(x-1)<0\qquad \therefore\ -6<x<1$

그런데 $x<0$이므로 $-6<x<0$

(ii) $x\ge 0$일 때, $x^2-5x-6<0$

$(x+1)(x-6)<0\qquad \therefore\ -1<x<6$

그런데 $x\ge 0$이므로 $0\le x<6$

(i), (ii)에서 주어진 부등식의 해는

$-6<x<6$

따라서 $\alpha=-6$, $\beta=6$이므로

$\beta-\alpha=6-(-6)=12$

2권

다른 풀이

$x^2=|x|^2$이므로 $|x|^2-5|x|-6<0$

$(|x|+1)(|x|-6)<0 \quad \therefore -1<|x|<6$

그런데 $|x|\geq 0$이므로 $0\leq |x|<6$

$|x|<6$에서 $-6<x<6$

따라서 $\alpha=-6$, $\beta=6$이므로

$\beta-\alpha=6-(-6)=12$

0635

답 $x<-4$ 또는 $x>0$

$|x^2+4x+5|>5$에서 $x^2+4x+5<-5$ 또는 $x^2+4x+5>5$

(i) $x^2+4x+5<-5$에서 $x^2+4x+10<0$

그런데 $x^2+4x+10=(x+2)^2+6\geq 6$이므로

부등식의 해는 없다.

(ii) $x^2+4x+5>5$에서 $x^2+4x>0$

$x(x+4)>0 \quad \therefore x<-4$ 또는 $x>0$

(i), (ii)에서 주어진 부등식의 해는

$x<-4$ 또는 $x>0$

0636

답 $-6\leq x\leq 2$

$|x+2|\geq x^2+4x-8$에서

(i) $x<-2$일 때, $x+2<0$이므로

$-(x+2)\geq x^2+4x-8$, $-x-2\geq x^2+4x-8$

$x^2+5x-6\leq 0$, $(x+6)(x-1)\leq 0$

$\therefore -6\leq x\leq 1$

그런데 $x<-2$이므로 $-6\leq x<-2$

(ii) $x\geq -2$일 때, $x+2\geq 0$이므로

$x+2\geq x^2+4x-8$, $x^2+3x-10\leq 0$

$(x+5)(x-2)\leq 0 \quad \therefore -5\leq x\leq 2$

그런데 $x\geq -2$이므로 $-2\leq x\leq 2$

(i), (ii)에서 주어진 부등식의 해는

$-6\leq x\leq 2$

유형 04 가우스 기호를 포함한 부등식

0637

답 ⑤

$[x]^2-5[x]+4\leq 0$에서 $([x]-1)([x]-4)\leq 0$

$\therefore 1\leq [x]\leq 4$

이때 $[x]$는 정수이므로 $[x]=1, 2, 3, 4$

(i) $[x]=1$일 때, $1\leq x<2$

(ii) $[x]=2$일 때, $2\leq x<3$

(iii) $[x]=3$일 때, $3\leq x<4$

(iv) $[x]=4$일 때, $4\leq x<5$

(i)~(iv)에서 주어진 부등식의 해는

$1\leq x<5$

0638

답 $-3\leq x<0$

$[x+1]=[x]+1$이므로

$[x+1]^2+2[x]-1<0$에서 $([x]+1)^2+2[x]-1<0$

$[x]^2+2[x]+1+2[x]-1<0$, $[x]^2+4[x]<0$

$[x]([x]+4)<0 \quad \therefore -4<[x]<0$

이때 $[x]$는 정수이므로 $[x]=-3, -2, -1$

(i) $[x]=-3$일 때, $-3\leq x<-2$

(ii) $[x]=-2$일 때, $-2\leq x<-1$

(iii) $[x]=-1$일 때, $-1\leq x<0$

(i)~(iii)에서 주어진 부등식의 해는

$-3\leq x<0$

유형 05 이차부등식의 풀이 - 이차함수의 식 구하기

0639

답 7

이차함수 $y=f(x)$의 그래프가 x축과 두 점 $(-3, 0)$, $(2, 0)$에서 만나므로

$f(x)=a(x+3)(x-2)$ $(a>0)$라 하자.

이 그래프가 점 $(0, -6)$을 지나므로

$-6a=-6 \quad \therefore a=1$

$\therefore f(x)=(x+3)(x-2)$

$f(x)<6$에서 $(x+3)(x-2)<6$

$x^2+x-12<0$, $(x+4)(x-3)<0$

$\therefore -4<x<3$

따라서 $\alpha=-4$, $\beta=3$이므로

$\beta-\alpha=3-(-4)=7$

0640

답 9

이차함수 $y=ax^2+bx+c$의 그래프가 x축과 두 점 $(-2, 0)$, $(3, 0)$에서 만나므로

$y=a(x+2)(x-3)=ax^2-ax-6a$ $(a<0)$라 하면

$b=-a$, $c=-6a$

이것을 $ax^2+cx+16b>0$에 대입하면

$ax^2-6ax-16a>0$, $x^2-6x-16<0$ ($\because a<0$)

$(x+2)(x-8)<0 \quad \therefore -2<x<8$

따라서 정수 x는 $-1, 0, 1, 2, 3, 4, 5, 6, 7$의 9개이다.

0641

답 4

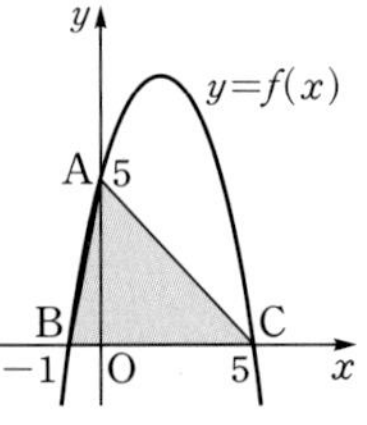

$\overline{BC}=6$이고 삼각형 ABC의 넓이가 15이므로

$\frac{1}{2}\times 6\times \overline{AO}=15$

$\therefore \overline{AO}=5 \quad \therefore A(0, 5)$

이차함수 $y=f(x)$의 그래프가 x축과 두 점 $(-1, 0)$, $(5, 0)$에서 만나므로

$f(x)=a(x+1)(x-5)$ $(a<0)$라 하자.

이 그래프가 점 (0, 5)를 지나므로

$-5a=5 \quad \therefore a=-1$

$\therefore f(x)=-(x+1)(x-5)$

$f(x)+16\ge 0$에서 $-(x+1)(x-5)+16\ge 0$

$-x^2+4x+21\ge 0,\ x^2-4x-21\le 0$

$(x+3)(x-7)\le 0 \quad \therefore -3\le x\le 7$

따라서 정수 x의 최댓값은 7, 최솟값은 -3이므로

$M=7,\ m=-3$

$\therefore M+m=7+(-3)=4$

유형 06 해가 주어진 이차부등식

0642

답 $\frac{5}{7}$

$ax^2+bx-2b+1>0$의 해가 $2-\sqrt{3}<x<2+\sqrt{3}$이므로 $a<0$

해가 $2-\sqrt{3}<x<2+\sqrt{3}$이고 x^2의 계수가 1인 이차부등식은

$(x-2+\sqrt{3})(x-2-\sqrt{3})<0 \quad \therefore x^2-4x+1<0$

양변에 a를 곱하면 $ax^2-4ax+a>0$ ($\because a<0$)

이 부등식이 $ax^2+bx-2b+1>0$과 같으므로

$b=-4a,\ -2b+1=a$

따라서 $a=-\frac{1}{7},\ b=\frac{4}{7}$이므로

$b-a=\frac{4}{7}-\left(-\frac{1}{7}\right)=\frac{5}{7}$

다른 풀이

이차방정식 $ax^2+bx-2b+1=0$의 두 근이 $2-\sqrt{3},\ 2+\sqrt{3}$이므로

$(2-\sqrt{3})+(2+\sqrt{3})=-\frac{b}{a},\ (2-\sqrt{3})\times(2+\sqrt{3})=\frac{-2b+1}{a}$

$4=-\frac{b}{a},\ 1=\frac{-2b+1}{a}$

따라서 $a=-\frac{1}{7},\ b=\frac{4}{7}$이므로

$b-a=\frac{4}{7}-\left(-\frac{1}{7}\right)=\frac{5}{7}$

0643

답 ③

해가 $x=3$이고 x^2의 계수가 1인 이차부등식은

$(x-3)^2\le 0 \quad \therefore x^2-6x+9\le 0$

이 부등식이 $x^2+2ax+b\le 0$과 같으므로

$2a=-6,\ b=9 \quad \therefore a=-3,\ b=9$

이것을 $ax^2-bx-6\ge 0$에 대입하면

$-3x^2-9x-6\ge 0,\ x^2+3x+2\le 0$

$(x+2)(x+1)\le 0 \quad \therefore -2\le x\le -1$

0644

답 -5

$f(x)=ax^2+bx+c\ (a\ne 0)$라 하면

(가)에서 $f(1)=-14$이므로

$a+b+c=-14 \quad \cdots\cdots$ ㉠

(나)에서 $f(x)\ge 0$의 해가 $x\le -6$ 또는 $x\ge 5$이므로 $a>0$

해가 $x\le -6$ 또는 $x\ge 5$이고 x^2의 계수가 1인 이차부등식은

$(x+6)(x-5)\ge 0 \quad \therefore x^2+x-30\ge 0$

양변에 a를 곱하면 $ax^2+ax-30a\ge 0$ ($\because a>0$)

이 부등식이 $ax^2+bx+c\ge 0$과 같으므로

$b=a,\ c=-30a \quad \cdots\cdots$ ㉡

㉡을 ㉠에 대입하면

$a+a-30a=-14,\ -28a=-14 \quad \therefore a=\frac{1}{2}$

$\therefore a=\frac{1}{2},\ b=\frac{1}{2},\ c=-15$

따라서 $f(x)=\frac{1}{2}x^2+\frac{1}{2}x-15$이므로

$f(4)=8+2-15=-5$

다른 풀이

$f(x)=ax^2+bx+c\ (a\ne 0)$라 하면

(나)에서 $f(x)\ge 0$의 해가 $x\le -6$ 또는 $x\ge 5$이므로 $a>0$

해가 $x\le -6$ 또는 $x\ge 5$이고 x^2의 계수가 1인 이차부등식은

$(x+6)(x-5)\ge 0 \quad \therefore x^2+x-30\ge 0$

양변에 a를 곱하면 $ax^2+ax-30a\ge 0$ ($\because a>0$)

즉, $f(x)=ax^2+ax-30a$이고, (가)에서 $f(1)=-14$이므로

$a+a-30a=-14,\ -28a=-14 \quad \therefore a=\frac{1}{2}$

따라서 $f(x)=\frac{1}{2}x^2+\frac{1}{2}x-15$이므로

$f(4)=8+2-15=-5$

0645

답 6

$ax^2+bx+c<0$의 해가 $x<-1$ 또는 $x>2$이므로 $a<0$

해가 $x<-1$ 또는 $x>2$이고 x^2의 계수가 1인 이차부등식은

$(x+1)(x-2)>0 \quad \therefore x^2-x-2>0$

양변에 a를 곱하면 $ax^2-ax-2a<0$ ($\because a<0$)

이 부등식이 $ax^2+bx+c<0$과 같으므로

$b=-a,\ c=-2a$

이것을 $(2a+b)x^2+(b-2a)x+2c\ge 0$에 대입하면

$ax^2-3ax-4a\ge 0,\ x^2-3x-4\le 0$ ($\because a<0$)

$(x+1)(x-4)\le 0 \quad \therefore -1\le x\le 4$

따라서 정수 x는 $-1,\ 0,\ 1,\ 2,\ 3,\ 4$의 6개이다.

유형 07 부등식 $f(x)<0$과 부등식 $f(ax+b)<0$의 관계

0646

답 ⑤

$f(x)>0$의 해가 $-3<x<5$이므로

$f(x)=a(x+3)(x-5)\ (a<0)$라 하면

$f(-x+3)=a(-x+3+3)(-x+3-5)$

$\qquad=a(x-6)(x+2)$

$f(-x+3)\le 0$, 즉 $a(x-6)(x+2)\le 0$에서

$(x-6)(x+2)\ge 0$ ($\because a<0$)

$\therefore x\le -2$ 또는 $x\ge 6$

다른 풀이

$f(x)>0$의 해가 $-3<x<5$이므로

$f(x)\le 0$의 해는 $x\le -3$ 또는 $x\ge 5$

따라서 $f(-x+3)\le 0$의 해는

$-x+3\le -3$ 또는 $-x+3\ge 5$

$-x\le -6$ 또는 $-x\ge 2$

$\therefore x\le -2$ 또는 $x\ge 6$

0647

답 $5<x<7$

$f(x)=ax^2+bx+c$라 하면

$f(x)\le 0$의 해가 $x\le 2$ 또는 $x\ge 4$이므로

$f(x)=a(x-2)(x-4)\ (a<0)$

$a(x-3)^2+b(x-3)+c>0$, 즉 $f(x-3)>0$의 해는

$a(x-3-2)(x-3-4)>0$에서

$a(x-5)(x-7)>0$, $(x-5)(x-7)<0\ (\because a<0)$

$\therefore 5<x<7$

다른 풀이

$f(x)=ax^2+bx+c$라 하면

$f(x)\le 0$의 해가 $x\le 2$ 또는 $x\ge 4$이므로

$f(x)>0$의 해는 $2<x<4$

따라서 $a(x-3)^2+b(x-3)+c>0$, 즉 $f(x-3)>0$의 해는

$2<x-3<4$

$\therefore 5<x<7$

0648

답 3

이차함수 $y=f(x)$의 그래프가 x축과 두 점 $(-2, 0)$, $(3, 0)$에서 만나므로

$f(x)=a(x+2)(x-3)\ (a<0)$이라 하면

$$f\left(\frac{x-m}{3}\right)=a\left(\frac{x-m}{3}+2\right)\left(\frac{x-m}{3}-3\right)$$

$$=\frac{a}{9}(x-m+6)(x-m-9)$$

$f\left(\frac{x-m}{3}\right)\ge 0$, 즉 $\frac{a}{9}(x-m+6)(x-m-9)\ge 0$에서

$(x-m+6)(x-m-9)\le 0\ (\because a<0)$

$\therefore m-6\le x\le m+9$

이것이 $-3\le x\le 12$와 같으므로

$m-6=-3$, $m+9=12$

$\therefore m=3$

다른 풀이

주어진 그래프에서

$f(x)\ge 0$의 해는 $-2\le x\le 3$이므로

$f\left(\frac{x-m}{3}\right)\ge 0$의 해는 $-2\le \frac{x-m}{3}\le 3$

$\therefore m-6\le x\le m+9$

이것이 $-3\le x\le 12$와 같으므로

$m-6=-3$, $m+9=12$

$\therefore m=3$

유형 08 정수인 해의 개수가 주어진 이차부등식

0649

답 ③

$x^2-9m^2\le 0$에서 $(x+3m)(x-3m)\le 0$

$\therefore -3m\le x\le 3m\ (\because m>0)$

이때 $-3m\le x\le 3m$을 만족시키는 정수 x가 3개이려면 그림에서

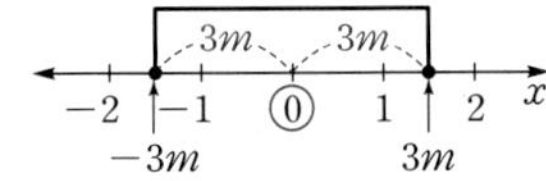

$-2<-3m\le -1$, $1\le 3m<2$

$\therefore \frac{1}{3}\le m<\frac{2}{3}$

0650

답 $2<k\le 3$

$x^2-2x+1-k^2<0$에서 $(x-1)^2-k^2<0$

$(x-1+k)(x-1-k)<0$

$\therefore 1-k<x<1+k\ (\because k>0)$

이때 $1-k<x<1+k$를 만족시키는 정수 x가 5개이려면 그림에서

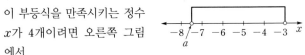

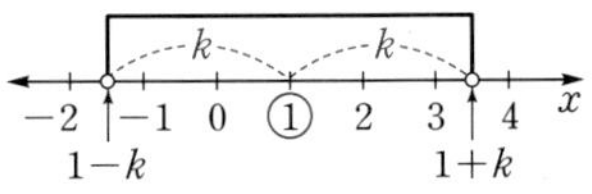

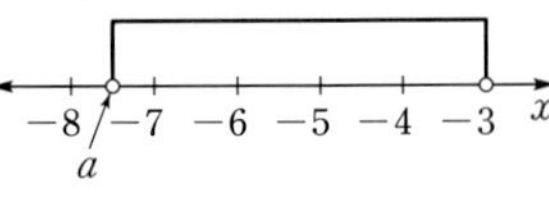

$-2\le 1-k<-1$, $3<1+k\le 4$

$\therefore 2<k\le 3$

0651

답 ②

$x^2+(3-a)x-3a<0$에서 $(x+3)(x-a)<0$

(i) $a<-3$일 때,

$(x+3)(x-a)<0$에서 $a<x<-3$

이 부등식을 만족시키는 정수 x가 4개이려면 오른쪽 그림에서

$-8\le a<-7$

그런데 $a<-3$이므로 $-8\le a<-7$

(ii) $a=-3$일 때,

$(x+3)(x-a)<0$에서 $(x+3)^2<0$

이 부등식의 해는 존재하지 않으므로 주어진 조건을 만족시키지 않는다.

(iii) $a>-3$일 때,

$(x+3)(x-a)<0$에서 $-3<x<a$

이 부등식을 만족시키는 정수 x가 4개이려면 오른쪽 그림에서

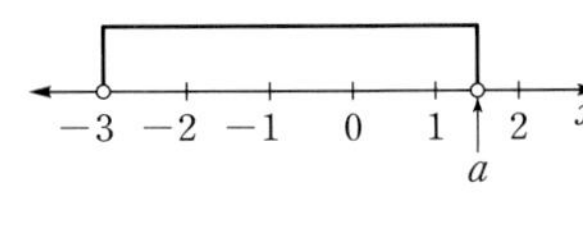

$1<a\le 2$

그런데 $a>-3$이므로 $1<a\le 2$

(i)~(iii)에서 $-8\le a<-7$ 또는 $1<a\le 2$

따라서 정수 a는 -8, 2이므로 구하는 합은

$-8+2=-6$

유형 09 이차부등식이 해를 한 개만 가질 조건

0652
답 ④

이차부등식 $4x^2-6ax+2a+5\le0$의 해가 오직 한 개 존재하므로 이차방정식 $4x^2-6ax+2a+5=0$의 판별식을 D라 하면

$\frac{D}{4}=(-3a)^2-4(2a+5)=0$

$9a^2-8a-20=0$, $(9a+10)(a-2)=0$

$\therefore a=-\frac{10}{9}$ 또는 $a=2$

따라서 모든 실수 a의 값의 합은

$-\frac{10}{9}+2=\frac{8}{9}$

0653
답 2

이차부등식 $kx^2+4(k+1)x+5k+8\le0$의 해가 오직 한 개 존재하려면

$k>0$ …… ㉠

또한 이차방정식 $kx^2+4(k+1)x+5k+8=0$의 판별식을 D라 하면

$\frac{D}{4}=\{2(k+1)\}^2-k(5k+8)=0$

$4k^2+8k+4-5k^2-8k=0$, $k^2-4=0$

$(k+2)(k-2)=0$ $\therefore k=-2$ 또는 $k=2$ …… ㉡

㉠, ㉡에서 $k=2$

0654
답 ③

이차부등식 $-2x^2+(m+4)x-2m\ge0$의 해가 오직 한 개 존재하므로 이차방정식 $-2x^2+(m+4)x-2m=0$의 판별식을 D라 하면

$D=(m+4)^2-16m=0$

$m^2-8m+16=0$, $(m-4)^2=0$ $\therefore m=4$

따라서 $-2x^2+(m+4)x-2m\ge0$에 $m=4$를 대입하면

$-2x^2+8x-8\ge0$, $x^2-4x+4\le0$ $\therefore (x-2)^2\le0$

이 부등식의 해는 $x=2$이므로 $n=2$

$\therefore m+n=4+2=6$

유형 10 이차부등식이 해를 가질 조건

0655
답 ③

이차부등식 $-x^2+ax+a-3>0$이 해를 가지려면

이차방정식 $-x^2+ax+a-3=0$이 서로 다른 두 실근을 가져야 하므로 이 이차방정식의 판별식을 D라 하면

$D=a^2+4(a-3)>0$

$a^2+4a-12>0$, $(a+6)(a-2)>0$

$\therefore a<-6$ 또는 $a>2$

0656
답 -2

부등식 $f(x)\le g(x)$, 즉 $2x^2+2x+m^2\le2mx-m-\frac{5}{2}$에서

$2x^2+2(1-m)x+m^2+m+\frac{5}{2}\le0$

이 부등식이 해를 가지려면

이차방정식 $2x^2+2(1-m)x+m^2+m+\frac{5}{2}=0$이 실근을 가져야 하므로 이 이차방정식의 판별식을 D라 하면

$\frac{D}{4}=(1-m)^2-2\left(m^2+m+\frac{5}{2}\right)\ge0$

$m^2-2m+1-2m^2-2m-5\ge0$

$m^2+4m+4\le0$, $(m+2)^2\le0$ $\therefore m=-2$

0657
답 ⑤

(i) $k>0$일 때,

주어진 이차부등식이 해를 가지려면

이차방정식 $kx^2-kx+2k-7=0$이 서로 다른 두 실근을 가져야 하므로 이 이차방정식의 판별식을 D라 하면

$D=(-k)^2-4k(2k-7)>0$

$k^2-8k^2+28k>0$, $7k^2-28k<0$

$k(k-4)<0$ $\therefore 0<k<4$

그런데 $k>0$이므로 $0<k<4$

(ii) $k<0$일 때,

이차함수 $y=kx^2-kx+2k-7$의 그래프는 위로 볼록하므로 주어진 부등식의 해는 항상 존재한다.

(i), (ii)에서 $k<0$ 또는 $0<k<4$

따라서 k의 값이 아닌 것은 ⑤이다.

참고

$k=0$이면 주어진 부등식은 이차부등식이 아니므로 $k\ne0$

유형 11 이차부등식이 항상 성립할 조건

0658
답 ②

모든 실수 x에 대하여 $-2x^2+mx-1<3x+1$, 즉

$-2x^2+(m-3)x-2<0$이 성립해야 하므로

이차방정식 $2x^2+(m-3)x-2=0$의 판별식을 D라 하면

$D=(m-3)^2-16<0$

$m^2-6m-7<0$, $(m+1)(m-7)<0$

$\therefore -1<m<7$

0659
답 ②

모든 실수 x에 대하여 $kx^2-2(3k-1)x+10k-6\le0$이 성립해야 하므로

$k<0$ …… ㉠

또한 이차방정식 $kx^2-2(3k-1)x+10k-6=0$의 판별식을 D라 하면

$\frac{D}{4}=\{-(3k-1)\}^2-k(10k-6)\le 0$

$9k^2-6k+1-10k^2+6k\le 0$, $k^2-1\ge 0$

$(k+1)(k-1)\ge 0$ $\therefore k\le -1$ 또는 $k\ge 1$ ...... ㉡

㉠, ㉡의 공통부분을 구하면

$k\le -1$

따라서 실수 k의 최댓값은 -1이다.

참고

$k=0$이면 주어진 부등식은 이차부등식이 아니므로 $k\ne 0$

0660

답 $0\le a\le 2$

x의 값에 관계없이 $\sqrt{ax^2-2ax-2a+6}$이 실수가 되려면 모든 실수 x에 대하여 $ax^2-2ax-2a+6\ge 0$이 성립해야 한다.

(i) $a=0$일 때,

$0\times x^2-0\times x+6=6\ge 0$이므로 주어진 부등식은 모든 실수 x에 대하여 성립한다.

(ii) $a\ne 0$일 때,

모든 실수 x에 대하여 $ax^2-2ax-2a+6\ge 0$이 성립하려면

$a>0$ ...... ㉠

이차방정식 $ax^2-2ax-2a+6=0$의 판별식을 D라 하면

$\frac{D}{4}=(-a)^2-a(-2a+6)\le 0$

$a^2+2a^2-6a\le 0$, $3a^2-6a\le 0$

$3a(a-2)\le 0$ $\therefore 0\le a\le 2$ ...... ㉡

㉠, ㉡의 공통부분을 구하면

$0<a\le 2$

(i), (ii)에서 $0\le a\le 2$

0661

답 -2

(i) $m=-2$일 때,

$0\times x^2+0\times x+1=1>0$이므로 주어진 부등식은 모든 실수 x에 대하여 성립한다.

(ii) $m\ne -2$일 때,

모든 실수 x에 대하여 $(m+2)x^2+(m+2)x+1>0$이 성립하려면

$m+2>0$ $\therefore m>-2$ ...... ㉠

또한 이차방정식 $(m+2)x^2+(m+2)x+1=0$의 판별식을 D라 하면

$D=(m+2)^2-4(m+2)<0$

$(m+2)(m+2-4)<0$, $(m+2)(m-2)<0$

$\therefore -2<m<2$ ...... ㉡

㉠, ㉡의 공통부분을 구하면

$-2<m<2$

(i), (ii)에서 $-2\le m<2$

따라서 정수 m은 -2, -1, 0, 1이므로 구하는 합은

$-2+(-1)+0+1=-2$

참고

이차부등식이라는 조건이 없으므로 $m+2=0$, 즉 $m=-2$인 경우도 생각한다.

유형 12 이차부등식이 해를 갖지 않을 조건

0662

답 ①

$f(x)\le 0$에서 $x^2-4kx+8k\le 0$

이 부등식을 만족시키는 해가 없으려면 모든 실수 x에 대하여 $x^2-4kx+8k>0$이 성립해야 한다.

이차방정식 $x^2-4kx+8k=0$의 판별식을 D라 하면

$\frac{D}{4}=(-2k)^2-8k<0$

$4k^2-8k<0$, $4k(k-2)<0$ $\therefore 0<k<2$

따라서 정수 k는 1의 1개이다.

0663

답 $-4\le m<0$

$m(x^2+3x+2)>1$에서 $mx^2+3mx+2m-1>0$

이 부등식이 해를 갖지 않으려면 모든 실수 x에 대하여 $mx^2+3mx+2m-1\le 0$이 성립해야 하므로

$m<0$ ...... ㉠

이차방정식 $mx^2+3mx+2m-1=0$의 판별식을 D라 하면

$D=(3m)^2-4m(2m-1)\le 0$

$9m^2-8m^2+4m\le 0$, $m^2+4m\le 0$

$m(m+4)\le 0$ $\therefore -4\le m\le 0$ ...... ㉡

㉠, ㉡의 공통부분을 구하면 $-4\le m<0$

참고

$m=0$이면 주어진 부등식은 이차부등식이 아니므로 $m\ne 0$

0664

답 10

부등식 $(a-1)x^2+(a-1)x+2<0$의 해가 존재하지 않으려면 모든 실수 x에 대하여

$(a-1)x^2+(a-1)x+2\ge 0$ ...... ㉠

이 성립해야 한다.

(i) $a=1$일 때,

$0\times x^2+0\times x+2=2\ge 0$이므로 ㉠은 모든 실수 x에 대하여 성립한다.

(ii) $a\ne 1$일 때,

모든 실수 x에 대하여 ㉠이 성립하려면

$a-1>0$ $\therefore a>1$ ...... ㉡

또한 이차방정식 $(a-1)x^2+(a-1)x+2=0$의 판별식을 D라 하면

$D=(a-1)^2-8(a-1)\le 0$

$(a-1)(a-1-8)\le 0$, $(a-1)(a-9)\le 0$

$\therefore 1\le a\le 9$ ...... ㉢

㉡, ㉢의 공통부분을 구하면 $1<a\le 9$

(i), (ii)에서 $1\le a\le 9$

따라서 a의 최댓값은 9, 최솟값은 1이므로 구하는 합은

$9+1=10$

참고

이차부등식이라는 조건이 없으므로 $a-1=0$, 즉 $a=1$인 경우도 생각한다.

유형 13 제한된 범위에서 항상 성립하는 이차부등식

0665

답 ③

$f(x)=-2x^2+24x+a-49$라 하면
$f(x)=-2(x-6)^2+a+23$
$2\le x\le 4$에서 $f(x)\le 0$이어야 하므로
이차함수 $y=f(x)$의 그래프가 그림과 같아야 한다.

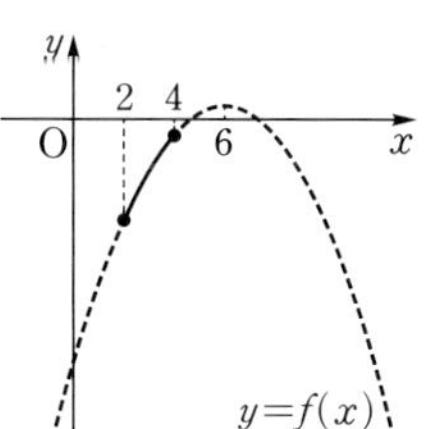

이때 $2\le x\le 4$에서 $f(x)$의 최댓값은
$f(4)$이므로
$f(4)=-32+96+a-49\le 0$
$\therefore a\le -15$
따라서 a의 최댓값은 -15이다.

0666

답 $k\le 1$ 또는 $k\ge 4$

$f(x)=x^2+4x+k^2-5k+8$이라 하면
$f(x)=(x+2)^2+k^2-5k+4$
$-4\le x\le -1$에서 $f(x)\ge 0$이어야 하므로 이차함수 $y=f(x)$의 그래프가 그림과 같아야 한다.

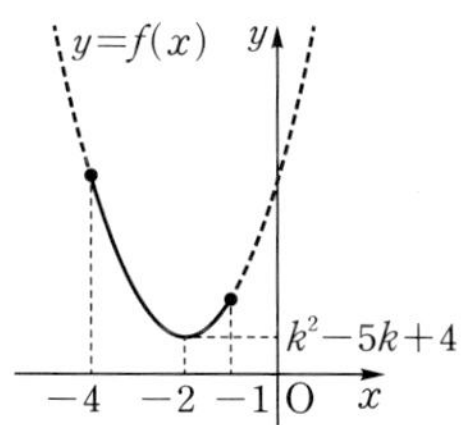

이때 $-4\le x\le -1$에서 $f(x)$의 최솟값은 $f(-2)$이므로
$f(-2)=k^2-5k+4\ge 0$
$(k-1)(k-4)\ge 0 \quad \therefore k\le 1$ 또는 $k\ge 4$

0667

답 ④

$x^2+2x-3\le 0$에서 $(x+3)(x-1)\le 0$
$\therefore -3\le x\le 1$
$3x^2+6x+4<2m+1$에서 $3x^2+6x-2m+3<0$
$f(x)=3x^2+6x-2m+3$이라 하면
$f(x)=3(x+1)^2-2m$
$-3\le x\le 1$에서 $f(x)<0$이어야 하므로
이차함수 $y=f(x)$의 그래프가 그림과 같아야 한다.

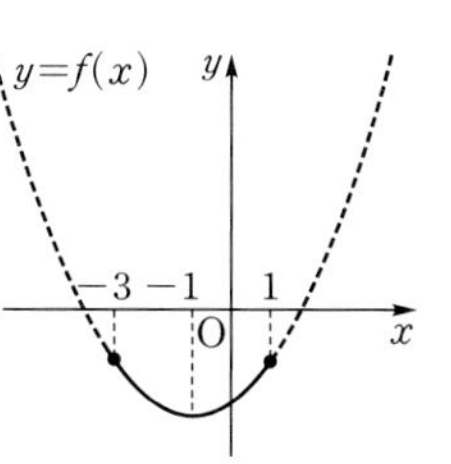

이때 $-3\le x\le 1$에서 $f(x)$의 최댓값은
$f(-3)=f(1)$이므로
$f(1)=3+6-2m+3<0$
$2m>12 \quad \therefore m>6$
따라서 정수 m의 최솟값은 7이다.

0668

답 $a\le 3$

$f(x)=x^2-2ax+9$라 하면
$f(x)=(x-a)^2-a^2+9$
(i) $a<0$일 때,
$x\ge 0$에서 $f(x)$의 최솟값은 $f(0)$이므로
$f(0)=9\ge 0$

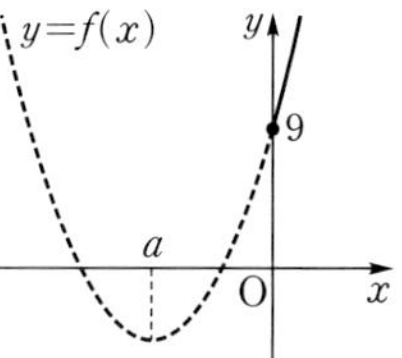

즉, $x\ge 0$에서 주어진 부등식이 항상 성립하므로 $a<0$
(ii) $a\ge 0$일 때,
$x\ge 0$에서 $f(x)$의 최솟값은 $f(a)$이므로
$f(a)=-a^2+9\ge 0$, $a^2-9\le 0$
$(a+3)(a-3)\le 0$
$\therefore -3\le a\le 3$
그런데 $a\ge 0$이므로 $0\le a\le 3$

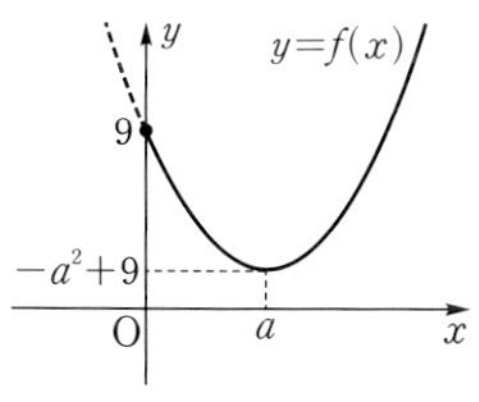

(i), (ii)에서 $a\le 3$

유형 14 이차부등식과 두 그래프의 위치 관계 - 만나는 경우

0669

답 ⑤

이차함수 $y=-2x^2+ax+b$의 그래프가 직선 $y=x+3$보다 위쪽에 있는 부분의 x의 값의 범위는
$-2x^2+ax+b>x+3$
즉, $2x^2+(1-a)x+3-b<0$ ...... ㉠
의 해와 같다.
해가 $-2<x<5$이고 x^2의 계수가 1인 이차부등식은
$(x+2)(x-5)<0 \quad \therefore x^2-3x-10<0$
양변에 2를 곱하면
$2x^2-6x-20<0$ ...... ㉡
㉠과 ㉡이 같아야 하므로
$1-a=-6$, $3-b=-20 \quad \therefore a=7, b=23$
$\therefore a+b=7+23=30$

0670

답 6

이차함수 $y=x^2-mx-2m-4$의 그래프가 이차함수 $y=4x^2+x-2$의 그래프보다 아래쪽에 있는 부분의 x의 값의 범위는
$x^2-mx-2m-4<4x^2+x-2$
즉, $3x^2+(m+1)x+2m+2>0$ ...... ㉠
의 해와 같다.
해가 $x<-1$ 또는 $x>n$이고 x^2의 계수가 1인 이차부등식은
$(x+1)(x-n)>0 \quad \therefore x^2+(1-n)x-n>0$
양변에 3을 곱하면
$3x^2+(3-3n)x-3n>0$ ...... ㉡
㉠과 ㉡이 같아야 하므로
$m+1=3-3n$, $2m+2=-3n$
위의 두 식을 연립하여 풀면 $m=-4$, $n=2$
$\therefore n-m=2-(-4)=6$

0671

답 ③

이차함수 $y=-x^2+ax+b-1$의 그래프가 이차함수 $y=x^2+(b+1)x-a$의 그래프보다 위쪽에 있는 부분의 x의 값의 범위는
$-x^2+ax+b-1>x^2+(b+1)x-a$
즉, $2x^2+(-a+b+1)x-a-b+1<0$ ...... ㉠

의 해와 같다.
해가 $-1<x<b$이고 x^2의 계수가 1인 이차부등식은
$(x+1)(x-b)<0$ $\therefore x^2+(1-b)x-b<0$
양변에 2를 곱하면
$2x^2+(2-2b)x-2b<0$ …… ㉡
㉠과 ㉡이 같아야 하므로
$-a+b+1=2-2b$, $-a-b+1=-2b$
위의 두 식을 연립하여 풀면 $a=2$, $b=1$
$\therefore a+b=2+1=3$

0672

답 4

이차함수 $y=mx^2-2nx+m^2+n-4$의 그래프가 x축보다 아래쪽에 있는 부분의 x의 값의 범위는
$mx^2-2nx+m^2+n-4<0$ …… ㉠
의 해와 같다.
㉠의 해가 $x<-5$ 또는 $x>1$이므로 $m<0$
해가 $x<-5$ 또는 $x>1$이고 x^2의 계수가 1인 이차부등식은
$(x+5)(x-1)>0$ $\therefore x^2+4x-5>0$
양변에 m을 곱하면
$mx^2+4mx-5m<0$ ($\because m<0$) …… ㉡
㉠과 ㉡이 같아야 하므로
$-2n=4m$, $m^2+n-4=-5m$
$\therefore n=-2m$, $m^2+n-4=-5m$
$n=-2m$을 $m^2+n-4=-5m$에 대입하면
$m^2-2m-4=-5m$, $m^2+3m-4=0$
$(m+4)(m-1)=0$ $\therefore m=-4$ 또는 $m=1$
그런데 $m<0$이므로 $m=-4$
따라서 $n=-2\times(-4)=8$이므로
$m+n=-4+8=4$

유형 15 이차부등식과 두 그래프의 위치 관계 - 만나지 않는 경우

0673

답 ⑤

이차함수 $y=-x^2+mx$의 그래프가 직선 $y=6$보다 항상 아래쪽에 있으려면 모든 실수 x에 대하여 $-x^2+mx<6$, 즉 $x^2-mx+6>0$이 성립해야 한다.
이차방정식 $x^2-mx+6=0$의 판별식을 D라 하면
$D=(-m)^2-24<0$
$m^2-24<0$, $(m+2\sqrt{6})(m-2\sqrt{6})<0$
$\therefore -2\sqrt{6}<m<2\sqrt{6}$
따라서 정수 m은 -4, -3, -2, $\cdots$, 4의 9개이다.

0674

답 $-3<m<1$

이차함수 $y=x^2+(1-m)x-2$의 그래프가 직선 $y=2x-3$보다 항상 위쪽에 있으려면 모든 실수 x에 대하여
$x^2+(1-m)x-2>2x-3$, 즉 $x^2-(m+1)x+1>0$이 성립해야 한다.
이차방정식 $x^2-(m+1)x+1=0$의 판별식을 D라 하면
$D=\{-(m+1)\}^2-4<0$
$m^2+2m-3<0$, $(m+3)(m-1)<0$
$\therefore -3<m<1$

0675

답 ④

함수 $y=ax^2+6x-2a$의 그래프가 $y=3x^2+2ax-1$의 그래프보다 항상 아래쪽에 있으려면 모든 실수 x에 대하여
$ax^2+6x-2a<3x^2+2ax-1$
즉, $(a-3)x^2-2(a-3)x-2a+1<0$ …… ㉠
이 성립해야 한다.
(i) $a=3$일 때,
$0\times x^2-0\times x-5=-5<0$이므로 모든 실수 x에 대하여 ㉠이 성립한다.
(ii) $a\neq3$일 때,
모든 실수 x에 대하여 ㉠이 성립하려면
$a-3<0$ $\therefore a<3$ …… ㉡
이차방정식 $(a-3)x^2-2(a-3)x-2a+1=0$의 판별식을 D라 하면
$\frac{D}{4}=\{-(a-3)\}^2-(a-3)(-2a+1)<0$
$(a-3)(a-3+2a-1)<0$, $(a-3)(3a-4)<0$
$\therefore \frac{4}{3}<a<3$ …… ㉢
㉡, ㉢의 공통부분을 구하면
$\frac{4}{3}<a<3$
(i), (ii)에서 $\frac{4}{3}<a\leq3$
따라서 정수 a의 최댓값은 3이다.

유형 16 이차부등식의 활용

0676

답 ④

배구공의 높이가 3.5 m 이상이려면
$-5t^2+11t+1.5\geq3.5$, $5t^2-11t+2\leq0$
$(5t-1)(t-2)\leq0$ $\therefore \frac{1}{5}\leq t\leq2$
따라서 배구공의 높이가 3.5 m 이상인 시간은
$2-\frac{1}{5}=\frac{9}{5}$(초) 동안이다.

0677

답 10 m

도로의 폭을 x m $(x>0)$라 하면 도로를 제외한 땅을 정사각형 모양으로 이어 붙였을 때, 한 변의 길이는 $(40-x)$ m이므로
$40-x>0$ $\therefore 0<x<40$
도로를 제외한 땅의 넓이가 900 m^2 이상이 되려면
$(40-x)^2\geq900$

$x^2-80x+700\ge 0$, $(x-10)(x-70)\ge 0$
$\therefore x\le 10$ 또는 $x\ge 70$
그런데 $0<x<40$이므로 $0<x\le 10$
따라서 도로의 폭의 최댓값은 10 m이다.

0678
답 90

올리기 전의 가격을 A, 판매량을 B라 하면
$A\left(1+\frac{x}{100}\right)\times B\left(1-\frac{x}{200}\right)\ge AB\left(1+\frac{4.5}{100}\right)$
$(100+x)(200-x)\ge 20900$
$x^2-100x+900\le 0$, $(x-10)(x-90)\le 0$
$\therefore 10\le x\le 90$
따라서 x의 최댓값은 90이다.

유형 17 연립이차부등식의 풀이

0679
답 ②

$5x^2-2x-40\le 2x^2$에서
$3x^2-2x-40\le 0$, $(3x+10)(x-4)\le 0$
$\therefore -\frac{10}{3}\le x\le 4$ …… ㉠
$2x^2<3x^2+3x-10$에서
$x^2+3x-10>0$, $(x+5)(x-2)>0$
$\therefore x<-5$ 또는 $x>2$ …… ㉡
㉠, ㉡의 공통부분을 구하면
$2<x\le 4$
따라서 실수 x의 최댓값은 4이다.

0680
답 ③

$x^2+2x-24>0$에서 $(x+6)(x-4)>0$
$\therefore x<-6$ 또는 $x>4$ …… ㉠
$2x^2+17x+8>0$에서 $(x+8)(2x+1)>0$
$\therefore x<-8$ 또는 $x>-\frac{1}{2}$ …… ㉡
㉠, ㉡의 공통부분을 구하면
$x<-8$ 또는 $x>4$
해가 $x<-8$ 또는 $x>4$이고 x^2의 계수가 1인 이차부등식은
$(x+8)(x-4)>0$ $\therefore x^2+4x-32>0$
양변에 $-\frac{1}{4}$을 곱하면 $-\frac{1}{4}x^2-x+8<0$
이 부등식이 $ax^2+bx+8<0$과 같으므로
$a=-\frac{1}{4}$, $b=-1$
$\therefore a-b=-\frac{1}{4}-(-1)=\frac{3}{4}$

0681
답 9

$\frac{\sqrt{x^2+6x-7}}{\sqrt{x^2-4x-45}}=-\sqrt{\frac{x^2+6x-7}{x^2-4x-45}}$이므로
$x^2+6x-7>0$, $x^2-4x-45<0$
또는 $x^2+6x-7=0$, $x^2-4x-45\ne 0$
(i) $x^2+6x-7>0$에서 $(x+7)(x-1)>0$
$\therefore x<-7$ 또는 $x>1$ …… ㉠
$x^2-4x-45<0$에서 $(x+5)(x-9)<0$
$\therefore -5<x<9$ …… ㉡
㉠, ㉡의 공통부분을 구하면
$1<x<9$
(ii) $x^2+6x-7=0$에서 $(x+7)(x-1)=0$
$\therefore x=-7$ 또는 $x=1$ …… ㉢
$x^2-4x-45\ne 0$에서 $(x+5)(x-9)\ne 0$
$\therefore x\ne -5$, $x\ne 9$ …… ㉣
㉢, ㉣의 공통부분을 구하면
$x=-7$ 또는 $x=1$
(i), (ii)에서 $x=-7$ 또는 $1\le x<9$
따라서 정수 x는 -7, 1, 2, 3, 4, 5, 6, 7, 8의 9개이다.

유형 18 절댓값 기호를 포함한 연립부등식

0682
답 ③

$|2x-1|>5$에서
$2x-1<-5$ 또는 $2x-1>5$
$2x<-4$ 또는 $2x>6$
$\therefore x<-2$ 또는 $x>3$ …… ㉠
$x^2-x-30\le 0$에서 $(x+5)(x-6)\le 0$
$\therefore -5\le x\le 6$ …… ㉡
㉠, ㉡의 공통부분을 구하면
$-5\le x<-2$ 또는 $3<x\le 6$
따라서 정수 x는 -5, -4, -3, 4, 5, 6이므로 구하는 합은
$-5+(-4)+(-3)+4+5+6=3$

0683
답 4

$3x+5<2$에서 $3x<-3$ $\therefore x<-1$ …… ㉠
$|x^2+6x+4|\le 4$에서 $-4\le x^2+6x+4\le 4$
$-4\le x^2+6x+4$에서 $x^2+6x+8\ge 0$
$(x+4)(x+2)\ge 0$ $\therefore x\le -4$ 또는 $x\ge -2$ …… ㉡
$x^2+6x+4\le 4$에서 $x^2+6x\le 0$
$x(x+6)\le 0$ $\therefore -6\le x\le 0$ …… ㉢
㉠~㉢의 공통부분을 구하면
$-6\le x\le -4$ 또는 $-2\le x<-1$
따라서 정수 x는 -6, -5, -4, -2의 4개이다.

0684

답 $-5\le x<-3$ 또는 $3<x\le 7$

$x^2-2x-35\le 0$에서 $(x+5)(x-7)\le 0$

$\therefore\ -5\le x\le 7$ ...... ㉠

$x^2+3|x|-18>0$에서

(i) $x<0$일 때, $x^2-3x-18>0$이므로

$(x+3)(x-6)>0$ $\quad\therefore\ x<-3$ 또는 $x>6$

그런데 $x<0$이므로 $x<-3$

(ii) $x\ge 0$일 때, $x^2+3x-18>0$이므로

$(x+6)(x-3)>0$ $\quad\therefore\ x<-6$ 또는 $x>3$

그런데 $x\ge 0$이므로 $x>3$

(i), (ii)에서 $x<-3$ 또는 $x>3$ ...... ㉡

㉠, ㉡의 공통부분을 구하면

$-5\le x<-3$ 또는 $3<x\le 7$

다른 풀이

$x^2=|x|^2$이므로 $x^2+3|x|-18>0$에서

$|x|^2+3|x|-18>0$, $(|x|+6)(|x|-3)>0$

$|x|<-6$ 또는 $|x|>3$

그런데 $|x|\ge 0$이므로 $|x|>3$

$\therefore\ x<-3$ 또는 $x>3$

유형 19 해가 주어진 연립이차부등식

0685

답 ④

$x^2+4x-21\ge 0$에서 $(x+7)(x-3)\ge 0$

$\therefore\ x\le -7$ 또는 $x\ge 3$ ...... ㉠

$x^2-(k+10)x+9k+9\le 0$에서

$(x-9)(x-k-1)\le 0$ ...... ㉡

㉠, ㉡의 공통부분이 $3\le x\le 9$이므로 그림에서

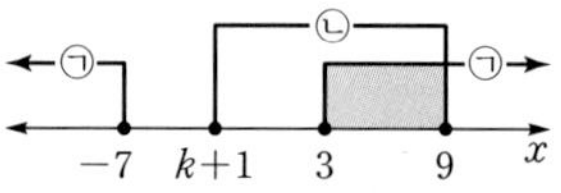

$-7<k+1\le 3$

$\therefore\ -8<k\le 2$

0686

답 ②

연립부등식

$\begin{cases} x^2-5x+a<0 & \cdots\cdots ㉠ \\ x^2-5x-b\ge 0 & \cdots\cdots ㉡ \end{cases}$

의 해 $-3<x\le -1$ 또는 $6\le x<8$을 수직선 위에 나타내면 그림과 같다.

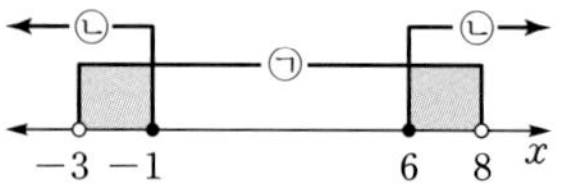

즉, $x^2-5x+a<0$의 해는 $-3<x<8$이므로

$(x+3)(x-8)<0$, $x^2-5x-24<0$

$\therefore\ a=-24$

또한 $x^2-5x-b\ge 0$의 해는 $x\le -1$ 또는 $x\ge 6$이므로

$(x+1)(x-6)\ge 0$, $x^2-5x-6\ge 0$

$\therefore\ b=6$

$\therefore\ a+b=-24+6=-18$

0687

답 $a\ge 11$

$|x+5|<a$에서 $-a<x+5<a$ ($\because\ a>0$)

$\therefore\ -5-a<x<-5+a$ ...... ㉠

$x^2-4x-12<0$에서 $(x+2)(x-6)<0$

$\therefore\ -2<x<6$ ...... ㉡

$a>0$에서 $-5-a<-5$이고

㉠, ㉡의 공통부분이 $-2<x<6$이므로 그림에서

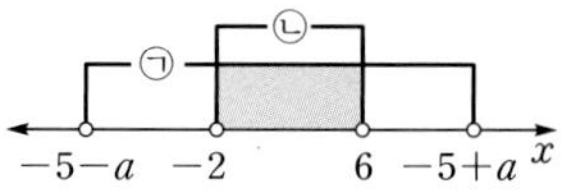

(i) $-5-a\le -2$ $\quad\therefore\ a\ge -3$ ...... ㉢

(ii) $-5+a\ge 6$ $\quad\therefore\ a\ge 11$ ...... ㉣

㉢, ㉣의 공통부분을 구하면 $a\ge 11$

0688

답 ④

$x^2+2x-35\ge 0$에서 $(x+7)(x-5)\ge 0$

$\therefore\ x\le -7$ 또는 $x\ge 5$ ...... ㉠

$|x-a|<2$에서 $-2<x-a<2$

$\therefore\ a-2<x<a+2$ ...... ㉡

$a>0$에서 $a-2>-2$이고

주어진 연립부등식의 해가 존재하려면 ㉠, ㉡의 공통부분이 존재해야 하므로 그림에서

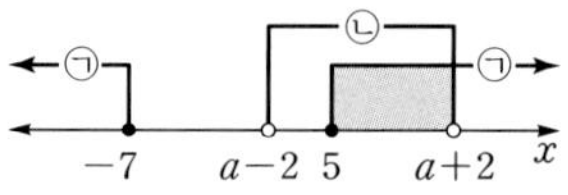

$a+2>5$ $\quad\therefore\ a>3$

따라서 자연수 a의 최솟값은 4이다.

0689

답 3

$(x+3)^2<5x+11$에서 $x^2+6x+9<5x+11$

$x^2+x-2<0$, $(x+2)(x-1)<0$

$\therefore\ -2<x<1$ ...... ㉠

$x^2-(2a+1)x+(a+3)(a-2)\ge 0$에서

$\{x-(a-2)\}\{x-(a+3)\}\ge 0$

$\therefore\ x\le a-2$ 또는 $x\ge a+3$ ...... ㉡

주어진 연립부등식의 해가 존재하지 않으려면 ㉠, ㉡의 공통부분이 존재하지 않아야 하므로 그림에서

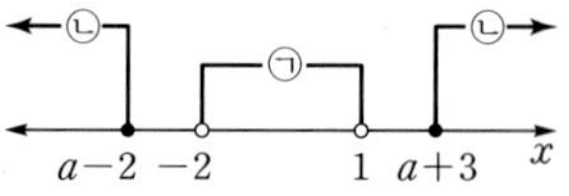

$a-2\le -2$, $a+3\ge 1$

$\therefore\ -2\le a\le 0$

따라서 정수 a는 -2, -1, 0의 3개이다.

유형 20 정수인 해의 개수가 주어진 연립이차부등식

0690

답 $5<n\le 6$

$x^2-9x+14\le 0$에서 $(x-2)(x-7)\le 0$

$\therefore\ 2\le x\le 7$ ...... ㉠

$x^2-(n-5)x-5n<0$에서 $(x+5)(x-n)<0$ ...... ㉡

㉠, ㉡을 동시에 만족시키는 정수 x가 4개이므로 그림에서

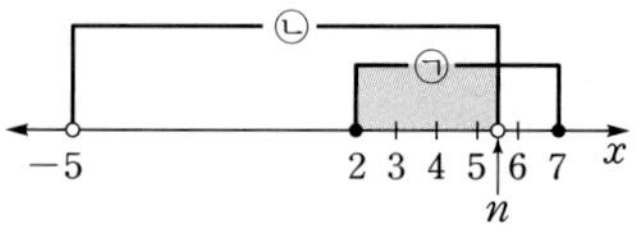

$5<n\le 6$

0691

답 ①

$x^2+3x-4>0$에서 $(x+4)(x-1)>0$

$\therefore x<-4$ 또는 $x>1$ ...... ㉠

$x^2+(3-m)x-3m<0$에서

$(x+3)(x-m)<0$ ...... ㉡

㉠, ㉡을 동시에 만족시키는 정수 x의 값이 -6, -5뿐이므로 그림에서

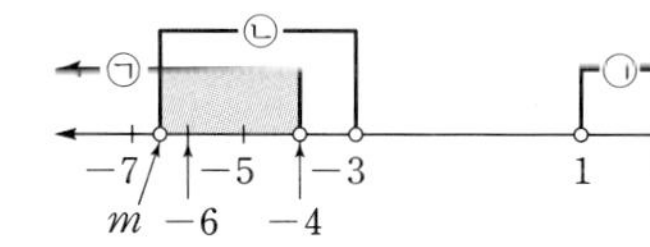

$-7\le m<-6$

0692

답 ④

$|x-3|\le k$에서 k는 양수이므로 $-k\le x-3\le k$

$\therefore -k+3\le x\le k+3$ ...... ㉠

$x^2+5x-6\le 0$에서 $(x+6)(x-1)\le 0$

$\therefore -6\le x\le 1$ ...... ㉡

㉠, ㉡을 동시에 만족시키는 정수 x가 3개 존재하므로 그림에서

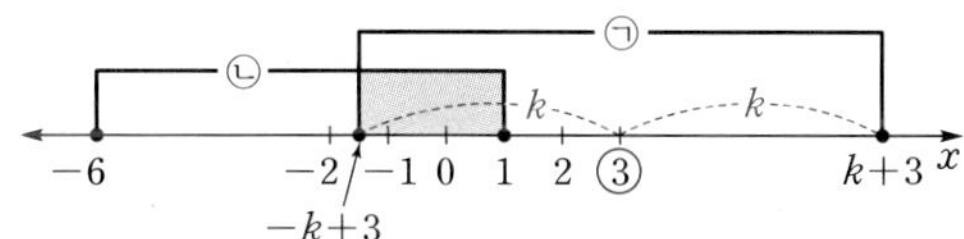

$-2<-k+3\le -1$, $-5<-k\le -4$

$\therefore 4\le k<5$

따라서 k의 최솟값은 4이다.

0693

답 10

$x^2-(a^2-3)x-3a^2<0$에서 $(x-a^2)(x+3)<0$

$\therefore -3<x<a^2$ ...... ㉠

$a>2$이므로 $x^2+(a-9)x-9a>0$에서 $(x+a)(x-9)>0$

$\therefore x<-a$ 또는 $x>9$ ...... ㉡

(i) $2<a<3$일 때, $4<a^2<9$, $-3<-a<-2$이므로 그림에서 ㉠, ㉡의 공통부분을 구하면 $-3<x<-a$

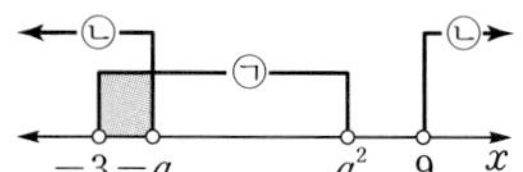

이때 $-3<x<-a<-2$이므로 정수 x는 존재하지 않는다.

(ii) $a=3$일 때,

㉠에서 $-3<x<9$ ...... ㉢

㉡에서 $x<-3$ 또는 $x>9$ ...... ㉣

㉢, ㉣에서 공통부분이 존재하지 않는다.

(iii) $a>3$일 때, $a^2>9$, $-a<-3$이므로 그림에서 ㉠, ㉡의 공통부분을 구하면 $9<x<a^2$

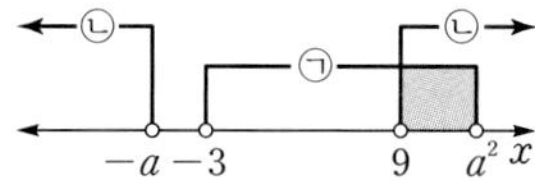

이때 $a^2>10$이면 10 이상의 정수 x가 존재하게 되므로 정수 x가 존재하지 않기 위한 a의 값의 범위는

$9<a^2\le 10$에서 $3<a\le\sqrt{10}$

(i) ~ (iii)에서 정수 x가 존재하지 않기 위한 a의 값의 범위는

$2<a\le\sqrt{10}$

따라서 a의 최댓값은 $\sqrt{10}$이므로 $M=\sqrt{10}$ $\therefore M^2=10$

참고

$a=3$일 때 ㉠, ㉡의 공통부분이 존재하지 않으므로 주어진 연립부등식의 해가 존재하지 않는다. 따라서 정수 x는 존재하지 않는다.

유형 21 연립이차부등식의 활용

0694

답 $x>3$

x, $x+1$, $x+2$는 변의 길이이므로

$x>0$ ...... ㉠

세 변 중 가장 긴 변의 길이는 $x+2$이므로 삼각형이 만들어질 조건에 의하여

$x+2<x+x+1$

$x+2<2x+1$ $\therefore x>1$ ...... ㉡

또한 예각삼각형이 되려면

$(x+2)^2<x^2+(x+1)^2$

$x^2+4x+4<x^2+x^2+2x+1$

$x^2-2x-3>0$, $(x+1)(x-3)>0$

$\therefore x<-1$ 또는 $x>3$ ...... ㉢

㉠ ~ ㉢의 공통부분을 구하면

$x>3$

0695

답 5

새로 만든 직육면체의 밑면의 가로의 길이와 세로의 길이, 높이는 각각 $a+4$, a, $a-3$이므로

$a-3>0$ $\therefore a>3$ ...... ㉠

이 직육면체의 겉넓이는

$2\{a(a+4)+(a+4)(a-3)+a(a-3)\}=6a^2+4a-24$이고 처음 정육면체의 겉넓이는 $6a^2$이므로

$6a^2+4a-24>6a^2$

$4a-24>0$, $4a>24$ $\therefore a>6$ ...... ㉡

또한 이 직육면체의 부피는 $a(a+4)(a-3)$이고 처음 정육면체의 부피는 a^3이므로

$a(a+4)(a-3)<a^3$

$a^3+a^2-12a<a^3$, $a^2-12a<0$

$a(a-12)<0$ $\therefore 0<a<12$ ...... ㉢

㉠ ~ ㉢의 공통부분을 구하면

$6<a<12$

따라서 자연수 a는 7, 8, 9, 10, 11의 5개이다.

0696

답 14

두 직사각형 A, B의 가로의 길이를 x라 하면

(A의 세로의 길이)$=x+2$, (B의 세로의 길이)$=x-4$이므로

$x-4>0 \quad \therefore x>4 \quad \cdots\cdots ㉠$

(A의 넓이)$=x(x+2)\geq 48$

$x^2+2x-48\geq 0$, $(x+8)(x-6)\geq 0$

$\therefore x\leq -8$ 또는 $x\geq 6 \quad \cdots\cdots ㉡$

(B의 넓이)$=x(x-4)\leq 32$

$x^2-4x-32\leq 0$, $(x+4)(x-8)\leq 0$

$\therefore -4\leq x\leq 8 \quad \cdots\cdots ㉢$

㉠~㉢의 공통부분을 구하면

$6\leq x\leq 8$

따라서 직사각형의 가로의 길이의 최댓값은 8, 최솟값은 6이므로 구하는 합은

$8+6=14$

유형 22 이차방정식의 근의 판별과 이차부등식

0697

답 ③

이차방정식 $x^2-(m+3)x+m+6=0$이 허근을 가지므로 이 이차방정식의 판별식을 D라 하면

$D=\{-(m+3)\}^2-4(m+6)<0$

$m^2+6m+9-4m-24<0$, $m^2+2m-15<0$

$(m+5)(m-3)<0 \quad \therefore -5<m<3$

따라서 정수 m은 $-4, -3, -2, -1, 0, 1, 2$의 7개이다.

0698

답 $-4\leq a<0$

$ax^2+6ax+10a+4=0$이 이차방정식이므로

$a\neq 0$

이차방정식 $ax^2+6ax+10a+4=0$이 실근을 가지므로 이 이차방정식의 판별식을 D라 하면

$\frac{D}{4}=(3a)^2-a(10a+4)\geq 0$

$9a^2-10a^2-4a\geq 0$, $a^2+4a\leq 0$

$a(a+4)\leq 0 \quad \therefore -4\leq a\leq 0$

그런데 $a\neq 0$이므로 $-4\leq a<0$

0699

답 ②

이차함수 $y=x^2-4x+2$의 그래프와 직선 $y=ax+1$이 서로 다른 두 점에서 만나려면 이차방정식 $x^2-4x+2=ax+1$, 즉 $x^2-(a+4)x+1=0$이 서로 다른 두 실근을 가져야 하므로 이 이차방정식의 판별식을 D라 하면

$D=\{-(a+4)\}^2-4>0$

$a^2+8a+12>0$, $(a+6)(a+2)>0$

$\therefore a<-6$ 또는 $a>-2$

따라서 a의 값이 될 수 없는 것은 ②이다.

0700

답 ③

(i) 이차방정식 $x^2+kx+k^2+3k=0$의 판별식을 D_1이라 할 때, 이 이차방정식이 실근을 가지려면

$D_1=k^2-4(k^2+3k)\geq 0$

$-3k^2-12k\geq 0$, $k^2+4k\leq 0$

$k(k+4)\leq 0 \quad \therefore -4\leq k\leq 0$

(ii) 이차방정식 $x^2-2x+k^2-3=0$의 판별식을 D_2라 할 때, 이 이차방정식이 실근을 가지려면

$\frac{D_2}{4}=(-1)^2-(k^2-3)\geq 0$

$-k^2+4\geq 0$, $k^2-4\leq 0$

$(k+2)(k-2)\leq 0 \quad \therefore -2\leq k\leq 2$

(i), (ii)에서 주어진 두 이차방정식 중 적어도 하나가 실근을 갖도록 하는 k의 값의 범위는 $-4\leq k\leq 2$

다른 풀이

(i) 이차방정식 $x^2+kx+k^2+3k=0$의 판별식을 D_1이라 할 때, 이 이차방정식이 허근을 가지려면

$D_1=k^2-4(k^2+3k)<0$

$-3k^2-12k<0$, $k^2+4k>0$

$k(k+4)>0 \quad \therefore k<-4$ 또는 $k>0 \quad \cdots\cdots ㉠$

(ii) 이차방정식 $x^2-2x+k^2-3=0$의 판별식을 D_2라 할 때, 이 이차방정식이 허근을 가지려면

$\frac{D_2}{4}=(-1)^2-(k^2-3)<0$

$-k^2+4<0$, $k^2-4>0$

$(k+2)(k-2)>0 \quad \therefore k<-2$ 또는 $k>2 \quad \cdots\cdots ㉡$

㉠, ㉡의 공통부분을 구하면 $k<-4$ 또는 $k>2$

따라서 두 이차방정식 중 적어도 하나가 실근을 갖도록 하는 k의 값의 범위는

$-4\leq k\leq 2$

유형 23 이차방정식의 실근의 부호

0701

답 ②

이차방정식 $x^2+(k+1)x+2k+7=0$의 판별식을 D라 하면

(i) $D=(k+1)^2-4(2k+7)>0$

$k^2+2k+1-8k-28>0$, $k^2-6k-27>0$

$(k+3)(k-9)>0 \quad \therefore k<-3$ 또는 $k>9 \quad \cdots\cdots ㉠$

(ii) (두 근의 합)$=-(k+1)>0$

$k+1<0 \quad \therefore k<-1 \quad \cdots\cdots ㉡$

(iii) (두 근의 곱)$=2k+7>0$

$2k>-7 \quad \therefore k>-\frac{7}{2} \quad \cdots\cdots ㉢$

㉠~㉢의 공통부분을 구하면

$-\frac{7}{2}<k<-3$

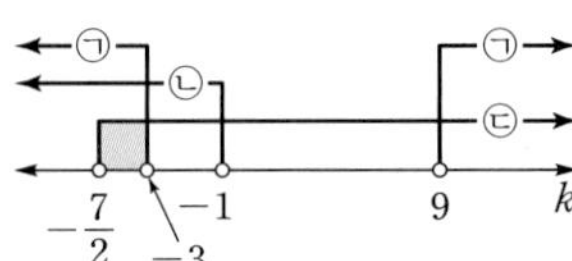

0702

답 5

이차방정식 $x^2+2ax-2a+8=0$의 판별식을 D라 하면

(i) $\frac{D}{4}=a^2-(-2a+8)\geq 0$

$a^2+2a-8\geq 0$, $(a+4)(a-2)\geq 0$

$\therefore a\leq -4$ 또는 $a\geq 2$ …… ㉠

(ii) (두 근의 합)$=-2a<0$

$\therefore a>0$ …… ㉡

(iii) (두 근의 곱)$=-2a+8>0$

$-2a>-8$ $\therefore a<4$ …… ㉢

㉠~㉢의 공통부분을 구하면

$2\leq a<4$

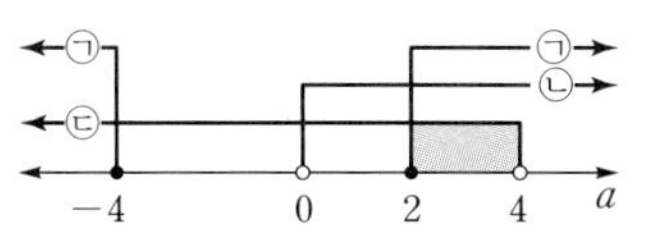

따라서 정수 a는 2, 3이므로

구하는 합은

$2+3=5$

0703

답 -4

이차방정식 $x^2-(k^2+5k+4)x-k^2+9=0$의 두 근의 부호가 서로 다르므로

(두 근의 곱)$=-k^2+9<0$

$k^2-9>0$, $(k+3)(k-3)>0$

$\therefore k<-3$ 또는 $k>3$ …… ㉠

또한 두 근의 절댓값이 같으므로

(두 근의 합)$=k^2+5k+4=0$

$(k+4)(k+1)=0$ $\therefore k=-4$ 또는 $k=-1$ …… ㉡

㉠, ㉡에서 $k=-4$

0704

답 $1<m<4$

이차방정식 $x^2+(m^2-m-12)x-m+1=0$의 두 근의 부호가 서로 다르므로

(두 근의 곱)$=-m+1<0$ $\therefore m>1$ …… ㉠

또한 양수인 근이 음수인 근의 절댓값보다 크므로

(두 근의 합)$=-(m^2-m-12)>0$

$m^2-m-12<0$, $(m+3)(m-4)<0$

$\therefore -3<m<4$ …… ㉡

㉠, ㉡의 공통부분을 구하면

$1<m<4$

유형 24 이차방정식의 실근의 위치

0705

답 ①

$f(x)=x^2-4kx+k+14$라 하면 이차방정식 $f(x)=0$의 두 근이 모두 -2보다 작으므로 이차함수 $y=f(x)$의 그래프는 오른쪽 그림과 같다.

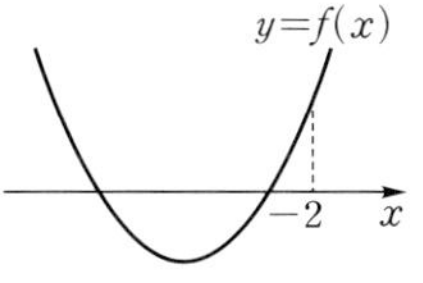

(i) $f(x)=0$의 판별식을 D라 하면

$\frac{D}{4}=(-2k)^2-(k+14)>0$

$4k^2-k-14>0$, $(4k+7)(k-2)>0$

$\therefore k<-\frac{7}{4}$ 또는 $k>2$ …… ㉠

(ii) $f(-2)=4+8k+k+14>0$

$9k>-18$ $\therefore k>-2$ …… ㉡

(iii) 이차함수 $y=f(x)$의 그래프의 축의 방정식이 $x=2k$이므로

$2k<-2$ $\therefore k<-1$ …… ㉢

㉠~㉢의 공통부분을 구하면

$-2<k<-\frac{7}{4}$

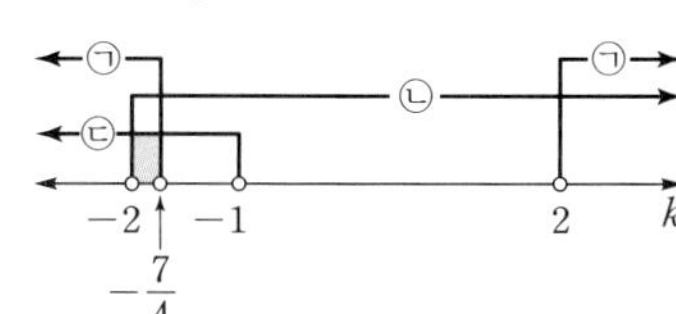

0706

답 $m>2$

$f(x)=x^2-2(m+1)x+m-2$라 하면

이차방정식 $f(x)=0$의 한 근은 -1과 6 사이에 있고 다른 한 근은 6보다 크므로 이차함수 $y=f(x)$의 그래프는 그림과 같다.

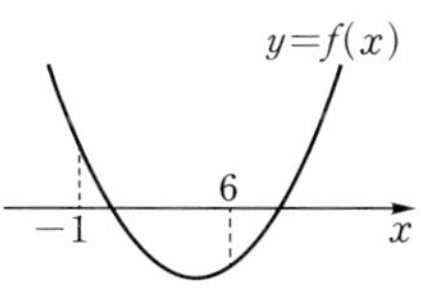

$f(-1)>0$에서 $1+2(m+1)+m-2>0$

$3m+1>0$, $3m>-1$ $\therefore m>-\frac{1}{3}$ …… ㉠

$f(6)<0$에서 $36-12(m+1)+m-2<0$

$-11m+22<0$, $11m>22$ $\therefore m>2$ …… ㉡

㉠, ㉡의 공통부분을 구하면

$m>2$

참고

두 근 사이에 있는 숫자가 하나라도 주어지면 경계에서의 함숫값의 부호만 따진다.

0707

답 ④

직선 $y=5x+22$가 이차함수 $y=x^2+(3a+10)x+2a^2-a$의 그래프와 만나는 두 점 A, B의 x좌표는 이차방정식

$5x+22=x^2+(3a+10)x+2a^2-a$

즉, $x^2+(3a+5)x+2a^2-a-22=0$의 두 근과 같으므로 선분 AB 위에 A, B가 아닌 점 $(-3, 7)$이 존재하기 위해서는 이차방정식 $x^2+(3a+5)x+2a^2-a-22=0$의 두 근 사이에 -3이 있어야 한다.

즉, $f(x)=x^2+(3a+5)x+2a^2-a-22$라 하면 이차함수 $y=f(x)$의 그래프는 그림과 같아야 하므로

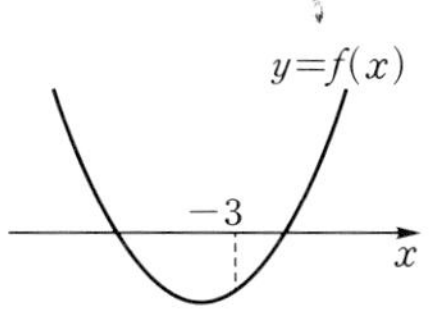

$f(-3)<0$에서

$9-3(3a+5)+2a^2-a-22<0$

$2a^2-10a-28<0$, $a^2-5a-14<0$

$(a+2)(a-7)<0$ $\quad\therefore -2<a<7$

따라서 정수 a는 $-1, 0, 1, 2, 3, 4, 5, 6$의 8개이다.

0708

답 $a<-8$ 또는 $a>\frac{5}{2}$

$f(x)=ax^2-x-3a+6$이라 하면 이차방정식 $f(x)=0$의 두 근 α, β가 $-2<\alpha<0$, $1<\beta<2$를 만족시키므로 이차함수 $y=f(x)$의 그래프는 그림과 같다.

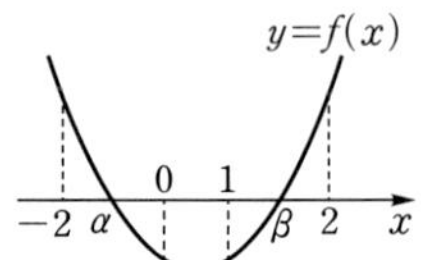

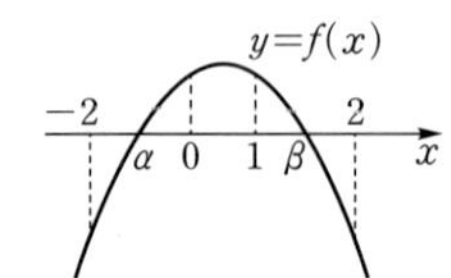

$f(-2)f(0)<0$에서 $(4a+2-3a+6)(-3a+6)<0$

$-3(a+8)(a-2)<0$, $(a+8)(a-2)>0$

$\therefore a<-8$ 또는 $a>2$ $\quad\cdots\cdots$ ㉠

$f(1)f(2)<0$에서 $(a-1-3a+6)(4a-2-3a+6)<0$

$(-2a+5)(a+4)<0$, $(2a-5)(a+4)>0$

$\therefore a<-4$ 또는 $a>\frac{5}{2}$ $\quad\cdots\cdots$ ㉡

㉠, ㉡의 공통부분을 구하면

$a<-8$ 또는 $a>\frac{5}{2}$

유형 25 삼 · 사차방정식의 근의 조건

0709

답 ⑤

$x^2=X$로 놓으면 주어진 방정식은

$X^2+kX-2k+5=0$ $\quad\cdots\cdots$ ㉠

이때 주어진 사차방정식이 서로 다른 두 실근과 서로 다른 두 허근을 가지려면 방정식 ㉠이 서로 다른 부호의 두 실근을 가져야 하므로

(두 근의 곱)$=-2k+5<0$

$2k>5$ $\quad\therefore k>\frac{5}{2}$

참고

이차방정식 $X^2+aX+b=0$ (a, b는 실수)이 서로 다른 부호의 두 실근을 가질 때, 이 두 실근을 p, q라 하면 근과 계수의 관계에 의하여 $b=pq<0$이다.
이때 이차방정식 $X^2+aX+b=0$의 판별식을 D라 하면 $b<0$일 때 $D=a^2-4b>0$이므로 이차방정식 $X^2+aX+b=0$은 반드시 서로 다른 두 실근을 갖는다.
즉, 이차방정식 $X^2+aX+b=0$이 서로 다른 부호의 두 실근을 가지면 $b<0$인지만 따지는 것으로 충분하다.

0710

답 $m\geq 5$

$f(x)=2x^3+(m+1)x^2+(m+1)x+2$라 하면

$f(-1)=-2+m+1-m-1+2=0$

조립제법을 이용하여 $f(x)$를 인수분해하면

-1	2	$m+1$	$m+1$	2
		-2	$-m+1$	-2
	2	$m-1$	2	0

$f(x)=(x+1)\{2x^2+(m-1)x+2\}$

$(x+1)\{2x^2+(m-1)x+2\}=0$에서

$x=-1$ 또는 $2x^2+(m-1)x+2=0$

이때 방정식 $f(x)=0$의 세 근이 모두 음수이므로

이차방정식 $2x^2+(m-1)x+2=0$의 두 근은 음수이다.

이차방정식 $2x^2+(m-1)x+2=0$의 판별식을 D라 하면

(i) $D=(m-1)^2-16\geq 0$

$m^2-2m-15\geq 0$, $(m+3)(m-5)\geq 0$

$\therefore m\leq -3$ 또는 $m\geq 5$

(ii) (두 근의 합)$=-\frac{m-1}{2}<0$

$m-1>0$ $\quad\therefore m>1$

(iii) (두 근의 곱)$=\frac{2}{2}=1>0$

(i)~(iii)에서 $m\geq 5$

0711

답 ②

$f(x)=x^3-(2k-3)x^2+2(k+6)x-16$이라 하면

$f(1)=1-2k+3+2k+12-16=0$

조립제법을 이용하여 $f(x)$를 인수분해하면

1	1	$-2k+3$	$2k+12$	-16
		1	$-2k+4$	16
	1	$-2k+4$	16	0

$f(x)=(x-1)\{x^2-2(k-2)x+16\}$

$(x-1)\{x^2-2(k-2)x+16\}=0$에서

$x=1$ 또는 $x^2-2(k-2)x+16=0$

이때 $x=1$은 2보다 작은 근이므로 이차방정식

$x^2-2(k-2)x+16=0$의 두 근은 2보다 크다.

즉, $g(x)=x^2-2(k-2)x+16$이라 하면 이차함수 $y=g(x)$의 그래프는 오른쪽 그림과 같다.

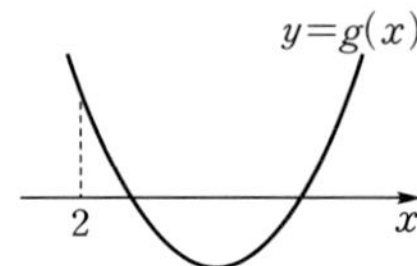

(i) $g(x)=0$의 판별식을 D라 하면

$\frac{D}{4}=\{-(k-2)\}^2-16\geq 0$

$k^2-4k-12\geq 0$, $(k+2)(k-6)\geq 0$

$\therefore k\leq -2$ 또는 $k\geq 6$ $\quad\cdots\cdots$ ㉠

(ii) $g(2)=4-4k+8+16>0$

$4k<28$ $\quad\therefore k<7$ $\quad\cdots\cdots$ ㉡

(iii) $y=g(x)$의 그래프의 축의 방정식이 $x=k-2$이므로

$k-2>2$ $\quad\therefore k>4$ $\quad\cdots\cdots$ ㉢

㉠~㉢의 공통부분을 구하면

$6\leq k<7$

따라서 정수 k는 6의 1개이다.

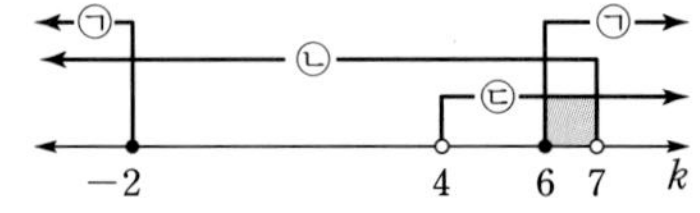

PART B′ 기출 & 기출변형 문제

0712

답 ③

이차방정식 $x^2+2ax+10=0$이 서로 다른 두 허근을 가지므로 이 이차방정식의 판별식을 D라 하면

$\frac{D}{4}=a^2-10<0$

$(a+\sqrt{10})(a-\sqrt{10})<0$

$\therefore -\sqrt{10}<a<\sqrt{10}$

따라서 정수 a는 $-3, -2, -1, 0, 1, 2, 3$의 7개이다.

짝기출 답 ③

x에 대한 이차방정식 $x^2-2ax+3=0$이 서로 다른 두 허근을 갖도록 하는 정수 a의 개수는?

① 1　② 2　③ 3　④ 4　⑤ 5

0713

답 ②

ㄱ. $ax^2+bx+c\geq 0$의 해가 $x=-4$이므로 $a<0$

ㄴ. 이차방정식 $ax^2+bx+c=0$의 판별식을 D라 하면
　$D=b^2-4ac=0$

ㄷ. 해가 $x=-4$이고 x^2의 계수가 1인 이차부등식은
　$(x+4)^2\leq 0$　$\therefore x^2+8x+16\leq 0$
　양변에 a를 곱하면
　$ax^2+8ax+16a\geq 0$ ($\because a<0$)
　이 부등식이 $ax^2+bx+c\geq 0$과 같으므로
　$b=8a, c=16a$
　$\therefore -a-2b+c=-a-16a+16a=-a>0$

따라서 옳은 것은 ㄱ, ㄴ이다.

짝기출 답 ⑤

이차부등식 $ax^2+bx+c\geq 0$의 해가 $x=2$뿐일 때, 옳은 내용을 보기에서 모두 고른 것은?

보기
ㄱ. $a<0$　ㄴ. $b^2-4ac=0$　ㄷ. $a+b+c<0$

① ㄱ　② ㄱ, ㄴ　③ ㄱ, ㄷ
④ ㄴ, ㄷ　⑤ ㄱ, ㄴ, ㄷ

0714

답 42

이차부등식 $x^2-ax+12\leq 0$의 해가 $\alpha\leq x\leq\beta$이므로

$\alpha+\beta=a, \alpha\beta=12$

이차부등식 $x^2-5x+b\geq 0$의 해가 $x\leq\alpha-1$ 또는 $x\geq\beta-1$이므로

$(\alpha-1)+(\beta-1)=5$에서 $\alpha+\beta=7$　$\therefore a=7$

$(\alpha-1)(\beta-1)=b$에서 $\alpha\beta-(\alpha+\beta)+1=b$

$\alpha\beta=12, \alpha+\beta=7$을 대입하면

$b=12-7+1=6$

$\therefore ab=7\times 6=42$

0715

답 ③

이차부등식 $f(x)\geq 0$, 즉 $-x^2+kx+3k+5\geq 0$의 해가 없으려면 모든 실수 x에 대하여 $-x^2+kx+3k+5<0$이 성립해야 한다.

이차방정식 $-x^2+kx+3k+5=0$의 판별식을 D라 하면

$D=k^2+4(3k+5)<0$

$k^2+12k+20<0, (k+10)(k+2)<0$

$\therefore -10<k<-2$

따라서 정수 k는 $-9, -8, -7, -6, -5, -4, -3$의 7개이다.

짝기출 답 ②

이차함수 $f(x)=x^2-2ax+9a$에 대하여 이차부등식 $f(x)<0$을 만족시키는 해가 없도록 하는 정수 a의 개수는?

① 9　② 10　③ 11　④ 12　⑤ 13

0716

답 ②

$f(x)=x^2-6x-4k+4$라 하면

$f(x)=(x-3)^2-4k-5$

$-1\leq x\leq 2$에서 $f(x)\geq 0$이어야 하므로 이차함수 $y=f(x)$의 그래프가 그림과 같아야 한다.

이때 $-1\leq x\leq 2$에서 $f(x)$의 최솟값은 $f(2)$이므로

$f(2)=4-12-4k+4\geq 0$

$4k\leq -4$　$\therefore k\leq -1$

따라서 k의 최댓값은 -1이다.

짝기출 답 ②

$3\leq x\leq 5$인 실수 x에 대하여 부등식

$x^2-4x-4k+3\leq 0$

이 항상 성립하도록 하는 상수 k의 최솟값은?

① 1　② 2　③ 3　④ 4　⑤ 5

0717

답 3

(가)에서 $z=2x-(x+3)i$에서 $\bar{z}=2x+(x+3)i$이므로

$z^2=\{2x-(x+3)i\}^2=4x^2-4x(x+3)i-(x+3)^2$

$(\bar{z})^2=\{2x+(x+3)i\}^2=4x^2+4x(x+3)i-(x+3)^2$

$\therefore z^2+(\bar{z})^2=8x^2-2(x+3)^2=6x^2-12x-18$

(나)에서 $z^2+(\bar{z})^2$은 음수이므로 $6x^2-12x-18<0$

$x^2-2x-3<0$, $(x+1)(x-3)<0$

$\therefore -1<x<3$

따라서 정수 x는 0, 1, 2의 3개이다.

짝기출 답 8

실수 x에 대하여 복소수 z가 다음 조건을 만족시킨다.

> (가) $z=3x+(2x-7)i$
> (나) $z^2+(\bar{z})^2$은 음수이다.

이때 정수 x의 개수를 구하시오.

(단, $i=\sqrt{-1}$이고, $\bar{z}$는 z의 켤레복소수이다.)

0718

답 ⑤

$(x-a)^2<a^2$에서 $x^2-2ax+a^2<a^2$

$x^2-2ax<0$, $x(x-2a)<0$

$\therefore 2a<x<0$ ($\because a<0$) ...... ㉠

$x^2+a<(a+1)x$에서 $x^2-(a+1)x+a<0$

$(x-a)(x-1)<0$ $\therefore a<x<1$ ($\because a<0$) ...... ㉡

$a<0$에서 $2a<a$이므로

㉠, ㉡의 공통부분을 구하면

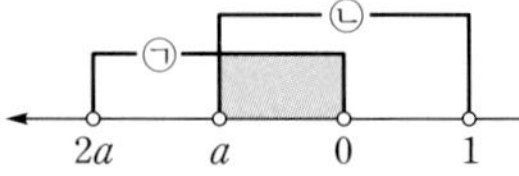

$a<x<0$

주어진 부등식의 해가 $b<x<b+1$이므로

$b=a$, $b+1=0$ $\therefore a=-1$, $b=-1$

$\therefore a+b=-1+(-1)=-2$

0719

답 -6

연립부등식

$\begin{cases} x^2+ax+b\le 0 & \cdots\cdots ㉠ \\ x^2+cx+d\ge 0 & \cdots\cdots ㉡ \end{cases}$

의 해 $x=-3$ 또는 $-1\le x\le 4$를 수직선 위에 나타내면 그림과 같다.

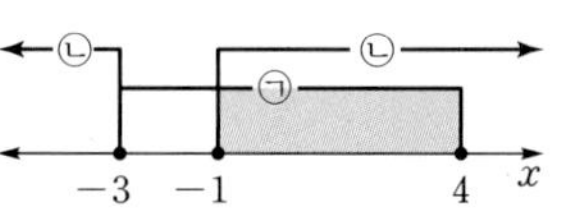

즉, $x^2+ax+b\le 0$의 해는 $-3\le x\le 4$이므로

$(x+3)(x-4)\le 0$, $x^2-x-12\le 0$

$\therefore a=-1$, $b=-12$

또한 $x^2+cx+d\ge 0$의 해는 $x\le -3$ 또는 $x\ge -1$이므로

$(x+3)(x+1)\ge 0$, $x^2+4x+3\ge 0$

$\therefore c=4$, $d=3$

$\therefore a+b+c+d=-1+(-12)+4+3=-6$

짝기출 답 ④

x에 대한 연립부등식 $\begin{cases} x^2+ax+b\ge 0 \\ x^2+cx+d\le 0 \end{cases}$의 해가 $1\le x\le 3$ 또는 $x=4$일 때, $a+b+c+d$의 값은?

① 1 ② 2 ③ 3 ④ 4 ⑤ 5

0720

답 21

$|x-n|>2$에서 $x-n<-2$ 또는 $x-n>2$

$\therefore x<n-2$ 또는 $x>n+2$ ...... ㉠

$x^2-14x+40\le 0$에서 $(x-4)(x-10)\le 0$

$\therefore 4\le x\le 10$ ...... ㉡

(i) $n\le 5$ 또는 $n\ge 9$인 경우

① $n\le 5$인 경우

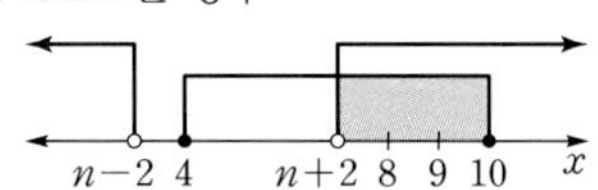

② $n\ge 9$인 경우

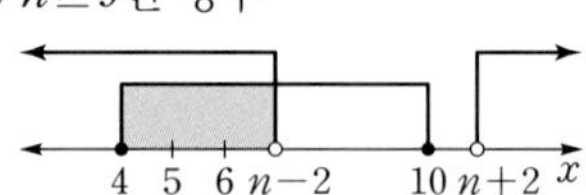

㉠, ㉡을 동시에 만족시키는 자연수 x의 개수는 3 이상이다.

(ii) $n=6$인 경우

㉠에서 $x-6<-2$ 또는 $x-6>2$

$\therefore x<4$ 또는 $x>8$

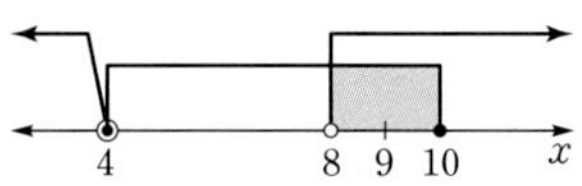

㉠, ㉡을 동시에 만족시키는 자연수 x는 9, 10이다.

(iii) $n=7$인 경우

㉠에서 $x-7<-2$ 또는 $x-7>2$

$\therefore x<5$ 또는 $x>9$

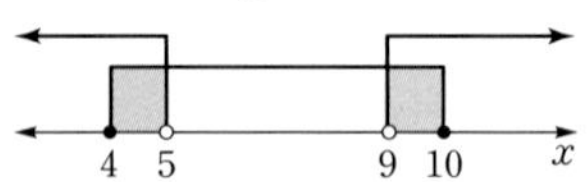

㉠, ㉡을 동시에 만족시키는 자연수 x는 4, 10이다.

(iv) $n=8$인 경우

㉠에서 $x-8<-2$ 또는 $x-8>2$

$\therefore x<6$ 또는 $x>10$

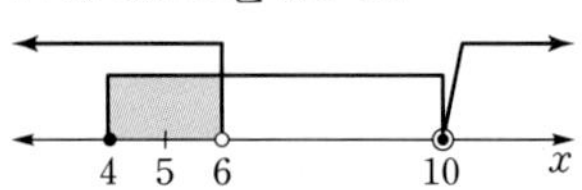

㉠, ㉡을 동시에 만족시키는 자연수 x는 4, 5이다.

(i)~(iv)에서 자연수 n의 값은 6, 7, 8이므로 모든 자연수 n의 값의 합은 $6+7+8=21$

0721

답 $-5<a\le -3$

$f(x)=x^3-(2a+1)x^2+(2a+9)x-9$라 하면

$f(1)=1-2a-1+2a+9-9=0$

조립제법을 이용하여 $f(x)$를 인수분해하면

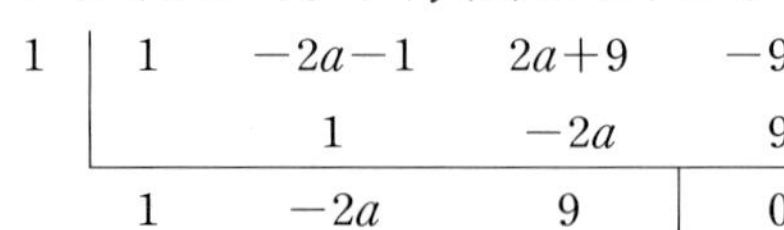

1	1	$-2a-1$	$2a+9$	-9
		1	$-2a$	9
	1	$-2a$	9	0

$f(x)=(x-1)(x^2-2ax+9)$

$(x-1)(x^2-2ax+9)=0$에서 $x=1$ 또는 $x^2-2ax+9=0$

이때 $x=1$은 -1보다 큰 근이므로 이차방정식 $x^2-2ax+9=0$의 두 근은 -1보다 작다.

즉, $g(x)=x^2-2ax+9$라 하면
이차함수 $y=g(x)$의 그래프는
오른쪽 그림과 같다.

(i) $g(x)=0$의 판별식을 D라 하면

$\frac{D}{4}=(-a)^2-9\geq0$

$a^2-9\geq0$, $(a+3)(a-3)\geq0$

$\therefore a\leq-3$ 또는 $a\geq3$ ...... ㉠

(ii) $g(-1)=1+2a+9>0$

$2a>-10$ $\therefore a>-5$ ...... ㉡

(iii) 이차함수 $y=g(x)$의 그래프의 축의 방정식이 $x=a$이므로

$a<-1$ ...... ㉢

㉠ ~ ㉢의 공통부분을 구하면

$-5<a\leq-3$

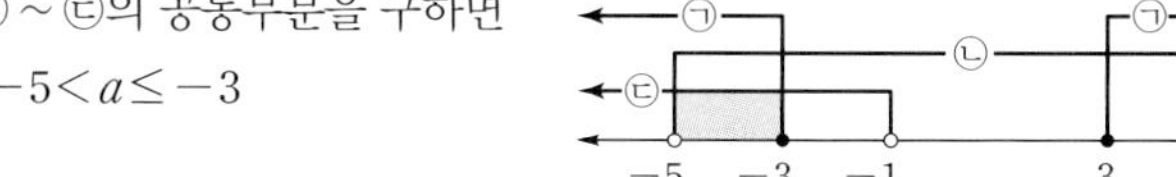

짝기출 답 ④

x에 대한 삼차방정식 $x^3-5x^2+(k-9)x+k-3=0$이 1보다 작은 한 근과 1보다 큰 서로 다른 두 실근을 갖도록 하는 모든 정수 k의 값의 합은?

① 24 ② 26 ③ 28 ④ 30 ⑤ 32

0722

답 15

$\overline{AD}=a$이므로 $\overline{BP}=\frac{8-a}{2}$

이때 $\overline{AD}>0$, $\overline{BP}>0$이므로

$a>0$, $\frac{8-a}{2}>0$

$\therefore 0<a<8$ ...... ㉠

또한 삼각형 ABP에서 $\angle BAP=30°$이므로

$\overline{AB}\sin30°=\frac{8-a}{2}$, $\overline{AP}\tan30°=\frac{8-a}{2}$

$\therefore \overline{AB}=8-a$, $\overline{AP}=\frac{\sqrt{3}}{2}(8-a)$

(가)에서 $\overline{AD}\leq3\overline{AB}$이므로

$a\leq3(8-a)$, $a\leq24-3a$

$4a\leq24$ $\therefore a\leq6$ ...... ㉡

(나)에서 등변사다리꼴 ABCD의 넓이가 $12\sqrt{3}$ 이하이므로

$\frac{1}{2}\times(a+8)\times\frac{\sqrt{3}}{2}(8-a)\leq12\sqrt{3}$

$a^2-16\geq0$, $(a+4)(a-4)\geq0$

$\therefore a\leq-4$ 또는 $a\geq4$ ...... ㉢

㉠ ~ ㉢의 공통부분을
구하면

$4\leq a\leq6$

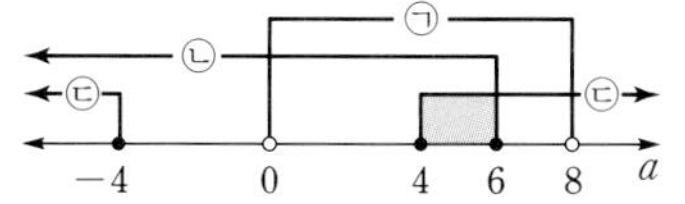

따라서 자연수 a는 4, 5, 6이므로 구하는 합은

$4+5+6=15$

짝기출 답 18

그림과 같이 $\overline{AC}=\overline{BC}=12$인 직각이등변삼각형 ABC가 있다. 빗변 AB 위의 점 P에서 변 BC와 변 AC에 내린 수선의 발을 각각 Q, R라 할 때, 직사각형 PQCR의 넓이는 두 삼각형 APR와 PBQ의 각각의 넓이보다 크다. $\overline{QC}=a$일 때, 모든 자연수 a의 값의 합을 구하시오.

0723

답 15

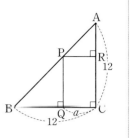

점 A는 주어진 이차함수의 그래프가 y축과 만나는 점이므로

$A(0, k^2+4)$

점 B의 y좌표는 k^2+4이므로

$y=-x^2+2kx+k^2+4$에 $y=k^2+4$를 대입하면

$k^2+4=-x^2+2kx+k^2+4$

$x^2-2kx=0$, $x(x-2k)=0$

$\therefore x=0$ 또는 $x=2k$

$\therefore B(2k, k^2+4)$

$\therefore \overline{AB}=2k$, $\overline{OA}=k^2+4$

따라서 직사각형 OCBA의 둘레의 길이 $g(k)$는

$g(k)=2(2k+k^2+4)=2k^2+4k+8$이므로

$14\leq g(k)\leq78$에서 $14\leq2k^2+4k+8\leq78$

$14\leq2k^2+4k+8$에서 $2k^2+4k-6\geq0$

$k^2+2k-3\geq0$, $(k+3)(k-1)\geq0$

$\therefore k\leq-3$ 또는 $k\geq1$

그런데 $k>0$이므로 $k\geq1$ ...... ㉠

$2k^2+4k+8\leq78$에서

$2k^2+4k-70\leq0$, $k^2+2k-35\leq0$

$(k+7)(k-5)\leq0$ $\therefore -7\leq k\leq5$

그런데 $k>0$이므로 $0<k\leq5$ ...... ㉡

㉠, ㉡의 공통부분을 구하면

$1\leq k\leq5$

따라서 자연수 k는 1, 2, 3, 4, 5이므로 구하는 합은

$1+2+3+4+5=15$

경우의 수

유형별 유사문제

10 경우의 수

유형 01 합의 법칙

0724

답 ⑤

두 주사위에서 나오는 눈의 수의 곱이 12의 배수가 되는 경우는 눈의 수의 곱이 12 또는 24 또는 36인 경우이다.

서로 다른 두 주사위에서 나오는 눈의 수를 순서쌍으로 나타내면

(i) 두 눈의 수의 곱이 12가 되는 경우

(2, 6), (3, 4), (4, 3), (6, 2)의 4가지

(ii) 두 눈의 수의 곱이 24가 되는 경우

(4, 6), (6, 4)의 2가지

(iii) 두 눈의 수의 곱이 36이 되는 경우

(6, 6)의 1가지

(i)~(iii)은 동시에 일어날 수 없으므로 구하는 경우의 수는

$4+2+1=7$

0725

답 10

(i) $m=1$일 때, $i\times(-i)^n=1$이 되는 경우

$n=1$ 또는 $n=5$의 2가지

(ii) $m=2$일 때, $-1\times(-i)^n=1$이 되는 경우

$n=2$ 또는 $n=6$의 2가지

(iii) $m=3$일 때, $-i\times(-i)^n=1$이 되는 경우

$n=3$의 1가지

(iv) $m=4$일 때, $1\times(-i)^n=1$이 되는 경우

$n=4$의 1가지

(v) $m=5$일 때, $i\times(-i)^n=1$이 되는 경우

$n=1$ 또는 $n=5$의 2가지

(vi) $m=6$일 때, $-1\times(-i)^n=1$이 되는 경우

$n=2$ 또는 $n=6$의 2가지

(i)~(vi)은 동시에 일어날 수 없으므로 구하는 경우의 수는

$2+2+1+1+2+2=10$

참고

허수 i에 대하여 $i^2=-1, i^3=-i, i^4=1, i^5=i, i^6=-i$ 임을 이용한다.

0726

답 ③

두 눈의 수의 합이 소수가 되는 경우는 2, 3, 5, 7, 11이다.

나오는 눈의 수를 순서쌍으로 나타내면

(i) 두 눈의 수의 합이 2인 경우

(1, 1)의 1가지

(ii) 두 눈의 수의 합이 3인 경우

(1, 2), (2, 1)의 2가지

(iii) 두 눈의 수의 합이 5인 경우

(1, 4), (2, 3), (3, 2), (4, 1)의 4가지

(iv) 두 눈의 수의 합이 7인 경우

(1, 6), (2, 5), (3, 4), (4, 3), (5, 2), (6, 1)의 6가지

(v) 두 눈의 수의 합이 11인 경우

(5, 6), (6, 5)의 2가지

(i)~(v)는 동시에 일어날 수 없으므로 구하는 경우의 수는

$1+2+4+6+2=15$

유형 02 방정식과 부등식의 해의 개수

0727

답 ③

(i) $x=1$일 때, $y+z=7$이므로 순서쌍 (y, z)는

(1, 6), (2, 5), (3, 4), (4, 3), (5, 2), (6, 1)의 6가지

(ii) $x=2$일 때, $y+z=5$이므로 순서쌍 (y, z)는

(1, 4), (2, 3), (3, 2), (4, 1)의 4가지

(iii) $x=3$일 때, $y+z=3$이므로 순서쌍 (y, z)는

(1, 2), (2, 1)의 2가지

(i)~(iii)에서 구하는 순서쌍 (x, y, z)의 개수는

$6+4+2=12$

0728

답 ③

(i) $x=1$일 때, $y\le7$이므로 순서쌍 (x, y)는

(1, 1), (1, 2), (1, 3), (1, 4), (1, 5), (1, 6), (1, 7)의 7가지

(ii) $x=2$일 때, $y\le4$이므로 순서쌍 (x, y)는

(2, 1), (2, 2), (2, 3), (2, 4)의 4가지

(iii) $x=3$일 때, $y\le1$이므로 순서쌍 (x, y)는

(3, 1)의 1가지

(i)~(iii)에서 구하는 순서쌍 (x, y)의 개수는

$7+4+1=12$

0729

답 ②

$|a-b|\ge2$를 만족시키는 순서쌍 (a, b)의 개수는

전체 경우의 수에서 $|a-b|<2$인 경우의 수를 빼면 된다.

(i) $|a-b|=0$, 즉 $a=b$일 때

(1, 1), (2, 2), (3, 3), (4, 4), (5, 5), (6, 6)의 6가지

(ii) $|a-b|=1$, 즉 $a-b=1$ 또는 $b-a=1$일 때

(2, 1), (3, 2), (4, 3), (5, 4), (6, 5),

(1, 2), (2, 3), (3, 4), (4, 5), (5, 6)의 10가지

(i), (ii)에서 $|a-b|<2$를 만족시키는 순서쌍 (a, b)는

$6+10=16$(개)이다.

따라서 $|a-b|\ge2$를 만족시키는 순서쌍 (a, b)의 개수는

$6\times6-16=20$

유형 03 곱의 법칙

0730
답 ⑤

y를 포함하지 않는 항은 $a(x+z)(m+n)(p+q+r+s)$를 전개한 식에서의 항의 개수와 같다.
따라서 y를 포함하지 않는 항의 개수는
$1\times2\times2\times4=16$

0731
답 45

(다)에서 백의 자리의 수는 4의 약수이므로 백의 자리의 숫자가 될 수 있는 숫자는 1, 2, 4의 3개
(나)에서 십의 자리의 수는 9의 약수이므로 십의 자리의 숫자가 될 수 있는 숫자는 1, 3, 9의 3개
(가)에서 짝수, 즉 2의 배수이므로 일의 자리의 숫자가 될 수 있는 숫자는
0, 2, 4, 6, 8의 5개
따라서 조건을 만족시키는 세 자리 자연수의 개수는
$3\times3\times5=45$

0732
답 26

(i) 쿠키와 마카롱을 구입할 때,
쿠키는 3종류, 마카롱은 4종류이므로 구입하는 경우의 수는
$3\times4=12$
(ii) 마카롱과 케이크를 구입할 때,
마카롱은 4종류, 케이크는 2종류이므로 구입하는 경우의 수는
$4\times2=8$
(iii) 쿠키와 케이크를 구입할 때,
쿠키는 3종류, 케이크는 2종류이므로 구입하는 경우의 수는
$3\times2=6$
(i)~(iii)에서 구하는 경우의 수는
$12+8+6=26$

0733
답 ③

(i) $(a+b)(p+q)(x+y+z)$에서
$(a+b)$, $(p+q)$, $(x+y+z)$의 항은 각각 2개, 2개, 3개이고 곱해지는 각 항이 모두 다른 문자이므로 동류항이 생기지 않는다.
따라서 전개식에서 항의 개수는
$2\times2\times3=12$
(ii) $(s-t)(u-v+w)$에서
$(s-t)$, $(u-v+w)$의 항은 각각 2개, 3개이고 곱해지는 각 항이 모두 다른 문자이므로 동류항이 생기지 않는다.
따라서 전개식에서 항의 개수는
$2\times3=6$
(i), (ii)에서 동류항이 생기지 않으므로 구하는 모든 항의 개수는
$12+6=18$

유형 04 자연수의 개수

0734
답 ③

백의 자리에 올 수 있는 숫자는 3, 6, 9의 3가지
십의 자리에 올 수 있는 숫자는 2, 3, 5, 7의 4가지
일의 자리에 올 수 있는 숫자는 1, 3, 5, 7, 9의 5가지
따라서 구하는 세 자리 자연수의 개수는
$3\times4\times5=60$

0735
답 9

3의 배수는 각 자리의 숫자의 합이 3의 배수이다.
(i) 각 자리 숫자의 합이 3인 경우: 12, 21, 30의 3가지
(ii) 각 자리 숫자의 합이 6인 경우: 15, 24, 42, 51의 4가지
(iii) 각 자리 숫자의 합이 9인 경우: 45, 54의 2가지
(i)~(iii)에서 구하는 3의 배수의 개수는
$3+4+2=9$

0736
답 27

a^2bc+ab, 즉 $ab(ac+1)$의 값이 홀수이어야 하므로
ab의 값은 홀수, $ac+1$의 값은 홀수이어야 한다.
즉, ac의 값은 짝수이어야 한다.
따라서 a는 홀수, b는 홀수, c는 짝수이어야 하므로 구하는 경우의 수는
$3\times3\times3=27$

0737
답 34

(i) 0이 두 개 들어 있는 경우
백의 자리에는 0이 올 수 없으므로 만들 수 있는 짝수는 100, 200, 300, 400의 4가지
(ii) 0이 한 개 들어 있는 경우
ⓐ □□0 꼴인 경우
백의 자리에 올 수 있는 숫자는 1, 2, 3, 4의 4가지
십의 자리에 올 수 있는 숫자는 백의 자리의 숫자, 0을 제외한 3가지
이므로 구하는 짝수의 개수는 $4\times3=12$
ⓑ □02 꼴인 경우
백의 자리에 올 수 있는 숫자는 1, 3, 4의 3가지
ⓒ □04 꼴인 경우
백의 자리에 올 수 있는 숫자는 1, 2, 3의 3가지
ⓐ~ⓒ에서 짝수의 개수는 $12+3+3=18$
(iii) 0이 들어 있지 않은 경우
ⓓ □□2 꼴인 경우
백의 자리에 올 수 있는 숫자는 1, 3, 4의 3가지
십의 자리에 올 수 있는 숫자는 백의 자리의 숫자, 2를 제외한 2가지
이므로 구하는 짝수의 개수는 $3\times2=6$

ⓔ □□4 꼴인 경우

백의 자리에 올 수 있는 숫자는 1, 2, 3의 3가지

십의 자리에 올 수 있는 숫자는 백의 자리의 숫자, 4를 제외한 2가지

이므로 구하는 경우의 수는 $3\times2=6$

ⓓ, ⓔ에서 짝수의 개수는 $6+6=12$

(i)~(iii)에서 구하는 짝수의 개수는

$4+18+12=34$

다른 풀이

1764를 소인수분해하면 $1764=2^2\times3^2\times7^2$

따라서 모든 양의 약수의 개수는 $(2+1)\times(2+1)\times(2+1)=27$

이 중 홀수인 약수의 개수는 $3^2\times7^2$의 양의 약수의 개수와 같으므로

$(2+1)\times(2+1)=9$

따라서 구하는 짝수의 개수는

$27-9=18$

유형 05 약수의 개수

0738

답 ④

1008을 소인수분해하면 $1008=2^4\times3^2\times7$

따라서 1008의 양의 약수의 개수는

$(4+1)\times(2+1)\times(1+1)=30$

$\therefore a=30$

1008의 양의 약수의 총합은

$(1+2+2^2+2^3+2^4)\times(1+3+3^2)\times(1+7)=31\times13\times8=3224$

$\therefore b=3224$

$\therefore a+b=30+3224=3254$

0739

답 ③

3360을 소인수분해하면 $3360=2^5\times3\times5\times7$

7의 배수는 7을 소인수로 가지므로 3360의 양의 약수 중 7의 배수의 개수는 $2^5\times3\times5$의 양의 약수의 개수와 같다.

따라서 구하는 7의 배수의 개수는

$(5+1)\times(1+1)\times(1+1)=24$

0740

답 ④

375를 소인수분해하면 $375=3\times5^3$

$375^n=3^n\times5^{3n}$(n은 자연수)의 양의 약수의 개수가 96이므로

$(n+1)\times(3n+1)=96$

$3n^2+4n-95=0$, $(3n+19)(n-5)=0$

$\therefore n=5$ ($\because n$은 자연수)

따라서 구하는 수는 375^5이다.

0741

답 ④

1764를 소인수분해하면 $1764=2^2\times3^2\times7^2$

짝수는 2를 소인수로 가지므로 1764의 양의 약수 중 짝수의 개수는 $2\times3^2\times7^2$의 양의 약수의 개수와 같다.

따라서 구하는 짝수의 개수는

$(1+1)\times(2+1)\times(2+1)=18$

유형 06 지불 방법의 수와 지불 금액의 수

0742

답 ⑤

100원짜리 동전 3개로 지불할 수 있는 방법은

0개, 1개, 2개, 3개의 4가지

1000원짜리 지폐 4장으로 지불할 수 있는 방법은

0장, 1장, 2장, 3장, 4장의 5가지

5000원짜리 지폐 5장으로 지불할 수 있는 방법은

0장, 1장, 2장, 3장, 4장, 5장의 6가지

이때 0원을 지불하는 경우를 제외해야 하므로 지불할 수 있는 방법의 수는

$4\times5\times6-1=119$

0743

답 ②

100원짜리 동전 5개로 지불하는 금액과 500원짜리 동전 1개로 지불하는 금액이 같고, 500원짜리 동전 2개로 지불하는 금액과 1000원짜리 지폐 1장으로 지불하는 금액이 같다.

즉, 500원짜리 동전 3개와 1000원짜리 지폐 2장을 100원짜리 동전 35개로 바꾸면 지불할 수 있는 금액의 수는 100원짜리 동전 42개로 지불할 수 있는 방법의 수와 같다.

100원짜리 동전 42개로 지불할 수 있는 방법의 수는

0개, 1개, 2개, …, 42개의 43

이때 0원을 지불하는 경우는 제외해야 하므로 지불할 수 있는 금액의 수는 $43-1=42$

0744

답 129

(i) 지불할 수 있는 방법의 수

10000원짜리 지폐 3장으로 지불할 수 있는 방법은

0장, 1장, 2장, 3장의 4가지

5000원짜리 지폐 2장으로 지불할 수 있는 방법은

0장, 1장, 2장의 3가지

1000원짜리 지폐 6장으로 지불할 수 있는 방법은

0장, 1장, 2장, 3장, 4장, 5장, 6장의 7가지

이때 0원을 지불하는 경우는 제외해야 하므로 지불할 수 있는 방법의 수는

$4\times3\times7-1=83$ $\therefore a=83$

(ii) 지불할 수 있는 금액의 수

5000원짜리 지폐 2장으로 지불할 수 있는 금액과 10000원짜리 지폐 1장으로 지불할 수 있는 금액이 같고, 1000원짜리 지폐 5장으로 지불할 수 있는 금액과 5000원짜리 지폐 1장으로 지불할 수 있는 금액이 같다.

즉, 10000원짜리 지폐 3장과 5000원짜리 지폐 2장을 1000원짜리 지폐 40장으로 바꾸면 지불할 수 있는 금액의 수는 1000원짜리 지폐 46장으로 지불할 수 있는 금액의 수와 같다.

따라서 1000원짜리 지폐 46장으로 지불할 수 있는 금액은

0원, 1000원, 2000원, ⋯, 46000원의 47가지

이때 0원을 지불하는 경우는 제외해야 하므로 지불할 수 있는 금액의 수는

$47-1=46 \qquad \therefore b=46$

(i), (ii)에서 $a+b=83+46=129$

유형 07 도로망에서의 방법의 수

0745

답 ④

(i) A → B → D로 가는 방법의 수는

$2\times2=4$

(ii) A → B → C → D로 가는 방법의 수는

$2\times3\times1=6$

(iii) A → B → C → B → D로 가는 방법의 수는

$2\times3\times2\times2=24$

(iv) A → B → C → B → C → D로 가는 방법의 수는

$2\times3\times2\times1\times1=12$

(i)~(iv)에서 구하는 방법의 수는

$4+6+24+12=46$

0746

답 ②

(i) A → B → C로 가는 방법의 수는

$3\times3=9$

(ii) A → D → C로 가는 방법의 수는

$5\times1=5$

(iii) A → B → D → C로 가는 방법의 수는

$3\times1\times1=3$

(iv) A → D → B → C로 가는 방법의 수는

$5\times1\times3=15$

(i)~(iv)에서 구하는 방법의 수는

$9+5+3+15=32$

0747

답 ①

(i) 1 → 2 → 4 → 6으로 가는 방법의 수는 $2\times3\times2=12$

(ii) 1 → 2 → 5 → 6으로 가는 방법의 수는 $2\times1\times3=6$

(iii) 1 → 3 → 5 → 6으로 가는 방법의 수는 $1\times2\times3=6$

(i)~(iii)에서 구하는 방법의 수는 $12+6+6=24$

0748

답 ③

추가해야 하는 도로의 개수를 n이라 하면

(i) A → B → D로 가는 방법의 수는

$3\times2=6$

(ii) A → C → D로 가는 방법의 수는

$2\times4=8$

(iii) A → B → C → D로 가는 방법의 수는

$3\times n\times4=12n$

(iv) A → C → B → D로 가는 방법의 수는

$2\times n\times2=4n$

(i)~(iv)에서 A 지점에서 출발하여 D 지점으로 가는 방법의 수는

$6+8+12n+4n=62$

$16n=48 \qquad \therefore n=3$

따라서 추가해야 하는 도로의 개수는 3이다.

유형 08 색칠하는 방법의 수

0749

답 1050

각 영역을 A, B, C, D라 하면

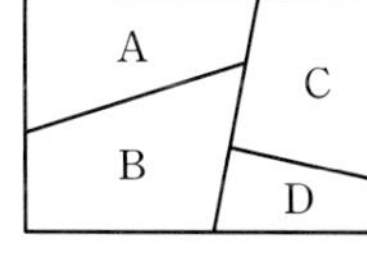

(i) A에 칠할 수 있는 색은 7가지

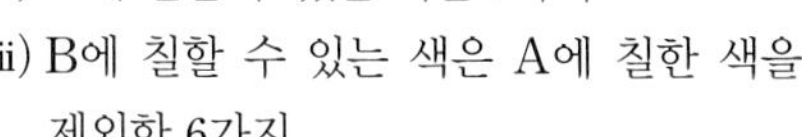

(ii) B에 칠할 수 있는 색은 A에 칠한 색을 제외한 6가지

(iii) C에 칠할 수 있는 색은 A, B에 칠한 색을 제외한 5가지

(iv) D에 칠할 수 있는 색은 B, C에 칠한 색을 제외한 5가지

(i)~(iv)에서 구하는 방법의 수는

$7\times6\times5\times5=1050$

0750

답 540

(i) D에 칠할 수 있는 색은 5가지

(ii) A에 칠할 수 있는 색은 D에 칠한 색을 제외한 4가지

(iii) B에 칠할 수 있는 색은 A, D에 칠한 색을 제외한 3가지

(iv) C에 칠할 수 있는 색은 B, D에 칠한 색을 제외한 3가지

(v) E에 칠할 수 있는 색은 A, D에 칠한 색을 제외한 3가지

(i)~(v)에서 구하는 방법의 수는

$5\times4\times3\times3\times3=540$

0751

답 ⑤

A에 칠할 수 있는 색은 2가지

(i) A, C에 같은 색을 칠하는 경우

C에 칠할 수 있는 색은 A에 칠한 1가지

B에 칠할 수 있는 색은 A에 칠한 색을 제외한 3가지

D에 칠할 수 있는 색은 C에 칠한 색을 제외한 3가지

E에 칠할 수 있는 색은 A, D에 칠한 색을 제외한 2가지

이므로 이 경우의 수는

$2\times1\times3\times3\times2=36$

(ii) A, C에 다른 색을 칠하는 경우

C에 칠할 수 있는 색은 A에 칠한 색을 제외한 3가지

ⓐ C, E에 같은 색을 칠하는 경우

E에 칠할 수 있는 색은 C에 칠한 1가지

D에 칠할 수 있는 색은 C에 칠한 색을 제외한 3가지

B에 칠할 수 있는 색은 A, C에 칠한 색을 제외한 2가지

이므로 이 경우의 수는

$2\times3\times1\times3\times2=36$

ⓑ C, E에 다른 색을 칠하는 경우

E에 칠할 수 있는 색은 A, C에 칠한 색을 제외한 2가지

D에 칠할 수 있는 색은 C, E에 칠한 색을 제외한 2가지

B에 칠할 수 있는 색은 A, C에 칠한 색을 제외한 2가지

이므로 이 경우의 수는

$2\times3\times2\times2\times2=48$

ⓐ, ⓑ에서 이 경우의 수는

$36+48=84$

(i), (ii)에서 구하는 방법의 수는

$36+84=120$

0752

답 ③

A에 칠할 수 있는 색은 6가지

(i) B, D에 같은 색을 칠하는 경우

B에 칠할 수 있는 색은 A에 칠한 색을 제외한 5가지

D에 칠할 수 있는 색은 B에 칠한 1가지

C에 칠할 수 있는 색은 A, B에 칠한 색을 제외한 4가지

E에 칠할 수 있는 색은 A, B에 칠한 색을 제외한 4가지

이므로 이 경우의 수는

$6\times5\times1\times4\times4=480$

(ii) B, D에 다른 색을 칠하는 경우

B에 칠할 수 있는 색은 A에 칠한 색을 제외한 5가지

D에 칠할 수 있는 색은 A, B에 칠한 색을 제외한 4가지

C에 칠할 수 있는 색은 A, B, D에 칠한 색을 제외한 3가지

E에 칠할 수 있는 색은 A, B, D에 칠한 색을 제외한 3가지

이므로 이 경우의 수는

$6\times5\times4\times3\times3=1080$

(i), (ii)에서 구하는 방법의 수는

$480+1080=1560$

0753

답 36

A, B, C, D, E의 순서로 색을 칠한다고 생각하자.

A에 칠할 수 있는 색은 3가지

B에 칠할 수 있는 색은 A에 칠한 색을 제외한 2가지

(i) A, C에 같은 색을 칠하는 경우

C에 칠할 수 있는 색은 A에 칠한 1가지

D에 칠할 수 있는 색은 A에 칠한 색을 제외한 2가지

E에 칠할 수 있는 색은 A에 칠한 색을 제외한 2가지

이므로 이 경우의 수는 $3\times2\times1\times2\times2=24$

(ii) A, C에 다른 색을 칠하는 경우

C에 칠할 수 있는 색은 A, B에 칠한 색을 제외한 1가지

D에 칠할 수 있는 색은 A, C에 칠한 색을 제외한 1가지

E에 칠할 수 있는 색은 A에 칠한 색을 제외한 2가지

이므로 이 경우의 수는 $3\times2\times1\times1\times2=12$

(i), (ii)에서 구하는 방법의 수는

$24+12=36$

유형 09 최단거리로 이동하는 경우의 수

0754

답 ①

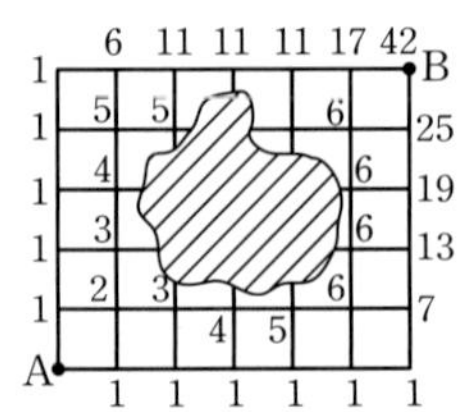

따라서 구하는 경우의 수는 42이다.

0755

답 ①

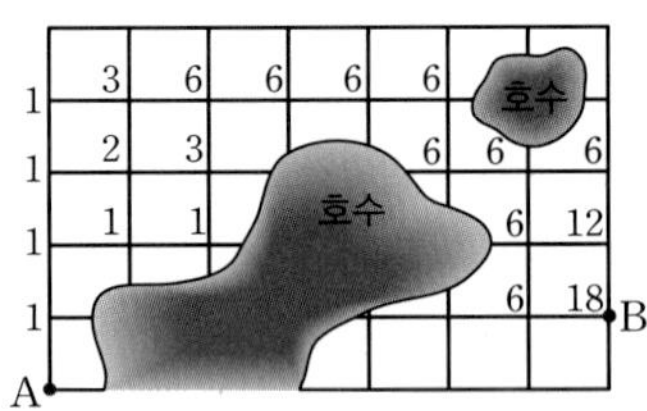

따라서 구하는 경우의 수는 18이다.

0756

답 8

(i) A → C → B로 가는 경우의 수는

$2\times1=2$

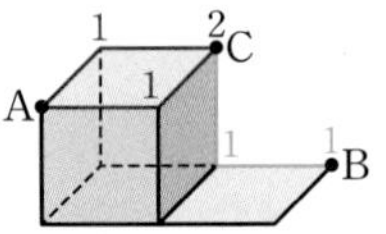

(ii) A → D → B로 가는 경우의 수는

$2\times2=4$

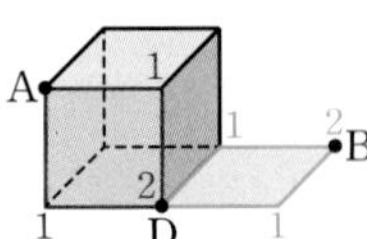

(iii) A → E → B로 가는 경우의 수는

$2\times1=2$

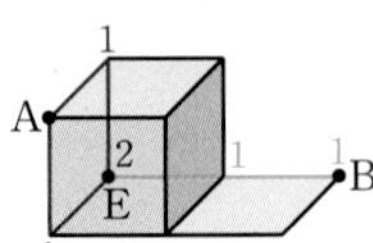

(i)~(iii)에서 구하는 경우의 수는

$2+4+2=8$

유형 10 수형도를 이용하는 경우의 수

0757

답 9

A, B, C, D의 이름이 적힌 쪽지를 각각 a, b, c, d라 하고 4명 모두 다른 사람의 이름이 적혀 있는 쪽지를 뽑은 경우를 수형도로 나타내면 다음과 같다.

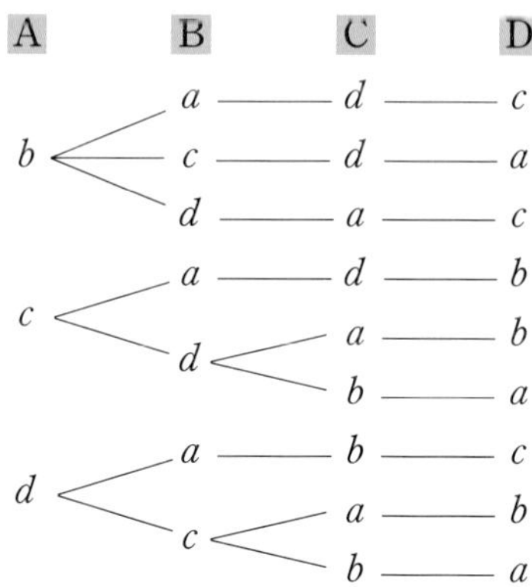

따라서 구하는 경우의 수는 9이다.

0758

답 ⑤

좌석 번호가 1인 사람이 1에 앉고, 나머지 4명은 다른 번호의 좌석에 앉는 경우를 수형도로 나타내면 다음과 같다.

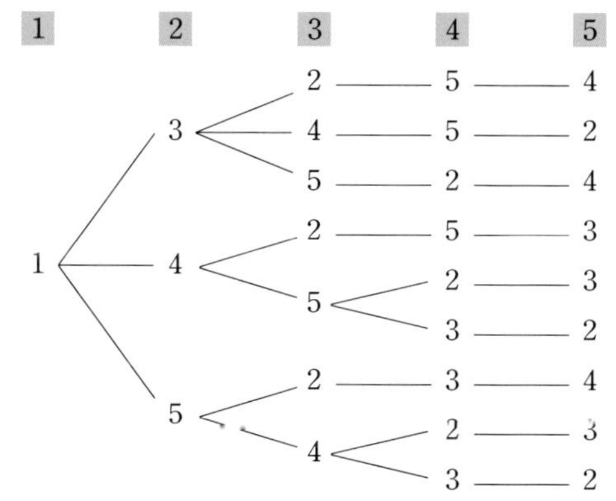

즉, 이 경우의 수는 9이다.

마찬가지로 생각하면 좌석 번호가 2, 3, 4, 5인 사람이 자기 번호의 좌석에 앉을 때도 각각 9가지 경우가 나오므로 구하는 경우의 수는

$9\times5=45$

0759

답 ⑤

$a_i\neq i$를 만족시키는 경우는 $a_1\neq1$, $a_2\neq2$, $a_3\neq3$, $a_4\neq4$, $a_5\neq5$이므로 $a_1=2$인 경우를 수형도로 나타내면 다음과 같다.

a_1 a_2 a_3 a_4 a_5

2 — 1 — 4 — 5 — 3
2 — 1 — 5 — 3 — 4
2 — 3 — 1 — 5 — 4
2 — 3 — 4 — 5 — 1
2 — 3 — 5 — 1 — 4
2 — 4 — 1 — 5 — 3
2 — 4 — 5 — 1 — 3
2 — 4 — 5 — 3 — 1
2 — 5 — 1 — 3 — 4
2 — 5 — 4 — 1 — 3
2 — 5 — 4 — 3 — 1

즉, $a_1=2$일 때 조건을 만족시키는 경우의 수는 11이다.

마찬가지로 생각하면 $a_1=3$, $a_1=4$, $a_1=5$일 때도 경우의 수가 각각 11이므로 구하는 순서쌍 $(a_1, a_2, a_3, a_4, a_5)$의 개수는

$11\times4=44$

0760

답 ③

주사위를 세 번 던져 게임이 끝나기 위해서는 세 번만에 15번 (☻) 칸에 도착해야 한다.

이때 5번(★) 칸에 왔을 때, 뒤로 두 칸 이동함에 주의한다.

게임 규칙에 의해 세 번 만에 15번 칸에 도착하려면 첫 번째에 나온 눈의 수는 6, 5, 4, 3이어야 하므로 수형도로 나타내면 다음과 같다.

(i) 첫번째 나온 눈의 수가 6, 4, 3인 경우

1번째 2번째 3번째

6 — 6 — 3
6 — 5 — 4
6 — 4 — 5
6 — 3 — 6
4 — 6 — 5
4 — 5 — 6
3 — 6 — 6

즉, 이 경우의 수는 7이다.

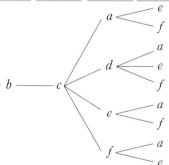

(ii) 첫 번째 나온 눈의 수가 5인 경우

1번째 2번째 3번째

5 — 6 — 6

즉, 이 경우의 수는 1이다.

(i), (ii)에서 구하는 경우의 수는

$7+1=8$

0761

답 ②

첫째 자리에 b가 오는 경우를 수형도로 나타내면 다음과 같다.

(i) 첫째 자리에 b가 오고, 둘째 자리에 c가 오는 경우

첫째 자리 둘째 자리 셋째 자리 넷째 자리

b — c — a — e
b — c — a — f
b — c — d — a
b — c — d — e
b — c — d — f
b — c — e — a
b — c — e — f
b — c — f — a
b — c — f — e

(ii) 첫째 자리에 b가 오고, 둘째 자리에 d가 오는 경우

첫째 자리 둘째 자리 셋째 자리 넷째 자리

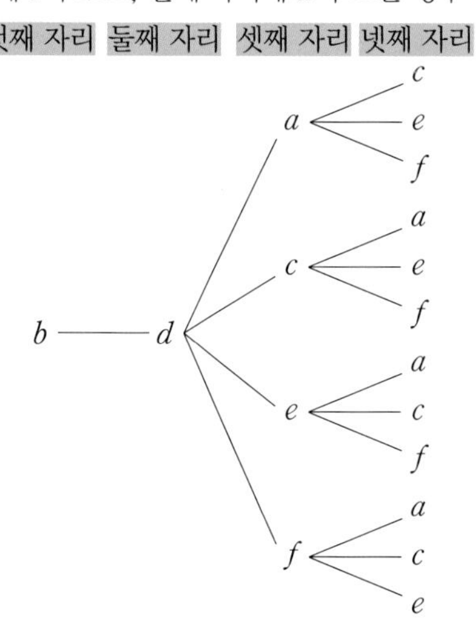

(iii) 첫째 자리에 b가 오고, 둘째 자리에 e가 오는 경우

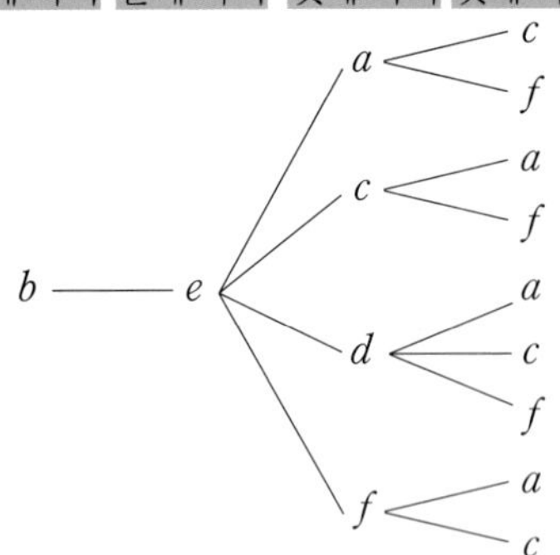

(iv) 첫째 자리에 b가 오고, 둘째 자리에 f가 오는 경우

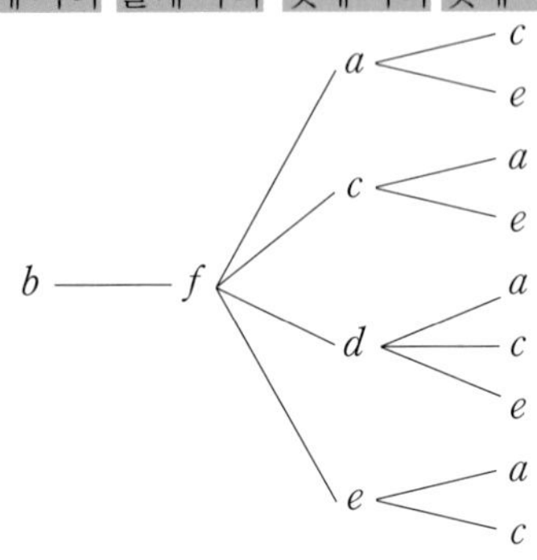

(i)~(iv)에서 첫째 자리에 b가 올 때 조건을 만족시키도록 나열하는 방법의 수는 $9+12+9+9=39$

마찬가지로 생각하면 셋째 자리에 b가 오는 경우에도 조건을 만족시키도록 나열하는 방법의 수가 39이므로 구하는 방법의 수는

$39+39=78$

기출 & 기출변형 문제

0762

답 336

(i) 천의 자리에 올 수 있는 숫자는 0을 제외한 7가지

(ii) 백의 자리에 올 수 있는 숫자는 천의 자리에서 사용한 한 장의 카드를 제외한 6가지

(iii) 십의 자리에 올 수 있는 숫자는 천, 백의 자리에서 사용한 두 장의 카드를 제외한 4가지

(iv) 일의 자리에 올 수 있는 숫자는 앞자리에서 사용한 세 장의 카드를 제외한 2가지

(i)~(iv)에서 구하는 자연수의 개수는

$7\times6\times4\times2=336$

짝기출 답 18

숫자 1, 2, 3을 전부 또는 일부를 사용하여 같은 숫자가 이웃하지 않도록 다섯 자리 자연수를 만든다. 이때 만의 자리 숫자와 일의 자리 숫자가 같은 경우의 수를 구하시오.

0763

답 18

(i) 곰 인형을 상자 A에 넣을 때,

상자 B에 넣을 인형 9개 중 토끼 인형이 a개, 뱀 인형이 b개라 하면 $a+b=9$에서 (a, b)로 가능한 경우는

$(2, 7)$, $(3, 6)$, $(4, 5)$, $(5, 4)$, $(6, 3)$의 5가지

(ii) 토끼 인형을 상자 A에 넣을 때,

상자 B에 넣을 인형 9개 중 곰 인형이 c개, 뱀 인형이 d개라 하면 $c+d=9$에서 (c, d)로 가능한 경우는

$(2, 7)$, $(3, 6)$, $(4, 5)$, $(5, 4)$, $(6, 3)$, $(7, 2)$, $(8, 1)$의 7가지

(iii) 뱀 인형을 상자 A에 넣을 때,

상자 B에 넣을 인형 9개 중 곰 인형이 e개, 토끼 인형이 f개라 하면 $e+f=9$에서 (e, f)로 가능한 경우는

$(3, 6)$, $(4, 5)$, $(5, 4)$, $(6, 3)$, $(7, 2)$, $(8, 1)$의 6가지

(i)~(iii)에서 구하는 경우의 수는

$5+7+6=18$

짝기출 답 20

장미 8송이, 카네이션 6송이, 백합 8송이가 있다. 이 중 1송이를 골라 꽃병 A에 꽂고, 이 꽃과는 다른 종류의 꽃들 중 꽃병 B에 꽂을 꽃 9송이를 고르는 경우의 수를 구하시오.

(단, 같은 종류의 꽃은 서로 구분하지 않는다.)

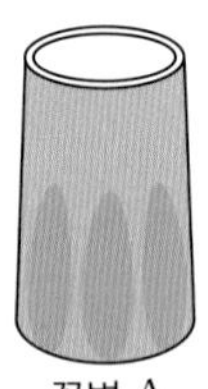
꽃병 A

꽃병 B

0764

답 45

상자 [1], [2], [3], [4], [5]에 공 1, 2, 3, 4, 5를 각 상자마다 1개씩 넣을 때, 상자 [1]에는 1번 공이 들어가고 다른 상자에는 번호가 다른 공이 들어가는 경우를 수형도로 나타내면 다음과 같다.

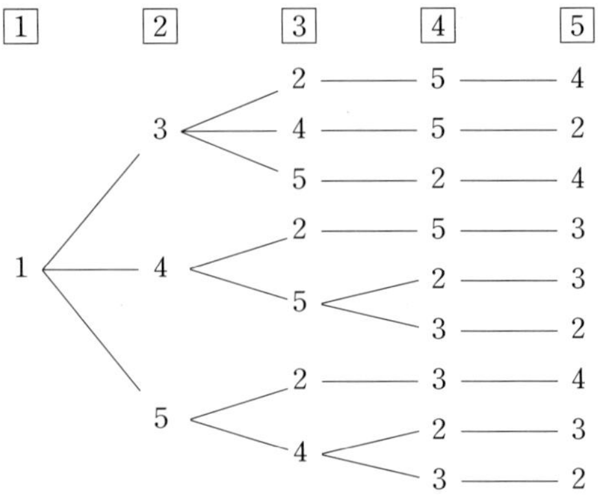

즉, 이 경우의 수는 9이다.

마찬가지로 생각하면 상자 [2], [3], [4], [5]에 같은 번호의 공이 들어갈 때도 각각 9가지 경우가 나오므로 구하는 경우의 수는

$9\times5=45$

짝기출 답 11

그림과 같이 4대의 컴퓨터에 A, B, C 3명이 앉아서 컴퓨터 실기 시험에 대비하여 연습을 하고 있다. 공정한 시험을 위하여 실기 시험에서는 자신이 연습하지 않은 컴퓨터를 사용하기로 한다. 세 명이 동시에 시험을 볼 때, 4대의 컴퓨터에 A, B, C 3명의 좌석을 배치하는 방법의 수를 구하시오.

0765

답 32

16명의 8개의 조가 경기를 하여 8위 이상과 9위 이하의 순위를 정한다.
8위 이상의 8명으로 이루어진 4개의 조가 경기를 하여 4위 이상과 5위 이하의 순위를 정하고
9위 이하의 8명으로 이루어진 4개의 조가 경기를 하여 12위 이상과 13위 이하의 순위를 정한다.
마찬가지로 2위 이상과 3위 이하, 6위 이상과 7위 이하, 10위 이상과 11위 이하, 14위 이상과 15위 이하를 결정한 후 마지막으로 각각 한 번씩 더 경기를 치르면 모든 순위가 결정된다.
따라서 모든 순위가 결정될 때까지 치러야 하는 총 경기 수는
$8\times4=32$

0766

답 ④

(i) 1번 방과 같은 모서리 방에서 출발하는 경우 가능한 이동 방법은 그림과 같이 3가지이다.

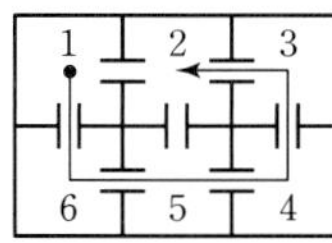

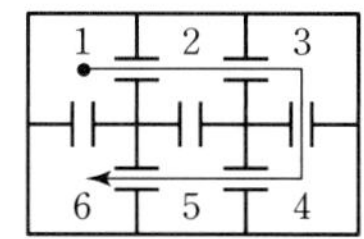

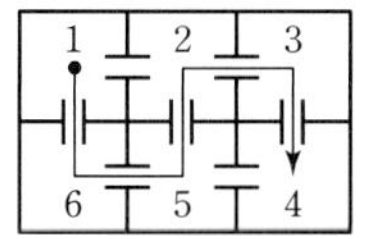

3번, 4번, 6번 방에서 출발하는 경우도 마찬가지이므로 모서리 방에서 출발하는 경우 가능한 이동 방법의 수는
$3\times4=12$

(ii) 2번 방과 같은 중간 방에서 출발하는 경우 가능한 이동 방법은 그림과 같이 2가지이다.

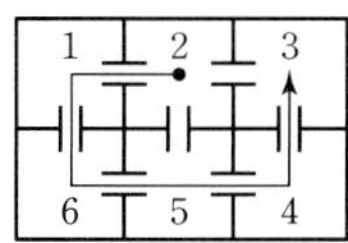

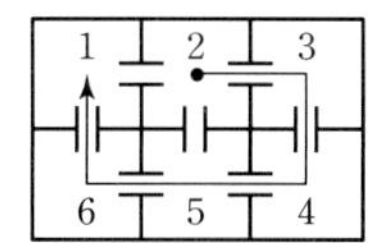

5번 방에서 출발하는 경우도 마찬가지이므로 중간 방에서 출발하는 경우 가능한 이동 방법의 수는
$2\times2=4$

(i), (ii)에서 구하는 방법의 수는
$12+4=16$

0767

답 400번

(i) 일의 자리에 있는 3, 6, 9의 개수
1부터 10까지의 3, 6, 9의 개수는 3
11부터 20까지의 3, 6, 9의 개수는 3
21부터 30까지의 3, 6, 9의 개수는 3
⋮
491부터 500까지의 3, 6, 9의 개수는 3
이므로 구하는 개수는 $3\times50=150$

(ii) 십의 자리에 있는 3, 6, 9의 개수
30부터 39까지의 3, 6, 9의 개수는 10
60부터 69까지의 3, 6, 9의 개수는 10
90부터 99까지의 3, 6, 9의 개수는 10
130부터 139까지의 3, 6, 9의 개수는 10
⋮
490부터 499까지의 3, 6, 9의 개수는 10
이므로 구하는 개수는 $10\times15=150$

(iii) 백의 자리에 있는 3, 6, 9의 개수
300부터 399까지의 3, 6, 9의 개수는 100

(i)~(iii)에서 1부터 500까지의 수 중 각 자릿수에서 3, 6, 9의 개수는 $150+150+100=400$
따라서 400번의 박수를 쳐야 한다.

짝기출 답 657

'3 • 6 • 9게임'은 참가자들이 돌아가며 자연수를 1부터 차례로 말하되 3, 6, 9가 들어가 있는 수는 말하지 않는 게임이다. 예를 들면 3, 13, 60, 396, 462, 900 등은 말하지 않아야 한다.
'3 • 6 • 9게임'을 할 때, 1부터 999까지의 자연수 중 말하지 않아야 하는 수의 개수를 구하시오.

0768

답 8

㈎, ㈏에 의하여 비밀번호에 사용할 수 있는 숫자는
2, 4, 5, 6, 7, 9이다.
이때 비밀번호가 9의 배수가 되기 위해서는 비밀번호의 각 자리의 수의 합이 9의 배수이어야 한다.
또한 3자리 자연수인 비밀번호를 $a\times10^2+b\times10+c$라 할 때 ㈏에서 a, b, c가 될 수 있는 수는 2, 7, 9 또는 4, 5, 9이다.
$\{a, b, c\}=\{2, 7, 9\}$ 또는 $\{a, b, c\}=\{4, 5, 9\}$ ($\because$ ㈏)
이때 이 비밀번호는 회원번호가 나타내는 수보다 작아야 하므로
a의 값이 될 수 있는 수는 2, 4, 5, 7의 4개
a의 값에 따라 b의 값이 될 수 있는 수는 2개
a, b의 값에 따라 c의 값이 될 수 있는 수는 1개
따라서 구하는 비밀번호의 개수는 $4\times2\times1=8$

짝기출 답 ①

어떤 인터넷 사이트의 회원인 철수는 자신의 회원번호를 이용하여 다음과 같은 규칙에 따라 4자리 자연수인 비밀번호를 만들려고 한다.

> (가) 각 자리의 숫자는 모두 다르다.
> (나) 회원번호의 각 자리에 쓰인 숫자와 0은 사용할 수 없다.
> (다) 회원번호가 나타내는 수보다 큰 4의 배수이다.

철수의 회원번호가 6549일 때, 만들 수 있는 서로 다른 비밀번호의 개수는?

① 12 ② 14 ③ 16 ④ 18 ⑤ 20

0769

답 4100

서로 다른 5가지의 색을 각각 a, b, c, d, e라 하자.
먼저 영역 A에 칠하는 색을 a라 하면

(i) 나머지 5개의 영역에 a를 사용하지 않는 경우
a를 제외한 4가지의 색을 이용하여 B, C, D, E, F를 칠하는 방법의 수는 $4\times3\times3\times3\times3=324$

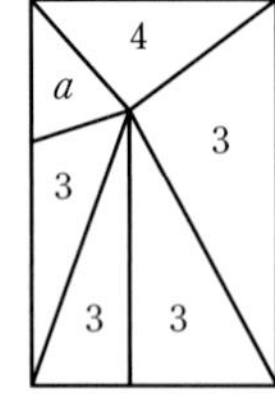

(ii) 나머지 5개의 영역에 a를 1번 사용하는 경우

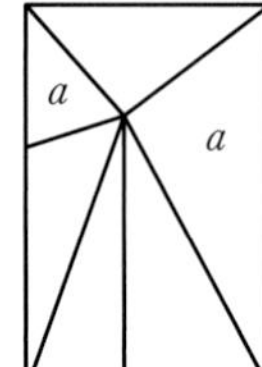

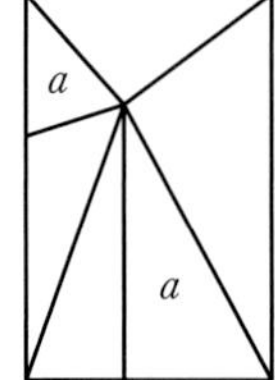

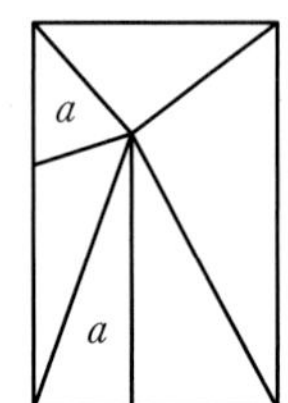

a를 칠할 수 있는 방법의 수는 3이고, 각 경우에 대하여 나머지 영역을 칠하는 방법의 수는 $4\times4\times3\times3=144$

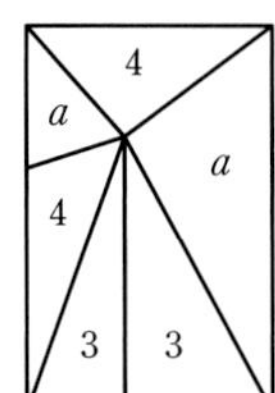

즉, 이 경우의 수는 $3\times144=432$

(iii) 나머지 5개의 영역에 a를 2번 사용하는 경우

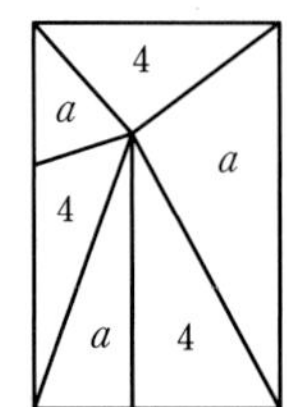

a를 칠할 수 있는 방법의 수는 1
나머지 영역을 칠하는 방법의 수는 $4\times4\times4=64$
즉, 이 경우의 수는 $1\times64=64$

(i)~(iii)에서 A에 칠한 색을 a라고 했을 때 나머지를 칠하는 방법의 수는 $324+432+64=820$
영역 A에 b, c, d, e를 칠할 때도 마찬가지이므로
구하는 방법의 수는
$820\times5=4100$

짝기출 답 ②

서로 다른 네 가지의 색이 있다. 이 중 네 가지 이하의 색을 이용하여 인접한 행정 구역을 구별할 수 있도록 모두 칠하고자 한다. 다섯 개의 구역을 서로 다른 색으로 칠할 수 있는 모든 경우의 수는? (단, 행정 구역에는 한 가지 색만을 칠한다.)

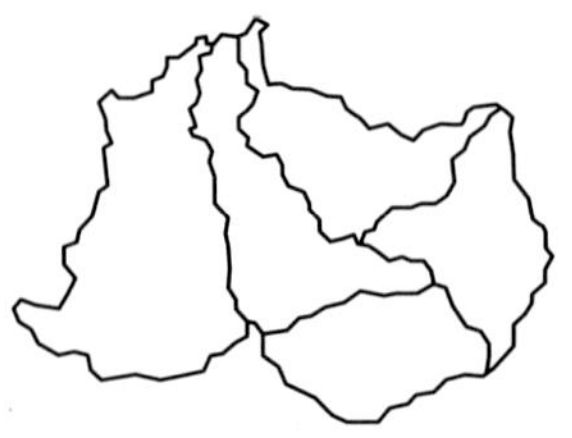

① 108 ② 144 ③ 216 ④ 288 ⑤ 324

11 순열과 조합

유형 01 순열의 수

0770
답 72

서로 다른 9개의 문자 중 2개를 뽑아 일렬로 나열하는 방법의 수는 ${}_9P_2=72$

0771
답 ⑤

10명에서 3명을 택하는 순열의 수와 같으므로
${}_{10}P_3=10\times9\times8=720$

참고

10명 중 3명을 뽑아 일렬로 세운 뒤, 앞사람을 회장, 가운데의 사람을 부회장, 뒷사람을 총무로 선출하는 경우로 바꾸어 생각할 수 있다.
따라서 10명 중 회장, 부회장, 총무를 각각 1명씩 선출하는 경우의 수는 10명에서 3명을 택하는 순열의 수와 같다.

0772
답 ①

${}_{n+1}P_2$에서 $n+1\geq2$이고 ${}_nP_2$에서 $n\geq2$
$\therefore n\geq2$
${}_{n+1}P_2+{}_nP_2=98$에서 $(n+1)n+n(n-1)=98$, $n^2=49$
$\therefore n=7$ ($\because n\geq2$)

0773
답 ②

n개의 의자 중에서 4개를 뽑아 일렬로 나열하는 방법의 수가 120이므로 ${}_nP_4=120$
이때 ${}_nP_4=n(n-1)(n-2)(n-3)$
$=120=5\times4\times3\times2={}_5P_4$
이므로 $n=5$

참고

${}_nP_4=n(n-1)(n-2)(n-3)=120$, 즉 연속하는 네 자연수의 곱이 120이 되는 상황을 찾아서 n의 값을 구하면 된다.

유형 02 이웃하는 것이 있는 순열의 수

0774
답 ③

소설책 4권을 한 권의 책으로 생각하여 3권의 책을 일렬로 나열하는 경우의 수는 $3!=6$
소설책 4권이 서로 자리를 바꾸는 경우의 수는 $4!=24$
따라서 구하는 경우의 수는 $6\times24=144$

0775
답 ②

여학생 3명을 한 사람으로 생각하여 $(n+1)$명을 일렬로 세우는 방법의 수는 $(n+1)!$
여학생 3명이 서로 자리를 바꾸는 방법의 수는 $3!=6$
따라서 $(n+1)!\times6=144$이므로
$(n+1)!=24=4!$, $n+1=4$ $\therefore n=3$

0776
답 ②

(i) a와 b가 서로 이웃하는 경우
a와 b를 한 문자로 생각하여 4개의 문자를 일렬로 나열하는 경우의 수는 $4!=24$
a와 b가 서로 자리를 바꾸는 경우의 수는 $2!=2$
따라서 a와 b가 서로 이웃하는 경우의 수는 $24\times2=48$
(ii) b와 c가 서로 이웃하는 경우
b와 c를 한 문자로 생각하여 4개의 문자를 일렬로 나열하는 경우의 수는 $4!=24$
b와 c가 서로 자리를 바꾸는 경우의 수는 $2!=2$
따라서 b와 c가 서로 이웃하는 경우의 수는 $24\times2=48$
(iii) a와 c가 모두 b와 이웃하는 경우
a, b, c를 한 문자로 생각하여 3개의 문자를 일렬로 나열하는 경우의 수는 $3!=6$
a와 c가 서로 자리를 바꾸는 경우의 수는 $2!=2$
따라서 a와 c가 모두 b와 이웃하는 경우의 수는 $6\times2=12$
(i)~(iii)에서 구하는 경우의 수는 $48+48-12=84$

유형 03 이웃하지 않는 것이 있는 순열의 수

0777
답 ⑤

P, R, M, S를 일렬로 나열하는 경우의 수는 $4!=24$
4개의 자음의 양 끝과 사이사이에 O, I, E가 이웃하지 않도록 나열하는 경우의 수는 ${}_5P_3=60$
따라서 구하는 경우의 수는 $24\times60=1440$

0778
답 ③

A, B, C를 제외한 5명의 학생을 일렬로 배열하는 방법의 수는 $5!=120$
이 5명의 양 끝과 사이사이에 A, B, C가 이웃하지 않도록 배열하는 방법의 수는 ${}_6P_3=120$
따라서 구하는 방법의 수는 $120\times120=14400$

0779
답 144

1, 2, 5, 6에서 1, 2를 하나의 숫자로 생각하여 3개의 숫자를 일렬로 나열하는 방법의 수는 $3!=6$
1과 2가 서로 자리를 바꾸는 방법의 수는 $2!=2$
즉, 1, 2, 5, 6을 1, 2가 서로 이웃하도록 나열하는 경우의 수는 $6\times2=12$
다시 1과 2를 하나의 숫자로 생각하여 3개의 숫자의 양 끝과 사이사이에 3과 4를 서로 이웃하지 않도록 나열하는 방법의 수는 ${}_4P_2=12$
따라서 구하는 방법의 수는 $12\times12=144$

유형 04 자리에 대한 조건이 있는 순열의 수

0780

답 ④

모음은 3개이므로 2개를 택하여 양 끝에 나열하는 경우의 수는
${}_3P_2=6$
나머지 6개의 문자를 일렬로 나열하는 경우의 수는 6!
따라서 양 끝에 모음이 오는 경우의 수는 $6\times6!$이므로
$a=6$

0781

답 ④

볼펜과 연필은 모두 3자루씩이므로 볼펜 3자루를 일렬로 나열한 후 연필 2자루를 볼펜의 사이사이에 하나씩 넣고 남은 연필 1자루를 가장 앞 또는 가장 뒤에 나열하면 된다.
볼펜 3자루를 일렬로 나열하는 경우의 수는 $3!=6$
연필 3자루 중 2자루를 볼펜의 사이사이에 하나씩 넣는 경우의 수는 ${}_3P_2=6$
남은 연필 1자루를 나열할 위치를 선택하는 경우의 수는 2
따라서 구하는 경우의 수는 $6\times6\times2=72$

참고

두 집단의 크기가 각각 n으로 같을 때, 교대로 서는 순열의 수는
$2\times n!\times n!$

0782

답 36

(i) A, B가 2인용 소파에 이웃하여 앉는 경우
A, B가 2인용 소파에 앉는 경우의 수는 $2!=2$
C, D, E가 3인용 소파에 앉는 경우의 수는 $3!=6$
따라서 A, B가 2인용 소파에 이웃하여 앉는 경우의 수는
$2\times6=12$

(ii) A, B가 3인용 소파에 이웃하여 앉는 경우
A, B가 앉고 남은 자리를 V라 하면
A, B가 이웃하여 3인용 소파에 앉는 경우는
(A, B, V) 또는 (V, A, B)의 2가지이고
A, B가 서로 자리를 바꾸는 경우의 수는 $2!=2$
즉, A, B가 이웃하여 3인용 소파에 앉는 경우의 수는 $2\times2=4$
C, D, E가 소파의 남은 세 자리에 앉는 경우의 수는 $3!=6$
따라서 A, B가 3인용 소파에 이웃하여 앉는 경우의 수는
$4\times6=24$

(i), (ii)에서 구하는 경우의 수는 $12+24=36$

0783

답 ④

짝수는 2, 4, 6의 3개이므로 3개의 짝수 중 2개를 택하여 일렬로 나열하는 경우의 수는 ${}_3P_2=6$
1, 3과 그 사이의 2개의 짝수를 하나의 숫자로 생각하여 4개의 숫자를 일렬로 나열하는 경우의 수는 $4!=24$
1과 3이 서로 자리를 바꾸는 경우의 수는 $2!=2$
따라서 구하는 경우의 수는 $6\times24\times2=288$

0784

답 ①

홀수가 적힌 의자는 3개이므로
여학생 2명이 홀수가 적힌 의자에 앉는 경우의 수는 ${}_3P_2=6$
남학생 3명이 남은 자리에 앉는 경우의 수는 $3!=6$
따라서 구하는 경우의 수는 $6\times6=36$

0785

답 ②

4개의 줄에서 남학생이 앉을 줄과 여학생이 앉을 줄을 차례대로 선택하는 경우의 수는 ${}_4P_2=12$
한 줄에 놓인 2개의 의자에 남학생 2명이 앉는 경우의 수는 $2!=2$
다른 한 줄에 놓인 2개의 의자에 여학생 2명이 앉는 경우의 수는 $2!=2$
따라서 구하는 경우의 수는 $12\times2\times2=48$

유형 05 '적어도'의 조건이 있는 순열의 수

0786

답 ③

6개의 문자에서 4개를 택하여 일렬로 나열하는 방법의 수는
${}_6P_4=360$
이 중 양 끝에 자음이 오도록 나열하는 방법의 수를 제외하면 된다.
a, b, c, d, e, f에서 자음은 b, c, d, f의 4개이므로 양 끝에 자음 2개를 나열하는 방법의 수는 ${}_4P_2=12$
나머지 4개의 문자 중 2개를 택하여 일렬로 나열하는 방법의 수는
${}_4P_2=12$
즉, 양 끝에 자음이 오는 방법의 수는 $12\times12=144$
따라서 구하는 방법의 수는 $360-144=216$

0787

답 ③

전체 학생 11명 중 반장 1명과 부반장 1명을 뽑는 경우의 수는 11명 중 2명을 뽑아 일렬로 세우는 경우의 수와 같으므로 ${}_{11}P_2=110$
이 중 반장과 부반장이 모두 남학생인 경우의 수를 제외하면 된다.
남학생 5명 중 반장 1명과 부반장 1명을 뽑는 경우의 수는 5명 중 2명을 뽑아 일렬로 세우는 경우의 수와 같으므로 ${}_5P_2=20$
따라서 구하는 경우의 수는 $110-20=90$

0788

답 ⑤

8개의 의자에서 2명의 학생이 앉을 2개의 의자를 선택하여 나열하는 경우의 수는 ${}_8P_2=56$
이 중 2명의 학생 사이에 빈 의자가 하나도 없는 경우의 수를 제외하면 된다.
8개의 의자 중 이웃한 2개의 의자를 선택하는 경우의 수는 7
2명의 학생이 서로 자리를 바꾸는 경우의 수는 $2!=2$
즉, 2명의 학생 사이에 빈 의자가 하나도 없는 경우의 수는
$7\times2=14$
따라서 구하는 경우의 수는 $56-14=42$

다른 풀이

6개의 의자 양 끝과 사이사이에 2명의 학생이 앉을 2개의 의자를 서로 이웃하지 않도록 나열하는 경우의 수는 ${}_7P_2=42$

유형 06 자연수의 개수

0789 답 ⑤

5의 배수가 되기 위해서는 일의 자리의 숫자가 0 또는 5이어야 한다.

(i) 일의 자리의 숫자가 0인 경우
0을 제외한 5개의 숫자 중 4개를 택하여 만, 천, 백, 십의 자리의 숫자를 정하는 경우의 수는 ${}_5P_4=120$

(ii) 일의 자리의 숫자가 5인 경우
5를 제외한 5개의 숫자 중 만의 자리에 올 수 있는 숫자는 0을 제외한 4개,
천, 백, 십의 자리의 숫자를 정하는 경우의 수는 ${}_4P_3=24$
따라서 경우의 수는 $4\times24=96$

(i), (ii)에서 구하는 5의 배수의 개수는 $120+96=216$

0790 답 ①

4의 배수는 마지막의 두 자리 수가 00 또는 4의 배수이어야 한다.

(i) 마지막의 두 자리 수가 00일 때
1, 2, 3 중 만, 천, 백의 자리의 숫자를 정하는 경우의 수는 $3!=6$

(ii) 마지막의 두 자리 수에 0이 하나 포함될 때
마지막 두 자리로 가능한 수는 20의 1개
0, 1, 3 중 만의 자리에 올 수 있는 숫자는 0을 제외한 2개
천, 백의 자리의 숫자를 정하는 경우의 수는 $2!=2$
따라서 경우의 수는 $1\times2\times2=4$

(iii) 마지막의 두 자리 수에 0이 포함되지 않을 때
마지막 두 자리로 가능한 수는 12, 32의 2개
마지막 두 자리 수가 12인 수는 30012이고, 마지막 두 자리 수가 32인 수는 10032이다.
따라서 경우의 수는 2

(i)~(iii)에서 구하는 4의 배수의 개수는 $6+4+2=12$

0791 답 2

a, b, c, d, e를 일렬로 나열하는 경우의 수는 $5!=120$
이 중 양 끝에 모두 홀수가 오는 경우의 수를 제외하면 된다.
5개의 자연수 중 홀수의 개수를 n $(n\le5)$이라 하면
양 끝에 모두 홀수를 나열하는 경우의 수는 ${}_nP_2=n(n-1)$
남은 3개의 수를 일렬로 나열하는 경우의 수는 $3!=6$
즉, 양 끝에 모두 홀수가 오는 경우의 수는 $6n(n-1)$이므로
적어도 한 쪽 끝에 짝수가 오는 경우의 수는 $120-6n(n-1)$이다.
$120-6n(n-1)=84$에서
$6n(n-1)=36$, $n(n-1)=6=3\times2$
$\therefore n=3$
따라서 짝수인 자연수의 개수는 $5-3=2$

유형 07 사전식 배열

0792 답 92번째

다섯 개의 문자 A, B, C, D, E를 사전식으로 나열하면
A, B, C, D, E의 순서로 나열된다.
A로 시작하는 것의 개수는 $4!=24$
B로 시작하는 것의 개수는 $4!=24$
C로 시작하는 것의 개수는 $4!=24$
DA로 시작하는 것의 개수는 $3!=6$
DB로 시작하는 것의 개수는 $3!=6$
DC로 시작하는 것의 개수는 $3!=6$
따라서 A로 시작하는 것부터 DC로 시작하는 것까지의 총 개수는
$24+24+24+6+6+6=90$
이므로 DEABC는 91번째에 오고 DEACB는 92번째에 온다.

0793 답 ⑤

2로 시작하는 세 자리 자연수의 개수는 ${}_4P_2=12$
4로 시작하는 세 자리 자연수의 개수는 ${}_4P_2=12$
60으로 시작하는 세 자리 자연수의 개수는 ${}_3P_1=3$
62로 시작하는 세 자리 자연수의 개수는 ${}_3P_1=3$
따라서 2로 시작하는 수부터 62로 시작하는 수까지의 총 개수는
$12+12+3+3=30$
이므로 30번째에 오는 수는 628이고, 이 수의 일의 자리의 숫자는 8이다.

참고
세 자리 자연수의 백의 자리의 숫자에는 0이 올 수 없음을 주의하여 작은 수부터 차례로 나열한다.

0794 답 ④

FRIEND에 있는 6개의 문자를 사전식으로 나열하면
D, E, F, I, N, R의 순서로 나열된다.
D로 시작하는 것의 개수는 $5!=120$
E로 시작하는 것의 개수는 $5!=120$
FD로 시작하는 것의 개수는 $4!=24$
FE로 시작하는 것의 개수는 $4!=24$
FID로 시작하는 것의 개수는 $3!=6$
FIE로 시작하는 것의 개수는 $3!=6$
FIN으로 시작하는 것의 개수는 $3!=6$
따라서 D로 시작하는 것부터 FIN으로 시작하는 것까지의 총 개수는
$120+120+24+24+6+6+6=306$
이므로 307번째에 오는 것은 FIRDEN이다.

유형 08 ${}_nP_r$와 ${}_nC_r$의 계산

0795 답 ②

${}_nP_2-{}_7C_2=n(n-1)-\frac{{}_7P_2}{2!}=n^2-n-\frac{7\times6}{2\times1}=n^2-n-21$

이므로 $n^2-n-21=21$

$n^2-n-42=0$, $(n-7)(n+6)=0$

$\therefore n=7$ ($\because n>0$)

0796

답 6

${}_{n}P_3=k({}_{n-1}C_2+{}_{n-1}C_3)$에서

$$n(n-1)(n-2)$$
$$=k\times\left\{\frac{(n-1)(n-2)}{2!}+\frac{(n-1)(n-2)(n-3)}{3!}\right\}$$
$$=k(n-1)(n-2)\times\frac{3+(n-3)}{6}$$
$$=\frac{k}{6}\times n(n-1)(n-2)$$

이므로 $\frac{k}{6}=1$ $\quad\therefore k=6$

다른 풀이

${}_{n}P_3=k({}_{n-1}C_2+{}_{n-1}C_3)$에서

$$n(n-1)(n-2)=k({}_{n-1}C_2+{}_{n-1}C_3)$$
$$=k\times{}_{n}C_3$$
$$=k\times\frac{n(n-1)(n-2)}{3!}$$

$\therefore k=3!=6$

참고

${}_{n}C_r={}_{n-1}C_{r-1}+{}_{n-1}C_r$

0797

답 ①

$$n\times{}_{n-1}C_{r-1}=n\times\frac{(n-1)!}{(r-1)!\{n-1-(r-1)\}!}$$
$$=n\times\frac{(n-1)!}{(r-1)!(\boxed{n-r})!}$$
$$=\frac{r\times n!}{(\boxed{n-r})!\boxed{r}!}$$
$$=r\times{}_{n}C_r$$

따라서 (가) : $n-r$, (나) : r이다.

참고

검은 구슬 $(n-1)$개와 흰 구슬 $(r-1)$개, 파란 구슬 1개를 일렬로 나열할 때, 검은 색을 제외한 다른 색 구슬은 서로 이웃하지 않도록 일렬로 나열하는 경우의 수는 다음과 같이 두 가지 방법으로 구할 수 있다.

(1) $(n-1)$개의 검은 구슬의 양 끝과 사이사이에 파란 구슬을 나열할 자리를 택하는 경우의 수는 ${}_{n}C_1=n$
남은 $(n-1)$개의 자리에서 흰 구슬을 나열할 $(r-1)$개의 자리를 택하는 경우의 수는 ${}_{n-1}C_{r-1}$
따라서 구하는 경우의 수는 $n\times{}_{n-1}C_{r-1}$

(2) $(n-1)$개의 검은 구슬의 양 끝과 사이사이에 흰 구슬과 파란 구슬을 포함한 r개의 구슬을 나열할 자리를 택하는 경우의 수는 ${}_{n}C_r$
r개의 자리에서 파란 구슬을 나열할 자리를 택하는 경우의 수는 ${}_{r}C_1=r$
따라서 구하는 경우의 수는 $r\times{}_{n}C_r$

즉, $n\times{}_{n-1}C_{r-1}=r\times{}_{n}C_r$이다.

0798

답 ③

이차방정식의 근과 계수의 관계에 의하여

$\frac{{}_{n}P_r}{6}=2$이므로 ${}_{n}P_r=12$

$-\frac{15{}_{n}C_{n-r}}{6}=-15$이므로 ${}_{n}C_{n-r}=6$

따라서 ${}_{n}C_r=6$이므로 $\frac{{}_{n}P_r}{r!}=\frac{12}{r!}=6$에서

$r!=2$ $\quad\therefore r=2$

${}_{n}P_r=12$에서 $n(n-1)=12=4\times3$

$\therefore n=4$

$\therefore n+r=4+2=6$

0799

답 ③

ㄱ. ${}_{n}P_r=\frac{n!}{(n-r)!}=n(n-1)(n-2)\times\cdots\times(n-r+1)$

ㄴ. ${}_{n}C_r=\frac{{}_{n}P_r}{r!}$에서 ${}_{n}C_r\times r!={}_{n}P_r$

ㄷ. 서로 다른 n개에서 r개를 택하는 조합의 수는 뽑히지 않을 $(n-r)$개를 택하는 조합의 수와 같으므로 ${}_{n}C_r={}_{n}C_{n-r}$

ㄹ. ${}_{n-1}C_r+r\times{}_{n-1}C_{r-1}$

$$=\frac{(n-1)!}{(n-1-r)!r!}+r\times\frac{(n-1)!}{(n-r)!(r-1)!}$$
$$=\frac{(n-r)(n-1)!}{(n-r)!r!}+\frac{r^2(n-1)!}{(n-r)!r!}$$
$$=\frac{(n-r+r^2)(n-1)!}{(n-r)!r!}\neq{}_{n}C_r$$

따라서 옳은 것은 ㄴ, ㄷ이다.

0800

답 ⑤

${}_{n+1}P_3=k\times\frac{{}_{n}C_3+{}_{n}C_2}{3}$에서

$$(n+1)n(n-1)=\frac{k}{3}\left\{\frac{n(n-1)(n-2)}{6}+\frac{n(n-1)}{2}\right\} \quad\cdots\cdots ㉠$$

이때 n은 2 이상의 자연수이므로 $n(n-1)\neq0$에서

㉠의 양변을 $n(n-1)$로 나누면

$$n+1=\frac{k}{3}\left(\frac{n-2}{6}+\frac{1}{2}\right)$$
$$n+1=\frac{k}{3}\times\frac{n+1}{6}=\frac{k}{18}\times(n+1)$$

$\therefore k=18$

유형 09 조합의 수

0801

답 ①

각 상자에는 많아야 1개의 사탕을 넣는 경우의 수는

5개의 상자 중 사탕 1개를 넣을 2개의 상자를 선택하는 경우의 수와 같으므로 ${}_{5}C_2=10$

0802

답 ④

빨간색 구슬 4개 중 2개를 꺼내는 경우의 수는 ${}_4C_2=6$
파란색 구슬 3개 중 1개를 꺼내는 경우의 수는 ${}_3C_1=3$
따라서 구하는 경우의 수는 $6\times3=18$

0803

답 75

12종류의 타악기 중 4종류를 선택하는 경우의 수는
${}_{12}C_4=495$이므로 $a=495$
8종류의 서양 타악기 중 4종류를 선택하는 경우의 수는 ${}_8C_4=70$
4종류의 사물놀이 타악기 중 2종류를 선택하는 경우의 수는
${}_4C_2=6$
이므로 $b=70\times6=420$
$\therefore a-b=495-420=75$

0804

답 ③

세 자연수의 합이 짝수이기 위해서는
세 자연수가 모두 짝수이거나, 두 자연수는 홀수이고 한 자연수는 짝수이어야 한다.
(i) 세 자연수가 모두 짝수인 경우
4개의 짝수 중 3개를 택하는 경우의 수는 ${}_4C_3=4$
(ii) 두 자연수는 홀수이고 한 자연수는 짝수인 경우
5개의 홀수 중 2개를 택하는 경우의 수는 ${}_5C_2=10$
4개의 짝수 중 1개를 택하는 경우의 수는 ${}_4C_1=4$
따라서 이 경우의 수는 $10\times4=40$
(i), (ii)에서 구하는 경우의 수는 $4+40=44$

0805

답 ③

8개의 깃발 중 4개를 뽑는 경우의 수는 ${}_8C_4=70$
8개의 깃발 중 5개를 뽑는 경우의 수는 ${}_8C_5={}_8C_3=56$
8개의 깃발 중 6개를 뽑는 경우의 수는 ${}_8C_6={}_8C_2=28$
8개의 깃발 중 7개를 뽑는 경우의 수는 ${}_8C_7={}_8C_1=8$
8개의 깃발 중 8개를 뽑는 경우의 수는 ${}_8C_8=1$
따라서 구하는 경우의 수는 $70+56+28+8+1=163$

0806

답 89

가장 작은 수가 1인 경우의 수는 2부터 10까지의 수 중 2개를 뽑는 경우의 수와 같으므로 ${}_9C_2=36$
가장 작은 수가 2인 경우의 수는 3부터 10까지의 수 중 2개를 뽑는 경우의 수와 같으므로 ${}_8C_2=28$
가장 작은 수가 3인 경우의 수는 4부터 10까지의 수 중 2개를 뽑는 경우의 수와 같으므로 ${}_7C_2=21$
가장 작은 수가 7인 경우의 수는 8부터 10까지의 수 중 2개를 뽑는 경우의 수와 같으므로 ${}_3C_2=3$
가장 작은 수가 8인 경우는 8, 9, 10을 뽑을 때이므로 경우의 수는 1
따라서 구하는 경우의 수는 $36+28+21+3+1=89$

유형 10 특정한 것을 포함하거나 포함하지 않는 조합의 수

0807

답 ④

학생 6명 중 2명을 뽑는 경우의 수는 ${}_6C_2=15$
이 중 서로 이웃하는 번호의 학생을 뽑는 경우의 수를 제외하면 된다.
이때 서로 이웃하는 두 번호 중 작은 수는 1부터 5까지의 수이므로 이 경우의 수는 5
따라서 구하는 경우의 수는 $15-5=10$

0808

답 55

찬렬이와 규하를 제외한 6명 중 2명의 대표를 뽑는 경우의 수는
${}_6C_2=15$ $\therefore a=15$
찬렬이와 규하를 제외한 6명 중 3명의 대표를 뽑는 경우의 수는
${}_6C_3=20$
찬렬이와 규하 중 1명을 대표로 뽑는 경우의 수는 ${}_2C_1=2$
따라서 찬렬이와 규하 중 한 명만 포함하여 4명의 대표를 뽑는 경우의 수는 $20\times2=40$ $\therefore b=40$
$\therefore a+b=15+40=55$

0809

답 ②

4켤레의 신발 중 짝이 맞는 한 켤레의 신발을 택하는 경우의 수는
${}_4C_1=4$
나머지 3켤레의 신발 6짝 중 2짝을 택하는 경우의 수는 ${}_6C_2=15$
이때 신발 3켤레 중 짝이 맞는 한 켤레의 신발을 택하는 경우의 수는
${}_3C_1=3$
즉, 신발 6짝 중 짝이 맞지 않는 신발 2짝을 택하는 경우의 수는
$15-3=12$
따라서 구하는 경우의 수는 $4\times12=48$

0810

답 ②

여학생 5명을 1조에 3명, 2조에 2명을 배정하는 방법의 수는
${}_5C_3\times{}_2C_2=10\times1=10$
남학생 6명을 3조와 4조에 각각 3명씩 배정하는 방법의 수는
${}_6C_3\times{}_3C_3=20\times1=20$
따라서 구하는 방법의 수는 $10\times20=200$

유형 11 '적어도'의 조건이 있는 조합의 수

0811

답 ①

부스 9개 중 4개를 선택하는 경우의 수는 ${}_9C_4=126$
이 중 실내형 부스를 선택하지 않는 경우의 수를 제외하면 된다.
실외형 부스 6개 중 4개를 선택하는 경우의 수는 ${}_6C_4=15$
따라서 구하는 경우의 수는 $126-15=111$

0812

답 ④

10명의 학생 중 4명의 학생을 뽑는 경우의 수는 ${}_{10}C_4=210$
이 중 남학생 4명이 대표로 뽑히거나 여학생 4명이 대표로 뽑히는 경우의 수를 제외하면 된다.
남학생 6명 중 4명의 학생을 뽑는 경우의 수는 ${}_6C_4=15$
여학생 4명 중 4명의 학생을 뽑는 경우의 수는 ${}_4C_4=1$
따라서 구하는 경우의 수는 $210-(15+1)=194$

0813

답 ④

8명의 학생 중 2명의 대표를 뽑는 경우의 수는 ${}_8C_2=28$
이 중 여학생이 모두 대표가 되도록 뽑는 경우의 수를 제외하면 된다.
이 동아리에서 여학생 수를 n $(0\le n\le 8)$이라 하면
n명의 여학생 중 2명의 대표를 뽑는 경우의 수는 ${}_nC_2=\frac{n(n-1)}{2}$
$28-\frac{n(n-1)}{2}=13$에서
$n(n-1)=30=6\times5$
$\therefore n=6$

유형 12 뽑아서 나열하는 경우의 수

0814

답 ③

빨간색 펜 4자루 중 2자루를 뽑는 방법의 수는 ${}_4C_2=6$
파란색 펜 5자루 중 2자루를 뽑는 방법의 수는 ${}_5C_2=10$
펜 4자루를 일렬로 나열하는 방법의 수는 $4!=24$
따라서 구하는 방법의 수는 $6\times10\times24=1440$

0815

답 ④

A, B를 제외한 6명 중 3명을 뽑는 방법의 수는 ${}_6C_3=20$
A, B를 한 사람으로 생각하여 4명을 일렬로 세우는 방법의 수는 $4!=24$
A와 B가 서로 자리를 바꾸는 방법의 수는 $2!=2$
따라서 구하는 방법의 수는 $20\times24\times2=960$

0816

답 90

(i) 각 자리의 숫자 중 6이 포함되어 있는 경우
6을 제외한 나머지 5개의 수 중 2개의 수를 뽑는 경우의 수는 ${}_5C_2=10$
6을 포함한 3개의 수를 일렬로 나열하는 경우의 수는 $3!=6$
각 자리의 숫자 중 6이 포함된 세 자리 자연수의 개수는 $10\times6=60$

(ii) 각 자리의 숫자 중 6이 포함되지 않는 경우
3은 반드시 포함되어야 하고 2 또는 4가 포함되어야 한다.
2, 3이 포함되도록 뽑는 경우의 수는 ${}_3C_1=3$
이때 만들 수 있는 세 자리 자연수의 개수는 $3!=6$
즉, 2, 3이 포함된 경우의 수는 $3\times6=18$
같은 방법으로 3, 4가 포함되는 경우의 수는 18
그런데 2, 3, 4가 모두 포함되는 경우의 수는 $3!=6$이므로
6이 포함되지 않는 경우의 수는 $18+18-6=30$

(i), (ii)에서 구하는 자연수의 개수는 $60+30=90$

참고
6의 배수는 2의 배수이면서 동시에 3의 배수이다. 즉, 모든 자리의 숫자의 곱이 3의 배수가 되는 짝수이다.

유형 13 직선과 대각선의 개수

0817

답 ②

칠각형의 대각선의 개수는 7개의 꼭짓점 중 2개를 택하여 만들 수 있는 선분의 개수에서 변의 개수인 7을 뺀 것과 같으므로
${}_7C_2-7=21-7=14$

0818

답 ①

7개의 점 중 서로 이을 2개의 점을 뽑는 경우의 수는 ${}_7C_2=21$
한 직선 위에 있는 3개의 점 중 서로 이을 2개의 점을 뽑는 경우의 수는 ${}_3C_2=3$
한 직선 위에 있는 4개의 점 중 서로 이을 2개의 점을 뽑는 경우의 수는 ${}_4C_2=6$
따라서 구하는 서로 다른 직선의 개수는
$21-(3+3+6)+3=12$

0819

답 35

12개의 점 중 서로 이을 두 개의 점을 뽑는 경우의 수는 ${}_{12}C_2=66$
한 직선 위에 있는 3개의 점 중 서로 이을 2개의 점을 뽑는 경우의 수는 ${}_3C_2=3$
한 직선 위에 있는 4개의 점 중 서로 이을 2개의 점을 뽑는 경우의 수는 ${}_4C_2=6$
이때 한 직선 위에 3개의 점이 있는 직선의 개수는 8이고
한 직선 위에 4개의 점이 있는 직선의 개수는 3이다.

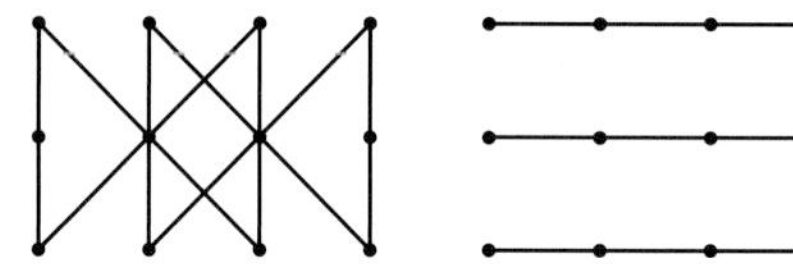

따라서 구하는 서로 다른 직선의 개수는
$66-(3\times8+6\times3)+(8+3)=35$

유형 14 삼각형의 개수

0820
답 ③

8개의 점 중 세 개의 점을 뽑는 경우의 수는 ${}_8C_3=56$
한 직선 위에 있는 4개의 점 중 세 개의 점을 뽑는 경우의 수는 ${}_4C_3=4$
이때 한 직선 위에 4개의 점이 있는 직선의 개수는 2이므로
구하는 삼각형의 개수는 $56-4\times2=48$

0821
답 ④

점 A를 제외한 나머지 14개의 점 중 2개의 점을 뽑는 경우의 수는 ${}_{14}C_2=91$
이 중 점 A를 포함한 직선 위에 있는 2개의 점을 뽑는 경우의 수를 제외하면 된다.
한 직선 위에 있는 점 A를 제외한 4개의 점 중 2개의 점을 뽑는 경우의 수는 ${}_4C_2=6$
한 직선 위에 있는 점 A를 제외한 2개의 점 중 2개의 점을 뽑는 경우의 수는 ${}_2C_2=1$
이때 점 A를 포함하여 한 직선 위에 5개의 점이 있는 직선의 개수는 1이고, 점 A를 포함하여 한 직선 위에 3개의 점이 있는 직선의 개수는 3이다.

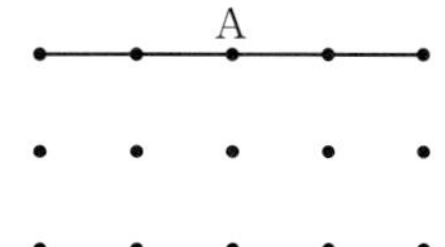

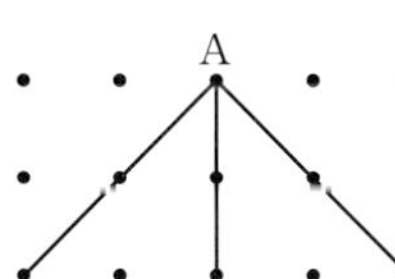

따라서 점 A를 한 꼭짓점으로 하는 삼각형의 개수는
$91-(6\times1+1\times3)=82$

0822
답 ⑤

13개의 점 중 3개를 택하는 경우의 수는 ${}_{13}C_3=286$
한 직선 위에 있는 3개의 점 중 3개의 점을 뽑는 경우의 수는 ${}_3C_3=1$
한 직선 위에 있는 5개의 점 중 3개의 점을 뽑는 경우의 수는 ${}_5C_3=10$
이때 한 직선 위에 3개의 점이 있는 직선의 개수는 10이고 한 직선 위에 5개의 점이 있는 직선의 개수는 2이다.

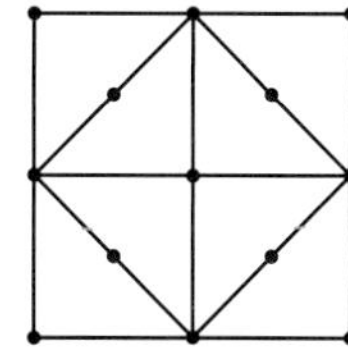
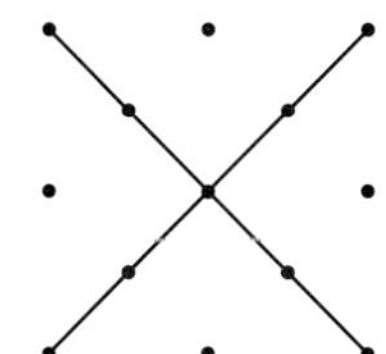

따라서 구하는 삼각형의 개수는
$286-(1\times10+10\times2)=256$

유형 15 사각형의 개수

0823
답 ③

세로 방향의 평행한 직선 6개 중 2개를 택하는 경우의 수는 ${}_6C_2=15$
가로 방향의 평행한 직선 4개 중 2개를 택하는 경우의 수는 ${}_4C_2=6$
따라서 구하는 평행사변형의 개수는 $15\times6=90$

0824
답 189

10개의 점 중 네 개의 점을 뽑는 경우의 수는 ${}_{10}C_4=210$
이 중 한 직선 위에 있는 세 개의 점을 뽑는 경우의 수를 제외하면 된다.
한 변 위에 있는 3개의 점 중 세 개의 점과 남은 7개의 점 중 한 점을 뽑는 경우의 수는 ${}_3C_3\times{}_7C_1=1\times7=7$
이때 한 변 위에 3개의 점이 있는 변의 개수는 3이다.
따라서 구하는 사각형의 개수는 $210-7\times3=189$

0825
답 324

12개의 점 중 4개의 점을 택하는 경우의 수는 ${}_{12}C_4=495$
한 직선 위의 4개의 점 중 네 개의 점을 택하는 경우의 수는 ${}_4C_4=1$
한 직선 위의 4개의 점 중 세 개의 점과 이 직선 위에 있지 않은 8개의 점 중 한 개의 점을 택하는 경우의 수는
${}_4C_3\times{}_8C_1=4\times8=32$
한 직선 위의 3개의 점 중 세 개의 점과 이 직선 위에 있지 않은 9개의 점 중 한 개의 점을 택하는 경우의 수는
${}_3C_3\times{}_9C_1=1\times9=9$
이때 한 직선 위에 4개의 점이 있는 직선의 개수는 3이고,
한 직선 위에 3개의 점이 있는 직선의 개수는 8이다.

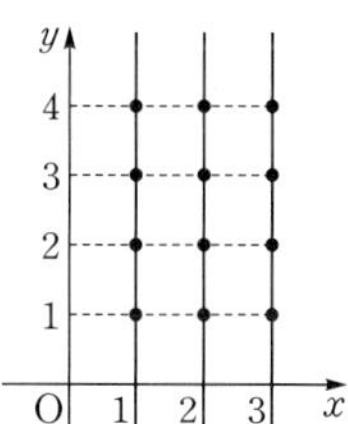

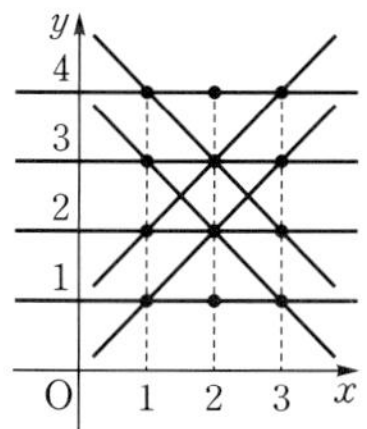

따라서 구하는 사각형의 개수는
$495-(1\times3+32\times3+9\times8)=324$

유형 16 분할과 분배

0826
답 ⑤

9명을 2명, 3명, 4명의 세 모둠으로 나누는 경우의 수는
${}_9C_2\times{}_7C_3\times{}_4C_4=36\times35\times1=1260$

0827
답 ⑤

7송이의 꽃을 2송이, 2송이, 3송이의 세 묶음으로 나누는 경우의 수는
${}_7C_2\times{}_5C_2\times{}_3C_3\times\frac{1}{2!}=21\times10\times1\times\frac{1}{2}=105$
세 묶음을 세 명에게 나누어주는 경우의 수는 $3!=6$
따라서 구하는 경우의 수는 $105\times6=630$

0828

답 ③

어른 3명을 2명, 1명의 2개의 조로 나누는 방법의 수는

${}_3C_2\times{}_1C_1=3\times1=3$

2개의 조가 각각 서로 다른 2대의 오리 보트에 나누어 타는 방법의 수는 $2!=2$

이때 보트 1대에는 최대 6명까지 탈 수 있으므로

어른 2명이 타는 보트에는 어린이가 최대 4명이 탈 수 있고,

어른 1명이 타는 보트에는 어린이가 최대 5명이 탈 수 있다.

어린이 7명을 3명, 4명의 2개의 조로 나누는 방법의 수는

${}_7C_3\times{}_4C_4=35\times1=35$

이때 2개의 조가 각각 서로 다른 2대의 오리 보트에 나누어 타는 방법의 수는 $2!=2$

어린이 7명을 2명, 5명의 2개의 조로 나누는 방법의 수는

${}_7C_2\times{}_5C_5=21\times1=21$

이때 어린이 5명은 반드시 어른 1명이 타고 있는 보트에 타야 하므로 2개의 조가 각각 서로 다른 2대의 보트에 나누어 타는 방법의 수는 1이다.

따라서 구하는 방법의 수는 $3\times2\times(35\times2+21\times1)=546$

참고

어른 2명이 타는 오리 보트에 타는 어린이의 수를 a, 어른 1명이 타는 오리 보트에 타는 어린이의 수를 b라 하면 a, b의 순서쌍 (a, b)는

$(2, 5)$ 또는 $(3, 4)$ 또는 $(4, 3)$

으로 3개뿐이다.

유형 17 대진표 작성하기

0829

답 ⑤

6개의 팀을 3팀, 3팀의 2개의 조로 나누는 경우의 수는

${}_6C_3\times{}_3C_3\times\frac{1}{2!}=20\times1\times\frac{1}{2}=10$

3팀으로 이루어진 1개의 조에서 부전승으로 올라가는 1팀을 택하는 경우의 수는 ${}_3C_1=3$

따라서 구하는 경우의 수는 $10\times3\times3=90$

0830

답 ⑤

두 팀 P와 Q가 결승전에서 만나기 위해서는 P와 Q 중 한 팀은 한 번의 경기를 치르고 결승전에 올라가야 하고, 다른 한 팀은 두 번의 경기를 치르고 결승전에 올라가야 한다.

(i) P가 한 번의 경기를 치르고 결승전에 올라가는 경우

두 팀 P, Q를 제외한 4개의 팀 중 P와 처음 경기를 치를 팀을 택하는 경우의 수는 ${}_4C_1=4$

남은 3팀 중 Q와 처음 경기를 치를 팀을 택하는 경우의 수는 ${}_3C_1=3$

따라서 이 경우의 수는 $4\times3=12$

(ii) Q가 한 번의 경기를 치르고 결승전에 올라가는 경우

(i)에서 P와 Q를 서로 바꾸어 생각하면 되므로

경우의 수는 12

(i), (ii)에서 구하는 경우의 수는 $12+12=24$

0831

답 ④

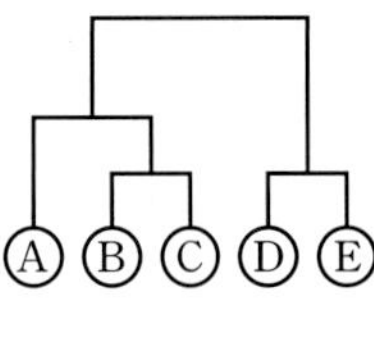

대진표의 왼쪽에서부터 순서대로 A, B, C, D, E라 하면

2반이 A, B, C 중 한 곳, 3반이 D, E 중 한 곳으로 배정되거나 2반이 D, E 중 한 곳, 3반이 A, B, C 중 한 곳으로 배정되어야 한다.

(i) 2반이 A, B, C 중 한 곳, 3반이 D, E 중 한 곳으로 배정되는 경우

ⓐ 2반이 A, 3반이 D 또는 E에 배정되는 경우

나머지 세 개의 반을 배정하는 경우의 수는 ${}_3C_2\times{}_1C_1=3$

ⓑ 2반이 B 또는 C, 3반이 D 또는 E에 배정되는 경우

나머지 세 개의 반을 배정하는 경우의 수는 $3!=6$

따라서 이 경우의 수는 $3+6=9$

(ii) 2반이 D, E 중 한 곳, 3반이 A, B, C 중 한 곳으로 배정되는 경우

(i)과 마찬가지 방법으로 경우의 수는 9

(i), (ii)에서 구하는 경우의 수는 $9+9=18$

PART B 기출&기출변형 문제

0832

답 32

8장의 카드 중 5장의 카드를 뽑는 경우의 수는 ${}_8C_5=56$

n $(n=1, 2, 3, 4)$이 적힌 2장의 카드를 제외한 6장의 카드 중 5장의 카드를 뽑는 경우의 수는 ${}_6C_5=6$

따라서 구하는 경우의 수는 $56-6\times4=32$

짝기출

답 108

그림과 같이 숫자 1, 2, 3이 각각 하나씩 적힌 세 가지 그림의 카드 9장이 있다. 이 중에서 서로 다른 5장의 카드를 선택할 때, 숫자 1, 2, 3이 적힌 카드가 적어도 한 장씩 포함되도록 선택하는 경우의 수를 구하시오.

(단, 카드를 선택하는 순서는 고려하지 않는다.)

0833

답 ④

200원인 선택재료는 햄, 맛살, 김치의 3가지이고,

300원인 선택재료는 불고기, 치즈, 참치의 3가지이다.

(i) 가격이 1500원인 경우

200원짜리와 300원짜리 재료를 각각 하나씩 선택하면 되므로 이 경우의 수는 ${}_3C_1 \times {}_3C_1 = 3 \times 3 = 9$

(ii) 가격이 2000원인 경우

200원짜리와 300원짜리 재료를 각각 두 개씩 선택하면 되므로 이 경우의 수는 ${}_3C_2 \times {}_3C_2 = 3 \times 3 = 9$

(i), (ii)에서 구하는 김밥의 종류는 $9+9=18$

0834

답 ③

(나)에서 2학년 학생 4명 중에서 2명이 양 끝에 있는 의자에 앉는 경우의 수는 ${}_4P_2=12$

이때 양 끝을 제외하고 4개의 자리에 1학년 학생 2명, 2학년 학생 2명이 1학년 학생끼리 이웃하여 차례대로 앉는 경우의 수는 $3! \times 2! = 12$이므로 1학년 학생끼리 이웃하지 않게 앉는 경우의 수는 $4! - 12 = 12$

따라서 구하는 경우의 수는 $12 \times 12 = 144$

다른 풀이

먼저 2학년 학생 4명이 일렬로 앉은 후 1학년 학생 2명이 조건을 만족시키도록 앉는 경우를 생각하자.

2학년 학생 4명이 일렬로 앉는 경우의 수는 $4! = 24$

이때 2학년 학생을 (2)라 하자.

$$(2) \vee (2) \vee (2) \vee (2)$$

위의 각각의 경우에 대하여 (가), (나)를 만족시키려면 1학년 학생 2명은 ∨ 표시된 3곳 중에서 2곳을 택하여 앉아야 하므로 1학년 학생이 앉는 경우의 수는 ${}_3P_2=6$

따라서 구하는 경우의 수는 $24 \times 6 = 144$

0835

답 ④

5일 중 생활컴퓨터 프로그램을 할 2일을 택하는 경우의 수는 ${}_5C_2=10$

나머지 3일 중 요가, 중국어회화 중 한 가지를 할 하루를 택하는 경우의 수는 ${}_3C_1=3$

요가, 중국어회화 중 한 가지를 택하는 경우의 수는 ${}_2C_1=2$

남은 2일에 서예, 베이킹, 통기타 중 두 가지를 선택하여 계획을 세우는 경우의 수는 ${}_3P_2=6$

따라서 구하는 계획의 가짓수는 $10 \times 3 \times 2 \times 6 = 360$

짝기출

답 ④

지수는 다음 규칙에 따라 월요일부터 금요일까지 5일 동안 하루에 한 가지씩 운동을 하는 계획을 세우려 한다.

> (가) 5일 중 3일을 선택하여 요가를 한다.
> (나) 요가를 하지 않는 2일 중 하루를 선택하여 수영, 줄넘기 중 한 가지를 하고, 남은 하루는 농구, 축구 중 한 가지를 한다.

지수가 세울 수 있는 계획의 가짓수는?

① 50 ② 60 ③ 70 ④ 80 ⑤ 90

0836

답 15

10개의 공 중에서 5개의 공을 꺼낼 때, 꺼낸 공의 색이 3종류이려면 색깔별 공의 개수가 (2, 2, 1) 또는 (3, 1, 1)이어야 한다.

(i) 각 색깔별로 2개, 2개, 1개의 공을 꺼낼 때

공이 2개 이상인 것은 흰 공, 검은 공, 파란 공이므로 흰 공, 검은 공, 파란 공 중 꺼낼 2개의 공의 색을 고르는 경우의 수는 ${}_3C_2=3$

흰 공, 검은 공, 파란 공 중 꺼내지 않은 색깔의 공과 빨간 공, 노란 공 중 꺼낼 1개의 공의 색을 고르는 경우의 수는 ${}_3C_1=3$

따라서 이 경우의 수는 $3 \times 3 = 9$

(ii) 각 색깔별로 3개, 1개, 1개의 공을 꺼낼 때

먼저 공이 3개 이상인 것은 흰 공뿐이므로 흰 공 3개를 꺼내야 한다.

남은 검은 공, 파란 공, 빨간 공, 노란 공 중 꺼낼 1개의 공의 색을 고르는 경우의 수는 ${}_4C_2=6$

(i), (ii)에서 꺼낸 공의 색이 3종류인 경우의 수는 $9+6=15$

0837

답 ②

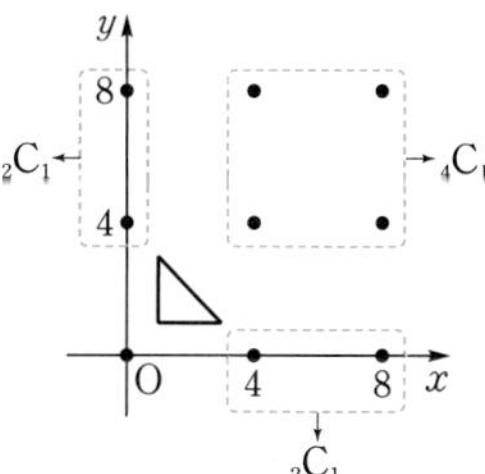

사각형이 세 점 (1, 1), (3, 1), (1, 3)을 꼭짓점으로 하는 삼각형을 포함하려면 원점 O를 반드시 한 꼭짓점으로 해야 하므로 나머지 세 꼭짓점을 결정하면 된다.

원점 O와 연결된 변의 두 꼭짓점을 결정하는 경우의 수는

두 점 (4, 0), (8, 0) 중에서 한 개를 선택하는 경우의 수가 ${}_2C_1=2$,

두 점 (0, 4), (0, 8) 중에서 한 개를 선택하는 경우의 수가 ${}_2C_1=2$

이므로 $2 \times 2 = 4$

네 점 (4, 4), (4, 8), (8, 4), (8, 8) 중에서 한 개를 선택하는 경우의 수는 ${}_4C_1=4$

즉, 네 꼭짓점을 선택하는 경우의 수는 $4 \times 4 = 16$

이 중에서 네 점 (0, 0), (8, 0), (4, 4), (0, 8)을 꼭짓점으로 선택하면 오른쪽 그림과 같이 삼각형이 된다.

따라서 구하는 사각형의 개수는 $16-1=15$

다른 풀이

점 (i, j)를 P_{ij}로 대응하면 삼각형 $P_{11}P_{31}P_{13}$을 포함하는 사각형은 $P_{00}P_{40}P_{44}P_{04}$를 포함한다.

(i) P_{00}, P_{04}, P_{40}을 꼭짓점으로 하는 사각형의 개수는 4

(ii) P_{00}, P_{04}, P_{80}을 꼭짓점으로 하는 사각형의 개수는 4

(iii) P_{00}, P_{08}, P_{40}을 꼭짓점으로 하는 사각형의 개수는 4

(iv) P_{00}, P_{08}, P_{80}을 꼭짓점으로 하는 사각형의 개수는 3

따라서 구하는 사각형의 개수는 $4+4+4+3=15$

0838

답 ③

A와 B를 배정할 세로줄을 택하는 경우의 수는 ${}_3C_1=3$
A와 B가 서로 자리를 바꾸는 경우의 수는 $2!=2$
남은 5명의 사물함을 배정하는 경우의 수는 $5!=120$
이 중 C와 D가 같은 세로줄에 배정되는 경우의 수를 제외하면 된다.
C와 D를 배정할 세로줄을 택하는 경우의 수는 ${}_2C_1=2$
C와 D가 서로 자리를 바꾸는 경우의 수는 $2!=2$
남은 3명의 사물함을 배정하는 경우의 수는 $3!=6$
따라서 구하는 경우의 수는 $3\times2\times(120-2\times2\times6)=576$

짝기출 답 528

그림과 같은 7개의 사물함 중 5개의 사물함을 남학생 3명과 여학생 2명에게 각각 1개씩 배정하려고 한다. 같은 층에서는 남학생의 사물함과 여학생의 사물함이 서로 이웃하지 않는다. 사물함을 배정하는 모든 경우의 수를 구하시오.

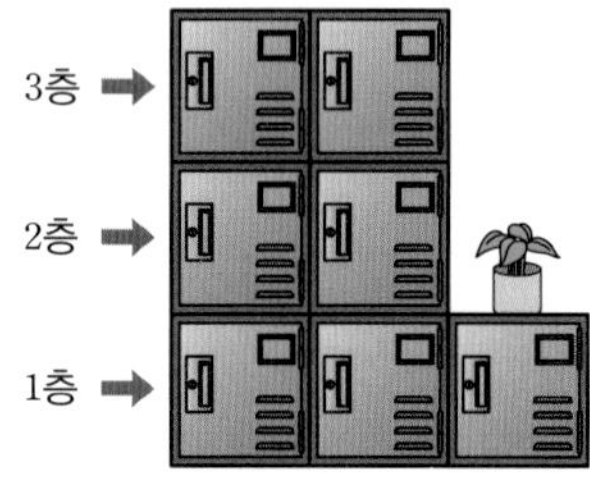

0839

답 52

케이크Ⅱ, 샐러드Ⅱ, 스낵Ⅱ, 음료Ⅱ 4곳의 부스 중에서는 2곳까지만 무료 시식을 할 수 있으므로 케이크Ⅱ, 샐러드Ⅱ, 스낵Ⅱ, 음료Ⅱ 중에서 2곳 또는 1곳을 선택하거나 선택하지 않는 경우로 나눌 수 있다.

케이크Ⅱ, 샐러드Ⅱ, 스낵Ⅱ, 음료Ⅱ에서

(i) 2곳을 선택하는 경우
[케이크Ⅱ][샐러드Ⅱ][스낵Ⅱ][음료Ⅱ]의
4곳 중 2곳을 선택하는 경우의 수는 ${}_4C_2=6$
[케이크Ⅰ][샐러드Ⅰ][스낵Ⅰ][음료Ⅰ]의
4곳 중 1곳을 선택하는 경우의 수는 ${}_4C_1=4$
따라서 이 경우의 수는 $6\times4=24$

(ii) 1곳을 선택하는 경우
[케이크Ⅱ][샐러드Ⅱ][스낵Ⅱ][음료Ⅱ]의
4곳 중 1곳을 선택하는 경우의 수는 ${}_4C_1=4$
[케이크Ⅰ][샐러드Ⅰ][스낵Ⅰ][음료Ⅰ]의
4곳 중 2곳을 선택하는 경우의 수는 ${}_4C_2=6$
따라서 이 경우의 수는 $4\times6=24$

(iii) 한 곳도 선택하지 않는 경우
[케이크Ⅰ][샐러드Ⅰ][스낵Ⅰ][음료Ⅰ]의
4곳 중 3곳을 선택하는 경우의 수는 ${}_4C_3=4$

(i)~(iii)에서 구하는 경우의 수는 $24+24+4=52$

짝기출 답 ②

어느 학교에서는 '확률과 통계', '미적분', '기하'의 수학 과목 3개와 '물리학Ⅱ', '화학Ⅱ', '생명과학Ⅱ', '지구과학Ⅱ'의 과학 과목 4개를 선택 교육 과정으로 운영한다. 두 학생 A, B가 이 7개의 과목 중에서 다음 조건을 만족시키도록 과목을 선택하려고 한다.

- A, B는 각자 1개 이상의 수학 과목을 포함한 3개의 과목을 선택한다.
- A가 선택하는 3개의 과목과 B가 선택하는 3개의 과목 중에서 서로 일치하는 과목의 개수는 1이다.

다음은 A, B가 과목을 선택하는 경우의 수를 구하는 과정이다.

A, B가 선택하는 과목 중에서 서로 일치하는 과목이 수학 과목인 경우와 과학 과목인 경우로 나누어 구할 수 있다.

(i) 서로 일치하는 과목이 수학 과목일 때
3개의 수학 과목 중에서 1개를 선택하는 경우의 수는 ${}_3C_1=3$
위의 각 경우에 대하여 나머지 6개의 과목 중에서 A가 2개를 선택하고, 나머지 4개의 과목 중에서 B가 2개를 선택하는 경우의 수는 [(가)]
이때의 경우의 수는 3×[(가)]

(ii) 서로 일치하는 과목이 과학 과목일 때
4개의 과학 과목 중에서 1개를 선택하는 경우의 수는 ${}_4C_1=4$
위의 각 경우에 대하여 나머지 6개의 과목 중에서 A, B는 수학 과목을 1개 이상 선택해야 하므로 다음 두 가지 경우로 나눌 수 있다.
(ii-1) A, B 모두 수학 과목 1개와 과학 과목 1개를 선택하는 경우의 수는
$({}_3C_1\times{}_3C_1)\times({}_2C_1\times{}_2C_1)=36$
(ii-2) A, B 중 한 명은 수학 과목 2개를 선택하고, 다른 한 명은 수학 과목 1개와 과학 과목 1개를 선택하는 경우의 수는 [(나)]
이때의 경우의 수는 4×(36+[(나)])

(i), (ii)에 의하여 구하는 경우의 수는
3×[(가)]+4×(36+[(나)])이다.

위의 (가), (나)에 알맞은 수를 각각 p, q라 할 때, $p+q$의 값은?

① 102 ② 108 ③ 114 ④ 120 ⑤ 126

0840

답 ④

네 개의 창문 중 2개의 창문을 선택하여 정사각형 모양의 서로 다른 색의 시트지 2장을 붙이는 경우의 수는 ${}_4P_2=12$

빗변의 길이가 $\sqrt{2}$인 직각이등변삼각형 모양의 시트지의 색을 각각 A, B, C, D라 하자.

남은 두 창문 중 A색의 시트지를 붙일 창문을 택하는 경우의 수는 ${}_2C_1=2$

택한 창문에 A색의 시트지는 다음 그림과 같이 4가지 방법으로 붙일 수 있다.

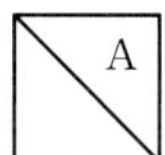

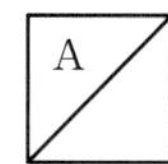

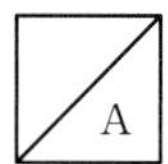

(i) B색의 시트지를 A색의 시트지를 붙인 창문에 붙이는 경우
C, D색의 시트지를 정사각형 모양의 창문에 붙이는 경우의 수는 4

(ii) B색의 시트지를 A색의 시트지를 붙이지 않는 창문에 붙이는 경우
남은 창문에 B색의 시트지를 붙이는 경우의 수는 4
C, D색의 시트지 중 A색의 시트지를 붙인 창문에 붙일 색의 시트지를 택하는 경우의 수는 ${}_2C_1=2$
남은 한 색의 시트지는 B색의 시트지를 붙인 창문에 붙이면 되므로 이 경우의 수는 $4\times2\times1=8$

따라서 구하는 경우의 수는 $12\times2\times4\times(4+8)=1152$

다른 풀이

네 개의 창문 중 정사각형 모양의 서로 다른 색의 시트지 2장을 붙이는 경우의 수는 ${}_4P_2=12$

나머지 창문 2개를 직각이등변삼각형 모양으로 각각 나누는 경우의 수는 $2\times2=4$

4개의 직각이등변삼각형 모양으로 나누어진 부분에 서로 다른 색의 시트지 4장을 붙이는 경우의 수는 $4!=24$

따라서 구하는 경우의 수는 $12\times4\times24=1152$

짝기출

답 ④

한 변의 길이가 a인 정사각형 모양의 시트지 2장, 빗변의 길이가 $\sqrt{2}a$인 직각이등변삼각형 모양의 시트지 4장이 있다. 정사각형 모양의 시트지의 색은 모두 노란색이고, 직각이등변삼각형 모양의 시트지의 색은 모두 서로 다르다.

[그림 1]과 같이 한 변의 길이가 a인 정사각형 모양의 창문 네 개가 있는 집이 있다. [그림 2]는 이 집의 창문 네 개에 6장의 시트지를 빈틈없이 붙인 경우의 예이다.

이 집의 창문 네 개에 시트지 6장을 빈틈없이 붙이는 경우의 수는? (단, 붙이는 순서는 구분하지 않으며, 집의 외부에서만 시트지를 붙일 수 있다.)

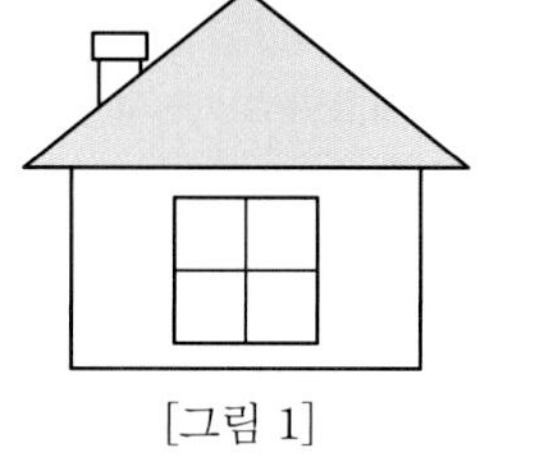

[그림 1] [그림 2]

① 432 ② 480 ③ 528 ④ 576 ⑤ 624

0841

답 ②

그림과 같이 의자의 위치와 좌석 번호를 나타내고 각 가로줄을 1열, 2열이라 하자.

1열 →	11	12	13	14	15	16	17
2열 →			23	24	25		

(가)에서 A는 좌석 번호가 24 또는 25인 의자에 앉을 수 있고, B는 좌석 번호가 11 또는 12 또는 13 또는 14인 의자에 앉을 수 있다.

(나), (다)에서 어느 두 학생도 양 옆 또는 앞뒤로 이웃하여 앉지 않는다.

5명의 학생이 앉을 수 있는 5개의 의자를 선택한 후 A, B가 앉고 남은 3개의 의자에 나머지 3명의 학생이 앉는 것으로 경우의 수를 구할 수 있다.

(i) A가 좌석 번호가 24인 의자에 앉을 때

11	12	13	14	15	16	17
		23	A	25		

A가 좌석 번호가 24인 의자에 앉으면 나머지 4명의 학생은 좌석 번호가 11, 13, 15, 17인 의자에 각각 한 명씩 앉아야 한다.
이때 B는 좌석 번호가 11, 13인 2개의 의자 중 1개의 의자에 앉아야 하므로 B가 의자를 선택하여 앉는 경우의 수는 ${}_2C_1=2$
위의 각 경우에 대하여 A, B를 제외한 3명의 학생이 나머지 3개의 의자에 앉는 경우의 수는 $3!=6$
따라서 이 경우의 수는 $2\times6=12$

(ii) A가 좌석 번호가 25인 의자에 앉을 때

11	12	13	14	15	16	17
		23	24	A		

A가 좌석 번호가 25인 의자에 앉으면 나머지 4명의 학생은 좌석 번호가 11 또는 12인 의자 중 하나, 좌석 번호가 16 또는 17인 의자 중 하나, 좌석 번호가 14, 23인 의자에 각각 한 명씩 앉아야 한다.
좌석 번호가 11 또는 12인 의자 중 하나를 선택하고(㉠) 좌석 번호가 16 또는 17인 의자 중 하나를 선택하는 경우의 수는
${}_2C_1\times{}_2C_1=4$
위의 각 경우에 대하여 B는 ㉠에서 선택된 의자와 좌석 번호가 14인 의자 중 1개의 의자에 앉아야 하므로 B가 의자를 선택하여 앉는 경우의 수는 ${}_2C_1=2$
위의 각 경우에 대하여 A, B를 제외한 3명의 학생이 나머지 3개의 의자에 앉는 경우의 수는 $3!=6$
따라서 이 경우의 수는 $4\times2\times6=48$

(i), (ii)에서 구하는 경우의 수는 $12+48=60$

행렬

유형별 유사문제

PART A' 12 행렬

유형 01 (i, j) 성분이 주어질 때 행렬 구하기

0842 답 ②

$a_{11}=3\times1+1\times1-2=2$, $a_{12}=3\times1+1\times2-2=3$,
$a_{21}=3\times2+2\times1-2=6$, $a_{22}=3\times2+2\times2-2=8$,
$a_{31}=3\times3+3\times1-2=10$, $a_{32}=3\times3+3\times2-2=13$

$\therefore A=\begin{pmatrix}2&3\\6&8\\10&13\end{pmatrix}$

따라서 행렬 A의 모든 성분의 합은
$2+3+6+8+10+13=42$

0843 답 $\begin{pmatrix}1&-2&-7\\2&1&-5\\7&5&1\end{pmatrix}$

(i) $i>j$이면 $a_{ij}=i^2-2j$이므로
$a_{21}=2^2-2\times1=2$, $a_{31}=3^2-2\times1=7$,
$a_{32}=3^2-2\times2=5$

(ii) $i=j$일 때, $a_{ij}=1$이므로
$a_{11}=1$, $a_{22}=1$, $a_{33}=1$

(iii) $i<j$일 때, $a_{ij}=-a_{ji}$이므로
$a_{12}=-a_{21}=-2$, $a_{13}=-a_{31}=-7$, $a_{23}=-a_{32}=-5$

(i)~(iii)에서 $A=\begin{pmatrix}1&-2&-7\\2&1&-5\\7&5&1\end{pmatrix}$

0844 답 8

$i=1, 2$, $j=1, 2, 3$이므로 행렬 A는 2×3 행렬이다.

(i) $i=j$이면 $a_{ij}=-1$이므로 $a_{11}=-1$, $a_{22}=-1$

(ii) $i\neq j$이면 $a_{ij}=2i+(-1)^{i+j}$이므로
$a_{12}=2\times1+(-1)^{1+2}=2+(-1)=1$
$a_{13}=2\times1+(-1)^{1+3}=2+1=3$
$a_{21}=2\times2+(-1)^{2+1}=4+(-1)=3$
$a_{23}=2\times2+(-1)^{2+3}=4+(-1)=3$

(i), (ii)에서 $A=\begin{pmatrix}-1&1&3\\3&-1&3\end{pmatrix}$

따라서 행렬 A의 모든 성분의 합은
$-1+1+3+3+(-1)+3=8$

유형 02 행렬의 성분과 실생활 활용

0845 답 $\begin{pmatrix}0&4&8\\4&0&2\\8&2&0\end{pmatrix}$

$i=j$이면 $a_{ij}=0$이므로 $a_{11}=0$, $a_{22}=0$, $a_{33}=0$
도시 A_1에서는 도시 A_2로 가는 방법의 수는 4, 도시 A_3으로 가는 방법의 수는 $4\times2=8$이므로 $a_{12}=4$, $a_{13}=8$
도시 A_2에서는 도시 A_1로 가는 방법의 수는 4, 도시 A_3으로 가는 방법의 수는 2이므로 $a_{21}=4$, $a_{23}=2$
도시 A_3에서는 도시 A_1로 가는 방법의 수는 $2\times4=8$, 도시 A_2로 가는 방법의 수는 2이므로 $a_{31}=8$, $a_{32}=2$

$\therefore A=\begin{pmatrix}0&4&8\\4&0&2\\8&2&0\end{pmatrix}$

0846 답 ⑤

$a_{11}=0$, $a_{12}=2$, $a_{13}=1$이므로 1 정거장에서는 1 정거장으로 되돌아오는 노선은 0개, 2 정거장으로 가는 노선은 2개, 3 정거장으로 가는 노선은 1개이다.
$a_{21}=0$, $a_{22}=0$, $a_{23}=1$이므로 2 정거장에서는 1 정거장으로 가는 노선은 0개, 2 정거장으로 되돌아오는 노선은 0개, 3 정거장으로 가는 노선은 1개이다.
$a_{31}=1$, $a_{32}=1$, $a_{33}=1$이므로 3 정거장에서는 1 정거장으로 가는 노선과 2 정거장으로 가는 노선은 각각 1개이고, 3 정거장으로 되돌아오는 노선은 1개이다.
따라서 버스 노선의 연결 상태를 바르게 나타낸 것은 ⑤이다.

0847 답 9

(i) $y=ix-2j$에 $i=1$, $j=1$을 대입하면 $y=x-2$
$y=x-2$에 $y=0$을 대입하면 $0=x-2$ $\therefore x=2$
$\therefore a_{11}=2$

(ii) $y=ix-2j$에 $i=1$, $j=2$를 대입하면 $y=x-4$
$y=x-4$에 $y=0$을 대입하면 $0=x-4$ $\therefore x=4$
$\therefore a_{12}=4$

(iii) $y=ix-2j$에 $i=2$, $j=1$을 대입하면 $y=2x-2$
$y=2x-2$에 $y=0$을 대입하면 $0=2x-2$ $\therefore x=1$
$\therefore a_{21}=1$

(iv) $y=ix-2j$에 $i=2$, $j=2$를 대입하면 $y=2x-4$
$y=2x-4$에 $y=0$을 대입하면 $0=2x-4$ $\therefore x=2$
$\therefore a_{22}=2$

$\therefore A=\begin{pmatrix}2&4\\1&2\end{pmatrix}$

따라서 행렬 A의 모든 성분의 합은
$2+4+1+2=9$

유형 03 서로 같은 행렬

0848

답 ②

두 행렬이 서로 같을 조건에 의하여

$-2x+y=x-y$, $3x+y=3y$이므로 $3x-2y=0$ ...... ㉠

$x-4=1-y$이므로 $x+y=5$ ...... ㉡

㉠, ㉡을 연립하여 풀면 $x=2$, $y=3$

$\therefore x^2+y^2=2^2+3^2=13$

0849

답 ④

$A=\begin{pmatrix} a^2+b^2 & a+b \\ 5 & 3 \end{pmatrix}$이므로 $A^t=\begin{pmatrix} 3 & a+b \\ 5 & a^2+b^2 \end{pmatrix}$

$A^t=B$이므로 $\begin{pmatrix} 3 & a+b \\ 5 & a^2+b^2 \end{pmatrix}=\begin{pmatrix} ab & 7 \\ 5 & c \end{pmatrix}$

두 행렬이 서로 같을 조건에 의하여

$3=ab$, $a+b=7$

$\therefore c=a^2+b^2=(a+b)^2-2ab$

$=7^2-2\times3=43$

0850

답 7

두 행렬이 서로 같을 조건에 의하여

$a^2-1=8$이므로 $a^2=9$ $\therefore a=\pm3$ ...... ㉠

$c=3b$ ...... ㉡

$2b-3=b-2$이므로 $b=1$

$a^2-2a=bc$ ...... ㉢

$b=1$을 ㉡에 대입하면 $c=3$

$b=1$, $c=3$을 ㉢에 대입하면 $a^2-2a=3$

$a^2-2a-3=0$, $(a+1)(a-3)=0$

$\therefore a=-1$ 또는 $a=3$ ...... ㉣

㉠, ㉣에서 $a=3$

$\therefore a+b+c=3+1+3=7$

유형 04 행렬의 덧셈, 뺄셈과 실수배 (1)

0851

답 $\begin{pmatrix} -5 & 5 \\ -10 & 15 \end{pmatrix}$

$2(2A-B)-3(B-2A)$

$=4A-2B-3B+6A$

$=10A-5B$

$=10\begin{pmatrix} 0 & -1 \\ -2 & 1 \end{pmatrix}-5\begin{pmatrix} 1 & -3 \\ -2 & -1 \end{pmatrix}$

$=\begin{pmatrix} -5 & 5 \\ -10 & 15 \end{pmatrix}$

0852

답 ④

$X-2(2A-3B)=3(B-X)+A$에서

$X-4A+6B=3B-3X+A$

$4X=5A-3B$

$\therefore X=\frac{1}{4}(5A-3B)$

$=\frac{1}{4}\left\{5\begin{pmatrix} 1 & 0 \\ 2 & -1 \end{pmatrix}-3\begin{pmatrix} -1 & 4 \\ -2 & 1 \end{pmatrix}\right\}$

$=\frac{1}{4}\begin{pmatrix} 8 & -12 \\ 16 & -8 \end{pmatrix}=\begin{pmatrix} 2 & -3 \\ 4 & -2 \end{pmatrix}$

따라서 행렬 X의 모든 성분의 합은

$2+(-3)+4+(-2)=1$

0853

답 3

$X-2Y=A$이므로 $X-2Y=\begin{pmatrix} 6 & 2 \\ -3 & 3 \end{pmatrix}$ ...... ㉠

$2X+Y=B$이므로 $2X+Y=\begin{pmatrix} 2 & 4 \\ -1 & 6 \end{pmatrix}$ ...... ㉡

㉠$+2\times$㉡을 하면 $5X=\begin{pmatrix} 6 & 2 \\ -3 & 3 \end{pmatrix}+2\begin{pmatrix} 2 & 4 \\ -1 & 6 \end{pmatrix}=\begin{pmatrix} 10 & 10 \\ -5 & 15 \end{pmatrix}$

$\therefore X=\frac{1}{5}\begin{pmatrix} 10 & 10 \\ -5 & 15 \end{pmatrix}=\begin{pmatrix} 2 & 2 \\ -1 & 3 \end{pmatrix}$ ...... ㉢

㉢을 ㉡에 대입하면

$2\begin{pmatrix} 2 & 2 \\ -1 & 3 \end{pmatrix}+Y=\begin{pmatrix} 2 & 4 \\ -1 & 6 \end{pmatrix}$

$\therefore Y=\begin{pmatrix} 2 & 4 \\ -1 & 6 \end{pmatrix}-2\begin{pmatrix} 2 & 2 \\ -1 & 3 \end{pmatrix}=\begin{pmatrix} -2 & 0 \\ 1 & 0 \end{pmatrix}$

$\therefore X+Y=\begin{pmatrix} 2 & 2 \\ -1 & 3 \end{pmatrix}+\begin{pmatrix} -2 & 0 \\ 1 & 0 \end{pmatrix}=\begin{pmatrix} 0 & 2 \\ 0 & 3 \end{pmatrix}$

따라서 행렬 $X+Y$의 성분 중 최댓값은 3이다.

유형 05 행렬의 덧셈, 뺄셈과 실수배 (2)

0854

답 ⑤

$xA+yB=C$에서

$x\begin{pmatrix} 1 \\ 3 \end{pmatrix}+y\begin{pmatrix} -2 \\ 5 \end{pmatrix}=\begin{pmatrix} 5 \\ 4 \end{pmatrix}$이므로

$\begin{pmatrix} x-2y \\ 3x+5y \end{pmatrix}=\begin{pmatrix} 5 \\ 4 \end{pmatrix}$

두 행렬이 서로 같을 조건에 의하여

$x-2y=5$, $3x+5y=4$

위의 두 식을 연립하여 풀면 $x=3$, $y=-1$

$\therefore x+y=3+(-1)=2$

0855

답 -4

$xA+yB=\begin{pmatrix} 4 & 10 \\ -2 & 2 \end{pmatrix}$에서

$x\begin{pmatrix} 1 & 0 \\ 2 & 3 \end{pmatrix}+y\begin{pmatrix} -1 & -5 \\ 3 & 2 \end{pmatrix}=\begin{pmatrix} 4 & 10 \\ -2 & 2 \end{pmatrix}$이므로

$\begin{pmatrix} x-y & -5y \\ 2x+3y & 3x+2y \end{pmatrix}=\begin{pmatrix} 4 & 10 \\ -2 & 2 \end{pmatrix}$

두 행렬이 서로 같을 조건에 의하여

$x-y=4$, $-5y=10$, $2x+3y=-2$, $3x+2y=2$

위의 식을 연립하여 풀면 $x=2$, $y=-2$

$\therefore xy=2\times(-2)=-4$

0856

답 ⑤

$xA+yB=3C$에서

$x\begin{pmatrix} 0 & 3 \\ -6 & 3 \end{pmatrix}+y\begin{pmatrix} -2 & 3 \\ -7 & 6 \end{pmatrix}=3\begin{pmatrix} 2 & 1 \\ -1 & -2 \end{pmatrix}$이므로

$\begin{pmatrix} -2y & 3x+3y \\ -6x-7y & 3x+6y \end{pmatrix}=\begin{pmatrix} 6 & 3 \\ -3 & -6 \end{pmatrix}$

두 행렬이 서로 같을 조건에 의하여

$-2y=6$, $3x+3y=3$, $-6x-7y=-3$, $3x+6y=-6$

위의 식을 연립하여 풀면 $x=4$, $y=-3$

$\therefore x-y=4-(-3)=7$

유형 06 행렬의 곱셈

0857

답 23

$a_{ij}=ij+(-1)^i$에서

$a_{11}=1\times1+(-1)^1=0$, $a_{12}=1\times2+(-1)^1=1$,

$a_{21}=2\times1+(-1)^2=3$, $a_{22}=2\times2+(-1)^2=5$

이므로 $A=\begin{pmatrix} 0 & 1 \\ 3 & 5 \end{pmatrix}$

$b_{ij}=3i-2j$에서

$b_{11}=3\times1-2\times1=1$, $b_{12}=3\times1-2\times2=-1$,

$b_{21}=3\times2-2\times1=4$, $b_{22}=3\times2-2\times2=2$

이므로 $B=\begin{pmatrix} 1 & -1 \\ 4 & 2 \end{pmatrix}$

$\therefore AB=\begin{pmatrix} 0 & 1 \\ 3 & 5 \end{pmatrix}\begin{pmatrix} 1 & -1 \\ 4 & 2 \end{pmatrix}=\begin{pmatrix} 4 & 2 \\ 23 & 7 \end{pmatrix}$

따라서 행렬 AB의 (2, 1) 성분은 23이다.

0858

답 1

$\begin{pmatrix} 3 & 6 \\ -4 & x \end{pmatrix}\begin{pmatrix} y & 0 \\ -5 & 9 \end{pmatrix}=-3\begin{pmatrix} 11 & -18 \\ 2 & -6 \end{pmatrix}$이므로

$\begin{pmatrix} 3y-30 & 54 \\ -4y-5x & 9x \end{pmatrix}=\begin{pmatrix} -33 & 54 \\ -6 & 18 \end{pmatrix}$

두 행렬이 서로 같을 조건에 의하여

$3y-30=-33$, $-4y-5x=-6$, $9x=18$

위의 식을 연립하여 풀면 $x=2$, $y=-1$

$\therefore x+y=2+(-1)=1$

0859

답 ③

$\begin{pmatrix} x & y \\ x & 0 \end{pmatrix}\begin{pmatrix} 3 & 1 \\ y & x \end{pmatrix}=3\begin{pmatrix} y & -4 \\ x & 0 \end{pmatrix}+\begin{pmatrix} -5 & 9 \\ 0 & -1 \end{pmatrix}$이므로

$\begin{pmatrix} 3x+y^2 & x+xy \\ 3x & x \end{pmatrix}=\begin{pmatrix} 3y-5 & -3 \\ 3x & -1 \end{pmatrix}$

두 행렬이 서로 같을 조건에 의하여

$3x+y^2=3y-5$, $x+xy=-3$, $x=-1$

$x=-1$을 $x+xy=-3$에 대입하면

$-1-y=-3$　　$\therefore y=2$

$\therefore y-x=2-(-1)=3$

0860

답 ⑤

$\begin{pmatrix} \alpha & \beta \\ 0 & \alpha \end{pmatrix}\begin{pmatrix} \beta & \alpha \\ 0 & \beta \end{pmatrix}=\begin{pmatrix} \alpha\beta & \alpha^2+\beta^2 \\ 0 & \alpha\beta \end{pmatrix}$ …… ㉠

이때 $x^2-3x-2=0$의 두 실근이 α, β이므로

이차방정식의 근과 계수의 관계에 의하여

$\alpha+\beta=3$, $\alpha\beta=-2$

$\therefore \alpha^2+\beta^2=(\alpha+\beta)^2-2\alpha\beta=3^2-2\times(-2)=13$

㉠에서

$\begin{pmatrix} \alpha & \beta \\ 0 & \alpha \end{pmatrix}\begin{pmatrix} \beta & \alpha \\ 0 & \beta \end{pmatrix}=\begin{pmatrix} \alpha\beta & \alpha^2+\beta^2 \\ 0 & \alpha\beta \end{pmatrix}=\begin{pmatrix} -2 & 13 \\ 0 & -2 \end{pmatrix}$

따라서 구하는 행렬의 모든 성분의 합은

$-2+13+(-2)=9$

다른 풀이

$\begin{pmatrix} \alpha & \beta \\ 0 & \alpha \end{pmatrix}\begin{pmatrix} \beta & \alpha \\ 0 & \beta \end{pmatrix}=\begin{pmatrix} \alpha\beta & \alpha^2+\beta^2 \\ 0 & \alpha\beta \end{pmatrix}$이므로

모든 성분의 합은 $\alpha\beta+\alpha^2+\beta^2+\alpha\beta=(\alpha+\beta)^2$ …… ㉡

이때 $x^2-3x-2=0$의 두 실근이 α, β이므로

이차방정식의 근과 계수의 관계에 의하여 $\alpha+\beta=3$

㉡에서 구하는 모든 성분의 합은 $3^2=9$

0861

답 ②

$\begin{pmatrix} 4 & a \\ 3 & 1 \end{pmatrix}\begin{pmatrix} a \\ b \end{pmatrix}=\begin{pmatrix} 3 & 2 \\ 2 & 1 \end{pmatrix}\begin{pmatrix} 4 \\ -1 \end{pmatrix}$이므로

$\begin{pmatrix} 4a+ab \\ 3a+b \end{pmatrix}=\begin{pmatrix} 10 \\ 7 \end{pmatrix}$

두 행렬이 서로 같을 조건에 의하여

$4a+ab=10$ …… ㉠

$3a+b=7$　　$\therefore b=7-3a$ …… ㉡

㉡을 ㉠에 대입하면

$4a+a(7-3a)=10$, $-3a^2+11a=10$

$3a^2-11a+10=0$, $(3a-5)(a-2)=0$

$\therefore a=2$ ($\because a$는 정수)

$\therefore b=7-3a=7-3\times2=1$

$\therefore a^2+b^2=2^2+1^2=5$

유형 07 행렬의 거듭제곱

0862

답 3

$A^2=AA=\begin{pmatrix}1&0\\a&1\end{pmatrix}\begin{pmatrix}1&0\\a&1\end{pmatrix}=\begin{pmatrix}1&0\\2a&1\end{pmatrix}$

$A^3=A^2A=\begin{pmatrix}1&0\\2a&1\end{pmatrix}\begin{pmatrix}1&0\\a&1\end{pmatrix}=\begin{pmatrix}1&0\\3a&1\end{pmatrix}$

$A^4=A^3A=\begin{pmatrix}1&0\\3a&1\end{pmatrix}\begin{pmatrix}1&0\\a&1\end{pmatrix}=\begin{pmatrix}1&0\\4a&1\end{pmatrix}$

$\vdots$

$\therefore A^n=\begin{pmatrix}1&0\\na&1\end{pmatrix}$

따라서 $A^{21}=\begin{pmatrix}1&0\\21a&1\end{pmatrix}=\begin{pmatrix}1&0\\63&1\end{pmatrix}$이므로

$21a=63 \qquad \therefore a=3$

0863

답 54

$A^2=AA=\begin{pmatrix}1&-3\\0&1\end{pmatrix}\begin{pmatrix}1&-3\\0&1\end{pmatrix}=\begin{pmatrix}1&-6\\0&1\end{pmatrix}$

$A^3=A^2A=\begin{pmatrix}1&-6\\0&1\end{pmatrix}\begin{pmatrix}1&-3\\0&1\end{pmatrix}=\begin{pmatrix}1&-9\\0&1\end{pmatrix}$

$A^4=A^3A=\begin{pmatrix}1&-9\\0&1\end{pmatrix}\begin{pmatrix}1&-3\\0&1\end{pmatrix}=\begin{pmatrix}1&-12\\0&1\end{pmatrix}$

$\vdots$

$\therefore A^n=\begin{pmatrix}1&-3n\\0&1\end{pmatrix}$

따라서 행렬 A^n의 모든 성분의 합은 $-3n+2$이므로

$-3n+2=-160,\ -3n=-162 \qquad \therefore n=54$

0864

답 7

$A^2=AA=\begin{pmatrix}-1&0\\0&2\end{pmatrix}\begin{pmatrix}-1&0\\0&2\end{pmatrix}=\begin{pmatrix}1&0\\0&2^2\end{pmatrix}$

$A^3=A^2A=\begin{pmatrix}1&0\\0&2^2\end{pmatrix}\begin{pmatrix}-1&0\\0&2\end{pmatrix}=\begin{pmatrix}-1&0\\0&2^3\end{pmatrix}$

$A^4=A^3A=\begin{pmatrix}-1&0\\0&2^3\end{pmatrix}\begin{pmatrix}-1&0\\0&2\end{pmatrix}=\begin{pmatrix}1&0\\0&2^4\end{pmatrix}$

$\vdots$

따라서 $A^n=\begin{pmatrix}(-1)^n&0\\0&2^n\end{pmatrix}=\begin{pmatrix}-1&0\\0&128\end{pmatrix}$이므로

$(-1)^n=-1,\ 2^n=128 \qquad \therefore n=7$

유형 08 행렬의 곱셈과 실생활 활용

0865

답 ②

8월에 필요한 장미와 튤립을 P 도매상가에서 구입하는 데 드는 비용은 $100\times800+110\times700$(원)이므로

$AB=\begin{pmatrix}130&120\\100&110\end{pmatrix}\begin{pmatrix}800&700\\700&600\end{pmatrix}$

$=\begin{pmatrix}130\times800+120\times700&130\times700+120\times600\\100\times800+110\times700&100\times700+110\times600\end{pmatrix}$

에서 행렬 AB의 $(2,\ 1)$ 성분이다.

0866

답 ③

[표 1]과 [표 2]를 각각 행렬로 나타내면

$\begin{pmatrix}500&15\\400&25\end{pmatrix},\ \begin{pmatrix}a\\b\end{pmatrix}$

이때 영양제 A, B를 1정 만들 때 필요한 비용을 나타내는 행렬은

$\begin{pmatrix}500&15\\400&25\end{pmatrix}\begin{pmatrix}a\\b\end{pmatrix}$

따라서 영양제 A는 500정, 영양제 B는 700정 만드는 데 필요한 비용을 나타내는 행렬은 $(500\quad 700)\begin{pmatrix}500&15\\400&25\end{pmatrix}\begin{pmatrix}a\\b\end{pmatrix}$

0867

답 71 : 86

현재 A, B 두 작물의 수확량이 x kg으로 같다고 할 때, 2년 후의 수확량을 행렬로 나타내면 다음과 같다.

$\begin{pmatrix}0.4&0.7\\0.8&0.6\end{pmatrix}\begin{pmatrix}0.4&0.7\\0.8&0.6\end{pmatrix}\begin{pmatrix}x\\x\end{pmatrix}=\begin{pmatrix}0.72&0.7\\0.8&0.92\end{pmatrix}\begin{pmatrix}x\\x\end{pmatrix}=\begin{pmatrix}1.42x\\1.72x\end{pmatrix}$

따라서 2년 후의 A, B 두 작물의 수확량의 비는

$1.42x : 1.72x=142 : 172=71 : 86$

유형 09 행렬의 곱셈에 대한 성질 (1)

0868

답 ③

$(5A-B)C+A(B-5C)=5AC-BC+AB-5AC$

$=AB-BC \quad \cdots\cdots ㉠$

이때

$AB=\begin{pmatrix}3&1\\-1&2\end{pmatrix}\begin{pmatrix}1&3\\2&-1\end{pmatrix}=\begin{pmatrix}5&8\\3&-5\end{pmatrix}$,

$BC=\begin{pmatrix}1&3\\2&-1\end{pmatrix}\begin{pmatrix}-3&2\\1&2\end{pmatrix}=\begin{pmatrix}0&8\\-7&2\end{pmatrix}$

이므로 ㉠에서

$(5A-B)C+A(B-5C)=AB-BC$

$=\begin{pmatrix}5&8\\3&-5\end{pmatrix}-\begin{pmatrix}0&8\\-7&2\end{pmatrix}$

$=\begin{pmatrix}5&0\\10&-7\end{pmatrix}$

따라서 $M=10$, $m=-7$이므로
$M+m=10+(-7)=3$

0869
답 ④

$A=\begin{pmatrix} 2 & -3 \\ 5 & 2 \end{pmatrix}-B$에서 $A+B=\begin{pmatrix} 2 & -3 \\ 5 & 2 \end{pmatrix}$ …… ㉠

$B=\begin{pmatrix} 0 & -1 \\ 1 & 2 \end{pmatrix}+A$에서 $-A+B=\begin{pmatrix} 0 & -1 \\ 1 & 2 \end{pmatrix}$ …… ㉡

㉠+㉡을 하면

$2B=\begin{pmatrix} 2 & -4 \\ 6 & 4 \end{pmatrix}$ $\quad\therefore B=\begin{pmatrix} 1 & -2 \\ 3 & 2 \end{pmatrix}$

$\therefore AB-B^2=(A-B)B$
$=-(-A+B)B$
$=-\begin{pmatrix} 0 & -1 \\ 1 & 2 \end{pmatrix}\begin{pmatrix} 1 & -2 \\ 3 & 2 \end{pmatrix}=\begin{pmatrix} 3 & 2 \\ -7 & -2 \end{pmatrix}$

따라서 $AB-B^2$의 모든 성분의 합은
$3+2+(-7)+(-2)=-4$

0870
답 -8

$A^2B+AB^2=A(AB+B^2)$
$=A(A+B)B$ …… ㉠

이때

$A+B=\begin{pmatrix} 3 & 2 \\ -1 & 1 \end{pmatrix}+\begin{pmatrix} -1 & -2 \\ 1 & 1 \end{pmatrix}=\begin{pmatrix} 2 & 0 \\ 0 & 2 \end{pmatrix}=2E$

이므로 ㉠에서

$A^2B+AB^2=A(A+B)B$
$=A(2E)B=2AB$
$=2\begin{pmatrix} 3 & 2 \\ -1 & 1 \end{pmatrix}\begin{pmatrix} -1 & -2 \\ 1 & 1 \end{pmatrix}$
$=2\begin{pmatrix} -1 & -4 \\ 2 & 3 \end{pmatrix}=\begin{pmatrix} -2 & -8 \\ 4 & 6 \end{pmatrix}$

따라서 A^2B+AB^2의 성분 중 절댓값이 가장 큰 수는 -8이다.

참고

행렬의 곱셈에서는 일반적으로 교환법칙이 성립하지 않으므로 $A^2B+AB^2=AB(A+B)$로 계산하지 않도록 주의한다.

유형 10 행렬의 곱셈에 대한 성질 (2)

0871
답 ④

$(A+B)^2=A^2+AB+BA+B^2$이므로
$A^2+B^2=(A+B)^2-(AB+BA)$
$=\begin{pmatrix} 1 & 3 \\ -3 & 2 \end{pmatrix}\begin{pmatrix} 1 & 3 \\ -3 & 2 \end{pmatrix}-\begin{pmatrix} -4 & -5 \\ -6 & -7 \end{pmatrix}$
$=\begin{pmatrix} -8 & 9 \\ -9 & -5 \end{pmatrix}-\begin{pmatrix} -4 & -5 \\ -6 & -7 \end{pmatrix}=\begin{pmatrix} -4 & 14 \\ -3 & 2 \end{pmatrix}$

따라서 행렬 A^2+B^2의 모든 성분의 합은
$-4+14+(-3)+2=9$

0872
답 -3

$(A+B)(A-B)=A^2-AB+BA-B^2$ …… ㉠
$(A-B)(A+B)=A^2+AB-BA-B^2$ …… ㉡
㉠+㉡을 하면
$(A+B)(A-B)+(A-B)(A+B)=2(A^2-B^2)$
$\therefore (A-B)(A+B)=2(A^2-B^2)-(A+B)(A-B)$
$=2\begin{pmatrix} -3 & 2 \\ -3 & 0 \end{pmatrix}-\begin{pmatrix} -4 & 3 \\ -3 & 1 \end{pmatrix}=\begin{pmatrix} -2 & 1 \\ -3 & -1 \end{pmatrix}$

따라서 $(A-B)(A+B)$의 가장 작은 성분은 -3이다.

다른 풀이

$(A+B)(A-B)=A^2-AB+BA-B^2$이므로
$AB-BA=(A^2-B^2)-(A+B)(A-B)$
$=\begin{pmatrix} -3 & 2 \\ -3 & 0 \end{pmatrix}-\begin{pmatrix} -4 & 3 \\ -3 & 1 \end{pmatrix}=\begin{pmatrix} 1 & -1 \\ 0 & -1 \end{pmatrix}$
$\therefore (A-B)(A+B)=A^2+AB-BA-B^2$
$=(A^2-B^2)+(AB-BA)$
$=\begin{pmatrix} -3 & 2 \\ -3 & 0 \end{pmatrix}+\begin{pmatrix} 1 & -1 \\ 0 & -1 \end{pmatrix}=\begin{pmatrix} -2 & 1 \\ -3 & -1 \end{pmatrix}$

따라서 $(A-B)(A+B)$의 가장 작은 성분은 -3이다.

0873
답 -6

$(A-B)^2=A^2-AB-BA+B^2=(A^2+B^2)-(AB+BA)$
이므로

$\begin{pmatrix} -1 & 1 \\ 2 & 2 \end{pmatrix}\begin{pmatrix} -1 & 1 \\ 2 & 2 \end{pmatrix}=\begin{pmatrix} a & a \\ -a & 5a \end{pmatrix}-\begin{pmatrix} b & -b \\ 4b & -4b \end{pmatrix}$

$\begin{pmatrix} 3 & 1 \\ 2 & 6 \end{pmatrix}=\begin{pmatrix} a-b & a+b \\ -a-4b & 5a+4b \end{pmatrix}$

두 행렬이 서로 같을 조건에 의하여
$3=a-b$, $1=a+b$
위의 두 식을 연립하여 풀면 $a=2$, $b=-1$
$\therefore (A+B)^2=A^2+AB+BA+B^2$
$=(A^2+B^2)+(AB+BA)$
$=\begin{pmatrix} 2 & 2 \\ -2 & 10 \end{pmatrix}+\begin{pmatrix} -1 & 1 \\ -4 & 4 \end{pmatrix}=\begin{pmatrix} 1 & 3 \\ -6 & 14 \end{pmatrix}$

따라서 $(A+B)^2$의 $(2,\ 1)$ 성분은 -6이다.

유형 11 행렬의 곱셈에 대한 성질 (3) - $AB=BA$가 성립하는 경우

0874
답 ②

$(A-B)^2=A^2-AB-BA+B^2$이고
주어진 조건에서 $(A-B)^2=A^2-2AB+B^2$이므로
$A^2-AB-BA+B^2=A^2-2AB+B^2$
$-AB-BA=-2AB$ $\quad\therefore AB=BA$

즉, $\begin{pmatrix} x & 1 \\ 0 & -1 \end{pmatrix}\begin{pmatrix} 1 & -1 \\ y & 1 \end{pmatrix}=\begin{pmatrix} 1 & -1 \\ y & 1 \end{pmatrix}\begin{pmatrix} x & 1 \\ 0 & -1 \end{pmatrix}$이므로

$\begin{pmatrix} x+y & -x+1 \\ -y & -1 \end{pmatrix}=\begin{pmatrix} x & 2 \\ xy & y-1 \end{pmatrix}$

두 행렬이 서로 같을 조건에 의하여

$-x+1=2$이므로 $x=-1$

$-1=y-1$이므로 $y=0$

$\therefore x-y=-1-0=-1$

0875

답 ④

$(A+B)(A-B)=A^2-AB+BA-B^2$이고

주어진 조건에서 $(A+B)(A-B)=A^2-B^2$이므로

$A^2-AB+BA-B^2=A^2-B^2$

$-AB+BA=O \quad \therefore AB=BA$

즉, $\begin{pmatrix} 1 & a \\ -2 & -1 \end{pmatrix}\begin{pmatrix} b & 2 \\ 2 & 3 \end{pmatrix}=\begin{pmatrix} b & 2 \\ 2 & 3 \end{pmatrix}\begin{pmatrix} 1 & a \\ -2 & -1 \end{pmatrix}$이므로

$\begin{pmatrix} b+2a & 2+3a \\ -2b-2 & -7 \end{pmatrix}=\begin{pmatrix} b-4 & ab-2 \\ -4 & 2a-3 \end{pmatrix}$

두 행렬이 서로 같을 조건에 의하여

$-2b-2=-4$이므로 $-2b=-2 \quad \therefore b=1$

$-7=2a-3$이므로 $2a=-4 \quad \therefore a=-2$

따라서 $A=\begin{pmatrix} 1 & -2 \\ -2 & -1 \end{pmatrix}$, $B=\begin{pmatrix} 1 & 2 \\ 2 & 3 \end{pmatrix}$에서

$A+B=\begin{pmatrix} 2 & 0 \\ 0 & 2 \end{pmatrix}$이므로 모든 성분의 합은 $2+2=4$

0876

답 6

$(A+2B)(A-B)=A^2-AB+2BA-2B^2$이고

주어진 조건에서 $(A+2B)(A-B)=A^2+AB-2B^2$이므로

$A^2-AB+2BA-2B^2=A^2+AB-2B^2$

$-AB+2BA=AB \quad \therefore AB=BA$

즉, $\begin{pmatrix} 1 & x \\ 2 & y \end{pmatrix}\begin{pmatrix} 1 & 3 \\ 3 & 4 \end{pmatrix}=\begin{pmatrix} 1 & 3 \\ 3 & 4 \end{pmatrix}\begin{pmatrix} 1 & x \\ 2 & y \end{pmatrix}$이므로

$\begin{pmatrix} 1+3x & 3+4x \\ 2+3y & 6+4y \end{pmatrix}=\begin{pmatrix} 7 & x+3y \\ 11 & 3x+4y \end{pmatrix}$

두 행렬이 서로 같을 조건에 의하여

$1+3x=7$이므로 $3x=6 \quad \therefore x=2$

$2+3y=11$이므로 $3y=9 \quad \therefore y=3$

$\therefore xy=2\times3=6$

유형 12 행렬의 변형과 곱셈

0877

답 ①

실수 a, b에 대하여 $a\begin{pmatrix} 3 \\ 1 \end{pmatrix}+b\begin{pmatrix} 1 \\ -2 \end{pmatrix}=\begin{pmatrix} 5 \\ 4 \end{pmatrix}$로 놓으면

$3a+b=5$, $a-2b=4$

위의 두 식을 연립하여 풀면 $a=2$, $b=-1$

즉, $\begin{pmatrix} 5 \\ 4 \end{pmatrix}=2\begin{pmatrix} 3 \\ 1 \end{pmatrix}-\begin{pmatrix} 1 \\ -2 \end{pmatrix}$이므로

양변의 왼쪽에 행렬 A를 곱하면

$$A\begin{pmatrix} 5 \\ 4 \end{pmatrix}=A\left\{2\begin{pmatrix} 3 \\ 1 \end{pmatrix}-\begin{pmatrix} 1 \\ -2 \end{pmatrix}\right\}$$

$$=2A\begin{pmatrix} 3 \\ 1 \end{pmatrix}-A\begin{pmatrix} 1 \\ -2 \end{pmatrix}$$

$$=2\begin{pmatrix} -1 \\ 2 \end{pmatrix}-\begin{pmatrix} 4 \\ 1 \end{pmatrix}=\begin{pmatrix} -6 \\ 3 \end{pmatrix}$$

따라서 $A\begin{pmatrix} 5 \\ 4 \end{pmatrix}$의 모든 성분의 합은 $-6+3=-3$

0878

답 $\begin{pmatrix} -2 \\ 1 \end{pmatrix}$

$\begin{pmatrix} 3a-2b \\ 3c-2d \end{pmatrix}=3\begin{pmatrix} a \\ c \end{pmatrix}-2\begin{pmatrix} b \\ d \end{pmatrix}$이므로

양변의 왼쪽에 행렬 A를 곱하면

$A\begin{pmatrix} 3a-2b \\ 3c-2d \end{pmatrix}=3A\begin{pmatrix} a \\ c \end{pmatrix}-2A\begin{pmatrix} b \\ d \end{pmatrix}$

이때 $A\begin{pmatrix} 3a-2b \\ 3c-2d \end{pmatrix}=\begin{pmatrix} 1 \\ 4 \end{pmatrix}$이므로

$3A\begin{pmatrix} a \\ c \end{pmatrix}-2A\begin{pmatrix} b \\ d \end{pmatrix}=\begin{pmatrix} 1 \\ 4 \end{pmatrix}$, $3\begin{pmatrix} -1 \\ 2 \end{pmatrix}-2A\begin{pmatrix} b \\ d \end{pmatrix}=\begin{pmatrix} 1 \\ 4 \end{pmatrix}$

$2A\begin{pmatrix} b \\ d \end{pmatrix}=3\begin{pmatrix} -1 \\ 2 \end{pmatrix}-\begin{pmatrix} 1 \\ 4 \end{pmatrix}=\begin{pmatrix} -4 \\ 2 \end{pmatrix}$

$\therefore A\begin{pmatrix} b \\ d \end{pmatrix}=\begin{pmatrix} -2 \\ 1 \end{pmatrix}$

0879

답 ②

$A\begin{pmatrix} x+3 \\ y+2 \end{pmatrix}=A\begin{pmatrix} x \\ y \end{pmatrix}+A\begin{pmatrix} 3 \\ 2 \end{pmatrix}$ ...... ㉠

이때

$$A\begin{pmatrix} 3 \\ 2 \end{pmatrix}=AA\begin{pmatrix} x \\ y \end{pmatrix}=A^2\begin{pmatrix} x \\ y \end{pmatrix}$$

$$=\begin{pmatrix} 1 & -3 \\ 0 & 3 \end{pmatrix}\begin{pmatrix} x \\ y \end{pmatrix}=\begin{pmatrix} x-3y \\ 3y \end{pmatrix}$$

이므로 ㉠에서

$$A\begin{pmatrix} x+3 \\ y+2 \end{pmatrix}=A\begin{pmatrix} x \\ y \end{pmatrix}+A\begin{pmatrix} 3 \\ 2 \end{pmatrix}$$

$$=\begin{pmatrix} 3 \\ 2 \end{pmatrix}+\begin{pmatrix} x-3y \\ 3y \end{pmatrix}=\begin{pmatrix} 3+x-3y \\ 2+3y \end{pmatrix}$$

따라서 $A\begin{pmatrix} x+3 \\ y+2 \end{pmatrix}$의 모든 성분의 합은

$(3+x-3y)+(2+3y)=x+5$

유형 13 단위행렬을 이용한 행렬의 거듭제곱

0880

답 0

$A^2=AA=\begin{pmatrix} -1 & 2 \\ -1 & 1 \end{pmatrix}\begin{pmatrix} -1 & 2 \\ -1 & 1 \end{pmatrix}=\begin{pmatrix} -1 & 0 \\ 0 & -1 \end{pmatrix}=-E$

$A^3=A^2A=-EA=-A$

$A^4=(A^2)^2=(-E)^2=E$

$\therefore A^{97}+A^{98}+A^{99}+A^{100}$

$=(A^4)^{24}A+(A^4)^{24}A^2+(A^4)^{24}A^3+(A^4)^{25}$

$=E^{24}A+E^{24}A^2+E^{24}A^3+E^{25}$

$=A+A^2+A^3+E$

$=A-E-A+E=O$

따라서 $A^{97}+A^{98}+A^{99}+A^{100}$의 모든 성분의 합은 0이다.

0881 답 ④

$A^2=AA=\begin{pmatrix}3 & -1\\5 & -1\end{pmatrix}\begin{pmatrix}3 & -1\\5 & -1\end{pmatrix}=\begin{pmatrix}4 & -2\\10 & -4\end{pmatrix}=2\begin{pmatrix}2 & -1\\5 & -2\end{pmatrix}$

$A^3=A^2A=2\begin{pmatrix}2 & -1\\5 & -2\end{pmatrix}\begin{pmatrix}3 & -1\\5 & -1\end{pmatrix}=2\begin{pmatrix}1 & -1\\5 & -3\end{pmatrix}$

$A^4=A^3A=2\begin{pmatrix}1 & -1\\5 & -3\end{pmatrix}\begin{pmatrix}3 & -1\\5 & -1\end{pmatrix}=2\begin{pmatrix}-2 & 0\\0 & -2\end{pmatrix}$

$=-4\begin{pmatrix}1 & 0\\0 & 1\end{pmatrix}=-4E$

$\therefore A^{200}=(A^4)^{50}=(-4E)^{50}=4^{50}E=2^{100}E$

$\therefore k=2^{100}$

0882 답 ⑤

$A^2=AA=\begin{pmatrix}-1 & 3\\-1 & 2\end{pmatrix}\begin{pmatrix}-1 & 3\\-1 & 2\end{pmatrix}=\begin{pmatrix}-2 & 3\\-1 & 1\end{pmatrix}$

$A^3=A^2A=\begin{pmatrix}-2 & 3\\-1 & 1\end{pmatrix}\begin{pmatrix}-1 & 3\\-1 & 2\end{pmatrix}=\begin{pmatrix}-1 & 0\\0 & -1\end{pmatrix}=-E$

$\therefore A^{40}=(A^3)^{13}A=(-E)^{13}A=-EA=-A=\begin{pmatrix}1 & -3\\1 & -2\end{pmatrix}$

따라서 $A^{40}\begin{pmatrix}x\\y\end{pmatrix}=\begin{pmatrix}1\\-1\end{pmatrix}$에서 $\begin{pmatrix}1 & -3\\1 & -2\end{pmatrix}\begin{pmatrix}x\\y\end{pmatrix}=\begin{pmatrix}1\\-1\end{pmatrix}$이므로

$\begin{pmatrix}x-3y\\x-2y\end{pmatrix}=\begin{pmatrix}1\\-1\end{pmatrix}$

두 행렬이 서로 같을 조건에 의하여

$x-3y=1,\ x-2y=-1$

위의 두 식을 연립하여 풀면 $x=-5,\ y=-2$

$\therefore xy=-5\times(-2)=10$

0883 답 -2

$A^2=AA=\begin{pmatrix}-2 & 7\\-1 & 3\end{pmatrix}\begin{pmatrix}-2 & 7\\-1 & 3\end{pmatrix}=\begin{pmatrix}-3 & 7\\-1 & 2\end{pmatrix}$

$A^3=A^2A=\begin{pmatrix}-3 & 7\\-1 & 2\end{pmatrix}\begin{pmatrix}-2 & 7\\-1 & 3\end{pmatrix}=\begin{pmatrix}-1 & 0\\0 & -1\end{pmatrix}=-E$

$\therefore A^6=(A^3)^2=(-E)^2=E$

즉, 자연수 n에 대하여

$A^3=A^9=A^{15}=\cdots=A^{6n-3}=-E$,

$A^6=A^{12}=A^{18}=\cdots=A^{6n}=E$

이므로 $A^{6n-3}+A^{6n}=O$

$\therefore A^3+A^6+A^9+\cdots+A^{195}$

$=(A^3+A^6)+(A^9+A^{12})+\cdots+(A^{189}+A^{192})+A^{195}$

$=A^{195}=-E=\begin{pmatrix}-1 & 0\\0 & -1\end{pmatrix}$

따라서 $a=-1,\ b=0,\ c=0,\ d=-1$이므로

$a+b+c+d=-1+0+0+(-1)=-2$

유형 14 단위행렬을 이용한 식의 계산

0884 답 37

$(A+E)(A^2-A+E)=A^3-A^2+A+A^2-A+E^2$

$=A^3+E$ …… ㉠

이때

$A^2=AA=\begin{pmatrix}2 & 0\\1 & 3\end{pmatrix}\begin{pmatrix}2 & 0\\1 & 3\end{pmatrix}=\begin{pmatrix}4 & 0\\5 & 9\end{pmatrix}$

$A^3=A^2A=\begin{pmatrix}4 & 0\\5 & 9\end{pmatrix}\begin{pmatrix}2 & 0\\1 & 3\end{pmatrix}=\begin{pmatrix}8 & 0\\19 & 27\end{pmatrix}$

이므로 ㉠에서

$(A+E)(A^2-A+E)=A^3+E$

$=\begin{pmatrix}8 & 0\\19 & 27\end{pmatrix}+\begin{pmatrix}1 & 0\\0 & 1\end{pmatrix}=\begin{pmatrix}9 & 0\\19 & 28\end{pmatrix}$

따라서 $(A+E)(A^2-A+E)$의 $(1,\ 1)$ 성분과 $(2,\ 2)$ 성분의 합은

$9+28=37$

0885 답 1

$(A+E)(A-3E)=5E$이므로

$A^2-2A-3E^2=5E$

$\therefore A^2-2A=8E$ …… ㉠

이때

$A^2=\begin{pmatrix}4x & 0\\x & -2\end{pmatrix}\begin{pmatrix}4x & 0\\x & -2\end{pmatrix}=\begin{pmatrix}16x^2 & 0\\4x^2-2x & 4\end{pmatrix}$

이므로 ㉠에서

$\begin{pmatrix}16x^2 & 0\\4x^2-2x & 4\end{pmatrix}-2\begin{pmatrix}4x & 0\\x & -2\end{pmatrix}=\begin{pmatrix}8 & 0\\0 & 8\end{pmatrix}$

$\begin{pmatrix}16x^2-8x & 0\\4x^2-4x & 8\end{pmatrix}=\begin{pmatrix}8 & 0\\0 & 8\end{pmatrix}$

두 행렬이 서로 같을 조건에 의하여

$16x^2-8x=8$이므로

$2x^2-x-1=0,\ (2x+1)(x-1)=0$

$\therefore x=-\frac{1}{2}$ 또는 $x=1$ …… ㉡

$4x^2-4x=0$이므로 $4x(x-1)=0$ $\therefore x=0$ 또는 $x=1$ …… ㉢

㉡, ㉢에서 $x=1$

유형 15 $A^n\pm B^n$ 구하기

0886 답 ⑤

$A+B=2E$에서 $B=2E-A,\ A=2E-B$

$B=2E-A$를 $AB=O$에 대입하면

$A(2E-A)=O$, $2A-A^2=O$ $\therefore A^2=2A$
$A=2E-B$를 $AB=O$에 대입하면
$(2E-B)B=O$, $2B-B^2=O$ $\therefore B^2=2B$
$\therefore A^4+B^4=(A^2)^2+(B^2)^2=(2A)^2+(2B)^2$
$=4A^2+4B^2=4(2A)+4(2B)$
$=8(A+B)=8(2E)=16E$

0887

답 ②

$A+B=-E$의 양변의 왼쪽에 행렬 A를 곱하면
$A^2+AB=-A$, $A^2+E=-A$
$\therefore A^2=-A-E$
위 식의 양변에 행렬 A를 곱하면
$A^3=-A^2-A=-(-A-E)-A=E$
또한 $A+B=-E$의 양변의 오른쪽에 행렬 B를 곱하면
$AB+B^2=-B$, $E+B^2=-B$
$\therefore B^2=-B-E$
위 식의 양변에 행렬 B를 곱하면
$B^3=-B^2-B=-(-B-E)-B=E$
$\therefore A^{100}+B^{100}=(A^3)^{33}A+(B^3)^{33}B$
$=E^{33}A+E^{33}B$
$=A+B=-E$

0888

답 E

$A+B=E$이므로 $B=E-A$ …… ㉠
㉠을 $AB=O$에 대입하면
$A(E-A)=O$, $A-A^2=O$ $\therefore A^2=A$
$A^3=A^2A=AA=A^2=A$이므로
$A^4=A^3A=AA=A^2=A$
⋮
$\therefore A^n=A$ (단, n은 자연수)
또한 $A+B=E$이므로 $A=E-B$ …… ㉡
㉡을 $AB=O$에 대입하면
$(E-B)B=O$, $B-B^2=O$ $\therefore B^2=B$
$B^3=B^2B=BB=B^2=B$
$B^4=B^3B=BB=B^2=B$
⋮
$\therefore B^n=B$ (단, n은 자연수)
$\therefore A^{100}+A^{99}B+A^{98}B^2+\cdots+AB^{99}+B^{100}$
$=A+AB+AB+\cdots+AB+B$
$=A+B=E$

유형 16 행렬의 곱셈에 대한 진위 판정

0889

답 ③

ㄱ. $AB=BA$이므로 $-AB+BA=O$ …… ㉠
$\therefore (A+B)(A-B)=A^2-AB+BA-B^2$
$=A^2-B^2$ ($\because$ ㉠)

ㄴ. $A+B=E$의 양변의 왼쪽에 행렬 A를 곱하면
$A^2+AB=A$ $\therefore AB=A-A^2$
$A+B=E$의 양변의 오른쪽에 행렬 A를 곱하면
$A^2+BA=A$ $\therefore BA=A-A^2$
$\therefore AB=BA$

ㄷ. $A=\begin{pmatrix}1&0\\0&-1\end{pmatrix}$, $B=\begin{pmatrix}0&1\\1&0\end{pmatrix}$이면
$A+B=\begin{pmatrix}1&1\\1&-1\end{pmatrix}$, $A-B=\begin{pmatrix}1&-1\\-1&-1\end{pmatrix}$이므로
$(A+B)^2=\begin{pmatrix}1&1\\1&-1\end{pmatrix}\begin{pmatrix}1&1\\1&-1\end{pmatrix}=\begin{pmatrix}2&0\\0&2\end{pmatrix}$,
$(A-B)^2=\begin{pmatrix}1&-1\\-1&-1\end{pmatrix}\begin{pmatrix}1&-1\\-1&-1\end{pmatrix}=\begin{pmatrix}2&0\\0&2\end{pmatrix}$
즉, $(A+B)^2=(A-B)^2=2E$이지만
$AB=\begin{pmatrix}1&0\\0&-1\end{pmatrix}\begin{pmatrix}0&1\\1&0\end{pmatrix}=\begin{pmatrix}0&1\\-1&0\end{pmatrix}\neq O$이다.
따라서 옳은 것은 ㄱ, ㄴ이다.

0890

답 ㄱ, ㄴ

ㄱ. $(A-B)^2=A^2-AB-BA+B^2$
$=A^2+B^2$
ㄴ. $AB+BA=O$이므로 $BA=-AB$
$\therefore (AB)^2=A(BA)B=A(-AB)B$
$=-AABB=-A^2B^2$
ㄷ. $A=\begin{pmatrix}-1&0\\0&1\end{pmatrix}$, $B=\begin{pmatrix}0&1\\1&0\end{pmatrix}$이면
$AB=\begin{pmatrix}-1&0\\0&1\end{pmatrix}\begin{pmatrix}0&1\\1&0\end{pmatrix}=\begin{pmatrix}0&-1\\1&0\end{pmatrix}$,
$BA=\begin{pmatrix}0&1\\1&0\end{pmatrix}\begin{pmatrix}-1&0\\0&1\end{pmatrix}=\begin{pmatrix}0&1\\-1&0\end{pmatrix}$이므로
$AB+BA=O$이지만 $AB\neq O$이다.
따라서 옳은 것은 ㄱ, ㄴ이다.

0891

답 ㄱ, ㄷ

ㄱ. $A^5=A^3A^2=EA^2=A^2$이므로 $A^2=E$
$A^3=A^2A=EA=A$이므로 $A=E$
ㄴ. $A=\begin{pmatrix}0&1\\0&0\end{pmatrix}$, $B=\begin{pmatrix}0&-1\\0&0\end{pmatrix}$이면
$A^2=\begin{pmatrix}0&1\\0&0\end{pmatrix}\begin{pmatrix}0&1\\0&0\end{pmatrix}=\begin{pmatrix}0&0\\0&0\end{pmatrix}$,
$B^2=\begin{pmatrix}0&-1\\0&0\end{pmatrix}\begin{pmatrix}0&-1\\0&0\end{pmatrix}=\begin{pmatrix}0&0\\0&0\end{pmatrix}$
즉, $A^2+B^2=O+O=O$이지만 $A\neq O$, $B\neq O$이다.
ㄷ. $(ABA)^2=(ABA)(ABA)$
$=ABA^2BA$
$=ABEBA$ ($\because A^2=E$)
$=AB^2A=ABA$ ($\because B^2=B$)
따라서 옳은 것은 ㄱ, ㄷ이다.

유형 17 행렬과 일반 연산

0892

답 ㄴ, ㄷ

ㄱ. $A◎B=AB-BA$, $B◎A=BA-AB$

$\therefore A◎B \neq B◎A$

ㄴ. $4A◎3B=(4A)(3B)-(3B)(4A)$

$=12AB-12BA$

$12(A◎B)=12(AB-BA)$

$=12AB-12BA$

$\therefore 4A◎3B=12(A◎B)$

ㄷ. $(A-B)◎C=(A-B)C-C(A-B)$

$=AC-BC-CA+CB$

$(A◎C)-(B◎C)=AC-CA-(BC-CB)$

$=AC-BC-CA+CB$

$\therefore (A-B)◎C=(A◎C)-(B◎C)$

따라서 옳은 것은 ㄴ, ㄷ이다.

0893

답 16

$A^2=AA=\begin{pmatrix} 1 & 1 \\ 0 & x \end{pmatrix}\begin{pmatrix} 1 & 1 \\ 0 & x \end{pmatrix}=\begin{pmatrix} 1 & 1+x \\ 0 & x^2 \end{pmatrix}$이므로

$f(A^2)=1\times x^2-(1+x)\times 0=x^2$

$4A=\begin{pmatrix} 4 & 4 \\ 0 & 4x \end{pmatrix}$이므로

$f(4A)=4\times 4x-4\times 0=16x$

이때 $f(A^2)=f(4A)$이므로

$x^2=16x$, $x^2-16x=0$

$x(x-16)=0 \quad \therefore x=16\ (\because x>0)$

0894

답 ①

ㄱ. $A^2=AA=\begin{pmatrix} 2 & 1 \\ -5 & -2 \end{pmatrix}\begin{pmatrix} 2 & 1 \\ -5 & -2 \end{pmatrix}=\begin{pmatrix} -1 & 0 \\ 0 & -1 \end{pmatrix}=-E$

$A^3=A^2A=-EA=-A=\begin{pmatrix} -2 & -1 \\ 5 & 2 \end{pmatrix}$

$A^4=(A^2)^2=(-E)^2=E=\begin{pmatrix} 1 & 0 \\ 0 & 1 \end{pmatrix}$

즉, $S(A)=-4$, $S(A^2)=-2$, $S(A^3)=4$, $S(A^4)=2$이므로

$S(A)+S(A^2)+S(A^3)+S(A^4)=0$

이때 $A+A^2+A^3+A^4=A-E-A+E=O$이므로

$S(A+A^2+A^3+A^4)=0$

$\therefore S(A)+S(A^2)+S(A^3)+S(A^4)=S(A+A^2+A^3+A^4)$

ㄴ. 자연수 n에 대하여

$A^{4n-3}=A$, $A^{4n-2}=A^2$,

$A^{4n-1}=A^3$, $A^{4n}=A^4$이므로

$S(A^5)+S(A^6)+S(A^7)+S(A^8)$

$=S(A)+S(A^2)+S(A^3)+S(A^4)=0$

$S(A^9)+S(A^{10})+S(A^{11})+S(A^{12})$

$=S(A)+S(A^2)+S(A^3)+S(A^4)=0$

⋮

이때 $50=4\times 12+2$이므로

$S(A)+S(A^2)+\cdots+S(A^{50})=S(A^{49})+S(A^{50})$

$=S(A)+S(A^2)$

$=-4-2=-6$

ㄷ. $m=2$, $n=2$이면

$S(A^4)=2$, $S(A^2)=-2$이므로

$S(A^4)\neq\{S(A^2)\}^2$

따라서 옳은 것은 ㄱ이다.

PART B' 기출&기출변형 문제

0895

답 -24

$A^2=AA=\begin{pmatrix} 1 & 2 \\ -3 & 2 \end{pmatrix}\begin{pmatrix} 1 & 2 \\ -3 & 2 \end{pmatrix}=\begin{pmatrix} -5 & 6 \\ -9 & -2 \end{pmatrix}$

이때 $A^2=pA+qE$이므로

$\begin{pmatrix} -5 & 6 \\ -9 & -2 \end{pmatrix}=p\begin{pmatrix} 1 & 2 \\ -3 & 2 \end{pmatrix}+q\begin{pmatrix} 1 & 0 \\ 0 & 1 \end{pmatrix}$

$=\begin{pmatrix} p+q & 2p \\ -3p & 2p+q \end{pmatrix}$

두 행렬이 서로 같을 조건에 의하여

$p+q=-5$, $2p=6$

위의 두 식을 연립하여 풀면 $p=3$, $q=-8$

$\therefore pq=3\times(-8)=-24$

짝기출 답 ①

두 상수 a, b에 대하여 행렬 $A=\begin{pmatrix} -1 & a \\ b & 2 \end{pmatrix}$가 $A^2=A$이고 $a^2+b^2=10$일 때, $(a+b)^2$의 값은?

① 6 ② 7 ③ 8 ④ 9 ⑤ 10

0896

답 ⑤

$\begin{pmatrix} 2 & 1 \\ -1 & 3 \end{pmatrix}\begin{pmatrix} x & 4 \\ 1 & y \end{pmatrix}=\begin{pmatrix} 1 & 2 \\ 3 & 4 \end{pmatrix}\begin{pmatrix} 0 & 2 \\ -1 & -3 \end{pmatrix}+\begin{pmatrix} 7 & 9 \\ 5 & -7 \end{pmatrix}$이므로

$\begin{pmatrix} 2x+1 & 8+y \\ -x+3 & -4+3y \end{pmatrix}=\begin{pmatrix} -2 & -4 \\ -4 & -6 \end{pmatrix}+\begin{pmatrix} 7 & 9 \\ 5 & -7 \end{pmatrix}$

$\begin{pmatrix} 2x+1 & 8+y \\ -x+3 & -4+3y \end{pmatrix}=\begin{pmatrix} 5 & 5 \\ 1 & -13 \end{pmatrix}$

두 행렬이 서로 같을 조건에 의하여

$2x+1=5$, $8+y=5$

$\therefore x=2$, $y=-3$

$\therefore x-y=2-(-3)=5$

짝기출 답 ①

등식 $\begin{pmatrix} x & y \\ 1 & 1 \end{pmatrix}\begin{pmatrix} y \\ x \end{pmatrix}=\begin{pmatrix} 14 \\ 6 \end{pmatrix}$을 만족시키는 두 실수 x, y에 대하여 x^2+y^2의 값은?

① 22 ② 23 ③ 24 ④ 25 ⑤ 26

0897

답 7

$3(X-2A)+B=X-4A-3B$에서

$3X-6A+B=X-4A-3B$

$2X=2A-4B$

$\therefore X=A-2B$

$=\begin{pmatrix} 4 & 6 \\ 7 & 8 \end{pmatrix}-2\begin{pmatrix} 1 & 3 \\ 0 & 3 \end{pmatrix}=\begin{pmatrix} 6 & 0 \\ 7 & 2 \end{pmatrix}$

따라서 행렬 X의 성분 중에서 최댓값은 7이고 최솟값은 0이므로

$M=7$, $m=0$

$\therefore M-m=7-0=7$

짝기출 답 ①

두 행렬 $A=\begin{pmatrix} 2 & -1 \\ 0 & 1 \end{pmatrix}$, $B=\begin{pmatrix} 4 & 0 \\ 2 & 3 \end{pmatrix}$에 대하여

$X-B=3(X-2A)+B$를 만족하는 행렬 X는?

① $\begin{pmatrix} 2 & -3 \\ -2 & 0 \end{pmatrix}$ ② $\begin{pmatrix} -2 & -3 \\ 2 & 0 \end{pmatrix}$ ③ $\begin{pmatrix} -2 & 3 \\ 2 & 0 \end{pmatrix}$

④ $\begin{pmatrix} 10 & -3 \\ -2 & 4 \end{pmatrix}$ ⑤ $\begin{pmatrix} 10 & -1 \\ 2 & 4 \end{pmatrix}$

0898

답 −4

$2X+3Y=\begin{pmatrix} 4 & k \\ 2 & k-1 \end{pmatrix}$ …… ㉠

$3X-2Y=\begin{pmatrix} k & -a \\ 7 & 5 \end{pmatrix}$ …… ㉡

㉠+㉡을 하면

$5X+Y=\begin{pmatrix} 4+k & k-a \\ 9 & k+4 \end{pmatrix}$

이 행렬의 모든 성분이 같으므로

$4+k=9$ $\therefore k=5$

$k-a=9$이므로 $5-a=9$ $\therefore a=-4$

짝기출 답 ④

두 행렬 A, B에 대하여

$A+B=\begin{pmatrix} 3 & 4 \\ 5 & 6 \end{pmatrix}$, $A-B=\begin{pmatrix} 1 & 0 \\ 3 & 2 \end{pmatrix}$

가 성립할 때, 행렬 AB의 모든 성분의 합은?

① 24 ② 28 ③ 32 ④ 36 ⑤ 40

0899

답 ②

$a_{ij}=(i+j-2)(i+k)$이므로

$a_{11}=(1+1-2)(1+k)=0$

$a_{12}=(1+2-2)(1+k)=1+k$

$a_{13}=(1+3-2)(1+k)=2+2k$

$a_{21}=(2+1-2)(2+k)=2+k$

$a_{22}=(2+2-2)(2+k)=4+2k$

$a_{23}=(2+3-2)(2+k)=6+3k$

이때 행렬 A의 모든 성분의 합이 33이므로

$(1+k)+(2+2k)+(2+k)+(4+2k)+(6+3k)=33$

$15+9k=33$, $9k=18$ $\therefore k=2$

짝기출 답 ②

이차정사각행렬 A의 (i, j) 성분 a_{ij}를

$a_{ij}=i+3j$ $(i=1, 2, j=1, 2)$

라 하자. 행렬 A의 $(2, 1)$ 성분은?

① 4 ② 5 ③ 6 ④ 7 ⑤ 8

0900

답 12

$A^2=AA=\begin{pmatrix} -2 & -3 \\ 1 & 1 \end{pmatrix}\begin{pmatrix} -2 & -3 \\ 1 & 1 \end{pmatrix}=\begin{pmatrix} 1 & 3 \\ -1 & -2 \end{pmatrix}$

$A^3=A^2A=\begin{pmatrix} 1 & 3 \\ -1 & -2 \end{pmatrix}\begin{pmatrix} -2 & -3 \\ 1 & 1 \end{pmatrix}=\begin{pmatrix} 1 & 0 \\ 0 & 1 \end{pmatrix}=E$

$\therefore A^{2005}=(A^3)^{668}A=EA=A$

$A^{2005}\begin{pmatrix} x \\ y \end{pmatrix}=\begin{pmatrix} 1 \\ 2 \end{pmatrix}$이므로 $A\begin{pmatrix} x \\ y \end{pmatrix}=\begin{pmatrix} 1 \\ 2 \end{pmatrix}$

$\begin{pmatrix} -2 & -3 \\ 1 & 1 \end{pmatrix}\begin{pmatrix} x \\ y \end{pmatrix}=\begin{pmatrix} 1 \\ 2 \end{pmatrix}$, $\begin{pmatrix} -2x-3y \\ x+y \end{pmatrix}=\begin{pmatrix} 1 \\ 2 \end{pmatrix}$

두 행렬이 서로 같을 조건에 의하여

$-2x-3y=1$, $x+y=2$

위의 두 식을 연립하여 풀면 $x=7$, $y=-5$

$\therefore x-y=7-(-5)=12$

0901

답 ④

$(A+B)^2=A^2+AB+BA+B^2$ …… ㉠

$(A-B)^2=A^2-AB-BA+B^2$ …… ㉡

㉠+㉡을 하면

$(A+B)^2+(A-B)^2=2(A^2+B^2)$

$\therefore (A-B)^2=2(A^2+B^2)-(A+B)^2$

$=2\begin{pmatrix} 1 & 2 \\ 3 & 4 \end{pmatrix}-\begin{pmatrix} -2 & 1 \\ 0 & 3 \end{pmatrix}=\begin{pmatrix} 4 & 3 \\ 6 & 5 \end{pmatrix}$

따라서 행렬 $(A-B)^2$의 모든 성분의 합은

$4+3+6+5=18$

짝기출 답 52

이차정사각행렬 A, B가

$A^2+B^2=\begin{pmatrix} 5 & 0 \\ \frac{3}{2} & 1 \end{pmatrix}$, $AB+BA=\begin{pmatrix} -4 & 0 \\ -\frac{1}{2} & 0 \end{pmatrix}$

을 만족시킬 때, 행렬 $(A+B)^{100}$의 모든 성분의 합을 구하시오.

0902

답 32

$AB=\frac{1}{2}\begin{pmatrix}2&0\\1&1\end{pmatrix}\begin{pmatrix}-1&0\\1&-2\end{pmatrix}=-E$

$BA=\frac{1}{2}\begin{pmatrix}-1&0\\1&-2\end{pmatrix}\begin{pmatrix}2&0\\1&1\end{pmatrix}=-E$

이므로 $AB=BA$

$\therefore B^4A^8=(BA)^4A^4=(-E)^4A^4=A^4$

따라서 $A=\begin{pmatrix}2&0\\1&1\end{pmatrix}$에서

$A^2=AA=\begin{pmatrix}2&0\\1&1\end{pmatrix}\begin{pmatrix}2&0\\1&1\end{pmatrix}=\begin{pmatrix}4&0\\3&1\end{pmatrix}$,

$A^4=A^2A^2=\begin{pmatrix}4&0\\3&1\end{pmatrix}\begin{pmatrix}4&0\\3&1\end{pmatrix}=\begin{pmatrix}16&0\\15&1\end{pmatrix}$

이므로 행렬 B^4A^8, 즉 A^4의 모든 성분의 합은

$16+0+15+1=32$

0903

답 ②

1년 뒤의 농작물 A의 재배 면적은

$80\times0.9+90\times0.2$

1년 뒤의 농작물 B의 재배 면적은

$80\times0.1+90\times0.8$

이므로 이를 행렬의 곱으로 나타내면

$XY=(80\quad 90)\begin{pmatrix}0.9&0.1\\0.2&0.8\end{pmatrix}$

이와 같은 방법으로 3년 뒤의 두 농작물의 재배 면적을 행렬의 곱으로 나타내면

$(80\quad 90)\begin{pmatrix}0.9&0.1\\0.2&0.8\end{pmatrix}\begin{pmatrix}0.9&0.1\\0.2&0.8\end{pmatrix}\begin{pmatrix}0.9&0.1\\0.2&0.8\end{pmatrix}=XY^3$

짝기출 답 ③

표는 2013학년도 수시 모집에서 어느 대학 A학과와 B학과의 선발 인원수와 경쟁률을 나타낸 것이다.

<선발 인원수>

구분	A학과	B학과
일반 전형	30	40
특별 전형	10	20

<경쟁률>

구분	일반 전형	특별 전형
A학과	5.1	21.4
B학과	10.7	11.5

경쟁률은 $\frac{(\text{지원자 수})}{(\text{선발 인원수})}$의 값이고, 일반 전형과 특별 전형에 동시에 지원할 수 없으며, A학과와 B학과에 동시 지원할 수 없다고 한다. 2013학년도 수시 모집에서 이 대학 A, B 두 학과의 일반 전형 지원자 수의 합을 m, B학과의 일반 전형과 특별 전형 지원자 수의 합을 n이라 하자.

두 행렬 $P=\begin{pmatrix}30&40\\10&20\end{pmatrix}$, $Q=\begin{pmatrix}5.1&21.4\\10.7&11.5\end{pmatrix}$에 대하여 $m+n$의 값과 같은 것은?

① 행렬 PQ의 (1, 1) 성분과 (2, 2) 성분의 합
② 행렬 PQ의 (1, 1) 성분과 행렬 QP의 (1, 1) 성분의 합
③ 행렬 PQ의 (1, 1) 성분과 행렬 QP의 (2, 2) 성분의 합
④ 행렬 PQ의 (2, 2) 성분과 행렬 QP의 (1, 1) 성분의 합
⑤ 행렬 PQ의 (2, 2) 성분과 행렬 QP의 (2, 2) 성분의 합

0904

답 ④

$a_{ij}=i-j$ ($i=1, 2, j=1, 2$)이므로

$a_{11}=1-1=0$, $a_{12}=1-2=-1$, $a_{21}=2-1=1$, $a_{22}=2-2=0$

$\therefore A=\begin{pmatrix}0&-1\\1&0\end{pmatrix}$

$A^2=AA=\begin{pmatrix}0&-1\\1&0\end{pmatrix}\begin{pmatrix}0&-1\\1&0\end{pmatrix}=\begin{pmatrix}-1&0\\0&-1\end{pmatrix}=-E$

$A^3=A^2A=-EA=-A$, $A^4=(A^2)^2=(-E)^2=E$,

$A^5=A$, $A^6=-E$, $A^7=-A$, $A^8=E$, $\cdots$

$$\begin{aligned}\therefore A+A^2+A^3+A^4&=A^5+A^6+A^7+A^8=\cdots\\&=A^{2005}+A^{2006}+A^{2007}+A^{2008}\\&=A-E-A+E=O\end{aligned}$$

$$\begin{aligned}\therefore\ &A+A^2+A^3+\cdots+A^{2010}\\&=(A+A^2+A^3+A^4)+(A^5+A^6+A^7+A^8)\\&\qquad+\cdots+(A^{2005}+A^{2006}+A^{2007}+A^{2008})+A^{2009}+A^{2010}\\&=O+\cdots+O+A+A^2\\&=A-E=\begin{pmatrix}0&-1\\1&0\end{pmatrix}-\begin{pmatrix}1&0\\0&1\end{pmatrix}=\begin{pmatrix}-1&-1\\1&-1\end{pmatrix}\end{aligned}$$

따라서 행렬 $A+A^2+A^3+\cdots+A^{2010}$의 (2, 1) 성분은 1이다.

0905

답 4

$A+B=E$이므로 $B=E-A$ ······ ㉠

㉠을 $AB=E$에 대입하면

$A(E-A)=E$, $A-A^2=E$

$\therefore A^2=A-E$

위 식의 양변에 A를 곱하면

$A^3=A^2-A=(A-E)-A=-E$

또한 $A+B=E$이므로 $A=E-B$ ······ ㉡

㉡을 $AB=E$에 대입하면

$(E-B)B=E$, $B-B^2=E$

$\therefore B^2=B-E$

위 식의 양변에 B를 곱하면

$B^3=B^2-B=(B-E)-B=-E$

$$\begin{aligned}\therefore A^{60}+B^{60}&=(A^3)^{20}+(B^3)^{20}\\&=(-E)^{20}+(-E)^{20}\\&=E+E=2E=\begin{pmatrix}2&0\\0&2\end{pmatrix}\end{aligned}$$

따라서 행렬 $A^{60}+B^{60}$의 모든 성분의 합은 $2+2=4$

짝기출 답 ①

이차정사각행렬 A, B가

$A+B=E$, $(E-A)(E-B)=E$

를 만족시킬 때, A^6+B^6의 모든 성분의 합은?

(단, E는 단위행렬이다.)

① 4 ② 6 ③ 8 ④ 10 ⑤ 12

0906

답 ①

A가 $A^2=E$를 만족시키므로

$$A^2=\begin{pmatrix} a^2+bc & 2b\times(a+3) \\ 2c\times(a+3) & (a+6)^2+bc \end{pmatrix}=\begin{pmatrix} 1 & 0 \\ 0 & 1 \end{pmatrix}$$

이다.

따라서 $b\times(a+3)=c\times(a+3)=0$이다.

(i) $a\neq\boxed{-3}$인 경우

$b=0$이고 $c=0$이므로 $A^2=\begin{pmatrix} a^2 & 0 \\ 0 & (a+6)^2 \end{pmatrix}$ ...... ㉠

이다.

이때 $a\neq-3$이므로 ㉠에서 $A^2\neq E$가 되어 주어진 조건을 만족시키지 않는다.

(ii) $a=\boxed{-3}$인 경우

주어진 조건 $A^2=E$에서 $a^2+bc=1$이므로 $bc=\boxed{-8}$이다.

b, c가 정수이므로 $bc=\boxed{-8}$을 만족시키는 순서쌍 (b, c)는

$(-8, 1)$, $(-4, 2)$, $(-2, 4)$, $(-1, 8)$, $(1, -8)$,

$(2, -4)$, $(4, -2)$, $(8, -1)$이므로 그 개수는 $\boxed{8}$이다.

따라서 $A^2=E$를 만족시키는 행렬 A의 개수는 $\boxed{8}$이다.

$\therefore p=-3$, $q=-8$, $r=8$

$\therefore p+q+r=-3+(-8)+8=-3$

0907

답 3

$$A^2=AA=\begin{pmatrix} \alpha & \beta \\ \beta & -\alpha \end{pmatrix}\begin{pmatrix} \alpha & \beta \\ \beta & -\alpha \end{pmatrix}$$

$$=\begin{pmatrix} \alpha^2+\beta^2 & 0 \\ 0 & \alpha^2+\beta^2 \end{pmatrix}=(\alpha^2+\beta^2)E$$

$\therefore A^{100}=(A^2)^{50}=\{(\alpha^2+\beta^2)E\}^{50}$

$=(\alpha^2+\beta^2)^{50}E$

A^{100}의 모든 성분의 합이 2^{51}이므로

$2(\alpha^2+\beta^2)^{50}=2^{51}=2\times2^{50}$

$\therefore \alpha^2+\beta^2=2$

이때 α, β는 모두 자연수이므로 $\alpha=1$, $\beta=1$

$3x^2-ax-b=0$의 두 근이 α, β이므로

이차방정식의 근과 계수의 관계에 의하여

$\alpha+\beta=\dfrac{a}{3}$, $\alpha\beta=-\dfrac{b}{3}$

$\therefore a=3(\alpha+\beta)=3\times(1+1)=6$,

$b=-3\alpha\beta=-3\times1\times1=-3$

$\therefore a+b=6+(-3)=3$

짝기출 답 ②

이차방정식 $x^2-5x-1=0$의 두 근을 α, β라 할 때, 행렬 $A=\begin{pmatrix} 2 & \alpha \\ \beta & -2 \end{pmatrix}$에 대하여 A^5과 같은 행렬은?

① $6A$ ② $9A$ ③ $25A$ ④ $27A$ ⑤ $81A$

0908

답 102

$A=\begin{pmatrix} 0 & 1 \\ -1 & 1 \end{pmatrix}$이므로

$$A^2=AA=\begin{pmatrix} 0 & 1 \\ -1 & 1 \end{pmatrix}\begin{pmatrix} 0 & 1 \\ -1 & 1 \end{pmatrix}=\begin{pmatrix} -1 & 1 \\ -1 & 0 \end{pmatrix}$$

$$A^3=A^2A=\begin{pmatrix} -1 & 1 \\ -1 & 0 \end{pmatrix}\begin{pmatrix} 0 & 1 \\ -1 & 1 \end{pmatrix}=\begin{pmatrix} -1 & 0 \\ 0 & -1 \end{pmatrix}=-E$$

$A^4=A^3A=-EA=-A$

$A^5=A^4A=-A^2$

$A^6=(A^3)^2=(-E)^2=E$

즉, 다음 등식이 성립한다.

$A=A^7=A^{13}=\cdots=A^{97}$

$A^2=A^8=A^{14}=\cdots=A^{98}$

$A^3=A^9=A^{15}=\cdots=A^{99}$

$A^4=A^{10}=A^{16}=\cdots=A^{100}$

$A^5=A^{11}=A^{17}=\cdots=A^{95}$

$A^6=A^{12}=A^{18}=\cdots=A^{96}$

즉, $A^m=A^n$이 성립하려면 $|m-n|$의 값이 6의 배수가 되어야 한다.

따라서 $|m-n|$의 최댓값은 96, 최솟값은 6이므로 $p=96$, $q=6$

$\therefore p+q=96+6=102$

0909

답 ③

$B=\begin{pmatrix} p & q \\ r & s \end{pmatrix}$라 하면

(가)에서 $B\begin{pmatrix} 1 \\ -1 \end{pmatrix}=\begin{pmatrix} 0 \\ 0 \end{pmatrix}$이므로

$$\begin{pmatrix} p & q \\ r & s \end{pmatrix}\begin{pmatrix} 1 \\ -1 \end{pmatrix}=\begin{pmatrix} p-q \\ r-s \end{pmatrix}=\begin{pmatrix} 0 \\ 0 \end{pmatrix}$$

두 행렬이 서로 같을 조건에 의하여

$p-q=0$, $r-s=0$ $\quad\therefore p=q$, $r=s$

$\therefore B=\begin{pmatrix} p & p \\ r & r \end{pmatrix}$

이때 (나)에서 $AB=2A$이므로

$$AB=\begin{pmatrix} 1 & 1 \\ a & a \end{pmatrix}\begin{pmatrix} p & p \\ r & r \end{pmatrix}=\begin{pmatrix} p+r & p+r \\ a(p+r) & a(p+r) \end{pmatrix}=\begin{pmatrix} 2 & 2 \\ 2a & 2a \end{pmatrix}$$

두 행렬이 서로 같을 조건에 의하여

$p+r=2$ ...... ㉠

$BA=4B$이므로

$$BA=\begin{pmatrix} p & p \\ r & r \end{pmatrix}\begin{pmatrix} 1 & 1 \\ a & a \end{pmatrix}=\begin{pmatrix} p(1+a) & p(1+a) \\ r(1+a) & r(1+a) \end{pmatrix}=\begin{pmatrix} 4p & 4p \\ 4r & 4r \end{pmatrix}$$

두 행렬이 서로 같을 조건에 의하여

$p(1+a)=4p$, $r(1+a)=4r$

$\therefore a=3$ 또는 $p=r=0$

그런데 $p=r=0$이면 $B=O$이므로 $AB=2A$에서 $A=O$가 되어 주어진 조건에 맞지 않는다.

따라서 $a=3$이고

$$A+B=\begin{pmatrix} 1 & 1 \\ 3 & 3 \end{pmatrix}+\begin{pmatrix} p & p \\ r & r \end{pmatrix}=\begin{pmatrix} 1+p & 1+p \\ 3+r & 3+r \end{pmatrix}$$

의 (1, 2) 성분과 (2, 1) 성분의 합은

$(1+p)+(3+r)=4+(p+r)$
$=4+2$ ($\because$ ㉠)
$=6$

0910

답 ④

ㄱ. $A=3E$, $B=O$일 때,
$A+B=3E+O=3E$이고 $AB=O$, $4B=O$에서
$AB=4B$이지만 $A\neq 4E$

ㄴ. $A+B=3E$의 양변의 오른쪽에 행렬 B를 곱하면
$AB+B^2=3B$
이때 $AB=4B$이므로 $4B+B^2=3B$
$\therefore B^2+B=O$

ㄷ. $A+B=3E$에서 $B=3E-A$이므로
$AB=A(3E-A)=3A-A^2=(3E-A)A=BA$
$\therefore A^2-B^2=(A+B)(A-B)$
$=3E(A-B)=3(A-B)$

따라서 옳은 것은 ㄴ, ㄷ이다.

MEMO